📏 문항구성표

KB087047

2025 마더텅 수능기출문제집 생명과학 I 은
총 851문항을 단원별로 나누어 수록하였습니다.

- 2025 수능(2024.11.14.시행) 적용 새교육과정 반영!
- 2024~2016학년도(2023~2015년 시행) 최신 9개년
  수능·모의평가·학력평가 기출문제 중 새교육과정에 맞는
  우수 문항 + 새교육과정을 반영한 연도별 모의고사 9회분 수록
- 더 자세한 해설@, 기출 OX 522제 수록
- 수능에 꼭 나오는 단원별, 소주제별 필수 개념 및 암기사항 정리
- 대한민국 최초! 전 문항, 모든 선지에 100% 첨삭해설 수록

2024학년도 수능 분석 동영상 강의 QR ▶

단원별 문항 구성표

I 단원	II 단원	III단원	IV단원	V 단원
55	77	318	239	162
총 수록 문항 수				851

연도별 문항 구성표

시행 년도	3월 학평 서울시	4월 학평 경기도	6월 모평 평가원	7월 학평 인천시	9월 모평 평가원	10월 학평 서울시	11월 수능 평가원	연도별 문항 수
2023	20	20	20	20	20	20	20	140
2022	20	20	20	20	20	20	20	140
2021	20	20	20	20	20	20	20	140
2020	20	19	20	20	20	20	20	139
2019	14	13	12	14	15	13	13	94
2018	15	14	13	16	12	14	15	99
2017	15	14	13	14	14	13	13	96
2016	1		1					2
2015		1						1
합계								851

6월 모의평가 및 대학수학능력시험 생명과학 I 문항 배치표

문항 번호	6월 모의평가	9월 모의평가	수능
1	p.10 021	p.11 028	p.280 058
2	p.28 017	p.43 032	p.32 034
3	p.111 030	p.178 074	p.21 026
4	p.126 003	p.122 075	p.179 078
5	p.51 004	p.100 043	p.48 010
6	p.221 002	p.122 076	p.256 024
7	p.116 051	p.136 043	p.101 045
8	p.182 006	p.123 077	p.280 059
9	p.278 052	p.156 054	p.123 080
10	p.92 009	p.86 041	p.71 049
11	p.117 056	p.189 032	p.197 021
12	p.260 008	p.70 046	p.87 043
13	p.153 044	p.248 044	p.219 043
14	p.190 003	p.278 055	p.124 081
15	p.84 036	p.178 075	p.197 022
16	p.211 027	p.293 043	p.155 053
17	p.238 023	p.248 045	p.227 016
18	p.272 028	p.279 056	p.156 055
19	p.228 001	p.249 046	p.219 044
20	p.17 011	p.256 021	p.293 044

🏅 더 자세한 해설@ 1등급 비결전수

**마더텅 <더 자세한 해설@>로 공부하고
수능 1등급으로 도약하기!**

정말 잘 이해되는 자세한 해설
최신 7개년 수능, 모의평가, 학력평가 문항 중 고난도 17문항을 선별!
고난도 17문항: 기존 마더텅 해설 + <더 자세한 해설@>까지 추가 제공!

<정답과 해설편>에는 최신 7개년 수능, 모의평가, 학력평가에 출제된 문항 중에서 체감난도가 높은 고난도 17문항의 자세한 해설이 수록되어 있습니다.
수능 고득점을 위해 꼭 풀어봐야 하는 문항을 선별하여 구성하였습니다.

어려워서 포기한 1등급, 고난도 문항의 풀이 비결을
<더 자세한 해설@>에서 알려드립니다!

해당 문항은 <문제편> 문제 번호 오른쪽에 █고난도█ 표시가 되어있습니다.

목 차

📖 더 자세한 해설@

*수능 고득점을 위해 꼭 풀어봐야 하는 고난도 17문항을 선별하여 아주 자세한 해설을 추가로 수록하였습니다.

📖 연도별

🏅 특급 부록

I. 생명 과학의 이해

1. 생명 과학의 이해   01. 생물의 특성

❶ 생명 현상의 특성 ★수능에 나오는 필수 개념 2가지 + 필수 암기사항 2개

필수개념 1 생명 현상의 특성

- **생명 현상의 특성** 암기 → 생명 현상의 특성을 그 예와 함께 기억하자!

개체 유지 현상	세포로 구성, 물질대사, 자극에 대한 반응과 항상성 유지, 발생과 생장
종족 유지 현상	생식과 유전, 적응과 진화

1. **세포로 구성** : 생물체는 구조적·기능적 단위인 세포로 구성되어 있다.
   (단세포 생물 : 하나의 세포로 구성, 다세포 생물 : 여러 개의 세포로 구성)

2. **물질대사** : 생물체 내에서 일어나는 모든 화학 반응이며, 효소가 관여한다.

물질대사		
구분	동화 작용	이화 작용
반응 과정	저분자 물질을 고분자 물질로 합성하는 과정	고분자 물질을 저분자 물질로 분해하는 과정
에너지출입	에너지 흡수(흡열 반응)	에너지 방출(발열 반응)
예	광합성, 단백질 합성 등	세포 호흡, 소화 등

3. **자극에 대한 반응과 항상성 유지**
   1) 자극은 생물체 내외에서 일어나는 환경의 변화이며, 이러한 자극에 대해 생물체에서 일어나는 변화가 반응이다. 예 빛에 의한 동공의 변화, 굴광성 등
   2) 항상성 : 생물이 자극에 대하여 몸 안의 상태를 일정하게 유지하려는 성질이다. 예 삼투압·혈압· 체온·혈당량 조절 등

4. **발생과 생장**
   1) 발생 : 다세포 생물에서 생식 세포의 수정으로 생성된 수정란이 완전한 개체가 되는 과정이다.
      예 개구리의 발생 : 수정란 → 올챙이 → 개구리
   2) 생장 : 발생한 개체가 세포 분열을 통해 세포 수를 계속 늘려감으로써 자라나는 과정이다.

5. **생식과 유전**
   1) 생식 : 종족 유지를 위해 자손을 남기는 특성으로 무성 생식과 유성 생식으로 나뉜다.
   2) 유전 : 유전 물질을 전달받은 자손이 어버이의 형질을 이어가는 것이다.

6. **적응과 진화**
   1) 적응 : 서식 환경에 알맞게 몸의 구조나 생활 습성 등을 변화시키는 것이다.
   2) 진화 : 생물이 변화하는 환경에 적응하는 동안 오랜 세월에 걸쳐 유전자가 다양하게 변화되는 것이며 이로 인해 다양한 종이 출현한다. 예 선인장의 가시, 위도에 따른 동물들의 말단부와 몸집의 변화, 갈라파고스 군도 핀치새의 다양한 부리 모양 등

필수개념 2 바이러스의 특성

- **바이러스** 암기 → 바이러스의 생물적 특성과 무생물적 특성을 기억하자!

생물적 특성	• 유전 물질로 핵산(RNA 또는 DNA)을 가진다. • 살아있는 숙주 세포 내에서 물질대사 및 증식, 유전 현상, 돌연변이를 통한 진화가 일어난다.
무생물적 특성	• 세포로 이루어져 있지 않고, 숙주 세포 밖에서는 단백질 결정체로 존재한다. • 숙주 세포 밖에서는 번식하지 못한다. • 효소가 없어서 스스로 물질대사를 하지 못한다.

기본자료

▶ 물질대사 시의 에너지 출입

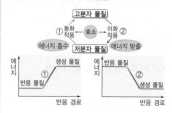

💡 제발호의 / 저열흡이 / 분반화 / 자응작 / 로 용

▶ 해캄과 호기성 세균이 나타내는 생명 현상의 특성
밝은 곳에 해캄과 호기성 세균을 두었더니 호기성 세균이 해캄의 엽록체 부위에 모여들었다. 이 실험의 결과로 광합성 산소가 발생되었음을 알 수 있다. 해캄이 광합성을 통해서 산소를 방출하는 것은 물질대사에 해당하고, 호기성 세균이 산소가 있는 곳으로 모이는 것은 자극에 대한 반응에 해당한다.

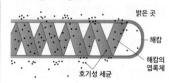

▶ 박테리오파지

단백질 껍질
핵산

1

다음은 어떤 지역에 서식하는 소에 대한 설명이다.

이 소는 크고 긴 뿔을 가질수록 포식자의 공격을 잘 방어할 수 있어 포식자가 많은 이 지역에서 살기에 적합하다.

이 자료에 나타난 생물의 특성과 가장 관련이 깊은 것은?

① 물질대사   ② 적응과 진화   ③ 발생과 생장
④ 생식과 유전   ⑤ 자극에 대한 반응

3

다음은 히말라야산양에 대한 자료이다.

(가) 털이 길고 발굽이 갈라져 있어 춥고 험준한 히말라야 산악 지대에서 살아가는 데 적합하다.
(나) 수컷은 단독 생활을 하지만 번식 시기에는 무리로 들어가 암컷과 함께 자신과 닮은 새끼를 만든다.

(가)와 (나)에 나타난 생물의 특성으로 가장 적절한 것은?

	(가)	(나)
①	적응과 진화	물질대사
②	적응과 진화	생식과 유전
③	발생과 생장	항상성
④	발생과 생장	생식과 유전
⑤	물질대사	항상성

2

다음은 청국장을 만드는 과정의 일부를 나타낸 것이다.

○ 물에 불린 콩을 삶은 후 미생물 X를 넣어 발효시키면 독특한 향이 나고 실 형태의 끈적한 물질이 생긴다.

[발효 전]   [발효 후]

이 자료에 나타난 생명 현상의 특성과 가장 관련이 깊은 것은?

① 장구벌레는 변태 과정을 거쳐 모기가 된다.
② 거미는 진동을 감지하여 먹이에게 다가간다.
③ 적록 색맹인 어머니로부터 적록 색맹인 아들이 태어난다.
④ 수생 식물의 잎에서 광합성이 일어나면 공기 방울이 맺힌다.
⑤ 크고 단단한 종자를 먹는 핀치새는 턱 근육이 발달되어 있다.

4

다음은 아프리카에 사는 어떤 도마뱀에 대한 설명이다.

이 도마뱀은 나뭇잎과 비슷한 외형을 갖고 있어 포식자에게 발견되기 어려우므로 나무가 많은 환경에 살기 적합하다.

이 자료에 나타난 생명 현상의 특성과 가장 관련이 깊은 것은?

① 올챙이가 자라서 개구리가 된다.
② 짚신벌레는 분열법으로 번식한다.
③ 소나무는 빛을 흡수하여 포도당을 합성한다.
④ 핀치새는 먹이의 종류에 따라 부리 모양이 다르다.
⑤ 적록 색맹인 어머니에게서 적록 색맹인 아들이 태어난다.

5

생명 현상의 특성
[2022년 4월 학평 1번]

다음은 어떤 문어에 대한 설명이다.

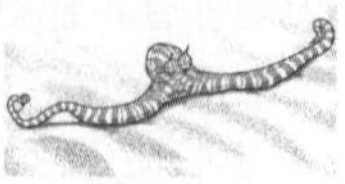

문어는 자리돔이 서식하는 곳에서 6개의 다리를 땅속에 숨기고 2개의 다리로 자리돔의 포식자인 줄무늬 바다뱀을 흉내 낸다. ㉠ 문어의 이러한 특성은 자리돔으로부터 자신을 보호하기에 적합하다.

㉠에 나타난 생물의 특성과 가장 관련이 깊은 것은?

① 짚신벌레는 분열법으로 번식한다.
② 개구리알은 올챙이를 거쳐 개구리가 된다.
③ 식물은 빛에너지를 이용하여 포도당을 합성한다.
④ 적록 색맹인 어머니로부터 적록 색맹인 아들이 태어난다.
⑤ 핀치는 서식 환경에 따라 서로 다른 모양의 부리를 갖게 되었다.

6

생명 현상의 특성
[2020년 10월 학평 1번]

다음은 항생제 내성 세균에 대한 자료이다.

㉠항생제 과다 사용으로 항생제 내성 세균의 비율이 증가하고 있다. 항생제 내성 세균은 항생제 작용 부위가 변형되거나 ㉡항생제를 분해하는 단백질을 합성하기 때문에 항생제에 죽지 않는다.

㉠과 ㉡에 나타난 생물의 특성으로 가장 적절한 것은?

	㉠	㉡
①	적응과 진화	물질대사
②	적응과 진화	항상성
③	물질대사	생식과 유전
④	물질대사	항상성
⑤	항상성	물질대사

7 2023 평가원

생명 현상의 특성
[2023학년도 9월 모평 1번]

다음은 소가 갖는 생물의 특성에 대한 자료이다.

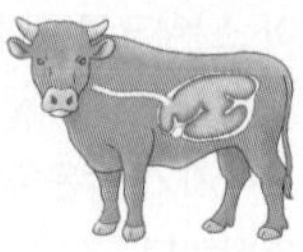

소는 식물의 섬유소를 직접 분해할 수 없지만 소화 기관에 섬유소를 분해하는 세균이 있어 세균의 대사산물을 에너지원으로 이용한다. ㉠ 세균에 의한 섬유소 분해 과정은 소의 되새김질에 의해 촉진된다. 되새김질은 삼킨 음식물을 위에서 입으로 토해내 씹고 삼키는 것을 반복하는 것으로, ㉡ 소는 되새김질에 적합한 구조의 소화 기관을 갖는다.

이 자료에 대한 설명으로 옳은 것만을 <보기>에서 있는 대로 고른 것은?

보기
ㄱ. ㉠에 효소가 이용된다.
ㄴ. ㉡은 적응과 진화의 예에 해당한다.
ㄷ. 소는 세균과의 상호 작용을 통해 이익을 얻는다.

① ㄱ ② ㄷ ③ ㄱ, ㄴ ④ ㄴ, ㄷ ⑤ ㄱ, ㄴ, ㄷ

8

생명 현상의 특성
[2023년 4월 학평 1번]

다음은 누에나방에 대한 자료이다.

(가) 누에나방은 알, 애벌레, 번데기 시기를 거쳐 성충이 된다.
(나) 누에나방의 ㉠ 애벌레는 뽕나무 잎을 먹고 생명 활동에 필요한 에너지를 얻는다.
(다) 인간은 누에나방의 애벌레가 만든 고치에서 실을 얻어 의복의 재료로 사용한다.

이에 대한 설명으로 옳은 것만을 <보기>에서 있는 대로 고른 것은?

보기
ㄱ. (가)는 생물의 특성 중 발생과 생장의 예에 해당한다.
ㄴ. ㉠은 세포로 되어 있다.
ㄷ. (다)는 생물 자원을 활용한 예이다.

① ㄱ ② ㄴ ③ ㄱ, ㄷ ④ ㄴ, ㄷ ⑤ ㄱ, ㄴ, ㄷ

정답과 해설 5 p.5 6 p.5 7 p.6 8 p.6

다음은 마라톤 대회에 참가 중인 사람에 대한 설명이다.

> 달리기를 할 때 근육 세포는 반복적인 근육 운동에 필요한 ATP를 얻기 위해 ㉠ 포도당을 세포 호흡에 이용한다. 하지만 달리기를 하는 중에도 ㉡ 혈당량은 정상 범위 내에서 유지된다.

㉠과 ㉡에 나타난 생명 현상의 특성으로 가장 적절한 것은?

	㉠	㉡
①	발생과 생장	물질대사
②	물질대사	항상성
③	물질대사	생식과 유전
④	적응과 진화	항상성
⑤	적응과 진화	물질대사

다음은 가랑잎벌레에 대한 자료이다.

> ㉠ 몸의 형태가 주변의 잎과 비슷하여 포식자의 눈에 잘 띄지 않는 가랑잎벌레는 참나무나 산딸기 등의 잎을 먹어 ㉡ 생명 활동에 필요한 에너지를 얻는다.

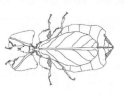

㉠과 ㉡에 나타난 생물의 특성으로 가장 적절한 것은?

	㉠	㉡
①	적응과 진화	발생과 생장
②	적응과 진화	물질대사
③	물질대사	적응과 진화
④	항상성	적응과 진화
⑤	항상성	물질대사

그림은 서식 환경에 따른 두 토끼의 생김새를 나타낸 것이다.

사막 지역   북극 지역

이 자료에 나타난 생명 현상의 특성과 가장 관련이 깊은 것은?

① 효모는 출아법으로 번식한다.
② 미모사의 잎을 건드리면 잎이 접힌다.
③ 장구벌레는 번데기 시기를 거쳐 모기가 된다.
④ 지렁이에게 빛을 비추면 어두운 곳으로 이동한다.
⑤ 선인장은 잎이 가시로 변해 건조한 환경에 살기에 적합하다.

다음은 어떤 산에 서식하는 도마뱀 A에 대한 자료이다.

> A는 고도가 낮은 지역에서는 주로 음지에서, 높은 지역에서는 주로 양지에서 관찰된다. ㉠ 두 지역의 기온 차이는 약 4℃이지만, 두 지역에 서식하는 A의 체온 차이는 약 1℃이다.

㉠과 가장 관련이 깊은 생물의 특성은?

① 발생   ② 생식   ③ 생장   ④ 유전   ⑤ 항상성

13

표는 생물의 특성의 예를 나타낸 것이다. (가)와 (나)는 물질대사, 발생과 생장을 순서 없이 나타낸 것이다.

생물의 특성	예
(가)	개구리 알은 올챙이를 거쳐 개구리가 된다.
(나)	ⓐ식물은 빛에너지를 이용하여 포도당을 합성한다.
적응과 진화	㉠

이에 대한 설명으로 옳은 것만을 〈보기〉에서 있는 대로 고른 것은?

보기

ㄱ. (가)는 발생과 생장이다.

ㄴ. ⓐ에서 효소가 이용된다.

ㄷ. '가랑잎벌레의 몸의 형태가 주변의 잎과 비슷하여 포식자의 눈에 띄지 않는다.'는 ㉠에 해당한다.

① ㄱ ② ㄷ ③ ㄱ, ㄴ ④ ㄴ, ㄷ ⑤ ㄱ, ㄴ, ㄷ

15

표는 생물의 특성 (가)와 (나)의 예를, 그림은 애벌레가 번데기를 거쳐 나비가 되는 과정을 나타낸 것이다. (가)와 (나)는 항상성, 발생과 생장을 순서 없이 나타낸 것이다.

구분	예
(가)	㉠
(나)	더운 날씨에 체온 유지를 위해 땀을 흘린다.

애벌레 → 번데기 → 나비

이에 대한 설명으로 옳은 것만을 〈보기〉에서 있는 대로 고른 것은?

보기

ㄱ. (가)는 발생과 생장이다.

ㄴ. 그림에 나타난 생물의 특성은 (가)보다 (나)와 관련이 깊다.

ㄷ. '북극토끼는 겨울이 되면 털 색깔이 흰색으로 변하여 천적의 눈에 띄지 않는다.'는 ㉠에 해당한다.

① ㄱ ② ㄴ ③ ㄷ ④ ㄱ, ㄴ ⑤ ㄱ, ㄷ

14

표는 강아지와 강아지 로봇의 특징을 나타낸 것이다.

구분	특징
강아지	○㉠ 낯선 사람이 다가오는 것을 보면 짖는다. ○사료를 소화·흡수하여 생활에 필요한 에너지를 얻는다.
강아지 로봇	○금속과 플라스틱으로 구성된다. ○건전지에 저장된 에너지를 통해 움직인다.

이에 대한 설명으로 옳은 것만을 〈보기〉에서 있는 대로 고른 것은?

보기

ㄱ. 강아지는 세포로 되어 있다.

ㄴ. 강아지 로봇은 물질대사를 통해 에너지를 얻는다.

ㄷ. ㉠과 가장 관련이 깊은 생물의 특성은 자극에 대한 반응이다.

① ㄱ ② ㄴ ③ ㄱ, ㄷ ④ ㄴ, ㄷ ⑤ ㄱ, ㄴ, ㄷ

16

표는 생물의 특성 (가)와 (나)의 예를 나타낸 것이다. (가)와 (나)는 적응과 물질대사를 순서 없이 나타낸 것이다.

특성	예
(가)	ⓐ강낭콩이 발아할 때 영양소가 분해되면서 열이 발생한다.
(나)	ⓑ하마는 콧구멍이 코 윗부분에 있어 몸이 물에 잠긴 상태에서도 숨을 쉴 수 있다.

이에 대한 옳은 설명만을 〈보기〉에서 있는 대로 고른 것은?

보기

ㄱ. (가)는 물질대사이다.

ㄴ. ⓐ와 ⓑ는 모두 세포로 구성된다.

ㄷ. 사막에 서식하는 선인장이 가시 형태의 잎을 갖는 것은 (나)의 예에 해당한다.

① ㄱ ② ㄷ ③ ㄱ, ㄴ ④ ㄴ, ㄷ ⑤ ㄱ, ㄴ, ㄷ

17 [2022 평가원]

표는 생물의 특성의 예를 나타낸 것이다. (가)와 (나)는 생식과 유전, 항상성을 순서 없이 나타낸 것이다.

생물의 특성	예
(가)	혈중 포도당 농도가 증가하면 ⓐ 인슐린의 분비가 촉진된다.
(나)	짚신벌레는 분열법으로 번식한다.
적응과 진화	고산 지대에 사는 사람은 낮은 지대에 사는 사람보다 적혈구 수가 많다.

이에 대한 설명으로 옳은 것만을 〈보기〉에서 있는 대로 고른 것은?

보기
ㄱ. ⓐ는 이자의 β세포에서 분비된다.
ㄴ. (나)는 생식과 유전이다.
ㄷ. '더운 지역에 사는 사막여우는 열 방출에 효과적인 큰 귀를 갖는다.'는 적응과 진화의 예에 해당한다.

① ㄱ   ② ㄴ   ③ ㄱ, ㄷ   ④ ㄴ, ㄷ   ⑤ ㄱ, ㄴ, ㄷ

18

다음은 습지에 서식하는 식물 A에 대한 자료이다.

(가) A는 물 밖으로 나와 있는 뿌리를 통해 산소를 흡수할 수 있어 산소가 부족한 습지에서 살기에 적합하다.
(나) A의 씨앗이 물이나 진흙에 떨어져 어린 개체가 된다.

이에 대한 설명으로 옳은 것만을 〈보기〉에서 있는 대로 고른 것은?

보기
ㄱ. A에서 물질대사가 일어난다.
ㄴ. (가)는 적응과 진화의 예에 해당한다.
ㄷ. (나)에서 세포 분열이 일어난다.

① ㄱ   ② ㄷ   ③ ㄱ, ㄴ   ④ ㄴ, ㄷ   ⑤ ㄱ, ㄴ, ㄷ

19 [2022 수능]

다음은 벌새가 갖는 생물의 특성에 대한 자료이다.

(가) 벌새의 날개 구조는 공중에서 정지한 상태로 꿀을 빨아먹기에 적합하다.
(나) 벌새는 자신의 체중보다 많은 양의 꿀을 섭취하여 ㉠ 활동에 필요한 에너지를 얻는다.
(다) 짝짓기 후 암컷이 낳은 알은 ㉡ 발생과 생장 과정을 거쳐 성체가 된다.

이에 대한 설명으로 옳은 것만을 〈보기〉에서 있는 대로 고른 것은?

보기
ㄱ. (가)는 적응과 진화의 예에 해당한다.
ㄴ. ㉠ 과정에서 물질대사가 일어난다.
ㄷ. '개구리알은 올챙이를 거쳐 개구리가 된다.'는 ㉡의 예에 해당한다.

① ㄱ   ② ㄷ   ③ ㄱ, ㄴ   ④ ㄴ, ㄷ   ⑤ ㄱ, ㄴ, ㄷ

20 [2023 평가원]

다음은 곤충 X에 대한 자료이다.

(가) 암컷 X는 짝짓기 후 알을 낳는다.
(나) 알에서 깨어난 애벌레는 동굴 천장에 둥지를 짓고 끈적끈적한 실을 늘어뜨려 덫을 만든다.
(다) 애벌레는 ATP를 분해하여 얻은 에너지로 청록색 빛을 낸다.
(라) 빛에 유인된 먹이가 덫에 걸리면 애벌레는 움직임을 감지하여 실을 끌어 올린다.

이에 대한 설명으로 옳은 것만을 〈보기〉에서 있는 대로 고른 것은?

보기
ㄱ. (가)에서 유전 물질이 자손에게 전달된다.
ㄴ. (다)에서 물질대사가 일어난다.
ㄷ. (라)는 자극에 대한 반응의 예에 해당한다.

① ㄱ   ② ㄴ   ③ ㄱ, ㄷ   ④ ㄴ, ㄷ   ⑤ ㄱ, ㄴ, ㄷ

21 | 2024 평가원

다음은 어떤 기러기에 대한 자료이다.

○ 화산섬에 서식하는 이 기러기는 풀과
열매를 섭취하여 ㉠ 활동에 필요한
에너지를 얻는다.
○ 이 기러기는 ㉡ 발생과 생장 과정에서
물갈퀴가 완전하게 발달하지는 않지만,
㉢ 길고 강한 발톱과 두꺼운 발바닥을 가져 화산섬에
서식하기에 적합하다.

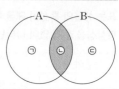

이 자료에 대한 설명으로 옳은 것만을 〈보기〉에서 있는 대로 고른
것은?

보기

ㄱ. ㉠ 과정에서 물질대사가 일어난다.

ㄴ. ㉡ 과정에서 세포 분열이 일어난다.

ㄷ. ㉢은 적응과 진화의 예에 해당한다.

① ㄱ   ② ㄷ   ③ ㄱ, ㄴ   ④ ㄴ, ㄷ   ⑤ ㄱ, ㄴ, ㄷ

22

아메바와 박테리오파지에 대한 설명으로 옳은 것만을 〈보기〉에서
있는 대로 고른 것은?

보기

ㄱ. 아메바는 물질대사를 한다.

ㄴ. 박테리오파지는 핵산을 가진다.

ㄷ. 아메바와 박테리오파지는 모두 세포 분열로 증식한다.

① ㄱ   ② ㄷ   ③ ㄱ, ㄴ   ④ ㄴ, ㄷ   ⑤ ㄱ, ㄴ, ㄷ

23

그림은 대장균(A)과 박테리오파지(B)의
공통점과 차이점을 나타낸 것이다.
이에 대한 옳은 설명만을 〈보기〉에서 있
는 대로 고른 것은?

보기

ㄱ. '세포 분열을 한다.'는 ㉠에 해당한다.

ㄴ. '핵산을 가진다.'는 ㉡에 해당한다.

ㄷ. '효소를 가진다.'는 ㉢에 해당한다.

① ㄱ   ② ㄷ   ③ ㄱ, ㄴ   ④ ㄱ, ㄷ   ⑤ ㄴ, ㄷ

24

그림은 A가 B에서 증식하는 과정을 나타낸 것이다. A와 B는 각각
대장균과 박테리오파지 중 하나이다.

이에 대한 설명으로 옳은 것만을 〈보기〉에서 있는 대로 고른 것은?

보기

ㄱ. A는 세포 분열로 증식한다.

ㄴ. B는 대장균이다.

ㄷ. A와 B는 모두 유전 물질을 갖는다.

① ㄱ   ② ㄴ   ③ ㄷ   ④ ㄴ, ㄷ   ⑤ ㄱ, ㄴ, ㄷ

25

그림 (가)와 (나)는 각각 식물 세포와 독감 바이러스를 나타낸 것이다. A는 세포 소기관이다.

(가)   (나)

이에 대한 설명으로 옳은 것만을 〈보기〉에서 있는 대로 고른 것은?

> **보기**
> ㄱ. A에서 빛에너지가 화학 에너지로 전환된다.
> ㄴ. (나)는 독립적으로 물질대사를 한다.
> ㄷ. (가)와 (나)에 모두 단백질이 있다.

① ㄱ   ② ㄴ   ③ ㄱ, ㄴ   ④ ㄱ, ㄷ   ⑤ ㄴ, ㄷ

27 **2023 수능**

다음은 어떤 해파리에 대한 자료이다.

> 이 해파리의 유생은 ⊙ 발생과 생장 과정을 거쳐 성체가 된다. 성체의 촉수에는 독이 있는 세포 ⓐ가 분포하는데, ⓛ 촉수에 물체가 닿으면 ⓐ에서 독이 분비된다.

이 자료에 대한 설명으로 옳은 것만을 〈보기〉에서 있는 대로 고른 것은? **3점**

> **보기**
> ㄱ. ⊙ 과정에서 세포 분열이 일어난다.
> ㄴ. ⓐ에서 물질대사가 일어난다.
> ㄷ. ⓛ은 자극에 대한 반응의 예에 해당한다.

① ㄱ   ② ㄴ   ③ ㄱ, ㄷ   ④ ㄴ, ㄷ   ⑤ ㄱ, ㄴ, ㄷ

26

다음은 문어가 갖는 생물의 특성에 대한 자료이다.

> (가) 게, 조개 등의 먹이를 섭취하여 생명 활동에 필요한 에너지를 얻는다.
> (나) 반응 속도가 빠르고 몸이 유연하여 주변 환경에 따라 피부색과 체형을 바꾸어 천적을 피하는 데 유리하다.

(가)와 (나)에 나타난 생물의 특성으로 가장 적절한 것은?

	(가)	(나)
①	물질대사	생식과 유전
②	물질대사	적응과 진화
③	물질대사	항상성
④	항상성	생식과 유전
⑤	항상성	적응과 진화

28 **2024 평가원**

표는 생물의 특성의 예를 나타낸 것이다. (가)와 (나)는 생식과 유전, 적응과 진화를 순서 없이 나타낸 것이다.

생물의 특성	예
(가)	아메바는 분열법으로 번식한다.
(나)	⊙ 뱀은 큰 먹이를 먹기에 적합한 몸의 구조를 갖는다.
자극에 대한 반응	ⓐ

이에 대한 설명으로 옳은 것만을 〈보기〉에서 있는 대로 고른 것은? **3점**

> **보기**
> ㄱ. (가)는 생식과 유전이다.
> ㄴ. ⊙은 세포로 구성되어 있다.
> ㄷ. '뜨거운 물체에 손이 닿으면 반사적으로 손을 뗀다.'는 ⓐ에 해당한다.

① ㄱ   ② ㄷ   ③ ㄱ, ㄴ   ④ ㄴ, ㄷ   ⑤ ㄱ, ㄴ, ㄷ

다음은 심해 열수구에 서식하는 관벌레에 대한 자료이다.

(가) 붓 모양의 ㉠ 관벌레에는 세균이 서식하는 영양체라는 기관이 있다.

(나) 관벌레는 영양체 내 세균에게 서식 공간을 제공하고, 세균이 합성한 ㉡ 유기물을 섭취하여 에너지를 얻는다.

이에 대한 옳은 설명만을 〈보기〉에서 있는 대로 고른 것은?

보기
ㄱ. ㉠은 세포로 구성된다.
ㄴ. ㉡ 과정에서 이화 작용이 일어난다.
ㄷ. (나)는 상리 공생의 예이다.

① ㄱ   ② ㄷ   ③ ㄱ, ㄴ   ④ ㄴ, ㄷ   ⑤ ㄱ, ㄴ, ㄷ

개념편 동영상 강의

생1-1-1-02(개)

I. 생명 과학의 이해

1. 생명 과학의 이해   02. 생명 과학의 특성과 탐구 방법

문제편 동영상 강의

생1-1-1-02(문)

02. 생명 과학의 특성과 탐구 방법

❶ 생명 과학의 탐구 ★수능에 나오는 필수 개념 3가지 + 필수 암기사항 6개

필수개념 1 생명 과학의 연구 대상과 통합적 특성

1. **생명 과학의 연구 대상** : 생명 과학은 지구에 살고 있는 생물의 기원, 구조와 기능, 생식과 유전, 분류 및 분포 등을 분자 수준에서 생태계까지 다양한 범위에서 통합적으로 연구하는 학문이다.

2. **생명 과학의 통합적 특성** : 생명 과학은 컴퓨터 공학, 정보 기술 등과 같은 다양한 영역의 학문과 연계되어 생물 정보학, 생물 기계 공학, 생물 물리학 등과 같은 다양한 통합 학문 분야로 발달하고 있다.

필수개념 2 과학의 탐구 방법

• **과학의 탐구 방법** → 귀납적 탐구 방법과 연역적 탐구 방법이 있는데 주로 연역적 탐구 방법이 출제된다!

1. **귀납적 탐구 방법**
   • 자연 현상을 관찰하여 얻은 자료를 종합하고 분석한 후 규칙성을 발견하여 일반적인 원리나 법칙을 이끌어내는 탐구 방법이다. **예** 다윈의 진화설 등
   • 실험을 통해 검증하기 어려운 주제를 탐구하는 방법으로 가설 설정 단계가 없다.

2. **연역적 탐구 방법** ★암기
   자연 현상을 관찰하면서 인식한 문제를 해결하기 위해 잠정적인 답인 가설을 세우고 가설의 옳고 그름을 검증하는 탐구 방법이다. 가설을 검증하기 위해 대조 실험을 한다. **예** 새의 배우자 선택에 관한 앤더슨의 연구 등
   1) **관찰 및 문제 인식** : 생명 현상을 관찰하고, 그 현상에 대한 의문점을 발견하는 단계.
   2) **가설 설정** : 의문점에 대해 잠정적인 결론(가설)을 내리는 단계.
   3) **탐구 설계 및 수행** : 가설의 타당성을 검증하기 위해 탐구 방법을 설계하고 탐구를 수행하는 단계.
   4) **탐구 결과 정리 및 해석** : 실험을 통해 얻은 자료를 정리·분석하여 규칙성이나 경향성을 알아내는 단계.
   5) **결론 도출 및 일반화** : 자료를 종합하여 결론을 내리고, 가설을 받아들일지를 판단하는 단계. 가설과 일치하지 않으면 가설을 수정하여 다시 검증한다. 다른 과학자들에 의해 동일한 결과가 반복적으로 확인이 되면 학설로 인정되는데, 이 과정을 일반화라고 한다.

필수개념 3 연역적 탐구의 설계

• **연역적 탐구의 실험 설계** → 대조 실험에서 실험군과 대조군을 찾는 것, 조작 변인과 종속 변인 찾기가 주로 출제되니까 꼭 암기해야 돼!

1. **대조 실험** : 실험 결과의 타당성을 높이기 위해 실험군과 대조군을 설정하여 비교한다.
   1) **실험군** : 가설에서 설정한 실험조건을 인위적으로 변경한 집단. ★암기
   2) **대조군** : 실험조건을 인위적으로 변화시키지 않고 자연 상태 그대로 둔 집단. ★암기
2. **변인** : 실험에 관계있는 요인.
   1) **독립 변인** : 실험 결과에 영향을 줄 수 있는 요인.
      ① **조작 변인** : 실험에서 의도적으로 변화시키는 요인으로 가설의 원인에 해당한다. ★암기
      ② **통제 변인** : 실험하는 동안 일정하게 유지시키는 변인. ★암기
   2) **종속 변인** : 조작 변인의 영향을 받아 변하는 변인으로 실험 결과에 해당한다. ★암기
3. **변인 통제** : 종속 변인에 영향을 줄 수 있는 통제 변인을 일정하게 유지시키는 것이다.

기본자료

▶ 귀납적 탐구 방법

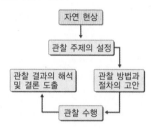

▶ 가설
관찰된 자연 현상에서 생긴 의문에 대한 잠정적인 답으로 실험을 통해 검증될 수 있어야 한다.

▶ 일반화
도출된 결론으로부터 보편적이고 객관적인 원리를 이끌어내는 과정.

▶ 연역적 탐구 방법

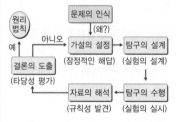

1

다음은 어떤 과학자가 수행한 탐구의 일부이다.

> (가) ㉠ 도마뱀 알 20개 중 10개는 27℃에, 나머지 10개는 33℃에 두었다.
>
> (나) ㉡ 일정 시간이 지난 후 알에서 자란 새끼가 부화하면, 알을 둔 온도별로 새끼의 성별을 확인하였다.

이에 대한 옳은 설명만을 〈보기〉에서 있는 대로 고른 것은?

> **보기**
> ㄱ. ㉠은 세포로 구성된다.
> ㄴ. 알을 둔 온도는 조작 변인이다.
> ㄷ. ㉡은 생물의 특성 중 발생의 예이다.

① ㄱ ② ㄴ ③ ㄱ, ㄷ ④ ㄴ, ㄷ ⑤ ㄱ, ㄴ, ㄷ

2

다음은 철수가 수행한 탐구 과정의 일부를 순서 없이 나타낸 것이다.

> (가) 화분 A~C를 준비하여 A에는 염기성 토양을, B에는 중성 토양을, C에는 산성 토양을 각각 500g씩 넣은 후 수국을 심었다.
>
> (나) 일정 기간이 지난 후 ㉠ 수국의 꽃 색깔을 확인하였더니 A에서는 붉은색, B에서는 흰색, C에서는 푸른색으로 나타났다.
>
> (다) 서로 다른 지역에 서식하는 수국의 꽃 색깔이 다른 것을 관찰하고 의문이 생겼다.
>
> (라) 토양의 pH에 따라 수국의 꽃 색깔이 다를 것이라고 생각하였다.

이 자료에 대한 설명으로 옳은 것만을 〈보기〉에서 있는 대로 고른 것은?

> **보기**
> ㄱ. ㉠은 종속변인이다.
> ㄴ. 연역적 탐구 방법이 이용되었다.
> ㄷ. 탐구는 (다) → (라) → (가) → (나) 순으로 진행되었다.

① ㄱ ② ㄷ ③ ㄱ, ㄴ ④ ㄴ, ㄷ ⑤ ㄱ, ㄴ, ㄷ

3 2022 평가원

다음은 어떤 과학자가 수행한 탐구이다.

> (가) 초파리는 짝짓기 상대로 서로 다른 종류의 먹이를 먹고 자란 개체보다 같은 먹이를 먹고 자란 개체를 선호할 것이라고 생각했다.
>
> (나) 초파리를 두 집단 A와 B로 나눈 후 A는 먹이 ⓐ를, B는 먹이 ⓑ를 주고 배양했다. ⓐ와 ⓑ는 서로 다른 종류의 먹이다.
>
> (다) 여러 세대를 배양한 후, ㉠ 같은 먹이를 먹고 자란 초파리 사이에서의 짝짓기 빈도와 ㉡ 서로 다른 종류의 먹이를 먹고 자란 초파리 사이에서의 짝짓기 빈도를 관찰했다.
>
> (라) (다)의 결과, I이 II보다 높게 나타났다. I과 II는 ㉠과 ㉡을 순서 없이 나타낸 것이다.
>
> (마) 초파리는 짝짓기 상대로 서로 다른 종류의 먹이를 먹고 자란 개체보다 같은 먹이를 먹고 자란 개체를 선호한다는 결론을 내렸다.

이 자료에 대한 설명으로 옳은 것만을 〈보기〉에서 있는 대로 고른 것은? 3점

> **보기**
> ㄱ. 연역적 탐구 방법이 이용되었다.
> ㄴ. 조작 변인은 짝짓기 빈도이다.
> ㄷ. I은 ㉡이다.

① ㄱ ② ㄴ ③ ㄷ ④ ㄱ, ㄴ ⑤ ㄱ, ㄷ

4 2022 평가원

다음은 초식 동물 종 A와 식물 종 P의 상호 작용에 대해 어떤 과학자가 수행한 탐구이다.

(가) P가 사는 지역에 A가 유입된 후 P의 가시의 수가 많아진 것을 관찰하고, A가 P를 뜯어 먹으면 P의 가시의 수가 많아질 것이라고 생각했다.

가시

(나) 같은 지역에 서식하는 P를 집단 ㉠과 ㉡으로 나눈 후, ㉠에만 A의 접근을 차단하여 P를 뜯어 먹지 못하도록 했다.

(다) 일정 시간이 지난 후, P의 가시의 수는 Ⅰ에서가 Ⅱ에서보다 많았다. Ⅰ과 Ⅱ는 ㉠과 ㉡을 순서 없이 나타낸 것이다.

(라) A가 P를 뜯어 먹으면 P의 가시의 수가 많아진다는 결론을 내렸다.

이 자료에 대한 설명으로 옳은 것만을 〈보기〉에서 있는 대로 고른 것은? 3점

보기

ㄱ. Ⅱ는 ㉠이다.

ㄴ. 연역적 탐구 방법이 이용되었다.

ㄷ. 조작 변인은 P의 가시의 수이다.

---

① ㄱ   ② ㄷ   ③ ㄱ, ㄴ   ④ ㄴ, ㄷ   ⑤ ㄱ, ㄴ, ㄷ

5

다음은 어떤 과학자가 수행한 탐구이다.

(가) 서식 환경과 비슷한 털색을 갖는 생쥐가 포식자의 눈에 잘 띄지 않아 생존에 유리할 것이라고 생각했다.

(나) ㉠갈색 생쥐 모형과 ㉡흰색 생쥐 모형을 준비해서 지역 A와 B 각각에 두 모형을 설치했다. A와 B는 각각 갈색 모래 지역과 흰색 모래 지역 중 하나이다.

(다) A에서는 ㉠이 ㉡보다, B에서는 ㉡이 ㉠보다 포식자로부터 더 많은 공격을 받았다.

(라) ⓐ서식 환경과 비슷한 털색을 갖는 생쥐가 생존에 유리하다는 결론을 내렸다.

이 자료에 대한 설명으로 옳은 것만을 〈보기〉에서 있는 대로 고른 것은?

보기

ㄱ. A는 갈색 모래 지역이다.

ㄴ. 연역적 탐구 방법이 이용되었다.

ㄷ. ⓐ는 생물의 특성 중 적응과 진화의 예에 해당한다.

---

① ㄱ   ② ㄴ   ③ ㄱ, ㄷ   ④ ㄴ, ㄷ   ⑤ ㄱ, ㄴ, ㄷ

6

다음은 생명 과학의 탐구 방법에 대한 자료이다. (가)는 귀납적 탐구 방법에 대한 사례이고, (나)는 연역적 탐구 방법에 대한 사례이다.

(가) 카로 박사는 오랜 시간 동안 가젤 영양이 공중으로 뛰어 오르며 하얀 엉덩이를 치켜드는 뜀뛰기 행동을 다양한 상황에서 관찰하였다. 관찰된 특성을 종합한 결과 가젤 영양은 포식자가 주변에 나타나면 엉덩이를 치켜드는 뜀뛰기 행동을 한다는 결론을 내렸다.

(나) 에이크만은 건강한 닭들을 두 집단으로 나누어 현미와 백미를 각각 먹여 기른 후 각기병 증세의 발생 여부를 관찰하였다. 그 결과 백미를 먹인 닭에서는 각기병 증세가 나타났고, 현미를 먹인 닭에서는 각기병 증세가 나타나지 않았다. 이를 통해 현미에는 각기병을 예방하는 물질이 들어 있다는 결론을 내렸다.

이에 대한 설명으로 옳은 것만을 〈보기〉에서 있는 대로 고른 것은?

보기

ㄱ. (가)의 탐구 방법에서는 여러 가지 관찰 사실을 분석하고 종합하여 일반적인 원리나 법칙을 도출한다.

ㄴ. (나)에서 대조 실험이 수행되었다.

ㄷ. (나)에서 각기병 증세의 발생 여부는 종속 변인이다.

---

① ㄱ   ② ㄷ   ③ ㄱ, ㄴ   ④ ㄴ, ㄷ   ⑤ ㄱ, ㄴ, ㄷ

7

다음은 어떤 과학자가 수행한 탐구이다.

> (가) 딱총새우가 서식하는 산호의 주변에는 산호의 천적인
> 불가사리가 적게 관찰되는 것을 보고, 딱총새우가 산호를
> 불가사리로부터 보호해 줄 것이라고 생각했다.
> (나) 같은 지역에 있는 산호들을 집단 A와 B로 나눈 후,
> A에서는 딱총새우를 그대로 두고, B에서는 딱총새우를
> 제거하였다.
> (다) 일정 시간 동안 불가사리에게 잡아먹힌 산호의 비율은
> ㉠에서가 ㉡에서보다 높았다. ㉠과 ㉡은 A와 B를 순서
> 없이 나타낸 것이다.
> (라) 산호에 서식하는 딱총새우가 산호를 불가사리로부터
> 보호해준다는 결론을 내렸다.

이 자료에 대한 설명으로 옳은 것만을 〈보기〉에서 있는 대로 고른 것은? 3점

> **보기**
> ㄱ. ㉠은 A이다.
> ㄴ. (나)에서 조작 변인은 딱총새우의 제거 여부이다.
> ㄷ. (다)에서 불가사리와 산호 사이의 상호 작용은 포식과
> 피식에 해당한다.

① ㄱ　　② ㄷ　　③ ㄱ, ㄴ　　④ ㄴ, ㄷ　　⑤ ㄱ, ㄴ, ㄷ

8

다음은 효모를 이용한 물질대사 실험이다.

> [실험 과정]
> (가) 발효관 A와 B에 표와 같이 용액을 넣고, 맹관부에
> 공기가 들어가지 않도록 발효관을 세운 후, 입구를
> 솜으로 막는다. 맹관부

발효관	용액
A	증류수 20mL＋효모액 20mL
B	5% 포도당 수용액 20mL＋효모액 20mL

> (나) A와 B를 37℃로 맞춘 항온기에 두고 일정 시간이 지난 후
> ㉠맹관부에 모인 기체의 양을 측정한다.

이 실험에 대한 옳은 설명만을 〈보기〉에서 있는 대로 고른 것은?
3점

> **보기**
> ㄱ. ㉠은 조작 변인이다.
> ㄴ. (나)의 B에서 CO_2가 발생한다.
> ㄷ. 실험 결과 맹관부 수면의 높이는 A가 B보다 낮다.

① ㄱ　　② ㄴ　　③ ㄷ　　④ ㄱ, ㄴ　　⑤ ㄴ, ㄷ

9

다음은 어떤 과학자가 수행한 탐구이다.

> (가) 아스피린은 사람의 세포에서 통증을 유발하는 물질 X의
> 생성을 억제할 것으로 생각하였다.
> (나) 사람에서 얻은 세포를 집단 ㉠과 ㉡으로 나눈 후 둘 중
> 하나에 아스피린 처리를 하였다.
> (다) ㉠과 ㉡에서 단위 시간당 X의 생성량을
> 측정한 결과는 그림과 같았다.
> (라) 아스피린은 X의 생성을 억제한다는
> 결론을 내렸다.

이에 대한 옳은 설명만을 〈보기〉에서 있는 대로 고른 것은? (단, 아스피린 처리의 여부 이외의 조건은 같다.) 3점

> **보기**
> ㄱ. 대조 실험이 수행되었다.
> ㄴ. 아스피린 처리의 여부는 종속변인이다.
> ㄷ. 아스피린 처리를 한 집단은 ㉠이다.

① ㄱ　　② ㄴ　　③ ㄷ　　④ ㄱ, ㄴ　　⑤ ㄱ, ㄷ

다음은 먹이 섭취량이 동물 종 ⓐ의 생존에 미치는 영향을 알아보기 위한 실험이다.

[실험 과정]

(가) 유전적으로 동일하고 같은 시기에 태어난 ⓐ의 수컷 개체 200마리를 준비하여, 100마리씩 집단 A와 B로 나눈다.

(나) A에는 충분한 양의 먹이를 제공하고 B에는 먹이 섭취량을 제한하면서 배양한다. 한 개체당 먹이 섭취량은 A의 개체가 B의 개체보다 많다.

(다) A와 B에서 시간에 따른 ⓐ의 생존 개체 수를 조사한다.

[실험 결과]

그림은 A와 B에서 시간에 따른 ⓐ의 생존 개체 수를 나타낸 것이다.

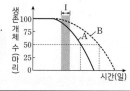

이 자료에 대한 설명으로 옳은 것만을 <보기>에서 있는 대로 고른 것은? (단, 제시된 조건 이외는 고려하지 않는다.) 3점

보기
ㄱ. 이 실험에서의 조작 변인은 ⓐ의 생존 개체 수이다.
ㄴ. 구간 Ⅰ에서 사망한 ⓐ의 개체 수는 A에서가 B에서보다 많다.
ㄷ. 각 집단에서 ⓐ의 생존 개체 수가 50마리가 되는 데 걸린 시간은 A에서가 B에서보다 길다.

① ㄱ   ② ㄴ   ③ ㄷ   ④ ㄱ, ㄴ   ⑤ ㄴ, ㄷ

다음은 동물 종 A에 대해 어떤 과학자가 수행한 탐구이다.

(가) A의 수컷 꼬리에 긴 장식물이 있는 것을 관찰하고, ㉠ A의 암컷은 꼬리 장식물의 길이가 긴 수컷을 배우자로 선호할 것이라는 가설을 세웠다.

(나) 꼬리 장식물의 길이가 긴 수컷 집단 Ⅰ과 꼬리 장식물의 길이가 짧은 수컷 집단 Ⅱ에서 각각 한 마리씩 골라 암컷 한 마리와 함께 두고, 암컷이 어떤 수컷을 배우자로 선택하는지 관찰하였다.

(다) (나)의 과정을 반복하여 얻은 결과, Ⅰ의 개체가 선택된 비율이 Ⅱ의 개체가 선택된 비율보다 높았다.

(라) A의 암컷은 꼬리 장식물의 길이가 긴 수컷을 배우자로 선호한다는 결론을 내렸다.

이 자료에 대한 설명으로 옳은 것만을 <보기>에서 있는 대로 고른 것은? 3점

보기
ㄱ. ㉠은 관찰한 현상을 설명할 수 있는 잠정적인 결론(잠정적인 답)에 해당한다.
ㄴ. 조작 변인은 암컷이 Ⅰ의 개체를 선택한 비율이다.
ㄷ. (라)는 탐구 과정 중 결론 도출 단계에 해당한다.

① ㄱ   ② ㄴ   ③ ㄱ, ㄷ   ④ ㄴ, ㄷ   ⑤ ㄱ, ㄴ, ㄷ

다음은 어떤 학생이 수행한 탐구 과정의 일부이다.

(가) 콩에는 오줌 속의 요소를 분해하는 물질이 있을 것이라고 생각하였다.

(나) 비커 Ⅰ과 Ⅱ에 표와 같이 물질을 넣은 후 BTB용액을 첨가한다.

비커	물질
Ⅰ	오줌 20mL+증류수 3mL
Ⅱ	오줌 20mL+증류수 1mL+생콩즙 2mL

(다) 일정 시간 간격으로 Ⅰ과 Ⅱ에 들어 있는 용액의 색깔 변화를 관찰한다.

이에 대한 설명으로 옳은 것만을 <보기>에서 있는 대로 고른 것은?

보기
ㄱ. 이 탐구 과정은 귀납적 탐구 방법이다.
ㄴ. (나)에서 대조 실험을 수행하였다.
ㄷ. 생콩즙의 첨가 유무는 종속변인에 해당한다.

① ㄱ   ② ㄴ   ③ ㄷ   ④ ㄱ, ㄴ   ⑤ ㄴ, ㄷ

다음은 어떤 학생이 수행한 탐구 활동이다.

> (가) 식물의 싹이 빛을 향해 구부러져 자라는 것을 관찰하고, 싹의 윗부분에 빛의 방향을 감지하는 부위가 있다고 가설을 세웠다.
> (나) 암실에서 싹을 틔운 같은 종의 식물 A와 B를 꺼내 B에만 덮개를 씌워 윗부분에 빛이 닿지 못하도록 했다.
> (다) A와 B의 측면에서 빛을 비추고 생장 과정을 관찰했다.

이에 대한 옳은 설명만을 〈보기〉에서 있는 대로 고른 것은? **3점**

보기

ㄱ. 연역적 탐구 방법이 사용되었다.
ㄴ. (나)에서 대조군과 실험군이 설정되었다.
ㄷ. 덮개를 씌우는지의 여부는 종속 변인이다.

① ㄴ　　② ㄷ　　③ ㄱ, ㄴ　　④ ㄱ, ㄷ　　⑤ ㄱ, ㄴ, ㄷ

다음은 어떤 과학자가 수행한 탐구 과정의 일부이다.

> (가) '황조롱이는 양육하는 새끼 수가 많을수록 부모 새의 생존율이 낮아질 것이다.'라고 생각하였다.
> (나) 황조롱이를 세 집단 A~C로 나눈 후 표와 같이 각 집단의 둥지당 새끼 수를 다르게 하였다.
>
> | 집단 | A | B | C |
> |------|---|---|---|
> | 둥지당 새끼 수 | 3 | 5 | 7 |
>
> (다) 일정 시간이 지난 후 A~C에서 ㉠ 부모 새의 생존율을 조사하여 그래프로 나타내었다. Ⅰ~Ⅲ은 A~C를 순서 없이 나타낸 것이다.

> (라) 황조롱이는 양육하는 새끼 수가 많을수록 부모 새의 생존율이 낮아진다는 결론을 내렸다.

이에 대한 설명으로 옳은 것만을 〈보기〉에서 있는 대로 고른 것은? **3점**

보기

ㄱ. (가)는 가설 설정 단계이다.
ㄴ. ㉠은 종속변인이다.
ㄷ. Ⅲ은 C이다.

① ㄱ　　② ㄷ　　③ ㄱ, ㄴ　　④ ㄴ, ㄷ　　⑤ ㄱ, ㄴ, ㄷ

다음은 곰팡이 ㉠과 옥수수를 이용한 탐구의 일부를 순서 없이 나타낸 것이다.

> (가) '㉠이 옥수수의 생장을 촉진한다.'라고 결론을 내렸다.
> (나) 생장이 빠른 옥수수의 뿌리에 ㉠이 서식하는 것을 관찰하고, ㉠이 옥수수의 생장에 영향을 미칠 것으로 생각했다.
> (다) ㉠이 서식하는 옥수수 10개체와 ㉠이 제거된 옥수수 10개체를 같은 조건에서 배양하면서 질량 변화를 측정했다.

이에 대한 옳은 설명만을 〈보기〉에서 있는 대로 고른 것은? **3점**

보기

ㄱ. 옥수수에서 ㉠의 제거 여부는 종속변인이다.
ㄴ. 이 탐구에서는 대조 실험이 수행되었다.
ㄷ. 탐구는 (나) → (다) → (가)의 순으로 진행되었다.

① ㄱ　　② ㄷ　　③ ㄱ, ㄴ　　④ ㄴ, ㄷ　　⑤ ㄱ, ㄴ, ㄷ

16 2022 수능

다음은 어떤 과학자가 수행한 탐구이다.

> (가) 바다 달팽이가 갉아 먹던 갈조류를 다 먹지 않고 이동하여 다른 갈조류를 먹는 것을 관찰하였다.
>
> (나) ㉠ 바다 달팽이가 갉아 먹은 갈조류에서 바다 달팽이가 기피하는 물질 X의 생성이 촉진될 것이라는 가설을 세웠다.
>
> (다) 갈조류를 두 집단 ⓐ와 ⓑ로 나눠 한 집단만 바다 달팽이가 갉아 먹도록 한 후, ⓐ와 ⓑ 각각에서 X의 양을 측정하였다.
>
> (라) 단위 질량당 X의 양은 ⓑ에서가 ⓐ에서보다 많았다.
>
> (마) 바다 달팽이가 갉아 먹은 갈조류에서 X의 생성이 촉진된다는 결론을 내렸다.

이 자료에 대한 설명으로 옳은 것만을 〈보기〉에서 있는 대로 고른 것은? 3점

> **보기**
> ㄱ. ㉠은 (가)에서 관찰한 현상을 설명할 수 있는 잠정적인 결론(잠정적인 답)에 해당한다.
> ㄴ. (다)에서 대조 실험이 수행되었다.
> ㄷ. (라)의 ⓐ는 바다 달팽이가 갉아 먹은 갈조류 집단이다.

① ㄱ   ② ㄷ   ③ ㄱ, ㄴ   ④ ㄴ, ㄷ   ⑤ ㄱ, ㄴ, ㄷ

17

다음은 어떤 과학자가 수행한 탐구이다.

> (가) 해조류를 먹지 않는 돌돔이 서식하는 지역에서 해조류를 먹는 성게의 개체 수가 적게 관찰되는 것을 보고, 돌돔이 있으면 성게에게 먹히는 해조류의 양이 감소할 것이라고 생각했다.
>
> (나) 같은 양의 해조류가 있는 지역 A와 B에 동일한 개체 수의 성게를 각각 넣은 후 ㉠에만 돌돔을 넣었다. ㉠은 A와 B 중 하나이다.
>
> (다) 일정 시간이 지난 후 남아 있는 해조류의 양은 A에서가 B에서보다 많았다.
>
> (라) 돌돔이 있으면 성게에게 먹히는 해조류의 양이 감소한다는 결론을 내렸다.

이 자료에 대한 설명으로 옳은 것만을 〈보기〉에서 있는 대로 고른 것은? (단, 제시된 조건 이외는 고려하지 않는다.)

> **보기**
> ㄱ. ㉠은 B이다.
> ㄴ. 종속변인은 돌돔의 유무이다.
> ㄷ. 연역적 탐구 방법이 이용되었다.

① ㄱ   ② ㄷ   ③ ㄱ, ㄴ   ④ ㄱ, ㄷ   ⑤ ㄴ, ㄷ

18

다음은 어떤 과학자가 수행한 탐구 과정의 일부이다.

> (가) 동물 X는 사료 외에 플라스틱도 먹이로 섭취하여 에너지를 얻을 수 있을 것이라고 생각했다.
>
> (나) 동일한 조건의 X를 각각 20마리씩 세 집단 A, B, C로 나눈 후 A에는 물과 사료를, B에는 물과 플라스틱을, C에는 물만 주었다.
>
> (다) 일정 기간이 지난 후 ㉠ X의 평균 체중을 확인한 결과 A에서는 증가했고, B에서는 유지되었으며, C에서는 감소했다.

이 자료에 대한 설명으로 옳은 것만을 〈보기〉에서 있는 대로 고른 것은?

> **보기**
> ㄱ. ㉠은 조작 변인이다.
> ㄴ. 연역적 탐구 방법이 이용되었다.
> ㄷ. (나)에서 대조 실험이 수행되었다.

① ㄱ   ② ㄴ   ③ ㄱ, ㄷ   ④ ㄴ, ㄷ   ⑤ ㄱ, ㄴ, ㄷ

19 2023 평가원

다음은 어떤 과학자가 수행한 탐구이다.

> (가) 벼가 잘 자라지 못하는 논에 벼를 갉아먹는 왕우렁이의 개체 수가 많은 것을 관찰하고, 왕우렁이의 포식자인 자라를 논에 넣어주면 벼의 생물량이 증가할 것이라고 생각했다.
>
> (나) 같은 지역의 면적이 동일한 논 A와 B에 각각 같은 수의 왕우렁이를 넣은 후, A에만 자라를 풀어놓았다.
>
> (다) 일정 시간이 지난 후 조사한 왕우렁이의 개체 수는 ㉠에서가 ㉡에서보다 적었고, 벼의 생물량은 ㉠에서가 ㉡에서보다 많았다. ㉠과 ㉡은 A와 B를 순서 없이 나타낸 것이다.
>
> (라) 자라가 왕우렁이의 개체 수를 감소시켜 벼의 생물량이 증가한다는 결론을 내렸다.

이 자료에 대한 설명으로 옳은 것만을 〈보기〉에서 있는 대로 고른 것은? 3점

> **보기**
> ㄱ. ㉡은 B이다.
> ㄴ. 조작 변인은 벼의 생물량이다.
> ㄷ. ㉠에서 왕우렁이 개체군에 환경 저항이 작용하였다.

① ㄱ   ② ㄴ   ③ ㄱ, ㄷ   ④ ㄴ, ㄷ   ⑤ ㄱ, ㄴ, ㄷ

20 2023 평가원

연역적 탐구의 설계
[2023학년도 9월 모평 20번]

다음은 어떤 과학자가 수행한 탐구이다.

(가) 물질 X가 살포된 지역에서 비정상적인 생식 기관을 갖는 수컷 개구리가 많은 것을 관찰하고, X가 수컷 개구리의 생식 기관에 기형을 유발할 것이라고 생각했다.
(나) X에 노출된 적이 없는 올챙이를 집단 A와 B로 나눈 후 A에만 X를 처리했다.
(다) 일정 시간이 지난 후, ㉠과 ㉡ 각각의 수컷 개구리 중 비정상적인 생식 기관을 갖는 개체의 빈도를 조사한 결과는 그림과 같다. ㉠과 ㉡은 A와 B를 순서 없이 나타낸 것이다.

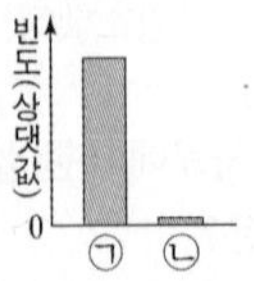

(라) X가 수컷 개구리의 생식 기관에 기형을 유발한다는 결론을 내렸다.

이 자료에 대한 설명으로 옳은 것만을 <보기>에서 있는 대로 고른 것은? 3점

보기
ㄱ. ㉠은 B이다.
ㄴ. 연역적 탐구 방법이 이용되었다.
ㄷ. (나)에서 조작 변인은 X의 처리 여부이다.

① ㄱ ② ㄴ ③ ㄱ, ㄷ ④ ㄴ, ㄷ ⑤ ㄱ, ㄴ, ㄷ

21

연역적 탐구의 설계
[2022년 10월 학평 6번]

다음은 어떤 과학자가 수행한 탐구의 일부이다.

(가) 식물 주변 O_2 농도가 높을수록 식물의 CO_2 흡수량이 많을 것으로 생각하였다.
(나) 같은 종의 식물 집단 A와 B를 준비하고, 표와 같은 조건에서 일정 기간 기르면서 측정한 CO_2 흡수량은 그림과 같았다. ㉠과 ㉡은 각각 A와 B 중 하나이다.

집단	주변 O_2 농도
A	1%
B	21%

(다) 가설과 맞지 않는 결과가 나와 가설을 수정하였다.

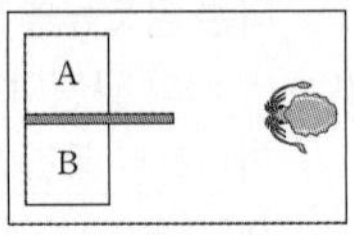

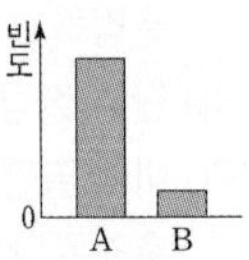

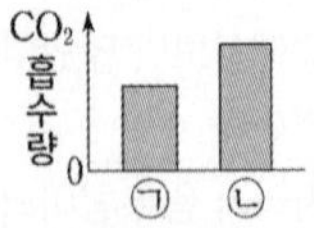

이에 대한 옳은 설명만을 <보기>에서 있는 대로 고른 것은? 3점

보기
ㄱ. 연역적 탐구 방법이 이용되었다.
ㄴ. 주변 O_2 농도는 종속변인이다.
ㄷ. ㉠은 A이다.

① ㄱ ② ㄴ ③ ㄷ ④ ㄱ, ㄴ ⑤ ㄱ, ㄷ

22 2023 수능

연역적 탐구의 설계
[2023학년도 수능 18번]

다음은 어떤 과학자가 수행한 탐구이다.

(가) 갑오징어가 먹이의 많고 적음을 구분하여 먹이가 더 많은 곳으로 이동할 것이라고 생각했다.
(나) 그림과 같이 대형 수조 안에 서로 다른 양의 먹이가 들어 있는 수조 A와 B를 준비했다.

(다) 갑오징어 1마리를 대형 수조에 넣고 A와 B 중 어느 수조로 이동하는지 관찰했다.
(라) 여러 마리의 갑오징어로 (다)의 과정을 반복하여 ⓐ A와 B 각각으로 이동한 갑오징어 개체의 빈도를 조사한 결과는 그림과 같다.

(마) 갑오징어가 먹이의 많고 적음을 구분하여 먹이가 더 많은 곳으로 이동한다는 결론을 내렸다.

이 자료에 대한 설명으로 옳은 것만을 <보기>에서 있는 대로 고른 것은?

보기
ㄱ. ⓐ는 조작 변인이다.
ㄴ. 먹이의 양은 B에서가 A에서보다 많다.
ㄷ. (마)는 탐구 과정 중 결론 도출 단계에 해당한다.

① ㄱ ② ㄷ ③ ㄱ, ㄴ ④ ㄱ, ㄷ ⑤ ㄴ, ㄷ

23

연역적 탐구의 설계
[2023년 3월 학평 6번]

다음은 어떤 과학자가 수행한 탐구이다.

(가) 뒷날개에 긴 꼬리가 있는 나방이 박쥐에게 잡히지 않는 것을 보고, 긴 꼬리는 이 나방이 박쥐에게 잡히지 않는 데 도움이 된다고 생각했다.
(나) 이 나방을 집단 A와 B로 나눈 후 A에서는 긴 꼬리를 그대로 두고, B에서는 긴 꼬리를 제거했다.
(다) 일정 시간 박쥐에게 잡힌 나방의 비율은 ㉠이 ㉡보다 높았다. ㉠과 ㉡은 A와 B를 순서 없이 나타낸 것이다.
(라) 긴 꼬리는 이 나방이 박쥐에게 잡히지 않는 데 도움이 된다는 결론을 내렸다.

이 자료에 대한 옳은 설명만을 <보기>에서 있는 대로 고른 것은? 3점

보기
ㄱ. ㉠은 B이다.
ㄴ. 연역적 탐구 방법이 이용되었다.
ㄷ. 박쥐에게 잡힌 나방의 비율은 종속변인이다.

① ㄱ ② ㄷ ③ ㄱ, ㄴ ④ ㄴ, ㄷ ⑤ ㄱ, ㄴ, ㄷ

정답과 해설 20 p.29 21 p.30 22 p.30 23 p.31

다음은 어떤 과학자가 수행한 탐구 과정의 일부이다.

(가) 비둘기가 포식자인 참매가 있는 지역에서 무리지어 활동하는 모습을 관찰하였다.

(나) 비둘기 무리의 개체 수가 많을수록, 비둘기 무리가 참매를 발견했을 때의 거리(d)가 클 것이라고 생각하였다.

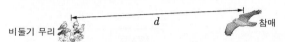

(다) 비둘기 무리의 개체 수를 표와 같이 달리하여 집단 A~C로 나눈 후, 참매를 풀어놓았다.

집단	A	B	C
개체 수	5	25	50

(라) 그림은 A~C에서 ㉠ 비둘기 무리가 참매를 발견했을 때의 거리(d)를 나타낸 것이다.

이 자료에 대한 설명으로 옳은 것만을 <보기>에서 있는 대로 고른 것은? 3점

> **보기**
>
> ㄱ. (가)는 관찰한 현상을 설명할 수 있는 잠정적인 결론을 설정하는 단계이다.
>
> ㄴ. ㉠은 조작 변인이다.
>
> ㄷ. (다)의 C에 환경 저항이 작용한다.

① ㄱ   ② ㄷ   ③ ㄱ, ㄴ   ④ ㄴ, ㄷ   ⑤ ㄱ, ㄴ, ㄷ

그림 (가)와 (나)는 연역적 탐구 방법과 귀납적 탐구 방법을 순서 없이 나타낸 것이다.

이에 대한 옳은 설명만을 <보기>에서 있는 대로 고른 것은?

> **보기**
>
> ㄱ. (가)는 귀납적 탐구 방법이다.
>
> ㄴ. 여러 과학자가 생물을 관찰하여 생물은 세포로 이루어져 있다는 결론을 내리는 과정에 (가)가 사용되었다.
>
> ㄷ. (나)에서는 대조 실험을 하여 결과의 타당성을 높인다.

① ㄱ   ② ㄷ   ③ ㄱ, ㄴ   ④ ㄴ, ㄷ   ⑤ ㄱ, ㄴ, ㄷ

다음은 플랑크톤에서 분비되는 독소 ㉠과 세균 S에 대해 어떤 과학자가 수행한 탐구이다.

(가) S의 밀도가 낮은 호수에서보다 높은 호수에서 ㉠의 농도가 낮은 것을 관찰하고, S가 ㉠을 분해할 것이라고 생각했다.

(나) 같은 농도의 ㉠이 들어 있는 수조 Ⅰ과 Ⅱ를 준비하고 한 수조에만 S를 넣었다. 일정 시간이 지난 후 Ⅰ과 Ⅱ 각각에 남아 있는 ㉠의 농도를 측정했다.

(다) 수조에 남아 있는 ㉠의 농도는 Ⅰ에서가 Ⅱ에서보다 높았다.

(라) S가 ㉠을 분해한다는 결론을 내렸다.

이 자료에 대한 설명으로 옳은 것만을 <보기>에서 있는 대로 고른 것은? 3점

> **보기**
>
> ㄱ. (나)에서 대조 실험이 수행되었다.
>
> ㄴ. 조작 변인은 수조에 남아 있는 ㉠의 농도이다.
>
> ㄷ. S를 넣은 수조는 Ⅰ이다.

① ㄱ   ② ㄴ   ③ ㄱ, ㄷ   ④ ㄴ, ㄷ   ⑤ ㄱ, ㄴ, ㄷ

II. 사람의 물질대사

1. 사람의 물질대사 01. 세포의 물질대사와 에너지

❶ 세포 호흡 ★수능에 나오는 필수 개념 2가지 + 필수 암기사항 2개

필수개념 1 세포 호흡 과정

• **세포 호흡 과정** ⭐암기 → 세포 호흡 결과로 방출되는 에너지 중 40%의 에너지가 ATP에 저장되는 것을 반드시 기억하자!

> • 세포 호흡 : 세포가 영양소를 분해하여 세포의 생명 활동에 필요한 에너지(ATP)를 얻는 과정으로, 대표적인 이화 작용의 예이다.
> • 세포 호흡의 장소 : 주로 미토콘드리아에서 진행되며, 세포질에서도 일부 과정이 진행된다.
> • 세포 호흡의 과정 : 포도당이 물과 이산화 탄소(CO_2)로 최종 분해되면서 에너지가 방출된다. 세포 호흡 과정에서 방출된 에너지의 일부(약 40%)는 ATP에 저장되고, 나머지(약 60%)는 열에너지로 방출된다.
>
> $$C_6H_{12}O_6 + 6O_2 + 6H_2O \rightarrow 6CO_2 + 12H_2O + 에너지(32ATP + 열에너지)$$
>
>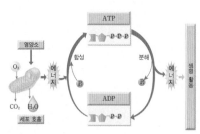
> ▲ 세포 호흡과 에너지 전환

필수개념 2 세포 호흡과 연소

• **세포 호흡과 연소의 공통점과 차이점** ⭐암기

구분	세포 호흡	연소
화학 반응식	$C_6H_{12}O_6 + 6O_2 + 6H_2O \rightarrow 6CO_2 + 12H_2O + 에너지(32ATP + 열에너지)$	$C_6H_{12}O_6 + 6O_2 \rightarrow 6CO_2 + 6H_2O + 에너지(빛에너지 + 열에너지)$
반응 온도	37℃	400℃ 이상
효소 필요여부	효소 필요	효소 불필요
에너지 방출	• 에너지가 단계적으로 방출되며, 일부는 ATP에 저장되고 나머지는 열의 형태로 방출된다. 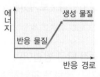	• 에너지가 열과 빛의 형태로 한꺼번에 방출된다.
공통점	• 산소가 필요한 산화 반응 • 에너지가 방출되는 발열 반응 • 반응 결과 물, 이산화 탄소, 에너지가 생성됨	

기본자료

▶ 세포 호흡
세포가 유기물을 분해하여 필요한 에너지를 얻는 과정

▶ 산소 호흡
산소를 이용해 유기물을 분해하여 에너지를 얻는 과정. 유기물이 완전 분해되어 다량의 ATP(32ATP)가 생성되며, 주로 미토콘드리아에서 일어난다.

▶ 무산소 호흡
산소가 없는 상태에서 유기물을 분해하여 에너지를 얻는 과정. 유기물이 불완전 분해되어 중간 산물이 생기고 소량의 ATP(2ATP)가 생성되며, 세포질에서 일어난다.

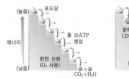
▲ 산소 호흡   ▲ 무산소 호흡

▶ 세포 호흡에서의 단계적 에너지 방출의 의의
세포 호흡 과정에서 에너지를 단계적으로 방출하지 않고 연소처럼 다량의 에너지를 한꺼번에 방출한다면 세포가 열에 의한 손상을 받게 된다.

▶ 동화 작용
• 저분자 물질 → 고분자 물질
• 흡열 반응

• 예 광합성, 단백질 합성 등

▶ 이화 작용
• 고분자 물질 → 저분자 물질
• 발열 반응
• 예 세포 호흡, 소화 등

❷ ATP 에너지의 이용 ★수능에 나오는 필수 개념 2가지 + 필수 암기사항 2개

필수개념 1   ATP의 구조

- **ATP의 구조** ★암기 → ATP가 ADP와 Pᵢ로 분해되면서 에너지가 방출되는 개념을 ATP의 구조와 연관 지어 기억하자!

- ATP : 생명 활동에 직접 이용되는 에너지 저장 물질이다.
- ATP의 구조 : ATP는 아데노신(아데닌＋리보스)에 3개의 인산이 결합된 구조로, 인산과 인산은 고에너지 인산 결합을 하고 있다.
- ATP의 생성과 분해 : ATP가 ADP와 무기 인산(P_i)으로 분해될 때 **고에너지 인산 결합이 끊어지면서 1몰당 7.3kcal의 에너지가 방출**되고, ADP가 무기 인산(P_i) 한 분자와 결합하여 ATP로 합성되면서 1몰당 7.3kcal의 에너지가 저장된다.

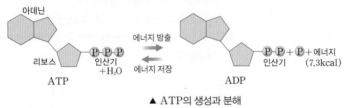

▲ ATP의 생성과 분해

필수개념 2   에너지의 전환과 이용

- **에너지의 전환과 이용** ★암기 → ATP가 분해되면서 방출된 에너지가 사용되는 생명 활동을 예와 함께 매치시켜 기억하자!

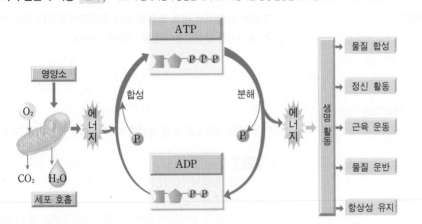

- ATP가 분해되면서 방출된 에너지는 기계적 에너지, 화학적 에너지, 열에너지 등으로 전환되어 여러 생명 활동에 이용된다.

근육 운동	근육 섬유가 수축할 때 ATP에 저장된 에너지가 사용된다.
물질 운반 (능동 수송)	저농도 쪽에서 고농도 쪽으로 물질을 이동시킬 때 ATP에 저장된 에너지가 사용된다. 예 $Na^+ - K^+$ 펌프, 소장에서의 양분 흡수, 세뇨관에서의 포도당이나 아미노산의 재흡수와 분비 등
물질의 합성	저분자 물질이 고분자 물질로 합성되는 과정에서 ATP에 저장된 에너지가 사용된다. 예 글리코젠이나 녹말의 합성, 단백질의 합성 등
기타	빛을 내는 발광, 소리를 내는 발성, 체온 유지를 통한 항상성 유지, 전기를 발생시키는 발전 등에도 ATP에 저장된 에너지가 사용된다.

▶ 고에너지 인산 결합
ATP의 끝부분에 있는 2개의 인산 결합에는 각각 1몰당 7.3kcal의 에너지가 함유되어 있는데, 이를 고에너지 인산 결합이라고 한다.

▶ ATP(Adenosine triphosphate)
아데노신 3인산

▶ ADP(Adenosine diphosphate)
아데노신 2인산

▶ 수동 수송
에너지를 사용하지 않고 농도 기울기에 따라 세포막을 통해 물질이 이동되는 방식

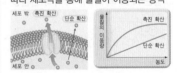

▶ 능동 수송
ATP를 소비하면서 농도 기울기에 역행하여 저농도에서 고농도로 물질이 이동되는 방식

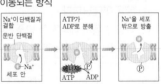

1

그림은 ATP와 ADP 사이의 전환을 나타낸 것이다.

이에 대한 설명으로 옳은 것만을 <보기>에서 있는 대로 고른 것은?

보기
ㄱ. ㉠은 ATP이다.
ㄴ. 미토콘드리아에서 과정 Ⅰ이 일어난다.
ㄷ. 과정 Ⅱ에서 인산 결합이 끊어진다.

① ㄱ   ② ㄷ   ③ ㄱ, ㄴ   ④ ㄴ, ㄷ   ⑤ ㄱ, ㄴ, ㄷ

2

그림은 ATP와 ADP 사이의 전환을 나타낸 것이다.

이에 대한 설명으로 옳은 것만을 <보기>에서 있는 대로 고른 것은?

보기
ㄱ. ㉠은 아데닌이다.
ㄴ. 과정 Ⅰ에서 에너지가 방출된다.
ㄷ. 미토콘드리아에서 과정 Ⅱ가 일어난다.

① ㄱ   ② ㄷ   ③ ㄱ, ㄴ   ④ ㄴ, ㄷ   ⑤ ㄱ, ㄴ, ㄷ

3 2023 수능

다음은 세포 호흡에 대한 자료이다. ㉠과 ㉡은 각각 ADP와 ATP 중 하나이다.

(가) 포도당은 세포 호흡을 통해 물과 이산화 탄소로 분해된다.
(나) 세포 호흡 과정에서 방출된 에너지의 일부는 ㉠에 저장되며, ㉠이 ㉡과 무기 인산(P_i)으로 분해될 때 방출된 에너지는 생명 활동에 사용된다.

이에 대한 설명으로 옳은 것만을 <보기>에서 있는 대로 고른 것은?

3점

보기
ㄱ. (가)에서 이화 작용이 일어난다.
ㄴ. 미토콘드리아에서 ㉡이 ㉠으로 전환된다.
ㄷ. 포도당이 분해되어 생성된 에너지의 일부는 체온 유지에 사용된다.

① ㄱ   ② ㄴ   ③ ㄱ, ㄷ   ④ ㄴ, ㄷ   ⑤ ㄱ, ㄴ, ㄷ

4

그림은 사람에서 세포 호흡을 통해 포도당으로부터 최종 분해 산물과 에너지가 생성되는 과정을 나타낸 것이다.

이에 대한 설명으로 옳은 것만을 <보기>에서 있는 대로 고른 것은?

보기
ㄱ. ㉠은 암모니아(NH_3)이다.
ㄴ. 세포 호흡에는 효소가 필요하다.
ㄷ. 포도당이 분해되어 생성된 에너지의 일부는 ATP에 저장된다.

① ㄱ   ② ㄷ   ③ ㄱ, ㄴ   ④ ㄴ, ㄷ   ⑤ ㄱ, ㄴ, ㄷ

5 [2023 평가원]

에너지의 전환과 이용
[2023학년도 9월 모평 4번]

사람에서 일어나는 물질대사에 대한 설명으로 옳은 것만을
〈보기〉에서 있는 대로 고른 것은?

> **보기**
> ㄱ. 지방이 분해되는 과정에서 이화 작용이 일어난다.
> ㄴ. 단백질이 합성되는 과정에서 에너지의 흡수가 일어난다.
> ㄷ. 포도당이 세포 호흡에 사용된 결과 생성되는 노폐물에는
>   이산화 탄소가 있다.

① ㄱ   ② ㄴ   ③ ㄱ, ㄷ   ④ ㄴ, ㄷ   ⑤ ㄱ, ㄴ, ㄷ

6

에너지의 전환과 이용
[2020년 7월 학평 3번]

그림은 ADP와 ATP 사이의 전환을
나타낸 것이다. ㉠과 ㉡은 각각 ADP와
ATP 중 하나이다.
이에 대한 설명으로 옳은 것만을
〈보기〉에서 있는 대로 고른 것은?

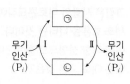

> **보기**
> ㄱ. ㉠은 ATP이다.
> ㄴ. 미토콘드리아에서 과정 Ⅰ이 일어난다.
> ㄷ. 과정 Ⅱ에서 에너지가 방출된다.

① ㄱ   ② ㄷ   ③ ㄱ, ㄴ   ④ ㄴ, ㄷ   ⑤ ㄱ, ㄴ, ㄷ

7

세포 호흡 과정
[2019년 4월 학평 2번]

그림은 인체에서 세포 호흡을 통해
㉠과 ㉡으로부터 최종 분해 산물과
ATP가 생성되는 과정을 나타낸
것이다. ㉠과 ㉡은 각각 아미노산과
포도당 중 하나이다.
이에 대한 설명으로 옳은 것만을 〈보기〉에서 있는 대로 고른 것은?

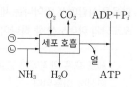

> **보기**
> ㄱ. ㉠은 포도당이다.
> ㄴ. NH_3는 간에서 요소로 전환된다.
> ㄷ. 세포 호흡에서 생성된 에너지의 일부는 ATP에 저장된다.

① ㄱ   ② ㄴ   ③ ㄱ, ㄷ   ④ ㄴ, ㄷ   ⑤ ㄱ, ㄴ, ㄷ

8

에너지의 전환과 이용
[2019년 10월 학평 8번]

그림은 사람의 간세포에서 일어나는 반응
㉠과 ㉡을 나타낸 것이다.
이에 대한 옳은 설명만을 〈보기〉에서 있는
대로 고른 것은?

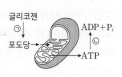

> **보기**
> ㄱ. ㉠은 인슐린에 의해 촉진된다.
> ㄴ. ㉡에서 방출되는 에너지가 생명 활동에 이용된다.
> ㄷ. ㉠과 ㉡은 모두 동화 작용에 해당한다.

① ㄱ   ② ㄴ   ③ ㄱ, ㄷ   ④ ㄴ, ㄷ   ⑤ ㄱ, ㄴ, ㄷ

9

다음은 사람에서 일어나는 세포 호흡에 대한 자료이다. ㉠은 포도당과 아미노산 중 하나이다.

○ 세포 호흡 과정에서 방출되는 에너지의 일부는 ⓐ ATP 합성에 이용된다.
○ ㉠이 세포 호흡에 이용된 결과 ⓑ 질소(N)가 포함된 노폐물이 만들어진다.

이에 대한 옳은 설명만을 〈보기〉에서 있는 대로 고른 것은?

보기
ㄱ. 미토콘드리아에서 ⓐ가 일어난다.
ㄴ. 암모니아는 ⓑ에 해당한다.
ㄷ. ㉠은 포도당이다.

① ㄱ   ② ㄷ   ③ ㄱ, ㄴ   ④ ㄴ, ㄷ   ⑤ ㄱ, ㄴ, ㄷ

10

그림 (가)는 사람에서 일어나는 물질 이동 과정의 일부와 조직 세포에서 일어나는 물질대사 과정의 일부를, (나)는 ADP와 ATP 사이의 전환을 나타낸 것이다. ㉠과 ㉡은 각각 CO_2와 포도당 중 하나이다.

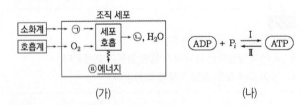

(가)   (나)

이에 대한 설명으로 옳은 것만을 〈보기〉에서 있는 대로 고른 것은?

보기
ㄱ. ㉠은 포도당이다.
ㄴ. ⓐ의 일부가 과정 Ⅰ에 사용된다.
ㄷ. 과정 Ⅱ는 동화 작용에 해당한다.

① ㄱ   ② ㄴ   ③ ㄷ   ④ ㄱ, ㄴ   ⑤ ㄱ, ㄷ

11

그림은 사람이 세포 호흡을 통해 영양소 ㉠으로부터 ATP를 생성하고, 이 ATP를 생명 활동에 이용하는 과정을 나타낸 것이다. ㉠은 아미노산과 포도당 중 하나이다.

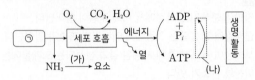

이에 대한 설명으로 옳은 것만을 〈보기〉에서 있는 대로 고른 것은?

보기
ㄱ. ㉠은 아미노산이다.
ㄴ. 간에서 (가) 과정이 일어난다.
ㄷ. 근육 수축에는 (나) 과정에서 방출된 에너지가 이용된다.

① ㄱ   ② ㄷ   ③ ㄱ, ㄴ   ④ ㄴ, ㄷ   ⑤ ㄱ, ㄴ, ㄷ

12

그림은 사람의 미토콘드리아에서 일어나는 세포 호흡을 나타낸 것이다. 이에 대한 설명으로 옳은 것만을 〈보기〉에서 있는 대로 고른 것은?

보기
ㄱ. 미토콘드리아에서 이화 작용이 일어난다.
ㄴ. ATP의 구성 원소에는 인(P)이 포함된다.
ㄷ. 포도당이 분해되어 생성된 에너지의 일부는 체온 유지에 이용된다.

① ㄱ   ② ㄷ   ③ ㄱ, ㄴ   ④ ㄴ, ㄷ   ⑤ ㄱ, ㄴ, ㄷ

13

그림은 미토콘드리아에서 일어나는 세포 호흡을 나타낸 것이다. ⓐ와 ⓑ는 O_2와 CO_2를 순서 없이 나타낸 것이다.

이에 대한 설명으로 옳은 것만을 〈보기〉에서 있는 대로 고른 것은?

> **보기**
> ㄱ. ⓐ는 O_2이다.
> ㄴ. 폐포 모세혈관에서 폐포로의 ⓑ 이동에는 ATP가 사용된다.
> ㄷ. 세포 호흡에는 효소가 필요하다.

① ㄱ   ② ㄴ   ③ ㄱ, ㄴ   ④ ㄱ, ㄷ   ⑤ ㄴ, ㄷ

15

그림은 광합성과 세포 호흡에서의 에너지와 물질의 이동을 나타낸 것이다. ㉠과 ㉡은 각각 광합성과 세포 호흡 중 하나이다.

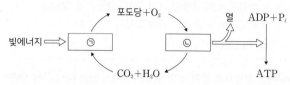

이에 대한 옳은 설명만을 〈보기〉에서 있는 대로 고른 것은? 3점

> **보기**
> ㄱ. ㉠에서 빛에너지가 화학 에너지로 전환된다.
> ㄴ. ㉡에서 방출된 에너지는 모두 ATP에 저장된다.
> ㄷ. ATP에는 인산 결합이 있다.

① ㄱ   ② ㄴ   ③ ㄱ, ㄷ   ④ ㄴ, ㄷ   ⑤ ㄱ, ㄴ, ㄷ

14

그림 (가)는 미토콘드리아에서 일어나는 세포 호흡을, (나)는 ADP와 ATP 사이의 전환을 나타낸 것이다.

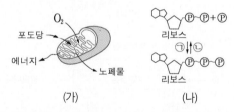

(가)   (나)

이에 대한 설명으로 옳은 것만을 〈보기〉에서 있는 대로 고른 것은?

3점

> **보기**
> ㄱ. 포도당이 세포 호흡에 사용된 결과 생성되는 노폐물에는 암모니아가 있다.
> ㄴ. 과정 ㉡에서 에너지가 방출된다.
> ㄷ. (가)에서 과정 ㉠이 일어난다.

① ㄱ   ② ㄴ   ③ ㄱ, ㄷ   ④ ㄴ, ㄷ   ⑤ ㄱ, ㄴ, ㄷ

16

그림은 광합성과 세포 호흡에서의 에너지와 물질의 이동을 나타낸 것이다. (가)와 (나)는 각각 광합성과 세포 호흡 중 하나이다. 이에 대한 설명으로 옳은 것만을 〈보기〉에서 있는 대로 고른 것은?

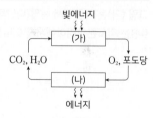

> **보기**
> ㄱ. (가)는 미토콘드리아에서 일어난다.
> ㄴ. (나)에서 ATP가 합성된다.
> ㄷ. (가)와 (나)에서 모두 효소가 이용된다.

① ㄱ   ② ㄴ   ③ ㄱ, ㄴ   ④ ㄴ, ㄷ   ⑤ ㄱ, ㄴ, ㄷ

17 2024 평가원

다음은 사람에서 일어나는 물질대사에 대한 자료이다.

> (가) 단백질은 소화 과정을 거쳐 아미노산으로 분해된다.
> (나) 포도당이 세포 호흡을 통해 분해된 결과 생성되는
> 노폐물에는 ㉠이 있다.

이에 대한 설명으로 옳은 것만을 〈보기〉에서 있는 대로 고른 것은?

 3점

보기
ㄱ. (가)에서 이화 작용이 일어난다.
ㄴ. 이산화 탄소는 ㉠에 해당한다.
ㄷ. (가)와 (나)에서 모두 효소가 이용된다.

① ㄱ ② ㄷ ③ ㄱ, ㄴ ④ ㄴ, ㄷ ⑤ ㄱ, ㄴ, ㄷ

19

그림 (가)는 사람에서 녹말이 포도당으로 되는 과정을, (나)는 사람에서 세포 호흡을 통해 포도당으로부터 최종 분해 산물과 에너지가 생성되는 과정을 나타낸 것이다. ⓐ와 ⓑ는 CO_2와 O_2를 순서 없이 나타낸 것이다.

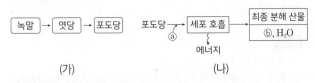

(가)   (나)

이에 대한 설명으로 옳은 것만을 〈보기〉에서 있는 대로 고른 것은?

 3점

보기
ㄱ. 엿당은 이당류에 속한다.
ㄴ. 호흡계를 통해 ⓑ가 몸 밖으로 배출된다.
ㄷ. (가)와 (나)에서 모두 이화 작용이 일어난다.

① ㄱ ② ㄷ ③ ㄱ, ㄴ ④ ㄴ, ㄷ ⑤ ㄱ, ㄴ, ㄷ

18 2022 평가원

그림 (가)는 사람에서 녹말(다당류)이 포도당으로 되는 과정을, (나)는 미토콘드리아에서 일어나는 세포 호흡을 나타낸 것이다.

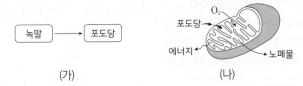

(가)   (나)

이에 대한 설명으로 옳은 것만을 〈보기〉에서 있는 대로 고른 것은?

 3점

보기
ㄱ. (가)에서 이화 작용이 일어난다.
ㄴ. (나)에서 생성된 노폐물에는 CO_2가 있다.
ㄷ. (가)와 (나)에서 모두 효소가 이용된다.

① ㄱ ② ㄷ ③ ㄱ, ㄴ ④ ㄴ, ㄷ ⑤ ㄱ, ㄴ, ㄷ

20

그림은 간에서 일어나는 물질대사 과정의 일부를 나타낸 것이다. ㉠과 ㉡은 각각 ATP와 H_2O 중 하나이다.

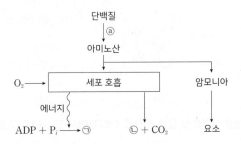

이에 대한 옳은 설명만을 〈보기〉에서 있는 대로 고른 것은?

보기
ㄱ. ⓐ는 동화 작용이다.
ㄴ. ㉠에 저장된 에너지는 생명 활동에 쓰인다.
ㄷ. 배설계를 통해 ㉡이 배출된다.

① ㄱ ② ㄴ ③ ㄱ, ㄴ ④ ㄱ, ㄷ ⑤ ㄴ, ㄷ

21
세포 호흡 과정
[2019학년도 수능 3번]

그림 (가)는 광합성과 세포 호흡에서의 에너지와 물질의 이동을, (나)는 ATP와 ADP 사이의 전환을 나타낸 것이다. ⓐ와 ⓑ는 각각 광합성과 세포 호흡 중 하나이다.

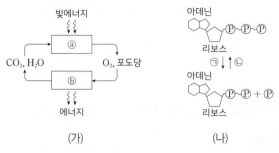

(가)   (나)

이에 대한 설명으로 옳은 것만을 <보기>에서 있는 대로 고른 것은?

보기
ㄱ. ⓐ에서 빛에너지가 화학 에너지로 전환된다.
ㄴ. ㉠ 과정에서 ATP에 저장된 에너지가 방출된다.
ㄷ. ⓑ에서 ㉡ 과정이 일어난다.

① ㄱ   ② ㄷ   ③ ㄱ, ㄴ   ④ ㄴ, ㄷ   ⑤ ㄱ, ㄴ, ㄷ

22
에너지의 전환과 이용
[2023년 7월 학평 6번]

그림은 사람의 미토콘드리아에서 일어나는 세포 호흡을 나타낸 것이다. ㉠~㉢은 각각 ADP, ATP, CO_2 중 하나이다.

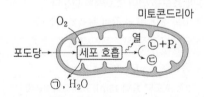

이에 대한 설명으로 옳은 것만을 <보기>에서 있는 대로 고른 것은?

보기
ㄱ. 순환계를 통해 ㉠이 운반된다.
ㄴ. ㉡의 구성 원소에는 인(P)이 포함된다.
ㄷ. 근육 수축 과정에는 ㉢에 저장된 에너지가 사용된다.

① ㄱ   ② ㄷ   ③ ㄱ, ㄴ   ④ ㄴ, ㄷ   ⑤ ㄱ, ㄴ, ㄷ

23
에너지의 전환과 이용
[2018년 3월 학평 5번]

그림은 광합성과 세포 호흡 사이에서 일어나는 물질의 이동을 나타낸 것이다. (가)와 (나)는 각각 광합성과 세포 호흡 중 하나이다.

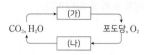

이에 대한 옳은 설명만을 <보기>에서 있는 대로 고른 것은?

보기
ㄱ. (가)는 광합성이다.
ㄴ. (나)는 동화 작용이다.
ㄷ. 근육 세포에서 (나)가 일어난다.

① ㄱ   ② ㄴ   ③ ㄱ, ㄷ   ④ ㄴ, ㄷ   ⑤ ㄱ, ㄴ, ㄷ

24
에너지의 전환과 이용
[2019년 3월 학평 5번]

그림 (가)는 광합성과 세포 호흡 사이에서 일어나는 에너지와 물질의 이동을, (나)는 ADP와 ATP 사이의 전환을 나타낸 것이다. ㉠과 ㉡은 각각 세포 호흡과 광합성 중 하나이다.

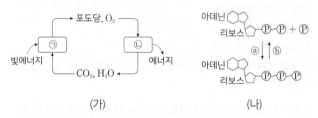

(가)   (나)

이에 대한 옳은 설명만을 <보기>에서 있는 대로 고른 것은?

보기
ㄱ. ㉠은 동화 작용에 해당한다.
ㄴ. ㉡에서 방출된 에너지는 모두 ⓐ 과정에 사용된다.
ㄷ. 근육 운동에 ⓑ 과정에서 방출된 에너지가 사용된다.

① ㄱ   ② ㄴ   ③ ㄱ, ㄷ   ④ ㄴ, ㄷ   ⑤ ㄱ, ㄴ, ㄷ

그림 (가)는 광합성과 세포 호흡에서 물질과 에너지의 이동을, (나)는 광합성과 세포 호흡의 공통점과 차이점을 나타낸 것이다. A와 B는 각각 광합성과 세포 호흡 중 하나이다.

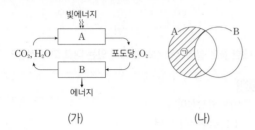

(가)   (나)

이에 대한 설명으로 옳은 것만을 〈보기〉에서 있는 대로 고른 것은?

보기
ㄱ. A에서 빛에너지가 화학 에너지로 전환된다.
ㄴ. B에서 포도당의 에너지는 모두 ATP에 저장된다.
ㄷ. '식물에서 일어난다.'는 ㉠에 해당한다.

① ㄱ ② ㄴ ③ ㄷ ④ ㄱ, ㄴ ⑤ ㄱ, ㄷ

그림은 사람에서 세포 호흡을 통해 포도당으로부터 생성된 에너지가 생명 활동에 사용되는 과정을 나타낸 것이다. ⓐ와 ⓑ는 H_2O와 O_2를 순서 없이 나타낸 것이고, ㉠과 ㉡은 각각 ADP와 ATP 중 하나이다.

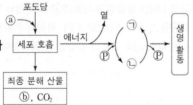

이에 대한 설명으로 옳은 것만을 〈보기〉에서 있는 대로 고른 것은?

보기
ㄱ. 세포 호흡에서 이화 작용이 일어난다.
ㄴ. 호흡계를 통해 ⓑ가 몸 밖으로 배출된다.
ㄷ. 근육 수축 과정에는 ㉡에 저장된 에너지가 사용된다.

① ㄱ ② ㄴ ③ ㄱ, ㄷ ④ ㄴ, ㄷ ⑤ ㄱ, ㄴ, ㄷ

그림 (가)는 ⓐ와 ⓑ에서 일어나는 물질의 전환을, (나)는 ATP와 ADP 사이의 전환을 나타낸 것이다. ⓐ와 ⓑ는 각각 세포 호흡과 광합성 중 하나이다.

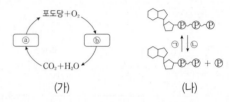

(가)   (나)

이에 대한 옳은 설명만을 〈보기〉에서 있는 대로 고른 것은?

보기
ㄱ. ⓐ는 광합성이다.
ㄴ. ⓑ에서 ㉠이 일어난다.
ㄷ. Na^+-K^+ 펌프가 작동할 때 ㉡이 일어난다.

① ㄱ ② ㄴ ③ ㄱ, ㄷ ④ ㄴ, ㄷ ⑤ ㄱ, ㄴ, ㄷ

다음은 효모를 이용한 실험 과정을 나타낸 것이다.

(가) 증류수에 효모를 넣어 효모액을 만든다.
(나) 발효관 Ⅰ과 Ⅱ에 표와 같이 용액을 넣는다.

발효관	용액
Ⅰ	증류수 15mL + 효모액 15mL
Ⅱ	3% 포도당 용액 15mL + 효모액 15mL

(다) Ⅰ과 Ⅱ를 모두 항온기에 넣고 각 발효관에서 10분 동안 발생한 ㉠기체의 부피를 측정한다.

이에 대한 옳은 설명만을 〈보기〉에서 있는 대로 고른 것은?

보기
ㄱ. ㉠에 이산화 탄소가 있다.
ㄴ. Ⅱ에서 이화 작용이 일어난다.
ㄷ. (다)에서 측정한 ㉠의 부피는 Ⅰ에서가 Ⅱ에서보다 크다.

① ㄱ ② ㄷ ③ ㄱ, ㄴ ④ ㄴ, ㄷ ⑤ ㄱ, ㄴ, ㄷ

29

그림은 사람에서 일어나는 물질대사 I과 II를 나타낸 것이다.

| 아미노산 | $\xrightarrow{\text{I}}$ | 단백질 |

| 글리코젠 | $\xrightarrow{\text{II}}$ | 포도당 |

이에 대한 설명으로 옳은 것만을 〈보기〉에서 있는 대로 고른 것은?

보기

ㄱ. I은 동화 작용이다.

ㄴ. 형질 세포에서 I이 일어난다.

ㄷ. 인슐린은 간에서 II를 촉진한다.

① ㄱ　　② ㄷ　　③ ㄱ, ㄴ　　④ ㄴ, ㄷ　　⑤ ㄱ, ㄴ, ㄷ

30

그림은 사람에서 일어나는 물질대사 과정 ㉠과 ㉡을 나타낸 것이다.

아미노산　　단백질

이에 대한 옳은 설명만을 〈보기〉에서 있는 대로 고른 것은?

보기

ㄱ. ㉠에서 동화 작용이 일어난다.

ㄴ. ㉡에서 에너지가 방출된다.

ㄷ. ㉡에 효소가 관여한다.

① ㄱ　　② ㄷ　　③ ㄱ, ㄴ　　④ ㄴ, ㄷ　　⑤ ㄱ, ㄴ, ㄷ

31

그림은 사람에서 일어나는 물질대사 과정 I~III을 나타낸 것이다.

| 단백질 | $\xrightarrow{\text{I}}$ | 아미노산 |

| 암모니아 | $\xrightarrow{\text{II}}$ | 요소 |

| 녹말 | $\xrightarrow{\text{III}}$ | 포도당 |

이에 대한 설명으로 옳은 것만을 〈보기〉에서 있는 대로 고른 것은?

보기

ㄱ. I에서 에너지가 방출된다.

ㄴ. 간에서 II가 일어난다.

ㄷ. III에 효소가 관여한다.

① ㄱ　　② ㄷ　　③ ㄱ, ㄴ　　④ ㄴ, ㄷ　　⑤ ㄱ, ㄴ, ㄷ

32

그림 (가)는 간에서 일어나는 물질의 전환 과정 A와 B를, (나)는 A와 B 중 한 과정에서의 에너지 변화를 나타낸 것이다.

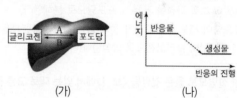

(가)　　　　　　(나)

이에 대한 설명으로 옳은 것만을 〈보기〉에서 있는 대로 고른 것은?

보기

ㄱ. (나)는 A에서의 에너지 변화이다.

ㄴ. 글루카곤에 의해 B가 촉진된다.

ㄷ. A와 B에서 모두 효소가 이용된다.

① ㄱ　　② ㄴ　　③ ㄱ, ㄷ　　④ ㄴ, ㄷ　　⑤ ㄱ, ㄴ, ㄷ

그림은 체내에서 일어나는 어떤 물질대사 과정을
나타낸 것이다.
이에 대한 옳은 설명만을 <보기>에서 있는 대로
고른 것은?

보기

ㄱ. 인슐린에 의해 ⓐ가 촉진된다.
ㄴ. ⓑ에서 동화 작용이 일어난다.
ㄷ. ⓐ와 ⓑ에 모두 효소가 관여한다.

① ㄱ   ② ㄷ   ③ ㄱ, ㄴ   ④ ㄴ, ㄷ   ⑤ ㄱ, ㄴ, ㄷ

다음은 사람에서 일어나는 물질대사에 대한 자료이다.

(가) 녹말이 소화 과정을 거쳐 ㉠ 포도당으로 분해된다.
(나) 포도당이 세포 호흡을 통해 물과 이산화 탄소로 분해된다.
(다) ㉡ 포도당이 글리코젠으로 합성된다.

이에 대한 설명으로 옳은 것만을 <보기>에서 있는 대로 고른 것은?

보기

ㄱ. 소화계에서 ㉠이 흡수된다.
ㄴ. (가)와 (나)에서 모두 이화 작용이 일어난다.
ㄷ. 글루카곤은 간에서 ㉡을 촉진한다.

① ㄱ   ② ㄷ   ③ ㄱ, ㄴ   ④ ㄴ, ㄷ   ⑤ ㄱ, ㄴ, ㄷ

02. 기관계의 통합적 작용

❶ 양분의 흡수와 노폐물의 배설 및 기체 교환과 물질 운반

★수능에 나오는 필수 개념 2가지 + 필수 암기사항 5개

필수개념 1 양분의 흡수와 노폐물의 배설

- **영양소의 소화** : 녹말, 단백질, 지방 등의 고분자 물질이 체내로 흡수되기 위해서는 소화 과정을 거쳐 저분자 물질로 분해되어야 한다. 암기

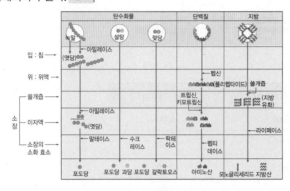

- **영양소의 흡수와 이동** 암기 → 영양소의 흡수 장소와 이동 경로를 그림으로 이해하고 외우자!

> - **수용성 영양소의 흡수와 이동** : 소장 융털의 모세 혈관으로 흡수된 후 간문맥을 거쳐 간으로 운반되고, 간정맥, 하대정맥, 심장을 거쳐 온몸으로 이동된다.
> - **지용성 영양소의 흡수와 이동** : 소장 융털의 암죽관으로 흡수된 후 림프관, 가슴 림프관, 빗장밑 정맥, 상대정맥, 심장을 거쳐 온몸으로 이동된다.
>
>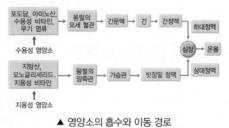
>
> ▲ 영양소의 흡수와 이동 경로

- **노폐물의 생성과 배설** 암기 → 생성된 노폐물의 종류와 배설 경로를 기억하자!

영양소	노폐물	배설 경로
탄수화물, 지방, 단백질	이산화 탄소	폐에서 날숨으로 배설
	물	폐에서 날숨으로, 콩팥에서 오줌으로 배설
단백질	암모니아	간에서 요소로 전환된 후 콩팥에서 오줌으로 배설

- **오줌의 생성 과정** : 콩팥 동맥을 통해 콩팥으로 들어온 혈액은 네프론에서 여과, 재흡수, 분비의 과정을 거치면서 오줌을 생성한다.
  1. **여과** : 혈액의 일부가 압력차에 의해 사구체에서 보먼주머니로 이동하는 과정이고, 여과된 액체를 원뇨라고 한다. 크기가 작은 물, 무기 염류, 아미노산, 포도당, 요소 등은 여과되고, 크기가 큰 단백질, 지방, 혈구 등은 여과되지 않는다.
  2. **재흡수** : 원뇨가 세뇨관을 지나는 동안 모세 혈관으로 이동하는 과정이다. 포도당과 아미노산은 100% 재흡수 되고, 무기 염류와 비타민 등은 필요한 만큼 재흡수 된다.
  3. **분비** : 모세 혈관에 있던 미처 여과되지 않은 물질이 세뇨관으로 이동하는 과정이다. 요산이나 크레아틴 등이 이동한다.

기본자료

DAY
02

II

1
-
02.
기
관
계
의

통
합
적

작
용

▶ 노폐물의 생성과 배설 경로

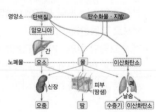

▶ 네프론
콩팥의 구조적 · 기능적 단위, 사구체와 보먼주머니 그리고 세뇨관으로 이루어진다.

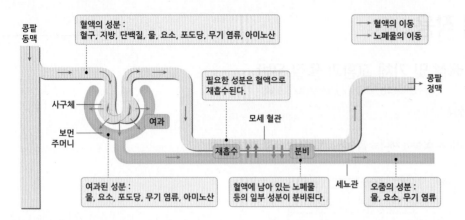

기본자료

• 혈장, 원뇨, 오줌의 성분 비교

구분	혈장(g/100mL)	원뇨(g/100mL)	오줌(g/100mL)
단백질	8.00	0.00	0.00
포도당	0.10	0.10	0.00
아미노산	0.05	0.05	0.00
무기 염류	0.90	0.90	0.90
요소	0.03	0.03	1.80

• 단백질 : 분자량이 커서 여과되지 않는다.
• 포도당, 아미노산 : 여과되었다가 100% 재흡수 된다.
• 무기 염류 : 여과된 후 재흡수율이 물과 비슷하여 원뇨와 오줌에서 농도가 같다.
• 요소 : 여과된 후 재흡수율이 물보다 낮기 때문에 원뇨보다 오줌에서 농도가 높다.

필수개념 2 기체 교환과 물질 운반

• 폐와 조직에서의 기체 교환

• 기체 교환 : 폐로 들어온 산소는 폐포에서 혈액으로 이동한
후 다시 조직 세포로 이동하고, 세포 호흡 결과 생성된
이산화 탄소는 조직 세포에서 혈액으로 이동한 후 다시
폐포로 이동한다.
• 기체 교환의 원리 : 기체의 분압 차이에 의한 확산으로
일어나며, 에너지가 소모되지 않는다. **암기** → 기체 교환은
분압차에 의한 확산임을 반드시 기억하자!

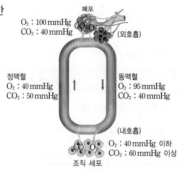

▲ 폐포와 조직에서의 기체 교환

▶ 기체의 이동 경로

구분	기체의 이동
O_2	폐포 → 모세 혈관 → 조직 세포
CO_2	조직 세포 → 모세 혈관 → 폐포

▶ 혈액의 순환
혈액은 소화 기관에서 흡수한 영양소와
호흡 기관에서 흡수한 산소를 조직 세포에
공급하고, 조직 세포에서 생성된 노폐물과
이산화 탄소를 배설 기관이나 폐로
운반한다.

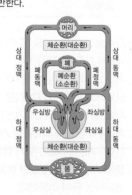

• 순환계를 통한 물질 운반 **★암기** → 체순환과 폐순환의 경로를 기억하자!

• 체순환의 경로

좌심실 → 대동맥 → 온몸의 모세 혈관(물질 교환 및 기체 교환) → 대정맥 → 우심방

• 폐순환의 경로

우심실 → 폐동맥 → 폐포의 모세 혈관(기체 교환) → 폐정맥 → 좌심방

❷ 소화, 순환, 호흡, 배설의 관계 ★수능에 나오는 필수 개념 2가지 + 필수 암기사항 3개

기본자료

필수개념 1   기관계의 상호 작용

• **순환계와 다른 기관계의 상호 작용** : 순환계는 각 기관계를 연결하는 중요한 역할을 한다. 암기

→ 각 기관계의 작용을 구분할 줄 알아야 한다.

기관계	작용
소화계	음식물 속에 들어 있는 **영양소**를 소화 기관에서 포도당, 지방산, 모노글리세리드, 아미노산 등으로 분해하여 소장의 융털을 통해 몸속으로 흡수한다.
순환계	소화계를 통해 체내로 흡수된 **영양소**와 호흡계를 통해 유입된 **산소**를 조직 세포로 운반하고, 조직 세포에서 생성된 **이산화 탄소**와 질소 노폐물을 각각 호흡계와 배설계로 운반한다.
호흡계	세포 호흡에 필요한 산소를 흡수하고, 세포 호흡 결과 발생한 이산화 탄소를 배출한다.
배설계	세포 호흡 결과 생성된 질소 노폐물과 여분의 물 등을 땀과 오줌의 형태로 몸 밖으로 내보낸다.

• **소화, 순환, 호흡, 배설의 유기적 관계** 암기

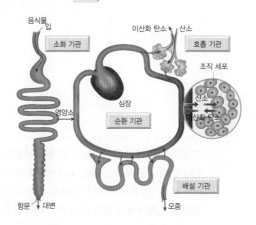

필수개념 2   기관계의 통합적 작용

• **기관계의 통합적 작용** : 소화계, 호흡계, 순환계, 배설계는 각각 고유의 기능을 수행하면서 서로 협력하여 에너지 생성에 필요한 영양소와 산소를 세포에 공급하고 노폐물을 몸 밖으로 내보내는 기능을 함으로써 생명 활동이 원활하게 이루어지도록 한다. 순환계는 각 기관계를 연결하는 중요한 역할을 한다. 암기 → 그림 자료를 통해 기관계의 통합적 작용을 이해하자!

▶ 기관계 통합 작용의 예
혈당량은 소화계, 순환계, 내분비계 등의 통합적 작용에 의해 일정하게 조절된다.

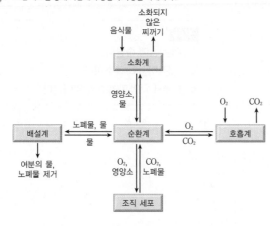

1

그림은 사람의 혈액 순환 경로의 일부를 나타낸 것이다. ㉠과 ㉡은 각각 대동맥과 폐동맥 중 하나이고, A와 B는 각각 간과 폐 중 하나이다.
이에 대한 설명으로 옳은 것만을 〈보기〉에서 있는 대로 고른 것은?

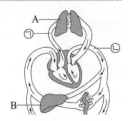

보기
ㄱ. A는 호흡계에 속하는 기관이다.
ㄴ. B에서 이화 작용이 일어난다.
ㄷ. 혈액의 단위 부피당 $\dfrac{O_2의\ 양}{CO_2의\ 양}$ 은 ㉠보다 ㉡에서 크다.

① ㄱ ② ㄴ ③ ㄱ, ㄷ ④ ㄴ, ㄷ ⑤ ㄱ, ㄴ, ㄷ

2 2022 평가원

표는 영양소 (가), (나), 지방이 세포 호흡에 사용된 결과 생성되는 노폐물을 나타낸 것이다. (가)와 (나)는 단백질과 탄수화물을 순서 없이 나타낸 것이다.

영양소	노폐물
(가)	물, 이산화 탄소
(나)	물, 이산화 탄소, ⓐ 암모니아
지방	?

이에 대한 설명으로 옳은 것만을 〈보기〉에서 있는 대로 고른 것은?

보기
ㄱ. (가)는 탄수화물이다.
ㄴ. 간에서 ⓐ가 요소로 전환된다.
ㄷ. 지방의 노폐물에는 이산화 탄소가 있다.

① ㄱ ② ㄴ ③ ㄱ, ㄷ ④ ㄴ, ㄷ ⑤ ㄱ, ㄴ, ㄷ

3

그림은 사람에서 일어나는 영양소의 물질대사 과정 일부를 나타낸 것이다. ㉠과 ㉡은 암모니아와 이산화 탄소를 순서 없이 나타낸 것이다.

이에 대한 설명으로 옳은 것만을 〈보기〉에서 있는 대로 고른 것은?

보기
ㄱ. 과정 (가)에서 이화 작용이 일어난다.
ㄴ. 호흡계를 통해 ㉠이 몸 밖으로 배출된다.
ㄷ. 간에서 ㉡이 요소로 전환된다.

① ㄱ ② ㄷ ③ ㄱ, ㄴ ④ ㄴ, ㄷ ⑤ ㄱ, ㄴ, ㄷ

4

그림은 사람에서 일어나는 물질대사 과정의 일부와 노폐물 ㉠~㉢이 기관계 A와 B를 통해 배출되는 경로를 나타낸 것이다. ㉠~㉢은 물, 요소, 이산화 탄소를 순서 없이 나타낸 것이고, A와 B는 호흡계와 배설계를 순서 없이 나타낸 것이다.

이에 대한 설명으로 옳은 것만을 〈보기〉에서 있는 대로 고른 것은?

보기
ㄱ. 폐는 A에 속한다.
ㄴ. ㉠은 이산화 탄소이다.
ㄷ. B에서 ㉡의 재흡수가 일어난다.

① ㄱ ② ㄷ ③ ㄱ, ㄴ ④ ㄴ, ㄷ ⑤ ㄱ, ㄴ, ㄷ

5

그림은 사람에서 일어나는 영양소의 물질대사 과정 일부를, 표는 노폐물 ㉠~㉢에서 탄소(C), 산소(O), 질소(N)의 유무를 나타낸 것이다. (가)와 (나)는 각각 단백질과 지방 중 하나이고, ㉠~㉢은 물, 암모니아, 이산화 탄소를 순서 없이 나타낸 것이다.

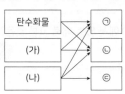

구분	탄소(C)	산소(O)	질소(N)
㉠	×	○	×
㉡	?	○	×
㉢	×	×	○

(○: 있음, ×: 없음)

이에 대한 설명으로 옳은 것만을 〈보기〉에서 있는 대로 고른 것은?

보기

ㄱ. (가)는 단백질이다.

ㄴ. 호흡계를 통해 ㉡이 몸 밖으로 배출된다.

ㄷ. 간에서 ㉢이 요소로 전환된다.

① ㄱ　　② ㄴ　　③ ㄱ, ㄷ　　④ ㄴ, ㄷ　　⑤ ㄱ, ㄴ, ㄷ

6 2022 수능

그림은 사람에서 일어나는 물질대사 과정 (가)와 (나)를 나타낸 것이다. 이에 대한 설명으로 옳은 것만을 〈보기〉에서 있는 대로 고른 것은?

아미노산 ─(가)→ 단백질

㉠ 암모니아 ─(나)→ 요소

보기

ㄱ. (가)에서 동화 작용이 일어난다.

ㄴ. 간에서 (나)가 일어난다.

ㄷ. 포도당이 세포 호흡에 사용된 결과 생성되는 노폐물에는 ㉠이 있다.

① ㄱ　　② ㄴ　　③ ㄷ　　④ ㄱ, ㄴ　　⑤ ㄴ, ㄷ

7

그림은 사람의 소화계의 일부를 나타낸 것이다. A~C는 각각 간, 소장, 위 중 하나이다.
이에 대한 설명으로 옳은 것만을 〈보기〉에서 있는 대로 고른 것은?

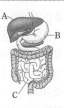

보기

ㄱ. A에서 요소가 생성된다.

ㄴ. B에 부교감 신경이 연결되어 있다.

ㄷ. C에서 지방산이 흡수된다.

① ㄱ　　② ㄴ　　③ ㄱ, ㄷ　　④ ㄴ, ㄷ　　⑤ ㄱ, ㄴ, ㄷ

8

표 (가)는 구성 원소와 이를 포함하는 물질 ⓐ~ⓓ를, (나)는 기관계 ㉠과 ㉡ 각각에 속하는 기관 중 하나를 나타낸 것이다. ⓐ~ⓓ는 각각 물, 암모니아, 이산화 탄소, 단백질 중 하나이다.

구성 원소	물질
질소(N)	ⓐ, ⓒ
산소(O)	ⓐ, ⓑ, ⓓ
수소(H)	ⓐ, ⓒ, ⓓ

(가)

기관계	㉠	㉡
기관	콩팥	위

(나)

이에 대한 옳은 설명만을 〈보기〉에서 있는 대로 고른 것은? 3점

보기

ㄱ. ⓓ는 ㉠을 통해 몸 밖으로 배출된다.

ㄴ. ㉡에는 ⓒ를 요소로 전환하는 기관이 있다.

ㄷ. ⓐ가 세포 호흡을 통해 분해될 때 ⓑ, ⓒ, ⓓ가 모두 생성된다.

① ㄱ　　② ㄷ　　③ ㄱ, ㄴ　　④ ㄴ, ㄷ　　⑤ ㄱ, ㄴ, ㄷ

DAY
03

Ⅱ

1
-
02.
기관계의 통합적 작용

표는 사람의 몸을 구성하는 기관의 특징을 나타낸 것이다. A와 B는 간과 이자를 순서 없이 나타낸 것이다.

기관	특징
A	암모니아가 요소로 전환된다.
B	㉠ 글루카곤이 분비된다.
소장	(가)

이에 대한 설명으로 옳은 것만을 〈보기〉에서 있는 대로 고른 것은? 3점

보기
ㄱ. ㉠은 A에서 글리코젠 분해를 촉진한다.
ㄴ. B의 β세포에서 인슐린이 분비된다.
ㄷ. '아미노산이 흡수된다.'는 (가)에 해당한다.

① ㄱ   ② ㄴ   ③ ㄱ, ㄷ   ④ ㄴ, ㄷ   ⑤ ㄱ, ㄴ, ㄷ

사람의 몸을 구성하는 기관계에 대한 설명으로 옳은 것만을 〈보기〉에서 있는 대로 고른 것은?

보기
ㄱ. 소화계에서 흡수된 영양소의 일부는 순환계를 통해 폐로 운반된다.
ㄴ. 간에서 생성된 노폐물의 일부는 배설계를 통해 몸 밖으로 배출된다.
ㄷ. 호흡계에서 기체 교환이 일어난다.

① ㄱ   ② ㄷ   ③ ㄱ, ㄴ   ④ ㄴ, ㄷ   ⑤ ㄱ, ㄴ, ㄷ

표는 사람 몸을 구성하는 기관계의 특징을 나타낸 것이다. A~C는 배설계, 소화계, 신경계를 순서 없이 나타낸 것이다.

기관계	특징
A	오줌을 통해 노폐물을 몸 밖으로 내보낸다.
B	대뇌, 소뇌, 연수가 속한다.
C	㉠

이에 대한 설명으로 옳은 것만을 〈보기〉에서 있는 대로 고른 것은? 3점

보기
ㄱ. A는 배설계이다.
ㄴ. '음식물을 분해하여 영양소를 흡수한다.'는 ㉠에 해당한다.
ㄷ. C에는 B의 조절을 받는 기관이 있다.

① ㄱ   ② ㄷ   ③ ㄱ, ㄴ   ④ ㄴ, ㄷ   ⑤ ㄱ, ㄴ, ㄷ

표 (가)는 사람의 기관이 가질 수 있는 3가지 특징을, (나)는 (가)의 특징 중 심장과 기관 A, B가 갖는 특징의 개수를 나타낸 것이다. A와 B는 각각 방광과 소장 중 하나이다.

특징
• 오줌을 저장한다.
• 순환계에 속한다.
• 자율 신경과 연결된다.

(가)

기관	특징의 개수
심장	㉠
A	2
B	1

(나)

이에 대한 옳은 설명만을 〈보기〉에서 있는 대로 고른 것은? 3점

보기
ㄱ. ㉠은 1이다.
ㄴ. A는 방광이다.
ㄷ. B에서 아미노산이 흡수된다.

① ㄱ   ② ㄷ   ③ ㄱ, ㄴ   ④ ㄴ, ㄷ   ⑤ ㄱ, ㄴ, ㄷ

13

표는 사람의 기관계 A~C 각각에 속하는 기관 중 하나를 나타낸 것이다. A~C는 각각 소화계, 순환계, 호흡계 중 하나이다.

기관계	A	B	C
기관	소장	폐	심장

이에 대한 옳은 설명만을 〈보기〉에서 있는 대로 고른 것은?

보기
ㄱ. A에서 포도당이 흡수된다.
ㄴ. B에서 기체 교환이 일어난다.
ㄷ. C를 통해 요소가 배설계로 운반된다.

① ㄱ　　② ㄷ　　③ ㄱ, ㄴ　　④ ㄴ, ㄷ　　⑤ ㄱ, ㄴ, ㄷ

14

그림은 사람의 배설계와 소화계를 나타낸 것이다. A~C는 각각 간, 소장, 콩팥 중 하나이다.

 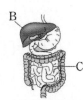

이에 대한 옳은 설명만을 〈보기〉에서 있는 대로 고른 것은?

보기
ㄱ. B에서 생성된 요소의 일부는 A를 통해 체외로 배출된다.
ㄴ. B는 글루카곤의 표적 기관이다.
ㄷ. C에서 흡수된 포도당의 일부는 순환계를 통해 B로 이동한다.

① ㄱ　　② ㄴ　　③ ㄱ, ㄷ　　④ ㄴ, ㄷ　　⑤ ㄱ, ㄴ, ㄷ

15

그림 (가)와 (나)는 각각 사람의 소화계와 호흡계를 나타낸 것이다. A와 B는 각각 간과 폐 중 하나이다.
이에 대한 설명으로 옳은 것만을 〈보기〉에서 있는 대로 고른 것은? 3점

(가)　(나)

보기
ㄱ. A에서 동화 작용이 일어난다.
ㄴ. B에서 기체 교환이 일어난다.
ㄷ. (가)에서 흡수된 영양소 중 일부는 (나)에서 사용된다.

① ㄱ　　② ㄷ　　③ ㄱ, ㄴ　　④ ㄴ, ㄷ　　⑤ ㄱ, ㄴ, ㄷ

16

그림은 심장과 여러 기관 사이의 혈액 순환 경로를 나타낸 것이다. ㉠과 ㉡은 각각 간과 폐 중 하나이며, A와 B는 각각 동맥과 정맥 중 하나이다.
이에 대한 옳은 설명만을 〈보기〉에서 있는 대로 고른 것은?

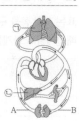

보기
ㄱ. ㉠에서 기체 교환이 일어난다.
ㄴ. ㉡에서 인슐린이 합성된다.
ㄷ. 요소의 농도는 A에서가 B에서보다 높다.

① ㄱ　　② ㄴ　　③ ㄱ, ㄷ　　④ ㄴ, ㄷ　　⑤ ㄱ, ㄴ, ㄷ

DAY
03

Ⅱ
1
-
02.
기관계의 통합적 작용

17

그림은 사람에서 일어나는 기관계의
통합적 작용을 나타낸 것이다. A~C는
각각 배설계, 소화계, 호흡계 중 하나이다.
이에 대한 옳은 설명만을 〈보기〉에서 있는
대로 고른 것은?

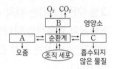

보기
ㄱ. 대장은 A에 속한다.
ㄴ. B는 호흡계이다.
ㄷ. C에서 아미노산이 흡수된다.

① ㄱ   ② ㄷ   ③ ㄱ, ㄴ   ④ ㄴ, ㄷ   ⑤ ㄱ, ㄴ, ㄷ

19

그림은 사람 몸에 있는 각 기관계의 통합적 작용을, 표는 단백질과
탄수화물이 물질대사를 통해 분해되어 생성된 최종 분해 산물 중
일부를 나타낸 것이다. A~C는 배설계, 소화계, 호흡계를, ⊙과
⊙은 암모니아와 이산화 탄소를 순서 없이 나타낸 것이다.

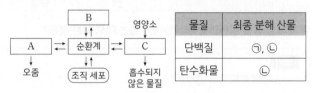

물질	최종 분해 산물
단백질	⊙, ⊙
탄수화물	⊙

이에 대한 설명으로 옳은 것만을 〈보기〉에서 있는 대로 고른 것은?

 3점

보기
ㄱ. 콩팥은 A에 속하는 기관이다.
ㄴ. ⊙의 구성 원소 중 질소(N)가 있다.
ㄷ. B를 통해 ⊙이 체외로 배출된다.

① ㄱ   ② ㄷ   ③ ㄱ, ㄴ   ④ ㄴ, ㄷ   ⑤ ㄱ, ㄴ, ㄷ

18

표는 사람 몸을 구성하는 기관계의 특징을 나타낸 것이다. A와 B는
배설계와 소화계를 순서 없이 나타낸 것이다.

기관계	특징
A	오줌을 통해 노폐물을 몸 밖으로 내보낸다.
B	음식물을 분해하여 영양소를 흡수한다.
순환계	?

이에 대한 설명으로 옳은 것만을 〈보기〉에서 있는 대로 고른 것은?

3점

보기
ㄱ. A는 배설계이다.
ㄴ. 소장은 B에 속한다.
ㄷ. 티록신은 순환계를 통해 표적 기관으로 운반된다.

① ㄱ   ② ㄷ   ③ ㄱ, ㄴ   ④ ㄴ, ㄷ   ⑤ ㄱ, ㄴ, ㄷ

20

그림은 사람 몸에 있는 각 기관계의 통합적 작용을 나타낸 것이다.
(가)~(다)는 배설계, 소화계, 호흡계를 순서 없이 나타낸 것이다.

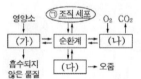

이에 대한 설명으로 옳은 것만을 〈보기〉에서 있는 대로 고른 것은?

보기
ㄱ. (가)는 호흡계이다.
ㄴ. ⊙의 미토콘드리아에서 O_2가 사용된다.
ㄷ. (다)를 통해 질소 노폐물이 배설된다.

① ㄱ   ② ㄴ   ③ ㄱ, ㄷ   ④ ㄴ, ㄷ   ⑤ ㄱ, ㄴ, ㄷ

21

그림은 사람의 체내에서 일어나는 물질 대사 과정의 일부와 물질의 이동 과정을 나타낸 것이다. A와 B는 각각 콩팥과 소장 중 하나이고, ㉠~㉢은 각각 CO_2, 요소, 아미노산 중 하나이다.

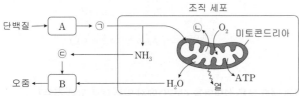

이에 대한 설명으로 옳은 것만을 〈보기〉에서 있는 대로 고른 것은?

보기
ㄱ. A는 배설계에 속한다.
ㄴ. 호흡계를 통해 ㉡이 체외로 방출된다.
ㄷ. 소화계에는 ㉢이 생성되는 기관이 있다.

① ㄱ   ② ㄴ   ③ ㄱ, ㄷ   ④ ㄴ, ㄷ   ⑤ ㄱ, ㄴ, ㄷ

22

그림은 사람 몸에 있는 각 기관계의 통합적 작용을 나타낸 것이다. (가)~(다)는 각각 배설계, 소화계, 호흡계 중 하나이다.

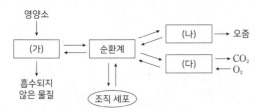

이에 대한 옳은 설명만을 〈보기〉에서 있는 대로 고른 것은?

보기
ㄱ. (가)에는 암모니아를 요소로 전환하는 기관이 있다.
ㄴ. 땀을 많이 흘리면 (나)에서 생성되는 오줌의 삼투압이 감소한다.
ㄷ. 심한 운동을 하면 (다)에서 순환계로 단위 시간당 이동하는 O_2의 양이 증가한다.

① ㄱ   ② ㄴ   ③ ㄱ, ㄷ   ④ ㄴ, ㄷ   ⑤ ㄱ, ㄴ, ㄷ

23

표는 사람의 몸을 구성하는 기관계 A와 B를 통해 노폐물이 배출되는 과정의 일부를 나타낸 것이다. A와 B는 배설계와 호흡계를 순서 없이 나타낸 것이며, ㉠은 H_2O와 요소 중 하나이다.

기관계	과정
A	아미노산이 세포 호흡에 사용된 결과 생성된 ㉠을 오줌으로 배출
B	물질대사 결과 생성된 ㉠을 날숨으로 배출

이에 대한 설명으로 옳은 것만을 〈보기〉에서 있는 대로 고른 것은?

보기
ㄱ. ㉠은 H_2O이다.
ㄴ. 대장은 A에 속한다.
ㄷ. B는 호흡계이다.

① ㄱ   ② ㄴ   ③ ㄱ, ㄷ   ④ ㄴ, ㄷ   ⑤ ㄱ, ㄴ, ㄷ

24 2023 평가원

그림은 사람의 혈액 순환 경로를 나타낸 것이다. ㉠~㉢은 각각 간, 콩팥, 폐 중 하나이다.

이에 대한 설명으로 옳은 것만을 〈보기〉에서 있는 대로 고른 것은? 3점

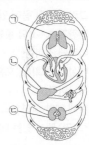

보기
ㄱ. ㉠으로 들어온 산소 중 일부는 순환계를 통해 운반된다.
ㄴ. ㉡에서 암모니아가 요소로 전환된다.
ㄷ. ㉢은 소화계에 속한다.

① ㄱ   ② ㄷ   ③ ㄱ, ㄴ   ④ ㄴ, ㄷ   ⑤ ㄱ, ㄴ, ㄷ

25

그림은 사람 몸에 있는 각 기관계의
통합적 작용을 나타낸 것이다. A와 B는
각각 소화계와 호흡계 중 하나이다.
이에 대한 설명으로 옳은 것만을
〈보기〉에서 있는 대로 고른 것은?

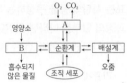

보기
ㄱ. A는 호흡계이다.
ㄴ. B에는 포도당을 흡수하는 기관이 있다.
ㄷ. 글루카곤은 순환계를 통해 표적 기관으로 운반된다.

① ㄱ　　② ㄴ　　③ ㄱ, ㄷ　　④ ㄴ, ㄷ　　⑤ ㄱ, ㄴ, ㄷ

27

그림은 사람의 몸에서 일어나는 기관계의 통합적 작용을 나타낸
것이다. A와 B는 각각 배설계와 소화계 중 하나이다.

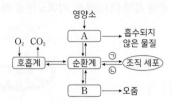

이에 대한 옳은 설명만을 〈보기〉에서 있는 대로 고른 것은?

보기
ㄱ. A는 소화계이다.
ㄴ. B에서 물의 재흡수가 일어난다.
ㄷ. 단위 부피당 O_2의 양은 ㉠ 방향으로 이동하는 혈액에서가
　　㉡ 방향으로 이동하는 혈액에서보다 많다.

① ㄱ　　② ㄴ　　③ ㄱ, ㄷ　　④ ㄴ, ㄷ　　⑤ ㄱ, ㄴ, ㄷ

26

그림은 사람 몸에 있는 순환계와
기관계 A~C의 통합적 작용을
나타낸 것이다. A~C는 각각
배설계, 소화계, 호흡계 중
하나이다.
이에 대한 설명으로 옳은 것만을
〈보기〉에서 있는 대로 고른 것은? 3점

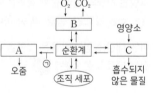

보기
ㄱ. ㉠에는 요소의 이동이 포함된다.
ㄴ. B는 호흡계이다.
ㄷ. C에서 흡수된 물질은 순환계를 통해 운반된다.

① ㄱ　　② ㄷ　　③ ㄱ, ㄴ　　④ ㄴ, ㄷ　　⑤ ㄱ, ㄴ, ㄷ

28

그림은 사람 몸에 있는 기관계의 통합적 작용을 나타낸 것이다.
(가)~(라)는 각각 소화계, 순환계, 호흡계, 배설계 중 하나이다.

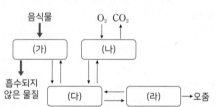

이에 대한 설명으로 옳은 것만을 〈보기〉에서 있는 대로 고른 것은?

보기
ㄱ. (가)는 소화계이다.
ㄴ. 폐동맥은 (다)에 속하는 기관이다.
ㄷ. (가)~(라)에서 모두 세포 호흡이 일어난다.

① ㄱ　　② ㄴ　　③ ㄱ, ㄷ　　④ ㄴ, ㄷ　　⑤ ㄱ, ㄴ, ㄷ

29

그림은 사람 몸에 있는 각 기관계의 통합적 작용을 나타낸 것이며, 표는 기관계 (가)~(다)에 대한 자료이다. (가)~(다)는 배설계, 소화계, 순환계를 순서 없이 나타낸 것이다.

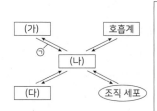

○ (가)에서 영양소의 소화와 흡수가 일어난다.
○ (나)는 조직 세포에서 생성된 CO_2를 호흡계로 운반한다.
○ (다)를 통해 질소성 노폐물이 배설된다.

이에 대한 설명으로 옳은 것만을 〈보기〉에서 있는 대로 고른 것은?

보기

ㄱ. ㉠에는 요소의 이동이 포함된다.
ㄴ. (나)는 순환계이다.
ㄷ. 콩팥은 (다)에 속한다.

① ㄱ   ② ㄷ   ③ ㄱ, ㄴ   ④ ㄴ, ㄷ   ⑤ ㄱ, ㄴ, ㄷ

30 2022 수능

그림은 사람 몸에 있는 각 기관계의 통합적 작용을 나타낸 것이다. A와 B는 배설계와 소화계를 순서 없이 나타낸 것이다. 이에 대한 설명으로 옳은 것만을 〈보기〉에서 있는 대로 고른 것은?

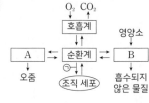

3점

보기

ㄱ. 콩팥은 A에 속한다.
ㄴ. B에는 부교감 신경이 작용하는 기관이 있다.
ㄷ. ㉠에는 O_2의 이동이 포함된다.

① ㄱ   ② ㄴ   ③ ㄱ, ㄷ   ④ ㄴ, ㄷ   ⑤ ㄱ, ㄴ, ㄷ

31

그림은 사람 몸에 있는 각 기관계의 통합적 작용을 나타낸 것이다. A~C는 각각 배설계, 소화계, 순환계 중 하나이다.

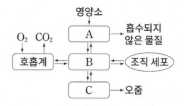

이에 대한 옳은 설명만을 〈보기〉에서 있는 대로 고른 것은? **3점**

보기

ㄱ. A에는 인슐린의 표적 기관이 있다.
ㄴ. 심장은 B에 속한다.
ㄷ. 호흡계로 들어온 O_2 중 일부는 B를 통해 C로 운반된다.

① ㄱ   ② ㄷ   ③ ㄱ, ㄴ   ④ ㄴ, ㄷ   ⑤ ㄱ, ㄴ, ㄷ

32 2024 평가원

다음은 사람에서 일어나는 물질대사에 대한 자료이다.

(가) 암모니아가 ㉠ 요소로 전환된다.
(나) 지방은 세포 호흡을 통해 물과 이산화 탄소로 분해된다.

이에 대한 설명으로 옳은 것만을 〈보기〉에서 있는 대로 고른 것은?

보기

ㄱ. 간에서 (가)가 일어난다.
ㄴ. (나)에서 효소가 이용된다.
ㄷ. 배설계를 통해 ㉠이 몸 밖으로 배출된다.

① ㄱ   ② ㄷ   ③ ㄱ, ㄴ   ④ ㄴ, ㄷ   ⑤ ㄱ, ㄴ, ㄷ

그림은 사람의 배설계와 호흡계를 나타낸 것이다. A와 B는 각각 폐와 방광 중 하나이다.
이에 대한 옳은 설명만을 <보기>에서 있는 대로 고른 것은?

배설계   호흡계

보기

ㄱ. 간은 배설계에 속한다.
ㄴ. B를 통해 H_2O이 몸 밖으로 배출된다.
ㄷ. B로 들어온 O_2의 일부는 순환계를 통해 A로 운반된다.

---

① ㄱ   ② ㄴ   ③ ㄱ, ㄷ   ④ ㄴ, ㄷ   ⑤ ㄱ, ㄴ, ㄷ

개념편 동영상 강의

생1-2-1-03(개)

Ⅱ. 사람의 물질대사

1. 사람의 물질대사   03. 물질대사와 건강

문제편 동영상 강의

생1-2-1-03(문)

03. 물질대사와 건강

기본자료

❶ 물질대사와 건강 ★수능에 나오는 필수 개념 2가지

필수개념 1 에너지 대사의 균형

1. 기초 대사량과 1일 대사량

1) **기초 대사량** : 생명을 유지하는 데 필요한 최소한의 에너지양

   📋 심장 박동, 호흡 운동, 체온 조절, 혈액 순환, 물질 합성 등에 필요한 에너지양

2) **활동 대사량** : 기초 대사량 외에 활동하는 데 필요한 에너지양

   📋 밥 먹기, 책 읽기, 운동하기 등에 필요한 에너지양

3) **1일 대사량** : 하루 동안 생활하는 데 필요한 총 에너지양

> 1일 대사량＝기초 대사량＋활동 대사량＋음식물을 소화시키는 데 필요한 에너지양

2. 에너지 섭취량과 소비량의 균형

1) **영양 부족**

   ① 음식물 섭취로 얻은 에너지가 생명 활동과 몸의 기능을 유지하는 데 소모하는 에너지보다 적을 때 생긴다.

   ② 영양 부족 상태가 지속되면 성장 장애, 영양 실조 등의 이상이 생긴다.

2) **영양 과다**

   ① 음식물 섭취로 얻은 에너지가 생명 활동과 몸의 기능을 유지하는 데 소모하는 에너지보다 많을 때 생긴다.

   ② 영양 과다 상태가 지속되면 비만이 될 확률이 높아지고, 대사 증후군이 발병할 확률이 높아진다.

영양 부족	영양 균형	영양 과다
에너지 섭취량 < 에너지 소비량	에너지 섭취량 = 에너지 소비량	에너지 섭취량 > 에너지 소비량
에너지 섭취량보다 소비량이 많은 상태로 체중 감소, 영양 실조, 면역력 저하 등이 일어난다.	에너지 섭취량과 소비량의 균형이 이루어지는 상태로 건강을 유지하기 위해 영양 균형이 이루어져야 한다.	에너지 섭취량보다 소비량이 적은 상태로, 남는 에너지를 주로 체지방 형태로 저장하여 체중이 증가하고 비만이 된다.

필수개념 2 대사성 질환

• **대사성 질환** : 물질대사에 이상이 생겨 발생하는 질환으로, 유전적 요인, 나이 증가와 더불어 스트레스, 영양 과다, 신체 활동 감소 등의 환경적 요인이 복합적으로 작용한다.

1) **당뇨병** : 혈당 조절에 필요한 인슐린의 분비가 부족하거나 인슐린이 제대로 작용하지 못해 발생하는 질환이다. 혈당이 너무 높아 오줌 속에 포도당이 섞여 나오고, 여러 가지 합병증을 일으킨다.

2) **고지혈증** : 혈액 속에 콜레스테롤이나 중성 지방이 많은 질환이다. 동맥벽의 탄력이 떨어지고, 혈관 지름이 좁아지는 동맥 경화가 나타난다.

3) **구루병** : 비타민 D가 결핍되어 뼈가 약한 질환이다. 뼈의 통증이나 변형이 일어나고 골다공증이 나타난다.

• **대사성 질환의 예방** : 균형 잡힌 식사와 꾸준한 운동으로 에너지 섭취량과 에너지 소비량의 균형을 유지한다.

1 2022 평가원

그림은 사람 I~III의 에너지 소비량과 에너지 섭취량을, 표는 I~III의 에너지 소비량과 에너지 섭취량이 그림과 같이 일정 기간 동안 지속되었을 때 I~III의 체중 변화를 나타낸 것이다. ㉠과 ㉡은 에너지 소비량과 에너지 섭취량을 순서 없이 나타낸 것이다.

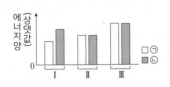

사람	체중 변화
I	증가함
II	변화 없음
III	변화 없음

이에 대한 설명으로 옳은 것만을 <보기>에서 있는 대로 고른 것은?

보기
ㄱ. ㉠은 에너지 섭취량이다.
ㄴ. III은 에너지 소비량과 에너지 섭취량이 균형을 이루고 있다.
ㄷ. 에너지 섭취량이 에너지 소비량보다 적은 상태가 지속되면 체중이 증가한다.

① ㄱ ② ㄴ ③ ㄷ ④ ㄱ, ㄷ ⑤ ㄴ, ㄷ

2

다음은 비만에 대한 자료이다.

기초 대사량과 ㉠ 활동 대사량을 합한 에너지양보다 섭취한 음식물에서 얻은 에너지양이 많은 에너지 불균형 상태가 지속되면 비만이 되기 쉽다. 비만은 ㉡ 고혈압, 당뇨병, 심혈관계 질환이 발생할 가능성을 높인다.

이에 대한 설명으로 옳은 것만을 <보기>에서 있는 대로 고른 것은?

보기
ㄱ. ㉠은 생명 활동을 유지하는 데 필요한 최소한의 에너지양이다.
ㄴ. ㉡은 대사성 질환에 해당한다.
ㄷ. 규칙적인 운동은 비만을 예방하는 데 도움이 된다.

① ㄱ ② ㄷ ③ ㄱ, ㄴ ④ ㄴ, ㄷ ⑤ ㄱ, ㄴ, ㄷ

3

다음은 사람의 기관 A와 B에 대한 자료이다. A와 B는 이자와 콩팥을 순서 없이 나타낸 것이다.

○ A에서 생성된 오줌을 통해 요소가 배설된다.
○ B에서 분비되는 호르몬 ⓐ의 부족은 ㉠ 대사성 질환인 당뇨병의 원인 중 하나이다.

이에 대한 옳은 설명만을 <보기>에서 있는 대로 고른 것은?

보기
ㄱ. A는 소화계에 속한다.
ㄴ. ⓐ의 일부는 순환계를 통해 간으로 이동한다.
ㄷ. 고지혈증은 ㉠에 해당한다.

① ㄱ ② ㄴ ③ ㄷ ④ ㄱ, ㄷ ⑤ ㄴ, ㄷ

4

표는 사람의 질환 (가)와 (나)의 특징을 나타낸 것이다. (가)와 (나)는 당뇨병과 고지혈증을 순서 없이 나타낸 것이다.

질환	특징
(가)	혈액에 콜레스테롤과 중성 지방 등이 정상 범위 이상으로 많이 들어 있다.
(나)	호르몬 ㉠의 분비 부족이나 작용 이상으로 혈당량이 조절되지 못하고 오줌에서 포도당이 검출된다.

이에 대한 옳은 설명만을 <보기>에서 있는 대로 고른 것은?

보기
ㄱ. (가)는 당뇨병이다.
ㄴ. ㉠은 이자에서 분비된다.
ㄷ. (가)와 (나)는 모두 대사성 질환이다.

① ㄱ ② ㄴ ③ ㄱ, ㄷ ④ ㄴ, ㄷ ⑤ ㄱ, ㄴ, ㄷ

5

대사성 질환

그림 (가)와 (나)는 각각 사람 A와 B의 수축기 혈압과 이완기 혈압의 변화를 나타낸 것이다. A와 B는 정상인과 고혈압 환자를 순서 없이 나타낸 것이다.

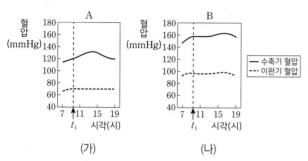

(가)   (나)

이에 대한 설명으로 옳은 것만을 〈보기〉에서 있는 대로 고른 것은?

보기

ㄱ. 대사성 질환 중에는 고혈압이 있다.
ㄴ. t_1일 때 수축기 혈압은 A가 B보다 높다.
ㄷ. B는 고혈압 환자이다.

① ㄱ   ② ㄴ   ③ ㄱ, ㄷ   ④ ㄴ, ㄷ   ⑤ ㄱ, ㄴ, ㄷ

6

대사성 질환

표는 성인의 체질량 지수에 따른 분류를, 그림은 이 분류에 따른 고지혈증을 나타내는 사람의 비율을 나타낸 것이다.

체질량 지수*	분류
18.5 미만	저체중
18.5 이상 23.0 미만	정상 체중
23.0 이상 25.0 미만	과체중
25.0 이상	비만

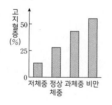

$$*\text{체질량 지수} = \frac{\text{몸무게(kg)}}{\text{키의 제곱(m}^2)}$$

이에 대한 설명으로 옳은 것만을 〈보기〉에서 있는 대로 고른 것은?

보기

ㄱ. 체질량 지수가 20.0인 성인은 정상 체중으로 분류된다.
ㄴ. 고지혈증을 나타내는 사람의 비율은 비만인 사람 중에서가 정상 체중인 사람 중에서보다 높다.
ㄷ. 대사성 질환 중에는 고지혈증이 있다.

① ㄱ   ② ㄴ   ③ ㄱ, ㄷ   ④ ㄴ, ㄷ   ⑤ ㄱ, ㄴ, ㄷ

7

에너지 대사의 균형

표는 대사량 ㉠과 ㉡의 의미를, 그림은 사람 Ⅰ과 Ⅱ에서 하루 동안 소비한 에너지 총량과 섭취한 에너지 총량을 나타낸 것이다. ㉠과 ㉡은 기초 대사량과 활동 대사량을 순서 없이 나타낸 것이다. Ⅰ과 Ⅱ에서 에너지양이 일정 기간 동안 그림과 같이 지속되었을 때, Ⅰ은 체중이 증가했고 Ⅱ는 체중이 감소했다.

대사량	의미	
㉠	생명을 유지하는 데 필요한 최소한의 에너지양	
㉡	?	

이에 대한 설명으로 옳은 것만을 〈보기〉에서 있는 대로 고른 것은?

보기

ㄱ. ㉡은 기초 대사량이다.
ㄴ. Ⅱ의 하루 동안 소비한 에너지 총량에 ㉠이 포함되어 있다.
ㄷ. 하루 동안 섭취한 에너지 총량이 소비한 에너지 총량보다 적은 상태가 지속되면 체중이 감소한다.

① ㄱ   ② ㄴ   ③ ㄱ, ㄷ   ④ ㄴ, ㄷ   ⑤ ㄱ, ㄴ, ㄷ

8

에너지 대사의 균형, 대사성 질환

다음은 대사량과 대사성 질환에 대한 학생 A~C의 발표 내용이다.

기초 대사량은 생명을 유지하기 위해 필요한 최소한의 에너지양입니다.

에너지 소비량이 에너지 섭취량보다 많은 상태가 지속되면 비만이 될 확률이 높습니다.

당뇨병은 대사성 질환입니다.

학생 A   학생 B   학생 C

제시한 내용이 옳은 학생만을 있는 대로 고른 것은?

① A   ② B   ③ A, C   ④ B, C   ⑤ A, B, C

9

다음은 대사성 질환에 대한 자료이다.

> ㉠ 에너지 섭취량이 에너지 소비량보다 많은 상태가 지속되면 비만이 되기 쉽다. 비만이 되면 ㉡ 혈당량 조절 과정에 이상이 생겨 나타나는 당뇨병과 같은 ㉢ 대사성 질환의 발생 가능성이 높아진다.

이에 대한 옳은 설명만을 〈보기〉에서 있는 대로 고른 것은?

보기
ㄱ. ㉠은 에너지 균형 상태이다.
ㄴ. ㉡에서 혈당량이 감소하면 인슐린 분비가 촉진된다.
ㄷ. 고혈압은 ㉢의 예이다.

① ㄱ   ② ㄴ   ③ ㄷ   ④ ㄱ, ㄴ   ⑤ ㄴ, ㄷ

---

10 2024 수능

다음은 에너지 섭취와 소비에 대한 실험이다.

> [실험 과정 및 결과]
> (가) 유전적으로 동일하고 체중이 같은 생쥐 A~C를 준비한다.
> (나) A와 B에게 고지방 사료를, C에게 일반 사료를 먹이면서 시간에 따른 A~C의 체중을 측정한다. t_1일 때부터 B에게만 운동을 시킨다.
> (다) t_2일 때 A~C의 혈중 지질 농도를 측정한다.
> (라) (나)와 (다)에서 측정한 결과는 그림과 같다. ㉠과 ㉡은 A와 B를 순서 없이 나타낸 것이다.

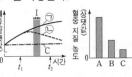

이에 대한 설명으로 옳은 것만을 〈보기〉에서 있는 대로 고른 것은?
(단, 제시된 조건 이외는 고려하지 않는다.) 3점

보기
ㄱ. ㉠은 A이다.
ㄴ. 구간 I 에서 B는 에너지 소비량이 에너지 섭취량보다 많다.
ㄷ. 대사성 질환 중에는 고지혈증이 있다.

① ㄱ   ② ㄴ   ③ ㄱ, ㄷ   ④ ㄴ, ㄷ   ⑤ ㄱ, ㄴ, ㄷ

Ⅲ. 항상성과 몸의 조절

1. 항상성과 몸의 기능 조절   01. 자극의 전달

❶ 뉴런의 구조와 기능   ★수능에 나오는 필수 개념 2가지 + 필수 암기사항 3개

필수개념 1   뉴런의 구조

• **뉴런의 구조** 암기 → 뉴런의 구조에서 체크한 부분을 기억하자!

> • 신경 세포체 : 핵과 미토콘드리아 등이 있어 뉴런의 생명 활동을 유지한다.
> • 가지 돌기 : 신경 세포체에서 나뭇가지 모양으로 돋아 있는 여러 개의
>   짧은 돌기로, 다른 뉴런이나 세포로부터 자극을 받아들인다.
> • 축삭 돌기 : 신경 세포체에서 뻗어 나온 한 개의 긴 돌기로,
>   흥분을 다른 뉴런이나 조직으로 전달한다.

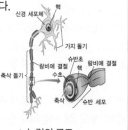

▲ 뉴런의 구조

필수개념 2   뉴런의 종류

• **말이집의 유무에 따른 구분** 암기 → 말이집 신경과 민말이집 신경에서 체크한 부분을 기억하자!

> • 말이집 신경 : 축삭 돌기가 말이집으로 둘러싸여 있는 신경으로, 말이집에 의해 축삭의 일부가
>   절연되어 흥분이 랑비에 결절에서만 발생하는 도약 전도가 일어난다. 따라서 민말이집 신경에
>   비해 흥분 전도 속도가 빠르다.
> • 민말이집 신경 : 축삭 돌기에 말이집이 없는 신경으로, 말이집 신경에 비해 흥분 전도 속도가
>   느리다.

• **기능에 따른 구분** 암기 → 각 뉴런의 특징에서 체크한 부분을 기억하자!

구심성 뉴런 (감각 뉴런)	• 감각기에서 받아들인 자극을 중추 신경으로 전달한다. • 가지 돌기가 길게 발달되어 있고 감각기에 분포한다. • 신경 세포체가 축삭 돌기의 한쪽 옆에 붙어 있다.
연합 뉴런	• 뇌, 척수와 같은 중추 신경을 이룬다. • 구심성 뉴런과 원심성 뉴런 사이에서 흥분을 중계한다.
원심성 뉴런 (운동 뉴런)	• 중추 신경의 명령을 근육과 같은 반응기에 전달한다. • 반응기에 분포한다. • 신경 세포체가 비교적 크고 축삭 돌기가 길게 발달되어 있다.

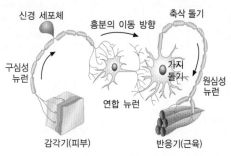

▲ 뉴런의 종류

기본자료

▶ 뉴런
신경계의 기본 단위로 신경 세포체와 가지
돌기, 축삭 돌기로 구성된다.

▶ 슈반 세포
말이집 신경에서 축삭을 둘러싸고 있는
세포로, 절연체로 작용한다.

▶ 랑비에 결절
말이집으로 싸여 있지 않아서 축삭이
노출된 부분이다.

▶ 구심성 뉴런
구심성은 먼 곳에서 중심으로 이행하는
성질이다. 감각 뉴런은 감각기에서
받아들인 자극을 중추 신경으로 전달하기
때문에 구심성 뉴런의 한 종류이다.

▶ 원심성 뉴런
원심성은 중심으로부터 먼 곳으로
이행하는 성질이다. 운동 뉴런은 중추
신경의 명령을 반응기에 전달하기 때문에
원심성 뉴런의 한 종류이다.

▶ 자극의 전달 경로
자극 → 감각기 → 구심성 뉴런 → 연합
뉴런 → 원심성 뉴런 → 반응기 → 반응

❷ 흥분의 전도와 전달 ★수능에 나오는 필수 개념 2가지 ✦ 필수 암기사항 3개

필수개념 1 흥분의 전도

• **뉴런의 막전위 변화** [암기] → 뉴런의 막전위 변화에 따른 펌프와 통로의 개폐 여부, 이온의 이동, 막전위의 변화를 중심으로 체크한 부분을 반드시 기억하자!

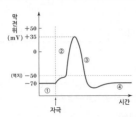

① 분극 : 자극을 받고 있지 않은 상태에서 Na^+-K^+ 펌프가 에너지(ATP)를 소비하면서 Na^+을 세포 밖으로, K^+을 세포 안으로 능동 수송하기 때문에 상대적으로 세포 안보다 세포 밖에 양이온이 많아 세포 안은 음(−)전하, 밖은 양(+)전하를 띠고 있는 상태이다. 이때 나타나는 막전위를 휴지 전위라고 하며, $-60 \sim -90mV$이다.

② 탈분극 : 뉴런이 역치 이상의 자극을 받으면 세포막에 있는 Na^+ 통로가 열리면서 Na^+이 확산에 의해 세포 안으로 유입된다. 그 결과 막전위가 $+30 \sim +40mV$로 상승하면서 세포 안이 양(+)전하, 밖이 음(−)전하로 역전된다. 이때의 막전위 변화를 활동 전위라고 하고, 크기가 약 100mV이다.

③ 재분극 : 탈분극으로 인해 열렸던 Na^+ 통로는 닫히고, K^+ 통로가 열리면서 K^+이 확산에 의해 세포 밖으로 유출되어 세포 안은 음(−)전하, 밖은 양(+)전하로 된다.

④ 분극 : 재분극이 일어난 부위는 Na^+-K^+ 펌프의 작용으로 이온이 재배치되어 분극 상태가 된다.

• **흥분의 전도** [암기] → 체크한 부분을 반드시 기억하자!

① 흥분의 전도 과정 : 탈분극 과정에서 유입된 Na^+에 의해 인접 부위의 Na^+ 막 투과도가 증가하여 활동 전위가 발생하며, 이러한 과정에 의해 활동 전위가 축삭 돌기를 따라 이동하는 흥분의 전도가 일어나게 된다. 흥분의 전도는 자극을 받은 곳을 중심으로 양방향으로 진행된다.

② 흥분의 전도 속도에 영향을 미치는 요인

• 말이집의 유무 : 말이집 신경은 랑비에 결절에서 다음 랑비에 결절로 흥분이 전도되는 도약 전도를 하므로 민말이집 신경보다 흥분 전도 속도가 빠르다.

• 축삭의 지름 : 축삭의 지름이 클수록 이온의 이동에 대한 전기적인 저항이 작아 흥분 전도 속도가 빠르다.

필수개념 2 흥분의 전달

• **흥분의 전달** [암기] → 흥분의 전달 과정과 흥분 전달의 방향에 대한 내용을 기억하자!

• 흥분의 전달 과정 : 흥분이 축삭 돌기 말단에 전도되면 시냅스 소포에 들어 있는 신경 전달 물질이 시냅스 틈으로 분비된다. 이 신경 전달 물질은 확산되어 신경절 이후 뉴런의 수용체에 결합한다. 이 자극에 의해 Na^+ 통로가 열려 Na^+이 유입되면서 탈분극이 일어나고 활동 전위가 발생하여 흥분이 전달된다.

• 흥분 전달의 방향성 : 흥분은 신경절 이전 뉴런의 축삭 돌기 말단에서 신경절 이후 뉴런의 가지 돌기나 신경 세포체로의 한 방향으로만 전달된다.

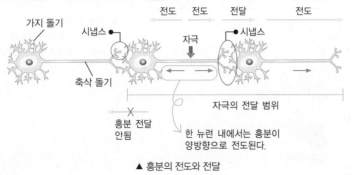

▲ 흥분의 전도와 전달

[기본자료]

▶ **역치**
뉴런이 활동 전위를 일으킬 수 있는 최소한의 자극의 세기를 말한다. 뉴런이 자극을 받으면 Na^+ 통로가 열리는데, 자극의 세기가 역치 이상이면 대부분의 Na^+ 통로가 열려 활동 전위가 발생한다.

▶ **실무율**
단일 신경 세포에서 역치 이하의 자극에는 반응하지 않고, 역치 이상의 자극에는 자극의 세기와 관계없이 반응의 크기가 일정한 현상이다.

▶ **분극의 원인**
1. Na^+-K^+ 펌프와 일부 열려있는 통로에 의한 양이온의 불균등 분포
2. 세포막 안쪽에 음(−)전하를 띠는 단백질의 분포

▶ **뉴런 안팎의 이온 분포**

이온	뉴런 안쪽	뉴런 바깥쪽
Na^+	15mM	150mM
K^+	140mM	5mM
Cl^-	10mM	120mM
음이온 단백질	100mM	−

▶ 시냅스에서의 흥분 전달

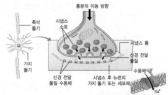

▶ 신경 전달 물질
뉴런의 축삭 돌기 말단에서 분비되어 다른 뉴런이나 반응기로 정보를 전달하는 화학 물질이다. 아세틸콜린, 에피네프린, 도파민, 세로토닌 등이 있다.

1

그림 (가)는 시냅스로 연결된 두 개의 뉴런을, (나)는 (가)의 특정 부위에 역치 이상의 자극을 주었을 때 지점 d_2에서의 시간에 따른 막전위를 나타낸 것이다.

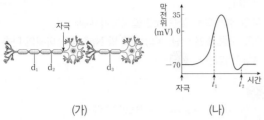

(가)　　　　　　　　　(나)

이에 대한 옳은 설명만을 〈보기〉에서 있는 대로 고른 것은? 3점

보기

ㄱ. t_1일 때 d_2에서 Na^+ 통로를 통해 Na^+이 세포 안으로 유입된다.

ㄴ. t_2일 때 d_3에서 휴지 전위가 나타난다.

ㄷ. t_2 이후 d_1에서 활동 전위가 나타난다.

① ㄱ　　　② ㄴ　　　③ ㄷ　　　④ ㄱ, ㄴ　　　⑤ ㄱ, ㄷ

2

그림 (가)는 어떤 말이집 신경을, (나)는 이 신경의 지점 P에 역치 이상의 자극을 1회 주었을 때 발생한 흥분이 축삭 돌기 말단 방향 각 지점에 도달하는 데 경과된 시간을 P로부터의 거리에 따라 나타낸 것이다. Ⅰ과 Ⅱ는 이 신경의 축삭 돌기에서 말이집으로 싸여 있는 부분과 말이집으로 싸여 있지 않은 부분을 순서 없이 나타낸 것이다.

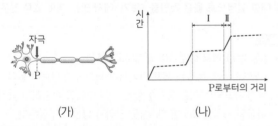

(가)　　　　　　　　　(나)

이에 대한 설명으로 옳은 것만을 〈보기〉에서 있는 대로 고른 것은? (단, 흥분의 전도는 1회 일어났다.) 3점

보기

ㄱ. P가 탈분극 상태일 때 P에서 Na^+의 농도는 세포 밖보다 세포 안이 높다.

ㄴ. Ⅰ은 말이집으로 싸여 있지 않은 부분이다.

ㄷ. 이 신경에서 흥분의 이동은 도약 전도를 통해 일어난다.

① ㄱ　　　② ㄷ　　　③ ㄱ, ㄴ　　　④ ㄴ, ㄷ　　　⑤ ㄱ, ㄴ, ㄷ

3

그림 (가)는 운동 신경 X에 역치 이상의 자극을 주었을 때 X의 축삭 돌기 한 지점 P에서 측정한 막전위 변화를, (나)는 P에서 발생한 흥분이 X의 축삭 돌기 말단 방향 각 지점에 도달하는 데 경과된 시간을 P로부터의 거리에 따라 나타낸 것이다. Ⅰ과 Ⅱ는 X의 축삭 돌기에서 말이집으로 싸여 있는 부분과 말이집으로 싸여 있지 않은 부분을 순서 없이 나타낸 것이다.

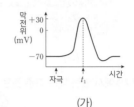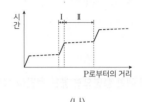

(가)　　　　　　　　　(나)

이에 대한 설명으로 옳은 것만을 〈보기〉에서 있는 대로 고른 것은? (단, 흥분의 전도는 1회 일어났다.) 3점

보기

ㄱ. t_1일 때 이온의 $\dfrac{\text{세포 안의 농도}}{\text{세포 밖의 농도}}$는 K^+이 Na^+보다 크다.

ㄴ. Ⅰ에서 활동 전위가 발생했다.

ㄷ. Ⅱ에는 슈반 세포가 존재하지 않는다.

① ㄴ　　　② ㄷ　　　③ ㄱ, ㄴ　　　④ ㄱ, ㄷ　　　⑤ ㄱ, ㄴ, ㄷ

---

4 2024 평가원

그림은 조건 Ⅰ~Ⅲ에서 뉴런 P의 한 지점에 역치 이상의 자극을 주고 측정한 시간에 따른 막전위를 나타낸 것이고, 표는 Ⅰ~Ⅲ에 대한 자료이다. ㉠과 ㉡은 Na^+과 K^+을 순서 없이 나타낸 것이다.

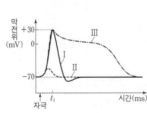

구분	조건
Ⅰ	물질 A와 B를 처리하지 않음
Ⅱ	물질 A를 처리하여 세포막에 있는 이온 통로를 통한 ㉠의 이동을 억제함
Ⅲ	물질 B를 처리하여 세포막에 있는 이온 통로를 통한 ㉡의 이동을 억제함

이에 대한 설명으로 옳은 것만을 〈보기〉에서 있는 대로 고른 것은? (단, 제시된 조건 이외는 고려하지 않는다.) 3점

보기

ㄱ. ㉠은 Na^+이다.

ㄴ. t_1일 때, Ⅰ에서 ㉡의 $\dfrac{\text{세포 안의 농도}}{\text{세포 밖의 농도}}$는 1보다 작다.

ㄷ. 막전위가 $+30mV$에서 $-70mV$가 되는 데 걸리는 시간은 Ⅲ에서가 Ⅰ에서보다 짧다.

① ㄱ　　　② ㄴ　　　③ ㄷ　　　④ ㄱ, ㄴ　　　⑤ ㄴ, ㄷ

5

그림 (가)는 시냅스로 연결된 두 뉴런 A와 B를, (나)는 A와 B 사이의 시냅스에서 일어나는 흥분 전달 과정을 나타낸 것이다. X와 Y는 A의 가지 돌기와 B의 축삭 돌기 말단을 순서 없이 나타낸 것이다.

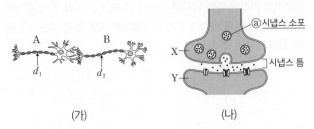

(가)   (나)

이에 대한 설명으로 옳은 것만을 〈보기〉에서 있는 대로 고른 것은?
3점

보기
ㄱ. ⓐ에 신경 전달 물질이 들어 있다.
ㄴ. X는 B의 축삭 돌기 말단이다.
ㄷ. 지점 d_1에 역치 이상의 자극을 주면 지점 d_2에서 활동 전위가 발생한다.

① ㄱ   ② ㄷ   ③ ㄱ, ㄴ   ④ ㄴ, ㄷ   ⑤ ㄱ, ㄴ, ㄷ

7

그림은 신경 세포 X의 세포 밖 Na^+ 농도 조건을 A와 B로 달리한 후, X에 각각 역치 이상의 자극을 1회 주었을 때 시간에 따른 막전위를 나타낸 것이다.

이에 대한 설명으로 옳은 것만을 〈보기〉에서 있는 대로 고른 것은? (단, X의 세포 밖 Na^+ 농도 이외의 다른 조건은 고려하지 않는다.) 3점

보기
ㄱ. X의 세포 밖 Na^+ 농도는 B보다 A에서 높다.
ㄴ. 구간 Ⅰ에서 단위 시간당 세포막을 통한 Na^+ 이동량은 A보다 B에서 많다.
ㄷ. B의 구간 Ⅱ에서 K^+은 세포 안에서 밖으로 능동 수송된다.

① ㄱ   ② ㄴ   ③ ㄱ, ㄷ   ④ ㄴ, ㄷ   ⑤ ㄱ, ㄴ, ㄷ

6

그림은 어떤 뉴런에 역치 이상의 자극을 주었을 때, 이 뉴런 세포막의 한 지점에서 이온 ㉠과 ㉡의 막투과도를 시간에 따라 나타낸 것이다. ㉠과 ㉡은 각각 Na^+과 K^+ 중 하나이다.

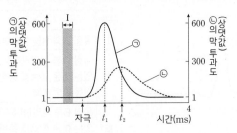

이에 대한 설명으로 옳은 것만을 〈보기〉에서 있는 대로 고른 것은?
3점

보기
ㄱ. Na^+의 막투과도는 t_1일 때가 t_2일 때보다 크다.
ㄴ. t_2일 때, K^+은 K^+ 통로를 통해 세포 밖으로 확산된다.
ㄷ. 구간 Ⅰ에서 Na^+-K^+ 펌프를 통해 ㉠이 세포 안으로 유입된다.

① ㄱ   ② ㄷ   ③ ㄱ, ㄴ   ④ ㄴ, ㄷ   ⑤ ㄱ, ㄴ, ㄷ

8

그림은 어떤 뉴런에 역치 이상의 자극을 주었을 때, 이 뉴런 세포막의 한 지점 P에서 측정한 이온 ㉠과 ㉡의 막 투과도를 시간에 따라 나타낸 것이다. ㉠과 ㉡은 각각 Na^+과 K^+ 중 하나이다.

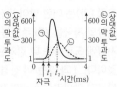

이에 대한 설명으로 옳은 것만을 〈보기〉에서 있는 대로 고른 것은?

보기
ㄱ. t_1일 때, P에서 탈분극이 일어나고 있다.
ㄴ. t_2일 때, ㉡의 농도는 세포 안에서가 세포 밖에서보다 높다.
ㄷ. 뉴런 세포막의 이온 통로를 통한 ㉠의 이동을 차단하고 역치 이상의 자극을 주었을 때, 활동 전위가 생성되지 않는다.

① ㄱ   ② ㄴ   ③ ㄱ, ㄷ   ④ ㄴ, ㄷ   ⑤ ㄱ, ㄴ, ㄷ

그림 (가)는 어떤 뉴런에 역치 이상의 자극을 주었을 때 이 뉴런의 축삭 돌기 한 지점에서 측정한 막전위 변화를, (나)는 t_1일 때 이 지점에서 Na^+ 통로를 통한 Na^+의 확산을 나타낸 것이다. ㉠과 ㉡은 각각 세포 안과 세포 밖 중 하나이다.

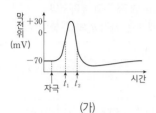
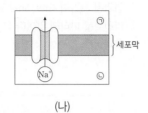

(가)   (나)

이에 대한 설명으로 옳은 것만을 〈보기〉에서 있는 대로 고른 것은?

보기
ㄱ. Na^+의 막투과도는 t_1일 때가 t_2일 때보다 크다.
ㄴ. t_2일 때 K^+은 K^+ 통로를 통해 ㉠에서 ㉡으로 확산된다.
ㄷ. t_2일 때 이온의 $\dfrac{㉡에서의 농도}{㉠에서의 농도}$ 는 K^+이 Na^+보다 크다.

① ㄱ   ② ㄷ   ③ ㄱ, ㄴ   ④ ㄴ, ㄷ   ⑤ ㄱ, ㄴ, ㄷ

그림은 신경 세포 (가)와 (나)의 일부를, 표는 (가)와 (나)의 P 지점에 역치 이상의 자극을 동시에 1회 주고 일정 시간이 지난 후 t_1일 때 두 지점 A, B에서 측정한 막전위를 나타낸 것이다. (가)와 (나) 중 하나는 민말이집 신경이고, 다른 하나는 말이집 신경이다.

신경 세포	t_1일 때 측정한 막전위(mV)	
	A	B
(가)	−55	−55
(나)	−70	−75

이에 대한 설명으로 옳은 것만을 〈보기〉에서 있는 대로 고른 것은? (단, (가)와 (나)에서 흥분의 전도는 각각 1회 일어났고, 휴지 전위는 −70mV이며, 말이집 유무를 제외한 나머지 조건은 동일하다.) 3점

보기
ㄱ. (가)는 민말이집 신경이다.
ㄴ. t_1일 때 (가)의 A 지점에서 탈분극이 일어나고 있다.
ㄷ. t_1일 때 (나)의 B 지점에서 K^+의 농도는 세포 밖이 안보다 높다.

① ㄱ   ② ㄴ   ③ ㄷ   ④ ㄱ, ㄴ   ⑤ ㄱ, ㄷ

다음은 민말이집 신경 A와 B의 흥분 전도에 대한 자료이다.

○ 그림은 A와 B의 일부를, 표는 A와 B의 지점 d_1에 역치 이상의 자극을 동시에 1회 주고 경과된 시간이 t_1, t_2, t_3, t_4일 때 지점 d_2에서 측정한 막전위를 나타낸 것이다. Ⅰ~Ⅳ는 t_1~t_4를 순서 없이 나타낸 것이다.

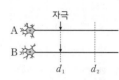

신경	d_2에서 측정한 막전위(mV)			
	Ⅰ	Ⅱ	Ⅲ	Ⅳ
A	−60	−80	+20	+10
B	+20	+10	−65	−60

○ A와 B에서 활동 전위가 발생하였을 때, 각 지점에서의 막전위 변화는 그림과 같다.

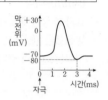

이에 대한 설명으로 옳은 것만을 〈보기〉에서 있는 대로 고른 것은? (단, A와 B에서 흥분의 전도는 각각 1회 일어났고, 휴지 전위는 −70mV이다. 자극을 준 후 경과된 시간은 $t_1 < t_2 < t_3 < t_4$이다.)

보기
ㄱ. Ⅲ은 t_1이다.
ㄴ. t_2일 때, B의 d_2에서 재분극이 일어나고 있다.
ㄷ. 흥분의 전도 속도는 A에서가 B에서보다 빠르다.

① ㄱ   ② ㄴ   ③ ㄷ   ④ ㄱ, ㄴ   ⑤ ㄴ, ㄷ

다음은 민말이집 신경 A와 B의 흥분 전도와 전달에 대한 자료이다.

○ 그림은 A와 B에서 지점 $d_1 \sim d_4$의 위치를, 표는 ㉠ d_2에 역치 이상의 자극을 1회 주고 경과된 시간이 4ms와 ⓐ ms일 때 d_3과 d_4의 막전위를 나타낸 것이다.

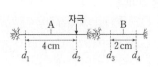

시간 (ms)	막전위(mV)	
	d_3	d_4
4	+30	?
ⓐ	?	−80

○ A와 B의 흥분 전도 속도는 각각 2cm/ms이다.

○ A와 B 각각에서 활동 전위가 발생했을 때, 각 지점의 막전위 변화는 그림과 같다.

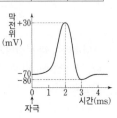

이에 대한 옳은 설명만을 〈보기〉에서 있는 대로 고른 것은? (단, A와 B에서 흥분의 전도는 각각 1회 일어났고, 휴지 전위는 −70mV 이다.) **3점**

보기

ㄱ. ⓐ는 6이다.

ㄴ. ㉠이 5ms일 때 d_4의 막전위는 +30mV이다.

ㄷ. ㉠이 3ms일 때 d_1과 d_3에서 모두 탈분극이 일어나고 있다.

① ㄱ ② ㄷ ③ ㄱ, ㄴ ④ ㄴ, ㄷ ⑤ ㄱ, ㄴ, ㄷ

다음은 민말이집 신경 A의 흥분 전도에 대한 자료이다.

○ 그림은 A의 지점 d_1로부터 네 지점 $d_2 \sim d_5$까지의 거리를, 표는 d_1과 d_5 중 한 지점에 역치 이상의 자극을 1회 주고 경과된 시간이 4ms, 5ms, 6ms일 때 Ⅰ과 Ⅱ에서의 막전위를 나타낸 것이다. Ⅰ과 Ⅱ는 각각 d_2와 d_4 중 하나이다.

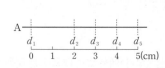

시간	막전위(mV)	
	Ⅰ	Ⅱ
4ms	?	+30
5ms	−60	ⓐ
6ms	+30	−70

○ A에서 활동 전위가 발생하였을 때, 각 지점에서의 막전위 변화는 그림과 같다.

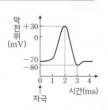

이에 대한 설명으로 옳은 것만을 〈보기〉에서 있는 대로 고른 것은? (단, A에서 흥분의 전도는 1회 일어났고, 휴지 전위는 −70mV 이다.) **3점**

보기

ㄱ. A의 흥분 전도 속도는 2cm/ms이다.

ㄴ. ⓐ는 −80이다.

ㄷ. 4ms일 때 d_3에서 탈분극이 일어나고 있다.

① ㄱ ② ㄴ ③ ㄱ, ㄷ ④ ㄴ, ㄷ ⑤ ㄱ, ㄴ, ㄷ

표는 어떤 뉴런의 지점 d_1과 d_2 중 한 지점에 역치 이상의 자극을 1회 주고 경과된 시간이 t_1, t_2, t_3일 때 d_1과 d_2에서의 막전위를, 그림은 d_1과 d_2에서 활동 전위가 발생하였을 때 각 지점에서의 막전위 변화를 나타낸 것이다. ㉠과 ㉡은 0과 −38을 순서 없이 나타낸 것이고, $t_1 < t_2 < t_3$이다.

경과된 시간	막전위(mV)	
	d_1	d_2
t_1	−10	−33
t_2	㉠	㉡
t_3	−80	+25

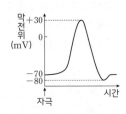

이에 대한 옳은 설명만을 〈보기〉에서 있는 대로 고른 것은? (단, 흥분 전도는 1회 일어났고, 휴지 전위는 −70mV이다.)

보기
ㄱ. 자극을 준 지점은 d_1이다.
ㄴ. ㉠은 0이다.
ㄷ. t_2일 때 d_2에서 재분극이 일어나고 있다.

① ㄱ　　② ㄴ　　③ ㄱ, ㄷ　　④ ㄴ, ㄷ　　⑤ ㄱ, ㄴ, ㄷ

다음은 민말이집 신경 A와 B의 흥분 이동에 대한 자료이다.

○ 그림은 민말이집 신경 A와 B에서 지점 d_1~d_4의 위치를, 표는 d_1에 역치 이상의 자극을 1회 주고 경과된 시간이 각각 11ms, ⓐms일 때, d_3와 d_4에서 측정한 막전위를 나타낸 것이다.

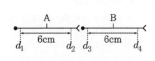

시간 (ms)	막전위(mV)	
	d_3	d_4
11	−80	?
ⓐ	?	+30

○ ㉠ d_2에 역치 이상의 자극을 1회 주고 경과된 시간이 8ms일 때 d_3의 막전위는 +30mV이다.
○ B의 흥분 전도 속도는 2cm/ms이다.
○ A와 B의 d_1~d_4에서 활동 전위가 발생하였을 때, 각 지점에서의 막전위 변화는 그림과 같다. 휴지 전위는 −70mV이다.

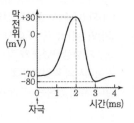

이에 대한 설명으로 옳은 것만을 〈보기〉에서 있는 대로 고른 것은? (단, d_1과 d_2에 준 자극에 의해 A와 B에서 흥분의 전도는 각각 1회 일어났고, 제시된 조건 이외의 다른 조건은 동일하다.) **3점**

보기
ㄱ. ⓐ는 15이다.
ㄴ. A의 흥분 전도 속도는 3cm/ms이다.
ㄷ. ㉠이 10ms일 때 d_4에서 탈분극이 일어나고 있다.

① ㄱ　　② ㄴ　　③ ㄷ　　④ ㄱ, ㄴ　　⑤ ㄴ, ㄷ

다음은 민말이집 신경 (가)와 (나)의 흥분 이동에 대한 자료이다.

○ 그림은 (가)와 (나)의 지점 $d_1 \sim d_4$의 위치를, 표는 (가)와 (나)의 동일한 지점에 역치 이상의 자극을 동시에 1회 주고 일정 시간이 지난 후 t_1일 때 $d_1 \sim d_4$에서 측정한 막전위를 나타낸 것이다. 네 지점 $d_1 \sim d_4$ 중 한 지점에 자극을 주었으며, (나)에는 $d_1 \sim d_4$ 사이에 하나의 시냅스가 있다.

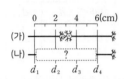

신경	t_1일 때 측정한 막전위(mV)			
	d_1	d_2	d_3	d_4
(가)	?	−80	+23	−68
(나)	−70	?	+10	−61

○ (가)와 (나)를 구성하는 뉴런의 흥분 전도 속도는 서로 같고, (가)와 (나)에서 흥분의 전달 속도는 서로 같다.

○ (가)와 (나)의 $d_1 \sim d_4$에서 활동 전위가 발생하였을 때 각 지점에서의 막전위 변화는 그림과 같다. 휴지 전위는 −70mV이다.

이에 대한 설명으로 옳은 것만을 〈보기〉에서 있는 대로 고른 것은? (단, (가)와 (나)의 시냅스 이후 뉴런에서 흥분의 전도는 각각 1회 일어났고, 시냅스의 위치 이외의 다른 조건은 동일하다.) **3점**

보기

ㄱ. 자극을 준 지점은 d_2이다.

ㄴ. (나)에서 시냅스는 d_3와 d_4 사이에 있다.

ㄷ. t_1일 때 (나)의 d_3에서 재분극이 일어나고 있다.

① ㄱ　　② ㄴ　　③ ㄷ　　④ ㄱ, ㄴ　　⑤ ㄱ, ㄷ

다음은 민말이집 신경 (가)와 (나)의 흥분 이동에 대한 자료이다.

○ 그림은 (가)와 (나)의 지점 $d_1 \sim d_4$의 위치를, 표는 (가)와 (나)의 ⓐ d_1에 역치 이상의 자극을 동시에 1회 주고 경과한 시간이 4ms일 때 $d_2 \sim d_4$에서 측정한 막전위를 나타낸 것이다. (가)와 (나) 중 한 신경에서만 $d_2 \sim d_4$ 사이에 하나의 시냅스가 있으며, 시냅스 전 뉴런과 시냅스 후 뉴런의 흥분 전도 속도는 서로 같다.

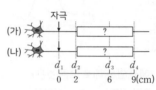

신경	4ms일 때 측정한 막전위(mV)		
	d_2	d_3	d_4
(가)	㉠	+21	?
(나)	−80	?	㉡

○ (가)와 (나)를 구성하는 뉴런의 흥분 전도 속도는 각각 2cm/ms, 4cm/ms 중 하나이다.

○ (가)와 (나)의 $d_1 \sim d_4$에서 활동 전위가 발생하였을 때, 각 지점에서의 막전위 변화는 그림과 같다. 휴지 전위는 −70mV이다.

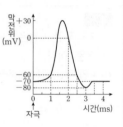

이에 대한 설명으로 옳은 것만을 〈보기〉에서 있는 대로 고른 것은? (단, (가)와 (나)를 구성하는 뉴런에서 흥분의 전도는 각각 1회 일어났고, 제시된 조건 이외의 다른 조건은 동일하다.) **3점**

보기

ㄱ. ㉠과 ㉡은 모두 −70이다.

ㄴ. 시냅스는 (가)의 d_2와 d_3 사이에 있다.

ㄷ. ⓐ가 5ms일 때 (나)의 d_3에서 재분극이 일어나고 있다.

① ㄱ　　② ㄷ　　③ ㄱ, ㄴ　　④ ㄴ, ㄷ　　⑤ ㄱ, ㄴ, ㄷ

18

그림 (가)는 민말이집 신경 A와 B의 축삭 돌기 일부를, (나)는 지점 $P_1 \sim P_3$에서 활동 전위가 발생하였을 때 막전위 변화를 나타낸 것이다. P_1에 역치 이상의 자극을 1회 주고 경과된 시간이 4ms일 때 A의 P_2와 B의 P_3에서 막전위는 모두 $-80mV$이다.

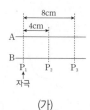 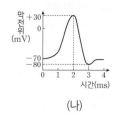

(가)   (나)

이에 대한 옳은 설명만을 〈보기〉에서 있는 대로 고른 것은? (단, A와 B에서 흥분 전도는 각각 1회만 일어났다.) **3점**

> **보기**
> ㄱ. 자극을 준 후 4ms일 때 A의 P_3에서 막전위는 $-70mV$이다.
> ㄴ. 자극을 준 후 2ms일 때 B의 P_2에서 Na^+이 세포 안으로 유입된다.
> ㄷ. 흥분 전도 속도는 B가 A보다 빠르다.

① ㄱ   ② ㄷ   ③ ㄱ, ㄴ   ④ ㄱ, ㄷ   ⑤ ㄴ, ㄷ

19

다음은 어떤 민말이집 신경의 흥분 전도에 대한 자료이다.

> ○ 이 신경의 흥분 전도 속도는 2cm/ms이다.
> ○ 그림 (가)는 이 신경의 지점 $P_1 \sim P_3$ 중 ㉠P_2에 역치 이상의 자극을 1회 주고 경과된 시간이 3ms일 때 P_3에서의 막전위를, (나)는 $P_1 \sim P_3$에서 활동 전위가 발생하였을 때 각 지점에서의 막전위 변화를 나타낸 것이다.

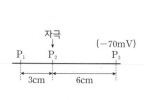 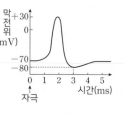

(가)   (나)

㉠일 때, 이에 대한 옳은 설명만을 〈보기〉에서 있는 대로 고른 것은? (단, 이 신경에서 흥분 전도는 1회 일어났다.) **3점**

> **보기**
> ㄱ. P_1에서 탈분극이 일어나고 있다.
> ㄴ. P_2에서의 막전위는 $-70mV$이다.
> ㄷ. P_3에서 $Na^+ - K^+$ 펌프를 통해 K^+이 세포 밖으로 이동한다.

① ㄱ   ② ㄷ   ③ ㄱ, ㄴ   ④ ㄱ, ㄷ   ⑤ ㄴ, ㄷ

20

그림 (가)는 어떤 민말이집 신경의 P와 Q 중 한 지점에 역치 이상의 자극을 1회 주고 경과된 시간이 5ms일 때 $d_1 \sim d_4$에서 각각 측정한 막전위를 나타낸 것이고, (나)는 이 신경에서 활동 전위가 발생하였을 때 각 지점에서의 막전위 변화를 나타낸 것이다.

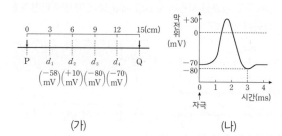

(가)   (나)

이에 대한 설명으로 옳은 것만을 〈보기〉에서 있는 대로 고른 것은? (단, 이 신경에서 흥분의 전도는 1회 일어났으며, 휴지 전위는 $-70mV$이다.) **3점**

> **보기**
> ㄱ. 자극을 준 지점은 Q이다.
> ㄴ. 이 신경에서 흥분의 전도는 1ms당 2cm씩 이동한다.
> ㄷ. 5ms일 때 d_2에서 K^+의 농도는 세포 안보다 세포 밖이 높다.

① ㄱ   ② ㄷ   ③ ㄱ, ㄴ   ④ ㄴ, ㄷ   ⑤ ㄱ, ㄴ, ㄷ

21

그림 (가)는 민말이집 신경 A와 B에 역치 이상의 자극을 동시에 1회 주고 경과된 시간이 t_1일 때 지점 $P_1 \sim P_4$에서 측정한 막전위를, (나)는 $P_1 \sim P_4$에서 활동 전위가 발생하였을 때 각 지점에서의 막전위 변화를 나타낸 것이다. B의 흥분 전도 속도는 3cm/ms이다.

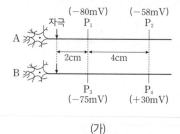 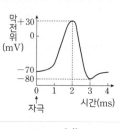

(가)   (나)

이에 대한 옳은 설명만을 〈보기〉에서 있는 대로 고른 것은? (단, A와 B에서 흥분의 전도는 각각 1회 일어났고, 휴지 전위는 $-70mV$이다.) **3점**

> **보기**
> ㄱ. t_1은 4ms이다.
> ㄴ. A의 흥분 전도 속도는 2cm/ms이다.
> ㄷ. t_1일 때 P_2에서 Na^+ 통로를 통해 Na^+이 유입된다.

① ㄱ   ② ㄷ   ③ ㄱ, ㄴ   ④ ㄴ, ㄷ   ⑤ ㄱ, ㄴ, ㄷ

다음은 민말이집 신경 A~D의 흥분 전도와 전달에 대한 자료이다.

○ 그림은 A, C, D의 지점 d_1으로부터 두 지점 d_2, d_3까지의 거리를, 표는 ㉠A, C, D의 d_1에 역치 이상의 자극을 동시에 1회 주고 경과된 시간이 5ms일 때 d_2와 d_3에서의 막전위를 나타낸 것이다.

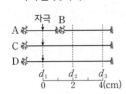

신경	5ms일 때 막전위(mV)	
	d_2	d_3
B	−80	ⓐ
C	?	−80
D	+30	?

○ B와 C의 흥분 전도 속도는 같다.

○ A~D 각각에서 활동 전위가 발생하였을 때, 각 지점에서의 막전위의 변화는 그림과 같다.

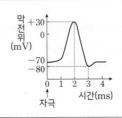

이에 대한 설명으로 옳은 것만을 〈보기〉에서 있는 대로 고른 것은? (단, A~D에서 흥분의 전도는 각각 1회 일어났고, 휴지 전위는 −70mV이다.) **3점**

보기

ㄱ. 흥분의 전도 속도는 C에서가 D에서보다 빠르다.

ㄴ. ⓐ는 +30이다.

ㄷ. ㉠이 3ms일 때 C의 d_3에서 탈분극이 일어나고 있다.

① ㄱ ② ㄷ ③ ㄱ, ㄴ ④ ㄴ, ㄷ ⑤ ㄱ, ㄴ, ㄷ

다음은 민말이집 신경 A와 B에 대한 자료이다.

○ 그림 (가)는 A와 B에서 지점 p_1~p_4의 위치를, (나)는 A와 B 각각에서 활동 전위가 발생했을 때 각 지점에서의 막전위 변화를 나타낸 것이다.

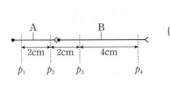
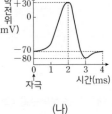

(가)   (나)

○ 흥분 전도 속도는 A가 B의 2배이다.

○ ⓐ p_2에 역치 이상의 자극을 주고 경과된 시간이 4ms일 때 p_1에서의 막전위는 −80mV이다.

○ p_2에 준 자극으로 발생한 흥분이 p_4에 도달한 후, ⓑ p_3에 역치 이상의 자극을 주고 경과된 시간이 6ms일 때 p_4에서의 막전위는 ㉠ mV이다.

이에 대한 옳은 설명만을 〈보기〉에서 있는 대로 고른 것은? (단, p_2와 p_3에 준 자극에 의해 흥분의 전도는 각각 1회 일어났고, 휴지 전위는 −70mV이다.) **3점**

보기

ㄱ. ㉠은 +30이다.

ㄴ. ⓐ가 3ms일 때 p_3에서 재분극이 일어나고 있다.

ㄷ. ⓑ가 5ms일 때 p_1과 p_4에서의 막전위는 같다.

① ㄱ ② ㄴ ③ ㄱ, ㄴ ④ ㄱ, ㄷ ⑤ ㄴ, ㄷ

그림 (가)는 민말이집 신경 ⊙과 ⓒ에서 지점 P_1~P_4를, (나)는 P_1~P_4에서 활동 전위가 발생하였을 때 막전위 변화를 나타낸 것이다. P_2에 자극을 1회 주고 경과된 시간이 8ms일 때 P_1과 P_3에서의 막전위는 모두 −80mV이며, P_3에 자극을 1회 주고 경과된 시간이 4ms일 때 P_4에서의 막전위는 +30mV이다.

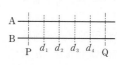

(가)　　　　　(나)

이에 대한 옳은 설명만을 〈보기〉에서 있는 대로 고른 것은? (단, 자극을 주었을 때 흥분의 전도는 1회만 일어났고, 휴지 전위는 −70mV이다.) 3점

보기

ㄱ. 흥분의 전도 속도는 ⊙이 ⓒ보다 느리다.

ㄴ. P_4에서 Na^+의 막투과도는 P_2에 역치 이상의 자극을 주고 경과한 시간이 8ms일 때가 10ms일 때보다 높다.

ㄷ. P_3에 역치 이상의 자극을 주고 경과한 시간이 6ms일 때 $\dfrac{P_4\text{에서의 막전위}}{P_2\text{에서의 막전위}}$ 는 1보다 크다.

① ㄱ　　② ㄷ　　③ ㄱ, ㄴ　　④ ㄴ, ㄷ　　⑤ ㄱ, ㄴ, ㄷ

다음은 민말이집 신경 A와 B의 흥분 전도에 대한 자료이다.

○ 그림은 A와 B의 축삭 돌기 일부를, 표는 A와 B의 동일한 지점에 역치 이상의 자극을 동시에 1회 주고 일정 시간이 지난 후 t_1일 때 네 지점 d_1~d_4에서 측정한 막전위를 나타낸 것이다. 자극을 준 지점은 P와 Q 중 하나이다. Ⅰ~Ⅲ은 각각 d_1~d_3 중 하나이고, Ⅳ는 d_4이다. 흥분의 전도 속도는 B에서가 A에서보다 빠르다.

신경	t_1일 때 측정한 막전위(mV)			
	Ⅰ	Ⅱ	Ⅲ	Ⅳ
A	0	+15	−65	−70
B	+15	−45	+20	−80

○ A와 B의 d_1~d_4에서 활동 전위가 발생하였을 때, 각 지점에서의 막전위 변화는 그림과 같다.

이에 대한 설명으로 옳은 것만을 〈보기〉에서 있는 대로 고른 것은? (단, A와 B에서 흥분의 전도는 각각 1회 일어났고, 휴지 전위는 −70mV이다.) 3점

보기

ㄱ. Ⅱ는 d_1이다.

ㄴ. 자극을 준 지점은 Q이다.

ㄷ. t_1일 때, B의 d_2에서 탈분극이 일어나고 있다.

① ㄱ　　② ㄴ　　③ ㄱ, ㄴ　　④ ㄱ, ㄷ　　⑤ ㄴ, ㄷ

DAY
04

Ⅲ

1
ㅣ
01.
자극의 전달

26

다음은 민말이집 신경 A의 흥분 전도에 대한 자료이다.

○ 그림은 A의 축삭 돌기에서 지점 d_1로부터 세 지점 $d_2 \sim d_4$ 까지의 거리를 나타낸 것이다.

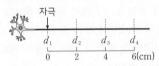

○ d_1에 역치 이상의 자극 Ⅰ을 주고 경과된 시간이 @일 때 d_1에 역치 이상의 자극 Ⅱ를 주었다.

○ 표는 ㉠ Ⅰ을 주고 경과된 시간이 5ms일 때 $d_1 \sim d_4$에서 측정한 막전위를, 그림은 Ⅰ과 Ⅱ 각각에 의해 $d_1 \sim d_4$에서 활동 전위가 발생하였을 때 각 지점에서의 막전위 변화를 나타낸 것이다.

지점	d_1	d_2	d_3	d_4
막전위 (mV)	−60	−70	−80	0

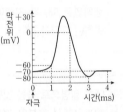

이에 대한 설명으로 옳은 것만을 〈보기〉에서 있는 대로 고른 것은? (단, Ⅰ과 Ⅱ에 의해 흥분의 전도는 각각 1회 일어났고, 휴지 전위는 −70mV이다.) 3점

보기

ㄱ. @는 4ms이다.

ㄴ. A의 흥분 전도 속도는 3cm/ms이다.

ㄷ. ㉠일 때 d_4에서 재분극이 일어나고 있다.

① ㄱ　　② ㄷ　　③ ㄱ, ㄴ　　④ ㄱ, ㄷ　　⑤ ㄴ, ㄷ

27

다음은 민말이집 신경 A와 B의 흥분 전도에 대한 자료이다.

○ 그림은 A와 B의 지점 $d_1 \sim d_3$의 위치를, 표는 ㉠ A와 B의 d_1에 역치 이상의 자극을 동시에 1회 주고 경과된 시간이 Ⅰ~Ⅲ일 때 A의 d_2에서의 막전위를 나타낸 것이다. Ⅰ~Ⅲ은 각각 3ms, 4ms, 5ms 중 하나이다.

시간	Ⅰ	Ⅱ	Ⅲ
막전위 (mV)	−80	+30	−70

○ 흥분 전도 속도는 A가 B의 2배이다.

○ A와 B 각각에서 활동 전위가 발생하였을 때, 각 지점에서의 막전위 변화는 그림과 같다.

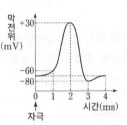

이에 대한 옳은 설명만을 〈보기〉에서 있는 대로 고른 것은? (단, A와 B에서 흥분의 전도는 각각 1회 일어났고, 휴지 전위는 −70mV이다.) 3점

보기

ㄱ. Ⅲ은 4ms이다.

ㄴ. B의 흥분 전도 속도는 1cm/ms이다.

ㄷ. ㉠이 5ms일 때 B의 d_3에서 탈분극이 일어나고 있다.

① ㄱ　　② ㄴ　　③ ㄱ, ㄷ　　④ ㄴ, ㄷ　　⑤ ㄱ, ㄴ, ㄷ

28

흥분의 전도
[2021년 4월 학평 15번]

다음은 민말이집 신경 (가)와 (나)의 흥분 전도에 대한 자료이다.

○ 그림은 (가)와 (나)의 지점 d_1으로부터 세 지점 d_2~d_4까지의 거리를, 표는 ㉠ <u>(가)와 (나)의 d_1에 역치 이상의 자극을 동시에 1회 주고 경과된 시간</u>이 4ms일 때 d_2~d_4에서의 막전위를 나타낸 것이다.

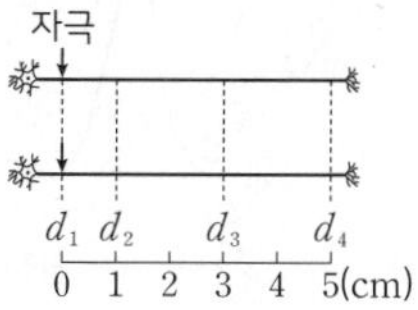

신경	4ms일 때 막전위(mV)		
	d_2	d_3	d_4
(가)	−80	−60	ⓐ
(나)	−70	−60	ⓑ

○ (가)와 (나)의 흥분 전도 속도는 각각 1cm/ms와 2cm/ms 중 하나이다.

○ (가)와 (나) 각각에서 활동 전위가 발생하였을 때, 각 지점에서의 막전위 변화는 그림과 같다.

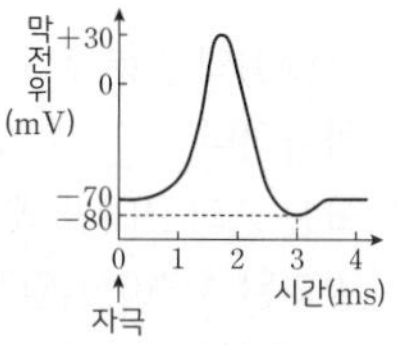

이에 대한 설명으로 옳은 것만을 <보기>에서 있는 대로 고른 것은? (단, (가)와 (나)에서 흥분의 전도는 각각 1회 일어났고, 휴지 전위는 −70mV이다.) 3점

보기

ㄱ. (가)의 흥분 전도 속도는 1cm/ms이다.
ㄴ. ⓐ와 ⓑ는 같다.
ㄷ. ㉠이 3ms일 때 (나)의 d_3에서 재분극이 일어나고 있다.

① ㄱ ② ㄴ ③ ㄱ, ㄷ ④ ㄴ, ㄷ ⑤ ㄱ, ㄴ, ㄷ

29

흥분의 전도
[2018년 10월 학평 12번]

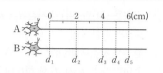

다음은 민말이집 신경 A와 B의 흥분 전도에 대한 자료이다.

○ 그림은 신경 A와 B의 d_1 지점으로부터 d_2~d_5까지의 거리를 나타낸 것이다. A와 B에서의 흥분 전도 속도는 각각 1cm/ms와 2cm/ms이다.

○ 표는 A와 B에서 d_1~d_5 중 동일한 지점에 역치 이상의 자극을 동시에 1회 주고 경과한 시간이 4ms일 때 d_1~d_5에서 측정한 막전위를 나타낸 것이다. Ⅰ~Ⅴ는 d_1~d_5를 순서 없이 나타낸 것이다.

신경	4ms일 때 측정한 막전위(mV)				
	Ⅰ	Ⅱ	Ⅲ	Ⅳ	Ⅴ
A	?	−70	+10	−70	−80
B	−80	㉠	?	−70	?

○ A와 B 각각에서 활동 전위가 발생하였을 때, 각 지점에서의 막전위 변화는 그림과 같다.

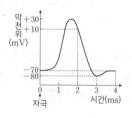

이에 대한 옳은 설명만을 <보기>에서 있는 대로 고른 것은? (단, A와 B에서 흥분 전도는 각각 1회 일어났고, 휴지 전위는 −70mV이다.) 3점

보기

ㄱ. 자극을 준 지점은 d_2이다.
ㄴ. 4ms일 때, d_4에서 $\frac{\text{B의 막전위}}{\text{A의 막전위}}$의 값은 1보다 크다.
ㄷ. 6ms일 때, d_1에서 A의 막전위는 ㉠과 같다.

① ㄱ ② ㄷ ③ ㄱ, ㄴ ④ ㄴ, ㄷ ⑤ ㄱ, ㄴ, ㄷ

정답과 해설 28 p.100 29 p.101

다음은 민말이집 신경 (가)와 (나)의 흥분 전도에 대한 자료이다.

○ 그림은 (가)와 (나)의 지점 $d_1 \sim d_5$의 위치를, 표는 ⓐ (가)와 (나)의 지점 X에 역치 이상의 자극을 동시에 1회 주고 경과된 시간이 4ms일 때 d_2, A, B에서의 막전위를 나타낸 것이다. X는 d_1과 d_5 중 하나이고, A와 B는 d_3과 d_4를 순서 없이 나타낸 것이다. ㉠~㉢은 0, −70, −80을 순서 없이 나타낸 것이다.

신경	4ms일 때 막전위(mV)		
	d_2	A	B
(가)	㉠	㉡	㉢
(나)	㉡	㉢	㉠

○ 흥분 전도 속도는 (나)에서가 (가)에서의 2배이다.

○ (가)와 (나) 각각에서 활동 전위가 발생하였을 때, 각 지점에서의 막전위 변화는 그림과 같다.

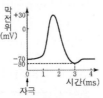

이에 대한 설명으로 옳은 것만을 〈보기〉에서 있는 대로 고른 것은? (단, (가)와 (나)에서 흥분의 전도는 각각 1회 일어났고, 휴지 전위는 −70mV이다.) 3점

보기

ㄱ. X는 d_5이다.

ㄴ. ㉠은 −80이다.

ㄷ. ⓐ가 5ms일 때 (나)의 B에서 탈분극이 일어나고 있다.

① ㄱ ② ㄴ ③ ㄷ ④ ㄱ, ㄷ ⑤ ㄴ, ㄷ

다음은 민말이집 신경 A와 B의 흥분 전도에 대한 자료이다.

○ 그림 (가)는 A와 B의 지점 d_1으로부터 세 지점 $d_2 \sim d_4$까지의 거리를, (나)는 A와 B 각각에서 활동 전위가 발생하였을 때 각 지점에서의 막전위 변화를 나타낸 것이다.

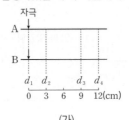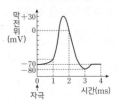

(가)   (나)

○ A와 B의 흥분 전도 속도는 각각 1cm/ms와 3cm/ms 중 하나이다.

○ 표는 A와 B의 d_1에 역치 이상의 자극을 동시에 1회 주고, 경과된 시간이 t_1일 때와 t_2일 때 $d_2 \sim d_4$에서 측정한 막전위를 나타낸 것이다.

신경	t_1일 때 측정한 막전위(mV)			t_2일 때 측정한 막전위(mV)		
	d_2	d_3	d_4	d_2	d_3	d_4
A	?	−70	?	−80	?	−70
B	−70	0	−60	−70	?	0

이에 대한 설명으로 옳은 것만을 〈보기〉에서 있는 대로 고른 것은? (단, A와 B에서 흥분의 전도는 각각 1회 일어났고, 휴지 전위는 −70mV이다.) 3점

보기

ㄱ. t_1은 5ms이다.

ㄴ. B의 흥분 전도 속도는 1cm/ms이다.

ㄷ. t_2일 때 B의 d_3에서 탈분극이 일어나고 있다.

① ㄱ ② ㄴ ③ ㄱ, ㄷ ④ ㄴ, ㄷ ⑤ ㄱ, ㄴ, ㄷ

32

흥분의 전도
[2020학년도 수능 15번]

다음은 민말이집 신경 A와 B의 흥분 전도에 대한 자료이다.

○ 그림은 A와 B의 지점 d_1~d_4의 위치를, 표는 ㉠ A와 B의 지점 X에 역치 이상의 자극을 동시에 1회 주고 경과한 시간이 2ms, 3ms, 5ms, 7ms일 때 d_2에서 측정한 막전위를 나타낸 것이다. X는 d_1과 d_4 중 하나이고, Ⅰ~Ⅳ는 2ms, 3ms, 5ms, 7ms를 순서 없이 나타낸 것이다.

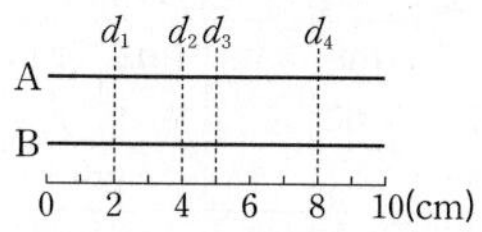

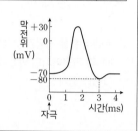

신경	d_2에서 측정한 막전위(mV)			
	Ⅰ	Ⅱ	Ⅲ	Ⅳ
A	?	−60	?	−80
B	−60	−80	?	−70

○ A와 B의 흥분 전도 속도는 각각 1cm/ms와 2cm/ms 중 하나이다.

○ A와 B 각각에서 활동 전위가 발생하였을 때, 각 지점에서의 막전위 변화는 그림과 같다.

이에 대한 설명으로 옳은 것만을 <보기>에서 있는 대로 고른 것은? (단, A와 B에서 흥분의 전도는 각각 1회 일어났고, 휴지 전위는 −70mV이다.) 3점

보기

ㄱ. Ⅱ는 3ms이다.
ㄴ. B의 흥분 전도 속도는 2cm/ms이다.
ㄷ. ㉠이 4ms일 때 A의 d_3에서의 막전위는 −60mV이다.

① ㄱ ② ㄴ ③ ㄷ ④ ㄱ, ㄴ ⑤ ㄴ, ㄷ

33 2023 평가원

흥분의 전도와 전달
[2023학년도 6월 모평 11번]

다음은 민말이집 신경 A와 B의 흥분 전도와 전달에 대한 자료이다.

○ 그림은 A와 B의 지점 d_1~d_4의 위치를, 표는 ㉠ A와 B의 지점 X에 역치 이상의 자극을 동시에 1회 주고 경과된 시간이 3ms일 때 d_1~d_4에서의 막전위를 나타낸 것이다. X는 d_1~d_4 중 하나이고, Ⅰ~Ⅳ는 d_1~d_4를 순서 없이 나타낸 것이다.

신경	3ms일 때 막전위(mV)			
	Ⅰ	Ⅱ	Ⅲ	Ⅳ
A	+30	?	−70	㉮
B	?	−80	?	+30

○ A를 구성하는 두 뉴런의 흥분 전도 속도는 ⓐ로 같고, B를 구성하는 두 뉴런의 흥분 전도 속도는 ⓑ로 같다. ⓐ와 ⓑ는 1cm/ms와 2cm/ms를 순서 없이 나타낸 것이다.

○ A와 B 각각에서 활동 전위가 발생하였을 때, 각 지점에서의 막전위 변화는 그림과 같다.

이에 대한 설명으로 옳은 것만을 <보기>에서 있는 대로 고른 것은? (단, A와 B에서 흥분의 전도는 각각 1회 일어났고, 휴지 전위는 −70mV이다.) 3점

보기

ㄱ. X는 d_3이다.
ㄴ. ㉮는 −70이다.
ㄷ. ㉠이 5ms일 때 A의 Ⅲ에서 재분극이 일어나고 있다.

① ㄱ ② ㄴ ③ ㄷ ④ ㄱ, ㄴ ⑤ ㄴ, ㄷ

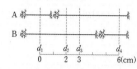

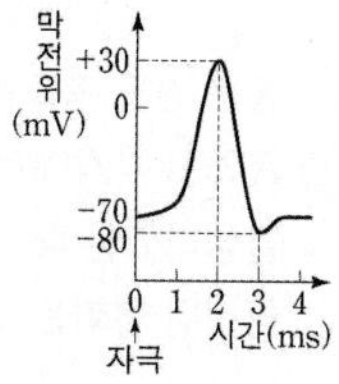

다음은 민말이집 신경 A와 B의 흥분 전도에 대한 자료이다.

○ 그림은 A와 B의 지점 d_1과 d_2의 위치를, 표는 A의 d_1과 B의 d_2에 역치 이상의 자극을 동시에 1회 준 후 시점 t_1과 t_2일 때 A와 B의 I과 II에서의 막전위를 나타낸 것이다. I과 II는 각각 d_1과 d_2 중 하나이고, ㉠과 ㉡은 각각 -10과 $+20$ 중 하나이다. t_2는 t_1 이후의 시점이다.

시점	막전위(mV)			
	A의 I	A의 II	B의 I	B의 II
t_1	㉠	-70	?	㉡
t_2	㉡	?	-80	㉠

○ 흥분 전도 속도는 B가 A보다 빠르다.
○ A와 B 각각에서 활동 전위가 발생하였을 때, 각 지점에서의 막전위 변화는 그림과 같다.

이에 대한 옳은 설명만을 <보기>에서 있는 대로 고른 것은? (단, A와 B에서 흥분 전도는 각각 1회 일어났고, 휴지 전위는 -70mV이다.) 3점

보기
ㄱ. I은 d_1이다.
ㄴ. ㉡은 $+20$이다.
ㄷ. t_1일 때 A의 d_2에서 탈분극이 일어나고 있다.

① ㄱ   ② ㄴ   ③ ㄷ   ④ ㄱ, ㄴ   ⑤ ㄴ, ㄷ

다음은 민말이집 신경 A의 흥분 전도에 대한 자료이다.

○ 그림은 A의 지점 $d_1 \sim d_4$의 위치를, 표는 ㉠ $d_1 \sim d_4$ 중 한 지점에 역치 이상의 자극을 1회 주고 경과된 시간이 2~5ms일 때 A의 어느 한 지점에서 측정한 막전위를 나타낸 것이다. I~IV는 $d_1 \sim d_4$를 순서 없이 나타낸 것이다.

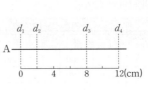

구분	2~5ms일 때 측정한 막전위(mV)			
	2ms	3ms	4ms	5ms
I	-60			
II		?		
III			-60	
IV				-80

○ A에서 활동 전위가 발생하였을 때, 각 지점에서의 막전위 변화는 그림과 같다.

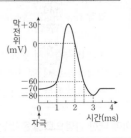

이 자료에 대한 설명으로 옳은 것만을 <보기>에서 있는 대로 고른 것은? (단, A에서 흥분의 전도는 1회 일어났고, 휴지 전위는 -70mV이다.) 3점

보기
ㄱ. IV는 d_1이다.
ㄴ. A의 흥분 전도 속도는 2cm/ms이다.
ㄷ. ㉠이 3ms일 때 d_4에서 재분극이 일어나고 있다.

① ㄱ   ② ㄴ   ③ ㄱ, ㄷ   ④ ㄴ, ㄷ   ⑤ ㄱ, ㄴ, ㄷ

다음은 민말이집 신경 A~C의 흥분 전도와 전달에 대한 자료이다.

○ 그림은 A와 C의 지점 d_1으로부터 세 지점 d_2~d_4까지의 거리를, 표는 ㉠ A와 C의 d_1에 역치 이상의 자극을 동시에 1회 주고 경과된 시간이 6ms일 때 d_2~d_4에서 측정한 막전위를 나타낸 것이다.

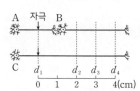

신경	6ms일 때 측정한 막전위(mV)		
	d_2	d_3	d_4
B	−80	?	+10
C	?	−80	?

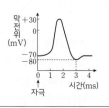

○ B와 C의 흥분 전도 속도는 각각 1cm/ms, 2cm/ms 중 하나이다.
○ A~C 각각에서 활동 전위가 발생하였을 때, 각 지점에서의 막전위 변화는 그림과 같다.

이에 대한 설명으로 옳은 것만을 〈보기〉에서 있는 대로 고른 것은? (단, A, B, C에서 흥분의 전도는 각각 1회 일어났고, 휴지 전위는 −70mV이다.) 3점

보기
ㄱ. d_1에서 발생한 흥분은 B의 d_4보다 C의 d_4에 먼저 도달한다.
ㄴ. ㉠이 4ms일 때, C의 d_3에서 Na^+이 세포 안으로 유입된다.
ㄷ. ㉠이 5ms일 때, B의 d_2에서 탈분극이 일어나고 있다.

① ㄱ ② ㄴ ③ ㄷ ④ ㄱ, ㄴ ⑤ ㄴ, ㄷ

다음은 민말이집 신경 A와 B의 흥분 전도에 대한 자료이다.

○ 그림 (가)는 A와 B의 지점 d_1~d_5의 위치를, (나)는 A와 B에서 활동 전위가 발생하였을 때, 각 지점에서의 막전위 변화를 나타낸 것이다.

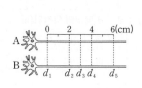
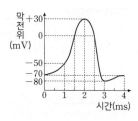

(가) (나)

○ 흥분 전도 속도는 A에서 2cm/ms, B에서 3cm/ms이다.
○ 표는 ⓐ A와 B의 d_1에 역치 이상의 자극을 동시에 1회 주고 경과된 시간이 4ms일 때와 ㉠ms일 때, 지점 Ⅰ~Ⅴ의 막전위를 나타낸 것이다. Ⅰ~Ⅴ는 d_1~d_5를 순서 없이 나타낸 것이다.

구분		막전위(mV)				
		Ⅰ	Ⅱ	Ⅲ	Ⅳ	Ⅴ
4ms일 때	A	−80	?	−50	−70	+30
	B	?	−80	+30	−70	?
㉠ms일 때	A	?	−80	0	−70	0
	B	?	?	0	?	?

이에 대한 옳은 설명만을 〈보기〉에서 있는 대로 고른 것은? (단, A와 B에서 흥분 전도는 각각 1회 일어났고, 휴지 전위는 −70mV이다.) 3점

보기
ㄱ. ㉠은 4.5이다.
ㄴ. ⓐ가 4ms일 때, A의 d_3에서 탈분극이 일어나고 있다.
ㄷ. ⓐ가 ㉠ms일 때, $\dfrac{\text{A의 Ⅰ에서의 막전위}}{\text{B의 Ⅳ에서의 막전위}}$ 는 1보다 작다.

① ㄱ ② ㄴ ③ ㄱ, ㄴ ④ ㄱ, ㄷ ⑤ ㄴ, ㄷ

다음은 민말이집 신경 A~C의 흥분 전도와 전달에 대한 자료이다.

○ 그림은 A, B, C의 지점 d_1~d_6의 위치를, 표는 A의 d_1과
 C의 d_2에 역치 이상의 자극을 동시에 1회 주고 경과된
 시간이 4ms와 5ms일 때 d_3~d_6에서의 막전위를 순서 없이
 나타낸 것이다.

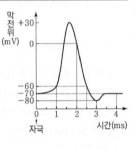

시간(ms)	d_3~d_6에서의 막전위(mV)
4	㉠, -70, 0, $+10$
5	-80, -70, -60, -50

○ A와 B의 흥분 전도 속도는
 모두 ⓐcm/ms, C의 흥분
 전도 속도는 ⓑcm/ms이다.
 ⓐ와 ⓑ는 각각 1과 2 중
 하나이다.

○ A~C에서 활동 전위가
 발생하였을 때, 각 지점에서의
 막전위 변화는 그림과 같다.

이에 대한 설명으로 옳은 것만을 〈보기〉에서 있는 대로 고른 것은?
(단, A~C에서 흥분의 전도는 각각 1회 일어났고, 휴지 전위는
-70mV이다.) **3점**

보기
ㄱ. ⓐ는 1이다.
ㄴ. ㉠은 -80이다.
ㄷ. 4ms일 때 B의 d_5에서는 탈분극이 일어나고 있다.

① ㄱ   ② ㄴ   ③ ㄱ, ㄷ   ④ ㄴ, ㄷ   ⑤ ㄱ, ㄴ, ㄷ

다음은 민말이집 신경 A~C의 흥분 전도에 대한 자료이다.

○ 그림은 A~C의 지점 d_1으로부터 세 지점 d_2~d_4까지의
 거리를, 표는 ㉠ 각 신경의 d_1에 역치 이상의 자극을 동시에
 1회 주고 경과된 시간이 3ms일 때 d_1~d_4에서 측정한
 막전위를 나타낸 것이다. I ~ III은 A~C를 순서 없이
 나타낸 것이다.

신경	3ms일 때 측정한 막전위(mV)			
	d_1	d_2	d_3	d_4
I	-80	?	-60	?
II	?	-80	?	-70
III	?	?	$+30$	-60

○ A의 흥분 전도 속도는 2cm/ms이다.
○ 그림 (가)는 A와 B의 d_1~d_4에서, (나)는 C의 d_1~d_4에서
 활동 전위가 발생하였을 때 각 지점에서의 막전위 변화를
 나타낸 것이다.

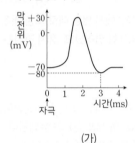

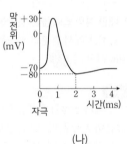

(가)   (나)

이 자료에 대한 설명으로 옳은 것만을 〈보기〉에서 있는 대로 고른
것은? (단, A~C에서 흥분의 전도는 각각 1회 일어났고, 휴지
전위는 -70mV이다.) **3점**

보기
ㄱ. 흥분의 전도 속도는 C에서가 A에서보다 빠르다.
ㄴ. ㉠이 3ms일 때 I 의 d_2에서 K^+은 K^+ 통로를 통해 세포
  밖으로 확산된다.
ㄷ. ㉠이 5ms일 때 B의 d_4와 C의 d_4에서 측정한 막전위는
  같다.

① ㄱ   ② ㄴ   ③ ㄱ, ㄷ   ④ ㄴ, ㄷ   ⑤ ㄱ, ㄴ, ㄷ

다음은 신경 A와 B의 흥분 전도에 대한 자료이다.

○ 그림은 민말이집 신경 A와 B의 지점 $d_1 \sim d_5$의 위치를, 표는 A와 B의 동일한 지점에 역치 이상의 자극을 동시에 1회 주고 경과된 시간이 3ms일 때 각 지점에서 측정한 막전위를 나타낸 것이다. $\mathrm{I} \sim \mathrm{V}$는 $d_1 \sim d_5$를 순서 없이 나타낸 것이다.

○ 자극을 준 지점은 $d_1 \sim d_5$ 중 하나이고, A와 B의 흥분 전도 속도는 각각 2cm/ms, 3cm/ms이다.

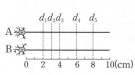

신경	3ms일 때 측정한 막전위(mV)				
	I	II	III	IV	V
A	+10	?	−80	?	+10
B	−40	+30	㉠	+10	?

○ A와 B 각각에서 활동 전위가 발생하였을 때, 각 지점에서의 막전위 변화는 그림과 같다.

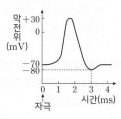

이에 대한 설명으로 옳은 것만을 〈보기〉에서 있는 대로 고른 것은? (단, A와 B에서 흥분의 전도는 각각 1회 일어났고, 휴지 전위는 −70mV이다.) **3점**

보기

ㄱ. ㉠은 −80이다.

ㄴ. 자극을 준 지점은 d_3이다.

ㄷ. 3ms일 때, B의 d_2에서 탈분극이 일어나고 있다.

① ㄱ ② ㄴ ③ ㄱ, ㄴ ④ ㄱ, ㄷ ⑤ ㄴ, ㄷ

다음은 민말이집 신경 A~C의 흥분 전도와 전달에 대한 자료이다.

○ 그림은 A와 B의 지점 d_1으로부터 $d_2 \sim d_5$까지의 거리를, 표는 A와 B의 d_1에 역치 이상의 자극을 동시에 1회 주고 경과된 시간이 ⓐms일 때 A의 d_2와 d_5, B의 d_2, C의 $d_3 \sim d_5$에서의 막전위를 나타낸 것이다. ⓐ는 4와 5 중 하나이다.

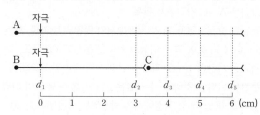

ⓐms일 때 막전위(mV)					
A의 d_2	A의 d_5	B의 d_2	C의 d_3	C의 d_4	C의 d_5
−80	㉠	−70	+30	㉡	−70

○ A~C의 흥분 전도 속도는 서로 다르며 각각 1cm/ms, 1.5cm/ms, 3cm/ms 중 하나이다.

○ A~C 각각에서 활동 전위가 발생했을 때 각 지점에서의 막전위 변화는 그림과 같다.

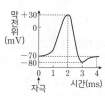

이에 대한 옳은 설명만을 〈보기〉에서 있는 대로 고른 것은? (단, A~C에서 흥분의 전도는 각각 1회 일어났고, 휴지 전위는 −70mV이다.) **3점**

보기

ㄱ. ⓐ는 5이다.

ㄴ. ㉠과 ㉡은 같다.

ㄷ. 흥분 전도 속도는 B가 A의 2배이다.

① ㄱ ② ㄷ ③ ㄱ, ㄴ ④ ㄴ, ㄷ ⑤ ㄱ, ㄴ, ㄷ

다음은 민말이집 신경 A~C의 흥분 전도에 대한 자료이다.

○ 그림은 A~C의 지점 d_1~d_4의 위치를 나타낸 것이다. A~C의 흥분 전도 속도는 각각 서로 다르다.

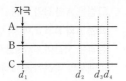

○ 그림은 A~C 각각에서 활동 전위가 발생하였을 때 각 지점에서의 막전위 변화를, 표는 ⓐ A~C의 d_1에 역치 이상의 자극을 동시에 1회 주고 경과된 시간이 4ms일 때 d_2~d_4에서의 막전위가 속하는 구간을 나타낸 것이다. I~III은 d_2~d_4를 순서 없이 나타낸 것이고, ⓐ일 때 각 지점에서의 막전위는 구간 ㉠~㉢ 중 하나에 속한다.

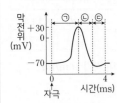

신경	4ms일 때 막전위가 속하는 구간		
	I	II	III
A	㉡	?	㉢
B	?	㉠	?
C	㉡	㉢	㉡

이에 대한 설명으로 옳은 것만을 <보기>에서 있는 대로 고른 것은? (단, A~C에서 흥분의 전도는 각각 1회 일어났고, 휴지 전위는 −70mV이다.) **3점**

보기

ㄱ. ⓐ일 때 A의 II에서의 막전위는 ㉢에 속한다.
ㄴ. ⓐ일 때 B의 d_3에서 재분극이 일어나고 있다.
ㄷ. A~C 중 C의 흥분 전도 속도가 가장 빠르다.

① ㄱ   ② ㄴ   ③ ㄷ   ④ ㄱ, ㄴ   ⑤ ㄱ, ㄷ

다음은 민말이집 신경 A와 B의 흥분 전도에 대한 자료이다.

○ 그림은 A와 B의 지점 d_1~d_4의 위치를, 표는 A의 ㉠과 B의 ㉡에 역치 이상의 자극을 동시에 1회 주고 경과된 시간이 3ms일 때 d_1~d_4에서의 막전위를 나타낸 것이다. ㉠과 ㉡은 각각 d_1~d_4 중 하나이다.

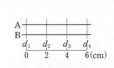

신경	3ms일 때 막전위(mV)			
	d_1	d_2	d_3	d_4
A	ⓒ	+10	ⓐ	ⓑ
B	ⓑ	ⓐ	ⓒ	ⓐ

○ A와 B의 흥분 전도 속도는 각각 1cm/ms와 2cm/ms 중 하나이다.

○ A와 B 각각에서 활동 전위가 발생하였을 때, 각 지점에서의 막전위 변화는 그림과 같다.

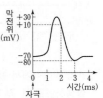

이에 대한 설명으로 옳은 것만을 <보기>에서 있는 대로 고른 것은? (단, A와 B에서 흥분의 전도는 각각 1회 일어났고, 휴지 전위는 −70mV이다.) **3점**

보기

ㄱ. ㉡은 d_1이다.
ㄴ. A의 흥분 전도 속도는 2cm/ms이다.
ㄷ. 3ms일 때 B의 d_2에서 재분극이 일어나고 있다.

① ㄱ   ② ㄴ   ③ ㄷ   ④ ㄱ, ㄷ   ⑤ ㄴ, ㄷ

44 2023 수능

다음은 민말이집 신경 $\mathrm{I} \sim \mathrm{III}$의 흥분 전도와 전달에 대한 자료이다.

○ 그림은 $\mathrm{I} \sim \mathrm{III}$의 지점 $d_1 \sim d_5$의 위치를, 표는 ㉠ I과 II의 P에, III의 Q에 역치 이상의 자극을 동시에 1회 주고 경과된 시간이 4ms일 때 $d_1 \sim d_5$에서의 막전위를 나타낸 것이다. P와 Q는 각각 $d_1 \sim d_5$ 중 하나이다.

신경	4ms일 때 막전위(mV)				
	d_1	d_2	d_3	d_4	d_5
I	−70	ⓐ	?	ⓑ	?
II	ⓒ	ⓐ	?	ⓒ	ⓑ
III	ⓒ	−80	?	ⓐ	?

○ I을 구성하는 두 뉴런의 흥분 전도 속도는 $2v$로 같고, II와 III의 흥분 전도 속도는 각각 $3v$와 $6v$이다.

○ $\mathrm{I} \sim \mathrm{III}$ 각각에서 활동 전위가 발생하였을 때, 각 지점에서의 막전위 변화는 그림과 같다.

이에 대한 설명으로 옳은 것만을 〈보기〉에서 있는 대로 고른 것은? (단, $\mathrm{I} \sim \mathrm{III}$에서 흥분의 전도는 각각 1회 일어났고, 휴지 전위는 −70mV이다.) 3점

보기
ㄱ. Q는 d_4이다.
ㄴ. II의 흥분 전도 속도는 2cm/ms이다.
ㄷ. ㉠이 5ms일 때 I의 d_5에서 재분극이 일어나고 있다.

① ㄱ　　② ㄴ　　③ ㄱ, ㄷ　　④ ㄴ, ㄷ　　⑤ ㄱ, ㄴ, ㄷ

45

다음은 민말이집 신경 A의 흥분 전도에 대한 자료이다.

○ 그림은 A의 지점 $d_1 \sim d_4$의 위치를 나타낸 것이다. A는 1개의 뉴런이다.

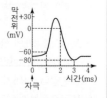

○ 표 (가)는 d_2에 역치 이상의 자극 I을 주고 경과된 시간이 4ms일 때 $d_1 \sim d_4$에서의 막전위를, (나)는 d_3에 역치 이상의 자극 II를 주고 경과된 시간이 4ms일 때 $d_1 \sim d_4$에서의 막전위를 나타낸 것이다. A에서 활동 전위가 발생하였을 때, 각 지점에서의 막전위 변화는 그림과 같다.

(가)	지점	d_1	d_2	d_3	d_4
	막전위(mV)	−80	?	?	−60

(나)	지점	d_1	d_2	d_3	d_4
	막전위(mV)	−60	0	?	?

이에 대한 설명으로 옳은 것만을 〈보기〉에서 있는 대로 고른 것은? (단, I과 II에 의해 흥분의 전도는 각각 1회 일어났고, 휴지 전위는 −70mV이다.) 3점

보기
ㄱ. ㉡이 ㉠보다 크다.
ㄴ. A의 흥분 전도 속도는 1cm/ms이다.
ㄷ. d_1에 역치 이상의 자극을 주고 경과된 시간이 5ms일 때 d_4에서 탈분극이 일어나고 있다.

① ㄱ　　② ㄴ　　③ ㄷ　　④ ㄱ, ㄴ　　⑤ ㄴ, ㄷ

다음은 민말이집 신경 A~C의 흥분 전도와 전달에 대한 자료이다.

○ 그림은 A~C의 지점 d_1~d_5의 위치를, 표는 ⊙ A~C의 P에 역치 이상의 자극을 동시에 1회 주고 경과된 시간이 4ms일 때 d_1~d_5에서의 막전위를 나타낸 것이다. P는 d_1~d_5 중 하나이고, (가)~(다) 중 두 곳에만 시냅스가 있다. Ⅰ~Ⅲ은 d_2~d_4를 순서 없이 나타낸 것이다.

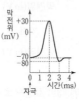

신경	4ms일 때 막전위(mV)				
	d_1	Ⅰ	Ⅱ	Ⅲ	d_5
A	?	?	+30	+30	−70
B	+30	−70	?	+30	?
C	?	?	?	−80	+30

○ A~C 중 2개의 신경은 각각 두 뉴런으로 구성되고, 각 뉴런의 흥분 전도 속도는 ⓐ로 같다. 나머지 1개의 신경의 흥분 전도 속도는 ⓑ이다. ⓐ와 ⓑ는 서로 다르다.

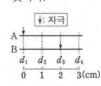

○ A~C 각각에서 활동 전위가 발생하였을 때, 각 지점에서의 막전위 변화는 그림과 같다.

이에 대한 설명으로 옳은 것만을 〈보기〉에서 있는 대로 고른 것은? (단, A~C에서 흥분의 전도는 각각 1회 일어났고, 휴지 전위는 −70mV이다.) **3점**

보기

ㄱ. Ⅱ는 d_2이다.

ㄴ. ⓐ는 1cm/ms이다.

ㄷ. ⊙이 5ms일 때 B의 d_5에서의 막전위는 −80mV이다.

① ㄱ ② ㄴ ③ ㄱ, ㄷ ④ ㄴ, ㄷ ⑤ ㄱ, ㄴ, ㄷ

다음은 민말이집 신경 A와 B의 흥분 전도에 대한 자료이다.

○ 그림은 A와 B에서 지점 d_1~d_4의 위치를, 표는 A의 d_1과 B의 d_3에 역치 이상의 자극을 동시에 1회 주고 경과한 시간이 t_1~t_4일 때 A의 ⊙과 B의 ⓛ에서 측정한 막전위를 나타낸 것이다. ⊙과 ⓛ은 d_2와 d_4를 순서 없이 나타낸 것이고, t_1~t_4는 1ms, 2ms, 4ms, 5ms를 순서 없이 나타낸 것이다.

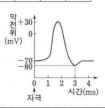

신경	지점	막전위(mV)			
		t_1	t_2	t_3	t_4
A	⊙	?	ⓐ	+20	?
B	ⓛ	−80	−70	?	ⓑ

○ A와 B의 흥분 전도 속도는 모두 1cm/ms이다.

○ A와 B 각각에서 활동 전위가 발생하였을 때, 각 지점에서의 막전위 변화는 그림과 같다.

이에 대한 옳은 설명만을 〈보기〉에서 있는 대로 고른 것은? (단, A와 B에서 흥분 전도는 각각 1회 일어났고, 휴지 전위는 −70mV이다.) **3점**

보기

ㄱ. t_3은 5ms이다.

ㄴ. ⓛ은 d_4이다.

ㄷ. ⓐ와 ⓑ는 모두 −70이다.

① ㄱ ② ㄴ ③ ㄱ, ㄴ ④ ㄱ, ㄷ ⑤ ㄴ, ㄷ

다음은 민말이집 신경 A와 B의 흥분 전도와 전달에 대한 자료이다.

○ 그림은 A와 B의 지점 $d_1 \sim d_4$의 위치를 나타낸 것이다. B는 2개의 뉴런으로 구성되어 있고, ㉠~㉢ 중 한 곳에만 시냅스가 있다.

○ 표는 A와 B의 d_3에 역치 이상의 자극을 동시에 1회 주고 경과된 시간이 t_1일 때 $d_1 \sim d_4$에서의 막전위를 나타낸 것이다. Ⅰ~Ⅳ는 $d_1 \sim d_4$를 순서 없이 나타낸 것이다.

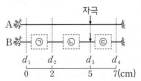

신경	t_1일 때 막전위(mV)			
	Ⅰ	Ⅱ	Ⅲ	Ⅳ
A	−80	0	?	0
B	0	−60	?	?

○ B를 구성하는 두 뉴런의 흥분 전도 속도는 1cm/ms로 같다.

○ A와 B 각각에서 활동 전위가 발생하였을 때, 각 지점에서의 막전위 변화는 그림과 같다.

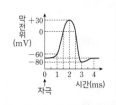

이에 대한 설명으로 옳은 것만을 〈보기〉에서 있는 대로 고른 것은? (단, A와 B에서 흥분의 전도는 각각 1회 일어났고, 휴지 전위는 −70mV이다.) 3점

보기
ㄱ. t_1은 5ms이다.
ㄴ. 시냅스는 ㉢에 있다.
ㄷ. t_1일 때, A의 Ⅱ에서 탈분극이 일어나고 있다.

① ㄱ ② ㄴ ③ ㄱ, ㄷ ④ ㄴ, ㄷ ⑤ ㄱ, ㄴ, ㄷ

다음은 민말이집 신경 A의 흥분 전도와 전달에 대한 자료이다.

○ A는 2개의 뉴런으로 구성되고, 각 뉴런의 흥분 전도 속도는 ㉮로 같다. 그림은 A의 지점 $d_1 \sim d_5$의 위치를, 표는 ㉠ d_1에 역치 이상의 자극을 1회 주고 경과된 시간이 2ms, 4ms, 8ms일때 $d_1 \sim d_5$에서의 막전위를 나타낸 것이다. Ⅰ~Ⅲ은 2ms, 4ms, 8ms를 순서 없이 나타낸 것이다.

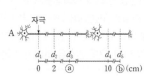

시간	막전위(mV)				
	d_1	d_2	d_3	d_4	d_5
Ⅰ	?	−70	?	+30	0
Ⅱ	+30	?	−70	?	?
Ⅲ	?	−80	+30	?	?

○ A에서 활동 전위가 발생하였을 때, 각 지점에서의 막전위 변화는 그림과 같다.

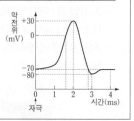

이에 대한 설명으로 옳은 것만을 〈보기〉에서 있는 대로 고른 것은? (단, A에서 흥분의 전도는 1회 일어났고, 휴지 전위는 −70mV이다.)

보기
ㄱ. ㉮는 2cm/ms이다.
ㄴ. ⓐ는 4이다.
ㄷ. ㉠이 9ms일 때 d_5에서 재분극이 일어나고 있다.

① ㄱ ② ㄷ ③ ㄱ, ㄴ ④ ㄴ, ㄷ ⑤ ㄱ, ㄴ, ㄷ

02. 근육 수축의 원리

❶ 근수축 운동 ★수능에 나오는 필수 개념 2가지 + 필수 암기사항 3개

필수개념 1 골격근의 구조

- **골격근의 구조** 암기 → 골격근의 구조는 골격근의 수축 과정과 연계되어 자주 출제되므로 반드시 기억하자!
  : 골격근은 여러 개의 근육 섬유 다발로 구성되어 있다. 하나의 근육 섬유는 미세한 근육 원섬유 다발로 구성되어 있으며, 하나의 세포에 여러 개의 핵이 있는 다핵 세포이다. 근육 원섬유는 액틴 필라멘트와 마이오신 필라멘트로 구성되어 있으며, 근육 원섬유 마디가 반복적으로 나타난다.

> - **I대(명대)** : Z선 양쪽으로 액틴 필라멘트만 있어서 밝게 보이는 부분
> - **A대(암대)** : 액틴 필라멘트와 마이오신 필라멘트가 겹쳐 있어서 어둡게 보이는 부분
> - **H대** : A대 중앙의 약간 밝은 부분으로, 마이오신 필라멘트만 있는 부분
> - **Z선** : I대(명대) 중앙의 가느다란 선으로, 근육 원섬유 마디와 마디를 구분하는 경계선
> - **M선** : H대 중앙의 가느다란 선으로 근육 원섬유 마디의 중심 부위

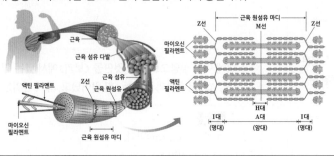

필수개념 2 골격근의 수축 원리

- **골격근의 수축 과정** 암기 → 골격근의 수축 과정은 체크된 부분을 중심으로 기억하자!
  : 운동 뉴런의 말단과 근육 섬유막은 시냅스처럼 좁은 틈을 사이에 두고 접해있다. 흥분이 운동 뉴런을 따라 전도되어 축삭 돌기 말단에 도달하면 시냅스 소포에서 아세틸콜린이 분비되고, 아세틸콜린이 근육 섬유막으로 확산되면 근육 섬유막이 탈분극되어 활동 전위가 발생한다. 이 활동 전위가 근육 원섬유에 전달되면 근육 원섬유 마디가 짧아지면서 근육이 수축된다.

- **골격근의 수축 원리(활주설)** 암기 → 골격근의 수축 원리(활주설)는 중요한 개념이므로 전체적으로 충분히 공부하자!
  : 액틴 필라멘트와 마이오신 필라멘트의 길이는 변화 없으며, 액틴 필라멘트가 마이오신 필라멘트 사이로 미끄러져 들어가 근육 원섬유 마디가 짧아지고, 액틴 필라멘트와 마이오신 필라멘트의 겹치는 부분이 늘어나면서 골격근이 수축된다.

> - **근수축 시 근육 원섬유의 변화**
>
> - A대(암대)의 길이는 변화 없다.
> - I대(명대), H대, 근육 원섬유 마디의 길이는 짧아지며, H대는 사라지기도 한다.
>   └ Hi~ 인사하고 사라졌다

▶ 근육의 종류
근육에는 뼈에 붙어서 몸을 지탱하거나 움직이는 골격근, 심장을 움직이는 심장근, 내장 기관을 움직이는 내장근이 있다.

▶ 골격근의 운동
골격근은 운동 뉴런에 의해 조절되며, 골격근의 양끝은 서로 다른 뼈에 붙어 있어 골격근이 수축하면 뼈대가 움직인다. 뼈대에는 2개의 골격근이 쌍으로 붙어 있으며, 한쪽 근육이 수축하면 다른 쪽 근육은 이완한다.

▶ 근수축의 에너지원
근육 원섬유가 반복적으로 수축하기 위해서는 ATP가 필요한데, 이 ATP는 크레아틴 인산의 분해와 세포 호흡 과정에서 생성된다.

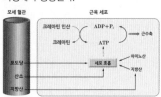

1 2022 평가원

그림은 골격근 수축 과정의 두 시점 (가)와 (나)일 때 관찰된 근육 원섬유를, 표는 (가)와 (나)일 때 ㉠의 길이와 ㉡의 길이를 나타낸 것이다. ⓐ와 ⓑ는 근육 원섬유에서 각각 어둡게 보이는 부분(암대)과 밝게 보이는 부분(명대)이고, ㉠과 ㉡은 ⓐ와 ⓑ를 순서 없이 나타낸 것이다.

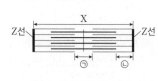

시점	㉠의 길이	㉡의 길이
(가)	1.6μm	1.8μm
(나)	1.6μm	0.6μm

이에 대한 설명으로 옳은 것만을 〈보기〉에서 있는 대로 고른 것은?

보기

ㄱ. (가)일 때 ⓑ에 Z선이 있다.

ㄴ. (나)일 때 ㉠에 액틴 필라멘트가 있다.

ㄷ. (가)에서 (나)로 될 때 ATP에 저장된 에너지가 사용된다.

① ㄱ ② ㄴ ③ ㄱ, ㄷ ④ ㄴ, ㄷ ⑤ ㄱ, ㄴ, ㄷ

3

그림은 좌우 대칭인 근육 원섬유 마디 X의 구조를, 표는 시점 t_1과 t_2일 때 X의 길이와 ㉡의 길이를 나타낸 것이다. 구간 ㉠은 액틴 필라멘트와 마이오신 필라멘트가 겹치는 부분이고, ㉡은 액틴 필라멘트만 있는 부분이다.

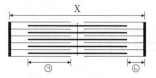

시점	X의 길이	㉡의 길이
t_1	?	0.5μm
t_2	2.4μm	0.4μm

이에 대한 옳은 설명만을 〈보기〉에서 있는 대로 고른 것은? **3점**

보기

ㄱ. ㉠은 H대의 일부이다.

ㄴ. t_1일 때 A대의 길이는 1.6μm이다.

ㄷ. ㉠의 길이와 ㉡의 길이를 더한 값은 t_1일 때와 t_2일 때가 같다.

① ㄱ ② ㄴ ③ ㄱ, ㄷ ④ ㄴ, ㄷ ⑤ ㄱ, ㄴ, ㄷ

2

그림은 좌우 대칭인 근육 원섬유 마디 X의 구조를, 표는 시점 t_1과 t_2일 때 X와 ㉡의 길이를 나타낸 것이다. ㉠은 마이오신 필라멘트만, ㉡은 액틴 필라멘트만 있는 부분이다.

시점	X의 길이	㉡의 길이
t_1	?	0.4μm
t_2	2.0μm	0.2μm

이에 대한 옳은 설명만을 〈보기〉에서 있는 대로 고른 것은? **3점**

보기

ㄱ. ㉠은 H대이다.

ㄴ. t_1일 때 X의 길이는 2.4μm이다.

ㄷ. A대의 길이는 t_1일 때가 t_2일 때보다 길다.

① ㄱ ② ㄴ ③ ㄷ ④ ㄱ, ㄴ ⑤ ㄴ, ㄷ

4

그림은 근육 원섬유 마디 X의 구조를, 표는 두 시점 t_1과 t_2일 때 X와 ㉠의 길이를 나타낸 것이다. X는 좌우 대칭이며, ㉠은 액틴 필라멘트와 마이오신 필라멘트가 겹치는 부분, ㉡은 액틴 필라멘트만 있는 부분이다.

시점	X	㉠
t_1	2.2μm	0.7μm
t_2	?	0.4μm

이에 대한 옳은 설명만을 〈보기〉에서 있는 대로 고른 것은?

보기

ㄱ. t_2일 때 X의 길이는 2.8μm이다.

ㄴ. H대의 길이는 t_2일 때가 t_1일 때보다 0.3μm 더 길다.

ㄷ. 전자 현미경으로 관찰하면 ㉠이 ㉡보다 밝게 보인다.

① ㄱ ② ㄴ ③ ㄷ ④ ㄱ, ㄴ ⑤ ㄴ, ㄷ

5

그림은 좌우 대칭인 근육 원섬유 마디 X의 구조를, 표는 시점 t_1과 t_2일 때 X, (가), (나) 각각의 길이를 나타낸 것이다. 구간 ㉠은 액틴 필라멘트만 있는 부분이고, ㉡은 액틴 필라멘트와 마이오신 필라멘트가 겹치는 부분이다. (가)와 (나)는 각각 ㉠과 ㉡ 중 하나이다.

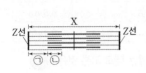

시점	길이(μm)		
	X	(가)	(나)
t_1	2.5	ⓐ	ⓐ
t_2	2.3	0.6	0.4

이에 대한 옳은 설명만을 〈보기〉에서 있는 대로 고른 것은?

보기

ㄱ. (가)는 ㉠이다.

ㄴ. t_1일 때 ㉡과 H대의 길이는 같다.

ㄷ. t_2일 때 A대의 길이는 1.5μm이다.

① ㄱ   ② ㄷ   ③ ㄱ, ㄴ   ④ ㄴ, ㄷ   ⑤ ㄱ, ㄴ, ㄷ

6

다음은 골격근의 근육 원섬유 마디 X에 대한 자료이다.

○ 그림은 X의 구조를 나타낸 것이다. X는 좌우 대칭이고, ㉠은 X에서 액틴 필라멘트와 마이오신 필라멘트가 겹치는 두 구간 중 한 구간이다.

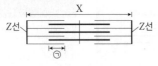

○ t_1일 때 X의 길이는 3.2μm이고, ㉠의 길이는 0.2μm이다.
○ t_2일 때 X에서 H대의 길이는 0.2μm이고, ㉠의 길이는 0.7μm이다.

이에 대한 설명으로 옳은 것만을 〈보기〉에서 있는 대로 고른 것은? **3점**

보기

ㄱ. X가 수축할 때 ATP가 소모된다.

ㄴ. t_1일 때 X에서 마이오신 필라멘트의 길이는 1.6μm이다.

ㄷ. t_2일 때 X의 길이는 2.2μm이다.

① ㄱ   ② ㄷ   ③ ㄱ, ㄴ   ④ ㄴ, ㄷ   ⑤ ㄱ, ㄴ, ㄷ

7

그림 (가)는 근육 원섬유 마디 X의 구조를, (나)는 근육 운동 시 t_1에서 t_2로 시간이 경과할 때 ㉠과 ㉡ 중 한 지점에서 관찰되는 단면 변화를 나타낸 것이다. ㉠과 ㉡은 각각 M선으로부터 거리가 일정한 지점이고, ⓐ는 마이오신 필라멘트만 있는 부분이다.

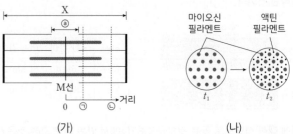

(가)   (나)

이에 대한 옳은 설명만을 〈보기〉에서 있는 대로 고른 것은? **3점**

보기

ㄱ. (나)가 나타나는 지점은 ㉠이다.

ㄴ. ⓐ의 길이는 t_2일 때가 t_1일 때보다 짧다.

ㄷ. X에서 $\dfrac{\text{A대의 길이}}{\text{액틴 필라멘트의 길이}}$ 는 t_1일 때와 t_2일 때가 같다.

① ㄴ   ② ㄷ   ③ ㄱ, ㄴ   ④ ㄱ, ㄷ   ⑤ ㄱ, ㄴ, ㄷ

8

다음은 골격근의 수축 과정에 대한 자료이다.

○ 그림은 근육 원섬유 마디 X의 구조를, 표는 골격근 수축 과정의 두 시점 t_1과 t_2일 때 X의 길이와 ㉠의 길이를 나타낸 것이다. X는 좌우 대칭이다.

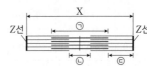

시점	X의 길이	㉠의 길이
t_1	3.0μm	1.6μm
t_2	2.6μm	?

○ 구간 ㉠은 마이오신 필라멘트가 있는 부분이고, ㉡은 마이오신 필라멘트만 있는 부분이며, ㉢은 액틴 필라멘트만 있는 부분이다.

이에 대한 설명으로 옳은 것만을 〈보기〉에서 있는 대로 고른 것은?

보기

ㄱ. t_1에서 t_2로 될 때 ATP에 저장된 에너지가 사용된다.

ㄴ. ㉠의 길이에서 ㉡의 길이를 뺀 값은 t_2일 때가 t_1일 때보다 0.2μm 크다.

ㄷ. t_2일 때 ㉢의 길이는 0.3μm이다.

① ㄱ   ② ㄴ   ③ ㄷ   ④ ㄱ, ㄴ   ⑤ ㄱ, ㄷ

정답과 해설   5   p.126   6   p.126   7   p.127   8   p.127

다음은 어떤 동물의 골격근 수축 과정에 대한 자료이다.

○ 그림은 골격근 수축 과정의 두 시점 (가)와 (나)일 때 근육 원섬유 마디 X의 구조를 나타낸 것이다. X는 좌우 대칭이다.

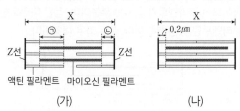

액틴 필라멘트 / 마이오신 필라멘트
(가)   (나)

○ ㉠은 X에서 액틴 필라멘트와 마이오신 필라멘트가 겹치는 두 구간 중 한 구간이다. (가)에서 ㉠은 $0.7\mu m$이다.

○ ㉡은 X에서 액틴 필라멘트만 존재하는 두 구간 중 한 구간이다.

○ X의 길이는 (가)일 때가 (나)일 때보다 $0.3\mu m$ 길다.

이에 대한 설명으로 옳은 것만을 〈보기〉에서 있는 대로 고른 것은? **3점**

보기

ㄱ. (가)일 때 ㉡의 길이는 $0.25\mu m$이다.

ㄴ. (나)일 때 A대의 길이는 $1.6\mu m$이다.

ㄷ. (나)일 때 X의 길이는 $2.1\mu m$이다.

① ㄱ ② ㄷ ③ ㄱ, ㄴ ④ ㄴ, ㄷ ⑤ ㄱ, ㄴ, ㄷ

다음은 골격근의 수축 과정에 대한 자료이다.

○ 그림은 근육 원섬유 마디 X의 구조를, 표는 골격근 수축 과정의 두 시점 t_1과 t_2일 때 X의 길이, A대의 길이, ㉡의 길이를 나타낸 것이다. X는 좌우 대칭이고, t_2일 때 H대의 길이는 $1.0\mu m$이다.

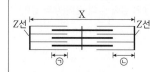

Z선   X   Z선

시점	X의 길이	A대의 길이	㉡의 길이
t_1	?	$1.6\mu m$	$0.2\mu m$
t_2	$3.0\mu m$	?	?

○ 구간 ㉠은 액틴 필라멘트와 마이오신 필라멘트가 겹치는 부분이고, ㉡은 액틴 필라멘트만 있는 부분이다.

이에 대한 설명으로 옳은 것만을 〈보기〉에서 있는 대로 고른 것은? **3점**

보기

ㄱ. t_1일 때 X의 길이는 $2.0\mu m$이다.

ㄴ. ㉡의 길이는 t_1일 때가 t_2일 때보다 짧다.

ㄷ. t_2일 때 $\dfrac{\text{㉡의 길이}}{\text{A대의 길이}}=\dfrac{3}{8}$이다.

① ㄱ ② ㄷ ③ ㄱ, ㄴ ④ ㄴ, ㄷ ⑤ ㄱ, ㄴ, ㄷ

다음은 골격근의 수축 과정에 대한 자료이다.

○ 그림은 좌우 대칭인 근육 원섬유 마디 X의 구조를 나타낸 것이다. 구간 ㉠은 액틴 필라멘트와 마이오신 필라멘트가 겹치는 부분이고, ㉡은 마이오신 필라멘트만 있는 부분이다.

○ 표는 골격근 수축 과정의 시점 t_1과 t_2일 때 X, ⓐ, ⓑ의 길이를 나타낸 것이다. ⓐ와 ⓑ는 각각 ㉠과 ㉡ 중 하나이다.

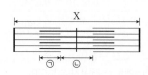

시점	길이(μm)		
	X	ⓐ	ⓑ
t_1	?	0.5	0.6
t_2	2.2	0.7	0.2

이에 대한 옳은 설명만을 〈보기〉에서 있는 대로 고른 것은?

보기

ㄱ. ⓑ는 ㉠이다.

ㄴ. t_1일 때 X의 길이는 $2.4\mu m$이다.

ㄷ. t_2일 때 A대의 길이는 $1.6\mu m$이다.

① ㄱ ② ㄷ ③ ㄱ, ㄴ ④ ㄴ, ㄷ ⑤ ㄱ, ㄴ, ㄷ

DAY 06

Ⅲ

1 — 02. 근육 수축의 원리

다음은 골격근의 수축 과정에 대한 자료이다.

○ 그림은 근육 원섬유 마디 X의 구조를, 표는 골격근 수축 과정의 두 시점 t_1과 t_2일 때 ㉠~㉢의 길이를 나타낸 것이다. X는 M선을 기준으로 좌우 대칭이고, A대의 길이는 1.6μm 이다. t_2일 때 ㉠의 길이와 ㉡의 길이는 같다.

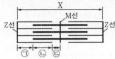

시점	㉠의 길이	㉡의 길이	㉢의 길이
t_1	?	0.7μm	?
t_2	?	?	0.3μm

○ 구간 ㉠은 액틴 필라멘트만 있는 부분이고, ㉡은 액틴 필라멘트와 마이오신 필라멘트가 겹치는 부분이며, ㉢은 마이오신 필라멘트만 있는 부분이다.

이에 대한 설명으로 옳은 것만을 〈보기〉에서 있는 대로 고른 것은?

보기

ㄱ. X의 길이는 t_1일 때가 t_2일 때보다 길다.

ㄴ. t_2일 때 ㉡의 길이는 0.5μm이다.

ㄷ. t_1일 때 ㉠의 길이는 t_2일 때 H대의 길이와 같다.

① ㄱ   ② ㄴ   ③ ㄱ, ㄷ   ④ ㄴ, ㄷ   ⑤ ㄱ, ㄴ, ㄷ

다음은 골격근의 수축 과정에 대한 자료이다.

○ 그림은 근육 원섬유 마디 X의 구조를, 표는 X가 수축하는 과정에서 두 시점 t_1과 t_2일 때 ㉠의 길이와 ㉢의 길이를 나타낸 것이다. X는 좌우 대칭이며, A대의 길이는 1.6μm이다.

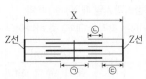

시점	㉠의 길이	㉢의 길이
t_1	0.6μm	0.5μm
t_2	?	0.3μm

○ 구간 ㉠은 마이오신 필라멘트만 있는 부분이고, ㉡은 마이오신 필라멘트와 액틴 필라멘트가 겹쳐진 부분이며, ㉢은 액틴 필라멘트만 있는 부분이다.

이에 대한 설명으로 옳은 것만을 〈보기〉에서 있는 대로 고른 것은?

보기

ㄱ. X가 수축할 때 ATP가 소모된다.

ㄴ. t_1일 때 ㉡의 길이는 0.5μm이다.

ㄷ. X의 길이는 t_1일 때가 t_2일 때보다 0.2μm 길다.

① ㄱ   ② ㄴ   ③ ㄷ   ④ ㄱ, ㄴ   ⑤ ㄱ, ㄴ, ㄷ

다음은 골격근의 수축 과정에 대한 자료이다.

○ 그림은 근육 원섬유 마디 X의 구조를 나타낸 것이다. 구간 ㉠은 액틴 필라멘트만 있는 부분이고, ㉡은 액틴 필라멘트와 마이오신 필라멘트가 겹치는 부분이며, ㉢은 마이오신 필라멘트만 있는 부분이다. X는 좌우 대칭이다.

○ 표는 골격근 수축 과정의 시점 t_1과 t_2일 때 X의 길이, A대의 길이, H대의 길이를 나타낸 것이다. ⓐ와 ⓑ는 2.4μm와 2.8μm를 순서 없이 나타낸 것이다.

시점	X의 길이	A대의 길이	H대의 길이
t_1	ⓐ	1.6μm	?
t_2	ⓑ	?	0.4μm

○ t_1일 때 ㉡의 길이와 t_2일 때 ㉠의 길이는 같다.

이에 대한 설명으로 옳은 것만을 〈보기〉에서 있는 대로 고른 것은?

보기

ㄱ. ⓐ는 2.8μm이다.

ㄴ. t_1일 때 ㉠의 길이는 0.4μm이다.

ㄷ. X에서 $\dfrac{㉡의 \ 길이}{액틴 \ 필라멘트의 \ 길이}$는 t_1일 때가 t_2일 때보다 크다.

① ㄱ   ② ㄴ   ③ ㄷ   ④ ㄱ, ㄷ   ⑤ ㄴ, ㄷ

다음은 동물 (가)와 (나)의 골격근 수축에 대한 자료이다.

○ 그림은 (가)의 근육 원섬유 마디 X와 (나)의 근육 원섬유 마디 Y의 구조를 나타낸 것이다. 구간 ㉠과 ㉢은 액틴 필라멘트만 있는 부분이고, ㉡은 액틴 필라멘트와 마이오신 필라멘트가 겹치는 부분이며, ㉣은 마이오신 필라멘트만 있는 부분이다. X와 Y는 모두 좌우 대칭이다.

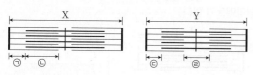

○ 표는 시점 t_1과 t_2일 때 X, ㉠, ㉡, Y, ㉢, ㉣의 길이를 나타낸 것이다.

구분	X	㉠	㉡	Y	㉢	㉣
t_1	?	ⓐ	0.6	?	0.3	ⓑ
t_2	2.6	0.5	0.5	2.6	0.6	1.0

(단위: μm)

이에 대한 옳은 설명만을 〈보기〉에서 있는 대로 고른 것은?

보기

ㄱ. ⓐ와 ⓑ는 같다.

ㄴ. t_1일 때 X의 H대 길이는 0.4μm이다.

ㄷ. X의 A대 길이에서 Y의 A대 길이를 뺀 값은 0.2μm이다.

① ㄱ　　② ㄴ　　③ ㄱ, ㄷ　　④ ㄴ, ㄷ　　⑤ ㄱ, ㄴ, ㄷ

다음은 골격근의 수축 과정에 대한 자료이다.

○ 그림은 근육 원섬유 마디 X의 구조를, 표는 골격근 수축 과정의 두 시점 t_1과 t_2일 때 ㉠의 길이와 ㉡의 길이를 더한 값 (㉠+㉡)과 ㉢의 길이를 나타낸 것이다. X는 좌우 대칭이고, t_1일 때 A대의 길이는 1.6μm이다.

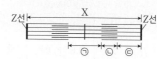

시점	㉠+㉡	㉢의 길이
t_1	1.3μm	0.7μm
t_2	?	0.5μm

○ 구간 ㉠은 마이오신 필라멘트만 있는 부분이고, ㉡은 액틴 필라멘트와 마이오신 필라멘트가 겹치는 부분이며, ㉢은 액틴 필라멘트만 있는 부분이다.

이에 대한 설명으로 옳은 것만을 〈보기〉에서 있는 대로 고른 것은?

보기

ㄱ. t_1일 때 X의 길이는 3.0μm이다.

ㄴ. X의 길이에서 ㉠의 길이를 뺀 값은 t_1일 때가 t_2일 때보다 크다.

ㄷ. t_2일 때 $\dfrac{\text{H대의 길이}}{\text{㉡의 길이+㉢의 길이}}=\dfrac{3}{5}$이다.

① ㄱ　　② ㄴ　　③ ㄱ, ㄷ　　④ ㄴ, ㄷ　　⑤ ㄱ, ㄴ, ㄷ

다음은 골격근의 수축 과정에 대한 자료이다.

○ 표는 골격근 수축 과정의 두 시점 ⓐ와 ⓑ에서 근육 원섬유 마디 X의 길이를, 그림은 ⓑ일 때 X의 구조를 나타낸 것이다. X는 좌우 대칭이다.

시점	X의 길이 (μm)
ⓐ	3.0
ⓑ	2.2

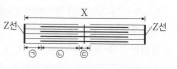

○ 구간 ㉠은 액틴 필라멘트만 있는 부분이고, ㉡은 액틴 필라멘트와 마이오신 필라멘트가 겹치는 부분이며, ㉢은 마이오신 필라멘트만 있는 부분이다.

○ ⓑ일 때 ㉢의 길이는 0.2μm이다.

이에 대한 설명으로 옳은 것만을 〈보기〉에서 있는 대로 고른 것은?
3점

보기

ㄱ. ⓐ일 때 H대의 길이는 1.0μm이다.

ㄴ. ㉡의 길이는 ⓑ일 때가 ⓐ일 때보다 0.4μm 더 길다.

ㄷ. $\dfrac{\text{㉠의 길이+㉡의 길이}}{\text{㉢의 길이}}$ 는 ⓑ일 때가 ⓐ일 때의 5배이다.

① ㄱ　　② ㄷ　　③ ㄱ, ㄴ　　④ ㄴ, ㄷ　　⑤ ㄱ, ㄴ, ㄷ

18

그림은 근육 원섬유 마디 X의 구조를, 표는 두 시점 t_1과 t_2에서 X와 (가)~(다)의 길이를 나타낸 것이다. X는 좌우 대칭이며, ㉠은 액틴 필라멘트만 있는 부분, ㉡은 액틴 필라멘트와 마이오신 필라멘트가 겹치는 부분, ㉢은 마이오신 필라멘트만 있는 부분이다. (가)~(다)는 ㉠~㉢을 순서 없이 나타낸 것이다.

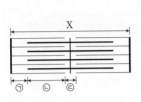

시점	길이(μm)			
	X	(가)	(나)	(다)
t_1	2.8	0.8	0.4	ⓐ
t_2	2.2	0.2	0.7	0.3

이에 대한 옳은 설명만을 〈보기〉에서 있는 대로 고른 것은? **3점**

보기

ㄱ. (나)는 ㉡이다.

ㄴ. ⓐ는 0.9이다.

ㄷ. t_2일 때 A대의 길이는 1.6μm이다.

① ㄱ   ② ㄷ   ③ ㄱ, ㄴ   ④ ㄱ, ㄷ   ⑤ ㄴ, ㄷ

19

다음은 골격근의 수축 과정에 대한 자료이다.

○ 그림은 근육 원섬유 마디 X의 구조를 나타낸 것이다. X는 좌우 대칭이다.

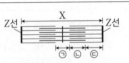

○ 구간 ㉠은 마이오신 필라멘트만 있는 부분이고, ㉡은 액틴 필라멘트와 마이오신 필라멘트가 겹치는 부분이며, ㉢은 액틴 필라멘트만 있는 부분이다.

○ 골격근 수축 과정의 세 시점 t_1, t_2, t_3 중 t_1일 때 X의 길이는 3.0μm이고, H대의 길이는 0.6μm, 마이오신 필라멘트의 길이는 1.4μm이다.

○ ㉡의 길이는 t_2일 때가 t_1일 때보다 0.2μm 더 짧고, ㉠의 길이는 t_3일 때가 t_2일 때보다 0.3μm 더 짧다.

이에 대한 설명으로 옳은 것만을 〈보기〉에서 있는 대로 고른 것은? **3점**

보기

ㄱ. t_2일 때 H대의 길이는 1.0μm이다.

ㄴ. X의 길이는 t_3일 때가 t_1일 때보다 짧다.

ㄷ. X를 전자 현미경으로 관찰했을 때 ㉡은 ㉢보다 밝게 보인다.

① ㄱ   ② ㄴ   ③ ㄷ   ④ ㄱ, ㄴ   ⑤ ㄱ, ㄷ

20

다음은 골격근의 수축 과정에 대한 자료이다.

○ 그림은 골격근을 구성하는 근육 원섬유 마디 X의 구조를, 표는 두 시점 t_1과 t_2일 때 ⓐ의 길이와 ⓑ의 길이를 더한 값(ⓐ+ⓑ)과 ⓐ의 길이와 ⓒ의 길이를 더한 값(ⓐ+ⓒ)을 나타낸 것이다. ⓐ~ⓒ는 ㉠~㉢을 순서 없이 나타낸 것이며, X는 M선을 기준으로 좌우 대칭이다. ⓐ에는 액틴 필라멘트가 있다.

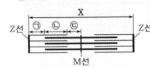

시점	ⓐ+ⓑ	ⓐ+ⓒ
t_1	1.4μm	1.0μm
t_2	1.2μm	1.0μm

○ 구간 ㉠은 액틴 필라멘트만 있는 부분이고, ㉡은 액틴 필라멘트와 마이오신 필라멘트가 겹치는 부분이며, ㉢은 마이오신 필라멘트만 있는 부분이다.

이에 대한 설명으로 옳은 것만을 〈보기〉에서 있는 대로 고른 것은?

보기

ㄱ. ⓑ는 ㉠이다.

ㄴ. ㉢는 A대의 일부이다.

ㄷ. X의 길이는 t_1일 때가 t_2일 때보다 0.2μm 길다.

① ㄱ   ② ㄴ   ③ ㄷ   ④ ㄱ, ㄷ   ⑤ ㄴ, ㄷ

21

다음은 골격근의 수축 과정에 대한 자료이다.

○ 그림은 근육 원섬유 마디 X의 구조를 나타낸 것이며, X는 좌우 대칭이다. 구간 ㉠은 액틴 필라멘트만 있는 부분이고, ㉡은 액틴 필라멘트와 마이오신 필라멘트가 겹치는 부분이며, ㉢은 마이오신 필라멘트만 있는 부분이다.

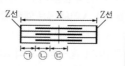

○ 표는 골격근 수축 과정의 두 시점 t_1과 t_2일 때 ㉠의 길이, ㉡의 길이, ㉢의 길이, X의 길이를 나타낸 것이고, ⓐ~ⓒ는 $0.4\mu m$, $0.6\mu m$, $0.8\mu m$를 순서 없이 나타낸 것이다.

시점	㉠의 길이	㉡의 길이	㉢의 길이	X의 길이
t_1	ⓐ	ⓑ	ⓐ	?
t_2	ⓒ	?	ⓑ	$2.8\mu m$

이에 대한 설명으로 옳은 것만을 <보기>에서 있는 대로 고른 것은? ③점

보기
ㄱ. t_1일 때 H대의 길이는 $0.8\mu m$이다.
ㄴ. X의 길이는 t_2일 때가 t_1일 때보다 $0.4\mu m$ 길다.
ㄷ. t_1에서 t_2로 될 때 ATP에 저장된 에너지가 사용된다.

① ㄱ　　② ㄴ　　③ ㄱ, ㄷ　　④ ㄴ, ㄷ　　⑤ ㄱ, ㄴ, ㄷ

22

표는 골격근의 근육 원섬유 마디 X가 수축하는 과정에서 두 시점 ⓐ와 ⓑ일 때 X의 길이와 A대의 길이를, 그림은 X의 한 지점에서 관찰되는 단면을 나타낸 것이다.

시점	X의 길이(μm)	A대의 길이(μm)
ⓐ	2.2	?
ⓑ	2.0	1.6

마이오신 필라멘트
액틴 필라멘트

이에 대한 설명으로 옳은 것만을 <보기>에서 있는 대로 고른 것은?

보기
ㄱ. ⓐ일 때 마이오신 필라멘트의 길이는 $1.8\mu m$이다.
ㄴ. 그림은 H대에서 관찰되는 단면이다.
ㄷ. I대의 길이는 ⓐ일 때보다 ⓑ일 때가 짧다.

① ㄱ　　② ㄴ　　③ ㄷ　　④ ㄱ, ㄷ　　⑤ ㄴ, ㄷ

23

표는 좌우 대칭인 근육 원섬유 마디 X가 수축하는 과정에서 시점 t_1과 t_2일 때 X의 길이, A대의 길이, H대의 길이를, 그림은 X의 단면을 나타낸 것이다. ㉠과 ㉡은 각각 액틴 필라멘트와 마이오신 필라멘트 중 하나이다.

시점	X의 길이	A대의 길이	H대의 길이
t_1	$2.4\mu m$	?	$0.6\mu m$
t_2	ⓐ	$1.6\mu m$	$0.2\mu m$

이에 대한 옳은 설명만을 <보기>에서 있는 대로 고른 것은? ③점

보기
ㄱ. I대에 ㉠이 있다.
ㄴ. ⓐ는 $2.0\mu m$이다.
ㄷ. t_1일 때 X에서 ㉠과 ㉡이 모두 있는 부분의 길이는 $1.4\mu m$이다.

① ㄱ　　② ㄷ　　③ ㄱ, ㄴ　　④ ㄴ, ㄷ　　⑤ ㄱ, ㄴ, ㄷ

24

다음은 골격근의 수축 과정에 대한 자료이다.

○ 그림은 근육 원섬유 마디 X의 구조를 나타낸 것이다. X는 좌우 대칭이다.

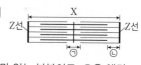

○ 구간 ㉠은 마이오신 필라멘트만 있는 부분이고, ㉡은 액틴 필라멘트만 있는 부분이다.

○ 표는 골격근 수축 과정의 두 시점 t_1과 t_2일 때 ㉠의 길이, ㉡의 길이, A대의 길이에서 ㉠의 길이를 뺀 값(A대－㉠)을 나타낸 것이다.

구분	㉠의 길이	㉡의 길이	A대－㉠
t_1	?	0.3	1.2
t_2	0.6	0.5＋ⓐ	1.2＋2ⓐ

(단위: μm)

이에 대한 설명으로 옳은 것만을 <보기>에서 있는 대로 고른 것은? ③점

보기
ㄱ. ㉠은 H대이다.
ㄴ. t_1일 때 A대의 길이는 $1.4\mu m$이다.
ㄷ. t_2일 때 ㉠의 길이는 ㉡의 길이보다 짧다.

① ㄱ　　② ㄴ　　③ ㄷ　　④ ㄱ, ㄴ　　⑤ ㄱ, ㄷ

25

다음은 골격근의 수축 과정에 대한 자료이다.

○ 표는 골격근 수축 과정의 세 시점 $t_1 \sim t_3$일 때 근육 원섬유 마디 X의 길이, ㉠의 길이에서 ㉡의 길이를 뺀 값(㉠-㉡), ㉢의 길이를, 그림은 t_3일 때 X의 구조를 나타낸 것이다. X는 좌우 대칭이다.

시점	X의 길이	㉠-㉡	㉢의 길이
t_1	3.2	0.4	?
t_2	?	1.0	0.5
t_3	?	?	0.3

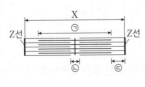

(단위: μm)

○ 구간 ㉠은 마이오신 필라멘트가 있는 부분이고, ㉡은 마이오신 필라멘트만 있는 부분이며, ㉢은 액틴 필라멘트만 있는 부분이다.

이에 대한 설명으로 옳은 것만을 〈보기〉에서 있는 대로 고른 것은?

보기
ㄱ. t_1에서 t_2로 될 때 액틴 필라멘트의 길이는 짧아진다.
ㄴ. X의 길이는 t_2일 때가 t_3일 때보다 0.4μm 길다.
ㄷ. t_1일 때 $\dfrac{㉠의 길이+㉢의 길이}{㉠의 길이+㉡의 길이}$ 는 $\dfrac{6}{7}$이다.

① ㄱ　　② ㄴ　　③ ㄷ　　④ ㄱ, ㄴ　　⑤ ㄴ, ㄷ

26

그림 (가)는 골격근을 구성하는 근육 원섬유 마디 X의 구조를, (나)는 근육 운동 시 $t_1 \sim t_3$에서 측정된 ⓐ~ⓒ의 길이를 나타낸 것이다. X에서 ㉠은 액틴 필라멘트와 마이오신 필라멘트가 겹치는 두 구간 중 한 구간, ㉡은 액틴 필라멘트만 있는 두 구간 중 한 구간이며, ⓐ~ⓒ는 각각 A대, ㉠, ㉡ 중 하나이다. t_1, t_2, t_3일 때 모두 H대의 길이는 0보다 크다.

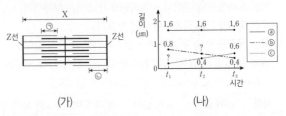

(가)　　　　　　(나)

이에 대한 설명으로 옳은 것만을 〈보기〉에서 있는 대로 고른 것은? (단, X는 좌우 대칭이다.) **3점**

보기
ㄱ. X의 길이는 t_1일 때가 t_3일 때보다 짧다.
ㄴ. t_1과 t_2일 때 (㉠의 길이+㉡의 길이)는 모두 1μm이다.
ㄷ. $\dfrac{t_1일 때 H대의 길이 - t_3일 때 H대의 길이}{t_2일 때 X의 길이} = \dfrac{3}{7}$이다.

① ㄱ　　② ㄴ　　③ ㄱ, ㄷ　　④ ㄴ, ㄷ　　⑤ ㄱ, ㄴ, ㄷ

27

다음은 근육 원섬유 마디 X에 대한 자료이다.

○ 그림은 좌우 대칭인 X의 구조를 나타낸 것이다. ㉠은 마이오신 필라멘트가 있는 부분, ㉡은 마이오신 필라멘트만 있는 부분, ㉢은 액틴 필라멘트만 있는 부분이다.
○ 표는 시점 t_1과 t_2일 때 X의 길이, X에서 ⓐ의 2배를 뺀 길이(X-2ⓐ), ⓒ에서 ⓑ를 뺀 길이(ⓒ-ⓑ)를 나타낸 것이다. ⓐ~ⓒ는 ㉠~㉢을 순서 없이 나타낸 것이다.

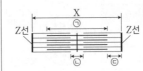

구분	X의 길이	X-2ⓐ	ⓒ-ⓑ
t_1	3.0	1.6	0.6
t_2	?	1.6	1.2

(단위: μm)

이에 대한 옳은 설명만을 〈보기〉에서 있는 대로 고른 것은?

보기
ㄱ. ⓒ는 A대이다.
ㄴ. t_2일 때 X의 길이는 2.4μm이다.
ㄷ. X에서 ⓑ를 뺀 길이는 t_1일 때와 t_2일 때 같다.

① ㄱ　　② ㄷ　　③ ㄱ, ㄴ　　④ ㄴ, ㄷ　　⑤ ㄱ, ㄴ, ㄷ

다음은 골격근의 수축 과정에 대한 자료이다.

○ 그림은 근육 원섬유 마디 X의 구조를, 표는 골격근 수축 과정의 두 시점 t_1과 t_2일 때 ㉠의 길이에서 ㉢의 길이를 뺀 값을 ㉡의 길이로 나눈 값($\frac{㉠-㉢}{㉡}$)과 X의 길이를 나타낸 것이다. X는 좌우 대칭이고, t_1일 때 A대의 길이는 $1.6\mu m$ 이다.

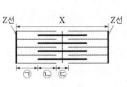

시점	$\frac{㉠-㉢}{㉡}$	X의 길이
t_1	$\frac{1}{4}$	?
t_2	$\frac{1}{2}$	$3.0\mu m$

○ 구간 ㉠은 액틴 필라멘트만 있는 부분이고, ㉡은 액틴 필라멘트와 마이오신 필라멘트가 겹치는 부분이며, ㉢은 마이오신 필라멘트만 있는 부분이다.

이에 대한 설명으로 옳은 것만을 〈보기〉에서 있는 대로 고른 것은?

보기
ㄱ. 근육 원섬유는 근육 섬유로 구성되어 있다.
ㄴ. t_2일 때 H대의 길이는 $0.4\mu m$이다.
ㄷ. X의 길이는 t_1일 때가 t_2일 때보다 $0.2\mu m$ 길다.

① ㄱ ② ㄴ ③ ㄱ, ㄷ ④ ㄴ, ㄷ ⑤ ㄱ, ㄴ, ㄷ

다음은 골격근의 수축 과정에 대한 자료이다.

○ 그림은 근육 원섬유 마디 X의 구조를 나타낸 것이다. X는 좌우 대칭이며, 구간 ㉠은 액틴 필라멘트만 있는 부분, ㉡은 액틴 필라멘트와 마이오신 필라멘트가 겹치는 부분, ㉢은 마이오신 필라멘트만 있는 부분이다.

○ 표는 골격근 수축 과정의 두 시점 t_1과 t_2일 때 X의 길이, ⓐ의 길이와 ⓒ의 길이를 더한 값(ⓐ+ⓒ), ⓑ의 길이와 ⓒ의 길이를 더한 값(ⓑ+ⓒ)을 나타낸 것이다. ⓐ~ⓒ는 ㉠~㉢을 순서 없이 나타낸 것이다.

시점	X의 길이	ⓐ+ⓒ	ⓑ+ⓒ
t_1	$2.4\mu m$	$1.0\mu m$	$0.8\mu m$
t_2	?	$1.3\mu m$	$1.7\mu m$

이에 대한 설명으로 옳은 것만을 〈보기〉에서 있는 대로 고른 것은? 3점

보기
ㄱ. ⓐ는 ㉡이다.
ㄴ. t_1일 때 $\dfrac{A대의 길이}{H대의 길이}$ 는 4이다.
ㄷ. t_2일 때 X의 길이는 $3.2\mu m$이다.

① ㄱ ② ㄷ ③ ㄱ, ㄴ ④ ㄴ, ㄷ ⑤ ㄱ, ㄴ, ㄷ

III
1
ㅣ
02.
근육 수축의 원리

DAY
06

다음은 골격근의 수축 과정에 대한 자료이다.

- 그림은 근육 원섬유 마디 X의 구조를 나타낸 것이다. X는 M선을 기준으로 좌우 대칭이다.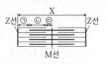

- 구간 ㉠은 액틴 필라멘트만 있는 부분이고, ㉡은 액틴 필라멘트와 마이오신 필라멘트가 겹치는 부분이며, ㉢은 마이오신 필라멘트만 있는 부분이다.

- 골격근 수축 과정의 시점 t_1일 때 ⓐ의 길이는 시점 t_2일 때 ⓑ의 길이와 ⓒ의 길이를 더한 값과 같다. ⓐ와 ⓑ는 ㉠과 ㉡을 순서 없이 나타낸 것이다.

- ⓐ의 길이와 ⓑ의 길이를 더한 값은 $1.0\mu m$이다.

- t_1일 때 ⓑ의 길이는 $0.2\mu m$이고, t_2일 때 ⓐ의 길이는 $0.7\mu m$이다. X의 길이는 t_1과 t_2 중 한 시점일 때 $3.0\mu m$이고, 나머지 한 시점일 때 $3.0\mu m$보다 길다.

이에 대한 설명으로 옳은 것만을 〈보기〉에서 있는 대로 고른 것은?

보기
ㄱ. ⓐ는 ㉠이다.
ㄴ. t_1일 때 H대의 길이는 $1.2\mu m$이다.
ㄷ. X의 길이는 t_1일 때가 t_2일 때보다 짧다.

① ㄱ   ② ㄴ   ③ ㄷ   ④ ㄱ, ㄴ   ⑤ ㄴ, ㄷ

다음은 골격근의 수축 과정에 대한 자료이다.

- 그림은 근육 원섬유 마디 X의 구조를 나타낸 것이다. X는 좌우 대칭이다.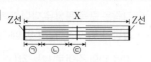

- 구간 ㉠은 액틴 필라멘트만 있는 부분이고, ㉡은 액틴 필라멘트와 마이오신 필라멘트가 겹치는 부분이며, ㉢은 마이오신 필라멘트만 있는 부분이다.

- 표 (가)는 ⓐ~ⓒ에서 액틴 필라멘트와 마이오신 필라멘트의 유무를, (나)는 골격근 수축 과정의 두 시점 t_1과 t_2일 때 X의 길이에서 ⓒ의 길이를 뺀 값(X$-$ⓒ)과 ⓑ의 길이와 ⓒ의 길이를 더한 값(ⓑ$+$ⓒ)을 나타낸 것이다. ⓐ~ⓒ는 ㉠~㉢을 순서 없이 나타낸 것이다.

구간	액틴 필라멘트	마이오신 필라멘트
ⓐ	?	○
ⓑ	○	×
ⓒ	?	○

(○: 있음, ×: 없음)

(가)

시점	X$-$ⓒ	ⓑ$+$ⓒ
t_1	$2.0\mu m$	$2.0\mu m$
t_2	$2.0\mu m$	$0.8\mu m$

(나)

이에 대한 설명으로 옳은 것만을 〈보기〉에서 있는 대로 고른 것은?

보기
ㄱ. ⓒ는 H대이다.
ㄴ. ⓐ의 길이와 ⓒ의 길이를 더한 값은 t_1일 때와 t_2일 때가 같다.
ㄷ. X의 길이는 t_1일 때가 t_2일 때보다 $0.8\mu m$ 길다.

① ㄱ   ② ㄴ   ③ ㄷ   ④ ㄱ, ㄷ   ⑤ ㄴ, ㄷ

다음은 골격근의 수축 과정에 대한 자료이다.

○ 그림은 근육 원섬유 마디 X의 구조를, 표는 시점 t_1과 t_2일 때 X의 길이, Ⅰ의 길이와 Ⅲ의 길이를 더한 값(Ⅰ+Ⅲ), Ⅱ의 길이에서 Ⅰ의 길이를 뺀 값(Ⅱ−Ⅰ)을 나타낸 것이다. X는 좌우 대칭이고, Ⅰ~Ⅲ은 ㉠~㉢을 순서 없이 나타낸 것이다.

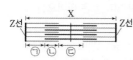

시점	X의 길이	Ⅰ+Ⅲ	Ⅱ−Ⅰ
t_1	ⓐ	0.8μm	0.2μm
t_2	ⓑ	ⓒ	ⓒ

○ 구간 ㉠은 액틴 필라멘트만 있는 부분이고, ㉡은 액틴 필라멘트와 마이오신 필라멘트가 겹치는 부분이며, ㉢은 마이오신 필라멘트만 있는 부분이다.

○ ⓐ와 ⓑ는 각각 2.4μm와 2.2μm 중 하나이다.

이에 대한 옳은 설명만을 〈보기〉에서 있는 대로 고른 것은? **3점**

보기

ㄱ. Ⅱ는 ㉡이다.

ㄴ. t_1일 때 A대의 길이는 1.4μm이다.

ㄷ. t_2일 때 ㉠의 길이는 ㉢의 길이보다 길다.

① ㄱ ② ㄴ ③ ㄱ, ㄷ ④ ㄴ, ㄷ ⑤ ㄱ, ㄴ, ㄷ

다음은 골격근의 수축과 이완 과정에 대한 자료이다.

○ 그림 (가)는 팔을 구부리는 과정의 세 시점 t_1, t_2, t_3일 때 팔의 위치와 이 과정에 관여하는 골격근 P와 Q를, (나)는 P와 Q 중 한 골격근의 근육 원섬유 마디 X의 구조를 나타낸 것이다. X는 좌우 대칭이다.

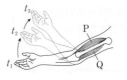

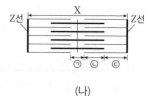

(가) (나)

○ 구간 ㉠은 마이오신 필라멘트만 있는 부분이고, ㉡은 액틴 필라멘트와 마이오신 필라멘트가 겹치는 부분이며, ㉢은 액틴 필라멘트만 있는 부분이다.

○ 표는 t_1~t_3일 때 ㉠의 길이와 ㉡의 길이를 더한 값(㉠+㉡), ㉢의 길이, X의 길이를 나타낸 것이다.

시점	㉠+㉡	㉢의 길이	X의 길이
t_1	1.2	ⓐ	?
t_2	?	0.7	3.0
t_3	ⓐ	0.6	?

(단위: μm)

이에 대한 설명으로 옳은 것만을 〈보기〉에서 있는 대로 고른 것은?

보기

ㄱ. X는 P의 근육 원섬유 마디이다.

ㄴ. X에서 A대의 길이는 t_1일 때가 t_3일 때보다 길다.

ㄷ. t_1일 때 ㉡의 길이와 ㉢의 길이를 더한 값은 1.3μm이다.

① ㄱ ② ㄴ ③ ㄷ ④ ㄱ, ㄴ ⑤ ㄱ, ㄷ

다음은 골격근의 수축 과정에 대한 자료이다.

○ 그림은 근육 원섬유 마디 X의 구조를 나타낸 것이다. X는 좌우 대칭이다.

○ 구간 ㉠은 액틴 필라멘트만 있는 부분이고, ㉡은 액틴 필라멘트와 마이오신 필라멘트가 겹치는 부분이며, ㉢은 마이오신 필라멘트만 있는 부분이다.

○ 골격근 수축 과정의 시점 t_1일 때 ㉠~㉢의 길이는 순서 없이 ⓐ, $3d$, $10d$이고, 시점 t_2일 때 ㉠~㉢의 길이는 순서 없이 ⓐ, $2d$, $3d$이다. d는 0보다 크다.

이에 대한 설명으로 옳은 것만을 〈보기〉에서 있는 대로 고른 것은? ③점

보기
ㄱ. 근육 원섬유는 근육 섬유로 구성되어 있다.
ㄴ. H대의 길이는 t_1일 때가 t_2일 때보다 길다.
ㄷ. t_2일 때 ㉠의 길이는 $2d$이다.

① ㄱ   ② ㄴ   ③ ㄷ   ④ ㄱ, ㄷ   ⑤ ㄴ, ㄷ

다음은 골격근의 수축 과정에 대한 자료이다.

○ 그림은 사람의 골격근을 구성하는 근육 원섬유 마디 X의 구조를 나타낸 것이다. X는 좌우 대칭이다.

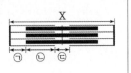

○ ㉠은 액틴 필라멘트만 있는 부분, ㉡은 액틴 필라멘트와 마이오신 필라멘트가 겹쳐진 부분, ㉢은 마이오신 필라멘트만 있는 부분이다.

○ X의 길이가 $2.0\mu m$일 때, ㉠의 길이 : ㉡의 길이$=1:3$이다.

○ X의 길이가 $2.4\mu m$일 때, ㉡의 길이 : ㉢의 길이$=1:2$이다.

이에 대한 설명으로 옳은 것만을 〈보기〉에서 있는 대로 고른 것은? ③점

보기
ㄱ. X에서 A대의 길이는 $1.6\mu m$이다.
ㄴ. X에서 ㉢은 밝게 보이는 부분(명대)이다.
ㄷ. X의 길이가 $3.0\mu m$일 때, $\dfrac{\text{H대의 길이}}{\text{㉠의 길이}}$ 는 2이다.

① ㄱ   ② ㄴ   ③ ㄷ   ④ ㄱ, ㄷ   ⑤ ㄴ, ㄷ

다음은 골격근의 수축 과정에 대한 자료이다.

○ 그림은 근육 원섬유 마디 X의 구조를 나타낸 것이다. X는 좌우 대칭이다.

○ 구간 ㉠은 액틴 필라멘트만 있는 부분이고, ㉡은 액틴 필라멘트와 마이오신 필라멘트가 겹치는 부분이며, ㉢은 마이오신 필라멘트만 있는 부분이다.

○ 골격근 수축 과정의 두 시점 t_1과 t_2 중 t_1일 때 ㉠의 길이와 ㉡의 길이를 더한 값은 $1.0\mu m$이고, X의 길이는 $3.2\mu m$이다.

○ t_1일 때 $\dfrac{\text{ⓐ의 길이}}{\text{ⓒ의 길이}}=\dfrac{2}{3}$이고, t_2일 때 $\dfrac{\text{ⓐ의 길이}}{\text{ⓒ의 길이}}=1$이며, $\dfrac{t_1\text{일 때 ⓑ의 길이}}{t_2\text{일 때 ⓑ의 길이}}=\dfrac{1}{3}$이다. ⓐ와 ⓑ는 ㉠과 ㉡을 순서 없이 나타낸 것이다.

이에 대한 설명으로 옳은 것만을 〈보기〉에서 있는 대로 고른 것은?

보기
ㄱ. ⓑ는 ㉠이다.
ㄴ. t_1일 때 A대의 길이는 $1.6\mu m$이다.
ㄷ. X의 길이는 t_1일 때가 t_2일 때보다 $0.8\mu m$ 길다.

① ㄱ   ② ㄷ   ③ ㄱ, ㄴ   ④ ㄴ, ㄷ   ⑤ ㄱ, ㄴ, ㄷ

다음은 골격근 수축 과정에 대한 자료이다.

> ○ 그림 (가)는 근육 원섬유 마디 X의 구조를, (나)는 구간 ⓒ의 길이에 따른 ⓐ X가 생성할 수 있는 힘을 나타낸 것이다. X는 좌우 대칭이고, ⓐ가 F_1일 때 A대의 길이는 1.6μm이다.
>
>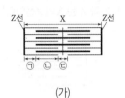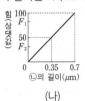
>
> (가)   (나)
>
> ○ 구간 ㉠은 액틴 필라멘트만 있는 부분이고, ㉡은 액틴 필라멘트와 마이오신 필라멘트가 겹치는 부분이며, ㉢은 마이오신 필라멘트만 있는 부분이다.
>
> ○ 표는 ⓐ가 F_1과 F_2일 때 ㉢의 길이를 ㉠의 길이로 나눈 값($\frac{㉢}{㉠}$)과 X의 길이를 ㉡의 길이로 나눈 값($\frac{X}{㉡}$)을 나타낸 것이다.

힘	$\frac{㉢}{㉠}$	$\frac{X}{㉡}$
F_1	1	4
F_2	$\frac{3}{2}$	?

이 자료에 대한 설명으로 옳은 것만을 〈보기〉에서 있는 대로 고른 것은? 3점

> **보기**
> ㄱ. ⓐ는 H대의 길이가 0.3μm일 때가 0.6μm일 때보다 작다.
> ㄴ. F_1일 때 ㉠의 길이와 ㉡의 길이를 더한 값은 1.0μm이다.
> ㄷ. F_2일 때 X의 길이는 3.2μm이다.

① ㄱ   ② ㄴ   ③ ㄷ   ④ ㄱ, ㄴ   ⑤ ㄴ, ㄷ

다음은 골격근의 수축 과정에 대한 자료이다.

> ○ 그림은 근육 원섬유 마디 X의 구조를 나타낸 것이다. X는 좌우 대칭이고, Z_1과 Z_2는 X의 Z선 이다.
>
>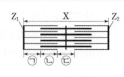
>
> ○ 구간 ㉠은 액틴 필라멘트만 있는 부분이고, ㉡은 액틴 필라멘트와 마이오신 필라멘트가 겹치는 부분이며, ㉢은 마이오신 필라멘트만 있는 부분이다.
>
> ○ 골격근 수축 과정의 두 시점 t_1과 t_2 중, t_1일 때 X의 길이는 L이고, t_2일 때만 ㉠~㉢의 길이가 모두 같다.
>
> ○ $\frac{t_2일\ 때\ ⓐ의\ 길이}{t_1일\ 때\ ⓐ의\ 길이}$ 와 $\frac{t_1일\ 때\ ㉡의\ 길이}{t_2일\ 때\ ㉡의\ 길이}$ 는 서로 같다. ⓐ는 ㉠과 ㉢ 중 하나이다.

이에 대한 설명으로 옳은 것만을 〈보기〉에서 있는 대로 고른 것은?

> **보기**
> ㄱ. ⓐ는 ㉢이다.
> ㄴ. H대의 길이는 t_1일 때가 t_2일 때보다 짧다.
> ㄷ. t_1일 때, X의 Z_1로부터 Z_2 방향으로 거리가 $\frac{3}{10}$L인 지점은 ㉡에 해당한다.

① ㄱ   ② ㄴ   ③ ㄱ, ㄷ   ④ ㄴ, ㄷ   ⑤ ㄱ, ㄴ, ㄷ

다음은 근육 원섬유 마디 X에 대한 자료이다.

> ○ 그림은 어떤 ⓐ 골격근을 구성하는 근육 원섬유 마디 X의 구조를 나타낸 것이다. X는 좌우 대칭이다.
>
>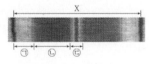
>
> ○ 구간 ㉠~㉢은 각각 액틴 필라멘트와 마이오신 필라멘트가 겹치는 부분, 액틴 필라멘트만 있는 부분, 마이오신 필라멘트만 있는 부분 중 하나이다.
>
> ○ X의 길이는 시점 t_1일 때 2.4μm, t_2일 때 2.8μm이다.
>
> ○ t_1일 때 ㉠~㉢ 각각의 길이의 합과 A대의 길이는 모두 1.4μm이다.

이에 대한 옳은 설명만을 〈보기〉에서 있는 대로 고른 것은? 3점

> **보기**
> ㄱ. 아세틸콜린이 분비되는 뉴런이 ⓐ에 연결되어 있다.
> ㄴ. t_2일 때 ㉠의 길이와 ㉡의 길이의 차는 0.2μm이다.
> ㄷ. $\frac{㉢의\ 길이}{㉠의\ 길이}$ 는 t_1일 때가 t_2일 때보다 크다.

① ㄱ   ② ㄴ   ③ ㄱ, ㄴ   ④ ㄱ, ㄷ   ⑤ ㄴ, ㄷ

다음은 골격근의 수축 과정에 대한 자료이다.

○ 그림 (가)는 근육 원섬유 마디 X의 구조를, (나)의 ㉠~㉢은 X를 ㉮ 방향으로 잘랐을 때 관찰되는 단면의 모양을 나타낸 것이다. X는 좌우 대칭이다.

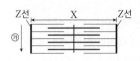

액틴 필라멘트 마이오신 필라멘트
㉠ ㉡ ㉢

(가)　　　　(나)

○ 표는 골격근 수축 과정의 두 시점 t_1과 t_2일 때 각 시점의 한 쪽 Z선으로부터의 거리가 각각 l_1, l_2, l_3인 세 지점에서 관찰되는 단면의 모양을 나타낸 것이다. ⓐ~ⓒ는 ㉠~㉢을 순서 없이 나타낸 것이며, X의 길이는 t_2일 때가 t_1일 때보다 짧다.

거리	단면의 모양	
	t_1	t_2
l_1	ⓐ	ⓑ
l_2	㉡	ⓒ
l_3	ⓑ	?

○ l_1~l_3은 모두 $\dfrac{t_2\text{일 때 X의 길이}}{2}$ 보다 작다.

이에 대한 설명으로 옳은 것만을 〈보기〉에서 있는 대로 고른 것은? 3점

보기

ㄱ. 마이오신 필라멘트의 길이는 t_1일 때가 t_2일 때보다 길다.
ㄴ. ⓐ는 ㉠이다.
ㄷ. $l_3 < l_1$이다.

① ㄱ　　② ㄴ　　③ ㄷ　　④ ㄱ, ㄴ　　⑤ ㄴ, ㄷ

다음은 골격근의 수축과 이완 과정에 대한 자료이다.

○ 그림 (가)는 팔을 구부리는 과정의 두 시점 t_1과 t_2일 때 팔의 위치와 이 과정에 관여하는 골격근 P와 Q를, (나)는 P와 Q 중 한 골격근의 근육 원섬유 마디 X의 구조를 나타낸 것이다. X는 좌우 대칭이고, Z_1과 Z_2는 X의 Z선이다.

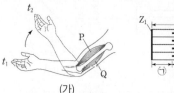
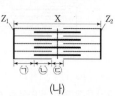

Z_1　　X　　Z_2
㉠ ㉡ ㉢

(가)　　　　(나)

○ 구간 ㉠은 액틴 필라멘트만 있는 부분이고, ㉡은 액틴 필라멘트와 마이오신 필라멘트가 겹치는 부분이며, ㉢은 마이오신 필라멘트만 있는 부분이다.

○ 표는 t_1과 t_2일 때 각 시점의 Z_1로부터 Z_2 방향으로 거리가 각각 l_1, l_2, l_3인 세 지점이 ㉠~㉢ 중 어느 구간에 해당하는지를 나타낸 것이다. ⓐ~ⓒ는 ㉠~㉢을 순서 없이 나타낸 것이다.

거리	지점이 해당하는 구간	
	t_1	t_2
l_1	ⓐ	?
l_2	ⓑ	ⓐ
l_3	ⓒ	㉢

○ ㉢의 길이는 t_1일 때가 t_2일 때보다 짧다.

○ t_1과 t_2일 때 각각 l_1~l_3은 모두 $\dfrac{\text{X의 길이}}{2}$ 보다 작다.

이에 대한 설명으로 옳은 것만을 〈보기〉에서 있는 대로 고른 것은?

보기

ㄱ. $l_1 > l_2$이다.
ㄴ. X는 P의 근육 원섬유 마디이다.
ㄷ. t_2일 때 Z_1로부터 Z_2 방향으로 거리가 l_1인 지점은 ㉠에 해당한다.

① ㄱ　　② ㄴ　　③ ㄷ　　④ ㄱ, ㄴ　　⑤ ㄱ, ㄷ

다음은 골격근의 수축 과정에 대한 자료이다.

○ 그림은 근육 원섬유 마디 X의 구조를, 표는 골격근 수축 과정의 시점 $t_1 \sim t_3$ 일 때 ㉠의 길이, ㉡의 길이, Ⅰ의 길이와 Ⅱ의 길이를 더한 값(Ⅰ+Ⅱ), Ⅰ의 길이와 Ⅲ의 길이를 더한 값(Ⅰ+Ⅲ)을 나타낸 것이다. X는 좌우 대칭이고, Ⅰ~Ⅲ은 ㉠~㉢을 순서 없이 나타낸 것이다.

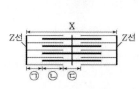

시점	길이(μm)			
	㉠	㉡	Ⅰ+Ⅱ	Ⅰ+Ⅲ
t_1	ⓐ	ⓐ	?	1.2
t_2	0.7	ⓑ	1.3	?
t_3	ⓑ	0.4	ⓒ	ⓒ

○ 구간 ㉠은 액틴 필라멘트만 있는 부분이고, ㉡은 액틴 필라멘트와 마이오신 필라멘트가 겹치는 부분이며, ㉢은 마이오신 필라멘트만 있는 부분이다.

이에 대한 옳은 설명만을 〈보기〉에서 있는 대로 고른 것은? **3점**

보기

ㄱ. t_1일 때 ㉡의 길이는 0.4μm이다.

ㄴ. ⓒ는 1.0이다.

ㄷ. Ⅱ는 ㉢이다.

① ㄱ   ② ㄷ   ③ ㄱ, ㄴ   ④ ㄴ, ㄷ   ⑤ ㄱ, ㄴ, ㄷ

다음은 골격근의 수축 과정에 대한 자료이다.

○ 그림은 근육 원섬유 마디 X의 구조를 나타낸 것이다. X는 좌우 대칭이고, Z_1과 Z_2는 X의 Z선이다.

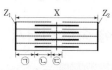

○ 구간 ㉠은 액틴 필라멘트만 있는 부분이고, ㉡은 액틴 필라멘트와 마이오신 필라멘트가 겹치는 부분이며, ㉢은 마이오신 필라멘트만 있는 부분이다.

○ 표는 골격근 수축 과정의 두 시점 t_1과 t_2일 때 각 시점의 Z_1로부터 Z_2 방향으로 거리가 각각 l_1, l_2, l_3인 세 지점이 ㉠~㉢ 중 어느 구간에 해당하는지를 나타낸 것이다. ⓐ~ⓒ는 ㉠~㉢을 순서 없이 나타낸 것이다.

거리	지점이 해당하는 구간	
	t_1	t_2
l_1	ⓐ	ⓑ
l_2	ⓑ	?
l_3	?	ⓒ

○ t_1일 때 ⓐ~ⓒ의 길이는 순서 없이 $5d$, $6d$, $8d$이고, t_2일 때 ⓐ~ⓒ의 길이는 순서 없이 $2d$, $6d$, $7d$이다. d는 0보다 크다.

○ t_1일 때, A대의 길이는 ㉢의 길이의 2배이다.

○ t_1과 t_2일 때 각각 $l_1 \sim l_3$은 모두 $\dfrac{\text{X의 길이}}{2}$보다 작다.

이에 대한 설명으로 옳은 것만을 〈보기〉에서 있는 대로 고른 것은?

3점

보기

ㄱ. $l_2 > l_1$이다.

ㄴ. t_1일 때, Z_1로부터 Z_2 방향으로 거리가 l_3인 지점은 ㉡에 해당한다.

ㄷ. t_2일 때, ⓐ의 길이는 H대의 길이의 3배이다.

① ㄱ   ② ㄴ   ③ ㄷ   ④ ㄱ, ㄴ   ⑤ ㄱ, ㄷ

---

03. 신경계

🔆 뇌의 구성은 고등수준으로 연구된다
간 대 소 중   수
뇌 뇌 뇌 간
뇌

❶ 중추 신경계 ★수능에 나오는 필수 개념 2가지 + 필수 암기사항 2개

필수개념 1 중추 신경계

• **뇌** : 대뇌, 소뇌, 중간뇌, 간뇌, 연수로 구성된다. 암기 → 뇌와 척수의 구조와 기능은 말초 신경계와 연계되어 출제되므로 구체적으로 정리하고 기억하자!

• 대뇌 : 신경 세포체가 모인 겉질(회색질), 축삭 돌기가 모인 속질(백색질)로 구분되고, 겉질은 다시 감각령, 연합령, 운동령으로 구분된다. 언어, 기억, 추리, 상상, 감정 등의 고등 정신 활동과 감각과 수의 운동의 중추이다.

구분	기능
감각령	감각기로부터 오는 정보를 받아들인다.
연합령	감각령으로부터 온 정보를 종합, 분석하여 명령을 운동령으로 전달한다.
운동령	연합령의 명령을 받아 수의 운동이 일어나도록 한다.

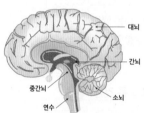

🔆 균형을 잡는 사람의 다리 모양을 연상하여 암기
• 소뇌 : 대뇌에서 시작된 수의 운동이 정확하고 원활하게 일어나도록 조절하고, 몸의 평형을 유지하는 중추이다. → 🔆 얼굴의 중간에 있는 안구 운동을 맡음!
• 중간뇌 : 소뇌와 함께 몸의 평형을 조절하고, 안구 운동과 동공의 크기를 조절하는 중추이다.
• 간뇌 : 시상과 시상 하부로 구분되며, 시상 하부는 자율 신경계와 내분비계의 조절 중추로서 체온, 혈당량, 삼투압 조절 등 항상성 유지의 조절 중추이다.
• 연수 : 심장 박동, 호흡 운동, 소화 운동의 조절 중추이고, 기침, 재채기, 하품, 눈물 분비 등의 반사 중추이다. → 🔆 척수, 연수 반사 중추는 '수'로 끝남

• **척수** : 대뇌와 달리 겉질은 백색질, 속질은 회색질이며, 운동 신경의 다발이 전근을 이루고, 감각 신경의 다발이 후근을 이룬다. 뇌와 말초 신경 사이에서 정보를 전달하는 역할을 하며, 땀분비, 도피 반사(회피 반사), 무릎 반사, 배뇨 반사 등의 중추이다.

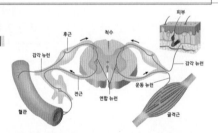

필수개념 2 반응과 반사

• **의식적인 반응** 암기 → 의식적인 반응과 무조건 반사의 차이와 반응 경로를 기억하자!
: 대뇌의 판단과 명령에 따라 일어나는 의식적인 행동이다.

> 자극 → 감각기 → 감각 신경 → 중추 신경(대뇌) → 운동 신경 → 반응기(근육) → 반응

• **무조건 반사** : 대뇌가 관여하지 않고, 척수, 연수, 중간뇌가 중추로 작용하여 무의식적으로 일어나는 반응이다. 반응 경로가 짧아서 의식적인 반응에 비해서 반응 속도가 빨라 위험으로부터 몸을 보호하는 데 도움이 된다.

> 자극 → 감각기 → 감각 신경 → 중추 신경(척수, 연수, 중간뇌) → 운동 신경 → 반응기(근육) → 반응

반사	중추	반응
척수 반사	척수	젖 분비, 땀 분비, 무릎 반사, 회피 반사, 배변 · 배뇨 반사 등
연수 반사	연수	재채기, 하품, 침 분비 등
중간뇌 반사	중간뇌	동공 반사, 안구 운동 등

▶ 사람의 신경계

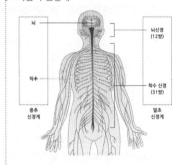

▶ 위치에 따른 대뇌 겉질의 구분
위치에 따라 전두엽, 두정엽, 측두엽, 후두엽으로 구분된다.

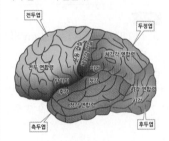

🔆 운전은 감으로
운동 신경   각(후근)
신경

▶ 반응과 반사의 경로

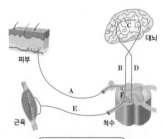

• 의식적인 반응의 경로 :
A → B → C → D → E
• 척수 반사의 경로 :
A → F → E

❷ 말초 신경계　★수능에 나오는 필수 개념 4가지 + 필수 암기사항 3개

필수개념 1　말초 신경계

• **말초 신경계** : 중추 신경계와 연결되어 온몸의 말단부까지 퍼져 있다. 해부학적 구성에 따라 뇌에서 나온 12쌍의 뇌신경과 31쌍의 척수 신경으로 구분되며, 구심성 뉴런, 원심성 뉴런으로 구성된다.

▶ 기능에 따른 말초 신경계의 구분
말초 신경계는 크게 구심성 뉴런과 원심성 뉴런으로 구분된다.

필수개념 2　체성 신경계

• **체성 신경계** 〔암기〕 → 체크한 부분을 기억하자!

　• 중추의 명령을 골격근으로 보내는 체성 운동 신경으로 구성되어 있다. 주로 대뇌의 지배를 받으며, 의식적인 자극과 반응에 관여한다.

필수개념 3　자율 신경계

• **자율 신경계** : 대뇌의 직접적인 지배를 받지 않으며, 간뇌, 중간뇌, 연수, 척수에서 나와 소화 기관, 순환 기관, 호흡 기관, 내분비 기관 등에 분포하여 소화, 순환, 호흡, 호르몬 분비 등 생명 유지에 필수적인 기능을 조절한다. 중추의 명령을 반응기로 전달하는 원심성 뉴런(운동 뉴런)으로만 이루어져 있으며, 교감 신경과 부교감 신경으로 구성되어 길항 작용을 한다. 반응기와 중추 신경 사이에 시냅스가 존재하여 신경절 이전 뉴런과 신경절 이후 뉴런, 즉 두 개의 뉴런이 연결된 구조이다. 〔암기〕 → 교감 신경과 부교감 신경의 공통점과 차이점을 구분하여 정리하자!

▶ 길항 작용
하나의 기관에 대해 서로 반대되는 기능을 하여 효과를 상쇄시키는 작용이다.

▶ 교감 신경의 기능
몸을 긴장 상태로 만들어 흥분, 놀람, 운동 등 갑작스런 환경 변화에 대응하도록 조절한다.

→노르에피네프린
☀교감 선생님이 교실에 오시면 노루를 본 것처럼 긴장해서
동공은 확대, 심장은 쿵쿵, 혈압 상승, 소화는 안되고 화장실도 못간다.
→소화액 억제　→방광 확장

① 교감 신경
• 척수의 가운데 부분에서 뻗어 나오며, 신경절 이전 뉴런은 짧고 신경절 이후 뉴런은 길다.
• 신경 전달 물질은 신경절 이전 뉴런에서는 아세틸콜린, 신경절 이후 뉴런에서는 노르에피네프린이 분비된다.
② 부교감 신경
• 중간뇌, 연수 그리고 척수의 아래 부분에서 뻗어 나오며, 신경절 이전 뉴런은 길고 신경절 이후 뉴런은 짧다.
• 신경 전달 물질은 신경절 이전 뉴런과 신경절 이후 뉴런에서 모두 아세틸콜린이 분비된다.
③ 교감 신경과 부교감 신경의 작용 비교 〔암기〕

▶ 부교감 신경의 기능
긴장 상태에 있던 몸을 평상시의 상태로 회복시키고, 지속적이고 완만한 환경 변화에 대응하도록 조절한다.

구분	동공	심장 박동	혈압	방광	소화액 분비	침분비	혈당량
교감 신경	확대	촉진	상승	확장	억제	억제	증가
부교감 신경	축소	억제	하강	수축	촉진	촉진	감소

필수개념 4　체성 신경계와 자율 신경계의 비교

1

그림은 자극에 의한 반사가 일어나 근육 ⓐ가 수축할 때 흥분 전달 경로를 나타낸 것이다.

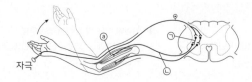

이에 대한 설명으로 옳은 것만을 〈보기〉에서 있는 대로 고른 것은?

보기
ㄱ. ㉠은 연합 뉴런이다.
ㄴ. ㉡의 신경 세포체는 척수의 회색질(회백질)에 존재한다.
ㄷ. ⓐ의 근육 원섬유 마디에서 $\dfrac{\text{A대의 길이}}{\text{I대의 길이}+\text{H대의 길이}}$ 가 작아진다.

① ㄱ　　② ㄷ　　③ ㄱ, ㄴ　　④ ㄴ, ㄷ　　⑤ ㄱ, ㄴ, ㄷ

3

그림은 자극에 의한 반사가 일어날 때 흥분 전달 경로를 나타낸 것이다.

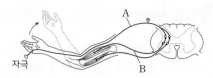

이에 대한 설명으로 옳은 것만을 〈보기〉에서 있는 대로 고른 것은?

보기
ㄱ. A는 척수 신경이다.
ㄴ. B는 자율 신경계에 속한다.
ㄷ. 이 반사의 조절 중추는 뇌줄기를 구성한다.

① ㄱ　　② ㄴ　　③ ㄷ　　④ ㄱ, ㄷ　　⑤ ㄴ, ㄷ

2 2022 평가원

그림은 무릎 반사가 일어날 때 흥분 전달 경로를 나타낸 것이다. A와 B는 감각 뉴런과 운동 뉴런을 순서 없이 나타낸 것이다.
이에 대한 설명으로 옳은 것만을 〈보기〉에서 있는 대로 고른 것은?

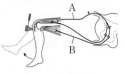

보기
ㄱ. A는 감각 뉴런이다.
ㄴ. B는 자율 신경계에 속한다.
ㄷ. 이 반사의 중추는 뇌줄기를 구성한다.

① ㄱ　　② ㄴ　　③ ㄱ, ㄴ　　④ ㄱ, ㄷ　　⑤ ㄴ, ㄷ

4

그림은 무릎 반사가 일어날 때 흥분 전달 경로를 나타낸 것이다.

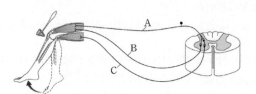

이에 대한 옳은 설명만을 〈보기〉에서 있는 대로 고른 것은?

보기
ㄱ. A와 B는 모두 척수 신경이다.
ㄴ. B는 자율 신경계에 속한다.
ㄷ. C는 후근을 이룬다.

① ㄱ　　② ㄴ　　③ ㄱ, ㄴ　　④ ㄱ, ㄷ　　⑤ ㄴ, ㄷ

5 2023 수능

그림은 자극에 의한 반사가 일어날 때 흥분 전달 경로를 나타낸 것이다.

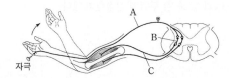

이에 대한 설명으로 옳은 것만을 〈보기〉에서 있는 대로 고른 것은?

보기
ㄱ. A는 운동 뉴런이다.
ㄴ. C의 신경 세포체는 척수에 있다.
ㄷ. 이 반사 과정에서 A에서 B로 흥분의 전달이 일어난다.

① ㄱ   ② ㄴ   ③ ㄱ, ㄷ   ④ ㄴ, ㄷ   ⑤ ㄱ, ㄴ, ㄷ

6

표는 중추 신경계를 구성하는 구조 A~C에서 2가지 특징의 유무를 나타낸 것이다. A~C는 각각 연수, 중간뇌, 척수 중 하나이다.

특징 \ 구조	A	B	C
뇌줄기를 구성한다.	없음	있음	⊙
동공 크기 조절의 중추이다.	?	?	없음

이에 대한 옳은 설명만을 〈보기〉에서 있는 대로 고른 것은? 3점

보기
ㄱ. A는 무릎 반사의 중추이다.
ㄴ. B는 중간뇌이다.
ㄷ. ⊙은 '있음'이다.

① ㄱ   ② ㄴ   ③ ㄱ, ㄷ   ④ ㄴ, ㄷ   ⑤ ㄱ, ㄴ, ㄷ

7

그림은 중추 신경계를 구성하는 연수, 중간뇌, 척수를 구분하는 과정을 나타낸 것이다.

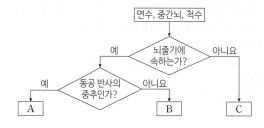

다음 중 A~C로 옳은 것은?

	A	B	C
①	연수	중간뇌	척수
②	중간뇌	연수	척수
③	중간뇌	척수	연수
④	척수	연수	중간뇌
⑤	척수	중간뇌	연수

8 2023 평가원

표는 사람의 중추 신경계에 속하는 A~C의 특징을 나타낸 것이다. A~C는 간뇌, 연수, 척수를 순서 없이 나타낸 것이다.

구분	특징
A	뇌줄기를 구성한다.
B	⊙ 체온 조절 중추가 있다.
C	교감 신경의 신경절 이전 뉴런의 신경 세포체가 있다.

이에 대한 설명으로 옳은 것만을 〈보기〉에서 있는 대로 고른 것은? 3점

보기
ㄱ. A는 호흡 운동을 조절한다.
ㄴ. ⊙은 시상 하부이다.
ㄷ. C는 척수이다.

① ㄱ   ② ㄴ   ③ ㄱ, ㄷ   ④ ㄴ, ㄷ   ⑤ ㄱ, ㄴ, ㄷ

9 `2024 평가원`

그림은 중추 신경계의 구조를 나타낸 것이다.
㉠~㉣은 간뇌, 소뇌, 연수, 중간뇌를 순서
없이 나타낸 것이다.
이에 대한 설명으로 옳은 것만을 <보기>에서
있는 대로 고른 것은?

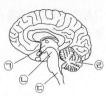

보기
ㄱ. ㉠에 시상 하부가 있다.
ㄴ. ㉡과 ㉣은 모두 뇌줄기에 속한다.
ㄷ. ㉢은 호흡 운동을 조절한다.

① ㄱ   ② ㄴ   ③ ㄱ, ㄷ   ④ ㄴ, ㄷ   ⑤ ㄱ, ㄴ, ㄷ

---

10 `2022 수능`

그림은 중추 신경계의 구조를 나타낸 것이다.
㉠~㉣은 간뇌, 대뇌, 소뇌, 중간뇌를 순서 없이
나타낸 것이다.
이에 대한 설명으로 옳은 것만을 <보기>에서
있는 대로 고른 것은? `3점`

보기
ㄱ. ㉠은 중간뇌이다.
ㄴ. ㉢은 몸의 평형(균형) 유지에 관여한다.
ㄷ. ㉣에는 시각 기관으로부터 오는 정보를 받아들이는 영역이
있다.

① ㄱ   ② ㄴ   ③ ㄱ, ㄷ   ④ ㄴ, ㄷ   ⑤ ㄱ, ㄴ, ㄷ

11

그림은 사람에서 중추 신경계와 심장이 자율 신경으로 연결된
모습의 일부를 나타낸 것이다. A와 B는 각각 연수와 중간뇌 중
하나이고, ㉠과 ㉡ 중 한 부위에 신경절이 있다.

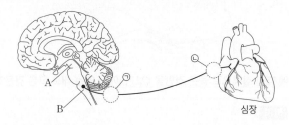

이에 대한 옳은 설명만을 <보기>에서 있는 대로 고른 것은?

보기
ㄱ. A는 동공 반사의 중추이다.
ㄴ. B는 중간뇌이다.
ㄷ. ㉠에 신경절이 있다.

① ㄱ   ② ㄷ   ③ ㄱ, ㄴ   ④ ㄱ, ㄷ   ⑤ ㄴ, ㄷ

12

다음은 사람의 신경계를 구성하는 구조에 대한 학생 A~C의 발표
내용이다.

제시한 내용이 옳은 학생만을 있는 대로 고른 것은?

① B   ② C   ③ A, B   ④ A, C   ⑤ A, B, C

13
말초 신경계
[2021학년도 수능 4번]

그림 (가)는 동공의 크기 조절에 관여하는 말초 신경이 중추 신경계에 연결된 경로를, (나)는 무릎 반사에 관여하는 말초 신경이 중추 신경계에 연결된 경로를 나타낸 것이다.

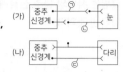

이에 대한 설명으로 옳은 것만을 〈보기〉에서 있는 대로 고른 것은?

보기
ㄱ. ⊙~ⓒ은 모두 자율 신경계에 속한다.
ㄴ. ⊙과 ⓒ의 말단에서 분비되는 신경 전달 물질은 같다.
ㄷ. 무릎 반사의 중추는 척수이다.

① ㄱ   ② ㄷ   ③ ㄱ, ㄴ   ④ ㄴ, ㄷ   ⑤ ㄱ, ㄴ, ㄷ

14
자율 신경계
[2023년 7월 학평 17번]

그림은 중추 신경계에 속한 A와 B로부터 다리 골격근과 심장에 연결된 말초 신경을 나타낸 것이다. A와 B는 연수와 척수를 순서 없이 나타낸 것이고, ⓐ와 ⓑ 중 한 곳에 신경절이 있다.

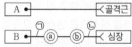

이에 대한 설명으로 옳은 것만을 〈보기〉에서 있는 대로 고른 것은?

보기
ㄱ. A는 척수이다.
ㄴ. ⓑ에 신경절이 있다.
ㄷ. ⊙과 ⓒ의 말단에서 모두 아세틸콜린이 분비된다.

① ㄱ   ② ㄷ   ③ ㄱ, ㄴ   ④ ㄴ, ㄷ   ⑤ ㄱ, ㄴ, ㄷ

15
체성 신경계와 자율 신경계
[2021년 7월 학평 10번]

그림은 중추 신경계로부터 말초 신경을 통해 소장과 골격근에 연결된 경로를, 표는 뉴런 ⓐ~ⓒ의 특징을 나타낸 것이다. ⓐ~ⓒ는 ⊙~ⓒ을 순서 없이 나타낸 것이다.

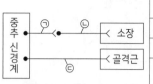

구분	특징
ⓐ	?
ⓑ	체성 신경계에 속한다.
ⓒ	축삭 돌기 말단에서 노르에피네프린이 분비된다.

이에 대한 설명으로 옳은 것만을 〈보기〉에서 있는 대로 고른 것은?

보기
ㄱ. ⓐ는 ⓛ이다.
ㄴ. ⊙의 신경 세포체는 척수에 있다.
ㄷ. ⓒ은 운동 신경이다.

① ㄱ   ② ㄷ   ③ ㄱ, ㄴ   ④ ㄴ, ㄷ   ⑤ ㄱ, ㄴ, ㄷ

16
말초 신경계
[2018년 4월 학평 12번]

그림은 무릎 반사가 일어나는 과정에서 흥분 전달 경로를 나타낸 것이다.

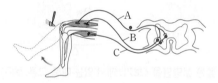

이에 대한 설명으로 옳은 것만을 〈보기〉에서 있는 대로 고른 것은?

보기
ㄱ. A에 역치 이상의 자극을 주면 B에서 활동 전위가 발생한다.
ㄴ. B는 자율 신경에 속한다.
ㄷ. C의 신경 세포체는 척수의 회색질에 존재한다.

① ㄱ   ② ㄷ   ③ ㄱ, ㄴ   ④ ㄱ, ㄷ   ⑤ ㄴ, ㄷ

17

그림은 중추 신경계와 호흡계를 연결하는 뉴런 A~E를 나타낸 것이다. ㉠과 ㉡은 각각 척수와 연수 중 하나이다.

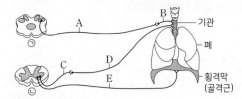

이에 대한 옳은 설명만을 〈보기〉에서 있는 대로 고른 것은? (3점)

보기
ㄱ. ㉠은 척수이다.
ㄴ. A와 E는 모두 체성 신경계에 속한다.
ㄷ. 축삭 돌기 말단에서 분비되는 신경 전달 물질은 B와 C가 같다.

① ㄱ   ② ㄷ   ③ ㄱ, ㄴ   ④ ㄱ, ㄷ   ⑤ ㄴ, ㄷ

18

그림은 척수와 방광을 연결하는 뉴런 A~D를 나타낸 것이다.

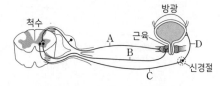

이에 대한 옳은 설명만을 〈보기〉에서 있는 대로 고른 것은?

보기
ㄱ. A는 감각 뉴런이다.
ㄴ. B는 척수의 후근을 이룬다.
ㄷ. C와 D는 말단에서 분비되는 신경 전달 물질이 같다.

① ㄱ   ② ㄴ   ③ ㄱ, ㄷ   ④ ㄴ, ㄷ   ⑤ ㄱ, ㄴ, ㄷ

19

그림은 사람의 중추 신경계와 홍채가 자율 신경으로 연결된 경로를 나타낸 것이다.

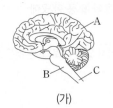

이에 대한 옳은 설명만을 〈보기〉에서 있는 대로 고른 것은?

보기
ㄱ. ㉠의 신경 세포체는 뇌줄기에 있다.
ㄴ. ㉠과 ㉡의 말단에서 분비되는 신경 전달 물질은 같다.
ㄷ. ㉢의 활동 전위 발생 빈도가 증가하면 동공이 작아진다.

① ㄱ   ② ㄷ   ③ ㄱ, ㄴ   ④ ㄴ, ㄷ   ⑤ ㄱ, ㄴ, ㄷ

20

그림 (가)는 중추 신경계의 구조를, (나)는 중추 신경계와 심장이 자율 신경으로 연결된 모습을 나타낸 것이다. A~C는 각각 척수, 연수, 대뇌 중 하나이다.

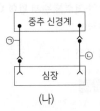

(가)   (나)

이에 대한 설명으로 옳은 것만을 〈보기〉에서 있는 대로 고른 것은?

보기
ㄱ. A의 겉질은 회색질이다.
ㄴ. ㉠의 신경 세포체는 C에 존재한다.
ㄷ. ㉡에서 흥분 발생 빈도가 증가하면 심장 박동이 촉진된다.

① ㄱ   ② ㄴ   ③ ㄱ, ㄷ   ④ ㄴ, ㄷ   ⑤ ㄱ, ㄴ, ㄷ

21

중추 신경계, 자율 신경계
[2020년 10월 학평 5번]

그림은 사람의 중추 신경계와 심장을 연결하는 자율 신경을 나타낸 것이다. ⊙과 ⓒ은 각각 연수와 척수 중 하나이다.

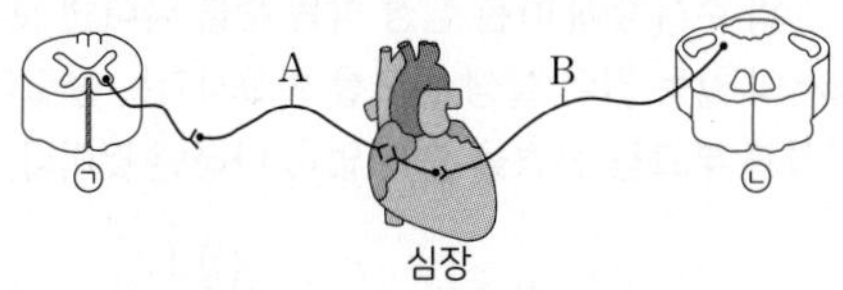

이에 대한 옳은 설명만을 〈보기〉에서 있는 대로 고른 것은?

보기
ㄱ. ⊙의 속질은 백색질이다.
ㄴ. ⓒ은 뇌줄기를 구성한다.
ㄷ. 뉴런 A와 B의 말단에서 분비되는 신경 전달 물질은 같다.

① ㄱ　　② ㄴ　　③ ㄷ　　④ ㄱ, ㄴ　　⑤ ㄴ, ㄷ

22

자율 신경계
[2021년 10월 학평 7번]

그림은 중추 신경계와 심장을 연결하는 자율 신경을 나타낸 것이다. ⓐ에 하나의 신경절이 있으며, 뉴런 ⊙과 ⓒ의 말단에서 분비되는 신경 전달 물질은 다르다.

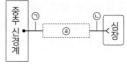

이에 대한 옳은 설명만을 〈보기〉에서 있는 대로 고른 것은?

보기
ㄱ. ⊙의 신경 세포체는 연수에 있다.
ㄴ. ⊙의 길이는 ⓒ의 길이보다 길다.
ㄷ. ⓒ의 말단에서 분비되는 신경 전달 물질은 노르에피네프린이다.

① ㄱ　　② ㄷ　　③ ㄱ, ㄴ　　④ ㄴ, ㄷ　　⑤ ㄱ, ㄴ, ㄷ

23

자율 신경계
[2018년 7월 학평 12번]

그림은 심장과 소장에 각각 연결된 자율 신경 A, B를 나타낸 것이다.

심장　　　　　　소장

이에 대한 설명으로 옳은 것만을 〈보기〉에서 있는 대로 고른 것은?

보기
ㄱ. A의 신경절 이후 뉴런 말단에서 분비되는 신경 전달 물질은 아드레날린(노르에피네프린)이다.
ㄴ. B가 흥분하면 소장에서 소화액 분비가 억제된다.
ㄷ. A와 B의 신경절 이전 뉴런의 신경 세포체는 모두 척수에 있다.

① ㄱ　　② ㄴ　　③ ㄷ　　④ ㄱ, ㄴ　　⑤ ㄱ, ㄷ

24

체성 신경계와 자율 신경계
[2023년 4월 학평 8번]

표 (가)는 사람 신경의 3가지 특징을, (나)는 (가)의 특징 중 방광에 연결된 신경 A∼C가 갖는 특징의 개수를 나타낸 것이다. A∼C는 감각 신경, 교감 신경, 부교감 신경을 순서 없이 나타낸 것이다.

특징
○ 원심성 신경이다.
○ 자율 신경계에 속한다.
○ 신경절 이후 뉴런의 말단에서 노르에피네프린이 분비된다.

(가)

구분	특징의 개수
A	0
B	⊙
C	3

(나)

이에 대한 설명으로 옳은 것만을 〈보기〉에서 있는 대로 고른 것은?

보기
ㄱ. ⊙은 1이다.
ㄴ. A는 말초 신경계에 속한다.
ㄷ. C의 신경절 이전 뉴런의 신경 세포체는 척수에 있다.

① ㄱ　　② ㄴ　　③ ㄷ　　④ ㄱ, ㄴ　　⑤ ㄴ, ㄷ

정답과 해설　 21 p.170 　 22 p.170 　 23 p.171 　 24 p.171

25

그림은 사람에서 ㉠과 팔의 골격근을 연결하는 말초 신경과, ㉡과 눈을 연결하는 말초 신경을 나타낸 것이다. ㉠과 ㉡은 각각 척수와 중간뇌 중 하나이다.

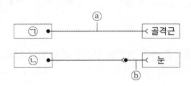

이에 대한 옳은 설명만을 〈보기〉에서 있는 대로 고른 것은? 3점

보기
ㄱ. ㉠은 척수이다.
ㄴ. ⓐ는 자율 신경계에 속한다.
ㄷ. ⓑ의 말단에서 노르에피네프린이 분비된다.

① ㄱ   ② ㄴ   ③ ㄱ, ㄴ   ④ ㄱ, ㄷ   ⑤ ㄴ, ㄷ

26

그림 (가)는 중추 신경계로부터 자율 신경을 통해 심장에 연결된 경로를, (나)는 ㉠과 ㉡ 중 하나를 자극했을 때 심장 세포에서 활동 전위가 발생하는 빈도의 변화를 나타낸 것이다.

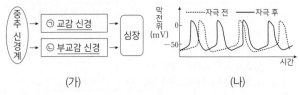

이에 대한 설명으로 옳은 것만을 〈보기〉에서 있는 대로 고른 것은?

보기
ㄱ. ㉠의 신경절 이전 뉴런의 신경 세포체는 척수에 있다.
ㄴ. ㉡은 신경절 이전 뉴런이 신경절 이후 뉴런보다 길다.
ㄷ. (나)는 ㉡을 자극했을 때의 변화를 나타낸 것이다.

① ㄱ   ② ㄷ   ③ ㄱ, ㄴ   ④ ㄴ, ㄷ   ⑤ ㄱ, ㄴ, ㄷ

27 2022 평가원

그림 (가)는 심장 박동을 조절하는 자율 신경 A와 B 중 A를 자극했을 때 심장 세포에서 활동 전위가 발생하는 빈도의 변화를, (나)는 물질 ㉠의 주사량에 따른 심장 박동 수를 나타낸 것이다. ㉠은 심장 세포에서의 활동 전위 발생 빈도를 변화시키는 물질이며, A와 B는 교감 신경과 부교감 신경을 순서 없이 나타낸 것이다.

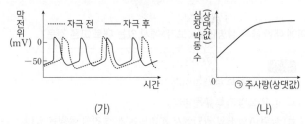

이에 대한 설명으로 옳은 것만을 〈보기〉에서 있는 대로 고른 것은?
3점

보기
ㄱ. A의 신경절 이후 뉴런의 축삭 돌기 말단에서 분비되는 신경 전달 물질은 아세틸콜린이다.
ㄴ. ㉠이 작용하면 심장 세포에서의 활동 전위 발생 빈도가 감소한다.
ㄷ. A와 B는 심장 박동 조절에 길항적으로 작용한다.

① ㄱ   ② ㄴ   ③ ㄷ   ④ ㄱ, ㄷ   ⑤ ㄴ, ㄷ

28

그림 (가)는 심장 박동을 조절하는 자율 신경 A와 B를, (나)는 A와 B 중 하나를 자극했을 때 심장 세포에서 활동 전위가 발생하는 빈도의 변화를 나타낸 것이다.

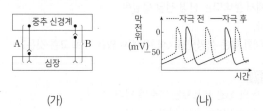

이에 대한 설명으로 옳은 것만을 〈보기〉에서 있는 대로 고른 것은?
3점

보기
ㄱ. A는 말초 신경계에 속한다.
ㄴ. B의 신경절 이후 뉴런의 축삭 돌기 말단에서 분비되는 신경 전달 물질은 아세틸콜린이다.
ㄷ. (나)는 B를 자극했을 때의 변화를 나타낸 것이다.

① ㄱ   ② ㄴ   ③ ㄱ, ㄷ   ④ ㄴ, ㄷ   ⑤ ㄱ, ㄴ, ㄷ

29

자율 신경계
[2020학년도 6월 모평 11번]

그림 (가)는 심장 박동을 조절하는 자율 신경 A와 B를, (나)는 A와 B 중 하나를 자극했을 때 심장 세포에서 활동 전위가 발생하는 빈도의 변화를 나타낸 것이다.

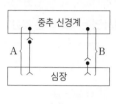

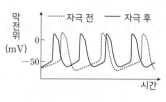

(가)　　　　　　　　　(나)

이에 대한 설명으로 옳은 것만을 <보기>에서 있는 대로 고른 것은?

보기
ㄱ. A는 말초 신경계에 속한다.
ㄴ. B의 신경절 이전 뉴런의 신경 세포체는 척수에 존재한다.
ㄷ. (나)는 A를 자극했을 때의 변화를 나타낸 것이다.

① ㄱ　　② ㄴ　　③ ㄱ, ㄷ　　④ ㄴ, ㄷ　　⑤ ㄱ, ㄴ, ㄷ

30

자율 신경계
[2021학년도 6월 모평 3번]

그림은 중추 신경계로부터 자율 신경을 통해 심장과 위에 연결된 경로를, 표는 ㉠이 심장에, ㉡이 위에 각각 작용할 때 나타나는 기관의 반응을 나타낸 것이다. ⓐ는 '억제됨' 과 '촉진됨' 중 하나이다.

기관	반응
심장	심장 박동 촉진됨
위	소화 작용 (ⓐ)

이에 대한 설명으로 옳은 것만을 <보기>에서 있는 대로 고른 것은?

3점

보기
ㄱ. ㉠은 신경절 이전 뉴런이 신경절 이후 뉴런보다 짧다.
ㄴ. ㉡은 감각 신경이다.
ㄷ. ⓐ는 '억제됨'이다.

① ㄱ　　② ㄴ　　③ ㄷ　　④ ㄱ, ㄴ　　⑤ ㄱ, ㄷ

31

자율 신경계
[2019학년도 6월 모평 13번]

그림은 중추 신경계로부터 자율 신경을 통해 심장, 이자, 방광에 연결된 경로를 나타낸 것이다.

이에 대한 설명으로 옳은 것만을 <보기>에서 있는 대로 고른 것은?

```
          ┌──→ ㉠ 부교감 신경 → 심장
중추 ─────┼──→ ㉡ 교감 신경   → 이자
신경계     └──→ ㉢ 부교감 신경 → 방광
```

보기
ㄱ. ㉠은 신경절 이전 뉴런이 신경절 이후 뉴런보다 길다.
ㄴ. ㉡의 신경절 이후 뉴런의 축삭 돌기 말단에서 분비되는 신경 전달 물질은 아세틸콜린이다.
ㄷ. ㉡과 ㉢의 신경절 이전 뉴런의 신경 세포체는 모두 척수에 존재한다.

① ㄱ　　② ㄴ　　③ ㄱ, ㄷ　　④ ㄴ, ㄷ　　⑤ ㄱ, ㄴ, ㄷ

DAY
08

Ⅲ

1
ㅡ
03.

신경계

32

자율 신경계
[2017년 10월 학평 7번]

그림은 서로 길항 작용을 하는 자율 신경 A와 B가 홍채에 연결된 것을 나타낸 것이다. ⓐ와 ⓑ 각각에 하나의 시냅스가 있고, ㉠과 ㉣의 말단에서 분비되는 신경 전달 물질은 서로 같다.

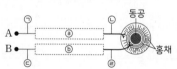

이에 대한 옳은 설명만을 <보기>에서 있는 대로 고른 것은?

보기
ㄱ. ㉡이 흥분하면 동공이 확장된다.
ㄴ. ㉢의 신경 세포체는 연수에 있다.
ㄷ. ㉢의 길이는 ㉣의 길이보다 짧다.

① ㄱ　　② ㄴ　　③ ㄷ　　④ ㄱ, ㄷ　　⑤ ㄴ, ㄷ

33

그림 (가)는 동공의 크기 조절에 관여하는 교감 신경과 부교감 신경이 중추 신경계에 연결된 경로를, (나)는 빛의 세기에 따른 동공의 크기를 나타낸 것이다. ⓐ와 ⓑ에 각각 하나의 신경절이 있으며, ㉠과 ㉣의 말단에서 분비되는 신경 전달 물질은 같다.

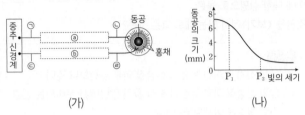

(가)   (나)

이에 대한 설명으로 옳은 것만을 〈보기〉에서 있는 대로 고른 것은?

보기
ㄱ. ㉠의 신경 세포체는 척수의 회색질에 있다.
ㄴ. ㉡의 말단에서 분비되는 신경 전달 물질의 양은 P_2일 때가 P_1일 때보다 많다.
ㄷ. ㉣의 말단에서 분비되는 신경 전달 물질은 노르에피네프린이다.

① ㄱ   ② ㄷ   ③ ㄱ, ㄴ   ④ ㄴ, ㄷ   ⑤ ㄱ, ㄴ, ㄷ

34

그림은 동공 크기의 조절에 관여하는 자율 신경이 중간뇌에, 심장 박동의 조절에 관여하는 자율 신경이 연수에 연결된 경로를 나타낸 것이다. ⓐ와 ⓑ에는 각각 하나의 신경절이 있다.

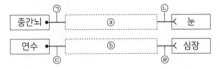

이에 대한 옳은 설명만을 〈보기〉에서 있는 대로 고른 것은? 3점

보기
ㄱ. ㉠은 부교감 신경을 구성한다.
ㄴ. ㉡과 ㉢의 말단에서 모두 아세틸콜린이 분비된다.
ㄷ. ㉣의 말단에서 심장 박동을 촉진하는 신경 전달 물질이 분비된다.

① ㄱ   ② ㄷ   ③ ㄱ, ㄴ   ④ ㄴ, ㄷ   ⑤ ㄱ, ㄴ, ㄷ

35

그림은 중추 신경계로부터 말초 신경을 통해 심장과 다리 골격근에 연결된 경로를 나타낸 것이다.

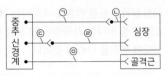

이에 대한 설명으로 옳은 것만을 〈보기〉에서 있는 대로 고른 것은?

보기
ㄱ. ㉠의 신경 세포체는 연수에 있다.
ㄴ. ㉡과 ㉣의 말단에서 분비되는 신경 전달 물질은 같다.
ㄷ. ㉤은 후근을 통해 나온다.

① ㄱ   ② ㄴ   ③ ㄷ   ④ ㄱ, ㄴ   ⑤ ㄴ, ㄷ

36

그림은 중추 신경계로부터 말초 신경을 통해 홍채와 골격근에 연결된 경로를 나타낸 것이다.

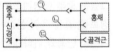

이에 대한 설명으로 옳은 것만을 〈보기〉에서 있는 대로 고른 것은?

보기
ㄱ. ㉠은 구심성 뉴런이다.
ㄴ. ㉡이 흥분하면 동공이 축소된다.
ㄷ. ㉢의 말단에서 아세틸콜린이 분비된다.

① ㄱ   ② ㄴ   ③ ㄷ   ④ ㄱ, ㄷ   ⑤ ㄴ, ㄷ

37

체성 신경계와 자율 신경계
[2019년 3월 학평 12번]

그림은 중추 신경계에서 나온 말초 신경이 근육 A와 B에 연결된 경로를 나타낸 것이다. A와 B는 골격근과 심장근을 순서 없이 나타낸 것이다.

이에 대한 옳은 설명만을 〈보기〉에서 있는 대로 고른 것은?

> **보기**
> ㄱ. A는 골격근이다.
> ㄴ. ㉠은 신경절 이전 뉴런이 신경절 이후 뉴런보다 짧다.
> ㄷ. ㉠의 신경절 이전 뉴런의 신경 세포체는 척수에 있다.

① ㄱ   ② ㄴ   ③ ㄱ, ㄷ   ④ ㄴ, ㄷ   ⑤ ㄱ, ㄴ, ㄷ

39

자율 신경계
[2019학년도 수능 12번]

그림은 중추 신경계로부터 자율 신경을 통해 위와 방광에 연결된 경로를 나타낸 것이다.

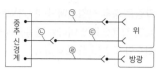

이에 대한 설명으로 옳은 것만을 〈보기〉에서 있는 대로 고른 것은?

> **보기**
> ㄱ. ㉠은 말초 신경계에 속한다.
> ㄴ. ㉠과 ㉢의 말단에서 분비되는 신경 전달 물질은 같다.
> ㄷ. ㉣의 신경 세포체는 연수에 존재한다.

① ㄱ   ② ㄴ   ③ ㄱ, ㄷ   ④ ㄴ, ㄷ   ⑤ ㄱ, ㄴ, ㄷ

38

자율 신경계
[2018년 10월 학평 8번]

그림은 중추 신경계와 두 기관을 연결하는 자율 신경을, 표는 뉴런 ㉠과 ㉢에 각각 역치 이상의 자극을 주었을 때 심장과 방광의 변화를 나타낸 것이다. ㉠~㉣은 서로 다른 뉴런이다.

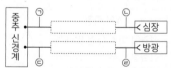

기관	변화
심장	박동 속도 감소
방광	이완(확장)

이에 대한 옳은 설명만을 〈보기〉에서 있는 대로 고른 것은?

> **보기**
> ㄱ. ㉠이 ㉡보다 길다.
> ㄴ. ㉣의 축삭 돌기 말단에서 아세틸콜린이 분비된다.
> ㄷ. 역치 이상의 자극을 ㉣에 주었을 때, 흥분이 ㉣에서 ㉢으로 전달된다.

① ㄱ   ② ㄷ   ③ ㄱ, ㄴ   ④ ㄱ, ㄷ   ⑤ ㄴ, ㄷ

40

자율 신경계
[2022년 7월 학평 12번]

그림 (가)는 중추 신경계로부터 나온 자율 신경이 방광에 연결된 경로를, (나)는 뉴런 ㉠에 역치 이상의 자극을 주었을 때와 주지 않았을 때 방광의 부피를 나타낸 것이다. ㉠은 ⓑ와 ⓓ 중 하나이다.

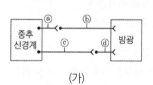 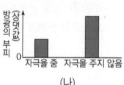

(가)   (나)

이에 대한 설명으로 옳은 것만을 〈보기〉에서 있는 대로 고른 것은?

> **보기**
> ㄱ. ㉠은 ⓓ이다.
> ㄴ. ⓐ는 척수의 후근을 이룬다.
> ㄷ. ⓑ와 ⓒ의 축삭 돌기 말단에서 분비되는 신경 전달 물질은 같다.

① ㄱ   ② ㄴ   ③ ㄷ   ④ ㄱ, ㄴ   ⑤ ㄴ, ㄷ

41

그림은 중추 신경계에 속한 (가)와 (나)에 연결된 자율 신경 ㉠과 ㉡의 작용으로 일어나는 반응을 나타낸 것이다. (가)와 (나)는 각각 척수와 중간뇌 중 하나이다.

이에 대한 설명으로 옳은 것만을 <보기>에서 있는 대로 고른 것은?

보기
ㄱ. (가)는 무릎 반사의 중추이다.
ㄴ. ㉠의 신경절 이전 뉴런은 신경절 이후 뉴런보다 짧다.
ㄷ. ㉡의 신경절 이후 뉴런의 축삭돌기 말단에서 분비되는 신경 전달 물질은 아세틸콜린이다.

① ㄱ　　② ㄴ　　③ ㄷ　　④ ㄱ, ㄷ　　⑤ ㄴ, ㄷ

42　2023 평가원

다음은 자율 신경 A에 의한 심장 박동 조절 실험이다.

[실험 과정]
(가) 같은 종의 동물로부터 심장 I과 II를 준비하고, II에서만 자율 신경을 제거한다.
(나) I과 II를 각각 생리식염수가 담긴 용기 ㉠과 ㉡에 넣고, ㉠에서 ㉡으로 용액이 흐르도록 두 용기를 연결한다.
(다) I에 연결된 A에 자극을 주고 I과 II의 세포에서 활동 전위 발생 빈도를 측정한다. A는 교감 신경과 부교감 신경 중 하나이다.

[실험 결과]
o A의 신경절 이후 뉴런의 축삭 돌기 말단에서 물질 ㉮가 분비되었다. ㉮는 아세틸콜린과 노르에피네프린 중 하나이다.

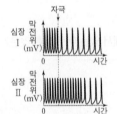

o I과 II의 세포에서 측정한 활동 전위 발생 빈도는 그림과 같다.

이 자료에 대한 설명으로 옳은 것만을 <보기>에서 있는 대로 고른 것은? (단, 제시된 조건 이외는 고려하지 않는다.)

보기
ㄱ. A는 말초 신경계에 속한다.
ㄴ. ㉮는 노르에피네프린이다.
ㄷ. (나)의 ㉡에 아세틸콜린을 처리하면 II의 세포에서 활동 전위 발생 빈도가 증가한다.

① ㄱ　　② ㄴ　　③ ㄱ, ㄴ　　④ ㄱ, ㄷ　　⑤ ㄴ, ㄷ

43　2024 평가원

그림은 동공의 크기 조절에 관여하는 자율 신경 X가 중추 신경계에 연결된 경로를 나타낸 것이다. A~C는 대뇌, 연수, 중간뇌를 순서 없이 나타낸 것이고, ㉠에 하나의 신경절이 있다.

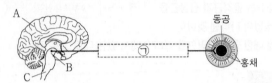

이에 대한 설명으로 옳은 것만을 <보기>에서 있는 대로 고른 것은?

보기
ㄱ. X는 신경절 이전 뉴런이 신경절 이후 뉴런보다 짧다.
ㄴ. A의 겉질은 회색질이다.
ㄷ. B와 C는 모두 뇌줄기에 속한다.

① ㄱ　　② ㄷ　　③ ㄱ, ㄴ　　④ ㄴ, ㄷ　　⑤ ㄱ, ㄴ, ㄷ

44

그림은 중추 신경계와 심장을 연결하는 자율 신경 A를, 표는 A의 특징을 나타낸 것이다. ⓐ와 ⓑ 중 하나에 신경절이 있고, ㉠은 노르에피네프린과 아세틸콜린 중 하나이다.

A의 특징
신경절 이전 뉴런 말단과 신경절 이후 뉴런 말단에서 모두 ㉠이 분비된다.

이에 대한 옳은 설명만을 <보기>에서 있는 대로 고른 것은?

보기
ㄱ. ⓐ에 신경절이 있다.
ㄴ. ㉠은 노르에피네프린이다.
ㄷ. A에서 활동 전위 발생 빈도가 증가하면 심장 박동 속도가 감소한다.

① ㄱ　　② ㄷ　　③ ㄱ, ㄴ　　④ ㄱ, ㄷ　　⑤ ㄴ, ㄷ

45 2024 수능

표는 사람의 자율 신경 Ⅰ~Ⅲ의 특징을 나타낸 것이다. (가)와 (나)는 척수와 뇌줄기를 순서 없이 나타낸 것이고, ㉠은 아세틸콜린과 노르에피네프린 중 하나이다.

자율 신경	신경절 이전 뉴런의 신경 세포체 위치	신경절 이후 뉴런의 축삭 돌기 말단에서 분비되는 신경 전달 물질	연결된 기관
Ⅰ	(가)	아세틸콜린	위
Ⅱ	(가)	㉠	심장
Ⅲ	(나)	㉠	방광

이에 대한 설명으로 옳은 것만을 <보기>에서 있는 대로 고른 것은?

보기
ㄱ. (가)는 뇌줄기이다.
ㄴ. ㉠은 노르에피네프린이다.
ㄷ. Ⅲ은 부교감 신경이다.

① ㄱ   ② ㄴ   ③ ㄷ   ④ ㄱ, ㄴ   ⑤ ㄱ, ㄷ

04. 항상성 유지

❶ 항상성을 조절하는 신경과 호르몬 ★수능에 나오는 필수 개념 2가지 + 필수 암기사항 3개

필수개념 1   호르몬

• **호르몬의 특성** `암기` → 체크한 부분을 기억하자!

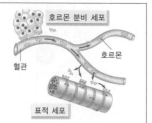

- 내분비샘에서 생성되며, 별도의 분비관 없이 혈액이나 조직액으로 분비된다.
- 특정 호르몬에 대한 수용체를 가진 표적 세포 혹은 표적 기관에만 작용한다.
- 미량으로 생리 작용을 조절하여 부족하면 결핍증, 많으면 과다증이 나타난다.

호르몬 분비 세포 / 혈관 / 호르몬 / 표적 세포

• **호르몬과 신경계의 작용 비교** : 신경계는 외부와 내부의 환경 변화에 대해 신속하게 근육과 내분비샘에 신호를 전달하고, 호르몬은 혈액으로 분비되어 표적 기관에서 작용하므로 신경계보다 느리게 신호를 전달한다. `암기` → 호르몬과 신경계의 작용을 비교하여 차이점을 기억하자!

구분	호르몬	신경계
전달 속도	비교적 느리다	빠르다
작용 범위	넓다	좁다
효과의 지속성	지속적	일시적
전달 매체	혈액	뉴런
특징	표적 기관에만 작용한다.	일정한 방향으로 자극을 전달한다.

필수개념 2   호르몬의 종류와 기능

• **사람의 내분비샘과 호르몬** `암기` → 내분비샘에서 분비되는 호르몬의 종류와 기능에 대해 기억하자!

내분비샘		호르몬	기능
뇌하수체	전엽	생장 호르몬	몸의 생장 촉진
		갑상샘 자극 호르몬	티록신 분비 촉진
		부신 겉질 자극 호르몬	코르티코이드 분비 촉진
		여포 자극 호르몬	여포와 난자 성숙 촉진
		황체 형성 호르몬	배란 및 황체 형성 촉진
		젖 분비 자극 호르몬	젖 분비 촉진
	후엽	항이뇨 호르몬	콩팥에서 수분 재흡수 촉진
		옥시토신	분만 시 자궁 수축 촉진
갑상샘		티록신	세포 호흡 촉진
		칼시토닌	혈액의 칼슘 이온 농도 감소
부갑상샘		파라토르몬	혈액의 칼슘 이온 농도 증가
부신	겉질	당질 코르티코이드	혈당량 증가(단백질, 지방 → 포도당)
		알도스테론(무기질 코르티코이드)	콩팥에서 나트륨 이온 재흡수 촉진
	속질	에피네프린	혈당량 증가(글리코젠 → 포도당)
이자	β세포	인슐린	혈당량 감소(포도당 → 글리코젠)
	α세포	글루카곤	혈당량 증가(글리코젠 → 포도당)
생식샘	정소	테스토스테론	남성의 2차 성징 발현
	난소	에스트로젠	여성의 2차 성징 발현
		프로게스테론	배란 억제, 임신 유지

기본자료

▶ 내분비샘
호르몬을 합성하여 분비한다. 분비관이 따로 없어 호르몬을 혈관으로 분비한다.
`예` 뇌하수체, 이자, 갑상샘 등

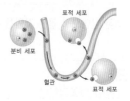

표적 세포 / 분비 세포 / 혈관 / 표적 세포

▶ 외분비샘
분비물을 몸 표면이나 소화관 내로 분비한다. 분비관이 따로 있다.
`예` 소화샘, 이자, 침샘, 눈물샘, 땀샘 등

분비관 / 분비 세포

▶ 뇌하수체
- 뇌하수체 전엽 : 다른 내분비샘의 호르몬 분비를 촉진한다.
- 뇌하수체 후엽 : 시상 하부의 신경 분비 세포에서 만들어진 호르몬을 저장하였다가 필요 시 분비한다.

▶ 부신 속질
부신 속질에서는 에피네프린(아드레날린)과 노르에피네프린(노르아드레날린)이 함께 분비되는데, 에피네프린이 훨씬 더 많이 분비된다.

▶ 호르몬의 과다증과 결핍증

생장 호르몬	과다증	거인증
	결핍증	소인증
티록신	과다증	바제도병
	결핍증	크레틴병
항이뇨 호르몬	결핍증	요붕증
인슐린	결핍증	당뇨병

❷ 항상성의 조절 원리 ★수능에 나오는 필수 개념 2가지 + 필수 암기사항 2개

필수개념 1　항상성 유지의 원리

・ **피드백과 길항 작용** ★암기 → 체크한 부분을 기억하자!

> ・ 피드백 : 어떤 원인에 의해 결과가 나타나고, 그 결과가 다시 원인에 영향을 미치는 작용이다.
> 　결과가 원인을 억제하는 조절 방식을 음성 피드백이라고 한다. 호르몬의 분비량은 주로 음성
> 　피드백에 의해 조절된다.
>
>
>
> ・ 길항 작용 : 하나의 대상에 대하여 서로 반대되는 작용, 즉 한쪽이 기능을 촉진하면 다른 쪽은
> 　기능을 억제하는 작용이다. **예** 교감 신경과 부교감 신경의 작용, 인슐린과 글루카곤의 작용,
> 　칼시토닌과 파라토르몬의 작용 등

필수개념 2　항상성 유지

・ **혈당량 조절** ★암기 → 항상성이 유지되는 과정에 대해 정리하여 이해하자!

> ・ 이자에서 분비되는 인슐린과 글루카곤의 길항 작용에 의해 조절된다.
>
>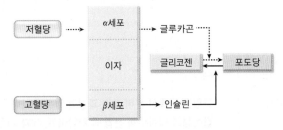
>
> ・ 인슐린과 글루카곤은 세포의 포도당 소비량을 조절하고, 그 결과에 따라 나타나는 혈당량의
> 　변화가 피드백 작용을 하여 두 호르몬의 상대적 분비량을 조절한다.
> ・ 부신 속질에서 분비되는 에피네프린과 부신 겉질에서 분비되는 당질 코르티코이드에 의해서도
> 　혈당량이 증가한다.

・ **체온 조절**

> ・ 체내에서의 열 발생량과 몸의 표면을 통한 열 발산량의 조절을 통해 체온이 유지된다.
> ・ 열 발생량은 근육 수축에 의한 몸 떨림과 세포의 물질대사 촉진으로 증가하고, 열 발산량은 피부
> 　혈류량 증가와 땀 분비 촉진으로 증가한다.

・ **삼투압 조절**

> ・ 혈장의 삼투압이 높아지면 뇌하수체 후엽에서
> 　ADH의 분비가 증가하여 콩팥에서 수분
> 　재흡수를 촉진한다.
> ・ 콩팥의 수분 재흡수가 촉진되면 오줌량은
> 　감소되고 혈장 삼투압은 낮아진다.
>
>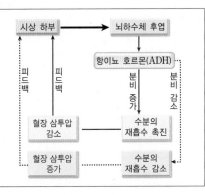

기본자료

▶ 양성 피드백
결과가 원인을 촉진하는 조절 방식이다.
옥시토신은 양성 피드백에 의해 분비가
조절된다.

▶ 이자의 혈당량 조절
이자섬의 α세포와 β세포는 자율 신경의
조절을 받지 않아도 혈당량 변화를
직접 감지하여 글루카곤이나 인슐린을
분비하며, 글루카곤과 인슐린의 분비는
각각 음성 피드백에 의해 조절된다.

▶ 운동 후의 혈당량 조절
운동을 시작하면 평소보다 많은 양의
혈당을 소모하므로 혈당량이 감소하게
된다. 혈당을 보충하기 위해 글루카곤의
분비량은 증가하고 인슐린의 분비량은
감소한다.

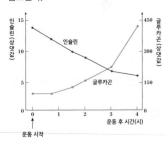

▶ 체온 조절과 몸의 변화

구분	추울 때	더울 때
입모근	수축	이완
피부 근처 혈관	수축	확장
땀 분비	감소	증가
대사량	증가	감소
근육	떨림	─

1

표는 사람의 내분비샘의 특징을 나타낸 것이다. A와 B는 갑상샘과 뇌하수체를 순서 없이 나타낸 것이다.

내분비샘	특징
A	㉠TSH를 분비한다.
B	㉡티록신을 분비한다.

이에 대한 설명으로 옳은 것만을 〈보기〉에서 있는 대로 고른 것은?

보기

ㄱ. A는 뇌하수체이다.
ㄴ. ㉡의 분비는 음성 피드백에 의해 조절된다.
ㄷ. ㉠과 ㉡은 모두 순환계를 통해 표적 세포로 이동한다.

① ㄱ ② ㄷ ③ ㄱ, ㄴ ④ ㄴ, ㄷ ⑤ ㄱ, ㄴ, ㄷ

---

2 2022 평가원

표는 사람 몸에서 분비되는 호르몬 ㉠과 ㉡의 기능을 나타낸 것이다. ㉠과 ㉡은 항이뇨 호르몬(ADH)과 갑상샘 자극 호르몬(TSH)을 순서 없이 나타낸 것이다.

호르몬	기능
㉠	콩팥에서 물의 재흡수를 촉진한다.
㉡	갑상샘에서 티록신의 분비를 촉진한다.

이에 대한 설명으로 옳은 것만을 〈보기〉에서 있는 대로 고른 것은?

보기

ㄱ. ㉠은 혈액을 통해 콩팥으로 이동한다.
ㄴ. 뇌하수체에서는 ㉠과 ㉡이 모두 분비된다.
ㄷ. 혈중 티록신 농도가 증가하면 ㉡의 분비가 촉진된다.

① ㄱ ② ㄷ ③ ㄱ, ㄴ ④ ㄴ, ㄷ ⑤ ㄱ, ㄴ, ㄷ

3

표 (가)는 사람의 호르몬 A~C에서 특성 ㉠과 ㉡의 유무를, (나)는 ㉠과 ㉡을 순서 없이 나타낸 것이다. A~C는 각각 글루카곤, 에피네프린(아드레날린), 인슐린 중 하나이다.

특성 \ 호르몬	A	B	C
㉠	○	○	×
㉡	○	×	×

(○: 있음, ×: 없음)

특성(㉠, ㉡)

• 이자의 내분비샘에서 분비된다.
• 간에서 글리코젠 합성 과정을 촉진한다.

(가)　　　　　　　　(나)

이에 대한 설명으로 옳은 것만을 〈보기〉에서 있는 대로 고른 것은?

보기

ㄱ. ㉠은 '이자의 내분비샘에서 분비된다.'이다.
ㄴ. A는 에피네프린(아드레날린)이다.
ㄷ. B와 C는 길항적으로 작용한다.

① ㄱ ② ㄴ ③ ㄱ, ㄷ ④ ㄴ, ㄷ ⑤ ㄱ, ㄴ, ㄷ

4

그림은 티록신 분비 조절 과정의 일부를 나타낸 것이다. A는 갑상샘과 뇌하수체 전엽 중 하나이고, ㉠과 ㉡은 각각 TRH와 TSH 중 하나이다.

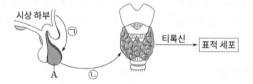

이에 대한 옳은 설명만을 〈보기〉에서 있는 대로 고른 것은?

보기

ㄱ. A는 뇌하수체 전엽이다.
ㄴ. ㉡은 TRH이다.
ㄷ. 혈중 티록신 농도가 증가하면 ㉠의 분비가 촉진된다.

① ㄱ ② ㄴ ③ ㄷ ④ ㄱ, ㄴ ⑤ ㄱ, ㄷ

5

그림 (가)는 사람의 이자에서 분비되는 호르몬 ㉠과 ㉡을, (나)는 간에서 일어나는 물질 A와 B 사이의 전환을 나타낸 것이다. ㉠과 ㉡은 각각 인슐린과 글루카곤 중 하나이고, A와 B는 각각 포도당과 글리코젠 중 하나이다. ㉠은 과정 Ⅰ을, ㉡은 과정 Ⅱ를 촉진한다.

(가) (나)

이에 대한 옳은 설명만을 〈보기〉에서 있는 대로 고른 것은? 3점

보기
ㄱ. B는 글리코젠이다.
ㄴ. ㉡은 세포로의 포도당 흡수를 촉진한다.
ㄷ. 혈중 포도당 농도가 증가하면 Ⅰ이 촉진된다.

① ㄱ ② ㄴ ③ ㄱ, ㄷ ④ ㄴ, ㄷ ⑤ ㄱ, ㄴ, ㄷ

7 2023 수능

그림 (가)와 (나)는 정상인 Ⅰ과 Ⅱ에서 ㉠과 ㉡의 변화를 각각 나타낸 것이다. t_1일 때 Ⅰ과 Ⅱ 중 한 사람에게만 인슐린을 투여하였다. ㉠과 ㉡은 각각 혈중 글루카곤 농도와 혈중 포도당 농도 중 하나이다.

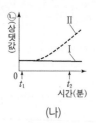

(가) (나)

이에 대한 설명으로 옳은 것만을 〈보기〉에서 있는 대로 고른 것은? (단, 제시된 조건 이외는 고려하지 않는다.) 3점

보기
ㄱ. 인슐린은 세포로의 포도당 흡수를 촉진한다.
ㄴ. ㉡은 혈중 포도당 농도이다.
ㄷ. $\dfrac{Ⅰ의\ 혈중\ 글루카곤\ 농도}{Ⅱ의\ 혈중\ 글루카곤\ 농도}$ 는 t_2일 때가 t_1일 때보다 크다.

① ㄱ ② ㄴ ③ ㄷ ④ ㄱ, ㄴ ⑤ ㄱ, ㄷ

6

그림 (가)와 (나)는 정상인에서 각각 ㉠과 ㉡의 변화량에 따른 혈중 항이뇨 호르몬(ADH)의 농도를 나타낸 것이다. ㉠과 ㉡은 각각 혈장 삼투압과 전체 혈액량 중 하나이다.

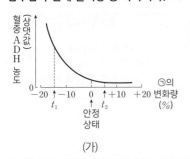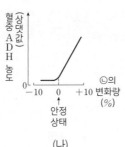

(가) (나)

이에 대한 설명으로 옳은 것만을 〈보기〉에서 있는 대로 고른 것은? (단, 제시된 자료 이외에 체내 수분량에 영향을 미치는 요인은 없다.)

보기
ㄱ. ㉡은 혈장 삼투압이다.
ㄴ. 콩팥은 ADH의 표적 기관이다.
ㄷ. (가)에서 단위 시간당 오줌 생성량은 t_1에서가 t_2에서보다 많다.

① ㄱ ② ㄷ ③ ㄱ, ㄴ ④ ㄴ, ㄷ ⑤ ㄱ, ㄴ, ㄷ

8

표는 사람 몸을 구성하는 기관의 특징을 나타낸 것이다. X와 Y는 각각 이자와 콩팥 중 하나이다. 이에 대한 옳은 설명만을 〈보기〉에서 있는 대로 고른 것은? 3점

기관	특징
X	소화 효소가 분비된다.
Y	오줌이 생성된다.
간뇌	㉠

보기
ㄱ. X에 교감 신경이 연결되어 있다.
ㄴ. Y는 항이뇨 호르몬의 표적 기관이다.
ㄷ. '시상 하부가 존재한다.'는 ㉠에 해당한다.

① ㄱ ② ㄷ ③ ㄱ, ㄴ ④ ㄴ, ㄷ ⑤ ㄱ, ㄴ, ㄷ

DAY
09
Ⅲ
1
ㅡ
04.
항상성
유지

9

개념 복합 문제
[2018학년도 9월 모평 14번]

표 (가)는 사람 몸을 구성하는 기관 A~C에서 특징 ㉠~㉢의 유무를, (나)는 ㉠~㉢을 순서 없이 나타낸 것이다. A~C는 간, 위, 부신을 순서 없이 나타낸 것이다.

기관 \ 특징	㉠	㉡	㉢
A	?	○	×
B	○	?	○
C	○	×	?

(○: 있음, ×: 없음)

(가)

특징(㉠~㉢)
• 소화계에 속한다. • 교감 신경의 조절을 받는다. • 암모니아가 요소로 전환되는 기관이다.

(나)

이에 대한 설명으로 옳은 것만을 <보기>에서 있는 대로 고른 것은? 3점

보기
ㄱ. ㉠은 '소화계에 속한다.'이다.
ㄴ. B는 글루카곤의 표적 기관이다.
ㄷ. C는 코르티코이드를 분비한다.

① ㄱ ② ㄷ ③ ㄱ, ㄴ ④ ㄴ, ㄷ ⑤ ㄱ, ㄴ, ㄷ

10

호르몬의 종류와 기능
[2019학년도 9월 모평 7번]

표는 사람 몸을 구성하는 기관의 특징을 나타낸 것이다. A와 B는 각각 이자와 콩팥 중 하나이다.
이에 대한 설명으로 옳은 것만을 <보기>에서 있는 대로 고른 것은?

기관	특징
간	(가)
A	인슐린을 분비한다.
B	㉠ 항이뇨 호르몬의 표적 기관이다.

보기
ㄱ. '암모니아가 요소로 전환된다.'는 (가)에 해당한다.
ㄴ. A는 소화 효소를 분비한다.
ㄷ. ㉠은 뇌하수체 후엽에서 분비된다.

① ㄱ ② ㄴ ③ ㄱ, ㄷ ④ ㄴ, ㄷ ⑤ ㄱ, ㄴ, ㄷ

11

호르몬의 종류와 기능
[2022년 3월 학평 13번]

표는 사람의 호르몬 ㉠~㉢을 분비하는 기관을 나타낸 것이다. ㉠~㉢은 티록신, 에피네프린, 항이뇨 호르몬을 순서 없이 나타낸 것이다.

호르몬	분비 기관
㉠	부신
㉡	갑상샘
㉢	뇌하수체

이에 대한 옳은 설명만을 <보기>에서 있는 대로 고른 것은?

보기
ㄱ. ㉠은 에피네프린이다.
ㄴ. ㉡의 분비는 음성 피드백에 의해 조절된다.
ㄷ. 땀을 많이 흘리면 ㉢의 분비가 억제된다.

① ㄱ ② ㄷ ③ ㄱ, ㄴ ④ ㄴ, ㄷ ⑤ ㄱ, ㄴ, ㄷ

12

호르몬의 종류와 기능
[2018학년도 수능 9번]

표 (가)는 사람 몸에서 분비되는 호르몬 A~C에서 특징 ㉠~㉢의 유무를, (나)는 ㉠~㉢을 순서 없이 나타낸 것이다. A~C는 인슐린, 글루카곤, 에피네프린(아드레날린)을 순서 없이 나타낸 것이다.

호르몬 \ 특징	㉠	㉡	㉢
A	?	×	○
B	○	?	○
C	○	○	?

(○: 있음, ×: 없음)

(가)

특징(㉠~㉢)
○ 부신에서 분비된다. ○ 혈당량을 증가시킨다. ○ 순환계를 통해 표적 기관으로 운반된다.

(나)

이에 대한 설명으로 옳은 것만을 <보기>에서 있는 대로 고른 것은? 3점

보기
ㄱ. ㉠은 '혈당량을 증가시킨다.'이다.
ㄴ. B는 간에서 글리코젠 분해를 촉진한다.
ㄷ. C는 에피네프린(아드레날린)이다.

① ㄱ ② ㄷ ③ ㄱ, ㄴ ④ ㄴ, ㄷ ⑤ ㄱ, ㄴ, ㄷ

정답과 해설 9 p.189 10 p.189 11 p.190 12 p.190

13

표는 사람 몸에서 분비되는 호르몬 A~C의 분비 기관과 기능을
나타낸 것이다. A~C는 티록신, 글루카곤, 항이뇨 호르몬(ADH)을
순서 없이 나타낸 것이다.

호르몬	분비 기관	기능
A	?	㉠
B	갑상샘	?
C	㉡	콩팥에서 수분 재흡수를 촉진한다.

이에 대한 설명으로 옳은 것만을 〈보기〉에서 있는 대로 고른 것은?

보기
ㄱ. '간에서 글리코젠의 분해를 촉진한다.'는 ㉠에 해당한다.
ㄴ. ㉡은 이자이다.
ㄷ. B의 분비는 음성 피드백에 의해 조절된다.

① ㄱ   ② ㄴ   ③ ㄷ   ④ ㄱ, ㄷ   ⑤ ㄴ, ㄷ

14 2023 평가원

표는 사람의 호르몬과 이 호르몬이
분비되는 내분비샘을 나타낸 것이다.
A와 B는 티록신과 항이뇨
호르몬(ADH)을 순서 없이 나타낸
것이다.

호르몬	내분비샘
A	갑상샘
B	뇌하수체 후엽
갑상샘 자극 호르몬(TSH)	㉠

이에 대한 설명으로 옳은 것만을 〈보기〉에서 있는 대로 고른 것은?

보기
ㄱ. A는 티록신이다.
ㄴ. B는 콩팥에서 물의 재흡수를 촉진한다.
ㄷ. ㉠은 뇌하수체 전엽이다.

① ㄱ   ② ㄷ   ③ ㄱ, ㄴ   ④ ㄴ, ㄷ   ⑤ ㄱ, ㄴ, ㄷ

15

그림은 티록신 분비 조절 과정의 일부를 나타낸
것이다. ㉠과 ㉡은 각각 TRH와 TSH 중
하나이다.
이에 대한 설명으로 옳은 것만을 〈보기〉에서
있는 대로 고른 것은?

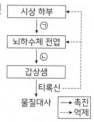

보기
ㄱ. ㉠은 혈액을 통해 표적 세포로 이동한다.
ㄴ. ㉡은 TRH이다.
ㄷ. 티록신의 분비는 음성 피드백에 의해 조절된다.

① ㄱ   ② ㄴ   ③ ㄷ   ④ ㄱ, ㄷ   ⑤ ㄴ, ㄷ

16

표는 정상인의 3가지 호르몬 TSH, (가),
(나)가 분비되는 내분비샘을 나타낸 것이다.
(가)와 (나)는 티록신과 TRH를 순서 없이
나타낸 것이고, ㉠과 ㉡은 갑상샘과 뇌하수체
전엽을 순서 없이 나타낸 것이다.

호르몬	내분비샘
TSH	㉠
(가)	㉡
(나)	시상 하부

이에 대한 설명으로 옳은 것만을 〈보기〉에서 있는 대로 고른 것은?

보기
ㄱ. ㉡은 갑상샘이다.
ㄴ. ㉠에 (나)의 표적 세포가 있다.
ㄷ. 혈중 TSH의 농도가 증가하면 (가)의 분비가 촉진된다.

① ㄱ   ② ㄴ   ③ ㄱ, ㄷ   ④ ㄴ, ㄷ   ⑤ ㄱ, ㄴ, ㄷ

DAY
09

Ⅲ

1
ㅣ
04.
항상성 유지

다음은 티록신의 분비 조절 과정에 대한 실험이다.

○ ㉠과 ㉡은 각각 티록신과 TSH 중 하나이다.

[실험 과정 및 결과]
(가) 유전적으로 동일한 생쥐 A, B, C를 준비한다.
(나) B와 C의 갑상샘을 각각 제거한 후, A~C에서 혈중 ㉠의 농도를 측정한다.
(다) (나)의 B와 C 중 한 생쥐에만 ㉠을 주사한 후, A~C에서 혈중 ㉡의 농도를 측정한다.
(라) (나)와 (다)에서 측정한 결과는 그림과 같다.

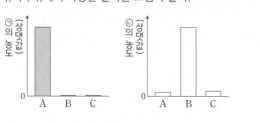

이에 대한 설명으로 옳은 것만을 <보기>에서 있는 대로 고른 것은? (단, 제시된 조건 이외는 고려하지 않는다.)

보기
ㄱ. 갑상샘은 ㉡의 표적 기관이다.
ㄴ. (다)에서 ㉠을 주사한 생쥐는 B이다.
ㄷ. 티록신의 분비는 음성 피드백에 의해 조절된다.

① ㄱ   ② ㄴ   ③ ㄱ, ㄷ   ④ ㄴ, ㄷ   ⑤ ㄱ, ㄴ, ㄷ

그림은 정상인에게 저온 자극과 고온 자극을 주었을 때 ㉠의 변화를 나타낸 것이다. ㉠은 근육에서의 열 발생량(열 생산량)과 피부 근처 모세 혈관을 흐르는 단위 시간당 혈액량 중 하나이다.
이에 대한 설명으로 옳은 것만을 <보기>에서 있는 대로 고른 것은? 3점

보기
ㄱ. ㉠은 근육에서의 열 발생량이다.
ㄴ. 피부 근처 모세 혈관을 흐르는 단위 시간당 혈액량은 t_2일 때가 t_1일 때보다 많다.
ㄷ. 체온 조절 중추는 시상 하부이다.

① ㄱ   ② ㄴ   ③ ㄷ   ④ ㄱ, ㄷ   ⑤ ㄴ, ㄷ

그림 (가)와 (나)는 정상인이 서로 다른 온도의 물에 들어갔을 때 체온의 변화와 A, B의 변화를 각각 나타낸 것이다. A와 B는 땀 분비량과 열 발생량(열 생산량)을 순서 없이 나타낸 것이고, ㉠과 ㉡은 '체온보다 낮은 온도의 물에 들어갔을 때'와 '체온보다 높은 온도의 물에 들어갔을 때'를 순서 없이 나타낸 것이다.

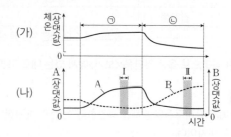

이에 대한 설명으로 옳은 것만을 <보기>에서 있는 대로 고른 것은?

보기
ㄱ. ㉠은 '체온보다 낮은 온도의 물에 들어갔을 때'이다.
ㄴ. 열 발생량은 구간 Ⅰ에서가 구간 Ⅱ에서보다 많다.
ㄷ. 시상 하부가 체온보다 높은 온도를 감지하면 땀 분비량은 증가한다.

① ㄱ   ② ㄷ   ③ ㄱ, ㄴ   ④ ㄴ, ㄷ   ⑤ ㄱ, ㄴ, ㄷ

그림 (가)는 자율 신경 X에 의한 체온 조절 과정을, (나)는 항이뇨 호르몬(ADH)에 의한 체내 삼투압 조절 과정을 나타낸 것이다. ㉠은 '피부 근처 혈관 수축'과 '피부 근처 혈관 확장' 중 하나이다.

(가) 저온 자극 ----→ 조절 중추 ──X──→ ㉠

(나) 정상 범위 보다 높은 ----→ 조절 중추 ──→ 내분비샘 ──ADH──→ 콩팥에서의 수분 재흡수량 증가
혈장 삼투압

이에 대한 설명으로 옳은 것만을 <보기>에서 있는 대로 고른 것은?

보기
ㄱ. ㉠은 '피부 근처 혈관 수축'이다.
ㄴ. 혈중 ADH의 농도가 증가하면, 생성되는 오줌의 삼투압이 감소한다.
ㄷ. (가)와 (나)에서 조절 중추는 모두 연수이다.

① ㄱ   ② ㄴ   ③ ㄷ   ④ ㄱ, ㄴ   ⑤ ㄱ, ㄷ

21 [2023 평가원] 항상성 유지 [2023학년도 9월 모평 7번]

다음은 사람의 항상성에 대한 자료이다.

> (가) 티록신은 음성 피드백으로 ㉠에서의 TSH 분비를 조절한다.
> (나) ㉡ 체온 조절 중추에 @를 주면 피부 근처 혈관이 수축된다.
> @는 고온 자극과 저온 자극 중 하나이다.

이에 대한 설명으로 옳은 것만을 〈보기〉에서 있는 대로 고른 것은?

> 보기
> ㄱ. 티록신은 혈액을 통해 표적 세포로 이동한다.
> ㄴ. ㉠과 ㉡은 모두 뇌줄기에 속한다.
> ㄷ. @는 고온 자극이다.

① ㄱ   ② ㄴ   ③ ㄱ, ㄴ   ④ ㄱ, ㄷ   ⑤ ㄴ, ㄷ

22 항상성 유지 [2020년 3월 학평 4번]

그림은 어떤 사람에게 저온 자극이 주어졌을 때 일어나는 체온 조절 과정의 일부를 나타낸 것이다.

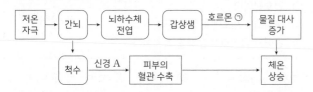

이에 대한 옳은 설명만을 〈보기〉에서 있는 대로 고른 것은? 3점

> 보기
> ㄱ. ㉠은 티록신이다.
> ㄴ. A는 원심성 신경이다.
> ㄷ. 피부의 혈관 수축으로 열 발산량이 증가한다.

① ㄱ   ② ㄷ   ③ ㄱ, ㄴ   ④ ㄱ, ㄷ   ⑤ ㄴ, ㄷ

23 항상성 유지 [2021년 10월 학평 16번]

그림은 정상인에게 자극 ㉠이 주어졌을 때, 이에 대한 중추 신경계의 명령이 골격근과 피부 근처 혈관에 전달되는 경로를 나타낸 것이다. ㉠은 고온 자극과 저온 자극 중 하나이며, ㉠이 주어지면 피부 근처 혈관이 수축한다.

이에 대한 옳은 설명만을 〈보기〉에서 있는 대로 고른 것은?

> 보기
> ㄱ. ㉠은 저온 자극이다.
> ㄴ. 피부 근처 혈관이 수축하면 열 발산량이 증가한다.
> ㄷ. ㉠이 주어지면 A에서 분비되는 신경 전달 물질의 양이 감소한다.

① ㄱ   ② ㄴ   ③ ㄱ, ㄴ   ④ ㄱ, ㄷ   ⑤ ㄴ, ㄷ

24 항상성 유지 [2021년 3월 학평 7번]

그림은 정상인이 온도 T_1과 T_2에 각각 노출되었을 때, 피부 혈관의 일부를 나타낸 것이다. T_1과 T_2는 각각 20℃와 40℃ 중 하나이고, T_1과 T_2 중 하나의 온도에 노출되었을 때만 골격근의 떨림이 발생하였다.

이에 대한 옳은 설명만을 〈보기〉에서 있는 대로 고른 것은? 3점

> 보기
> ㄱ. T_1은 40℃이다.
> ㄴ. 골격근의 떨림이 발생한 온도는 T_2이다.
> ㄷ. 피부 혈관이 수축하는 데 교감 신경이 관여한다.

① ㄴ   ② ㄷ   ③ ㄱ, ㄴ   ④ ㄱ, ㄷ   ⑤ ㄴ, ㄷ

DAY 09 Ⅲ 1 04. 항상성 유지

25 [2022 평가원]

그림은 어떤 동물의 체온 조절 중추에 ㉠ 자극과 ㉡ 자극을 주었을 때 시간에 따른 체온을 나타낸 것이다. ㉠과 ㉡은 고온과 저온을 순서 없이 나타낸 것이다.
이에 대한 설명으로 옳은 것만을 〈보기〉에서 있는 대로 고른 것은? **3점**

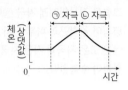

보기

ㄱ. ㉠은 고온이다.
ㄴ. 사람의 체온 조절 중추에 ㉡ 자극을 주면 피부 근처 혈관이 수축된다.
ㄷ. 사람의 체온 조절 중추는 시상 하부이다.

① ㄱ　　② ㄴ　　③ ㄷ　　④ ㄱ, ㄴ　　⑤ ㄱ, ㄷ

27

그림 (가)는 사람에서 시상 하부 온도에 따른 ㉠을, (나)는 저온 자극이 주어졌을 때, 시상 하부로부터 교감 신경 A를 통해 피부 근처 혈관의 수축이 일어나는 과정을 나타낸 것이다. ㉠은 근육에서의 열 발생량(열 생산량)과 피부에서의 열 발산량(열 방출량) 중 하나이다.

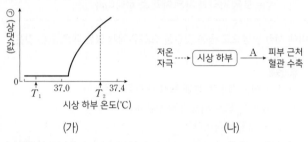

(가)　　　　　　　　　　(나)

이에 대한 설명으로 옳은 것만을 〈보기〉에서 있는 대로 고른 것은?

보기

ㄱ. ㉠은 피부에서의 열 발산량이다.
ㄴ. A의 신경절 이후 뉴런의 축삭 돌기 말단에서 분비되는 신경 전달 물질은 아세틸콜린이다.
ㄷ. 피부 근처 모세 혈관으로 흐르는 단위 시간당 혈액량은 T_2일 때가 T_1일 때보다 많다.

① ㄱ　　② ㄴ　　③ ㄷ　　④ ㄱ, ㄴ　　⑤ ㄱ, ㄷ

26 [2022 평가원]

그림은 사람의 시상 하부에 설정된 온도가 변화함에 따른 체온 변화를 나타낸 것이다. 시상 하부에 설정된 온도는 열 발산량(열 방출량)과 열 발생량(열 생산량)을 변화시켜 체온을 조절하는 데 기준이 되는 온도이다.
이에 대한 설명으로 옳은 것만을 〈보기〉에서 있는 대로 고른 것은?

보기

ㄱ. 시상 하부에 설정된 온도가 체온보다 낮아지면 체온이 내려간다.
ㄴ. $\dfrac{\text{열 발생량}}{\text{열 발산량}}$은 구간 Ⅱ에서가 구간 Ⅰ에서보다 크다.
ㄷ. 피부 근처 혈관을 흐르는 단위 시간당 혈액량이 증가하면 열 발산량이 감소한다.

① ㄱ　　② ㄴ　　③ ㄷ　　④ ㄱ, ㄴ　　⑤ ㄴ, ㄷ

28

그림은 정상인과 당뇨병 환자가 포도당을 섭취했을 때 혈당량 변화를 나타낸 것이다. 이 환자는 이자에서 혈당량 조절 호르몬 X가 적게 분비되어 당뇨병이 나타났다.
X에 대한 옳은 설명만을 〈보기〉에서 있는 대로 고른 것은?

보기

ㄱ. 인슐린이다.
ㄴ. 이자의 α 세포에서 분비된다.
ㄷ. 간에서 글리코젠 분해를 촉진한다.

① ㄱ　　② ㄴ　　③ ㄱ, ㄴ　　④ ㄱ, ㄷ　　⑤ ㄴ, ㄷ

29

그림은 정상인이 포도당 용액을 섭취한 후 시간에 따른 혈중 포도당의 농도와 호르몬 ㉠의 농도를 나타낸 것이다. ㉠은 글루카곤과 인슐린 중 하나이다.

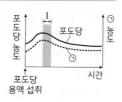

이에 대한 옳은 설명만을 〈보기〉에서 있는 대로 고른 것은? 3점

보기
ㄱ. ㉠은 글루카곤이다.
ㄴ. 이자의 β 세포에서 ㉠이 분비된다.
ㄷ. 구간 Ⅰ에서 글리코젠의 합성이 일어난다.

① ㄱ　　② ㄴ　　③ ㄱ, ㄷ　　④ ㄴ, ㄷ　　⑤ ㄱ, ㄴ, ㄷ

30　2024 평가원

다음은 호르몬 X에 대한 자료이다.

X는 이자의 β세포에서 분비되며, 세포로의 ⓐ 포도당 흡수를 촉진한다. X가 정상적으로 생성되지 못하거나 X의 표적 세포가 X에 반응하지 못하면, 혈중 포도당 농도가 정상적으로 조절되지 못한다.

이에 대한 설명으로 옳은 것만을 〈보기〉에서 있는 대로 고른 것은?

보기
ㄱ. X는 간에서 ⓐ가 글리코젠으로 전환되는 과정을 촉진한다.
ㄴ. 순환계를 통해 X가 표적 세포로 운반된다.
ㄷ. 혈중 포도당 농도가 증가하면 X의 분비가 억제된다.

① ㄱ　　② ㄷ　　③ ㄱ, ㄴ　　④ ㄴ, ㄷ　　⑤ ㄱ, ㄴ, ㄷ

31　2023 평가원

그림 (가)는 정상인이 탄수화물을 섭취한 후 시간에 따른 혈중 호르몬 ㉠과 ㉡의 농도를, (나)는 이자의 세포 X와 Y에서 분비되는 ㉠과 ㉡을 나타낸 것이다. ㉠과 ㉡은 글루카곤과 인슐린을 순서 없이 나타낸 것이고, X와 Y는 α세포와 β세포를 순서 없이 나타낸 것이다.

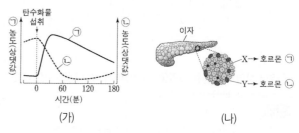

(가)　　　　　　　　(나)

이에 대한 설명으로 옳은 것만을 〈보기〉에서 있는 대로 고른 것은?

보기
ㄱ. ㉠과 ㉡은 혈중 포도당 농도 조절에 길항적으로 작용한다.
ㄴ. ㉡은 간에서 포도당이 글리코젠으로 전환되는 과정을 촉진한다.
ㄷ. X는 α세포이다.

① ㄱ　　② ㄴ　　③ ㄱ, ㄷ　　④ ㄴ, ㄷ　　⑤ ㄱ, ㄴ, ㄷ

32　2022 평가원

그림 (가)는 정상인이 탄수화물을 섭취한 후 시간에 따른 혈중 호르몬 ㉠과 ㉡의 농도를, (나)는 간에서 ㉡에 의해 촉진되는 물질 A에서 B로의 전환을 나타낸 것이다. ㉠과 ㉡은 인슐린과 글루카곤을 순서 없이 나타낸 것이고, A와 B는 포도당과 글리코젠을 순서 없이 나타낸 것이다.

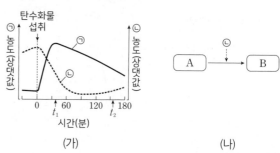

(가)　　　　　　　　(나)

이에 대한 설명으로 옳은 것만을 〈보기〉에서 있는 대로 고른 것은? 3점

보기
ㄱ. B는 글리코젠이다.
ㄴ. 혈중 포도당 농도는 t_1일 때가 t_2일 때보다 낮다.
ㄷ. ㉠과 ㉡은 혈중 포도당 농도 조절에 길항적으로 작용한다.

① ㄱ　　② ㄷ　　③ ㄱ, ㄴ　　④ ㄱ, ㄷ　　⑤ ㄴ, ㄷ

33

그림은 정상인에서 일정 시간 동안 시간에 따른 혈당량과 호르몬 X의 혈중 농도를 나타낸 것이다. X는 이자에서 분비된다.

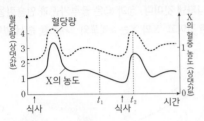

이에 대한 설명으로 옳은 것만을 〈보기〉에서 있는 대로 고른 것은?

보기
ㄱ. X는 혈액에서 간세포로의 포도당 이동을 촉진한다.
ㄴ. 글루카곤의 혈중 농도는 t_1일 때보다 t_2일 때 높다.
ㄷ. 이자에 연결된 교감 신경이 흥분하면 X의 분비가 촉진된다.

① ㄱ   ② ㄴ   ③ ㄱ, ㄷ   ④ ㄴ, ㄷ   ⑤ ㄱ, ㄴ, ㄷ

34

그림 (가)는 간에서 호르몬 X와 Y에 의해 일어나는 글리코젠과 포도당 사이의 전환을, (나)는 정상인에서 식사 후 시간에 따른 혈당량과 호르몬 ㉠의 혈중 농도를 나타낸 것이다. X와 Y는 각각 글루카곤과 인슐린 중 하나이고, ㉠은 X와 Y 중 하나이다.

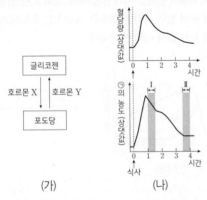

(가)   (나)

이에 대한 설명으로 옳은 것만을 〈보기〉에서 있는 대로 고른 것은?
3점

보기
ㄱ. X는 이자섬의 β세포에서 분비된다.
ㄴ. ㉠은 Y이다.
ㄷ. 간에서 글리코젠 합성량은 구간 Ⅰ에서가 구간 Ⅱ에서보다 많다.

① ㄱ   ② ㄴ   ③ ㄱ, ㄷ   ④ ㄴ, ㄷ   ⑤ ㄱ, ㄴ, ㄷ

35

그림은 정상인의 혈중 포도당 농도에 따른 ㉠과 ㉡의 혈중 농도를 나타낸 것이다. ㉠과 ㉡은 각각 인슐린과 글루카곤 중 하나이다.
이에 대한 설명으로 옳은 것만을 〈보기〉에서 있는 대로 고른 것은?

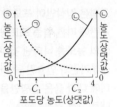

보기
ㄱ. ㉠은 이자의 α 세포에서 분비된다.
ㄴ. ㉡의 분비를 조절하는 중추는 연수이다.
ㄷ. 혈중 인슐린 농도는 C_2일 때가 C_1일 때보다 높다.

① ㄱ   ② ㄴ   ③ ㄱ, ㄷ   ④ ㄴ, ㄷ   ⑤ ㄱ, ㄴ, ㄷ

36

그림 (가)는 정상인에게 공복 시 포도당을 투여한 후 시간에 따른 혈중 A의 농도를, (나)는 간에서 일어나는 포도당과 글리코젠 사이의 전환을 나타낸 것이다. A는 이자에서 분비되는 혈당량 조절 호르몬이다.

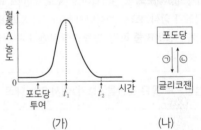

(가)   (나)

이에 대한 옳은 설명만을 〈보기〉에서 있는 대로 고른 것은? 3점

보기
ㄱ. A는 간에서 ㉠ 과정을 촉진한다.
ㄴ. 이자에 연결된 부교감 신경은 A의 분비를 촉진한다.
ㄷ. 혈당량은 t_1일 때가 t_2일 때보다 높다.

① ㄱ   ② ㄴ   ③ ㄱ, ㄷ   ④ ㄴ, ㄷ   ⑤ ㄱ, ㄴ, ㄷ

37

그림 (가)는 탄수화물을 섭취한 사람에서 혈중 호르몬 ㉠의 농도 변화를, (나)는 세포 A와 B에서 세포 밖 포도당 농도에 따른 세포 안 포도당 농도를 나타낸 것이다. ㉠은 인슐린과 글루카곤 중 하나이며, A와 B 중 하나에만 처리됐다.

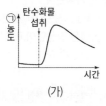
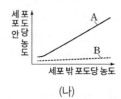

(가)   (나)

㉠에 대한 옳은 설명만을 〈보기〉에서 있는 대로 고른 것은? **3점**

보기
ㄱ. 인슐린이다.
ㄴ. 이자의 α세포에서 분비된다.
ㄷ. B에 처리됐다.

① ㄱ   ② ㄴ   ③ ㄷ   ④ ㄱ, ㄴ   ⑤ ㄱ, ㄷ

38

그림 (가)는 호르몬 A와 B에 의해 촉진되는 글리코젠과 포도당 사이의 전환 과정을, (나)는 어떤 세포에 ㉠을 처리했을 때와 처리하지 않을 때 세포 밖 포도당 농도에 따른 세포 안 포도당 농도를 나타낸 것이다. A와 B는 각각 인슐린과 글루카곤 중 하나이며, ㉠은 A와 B 중 하나이다.

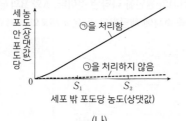

(가)   (나)

이에 대한 설명으로 옳은 것만을 〈보기〉에서 있는 대로 고른 것은? (단, 제시된 조건 이외는 고려하지 않는다.) **3점**

보기
ㄱ. ㉠은 B이다.
ㄴ. A는 이자의 α세포에서 분비된다.
ㄷ. ㉠을 처리했을 때 세포 밖에서 세포 안으로 이동하는 포도당의 양은 S_1일 때가 S_2일 때보다 많다.

① ㄱ   ② ㄴ   ③ ㄷ   ④ ㄱ, ㄴ   ⑤ ㄴ, ㄷ

39

그림 (가)와 (나)는 탄수화물을 섭취한 후 시간에 따른 A와 B의 혈중 포도당 농도와 혈중 X 농도를 각각 나타낸 것이다. A와 B는 정상인과 당뇨병 환자를 순서 없이 나타낸 것이고, X는 인슐린과 글루카곤 중 하나이다.

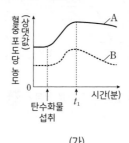
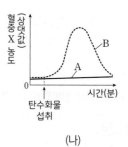

(가)   (나)

이에 대한 설명으로 옳은 것만을 〈보기〉에서 있는 대로 고른 것은? (단, 제시된 조건 이외는 고려하지 않는다.)

보기
ㄱ. B는 당뇨병 환자이다.
ㄴ. X는 이자의 β세포에서 분비된다.
ㄷ. 정상인에서 혈중 글루카곤의 농도는 탄수화물 섭취 시점에서가 t_1에서보다 낮다.

① ㄱ   ② ㄴ   ③ ㄷ   ④ ㄱ, ㄷ   ⑤ ㄴ, ㄷ

40 `2022 수능`

그림은 정상인이 운동을 하는 동안 혈중 포도당 농도와 혈중 ㉠ 농도의 변화를 나타낸 것이다. ㉠은 글루카곤과 인슐린 중 하나이다.

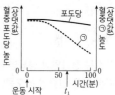

이에 대한 설명으로 옳은 것만을 〈보기〉에서 있는 대로 고른 것은? (단, 제시된 조건 이외는 고려하지 않는다.)

보기
ㄱ. 이자의 α세포에서 글루카곤이 분비된다.
ㄴ. ㉠은 세포로의 포도당 흡수를 촉진한다.
ㄷ. 간에서 단위 시간당 생성되는 포도당의 양은 운동 시작 시점일 때가 t_1일 때보다 많다.

① ㄱ   ② ㄷ   ③ ㄱ, ㄴ   ④ ㄴ, ㄷ   ⑤ ㄱ, ㄴ, ㄷ

DAY
09

Ⅲ

1
Ⅰ
04.
항상성
유지

그림 (가)는 이자에서 분비되는 호르몬 ㉠과 ㉡을, (나)는 건강한 사람과 어떤 당뇨병 환자에서 혈중 ㉡의 농도에 따른 혈액에서 조직 세포로의 포도당 유입량을 나타낸 것이다.

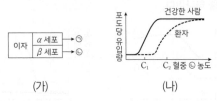

(가)   (나)

이에 대한 옳은 설명만을 〈보기〉에서 있는 대로 고른 것은? ③점

보기
ㄱ. ㉡은 인슐린이다.
ㄴ. 이 환자에게 ㉠을 투여하면 간에서 글리코젠 합성이 촉진된다.
ㄷ. 건강한 사람의 혈당량은 C_2일 때가 C_1일 때보다 빠르게 감소한다.

① ㄱ   ② ㄴ   ③ ㄱ, ㄴ   ④ ㄱ, ㄷ   ⑤ ㄴ, ㄷ

그림은 정상인과 당뇨병 환자 A가 탄수화물을 섭취한 후 시간에 따른 혈중 인슐린 농도를, 표는 당뇨병 (가)와 (나)의 원인을 나타낸 것이다. A의 당뇨병은 (가)와 (나) 중 하나에 해당한다.

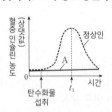

당뇨병	원인
(가)	이자의 β세포가 파괴되어 인슐린이 정상적으로 생성되지 못함
(나)	인슐린은 정상적으로 분비되나 표적 세포가 인슐린에 반응하지 못함

이에 대한 설명으로 옳은 것만을 〈보기〉에서 있는 대로 고른 것은? (단, 제시된 조건 이외는 고려하지 않는다.) ③점

보기
ㄱ. A의 당뇨병은 (가)에 해당한다.
ㄴ. 인슐린은 세포로의 포도당 흡수를 촉진한다.
ㄷ. t_1일 때 혈중 포도당 농도는 A가 정상인보다 낮다.

① ㄱ   ② ㄷ   ③ ㄱ, ㄴ   ④ ㄴ, ㄷ   ⑤ ㄱ, ㄴ, ㄷ

다음은 사람 A와 B의 당뇨병 검사에 대한 자료이다.

(가) 일정 시간 동안 공복 상태인 A와 B의 혈당량을 측정한다.
(나) (가)의 A와 B에게 동일한 양의 포도당을 섭취하게 한 후, 휴식 상태에서 시간에 따른 혈당량을 측정한다.
(다) 그림은 A와 B에서 측정한 혈당량 변화를, 표는 당뇨병 진단 기준을 나타낸 것이다. A와 B 중 한 명은 정상인이고, 다른 한 명은 이자의 β세포에만 이상이 있는 사람이다.

(단위 : mg/dL)

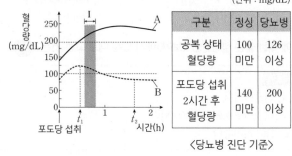

구분	징상	당뇨병
공복 상태 혈당량	100 미만	126 이상
포도당 섭취 2시간 후 혈당량	140 미만	200 이상

〈당뇨병 진단 기준〉

이에 대한 설명으로 옳은 것만을 〈보기〉에서 있는 대로 고른 것은?
③점

보기
ㄱ. A는 당뇨병으로 진단된다.
ㄴ. 구간 I 동안 간에서 글리코젠 합성량은 B보다 A가 많다.
ㄷ. B에서 혈중 인슐린의 농도는 t_1일 때보다 t_2일 때가 높다.

① ㄱ   ② ㄷ   ③ ㄱ, ㄴ   ④ ㄱ, ㄷ   ⑤ ㄴ, ㄷ

그림은 당뇨병 환자 A와 B가 탄수화물을 섭취한 후 인슐린을 주사하였을 때 시간에 따른 혈중 포도당 농도를, 표는 당뇨병 (가)와 (나)의 원인을 나타낸 것이다. A와 B의 당뇨병은 각각 (가)와 (나) 중 하나에 해당한다. ㉠은 α 세포와 β 세포 중 하나이다.

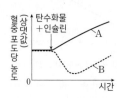

당뇨병	원인
(가)	이자의 ㉠이 파괴되어 인슐린이 생성되지 못함
(나)	인슐린의 표적 세포가 인슐린에 반응하지 못함

이에 대한 설명으로 옳은 것만을 〈보기〉에서 있는 대로 고른 것은? (단, 제시된 조건 이외는 고려하지 않는다.) ③점

보기
ㄱ. ㉠은 β 세포이다.
ㄴ. B의 당뇨병은 (나)에 해당한다.
ㄷ. 정상인에서 혈중 포도당 농도가 증가하면 인슐린의 분비가 억제된다.

① ㄱ   ② ㄴ   ③ ㄷ   ④ ㄱ, ㄴ   ⑤ ㄴ, ㄷ

45

그림 (가)는 이자에서 분비되는 호르몬 A와 B의 분비 조절 과정 일부를, (나)는 어떤 정상인이 단식할 때와 탄수화물 식사를 할 때 간에 있는 글리코젠의 양을 시간에 따라 나타낸 것이다. A와 B는 각각 인슐린과 글루카곤 중 하나이다.

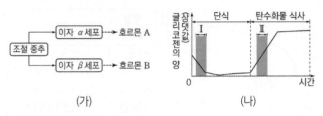

(가)   (나)

이에 대한 설명으로 옳은 것만을 〈보기〉에서 있는 대로 고른 것은? **3점**

보기

ㄱ. (가)에서 조절 중추는 척수이다.

ㄴ. A는 세포로의 포도당 흡수를 촉진한다.

ㄷ. B의 분비량은 구간 Ⅱ에서가 구간 Ⅰ에서보다 많다.

① ㄱ   ② ㄷ   ③ ㄱ, ㄴ   ④ ㄴ, ㄷ   ⑤ ㄱ, ㄴ, ㄷ

46 **2023 평가원**

그림은 정상인이 Ⅰ과 Ⅱ일 때 혈중 글루카곤 농도의 변화를 나타낸 것이다. Ⅰ과 Ⅱ는 '혈중 포도당 농도가 높은 상태'와 '혈중 포도당 농도가 낮은 상태'를 순서 없이 나타낸 것이다.

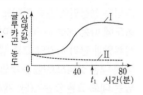

이에 대한 설명으로 옳은 것만을 〈보기〉에서 있는 대로 고른 것은? (단, 제시된 조건 이외는 고려하지 않는다.)

보기

ㄱ. Ⅰ은 '혈중 포도당 농도가 높은 상태'이다.

ㄴ. 이자의 α세포에서 글루카곤이 분비된다.

ㄷ. t_1일 때 $\dfrac{\text{혈중 인슐린 농도}}{\text{혈중 글루카곤 농도}}$ 는 Ⅰ에서가 Ⅱ에서보다 크다.

① ㄱ   ② ㄴ   ③ ㄷ   ④ ㄱ, ㄴ   ⑤ ㄴ, ㄷ

47

그림 (가)는 정상인에서 식사 후 시간에 따른 혈당량을, (나)는 이 사람의 혈장 삼투압에 따른 혈중 ADH 농도를 나타낸 것이다.

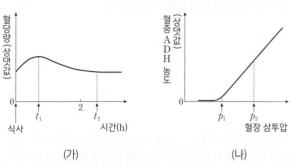

(가)   (나)

이에 대한 설명으로 옳은 것만을 〈보기〉에서 있는 대로 고른 것은? (단, 제시된 조건 이외는 고려하지 않는다.) **3점**

보기

ㄱ. 혈중 인슐린 농도는 t_1일 때가 t_2일 때보다 낮다.

ㄴ. 생성되는 오줌의 삼투압은 p_1일 때가 p_2일 때보다 낮다.

ㄷ. 혈당량과 혈장 삼투압의 조절 중추는 모두 연수이다.

① ㄱ   ② ㄴ   ③ ㄷ   ④ ㄱ, ㄴ   ⑤ ㄴ, ㄷ

48

다음은 사람의 항상성에 대한 학생 A~C의 발표 내용이다.

체온이 떨어지면, 교감 신경이 작용하여 피부의 모세 혈관이 이완(확장)됩니다.

땀을 많이 흘리면, 항이뇨 호르몬(ADH)이 작용하여 콩팥에서의 수분 재흡수가 촉진됩니다.

혈중 티록신 농도가 증가 하면, 뇌하수체 전엽에서 갑상샘 자극 호르몬(TSH)의 분비가 촉진됩니다.

학생 A   학생 B   학생 C

제시한 내용이 옳은 학생만을 있는 대로 고른 것은?

① A   ② B   ③ A, C   ④ B, C   ⑤ A, B, C

그림 (가)와 (나)는 정상인에서 ⑤의 변화량에 따른 혈중 항이뇨 호르몬(ADH) 농도와 갈증을 느끼는 정도를 각각 나타낸 것이다. ⑤은 혈장 삼투압과 전체 혈액량 중 하나이다.

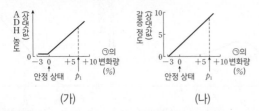

이에 대한 설명으로 옳은 것만을 〈보기〉에서 있는 대로 고른 것은? (단, 제시된 자료 이외에 체내 수분량에 영향을 미치는 요인은 없다.) **3점**

보기
ㄱ. ⑤은 혈장 삼투압이다.
ㄴ. 생성되는 오줌의 삼투압은 안정 상태일 때가 p_1일 때보다 크다.
ㄷ. 갈증을 느끼는 정도는 안정 상태일 때가 p_1일 때보다 크다.

① ㄱ   ② ㄴ   ③ ㄷ   ④ ㄱ, ㄴ   ⑤ ㄱ, ㄷ

그림은 어떤 정상인이 1L의 물을 섭취했을 때 단위 시간당 오줌 생성량의 변화를 나타낸 것이다.
구간 Ⅰ에서가 구간 Ⅱ에서보다 높은 것만을 〈보기〉에서 있는 대로 고른 것은? (단, 제시된 조건 이외는 고려하지 않는다.) **3점**

보기
ㄱ. 혈장 삼투압
ㄴ. 오줌 삼투압
ㄷ. 혈중 항이뇨 호르몬 농도

① ㄱ   ② ㄴ   ③ ㄱ, ㄷ   ④ ㄴ, ㄷ   ⑤ ㄱ, ㄴ, ㄷ

그림은 사람에서 혈중 티록신 농도에 따른 물질대사량을, 표는 갑상샘 기능에 이상이 있는 사람 A와 B의 혈중 티록신 농도, 물질대사량, 증상을 나타낸 것이다. ⑤과 ⑥은 '정상보다 높음'과 '정상보다 낮음'을 순서 없이 나타낸 것이다.

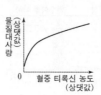

사람	티록신 농도	물질 대사량	증상
A	⑤	정상보다 증가함	심장 박동 수가 증가하고 더위에 약함
B	⑥	정상보다 감소함	체중이 증가하고 추위를 많이 탐

이에 대한 설명으로 옳은 것만을 〈보기〉에서 있는 대로 고른 것은? (단, 제시된 조건 이외는 고려하지 않는다.)

보기
ㄱ. 갑상샘에서 티록신이 분비된다.
ㄴ. ⑤은 '정상보다 높음'이다.
ㄷ. B에게 티록신을 투여하면 투여 전보다 물질대사량이 감소한다.

① ㄱ   ② ㄷ   ③ ㄱ, ㄴ   ④ ㄱ, ㄷ   ⑤ ㄴ, ㄷ

그림은 정상인의 혈중 항이뇨 호르몬(ADH) 농도에 따른 ⑤을 나타낸 것이다. ⑤은 오줌 삼투압과 단위 시간당 오줌 생성량 중 하나이다.
이에 대한 설명으로 옳은 것만을 〈보기〉에서 있는 대로 고른 것은? (단, 제시된 자료 이외에 체내 수분량에 영향을 미치는 요인은 없다.)

보기
ㄱ. ADH는 뇌하수체 후엽에서 분비된다.
ㄴ. ⑤은 단위 시간당 오줌 생성량이다.
ㄷ. 콩팥에서의 단위 시간당 수분 재흡수량은 C_1일 때가 C_2일 때보다 많다.

① ㄱ   ② ㄴ   ③ ㄷ   ④ ㄱ, ㄴ   ⑤ ㄱ, ㄷ

53

그림은 어떤 동물에서 오줌 생성이 정상일 때와 ㉠일 때 시간에 따른 혈중 항이뇨 호르몬(ADH)의 농도를 나타낸 것이다.

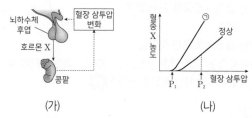

이에 대한 설명으로 옳은 것만을 〈보기〉에서 있는 대로 고른 것은? (단, 제시된 자료 이외에 체내 수분량에 영향을 미치는 요인은 없다.) 3점

> **보기**
> ㄱ. 항이뇨 호르몬의 분비 조절 중추는 간뇌의 시상 하부이다.
> ㄴ. 정상일 때 오줌 삼투압은 구간 Ⅰ에서가 Ⅱ에서보다 높다.
> ㄷ. 구간 Ⅰ에서 콩팥의 단위 시간당 수분 재흡수량은 정상일 때가 ㉠일 때보다 적다.

① ㄱ   ② ㄷ   ③ ㄱ, ㄴ   ④ ㄱ, ㄷ   ⑤ ㄴ, ㄷ

54

그림 (가)는 정상인의 혈장 삼투압에 따른 혈중 ADH 농도를, (나)는 이 사람에서 혈중 ADH 농도에 따른 ㉠과 ㉡의 변화를 나타낸 것이다. ㉠과 ㉡은 각각 오줌 삼투압과 단위 시간당 오줌 생성량 중 하나이다.

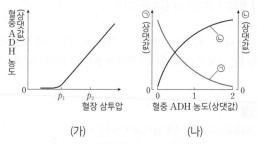

(가)   (나)

이에 대한 설명으로 옳은 것만을 〈보기〉에서 있는 대로 고른 것은? (단, 제시된 자료 이외에 체내 수분량에 영향을 미치는 요인은 없다.)

> **보기**
> ㄱ. ADH는 뇌하수체 후엽에서 분비된다.
> ㄴ. ㉠은 오줌 삼투압이다.
> ㄷ. 단위 시간당 오줌 생성량은 p_1에서가 p_2에서보다 적다.

① ㄱ   ② ㄴ   ③ ㄷ   ④ ㄱ, ㄷ   ⑤ ㄴ, ㄷ

55

그림 (가)는 호르몬 X의 분비와 작용을, (나)는 혈액량이 정상일 때와 ㉠일 때 혈장 삼투압에 따른 혈중 X 농도를 나타낸 것이다. ㉠은 혈액량이 정상일 때보다 증가한 상태와 감소한 상태 중 하나이다.

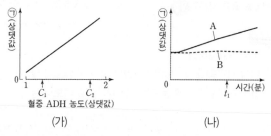

(가)   (나)

이에 대한 옳은 설명만을 〈보기〉에서 있는 대로 고른 것은? (단, 제시된 자료 이외에 체내 수분량에 영향을 미치는 요인은 고려하지 않는다.) 3점

> **보기**
> ㄱ. X는 항이뇨 호르몬(ADH)이다.
> ㄴ. ㉠은 혈액량이 정상일 때보다 감소한 상태이다.
> ㄷ. 혈액량이 정상일 때 단위 시간당 오줌 생성량은 P_1일 때가 P_2일 때보다 많다.

① ㄱ   ② ㄷ   ③ ㄱ, ㄴ   ④ ㄴ, ㄷ   ⑤ ㄱ, ㄴ, ㄷ

56 2024 평가원

그림 (가)는 정상인의 혈중 항이뇨 호르몬(ADH) 농도에 따른 ㉠을, (나)는 정상인 A와 B 중 한 사람에게만 수분 공급을 중단하고 측정한 시간에 따른 ㉠을 나타낸 것이다. ㉠은 오줌 삼투압과 단위 시간당 오줌 생성량 중 하나이다.

(가)   (나)

이에 대한 설명으로 옳은 것만을 〈보기〉에서 있는 대로 고른 것은? (단, 제시된 조건 이외는 고려하지 않는다.) 3점

> **보기**
> ㄱ. 단위 시간당 오줌 생성량은 C_2일 때가 C_1일 때보다 많다.
> ㄴ. t_1일 때 $\dfrac{\text{B의 혈중 ADH 농도}}{\text{A의 혈중 ADH 농도}}$ 는 1보다 크다.
> ㄷ. 콩팥은 ADH의 표적 기관이다.

① ㄱ   ② ㄷ   ③ ㄱ, ㄴ   ④ ㄴ, ㄷ   ⑤ ㄱ, ㄴ, ㄷ

57

그림은 어떤 정상인이 ㉠과 ㉡을 섭취하였을 때 단위 시간당 오줌 생성량을 시간에 따라 나타낸 것이다. ㉠과 ㉡은 물과 소금물을 순서 없이 나타낸 것이다.
이에 대한 설명으로 옳은 것만을 〈보기〉에서 있는 대로 고른 것은? (단, 제시된 조건 이외에 체내 수분량에 영향을 미치는 요인은 없다.) **3점**

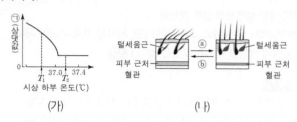

보기

ㄱ. ㉠은 소금물이다.
ㄴ. 혈중 항이뇨 호르몬(ADH)의 농도는 t_1에서가 t_2에서보다 높다.
ㄷ. 생성되는 오줌의 삼투압은 t_2에서가 t_3에서보다 크다.

① ㄱ   ② ㄴ   ③ ㄷ   ④ ㄱ, ㄴ   ⑤ ㄴ, ㄷ

58

그림은 정상인이 A를 섭취했을 때 시간에 따른 혈장 삼투압을 나타낸 것이다. A는 물과 소금물 중 하나이다.
이에 대한 옳은 설명만을 〈보기〉에서 있는 대로 고른 것은? **3점**

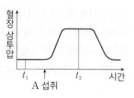

보기

ㄱ. A는 소금물이다.
ㄴ. 단위 시간당 오줌 생성량은 t_2일 때가 t_1일 때보다 많다.
ㄷ. 혈중 항이뇨 호르몬 농도는 t_1일 때가 t_2일 때보다 높다.

① ㄱ   ② ㄷ   ③ ㄱ, ㄴ   ④ ㄴ, ㄷ   ⑤ ㄱ, ㄴ, ㄷ

59

그림 (가)는 정상인에서 시상 하부 온도에 따른 ㉠을, (나)는 이 사람의 체온 변화에 따른 털세움근과 피부 근처 혈관을 나타낸 것이다. ㉠은 '근육에서의 열 발생량'과 '피부에서의 열 발산량' 중 하나이다.

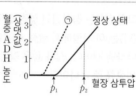

(가)   (나)

이에 대한 설명으로 옳은 것만을 〈보기〉에서 있는 대로 고른 것은?

보기

ㄱ. ㉠은 '근육에서의 열 발생량'이다.
ㄴ. 과정 ⓐ에 교감 신경이 작용한다.
ㄷ. 시상 하부 온도가 T_1에서 T_2로 변하면 과정 ⓑ가 일어난다.

① ㄱ   ② ㄷ   ③ ㄱ, ㄴ   ④ ㄴ, ㄷ   ⑤ ㄱ, ㄴ, ㄷ

60

그림은 사람에서 전체 혈액량이 정상 상태일 때와 ㉠일 때 혈장 삼투압에 따른 혈중 ADH 농도를 나타낸 것이다. ㉠은 전체 혈액량이 정상보다 증가한 상태와 정상보다 감소한 상태 중 하나이다.
이에 대한 설명으로 옳은 것만을 〈보기〉에서 있는 대로 고른 것은? (단, 제시된 자료 이외에 체내 수분량에 영향을 미치는 요인은 없다.) **3점**

보기

ㄱ. ADH는 뇌하수체 후엽에서 분비된다.
ㄴ. ㉠은 전체 혈액량이 정상보다 증가한 상태이다.
ㄷ. 정상 상태일 때 콩팥에서 단위 시간당 수분 재흡수량은 p_1일 때가 p_2일 때보다 많다.

① ㄱ   ② ㄷ   ③ ㄱ, ㄴ   ④ ㄴ, ㄷ   ⑤ ㄱ, ㄴ, ㄷ

61

그림 (가)는 정상인에서 ㉠의 변화량에 따른 혈중 항이뇨 호르몬 (ADH)의 농도를, (나)는 이 사람이 1L의 물을 섭취한 후 시간에 따른 혈장과 오줌의 삼투압을 나타낸 것이다. ㉠은 혈장 삼투압과 전체 혈액량 중 하나이다.

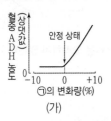
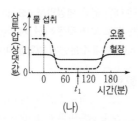

(가)　　　　(나)

이에 대한 설명으로 옳은 것만을 〈보기〉에서 있는 대로 고른 것은? (단, 제시된 자료 이외에 체내 수분량에 영향을 미치는 요인은 없다.) **3점**

> **보기**
> ㄱ. ㉠은 전체 혈액량이다.
> ㄴ. ADH는 뇌하수체 후엽에서 분비된다.
> ㄷ. 콩팥에서의 단위 시간당 수분 재흡수량은 물 섭취 시점일 때가 t_1일 때보다 적다.

① ㄱ　　② ㄴ　　③ ㄱ, ㄷ　　④ ㄴ, ㄷ　　⑤ ㄱ, ㄴ, ㄷ

62

그림은 정상인이 물 1L를 섭취한 후 시간에 따른 ㉠과 ㉡을 나타낸 것이다. ㉠과 ㉡은 각각 혈장 삼투압과 단위 시간당 오줌 생성량 중 하나이다.

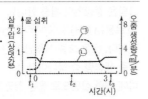

이에 대한 설명으로 옳은 것만을 〈보기〉에서 있는 대로 고른 것은? (단, 제시된 자료 이외의 체내 수분량에 영향을 미치는 요인은 없다.)

> **보기**
> ㄱ. ㉠은 단위 시간당 오줌 생성량이다.
> ㄴ. 혈중 ADH 농도는 t_1일 때가 t_2일 때보다 높다.
> ㄷ. 생성되는 오줌의 삼투압은 t_2일 때가 t_3일 때보다 높다.

① ㄱ　　② ㄷ　　③ ㄱ, ㄴ　　④ ㄴ, ㄷ　　⑤ ㄱ, ㄴ, ㄷ

63

그림 (가)는 호르몬 X의 분비와 작용을, (나)는 정상인이 물 1L를 섭취한 후 시간에 따른 오줌의 생성량을 나타낸 것이다.

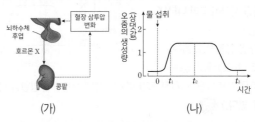

(가)　　　　(나)

이에 대한 설명으로 옳은 것만을 〈보기〉에서 있는 대로 고른 것은? (단, 제시된 자료 이외에 체내 수분량에 영향을 미치는 요인은 없다.) **3점**

> **보기**
> ㄱ. X의 표적 기관은 뇌하수체 후엽이다.
> ㄴ. 혈중 X의 농도는 물 섭취 시점보다 t_1일 때가 낮다.
> ㄷ. 혈장 삼투압은 t_2일 때보다 t_3일 때가 낮다.

① ㄱ　　② ㄴ　　③ ㄷ　　④ ㄱ, ㄴ　　⑤ ㄴ, ㄷ

64

그림 (가)는 정상인의 혈장 삼투압에 따른 혈중 ADH 농도를, (나)는 이 사람의 혈중 포도당 농도에 따른 혈중 인슐린 농도를 나타낸 것이다.

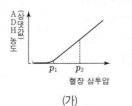
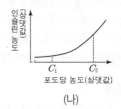

(가)　　　　(나)

이에 대한 설명으로 옳은 것만을 〈보기〉에서 있는 대로 고른 것은? (단, 제시된 조건 이외는 고려하지 않는다.) **3점**

> **보기**
> ㄱ. 생성되는 오줌의 삼투압은 p_1일 때가 p_2일 때보다 작다.
> ㄴ. 혈중 글루카곤의 농도는 C_2일 때가 C_1일 때보다 높다.
> ㄷ. 혈장 삼투압과 혈당량 조절 중추는 모두 연수이다.

① ㄱ　　② ㄴ　　③ ㄱ, ㄷ　　④ ㄴ, ㄷ　　⑤ ㄱ, ㄴ, ㄷ

65

그림은 정상인이 1L의 물을 섭취한 후 단위 시간당 오줌 생성량을 시간에 따라 나타낸 것이다.

이에 대한 설명으로 옳은 것만을 〈보기〉에서 있는 대로 고른 것은? (단, 제시된 조건 이외에 체내 수분량에 영향을 미치는 요인은 없다.) 3점

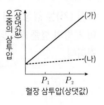

보기

ㄱ. 혈중 항이뇨 호르몬 농도는 구간 Ⅰ에서가 구간 Ⅱ에서보다 높다.

ㄴ. 혈장 삼투압은 구간 Ⅱ에서가 구간 Ⅲ에서보다 높다.

ㄷ. t_1일 때 땀을 많이 흘리면, 생성되는 오줌의 삼투압이 감소한다.

① ㄱ　　② ㄴ　　③ ㄱ, ㄴ　　④ ㄱ, ㄷ　　⑤ ㄴ, ㄷ

66

그림은 정상인 사람 (가)와 ADH(항이뇨 호르몬)의 분비에 이상이 있는 환자 (나)에 각각 수분 공급을 중단했을 때 혈장 삼투압에 따른 오줌의 삼투압을 나타낸 것이다.

이에 대한 설명으로 옳은 것만을 〈보기〉에서 있는 대로 고른 것은? (단, 혈장 삼투압 이외의 다른 조건은 고려하지 않는다.) 3점

보기

ㄱ. ADH의 분비 조절 중추는 간뇌의 시상 하부이다.

ㄴ. (가)에서 단위 시간당 오줌 생성량은 P_2일 때가 P_1일 때보다 많다.

ㄷ. 혈장 삼투압이 P_1일 때 ADH 분비량은 (가)에서가 (나)에서보다 많다.

① ㄱ　　② ㄴ　　③ ㄱ, ㄷ　　④ ㄴ, ㄷ　　⑤ ㄱ, ㄴ, ㄷ

67

그림은 건강한 사람에서 혈장 삼투압에 따른 혈중 호르몬 X의 농도와 갈증의 강도를 나타낸 것이다. X는 뇌하수체 후엽에서 분비된다.

이에 대한 옳은 설명만을 〈보기〉에서 있는 대로 고른 것은? (단, 제시된 자료 이외에 체내 수분량에 영향을 미치는 요인은 고려하지 않는다.) 3점

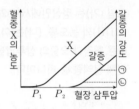

보기

ㄱ. X는 항이뇨 호르몬(ADH)이다.

ㄴ. 오줌 삼투압은 P_1일 때가 P_2일 때보다 낮다.

ㄷ. 콩팥에서 단위 시간당 수분 재흡수량은 갈증의 강도가 ㉠일 때가 ㉡일 때보다 많다.

① ㄴ　　② ㄷ　　③ ㄱ, ㄴ　　④ ㄱ, ㄷ　　⑤ ㄱ, ㄴ, ㄷ

68

그림은 정상인의 혈중 항이뇨 호르몬(ADH) 농도에 따른 ㉠을 나타낸 것이다. ㉠은 오줌 삼투압과 단위 시간당 오줌 생성량 중 하나이다.

이에 대한 설명으로 옳은 것만을 〈보기〉에서 있는 대로 고른 것은? (단, 제시된 자료 이외에 체내 수분량에 영향을 미치는 요인은 없다.) 3점

보기

ㄱ. 시상 하부는 ADH의 분비를 조절한다.

ㄴ. ㉠은 오줌 삼투압이다.

ㄷ. 콩팥에서 단위 시간당 수분 재흡수량은 C_2일 때가 C_1일 때보다 많다.

① ㄱ　　② ㄴ　　③ ㄱ, ㄷ　　④ ㄴ, ㄷ　　⑤ ㄱ, ㄴ, ㄷ

69

그림 (가)는 정상인에서 혈중 호르몬 X의 농도에 따른 혈액에서 조직 세포로의 포도당 유입량을, (나)는 사람 A와 B에서 탄수화물 섭취 후 시간에 따른 혈중 X의 농도를 나타낸 것이다. X는 인슐린과 글루카곤 중 하나이고, A와 B는 각각 정상인과 당뇨병 환자 중 하나이다.

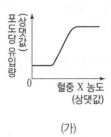
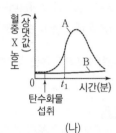

(가)   (나)

이에 대한 설명으로 옳은 것만을 〈보기〉에서 있는 대로 고른 것은? (단, 제시된 조건 이외는 고려하지 않는다.) **3점**

> **보기**
> ㄱ. X는 인슐린이다.
> ㄴ. B는 당뇨병 환자이다.
> ㄷ. A의 혈액에서 조직 세포로의 포도당 유입량은 탄수화물 섭취 시점일 때가 t_1일 때보다 많다.

① ㄱ   ② ㄷ   ③ ㄱ, ㄴ   ④ ㄴ, ㄷ   ⑤ ㄱ, ㄴ, ㄷ

71

그림은 정상인에게 ㉠ 자극을 주었을 때 일어나는 체온 조절 과정의 일부를 나타낸 것이다. ㉠은 고온과 저온 중 하나이고, ⓐ는 억제와 촉진 중 하나이다.

```
                    ┌─→ 티록신 분비  ( ⓐ )
㉠ 자극 →  시상 하부 ┤
                    └─→ 피부 근처 혈관 수축
```

이에 대한 옳은 설명만을 〈보기〉에서 있는 대로 고른 것은?

> **보기**
> ㄱ. ㉠은 저온이다.
> ㄴ. ⓐ는 억제이다.
> ㄷ. 피부 근처 혈관 수축이 일어나면 열 발산량(열 방출량)이 감소한다.

① ㄱ   ② ㄴ   ③ ㄱ, ㄴ   ④ ㄱ, ㄷ   ⑤ ㄴ, ㄷ

---

70 · 2023 평가원

그림은 어떤 동물 종에서 ㉠이 제거된 개체 Ⅰ과 정상 개체 Ⅱ에 각각 자극 ⓐ를 주고 측정한 단위 시간당 오줌 생성량을 시간에 따라 나타낸 것이다. ㉠은 뇌하수체 전엽과 뇌하수체 후엽 중 하나이고, ⓐ는 ㉠에서 호르몬 X의 분비를 촉진한다.

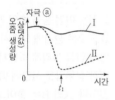

이에 대한 설명으로 옳은 것만을 〈보기〉에서 있는 대로 고른 것은? (단, 제시된 조건 이외는 고려하지 않는다.) **3점**

> **보기**
> ㄱ. ㉠은 뇌하수체 후엽이다.
> ㄴ. t_1일 때 콩팥에서의 단위 시간당 수분 재흡수량은 Ⅰ에서가 Ⅱ에서보다 많다.
> ㄷ. t_1일 때 Ⅰ에게 항이뇨 호르몬(ADH)을 주사하면 생성되는 오줌의 삼투압이 감소한다.

① ㄱ   ② ㄴ   ③ ㄷ   ④ ㄱ, ㄴ   ⑤ ㄱ, ㄷ

72

그림 (가)는 어떤 동물에서 전체 혈액량이 정상 상태일 때와 ㉠일 때 혈장 삼투압에 따른 호르몬 X의 혈중 농도를, (나)는 정상 상태인 이 동물에게 물과 소금물을 순서대로 투여하였을 때 단위 시간당 오줌 생성량을 시간에 따라 나타낸 것이다. X는 뇌하수체 후엽에서 분비되고, ㉠은 정상 상태일 때보다 전체 혈액량이 증가한 상태와 감소한 상태 중 하나이다.

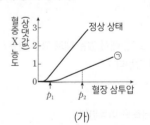
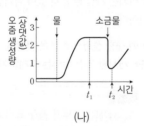

(가)   (나)

이에 대한 설명으로 옳은 것만을 〈보기〉에서 있는 대로 고른 것은? (단, 제시된 자료 이외에 체내 수분량에 영향을 미치는 요인은 없다.) **3점**

> **보기**
> ㄱ. ㉠은 정상 상태일 때보다 전체 혈액량이 증가한 상태이다.
> ㄴ. ㉠일 때 단위 시간당 오줌 생성량은 p_1일 때가 p_2일 때보다 많다.
> ㄷ. 호르몬 X의 혈중 농도는 t_2일 때가 t_1일 때보다 높다.

① ㄴ   ② ㄷ   ③ ㄱ, ㄴ   ④ ㄱ, ㄷ   ⑤ ㄱ, ㄴ, ㄷ

73

그림은 정상인 A~C의 오줌 생성량 변화를 나타낸 것이다. t_2일 때 B는 물 1L를 마시고, A와 C 중 한 명은 물질 ㉠을 물에 녹인 용액 1L를 마시고, 다른 한 명은 아무것도 마시지 않았다. ㉠은 항이뇨 호르몬(ADH)의 분비를 억제하는 물질과 촉진하는 물질 중 하나이다.

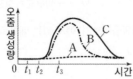

이에 대한 옳은 설명만을 〈보기〉에서 있는 대로 고른 것은? 3점

보기
ㄱ. ㉠은 ADH의 분비를 촉진한다.
ㄴ. ㉠을 물에 녹인 용액을 마신 사람은 C이다.
ㄷ. B의 혈중 ADH 농도는 t_3일 때가 t_1일 때보다 높다.

① ㄱ　　② ㄴ　　③ ㄷ　　④ ㄱ, ㄴ　　⑤ ㄴ, ㄷ

74 2023 수능

그림은 사람 Ⅰ과 Ⅱ에서 전체 혈액량의 변화량에 따른 혈중 항이뇨 호르몬(ADH) 농도를 나타낸 것이다. Ⅰ과 Ⅱ는 'ADH가 정상적으로 분비되는 사람'과 'ADH가 과다하게 분비되는 사람'을 순서 없이 나타낸 것이다.

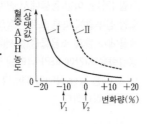

이에 대한 설명으로 옳은 것만을 〈보기〉에서 있는 대로 고른 것은? (단, 제시된 조건 이외는 고려하지 않는다.)

보기
ㄱ. ADH는 혈액을 통해 표적 세포로 이동한다.
ㄴ. Ⅱ는 'ADH가 정상적으로 분비되는 사람'이다.
ㄷ. Ⅰ에서 단위 시간당 오줌 생성량은 V_1일 때가 V_2일 때보다 많다.

① ㄱ　　② ㄴ　　③ ㄱ, ㄷ　　④ ㄴ, ㄷ　　⑤ ㄱ, ㄴ, ㄷ

75 2024 평가원

다음은 사람의 몸을 구성하는 기관계에 대한 자료이다. A와 B는 소화계와 순환계를 순서 없이 나타낸 것이고, ㉠은 인슐린과 글루카곤 중 하나이다.

○ A는 음식물을 분해하여 포도당을 흡수한다. 그 결과 혈중 포도당 농도가 증가하면 ㉠의 분비가 촉진된다.
○ B를 통해 ㉠이 표적 기관으로 운반된다.

이에 대한 설명으로 옳은 것만을 〈보기〉에서 있는 대로 고른 것은?

 3점

보기
ㄱ. A에서 이화 작용이 일어난다.
ㄴ. 심장은 B에 속한다.
ㄷ. ㉠은 세포로의 포도당 흡수를 촉진한다.

① ㄱ　　② ㄷ　　③ ㄱ, ㄴ　　④ ㄴ, ㄷ　　⑤ ㄱ, ㄴ, ㄷ

76 2024 평가원

그림은 어떤 동물 종의 개체 A와 B를 고온 환경에 노출시켜 같은 양의 땀을 흘리게 하면서 측정한 혈장 삼투압을 시간에 따라 나타낸 것이다. A와 B는 '항이뇨 호르몬(ADH)이 정상적으로 분비되는 개체'와 '항이뇨 호르몬(ADH)이 정상보다 적게 분비되는 개체'를 순서 없이 나타낸 것이다.

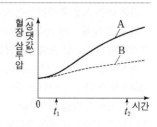

이에 대한 설명으로 옳은 것만을 〈보기〉에서 있는 대로 고른 것은? (단, 제시된 조건 이외는 고려하지 않는다.) 3점

보기
ㄱ. ADH는 콩팥에서 물의 재흡수를 촉진한다.
ㄴ. A는 'ADH가 정상적으로 분비되는 개체'이다.
ㄷ. B에서 생성되는 오줌의 삼투압은 t_1일 때가 t_2일 때보다 높다.

① ㄱ　　② ㄴ　　③ ㄷ　　④ ㄱ, ㄴ　　⑤ ㄱ, ㄷ

77 2024 평가원

사람 A와 B는 모두 혈중 티록신 농도가 정상보다 낮다. 표 (가)는 A와 B의 혈중 티록신 농도가 정상보다 낮은 원인을, (나)는 사람 ㉠과 ㉡의 TSH 투여 전과 후의 혈중 티록신 농도를 나타낸 것이다. ㉠과 ㉡은 A와 B를 순서 없이 나타낸 것이다.

사람	원인
A	TSH가 분비되지 않음
B	TSH의 표적 세포가 TSH에 반응하지 못함

(가)

사람	티록신 농도	
	TSH 투여 전	TSH 투여 후
㉠	정상보다 낮음	정상
㉡	정상보다 낮음	정상보다 낮음

(나)

이에 대한 설명으로 옳은 것만을 〈보기〉에서 있는 대로 고른 것은? (단, 제시된 조건 이외는 고려하지 않는다.)

보기
ㄱ. ㉠은 B이다.
ㄴ. TSH 투여 후, A의 갑상샘에서 티록신이 분비된다.
ㄷ. 정상인에서 혈중 티록신 농도가 증가하면 TSH의 분비가 촉진된다.

① ㄱ ② ㄴ ③ ㄷ ④ ㄱ, ㄴ ⑤ ㄱ, ㄷ

79

그림은 정상인이 운동할 때 체온의 변화와 ㉠, ㉡의 변화를 나타낸 것이다. ㉠과 ㉡은 각각 열 발산량(열 방출량)과 열 발생량(열 생산량) 중 하나이다. 이에 대한 옳은 설명만을 〈보기〉에서 있는 대로 고른 것은?

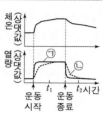

보기
ㄱ. ㉠은 열 발산량(열 방출량)이다.
ㄴ. 체온 조절 중추는 간뇌의 시상 하부이다.
ㄷ. 피부 근처 혈관을 흐르는 단위 시간당 혈액량은 t_1일 때가 t_2일 때보다 적다.

① ㄱ ② ㄴ ③ ㄷ ④ ㄱ, ㄴ ⑤ ㄴ, ㄷ

78

그림은 정상인에게서 일어나는 혈장 삼투압 조절 과정의 일부를 나타낸 것이다. ㉠~㉢은 각각 증가와 감소 중 하나이다.

정상보다 높은 혈장 삼투압 → 항이뇨 호르몬 분비 ㉠ → 수분 재흡수 ㉡ → 오줌 삼투압 ㉢

이에 대한 옳은 설명만을 〈보기〉에서 있는 대로 고른 것은?

보기
ㄱ. ㉠~㉢은 모두 증가이다.
ㄴ. 콩팥은 항이뇨 호르몬의 표적 기관이다.
ㄷ. 짠 음식을 많이 먹었을 때 이 과정이 일어난다.

① ㄱ ② ㄴ ③ ㄱ, ㄷ ④ ㄴ, ㄷ ⑤ ㄱ, ㄴ, ㄷ

80 2024 수능

그림 (가)는 정상인에서 갈증을 느끼는 정도를 ⓐ의 변화량에 따라 나타낸 것이다. 그림 (나)는 정상인 A에게는 소금과 수분을, 정상인 B에게는 소금만 공급하면서 측정한 ⓐ를 시간에 따라 나타낸 것이다. ⓐ는 전체 혈액량과 혈장 삼투압 중 하나이다.

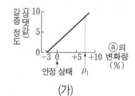
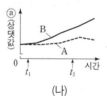

(가) (나)

이에 대한 설명으로 옳은 것만을 〈보기〉에서 있는 대로 고른 것은? (단, 제시된 조건 이외는 고려하지 않는다.)

보기
ㄱ. 생성되는 오줌의 삼투압은 안정 상태일 때가 p_1일 때보다 높다.
ㄴ. t_2일 때 갈증을 느끼는 정도는 B에서가 A에서보다 크다.
ㄷ. B의 혈중 항이뇨 호르몬(ADH)농도는 t_1일 때가 t_2일 때보다 높다.

① ㄱ ② ㄴ ③ ㄷ ④ ㄱ, ㄴ ⑤ ㄴ, ㄷ

81 2024 수능 항상성 유지 [2024학년도 수능 14번]

사람 A~C는 모두 혈중 티록신 농도가 정상적이지 않다. 표 (가)는 A~C의 혈중 티록신 농도가 정상적이지 않은 원인을, (나)는 사람 ㉠~㉢의 혈중 티록신과 TSH의 농도를 나타낸 것이다. ㉠~㉢은 A~C를 순서 없이 나타낸 것이고, ⓐ는 '+'와 '−' 중 하나이다.

사람	원인
A	뇌하수체 전엽에 이상이 생겨 TSH 분비량이 정상보다 적음
B	갑상샘에 이상이 생겨 티록신 분비량이 정상보다 많음
C	갑상샘에 이상이 생겨 티록신 분비량이 정상보다 적음

(가)

사람	혈중 농도	
	티록신	TSH
㉠	−	+
㉡	+	ⓐ
㉢	−	−

(+: 정상보다 높음, −: 정상보다 낮음)

(나)

이에 대한 설명으로 옳은 것만을 <보기>에서 있는 대로 고른 것은? (단, 제시된 조건 이외는 고려하지 않는다.) 3점

보기

ㄱ. ⓐ는 '−'이다.

ㄴ. ㉠에게 티록신을 투여하면 투여 전보다 TSH의 분비가 촉진된다.

ㄷ. 정상인에서 뇌하수체 전엽에 TRH의 표적 세포가 있다.

① ㄱ ② ㄴ ③ ㄷ ④ ㄱ, ㄷ ⑤ ㄴ, ㄷ

정답과 해설 81 p.225

2. 방어 작용　01. 질병과 병원체

❶ 질병과 병원체 ★수능에 나오는 필수 개념 2가지 + 필수·암기사항 2개

필수개념 1 　질병을 일으키는 병원체

- **병원체** : 세균, 바이러스, 원생생물, 균류와 같이 인체에 질병을 일으키는 감염 인자이다. 암기
  → 체크한 부분을 기억하자!

세균	• 분열법으로 번식하고 핵이 없는 단세포 원핵생물이다. • 세균에 의한 질병은 항생제를 이용하여 치료한다. 예 결핵, 세균성 식중독, 폐렴 등 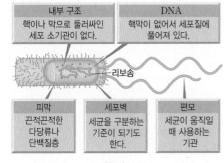 ▲ 세균의 구조
바이러스	• 비세포 구조이며, 세균보다 작다. • 살아 있는 숙주 세포 내에서 증식한 후 숙주 세포를 파괴하여 질병을 일으킨다. • 바이러스에 의한 질병은 항바이러스제를 이용하여 치료한다. 예 감기, 독감, 홍역, 소아마비, AIDS 등
원생생물	• 핵을 가지고 있는 진핵생물로, 대부분 열대 지역에서 매개 곤충을 통하여 인체 내로 들어와 질병을 일으킨다. 예 말라리아 등
균류	• 핵을 가지고 있는 진핵생물로, 균류가 몸에 직접 증식하거나 균류가 생산하는 독성 물질을 섭취하여 증상이 나타난다. • 균류에 의한 질병은 항진균제를 이용하여 치료한다. 예 무좀, 만성 폐질환 등
변형된 프라이온	• 단백질성 감염 인자이며 신경계의 퇴행성 질병을 유발하고 크기는 바이러스보다 작다. • 정상적인 프라이온 단백질은 변형된 프라이온 단백질과 접촉하면 변형된 프라이온 단백질로 구조가 변한다. • 변형된 프라이온 단백질이 축적되면 신경 세포가 파괴된다. 예 크로이츠펠트·야코프병(사람), 광우병(소) 등

세균의 구조 내부에 포함된 내용:
- 내부 구조 : 핵이나 막으로 둘러싸인 세포 소기관이 없다.
- DNA : 핵막이 없어서 세포질에 풀어져 있다.
- 리보솜
- 피막 : 끈적끈적한 다당류나 단백질층
- 세포벽 : 세균을 구분하는 기준이 되기도 한다.
- 편모 : 세균이 움직일 때 사용하는 기관

필수개념 2 　질병의 구분

- **질병의 구분** 암기 → 체크한 부분을 기억하자!

감염성 질병	• 병원체에 의해 나타나는 질병으로 전염이 되기도 한다. 예 감기, 천연두, 콜레라, 결핵 등
비감염성 질병	• 병원체 없이 나타나는 질병으로 전염이 되지 않으며 생활 방식, 환경, 유전 등이 원인이다. 예 고혈압, 당뇨병, 혈우병 등

기본자료

▶ 세균과 바이러스 비교
① 공통점 : 병원체이며 유전 물질을 가진다.
② 차이점

세균	• 세포 구조 • 스스로 물질대사 가능 • 항생제로 치료
바이러스	• 비세포 구조 • 스스로 물질대사 불가능 • 항바이러스제로 치료하지만 치료가 어렵다.

▶ 원핵생물과 진핵생물
원핵생물은 핵이 없고 막으로 된 세포 소기관이 없다. 진핵생물은 핵이 있고 막으로 된 세포 소기관도 있다.

V(I)RUS
A(I)DS
아이에게 소아마비 홍역한 감독 기감

▶ 질병의 감염 경로
• 호흡기를 통한 감염 : 결핵, 감기, 독감 등
• 소화기를 통한 감염 : 세균성 식중독, 콜레라 등
• 매개 곤충을 통한 감염 : 말라리아, 수면병 등
• 신체 접촉을 통한 감염 : 무좀, 파상풍 등

1

그림은 독감을 일으키는 병원체 X를 나타낸 것이다.
X에 대한 옳은 설명만을 <보기>에서 있는 대로 고른 것은?

핵산

보기
ㄱ. 세균이다.
ㄴ. 유전 물질을 갖는다.
ㄷ. 스스로 물질대사를 한다.

① ㄴ   ② ㄷ   ③ ㄱ, ㄴ   ④ ㄱ, ㄷ   ⑤ ㄴ, ㄷ

2

그림 (가)와 (나)는 결핵과 독감의 병원체를 순서 없이 나타낸 것이다. 이에 대한 옳은 설명만을 <보기>에서 있는 대로 고른 것은?

세포막

(가)   (나)

보기
ㄱ. (가)는 독감의 병원체이다.
ㄴ. (나)는 스스로 물질대사를 하지 못한다.
ㄷ. (가)와 (나)는 모두 단백질을 갖는다.

① ㄱ   ② ㄴ   ③ ㄱ, ㄷ   ④ ㄴ, ㄷ   ⑤ ㄱ, ㄴ, ㄷ

3 2024 평가원

사람의 질병에 대한 설명으로 옳은 것만을 <보기>에서 있는 대로 고른 것은?

보기
ㄱ. 독감의 병원체는 바이러스이다.
ㄴ. 결핵의 병원체는 독립적으로 물질대사를 한다.
ㄷ. 낫 모양 적혈구 빈혈증은 비감염성 질병에 해당한다.

① ㄱ   ② ㄴ   ③ ㄱ, ㄷ   ④ ㄴ, ㄷ   ⑤ ㄱ, ㄴ, ㄷ

4 2022 평가원

그림 (가)와 (나)는 결핵의 병원체와 후천성 면역 결핍증(AIDS)의 병원체를 순서 없이 나타낸 것이다. (나)는 세포 구조로 되어 있다.
이에 대한 설명으로 옳은 것만을 <보기>에서 있는 대로 고른 것은?

(가)   (나)

보기
ㄱ. (가)는 결핵의 병원체이다.
ㄴ. (나)는 원생생물이다.
ㄷ. (가)와 (나)는 모두 단백질을 갖는다.

① ㄱ   ② ㄷ   ③ ㄱ, ㄴ   ④ ㄴ, ㄷ   ⑤ ㄱ, ㄴ, ㄷ

5

질병을 일으키는 병원체
[2021학년도 6월 모평 6번]

다음은 사람의 질병에 대한 학생 A~C의 대화 내용이다.

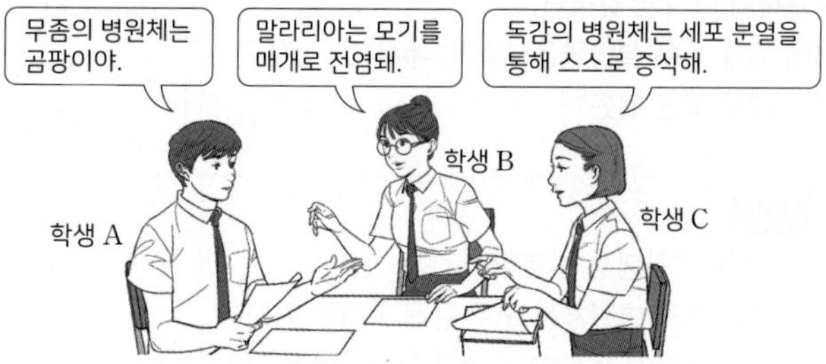

무좀의 병원체는 곰팡이야.
말라리아는 모기를 매개로 전염돼.
독감의 병원체는 세포 분열을 통해 스스로 증식해.
학생 A
학생 B
학생 C

제시한 내용이 옳은 학생만을 있는 대로 고른 것은?

① A ② C ③ A, B ④ B, C ⑤ A, B, C

6

질병을 일으키는 병원체
[2022년 10월 학평 3번]

표는 병원체 A~C에서 2가지 특징의 유무를 나타낸 것이다. A~C는 각각 독감, 말라리아, 무좀의 병원체 중 하나이다.

병원체 \ 특징	세포 구조로 되어 있다.	원생생물에 속한다.
A	㉠	×
B	○	○
C	×	×

(○: 있음, ×: 없음)

이에 대한 옳은 설명만을 <보기>에서 있는 대로 고른 것은?

보기
ㄱ. ㉠은 '○'이다.
ㄴ. B는 무좀의 병원체이다.
ㄷ. C는 바이러스에 속한다.

① ㄱ ② ㄴ ③ ㄷ ④ ㄱ, ㄷ ⑤ ㄴ, ㄷ

7

질병을 일으키는 병원체, 질병의 구분
[2023년 4월 학평 6번]

표는 사람 질병의 특징을 나타낸 것이다.

질병	특징
독감	㉠
(가)	병원체는 원생생물이다.
페닐케톤뇨증	페닐알라닌이 체내에 비정상적으로 축적된다.

이에 대한 설명으로 옳은 것만을 <보기>에서 있는 대로 고른 것은?

보기
ㄱ. '병원체는 독립적으로 물질대사를 한다.'는 ㉠에 해당한다.
ㄴ. 무좀은 (가)에 해당한다.
ㄷ. 페닐케톤뇨증은 비감염성 질병이다.

① ㄱ ② ㄷ ③ ㄱ, ㄴ ④ ㄴ, ㄷ ⑤ ㄱ, ㄴ, ㄷ

8

질병을 일으키는 병원체, 질병의 구분
[2018학년도 수능 8번]

표는 사람의 4가지 질병을 A와 B로 구분하여 나타낸 것이다.
이에 대한 설명으로 옳은 것만을 <보기>에서 있는 대로 고른 것은?

구분	질병
A	결핵, 탄저병
B	독감, 홍역

보기
ㄱ. A의 병원체는 바이러스이다.
ㄴ. B의 병원체는 세포 분열을 통해 스스로 증식한다.
ㄷ. A의 병원체와 B의 병원체는 모두 유전 물질을 가진다.

① ㄱ ② ㄷ ③ ㄱ, ㄴ ④ ㄴ, ㄷ ⑤ ㄱ, ㄴ, ㄷ

9

표는 사람의 4가지 질병을 A와 B로 구분하여
나타낸 것이다.
이에 대한 설명으로 옳은 것만을 〈보기〉에서
있는 대로 고른 것은?

구분	질병
A	천연두, 홍역
B	결핵, 콜레라

〈보기〉
ㄱ. A의 병원체는 원생생물이다.
ㄴ. 결핵의 치료에는 항생제가 사용된다.
ㄷ. A와 B는 모두 감염성 질병이다.

① ㄱ   ② ㄴ   ③ ㄱ, ㄷ   ④ ㄴ, ㄷ   ⑤ ㄱ, ㄴ, ㄷ

11

표는 사람의 6가지 질병을 A~C로
구분하여 나타낸 것이다.
이에 대한 옳은 설명만을 〈보기〉에서
있는 대로 고른 것은?

구분	질병
A	고혈압, 혈우병
B	결핵, 탄저병
C	홍역, 독감

〈보기〉
ㄱ. A는 비감염성 질병이다.
ㄴ. B와 C의 병원체는 모두 유전 물질을 가진다.
ㄷ. C의 병원체는 세포 분열을 통해 스스로 증식한다.

① ㄱ   ② ㄷ   ③ ㄱ, ㄴ   ④ ㄴ, ㄷ   ⑤ ㄱ, ㄴ, ㄷ

10

표는 3가지 감염성 질병의 병원체를 나타낸
것이다. A와 B는 결핵과 무좀을 순서 없이
나타낸 것이다.
이에 대한 옳은 설명만을 〈보기〉에서 있는
대로 고른 것은?

질병	병원체
A	곰팡이
B	세균
독감	?

〈보기〉
ㄱ. A는 결핵이다.
ㄴ. B의 치료에 항생제가 이용된다.
ㄷ. 독감의 병원체는 바이러스이다.

① ㄱ   ② ㄴ   ③ ㄱ, ㄷ   ④ ㄴ, ㄷ   ⑤ ㄱ, ㄴ, ㄷ

12

표는 사람의 질병 ㉠~㉢을 일으키는 병원체의 종류를, 그림은 ㉠이
전염되는 과정의 일부를 나타낸 것이다. ㉠~㉢은 결핵, 무좀,
말라리아를 순서 없이 나타낸 것이다.

질병	병원체의 종류
㉠	?
㉡	ⓐ
㉢	세균

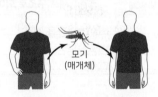

모기
(매개체)

이에 대한 설명으로 옳은 것만을 〈보기〉에서 있는 대로 고른 것은?

〈보기〉
ㄱ. ㉠은 말라리아이다.
ㄴ. ⓐ는 세포 구조를 갖는다.
ㄷ. ㉢의 치료에는 항생제가 사용된다.

① ㄱ   ② ㄴ   ③ ㄱ, ㄷ   ④ ㄴ, ㄷ   ⑤ ㄱ, ㄴ, ㄷ

13

질병을 일으키는 병원체, 질병의 구분
[2019학년도 수능 7번]

표는 사람의 질병을
A와 B로 구분하여
나타낸 것이다. A와
B는 각각 감염성
질병과 비감염성 질병
중 하나이다.

구분	질병
A	㉠ 후천성 면역 결핍 증후군(AIDS), ㉡ 독감, 결핵
B	낫 모양 적혈구 빈혈증

이에 대한 설명으로 옳은 것만을 〈보기〉에서 있는 대로 고른 것은?

보기

ㄱ. ㉠의 병원체는 세포 구조로 되어 있다.

ㄴ. ㉡의 병원체는 스스로 물질대사를 하지 못한다.

ㄷ. 혈우병은 B의 예에 해당한다.

① ㄱ   ② ㄷ   ③ ㄱ, ㄴ   ④ ㄴ, ㄷ   ⑤ ㄱ, ㄴ, ㄷ

14

질병을 일으키는 병원체, 질병의 구분
[2019년 10월 학평 4번]

표는 사람의 질병을 A~C로 구분하여
나타낸 것이다. A~C는 세균성 질병,
바이러스성 질병, 비감염성 질병을 순서
없이 나타낸 것이다.

구분	질병
A	혈우병
B	결핵, 탄저병
C	독감, AIDS

이에 대한 옳은 설명만을 〈보기〉에서
있는 대로 고른 것은?

보기

ㄱ. 고혈압은 A에 해당한다.

ㄴ. B는 바이러스성 질병이다.

ㄷ. C의 병원체는 세포 분열로 증식한다.

① ㄱ   ② ㄷ   ③ ㄱ, ㄴ   ④ ㄱ, ㄷ   ⑤ ㄴ, ㄷ

15

질병을 일으키는 병원체, 질병의 구분
[2018학년도 6월 모평 15번]

표는 사람의 6가지 질병을 A~C로 구분하여 나타낸 것이다.

구분	질병
A	결핵, 탄저병
B	홍역, 독감
C	혈우병, 낫 모양 적혈구 빈혈증

이에 대한 설명으로 옳은 것만을 〈보기〉에서 있는 대로 고른 것은?

보기

ㄱ. A의 병원체는 세포로 되어 있다.

ㄴ. B의 병원체는 단백질을 가지고 있다.

ㄷ. C는 타인에게 전염되지 않는다.

① ㄱ   ② ㄷ   ③ ㄱ, ㄴ   ④ ㄴ, ㄷ   ⑤ ㄱ, ㄴ, ㄷ

16   2023 수능

질병을 일으키는 병원체, 질병의 구분
[2023학년도 수능 2번]

표는 사람의 5가지 질병을 병원체의 특징에 따라 구분하여 나타낸
것이다.

병원체의 특징	질병
세포 구조로 되어 있다.	결핵, 무좀, 말라리아
(가)	독감, 후천성 면역 결핍증(AIDS)

이에 대한 설명으로 옳은 것만을 〈보기〉에서 있는 대로 고른 것은?

보기

ㄱ. '스스로 물질대사를 하지 못한다.'는 (가)에 해당한다.

ㄴ. 무좀과 말라리아의 병원체는 모두 곰팡이다.

ㄷ. 결핵과 독감은 모두 감염성 질병이다.

① ㄱ   ② ㄴ   ③ ㄱ, ㄷ   ④ ㄴ, ㄷ   ⑤ ㄱ, ㄴ, ㄷ

표는 질병 A~C의 특징을 나타낸 것이다. A~C는 각각 결핵, 혈우병, 후천성 면역 결핍 증후군(AIDS) 중 하나이다.

질병	특징
A	비감염성 질병이다.
B	병원체는 세포 구조로 되어 있다.
C	병원체는 스스로 물질대사를 하지 못한다.

이에 대한 설명으로 옳은 것만을 〈보기〉에서 있는 대로 고른 것은?

> **보기**
> ㄱ. A는 혈우병이다.
> ㄴ. B의 병원체는 핵산을 가지고 있다.
> ㄷ. C의 병원체는 인간 면역 결핍 바이러스(HIV)이다.

① ㄱ   ② ㄷ   ③ ㄱ, ㄴ   ④ ㄴ, ㄷ   ⑤ ㄱ, ㄴ, ㄷ

표는 질병 A~C의 특징을 나타낸 것이다. A~C는 결핵, 독감, 낫 모양 적혈구 빈혈증을 순서 없이 나타낸 것이다.

질병	특징
A	병원체가 없다.
B	병원체는 세포 구조가 아니다.
C	병원체는 독립적으로 물질대사를 한다.

이에 대한 옳은 설명만을 〈보기〉에서 있는 대로 고른 것은?

> **보기**
> ㄱ. A는 유전병이다.
> ㄴ. B의 병원체는 바이러스이다.
> ㄷ. C를 치료할 때 항생제를 사용한다.

① ㄱ   ② ㄴ   ③ ㄱ, ㄷ   ④ ㄴ, ㄷ   ⑤ ㄱ, ㄴ, ㄷ

표는 사람의 3가지 질병이 갖는 특징을 나타낸 것이다. A와 B는 각각 말라리아와 헌팅턴 무도병 중 하나이다.

질병	특징
A	비감염성 질병이다.
B	병원체는 세포로 이루어져 있다.
후천성 면역 결핍증	㉠

이에 대한 옳은 설명만을 〈보기〉에서 있는 대로 고른 것은?

> **보기**
> ㄱ. A는 유전병이다.
> ㄴ. B는 모기를 매개로 전염된다.
> ㄷ. '병원체는 스스로 물질대사를 하지 못한다.'는 ㉠에 해당한다.

① ㄱ   ② ㄴ   ③ ㄱ, ㄷ   ④ ㄴ, ㄷ   ⑤ ㄱ, ㄴ, ㄷ

표는 사람에게서 발병하는 3가지 질병의 특징을 나타낸 것이다.

질병	특징
결핵	치료에 항생제가 사용된다.
페닐케톤뇨증	(가)
후천성 면역 결핍증(AIDS)	(나)

이에 대한 옳은 설명만을 〈보기〉에서 있는 대로 고른 것은?

> **보기**
> ㄱ. 결핵은 세균성 질병이다.
> ㄴ. '유전병이다.'는 (가)에 해당한다.
> ㄷ. '병원체는 사람 면역 결핍 바이러스(HIV)이다.'는 (나)에 해당한다.

① ㄱ   ② ㄴ   ③ ㄱ, ㄷ   ④ ㄴ, ㄷ   ⑤ ㄱ, ㄴ, ㄷ

21 2023 평가원

표는 사람 질병의 특징을 나타낸 것이다.

질병	특징
무좀	병원체는 독립적으로 물질대사를 한다.
독감	(가)
ⓐ 낫 모양 적혈구 빈혈증	비정상적인 헤모글로빈이 적혈구 모양을 변화시킨다.

이에 대한 설명으로 옳은 것만을 <보기>에서 있는 대로 고른 것은?

보기
ㄱ. 무좀의 병원체는 세균이다.
ㄴ. '병원체는 살아 있는 숙주 세포 안에서만 증식할 수 있다.'는 (가)에 해당한다.
ㄷ. 유전자 돌연변이에 의한 질병 중에는 ⓐ가 있다.

① ㄱ ② ㄴ ③ ㄱ, ㄷ ④ ㄴ, ㄷ ⑤ ㄱ, ㄴ, ㄷ

23 2023 평가원

표는 사람의 질병 A와 B의 특징을 나타낸 것이다. A와 B는 후천성 면역 결핍증(AIDS)과 헌팅턴 무도병을 순서 없이 나타낸 것이다.

질병	특징
A	신경계가 점진적으로 파괴되면서 몸의 움직임이 통제되지 않으며, 자손에게 유전될 수 있다.
B	면역력이 약화되어 세균과 곰팡이에 쉽게 감염된다.

이에 대한 설명으로 옳은 것만을 <보기>에서 있는 대로 고른 것은?

보기
ㄱ. A는 헌팅턴 무도병이다.
ㄴ. B의 병원체는 바이러스이다.
ㄷ. A와 B는 모두 감염성 질병이다.

① ㄱ ② ㄷ ③ ㄱ, ㄴ ④ ㄴ, ㄷ ⑤ ㄱ, ㄴ, ㄷ

22

다음은 3가지 질병 A~C에 대한 자료이다. A~C는 결핵, 혈우병, 후천성 면역 결핍 증후군(AIDS)을 순서 없이 나타낸 것이다.

○ A와 B는 모두 감염성 질병이다.
○ B와 C는 모두 세균에 의한 질병이 아니다.

이에 대한 설명으로 옳은 것만을 <보기>에서 있는 대로 고른 것은?

보기
ㄱ. A의 치료에 항생제가 이용된다.
ㄴ. B의 병원체는 세포 분열을 통해 스스로 증식한다.
ㄷ. C는 후천성 면역 결핍 증후군(AIDS)이다.

① ㄱ ② ㄴ ③ ㄱ, ㄴ ④ ㄱ, ㄷ ⑤ ㄴ, ㄷ

24

다음은 어떤 환자의 병원체에 대한 실험이다.

[실험 과정 및 결과]
(가) 인간 면역 결핍 바이러스(HIV)로 인해 면역력이 저하되어 ⓐ 결핵에 걸린 환자로부터 병원체 ㉠과 ㉡을 순수 분리하였다. ㉠과 ㉡은 결핵의 병원체와 후천성 면역 결핍 증후군(AIDS)의 병원체를 순서 없이 나타낸 것이다.
(나) ㉠은 세포 분열을 통해 스스로 증식하였고, ㉡은 숙주 세포와 함께 배양하였을 때만 증식하였다.

이에 대한 설명으로 옳은 것만을 <보기>에서 있는 대로 고른 것은?

보기
ㄱ. ⓐ는 감염성 질병이다.
ㄴ. ㉡은 AIDS의 병원체이다.
ㄷ. ㉠과 ㉡은 모두 단백질을 갖는다.

① ㄱ ② ㄴ ③ ㄱ, ㄷ ④ ㄴ, ㄷ ⑤ ㄱ, ㄴ, ㄷ

다음은 결핵의 병원체를 알아보기 위한 실험이다.

[실험 과정 및 결과]

(가) 결핵에 걸린 소에서 ⊙과 ⓒ을 발견하였다. ⊙과 ⓒ은 세균과 바이러스를 순서 없이 나타낸 것이다.

(나) (가)에서 발견한 ⊙과 ⓒ을 각각 순수 분리하였다.

(다) 결핵의 병원체에 노출된 적이 없는 소 여러 마리를 두 집단으로 나누어 한 집단에는 ⊙을, 다른 한 집단에는 ⓒ을 주사하였더니, ⊙을 주사한 집단의 소만 결핵에 걸렸다.

(라) (다)의 결핵에 걸린 소로부터 분리한 병원체는 ⊙과 동일한 것으로 확인되었고, 세포 분열을 통해 증식하였다.

이에 대한 설명으로 옳은 것만을 〈보기〉에서 있는 대로 고른 것은?

[보기]
ㄱ. ⊙과 ⓒ은 모두 핵산을 갖는다.
ㄴ. ⓒ은 세포 구조로 되어 있다.
ㄷ. 결핵 치료 시에는 항생제가 사용된다.

① ㄱ   ② ㄴ   ③ ㄱ, ㄷ   ④ ㄴ, ㄷ   ⑤ ㄱ, ㄴ, ㄷ

표 (가)는 사람의 5가지 질병을 A~C로 구분하여 나타낸 것이고, (나)는 병원체의 3가지 특징을 나타낸 것이다.

구분	질병
A	말라리아
B	독감, 홍역
C	결핵, 탄저병

특징
○ 유전 물질을 갖는다.
○ 세포 구조로 되어 있다.
○ 독립적으로 물질대사를 한다.

(가)   (나)

이에 대한 설명으로 옳은 것만을 〈보기〉에서 있는 대로 고른 것은?

[보기]
ㄱ. 말라리아의 병원체는 곰팡이다.
ㄴ. 독감의 병원체는 세포 구조로 되어 있다.
ㄷ. C의 병원체는 (나)의 특징을 모두 갖는다.

① ㄱ   ② ㄷ   ③ ㄱ, ㄴ   ④ ㄴ, ㄷ   ⑤ ㄱ, ㄴ, ㄷ

표 (가)는 병원체 A~C의 특징을, (나)는 사람의 6가지 질병을 Ⅰ~Ⅲ으로 구분하여 나타낸 것이다. A~C는 세균, 균류(곰팡이), 바이러스를 순서 없이 나타낸 것이고, Ⅰ~Ⅲ은 세균성 질병, 바이러스성 질병, 비감염성 질병을 순서 없이 나타낸 것이다.

병원체	특징
A	핵이 있음
B	항생제에 의해 제거됨
C	세포 구조가 아님

구분	질병
Ⅰ	⊙당뇨병, 고혈압
Ⅱ	독감, 홍역
Ⅲ	결핵, 파상풍

(가)   (나)

이에 대한 설명으로 옳은 것만을 〈보기〉에서 있는 대로 고른 것은?

[보기]
ㄱ. ⊙은 대사성 질환이다.
ㄴ. Ⅱ의 병원체는 B이다.
ㄷ. Ⅲ의 병원체는 유전 물질을 갖는다.

① ㄱ   ② ㄴ   ③ ㄱ, ㄴ   ④ ㄱ, ㄷ   ⑤ ㄴ, ㄷ

표는 사람의 3가지 질병을 병원체의 특징에 따라 구분하여 나타낸 것이다. ⊙~ⓒ은 결핵, 독감, 무좀을 순서 없이 나타낸 것이다.

병원체의 특징	질병
곰팡이에 속한다.	⊙
스스로 물질대사를 하지 못한다.	ⓒ
ⓐ	⊙, ⓒ

이에 대한 설명으로 옳은 것만을 〈보기〉에서 있는 대로 고른 것은?

[보기]
ㄱ. ⊙은 무좀이다.
ㄴ. ⓒ의 병원체는 단백질을 갖는다.
ㄷ. '세포 구조로 되어 있다.'는 ⓐ에 해당한다.

① ㄱ   ② ㄷ   ③ ㄱ, ㄴ   ④ ㄴ, ㄷ   ⑤ ㄱ, ㄴ, ㄷ

29

표 (가)는 질병 A~C에서 특징 ⊙~©의 유무를 나타낸 것이고, (나)는 ⊙~©을 순서 없이 나타낸 것이다. A~C는 각각 결핵, 독감, 후천성 면역 결핍 증후군(AIDS) 중 하나이다.

질병 \ 특징	⊙	©	©
A	○	×	×
B	○	○	×
C	○	○	○

(○: 있음, ×: 없음)

(가)

특징(⊙~©)
• 바이러스성 질병이다.
• 병원체는 유전 물질을 가진다.
• 병원체는 인간 면역 결핍 바이러스(HIV)이다.

(나)

이에 대한 설명으로 옳은 것만을 〈보기〉에서 있는 대로 고른 것은?

보기
ㄱ. A는 독감이다.
ㄴ. B의 병원체는 세포 구조로 되어 있다.
ㄷ. C의 병원체는 스스로 물질대사를 하지 못한다.

① ㄱ　　② ㄷ　　③ ㄱ, ㄴ　　④ ㄴ, ㄷ　　⑤ ㄱ, ㄴ, ㄷ

30

표 (가)는 질병 A~C에서 특징 ⊙~©의 유무를, (나)는 ⊙~©을 순서 없이 나타낸 것이다. A~C는 각각 결핵, 독감, 혈우병 중 하나이다.

질병 \ 특징	A	B	C
⊙	○	?	○
©	×	○	×
©	×	?	○

(○: 있음, ×: 없음)

(가)

특징 ⊙~©
○ 병원체가 독립적으로 물질대사를 한다.
○ 병원체가 핵산을 가지고 있다.
○ 비감염성 질병이다.

(나)

이에 대한 설명으로 옳은 것만을 〈보기〉에서 있는 대로 고른 것은?

보기
ㄱ. A의 병원체는 분열을 통해 증식한다.
ㄴ. B는 백신을 이용하여 예방할 수 있다.
ㄷ. C는 결핵이다.

① ㄱ　　② ㄴ　　③ ㄷ　　④ ㄱ, ㄷ　　⑤ ㄴ, ㄷ

31

다음은 푸른곰팡이와 인플루엔자 바이러스에 대한 자료이다.

○ 플레밍은 세균을 배양하던 접시에서 ⊙ 푸른곰팡이 주위에 세균이 자라지 못하는 것을 관찰하였다.
○ 독감은 © 인플루엔자 바이러스에 의하여 발병하며 백신을 접종하여 예방할 수 있다.

이에 대한 설명으로 옳은 것만을 〈보기〉에서 있는 대로 고른 것은?

보기
ㄱ. ⊙으로부터 페니실린이 발견되었다.
ㄴ. ©은 스스로 물질대사를 하지 못한다.
ㄷ. ⊙과 ©은 모두 유전 물질을 가진다.

① ㄱ　　② ㄷ　　③ ㄱ, ㄴ　　④ ㄴ, ㄷ　　⑤ ㄱ, ㄴ, ㄷ

32

그림은 결핵과 독감의 공통점과 차이점을 나타낸 것이다.
이에 대한 옳은 설명만을 〈보기〉에서 있는 대로 고른 것은?

보기
ㄱ. '감염성 질병이다.'는 ⊙에 해당한다.
ㄴ. '병원체에 핵산이 있다.'는 ©에 해당한다.
ㄷ. '병원체가 독립적으로 물질대사를 한다.'는 ©에 해당한다.

① ㄱ　　② ㄴ　　③ ㄱ, ㄴ　　④ ㄱ, ㄷ　　⑤ ㄴ, ㄷ

33 2022 평가원

표 (가)는 병원체의 3가지 특징을, (나)는 (가)의 특징 중 사람의 질병 A~C의 병원체가 갖는 특징의 개수를 나타낸 것이다. A~C는 독감, 무좀, 말라리아를 순서 없이 나타낸 것이다.

특징
• 독립적으로 물질대사를 한다.
• ⊙ 단백질을 갖는다.
• 곰팡이에 속한다.

질병	병원체가 갖는 특징의 개수
A	3
B	?
C	2

(가)　　　　　　　　(나)

이에 대한 설명으로 옳은 것만을 〈보기〉에서 있는 대로 고른 것은?

보기
ㄱ. A는 무좀이다.
ㄴ. B의 병원체는 특징 ⊙을 갖는다.
ㄷ. C는 모기를 매개로 전염된다.

① ㄱ   ② ㄴ   ③ ㄱ, ㄷ   ④ ㄴ, ㄷ   ⑤ ㄱ, ㄴ, ㄷ

35

표 (가)는 질병의 특징 3가지를, (나)는 (가) 중에서 질병 A~C에 있는 특징의 개수를 나타낸 것이다. A~C는 말라리아, 무좀, 홍역을 순서 없이 나타낸 것이다.

특징
○ 병원체가 원생생물이다.
○ 병원체가 세포 구조로 되어 있다.
○ ⊙

질병	특징의 개수
A	3
B	2
C	1

(가)　　　　　　　　(나)

이에 대한 설명으로 옳은 것만을 〈보기〉에서 있는 대로 고른 것은?

③점

보기
ㄱ. A는 무좀이다.
ㄴ. C의 병원체는 세포 분열을 통해 증식한다.
ㄷ. '감염성 질병이다.'는 ⊙에 해당한다.

① ㄱ   ② ㄷ   ③ ㄱ, ㄴ   ④ ㄴ, ㄷ   ⑤ ㄱ, ㄴ, ㄷ

34

표 (가)는 사람에서 질병을 일으키는 병원체의 특징 3가지를, (나)는 (가) 중에서 병원체 A~C가 가지는 특징의 개수를 나타낸 것이다. A~C는 결핵균, 무좀균, 인플루엔자 바이러스를 순서 없이 나타낸 것이다.

특징
• 곰팡이이다.
• 유전 물질을 가진다.
• 독립적으로 물질대사를 한다.

병원체	특징의 개수
A	1
B	2
C	⊙

(가)　　　　　　　　(나)

이에 대한 설명으로 옳은 것만을 〈보기〉에서 있는 대로 고른 것은?

보기
ㄱ. ⊙은 3이다.
ㄴ. A는 무좀균이다.
ㄷ. B에 의한 질병의 치료에 항생제가 사용된다.

① ㄱ   ② ㄴ   ③ ㄷ   ④ ㄱ, ㄷ   ⑤ ㄴ, ㄷ

36

표 (가)는 사람의 질병 A~C에서 특징 ⊙~ⓒ의 유무를, (나)는 ⊙~ⓒ을 순서 없이 나타낸 것이다. A~C는 각각 결핵, 홍역, 혈우병 중 하나이다.

질병＼특징	⊙	ⓛ	ⓒ
A	×	×	○
B	×	○	×
C	○	×	○

(○: 있음, ×: 없음)

특징(⊙~ⓒ)
• 유전병이다.
• 세균에 의해 유발된다.
• 다른 사람에게 전염될 수 있다.

(가)　　　　　　　　(나)

이에 대한 옳은 설명만을 〈보기〉에서 있는 대로 고른 것은?

보기
ㄱ. A는 홍역이다.
ㄴ. ⓒ은 '세균에 의해 유발된다.'이다.
ㄷ. C를 치료할 때 항생제를 사용한다.

① ㄱ   ② ㄴ   ③ ㄷ   ④ ㄱ, ㄷ   ⑤ ㄴ, ㄷ

37

표는 사람의 세 가지 질병의 원인을 나타낸 것이다.

이에 대한 설명으로 옳은 것만을 〈보기〉에서 있는 대로 고른 것은?

질병	원인
결핵	병원체 A
무좀	병원체 B
고혈압	?

보기

ㄱ. 결핵의 치료에 항생제가 이용된다.

ㄴ. A와 B는 모두 유전 물질을 가진다.

ㄷ. 고혈압은 감염성 질병이다.

① ㄱ   ② ㄴ   ③ ㄷ   ④ ㄱ, ㄴ   ⑤ ㄱ, ㄴ, ㄷ

38

표는 결핵을 일으키는 병원체 A, 후천성 면역 결핍증을 일으키는 병원체 B, 무좀을 일으키는 병원체 C에서 각각 특징 (가)~(다)의 유무를 나타낸 것이다. (가)~(다)는 각각 '세포 구조이다.', '핵막이 있다.', '핵산이 있다.' 중 하나이다.

이에 대한 옳은 설명만을 〈보기〉에서 있는 대로 고른 것은?

병원체 특징	A	B	C
(가)	○	○	㉠
(나)	○	×	○
(다)	×	?	○

(○: 있음, ×: 없음)

보기

ㄱ. ㉠은 '○'이다.

ㄴ. (나)는 '핵막이 있다.'이다.

ㄷ. A~C는 모두 세포 분열로 증식한다.

① ㄱ   ② ㄴ   ③ ㄷ   ④ ㄱ, ㄴ   ⑤ ㄴ, ㄷ

39

표 (가)는 질병 A~C에서 특징 ㉠~㉢의 유무를, (나)는 ㉠~㉢을 순서 없이 나타낸 것이다. A~C는 결핵, 말라리아, 헌팅턴 무도병을 순서 없이 나타낸 것이다.

특징 질병	㉠	㉡	㉢
A	○	×	?
B	○	?	×
C	?	○	×

(○: 있음, ×: 없음)

(가)

특징(㉠~㉢)
○ 비감염성 질병이다.
○ 병원체가 원생생물이다.
○ 병원체가 세포 구조로 되어 있다.

(나)

이에 대한 설명으로 옳은 것만을 〈보기〉에서 있는 대로 고른 것은?

보기

ㄱ. A는 모기를 매개로 전염된다.

ㄴ. B의 치료에는 항생제가 사용된다.

ㄷ. C는 헌팅턴 무도병이다.

① ㄱ   ② ㄷ   ③ ㄱ, ㄴ   ④ ㄴ, ㄷ   ⑤ ㄱ, ㄴ, ㄷ

40

표는 질병 (가)~(다)의 치료에 각각 이용되는 물질 A~C의 기능을 나타낸 것이다. (가)~(다)는 독감, 결핵, 당뇨병을 순서 없이 나타낸 것이다.

질병	물질	기능
(가)	A	병원체의 세포벽 형성을 억제한다.
(나)	B	병원체의 유전 물질 복제를 방해한다.
(다)	C	혈액에서 간세포로 포도당의 이동을 촉진한다.

이에 대한 설명으로 옳은 것만을 〈보기〉에서 있는 대로 고른 것은?

보기

ㄱ. (가)의 병원체는 핵막을 갖는다.

ㄴ. (가)와 (나)의 병원체는 모두 단백질을 갖는다.

ㄷ. (다)는 비감염성 질병이다.

① ㄱ   ② ㄷ   ③ ㄱ, ㄴ   ④ ㄴ, ㄷ   ⑤ ㄱ, ㄴ, ㄷ

41

그림은 질병 (가)를 일으키는 병원체 X를
나타낸 것이다.
이에 대한 옳은 설명만을 〈보기〉에서
있는 대로 고른 것은?

세포막

보기
ㄱ. X는 바이러스이다.
ㄴ. X는 단백질을 갖는다.
ㄷ. (가)는 감염성 질병이다.

① ㄱ　　② ㄴ　　③ ㄱ, ㄷ　　④ ㄴ, ㄷ　　⑤ ㄱ, ㄴ, ㄷ

43 2024 평가원

표는 사람의 질병 A~C의 병원체에서 특징의 유무를 나타낸
것이다. A~C는 결핵, 무좀, 후천성 면역 결핍증(AIDS)을 순서
없이 나타낸 것이다.

특징 \ 병원체	A의 병원체	B의 병원체	C의 병원체
스스로 물질대사를 한다.	○	○	×
세균에 속한다.	×	○	×

(○: 있음, ×: 없음)

이에 대한 설명으로 옳은 것만을 〈보기〉에서 있는 대로 고른 것은?

보기
ㄱ. A는 후천성 면역 결핍증이다.
ㄴ. B의 치료에 항생제가 사용된다.
ㄷ. C의 병원체는 유전 물질을 갖는다.

① ㄱ　　② ㄷ　　③ ㄱ, ㄴ　　④ ㄴ, ㄷ　　⑤ ㄱ, ㄴ, ㄷ

42 2022 수능

표는 사람 질병의 특징을 나타낸 것이다.

질병	특징
말라리아	모기를 매개로 전염된다.
결핵	(가)
헌팅턴 무도병	신경계의 손상(퇴화)이 일어난다.

이에 대한 설명으로 옳은 것만을 〈보기〉에서 있는 대로 고른 것은?

보기
ㄱ. 말라리아의 병원체는 바이러스이다.
ㄴ. '치료에 항생제가 사용된다.'는 (가)에 해당한다.
ㄷ. 헌팅턴 무도병은 비감염성 질병이다.

① ㄱ　　② ㄷ　　③ ㄱ, ㄴ　　④ ㄴ, ㄷ　　⑤ ㄱ, ㄴ, ㄷ

44

다음은 질병 ㉠의 병원체와 월별 발병률 자료에 대한 학생 A~C의
발표 내용이다. ㉠은 독감과 헌팅턴 무도병 중 하나이다.

제시한 내용이 옳은 학생만을 있는 대로 고른 것은?

① A　　② B　　③ C　　④ A, B　　⑤ B, C

02. 우리 몸의 방어 작용

❶ 인체의 방어 작용 ★수능에 나오는 필수 개념 2가지 + 필수 암기사항 3개

기본자료

필수개념 1 **비특이적 방어 작용**

- **비특이적 방어 작용(선천성 면역)** : 병원체의 종류나 감염 경험의 유무와 관계없이 감염 발생 시 신속하게 반응이 일어난다. 피부, 점막, 분비액에 의한 방어와 식균 작용, 염증 반응이 해당된다.

- **염증 반응의 과정** ★암기 → 그림 자료를 중심으로 염증 반응의 과정을 이해하자!

> - 대식 세포와 같은 백혈구는 체내로 침투한 병원체를 식균 작용을 통해 세포 내에서 분해시킨다.
> - 피부나 점막이 손상되어 병원체가 체내로 침입하면 열, 부어오름, 붉어짐, 통증이 나타나는 염증 반응이 일어난다.
>
>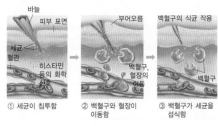

필수개념 2 **특이적 방어 작용**

- **특이적 방어 작용(후천성 면역)** ★암기 → 체크한 부분을 기억하자!
  : 특정 항원을 인식하여 제거하는 방어 작용이며, 백혈구의 일종으로 골수에서 생성되어 가슴샘에서 성숙되는 T 림프구와 골수에서 생성되어 골수에서 성숙되는 B 림프구에 의해 이루어진다.

- **세포성 면역** : 활성화된 세포 독성 T 림프구가 병원체에 감염된 세포를 제거하는 면역 반응이다. 대식 세포가 병원체를 삼킨 후 분해하여 항원을 제시하면 보조 T 림프구가 이를 인식하여 활성화되고 활성화된 보조 T 림프구가 세포 독성 T 림프구를 활성화시켜 병원체에 감염된 세포나 암세포를 직접 공격하여 제거하게 한다.

- **체액성 면역** : 형질 세포가 생산하는 항체가 항원과 결합함으로써 항원을 제거하는 면역 반응이다.

> - 1차 면역 반응 : 항원의 1차 침입 시 보조 T 림프구의 도움을 받은 B 림프구가 기억 세포와 형질 세포로 분화되고, 분화된 형질 세포에서 항체를 생성하여 항원과 결합하는 면역 반응이다.
> - 2차 면역 반응 : 동일 항원의 재침입 시 그 항원에 대한 기억 세포에 의해 일어나는 면역 반응으로 기억 세포가 빠르게 기억 세포와 형질 세포로 분화되고, 분화된 형질 세포에서 항체를 생성하여 항원과 결합하는 면역 반응이다.

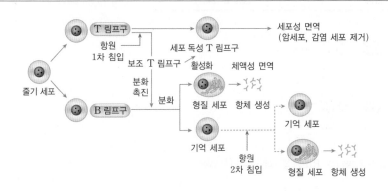

▶ **비만 세포**
백혈구의 일종으로, 피부, 소화관 점막, 기관지 점막 등 외부 물질이 침입하기 쉬운 곳에 분포해 있다. 히스타민을 분비하여 모세 혈관을 확장시키며, 식균 작용을 하는 백혈구를 유인하는 신호 물질도 분비한다.

▶ **히스타민**
비만 세포에서 분비되는 화학 물질로, 스트레스를 받거나 염증, 알레르기 등이 생길 때 분비된다. 모세 혈관을 확장시켜 혈류량을 증가시키고, 가려움증을 유발한다.

▶ **항원**
외부에서 몸속으로 침입한 이물질로, 면역 반응을 유도할 수 있는 분자나 그 분자의 일부분이다. 이종 단백질, 세균, 바이러스, 독소 등이 항원으로 작용한다.

▶ **항체**
면역계에서 항원과 특이적으로 결합한 후 이를 제거하는 단백질이다.

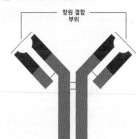

▶ **인공 면역** ★암기 → 인공 면역 방법을 구분해서 기억하자!
- 백신(예방 주사) : 죽거나 약화시킨 항원을 주사하여 체내에 기억 세포가 형성되게 한다. 병의 예방 목적으로 사용한다.
- 면역 혈청 : 다른 동물이 만든 항체(면역 혈청)를 주입하여 항원을 제거한다. 병의 치료 목적으로 사용한다.

DAY
13

III

2
ㅡ
02.
우리
몸의
방어
작용

❷ 혈액형 ★수능에 나오는 필수 개념 2가지 + 필수 암기사항 2개

기본자료

필수개념 1 ABO식 혈액형

· **ABO식 혈액형의 구분** 암기 → ABO식 혈액형의 판정과 수혈에 대한 내용을 기억하자!

응집원(항원)은 적혈구 막에 A와 B 두 종류가 있고, 응집소(항체)는 혈장에 α와 β 두 종류가 있다.
응집원의 종류에 따라 A형, B형, AB형, O형으로 구분한다.

구분	A형	B형	AB형	O형
응집원(적혈구 막)	A	B	A, B	없음
응집소(혈장)	β	α	없음	α, β

· **ABO식 혈액형의 판정**

응집원 A와 응집소 α, 응집원 B와 응집소 β가 만나면 응집 반응이 일어나는데, 이러한 응집 반응을
이용하여 혈액형을 판정한다.

혈청 \ 혈액형	A형	B형	AB형	O형
항 A 혈청(B형 표준 혈청) – 응집소 α 함유	응집됨	응집 안 됨	응집됨	응집 안 됨
항 B 혈청(A형 표준 혈청) – 응집소 β 함유	응집 안 됨	응집됨	응집됨	응집 안 됨

· **ABO식 혈액형의 수혈 관계**

기본적으로 수혈은 같은 혈액형끼리 하는 것이 원칙이며, 소량 수혈의 경우
혈액을 주는 사람의 응집원과 혈액을 받는 사람의 응집소 사이에 응집
반응이 일어나지 않으면 서로 다른 혈액형끼리의 수혈이 가능하다.

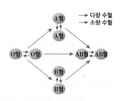

▶ 혈청
혈액은 혈구와 혈장으로 구분되는데,
혈장에서 혈액 응고 성분인
파이브리노젠을 제거한 것을 혈청이라고
한다.

▶ 항 A 혈청(B형 표준 혈청)
응집소 α가 존재하여 응집원 A와 만나면
응집한다.

▶ 항 B 혈청(A형 표준 혈청)
응집소 β가 존재하여 응집원 B와 만나면
응집한다.

필수개념 2 Rh식 혈액형

· **Rh식 혈액형의 구분** 암기 → Rh식 혈액형의 판정과 수혈에 대한 내용을 기억하자!

Rh 응집원(항원)은 적혈구 막에 있고, 응집소(항체)는 혈장에 있다.

구분	Rh⁺형	Rh⁻형
응집원	있음	없음
응집소	없음	Rh 응집원이 유입되면 생성된다.

· **Rh식 혈액형의 판정**

혈청 \ 혈액형	Rh⁺형	Rh⁻형
항 Rh 혈청(Rh 응집소 함유)	응집됨	응집 안 됨

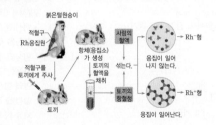

· **Rh식 혈액형의 수혈 관계** : 동일한 혈액형끼리 수혈이 가능하며, Rh 응집원에 노출되지 않은
Rh⁻형은 Rh⁺형에게 수혈할 수 있다.

▶ Rh 응집소의 생성과 특징
· Rh⁻형인 사람이 Rh 응집원에 노출되면
Rh 응집소가 생성된다.
· Rh 응집소는 크기가 작아 태반을
통과할 수 있다.

▶ Rh식 혈액형의 수혈 관계

1

다음은 병원체 X가 사람에 침입했을 때의 방어 작용에 대한
자료이다.

> (가) X가 1차 침입했을 때 B 림프구가 ㉠과 ㉡으로 분화한다.
> ㉠과 ㉡은 각각 기억 세포와 형질 세포 중 하나이다.
> (나) X에 대한 항체와 X가 항원 항체 반응을 한다.
> (다) X가 2차 침입했을 때 ㉠이 ㉡으로 분화한다.

이에 대한 옳은 설명만을 〈보기〉에서 있는 대로 고른 것은?

> 보기
> ㄱ. B 림프구는 가슴샘에서 성숙한 세포이다.
> ㄴ. ㉠은 기억 세포이다.
> ㄷ. X에 대한 체액성 면역 반응에서 (나)가 일어난다.

① ㄱ   ② ㄷ   ③ ㄱ, ㄴ   ④ ㄴ, ㄷ   ⑤ ㄱ, ㄴ, ㄷ

2

다음은 사람의 몸에서 일어나는 방어 작용에 대한 자료이다. 세포
ⓐ~ⓒ는 대식세포, B 림프구, 보조 T 림프구를 순서 없이 나타낸
것이다.

> (가) 위의 점막에서 위산이 분비되어 외부에서 들어온 세균을
> 제거한다.
> (나) ⓐ가 제시한 항원 조각을 인식하여 활성화된 ⓑ가 ⓒ의
> 증식과 분화를 촉진한다. ⓒ는 형질 세포로 분화하여
> 항체를 생성한다.

이에 대한 설명으로 옳은 것만을 〈보기〉에서 있는 대로 고른 것은?
3점

> 보기
> ㄱ. (가)는 비특이적 방어 작용에 해당한다.
> ㄴ. ⓑ는 B 림프구이다.
> ㄷ. ⓒ는 가슴샘에서 성숙한다.

① ㄱ   ② ㄷ   ③ ㄱ, ㄷ   ④ ㄴ, ㄷ   ⑤ ㄱ, ㄴ, ㄷ

3

그림 (가)는 어떤 생쥐에 항원 A를 1차로 주사하였을 때 일어나는
면역 반응의 일부를, (나)는 A를 주사하였을 때 이 생쥐에서 생성되는
A에 대한 혈중 항체의 농도 변화를 나타낸 것이다. ㉠~㉢은 기억
세포, 형질 세포, 보조 T 림프구를 순서 없이 나타낸 것이다.

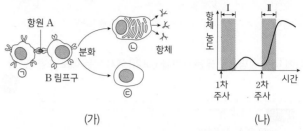

(가)   (나)

이에 대한 옳은 설명만을 〈보기〉에서 있는 대로 고른 것은? **3점**

> 보기
> ㄱ. ㉠은 보조 T 림프구이다.
> ㄴ. 구간 Ⅰ에서 ㉡이 형성된다.
> ㄷ. 구간 Ⅱ에서 ㉡이 ㉢으로 분화된다.

① ㄱ   ② ㄴ   ③ ㄷ   ④ ㄱ, ㄴ   ⑤ ㄱ, ㄷ

4

표 (가)는 세포 Ⅰ~Ⅲ에서 특징 ㉠~㉢의 유무를 나타낸 것이고,
(나)는 ㉠~㉢을 순서 없이 나타낸 것이다. Ⅰ~Ⅲ은 각각 보조
T 림프구, 세포독성 T 림프구, 형질 세포 중 하나이다.

특징 세포	㉠	㉡	㉢
Ⅰ	○	○	○
Ⅱ	×	○	×
Ⅲ	○	○	×

(○: 있음, ×: 없음)

특징(㉠~㉢)
• 특이적 방어 작용에 관여한다.
• 가슴샘에서 성숙된다.
• 병원체에 감염된 세포를 직접 파괴한다.

(가)   (나)

이에 대한 설명으로 옳은 것만을 〈보기〉에서 있는 대로 고른 것은?
3점

> 보기
> ㄱ. Ⅰ은 보조 T 림프구이다.
> ㄴ. Ⅱ에서 항체가 분비된다.
> ㄷ. ㉢은 '병원체에 감염된 세포를 직접 파괴한다.'이다.

① ㄱ   ② ㄴ   ③ ㄱ, ㄷ   ④ ㄴ, ㄷ   ⑤ ㄱ, ㄴ, ㄷ

5

그림 (가)와 (나)는 사람의 체내에 항원 X가 침입했을 때 일어나는
방어 작용 중 일부를 나타낸 것이다. ⊙과 ⓒ은 각각 기억 세포와
형질 세포 중 하나이다.

이에 대한 설명으로 옳은 것만을 〈보기〉에서 있는 대로 고른 것은?

보기

ㄱ. ⊙은 형질 세포이다.

ㄴ. 과정 I 은 X에 대한 1차 면역 반응에서 일어난다.

ㄷ. 보조 T 림프구는 과정 II 를 촉진한다.

① ㄱ   ② ㄴ   ③ ㄷ   ④ ㄱ, ㄷ   ⑤ ㄴ, ㄷ

6

그림은 어떤 병원체가 사람의 몸속에 침입했을 때 일어나는 방어
작용의 일부를 나타낸 것이다. ⊙~ⓒ은 보조 T 림프구, 형질 세포,
B 림프구를 순서 없이 나타낸 것이다.

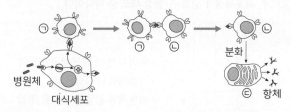

이에 대한 옳은 설명만을 〈보기〉에서 있는 대로 고른 것은?

보기

ㄱ. ⊙은 보조 T 림프구이다.

ㄴ. ⓒ은 가슴샘에서 성숙한다.

ㄷ. ⓒ은 체액성 면역 반응에 관여한다.

① ㄱ   ② ㄷ   ③ ㄱ, ㄴ   ④ ㄱ, ㄷ   ⑤ ㄴ, ㄷ

7

그림은 어떤 사람이 항원 X에 감염되었을 때 일어나는 방어 작용의
일부를 나타낸 것이다.

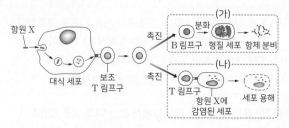

이에 대한 설명으로 옳은 것만을 〈보기〉에서 있는 대로 고른 것은?

보기

ㄱ. 대식 세포는 항원 X의 정보를 보조 T 림프구에 전달한다.

ㄴ. (가)는 비특이적 면역이다.

ㄷ. (나)에서 세포성 면역 반응이 일어난다.

① ㄱ   ② ㄴ   ③ ㄱ, ㄴ   ④ ㄱ, ㄷ   ⑤ ㄴ, ㄷ

8

그림 (가)는 어떤 사람이 세균 X에 감염된 후 나타나는 특이적
면역(방어) 작용의 일부를, (나)는 이 사람에서 X의 침입에 의해
생성되는 X에 대한 혈중 항체의 농도 변화를 나타낸 것이다. ⊙과
ⓒ은 보조 T 림프구와 B 림프구를 순서 없이 나타낸 것이다.

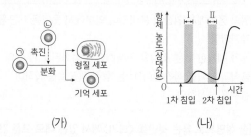

이에 대한 설명으로 옳은 것만을 〈보기〉에서 있는 대로 고른 것은?

보기

ㄱ. ⊙은 보조 T 림프구이다.

ㄴ. 구간 I 에서 형질 세포로부터 항체가 생성되었다.

ㄷ. 구간 II 에는 X에 대한 기억 세포가 있다.

① ㄱ   ② ㄷ   ③ ㄱ, ㄴ   ④ ㄴ, ㄷ   ⑤ ㄱ, ㄴ, ㄷ

9

그림 (가)와 (나)는 사람의 면역 반응을 나타낸 것이다. (가)와 (나)는 각각 세포성 면역과 체액성 면역 중 하나이며, ㉠~㉢은 기억 세포, 세포독성 T 림프구, B 림프구를 순서 없이 나타낸 것이다.

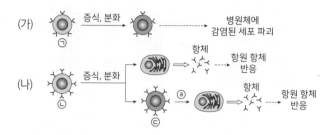

이에 대한 설명으로 옳은 것만을 〈보기〉에서 있는 대로 고른 것은?

3점

보기
ㄱ. (가)는 체액성 면역이다.
ㄴ. 보조 T 림프구는 ㉡에서 ㉢으로의 분화를 촉진한다.
ㄷ. 2차 면역 반응에서 과정 ⓐ가 일어난다.

① ㄱ   ② ㄴ   ③ ㄱ, ㄷ   ④ ㄴ, ㄷ   ⑤ ㄱ, ㄴ, ㄷ

11

그림 (가)는 어떤 사람의 체내에 병원균 X가 처음 침입하였을 때 일어나는 방어 작용의 일부를, (나)는 이 사람에서 X의 침입에 의해 생성되는 X에 대한 혈중 항체의 농도 변화를 나타낸 것이다. ㉠과 ㉡은 각각 기억 세포와 형질 세포 중 하나이다.

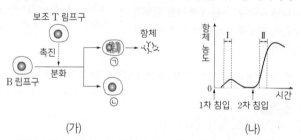

이에 대한 설명으로 옳은 것만을 〈보기〉에서 있는 대로 고른 것은?

3점

보기
ㄱ. ⓐ는 세포성 면역에 해당한다.
ㄴ. 구간 Ⅱ에서 ㉠이 ㉡으로 분화한다.
ㄷ. 구간 Ⅰ에서 비특이적 방어 작용이 일어난다.

① ㄱ   ② ㄷ   ③ ㄱ, ㄴ   ④ ㄴ, ㄷ   ⑤ ㄱ, ㄴ, ㄷ

10

그림 (가)와 (나)는 사람의 면역 반응의 일부를 나타낸 것이다. (가)와 (나)는 각각 세포성 면역과 체액성 면역 중 하나이고, ㉠과 ㉡은 각각 세포독성 T림프구와 형질 세포 중 하나이다.

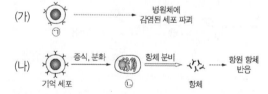

이에 대한 설명으로 옳은 것만을 〈보기〉에서 있는 대로 고른 것은?

보기
ㄱ. ㉠은 세포독성 T림프구이다.
ㄴ. (나)는 2차 면역 반응에 해당한다.
ㄷ. (가)와 (나)는 모두 특이적 방어 작용에 해당한다.

① ㄱ   ② ㄴ   ③ ㄱ, ㄷ   ④ ㄴ, ㄷ   ⑤ ㄱ, ㄴ, ㄷ

12

그림 (가)는 항원 X가 인체에 침입했을 때 일어나는 방어 작용의 일부를, (나)는 X의 침입에 의해 생성되는 혈중 항체의 농도 변화를 나타낸 것이다. ㉠과 ㉡은 각각 기억 세포와 형질 세포 중 하나이다.

이에 대한 설명으로 옳은 것만을 〈보기〉에서 있는 대로 고른 것은?

보기
ㄱ. B 림프구는 가슴샘(흉선)에서 생성된다.
ㄴ. 구간 Ⅰ에서 특이적 면역 반응이 일어난다.
ㄷ. 구간 Ⅱ에서 ㉠은 ㉡으로 분화된다.

① ㄱ   ② ㄴ   ③ ㄱ, ㄷ   ④ ㄴ, ㄷ   ⑤ ㄱ, ㄴ, ㄷ

DAY 13
Ⅲ
2
-
02.
우리 몸의 방어 작용

13

다음은 항원 A와 B에 대한 생쥐의 방어 작용 실험이다.

[실험 과정]
(가) A와 B에 노출된 적이 없는 생쥐 X를 준비한다.
(나) X에게 A를 1차 주사하고, 일정 시간이 지난 후 X에게 A를 2차, B를 1차 주사한다.

[실험 결과]
X에서 A와 B에 대한 혈중 항체 농도 변화는 그림과 같다.

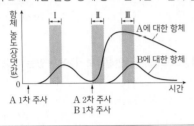

이에 대한 설명으로 옳은 것만을 <보기>에서 있는 대로 고른 것은?

보기
ㄱ. 구간 Ⅰ에서 A에 대한 1차 면역 반응이 일어났다.
ㄴ. 구간 Ⅱ에서 A에 대한 형질 세포가 기억 세포로 분화되었다.
ㄷ. 구간 Ⅲ에서 B에 대한 특이적 방어 작용이 일어났다.

① ㄱ   ② ㄴ   ③ ㄱ, ㄷ   ④ ㄴ, ㄷ   ⑤ ㄱ, ㄴ, ㄷ

15

그림 (가)는 인체에 세균 X가 침입했을 때 B 림프구와 기억 세포가 각각 형질 세포로 분화되는 과정을, (나)는 X의 침입 후 생성되는 혈중 항체의 농도 변화를 나타낸 것이다.

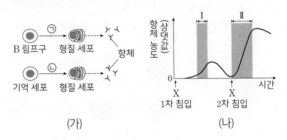

(가)   (나)

이에 대한 설명으로 옳은 것만을 <보기>에서 있는 대로 고른 것은? ③점

보기
ㄱ. 과정 ㉠에 보조 T 림프구가 관여한다.
ㄴ. 구간 Ⅱ에서 과정 ㉡이 일어난다.
ㄷ. 구간 Ⅰ과 Ⅱ에서 모두 X에 대한 특이적 방어 작용이 일어난다.

① ㄱ   ② ㄷ   ③ ㄱ, ㄴ   ④ ㄴ, ㄷ   ⑤ ㄱ, ㄴ, ㄷ

14

그림은 항원 X에 노출된 적이 없는 어떤 생쥐에 ㉠을 1회, X를 2회 주사했을 때 X에 대한 혈중 항체 농도의 변화를 나타낸 것이다. ㉠은 X에 대한 항체가 포함된 혈청과 X에 대한 기억 세포 중 하나이다.

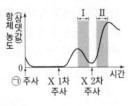

이에 대한 옳은 설명만을 <보기>에서 있는 대로 고른 것은? ③점

보기
ㄱ. ㉠은 X에 대한 기억 세포이다.
ㄴ. 구간 Ⅰ에서 X에 대한 형질 세포가 기억 세포로 분화했다.
ㄷ. 구간 Ⅱ에서 체액성 면역 반응이 일어났다.

① ㄱ   ② ㄴ   ③ ㄷ   ④ ㄱ, ㄷ   ⑤ ㄴ, ㄷ

16 2023 평가원

그림은 사람 P가 병원체 X에 감염되었을 때 일어난 방어 작용의 일부를 나타낸 것이다. ㉠과 ㉡은 보조 T 림프구와 세포독성 T 림프구를 순서 없이 나타낸 것이다.

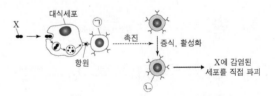

이에 대한 설명으로 옳은 것만을 <보기>에서 있는 대로 고른 것은? ③점

보기
ㄱ. ㉠은 대식세포가 제시한 항원을 인식한다.
ㄴ. ㉡은 형질 세포로 분화된다.
ㄷ. P에서 세포성 면역 반응이 일어났다.

① ㄱ   ② ㄴ   ③ ㄱ, ㄷ   ④ ㄴ, ㄷ   ⑤ ㄱ, ㄴ, ㄷ

17

다음은 병원체 A에 대한 생쥐의 방어 작용 실험이다.

(가) A의 병원성을 약화시켜 만든 백신 ㉠을 생쥐 Ⅰ에 주사하고, 2주 후 Ⅰ에서 혈청 ㉡을 얻는다.

(나) 표와 같이 생쥐 Ⅱ~Ⅳ에게 주사액을 주사하고, 일정 시간 후 생존 여부를 확인한다.

생쥐	주사액	생존 여부
Ⅱ	A	죽는다
Ⅲ	A+㉠	죽는다
Ⅳ	A+㉡	산다

이에 대한 옳은 설명만을 〈보기〉에서 있는 대로 고른 것은? (단, Ⅰ~Ⅳ는 모두 유전적으로 동일하고, A에 노출된 적이 없다.)

보기

ㄱ. ㉠을 주사한 Ⅰ에서 A에 대한 항체가 생성되었다.

ㄴ. ㉡에는 A에 대한 기억 세포가 들어 있다.

ㄷ. (나)의 Ⅳ에서 항원 항체 반응이 일어났다.

① ㄱ   ② ㄷ   ③ ㄱ, ㄴ   ④ ㄱ, ㄷ   ⑤ ㄴ, ㄷ

---

18 2022 수능

다음은 어떤 사람이 병원체 X에 감염되었을 때 나타나는 방어 작용에 대한 자료이다.

(가) ㉠ 형질 세포에서 X에 대한 항체가 생성된다.

(나) 세포독성 T 림프구가 X에 감염된 세포를 파괴한다.

이에 대한 설명으로 옳은 것만을 〈보기〉에서 있는 대로 고른 것은?

3점

보기

ㄱ. X에 대한 체액성 면역 반응에서 (가)가 일어난다.

ㄴ. (나)는 특이적 방어 작용에 해당한다.

ㄷ. 이 사람이 X에 다시 감염되었을 때 ㉠이 기억 세포로 분화한다.

① ㄱ   ② ㄷ   ③ ㄱ, ㄴ   ④ ㄴ, ㄷ   ⑤ ㄱ, ㄴ, ㄷ

19

다음은 병원성 세균 A와 B에 대한 생쥐의 방어 작용 실험이다.

[실험 과정 및 결과]

(가) A와 B 중 한 세균의 병원성을 약화시켜 백신 ㉠을 만든다.

(나) 유전적으로 동일하고 A와 B에 노출된 적이 없는 생쥐 Ⅰ~Ⅴ를 준비한다.

(다) 표와 같이 주사액을 Ⅰ~Ⅲ에게 주사한 지 1일 후 생쥐의 생존 여부를 확인한다.

생쥐	주사액의 조성	생존 여부
Ⅰ	세균 A	죽는다
Ⅱ	세균 B	죽는다
Ⅲ	백신 ㉠	산다

(라) 2주 후 (다)의 Ⅲ에서 혈청 ⓐ를 얻는다.

(마) 표와 같이 주사액을 Ⅳ와 Ⅴ에게 주사한 지 1일 후 생쥐의 생존 여부를 확인한다.

생쥐	주사액의 조성	생존 여부
Ⅳ	혈청 ⓐ + 세균 A	산다
Ⅴ	혈청 ⓐ + 세균 B	죽는다

이에 대한 설명으로 옳은 것만을 〈보기〉에서 있는 대로 고른 것은?

3점

보기

ㄱ. ㉠은 A의 병원성을 약화시켜 만들었다.

ㄴ. ⓐ에는 기억 세포가 들어 있다.

ㄷ. (마)의 Ⅳ에서 A에 대한 2차 면역 반응이 일어났다.

① ㄱ   ② ㄴ   ③ ㄱ, ㄴ   ④ ㄱ, ㄷ   ⑤ ㄴ, ㄷ

20

그림 (가)는 어떤 사람이 세균 X에 감염되었을 때 일어나는 방어 작용을, (나)는 이 사람에서 X에 대한 혈중 항체 농도 변화를 나타낸 것이다.

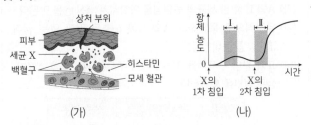

(가)   (나)

이에 대한 설명으로 옳은 깃만을 〈보기〉에서 있는 대로 고른 것은?

보기
ㄱ. (가)에서 비특이적 면역 작용이 일어난다.
ㄴ. 구간 I 에서 X에 대한 기억 세포가 존재한다.
ㄷ. 구간 I 과 II 에서 모두 X에 대한 체액성 면역 반응이 일어난다.

① ㄱ ② ㄴ ③ ㄱ, ㄷ ④ ㄴ, ㄷ ⑤ ㄱ, ㄴ, ㄷ

21

다음은 면역 반응에 대한 실험이다.

[실험 과정]
(가) 유전적으로 동일하고 항원 X에 노출된 적이 없는 생쥐 I ~ IV를 준비한다.
(나) I 에 생리 식염수를, II 에 X를 주사하고, 1주일 후 I 과 II 에서 각각 X에 대한 항체의 농도를 측정한다.
(다) I 과 II 에서 각각 림프구를 분리한다.
(라) 림프구 ㉠을 III 에게, 림프구 ㉡을 IV 에게 주사한다. ㉠과 ㉡은 각각 (다)에서 분리한 I 과 II 의 림프구 중 하나이다.
(마) III 과 IV 에 각각 X를 주사하고, 1주일 후 III 과 IV 에서 각각 X에 대한 항체의 농도를 측정한다.

[실험 결과]

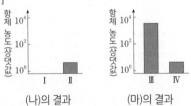

(나)의 결과   (마)의 결과

이에 대한 옳은 설명만을 〈보기〉에서 있는 대로 고른 것은? 3점

보기
ㄱ. (나)의 II 에서 X에 대한 체액성 면역 반응이 일어났다.
ㄴ. ㉡에는 X에 대한 기억 세포가 존재한다.
ㄷ. (마)의 III 에서 X에 대한 2차 면역 반응이 일어났다.

① ㄱ ② ㄴ ③ ㄷ ④ ㄱ, ㄷ ⑤ ㄴ, ㄷ

22

표는 세균 X가 사람에 침입했을 때의 방어 작용에 관여하는 세포 I ~ III의 특징을 나타낸 것이다. I ~ III은 대식 세포, 형질 세포, 보조 T 림프구를 순서 없이 나타낸 것이다.

세포	특징
I	㉠X에 대한 항체를 분비한다.
II	B 림프구의 분화를 촉진한다.
III	X를 세포 안으로 끌어들여 분해한다.

이에 대한 옳은 설명만을 〈보기〉에서 있는 대로 고른 것은?

보기
ㄱ. ㉠에 의한 방어 작용은 체액성 면역에 해당한다.
ㄴ. II 는 골수에서 성숙되었다.
ㄷ. III은 비특이적 방어 작용에 관여한다.

① ㄱ ② ㄴ ③ ㄱ, ㄷ ④ ㄴ, ㄷ ⑤ ㄱ, ㄴ, ㄷ

23

표는 인체의 방어 작용과 관련된 세포 ㉠~㉢의 특징을, 그림은 세균 X에 노출된 적이 없는 어떤 사람의 체내에 X가 침입하였을 때 ㉠~㉢이 작용하여 생성되는 X에 대한 항체의 혈중 농도 변화를 나타낸 것이다. ㉠~㉢은 각각 대식 세포, 형질 세포, 보조 T 림프구 중 하나이다.

세포	특징
㉠	항체를 생성함
㉡	식균 작용을 함
㉢	가슴샘에서 성숙됨

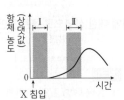

이에 대한 설명으로 옳은 것만을 〈보기〉에서 있는 대로 고른 것은?

보기
ㄱ. ㉠은 형질 세포이다.
ㄴ. 구간 I 에서 ㉡은 X에 대한 정보를 ㉢에 전달한다.
ㄷ. 구간 II 에서 X에 대한 특이적 방어 작용이 일어난다.

① ㄱ ② ㄷ ③ ㄱ, ㄴ ④ ㄴ, ㄷ ⑤ ㄱ, ㄴ, ㄷ

24

그림 (가)와 (나)는 어떤 사람이 세균 X에 처음 감염된 후 나타나는 면역 반응을 순차적으로 나타낸 것이다. ㉠과 ㉡은 B 림프구와 보조 T 림프구를 순서 없이 나타낸 것이다.

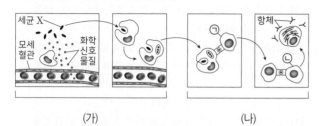

(가)   (나)

이에 대한 설명으로 옳은 것만을 〈보기〉에서 있는 대로 고른 것은? **3점**

보기
ㄱ. (가)에서 X에 대한 비특이적 면역 반응이 일어났다.
ㄴ. ㉡은 가슴샘(흉선)에서 성숙되었다.
ㄷ. (나)에서 X에 대한 2차 면역 반응이 일어났다.

① ㄱ   ② ㄴ   ③ ㄷ   ④ ㄱ, ㄷ   ⑤ ㄴ, ㄷ

25

다음은 항원 A와 B의 면역학적 특성을 알아보기 위한 자료이다.

○ A에 노출된 적이 없는 생쥐 X에게 A를 2회에 걸쳐 주사하였고, B에 노출된 적이 없는 생쥐 Y에게 B를 2회에 걸쳐 주사하였다.
○ 그림은 X의 A에 대한 혈중 항체 농도 변화와 Y의 B에 대한 혈중 항체 농도 변화를 각각 나타낸 것이다.

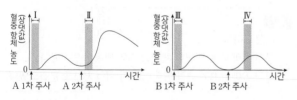

〈생쥐 X〉   〈생쥐 Y〉

○ X에서 A에 대한 기억 세포는 형성되었고, Y에서 B에 대한 기억 세포는 형성되지 않았다.

이에 대한 설명으로 옳은 것만을 〈보기〉에서 있는 대로 고른 것은?

보기
ㄱ. 구간 Ⅰ과 Ⅲ에서 모두 비특이적 방어 작용이 일어났다.
ㄴ. 구간 Ⅱ에서 A에 대한 형질 세포가 기억 세포로 분화되었다.
ㄷ. 구간 Ⅳ에서 B에 대한 체액성 면역 반응이 일어났다.

① ㄱ   ② ㄴ   ③ ㄱ, ㄷ   ④ ㄴ, ㄷ   ⑤ ㄱ, ㄴ, ㄷ

26

다음은 항원 X와 Y에 대한 생쥐의 방어 작용 실험이다.

[실험 과정]
(가) 유전적으로 동일하고, X와 Y에 노출된 적이 없는 생쥐 ㉠~㉢을 준비한다.
(나) ㉠에 X와 Y 중 하나를 주사한다.
(다) 2주 후, ㉠에 주사한 항원에 대한 기억 세포를 분리하여 ㉡에 주사한다.
(라) 1주 후, ㉡과 ㉢에 X를 주사하고, 일정 시간이 지난 후 Y를 주사한다.

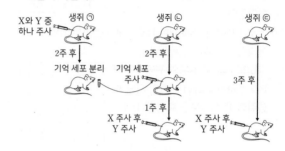

[실험 결과]
㉡과 ㉢에서 X와 Y에 대한 혈중 항체 농도의 변화는 그림과 같다.

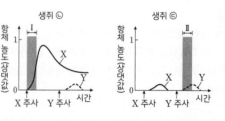

이에 대한 옳은 설명만을 〈보기〉에서 있는 대로 고른 것은? **3점**

보기
ㄱ. (나)에서 ㉠에 주사한 항원은 Y이다.
ㄴ. 구간 Ⅰ에서 X에 대한 형질 세포가 기억 세포로 분화된다.
ㄷ. 구간 Ⅱ에서 Y에 대한 체액성 면역이 일어난다.

① ㄱ   ② ㄷ   ③ ㄱ, ㄴ   ④ ㄱ, ㄷ   ⑤ ㄴ, ㄷ

DAY
13

Ⅲ

2
Ⅰ
02.
우리 몸의 방어 작용

27 [2022 평가원]

다음은 병원체 P에 대한 백신을 개발하기 위한 실험이다.

[실험 과정 및 결과]

(가) P로부터 두 종류의 백신 후보 물질 ⓐ과 ⓑ을 얻는다.

(나) P, ⓐ, ⓑ에 노출된 적이 없고, 유전적으로 동일한 생쥐 Ⅰ~Ⅴ를 준비한다.

(다) 표와 같이 주사액을 Ⅰ~Ⅳ에게 주사하고 일정 시간이 지난 후, 생쥐의 생존 여부를 확인한다.

생쥐	주사액 조성	생존 여부
Ⅰ	ⓐ	산다
Ⅱ, Ⅲ	ⓑ	산다
Ⅳ	P	죽는다

(라) (다)의 Ⅲ에서 ⓑ에 대한 B 림프구가 분화한 기억 세포를 분리하여 Ⅴ에게 주사한다.

(마) (다)의 Ⅰ과 Ⅱ, (라)의 Ⅴ에게 각각 P를 주사하고 일정 시간이 지난 후, 생쥐의 생존 여부를 확인한다.

생쥐	생존 여부
Ⅰ	죽는다
Ⅱ	산다
Ⅴ	산다

이에 대한 설명으로 옳은 것만을 〈보기〉에서 있는 대로 고른 것은? (단, 제시된 조건 이외는 고려하지 않는다.) 3점

보기

ㄱ. P에 대한 백신으로 ⓐ이 ⓑ보다 적합하다.

ㄴ. (다)의 Ⅱ에서 ⓑ에 대한 1차 면역 반응이 일어났다.

ㄷ. (마)의 Ⅴ에서 기억 세포로부터 형질 세포로의 분화가 일어났다.

① ㄱ   ② ㄴ   ③ ㄱ, ㄷ   ④ ㄴ, ㄷ   ⑤ ㄱ, ㄴ, ㄷ

28

다음은 항원 A~C에 대한 생쥐의 방어 작용 실험이다.

[실험 과정]

(가) 유전적으로 동일하고 A, B, C에 노출된 적이 없는 생쥐 Ⅰ~Ⅳ를 준비한다.

(나) Ⅰ에 A를, Ⅱ에 ⓐ을, Ⅲ에 ⓑ을, Ⅳ에 생리 식염수를 1회 주사한다. ⓐ과 ⓑ은 B와 C를 순서 없이 나타낸 것이다.

(다) 2주 후, (나)의 Ⅰ에서 기억 세포를 분리하여 Ⅱ에, (나)의 Ⅲ에서 기억 세포를 분리하여 Ⅳ에 주사한다.

(라) 1주 후, (다)의 Ⅱ와 Ⅳ에 일정 시간 간격으로 A, B, C를 주사한다.

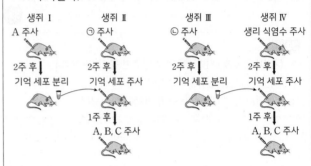

[실험 결과]

Ⅱ와 Ⅳ에서 A, B, C에 대한 혈중 항체 농도 변화는 그림과 같다.

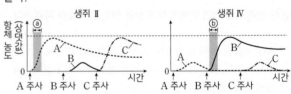

이에 대한 설명으로 옳은 것만을 〈보기〉에서 있는 대로 고른 것은? 3점

보기

ㄱ. ⓐ은 C이다.

ㄴ. 구간 ⓐ에서 A에 대한 체액성 면역 반응이 일어났다.

ㄷ. 구간 ⓑ에서 B에 대한 형질 세포가 기억 세포로 분화되었다.

① ㄱ   ② ㄴ   ③ ㄷ   ④ ㄱ, ㄴ   ⑤ ㄴ, ㄷ

29

다음은 항원 X에 대한 생쥐의 방어 작용 실험이다.

[실험 과정]
(가) 유전적으로 동일하고 X에 노출된 적이 없는 생쥐 A와 B 를 준비한다.
(나) A에게 X를 2회에 걸쳐 주사한다.
(다) 일정 시간이 지난 후 A에서 ㉠을 분리한다. ㉠은 혈청과 X 에 대한 기억 세포 중 하나이다.
(라) B에게 ㉠을 주사하고 일정 시간이 지난 후 X를 주사한다.

[실험 결과]
A와 B에서 측정한 X에 대한 혈중 항체의 농도 변화는 그림과 같다.

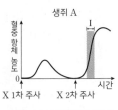 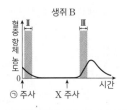

이 자료에 대한 설명으로 옳은 것만을 <보기>에서 있는 대로 고른 것은?

보기
ㄱ. ㉠은 혈청이다.
ㄴ. 구간 Ⅰ에서 X에 대한 특이적 방어 작용이 일어난다.
ㄷ. X에 대한 형질 세포의 수는 구간 Ⅱ에서보다 구간 Ⅲ에서 가 많다.

① ㄱ　　② ㄷ　　③ ㄱ, ㄴ　　④ ㄴ, ㄷ　　⑤ ㄱ, ㄴ, ㄷ

30

다음은 항원 X와 Y에 대한 생쥐의 방어 작용 실험이다.

[실험 과정 및 결과]
(가) 유전적으로 동일하고 항원 X와 Y에 노출된 적이 없는 생쥐 A~D를 준비한다.
(나) A에게 X를 주사하고, B에게 Y를 주사한다.
(다) 주사한 X와 Y가 생쥐의 면역 반응에 의해 제거된 후 A에서 ㉠ 혈청을 분리하여 C에게 주사하고, B에서 Y에 대한 기억 세포를 분리하여 D에게 주사한다.
(라) 일정 시간이 지난 후 C와 D에게 동일한 ㉡ 항원을 주사한다. 주사한 항원은 X와 Y 중 하나이다.
(마) C와 D에게 항원을 주사한 후, 주사한 항원에 대한 항체의 농도 변화는 그림과 같다. ⓐ와 ⓑ는 각각 C와 D 중 하나이다.

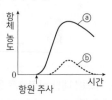

이에 대한 옳은 설명만을 <보기>에서 있는 대로 고른 것은? 3점

보기
ㄱ. ㉠에는 X에 대한 기억 세포가 존재한다.
ㄴ. ㉡은 Y이다.
ㄷ. ⓑ는 D이다.

① ㄴ　　② ㄷ　　③ ㄱ, ㄴ　　④ ㄱ, ㄷ　　⑤ ㄴ, ㄷ

DAY 13
Ⅲ
2 - 02. 우리 몸의 방어 작용

다음은 병원체 P와 Q에 대한 쥐의 방어 작용 실험이다.

[실험 과정]

(가) 유전적으로 동일하고 P와 Q에 노출된 적이 없는 쥐 ㉠과 ㉡을 준비한다.

(나) ㉠에 P를, ㉡에 Q를 주사한 후 t_1일 때 ㉠과 ㉡의 혈액에서 병원체 수, 세포독성 T 림프구 수, 항체 농도를 측정한다.

(다) 일정 기간이 지난 후 t_2일 때 ㉠과 ㉡의 혈액에서 병원체 수, 세포독성 T 림프구 수, 항체 농도를 측정한다.

[실험 결과]

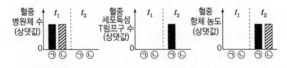

이 자료에 대한 설명으로 옳은 것만을 〈보기〉에서 있는 대로 고른 것은? (단, t_1과 t_2 사이에 P와 Q에 대한 림프구와 항체는 모두 면역 반응에 관여하였다.) 3점

보기
ㄱ. 세포독성 T 림프구에서 항체가 생성된다.
ㄴ. ㉠에서 P가 제거되는 과정에 세포성 면역이 일어났다.
ㄷ. t_2 이전에 ㉡에서 Q에 대한 특이적 방어 작용이 일어났다.

① ㄱ ② ㄷ ③ ㄱ, ㄴ ④ ㄴ, ㄷ ⑤ ㄱ, ㄴ, ㄷ

다음은 항원 X에 대한 생쥐의 방어 작용 실험이다.

[실험 과정 및 결과]

(가) 유전적으로 동일하고 X에 노출된 적이 없는 생쥐 A~D를 준비한다.

생쥐	특이적 방어 작용
A	○
B	ⓐ

(○: 일어남, ×: 일어나지 않음)

(나) A와 B에 X를 각각 2회에 걸쳐 주사한 후, A와 B에서 특이적 방어 작용이 일어났는지 확인한다.

(다) 일정 시간이 지난 후, (나)의 A에서 ㉠을 분리하여 C에, (나)의 B에서 ㉡을 분리하여 D에 주사한다. ㉠과 ㉡은 혈장과 기억 세포를 순서 없이 나타낸 것이다.

(라) 일정 시간이 지난 후, C와 D에 X를 각각 주사한다. C와 D에서 X에 대한 혈중 항체 농도 변화는 그림과 같다.

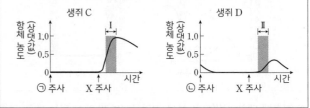

이에 대한 설명으로 옳은 것만을 〈보기〉에서 있는 대로 고른 것은? 3점

보기
ㄱ. ⓐ는 '○'이다.
ㄴ. 구간 Ⅰ에서 X에 대한 항체가 형질 세포로부터 생성되었다.
ㄷ. 구간 Ⅱ에서 X에 대한 1차 면역 반응이 일어났다.

① ㄱ ② ㄷ ③ ㄱ, ㄴ ④ ㄴ, ㄷ ⑤ ㄱ, ㄴ, ㄷ

다음은 항원 X에 대한 생쥐의 방어 작용 실험이다.

[실험 과정]
(가) 유전적으로 동일하고 X에 노출된 적이 없는 생쥐 ㉠, ㉡, ㉢을 준비한다.
(나) ㉠에게 X를 2회에 걸쳐 주사한다.
(다) 1주 후, (나)의 ㉠에서 ⓐ와 ⓑ를 각각 분리한다. ⓐ와 ⓑ는 혈청과 X에 대한 기억 세포를 순서 없이 나타낸 것이다.
(라) ㉡에게 ⓐ를, ㉢에게 ⓑ를 각각 주사한다.
(마) 일정 시간이 지난 후, ㉡과 ㉢에게 X를 각각 주사한다.

[실험 결과]
㉡과 ㉢의 X에 대한 혈중 항체 농도 변화는 그림과 같다.

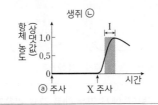
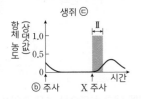

이에 대한 설명으로 옳은 것만을 〈보기〉에서 있는 대로 고른 것은? **3점**

보기
ㄱ. ⓐ는 혈청이다.
ㄴ. 구간 Ⅰ에서 X에 대한 체액성 면역 반응이 일어났다.
ㄷ. 구간 Ⅱ에서 X에 대한 B 림프구가 형질 세포로 분화한다.

① ㄱ   ② ㄴ   ③ ㄱ, ㄷ   ④ ㄴ, ㄷ   ⑤ ㄱ, ㄴ, ㄷ

다음은 병원체 X와 Y에 대한 생쥐의 방어 작용 실험이다.

○ X와 Y에 모두 항원 ㉮가 있다.

[실험 과정 및 결과]
(가) 유전적으로 동일하고 X와 Y에 노출된 적이 없는 생쥐 Ⅰ~Ⅳ를 준비한다.
(나) Ⅰ에게 X를, Ⅱ에게 Y를 주사하고 일정 시간이 지난 후, 생쥐의 생존 여부를 확인한다.

생쥐	생존 여부
Ⅰ	산다
Ⅱ	죽는다

(다) (나)의 Ⅰ에서 ㉮에 대한 B 림프구가 분화한 기억 세포를 분리한다.
(라) Ⅲ에게 X를, Ⅳ에게 (다)의 기억 세포를 주사한다.
(마) 일정 시간이 지난 후, Ⅲ과 Ⅳ에게 Y를 각각 주사한다. Ⅲ과 Ⅳ에서 ㉮에 대한 혈중 항체 농도 변화는 그림과 같다.

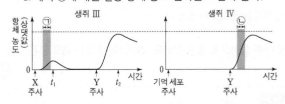

이에 대한 설명으로 옳은 것만을 〈보기〉에서 있는 대로 고른 것은? (단, 제시된 조건 이외는 고려하지 않는다.) **3점**

보기
ㄱ. Ⅲ에서 ㉮에 대한 혈중 항체 농도는 t_1일 때가 t_2일 때보다 높다.
ㄴ. 구간 ㉠에서 ㉮에 대한 특이적 방어 작용이 일어났다.
ㄷ. 구간 ㉡에서 형질 세포가 기억 세포로 분화되었다.

① ㄱ   ② ㄴ   ③ ㄱ, ㄷ   ④ ㄴ, ㄷ   ⑤ ㄱ, ㄴ, ㄷ

다음은 항원 A와 B의 면역학적 특성을 알아보기 위한 자료이다.

○ 항원 A와 B에 노출된 적이 없는 생쥐 ㉠에게 A와 B를 함께 주사하고, 4주 후 ㉠에게 동일한 양의 A와 B를 다시 주사하였다.

○ 그림은 ㉠에서 A와 B에 대한 혈중 항체 농도의 변화를, 표는 t_1 시점에 ㉠으로부터 혈청을 분리하여 A와 B에 각각 섞었을 때의 항원 항체 반응 여부를 나타낸 것이다.

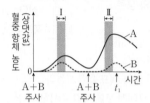

항원	반응 여부
A	○
B	ⓐ

(○ : 일어남, × : 일어나지 않음)

○ ㉠에서 A에 대한 기억 세포는 형성되었고, B에 대한 기억 세포는 형성되지 않았다.

이에 대한 설명으로 옳은 것만을 〈보기〉에서 있는 대로 고른 것은? ❸점

보기
ㄱ. ⓐ는 '×'이다.
ㄴ. 구간 Ⅰ에서 B에 대한 특이적 면역(방어) 작용이 일어났다.
ㄷ. 구간 Ⅱ에서 A에 대한 항체가 형질 세포로부터 생성되었다.

① ㄱ ② ㄴ ③ ㄱ, ㄷ ④ ㄴ, ㄷ ⑤ ㄱ, ㄴ, ㄷ

그림 (가)는 어떤 사람이 항원 X에 감염되었을 때 일어나는 방어 작용의 일부를, (나)는 이 사람에서 X의 침입에 의해 생성되는 X에 대한 혈중 항체 농도 변화를 나타낸 것이다. ㉠과 ㉡은 기억 세포와 보조 T 림프구를 순서 없이 나타낸 것이다.

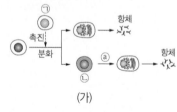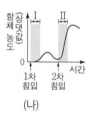

(가)   (나)

이에 대한 설명으로 옳은 것만을 〈보기〉에서 있는 대로 고른 것은?

보기
ㄱ. ㉠은 보조 T 림프구이다.
ㄴ. 구간 Ⅰ에서 비특이적 방어 작용이 일어난다.
ㄷ. 구간 Ⅱ에서 과정 ⓐ가 일어난다.

① ㄱ ② ㄷ ③ ㄱ, ㄴ ④ ㄴ, ㄷ ⑤ ㄱ, ㄴ, ㄷ

다음은 항원 X에 대한 생쥐의 방어 작용 실험이다.

[실험 과정]
(가) 유전적으로 동일하고 X에 노출된 적이 없는 생쥐 A와 B를 준비한다.
(나) A에게 X를 2회에 걸쳐 주사한다.
(다) 1주 후, (나)의 A에서 ㉠ 혈청을 분리하여 B에게 주사한다.
(라) 일정 시간이 지난 후, (다)의 B에게 X를 1차 주사한다.
(마) 일정 시간이 지난 후, (라)의 B에게 X를 2차 주사한다.

[실험 결과]
B의 X에 대한 혈중 항체 농도 변화는 그림과 같다.

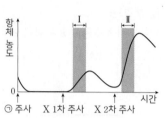

이에 대한 설명으로 옳은 것만을 〈보기〉에서 있는 대로 고른 것은? ❸점

보기
ㄱ. ㉠에는 X에 대한 T 림프구가 들어 있다.
ㄴ. 구간 Ⅰ에서 X에 대한 체액성 면역 반응이 일어났다.
ㄷ. 구간 Ⅱ에서 X에 대한 2차 면역 반응이 일어났다.

① ㄱ ② ㄷ ③ ㄱ, ㄴ ④ ㄴ, ㄷ ⑤ ㄱ, ㄴ, ㄷ

그림 (가)는 생쥐 Ⅰ이 항원 X에 감염되었을 때 일어나는 방어 작용의 일부를, (나)는 ㉠과 ㉡ 중 하나를 X에 감염된 적이 없는 생쥐 Ⅱ에 주사하고 일정 시간 후 X를 주사한 실험의 일부를 나타낸 것이다. X를 주사한 Ⅱ에서 2차 면역 반응이 일어났으며, ㉠과 ㉡은 각각 기억 세포와 형질 세포 중 하나이다.

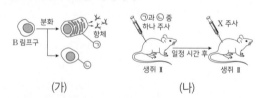

(가)   (나)

이에 대한 옳은 설명만을 〈보기〉에서 있는 대로 고른 것은? (단, 생쥐 Ⅰ과 Ⅱ는 유전적으로 동일하다.) ❸점

보기
ㄱ. ㉡은 형질 세포이다.
ㄴ. ㉠과 ㉡ 중 Ⅱ에 주사한 것은 ㉠이다.
ㄷ. X를 주사한 Ⅱ에서 특이적 면역 반응이 일어난다.

① ㄴ ② ㄷ ③ ㄱ, ㄴ ④ ㄱ, ㄷ ⑤ ㄴ, ㄷ

다음은 병원체 A∼C를 이용한 생쥐의 방어 작용 실험이다.

○ A∼C에 있는 항원은 그림과 같으며, A를 약화시켜 만든 백신 X에 A의 모든 항원이 포함되어 있다.

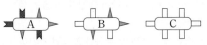

| | : 항원 ㉠ |
| ▲ : 항원 ㉡ |
| ➤ : 항원 ㉢ |

○ 병원체 ㉤와 ㉥는 각각 B와 C 중 하나이다.

[실험 과정 및 결과]

(가) A∼C에 노출된 적이 없고, 유전적으로 동일한 생쥐 1과 생쥐 2에 각각 X를 주사한다.

(나) 일정 시간 후 생쥐 1에 ㉤를, 생쥐 2에 ㉥를 주사한다.

(다) 생쥐 1과 생쥐 2에서 혈중 항체 농도 변화는 그림과 같다.

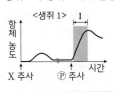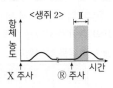

이에 대한 옳은 설명만을 〈보기〉에서 있는 대로 고른 것은?
(단, 제시한 항원과 조건 이외는 고려하지 않는다.)

보기
ㄱ. ㉥에 ㉠∼㉢ 중 2가지 항원이 있다.
ㄴ. 구간 Ⅰ의 생쥐 1에서 ㉡에 대한 기억 세포가 형질 세포로 분화되었다.
ㄷ. 구간 Ⅱ의 생쥐 2에서 특이적 방어 작용이 일어났다.

① ㄱ   ② ㄴ   ③ ㄱ, ㄷ   ④ ㄴ, ㄷ   ⑤ ㄱ, ㄴ, ㄷ

다음은 병원체 ㉠과 ㉡에 대한 생쥐의 방어 작용 실험이다.

[실험 과정 및 결과]

(가) 유전적으로 동일하고, ㉠과 ㉡에 노출된 적이 없는 생쥐 Ⅰ∼Ⅵ을 준비한다.

(나) Ⅰ에는 생리식염수를, Ⅱ에는 죽은 ㉠을, Ⅲ에는 죽은 ㉡을 각각 주사한다. Ⅱ에서는 ㉠에 대한, Ⅲ에서는 ㉡에 대한 항체가 각각 생성되었다.

(다) 2주 후 (나)의 Ⅰ∼Ⅲ에서 각각 혈장을 분리하여 표와 같이 살아 있는 ㉠과 함께 Ⅳ∼Ⅵ에게 주사하고, 1일 후 생쥐의 생존 여부를 확인한다.

생쥐	주사액의 조성	생존 여부
Ⅳ	Ⅰ의 혈장+㉠	죽는다
Ⅴ	Ⅱ의 혈장+㉠	산다
Ⅵ	ⓐⅢ의 혈장+㉠	죽는다

이에 대한 설명으로 옳은 것만을 〈보기〉에서 있는 대로 고른 것은? (단, 제시된 조건 이외는 고려하지 않는다.) **3점**

보기
ㄱ. (나)의 Ⅱ에서 ㉠에 대한 특이적 방어 작용이 일어났다.
ㄴ. (다)의 Ⅴ에서 ㉠에 대한 2차 면역 반응이 일어났다.
ㄷ. ⓐ에는 ㉡에 대한 형질 세포가 있다.

① ㄱ   ② ㄴ   ③ ㄱ, ㄷ   ④ ㄴ, ㄷ   ⑤ ㄱ, ㄴ, ㄷ

DAY
14

Ⅲ

2
ㅣ
02.
우리
몸의
방어
작용

41

특이적 방어 작용
[2022년 10월 학평 10번]

다음은 병원체 ㉠에 대한 생쥐의 방어 작용 실험이다.

[실험 과정 및 결과]
(가) 유전적으로 같고 ㉠에 노출된 적이 없는 생쥐 Ⅰ~Ⅴ를 준비한다.
(나) Ⅰ에는 생리식염수를, Ⅱ에는 죽은 ㉠을 각각 주사한다.
(다) 2주 후 Ⅰ에서는 혈장을, Ⅱ에서는 혈장과 기억 세포를 분리하여 표와 같이 살아 있는 ㉠과 함께 Ⅲ~Ⅴ에게 각각 주사하고, 일정 시간이 지난 후 생쥐의 생존 여부를 확인한다.

생쥐	주사액의 조성	생존 여부
Ⅲ	ⓐ Ⅰ의 혈장+㉠	죽는다
Ⅳ	Ⅱ의 혈장+㉠	산다
Ⅴ	Ⅱ의 기억 세포+㉠	산다

이에 대한 옳은 설명만을 <보기>에서 있는 대로 고른 것은? (단, 제시된 조건 이외는 고려하지 않는다.) 3점

보기
ㄱ. ⓐ에는 ㉠에 대한 항체가 있다.
ㄴ. (나)의 Ⅱ에서 체액성 면역 반응이 일어났다.
ㄷ. (다)의 Ⅴ에서 ㉠에 대한 기억 세포로부터 형질 세포로의 분화가 일어났다.

① ㄱ ② ㄴ ③ ㄷ ④ ㄱ, ㄷ ⑤ ㄴ, ㄷ

42

특이적 방어 작용
[2019학년도 수능 10번]

다음은 병원성 세균 A에 대한 백신을 개발하기 위한 실험이다.

[실험 과정 및 결과]
(가) A로부터 두 종류의 물질 ㉠과 ㉡을 얻는다.
(나) 유전적으로 동일하고 A, ㉠, ㉡에 노출된 적이 없는 생쥐 Ⅰ~Ⅴ를 준비한다.
(다) 표와 같이 주사액을 Ⅰ~Ⅲ에게 주사하고 일정 시간이 지난 후, 생쥐의 생존 여부와 A에 대한 항체 생성 여부를 확인한다.

생쥐	주사액의 조성	생존 여부	항체 생성 여부
Ⅰ	물질 ㉠	산다	?
Ⅱ	물질 ㉡	산다	생성됨
Ⅲ	세균 A	죽는다	?

(라) 2주 후 (다)의 Ⅰ에서 혈청 ⓐ를, Ⅱ에서 혈청 ⓑ를 얻는다.
(마) 표와 같이 주사액을 Ⅳ와 Ⅴ에게 주사하고 1일 후 생쥐의 생존 여부를 확인한다.

생쥐	주사액의 조성	생존 여부
Ⅳ	혈청 ⓐ+세균 A	죽는다
Ⅴ	혈청 ⓑ+세균 A	산다

이에 대한 설명으로 옳은 것만을 <보기>에서 있는 대로 고른 것은? (단, 제시된 조건 이외는 고려하지 않는다.) 3점

보기
ㄱ. ⓑ에는 형질 세포가 들어 있다.
ㄴ. (다)의 Ⅱ에서 체액성 면역 반응이 일어났다.
ㄷ. (마)의 Ⅴ에서 A에 대한 2차 면역 반응이 일어났다.

① ㄱ ② ㄴ ③ ㄷ ④ ㄱ, ㄷ ⑤ ㄴ, ㄷ

정답과 해설 41 p.277 42 p.278

43 [2023 평가원]

다음은 검사 키트를 이용하여 병원체 X의 감염 여부를 확인하기 위한 실험이다.

○ 사람으로부터 채취한 시료를 검사 키트에 떨어뜨리면 시료는 물질 ⓐ와 함께 이동한다. ⓐ는 X에 결합할 수 있고, 색소가 있다.

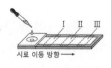
시료 이동 방향 →

○ 검사 키트의 Ⅰ에는 ㉠이, Ⅱ에는 ㉡이 각각 부착되어 있다. ㉠과 ㉡ 중 하나는 'X에 대한 항체'이고, 나머지 하나는 'ⓐ에 대한 항체'이다.

○ ㉠과 ㉡에 각각 항원이 결합하면, ⓐ의 색소에 의해 띠가 나타난다.

[실험 과정 및 결과]

(가) 사람 A와 B로부터 시료를 각각 준비한 후, 검사 키트에 각 시료를 떨어뜨린다.

(나) 일정 시간이 지난 후 검사 키트를 확인한 결과는 그림과 같고, A와 B 중 한 사람만 X에 감염되었다.

이 자료에 대한 설명으로 옳은 것만을 〈보기〉에서 있는 대로 고른 것은? (단, 제시된 조건 이외는 고려하지 않는다.) 3점

보기
ㄱ. ㉡은 'ⓐ에 대한 항체'이다.
ㄴ. B는 X에 감염되었다.
ㄷ. 검사 키트에는 항원 항체 반응의 원리가 이용된다.

① ㄱ   ② ㄴ   ③ ㄱ, ㄷ   ④ ㄴ, ㄷ   ⑤ ㄱ, ㄴ, ㄷ

---

44 [2024 평가원]

다음은 검사 키트를 이용하여 병원체 P와 Q의 감염 여부를 확인하기 위한 실험이다.

○ 사람으로부터 채취한 시료를 검사 키트에 떨어뜨리면 시료는 물질 ⓐ와 함께 이동한다. ⓐ는 P와 Q에 각각 결합할 수 있고, 색소가 있다.

시료 이동 방향 →

○ 검사 키트의 Ⅰ에는 'P에 대한 항체'가, Ⅱ에는 'Q에 대한 항체'가, Ⅲ에는 'ⓐ에 대한 항체'가 각각 부착되어 있다. Ⅰ~Ⅲ의 항체에 각각 항원이 결합하면, ⓐ의 색소에 의해 띠가 나타난다.

[실험 과정 및 결과]

(가) 사람 A와 B로부터 시료를 각각 준비한 후, 검사 키트에 각 시료를 떨어뜨린다.

(나) 일정 시간이 지난 후 검사 키트를 확인한 결과는 표와 같다.

(다) A는 P와 Q에 모두 감염되지 않았고, B는 Q에만 감염되었다.

사람	검사 결과
A	Ⅰ Ⅱ Ⅲ
B	?

B의 검사 결과로 가장 적절한 것은? (단, 제시된 조건 이외는 고려하지 않는다.) 3점

①
②
③

④
⑤

45

그림은 철수의 혈액과 혈액형이 A형인 영희의 혈액을 섞은 결과를 나타낸 것이고, 표는 30명의 학생으로 구성된 집단을 대상으로 ㉠과 ㉡에 대한 응집 반응 여부를 조사한 것이다. ㉠과 ㉡은 각각 응집소 α와 응집소 β 중 하나이다.

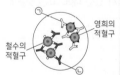
영희의 적혈구
철수의 적혈구

구분	학생 수
㉠과 응집 반응이 일어남	17
㉡과 응집 반응이 일어남	15
㉠, ㉡과 모두 응집 반응이 일어남	10

이에 대한 설명으로 옳은 것만을 〈보기〉에서 있는 대로 고른 것은? (단, 이 집단에는 철수와 영희가 포함되지 않고, ABO식 혈액형만 고려한다.)

보기
ㄱ. 철수는 B형이다.
ㄴ. 이 집단에서 A형인 학생은 7명이다.
ㄷ. 이 집단에서 ㉠을 가진 학생은 15명이다.

① ㄱ   ② ㄷ   ③ ㄱ, ㄴ   ④ ㄴ, ㄷ   ⑤ ㄱ, ㄴ, ㄷ

DAY 14
Ⅲ
2
Ⅰ
02.
우리 몸의 방어 작용

46

표는 사람 (가)~(라) 사이의 ABO식 혈액형에 대한 혈액 응집 반응 결과를, 그림은 (가)의 혈액과 (나)의 혈장을 섞은 결과를 나타낸 것이다. (가)~(라)의 ABO식 혈액형은 모두 다르다.

구분	(다)의 혈장	(라)의 혈장
(가)의 적혈구	㉠	−
(나)의 적혈구	+	?

(+: 응집됨, −: 응집 안 됨)

응집소 α
응집소 β
적혈구

이에 대한 설명으로 옳은 것만을 〈보기〉에서 있는 대로 고른 것은? (단, ABO식 혈액형만 고려한다.)

보기
ㄱ. ㉠은 '−'이다.
ㄴ. (나)의 혈액형은 B형이다.
ㄷ. (다)의 혈장과 (라)의 적혈구를 섞으면 응집 반응이 일어난다.

① ㄱ　　② ㄴ　　③ ㄱ, ㄷ　　④ ㄴ, ㄷ　　⑤ ㄱ, ㄴ, ㄷ

47

다음은 철수 가족의 ABO식 혈액형에 관한 자료이다.

○ 철수 가족의 ABO식 혈액형은 서로 다르다.
○ 표는 아버지, 어머니, 철수의 혈액을 각각 혈구와 혈장으로 분리하여 서로 섞었을 때 응집 여부를 나타낸 것이다.

구분	어머니의 혈장	철수의 혈장
아버지의 혈구	응집됨	응집 안 됨

이에 대한 설명으로 옳은 것만을 〈보기〉에서 있는 대로 고른 것은? (단, ABO식 혈액형만 고려한다.)

보기
ㄱ. 어머니는 O형이다.
ㄴ. 철수의 혈구와 어머니의 혈장을 섞으면 응집된다.
ㄷ. 아버지와 철수의 혈장에는 동일한 종류의 응집소가 있다.

① ㄴ　　② ㄷ　　③ ㄱ, ㄴ　　④ ㄱ, ㄷ　　⑤ ㄱ, ㄴ, ㄷ

48

다음은 사람 (가)~(다)의 ABO식 혈액형에 대한 자료이다.

○ (가)~(다)의 ABO식 혈액형은 모두 다르다.
○ (나)는 응집원 A를 갖는다.
○ (다)의 혈구를 (가)의 혈장과 섞으면 응집 반응이 일어나지 않고, (나)의 혈장과 섞으면 응집 반응이 일어난다.
○ 표는 (가)와 (나)의 혈액에서 ㉠~㉣의 유무를 나타낸 것이다. ㉠~㉣은 응집원 A, 응집원 B, 응집소 α, 응집소 β를 순서 없이 나타낸 것이다.

구분	㉠	㉡	㉢	㉣
(가)	○	×	○	×
(나)	○	○	×	×

(○: 있음, ×: 없음)

이에 대한 설명으로 옳은 것만을 〈보기〉에서 있는 대로 고른 것은? (단, ABO식 혈액형만 고려한다.) **3점**

보기
ㄱ. (가)의 혈액과 항 A혈청을 섞으면 응집 반응이 일어난다.
ㄴ. (다)의 혈액에는 ㉢이 있다.
ㄷ. ㉣은 응집소 β이다.

① ㄱ　　② ㄴ　　③ ㄷ　　④ ㄱ, ㄴ　　⑤ ㄴ, ㄷ

49

표 (가)는 사람 I~III의 혈액에서 응집원 B와 응집소 β의 유무를, (나)는 I~III의 혈액을 혈청 ㉠~㉢과 각각 섞었을 때의 ABO식 혈액형에 대한 응집 반응 결과를 나타낸 것이다. I~III의 ABO식 혈액형은 모두 다르며, ㉠~㉢은 I의 혈청, II의 혈청, 항B 혈청을 순서 없이 나타낸 것이다.

구분	응집원 B	응집소 β
I	○	?
II	?	×
III	?	○

(○: 있음, ×: 없음)

(가)

구분	㉠	㉡	㉢
I의 혈액	−	?	?
II의 혈액	?	+	+
III의 혈액	?	+	−

(+: 응집됨, −: 응집 안 됨)

(나)

이에 대한 옳은 설명만을 〈보기〉에서 있는 대로 고른 것은? **3점**

보기
ㄱ. ㉢은 항B 혈청이다.
ㄴ. I의 ABO식 혈액형은 B형이다.
ㄷ. II의 혈액에는 응집소 α가 있다.

① ㄱ　　② ㄴ　　③ ㄷ　　④ ㄱ, ㄴ　　⑤ ㄴ, ㄷ

50

ABO식 혈액형, Rh식 혈액형
[2018년 7월 학평 18번]

표는 ABO식 혈액형이 모두 다른 사람 ㉠~㉣의 혈구와 혈장을 각각 섞었을 때의 응집 여부를, 그림은 ㉠과 ㉡의 혈액형 판정 결과를 나타낸 것이다. Ⅰ과 Ⅱ는 각각 항 B 혈청과 항 Rh 혈청 중 하나이다.

혈장＼혈구	㉠	㉡	㉢	㉣
㉠		?	?	○
㉡	○		?	?
㉢	?	×		?
㉣	?	?	×	

(○: 응집됨, ×: 응집 안 됨)

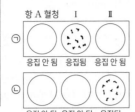

㉠ 항 A 혈청 / Ⅰ / Ⅱ : 응집 안 됨 / 응집됨 / 응집 안 됨

㉡ : 응집 안 됨 / 응집 안 됨 / 응집됨

이에 대한 설명으로 옳은 것만을 〈보기〉에서 있는 대로 고른 것은? (단, ABO식 혈액형과 Rh식 혈액형만 고려하며, ㉠~㉣ 중 Rh⁻형인 사람의 혈장에는 Rh 응집소가 없다.) **3점**

보기
ㄱ. ㉠은 Rh 응집원을 갖는다.
ㄴ. ㉡과 ㉢의 혈장에는 동일한 종류의 응집소가 있다.
ㄷ. ㉣의 혈액을 Ⅰ과 섞으면 응집 반응이 일어난다.

① ㄱ ② ㄴ ③ ㄷ ④ ㄴ, ㄷ ⑤ ㄱ, ㄴ, ㄷ

51

ABO식 혈액형, Rh식 혈액형
[2018학년도 6월 모평 16번]

표는 200명의 학생 집단을 대상으로 ABO식 혈액형에 대한 응집원 ㉠, ㉡과 응집소 ㉢, ㉣의 유무와 Rh식 혈액형에 대한 응집원의 유무를 조사한 것이다. 이 집단에는 A형, B형, AB형, O형이 모두 있고, A형인 학생 수가 O형인 학생 수보다 많다. Rh⁻형인 학생들 중 A형인 학생과 AB형인 학생은 각각 1명이다.

구분	학생 수
응집원 ㉠을 가진 학생	74
응집소 ㉢을 가진 학생	110
응집원 ㉡과 응집소 ㉣을 모두 가진 학생	70
Rh 응집원을 가진 학생	198

이 집단에 대한 설명으로 옳은 것만을 〈보기〉에서 있는 대로 고른 것은? **3점**

보기
ㄱ. O형인 학생 수가 B형인 학생 수보다 많다.
ㄴ. Rh⁺형인 학생들 중 AB형인 학생 수는 20이다.
ㄷ. 항 A 혈청에 응집되는 혈액을 가진 학생 수가 항 A 혈청에 응집되지 않는 혈액을 가진 학생 수보다 많다.

① ㄱ ② ㄴ ③ ㄱ, ㄷ ④ ㄴ, ㄷ ⑤ ㄱ, ㄴ, ㄷ

52 **고난도**

특이적 방어 작용
[2018년 10월 학평 10번]

다음은 병원체 X~Z를 이용한 실험이다.

[실험 과정 및 결과]
(가) 유전적으로 동일하고 X~Z에 노출된 적이 없는 생쥐 A~C를 준비하여, 생쥐 A에는 X를, 생쥐 B에는 Y를, 생쥐 C에는 Z를 주사한다.
(나) 1주 후 A~C에 각각 (가)에서와 동일한 병원체를 주사하였더니 모두 2차 면역 반응이 일어났다.
(다) (나)의 A에서 혈청 ⓐ를, B에서 혈청 ⓑ를, C에서 혈청 ⓒ를 분리하여 각각 X~Z와 섞는다.
(라) 그림은 병원체 ㉠~㉢에 존재하는 항원의 종류를, 표는 ⓐ~ⓒ와 X~Z의 항원 항체 반응 결과를 나타낸 것이다. ㉠~㉢은 X~Z를 순서 없이 나타낸 것이다.

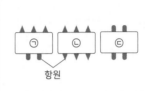

㉠ ㉡ ㉢ / 항원

혈청＼병원체	X	Y	Z
ⓐ	+	+	−
ⓑ	+	+	+
ⓒ	−	+	+

(+: 반응함, −: 반응 안 함)

이에 대한 옳은 설명만을 〈보기〉에서 있는 대로 고른 것은? **3점**

보기
ㄱ. ㉠은 Y이다.
ㄴ. ⓑ와 ⓒ를 섞으면 항원 항체 반응이 일어난다.
ㄷ. (나)의 B에 ㉢을 주사하면 기억 세포가 형질 세포로 분화된다.

① ㄱ ② ㄴ ③ ㄷ ④ ㄱ, ㄴ ⑤ ㄴ, ㄷ

53 **2024 수능**

ABO식 혈액형
[2024학년도 수능 16번]

표는 사람 Ⅰ~Ⅲ 사이의 ABO식 혈액형에 대한 응집 반응 결과를 나타낸 것이다. ㉠~㉢은 Ⅰ~Ⅲ의 혈장을 순서 없이 나타낸 것이다. Ⅰ~Ⅲ의 ABO식 혈액형은 각각 서로 다르며, A형, AB형, O형 중 하나이다.

혈장＼적혈구	㉠	㉡	㉢
Ⅰ의 적혈구	?	−	+
Ⅱ의 적혈구	−	?	−
Ⅲ의 적혈구	?	+	?

(+: 응집됨, −: 응집 안 됨)

이에 대한 설명으로 옳은 것만을 〈보기〉에서 있는 대로 고른 것은?

보기
ㄱ. Ⅰ의 ABO식 혈액형은 A형이다.
ㄴ. ㉡은 Ⅱ의 혈장이다.
ㄷ. Ⅲ의 적혈구와 ㉢을 섞으면 항원 항체 반응이 일어난다.

① ㄱ ② ㄴ ③ ㄱ, ㄷ ④ ㄴ, ㄷ ⑤ ㄱ, ㄴ, ㄷ

정답과 해설 50 p.284 51 p.285 52 p.286 53 p.288

다음은 바이러스 X에 대한 생쥐의 방어 작용 실험이다.

[실험 과정 및 결과]

(가) 유전적으로 동일하고 X에 노출된 적이 없는 생쥐 A~D를 준비한다. A와 B는 ㉠이고, C와 D는 ㉡이다. ㉠과 ㉡은 '정상 생쥐'와 '가슴샘이 없는 생쥐'를 순서 없이 나타낸 것이다.

(나) A~D 중 B와 D에 X를 각각 주사한 후 A~D에서 ⓐ X에 감염된 세포의 유무를 확인한 결과, B와 D에서만 ⓐ가 있었다.

(다) 일정 시간이 지난 후, 각 생쥐에 대해 조사한 결과는 표와 같다.

구분	㉠		㉡	
	A	B	C	D
X에 대한 세포성 면역 반응 여부	일어나지 않음	일어남	일어나지 않음	일어나지 않음
생존 여부	산다	산다	산다	죽는다

이에 대한 설명으로 옳은 것만을 〈보기〉에서 있는 대로 고른 것은? (단, 제시된 조건 이외는 고려하지 않는다.) **3점**

보기

ㄱ. X는 유전 물질을 갖는다.

ㄴ. ㉡은 '가슴샘이 없는 생쥐'이다.

ㄷ. (다)의 B에서 세포독성 T 림프구가 ⓐ를 파괴하는 면역 반응이 일어났다.

① ㄱ   ② ㄷ   ③ ㄱ, ㄴ   ④ ㄴ, ㄷ   ⑤ ㄱ, ㄴ, ㄷ

다음은 항원 X에 대한 생쥐의 방어 작용 실험이다.

[실험 과정 및 결과]

(가) 정상 생쥐 A와 가슴샘이 없는 생쥐 B를 준비한다. A와 B는 유전적으로 동일하고 X에 노출된 적이 없다.

(나) A와 B에 X를 각각 2회에 걸쳐 주사한다. A와 B에서 X에 대한 혈중 항체 농도 변화는 그림과 같다.

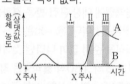

이에 대한 설명으로 옳은 것만을 〈보기〉에서 있는 대로 고른 것은? (단, 제시된 조건 이외는 고려하지 않는다.) **3점**

보기

ㄱ. 구간 Ⅰ의 A에는 X에 대한 기억 세포가 있다.

ㄴ. 구간 Ⅱ의 A에서 X에 대한 2차 면역 반응이 일어났다.

ㄷ. 구간 Ⅲ의 A에서 X에 대한 항체는 세포독성 T 림프구에서 생성된다.

① ㄱ   ② ㄴ   ③ ㄱ, ㄴ   ④ ㄱ, ㄷ   ⑤ ㄴ, ㄷ

다음은 병원체 P와 Q에 대한 생쥐의 방어 작용 실험이다.

○ Q에 항원 ㉠과 ㉡이 있다.

[실험 과정 및 결과]

(가) 유전적으로 동일하고, P와 Q에 노출된 적이 없는 생쥐 Ⅰ~Ⅴ를 준비한다.

(나) Ⅰ에게 P를, Ⅱ에게 Q를 각각 주사하고 일정 시간이 지난 후, 생쥐의 생존 여부를 확인한다.

생쥐	생존 여부
Ⅰ	죽는다
Ⅱ	산다

(다) (나)의 Ⅱ에서 혈청, ㉠에 대한 B 림프구가 분화한 기억 세포 ⓐ, ㉡에 대한 B 림프구가 분화한 기억 세포 ⓑ를 분리한다.

(라) Ⅲ에게 (다)의 혈청을, Ⅳ에게 (다)의 ⓐ를, Ⅴ에게 (다)의 ⓑ를 주사한다.

(마) (라)의 Ⅲ~Ⅴ에게 P를 각각 주사하고 일정 시간이 지난 후, 생쥐의 생존 여부를 확인한다.

생쥐	생존 여부
Ⅲ	산다
Ⅳ	죽는다
Ⅴ	산다

이에 대한 옳은 설명만을 〈보기〉에서 있는 대로 고른 것은? (단, 제시된 조건 이외는 고려하지 않는다.) **3점**

보기

ㄱ. (나)의 Ⅱ에서 1차 면역 반응이 일어났다.

ㄴ. (마)의 Ⅲ에서 P와 항체의 결합이 일어났다.

ㄷ. (마)의 Ⅴ에서 ⓑ가 형질 세포로 분화했다.

① ㄱ   ② ㄷ   ③ ㄱ, ㄴ   ④ ㄴ, ㄷ   ⑤ ㄱ, ㄴ, ㄷ

Ⅳ. 유전

1. 세포와 세포 분열   01. 유전자와 염색체

❶ 유전자와 염색체   ◀수능에 나오는 필수 개념 2가지 + 필수 암기사항 8개

필수개념 1   염색체의 구조

1. **DNA** : 핵산의 일종이며, 2중 나선 구조로 뉴클레오타이드가 기본 단위이다. 생물의 형질에 관한 유전 정보를 담고 있는 분자이다. ★암기

2. **유전자** : 생물의 형질에 대한 유전 정보를 담고 있는 DNA의 특정 부분이다.

3. **뉴클레오솜** 암기 : 2중 나선 DNA가 히스톤 단백질을 감고 있는 구조로, 염색체 혹은 염색사를 구성하는 기본 단위이다.

4. **염색사** : 뉴클레오솜으로 구성되어 있고, 간기 세포의 핵 안에 존재하며, 가는 실모양의 구조이다.

5. **염색체** 암기 : 세포가 분열할 때 염색사가 응축되어 나타나는 막대 모양의 구조물이다.

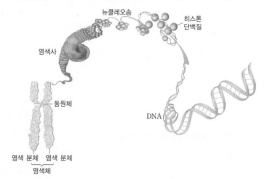

뉴클레오솜 / 히스톤 단백질 / 염색사 / 동원체 / DNA / 염색 분체 / 염색 분체 / 염색체

▲ DNA와 염색체

- **동원체** : 염색체의 잘록하게 보이는 부분이며, 세포 분열 시 방추사가 붙는다.
- **염색 분체** : 체세포 분열 전기와 중기의 염색체는 2개의 염색 분체로 이루어져 있는데, 각각의 염색 분체는 간기 때 복제에 의해 형성된 동일한 두 DNA 분자가 각각 응축하여 형성한 것이다. 따라서 하나의 염색체를 이루는 염색 분체는 서로 유전자 구성이 동일하다. ★암기

6. **염색체의 종류**
   1) **상염색체** ★암기 : 성 결정과 관련 없는 염색체로 암수에 공통으로 나타난다.
   2) **성염색체** ★암기 : 성 결정에 관여하는 1쌍의 염색체로 암수에 따라 구성에 차이가 난다.

필수개념 2   상동 염색체

1. **상동 염색체**
   1) 감수 분열 시 접합하는 1쌍의 염색체로, 대부분 모양과 크기가 같으며 각각 부모로부터 하나씩 물려받은 것이다. ★암기
   2) 상동 염색체는 감수 분열할 때 분리되어 각기 다른 생식세포로 나뉘어 들어간다.

2. **대립 유전자**
   1) 상동 염색체의 같은 위치에 있으며 하나의 형질을 결정하는 데 관여하는 유전자. 암기
   2) 상동 염색체에서 서로 쌍을 이루는 대립 유전자는 같을 수도 있고 다를 수도 있다.

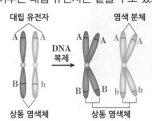

대립 유전자 / 염색 분체 / DNA 복제 / 상동 염색체 / 상동 염색체

기본자료

▶ 뉴클레오타이드
핵산(DNA, RNA)을 구성하는 기본 단위이며, 염기, 당, 인산이 1 : 1 : 1로 구성되어 있다.

▶ 형질
한 개체가 갖는 형태와 성질을 말한다. 이 중 혈액형, 눈 색깔 등과 같이 부모로부터 물려받은 형질을 유전 형질이라고 한다.

▶ 학습조언!
염색체의 구조에 대해 묻는 문제가 가끔 출제되기 때문에 염색체의 구조를 정확히 이해해야 한다!

DAY
15

Ⅳ

1
ㅣ
01.
유
전
자
와

염
색
체

▶ 학습조언!
상동 염색체와 염색 분체의 특징을 구분하는 문제와 이와 관련하여 대립 유전자의 종류나 위치를 묻는 문제, 세포의 핵상이나 염색체 수를 묻는 문제가 자주 출제된다.

❷ 핵형과 핵상 ★ 수능에 나오는 필수 개념 2가지 + 필수 암기사항 5개

필수개념 1 핵형과 핵상

1. 핵형 *암기*
1) 한 생물의 세포에 들어 있는 염색체 상의 특성으로 염색체의 수, 모양, 크기 등을 말한다.
2) 같은 종에서 성별이 같으면 체세포의 핵형이 동일하다.
3) 종이 다르면 염색체 수가 같아도 염색체의 크기나 모양 등이 다르기 때문에 핵형도 다르다.

2. 핵형 분석 *암기*
1) 염색체의 크기와 모양, 동원체의 위치 등에 따라 염색체를 정렬하여 분석하는 방법.
2) 핵형 분석을 통해 성별, 염색체 수나 구조 이상에 의한 질환 등을 알 수 있다.
3) 핵형은 분열기 중기의 세포에서 잘 관찰된다.

3. 핵상 *암기* : 염색체의 조합 상태를 나타낸 것. 각각의 염색체가 쌍으로 있으면 $2n$, 1개씩만 있으면 n이다.

필수개념 2 사람의 염색체

사람의 체세포에는 총 46개의 염색체가 존재한다.($2n=46$)

1. 상염색체
사람의 체세포에는 염색체가 모두 46개씩 있는데, 이 중에서 44개(1~22번 염색체 쌍)의 염색체로 암수에 공통적으로 존재하며, 성 결정에 관여하지 않는 염색체이다. *암기*

2. 성염색체
1) 남자의 각 체세포에는 X 염색체와 Y 염색체가 1개씩 있고, 여자의 각 체세포에는 2개의 X 염색체가 있다.
2) 정자에는 22개의 상염색체와 1개의 X 염색체 또는 22개의 상염색체와 1개의 Y 염색체가 있다.
3) 난자에는 22개의 상염색체와 1개의 X 염색체가 있다.

3. 성 결정
1) 성의 결정은 난자와 수정되는 정자가 어떤 성염색체를 가지고 있는지에 따라 결정된다.
2) X 염색체가 있는 정자가 난자와 수정되면 여자, Y 염색체가 있는 정자가 난자와 수정되면 남자가 된다.

4. 사람의 핵형 분석 *암기*
상염색체 쌍을 염색체의 길이가 긴 것부터 짧은 것 순으로 배열하여 순서대로 번호를 매기고, 성염색체는 마지막에 배열한다.

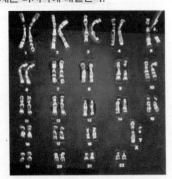
남자(44+XY)

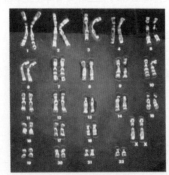
여자(44+XX)

▲ 사람의 핵형

기본자료

▶ 핵상의 예시

DNA 복제 전 체세포($2n$)

DNA 복제 후 체세포($2n$)

감수 분열이 완료된 생식세포(n)

▶ 사람의 염색체 수 이상
• 다운 증후군 : 21번 염색체가 3개
  (45+XX, 45+XY)
• 에드워드 증후군 : 18번 염색체가 3개
  (45+XX, 45+XY)
• 터너 증후군 : 44+X
• 클라인펠터 증후군 : 44+XXY

▶ 학습조언!
사람의 핵형 분석 결과를 제시한 후 염색체 수 이상 여부나 성별 등을 묻는 문제가 자주 출제된다.

❸ 세포 주기와 체세포 분열 ★수능에 나오는 필수 개념 2가지 + 필수 암기사항 4개

필수개념 1 **세포 주기**

• **세포 주기** : 분열을 끝낸 딸세포가 생장하여 다시 분열을 끝마칠 때까지의 기간이다. 세포의 생장과 유전 물질의 복제가 일어나는 간기와 세포 분열이 일어나는 분열기로 나눈다.

• **세포 주기 모식도** ★암기

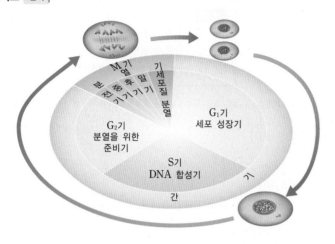

필수개념 2 **체세포 분열**

• **체세포 분열** : 체세포 수가 증가하는 과정으로, 모세포와 동일한 2개의 딸세포가 생성된다.

1. **핵분열** : 염색 분체만 분리되어 핵상의 변화가 없다($2n \rightarrow 2n$). ★암기

시기	특징
전기	• 염색사가 염색체로 응축되고, 핵막과 인이 사라진다. • 양극의 중심체에서 뻗어 나온 방추사가 염색체의 동원체에 결합하여 염색체를 적도면으로 이동시킨다.
중기	염색체가 세포 중앙의 적도면에 배열된다.
후기	방추사가 짧아지면서 염색 분체가 세포의 양극으로 이동한다.
말기	• 염색체는 염색사로 풀어지고, 핵막과 인이 나타나 2개의 딸핵이 만들어진다. • 방추사가 사라지고, 세포질 분열이 시작된다.

체세포 분열 시 염색체의 변화 ★암기

2. **세포질 분열** : 핵분열 말기가 끝날 무렵 일어나 2개의 딸세포가 생성됨.
   1) **동물 세포** : 적도면 부위에서 세포막이 안쪽으로 들어가(세포막 함입) 세포질이 분리된다.
   2) **식물 세포** : 세포의 중앙에 세포판이 형성된 후 바깥쪽으로 자라 세포질이 분리된다.

기본자료

▶ 간기
분열기와 분열기 사이의 기간이다.
물질대사가 활발하게 일어나며 세포 주기의 대부분을 차지한다. 유전 물질은 염색사 형태로 존재한다.
① G_1기 : 단백질을 합성하며 세포가 생장.
② S기 : DNA 복제가 일어남.
③ G_2기 : 방추사를 구성하는 단백질 합성 등 세포 분열을 준비.

▶ 분열기(M기)
간기에 비해 짧고 염색체를 관찰할 수 있다.
① 핵분열 과정은 전기, 중기, 후기, 말기로 구분된다.
② 세포질 분열: 세포질이 분리되어 두 개의 딸세포가 만들어진다.

▶ 체세포 분열 시 DNA양 변화 ★암기

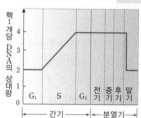

▶ 체세포 분열의 의의
① 발생 : 수정란이 개체로 됨.
② 생장 : 체세포의 수가 증가.
③ 재생 : 손상된 부위 다시 생성.
④ 생식 : 단세포 생물의 생식.

1

그림은 염색체의 구조를 나타낸 것이다.

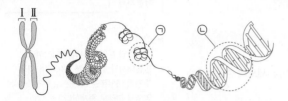

이에 대한 옳은 설명만을 〈보기〉에서 있는 대로 고른 것은?
(단, 돌연변이와 교차는 고려하지 않는다.)

> **보기**
> ㄱ. I과 II에 저장된 유전 정보는 같다.
> ㄴ. ㉠에 단백질이 있다.
> ㄷ. ㉡은 뉴클레오타이드로 구성된다.

① ㄱ　　② ㄷ　　③ ㄱ, ㄴ　　④ ㄴ, ㄷ　　⑤ ㄱ, ㄴ, ㄷ

2

그림은 어떤 사람의 염색체 구조를
나타낸 것이다. 이 사람의 특정 형질에
대한 유전자형은 Tt이고, T는 t와 대립
유전자이다. ⓐ는 단백질과 DNA 중
하나이다.
이에 대한 옳은 설명만을 〈보기〉에서 있는
대로 고른 것은? (단, 돌연변이와 교차는
고려하지 않는다.) **3점**

> **보기**
> ㄱ. ㉠은 대립 유전자 t이다.
> ㄴ. 세포 주기의 간기에 (가)가 관찰된다.
> ㄷ. ⓐ의 기본 단위는 뉴클레오타이드이다.

① ㄱ　　② ㄷ　　③ ㄱ, ㄴ　　④ ㄱ, ㄷ　　⑤ ㄴ, ㄷ

3

그림은 같은 종인 동물($2n=6$) I의
세포 (가)와 II의 세포 (나) 각각에
들어 있는 모든 염색체를 나타낸
것이다. 이 동물의 성염색체는
암컷이 XX, 수컷이 XY이다.

(가)　　　(나)

이에 대한 설명으로 옳은 것만을 〈보기〉에서 있는 대로 고른 것은?
(단, 돌연변이는 고려하지 않는다.)

> **보기**
> ㄱ. II는 수컷이다.
> ㄴ. ㉠은 상염색체이다.
> ㄷ. (가)와 (나)의 핵상은 같다.

① ㄱ　　② ㄴ　　③ ㄱ, ㄷ　　④ ㄴ, ㄷ　　⑤ ㄱ, ㄴ, ㄷ

4

표는 유전체와 염색체의 특징을, 그림은 뉴클레오솜의 구조를
나타낸 것이다. ㉠과 ㉡은 유전체와 염색체를 순서 없이 나타낸
것이고, ⓐ와 ⓑ는 각각 DNA와 히스톤 단백질 중 하나이다.

구분	특징
㉠	세포 주기의 분열기에만 관찰됨
㉡	?

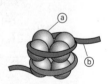

이에 대한 설명으로 옳은 것만을 〈보기〉에서 있는 대로 고른 것은?

> **보기**
> ㄱ. ㉠에 ⓐ가 있다.
> ㄴ. ⓑ는 이중 나선 구조이다.
> ㄷ. ㉡은 한 생명체의 모든 유전 정보이다.

① ㄱ　　② ㄴ　　③ ㄱ, ㄷ　　④ ㄴ, ㄷ　　⑤ ㄱ, ㄴ, ㄷ

정답과 해설　1 p.293　2 p.293　3 p.293　4 p.294

5 2023 평가원

그림 (가)는 동물 P(2n=4)의 체세포가 분열하는 동안 핵 1개당 DNA 양을, (나)는 P의 체세포 분열 과정의 어느 한 시기에서 관찰되는 세포를 나타낸 것이다.

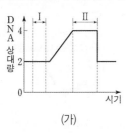
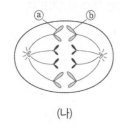

(가)   (나)

이에 대한 설명으로 옳은 것만을 〈보기〉에서 있는 대로 고른 것은? (단, 돌연변이는 고려하지 않는다.)

보기
ㄱ. 구간 Ⅰ에는 2개의 염색 분체로 구성된 염색체가 있다.
ㄴ. 구간 Ⅱ에는 (나)가 관찰되는 시기가 있다.
ㄷ. ⓐ와 ⓑ는 부모에게서 각각 하나씩 물려받은 것이다.

① ㄱ　　② ㄴ　　③ ㄱ, ㄷ　　④ ㄴ, ㄷ　　⑤ ㄱ, ㄴ, ㄷ

6

그림은 동물 A(2n=8)와 B(2n=6)의 세포 (가)~(다) 각각에 있는 염색체 중 ㉠을 제외한 나머지를 모두 나타낸 것이다. A와 B는 성이 다르고, A와 B의 성염색체는 암컷이 XX, 수컷이 XY이다. ㉠은 X 염색체와 Y 염색체 중 하나이다.

(가)　　　　　(나)　　　　　(다)

이에 대한 옳은 설명만을 〈보기〉에서 있는 대로 고른 것은? (단, 돌연변이는 고려하지 않는다.)

보기
ㄱ. ㉠은 X 염색체이다.
ㄴ. (가)에서 상염색체의 수는 3이다.
ㄷ. (나)는 수컷의 세포이다.

① ㄱ　　② ㄴ　　③ ㄱ, ㄴ　　④ ㄱ, ㄷ　　⑤ ㄴ, ㄷ

7

그림은 같은 종인 동물(2n=6) Ⅰ과 Ⅱ의 세포 (가)~(다) 각각에 들어 있는 모든 염색체를 나타낸 것이다. (가)는 Ⅰ의 세포이고, 이 동물의 성염색체는 암컷이 XX, 수컷이 XY이다.

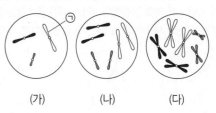

(가)　　　　　(나)　　　　　(다)

이에 대한 설명으로 옳은 것만을 〈보기〉에서 있는 대로 고른 것은? (단, 돌연변이는 고려하지 않는다.)

보기
ㄱ. Ⅱ는 수컷이다.
ㄴ. (나)와 (다)의 핵상은 같다.
ㄷ. ㉠에는 히스톤 단백질이 있다.

① ㄱ　　② ㄴ　　③ ㄷ　　④ ㄱ, ㄷ　　⑤ ㄴ, ㄷ

8

그림은 같은 종인 동물(2n=?) Ⅰ과 Ⅱ의 세포 (가)~(다) 각각에 들어 있는 모든 염색체를 나타낸 것이다. (가)~(다) 중 1개는 Ⅰ의 세포이며, 나머지 2개는 Ⅱ의 세포이다. 이 동물의 성염색체는 암컷이 XX, 수컷이 XY이다. A는 a와 대립 유전자이고, ㉠은 A와 a 중 하나이다.

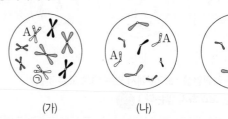

(가)　　　　　(나)　　　　　(다)

이에 대한 설명으로 옳은 것만을 〈보기〉에서 있는 대로 고른 것은? (단, 돌연변이와 교차는 고려하지 않는다.) 3점

보기
ㄱ. ㉠은 A이다.
ㄴ. (나)는 Ⅱ의 세포이다.
ㄷ. Ⅰ의 감수 2분열 중기 세포 1개당 염색 분체 수는 8이다.

① ㄴ　　② ㄷ　　③ ㄱ, ㄴ　　④ ㄱ, ㄷ　　⑤ ㄱ, ㄴ, ㄷ

그림은 같은 종인 동물($2n=?$) 개체 Ⅰ과 Ⅱ의 세포 (가)~(다) 각각에 들어 있는 모든 염색체를 나타낸 것이다. 이 동물의 성염색체는 암컷이 XX, 수컷이 XY이고, 유전 형질 ㉠은 대립유전자 A와 a에 의해 결정된다. (가)~(다) 중 1개는 암컷의, 나머지 2개는 수컷의 세포이고, Ⅰ의 ㉠의 유전자형은 aa이다.

(가)　　　　(나)　　　　(다)

이에 대한 설명으로 옳은 것만을 〈보기〉에서 있는 대로 고른 것은? (단, 돌연변이는 고려하지 않는다.) 3점

보기
ㄱ. Ⅰ은 수컷이다.
ㄴ. Ⅱ의 ㉠의 유전자형은 Aa이다.
ㄷ. (나)의 염색체 수는 (다)의 염색 분체 수와 같다.

① ㄱ　　② ㄷ　　③ ㄱ, ㄴ　　④ ㄴ, ㄷ　　⑤ ㄱ, ㄴ, ㄷ

그림은 세포 (가)~(다)에 들어 있는 모든 염색체를 나타낸 것이다. (가)~(다) 각각은 개체 A($2n=4$)와 B($2n=8$)의 세포 중 하나이다. A와 B의 성염색체는 모두 암컷이 XX, 수컷이 XY이다.

(가)　　　　(나)　　　　(다)

이에 대한 옳은 설명만을 〈보기〉에서 있는 대로 고른 것은? (단, 돌연변이는 고려하지 않는다.) 3점

보기
ㄱ. B는 암컷이다.
ㄴ. (다)는 A의 세포이다.
ㄷ. (가)와 (나)의 핵상은 모두 n이다.

① ㄱ　　② ㄷ　　③ ㄱ, ㄴ　　④ ㄱ, ㄷ　　⑤ ㄴ, ㄷ

그림은 어떤 동물($2n=10$)에서 특정 형질에 대한 유전자형이 Tt인 개체의 세포 (가)와 (나) 각각에 들어 있는 모든 염색체를 나타낸 것이다. 이 동물의 성염색체는 수컷이 XY, 암컷이 XX이고, T와 t는 대립 유전자이다.

(가)　　　　(나)

이에 대한 설명으로 옳은 것만을 〈보기〉에서 있는 대로 고른 것은? (단, 교차와 돌연변이는 고려하지 않는다.)

보기
ㄱ. ⓐ는 성염색체이다.
ㄴ. ㉠은 대립 유전자 t이다.
ㄷ. (가)와 (나)의 염색체 수는 같다.

① ㄱ　　② ㄴ　　③ ㄱ, ㄴ　　④ ㄱ, ㄷ　　⑤ ㄴ, ㄷ

그림은 세포 (가)와 (나) 각각에 들어 있는 모든 염색체를 나타낸 것이다. (가)와 (나)는 각각 동물 A($2n=6$)와 동물 B($2n=?$)의 세포 중 하나이다.
이에 대한 설명으로 옳은 것만을 〈보기〉에서 있는 대로 고른 것은? (단, 돌연변이는 고려하지 않는다.) 3점

(가)　　(나)

보기
ㄱ. (가)는 A의 세포이다.
ㄴ. (가)와 (나)의 핵상은 같다.
ㄷ. B의 체세포 분열 중기의 세포 1개당 염색 분체 수는 12이다.

① ㄱ　　② ㄴ　　③ ㄱ, ㄷ　　④ ㄴ, ㄷ　　⑤ ㄱ, ㄴ, ㄷ

13

그림은 어떤 동물 종($2n=6$)의 개체 Ⅰ과 Ⅱ의 세포 (가)~(다)에 들어 있는 모든 염색체를 나타낸 것이다. Ⅰ의 유전자형은 AaBb 이고, Ⅱ의 유전자형은 AAbb이며, (나)와 (다)는 서로 다른 개체의 세포이다. 이 동물 종의 성염색체는 수컷이 XY, 암컷이 XX이다.

(가)   (나)   (다)

이에 대한 옳은 설명만을 〈보기〉에서 있는 대로 고른 것은?
(단, 돌연변이는 고려하지 않는다.) 3점

> **보기**
> ㄱ. Ⅰ은 수컷이다.
> ㄴ. (다)는 Ⅱ의 세포이다.
> ㄷ. Ⅱ의 체세포 분열 중기의 세포 1개당 염색 분체 수는 12이다.

① ㄱ ② ㄴ ③ ㄱ, ㄷ ④ ㄴ, ㄷ ⑤ ㄱ, ㄴ, ㄷ

15

그림은 동물 Ⅰ의 세포 (가)와 동물 Ⅱ의 세포 (나)에 들어 있는 모든 염색체를 나타낸 것이다. Ⅰ과 Ⅱ는 같은 종이며, 수컷의 성염색체는 XY, 암컷의 성염색체는 XX이다. Ⅰ과 Ⅱ의 특정 형질에 대한 유전 자형은 모두 Aa이며, A와 a는 대립 유전자이다.

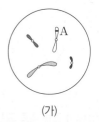 

(가)   (나)

이에 대한 설명으로 옳은 것만을 〈보기〉에서 있는 대로 고른 것은?
(단, 돌연변이와 교차는 고려하지 않는다.) 3점

> **보기**
> ㄱ. Ⅰ과 Ⅱ는 성이 다르다.
> ㄴ. ㉠은 대립 유전자 a이다.
> ㄷ. Ⅱ의 감수 1분열 중기 세포 1개당 2가 염색체의 수는 16이 다.

① ㄱ ② ㄴ ③ ㄷ ④ ㄱ, ㄴ ⑤ ㄱ, ㄷ

14

그림은 같은 종인 동물($2n=?$) A와 B의 세포 (가)~(다) 각각에 들어 있는 모든 상염색체와 ⓐ를 나타낸 것이다. (가)~(다) 중 1개는 A의, 나머지 2개는 B의 세포이며, 이 동물의 성염색체는 암컷이 XX, 수컷이 XY이다. ⓐ는 X 염색체와 Y 염색체 중 하나이다.

(가)   (나)   (다)

이에 대한 설명으로 옳은 것만을 〈보기〉에서 있는 대로 고른 것은?
(단, 돌연변이는 고려하지 않는다.) 3점

> **보기**
> ㄱ. A는 암컷이다.
> ㄴ. (나)와 (다)의 핵상은 같다.
> ㄷ. $\dfrac{\text{(다)의 염색 분체 수}}{\text{(가)의 상염색체 수}} = \dfrac{3}{4}$이다.

① ㄱ ② ㄴ ③ ㄷ ④ ㄱ, ㄷ ⑤ ㄴ, ㄷ

16

그림은 같은 종인 동물($2n=6$) Ⅰ과 Ⅱ의 세포 (가)~(라) 각각에 들어 있는 모든 염색체를 나타낸 것이다. (가)~(라) 중 2개는 Ⅰ의 세포이고, 나머지 2개는 Ⅱ의 세포이다. 이 동물의 성염색체는 암컷이 XX, 수컷이 XY이다. 이 동물 종의 특정 형질은 대립 유전자 A와 a, B와 b에 의해 결정되며, Ⅰ의 유전자형은 AaBB이고, Ⅱ의 유전자형은 AABb이다. ㉠은 B와 b 중 하나이다.

(가)   (나)   (다)   (라)

이에 대한 설명으로 옳은 것만을 〈보기〉에서 있는 대로 고른 것은?
(단, 돌연변이와 교차는 고려하지 않는다.) 3점

> **보기**
> ㄱ. ㉠은 B이다.
> ㄴ. (가)와 (다)의 핵상은 같다.
> ㄷ. (라)는 Ⅱ의 세포이다.

① ㄱ ② ㄴ ③ ㄱ, ㄷ ④ ㄴ, ㄷ ⑤ ㄱ, ㄴ, ㄷ

17

그림은 같은 종인 동물($2n=?$) Ⅰ과 Ⅱ의 세포 (가)~(라) 각각에 들어 있는 모든 염색체를 나타낸 것이다. (가)~(라) 중 3개는 Ⅰ의 세포이고, 나머지 1개는 Ⅱ의 세포이다. 이 동물의 성염색체는 암컷이 XX, 수컷이 XY이다.

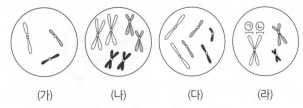

(가)   (나)   (다)   (라)

이에 대한 설명으로 옳은 것만을 〈보기〉에서 있는 대로 고른 것은? (단, 돌연변이는 고려하지 않는다.)

> **보기**
> ㄱ. (가)는 Ⅰ의 세포이다.
> ㄴ. ⊙은 ⊙의 상동 염색체이다.
> ㄷ. Ⅱ의 감수 1분열 중기 세포 1개당 염색 분체 수는 12이다.

① ㄱ   ② ㄴ   ③ ㄱ, ㄷ   ④ ㄴ, ㄷ   ⑤ ㄱ, ㄴ, ㄷ

19

그림은 같은 종인 동물($2n=6$) Ⅰ과 Ⅱ의 세포 (가)~(라) 각각에 들어 있는 모든 염색체를 나타낸 것이다. (가)~(라) 중 1개만 Ⅰ의 세포이며, 나머지는 Ⅱ의 G_1기 세포로부터 생식 세포가 형성되는 과정에서 나타나는 세포이다. 이 동물의 성염색체는 암컷이 XX, 수컷이 XY이다.

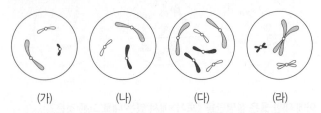

(가)   (나)   (다)   (라)

이에 대한 설명으로 옳은 것만을 〈보기〉에서 있는 대로 고른 것은? (단, 돌연변이는 고려하지 않는다.)

> **보기**
> ㄱ. (가)는 세포 주기의 S기를 거쳐 (라)가 된다.
> ㄴ. (나)와 (라)의 핵상은 같다.
> ㄷ. (다)는 Ⅱ의 세포이다.

① ㄱ   ② ㄴ   ③ ㄷ   ④ ㄱ, ㄴ   ⑤ ㄴ, ㄷ

18

그림은 서로 다른 종인 동물 A($2n=8$)와 B($2n=6$)의 세포 (가)~(다) 각각에 들어 있는 모든 염색체를 나타낸 것이다. A와 B의 성염색체는 암컷이 XX, 수컷이 XY이다.

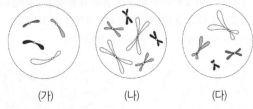

(가)   (나)   (다)

이에 대한 옳은 설명만을 〈보기〉에서 있는 대로 고른 것은? (단, 돌연변이는 고려하지 않는다.)

> **보기**
> ㄱ. (가)는 A의 세포이다.
> ㄴ. A와 B는 모두 암컷이다.
> ㄷ. (나)의 상염색체 수와 (다)의 염색체 수는 같다.

① ㄱ   ② ㄴ   ③ ㄱ, ㄷ   ④ ㄴ, ㄷ   ⑤ ㄱ, ㄴ, ㄷ

20

그림은 세포 (가)~(다) 각각에 들어 있는 모든 염색체를 나타낸 것이다. (가)~(다) 각각은 수컷 A와 암컷 B의 세포 중 하나이다. A와 B는 같은 종이고, 성염색체는 수컷이 XY, 암컷이 XX이다.

(가)   (나)   (다)

이에 대한 설명으로 옳은 것만을 〈보기〉에서 있는 대로 고른 것은? (단, 돌연변이는 고려하지 않는다.)

> **보기**
> ㄱ. (가)는 A의 세포이다.
> ㄴ. (가)와 (다)의 핵상은 모두 $2n$이다.
> ㄷ. X 염색체 수는 (나)와 (다)가 같다.

① ㄱ   ② ㄴ   ③ ㄷ   ④ ㄱ, ㄴ   ⑤ ㄱ, ㄷ

정답과 해설   17 p.300   18 p.301   19 p.301   20 p.302

21

어떤 동물 종($2n=6$)의 유전 형질 ㉮는 2쌍의 대립유전자 A와 a, B와 b에 의해 결정된다. 그림은 이 동물 종의 암컷 I과 수컷 II의 세포 (가)~(라) 각각에 있는 염색체 중 X 염색체를 제외한 나머지 염색체와 일부 유전자를 나타낸 것이다. (가)~(라) 중 2개는 I의 세포이고, 나머지 2개는 II의 세포이다. 이 동물 종의 성염색체는 암컷이 XX, 수컷이 XY이다. ㉠~㉣은 A, a, B, b를 순서 없이 나타낸 것이다.

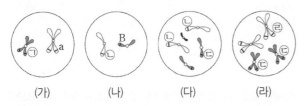

(가)   (나)   (다)   (라)

이에 대한 옳은 설명만을 〈보기〉에서 있는 대로 고른 것은? (단, 돌연변이는 고려하지 않는다.)

보기
ㄱ. (가)는 I의 세포이다.
ㄴ. ㉢은 B이다.
ㄷ. II는 ㉮의 유전자형이 aaBB이다.

① ㄱ　　② ㄴ　　③ ㄷ　　④ ㄱ, ㄴ　　⑤ ㄴ, ㄷ

22

그림은 세포 (가)~(다) 각각에 들어 있는 모든 염색체를 나타낸 것이다. (가)~(다) 각각은 개체 A($2n=6$)와 개체 B($2n=?$)의 세포 중 하나이다. A와 B의 성염색체는 암컷이 XX, 수컷이 XY이다.

(가)   (나)   (다)

이에 대한 설명으로 옳은 것만을 〈보기〉에서 있는 대로 고른 것은? (단, 돌연변이는 고려하지 않는다.) ③점

보기
ㄱ. (가)는 A의 세포이다.
ㄴ. B는 수컷이다.
ㄷ. B의 감수 1분열 중기 세포 1개당 염색 분체 수는 12이다.

① ㄱ　　② ㄴ　　③ ㄷ　　④ ㄱ, ㄴ　　⑤ ㄴ, ㄷ

23

그림은 세포 (가)~(마) 각각에 들어 있는 모든 염색체를 나타낸 것이다. (가)~(마)는 각각 서로 다른 개체 A, B, C의 세포 중 하나이다. A와 B는 같은 종이고, B와 C는 수컷이다. A~C는 $2n=8$이며, A~C의 성염색체는 암컷이 XX, 수컷이 XY이다.

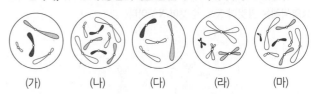

(가)   (나)   (다)   (라)   (마)

이에 대한 설명으로 옳은 것만을 〈보기〉에서 있는 대로 고른 것은? (단, 돌연변이는 고려하지 않는다.) ③점

보기
ㄱ. (라)는 B의 세포이다.
ㄴ. (가)와 (다)는 같은 개체의 세포이다.
ㄷ. 세포 1개당 $\dfrac{\text{X 염색체 수}}{\text{상염색체 수}}$의 값은 (나)가 (마)의 2배이다.

① ㄱ　　② ㄷ　　③ ㄱ, ㄴ　　④ ㄴ, ㄷ　　⑤ ㄱ, ㄴ, ㄷ

24

그림은 서로 다른 종인 동물 A($2n=?$)와 B($2n=?$)의 세포 (가)~(다) 각각에 들어 있는 염색체 중 X 염색체를 제외한 나머지 염색체를 모두 나타낸 것이다. (가)~(다) 중 2개는 A의 세포이고, 나머지 1개는 B의 세포이다. A와 B는 성이 다르고, A와 B의 성염색체는 암컷이 XX, 수컷이 XY이다.

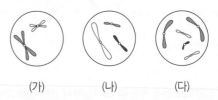

(가)   (나)   (다)

이에 대한 설명으로 옳은 것만을 〈보기〉에서 있는 대로 고른 것은? (단, 돌연변이는 고려하지 않는다.)

보기
ㄱ. (가)와 (다)의 핵상은 같다.
ㄴ. A는 수컷이다.
ㄷ. B의 체세포 분열 중기의 세포 1개당 염색 분체 수는 16이다.

① ㄱ　　② ㄴ　　③ ㄱ, ㄷ　　④ ㄴ, ㄷ　　⑤ ㄱ, ㄴ, ㄷ

DAY
15
Ⅳ
1
Ⅰ
01.
유전자와 염색체

25

어떤 동물($2n=6$)의 유전 형질 ⓐ는 대립유전자 R와 r에 의해 결정된다. 그림 (가)와 (나)는 이 동물의 암컷 Ⅰ의 세포와 수컷 Ⅱ의 세포를 순서 없이 나타낸 것이다. Ⅰ과 Ⅱ를 교배하여 Ⅲ과 Ⅳ가 태어났으며, Ⅲ은 R와 r 중 R만, Ⅳ는 r만 갖는다. 이 동물의 성염색체는 암컷이 XX, 수컷이 XY이다.

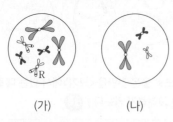

(가)   (나)

이에 대한 옳은 설명만을 <보기>에서 있는 대로 고른 것은? (단, 돌연변이는 고려하지 않는다.)

보기
ㄱ. (나)는 Ⅱ의 세포이다.
ㄴ. Ⅰ의 ⓐ의 유전자형은 Rr이다.
ㄷ. Ⅲ과 Ⅳ는 모두 암컷이다.

① ㄱ   ② ㄷ   ③ ㄱ, ㄴ   ④ ㄴ, ㄷ   ⑤ ㄱ, ㄴ, ㄷ

---

26 2022 수능

그림은 서로 다른 종인 동물($2n=?$) A~C의 세포 (가)~(라) 각각에 들어 있는 모든 염색체를 나타낸 것이다. (가)~(라) 중 2개는 A의 세포이고, A와 B의 성은 서로 다르다. A~C의 성염색체는 암컷이 XX, 수컷이 XY이다.

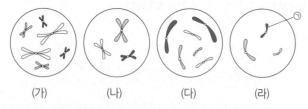

(가)   (나)   (다)   (라)

이에 대한 설명으로 옳은 것만을 <보기>에서 있는 대로 고른 것은? (단, 돌연변이는 고려하지 않는다.)

보기
ㄱ. (가)는 C의 세포이다.
ㄴ. ㉠은 상염색체이다.
ㄷ. $\dfrac{\text{(다)의 성염색체 수}}{\text{(나)의 염색 분체 수}}=\dfrac{2}{3}$이다.

① ㄱ   ② ㄴ   ③ ㄷ   ④ ㄱ, ㄷ   ⑤ ㄴ, ㄷ

---

27 2022 평가원

그림은 동물($2n=6$) Ⅰ~Ⅲ의 세포 (가)~(라) 각각에 들어 있는 모든 염색체를 나타낸 것이다. Ⅰ~Ⅲ은 2가지 종으로 구분되고, (가)~(라) 중 2개는 암컷의, 나머지 2개는 수컷의 세포이다. Ⅰ~Ⅲ의 성염색체는 암컷이 XX, 수컷이 XY이다. 염색체 ⓐ와 ⓑ 중 하나는 상염색체이고, 나머지 하나는 성염색체이다. ⓐ와 ⓑ의 모양과 크기는 나타내지 않았다.

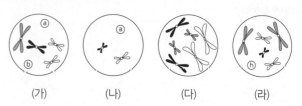

(가)   (나)   (다)   (라)

이에 대한 설명으로 옳은 것만을 <보기>에서 있는 대로 고른 것은? (단, 돌연변이는 고려하지 않는다.)

보기
ㄱ. ⓑ는 X 염색체이다.
ㄴ. (나)는 암컷의 세포이다.
ㄷ. (가)를 갖는 개체와 (다)를 갖는 개체의 핵형은 같다.

① ㄱ   ② ㄴ   ③ ㄷ   ④ ㄱ, ㄴ   ⑤ ㄴ, ㄷ

28

그림은 동물 A($2n=6$)와 B($2n=6$)의 세포 (가)~(라) 각각에 들어 있는 모든 염색체를 나타낸 것이다. A와 B의 성염색체는 암컷이 XX, 수컷이 XY이고, (가)는 A의 세포이다.

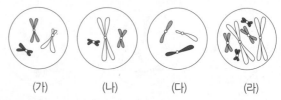

(가)   (나)   (다)   (라)

이에 대한 옳은 설명만을 <보기>에서 있는 대로 고른 것은? (단, 돌연변이는 고려하지 않는다.) 3점

보기
ㄱ. A는 암컷이다.
ㄴ. A와 B는 같은 종이다.
ㄷ. (나)와 (다)의 핵상은 같다.

① ㄱ   ② ㄴ   ③ ㄷ   ④ ㄱ, ㄴ   ⑤ ㄴ, ㄷ

29 2023 평가원

그림은 동물 세포 (가)~(라) 각각에 들어 있는 모든 염색체를 나타낸 것이다. (가)~(라)는 각각 서로 다른 개체 A, B, C의 세포 중 하나이다. A와 B는 같은 종이고, A와 C의 성은 같다. A~C의 핵상은 모두 2n이며, A~C의 성염색체는 암컷이 XX, 수컷이 XY이다.

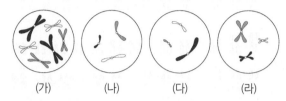

(가)   (나)   (다)   (라)

이에 대한 설명으로 옳은 것만을 <보기>에서 있는 대로 고른 것은? (단, 돌연변이는 고려하지 않는다.) **3점**

보기
ㄱ. (가)는 B의 세포이다.
ㄴ. (다)를 갖는 개체와 (라)를 갖는 개체의 핵형은 같다.
ㄷ. C의 감수 1분열 중기 세포 1개당 염색 분체 수는 6이다.

① ㄱ   ② ㄴ   ③ ㄷ   ④ ㄱ, ㄴ   ⑤ ㄴ, ㄷ

30

그림은 사람의 염색체 ㉠~㉢의 상대적인 크기를, 표는 사람의 세포 A~C에서 ㉠~㉢의 유무를 나타낸 것이다. ㉠~㉢은 각각 15번 염색체, X 염색체, Y 염색체 중 하나이며, A~C는 정자, 남자의 체세포, 여자의 체세포를 순서 없이 나타낸 것이다.

세포 \ 염색체	㉠	㉡	㉢
A	×	○	○
B	○	○	×
C	○	○	○

㉠   ㉡   ㉢   (○: 있음, ×: 없음)

이에 대한 설명으로 옳은 것만을 <보기>에서 있는 대로 고른 것은? (단, 돌연변이는 고려하지 않는다.) **3점**

보기
ㄱ. ㉠은 Y 염색체이다.
ㄴ. 세포의 염색체 수는 A가 B의 2배이다.
ㄷ. C에는 ㉡과 ㉢이 각각 2개씩 있다.

① ㄱ   ② ㄷ   ③ ㄱ, ㄴ   ④ ㄴ, ㄷ   ⑤ ㄱ, ㄴ, ㄷ

---

31 2022 평가원

어떤 동물 종($2n=4$)의 유전 형질 ㉮는 2쌍의 대립유전자 A와 a, B와 b에 의해 결정된다. 그림은 이 동물 종의 개체 Ⅰ의 세포 (가)와 개체 Ⅱ의 세포 (나) 각각에 들어 있는 모든 염색체를, 표는 (가)와 (나)에서 대립유전자 ㉠, ㉡, ㉢, ㉣ 중 2개의 DNA 상대량을 더한 값을 나타낸 것이다. ㉠~㉣은 A, a, B, b를 순서 없이 나타낸 것이고, Ⅰ과 Ⅱ의 ㉮의 유전자형은 각각 AaBb와 Aabb 중 하나이다.

(가)   (나)

세포	DNA 상대량을 더한 값			
	㉠+㉡	㉠+㉢	㉡+㉢	㉢+㉣
(가)	6	ⓐ	6	?
(나)	?	1	ⓑ	2

이에 대한 설명으로 옳은 것만을 <보기>에서 있는 대로 고른 것은? (단, 돌연변이는 고려하지 않으며, A, a, B, b 각각의 1개당 DNA 상대량은 1이다.)

보기
ㄱ. Ⅰ의 유전자형은 AaBb이다.
ㄴ. ⓐ+ⓑ=5이다.
ㄷ. (나)에 b가 있다.

① ㄱ   ② ㄴ   ③ ㄱ, ㄷ   ④ ㄴ, ㄷ   ⑤ ㄱ, ㄴ, ㄷ

32

어떤 동물 종($2n=6$)의 유전 형질 ㉠은 2쌍의 대립유전자 H와 h, R와 r에 의해 결정된다. 그림은 이 동물 종의 수컷 P와 암컷 Q의 세포 (가)~(다) 각각에 들어 있는 모든 염색체를, 표는 (가)~(다)가 갖는 H와 h의 DNA 상대량을 나타낸 것이다. (가)~(다) 중 2개는 P의 세포이고 나머지 1개는 Q의 세포이며, 이 동물의 성염색체는 암컷이 XX, 수컷이 XY이다. ⓐ~ⓒ는 0, 1, 2를 순서 없이 나타낸 것이다.

(가)   (나)   (다)

세포	DNA 상대량	
	H	h
(가)	ⓐ	ⓑ
(나)	ⓒ	ⓐ
(다)	ⓑ	ⓐ

이에 대한 설명으로 옳은 것만을 <보기>에서 있는 대로 고른 것은? (단, 돌연변이는 고려하지 않으며, H, h, R, r 각각의 1개당 DNA 상대량은 1이다.) **3점**

보기
ㄱ. ⓒ는 1이다.
ㄴ. (가)는 Q의 세포이다.
ㄷ. 세포 1개당 $\dfrac{\text{H의 DNA 상대량}}{\text{R의 DNA 상대량}}$ 은 (나)와 (다)가 같다.

① ㄱ   ② ㄷ   ③ ㄱ, ㄴ   ④ ㄴ, ㄷ   ⑤ ㄱ, ㄴ, ㄷ

그림은 같은 종인 동물(2n=6) Ⅰ과 Ⅱ의 세포 (가)~(다) 각각에 들어 있는 모든 염색체를, 표는 세포 A~C가 갖는 유전자 H, h, T, t의 유무를 나타낸 것이다. H는 h와 대립 유전자이며, T는 t와 대립 유전자이다. Ⅰ은 수컷, Ⅱ는 암컷이며, 이 동물의 성염색체는 수컷이 XY, 암컷이 XX이다. A~C는 (가)~(다)를 순서 없이 나타낸 것이다.

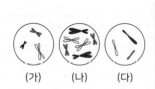

(가)   (나)   (다)

세포 유전자	A	B	C
H	○	×	○
h	×	○	○
T	×	×	○
t	×	○	×

(○: 있음, ×: 없음)

이에 대한 설명으로 옳은 것만을 <보기>에서 있는 대로 고른 것은? (단, 돌연변이는 고려하지 않는다.) **3점**

보기
ㄱ. (다)는 Ⅱ의 세포이다.
ㄴ. A와 B의 핵상은 같다.
ㄷ. Ⅰ과 Ⅱ 사이에서 자손(F₁)이 태어날 때, 이 자손이 H와 t를 모두 가질 확률은 $\frac{3}{8}$ 이다.

① ㄱ   ② ㄴ   ③ ㄱ, ㄷ   ④ ㄴ, ㄷ   ⑤ ㄱ, ㄴ, ㄷ

그림은 어떤 사람의 핵형 분석 결과를 나타낸 것이다. ⓐ는 세포 분열 시 방추사가 부착되는 부분이다.

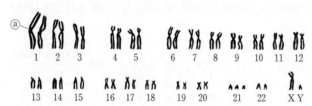

이에 대한 설명으로 옳은 것만을 <보기>에서 있는 대로 고른 것은?

보기
ㄱ. ⓐ는 동원체이다.
ㄴ. 이 사람은 다운 증후군의 염색체 이상을 보인다.
ㄷ. 이 핵형 분석 결과에서 $\frac{상염색체의 염색 분체 수}{성염색체 수} = \frac{45}{2}$ 이다.

① ㄱ   ② ㄷ   ③ ㄱ, ㄴ   ④ ㄴ, ㄷ   ⑤ ㄱ, ㄴ, ㄷ

그림 (가)는 사람 A의, (나)는 사람 B의 핵형 분석 결과를 나타낸 것이다.

(가)

(나)

이에 대한 설명으로 옳은 것만을 <보기>에서 있는 대로 고른 것은? **3점**

보기
ㄱ. A는 터너 증후군의 염색체 이상을 보인다.
ㄴ. (나)에서 적록 색맹 여부를 알 수 있다.
ㄷ. $\frac{(가)의 염색 분체 수}{(나)의 성염색체 수} = 45$ 이다.

① ㄱ   ② ㄴ   ③ ㄱ, ㄴ   ④ ㄱ, ㄷ   ⑤ ㄴ, ㄷ

그림은 어떤 사람의 핵형 분석 결과를 나타낸 것이다.

이에 대한 설명으로 옳은 것만을 <보기>에서 있는 대로 고른 것은? **3점**

보기
ㄱ. ⓐ는 ⓑ의 상동 염색체이다.
ㄴ. 이 사람은 터너 증후군의 염색체 이상을 보인다.
ㄷ. 이 핵형 분석 결과에서 관찰되는 $\frac{상염색체의 염색 분체 수}{X 염색체 수}$ 는 44이다.

① ㄱ   ② ㄴ   ③ ㄱ, ㄷ   ④ ㄴ, ㄷ   ⑤ ㄱ, ㄴ, ㄷ

37 2022 평가원

표는 어떤 사람의 세포 (가)~(다)에서 핵막 소실 여부와 DNA
상대량을 나타낸 것이다. (가)~(다)는 체세포의 세포 주기 중
M기(분열기)의 중기, G_1기, G_2기에 각각 관찰되는 세포를 순서 없이
나타낸 것이다. ㉠은 '소실됨'과 '소실 안 됨' 중 하나이다.

세포	핵막 소실 여부	DNA 상대량
(가)	㉠	1
(나)	소실됨	?
(다)	소실 안 됨	2

이에 대한 설명으로 옳은 것만을 〈보기〉에서 있는 대로 고른 것은?
(단, 돌연변이는 고려하지 않는다.)

보기

ㄱ. ㉠은 '소실 안 됨'이다.

ㄴ. (나)는 간기의 세포이다.

ㄷ. (다)에는 히스톤 단백질이 없다.

① ㄱ ② ㄴ ③ ㄷ ④ ㄱ, ㄴ ⑤ ㄱ, ㄷ

39

그림은 사람 체세포의 세포 주기를 나타낸 것이다.
㉠~㉢은 각각 G_2기, M기(분열기), S기 중
하나이다.

이에 대한 옳은 설명만을 〈보기〉에서 있는 대로
고른 것은? (단, 돌연변이는 고려하지 않는다.)

보기

ㄱ. ㉠의 세포에서 핵막이 관찰된다.

ㄴ. ㉡은 간기에 속한다.

ㄷ. ㉢의 세포에서 2가 염색체가 형성된다.

① ㄱ ② ㄷ ③ ㄱ, ㄴ ④ ㄴ, ㄷ ⑤ ㄱ, ㄴ, ㄷ

38

그림은 사람에서 체세포의 세포 주기를 나타낸
것이다. ㉠~㉢은 각각 G_2기, M기, S기 중 하나이다.
이에 대한 설명으로 옳은 것만을 〈보기〉에서 있는
대로 고른 것은?

보기

ㄱ. ㉠ 시기에 핵막이 소실된다.

ㄴ. 세포 1개당 $\dfrac{㉡ 시기의 DNA 양}{G_1기의 DNA 양}$의 값은 1보다 크다.

ㄷ. ㉢ 시기에 2가 염색체가 관찰된다.

① ㄱ ② ㄴ ③ ㄱ, ㄷ ④ ㄴ, ㄷ ⑤ ㄱ, ㄴ, ㄷ

40

그림은 사람 체세포의 세포 주기를 나타낸 것이다.
㉠~㉢은 각각 G_2기, M기(분열기), S기 중 하나이다.
이에 대한 설명으로 옳은 것만을 〈보기〉에서 있는
대로 고른 것은?

보기

ㄱ. ㉠ 시기에 DNA가 복제된다.

ㄴ. ㉡은 간기에 속한다.

ㄷ. ㉢ 시기에 상동 염색체의 접합이 일어난다.

① ㄱ ② ㄴ ③ ㄷ ④ ㄱ, ㄴ ⑤ ㄱ, ㄷ

41

그림은 사람 체세포의 세포 주기를 나타낸 것이다. ㄱ~ⓒ은 G_2기, M기(분열기), S기를 순서 없이 나타낸 것이다.

이에 대한 설명으로 옳은 것만을 〈보기〉에서 있는 대로 고른 것은? (단, 돌연변이는 고려하지 않는다.)

보기
ㄱ. ㄱ은 G_2기이다.
ㄴ. 구간 Ⅰ에는 핵막이 소실되는 시기가 있다.
ㄷ. 구간 Ⅱ에는 염색 분체가 분리되는 시기가 있다.

① ㄱ ② ㄷ ③ ㄱ, ㄴ ④ ㄴ, ㄷ ⑤ ㄱ, ㄴ, ㄷ

42

그림은 사람에서 체세포의 세포 주기를, 표는 세포 주기 중 각 시기 Ⅰ~Ⅲ의 특징을 나타낸 것이다. ㄱ~ⓒ은 각각 G_1기, S기, 분열기 중 하나이며, Ⅰ~Ⅲ은 ㄱ~ⓒ을 순서 없이 나타낸 것이다.

시기	특징
Ⅰ	?
Ⅱ	방추사가 관찰된다.
Ⅲ	DNA 복제가 일어난다.

이에 대한 설명으로 옳은 것만을 〈보기〉에서 있는 대로 고른 것은? (단, 돌연변이는 고려하지 않는다.)

보기
ㄱ. Ⅲ은 ㄱ이다.
ㄴ. Ⅰ시기의 세포에서 핵막이 관찰된다.
ㄷ. 체세포 1개당 DNA 양은 ⓒ시기 세포가 Ⅱ 시기 세포보다 많다.

① ㄱ ② ㄴ ③ ㄷ ④ ㄱ, ㄴ ⑤ ㄴ, ㄷ

43

그림 (가)는 어떤 동물($2n=4$)의 세포 주기를, (나)는 이 동물의 분열 중인 세포를 나타낸 것이다. ㄱ과 ⓒ은 각각 G_1기와 G_2기 중 하나이며, 이 동물의 특정 형질에 대한 유전자형은 Rr이다.

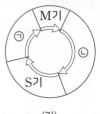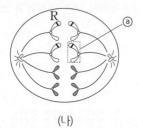

(가)   (나)

이에 대한 옳은 설명만을 〈보기〉에서 있는 대로 고른 것은? (단, 돌연변이와 교차는 고려하지 않는다.)

보기
ㄱ. ㄱ은 G_2기이다.
ㄴ. (나)가 관찰되는 시기는 ⓒ이다.
ㄷ. 염색체 ⓐ에 R가 있다.

① ㄱ ② ㄴ ③ ㄷ ④ ㄱ, ㄷ ⑤ ㄴ, ㄷ

44

그림은 어떤 동물($2n=4$)의 체세포 X를 나타낸 것이다. 이 동물에서 특정 유전 형질의 유전자형은 Tt이다. X는 간기의 세포와 분열기의 세포 중 하나이다.

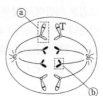

이에 대한 옳은 설명만을 〈보기〉에서 있는 대로 고른 것은? (단, 돌연변이는 고려하지 않는다.)

보기
ㄱ. X는 분열기의 세포이다.
ㄴ. ⓐ에 t가 있다.
ㄷ. ⓑ에 동원체가 있다.

① ㄱ ② ㄴ ③ ㄱ, ㄴ ④ ㄱ, ㄷ ⑤ ㄴ, ㄷ

정답과 해설 41 p.313 42 p.313 43 p.314 44 p.314

45 세포 주기
[2019학년도 6월 모평 7번]

그림 (가)는 사람에서 체세포의 세포 주기를, (나)는 사람의 체세포에 있는 염색체의 구조를 나타낸 것이다. ㉠~㉢은 각각 G_1기, G_2기, M기 중 하나이다.

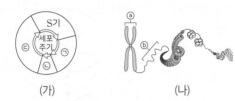

(가)　　　　　　(나)

이에 대한 설명으로 옳은 것만을 〈보기〉에서 있는 대로 고른 것은?

보기

ㄱ. ㉠ 시기에 2가 염색체가 관찰된다.

ㄴ. ⓑ가 ⓐ로 응축되는 시기는 ㉡이다.

ㄷ. 핵 1개당 DNA 양은 ㉢ 시기 세포가 ㉠ 시기 세포의 2배이다.

① ㄱ　　② ㄴ　　③ ㄷ　　④ ㄱ, ㄴ　　⑤ ㄴ, ㄷ

46 세포 주기
[2022년 4월 학평 7번]

그림은 어떤 사람의 체세포 Q를 배양한 후 세포당 DNA 양에 따른 세포 수를, 표는 Q의 체세포 분열 과정에서 나타나는 세포 (가)와 (나)의 핵막 소실 여부를 나타낸 것이다. (가)와 (나)는 G_1기 세포와 M기의 중기 세포를 순서 없이 나타낸 것이다.

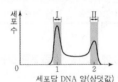

세포	핵막 소실 여부
(가)	소실됨
(나)	소실 안 됨

이에 대한 설명으로 옳은 것만을 〈보기〉에서 있는 대로 고른 것은? (단, 돌연변이는 고려하지 않는다.)

보기

ㄱ. (가)와 (나)의 핵상은 같다.

ㄴ. 구간 Ⅰ의 세포에는 뉴클레오솜이 있다.

ㄷ. 구간 Ⅱ에서 (가)가 관찰된다.

① ㄱ　　② ㄷ　　③ ㄱ, ㄴ　　④ ㄴ, ㄷ　　⑤ ㄱ, ㄴ, ㄷ

47 세포 주기
[2018년 7월 학평 9번]

그림 (가)는 어떤 동물(2n=4)의 체세포를 배양한 후 세포당 DNA 양에 따른 세포 수를, (나)는 (가)의 구간 Ⅰ~Ⅲ 중 어느 한 구간에서 관찰되는 세포를 나타낸 것이다. 이 동물에서 특정 형질에 대한 유전자형은 Aa이다.

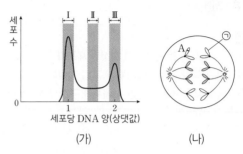

(가)　　　　　　(나)

이에 대한 설명으로 옳은 것만을 〈보기〉에서 있는 대로 고른 것은? (단, 돌연변이는 고려하지 않는다.)

보기

ㄱ. 구간 Ⅰ에는 핵상이 n인 세포가 있다.

ㄴ. (나)는 구간 Ⅲ에서 관찰된다.

ㄷ. ㉠에 대립 유전자 a가 존재한다.

① ㄱ　　② ㄴ　　③ ㄷ　　④ ㄱ, ㄴ　　⑤ ㄴ, ㄷ

48 세포 주기
[2021학년도 9월 모평 13번]

그림 (가)는 어떤 동물의 체세포 Q를 배양한 후 세포당 DNA 양에 따른 세포 수를, (나)는 Q의 체세포 분열 과정 중 ㉠ 시기에서 관찰되는 세포를 나타낸 것이다.

이에 대한 설명으로 옳은 것만을 〈보기〉에서 있는 대로 고른 것은?

보기

ㄱ. ⓐ에는 히스톤 단백질이 있다.

ㄴ. 구간 Ⅱ에는 ㉠ 시기의 세포가 있다.

ㄷ. G_1기의 세포 수는 구간 Ⅱ에서가 구간 Ⅰ에서보다 많다.

① ㄱ　　② ㄷ　　③ ㄱ, ㄴ　　④ ㄴ, ㄷ　　⑤ ㄱ, ㄴ, ㄷ

DAY 15

Ⅳ

1

01.

유전자와 염색체

49

그림은 사람의 어떤 체세포를 배양하여 얻은 세포 집단에서 세포당 DNA 양에 따른 세포 수를 나타낸 것이다. 이에 대한 옳은 설명만을 〈보기〉에서 있는 대로 고른 것은? 3점

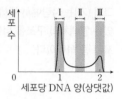

보기

ㄱ. 구간 Ⅱ의 세포 중 방추사가 형성된 세포가 있다.

ㄴ. 이 체세포의 세포 주기에서 G_1기가 G_2기보다 길다.

ㄷ. 핵막이 소실된 세포는 구간 Ⅰ에서가 구간 Ⅱ에서보다 많다.

① ㄱ   ② ㄷ   ③ ㄱ, ㄴ   ④ ㄴ, ㄷ   ⑤ ㄱ, ㄴ, ㄷ

51

그림은 어떤 동물의 체세포 (가)를 일정 시간 동안 배양한 세포 집단에서 세포당 DNA 양에 따른 세포 수를 나타낸 것이다. 이에 대한 옳은 설명만을 〈보기〉에서 있는 대로 고른 것은?

보기

ㄱ. 구간 Ⅰ에 핵막을 갖는 세포가 있다.

ㄴ. (가)의 세포 주기에서 G_2기가 G_1기보다 길다.

ㄷ. 동원체에 방추사가 결합한 세포 수는 구간 Ⅱ에서가 구간 Ⅲ에서보다 많다.

① ㄱ   ② ㄴ   ③ ㄱ, ㄷ   ④ ㄴ, ㄷ   ⑤ ㄱ, ㄴ, ㄷ

50

그림은 어떤 동물의 체세포를 배양한 후 세포당 DNA 양에 따른 세포 수를 나타낸 것이다. 이 자료에 대한 설명으로 옳은 것만을 〈보기〉에서 있는 대로 고른 것은?

보기

ㄱ. 구간 Ⅰ에는 DNA 복제가 일어나는 세포가 있다.

ㄴ. 구간 Ⅱ에는 핵막이 소실된 세포가 있다.

ㄷ. $\dfrac{G_1\text{기 세포 수}}{G_2\text{기 세포 수}}$의 값은 1보다 크다.

① ㄱ   ② ㄴ   ③ ㄱ, ㄷ   ④ ㄴ, ㄷ   ⑤ ㄱ, ㄴ, ㄷ

52

그림은 어떤 동물의 체세포 집단 A의 세포 주기를, 표는 물질 X의 작용을 나타낸 것이다. ㉠~㉢은 각각 G_1기, G_2기, M기 중 하나이다.

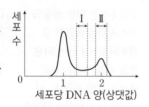

물질	작용
X	G_1기에서 S기로의 진행을 억제한다.

이에 대한 설명으로 옳은 것만을 〈보기〉에서 있는 대로 고른 것은?

보기

ㄱ. ㉡ 시기에 2가 염색체가 관찰된다.

ㄴ. 세포 1개당 DNA 양은 ㉠ 시기의 세포가 ㉢ 시기의 세포보다 적다.

ㄷ. A에 X를 처리하면 ㉢ 시기의 세포 수는 처리하기 전보다 증가한다.

① ㄱ   ② ㄴ   ③ ㄷ   ④ ㄱ, ㄴ   ⑤ ㄴ, ㄷ

53

다음은 세포 주기에 대한 실험이다.

[실험 과정 및 결과]
(가) 어떤 동물의 체세포를 배양하여 집단 A~C로 나눈다.
(나) B에는 S기에서 G_2기로의 전환을 억제하는 물질 X를,
 C에는 G_1기에서 S기로의 전환을 억제하는 물질 Y를 각각
 처리하고, A~C를 동일한 조건에서 일정 시간 동안
 배양한다.
(다) 세 집단에서 같은 수의 세포를 동시에 고정한 후, 각 집단의
 세포당 DNA 양에 따른 세포 수를 나타낸 결과는 그림과
 같다.

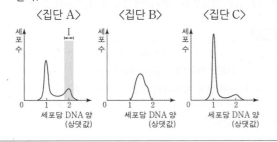

<집단 A> <집단 B> <집단 C>

이에 대한 설명으로 옳은 것만을 <보기>에서 있는 대로 고른 것은?

(3점)

보기
ㄱ. 구간 Ⅰ에 간기의 세포가 있다.
ㄴ. (다)에서 S기 세포 수는 A에서가 B에서보다 많다.
ㄷ. (다)에서 $\dfrac{G_2\text{기 세포 수}}{G_1\text{기 세포 수}}$는 A에서가 C에서보다 크다.

① ㄱ　　② ㄴ　　③ ㄷ　　④ ㄱ, ㄷ　　⑤ ㄴ, ㄷ

54

그림 (가)는 어떤 동물 체세포의 세포 주기를, (나)는 이 동물의
체세포 분열 과정에서 관찰되는 세포 ㉠과 ㉡을 나타낸 것이다.
Ⅰ~Ⅲ은 각각 G_1기, G_2기, M기 중 하나이고, ㉠과 ㉡은 Ⅱ 시기의
세포와 Ⅲ 시기의 세포를 순서 없이 나타낸 것이다.

(가)　　　　　　(나)

이에 대한 설명으로 옳은 것만을 <보기>에서 있는 대로 고른 것은?
(단, 돌연변이는 고려하지 않는다.)

보기
ㄱ. Ⅰ은 G_1기이다.
ㄴ. ㉠은 Ⅱ 시기의 세포이다.
ㄷ. 세포 1개당 DNA의 양은 ㉡에서가 ㉠에서의 2배이다.

① ㄱ　　② ㄴ　　③ ㄷ　　④ ㄱ, ㄷ　　⑤ ㄴ, ㄷ

55

그림 (가)는 사람의 체세포를 배양한 후 세포당 DNA 양에 따른
세포 수를, (나)는 사람의 체세포에 있는 염색체의 구조를 나타낸
것이다.

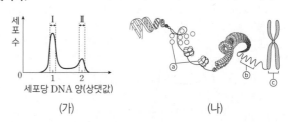

(가)　　　　　　(나)

이에 대한 설명으로 옳은 것만을 <보기>에서 있는 대로 고른 것은?

보기
ㄱ. 구간 Ⅰ에 ⓐ가 들어 있는 세포가 있다.
ㄴ. 구간 Ⅱ에 ⓑ가 ⓒ로 응축되는 시기의 세포가 있다.
ㄷ. 핵막을 갖는 세포의 수는 구간 Ⅱ에서가 구간 Ⅰ에서보다
 많다.

① ㄱ　　② ㄴ　　③ ㄷ　　④ ㄱ, ㄴ　　⑤ ㄱ, ㄷ

56 [2023 수능]

표 (가)는 사람의 체세포 세포 주기에서 나타나는 4가지 특징을,
(나)는 (가)의 특징 중 사람의 체세포 세포 주기의 ㉠~㉣에서
나타나는 특징의 개수를 나타낸 것이다. ㉠~㉣은 G_1기, G_2기,
M기(분열기), S기를 순서 없이 나타낸 것이다.

특징
• 핵막이 소실된다.
• 히스톤 단백질이 있다.
• 방추사가 동원체에 부착된다.
• ⓐ 핵에서 DNA 복제가 일어난다.

구분	특징의 개수
㉠	2
㉡	?
㉢	3
㉣	1

(가)　　　　　　(나)

이에 대한 설명으로 옳은 것만을 <보기>에서 있는 대로 고른 것은?

보기
ㄱ. ㉠ 시기에 특징 ⓐ가 나타난다.
ㄴ. ㉢ 시기에 염색 분체의 분리가 일어난다.
ㄷ. 핵 1개당 DNA 양은 ㉡ 시기의 세포와 ㉣ 시기의 세포가
 서로 같다.

① ㄱ　　② ㄷ　　③ ㄱ, ㄴ　　④ ㄴ, ㄷ　　⑤ ㄱ, ㄴ, ㄷ

그림 (가)는 어떤 동물의 체세포를 배양한 후 세포당 DNA 양에 따른 세포 수를, (나)는 이 체세포의 세포 주기를 나타낸 것이다. ⊙~ⓒ은 각각 G_1기, G_2기, M기 중 하나이다.

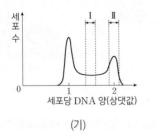
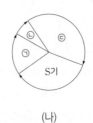

(가)   (나)

이에 대한 설명으로 옳은 것만을 〈보기〉에서 있는 대로 고른 것은?

3점

보기
ㄱ. 구간 Ⅰ에는 DNA 복제가 일어나는 세포가 있다.
ㄴ. 구간 Ⅱ에는 ⓒ 시기의 세포가 있다.
ㄷ. (가)에서 ⊙ 시기의 세포 수가 ⓒ 시기의 세포 수보다 많다.

① ㄱ   ② ㄷ   ③ ㄱ, ㄴ   ④ ㄴ, ㄷ   ⑤ ㄱ, ㄴ, ㄷ

그림 (가)는 어떤 사람 체세포의 세포 주기를, (나)는 이 체세포를 배양한 후 세포당 DNA 양에 따른 세포 수를 나타낸 것이다. ⊙과 ⓒ은 각각 G_1기와 G_2기 중 하나이다.

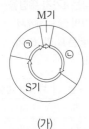
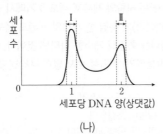

(가)   (나)

이에 대한 옳은 설명만을 〈보기〉에서 있는 대로 고른 것은? (단, 돌연변이는 고려하지 않는다.)

보기
ㄱ. ⓒ은 G_1기이다.
ㄴ. 구간 Ⅰ에는 ⊙ 시기의 세포가 있다.
ㄷ. 구간 Ⅱ에는 2가 염색체를 갖는 세포가 있다.

① ㄱ   ② ㄴ   ③ ㄱ, ㄷ   ④ ㄴ, ㄷ   ⑤ ㄱ, ㄴ, ㄷ

그림 (가)는 어떤 동물 체세포의 세포 주기를, (나)는 이 세포를 배양한 후 세포당 DNA 양에 따른 세포 수를 나타낸 것이다. ⊙~ⓒ은 각각 G_2기, M기, S기 중 하나이다.

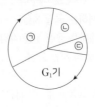
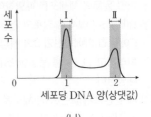

(가)   (나)

이에 대한 옳은 설명만을 〈보기〉에서 있는 대로 고른 것은?

보기
ㄱ. 구간 Ⅰ에는 ⓒ 시기의 세포가 있다.
ㄴ. 구간 Ⅱ에는 핵막이 소실된 세포가 있다.
ㄷ. ⓒ 시기에 상동 염색체의 분리가 일어난다.

① ㄱ   ② ㄴ   ③ ㄷ   ④ ㄱ, ㄴ   ⑤ ㄴ, ㄷ

다음은 세포 주기에 대한 실험이다.

[실험 과정]
(가) 어떤 동물의 체세포를 배양하여 집단 A~C로 나눈다.
(나) B에는 방추사 형성을 저해하는 물질을, C에는 DNA 합성을 저해하는 물질을 각각 처리하고, A~C를 동일한 조건에서 일정 시간 동안 배양한다.
(다) 세 집단의 세포를 동시에 고정한 후, 각 집단의 DNA 양에 따른 세포 수를 측정한다.

[실험 결과]

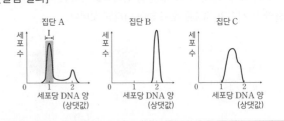

이 실험 결과에 대한 옳은 설명만을 〈보기〉에서 있는 대로 고른 것은? (단, 돌연변이는 고려하지 않는다.) 3점

보기
ㄱ. 구간 Ⅰ의 세포에는 핵막이 있다.
ㄴ. B의 세포는 G_1기에서 S기로의 전환이 억제되었다.
ㄷ. C의 세포는 모두 M기에 있다.

① ㄱ   ② ㄴ   ③ ㄷ   ④ ㄱ, ㄴ   ⑤ ㄴ, ㄷ

61

세포 주기
[2018학년도 6월 모평 5번]

다음은 세포 주기에 대한 실험이다.

[실험 과정]
(가) 어떤 동물의 체세포를 배양하여 집단 A와 B로 나눈다.
(나) A와 B 중 B에만 방추사 형성을 억제하는 물질을 처리하고, 두 집단을 동일한 조건에서 일정 시간 동안 배양한다.
(다) 두 집단에서 같은 수의 세포를 동시에 고정한 후, 각 집단에서 세포당 DNA 양을 측정하여 DNA 양에 따른 세포 수를 그래프로 나타낸다.

[실험 결과]

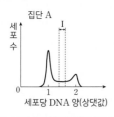
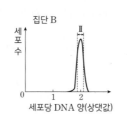

이에 대한 설명으로 옳은 것만을 〈보기〉에서 있는 대로 고른 것은?

보기
ㄱ. 구간 Ⅰ에는 핵막을 가진 세포가 있다.
ㄴ. 집단 A에서 G_2기의 세포 수가 G_1기의 세포 수보다 많다.
ㄷ. 구간 Ⅱ에는 염색 분체가 분리되지 않은 상태의 세포가 있다.

① ㄱ   ② ㄷ   ③ ㄱ, ㄴ   ④ ㄱ, ㄷ   ⑤ ㄴ, ㄷ

62

세포 주기
[2017년 10월 학평 4번]

그림 (가)는 분열하는 세포 집단 X의 세포 1개당 DNA 양에 따른 세포 수를, (나)는 X를 구성하는 세포의 세포 주기를 나타낸 것이다. ㉠~㉢은 각각 G_1기, G_2기, S기 중 하나이며, 물질 ⓐ는 방추사의 형성을 억제한다.

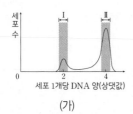

(가)   (나)

이에 대한 옳은 설명만을 〈보기〉에서 있는 대로 고른 것은? 3점

보기
ㄱ. 구간 Ⅰ에 ㉠ 시기의 세포가 있다.
ㄴ. ㉢ 시기의 세포에서 DNA 복제가 일어난다.
ㄷ. X에 ⓐ를 처리하면 구간 Ⅱ에 해당하는 세포 수가 처리하기 전보다 감소한다.

① ㄱ   ② ㄴ   ③ ㄱ, ㄷ   ④ ㄴ, ㄷ   ⑤ ㄱ, ㄴ, ㄷ

63

세포 주기
[2018학년도 수능 6번]

그림은 어떤 동물의 체세포를 배양한 후 세포당 DNA 양에 따른 세포 수를 나타낸 것이다.
이에 대한 설명으로 옳은 것만을 〈보기〉에서 있는 대로 고른 것은?

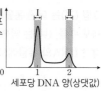

보기
ㄱ. 구간 Ⅰ에는 G_1기의 세포가 있다.
ㄴ. 구간 Ⅱ에는 핵막을 가진 세포가 있다.
ㄷ. 구간 Ⅱ에는 염색 분체의 분리가 일어나는 시기의 세포가 있다.

① ㄱ   ② ㄷ   ③ ㄱ, ㄴ   ④ ㄴ, ㄷ   ⑤ ㄱ, ㄴ, ㄷ

64 2023 평가원

세포 주기
[2023학년도 9월 모평 6번]

다음은 세포 주기에 대한 실험이다.

[실험 과정 및 결과]
(가) 어떤 동물의 체세포를 배양하여 집단 A와 B로 나눈다.
(나) A와 B 중 B에만 G_1기에서 S기로의 전환을 억제하는 물질을 처리하고, 두 집단을 동일한 조건에서 일정 시간 동안 배양한다.
(다) 두 집단에서 같은 수의 세포를 동시에 고정한 후, 각 집단의 세포당 DNA 양에 따른 세포 수를 나타낸 결과는 그림과 같다.

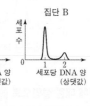

이에 대한 설명으로 옳은 것만을 〈보기〉에서 있는 대로 고른 것은?

보기
ㄱ. (다)에서 $\dfrac{\text{S기 세포 수}}{G_1\text{기 세포 수}}$ 는 A에서가 B에서보다 작다.
ㄴ. 구간 Ⅰ에는 뉴클레오솜을 갖는 세포가 있다.
ㄷ. 구간 Ⅱ에는 핵막을 갖는 세포가 있다.

① ㄱ   ② ㄷ   ③ ㄱ, ㄴ   ④ ㄴ, ㄷ   ⑤ ㄱ, ㄴ, ㄷ

65

그림 (가)는 어떤 동물의 체세포를 배양한 후 세포당 DNA양에 따른 세포 수를, (나)는 염색체 구조의 일부를 나타낸 것이다. ⓐ와 ⓑ는 각각 DNA와 뉴클레오솜 중 하나이다.

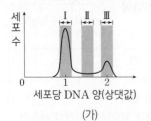
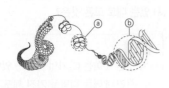

(가)　　　　　　　　　(나)

이에 대한 옳은 설명만을 〈보기〉에서 있는 대로 고른 것은? (단, 돌연변이는 고려하지 않는다.) 3점

> **보기**
> ㄱ. 구간 Ⅰ의 세포에 ⓐ가 있다.
> ㄴ. 구간 Ⅱ에 ⓑ의 합성이 일어나는 세포가 있다.
> ㄷ. 구간 Ⅲ에 상동 염색체의 분리가 일어나는 세포가 있다.

① ㄱ　　② ㄴ　　③ ㄷ　　④ ㄱ, ㄴ　　⑤ ㄴ, ㄷ

66

그림 (가)는 어떤 동물(2n=4)의 체세포 Q를 배양한 후 세포당 DNA 양에 따른 세포 수를, (나)는 Q의 체세포 분열 과정 중 ㉠ 시기에서 관찰되는 세포를 나타낸 것이다. 이 동물의 특정 형질에 대한 유전자형은 Rr이며, R와 r는 대립 유전자이다.

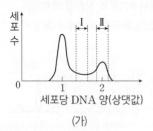
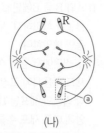

(가)　　　　　　　　　(나)

이에 대한 설명으로 옳은 것만을 〈보기〉에서 있는 대로 고른 것은? (단, 돌연변이와 교차는 고려하지 않는다.) 3점

> **보기**
> ㄱ. 구간 Ⅰ에는 간기의 세포가 있다.
> ㄴ. 구간 Ⅱ에는 ㉠ 시기의 세포가 있다.
> ㄷ. ⓐ에는 대립 유전자 R가 있다.

① ㄱ　　② ㄷ　　③ ㄱ, ㄴ　　④ ㄴ, ㄷ　　⑤ ㄱ, ㄴ, ㄷ

67 　2021 수능

그림 (가)는 사람 A의 체세포를 배양한 후 세포당 DNA 양에 따른 세포 수를, (나)는 A의 체세포 분열 과정 중 ㉠ 시기의 세포로부터 얻은 핵형 분석 결과의 일부를 나타낸 것이다.

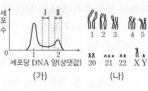

(가)　　　　　　(나)

이에 대한 설명으로 옳은 것만을 〈보기〉에서 있는 대로 고른 것은?

> **보기**
> ㄱ. 구간 Ⅰ에는 핵막을 갖는 세포가 있다.
> ㄴ. (나)에서 다운 증후군의 염색체 이상이 관찰된다.
> ㄷ. 구간 Ⅱ에는 ㉠ 시기의 세포가 있다.

① ㄱ　　② ㄴ　　③ ㄱ, ㄷ　　④ ㄴ, ㄷ　　⑤ ㄱ, ㄴ, ㄷ

68

그림은 어떤 동물(2n=4)의 세포 분열 과정에서 관찰되는 세포 (가)를 나타낸 것이다. 이 동물의 특정 형질의 유전자형은 Aa이다.

이에 대한 옳은 설명만을 〈보기〉에서 있는 대로 고른 것은? (단, 돌연변이와 교차는 고려하지 않는다.)

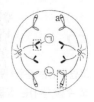

> **보기**
> ㄱ. (가)는 감수 분열 과정에서 관찰된다.
> ㄴ. ㉠에 뉴클레오솜이 있다.
> ㄷ. ㉡에 A가 있다.

① ㄱ　　② ㄴ　　③ ㄷ　　④ ㄱ, ㄴ　　⑤ ㄴ, ㄷ

69 `2022 평가원`

그림 (가)는 동물 A($2n=4$)
체세포의 세포 주기를, (나)는
A의 체세포 분열 과정 중 어느 한
시기에 관찰되는 세포를 나타낸
것이다. ㉠~㉢은 각각 G_2기,
M기(분열기), S기 중 하나이다.
이에 대한 설명으로 옳은 것만을 〈보기〉에서 있는 대로 고른 것은?

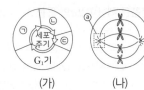
(가)   (나)

> **보기**
> ㄱ. ㉠ 시기에 DNA 복제가 일어난다.
> ㄴ. ⓐ에 동원체가 있다.
> ㄷ. (나)는 ㉢ 시기에 관찰되는 세포이다.

① ㄱ   ② ㄴ   ③ ㄷ   ④ ㄱ, ㄷ   ⑤ ㄴ, ㄷ

70 `2022 수능`

그림 (가)는 식물 P($2n$)의 체세포가 분열하는 동안 핵 1개당 DNA
양을, (나)는 P의 체세포 분열 과정에서 관찰되는 세포 ⓐ와 ⓑ를
나타낸 것이다. ⓐ와 ⓑ는 분열기의 전기 세포와 중기 세포를 순서
없이 나타낸 것이다.

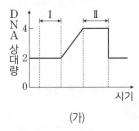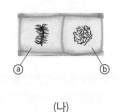
(가)   (나)

이에 대한 설명으로 옳은 것만을 〈보기〉에서 있는 대로 고른 것은?

> **보기**
> ㄱ. I 과 II 시기의 세포에는 모두 뉴클레오솜이 있다.
> ㄴ. ⓐ에서 상동 염색체의 접합이 일어났다.
> ㄷ. ⓑ는 I 시기에 관찰된다.

① ㄱ   ② ㄷ   ③ ㄱ, ㄴ   ④ ㄴ, ㄷ   ⑤ ㄱ, ㄴ, ㄷ

71

그림 (가)는 핵상이 $2n$인 식물 P에서 체세포가 분열하는 동안 핵 1
개당 DNA 양을, (나)는 P의 체세포 분열 과정 중에 있는 세포들을
나타낸 것이다. P의 특정 형질에 대한 유전자형은 Rr이며, R와 r는
대립 유전자이다.

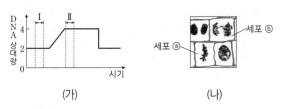
(가)   (나)

이에 대한 설명으로 옳은 것만을 〈보기〉에서 있는 대로 고른 것은?
(단, 돌연변이는 고려하지 않는다.)

> **보기**
> ㄱ. 세포 1개당 R의 수는 I 시기의 세포와 ⓑ가 같다.
> ㄴ. II 시기에서 핵상이 $2n$인 세포가 관찰된다.
> ㄷ. ⓐ에는 2가 염색체가 있다.

① ㄱ   ② ㄴ   ③ ㄷ   ④ ㄱ, ㄴ   ⑤ ㄴ, ㄷ

72

그림 (가)는 어떤 동물($2n=4$)의 체세포 분열 과정에서 세포 1개당
DNA양을, (나)는 t_1과 t_2 중 한 시점의 세포를 나타낸 것이다.

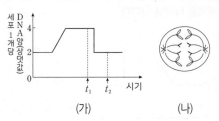
(가)   (나)

이에 대한 옳은 설명만을 〈보기〉에서 있는 대로 고른 것은? (단, 돌
연변이는 고려하지 않는다.)

> **보기**
> ㄱ. t_2일 때 핵막이 관찰된다.
> ㄴ. (나)는 t_1일 때의 세포이다.
> ㄷ. (나)로부터 생성되는 두 딸세포의 유전자 구성은 같다.

① ㄱ   ② ㄴ   ③ ㄱ, ㄷ   ④ ㄴ, ㄷ   ⑤ ㄱ, ㄴ, ㄷ

DAY
16
IV
1
|
01.
유전자와 염색체

그림 (가)는 어떤 동물(2n=4)의 체세포 분열에서 세포 1개당 DNA 상대량 변화를, (나)는 t_1과 t_2 중 한 시점일 때 관찰되는 세포에 들어 있는 모든 염색체를 나타낸 것이다. 이 세포의 DNA 상대량은 2이다.

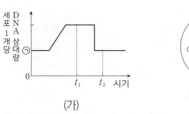

(가)   (나)

이에 대한 옳은 설명만을 〈보기〉에서 있는 대로 고른 것은? (단, 돌연변이는 고려하지 않는다.)

보기
ㄱ. ㉠은 2이다.
ㄴ. 세포의 핵상은 t_1과 t_2일 때 모두 2n이다.
ㄷ. t_1과 t_2 사이에서 염색 분체의 분리가 일어난다.

① ㄱ   ② ㄴ   ③ ㄱ, ㄷ   ④ ㄴ, ㄷ   ⑤ ㄱ, ㄴ, ㄷ

그림 (가)는 동물 P(2n=4)의 체세포가 분열하는 동안 핵 1개당 DNA양을, (나)는 P의 체세포 분열 과정의 어느 한 시기에서 관찰되는 세포를 나타낸 것이다.

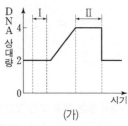 

(가)   (나)

이에 대한 설명으로 옳은 것만을 〈보기〉에서 있는 대로 고른 것은? (단, 돌연변이는 고려하지 않는다.)

보기
ㄱ. 구간 Ⅰ의 세포는 핵상이 2n이다.
ㄴ. 구간 Ⅱ에는 (나)가 관찰되는 시기가 있다.
ㄷ. (나)에서 상동 염색체의 접합이 일어났다.

① ㄱ   ② ㄷ   ③ ㄱ, ㄴ   ④ ㄴ, ㄷ   ⑤ ㄱ, ㄴ, ㄷ

다음은 핵상이 2n인 동물 A~C의 세포 (가)~(다)에 대한 자료이다.

○ A와 B는 서로 같은 종이고, B와 C는 서로 다른 종이며, B와 C의 체세포 1개당 염색체 수는 서로 다르다.
○ B는 암컷이고, A~C의 성염색체는 암컷이 XX, 수컷이 XY이다.
○ 그림은 세포 (가)~(다) 각각에 들어 있는 모든 상염색체와 ㉠을 나타낸 것이다. (가)~(다)는 각각 서로 다른 개체의 세포이고, ㉠은 X 염색체와 Y 염색체 중 하나이다.

(가)   (나)   (다)

이에 대한 설명으로 옳은 것만을 〈보기〉에서 있는 대로 고른 것은? (단, 돌연변이는 고려하지 않는다.)

보기
ㄱ. ㉠은 X 염색체이다.
ㄴ. (가)와 (나)는 모두 암컷의 세포이다.
ㄷ. C의 체세포 분열 중기의 세포 1개당 $\dfrac{\text{상염색체 수}}{\text{X 염색체 수}}=3$이다.

① ㄱ   ② ㄷ   ③ ㄱ, ㄴ   ④ ㄴ, ㄷ   ⑤ ㄱ, ㄴ, ㄷ

그림은 사람 체세포의 세포 주기를, 표는 시기 ㉠~㉢에서 핵 1개당 DNA 양을 나타낸 것이다. ㉠~㉢은 G_1기, G_2기, S기를 순서 없이 나타낸 것이고, ⓐ는 1과 2 중 하나이다.

시기	DNA 양(상댓값)
㉠	1~2
㉡	ⓐ
㉢	?

이에 대한 옳은 설명만을 〈보기〉에서 있는 대로 고른 것은? (단, 돌연변이는 고려하지 않는다.) **3점**

보기
ㄱ. ⓐ는 2이다.
ㄴ. ㉠의 세포에서 염색 분체의 분리가 일어난다.
ㄷ. ㉡의 세포와 ㉢의 세포는 핵상이 같다.

① ㄱ   ② ㄴ   ③ ㄷ   ④ ㄱ, ㄷ   ⑤ ㄴ, ㄷ

77

어떤 동물 종($2n=?$)의 특정 형질은 3쌍의 대립유전자 E와 e, F와 f, G와 g에 의해 결정된다. 그림은 이 동물 종의 개체 A와 B의 세포 (가)~(라) 각각에 있는 염색체 중 X 염색체를 제외한 나머지 모든 염색체와 일부 유전자를 나타낸 것이다. (가)는 A의 세포이고, (나)~(라) 중 2개는 B의 세포이다. 이 동물 종의 성 염색체는 암컷이 XX, 수컷이 XY이다. ㉠~㉢은 F, f, G, g 중 서로 다른 하나이다.

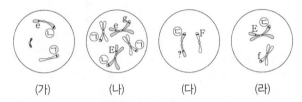

(가)   (나)   (다)   (라)

이에 대한 옳은 설명만을 <보기>에서 있는 대로 고른 것은?
(단, 돌연변이와 교차는 고려하지 않는다.) 3점

보기
ㄱ. (가)의 염색체 수는 4이다.
ㄴ. (다)는 B의 세포이다.
ㄷ. ㉢은 g이다.

① ㄱ   ② ㄴ   ③ ㄱ, ㄷ   ④ ㄴ, ㄷ   ⑤ ㄱ, ㄴ, ㄷ

78 2024 수능

그림 (가)는 사람 P의 체세포 세포 주기를, (나)는 P의 핵형 분석 결과의 일부를 나타낸 것이다. ㉠~㉢은 G_1기, G_2기, M기(분열기)를 순서 없이 나타낸 것이다.

(가)   (나)

이에 대한 설명으로 옳은 것만을 <보기>에서 있는 대로 고른 것은?

보기
ㄱ. ㉠은 G_2기이다.
ㄴ. ㉡ 시기에 상동 염색체의 접합이 일어난다.
ㄷ. ㉢ 시기에 (나)의 염색체가 관찰된다.

① ㄱ   ② ㄷ   ③ ㄱ, ㄴ   ④ ㄴ, ㄷ   ⑤ ㄱ, ㄴ, ㄷ

DAY
16
Ⅳ
1
-
01.
유전자와 염색체

02. 생식세포 형성과 유전적 다양성

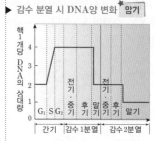

❶ 생식세포 형성 ◀ ★수능에 나오는 필수 개념 2가지 + 필수 암기사항 4개

필수개념 1   감수 분열

- **감수 분열** : 세포 분열을 통하여 생식세포를 만드는 과정이다.(DNA 복제 : 1회, 분열기 : 2회)

1. 감수 1분열
상동 염색체가 분리되어 DNA양과 염색체 수가 절반으로 감소한다.(핵상 변화 : $2n \rightarrow n$) 암기

시기	특징
전기	염색사가 응축한 뒤 상동 염색체끼리 접합하여 2가 염색체를 형성한다.
중기	2가 염색체가 세포 중앙(적도면)에 배열된다.
후기	방추사가 짧아지면서 상동 염색체는 분리되어 양극으로 이동한다.
말기	핵막과 인이 나타나고 방추사가 사라지면서, 세포질 분열이 시작된다.

2. 감수 2분열
감수 1분열 후 DNA 복제없이 감수 2분열이 일어난다. 감수 2분열에서는 염색 분체가 분리되어 DNA양은 절반으로 감소하지만 염색체 수는 변하지 않는다.(핵상 변화 : $n \rightarrow n$)

3. 감수 분열 과정

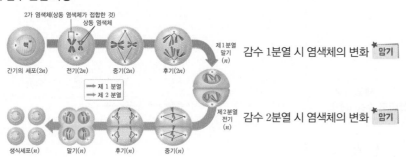

감수 1분열 시 염색체의 변화 암기

감수 2분열 시 염색체의 변화 암기

필수개념 2   생식세포 형성을 통한 유전적 다양성의 획득

1. 생식 과정에서 자손의 유전적 다양성
같은 부모로부터 형질이 다양한 자손이 만들어지는 현상은 감수 분열 및 수정 과정과 관계가 있다.

2. 유전적 다양성의 요인
  1) 상동 염색체의 무작위 배열 : 각 상동 염색체 쌍은 다른 상동 염색체 쌍과 독립적으로 분리되어 감수 1분열 중기에 무작위로 배열된다. 사람은 23쌍의 상동 염색체를 가지므로 2^{23}가지 조합이 가능하다.
  2) 생식세포의 무작위 수정 : 사람에서 가능한 정자와 난자의 염색체 조합은 2^{23}가지이므로 정자와 난자의 수정으로 형성될 수 있는 수정란은 2^{46}가지이다.

3. 유전적 다양성의 중요성
유성 생식으로 태어난 자손은 부모로부터 다양한 형질을 받아 태어나기 때문에 유전적 구성이 다양하여 무성 생식으로 태어난 자손에 비해 급격한 환경 변화에 대한 적응력이 우수하다. 즉, 유전적으로 다양한 집단은 환경 변화에 대해 생존 가능성이 높다.

▶ 감수 분열 시 DNA양 변화 암기

▶ 감수 분열의 의의
① 염색체 수가 반감된 생식세포를 만들기 때문에 세대를 거듭하더라도 염색체 수는 일정하게 유지된다.
② 유전적으로 다양한 생식세포가 형성되므로, 수정을 통하여 유전적으로 다양한 자손이 태어난다.

💡 노래의 감수 1분열 절은 반 $2n$ ↓ n 감수 2분열 염색 분체 분리

1

그림 (가)는 핵상이 $2n$인 식물 P의 체세포 분열 과정에서 핵 1개당 DNA 양을, (나)는 P의 감수 분열 과정 일부에서 핵 1개당 DNA 양을 나타낸 것이다.

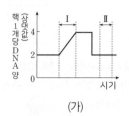
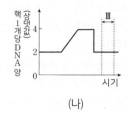

이에 대한 설명으로 옳은 것만을 〈보기〉에서 있는 대로 고른 것은? (단, 돌연변이는 고려하지 않는다.)

보기
ㄱ. 체세포 분열 과정에서 염색 분체가 분리된다.
ㄴ. Ⅰ 시기에 DNA가 복제된다.
ㄷ. Ⅱ 시기 세포와 Ⅲ 시기 세포의 핵상은 서로 같다.

① ㄱ　　② ㄷ　　③ ㄱ, ㄴ　　④ ㄴ, ㄷ　　⑤ ㄱ, ㄴ, ㄷ

2

그림은 유전자형이 Hh인 어떤 동물의 세포 분열 과정과 수정 과정에서 세포 1개당 DNA 양 변화를 나타낸 것이다. t_2는 중기에 해당한다.

이에 대한 옳은 설명만을 〈보기〉에서 있는 대로 고른 것은? (단, 돌연변이와 교차는 고려하지 않는다.)

보기
ㄱ. $t_1 \sim t_3$에서 체세포 분열이 3회 일어났다.
ㄴ. 세포의 핵상은 t_2일 때와 t_3일 때가 서로 다르다.
ㄷ. 세포 1개당 H의 수는 t_1일 때와 t_2일 때가 서로 같다.

① ㄱ　　② ㄴ　　③ ㄷ　　④ ㄱ, ㄷ　　⑤ ㄴ, ㄷ

3

그림 (가)는 사람의 세포 분열 과정에서 핵 1개당 DNA 상대량을, (나)는 $t_1 \sim t_3$ 중 한 시점에 관찰된 세포를 나타낸 것이다. t_2와 t_3은 중기의 한 시점이며, (나)는 일부 염색체만을 나타냈다.

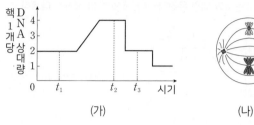

이에 대한 옳은 설명만을 〈보기〉에서 있는 대로 고른 것은? (단, 돌연변이는 고려하지 않는다.)

보기
ㄱ. t_1일 때의 세포에 핵막이 있다.
ㄴ. (나)가 관찰된 시점은 t_2이다.
ㄷ. t_3일 때의 세포와 난자는 핵상이 다르다.

① ㄱ　　② ㄴ　　③ ㄱ, ㄴ　　④ ㄱ, ㄷ　　⑤ ㄴ, ㄷ

4

그림 (가)는 어떤 동물($2n=6$)의 세포가 분열하는 동안 핵 1개당 DNA 양을, (나)는 이 세포 분열 과정의 어느 한 시기에서 관찰되는 세포를 나타낸 것이다. 이 동물의 특정 형질에 대한 유전자형은 Rr이며, R와 r는 대립 유전자이다.

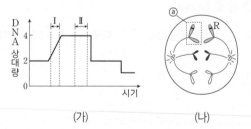

이에 대한 설명으로 옳은 것만을 〈보기〉에서 있는 대로 고른 것은? (단, 돌연변이와 교차는 고려하지 않는다.) 3점

보기
ㄱ. ⓐ에는 R가 있다.
ㄴ. 구간 Ⅰ에서 2가 염색체가 관찰된다.
ㄷ. (나)는 구간 Ⅱ에서 관찰된다.

① ㄱ　　② ㄴ　　③ ㄷ　　④ ㄱ, ㄴ　　⑤ ㄱ, ㄷ

5

그림 (가)는 어떤 동물($2n=?$)의 G_1기 세포로부터 생식 세포가 형성되는 동안 핵 1개당 DNA 상대량을, (나)는 이 세포 분열 과정 중 일부를 나타낸 것이다. 이 동물의 특정 형질에 대한 유전자형은 Aa이며, A는 a와 대립 유전자이다. ⓐ와 ⓑ의 핵상은 다르다.

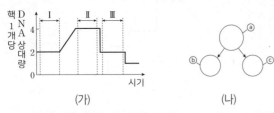

(가)   (나)

이에 대한 설명으로 옳은 것만을 〈보기〉에서 있는 대로 고른 것은? (단, 돌연변이는 고려하지 않는다.)

보기
ㄱ. ⓐ는 구간 Ⅲ에서 관찰된다.
ㄴ. ⓑ와 ⓒ의 유전자 구성은 동일하다.
ㄷ. 구간 Ⅰ에는 핵막을 가진 세포가 있다.

① ㄱ   ② ㄷ   ③ ㄱ, ㄴ   ④ ㄴ, ㄷ   ⑤ ㄱ, ㄴ, ㄷ

7

표는 유전자형이 Tt인 어떤 사람의 세포 P가 생식세포로 되는 과정에서 관찰되는 서로 다른 시기의 세포 ㉠~㉢의 염색체 수와 t의 DNA 상대량을 나타낸 것이다. T와 t는 서로 대립유전자이다.

세포	염색체 수	t의 DNA 상대량
㉠	?	2
㉡	23	1
㉢	46	2

이에 대한 설명으로 옳은 것만을 〈보기〉에서 있는 대로 고른 것은? (단, 돌연변이와 교차는 고려하지 않으며, ㉠과 ㉢은 중기의 세포이다. T, t 각각의 1개당 DNA 상대량은 1이다.) **3점**

보기
ㄱ. ㉠의 염색체 수는 23이다.
ㄴ. ㉢에서 T의 DNA 상대량은 2이다.
ㄷ. ㉠이 ㉡으로 되는 과정에서 염색 분체가 분리된다.

① ㄱ   ② ㄴ   ③ ㄱ, ㄷ   ④ ㄴ, ㄷ   ⑤ ㄱ, ㄴ, ㄷ

6 **2024 평가원**

표는 특정 형질에 대한 유전자형이 RR인 어떤 사람의 세포 (가)~(라)에서 핵막 소실 여부, 핵상, R의 DNA 상대량을 나타낸 것이다. (가)~(라)는 G_1기 세포, G_2기 세포, 감수 1분열 중기 세포, 감수 2분열 중기 세포를 순서 없이 나타낸 것이다. ㉠은 '소실됨'과 '소실 안 됨' 중 하나이다.

세포	핵막 소실 여부	핵상	R의 DNA 상대량
(가)	소실됨	n	2
(나)	소실 안 됨	$2n$	?
(다)	?	$2n$	2
(라)	㉠	?	4

이에 대한 설명으로 옳은 것만을 〈보기〉에서 있는 대로 고른 것은? (단, 돌연변이는 고려하지 않으며, R의 1개당 DNA 상대량은 1이다.)

보기
ㄱ. (가)에서 2가 염색체가 관찰된다.
ㄴ. (나)는 G_2기 세포이다.
ㄷ. ㉠은 '소실됨'이다.

① ㄱ   ② ㄴ   ③ ㄱ, ㄷ   ④ ㄴ, ㄷ   ⑤ ㄱ, ㄴ, ㄷ

8

표는 어떤 동물($2n=6$)의 감수 분열 과정에서 형성되는 세포 (가)와 (나)의 세포 1개당 DNA 상대량과 염색체 수를 나타낸 것이다. (가)와 (나)는 모두 중기 세포이다.

세포	세포 1개당 DNA 상대량	세포 1개당 염색체 수
(가)	2	3
(나)	4	6

이에 대한 옳은 설명만을 〈보기〉에서 있는 대로 고른 것은? (단, 돌연변이는 고려하지 않는다.) **3점**

보기
ㄱ. (가)의 핵상은 n이다.
ㄴ. (나)에 2가 염색체가 있다.
ㄷ. 이 동물의 G_1기 세포 1개당 DNA 상대량은 4이다.

① ㄱ   ② ㄷ   ③ ㄱ, ㄴ   ④ ㄴ, ㄷ   ⑤ ㄱ, ㄴ, ㄷ

9

감수 분열
[2017년 3월 학평 9번]

표는 유전자형이 AaBb인 어떤 사람에 있는 세포 ㉠~㉣의 핵상과 유전자 A, B의 DNA 상대량을 나타낸 것이다. A와 a, B와 b는 각각 서로 대립 유전자이고, A, a, B, b 각각의 1개당 DNA 상대량은 같다. ㉠과 ㉣은 중기의 세포이다.

세포	핵상	DNA 상대량	
		A	B
㉠	?	0	2
㉡	n	1	0
㉢	$2n$	1	1
㉣	?	2	0

이에 대한 옳은 설명만을 〈보기〉에서 있는 대로 고른 것은? (단, 돌연변이와 교차는 고려하지 않는다.) **3점**

보기
ㄱ. 핵상은 ㉠과 ㉡이 다르다.
ㄴ. a의 수는 ㉠과 ㉢이 같다.
ㄷ. b의 DNA 상대량은 ㉣이 ㉢의 2배이다.

① ㄱ   ② ㄴ   ③ ㄷ   ④ ㄱ, ㄴ   ⑤ ㄱ, ㄷ

10

감수 분열
[2019년 3월 학평 13번]

그림 (가)는 유전자형이 AaBb인 사람의 감수 분열 과정에서 세포 1개당 DNA 상대량의 변화를, (나)는 세포 ㉠~㉣이 가지는 세포 1개당 유전자 A와 b의 수를 나타낸 것이다. ㉠~㉣은 I~IV 중 서로 다른 한 시기의 세포이다. A는 a와 대립 유전자이며, B는 b와 대립 유전자이다.

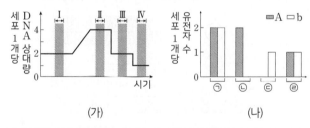

(가)   (나)

이에 대한 옳은 설명만을 〈보기〉에서 있는 대로 고른 것은? (단, 돌연변이와 교차는 고려하지 않는다.) **3점**

보기
ㄱ. ㉠은 II 시기의 세포이다.
ㄴ. ㉣의 핵상은 $2n$이다.
ㄷ. III 시기의 세포에 2가 염색체가 있다.

① ㄱ   ② ㄴ   ③ ㄱ, ㄴ   ④ ㄱ, ㄷ   ⑤ ㄴ, ㄷ

11

감수 분열
[2022년 3월 학평 14번]

사람의 유전 형질 (가)는 대립유전자 A와 a에 의해 결정된다. 그림은 어떤 남자의 G_1기 세포 I로부터 정자가 형성되는 과정을, 표는 세포 ㉠~㉢과 IV에서 A와 a의 DNA 상대량을 더한 값을 나타낸 것이다. ㉠~㉢은 각각 I~III 중 하나이다.

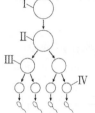

세포	A와 a의 DNA 상대량을 더한 값
㉠	1
㉡	0
㉢	2
IV	ⓐ

이에 대한 옳은 설명만을 〈보기〉에서 있는 대로 고른 것은? (단, 돌연변이와 교차는 고려하지 않으며, A와 a 각각의 1개당 DNA 상대량은 1이다. II와 III은 중기의 세포이다.) **3점**

보기
ㄱ. ㉡은 III이다.
ㄴ. ⓐ는 1이다.
ㄷ. (가)의 유전자는 상염색체에 있다.

① ㄱ   ② ㄷ   ③ ㄱ, ㄴ   ④ ㄴ, ㄷ   ⑤ ㄱ, ㄴ, ㄷ

12

감수 분열
[2020학년도 수능 7번]

사람의 유전 형질 ⓐ는 2쌍의 대립 유전자 H와 h, T와 t에 의해 결정된다. 표는 어떤 사람의 난자 형성 과정에서 나타나는 세포 (가)~(다)에서 유전자 ㉠~㉢의 유무를, 그림은 (가)~(다)가 갖는 H와 t의 DNA 상대량을 나타낸 것이다. (가)~(다)는 중기의 세포이고, ㉠~㉢은 h, T, t를 순서 없이 나타낸 것이다.

유전자	세포		
	(가)	(나)	(다)
㉠	○	○	×
㉡	○	×	○
㉢	×	?	×

(○: 있음, ×: 없음)

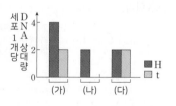

이에 대한 설명으로 옳은 것만을 〈보기〉에서 있는 대로 고른 것은? (단, 돌연변이와 교차는 고려하지 않으며, H, h, T, t 각각의 1개당 DNA 상대량은 1이다.)

보기
ㄱ. ㉡은 T이다.
ㄴ. (나)와 (다)의 핵상은 같다.
ㄷ. 이 사람의 ⓐ에 대한 유전자형은 HhTt이다.

① ㄱ   ② ㄴ   ③ ㄷ   ④ ㄱ, ㄴ   ⑤ ㄱ, ㄷ

13

감수 분열
[2022년 4월 학평 11번]

사람의 유전 형질 ㉮는 2쌍의 대립유전자 A와 a, B와 b에 의해 결정된다. 그림은 어떤 사람의 G_1기 세포 Ⅰ로부터 정자가 형성되는 과정을, 표는 이 과정에서 나타나는 세포 (가)와 (나)에서 대립유전자 A, B, ㉠, ㉡ 중 2개의 DNA 상대량을 더한 값을 나타낸 것이다. (가)와 (나)는 Ⅱ와 Ⅲ을 순서 없이 나타낸 것이고, ㉠과 ㉡은 a와 b를 순서 없이 나타낸 것이다.

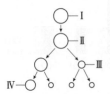

세포	DNA 상대량을 더한 값		
	A+B	B+㉠	㉠+㉡
(가)	0	2	2
(나)	?	2	1

이에 대한 설명으로 옳은 것만을 〈보기〉에서 있는 대로 고른 것은? (단, 돌연변이와 교차는 고려하지 않으며, A, a, B, b 각각의 1개당 DNA 상대량은 1이다.) 3점

보기
ㄱ. (나)는 Ⅲ이다.
ㄴ. ㉠은 성염색체에 있다.
ㄷ. Ⅰ에서 A와 b의 DNA 상대량을 더한 값은 1이다.

① ㄱ ② ㄴ ③ ㄱ, ㄷ ④ ㄴ, ㄷ ⑤ ㄱ, ㄴ, ㄷ

15

감수 분열
[2018학년도 수능 12번]

그림은 유전자형이 EeFFHh인 어떤 동물에서 G_1기의 세포 Ⅰ로부터 정자가 형성되는 과정을, 표는 세포 ㉠~㉣의 세포 1개당 유전자 e, F, h의 DNA 상대량을 나타낸 것이다. ㉠~㉣은 Ⅰ~Ⅳ를 순서 없이 나타낸 것이고, E는 e와 대립 유전자이며, H는 h와 대립 유전자이다.

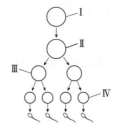

세포	DNA 상대량		
	e	F	h
㉠	ⓐ	1	1
㉡	1	2	ⓑ
㉢	2	ⓒ	0
㉣	ⓓ	?	2

이에 대한 설명으로 옳은 것만을 〈보기〉에서 있는 대로 고른 것은? (단, 돌연변이와 교차는 고려하지 않으며, E, e, F, H, h 각각의 1개당 DNA 상대량은 같다.)

보기
ㄱ. ㉣은 Ⅲ이다.
ㄴ. ⓐ+ⓑ+ⓒ+ⓓ=4이다.
ㄷ. Ⅳ에서 세포 1개당 $\dfrac{F의\ DNA\ 상대량}{E의\ DNA\ 상대량 + H의\ DNA\ 상대량}$ 은 1이다.

① ㄱ ② ㄴ ③ ㄷ ④ ㄱ, ㄷ ⑤ ㄴ, ㄷ

14

감수 분열
[2021학년도 9월 모평 18번]

그림은 유전자형이 Aa인 어떤 동물($2n$ = ?)의 G_1기 세포 Ⅰ로부터 생식세포가 형성되는 과정을, 표는 세포 ㉠~㉣의 상염색체 수와 대립유전자 A와 a의 DNA 상대량을 더한 값을 나타낸 것이다. ㉠~㉣은 Ⅰ~Ⅳ를 순서 없이 나타낸 것이고, 이 동물의 성염색체는 XX이다.

세포	상염색체 수	A와 a의 DNA 상대량을 더한 값
㉠	8	?
㉡	4	2
㉢	ⓐ	ⓑ
㉣	?	4

이에 대한 설명으로 옳은 것만을 〈보기〉에서 있는 대로 고른 것은? (단, 돌연변이는 고려하지 않으며, A와 a 각각의 1개당 DNA 상대량은 1이다. Ⅱ와 Ⅲ은 중기의 세포이다.) 3점

보기
ㄱ. ㉠은 Ⅰ이다.
ㄴ. ⓐ+ⓑ=5이다.
ㄷ. Ⅱ의 2가 염색체 수는 5이다.

① ㄱ ② ㄷ ③ ㄱ, ㄷ ④ ㄴ, ㄷ ⑤ ㄱ, ㄴ, ㄷ

16

감수 분열
[2021학년도 6월 모평 19번]

그림은 유전자형이 AaBbDD인 어떤 사람의 G_1기 세포 Ⅰ로부터 생식 세포가 형성되는 과정을, 표는 세포 (가)~(라)가 갖는 대립 유전자 A, B, D의 DNA 상대량을 나타낸 것이다. (가)~(라)는 Ⅰ~Ⅳ를 순서 없이 나타낸 것이고, ㉠+㉡+㉢=4이다.

세포	DNA 상대량		
	A	B	D
(가)	2	㉠	?
(나)	2	㉡	㉢
(다)	?	1	2
(라)	?	0	?

이에 대한 설명으로 옳은 것만을 〈보기〉에서 있는 대로 고른 것은? (단, 돌연변이와 교차는 고려하지 않으며, A, a, B, b, D 각각의 1개당 DNA 상대량은 1이다. Ⅱ와 Ⅲ은 중기의 세포이다.)

보기
ㄱ. (가)는 Ⅱ이다.
ㄴ. ㉡은 2이다.
ㄷ. 세포 1개당 a의 DNA 상대량은 (다)와 (라)가 같다.

① ㄱ ② ㄴ ③ ㄱ, ㄷ ④ ㄴ, ㄷ ⑤ ㄱ, ㄴ, ㄷ

그림은 유전자형이 AABbDd인 어떤 동물의 G_1기 세포 I로부터 생식 세포가 형성되는 과정을, 표는 세포 (가)~(다)의 세포 1개당 대립 유전자 A, b, d의 DNA 상대량을 나타낸 것이다. (가)~(다)는 각각 I~III 중 하나이며, II는 중기의 세포이다.

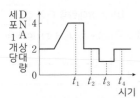

세포	DNA 상대량		
	A	b	d
(가)	2	0	0
(나)	㉠	1	㉡
(다)	2	1	1

이에 대한 옳은 설명만을 〈보기〉에서 있는 대로 고른 것은? (단, 돌연변이와 교차는 고려하지 않으며, A, b, d 각각의 1개당 DNA 상대량은 같다.)

보기
ㄱ. (다)는 II이다.
ㄴ. ㉠+㉡=2이다.
ㄷ. (가)에 2가 염색체가 있다.

① ㄱ   ② ㄴ   ③ ㄷ   ④ ㄱ, ㄷ   ⑤ ㄴ, ㄷ

그림은 핵상이 $2n$인 어떤 동물에서 G_1기의 세포 ㉠으로부터 정자가 형성되는 과정을, 표는 세포 ⓐ~ⓓ에 들어 있는 세포 1개당 대립 유전자 H와 t의 DNA 상대량을 나타낸 것이다. ⓐ~ⓓ는 ㉠~㉣을 순서 없이 나타낸 것이고, H는 h와 대립 유전자이며, T는 t와 대립 유전자이다.

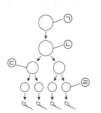

세포	DNA 상대량	
	H	t
ⓐ	2	0
ⓑ	2	2
ⓒ	?	?
ⓓ	1	1

이에 대한 설명으로 옳은 것만을 〈보기〉에서 있는 대로 고른 것은? (단, 돌연변이와 교차는 고려하지 않으며, H, h, T, t 각각의 1개당 DNA 상대량은 같다.) 3점

보기
ㄱ. ㉡은 ⓑ이다.
ㄴ. 세포의 핵상은 ㉢과 ⓓ에서 같다.
ㄷ. ⓒ에 들어 있는 H의 DNA 상대량은 1이다.

① ㄱ   ② ㄴ   ③ ㄱ, ㄷ   ④ ㄴ, ㄷ   ⑤ ㄱ, ㄴ, ㄷ

그림은 유전자형이 AABb인 어떤 동물($2n=6$)에서 난자 ㉠이 형성되고, ㉠이 정자 ㉡과 수정하여 수정란을 형성하는 과정에서 세포 1개당 DNA 상대량의 변화를, 표는 I~IV에서 A, a, B, b의 DNA 상대량을 나타낸 것이다. I~IV는 t_1~t_4 중 서로 다른 시점의 한 세포를 순서 없이 나타낸 것이며, I~IV 중 ㉠이 있다.

세포 1개당 DNA 상대량 그래프

구분	A	a	B	b
I	2	ⓐ	2	?
II	?	1	1	1
III	?	0	ⓑ	2
IV	ⓒ	0	?	0

이에 대한 옳은 설명만을 〈보기〉에서 있는 대로 고른 것은? (단, 돌연변이와 교차는 고려하지 않으며, A는 a, B는 b와 각각 대립 유전자이고, 유전자 1개당 DNA 상대량은 같다.) 3점

보기
ㄱ. ⓐ+ⓑ+ⓒ=3이다.
ㄴ. 상염색체 수는 II와 IV가 같다.
ㄷ. ㉡에 b가 있다.

① ㄱ   ② ㄴ   ③ ㄱ, ㄷ   ④ ㄴ, ㄷ   ⑤ ㄱ, ㄴ, ㄷ

어떤 동물 종($2n=6$)의 특정 형질은 2쌍의 대립 유전자 H와 h, T와 t에 의해 결정된다. 표는 이 동물 종의 개체 I의 세포 ㉠~㉣이 갖는 H, h, T, t의 DNA 상대량을, 그림은 I의 세포 P를 나타낸 것이다. P는 ㉠~㉣ 중 하나이다.

세포	DNA 상대량			
	H	h	T	t
㉠	1	?	1	1
㉡	2	2	ⓐ	2
㉢	2	0	0	?
㉣	1	ⓑ	1	0

이에 대한 설명으로 옳은 것만을 〈보기〉에서 있는 대로 고른 것은? (단, 돌연변이와 교차는 고려하지 않으며, H, h, T, t 각각의 1개당 DNA 상대량은 같다.)

보기
ㄱ. P는 ㉢이다.
ㄴ. ⓐ+ⓑ=3이다.
ㄷ. I의 감수 1분열 중기 세포 1개당 염색 분체 수는 12이다.

① ㄱ   ② ㄴ   ③ ㄱ, ㄷ   ④ ㄴ, ㄷ   ⑤ ㄱ, ㄴ, ㄷ

DAY
17
IV
1
I
02.
생식세포 형성과 유전적 다양성

21

그림은 어떤 사람의 체세포 분열 과정과 감수 분열 과정의 일부를, 표는 이 사람의 세포 ㉠~㉣에서 대립 유전자 H, h, T, t의 DNA 상대량을 나타낸 것이다. ㉠~㉣은 각각 Ⅰ~Ⅳ 중 하나이고, H와 T는 각각 h와 t의 대립 유전자이다.

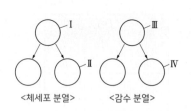

세포	DNA 상대량			
	H	h	T	t
㉠	0	1	1	0
㉡	1	1	2	0
㉢	2	2	?	0
㉣	0	2	2	0

이에 대한 설명으로 옳은 것만을 〈보기〉에서 있는 대로 고른 것은?
(단, Ⅰ과 Ⅲ은 중기의 세포이고, 돌연변이는 고려하지 않는다.) **3점**

보기
ㄱ. ㉡은 Ⅱ이다.
ㄴ. ㉢에서 T의 DNA 상대량은 2이다.
ㄷ. Ⅲ이 Ⅳ로 되는 과정에서 상동 염색체가 분리된다.

① ㄱ   ② ㄷ   ③ ㄱ, ㄴ   ④ ㄱ, ㄷ   ⑤ ㄴ, ㄷ

22

그림 (가)는 어떤 동물($2n=?$)의 세포 분열 과정 일부에서 시간에 따른 핵 1개당 DNA 상대량을, (나)는 구간 Ⅰ과 Ⅱ 중 한 구간에서 관찰되는 세포에 들어 있는 모든 염색체를 나타낸 것이다. Ⅰ과 Ⅱ에서 관찰되는 세포의 핵상은 같다.

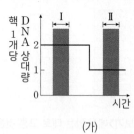
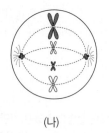

이에 대한 설명으로 옳은 것만을 〈보기〉에서 있는 대로 고른 것은?
(단, 돌연변이는 고려하지 않는다.) **3점**

보기
ㄱ. (나)는 Ⅱ에서 관찰된다.
ㄴ. 이 동물의 G_1기 체세포와 Ⅰ에서 관찰되는 세포의 핵상은 같다.
ㄷ. 이 동물의 체세포 분열 중기의 세포 1개당 염색 분체 수는 16이다.

① ㄱ   ② ㄷ   ③ ㄱ, ㄴ   ④ ㄴ, ㄷ   ⑤ ㄱ, ㄴ, ㄷ

23

그림 (가)는 어떤 형질에 대한 유전자형이 Aa인 사람의 세포 분열 과정의 일부에서 핵 1개당 DNA 상대량 변화를, (나)는 (가)의 서로 다른 시기에 관찰되는 세포 ㉠~㉢의 대립 유전자 A의 DNA 상대량을 나타낸 것이다. ㉠~㉢은 각각 Ⅰ~Ⅲ 중 한 구간에서 관찰되는 세포이다.

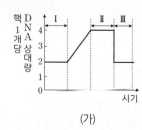
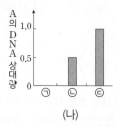

이에 대한 설명으로 옳은 것만을 〈보기〉에서 있는 대로 고른 것은?
(단, 돌연변이는 고려하지 않는다.)

보기
ㄱ. 구간 Ⅰ에서 뉴클레오솜이 관찰된다.
ㄴ. 구간 Ⅱ에서 2가 염색체가 형성된다.
ㄷ. ㉡은 구간 Ⅲ에서 관찰된다.

① ㄱ   ② ㄷ   ③ ㄱ, ㄴ   ④ ㄴ, ㄷ   ⑤ ㄱ, ㄴ, ㄷ

24 **2023 평가원**

사람의 어떤 유전 형질은 2쌍의 대립유전자 H와 h, T와 t에 의해 결정된다. 그림 (가)는 사람 Ⅰ의, (나)는 사람 Ⅱ의 감수 분열 과정의 일부를, 표는 Ⅰ의 세포 ⓐ와 Ⅱ의 세포 ⓑ에서 대립유전자 ㉠, ㉡, ㉢, ㉣ 중 2개의 DNA 상대량을 더한 값을 나타낸 것이다. ㉠~㉣은 H, h, T, t를 순서 없이 나타낸 것이고, Ⅰ의 유전자형은 HHtt이며, Ⅱ의 유전자형은 hhTt이다.

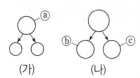

세포	DNA 상대량을 더한 값			
	㉠+㉡	㉠+㉢	㉡+㉢	㉢+㉣
ⓐ	0	?	2	㉮
ⓑ	2	4	㉯	2

이에 대한 설명으로 옳은 것만을 〈보기〉에서 있는 대로 고른 것은?
(단, 돌연변이와 교차는 고려하지 않으며, H, h, T, t 각각의 1개당 DNA 상대량은 1이다. ⓐ~ⓒ는 중기의 세포이다.) **3점**

보기
ㄱ. ㉮+㉯=6이다.
ㄴ. ⓐ의 $\dfrac{\text{염색 분체 수}}{\text{성염색체 수}}=46$이다.
ㄷ. ⓒ에는 t가 있다.

① ㄱ   ② ㄷ   ③ ㄱ, ㄴ   ④ ㄴ, ㄷ   ⑤ ㄱ, ㄴ, ㄷ

25

감수 분열
[2020학년도 6월 모평 16번]

사람의 유전 형질 @는 3쌍의 대립 유전자 E와 e, F와 f, G와 g에
의해 결정되며, @를 결정하는 유전자는 서로 다른 3개의 상염색체에
존재한다. 그림 (가)는 어떤 사람의 G_1기 세포 Ⅰ로부터 정자가
형성되는 과정을, (나)는 이 사람의 세포 ㉠~㉢이 갖는 대립 유전자
E, f, G의 DNA 상대량을 나타낸 것이다. ㉠~㉢은 Ⅰ~Ⅲ을 순서
없이 나타낸 것이고, Ⅱ는 중기의 세포이다.

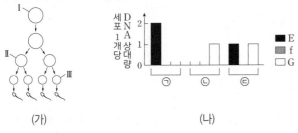

(가)   (나)

이에 대한 설명으로 옳은 것만을 <보기>에서 있는 대로 고른 것은?
(단, 돌연변이와 교차는 고려하지 않으며, E, e, F, f, G, g 각각의
1개당 DNA 상대량은 같다.) 3점

보기

ㄱ. Ⅰ에서 세포 1개당 $\dfrac{E의\ DNA\ 상대량 + G의\ DNA\ 상대량}{F의\ DNA\ 상대량}$ 은
1이다.

ㄴ. Ⅱ의 염색 분체 수는 23이다.

ㄷ. Ⅲ은 ㉢이다.

① ㄱ   ② ㄴ   ③ ㄷ   ④ ㄱ, ㄴ   ⑤ ㄴ, ㄷ

26

감수 분열
[2021년 3월 학평 12번]

사람의 유전 형질 ㉠은 서로 다른 상염색체에 있는 3쌍의 대립유전자
E와 e, F와 f, G와 g에 의해 결정된다. 표는 어떤 사람의 세포
Ⅰ~Ⅲ에서 E, f, g의 유무와, F와 G의 DNA 상대량을 더한 값
(F+G)을 나타낸 것이다.

세포	대립유전자			F+G
	E	f	g	
Ⅰ	×	○	×	2
Ⅱ	○	○	○	1
Ⅲ	○	○	×	1

(○ : 있음, × : 없음)

이에 대한 옳은 설명만을 <보기>에서 있는 대로 고른 것은?
(단, 돌연변이와 교차는 고려하지 않으며, E, e, F, f, G, g 각각의
1개당 DNA 상대량은 1이다.) 3점

보기

ㄱ. 이 사람의 ㉠에 대한 유전자형은 EeffGg이다.

ㄴ. Ⅰ에서 e의 DNA 상대량은 1이다.

ㄷ. Ⅱ와 Ⅲ의 핵상은 같다.

① ㄱ   ② ㄷ   ③ ㄱ, ㄴ   ④ ㄱ, ㄷ   ⑤ ㄴ, ㄷ

27

감수 분열
[2020년 10월 학평 8번]

사람의 유전 형질 (가)는 대립유전자 H와 h에 의해, (나)는
대립유전자 T와 t에 의해 결정된다. 그림은 어떤 사람에서 G_1기
세포 Ⅰ로부터 정자가 형성되는 과정을, 표는 세포 ㉠~㉢이 갖는
H, h, T, t의 DNA 상대량을 나타낸 것이다. ㉠~㉢은 세포
Ⅰ~Ⅲ을 순서 없이 나타낸 것이다.

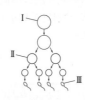

세포	DNA 상대량			
	H	h	T	t
㉠	2	?	0	@
㉡	0	ⓑ	1	0
㉢	?	0	?	1

이에 대한 옳은 설명만을 <보기>에서 있는 대로 고른 것은?
(단, 돌연변이와 교차는 고려하지 않으며, H, h, T, t 각각의 1개당
DNA 상대량은 1이다.) 3점

보기

ㄱ. ㉢은 Ⅰ이다.

ㄴ. @+ⓑ=2이다.

ㄷ. ㉠에서 H는 성염색체에 있다.

① ㄱ   ② ㄷ   ③ ㄱ, ㄴ   ④ ㄴ, ㄷ   ⑤ ㄱ, ㄴ, ㄷ

DAY
17

Ⅳ

1
Ⅰ
02.
생식세포 형성과 유전적 다양성

정답과 해설   25 p.346   26 p.347   27 p.347

Ⅳ. 유전   187

그림은 같은 종인 동물($2n=6$) Ⅰ과 Ⅱ의 세포 (가)~(라) 각각에 들어 있는 모든 염색체를, 표는 세포 A~D가 갖는 유전자 H, h, T, t의 DNA 상대량을 나타낸 것이다. (가)~(다)는 Ⅰ의 난자 형성 과정에서 나타나는 세포이며, (라)는 (다)로부터 형성된 난자가 정자 ⓐ와 수정되어 태어난 Ⅱ의 세포이다. Ⅰ의 특정 형질에 대한 유전자형은 HhTT이고, H는 h와 대립 유전자이며, T는 t와 대립 유전자이다. 이 동물의 성염색체는 암컷이 XX, 수컷이 XY이며, A~D는 (가)~(라)를 순서 없이 나타낸 것이다.

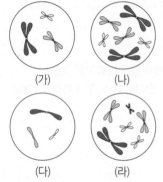

세포	DNA 상대량			
	H	h	T	t
A	2	⊙	?	0
B	1	?	⊙	?
C	⊙	2	2	0
D	0	2	2	0

이에 대한 설명으로 옳은 것만을 <보기>에서 있는 대로 고른 것은? (단, 돌연변이와 교차는 고려하지 않으며, H, h, T, t 각각의 1개당 DNA 상대량은 같다.) 3점

보기
ㄱ. ⊙+⊙+⊙=5이다.
ㄴ. C는 (가)이다.
ㄷ. 정자 ⓐ는 T를 갖는다.

① ㄱ   ② ㄴ   ③ ㄷ   ④ ㄱ, ㄷ   ⑤ ㄴ, ㄷ

사람의 유전 형질 (가)는 2쌍의 대립유전자 H와 h, R와 r에 의해 결정되며, (가)의 유전자는 7번 염색체와 8번 염색체에 있다. 그림은 어떤 사람의 7번 염색체와 8번 염색체를, 표는 이 사람의 세포 Ⅰ~Ⅳ에서 염색체 ⊙~ⓒ의 유무와 H와 r의 DNA 상대량을 나타낸 것이다. ⊙~ⓒ은 염색체 ⓐ~ⓒ를 순서 없이 나타낸 것이다.

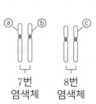

7번 염색체   8번 염색체

세포	염색체			DNA 상대량	
	⊙	ⓛ	ⓒ	H	r
Ⅰ	×	○	?	1	1
Ⅱ	?	○	○	?	1
Ⅲ	○	×	○	2	0
Ⅳ	○	○	×	?	2

(○: 있음, ×: 없음)

이에 대한 설명으로 옳은 것만을 <보기>에서 있는 대로 고른 것은? (단, 돌연변이와 교차는 고려하지 않으며, H, h, R, r 각각의 1개당 DNA 상대량은 1이다.) 3점

보기
ㄱ. Ⅰ과 Ⅱ의 핵상은 같다.
ㄴ. ⓛ과 ⓒ은 모두 7번 염색체이다.
ㄷ. 이 사람의 유전자형은 HhRr이다.

① ㄱ   ② ㄴ   ③ ㄷ   ④ ㄱ, ㄴ   ⑤ ㄴ, ㄷ

사람의 특정 유전 형질은 2쌍의 대립유전자 A와 a, B와 b에 의해 결정된다. 표는 사람 P와 Q의 세포 Ⅰ~Ⅲ에서 대립유전자 ⓐ~ⓓ의 유무를, 그림은 P와 Q 중 한 명의 생식세포에 있는 일부 염색체와 유전자를 나타낸 것이다. ⓐ~ⓓ는 A, a, B, b를 순서 없이 나타낸 것이고, P는 남자이다.

세포	대립유전자			
	ⓐ	ⓑ	ⓒ	ⓓ
Ⅰ	○	○	×	○
Ⅱ	○	×	○	○
Ⅲ	×	×	○	×

(○: 있음, ×: 없음)

이에 대한 옳은 설명만을 <보기>에서 있는 대로 고른 것은? (단, 돌연변이는 고려하지 않는다.) 3점

보기
ㄱ. Ⅱ는 P의 세포이다.
ㄴ. ⓑ는 ⓒ의 대립유전자이다.
ㄷ. Q는 여자이다.

① ㄱ   ② ㄷ   ③ ㄱ, ㄴ   ④ ㄱ, ㄷ   ⑤ ㄴ, ㄷ

31 2023 수능

감수 분열
[2023학년도 수능 7번]

사람의 유전 형질 ㉮는 2쌍의 대립유전자 A와 a, B와 b에 의해 결정된다. 그림은 사람 P의 G_1기 세포 Ⅰ로부터 정자가 형성되는 과정을, 표는 세포 (가)~(라)에서 대립유전자 ㉠~㉢의 유무와 a와 B의 DNA 상대량을 나타낸 것이다. (가)~(라)는 Ⅰ~Ⅳ를 순서 없이 나타낸 것이고, ㉠~㉢은 A, a, b를 순서 없이 나타낸 것이다.

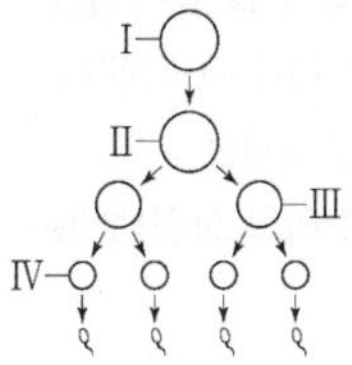

세포	대립유전자			DNA 상대량	
	㉠	㉡	㉢	a	B
(가)	×	×	○	?	2
(나)	○	?	○	2	?
(다)	?	?	×	1	1
(라)	○	?	?	1	?

(○: 있음, ×: 없음)

이에 대한 설명으로 옳은 것만을 <보기>에서 있는 대로 고른 것은? (단, 돌연변이와 교차는 고려하지 않으며, A, a, B, b 각각의 1개당 DNA 상대량은 1이다. Ⅱ와 Ⅲ은 중기의 세포이다.) 3점

보기

ㄱ. Ⅳ에 ㉠이 있다.
ㄴ. (나)의 핵상은 $2n$이다.
ㄷ. P의 유전자형은 AaBb이다.

① ㄱ ② ㄴ ③ ㄷ ④ ㄱ, ㄴ ⑤ ㄴ, ㄷ

32 2024 평가원

감수 분열
[2024학년도 9월 모평 11번]

사람의 유전 형질 (가)는 대립유전자 A와 a에 의해, (나)는 대립유전자 B와 b에 의해 결정된다. (가)의 유전자와 (나)의 유전자는 서로 다른 염색체에 있다. 그림은 어떤 사람의 G_1기 세포 Ⅰ로부터 정자가 형성되는 과정을, 표는 세포 ㉠~㉣에서 A, a, B, b의 DNA 상대량을 더한 값(A+a+B+b)을 나타낸 것이다. ㉠~㉣은 Ⅰ~Ⅳ를 순서 없이 나타낸 것이고, ⓐ는 ⓑ보다 작다.

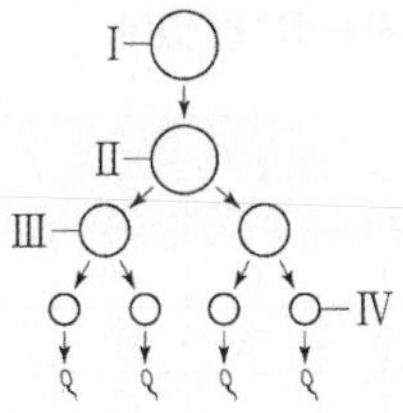

세포	A+a+B+b
㉠	ⓐ
㉡	ⓑ
㉢	1
㉣	4

이에 대한 설명으로 옳은 것만을 <보기>에서 있는 대로 고른 것은? (단, 돌연변이는 고려하지 않으며, A, a, B, b 각각의 1개당 DNA 상대량은 1이다. Ⅱ와 Ⅲ은 중기의 세포이다.) 3점

보기

ㄱ. ⓐ는 3이다.
ㄴ. ㉡은 Ⅲ이다.
ㄷ. ㉣의 염색체 수는 46이다.

① ㄱ ② ㄴ ③ ㄷ ④ ㄱ, ㄴ ⑤ ㄱ, ㄷ

정답과 해설 31 p.350 32 p.351

1

개념 복합 문제
[2021년 4월 학평 7번]

그림 (가)는 사람에서 체세포의 세포 주기를, (나)는 사람의 체세포에 있는 염색체의 구조를 나타낸 것이다. ㉠~㉢은 각각 G_1기, G_2기, S기 중 하나이고, ⓐ와 ⓑ는 각각 DNA와 히스톤 단백질 중 하나이다.

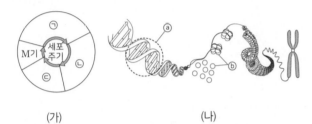

(가)　　　　　　　　(나)

이에 대한 설명으로 옳은 것만을 <보기>에서 있는 대로 고른 것은?

보기
ㄱ. ㉠은 G_2기이다.
ㄴ. ㉡ 시기에 ⓐ가 복제된다.
ㄷ. 뉴클레오솜의 구성 성분에는 ⓑ가 포함된다.

① ㄱ　　② ㄴ　　③ ㄷ　　④ ㄱ, ㄴ　　⑤ ㄴ, ㄷ

2

개념 복합 문제
[2023년 3월 학평 14번]

그림은 어떤 남자 P의 G_1기 세포 Ⅰ로부터 정자가 형성되는 과정을, 표는 세포 ㉠~㉢에서 a와 B의 DNA 상대량을 나타낸 것이다. A는 a, B는 b와 각각 대립유전자이며 모두 상염색체에 있다. ㉠~㉢은 Ⅰ~Ⅲ을 순서 없이 나타낸 것이고, ⓐ와 ⓑ는 0과 2를 순서 없이 나타낸 것이다.

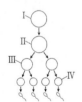

세포	DNA 상대량	
	a	B
㉠	2	ⓑ
㉡	ⓐ	1
㉢	4	?

이에 대한 옳은 설명만을 <보기>에서 있는 대로 고른 것은? (단, 돌연변이와 교차는 고려하지 않으며, A, a, B, b 각각의 1개당 DNA 상대량은 1이다. Ⅱ와 Ⅲ은 중기의 세포이다.) 3점

보기
ㄱ. ㉠은 Ⅲ이다.
ㄴ. P의 유전자형은 aaBb이다.
ㄷ. 세포 Ⅳ에 B가 있다.

① ㄱ　　② ㄷ　　③ ㄱ, ㄴ　　④ ㄴ, ㄷ　　⑤ ㄱ, ㄴ, ㄷ

3

2024 평가원

개념 복합 문제
[2024학년도 6월 모평 14번]

어떤 동물 종($2n=6$)의 유전 형질 ㉮는 2쌍의 대립유전자 A와 a, B와 b에 의해 결정된다. 그림은 이 동물 종의 개체 Ⅰ과 Ⅱ의 세포 (가)~(라) 각각에 들어 있는 모든 염색체를, 표는 (가)~(라)에서 A, a, B, b의 유무를 나타낸 것이다. (가)~(라) 중 2개는 Ⅰ의 세포이고, 나머지 2개는 Ⅱ의 세포이다. Ⅰ은 암컷이고 성염색체는 XX이며, Ⅱ는 수컷이고 성염색체는 XY이다.

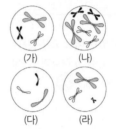

(가)　　(나)
(다)　　(라)

세포	대립유전자			
	A	a	B	b
(가)	○	?	?	?
(나)	?	○	○	×
(다)	○	×	×	○
(라)	?	○	×	×

(○: 있음, ×: 없음)

이에 대한 설명으로 옳은 것만을 <보기>에서 있는 대로 고른 것은? (단, 돌연변이와 교차는 고려하지 않는다.) 3점

보기
ㄱ. (가)는 Ⅱ의 세포이다.
ㄴ. Ⅰ의 유전자형은 AaBB이다.
ㄷ. (다)에서 b는 상염색체에 있다.

① ㄱ　　② ㄴ　　③ ㄷ　　④ ㄱ, ㄴ　　⑤ ㄴ, ㄷ

4

개념 복합 문제
[2019년 7월 학평 7번]

그림은 철수네 가족 구성원 중 한 명의 세포 (가)에 들어 있는 염색체 중 일부를, 표는 철수네 가족 구성원에서 G_1기의 체세포 1개당 유전자 A, A*, B, B*의 DNA 상대량을 나타낸 것이다. A의 대립 유전자는 A*만 있으며, B의 대립 유전자는 B*만 있다.

구성원	DNA 상대량			
	A	A*	B	B*
아버지	1	0	㉠	㉡
어머니	?	?	1	?
형	1	?	㉢	0
철수	0	㉣	?	2

이에 대한 설명으로 옳은 것만을 <보기>에서 있는 대로 고른 것은? (단, 돌연변이는 고려하지 않으며, A, A*, B, B* 각각의 1개당 DNA 상대량은 같다.)

보기
ㄱ. ㉠+㉡+㉢+㉣=5이다.
ㄴ. (가)는 어머니의 세포이다.
ㄷ. A*는 성염색체에 존재한다.

① ㄱ　　② ㄷ　　③ ㄱ, ㄴ　　④ ㄴ, ㄷ　　⑤ ㄱ, ㄴ, ㄷ

5

다음은 어떤 가족의 유전 형질 (가)와 (나)에 대한 자료이다.

○ (가)는 2쌍의 대립유전자 A와 a, B와 b에 의해 결정되며, (가)의 유전자는 서로 다른 2개의 상염색체에 있다.

○ (가)의 표현형은 유전자형에서 대문자로 표시되는 대립유전자 수에 의해서만 결정되며, 이 대립유전자의 수가 다르면 표현형이 다르다.

○ (나)는 대립유전자 D와 d에 의해 결정되며, D는 d에 대해 완전 우성이다. (나)의 유전자는 (가)의 유전자와 서로 다른 상염색체에 있다.

○ 어머니와 자녀 1은 (가)와 (나)의 표현형이 모두 같고, 아버지와 자녀 2는 (가)와 (나)의 표현형이 모두 같다.

○ 표는 자녀 2를 제외한 나머지 가족 구성원의 체세포 1개당 대립유전자 ㉠~㉾의 DNA 상대량을 나타낸 것이다. ㉠~㉾은 A, a, B, b, D, d를 순서 없이 나타낸 것이다.

구성원	DNA 상대량					
	㉠	㉡	㉢	㉣	㉤	㉥
아버지	2	0	1	0	2	1
어머니	0	1	0	2	1	2
자녀 1	1	1	1	1	1	1

○ 자녀 2의 유전자형은 AaBBDd이다.

이에 대한 설명으로 옳은 것만을 〈보기〉에서 있는 대로 고른 것은? (단, 돌연변이와 교차는 고려하지 않으며, A, a, B, b, D, d 각각의 1개당 DNA 상대량은 1이다.) ③점

> **보기**
> ㄱ. ㉠은 A이다.
> ㄴ. ㉡과 ㉥은 (나)의 대립유전자이다.
> ㄷ. 자녀 2의 동생이 태어날 때, 이 아이의 (가)와 (나)의 표현형이 모두 어머니와 같을 확률은 $\frac{1}{4}$이다.

① ㄱ　　② ㄷ　　③ ㄱ, ㄴ　　④ ㄴ, ㄷ　　⑤ ㄱ, ㄴ, ㄷ

---

6 `2023 수능`

다음은 핵상이 $2n$인 동물 A~C의 세포 (가)~(라)에 대한 자료이다.

○ A와 B는 서로 같은 종이고, B와 C는 서로 다른 종이며, B와 C의 체세포 1개당 염색체 수는 서로 다르다.

○ (가)~(라) 중 2개는 암컷의, 나머지 2개는 수컷의 세포이다. A~C의 성염색체는 암컷이 XX, 수컷이 XY이다.

○ 그림은 (가)~(라) 각각에 들어 있는 모든 상염색체와 ㉠을 나타낸 것이다. ㉠은 X 염색체와 Y 염색체 중 하나이다.

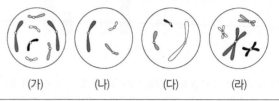

(가)　　(나)　　(다)　　(라)

이에 대한 설명으로 옳은 것만을 〈보기〉에서 있는 대로 고른 것은? (단, 돌연변이는 고려하지 않는다.)

> **보기**
> ㄱ. ㉠은 Y 염색체이다.
> ㄴ. (가)와 (라)는 서로 다른 개체의 세포이다.
> ㄷ. C의 체세포 분열 중기의 세포 1개당 상염색체의 염색 분체 수는 8이다.

① ㄱ　　② ㄴ　　③ ㄱ, ㄷ　　④ ㄴ, ㄷ　　⑤ ㄱ, ㄴ, ㄷ

---

7 `2023 수능`

다음은 사람의 유전 형질 (가)~(라)에 대한 자료이다.

○ (가)는 대립유전자 A와 a에 의해, (나)는 대립유전자 B와 b에 의해, (다)는 대립유전자 D와 d에 의해, (라)는 대립유전자 E와 e에 의해 결정된다. A는 a에 대해, B는 b에 대해, D는 d에 대해, E는 e에 대해 각각 완전 우성이다.

○ (가)~(라)의 유전자는 서로 다른 2개의 상염색체에 있고, (가)~(다)의 유전자는 (라)의 유전자와 다른 염색체에 있다.

○ (가)~(라)의 표현형이 모두 우성인 부모 사이에서 ⓐ가 태어날 때, ⓐ의 (가)~(라)의 표현형이 모두 부모와 같을 확률은 $\frac{3}{16}$이다.

ⓐ가 (가)~(라) 중 적어도 2가지 형질의 유전자형을 이형 접합성으로 가질 확률은? (단, 돌연변이와 교차는 고려하지 않는다.)

① $\frac{7}{8}$　　② $\frac{3}{4}$　　③ $\frac{5}{8}$　　④ $\frac{1}{2}$　　⑤ $\frac{3}{8}$

8

어떤 동물 종($2n=6$)의 유전 형질 @는 2쌍의 대립 유전자 H와 h, T와 t에 의해 결정된다. 그림은 이 동물 종의 세포 (가)~(라)가 갖는 유전자 ㉠~㉣의 DNA 상대량을 나타낸 것이다. 이 동물 종의 개체 Ⅰ에서는 ㉠~㉣의 DNA 상대량이 (가), (나), (다)와 같은 세포가, 개체 Ⅱ에서는 ㉠~㉣의 DNA 상대량이 (나), (다), (라)와 같은 세포가 형성된다. ㉠~㉣은 H, h, T, t를 순서 없이 나타낸 것이다. 이 동물 종의 성염색체는 암컷이 XX, 수컷이 XY이다.

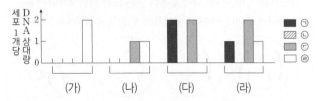

이에 대한 설명으로 옳은 것만을 〈보기〉에서 있는 대로 고른 것은? (단, 돌연변이와 교차는 고려하지 않으며, (가)와 (다)는 중기의 세포이다. H, h, T, t 각각의 1개당 DNA 상대량은 같다.) **3점**

보기

ㄱ. ㉠은 ㉣과 대립 유전자이다.

ㄴ. (가)와 (다)의 염색 분체 수는 같다.

ㄷ. 세포 1개당 $\dfrac{\text{X 염색체 수}}{\text{상염색체 수}}$ 는 (라)가 (나)의 2배이다.

① ㄱ   ② ㄷ   ③ ㄱ, ㄴ   ④ ㄴ, ㄷ   ⑤ ㄱ, ㄴ, ㄷ

9

사람의 특정 형질은 상염색체에 있는 3쌍의 대립유전자 D와 d, E와 e, F와 f에 의해 결정된다. 그림은 하나의 G_1기 세포로부터 정자가 형성될 때 나타나는 세포 Ⅰ~Ⅳ가 갖는 D, E, F의 DNA 상대량을, 표는 세포 ㉠~㉣이 갖는 d, e, f의 DNA 상대량을 나타낸 것이다. ㉠~㉣은 Ⅰ~Ⅳ를 순서 없이 나타낸 것이다.

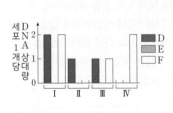

세포	DNA 상대량		
	d	e	f
㉠	?	?	1
㉡	2	?	@
㉢	?	2	0
㉣	1	ⓑ	1

이에 대한 옳은 설명만을 〈보기〉에서 있는 대로 고른 것은? (단, 돌연변이는 고려하지 않으며, D, d, E, e, F, f 각각의 1개당 DNA 상대량은 1이다.) **3점**

보기

ㄱ. ㉢은 Ⅰ이다.

ㄴ. @+ⓑ=4이다.

ㄷ. ㉠과 ㉡의 핵상은 같다.

① ㄱ   ② ㄴ   ③ ㄱ, ㄷ   ④ ㄴ, ㄷ   ⑤ ㄱ, ㄴ, ㄷ

10

사람의 유전 형질 @는 2쌍의 대립 유전자 E와 e, F와 f에 의해 결정되며, E와 e는 9번 염색체에, F와 f는 X 염색체에 존재한다. 표는 사람 Ⅰ의 세포 (가)~(다)와 사람 Ⅱ의 세포 (라)~(바)에서 유전자 ㉠~㉣의 유무를 나타낸 것이다. ㉠~㉣은 E, e, F, f를 순서 없이 나타낸 것이다.

유전자	Ⅰ의 세포			Ⅱ의 세포		
	(가)	(나)	(다)	(라)	(마)	(바)
㉠	○	○	○	○	○	×
㉡	○	○	×	○	×	○
㉢	○	×	○	×	×	×
㉣	×	×	×	○	×	○

(○ : 있음, × : 없음)

이에 대한 설명으로 옳은 것만을 〈보기〉에서 있는 대로 고른 것은? (단, 돌연변이와 교차는 고려하지 않는다.) **3점**

보기

ㄱ. ㉠은 ㉢의 대립 유전자이다.

ㄴ. (라)에는 Y 염색체가 있다.

ㄷ. Ⅰ의 @에 대한 유전자형은 EeFF이다.

① ㄱ   ② ㄴ   ③ ㄷ   ④ ㄱ, ㄴ   ⑤ ㄴ, ㄷ

다음은 어떤 동물($2n=4$)에 대한 자료이다.

○ 수컷의 성염색체는 XY이고, 암컷의 성염색체는 XX이다.
○ 표는 이 동물 두 개체의 세포 (가)~(마)가 갖는 유전자 A, a, B, b, D, d의 DNA 상대량을 나타낸 것이다.

세포	DNA 상대량					
	A	a	B	b	D	d
(가)	1	?	1	1	㉠	0
(나)	2	?	㉡	0	0	0
(다)	0	?	0	2	0	?
(라)	?	0	1	1	㉢	1
(마)	0	?	2	0	?	?

○ A, B, D는 각각 상염색체, X 염색체, Y 염색체 중 하나에 존재하며, 서로 다른 염색체에 존재한다.
○ A는 a와, B는 b와, D는 d와 대립 유전자이다.
○ (가)는 수컷의 세포이며, (나)~(마) 중 수컷과 암컷의 세포는 각각 2개이다.

이에 대한 옳은 설명만을 〈보기〉에서 있는 대로 고른 것은? (단, A, a, B, b, D, d 각각의 1개당 DNA 상대량은 같고, 돌연변이와 교차는 고려하지 않는다.) **3점**

보기
ㄱ. ㉠+㉡+㉢=4이다.
ㄴ. A는 Y 염색체에 존재한다.
ㄷ. (마)의 $\dfrac{\text{X 염색체 수}}{\text{상염색체 수}}=1$이다.

① ㄱ ② ㄴ ③ ㄱ, ㄷ ④ ㄴ, ㄷ ⑤ ㄱ, ㄴ, ㄷ

사람의 유전 형질 ㉮는 1쌍의 대립유전자 A와 a에 의해, ㉯는 2쌍의 대립유전자 B와 b, D와 d에 의해 결정된다. ㉮의 유전자는 상염색체에, ㉯의 유전자는 X 염색체에 있다. 표는 남자 P의 세포 (가)~(다)와 여자 Q의 세포 (라)~(바)에서 대립유전자 ㉠~㉺의 유무를 나타낸 것이다. ㉠~㉺은 A, a, B, b, D, d를 순서 없이 나타낸 것이다.

대립유전자	P의 세포			Q의 세포		
	(가)	(나)	(다)	(라)	(마)	(바)
㉠	×	?	○	?	○	×
㉡	×	×	×	○	○	○
㉢	?	○	○	○	○	○
㉣	×	ⓐ	○	○	×	○
㉤	○	○	×	×	×	×
㉥	×	×	×	?	×	○

(○: 있음, ×: 없음)

이에 대한 설명으로 옳은 것만을 〈보기〉에서 있는 대로 고른 것은? (단, 돌연변이와 교차는 고려하지 않는다.)

보기
ㄱ. ㉠은 ㉥과 대립유전자이다.
ㄴ. ⓐ는 '×'이다.
ㄷ. Q의 ㉯의 유전자형은 BbDd이다.

① ㄱ ② ㄴ ③ ㄱ, ㄷ ④ ㄴ, ㄷ ⑤ ㄱ, ㄴ, ㄷ

표는 사람 A의 세포 ⓐ와 ⓑ, 사람 B의 세포 ⓒ와 ⓓ에서 유전자 ㉠~㉣의 유무를 나타낸 것이고, 그림 (가)와 (나)는 각각 정자 형성 과정과 난자 형성 과정을 나타낸 것이다. 사람의 특정 형질은 2쌍의 대립유전자 E와 e, F와 f에 의해 결정되며, ㉠~㉣은 E, e, F, f를 순서 없이 나타낸 것이다. Ⅰ~Ⅳ는 ⓐ~ⓓ를 순서 없이 나타낸 것이다.

유전자	A의 세포		B의 세포	
	ⓐ	ⓑ	ⓒ	ⓓ
㉠	○	○	×	○
㉡	×	○	×	×
㉢	○	○	○	○
㉣	×	×	×	○

(○: 있음, ×: 없음)

(가)   (나)

이에 대한 설명으로 옳은 것만을 〈보기〉에서 있는 대로 고른 것은? (단, 돌연변이와 교차는 고려하지 않는다.) **3점**

보기
ㄱ. ⓓ는 Ⅰ이다.
ㄴ. ㉣은 X 염색체에 있다.
ㄷ. ㉠은 ㉢의 대립유전자이다.

① ㄱ   ② ㄷ   ③ ㄱ, ㄴ   ④ ㄴ, ㄷ   ⑤ ㄱ, ㄴ, ㄷ

표는 유전자형이 DdHhRr인 어떤 동물($2n=6$)의 세포 (가)~(다)에서 염색체 ㉠~㉣과 유전자 ⓐ~ⓓ의 유무를 나타낸 것이다. ⓐ~ⓓ는 각각 D, d, H, h, R, r 중 하나이며, 3쌍의 대립 유전자는 서로 다른 염색체에 있다. (가)~(다)는 모두 중기의 세포이다.

구분	염색체				유전자			
	㉠	㉡	㉢	㉣	ⓐ	ⓑ	ⓒ	ⓓ
(가)	○	○	○	×	○	×	○	○
(나)	×	×	?	○	×	○	?	○
(다)	○	×	○	○	×	×	○	○

(○: 있음, ×: 없음)

이에 대한 옳은 설명만을 〈보기〉에서 있는 대로 고른 것은? (단, 돌연변이와 교차는 고려하지 않으며, D는 d와, H는 h와, R는 r와 각각 대립 유전자이다.) **3점**

보기
ㄱ. ㉠에 ⓒ가 있다.
ㄴ. (나)에 ㉢이 있다.
ㄷ. ⓑ는 ⓒ와 대립 유전자이다.

① ㄱ   ② ㄷ   ③ ㄱ, ㄴ   ④ ㄴ, ㄷ   ⑤ ㄱ, ㄴ, ㄷ

어떤 동물 종($2n$)의 유전 형질 (가)는 대립유전자 A와 a에 의해, (나)는 대립유전자 B와 b에 의해, (다)는 대립유전자 D와 d에 의해 결정된다. 표는 이 동물 종의 개체 ㉠과 ㉡의 세포 Ⅰ~Ⅳ 각각에 들어 있는 A, a, B, b, D, d의 DNA 상대량을 나타낸 것이다. Ⅰ~Ⅳ 중 2개는 ㉠의 세포이고, 나머지 2개는 ㉡의 세포이다. ㉠은 암컷이고 성염색체가 XX이며, ㉡은 수컷이고 성염색체가 XY이다.

세포	DNA 상대량					
	A	a	B	b	D	d
Ⅰ	0	?	2	?	4	0
Ⅱ	0	2	0	2	?	2
Ⅲ	?	1	1	1	2	?
Ⅳ	?	0	1	?	1	0

이에 대한 설명으로 옳은 것만을 〈보기〉에서 있는 대로 고른 것은? (단, 돌연변이와 교차는 고려하지 않으며, A, a, B, b, D, d 각각의 1개당 DNA 상대량은 1이다.) **3점**

보기
ㄱ. Ⅳ의 핵상은 $2n$이다.
ㄴ. (가)의 유전자는 X 염색체에 있다.
ㄷ. ㉠의 (나)와 (다)에 대한 유전자형은 BbDd이다.

① ㄱ   ② ㄴ   ③ ㄱ, ㄷ   ④ ㄴ, ㄷ   ⑤ ㄱ, ㄴ, ㄷ

16

다음은 사람의 유전 형질 (가)와 (나)에 대한 자료이다.

○ (가)와 (나)의 유전자는 서로 다른 상염색체에 있다.
○ (가)는 1쌍의 대립유전자에 의해 결정되며, 대립유전자에는 A, B, D가 있다. A는 B와 D에 대해, B는 D에 대해 각각 완전 우성이다.
○ (나)는 서로 다른 상염색체에 있는 2쌍의 대립유전자 E와 e, F와 f에 의해 결정된다. (나)의 표현형은 유전자형에서 대문자로 표시되는 대립유전자의 수에 의해서만 결정되며, 이 대립유전자의 수가 다르면 표현형이 다르다.
○ 표는 사람 Ⅰ~Ⅳ에서 성별, (가)와 (나)의 유전자형을 나타낸 것이다.
○ P와 Q 사이에서 ⓐ가 태어날 때, ⓐ에게서 나타날 수 있는 (가)와 (나)의 표현형은 최대 9가지이다.
○ R와 S 사이에서 ⓑ가 태어날 때, ⓑ에게서 나타날 수 있는 (가)와 (나)의 표현형은 최대 ㉠가지이다.
○ P와 R는 Ⅰ과 Ⅱ를 순서 없이 나타낸 것이고, Q와 S는 Ⅲ과 Ⅳ를 순서 없이 나타낸 것이다.

사람	성별	유전자형
Ⅰ	남	ABEeFf
Ⅱ	남	ADEeFf
Ⅲ	여	BDEEff
Ⅳ	여	DDEeFF

이에 대한 설명으로 옳은 것만을 〈보기〉에서 있는 대로 고른 것은? (단, 돌연변이는 고려하지 않는다.)

보기
ㄱ. (가)의 유전은 단일 인자 유전이다.
ㄴ. ㉠은 6이다.
ㄷ. ⓑ의 (가)와 (나)의 표현형이 모두 R와 같을 확률은 $\frac{3}{8}$이다.

① ㄱ ② ㄴ ③ ㄱ, ㄷ ④ ㄴ, ㄷ ⑤ ㄱ, ㄴ, ㄷ

---

17 2022 수능

다음은 사람의 유전 형질 (가)~(다)에 대한 자료이다.

○ (가)~(다)의 유전자는 서로 다른 2개의 상염색체에 있다.
○ (가)는 대립유전자 A와 a에 의해, (나)는 대립유전자 B와 b에 의해, (다)는 대립유전자 D와 d에 의해 결정된다.
○ P의 유전자형은 AaBbDd이고, Q의 유전자형은 AabbDd이며, P와 Q의 핵형은 모두 정상이다.
○ 표는 P의 세포 Ⅰ~Ⅲ과 Q의 세포 Ⅳ~Ⅵ 각각에 들어 있는 A, a, B, b, D, d의 DNA 상대량을 나타낸 것이다. ㉠~㉢은 0, 1, 2를 순서 없이 나타낸 것이다.

사람	세포	DNA 상대량					
		A	a	B	b	D	d
P	Ⅰ	0	1	?	㉢	0	㉡
	Ⅱ	㉠	㉡	㉠	?	㉠	?
	Ⅲ	?	㉡	0	㉢	㉢	㉡
Q	Ⅳ	㉢	?	?	2	㉢	㉢
	Ⅴ	㉡	㉢	0	㉠	㉢	?
	Ⅵ	㉠	?	?	㉠	㉡	㉠

○ 세포 ⓐ와 ⓑ 중 하나는 염색체의 일부가 결실된 세포이고, 나머지 하나는 염색체 비분리가 1회 일어나 형성된 염색체 수가 비정상적인 세포이다. ⓐ는 Ⅰ~Ⅲ 중 하나이고, ⓑ는 Ⅳ~Ⅵ 중 하나이다.
○ Ⅰ~Ⅵ 중 ⓐ와 ⓑ를 제외한 나머지 세포는 모두 정상 세포이다.

이에 대한 설명으로 옳은 것만을 〈보기〉에서 있는 대로 고른 것은? (단, 제시된 돌연변이 이외의 돌연변이와 교차는 고려하지 않으며, A, a, B, b, D, d 각각의 1개당 DNA 상대량은 1이다.)

보기
ㄱ. (가)의 유전자와 (다)의 유전자는 같은 염색체에 있다.
ㄴ. Ⅳ는 염색체 수가 비정상적인 세포이다.
ㄷ. ⓐ에서 a의 DNA 상대량은 ⓑ에서 d의 DNA 상대량과 같다.

① ㄱ ② ㄴ ③ ㄷ ④ ㄱ, ㄴ ⑤ ㄱ, ㄷ

DAY 18
Ⅳ
1
03.
개념 복합 문제

다음은 사람 P의 세포 (가)~(다)에 대한 자료이다.

○ 유전 형질 ⓐ는 2쌍의 대립유전자 H와 h, T와 t에 의해 결정되며, ⓐ의 유전자는 서로 다른 2개의 염색체에 있다.

○ (가)~(다)는 생식세포 형성 과정에서 나타나는 중기의 세포이다. (가)~(다) 중 2개는 G_1기 세포 I로부터 형성되었고, 나머지 1개는 G_1기 세포 II로부터 형성되었다.

○ 표는 (가)~(다)에서 대립유전자 ㉠~㉣의 유무를 나타낸 것이다. ㉠~㉣은 H, h, T, t를 순서 없이 나타낸 것이다.

대립유전자	세포		
	(가)	(나)	(다)
㉠	×	×	○
㉡	○	○	×
㉢	×	×	×
㉣	×	○	○

(○: 있음, ×: 없음)

이에 대한 설명으로 옳은 것만을 〈보기〉에서 있는 대로 고른 것은? (단, 돌연변이와 교차는 고려하지 않는다.) ❸점

보기

ㄱ. P에게서 ㉠과 ㉢을 모두 갖는 생식세포가 형성될 수 있다.

ㄴ. (가)와 (다)의 핵상은 같다.

ㄷ. I로부터 (나)가 형성되었다.

① ㄱ   ② ㄴ   ③ ㄷ   ④ ㄱ, ㄷ   ⑤ ㄴ, ㄷ

사람의 유전 형질 (가)는 서로 다른 상염색체에 있는 2쌍의 대립유전자 H와 h, T와 t에 의해 결정된다. 표는 어떤 사람의 세포 ㉠~㉢에서 H와 t의 유무를, 그림은 ㉠~㉢에서 대립유전자 ⓐ~ⓓ의 DNA 상대량을 나타낸 것이다. ⓐ~ⓓ는 H, h, T, t를 순서 없이 나타낸 것이다.

대립유전자	세포		
	㉠	㉡	㉢
H	○	?	×
t	?	×	×

(○: 있음, ×: 없음)

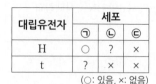
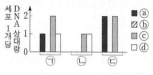

이에 대한 설명으로 옳은 것만을 〈보기〉에서 있는 대로 고른 것은? (단, 돌연변이와 교차는 고려하지 않으며, H, h, T, t 각각의 1개당 DNA 상대량은 1이다.)

보기

ㄱ. ⓐ는 ㉢와 대립유전자이다.

ㄴ. ⓓ는 H이다.

ㄷ. 이 사람에게서 h와 t를 모두 갖는 생식세포가 형성될 수 있다.

① ㄱ   ② ㄴ   ③ ㄷ   ④ ㄱ, ㄴ   ⑤ ㄴ, ㄷ

사람의 유전 형질 (가)는 상염색체에 있는 대립유전자 H와 h에 의해, (나)는 X 염색체에 있는 대립유전자 T와 t에 의해 결정된다. 표는 세포 I~IV가 갖는 H, h, T, t의 DNA 상대량을 나타낸 것이다. I~IV 중 2개는 남자 P의, 나머지 2개는 여자 Q의 세포이다. ㉠~㉢은 0, 1, 2를 순서 없이 나타낸 것이다.

세포	DNA 상대량			
	H	h	T	t
I	㉢	0	㉠	?
II	㉡	㉠	0	㉡
III	?	㉢	㉠	㉡
IV	4	0	2	㉠

이에 대한 설명으로 옳은 것만을 〈보기〉에서 있는 대로 고른 것은? (단, 돌연변이와 교차는 고려하지 않으며, H, h, T, t 각각의 1개당 DNA 상대량은 1이다.) ❸점

보기

ㄱ. ㉡은 2이다.

ㄴ. II는 Q의 세포이다.

ㄷ. I이 갖는 t의 DNA 상대량과 III이 갖는 H의 DNA 상대량은 같다.

① ㄱ   ② ㄷ   ③ ㄱ, ㄴ   ④ ㄴ, ㄷ   ⑤ ㄱ, ㄴ, ㄷ

다음은 사람의 유전 형질 (가)와 (나)에 대한 자료이다.

○ (가)는 서로 다른 3개의 상염색체에 있는 3쌍의 대립유전자 A와 a, B와 b, D와 d에 의해 결정된다.

○ (가)의 표현형은 유전자형에서 대문자로 표시되는 대립유전자의 수에 의해서만 결정되며, 이 대립유전자의 수가 다르면 표현형이 다르다.

○ (나)는 대립유전자 E, F, G에 의해 결정되고, 표현형은 4가지이다. 유전자형이 EE인 사람과 EG인 사람의 표현형은 같고, 유전자형이 FF인 사람과 FG인 사람의 표현형은 같다.

○ (가)와 (나)의 유전자는 서로 다른 상염색체에 있다.

○ P의 유전자형은 AaBbDdEF이고 P와 Q 사이에서 ⓐ가 태어날 때, ⓐ에게서 나타날 수 있는 (가)와 (나)의 표현형은 최대 8가지이다.

○ ⓐ가 유전자형이 AABBDDEG인 사람과 같은 표현형을 가질 확률과 AABBDDFG인 사람과 같은 표현형을 가질 확률은 각각 0보다 크다.

ⓐ가 유전자형이 AaBBDdFG인 사람과 (가)와 (나)의 표현형이 모두 같을 확률은? (단, 돌연변이는 고려하지 않는다.)

① $\frac{1}{16}$ ② $\frac{1}{8}$ ③ $\frac{3}{16}$ ④ $\frac{1}{4}$ ⑤ $\frac{3}{8}$

개념 복합 문제
[2024학년도 수능 11번]

어떤 동물 종($2n=6$)의 유전 형질 ㉠은 대립유전자 A와 a에 의해, ㉡은 대립유전자 B와 b에 의해, ㉢은 대립유전자 D와 d에 의해 결정된다. ㉠~㉢의 유전자 중 2개는 서로 다른 상염색체에, 나머지 1개는 X 염색체에 있다. 표는 이 동물 종의 개체 P와 Q의 세포 Ⅰ~Ⅳ에서 A, a, B, b, D, d의 DNA 상대량을, 그림은 세포 (가)와 (나) 각각에 들어 있는 모든 염색체를 나타낸 것이다. (가)와 (나)는 각각 Ⅰ~Ⅳ 중 하나이다. P는 수컷이고 성염색체는 XY이며, Q는 암컷이고 성염색체는 XX이다.

세포	DNA 상대량					
	A	a	B	b	D	d
Ⅰ	0	ⓐ	?	2	4	0
Ⅱ	2	0	ⓑ	2	?	2
Ⅲ	0	0	1	?	1	ⓒ
Ⅳ	0	2	?	1	2	0

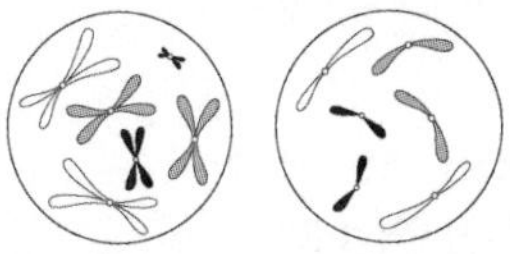

(가)   (나)

이에 대한 설명으로 옳은 것만을 〈보기〉에서 있는 대로 고른 것은? (단, 돌연변이와 교차는 고려하지 않으며, A, a, B, b, D, d 각각의 1개당 DNA 상대량은 1이다.) **3점**

보기

ㄱ. (가)는 Ⅰ이다.
ㄴ. Ⅳ는 Q의 세포이다.
ㄷ. ⓐ+ⓑ+ⓒ=6이다.

① ㄱ   ② ㄴ   ③ ㄱ, ㄷ   ④ ㄴ, ㄷ   ⑤ ㄱ, ㄴ, ㄷ

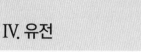
2. 사람의 유전　01. 사람의 유전 현상

❶ 상염색체에 의한 유전 ★수능에 나오는 필수 개념 2가지 + 필수 암기사항 3개

필수개념 1 　단일 인자 유전

단일 인자 유전은 한 쌍의 대립 유전자에 의해 하나의 형질이 결정되는 유전 현상이다.

1. 2개의 대립 유전자가 관여하는 경우 ★암기 → 단일 대립 유전에 대해 체크된 내용을 기억하자!
　하나의 유전 형질에 대한 대립 유전자가 2개인 유전 현상으로, 표현 형질이 명확하게 구분된다.
　예 보조개, 눈꺼풀, 미맹, 귓불, 혀말기, 수근깨, 이마선, 손가락 등

2. 3개 이상의 대립 유전자가 관여하는 경우(복대립 유전) ★암기 → 복대립 유전에 대해 체크된 내용을 기억하자!
　하나의 형질을 결정하는데 3개 이상의 대립 유전자(복대립 유전자)가 관여하는 유전 현상이다.
　예 ABO식 혈액형 등

> **ABO식 혈액형** : 형질 결정에 3가지의 대립 유전자(A, B, O)가 관여한다. 이들 세 가지 대립
> 유전자는 적혈구 표면에 특정한 응집원(항원)의 존재 여부를 결정한다. 대립 유전자 A와 B는 O에
> 대해 우성이고, 대립 유전자 A와 B는 서로 우열 관계가 없다.
>
> | 표현형 | A형 | B형 | AB형 | O형 |
> | --- | --- | --- | --- | --- |
> | 유전자형 | AA 또는 AO | BB 또는 BO | AB | OO |

필수개념 2 　다인자 유전

• **다인자 유전** ★암기 → 다인자 유전에 대해 체크된 내용을 기억하자!
하나의 유전 형질 발현에 여러 쌍의 대립 유전자가 관여한다. 다양한 유전자 조합이 가능하기 때문에
표현형이 다양하게 나타나며 대립 형질이 뚜렷하게 구별되지 않고 연속적인 형질 분포를 보인다. 환경의
영향을 받으며, 형질에 따른 개체수 분포는 정규 분포 곡선 형태로 나타난다. **예** 사람의 키, 몸무게,
피부색, 지문의 형태, 지능 등

> **사람의 피부색 유전**
> ① 사람의 피부색이 독립적으로 유전되는 3쌍의 대립 유전자 A와 a, B와 b, C와 c에 의해
> 　결정된다고 가정하며, 대립 유전자 A, B, C는 피부색을 검게 하는 유전자이다.
> ② 피부색은 유전자의 종류에 관계없이 피부색을 검게 만드는 대립 유전자의 수에 따라 결정된다.
>
>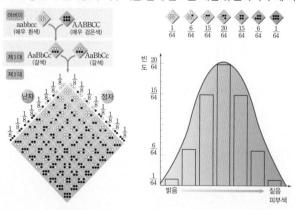
>
> ③ 자손 2대(F_2)에서 피부색을 검게 만드는 유전자의 수가 0~6개까지 가능하므로 피부색의
> 　표현형은 7가지이다.
> ④ 자손 2대(F_2)에서 피부색을 검게 만드는 대립 유전자가 3개인 갈색 피부를 가진 사람의 빈도가
> 　가장 높고, 피부색을 검게 만드는 대립 유전자를 0개 또는 6개 가진 사람의 빈도가 가장 낮다.

기본자료

▶ 단일 인자 유전
불연속적인 변이를 나타낸다.

▲ 단일 인자 유전(혀말기)

▶ 다인자 유전
연속적인 변이를 나타낸다.

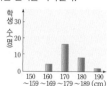

▲ 다인자 유전(키)

▶ 정규 분포 곡선
키, 몸무게 등의 분포를 보면 평균값을
중심으로 좌우 대칭인 종 모양을 이루는데,
이를 정규 분포 곡선이라고 한다.

❷ 성염색체에 의한 유전   ★수능에 나오는 필수 개념 1가지 + 필수 암기사항 2개

기본자료

필수개념 1   반성 유전

- **반성 유전** : 성염색체(X 염색체 또는 Y 염색체) 상에 있는 유전자에 의해 일어나는 유전 현상으로, 남녀에 따라 형질이 나타나는 빈도가 달라진다.
- **X 염색체에 의한 유전** : 형질을 결정하는 유전자가 정상에 대해 우성인 경우에는 남자에 비해 여자에게서 형질 발현 비율이 높고, 반대로 열성인 경우에는 여자에 비해 남자에게서 형질 발현 빈도가 높다. 남자의 경우에 X 염색체 상의 대립 유전자는 항상 어머니로부터 전달받고, 항상 딸에게만 전달된다. 여자의 경우에는 X 염색체 상의 대립 유전자는 부모 모두에게서 전달받고, 아들과 딸 모두에게 전달된다. 예 적록 색맹, 혈우병, 피부 얼룩증 등
- **Y 염색체에 의한 유전** : Y 염색체는 아버지로부터 아들에게만 전달되므로 남자에게만 그 형질이 유전된다. 예 귓속털 과다증 등
- **적록 색맹 유전** ★암기 → 적록 색맹 유전에 대해 체크된 내용을 기억하자!

- 색을 구별하는 시각 세포인 원뿔 세포에 이상이 생긴 유전병으로, 적색과 녹색을 잘 구별하지 못한다.
- 적록 색맹 유전자는 X 염색체에 있으며 정상 대립 유전자에 대해 열성이다.
- 남자의 경우에는 X 염색체를 1개만 가지므로 적록 색맹 대립 유전자가 1개($X'Y$)만 있어도 적록 색맹이 되지만, 여자의 경우에는 X 염색체를 2개 가지므로 적록 색맹 대립 유전자가 2개($X'X'$)인 경우에만 적록 색맹이 된다. 따라서 여자보다 남자에서 적록 색맹이 나타날 확률이 높다.

	남자		여자		
유전자형	XY	$X'Y$	XX	XX'	$X'X'$
표현형	정상	적록 색맹	정상	정상(보인자)	적록 색맹

- **혈우병 유전** ★암기 → 혈우병 유전에 대해 체크된 내용을 기억하자!

- 혈액 응고에 관여하는 단백질이 결핍되어 혈액 응고가 지연되어 출혈이 지속되는 유전병이다.
- 혈액 응고에 관여하는 단백질을 만들 수 있는 유전자 중 일부가 X 염색체에 있으며, 혈우병 대립 유전자는 정상 대립 유전자에 대해 열성이다.
- 남자의 경우에는 X 염색체를 1개만 가지므로 혈우병 대립 유전자가 1개($X'Y$)만 있어도 혈우병이 되지만, 여자의 경우에는 유전자형이 열성 동형 접합($X'X'$)이면 대부분 태아 때 사망하므로 여자는 혈우병이 거의 없다. 혈우병 대립 유전자를 하나 갖는 이형 접합(XX')이면 혈우병이 나타나지 않는 보인자이다.

	남자		여자		
유전자형	XY	$X'Y$	XX	XX'	$X'X'$
표현형	정상	혈우병	정상	정상(보인자)	대부분 치사

▶ 치사
정상적인 수명 이전의 어느 시점에서 죽게 되는 유전 현상이다.

DAY
19

IV

2
-
01.
사
람
의
유
전
현
상

❸ 가계도 분석 ★ 수능에 나오는 필수 개념 2가지 + 필수 암기사항 2개

기본자료

필수개념 1 가계도 분석

• 가계도 분석하기 ^{암기} → 가계도 분석 방법을 반드시 이해하자!

> • 1단계 : 유전병을 결정하는 유전자의 우열 관계를 파악한다.
> 부모 세대에 없던 형질이 자손 세대에 나타나면 자손 세대에 나타난 형질이 열성이고, 부모 세대의 형질이 우성이다.
> • 2단계 : 상염색체 유전인지 성염색체 유전인지를 파악한다.
> ― 유전병이 정상에 내해 열성인 경우, 유전병 유전자가 성염색체인 X 염색체에 의해 유전된다면 어머니가 유전병이면 아들도 반드시 유전병이고, 딸이 유전병이면 아버지도 반드시 유전병이다. 그렇지 않으면 상염색체에 의한 유전이다.
> ― 유전병이 Y 염색체에 의한 유전이라면 남자에서만 유전병이 나타난다.
> • 3단계 : 유전자형을 표시한다.
> ― X 염색체에 의한 유전이라면 대립 유전자는 X, X′로 표시한다.
> ― 상염색체에 의한 유전이라면 대립 유전자는 A, a 또는 T, t 등으로 표시한다.

▶ 가계도에서 우열 판단하기

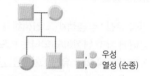

■, ● 우성
■, ● 열성 (순종)

• 자손의 대립 유전자는 반드시 부모로부터 하나씩 물려받는다.
• 열성은 반느시 농형 접합일 경우에 발현되므로 부모는 열성 대립 유전자를 가지고 있는 잡종이다.

• 가계도 분석 연습

> • 1단계 : 우열 관계 파악
> 정상인 부모 1과 2사이에서 유전병인 딸 5가 태어났으므로 정상이 우성, 유전병이 열성이다.
> • 2단계 : 상염색체 유전/성염색체 유전 파악
> 유전병인 남자로부터 정상인 4가 나왔으므로 Y 염색체에 의한 유전은 아니다. 그리고 딸 5가 유전병인데 아버지인 1이 정상이므로 X 염색체에 의한 유전이 아니다. 따라서 유전병은 상염색체에 의한 유전이다.
> • 3단계 : 유전자형 표시
> 상염색체에 의한 유전이므로 대립 유전자를 A와 a로 표시하면, 오른쪽 그림과 같다.(열성 표현형부터 써주면 쉽다.)

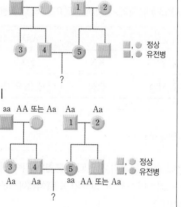

■, ● 정상
■, ● 유전병

aa AA 또는 Aa Aa Aa

Aa Aa aa AA 또는 Aa

■, ● 정상
■, ● 유전병

필수개념 2 X 염색체 유전의 특징

• X 염색체 열성 유전의 특징 ^{암기} → X 염색체 열성 유전의 특징을 가계도와 연계해서 이해하자!

> • 남녀 모두에게 유전 형질이 나타날 수 있지만, 여자보다 남자에서 유전 형질의 발현 비율이 높다.
> • 어머니가 유전병이면 아들도 반드시 유전병이다. 아들의 X 염색체는 어머니로부터 전달받은 것이므로 어머니가 유전병(X′X′)이면 아들도 반드시 유전병(X′Y)이다.
> • 아들이 정상이면 어머니도 정상이다. 정상인 아들(XY)의 X 염색체는 어머니로부터 물려받은 것이므로 어머니는 정상(XX, XX′)이다.
> • 아버지가 정상이면 딸도 정상이다. 아버지가 정상(XY)이면 아버지의 X 염색체가 딸에게 전달되므로 어머니의 유전병 여부와 관계없이 딸은 정상(XX, XX′)이다.
> • 딸이 유전병이면 아버지도 유전병이다. 유전병인 딸(X′X′)의 X′ 염색체 중 하나는 아버지로부터 전달받았으므로 아버지(X′Y)도 유전병이다.

1

그림은 어느 가족의 가계도를, 표는 이 가계도 구성원의 ABO식 혈액형에 대한 응집원 ㉠과 응집소 ㉡의 유무를 조사한 것이다. 1~4의 ABO식 혈액형은 모두 다르며, 2의 ABO식 혈액형의 유전자형은 이형 접합이다.

구성원	1	2	3	4
응집원 ㉠	있음	?	있음	?
응집소 ㉡	없음	?	없음	?

이에 대한 설명으로 옳은 것만을 〈보기〉에서 있는 대로 고른 것은? (단, ABO식 혈액형만 고려하며, 돌연변이는 없다.) 3점

보기
ㄱ. 2의 혈장과 4의 혈구를 섞으면 응집 반응이 일어난다.
ㄴ. 3은 응집원 A를 갖는다.
ㄷ. 4의 동생이 한 명 태어날 때, 이 아이가 응집원 ㉠을 가질 확률은 50%이다.

① ㄱ　　　② ㄴ　　　③ ㄷ　　　④ ㄱ, ㄴ　　　⑤ ㄴ, ㄷ

2

다음은 사람의 유전 형질 (가)에 대한 자료이다.

○ (가)는 서로 다른 상염색체에 있는 2쌍의 대립유전자 D와 d, E와 e에 의해 결정된다.

○ (가)의 표현형은 유전자형에서 대문자로 표시되는 대립유전자의 수에 의해서만 결정되며, 이 대립유전자의 수가 다르면 표현형이 다르다.

○ 그림은 남자 P의 체세포와 여자 Q의 체세포에 들어 있는 일부 염색체와 유전자를 나타낸 것이다. ㉠은 E와 e 중 하나이다.

P의 체세포　　　Q의 체세포

○ P와 Q 사이에서 ⓐ가 태어날 때, ⓐ가 유전자형이 DdEe인 사람과 (가)의 표현형이 같을 확률은 $\frac{1}{4}$이다.

이에 대한 옳은 설명만을 〈보기〉에서 있는 대로 고른 것은? (단, 돌연변이는 고려하지 않는다.)

보기
ㄱ. (가)는 다인자 유전 형질이다.
ㄴ. ㉠은 E이다.
ㄷ. ⓐ의 (가)의 표현형이 P와 같을 확률은 $\frac{1}{4}$이다.

① ㄱ　　　② ㄷ　　　③ ㄱ, ㄴ　　　④ ㄴ, ㄷ　　　⑤ ㄱ, ㄴ, ㄷ

3

다음은 사람의 유전 형질 (가)에 대한 자료이다.

○ (가)는 상염색체에 있는 1쌍의 대립유전자에 의해 결정된다. 대립유전자에는 A, B, C가 있으며, 각 대립유전자 사이의 우열 관계는 분명하다.

○ 유전자형이 BC인 아버지와 AB인 어머니 사이에서 ㉠이 태어날 때, ㉠의 (가)에 대한 표현형이 아버지와 같을 확률은 $\frac{3}{4}$이다.

○ 유전자형이 AB인 아버지와 AC인 어머니 사이에서 ㉡이 태어날 때, ㉡에게서 나타날 수 있는 (가)에 대한 표현형은 최대 3가지이다.

이에 대한 옳은 설명만을 〈보기〉에서 있는 대로 고른 것은? (단, 돌연변이는 고려하지 않는다.) 3점

보기
ㄱ. (가)는 다인자 유전 형질이다.
ㄴ. B는 A에 대해 완전 우성이다.
ㄷ. ㉡의 (가)에 대한 표현형이 어머니와 같을 확률은 $\frac{1}{2}$이다.

① ㄱ　　　② ㄴ　　　③ ㄷ　　　④ ㄱ, ㄷ　　　⑤ ㄴ, ㄷ

4

다음은 사람의 유전 형질 ㉠과 ㉡에 대한 자료이다.

○ ㉠은 대립유전자 A와 a에 의해 결정되며, 유전자형이 다르면 표현형이 다르다.

○ ㉡을 결정하는 3개의 유전자는 각각 대립유전자 B와 b, D와 d, E와 e를 갖는다.

○ ㉡의 표현형은 유전자형에서 대문자로 표시되는 대립유전자의 수에 의해서만 결정되며, 이 대립유전자의 수가 다르면 표현형이 다르다.

○ 그림 (가)는 남자 P의, (나)는 여자 Q의 체세포에 들어 있는 일부 염색체와 유전자를 나타낸 것이다.

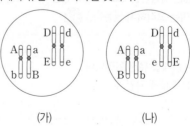

(가)　　　(나)

P와 Q사이에서 아이가 태어날 때, 이 아이에게서 나타날 수 있는 표현형의 최대 가짓수는? (단, 돌연변이와 교차는 고려하지 않는다.)

① 5　　　② 6　　　③ 7　　　④ 8　　　⑤ 9

5

다인자 유전
[2020년 3월 학평 15번]

다음은 어떤 동물의 피부색 유전에 대한 자료이다.

○ 피부색은 서로 다른 상염색체에 있는 3쌍의 대립유전자 A와 a, B와 b, D와 d에 의해 결정된다.
○ 피부색은 유전자형에서 대문자로 표시되는 대립유전자의 수에 의해서만 결정되며, 이 수가 다르면 피부색이 다르다.
○ 개체 Ⅰ의 유전자형은 aabbDD이다.
○ 개체 Ⅰ과 Ⅱ 사이에서 ㉠ 자손(F_1)이 태어날 때, ㉠의 유전자형이 AaBbDd일 확률은 $\frac{1}{8}$이다.

이에 대한 옳은 설명만을 <보기>에서 있는 대로 고른 것은? (단, 돌연변이는 고려하지 않는다.) 3점

보기
ㄱ. Ⅰ과 Ⅱ는 피부색이 서로 다르다.
ㄴ. Ⅱ에서 A, B, D가 모두 있는 생식세포가 형성된다.
ㄷ. ㉠의 피부색이 Ⅰ과 같을 확률은 $\frac{3}{8}$이다.

① ㄱ ② ㄷ ③ ㄱ, ㄴ ④ ㄴ, ㄷ ⑤ ㄱ, ㄴ, ㄷ

6

다인자 유전
[2023년 3월 학평 13번]

다음은 사람의 유전 형질 (가)에 대한 자료이다.

○ 상염색체에 있는 1쌍의 대립유전자에 의해 결정된다. 대립유전자에는 A, B, D가 있으며, 표현형은 4가지이다.
○ 유전자형이 AA인 사람과 AB인 사람은 표현형이 같고, 유전자형이 AD인 사람과 DD인 사람은 표현형이 다르다.
○ 유전자형이 AB인 아버지와 BD인 어머니 사이에서 ㉠이 태어날 때, ㉠의 표현형이 아버지와 같을 확률과 어머니와 같을 확률은 각각 $\frac{1}{4}$이다.
○ 유전자형이 BD인 아버지와 AD인 어머니 사이에서 ㉡이 태어날 때, ㉡에서 나타날 수 있는 표현형은 최대 ⓐ가지이다.

이에 대한 옳은 설명만을 <보기>에서 있는 대로 고른 것은? (단, 돌연변이는 고려하지 않는다.) 3점

보기
ㄱ. (가)는 복대립 유전 형질이다.
ㄴ. A는 D에 대해 완전 우성이다.
ㄷ. ⓐ는 3이다.

① ㄱ ② ㄷ ③ ㄱ, ㄴ ④ ㄱ, ㄷ ⑤ ㄴ, ㄷ

7

다인자 유전
[2022년 4월 학평 13번]

다음은 사람의 유전 형질 (가)에 대한 자료이다.

○ (가)는 서로 다른 2개의 상염색체에 있는 3쌍의 대립유전자 A와 a, B와 b, D와 d에 의해 결정되며, A, a, B, b는 7번 염색체에 있다.
○ (가)의 표현형은 ㉠ 유전자형에서 대문자로 표시되는 대립유전자의 수에 의해서만 결정되며, 이 대립유전자의 수가 다르면 표현형이 다르다.
○ 남자 P의 ㉠과 여자 Q의 ㉠의 합은 6이다. P는 d를 갖는다.
○ P와 Q 사이에서 ⓐ가 태어날 때, ⓐ에게서 나타날 수 있는 표현형은 최대 3가지이고, ⓐ가 가질 수 있는 ㉠은 1, 3, 5 중 하나이다.

이에 대한 설명으로 옳은 것만을 <보기>에서 있는 대로 고른 것은? (단, 돌연변이와 교차는 고려하지 않는다.)

보기
ㄱ. (가)의 유전은 다인자 유전이다.
ㄴ. $\frac{\text{P의 ㉠}}{\text{Q의 ㉠}}$은 2이다.
ㄷ. ⓐ의 ㉠이 3일 확률은 $\frac{1}{4}$이다.

① ㄱ ② ㄴ ③ ㄱ, ㄷ ④ ㄴ, ㄷ ⑤ ㄱ, ㄴ, ㄷ

정답과 해설 5 p.379 6 p.380 7 p.380

다음은 사람의 유전 형질 (가)~(다)에 대한 자료이다.

○ (가)~(다)의 유전자는 서로 다른 3개의 상염색체에 있다.

○ (가)는 대립유전자 A와 a에 의해, (나)는 대립유전자 B와 b에 의해, (다)는 대립유전자 D와 d에 의해 결정된다. A, B, D는 a, b, d에 대해 각각 완전 우성이며, (가)~(다)는 모두 열성 형질이다.

○ 표는 남자 P와 여자 Q의 유전자형에서 B, D, d의 유무를 나타낸 것이고, 그림은 P와 Q 사이에서 태어난 자녀 Ⅰ~Ⅲ에서 체세포 1개당 A, B, D의 DNA 상대량을 더한 값(A+B+D)을 나타낸 것이다.

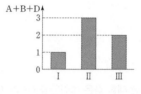

사람	대립유전자		
	B	**D**	**d**
P	×	×	○
Q	?	○	×

(○: 있음, ×: 없음)

○ (가)와 (나) 중 한 형질에 대해서만 P와 Q의 유전자형이 서로 같다.

○ 자녀 Ⅱ와 Ⅲ은 (가)~(다)의 표현형이 모두 같다.

이에 대한 설명으로 옳은 것만을 〈보기〉에서 있는 대로 고른 것은? (단, 돌연변이는 고려하지 않으며, A, a, B, b, D, d 각각의 1개당 DNA 상대량은 1이다.) 3점

보기
ㄱ. P와 Q는 (나)의 유전자형이 서로 같다.

ㄴ. Ⅱ의 (가)~(다)에 대한 유전자형은 AAbbDd이다.

ㄷ. Ⅲ의 동생이 태어날 때, 이 아이의 (가)~(다)의 표현형이 모두 Ⅲ과 같을 확률은 $\frac{3}{8}$이다.

① ㄱ   ② ㄴ   ③ ㄱ, ㄷ   ④ ㄴ, ㄷ   ⑤ ㄱ, ㄴ, ㄷ

다음은 사람의 유전 형질 ㉠에 대한 자료이다.

○ ㉠을 결정하는 3개의 유전자는 각각 대립유전자 A와 a, B와 b, D와 d를 갖는다.

○ ㉠의 유전자 중 A와 a, B와 b는 상염색체에, D와 d는 X 염색체에 있다.

○ ㉠의 표현형은 유전자형에서 대문자로 표시되는 대립유전자의 수에 의해서만 결정되며, 이 대립유전자의 수가 다르면 표현형이 다르다.

○ 그림은 철수네 가족에서 아버지의 생식세포에 들어 있는 일부 염색체와 유전자를, 표는 이 가족의 ㉠의 유전자형에서 대문자로 표시되는 대립유전자의 수를 나타낸 것이다. ⓐ~ⓒ는 아버지, 어머니, 누나를 순서 없이 나타낸 것이다.

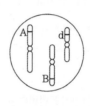

구성원	㉠의 유전자형에서 대문자로 표시되는 대립유전자의 수
ⓐ	4
ⓑ	3
ⓒ	2
철수	0

이에 대한 설명으로 옳은 것만을 〈보기〉에서 있는 대로 고른 것은? (단, 돌연변이는 고려하지 않는다.) 3점

보기
ㄱ. 어머니는 ⓑ이다.

ㄴ. 누나의 체세포에는 a와 b가 모두 있다.

ㄷ. 철수의 동생이 태어날 때, 이 아이의 ㉠에 대한 표현형이 아버지와 같을 확률은 $\frac{5}{16}$이다.

① ㄱ   ② ㄴ   ③ ㄱ, ㄷ   ④ ㄴ, ㄷ   ⑤ ㄱ, ㄴ, ㄷ

다음은 사람의 유전 형질 ㉠~㉢에 대한 자료이다.

○ ㉠~㉢의 유전자는 서로 다른 3개의 상염색체에 있다.

○ ㉠은 1쌍의 대립유전자에 의해 결정되며, 대립유전자에는 A, B, D가 있다. ㉠의 표현형은 4가지이며, ㉠의 유전자형이 AD인 사람과 AA인 사람의 표현형은 같고, 유전자형이 BD인 사람과 BB인 사람의 표현형은 같다.

○ ㉡은 대립유전자 E와 E^*에 의해 결정되며, 유전자형이 다르면 표현형이 다르다.

○ ㉢은 대립유전자 F와 F^*에 의해 결정되며, F는 F^*에 대해 완전 우성이다.

○ 표는 사람 I~IV의 ㉠~㉢의 유전자형을 나타낸 것이다.

사람	I	II	III	IV
유전자형	$ABEEFF^*$	ADE^*EFF	$BDEEFF$	$BDEE^*F^*F^*$

○ 남자 P와 여자 Q 사이에서 ⓐ가 태어날 때, ⓐ에서 나타날 수 있는 ㉠~㉢의 표현형은 최대 12가지이다. P와 Q는 각각 I~IV 중 하나이다.

ⓐ의 ㉠~㉢의 표현형이 모두 I과 같을 확률은? (단, 돌연변이는 고려하지 않는다.)

① $\frac{1}{16}$ ② $\frac{1}{8}$ ③ $\frac{3}{16}$ ④ $\frac{1}{4}$ ⑤ $\frac{3}{8}$

그림은 어떤 집안의 유전병 ㉠에 대한 가계도를 나타낸 것이다. ㉠은 대립 유전자 T와 T*에 의해 결정되며, T는 T*에 대해 완전 우성이다.

이에 대한 설명으로 옳은 것만을 〈보기〉에서 있는 대로 고른 것은? (단, 돌연변이는 고려하지 않는다.)

□ 정상 남자 ■ 유전병 ㉠ 남자
○ 정상 여자 ● 유전병 ㉠ 여자

보기

ㄱ. ㉠은 우성 형질이다.

ㄴ. 1~8 중 T*를 가지고 있는 사람은 6명이다.

ㄷ. 8의 동생이 한 명 태어날 때, 이 아이가 ㉠일 확률은 $\frac{1}{4}$이다.

① ㄱ ② ㄷ ③ ㄱ, ㄴ ④ ㄴ, ㄷ ⑤ ㄱ, ㄴ, ㄷ

다음은 어떤 집안의 유전 형질 (가)와 (나)에 대한 자료이다.

○ (가)는 대립유전자 A와 a에 의해, (나)는 대립유전자 B와 b에 의해 결정된다. A는 a에 대해, B는 b에 대해 각각 완전 우성이다.

○ (가)와 (나)의 유전자 중 하나는 상염색체에, 나머지 하나는 X 염색체에 있다.

○ 가계도는 구성원 ㉠을 제외한 구성원 1 ~ 8에게서 (가)와 (나)의 발현 여부를 나타낸 것이다.

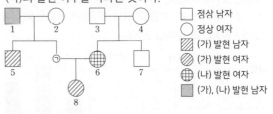

□ 정상 남자
○ 정상 여자
▨ (가) 발현 남자
▧ (가) 발현 여자
⊞ (나) 발현 여자
▩ (가), (나) 발현 남자

이에 대한 옳은 설명만을 〈보기〉에서 있는 대로 고른 것은? (단, 돌연변이는 고려하지 않는다.) `3점`

보기

ㄱ. (나)의 유전자는 상염색체에 있다.

ㄴ. ㉠에게서 (가)가 발현되었다.

ㄷ. 8의 동생이 태어날 때, 이 아이에게서 (가)와 (나)가 모두 발현될 확률은 $\frac{1}{4}$이다.

① ㄱ ② ㄷ ③ ㄱ, ㄴ ④ ㄴ, ㄷ ⑤ ㄱ, ㄴ, ㄷ

다음은 어떤 집안의 유전 형질 (가)~(다)에 대한 자료이다.

○ (가)는 대립 유전자 H와 H*에 의해, (나)는 대립 유전자 R과 R*에 의해, (다)는 대립 유전자 T와 T*에 의해 결정된다. H는 H*에 대해, R는 R*에 대해, T는 T*에 대해 각각 완전 우성이다.

○ (가)~(다)의 유전자는 모두 서로 다른 염색체에 있고, (가)와 (나) 중 한 형질을 결정하는 유전자는 X 염색체에 존재한다.

○ 가계도는 (가)~(다) 중 (가)의 발현 여부를 나타낸 것이다.

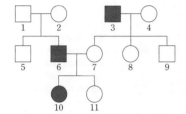

□ (가) 미발현 남자
○ (가) 미발현 여자
■ (가) 발현 남자
● (가) 발현 여자

○ 구성원 1~11 중 (가)만 발현된 사람은 6이고, (나)만 발현된 사람은 5, 8, 9이고, (다)만 발현된 사람은 7이다.

○ 1과 11에서만 (나)와 (다)가 모두 발현되었다.

○ 4와 10은 (나)에 대한 유전자형이 서로 다르며 두 사람에서 모두 (나)가 발현되지 않았다.

○ 2와 3은 (다)에 대한 유전자형이 서로 다르며 각각 T와 T* 중 한 종류만 갖는다.

이에 대한 설명으로 옳은 것만을 〈보기〉에서 있는 대로 고른 것은? (단, 돌연변이는 고려하지 않는다.) 3점

보기
ㄱ. (가)를 결정하는 유전자는 X 염색체에 있다.
ㄴ. 1~11 중 R*와 T*를 모두 갖는 사람은 총 9명이다.
ㄷ. 6과 7 사이에서 남자 아이가 태어날 때, 이 아이에게서 (가)와 (다)만 발현될 확률은 $\frac{3}{8}$이다.

① ㄴ　　② ㄷ　　③ ㄱ, ㄴ　　④ ㄱ, ㄷ　　⑤ ㄱ, ㄴ, ㄷ

다음은 어떤 집안의 유전 형질 (가)와 (나)에 대한 자료이다.

○ (가)는 대립 유전자 A와 A*에 의해, (나)는 대립 유전자 B와 B*에 의해 결정된다. A는 A*에 대해, B는 B*에 대해 각각 완전 우성이다.

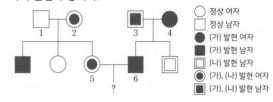

○ 정상 여자
□ 정상 남자
● (가) 발현 여자
■ (가) 발현 남자
□ (나) 발현 남자
◑ (가), (나) 발현 여자
◨ (가), (나) 발현 남자

○ 표는 구성원 1~4의 체세포 1개당 ㉠과 ㉡의 DNA 상대량을 나타낸 것이다. ㉠은 A와 A* 중 하나이고, ㉡은 B와 B* 중 하나이다. A, A*, B, B* 각각의 1개당 DNA 상대량은 같다.

구분		1	2	3	4
DNA 상대량	㉠	ⓐ	ⓑ	0	1
	㉡	1	0	ⓒ	ⓓ

이에 대한 옳은 설명만을 〈보기〉에서 있는 대로 고른 것은? (단, 돌연변이와 교차는 고려하지 않는다.) 3점

보기
ㄱ. ㉡은 B이다.
ㄴ. ⓐ+ⓑ+ⓒ+ⓓ=2이다.
ㄷ. 5와 6 사이에서 여자 아이가 태어날 때, 이 아이에게서 (가)와 (나)가 모두 발현될 확률은 $\frac{1}{4}$이다.

① ㄱ　　② ㄴ　　③ ㄱ, ㄷ　　④ ㄴ, ㄷ　　⑤ ㄱ, ㄴ, ㄷ

다음은 어떤 집안의 유전 형질 (가)와 (나)에 대한 자료이다.

○ (가)는 대립유전자 H와 h에 의해, (나)는 대립유전자 T와 t에 의해 결정된다. H는 h에 대해, T는 t에 대해 각각 완전 우성이다.
○ (가)와 (나) 중 하나는 우성 형질이고, 다른 하나는 열성 형질이다.
○ (가)의 유전자와 (나)의 유전자 중 하나는 상염색체에 있고, 다른 하나는 X 염색체에 있다.
○ 가계도는 구성원 1~8에서 (가)와 (나)의 발현 여부를 나타낸 것이다.

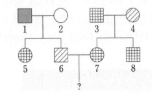

정상 여자
(가) 발현 남자
(가) 발현 여자
(나) 발현 남자
(나) 발현 여자
(가), (나) 발현 남자

이에 대한 옳은 설명만을 〈보기〉에서 있는 대로 고른 것은? (단, 돌연변이는 고려하지 않는다.) **3점**

보기
ㄱ. (가)는 우성 형질이다.
ㄴ. (나)의 유전자는 상염색체에 있다.
ㄷ. 6과 7 사이에서 아이가 태어날 때, 이 아이에게서 (가)와 (나)가 모두 발현될 확률은 $\frac{1}{2}$이다.

① ㄱ　　② ㄴ　　③ ㄱ, ㄷ　　④ ㄴ, ㄷ　　⑤ ㄱ, ㄴ, ㄷ

다음은 어떤 집안의 유전 형질 (가), (나), ABO식 혈액형에 대한 자료이다.

○ (가)는 대립유전자 G와 g에 의해, (나)는 대립유전자 H와 h에 의해 결정된다. G는 g에 대해, H는 h에 대해 각각 완전 우성이다.
○ (가), (나), ABO식 혈액형의 유전자 중 2개는 9번 염색체에, 나머지 1개는 X 염색체에 있다.
○ 가계도는 구성원 ⓐ를 제외한 구성원 1~9에서 (가)와 (나)의 발현 여부를 나타낸 것이다.

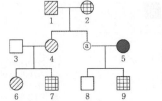

정상 남자
(가) 발현 남자
(가) 발현 여자
(나) 발현 남자
(나) 발현 여자
(가), (나) 발현 여자

○ ⓐ, 5, 8, 9의 혈액형은 각각 서로 다르다.
○ 1, 5, 6은 모두 A형이고, 3과 7의 혈액형은 8과 같다.

이에 대한 설명으로 옳은 것만을 〈보기〉에서 있는 대로 고른 것은? (단, 돌연변이와 교차는 고려하지 않는다.) **3점**

보기
ㄱ. (가)의 유전자는 X 염색체에 있다.
ㄴ. ⓐ는 1과 (나)의 유전자형이 같다.
ㄷ. 7의 동생이 태어날 때, 이 아이의 (가), (나), ABO식 혈액형의 표현형이 모두 4와 같을 확률은 $\frac{1}{4}$이다.

① ㄱ　　② ㄴ　　③ ㄷ　　④ ㄱ, ㄴ　　⑤ ㄱ, ㄷ

17

그림은 영희 집안의 유전병 ㉠과 ㉡에 대한 가계도를 나타낸 것이다. ㉠은 대립 유전자 A와 A*에 의해, ㉡은 대립 유전자 B와 B*에 의해 결정되며, A는 A*에 대해, B는 B*에 대해 각각 완전 우성이다. 영희의 ㉠과 ㉡의 유전자형은 모두 동형 접합이고, ㉠과 ㉡ 중 하나는 반성 유전된다.

□	정상 남자
○	정상 여자
■	㉠ 발현 남자
▨	㉠, ㉡ 발현 여자

이에 대한 설명으로 옳은 것만을 <보기>에서 있는 대로 고른 것은? (단, 돌연변이는 고려하지 않는다.)

보기

ㄱ. ㉠을 결정하는 대립 유전자는 X 염색체에 존재한다.

ㄴ. ㉠과 ㉡은 모두 단일 인자 유전이다.

ㄷ. 영희의 동생이 한 명 태어날 때, 이 아이가 유전병 ㉠과 ㉡을 모두 갖는 남자 아이일 확률은 $\frac{1}{16}$이다.

① ㄱ　　② ㄷ　　③ ㄱ, ㄴ　　④ ㄴ, ㄷ　　⑤ ㄱ, ㄴ, ㄷ

※ 본 문항은 이전 교육 과정(2009 교육 과정)을 바탕으로 출제되었기 때문에 '반성 유전' 용어가 'X 염색체에 의한 유전'의 의미로 사용되었습니다.

18

다음은 가족 (가)와 (나)의 유전병 ㉠에 대한 자료이다.

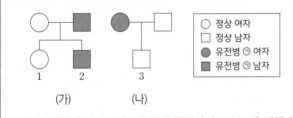

○	정상 여자
□	정상 남자
●	유전병 ㉠ 여자
■	유전병 ㉠ 남자

○ ㉠은 대립 유전자 T와 t에 의해 결정되며, T는 t에 대해 완전 우성이다.

○ (가)와 (나)에서 가족 구성원의 핵형은 모두 정상이다.

○ 1과 2의 체세포 1개당 t의 DNA 상대량은 같다.

○ 난자 ⓐ와 정자 ⓑ가 수정되어 3이 태어났으며, ⓐ와 ⓑ의 형성 과정 중 염색체 비분리는 각각 1회씩 일어났다.

이에 대한 옳은 설명만을 <보기>에서 있는 대로 고른 것은? (단, 제시된 염색체 비분리 이외의 돌연변이와 교차는 고려하지 않는다.)

보기

ㄱ. ㉠은 우성 형질이다.

ㄴ. ⓐ에는 성염색체가 없다.

ㄷ. ⓑ가 형성될 때 염색체 비분리는 감수 1분열에서 일어났다.

① ㄴ　　② ㄷ　　③ ㄱ, ㄴ　　④ ㄱ, ㄷ　　⑤ ㄴ, ㄷ

19

다음은 어떤 집안의 유전 형질 (가)와 (나)에 대한 자료이다.

○ (가)는 대립유전자 A와 a에 의해, (나)는 대립유전자 B와 b에 의해 결정된다. A는 a에 대해, B는 b에 대해 각각 완전 우성이다.

○ 가계도는 구성원 1~10에게서 (가)와 (나)의 발현 여부를 나타낸 것이다.

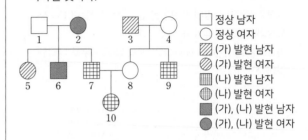

□	정상 남자
○	정상 여자
▨	(가) 발현 남자
▧	(가) 발현 여자
▦	(나) 발현 남자
▩	(나) 발현 여자
■	(가), (나) 발현 남자
●	(가), (나) 발현 여자

○ 1, 2, 3, 4 각각의 체세포 1개당 a의 DNA 상대량을 더한 값은 1, 2, 3, 4 각각의 체세포 1개당 b의 DNA 상대량을 더한 값과 같다.

이에 대한 옳은 설명만을 <보기>에서 있는 대로 고른 것은? (단, 돌연변이는 고려하지 않으며, a와 b 각각의 1개당 DNA 상대량은 1이다.)

보기

ㄱ. (가)는 열성 형질이다.

ㄴ. 4는 (가)와 (나)의 유전자형이 모두 이형 접합성이다.

ㄷ. 10의 동생이 태어날 때, 이 아이가 (가)와 (나)에 대해 모두 정상일 확률은 $\frac{1}{4}$이다.

① ㄱ　　② ㄴ　　③ ㄱ, ㄷ　　④ ㄴ, ㄷ　　⑤ ㄱ, ㄴ, ㄷ

DAY
19
Ⅳ
2
I
01.
사람의 유전 현상

다음은 어떤 집안의 유전 형질 (가)와 (나)에 대한 자료이다.

○ (가)는 대립유전자 R와 r에 의해 결정되며, R는 r에 대해 완전 우성이다.

○ (나)는 상염색체에 있는 1쌍의 대립유전자에 의해 결정되며, 대립유전자에는 E, F, G가 있다.

○ (나)의 표현형은 4가지이며, (나)의 유전자형이 EG인 사람과 EE인 사람의 표현형은 같고, 유전자형이 FG인 사람과 FF인 사람의 표현형은 같다.

○ 가계도는 구성원 1~9에서 (가)의 발현 여부를 나타낸 것이다.

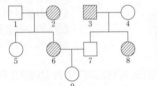

□ 정상 남자
○ 정상 여자
▨ (가) 발현 남자
▧ (가) 발현 여자

○ $\dfrac{1, 2, 5, 6\ \text{각각의 체세포 1개당 E의 DNA 상대량을 더한 값}}{3, 4, 7, 8\ \text{각각의 체세포 1개당 r의 DNA 상대량을 더한 값}} = \dfrac{3}{2}$

○ 1, 2, 3, 4 의 (나)의 표현형은 모두 다르고, 2, 6, 7, 9의 (나)의 표현형도 모두 다르다.

○ 3과 8의 (나)의 유전자형은 이형 접합성이다.

이에 대한 설명으로 옳은 것만을 〈보기〉에서 있는 대로 고른 것은?
(단, 돌연변이와 교차는 고려하지 않으며, E, F, G, R, r 각각의
1개당 DNA 상대량은 1이다.) 3점

〈보기〉
ㄱ. (가)의 유전자는 상염색체에 있다.
ㄴ. 7의 (나)의 유전자형은 동형 접합성이다.
ㄷ. 9의 동생이 태어날 때, 이 아이의 (가)와 (나)의 표현형이 8과 같을 확률은 $\dfrac{1}{8}$이다.

① ㄱ   ② ㄴ   ③ ㄷ   ④ ㄱ, ㄴ   ⑤ ㄴ, ㄷ

다음은 어떤 집안의 유전 형질 (가)와 ABO식 혈액형에 대한 자료이다.

○ (가)는 대립유전자 T와 t에 의해 결정되며, T는 t에 대해 완전 우성이다.

○ 가계도는 구성원 1~10에서 (가)의 발현 여부를 나타낸 것이다.

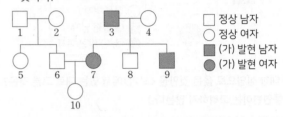

□ 정상 남자
○ 정상 여자
■ (가) 발현 남자
● (가) 발현 여자

○ 7, 8, 9 각각의 체세포 1개당 t의 DNA 상대량을 더한 값은 4의 체세포 1개당 t의 DNA 상대량의 3배이다.

○ 1, 2, 5, 6의 혈액형은 서로 다르며, 1의 혈액과 항 A 혈청을 섞으면 응집 반응이 일어난다.

○ 1과 10의 혈액형은 같으며, 6과 7의 혈액형은 같다.

이에 대한 옳은 설명만을 〈보기〉에서 있는 대로 고른 것은?
(단, 돌연변이와 교차는 고려하지 않는다.) 3점

〈보기〉
ㄱ. (가)는 우성 형질이다.
ㄴ. 2의 ABO식 혈액형에 대한 유전자형은 이형 접합성이다.
ㄷ. 10의 동생이 태어날 때, 이 아이에게서 (가)가 발현되고 이 아이의 ABO식 혈액형이 10과 같을 확률은 $\dfrac{1}{4}$이다.

① ㄱ   ② ㄴ   ③ ㄷ   ④ ㄱ, ㄴ   ⑤ ㄴ, ㄷ

다음은 어떤 집안의 유전 형질 (가)와 (나)에 대한 자료이다.

○ (가)는 1쌍의 대립유전자 A와 a에 의해 결정되며, A는 a에 대해 완전 우성이다.

○ (나)는 1쌍의 대립유전자에 의해 결정되며, 대립유전자에는 E, F, G가 있다. E는 F와 G에 대해, F는 G에 대해 각각 완전 우성이며, (나)의 표현형은 3가지이다.

○ 가계도는 구성원 1~8에서 (가)의 발현 여부를 나타낸 것이다.

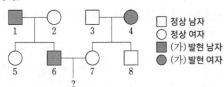

정상 남자 □
정상 여자 ○
(가) 발현 남자 ■
(가) 발현 여자 ●

○ 표는 5~8에서 체세포 1개당 F의 DNA 상대량을 나타낸 것이다.

구성원	5	6	7	8
F의 DNA 상대량	1	2	0	2

○ 5와 7에서 (나)의 표현형은 같다.

○ 5, 6, 7 각각의 체세포 1개당 A의 DNA 상대량을 더한 값은 5, 6, 7 각각의 체세포 1개당 G의 DNA 상대량을 더한 값과 같다.

이에 대한 옳은 설명만을 〈보기〉에서 있는 대로 고른 것은? (단, 돌연변이와 교차는 고려하지 않으며, A, a, E, F, G 각각의 1개당 DNA 상대량은 1이다.) 3점

보기

ㄱ. (가)는 우성 형질이다.

ㄴ. (가)의 유전자는 (나)의 유전자와 같은 염색체에 있다.

ㄷ. 6과 7 사이에서 아이가 태어날 때, 이 아이에서 (가)와 (나)의 표현형이 모두 7과 같을 확률은 $\frac{1}{4}$이다.

① ㄱ　　② ㄴ　　③ ㄷ　　④ ㄱ, ㄷ　　⑤ ㄴ, ㄷ

다음은 어떤 집안의 유전 형질 (가)와 (나)에 대한 자료이다.

○ (가)의 유전자와 (나)의 유전자 중 하나만 X 염색체에 있다.

○ (가)는 대립유전자 H와 h에 의해, (나)는 대립유전자 T와 t에 의해 결정된다. H는 h에 대해, T는 t에 대해 각각 완전 우성이다.

○ 가계도는 구성원 1~6에서 (가)와 (나)의 발현 여부를 나타낸 것이다.

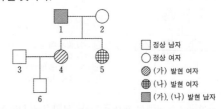

정상 남자 □
정상 여자 ○
(가) 발현 여자 ◨
(나) 발현 여자 ⊕
(가), (나) 발현 남자 ■

○ 표는 구성원 Ⅰ~Ⅲ에서 체세포 1개당 H와 ㉠의 DNA 상대량을 나타낸 것이다. Ⅰ~Ⅲ은 각각 구성원 1, 2, 5 중 하나이고, ㉠은 T와 t 중 하나이며, ⓐ~ⓒ는 0, 1, 2를 순서 없이 나타낸 것이다.

구성원		Ⅰ	Ⅱ	Ⅲ
DNA 상대량	H	ⓑ	ⓒ	ⓑ
	㉠	ⓒ	ⓒ	ⓐ

이에 대한 설명으로 옳은 것만을 〈보기〉에서 있는 대로 고른 것은? (단, 돌연변이와 교차는 고려하지 않으며, H, h, T, t 각각의 1개당 DNA 상대량은 1이다.) 3점

보기

ㄱ. (가)는 열성 형질이다.

ㄴ. Ⅲ의 (가)와 (나)의 유전자형은 모두 동형 접합성이다.

ㄷ. 6의 동생이 태어날 때, 이 아이에게서 (가)와 (나)가 모두 발현될 확률은 $\frac{1}{4}$이다.

① ㄱ　　② ㄴ　　③ ㄱ, ㄴ　　④ ㄱ, ㄷ　　⑤ ㄴ, ㄷ

DAY 19
Ⅳ
2-01. 사람의 유전 현상

다음은 어떤 집안의 유전 형질 (가)와 (나)에 대한 자료이다.

○ (가)는 대립유전자 H와 h에 의해, (나)는 대립유전자 T와 t에 의해 결정된다. H는 h에 대해, T는 t에 대해 각각 완전 우성이다.
○ (가)와 (나)의 유전자는 서로 다른 상염색체에 있다.
○ 가계도는 구성원 1~6에게서 (가)와 (나)의 발현 여부를 나타낸 것이다.

□ 정상 남자
○ 정상 여자
◩ (가) 발현 여자
⊕ (나) 발현 여자
■ (가), (나) 발현 남자
● (가), (나) 발현 여자

○ 표는 구성원 3, 4, 5에서 체세포 1개당 H와 T의 DNA 상대량을 더한 값을 나타낸 것이다. ㉠~㉢은 0, 1, 2를 순서 없이 나타낸 것이다.

구성원	3	4	5
H와 T의 DNA 상대량을 더한 값	㉠	㉡	㉢

이에 대한 설명으로 옳은 것만을 〈보기〉에서 있는 대로 고른 것은? (단, 돌연변이는 고려하지 않으며, H, h, T, t 각각의 1개당 DNA 상대량은 1이다.)

보기

ㄱ. (가)는 우성 형질이다.
ㄴ. 1에서 체세포 1개당 h의 DNA 상대량은 ㉡이다.
ㄷ. 6의 동생이 태어날 때, 이 아이에게서 (가)와 (나)가 모두 발현될 확률은 $\frac{1}{8}$이다.

① ㄱ   ② ㄴ   ③ ㄷ   ④ ㄱ, ㄴ   ⑤ ㄴ, ㄷ

다음은 어떤 집안의 유전 형질 (가)와 (나)에 대한 자료이다.

○ (가)는 대립유전자 H와 h에 의해 결정되며, H는 h에 대해 완전 우성이다.
○ (나)는 대립유전자 T와 t에 의해 결정되며, 유전자형이 다르면 표현형이 다르다. (나)의 표현형은 3가지이고, ㉠, ㉡, ㉢이다.
○ (가)와 (나)의 유전자는 같은 상염색체에 있다.
○ 그림은 구성원 1~9의 가계도를, 표는 1~9를 (가)와 (나)의 표현형에 따라 분류한 것이다. ⓐ~ⓓ는 2, 3, 4, 7을 순서 없이 나타낸 것이다.

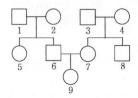

표현형		(가)	
		발현됨	발현 안 됨
(나)	㉠	6, ⓐ	8, ⓑ
	㉡	1, ⓒ	5
	㉢	ⓓ	9

○ 3과 6은 각각 h와 T를 모두 갖는 생식세포를 형성할 수 있다.

이에 대한 설명으로 옳은 것만을 〈보기〉에서 있는 대로 고른 것은? (단, 돌연변이와 교차는 고려하지 않는다.) **3점**

보기

ㄱ. ⓐ는 7이다.
ㄴ. (나)의 표현형이 ㉠인 사람의 유전자형은 TT이다.
ㄷ. 9의 동생이 태어날 때, 이 아이의 (가)와 (나)의 표현형이 모두 3과 같을 확률은 $\frac{1}{4}$이다.

① ㄱ   ② ㄴ   ③ ㄷ   ④ ㄱ, ㄴ   ⑤ ㄱ, ㄷ

사람의 유전 형질 @는 3쌍의 대립유전자 H와 h, R와 r, T와 t에 의해 결정되며, @의 유전자는 서로 다른 3개의 상염색체에 있다. 표는 사람 (가)의 세포 Ⅰ~Ⅲ에서 h, R, t의 유무를, 그림은 세포 ㉠~㉢의 세포 1개당 H와 T의 DNA 상대량을 더한 값(H+T)을 각각 나타낸 것이다. ㉠~㉢은 Ⅰ~Ⅲ을 순서 없이 나타낸 것이다.

세포	대립유전자		
	h	R	t
Ⅰ	?	○	×
Ⅱ	○	×	?
Ⅲ	×	×	?

(○: 있음, ×: 없음)

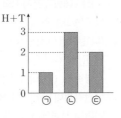

이에 대한 설명으로 옳은 것만을 〈보기〉에서 있는 대로 고른 것은? (단, 돌연변이는 고려하지 않으며, H, h, R, r, T, t 각각의 1개당 DNA 상대량은 1이다.) **3점**

보기

ㄱ. (가)에는 h, R, t를 모두 갖는 세포가 있다.
ㄴ. Ⅱ는 ㉠이다.
ㄷ. Ⅲ의 $\dfrac{\text{T의 DNA 상대량}}{\text{H의 DNA 상대량+r의 DNA 상대량}}=1$이다.

① ㄱ ② ㄴ ③ ㄱ, ㄷ ④ ㄴ, ㄷ ⑤ ㄱ, ㄴ, ㄷ

다음은 어떤 집안의 유전 형질 (가)와 (나)에 대한 자료이다.

○ (가)는 대립유전자 A와 a에 의해, (나)는 대립유전자 B와 b에 의해 결정된다. A는 a에 대해, B는 b에 대해 각각 완전 우성이다.
○ (가)와 (나)는 모두 우성 형질이고, (가)의 유전자와 (나)의 유전자는 서로 다른 염색체에 있다.
○ 가계도는 구성원 1~8에게서 (가)와 (나)의 발현 여부를 나타낸 것이다.

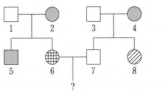

□ 정상 남자
▨ (가) 발현 여자
⊕ (나) 발현 여자
■ (가), (나) 발현 남자
● (가), (나) 발현 여자

○ 표는 구성원 1, 2, 5, 8에서 체세포 1개당 a와 B의 DNA 상대량을 나타낸 것이다. ㉠~㉢은 0, 1, 2를 순서 없이 나타낸 것이다.

구성원		1	2	5	8
DNA 상대량	a	1	㉠	㉡	?
	B	?	㉢	㉠	㉡

이에 대한 설명으로 옳은 것만을 〈보기〉에서 있는 대로 고른 것은? (단, 돌연변이와 교차는 고려하지 않으며, A, a, B, b 각각의 1개당 DNA 상대량은 1이다.) **3점**

보기

ㄱ. (가)의 유전자는 X 염색체에 있다.
ㄴ. ㉢은 2이다.
ㄷ. 6과 7 사이에서 아이가 태어날 때, 이 아이에게서 (가)와 (나) 중 (나)만 발현될 확률은 $\dfrac{1}{2}$이다.

① ㄱ ② ㄷ ③ ㄱ, ㄴ ④ ㄴ, ㄷ ⑤ ㄱ, ㄴ, ㄷ

DAY 19
Ⅳ
2-
01.
사람의 유전 현상

다음은 어떤 사람의 유전 형질 (가)와 (나)에 대한 자료이다.

○ (가)와 (나)를 결정하는 유전자는 서로 다른 상염색체에
  있다.
○ (가)는 1쌍의 대립유전자에 의해 결정되고, 대립유전자에는
  A, B, D가 있으며, (가)의 표현형은 3가지이다.
○ (나)를 결정하는 데 관여하는 3개의 유전자는 서로 다른
  상염색체에 있으며, 3개의 유전자는 각각 대립유전자 E와 e,
  F와 f, G와 g를 가진다.
○ (나)의 표현형은 유전자형에서 대문자로 표시되는
  대립유전자의 수에 의해서만 결정되며, 이 대립유전자의
  수가 다르면 표현형이 다르다.
○ 유전자형이 ㉠ABEeFfGg인 아버지와 ㉡BDEeFfGg인
  어머니 사이에서 아이가 태어날 때, 이 아이에게서 (가)와
  (나)의 표현형이 모두 ㉠과 같을 확률은 $\frac{5}{64}$이다.

이에 대한 설명으로 옳은 것만을 〈보기〉에서 있는 대로 고른 것은?
(단, 돌연변이와 교차는 고려하지 않는다.) 3점

보기

ㄱ. ㉠과 ㉡의 (가)에 대한 표현형은 같다.
ㄴ. ㉠에서 생성될 수 있는 (가)와 (나)에 대한 생식세포의
   유전자형은 16가지이다.
ㄷ. 유전자형이 AAEeFFGg인 아버지와 BDeeffgg인 어머니
   사이에서 아이가 태어날 때, 이 아이에게서 나타날 수 있는
   (가)와 (나)의 표현형은 최대 6가지이다.

① ㄱ   ② ㄴ   ③ ㄱ, ㄷ   ④ ㄴ, ㄷ   ⑤ ㄱ, ㄴ, ㄷ

다음은 사람의 유전 형질 (가)~(다)에 대한 자료이다.

○ (가)~(다)의 유전자는 서로 다른 3개의 상염색체에 있다.
○ (가)는 대립유전자 A와 A*에 의해 결정되며, A는 A*에
  대해 완전 우성이다.
○ (나)는 대립유전자 B와 B*에 의해 결정되며, 유전자형이
  다르면 표현형이 다르다.
○ (다)는 1쌍의 대립유전자에 의해 결정되며, 대립유전자에는
  D, E, F, G가 있고, 각 대립유전자 사이의 우열 관계는
  분명하다. (다)의 표현형은 4가지이다.
○ 유전자형이 ㉠AA*BB*DE인 아버지와 AA*BB*FG인
  어머니 사이에서 아이가 태어날 때, 이 아이에게서 나타날 수
  있는 표현형은 최대 12가지이다.
○ 유전자형이 AABB*DF인 아버지와 AA*BBDE인 어머니
  사이에서 아이가 태어날 때, 이 아이의 표현형이 어머니와
  같을 확률은 $\frac{3}{8}$이다.

유전자형이 AA*BB*DF인 아버지와 AA*BB*EG인 어머니
사이에서 아이가 태어날 때, 이 아이의 표현형이 ㉠과 같을 확률은?
(단, 돌연변이는 고려하지 않는다.)

① $\frac{1}{8}$ ② $\frac{3}{16}$ ③ $\frac{1}{4}$ ④ $\frac{9}{32}$ ⑤ $\frac{5}{16}$

다음은 어떤 가족의 유전 형질 (가)와 (나)에 대한 자료이다.

○ (가)와 (나)의 유전자는 2개의 상염색체에 있다.
○ (가)는 3쌍의 대립유전자 A와 a, B와 b, D와 d에 의해
  결정된다.
○ (가)의 표현형은 ㉠ (가)의 유전자형에서 대문자로 표시되는
  대립유전자의 수에 의해서만 결정되며, ㉠이 다르면
  표현형이 다르다.
○ (나)는 대립유전자 E와 e에 의해 결정되며, 유전자형이
  다르면 표현형이 다르다.
○ ㉠이 3이고, (나)의 유전자형이 Ee인 어떤 부모 사이에서
  아이가 태어날 때, 이 아이에게서 나타날 수 있는 (가)와
  (나)의 표현형은 최대 4가지이며, 이들 사이에서 (가)의
  유전자형이 AaBbDD인 딸 ⓐ가 태어났다.

유전자형이 AabbDDEe인 남자와 ⓐ 사이에서 아이가 태어날 때,
이 아이에게서 나타날 수 있는 (가)와 (나)의 표현형은 최대
몇 가지인가? (단, 부모의 유전자형을 모두 AaBbDdEe라고
가정하며, 돌연변이와 교차는 고려하지 않는다.) 3점

① 4   ② 6   ③ 8   ④ 12   ⑤ 16

다음은 사람의 유전 형질 ㉠과 ㉡에 대한 자료이다.

○ ㉠은 2쌍의 대립유전자 A와 a, B와 b에 의해 결정된다.
○ ㉠의 표현형은 유전자형에서 대문자로 표시되는 대립유전자의 수에 의해서만 결정되며, 이 대립유전자의 수가 다르면 표현형이 다르다.
○ ㉡은 1쌍의 대립유전자에 의해 결정되며, 대립유전자에는 E, F, G가 있다.
○ 그림 (가)는 남자 P의, (나)는 여자 Q의 체세포에 들어 있는 일부 염색체와 유전자를 나타낸 것이다.

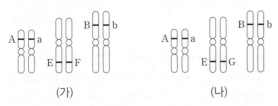

(가)   (나)

○ P와 Q 사이에서 ⓐ가 태어날 때, ⓐ에게서 나타날 수 있는 표현형은 최대 20가지이다.

이에 대한 설명으로 옳은 것만을 〈보기〉에서 있는 대로 고른 것은? (단, 돌연변이는 고려하지 않는다.) 3점

보기
ㄱ. ㉠의 유전은 다인자 유전이다.
ㄴ. 유전자형이 EF인 사람과 FG인 사람의 표현형은 같다.
ㄷ. ⓐ에서 ㉠과 ㉡의 표현형이 모두 P와 같을 확률은 $\frac{3}{16}$이다.

① ㄱ   ② ㄴ   ③ ㄱ, ㄷ   ④ ㄴ, ㄷ   ⑤ ㄱ, ㄴ, ㄷ

다음은 사람의 유전 형질 (가)~(다)에 대한 자료이다.

○ (가)~(다)의 유전자는 서로 다른 3개의 상염색체에 있다.
○ (가)는 대립유전자 A와 A*에 의해 결정되며, A는 A*에 대해 완전 우성이다.
○ (나)는 대립유전자 B와 B*에 의해 결정되며, 유전자형이 다르면 표현형이 다르다.
○ (다)는 1쌍의 대립유전자에 의해 결정되며, 대립유전자에는 D, E, F가 있고, 각 대립유전자 사이의 우열 관계는 분명하다.
○ (나)와 (다)의 유전자형이 BB*DF인 아버지와 BB*EF인 어머니 사이에서 ㉠이 태어날 때, ㉠에게서 나타날 수 있는 (가)~(다)의 표현형은 최대 12가지이고, (가)~(다)의 표현형이 모두 아버지와 같을 확률은 $\frac{3}{16}$이다.
○ 유전자형이 AA*BBDE인 아버지와 A*A*BB*DF인 어머니 사이에서 ㉡이 태어날 때, ㉡의 (가)~(다)의 표현형이 모두 어머니와 같을 확률은 $\frac{1}{16}$이다.

이에 대한 설명으로 옳은 것만을 〈보기〉에서 있는 대로 고른 것은? (단, 돌연변이는 고려하지 않는다.)

보기
ㄱ. D는 E에 대해 완전 우성이다.
ㄴ. ㉠이 가질 수 있는 (가)의 유전자형은 최대 3가지이다.
ㄷ. ㉡의 (가)~(다)의 표현형이 모두 아버지와 같을 확률은 $\frac{1}{8}$이다.

① ㄱ   ② ㄴ   ③ ㄱ, ㄷ   ④ ㄴ, ㄷ   ⑤ ㄱ, ㄴ, ㄷ

DAY
19

Ⅳ

2
|
01.
사
람
의
유
전
현
상

다음은 사람의 유전 형질 ㉠~㉢에 대한 자료이다.

○ ㉠은 대립유전자 A와 a에 의해, ㉡은 대립유전자 B와 b에 의해 결정된다.

○ 표 (가)와 (나)는 ㉠과 ㉡에서 유전자형이 서로 다를 때 표현형의 일치 여부를 각각 나타낸 것이다.

㉠의 유전자형		표현형		㉡의 유전자형		표현형
사람 1	사람 2	일치 여부		사람 1	사람 2	일치 여부
AA	Aa	?		BB	Bb	?
AA	aa	×		BB	bb	×
Aa	aa	×		Bb	bb	×

(○: 일치함, ×: 일치하지 않음)   (○: 일치함, ×: 일치하지 않음)

      (가)   (나)

○ ㉢은 1쌍의 대립유전자에 의해 결정되며, 대립유전자에는 D, E, F가 있다.

○ ㉢의 표현형은 4가지이며, ㉢의 유전자형이 DE인 사람과 EE인 사람의 표현형은 같고, 유전자형이 DF인 사람과 FF인 사람의 표현형은 같다.

○ 여자 P는 남자 Q와 ㉠~㉢의 표현형이 모두 같고, P의 체세포에 들어 있는 일부 상염색체와 유전자는 그림과 같다.

○ P와 Q 사이에서 ⓐ가 태어날 때, ⓐ의 ㉠~㉢의 표현형 중 한 가지만 부모와 같을 확률은 $\frac{3}{8}$이다.

이에 대한 설명으로 옳은 것만을 <보기>에서 있는 대로 고른 것은? (단, 돌연변이와 교차는 고려하지 않는다.) 3점

보기

ㄱ. ㉡의 표현형은 BB인 사람과 Bb인 사람이 서로 다르다.

ㄴ. Q에서 A, B, D를 모두 갖는 정자가 형성될 수 있다.

ㄷ. ⓐ에서 나타날 수 있는 표현형은 최대 12가지이다.

① ㄱ   ② ㄴ   ③ ㄷ   ④ ㄱ, ㄴ   ⑤ ㄱ, ㄷ

다음은 어떤 집안의 유전 형질 (가)와 (나)에 대한 자료이다.

○ (가)는 대립유전자 A와 a에 의해, (나)는 대립유전자 B와 b에 의해 결정된다. A는 a에 대해, B는 b에 대해 각각 완전 우성이다.

○ 가계도는 구성원 1~8에서 (가)와 (나)의 발현 여부를 나타낸 것이다.

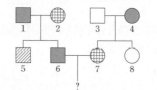

              □ 정상 남자
              ○ 정상 여자
              ▨ (가) 발현 남자
              ⊕ (나) 발현 여자
              ■ (가), (나) 발현 남자
              ● (가), (나) 발현 여자

○ 표는 구성원 ㉠~㉻에서 체세포 1개당 A와 b의 DNA 상대량을 더한 값을 나타낸 것이다. ㉠~㉢은 1, 2, 5를 순서 없이 나타낸 것이고, ㉣~㉻은 3, 4, 8을 순서 없이 나타낸 것이다.

구성원	㉠	㉡	㉢	㉣	㉤	㉻
A와 b의 DNA 상대량을 더한 값	0	1	2	1	2	3

이에 대한 설명으로 옳은 것만을 <보기>에서 있는 대로 고른 것은? (단, 돌연변이와 교차는 고려하지 않으며, A, a, B, b 각각의 1개당 DNA 상대량은 1이다.) 3점

보기

ㄱ. (가)의 유전자는 상염색체에 있다.

ㄴ. 8은 ㉤이다.

ㄷ. 6과 7 사이에서 아이가 태어날 때, 이 아이의 (가)와 (나)의 표현형이 모두 ㉡과 같을 확률은 $\frac{1}{8}$이다.

① ㄱ   ② ㄴ   ③ ㄱ, ㄷ   ④ ㄴ, ㄷ   ⑤ ㄱ, ㄴ, ㄷ

35

다음은 어떤 집안의 유전 형질 (가)~(다)에 대한 자료이다.

○ (가)는 대립유전자 A와 a에 의해, (나)는 대립유전자 B와
b에 의해, (다)는 대립유전자 D와 d에 의해 결정된다. A는
a에 대해, B는 b에 대해, D는 d에 대해 각각 완전 우성이다.
○ (가)~(다)의 유전자 중 2개는 X 염색체에, 나머지 1개는
상염색체에 있다.
○ 가계도는 구성원 ⓐ와 ⓑ를 제외한 구성원 1~6에서
(가)~(다)의 발현 여부를 나타낸 것이다.

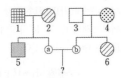

□ 정상 남자
▨ (가) 발현 여자
▦ (나) 발현 남자
▩ (다) 발현 여자
▧ (가), (나) 발현 남자

○ 표는 5, ⓐ, ⓑ, 6에서 체세포
1개당 대립유전자 ㉠~㉢의
DNA 상대량을 나타낸
것이다. ㉠~㉢은 각각 A, B,
d 중 하나이다.

구성원		5	ⓐ	ⓑ	6
DNA 상대량	㉠	1	2	0	2
	㉡	0	1	1	0
	㉢	0	1	1	1

이에 대한 옳은 설명만을 〈보기〉에서 있는 대로 고른 것은? (단,
돌연변이와 교차는 고려하지 않으며, A, a, B, b, D, d 각각의
1개당 DNA 상대량은 1이다.) **3점**

보기
ㄱ. (다)는 우성 형질이다.
ㄴ. 3은 ㉡과 ㉢을 모두 갖는다.
ㄷ. ⓐ와 ⓑ 사이에서 아이가 태어날 때, 이 아이에게서
(가)~(다) 중 (가)만 발현될 확률은 $\frac{1}{16}$이다.

① ㄱ　　② ㄷ　　③ ㄱ, ㄴ　　④ ㄴ, ㄷ　　⑤ ㄱ, ㄴ, ㄷ

36 2022 수능

다음은 어떤 집안의 유전 형질 (가)와 (나)에 대한 자료이다.

○ (가)는 대립유전자 H와 h에 의해, (나)는 대립유전자 T와
t에 의해 결정된다. H는 h에 대해, T는 t에 대해 각각 완전
우성이다.
○ 가계도는 구성원 ⓐ를 제외한 구성원 1~7에게서 (가)와
(나)의 발현 여부를 나타낸 것이다.

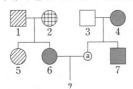

□ 정상 남자
▨ (가) 발현 남자
▧ (가) 발현 여자
▦ (나) 발현 여자
■ (가), (나) 발현 남자
● (가), (나) 발현 여자

○ 표는 구성원 1, 3, 6, ⓐ에서 체세포 1개당 ㉠과 ㉡의
DNA 상대량을 더한 값을 나타낸 것이다. ㉠은 H와 h 중
하나이고, ㉡은 T와 t 중 하나이다.

구성원	1	3	6	ⓐ
㉠과 ㉡의 DNA 상대량을 더한 값	1	0	3	1

이에 대한 설명으로 옳은 것만을 〈보기〉에서 있는 대로 고른 것은?
(단, 돌연변이와 교차는 고려하지 않으며, H, h, T, t 각각의 1개당
DNA 상대량은 1이다.) **3점**

보기
ㄱ. (나)의 유전자는 X 염색체에 있다.
ㄴ. 4에서 체세포 1개당 ㉡의 DNA 상대량은 1이다.
ㄷ. 6과 ⓐ 사이에서 아이가 태어날 때, 이 아이에게서 (가)와
(나)가 모두 발현될 확률은 $\frac{1}{2}$이다.

① ㄱ　　② ㄴ　　③ ㄱ, ㄷ　　④ ㄴ, ㄷ　　⑤ ㄱ, ㄴ, ㄷ

DAY 19

Ⅳ

2
I
01.
사람의 유전 현상

다음은 어떤 집안의 유전 형질 (가)와 (나)에 대한 자료이다.

○ (가)의 유전자와 (나)의 유전자는 같은 염색체에 있다.
○ (가)는 대립유전자 A와 a에 의해 결정되며, A는 a에 대해 완전 우성이다.
○ (나)는 대립유전자 E, F, G에 의해 결정되며, E는 F, G에 대해, F는 G에 대해 각각 완전 우성이다. (나)의 표현형은 3가지이다.
○ 가계도는 구성원 @를 제외한 구성원 1~5에서 (가)의 발현 여부를 나타낸 것이다.

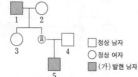

□ 정상 남자
○ 정상 여자
■ (가) 발현 남자

○ 표는 구성원 1~5와 @에서 체세포 1개당 E와 F의 DNA 상대량을 더한 값(E+F)과 체세포 1개당 F와 G의 DNA 상대량을 더한 값(F+G)을 나타낸 것이다. ㉠~㉢은 0, 1, 2를 순서 없이 나타낸 것이다.

구성원		1	2	3	@	4	5
DNA 상대량을 더한 값	E+F	?	?	1	㉡	0	1
	F+G	㉠	?	1	1	1	㉢

이에 대한 설명으로 옳은 것만을 〈보기〉에서 있는 대로 고른 것은? (단, 돌연변이와 교차는 고려하지 않으며, E, F, G 각각의 1개당 DNA 상대량은 1이다.) 3점

보기
ㄱ. @의 (가)의 유전자형은 동형 접합성이다.
ㄴ. 이 가계도 구성원 중 A와 G를 모두 갖는 사람은 2명이다.
ㄷ. 5의 동생이 태어날 때, 이 아이의 (가)와 (나)의 표현형이 모두 2와 같을 확률은 $\frac{1}{2}$이다.

① ㄱ　　② ㄴ　　③ ㄱ, ㄷ　　④ ㄴ, ㄷ　　⑤ ㄱ, ㄴ, ㄷ

다음은 어떤 집안의 유전 형질 (가)와 (나)에 대한 자료이다.

○ (가)는 대립유전자 E와 e에 의해 결정되며, 유전자형이 다르면 표현형이 다르다. (가)의 3가지 표현형은 각각 ㉠, ㉡, ㉢이다.
○ (나)는 3쌍의 대립유전자 H와 h, R와 r, T와 t에 의해 결정된다. (나)의 표현형은 유전자형에서 대문자로 표시되는 대립유전자의 수에 의해서만 결정되며, 이 대립유전자의 수가 다르면 표현형이 다르다.
○ 가계도는 구성원 1~8에서 발현된 (가)의 표현형을, 표는 구성원 1, 2, 3, 6, 7에서 체세포 1개당 E, H, R, T의 DNA 상대량을 더한 값(E+H+R+T)을 나타낸 것이다.

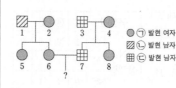

● ㉠ 발현 여자
▨ ㉡ 발현 남자
▦ ㉢ 발현 남자

구성원	E+H+R+T
1	6
2	@
3	2
6	5
7	3

○ 구성원 1에서 e, H, R는 7번 염색체에 있고, T는 8번 염색체에 있다.
○ 구성원 2, 4, 5, 8은 (나)의 표현형이 모두 같다.

이에 대한 설명으로 옳은 것만을 〈보기〉에서 있는 대로 고른 것은? (단, 돌연변이와 교차는 고려하지 않으며, E, e, H, h, R, r, T, t 각각의 1개당 DNA 상대량은 1이다.) 3점

보기
ㄱ. @는 4이다.
ㄴ. 구성원 4에서 E, h, r, T를 모두 갖는 생식세포가 형성될 수 있다.
ㄷ. 구성원 6과 7 사이에서 아이가 태어날 때, 이 아이에게서 나타날 수 있는 (나)의 표현형은 최대 5가지이다.

① ㄱ　　② ㄷ　　③ ㄱ, ㄴ　　④ ㄴ, ㄷ　　⑤ ㄱ, ㄴ, ㄷ

다음은 사람의 유전 형질 ㉠에 대한 자료이다.

○ ㉠은 서로 다른 4개의 상염색체에 있는 4쌍의 대립 유전자
A와 a, B와 b, D와 d, E와 e에 의해 결정된다.

○ ㉠의 표현형은 ㉠에 대한 유전자형에서 대문자로 표시되는
대립 유전자의 수에 의해서만 결정된다.

○ 표는 사람 (가)~(마)의 ㉠에 대한 유전자형에서 대문자로
표시되는 대립 유전자의 수와 동형 접합을 이루는 대립
유전자 쌍의 수를 나타낸 것이다.

사람	대문자로 표시되는 대립 유전자 수	동형 접합을 이루는 대립 유전자 쌍의 수
(가)	2	?
(나)	4	2
(다)	3	1
(라)	7	?
(마)	5	3

○ (가)~(라) 중 2명은 (마)의 부모이다.

○ (가)~(마)는 B와 b 중 한 종류만 갖는다.

○ (가)와 (나)는 e를 갖지 않고, (라)는 e를 갖는다.

이에 대한 설명으로 옳은 것만을 〈보기〉에서 있는 대로 고른 것은? (단, 돌연변이는 고려하지 않는다.) 3점

보기

ㄱ. (마)의 부모는 (나)와 (다)이다.

ㄴ. (가)에서 생성될 수 있는 생식 세포의 ㉠에 대한 유전자형은
최대 2가지이다.

ㄷ. (마)의 동생이 태어날 때, 이 아이의 ㉠에 대한 표현형이
(나)와 같을 확률은 $\frac{3}{16}$ 이다.

① ㄱ   ② ㄴ   ③ ㄷ   ④ ㄱ, ㄷ   ⑤ ㄴ, ㄷ

다음은 어떤 집안의 유전 형질 ㉠과 ㉡에 대한 자료이다.

○ ㉠은 대립 유전자 A와 A*에 의해, ㉡은 대립 유전자 B와
B*에 의해 결정된다. A는 A*에 대해, B는 B*에 대해 각각
완전 우성이다.

○ ㉠의 유전자와 ㉡의 유전자 중 하나는 상염색체에, 다른 하나는
성염색체에 존재한다.

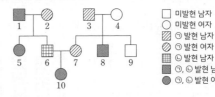

이에 대한 옳은 설명만을 〈보기〉에서 있는 대로 고른 것은? (단, 돌연변이는 고려하지 않는다.) 3점

보기

ㄱ. ㉡의 유전자는 성염색체에 존재한다.

ㄴ. 1, 2, 3, 4 각각의 체세포 1개당 A*의 수를 더한 값과 7, 8, 9
각각의 체세포 1개당 A*의 수를 더한 값은 같다.

ㄷ. 10의 동생이 태어날 때, 이 아이에게서 ㉠은 발현되고 ㉡이
발현되지 않을 확률은 $\frac{1}{8}$ 이다.

① ㄱ   ② ㄴ   ③ ㄱ, ㄷ   ④ ㄴ, ㄷ   ⑤ ㄱ, ㄴ, ㄷ

사람의 유전 형질 (가)는 대립유전자 E와 e에 의해, (나)는 대립
유전자 F와 f에 의해, (다)는 대립유전자 G와 g에 의해 결정되며,
(가)~(다)의 유전자 중 2개는 서로 다른 상염색체에, 나머지 1개는
X 염색체에 있다. 표는 어떤 사람의 세포 Ⅰ~Ⅲ에서 E, e, G, g의
유무를, 그림은 ㉠~㉢에서 F와 g의 DNA 상대량을 더한 값(F+g)
을 나타낸 것이다. ㉠~㉢은 Ⅰ~Ⅲ을 순서 없이 나타낸 것이고,
㉡에는 X 염색체가 있다.

세포	대립유전자			
	E	e	G	g
Ⅰ	×	ⓐ	×	?
Ⅱ	?	○	×	?
Ⅲ	○	?	?	×

(○ : 있음, × : 없음)

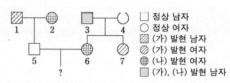

이에 대한 옳은 설명만을 〈보기〉에서 있는 대로 고른 것은? (단,
돌연변이와 교차는 고려하지 않으며, E, e, F, f, G, g 각각의 1개당
DNA 상대량은 1이다.) 3점

보기
ㄱ. ⓐ는 '○'이다.
ㄴ. ㉡은 Ⅲ이다.
ㄷ. Ⅱ에서 e, F, g의 DNA 상대량을 더한 값은 3이다.

① ㄱ   ② ㄴ   ③ ㄱ, ㄷ   ④ ㄴ, ㄷ   ⑤ ㄱ, ㄴ, ㄷ

다음은 어떤 집안의 유전 형질 (가)와 (나)에 대한 자료이다.

○ (가)는 대립유전자 A와 a에 의해, (나)는 대립유전자 B와
b에 의해 결정된다. A는 a에 대해, B는 b에 대해 각각 완전
우성이다.

○ (가)와 (나)의 유전자 중 1개는 상염색체에 있고, 나머지 1개
는 X 염색체에 있다.

○ 가계도는 구성원 1~7에게서 (가)와 (나)의 발현 여부를
나타낸 것이다.

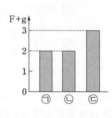

□ 정상 남자
○ 정상 여자
▨ (가) 발현 남자
◪ (가) 발현 여자
⊕ (나) 발현 여자
▤ (가), (나) 발현 남자

○ 표는 구성원 2, 3, 5, 7의 체세포 1개당 A와 b의 DNA
상대량을 더한 값을 나타낸 것이다. ⓐ~ⓒ는 1, 2, 3을 순서
없이 나타낸 것이다.

구성원	2	3	5	7
A와 b의 DNA 상대량을 더한 값	ⓐ	ⓑ	ⓒ	ⓐ

이에 대한 옳은 설명만을 〈보기〉에서 있는 대로 고른 것은? (단,
돌연변이와 교차는 고려하지 않으며, A, a, B, b 각각의 1개당
DNA 상대량은 1이다.) 3점

보기
ㄱ. (나)는 우성 형질이다.
ㄴ. 1의 체세포 1개당 a와 B의 DNA 상대량을 더한 값은
ⓐ이다.
ㄷ. 5와 6 사이에서 아이가 태어날 때, 이 아이에게서 (가)와
(나) 중 (가)만 발현될 확률은 $\frac{1}{4}$이다.

① ㄱ   ② ㄴ   ③ ㄱ, ㄷ   ④ ㄴ, ㄷ   ⑤ ㄱ, ㄴ, ㄷ

43 2024 수능

다음은 사람의 유전 형질 (가)~(다)에 대한 자료이다.

○ (가)~(다)의 유전자는 서로 다른 3개의 상염색체에 있다.
○ (가)는 대립유전자 A와 a에 의해 결정되며, A는 a에 대해 완전 우성이다.
○ (나)는 대립유전자 B와 b에 의해 결정되며, 유전자형이 다르면 표현형이 다르다.
○ (다)는 1쌍의 대립유전자에 의해 결정되며, 대립유전자에는 D, E, F가 있다. D는 E, F에 대해, E는 F에 대해 각각 완전 우성이다.
○ P의 유전자형은 AaBbDF이고, P와 Q는 (나)의 표현형이 서로 다르다.
○ P와 Q 사이에서 ⓐ가 태어날 때, ⓐ가 P와 (가)~(다)의 표현형이 모두 같을 확률은 $\frac{3}{16}$이다.
○ ⓐ가 유전자형이 AAbbFF인 사람과 (가)~(다)의 표현형이 모두 같을 확률은 $\frac{3}{32}$이다.

ⓐ의 유전자형이 aabbDF일 확률은? (단, 돌연변이는 고려하지 않는다.) 3점

① $\frac{1}{4}$ ② $\frac{1}{8}$ ③ $\frac{1}{16}$ ④ $\frac{1}{32}$ ⑤ $\frac{1}{64}$

44 2024 수능

다음은 어떤 집안의 유전 형질 (가)와 (나)에 대한 자료이다.

○ (가)의 유전자와 (나)의 유전자는 같은 염색체에 있다.
○ (가)는 대립유전자 H와 h에 의해, (나)는 대립유전자 T와 t에 의해 결정된다. H는 h에 대해, T는 t에 대해 각각 완전 우성이다.
○ 가계도는 구성원 ⓐ~ⓒ를 제외한 구성원 1~6에서 (가)와 (나)의 발현 여부를 나타낸 것이다. ⓑ는 남자이다.

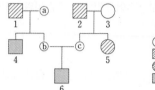

○ 정상 여자
▨ (가) 발현 남자
◯ (가) 발현 여자
▦ (가), (나) 발현 남자

○ ⓐ~ⓒ 중 (가)가 발현된 사람은 1명이다.
○ 표는 ⓐ~ⓒ에서 체세포 1개당 h의 DNA 상대량을 나타낸 것이다. ㉠~㉢은 0, 1, 2를 순서 없이 나타낸 것이다.

구성원	ⓐ	ⓑ	ⓒ
h의 DNA 상대량	㉠	㉡	㉢

○ ⓐ와 ⓒ의 (나)의 유전자형은 서로 같다.

이에 대한 설명으로 옳은 것만을 〈보기〉에서 있는 대로 고른 것은? (단, 돌연변이와 교차는 고려하지 않으며, H, h, T, t 각각의 1개당 DNA 상대량은 1이다.) 3점

보기
ㄱ. (가)는 열성 형질이다.
ㄴ. ⓐ~ⓒ 중 (나)가 발현된 사람은 2명이다.
ㄷ. 6의 동생이 태어날 때, 이 아이에게서 (가)와 (나)가 모두 발현될 확률은 $\frac{1}{4}$이다.

① ㄱ   ② ㄴ   ③ ㄱ, ㄷ   ④ ㄴ, ㄷ   ⑤ ㄱ, ㄴ, ㄷ

DAY 19
IV
2
I
01. 사람의 유전 현상

02. 사람의 유전병

❶ 염색체 이상과 유전자 이상 ★수능에 나오는 필수 개념 3가지 + 필수 암기사항 4개

필수개념 1 염색체 구조적 이상

• **각각의 돌연변이 이름과 그림** `암기` → 4가지 이름과 그림을 매치시켜 꼭 암기!

① **결실** : 염색체의 일부가 없어진 경우   ② **역위** : 염색체의 일부가 거꾸로 붙은 경우

③ **중복** : 염색체의 일부가 더 붙은 경우   ④ **전좌** : 염색체의 일부가 비상동 염색체에 붙은 경우

필수개념 2 염색체 수 이상

• **감수 1분열의 비분리와 감수 2분열의 비분리** `암기` → 다음 그림과 특성을 꼭 이해!

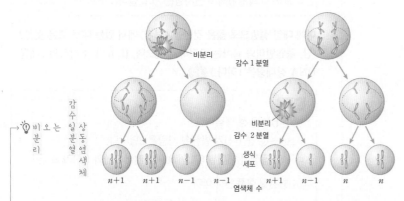

▲ 감수 1분열의 비분리   ▲ 감수 2분열의 비분리

감수 1분열의 비분리	감수 2분열의 비분리
• $n+1$, $n-1$의 생식세포가 생성 • 상동 염색체 비분리	• $n-1$, n, $n+1$의 생식세포가 생성 • 염색 분체 비분리

• **상염색체 비분리에 의한 돌연변이** ★ `암기`

다운 증후군	21번 염색체가 3개	45+XX, 45+XY
에드워드 증후군	18번 염색체가 3개	

• **성염색체 비분리에 의한 돌연변이** ★ `암기`

터너 증후군	성염색체가 X로 1개	44+X
클라인펠터 증후군	성염색체가 XXY로 3개	44+XXY

필수개념 3 유전자 이상

• **유전자 이상** : 유전자의 본체인 DNA의 염기 서열이 변해서 나타나는 돌연변이로 핵형 분석으로는 알아낼 수 없다. **예** 낫 모양 적혈구 빈혈증, 알비노증, 페닐케톤뇨증, 헌팅턴 무도병 등

기본자료

▶ 염색체의 구조적 이상이란?
염색체의 수는 정상이지만 구조에 이상이 생겨 나타나는 돌연변이를 말한다.

▶ 염색체의 수 이상이란?
염색체 비분리로 인해 정상보다 염색체 수가 많거나 적게 나타나는 돌연변이를 말한다.

비분리 된 $n+1$의 정자 ①과 $n-1$의 정자 ②가 정상 난자와 결합했을 때		
생식세포 결합	비분리가 일어난 염색체	
	21번 염색체	성염색체
정자 ①+ 정상 난자	다운 증후군 (21번 염색체 3개)	클라인펠터 증후군 (XY+X → XXY)
정자 ②+ 정상 난자	사망(21번 염색체 1개)	터너 증후군 (없음+X → X)

→ 비분리가 일어난 정자와 정상 난자가 결합했을 때 어떤 질환을 가진 아이가 태어나는지 물어보는 보기가 항상 출제된다. 이 때 위의 표를 외우면 하나하나 생각하지 않아도 보기의 정오를 쉽고 빠르게 판단할 수 있다.

▶ 배수성 돌연변이
감수 분열 시 모든 염색체가 비분리되어 염색체 한 조(n)가 많아져서 $3n$, $4n$, … 등이 되는 경우로 주로 식물에서 볼 수 있다. **예** 씨 없는 수박($3n$), 감자($4n$) 등

1

그림은 어떤 사람에서 정자가 형성되는 과정과 각 정자의 핵상을 나타낸 것이다. 감수 1분열에서 성염색체의 비분리가 1회 일어났다.
이에 대한 옳은 설명만을 〈보기〉에서 있는 대로 고른 것은? (단, 제시된 염색체 비분리 이외의 돌연변이는 고려하지 않는다.) 3점

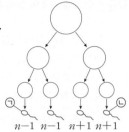

$n-1$ $n-1$ $n+1$ $n+1$

보기
ㄱ. ㉠에 X 염색체가 있다.
ㄴ. ㉡에 22개의 상염색체가 있다.
ㄷ. ㉡과 정상 난자가 수정되어 태어난 아이에게서 터너 증후군이 나타난다.

① ㄱ ② ㄴ ③ ㄱ, ㄴ ④ ㄱ, ㄷ ⑤ ㄴ, ㄷ

2 2024 평가원

그림 (가)는 사람 H의 체세포 세포 주기를, (나)는 H의 핵형 분석 결과의 일부를 나타낸 것이다. ㉠~㉢은 G_1기, M기(분열기), S기를 순서 없이 나타낸 것이다.

(가)

1	2	3	4	5
20	21	22	XY	

(나)

이에 대한 설명으로 옳은 것만을 〈보기〉에서 있는 대로 고른 것은?

보기
ㄱ. ㉠ 시기에 DNA 복제가 일어난다.
ㄴ. ㉢ 시기에 (나)의 염색체가 관찰된다.
ㄷ. (나)에서 다운 증후군의 염색체 이상이 관찰된다.

① ㄱ ② ㄴ ③ ㄷ ④ ㄱ, ㄴ ⑤ ㄱ, ㄷ

3

그림은 사람의 정자 형성 과정을, 표는 세포 ㉠~㉣의 총 염색체 수를 나타낸 것이다. 감수 1분열과 2분열에서 염색체 비분리가 각각 1회 일어났다. ㉠~㉣은 Ⅰ~Ⅳ를 순서 없이 나타낸 것이다.

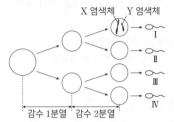

감수 1분열 감수 2분열

세포	총 염색체 수
㉠	?
㉡	22
㉢	23
㉣	25

이에 대한 옳은 설명만을 〈보기〉에서 있는 대로 고른 것은? (단, 제시된 염색체 비분리 이외의 돌연변이는 고려하지 않는다.)

보기
ㄱ. 감수 1분열에서 성염색체 비분리가 일어났다.
ㄴ. ㉠은 Ⅰ이다.
ㄷ. Ⅲ과 정상 난자가 수정되어 태어난 아이는 터너 증후군의 염색체 이상을 보인다.

① ㄱ ② ㄴ ③ ㄱ, ㄴ ④ ㄱ, ㄷ ⑤ ㄴ, ㄷ

4

그림 (가)는 유전자형이 Tt인 어떤 남자의 정자 형성 과정을, (나)는 세포 Ⅲ에 있는 21번 염색체를 모두 나타낸 것이다. (가)에서 염색체 비분리가 1회 일어났고, Ⅰ은 중기의 세포이다.

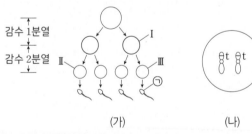

감수 1분열 감수 2분열

(가) (나)

이에 대한 옳은 설명만을 〈보기〉에서 있는 대로 고른 것은? (단, 제시된 염색체 비분리 이외의 돌연변이와 교차는 고려하지 않는다.)

보기
ㄱ. Ⅰ과 Ⅱ의 성염색체 수는 같다.
ㄴ. (가)에서 염색체 비분리는 감수 1분열에서 일어났다.
ㄷ. ㉠과 정상 난자가 수정되어 아이가 태어날 때, 이 아이는 다운 증후군의 염색체 이상을 보인다.

① ㄱ ② ㄴ ③ ㄱ, ㄷ ④ ㄴ, ㄷ ⑤ ㄱ, ㄴ, ㄷ

5

염색체 수 이상
[2022년 3월 학평 19번]

다음은 어떤 가족의 유전 형질 (가)와 (나)에 대한 자료이다.

○ (가)는 대립유전자 A와 a에 의해, (나)는 대립유전자 B와 b에 의해 결정된다. A는 a에 대해, B는 b에 대해 각각 완전 우성이다.
○ (가)와 (나)의 유전자는 모두 X 염색체에 있다.
○ 표는 가족 구성원의 성별, (가)와 (나)의 발현 여부를 나타낸 것이다.

구분	아버지	어머니	자녀 1	자녀 2	자녀 3
성별	남	여	여	남	남
(가)	?	×	○	○	×
(나)	○	×	○	×	○

(○: 발현됨, ×: 발현 안 됨)

○ 성염색체 비분리가 1회 일어나 형성된 생식세포 ㉠과 정상 생식세포가 수정되어 자녀 3이 태어났다.

이에 대한 옳은 설명만을 <보기>에서 있는 대로 고른 것은? (단, 제시된 돌연변이 이외의 돌연변이와 교차는 고려하지 않는다.) 3점

보기
ㄱ. 아버지에게서 (가)가 발현되었다.
ㄴ. (나)는 우성 형질이다.
ㄷ. ㉠의 형성 과정에서 성염색체 비분리는 감수 1분열에서 일어났다.

① ㄱ ② ㄷ ③ ㄱ, ㄴ ④ ㄴ, ㄷ ⑤ ㄱ, ㄴ, ㄷ

6

염색체 수 이상
[2018년 3월 학평 13번]

다음은 영희네 가족의 어떤 유전병에 대한 자료이다.

○ 이 유전병은 정상 대립 유전자 A와 유전병 대립 유전자 a에 의해 결정되며, A는 a에 대해 완전 우성이다.
○ 아버지와 어머니는 각각 A와 a 중 한 가지만 가진다.
○ 표는 영희네 가족 구성원의 유전병 유무를 나타낸 것이다.

구분	아버지	어머니	오빠	영희	남동생
유전병	×	○	○	×	×

(○:있음, ×:없음)

○ 감수 분열 시 ㉠염색체 비분리가 1회 일어나 형성된 정자가 정상 난자와 수정되어 남동생이 태어났으며, 남동생의 성염색체는 XXY이다.

이에 대한 옳은 설명만을 <보기>에서 있는 대로 고른 것은? (단, 제시된 돌연변이 이외의 다른 돌연변이는 고려하지 않는다.) 3점

보기
ㄱ. 이 유전병 유전자는 상염색체에 있다.
ㄴ. 오빠와 남동생의 체세포 1개당 a의 상대량은 같다.
ㄷ. ㉠은 감수 2분열에서 일어났다.

① ㄱ ② ㄴ ③ ㄷ ④ ㄱ, ㄴ ⑤ ㄴ, ㄷ

정답과 해설 5 p.422 6 p.423

7

다음은 어떤 가족의 유전 형질 (가)와 (나)에 대한 자료이다.

○ (가)는 대립유전자 A와 A*에 의해, (나)는 대립유전자 B와 B*에 의해 결정되며, 각 대립유전자 사이의 우열 관계는 분명하다.

○ (가)와 (나)의 유전자 중 하나는 상염색체에, 나머지 하나는 X 염색체에 있다.

○ 표는 이 가족 구성원의 (가)와 (나)의 발현 여부와 A, A*, B, B*의 유무를 나타낸 것이다.

구성원	형질		대립유전자			
	(가)	(나)	A	A*	B	B*
아버지	−	+	×	○	○	×
어머니	+	−	○	?	?	○
형	+	+	?	○	×	○
누나	−	+	×	○	○	?
㉠	+	+	○	?	?	○

(+: 발현됨, −: 발현 안 됨, ○: 있음, ×: 없음)

○ 감수 분열 시 부모 중 한 사람에게서만 염색체 비분리가 1회 일어나 ⓐ염색체 수가 비정상적인 생식세포가 형성되었다. ⓐ가 정상 생식세포와 수정되어 태어난 ㉠에게서 클라인펠터 증후군이 나타난다. ㉠을 제외한 나머지 구성원의 핵형은 모두 정상이다.

이에 대한 설명으로 옳은 것만을 〈보기〉에서 있는 대로 고른 것은? (단, 제시된 염색체 비분리 이외의 돌연변이와 교차는 고려하지 않는다.)

보기
ㄱ. (가)의 유전자는 X 염색체에 있다.
ㄴ. ⓐ는 감수 1분열에서 성염색체 비분리가 일어나 형성된 정자이다.
ㄷ. ㉠의 동생이 태어날 때, 이 아이에게서 (가)와 (나)가 모두 발현될 확률은 $\frac{1}{4}$이다.

① ㄱ   ② ㄴ   ③ ㄱ, ㄷ   ④ ㄴ, ㄷ   ⑤ ㄱ, ㄴ, ㄷ

8

그림은 핵형이 정상인 어떤 남자에서 일어나는 감수 분열 과정 (가)와 (나)를 나타낸 것이다. (가)와 (나) 과정에서 성염색체 비분리가 각각 1회씩 일어났고, ㉠에는 Y 염색체가 있으며, ㉡과 ㉢의 염색체 수는 서로 같다. ㉣, ㉤, ㉥의 염색체 수를 모두 합한 값은 72이다.

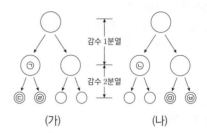

이에 대한 설명으로 옳은 것만을 〈보기〉에서 있는 대로 고른 것은? (단, 제시된 염색체 비분리 이외의 다른 돌연변이는 고려하지 않는다.) (3점)

보기
ㄱ. DNA 양은 ㉠이 ㉡의 2배이다.
ㄴ. (가)에서 염색 분체의 비분리가 일어났다.
ㄷ. ㉣이 분화되어 생성된 정자와 정상 난자가 수정하여 태어난 아이는 클라인펠터 증후군을 나타낸다.

① ㄱ   ② ㄴ   ③ ㄷ   ④ ㄱ, ㄴ   ⑤ ㄴ, ㄷ

9

사람의 유전 형질 (가)는 3쌍의 대립 유전자 H와 h, R와 r, T와 t에 의해 결정되며, (가)를 결정하는 유전자는 서로 다른 3개의 상염색체에 존재한다. 그림은 어떤 사람의 G_1기 세포 Ⅰ로부터 정자가 형성되는 과정을, 표는 세포 ㉠~㉣에 들어 있는 세포 1개당 대립 유전자 H, R, T의 DNA 상대량을 더한 값을 나타낸 것이다. 이 정자 형성 과정에서 21번 염색체의 비분리가 1회 일어났고, ㉠~㉣은 Ⅰ~Ⅳ를 순서 없이 나타낸 것이다.

세포	H, R, T의 DNA 상대량을 더한 값
㉠	2
㉡	3
㉢	3
㉣	?

이에 대한 설명으로 옳은 것만을 〈보기〉에서 있는 대로 고른 것은? (단, 제시된 염색체 비분리 이외의 돌연변이와 교차는 고려하지 않으며, H, h, R, r, T, t 각각의 1개당 DNA 상대량은 1이다.) (3점)

보기
ㄱ. ㉣은 Ⅱ이다.
ㄴ. 염색체 비분리는 감수 1분열에서 일어났다.
ㄷ. 정자 ⓐ와 정상 난자가 수정되어 태어난 아이는 다운 증후군의 염색체 이상을 보인다.

① ㄱ   ② ㄴ   ③ ㄱ, ㄷ   ④ ㄴ, ㄷ   ⑤ ㄱ, ㄴ, ㄷ

다음은 어떤 가족의 ABO식 혈액형과 적록 색맹에 대한 자료이다.

○ 표는 구성원의 성별과 각각의 혈청을 자녀 1의 적혈구와 혼합했을 때 응집 여부를 나타낸 것이다. ⓐ와 ⓑ는 각각 '응집됨'과 '응집 안 됨' 중 하나이다.

구성원	성별	응집 여부
아버지	남	ⓐ
어머니	여	ⓐ
자녀 1	남	응집 안 됨
자녀 2	여	ⓑ
자녀 3	여	ⓑ

○ 아버지, 어머니, 자녀 2, 자녀 3의 ABO식 혈액형은 서로 다르고, 자녀 1의 ABO식 혈액형은 A형이다.

○ 구성원의 핵형은 모두 정상이다.

○ 구성원 중 자녀 2만 적록 색맹이 나타난다.

○ 자녀 2는 정자 Ⅰ과 난자 Ⅱ가 수정되어 태어났고, 자녀 3은 정자 Ⅲ과 난자 Ⅳ가 수정되어 태어났다. Ⅰ~Ⅳ가 형성될 때 각각 염색체 비분리가 1회 일어났다.

○ 세포 1개당 염색체 수는 Ⅰ과 Ⅲ이 같다.

이에 대한 옳은 설명만을 〈보기〉에서 있는 대로 고른 것은? (단, ABO식 혈액형 이외의 혈액형은 고려하지 않으며, 제시된 돌연변이 이외의 돌연변이는 고려하지 않는다.) ③점

보기
ㄱ. 세포 1개당 X 염색체 수는 Ⅲ이 Ⅰ보다 크다.
ㄴ. 아버지의 ABO식 혈액형은 A형이다.
ㄷ. Ⅳ가 형성될 때 염색체 비분리는 감수 2분열에서 일어났다.

① ㄱ   ② ㄴ   ③ ㄱ, ㄷ   ④ ㄴ, ㄷ   ⑤ ㄱ, ㄴ, ㄷ

다음은 영희네 가족의 유전 형질 (가)~(다)에 대한 자료이다.

○ (가)는 대립유전자 A와 A*에 의해, (나)는 대립유전자 B와 B*에 의해, (다)는 대립유전자 D와 D*에 의해 결정된다.

○ (가)와 (나)의 유전자는 7번 염색체에, (다)의 유전자는 X 염색체에 있다.

○ 그림은 영희네 가족 구성원 중 어머니, 오빠, 영희, ⓐ 남동생의 세포 Ⅰ~Ⅳ가 갖는 A, B, D*의 DNA 상대량을 나타낸 것이다.

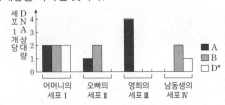

○ 어머니의 생식 세포 형성 과정에서 대립유전자 ㉠이 대립유전자 ㉡으로 바뀌는 돌연변이가 1회 일어나 ㉡을 갖는 생식 세포가 형성되었다. 이 생식 세포가 정상 생식 세포와 수정되어 ⓐ가 태어났다. ㉠과 ㉡은 (가)~(다) 중 한 가지 형질을 결정하는 서로 다른 대립유전자이다.

이에 대한 설명으로 옳은 것만을 〈보기〉에서 있는 대로 고른 것은? (단, 제시된 돌연변이 이외의 돌연변이와 교차는 고려하지 않으며, A, A*, B, B*, D, D* 각각의 1개당 DNA 상대량은 1이다.) ③점

보기
ㄱ. Ⅰ은 G₁기 세포이다.
ㄴ. ㉠은 A이다.
ㄷ. 아버지에서 A*, B, D를 모두 갖는 정자가 형성될 수 있다.

① ㄱ   ② ㄴ   ③ ㄷ   ④ ㄱ, ㄷ   ⑤ ㄴ, ㄷ

정답과 해설 10 p.427 11 p.428

12

염색체 수 이상
[2022년 4월 학평 19번]

다음은 어떤 가족의 유전 형질 (가)에 대한 자료이다.

○ (가)는 상염색체에 있는 한 쌍의 대립유전자에 의해 결정되며, 대립유전자에는 D, E, F가 있다.
○ D는 E, F에 대해, E는 F에 대해 각각 완전 우성이다.
○ 표는 이 가족 구성원의 (가)의 3가지 표현형 ⓐ~ⓒ와 체세포 1개당 ㉠~㉢의 DNA 상대량을 나타낸 것이다. ㉠, ㉡, ㉢은 D, E, F를 순서 없이 나타낸 것이다.

구성원		아버지	어머니	자녀 1	자녀 2	자녀 3
표현형		ⓐ	ⓑ	ⓐ	ⓑ	ⓒ
DNA 상대량	㉠	1	1	0	2	2
	㉡	1	0	?	0	?
	㉢	0	?	1	?	0

○ 정상 난자와 생식세포 형성 과정에서 염색체 비분리가 1회 일어나 형성된 정자 P가 수정되어 자녀 ㉮가 태어났다. ㉮는 자녀 1~3 중 하나이다.

이에 대한 설명으로 옳은 것만을 <보기>에서 있는 대로 고른 것은? (단, 제시된 염색체 비분리 이외의 돌연변이와 교차는 고려하지 않으며, D, E, F 각각의 1개당 DNA 상대량은 1이다.) 3점

보기
ㄱ. ㉡은 D이다.
ㄴ. 자녀 2에서 체세포 1개당 ㉢의 DNA 상대량은 0이다.
ㄷ. P가 형성될 때 염색체 비분리는 감수 1분열에서 일어났다.

① ㄱ ② ㄴ ③ ㄱ, ㄷ ④ ㄴ, ㄷ ⑤ ㄱ, ㄴ, ㄷ

13

염색체 수 이상
[2023년 3월 학평 19번]

다음은 사람의 유전 형질 (가)에 대한 자료이다.

○ 서로 다른 3개의 상염색체에 있는 3쌍의 대립유전자 A와 a, B와 b, D와 d에 의해 결정된다.
○ 표는 사람 P의 세포 Ⅰ~Ⅲ 각각에 들어있는 A, a, B, b, D, d의 DNA 상대량을 나타낸 것이다. ㉠과 ㉡은 1과 2를 순서 없이 나타낸 것이다.

세포	DNA 상대량					
	A	a	B	b	D	d
Ⅰ	㉠	1	0	2	?	㉠
Ⅱ	1	0	?	㉡	㉠	0
Ⅲ	?	㉡	0	?	0	㉡

○ Ⅰ~Ⅲ 중 2개에는 돌연변이가 일어난 염색체가 없고, 나머지에는 중복이 일어나 대립유전자 ⓐ의 DNA 상대량이 증가한 염색체가 있다. ⓐ는 A와 b 중 하나이다.

이에 대한 옳은 설명만을 <보기>에서 있는 대로 고른 것은? (단, 제시된 돌연변이 이외의 돌연변이와 교차는 고려하지 않으며, A, a, B, b, D, d 각각의 1개당 DNA 상대량은 1이다.) 3점

보기
ㄱ. ㉠은 2이다.
ㄴ. ⓐ는 b이다.
ㄷ. P에서 (가)의 유전자형은 AaBbDd이다.

① ㄱ ② ㄴ ③ ㄷ ④ ㄱ, ㄴ ⑤ ㄴ, ㄷ

정답과 해설 12 p.429 13 p.430

다음은 어떤 가족의 유전 형질 (가)와 (나)에 대한 자료이다.

○ (가)는 대립 유전자 A와 a에 의해, (나)는 대립 유전자 B와 b에 의해 결정된다. A는 a에 대해, B는 b에 대해 각각 완전 우성이다.

○ (가)를 결정하는 유전자와 (나)를 결정하는 유전자 중 하나는 X 염색체에 존재한다.

○ 표는 이 가족 구성원의 성별, 체세포 1개에 들어 있는 대립 유전자 A와 b의 DNA 상대량, 유전 형질 (가)와 (나)의 발현 여부를 나타낸 것이다. ㉠~㉤은 아버지, 어머니, 자녀 1, 자녀 2, 자녀 3을 순서 없이 나타낸 것이다.

구성원	성별	DNA 상대량		유전 형질	
		A	b	(가)	(나)
㉠	남	2	1	×	○
㉡	여	1	2	×	×
㉢	남	1	0	×	○
㉣	여	2	1	×	○
㉤	남	0	1	○	×

(○: 발현됨, ×: 발현 안 됨)

○ 감수 분열 시 부모 중 한 사람에게서만 염색체 비분리가 1회 일어나 ⓐ염색체 수가 비정상적인 생식 세포가 형성되었다. ⓐ가 정상 생식 세포와 수정되어 자녀 3이 태어났다. 자녀 3을 제외한 나머지 구성원의 핵형은 모두 정상이다.

이에 대한 설명으로 옳은 것만을 〈보기〉에서 있는 대로 고른 것은? (단, 제시된 염색체 비분리 이외의 돌연변이와 교차는 고려하지 않으며, A, a, B, b 각각의 1개당 DNA 상대량은 1이다.) 3점

보기
ㄱ. 아버지와 어머니는 (가)에 대한 유전자형이 같다.
ㄴ. 자녀 3은 터너 증후군을 나타낸다.
ㄷ. ⓐ가 형성될 때 감수 1분열에서 염색체 비분리가 일어났다.

① ㄱ   ② ㄴ   ③ ㄱ, ㄷ   ④ ㄴ, ㄷ   ⑤ ㄱ, ㄴ, ㄷ

그림 (가)와 (나)는 각각 어떤 남자와 여자의 생식 세포 형성 과정을, 표는 세포 ⓐ~ⓔ의 총 염색체 수와 X 염색체 수를 나타낸 것이다. (가)의 감수 1분열에서는 7번 염색체에서 비분리가 1회, 감수 2분열에서는 1개의 성염색체에서 비분리가 1회 일어났다. (나)의 감수 1분열에서는 21번 염색체에서 비분리가 1회, 감수 2분열에서는 1개의 성염색체에서 비분리가 1회 일어났다. ⓐ~ⓔ는 Ⅰ~Ⅴ를 순서 없이 나타낸 것이다.

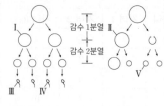

세포	총 염색체 수	X 염색체 수
ⓐ	22	1
ⓑ	24	0
ⓒ	24	1
ⓓ	25	0
ⓔ	㉠	2

(가)   (나)

이에 대한 설명으로 옳은 것만을 〈보기〉에서 있는 대로 고른 것은? (단, 제시된 염색체 비분리 이외의 돌연변이는 고려하지 않으며, Ⅰ과 Ⅱ는 중기의 세포이다.)

보기
ㄱ. ㉠=25이다.
ㄴ. Ⅲ의 Y 염색체 수는 2이다.
ㄷ. Ⅳ에는 7번 염색체가 있다.

① ㄱ   ② ㄴ   ③ ㄱ, ㄴ   ④ ㄱ, ㄷ   ⑤ ㄴ, ㄷ

16 2024 수능

염색체 수 이상
[2024학년도 수능 17번]

다음은 어떤 가족의 유전 형질 (가)~(다)에 대한 자료이다.

- (가)는 대립유전자 A와 a에 의해, (나)는 대립유전자 B와 b에 의해, (다)는 대립유전자 D와 d에 의해 결정된다. A는 a에 대해, B는 b에 대해, D는 d에 대해 각각 완전 우성이다.
- (가)와 (나)는 모두 우성 형질이고, (다)는 열성 형질이다. (가)의 유전자는 상염색체에 있고, (나)와 (다)의 유전자는 모두 X 염색체에 있다.
- 표는 이 가족 구성원의 성별과 ㉠~㉢의 발현 여부를 나타낸 것이다. ㉠~㉢은 각각 (가)~(다) 중 하나이다.

구성원	성별	㉠	㉡	㉢
아버지	남	○	×	×
어머니	여	×	○	ⓐ
자녀 1	남	×	○	○
자녀 2	여	○	○	×
자녀 3	남	○	×	○
자녀 4	남	×	×	×

(○: 발현됨, ×: 발현 안 됨)

- 부모 중 한 명의 생식세포 형성 과정에서 성염색체 비분리가 1회 일어나 염색체 수가 비정상적인 생식세포 G가 형성되었다. G가 정상 생식세포와 수정되어 자녀 4가 태어났으며, 자녀 4는 클라인펠터 증후군의 염색체 이상을 보인다.
- 자녀 4를 제외한 이 가족 구성원의 핵형은 모두 정상이다.

이에 대한 설명으로 옳은 것만을 <보기>에서 있는 대로 고른 것은? (단, 제시된 염색체 비분리 이외의 돌연변이와 교차는 고려하지 않는다.)

보기

ㄱ. ⓐ는 '○'이다.
ㄴ. 자녀 2는 A, B, D를 모두 갖는다.
ㄷ. G는 아버지에게서 형성되었다.

① ㄱ ② ㄴ ③ ㄱ, ㄷ ④ ㄴ, ㄷ ⑤ ㄱ, ㄴ, ㄷ

DAY 20 Ⅳ 2-02. 사람의 유전병

1 2024 평가원
유전 복합 문제
[2024학년도 6월 모평 19번]

다음은 사람의 유전 형질 (가)와 (나)에 대한 자료이다.

> ○ (가)는 서로 다른 3개의 상염색체에 있는 3쌍의 대립유전자 A와 a, B와 b, D와 d에 의해 결정된다.
>
> ○ (가)의 표현형은 유전자형에서 대문자로 표시되는 내립유전자의 수에 의해서만 결정되며, 이 대립유전자의 수가 다르면 표현형이 다르다.
>
> ○ (나)는 대립유전자 E와 e에 의해 결정되며, 유전자형이 다르면 표현형이 다르다. (나)의 유전자는 (가)의 유전자와 서로 다른 상염색체에 있다.
>
> ○ P의 유전자형은 AaBbDdEe이고, P와 Q는 (가)의 표현형이 서로 같다.
>
> ○ P와 Q 사이에서 ⓐ가 태어날 때, ⓐ에게서 나타날 수 있는 (가)와 (나)의 표현형은 최대 15가지이다.

ⓐ가 유전자형이 AabbDdEe인 사람과 (가)와 (나)의 표현형이 모두 같을 확률은? (단, 돌연변이는 고려하지 않는다.)

① $\frac{1}{16}$ ② $\frac{1}{8}$ ③ $\frac{3}{16}$ ④ $\frac{1}{4}$ ⑤ $\frac{5}{16}$

2
유전 복합 문제
[2020년 10월 학평 16번]

다음은 사람의 유전 형질 (가)에 대한 자료이다.

> ○ (가)는 3쌍의 대립유전자 A와 a, B와 b, D와 d에 의해 결정된다. 이 중 1쌍의 대립유전자는 7번 염색체에, 나머지 2쌍의 대립유전자는 9번 염색체에 있다.
>
> ○ (가)의 표현형은 ⓐ유전자형에서 대문자로 표시된 대립유전자의 수에 의해서만 결정된다.
>
> ○ ⓐ가 3인 남자 Ⅰ과 ⓐ가 4인 여자 Ⅱ 사이에서 ⓐ가 6인 아이 Ⅲ이 태어났다.
>
> ○ Ⅱ에서 난자가 형성될 때, 이 난자가 a, b, D를 모두 가질 확률은 $\frac{1}{2}$이다.
>
> ○ Ⅰ과 Ⅱ 사이에서 Ⅲ의 동생이 태어날 때, 이 아이에게서 나타날 수 있는 표현형은 최대 ⊙ 가지이고, 이 아이의 ⓐ가 5일 확률은 ⓒ 이다.

이에 대한 옳은 설명만을 〈보기〉에서 있는 대로 고른 것은? (단, 돌연변이와 교차는 고려하지 않는다.) 3점

> **보기**
> ㄱ. Ⅲ에서 A와 B는 모두 9번 염색체에 있다.
> ㄴ. ⊙은 6이다.
> ㄷ. ⓒ은 $\frac{1}{8}$이다.

① ㄱ   ② ㄷ   ③ ㄱ, ㄴ   ④ ㄴ, ㄷ   ⑤ ㄱ, ㄴ, ㄷ

다음은 사람의 유전 형질 ㉠과 ㉡에 대한 자료이다.

○ ㉠을 결정하는 2개의 유전자는 각각 대립유전자 A와
a, B와 b를 가진다. ㉠의 표현형은 유전자형에서 대문자로
표시되는 대립유전자의 수에 의해서만 결정되며, 이
대립유전자의 수가 다르면 표현형이 다르다.

○ ㉡은 대립유전자 H와 H*에 의해 결정된다.

○ 그림 (가)는 남자 P의, (나)는 여자 Q의 체세포에 들어 있는
일부 염색체와 유전자를 나타낸 것이다.

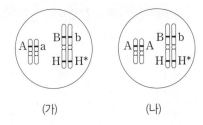

(가)   (나)

○ P와 Q 사이에서 ⓐ가 태어날 때, ⓐ에게서 나타날 수 있는
표현형은 최대 6가지이다.

**ⓐ에서 ㉠과 ㉡의 표현형이 모두 Q와 같을 확률은? (단, 돌연변이와
교차는 고려하지 않는다.)**

① $\frac{1}{16}$ ② $\frac{1}{8}$ ③ $\frac{3}{16}$ ④ $\frac{1}{4}$ ⑤ $\frac{3}{8}$

다음은 사람의 유전 형질 (가)와 (나)에 대한 자료이다.

○ (가)는 대립 유전자 A와 a에 의해 결정되며, 유전자형이 다
르면 표현형이 다르다.

○ (나)를 결정하는 데 관여하는 3개의 유전자는 서로 다른 2개
의 상염색체에 있으며, 3개의 유전자는 각각 대립 유전자 B
와 b, D와 d, E와 e를 갖는다.

○ (나)의 표현형은 유전자형에서 대문자로 표시되는 대립 유전
자의 수에 의해서만 결정되며, 이 대립 유전자의 수가 다르면
표현형이 다르다.

○ 그림은 어떤 남자 P의 체세포에 들어 있는
일부 염색체와 유전자를 나타낸 것이다.

○ 어떤 여자 Q에서 (가)와 (나)의 표현형은 P
와 같다. P와 Q 사이에서 ⓐ가 태어날 때,
ⓐ에게서 나타날 수 있는 표현형은 최대 10가지이다.

**이에 대한 설명으로 옳은 것만을 〈보기〉에서 있는 대로 고른 것은?
(단, 돌연변이와 교차는 고려하지 않는다.) 3점**

> **보기**
> ㄱ. (나)의 유전은 다인자 유전이다.
> ㄴ. Q는 A와 b가 같이 존재하는 염색체를 갖는다.
> ㄷ. ⓐ에서 (가)와 (나)의 표현형이 부모와 같을 확률은 $\frac{3}{10}$이다.

① ㄱ   ② ㄷ   ③ ㄱ, ㄴ   ④ ㄱ, ㄷ   ⑤ ㄴ, ㄷ

다음은 사람의 유전 형질 (가)와 (나)에 대한 자료이다.

○ (가)는 3쌍의 대립유전자 A와 a, B와 b, D와 d에 의해
결정된다.

○ (가)의 표현형은 유전자형에서 대문자로 표시되는
대립유전자의 수에 의해서만 결정되고, 이 대립유전자의
수가 다르면 표현형이 다르다.

○ (나)는 1쌍의 대립유전자에 의해 결정되고, 대립유전자에는
E, F, G가 있다. 각 대립유전자 사이의 우열 관계는
분명하고, (나)의 유전자형이 FF인 사람과 FG인 사람은
(나)의 표현형이 같다.

○ 그림은 남자 ㉠과 여자 ㉡의 세포에 있는 일부 염색체와
유전자를 나타낸 것이다.

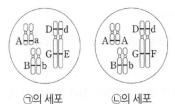

㉠의 세포   ㉡의 세포

○ ㉠과 ㉡ 사이에서 ⓐ가 태어날 때, ⓐ에게서 (가)와 (나)의
표현형이 모두 ㉠과 같을 확률은 $\frac{3}{32}$이다.

**ⓐ에게서 (가)와 (나)의 표현형이 모두 ㉡과 같을 확률은? (단,
돌연변이와 교차는 고려하지 않는다.)**

① $\frac{1}{32}$ ② $\frac{1}{16}$ ③ $\frac{3}{32}$ ④ $\frac{1}{8}$ ⑤ $\frac{3}{16}$

다음은 사람의 유전 형질 (가)와 (나)에 대한 자료이다.

○ (가)는 서로 다른 3개의 상염색체에 있는 3쌍의 대립유전자 A와 a, B와 b, D와 d에 의해 결정된다.
○ (가)의 표현형은 유전자형에서 대문자로 표시되는 대립 유전자의 수에 의해서만 결정되며, 이 대립유전자의 수가 다르면 표현형이 다르다.
○ (나)는 대립유전자 E와 e에 의해 결정되며, 유전자형이 다르면 표현형이 다르다. (나)의 유전자는 (가)의 유전자와 서로 다른 상염색체에 있다.
○ P와 Q는 (가)의 표현형이 서로 같고, (나)의 표현형이 서로 다르다.
○ P와 Q 사이에서 ⓐ가 태어날 때, ⓐ의 표현형이 P와 같을 확률은 $\frac{3}{16}$이다.
○ ⓐ는 유전자형이 AABBDDEE인 사람과 같은 표현형을 가질 수 있다.

ⓐ에게서 나타날 수 있는 표현형의 최대 가짓수는? (단, 돌연변이는 고려하지 않는다.) **3점**

① 5   ② 6   ③ 7   ④ 10   ⑤ 14

다음은 어떤 집안의 유전병 ㉠과 ABO식 혈액형에 대한 자료이다.

○ 유전병 ㉠은 대립 유전자 H와 H*에 의해 결정되며, H와 H*의 우열 관계는 분명하다.
○ H는 정상 유전자이고, H*는 유전병 유전자이다.
○ ㉠의 유전자와 ABO식 혈액형 유전자는 같은 염색체에 존재한다.
○ 구성원 1, 3, 5의 ABO식 혈액형은 A형, 구성원 6의 ABO식 혈액형은 B형이다.
○ 구성원 1의 ABO식 혈액형에 대한 유전자형은 동형 접합이다.

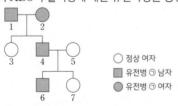

○ 정상 여자
■ 유전병 ㉠ 남자
● 유전병 ㉠ 여자

이에 대한 설명으로 옳은 것만을 〈보기〉에서 있는 대로 고른 것은? (단, 돌연변이와 교차는 고려하지 않는다.)

보기

ㄱ. 4의 ABO식 혈액형은 AB형이다.
ㄴ. 6의 H*는 1로부터 물려받은 유전자이다.
ㄷ. 7의 동생이 태어날 때, 이 아이에게서 ㉠은 나타나지 않고 ABO식 혈액형이 A형일 확률은 $\frac{1}{2}$이다.

① ㄱ   ② ㄴ   ③ ㄱ, ㄷ   ④ ㄴ, ㄷ   ⑤ ㄱ, ㄴ, ㄷ

다음은 어떤 집안의 ABO식 혈액형과 유전 형질 (가)에 대한 자료이다.

○ (가)는 대립 유전자 T와 T*에 의해 결정되며, T는 T*에 대해 완전 우성이다. (가)의 유전자는 ABO식 혈액형 유전자와 같은 염색체에 존재한다.
○ 표는 구성원의 성별, ABO식 혈액형과 (가)의 발현 여부를 나타낸 것이다. ㉠, ㉡, ㉢은 ABO식 혈액형 중 하나이며, ㉠, ㉡, ㉢은 각각 서로 다르다.

구성원	성별	혈액형	(가)
아버지	남	㉠	×
어머니	여	㉡	×
자녀 1	남	㉠	×
자녀 2	여	㉢	○
자녀 3	여	㉡	×

(○: 발현됨, ×: 발현 안 됨)

○ 자녀 1의 (가)에 대한 유전자형은 동형 접합이다.
○ 자녀 3과 혈액형이 O형이면서 (가)가 발현되지 않은 남자 사이에서 ⓐ A형이면서 (가)가 발현된 남자 아이가 태어났다.

이에 대한 설명으로 옳은 것만을 〈보기〉에서 있는 대로 고른 것은? (단, 돌연변이와 교차는 고려하지 않는다.)

보기

ㄱ. ㉡은 A형이다.
ㄴ. 아버지와 자녀 1의 ABO식 혈액형에 대한 유전자형은 서로 다르다.
ㄷ. ⓐ의 동생이 태어날 때, 이 아이의 혈액형이 A형이면서 (가)가 발현되지 않을 확률은 $\frac{1}{4}$이다.

① ㄱ   ② ㄴ   ③ ㄷ   ④ ㄱ, ㄴ   ⑤ ㄴ, ㄷ

9 2023 수능

유전 복합 문제
[2023학년도 수능 17번]

다음은 어떤 가족의 유전 형질 (가)에 대한 자료이다.

○ (가)는 서로 다른 상염색체에 있는 2쌍의 대립유전자 H와 h, T와 t에 의해 결정된다. (가)의 표현형은 유전자형에서 대문자로 표시되는 대립유전자의 수에 의해서만 결정되며, 이 대립유전자의 수가 다르면 표현형이 다르다.

○ 표는 이 가족 구성원의 체세포에서 대립유전자 ⓐ~ⓓ의 유무와 (가)의 유전자형에서 대문자로 표시되는 대립유전자의 수를 나타낸 것이다. ⓐ~ⓓ는 H, h, T, t를 순서 없이 나타낸 것이고, ㉠~㉤은 0, 1, 2, 3, 4를 순서 없이 나타낸 것이다.

구성원	대립유전자				대문자로 표시되는 대립유전자의 수
	ⓐ	ⓑ	ⓒ	ⓓ	
아버지	○	○	×	○	㉠
어머니	○	○	○	○	㉡
자녀 1	?	×	×	○	㉢
자녀 2	○	○	?	×	㉣
자녀 3	○	?	○	×	㉤

(○: 있음, ×: 없음)

○ 아버지의 정자 형성 과정에서 염색체 비분리가 1회 일어나 염색체 수가 비정상적인 정자 P가 형성되었다. P와 정상 난자가 수정되어 자녀 3이 태어났다.

○ 자녀 3을 제외한 이 가족 구성원의 핵형은 모두 정상이다.

이에 대한 설명으로 옳은 것만을 <보기>에서 있는 대로 고른 것은? (단, 제시된 염색체 비분리 이외의 돌연변이와 교차는 고려하지 않는다.) 3점

보기
ㄱ. 아버지는 t를 갖는다.
ㄴ. ⓐ는 ⓒ와 대립유전자이다.
ㄷ. 염색체 비분리는 감수 1분열에서 일어났다.

① ㄱ ② ㄴ ③ ㄷ ④ ㄱ, ㄴ ⑤ ㄱ, ㄷ

10

유전 복합 문제
[2017년 3월 학평 15번]

다음은 영희네 가족의 유전병 ㉠에 대한 자료이다.

○ ㉠은 X 염색체에 있는 대립 유전자 R와 r에 의해 결정되며, R는 r에 대해 완전 우성이다.

○ 영희네 가족 구성원은 아버지, 어머니, 오빠, 영희이다.

○ 부모에게서 ㉠이 나타나지 않고, 오빠와 영희에게서 ㉠이 나타난다.

○ 오빠와 영희에게서 염색체 수 이상이 나타나고, 체세포 1개당 X 염색체 수는 오빠가 영희보다 많다.

○ 오빠와 영희가 태어날 때 각각 부모 중 한 사람의 감수 분열에서 성염색체 비분리가 1회 일어났다.

이에 대한 옳은 설명만을 <보기>에서 있는 대로 고른 것은? (단, 제시된 염색체 비분리 이외의 돌연변이와 교차는 고려하지 않는다.) 3점

보기
ㄱ. 오빠는 감수 1분열에서 염색체 비분리가 일어나 형성된 난자가 수정되어 태어났다.
ㄴ. 영희가 태어날 때 아버지의 감수 분열에서 염색체 비분리가 일어났다.
ㄷ. 체세포 1개당 r의 수는 어머니가 영희보다 많다.

① ㄴ ② ㄷ ③ ㄱ, ㄴ ④ ㄱ, ㄷ ⑤ ㄴ, ㄷ

정답과 해설 9 p.444 10 p.445

다음은 사람 P의 정자 형성 과정에 대한 자료이다.

○ 그림은 P의 세포 I로부터 정자가 형성되는 과정을, 표는 세포 ㉠~㉣에서 세포 1개당 대립유전자 A, a, B, b, D, d의 DNA 상대량을 나타낸 것이다. A는 a와, B는 b와, D는 d와 각각 대립유전자이고, ㉠~㉣은 I~Ⅳ를 순서 없이 나타낸 것이다.

세포	DNA 상대량					
	A	a	B	b	D	d
㉠	0	?	ⓐ	0	0	0
㉡	ⓑ	2	0	1	?	1
㉢	?	1	2	ⓒ	?	1
㉣	0	?	4	?	2	ⓓ

○ I은 G₁기 세포이며, I에는 중복이 일어난 염색체가 1개만 존재한다. I이 Ⅱ가 되는 과정에서 DNA는 정상적으로 복제되었다.

○ 이 정자 형성 과정의 감수 1분열에서는 상염색체에서 비분리가 1회, 감수 2분열에서는 성염색체에서 비분리가 1회 일어났다.

이에 대한 설명으로 옳은 것만을 <보기>에서 있는 대로 고른 것은? (단, 제시된 중복과 염색체 비분리 이외의 돌연변이와 교차는 고려하지 않으며, Ⅱ와 Ⅲ은 중기의 세포이다. A, a, B, b, D, d 각각의 1개당 DNA 상대량은 1이다.) **3점**

보기
ㄱ. ⓐ+ⓑ+ⓒ+ⓓ=5이다.
ㄴ. P에서 a는 성염색체에 있다.
ㄷ. Ⅳ에는 중복이 일어난 염색체가 있다.

① ㄱ ② ㄴ ③ ㄱ, ㄷ ④ ㄴ, ㄷ ⑤ ㄱ, ㄴ, ㄷ

사람의 유전 형질 ⓐ는 3쌍의 대립 유전자 A와 a, B와 b, D와 d에 의해 결정되며, ⓐ를 결정하는 유전자는 서로 다른 2개의 상염색체에 있다. 그림 (가)는 유전자형이 AaBbDd인 G₁기의 세포 Q로부터 정자가 형성되는 과정을, (나)는 세포 ㉠~㉢의 세포 1개당 a, B, D의 DNA 상대량을 나타낸 것이다. ㉠~㉢은 I~Ⅲ을 순서 없이 나타낸 것이다. (가)에서 염색체 비분리는 1회 일어났고, I~Ⅲ 중 1개의 세포만 A를 가지며, I은 중기의 세포이다.

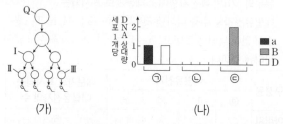

(가)   (나)

이에 대한 설명으로 옳은 것만을 <보기>에서 있는 대로 고른 것은? (단, 제시된 염색체 비분리 이외의 돌연변이와 교차는 고려하지 않으며, A, a, B, b, D, d 각각의 1개당 DNA 상대량은 1이다.)

보기
ㄱ. Q에서 A와 b는 같은 염색체에 존재한다.
ㄴ. 염색체 비분리는 감수 2분열에서 일어났다.
ㄷ. 세포 1개당 a, b, d의 DNA 상대량을 더한 값은 Ⅱ에서와 Ⅲ에서가 서로 같다.

① ㄱ ② ㄴ ③ ㄷ ④ ㄱ, ㄴ ⑤ ㄱ, ㄷ

13

다음은 5명으로 구성된 철수네 가족의 유전 형질 ㉠과 ㉡에 대한 자료이다.

○ ㉠은 대립 유전자 A와 A*에 의해, ㉡은 대립 유전자 B와 B*에 의해 결정되며, 각 대립 유전자 사이의 우열 관계는 분명하다.
○ 표는 철수네 가족 구성원에서 ㉠과 ㉡이 발현된 모든 사람을, 그림은 아버지와 어머니의 체세포 1개당 A*, B, B*의 DNA 상대량을 나타낸 것이다.

구분	가족 구성원
㉠ 발현	어머니, 형
㉡ 발현	아버지, 누나, 철수

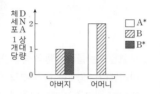

○ 감수 분열 시 성염색체 비분리가 1회 일어난 정자 ⓐ와 정상 난자가 수정되어 철수가 태어났다. 철수의 염색체 수는 47개이다.

이에 대한 설명으로 옳은 것만을 〈보기〉에서 있는 대로 고른 것은? (단, 제시된 염색체 비분리 이외의 돌연변이는 고려하지 않으며, A, A*, B, B* 각각의 1개당 DNA 상대량은 같다.) 3점

보기
ㄱ. A는 A*에 대해 우성이다.
ㄴ. 철수의 형에서 ㉡의 유전자형은 동형 접합이다.
ㄷ. ⓐ가 형성될 때 성염색체 비분리는 감수 2분열에서 일어났다.

① ㄱ ② ㄷ ③ ㄱ, ㄴ ④ ㄴ, ㄷ ⑤ ㄱ, ㄴ, ㄷ

14

다음은 철수네 가족의 유전 형질 (가)와 (나)에 대한 자료이다.

○ (가)는 대립 유전자 A와 A*에 의해, (나)는 대립 유전자 B와 B*에 의해 결정되며, 각 대립 유전자 사이의 우열 관계는 분명하다.
○ 표는 철수네 가족 구성원에서 (가)와 (나)의 발현 여부와 체세포 1개당 A*와 B*의 DNA 상대량을 나타낸 것이다. 구성원 ㉠~㉢은 아버지, 어머니, 누나를 순서 없이 나타낸 것이다.

구성원	유전 형질 (가)	유전 형질 (나)	DNA 상대량 A*	DNA 상대량 B*
㉠	×	○	1	1
㉡	○	×	2	0
㉢	○	○	1	1
형	○	×	1	0
철수	×	○	1	2

(○: 발현됨, ×: 발현 안 됨)

○ 감수 분열 시 염색체 비분리가 1회 일어난 정자 ⓐ와 정상 난자가 수정되어 철수가 태어났다. 철수의 체세포 1개당 염색체 수는 47개이다.

이에 대한 설명으로 옳은 것만을 〈보기〉에서 있는 대로 고른 것은? (단, 교차와 제시된 염색체 비분리 이외의 돌연변이는 고려하지 않으며, A, A*, B, B* 각각의 1개당 DNA 상대량은 같다.) 3점

보기
ㄱ. (나)의 유전자는 상염색체에 있다.
ㄴ. 누나는 어머니에게서 A*와 B를 물려받았다.
ㄷ. ⓐ가 형성될 때 염색체 비분리는 감수 2분열에서 일어났다.

① ㄱ ② ㄴ ③ ㄷ ④ ㄱ, ㄴ ⑤ ㄱ, ㄴ, ㄷ

15

다음은 어떤 집안의 유전 형질 ㉠과 ㉡에 대한 자료이다.

- ㉠은 대립 유전자 A와 A*에 의해, ㉡은 대립 유전자 B와 B*에 의해 결정된다. A는 A*에 대해, B는 B*에 대해 각각 완전 우성이다.
- ㉠의 유전자와 ㉡의 유전자는 같은 염색체에 존재한다.
- 가계도는 구성원 1~8에서 ㉠과 ㉡의 발현 여부를 나타낸 것이다.

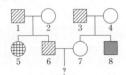

정상 여자 ○
발현 남자 ▨
발현 여자 ⊕
㉠, ㉡ 발현 남자 ▧

- 1~8의 핵형은 모두 정상이다.
- 5와 8 중 한 명은 정상 난자와 정상 정자가 수정되어 태어났다. 나머지 한 명은 염색체 수가 비정상적인 난자와 염색체 수가 비정상적인 정자가 수정되어 태어났으며, ⓐ 이 난자와 정자의 형성 과정에서 각각 염색체 비분리가 1회 일어났다.
- $\dfrac{1, 2, 6 \text{ 각각의 체세포 1개당 A*의 DNA 상대량을 더한 값}}{3, 4, 7 \text{ 각각의 체세포 1개당 A*의 DNA 상대량을 더한 값}} = 1$이다.

이에 대한 설명으로 옳은 것만을 〈보기〉에서 있는 대로 고른 것은? (단, 제시된 염색체 비분리 이외의 돌연변이와 교차는 고려하지 않으며, A와 A* 각각의 1개 DNA 상대량은 1이다.) **3점**

보기

ㄱ. ㉠은 우성 형질이다.
ㄴ. ⓐ의 형성 과정에서 염색체 비분리는 감수 2분열에서 일어났다.
ㄷ. 6과 7 사이에서 아이가 태어날 때, 이 아이에게서 ㉠과 ㉡ 중 ㉠만 발현될 확률은 $\dfrac{1}{4}$이다.

① ㄱ ② ㄴ ③ ㄷ ④ ㄱ, ㄴ ⑤ ㄴ, ㄷ

16

다음은 어떤 집안의 유전 형질 (가)와 적록 색맹에 대한 자료이다.

- (가)는 대립 유전자 A와 a에 의해, 적록 색맹은 대립 유전자 B와 b에 의해 결정되며, A는 a에 대해, B는 b에 대해 각각 완전 우성이다.
- (가)와 적록 색맹을 결정하는 유전자는 같은 염색체에 존재한다.

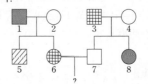

□ 정상 남자
○ 정상 여자
▨ (가) 발현 남자
▦ 적록 색맹 발현 남자
⊕ 적록 색맹 발현 여자
■ (가), 적록 색맹 발현 남자
● (가), 적록 색맹 발현 여자

- 구성원 5는 클라인펠터 증후군을, 구성원 8은 터너 증후군을 나타낸다. 5와 8은 각각 부모 중 한 사람의 감수 분열에서 성염색체 비분리가 1회 일어나 형성된 생식 세포가 정상 생식 세포와 수정되어 태어났다.
- 5에서 체세포 1개당 a와 B의 수는 같다.

이에 대한 옳은 설명만을 〈보기〉에서 있는 대로 고른 것은? (단, 제시된 염색체 비분리 이외의 돌연변이와 교차는 고려하지 않는다.) **3점**

보기

ㄱ. (가)는 우성 형질이다.
ㄴ. 성염색체 비분리는 2와 3의 감수 분열에서 일어났다.
ㄷ. 6과 7 사이에서 아이가 태어날 때, 이 아이에게서 (가)와 적록 색맹이 모두 발현될 확률은 $\dfrac{1}{2}$이다.

① ㄱ ② ㄴ ③ ㄷ ④ ㄱ, ㄴ ⑤ ㄴ, ㄷ

17

다음은 어떤 가족의 유전 형질 (가)와 (나)에 대한 자료이다.

○ (가)는 대립유전자 A와 a에 의해, (나)는 대립유전자 B와 b에 의해 결정된다. A는 a에 대해, B는 b에 대해 각각 완전 우성이다.

○ (가)와 (나)를 결정하는 유전자 중 1개는 X 염색체에, 나머지 1개는 상염색체에 존재한다.

○ 표는 이 가족 구성원의 성별과 체세포 1개당 A와 B의 DNA 상대량을 나타낸 것이다.

구성원	성별	A	B
아버지	남	?	1
어머니	여	0	?
자녀 1	남	?	1
자녀 2	여	?	0
자녀 3	남	2	2

○ 부모의 생식세포 형성 과정 중 한 명에게서 대립유전자 ㉠이 대립유전자 ㉡으로 바뀌는 돌연변이가 1회 일어나 ㉡을 갖는 생식세포가, 나머지 한 명에게서 ⓐ 염색체 비분리가 1회 일어나 염색체 수가 비정상적인 생식세포가 형성되었다. 이 두 생식세포가 수정되어 클라인펠터 증후군을 나타내는 자녀 3이 태어났다. ㉠과 ㉡은 각각 A, a, B, b 중 하나이다.

이에 대한 설명으로 옳은 것만을 〈보기〉에서 있는 대로 고른 것은? (단, 제시된 돌연변이 이외의 돌연변이는 고려하지 않으며, A, a, B, b 각각의 1개당 DNA 상대량은 1이다.) 3점

보기

ㄱ. ㉡은 A이다.

ㄴ. ⓐ가 형성될 때 염색체 비분리는 감수 2분열에서 일어났다.

ㄷ. 체세포 1개당 $\dfrac{a의 \ DNA \ 상대량}{b의 \ DNA \ 상대량}$ 은 자녀 1이 자녀 2보다 크다.

① ㄴ　　② ㄷ　　③ ㄱ, ㄴ　　④ ㄱ, ㄷ　　⑤ ㄱ, ㄴ, ㄷ

18

다음은 어떤 가족의 유전 형질 (가)와 (나)에 대한 자료이다.

○ (가)는 대립유전자 A와 a에 의해 결정되며, 유전자형이 다르면 표현형이 다르다.

○ (나)는 1쌍의 대립유전자에 의해 결정되며 대립유전자에는 B, D, E, F가 있다. B, D, E, F 사이의 우열 관계는 분명하다.

○ (나)의 표현형은 4가지이며, ㉠, ㉡, ㉢, ㉣이다.

○ (나)에서 유전자형이 BF, DF, EF, FF인 개체의 표현형은 같고, 유전자형이 BE, DE, EE인 개체의 표현형은 같고, 유전자형이 BD, DD인 개체의 표현형은 같다.

○ (가)와 (나)의 유전자는 같은 상염색체에 있다.

○ 표는 아버지, 어머니, 자녀 Ⅰ~Ⅳ에서 (나)에 대한 표현형과 체세포 1개당 A의 DNA 상대량을 나타낸 것이다.

구분	아버지	어머니	자녀Ⅰ	자녀Ⅱ	자녀Ⅲ	자녀Ⅳ
(나)에 대한 표현형	㉠	㉡	㉠	㉠	㉢	㉣
A의 DNA 상대량	?	1	2	?	1	0

○ 자녀 Ⅳ는 생식세포 형성 과정에서 대립유전자 ⓐ가 결실된 염색체를 가진 정자와 정상 난자가 수정되어 태어났다. ⓐ는 B, D, E, F 중 하나이다.

이에 대한 설명으로 옳은 것만을 〈보기〉에서 있는 대로 고른 것은? (단, 제시된 돌연변이 이외의 돌연변이와 교차는 고려하지 않으며, A, a 각각의 1개당 DNA 상대량은 1이다.) 3점

보기

ㄱ. ⓐ는 E이다.

ㄴ. 자녀 Ⅱ의 (가)에 대한 유전자형은 aa이다.

ㄷ. 자녀 Ⅳ의 동생이 태어날 때, 이 아이의 (가)와 (나)에 대한 표현형이 모두 아버지와 같을 확률은 $\dfrac{1}{4}$이다.

① ㄱ　　② ㄴ　　③ ㄷ　　④ ㄱ, ㄴ　　⑤ ㄱ, ㄷ

DAY
21

Ⅳ

2
ㅣ
03.
유전
복합
문제

다음은 어떤 집안의 유전 형질 (가)에 대한 자료이다.

○ (가)는 상염색체에 있는 1쌍의 대립유전자에 의해 결정되며, 대립유전자에는 D, E, F, G가 있다.
○ D는 E, F, G에 대해, E는 F, G에 대해, F는 G에 대해 각각 완전 우성이다.
○ 그림은 구성원 1~8의 가계도를, 표는 1, 3, 4, 5의 체세포 1개당 G의 DNA 상대량을 나타낸 것이다. 가계도에 (가)의 표현형은 나타내지 않았다.

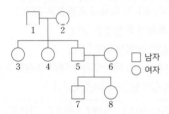

구성원	G의 DNA 상대량
1	1
3	0
4	1
5	0

□ 남자 ○ 여자

○ 1~8의 유전자형은 각각 서로 다르다.
○ 3, 4, 5, 6의 표현형은 모두 다르고, 2와 8의 표현형은 같다.
○ 5와 6 중 한 명의 생식세포 형성 과정에서 ⓐ대립유전자 ㉠이 대립유전자 ㉡으로 바뀌는 돌연변이가 1회 일어나 ㉡을 갖는 생식세포가 형성되었다. 이 생식세포가 정상 생식세포와 수정되어 8이 태어났다. ㉠과 ㉡은 각각 D, E, F, G 중 하나이다.

이에 대한 설명으로 옳은 것만을 〈보기〉에서 있는 대로 고른 것은? (단, 제시된 돌연변이 이외의 돌연변이는 고려하지 않으며, D, E, F, G 각각의 1개당 DNA 상대량은 1이다.) **3점**

보기
ㄱ. 5와 7의 표현형은 같다.
ㄴ. ⓐ는 5에서 형성되었다.
ㄷ. 2~8 중 1과 표현형이 같은 사람은 2명이다.

① ㄱ   ② ㄴ   ③ ㄷ   ④ ㄱ, ㄴ   ⑤ ㄱ, ㄷ

다음은 어떤 집안의 유전 형질 (가)와 (나)에 대한 자료이다.

○ (가)는 21번 염색체에 있는 대립유전자 A와 a에 의해 결정되며, A는 a에 대해 완전 우성이다.
○ (나)는 7번 염색체에 있는 1쌍의 대립유전자에 의해 결정되며, 대립유전자에는 E, F, G가 있다. E는 F, G에 대해, F는 G에 대해 각각 완전 우성이다.
○ 가계도는 구성원 1~7에게서 (가)의 발현 여부를 나타낸 것이다.

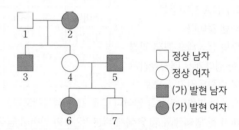

□ 정상 남자
○ 정상 여자
■ (가) 발현 남자
● (가) 발현 여자

○ 1, 2, 4, 5, 6, 7의 (나)의 유전자형은 모두 다르다.
○ 1, 7의 (나)의 표현형은 다르고, 2, 4, 6의 (나)의 표현형은 같다.
○ $\dfrac{1, 7 \text{ 각각의 체세포 1개당 a의 DNA 상대량을 더한 값}}{3, 7 \text{ 각각의 체세포 1개당 E의 DNA 상대량을 더한 값}}=1$ 이다.
○ 7은 염색체 수가 비정상적인 난자 ㉠과 염색체 수가 비정상적인 정자 ㉡이 수정되어 태어났으며, ㉠과 ㉡의 형성 과정에서 각각 염색체 비분리가 1회 일어났다. 1~7의 핵형은 모두 정상이다.

이에 대한 설명으로 옳은 것만을 〈보기〉에서 있는 대로 고른 것은? (단, 제시된 염색체 비분리 이외의 돌연변이는 고려하지 않으며, A, a, E, F, G 각각의 1개당 DNA 상대량은 1이다.) **3점**

보기
ㄱ. (가)는 열성 형질이다.
ㄴ. 5의 (나)의 유전자형은 동형 접합성이다.
ㄷ. ㉠의 형성 과정에서 염색체 비분리는 감수 2분열에서 일어났다.

① ㄱ   ② ㄷ   ③ ㄱ, ㄴ   ④ ㄴ, ㄷ   ⑤ ㄱ, ㄴ, ㄷ

다음은 어떤 집안의 유전 형질 (가)와 (나)에 대한 자료이다.

○ (가)는 대립유전자 R와 r에 의해, (나)는 대립유전자 T와
t에 의해 결정된다. R는 r에 대해, T는 t에 대해 각각 완전
우성이다.
○ (가)의 유전자와 (나)의 유전자는 모두 X 염색체에 있다.
○ 가계도는 구성원 @와 ⓑ를 제외한 구성원 1~7에게서
(가)와 (나)의 발현 여부를 나타낸 것이다.

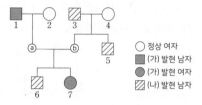

○ 정상 여자
■ (가) 발현 남자
● (가) 발현 여자
▨ (나) 발현 남자

○ 2와 7의 (가)의 유전자형은 모두 동형 접합성이다.

이에 대한 설명으로 옳은 것만을 〈보기〉에서 있는 대로 고른 것은?
(단, 돌연변이와 교차는 고려하지 않는다.) **3점**

보기
ㄱ. (가)는 우성 형질이다.
ㄴ. @는 여자이다.
ㄷ. ⓑ에서 (가)와 (나) 중 (가)만 발현되었다.

① ㄱ   ② ㄴ   ③ ㄷ   ④ ㄱ, ㄴ   ⑤ ㄴ, ㄷ

다음은 어떤 집안의 유전 형질 (가)~(다)에 대한 자료이다.

○ (가)는 대립 유전자 A와 A*에 의해, (나)는 대립 유전자 B
와 B*에 의해, (다)는 대립 유전자 D와 D*에 의해 결정된
다. A는 A*에 대해, B는 B*에 대해, D는 D*에 대해 각각
완전 우성이다.
○ (가)의 유전자와 (나)의 유전자는 서로 다른 염색체에 있고,
(가)의 유전자와 (다)의 유전자는 같은 염색체에 존재한다.
○ 가계도는 (가)~(다) 중 (가)와 (나)의 발현 여부를 나타낸 것
이다.

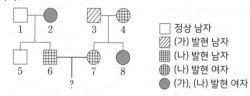

□ 정상 남자
▨ (가) 발현 남자
▦ (나) 발현 남자
◉ (나) 발현 여자
● (가), (나) 발현 여자

○ 구성원 1, 4, 7, 8에게서 (다)가 발현되었고, 구성원 2, 3, 5, 6
에게서는 (다)가 발현되지 않았다. 1은 D와 D* 중 한 종류만
가지고 있다.
○ 표는 구성원 ㉠~㉢에서 체세포 1개당 A와 A*의 DNA 상
대량과 구성원 ㉣~㉥에서 체세포 1개당 B와 B*의 DNA
상대량을 나타낸 것이다. ㉠~㉢은 1, 2, 5를 순서 없이, ㉣~
㉥은 3, 4, 8을 순서 없이 나타낸 것이다.

구성원	DNA 상대량		구성원	DNA 상대량	
	A	A*		B	B*
㉠	@	1	㉣	?	0
㉡	?	0	㉤	ⓑ	1
㉢	0	2	㉥	1	?

이에 대한 설명으로 옳은 것만을 〈보기〉에서 있는 대로 고른 것은?
(단, 돌연변이와 교차는 고려하지 않으며, A, A*, B, B* 각각의 1
개당 DNA 상대량은 같다.)

보기
ㄱ. @+ⓑ=1이다.
ㄴ. 구성원 1~8 중 A, B, D를 모두 가진 사람은 2명이다.
ㄷ. 6과 7 사이에서 남자 아이가 태어날 때, 이 아이에게서
(가)~(다) 중 (나)와 (다)만 발현될 확률은 $\frac{1}{8}$이다.

① ㄱ   ② ㄴ   ③ ㄱ, ㄷ   ④ ㄴ, ㄷ   ⑤ ㄱ, ㄴ, ㄷ

DAY
21

IV

2
|
03.
유전
복합
문제

다음은 어떤 가족의 유전 형질 (가)~(다)에 대한 자료이다.

○ (가)는 대립유전자 A와 a에 의해, (나)는 대립유전자 B와 b에 의해, (다)는 대립유전자 D와 d에 의해 결정된다.

○ (가)와 (나)의 유전자는 7번 염색체에, (다)의 유전자는 13번 염색체에 있다.

○ 그림은 어머니와 아버지의 체세포 각각에 들어 있는 7번 염색체, 13번 염색체와 유전자를 나타낸 것이다.

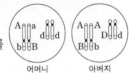

어머니   아버지

○ 표는 이 가족 구성원 중 자녀 1~3에서 체세포 1개당 A, b, D의 DNA 상대량을 더한 값 (A+b+D)과 체세포 1개당 a, b, d의 DNA 상대량을 더한 값(a+b+d)을 나타낸 것이다.

구성원		자녀 1	자녀 2	자녀 3
DNA 상대량을 더한 값	A+b+D	5	3	4
	a+b+d	3	3	1

○ 자녀 1~3은 (가)의 유전자형이 모두 같다.

○ 어머니의 생식세포 형성 과정에서 ㉠이 1회 일어나 형성된 난자 P와 아버지의 생식세포 형성 과정에서 ㉡이 1회 일어나 형성된 정자 Q가 수정되어 자녀 3이 태어났다. ㉠과 ㉡은 7번 염색체 결실과 13번 염색체 비분리를 순서 없이 나타낸 것이다.

○ 자녀 3의 체세포 1개당 염색체 수는 47이고, 자녀 3을 제외한 이 가족 구성원의 핵형은 모두 정상이다.

이에 대한 설명으로 옳은 것만을 <보기>에서 있는 대로 고른 것은?
(단, 제시된 돌연변이 이외의 돌연변이와 교차는 고려하지 않으며, A, a, B, b, D, d 각각의 1개당 DNA 상대량은 1이다.) **3점**

보기
ㄱ. 자녀 2에서 A, B, D를 모두 갖는 생식세포가 형성될 수 있다.
ㄴ. ㉠은 7번 염색체 결실이다.
ㄷ. 염색체 비분리는 감수 2분열에서 일어났다.

① ㄱ   ② ㄴ   ③ ㄱ, ㄷ   ④ ㄴ, ㄷ   ⑤ ㄱ, ㄴ, ㄷ

다음은 어떤 집안의 유전 형질 (가)와 (나)에 대한 자료이다.

○ (가)는 대립유전자 E와 e에 의해 결정되고, E는 e에 대해 완전 우성이다.

○ (나)는 대립유전자 H, R, T에 의해 결정된다. H는 R와 T에 대해 각각 완전 우성이고, R는 T에 대해 완전 우성이다.

○ (나)의 표현형은 3가지이고, ㉠, ㉡, ㉢이다.

○ (가)와 (나)의 유전자는 모두 X 염색체에 있다.

○ 가계도는 구성원 ⓐ와 ⓑ를 제외한 구성원 1 ~ 11에서 (가)의 발현 여부를 나타낸 것이다.

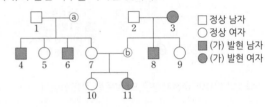

☐ 정상 남자
○ 정상 여자
■ (가) 발현 남자
● (가) 발현 여자

○ 1의 (나)의 표현형은 ㉠이고, 2와 11의 (나)의 표현형은 ㉡이며, 3의 (나)의 표현형은 ㉢이다.

○ 4, 6, 10의 (나)의 표현형은 모두 다르고, ⓑ, 8, 9의 (나)의 표현형도 모두 다르다.

○ 9의 (나)의 유전자형은 RT이다.

이에 대한 옳은 설명만을 <보기>에서 있는 대로 고른 것은?
(단, 돌연변이와 교차는 고려하지 않는다.) **3점**

보기
ㄱ. (가)는 열성 형질이다.
ㄴ. ⓐ와 8의 (나)의 표현형은 다르다.
ㄷ. 이 집안에서 E와 T를 모두 갖는 구성원은 4명이다.

① ㄱ   ② ㄴ   ③ ㄱ, ㄷ   ④ ㄴ, ㄷ   ⑤ ㄱ, ㄴ, ㄷ

25

다음은 어떤 집안의 유전 형질 (가)와 (나)에 대한 자료이다.

○ (가)는 대립유전자 H와 h에 의해, (나)는 대립유전자 R와 r에 의해 결정된다. H는 h에 대해, R는 r에 대해 각각 완전 우성이다.

○ (가)와 (나)의 유전자는 모두 X 염색체에 있다.

○ 가계도는 구성원 ⓐ와 ⓑ를 제외한 구성원 1∼9에서 (가)와 (나)의 발현 여부를 나타낸 것이다.

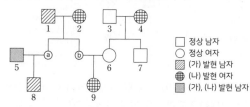

□ 정상 남자
○ 정상 여자
▨ (가) 발현 여자
⊕ (나) 발현 여자
▨ (가), (나) 발현 남자

○ ⓐ와 ⓑ 중 한 사람은 (가)와 (나)가 모두 발현되었고, 나머지 한 사람은 (가)와 (나)가 모두 발현되지 않았다.

이에 대한 설명으로 옳은 것만을 〈보기〉에서 있는 대로 고른 것은? (단, 돌연변이와 교차는 고려하지 않는다.) 3점

보기

ㄱ. ⓐ에게서 (가)와 (나)가 모두 발현되었다.

ㄴ. 2의 (가)에 대한 유전자형은 이형 접합성이다.

ㄷ. 8의 동생이 태어날 때, 이 아이에게서 나타날 수 있는 표현형은 최대 4가지이다.

① ㄱ　　② ㄴ　　③ ㄱ, ㄷ　　④ ㄴ, ㄷ　　⑤ ㄱ, ㄴ, ㄷ

26

다음은 어떤 집안의 유전 형질 (가)∼(다)에 대한 자료이다.

○ (가)는 대립유전자 H와 h에 의해, (나)는 대립유전자 R와 r에 의해, (다)는 대립유전자 T와 t에 의해 결정된다. H는 h에 대해, R는 r에 대해, T는 t에 대해 각각 완전 우성이다.

○ (가)∼(다)의 유전자 중 2개는 X 염색체에, 나머지 1개는 상염색체에 있다.

○ 가계도는 구성원 ⓐ를 제외한 구성원 1∼8에게서 (가)∼(다) 중 (가)와 (나)의 발현 여부를 나타낸 것이다.

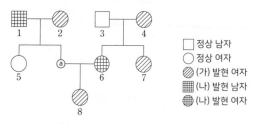

□ 정상 남자
○ 정상 여자
▨ (가) 발현 여자
⊞ (나) 발현 남자
⊕ (나) 발현 여자

○ 2, 7에서는 (다)가 발현되었고, 4, 5, 8에서는 (다)가 발현되지 않았다.

이에 대한 설명으로 옳은 것만을 〈보기〉에서 있는 대로 고른 것은? (단, 돌연변이와 교차는 고려하지 않는다.) 3점

보기

ㄱ. (나)의 유전자는 X 염색체에 있다.

ㄴ. 4의 (가)∼(다)의 유전자형은 모두 이형 접합성이다.

ㄷ. 8의 동생이 태어날 때, 이 아이에게서 (가)∼(다) 중 (가)만 발현될 확률은 $\frac{1}{4}$이다.

① ㄱ　　② ㄴ　　③ ㄷ　　④ ㄱ, ㄴ　　⑤ ㄴ, ㄷ

DAY
21

Ⅳ

2
ㅣ
03.
유전 복합 문제

다음은 어떤 집안의 유전 형질 ㉠과 ㉡에 대한 자료이다.

○ ㉠은 대립 유전자 H와 h에 의해, ㉡은 대립 유전자 T와 t에 의해 결정된다. H는 h에 대해, T는 t에 대해 각각 완전 우성이다.

○ ㉠의 유전자와 ㉡의 유전자는 같은 염색체에 존재한다.

○ 가계도는 구성원 1~9에게서 ㉠과 ㉡의 발현 여부를 나타낸 것이다.

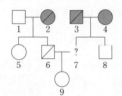

□ 정상 남자
○ 정상 여자
▨ ㉠ 발현 남자
● ㉠ 발현 여자
▧ ㉠, ㉡ 발현 남자
◑ ㉠, ㉡ 발현 여자

○ 4와 8의 체세포 1개당 t의 DNA 상대량은 같다.

이에 대한 설명으로 옳은 것만을 〈보기〉에서 있는 대로 고른 것은? (단, 교차와 돌연변이는 고려하지 않는다.)

보기

ㄱ. ㉠은 열성 형질이다.

ㄴ. 1~9 중 h와 t가 같이 존재하는 염색체를 가진 사람은 모두 4명이다.

ㄷ. 9의 동생이 태어날 때, 이 아이에게서 ㉠과 ㉡이 모두 발현될 확률은 $\frac{1}{4}$이다.

① ㄱ ② ㄷ ③ ㄱ, ㄴ ④ ㄴ, ㄷ ⑤ ㄱ, ㄴ, ㄷ

다음은 어떤 집안의 유전 형질 (가)와 (나)에 대한 자료이다.

○ (가)는 대립유전자 A와 a에 의해, (나)는 대립유전자 B와 b에 의해 결정된다. A는 a에 대해, B는 b에 대해 각각 완전 우성이다.

○ 가계도는 구성원 1~8에게서 (가)와 (나)의 발현 여부를 나타낸 것이다.

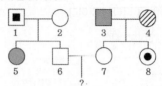

□ 정상 남자
○ 정상 여자
▨ (가) 발현 여자
▧ (나) 발현 남자
◑ (나) 발현 여자
■ (가), (나) 발현 남자
◉ (가), (나) 발현 여자

○ 표는 구성원 Ⅰ~Ⅲ에서 체세포 1개당 ㉠과 ㉢, ㉡과 ㉣의 DNA 상대량을 각각 더한 값을 나타낸 것이다. Ⅰ~Ⅲ은 3, 6, 8을 순서 없이 나타낸 것이고, ㉠과 ㉡은 A와 a를, ㉢과 ㉣은 B와 b를 각각 순서 없이 나타낸 것이다.

구성원	Ⅰ	Ⅱ	Ⅲ
㉠과 ㉢의 DNA 상대량을 더한 값	3	1	2
㉡과 ㉣의 DNA 상대량을 더한 값	0	3	1

이에 대한 설명으로 옳은 것만을 〈보기〉에서 있는 대로 고른 것은? (단, 돌연변이와 교차는 고려하지 않으며, A, a, B, b 각각의 1개당 DNA 상대량은 1이다.) 3점

보기

ㄱ. (가)는 우성 형질이다.

ㄴ. 1과 5의 체세포 1개당 b의 DNA 상대량은 같다.

ㄷ. 6과 7 사이에서 아이가 태어날 때, 이 아이에게서 (가)와 (나) 중 한 형질만 발현될 확률은 $\frac{3}{4}$이다.

① ㄱ ② ㄴ ③ ㄱ, ㄷ ④ ㄴ, ㄷ ⑤ ㄱ, ㄴ, ㄷ

유전 복합 문제
[2020학년도 9월 모평 19번]

다음은 어떤 집안의 유전 형질 (가)~(다)에 대한 자료이다.

○ (가)는 대립 유전자 H와 H*에 의해, (나)는 대립 유전자 R과 R*에 의해, (다)는 대립 유전자 T와 T*에 의해 결정된다. H는 H*에 대해, R는 R*에 대해, T는 T*에 대해 각각 완전 우성이다.

○ (가)의 유전자와 (나)의 유전자는 서로 다른 염색체에 있고, (가)의 유전자와 (다)의 유전자는 같은 염색체에 존재한다.

○ 가계도는 (가)~(다) 중 (가)와 (나)의 발현 여부를 나타낸 것이다.

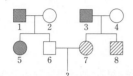

□ 정상 남자
○ 정상 여자
▨ (나) 발현 남자
◪ (나) 발현 여자
■ (가), (나) 발현 남자
● (가), (나) 발현 여자

○ 구성원 1~8 중 1, 4, 8에서만 (다)가 발현되었다.

○ 표는 구성원 ㉠~㉢에서 체세포 1개당 H와 H*의 DNA 상대량을 나타낸 것이다. ㉠~㉢은 1, 2, 6을 순서 없이 나타낸 것이다.

구성원	㉠	㉡	㉢
DNA 상대량 H	?	?	1
H*	1	0	?

○ $\dfrac{\text{7, 8 각각의 체세포 1개당 R의 DNA 상대량을 더한 값}}{\text{3, 4 각각의 체세포 1개당 R의 DNA 상대량을 더한 값}} = 2$이다.

이에 대한 설명으로 옳은 것만을 〈보기〉에서 있는 대로 고른 것은?
(단, 돌연변이와 교차는 고려하지 않으며, H, H*, R, R*, T, T* 각각의 1개당 DNA 상대량은 1이다.) ③점

보기
ㄱ. ㉡은 6이다.
ㄴ. 5에서 (다)의 유전자형은 동형 접합이다.
ㄷ. 6과 7 사이에서 태어날 때, 이 아이에게서 (가)~(다) 중 (가)만 발현될 확률은 $\dfrac{1}{4}$이다.

① ㄱ ② ㄴ ③ ㄷ ④ ㄱ, ㄴ ⑤ ㄱ, ㄷ

유전 복합 문제
[2020학년도 수능 17번]

다음은 어떤 집안의 유전 형질 (가)와 (나)에 대한 자료이다.

○ (가)는 대립 유전자 H와 H*에 의해, (나)는 대립 유전자 T와 T*에 의해 결정된다. H는 H*에 대해, T는 T*에 대해 각각 완전 우성이다.

○ (가)의 유전자와 (나)의 유전자는 모두 X 염색체에 존재한다.

○ 가계도는 구성원 ⓐ와 ⓑ를 제외한 구성원 1~8에게서 (가)와 (나)의 발현 여부를 나타낸 것이다.

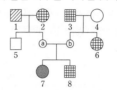

□ 정상 남자
○ 정상 여자
▨ (가) 발현 남자
▦ (나) 발현 남자
⊕ (나) 발현 여자
● (가), (나) 발현 여자

○ 표는 구성원 1, 2, 6에서 체세포 1개당 H의 DNA 상대량과 구성원 3, 4, 5에서 체세포 1개당 T*의 DNA 상대량을 나타낸 것이다. ㉠~㉢은 0, 1, 2를 순서 없이 나타낸 것이다.

구성원	H의 DNA 상대량	구성원	T*의 DNA 상대량
1	㉠	3	㉠
2	㉡	4	㉢
6	㉢	5	㉡

이에 대한 설명으로 옳은 것만을 〈보기〉에서 있는 대로 고른 것은?
(단, 돌연변이와 교차는 고려하지 않으며, H, H*, T, T* 각각의 1개당 DNA 상대량은 1이다.) ③점

보기
ㄱ. (가)는 열성 형질이다.
ㄴ. $\dfrac{\text{7, ⓐ 각각의 체세포 1개당 T의 DNA 상대량을 더한 값}}{\text{4, ⓑ 각각의 체세포 1개당 H*의 DNA 상대량을 더한 값}} = 1$이다.
ㄷ. 8의 동생이 태어날 때, 이 아이에게서 (가)와 (나) 중 (나)만 발현될 확률은 $\dfrac{1}{2}$이다.

① ㄴ ② ㄷ ③ ㄱ, ㄴ ④ ㄱ, ㄷ ⑤ ㄱ, ㄴ, ㄷ

DAY 21
Ⅳ
2
Ⅰ
03.
유전 복합 문제

다음은 어떤 가족의 유전 형질 (가)와 (나)에 대한 자료이다.

○ (가)는 대립유전자 H와 h에 의해, (나)는 대립유전자 R와 r에 의해 결정된다. H는 h에 대해, R는 r에 대해 각각 완전 우성이다.

○ (가)와 (나)의 유전자는 모두 X 염색체에 있다.

○ (가)는 아버지와 아들 ⓐ에게서만, (나)는 ⓐ에게서만 발현되었다.

○ 그림은 아버지의 G_1기 세포 I로부터 정자가 형성되는 과정을, 표는 세포 ㉠~㉣에서 세포 1개당 H와 R의 DNA 상대량을 나타낸 것이다. ㉠~㉣은 I~IV를 순서 없이 나타낸 것이다.

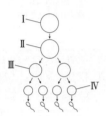

세포	DNA 상대량 H	DNA 상대량 R
㉠	1	0
㉡	?	1
㉢	2	?
㉣	0	?

○ 그림과 같이 II에서 전좌가 일어나 X 염색체에 있는 2개의 ㉮ 중 하나가 22번 염색체로 옮겨졌다. ㉮는 H와 R 중 하나이다.

○ ⓐ는 III으로부터 형성된 정자와 정상 난자가 수정되어 태어났다.

이에 대한 옳은 설명만을 <보기>에서 있는 대로 고른 것은? (단, 제시된 돌연변이 이외의 돌연변이와 교차는 고려하지 않으며, H와 R 각각의 1개당 DNA 상대량은 1이다.) 3점

<보기>
ㄱ. ㉠은 III이다.
ㄴ. ㉮는 R이다.
ㄷ. ⓐ는 H와 h를 모두 갖는다.

① ㄱ   ② ㄴ   ③ ㄷ   ④ ㄱ, ㄷ   ⑤ ㄴ, ㄷ

사람의 유전 형질 ㉮는 대립유전자 T와 t에 의해 결정된다. 그림 (가)는 남자 P의, (나)는 여자 Q의 G_1기 세포로부터 생식세포가 형성되는 과정을 나타낸 것이다. 표는 세포 ㉠~㉣의 8번 염색체 수와 X 염색체 수를 더한 값, T의 DNA 상대량을 나타낸 것이다. ㉮의 유전자형은 P에서가 TT이고, Q에서가 Tt이다. ㉠~㉣은 I~IV를 순서 없이 나타낸 것이고, ⓐ~ⓓ는 1, 2, 3, 4를 순서 없이 나타낸 것이다.

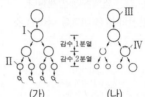

세포	8번 염색체 수와 X 염색체 수를 더한 값	T의 DNA 상대량
㉠	ⓐ	ⓓ
㉡	ⓑ	ⓑ
㉢	ⓒ	ⓒ
㉣	ⓓ	ⓑ

이에 대한 설명으로 옳은 것만을 <보기>에서 있는 대로 고른 것은? (단, 돌연변이는 고려하지 않으며, T와 t 각각의 1개당 DNA 상대량은 1이다. I과 IV는 중기의 세포이다.) 3점

<보기>
ㄱ. ㉣은 III이다.
ㄴ. ⓐ+ⓒ=4이다.
ㄷ. II에 Y 염색체가 있다.

① ㄱ   ② ㄴ   ③ ㄱ, ㄷ   ④ ㄴ, ㄷ   ⑤ ㄱ, ㄴ, ㄷ

다음은 어떤 가족의 ABO식 혈액형과 유전 형질 (가), (나)에 대한 자료이다.

○ (가)는 대립유전자 H와 h에 의해, (나)는 대립유전자 T와 t에 의해 결정된다. H는 h에 대해, T는 t에 대해 각각 완전 우성이다.

○ (가)의 유전자와 (나)의 유전자 중 하나는 ABO식 혈액형 유전자와 같은 염색체에 있고, 나머지 하나는 X 염색체에 있다.

○ 표는 구성원의 성별, ABO식 혈액형과 (가), (나)의 발현 여부를 나타낸 것이다.

구성원	성별	혈액형	(가)	(나)
아버지	남	A형	×	×
어머니	여	B형	×	○
자녀 1	남	AB형	○	×
자녀 2	여	B형	○	×
자녀 3	여	A형	×	○

(○: 발현됨, ×: 발현 안 됨)

○ 아버지와 어머니 중 한 명의 생식세포 형성 과정에서 대립유전자 ㉠이 대립유전자 ㉡으로 바뀌는 돌연변이가 1회 일어나 ㉡을 갖는 생식세포가 형성되었다. 이 생식세포가 정상 생식세포와 수정되어 자녀 1이 태어났다. ㉠과 ㉡은 (가)와 (나) 중 한 가지 형질을 결정하는 서로 다른 대립유전자이다.

이에 대한 설명으로 옳은 것만을 〈보기〉에서 있는 대로 고른 것은? (단, 제시된 돌연변이 이외의 돌연변이와 교차는 고려하지 않는다.)

보기
ㄱ. (나)는 열성 형질이다.
ㄴ. ㉠은 H이다.
ㄷ. 자녀 3의 동생이 태어날 때, 이 아이의 혈액형이 O형이면서 (가)와 (나)가 모두 발현되지 않을 확률은 $\frac{1}{8}$이다.

① ㄱ　　② ㄴ　　③ ㄷ　　④ ㄱ, ㄴ　　⑤ ㄴ, ㄷ

다음은 어떤 가족의 유전 형질 (가)~(다)에 대한 자료이다.

○ (가)는 대립유전자 A와 A*에 의해, (나)는 대립유전자 B와 B*에 의해, (다)는 대립유전자 D와 D*에 의해 결정된다.

○ (가)와 (나)의 유전자는 7번 염색체에, (다)의 유전자는 9번 염색체에 있다.

○ 표는 이 가족 구성원의 세포 Ⅰ~Ⅴ 각각에 들어 있는 A, A*, B, B*, D, D*의 DNA 상대량을 나타낸 것이다.

구분	세포	DNA 상대량					
		A	A*	B	B*	D	D*
아버지	Ⅰ	?	?	1	0	1	?
어머니	Ⅱ	0	?	?	0	0	2
자녀 1	Ⅲ	2	?	?	1	?	0
자녀 2	Ⅳ	0	?	0	?	?	2
자녀 3	Ⅴ	?	0	?	2	?	3

○ 아버지의 생식세포 형성 과정에서 7번 염색체에 있는 대립유전자 ㉠이 9번 염색체로 이동하는 돌연변이가 1회 일어나 9번 염색체에 ㉠이 있는 정자 P가 형성되었다. ㉠은 A, A*, B, B* 중 하나이다.

○ 어머니의 생식세포 형성 과정에서 염색체 비분리가 1회 일어나 염색체 수가 비정상적인 난자 Q가 형성되었다.

○ P와 Q가 수정되어 자녀 3이 태어났다. 자녀 3을 제외한 나머지 구성원의 핵형은 모두 정상이다.

이에 대한 설명으로 옳은 것만을 〈보기〉에서 있는 대로 고른 것은? (단, 제시된 돌연변이 이외의 돌연변이와 교차는 고려하지 않으며, A, A*, B, B*, D, D* 각각의 1개당 DNA 상대량은 1이다.) 3점

보기
ㄱ. ㉠은 B*이다.
ㄴ. 어머니에게서 A, B, D를 모두 갖는 난자가 형성될 수 있다.
ㄷ. 염색체 비분리는 감수 2분열에서 일어났다.

① ㄱ　　② ㄷ　　③ ㄱ, ㄴ　　④ ㄱ, ㄷ　　⑤ ㄴ, ㄷ

DAY 22
Ⅳ
2 - 03. 유전 복합 문제

다음은 어떤 가족의 유전 형질 (가)~(다)에 대한 자료이다.

○ (가)는 대립유전자 A와 a에 의해, (나)는 대립유전자 B와 b에 의해, (다)는 대립유전자 D와 d에 의해 결정된다.

○ (가)~(다)의 유전자 중 2개는 7번 염색체에, 나머지 1개는 X 염색체에 있다.

○ 표는 이 가족 구성원 ㉠~㉢의 성별, 체세포 1개에 들어 있는 A, b, D의 DNA 상대량을 나타낸 것이다. ㉠~㉢은 아버지, 어머니, 자녀 1, 자녀 2, 자녀 3을 순서 없이 나타낸 것이다.

구성원	성별	DNA 상대량		
		A	b	D
㉠	여	1	1	1
㉡	여	2	2	0
㉢	남	1	0	2
㉣	남	2	0	2
㉤	남	2	1	1

○ ㉠~㉤의 핵형은 모두 정상이다. 자녀 1과 2는 각각 정상 정자와 정상 난자가 수정되어 태어났다.

○ 자녀 3은 염색체 수가 비정상적인 정자 ⓐ와 염색체 수가 비정상적인 난자 ⓑ가 수정되어 태어났으며, ⓐ와 ⓑ의 형성 과정에서 각각 염색체 비분리가 1회 일어났다.

이에 대한 설명으로 옳은 것만을 〈보기〉에서 있는 대로 고른 것은? (단, 제시된 염색체 비분리 이외의 돌연변이와 교차는 고려하지 않으며, A, a, B, b, D, d 각각의 1개당 DNA 상대량은 1이다.) **3점**

보기

ㄱ. (나)의 유전자는 X 염색체에 있다.

ㄴ. 어머니에게서 A, b, d를 모두 갖는 난자가 형성될 수 있다.

ㄷ. ⓐ의 형성 과정에서 염색체 비분리는 감수 1분열에서 일어났다.

① ㄱ ② ㄷ ③ ㄱ, ㄴ ④ ㄴ, ㄷ ⑤ ㄱ, ㄴ, ㄷ

다음은 어떤 가족의 유전 형질 (가)~(다)에 대한 자료이다.

○ (가)는 대립유전자 A와 a에 의해, (나)는 대립유전자 B와 b에 의해, (다)는 대립유전자 D와 d에 의해 결정된다.

○ 그림은 아버지와 어머니의 체세포에 들어있는 일부 염색체와 유전자를 나타낸 것이다. ㉮~㉱는 각각 ㉮′~㉱′의 상동 염색체이다.

○ 표는 이 가족 구성원의 세포 Ⅰ~Ⅳ에서 염색체 ㉠~㉣의 유무와 A, b, D의 DNA 상대량을 더한 값(A+b+D)을 나타낸 것이다. ㉠~㉣은 ㉮~㉱를 순서 없이 나타낸 것이다.

구성원	세포	염색체				A+b+D
		㉠	㉡	㉢	㉣	
아버지	Ⅰ	○	×	×	×	0
어머니	Ⅱ	×	○	×	○	3
자녀 1	Ⅲ	○	×	○	○	3
자녀 2	Ⅳ	○	×	×	○	3

(○: 있음, ×: 없음)

○ 감수 분열 시 부모 중 한 사람에게서만 염색체 비분리가 1회 일어나 염색체 수가 비정상적인 생식세포 ⓐ가 형성되었다. ⓐ와 정상 생식세포가 수정되어 자녀 2가 태어났다.

○ 자녀 2를 제외한 이 가족 구성원의 핵형은 모두 정상이다.

이에 대한 설명으로 옳은 것만을 〈보기〉에서 있는 대로 고른 것은? (단, 제시된 돌연변이 이외의 돌연변이와 교차는 고려하지 않으며, A, a, B, b, D, d 각각의 1개당 DNA 상대량은 1이다.) **3점**

보기

ㄱ. ㉡은 ㉣이다.

ㄴ. 어머니의 (가)~(다)에 대한 유전자형은 AABBDd이다.

ㄷ. ⓐ는 감수 2분열에서 염색체 비분리가 일어나 형성된 난자이다.

① ㄱ ② ㄷ ③ ㄱ, ㄴ ④ ㄴ, ㄷ ⑤ ㄱ, ㄴ, ㄷ

37 고난도

다음은 어떤 집안의 유전 형질 (가)~(다)에 대한 자료이다.

○ (가)는 대립유전자 H와 h에 의해, (나)는 대립유전자 R와
r에 의해, (다)는 대립유전자 T와 t에 의해 결정된다. H는
h에 대해, R는 r에 대해, T는 t에 대해 각각 완전 우성이다.

○ (가)~(다) 중 1가지 형질을 결정하는 유전자는 상염색체에,
나머지 2가지 형질을 결정하는 유전자는 성염색체에
존재한다.

○ 가계도는 구성원 1~9에서 (가)와 (나)의 발현 여부를
나타낸 것이다.

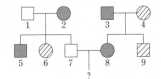

☐	정상 남자
▨	(가) 발현 남자
◪	(가) 발현 여자
■	(나) 발현 남자
●	(나) 발현 여자

○ 5~9 중 7, 9에서만 (다)가 발현되었고, 5~9 중 4명만 t를
가진다.

○ $\dfrac{3, 4 \text{ 각각의 체세포 1개당 T의 상대량을 더한 값}}{5, 7 \text{ 각각의 체세포 1개당 H의 상대량을 더한 값}} = 1$이다.

이에 대한 설명으로 옳은 것만을 〈보기〉에서 있는 대로 고른 것은?
(단, 돌연변이와 교차는 고려하지 않으며, H, h, R, r, T, t 각각의
1개당 DNA 상대량은 1이다.) 3점

보기
ㄱ. (나)와 (다)는 모두 열성 형질이다.
ㄴ. 1과 5에서 (가)의 유전자형은 같다.
ㄷ. 7과 8 사이에서 아이가 태어날 때, 이 아이에게서 (가)~(다)
중 (가)와 (나)만 발현될 확률은 $\dfrac{1}{8}$이다.

① ㄱ   ② ㄴ   ③ ㄷ   ④ ㄱ, ㄴ   ⑤ ㄴ, ㄷ

---

38 고난도

다음은 어떤 가족의 유전 형질 (가)~(다)에 대한 자료이다.

○ (가)는 대립유전자 A와 a에 의해, (나)는 대립유전자 B와
b에 의해, (다)는 대립유전자 D와 d에 의해 결정된다.

○ (가)~(다)의 유전자 중 2개는 서로 다른 상염색체에, 나머지
1개는 X 염색체에 있다.

○ 표는 아버지의 정자 Ⅰ과 Ⅱ, 어머니의 난자 Ⅲ과 Ⅳ, 딸의
체세포 Ⅴ가 갖는 A, a, B, b, D, d의 DNA 상대량을
나타낸 것이다.

구분	세포	DNA 상대량					
		A	a	B	b	D	d
아버지의 정자	Ⅰ	1	0	?	0	0	?
	Ⅱ	0	1	0	0	?	1
어머니의 난자	Ⅲ	?	1	0	?	⊙	0
	Ⅳ	0	?	1	?	0	?
딸의 체세포	Ⅴ	1	?	?	ⓛ	?	0

○ Ⅰ과 Ⅱ 중 하나는 염색체 비분리가 1회 일어나 형성된
ⓐ염색체 수가 비정상적인 정자이고, 나머지 하나는 정상
정자이다. Ⅲ과 Ⅳ 중 하나는 염색체 비분리가 1회 일어나
형성된 ⓑ염색체 수가 비정상적인 난자이고, 나머지 하나는
정상 난자이다.

○ Ⅴ는 ⓐ와 ⓑ가 수정되어 태어난 딸의 체세포이며, 이 가족
구성원의 핵형은 모두 정상이다.

이에 대한 설명으로 옳은 것만을 〈보기〉에서 있는 대로 고른 것은?
(단, 제시된 염색체 비분리 이외의 돌연변이는 고려하지 않으며, A,
a, B, b, D, d 각각의 1개당 DNA 상대량은 1이다.) 3점

보기
ㄱ. (나)의 유전자는 X 염색체에 있다.
ㄴ. ⊙+ⓛ=2이다.
ㄷ. $\dfrac{\text{아버지의 체세포 1개당 B의 DNA 상대량}}{\text{어머니의 체세포 1개당 D의 DNA 상대량}} = \dfrac{1}{2}$이다.

① ㄱ   ② ㄴ   ③ ㄱ, ㄷ   ④ ㄴ, ㄷ   ⑤ ㄱ, ㄴ, ㄷ

다음은 사람의 유전 형질 (가)에 대한 자료이다.

○ (가)는 서로 다른 2개의 상염색체에 있는 3쌍의 대립유전자 A와 a, B와 b, D와 d에 의해 결정되며, A, a, B, b는 7번 염색체에 있다.

○ (가)의 표현형은 유전자형에서 대문자로 표시되는 대립 유전자의 수에 의해서만 결정되며, 이 대립유전자의 수가 다르면 표현형이 다르다.

○ (가)의 표현형이 서로 같은 P와 Q 사이에서 ⓐ가 태어날 때, ⓐ에서 나타날 수 있는 표현형은 최대 5가지이고, ⓐ의 표현형이 부모와 같을 확률은 $\frac{3}{8}$이며, ⓐ의 유전자형이 AABbDD일 확률은 $\frac{1}{8}$이다.

ⓐ가 유전자형이 AaBbDd인 사람과 동일한 표현형을 가질 확률은? (단, 돌연변이와 교차는 고려하지 않는다.)

① $\frac{1}{8}$ ② $\frac{1}{4}$ ③ $\frac{3}{8}$ ④ $\frac{1}{2}$ ⑤ $\frac{5}{8}$

다음은 어떤 가족의 유전 형질 (가)에 대한 자료이다.

○ (가)를 결정하는 데 관여하는 3개의 유전자는 모두 상염색체에 있으며, 3개의 유전자는 각각 대립유전자 H와 H*, R와 R*, T와 T*를 갖는다.

○ 그림은 아버지와 어머니의 체세포 각각에 들어 있는 일부 염색체와 유전자를 나타낸 것이다. 아버지와 어머니의 핵형은 모두 정상이다.

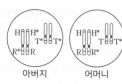
아버지   어머니

○ 아버지의 생식세포 형성 과정에서 ㉠이 1회 일어나 형성된 정자 P와 어머니의 생식세포 형성 과정에서 ㉡이 1회 일어나 형성된 난자 Q가 수정되어 자녀 ⓐ가 태어났다. ㉠과 ㉡은 염색체 비분리와 염색체 결실을 순서 없이 나타낸 것이다.

○ 그림은 ⓐ의 체세포 1개당 H*, R, T, T*의 DNA 상대량을 나타낸 것이다.

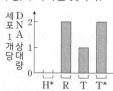

이에 대한 설명으로 옳은 것만을 〈보기〉에서 있는 대로 고른 것은? (단, 제시된 돌연변이 이외의 돌연변이와 교차는 고려하지 않으며, H, H*, R, R*, T, T* 각각의 1개당 DNA 상대량은 1이다.) **3점**

보기

ㄱ. 난자 Q에는 H가 있다.

ㄴ. 생식세포 형성 과정에서 염색체 비분리는 감수 2분열에서 일어났다.

ㄷ. ⓐ의 체세포 1개당 상염색체 수는 43이다.

---

① ㄱ   ② ㄴ   ③ ㄷ   ④ ㄱ, ㄴ   ⑤ ㄱ, ㄷ

41

다음은 어떤 집안의 유전 형질 (가)~(다)에 대한 자료이다.

○ (가)는 대립유전자 A와 a에 의해, (나)는 대립유전자 B와 b에 의해, (다)는 대립유전자 D와 d에 의해 결정된다. A는 a에 대해, B는 b에 대해, D는 d에 대해 각각 완전 우성이다.

○ (가)~(다)의 유전자 중 2개는 X 염색체에, 나머지 1개는 상염색체에 있다.

○ 가계도는 구성원 @를 제외한 구성원 1~7에게서 (가)~(다) 중 (가)와 (나)의 발현 여부를 나타낸 것이다.

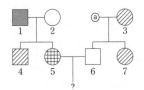

□	정상 남자	
○	정상 여자	
▨	(가) 발현 남자	
▧	(가) 발현 여자	
⊕	(나) 발현 여자	
■	(가), (나) 발현 남자	

○ 표는 @와 1~3에서 체세포 1개당 대립유전자 ㉠~㉢의 DNA 상대량을 나타낸 것이다. ㉠~㉢은 A, B, d를 순서 없이 나타낸 것이다.

구성원	1	2	@	3
DNA 상대량 ㉠	0	1	0	1
DNA 상대량 ㉡	0	1	1	0
DNA 상대량 ㉢	1	1	0	2

○ 3, 6, 7 중 (다)가 발현된 사람은 1명이고, 4와 7의 (다)의 표현형은 서로 같다.

이에 대한 설명으로 옳은 것만을 <보기>에서 있는 대로 고른 것은? (단, 돌연변이와 교차는 고려하지 않으며, A, a, B, b, D, d 각각의 1개당 DNA 상대량은 1이다.) 3점

보기
ㄱ. ㉠은 B이다.
ㄴ. 7의 (가)~(다)의 유전자형은 모두 이형 접합성이다.
ㄷ. 5와 6 사이에서 아이가 태어날 때, 이 아이에게서 (가)~(다) 중 한 가지 형질만 발현될 확률은 $\frac{1}{2}$이다.

① ㄱ   ② ㄴ   ③ ㄷ   ④ ㄱ, ㄷ   ⑤ ㄴ, ㄷ

42

다음은 어떤 집안의 유전 형질 (가)~(다)에 대한 자료이다.

○ (가)는 대립유전자 H와 h에 의해, (나)는 대립유전자 R와 r에 의해, (다)는 대립유전자 T와 t에 의해 결정된다. H는 h에 대해, R는 r에 대해, T는 t에 대해 각각 완전 우성이다.

○ (가)~(다)를 결정하는 유전자 중 2가지는 같은 염색체에 있다.

○ 가계도는 구성원 1~10에서 (가)~(다) 중 (가)와 (나)의 발현 여부를 나타낸 것이다.

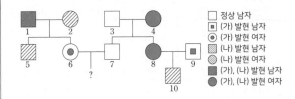

□	정상 남자	
■	(가) 발현 남자	
⊙	(가) 발현 여자	
▨	(나) 발현 남자	
●	(나) 발현 여자	
■	(가), (나) 발현 남자	
●	(가), (나) 발현 여자	

○ 구성원 1~10 중 2, 3, 5, 10에서만 (다)가 발현되었다.

○ 표는 구성원 1~10에서 체세포 1개당 H, R, t 개수의 합을 나타낸 것이다.

대립유전자	H	R	t
대립유전자 개수의 합	@	ⓑ	ⓑ

이에 대한 설명으로 옳은 것만을 <보기>에서 있는 대로 고른 것은? (단, 돌연변이와 교차는 고려하지 않는다.) 3점

보기
ㄱ. (가)를 결정하는 유전자는 성염색체에 있다.
ㄴ. 4의 (다)에 대한 유전자형은 이형 접합성이다.
ㄷ. 6과 7 사이에서 아이가 태어날 때, 이 아이에게서 (가)~(다) 중 1가지 형질만 발현될 확률은 $\frac{3}{4}$이다.

① ㄱ   ② ㄴ   ③ ㄷ   ④ ㄱ, ㄴ   ⑤ ㄱ, ㄷ

DAY 22
Ⅳ
2
ㅣ
03.
유전 복합 문제

다음은 어떤 가족의 유전 형질 (가)~(다)에 대한 자료이다.

○ (가)는 대립유전자 H와 h에 의해, (나)는 대립유전자 R와 r에 의해, (다)는 대립유전자 T와 t에 의해 결정된다. H는 h에 대해, R는 r에 대해, T는 t에 대해 각각 완전 우성이다.

○ (가)~(다)의 유전자는 모두 X 염색체에 있다.

○ 표는 어머니를 제외한 나머지 가족 구성원의 성별과 (가)~(다)의 발현 여부를 나타낸 것이다. 자녀 3과 4의 성별은 서로 다르다.

구성원	성별	(가)	(나)	(다)
아버지	남	○	○	?
자녀 1	여	×	○	○
자녀 2	남	×	×	×
자녀 3	?	○	×	?
자녀 4	?	×	×	○

(○: 발현됨, ×: 발현 안 됨)

○ 이 가족 구성원의 핵형은 모두 정상이다.

○ 염색체 수가 22인 생식세포 ⊙과 염색체 수가 24인 생식세포 ⓒ이 수정되어 ⓐ가 태어났으며, ⓐ는 자녀 3과 4 중 하나이다. ⊙과 ⓒ의 형성 과정에서 각각 성염색체 비분리가 1회 일어났다.

이에 대한 설명으로 옳은 것만을 〈보기〉에서 있는 대로 고른 것은? (단, 제시된 염색체 비분리 이외의 돌연변이와 교차는 고려하지 않는다.)

보기

ㄱ. ⓐ는 자녀 4이다.

ㄴ. ⓒ은 감수 1분열에서 염색체 비분리가 일어나 형성된 난자이다.

ㄷ. (나)와 (다)는 모두 우성 형질이다.

① ㄱ ② ㄷ ③ ㄱ, ㄴ ④ ㄴ, ㄷ ⑤ ㄱ, ㄴ, ㄷ

다음은 사람의 유전 형질 (가)~(다)에 대한 자료이다.

○ (가)~(다)의 유전자는 서로 다른 2개의 상염색체에 있다.

○ (가)는 대립유전자 A와 a에 의해 결정되며, A는 a에 대해 완전 우성이다.

○ (나)는 대립유전자 B와 b에 의해 결정되며, 유전자형이 다르면 표현형이 다르다.

○ (다)는 1쌍의 대립유전자에 의해 결정되며, 대립유전자에는 D, E, F가 있다. D는 E, F에 대해, E는 F에 대해 각각 완전 우성이다.

○ (가)와 (나)의 유전자형이 AaBb인 남자 P와 AaBB인 여자 Q 사이에서 ⓐ가 태어날 때, ⓐ에게서 나타날 수 있는 (가)와 (나)의 표현형은 최대 3가지이고, ⓐ가 가질 수 있는 (가)~(다)의 유전자형 중 AABBFF가 있다.

○ ⓐ의 (가)~(다)의 표현형이 모두 Q와 같을 확률은 $\frac{1}{8}$이다.

ⓐ의 (가)~(다)의 표현형이 모두 P와 같을 확률은? (단, 돌연변이와 교차는 고려하지 않는다.) 3점

① $\frac{1}{16}$ ② $\frac{1}{8}$ ③ $\frac{3}{16}$ ④ $\frac{1}{4}$ ⑤ $\frac{3}{8}$

다음은 어떤 가족의 유전 형질 (가)에 대한 자료이다.

○ (가)는 21번 염색체에 있는 2쌍의 대립유전자 H와 h, T와 t에 의해 결정된다. (가)의 표현형은 유전자형에서 대문자로 표시되는 대립유전자의 수에 의해서만 결정되며, 이 대립유전자의 수가 다르면 표현형이 다르다.

○ 어머니의 난자 형성 과정에서 21번 염색체 비분리가 1회 일어나 염색체 수가 비정상적인 난자 Q가 형성되었다. Q와 아버지의 정상 정자가 수정되어 ⓐ가 태어났으며, 부모의 핵형은 모두 정상이다.

○ 어머니의 (가)의 유전자형은 HHTt이고, ⓐ의 (가)의 유전자형에서 대문자로 표시되는 대립유전자의 수는 4이다.

○ ⓐ의 동생이 태어날 때, 이 아이에게서 나타날 수 있는 (가)의 표현형은 최대 2가지이고, ⊙ 이 아이가 가질 수 있는 (가)의 유전자형은 최대 4가지이다.

이에 대한 설명으로 옳은 것만을 〈보기〉에서 있는 대로 고른 것은? (단, 제시된 염색체 비분리 이외의 돌연변이와 교차는 고려하지 않는다.) 3점

보기

ㄱ. 아버지의 (가)의 유전자형에서 대문자로 표시되는 대립유전자의 수는 2이다.

ㄴ. ⊙ 중에는 HhTt가 있다.

ㄷ. 염색체 비분리는 감수 1분열에서 일어났다.

① ㄱ ② ㄷ ③ ㄱ, ㄴ ④ ㄴ, ㄷ ⑤ ㄱ, ㄴ, ㄷ

46 [2024 평가원]

다음은 어떤 집안의 유전 형질 (가)와 (나)에 대한 자료이다.

○ (가)는 대립유전자 A와 a에 의해, (나)는 대립유전자 B와 b에 의해 결정된다. A는 a에 대해, B는 b에 대해 각각 완전 우성이다.

○ (가)의 유전자와 (나)의 유전자는 서로 다른 염색체에 있다.

○ 가계도는 구성원 1~7에서 (가)와 (나)의 발현 여부를, 표는 구성원 1, 3, 6에서 체세포 1개당 ㉠과 B의 DNA 상대량을 더한 값(㉠+B)을 나타낸 것이다. ㉠은 A와 a 중 하나이다.

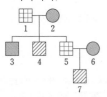

| (가) 발현 남자 |
| (나) 발현 남자 |
| (가), (나) 발현 남자 |
| (가), (나) 발현 여자 |

구성원	㉠+B
1	2
3	1
6	2

이에 대한 설명으로 옳은 것만을 〈보기〉에서 있는 대로 고른 것은? (단, 돌연변이와 교차는 고려하지 않으며, A, a, B, b 각각의 1개당 DNA 상대량은 1이다.)

보기
ㄱ. ㉠은 A이다.
ㄴ. (나)의 유전자는 상염색체에 있다.
ㄷ. 7의 동생이 태어날 때, 이 아이에게서 (가)와 (나)가 모두 발현될 확률은 $\frac{3}{8}$이다.

① ㄱ ② ㄴ ③ ㄱ, ㄷ ④ ㄴ, ㄷ ⑤ ㄱ, ㄴ, ㄷ

47

사람의 특정 형질은 1번 염색체에 있는 3쌍의 대립유전자 A와 a, B와 b, D와 d에 의해 결정된다. 그림은 어떤 사람의 G_1기 세포 I로부터 생식세포가 형성되는 과정을, 표는 세포 ㉠~㉤에서 A, a, B, b, D의 DNA 상대량을 나타낸 것이다. 이 생식세포 형성 과정에서 염색체 비분리가 1회 일어났다. ㉠~㉤은 I~V를 순서 없이 나타낸 것이고, II와 III은 중기 세포이다.

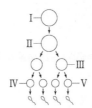

세포	DNA 상대량				
	A	a	B	b	D
㉠	2	0	0	2	ⓐ
㉡	?	ⓑ	1	1	?
㉢	0	2	2	0	?
㉣	?	?	?	?	4
㉤	?	1	1	?	1

이에 대한 옳은 설명만을 〈보기〉에서 있는 대로 고른 것은? (단, 제시된 염색체 비분리 이외의 돌연변이와 교차는 고려하지 않으며, A, a, B, b, D, d 각각의 1개당 DNA 상대량은 1이다.) 3점

보기
ㄱ. ㉠은 III이다.
ㄴ. ⓐ+ⓑ=3이다.
ㄷ. V의 염색체 수는 24이다.

① ㄱ ② ㄴ ③ ㄷ ④ ㄱ, ㄴ ⑤ ㄴ, ㄷ

V. 생태계와 상호 작용

1. 생태계의 구성과 기능　01. 생물과 환경의 상호 작용

❶ 생물과 환경의 상호 작용　★수능에 나오는 필수 개념 1가지 + 필수 암기사항 4개

필수개념 1　**생물과 환경의 상호 관계**

1. **생태계** : 일정한 지역에서 생산자, 소비자, 분해자와 같은 생물이 주위 환경 및 다른 생물과 서로 영향을 주고받으며 조화를 이루는 유기적인 체제이다.

2. **생태계의 구성 요소**　**암기** → 생태계의 구성 요소를 예까지 모두 외워!

　1) **생물적 요소** : 생산자, 소비자, 분해자

　　① **생산자** : 주로 태양의 빛에너지를 이용하여(광합성) 무기물로부터 유기물을 합성하는 독립 영양 생물이다. **예** 녹색 식물, 해조류 등

　　② **소비자** : 다른 생물을 먹이로 섭취해서 유기물을 얻는 종속 영양 생물이다.

　　　　예 1차 소비자(초식 동물), 2차 · 3차 소비자(육식 동물) 등

　　③ **분해자** : 생물의 사체나 배설물을 분해하여 살아가는 생물이다.

　　　　예 세균, 곰팡이, 버섯 등

　2) **비생물적 요소** : 생물을 둘러싼 모든 무기 환경 요소이다.

　　　　예 빛, 온도, 물, 공기, 토양, 무기 염류 등

3. **생태계 구성 요소 간의 관계**

　1) **작용** : 비생물적 환경 요인이 생물에 영향을 주는 것이다. **암기**

　　　예 일조량의 감소로 인한 벼의 광합성량 감소, 가을에 기온이 낮아져 은행나무 잎이 노랗게 변함 등

　2) **반작용** : 생물이 비생물적 환경 요인에 영향을 주는 것이다. **암기**

　　　예 식물의 광합성이 공기 중의 이산화 탄소 농도에 영향을 줌, 지의류는 산성 물질을 분비하여 암석의 풍화를 촉진함 등

　3) **상호 작용** : 생물과 생물 사이에 서로 영향을 주고받는 것이다. **암기** → 항상 그림으로 출제되므로 그림을 함께 암기!

　　　예 외래 어종인 베스의 개체 수 증가로 토종 어류의 종수가 감소, 토끼풀의 수가 증가하면 토끼의 수가 증가, 뿌리혹박테리아가 공기 중의 질소를 고정시켜 콩과식물에 공급함 등

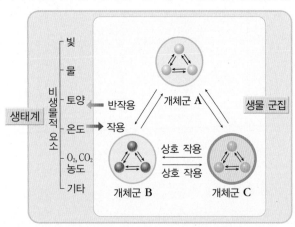

기본자료

▶ 무기물
돌이나 흙을 구성하는 광물에서 얻을 수 있는 물질

▶ 유기물
탄수화물 · 지방 · 단백질 · 핵산 · 비타민과 같이 탄소를 기본 골격으로 산소 · 수소 · 질소로 구성되어 있는 물질

1 2022 평가원

다음은 생태계의 구성 요소에 대한 학생 A~C의 발표 내용이다.

생물적 요인에는 생산자, 소비자, 분해자가 있습니다. — 학생 A

영양염류는 비생물적 요인입니다. — 학생 B

지의류에 의해 암석의 풍화가 촉진되어 토양이 형성되는 것은 생물적 요인이 비생물적 요인에 영향을 미치는 예입니다. — 학생 C

제시한 내용이 옳은 학생만을 있는 대로 고른 것은?

① A   ② C   ③ A, B   ④ B, C   ⑤ A, B, C

3

그림은 생태계를 구성하는 요소 사이의 상호 관계를, 표는 상호 관계 (가)와 (나)의 예를 나타낸 것이다. (가)와 (나)는 ㉠과 ㉡을 순서 없이 나타낸 것이다.

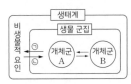

상호 관계	예
(가)	빛의 파장에 따라 해조류의 분포가 달라진다.
(나)	?

이에 대한 설명으로 옳은 것만을 〈보기〉에서 있는 대로 고른 것은?

보기

ㄱ. 개체군 A는 동일한 종으로 구성된다.
ㄴ. (가)는 ㉠이다.
ㄷ. 지렁이에 의해 토양의 통기성이 증가하는 것은 (나)의 예에 해당한다.

① ㄱ   ② ㄴ   ③ ㄱ, ㄷ   ④ ㄴ, ㄷ   ⑤ ㄱ, ㄴ, ㄷ

2

그림은 생태계를 구성하는 요소 사이의 상호 관계를 나타낸 것이다. 이에 대한 설명으로 옳은 것만을 〈보기〉에서 있는 대로 고른 것은?

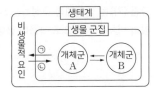

보기

ㄱ. 개체군 A는 동일한 종으로 구성된다.
ㄴ. 수온이 돌말의 개체 수에 영향을 미치는 것은 ㉠에 해당한다.
ㄷ. 식물의 낙엽으로 인해 토양이 비옥해지는 것은 ㉡에 해당한다.

① ㄱ   ② ㄷ   ③ ㄱ, ㄴ   ④ ㄴ, ㄷ   ⑤ ㄱ, ㄴ, ㄷ

4

그림은 생태계를 구성하는 요소 사이의 상호 관계를 나타낸 것이다. 이에 대한 설명으로 옳은 것만을 〈보기〉에서 있는 대로 고른 것은?

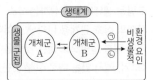

보기

ㄱ. 뿌리혹박테리아는 비생물적 환경 요인에 해당한다.
ㄴ. 기온이 나뭇잎의 색 변화에 영향을 미치는 것은 ㉠에 해당한다.
ㄷ. 숲의 나무로 인해 햇빛이 차단되어 토양 수분의 증발량이 감소되는 것은 ㉡에 해당한다.

① ㄱ   ② ㄷ   ③ ㄱ, ㄴ   ④ ㄴ, ㄷ   ⑤ ㄱ, ㄴ, ㄷ

5

그림은 생태계를 구성하는 요소 사이의
상호 관계를 나타낸 것이다.
이에 대한 옳은 설명만을 〈보기〉에서 있는
대로 고른 것은?

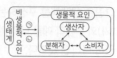

보기

ㄱ. 소나무는 생산자에 해당한다.

ㄴ. 소비자에서 분해자로 유기물이 이동한다.

ㄷ. 질소 고정 세균에 의해 토양의 암모늄 이온이 증가하는 것은
    ㉠에 해당한다.

① ㄱ　　② ㄷ　　③ ㄱ, ㄴ　　④ ㄴ, ㄷ　　⑤ ㄱ, ㄴ, ㄷ

6

그림은 생태계를 구성하는 요소
사이의 상호 관계를 나타낸 것이다.
이에 대한 설명으로 옳은 것만을
〈보기〉에서 있는 대로 고른 것은?

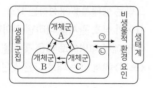

보기

ㄱ. 곰팡이는 비생물적 환경 요인에 해당한다.

ㄴ. 질소 고정 세균에 의해 토양의 암모늄 이온(NH_4^+)이
    증가하는 것은 ㉠에 해당한다.

ㄷ. 빛의 파장에 따라 해조류의 분포가 달라지는 것은 ㉡에
    해당한다.

① ㄱ　　② ㄷ　　③ ㄱ, ㄴ　　④ ㄴ, ㄷ　　⑤ ㄱ, ㄴ, ㄷ

7

그림은 생태계를 구성하는 요소 사이의 상호 관계와 생물 군집 내
탄소의 이동을, 표는 A~C의 예를 나타낸 것이다. A~C는 생산자,
소비자, 분해자를 순서 없이 나타낸 것이다.

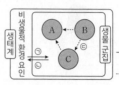

구분	예
A	곰팡이
B	?
C	사슴

이에 대한 설명으로 옳은 것만을 〈보기〉에서 있는 대로 고른 것은?

보기

ㄱ. B는 생산자이다.

ㄴ. 대기 오염의 정도에 따라 지의류의 분포가 달라지는 것은
    ㉠에 해당한다.

ㄷ. ㉢ 과정에서 유기물의 형태로 탄소가 이동한다.

① ㄱ　　② ㄷ　　③ ㄱ, ㄴ　　④ ㄴ, ㄷ　　⑤ ㄱ, ㄴ, ㄷ

8

그림 (가)는 생태계를 구성하는 요소 사이의 상호 관계를, (나)는
빛이 비치는 방향으로 식물이 굽어 자라는 모습을 나타낸 것이다.

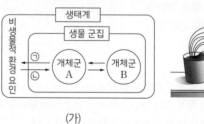

(가)　　　　　　　　　　　(나)

이에 대한 설명으로 옳은 것만을 〈보기〉에서 있는 대로 고른 것은?

보기

ㄱ. 개체군 A는 동일한 종으로 구성된다.

ㄴ. 탈질소 세균(질산 분해 세균)에 의해 질산 이온이 질소
    기체로 되는 것은 ㉠에 해당한다.

ㄷ. (나)는 ㉡에 해당한다.

① ㄱ　　② ㄴ　　③ ㄱ, ㄷ　　④ ㄴ, ㄷ　　⑤ ㄱ, ㄴ, ㄷ

정답과 해설　5 p.495　6 p.495　7 p.496　8 p.496

9

그림은 생물 군집을 구성하는 요소 사이의 상호 관계를 나타낸
것이다.

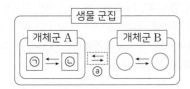

이에 대한 옳은 설명만을 〈보기〉에서 있는 대로 고른 것은?

보기
ㄱ. ㉠과 ㉡은 같은 종이다.
ㄴ. ⓐ의 예로 리더제가 있다.
ㄷ. 버섯은 생물 군집에 속한다.

① ㄱ   ② ㄴ   ③ ㄱ, ㄷ   ④ ㄴ, ㄷ   ⑤ ㄱ, ㄴ, ㄷ

10

그림은 생태계를 구성하는 요소
사이의 상호 관계를 나타낸
것이다.
이에 대한 설명으로 옳은
것만을 〈보기〉에서 있는 대로
고른 것은?

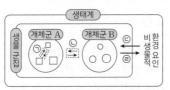

보기
ㄱ. 스라소니가 눈신토끼를 잡아먹는 것은 ㉠에 해당한다.
ㄴ. 분서는 ㉡에 해당한다.
ㄷ. 질소 고정 세균에 의해 토양의 암모늄 이온(NH_4^+)이
   증가하는 것은 ㉣에 해당한다.

① ㄱ   ② ㄷ   ③ ㄱ, ㄴ   ④ ㄴ, ㄷ   ⑤ ㄱ, ㄴ, ㄷ

11

그림은 생태계 구성 요소 사이의 상호 관계와 물질 이동의 일부를
나타낸 것이다. A와 B는 생산자와 소비자를 순서 없이 나타낸
것이다.

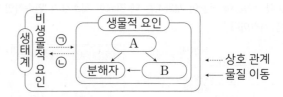

이에 대한 옳은 설명만을 〈보기〉에서 있는 대로 고른 것은?

보기
ㄱ. 사람은 A에 속한다.
ㄴ. A에서 B로 유기물 형태의 탄소가 이동한다.
ㄷ. 지렁이에 의해 토양의 통기성이 증가하는 것은 ㉠에
   해당한다.

① ㄱ   ② ㄴ   ③ ㄷ   ④ ㄱ, ㄴ   ⑤ ㄴ, ㄷ

12

그림 (가)는 생태계를 구성하는 요소들 사이의 관계를, (나)는 어떤
식물에서 양엽과 음엽의 단면 구조를 나타낸 것이다.

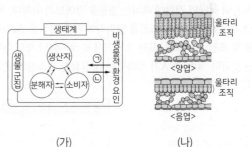

(가)   (나)

이에 대한 설명으로 옳은 것만을 〈보기〉에서 있는 대로 고른 것은?

보기
ㄱ. 곰팡이는 분해자이다.
ㄴ. ㉠은 반작용이다.
ㄷ. (나)에서 빛이 양엽과 음엽의 울타리 조직 두께에 영향을
   주는 것은 ㉡에 해당한다.

① ㄱ   ② ㄴ   ③ ㄱ, ㄴ   ④ ㄱ, ㄷ   ⑤ ㄴ, ㄷ

13

일조 시간이 식물의 개화에 미치는 영향을 알아보기 위하여, A종의 식물 ㉠~㉢에서 빛 조건을 달리하여 개화 여부를 관찰하였다. 그림은 조건 Ⅰ~Ⅲ을, 표는 Ⅰ~Ⅲ에서 ㉠~㉢의 개화 여부를 나타낸 것이다. ⓐ는 이 식물이 개화하는 데 필요한 최소한의 '연속적인 빛 없음' 기간이다.

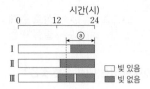

조건	식물	개화 여부
Ⅰ	㉠	×
Ⅱ	㉡	○
Ⅲ	㉢	×

(○: 개화함, ×: 개화 안 함)

이 자료에 대한 설명으로 옳은 것만을 <보기>에서 있는 대로 고른 것은? (단, 제시된 조건 이외는 고려하지 않는다.) 3점

보기

ㄱ. A종의 식물은 '연속적인 빛 없음' 기간이 ⓐ보다 길 때 개화한다.

ㄴ. Ⅲ에서 '연속적인 빛 없음' 기간은 ⓐ보다 길다.

ㄷ. 비생물적 환경 요인이 생물에 영향을 주는 예이다.

① ㄱ   ② ㄴ   ③ ㄱ, ㄷ   ④ ㄴ, ㄷ   ⑤ ㄱ, ㄴ, ㄷ

14

일조 시간이 식물의 개화에 미치는 영향을 알아보기 위하여, 식물 종 A의 개체 ㉠~㉣에 빛 조건을 달리하여 개화 여부를 관찰하였다. 그림은 빛 조건 Ⅰ~Ⅳ를, 표는 Ⅰ~Ⅳ에서 ㉠~㉣의 개화 여부를 나타낸 것이다. ⓐ는 종 A가 개화하는 데 필요한 최소한의 '연속적인 빛 없음' 기간이다.

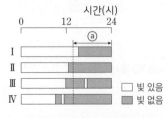

조건	개체	개화 여부
Ⅰ	㉠	×
Ⅱ	㉡	○
Ⅲ	㉢	×
Ⅳ	㉣	?

(○:개화함, ×:개화 안 함)

이 자료에 대한 설명으로 옳은 것만을 <보기>에서 있는 대로 고른 것은? (단, 제시된 조건 이외는 고려하지 않는다.) 3점

보기

ㄱ. Ⅳ에서 ㉣은 개화한다.

ㄴ. 일조 시간은 비생물적 환경 요인이다.

ㄷ. 종 A는 '빛 없음' 시간의 합이 ⓐ보다 길 때 항상 개화한다.

① ㄱ   ② ㄷ   ③ ㄱ, ㄴ   ④ ㄴ, ㄷ   ⑤ ㄱ, ㄴ, ㄷ

15

일조 시간이 식물의 개화에 미치는 영향을 알아보기 위하여, 식물 종 A의 개체 Ⅰ~Ⅴ에 빛 조건을 달리하여 개화 여부를 관찰하였다. 표는 Ⅰ~Ⅴ에 '빛 있음', '빛 없음', ⓐ, ⓑ 순으로 처리한 기간과 Ⅰ~Ⅴ의 개화 여부를 나타낸 것이다. ⓐ와 ⓑ는 각각 '빛 있음'과 '빛 없음' 중 하나이고, 이 식물이 개화하는 데 필요한 최소한의 '연속적인 빛 없음' 기간은 8시간이다.

0 ────────────── 24(시)

개체	처리 기간(시간)				개화 여부
	빛 있음	빛 없음	ⓐ	ⓑ	
Ⅰ	12	0	0	12	개화함
Ⅱ	12	4	1	7	개화 안 함
Ⅲ	14	4	1	5	개화 안 함
Ⅳ	7	1	4	12	개화함
Ⅴ	5	1	9	9	㉠

이 자료에 대한 설명으로 옳은 것만을 <보기>에서 있는 대로 고른 것은? (단, 제시된 조건 이외는 고려하지 않는다.) 3점

보기

ㄱ. ⓐ는 '빛 있음'이다.

ㄴ. ㉠은 '개화 안 함'이다.

ㄷ. 일조 시간은 비생물적 환경 요인이다.

① ㄱ   ② ㄴ   ③ ㄱ, ㄷ   ④ ㄴ, ㄷ   ⑤ ㄱ, ㄴ, ㄷ

16

그림은 생태계를 구성하는 요소 사이의 상호 관계를 나타낸 것이다. 이에 대한 설명으로 옳은 것만을 <보기>에서 있는 대로 고른 것은?

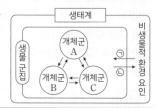

보기

ㄱ. 일조 시간이 식물의 개화에 영향을 주는 것은 ㉠에 해당한다.

ㄴ. 분해자는 비생물적 환경 요인에 해당한다.

ㄷ. 개체군 A는 여러 종으로 구성되어 있다.

① ㄱ   ② ㄴ   ③ ㄷ   ④ ㄱ, ㄴ   ⑤ ㄱ, ㄷ

17
생물과 환경의 상호 관계
[2018년 10월 학평 17번]

그림은 생태계를 구성하는 요소 사이의 상호 관계를 나타낸 것이다. 이에 대한 옳은 설명만을 〈보기〉에서 있는 대로 고른 것은?

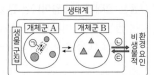

보기

ㄱ. 분해자는 비생물적 환경 요인에 해당한다.

ㄴ. 은어가 텃세권을 형성하는 것은 ㉠의 예에 해당한다.

ㄷ. 숲이 우거질수록 지표면에 도달하는 빛의 양이 적어지는 것은 ㉢의 예에 해당한다.

① ㄱ   ② ㄴ   ③ ㄷ   ④ ㄱ, ㄴ   ⑤ ㄴ, ㄷ

18
생물과 환경의 상호 관계
[2019학년도 수능 14번]

그림은 생태계를 구성하는 요소 사이의 상호 관계를 나타낸 것이다. 이에 대한 설명으로 옳은 것만을 〈보기〉에서 있는 대로 고른 것은? 3점

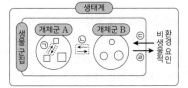

보기

ㄱ. 생태적 지위가 중복되는 여러 종의 새가 서식지를 나누어 사는 것은 ㉠에 해당한다.

ㄴ. 위도에 따라 식물 군집의 분포가 달라지는 현상은 ㉢에 해당한다.

ㄷ. 곰팡이는 생물 군집에 속한다.

① ㄱ   ② ㄴ   ③ ㄱ, ㄷ   ④ ㄴ, ㄷ   ⑤ ㄱ, ㄴ, ㄷ

19 `2023 평가원`
생물과 환경의 상호 관계
[2023학년도 6월 모평 14번]

그림은 생태계를 구성하는 요소 사이의 상호 관계를 나타낸 것이다. 이에 대한 설명으로 옳은 것만을 〈보기〉에서 있는 대로 고른 것은?

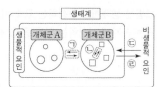

보기

ㄱ. 같은 종의 기러기가 무리를 지어 이동할 때 리더를 따라 이동하는 것은 ㉠에 해당한다.

ㄴ. 빛의 세기가 소나무의 생장에 영향을 미치는 것은 ㉢에 해당한다.

ㄷ. 군집에는 비생물적 요인이 포함된다.

① ㄱ   ② ㄴ   ③ ㄷ   ④ ㄱ, ㄴ   ⑤ ㄱ, ㄷ

20 `2023 평가원`
생물과 환경의 상호 관계
[2023학년도 9월 모평 3번]

그림은 생태계를 구성하는 요소 사이의 상호 관계를, 표는 상호 관계 (가)~(다)의 예를 나타낸 것이다. (가)~(다)는 ㉠~㉢을 순서 없이 나타낸 것이다.

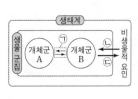

상호 관계	예
(가)	식물의 광합성으로 대기의 산소 농도가 증가한다.
(나)	ⓐ 영양염류의 유입으로 식물성 플랑크톤의 개체 수가 증가한다.
(다)	?

이에 대한 설명으로 옳은 것만을 〈보기〉에서 있는 대로 고른 것은?

보기

ㄱ. (가)는 ㉡이다.

ㄴ. ⓐ는 비생물적 요인에 해당한다.

ㄷ. 생태적 지위가 비슷한 서로 다른 종의 새가 경쟁을 피해 활동 영역을 나누어 살아가는 것은 (다)의 예에 해당한다.

① ㄱ   ② ㄷ   ③ ㄱ, ㄴ   ④ ㄴ, ㄷ   ⑤ ㄱ, ㄴ, ㄷ

21 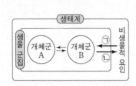 2024 평가원

그림은 생태계를 구성하는 요소 사이의 상호 관계를 나타낸 것이고, 표는 습지에 서식하는 식물 종 X에 대한 자료이다.

○ @ X는 그늘을 만들어 수분 증발을 감소시켜 토양 속 염분 농도를 낮춘다.
○ X는 습지의 토양 성분을 변화시켜 습지에 서식하는 생물의 ⓑ 종 다양성을 높인다.

이에 대한 설명으로 옳은 것만을 <보기>에서 있는 대로 고른 것은? 3점

보기
ㄱ. X는 생물 군집에 속한다.
ㄴ. @는 ㉠에 해당한다.
ㄷ. ⓑ는 동일한 생물 종이라도 형질이 각 개체 간에 다르게 나타나는 것을 의미한다.

① ㄱ   ② ㄴ   ③ ㄷ   ④ ㄱ, ㄴ   ⑤ ㄱ, ㄷ

23

다음은 생태계에서 일어나는 탄소 순환 과정에 대한 자료이다. ㉠과 ㉡은 생산자와 소비자를 순서 없이 나타낸 것이고, @와 ⓑ는 유기물과 CO_2를 순서 없이 나타낸 것이다.

○ 탄소는 먹이 사슬을 따라 ㉠에서 ㉡으로 이동한다.
○ 식물은 광합성을 통해 대기 중 @로부터 ⓑ를 합성한다.

이에 대한 옳은 설명만을 <보기>에서 있는 대로 고른 것은?

보기
ㄱ. 식물은 ㉠에 해당한다.
ㄴ. 대기에서 탄소는 주로 @의 형태로 존재한다.
ㄷ. 분해자는 사체나 배설물에 포함된 ⓑ를 분해한다.

① ㄱ   ② ㄷ   ③ ㄱ, ㄴ   ④ ㄴ, ㄷ   ⑤ ㄱ, ㄴ, ㄷ

22

그림은 생태계 구성 요소 사이의 상호 관계를 나타낸 것이다.

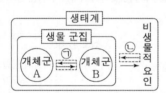

이에 대한 옳은 설명만을 <보기>에서 있는 대로 고른 것은? 3점

보기
ㄱ. A는 여러 종으로 구성되어 있다.
ㄴ. 분서(생태 지위 분화)는 ㉠의 예이다.
ㄷ. 음수림에서 층상 구조의 발달이 높이에 따른 빛의 세기에 영향을 주는 것은 ㉡에 해당한다.

① ㄱ   ② ㄴ   ③ ㄱ, ㄷ   ④ ㄴ, ㄷ   ⑤ ㄱ, ㄴ, ㄷ

24 2024 수능

그림은 생태계를 구성하는 요소 사이의 상호 관계를 나타낸 것이다. 이에 대한 설명으로 옳은 것만을 <보기>에서 있는 대로 고른 것은?

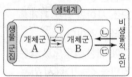

보기
ㄱ. 곰팡이는 생물 군집에 속한다.
ㄴ. 같은 종의 개미가 일을 분담하며 협력하는 것은 ㉠의 예에 해당한다.
ㄷ. 빛의 세기가 참나무의 생장에 영향을 미치는 것은 ㉡의 예에 해당한다.

① ㄱ   ② ㄴ   ③ ㄷ   ④ ㄱ, ㄷ   ⑤ ㄴ, ㄷ

개념편 동영상 강의

V. 생태계와 상호 작용

1. 생태계의 구성과 기능   02. 개체군

문제편 동영상 강의

생1-5-1-02(개)

생1-5-1-02(문)

02. 개체군

기본자료

❶ 개체군의 특성 및 상호 작용 ★수능에 나오는 필수 개념 2가지 + 필수 암기사항 10개

필수개념 1   개체군

1. 개체군이란?
동일한 생태계 내에서 같은 종의 개체들로 이루어진 집단이다. 암기 .

2. 개체군의 특성

1) **개체군의 밀도** : 일정한 공간에 서식하는 개체군의 개체수로, 출생과 이입에 의해 밀도가 증가하고, 사망과 이출로 인해 밀도가 감소한다. 암기

2) **개체군의 생장** : 개체는 생식을 통해 자손을 낳는다. 일반적으로 개체수는 시간이 지남에 따라 증가하며, 이러한 변화는 생장 곡선으로 나타난다.

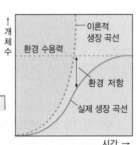

① **이론적 생장 곡선(J자형)** : 먹이, 생활 공간 등 자원의 제한이 없는 이상적인 환경에서 나타나며, 개체수가 기하급수적으로 증가한다.

② **실제 생장 곡선(S자형)** : 자원의 제한이 있는 실제 환경에서 나타나며, 개체수가 증가할수록 환경 저항이 커져 결국 개체수를 일정하게 유지한다. 암기

③ **환경 저항** : 개체군의 생장을 억제하는 요인으로 먹이 부족, 생활 공간 부족, 노폐물 증가, 천적과 질병의 증가 등이 있다. 암기

④ **환경 수용력** : 한 서식지에서 증가할 수 있는 개체수의 한계(최댓값)이다.

3) **개체군의 생존** : 개체군은 종에 따라 연령별 사망률이 다르며, Ⅰ~Ⅲ형이 있다.

① **Ⅰ형** : 출생 수는 적지만 부모의 보호를 받아 초기 사망률이 낮고 후기 사망률이 높다. 예 사람, 대형 포유류 등

② **Ⅱ형** : 시간에 따른 사망률이 일정하다. 예 히드라, 다람쥐 등

③ **Ⅲ형** : 출생 수는 많지만 초기 사망률이 높아 성체로 생장하는 수가 적다. 예 굴, 어류 등

4) **개체군의 연령 피라미드** : 개체군의 연령층에 따른 비율을 차례로 쌓아 올린 것으로, 생식 전 연령층, 생식 연령층, 생식 후 연령층으로 구분한다.

① **발전형** : 생식 전 연령층의 비율이 높아 개체수 증가가 예상된다.

② **안정형** : 생식 전 연령층과 생식 연령층의 비율이 비슷하여 전체 개체수가 안정된 형태이다.

③ **쇠퇴형** : 생식 전 연령층의 비율이 낮아 개체수 감소가 예상된다.

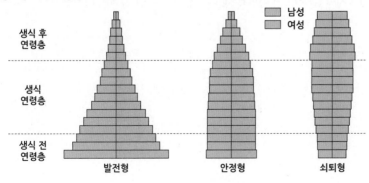

5) 개체군의 주기적 변동
① **돌말 개체군의 계절적 변동** : 영양 염류의 상대량과 빛, 수온에 의해 돌말 개체군의 밀도가 변한다.
② **동물 개체군의 연주기적 변동** : 피식자의 수에 의해 포식자의 수도 변한다.
예 눈신토끼와 스라소니의 개체수 변동 : 눈신토끼 증가 → 먹이 증가에 의한 스라소니 증가 → 눈신토끼 감소 → 먹이 부족에 의한 스라소니 감소 → 눈신토끼 증가 [암기]

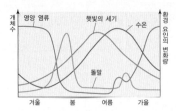

▲ 돌말 개체군의 계절적 변동

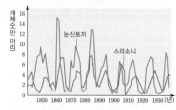

▲ 눈신토끼와 스라소니의 개체수 변동

기본자료

[필수개념 2] 개체군 내 상호 작용

1. 텃세(세력권) ★[암기]
① 일정한 생활 공간을 먼저 확보하고 다른 개체의 침입을 적극적으로 막는 행동이다. 이를 통해 확보된 각 개체의 생활 공간을 세력권이라고 한다. 예 은어, 호랑이, 까치 등
② 개체들을 분산시켜 개체군의 밀도를 알맞게 조절해주는 기능을 한다.
③ 은어의 텃세 : 민물에 사는 은어는 수심이 얕은 곳에서 개체군을 형성하고 있지만, 각 개체는 반경 1m 가량의 세력권을 확보하고 다른 개체의 침입을 적극적으로 막는다. 이를 통해 은어는 개체군 밀도를 조절하고 불필요한 경쟁을 피할 수 있다.

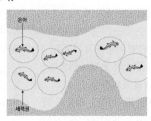

2. 순위제 ★[암기]
① 개체들 사이에서 힘의 강약에 따라 서열을 정해 먹이나 배우자를 획득하는 체제이다. 예 닭, 소, 큰뿔양 등

3. 리더제 ★[암기]
① 한 개체가 리더가 되어 개체군을 이끄는 체제이다.
예 늑대, 기러기 등
② 순위제와 달리 리더를 제외한 나머지 개체들 사이에는 순위가 없다.

4. 사회 생활 ★[암기]
① 개체들이 생식, 방어, 먹이 획득 등의 일을 분담하고 서로 협력하는 체제이다.
예 꿀벌, 개미 등

1

개체군, 군집
[2018년 3월 학평 19번]

그림 (가)는 종 A를 단독 배양했을 때, (나)는 종 A와 B를 혼합
배양했을 때 시간에 따른 개체수를 나타낸 것이다.

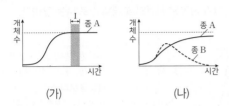

(가)   (나)

이에 대한 옳은 설명만을 <보기>에서 있는 대로 고른 것은?
(단, (가)와 (나)에서 초기 개체수와 배양 조건은 동일하다.) 3점

> **보기**
> ㄱ. (가)에서 A의 개체수 변화는 이론적 생장 곡선을 따른다.
> ㄴ. 구간 I 에서 A는 환경 저항을 받았다.
> ㄷ. (나)에서 A와 B 사이에 경쟁이 일어났다.

① ㄱ   ② ㄷ   ③ ㄱ, ㄴ   ④ ㄴ, ㄷ   ⑤ ㄱ, ㄴ, ㄷ

2

개체군
[2022년 3월 학평 12번]

그림은 어떤 식물 개체군의 시간에 따른
개체 수를 나타낸 것이다.
이에 대한 옳은 설명만을 <보기>에서 있는
대로 고른 것은? (단, 이입과 이출은 없으며,
서식지의 면적은 일정하다.)

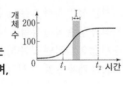

> **보기**
> ㄱ. 환경 저항은 t_1일 때가 t_2일 때보다 크다.
> ㄴ. 구간 I 에서 개체군 밀도는 시간에 따라 증가한다.
> ㄷ. 환경 수용력은 100보다 크다.

① ㄱ   ② ㄴ   ③ ㄱ, ㄷ   ④ ㄴ, ㄷ   ⑤ ㄱ, ㄴ, ㄷ

3

개체군
[2020학년도 6월 모평 20번]

그림은 먹이의 양이 서로 다른 두 조건
A와 B에서 종 ⓐ를 각각 단독 배양했을
때 시간에 따른 개체수를 나타낸 것이다.
먹이의 양은 A가 B보다 많다.
이 자료에 대한 설명으로 옳은 것만을
<보기>에서 있는 대로 고른 것은? (단, 제시된 조건 이외는 고려하지
않는다.) 3점

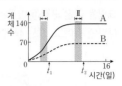

> **보기**
> ㄱ. 구간 I 에서 증가한 ⓐ의 개체수는 A에서가 B에서보다
> 많다.
> ㄴ. A의 구간 II 에서 ⓐ에게 환경 저항이 작용한다.
> ㄷ. B의 개체수는 t_2일 때가 t_1일 때보다 많다.

① ㄱ   ② ㄴ   ③ ㄱ, ㄷ   ④ ㄴ, ㄷ   ⑤ ㄱ, ㄴ, ㄷ

4

개체군
[2018년 10월 학평 20번]

그림은 어떤 개체군의 생장 곡선을 나타낸 것이다.

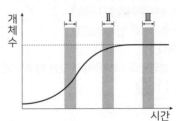

이에 대한 옳은 설명만을 <보기>에서 있는 대로 고른 것은?
(단, 이입과 이출은 고려하지 않으며, 서식지의 크기는 일정하다.)

> **보기**
> ㄱ. $\dfrac{\text{출생한 개체수}}{\text{사망한 개체수}}$ 는 구간 I 에서가 구간 II 에서보다 크다.
> ㄴ. 개체군의 밀도는 구간 I 에서가 구간 III 에서보다 높다.
> ㄷ. 구간 III 에서 환경 저항이 작용하지 않는다.

① ㄱ   ② ㄴ   ③ ㄱ, ㄷ   ④ ㄴ, ㄷ   ⑤ ㄱ, ㄴ, ㄷ

---

5 [2020학년도 9월 모평 11번]
개체군

그림은 어떤 군집을 이루는 종 A와 종 B의 시간에 따른 개체수를 나타낸 것이고, 표는 상대 밀도에 대한 자료이다.

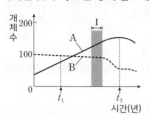

○ 상대 밀도는 어떤 지역에서 조사한 모든 종의 개체수에 대한 특정 종의 개체수를 백분율로 나타낸 것이다.

이에 대한 설명으로 옳은 것만을 <보기>에서 있는 대로 고른 것은? (단, A와 B 이외의 종은 고려하지 않는다.)

보기
ㄱ. A는 B와 한 개체군을 이룬다.
ㄴ. 구간 Ⅰ에서 A에 환경 저항이 작용한다.
ㄷ. B의 상대 밀도는 t_1에서가 t_2에서보다 크다.

① ㄱ   ② ㄴ   ③ ㄱ, ㄷ   ④ ㄴ, ㄷ   ⑤ ㄱ, ㄴ, ㄷ

6 [2017년 3월 학평 12번]
개체군

그림은 어떤 개체군을 단독 배양할 때 시간에 따른 개체수 증가율을 나타낸 것이다. 개체수 증가율은 단위 시간당 증가한 개체수이다.

이에 대한 옳은 설명만을 <보기>에서 있는 대로 고른 것은? (단, 이입과 이출은 없다.) **3점**

보기
ㄱ. 환경 저항은 t_1일 때가 t_2일 때보다 크다.
ㄴ. t_2일 때 개체 사이의 경쟁은 일어나지 않는다.
ㄷ. 개체군의 크기는 t_3일 때가 t_2일 때보다 크다.

① ㄴ   ② ㄷ   ③ ㄱ, ㄴ   ④ ㄱ, ㄷ   ⑤ ㄴ, ㄷ

7 [2022 평가원] [2022학년도 9월 모평 20번]
개체군

그림은 생존 곡선 Ⅰ형, Ⅱ형, Ⅲ형을, 표는 동물 종 ㉠의 특징을 나타낸 것이다. 특정 시기의 사망률은 그 시기 동안 사망한 개체 수를 그 시기가 시작된 시점의 총개체 수로 나눈 값이다.

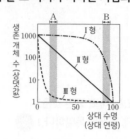

○ ㉠은 한 번에 많은 수의 자손을 낳으며, 초기 사망률이 후기 사망률보다 높다.
○ ㉠의 생존 곡선은 Ⅰ형, Ⅱ형, Ⅲ형 중 하나에 해당한다.

이에 대한 설명으로 옳은 것만을 <보기>에서 있는 대로 고른 것은?

보기
ㄱ. Ⅰ형의 생존 곡선을 나타내는 종에서 A시기의 사망률은 B시기의 사망률보다 높다.
ㄴ. Ⅱ형의 생존 곡선을 나타내는 종에서 A시기 동안 사망한 개체 수는 B시기 동안 사망한 개체 수와 같다.
ㄷ. ㉠의 생존 곡선은 Ⅲ형에 해당한다.

① ㄱ   ② ㄴ   ③ ㄷ   ④ ㄱ, ㄴ   ⑤ ㄱ, ㄷ

8 [2024 평가원] [2024학년도 6월 모평 12번]
개체군

그림은 생존 곡선 Ⅰ형, Ⅱ형, Ⅲ형을, 표는 동물 종 ㉠, ㉡, ㉢의 특징과 생존 곡선 유형을 나타낸 것이다. @와 ⓑ는 Ⅰ형과 Ⅲ형을 순서 없이 나타낸 것이며, 특정 시기의 사망률은 그 시기 동안 사망한 개체 수를 그 시기가 시작된 시점의 총개체 수로 나눈 값이다.

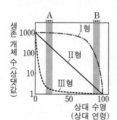

종	특징	유형
㉠	한 번에 많은 수의 자손을 낳으며 초기 사망률이 후기 사망률보다 높다.	@
㉡	한 번에 적은 수의 자손을 낳으며 초기 사망률이 후기 사망률보다 낮다.	ⓑ
㉢	?	Ⅱ형

이에 대한 설명으로 옳은 것만을 <보기>에서 있는 대로 고른 것은?

보기
ㄱ. ⓑ는 Ⅰ형이다.
ㄴ. ㉢에서 $\dfrac{\text{A 시기 동안 사망한 개체 수}}{\text{B 시기 동안 사망한 개체 수}}$ 는 1이다.
ㄷ. 대형 포유류와 같이 대부분의 개체가 생리적 수명을 다하고 죽는 종의 생존 곡선 유형은 Ⅲ형에 해당한다.

① ㄱ   ② ㄴ   ③ ㄷ   ④ ㄱ, ㄴ   ⑤ ㄴ, ㄷ

9
개체군
[2022년 4월 학평 20번]

그림 (가)는 동물 종 A의 시간에 따른 개체 수를, (나)는 A의 상대 수명에 따른 생존 개체 수를 나타낸 것이다. 특정 구간의 사망률은 그 구간 동안 사망한 개체 수를 그 구간이 시작된 시점의 총개체 수로 나눈 값이다.

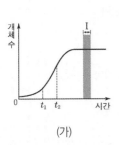 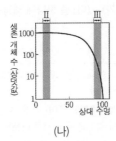

(가)   (나)

이에 대한 설명으로 옳은 것만을 <보기>에서 있는 대로 고른 것은? (단, 이입과 이출은 없으며, 서식지의 면적은 일정하다.)

보기
ㄱ. 구간 Ⅰ에서 A에게 환경 저항이 작용하지 않는다.
ㄴ. A의 개체군 밀도는 t_1일 때가 t_2일 때보다 작다.
ㄷ. A의 사망률은 구간 Ⅱ에서가 구간 Ⅲ에서보다 높다.

① ㄱ   ② ㄴ   ③ ㄷ   ④ ㄱ, ㄴ   ⑤ ㄴ, ㄷ

10
개체군 내 상호 작용, 군집
[2021년 3월 학평 9번]

표는 생물 사이의 상호 작용을 (가)와 (나)로 구분하여 나타낸 것이다.

구분	상호 작용
(가)	㉠기생, 포식과 피식
(나)	순위제, ㉡사회생활

이에 대한 옳은 설명만을 <보기>에서 있는 대로 고른 것은?

보기
ㄱ. (가)는 개체군 사이의 상호 작용이다.
ㄴ. ㉠의 관계인 두 종에서는 손해를 입는 종이 있다.
ㄷ. 꿀벌이 일을 분담하며 협력하는 것은 ㉡의 예이다.

① ㄱ   ② ㄴ   ③ ㄱ, ㄷ   ④ ㄴ, ㄷ   ⑤ ㄱ, ㄴ, ㄷ

11
개체군 내 상호 작용
[2023년 3월 학평 18번]

다음은 상호 작용 (가)와 (나)에 대한 자료이다. (가)와 (나)는 텃세와 종간 경쟁을 순서 없이 나타낸 것이다.

(가) 은어 개체군에서 한 개체가 일정한 생활 공간을 차지하면서 다른 개체의 접근을 막았다.
(나) 같은 곳에 서식하던 ㉠ 애기짚신벌레와 ㉡ 짚신벌레 중 애기짚신벌레만 살아남았다.

이에 대한 옳은 설명만을 <보기>에서 있는 대로 고른 것은?

보기
ㄱ. (가)는 종간 경쟁이다.
ㄴ. ㉠은 ㉡과 다른 종이다.
ㄷ. (나)가 일어나 ㉠과 ㉡이 모두 이익을 얻는다.

① ㄱ   ② ㄴ   ③ ㄷ   ④ ㄱ, ㄴ   ⑤ ㄴ, ㄷ

12
개체군 내 상호 작용
[2023년 4월 학평 3번]

표는 생태계를 구성하는 요소 사이의 상호 관계 (가)~(다)의 예를 나타낸 것이다.

상호 관계	예
(가)	㉠ 물 부족은 식물의 생장에 영향을 준다.
(나)	㉡ 스라소니가 ㉢ 눈신토끼를 잡아먹는다.
(다)	같은 종의 큰뿔양은 뿔 치기를 통해 먹이를 먹는 순위를 정한다.

이에 대한 설명으로 옳은 것만을 <보기>에서 있는 대로 고른 것은?

보기
ㄱ. ㉠은 비생물적 요인에 해당한다.
ㄴ. ㉡과 ㉢의 상호 작용은 포식과 피식에 해당한다.
ㄷ. (다)는 개체군 내의 상호 작용에 해당한다.

① ㄱ   ② ㄷ   ③ ㄱ, ㄴ   ④ ㄴ, ㄷ   ⑤ ㄱ, ㄴ, ㄷ

13 2022 수능

그림은 어떤 지역에서 늑대의 개체 수를 인위적으로 감소시켰을 때 늑대, 사슴의 개체 수와 식물 군집의 생물량 변화를, 표는 (가)와 (나) 시기 동안 이 지역의 사슴과 식물 군집 사이의 상호 작용을 나타낸 것이다. (가)와 (나)는 Ⅰ과 Ⅱ를 순서 없이 나타낸 것이다.

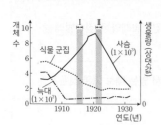

시기	상호 작용
(가)	식물 군집의 생물량이 감소하여 사슴의 개체 수가 감소한다.
(나)	사슴의 개체 수가 증가하여 식물 군집의 생물량이 감소한다.

이 자료에 대한 설명으로 옳은 것만을 〈보기〉에서 있는 대로 고른 것은? **3점**

보기

ㄱ. (가)는 Ⅱ이다.
ㄴ. Ⅰ 시기 동안 사슴 개체군에 환경 저항이 작용하였다.
ㄷ. 사슴의 개체 수는 포식자에 의해서만 조절된다.

① ㄱ ② ㄴ ③ ㄷ ④ ㄱ, ㄴ ⑤ ㄱ, ㄷ

14

그림은 동물 종 A와 B를 같은 공간에서 혼합 배양하였을 때 개체 수 변화를 나타낸 것이다. A와 B 중 하나는 다른 하나를 잡아먹는 포식자이다.

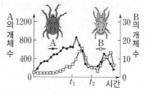

이에 대한 옳은 설명만을 〈보기〉에서 있는 대로 고른 것은?

보기

ㄱ. B는 포식자이다.
ㄴ. t_1일 때 A는 환경 저항을 받지 않는다.
ㄷ. t_1일 때 B의 개체군 밀도는 t_2일 때 A의 개체군 밀도보다 크다.

① ㄱ ② ㄴ ③ ㄱ, ㄴ ④ ㄱ, ㄷ ⑤ ㄴ, ㄷ

15 2023 수능

표는 종 사이의 상호 작용 (가)~(다)의 예를, 그림은 동일한 배양 조건에서 종 A와 B를 각각 단독 배양했을 때와 혼합 배양했을 때 시간에 따른 개체 수를 나타낸 것이다. (가)~(다)는 경쟁, 상리 공생, 포식과 피식을 순서 없이 나타낸 것이고, A와 B 사이의 상호 작용은 (가)~(다) 중 하나에 해당한다.

상호 작용	예
(가)	ⓐ 늑대는 말코손바닥사슴을 잡아 먹는다.
(나)	캥거루쥐와 주머니쥐는 같은 종류의 먹이를 두고 서로 다툰다.
(다)	딱총새우는 산호를 천적으로부터 보호하고, 산호는 딱총새우에게 먹이를 제공한다.

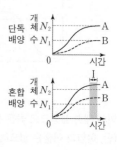

이에 대한 설명으로 옳은 것만을 〈보기〉에서 있는 대로 고른 것은?

보기

ㄱ. ⓐ에서 늑대는 말코손바닥사슴과 한 개체군을 이룬다.
ㄴ. 구간 Ⅰ에서 A에 환경 저항이 작용한다.
ㄷ. A와 B 사이의 상호 작용은 (다)에 해당한다.

① ㄱ ② ㄷ ③ ㄱ, ㄴ ④ ㄴ, ㄷ ⑤ ㄱ, ㄴ, ㄷ

03. 군집

❶ 군집의 구조 및 상호 작용 ★수능에 나오는 필수 개념 1가지 + 필수 암기사항 5개

필수개념 1 군집

1. **군집** : 한 지역에서 서로 밀접한 관계를 맺으며 생활하는 개체군들의 집단이다.

2. **생태적 지위** : 각 개체군들이 군집 내에서 차지하는 위치 *암기

   ① **먹이 지위** : 개체군이 먹이 사슬에서 차지하는 위치

   ② **공간 지위** : 개체군이 차지하는 서식 공간

3. **군집의 구조**

   1) **우점종** : 개체수가 많고 넓은 면적을 차지하여 군집을 대표하는 종 *암기

      ① 중요도(상대 밀도＋상대 빈도＋상대 피도)가 가장 높다.

   2) **지표종** : 특정한 지역이나 환경 조건에서만 나타나 그 군집을 다른 군집과 구별해 주는 종 *암기

      예 이산화 황 농도에 민감한 지의류 등

4. **방형구를 이용한 식물 군집 조사** : 방형구 전체 면적을 1이라고 하고, 식물 종의 개체수가 아래 그림과 같을 때 결과는 표와 같다. 중요도가 가장 높은 것이 우점종이므로, 토끼풀이 우점종이다.

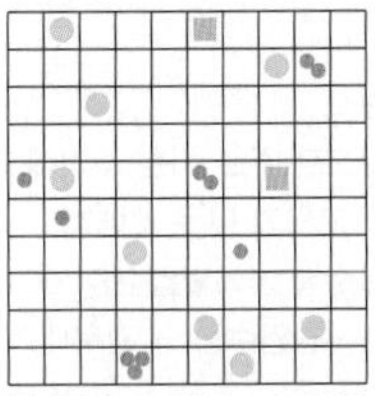

식물	밀도	빈도	피도 계급	상대 밀도 (%)	상대 빈도 (%)	상대 피도 (%)	중요도
질경이	2	0.02	1	10	12.5	20	42.5
민들레	10	0.06	2	50	37.5	40	127.5
토끼풀	8	0.08	2	40	50	40	130.0

■ 질경이 ● 민들레 ● 토끼풀

5. **군집 내 개체군 간의 상호 작용** *암기 → 상호 작용의 4가지 종류의 정의를 반드시 외워라!

   ① **경쟁** : 생태적 지위가 유사한 두 개체군이 먹이와 생활 공간을 두고 서로 차지하기 위해 경쟁하며, 생태적 지위가 중복될수록 경쟁이 심해진다.

      • **경쟁 배타 원리** : 두 개체군이 경쟁한 결과 공존하지 못하고, 한 개체군은 살아남고 다른 개체군은 경쟁 지역에서 사라진다.

   ② **분서** : 생태적 지위가 비슷한 두 개체군이 경쟁을 피하기 위해 먹이, 생활 공간을 달리하는 것이다.

   ③ **포식과 피식** : 두 개체군 사이의 먹고 먹히는 관계로, 두 개체군의 크기가 주기적으로 변동한다.

   ④ **공생과 기생**

      • **상리 공생** : 두 개체군이 모두 이익을 얻는다. 예 콩과식물과 뿌리혹박테리아 등

      • **편리 공생** : 한 개체군은 이익을 얻지만, 다른 개체군은 이익도 손해도 없는 경우이다.

         예 빨판 상어와 거북 등

      • **기생** : 한 개체군이 다른 개체군에 살며 자신은 이익을 얻지만, 다른 개체군은 손해를 본다.

         예 기생충과 동물 등

6. **개체군 간 상호 작용에 따른 개체수 변화** *암기 → 그래프를 보고 상호 작용의 종류를 알아야 함!

단독 배양	혼합 배양		
	경쟁	상리 공생	포식과 피식
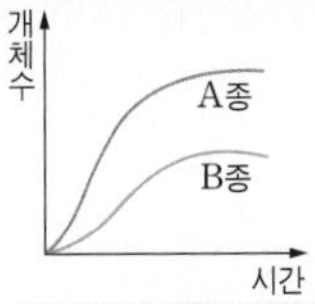 단독 서식(A종과 B종 모두 S자형 생장 곡선 나타남)	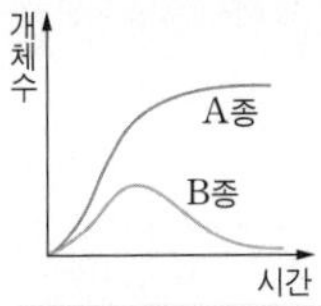 A종만 살아남고 B종은 도태됨	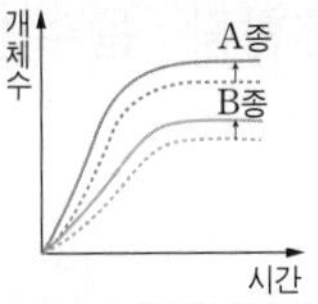 서로 이익을 주어 개체수가 증가함	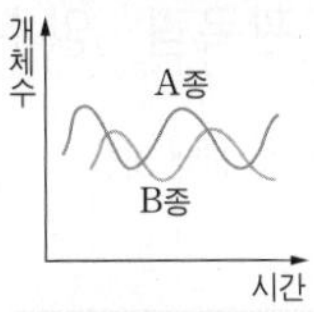 A종의 증감에 따라 B종이 증감함
A종과 B종 모두 S자형 생장 곡선을 나타낸다.	경쟁 배타 원리가 적용되어 B종은 사라지고 A종만 살아남는다.	A종과 B종이 모두 개체 수 증가라는 이익을 얻는다.	두 종의 개체수가 주기적으로 변동된다.

기본자료

▶ 밀도

  특정 종의 개체수 / 방형구 전체의 면적

▶ 빈도

  특정 종이 출현한 방형구 수 / 조사한 방형구의 총 수

▶ 피도

  특정 종이 점유하는 면적 / 방형구 전체의 면적

DAY 24

V

1

03. 군집

▶ 공생과 기생

상호 작용	종A	종B
기생	손해	이익
편리 공생	이익	손해도 이익도 없음
상리 공생	이익	이익

❷ 군집의 천이 ★수능에 나오는 필수 개념 1가지 + 필수 암기사항 7개

필수개념 1 **군집의 천이**

- **군집의 천이** : 군집의 구성과 특성이 시간이 지남에 따라 달라지는 현상이다.

1. 1차 천이

  1) 용암 대지와 같이 토양이 전혀 없는 불모지에서 시작되는 천이로 안정된 군집을 이룰 때까지 일어난다. `암기`

  2) 개척자가 들어온 후 토양이 형성되고 새로운 종이 들어오며, 마지막에 안정된 상태인 극상을 이룬다.

  3) 수분이 적은 건조한 곳에서 시작되는 건성 천이와 연못이나 호수와 같이 습한 곳에서 시작되는 습성 천이가 있다.

    ① 건성 천이 : 용암 대지나 황무지 등 건조한 곳에서 시작되는 천이

        맨땅 → 지의류(개척자) → 초원 → 관목림 → 양수림 → 혼합림 → 음수림(극상) `암기`

      - 맨땅에 건조하고 양분이 부족해도 잘 살 수 있는 지의류가 개척자로 먼저 나타난다.

      - 지의류가 정착하여 토양이 형성되면 이어서 초본 식물이 등장하여 초원이 형성된다.

      - 토양에 여러 가지 양분이 축적되고 수분 함량이 증가하면서 관목이 자라고, 이어서 소나무와 같은 양수(소나무, 버드나무 등)가 자라 숲을 이룬다.

      - 양수림이 발달하여 숲이 우거지면 지표면에 도달하는 빛의 양이 줄어들어 양수의 묘목보다 약한 빛에서도 잘 자랄 수 있는 음수(떡갈나무, 신갈나무 등)의 묘목이 더 잘 생장하게 된다.

      - 음수림이 안정된 군집을 이룬다.(극상)

    ② 습성 천이 : 연못이나 호수 등 수분이 많은 곳에서 시작되는 천이

        빈영양호 → 부영양호 → 습원 → 초원 → 관목림 → 양수림 → 혼합림 → 음수림(극상) `암기`

      - 빈영양호 : 영양 염류가 적어 물 밑까지 산소가 포화되고, 부식토가 적어 수생 식물이 적은 호수

      - 부영양호 : 영양 염류가 많아 식물성 플랑크톤의 증식이 활발한 호수

      - 습생 식물이 개척자가 되어 습지로 들어옴으로써 시작된다.

      - 습생 식물이 들어오면 흙이나 모래가 쌓이고 유기물이 퇴적되어 습원이 형성되며, 이어서 초본이 들어와 초원이 형성된 후 건성 천이와 같은 과정을 거쳐 극상에 도달한다.

2. 2차 천이 : 산불이 난 곳이나 벌목한 장소처럼 이미 토양이 형성된 곳에서 시작되는 천이 `암기`

  1) 토양에 양분이나 수분이 충분히 포함되어 있어 1차 천이보다 진행 속도가 빠르다. `암기`

  2) 개척자는 지의류가 아닌 초본인 경우가 대부분이다. `암기`

3. 극상 : 천이의 마지막에 안정된 상태를 이루게 되는 군집으로, 온대 지방에서는 주로 음수림이 극상을 이룬다. `암기`

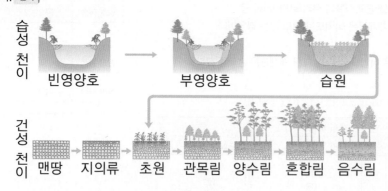

▲ 천이의 진행 과정

기본자료

▶ 천이 과정에 영향을 미치는 주된 환경 요인
  - 초기 : 토양의 형성 속도, 무기 염류의 축적 정도, 수분의 양
  - 후기 : 지표면에 도달하는 빛의 세기

▶ 음수림이 극상을 이루는 이유
양수림이 형성되면 숲의 아래쪽은 빛을 잘 받지 못해 양수의 묘목은 잘 자라지 못하고 음수의 묘목이 잘 자라게 되어 음수림으로 천이가 이루어진다. 따라서 천이의 마지막 단계에는 음수림이 안정된 상태를 유지하며 극상을 이룬다.

▶ 군집의 수평 분포
위도에 따른 분포로, 강수량과 기온의 차이에 의해 나타난다. 저위도에서 고위도로 갈수록 열대 우림 → 낙엽수림 → 침엽수림 → 툰드라 순으로 분포한다.

▶ 군집의 수직 분포
고도에 따른 분포로 주로 기온 차이에 의해 나타난다. 고도가 낮은 곳에서 높은 곳으로 갈수록 상록활엽수림 → 낙엽활엽수림 → 침엽수림 → 관목대 순으로 분포한다.

1

표는 지역 (가)와 (나)에 서식하는 식물 종 A~C의 개체 수를 나타낸 것이다. 면적은 (나)가 (가)의 2배이다. 이에 대한 옳은 설명만을 〈보기〉에서 있는 대로 고른 것은? (단, A~C 이외의 종은 고려하지 않는다.)

지역＼종	A	B	C
(가)	11	24	15
(나)	46	24	30

보기
ㄱ. (가)에서 A는 B와 한 개체군을 이룬다.
ㄴ. B의 밀도는 (가)에서가 (나)에서의 2배이다.
ㄷ. C의 상대 밀도는 (나)에서가 (가)에서의 2배이다.

① ㄱ ② ㄴ ③ ㄷ ④ ㄱ, ㄴ ⑤ ㄴ, ㄷ

2

표는 어떤 지역에 면적이 1m²인 방형구를 10개 설치한 후 식물 군집을 조사한 결과를 나타낸 것이다.

종	개체 수	출현한 방형구 수	점유한 면적(m²)
A	30	5	0.5
B	20	6	1.5
C	40	4	2.0
D	10	5	1.0

이에 대한 설명으로 옳은 것만을 〈보기〉에서 있는 대로 고른 것은? (단, A~D 이외의 종은 고려하지 않는다.) 3점

보기
ㄱ. B의 빈도는 0.6이다.
ㄴ. A는 D와 한 개체군을 이룬다.
ㄷ. 중요치가 가장 큰 종은 C이다.

① ㄱ ② ㄴ ③ ㄷ ④ ㄱ, ㄷ ⑤ ㄴ, ㄷ

3

표 (가)는 어떤 지역의 식물 군집을 조사한 결과를 나타낸 것이고, (나)는 우점종에 대한 자료이다.

종	개체 수	빈도	상대 피도(%)
A	198	0.32	㉠
B	81	0.16	23
C	171	0.32	45

(가)

• 어떤 군집의 우점종은 중요치가 가장 높아 그 군집을 대표할 수 있는 종을 의미하며, 각 종의 중요치는 상대 밀도, 상대 빈도, 상대 피도를 더한 값이다.

(나)

이에 대한 설명으로 옳은 것만을 〈보기〉에서 있는 대로 고른 것은? (단, A~C 이외의 종은 고려하지 않는다.) 3점

보기
ㄱ. ㉠은 32이다.
ㄴ. B의 상대 빈도는 20%이다.
ㄷ. 이 식물 군집의 우점종은 C이다.

① ㄱ ② ㄷ ③ ㄱ, ㄴ ④ ㄴ, ㄷ ⑤ ㄱ, ㄴ, ㄷ

4

표는 방형구법을 이용하여 어떤 지역의 식물 군집을 조사한 결과를 나타낸 것이다.

종	개체 수	빈도	상대 피도(%)	중요치(중요도)
A	36	0.8	38	?
B	?	0.5	27	72
C	12	0.7	35	90

이에 대한 옳은 설명만을 〈보기〉에서 있는 대로 고른 것은? (단, A~C 이외의 종은 고려하지 않는다.) 3점

보기
ㄱ. A의 상대 빈도는 40%이다.
ㄴ. B의 개체 수는 20이다.
ㄷ. 우점종은 C이다.

① ㄱ ② ㄴ ③ ㄷ ④ ㄱ, ㄴ ⑤ ㄴ, ㄷ

5 2023 평가원

표는 방형구법을 이용하여 어떤 지역의 식물 군집을 조사한 결과를 나타낸 것이다.

종	개체 수	상대 밀도(%)	빈도	상대 빈도(%)	상대 피도(%)
A	?	20	0.4	20	16
B	36	30	0.7	?	24
C	12	?	0.2	10	?
D	㉠	?	?	?	30

이 자료에 대한 설명으로 옳은 것만을 <보기>에서 있는 대로 고른 것은? (단, A~D 이외의 종은 고려하지 않는다.) **3점**

보기

ㄱ. ㉠은 24이다.
ㄴ. 지표를 덮고 있는 면적이 가장 작은 종은 A이다.
ㄷ. 우점종은 B이다.

① ㄱ   ② ㄴ   ③ ㄷ   ④ ㄱ, ㄴ   ⑤ ㄴ, ㄷ

6 2022 평가원

다음은 어떤 지역의 식물 군집에서 우점종을 알아보기 위한 탐구이다.

(가) 이 지역에 방형구를 설치하여 식물 종 A~E의 분포를 조사했다.

(나) 표는 조사한 자료를 바탕으로 각 식물 종의 상대 밀도, 상대 빈도, 상대 피도를 구한 결과를 나타낸 것이다.

종	상대 밀도(%)	상대 빈도(%)	상대 피도(%)
A	30	20	20
B	5	24	26
C	25	25	10
D	10	26	24
E	30	5	20

(다) 이 지역의 우점종이 A임을 확인했다.

이 자료에 대한 설명으로 옳은 것만을 <보기>에서 있는 대로 고른 것은? (단, A~E 이외의 종은 고려하지 않는다.) **3점**

보기

ㄱ. 중요치(중요도)가 가장 큰 종은 A이다.
ㄴ. 지표를 덮고 있는 면적이 가장 큰 종은 B이다.
ㄷ. E가 출현한 방형구의 수는 D가 출현한 방형구의 수보다 많다.

① ㄱ   ② ㄴ   ③ ㄷ   ④ ㄱ, ㄴ   ⑤ ㄱ, ㄷ

7

표 (가)는 면적이 동일한 서로 다른 지역 Ⅰ과 Ⅱ의 식물 군집을 조사한 결과를 나타낸 것이고, (나)는 우점종에 대한 자료이다.

	지역	종	상대 밀도 (%)	상대 빈도 (%)	상대 피도 (%)	총 개체 수
(가)	Ⅰ	A	30	?	19	100
		B	?	24	22	
		C	29	31	?	
	Ⅱ	A	5	?	13	120
		B	?	13	25	
		C	70	42	?	

(나)	○ 어떤 군집의 우점종은 중요치가 가장 높아 그 군집을 대표할 수 있는 종을 의미하며, 각 종의 중요치는 상대 밀도, 상대 빈도, 상대 피도를 더한 값이다.

이에 대한 설명으로 옳은 것만을 <보기>에서 있는 대로 고른 것은? (단, A~C 이외의 종은 고려하지 않는다.)

보기

ㄱ. Ⅰ의 식물 군집에서 우점종은 C이다.
ㄴ. 개체군 밀도는 Ⅰ의 A가 Ⅱ의 B보다 크다.
ㄷ. 종 다양성은 Ⅰ에서가 Ⅱ에서보다 높다.

① ㄱ   ② ㄴ   ③ ㄱ, ㄷ   ④ ㄴ, ㄷ   ⑤ ㄱ, ㄴ, ㄷ

8

표는 방형구법을 이용하여 어떤 지역의 식물 군집을 조사한 결과를 나타낸 것이다. A~C의 개체 수의 합은 100이고, 순위 1, 2, 3은 값이 큰 것부터 순서대로 나타낸 것이다.

종	상대 밀도(%) 값	순위	상대 빈도(%) 값	순위	상대 피도(%) 값	순위	중요치(중요도) 값	순위
A	32	2	38	1	?	?	?	?
B	㉠	1	?	3	?	?	97	?
C	?	3	㉠	2	26	?	?	?

이에 대한 설명으로 옳은 것만을 <보기>에서 있는 대로 고른 것은? (단, A~C 이외의 종은 고려하지 않는다.) **3점**

보기

ㄱ. 지표를 덮고 있는 면적이 가장 큰 종은 A이다.
ㄴ. B의 상대 빈도 값은 26이다.
ㄷ. C의 중요치(중요도) 값은 96이다.

① ㄱ   ② ㄴ   ③ ㄷ   ④ ㄱ, ㄴ   ⑤ ㄴ, ㄷ

표는 서로 다른 지역 (가)와 (나)의 식물 군집을 조사한 결과를 나타낸 것이다. (가)의 면적은 (나)의 면적의 2배이다.

지역	종	개체 수	상대 빈도(%)	총개체 수
(가)	A	?	29	
	B	33	41	100
	C	27	?	
(나)	A	25	32	
	B	?	35	100
	C	44	?	

이에 대한 설명으로 옳은 것만을 〈보기〉에서 있는 대로 고른 것은? (단, A~C 이외의 종은 고려하지 않는다.) 3점

보기
ㄱ. A의 개체군 밀도는 (가)에서가 (나)에서보다 크다.
ㄴ. (나)에서 B의 상대 밀도는 31%이다.
ㄷ. C의 상대 빈도는 (가)에서가 (나)에서보다 작다.

① ㄱ   ② ㄷ   ③ ㄱ, ㄴ   ④ ㄴ, ㄷ   ⑤ ㄱ, ㄴ, ㄷ

표 (가)는 어떤 지역의 식물 군집을 조사한 결과를 나타낸 것이고, (나)는 종 A와 B의 상대 피도와 상대 빈도에 대한 자료이다.

종	개체 수	빈도
A	240	0.20
B	60	㉠
C	200	0.32

(가)

○ A의 상대 피도는 55%이다.
○ B의 상대 빈도는 35%이다.

(나)

이에 대한 설명으로 옳은 것만을 〈보기〉에서 있는 대로 고른 것은? (단, A~C 이외의 종은 고려하지 않는다.)

보기
ㄱ. ㉠은 0.35이다.
ㄴ. B의 상대 밀도는 12%이다.
ㄷ. 중요치는 A가 C보다 낮다.

① ㄱ   ② ㄴ   ③ ㄷ   ④ ㄱ, ㄴ   ⑤ ㄴ, ㄷ

표는 방형구법을 이용하여 어떤 지역의 식물 군집을 두 시점 t_1과 t_2일 때 조사한 결과를 나타낸 것이다.

시점	종	개체 수	상대 빈도(%)	상대 피도(%)	중요치(중요도)
t_1	A	9	?	30	68
	B	19	20	20	?
	C	?	20	15	49
	D	15	40	?	?
t_2	A	0	?	?	?
	B	33	?	39	?
	C	?	20	24	?
	D	21	40	?	112

이 자료에 대한 설명으로 옳은 것만을 〈보기〉에서 있는 대로 고른 것은? (단, A~D 이외의 종은 고려하지 않는다.) 3점

보기
ㄱ. t_1일 때 우점종은 D이다.
ㄴ. t_2일 때 지표를 덮고 있는 면적이 가장 큰 종은 B이다.
ㄷ. C의 상대 밀도는 t_1일 때가 t_2일 때보다 작다.

① ㄱ   ② ㄷ   ③ ㄱ, ㄴ   ④ ㄴ, ㄷ   ⑤ ㄱ, ㄴ, ㄷ

표 (가)는 어떤 지역에서 시점 t_1과 t_2일 때 서식하는 식물 종 A~C의 개체 수를 나타낸 것이고, (나)는 C에 대한 설명이다. t_1일 때 A~C의 개체 수의 합과 B의 상대 밀도는 t_2일 때와 같고, t_1과 t_2일 때 이 지역의 면적은 변하지 않았다.

구분	개체 수		
	A	B	C
t_1	16	17	?
t_2	28	㉠	5

(가)

C는 대기 중 오염 물질의 농도가 높아지면 개체 수가 감소하므로, C의 개체 수를 통해 대기 오염 정도를 알 수 있다.

(나)

이에 대한 설명으로 옳은 것만을 〈보기〉에서 있는 대로 고른 것은? (단, A~C 이외의 다른 종은 고려하지 않고, 대기 오염 외에 C의 개체 수 변화에 영향을 주는 요인은 없다.) 3점

보기
ㄱ. ㉠은 17이다.
ㄴ. 식물의 종 다양성은 t_1일 때가 t_2일 때보다 높다.
ㄷ. 대기 중 오염 물질의 농도는 t_1일 때가 t_2일 때보다 높다.

① ㄱ   ② ㄷ   ③ ㄱ, ㄴ   ④ ㄴ, ㄷ   ⑤ ㄱ, ㄴ, ㄷ

표는 종 사이의 상호 작용을 나타낸 것이다. ㉠과 ㉡은 기생과 상리 공생을 순서 없이 나타낸 것이다. 이에 대한 설명으로 옳은 것만을 〈보기〉에서 있는 대로 고른 것은?

상호 작용	종1	종2
㉠	손해	ⓐ
㉡	이익	?
포식과 피식	손해	이익

보기

ㄱ. ⓐ는 '손해'이다.
ㄴ. ㉡은 상리 공생이다.
ㄷ. 스라소니가 눈신토끼를 잡아먹는 것은 포식과 피식에 해당한다.

① ㄱ　　　② ㄴ　　　③ ㄷ　　　④ ㄱ, ㄷ　　　⑤ ㄴ, ㄷ

다음은 종 사이의 상호 작용에 대한 자료이다. (가)와 (나)는 기생과 상리 공생의 예를 순서 없이 나타낸 것이다.

(가) 겨우살이는 다른 식물의 줄기에 뿌리를 박아 물과 양분을 빼앗는다.
(나) 뿌리혹박테리아는 콩과식물에게 질소 화합물을 제공하고, 콩과식물은 뿌리혹박테리아에게 양분을 제공한다.

이에 대한 설명으로 옳은 것만을 〈보기〉에서 있는 대로 고른 것은?

보기

ㄱ. (가)는 기생의 예이다.
ㄴ. (가)와 (나) 각각에는 이익을 얻는 종이 있다.
ㄷ. 꽃이 벌새에게 꿀을 제공하고, 벌새가 꽃의 수분을 돕는 것은 상리 공생의 예에 해당한다.

① ㄱ　　　② ㄷ　　　③ ㄱ, ㄴ　　　④ ㄴ, ㄷ　　　⑤ ㄱ, ㄴ, ㄷ

그림 (가)는 어떤 지역에서 일정 기간 동안 조사한 종 A~C의 단위 면적당 생물량(생체량) 변화를, (나)는 A~C 사이의 먹이 사슬을 나타낸 것이다. A~C는 생산자, 1차 소비자, 2차 소비자를 순서 없이 나타낸 것이다.

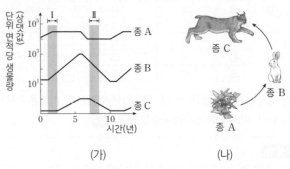

(가)　　　　　　　　　(나)

이 자료에 대한 설명으로 옳은 것만을 〈보기〉에서 있는 대로 고른 것은?

보기

ㄱ. I 시기 동안 $\dfrac{\text{B의 생물량}}{\text{C의 생물량}}$ 은 증가했다.
ㄴ. C는 1차 소비자이다.
ㄷ. II 시기에 A와 B 사이에 경쟁 배타가 일어났다.

① ㄱ　　　② ㄷ　　　③ ㄱ, ㄴ　　　④ ㄴ, ㄷ　　　⑤ ㄱ, ㄴ, ㄷ

16 2022 평가원
군집
[2022학년도 9월 모평 11번]

다음은 어떤 섬에 서식하는 동물 종 A~C 사이의 상호 작용에 대한 자료이다.

○ A와 B는 같은 먹이를 먹고, C는 A와 B의 천적이다.
○ 그림은 Ⅰ~Ⅳ시기에 서로 다른 영역 (가)와 (나) 각각에 서식하는 종의 분포 변화를 나타낸 것이다.

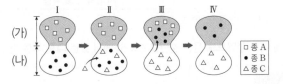

○ Ⅰ시기에 ㉠ A와 B는 서로 경쟁을 피하기 위해 A는 (가)에, B는 (나)에 서식하였다.
○ Ⅱ시기에 C가 (나)로 유입되었고, C가 B를 포식하였다.
○ Ⅲ시기에 B는 C를 피해 (가)로 이주하였다.
○ Ⅳ시기에 (가)에서 A와 B 사이의 경쟁의 결과로 A가 사라졌다.

이 자료에 대한 설명으로 옳은 것만을 <보기>에서 있는 대로 고른 것은? (단, 제시된 조건 이외는 고려하지 않는다.) 3점

보기
ㄱ. ㉠에서 A와 B 사이의 상호 작용은 분서에 해당한다.
ㄴ. Ⅱ시기에 (나)에서 C는 B와 한 개체군을 이루었다.
ㄷ. Ⅳ시기에 (가)에서 A와 B 사이에 경쟁 배타가 일어났다.

① ㄱ   ② ㄴ   ③ ㄱ, ㄷ   ④ ㄴ, ㄷ   ⑤ ㄱ, ㄴ, ㄷ

17
군집
[2016년 7월 학평 18번]

그림은 어떤 지역에서 일정 기간 동안 매년 가을에 목본 식물, 눈신토끼, 스라소니 개체군의 생물량을 조사하여 나타낸 것이다. 3종류의 개체군은 먹이 사슬을 이룬다. 이 자료에 대한 설명으로 옳은 것만을 <보기>에서 있는 대로 고른 것은?

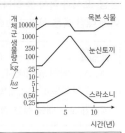

보기
ㄱ. 먹이 사슬의 상위 영양 단계로 갈수록 개체군의 생물량은 감소한다.
ㄴ. 눈신토끼는 목본 식물의 유기물을 통해 에너지를 얻는다.
ㄷ. 눈신토끼와 스라소니 사이에 경쟁 배타 원리가 적용된다.

① ㄱ   ② ㄷ   ③ ㄱ, ㄴ   ④ ㄴ, ㄷ   ⑤ ㄱ, ㄴ, ㄷ

18
군집
[2018학년도 수능 14번]

그림 (가)는 종 A와 종 B를 각각 단독 배양했을 때, (나)는 A와 B를 혼합 배양했을 때 시간에 따른 개체수를 나타낸 것이다.

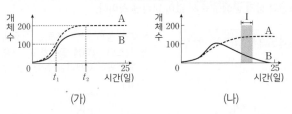

(가)   (나)

이에 대한 설명으로 옳은 것만을 <보기>에서 있는 대로 고른 것은? (단, (가)와 (나)에서 초기 개체수와 배양 조건은 동일하다.) 3점

보기
ㄱ. A의 개체수는 t_2일 때가 t_1일 때보다 많다.
ㄴ. (나)에서 A와 B 사이에 편리 공생이 일어났다.
ㄷ. 구간 Ⅰ에서 A와 B 모두에 환경 저항이 작용한다.

① ㄱ   ② ㄴ   ③ ㄱ, ㄷ   ④ ㄴ, ㄷ   ⑤ ㄱ, ㄴ, ㄷ

19
군집
[2020년 7월 학평 14번]

표는 종 사이의 상호 작용과 예를 나타낸 것이다. (가)~(다)는 기생, 상리 공생, 포식과 피식을 순서 없이 나타낸 것이다. ⓐ와 ⓑ는 각각 '손해'와 '이익' 중 하나이다.

구분	(가)		(나)		(다)	
상호 작용	종 Ⅰ	종 Ⅱ	종 Ⅰ	종 Ⅱ	종 Ⅰ	종 Ⅱ
	이익	?	ⓐ	손해	ⓑ	손해
예	흰동가리는 말미잘의 보호를 받고, 말미잘은 흰동가리로부터 먹이를 얻는다.		겨우살이는 숙주 식물로부터 영양소와 물을 흡수하여 살아간다.		?	

이에 대한 설명으로 옳은 것만을 <보기>에서 있는 대로 고른 것은?

보기
ㄱ. (가)는 기생이다.
ㄴ. ⓐ와 ⓑ는 모두 '이익' 이다.
ㄷ. '스라소니는 눈신토끼를 잡아먹는다.'는 (다)의 예이다.

① ㄱ   ② ㄴ   ③ ㄱ, ㄷ   ④ ㄴ, ㄷ   ⑤ ㄱ, ㄴ, ㄷ

표 (가)는 종 사이의 상호 작용을 나타낸 것이고, (나)는 바다에 서식하는 산호와 조류 간의 상호 작용에 대한 자료이다. Ⅰ과 Ⅱ는 경쟁과 상리 공생을 순서 없이 나타낸 것이다.

상호 작용	종 1	종 2
Ⅰ	이익	ⓐ
Ⅱ	ⓑ	손해

(가)

• 산호와 함께 사는 조류는 산호에게 산소와 먹이를 공급하고, 산호는 조류에게 서식지와 영양소를 제공한다.

(나)

이 자료에 대한 설명으로 옳은 것만을 <보기>에서 있는 대로 고른 것은?

보기
ㄱ. ⓐ와 ⓑ는 모두 '손해'이다.
ㄴ. (나)의 상호 작용은 Ⅰ의 예에 해당한다.
ㄷ. (나)에서 산호는 조류와 한 개체군을 이룬다.

① ㄱ   ② ㄴ   ③ ㄷ   ④ ㄱ, ㄷ   ⑤ ㄴ, ㄷ

표는 종 사이의 상호 작용을 나타낸 것이다. ㉠과 ㉡은 상리 공생, 포식과 피식을 순서 없이 나타낸 것이다. 이에 대한 설명으로 옳은 것만을 <보기>에서 있는 대로 고른 것은?

상호 작용	종 1	종 2
㉠	손해	?
㉡	ⓐ	이익

보기
ㄱ. ⓐ는 '이익'이다.
ㄴ. ㉠은 포식과 피식이다.
ㄷ. 뿌리혹박테리아와 콩과식물 사이의 상호 작용은 ㉡에 해당한다.

① ㄱ   ② ㄷ   ③ ㄱ, ㄴ   ④ ㄴ, ㄷ   ⑤ ㄱ, ㄴ, ㄷ

표는 종 사이의 상호 작용과 그 예를 나타낸 것이다. (가)~(다)는 경쟁, 상리 공생, 포식과 피식을 순서 없이 나타낸 것이다.

상호 작용	종 1	종 2	예
(가)	손해	이익	스라소니와 눈신토끼 사이의 상호 작용
(나)	이익	㉠	콩과식물과 뿌리혹박테리아 사이의 상호 작용
(다)	손해	손해	?

이에 대한 설명으로 옳은 것만을 <보기>에서 있는 대로 고른 것은?

보기
ㄱ. (가)는 포식과 피식이다.
ㄴ. ㉠은 '이익'이다.
ㄷ. 흰동가리와 말미잘 사이의 상호 작용은 (다)의 예에 해당한다.

① ㄱ   ② ㄷ   ③ ㄱ, ㄴ   ④ ㄴ, ㄷ   ⑤ ㄱ, ㄴ, ㄷ

그림은 상호 작용 A와 B의 공통점과 차이점을 나타낸 것이다. ㉠은 '상호 작용하는 생물이 모두 이익을 얻는다.'이며, A와 B는 각각 상리 공생, 포식과 피식 중 하나이다.

이에 대한 옳은 설명만을 <보기>에서 있는 대로 고른 것은?

보기
ㄱ. A는 상리 공생이다.
ㄴ. 콩과식물과 뿌리혹박테리아의 상호 작용은 B의 예이다.
ㄷ. '개체군 내의 상호 작용이다.'는 ㉡에 해당한다.

① ㄱ   ② ㄴ   ③ ㄱ, ㄴ   ④ ㄱ, ㄷ   ⑤ ㄴ, ㄷ

24

표 (가)는 종 사이의 상호 작용을 나타낸 것이며, (나)는 콩과식물과 뿌리혹박테리아 사이의 상호 작용에 대한 설명이다. A~C는 경쟁, 기생, 상리 공생을 순서 없이 나타낸 것이다.

상호 작용	종 1	종 2
A	손해	손해
B	이익	㉠
C	?	손해

콩과식물의 뿌리에 사는 뿌리혹박테리아는 콩과식물에게 질소화합물을 공급하고, 콩과식물은 뿌리혹박테리아에게 영양분을 공급한다.

(가)   (나)

이에 대한 설명으로 옳은 것만을 〈보기〉에서 있는 대로 고른 것은? **3점**

보기
ㄱ. A는 경쟁이다.
ㄴ. ㉠은 '손해'이다.
ㄷ. (나)에서 콩과식물과 뿌리혹박테리아 사이의 상호 작용은 C에 해당한다.

① ㄱ   ② ㄷ   ③ ㄱ, ㄴ   ④ ㄴ, ㄷ   ⑤ ㄱ, ㄴ, ㄷ

26

다음은 하와이 주변의 얕은 바다에 서식하는 하와이짧은꼬리 오징어에 대한 자료이다.

㉠하와이짧은꼬리오징어는 주로 밤에 활동하는데, 달빛이 비치면 그림자가 생겨 ㉡포식자의 눈에 잘 띄게 된다. 하지만 오징어의 몸에 사는 ㉢발광 세균이 달빛과 비슷한 빛을 내면 그림자가 사라져 포식자에게 쉽게 발견되지 않는다. 이렇게 오징어에게 도움을 주는 발광 세균은 오징어로부터 영양분을 얻는다.

하와이짧은 꼬리오징어

이에 대한 옳은 설명만을 〈보기〉에서 있는 대로 고른 것은?

보기
ㄱ. ㉠과 ㉡은 같은 군집에 속한다.
ㄴ. ㉠과 ㉢ 사이의 상호 작용은 상리 공생이다.
ㄷ. ㉡을 제거하면 ㉠의 개체군 밀도가 일시적으로 증가한다.

① ㄱ   ② ㄴ   ③ ㄱ, ㄷ   ④ ㄴ, ㄷ   ⑤ ㄱ, ㄴ, ㄷ

25

표 (가)는 서로 다른 종 사이의 상호 작용을, (나)는 토끼풀과 잔디 사이의 상호 작용을 나타낸 것이다. A~C는 경쟁, 기생, 상리 공생을 순서 없이 나타낸 것이다.

상호 작용	종 I	종 II
A	+	+
B	ⓐ	+
C	ⓑ	−

(+: 이익, −: 손해)

토끼풀은 ㉠ 대기 중의 질소를 암모늄 이온으로 전환하는 뿌리혹박테리아에 의해 부족한 질소를 공급받지만, 잔디는 뿌리혹박테리아를 통해 부족한 질소를 공급받지 못한다. 따라서 ㉡ 두 식물이 한 장소에서 살게 되면 생장이 빠른 토끼풀이 잔디의 생장을 저해한다.

(가)   (나)

이에 대한 설명으로 옳은 것만을 〈보기〉에서 있는 대로 고른 것은?

보기
ㄱ. ⓐ와 ⓑ는 모두 '−'이다.
ㄴ. ㉠은 질소 고정 작용이다.
ㄷ. ㉡에서 토끼풀과 잔디의 상호 작용은 A의 예이다.

① ㄱ   ② ㄷ   ③ ㄱ, ㄴ   ④ ㄴ, ㄷ   ⑤ ㄱ, ㄴ, ㄷ

27

그림 (가)~(다)는 동물 종 A와 B의 시간에 따른 개체 수를 나타낸 것이다. (가)는 고온 다습한 환경에서 단독 배양한 결과이고, (나)는 (가)와 같은 환경에서 혼합 배양한 결과이며, (다)는 저온 건조한 환경에서 혼합 배양한 결과이다.

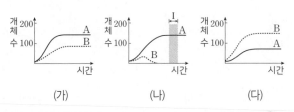

(가)   (나)   (다)

이에 대한 옳은 설명만을 〈보기〉에서 있는 대로 고른 것은? **3점**

보기
ㄱ. 구간 I 에서 A는 환경 저항을 받는다.
ㄴ. (나)에서 A와 B 사이에 상리 공생이 일어났다.
ㄷ. B에 대한 환경 수용력은 (가)에서가 (다)에서보다 작다.

① ㄱ   ② ㄴ   ③ ㄷ   ④ ㄱ, ㄴ   ⑤ ㄴ, ㄷ

다음은 동물 종 A와 B 사이의 상호 작용에 대한 자료이다.

○ A와 B 사이의 상호 작용은 경쟁과 상리 공생 중 하나에 해당한다.
○ A와 B가 함께 서식하는 지역을 ㉠과 ㉡으로 나눈 후, ㉠에서만 A를 제거하였다. 그림은 지역 ㉠과 ㉡에서 B의 개체 수 변화를 나타낸 것이다.

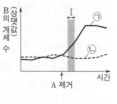

이 자료에 대한 설명으로 옳은 것만을 〈보기〉에서 있는 대로 고른 것은? (단, 제시된 조건 이외는 고려하지 않는다.) 3점

보기
ㄱ. A와 B 사이의 상호 작용은 경쟁에 해당한다.
ㄴ. ㉡에서 A는 B와 한 개체군을 이룬다.
ㄷ. 구간 Ⅰ에서 B에 작용하는 환경 저항은 ㉠에서가 ㉡에서보다 크다.

① ㄱ　　② ㄷ　　③ ㄱ, ㄴ　　④ ㄴ, ㄷ　　⑤ ㄱ, ㄴ, ㄷ

표는 종 사이의 상호 작용과 예를 나타낸 것이다. (가)와 (나)는 기생과 상리 공생을 순서 없이 나타낸 것이다.

상호 작용	종 1	종 2	예
(가)	손해	?	촌충은 숙주의 소화관에 서식하며 영양분을 흡수한다.
(나)	이익	이익	?
경쟁	㉠	손해	캥거루쥐와 주머니쥐는 같은 종류의 먹이를 두고 서로 다툰다.

이에 대한 설명으로 옳은 것만을 〈보기〉에서 있는 대로 고른 것은? 3점

보기
ㄱ. (가)는 상리 공생이다.
ㄴ. ㉠은 '이익'이다.
ㄷ. '꽃은 벌새에게 꿀을 제공하고, 벌새는 꽃의 수분을 돕는다.'는 (나)의 예에 해당한다.

① ㄱ　　② ㄷ　　③ ㄱ, ㄴ　　④ ㄴ, ㄷ　　⑤ ㄱ, ㄴ, ㄷ

그림 (가)는 영양염류를 이용하는 종 A와 B를 각각 단독 배양했을 때 시간에 따른 개체 수와 영양염류의 농도를, (나)는 (가)와 같은 조건에서 A와 B를 혼합 배양했을 때 시간에 따른 개체 수를 나타낸 것이다.

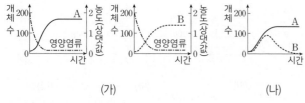

(가)　　　　　　　　　　(나)

이에 대한 옳은 설명만을 〈보기〉에서 있는 대로 고른 것은?

보기
ㄱ. (가)에서 영양염류의 농도 감소는 환경 저항에 해당한다.
ㄴ. (가)에서 환경 수용력은 B가 A보다 크다.
ㄷ. (나)에서 경쟁 배타가 일어났다.

① ㄱ　　② ㄴ　　③ ㄱ, ㄷ　　④ ㄴ, ㄷ　　⑤ ㄱ, ㄴ, ㄷ

그림은 서로 다른 종으로 구성된 개체군 A와 B를 각각 단독 배양했을 때와 혼합 배양했을 때, A와 B가 서식하는 온도의 범위를 나타낸 것이다. 혼합 배양했을 때 온도의 범위가 $T_1 \sim T_2$인 구간에서 A와 B 사이의 경쟁이 일어났다.
이에 대한 설명으로 옳은 것만을 〈보기〉에서 있는 대로 고른 것은? (단, 제시된 조건 이외는 고려하지 않는다.) 3점

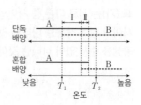

보기
ㄱ. A가 서식하는 온도의 범위는 단독 배양했을 때가 혼합 배양했을 때보다 넓다.
ㄴ. 혼합 배양했을 때, 구간 Ⅰ에서 B가 생존하지 못한 것은 경쟁 배타의 결과이다.
ㄷ. 혼합 배양했을 때, 구간 Ⅱ에서 A는 B와 군집을 이룬다.

① ㄱ　　② ㄷ　　③ ㄱ, ㄴ　　④ ㄴ, ㄷ　　⑤ ㄱ, ㄴ, ㄷ

32

그림은 어떤 지역에서 개체군 A와 B의 시간에 따른 개체수를 나타낸 것이다. t_1일 때 B가 외부로부터 유입되었다.

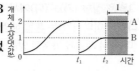

이에 대한 설명으로 옳은 것만을 〈보기〉에서 있는 대로 고른 것은? (단, 이 지역의 면적은 일정하다.) 3점

> **보기**
> ㄱ. A의 생장 곡선은 이론적인 생장 곡선이다.
> ㄴ. t_2일 때 개체군 밀도는 A가 B의 2배이다.
> ㄷ. 구간 Ⅰ에서 A와 B 사이에 경쟁 배타가 일어났다.

① ㄱ   ② ㄴ   ③ ㄱ, ㄷ   ④ ㄴ, ㄷ   ⑤ ㄱ, ㄴ, ㄷ

34

다음은 생물 사이의 상호 작용에 대한 자료이다.

○ 새 3종 A~C는 생태적 지위가 중복된다.
○ 어떤 숲에 서식하는 ㉠A~C는 경쟁을 피하기 위해 활동 영역을 나누어 나무의 서로 다른 구역에서 산다.

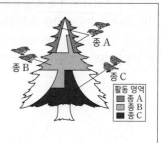

이에 대한 설명으로 옳은 것만을 〈보기〉에서 있는 대로 고른 것은? 3점

> **보기**
> ㄱ. ㉠에서 A와 B 사이의 상호 작용은 분서에 해당한다.
> ㄴ. B는 C와 한 개체군을 이룬다.
> ㄷ. 꿀벌이 일을 분담하며 협력하는 것은 ㉠의 상호 작용에 해당한다.

① ㄱ   ② ㄴ   ③ ㄷ   ④ ㄱ, ㄴ   ⑤ ㄱ, ㄷ

33

그림 (가)는 고도에 따른 지역 Ⅰ~Ⅲ에 서식하는 종 A와 B의 분포를 나타낸 것이다. 그림 (나)는 (가)에서 A를, (다)는 (가)에서 B를 각각 제거했을 때 A와 B의 분포를 나타낸 것이다.

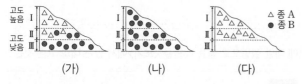

이에 대한 설명으로 옳은 것만을 〈보기〉에서 있는 대로 고른 것은? 3점

> **보기**
> ㄱ. (가)의 Ⅱ에서 A는 B와 한 군집을 이룬다.
> ㄴ. (가)의 Ⅲ에서 A와 B 사이에 경쟁 배타가 일어났다.
> ㄷ. (나)의 Ⅰ에서 B는 환경 저항을 받지 않는다.

① ㄱ   ② ㄴ   ③ ㄷ   ④ ㄱ, ㄴ   ⑤ ㄱ, ㄷ

35

그림 (가)는 생태계를 구성하는 요소 사이의 상호 관계 중 일부를, (나)는 서로 다른 종 Ⅰ과 Ⅱ를 각각 단독 배양했을 때와 혼합 배양했을 때 시간에 따른 개체수를 나타낸 것이다.

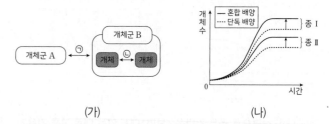

이에 대한 설명으로 옳은 것만을 〈보기〉에서 있는 대로 고른 것은? (단, (나)에서 초기 개체수와 배양 조건은 동일하다.) 3점

> **보기**
> ㄱ. ㉠과 ㉡은 모두 상호 작용이다.
> ㄴ. (나)에서 Ⅰ을 단독 배양했을 때의 생장 곡선은 S자형이다.
> ㄷ. (나)에서 Ⅰ과 Ⅱ를 혼합 배양했을 때의 상호 관계는 ㉡에 해당한다.

① ㄱ   ② ㄷ   ③ ㄱ, ㄴ   ④ ㄴ, ㄷ   ⑤ ㄱ, ㄴ, ㄷ

수생 식물 종 A와 종 B 사이의 상호 작용이 A와 B의 생장에 미치는 영향을 알아보기 위하여, A와 B를 인공 연못 ㉠~㉢에 심고 일정 시간이 지난 후 수심에 따른 생물량을 조사하였다. 그림 (가)는 A를 ㉠에, B를 ㉡에 각각 심었을 때의 결과를, (나)는 A와 B를 ㉢에 혼합하여 심었을 때의 결과를 나타낸 것이다.

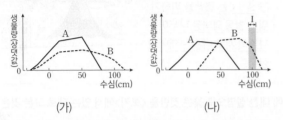

(가)　　　　　(나)

이에 대한 설명으로 옳은 것만을 <보기>에서 있는 대로 고른 것은? (단, A와 B를 각각 심은 것과 혼합하여 심은 것 이외의 조건은 동일하다.)

보기
ㄱ. B가 서식하는 수심의 범위는 (가)에서가 (나)에서보다 넓다.
ㄴ. I에서 A가 생존하지 못한 것은 경쟁 배타의 결과이다.
ㄷ. (나)에서 A는 B와 한 개체군을 이룬다.

① ㄱ　　② ㄴ　　③ ㄱ, ㄴ　　④ ㄱ, ㄷ　　⑤ ㄴ, ㄷ

그림 (가)는 종 A의 생장 곡선을, (나)는 어떤 생태계에서 종 B와 종 C의 시간에 따른 개체수를 나타낸 것이다. B와 C 사이의 상호 작용은 포식과 피식이다.

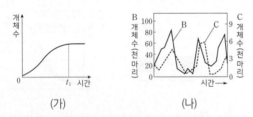

(가)　　　　　(나)

이에 대한 설명으로 옳은 것만을 <보기>에서 있는 대로 고른 것은?

보기
ㄱ. t_1일 때 A는 환경 저항을 받는다.
ㄴ. C는 B의 포식자이다.
ㄷ. (나)에서 B와 C 사이에는 경쟁 배타 원리가 적용된다.

① ㄱ　　② ㄴ　　③ ㄷ　　④ ㄱ, ㄴ　　⑤ ㄴ, ㄷ

그림은 실험 (가)~(다)에서 종 A와 B의 시간에 따른 개체수를 나타낸 것이다. (가)는 혼합 배양, (나)와 (다)는 단독 배양한 실험이며, (다)에서 제공된 양분의 양은 (가)와 (나)에서 제공된 양의 2배이다.

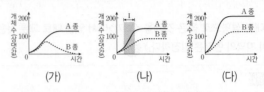

(가)　　　　　(나)　　　　　(다)

이에 대한 옳은 설명만을 <보기>에서 있는 대로 고른 것은? (단, 양분의 양을 제외한 나머지 조건은 동일하다.) ③점

보기
ㄱ. (가)에서 A와 B 사이의 상호 작용은 경쟁이다.
ㄴ. 개체수가 100일 때, A에 작용하는 환경 저항은 (다)에서가 (나)에서보다 크다.
ㄷ. 구간 I에서 B의 $\dfrac{출생률}{사망률}$은 1보다 크다.

① ㄱ　　② ㄴ　　③ ㄱ, ㄷ　　④ ㄴ, ㄷ　　⑤ ㄱ, ㄴ, ㄷ

그림은 어떤 지역의 식물 군집에 산불이 일어나기 전과 후 천이 과정의 일부를 나타낸 것이다. A~C는 초원(초본), 양수림, 음수림을 순서 없이 나타낸 것이다.

이에 대한 설명으로 옳은 것만을 <보기>에서 있는 대로 고른 것은?

보기
ㄱ. B는 초원(초본)이다.
ㄴ. 이 지역의 식물 군집은 A에서 극상을 이룬다.
ㄷ. 산불이 일어난 후 진행되는 식물 군집의 천이 과정은 1차 천이이다.

① ㄱ　　② ㄴ　　③ ㄱ, ㄷ　　④ ㄴ, ㄷ　　⑤ ㄱ, ㄴ, ㄷ

40

다음은 식물 종 A, B와 토양 세균 X의 상호 작용을 알아보기 위한 실험이다.

○ A와 X 사이의 상호 작용은 ㉠, B와 X 사이의 상호 작용은 ㉡이다. ㉠과 ㉡은 각각 기생과 상리 공생 중 하나이다.

[실험 과정 및 결과]

(가) ⓐ 멸균된 토양을 넣은 화분 Ⅰ～Ⅳ에 표와 같이 Ⅲ과 Ⅳ에만 X를 접종한 후 Ⅰ과 Ⅲ에는 A의 식물을 심고, Ⅱ와 Ⅳ에는 B의 식물을 심는다.

화분	X의 접종 여부	식물 종
Ⅰ	접종 안 함	A
Ⅱ	접종 안 함	B
Ⅲ	접종함	A
Ⅳ	접종함	B

(나) 일정 시간이 지난 후, Ⅰ～Ⅳ에서 식물의 증가한 질량을 측정한 결과는 그림과 같다.

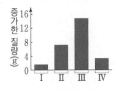

이에 대한 설명으로 옳은 것만을 〈보기〉에서 있는 대로 고른 것은? (단, 제시된 조건 이외는 고려하지 않는다.) **3점**

보기

ㄱ. ㉠은 상리 공생이다.
ㄴ. ⓐ는 생태계의 구성 요소 중 비생물적 요인에 해당한다.
ㄷ. (나)의 Ⅳ에서 B와 X는 한 개체군을 이룬다.

① ㄱ　　② ㄴ　　③ ㄷ　　④ ㄱ, ㄴ　　⑤ ㄴ, ㄷ

41

그림 (가)는 어떤 식물 군집에서 총생산량, 순생산량, 생장량의 관계를, (나)는 이 식물 군집에서 시간에 따른 A와 B를 나타낸 것이다. A와 B는 총생산량과 호흡량을 순서 없이 나타낸 것이다.

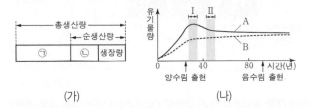

(가)　　　　　　　(나)

이에 대한 설명으로 옳은 것만을 〈보기〉에서 있는 대로 고른 것은?

보기

ㄱ. B는 ㉡에 해당한다.
ㄴ. 구간 Ⅰ에서 이 식물 군집은 극상을 이룬다.
ㄷ. 구간 Ⅱ에서 순생산량은 시간에 따라 감소한다.

① ㄱ　　② ㄴ　　③ ㄷ　　④ ㄱ, ㄴ　　⑤ ㄱ, ㄷ

42

다음은 어떤 지역에서 일어나는 식물 군집의 1차 천이 과정을 순서대로 나타낸 자료이다. ㉠～㉢은 음수림, 양수림, 관목림을 순서 없이 나타낸 것이다.

(가) 용암 대지에서 지의류에 의해 암석의 풍화가 촉진되어 토양이 형성되었다.
(나) 식물 군집의 천이가 진행됨에 따라 초원에서 ㉠을 거쳐 ㉡이 형성되었다.
(다) 이 지역에 ㉢이 형성된 후 식물 군집의 변화 없이 안정적으로 ㉢이 유지되고 있다.

이에 대한 설명으로 옳은 것만을 〈보기〉에서 있는 대로 고른 것은?

보기

ㄱ. ㉢은 관목림이다.
ㄴ. 이 지역의 천이는 건성 천이이다.
ㄷ. 이 지역의 식물 군집은 ㉡에서 극상을 이룬다.

① ㄱ　　② ㄴ　　③ ㄱ, ㄷ　　④ ㄴ, ㄷ　　⑤ ㄱ, ㄴ, ㄷ

43

그림은 어떤 지역에서의 식물 군집의 천이 과정을 나타낸 것이다. A～C는 양수림, 음수림, 관목림을 순서 없이 나타낸 것이다.

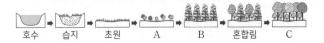

호수　습지　초원　A　B　혼합림　C

이에 대한 설명으로 옳은 것만을 〈보기〉에서 있는 대로 고른 것은?

보기

ㄱ. 습성 천이를 나타낸 것이다.
ㄴ. A의 우점종은 지의류이다.
ㄷ. B는 음수림이다.

① ㄱ　　② ㄴ　　③ ㄱ, ㄴ　　④ ㄱ, ㄷ　　⑤ ㄴ, ㄷ

44

그림 (가)와 (나)는 1차 천이 과정과 2차 천이 과정을 순서 없이
나타낸 것이다. ㉠~㉢은 양수림, 지의류, 초원을 순서 없이 나타낸
것이다.

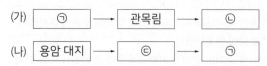

(가) [㉠] → [관목림] → [㉡]

(나) [용암 대지] → [㉢] → [㉠]

이에 대한 설명으로 옳은 것만을 〈보기〉에서 있는 대로 고른 것은?
3점

보기
ㄱ. (가)에서 개척자는 지의류이다.
ㄴ. (나)는 1차 천이를 나타낸 것이다.
ㄷ. ㉡은 양수림이다.

① ㄱ ② ㄷ ③ ㄱ, ㄴ ④ ㄴ, ㄷ ⑤ ㄱ, ㄴ, ㄷ

45

그림 (가)와 (나)는 서로 다른 두 지역에서 일어나는 천이 과정의 일부를
나타낸 것이다. A~C는 초원, 양수림, 지의류를 순서 없이 나타낸
것이다.

(가) 용암 대지 → [A] → [B] → [관목림]

(나) 호수 → [습지(습원)] → [B] → [관목림] → [C]

이에 대한 설명으로 옳은 것만을 〈보기〉에서 있는 대로 고른 것은?

보기
ㄱ. C는 양수림이다.
ㄴ. (가)의 개척자는 지의류이다.
ㄷ. (나)는 습성 천이 과정의 일부이다.

① ㄱ ② ㄴ ③ ㄱ, ㄷ ④ ㄴ, ㄷ ⑤ ㄱ, ㄴ, ㄷ

46

그림은 어떤 식물 군집의 1차 천이 과정의 일부를 나타낸 것이다.
A~D는 각각 관목림, 양수림, 음수림, 초원 중 하나이다.

[A] → [B] → [C] → [혼합림] → [D]

이에 대한 설명으로 옳은 것만을 〈보기〉에서 있는 대로 고른 것은?

보기
ㄱ. A에서 우점종은 지의류이다.
ㄴ. 우점종의 평균 키는 B보다 C에서 크다.
ㄷ. D에서 우점종의 잎 평균 두께는 하층부보다 상층부에서 크다.

① ㄱ ② ㄷ ③ ㄱ, ㄴ ④ ㄴ, ㄷ ⑤ ㄱ, ㄴ, ㄷ

47

그림 (가)는 어떤 식물 군집의 천이 과정 일부를, (나)는 이 과정
중 ㉠에서 조사한 침엽수(양수)와 활엽수(음수)의 크기(높이)에
따른 개체 수를 나타낸 것이다. ㉠은 A와 B 중 하나이며, A와 B는
양수림과 음수림을 순서 없이 나타낸 것이다.

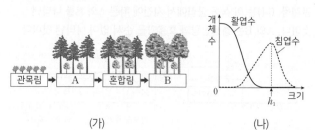

(가)   (나)

이에 대한 설명으로 옳은 것만을 〈보기〉에서 있는 대로 고른 것은?
3점

보기
ㄱ. ㉠은 양수림이다.
ㄴ. ㉠에서 h_1보다 작은 활엽수는 없다.
ㄷ. 이 식물 군집은 혼합림에서 극상을 이룬다.

① ㄱ ② ㄴ ③ ㄷ ④ ㄱ, ㄴ ⑤ ㄱ, ㄷ

정답과 해설 44 p.539 45 p.540 46 p.540 47 p.541

48

그림은 지역 A에서 천이가 일어날 때 군집의 높이 변화를 나타낸 것이다. ㉠~㉢은 각각 양수림, 음수림, 지의류 중 하나이다.

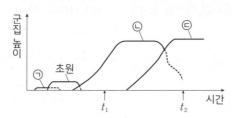

이에 대한 옳은 설명만을 <보기>에서 있는 대로 고른 것은? **3점**

보기
ㄱ. ㉠은 개척자이다.
ㄴ. A에서 일어난 천이는 2차 천이이다.
ㄷ. 지표면에 도달하는 빛의 세기는 t_1일 때가 t_2일 때보다 약하다.

① ㄱ ② ㄴ ③ ㄷ ④ ㄱ, ㄴ ⑤ ㄱ, ㄷ

49

그림은 빙하가 사라져 맨땅이 드러난 어떤 지역에서 일어나는 식물 군집 X의 천이 과정에서 A~C의 피도 변화를 나타낸 것이다. A~C는 관목, 교목, 초본을 순서 없이 나타낸 것이다.

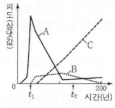

이 자료에 대한 설명으로 옳은 것만을 <보기>에서 있는 대로 고른 것은? **3점**

보기
ㄱ. A는 초본이다.
ㄴ. t_1일 때 X는 극상을 이룬다.
ㄷ. X의 평균 높이는 t_1일 때가 t_2일 때보다 높다.

① ㄱ ② ㄴ ③ ㄱ, ㄷ ④ ㄴ, ㄷ ⑤ ㄱ, ㄴ, ㄷ

50

그림은 어떤 식물 군집에 산불이 난 후의 천이 과정에서 관찰된 식물 종 A~C의 생물량 변화를 나타낸 것이다. A~C는 각각 양수림, 음수림, 초원의 우점종 중 하나이다.

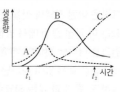

이에 대한 옳은 설명만을 <보기>에서 있는 대로 고른 것은?

보기
ㄱ. 이 과정은 1차 천이이다.
ㄴ. B는 양수림의 우점종이다.
ㄷ. 지표면에 도달하는 빛의 세기는 t_1일 때가 t_2일 때보다 약하다.

① ㄱ ② ㄴ ③ ㄷ ④ ㄱ, ㄴ ⑤ ㄴ, ㄷ

51

그림 (가)는 어떤 지역의 2차 천이 과정에서 식물 군집의 높이 변화를, (나)는 (가)의 t_1과 t_2일 때 이 식물 군집의 총생산량과 호흡량을 나타낸 것이다. A~C는 각각 양수림, 음수림, 초원 중 하나이며, ㉠과 ㉡은 각각 총생산량과 호흡량 중 하나이다.

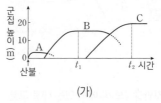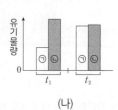

(가) (나)

이에 대한 설명으로 옳은 것만을 <보기>에서 있는 대로 고른 것은?

보기
ㄱ. C는 음수림이다.
ㄴ. t_1일 때 군집의 우점종은 초본이다.
ㄷ. 군집의 순생산량은 t_2일 때가 t_1일 때보다 많다.

① ㄱ ② ㄴ ③ ㄷ ④ ㄱ, ㄴ ⑤ ㄱ, ㄷ

DAY 25 V 1 - 03. 군집

52 [2024 평가원]

그림은 어떤 지역의 식물 군집에서 산불이 난 후의 천이 과정 일부를, 표는 이 과정 중 ㉠에서 방형구법을 이용하여 식물 군집을 조사한 결과를 나타낸 것이다. ㉠은 A와 B 중 하나이고, A와 B는 양수림과 음수림을 순서 없이 나타낸 것이다. 종 Ⅰ과 Ⅱ는 침엽수(양수)에 속하고, 종 Ⅲ과 Ⅳ는 활엽수(음수)에 속한다.

구분	침엽수		활엽수	
	Ⅰ	Ⅱ	Ⅲ	Ⅳ
상대 밀도(%)	30	42	12	16
상대 빈도(%)	32	38	16	14
상대 피도(%)	34	38	17	11

이에 대한 설명으로 옳은 것만을 <보기>에서 있는 대로 고른 것은? (단, Ⅰ~Ⅳ 이외의 종은 고려하지 않는다.) 3점

보기
ㄱ. ㉠은 B이다.
ㄴ. 이 지역에서 일어난 천이는 2차 천이이다.
ㄷ. 이 식물 군집은 혼합림에서 극상을 이룬다.

① ㄱ ② ㄴ ③ ㄷ ④ ㄱ, ㄴ ⑤ ㄱ, ㄷ

54

그림 (가)는 산불이 난 지역의 식물 군집에서 천이 과정을, (나)는 식물 군집의 시간에 따른 총생산량과 호흡량을 나타낸 것이다. A~C는 음수림, 양수림, 초원을 순서 없이 나타낸 것이다.

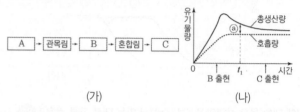

(가)   (나)

이에 대한 설명으로 옳은 것만을 <보기>에서 있는 대로 고른 것은?
3점

보기
ㄱ. (가)는 2차 천이를 나타낸 것이다.
ㄴ. t_1일 때 ⓐ는 순생산량이다.
ㄷ. 이 식물 군집의 호흡량은 양수림이 출현했을 때가 음수림이 출현했을 때보다 크다.

① ㄱ ② ㄷ ③ ㄱ, ㄴ ④ ㄴ, ㄷ ⑤ ㄱ, ㄴ, ㄷ

53

그림 (가)는 어떤 지역의 식물 군집 K에서 산불이 난 후의 천이 과정을, (나)는 K의 시간에 따른 총생산량과 순생산량을 나타낸 것이다. A와 B는 양수림과 음수림을 순서 없이 나타낸 것이다.

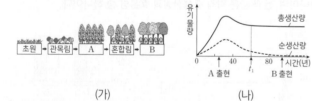

(가)   (나)

이 자료에 대한 설명으로 옳은 것만을 <보기>에서 있는 대로 고른 것은? 3점

보기
ㄱ. (가)는 2차 천이를 나타낸 것이다.
ㄴ. K는 (가)의 A에서 극상을 이룬다.
ㄷ. (나)에서 t_1일 때 K의 생장량은 순생산량보다 크다.

① ㄱ ② ㄴ ③ ㄱ, ㄷ ④ ㄴ, ㄷ ⑤ ㄱ, ㄴ, ㄷ

55 [2024 평가원]

다음은 종 사이의 상호 작용에 대한 자료이다. (가)와 (나)는 경쟁과 상리 공생의 예를 순서 없이 나타낸 것이다.

(가) 캥거루쥐와 주머니쥐는 같은 종류의 먹이를 두고 서로 다툰다.
(나) 꽃은 벌새에게 꿀을 제공하고, 벌새는 꽃의 수분을 돕는다.

이에 대한 설명으로 옳은 것만을 <보기>에서 있는 대로 고른 것은?

보기
ㄱ. (가)에서 캥거루쥐는 주머니쥐와 한 개체군을 이룬다.
ㄴ. (나)는 상리 공생의 예이다.
ㄷ. 스라소니가 눈신토끼를 잡아먹는 것은 경쟁의 예에 해당한다.

① ㄱ ② ㄴ ③ ㄷ ④ ㄱ, ㄴ ⑤ ㄴ, ㄷ

정답과 해설 52 p.543 53 p.544 54 p.544 55 p.545

56 2024 평가원

다음은 어떤 지역의 식물 군집에서 우점종을 알아보기 위한 탐구이다.

(가) 이 지역에 방형구를 설치하여 식물 종 A~E의 분포를 조사했다. 표는 조사한 자료 중 A~E의 개체 수와 A~E가 출현한 방형구 수를 나타낸 것이다.

구분	A	B	C	D	E
개체 수	96	48	18	48	30
출현한 방형구 수	22	20	10	16	12

(나) 표는 A~E의 분포를 조사한 자료를 바탕으로 각 식물 종의 ㉠~㉢을 구한 결과를 나타낸 것이다. ㉠~㉢은 상대 밀도, 상대 빈도, 상대 피도를 순서 없이 나타낸 것이다.

구분	A	B	C	D	E
㉠ (%)	27.5	?	ⓐ	20	15
㉡ (%)	40	?	7.5	20	12.5
㉢ (%)	36	17	13	?	10

이 자료에 대한 설명으로 옳은 것만을 〈보기〉에서 있는 대로 고른 것은? (단, A~E 이외의 종은 고려하지 않는다.) 3점

보기
ㄱ. ⓐ는 12.5이다.
ㄴ. 지표를 덮고 있는 면적이 가장 작은 종은 E이다.
ㄷ. 우점종은 A이다.

① ㄱ   ② ㄴ   ③ ㄱ, ㄷ   ④ ㄴ, ㄷ   ⑤ ㄱ, ㄴ, ㄷ

57

다음은 학생 A와 B가 면적이 서로 다른 방형구를 이용해 어떤 지역에서 같은 식물 군집을 각각 조사한 자료이다.

○ 이 지역에는 토끼풀, 민들레, 꽃잔디가 서식한다.
○ 그림 (가)는 A가 면적이 같은 8개의 방형구를, (나)는 B가 면적이 같은 2개의 방형구를 설치한 모습을 나타낸 것이다.

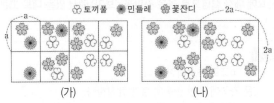

(가)   (나)

○ 표는 B가 구한 각 종의 상대 피도를 나타낸 것이다.

종	토끼풀	민들레	꽃잔디
상대 피도(%)	27	?	52

이에 대한 옳은 설명만을 〈보기〉에서 있는 대로 고른 것은? (단, 방형구에 나타낸 각 도형은 식물 1개체를 의미하며, 제시된 종 이외의 종은 고려하지 않는다.) 3점

보기
ㄱ. A가 구한 꽃잔디의 상대 밀도는 50%이다.
ㄴ. B가 구한 민들레의 상대 피도는 21%이다.
ㄷ. A와 B가 구한 토끼풀의 상대 빈도는 서로 같다.

① ㄱ   ② ㄷ   ③ ㄱ, ㄴ   ④ ㄴ, ㄷ   ⑤ ㄱ, ㄴ, ㄷ

58 2024 수능

다음은 식물 X에 대한 자료이다.

> X는 ⑦ 잎에 있는 털에서 달콤한 점액을 분비하여 곤충을 유인한다. ⑥ X는 털에 곤충이 닿으면 잎을 구부려 곤충을 잡는다. X는 효소를 분비하여 곤충을 분해하고 영양분을 얻는다.

이 자료에 대한 설명으로 옳은 것만을 〈보기〉에서 있는 대로 고른 것은?

보기

ㄱ. ⑦은 세포로 구성되어 있다.

ㄴ. ⑥은 자극에 대한 반응의 예에 해당한다.

ㄷ. X와 곤충 사이의 상호 작용은 상리 공생에 해당한다.

① ㄱ   ② ㄷ   ③ ㄱ, ㄴ   ④ ㄴ, ㄷ   ⑤ ㄱ, ㄴ, ㄷ

---

59 2024 수능

그림 (가)는 천이 A와 B의 과정 일부를, (나)는 식물 군집 K의 시간에 따른 총생산량과 호흡량을 나타낸 것이다. A와 B는 1차 천이와 2차 천이를 순서 없이 나타낸 것이고, ⑦과 ⑥은 양수림과 지의류를 순서 없이 나타낸 것이다.

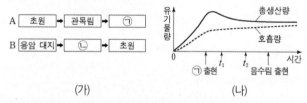

(가)   (나)

이에 대한 설명으로 옳은 것만을 〈보기〉에서 있는 대로 고른 것은?

보기

ㄱ. B는 2차 천이이다.

ㄴ. ⑦은 양수림이다.

ㄷ. K의 $\dfrac{순생산량}{호흡량}$ 은 t_2일 때가 t_1일 때보다 크다.

① ㄱ   ② ㄴ   ③ ㄱ, ㄷ   ④ ㄴ, ㄷ   ⑤ ㄱ, ㄴ, ㄷ

---

04. 에너지 흐름과 물질의 순환

❶ 생태계에서의 물질의 순환 ★수능에 나오는 필수 개념 3가지 + 필수 암기사항 10개

필수개념 1 탄소의 순환

1. 탄소의 순환 : 생태계 내의 탄소는 대기에서는 CO_2, 물속에서는 탄산수소 이온(HCO_3^-)의 형태로 존재한다.

2. 탄소의 순환 과정

① 대기나 물속의 CO_2는 식물이나 식물성 플랑크톤 같은 생산자의 광합성에 의해 포도당과 같은 유기물로 고정된다. *암기*

② 유기물 속의 탄소는 먹이 사슬을 따라 소비자 쪽으로 이동한다. 소비자에게 전달된 유기물의 일부는 소비자의 호흡에 의해 분해되며, 이 과정에서 CO_2가 방출되어 대기나 물속으로 돌아간다. *암기*

③ 동식물의 사체나 배설물 속의 유기물은 분해자에 의해 분해되어 CO_2의 형태로 대기나 물속으로 방출된다. 생물의 사체 중 분해되지 않은 유기물은 땅속에서 탄화되어 석탄, 석유와 같은 화석 연료가 되며, 연소를 통해 CO_2의 형태로 대기로 돌아간다.

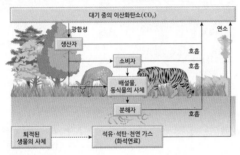

필수개념 2 질소의 순환

1. 질소의 순환 : 질소(N_2)는 대기의 약 78%를 차지하고 있지만, 대부분의 생물은 이를 직접 이용하지 못하며, 일부 미생물들만이 직접 대기 중의 질소를 이용할 수 있다.

2. 질소의 순환 과정

① 대기 중의 질소는 뿌리혹박테리아, 아조토박터 등 질소 고정 세균에 의해 암모늄 이온(NH_4^+)으로 고정되거나, 공중 방전에 의해 질산 이온(NO_3^-)이 된다. *암기*

② **질소 고정** : 질소 고정 세균에 의해 대기 중의 질소(N_2)가 암모늄 이온(NH_4^+)으로 전환되는 과정이다. *암기*

③ **질화 작용** : 질화 세균인 아질산균이나 질산균에 의해 암모늄 이온(NH_4^+)이 질산 이온(NO_3^-)으로 산화되는 과정이다. *암기*

④ 식물은 뿌리를 통해 토양 속의 질소를 암모늄 이온이나 질산 이온의 형태로 흡수하며, 질소 동화 작용을 통해 핵산, 단백질과 같은 유기 질소 화합물을 합성한다. *암기*

⑤ 생물체의 사체나 배설물 속의 질소 화합물은 미생물에 의해 암모늄 이온(NH_4^+)으로 분해되어 토양으로 되돌아간다. *암기*

⑥ **탈질소 작용** : 토양 속 질산 이온은 탈질소 세균에 의해 질소 기체가 되어 대기 중으로 돌아간다. *암기*

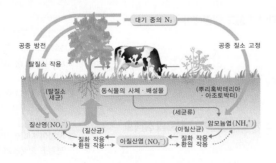

기본자료

▶ 질소 동화 작용이란?
식물이 토양 속의 무기 질소 화합물을 흡수하여 단백질, 핵산, 인지질 등의 유기 질소 화합물을 만드는 작용이다.

▶ 질소의 순환과 관련된 과정 암기 *암기*
• 질소 고정 : $N_2 → NH_4^+$
• 공중 방전 : $N_2 → NO_3^-$
• 질화 작용 : $NH_4^+ → NO_2^- → NO_3^-$
• 질소 동화 작용 : NH_4^+, NO_3^-
  → 유기 질소 화합물
• 탈질소 작용 : $NO_3^- → N_2$

DAY
26

V

1
-
04.
에
너
지
흐
름
과
물
질
의
순
환

필수개념 3　**물질의 생산과 소비**

1. **총생산량** : 생산자가 일정 기간 동안 광합성을 통해 합성한 유기물의 총량

2. **순생산량** : 총생산량에서 호흡량을 뺀 값 ★암기

3. **생장량** : 순생산량에서 피식량, 고사량, 낙엽량을 뺀 값

❷ 생태계에서의 에너지 흐름과 평형 ★수능에 나오는 필수 개념 3가지 + 필수 암기사항 8개

필수개념 1　**에너지 흐름**

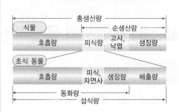

▶ 생태계에서의 에너지 흐름

1. **에너지 흐름** : 생태계 에너지의 근원은 태양의 빛에너지이며, 생산자의 광합성에 의해 태양의
   빛에너지가 화학 에너지 형태로 유기물 속에 저장된 후 먹이 사슬을 따라 이동한다. ★암기

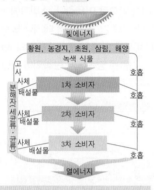

   ① 각 영양 단계에서 전달받은 에너지의 일부는 호흡을 통해 생명
      활동에 사용되거나 열에너지 형태로 생태계 밖으로 방출되고,
      일부 에너지만 상위 영양 단계로 전달된다. → 상위 영양 단계로
      갈수록 에너지양이 감소한다. ★암기

   ② 생물의 사체나 배설물에 포함된 에너지는 분해자의 호흡을
      통해 열에너지 형태로 생태계 밖으로 방출된다. → 한번 방출된
      열에너지는 생물이 다시 이용할 수 없다. ★암기

   ③ 에너지는 물질과 달리 순환하지 않고 한 방향으로 흐르기 때문에
      생태계가 유지되려면 태양 에너지가 지속적으로 공급되어야 한다.

→ 생태계에서 에너지는 순환하지 않고 한
   방향으로 흐른다.

필수개념 2　**에너지 효율과 생태 피라미드**

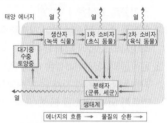

▶ 상위 영양 단계로 갈수록 에너지 효율이
   높아지는 이유
   상위 영양 단계의 생물일수록 영양가가
   높은 먹이를 섭취하고, 몸집이 커져서 단위
   무게 당 에너지 소모가 적기 때문이다.

1. **에너지 효율** : 한 영양 단계에서 다음 영양 단계로 이동하는 에너지의 비율

   ① 일반적으로 상위 영양 단계로 갈수록 높아지는 경향이 있다. ★암기

   ② 에너지 효율(%) = $\dfrac{\text{현 영양 단계의 에너지 총량}}{\text{전 영양 단계의 에너지 총량}} \times 100$　★암기

2. **생태 피라미드** : 영양 단계가 높아질수록 개체수, 생물량, 에너지양이 줄어들어 각 영양 단계의 개체수,
   생물량, 에너지양을 하위 단계부터 상위 단계로 차례로 쌓아올리면 피라미드 모양이 되는데, 이를 생태
   피라미드라고 한다.

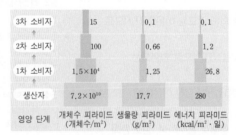

3차 소비자	15	0.1	0.1
2차 소비자	100	0.66	1.2
1차 소비자	1.5×10^4	1.25	26.8
생산자	7.2×10^{10}	17.7	280
영양 단계	개체수 피라미드 (개체수/m²)	생물량 피라미드 (g/m²)	에너지 피라미드 (kcal/m²·일)

필수개념 3　**생태계의 평형**

▶ 생태계의 평형 유지 과정 ★암기

1. **생태계의 평형**

   ① 안정된 생태계에서 생물 군집의 종류나 개체수가 거의 변하지 않고 전체적으로 안정된 상태가
      유지되는 것을 말한다.

   ② 생태계의 평형이 유지되려면 물질의 순환이 안정적이고, 에너지의 흐름도 원활해야 한다.

2. **생태계 평형의 기초**

   ① 먹이 사슬이 기초가 되며, 무기 환경의 영향도 받는다.

   ② 생물종이 다양하고 먹이 그물이 복잡할수록 평형이 잘 유지된다. ★암기

3. **생태계의 자기 조절**

   ① 안정된 생태계는 어떤 요인에 의해 생태계의 평형이 일시적으로 깨지더라도 다시 처음의 상태를
      회복하는 조절 능력이 있다. ★암기

① 평형을 이루던 생태계에서 일시적으로
   1차 소비자가 증가하면 2차 소비자
   (포식자)는 증가하고 생산자(피식자)는
   감소한다.

② 생산자가 감소하면 1차 소비자가
   감소하고, 이어서 2차 소비자도
   감소한다.

③ 시간이 지나면 먹이 사슬에 의해 다시
   평형을 회복하게 된다.

1

그림은 생태계에서 탄소 순환 과정의 일부를 나타낸 것이다. A와 B는 각각 분해자와 생산자 중 하나이다. 이에 대한 옳은 설명만을 〈보기〉에서 있는 대로 고른 것은?

보기

ㄱ. A는 생산자이다.

ㄴ. B는 호흡을 통해 CO_2를 방출한다.

ㄷ. 과정 ㉠에서 유기물이 이동한다.

① ㄱ　　② ㄴ　　③ ㄱ, ㄷ　　④ ㄴ, ㄷ　　⑤ ㄱ, ㄴ, ㄷ

3

그림은 생태계에서 일어나는 질소 순환 과정의 일부를 나타낸 것이다.

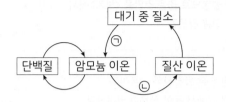

이에 대한 옳은 설명만을 〈보기〉에서 있는 대로 고른 것은?

보기

ㄱ. 뿌리혹박테리아는 ㉠에 관여한다.

ㄴ. ㉡은 탈질산화 작용이다.

ㄷ. 식물은 암모늄 이온을 이용하여 단백질을 합성한다.

① ㄱ　　② ㄴ　　③ ㄱ, ㄴ　　④ ㄱ, ㄷ　　⑤ ㄴ, ㄷ

2

그림은 생태계에서 일어나는 질소 순환 과정의 일부를 나타낸 것이다. (가)와 (나)는 질소 고정과 탈질산화 작용을 순서 없이 나타낸 것이고, ⓐ와 ⓑ는 각각 암모늄 이온과 질산 이온 중 하나이다. 이에 대한 설명으로 옳은 것만을 〈보기〉에서 있는 대로 고른 것은?

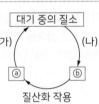

보기

ㄱ. ⓑ는 질산 이온이다.

ㄴ. (가)는 탈질산화 작용이다.

ㄷ. 뿌리혹박테리아는 (나)에 관여한다.

① ㄱ　　② ㄴ　　③ ㄱ, ㄷ　　④ ㄴ, ㄷ　　⑤ ㄱ, ㄴ, ㄷ

4

그림은 식물 X의 뿌리혹에 서식하는 세균 Y를 나타낸 것이다. Y는 N_2를 이용해 합성한 NH_4^+을 X에게 제공하며, X는 양분을 Y에게 제공한다. 이에 대한 옳은 설명만을 〈보기〉에서 있는 대로 고른 것은? **3점**

보기

ㄱ. X는 단백질 합성에 NH_4^+을 이용한다.

ㄴ. Y에서 질소 고정이 일어난다.

ㄷ. X와 Y 사이의 상호 작용은 상리 공생이다.

① ㄱ　　② ㄷ　　③ ㄱ, ㄴ　　④ ㄴ, ㄷ　　⑤ ㄱ, ㄴ, ㄷ

5

그림은 생태계에서 일어나는 질소 순환 과정의 일부를 나타낸 것이다.
이에 대한 설명으로 옳은 것만을 〈보기〉에서 있는 대로 고른 것은?

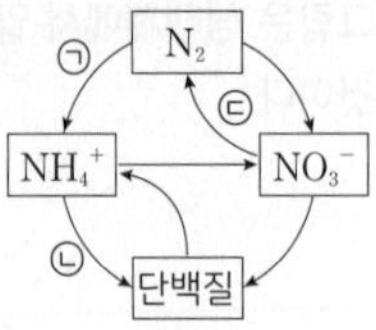

보기
ㄱ. 과정 ㉠은 탈질산화 작용이다.
ㄴ. 과정 ㉡에서 동화 작용이 일어난다.
ㄷ. 과정 ㉢은 질소 고정 작용이다.

① ㄱ   ② ㄴ   ③ ㄱ, ㄷ   ④ ㄴ, ㄷ   ⑤ ㄱ, ㄴ, ㄷ

7

그림은 생태계에서 일어나는 질소 순환 과정의 일부를 나타낸 것이다. A와 B는 분해자와 생산자를 순서 없이 나타낸 것이다.

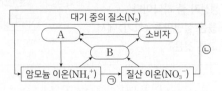

이에 대한 설명으로 옳은 것만을 〈보기〉에서 있는 대로 고른 것은?

보기
ㄱ. A는 생산자이다.
ㄴ. 질산균(질화 세균)은 과정 ㉠에 관여한다.
ㄷ. 탈질소 세균(질산 분해 세균)은 과정 ㉡에 관여한다.

① ㄱ   ② ㄴ   ③ ㄱ, ㄷ   ④ ㄴ, ㄷ   ⑤ ㄱ, ㄴ, ㄷ

6

그림은 생태계에서 일어나는 질소 순환 과정 일부를 나타낸 것이다. ㉠~㉢은 암모늄 이온 (NH_4^+), 질소 기체(N_2), 질산 이온(NO_3^-)을 순서 없이 나타낸 것이고, 과정 Ⅰ과 Ⅱ는 각각 질소 고정 작용과 탈질산화 작용 중 하나이다.

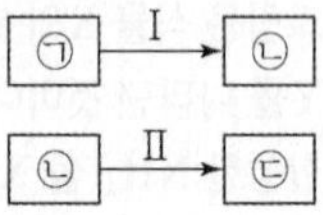

$$㉠ \xrightarrow{\text{Ⅰ}} ㉡$$
$$㉢ \xrightarrow{\text{Ⅱ}} ㉢$$

이에 대한 설명으로 옳은 것만을 〈보기〉에서 있는 대로 고른 것은?

보기
ㄱ. ㉡은 암모늄 이온(NH_4^+)이다.
ㄴ. 뿌리혹박테리아에 의해 Ⅱ가 일어난다.
ㄷ. 식물은 ㉠을 이용하여 단백질과 같은 질소 화합물을 합성할 수 있다.

① ㄱ   ② ㄴ   ③ ㄱ, ㄷ   ④ ㄴ, ㄷ   ⑤ ㄱ, ㄴ, ㄷ

8

다음은 생태계에서 일어나는 질소 순환 과정에 대한 자료이다. ㉠~㉢은 암모늄 이온(NH_4^+), 질산 이온(NO_3^-), 질소 기체(N_2)를 순서 없이 나타낸 것이다.

(가) 뿌리혹박테리아의 질소 고정 작용에 의해 ㉠이 ㉡으로 전환된다.
(나) 생산자는 ㉡, ㉢을 이용하여 단백질과 같은 질소 화합물을 합성한다.
(다) 탈질산화 세균에 의해 ㉢이 ㉠으로 전환된다.

이에 대한 설명으로 옳은 것만을 〈보기〉에서 있는 대로 고른 것은?

보기
ㄱ. ㉠은 질산 이온이다.
ㄴ. (나)는 질소 동화 작용에 해당한다.
ㄷ. 질산화 세균은 ㉡이 ㉢으로 전환되는 과정에 관여한다.

① ㄱ   ② ㄴ   ③ ㄱ, ㄷ   ④ ㄴ, ㄷ   ⑤ ㄱ, ㄴ, ㄷ

9

표는 생태계에서 일어나는 질소 순환 과정과 탄소 순환 과정의 일부를 나타낸 것이다.
(가)~(다)는 세포 호흡, 질산화 작용, 질소 고정 작용을 순서 없이 나타낸 것이다.

구분	과정
(가)	$N_2 \rightarrow NH_4^+$
(나)	$NH_4^+ \rightarrow NO_3^-$
(다)	유기물 $\rightarrow CO_2$

이에 대한 설명으로 옳은 것만을 <보기>에서 있는 대로 고른 것은?

보기
ㄱ. 뿌리혹박테리아에 의해 (가)가 일어난다.
ㄴ. (나)는 질소 고정 작용이다.
ㄷ. (다)에 효소가 관여한다.

① ㄱ   ② ㄴ   ③ ㄱ, ㄷ   ④ ㄴ, ㄷ   ⑤ ㄱ, ㄴ, ㄷ

---

11 | 2022 평가원

다음은 생태계에서 물질의 순환에 대한 학생 A~C의 발표 내용이다.

학생 A: 생태계에서 질소는 순환하지 않습니다.
학생 B: 탈질산화 작용에 세균이 관여합니다.
학생 C: 식물의 광합성에 이산화 탄소가 이용됩니다.

제시한 내용이 옳은 학생만을 있는 대로 고른 것은?

① A   ② C   ③ A, B   ④ B, C   ⑤ A, B, C

10

그림은 생태계를 구성하는 요소 사이의 상호 관계를, 표는 세균 ⓐ와 ⓑ에 의해 일어나는 물질 전환 과정의 일부를 나타낸 것이다. ⓐ와 ⓑ는 탈질소 세균과 질소 고정 세균을 순서 없이 나타낸 것이다.

세균	물질 전환 과정
ⓐ	$N_2 \rightarrow NH_4^+$
ⓑ	$NO_3^- \rightarrow N_2$

이에 대한 설명으로 옳은 것만을 <보기>에서 있는 대로 고른 것은?

보기
ㄱ. 순위제는 ㉢에 해당한다.
ㄴ. ⓑ는 탈질소 세균이다.
ㄷ. ⓐ에 의해 토양의 NH_4^+ 양이 증가하는 것은 ㉡에 해당한다.

① ㄱ   ② ㄴ   ③ ㄷ   ④ ㄱ, ㄴ   ⑤ ㄴ, ㄷ

---

12 | 2022 수능

다음은 생태계에서 일어나는 질소 순환 과정에 대한 자료이다. ㉠과 ㉡은 질소 고정 세균과 탈질산화 세균을 순서 없이 나타낸 것이다.

(가) 토양 속 ⓐ 질산 이온(NO_3^-)의 일부는 ㉠에 의해 질소 기체로 전환되어 대기 중으로 돌아간다.
(나) ㉡에 의해 대기 중의 질소 기체가 ⓑ 암모늄 이온(NH_4^+)으로 전환된다.

이에 대한 설명으로 옳은 것만을 <보기>에서 있는 대로 고른 것은?

보기
ㄱ. (가)는 질소 고정 작용이다.
ㄴ. 질산화 세균은 ⓐ가 ⓑ로 전환되는 과정에 관여한다.
ㄷ. ㉠과 ㉡은 모두 생태계의 구성 요소 중 비생물적 요인에 해당한다.

① ㄱ   ② ㄴ   ③ ㄷ   ④ ㄱ, ㄴ   ⑤ ㄱ, ㄷ

표 (가)는 질소 순환 과정의 작용 A와 B에서 특징 ㉠과 ㉡의 유무를 나타낸 것이고, (나)는 ㉠과 ㉡을 순서 없이 나타낸 것이다. A와 B는 질산화 작용과 질소 고정 작용을 순서 없이 나타낸 것이다.

작용＼특징	㉠	㉡
A	○	×
B	○	?

(○: 있음, ×: 없음)

(가)

특징 (㉠, ㉡)
- 암모늄 이온(NH_4^+)이 ⓐ 질산 이온 (NO_3^-)으로 전환된다.
- 세균이 관여한다.

(나)

이에 대한 설명으로 옳은 것만을 〈보기〉에서 있는 대로 고른 것은?

3점

보기
ㄱ. B는 질산화 작용이다.
ㄴ. ㉡은 '세균이 관여한다.'이다.
ㄷ. 탈질산화 세균은 ⓐ가 질소 기체로 전환되는 과정에 관여한다.

① ㄱ   ② ㄴ   ③ ㄱ, ㄷ   ④ ㄴ, ㄷ   ⑤ ㄱ, ㄴ, ㄷ

14

탄소의 순환, 질소의 순환
[2018년 3월 학평 20번]

그림은 물질 순환 과정의 일부를 나타낸 것이다. 기체 A와 B는 각각 N_2와 CO_2 중 하나이며, ㉠과 ㉡은 각각 생산자와 소비자 중 하나이다.

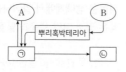

이에 대한 옳은 설명만을 〈보기〉에서 있는 대로 고른 것은?

보기
ㄱ. A는 CO_2이다.
ㄴ. B는 뿌리혹박테리아에서 NH_4^+으로 전환된다.
ㄷ. 완두는 ㉠에 해당한다.

① ㄱ   ② ㄴ   ③ ㄱ, ㄷ   ④ ㄴ, ㄷ   ⑤ ㄱ, ㄴ, ㄷ

15

탄소의 순환, 질소의 순환
[2018년 7월 학평 15번]

그림은 생태계에서 일어나는 탄소 순환과 질소 순환 과정의 일부를 나타낸 것이다.

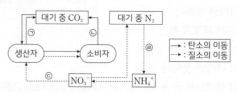

이에 대한 설명으로 옳은 것만을 〈보기〉에서 있는 대로 고른 것은?

보기
ㄱ. ㉠과 ㉡에 모두 세포 호흡이 관여한다.
ㄴ. ㉢은 질화 작용이다.
ㄷ. 뿌리혹박테리아는 ㉣에 작용한다.

① ㄴ   ② ㄷ   ③ ㄱ, ㄴ   ④ ㄱ, ㄷ   ⑤ ㄱ, ㄴ, ㄷ

16

물질의 생산과 소비
[2021학년도 수능 5번]

그림은 평균 기온이 서로 다른 계절 Ⅰ과 Ⅱ에 측정한 식물 A의 온도에 따른 순생산량을 나타낸 것이다.
이에 대한 설명으로 옳은 것만을 〈보기〉에서 있는 대로 고른 것은? 3점

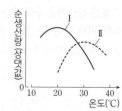

보기
ㄱ. 순생산량은 총생산량에서 호흡량을 제외한 양이다.
ㄴ. A의 순생산량이 최대가 되는 온도는 Ⅰ일 때가 Ⅱ일 때보다 높다.
ㄷ. 계절에 따라 A의 순생산량이 최대가 되는 온도가 달라지는 것은 비생물적 요인이 생물에 영향을 미치는 예에 해당한다.

① ㄱ   ② ㄴ   ③ ㄱ, ㄷ   ④ ㄴ, ㄷ   ⑤ ㄱ, ㄴ, ㄷ

17

그림은 어떤 군집에서 생산자의 시간에 따른 유기물량을 나타낸 것이다. ㉠과 ㉡은 각각 생장량과 순생산량 중 하나이다. 이에 대한 설명으로 옳은 것만을 <보기>에서 있는 대로 고른 것은? **3점**

보기

ㄱ. ㉠은 순생산량이다.
ㄴ. 이 군집에서 생산자의 호흡량은 t_1일 때보다 t_2일 때가 크다.
ㄷ. 1차 소비자에 의한 피식량은 ㉡에 포함된다.

① ㄱ   ② ㄴ   ③ ㄷ   ④ ㄱ, ㄴ   ⑤ ㄱ, ㄴ, ㄷ

18

그림 (가)는 어떤 생태계에서 생산자의 총생산량이 각 과정으로 소비된 비율을, (나)는 이 생태계에서 1차 소비자의 섭식량(총에너지양)이 각 과정으로 소비된 비율을 나타낸 것이다.

(가)

(나)

이에 대한 설명으로 옳은 것만을 <보기>에서 있는 대로 고른 것은?

보기

ㄱ. 생산자의 $\dfrac{순생산량}{생장량}$은 2이다.
ㄴ. 생산자의 총생산량 중 5%가 2차 소비자에게 전달된다.
ㄷ. 1차 소비자는 생산자로부터 유기물의 형태로 에너지를 얻는다.

① ㄱ   ② ㄴ   ③ ㄱ, ㄷ   ④ ㄴ, ㄷ   ⑤ ㄱ, ㄴ, ㄷ

19

그림 (가)는 어떤 식물 군집에서 총생산량, 순생산량, 생장량의 관계를, (나)는 이 식물 군집의 시간에 따른 생물량(생체량), ㉠, ㉡을 나타낸 것이다. ㉠과 ㉡은 각각 총생산량과 호흡량 중 하나이다.

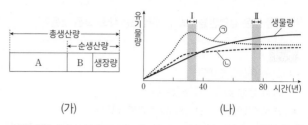
(가)   (나)

이에 대한 설명으로 옳은 것만을 <보기>에서 있는 대로 고른 것은?
3점

보기

ㄱ. ㉠은 총생산량이다.
ㄴ. 초식 동물의 호흡량은 A에 포함된다.
ㄷ. $\dfrac{순생산량}{생물량}$은 구간 Ⅱ에서가 구간 Ⅰ에서보다 크다.

① ㄱ   ② ㄴ   ③ ㄷ   ④ ㄱ, ㄴ   ⑤ ㄴ, ㄷ

20

그림은 식물 군집 A의 시간에 따른 총생산량과 순생산량을 나타낸 것이다. ㉠과 ㉡은 각각 총생산량과 순생산량 중 하나이다.

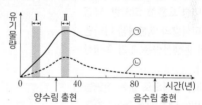

이 자료에 대한 설명으로 옳은 것만을 <보기>에서 있는 대로 고른 것은?

보기

ㄱ. A의 호흡량은 구간 Ⅰ에서가 구간 Ⅱ에서보다 많다.
ㄴ. 구간 Ⅱ에서 A의 고사량은 순생산량에 포함된다.
ㄷ. ㉡은 생산자가 광합성을 통해 생산한 유기물의 총량이다.

① ㄱ   ② ㄴ   ③ ㄱ, ㄴ   ④ ㄱ, ㄷ   ⑤ ㄴ, ㄷ

DAY
26

V

1
-
04.
에너지 흐름과 물질의 순환

21

그림은 식물 군집 A의 60년 전과 현재의 ㉠과 ㉡을 나타낸 것이다. ㉠과 ㉡은 각각 총생산량과 호흡량 중 하나이다.

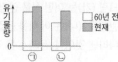

이에 대한 옳은 설명만을 〈보기〉에서 있는 대로 고른 것은?

보기
ㄱ. ㉠은 총생산량이다.
ㄴ. A의 생장량은 ㉡에 포함된다.
ㄷ. A의 순생산량은 현재가 60년 전보다 많다.

① ㄱ ② ㄴ ③ ㄱ, ㄷ ④ ㄴ, ㄷ ⑤ ㄱ, ㄴ, ㄷ

22

표는 동일한 면적을 차지하고 있는 식물 군집 Ⅰ과 Ⅱ에서 1년 동안 조사한 총생산량에 대한 호흡량, 고사량, 낙엽량, 생장량, 피식량의 백분율을 나타낸 것이다. Ⅰ의 총생산량은 Ⅱ의 총생산량의 2배이다.

이 자료에 대한 설명으로 옳은 것만을 〈보기〉에서 있는 대로 고른 것은? 3점

구분	식물 군집	
	Ⅰ	Ⅱ
호흡량	74.0	67.1
고사량, 낙엽량	19.7	24.7
생장량	6.0	8.0
피식량	0.3	0.2
합계	100.0	100.0

(단위: %)

보기
ㄱ. Ⅰ과 Ⅱ의 호흡량에는 초식 동물의 호흡량이 포함된다.
ㄴ. Ⅱ에서 총생산량에 대한 순생산량의 백분율은 32.9%이다.
ㄷ. 생장량은 Ⅰ에서가 Ⅱ에서보다 크다.

① ㄱ ② ㄴ ③ ㄷ ④ ㄱ, ㄴ ⑤ ㄴ, ㄷ

23

그림은 질소 순환의 일부를 나타낸 것이다. 생물 ⓐ~ⓒ는 각각 버섯, 뿌리혹박테리아, 완두 중 하나이며, 물질 ㉠과 ㉡은 각각 단백질과 NH_4^+ 중 하나이다.

이에 대한 옳은 설명만을 〈보기〉에서 있는 대로 고른 것은?

보기
ㄱ. ⓐ는 뿌리혹박테리아이다.
ㄴ. ⓑ에서 질화 작용을 통해 ㉠이 ㉡으로 전환된다.
ㄷ. ⓑ와 ⓒ는 모두 유기물을 무기물로 분해한다.

① ㄱ ② ㄴ ③ ㄱ, ㄴ ④ ㄱ, ㄷ ⑤ ㄴ, ㄷ

24

그림은 어떤 식물 군집의 시간에 따른 총생산량과 호흡량을 나타낸 것이다. A와 B는 각각 총생산량과 호흡량 중 하나이다.

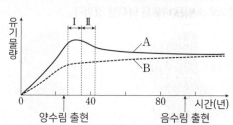

이 자료에 대한 설명으로 옳은 것만을 〈보기〉에서 있는 대로 고른 것은? 3점

보기
ㄱ. A는 총생산량이다.
ㄴ. 구간 Ⅰ에서 이 식물 군집은 극상을 이룬다.
ㄷ. 구간 Ⅱ에서 $\dfrac{B}{순생산량}$ 는 시간에 따라 증가한다.

① ㄱ ② ㄴ ③ ㄱ, ㄷ ④ ㄴ, ㄷ ⑤ ㄱ, ㄴ, ㄷ

25

그림은 어떤 식물 군집에서 유기물량의 변화를 나타낸 것이다. A와 B는 각각 호흡량과 총생산량 중 하나이다.
이 식물 군집에 대한 옳은 설명만을 〈보기〉에서 있는 대로 고른 것은? 3점

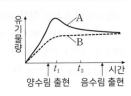

보기

ㄱ. 고사량은 B에 포함된다.

ㄴ. 순생산량은 t_1일 때가 t_2일 때보다 크다.

ㄷ. t_2일 때 극상을 이룬다.

① ㄱ   ② ㄴ   ③ ㄷ   ④ ㄱ, ㄴ   ⑤ ㄴ, ㄷ

27

그림은 어떤 식물 군집의 시간에 따른 총생산량과 순생산량을 나타낸 것이다.

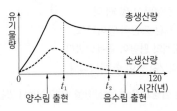

이에 대한 설명으로 옳은 것만을 〈보기〉에서 있는 대로 고른 것은?

보기

ㄱ. 총생산량은 이 식물 군집이 광합성을 통해 생산한 유기물의 총량이다.

ㄴ. 이 식물 군집의 생장량은 순생산량에 포함된다.

ㄷ. 이 식물 군집의 호흡량은 t_1일 때보다 t_2일 때가 크다.

① ㄱ   ② ㄷ   ③ ㄱ, ㄴ   ④ ㄴ, ㄷ   ⑤ ㄱ, ㄴ, ㄷ

26

그림은 어떤 식물 군집의 시간에 따른 총생산량과 순생산량을 나타낸 것이다. ㉠과 ㉡은 각각 양수림과 음수림 중 하나이다.
이에 대한 옳은 설명만을 〈보기〉에서 있는 대로 고른 것은? 3점

보기

ㄱ. ㉠은 음수림이다.

ㄴ. 구간 Ⅰ에서 호흡량은 시간에 따라 증가한다.

ㄷ. 순생산량은 생산자가 광합성으로 생산한 유기물의 총량이다.

① ㄱ   ② ㄴ   ③ ㄷ   ④ ㄱ, ㄴ   ⑤ ㄴ, ㄷ

28

그림은 어떤 식물 군집의 시간에 따른 유기물량을 나타낸 것이다. ㉠~㉢은 각각 순생산량, 총생산량, 생장량 중 하나이다.
이에 대한 옳은 설명만을 〈보기〉에서 있는 대로 고른 것은? 3점

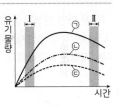

보기

ㄱ. 고사량은 ㉢에 포함된다.

ㄴ. 구간 Ⅰ에서 시간에 따라 호흡량이 증가한다.

ㄷ. 구간 Ⅱ에서 시간에 따라 생물량(생체량)이 감소한다.

① ㄱ   ② ㄴ   ③ ㄱ, ㄷ   ④ ㄴ, ㄷ   ⑤ ㄱ, ㄴ, ㄷ

29 2023 수능

그림은 어떤 생태계를 구성하는 생물 군집의 단위 면적당 생물량(생체량)의 변화를 나타낸 것이다. t_1일 때 이 군집에 산불에 의한 교란이 일어났고, t_2일 때 이 생태계의 평형이 회복되었다. ㉠은 1차 천이와 2차 천이 중 하나이다.

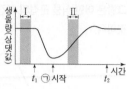

이 자료에 대한 설명으로 옳은 것만을 〈보기〉에서 있는 대로 고른 것은? 3점

보기
ㄱ. ㉠은 1차 천이다.
ㄴ. Ⅰ 시기에 이 생물 군집의 호흡량은 0이다.
ㄷ. Ⅱ 시기에 생산자의 총생산량은 순생산량보다 크다.

① ㄱ   ② ㄷ   ③ ㄱ, ㄴ   ④ ㄴ, ㄷ   ⑤ ㄱ, ㄴ, ㄷ

31

그림 (가)와 (나)는 각각 서로 다른 생태계에서 생산자, 1차 소비자, 2차 소비자, 3차 소비자의 에너지양을 상댓값으로 나타낸 생태 피라미드이다. (가)에서 2차 소비자의 에너지 효율은 15%이고, (나)에서 1차 소비자의 에너지 효율은 10%이다.

(가)   (나)

이 자료에 대한 설명으로 옳은 것만을 〈보기〉에서 있는 대로 고른 것은? (단, 에너지 효율은 전 영양 단계의 에너지양에 대한 현 영양 단계의 에너지양을 백분율로 나타낸 것이다.)

보기
ㄱ. A는 3차 소비자이다.
ㄴ. ㉠은 100이다.
ㄷ. (가)에서 에너지 효율은 상위 영양 단계로 갈수록 증가한다.

① ㄱ   ② ㄷ   ③ ㄱ, ㄴ   ④ ㄴ, ㄷ   ⑤ ㄱ, ㄴ, ㄷ

30

그림은 어떤 안정된 생태계의 에너지 흐름을 나타낸 것이다. A~C는 각각 생산자, 1차 소비자, 2차 소비자 중 하나이며, 에너지양은 상댓값이다.

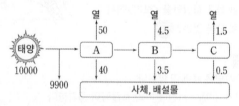

이에 대한 옳은 설명만을 〈보기〉에서 있는 대로 고른 것은?

보기
ㄱ. 곰팡이는 A에 속한다.
ㄴ. B에서 C로 유기물이 이동한다.
ㄷ. A에서 B로 이동한 에너지양은 B에서 C로 이동한 에너지양보다 적다.

① ㄱ   ② ㄴ   ③ ㄷ   ④ ㄱ, ㄴ   ⑤ ㄴ, ㄷ

32

그림은 어떤 안정된 생태계의 에너지 흐름을 나타낸 것이다. A~C는 각각 1차 소비자, 2차 소비자, 생산자 중 하나이다. A에서 B로 전달되는 에너지양은 B에서 C로 전달되는 에너지양의 5배이며, 에너지양은 상댓값이다.

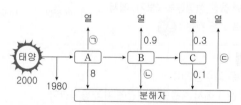

이에 대한 옳은 설명만을 〈보기〉에서 있는 대로 고른 것은? 3점

보기
ㄱ. ㉡과 ㉢의 합은 ㉠보다 크다.
ㄴ. A는 빛에너지를 화학 에너지로 전환한다.
ㄷ. B에서 C로 유기물이 이동한다.

① ㄱ   ② ㄷ   ③ ㄱ, ㄴ   ④ ㄴ, ㄷ   ⑤ ㄱ, ㄴ, ㄷ

33
에너지 흐름, 에너지 효율과 생태 피라미드
[2018년 3월 학평 10번]

그림은 어떤 안정된 생태계에서의 에너지 흐름을 나타낸 것이다. A와 B는 각각 1차 소비자와 생산자 중 하나이고, B의 에너지 효율은 10%이다.

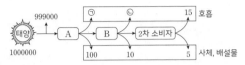

이 자료에 대한 옳은 설명만을 〈보기〉에서 있는 대로 고른 것은? (단, 에너지양은 상댓값이고, 에너지 효율은 전 영양 단계의 에너지양에 대한 현 영양 단계의 에너지양을 백분율로 나타낸 것이다.)

보기
ㄱ. A는 생산자이다.
ㄴ. ㉠+㉡=870이다.
ㄷ. 2차 소비자의 에너지 효율은 20%이다.

① ㄱ   ② ㄷ   ③ ㄱ, ㄴ   ④ ㄴ, ㄷ   ⑤ ㄱ, ㄴ, ㄷ

34
에너지 효율과 생태 피라미드
[2020년 4월 학평 14번]

그림은 어떤 생태계에서 생산자와 A~C의 에너지양을 나타낸 생태 피라미드이고, 표는 이 생태계를 구성하는 영양 단계에서 에너지양과 에너지 효율을 나타낸 것이다. A~C는 각각 1차 소비자, 2차 소비자, 3차 소비자 중 하나이고, Ⅰ~Ⅲ은 A~C를 순서 없이 나타낸 것이다. 에너지 효율은 C가 A의 2배이다.

영양 단계	에너지양 (상댓값)	에너지 효율(%)
Ⅰ	3	?
Ⅱ	?	10
Ⅲ	㉠	15
생산자	1000	?

이에 대한 설명으로 옳은 것만을 〈보기〉에서 있는 대로 고른 것은?

보기
ㄱ. Ⅱ는 A이다.
ㄴ. ㉠은 150이다.
ㄷ. C의 에너지 효율은 30%이다.

① ㄱ   ② ㄴ   ③ ㄷ   ④ ㄱ, ㄷ   ⑤ ㄴ, ㄷ

35
에너지 효율과 생태 피라미드
[2017년 3월 학평 14번]

표는 어떤 안정된 생태계에서 영양 단계 A~D의 생물량, 에너지양, 에너지 효율을 나타낸 것이다. A~D는 각각 생산자, 1차 소비자, 2차 소비자, 3차 소비자 중 하나이다.

영양 단계	생물량 (상댓값)	에너지양 (상댓값)	에너지 효율 (%)
A	1.5	6	20
B	809	2000	1
C	11	30	㉠
D	37	200	10

이에 대한 옳은 설명만을 〈보기〉에서 있는 대로 고른 것은?

보기
ㄱ. ㉠은 5이다.
ㄴ. A는 3차 소비자이다.
ㄷ. 상위 영양 단계로 갈수록 생물량은 증가한다.

① ㄱ   ② ㄴ   ③ ㄷ   ④ ㄱ, ㄴ   ⑤ ㄴ, ㄷ

36
물질의 생산과 소비, 에너지 효율과 생태 피라미드
[2021학년도 9월 모평 20번]

그림 (가)는 어떤 생태계에서 영양 단계의 생체량(생물량)과 에너지양을 상댓값으로 나타낸 생태 피라미드를, (나)는 이 생태계에서 생산자의 총생산량, 순생산량, 생장량의 관계를 나타낸 것이다.

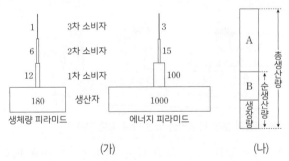

이 자료에 대한 설명으로 옳은 것만을 〈보기〉에서 있는 대로 고른 것은?

보기
ㄱ. 1차 소비자의 생체량은 A에 포함된다.
ㄴ. 2차 소비자의 에너지 효율은 20%이다.
ㄷ. 상위 영양 단계로 갈수록 에너지양은 감소한다.

① ㄱ   ② ㄷ   ③ ㄱ, ㄴ   ④ ㄴ, ㄷ   ⑤ ㄱ, ㄴ, ㄷ

DAY 27
V
1
Ⅰ
04. 에너지 흐름과 물질의 순환

37

그림은 어떤 생태계에서 생산자의 물질 생산과 소비를, 표는 이 생태계를 구성하는 생산자, 1차 소비자, 2차 소비자의 에너지양을 나타낸 것이다. ㉠~㉢은 각각 생장량, 호흡량, 순생산량 중 하나이고, ⓐ와 ⓑ는 각각 1차 소비자와 2차 소비자 중 하나이다. 1차 소비자의 에너지 효율은 10%이다.

	총생산량			
		㉡		
㉠	피식량	고사·낙엽량	㉢	

구분	에너지양(상댓값)
ⓐ	?
ⓑ	10
생산자	500

이에 대한 설명으로 옳은 것을 〈보기〉에서 있는 대로 고른 것은? (단, 에너지 효율은 전 영양 단계의 에너지양에 대한 현 영양 단계의 에너지양을 백분율로 나타낸 것이다.) **3점**

> **보기**
> ㄱ. ㉡은 순생산량이다.
> ㄴ. ⓐ의 호흡량은 ㉠에 포함된다.
> ㄷ. 2차 소비자의 에너지 효율은 20%이다.

① ㄱ   ② ㄴ   ③ ㄱ, ㄷ   ④ ㄴ, ㄷ   ⑤ ㄱ, ㄴ, ㄷ

38

다음은 생태계에서 일어나는 에너지 흐름에 대한 학생 A~C의 발표 내용이다.

빛에너지를 화학 에너지로 전환하는 생물은 생산자입니다. — 학생 A

1차 소비자의 생장량은 생산자의 호흡량에 포함됩니다. — 학생 B

1차 소비자에서 2차 소비자로 유기물에 저장된 에너지가 이동합니다. — 학생 C

제시한 내용이 옳은 학생만을 있는 대로 고른 것은?

① A   ② B   ③ A, C   ④ B, C   ⑤ A, B, C

39

그림 (가)는 어떤 생태계에서 일어나는 에너지 흐름의 일부를, (나)는 이 생태계의 식물 군집에서 시간에 따른 유기물량을 나타낸 것이다. ㉠과 ㉡은 각각 호흡량과 총생산량 중 하나이다.

에너지양
(상댓값) | 빛 100000 → 생산자 1000 → 1차 소비자 100 → 2차 소비자 20

(가)   (나)

이에 대한 옳은 설명만을 〈보기〉에서 있는 대로 고른 것은?

> **보기**
> ㄱ. 1차 소비자의 생장량은 ㉡에 포함된다.
> ㄴ. 에너지 효율은 2차 소비자가 1차 소비자의 2배이다.
> ㄷ. 이 식물 군집에서 $\frac{순생산량}{호흡량}$은 t_1일 때가 t_2일 때보다 크다.

① ㄴ   ② ㄷ   ③ ㄱ, ㄴ   ④ ㄱ, ㄷ   ⑤ ㄴ, ㄷ

40

그림은 어떤 생태계에서 각 영양 단계의 에너지양을 나타낸 것이다. 에너지 효율은 3차 소비자가 1차 소비자의 2배이다. 이에 대한 옳은 설명만을 〈보기〉에서 있는 대로 고른 것은? **3점**

영양 단계	에너지양(상댓값)
생산자	1000
1차 소비자	ⓐ
2차 소비자	15
3차 소비자	3

> **보기**
> ㄱ. ⓐ는 100이다.
> ㄴ. 1차 소비자의 에너지는 모두 2차 소비자에게 전달된다.
> ㄷ. 소비자에서 상위 영양 단계로 갈수록 에너지 효율은 증가한다.

① ㄱ   ② ㄴ   ③ ㄱ, ㄷ   ④ ㄴ, ㄷ   ⑤ ㄱ, ㄴ, ㄷ

41

에너지 효율과 생태 피라미드
[2022년 7월 학평 13번]

그림은 어떤 안정된 생태계에서 포식과 피식 관계인 개체군 ⊙과 ⓒ의 시간에 따른 개체 수를, 표는 이 생태계에서 각 영양 단계의 에너지양을 나타낸 것이다. ⊙과 ⓒ은 각각 1차 소비자와 2차 소비자 중 하나이고, A~C는 각각 1차 소비자, 2차 소비자, 3차 소비자 중 하나이다. 1차 소비자의 에너지 효율은 15%이다.

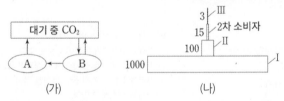

구분	에너지양(상댓값)
A	5
B	15
C	?
생산자	500

이에 대한 설명으로 옳은 것만을 <보기>에서 있는 대로 고른 것은?

보기

ㄱ. ⓒ은 B이다.

ㄴ. I 시기 동안 ⊙에 환경 저항이 작용하지 않았다.

ㄷ. 이 생태계에서 2차 소비자의 에너지 효율은 20%이다.

① ㄱ   ② ㄴ   ③ ㄱ, ㄷ   ④ ㄴ, ㄷ   ⑤ ㄱ, ㄴ, ㄷ

42

탄소의 순환, 에너지 효율과 생태 피라미드
[2022년 10월 학평 14번]

그림 (가)는 어떤 생태계에서 탄소 순환 과정의 일부를, (나)는 이 생태계에서 각 영양 단계의 에너지양을 상댓값으로 나타낸 생태 피라미드를 나타낸 것이다. I ~ III은 각각 1차 소비자, 3차 소비자, 생산자 중 하나이고, A와 B는 각각 생산자와 소비자 중 하나이다.

이에 대한 옳은 설명만을 <보기>에서 있는 대로 고른 것은? ③점

보기

ㄱ. III은 B에 해당한다.

ㄴ. I 에서 II로 유기물 형태의 탄소가 이동한다.

ㄷ. (나)에서 1차 소비자의 에너지 효율은 10%이다.

① ㄱ   ② ㄴ   ③ ㄱ, ㄴ   ④ ㄱ, ㄷ   ⑤ ㄴ, ㄷ

43 2024 평가원

질소의 순환
[2024학년도 9월 모평 16번]

표는 생태계의 질소 순환 과정에서 일어나는 물질의 전환을 나타낸 것이다. I 과 II는 탈질산화 작용과 질소 고정 작용을 순서 없이 나타낸 것이고, ⊙과 ⓒ은 질산 이온(NO_3^-)과 암모늄 이온(NH_4^+)을 순서 없이 나타낸 것이다.

구분	물질의 전환
질산화 작용	⊙ → ⓒ
I	대기 중의 질소(N_2) → ⊙
II	ⓒ → 대기 중의 질소(N_2)

이에 대한 설명으로 옳은 것만을 <보기>에서 있는 대로 고른 것은?

보기

ㄱ. ⊙은 질산 이온(NO_3^-)이다.

ㄴ. I 은 질소 고정 작용이다.

ㄷ. 탈질산화 세균은 II에 관여한다.

① ㄱ   ② ㄴ   ③ ㄱ, ㄷ   ④ ㄴ, ㄷ   ⑤ ㄱ, ㄴ, ㄷ

44 2024 수능

탄소의 순환, 질소의 순환
[2024학년도 수능 20번]

표는 생태계의 물질 순환 과정 (가)와 (나)에서 특징의 유무를 나타낸 것이다. (가)와 (나)는 질소 순환 과정과 탄소 순환 과정을 순서 없이 나타낸 것이다.

특징 \ 물질 순환 과정	(가)	(나)
토양 속의 ⊙ 암모늄 이온(NH_4^+)이 질산 이온(NO_3^-)으로 전환된다.	×	○
식물의 광합성을 통해 대기 중의 이산화 탄소(CO_2)가 유기물로 합성된다.	○	×
ⓐ	○	○

(○: 있음, ×: 없음)

이에 대한 설명으로 옳은 것만을 <보기>에서 있는 대로 고른 것은?

③점

보기

ㄱ. (나)는 탄소 순환 과정이다.

ㄴ. 질산화 세균은 ⊙에 관여한다.

ㄷ. '물질이 생산자에서 소비자로 먹이 사슬을 따라 이동한다.'는 ⓐ에 해당한다.

① ㄱ   ② ㄷ   ③ ㄱ, ㄴ   ④ ㄴ, ㄷ   ⑤ ㄱ, ㄴ, ㄷ

2. 생물 다양성과 보전   01. 생물 다양성의 중요성

기본자료

❶ 생물의 다양성 ★수능에 나오는 필수 개념 2가지 + 필수 암기사항 6개

필수개념 1 생물 다양성

1. **생물 다양성** : 일정한 생태계 내에 존재하는 생물의 다양한 정도를 의미하며, 생물이 지닌 유전자의 다양성, 생물 종의 다양성, 생물이 서식하는 생태계의 다양성을 포함한다. ★암기

2. **유전적 다양성** ★암기
   ① 개체들 사이에 나타나는 유전적 변이의 정도를 의미한다.
   ② 생태계를 구성하는 생물은 같은 종이라도 모양, 크기, 색 등이 다르다.
   ③ 유전적 다양성이 높은 종은 환경이 급격히 변하거나 전염병이 발생했을 때 살아남을 수 있는 확률이 높다.

3. **생물 종 다양성** ★암기
   ① 한 지역 내 종의 다양한 정도를 의미한다.
   ② 종의 수가 많을수록, 종의 비율이 고를수록 생물 종 다양성이 높다.
   ③ 생물 종 다양성이 높을수록 생태계가 안정적으로 유지될 가능성이 높다.

4. **생태계 다양성** ★암기
   ① 사막, 초원, 삼림, 습지, 산, 호수, 강, 바다 등 생태계의 다양함을 의미한다.
   ② 생태계에 속하는 생물과 무생물 사이의 관계에 관한 다양성을 포함한다.

▶ 생물 다양성의 의미
생물 다양성이란 다양한 형질을 가진 (유전적 다양성) 여러 종이(생물 종 다양성) 여러 가지 유형의 생태계(생태계 다양성)의 특성에 맞는 역할을 수행하여 지구 전체를 유지하는 것을 의미

들쥐 개체군에서의 유전적 다양성

삼림 생태계에서의 생물 종 다양성

넓은 지역에 분포하는 생태계 다양성

필수개념 2 생물 다양성과 생태계 평형

1. **생물 다양성이 높은 경우** ★암기
   ① 먹이 사슬이 다양하고 복잡하여 어떤 한 종의 생물이 사라지더라도 다른 종이 대체할 수 있기 때문에 생태계 평형이 쉽게 깨지지 않는다.
   ② 생물 다양성이 높은 생태계는 약간의 교란이 있어도 생태계 평형을 유지할 수 있다.

2. **생물 다양성이 낮은 경우** ★암기
   ① 먹이 사슬이 단순하게 연결되어 있어 어느 한 종이 멸종하면 그 종의 역할을 대체할 수 있는 생물이 적어 생태계 평형이 깨지기 쉽다.

▶ 생물 종 다양성과 먹이 사슬
생태계 A는 3가지 종이 단순한 먹이 사슬을 이루고 있는 형태로 구성되어 있고, 생태계 B는 10가지 종이 복잡한 먹이 사슬을 형성하고 있다.
생태계 A에서 토끼가 사라질 경우 토끼의 포식자인 매도 사라지게 된다. 그러나 생태계 B에서는 토끼가 사라지더라도 매는 뱀으로부터, 늑대는 쥐로부터 에너지를 얻어 생존이 가능하다.

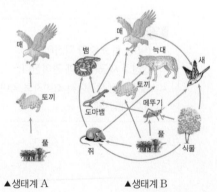

▲생태계 A   ▲생태계 B

생물 다양성

1

[2020년 3월 학평 20번]

생물 다양성에 대한 옳은 설명만을 <보기>에서 있는 대로 고른 것은? 3점

보기
ㄱ. 생물 다양성이 낮을수록 생태계의 평형이 깨지기 쉽다. ㄴ. 사람의 눈동자 색깔이 다양한 것은 유전적 다양성에 해당한다. ㄷ. 한 지역에서 종의 수가 일정할 때, 각 종의 개체 수 비율이 균등할수록 종 다양성이 낮다.

① ㄱ ② ㄷ ③ ㄱ, ㄴ ④ ㄴ, ㄷ ⑤ ㄱ, ㄴ, ㄷ

생물 다양성의 보전

2

[2023년 4월 학평 5번]

생물 다양성에 대한 설명으로 옳은 것만을 <보기>에서 있는 대로 고른 것은?

보기
ㄱ. 한 생태계 내에 존재하는 생물종의 다양한 정도를 생태계 다양성이라고 한다. ㄴ. 남획은 생물 다양성을 감소시키는 원인에 해당한다. ㄷ. 서식지 단편화에 의한 피해를 줄이기 위한 방법에 생태 통로 설치가 있다.

① ㄱ ② ㄴ ③ ㄱ, ㄷ ④ ㄴ, ㄷ ⑤ ㄱ, ㄴ, ㄷ

생물 다양성

3

[2018학년도 9월 모평 8번]

생물 다양성에 대한 설명으로 옳은 것만을 <보기>에서 있는 대로 고른 것은?

보기
ㄱ. 종 다양성에는 동물 종과 식물 종만 포함된다. ㄴ. 한 생태계 내에 존재하는 생물 종의 다양한 정도를 생태계 다양성이라고 한다. ㄷ. 동일한 생물 종이라도 색, 크기, 모양 등의 형질이 각 개체 간에 다르게 나타나는 것은 유전적 다양성에 해당한다.

① ㄱ ② ㄷ ③ ㄱ, ㄴ ④ ㄴ, ㄷ ⑤ ㄱ, ㄴ, ㄷ

생물 다양성

4

[2019년 3월 학평 17번]

생물 다양성에 대한 옳은 설명만을 <보기>에서 있는 대로 고른 것은?

보기
ㄱ. 유전적 다양성이 높은 종은 환경이 급격하게 변하거나 전염병이 발생했을 때 멸종될 확률이 높다. ㄴ. 종 다양성은 종의 수가 많을수록, 전체 개체수에서 각 종이 차지하는 비율이 균등할수록 낮아진다. ㄷ. 강, 습지, 사막, 삼림, 초원 등이 다양하게 나타나는 것은 생태계 다양성에 해당한다.

① ㄱ ② ㄷ ③ ㄱ, ㄴ ④ ㄱ, ㄷ ⑤ ㄴ, ㄷ

정답과 해설 1 p.573 2 p.573 3 p.574 4 p.574

5

다음은 어떤 지역에서 방형구를 이용해 식물 군집을 조사한
자료이다.

○ 면적이 같은 4개의 방형구 A~D를 설치하여 조사한 질경이,
토끼풀, 강아지풀의 분포는 그림과 같으며, D에서의 분포는
나타내지 않았다.

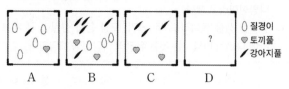

A   B   C   D

○ 토끼풀의 빈도는 $\frac{3}{4}$이다.

○ 질경이의 밀도는 강아지풀의 밀도와 같고, 토끼풀의 밀도의
2배이다.

○ 중요치가 가장 큰 종은 질경이다.

이에 대한 옳은 설명만을 〈보기〉에서 있는 대로 고른 것은? (단,
방형구에 나타낸 각 도형은 식물 1개체를 의미하며, 제시된 종
이외의 종은 고려하지 않는다.) **3점**

보기

ㄱ. D에 질경이가 있다.

ㄴ. 토끼풀의 상대 밀도는 20%이다.

ㄷ. 상대 피도는 질경이가 강아지풀보다 크다.

① ㄱ   ② ㄷ   ③ ㄱ, ㄴ   ④ ㄴ, ㄷ   ⑤ ㄱ, ㄴ, ㄷ

6

다음은 습지 A에 대한 자료이다.

A는 강과 육지 사이에 위치하는 습지이다. ㉠ A에는
340종의 식물, 62종의 조류, 28종의 어류 등 다양한 생물종이
서식하고 있다. A는 ㉡ 지구상에 존재하는 생태계 중 하나이며,
다양한 종류의 식물과 동물로 구성되어 있어 특이한 자연
경관을 만들어낸다. 또한 인간의 의식주에 필요한 각종 자원을
제공한다.

이에 대한 설명으로 옳은 것만을 〈보기〉에서 있는 대로 고른 것은?

보기

ㄱ. ㉠은 생물 다양성의 3가지 의미 중 종 다양성에 해당한다.

ㄴ. ㉡이 다양할수록 생물 다양성은 증가한다.

ㄷ. A로부터 다양한 생물자원을 얻을 수 있다.

① ㄱ   ② ㄷ   ③ ㄱ, ㄴ   ④ ㄴ, ㄷ   ⑤ ㄱ, ㄴ, ㄷ

7 **2023 평가원**

다음은 생물 다양성에 대한 학생 A~C의 대화 내용이다.

제시한 내용이 옳은 학생만을 있는 대로 고른 것은?

① A   ② B   ③ A, C   ④ B, C   ⑤ A, B, C

8

다음은 생물 다양성에 대한 학생 A~C의 발표 내용이다.

제시한 내용이 옳은 학생만을 있는 대로 고른 것은?

① A   ② B   ③ A, C   ④ B, C   ⑤ A, B, C

9

다음은 생물 다양성에 대한 학생 A~C의 발표 내용이다.

학생 A :
같은 종의 달팽이에서 껍데기의 무늬와 색깔이 다양하게 나타나는 것은 종 다양성에 해당합니다.

학생 B :
유전적 다양성이 낮은 종은 환경이 급격히 변했을 때 멸종될 확률이 낮습니다.

학생 C :
삼림, 초원, 사막, 습지 등이 다양하게 나타나는 것은 생태계 다양성에 해당합니다.

제시한 내용이 옳은 학생만을 있는 대로 고른 것은?

① A   ② C   ③ A, B   ④ B, C   ⑤ A, B, C

10

다음은 생물 다양성 협약에 대한 자료이다.

'생물 다양성 협약'은 생물 다양성의 보전, 생물자원의 지속가능한 이용, 생물자원을 이용하여 얻어지는 이익의 공정하고 공평한 분배를 위하여 1992년 유엔환경개발회의에서 채택된 협약이다. 생물 다양성은 생태계 내에 존재하는 생물의 다양한 정도를 의미하며 유전적 다양성, ㉠종 다양성, ㉡생태계 다양성을 포함한다.

이에 대한 설명으로 옳은 것만을 <보기>에서 있는 대로 고른 것은?

보기
ㄱ. 생물자원은 인간의 식량과 의약품에 이용된다.
ㄴ. 같은 종의 무당벌레에서 반점 무늬가 다양하게 나타나는 것은 ㉠에 해당한다.
ㄷ. 한 생태계 내에 존재하는 생물 종의 다양한 정도를 ㉡이라고 한다.

① ㄱ   ② ㄴ   ③ ㄷ   ④ ㄱ, ㄴ   ⑤ ㄱ, ㄷ

11

그림은 서로 다른 지역 (가)~(다)에 서식하는 식물 종 A~C를 나타낸 것이고, 표는 종 다양성에 대한 자료이다. (가)~(다)의 면적은 모두 같다.

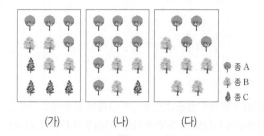

(가)   (나)   (다)

● 종 A
🌲 종 B
🌳 종 C

○ 어떤 지역의 종 다양성은 종 수가 많을수록, 전체 개체수에서 각 종이 차지하는 비율이 균등할수록 높아진다.

이 자료에 대한 설명으로 옳은 것만을 <보기>에서 있는 대로 고른 것은? (단, A~C 이외의 종은 고려하지 않는다.) **3점**

보기
ㄱ. 식물의 종 다양성은 (가)에서가 (나)에서보다 높다.
ㄴ. A의 개체군 밀도는 (가)에서가 (다)에서보다 낮다.
ㄷ. (다)에서 A는 B와 한 개체군을 이룬다.

① ㄱ   ② ㄷ   ③ ㄱ, ㄴ   ④ ㄴ, ㄷ   ⑤ ㄱ, ㄴ, ㄷ

12

그림은 어떤 지역에 방형구를 설치하여 조사한 식물 종의 분포 변화를 나타낸 것이다.

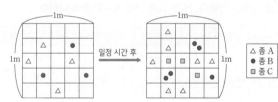

일정 시간 후

△ 종 A
● 종 B
▨ 종 C

이 지역에서 식물 종의 분포 변화에 대한 설명으로 옳은 것만을 <보기>에서 있는 대로 고른 것은? (단, 방형구에 나타난 각 도형은 식물 1개체를 의미하며, 제시된 종 이외의 종은 고려하지 않는다.)

보기
ㄱ. A의 밀도는 감소했다.
ㄴ. B의 빈도는 증가했다.
ㄷ. 종 다양성은 증가했다.

① ㄱ   ② ㄴ   ③ ㄷ   ④ ㄱ, ㄷ   ⑤ ㄴ, ㄷ

13

그림은 서로 다른 지역에 1m × 1m 크기의 방형구 Ⅰ과 Ⅱ를
설치하여 조사한 식물 종의 분포를 나타낸 것이다.

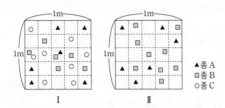

이에 대한 설명으로 옳은 것만을 〈보기〉에서 있는 대로 고른 것은?
(단, 방형구에 나타낸 각 도형은 식물 1개체를 의미하며, 제시된
종 이외의 종은 고려하지 않는다.) 3점

> **보기**
> ㄱ. 식물의 종 수는 Ⅰ에서가 Ⅱ에서보다 많다.
> ㄴ. Ⅱ에서 A는 B와 한 개체군을 이룬다.
> ㄷ. A의 개체군 밀도는 Ⅰ에서와 Ⅱ에서가 같다.

① ㄱ   ② ㄴ   ③ ㄱ, ㄴ   ④ ㄱ, ㄷ   ⑤ ㄴ, ㄷ

14

표 (가)는 면적이 동일한 서로 다른 지역 Ⅰ과 Ⅱ에 서식하는 식물 종
A~E의 개체수를, (나)는 Ⅰ과 Ⅱ 중 한 지역에서 ㉠과 ㉡의 상대
밀도를 나타낸 것이다. ㉠과 ㉡은 각각 A~E 중 하나이다.

구분	A	B	C	D	E
Ⅰ	9	10	12	8	11
Ⅱ	18	10	20	0	2

(가)

구분	상대 밀도(%)
㉠	18
㉡	20

(나)

이에 대한 설명으로 옳은 것만을 〈보기〉에서 있는 대로 고른 것은?
(단, A~E 이외의 종은 고려하지 않는다.) 3점

> **보기**
> ㄱ. ㉡은 C이다.
> ㄴ. B의 개체군 밀도는 Ⅰ과 Ⅱ에서 같다.
> ㄷ. 식물의 종 다양성은 Ⅰ에서가 Ⅱ에서보다 낮다.

① ㄱ   ② ㄴ   ③ ㄷ   ④ ㄱ, ㄴ   ⑤ ㄱ, ㄷ

15

표는 서로 다른 지역 (가)~(다)에 서식하는 식물 종 A~D의
개체수를 나타낸 것이다. (가)~(다)의 면적은 동일하며, B의 개체군
밀도는 (가)에서와 (나)에서가 같다.

구분	A	B	C	D
(가)	5	3	5	2
(나)	4	㉠	5	6
(다)	14	10	0	6

이에 대한 설명으로 옳은 것만을 〈보기〉에서 있는 대로 고른 것은?
(단, 상대 밀도는 어떤 지역에서 조사한 모든 종의 개체수에 대한
특정 종의 개체수를 백분율로 나타낸 것이며, 제시된 종 이외의 종은
고려하지 않는다.) 3점

> **보기**
> ㄱ. 식물 종 수는 (가)에서가 (다)에서보다 많다.
> ㄴ. ㉠은 3이다.
> ㄷ. D의 상대 밀도는 (나)에서와 (다)에서가 같다.

① ㄱ   ② ㄷ   ③ ㄱ, ㄴ   ④ ㄴ, ㄷ   ⑤ ㄱ, ㄴ, ㄷ

16

생물 다양성에 대한 설명으로 옳은 것만을 〈보기〉에서 있는 대로
고른 것은?

> **보기**
> ㄱ. 불법 포획과 남획에 의한 멸종은 생물 다양성 감소의 원인이
>   된다.
> ㄴ. 생태계 다양성은 어느 한 군집에 서식하는 생물종의 다양한
>   정도를 의미한다.
> ㄷ. 같은 종의 기린에서 털 무늬가 다양하게 나타나는 것은
>   유전적 다양성에 해당한다.

① ㄱ   ② ㄴ   ③ ㄱ, ㄷ   ④ ㄴ, ㄷ   ⑤ ㄱ, ㄴ, ㄷ

17

그림은 영양 염류가 유입된 호수의 식물성 플랑크톤 군집에서 전체 개체수, 종 수, 종 다양성과 영양 염류 농도를 시간에 따라 나타낸 것이며, 표는 종 다양성에 대한 자료이다.

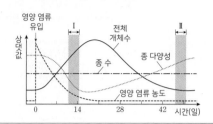

○ 종 다양성은 종 수가 많을수록 높아진다.
○ 종 다양성은 전체 개체수에서 각 종이 차지하는 비율이 균등할수록 높아진다.

이에 대한 설명으로 옳은 것만을 <보기>에서 있는 대로 고른 것은? (단, 식물성 플랑크톤 군집은 여러 종의 식물성 플랑크톤으로만 구성되며, 제시된 조건 이외는 고려하지 않는다.)

보기
ㄱ. 구간 Ⅰ에서 개체수가 증가하는 종이 있다.
ㄴ. 전체 개체수에서 각 종이 차지하는 비율은 구간 Ⅰ에서가 구간 Ⅱ에서보다 균등하다.
ㄷ. 종 다양성은 동일한 생물 종이라도 형질이 각 개체 간에 다르게 나타나는 것을 의미한다.

① ㄱ   ② ㄴ   ③ ㄷ   ④ ㄱ, ㄴ   ⑤ ㄱ, ㄷ

18

그림 (가)는 서대서양에서 위도에 따른 해양 달팽이의 종 수를, (나)는 이 해양에서 평균 해수면 온도에 따른 해양 달팽이의 종 수를 나타낸 것이다.

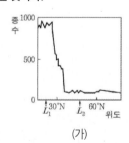 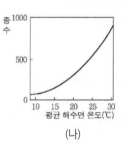

(가)   (나)

이에 대한 설명으로 옳은 것만을 <보기>에서 있는 대로 고른 것은? 3점

보기
ㄱ. 해양 달팽이의 종 수는 위도 L_2에서가 L_1에서보다 많다.
ㄴ. (나)에서 평균 해수면 온도가 높을수록 해양 달팽이의 종 수가 증가하는 것은 비생물적 요인이 생물에 영향을 미치는 예에 해당한다.
ㄷ. 종 다양성이 높을수록 생태계가 안정적으로 유지된다.

① ㄱ   ② ㄷ   ③ ㄱ, ㄴ   ④ ㄴ, ㄷ   ⑤ ㄱ, ㄴ, ㄷ

19 `2022 수능`

그림 (가)는 어떤 숲에 사는 새 5종 ㉠~㉤이 서식하는 높이 범위를, (나)는 숲을 이루는 나무 높이의 다양성에 따른 새의 종 다양성을 나타낸 것이다. 나무 높이의 다양성은 숲을 이루는 나무의 높이가 다양할수록, 각 높이의 나무가 차지하는 비율이 균등할수록 높아진다.

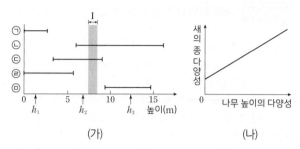

(가)   (나)

이 자료에 대한 설명으로 옳은 것만을 <보기>에서 있는 대로 고른 것은?

보기
ㄱ. ㉠이 서식하는 높이는 ㉤이 서식하는 높이보다 낮다.
ㄴ. 구간 Ⅰ에서 ㉡은 ㉢과 한 개체군을 이루어 서식한다.
ㄷ. 새의 종 다양성은 높이가 h_3인 나무만 있는 숲에서가 높이가 h_1, h_2, h_3인 나무가 고르게 분포하는 숲에서보다 높다.

① ㄱ   ② ㄴ   ③ ㄷ   ④ ㄱ, ㄴ   ⑤ ㄴ, ㄷ

개념편 동영상 강의

생1-5-2-02(개)

V. 생태계와 상호 작용

2. 생물 다양성과 보전   02. 생물 다양성의 보전

문제편 동영상 강의

생1-5-2-02(문)

02. 생물 다양성의 보전

❶ 생물 다양성의 보전 ★수능에 나오는 필수 개념 2가지 + 필수 암기사항 4개

필수개념 1 생물 다양성의 감소 원인

1. 서식지 파괴 *암기

① 서식지는 생물이 생존에 필요한 먹이를 얻고 생식 활동을 하는 공간이므로 서식지의 파괴는 멸종을 초래하거나 생물 종 다양성을 급격히 감소시킨다.

② 생물 다양성에 대한 가장 큰 위협 요소이며, 지구의 방대한 지역에서 발생한다. → 멸종 혹은 멸종 위험, 희귀종 발생의 73%가 서식지 파괴와 관련이 있는 것으로 나타나고 있다.

③ 서식지 파괴로 인한 생물 다양성 감소는 종 다양성이 매우 높은 열대 우림에서도 일어난다. 열대 우림에서는 대규모의 벌목으로 인해 특히 숲의 단편화가 빠르게 진행되고 있는데, 원래 숲의 약 91%가 사라지는 경우도 있다.

2. 서식지 단편화(고립화) *암기

① 철도나 도로 건설 등으로 인해 대규모의 서식지가 소규모로 분할되는 현상을 말한다.

② 단편화된 서식지에 남아 있는 개체군은 원래의 개체군에 비해 개체수가 적기 때문에 위험 요인에 의해 수가 급격히 감소하기 쉽고, 환경 적응력도 약해지며 서식지가 고립되어 다른 곳으로 이동하기 어렵다. → 서식지가 단편화되면 개체군의 규모가 작아지고 종 다양성이 감소하여 생태계의 안정성이 낮아지기 때문이다.

3. 외래종(외래 생물)의 도입

① 인간의 활동에 의해 다른 서식지로 유입된 외래종이 고유종의 생존을 위협한다.

② 인간이 매개자로 작용하여 자생하던 곳에서 다른 곳으로 외래종을 이동시킨다. → 포식과 경쟁을 통해 외래종이 고유종을 제거한다.

③ 대부분의 외래종들은 새로운 곳에서 생존하는 데 실패하지만 새로운 환경에서 번성하는 데 성공한 소수의 종들은 고유의 경쟁자, 포식자, 기생자로부터 벗어난 상태라는 것을 의미하므로 고유종보다 번식력이 강하며, 고유종의 개체 수 증가를 억제한다.

4. 불법 포획과 남획 *암기

① 야생 동물의 밀렵, 희귀식물의 채취 등 불법 포획과 인위적이거나 상업적인 목적을 위해 특정 종을 과도하게 사냥하거나 포획하는 남획은 먹이 그물에 큰 변화를 일으켜 생물 다양성을 위협한다.

② 야생의 동식물이 다시 원래의 개체군으로 되돌아갈 수 있는 능력 이상으로 포획한 결과 생물 종 다양성이 감소하게 되었다.

5. 환경 오염

① 인간의 활동으로 인한 쓰레기와 폐수의 증가, 화학 비료와 농약의 지나친 사용 등이 환경 오염의 주원인이다.

② 환경 오염은 생물 다양성을 위협할 뿐만 아니라 인류의 건강과 생존에도 영향을 미친다.

필수개념 2 생태계 보존 방법

서식지 보전	서식지를 보전하는 것이 생물 다양성을 보호하는 가장 바람직한 방법이다.
단편화된 서식지 연결	도로나 철도 등에 의해 단편화된 서식지에 생태 통로를 설치하면 생물 다양성 보전에 도움이 될 수 있다.
보호 구역 지정	법적으로 보장된 생물의 보존과 보호를 위한 보호 구역의 지정으로 생물 다양성이 유지될 수 있다.
국제 협약 제정	생물 다양성 보존은 각종 협약을 통해 보장될 수 있다.

기본자료

▶ 원래 서식지와 서식지 단편화가 진행된 이후의 서식지 면적 비교 *암기

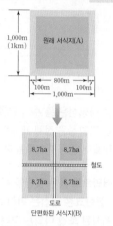

• 원래 서식지(A)의 면적 : 800m × 800m =64ha

• 단편화된 서식지(B)의 면적 : 8.7ha × 4 =34.8ha

→ 철도나 도로에 의해 서식지가 단편화되었을 때 실제로 감소하는 면적이 적다고 하더라도, 가장자리의 길이와 면적이 늘어나므로 깊은 숲 속에서 살아야 하는 생물의 경우 서식지가 절반 가까이 줄어들게 된다.

▶ 생물 다양성 위협의 결과

• 종 수의 감소 → 유전적 다양성 손실 → 전체 생태계 파괴

• 멸종의 과정 : 개체군의 크기가 작아지면 유전적 변이가 줄어들어 환경 변화에 의해 더욱 작은 개체군으로 변화하게 되며, 개체군의 크기 감소는 멸종으로 이어질 수 있다.

1

다음은 생물 다양성에 대한 학생 A~C의 대화 내용이다.

한 생태계에 있는 생물종의 다양한 정도를 생태계 다양성이라고 해.

불법 포획과 남획은 생물 다양성 감소의 원인이야.

국립공원 지정은 생물 다양성을 보전하기 위한 방안이야.

학생 A   학생 B   학생 C

제시한 내용이 옳은 학생만을 있는 대로 고른 것은?

① A   ② C   ③ A, B   ④ B, C   ⑤ A, B, C

DAY
28
V
2
ㅣ
02.
생물 다양성의 보전

2022학년도 대학수학능력시험 6월 모의평가 문제지

과학탐구 영역 (생명과학 I)

성명 [   ]　　수험번호 [   ] - [   ]

---

1. 표는 생물의 특성의 예를 나타낸 것이다. (가)와 (나)는 생식과 유전, 항상성을 순서 없이 나타낸 것이다.

생물의 특성	예
(가)	혈중 포도당 농도가 증가하면 ⓐ인슐린의 분비가 촉진된다.
(나)	짚신벌레는 분열법으로 번식한다.
적응과 진화	고산 지대에 사는 사람은 낮은 지대에 사는 사람보다 적혈구 수가 많다.

이에 대한 설명으로 옳은 것만을 〈보기〉에서 있는 대로 고른 것은?

―〈보 기〉―
ㄱ. ⓐ는 이자의 β세포에서 분비된다.
ㄴ. (나)는 생식과 유전이다.
ㄷ. '더운 지역에 사는 사막여우는 열 방출에 효과적인 큰 귀를 갖는다.'는 적응과 진화의 예에 해당한다.

① ㄱ　② ㄴ　③ ㄱ, ㄷ　④ ㄴ, ㄷ　⑤ ㄱ, ㄴ, ㄷ

---

2. 표는 영양소 (가), (나), 지방이 세포 호흡에 사용된 결과 생성되는 노폐물을 나타낸 것이다. (가)와 (나)는 단백질과 탄수화물을 순서 없이 나타낸 것이다.

영양소	노폐물
(가)	물, 이산화 탄소
(나)	물, 이산화 탄소, ⓐ암모니아
지방	?

이에 대한 설명으로 옳은 것만을 〈보기〉에서 있는 대로 고른 것은?

[3점]

―〈보 기〉―
ㄱ. (가)는 탄수화물이다.
ㄴ. 간에서 ⓐ가 요소로 전환된다.
ㄷ. 지방의 노폐물에는 이산화 탄소가 있다.

① ㄱ　② ㄴ　③ ㄱ, ㄷ　④ ㄴ, ㄷ　⑤ ㄱ, ㄴ, ㄷ

---

3. 그림 (가)는 동물 A($2n=4$) 체세포의 세포 주기를, (나)는 A의 체세포 분열 과정 중 어느 한 시기에 관찰되는 세포를 나타낸 것이다. ㉠~㉢은 각각 G_2기, M기(분열기), S기 중 하나이다.

(가)　(나)

이에 대한 설명으로 옳은 것만을 〈보기〉에서 있는 대로 고른 것은?

―〈보 기〉―
ㄱ. ㉠ 시기에 DNA 복제가 일어난다.
ㄴ. ⓐ에 동원체가 있다.
ㄷ. (나)는 ㉢ 시기에 관찰되는 세포이다.

① ㄱ　② ㄴ　③ ㄷ　④ ㄱ, ㄷ　⑤ ㄴ, ㄷ

---

4. 그림은 사람 I~III의 에너지 소비량과 에너지 섭취량을, 표는 I~III의 에너지 소비량과 에너지 섭취량이 그림과 같이 일정 기간 동안 지속되었을 때 I~III의 체중 변화를 나타낸 것이다. ㉠과 ㉡은 에너지 소비량과 에너지 섭취량을 순서 없이 나타낸 것이다.

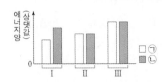

사람	체중 변화
I	증가함
II	변화 없음
III	변화 없음

이에 대한 설명으로 옳은 것만을 〈보기〉에서 있는 대로 고른 것은?

―〈보 기〉―
ㄱ. ㉠은 에너지 섭취량이다.
ㄴ. III은 에너지 소비량과 에너지 섭취량이 균형을 이루고 있다.
ㄷ. 에너지 섭취량이 에너지 소비량보다 적은 상태가 지속되면 체중이 증가한다.

① ㄱ　② ㄴ　③ ㄷ　④ ㄱ, ㄷ　⑤ ㄴ, ㄷ

---

5. 표 (가)는 병원체의 3가지 특징을, (나)는 (가)의 특징 중 사람의 질병 A~C의 병원체가 갖는 특징의 개수를 나타낸 것이다. A~C는 독감, 무좀, 말라리아를 순서 없이 나타낸 것이다.

특징
• 독립적으로 물질대사를 한다.
• ㉠단백질을 갖는다.
• 곰팡이에 속한다.

(가)

질병	병원체가 갖는 특징의 개수
A	3
B	?
C	2

(나)

이에 대한 설명으로 옳은 것만을 〈보기〉에서 있는 대로 고른 것은?

―〈보 기〉―
ㄱ. A는 무좀이다.
ㄴ. B의 병원체는 특징 ㉠을 갖는다.
ㄷ. C는 모기를 매개로 전염된다.

① ㄱ　② ㄴ　③ ㄱ, ㄷ　④ ㄴ, ㄷ　⑤ ㄱ, ㄴ, ㄷ

---

6. 다음은 생태계에서 물질의 순환에 대한 학생 A~C의 발표 내용이다.

생태계에서 질소는 순환하지 않습니다.　탈질산화 작용에 세균이 관여합니다.　식물의 광합성에 이산화 탄소가 이용됩니다.

학생 A　　학생 B　　학생 C

제시한 내용이 옳은 학생만을 있는 대로 고른 것은?

① A　② C　③ A, B　④ B, C　⑤ A, B, C

---

7. 그림 (가)는 심장 박동을 조절하는 자율 신경 A와 B 중 A를 자극했을 때 심장 세포에서 활동 전위가 발생하는 빈도의 변화를, (나)는 물질 ㉠의 주사량에 따른 심장 박동 수를 나타낸 것이다. ㉠은 심장 세포에서의 활동 전위 발생 빈도를 변화시키는 물질이며, A와 B는 교감 신경과 부교감 신경을 순서 없이 나타낸 것이다.

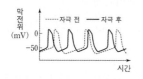 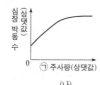

(가)　　　　　　　(나)

이에 대한 설명으로 옳은 것만을 〈보기〉에서 있는 대로 고른 것은? [3점]

──〈보 기〉──
ㄱ. A의 신경절 이후 뉴런의 축삭 돌기 말단에서 분비되는 신경 전달 물질은 아세틸콜린이다.
ㄴ. ㉠이 작용하면 심장 세포에서의 활동 전위 발생 빈도가 감소한다.
ㄷ. A와 B는 심장 박동 조절에 길항적으로 작용한다.

① ㄱ　② ㄴ　③ ㄷ　④ ㄱ, ㄷ　⑤ ㄴ, ㄷ

8. 그림은 골격근 수축 과정의 두 시점 (가)와 (나)일 때 관찰된 근육 원섬유를, 표는 (가)와 (나)일 때 ㉠의 길이와 ㉡의 길이를 나타낸 것이다. ⓐ와 ⓑ는 근육 원섬유에서 각각 어둡게 보이는 부분(암대)과 밝게 보이는 부분(명대)이고, ㉠과 ㉡은 ⓐ와 ⓑ를 순서 없이 나타낸 것이다.

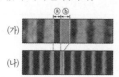

시점	㉠의 길이	㉡의 길이
(가)	1.6μm	1.8μm
(나)	1.6μm	0.6μm

이에 대한 설명으로 옳은 것만을 〈보기〉에서 있는 대로 고른 것은?

──〈보 기〉──
ㄱ. (가)일 때 ⓑ에 Z선이 있다.
ㄴ. (나)일 때 ㉠에 액틴 필라멘트가 있다.
ㄷ. (가)에서 (나)로 될 때 ATP에 저장된 에너지가 사용된다.

① ㄱ　② ㄴ　③ ㄱ, ㄷ　④ ㄴ, ㄷ　⑤ ㄱ, ㄴ, ㄷ

9. 그림은 정상인의 혈중 항이뇨 호르몬(ADH) 농도에 따른 ㉠을 나타낸 것이다. ㉠은 오줌 삼투압과 단위 시간당 오줌 생성량 중 하나이다.
이에 대한 설명으로 옳은 것만을 〈보기〉에서 있는 대로 고른 것은? (단, 제시된 자료 이외에 체내 수분량에 영향을 미치는 요인은 없다.)

──〈보 기〉──
ㄱ. ADH는 뇌하수체 후엽에서 분비된다.
ㄴ. ㉠은 단위 시간당 오줌 생성량이다.
ㄷ. 콩팥에서의 단위 시간당 수분 재흡수량은 C_1일 때가 C_2일 때보다 많다.

① ㄱ　② ㄴ　③ ㄷ　④ ㄱ, ㄴ　⑤ ㄱ, ㄷ

10. 다음은 항원 X에 대한 생쥐의 방어 작용 실험이다.

[실험 과정 및 결과]
(가) 유전적으로 동일하고 X에 노출된 적이 없는 생쥐 A~D를 준비한다.

생쥐	특이적 방어 작용
A	○
B	ⓐ

(○: 일어남, ×: 일어나지 않음)

(나) A와 B에 X를 각각 2회에 걸쳐 주사한 후, A와 B에서 특이적 방어 작용이 일어났는지 확인한다.
(다) 일정 시간이 지난 후, (나)의 A에서 ㉠을 분리하여 C에, (나)의 B에서 ㉡을 분리하여 D에 주사한다. ㉠과 ㉡은 혈장과 기억 세포를 순서 없이 나타낸 것이다.
(라) 일정 시간이 지난 후, C와 D에 X를 각각 주사한다. C와 D에서 X에 대한 혈중 항체 농도 변화는 그림과 같다.

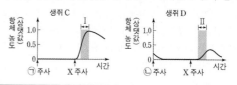

이에 대한 설명으로 옳은 것만을 〈보기〉에서 있는 대로 고른 것은? [3점]

──〈보 기〉──
ㄱ. ⓐ는 '○'이다.
ㄴ. 구간 Ⅰ에서 X에 대한 항체가 형질 세포로부터 생성되었다.
ㄷ. 구간 Ⅱ에서 X에 대한 1차 면역 반응이 일어났다.

① ㄱ　② ㄷ　③ ㄱ, ㄴ　④ ㄴ, ㄷ　⑤ ㄱ, ㄴ, ㄷ

11. 다음은 민말이집 신경 A의 흥분 전도에 대한 자료이다.

○ 그림은 A의 지점 d_1로부터 네 지점 d_2~d_5까지의 거리를, 표는 d_1과 d_5 중 한 지점에 역치 이상의 자극을 1회 주고 경과된 시간이 4ms, 5ms, 6ms일 때 Ⅰ과 Ⅱ에서의 막전위를 나타낸 것이다. Ⅰ과 Ⅱ는 각각 d_2와 d_4 중 하나이다.

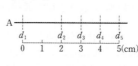

시간	막전위(mV) Ⅰ	막전위(mV) Ⅱ
4ms	?	+30
5ms	−60	ⓐ
6ms	+30	−70

○ A에서 활동 전위가 발생하였을 때, 각 지점에서의 막전위 변화는 그림과 같다.

이에 대한 설명으로 옳은 것만을 〈보기〉에서 있는 대로 고른 것은? (단, A에서 흥분의 전도는 1회 일어났고, 휴지 전위는 −70mV이다.) [3점]

──〈보 기〉──
ㄱ. A의 흥분 전도 속도는 2cm/ms이다.
ㄴ. ⓐ는 −80이다.
ㄷ. 4ms일 때 d_3에서 탈분극이 일어나고 있다.

① ㄱ　② ㄴ　③ ㄱ, ㄷ　④ ㄴ, ㄷ　⑤ ㄱ, ㄴ, ㄷ

12. 그림은 어떤 동물의 체온 조절 중추에 ㉠ 자극과 ㉡ 자극을 주었을 때 시간에 따른 체온을 나타낸 것이다. ㉠과 ㉡은 고온과 저온을 순서 없이 나타낸 것이다.

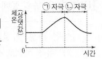

이에 대한 설명으로 옳은 것만을 〈보기〉에서 있는 대로 고른 것은? [3점]

─── 〈보 기〉 ───

ㄱ. ㉠은 고온이다.

ㄴ. 사람의 체온 조절 중추에 ㉡ 자극을 주면 피부 근처 혈관이 수축된다.

ㄷ. 사람의 체온 조절 중추는 시상 하부이다.

① ㄱ ② ㄴ ③ ㄷ ④ ㄱ, ㄴ ⑤ ㄱ, ㄷ

13. 그림 (가)는 어떤 지역에서 일정 기간 동안 조사한 종 A~C의 단위 면적당 생물량(생체량) 변화를, (나)는 A~C 사이의 먹이 사슬을 나타낸 것이다. A~C는 생산자, 1차 소비자, 2차 소비자를 순서 없이 나타낸 것이다.

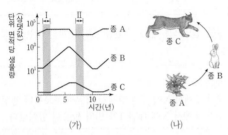

(가) (나)

이 자료에 대한 설명으로 옳은 것만을 〈보기〉에서 있는 대로 고른 것은?

─── 〈보 기〉 ───

ㄱ. Ⅰ 시기 동안 $\dfrac{\text{B의 생물량}}{\text{C의 생물량}}$ 은 증가했다.

ㄴ. C는 1차 소비자이다.

ㄷ. Ⅱ 시기에 A와 B 사이에 경쟁 배타가 일어났다.

① ㄱ ② ㄷ ③ ㄱ, ㄴ ④ ㄴ, ㄷ ⑤ ㄱ, ㄴ, ㄷ

14. 다음은 사람의 유전 형질 (가)에 대한 자료이다.

○ (가)는 서로 다른 2개의 상염색체에 있는 3쌍의 대립유전자 A와 a, B와 b, D와 d에 의해 결정되며, A, a, B, b는 7번 염색체에 있다.

○ (가)의 표현형은 유전자형에서 대문자로 표시되는 대립유전자의 수에 의해서만 결정되며, 이 대립유전자의 수가 다르면 표현형이 다르다.

○ (가)의 표현형이 서로 같은 P와 Q 사이에서 ⓐ가 태어날 때, ⓐ에게서 나타날 수 있는 표현형은 최대 5가지이고, ⓐ의 표현형이 부모와 같을 확률은 $\dfrac{3}{8}$이며, ⓐ의 유전자형이 AABbDD일 확률은 $\dfrac{1}{8}$이다.

ⓐ가 유전자형이 AaBbDd인 사람과 동일한 표현형을 가질 확률은? (단, 돌연변이와 교차는 고려하지 않는다.)

① $\dfrac{1}{8}$ ② $\dfrac{1}{4}$ ③ $\dfrac{3}{8}$ ④ $\dfrac{1}{2}$ ⑤ $\dfrac{5}{8}$

15. 다음은 어떤 가족의 유전 형질 (가)에 대한 자료이다.

○ (가)를 결정하는 데 관여하는 3개의 유전자는 모두 상염색체에 있으며, 3개의 유전자는 각각 대립유전자 H와 H*, R와 R*, T와 T*를 갖는다.

○ 그림은 아버지와 어머니의 체세포 각각에 들어 있는 일부 염색체와 유전자를 나타낸 것이다. 아버지와 어머니의 핵형은 모두 정상이다.

○ 아버지의 생식세포 형성 과정에서 ㉠이 1회 일어나 형성된 정자 P와 어머니의 생식세포 형성 과정에서 ㉡이 1회 일어나 형성된 난자 Q가 수정되어 자녀 ⓐ가 태어났다. ㉠과 ㉡은 염색체 비분리와 염색체 결실을 순서 없이 나타낸 것이다.

○ 그림은 ⓐ의 체세포 1개당 H*, R, T, T*의 DNA 상대량을 나타낸 것이다.

이에 대한 설명으로 옳은 것만을 〈보기〉에서 있는 대로 고른 것은? (단, 제시된 돌연변이 이외의 돌연변이와 교차는 고려하지 않으며, H, H*, R, R*, T, T* 각각의 1개당 DNA 상대량은 1이다.) [3점]

─── 〈보 기〉 ───

ㄱ. 난자 Q에는 H가 있다.

ㄴ. 생식세포 형성 과정에서 염색체 비분리는 감수 2분열에서 일어났다.

ㄷ. ⓐ의 체세포 1개당 상염색체 수는 43이다.

① ㄱ ② ㄴ ③ ㄷ ④ ㄱ, ㄴ ⑤ ㄱ, ㄷ

16. 다음은 사람 P의 세포 (가)~(다)에 대한 자료이다.

○ 유전 형질 ⓐ는 2쌍의 대립유전자 H와 h, T와 t에 의해 결정되며, ⓐ의 유전자는 서로 다른 2개의 염색체에 있다.

○ (가)~(다)는 생식세포 형성 과정에서 나타나는 중기의 세포이다. (가)~(다) 중 2개는 G_1기 세포 Ⅰ로부터 형성되었고, 나머지 1개는 G_1기 세포 Ⅱ로부터 형성되었다.

○ 표는 (가)~(다)에서 대립유전자 ㉠~㉣의 유무를 나타낸 것이다. ㉠~㉣은 H, h, T, t를 순서 없이 나타낸 것이다.

대립유전자	세포		
	(가)	(나)	(다)
㉠	×	×	○
㉡	○	○	×
㉢	×	×	×
㉣	×	○	○

(○: 있음, ×: 없음)

이에 대한 설명으로 옳은 것만을 〈보기〉에서 있는 대로 고른 것은? (단, 돌연변이와 교차는 고려하지 않는다.) [3점]

─── 〈보 기〉 ───

ㄱ. P에게서 ㉠과 ㉢을 모두 갖는 생식세포가 형성될 수 있다.

ㄴ. (가)와 (다)의 핵상은 같다.

ㄷ. Ⅰ로부터 (나)가 형성되었다.

① ㄱ ② ㄴ ③ ㄷ ④ ㄱ, ㄷ ⑤ ㄴ, ㄷ

17. 다음은 어떤 집안의 유전 형질 (가)~(다)에 대한 자료이다.

○ (가)는 대립유전자 A와 a에 의해, (나)는 대립유전자 B와 b에 의해, (다)는 대립유전자 D와 d에 의해 결정된다. A는 a에 대해, B는 b에 대해, D는 d에 대해 각각 완전 우성이다.

○ (가)~(다)의 유전자 중 2개는 X 염색체에, 나머지 1개는 상염색체에 있다.

○ 가계도는 구성원 ⓐ를 제외한 구성원 1~7에게서 (가)~(다) 중 (가)와 (나)의 발현 여부를 나타낸 것이다.

（가계도）
□ 정상 남자
○ 정상 여자
▨ (가) 발현 남자
◪ (가) 발현 여자
⊞ (나) 발현 여자
▨ (가), (나) 발현 남자

○ 표는 ⓐ와 1~3에서 체세포 1개당 대립유전자 ㉠~㉢의 DNA 상대량을 나타낸 것이다. ㉠~㉢은 A, B, d를 순서 없이 나타낸 것이다.

구성원	1	2	ⓐ	3
DNA 상대량 ㉠	0	1	0	1
㉡	0	1	1	0
㉢	1	1	0	2

○ 3, 6, 7 중 (다)가 발현된 사람은 1명이고, 4와 7의 (다)의 표현형은 서로 같다.

이에 대한 설명으로 옳은 것만을 <보기>에서 있는 대로 고른 것은? (단, 돌연변이와 교차는 고려하지 않으며, A, a, B, b, D, d 각각의 1개당 DNA 상대량은 1이다.) [3점]

— <보 기> —
ㄱ. ㉠은 B이다.
ㄴ. 7의 (가)~(다)의 유전자형은 모두 이형 접합성이다.
ㄷ. 5와 6 사이에서 아이가 태어날 때, 이 아이에게서 (가)~(다) 중 한 가지 형질만 발현될 확률은 $\frac{1}{2}$이다.

① ㄱ   ② ㄴ   ③ ㄷ   ④ ㄱ, ㄷ   ⑤ ㄴ, ㄷ

18. 다음은 어떤 지역의 식물 군집에서 우점종을 알아보기 위한 탐구이다.

(가) 이 지역에 방형구를 설치하여 식물 종 A~E의 분포를 조사했다.
(나) 표는 조사한 자료를 바탕으로 각 식물 종의 상대 밀도, 상대 빈도, 상대 피도를 구한 결과를 나타낸 것이다.

종	상대 밀도(%)	상대 빈도(%)	상대 피도(%)
A	30	20	20
B	5	24	26
C	25	25	10
D	10	26	24
E	30	5	20

(다) 이 지역의 우점종이 A임을 확인했다.

이 자료에 대한 설명으로 옳은 것만을 <보기>에서 있는 대로 고른 것은? (단, A~E 이외의 종은 고려하지 않는다.) [3점]

— <보 기> —
ㄱ. 중요치(중요도)가 가장 큰 종은 A이다.
ㄴ. 지표를 덮고 있는 면적이 가장 큰 종은 B이다.
ㄷ. E가 출현한 방형구의 수는 D가 출현한 방형구의 수보다 많다.

① ㄱ   ② ㄴ   ③ ㄷ   ④ ㄱ, ㄴ   ⑤ ㄱ, ㄷ

19. 어떤 동물 종(2n=4)의 유전 형질 ㉮는 2쌍의 대립유전자 A와 a, B와 b에 의해 결정된다. 그림은 이 동물 종의 개체 I의 세포 (가)와 개체 II의 세포 (나) 각각에 들어 있는 모든 염색체를, 표는 (가)와 (나)에서 대립유전자 ㉠, ㉡, ㉢, ㉣ 중 2개의 DNA 상대량을 더한 값을 나타낸 것이다. ㉠~㉣은 A, a, B, b를 순서 없이 나타낸 것이고, I과 II의 ㉮의 유전자형은 각각 AaBb와 Aabb 중 하나이다.

(가)   (나)

세포	DNA 상대량을 더한 값			
	㉠+㉡	㉠+㉢	㉡+㉢	㉢+㉣
(가)	6	ⓐ	6	?
(나)	?	1	ⓑ	2

이에 대한 설명으로 옳은 것만을 <보기>에서 있는 대로 고른 것은? (단, 돌연변이는 고려하지 않으며, A, a, B, b 각각의 1개당 DNA 상대량은 1이다.)

— <보 기> —
ㄱ. I의 유전자형은 AaBb 이다.
ㄴ. ⓐ+ⓑ=5 이다.
ㄷ. (나)에 b가 있다.

① ㄱ   ② ㄴ   ③ ㄱ, ㄷ   ④ ㄴ, ㄷ   ⑤ ㄱ, ㄴ, ㄷ

20. 다음은 초식 동물 종 A와 식물 종 P의 상호 작용에 대해 어떤 과학자가 수행한 탐구이다.

(가) P가 사는 지역에 A가 유입된 후 P의 가시의 수가 많아진 것을 관찰하고, A가 P를 뜯어 먹으면 P의 가시의 수가 많아질 것이라고 생각했다.

（그림: 가시）

(나) 같은 지역에 서식하는 P를 집단 ㉠과 ㉡으로 나눈 후, ㉠에만 A의 접근을 차단하여 P를 뜯어 먹지 못하도록 했다.
(다) 일정 시간이 지난 후, P의 가시의 수는 I에서가 II에서보다 많았다. I과 II는 ㉠과 ㉡을 순서 없이 나타낸 것이다.
(라) A가 P를 뜯어 먹으면 P의 가시의 수가 많아진다는 결론을 내렸다.

이 자료에 대한 설명으로 옳은 것만을 <보기>에서 있는 대로 고른 것은? [3점]

— <보 기> —
ㄱ. II는 ㉠이다.
ㄴ. 연역적 탐구 방법이 이용되었다.
ㄷ. 조작 변인은 P의 가시의 수이다.

① ㄱ   ② ㄷ   ③ ㄱ, ㄴ   ④ ㄴ, ㄷ   ⑤ ㄱ, ㄴ, ㄷ

※ 확인 사항
○ 답안지의 해당란에 필요한 내용을 정확히 기입(표기) 했는지 확인하시오.

2022학년도 대학수학능력시험 9월 모의평가 문제지

과학탐구 영역 (생명과학 I)

성명 [　　　　]　　수험번호 [　　　] - [　　　　]

---

1. 그림 (가)와 (나)는 결핵의 병원체와
후천성 면역 결핍증(AIDS)의 병원체를
순서 없이 나타낸 것이다. (나)는 세포
구조로 되어 있다.

(가)　　　(나)

이에 대한 설명으로 옳은 것만을 〈보기〉에서 있는 대로 고른 것은?

─── 〈보 기〉 ───
ㄱ. (가)는 결핵의 병원체이다.
ㄴ. (나)는 원생생물이다.
ㄷ. (가)와 (나)는 모두 단백질을 갖는다.

① ㄱ　　② ㄷ　　③ ㄱ, ㄴ　　④ ㄴ, ㄷ　　⑤ ㄱ, ㄴ, ㄷ

---

2. 그림은 무릎 반사가 일어날 때 흥분 전달
경로를 나타낸 것이다. A와 B는 감각
뉴런과 운동 뉴런을 순서 없이 나타낸
것이다.
이에 대한 설명으로 옳은 것만을 〈보기〉에서 있는 대로 고른 것은?

─── 〈보 기〉 ───
ㄱ. A는 감각 뉴런이다.
ㄴ. B는 자율 신경계에 속한다.
ㄷ. 이 반사의 중추는 뇌줄기를 구성한다.

① ㄱ　　② ㄴ　　③ ㄱ, ㄴ　　④ ㄱ, ㄷ　　⑤ ㄴ, ㄷ

---

3. 다음은 어떤 과학자가 수행한 탐구이다.

(가) 초파리는 짝짓기 상대로 서로 다른 종류의 먹이를 먹고
자란 개체보다 같은 먹이를 먹고 자란 개체를 선호할 것
이라고 생각했다.
(나) 초파리를 두 집단 A와 B로 나눈 후 A는 먹이 ⓐ를, B
는 먹이 ⓑ를 주고 배양했다. ⓐ와 ⓑ는 서로 다른 종류
의 먹이이다.
(다) 여러 세대를 배양한 후, ⊙같은 먹이를 먹고 자란 초파리
사이에서의 짝짓기 빈도와 ⓛ서로 다른 종류의 먹이를 먹
고 자란 초파리 사이에서의 짝짓기 빈도를 관찰했다.
(라) (다)의 결과, I이 II보다 높게 나타났다. I과 II는 ⊙
과 ⓛ을 순서 없이 나타낸 것이다.
(마) 초파리는 짝짓기 상대로 서로 다른 종류의 먹이를 먹고
자란 개체보다 같은 먹이를 먹고 자란 개체를 선호한다
는 결론을 내렸다.

이 자료에 대한 설명으로 옳은 것만을 〈보기〉에서 있는 대로 고른
것은? [3점]

─── 〈보 기〉 ───
ㄱ. 연역적 탐구 방법이 이용되었다.
ㄴ. 조작 변인은 짝짓기 빈도이다.
ㄷ. I은 ⓛ이다.

① ㄱ　　② ㄴ　　③ ㄷ　　④ ㄴ, ㄷ　　⑤ ㄱ, ㄷ

---

4. 표는 사람 몸을 구성하는
기관계의 특징을 나타낸
것이다. A~C는 배설계,
소화계, 신경계를 순서
없이 나타낸 것이다.

기관계	특징
A	오줌을 통해 노폐물을 몸 밖으로 내보낸다.
B	대뇌, 소뇌, 연수가 속한다.
C	⊙

이에 대한 설명으로 옳은 것만을 〈보기〉에서 있는 대로 고른 것
은? [3점]

─── 〈보 기〉 ───
ㄱ. A는 배설계이다.
ㄴ. '음식물을 분해하여 영양소를 흡수한다.'는 ⊙에 해당한다.
ㄷ. C에는 B의 조절을 받는 기관이 있다.

① ㄱ　　② ㄷ　　③ ㄱ, ㄴ　　④ ㄴ, ㄷ　　⑤ ㄱ, ㄴ, ㄷ

---

5. 그림 (가)는 정상인이 탄수화물을 섭취한 후 시간에 따른 혈중
호르몬 ⊙과 ⓛ의 농도를, (나)는 간에서 ⓛ에 의해 촉진되는 물질
A에서 B로의 전환을 나타낸 것이다. ⊙과 ⓛ은 인슐린과 글루카
곤을 순서 없이 나타낸 것이고, A와 B는 포도당과 글리코젠을 순
서 없이 나타낸 것이다.

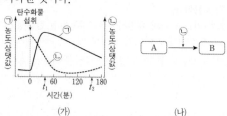

(가)　　　　　　　　(나)

이에 대한 설명으로 옳은 것만을 〈보기〉에서 있는 대로 고른 것
은? [3점]

─── 〈보 기〉 ───
ㄱ. B는 글리코젠이다.
ㄴ. 혈중 포도당 농도는 t_1일 때가 t_2일 때보다 낮다.
ㄷ. ⊙과 ⓛ은 혈중 포도당 농도 조절에 길항적으로 작용한다.

① ㄱ　　② ㄷ　　③ ㄱ, ㄴ　　④ ㄱ, ㄷ　　⑤ ㄴ, ㄷ

---

6. 다음은 생태계의 구성 요소에 대한 학생 A~C의 발표 내용이
다.

제시한 내용이 옳은 학생만을 있는 대로 고른 것은?

① A　　② C　　③ A, B　　④ B, C　　⑤ A, B, C

7. 그림 (가)는 사람에서 녹말(다당류)이 포도당으로 되는 과정을, (나)는 미토콘드리아에서 일어나는 세포 호흡을 나타낸 것이다.

이에 대한 설명으로 옳은 것만을 〈보기〉에서 있는 대로 고른 것은? [3점]

───〈보 기〉───
ㄱ. (가)에서 이화 작용이 일어난다.
ㄴ. (나)에서 생성된 노폐물에는 CO_2가 있다.
ㄷ. (가)와 (나)에서 모두 효소가 이용된다.

① ㄱ   ② ㄷ   ③ ㄱ, ㄴ   ④ ㄴ, ㄷ   ⑤ ㄱ, ㄴ, ㄷ

8. 표는 사람 몸에서 분비되는 호르몬 ㉠과 ㉡의 기능을 나타낸 것이다. ㉠과 ㉡은 항이뇨 호르몬(ADH)과 갑상샘 자극 호르몬(TSH)을 순서 없이 나타낸 것이다.

호르몬	기능
㉠	콩팥에서 물의 재흡수를 촉진한다.
㉡	갑상샘에서 티록신의 분비를 촉진한다.

이에 대한 설명으로 옳은 것만을 〈보기〉에서 있는 대로 고른 것은?

───〈보 기〉───
ㄱ. ㉠은 혈액을 통해 콩팥으로 이동한다.
ㄴ. 뇌하수체에서는 ㉠과 ㉡이 모두 분비된다.
ㄷ. 혈중 티록신 농도가 증가하면 ㉡의 분비가 촉진된다.

① ㄱ   ② ㄷ   ③ ㄱ, ㄴ   ④ ㄴ, ㄷ   ⑤ ㄱ, ㄴ, ㄷ

9. 다음은 골격근의 수축 과정에 대한 자료이다.

○ 그림은 근육 원섬유 마디 X의 구조를 나타낸 것이다. X는 M선을 기준으로 좌우 대칭이다.

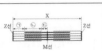

○ 구간 ㉠은 액틴 필라멘트만 있는 부분이고, ㉡은 액틴 필라멘트와 마이오신 필라멘트가 겹치는 부분이며, ㉢은 마이오신 필라멘트만 있는 부분이다.
○ 골격근 수축 과정의 시점 t_1일 때 ⓐ의 길이는 시점 t_2일 때 ⓑ의 길이와 ⓒ의 길이를 더한 값과 같다. ⓐ와 ⓑ는 ㉠과 ㉡을 순서 없이 나타낸 것이다.
○ ⓐ의 길이와 ⓑ의 길이를 더한 값은 $1.0\mu m$이다.
○ t_1일 때 ⓑ의 길이는 $0.2\mu m$이고, t_2일 때 ⓐ의 길이는 $0.7\mu m$이다. X의 길이는 t_1과 t_2 중 한 시점일 때 $3.0\mu m$이고, 나머지 한 시점일 때 $3.0\mu m$보다 길다.

이에 대한 설명으로 옳은 것만을 〈보기〉에서 있는 대로 고른 것은?

───〈보 기〉───
ㄱ. ⓐ는 ㉠이다.
ㄴ. t_1일 때 H대의 길이는 $1.2\mu m$이다.
ㄷ. X의 길이는 t_1일 때가 t_2일 때보다 짧다.

① ㄱ   ② ㄴ   ③ ㄷ   ④ ㄱ, ㄴ   ⑤ ㄴ, ㄷ

10. 사람의 유전 형질 (가)는 상염색체에 있는 대립유전자 H와 h에 의해, (나)는 X 염색체에 있는 대립유전자 T와 t에 의해 결정된다. 표는 세포 I~IV가 갖는 H, h, T, t의 DNA 상대량을 나타낸 것이다. I~IV 중 2개는 남자 P의, 나머지 2개는 여자 Q의 세포이다. ㉠~㉢은 0, 1, 2를 순서 없이 나타낸 것이다.

세포	DNA 상대량			
	H	h	T	t
I	㉢	0	㉠	?
II	㉡	㉠	0	㉡
III	?	㉢	㉠	㉡
IV	4	0	2	㉠

이에 대한 설명으로 옳은 것만을 〈보기〉에서 있는 대로 고른 것은? (단, 돌연변이와 교차는 고려하지 않으며, H, h, T, t 각각의 1개당 DNA 상대량은 1이다.) [3점]

───〈보 기〉───
ㄱ. ㉡은 2이다.
ㄴ. II는 Q의 세포이다.
ㄷ. I이 갖는 t의 DNA 상대량과 III이 갖는 H의 DNA 상대량은 같다.

① ㄱ   ② ㄷ   ③ ㄱ, ㄴ   ④ ㄴ, ㄷ   ⑤ ㄱ, ㄴ, ㄷ

11. 다음은 어떤 섬에 서식하는 동물 종 A~C 사이의 상호 작용에 대한 자료이다.

○ A와 B는 같은 먹이를 먹고, C는 A와 B의 천적이다.
○ 그림은 I~IV시기에 서로 다른 영역 (가)와 (나) 각각에 서식하는 종의 분포 변화를 나타낸 것이다.

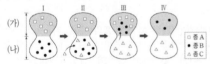

○ I시기에 ㉠A와 B는 서로 경쟁을 피하기 위해 A는 (가)에, B는 (나)에 서식하였다.
○ II시기에 C가 (나)로 유입되었고, C가 B를 포식하였다.
○ III시기에 B는 C를 피해 (가)로 이주하였다.
○ IV시기에 (가)에서 A와 B 사이의 경쟁의 결과로 A가 사라졌다.

이 자료에 대한 설명으로 옳은 것만을 〈보기〉에서 있는 대로 고른 것은? (단, 제시된 조건 이외는 고려하지 않는다.) [3점]

───〈보 기〉───
ㄱ. ㉠에서 A와 B 사이의 상호 작용은 분서에 해당한다.
ㄴ. II시기에 (나)에서 C는 B와 한 개체군을 이루었다.
ㄷ. IV시기에 (가)에서 A와 B 사이에 경쟁 배타가 일어났다.

① ㄱ   ② ㄴ   ③ ㄱ, ㄷ   ④ ㄴ, ㄷ   ⑤ ㄱ, ㄴ, ㄷ

과학탐구 영역 (생명과학Ⅰ)

12. 표는 어떤 사람의 세포 (가)~(다)에서 핵막 소실 여부와 DNA 상대량을 나타낸 것이다. (가)~(다)는 체세포의 세포 주기 중 M기(분열기)의 중기, G_1기, G_2기에 각각 관찰되는 세포를 순서 없이 나타낸 것이다. ㉠은 '소실됨'과 '소실 안 됨' 중 하나이다.

세포	핵막 소실 여부	DNA 상대량
(가)	㉠	1
(나)	소실됨	?
(다)	소실 안 됨	2

이에 대한 설명으로 옳은 것만을 〈보기〉에서 있는 대로 고른 것은? (단, 돌연변이는 고려하지 않는다.)

―――〈보 기〉―――
ㄱ. ㉠은 '소실 안 됨'이다.
ㄴ. (나)는 간기의 세포이다.
ㄷ. (다)에는 히스톤 단백질이 없다.

① ㄱ   ② ㄴ   ③ ㄷ   ④ ㄱ, ㄴ   ⑤ ㄱ, ㄷ

13. 그림은 사람의 시상 하부에 설정된 온도가 변화함에 따른 체온 변화를 나타낸 것이다. 시상 하부에 설정된 온도는 열 발산량(열 방출량)과 열 발생량(열 생산량)을 변화시켜 체온을 조절하는 데 기준이 되는 온도이다.

이에 대한 설명으로 옳은 것만을 〈보기〉에서 있는 대로 고른 것은?

―――〈보 기〉―――
ㄱ. 시상 하부에 설정된 온도가 체온보다 낮아지면 체온이 내려간다.
ㄴ. $\dfrac{열\ 발생량}{열\ 발산량}$은 구간 Ⅱ에서가 구간 Ⅰ에서보다 크다.
ㄷ. 피부 근처 혈관을 흐르는 단위 시간당 혈액량이 증가하면 열 발산량이 감소한다.

① ㄱ   ② ㄴ   ③ ㄷ   ④ ㄱ, ㄴ   ⑤ ㄴ, ㄷ

14. 그림은 동물($2n=6$) Ⅰ~Ⅲ의 세포 (가)~(라) 각각에 들어 있는 모든 염색체를 나타낸 것이다. Ⅰ~Ⅲ은 2가지 종으로 구분되고, (가)~(라) 중 2개는 암컷의, 나머지 2개는 수컷의 세포이다. Ⅰ~Ⅲ의 성염색체는 암컷이 XX, 수컷이 XY이다. 염색체 ⓐ와 ⓑ 중 하나는 상염색체이고, 나머지 하나는 성염색체이다. ⓐ와 ⓑ의 모양과 크기는 나타내지 않았다.

(가)   (나)   (다)   (라)

이에 대한 설명으로 옳은 것만을 〈보기〉에서 있는 대로 고른 것은? (단, 돌연변이는 고려하지 않는다.)

―――〈보 기〉―――
ㄱ. ⓑ는 X 염색체이다.
ㄴ. (나)는 암컷의 세포이다.
ㄷ. (가)를 갖는 개체와 (다)를 갖는 개체의 핵형은 같다.

① ㄱ   ② ㄴ   ③ ㄷ   ④ ㄱ, ㄴ   ⑤ ㄴ, ㄷ

15. 다음은 사람의 유전 형질 (가)와 (나)에 대한 자료이다.

> ○ (가)는 서로 다른 3개의 상염색체에 있는 3쌍의 대립유전자 A와 a, B와 b, D와 d에 의해 결정된다.
> ○ (가)의 표현형은 유전자형에서 대문자로 표시되는 대립유전자의 수에 의해서만 결정되며, 이 대립유전자의 수가 다르면 표현형이 다르다.
> ○ (나)는 대립유전자 E와 e에 의해 결정되며, 유전자형이 다르면 표현형이 다르다. (나)의 유전자는 (가)의 유전자와 서로 다른 상염색체에 있다.
> ○ P와 Q는 (가)의 표현형이 서로 같고, (나)의 표현형이 서로 다르다.
> ○ P와 Q 사이에서 ⓐ가 태어날 때, ⓐ의 표현형이 P와 같을 확률은 $\dfrac{3}{16}$이다.
> ○ ⓐ는 유전자형이 AABBDDEE인 사람과 같은 표현형을 가질 수 있다.

ⓐ에게서 나타날 수 있는 표현형의 최대 가짓수는? (단, 돌연변이는 고려하지 않는다.) [3점]

① 5   ② 6   ③ 7   ④ 10   ⑤ 14

16. 다음은 민말이집 신경 A와 B의 흥분 전도와 전달에 대한 자료이다.

> ○ 그림은 A와 B의 지점 d_1~d_4의 위치를 나타낸 것이다. B는 2개의 뉴런으로 구성되어 있고, ㉠~㉢ 중 한 곳에만 시냅스가 있다.
> ○ 표는 A와 B의 d_3에 역치 이상의 자극을 동시에 1회 주고 경과된 시간이 t_1일 때 d_1~d_4에서의 막전위를 나타낸 것이다. Ⅰ~Ⅳ는 d_1~d_4를 순서 없이 나타낸 것이다.

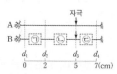

신경	t_1일 때 막전위(mV)			
	Ⅰ	Ⅱ	Ⅲ	Ⅳ
A	−80	0	?	0
B	0	−60	?	?

> ○ B를 구성하는 두 뉴런의 흥분 전도 속도는 1cm/ms로 같다.
> ○ A와 B 각각에서 활동 전위가 발생하였을 때, 각 지점에서의 막전위 변화는 그림과 같다.

이에 대한 설명으로 옳은 것만을 〈보기〉에서 있는 대로 고른 것은? (단, A와 B에서 흥분의 전도는 각각 1회 일어났고, 휴지 전위는 −70mV이다.) [3점]

―――〈보 기〉―――
ㄱ. t_1은 5ms이다.
ㄴ. 시냅스는 ㉢에 있다.
ㄷ. t_1일 때, A의 Ⅱ에서 탈분극이 일어나고 있다.

① ㄱ   ② ㄴ   ③ ㄱ, ㄷ   ④ ㄴ, ㄷ   ⑤ ㄱ, ㄴ, ㄷ

과학탐구 영역 (생명과학 Ⅰ)

17. 다음은 어떤 집안의 유전 형질 (가)와 (나)에 대한 자료이다.

○ (가)는 대립유전자 A와 a에 의해, (나)는 대립유전자 B와 b에 의해 결정된다. A는 a에 대해, B는 b에 대해 각각 완전 우성이다.
○ 가계도는 구성원 1~8에게서 (가)와 (나)의 발현 여부를 나타낸 것이다.

□ 정상 남자
○ 정상 여자
▨ (가) 발현 남자
◐ (나) 발현 여자
▧ (가), (나) 발현 남자
● (가), (나) 발현 여자

○ 표는 구성원 ㉠~㉢에서 체세포 1개당 A와 b의 DNA 상대량을 더한 값을 나타낸 것이다. ㉠~㉢은 1, 2, 5를 순서 없이 나타낸 것이고, ㉣~㉥은 3, 4, 8을 순서 없이 나타낸 것이다.

구성원	㉠	㉡	㉢	㉣	㉤	㉥
A와 b의 DNA 상대량을 더한 값	0	1	2	1	2	3

이에 대한 설명으로 옳은 것만을 〈보기〉에서 있는 대로 고른 것은? (단, 돌연변이와 교차는 고려하지 않으며, A, a, B, b 각각의 1개당 DNA 상대량은 1이다.) [3점]

〈보 기〉
ㄱ. (가)의 유전자는 상염색체에 있다.
ㄴ. 8은 ㉥이다.
ㄷ. 6과 7 사이에서 아이가 태어날 때, 이 아이의 (가)와 (나)의 표현형이 모두 ㉡과 같을 확률은 $\frac{1}{8}$이다.

① ㄱ ② ㄴ ③ ㄱ, ㄷ ④ ㄴ, ㄷ ⑤ ㄱ, ㄴ, ㄷ

18. 다음은 병원체 P에 대한 백신을 개발하기 위한 실험이다.

[실험 과정 및 결과]
(가) P로부터 두 종류의 백신 후보 물질 ㉠과 ㉡을 얻는다.
(나) P, ㉠, ㉡에 노출된 적이 없고, 유전적으로 동일한 생쥐 Ⅰ~Ⅴ를 준비한다.
(다) 표와 같이 주사액을 Ⅰ~Ⅳ에게 주사하고 일정 시간이 지난 후, 생쥐의 생존 여부를 확인한다.

생쥐	주사액 조성	생존 여부
Ⅰ	㉠	산다
Ⅱ, Ⅲ	㉡	산다
Ⅳ	P	죽는다

(라) (다)의 Ⅲ에서 ㉡에 대한 B 림프구가 분화한 기억 세포를 분리하여 Ⅴ에게 주사한다.
(마) (다)의 Ⅰ과 Ⅱ, (라)의 Ⅴ에게 각각 P를 주사하고 일정 시간이 지난 후, 생쥐의 생존 여부를 확인한다.

생쥐	생존 여부
Ⅰ	죽는다
Ⅱ	산다
Ⅴ	산다

이에 대한 설명으로 옳은 것만을 〈보기〉에서 있는 대로 고른 것은? (단, 제시된 조건 이외는 고려하지 않는다.) [3점]

〈보 기〉
ㄱ. P에 대한 백신으로 ㉠이 ㉡보다 적합하다.
ㄴ. (다)의 Ⅱ에서 ㉡에 대한 1차 면역 반응이 일어났다.
ㄷ. (마)의 Ⅴ에서 기억 세포로부터 형질 세포로의 분화가 일어났다.

① ㄱ ② ㄴ ③ ㄱ, ㄷ ④ ㄴ, ㄷ ⑤ ㄱ, ㄴ, ㄷ

19. 다음은 어떤 가족의 유전 형질 (가)~(다)에 대한 자료이다.

○ (가)는 대립유전자 H와 h에 의해, (나)는 대립유전자 R와 r에 의해, (다)는 대립유전자 T와 t에 의해 결정된다. H는 h에 대해, R는 r에 대해, T는 t에 대해 각각 완전 우성이다.
○ (가)~(다)의 유전자는 모두 X 염색체에 있다.
○ 표는 어머니를 제외한 나머지 가족 구성원의 성별과 (가)~(다)의 발현 여부를 나타낸 것이다. 자녀 3과 4의 성별은 서로 다르다.

구성원	성별	(가)	(나)	(다)
아버지	남	○	○	?
자녀 1	여	×	○	○
자녀 2	남	×	×	×
자녀 3	?	○	×	×
자녀 4	?	×	×	×

(○: 발현됨, ×: 발현 안 됨)

○ 이 가족 구성원의 핵형은 모두 정상이다.
○ 염색체 수가 22인 생식세포 ㉠과 염색체 수가 24인 생식세포 ㉡이 수정되어 ⓐ가 태어났으며, ⓐ는 자녀 3과 4 중 하나이다. ㉠과 ㉡의 형성 과정에서 각각 성염색체 비분리가 1회 일어났다.

이에 대한 설명으로 옳은 것만을 〈보기〉에서 있는 대로 고른 것은? (단, 제시된 염색체 비분리 이외의 돌연변이와 교차는 고려하지 않는다.)

〈보 기〉
ㄱ. ⓐ는 자녀 4이다.
ㄴ. ㉡은 감수 1분열에서 염색체 비분리가 일어나 형성된 난자이다.
ㄷ. (나)와 (다)는 모두 우성 형질이다.

① ㄱ ② ㄷ ③ ㄱ, ㄴ ④ ㄴ, ㄷ ⑤ ㄱ, ㄴ, ㄷ

20. 그림은 생존 곡선 Ⅰ형, Ⅱ형, Ⅲ형을, 표는 동물 종 ㉠의 특징을 나타낸 것이다. 특정 시기의 사망률은 그 시기 동안 사망한 개체 수를 그 시기가 시작된 시점의 총개체 수로 나눈 값이다.

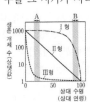

○ ㉠은 한 번에 많은 수의 자손을 낳으며, 초기 사망률이 후기 사망률보다 높다.
○ ㉠의 생존 곡선은 Ⅰ형, Ⅱ형, Ⅲ형 중 하나에 해당한다.

이에 대한 설명으로 옳은 것만을 〈보기〉에서 있는 대로 고른 것은?

〈보 기〉
ㄱ. Ⅰ형의 생존 곡선을 나타내는 종에서 A시기의 사망률은 B시기의 사망률보다 높다.
ㄴ. Ⅱ형의 생존 곡선을 나타내는 종에서 A시기 동안 사망한 개체 수는 B시기 동안 사망한 개체 수와 같다.
ㄷ. ㉠의 생존 곡선은 Ⅲ형에 해당한다.

① ㄱ ② ㄴ ③ ㄷ ④ ㄱ, ㄴ ⑤ ㄱ, ㄷ

※ 확인 사항
○ 답안지의 해당란에 필요한 내용을 정확히 기입(표기)했는지 확인하시오.

2022 연도별

2022학년도 대학수학능력시험 문제지
과학탐구 영역 (생명과학 I)

성명 ▢▢▢▢▢   수험번호 ▢▢▢▢ - ▢▢▢▢

1. 다음은 벌새가 갖는 생물의 특성에 대한 자료이다.

> (가) 벌새의 날개 구조는 공중에서 정지한
>   상태로 꿀을 빨아먹기에 적합하다.
> (나) 벌새는 자신의 체중보다 많은 양의
>   꿀을 섭취하여 ㉠ 활동에 필요한 에너지를 얻는다.
> (다) 짝짓기 후 암컷이 낳은 알은 ㉡ 발생과 생장 과정을 거
>   쳐 성체가 된다.

이에 대한 설명으로 옳은 것만을 〈보기〉에서 있는 대로 고른 것은?

> ───〈보 기〉───
> ㄱ. (가)는 적응과 진화의 예에 해당한다.
> ㄴ. ㉠ 과정에서 물질대사가 일어난다.
> ㄷ. '개구리알은 올챙이를 거쳐 개구리가 된다.'는 ㉡의 예에
>   해당한다.

① ㄱ   ② ㄷ   ③ ㄱ, ㄴ   ④ ㄴ, ㄷ   ⑤ ㄱ, ㄴ, ㄷ

2. 그림은 사람에서 일어나는 물질대사
과정 (가)와 (나)를 나타낸 것이다.
이에 대한 설명으로 옳은 것만을
〈보기〉에서 있는 대로 고른 것은?

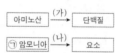

> ───〈보 기〉───
> ㄱ. (가)에서 동화 작용이 일어난다.
> ㄴ. 간에서 (나)가 일어난다.
> ㄷ. 포도당이 세포 호흡에 사용된 결과 생성되는 노폐물에는
>   ㉠이 있다.

① ㄱ   ② ㄴ   ③ ㄷ   ④ ㄱ, ㄴ   ⑤ ㄴ, ㄷ

3. 그림 (가)는 식물 P($2n$)의 체세포가 분열하는 동안 핵 1개당
DNA 양을, (나)는 P의 체세포 분열 과정에서 관찰되는 세포 ⓐ
와 ⓑ를 나타낸 것이다. ⓐ와 ⓑ는 분열기의 전기 세포와 중기 세
포를 순서 없이 나타낸 것이다.

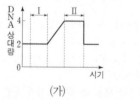

(가)   (나)

이에 대한 설명으로 옳은 것만을 〈보기〉에서 있는 대로 고른 것은?

> ───〈보 기〉───
> ㄱ. I과 II 시기의 세포에는 모두 뉴클레오솜이 있다.
> ㄴ. ⓐ에서 상동 염색체의 접합이 일어났다.
> ㄷ. ⓑ는 I 시기에 관찰된다.

① ㄱ   ② ㄷ   ③ ㄱ, ㄴ   ④ ㄴ, ㄷ   ⑤ ㄱ, ㄴ, ㄷ

4. 그림은 사람 몸에 있는 각 기관계의
통합적 작용을 나타낸 것이다.
A와 B는 배설계와 소화계를 순서 없
이 나타낸 것이다.
이에 대한 설명으로 옳은 것만을
〈보기〉에서 있는 대로 고른 것은? [3점]

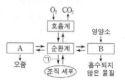

> ───〈보 기〉───
> ㄱ. 콩팥은 A에 속한다.
> ㄴ. B에는 부교감 신경이 작용하는 기관이 있다.
> ㄷ. ㉠에는 O_2의 이동이 포함된다.

① ㄱ   ② ㄴ   ③ ㄱ, ㄷ   ④ ㄴ, ㄷ   ⑤ ㄱ, ㄴ, ㄷ

5. 표는 사람 질병의 특징을 나타낸 것이다.

질병	특징
말라리아	모기를 매개로 전염된다.
결핵	(가)
헌팅턴 무도병	신경계의 손상(퇴화)이 일어난다.

이에 대한 설명으로 옳은 것만을 〈보기〉에서 있는 대로 고른 것은?

> ───〈보 기〉───
> ㄱ. 말라리아의 병원체는 바이러스이다.
> ㄴ. '치료에 항생제가 사용된다.'는 (가)에 해당한다.
> ㄷ. 헌팅턴 무도병은 비감염성 질병이다.

① ㄱ   ② ㄷ   ③ ㄱ, ㄴ   ④ ㄴ, ㄷ   ⑤ ㄱ, ㄴ, ㄷ

6. 다음은 어떤 과학자가 수행한 탐구이다.

> (가) 바다 달팽이가 갉아 먹던 갈조류를 다 먹지 않고 이동하
>   여 다른 갈조류를 먹는 것을 관찰하였다.
> (나) ㉠바다 달팽이가 갉아 먹은 갈조류에서 바다 달팽이가 기
>   피하는 물질 X의 생성이 촉진될 것이라는 가설을 세웠다.
> (다) 갈조류를 두 집단 ⓐ와 ⓑ로 나눠 한 집단만 바다 달팽
>   이가 갉아 먹도록 한 후, ⓐ와 ⓑ 각각에서 X의 양을 측
>   정하였다.
> (라) 단위 질량당 X의 양은 ⓑ에서가 ⓐ에서보다 많았다.
> (마) 바다 달팽이가 갉아 먹은 갈조류에서 X의 생성이 촉진
>   된다는 결론을 내렸다.

이 자료에 대한 설명으로 옳은 것만을 〈보기〉에서 있는 대로 고른
것은? [3점]

> ───〈보 기〉───
> ㄱ. ㉠은 (가)에서 관찰한 현상을 설명할 수 있는 잠정적인 결
>   론(잠정적인 답)에 해당한다.
> ㄴ. (다)에서 대조 실험이 수행되었다.
> ㄷ. (라)의 ⓐ는 바다 달팽이가 갉아 먹은 갈조류 집단이다.

① ㄱ   ② ㄷ   ③ ㄱ, ㄴ   ④ ㄴ, ㄷ   ⑤ ㄱ, ㄴ, ㄷ

과학탐구 영역 (생명과학 I)

7. 사람의 유전 형질 (가)는 2쌍의 대립유전자 H와 h, R와 r에 의해 결정되며, (가)의 유전자는 7번 염색체와 8번 염색체에 있다. 그림은 어떤 사람의 7번 염색체와 8번 염색체를, 표는 이 사람의 세포 I~IV에서 염색체 ㉠~㉢의 유무와 H와 r의 DNA 상대량을 나타낸 것이다. ㉠~㉢은 염색체 ⓐ~ⓒ를 순서 없이 나타낸 것이다.

7번 염색체 8번 염색체

세포	염색체			DNA 상대량	
	㉠	㉡	㉢	H	r
I	×	○	?	1	1
II	?	○	○	?	1
III	○	×	○	2	0
IV	○	○	×	?	2

(○: 있음, ×: 없음)

이에 대한 설명으로 옳은 것만을 〈보기〉에서 있는 대로 고른 것은? (단, 돌연변이와 교차는 고려하지 않으며, H, h, R, r 각각의 1개당 DNA 상대량은 1이다.) [3점]

〈보 기〉
ㄱ. I과 II의 핵상은 같다.
ㄴ. ㉡과 ㉢은 모두 7번 염색체이다.
ㄷ. 이 사람의 유전자형은 HhRr이다.

① ㄱ ② ㄴ ③ ㄷ ④ ㄱ, ㄴ ⑤ ㄴ, ㄷ

8. 그림은 정상인이 운동을 하는 동안 혈중 포도당 농도와 혈중 ㉠ 농도의 변화를 나타낸 것이다. ㉠은 글루카곤과 인슐린 중 하나이다.
이에 대한 설명으로 옳은 것만을 〈보기〉에서 있는 대로 고른 것은? (단, 제시된 조건 이외는 고려하지 않는다.)

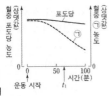

〈보 기〉
ㄱ. 이자의 α 세포에서 글루카곤이 분비된다.
ㄴ. ㉠은 세포로의 포도당 흡수를 촉진한다.
ㄷ. 간에서 단위 시간당 생성되는 포도당의 양은 운동 시작 시점일 때가 t_1일 때보다 많다.

① ㄱ ② ㄷ ③ ㄱ, ㄴ ④ ㄴ, ㄷ ⑤ ㄱ, ㄴ, ㄷ

9. 다음은 어떤 사람이 병원체 X에 감염되었을 때 나타나는 방어 작용에 대한 자료이다.

(가) ㉠형질 세포에서 X에 대한 항체가 생성된다.
(나) 세포독성 T 림프구가 X에 감염된 세포를 파괴한다.

이에 대한 설명으로 옳은 것만을 〈보기〉에서 있는 대로 고른 것은? [3점]

〈보 기〉
ㄱ. X에 대한 체액성 면역 반응에서 (가)가 일어난다.
ㄴ. (나)는 특이적 방어 작용에 해당한다.
ㄷ. 이 사람이 X에 다시 감염되었을 때 ㉠이 기억 세포로 분화한다.

① ㄱ ② ㄷ ③ ㄱ, ㄴ ④ ㄴ, ㄷ ⑤ ㄱ, ㄴ, ㄷ

10. 그림은 중추 신경계의 구조를 나타낸 것이다. ㉠~㉣은 간뇌, 대뇌, 소뇌, 중간뇌를 순서 없이 나타낸 것이다.

이에 대한 설명으로 옳은 것만을 〈보기〉에서 있는 대로 고른 것은? [3점]

〈보 기〉
ㄱ. ㉠은 중간뇌이다.
ㄴ. ㉢은 몸의 평형(균형) 유지에 관여한다.
ㄷ. ㉣에는 시각 기관으로부터 오는 정보를 받아들이는 영역이 있다.

① ㄱ ② ㄴ ③ ㄱ, ㄷ ④ ㄴ, ㄷ ⑤ ㄱ, ㄴ, ㄷ

11. 그림은 서로 다른 종인 동물(2n=?) A~C의 세포 (가)~(라) 각각에 들어 있는 모든 염색체를 나타낸 것이다. (가)~(라) 중 2개는 A의 세포이고, A와 B의 성은 서로 다르다. A~C의 성염색체는 암컷이 XX, 수컷이 XY이다.

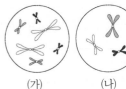

(가)   (나)   (다)   (라)

이에 대한 설명으로 옳은 것만을 〈보기〉에서 있는 대로 고른 것은? (단, 돌연변이는 고려하지 않는다.)

〈보 기〉
ㄱ. (가)는 C의 세포이다.
ㄴ. ㉠은 상염색체이다.
ㄷ. $\dfrac{\text{(다)의 성염색체 수}}{\text{(나)의 염색 분체 수}} = \dfrac{2}{3}$이다.

① ㄱ ② ㄴ ③ ㄷ ④ ㄱ, ㄷ ⑤ ㄴ, ㄷ

12. 다음은 생태계에서 일어나는 질소 순환 과정에 대한 자료이다. ㉠과 ㉡은 질소 고정 세균과 탈질산화 세균을 순서 없이 나타낸 것이다.

(가) 토양 속 ⓐ질산 이온(NO_3^-)의 일부는 ㉠에 의해 질소 기체로 전환되어 대기 중으로 돌아간다.
(나) ㉡에 의해 대기 중의 질소 기체가 ⓑ암모늄 이온(NH_4^+)으로 전환된다.

이에 대한 설명으로 옳은 것만을 〈보기〉에서 있는 대로 고른 것은?

〈보 기〉
ㄱ. (가)는 질소 고정 작용이다.
ㄴ. 질산화 세균은 ⓑ가 ⓐ로 전환되는 과정에 관여한다.
ㄷ. ㉠과 ㉡은 모두 생태계의 구성 요소 중 비생물적 요인에 해당한다.

① ㄱ ② ㄷ ③ ㄷ ④ ㄱ, ㄴ ⑤ ㄴ, ㄷ

13. 다음은 골격근의 수축과 이완 과정에 대한 자료이다.

○ 그림 (가)는 팔을 구부리는 과정의 세 시점 t_1, t_2, t_3일 때 팔의 위치와 이 과정에 관여하는 골격근 P와 Q를, (나)는 P와 Q 중 한 골격근의 근육 원섬유 마디 X의 구조를 나타낸 것이다. X는 좌우 대칭이다.

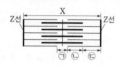

(가)　　　　　　(나)

○ 구간 ㉠은 마이오신 필라멘트만 있는 부분이고, ㉡은 액틴 필라멘트와 마이오신 필라멘트가 겹치는 부분이며, ㉢은 액틴 필라멘트만 있는 부분이다.

○ 표는 $t_1 \sim t_3$일 때 ㉠의 길이와 ㉡의 길이를 더한 값 (㉠+㉡), ㉢의 길이, X의 길이를 나타낸 것이다.

시점	㉠+㉡	㉢의 길이	X의 길이
t_1	1.2	ⓐ	?
t_2	?	0.7	3.0
t_3	ⓐ	0.6	?

(단위: μm)

이에 대한 설명으로 옳은 것만을 〈보기〉에서 있는 대로 고른 것은?

─〈보 기〉─
ㄱ. X는 P의 근육 원섬유 마디이다.
ㄴ. X에서 A대의 길이가 t_1일 때가 t_3일 때보다 길다.
ㄷ. t_1일 때 ㉡의 길이와 ㉢의 길이를 더한 값은 1.3μm이다.

① ㄱ　　② ㄴ　　③ ㄷ　　④ ㄱ, ㄴ　　⑤ ㄱ, ㄷ

14. 다음은 민말이집 신경 A~C의 흥분 전도에 대한 자료이다.

○ 그림은 A~C의 지점 $d_1 \sim d_4$의 위치를 나타낸 것이다. A~C의 흥분 전도 속도는 각각 서로 다르다.

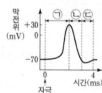

○ 그림은 A~C 각각에서 활동 전위가 발생하였을 때 각 지점에서의 막전위 변화를, 표는 ⓐA~C의 d_1에 역치 이상의 자극을 동시에 1회 주고 경과된 시간이 4ms일 때 $d_2 \sim d_4$에서의 막전위가 속하는 구간을 나타낸 것이다. I~III은 $d_2 \sim d_4$를 순서 없이 나타낸 것이고, ⓐ일 때 각 지점에서의 막전위는 구간 ㉠~㉢ 중 하나에 속한다.

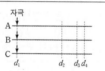

신경	4ms일 때 막전위가 속하는 구간		
	I	II	III
A	㉡	?	㉢
B	?	㉠	?
C	㉡	㉢	㉡

이에 대한 설명으로 옳은 것만을 〈보기〉에서 있는 대로 고른 것은? (단, A~C에서 흥분의 전도는 각각 1회 일어났고, 휴지 전위는 −70mV이다.) [3점]

─〈보 기〉─
ㄱ. ⓐ일 때 A의 II에서의 막전위는 ㉢에 속한다.
ㄴ. ⓐ일 때 B의 d_3에서 재분극이 일어나고 있다.
ㄷ. A~C 중 C의 흥분 전도 속도가 가장 빠르다.

① ㄱ　　② ㄴ　　③ ㄷ　　④ ㄱ, ㄴ　　⑤ ㄱ, ㄷ

15. 그림 (가)와 (나)는 정상인이 서로 다른 온도의 물에 들어갔을 때 체온의 변화와 A, B의 변화를 각각 나타낸 것이다. A와 B는 땀 분비량과 열 발생량(열 생산량)을 순서 없이 나타낸 것이고, ㉠과 ㉡은 '체온보다 낮은 온도의 물에 들어갔을 때'와 '체온보다 높은 온도의 물에 들어갔을 때'를 순서 없이 나타낸 것이다.

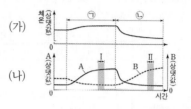

이에 대한 설명으로 옳은 것만을 〈보기〉에서 있는 대로 고른 것은? [3점]

─〈보 기〉─
ㄱ. ㉠은 '체온보다 낮은 온도의 물에 들어갔을 때'이다.
ㄴ. 열 발생량은 구간 I에서가 구간 II에서보다 많다.
ㄷ. 시상 하부가 체온보다 높은 온도를 감지하면 땀 분비량은 증가한다.

① ㄱ　　② ㄷ　　③ ㄱ, ㄴ　　④ ㄴ, ㄷ　　⑤ ㄱ, ㄴ, ㄷ

16. 다음은 사람의 유전 형질 ㉠~㉢에 대한 자료이다.

○ ㉠은 대립유전자 A와 a에 의해, ㉡은 대립유전자 B와 b에 의해 결정된다.

○ 표 (가)와 (나)는 ㉠과 ㉡에서 유전자형이 서로 다를 때 표현형의 일치 여부를 각각 나타낸 것이다.

㉠의 유전자형		표현형
사람1	사람2	일치 여부
AA	Aa	?
AA	aa	×
Aa	aa	×

(○: 일치함, ×: 일치하지 않음)

㉡의 유전자형		표현형
사람1	사람2	일치 여부
BB	Bb	?
BB	bb	×
Bb	bb	×

(○: 일치함, ×: 일치하지 않음)

(가)　　　　　　(나)

○ ㉢은 1쌍의 대립유전자에 의해 결정되며, 대립유전자에는 D, E, F가 있다.

○ ㉢의 표현형은 4가지이며, ㉢의 유전자형이 DE인 사람과 EE인 사람의 표현형은 같고, 유전자형이 DF인 사람과 FF인 사람의 표현형은 같다.

○ 여자 P는 남자 Q와 ㉠~㉢의 표현형이 모두 같고, P의 체세포에 들어 있는 일부 상염색체와 유전자는 그림과 같다.

○ P와 Q 사이에서 ⓐ가 태어날 때, ⓐ의 ㉠~㉢의 표현형 중 한 가지만 부모와 같을 확률은 $\frac{3}{8}$이다.

이에 대한 설명으로 옳은 것만을 〈보기〉에서 있는 대로 고른 것은? (단, 돌연변이와 교차는 고려하지 않는다.) [3점]

─〈보 기〉─
ㄱ. ㉡의 표현형은 BB인 사람과 Bb인 사람이 서로 다르다.
ㄴ. Q에서 A, B, D를 모두 갖는 정자가 형성될 수 있다.
ㄷ. ⓐ에게서 나타날 수 있는 표현형은 최대 12가지이다.

① ㄱ　　② ㄴ　　③ ㄷ　　④ ㄱ, ㄴ　　⑤ ㄱ, ㄷ

과학탐구 영역 (생명과학 I)

17. 다음은 사람의 유전 형질 (가)~(다)에 대한 자료이다.

○ (가)~(다)의 유전자는 서로 다른 2개의 상염색체에 있다.
○ (가)는 대립유전자 A와 a에 의해, (나)는 대립유전자 B와 b에 의해, (다)는 대립유전자 D와 d에 의해 결정된다.
○ P의 유전자형은 AaBbDd이고, Q의 유전자형은 AabbDd이며, P와 Q의 핵형은 모두 정상이다.
○ 표는 P의 세포 Ⅰ~Ⅲ과 Q의 세포 Ⅳ~Ⅵ 각각에 들어 있는 A, a, B, b, D, d의 DNA 상대량을 나타낸 것이다. ㉠~㉢은 0, 1, 2를 순서 없이 나타낸 것이다.

사람	세포	DNA 상대량					
		A	a	B	b	D	d
P	Ⅰ	0	1	?	㉢	0	㉡
	Ⅱ	㉠	㉠	㉠	?	㉠	?
	Ⅲ	?	㉡	0	㉡	㉢	㉡
Q	Ⅳ	?	?	2	㉡	㉢	㉢
	Ⅴ	㉡	㉢	0	㉡	㉢	?
	Ⅵ	㉠	?	?	㉡	㉢	㉠

○ 세포 ⓐ와 ⓑ 중 하나는 염색체의 일부가 결실된 세포이고, 나머지 하나는 염색체 비분리가 1회 일어나 형성된 염색체 수가 비정상적인 세포이다. ⓐ는 Ⅰ~Ⅲ 중 하나이고, ⓑ는 Ⅳ~Ⅵ 중 하나이다.
○ Ⅰ~Ⅵ 중 ⓐ와 ⓑ를 제외한 나머지 세포는 모두 정상 세포이다.

이에 대한 설명으로 옳은 것만을 〈보기〉에서 있는 대로 고른 것은? (단, 제시된 돌연변이 이외의 돌연변이와 교차는 고려하지 않으며, A, a, B, b, D, d 각각의 1개당 DNA 상대량은 1이다.)

──── 〈보 기〉 ────
ㄱ. (가)의 유전자와 (다)의 유전자는 같은 염색체에 있다.
ㄴ. Ⅳ는 염색체 수가 비정상적인 세포이다.
ㄷ. ⓐ에서 a의 DNA 상대량은 ⓑ에서 d의 DNA 상대량과 같다.

① ㄱ   ② ㄴ   ③ ㄷ   ④ ㄱ, ㄴ   ⑤ ㄱ, ㄷ

18. 그림은 어떤 지역에서 늑대의 개체 수를 인위적으로 감소시켰을 때 늑대, 사슴의 개체 수와 식물 군집의 생물량 변화를, 표는 (가)와 (나) 시기 동안 이 지역의 사슴과 식물 군집 사이의 상호 작용을 나타낸 것이다. (가)와 (나)는 Ⅰ과 Ⅱ를 순서 없이 나타낸 것이다.

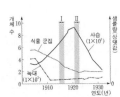

시기	상호 작용
(가)	식물 군집의 생물량이 감소하여 사슴의 개체 수가 감소한다.
(나)	사슴의 개체 수가 증가하여 식물 군집의 생물량이 감소한다.

이 자료에 대한 설명으로 옳은 것만을 〈보기〉에서 있는 대로 고른 것은? [3점]

──── 〈보 기〉 ────
ㄱ. (가)는 Ⅱ이다.
ㄴ. Ⅰ 시기 동안 사슴 개체군에 환경 저항이 작용하였다.
ㄷ. 사슴의 개체 수는 포식자에 의해서만 조절된다.

① ㄱ   ② ㄴ   ③ ㄷ   ④ ㄱ, ㄴ   ⑤ ㄱ, ㄷ

19. 다음은 어떤 집안의 유전 형질 (가)와 (나)에 대한 자료이다.

○ (가)는 대립유전자 H와 h에 의해, (나)는 대립유전자 T와 t에 의해 결정된다. H는 h에 대해, T는 t에 대해 각각 완전 우성이다.
○ 가계도는 구성원 ⓐ를 제외한 구성원 1~7에게서 (가)와 (나)의 발현 여부를 나타낸 것이다.

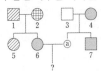

정상 남자 □
(가) 발현 남자 ▨
(가) 발현 여자 ◓
(나) 발현 여자 ⊕
(가), (나) 발현 남자 ▦
(가), (나) 발현 여자 ●

○ 표는 구성원 1, 3, 6, ⓐ에서 체세포 1개당 ㉠과 ㉡의 DNA 상대량을 더한 값을 나타낸 것이다. ㉠은 H와 h 중 하나이고, ㉡은 T와 t 중 하나이다.

구성원	1	3	6	ⓐ
㉠과 ㉡의 DNA 상대량을 더한 값	1	0	3	1

이에 대한 설명으로 옳은 것만을 〈보기〉에서 있는 대로 고른 것은? (단, 돌연변이와 교차는 고려하지 않으며, H, h, T, t 각각의 1개당 DNA 상대량은 1이다.) [3점]

──── 〈보 기〉 ────
ㄱ. (나)의 유전자는 X 염색체에 있다.
ㄴ. 4에서 체세포 1개당 ㉡의 DNA 상대량은 1이다.
ㄷ. 6과 ⓐ 사이에서 아이가 태어날 때, 이 아이에게서 (가)와 (나)가 모두 발현될 확률은 $\frac{1}{2}$이다.

① ㄱ   ② ㄴ   ③ ㄱ, ㄷ   ④ ㄴ, ㄷ   ⑤ ㄱ, ㄴ, ㄷ

20. 그림 (가)는 어떤 숲에 사는 새 5종 ㉠~㉤이 서식하는 높이 범위를, (나)는 숲을 이루는 나무 높이의 다양성에 따른 새의 종 다양성을 나타낸 것이다. 나무 높이의 다양성은 숲을 이루는 나무의 높이가 다양할수록, 각 높이의 나무가 차지하는 비율이 균등할수록 높아진다.

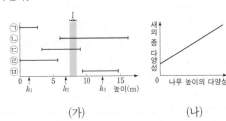

(가)   (나)

이 자료에 대한 설명으로 옳은 것만을 〈보기〉에서 있는 대로 고른 것은?

──── 〈보 기〉 ────
ㄱ. ㉠이 서식하는 높이는 ㉤이 서식하는 높이보다 낮다.
ㄴ. 구간 Ⅰ에서 ㉡은 ㉠과 한 개체군을 이루어 서식한다.
ㄷ. 새의 종 다양성은 높이가 h_3인 나무만 있는 숲에서가 높이가 h_1, h_2, h_3인 나무가 고르게 분포하는 숲에서보다 높다.

① ㄱ   ② ㄴ   ③ ㄷ   ④ ㄱ, ㄴ   ⑤ ㄴ, ㄷ

※ 확인 사항
○ 답안지의 해당란에 필요한 내용을 정확히 기입(표기)했는지 확인하시오.

2023학년도 대학수학능력시험 6월 모의평가 문제지

과학탐구 영역 (생명과학 I)

| 성명 | | 수험번호 | | | | | | - | | | | |

---

1. 다음은 곤충 X에 대한 자료이다.

> (가) 암컷 X는 짝짓기 후 알을 낳는다.
> (나) 알에서 깨어난 애벌레는 동굴 천장에 둥지를 짓고 끈적끈적한 실을 늘어뜨려 덫을 만든다.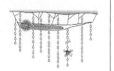
> (다) 애벌레는 ATP를 분해하여 얻은 에너지로 청록색 빛을 낸다.
> (라) 빛에 유인된 먹이가 덫에 걸리면 애벌레는 움직임을 감지하여 실을 끌어 올린다.

이에 대한 설명으로 옳은 것만을 〈보기〉에서 있는 대로 고른 것은?

> ─ 〈보 기〉─
> ㄱ. (가)에서 유전 물질이 자손에게 전달된다.
> ㄴ. (다)에서 물질대사가 일어난다.
> ㄷ. (라)는 자극에 대한 반응의 예에 해당한다.

① ㄱ   ② ㄴ   ③ ㄱ, ㄷ   ④ ㄴ, ㄷ   ⑤ ㄱ, ㄴ, ㄷ

---

2. 그림은 사람에서 세포 호흡을 통해 포도당으로부터 생성된 에너지가 생명 활동에 사용되는 과정을 나타낸 것이다. ⓐ와 ⓑ는 H_2O와 O_2를 순서 없이 나타낸 것이고, ㉠과 ㉡은 각각 ADP와 ATP 중 하나이다.

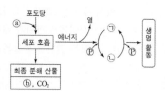

이에 대한 설명으로 옳은 것만을 〈보기〉에서 있는 대로 고른 것은?

> ─ 〈보 기〉─
> ㄱ. 세포 호흡에서 이화 작용이 일어난다.
> ㄴ. 호흡계를 통해 ⓑ가 몸 밖으로 배출된다.
> ㄷ. 근육 수축 과정에는 ㉡에 저장된 에너지가 사용된다.

① ㄱ   ② ㄴ   ③ ㄱ, ㄷ   ④ ㄴ, ㄷ   ⑤ ㄱ, ㄴ, ㄷ

---

3. 표는 사람 질병의 특징을 나타낸 것이다.

질병	특징
무좀	병원체는 독립적으로 물질대사를 한다.
독감	(가)
ⓐ낫 모양 적혈구 빈혈증	비정상적인 헤모글로빈이 적혈구 모양을 변화시킨다.

이에 대한 설명으로 옳은 것만을 〈보기〉에서 있는 대로 고른 것은?

> ─ 〈보 기〉─
> ㄱ. 무좀의 병원체는 세균이다.
> ㄴ. '병원체는 살아 있는 숙주 세포 안에서만 증식할 수 있다.' 는 (가)에 해당한다.
> ㄷ. 유전자 돌연변이에 의한 질병 중에는 ⓐ가 있다.

① ㄱ   ② ㄴ   ③ ㄱ, ㄷ   ④ ㄴ, ㄷ   ⑤ ㄱ, ㄴ, ㄷ

---

4. 그림 (가)는 동물 P($2n=4$)의 체세포가 분열하는 동안 핵 1개당 DNA 양을, (나)는 P의 체세포 분열 과정의 어느 한 시기에서 관찰되는 세포를 나타낸 것이다.

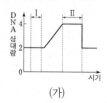

     (가)   (나)

이에 대한 설명으로 옳은 것만을 〈보기〉에서 있는 대로 고른 것은? (단, 돌연변이는 고려하지 않는다.)

> ─ 〈보 기〉─
> ㄱ. 구간 I에는 2개의 염색 분체로 구성된 염색체가 있다.
> ㄴ. 구간 II에는 (나)가 관찰되는 시기가 있다.
> ㄷ. ⓐ와 ⓑ는 부모에게서 각각 하나씩 물려받은 것이다.

① ㄱ   ② ㄴ   ③ ㄱ, ㄷ   ④ ㄴ, ㄷ   ⑤ ㄱ, ㄴ, ㄷ

---

5. 그림은 사람의 혈액 순환 경로를 나타낸 것이다. ㉠~㉢은 각각 간, 콩팥, 폐 중 하나이다. 이에 대한 설명으로 옳은 것만을 〈보기〉에서 있는 대로 고른 것은? [3점]

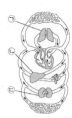

> ─ 〈보 기〉─
> ㄱ. ㉠으로 들어온 산소 중 일부는 순환계를 통해 운반된다.
> ㄴ. ㉡에서 암모니아가 요소로 전환된다.
> ㄷ. ㉢은 소화계에 속한다.

① ㄱ   ② ㄷ   ③ ㄱ, ㄴ   ④ ㄴ, ㄷ   ⑤ ㄱ, ㄴ, ㄷ

---

6. 표는 사람의 호르몬과 이 호르몬이 분비되는 내분비샘을 나타낸 것이다. A와 B는 티록신과 항이뇨 호르몬(ADH)을 순서 없이 나타낸 것이다.

호르몬	내분비샘
A	갑상샘
B	뇌하수체 후엽
갑상샘 자극 호르몬(TSH)	㉠

이에 대한 설명으로 옳은 것만을 〈보기〉에서 있는 대로 고른 것은?

> ─ 〈보 기〉─
> ㄱ. A는 티록신이다.
> ㄴ. B는 콩팥에서 물의 재흡수를 촉진한다.
> ㄷ. ㉠은 뇌하수체 전엽이다.

① ㄱ   ② ㄷ   ③ ㄱ, ㄴ   ④ ㄴ, ㄷ   ⑤ ㄱ, ㄴ, ㄷ

---

7. 어떤 동물 종(2n)의 유전 형질 (가)는 대립유전자 A와 a에 의해, (나)는 대립유전자 B와 b에 의해, (다)는 대립유전자 D와 d에 의해 결정된다. 표는 이 동물 종의 개체 ㉠과 ㉡의 세포 Ⅰ~Ⅳ 각각에 들어 있는 A, a, B, b, D, d의 DNA 상대량을 나타낸 것이다. Ⅰ~Ⅳ 중 2개는 ㉠의 세포이고, 나머지 2개는 ㉡의 세포이다. ㉠은 암컷이고 성염색체가 XX이며, ㉡은 수컷이고 성염색체가 XY이다.

세포	DNA 상대량					
	A	a	B	b	D	d
Ⅰ	0	?	2	?	4	0
Ⅱ	0	2	0	2	?	2
Ⅲ	?	1	1	1	2	?
Ⅳ	?	0	1	?	1	0

이에 대한 설명으로 옳은 것만을 〈보기〉에서 있는 대로 고른 것은? (단, 돌연변이와 교차는 고려하지 않으며, A, a, B, b, D, d 각각의 1개당 DNA 상대량은 1이다.) [3점]

〈보 기〉
ㄱ. Ⅳ의 핵상은 2n이다.
ㄴ. (가)의 유전자는 X 염색체에 있다.
ㄷ. ㉠의 (나)와 (다)에 대한 유전자형은 BbDd이다.

① ㄱ ② ㄴ ③ ㄱ, ㄷ ④ ㄴ, ㄷ ⑤ ㄱ, ㄴ, ㄷ

8. 표는 사람의 중추 신경계에 속하는 A~C의 특징을 나타낸 것이다. A~C는 간뇌, 연수, 척수를 순서 없이 나타낸 것이다.

구분	특징
A	뇌줄기를 구성한다.
B	㉠체온 조절 중추가 있다.
C	교감 신경의 신경절 이전 뉴런의 신경 세포체가 있다.

이에 대한 설명으로 옳은 것만을 〈보기〉에서 있는 대로 고른 것은? [3점]

〈보 기〉
ㄱ. A는 호흡 운동을 조절한다.
ㄴ. ㉠은 시상 하부이다.
ㄷ. C는 척수이다.

① ㄱ ② ㄴ ③ ㄱ, ㄷ ④ ㄴ, ㄷ ⑤ ㄱ, ㄴ, ㄷ

9. 다음은 생물 다양성에 대한 학생 A~C의 대화 내용이다.

제시한 내용이 옳은 학생만을 있는 대로 고른 것은?

① A ② B ③ A, C ④ B, C ⑤ A, B, C

10. 다음은 골격근의 수축 과정에 대한 자료이다.

○ 그림은 근육 원섬유 마디 X의 구조를, 표는 골격근 수축 과정의 두 시점 t_1과 t_2일 때 ㉠의 길이에서 ㉢의 길이를 뺀 값을 ㉡의 길이로 나눈 값($\frac{㉠-㉢}{㉡}$)과 X의 길이를 나타낸 것이다. X는 좌우 대칭이고, t_1일 때 A대의 길이는 1.6μm이다.

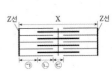

시점	$\frac{㉠-㉢}{㉡}$	X의 길이
t_1	$\frac{1}{4}$	?
t_2	$\frac{1}{2}$	3.0μm

○ 구간 ㉠은 액틴 필라멘트만 있는 부분이고, ㉡은 액틴 필라멘트와 마이오신 필라멘트가 겹치는 부분이며, ㉢은 마이오신 필라멘트만 있는 부분이다.

이에 대한 설명으로 옳은 것만을 〈보기〉에서 있는 대로 고른 것은?

〈보 기〉
ㄱ. 근육 원섬유는 근육 섬유로 구성되어 있다.
ㄴ. t_2일 때 H대의 길이는 0.4μm이다.
ㄷ. X의 길이는 t_1일 때가 t_2일 때보다 0.2μm 길다.

① ㄱ ② ㄴ ③ ㄱ, ㄷ ④ ㄴ, ㄷ ⑤ ㄱ, ㄴ, ㄷ

11. 다음은 민말이집 신경 A와 B의 흥분 전도와 전달에 대한 자료이다.

○ 그림은 A와 B의 지점 d_1~d_4의 위치를, 표는 ㉠A와 B의 지점 X에 역치 이상의 자극을 동시에 1회 주고 경과된 시간이 3ms일 때 d_1~d_4에서의 막전위를 나타낸 것이다. X는 d_1~d_4 중 하나이고, Ⅰ~Ⅳ는 d_1~d_4를 순서 없이 나타낸 것이다.

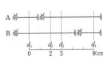

신경	3ms일 때 막전위(mV)			
	Ⅰ	Ⅱ	Ⅲ	Ⅳ
A	+30	?	−70	㉮
B	?	−80	?	+30

○ A를 구성하는 두 뉴런의 흥분 전도 속도는 ⓐ로 같고, B를 구성하는 두 뉴런의 흥분 전도 속도는 ⓑ로 같다. ⓐ와 ⓑ는 1cm/ms와 2cm/ms를 순서 없이 나타낸 것이다.

○ A와 B 각각에서 활동 전위가 발생하였을 때, 각 지점에서의 막전위 변화는 그림과 같다.

이에 대한 설명으로 옳은 것만을 〈보기〉에서 있는 대로 고른 것은? (단, A와 B에서 흥분의 전도는 각각 1회 일어났고, 휴지 전위는 −70mV이다.) [3점]

〈보 기〉
ㄱ. X는 d_3이다.
ㄴ. ㉮는 −70이다.
ㄷ. ㉠이 5ms일 때 A의 Ⅲ에서 재분극이 일어나고 있다.

① ㄱ ② ㄴ ③ ㄷ ④ ㄱ, ㄴ ⑤ ㄴ, ㄷ

12. 그림은 사람 P가 병원체 X에 감염되었을 때 일어난 방어 작용의 일부를 나타낸 것이다. ㉠과 ㉡은 보조 T 림프구와 세포독성 T 림프구를 순서 없이 나타낸 것이다.

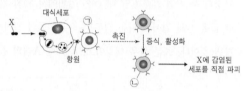

이에 대한 설명으로 옳은 것만을 〈보기〉에서 있는 대로 고른 것은? [3점]

―――――〈보 기〉―――――
ㄱ. ㉠은 대식세포가 제시한 항원을 인식한다.
ㄴ. ㉡은 형질 세포로 분화된다.
ㄷ. P에서 세포성 면역 반응이 일어났다.

① ㄱ   ② ㄴ   ③ ㄱ, ㄷ   ④ ㄴ, ㄷ   ⑤ ㄱ, ㄴ, ㄷ

13. 그림은 동물 세포 (가)~(라) 각각에 들어 있는 모든 염색체를 나타낸 것이다. (가)~(라)는 각각 서로 다른 개체 A, B, C의 세포 중 하나이다. A와 B는 같은 종이고, A와 C의 성은 같다. A~C의 핵상은 모두 2n이며, A~C의 성염색체는 암컷이 XX, 수컷이 XY이다.

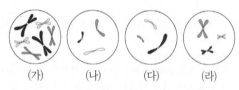

(가)   (나)   (다)   (라)

이에 대한 설명으로 옳은 것만을 〈보기〉에서 있는 대로 고른 것은? (단, 돌연변이는 고려하지 않는다.) [3점]

―――――〈보 기〉―――――
ㄱ. (가)는 B의 세포이다.
ㄴ. (다)를 갖는 개체와 (라)를 갖는 개체의 핵형은 같다.
ㄷ. C의 감수 1분열 중기 세포 1개당 염색 분체 수는 6이다.

① ㄱ   ② ㄴ   ③ ㄷ   ④ ㄱ, ㄴ   ⑤ ㄴ, ㄷ

14. 그림은 생태계를 구성하는 요소 사이의 상호 관계를 나타낸 것이다.
이에 대한 설명으로 옳은 것만을 〈보기〉에서 있는 대로 고른 것은?

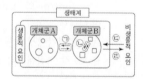

―――――〈보 기〉―――――
ㄱ. 같은 종의 기러기가 무리를 지어 이동할 때 리더를 따라 이동하는 것은 ㉠에 해당한다.
ㄴ. 빛의 세기가 소나무의 생장에 영향을 미치는 것은 ㉢에 해당한다.
ㄷ. 군집에는 비생물적 요인이 포함된다.

① ㄱ   ② ㄴ   ③ ㄷ   ④ ㄱ, ㄴ   ⑤ ㄱ, ㄷ

15. 다음은 사람의 유전 형질 (가)~(다)에 대한 자료이다.

○ (가)~(다)의 유전자는 서로 다른 3개의 상염색체에 있다.
○ (가)는 대립유전자 A와 a에 의해, (나)는 대립유전자 B와 b에 의해, (다)는 대립유전자 D와 d에 의해 결정된다. A, B, D는 a, b, d에 대해 각각 완전 우성이며, (가)~(다)는 모두 열성 형질이다.
○ 표는 남자 P와 여자 Q의 유전자형에서 B, D, d의 유무를 나타낸 것이고, 그림은 P와 Q 사이에서 태어난 자녀 I~III에서 체세포 1개당 A, B, D의 DNA 상대량을 더한 값(A+B+D)을 나타낸 것이다.

사람	대립유전자		
	B	D	d
P	×	×	○
Q	?	○	×

(○: 있음, ×: 없음)

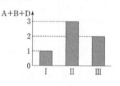

○ (가)와 (나) 중 한 형질에 대해서만 P와 Q의 유전자형이 서로 같다.
○ 자녀 II와 III은 (가)~(다)의 표현형이 모두 같다.

이에 대한 설명으로 옳은 것만을 〈보기〉에서 있는 대로 고른 것은? (단, 돌연변이는 고려하지 않으며, A, a, B, b, D, d 각각의 1개당 DNA 상대량은 1이다.) [3점]

―――――〈보 기〉―――――
ㄱ. P와 Q는 (나)의 유전자형이 서로 같다.
ㄴ. II의 (가)~(다)에 대한 유전자형은 AAbbDd이다.
ㄷ. III의 동생이 태어날 때, 이 아이의 (가)~(다)의 표현형이 모두 III과 같을 확률은 $\frac{3}{8}$이다.

① ㄱ   ② ㄴ   ③ ㄱ, ㄷ   ④ ㄴ, ㄷ   ⑤ ㄱ, ㄴ, ㄷ

16. 그림 (가)는 정상인이 탄수화물을 섭취한 후 시간에 따른 혈중 호르몬 ㉠과 ㉡의 농도를, (나)는 이자의 세포 X와 Y에서 분비되는 ㉠과 ㉡을 나타낸 것이다. ㉠과 ㉡은 글루카곤과 인슐린을 순서 없이 나타낸 것이고, X와 Y는 α세포와 β세포를 순서 없이 나타낸 것이다.

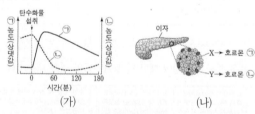

(가)   (나)

이에 대한 설명으로 옳은 것만을 〈보기〉에서 있는 대로 고른 것은?

―――――〈보 기〉―――――
ㄱ. ㉠과 ㉡은 혈중 포도당 농도 조절에 길항적으로 작용한다.
ㄴ. ㉡은 간에서 포도당이 글리코젠으로 전환되는 과정을 촉진한다.
ㄷ. X는 α세포이다.

① ㄱ   ② ㄴ   ③ ㄱ, ㄷ   ④ ㄴ, ㄷ   ⑤ ㄱ, ㄴ, ㄷ

17. 다음은 어떤 집안의 유전 형질 (가)와 (나)에 대한 자료이다.

○ (가)는 대립유전자 E와 e에 의해 결정되며, 유전자형이 다르면 표현형이 다르다. (가)의 3가지 표현형은 각각 ㉠, ㉡, ㉢이다.

○ (나)는 3쌍의 대립유전자 H와 h, R와 r, T와 t에 의해 결정된다. (나)의 표현형은 유전자형에서 대문자로 표시되는 대립유전자의 수에 의해서만 결정되며, 이 대립유전자의 수가 다르면 표현형이 다르다.

○ 가계도는 구성원 1~8에게서 발현된 (가)의 표현형을, 표는 구성원 1, 2, 3, 6, 7에서 체세포 1개당 E, H, R, T의 DNA 상대량을 더한 값(E+H+R+T)을 나타낸 것이다.

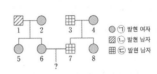

구성원	E+H+R+T
1	6
2	ⓐ
3	2
6	5
7	3

ㅇ ㉠ 발현 여자
ㅇ ㉡ 발현 남자
ㅇ ㉢ 발현 남자

○ 구성원 1에서 e, H, R는 7번 염색체에 있고, T는 8번 염색체에 있다.

○ 구성원 2, 4, 5, 8은 (나)의 표현형이 모두 같다.

이에 대한 설명으로 옳은 것만을 〈보기〉에서 있는 대로 고른 것은? (단, 돌연변이와 교차는 고려하지 않으며, E, e, H, h, R, r, T, t 각각의 1개당 DNA 상대량은 1이다.) [3점]

─ 〈보 기〉─
ㄱ. ⓐ는 4이다.
ㄴ. 구성원 4에서 E, h, r, T를 모두 갖는 생식세포가 형성될 수 있다.
ㄷ. 구성원 6과 7 사이에서 아이가 태어날 때, 이 아이에게서 나타날 수 있는 (나)의 표현형은 최대 5가지이다.

① ㄱ ② ㄷ ③ ㄱ, ㄴ ④ ㄴ, ㄷ ⑤ ㄱ, ㄴ, ㄷ

18. 다음은 어떤 과학자가 수행한 탐구이다.

(가) 벼가 잘 자라지 못하는 논에 벼를 갉아먹는 왕우렁이의 개체 수가 많은 것을 관찰하고, 왕우렁이의 포식자인 자라를 논에 넣어주면 벼의 생물량이 증가할 것이라고 생각했다.

(나) 같은 지역의 면적이 동일한 논 A와 B에 각각 같은 수의 왕우렁이를 넣은 후, A에만 자라를 풀어놓았다.

(다) 일정 시간이 지난 후 조사한 왕우렁이의 개체 수는 ㉠에서가 ㉡에서보다 적었고, 벼의 생물량은 ㉠에서가 ㉡에서보다 많았다. ㉠과 ㉡은 A와 B를 순서 없이 나타낸 것이다.

(라) 자라가 왕우렁이의 개체 수를 감소시켜 벼의 생물량이 증가한다는 결론을 내렸다.

이 자료에 대한 설명으로 옳은 것만을 〈보기〉에서 있는 대로 고른 것은? [3점]

─ 〈보 기〉─
ㄱ. ㉡은 B이다.
ㄴ. 조작 변인은 벼의 생물량이다.
ㄷ. ㉠에서 왕우렁이 개체군에 환경 저항이 작용하였다.

① ㄱ ② ㄴ ③ ㄱ, ㄷ ④ ㄴ, ㄷ ⑤ ㄱ, ㄴ, ㄷ

19. 다음은 어떤 가족의 ABO식 혈액형과 유전 형질 (가), (나)에 대한 자료이다.

○ (가)는 대립유전자 H와 h에 의해, (나)는 대립유전자 T와 t에 의해 결정된다. H는 h에 대해, T는 t에 대해 각각 완전 우성이다.

○ (가)의 유전자와 (나)의 유전자 중 하나는 ABO식 혈액형 유전자와 같은 염색체에 있고, 나머지 하나는 X 염색체에 있다.

○ 표는 구성원의 성별, ABO식 혈액형과 (가), (나)의 발현 여부를 나타낸 것이다.

구성원	성별	혈액형	(가)	(나)
아버지	남	A형	×	×
어머니	여	B형	×	○
자녀 1	남	AB형	○	×
자녀 2	여	B형	○	×
자녀 3	여	A형	×	○

(○: 발현됨, ×: 발현 안 됨)

○ 아버지와 어머니 중 한 명의 생식세포 형성 과정에서 대립유전자 ㉠이 대립유전자 ㉡으로 바뀌는 돌연변이가 1회 일어나 ㉡을 갖는 생식세포가 형성되었다. 이 생식세포가 정상 생식세포와 수정되어 자녀 1이 태어났다. ㉠과 ㉡은 (가)와 (나) 중 한 가지 형질을 결정하는 서로 다른 대립유전자이다.

이에 대한 설명으로 옳은 것만을 〈보기〉에서 있는 대로 고른 것은? (단, 제시된 돌연변이 이외의 돌연변이와 교차는 고려하지 않는다.)

─ 〈보 기〉─
ㄱ. (나)는 열성 형질이다.
ㄴ. ㉠은 H이다.
ㄷ. 자녀 3의 동생이 태어날 때, 이 아이의 혈액형이 O형이면서 (가)와 (나)가 모두 발현되지 않을 확률은 $\frac{1}{8}$이다.

① ㄱ ② ㄴ ③ ㄷ ④ ㄱ, ㄴ ⑤ ㄴ, ㄷ

20. 표는 종 사이의 상호 작용과 예를 나타낸 것이다. (가)와 (나)는 기생과 상리 공생을 순서 없이 나타낸 것이다.

상호 작용	종 1	종 2	예
(가)	손해	?	촌충은 숙주의 소화관에 서식하며 영양분을 흡수한다.
(나)	이익	이익	?
경쟁	㉠	손해	캥거루쥐와 주머니쥐는 같은 종류의 먹이를 두고 서로 다툰다.

이에 대한 설명으로 옳은 것만을 〈보기〉에서 있는 대로 고른 것은? [3점]

─ 〈보 기〉─
ㄱ. (가)는 상리 공생이다.
ㄴ. ㉠은 '이익'이다.
ㄷ. '꽃은 벌새에게 꿀을 제공하고, 벌새는 꽃의 수분을 돕는다.'는 (나)의 예에 해당한다.

① ㄱ ② ㄷ ③ ㄱ, ㄴ ④ ㄴ, ㄷ ⑤ ㄱ, ㄴ, ㄷ

※ 확인 사항
○ 답안지의 해당란에 필요한 내용을 정확히 기입(표기)했는지 확인하시오.

2023학년도 대학수학능력시험 9월 모의평가 문제지

과학탐구 영역 (생명과학 I)

성명 [ ] 수험번호 [ ][ ][ ][ ] [ ] [ ][ ][ ][ ]

---

1. 다음은 소가 갖는 생물의 특성에 대한 자료이다.

> 소는 식물의 섬유소를 직접 분해할 수 없지만 소화 기관에 섬유소를 분해하는 세균이 있어 세균의 대사산물을 에너지원으로 이용한다. ㉠세균에 의한 섬유소 분해 과정은 소의 되새김질에 의해 촉진된다. 되새김질은 삼킨 음식물을 위에서 입으로 토해내 씹고 삼키는 것을 반복하는 것으로, ㉡소는 되새김질에 적합한 구조의 소화 기관을 갖는다.

이 자료에 대한 설명으로 옳은 것만을 〈보기〉에서 있는 대로 고른 것은?

―〈보 기〉―
ㄱ. ㉠에 효소가 이용된다.
ㄴ. ㉡은 적응과 진화의 예에 해당한다.
ㄷ. 소는 세균과의 상호 작용을 통해 이익을 얻는다.

① ㄱ　② ㄷ　③ ㄱ, ㄴ　④ ㄴ, ㄷ　⑤ ㄱ, ㄴ, ㄷ

2. 표는 사람의 질병 A와 B의 특징을 나타낸 것이다. A와 B는 후천성 면역 결핍증(AIDS)과 헌팅턴 무도병을 순서 없이 나타낸 것이다.

질병	특징
A	신경계가 점진적으로 파괴되면서 몸의 움직임이 통제되지 않으며, 자손에게 유전될 수 있다.
B	면역력이 약화되어 세균과 곰팡이에 쉽게 감염된다.

이에 대한 설명으로 옳은 것만을 〈보기〉에서 있는 대로 고른 것은?

―〈보 기〉―
ㄱ. A는 헌팅턴 무도병이다.
ㄴ. B의 병원체는 바이러스이다.
ㄷ. A와 B는 모두 감염성 질병이다.

① ㄱ　② ㄷ　③ ㄱ, ㄴ　④ ㄴ, ㄷ　⑤ ㄱ, ㄴ, ㄷ

3. 그림은 생태계를 구성하는 요소 사이의 상호 관계를, 표는 상호 관계 (가)~(다)의 예를 나타낸 것이다. (가)~(다)는 ㉠~㉢을 순서 없이 나타낸 것이다.

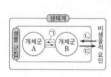

상호 관계	예
(가)	식물의 광합성으로 대기의 산소 농도가 증가한다.
(나)	ⓐ영양염류의 유입으로 식물성 플랑크톤의 개체 수가 증가한다.
(다)	?

이에 대한 설명으로 옳은 것만을 〈보기〉에서 있는 대로 고른 것은?

―〈보 기〉―
ㄱ. (가)는 ㉡이다.
ㄴ. ⓐ는 비생물적 요인에 해당한다.
ㄷ. 생태적 지위가 비슷한 서로 다른 종의 새가 경쟁을 피해 활동 영역을 나누어 살아가는 것은 (다)의 예에 해당한다.

① ㄱ　② ㄷ　③ ㄱ, ㄴ　④ ㄴ, ㄷ　⑤ ㄱ, ㄴ, ㄷ

4. 사람에서 일어나는 물질대사에 대한 설명으로 옳은 것만을 〈보기〉에서 있는 대로 고른 것은?

―〈보 기〉―
ㄱ. 지방이 분해되는 과정에서 이화 작용이 일어난다.
ㄴ. 단백질이 합성되는 과정에서 에너지의 흡수가 일어난다.
ㄷ. 포도당이 세포 호흡에 사용된 결과 생성되는 노폐물에는 이산화 탄소가 있다.

① ㄱ　② ㄴ　③ ㄱ, ㄷ　④ ㄴ, ㄷ　⑤ ㄱ, ㄴ, ㄷ

5. 그림은 어떤 동물 종에서 ㉠이 제거된 개체 I과 정상 개체 II에 각각 자극 ⓐ를 주고 측정한 단위 시간당 오줌 생성량을 시간에 따라 나타낸 것이다. ㉠은 뇌하수체 전엽과 뇌하수체 후엽 중 하나이고, ⓐ는 ㉠에서 호르몬 X의 분비를 촉진한다.

이에 대한 설명으로 옳은 것만을 〈보기〉에서 있는 대로 고른 것은? (단, 제시된 조건 이외는 고려하지 않는다.) [3점]

―〈보 기〉―
ㄱ. ㉠은 뇌하수체 후엽이다.
ㄴ. t_1일 때 콩팥에서의 단위 시간당 수분 재흡수량은 I에서가 II에서보다 많다.
ㄷ. t_1일 때 I에게 항이뇨 호르몬(ADH)을 주사하면 생성되는 오줌의 삼투압이 감소한다.

① ㄱ　② ㄴ　③ ㄷ　④ ㄱ, ㄴ　⑤ ㄱ, ㄷ

6. 다음은 세포 주기에 대한 실험이다.

[실험 과정 및 결과]
(가) 어떤 동물의 체세포를 배양하여 집단 A와 B로 나눈다.
(나) A와 B 중 B에만 G_1기에서 S기로의 전환을 억제하는 물질을 처리하고, 두 집단을 동일한 조건에서 일정 시간 동안 배양한다.
(다) 두 집단에서 같은 수의 세포를 동시에 고정한 후, 각 집단의 세포당 DNA 양에 따른 세포 수를 나타낸 결과는 그림과 같다.

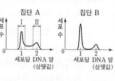

이에 대한 설명으로 옳은 것만을 〈보기〉에서 있는 대로 고른 것은?

―〈보 기〉―
ㄱ. (다)에서 $\dfrac{\text{S기 세포 수}}{G_1\text{기 세포 수}}$ 는 A에서가 B에서보다 작다.
ㄴ. 구간 I에는 뉴클레오솜을 갖는 세포가 있다.
ㄷ. 구간 II에는 핵막을 갖는 세포가 있다.

① ㄱ　② ㄷ　③ ㄱ, ㄴ　④ ㄴ, ㄷ　⑤ ㄱ, ㄴ, ㄷ

과학탐구 영역 (생명과학 I)

7. 다음은 사람의 항상성에 대한 자료이다.

> (가) 티록신은 음성 피드백으로 ㉠에서의 TSH 분비를 조절한다.
> (나) ㉡체온 조절 중추에 ⓐ를 주면 피부 근처 혈관이 수축된다. ⓐ는 고온 자극과 저온 자극 중 하나이다.

이에 대한 설명으로 옳은 것만을 〈보기〉에서 있는 대로 고른 것은?

> ─── 〈보 기〉───
> ㄱ. 티록신은 혈액을 통해 표적 세포로 이동한다.
> ㄴ. ㉠과 ㉡은 모두 뇌줄기에 속한다.
> ㄷ. ⓐ는 고온 자극이다.

① ㄱ ② ㄴ ③ ㄱ, ㄴ ④ ㄱ, ㄷ ⑤ ㄴ, ㄷ

8. 사람의 유전 형질 ㉮는 1쌍의 대립유전자 A와 a에 의해, ㉯는 2쌍의 대립유전자 B와 b, D와 d에 의해 결정된다. ㉮의 유전자는 상염색체에, ㉯의 유전자는 X 염색체에 있다. 표는 남자 P의 세포 (가)~(다)와 여자 Q의 세포 (라)~(바)에서 대립유전자 ㉠~㉷의 유무를 나타낸 것이다. ㉠~㉷은 A, a, B, b, D, d를 순서 없이 나타낸 것이다.

대립유전자	P의 세포			Q의 세포		
	(가)	(나)	(다)	(라)	(마)	(바)
㉠	×	?	○	?	○	×
㉡	×	×	×	○	○	○
㉢	?	○	○	○	○	○
㉣	×	ⓐ	○	×	×	○
㉤	○	○	×	×	×	×
㉷	×	×	×	?	×	○

(○: 있음, ×: 없음)

이에 대한 설명으로 옳은 것만을 〈보기〉에서 있는 대로 고른 것은? (단, 돌연변이와 교차는 고려하지 않는다.)

> ─── 〈보 기〉───
> ㄱ. ㉠은 ㉷과 대립유전자이다.
> ㄴ. ⓐ는 '×'이다.
> ㄷ. Q의 ㉯의 유전자형은 BbDd이다.

① ㄱ ② ㄴ ③ ㄱ, ㄷ ④ ㄴ, ㄷ ⑤ ㄱ, ㄴ, ㄷ

9. 표 (가)는 질소 순환 과정의 작용 A와 B에서 특징 ㉠과 ㉡의 유무를 나타낸 것이고, (나)는 ㉠과 ㉡을 순서 없이 나타낸 것이다. A와 B는 질산화 작용과 질소 고정 작용을 순서 없이 나타낸 것이다.

특징 \ 작용	㉠	㉡
A	○	×
B	○	?

(○: 있음, ×: 없음)

(가)

특징 (㉠, ㉡)
• 암모늄 이온(NH_4^+)이 ⓐ질산 이온(NO_3^-)으로 전환된다.
• 세균이 관여한다.

(나)

이에 대한 설명으로 옳은 것만을 〈보기〉에서 있는 대로 고른 것은? [3점]

> ─── 〈보 기〉───
> ㄱ. B는 질산화 작용이다.
> ㄴ. ㉡은 '세균이 관여한다.'이다.
> ㄷ. 탈질산화 세균은 ⓐ가 질소 기체로 전환되는 과정에 관여한다.

① ㄱ ② ㄴ ③ ㄱ, ㄷ ④ ㄴ, ㄷ ⑤ ㄱ, ㄴ, ㄷ

10. 그림은 정상인이 I과 II일 때 혈중 글루카곤 농도의 변화를 나타낸 것이다. I과 II는 '혈중 포도당 농도가 높은 상태'와 '혈중 포도당 농도가 낮은 상태'를 순서 없이 나타낸 것이다.

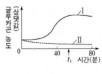

이에 대한 설명으로 옳은 것만을 〈보기〉에서 있는 대로 고른 것은? (단, 제시된 조건 이외는 고려하지 않는다.)

> ─── 〈보 기〉───
> ㄱ. I은 '혈중 포도당 농도가 높은 상태'이다.
> ㄴ. 이자의 α세포에서 글루카곤이 분비된다.
> ㄷ. t_1일 때 $\dfrac{혈중 인슐린 농도}{혈중 글루카곤 농도}$ 는 I에서가 II에서보다 크다.

① ㄱ ② ㄴ ③ ㄷ ④ ㄱ, ㄴ ⑤ ㄴ, ㄷ

11. 사람의 어떤 유전 형질은 2쌍의 대립유전자 H와 h, T와 t에 의해 결정된다. 그림 (가)는 사람 I의, (나)는 사람 II의 감수 분열 과정의 일부를, 표는 I의 세포 ⓐ와 II의 세포 ⓑ에서 대립유전자 ㉠, ㉡, ㉢, ㉣ 중 2개의 DNA 상대량을 더한 값을 나타낸 것이다. ㉠~㉣은 H, h, T, t를 순서 없이 나타낸 것이고, I의 유전자형은 HHtt이며, II의 유전자형은 hhTt이다.

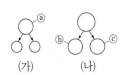

(가)   (나)

세포	DNA 상대량을 더한 값			
	㉠+㉡	㉠+㉢	㉡+㉢	㉢+㉣
ⓐ	0	?	2	㉮
ⓑ	2	4	㉯	2

이에 대한 설명으로 옳은 것만을 〈보기〉에서 있는 대로 고른 것은? (단, 돌연변이와 교차는 고려하지 않으며, H, h, T, t 각각의 1개당 DNA 상대량은 1이다. ⓐ~ⓒ는 중기의 세포이다.) [3점]

> ─── 〈보 기〉───
> ㄱ. ㉮+㉯=6이다.
> ㄴ. ⓐ의 $\dfrac{염색 분체 수}{성염색체 수}$=46이다.
> ㄷ. ⓒ에는 t가 있다.

① ㄱ ② ㄷ ③ ㄱ, ㄴ ④ ㄴ, ㄷ ⑤ ㄱ, ㄴ, ㄷ

12. 표는 방형구법을 이용하여 어떤 지역의 식물 군집을 조사한 결과를 나타낸 것이다.

종	개체 수	상대 밀도(%)	빈도	상대 빈도(%)	상대 피도(%)
A	?	20	0.4	20	16
B	36	30	0.7	?	24
C	12	?	0.2	10	?
D	㉠	?	?	?	30

이 자료에 대한 설명으로 옳은 것만을 〈보기〉에서 있는 대로 고른 것은? (단, A~D 이외의 종은 고려하지 않는다.) [3점]

> ─── 〈보 기〉───
> ㄱ. ㉠은 24이다.
> ㄴ. 지표를 덮고 있는 면적이 가장 작은 종은 A이다.
> ㄷ. 우점종은 B이다.

① ㄱ ② ㄴ ③ ㄷ ④ ㄱ, ㄴ ⑤ ㄴ, ㄷ

13. 다음은 자율 신경 A에 의한 심장 박동 조절 실험이다.

[실험 과정]
(가) 같은 종의 동물로부터 심장 I과 II를 준비하고, II에서만 자율 신경을 제거한다.

(나) I과 II를 각각 생리식염수가 담긴 용기 ㉠과 ㉡에 넣고, ㉠에서 ㉡으로 용액이 흐르도록 두 용기를 연결한다.

(다) I에 연결된 A에 자극을 주고 I과 II의 세포에서 활동 전위 발생 빈도를 측정한다. A는 교감 신경과 부교감 신경 중 하나이다.

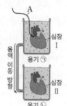

[실험 결과]
○ A의 신경절 이후 뉴런의 축삭 돌기 말단에서 물질 ㉮가 분비되었다. ㉮는 아세틸콜린과 노르에피네프린 중 하나이다.
○ I과 II의 세포에서 측정한 활동 전위 발생 빈도는 그림과 같다.

이 자료에 대한 설명으로 옳은 것만을 〈보기〉에서 있는 대로 고른 것은? (단, 제시된 조건 이외는 고려하지 않는다.)

───〈보 기〉───
ㄱ. A는 말초 신경계에 속한다.
ㄴ. ㉮는 노르에피네프린이다.
ㄷ. (나)의 ㉡에 아세틸콜린을 처리하면 II의 세포에서 활동 전위 발생 빈도가 증가한다.

① ㄱ   ② ㄴ   ③ ㄱ, ㄴ   ④ ㄱ, ㄷ   ⑤ ㄴ, ㄷ

14. 다음은 검사 키트를 이용하여 병원체 X의 감염 여부를 확인하기 위한 실험이다.

○ 사람으로부터 채취한 시료를 검사 키트에 떨어뜨리면 시료는 물질 ⓐ와 함께 이동한다. ⓐ는 X에 결합할 수 있고, 색소가 있다.

○ 검사 키트의 I에는 ㉠이, II에는 ㉡이 각각 부착되어 있다. ㉠과 ㉡ 중 하나는 'X에 대한 항체'이고, 나머지 하나는 'ⓐ에 대한 항체'이다.
○ ㉠과 ㉡에 각각 항원이 결합하면, ⓐ의 색소에 의해 띠가 나타난다.

[실험 과정 및 결과]
(가) 사람 A와 B로부터 시료를 각각 준비한 후, 검사 키트에 각 시료를 떨어뜨린다.
(나) 일정 시간이 지난 후 검사 키트를 확인한 결과는 그림과 같고, A와 B 중 한 사람만 X에 감염되었다.

이 자료에 대한 설명으로 옳은 것만을 〈보기〉에서 있는 대로 고른 것은? (단, 제시된 조건 이외는 고려하지 않는다.) [3점]

───〈보 기〉───
ㄱ. ㉡은 'ⓐ에 대한 항체'이다.
ㄴ. B는 X에 감염되었다.
ㄷ. 검사 키트에는 항원 항체 반응의 원리가 이용된다.

① ㄱ   ② ㄴ   ③ ㄱ, ㄷ   ④ ㄴ, ㄷ   ⑤ ㄱ, ㄴ, ㄷ

15. 다음은 민말이집 신경 A와 B의 흥분 전도에 대한 자료이다.

○ 그림은 A와 B의 지점 $d_1 \sim d_4$의 위치를, 표는 A의 ㉠과 B의 ㉡에 역치 이상의 자극을 동시에 1회 주고 경과된 시간이 3ms일 때 $d_1 \sim d_4$에서의 막전위를 나타낸 것이다. ㉠과 ㉡은 각각 $d_1 \sim d_4$ 중 하나이다.

신경	3ms일 때 막전위(mV)			
	d_1	d_2	d_3	d_4
A	ⓒ	+10	ⓐ	ⓑ
B	ⓑ	ⓐ	ⓒ	ⓐ

○ A와 B의 흥분 전도 속도는 각각 1cm/ms와 2cm/ms 중 하나이다.
○ A와 B 각각에서 활동 전위가 발생하였을 때, 각 지점에서의 막전위 변화는 그림과 같다.

이에 대한 설명으로 옳은 것만을 〈보기〉에서 있는 대로 고른 것은? (단, A와 B에서 흥분의 전도는 각각 1회 일어났고, 휴지 전위는 −70mV이다.) [3점]

───〈보 기〉───
ㄱ. ㉡은 d_1이다.
ㄴ. A의 흥분 전도 속도는 2cm/ms이다.
ㄷ. 3ms일 때 B의 d_2에서 재분극이 일어나고 있다.

① ㄱ   ② ㄴ   ③ ㄷ   ④ ㄱ, ㄷ   ⑤ ㄴ, ㄷ

16. 다음은 어떤 집안의 유전 형질 (가)와 (나)에 대한 자료이다.

○ (가)의 유전자와 (나)의 유전자 중 하나만 X 염색체에 있다.
○ (가)는 대립유전자 H와 h에 의해, (나)는 대립유전자 T와 t에 의해 결정된다. H는 h에 대해, T는 t에 대해 각각 완전 우성이다.
○ 가계도는 구성원 1~6에게서 (가)와 (나)의 발현 여부를 나타낸 것이다.

□ 정상 남자
○ 정상 여자
▨ (가) 발현 여자
⊕ (나) 발현 여자
■ (가), (나) 발현 남자

○ 표는 구성원 I~III에서 체세포 1개당 H와 ㉠의 DNA 상대량을 나타낸 것이다. I~III은 각각 구성원 1, 2, 5 중 하나이고, ㉠은 T와 t 중 하나이며, ⓐ~ⓒ는 0, 1, 2를 순서 없이 나타낸 것이다.

구성원	I	II	III
DNA 상대량 H	ⓑ	ⓒ	ⓑ
	㉠	ⓒ	ⓒ	ⓐ

이에 대한 설명으로 옳은 것만을 〈보기〉에서 있는 대로 고른 것은? (단, 돌연변이와 교차는 고려하지 않으며, H, h, T, t 각각의 1개당 DNA 상대량은 1이다.) [3점]

───〈보 기〉───
ㄱ. (가)는 열성 형질이다.
ㄴ. III의 (가)와 (나)의 유전자형은 모두 동형 접합성이다.
ㄷ. 6의 동생이 태어날 때, 이 아이에게서 (가)와 (나)가 모두 발현될 확률은 $\frac{1}{4}$이다.

① ㄱ   ② ㄴ   ③ ㄱ, ㄴ   ④ ㄴ, ㄷ   ⑤ ㄴ, ㄷ

과학탐구 영역 (생명과학 Ⅰ)

17. 다음은 사람의 유전 형질 ㉠~㉢에 대한 자료이다.

○ ㉠~㉢의 유전자는 서로 다른 3개의 상염색체에 있다.
○ ㉠은 1쌍의 대립유전자에 의해 결정되며, 대립유전자에는 A, B, D가 있다. ㉠의 표현형은 4가지이며, ㉠의 유전자형이 AD인 사람과 AA인 사람의 표현형은 같고, 유전자형이 BD인 사람과 BB인 사람의 표현형은 같다.
○ ㉡은 대립유전자 E와 E*에 의해 결정되며, 유전자형이 다르면 표현형이 다르다.
○ ㉢은 대립유전자 F와 F*에 의해 결정되며, F는 F*에 대해 완전 우성이다.
○ 표는 사람 Ⅰ~Ⅳ의 ㉠~㉢의 유전자형을 나타낸 것이다.

사람	Ⅰ	Ⅱ	Ⅲ	Ⅳ
유전자형	ABEEFF*	ADE*E*FF	BDEE*FF	BDEE*F*F*

○ 남자 P와 여자 Q 사이에서 ⓐ가 태어날 때, ⓐ에게서 나타날 수 있는 ㉠~㉢의 표현형은 최대 12가지이다. P와 Q는 각각 Ⅰ~Ⅳ 중 하나이다.

ⓐ의 ㉠~㉢의 표현형이 모두 Ⅰ과 같을 확률은? (단, 돌연변이는 고려하지 않는다.)

① $\frac{1}{16}$ ② $\frac{1}{8}$ ③ $\frac{3}{16}$ ④ $\frac{1}{4}$ ⑤ $\frac{3}{8}$

18. 다음은 어떤 가족의 유전 형질 (가)~(다)에 대한 자료이다.

○ (가)는 대립유전자 A와 A*에 의해, (나)는 대립유전자 B와 B*에 의해, (다)는 대립유전자 D와 D*에 의해 결정된다.
○ (가)와 (나)의 유전자는 7번 염색체에, (다)의 유전자는 9번 염색체에 있다.
○ 표는 이 가족 구성원의 세포 Ⅰ~Ⅴ 각각에 들어 있는 A, A*, B, B*, D, D*의 DNA 상대량을 나타낸 것이다.

구분	세포	A	A*	B	B*	D	D*
아버지	Ⅰ	?	?	1	0	1	?
어머니	Ⅱ	0	?	?	0	0	2
자녀1	Ⅲ	2	?	?	?	1	0
자녀2	Ⅳ	0	?	0	?	?	2
자녀3	Ⅴ	?	0	?	2	?	3

○ 아버지의 생식세포 형성 과정에서 7번 염색체에 있는 대립 유전자 ㉠이 9번 염색체로 이동하는 돌연변이가 1회 일어나 9번 염색체에 ㉠이 있는 정자 P가 형성되었다. ㉠은 A, A*, B, B* 중 하나이다.
○ 어머니의 생식세포 형성 과정에서 염색체 비분리가 1회 일어나 염색체 수가 비정상적인 난자 Q가 형성되었다.
○ P와 Q가 수정되어 자녀 3이 태어났다. 자녀 3을 제외한 나머지 구성원의 핵형은 모두 정상이다.

이에 대한 설명으로 옳은 것만을 〈보기〉에서 있는 대로 고른 것은? (단, 제시된 돌연변이 이외의 돌연변이와 교차는 고려하지 않으며, A, A*, B, B*, D, D* 각각의 1개당 DNA 상대량은 1이다.) [3점]

── <보 기> ──
ㄱ. ㉠은 B*이다.
ㄴ. 어머니에게서 A, B, D를 모두 갖는 난자가 형성될 수 있다.
ㄷ. 염색체 비분리는 감수 2분열에서 일어났다.

① ㄱ ② ㄷ ③ ㄱ, ㄴ ④ ㄱ, ㄷ ⑤ ㄴ, ㄷ

19. 다음은 골격근 수축 과정에 대한 자료이다.

○ 그림 (가)는 근육 원섬유 마디 X의 구조를, (나)는 구간 ㉡의 길이에 따른 ⓐX가 생성할 수 있는 힘을 나타낸 것이다. X는 좌우 대칭이고, ⓐ가 F_1일 때 A대의 길이는 1.6μm이다.

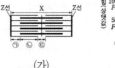

(가)   (나)

○ 구간 ㉠은 액틴 필라멘트만 있는 부분이고, ㉡은 액틴 필라멘트와 마이오신 필라멘트가 겹치는 부분이며, ㉢은 마이오신 필라멘트만 있는 부분이다.
○ 표는 ⓐ가 F_1과 F_2일 때 ㉢의 길이를 ㉠의 길이로 나눈 값($\frac{㉢}{㉠}$)과 X의 길이를 ㉡의 길이로 나눈 값($\frac{X}{㉡}$)을 나타낸 것이다.

힘	$\frac{㉢}{㉠}$	$\frac{X}{㉡}$
F_1	1	4
F_2	$\frac{3}{2}$	?

이 자료에 대한 설명으로 옳은 것만을 〈보기〉에서 있는 대로 고른 것은? [3점]

── <보 기> ──
ㄱ. ⓐ는 H대의 길이가 0.3μm일 때가 0.6μm일 때보다 작다.
ㄴ. F_1일 때 ㉠의 길이와 ㉢의 길이를 더한 값은 1.0μm이다.
ㄷ. F_2일 때 X의 길이는 3.2μm이다.

① ㄱ ② ㄴ ③ ㄷ ④ ㄱ, ㄴ ⑤ ㄴ, ㄷ

20. 다음은 어떤 과학자가 수행한 탐구이다.

(가) 물질 X가 살포된 지역에서 비정상적인 생식 기관을 갖는 수컷 개구리가 많은 것을 관찰하고, X가 수컷 개구리의 생식 기관에 기형을 유발할 것이라고 생각했다.
(나) X에 노출된 적이 없는 올챙이를 집단 A와 B로 나눈 후 A에만 X를 처리했다.
(다) 일정 시간이 지난 후, ㉠과 ㉡ 각각의 수컷 개구리 중 비정상적인 생식 기관을 갖는 개체의 빈도를 조사한 결과는 그림과 같다. ㉠과 ㉡은 A와 B를 순서 없이 나타낸 것이다.
(라) X가 수컷 개구리의 생식 기관에 기형을 유발한다는 결론을 내렸다.

이 자료에 대한 설명으로 옳은 것만을 〈보기〉에서 있는 대로 고른 것은? [3점]

── <보 기> ──
ㄱ. ㉠은 B이다.
ㄴ. 연역적 탐구 방법이 이용되었다.
ㄷ. (나)에서 조작 변인은 X의 처리 여부이다.

① ㄱ ② ㄴ ③ ㄱ, ㄷ ④ ㄴ, ㄷ ⑤ ㄱ, ㄴ, ㄷ

※ 확인 사항
○ 답안지의 해당란에 필요한 내용을 정확히 기입(표기)했는지 확인하시오.

2023학년도 대학수학능력시험 문제지

과학탐구 영역 (생명과학 I)

| 성명 | | 수험번호 | | | | | − | | | | |

---

1. 다음은 어떤 해파리에 대한 자료이다.

> 이 해파리의 유생은 ㉠ 발생과 생장 과정을 거쳐 성체가 된다. 성체의 촉수에는 독이 있는 세포 ⓐ가 분포하는데, ㉡ 촉수에 물체가 닿으면 ⓐ에서 독이 분비된다.

이 자료에 대한 설명으로 옳은 것만을 〈보기〉에서 있는 대로 고른 것은? [3점]

> ─── 〈보 기〉 ───
> ㄱ. ㉠ 과정에서 세포 분열이 일어난다.
> ㄴ. ⓐ에서 물질대사가 일어난다.
> ㄷ. ㉡은 자극에 대한 반응의 예에 해당한다.

① ㄱ   ② ㄴ   ③ ㄱ, ㄷ   ④ ㄴ, ㄷ   ⑤ ㄱ, ㄴ, ㄷ

2. 표는 사람의 5가지 질병을 병원체의 특징에 따라 구분하여 나타낸 것이다.

병원체의 특징	질병
세포 구조로 되어 있다.	결핵, 무좀, 말라리아
(가)	독감, 후천성 면역 결핍증(AIDS)

이에 대한 설명으로 옳은 것만을 〈보기〉에서 있는 대로 고른 것은?

> ─── 〈보 기〉 ───
> ㄱ. '스스로 물질대사를 하지 못한다.'는 (가)에 해당한다.
> ㄴ. 무좀과 말라리아의 병원체는 모두 곰팡이다.
> ㄷ. 결핵과 독감은 모두 감염성 질병이다.

① ㄱ   ② ㄴ   ③ ㄱ, ㄷ   ④ ㄴ, ㄷ   ⑤ ㄱ, ㄴ, ㄷ

3. 다음은 세포 호흡에 대한 자료이다. ㉠과 ㉡은 각각 ADP와 ATP 중 하나이다.

> (가) 포도당은 세포 호흡을 통해 물과 이산화 탄소로 분해된다.
> (나) 세포 호흡 과정에서 방출된 에너지의 일부는 ㉠에 저장되며, ㉠이 ㉡과 무기 인산(P_i)으로 분해될 때 방출된 에너지는 생명 활동에 사용된다.

이에 대한 설명으로 옳은 것만을 〈보기〉에서 있는 대로 고른 것은? [3점]

> ─── 〈보 기〉 ───
> ㄱ. (가)에서 이화 작용이 일어난다.
> ㄴ. 미토콘드리아에서 ㉡이 ㉠으로 전환된다.
> ㄷ. 포도당이 분해되어 생성된 에너지의 일부는 체온 유지에 사용된다.

① ㄱ   ② ㄴ   ③ ㄱ, ㄷ   ④ ㄴ, ㄷ   ⑤ ㄱ, ㄴ, ㄷ

4. 사람의 몸을 구성하는 기관계에 대한 설명으로 옳은 것만을 〈보기〉에서 있는 대로 고른 것은?

> ─── 〈보 기〉 ───
> ㄱ. 소화계에서 흡수된 영양소의 일부는 순환계를 통해 폐로 운반된다.
> ㄴ. 간에서 생성된 노폐물의 일부는 배설계를 통해 몸 밖으로 배출된다.
> ㄷ. 호흡계에서 기체 교환이 일어난다.

① ㄱ   ② ㄷ   ③ ㄱ, ㄴ   ④ ㄴ, ㄷ   ⑤ ㄱ, ㄴ, ㄷ

5. 그림은 자극에 의한 반사가 일어날 때 흥분 전달 경로를 나타낸 것이다.

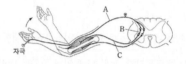

이에 대한 설명으로 옳은 것만을 〈보기〉에서 있는 대로 고른 것은?

> ─── 〈보 기〉 ───
> ㄱ. A는 운동 뉴런이다.
> ㄴ. C의 신경 세포체는 척수에 있다.
> ㄷ. 이 반사 과정에서 A에서 B로 흥분의 전달이 일어난다.

① ㄱ   ② ㄴ   ③ ㄱ, ㄷ   ④ ㄴ, ㄷ   ⑤ ㄱ, ㄴ, ㄷ

6. 표 (가)는 사람의 체세포 세포 주기에서 나타나는 4가지 특징을, (나)는 (가)의 특징 중 사람의 체세포 세포 주기의 ㉠~㉣에서 나타나는 특징의 개수를 나타낸 것이다. ㉠~㉣은 G_1기, G_2기, M기(분열기), S기를 순서 없이 나타낸 것이다.

특징
• 핵막이 소실된다.
• 히스톤 단백질이 있다.
• 방추사가 동원체에 부착된다.
• ⓐ 핵에서 DNA 복제가 일어난다.

(가)

구분	특징의 개수
㉠	2
㉡	?
㉢	3
㉣	1

(나)

이에 대한 설명으로 옳은 것만을 〈보기〉에서 있는 대로 고른 것은?

> ─── 〈보 기〉 ───
> ㄱ. ㉠ 시기에 특징 ⓐ가 나타난다.
> ㄴ. ㉢ 시기에 염색 분체의 분리가 일어난다.
> ㄷ. 핵 1개당 DNA 양은 ㉡ 시기의 세포와 ㉣ 시기의 세포가 서로 같다.

① ㄱ   ② ㄷ   ③ ㄱ, ㄷ   ④ ㄴ, ㄷ   ⑤ ㄱ, ㄴ, ㄷ

7. 사람의 유전 형질 ㉮는 2쌍의 대립유전자 A와 a, B와 b에 의해 결정된다. 그림은 사람 P의 G_1기 세포 I로부터 정자가 형성되는 과정을, 표는 세포 (가)~(라)에서 대립유전자 ㉠~㉢의 유무와 a와 B의 DNA 상대량을 나타낸 것이다. (가)~(라)는 I~IV를 순서 없이 나타낸 것이고, ㉠~㉢은 A, a, b를 순서 없이 나타낸 것이다.

세포	대립유전자 ㉠	대립유전자 ㉡	대립유전자 ㉢	DNA 상대량 a	DNA 상대량 B
(가)	×	×	○	?	2
(나)	○	?	○	2	?
(다)	?	?	×	1	1
(라)	○	?	?	1	?

(○: 있음, ×: 없음)

이에 대한 설명으로 옳은 것만을 〈보기〉에서 있는 대로 고른 것은? (단, 돌연변이와 교차는 고려하지 않으며, A, a, B, b 각각의 1개당 DNA 상대량은 1이다. II와 III은 중기의 세포이다.) [3점]

〈보 기〉
ㄱ. IV에 ㉠이 있다.
ㄴ. (나)의 핵상은 $2n$이다.
ㄷ. P의 유전자형은 AaBb이다.

① ㄱ ② ㄴ ③ ㄷ ④ ㄱ, ㄴ ⑤ ㄴ, ㄷ

8. 그림은 사람 I과 II에서 전체 혈액량의 변화량에 따른 혈중 항이뇨 호르몬 (ADH) 농도를 나타낸 것이다. I과 II는 'ADH가 정상적으로 분비되는 사람'과 'ADH가 과다하게 분비되는 사람'을 순서 없이 나타낸 것이다.

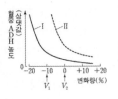

이에 대한 설명으로 옳은 것만을 〈보기〉에서 있는 대로 고른 것은? (단, 제시된 조건 이외는 고려하지 않는다.)

〈보 기〉
ㄱ. ADH는 혈액을 통해 표적 세포로 이동한다.
ㄴ. II는 'ADH가 정상적으로 분비되는 사람'이다.
ㄷ. I에서 단위 시간당 오줌 생성량은 V_1일 때가 V_2일 때보다 많다.

① ㄱ ② ㄴ ③ ㄱ, ㄷ ④ ㄴ, ㄷ ⑤ ㄱ, ㄴ, ㄷ

9. 다음은 사람의 유전 형질 (가)~(라)에 대한 자료이다.

○ (가)는 대립유전자 A와 a에 의해, (나)는 대립유전자 B와 b에 의해, (다)는 대립유전자 D와 d에 의해, (라)는 대립유전자 E와 e에 의해 결정된다. A는 a에 대해, B는 b에 대해, D는 d에 대해, E는 e에 대해 각각 완전 우성이다.

○ (가)~(라)의 유전자는 서로 다른 2개의 상염색체에 있고, (가)~(다)의 유전자는 (라)의 유전자와 다른 염색체에 있다.

○ (가)~(라)의 표현형이 모두 우성인 부모 사이에서 ⓐ가 태어날 때, ⓐ의 (가)~(라)의 표현형이 모두 부모와 같을 확률은 $\frac{3}{16}$이다.

ⓐ가 (가)~(라) 중 적어도 2가지 형질의 유전자형을 이형 접합성으로 가질 확률은? (단, 돌연변이와 교차는 고려하지 않는다.)

① $\frac{7}{8}$ ② $\frac{3}{4}$ ③ $\frac{5}{8}$ ④ $\frac{1}{2}$ ⑤ $\frac{3}{8}$

10. 그림 (가)와 (나)는 정상인 I과 II에서 ㉠과 ㉡의 변화를 각각 나타낸 것이다. t_1일 때 I과 II 중 한 사람에게만 인슐린을 투여하였다. ㉠과 ㉡은 각각 혈중 글루카곤 농도와 혈중 포도당 농도 중 하나이다.

(가)   (나)

이에 대한 설명으로 옳은 것만을 〈보기〉에서 있는 대로 고른 것은? (단, 제시된 조건 이외는 고려하지 않는다.) [3점]

〈보 기〉
ㄱ. 인슐린은 세포로의 포도당 흡수를 촉진한다.
ㄴ. ㉡은 혈중 포도당 농도이다.
ㄷ. $\dfrac{\text{I의 혈중 글루카곤 농도}}{\text{II의 혈중 글루카곤 농도}}$ 는 t_2일 때가 t_1일 때보다 크다.

① ㄱ ② ㄴ ③ ㄷ ④ ㄱ, ㄴ ⑤ ㄱ, ㄷ

11. 표는 방형구법을 이용하여 어떤 지역의 식물 군집을 두 시점 t_1과 t_2일 때 조사한 결과를 나타낸 것이다.

시점	종	개체 수	상대 빈도(%)	상대 피도(%)	중요치(중요도)
t_1	A	9	?	30	68
	B	19	20	20	?
	C	?	20	15	49
	D	15	40	?	?
t_2	A	0	?	?	?
	B	33	?	39	?
	C	?	20	24	?
	D	21	40	?	112

이 자료에 대한 설명으로 옳은 것만을 〈보기〉에서 있는 대로 고른 것은? (단, A~D 이외의 종은 고려하지 않는다.) [3점]

〈보 기〉
ㄱ. t_1일 때 우점종은 D이다.
ㄴ. t_2일 때 지표를 덮고 있는 면적이 가장 큰 종은 B이다.
ㄷ. C의 상대 밀도는 t_1일 때가 t_2일 때보다 작다.

① ㄱ ② ㄷ ③ ㄱ, ㄴ ④ ㄴ, ㄷ ⑤ ㄱ, ㄴ, ㄷ

12. 그림은 어떤 생태계를 구성하는 생물 군집의 단위 면적당 생물량(생체량)의 변화를 나타낸 것이다. t_1일 때 이 군집에 산불에 의한 교란이 일어났고, t_2일 때 이 생태계의 평형이 회복되었다. ㉠은 1차 천이와 2차 천이 중 하나이다.

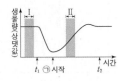

이 자료에 대한 설명으로 옳은 것만을 〈보기〉에서 있는 대로 고른 것은? [3점]

〈보 기〉
ㄱ. ㉠은 1차 천이다.
ㄴ. I 시기에 이 생물 군집의 호흡량은 0이다.
ㄷ. II 시기에 생산자의 총생산량은 순생산량보다 크다.

① ㄱ ② ㄷ ③ ㄱ, ㄴ ④ ㄴ, ㄷ ⑤ ㄱ, ㄴ, ㄷ

과학탐구 영역 (생명과학 Ⅰ)

13. 다음은 골격근의 수축 과정에 대한 자료이다.

○ 그림은 근육 원섬유 마디 X의 구 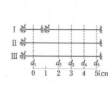 조를 나타낸 것이다. X는 좌우 대 칭이고, Z_1과 Z_2는 X의 Z선 이다.

○ 구간 ㉠은 액틴 필라멘트만 있는 부분이고, ㉡은 액틴 필 라멘트와 마이오신 필라멘트가 겹치는 부분이며, ㉢은 마 이오신 필라멘트만 있는 부분이다.

○ 골격근 수축 과정의 두 시점 t_1과 t_2 중, t_1일 때 X의 길 이는 L이고, t_2일 때만 ㉠~㉢의 길이가 모두 같다.

○ $\dfrac{t_2일\ 때\ ⓐ의\ 길이}{t_1일\ 때\ ⓐ의\ 길이}$ 와 $\dfrac{t_1일\ 때\ ㉡의\ 길이}{t_2일\ 때\ ㉡의\ 길이}$ 는 서로 같다. ⓐ 는 ㉠과 ㉢ 중 하나이다.

이에 대한 설명으로 옳은 것만을 〈보기〉에서 있는 대로 고른 것은?

─〈보 기〉─

ㄱ. ⓐ는 ㉢이다.

ㄴ. H대의 길이는 t_1일 때가 t_2일 때보다 짧다.

ㄷ. t_1일 때, X의 Z_1로부터 Z_2 방향으로 거리가 $\dfrac{3}{10}$L인 지점 은 ㉡에 해당한다.

① ㄱ ② ㄴ ③ ㄱ, ㄷ ④ ㄴ, ㄷ ⑤ ㄱ, ㄴ, ㄷ

14. 다음은 병원체 X와 Y에 대한 생쥐의 방어 작용 실험이다.

○ X와 Y에 모두 항원 ㉮가 있다.

[실험 과정 및 결과]

(가) 유전적으로 동일하고 X와 Y에 노출된 적이 없는 생쥐 Ⅰ~Ⅳ를 준비한다.

(나) Ⅰ에게 X를, Ⅱ에게 Y를 주사하고 일정 시간이 지난 후, 생쥐의 생존 여부를 확인한다.

생쥐	생존 여부
Ⅰ	산다
Ⅱ	죽는다

(다) (나)의 Ⅰ에서 ㉮에 대한 B 림프구가 분화한 기억 세포를 분리한다.

(라) Ⅲ에게 X를, Ⅳ에게 (다)의 기억 세포를 주사한다.

(마) 일정 시간이 지난 후, Ⅲ과 Ⅳ에게 Y를 각각 주사한다. Ⅲ과 Ⅳ에서 ㉮에 대한 혈중 항체 농도 변화는 그림과 같다.

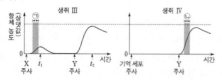

이에 대한 설명으로 옳은 것만을 〈보기〉에서 있는 대로 고른 것은? (단, 제시된 조건 이외는 고려하지 않는다.) [3점]

─〈보 기〉─

ㄱ. Ⅲ에서 ㉮에 대한 혈중 항체 농도는 t_1일 때가 t_2일 때보 다 높다.

ㄴ. 구간 ㉠에서 ㉮에 대한 특이적 방어 작용이 일어났다.

ㄷ. 구간 ㉡에서 형질 세포가 기억 세포로 분화되었다.

① ㄱ ② ㄴ ③ ㄱ, ㄷ ④ ㄴ, ㄷ ⑤ ㄱ, ㄴ, ㄷ

15. 다음은 민말이집 신경 Ⅰ~Ⅲ의 흥분 전도와 전달에 대한 자료 이다.

○ 그림은 Ⅰ~Ⅲ의 지점 d_1~d_5의 위치를, 표는 ㉠ Ⅰ과 Ⅱ 의 P에, Ⅲ의 Q에 역치 이상의 자극을 동시에 1회 주고 경과된 시간이 4ms일 때 d_1~d_5에서의 막전위를 나타낸 것이다. P와 Q는 각각 d_1~d_5 중 하나이다.

신경	4ms일 때 막전위(mV)				
	d_1	d_2	d_3	d_4	d_5
Ⅰ	70	ⓐ	?	ⓑ	?
Ⅱ	ⓒ	ⓐ	?	ⓒ	ⓑ
Ⅲ	ⓒ	−80	?	ⓐ	?

○ Ⅰ을 구성하는 두 뉴런의 흥분 전도 속도는 $2v$로 같고, Ⅱ와 Ⅲ의 흥분 전도 속도는 각각 $3v$와 $6v$이다.

○ Ⅰ~Ⅲ 각각에서 활동 전위가 발생하 였을 때, 각 지점에서의 막전위 변화는 그림과 같다.

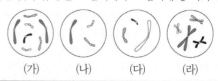

이에 대한 설명으로 옳은 것만을 〈보기〉에서 있는 대로 고른 것 은? (단, Ⅰ~Ⅲ에서 흥분의 전도는 각각 1회 일어났고, 휴지 전 위는 −70mV이다.) [3점]

─〈보 기〉─

ㄱ. Q는 d_4이다.

ㄴ. Ⅱ의 흥분 전도 속도는 2cm/ms이다.

ㄷ. ㉠이 5ms일 때 Ⅰ의 d_5에서 재분극이 일어나고 있다.

① ㄱ ② ㄴ ③ ㄱ, ㄷ ④ ㄴ, ㄷ ⑤ ㄱ, ㄴ, ㄷ

16. 다음은 핵상이 $2n$인 동물 A~C의 세포 (가)~(라)에 대한 자료이다.

○ A와 B는 서로 같은 종이고, B와 C는 서로 다른 종이며, B와 C의 체세포 1개당 염색체 수는 서로 다르다.

○ (가)~(라) 중 2개는 암컷의, 나머지 2개는 수컷의 세포이 다. A~C의 성염색체는 암컷이 XX, 수컷이 XY이다.

○ 그림은 (가)~(라) 각각에 들어 있는 모든 상염색체와 ㉠을 나타낸 것이다. ㉠은 X 염색체와 Y 염색체 중 하나이다.

(가) (나) (다) (라)

이에 대한 설명으로 옳은 것만을 〈보기〉에서 있는 대로 고른 것 은? (단, 돌연변이는 고려하지 않는다.)

─〈보 기〉─

ㄱ. ㉠은 Y 염색체이다.

ㄴ. (가)와 (라)는 서로 다른 개체의 세포이다.

ㄷ. C의 체세포 분열 중기의 세포 1개당 상염색체의 염색 분 체 수는 8이다.

① ㄱ ② ㄴ ③ ㄱ, ㄷ ④ ㄴ, ㄷ ⑤ ㄱ, ㄴ, ㄷ

과학탐구 영역 (생명과학 Ⅰ)

17. 다음은 어떤 가족의 유전 형질 (가)에 대한 자료이다.

○ (가)는 서로 다른 상염색체에 있는 2쌍의 대립유전자 H와 h, T와 t에 의해 결정된다. (가)의 표현형은 유전자형에서 대문자로 표시되는 대립유전자의 수에 의해서만 결정되며, 이 대립유전자의 수가 다르면 표현형이 다르다.

○ 표는 이 가족 구성원의 체세포에서 대립유전자 ⓐ~ⓓ의 유무와 (가)의 유전자형에서 대문자로 표시되는 대립유전자의 수를 나타낸 것이다. ⓐ~ⓓ는 H, h, T, t를 순서 없이 나타낸 것이고, ㉠~㉤은 0, 1, 2, 3, 4를 순서 없이 나타낸 것이다.

구성원	대립유전자				대문자로 표시되는 대립유전자의 수
	ⓐ	ⓑ	ⓒ	ⓓ	
아버지	○	○	×	○	㉠
어머니	○	○	○	○	㉡
자녀 1	?	×	×	○	㉢
자녀 2	○	○	?	×	㉣
자녀 3	○	?	○	×	㉤

(○: 있음, ×: 없음)

○ 아버지의 정자 형성 과정에서 염색체 비분리가 1회 일어나 염색체 수가 비정상적인 정자 P가 형성되었다. P와 정상 난자가 수정되어 자녀 3이 태어났다.

○ 자녀 3을 제외한 이 가족 구성원의 핵형은 모두 정상이다.

이에 대한 설명으로 옳은 것만을 〈보기〉에서 있는 대로 고른 것은? (단, 제시된 염색체 비분리 이외의 돌연변이와 교차는 고려하지 않는다.) [3점]

─── 〈보 기〉 ───
ㄱ. 아버지는 t를 갖는다.
ㄴ. ⓐ는 ⓒ와 대립유전자이다.
ㄷ. 염색체 비분리는 감수 1분열에서 일어났다.

① ㄱ ② ㄴ ③ ㄷ ④ ㄱ, ㄴ ⑤ ㄱ, ㄷ

18. 다음은 어떤 과학자가 수행한 탐구이다.

(가) 갑오징어가 먹이의 많고 적음을 구분하여 먹이가 더 많은 곳으로 이동할 것이라고 생각했다.

(나) 그림과 같이 대형 수조 안에 서로 다른 양의 먹이가 들어 있는 수조 A와 B를 준비했다.

(다) 갑오징어 1마리를 대형 수조에 넣고 A와 B 중 어느 수조로 이동하는지 관찰했다.

(라) 여러 마리의 갑오징어로 (다)의 과정을 반복하여 ⓐ <u>A와 B 각각으로 이동한 갑오징어 개체의 빈도를 조사한 결과</u>는 그림과 같다.

(마) 갑오징어가 먹이의 많고 적음을 구분하여 먹이가 더 많은 곳으로 이동한다는 결론을 내렸다.

이 자료에 대한 설명으로 옳은 것만을 〈보기〉에서 있는 대로 고른 것은?

─── 〈보 기〉 ───
ㄱ. ⓐ는 조작 변인이다.
ㄴ. 먹이의 양은 B에서가 A에서보다 많다.
ㄷ. (마)는 탐구 과정 중 결론 도출 단계에 해당한다.

① ㄱ ② ㄷ ③ ㄱ, ㄴ ④ ㄱ, ㄷ ⑤ ㄴ, ㄷ

19. 다음은 어떤 집안의 유전 형질 (가)와 (나)에 대한 자료이다.

○ (가)의 유전자와 (나)의 유전자는 같은 염색체에 있다.

○ (가)는 대립유전자 A와 a에 의해 결정되며, A는 a에 대해 완전 우성이다.

○ (나)는 대립유전자 E, F, G에 의해 결정되며, E는 F, G에 대해, F는 G에 대해 각각 완전 우성이다. (나)의 표현형은 3가지이다.

○ 가계도는 구성원 ⓐ를 제외한 구성원 1~5에게서 (가)의 발현 여부를 나타낸 것이다.

□ 정상 남자
○ 정상 여자
■ (가) 발현 남자

○ 표는 구성원 1~5와 ⓐ에서 체세포 1개당 E와 F의 DNA 상대량을 더한 값(E+F)과 체세포 1개당 F와 G의 DNA 상대량을 더한 값(F+G)을 나타낸 것이다. ㉠~㉢은 0, 1, 2를 순서 없이 나타낸 것이다.

구성원		1	2	3	ⓐ	4	5
DNA 상대량을 더한 값	E+F	?	?	1	㉡	0	1
	F+G	㉠	?	1	1	1	㉢

이에 대한 설명으로 옳은 것만을 〈보기〉에서 있는 대로 고른 것은? (단, 돌연변이와 교차는 고려하지 않으며, E, F, G 각각의 1개당 DNA 상대량은 1이다.) [3점]

─── 〈보 기〉 ───
ㄱ. ⓐ의 (가)의 유전자형은 동형 접합성이다.
ㄴ. 이 가계도 구성원 중 A와 G를 모두 갖는 사람은 2명이다.
ㄷ. 5의 동생이 태어날 때, 이 아이의 (가)와 (나)의 표현형이 모두 2와 같을 확률은 $\frac{1}{2}$이다.

① ㄱ ② ㄴ ③ ㄱ, ㄷ ④ ㄴ, ㄷ ⑤ ㄱ, ㄴ, ㄷ

20. 표는 종 사이의 상호 작용 (가)~(다)의 예를, 그림은 동일한 배양 조건에서 종 A와 B를 각각 단독 배양했을 때와 혼합 배양했을 때 시간에 따른 개체 수를 나타낸 것이다. (가)~(다)는 경쟁, 상리 공생, 포식과 피식을 순서 없이 나타낸 것이고, A와 B 사이의 상호 작용은 (가)~(다) 중 하나에 해당한다.

상호 작용	예
(가)	ⓐ <u>늑대는 말코손바닥사슴을 잡아 먹는다.</u>
(나)	캥거루쥐와 주머니쥐는 같은 종류의 먹이를 두고 서로 다툰다.
(다)	딱총새우는 산호를 천적으로부터 보호하고, 산호는 딱총새우에게 먹이를 제공한다.

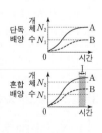

이에 대한 설명으로 옳은 것만을 〈보기〉에서 있는 대로 고른 것은?

─── 〈보 기〉 ───
ㄱ. ⓐ에서 늑대는 말코손바닥사슴과 한 개체군을 이룬다.
ㄴ. 구간 Ⅰ에서 A에 환경 저항이 작용한다.
ㄷ. A와 B 사이의 상호 작용은 (다)에 해당한다.

① ㄱ ② ㄷ ③ ㄱ, ㄴ ④ ㄴ, ㄷ ⑤ ㄱ, ㄴ, ㄷ

※ 확인 사항
○ 답안지의 해당란에 필요한 내용을 정확히 기입(표기)했는지 확인하시오.

2024학년도 대학수학능력시험 6월 모의평가 문제지

과학탐구 영역 (생명과학 I)

| 성명 | | 수험번호 | | | | – | | | |

---

1. 다음은 어떤 기러기에 대한 자료이다.

> ○ 화산섬에 서식하는 이 기러기는 풀과 열매를 섭취하여 ㉠활동에 필요한 에너지를 얻는다.
> ○ 이 기러기는 ㉡발생과 생장 과정에서 물갈퀴가 완전하게 발달하지는 않지만, ㉢길고 강한 발톱과 두꺼운 발바닥을 가져 화산섬에 서식하기에 적합하다.

이 자료에 대한 설명으로 옳은 것만을 〈보기〉에서 있는 대로 고른 것은?

> ─── 〈보 기〉───
> ㄱ. ㉠ 과정에서 물질대사가 일어난다.
> ㄴ. ㉡ 과정에서 세포 분열이 일어난다.
> ㄷ. ㉢은 적응과 진화의 예에 해당한다.

① ㄱ ② ㄷ ③ ㄱ, ㄴ ④ ㄴ, ㄷ ⑤ ㄱ, ㄴ, ㄷ

---

2. 다음은 사람에서 일어나는 물질대사에 대한 자료이다.

> (가) 단백질은 소화 과정을 거쳐 아미노산으로 분해된다.
> (나) 포도당이 세포 호흡을 통해 분해된 결과 생성되는 노폐물에는 ㉠이 있다.

이에 대한 설명으로 옳은 것만을 〈보기〉에서 있는 대로 고른 것은? [3점]

> ─── 〈보 기〉───
> ㄱ. (가)에서 이화 작용이 일어난다.
> ㄴ. 이산화 탄소는 ㉠에 해당한다.
> ㄷ. (가)와 (나)에서 모두 효소가 이용된다.

① ㄱ ② ㄷ ③ ㄱ, ㄴ ④ ㄴ, ㄷ ⑤ ㄱ, ㄴ, ㄷ

---

3. 다음은 호르몬 X에 대한 자료이다.

> X는 이자의 β 세포에서 분비되며, 세포로의 ⓐ포도당 흡수를 촉진한다. X가 정상적으로 생성되지 못하거나 X의 표적 세포가 X에 반응하지 못하면, 혈중 포도당 농도가 정상적으로 조절되지 못한다.

이에 대한 설명으로 옳은 것만을 〈보기〉에서 있는 대로 고른 것은?

> ─── 〈보 기〉───
> ㄱ. X는 간에서 ⓐ가 글리코젠으로 전환되는 과정을 촉진한다.
> ㄴ. 순환계를 통해 X가 표적 세포로 운반된다.
> ㄷ. 혈중 포도당 농도가 증가하면 X의 분비가 억제된다.

① ㄱ ② ㄷ ③ ㄱ, ㄴ ④ ㄴ, ㄷ ⑤ ㄱ, ㄴ, ㄷ

---

4. 사람의 질병에 대한 설명으로 옳은 것만을 〈보기〉에서 있는 대로 고른 것은?

> ─── 〈보 기〉───
> ㄱ. 독감의 병원체는 바이러스이다.
> ㄴ. 결핵의 병원체는 독립적으로 물질대사를 한다.
> ㄷ. 낫 모양 적혈구 빈혈증은 비감염성 질병에 해당한다.

① ㄱ ② ㄴ ③ ㄱ, ㄷ ④ ㄴ, ㄷ ⑤ ㄱ, ㄴ, ㄷ

---

5. 그림은 조건 Ⅰ~Ⅲ에서 뉴런 P의 한 지점에 역치 이상의 자극을 주고 측정한 시간에 따른 막전위를 나타낸 것이고, 표는 Ⅰ~Ⅲ에 대한 자료이다. ㉠과 ㉡은 Na^+과 K^+을 순서 없이 나타낸 것이다.

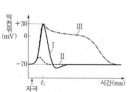

구분	조건
Ⅰ	물질 A와 B를 처리하지 않음
Ⅱ	물질 A를 처리하여 세포막에 있는 이온 통로를 통한 ㉠의 이동을 억제함
Ⅲ	물질 B를 처리하여 세포막에 있는 이온 통로를 통한 ㉡의 이동을 억제함

이에 대한 설명으로 옳은 것만을 〈보기〉에서 있는 대로 고른 것은? (단, 제시된 조건 이외는 고려하지 않는다.) [3점]

> ─── 〈보 기〉───
> ㄱ. ㉠은 Na^+이다.
> ㄴ. t_1일 때, Ⅰ에서 ㉡의 $\dfrac{세포\ 안의\ 농도}{세포\ 밖의\ 농도}$는 1보다 작다.
> ㄷ. 막전위가 $+30mV$에서 $-70mV$가 되는 데 걸리는 시간은 Ⅲ에서가 Ⅰ에서보다 짧다.

① ㄱ ② ㄴ ③ ㄷ ④ ㄱ, ㄴ ⑤ ㄴ, ㄷ

---

6. 그림 (가)는 사람 H의 체세포 세포 주기를, (나)는 H의 핵형 분석 결과의 일부를 나타낸 것이다. ㉠~㉢은 G_1기, M기(분열기), S기를 순서 없이 나타낸 것이다.

(가)   (나)

이에 대한 설명으로 옳은 것만을 〈보기〉에서 있는 대로 고른 것은?

> ─── 〈보 기〉───
> ㄱ. ㉠시기에 DNA 복제가 일어난다.
> ㄴ. ㉢시기에 (나)의 염색체가 관찰된다.
> ㄷ. (나)에서 다운 증후군의 염색체 이상이 관찰된다.

① ㄱ ② ㄷ ③ ㄷ ④ ㄱ, ㄴ ⑤ ㄱ, ㄷ

과학탐구 영역 (생명과학 I)

7. 그림은 사람에서 혈중 티록신 농도에 따른 물질대사량을, 표는 갑상샘 기능에 이상이 있는 사람 A와 B의 혈중 티록신 농도, 물질대사량, 증상을 나타낸 것이다. ㉠과 ㉡은 '정상보다 높음'과 '정상보다 낮음'을 순서 없이 나타낸 것이다.

사람	티록신 농도	물질 대사량	증상
A	㉠	정상보다 증가함	심장 박동 수가 증가하고 더위에 약함
B	㉡	정상보다 감소함	체중이 증가하고 추위를 많이 탐

이에 대한 설명으로 옳은 것만을 〈보기〉에서 있는 대로 고른 것은? (단, 제시된 조건 이외는 고려하지 않는다.)

〈 보 기 〉
ㄱ. 갑상샘에서 티록신이 분비된다.
ㄴ. ㉠은 '정상보다 높음'이다.
ㄷ. B에게 티록신을 투여하면 투여 전보다 물질대사량이 감소한다.

① ㄱ ② ㄷ ③ ㄱ, ㄴ ④ ㄱ, ㄷ ⑤ ㄴ, ㄷ

8. 표는 특정 형질에 대한 유전자형이 RR인 어떤 사람의 세포 (가)~(라)에서 핵막 소실 여부, 핵상, R의 DNA 상대량을 나타낸 것이다. (가)~(라)는 G_1기 세포, G_2기 세포, 감수 1분열 중기 세포, 감수 2분열 중기 세포를 순서 없이 나타낸 것이다. ㉠은 '소실됨'과 '소실 안 됨' 중 하나이다.

세포	핵막 소실 여부	핵상	R의 DNA 상대량
(가)	소실됨	n	2
(나)	소실 안 됨	$2n$	?
(다)	?	$2n$	2
(라)	㉠	?	4

이에 대한 설명으로 옳은 것만을 〈보기〉에서 있는 대로 고른 것은? (단, 돌연변이는 고려하지 않으며, R의 1개당 DNA 상대량은 1이다.)

〈 보 기 〉
ㄱ. (가)에서 2가 염색체가 관찰된다.
ㄴ. (나)는 G_2기 세포이다.
ㄷ. ㉠은 '소실됨'이다.

① ㄱ ② ㄴ ③ ㄱ, ㄷ ④ ㄴ, ㄷ ⑤ ㄱ, ㄴ, ㄷ

9. 그림은 어떤 지역의 식물 군집에서 산불이 난 후의 천이 과정 일부를, 표는 이 과정 중 ㉠에서 방형구법을 이용하여 식물 군집을 조사한 결과를 나타낸 것이다. ㉠은 A와 B 중 하나이고, A와 B는 양수림과 음수림을 순서 없이 나타낸 것이다. 종 I과 II는 침엽수(양수)에 속하고, 종 III과 IV는 활엽수(음수)에 속한다.

구분	침엽수		활엽수	
	I	II	III	IV
상대 밀도(%)	30	42	12	16
상대 빈도(%)	32	38	16	14
상대 피도(%)	34	38	17	11

이에 대한 설명으로 옳은 것만을 〈보기〉에서 있는 대로 고른 것은? (단, I~IV 이외의 종은 고려하지 않는다.) [3점]

〈 보 기 〉
ㄱ. ㉠은 B이다.
ㄴ. 이 지역에서 일어난 천이는 2차 천이이다.
ㄷ. 이 식물 군집은 혼합림에서 극상을 이룬다.

① ㄱ ② ㄴ ③ ㄷ ④ ㄱ, ㄴ ⑤ ㄱ, ㄷ

10. 그림은 중추 신경계의 구조를 나타낸 것이다. ㉠~㉣은 간뇌, 소뇌, 연수, 중간뇌를 순서 없이 나타낸 것이다.
이에 대한 설명으로 옳은 것만을 〈보기〉에서 있는 대로 고른 것은?

〈 보 기 〉
ㄱ. ㉠에 시상 하부가 있다.
ㄴ. ㉡과 ㉣은 모두 뇌줄기에 속한다.
ㄷ. ㉢은 호흡 운동을 조절한다.

① ㄱ ② ㄴ ③ ㄱ, ㄷ ④ ㄴ, ㄷ ⑤ ㄱ, ㄴ, ㄷ

11. 그림 (가)는 정상인의 혈중 항이뇨 호르몬(ADH) 농도에 따른 ㉠을, (나)는 정상인 A와 B 중 한 사람에게만 수분 공급을 중단하고 측정한 시간에 따른 ㉠을 나타낸 것이다. ㉠은 오줌 삼투압과 단위 시간당 오줌 생성량 중 하나이다.

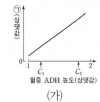 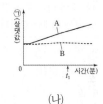

(가) (나)

이에 대한 설명으로 옳은 것만을 〈보기〉에서 있는 대로 고른 것은? (단, 제시된 조건 이외는 고려하지 않는다.) [3점]

〈 보 기 〉
ㄱ. 단위 시간당 오줌 생성량은 C_2일 때가 C_1일 때보다 많다.
ㄴ. t_1일 때 $\dfrac{\text{B의 혈중 ADH 농도}}{\text{A의 혈중 ADH 농도}}$는 1보다 크다.
ㄷ. 콩팥은 ADH의 표적 기관이다.

① ㄱ ② ㄷ ③ ㄱ, ㄴ ④ ㄴ, ㄷ ⑤ ㄱ, ㄴ, ㄷ

12. 그림은 생존 곡선 I형, II형, III형을, 표는 동물 종 ㉠, ㉡, ㉢의 특징과 생존 곡선 유형을 나타낸 것이다. ⓐ와 ⓑ는 I형과 III형을 순서 없이 나타낸 것이며, 특정 시기의 사망률은 그 시기 동안 사망한 개체 수를 그 시기가 시작된 시점의 총개체 수로 나눈 값이다.

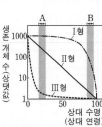

종	특징	유형
㉠	한 번에 많은 수의 자손을 낳으며 초기 사망률이 후기 사망률보다 높다.	ⓐ
㉡	한 번에 적은 수의 자손을 낳으며 초기 사망률이 후기 사망률보다 낮다.	ⓑ
㉢	?	II형

이에 대한 설명으로 옳은 것만을 〈보기〉에서 있는 대로 고른 것은?

〈 보 기 〉
ㄱ. ⓑ는 I형이다.
ㄴ. ㉢에서 $\dfrac{\text{A 시기 동안 사망한 개체 수}}{\text{B 시기 동안 사망한 개체 수}}$는 1이다.
ㄷ. 대형 포유류와 같이 대부분의 개체가 생리적 수명을 다하고 죽는 종의 생존 곡선 유형은 III형에 해당한다.

① ㄱ ② ㄴ ③ ㄷ ④ ㄱ, ㄴ ⑤ ㄴ, ㄷ

13. 다음은 검사 키트를 이용하여 병원체 P와 Q의 감염 여부를 확인하기 위한 실험이다.

> ○ 사람으로부터 채취한 시료를 검사 키트에 떨어뜨리면 시료는 물질 ⓐ와 함께 이동한다. ⓐ는 P와 Q에 각각 결합할 수 있고, 색소가 있다.
> 시료 이동 방향 →
>
> ○ 검사 키트의 I에는 'P에 대한 항체'가, II에는 'Q에 대한 항체'가, III에는 'ⓐ에 대한 항체'가 각각 부착되어 있다. I ~ III의 항체에 각각 항원이 결합하면, ⓐ의 색소에 의해 띠가 나타난다.
>
> [실험 과정 및 결과]
> (가) 사람 A와 B로부터 시료를 각각 준비한 후, 검사 키트에 각 시료를 떨어뜨린다.
> (나) 일정 시간이 지난 후 검사 키트를 확인한 결과는 표와 같다.
> (다) A는 P와 Q에 모두 감염되지 않았고, B는 Q에만 감염되었다.

사람	검사 결과
A	I II III
B	?

B의 검사 결과로 가장 적절한 것은? (단, 제시된 조건 이외는 고려하지 않는다.) [3점]

① I II III
② I II III
③ I II III
④ I II III
⑤ I II III

14. 어떤 동물 종($2n=6$)의 유전 형질 ㉮는 2쌍의 대립유전자 A와 a, B와 b에 의해 결정된다. 그림은 이 동물 종의 개체 I과 II의 세포 (가)~(라) 각각에 들어 있는 모든 염색체를, 표는 (가)~(라)에서 A, a, B, b의 유무를 나타낸 것이다. (가)~(라) 중 2개는 I의 세포이고, 나머지 2개는 II의 세포이다. I은 암컷이고 성염색체는 XX이며, II는 수컷이고 성염색체는 XY이다.

세포	대립유전자			
	A	a	B	b
(가)	○	?	?	?
(나)	?	○	○	×
(다)	○	×	×	○
(라)	?	○	×	×

(○: 있음, ×: 없음)

이에 대한 설명으로 옳은 것만을 〈보기〉에서 있는 대로 고른 것은? (단, 돌연변이와 교차는 고려하지 않는다.) [3점]

< 보 기 >
ㄱ. (가)는 II의 세포이다.
ㄴ. I의 유전자형은 AaBB이다.
ㄷ. (다)에서 b는 상염색체에 있다.

① ㄱ ② ㄴ ③ ㄷ ④ ㄱ, ㄴ ⑤ ㄴ, ㄷ

15. 다음은 골격근의 수축 과정에 대한 자료이다.

> ○ 그림은 근육 원섬유 마디 X의 구조를 나타낸 것이다. X는 좌우 대칭이다.
> ○ 구간 ㉠은 액틴 필라멘트만 있는 부분이고, ㉡은 액틴 필라멘트와 마이오신 필라멘트가 겹치는 부분이며, ㉢은 마이오신 필라멘트만 있는 부분이다.
> ○ 골격근 수축 과정의 두 시점 t_1과 t_2 중 t_1일 때 ㉠의 길이와 ㉡의 길이를 더한 값은 $1.0\mu m$이고, X의 길이는 $3.2\mu m$이다.
> ○ t_1일 때 $\dfrac{ⓐ의\ 길이}{ⓒ의\ 길이}=\dfrac{2}{3}$이고, t_2일 때 $\dfrac{ⓐ의\ 길이}{ⓒ의\ 길이}=1$이며, $\dfrac{t_1일\ 때\ ⓑ의\ 길이}{t_2일\ 때\ ⓑ의\ 길이}=\dfrac{1}{3}$이다. ⓐ와 ⓑ는 ㉠과 ㉡을 순서 없이 나타낸 것이다.

이에 대한 설명으로 옳은 것만을 〈보기〉에서 있는 대로 고른 것은?

< 보 기 >
ㄱ. ⓑ는 ㉠이다.
ㄴ. t_1일 때 A대의 길이는 $1.6\mu m$이다.
ㄷ. X의 길이는 t_1일 때가 t_2일 때보다 $0.8\mu m$ 길다.

① ㄱ ② ㄷ ③ ㄱ, ㄴ ④ ㄴ, ㄷ ⑤ ㄱ, ㄴ, ㄷ

16. 다음은 어떤 집안의 유전 형질 (가)와 (나)에 대한 자료이다.

> ○ (가)는 대립유전자 A와 a에 의해, (나)는 대립유전자 B와 b에 의해 결정된다. A는 a에 대해, B는 b에 대해 각각 완전 우성이다.
> ○ (가)와 (나)는 모두 우성 형질이고, (가)의 유전자와 (나)의 유전자는 서로 다른 염색체에 있다.
> ○ 가계도는 구성원 1~8에게서 (가)와 (나)의 발현 여부를 나타낸 것이다.

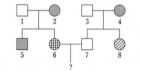

□ 정상 남자
▨ (가) 발현 여자
▦ (나) 발현 여자
▥ (가), (나) 발현 남자
● (가), (나) 발현 여자

> ○ 표는 구성원 1, 2, 5, 8에서 체세포 1개당 a와 B의 DNA 상대량을 나타낸 것이다. ㉠~㉢은 0, 1, 2를 순서 없이 나타낸 것이다.

구성원		1	2	5	8
DNA 상대량	a	1	㉠	㉡	?
	B	?	㉢	㉠	㉡

이에 대한 설명으로 옳은 것만을 〈보기〉에서 있는 대로 고른 것은? (단, 돌연변이와 교차는 고려하지 않으며, A, a, B, b 각각의 1개당 DNA 상대량은 1이다.) [3점]

< 보 기 >
ㄱ. (가)의 유전자는 X 염색체에 있다.
ㄴ. ㉢은 2이다.
ㄷ. 6과 7 사이에서 아이가 태어날 때, 이 아이에게서 (가)와 (나) 중 (나)만 발현될 확률은 $\dfrac{1}{2}$이다.

① ㄱ ② ㄷ ③ ㄱ, ㄴ ④ ㄴ, ㄷ ⑤ ㄱ, ㄴ, ㄷ

과학탐구 영역 (생명과학 I)

17. 다음은 어떤 가족의 유전 형질 (가)~(다)에 대한 자료이다.

○ (가)는 대립유전자 A와 a에 의해, (나)는 대립유전자 B와 b에 의해, (다)는 대립유전자 D와 d에 의해 결정된다.

○ (가)와 (나)의 유전자는 7번 염색체에, (다)의 유전자는 13번 염색체에 있다.

○ 그림은 어머니와 아버지의 체세포 각각에 들어 있는 7번 염색체, 13번 염색체와 유전자를 나타낸 것이다.

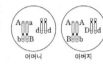
어머니   아버지

○ 표는 이 가족 구성원 중 자녀 1~3에서 체세포 1개당 A, b, D의 DNA 상대량을 더한 값(A+b+D)과 체세포 1개당 a, b, d의 DNA 상대량을 더한 값(a+b+d)을 나타낸 것이다.

구성원		자녀 1	자녀 2	자녀 3
DNA 상대량을 더한 값	A+b+D	5	3	4
	a+b+d	3	3	1

○ 자녀 1~3은 (가)의 유전자형이 모두 같다.

○ 어머니의 생식세포 형성 과정에서 ㉠이 1회 일어나 형성된 난자 P와 아버지의 생식세포 형성 과정에서 ㉡이 1회 일어나 형성된 정자 Q가 수정되어 자녀 3이 태어났다. ㉠과 ㉡은 7번 염색체 결실과 13번 염색체 비분리를 순서 없이 나타낸 것이다.

○ 자녀 3의 체세포 1개당 염색체 수는 47이고, 자녀 3을 제외한 이 가족 구성원의 핵형은 모두 정상이다.

이에 대한 설명으로 옳은 것만을 〈보기〉에서 있는 대로 고른 것은? (단, 제시된 돌연변이 이외의 돌연변이와 교차는 고려하지 않으며, A, a, B, b, D, d 각각의 1개당 DNA 상대량은 1이다.) [3점]

— 〈 보 기 〉 —

ㄱ. 자녀 2에게서 A, B, D를 모두 갖는 생식세포가 형성될 수 있다.

ㄴ. ㉠은 7번 염색체 결실이다.

ㄷ. 염색체 비분리는 감수 2분열에서 일어났다.

① ㄱ   ② ㄴ   ③ ㄱ, ㄷ   ④ ㄴ, ㄷ   ⑤ ㄱ, ㄴ, ㄷ

18. 다음은 동물 종 A와 B 사이의 상호 작용에 대한 자료이다.

○ A와 B 사이의 상호 작용은 경쟁과 상리 공생 중 하나에 해당한다.

○ A와 B가 함께 서식하는 지역을 ㉠과 ㉡으로 나눈 후, ㉠에서만 A를 제거하였다. 그림은 지역 ㉠과 ㉡에서 B의 개체 수 변화를 나타낸 것이다.

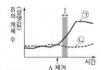

이 자료에 대한 설명으로 옳은 것만을 〈보기〉에서 있는 대로 고른 것은? (단, 제시된 조건 이외는 고려하지 않는다.) [3점]

— 〈 보 기 〉 —

ㄱ. A와 B 사이의 상호 작용은 경쟁에 해당한다.

ㄴ. ㉡에서 A는 B와 한 개체군을 이룬다.

ㄷ. 구간 I에서 B에 작용하는 환경 저항은 ㉠에서가 ㉡에서 보다 크다.

① ㄱ   ② ㄷ   ③ ㄱ, ㄴ   ④ ㄴ, ㄷ   ⑤ ㄱ, ㄴ, ㄷ

19. 다음은 사람의 유전 형질 (가)와 (나)에 대한 자료이다.

○ (가)는 서로 다른 3개의 상염색체에 있는 3쌍의 대립유전자 A와 a, B와 b, D와 d에 의해 결정된다.

○ (가)의 표현형은 유전자형에서 대문자로 표시되는 대립유전자의 수에 의해서만 결정되며, 이 대립유전자의 수가 다르면 표현형이 다르다.

○ (나)는 대립유전자 E와 e에 의해 결정되며, 유전자형이 다르면 표현형이 다르다. (나)의 유전자는 (가)의 유전자와 서로 다른 상염색체에 있다.

○ P의 유전자형은 AaBbDdEe이고, P와 Q는 (가)의 표현형이 서로 같다.

○ P와 Q 사이에서 ⓐ가 태어날 때, ⓐ에게서 나타날 수 있는 (가)와 (나)의 표현형은 최대 15가지이다.

ⓐ가 유전자형이 AabbDdEe인 사람과 (가)와 (나)의 표현형이 모두 같을 확률은? (단, 돌연변이는 고려하지 않는다.)

① $\frac{1}{16}$ ② $\frac{1}{8}$ ③ $\frac{3}{16}$ ④ $\frac{1}{4}$ ⑤ $\frac{5}{16}$

20. 다음은 동물 종 A에 대해 어떤 과학자가 수행한 탐구이다.

(가) A의 수컷 꼬리에 긴 장식물이 있는 것을 관찰하고, ㉠ A의 암컷은 꼬리 장식물의 길이가 긴 수컷을 배우자로 선호할 것이라는 가설을 세웠다.

(나) 꼬리 장식물의 길이가 긴 수컷 집단 I과 꼬리 장식물의 길이가 짧은 수컷 집단 II에서 각각 한 마리씩 골라 암컷 한 마리와 함께 두고, 암컷이 어떤 수컷을 배우자로 선택하는지 관찰하였다.

(다) (나)의 과정을 반복하여 얻은 결과, I의 개체가 선택된 비율이 II의 개체가 선택된 비율보다 높았다.

(라) A의 암컷은 꼬리 장식물의 길이가 긴 수컷을 배우자로 선호한다는 결론을 내렸다.

이 자료에 대한 설명으로 옳은 것만을 〈보기〉에서 있는 대로 고른 것은? [3점]

— 〈 보 기 〉 —

ㄱ. ㉠은 관찰한 현상을 설명할 수 있는 잠정적인 결론(잠정적인 답)에 해당한다.

ㄴ. 조작 변인은 암컷이 I의 개체를 선택한 비율이다.

ㄷ. (라)는 탐구 과정 중 결론 도출 단계에 해당한다.

① ㄱ   ② ㄴ   ③ ㄱ, ㄷ   ④ ㄴ, ㄷ   ⑤ ㄱ, ㄴ, ㄷ

※ 확인 사항

○ 답안지의 해당란에 필요한 내용을 정확히 기입(표기)했는지 확인하시오.

2024학년도 대학수학능력시험 9월 모의평가 문제지

과학탐구 영역 (생명과학 Ⅰ)

성명 [   ] 수험번호 [| | | | - | | | |]

---

1. 표는 생물의 특성의 예를 나타낸 것이다. (가)와 (나)는 생식과 유전, 적응과 진화를 순서 없이 나타낸 것이다.

생물의 특성	예
(가)	아메바는 분열법으로 번식한다.
(나)	⊙ 뱀은 큰 먹이를 먹기에 적합한 몸의 구조를 갖는다.
자극에 대한 반응	ⓐ

이에 대한 설명으로 옳은 것만을 〈보기〉에서 있는 대로 고른 것은? [3점]

―〈 보 기 〉―
ㄱ. (가)는 생식과 유전이다.
ㄴ. ⊙은 세포로 구성되어 있다.
ㄷ. '뜨거운 물체에 손이 닿으면 반사적으로 손을 뗀다.'는 ⓐ에 해당한다.

① ㄱ ② ㄷ ③ ㄱ, ㄴ ④ ㄴ, ㄷ ⑤ ㄱ, ㄴ, ㄷ

2. 다음은 사람에서 일어나는 물질대사에 대한 자료이다.

(가) 암모니아가 ⊙ 요소로 전환된다.
(나) 지방은 세포 호흡을 통해 물과 이산화 탄소로 분해된다.

이에 대한 설명으로 옳은 것만을 〈보기〉에서 있는 대로 고른 것은?

―〈 보 기 〉―
ㄱ. 간에서 (가)가 일어난다.
ㄴ. (나)에서 효소가 이용된다.
ㄷ. 배설계를 통해 ⊙이 몸 밖으로 배출된다.

① ㄱ ② ㄷ ③ ㄱ, ㄴ ④ ㄴ, ㄷ ⑤ ㄱ, ㄴ, ㄷ

3. 그림 (가)는 동물 P($2n=4$)의 체세포가 분열하는 동안 핵 1개당 DNA양을, (나)는 P의 체세포 분열 과정의 어느 한 시기에서 관찰되는 세포를 나타낸 것이다.

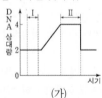

(가)   (나)

이에 대한 설명으로 옳은 것만을 〈보기〉에서 있는 대로 고른 것은? (단, 돌연변이는 고려하지 않는다.)

―〈 보 기 〉―
ㄱ. 구간 Ⅰ의 세포는 핵상이 $2n$이다.
ㄴ. 구간 Ⅱ에는 (나)가 관찰되는 시기가 있다.
ㄷ. (나)에서 상동 염색체의 접합이 일어났다.

① ㄱ ② ㄷ ③ ㄱ, ㄴ ④ ㄴ, ㄷ ⑤ ㄱ, ㄴ, ㄷ

---

4. 다음은 사람의 몸을 구성하는 기관계에 대한 자료이다. A와 B는 소화계와 순환계를 순서 없이 나타낸 것이고, ⊙은 인슐린과 글루카곤 중 하나이다.

○ A는 음식물을 분해하여 포도당을 흡수한다. 그 결과 혈중 포도당 농도가 증가하면 ⊙의 분비가 촉진된다.
○ B를 통해 ⊙이 표적 기관으로 운반된다.

이에 대한 설명으로 옳은 것만을 〈보기〉에서 있는 대로 고른 것은? [3점]

―〈 보 기 〉―
ㄱ. A에서 이화 작용이 일어난다.
ㄴ. 심장은 B에 속한다.
ㄷ. ⊙은 세포로의 포도당 흡수를 촉진한다.

① ㄱ ② ㄷ ③ ㄱ, ㄴ ④ ㄴ, ㄷ ⑤ ㄱ, ㄴ, ㄷ

5. 그림은 동공의 크기 조절에 관여하는 자율 신경 X가 중추 신경계에 연결된 경로를 나타낸 것이다. A~C는 대뇌, 연수, 중간뇌를 순서 없이 나타낸 것이고, ⊙에 하나의 신경절이 있다.

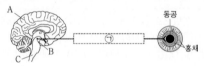

이에 대한 설명으로 옳은 것만을 〈보기〉에서 있는 대로 고른 것은?

―〈 보 기 〉―
ㄱ. X는 신경절 이전 뉴런이 신경절 이후 뉴런보다 짧다.
ㄴ. A의 겉질은 회색질이다.
ㄷ. B와 C는 모두 뇌줄기에 속한다.

① ㄱ ② ㄷ ③ ㄱ, ㄴ ④ ㄴ, ㄷ ⑤ ㄱ, ㄴ, ㄷ

6. 그림은 어떤 동물 종의 개체 A와 B를 고온 환경에 노출시켜 같은 양의 땀을 흘리게 하면서 측정한 혈장 삼투압을 시간에 따라 나타낸 것이다. A와 B는 '항이뇨 호르몬(ADH)이 정상적으로 분비되는 개체'와 '항이뇨 호르몬(ADH)이 정상보다 적게 분비되는 개체'를 순서 없이 나타낸 것이다.

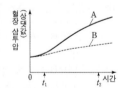

이에 대한 설명으로 옳은 것만을 〈보기〉에서 있는 대로 고른 것은? (단, 제시된 조건 이외는 고려하지 않는다.) [3점]

―〈 보 기 〉―
ㄱ. ADH는 콩팥에서 물의 재흡수를 촉진한다.
ㄴ. A는 'ADH가 정상적으로 분비되는 개체'이다.
ㄷ. B에서 생성되는 오줌의 삼투압은 t_1일 때가 t_2일 때보다 높다.

① ㄱ ② ㄴ ③ ㄷ ④ ㄱ, ㄷ ⑤ ㄴ, ㄷ

과학탐구 영역 (생명과학 I)

7. 표는 사람의 질병 A~C의 병원체에서 특징의 유무를 나타낸 것이다. A~C는 결핵, 무좀, 후천성 면역 결핍증(AIDS)을 순서 없이 나타낸 것이다.

특징 \ 병원체	A의 병원체	B의 병원체	C의 병원체
스스로 물질대사를 한다.	○	○	×
세균에 속한다.	×	○	×

(○: 있음, ×: 없음)

이에 대한 설명으로 옳은 것만을 〈보기〉에서 있는 대로 고른 것은?

<보 기>
ㄱ. A는 후천성 면역 결핍증이다.
ㄴ. B의 치료에 항생제가 사용된다.
ㄷ. C의 병원체는 유전 물질을 갖는다.

① ㄱ   ② ㄷ   ③ ㄱ, ㄴ   ④ ㄴ, ㄷ   ⑤ ㄱ, ㄴ, ㄷ

8. 사람 A와 B는 모두 혈중 티록신 농도가 정상보다 낮다. 표 (가)는 A와 B의 혈중 티록신 농도가 정상보다 낮은 원인을, (나)는 사람 ㉠과 ㉡의 TSH 투여 전과 후의 혈중 티록신 농도를 나타낸 것이다. ㉠과 ㉡은 A와 B를 순서 없이 나타낸 것이다.

사람	원인
A	TSH가 분비되지 않음
B	TSH의 표적 세포가 TSH에 반응하지 못함

(가)

사람	티록신 농도	
	TSH 투여 전	TSH 투여 후
㉠	정상보다 낮음	정상
㉡	정상보다 낮음	정상보다 낮음

(나)

이에 대한 설명으로 옳은 것만을 〈보기〉에서 있는 대로 고른 것은? (단, 제시된 조건 이외는 고려하지 않는다.)

<보 기>
ㄱ. ㉠은 B이다.
ㄴ. TSH 투여 후, A의 갑상샘에서 티록신이 분비된다.
ㄷ. 정상인에서 혈중 티록신 농도가 증가하면 TSH의 분비가 촉진된다.

① ㄱ   ② ㄴ   ③ ㄷ   ④ ㄱ, ㄴ   ⑤ ㄴ, ㄷ

9. 다음은 항원 X에 대한 생쥐의 방어 작용 실험이다.

[실험 과정 및 결과]
(가) 정상 생쥐 A와 가슴샘이 없는 생쥐 B를 준비한다. A와 B는 유전적으로 동일하고 X에 노출된 적이 없다.
(나) A와 B에 X를 각각 2회에 걸쳐 주사한다. A와 B에서 X에 대한 혈중 항체 농도 변화는 그림과 같다.

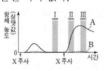

이에 대한 설명으로 옳은 것만을 〈보기〉에서 있는 대로 고른 것은? (단, 제시된 조건 이외는 고려하지 않는다.) [3점]

<보 기>
ㄱ. 구간 I의 A에는 X에 대한 기억 세포가 있다.
ㄴ. 구간 II의 A에서 X에 대한 2차 면역 반응이 일어났다.
ㄷ. 구간 III의 A에서 X에 대한 항체는 세포독성 T 림프구에서 생성된다.

① ㄱ   ② ㄴ   ③ ㄱ, ㄴ   ④ ㄱ, ㄷ   ⑤ ㄴ, ㄷ

10. 다음은 골격근의 수축과 이완 과정에 대한 자료이다.

○ 그림 (가)는 팔을 구부리는 과정의 두 시점 t_1과 t_2일 때 팔의 위치와 이 과정에 관여하는 골격근 P와 Q를, (나)는 P와 Q 중 한 골격근의 근육 원섬유 마디 X의 구조를 나타낸 것이다. X는 좌우 대칭이고, Z_1과 Z_2는 X의 Z선이다.

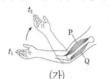 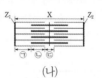

(가)   (나)

○ 구간 ㉠은 액틴 필라멘트만 있는 부분이고, ㉡은 액틴 필라멘트와 마이오신 필라멘트가 겹치는 부분이며, ㉢은 마이오신 필라멘트만 있는 부분이다.

○ 표는 t_1과 t_2일 때 각 시점의 Z_1로부터 Z_2 방향으로 거리가 각각 l_1, l_2, l_3인 세 지점이 ㉠~㉢ 중 어느 구간에 해당하는지를 나타낸 것이다. ⓐ~ⓒ는 ㉠~㉢을 순서 없이 나타낸 것이다.

거리	지점이 해당하는 구간	
	t_1	t_2
l_1	ⓐ	?
l_2	ⓑ	ⓐ
l_3	ⓒ	㉢

○ ⓒ의 길이는 t_1일 때가 t_2일 때보다 짧다.

○ t_1과 t_2일 때 각각 l_1~l_3은 모두 $\dfrac{X의\ 길이}{2}$ 보다 작다.

이에 대한 설명으로 옳은 것만을 〈보기〉에서 있는 대로 고른 것은?

<보 기>
ㄱ. $l_1 > l_2$이다.
ㄴ. X는 P의 근육 원섬유 마디이다.
ㄷ. t_2일 때 Z_1로부터 Z_2 방향으로 거리가 l_1인 지점은 ㉠에 해당한다.

① ㄱ   ② ㄴ   ③ ㄷ   ④ ㄱ, ㄴ   ⑤ ㄱ, ㄷ

11. 사람의 유전 형질 (가)는 대립유전자 A와 a에 의해, (나)는 대립유전자 B와 b에 의해 결정된다. (가)의 유전자와 (나)의 유전자는 서로 다른 염색체에 있다. 그림은 어떤 사람의 G_1기 세포 I로부터 정자가 형성되는 과정을, 표는 세포 ㉠~㉢에서 A, a, B, b의 DNA 상대량을 더한 값(A+a+B+b)을 나타낸 것이다. ㉠~㉣은 I~IV를 순서 없이 나타낸 것이고, ⓐ는 ⓑ보다 작다.

세포	A+a+B+b
㉠	ⓐ
㉡	ⓑ
㉢	1
㉣	4

이에 대한 설명으로 옳은 것만을 〈보기〉에서 있는 대로 고른 것은? (단, 돌연변이는 고려하지 않으며, A, a, B, b 각각의 1개당 DNA 상대량은 1이다. II와 III은 중기의 세포이다.) [3점]

<보 기>
ㄱ. ⓐ는 3이다.
ㄴ. ㉡은 III이다.
ㄷ. ㉣의 염색체 수는 46이다.

① ㄱ   ② ㄴ   ③ ㄷ   ④ ㄱ, ㄴ   ⑤ ㄱ, ㄷ

과학탐구 영역 (생명과학 I)

12. 다음은 민말이집 신경 A~C의 흥분 전도와 전달에 대한 자료이다.

○ 그림은 A~C의 지점 d_1~d_5의 위치를, 표는 ㉠ A~C의 P에 역치 이상의 자극을 동시에 1회 주고 경과된 시간이 4ms일 때 d_1~d_5에서의 막전위를 나타낸 것이다. P는 d_1~d_5 중 하나이고, (가)~(다) 중 두 곳에만 시냅스가 있다. Ⅰ~Ⅲ은 d_2~d_4를 순서 없이 나타낸 것이다.

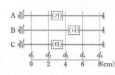

신경	4ms일 때 막전위(mV)				
	d_1	Ⅰ	Ⅱ	Ⅲ	d_5
A	?	?	+30	+30	−70
B	+30	−70	?	+30	?
C	?	?	?	−80	+30

○ A~C 중 2개의 신경은 각각 두 뉴런으로 구성되고, 각 뉴런의 흥분 전도 속도는 ⓐ로 같다. 나머지 1개의 신경의 흥분 전도 속도는 ⓑ이다. ⓐ와 ⓑ는 서로 다르다.

○ A~C 각각에서 활동 전위가 발생하였을 때, 각 지점에서의 막전위 변화는 그림과 같다.

이에 대한 설명으로 옳은 것만을 〈보기〉에서 있는 대로 고른 것은? (단, A~C에서 흥분의 전도는 각각 1회 일어났고, 휴지 전위는 −70mV이다.) [3점]

─〈보 기〉─
ㄱ. Ⅱ는 d_2이다.
ㄴ. ⓐ는 1cm/ms이다.
ㄷ. ㉠이 5ms일 때 B의 d_5에서의 막전위는 −80mV이다.

① ㄱ ② ㄴ ③ ㄱ, ㄷ ④ ㄴ, ㄷ ⑤ ㄱ, ㄴ, ㄷ

13. 다음은 사람의 유전 형질 (가)~(다)에 대한 자료이다.

○ (가)~(다)의 유전자는 서로 다른 2개의 상염색체에 있다.
○ (가)는 대립유전자 A와 a에 의해 결정되며, A는 a에 대해 완전 우성이다.
○ (나)는 대립유전자 B와 b에 의해 결정되며, 유전자형이 다르면 표현형이 다르다.
○ (다)는 1쌍의 대립유전자에 의해 결정되며, 대립유전자에는 D, E, F가 있다. D는 E, F에 대해, E는 F에 대해 각각 완전 우성이다.
○ (가)와 (나)의 유전자형이 AaBb인 남자 P와 AaBB인 여자 Q 사이에서 ⓐ가 태어날 때, ⓐ에게서 나타날 수 있는 (가)와 (나)의 표현형은 최대 3가지이고, ⓐ가 가질 수 있는 (가)~(다)의 유전자형 중 AABBFF가 있다.
○ ⓐ의 (가)~(다)의 표현형이 모두 Q와 같을 확률은 $\frac{1}{8}$이다.

ⓐ의 (가)~(다)의 표현형이 모두 P와 같을 확률은? (단, 돌연변이와 교차는 고려하지 않는다.) [3점]

① $\frac{1}{16}$ ② $\frac{1}{8}$ ③ $\frac{3}{16}$ ④ $\frac{1}{4}$ ⑤ $\frac{3}{8}$

14. 다음은 종 사이의 상호 작용에 대한 자료이다. (가)와 (나)는 경쟁과 상리 공생의 예를 순서 없이 나타낸 것이다.

(가) 캥거루쥐와 주머니쥐는 같은 종류의 먹이를 두고 서로 다툰다.
(나) 꽃은 벌새에게 꿀을 제공하고, 벌새는 꽃의 수분을 돕는다.

이에 대한 설명으로 옳은 것만을 〈보기〉에서 있는 대로 고른 것은?

─〈보 기〉─
ㄱ. (가)에서 캥거루쥐는 주머니쥐와 한 개체군을 이룬다.
ㄴ. (나)는 상리 공생의 예이다.
ㄷ. 스라소니가 눈신토끼를 잡아먹는 것은 경쟁의 예에 해당한다.

① ㄱ ② ㄴ ③ ㄷ ④ ㄱ, ㄴ ⑤ ㄴ, ㄷ

15. 다음은 핵상이 $2n$인 동물 A~C의 세포 (가)~(다)에 대한 자료이다.

○ A와 B는 서로 같은 종이고, B와 C는 서로 다른 종이며, B와 C의 체세포 1개당 염색체 수는 서로 다르다.
○ B는 암컷이고, A~C의 성염색체는 암컷이 XX, 수컷이 XY이다.
○ 그림은 세포 (가)~(다) 각각에 들어 있는 모든 상염색체와 ㉠을 나타낸 것이다. (가)~(다)는 각각 서로 다른 개체의 세포이고, ㉠은 X 염색체와 Y 염색체 중 하나이다.

(가)　　　　(나)　　　　(다)

이에 대한 설명으로 옳은 것만을 〈보기〉에서 있는 대로 고른 것은? (단, 돌연변이는 고려하지 않는다.)

─〈보 기〉─
ㄱ. ㉠은 X 염색체이다.
ㄴ. (가)와 (나)는 모두 암컷의 세포이다.
ㄷ. C의 체세포 분열 중기의 세포 1개당 $\frac{\text{상염색체 수}}{\text{X 염색체 수}}$=3이다.

① ㄱ ② ㄷ ③ ㄱ, ㄴ ④ ㄴ, ㄷ ⑤ ㄱ, ㄴ, ㄷ

16. 표는 생태계의 질소 순환 과정에서 일어나는 물질의 전환을 나타낸 것이다. Ⅰ과 Ⅱ는

구분	물질의 전환
질산화 작용	㉠ → ㉡
Ⅰ	대기 중의 질소(N_2) → ㉠
Ⅱ	㉡ → 대기 중의 질소(N_2)

탈질산화 작용과 질소 고정 작용을 순서 없이 나타낸 것이고, ㉠과 ㉡은 질산 이온(NO_3^-)과 암모늄 이온(NH_4^+)을 순서 없이 나타낸 것이다.

이에 대한 설명으로 옳은 것만을 〈보기〉에서 있는 대로 고른 것은?

─〈보 기〉─
ㄱ. ㉠은 질산 이온(NO_3^-)이다.
ㄴ. Ⅰ은 질소 고정 작용이다.
ㄷ. 탈질산화 세균은 Ⅱ에 관여한다.

① ㄱ ② ㄴ ③ ㄱ, ㄷ ④ ㄴ, ㄷ ⑤ ㄱ, ㄴ, ㄷ

17. 다음은 어떤 가족의 유전 형질 (가)에 대한 자료이다.

> ○ (가)는 21번 염색체에 있는 2쌍의 대립유전자 H와 h, T와 t에 의해 결정된다. (가)의 표현형은 유전자형에서 대문자로 표시되는 대립유전자의 수에 의해서만 결정되며, 이 대립 유전자의 수가 다르면 표현형이 다르다.
>
> ○ 어머니의 난자 형성 과정에서 21번 염색체 비분리가 1회 일어나 염색체 수가 비정상적인 난자 Q가 형성되었다. Q와 아버지의 정상 정자가 수정되어 ⓐ가 태어났으며, 부모의 핵형은 모두 정상이다.
>
> ○ 어머니의 (가)의 유전자형은 HHTt이고, ⓐ의 (가)의 유전자형에서 대문자로 표시되는 대립유전자의 수는 4이다.
>
> ○ ⓐ의 동생이 태어날 때, 이 아이에게서 나타날 수 있는 (가)의 표현형은 최대 2가지이고, ⊙ 이 아이가 가질 수 있는 (가)의 유전자형은 최대 4가지이다.

이에 대한 설명으로 옳은 것만을 〈보기〉에서 있는 대로 고른 것은? (단, 제시된 염색체 비분리 이외의 돌연변이와 교차는 고려하지 않는다.) [3점]

> ─────〈보 기〉─────
> ㄱ. 아버지의 (가)의 유전자형에서 대문자로 표시되는 대립 유전자의 수는 2이다.
> ㄴ. ⊙ 중에는 HhTt가 있다.
> ㄷ. 염색체 비분리는 감수 1분열에서 일어났다.

① ㄱ ② ㄷ ③ ㄱ, ㄴ ④ ㄴ, ㄷ ⑤ ㄱ, ㄴ, ㄷ

18. 다음은 어떤 지역의 식물 군집에서 우점종을 알아보기 위한 탐구이다.

> (가) 이 지역에 방형구를 설치하여 식물 종 A~E의 분포를 조사했다. 표는 조사한 자료 중 A~E의 개체 수와 A~E가 출현한 방형구 수를 나타낸 것이다.
>
> | 구분 | A | B | C | D | E |
> |---|---|---|---|---|---|
> | 개체 수 | 96 | 48 | 18 | 48 | 30 |
> | 출현한 방형구 수 | 22 | 20 | 10 | 16 | 12 |
>
> (나) 표는 A~E의 분포를 조사한 자료를 바탕으로 각 식물 종의 ⊙~ⓒ을 구한 결과를 나타낸 것이다. ⊙~ⓒ은 상대 밀도, 상대 빈도, 상대 피도를 순서 없이 나타낸 것이다.
>
> | 구분 | A | B | C | D | E |
> |---|---|---|---|---|---|
> | ⊙ (%) | 27.5 | ? | ⓐ | 20 | 15 |
> | ⓛ (%) | 40 | ? | 7.5 | 20 | 12.5 |
> | ⓒ (%) | 36 | 17 | 13 | ? | 10 |

이 자료에 대한 설명으로 옳은 것만을 〈보기〉에서 있는 대로 고른 것은? (단, A~E 이외의 종은 고려하지 않는다.) [3점]

> ─────〈보 기〉─────
> ㄱ. ⓐ는 12.5이다.
> ㄴ. 지표를 덮고 있는 면적이 가장 작은 종은 E이다.
> ㄷ. 우점종은 A이다.

① ㄱ ② ㄴ ③ ㄱ, ㄷ ④ ㄴ, ㄷ ⑤ ㄱ, ㄴ, ㄷ

19. 다음은 어떤 집안의 유전 형질 (가)와 (나)에 대한 자료이다.

> ○ (가)는 대립유전자 A와 a에 의해, (나)는 대립유전자 B와 b에 의해 결정된다. A는 a에 대해, B는 b에 대해 각각 완전 우성이다.
>
> ○ (가)의 유전자와 (나)의 유전자는 서로 다른 염색체에 있다.
>
> ○ 가계도는 구성원 1~7에게서 (가)와 (나)의 발현 여부를, 표는 구성원 1, 3, 6에서 체세포 1개당 ⊙과 B의 DNA 상대량을 더한 값(⊙+B)을 나타낸 것이다. ⊙은 A와 a 중 하나이다.

> ▨ (가) 발현 남자
> ▧ (나) 발현 남자
> ■ (가), (나) 발현 남자
> ● (가), (나) 발현 여자

구성원	⊙+B
1	2
3	1
6	2

이에 대한 설명으로 옳은 것만을 〈보기〉에서 있는 대로 고른 것은? (단, 돌연변이와 교차는 고려하지 않으며, A, a, B, b 각각의 1개당 DNA 상대량은 1이다.)

> ─────〈보 기〉─────
> ㄱ. ⊙은 A이다.
> ㄴ. (나)의 유전자는 상염색체에 있다.
> ㄷ. 7의 동생이 태어날 때, 이 아이에게서 (가)와 (나)가 모두 발현될 확률은 $\frac{3}{8}$이다.

① ㄱ ② ㄴ ③ ㄱ, ㄷ ④ ㄴ, ㄷ ⑤ ㄱ, ㄴ, ㄷ

20. 그림은 생태계를 구성하는 요소 사이의 상호 관계를 나타낸 것이고, 표는 습지에 서식하는 식물 종 X에 대한 자료이다.

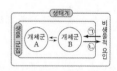

> ○ ⓐ X는 그늘을 만들어 수분 증발을 감소시켜 토양 속 염분 농도를 낮춘다.
> ○ X는 습지의 토양 성분을 변화시켜 습지에 서식하는 생물의 ⓑ 종 다양성을 높인다.

이에 대한 설명으로 옳은 것만을 〈보기〉에서 있는 대로 고른 것은? [3점]

> ─────〈보 기〉─────
> ㄱ. X는 생물 군집에 속한다.
> ㄴ. ⓐ는 ⊙에 해당한다.
> ㄷ. ⓑ는 동일한 생물 종이라도 형질이 각 개체 간에 다르게 나타나는 것을 의미한다.

① ㄱ ② ㄴ ③ ㄷ ④ ㄱ, ㄴ ⑤ ㄱ, ㄷ

※ 확인 사항
○ 답안지의 해당란에 필요한 내용을 정확히 기입(표기)했는지 확인하시오.

2024학년도 대학수학능력시험 문제지

과학탐구 영역 (생명과학 I)

성명 [　　　　] 수험번호 [　　　　] − [　　　　]

1. 다음은 식물 X에 대한 자료이다.

> X는 ㉠잎에 있는 털에서 달콤한 점액을 분비하여 곤충을 유인한다. ㉡X는 털에 곤충이 닿으면 잎을 구부려 곤충을 잡는다. X는 효소를 분비하여 곤충을 분해하고 영양분을 얻는다.

이 자료에 대한 설명으로 옳은 것만을 〈보기〉에서 있는 대로 고른 것은?

> ──── 〈보 기〉────
> ㄱ. ㉠은 세포로 구성되어 있다.
> ㄴ. ㉡은 자극에 대한 반응의 예에 해당한다.
> ㄷ. X와 곤충 사이의 상호 작용은 상리 공생에 해당한다.

① ㄱ ② ㄷ ③ ㄱ, ㄴ ④ ㄴ, ㄷ ⑤ ㄱ, ㄴ, ㄷ

2. 다음은 사람에서 일어나는 물질대사에 대한 자료이다.

> (가) 녹말이 소화 과정을 거쳐 ㉠ 포도당으로 분해된다.
> (나) 포도당이 세포 호흡을 통해 물과 이산화 탄소로 분해된다.
> (다) ㉡포도당이 글리코젠으로 합성된다.

이에 대한 설명으로 옳은 것만을 〈보기〉에서 있는 대로 고른 것은?

> ──── 〈보 기〉────
> ㄱ. 소화계에서 ㉠이 흡수된다.
> ㄴ. (가)와 (나)에서 모두 이화 작용이 일어난다.
> ㄷ. 글루카곤은 간에서 ㉡을 촉진한다.

① ㄱ ② ㄷ ③ ㄱ, ㄴ ④ ㄴ, ㄷ ⑤ ㄱ, ㄴ, ㄷ

3. 다음은 플랑크톤에서 분비되는 독소 ㉠과 세균 S에 대해 어떤 과학자가 수행한 탐구이다.

> (가) S의 밀도가 낮은 호수에서보다 높은 호수에서 ㉠의 농도가 낮은 것을 관찰하고, S가 ㉠을 분해할 것이라고 생각했다.
> (나) 같은 농도의 ㉠이 들어 있는 수조 Ⅰ과 Ⅱ를 준비하고 한 수조에만 S를 넣었다. 일정 시간이 지난 후 Ⅰ과 Ⅱ 각각에 남아 있는 ㉠의 농도를 측정했다.
> (다) 수조에 남아 있는 ㉠의 농도는 Ⅰ에서가 Ⅱ에서보다 높았다.
> (라) S가 ㉠을 분해한다는 결론을 내렸다.

이 자료에 대한 설명으로 옳은 것만을 〈보기〉에서 있는 대로 고른 것은? [3점]

> ──── 〈보 기〉────
> ㄱ. (나)에서 대조 실험이 수행되었다.
> ㄴ. 조작 변인은 수조에 남아 있는 ㉠의 농도이다.
> ㄷ. S를 넣은 수조는 Ⅰ이다.

① ㄱ ② ㄴ ③ ㄷ ④ ㄴ, ㄷ ⑤ ㄱ, ㄴ, ㄷ

4. 그림 (가)는 사람 P의 체세포 세포주기를, (나)는 P의 핵형 분석 결과의 일부를 나타낸 것이다. ㉠~㉢은 G_1기, G_2기, M기(분열기)를 순서 없이 나타낸 것이다.

(가)　　(나)

이에 대한 설명으로 옳은 것만을 〈보기〉에서 있는 대로 고른 것은?

> ──── 〈보 기〉────
> ㄱ. ㉠은 G_2기이다.
> ㄴ. ㉡ 시기에 상동 염색체의 접합이 일어난다.
> ㄷ. ㉢ 시기에 (나)의 염색체가 관찰된다.

① ㄱ ② ㄷ ③ ㄱ, ㄴ ④ ㄴ, ㄷ ⑤ ㄱ, ㄴ, ㄷ

5. 다음은 에너지 섭취와 소비에 대한 실험이다.

> [실험 과정 및 결과]
> (가) 유전적으로 동일하고 체중이 같은 생쥐 A~C를 준비한다.
> (나) A와 B에게 고지방 사료를, C에게 일반 사료를 먹이면서 시간에 따른 A~C의 체중을 측정한다. t_1일 때부터 B에게만 운동을 시킨다.
> (다) t_2일 때 A~C의 혈중 지질 농도를 측정한다.
> (라) (나)와 (다)에서 측정한 결과는 그림과 같다. ㉠과 ㉡은 A와 B를 순서 없이 나타낸 것이다.

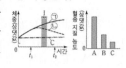

이에 대한 설명으로 옳은 것만을 〈보기〉에서 있는 대로 고른 것은? (단, 제시된 조건 이외는 고려하지 않는다.) [3점]

> ──── 〈보 기〉────
> ㄱ. ㉠은 A이다.
> ㄴ. 구간 Ⅰ에서 B는 에너지 소비량이 에너지 섭취량보다 많다.
> ㄷ. 대사성 질환 중에는 고지혈증이 있다.

① ㄱ ② ㄴ ③ ㄱ, ㄷ ④ ㄴ, ㄷ ⑤ ㄱ, ㄴ, ㄷ

6. 그림은 생태계를 구성하는 요소 사이의 상호 관계를 나타낸 것이다.

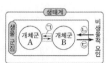

이에 대한 설명으로 옳은 것만을 〈보기〉에서 있는 대로 고른 것은?

> ──── 〈보 기〉────
> ㄱ. 곰팡이는 생물 군집에 속한다.
> ㄴ. 같은 종의 개미가 일을 분담하며 협력하는 것은 ㉠의 예에 해당한다.
> ㄷ. 빛의 세기가 참나무의 생장에 영향을 미치는 것은 ㉡의 예에 해당한다.

① ㄱ ② ㄴ ③ ㄷ ④ ㄱ, ㄷ ⑤ ㄴ, ㄷ

과학탐구 영역 (생명과학 Ⅰ)

7. 표는 사람의 자율 신경 Ⅰ~Ⅲ의 특징을 나타낸 것이다. (가)와 (나)는 척수와 뇌줄기를 순서 없이 나타낸 것이고, ㉠은 아세틸콜린과 노르에피네프린 중 하나이다.

자율 신경	신경절 이전 뉴런의 신경 세포체 위치	신경절 이후 뉴런의 축삭 돌기 말단에서 분비되는 신경 전달 물질	연결된 기관
Ⅰ	(가)	아세틸콜린	위
Ⅱ	(가)	㉠	심장
Ⅲ	(나)	㉠	방광

이에 대한 설명으로 옳은 것만을 〈보기〉에서 있는 대로 고른 것은? [3점]

─── 〈보 기〉 ───
ㄱ. (가)는 뇌줄기이다.
ㄴ. ㉠은 노르에피네프린이다.
ㄷ. Ⅲ은 부교감 신경이다.

① ㄱ　　② ㄴ　　③ ㄷ　　④ ㄱ, ㄴ　　⑤ ㄱ, ㄷ

8. 그림 (가)는 천이 A와 B의 과정 일부를, (나)는 식물 군집 K의 시간에 따른 총생산량과 호흡량을 나타낸 것이다. A와 B는 1차 천이와 2차 천이를 순서 없이 나타낸 것이고, ㉠과 ㉡은 양수림과 지의류를 순서 없이 나타낸 것이다.

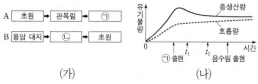

(가)　　　　　　(나)

이에 대한 설명으로 옳은 것만을 〈보기〉에서 있는 대로 고른 것은?

─── 〈보 기〉 ───
ㄱ. B는 2차 천이이다.
ㄴ. ㉠은 양수림이다.
ㄷ. K의 $\dfrac{순생산량}{호흡량}$은 t_2일 때가 t_1일 때보다 크다.

① ㄱ　　② ㄴ　　③ ㄱ, ㄷ　　④ ㄴ, ㄷ　　⑤ ㄱ, ㄴ, ㄷ

9. 그림 (가)는 정상인에서 갈증을 느끼는 정도를 ⓐ의 변화량에 따라 나타낸 것이다. 그림 (나)는 정상인 A에게는 소금과 수분을, 정상인 B에게는 소금만 공급하면서 측정한 ⓐ를 시간에 따라 나타낸 것이다. ⓐ는 전체 혈액량과 혈장 삼투압 중 하나이다.

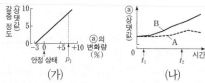

(가)　　　　　　(나)

이에 대한 설명으로 옳은 것만을 〈보기〉에서 있는 대로 고른 것은? (단, 제시된 조건 이외는 고려하지 않는다.)

─── 〈보 기〉 ───
ㄱ. 생성되는 오줌의 삼투압은 안정 상태일 때가 p_1일 때보다 높다.
ㄴ. t_2일 때 갈증을 느끼는 정도는 B에서가 A에서보다 크다.
ㄷ. B의 혈중 항이뇨 호르몬(ADH)농도는 t_1일 때가 t_2일 때보다 높다.

① ㄱ　　② ㄴ　　③ ㄷ　　④ ㄱ, ㄷ　　⑤ ㄴ, ㄷ

10. 다음은 민말이집 신경 A의 흥분 전도와 전달에 대한 자료이다.

○ A는 2개의 뉴런으로 구성되고, 각 뉴런의 흥분 전도 속도는 ㉮로 같다. 그림은 A의 지점 d_1~d_5의 위치를, 표는 ㉠ d_1에 역치 이상의 자극을 1회 주고 경과된 시간이 2ms, 4ms, 8ms일때 d_1~d_5에서의 막전위를 나타낸 것이다. Ⅰ~Ⅲ은 2ms, 4ms, 8ms를 순서 없이 나타낸 것이다.

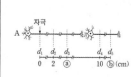

시간	막전위(mV)				
	d_1	d_2	d_3	d_4	d_5
Ⅰ	?	−70	?	+30	0
Ⅱ	+30	?	−70	?	?
Ⅲ	?	−80	+30	?	?

○ A에서 활동 전위가 발생하였을 때, 각 지점에서의 막전위 변화는 그림과 같다.

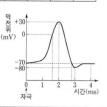

이에 대한 설명으로 옳은 것만을 〈보기〉에서 있는 대로 고른 것은? (단, A에서 흥분의 전도는 1회 일어났고, 휴지 전위는 −70mV이다.)

─── 〈보 기〉 ───
ㄱ. ㉮는 2cm/ms이다.
ㄴ. ⓐ는 4이다.
ㄷ. ㉠이 9ms일 때 d_5에서 재분극이 일어나고 있다.

① ㄱ　　② ㄷ　　③ ㄱ, ㄴ　　④ ㄴ, ㄷ　　⑤ ㄱ, ㄴ, ㄷ

11. 어떤 동물 종(2n=6)의 유전 형질 ㉠은 대립유전자 A와 a에 의해, ㉡은 대립유전자 B와 b에 의해, ㉢은 대립유전자 D와 d에 의해 결정된다. ㉠~㉢의 유전자 중 2개는 서로 다른 상염색체에, 나머지 1개는 X 염색체에 있다. 표는 이 동물 종의 개체 P와 Q의 세포 Ⅰ~Ⅳ에서 A, a, B, b, D, d의 DNA상대량을, 그림은 세포 (가)와 (나) 각각에 들어 있는 모든 염색체를 나타낸 것이다. (가)와 (나)는 각각 Ⅰ~Ⅳ 중 하나이다. P는 수컷이고 성염색체는 XY이며, Q는 암컷이고 성염색체는 XX이다.

세포	DNA 상대량					
	A	a	B	b	D	d
Ⅰ	0	ⓐ	?	2	4	0
Ⅱ	2	0	ⓑ	2	?	2
Ⅲ	0	0	1	?	1	ⓒ
Ⅳ	0	2	?	1	2	0

(가)　　　(나)

이에 대한 설명으로 옳은 것만을 〈보기〉에서 있는 대로 고른 것은? (단, 돌연변이와 교차는 고려하지 않으며, A, a, B, b, D, d 각각의 1개당 DNA 상대량은 1이다.) [3점]

─── 〈보 기〉 ───
ㄱ. (가)는 Ⅰ이다.
ㄴ. Ⅳ는 Q의 세포이다.
ㄷ. ⓐ+ⓑ+ⓒ=6이다.

① ㄱ　　② ㄴ　　③ ㄱ, ㄷ　　④ ㄴ, ㄷ　　⑤ ㄱ, ㄴ, ㄷ

과학탐구 영역 (생명과학 Ⅰ)

12. 다음은 골격근의 수축 과정에 대한 자료이다.

> ○ 그림은 근육 원섬유 마디 X의 구조를 나타낸 것이다. X는 좌우 대칭이고, Z_1과 Z_2는 X의 Z선이다.
>
>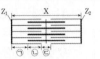
>
> ○ 구간 ㉠은 액틴 필라멘트만 있는 부분이고, ㉡은 액틴 필라멘트와 마이오신 필라멘트가 겹치는 부분이며, ㉢은 마이오신 필라멘트만 있는 부분이다.
>
> ○ 표는 골격근 수축 과정의 두 시점 t_1과 t_2일 때 각 시점의 Z_1로부터 Z_2 방향으로 거리가 각각 l_1, l_2, l_3인 세 지점이 ㉠~㉢ 중 어느 구간에 해당하는지를 나타낸 것이다. ⓐ~ⓒ는 ㉠~㉢을 순서 없이 나타낸 것이다.
>
> | 거리 | 지점이 해당하는 구간 | |
> |---|---|---|
> | | t_1 | t_2 |
> | l_1 | ⓐ | ㉡ |
> | l_2 | ⓑ | ? |
> | l_3 | ? | ⓒ |
>
> ○ t_1일 때 ⓐ~ⓒ의 길이는 순서 없이 $5d$, $6d$, $8d$이고, t_2일 때 ⓐ~ⓒ의 길이는 순서 없이 $2d$, $6d$, $7d$이다. d는 0보다 크다.
>
> ○ t_1일 때, A대의 길이는 ㉢의 길이의 2배이다.
>
> ○ t_1과 t_2일 때 각각 l_1~l_3은 모두 $\dfrac{\text{X의 길이}}{2}$ 보다 작다.

이에 대한 설명으로 옳은 것만을 〈보기〉에서 있는 대로 고른 것은? [3점]

> ─── 〈보 기〉───
> ㄱ. $l_2 > l_1$이다.
> ㄴ. t_1일 때, Z_1로부터 Z_2 방향으로 거리가 l_3인 지점은 ㉡에 해당한다.
> ㄷ. t_2일 때, ⓐ의 길이는 H대의 길이의 3배이다.

① ㄱ ② ㄴ ③ ㄷ ④ ㄱ, ㄴ ⑤ ㄱ, ㄷ

13. 다음은 사람의 유전 형질 (가)~(다)에 대한 자료이다.

> ○ (가)~(다)의 유전자는 서로 다른 3개의 상염색체에 있다.
> ○ (가)는 대립유전자 A와 a에 의해 결정되며, A는 a에 대해 완전 우성이다.
> ○ (나)는 대립유전자 B와 b에 의해 결정되며, 유전자형이 다르면 표현형이 다르다.
> ○ (다)는 1쌍의 대립유전자에 의해 결정되며, 대립유전자에는 D, E, F가 있다. D는 E, F에 대해, E는 F에 대해 각각 완전 우성이다.
> ○ P의 유전자형은 AaBbDF이고, P와 Q는 (나)의 표현형이 서로 다르다.
> ○ P와 Q 사이에서 ⓐ가 태어날 때, ⓐ가 P와 (가)~(다)의 표현형이 모두 같을 확률은 $\dfrac{3}{16}$이다.
> ○ ⓐ가 유전자형이 AAbbFF인 사람과 (가)~(다)의 표현형이 모두 같을 확률은 $\dfrac{3}{32}$이다.

ⓐ의 유전자형이 aabbDF일 확률은? (단, 돌연변이는 고려하지 않는다.) [3점]

① $\dfrac{1}{4}$ ② $\dfrac{1}{8}$ ③ $\dfrac{1}{16}$ ④ $\dfrac{1}{32}$ ⑤ $\dfrac{1}{64}$

14. 사람 A~C는 모두 혈중 티록신 농도가 정상적이지 않다. 표 (가)는 A~C의 혈중 티록신 농도가 정상적이지 않은 원인을, (나)는 사람 ㉠~㉢의 혈중 티록신과 TSH의 농도를 나타낸 것이다. ㉠~㉢은 A~C를 순서 없이 나타낸 것이고, ⓐ는 '+'와 '−' 중 하나이다.

사람	원인
A	뇌하수체 전엽에 이상이 생겨 TSH 분비량이 정상보다 적음
B	갑상샘에 이상이 생겨 티록신 분비량이 정상보다 많음
C	갑상샘에 이상이 생겨 티록신 분비량이 정상보다 적음

(가)

사람	혈중 농도	
	티록신	TSH
㉠	−	+
㉡	+	ⓐ
㉢	−	−

(+: 정상보다 높음, −: 정상보다 낮음)

(나)

이에 대한 설명으로 옳은 것만을 〈보기〉에서 있는 대로 고른 것은? (단, 제시된 조건 이외는 고려하지 않는다.) [3점]

> ─── 〈보 기〉───
> ㄱ. ⓐ는 '−'이다.
> ㄴ. ㉠에게 티록신을 투여하면 투여 전보다 TSH의 분비가 촉진된다.
> ㄷ. 정상인에서 뇌하수체 전엽에 TRH의 표적 세포가 있다.

① ㄱ ② ㄴ ③ ㄷ ④ ㄱ, ㄷ ⑤ ㄴ, ㄷ

15. 사람의 유전 형질 (가)는 서로 다른 상염색체에 있는 2쌍의 대립유전자 H와 h, T와 t에 의해 결정된다. 표는 어떤 사람의 세포 ㉠~㉢에서 H와 t의 유무를, 그림은 ㉠~㉢에서 대립유전자 ⓐ~ⓓ의 DNA 상대량을 나타낸 것이다. ⓐ~ⓓ는 H, h, T, t를 순서 없이 나타낸 것이다.

대립유전자	세포		
	㉠	㉡	㉢
H	○	?	×
t	?	×	×

(○: 있음, ×: 없음)

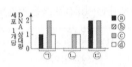

이에 대한 설명으로 옳은 것만을 〈보기〉에서 있는 대로 고른 것은? (단, 돌연변이와 교차는 고려하지 않으며, H, h, T, t 각각의 1개당 DNA 상대량은 1이다.)

> ─── 〈보 기〉───
> ㄱ. ⓐ는 ⓒ와 대립유전자이다.
> ㄴ. ⓓ는 H이다.
> ㄷ. 이 사람에게서 h와 t를 모두 갖는 생식세포가 형성될 수 있다.

① ㄱ ② ㄴ ③ ㄷ ④ ㄱ, ㄴ ⑤ ㄴ, ㄷ

16. 표는 사람 Ⅰ~Ⅲ 사이의 ABO식 혈액형에 대한 응집 반응 결과를 나타낸 것이다. ㉠~㉢은 Ⅰ~Ⅲ의 혈장을 순서 없이 나타낸 것이다. Ⅰ~Ⅲ의 ABO식 혈액형은 각각 서로 다르며, A형, AB형, O형 중 하나이다.

적혈구＼혈장	㉠	㉡	㉢
Ⅰ의 적혈구	?	−	+
Ⅱ의 적혈구	−	?	−
Ⅲ의 적혈구	?	+	?

(+: 응집됨, −: 응집 안 됨)

이에 대한 설명으로 옳은 것만을 〈보기〉에서 있는 대로 고른 것은?

> ─── 〈보 기〉───
> ㄱ. Ⅰ의 ABO식 혈액형은 A형이다.
> ㄴ. ㉡은 Ⅱ의 혈장이다.
> ㄷ. Ⅲ의 적혈구와 ㉢을 섞으면 항원 항체 반응이 일어난다.

① ㄱ ② ㄴ ③ ㄱ, ㄷ ④ ㄴ, ㄷ ⑤ ㄱ, ㄴ, ㄷ

17. 다음은 어떤 가족의 유전 형질 (가)~(다)에 대한 자료이다.

○ (가)는 대립유전자 A와 a에 의해, (나)는 대립유전자 B와 b에 의해, (다)는 대립유전자 D와 d에 의해 결정된다. A는 a에 대해, B는 b에 대해, D는 d에 대해 각각 완전 우성이다.

○ (가)와 (나)는 모두 우성 형질이고, (다)는 열성 형질이다. (가)의 유전자는 상염색체에 있고, (나)와 (다)의 유전자는 모두 X 염색체에 있다.

○ 표는 이 가족 구성원의 성별과 ㉠~㉢의 발현 여부를 나타낸 것이다. ㉠~㉢은 각각 (가)~(다) 중 하나이다.

구성원	성별	㉠	㉡	㉢
아버지	남	○	×	×
어머니	여	×	○	ⓐ
자녀 1	남	×	○	○
자녀 2	여	○	○	×
자녀 3	남	○	×	○
자녀 4	남	×	×	×

(○: 발현됨, ×: 발현 안 됨)

○ 부모 중 한 명의 생식세포 형성 과정에서 성염색체 비분리가 1회 일어나 염색체 수가 비정상적인 생식세포 G가 형성되었다. G가 정상 생식세포와 수정되어 자녀 4가 태어났으며, 자녀 4는 클라인펠터 증후군의 염색체 이상을 보인다.

○ 자녀 4를 제외한 이 가족 구성원의 핵형은 모두 정상이다.

이에 대한 설명으로 옳은 것만을 〈보기〉에서 있는 대로 고른 것은? (단, 제시된 염색체 비분리 이외의 돌연변이와 교차는 고려하지 않는다.)

─── 〈 보 기 〉───
ㄱ. ⓐ는 '○'이다.
ㄴ. 자녀 2는 A, B, D를 모두 갖는다.
ㄷ. G는 아버지에게서 형성되었다.

① ㄱ ② ㄴ ③ ㄱ, ㄷ ④ ㄴ, ㄷ ⑤ ㄱ, ㄴ, ㄷ

18. 다음은 바이러스 X에 대한 생쥐의 방어 작용 실험이다.

[실험 과정 및 결과]
(가) 유전적으로 동일하고 X에 노출된 적이 없는 생쥐 A~D를 준비한다. A와 B는 ㉠이고, C와 D는 ㉡이다. ㉠과 ㉡은 '정상 생쥐'와 '가슴샘이 없는 생쥐'를 순서 없이 나타낸 것이다.

(나) A~D 중 B와 D에 X를 각각 주사한 후 A~D에서 ⓐ X에 감염된 세포의 유무를 확인한 결과, B와 D에서만 ⓐ가 있었다.

(다) 일정 시간이 지난 후, 각 생쥐에 대해 조사한 결과는 표와 같다.

구분	㉠		㉡	
	A	B	C	D
X에 대한 세포성 면역 반응 여부	일어나지 않음	일어남	일어나지 않음	일어나지 않음
생존 여부	산다	산다	산다	죽는다

이에 대한 설명으로 옳은 것만을 〈보기〉에서 있는 대로 고른 것은? (단, 제시된 조건 이외는 고려하지 않는다.) [3점]

─── 〈 보 기 〉───
ㄱ. X는 유전 물질을 갖는다.
ㄴ. ㉡은 '가슴샘이 없는 생쥐'이다.
ㄷ. (다)의 B에서 세포독성 T 림프구가 ⓐ를 파괴하는 면역 반응이 일어났다.

① ㄱ ② ㄷ ③ ㄱ, ㄴ ④ ㄴ, ㄷ ⑤ ㄱ, ㄴ, ㄷ

19. 다음은 어떤 집안의 유전 형질 (가)와 (나)에 대한 자료이다.

○ (가)의 유전자와 (나)의 유전자는 같은 염색체에 있다.

○ (가)는 대립유전자 H와 h에 의해, (나)는 대립유전자 T와 t에 의해 결정된다. H는 h에 대해, T는 t에 대해 각각 완전 우성이다.

○ 가계도는 구성원 ⓐ~ⓒ를 제외한 구성원 1~6에게서 (가)와 (나)의 발현 여부를 나타낸 것이다. ⓑ는 남자이다.

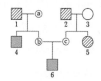

○ 정상 여자
▨ (가) 발현 남자
◕ (가) 발현 여자
▩ (가), (나) 발현 남자

○ ⓐ~ⓒ 중 (가)가 발현된 사람은 1명이다.

○ 표는 ⓐ~ⓒ에서 체세포 1개당 h의 DNA 상대량을 나타낸 것이다. ㉠~㉢은 0, 1, 2를 순서 없이 나타낸 것이다.

구성원	ⓐ	ⓑ	ⓒ
h의 DNA 상대량	㉠	㉡	㉢

○ ⓐ와 ⓒ의 (나)의 유전자형은 서로 같다.

이에 대한 설명으로 옳은 것만을 〈보기〉에서 있는 대로 고른 것은? (단, 돌연변이와 교차는 고려하지 않으며, H, h, T, t 각각의 1개당 DNA 상대량은 1이다.) [3점]

─── 〈 보 기 〉───
ㄱ. (가)는 열성 형질이다.
ㄴ. ⓐ~ⓒ 중 (나)가 발현된 사람은 2명이다.
ㄷ. 6의 동생이 태어날 때, 이 아이에게서 (가)와 (나)가 모두 발현될 확률은 $\frac{1}{4}$이다.

① ㄱ ② ㄴ ③ ㄱ, ㄷ ④ ㄴ, ㄷ ⑤ ㄱ, ㄴ, ㄷ

20. 표는 생태계의 물질 순환 과정 (가)와 (나)에서 특징의 유무를 나타낸 것이다. (가)와 (나)는 질소 순환 과정과 탄소 순환 과정을 순서 없이 나타낸 것이다.

물질 순환 과정 / 특징	(가)	(나)
토양 속의 ㉠암모늄 이온(NH_4^+)이 질산 이온(NO_3^-)으로 전환된다.	×	○
식물의 광합성을 통해 대기 중의 이산화 탄소(CO_2)가 유기물로 합성된다.	○	×
ⓐ	○	○

(○: 있음, ×: 없음)

이에 대한 설명으로 옳은 것만을 〈보기〉에서 있는 대로 고른 것은? [3점]

─── 〈 보 기 〉───
ㄱ. (나)는 탄소 순환 과정이다.
ㄴ. 질산화 세균은 ㉠에 관여한다.
ㄷ. '물질이 생산자에서 소비자로 먹이 사슬을 따라 이동한다.'는 ⓐ에 해당한다.

① ㄱ ② ㄷ ③ ㄱ, ㄴ ④ ㄴ, ㄷ ⑤ ㄱ, ㄴ, ㄷ

┌─────────────────────────────┐
│ ※ 확인 사항 │
│ ○ 답안지의 해당란에 필요한 내용을 정확히 기입(표기) │
│ 했는지 확인하시오. │
└─────────────────────────────┘

수능 완전 정복을 위한
기출 ○X 522문제 풀자! 외우자! 만점받자!

Ⅰ 생명 과학의 이해

1 생물의 특성

① 생명 현상의 특성

🔁 다음은 생명 현상의 특성에 대한 예이다. ❶물질대사, ❷자극에 대한 반응, ❸항상성 유지, ❹발생과 생장, ❺생식과 유전, ❻적응과 진화 중에서 가장 관련이 깊은 것을 써넣으시오.

001 장구벌레는 변태 과정을 거쳐 모기가 된다. ────( )

002 거미는 진동을 감지하여 먹이에게 다가간다. ──( )

003 적록 색맹인 어머니로부터 적록 색맹인 아들이 태어난다.
────────────────────( )

004 수생 식물의 잎에서 광합성이 일어나면 공기 방울이 맺힌다.
────────────────────( )

005 크고 단단한 종자를 먹는 핀치새는 턱 근육이 발달되어 있다.
────────────────────( )

006 지렁이에 빛을 비추면 어두운 곳으로 이동한다. ──( )

007 선인장에는 잎이 변한 가시가 있어 물의 손실이 최소화된다.
────────────────────( )

008 살충제를 살포한 후 살충제에 저항성을 갖는 모기가
증가하였다. ───────────────( )

009 짚신벌레는 이분법으로 증식한다. ──────( )

010 사람의 체온이 낮아지면 근육이 떨리면서 열이 발생한다.
────────────────────( )

011 미모사의 잎을 건드리면 잎이 접힌다. ────( )

012 효모는 포도당을 분해하여 에너지를 얻는다. ──( )

013 수정란이 세포 분열을 거쳐 완전한 하나의 개체가 된다.
────────────────────( )

014 밀가루 반죽에 효모를 넣어 두면 반죽이 부풀어 오른다.
────────────────────( )

015 시험관 안의 불린 콩이 발아하면서 열이 발생한다. ─( )

016 운동 후에 높아진 체온은 시간이 지나면서 정상 체온으로
돌아온다. ─────────────────( )

017 식물 종자가 발아하여 뿌리, 줄기, 잎으로 분화한다. ( )

018 식사 후 혈당량이 증가하면 인슐린 분비가 촉진된다. ( )

019 뜨거운 물체에 손이 닿으면 반사적으로 손을 뗀다. ─( )

020 뿌리혹박테리아는 질소 고정 효소를 이용하여 공기 중의
질소를 질소 화합물로 합성한다. ────────( )

🔁 그림 (가)와 (나)는 각각 박테리오파지와 동물 세포 중 하나를
나타낸 것이다.

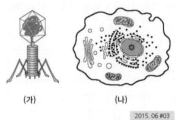

(가)   (나)

2015. 06 #03

[021~022] 빈칸에 알맞은 말을 써넣으시오.

021 (가)는 ( )이다.

022 (나)는 ( )이다.

[023~034] 다음 문장을 읽고 옳으면 ○, 옳지 않으면 × 하시오.

023 (가)는 세포 분열을 한다. ──────────( )

024 (나)는 세포 분열을 한다. ──────────( )

025 (가)는 유전 물질을 갖는다. ─────────( )

026 (나)는 유전 물질을 갖는다. ─────────( )

027 (가)는 독립적으로 물질대사를 한다. ─────( )

028 (나)는 독립적으로 물질대사를 한다. ─────( )

029 (가)는 효소를 가진다. ─────────────( )

030 (나)는 효소를 가진다. ─────────────( )

031 (가)는 세포막을 가진다. ─────────( )

032 (나)는 세포막을 가진다. ─────────( )

033 (가)는 세포 내에서 증식한다. ───────( )

034 (가)는 세포로 구성되어 있다. ───────( )

 정답 및 풀이

001 ❹ 002 ❷ 003 ❺ 004 ❶ 005 ❻ 006 ❷ 007 ❻ 008 ❻ 009 ❺ 010 ❸ 011 ❷ 012 ❶ 013 ❹ 014 ❶ 015 ❶ 016 ❸ 017 ❹ 018 ❸ 019 ❷ 020 ❶
021 박테리오파지 022 동물 세포 023 × (세포의 구조가 아니다.) 024 ○ 025 ○ 026 ○ 027 × (효소가 없어서 독립적으로 물질대사를 못한다.) 028 ○ 029 × (효소가 없다.)
030 ○ 031 × (세포의 구조가 아니다.) 032 ○ 033 ○ 034 × (세포의 구조가 아니다.)

2 생명 과학의 특성과 탐구 방법

다음은 생명 현상을 두 가지 방법으로 탐구한 결과이다. (가)와 (나)는 각각 귀납적 탐구 방법과 연역적 탐구 방법 중 하나이다.

> (가) 레디는 '파리는 파리로부터 생겨난다'라고 생각하여, 생선 토막이 들어있는 두 개의 병을 준비한 뒤, ㉠ 병 하나에는 파리가 들어가지 못하도록 병 입구를 천으로 싸서 막고, ㉡ 나머지는 병 입구를 그대로 두어 파리가 자유롭게 드나들도록 하였다. 일정한 시간이 흐른 후, ㉡ 조건에서만 파리가 생겼다.
>
> (나) 다윈은 갈라파고스 군도의 여러 섬에 서식하는 핀치새들의 부리 모양과 크기가 서로 다른 것을 관찰하고, 섬마다 핀치새들의 먹이가 각각 달라서 핀치새의 부리 모양과 크기가 다르다는 결론을 내렸다.

고2 2019. 06 #3

[035~036] 빈칸에 알맞은 말을 써넣으시오.

035 (가)는 ( ) 탐구 방법이다.

036 (나)는 ( ) 탐구 방법이다.

[037~040] 괄호 안에 알맞은 말에 ○ 하시오.

037 ㉠은 (실험군 / 대조군)이다.

038 ㉡은 (실험군 / 대조군)이다.

039 (가)에서 파리의 생성 유무는 (조작 변인 / 종속 변인)이다.

040 (가)에서 병 입구를 천으로 싸서 막았는지의 여부는 (조작 변인 / 종속 변인)이다.

[041~042] 다음 문장을 읽고 옳으면 ○, 옳지 않으면 × 하시오.

041 잠정적인 답인 가설을 세우고 가설의 옳고 그름을 검증하는 탐구 방법은 (나)이다. ─────── ( )

042 조작 변인은 독립 변인에 속한다. ─────── ( )

Ⅱ 사람의 물질대사

1 세포의 물질대사와 에너지

① 세포 호흡

그림 (가)는 사람의 체내에서 포도당이 세포 호흡을 거쳐 최종 분해 산물로 되는 과정을, (나)는 체내에서 포도당이 글리코젠으로 되는 과정을 나타낸 것이다.

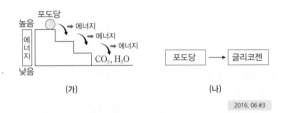

2016. 06 #3

[043~048] 다음 문장을 읽고 옳으면 ○, 옳지 않으면 × 하시오.

043 (가)에는 효소가 필요하다. ─────── ( )

044 (가)에서 방출된 에너지 중 일부는 체온 유지에 이용된다.
─────── ( )

045 (가)에서는 ATP가 합성된다. ─────── ( )

046 식물에서 (가)가 일어난다. ─────── ( )

047 (나)에서는 동화 작용이 일어난다. ─────── ( )

048 포도당이 분해되어 생성된 에너지의 일부는 ATP에 저장된다. ─────── ( )

② ATP 에너지의 이용

그림 (가)는 ⓐ와 ⓑ에서 일어나는 물질의 전환을, (나)는 ATP와 ADP 사이의 전환을 나타낸 것이다. ⓐ와 ⓑ는 각각 세포 호흡과 광합성 중 하나이다.

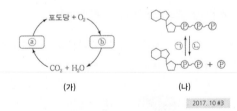

2017. 10 #3

[049~050] 빈칸에 알맞은 말을 써넣으시오.

049 ⓐ는 ( )이다.

050 ⓑ는 ( )이다.

[051~053] 다음 문장을 읽고 옳으면 ○, 옳지 않으면 × 하시오.

051 ⓑ에서 ㉠이 일어난다. ─────────── (   )

052 Na⁺－K⁺ 펌프가 작동할 때 ㉡이 일어난다. ── (   )

053 미토콘드리아에서 ㉠이 일어난다. ───────── (   )

2 기관계의 통합적 작용

① 양분의 흡수와 노폐물의 배설 및 기체 교환과 물질 운반

🔁 표 (가)는 구성 원소와 이를 포함하는 물질 ⓐ~ⓓ를, (나)는 기관계 ㉠과 ㉡ 각각에 속하는 기관 중 하나를 나타낸 것이다. ⓐ~ⓓ는 각각 물, 암모니아, 이산화 탄소, 단백질 중 하나이다.

구성 원소	물질
질소(N)	ⓐ, ⓒ
산소(O)	ⓐ, ⓑ, ⓓ
수소(H)	ⓐ, ⓒ, ⓓ

(가)

기관계	㉠	㉡
기관	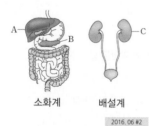콩팥	위

(나)

2017. 10 #2

[054~059] 빈칸에 알맞은 말을 써넣으시오.

054 ⓐ는 (   )이다.

055 ⓑ는 (   )이다.

056 ⓒ는 (   )이다.

057 ⓓ는 (   )이다.

058 ㉠은 (   )이다.

059 ㉡은 (   )이다.

[060~062] 다음 문장을 읽고 옳으면 ○, 옳지 않으면 × 하시오.

060 ⓐ가 세포 호흡을 통해 분해될 때 ⓑ, ⓒ, ⓓ가 모두 생성된다.

─────────────────── (   )

061 ⓓ는 ㉠을 통해 몸 밖으로 배출된다. ─── (   )

062 ㉡에는 ⓒ를 요소로 전환하는 기관이 있다. ── (   )

🔁 그림은 사람의 소화계와 배설계의 일부를 각각 나타낸 것이다. A~C는 각각 간, 이자, 콩팥 중 하나이다.

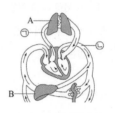

소화계   배설계

2016. 06 #2

[063~065] 빈칸에 알맞은 말을 써넣으시오.

063 A는 (   )이다.

064 B는 (   )이다.

065 C는 (   )이다.

[066~067] 다음 문장을 읽고 옳으면 ○, 옳지 않으면 × 하시오.

066 A에서 요소가 생성된다. ──────────── (   )

067 C는 항이뇨 호르몬의 표적 기관이다. ──── (   )

🔁 그림은 사람의 혈액 순환 경로의 일부를 나타낸 것이다. ㉠과 ㉡은 각각 대동맥과 폐동맥 중 하나이고, A와 B는 각각 간과 폐 중 하나이다.

2017. 07 #5

[068~071] 빈칸에 알맞은 말을 써넣으시오.

068 A는 (   )이다.

069 B는 (   )이다.

070 ㉠은 (   )이다.

071 ㉡은 (   )이다.

[072~078] 다음 문장을 읽고 옳으면 ○, 옳지 않으면 × 하시오.

072 A는 호흡계에 속하는 기관이다. ──────── (   )

073 A에서 수분의 재흡수가 일어난다. ────── (   )

074 B는 배설계에 속하는 기관이다. ─────── (   )

075 B는 인슐린의 표적 기관이다. ──────── (   )

076 B에서 이화 작용이 일어난다. ──────── (   )

077 단위 부피당 산소량은 ㉠의 혈액이 ㉡의 혈액보다 많다.

─────────────────── (   )

078 단위 부피당 이산화 탄소량은 ㉠의 혈액이 ㉡의 혈액보다 많다. ──────────────── (   )

✏️ **정답 및 풀이**

051 ○   052 ○ (Na⁺－K⁺ 펌프는 ATP에 저장된 에너지를 이용)   053 ○   054 단백질   055 이산화 탄소   056 암모니아   057 물   058 배설계   059 소화계   060 ○   061 ○   062 ○ (간에서 암모니아를 요소로 전환)   063 간   064 이자   065 콩팥   066 ○   067 ○   068 폐   069 간   070 폐동맥   071 대동맥   072 ○   073 × (수분의 재흡수는 콩팥에서)   074 × (배설계→소화계)   075 ○   076 ○   077 × (많다→적다)   078 ○

② 소화, 순환, 호흡, 배설의 관계

그림은 사람 몸에 있는 순환계와 기관계 A~C의 통합적 작용을, 표는 A~C 각각에 속하는 기관의 예를 나타낸 것이다. A~C는 각각 배설계, 소화계, 호흡계 중 하나이고, ㉠~㉢은 각각 폐, 소장, 콩팥 중 하나이다.

기관계	기관의 예
A	㉠
B	㉡
C	㉢

2018. 수능 #7

[079~084] 빈칸에 알맞은 말을 써넣으시오.

079 A는 (　　　　　)이다.

080 B는 (　　　　　)이다.

081 C는 (　　　　　)이다.

082 ㉠은 (　　　　　)이다.

083 ㉡은 (　　　　　)이다.

084 ㉢은 (　　　　　)이다.

[085~093] 다음 문장을 읽고 옳으면 ○, 옳지 않으면 × 하시오.

085 A를 통해 요소가 배설된다. ────────(　)

086 A에는 항이뇨 호르몬의 표적 기관이 있다. ──(　)

087 A에는 요소를 생성하는 기관이 있다. ───(　)

088 A~C에서 모두 물질대사가 일어난다. ──(　)

089 심장은 B에 속하는 기관이다. ────(　)

090 기관지는 B에 속한다. ─────(　)

091 C에서는 영양소의 소화와 흡수가 일어난다. ─(　)

092 대장은 C에 속한다. ─────(　)

093 ㉢에서 아미노산이 흡수된다. ───(　)

3 물질대사와 건강

그림은 어떤 사람이 하루 동안 소비하는 총에너지양의 상대적 구성비를 나타낸 것이다.

고2 2019. 09 #6

[094~095] 빈칸에 알맞은 말을 써넣으시오.

094 생명을 유지하는 데 필요한 최소한의 에너지양은
(　　　　)이다.

095 기초 대사량 외에 일상적인 신체 활동에 필요한 에너지양은
(　　　　)이다.

[096~097] 다음 문장을 읽고 옳으면 ○, 옳지 않으면 × 하시오.

096 기초 대사량은 1일 대사량에 포함된다. ────(　)

097 하루 동안 소비하는 총에너지양보다 많은 양의 에너지를 지속적으로 섭취하면 체중이 증가한다. ───(　)

Ⅲ 항상성과 몸의 조절

1 자극의 전달

① 뉴런의 구조와 기능

그림은 흥분이 전달되는 과정에 관여하는 세 종류의 뉴런 A~C를 나타낸 것이다.

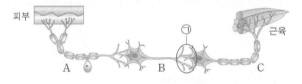

2013. 06 #12

[098~101] 빈칸에 알맞은 말을 써넣으시오.

098 A는 (　　　　　)이다.

099 B는 (　　　　　)이다.

100 C는 (　　　　　)이다.

101 흥분의 전달 방향은 (　　　)→(　　　)→(　　　)이다.

 정답 및 풀이

079 배설계 080 호흡계 081 소화계 082 콩팥 083 폐 084 소장 085 ○ 086 ○ (항이뇨 호르몬의 표적 기관은 콩팥) 087 × (A→C) 088 ○ 089 × (심장 : 순환계)
090 ○ 091 ○ 092 ○ 093 ○ 094 기초 대사량 095 활동 대사량 096 ○ (1일 대사량=기초 대사량+활동 대사량) 097 ○ 098 감각 뉴런 099 연합 뉴런 100 운동 뉴런 101 A, B, C

[102~104] 다음 문장을 읽고 옳으면 ○, 옳지 않으면 × 하시오.

102 B에서 흥분이 전도될 때 도약 전도가 일어난다. ─── (　　)

103 시냅스 ㉠에 분비된 신경 전달 물질은 B의 축삭 돌기 말단을 탈분극시킨다. ─────── (　　)

104 B는 감각 뉴런과 운동 뉴런을 연결시켜 주는 역할을 한다.
─────────────────── (　　)

↻ 그림 (가)는 미각 수용기에서 감지한 염분 자극이 뇌로 전달되는 경로를, (나)는 염분 자극이 주어지기 전과 후에 뉴런 A에서 일어나는 막전위 변화를 나타낸 것이다.

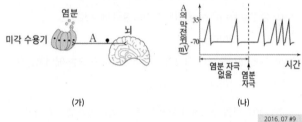

(가)　　　　　　(나)

2016. 07 #9

[105~107] 다음 문장을 읽고 옳으면 ○, 옳지 않으면 × 하시오.

105 A는 감각 뉴런이다. ──────── (　　)

106 염분 자극이 없을 때는 A에서 활동 전위가 발생하지 않는다.
─────────────────── (　　)

107 뇌는 전달된 활동 전위의 크기에 따라 염분 자극의 유무를 구분한다. ─────────── (　　)

② 흥분의 전도와 전달

↻ 그림 (가)는 신경의 축삭 돌기의 세포막을 경계로 휴지 전위가 유지될 때의 이온 분포를, (나)는 활동 전위가 발생했을 때 막전위의 변화를 나타낸 것이다. (가)에서 ㉠은 Na^+ 통로, ㉡은 K^+ 통로이다.

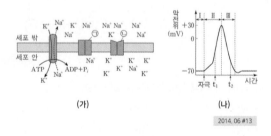

(가)　　　　　　(나)

2014. 06 #13

[108~110] 빈칸에 알맞은 말을 써넣으시오.

108 Ⅰ은 (　　　　)상태이다.

109 Ⅱ는 (　　　　)상태이다.

110 Ⅲ은 (　　　　)상태이다.

[111~118] 다음 문장을 읽고 옳으면 ○, 옳지 않으면 × 하시오.

111 구간 Ⅰ에서 K^+의 농도는 세포 밖이 세포 안보다 높다.
─────────────────── (　　)

112 구간 Ⅰ에서 Na^+의 농도는 세포 밖이 세포 안보다 높다.
─────────────────── (　　)

113 구간 Ⅰ에서 세포 안의 Na^+ 농도 유지에 ATP가 사용된다.
─────────────────── (　　)

114 구간 Ⅱ에서 Na^+이 ㉠을 통해 세포 안에서 세포 밖으로 확산된다. ─────────── (　　)

115 구간 Ⅲ에서 K^+이 ㉡을 통해 세포 안에서 세포 밖으로 확산된다. ─────────── (　　)

116 t_1일 때 Na^+의 유입에 ATP가 사용된다. ─── (　　)

117 t_2일 때 ㉠을 통해 Na^+이 유출된다. ─── (　　)

118 이 자극보다 세기가 큰 자극을 주면 활동 전위의 크기가 증가한다. ─────────── (　　)

2 근육 수축의 원리

① 근수축 운동

↻ 그림 (가)는 근육 원섬유 마디 X가 이완된 상태를, (나)의 A~C는 X의 서로 다른 세 지점에서 ⓐ방향으로 자른 단면을 나타낸 것이다. ㉠과 ㉡은 각각 액틴 필라멘트와 마이오신 필라멘트 중 하나이다.

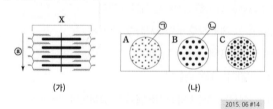

(가)　　　　　　(나)

2015. 06 #14

[119~120] 빈칸에 알맞은 말을 써넣으시오.

119 ㉠은 (　　　　　　)이다.

120 ㉡은 (　　　　　　)이다.

[121~125] 다음 문장을 읽고 옳으면 ○, 옳지 않으면 × 하시오.

121 근육 원섬유는 밝은 부분과 어두운 부분이 반복되어 나타난다.
─────────────────── (　　)

122 C는 I대의 단면에 해당한다. ──────── (　　)

123 X의 $\dfrac{\text{H대 길이}}{\text{A대 길이}}$는 (가)에서보다 X가 수축된 상태에서 작다.
─────────────────── (　　)

124 B는 H대의 단면에 해당한다. ( )

125 X가 수축할 때 ATP가 소모된다. ( )

↻ 표는 골격근 수축 과정의 두 시점 @와 ⓑ에서 근육 원섬유 마디 X의 길이를, 그림은 ⓑ일 때 X의 구조를 나타낸 것이다. ⓑ일 때 ⓒ의 길이는 0.2μm이다.

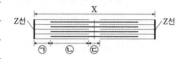

시점	X의 길이(μm)
@	3.0
ⓑ	2.2

2018. 06 #8

[126~128] 다음 문장을 읽고 옳으면 ○, 옳지 않으면 × 하시오.

126 @일 때 H대의 길이는 1.0μm이다. ( )

127 ⓒ의 길이는 ⓑ일 때가 @일 때보다 0.4μm 더 길다. ( )

128 $\dfrac{\text{⊙의 길이+ⓒ의 길이}}{\text{ⓒ의 길이}}$ 는 ⓑ일 때가 @일 때의 5배이다.

( )

3 신경계

① 중추 신경계

↻ 그림은 자극에 의한 반사가 일어나 근육 @가 수축할 때 흥분 전달 경로를 나타낸 것이다.

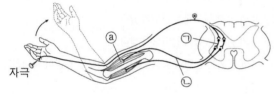

자극

2018. 09 #13

[129~138] 다음 문장을 읽고 옳으면 ○, 옳지 않으면 × 하시오.

129 ⊙은 연합 뉴런이다. ( )

130 ⊙은 척수에 존재한다. ( )

131 ⊙은 말초 신경계에 속한다. ( )

132 ⓒ은 감각 뉴런이다. ( )

133 ⓒ의 신경 세포체는 척수의 회색질(회백질)에 존재한다.

( )

134 ⓒ은 말초 신경계에 속한다. ( )

135 ⓒ은 자율 신경이다. ( )

136 ⓒ은 전근을 통해 나온다. ( )

137 @의 근육 원섬유 마디에서 $\dfrac{\text{A대의 길이}}{\text{I대의 길이+H대의 길이}}$ 가 작아진다. ( )

138 자극에 의한 흥분의 전달은 ⊙에서 ⓒ으로 일어난다.

( )

↻ 그림은 중추 신경계의 구조를 나타낸 것이다. A~F는 각각 간뇌, 대뇌, 연수, 중간뇌(중뇌), 소뇌, 척수 중 하나이다.

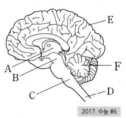

2017. 수능 #6

[139~144] 빈칸에 알맞은 말을 써넣으시오.

139 A는 ( )이다.

140 B는 ( )이다.

141 C는 ( )이다.

142 D는 ( )이다.

143 E는 ( )이다.

144 F는 ( )이다.

[145~152] 빈칸에 알맞은 중추를 써넣으시오.

145 시상이 존재한다. ( )

146 동공 반사의 중추이다. ( )

147 무릎 반사의 중추이다. ( )

148 배뇨 반사의 중추이다. ( )

149 항이뇨 호르몬의 분비 조절 중추이다. ( )

150 몸의 평형을 유지하는 중추이다. ( )

151 심장 박동의 조절 중추이다. ( )

152 감각과 수의 운동의 중추이다. ( )

[153~156] 다음 문장을 읽고 옳으면 ○, 옳지 않으면 × 하시오.

153 B와 C는 뇌줄기를 구성한다. ( )

154 D의 속질에는 신경 세포체가 모여 있다. ( )

155 D에서 나온 운동 신경 다발이 후근을 이룬다. ( )

156 E의 겉질에 신경 세포체가 존재한다. ( )

✎ **정답 및 풀이**

124 ○ 125 ○ 126 ○ (0.2+0.8=1.0) 127 ○ 128 ○ (ⓑ일 때는 $\frac{1.0}{0.2}$=5, @일 때는 $\frac{1.0}{1.0}$=1) 129 ○ 130 ○ 131 × (말초 신경계→중추 신경계) 132 × (감각 뉴런 →운동 뉴런)

133 ○ 134 ○ 135 × (자율 신경→체성 신경) 136 ○ 137 × (작아진다.→커진다.) 138 ○ 139 간뇌 140 중간뇌 141 연수 142 척수 143 대뇌 144 소뇌 145 간뇌 146 중간뇌

147 척수 148 척수 149 간뇌 150 소뇌 151 연수 152 대뇌 153 ○ 154 ○ 155 × (후근→전근) 156 ○

② 말초 신경계

🔖 그림 (가)는 심장 박동을 조절하는 자율 신경 A와 B를, (나)는 A와 B 중 하나를 자극했을 때 심장 세포에서 활동 전위가 발생하는 빈도의 변화를 나타낸 것이다.

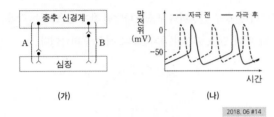

(가)　　　　(나)

2018. 06 #14

[157~158] 빈칸에 알맞은 말을 써넣으시오.

157 A는 (　　　　)신경이다.

158 B는 (　　　　)신경이다.

[159~164] 다음 문장을 읽고 옳으면 ○, 옳지 않으면 × 하시오.

159 A는 말초 신경계에 속한다. ─────── (　　　)

160 A는 골격근의 수축을 조절한다. ───── (　　　)

161 A의 신경절 이전 뉴런의 신경 세포체는 척수에 있다.
　　　　　　　　　　　　　　　　　　 (　　　)

162 B의 신경절 이전 뉴런의 신경 세포체는 연수에 있다.
　　　　　　　　　　　　　　　　　　 (　　　)

163 B의 신경절 이후 뉴런의 축삭 돌기 말단에서 분비되는 신경 전달 물질은 아세틸콜린이다. ──── (　　　)

164 (나)는 B를 자극했을 때의 변화를 나타낸 것이다. ── (　　　)

🔖 그림 (가)는 방광에 연결된 말초 신경 A와 B를, (나)는 소장에 연결된 말초 신경 C와 D를 나타낸 것이다.

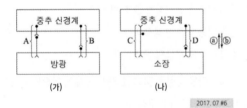

(가)　　　　(나)

2017. 07 #6

[165~168] 빈칸에 알맞은 말을 써넣으시오.

165 A는 (　　　　)신경이다.

166 B는 (　　　　)신경이다.

167 C는 (　　　　)신경이다.

168 D는 (　　　　)신경이다.

[169~175] 다음 문장을 읽고 옳으면 ○, 옳지 않으면 × 하시오.

169 A가 흥분하면 방광이 이완한다. ─────── (　　　)

170 B가 흥분하면 방광이 이완한다. ─────── (　　　)

171 B의 말단에서 아세틸콜린이 분비된다. ──── (　　　)

172 C에서 흥분의 이동 방향은 ⓑ이다. ───── (　　　)

173 D에서 흥분의 이동 방향은 ⓑ이다. ───── (　　　)

174 D는 소장에서 소화액 분비를 억제한다. ── (　　　)

175 (나)에서 조절 중추는 대뇌이다. ────── (　　　)

🔖 그림은 서로 길항 작용을 하는 자율 신경 A와 B가 홍채에 연결된 것을 나타낸 것이다. ⓐ와 ⓑ 각각에 하나의 시냅스가 있고, ㉠과 ㉣의 말단에서 분비되는 신경 전달 물질은 서로 같다.

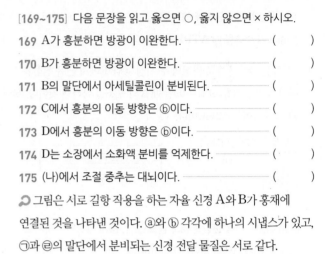

2017. 10 #7

[176~177] 빈칸에 알맞은 말을 써넣으시오.

176 A는 (　　　　)신경이다.

177 B는 (　　　　)신경이다.

[178~181] 다음 문장을 읽고 옳으면 ○, 옳지 않으면 × 하시오.

178 ㉡이 흥분하면 동공이 확장된다. ───── (　　　)

179 ㉢의 신경 세포체는 연수에 있다. ───── (　　　)

180 ㉢의 길이는 ㉣의 길이보다 짧다. ───── (　　　)

181 ㉣에서 활동 전위의 발생 빈도가 증가하면 동공이 확대된다.
　　　　　　　　　　　　　　　　　　 (　　　)

4 항상성 유지

① 항상성을 조절하는 신경과 호르몬

🔖 그림은 부교감 신경 ㉠과 교감 신경 ㉡을 통한 혈당량 조절 경로를 나타낸 것이다. 호르몬 X와 Y는 각각 인슐린과 글루카곤 중 하나이다.

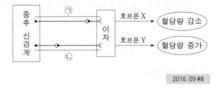

2016. 09 #8

정답 및 풀이

157 부교감　158 교감　159 ○　160 × (조절한다.→조절하지 않는다.)　161 × (척수→연수)　162 × (연수→척수)　163 × (아세틸콜린→노르에피네프린)　164 × (B→A)　165 교감
166 부교감　167 감각　168 부교감　169 ○　170 × (이완한다→수축한다)　171 ○　172 × (ⓑ→ⓐ)　173 ○　174 × (억제→촉진)　175 × (대뇌→연수)　176 교감　177 부교감
178 ○　179 × (연수→중간뇌)　180 × (짧다→길다)　181 × (확대된다.→축소된다.)

[182~183] 빈칸에 알맞은 말을 써넣으시오.

182 호르몬 X는 (　　　　　　　　)이다.

183 호르몬 Y는 (　　　　　　　　)이다.

[184~194] 다음 문장을 읽고 옳으면 ○, 옳지 않으면 × 하시오.

184 ㉠의 신경절 이전 뉴런의 말단에서 분비되는 신경 전달 물질은 아세틸콜린이다. ──────── (　　　)

185 ㉡의 신경절 이전 뉴런의 말단에서 분비되는 신경 전달 물질은 아세틸콜린이다. ──────── (　　　)

186 ㉡의 신경절 이전 뉴런의 신경 세포체는 척수의 회색질(회백질)에 존재한다. ──────── (　　　)

187 호르몬 X는 간세포에서 글리코겐의 분해를 촉진한다. ──────────────── (　　　)

188 이자에 연결된 교감 신경이 흥분하면 호르몬 X의 분비가 촉진된다. ──────── (　　　)

189 호르몬 X는 이자의 β 세포에서 분비된다. ── (　　　)

190 호르몬 Y는 이자의 α 세포에서 분비된다. ── (　　　)

191 식사 후 혈당량이 높아지면 호르몬 Y의 분비량은 감소한다. ──────────────── (　　　)

192 호르몬 X와 Y는 모두 혈액으로 분비된다. ── (　　　)

193 호르몬 X와 Y는 길항적으로 작용한다. ── (　　　)

194 혈당량 조절 중추는 간뇌의 시상 하부이다. ── (　　　)

② 항상성의 조절 원리

⟳ 그림은 호르몬의 분비 조절 방식 중 하나를 나타낸 것이다.

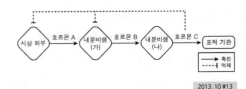

[195~197] 다음 문장을 읽고 옳으면 ○, 옳지 않으면 × 하시오.

195 부신 속질은 (나)에 해당한다. ────── (　　　)

196 B와 C는 길항 작용을 한다. ────── (　　　)

197 혈액 내 C의 농도가 증가하면 A의 분비량이 감소한다. ──────────────── (　　　)

⟳ 그림은 추울 때 일어나는 체온 조절 과정의 일부를 나타낸 것이다. (가)~(다)는 자극 전달 경로이다.

[198~203] 다음 문장을 읽고 옳으면 ○, 옳지 않으면 × 하시오.

198 (나)를 통한 자극 전달은 (가)를 통한 자극 전달보다 빠르다. ──────────────── (　　　)

199 (나)는 교감 신경에 의한 자극 전달 경로이다. ── (　　　)

200 (나)와 (다)는 길항 작용을 통해 체온을 조절한다. ── (　　　)

201 (다)는 교감 신경에 의한 자극 전달 경로이다. ── (　　　)

202 체온 조절의 중추는 간뇌의 시상 하부이다. ── (　　　)

203 입모근이 수축하여 피부에서 열 발산이 억제된다. ── (　　　)

⟳ 그림 (가)는 호르몬 X의 분비와 작용을, (나)는 정상인이 물 1L를 섭취한 후 시간에 따른 오줌의 생성량을 나타낸 것이다.

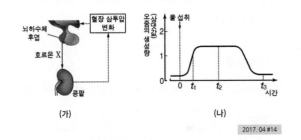

[204~209] 다음 문장을 읽고 옳으면 ○, 옳지 않으면 × 하시오.

204 X는 항이뇨 호르몬이다. ────── (　　　)

205 X의 표적 기관은 뇌하수체 후엽이다. ── (　　　)

206 혈중 X의 농도는 물 섭취 시점보다 t_1일 때가 낮다. ─ (　　　)

207 혈장 삼투압은 t_2일 때보다 t_3일 때가 낮다. ── (　　　)

208 오줌의 삼투압은 물 섭취 시점보다 t_1일 때가 낮다. ── (　　　)

209 콩팥에서 단위 시간당 수분 재흡수량은 물 섭취 시점보다 t_1일 때가 많다. ──────── (　　　)

✎ **정답 및 풀이**

182 인슐린　183 글루카곤　184 ○　185 ○　186 ○　187 ×（분해→합성）　188 ×（호르몬 X→호르몬 Y）　189 ○　190 ○　191 ○　192 ○　193 ○　194 ○
195 ×（해당한다.→해당하지 않는다.）　196 ×（길항 작용→음성 피드백）　197 ○　198 ○　199 ○　200 ×（길항 작용을 하지 않는다.）　201 ○　202 ○　203 ○　204 ○
205 ×（뇌하수체 후엽→콩팥）　206 ○　207 ×（t_3일 때보다 t_1일 때가 낮다.）　208 ○　209 ×（많다→적다）

🔄 그림은 어떤 동물에서 전체 혈액량이 정상 상태일 때와 ㉠일 때 혈장 삼투압에 따른 호르몬 X의 혈중 농도를 나타낸 것이다. X는 뇌하수체 후엽에서 분비되고, ㉠은 정상 상태일 때보다 전체 혈액량이 증가한 상태와 감소한 상태 중 하나이다.

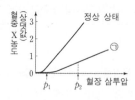

2018. 09 #16

[210~214] 다음 문장을 읽고 옳으면 ○, 옳지 않으면 × 하시오.

210 X는 항이뇨 호르몬이다. ( )

211 ㉠은 정상 상태일 때보다 전체 혈액량이 증가한 상태이다.
( )

212 ㉠일 때 단위 시간당 오줌 생성량은 p_1일 때가 p_2일 때보다 많다. ( )

213 체내 수분량이 증가하면 X의 분비량이 증가한다. ( )

214 정상 상태일 때 콩팥에서 재흡수되는 물의 양은 p_1에서보다 p_2에서 많다. ( )

5 질병과 병원체

🔄 표는 사람의 6가지 질병을 A~C로 구분하여 나타낸 것이다.

구분	질병
A	결핵, 탄저병
B	홍역, 독감
C	혈우병, 낫 모양 적혈구 빈혈증

2018. 06 #15

[215~224] 다음 문장을 읽고 옳으면 ○, 옳지 않으면 × 하시오.

215 A의 병원체는 세포로 되어 있다. ( )

216 B의 병원체는 단백질을 가지고 있다. ( )

217 C는 타인에게 전염되지 않는다. ( )

218 A의 병원체는 세포 분열을 통해 증식한다. ( )

219 B의 병원체는 독립적으로 물질대사를 한다. ( )

220 C의 질병은 병원체의 감염에 의해 생긴다. ( )

221 A의 질병에 대한 방어 과정에서 비특이적 면역(방어)이 작용한다. ( )

222 결핵 치료 시에는 항생제를 사용한다. ( )

223 A의 병원체는 핵산을 가지고 있다. ( )

224 C는 백신을 이용하여 예방할 수 있다. ( )

6 우리 몸의 방어 작용

① 인체의 방어 작용

🔄 그림 (가) ~ (라)는 체내에 항원 A가 1차 침입할 때 일어나는 방어 작용의 일부를 순서 없이 나타낸 것이다. 세포 ㉠ ~ ㉢은 각각 B 림프구, T 림프구, 대식 세포 중 하나이다.

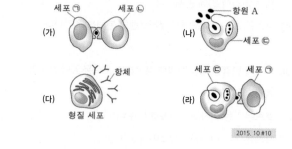

2015. 10 #10

[225~228] 빈칸에 알맞은 말을 써넣으시오.

225 ㉠은 ( )이다.

226 ㉡은 ( )이다.

227 ㉢은 ( )이다.

228 방어 작용은 ( ) → ( ) → ( ) → ( )의 과정으로 진행된다.

[229~237] 다음 문장을 읽고 옳으면 ○, 옳지 않으면 × 하시오.

229 ㉠은 골수에서 생성된다. ( )

230 ㉠은 가슴샘(흉선)에서 성숙한다. ( )

231 ㉠과 ㉡은 모두 특이적 면역 반응에 관여한다. ( )

232 ㉡은 골수에서 생성된다. ( )

233 ㉡은 골수에서 성숙한다. ( )

234 ㉢은 항원의 정보를 ㉠에 전달한다. ( )

235 (나)는 비특이적 방어 작용에 해당한다. ( )

236 (나)에서 세포성 면역이 일어난다. ( )

237 (다)에서 체액성 면역이 일어난다. ( )

✎ **정답 및 풀이**

210 ○ 211 ○ 212 ○ 213 × (증가한다→감소한다) 214 ○ 215 ○ 216 ○ 217 ○ 218 ○ 219 × (한다→하지 못한다) 220 × (C는 유전적 원인으로 생기는 질병)
221 ○ (비특이적 면역은 병원체의 종류에 관계없이 동일하게 작용하는 면역) 222 ○ 223 ○ 224 × (있다→없다) 225 T 림프구 226 B 림프구 227 대식 세포 228 나, 라, 가, 다
229 ○ 230 ○ 231 ○ 232 ○ 233 ○ 234 ○ 235 ○ 236 × ((나)에서는 식세포 작용이 일어난다.) 237 ○

그림은 어떤 세균 X가 인체에 침입했을 때 일어나는 방어 작용을 나타낸 것이다. ㉠과 ㉡은 각각 형질 세포와 기억 세포 중 하나이다.

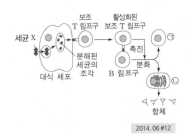

2014. 06 #12

[238~239] 빈칸에 알맞은 말을 써넣으시오.

238 ㉠은 ( )이다.

239 ㉡은 ( )이다.

[240~242] 다음 문장을 읽고 옳으면 ○, 옳지 않으면 × 하시오.

240 보조 T 림프구는 대식 세포를 통해 항원을 인식한다.

( )

241 형질 세포에서 분비된 항체는 세균 X와 결합한다. ── ( )

242 보조 T 림프구의 자극으로 형질 세포는 기억 세포로 분화된다. ──────────── ( )

다음은 항원 X에 대한 생쥐의 방어 작용 실험이다. A에게 X를 2회에 걸쳐 주사한 후, A에서 ㉠을 분리한다. B에게 ㉠을 주사하고 일정 시간이 지난 후 X를 주사한다. A와 B에서 측정한 X에 대한 혈중 항체의 농도 변화는 그림과 같다. ㉠은 혈청과 X에 대한 기억 세포 중 하나이다.

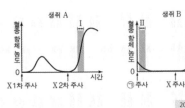

2017. 04 #17

[243~250] 다음 문장을 읽고 옳으면 ○, 옳지 않으면 × 하시오.

243 ㉠은 혈청이다. ───────────── ( )

244 구간 Ⅰ에서 X에 대한 2차 면역 작용이 일어난다. ── ( )

245 구간 Ⅰ에서 기억 세포가 존재한다. ───────── ( )

246 구간 Ⅰ에서 X에 대한 특이적 면역 작용이 일어났다.

( )

247 구간 Ⅱ에서 X에 대한 체액성 면역 반응이 일어났다.

( )

248 구간 Ⅲ에서는 X에 대한 2차 면역 반응이 일어난다.

( )

249 구간 Ⅲ에서 X에 대한 체액성 면역 반응이 일어났다.

( )

250 X에 대한 형질 세포의 수는 구간 Ⅱ에서보다 구간 Ⅲ에서가 많다. ──────────────── ( )

② 혈액형

그림은 철수네 가족의 ABO식 혈액형 판정 결과를 나타낸 것이다.

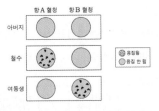

2015. 04 #5

[251~256] 빈칸에 알맞은 말을 써넣으시오.

251 항 A 혈청에는 응집소 ( )가 포함되어 있다.

252 항 B 혈청에는 응집소 ( )가 포함되어 있다.

253 아버지는 ( )형이다.

254 어머니는 ( )형이다.

255 철수는 ( )형이다.

256 여동생은 ( )형이다.

[257~260] 다음 문장을 읽고 옳으면 ○, 옳지 않으면 × 하시오.

257 어머니의 혈액에는 응집소 α와 β가 모두 있다. ──── ( )

258 여동생은 아버지에게 수혈할 수 있다. ──────── ( )

259 철수는 아버지에게 수혈할 수 있다. ──────── ( )

260 아버지는 가족 구성원 모두에게 수혈할 수 있다. ──── ( )

✎ **정답 및 풀이**

238 기억 세포   239 형질 세포   240 ○   241 ○   242 × (보조 T 림프구의 도움으로 B 림프구가 형질 세포와 기억 세포로 분화)   243 ○   244 ○   245 ○   246 ○
247 × (구간 Ⅱ에는 항원이 없다.)   248 × (2차→1차)   249 ○   250 ○   251 α 252 β 253 O   254 AB   255 A   256 B   257 × (있다→없다)   258 × (있다→없다)
259 × (있다→없다)   260 ○

↻ 그림은 철수의 혈액과 혈액형이 A형인 영희의 혈액을 섞은 결과를 나타낸 것이고, 표는 30명의 학생으로 구성된 집단을 대상으로 ㉠과 ㉡에 대한 응집 반응 여부를 조사한 것이다. ㉠과 ㉡은 각각 응집소 α와 응집소 β 중 하나이다.

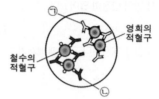

구분	학생 수
㉠과 응집 반응이 일어남	17
㉡과 응집 반응이 일어남	15
㉠, ㉡과 모두 응집 반응이 일어남	10

2017. 04 #10

[261~270] 빈칸에 알맞은 말을 써넣으시오.

261 ㉠은 응집소 (   )이다.

262 ㉡은 응집소 (   )이다.

263 영희의 적혈구 표면에는 응집원 (   )가 있다.

264 영희의 혈장에는 응집소 (   )가 있다.

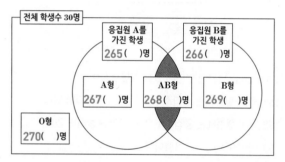

전체 학생수 30명

| 응집원 A를 가진 학생 265(   )명 | 응집원 B를 가진 학생 266(   )명 |
| A형 267(   )명 | AB형 268(   )명 | B형 269(   )명 |
| O형 270(   )명 |

[271~275] 다음 문장을 읽고 옳으면 ○, 옳지 않으면 × 하시오.

271 철수는 B형이다. ─────────────── (   )

272 철수의 혈장과 영희의 적혈구를 섞으면 응집 반응이 일어난다.
──────────────────────── (   )

273 영희의 응집원과 ㉠의 반응은 항원─항체 반응이다.
──────────────────────── (   )

274 이 집단에서 ㉡을 가진 학생은 15명이다. ──── (   )

275 이 집단에서 ㉠을 가진 학생은 15명이다. ──── (   )

Ⅳ 유전

1 유전자와 염색체

① 유전자와 염색체

↻ 그림은 어떤 사람의 체세포에 있는 염색체의 구조를 나타낸 것이며 이 사람의 어떤 형질에 대한 유전자형은 Aa이다.

2015. 수능 #6

[276~278] 빈칸에 알맞은 말을 써넣으시오.

276 ㉠은 유전자 (   )이다.

277 ㉡은 (   )이다.

278 ㉢은 (   )이다.

[279~283] 다음 문장을 읽고 옳으면 ○, 옳지 않으면 × 하시오.

279 ㉠은 A의 대립 유전자이다. ──────── (   )

280 세포 주기의 S기에 ㉡이 ㉠으로 응축된다. ── (   )

281 ㉢의 기본 단위는 뉴클레오타이드이다. ──── (   )

282 ㉢의 기본 단위는 뉴클레오솜이다. ─────── (   )

283 ㉢은 이중 나선 구조이다. ─────────── (   )

② 핵형과 핵형 분석

↻ 그림 (가)는 사람 A의, (나)는 사람 B의 핵형 분석 결과를 나타낸 것이다.

(가) 1 2 3 4 5 6 7 8 9 10 11 12 13 14 15 16 17 18 19 20 21 22 X

(나) 1 2 3 4 5 6 7 8 9 10 11 12 13 14 15 16 17 18 19 20 21 22 X Y

2018. 09 #4

[284~294] 다음 문장을 읽고 옳으면 ○, 옳지 않으면 × 하시오.

284 A는 터너 증후군의 염색체 이상을 보인다. ──── (   )

285 A는 클라인펠터 증후군의 염색체 이상을 보인다. ── (   )

286 B는 다운 증후군의 염색체 이상을 보인다. ──── (   )

287 (가)에서 ABO식 혈액형을 알 수 있다. ──── (   )

✎ **정답 및 풀이**

261 α 262 β 263 A   264 β 265 17   266 15   267 7   268 10   269 5   270 8   271 ○   272 ○   273 ○   274 ○   275 × (15명→13명)   276 A   277 뉴클레오솜   278 DNA
279 × (A의 대립 유전자는 a)   280 × (S기→M기)   281 ○   282 ×   283 ○   284 ○   285 × (클라인펠터 증후군은 XXY)   286 ○ (다운 증후군은 21번 염색체가 3개)   287 ×

288 (가)에서 낫 모양 적혈구 빈혈증 여부를 알 수 있다. ( )

289 (나)에서 적록 색맹 여부를 알 수 있다. ( )

290 (나)에서 페닐케톤뇨증 여부를 알 수 있다. ( )

291 $\dfrac{(가)의 \ 염색\ 분체\ 수}{(나)의\ 성염색체\ 수}$=45이다. ( )

292 (나)에서 관찰되는 상염색체의 염색 분체 수는 45개이다.

( )

293 사람에서 염색체 수는 유전자 수와 같다. ( )

294 핵형 분석에 쓰이는 세포는 간기의 세포이다. ( )

그림 (가)와 (나)는 각각 동물 A(2n=6)와 B(2n=?)의 어떤 세포에 들어있는 모든 염색체를 모식적으로 나타낸 것이다. A와 B의 성염색체는 XY이다.

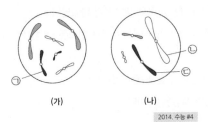

(가)   (나)

2014. 수능 #4

[295~299] 다음 문장을 읽고 옳으면 ○, 옳지 않으면 × 하시오.

295 ㉠은 성염색체이다. ( )

296 ㉡은 ㉢의 상동 염색체이다. ( )

297 ㉡과 ㉢은 감수 분열 과정에서 2가 염색체를 형성한다.

( )

298 A와 B의 생식세포에 들어있는 염색체 수는 같다. ( )

299 (가)와 (나)의 핵상은 같다. ( )

그림은 동물 Ⅰ의 세포 (가)와 동물 Ⅱ의 세포 (나)에 들어 있는 모든 염색체를 나타낸 것이다. Ⅰ과 Ⅱ는 같은 종이며, 수컷의 성염색체는 XY, 암컷의 성염색체는 XX이다. Ⅰ과 Ⅱ의 특정 형질에 대한 유전자형은 모두 Aa이며, A와 a는 대립 유전자이다.

(가)   (나)

2018. 수능 #3

[300~302] 다음 문장을 읽고 옳으면 ○, 옳지 않으면 × 하시오.

300 Ⅰ과 Ⅱ는 성이 다르다. ( )

301 ㉠은 대립 유전자 a이다. ( )

302 Ⅱ의 감수 1분열 중기 세포 1개당 2가 염색체의 수는 16이다.

( )

③ 세포 주기와 체세포 분열

그림 (가)는 사람에서 체세포의 세포 주기를, (나)는 사람의 체세포에 있는 염색체의 구조를 나타낸 것이다. ㉠~㉢은 각각 G₁기, G₂기, M기 중 하나이다.

 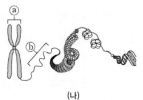

(가)   (나)

2019. 06 #07

[303~305] 빈칸에 알맞은 말을 써넣으시오.

303 ㉠은 ( )이다.

304 ㉡은 ( )이다.

305 ㉢은 ( )이다.

[306~315] 다음 문장을 읽고 옳으면 ○, 옳지 않으면 × 하시오.

306 ㉠ 시기에 2가 염색체가 관찰된다. ( )

307 ㉠ 시기에 방추사를 구성하는 단백질이 합성된다. ( )

308 ㉡ 시기는 DNA 복제가 일어나는 시기이다. ( )

309 ⓑ가 ⓐ로 응축되는 시기는 ㉡이다. ( )

310 방추사는 ㉡ 시기에 나타난다. ( )

311 ㉡ 시기에 세포판이 형성된다. ( )

312 ㉡ 시기에 핵막의 소실과 형성이 관찰된다. ( )

313 ㉢ 시기에 세포의 핵상은 n이다. ( )

314 핵 1개당 DNA 양은 ㉢ 시기 세포가 ㉠ 시기 세포의 2배이다.

( )

315 세포가 생장하는 시기는 ㉢ 시기이다. ( )

✎ **정답 및 풀이**

288 × (유전자 돌연변이라서 알 수 없다.) 289 × 290 × 291 ○ $\left(\dfrac{45\times2}{2}=45\right)$ 292 × (45개→90개) 293 × (사람의 염색체 수는 46개, 유전자 수는 3만여 개) 294 × (간기→분열기 중기)

295 ○ 296 × ((나)의 핵상은 n, 상동 염색체가 존재하지 않는다.) 297 × (㉡과 ㉢은 상동 염색체가 아니다.) 298 × (A는 3개, B는 4개) 299 × ((가)는 2n이고, (나)는 n이다.)

300 ○ (Ⅰ은 수컷, Ⅱ는 암컷) 301 × (대립 유전자 a→유전자 A) 302 × (16→4) 303 G₂기 304 M기 305 G₁기 306 × (간기에는 염색체가 관찰되지 않는다.) 307 ○

308 × (DNA 복제는 S기에 일어난다.) 309 ○ 310 ○ 311 × (세포판 형성→세포막 함입) 312 ○ 313 × (n→2n) 314 × $\left(2배→\dfrac{1}{2}배\right)$ 315 ○

그림은 어떤 동물의 체세포를 배양한 후 세포당 DNA 양에 따른 세포 수를 나타낸 것이다.

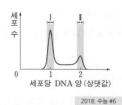

2018. 수능 #6

[316~320] 다음 문장을 읽고 옳으면 ○, 옳지 않으면 × 하시오.

316 구간 Ⅰ에는 G₁기의 세포가 있다. ────── (   )

317 구간 Ⅱ에는 핵막을 가진 세포가 있다. ────── (   )

318 구간 Ⅱ에는 염색 분체의 분리가 일어나는 시기의 세포가 있다. ────── (   )

319 구간 Ⅰ의 세포에서 방추사가 나타난다. ────── (   )

320 G₂기보다 G₁기가 길다. ────── (   )

그림 (가)는 어떤 동물의 체세포가 분열하는 동안 세포 1개당 DNA 양을, (나)는 (가)의 구간 Ⅰ~Ⅲ 중 한 구간의 특정 시기에서 관찰되는 세포를 나타낸 것이다.

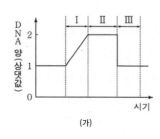

(가)   (나)

2015. 03 #6

[321~323] 빈칸에 알맞은 말을 써넣으시오.

321 Ⅰ은 (   )기에 해당한다.

322 Ⅱ는 (   )기에 해당한다.

323 Ⅲ은 (   )기에 해당한다.

[324~327] 다음 문장을 읽고 옳으면 ○, 옳지 않으면 × 하시오.

324 구간 Ⅰ에서 핵막이 사라진다. ────── (   )

325 (나)가 관찰되는 시기는 Ⅱ에 있다. ────── (   )

326 구간 Ⅲ에서 핵상이 2n인 세포가 관찰된다. ────── (   )

327 (나)로부터 생성되는 두 딸세포의 유전자 구성은 같다. ────── (   )

2 생식세포 형성과 유전적 다양성

그림 (가)는 어떤 동물 세포가 분열하는 동안 핵 1개당 DNA양을, (나)는 (가)의 어떤 시기에서 관찰되는 일부 염색체를 나타낸 것이다.

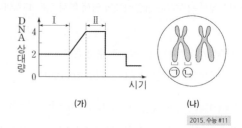

(가)   (나)

2015. 수능 #11

[328~331] 다음 문장을 읽고 옳으면 ○, 옳지 않으면 × 하시오.

328 구간 Ⅰ에서 세포에 방추사가 나타난다. ────── (   )

329 구간 Ⅰ과 Ⅱ 모두에서 세포에 히스톤 단백질이 있다. ────── (   )

330 ㉠과 ㉡은 구간 Ⅱ에서 분리된다. ────── (   )

331 (나)의 핵상은 2n이다. ────── (   )

그림 (가)는 어떤 동물에서 G₁기의 세포 ㉠으로부터 정자가 형성되는 과정을, (나)는 세포 ⓐ~ⓒ의 핵 1개당 DNA 양과 세포 1개당 염색체 수를 나타낸 것이다. ⓐ~ⓒ는 각각 세포 ㉡~㉣ 중 하나이다. 이 동물의 유전자형은 Tt이며, T와 t는 서로 대립 유전자이다.

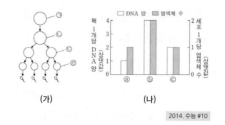

(가)   (나)

2014. 수능 #10

[332~338] 빈칸에 알맞은 말을 써넣으시오.

332 ㉠의 핵상은 (   )이다.

333 ㉡의 핵상은 (   )이다.

334 ㉢의 핵상은 (   )이다.

335 ㉣의 핵상은 (   )이다.

336 ⓐ는 (   )에 해당한다.

337 ⓑ는 (   )에 해당한다.

338 ⓒ는 (   )에 해당한다.

정답 및 풀이

316 ○ 317 ○ 318 ○ 319 × (방추사는 분열기에 나타난다.) 320 ○ (관찰되는 세포 수는 그 세포가 머무는 시기의 시간과 비례) 321 S 322 G₂~M 323 G₁ 324 × (Ⅰ → Ⅱ)
325 ○ 326 ○ (체세포 분열이기 때문에 모든 시기에서 2n) 327 ○ 328 × (Ⅰ → Ⅱ) 329 ○ (DNA와 함께 뉴클레오솜을 형성하므로 모든 시기에 존재) 330 × (Ⅱ → 감수 2분열)
331 ○ 332 2n 333 2n 334 n 335 n 336 ㉣ 337 ㉡ 338 ㉢

[339~341] 다음 문장을 읽고 옳으면 ○, 옳지 않으면 × 하시오.

339 세포 1개에 있는 T의 수는 ⊙과 ⓒ가 같다. ───── ( )

340 $\dfrac{\text{핵 1개당 DNA양}}{\text{세포 1개당 염색체 수}}$ 은 ⓒ과 ⓑ가 같다. ── ( )

341 ⓒ이 ⓔ로 되는 과정에서 염색 분체가 분리된다. ── ( )

↻ 그림은 핵상이 $2n$인 어떤 동물에서 G_1기의 세포 ⊙으로부터 정자가 형성되는 과정을, 표는 세포 ⓐ~ⓓ에 들어있는 세포 1개당 대립 유전자 H와 t의 DNA 상대량을 나타낸 것이다. ⓐ~ⓓ는 ⊙~ⓔ을 순서 없이 나타낸 것이고, H는 h와 대립 유전자이며, T는 t와 대립 유전자이다.

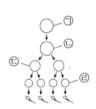

세포	DNA 상대량	
	H	t
ⓐ	2	0
ⓑ	2	2
ⓒ	?	?
ⓓ	1	1

2018. 09 #7

[342~345] ⊙~ⓔ에 들어있는 유전자를 써넣으시오.

342 ⊙에 들어있는 유전자는 ( )이다.

343 ⓒ에 들어있는 유전자는 ( )이다.

344 ⓒ에 들어있는 유전자는 ( )이다.

345 ⓔ에 들어있는 유전자는 ( )이다.

[346~349] ⊙~ⓔ과 ⓐ~ⓓ를 바르게 짝지으시오.

346 ⊙은 ( )이다.

347 ⓒ은 ( )이다.

348 ⓒ은 ( )이다.

349 ⓔ은 ( )이다.

[350~352] 다음 문장을 읽고 옳으면 ○, 옳지 않으면 × 하시오.

350 세포의 핵상은 ⓒ과 ⓐ에서 같다. ───── ( )

351 ⓒ에 들어있는 H의 DNA 상대량은 1이다. ── ( )

352 ⓒ에 들어있는 t의 DNA 상대량은 1이다. ── ( )

3 사람의 유전 현상

그림은 유전병 A에 대한 가계도를 나타낸 것이다. 유전병 A는 대립 유전자 T, t에 의해 결정되고 T는 t에 대해 완전 우성이다.

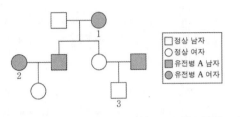

2014. 04 #10

[353~360] 빈칸에 알맞은 유전자형을 써넣으시오.

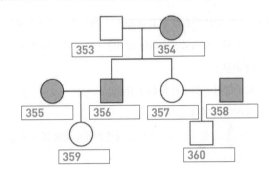

[361~365] 다음 문장을 읽고 옳으면 ○, 옳지 않으면 × 하시오.

361 유전병 A 유전자는 X 염색체에 있다. ───── ( )

362 유전병 A는 정상에 대해 우성이다. ───── ( )

363 1과 2의 유전병 A 유전자형은 서로 같다. ── ( )

364 3의 유전병 A 유전자형은 이형 접합이다. ── ( )

365 3의 동생이 태어날 때 이 아이가 유전병 A를 가질 확률은 $\dfrac{1}{4}$이다. ───── ( )

✏ **정답 및 풀이**

339 × (⊙은 1개이고, ⓒ는 2개 또는 0개다.)　340 ○ (ⓒ은 $\frac{2}{1}$, ⓑ는 $\frac{4}{2}$)　341 ○ (감수 2분열 과정이므로 염색 분체가 분리)　342 HhTt　343 HHhhTTtt　344 HHTT　345 ht　346 ⓓ

347 ⓑ　348 ⓐ　349 ⓒ　350 × (ⓒ은 n, ⓐ은 $2n$)　351 × (1→0)　352 ○　353 tt　354 Tt　355 Tt　356 Tt　357 tt　358 Tt　359 tt　360 tt　361 × (X 염색체→상염색체)

362 ○　363 ○　364 × (이형 접합→동형 접합)　365 × ($\frac{1}{4}$→$\frac{1}{2}$)

4 사람의 유전병

그림은 사람의 정자 ㉠과 ㉡이 만들어질 때 어떤 상염색체에 일어난 돌연변이를 각각 나타낸 것이다.

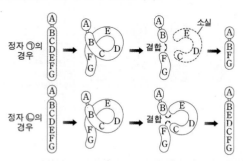

2011. 09 #10

[366~369] 다음 문장을 읽고 옳으면 ○, 옳지 않으면 × 하시오.

366 ㉠이 정상 난자와 수정되어 태어난 자손은 터너 증후군을 나타낸다. ( )

367 ㉡의 형성 과정에서 역위가 일어났다. ( )

368 ㉠과 ㉡의 염색체 수는 같다. ( )

369 정자 ㉠과 정자 ㉡에서 일어난 돌연변이는 핵형 분석을 통해 알 수 있다. ( )

그림 (가)와 (나)는 각각 핵형이 정상인 여성과 남성의 생식 세포 형성 과정을 나타낸 것이다. (가)에서는 21번 염색체가, (나)에서는 성염색체가 비분리되었다. (가)와 (나)에서 비분리는 각각 1회씩 일어났다.

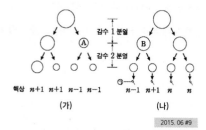

2015. 06 #9

[370~375] 다음 문장을 읽고 옳으면 ○, 옳지 않으면 × 하시오.

370 (가)에서 염색 분체의 비분리가 일어났다. ( )

371 (가)의 감수 1분열에서 비분리가 일어났다. ( )

372 (나)에서 염색 분체의 비분리가 일어났다. ( )

373 (나)의 감수 1분열에서 비분리가 일어났다. ( )

374 A의 총 염색체 수와 B의 상염색체 수는 같다. ( )

375 ㉠과 정상 난자가 수정되어 아이가 태어날 때, 이 아이는 터너 증후군이다. ( )

다음은 어떤 유전병에 대한 자료이다. 이 유전병은 정상 유전자 T와 유전병 유전자 T'에 의해 결정되며, T는 T'에 대해 완전 우성이다. 그림은 이 유전병에 대한 가계도를, 표는 ㉢~㉤의 체세포 1개당 염색체 수와 T'의 DNA 상대량을 나타낸 것이다. ㉤이 태어날 때에만 부모의 생식세포 형성 과정에서 염색체 비분리가 1회 일어났다.

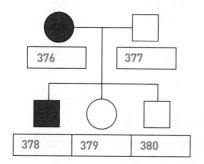

○ 정상 여자 ● 유전병 여자
□ 정상 남자 ■ 유전병 남자

구분	염색체 수	T'의 DNA 상대량
㉢	46	1
㉣	46	1
㉤	47	1

2013. 03 #19

[376~380] 빈칸에 알맞은 유전자형을 써넣으시오.

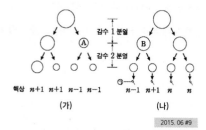

```
        ●────────┐
    ┌───376───┐  │──377──
    │         │
  ■───────○──┐
  378    379  │  380
```

[381~384] 다음 문장을 읽고 옳으면 ○, 옳지 않으면 × 하시오.

381 T'는 X 염색체에 있다. ( )

382 이 유전병은 X 염색체 유전이다. ( )

383 ㉡과 ㉣의 체세포 1개당 T'의 DNA 상대량은 같다.

( )

384 감수 1분열에서 염색체 비분리가 일어나 형성된 정자가 정상 난자와 수정되어 ㉤이 태어났다. ( )

✎ **정답 및 풀이**

366 × (터너 증후군은 염색체 비분리에 의해 나타난다.) 367 ○ 368 ○ 369 ○ 370 × (염색 분체 분리→상동 염색체) 371 ○ 372 ○ 373 × (1분열→2분열) 374 ○ 375 ○
376 X$^{T'}$X$^{T'}$ 377 X^{T}Y 378 X$^{T'}$Y 379 X^{T}X$^{T'}$ 380 X^{T}X$^{T'}$Y 381 ○ 382 ○ 383 × (㉡:0, ㉣:1) 384 ○

Ⓥ 생태계와 상호 작용

1 생물과 환경의 상호 작용

💭 그림은 생태계를 구성하는 요소 사이의 상호 관계를 나타낸 것이다.

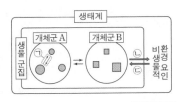

2017. 06 #20

[385~387] 빈칸에 알맞은 말을 써넣으시오.

385 ㉠은 ( )이다.

386 ㉡은 ( )이다.

387 ㉢은 ( )이다.

[388~396] 다음 문장을 읽고 옳으면 ○, 옳지 않으면 × 하시오.

388 ㉠의 예로는 경쟁이 있다. ─────────── ( )

389 스라소니가 눈신토끼를 잡아먹는 것은 ㉠에 해당한다.
─────────────────────────── ( )

390 토끼풀의 수가 증가하면 토끼의 수가 증가하는 것은 ㉠에
해당한다. ───────────── ( )

391 지렁이에 의해 토양의 통기성이 증가하는 것은 ㉡에 해당한다.
─────────────────────────── ( )

392 빛의 파장에 따라 해조류의 분포가 달라지는 것은 ㉢에
해당한다. ───────────── ( )

393 개체군 A는 최소 두 종 이상으로 구성된다. ──── ( )

394 토양 속 질소 고정 세균은 생물 군집에 속한다. ─── ( )

395 분해자는 비생물적 환경 요인에 해당한다. ───── ( )

396 생물 군집의 구성 요소는 생산자, 소비자, 분해자이다.
─────────────────────────── ( )

2 개체군

💭 그림의 A와 B는 각각 어떤 개체군의 이론상 생장 곡선과 실제 생장 곡선 중 하나를 나타낸 것이다.

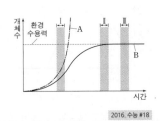

2016. 수능 #18

[397~398] 빈칸에 알맞은 말을 써넣으시오.

397 B는 ( )이다.

398 A는 ( )이다.

[399~407] 다음 문장을 읽고 옳으면 ○, 옳지 않으면 × 하시오.

399 구간 Ⅰ에서 A와 B의 개체수 차이는 환경 저항 때문이다.
─────────────────────────── ( )

400 B는 S자형 생장 곡선이다. ─────── ( )

401 B에서의 환경 저항은 구간 Ⅰ보다 구간 Ⅱ에서 크다.
─────────────────────────── ( )

402 B에서 이 개체군의 밀도는 구간 Ⅰ보다 구간 Ⅲ에서 크다.
─────────────────────────── ( )

403 B의 구간 Ⅲ에서 사망률이 출생률보다 높다. ── ( )

404 B에서 개체 간 경쟁은 구간 Ⅰ에서보다 구간 Ⅲ에서 심하다.
─────────────────────────── ( )

405 B의 구간 Ⅲ에서 개체 사이에 경쟁이 일어나지 않는다.
─────────────────────────── ( )

406 B에서 개체수가 증가하는 속도는 구간 Ⅰ보다 구간 Ⅱ에서
크다. ───────────────── ( )

407 이론상 생장 곡선은 환경 저항이 없을 때의 개체군 생장
곡선이다. ──────────── ( )

✏️ **정답 및 풀이**

385 개체군 내 상호 작용 386 반작용 387 작용 388 × (경쟁은 개체군 간의 상호 작용) 389 × (개체군 간의 상호 작용) 390 × (개체군 간의 상호 작용) 391 ○ 392 ○
393 × (한 가지 종으로 구성) 394 ○ 395 × (비생물적 환경 요인→생물 군집) 396 ○ 397 실제 생장 곡선 398 이론상 생장 곡선 399 ○ 400 ○ 401 ○ 402 ○
403 × (사망률과 출생률이 같다.) 404 ○ 405 × (일어나지 않는다→일어난다) 406 × (Ⅰ에서 더 크다.) 407 ○

↻ 그림은 어떤 개체군을 단독 배양할 때 시간에 따른 개체수 증가율을 나타낸 것이다. 개체수 증가율은 단위 시간당 증가한 개체수이다.

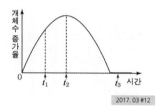

2017. 03 #12

[408~410] 다음 문장을 읽고 옳으면 ○, 옳지 않으면 × 하시오.

408 환경 저항은 t_1일 때가 t_2일 때보다 크다. ─── (   )

409 t_2일 때 개체 사이의 경쟁은 일어나지 않는다. ── (   )

410 개체군의 크기는 t_3일 때가 t_2일 때보다 크다. ── (   )

↻ 그림은 생물 간의 상호 작용 4가지를 분류하는 과정을 나타낸 것이다.

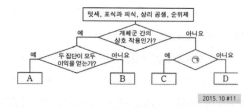

2015. 10 #11

[411~412] 빈칸에 알맞은 말을 써넣으시오.

411 A는 (   )이다.

412 B는 (   )이다.

[413~417] 다음 문장을 읽고 옳으면 ○, 옳지 않으면 × 하시오.

413 여러 종의 휘파람새가 한 가문비나무에서 서식지를 달리하며 살아가는 것은 A에 해당한다. ──── (   )

414 경쟁 배타 원리가 B에 적용된다. ──── (   )

415 개구리가 메뚜기를 잡아먹는 것은 B에 해당한다. ── (   )

416 C와 D는 개체군 간 상호 작용에 해당한다. ── (   )

417 '힘의 강약에 따라 서열이 정해지는가?'는 ㉠에 해당한다.

(   )

③ 군집

① 군집의 구조 및 상호 작용

↻ 그림 (가)는 종 A와 종 B를 각각 단독 배양했을 때, (나)는 A와 B를 혼합 배양했을 때 시간에 따른 개체수를 나타낸 것이다.

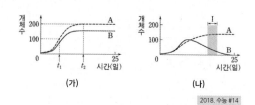

(가)   (나)

2018. 수능 #14

[418~421] 다음 문장을 읽고 옳으면 ○, 옳지 않으면 × 하시오.

418 A의 개체수는 t_2일 때가 t_1일 때보다 많다. ── (   )

419 (나)에서 A와 B 사이에 편리 공생이 일어났다. ── (   )

420 구간 I에서 A와 B 모두에 환경 저항이 작용한다. ─ (   )

421 t_1에서 B의 $\dfrac{\text{출생률}}{\text{사망률}}$은 1보다 크다. ──── (   )

↻ 표는 종 사이의 상호 작용을 나타낸 것이며, A~D는 각각 경쟁, 기생, 상리 공생, 편리 공생 중 하나이다.

상호 작용	종 1	종 2
A	손해	이익
B	이익	㉠
C	이익	이익
D	손해	손해

[422~426] 빈칸에 알맞은 말을 써넣으시오.

422 A는 (   )이다.

423 B는 (   )이다.

424 C는 (   )이다.

425 D는 (   )이다.

426 ㉠은 (   )이다.

[427~430] 다음 문장을 읽고 옳으면 ○, 옳지 않으면 × 하시오.

427 동물의 몸에 기생하는 회충이 동물의 영양분을 흡수하여 살아가는 것은 A에 해당한다. ──── (   )

428 콩과식물과 뿌리혹박테리아 사이의 상호 작용은 B에 해당한다. ──── (   )

429 벌은 꽃의 꿀을 먹고 꽃의 수분을 돕는 것은 C에 해당한다.

(   )

430 생태적 지위가 같은 두 종 사이에서 D가 일어날 수 있다.

(   )

✎ **정답 및 풀이**

408 × (크다→작다)   409 × (일어나지 않는다→일어난다)   410 ○   411 상리 공생   412 포식과 피식   413 × (분서의 예)   414 × (경쟁 배타는 경쟁의 결과로 한 개체군이 사라지는 것)
415 ○   416 × (개체군 간→개체군 내)   417 ○   418 ○   419 × (편리 공생→경쟁)   420 ○   421 ○   422 기생   423 편리 공생   424 상리 공생   425 경쟁   426 손해도 이익도 아님
427 ○   428 × (B→C)   429 ○   430 ○

↪ 수생 식물 종 A와 B를 인공 연못 ㉠~㉢에 심고 일정 시간이 지난 후 수심에 따른 생물량을 조사하였다. 그림 (가)는 A를 ㉠에, B를 ㉡에 심었을 때의 결과를, (나)는 A와 B를 ㉢에 혼합하여 심었을 때의 결과를 나타낸 것이다.

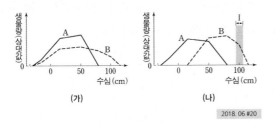

(가)　　　　　　(나)

2018. 06 #20

[431~435] 다음 문장을 읽고 옳으면 ○, 옳지 않으면 ×하시오.

431 B가 서식하는 수심의 범위는 (가)에서가 (나)에서보다 넓다.
　　　　　　　　　　　　　　　　　　　　(　)

432 (나)에서 B를 모두 제거하면 수심 50cm에서 A의 개체군 밀도가 증가한다. ─────────── (　)

433 (가)에서 A는 환경 저항을 받는다. ───── (　)

434 (나)에서 A와 B는 한 개체군을 이룬다. ─── (　)

435 구간 Ⅰ에서 A가 생존하지 못한 것은 경쟁 배타의 결과이다.
　　　　　　　　　　　　　　　　　　　　(　)

② 군집의 천이

↪ 그림은 어떤 지역에서의 식물 군집의 천이 과정을 나타낸 것이다. A~C는 양수림, 음수림, 관목림을 순서 없이 나타낸 것이다.

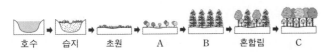

호수　습지　초원　A　B　혼합림　C

2018. 09 #20

[436~438] 빈칸에 알맞은 말을 써넣으시오.

436 A는 (　　　　)이다.

437 B는 (　　　　)이다.

438 C는 (　　　　)이다.

[439~443] 다음 문장을 읽고 옳으면 ○, 옳지 않으면 ×하시오.

439 1차 천이를 나타낸 것이다. ─────── (　)

440 건성 천이를 나타낸 것이다. ─────── (　)

441 A의 우점종은 지의류이다. ─────── (　)

442 이 지역의 식물 군집은 B에서 극상을 이룬다. ── (　)

443 음수림에 산불이 발생하면 그 지역에서는 2차 천이가 일어난다. ────────────── (　)

↪ 그림 (가)는 어떤 지역에 산불이 난 후 식물 군집의 천이가 일어날 때 군집 높이의 변화를, (나)는 (가)의 t에서 군집 높이에 따라 식물이 받는 빛의 양을 나타낸 것이다. A~C는 각각 양수림, 음수림, 초원 중 하나이다.

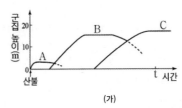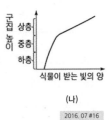

(가)　　　　　　(나)

2016. 07 #16

[444~446] 빈칸에 알맞은 말을 써넣으시오.

444 A는 (　　　　)이다.

445 B는 (　　　　)이다.

446 C는 (　　　　)이다.

[447~453] 다음 문장을 읽고 옳으면 ○, 옳지 않으면 ×하시오.

447 (가)의 천이는 2차 천이이다. ────── (　)

448 t에서 C의 잎 평균 두께는 상층보다 하층이 두껍다. (　)

449 천이의 진행에 가장 큰 영향을 준 환경 요인은 빛이다.
　　　　　　　　　　　　　　　　　　　　(　)

450 지표면에 도달하는 빛의 세기는 C일 때가 A일 때보다 약하다.
　　　　　　　　　　　　　　　　　　　　(　)

451 천이의 진행 속도는 1차 천이보다 2차 천이가 느리다.
　　　　　　　　　　　　　　　　　　　　(　)

452 천이가 진행될수록 지표면에 도달하는 햇빛의 양은 감소한다.
　　　　　　　　　　　　　　　　　　　　(　)

453 산불이 일어난 후 개척자는 지의류이다. ── (　)

✎ **정답 및 풀이**

431 ○　432 ○　433 ○　434 × (이룬다→이루지 않는다)　435 × (수심이 깊기 때문이다.)　436 관목림　437 양수림　438 음수림　439 ○　440 × (건성 천이→습성 천이)
441 × (지의류→관목림)　442 × (B→C)　443 ○　444 초원　445 양수림　446 음수림　447 ○　448 × (두껍다→얇다)　449 ○　450 ○　451 × (느리다→빠르다)　452 ○
453 × (지의류는 1차 건성 천이의 개척자)

↻ 그림 (가)는 어떤 군집의 천이 과정을, (나)는 이 군집에서 시간에 따른 종 ㉠과 ㉡의 어린 나무의 밀도를 나타낸 것이다. 종 ㉠과 ㉡은 각각 A에서의 우점종과 B에서의 우점종 중 하나이다.

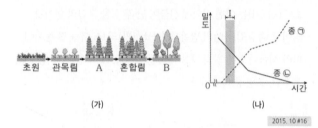

(가)　　　　(나)

2015. 10 #16

[454~456] 다음 문장을 읽고 옳으면 ○, 옳지 않으면 × 하시오.

454 구간 Ⅰ의 밀도 변화는 B에서 나타난다. ───── (　　　)

455 종 ㉠은 B에서의 우점종이다. ───── (　　　)

456 잎의 평균 두께는 종 ㉠보다 종 ㉡이 두껍다. ─── (　　　)

4 에너지 흐름과 물질의 순환

① 생태계에서의 물질의 순환

↻ 그림은 생태계에서 일어나는 질소 순환 과정의 일부를 나타낸 것이다. A와 B는 분해자와 생산자를 순서 없이 나타낸 것이고, ㉠~㉢은 탈질소 작용, 질소 고정, 질화 작용을 순서없이 나타낸 것이다.

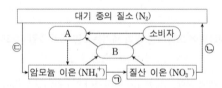

2018. 06 #18

[457~461] 빈칸에 알맞은 말을 써넣으시오.

457 A는 (　　　　　　)이다.

458 B는 (　　　　　　)이다.

459 ㉠은 (　　　　　　)이다.

460 ㉡은 (　　　　　　)이다.

461 ㉢은 (　　　　　　)이다.

[462~466] 다음 문장을 읽고 옳으면 ○, 옳지 않으면 × 하시오.

462 질산균(질화 세균)은 과정 ㉠에 관여한다. ──── (　　　)

463 탈질소 세균(질산 분해 세균)은 과정 ㉡에 관여한다. ─ (　　　)

464 뿌리혹박테리아는 과정 ㉢에 작용한다. ───── (　　　)

465 식물은 흡수한 질산 이온을 질소 동화 작용에 이용한다. ───── (　　　)

466 ㉢은 식물이 대기 중의 질소를 흡수하여 직접 이용하는 과정이다. ───── (　　　)

↻ 그림은 생태계에서의 탄소 순환 과정을 나타낸 것이다. A와 B는 각각 생산자와 분해자 중 하나이다.

2012. 09 #8

[467~468] 빈칸에 알맞은 말을 써넣으시오.

467 A는 (　　　　　　)이다.

468 B는 (　　　　　　)이다.

[469~474] 다음 문장을 읽고 옳으면 ○, 옳지 않으면 × 하시오.

469 A는 독립 영양을 한다. ───── (　　　)

470 ⓐ를 통해 화학 에너지가 이동한다. ───── (　　　)

471 ⓐ에서 탄소는 무기물의 형태로 이동된다. ──── (　　　)

472 ⓑ는 광합성 과정이다. ───── (　　　)

473 ⓑ는 이화 작용에 해당한다. ───── (　　　)

474 ⓒ는 호흡을 통해 일어나는 과정이다. ──── (　　　)

↻ 그림 (가)는 어떤 식물 군집에서 총생산량, 순생산량, 생장량의 관계를, (나)는 이 식물 군집에서 시간에 따른 총생산량과 순생산량을 나타낸 것이다.

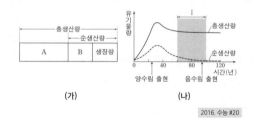

(가)　　　　(나)

2016. 수능 #20

[475~480] 다음 문장을 읽고 옳으면 ○, 옳지 않으면 × 하시오.

475 초식 동물의 호흡량은 A에 포함된다. ──── (　　　)

476 낙엽의 유기물량은 B에 포함된다. ───── (　　　)

477 천이가 진행됨에 따라 구간 Ⅰ에서 $\dfrac{A}{순생산량}$ 는 증가한다. ───── (　　　)

정답 및 풀이

454 × (B보다 이전에 일어남)　455 ○　456 ○　457 분해자　458 생산자　459 질화 작용　460 탈질소 작용　461 질소 고정　462 ○　463 ○　464 ○　465 ○
466 × (직접은 못하고 질소 고정 세균을 이용함)　467 생산자　468 분해자　469 ○　470 ○　471 × (무기물→유기물)　472 ○　473 × (이화→동화)　474 ○
475 × (A→B)　476 ○　477 ○

478 생산자의 피식량은 1차 소비자의 호흡량과 같다. ────── ( )

479 생산자의 총생산량과 1차 소비자가 이용한 에너지의 총량은 같다. ────────────────────── ( )

480 생산자의 총생산량은 광합성을 통해 생산한 유기물의 총량이다. ────────────────────── ( )

② 생태계에서의 에너지 흐름과 평형

🔗 그림은 어떤 생태계의 에너지 흐름을 나타낸 것이다. A~D는 각각 생산자, 1차 소비자, 2차 소비자, 분해자 중 하나이다.

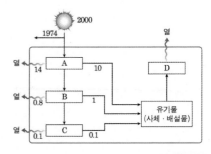

2014. 10 #18

[481~484] 빈칸에 알맞은 말을 써넣으시오.

481 A는 ( )이다.

482 B는 ( )이다.

483 C는 ( )이다.

484 D는 ( )이다.

[485~491] 다음 문장을 읽고 옳으면 ○, 옳지 않으면 × 하시오.

485 각 영양 단계의 에너지양은 A>B>C이다. ────── ( )

486 에너지 효율은 1차 소비자보다 2차 소비자가 높다. ── ( )

487 D에서 방출되는 열의 양은 11.1이다. ────── ( )

488 생산자는 생태계로 입사된 태양 에너지를 모두 이용한다. ────────────────────── ( )

489 영양 단계가 높아질수록 전달되는 에너지 양은 감소한다. ────────────────────── ( )

490 B에서 C로 유기물에 저장된 에너지가 이동한다. ── ( )

491 이 생태계에서 에너지는 영양 단계를 거치면서 순환한다. ────────────────────── ( )

5 생물 다양성의 중요성

🔗 다음은 생물 다양성의 의미를 설명한 것이다. ❶유전적 다양성, ❷종 다양성, ❸생태계 다양성 중 가장 가장 관련이 깊은 것을 써넣으시오.

492 사막, 초원, 산림, 강, 습지 등 생태계가 다양하게 형성되는 것을 의미한다. ────────────── ( )

493 어떤 생태계에 존재하는 생물 종의 다양한 정도를 의미한다. ────────────────────── ( )

494 동일한 생물 종이라도 형질이 각 개체 간에 다르게 나타나는 것을 의미한다. ────────────── ( )

495 사람에 따라 눈동자 색이 다르다. ────── ( )

496 해저의 진흙에는 기존에 알려진 것보다 더 다양한 미생물이 살고 있는 것으로 확인되었다. ────── ( )

497 같은 부모에게서 태어난 자녀의 얼굴 모습이 서로 다르다. ────────────────────── ( )

498 심해저에는 해령, 해산, 해구가 있고, 이곳에는 각각의 환경에 적응한 생물이 살고 있다. ────── ( )

499 같은 종의 달팽이에서 껍데기의 무늬와 색깔이 다양하게 나타난다. ────────────── ( )

[500~504] 다음 문장을 읽고 옳으면 ○, 옳지 않으면 × 하시오.

500 종 다양성이 높을 때가 낮을 때보다 생태계가 안정적으로 유지된다. ────────────── ( )

501 유전적 다양성이 높은 종은 환경이 급격히 변하거나 전염병이 발생했을 때 멸종될 확률이 높다. ── ( )

502 종 다양성에는 동물 종과 식물 종만 포함한다. ── ( )

503 유전적 다양성은 동물 종에서만 나타난다. ── ( )

504 서식지 파괴는 생물 다양성 감소의 원인이 된다. ── ( )

그림은 서로 다른 지역에 동일한 크기의 방형구 A와 B를 설치하여 조사한 식물 종의 분포를 나타낸 것이며, 표는 상대 밀도에 대한 자료이다.

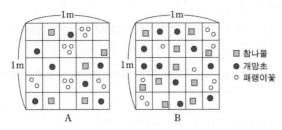

■ 참나물
● 개망초
○ 패랭이꽃

2017. 09 #18

$$\text{상대 밀도}(\%) = \frac{\text{특정한 종의 개체수}}{\text{조사한 모든 종의 개체수}} \times 100$$

[505~522] 표를 알맞게 채우시오.

높이	A에서 개체수	A에서 상대 밀도	A에서 빈도
■ 참나물	505 ( )	508 ( )	511 ( )
● 개망초	506 ( )	509 ( )	512 ( )
○ 패랭이꽃	507 ( )	510 ( )	513 ( )

높이	B에서 개체수	B에서 상대 밀도	B에서 빈도
■ 참나물	514 ( )	517 ( )	520 ( )
● 개망초	515 ( )	518 ( )	521 ( )
○ 패랭이꽃	516 ( )	519 ( )	522 ( )

✎ 정답 및 풀이

505 5   506 7   507 13   508 $\frac{5}{25} \times 100 = 20\%$ 509 $\frac{7}{25} \times 100 = 28\%$ 510 $\frac{13}{25} \times 100 = 52\%$ 511 $\frac{5}{25}$ 512 $\frac{7}{25}$ 513 $\frac{5}{25}$ 514 10   515 10   516 10   517 $\frac{10}{30} \times 100 = 33.3\%$

518 $\frac{10}{30} \times 100 = 33.3\%$ 519 $\frac{10}{30} \times 100 = 33.3\%$ 520 $\frac{10}{25}$ 521 $\frac{10}{25}$ 522 $\frac{7}{25}$

4주 28일 완성 학습계획표

● 마더텅 수능기출문제집을 100% 활용할 수 있도록 도와주는 학습계획표입니다. 계획표를 활용하여
  학습 일정을 계획하고 자신의 성적을 체크해 보세요. 꼭 4주 완성을 목표로 하지 않더라도, 스스로 학습 현황을
  체크하면서 공부하는 습관은 문제집을 끝까지 푸는 데 도움을 줍니다.

● 날짜별로 정해진 분량에 맞춰 공부하고 학습 결과를 기록합니다.

● 계획은 도중에 틀어질 수 있습니다. 하지만 계획을 세우고 지키는 과정은 그 자체로 효율적인 학습에 큰 도움이
  됩니다. 학습 중 계획이 변경될 경우에 대비해 계획표를 미리 복사해서 활용하셔도 좋습니다.

자기 성취도 평가 활용법

구분	평가 기준
Excellent	학습 내용을 모두 이해하고, 문제를 모두 맞힘.
Very good	학습 내용은 충분히 이해했으나 실수로 1~5문제 틀림.
Good	학습 내용이 조금 어려워 6~10문제 틀림.
needs Review	학습 내용 이해가 어렵고, 11문제 이상 틀림, 복습 필요.

주차	Day	학습 내용	학습 날짜	소요 시간	복습이 필요한 문제 수	자기 성취도 평가 E V G R
1주차	1일차	p.004~p.021				
	2일차	p.022~p.032				
	3일차	p.033~p.044				
	4일차	p.045~p.059				
	5일차	p.060~p.071				
	6일차	p.072~p.081				
	7일차	p.082~p.095				
2주차	8일차	p.096~p.101				
	9일차	p.102~p.113				
	10일차	p.114~p.124				
	11일차	p.125~p.131				
	12일차	p.132~p.136				
	13일차	p.137~p.149				
	14일차	p.150~p.156				
3주차	15일차	p.157~p.171				
	16일차	p.172~p.179				
	17일차	p.180~p.189				
	18일차	p.190~p.197				
	19일차	p.198~p.219				
	20일차	p.220~p.231				
	21일차	p.232~p.241				
4주차	22일차	p.242~p.249				
	23일차	p.250~p.256				
	24일차	p.257~p.269				
	25일차	p.270~p.280				
	26일차	p.281~p.289				
	27일차	p.290~p.293				
	28일차	p.294~p.301				

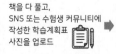

Ⅰ. 생명 과학의 이해
문제편 p.005 해설편 p.003

1.생명 과학의 이해
01. 생물의 특성

1 ②	2 ④	3 ②	4 ④	5 ⑤
6 ①	7 ⑤	8 ⑤	9 ②	10 ⑤
11 ④	12 ⑤	13 ⑤	14 ③	15 ①
16 ⑤	17 ⑤	18 ⑤	19 ⑤	20 ⑤
21 ⑤	22 ③	23 ④	24 ④	25 ⑤
26 ②	27 ⑤	28 ⑤	29 ⑤	

02. 생명 과학의 특성과 탐구 방법

1 ⑤	2 ⑤	3 ①	4 ③	5 ④
6 ⑤	7 ④	8 ②	9 ①	10 ②
11 ④	12 ⑤	13 ③	14 ③	15 ③
16 ④	17 ②	18 ④	19 ③	20 ④
21 ①	22 ②	23 ⑤	24 ②	25 ⑤
26 ①				

Ⅱ. 사람의 물질대사
문제편 p.024 해설편 p.035

1.사람의 물질대사
01. 세포의 물질대사와 에너지

1 ④	2 ⑤	3 ⑤	4 ④	5 ⑤
6 ⑤	7 ⑤	8 ②	9 ③	10 ④
11 ⑤	12 ⑤	13 ④	14 ④	15 ③
16 ④	17 ⑤	18 ⑤	19 ⑤	20 ⑤
21 ⑤	22 ⑤	23 ④	24 ⑤	25 ①
26 ⑤	27 ④	28 ④	29 ③	30 ⑤
31 ⑤	32 ③	33 ④	34 ④	

02. 기관계의 통합적 작용

1 ⑤	2 ⑤	3 ⑤	4 ⑤	5 ④
6 ④	7 ⑤	8 ⑤	9 ⑤	10 ⑤
11 ⑤	12 ④	13 ⑤	14 ⑤	15 ⑤
16 ①	17 ④	18 ⑤	19 ⑤	20 ④
21 ④	22 ③	23 ③	24 ⑤	25 ⑤
26 ⑤	27 ⑤	28 ⑤	29 ⑤	30 ④
31 ⑤	32 ⑤	33 ④		

03. 물질대사와 건강

1 ②	2 ④	3 ⑤	4 ④	5 ④
6 ⑤	7 ④	8 ③	9 ③	10 ⑤

Ⅲ. 항상성과 몸의 조절
문제편 p.051 해설편 p.080

1. 항상성과 몸의 기능 조절
01. 자극의 전달

1 ④	2 ②	3 ③	4 ①	5 ③
6 ③	7 ①	8 ⑤	9 ③	10 ①
11 ④	12 ⑤	13 ④	14 ①	15 ⑤
16 ⑤	17 ⑤	18 ⑤	19 ①	20 ①
21 ⑤	22 ⑤	23 ①	24 ①	25 ②
26 ④	27 ④	28 ①	29 ②	30 ②
31 ①	32 ⑤	33 ②	34 ⑤	35 ③
36 ①	37 ②	38 ④	39 ④	40 ①
41 ⑤	42 ①	43 ②	44 ①	45 ⑤
46 ①	47 ⑤	48 ②	49 ⑤	

02. 근육 수축의 원리

1 ⑤	2 ④	3 ④	4 ①	5 ④
6 ⑤	7 ⑤	8 ①	9 ②	10 ③
11 ②	12 ⑤	13 ④	14 ①	15 ⑤
16 ③	17 ⑤	18 ④	19 ⑤	20 ⑤
21 ③	22 ⑤	23 ④	24 ①	25 ⑤
26 ②	27 ⑤	28 ⑤	29 ③	30 ②
31 ④	32 ⑤	33 ⑤	34 ②	35 ④
36 ④	37 ⑤	38 ③	39 ①	40 ②
41 ④	42 ⑤	43 ①		

03. 신경계

1 ④	2 ①	3 ①	4 ①	5 ④
6 ⑤	7 ②	8 ⑤	9 ③	10 ④
11 ④	12 ⑤	13 ②	14 ⑤	15 ④

16 ④	17 ②	18 ③	19 ③	20 ③
21 ④	22 ②	23 ①	24 ⑤	25 ①
26 ③	27 ④	28 ①	29 ③	30 ①
31 ③	32 ①	33 ①	34 ③	35 ④
36 ③	37 ③	38 ①	39 ①	40 ①
41 ③	42 ①	43 ④	44 ②	45 ⑤

04. 항상성 유지

1 ④	2 ⑤	3 ①	4 ①	5 ③
6 ③	7 ①	8 ⑤	9 ④	10 ⑤
11 ⑤	12 ⑤	13 ④	14 ⑤	15 ④
16 ⑤	17 ③	18 ⑤	19 ②	20 ①
21 ①	22 ⑤	23 ①	24 ②	25 ③
26 ④	27 ⑤	28 ①	29 ④	30 ③
31 ①	32 ①	33 ①	34 ④	35 ③
36 ⑤	37 ①	38 ④	39 ④	40 ③
41 ④	42 ③	43 ①	44 ①	45 ②
46 ②	47 ②	48 ②	49 ①	50 ⑤
51 ⑤	52 ①	53 ①	54 ①	55 ⑤
56 ②	57 ②	58 ①	59 ⑤	60 ①
61 ⑤	62 ④	63 ②	64 ①	65 ①
66 ⑤	67 ⑤	68 ③	69 ⑤	70 ①
71 ④	72 ⑤	73 ②	74 ①	75 ⑤
76 ⑤	77 ②	78 ⑤	79 ②	80 ②
81 ④				

2. 방어 작용
01. 질병과 병원체

1 ①	2 ③	3 ⑤	4 ②	5 ③
6 ④	7 ②	8 ②	9 ④	10 ④
11 ④	12 ⑤	13 ④	14 ①	15 ⑤
16 ⑤	17 ⑤	18 ⑤	19 ⑤	20 ⑤
21 ④	22 ①	23 ④	24 ①	25 ⑤
26 ②	27 ④	28 ⑤	29 ②	30 ②
31 ⑤	32 ②	33 ②	34 ④	35 ②
36 ②	37 ④	38 ①	39 ⑤	40 ④
41 ④	42 ④	43 ④	44 ④	

02. 우리 몸의 방어 작용

1 ④	2 ①	3 ④	4 ④	5 ③
6 ④	7 ④	8 ⑤	9 ①	10 ⑤
11 ②	12 ④	13 ④	14 ②	15 ⑤
16 ③	17 ④	18 ④	19 ④	20 ⑤
21 ④	22 ③	23 ⑤	24 ④	25 ③
26 ④	27 ④	28 ⑤	29 ②	30 ①
31 ④	32 ①	33 ④	34 ②	35 ④
36 ⑤	37 ④	38 ②	39 ④	40 ④
41 ⑤	42 ②	43 ④	44 ④	45 ③
46 ④	47 ①	48 ④	49 ④	50 ④
51 ①	52 ④	53 ④	54 ⑤	55 ⑤
56 ⑤				

Ⅳ. 유전
문제편 p.160 해설편 p.293

1. 세포와 세포 분열
01. 유전자와 염색체

1 ⑤	2 ②	3 ①	4 ⑤	5 ②
6 ①	7 ⑤	8 ②	9 ④	10 ⑤
11 ④	12 ①	13 ③	14 ①	15 ①
16 ①	17 ③	18 ③	19 ②	20 ①
21 ②	22 ②	23 ④	24 ④	25 ①
26 ②	27 ①	28 ⑤	29 ①	30 ③
31 ⑤	32 ⑤	33 ④	34 ⑤	35 ④
36 ③	37 ⑤	38 ②	39 ③	40 ④
41 ②	42 ④	43 ①	44 ④	45 ②
46 ⑤	47 ⑤	48 ⑤	49 ③	50 ⑤
51 ①	52 ⑤	53 ④	54 ④	55 ④
56 ⑤	57 ⑤	58 ①	59 ②	60 ⑤
61 ④	62 ①	63 ⑤	64 ④	65 ④
66 ③	67 ⑤	68 ⑤	69 ⑤	70 ⑤
71 ②	72 ⑤	73 ④	74 ⑤	75 ③
76 ④	77 ④	78 ①		

02. 생식세포 형성과 유전적 다양성

1 ②	2 ②	3 ③	4 ①	5 ②
6 ④	7 ⑤	8 ③	9 ③	10 ③
11 ①	12 ②	13 ①	14 ⑤	15 ③
16 ④	17 ③	18 ④	19 ①	20 ③
21 ④	22 ⑤	23 ①	24 ③	25 ①
26 ⑤	27 ⑤	28 ②	29 ②	30 ①
31 ④	32 ①			

03. 개념 복합 문제

1 ⑤	2 ⑤	3 ②	4 ⑤	5 ③
6 ④	7 ②	8 ⑤	9 ②	10 ②
11 ⑤	12 ③	13 ①	14 ⑤	15 ④
16 ①	17 ①	18 ②	19 ②	20 ③
21 ②	22 ④			

2. 사람의 유전
01. 사람의 유전 현상

1 ⑤	2 ③	3 ②	4 ③	5 ⑤
6 ④	7 ①	8 ④	9 ③	10 ①
11 ①	12 ⑤	13 ③	14 ①	15 ①
16 ⑤	17 ⑤	18 ⑤	19 ①	20 ②
21 ②	22 ④	23 ②	24 ②	25 ①
26 ②	27 ⑤	28 ④	29 ②	30 ②
31 ①	32 ③	33 ⑤	34 ③	35 ⑤
36 ②	37 ①	38 ③	39 ②	40 ①
41 ②	42 ④	43 ④	44 ③	

02. 사람의 유전병

1 ②	2 ⑤	3 ④	4 ③	5 ⑤
6 ②	7 ④	8 ②	9 ③	10 ③
11 ⑤	12 ①	13 ②	14 ③	15 ②
16 ⑤				

03. 유전 복합 문제

1 ②	2 ②	3 ④	4 ①	5 ④
6 ④	7 ③	8 ⑤	9 ④	10 ①
11 ②	12 ⑤	13 ③	14 ④	15 ②
16 ③	17 ④	18 ⑤	19 ①	20 ⑤
21 ⑤	22 ①	23 ②	24 ①	25 ④
26 ②	27 ⑤	28 ①	29 ③	30 ⑤
31 ④	32 ③	33 ⑤	34 ④	35 ③
36 ①	37 ⑤	38 ①	39 ②	40 ①
41 ④	42 ⑤	43 ⑤	44 ②	45 ⑤
46 ④	47 ②			

Ⅴ. 생태계와 상호 작용
문제편 p.251 해설편 p.493

1. 생태계의 구성과 기능
01. 생물과 환경의 상호 작용

1 ⑤	2 ①	3 ③	4 ④	5 ③
6 ④	7 ⑤	8 ⑤	9 ③	10 ④
11 ②	12 ①	13 ③	14 ③	15 ③
16 ①	17 ②	18 ④	19 ②	20 ④
21 ①	22 ②	23 ③	24 ④	

02. 개체군

1 ④	2 ④	3 ⑤	4 ①	5 ④
6 ②	7 ③	8 ②	9 ②	10 ⑤
11 ②	12 ⑤	13 ④	14 ①	15 ④

03. 군집

1 ⑤	2 ④	3 ①	4 ②	5 ④
6 ④	7 ③	8 ①	9 ④	10 ②
11 ⑤	12 ②	13 ⑤	14 ⑤	15 ④
16 ⑤	17 ⑤	18 ③	19 ②	20 ②
21 ②	22 ③	23 ①	24 ①	25 ③
26 ⑤	27 ⑤	28 ①	29 ③	30 ②
31 ⑤	32 ②	33 ①	34 ①	35 ③
36 ①	37 ④	38 ⑤	39 ①	40 ④
41 ③	42 ①	43 ①	44 ④	45 ⑤
46 ④	47 ①	48 ①	49 ③	50 ②
51 ①	52 ⑤	53 ①	54 ③	55 ②
56 ⑤	57 ⑤	58 ③	59 ②	

04. 에너지 흐름과 물질의 순환

1 ④	2 ④	3 ⑤	4 ⑤	5 ②
6 ④	7 ④	8 ④	9 ⑤	10 ②
11 ④	12 ②	13 ②	14 ⑤	15 ④
16 ③	17 ④	18 ③	19 ①	20 ②
21 ②	22 ②	23 ②	24 ⑤	25 ②
26 ②	27 ⑤	28 ②	29 ③	30 ⑤
31 ②	32 ④	33 ⑤	34 ③	35 ⑤
36 ②	37 ③	38 ④	39 ⑤	40 ③
41 ③	42 ⑤	43 ④	44 ④	

2. 생물 다양성과 보전
01. 생물 다양성의 중요성

1 ③	2 ③	3 ②	4 ②	5 ②
6 ⑤	7 ①	8 ⑤	9 ②	10 ⑤
11 ①	12 ⑤	13 ④	14 ②	15 ③
16 ③	17 ①	18 ④	19 ①	

02. 생물 다양성의 보전

1 ④

연도별
문제편 p.302 해설편 p.586

2022학년도 6월 모의평가

1 ③	2 ④	3 ④	4 ②	5 ⑤
6 ①	7 ③	8 ⑤	9 ①	10 ⑤
11 ④	12 ②	13 ①	14 ②	15 ①
16 ②	17 ④	18 ④	19 ③	20 ③

2022학년도 9월 모의평가

1 ②	2 ①	3 ④	4 ⑤	5 ②
6 ⑤	7 ⑤	8 ②	9 ④	10 ⑤
11 ③	12 ②	13 ①	14 ①	15 ④
16 ②	17 ⑤	18 ④	19 ③	20 ③

2022학년도 대학수학능력시험

1 ⑤	2 ④	3 ④	4 ②	5 ①
6 ③	7 ②	8 ③	9 ③	10 ④
11 ②	12 ⑤	13 ⑤	14 ①	15 ②
16 ⑤	17 ④	18 ④	19 ③	20 ①

2023학년도 6월 모의평가

1 ⑤	2 ③	3 ④	4 ②	5 ①
6 ④	7 ①	8 ③	9 ③	10 ②
11 ②	12 ③	13 ①	14 ③	15 ②
16 ①	17 ③	18 ①	19 ⑤	20 ④

2023학년도 9월 모의평가

1 ⑤	2 ③	3 ④	4 ③	5 ①
6 ④	7 ①	8 ③	9 ③	10 ②
11 ③	12 ③	13 ①	14 ⑤	15 ②
16 ②	17 ⑤	18 ⑤	19 ③	20 ④

2023학년도 대학수학능력시험

1 ⑤	2 ③	3 ⑤	4 ⑤	5 ④
6 ③	7 ④	8 ①	9 ③	10 ①
11 ③	12 ⑤	13 ⑤	14 ①	15 ①
16 ④	17 ④	18 ②	19 ③	20 ④

2024학년도 6월 모의평가

1 ⑤	2 ③	3 ④	4 ⑤	5 ①
6 ⑤	7 ③	8 ④	9 ②	10 ③
11 ②	12 ④	13 ④	14 ②	15 ④
16 ⑤	17 ④	18 ④	19 ②	20 ③

2024학년도 9월 모의평가

1 ⑤	2 ④	3 ④	4 ④	5 ④
6 ①	7 ④	8 ②	9 ③	10 ③
11 ①	12 ④	13 ④	14 ⑤	15 ②
16 ④	17 ⑤	18 ⑤	19 ④	20 ④

2024학년도 대학수학능력시험

1 ③	2 ③	3 ①	4 ③	5 ④
6 ④	7 ⑤	8 ②	9 ②	10 ④
11 ④	12 ④	13 ④	14 ②	15 ②
16 ③	17 ⑤	18 ⑤	19 ③	20 ④

2024 The 8th Mothertongue
Scholarship for Brilliant Students

2024 마더텅 8th
성적 우수·성적 향상 장학생 모집

수능 및 전국연합 학력평가 기출문제집 ▌까만책, ▌빨간책, ▌노란책, ▌파란책 등
2024년에도 마더텅 고등 교재와 함께 우수한 성적을 거두신
수험생님들께 장학금을 드립니다.

대상
500
만 원

mother tongue

은상 30 만 원

금상
100 만 원

10 만 원 동상

마더텅 고등 교재로 공부한 해당 과목 ※1인 1개 과목 이상 지원 가능하며, 여러 과목 지원 시 가산점이 부여됩니다.

위 조건에 해당한다면 마더텅 고등 교재로 공부하면서 #느낀 점과 #공부 방법, #학업 성취, #성적 변화 등에 관한
자신만의 수기를 작성해서 마더텅으로 보내 주세요. 우수한 글을 보내 준 수험생분을 선발해 수기 공모 장학금을 드립니다!

 성적 우수 분야
고3/N수생 수능 1등급
고1/고2 전국연합 학력평가 1등급 또는 내신 95점 이상

 성적 향상 분야
고3/N수생 수능 1등급 이상 향상
고1/고2 전국연합 학력평가 1등급 이상 향상 또는 내신 성적 10점 이상 향상

*전체 과목 중 과목별 향상 등급(혹은 점수)의 합계로 응모해 주시면 감사하겠습니다.

 마더텅 역대 장학생님들　제1기 2018년 2월 24일 총 55명　제2기 2019년 1월 18일 총 51명　제3기 2020년 1월 10일 총 150명
제4기 2021년 1월 29일 총 383명　제5기 2022년 1월 25일 총 210명　제6기 2023년 1월 20일 총 168명　제7기 2024년 1월 31일 총 270명

응모 대상　마더텅 고등 교재로 공부한 고1, 고2, 고3, N수생
마더텅 수능기출문제집, 마더텅 수능기출 모의고사, 마더텅 전국연합 학력평가 기출문제집, 마더텅 전국연합 학력평가 기출 모의고사 3개년,
마더텅 수능기출 전국연합 학력평가 20분 미니모의고사 24회, 마더텅 수능기출 20분 미니모의고사 24회, 마더텅 수능기출 고난도 미니모의고사,
마더텅 수능기출 유형별 20분 미니모의고사 24회 등 마더텅 고등 교재 최소 1권 이상 신청 가능

선발 일정　접수기한 2024년 12월 30일 월요일　수상자 발표일 2025년 1월 13일 월요일　장학금 수여일 2025년 2월 6일 목요일

응모 방법　① 마더텅 홈페이지 www.toptutor.co.kr
[고객센터 - 이벤트] 게시판에 접속

② [2024 마더텅 장학생 모집] 클릭 후
[2024 마더텅 장학생 지원서 양식]을 다운로드
③ [2024 마더텅 장학생 지원서 양식] 작성 후
mothert.marketing@gmail.com 메일 발송

2023 수능 생명과학 Ⅰ 1등급 공부 방법

김현진 님
안산시 동산고등학교
한양대학교 정책학과 합격
2023학년도 대학수학능력시험 생명과학Ⅰ 3등급→1등급
(표준 점수 65)

사용 교재 **까만책** 국어 독서, 국어 언어와 매체, 수학Ⅰ, 수학Ⅱ, 확률과 통계, 생명과학Ⅰ, 지구과학Ⅰ **빨간책** 국어 영역, 영어 영역 **노란책** 고3 영어 영역

마더텅 수능기출문제집을 선택한 이유

학구열이 높은 고등학교에 진학하였는데, 주변 친구들과 선배들 대다수가 마더텅 교재를 사용하고 있었습니다. **마더텅 수능기출 문제집**의 문제 편집 방식, 학습계획표, 상세한 해설지 그리고 적절한 난이도 배치의 요소에 매력을 느꼈으며, **마더텅 수능기출 모의 고사**의 경우 수능 시험지와 유사한 종이 크기와 질감 등이 실전 연습을 도울 수 있을 것이라 생각하여 마더텅 교재를 사용하였습니다. 게다가 지구과학Ⅰ의 경우 전반적인 교육과정의 변화가 있었기에 지구과학Ⅱ의 일부 단원까지 공부해야 할 필요가 있었는데, **마더텅 수능기출문제집**에 선별이 잘 되어 있어 좋았습니다. 해설지에는 자료해설, 보기풀이, 문제풀이 TIP, 출제분석, 그리고 정답률까지 기재되어 있었기에 혼자서도 문제와 개념에 대한 피드백이 가능할 것이라는 생각에 마더텅을 선택하였습니다.

마더텅 수능기출문제집의 장점

우선, 해설이 아주 상세하고 친절하고 유튜브에 풀이 동영상 강의가 무료로 제공되기 때문에 문제 해결이 쉬웠습니다. 난이도가 꽤 높은 문제들에 대해 2~3분 이내의 영상이 별도의 절차 없이 바로 볼 수 있게끔 제공되어 빠르고 간편하게 시청할 수 있었습니다. 모든 문항에 대한 설명과 자료의 개별적 분석, 그리고 정리되어 있는 암기 사항까지 모두 매력적으로 다가왔습니다.
마더텅 수능기출문제집의 또다른 장점으로는 '스킬'도 제시해준다는 점입니다. 생명과학을 처음 공부할 때 선생님들께서 스킬을 던져 주시고는 그냥 외우라고 하셨고, 이에 저는 스킬에 대한 깊이 있는 이해를 해나가는 것을 목표로 삼고자 했습니다. 마더텅 교재에서 제시하는 스킬들은 필수적이며 유용하였기 때문에 이러한 부분에 있어 도움을 받곤 했습니다.

마더텅 수능기출문제집을 활용한 생명과학Ⅰ 공부 방법

저는 마더텅 교재를 2권 풀었습니다. 첫 번째 교재는 재수를 시작한 2월부터 6월까지, 두 번째 교재는 9월 모의고사를 본 이후, 2주 동안 전력을 다해 다시 풀었습니다. 모의고사 때, 처음 본 것 같거나 지엽적이라고 생각했던 선지들은 이미 마더텅 교재에 실려 있던 것이었으며 신유형이라고 생각했던 것은 옛 기출의 변형이었습니다. 그렇기 때문에 9월 모의고사 이후에 2회독 때는 한 번이라도 평가원에서 출제되었던 것 혹은 옛 기출 모두 주의 깊게 봤습니다. 수능 때 고난도 문제를 맞히든, 저난도 문제를 맞히든 배점은 똑같기 때문에 모두 맞히는 것이 중요하여, 9월 이후에 2회독으로 빠르게 문제를 해결해 수능 1등급을 받을 수 있었습니다.

지구과학Ⅰ을 공부할 땐, 개념을 먼저 학습하고 그 단원의 기출 문제를 풀었습니다. 처음에는 개념에 대한 점검이나 다양한 자료에 익숙해지려 했고, 두 번째로 풀 땐 서로 관련 없어 보이는 개념들도 유기적 연결 가능성을 파악했습니다. 저는 키워드별 재구성을 통해 스스로 개념들 간의 짜임새를 짜기 위해 노력했고, 전반적인 흐름 파악에 힘썼습니다. 키워드를 중심으로 내용을 재구성하니 많은 내용이 하나로 모이는 느낌이 들어 학습 부담도 줄었습니다.

2023 수능 생명과학Ⅰ 1등급 공부 방법

이해인 님
인천시 박문여자고등학교
이화여자대학교 약학부 합격
2023학년도 대학수학능력시험 생명과학Ⅰ 3등급→2등급
(표준 점수 62)

사용 교재 **까만책** 국어 독서, 국어 문학, 수학Ⅱ, 미적분, 생명과학Ⅰ, 지구과학Ⅰ **빨간책** 생명과학Ⅰ, 지구과학Ⅰ

마더텅 수능기출문제집을 선택한 이유

저는 2022학년도 수능에서 만족할만한 성적을 얻지 못했습니다. 그리고 2023학년도 수능을 준비하면서는 기출 문제를 풀며 기초와 심화 내용을 다져야겠다고 생각했습니다. 저는 고난도 문제에서 특정 조건을 놓쳐서 풀지 못하는 경우가 많았습니다. 그래서 문제를 푸는 단계에 대한 자세한 설명과 조건들에 대한 풀이가 필요했습니다. 그렇기에 개념과 기출 그리고 자세한 해설이 담긴 **마더텅 수능기출문제집**을 선택하게 되었습니다.

마더텅 수능기출문제집의 장점

마더텅 수능기출문제집의 가장 큰 장점은 쉬운 문제든 어려운 문제든 해설이 자세하고 이해하기 쉽다는 점입니다. 그로 인해 스스로 학습하며 실력을 기를 수 있었습니다. 탐구 과목 문제집의 경우 문제들이 기존의 단원들보다 훨씬 자세한 기준으로 분류되어 있다는 것이 좋았습니다. 한편 저는 가계도 문제를 풀다가 중간 단계에서 막히면 스스로 그 부분을 찾아내는 것을 어려워했습니다. 그렇지만 마더텅의 해설은 1, 2, 3 순의 문장 형으로 조건을 해석해 나가는 과정이 서술되어 있어서, 제가 어느 부분이 문제였는지 파악하기 쉬웠습니다. 뿐만 아니라 어려운 문제는 한 문제에 한 페이지를 할당하는 등 풀이 과정과 조건 해석이 자세하게 실려 있어서 혼자 공부하기에 정말 편했습니다.

마더텅 수능기출문제집을 활용한 생명과학Ⅰ 공부 방법

저는 당시 과학탐구 선택과목에 대해 개념도 제대로 잡혀있지 않았습니다. 그래서 수업을 통해 배운 내용을 **마더텅 수능기출문제집** 개념 부분에 정리하면서, 언제든지 확인할 수 있도록 대비했습니다. 또한 학습한 내용의 기출 문제를 함께 풀면서 이를 잊지 않으려 노력했습니다. 무엇보다 **마더텅 수능기출문제집**은 자료 해석과 문제 해석의 근거가 해설에 명확하게 실려 있어서, 새로운 자료를 어떤 단원과 연관 지어 풀어내야 할지 연습하는 데에 아주 유용했습니다.

2025
마더텅 수능기출문제집
생명과학 I
정답과 해설편

문제풀이 동영상

체계적인 문항배치, 초자세한 해설, 기출 생명과학 I 판매 1위!
생명과학 I 핵심 문항을 잡는 마더텅만의 <더 자세한 해설@> 수록

풍부하고 다양한 문항구성

2025 수능(2024.11.14.시행)
적용 새교육과정 반영!

2024~2016학년도(2023~2015년 시행)
최신 9개년 수능·모의평가·
학력평가 기출문제 중
새교육과정에 맞는 우수 문항

+

연도별
모의고사
9회분 수록

＊ 총 851문항을 단원별로 배치하여 수능 준비에 최적화!

친절하고 자세한 해설편

고난도 17문항
기존 마더텅 해설 +
<더 자세한 해설@>까지
추가 제공!

이보다 더 자세할 수는 없다!
최신 9개년 수능·모의평가·학력평가 문항 중 고난도
17문항을 선별!

특별 부록 무료 제공

[기출 ○×]
522제
기출 복습을 위한
최고의 선택!

＊ 자주 출제되는 선지 ○×, 단답형 퀴즈 522문항!
＊ 수능에 자주 나오는 보기 철저 분석!
＊ 수능 빈출 자료로 수능 완벽 대비!
＊ 짧은 시간에 수능에 필요한 핵심만 쏙쏙!

Ⅰ. 생명 과학의 이해

1. 생명 과학의 이해   01. 생물의 특성

❶ 생명 현상의 특성   ★수능에 나오는 필수 개념 2가지 + 필수 암기사항 2개

필수개념 1 **생명 현상의 특성**

• **생명 현상의 특성** ★암기 → 생명 현상의 특성을 그 예와 함께 기억하자!

개체 유지 현상	세포로 구성, 물질대사, 자극에 대한 반응과 항상성 유지, 발생과 생장
종족 유지 현상	생식과 유전, 적응과 진화

1. **세포로 구성** : 생물체는 구조적 · 기능적 단위인 세포로 구성되어 있다.
   (단세포 생물 : 하나의 세포로 구성, 다세포 생물 : 여러 개의 세포로 구성)
2. **물질대사** : 생물체 내에서 일어나는 모든 화학 반응이며, 효소가 관여한다.

물질대사		
구분	동화 작용	이화 작용
반응 과정	저분자 물질을 고분자 물질로 합성하는 과정	고분자 물질을 저분자 물질로 분해하는 과정
에너지출입	에너지 흡수(흡열 반응)	에너지 방출(발열 반응)
예	광합성, 단백질 합성 등	세포 호흡, 소화 등

3. **자극에 대한 반응과 항상성 유지**
   1) 자극은 생물체 내외에서 일어나는 환경의 변화이며, 이러한 자극에 대해 생물체에서 일어나는 변화가 반응이다. **예** 빛에 의한 동공의 변화, 굴광성 등
   2) **항상성** : 생물이 자극에 대하여 몸 안의 상태를 일정하게 유지하려는 성질이다. **예** 삼투압 · 혈압 · 체온 · 혈당량 조절 등
4. **발생과 생장**
   1) **발생** : 다세포 생물에서 생식 세포의 수정으로 생성된 수정란이 완전한 개체가 되는 과정이다.
      예 개구리의 발생 : 수정란 → 올챙이 → 개구리
   2) **생장** : 발생한 개체가 세포 분열을 통해 세포 수를 계속 늘려감으로써 자라나는 과정이다.
5. **생식과 유전**
   1) **생식** : 종족 유지를 위해 자손을 남기는 특성으로 무성 생식과 유성 생식으로 나뉜다.
   2) **유전** : 유전 물질을 전달받은 자손이 어버이의 형질을 이어가는 것이다.
6. **적응과 진화**
   1) **적응** : 서식 환경에 알맞게 몸의 구조나 생활 습성 등을 변화시키는 것이다.
   2) **진화** : 생물이 변화하는 환경에 적응하는 동안 오랜 세월에 걸쳐 유전자가 다양하게 변화되는 것이며 이로 인해 다양한 종이 출현한다. **예** 선인장의 가시, 위도에 따른 동물들의 말단부와 몸집의 변화, 갈라파고스 군도 핀치새의 다양한 부리 모양 등

필수개념 2 **바이러스의 특성**

• **바이러스** ★암기 → 바이러스의 생물적 특성과 무생물적 특성을 기억하자!

생물적 특성	• 유전 물질로 핵산(RNA 또는 DNA)을 가진다. • 살아있는 숙주 세포 내에서 물질대사 및 증식, 유전 현상, 돌연변이를 통한 진화가 일어난다.
무생물적 특성	• 세포로 이루어져 있지 않고, 숙주 세포 밖에서는 단백질 결정체로 존재한다. • 숙주 세포 밖에서는 번식하지 못한다. • 효소가 없어서 스스로 물질대사를 하지 못한다.

기본자료

▶ 물질대사 시의 에너지 출입

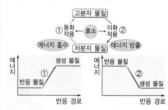

제발호의
저열흡이
분반화
자응작
로 용

▶ 해캄과 호기성 세균이 나타내는 생명 현상의 특성
밝은 곳에 해캄과 호기성 세균을 두었더니 호기성 세균이 해캄의 엽록체 부위에 모여들었다. 이 실험의 결과로 광합성 산소가 발생되었음을 알 수 있다. 해캄이 광합성을 통해서 산소를 방출하는 것은 물질대사에 해당하고, 호기성 세균이 산소가 있는 곳으로 모이는 것은 자극에 대한 반응에 해당한다.

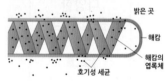

▶ 박테리오파지

단백질 껍질
핵산

---

1 생명 현상의 특성

다음은 어떤 지역에 서식하는 소에 대한 설명이다.

이 소는 크고 긴 뿔을 가질수록
포식자의 공격을 잘 방어할 수 있어
포식자가 많은 이 지역에서 살기에
적합하다. → 적응과 진화

이 자료에 나타난 생물의 특성과 가장 관련이 깊은 것은?

① 물질대사　　✓② 적응과 진화　　③ 발생과 생장
④ 생식과 유전　　⑤ 자극에 대한 반응

| 자 | 료 | 해 | 설 |
크고 긴 뿔을 가진 소가 포식자의 공격을 잘 방어할 수 있어
포식자가 많은 지역에서 살기에 적합한 것은 생명 현상의
특성 중 적응과 진화에 해당한다.

| 선 | 택 | 지 | 풀 | 이 |
②정답 : 서식 환경에 알맞게 몸의 구조나 생활 습성 등이
변화하는 적응을 통해 오랜 세월에 걸쳐 유전자가 다양하게
변화되며, 이를 적응과 진화의 과정이라 한다. 크고 긴 뿔을
가진 소가 포식자의 공격을 잘 방어할 수 있어 포식자가
많은 지역에서 살기에 적합한 것은 적응과 진화의 예에
해당한다.

2 생명 현상의 특성

다음은 청국장을 만드는 과정의 일부를 나타낸 것이다.

○ 물에 불린 콩을 삶은 후 미생물 X를 넣어 발효시키면 독특한
향이 나고 실 형태의 끈적한 물질이 생긴다. → 물질대사

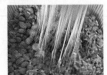

[발효 전]　　　　[발효 후]

이 자료에 나타난 생명 현상의 특성과 가장 관련이 깊은 것은?

① 장구벌레는 변태 과정을 거쳐 모기가 된다. → 발생과 생장
② 거미는 진동을 감지하여 먹이에게 다가간다. → 자극에 대한 반응
③ 적록 색맹인 어머니로부터 적록 색맹인 아들이 태어난다. → 생식과 유전
✓④ 수생 식물의 잎에서 광합성이 일어나면 공기 방울이 맺힌다. → 물질대사
⑤ 크고 단단한 종자를 먹는 핀치새는 턱 근육이 발달되어 있다. → 적응과 진화

| 자 | 료 | 해 | 설 |
생명체 내에서 일어나는 모든 화학 반응을 물질대사라고
하는데, 발효는 생명 현상의 특성 중 물질대사에 해당한다.

| 선 | 택 | 지 | 풀 | 이 |
① 오답 : 장구벌레가 모기가 되는 과정은 발생과 생장이
다.
② 오답 : 거미가 진동을 감지하고 먹이에게 가는 것은 자
극에 대한 반응이다.
③ 오답 : 적록 색맹인 어머니가 적록 색맹을 아들에게 물
려주는 것은 생식과 유전이다.
④정답 : 광합성은 물질대사에 포함된다.
⑤ 오답 : 핀치새의 턱 근육이 먹이의 종류에 따라 발달되
는 것은 적응과 진화에 해당한다.

🗣 문제풀이 T I P | 주어진 자료에서 발효가 생명 현상의 특성 중
물질대사에 해당한다는 것만 알면 쉽게 풀 수 있는 문제이다.

😊 출제분석 | 생명 현상의 특성에 대한 문제는 보기로 출제되
었던 것들이 다시 제시되는 경향이 있으므로 난도가 낮은 문제이
다. 수능에서 높은 등급을 받기 위해서는 이런 문제는 절대 틀리
면 안 된다.

정답 ②　정답률 95%　2023년 3월 학평 1번　문제편 5p

다음은 히말라야산양에 대한 자료이다.

(가) 털이 길고 발굽이 갈라져 있어 춥고 험준한 히말라야 산악 지대에서 살아가는 데 적합하다. ➡ 적응과 진화

(나) 수컷은 단독 생활을 하지만 번식 시기에는 무리로 들어가 암컷과 함께 자신과 닮은 새끼를 만든다. ➡ 생식과 유전

(가)와 (나)에 나타난 생물의 특성으로 가장 적절한 것은?

	(가)	(나)
①	적응과 진화	물질대사
✓②	적응과 진화	생식과 유전
③	발생과 생장	항상성
④	발생과 생장	생식과 유전
⑤	물질대사	항상성

|자|료|해|설|
히말라야산양이 춥고 험준한 히말라야 산악 지대에서 살아가는 데 적합한 형질을 갖는 (가)는 적응과 진화의 예에 해당한다. 자신과 닮은 새끼를 만드는 (나)는 생식과 유전의 예에 해당한다.

|선|택|지|풀|이|
②정답 : (가)는 적응과 진화, (나)는 생식과 유전의 예이다.

정답 ④　정답률 95%　2020년 7월 학평 1번　문제편 5p

다음은 아프리카에 사는 어떤 도마뱀에 대한 설명이다.

이 도마뱀은 나뭇잎과 비슷한 외형을 갖고 있어 포식자에게 발견되기 어려우므로 나무가 많은 환경에 살기 적합하다. ➡ 적응과 진화

이 자료에 나타난 생명 현상의 특성과 가장 관련이 깊은 것은?

① 올챙이가 자라서 개구리가 된다. → 발생과 생장
② 짚신벌레는 분열법으로 번식한다. → 생식과 유전
③ 소나무는 빛을 흡수하여 포도당을 합성한다.→ 물질대사
✓④ 핀치새는 먹이의 종류에 따라 부리 모양이 다르다. → 적응과 진화
⑤ 적록 색맹인 어머니에게서 적록 색맹인 아들이 태어난다. → 생식과 유전

|자|료|해|설|
도마뱀이 나뭇잎과 비슷한 외형을 갖고 있는 것은 생명 현상의 특성 중 '적응과 진화'에 해당한다.

|선|택|지|풀|이|
① 오답 : 올챙이가 자라서 개구리가 되는 것은 발생과 생장에 해당한다.
② 오답 : 짚신벌레가 분열법으로 번식하는 것은 생식과 유전에 해당한다.
③ 오답 : 소나무가 빛을 흡수하여 포도당을 합성하는 광합성은 동화 작용이므로 물질대사에 해당한다.
④정답 : 먹이의 종류에 따라 핀치새의 부리 모양이 다른 것은 적응과 진화에 해당한다.
⑤ 오답 : 적록 색맹인 어머니에게서 적록 색맹인 아들이 태어나는 것은 생식과 유전에 해당한다.

👀**문제풀이TIP |** 주변 환경과 비슷한 외형을 갖고 있는 것은 환경에 대해 적응 및 진화를 한 결과이다.

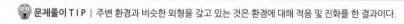

5 생명 현상의 특성

정답 ⑤ 정답률 97% 2022년 4월 학평 1번 문제편 6p

다음은 어떤 문어에 대한 설명이다.

문어는 자리돔이 서식하는 곳에서 6개의
다리를 땅속에 숨기고 2개의 다리로
자리돔의 포식자인 줄무늬 바다뱀을 흉내
낸다. ㉠ 문어의 이러한 특성은 자리돔으로부터 자신을
보호하기에 적합하다. ➡ 적응과 진화

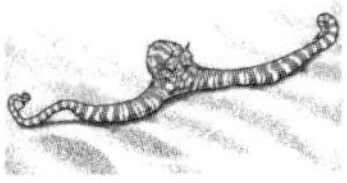

㉠에 나타난 생물의 특성과 가장 관련이 깊은 것은?

① 짚신벌레는 분열법으로 번식한다. ➡ 생식과 유전
② 개구리알은 올챙이를 거쳐 개구리가 된다. ➡ 발생과 생장
③ 식물은 빛에너지를 이용하여 포도당을 합성한다. ➡ 물질대사
④ 적록 색맹인 어머니로부터 적록 색맹인 아들이 태어난다. ➡ 생식과 유전
✓⑤ 핀치는 서식 환경에 따라 서로 다른 모양의 부리를 갖게 되었다. ➡ 적응과 진화

|자|료|해|설|
문어가 자리돔으로부터 자신을 보호하기 위해 바다뱀을
흉내 내는 것은 생명 현상의 특성 중 적응과 진화에
해당한다.

|선|택|지|풀|이|
① 오답 : 짚신벌레가 분열법으로 번식하는 것은 생식과
유전이다.
② 오답 : 개구리알이 올챙이를 거쳐 개구리가 되는 과정은
발생과 생장이다.
③ 오답 : 식물이 빛에너지를 이용해 포도당을 합성하는
과정은 물질대사에 포함된다.
④ 오답 : 적록 색맹인 어머니가 아들에게 적록 색맹을
물려주는 것은 생식과 유전에 해당한다.
⑤ 정답 : 핀치가 서식 환경에 따라 서로 다른 모양의
부리를 갖는 것은 적응과 진화의 결과이다.

😀 **출제분석** | 생명 현상의 특성에 대한 문제는 대부분 예시와 함께 출제되며 기출된 예시가 다시 제시되는 경향이 있으므로 다양한 예시를 숙지하고 있도록 한다.

6 생명 현상의 특성

정답 ① 정답률 93% 2020년 10월 학평 1번 문제편 6p

다음은 항생제 내성 세균에 대한 자료이다.

➡ 적응과 진화

㉠항생제 과다 사용으로 항생제 내성 세균의 비율이 증가하고
있다. 항생제 내성 세균은 항생제 작용 부위가 변형되거나
㉡항생제를 분해하는 단백질을 합성하기 때문에 항생제에 죽지
않는다. ➡ 물질대사(동화 작용)

㉠과 ㉡에 나타난 생물의 특성으로 가장 적절한 것은?

	㉠	㉡
✓①	적응과 진화	물질대사
②	적응과 진화	항상성
③	물질대사	생식과 유전
④	물질대사	항상성
⑤	항상성	물질대사

|자|료|해|설|
항생제 과다 사용으로 항생제 내성 세균의 비율이 증가하는
㉠은 적응과 진화에 해당한다. 항생제를 분해하는
단백질을 합성하는 것은 동화 작용에 해당하므로 ㉡은
물질대사이다.

|선|택|지|풀|이|
① 정답 : ㉠은 적응과 진화이고, ㉡은 물질대사이다.

😀 **출제분석** | 항생제 내성 세균과 관련된 생명 현상의 특성을 묻는 난도 '하'의 문항이다. 제시된 자료에서 각 부분에 대한 생물의 특성만 찾으면 되는 문항이라 정답률이 매우 높다.

다음은 소가 갖는 생물의 특성에 대한 자료이다.

> 소와 세균의 상호 작용 →
>
> 물질대사 →
>
> 소는 식물의 섬유소를 직접 분해할 수 없지만 소화 기관에 섬유소를 분해하는 세균이 있어 세균의 대사산물을 에너지원으로 이용한다. ㉠ 세균에 의한 섬유소 분해 과정은 소의 되새김질에 의해 촉진된다. 되새김질은 삼킨 음식물을 위에서 입으로 토해내 씹고 삼키는 것을 반복하는 것으로, ㉡ 소는 되새김질에 적합한 구조의 소화 기관을 갖는다.
>
> 적응과 진화 →

이 자료에 대한 설명으로 옳은 것만을 <보기>에서 있는 대로 고른 것은?

> **보기**
> ㄱ. ㉠에 효소가 이용된다.
> ㄴ. ㉡은 적응과 진화의 예에 해당한다.
> ㄷ. 소는 세균과의 상호 작용을 통해 이익을 얻는다.

① ㄱ   ② ㄷ   ③ ㄱ, ㄴ   ④ ㄴ, ㄷ   ✓⑤ ㄱ, ㄴ, ㄷ

|자|료|해|설|
소의 섬유소 분해 과정을 통해 생물의 특성을 나타낸 자료이다. 소의 소화 기관에 있는 세균이 섬유소를 분해하는 과정(㉠)은 물질대사에 해당하고, 소가 되새김질에 적합한 구조와 소화 기관을 갖는 것(㉡)은 적응과 진화에 해당한다.

|보|기|풀|이|
㉠ 정답 : 세균이 섬유소를 분해하는 과정(㉠)은 물질대사이므로 효소가 이용된다.
㉡ 정답 : 소는 오랜 시간 적응과 진화의 과정을 통해 되새김질에 적합한 구조와 소화 기관을 갖게 된 것이므로 ㉡은 적응과 진화의 예에 해당한다.
㉢ 정답 : 소는 세균을 이용하여 섬유소를 분해해 에너지원을 얻으므로 세균과의 상호 작용을 통해 이익을 얻는다고 할 수 있다.

😮 **문제풀이 TIP** | 물질대사는 생물체 내에서 일어나는 모든 화학 반응을 뜻하며, 효소가 관여한다.

다음은 누에나방에 대한 자료이다.

> (가) 누에나방은 알, 애벌레, 번데기 시기를 거쳐 성충이 된다. → 발생과 생장
> (나) 누에나방의 ㉠ 애벌레는 뽕나무 잎을 먹고 생명 활동에 필요한 에너지를 얻는다. → 물질대사
> (다) 인간은 누에나방의 애벌레가 만든 고치에서 실을 얻어 의복의 재료로 사용한다.

이에 대한 설명으로 옳은 것만을 <보기>에서 있는 대로 고른 것은?

> **보기**
> ㄱ. (가)는 생물의 특성 중 발생과 생장의 예에 해당한다.
> ㄴ. ㉠은 세포로 되어 있다.
> ㄷ. (다)는 생물 자원을 활용한 예이다.

① ㄱ   ② ㄴ   ③ ㄱ, ㄷ   ④ ㄴ, ㄷ   ✓⑤ ㄱ, ㄴ, ㄷ

|자|료|해|설|
(가)에서 누에나방이 알, 애벌레, 번데기 시기를 거쳐 성충이 되는 것은 세포 분열을 통해 세포 수가 증가하고, 세포의 구조와 기능이 다양해지면서 하나의 성체가 되는 과정이므로 발생과 생장에 해당한다.
(나)에서 누에나방의 애벌레가 뽕나무 잎을 먹고 생명 활동에 필요한 에너지를 얻는 것은 영양분의 소화와 세포 호흡 등을 포함하는 과정이므로 물질대사에 해당한다.
(다)와 같이 인간은 다양한 생물 자원을 일상 생활 등에 활용한다.

|보|기|풀|이|
㉠ 정답 : 누에나방이 알에서 성충이 되는 과정인 (가)는 발생과 생장의 예에 해당한다.
㉡ 정답 : 애벌레(㉠)를 비롯한 모든 생물체는 세포로 되어 있다.
㉢ 정답 : 누에나방의 애벌레가 만든 고치에서 실을 얻어 의복의 재료로 사용하는 것은 인간이 생물 자원을 활용한 예이다.

😊 **출제분석** | 생명 현상의 특성에 대한 기본 개념을 예시를 통해 묻는 문제로, 난도는 하이다. 같은 형식의 문항이 많이 출제되었으므로 빠른 시간 안에 풀어야 하며 틀려서는 안되는 문제이다. 1번으로 꾸준히 등장하는 문제로, 각 예시가 그림 자료로 제시되기도 한다.

다음은 마라톤 대회에 참가 중인 사람에 대한 설명이다.

포도당 ⟶ 물, 이산화탄소 : 이화작용
(고분자) ATP(E 방출) (저분자)

달리기를 할 때 근육 세포는 반복적인 근육 운동에 필요한
ATP를 얻기 위해 ⊙ 포도당을 세포 호흡에 이용한다. 하지만
달리기를 하는 중에도 ⓛ 혈당량은 정상 범위 내에서 유지된다.

⟶ 혈당량 일정하게 유지(인슐린, 글루카곤)

⊙과 ⓛ에 나타난 생명 현상의 특성으로 가장 적절한 것은?

　　　　⊙　　　　　ⓛ
① 발생과 생장　　　물질대사
✓② 물질대사　　　　항상성
③ 물질대사　　　　생식과 유전
④ 적응과 진화　　　항상성
⑤ 적응과 진화　　　물질대사

|자|료|해|설|

⊙의 세포 호흡은 포도당(고분자)을 물과 이산화탄소
(저분자)로 분해하여 ATP(에너지)를 방출하는
이화작용으로 물질대사의 예시이다. ⓛ은 인슐린(혈당량
낮춤), 글루카곤(혈당량 높임) 등의 작용으로 체내의
혈당량을 일정하게 유지하는 항상성의 예시이다.

|선|택|지|풀|이|

② 정답 : ⊙은 물질대사이고, ⓛ은 항상성이다.

🙂 **문제풀이 T I P** | 제시된 설명이 어떠한 생명현상의 특성인지 파악하는 문항이다. 기출문제를 기본으로 각 생명 현상의 특성에 해당하는 예시들을 학습해놓자.

😊 **출제분석** | 이번 문항은 생명 현상의 특성을 묻는 난도 하의 문제이다. 예시에 직접적으로 생명 현상의 특성이 나타나 있어 문제의 난도가 낮아졌다. 모의고사에서 자주 출제되는
문항이지만 쉬운 난도로 최근 3년간 수능에는 출제되지 않았다.

그림은 서식 환경에 따른 두 토끼의 생김새를 나타낸 것이다.

큰 귀와 작은 몸집
⇓
부피당 체표면적↑
⇓
열 방출↑
⇓
고온의 서식지에 적응

짧은 귀와 큰 몸집
⇓
부피당 체표면적↓
⇓
열 방출↓
⇓
저온의 서식지에 적응

사막 지역　　　　　북극 지역

이 자료에 나타난 생명 현상의 특성과 가장 관련이 깊은 것은?

① 효모는 출아법으로 번식한다. → 생식과 유전
② 미모사의 잎을 건드리면 잎이 접힌다. → 자극에 대한 반응
③ 장구벌레는 번데기 시기를 거쳐 모기가 된다. → 발생과 생장
④ 지렁이에게 빛을 비추면 어두운 곳으로 이동한다. → 자극에 대한 반응
✓⑤ 선인장은 잎이 가시로 변해 건조한 환경에 살기에 적합하다. → 적응과 진화

|자|료|해|설|

사막 지역에 서식하는 토끼가 귀가 크고 몸집이 작은 것은
더운 곳에 살기 때문에 몸의 부피당 체표면적을 늘려 열 방
출을 증가시키기 위한 것이고, 반면 북극 지역에 서식하
는 토끼가 귀가 작고 몸집이 큰 것은 추운 곳에 살기 때문
에 몸의 부피당 체표면적이 작게 만들어 열 방출을 줄이
기 위한 것이다. 이는 생명 현상의 특성 중 적응과 진화에
해당한다.

|선|택|지|풀|이|

① 오답 : 효모가 출아법으로 번식하는 것은 생명 현상의
특성 중 생식과 유전에 해당한다.
② 오답 : 미모사의 잎을 건드리면 잎이 접히는 것은 자극
에 대한 반응에 해당한다.
③ 오답 : 장구벌레가 번데기 시기를 거쳐 모기가 되는 것
은 발생과 생장에 해당한다.
④ 오답 : 지렁이에게 빛을 비추면 어두운 곳으로 이동하는
것은 자극에 대한 반응에 해당한다.
⑤ 정답 : 선인장의 잎이 건조한 환경에서 증산작용을 줄
이기 위해 잎이 가시로 변한 것은 적응과 진화에 해당한다.

🙂 **문제풀이 T I P** | 서로 다른 생물 형태를 예시로 제시하고 이에 관련된 생명 현상의 특성을 물어보는 문제들은 대부분 적응과 진화에 관련된 문제에 해당한다는 것을 상기하면서 문제
에 접근하면 쉽게 해결할 수 있을 것이다. 적응과 진화는 '환경에 잘 적응하였는가?', '환경을 잘 이용하는 구조인가?' 를 생각하면 더욱 확실히 알 수 있다.

😊 **출제분석** | 생물에 대한 자료를 그림이나 글로 제시하고 이와 관련 있는 생명 현상의 특성에 대한 또 다른 예시를 보기로 제시하는 유형 역시 자주 기출되는 유형의 문제이다. 생명
현상의 특성에 대한 문제들이 대부분 난도가 낮기 때문에 직접적인 자료 제시보다 이런 간접적인 자료를 제시하여 물어봄으로써 난도를 높이려 하고 있다.

다음은 가랑잎벌레에 대한 자료이다.

→ 적응과 진화

□ ㉠ 몸의 형태가 주변의 잎과 비슷하여 포식자의 눈에 잘 띄지 않는 가랑잎벌레는 참나무나 산딸기 등의 잎을 먹어 ㉡ 생명 활동에 필요한 에너지를 얻는다.

물질대사 →

㉠과 ㉡에 나타난 생물의 특성으로 가장 적절한 것은?

	㉠	㉡
①	적응과 진화	발생과 생장
✔②	적응과 진화	물질대사
③	물질대사	적응과 진화
④	항상성	적응과 진화
⑤	항상성	물질대사

|자|료|해|설|

생명 현상의 특성에는 세포로 구성, 물질대사, 자극에 대한 반응과 항상성 유지, 발생과 생장, 생식과 유전, 적응과 진화가 있다. 가랑잎벌레가 주변 환경에 적응하여 포식자로부터 생존하는 ㉠은 '적응과 진화'에 해당하며, 생명 활동에 필요한 에너지를 얻는 과정은 물질의 분해와 합성을 통해 일어나므로 ㉡은 '물질대사'에 해당한다.

|선|택|지|풀|이|

②정답 : ㉠은 적응과 진화이고, ㉡은 물질대사이다.

😲 문제풀이 T I P | 주변 환경과 비슷한 외형을 갖고 있는 것은 환경에 대해 적응 및 진화한 결과이다.

다음은 어떤 산에 서식하는 도마뱀 A에 대한 자료이다.

A는 고도가 낮은 지역에서는 주로 음지에서, 높은 지역에서는 주로 양지에서 관찰된다.
㉠ 두 지역의 기온 차이는 약 4℃이지만, 두 지역에 서식하는 A의 체온 차이는 약 1℃이다. → 항상성 유지

㉠과 가장 관련이 깊은 생물의 특성은?

① 발생   ② 생식   ③ 생장   ④ 유전   ✔⑤ 항상성

|자|료|해|설|

생물이 외부 기온 변화에 대하여 체온을 일정하게 유지하려는 것은 생명 현상의 특성 중 항상성 유지에 해당한다.

|선|택|지|풀|이|

⑤정답 : 두 지역의 기온 차이에 비해 도마뱀 A의 체온 차이가 적은 것은 항상성 유지에 해당한다.

13 생명 현상의 특성

정답 ⑤ 정답률 93% 2021학년도 6월 모평 1번 문제편 8p

표는 생물의 특성의 예를 나타낸 것이다. (가)와 (나)는 물질대사, 발생과 생장을 순서 없이 나타낸 것이다.

생물의 특성	예
발생과 생장 (가)	개구리 알은 올챙이를 거쳐 개구리가 된다.
물질대사 (나)	ⓐ식물은 빛에너지를 이용하여 포도당을 합성한다. → 광합성
적응과 진화	㉠

이에 대한 설명으로 옳은 것만을 <보기>에서 있는 대로 고른 것은?

보기
ㄱ. (가)는 발생과 생장이다.
ㄴ. ⓐ에서 효소가 이용된다. (광합성)
ㄷ. '가랑잎벌레의 몸의 형태가 주변의 잎과 비슷하여 포식자의 눈에 띄지 않는다.'는 ㉠에 해당한다. (적응과 진화의 예)

① ㄱ ② ㄷ ③ ㄱ, ㄴ ④ ㄴ, ㄷ ⑤ ㄱ, ㄴ, ㄷ

| 자 | 료 | 해 | 설 |
(가)는 발생과 생장이고, ⓐ는 광합성이므로 (나)는 물질대사이다.

| 보 | 기 | 풀 | 이 |
ㄱ. 정답 : 개구리 알이 올챙이를 거쳐 개구리가 되는 것은 발생과 생장의 예에 해당한다.
ㄴ. 정답 : 광합성(ⓐ)은 물질대사 중 동화 작용에 해당하며, 물질대사에서는 효소가 이용된다.
ㄷ. 정답 : 가랑잎벌레의 몸의 형태가 주변의 잎과 비슷하여 포식자의 눈에 띄지 않는 것은 적응과 진화의 예(㉠)에 해당한다.

문제풀이 TIP | 물질대사는 생물체 내에서 일어나는 모든 화학 반응이며, 효소가 관여한다.

14 생명 현상의 특성

정답 ③ 정답률 92% 2021년 7월 학평 1번 문제편 8p

표는 강아지와 강아지 로봇의 특징을 나타낸 것이다.

구분	특징
강아지 (생물)	○㉠ 낯선 사람이 다가오는 것을 보면 짖는다. ○사료를 소화·흡수하여 생활에 필요한 에너지를 얻는다.
강아지 로봇 (비생물)	○금속과 플라스틱으로 구성된다. ○건전지에 저장된 에너지를 통해 움직인다.

이에 대한 설명으로 옳은 것만을 <보기>에서 있는 대로 고른 것은?

보기
ㄱ. 강아지는 세포로 되어 있다.
ㄴ. 강아지 로봇은 물질대사를 통해 에너지를 얻는다. (→ 강아지)
ㄷ. ㉠과 가장 관련이 깊은 생물의 특성은 자극에 대한 반응이다.

① ㄱ ② ㄴ ③ ㄱ, ㄷ ④ ㄴ, ㄷ ⑤ ㄱ, ㄴ, ㄷ

| 자 | 료 | 해 | 설 |
강아지는 세포로 구성되어 있고, 물질대사를 통해 생활에 필요한 에너지를 얻는 등 생물의 특성을 모두 나타내는 생물이다. 반면 강아지 로봇은 세포로 구성되어 있지 않고, 물질대사가 아닌 건전지에 저장된 에너지로 움직이는 비생물이다. 강아지와 강아지 로봇의 공통점으로는 전체적인 모습이 비슷하다는 것, 자극에 대해 적절하게 반응하며 소리를 낸다는 것, 활동을 하기 위해서는 에너지가 필요하며 이러한 에너지는 화학 반응을 통해 얻는다는 것 등이 있다.

| 보 | 기 | 풀 | 이 |
ㄱ. 정답 : 강아지는 생물이므로 세포로 구성되어 있다.
ㄴ. 오답 : 생물이 아닌 강아지 로봇은 건전지에 저장된 에너지를 통해 움직이고, 생물인 강아지는 물질대사를 통해 에너지를 얻는다.
ㄷ. 정답 : 낯선 사람이 다가오는 것을 보면 짖는 것(㉠)은 자극에 대한 반응에 해당한다.

문제풀이 TIP | 생물의 특성(세포로 구성, 물질대사, 자극에 대한 반응과 항상성 유지, 발생과 생장, 생식과 유전, 적응과 진화)을 모두 나타내야 생물이라고 할 수 있다.

표는 생물의 특성 (가)와 (나)의 예를, 그림은 애벌레가 번데기를 거쳐 나비가 되는 과정을 나타낸 것이다. (가)와 (나)는 항상성, 발생과 생장을 순서 없이 나타낸 것이다.

구분	예
발생과 생장 ← (가)	㉠
항상성 ← (나)	더운 날씨에 체온 유지를 위해 땀을 흘린다.

애벌레 → 번데기 → 나비

이에 대한 설명으로 옳은 것만을 〈보기〉에서 있는 대로 고른 것은?

보기

㉠ (가)는 발생과 생장이다. → 발생과 생장

ㄴ. 그림에 나타난 생물의 특성은 (가)보다 (나)와 관련이 깊다.

ㄷ. '북극토끼는 겨울이 되면 털 색깔이 흰색으로 변하여 천적의 눈에 띄지 않는다.'는 ㉠에 해당한다. → 적응과 진화

① ㄱ   ② ㄴ   ③ ㄷ   ④ ㄱ, ㄴ   ⑤ ㄱ, ㄷ

|자|료|해|설|
더운 날씨에 체온 유지를 위해 땀을 흘리는 것은 체온 조절을 위한 생물의 특성으로 항상성에 해당한다. 따라서 (가)는 발생과 생장, (나)는 항상성이고, 그림의 애벌레가 번데기를 거쳐 나비가 되는 과정은 발생과 생장의 예시이다.

|보|기|풀|이|
㉠ 정답 : (가)는 발생과 생장, (나)는 항상성이다.

ㄴ. 오답 : 그림의 애벌레가 나비가 되는 과정은 수정란이 완전한 개체가 되는 과정인 발생과 생장에 해당하므로 (가)와 관련이 깊다.

ㄷ. 오답 : 북극토끼의 털 색깔이 흰색으로 변해 천적의 눈에 띄지 않는 것은 적응과 진화의 예이다.

😮 문제풀이 TIP | 각 생명 현상의 특성에 해당하는 다양한 예시를 기출되었던 문제들을 바탕으로 파악해 두는 것이 좋으며, 난도가 낮은 문항이므로 놓치지 않도록 한다.

표는 생물의 특성 (가)와 (나)의 예를 나타낸 것이다. (가)와 (나)는 적응과 물질대사를 순서 없이 나타낸 것이다.

특성	예
물질대사 ← (가)	ⓐ강낭콩이 발아할 때 영양소가 분해되면서 열이 발생한다. 이화 작용(고분자 물질을 저분자 물질로 분해)
적응 ← (나)	ⓑ하마는 콧구멍이 코 윗부분에 있어 몸이 물에 잠긴 상태에서도 숨을 쉴 수 있다.

이에 대한 옳은 설명만을 〈보기〉에서 있는 대로 고른 것은?

보기

ㄱ. (가)는 물질대사이다.   강낭콩 →   → 하마

ㄴ. ⓐ와 ⓑ는 모두 세포로 구성된다.

ㄷ. 사막에 서식하는 선인장이 가시 형태의 잎을 갖는 것은 (나)의 예에 해당한다. → 적응

① ㄱ   ② ㄷ   ③ ㄱ, ㄴ   ④ ㄴ, ㄷ   ⑤ ㄱ, ㄴ, ㄷ

|자|료|해|설|
(가)에서 강낭콩이 발아할 때 영양소가 분해되면서 열이 발생하는 것은 이화 작용에 해당하므로 (가)는 물질대사이다. (나)에서 하마의 콧구멍이 코 윗부분에 있는 것은 물이라는 서식 환경에 알맞게 몸의 구조가 변화된 것이므로 (나)는 적응이다.

|보|기|풀|이|
㉠ 정답 : (가)의 예는 이화 작용에 해당하므로 (가)는 물질대사이다.

㉡ 정답 : 강낭콩(ⓐ)과 하마(ⓑ)는 모두 생물이므로 세포로 구성된다.

㉢ 정답 : 건조한 사막에 서식하는 선인장은 수분 증발을 최소화하기 위해 가시 형태의 잎을 갖는다. 이는 서식 환경에 알맞게 적응한 결과이므로 (나)의 예에 해당한다.

😮 문제풀이 TIP | 고분자 물질이 저분자 물질로 분해되는 과정은 이화 작용이며, 이는 물질대사에 해당한다.

표는 생물의 특성의 예를 나타낸 것이다. (가)와 (나)는 생식과 유전, 항상성을 순서 없이 나타낸 것이다.

생물의 특성	예
항상성 (가)	혈중 포도당 농도가 증가하면 ⓐ인슐린의 분비가 촉진된다.
생식과 유전 (나)	짚신벌레는 분열법으로 번식한다.
적응과 진화	고산 지대에 사는 사람은 낮은 지대에 사는 사람보다 적혈구 수가 많다.

이에 대한 설명으로 옳은 것만을 〈보기〉에서 있는 대로 고른 것은?

보기 → 인슐린
ㄱ. ⓐ는 이자의 β세포에서 분비된다.
ㄴ. (나)는 생식과 유전이다.
ㄷ. '더운 지역에 사는 사막여우는 열 방출에 효과적인 큰 귀를 갖는다.'는 적응과 진화의 예에 해당한다.

① ㄱ   ② ㄴ   ③ ㄱ, ㄷ   ④ ㄴ, ㄷ   ⑤ ㄱ, ㄴ, ㄷ

|자|료|해|설|
혈중 포도당 농도가 증가하면 혈당량을 감소시키는 인슐린의 분비가 촉진되며, 이는 생명 현상의 특성 중 항상성에 해당한다. 짚신벌레가 분열법으로 번식하는 것은 생식과 유전의 예에 해당한다. 따라서 (가)는 항상성이고, (나)는 생식과 유전이다.

|보|기|풀|이|
ㄱ. 정답 : 인슐린(ⓐ)은 이자의 β세포에서 분비된다.
ㄴ. 정답 : 짚신벌레가 분열법으로 번식하는 것은 생식과 유전의 예에 해당한다.
ㄷ. 정답 : 더운 지역에 사는 사막여우가 환경에 적응하여 열 방출에 효과적인 큰 귀를 갖게 된 것은 적응과 진화의 예에 해당한다.

다음은 습지에 서식하는 식물 A에 대한 자료이다.

(가) A는 물 밖으로 나와 있는 뿌리를 통해 산소를 흡수할 수 있어 산소가 부족한 습지에서 살기에 적합하다. → 적응과 진화
(나) A의 씨앗이 물이나 진흙에 떨어져 어린 개체가 된다. → 발생과 생장

이에 대한 설명으로 옳은 것만을 〈보기〉에서 있는 대로 고른 것은?

보기
ㄱ. A에서 물질대사가 일어난다.
ㄴ. (가)는 적응과 진화의 예에 해당한다.
ㄷ. (나)에서 세포 분열이 일어난다.

① ㄱ   ② ㄷ   ③ ㄱ, ㄴ   ④ ㄴ, ㄷ   ⑤ ㄱ, ㄴ, ㄷ

|자|료|해|설|
(가)와 같이 식물 A가 산소가 부족한 습지에서 살기에 적합한 특징을 가지고 있는 것은 생명 현상의 특성 중 적응과 진화에 해당하고, (나)에서 A의 씨앗이 어린 개체가 되는 과정은 생명 현상의 특성 중 발생과 생장에 해당한다.

|보|기|풀|이|
ㄱ. 정답 : 생물체 내에서 일어나는 모든 화학 반응을 물질대사라 하므로 식물인 A에서도 물질대사가 일어난다.
ㄴ. 정답 : (가)는 적응과 진화의 예에 해당한다.
ㄷ. 정답 : (나)의 발생과 생장 과정에서 세포 분열이 일어나 세포 수가 늘어난다.

다음은 벌새가 갖는 생물의 특성에 대한 자료이다.

(가) 벌새의 날개 구조는 공중에서 정지한
　　상태로 꿀을 빨아먹기에 적합하다. → 적응과 진화

(나) 벌새는 자신의 체중보다 많은 양의 꿀을
　　섭취하여 ㉠ 활동에 필요한 에너지를 얻는다. → 물질대사

(다) 짝짓기 후 암컷이 낳은 알은 ㉡ 발생과 생장 과정을 거쳐
　　성체가 된다.

이에 대한 설명으로 옳은 것만을 〈보기〉에서 있는 대로 고른 것은?

보기

ㄱ. (가)는 적응과 진화의 예에 해당한다.

ㄴ. ㉠ 과정에서 물질대사가 일어난다.

ㄷ. '개구리알은 올챙이를 거쳐 개구리가 된다.'는 ㉡의 예에
　 해당한다. ↱ 발생과 생장

① ㄱ　　② ㄷ　　③ ㄱ, ㄴ　　④ ㄴ, ㄷ　　⑤ ㄱ, ㄴ, ㄷ

|자|료|해|설|

벌새가 공중에서 정지한 상태로 꿀을 빨아먹기에 적합한 날개 구조를 갖는 (가)는 생명 현상의 특성 중 적응과 진화에 해당한다. (나)에서 벌새는 물질대사를 통해 활동에 필요한 에너지를 얻는다. 발생은 다세포 생물에서 생식 세포의 수정으로 생성된 수정란이 완전한 개체가 되는 과정이고, 생장은 발생한 개체가 세포 분열을 통해 세포 수를 계속 늘려감으로써 자라나는 과정이다.

|보|기|풀|이|

ㄱ. 정답 : 벌새가 공중에서 정지한 상태로 꿀을 빨아먹기에 적합한 날개 구조를 갖는 것은 적응과 진화에 해당한다.

ㄴ. 정답 : 살아있는 생물은 물질대사를 통해 활동에 필요한 에너지를 얻는다. 따라서 ㉠ 과정에서 물질대사가 일어난다.

ㄷ. 정답 : '개구리알은 올챙이를 거쳐 개구리가 된다.'는 수정란이 완전한 개체가 되는 발생이므로 이는 발생과 생장(㉡)의 예에 해당한다.

다음은 곤충 X에 대한 자료이다.

생식과 유전 ← (가) 암컷 X는 짝짓기 후 알을 낳는다.

(나) 알에서 깨어난 애벌레는 동굴
　　천장에 둥지를 짓고 끈적끈적한
　　실을 늘어뜨려 덫을 만든다.

물질대사 ← (다) 애벌레는 ATP를 분해하여 얻은
　　에너지로 청록색 빛을 낸다.

자극에
대한 반응 ← (라) 빛에 유인된 먹이가 덫에 걸리면 애벌레는 움직임을
　　감지하여 실을 끌어 올린다.

이에 대한 설명으로 옳은 것만을 〈보기〉에서 있는 대로 고른 것은?

보기

ㄱ. (가)에서 유전 물질이 자손에게 전달된다.

ㄴ. (다)에서 물질대사가 일어난다.

ㄷ. (라)는 자극에 대한 반응의 예에 해당한다.

① ㄱ　　② ㄴ　　③ ㄱ, ㄷ　　④ ㄴ, ㄷ　　⑤ ㄱ, ㄴ, ㄷ

|자|료|해|설|

암컷이 짝짓기 후 알을 낳는 (가)는 생식과 유전에 해당한다. 애벌레가 ATP를 분해해 얻은 에너지로 빛을 내는 (다)는 물질대사에 해당하며, 애벌레가 먹이의 움직임을 감지해 실을 끌어 올리는 (라)는 자극에 대한 반응이다.

|보|기|풀|이|

ㄱ. 정답 : (가)의 생식과 유전의 과정에서 유전 물질에 해당하는 DNA가 자손에게 전달된다.

ㄴ. 정답 : (다)에서 ATP가 분해되어 에너지를 얻는 과정은 물질대사에 해당한다.

ㄷ. 정답 : (라)에서 먹이의 움직임은 애벌레에게 자극이 되며 이에 대해 애벌레는 실을 끌어 올리는 반응을 보이므로 자극에 대한 반응의 예에 해당한다.

😮 **문제풀이 TIP** | 제시된 내용이 생명 현상의 특성 중 어느 것에 해당되는지 알면 쉽게 해결할 수 있는 문항이다.

다음은 어떤 기러기에 대한 자료이다.

○ 화산섬에 서식하는 이 기러기는 풀과
열매를 섭취하여 ㉠ 활동에 필요한
에너지를 얻는다. → 물질대사

○ 이 기러기는 ㉡ 발생과 생장 과정에서
물갈퀴가 완전하게 발달하지는 않지만,
적응과 진화 → ㉢ 길고 강한 발톱과 두꺼운 발바닥을 가져 화산섬에
서식하기에 적합하다.

이 자료에 대한 설명으로 옳은 것만을 <보기>에서 있는 대로 고른 것은?

보기
ㄱ. ㉠ 과정에서 물질대사가 일어난다. ← 발생과 생장
ㄴ. ㉡ 과정에서 세포 분열이 일어난다.
ㄷ. ㉢은 적응과 진화의 예에 해당한다.

① ㄱ   ② ㄷ   ③ ㄱ, ㄴ   ④ ㄴ, ㄷ   ✓⑤ ㄱ, ㄴ, ㄷ

|자|료|해|설|
화산섬에 서식하는 기러기가 풀과 열매를 섭취하여 활동에
필요한 에너지를 얻는 것(㉠)은 물질대사에 해당한다. 이
기러기가 길고 강한 발톱과 두꺼운 발바닥을 가져 화산섬에
서식하기에 적합한 것(㉢)은 적응과 진화의 예이다.

|보|기|풀|이|
㉠ 정답 : 물질대사를 통해 활동에 필요한 에너지를
얻는다.
㉡ 정답 : 발생과 생장(㉡) 과정은 세포 분열을 통해
일어난다.
㉢ 정답 : 화산섬에 서식하기에 적합한 발톱과 발바닥을
갖는 것(㉢)은 적응과 진화의 예에 해당한다.

아메바와 박테리오파지에 대한 설명으로 옳은 것만을 <보기>에서 있는 대로 고른 것은?

보기 → 단세포 생물
ㄱ. 아메바는 물질대사를 한다. → 바이러스(핵산과 단백질로 구성)
ㄴ. 박테리오파지는 핵산을 가진다.
ㄷ. 아메바와 박테리오파지는 모두 세포 분열로 증식한다.
                중 아메바만
세포 분열로 증식 → 세포 구조 아님(숙주 세포 내에서 증식)
① ㄱ   ② ㄷ   ✓③ ㄱ, ㄴ   ④ ㄴ, ㄷ   ⑤ ㄱ, ㄴ, ㄷ

🦉 **문제풀이 TIP |** 아메바는 단세포 생물이고, 박테리오파지는 바이러스이다.

|자|료|해|설|
아메바는 단세포 생물이므로 생물의 특성을 나타낸다.
박테리오파지는 바이러스이므로 생물적 특성과 무생물적
특성을 모두 가지고 있다.

|보|기|풀|이|
㉠ 정답 : 아메바는 단세포 생물이므로 스스로 물질대사를
한다.
㉡ 정답 : 박테리오파지는 바이러스이므로 핵산을 가진다.
바이러스는 핵산과 단백질 껍질로 구성된다.
ㄷ. 오답 : 아메바는 세포 분열로 증식하지만
박테리오파지는 세포 구조가 아니며, 숙주 세포 내에서
숙주의 효소를 이용하여 증식한다.

그림은 대장균(A)과 박테리오파지(B)의 공통점과 차이점을 나타낸 것이다. 이에 대한 옳은 설명만을 〈보기〉에서 있는 대로 고른 것은?

세균 → A
바이러스=핵산+단백질 → B
공통점
차이점

보기

세포로 구성, 세포 분열(○)

ㄱ. '세포 분열을 한다.'는 ㉠에 해당한다.

ㄴ. '핵산을 가진다.'는 ㉡에 해당한다. → 세균, 바이러스 모두 핵산(○) → 유전 물질

ㄷ. '효소를 가진다.'는 ㉢에 해당한다.
㉠ → 바이러스는 숙주의 효소를 이용

① ㄱ   ② ㄷ   ✓③ ㄱ, ㄴ   ④ ㄱ, ㄷ   ⑤ ㄴ, ㄷ

😮 **문제풀이 TIP** | 생명 현상의 특성에 대한 기본적인 지식을 바탕으로 세균과 바이러스의 특징을 비교하는 문항이다. 생물적 특징을 가지고 있는 세균과 생물적 특징과 무생물적 특징을 모두 가지고 있는 바이러스의 차이점과 공통점을 이해하는 것이 이 문제풀이의 주요한 과제이다. 가장 기본적인 생명과학의 첫 번째 부분이므로 반드시 차이점과 공통점을 정확하게 정리해두어야 할 것이다. 더 나아가, 바이러스와 세균만이 아니라 진핵생물까지 총 세 종류를 비교하기도 하므로 진핵생물과 원핵생물의 공통점과 차이점도 함께 학습해 두도록 하자.

|자|료|해|설|

제시된 그림은 두 개체의 공통점과 차이점을 구분하기 위한 다이어그램으로 A는 세균인 대장균(생물), B는 바이러스인 박테리오파지이다. 따라서 ㉠은 세균이 가지는 고유한 특징이며, ㉢은 바이러스가 가지는 고유한 특징이고, ㉡은 세균과 바이러스가 공통적으로 가지고 있는 특징을 가리킨다.

|보|기|풀|이|

㉠. 정답 : 세균은 세포 분열을 통해 증식하며, 바이러스는 세포 구조가 아니므로 '세포 분열을 한다.'는 ㉠에 해당한다.

㉡. 정답 : 세균은 유전 물질로 핵산을 가지며, 바이러스 역시 단백질 껍질 안에 유전 물질인 핵산을 가지고 있다. 따라서 '핵산을 가진다.'는 공통점인 ㉡이다.

ㄷ. 오답 : 세균은 효소를 가지고 있어 스스로 물질대사가 가능하지만, 바이러스는 효소가 없어 스스로 물질대사를 하지 못하고 숙주 세포에서 숙주의 효소를 이용하여 물질대사를 한다. 따라서 '효소를 가진다.'는 ㉠에 해당한다.

그림은 A가 B에서 증식하는 과정을 나타낸 것이다. A와 B는 각각 대장균과 박테리오파지 중 하나이다.

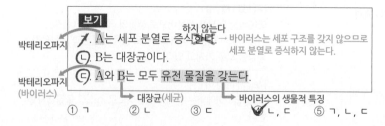

박테리오파지(바이러스) A   B
대장균(세균)
박테리오파지의 유전 물질
대장균의 유전 물질

이에 대한 설명으로 옳은 것만을 〈보기〉에서 있는 대로 고른 것은?

보기

하지 않는다

박테리오파지 ㄱ. A는 세포 분열로 증식한다. → 바이러스는 세포 구조를 갖지 않으므로 세포 분열로 증식하지 않는다.

박테리오파지 ㄴ. B는 대장균이다.
(바이러스)

ㄷ. A와 B는 모두 유전 물질을 갖는다.
→ 대장균(세균) → 바이러스의 생물적 특징

① ㄱ   ② ㄴ   ③ ㄷ   ✓④ ㄴ, ㄷ   ⑤ ㄱ, ㄴ, ㄷ

😮 **문제풀이 TIP** | 바이러스의 생물적 특징과 무생물적 특징을 정확히 구분하고 있으면 쉽게 풀 수 있는 문제이다.

|자|료|해|설|

A는 박테리오파지(바이러스), B는 대장균(세균)이다. 박테리오파지가 대장균 속으로 자신의 유전 물질을 주입한 뒤 대장균의 여러 물질을 이용하여 증식하는 과정을 나타낸 그림이다. 바이러스는 살아있는 숙주 세포 내에서 물질대사 및 증식하는 특성을 가지고 있으며, 숙주는 기생당하는 생물을 뜻하는 용어로 여기서 박테리오파지의 숙주는 대장균이다.

|보|기|풀|이|

ㄱ. 오답 : 박테리오파지(A)와 같은 바이러스는 세포로 이루어져 있지 않아 세포 분열로 증식하지 않는다. 문제에 제시된 그림처럼 바이러스는 숙주 세포 내로 자신의 유전 물질을 주입한 뒤 숙주의 물질을 이용해 자신의 유전 물질을 복제하고 단백질 껍질을 만들어 증식한다.

㉡. 정답 : B는 박테리오파지의 숙주인 대장균이다.

㉢. 정답 : 박테리오파지(A)와 대장균(B) 모두 유전 물질로 핵산(DNA 또는 RNA)을 가지고 있으며, 이는 바이러스의 생물적 특징에 해당한다.

그림 (가)와 (나)는 각각 식물 세포와 독감 바이러스를 나타낸 것이다. A는 세포 소기관이다.

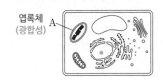

(가) 식물 세포   (나) 바이러스

이에 대한 설명으로 옳은 것만을 <보기>에서 있는 대로 고른 것은?

보기 → 엽록체
ㄱ. A에서 빛에너지가 화학 에너지로 전환된다.
ㄴ. (나)는 독립적으로 물질대사를 <s>한다</s> 하지 못한다. → 바이러스는 효소가 없어서 스스로 물질대사를 하지 못한다.
ㄷ. (가)와 (나)에 모두 단백질이 있다.
→ 식물 세포

① ㄱ   ② ㄴ   ③ ㄱ, ㄴ   ✔ ㄱ, ㄷ   ⑤ ㄴ, ㄷ

|자|료|해|설|
그림 (가)에서 A는 이중막 구조 안에 틸라코이드가 겹겹이 쌓인 그라나 구조가 관찰되는 엽록체이고, 그림 (나)는 핵산과 단백질 껍질로 이루어진 바이러스이다.

|보|기|풀|이|
ㄱ. 정답 : 엽록체(A)는 빛에너지를 흡수하여 광합성을 하며, 이때 빛에너지는 화학 에너지 형태로 전환된다.
ㄴ. 오답 : 바이러스는 효소가 없어서 스스로 물질대사를 하지 못한다.
ㄷ. 정답 : 핵산과 단백질을 가지고 있다는 것은 세포와 바이러스의 공통점이다.

😮 **문제풀이 TIP** | 핵산과 단백질을 가지고 있다는 것은 세포와 바이러스의 공통점이다.

😄 **출제분석** | 세포와 바이러스를 비교하는 난도 '하'의 문항이다. 바이러스의 생물적 특성과 무생물적 특성을 구분하고 세포와 비교할 수 있다면 쉽게 해결할 수 있으며 바이러스와 관련된 문제는 대체적으로 난도가 낮다.

다음은 문어가 갖는 생물의 특성에 대한 자료이다.

(가) 게, 조개 등의 먹이를 섭취하여 생명 활동에 필요한 에너지를 얻는다. ➡ 물질대사
(나) 반응 속도가 빠르고 몸이 유연하여 주변 환경에 따라 피부색과 체형을 바꾸어 천적을 피하는 데 유리하다. ➡ 적응과 진화

(가)와 (나)에 나타난 생물의 특성으로 가장 적절한 것은?

	(가)	(나)
①	물질대사	생식과 유전
✔	물질대사	적응과 진화
③	물질대사	항상성
④	항상성	생식과 유전
⑤	항상성	적응과 진화

|자|료|해|설|
(가)에서 문어가 먹이를 섭취해 생명 활동에 필요한 에너지를 얻는 과정은 생명 현상의 특성 중 물질대사에 해당하며, (나)에서 문어가 천적을 피하는 데 유리한 특성을 가지는 것은 적응과 진화에 해당한다.

|선|택|지|풀|이|
② 정답 : (가)에서 먹이를 섭취해 에너지를 얻는 것은 물질대사를 나타내고, (나)에서 천적을 피하는 데 유리한 특성을 가지게 된 것은 적응과 진화를 나타낸다고 볼 수 있다.

😄 **출제분석** | 생명 현상의 특성에 대한 문제는 그림이나 글로 자료를 제시하고 이와 관련된 생명 현상의 특성이 무엇인지 묻는 경우가 많다. 많이 출제되어온 기본적인 형태의 문제이므로 빠르게 풀 수 있어야 하며, 각 생명 현상의 특성에 대한 예시를 기출 문제를 바탕으로 파악해두는 것이 좋다.

다음은 어떤 해파리에 대한 자료이다.

> 세포 분열을 통해 완전한 개체가 되고 크기가 커짐

이 해파리의 유생은 ㉠ 발생과 생장 과정을 거쳐 성체가 된다. 성체의 촉수에는 독이 있는 세포 ⓐ가 분포하는데, ㉡ 촉수에 물체가 닿으면 ⓐ에서 독이 분비된다.

> 자극에 대한 반응

이 자료에 대한 설명으로 옳은 것만을 〈보기〉에서 있는 대로 고른 것은? **3점**

보기
㉠. ㉠ 과정에서 세포 분열이 일어난다.
㉡. ⓐ에서 물질대사가 일어난다.
㉢. ㉡은 자극에 대한 반응의 예에 해당한다.

① ㄱ   ② ㄴ   ③ ㄱ, ㄷ   ④ ㄴ, ㄷ   ☑️ ㄱ, ㄴ, ㄷ

|자|료|해|설|
여러 가지 생명 현상의 특성 중 '발생'은 다세포 생물에서 수정란이 완전한 개체가 되는 과정을, '생장'은 발생한 개체가 세포 분열을 통해 세포 수를 늘려 자라나는 과정을 의미한다. ㉡에서 해파리의 촉수에 물체가 닿으면 독이 분비되는 것은 자극에 대한 반응으로 볼 수 있다.

|보|기|풀|이|
㉠ 정답 : 수정란이 완전한 개체가 되는 과정인 발생과 세포 수를 늘려 자라나는 과정인 생장은 세포 분열을 통해 일어난다.
㉡ 정답 : 모든 세포에서는 세포 호흡을 비롯한 여러 가지 물질대사가 일어나며, 세포 ⓐ에서 독이 분비되는 과정에서도 물질대사가 일어난다.
㉢ 정답 : 촉수에 물체가 닿는 것은 해파리에게 일종의 자극이 되고, 그에 대한 반응으로 독을 분비하므로 자극에 대한 반응의 예로 볼 수 있다.

😀 **출제분석** | 생명 현상의 특성에 대해 물어보는 낮은 난도의 문제이지만 거의 빠지지 않고 1번 문항으로 출제되므로, 기출을 바탕으로 각 생명 현상의 특성의 예를 알아두면 도움이 된다.

표는 생물의 특성의 예를 나타낸 것이다. (가)와 (나)는 생식과 유전, 적응과 진화를 순서 없이 나타낸 것이다.

생물의 특성	예
생식과 유전 ← (가)	아메바는 분열법으로 번식한다.
적응과 진화 ← (나)	㉠ 뱀은 큰 먹이를 먹기에 적합한 몸의 구조를 갖는다.
자극에 대한 반응	ⓐ

이에 대한 설명으로 옳은 것만을 〈보기〉에서 있는 대로 고른 것은? **3점**

뱀(생물)

보기
㉠. (가)는 생식과 유전이다.
㉡. ㉠은 세포로 구성되어 있다.
㉢. '뜨거운 물체에 손이 닿으면 반사적으로 손을 뗀다.'는 ⓐ에 해당한다.

> 자극에 대한 반응의 예 ←

① ㄱ   ② ㄴ   ③ ㄱ, ㄴ   ④ ㄴ, ㄷ   ☑️ ㄱ, ㄴ, ㄷ

|자|료|해|설|
(가)는 생식과 유전이고, (나)는 적응과 진화이다.

|보|기|풀|이|
㉠ 정답 : (가)는 생식과 유전이다.
㉡ 정답 : 뱀(㉠)은 세포로 구성된 다세포 생물이다.
㉢ 정답 : '뜨거운 물체에 손이 닿으면 반사적으로 손을 뗀다.'는 자극에 대한 반응의 예(ⓐ)에 해당한다.

정답 ⑤   정답률 95%   2023년 10월 학평 1번   문제편 12p

다음은 심해 열수구에 서식하는 관벌레에 대한 자료이다.

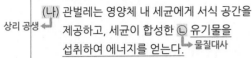

(가) 붓 모양의 ㉠ 관벌레에는 세균이 서식하는
영양체라는 기관이 있다.

상리 공생 ←

(나) 관벌레는 영양체 내 세균에게 서식 공간을
제공하고, 세균이 합성한 ㉡ 유기물을
섭취하여 에너지를 얻는다.
→ 물질대사

이에 대한 옳은 설명만을 〈보기〉에서 있는 대로 고른 것은?

> **보기**
>
>
> ㉠. ㉠은 세포로 구성된다.
> ㉡. ㉡ 과정에서 이화 작용이 일어난다. →고분자 물질 → 저분자 물질
> ㉢. (나)는 상리 공생의 예이다.
>   → 두 개체군이 모두 이익을 얻음

① ㄱ   ② ㄷ   ③ ㄱ, ㄴ   ④ ㄴ, ㄷ   ✔⑤ ㄱ, ㄴ, ㄷ

|자|료|해|설|

관벌레와 세균은 (나)에서와 같이 서로 이익을 얻으므로
상리 공생 관계를 가지며, 관벌레가 세균이 합성한 유기물을
섭취하여 에너지를 얻는 과정은 물질대사에 해당한다.

|보|기|풀|이|

㉠ 정답 : 생물체는 세포로 구성되므로 관벌레(㉠)는
세포로 구성된다.

㉡ 정답 : 관벌레가 유기물을 섭취하여 에너지를 얻는
㉡ 과정은 물질대사에 해당하며, 유기물을 분해하여
에너지를 얻는 이화 작용이 일어난다.

㉢ 정답 : (나)에서 관벌레는 세균에게 서식 공간을
제공하고, 세균은 관벌레에게 유기물을 제공함으로써 서로
이익을 얻으므로 (나)는 상리 공생의 예이다.

02. 생명 과학의 특성과 탐구 방법

기본자료

❶ 생명 과학의 탐구 ★수능에 나오는 필수 개념 3가지 + 필수 암기사항 6개

필수개념 1   생명 과학의 연구 대상과 통합적 특성

1. **생명 과학의 연구 대상** : 생명 과학은 지구에 살고 있는 생물의 기원, 구조와 기능, 생식과 유전, 분류 및 분포 등을 분자 수준에서 생태계까지 다양한 범위에서 통합적으로 연구하는 학문이다.

2. **생명 과학의 통합적 특성** : 생명 과학은 컴퓨터 공학, 정보 기술 등과 같은 다양한 영역의 학문과 연계되어 생물 정보학, 생물 기계 공학, 생물 물리학 등과 같은 다양한 통합 학문 분야로 발달하고 있다.

필수개념 2   과학의 탐구 방법

- **과학의 탐구 방법** → 귀납적 탐구 방법과 연역적 탐구 방법이 있는데 주로 연역적 탐구 방법이 출제된다!

  1. **귀납적 탐구 방법**
     - 자연 현상을 관찰하여 얻은 자료를 종합하고 분석한 후 규칙성을 발견하여 일반적인 원리나 법칙을 이끌어내는 탐구 방법이다. 예 다윈의 진화설 등
     - 실험을 통해 검증하기 어려운 주제를 탐구하는 방법으로 가설 설정 단계가 없다.

  2. **연역적 탐구 방법** *암기
     자연 현상을 관찰하면서 인식한 문제를 해결하기 위해 잠정적인 답인 가설을 세우고 가설의 옳고 그름을 검증하는 탐구 방법이다. 가설을 검증하기 위해 대조 실험을 한다. 예 새의 배우자 선택에 관한 앤더슨의 연구 등
     1) **관찰 및 문제 인식** : 생명 현상을 관찰하고, 그 현상에 대한 의문점을 발견하는 단계.
     2) **가설 설정** : 의문점에 대해 잠정적인 결론(가설)을 내리는 단계.
     3) **탐구 설계 및 수행** : 가설의 타당성을 검증하기 위해 탐구 방법을 설계하고 탐구를 수행하는 단계.
     4) **탐구 결과 정리 및 해석** : 실험을 통해 얻은 자료를 정리·분석하여 규칙성이나 경향성을 알아내는 단계.
     5) **결론 도출 및 일반화** : 자료를 종합하여 결론을 내리고, 가설을 받아들일지를 판단하는 단계. 가설과 일치하지 않으면 가설을 수정하여 다시 검증한다. 다른 과학자들에 의해 동일한 결과가 반복적으로 확인이 되면 학설로 인정되는데, 이 과정을 일반화라고 한다.

필수개념 3   연역적 탐구의 설계

- **연역적 탐구의 실험 설계** → 대조 실험에서 실험군과 대조군을 찾는 것, 조작 변인과 종속 변인 찾기가 주로 출제되니까 꼭 암기해야 돼!

  1. **대조 실험** : 실험 결과의 타당성을 높이기 위해 실험군과 대조군을 설정하여 비교한다.
     1) **실험군** : 가설에서 설정한 실험조건을 인위적으로 변경한 집단. *암기
     2) **대조군** : 실험조건을 인위적으로 변화시키지 않고 자연 상태 그대로 둔 집단. *암기
  2. **변인** : 실험에 관계있는 요인.
     1) **독립 변인** : 실험 결과에 영향을 줄 수 있는 요인.
        ① **조작 변인** : 실험에서 의도적으로 변화시키는 요인으로 가설의 원인에 해당한다. *암기
        ② **통제 변인** : 실험하는 동안 일정하게 유지시키는 변인. *암기
     2) **종속 변인** : 조작 변인의 영향을 받아 변하는 변인으로 실험 결과에 해당한다. *암기
  3. **변인 통제** : 종속 변인에 영향을 줄 수 있는 통제 변인을 일정하게 유지시키는 것이다.

▶ 귀납적 탐구 방법

▶ 가설
관찰된 자연 현상에서 생긴 의문에 대한 잠정적인 답으로 실험을 통해 검증될 수 있어야 한다.

▶ 일반화
도출된 결론으로부터 보편적이고 객관적인 원리를 이끌어내는 과정.

▶ 연역적 탐구 방법

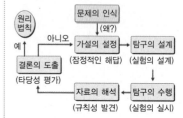

1 연역적 탐구의 설계

정답 ⑤ 정답률 92% 2021년 3월 학평 1번 문제편 14p

다음은 어떤 과학자가 수행한 탐구의 일부이다.

〈연역적 탐구〉

(가) ㉠ 도마뱀 알 20개 중 10개는 27℃에, 나머지 10개는
33℃에 두었다.

(나) ㉡ 일정 시간이 지난 후 알에서 자란 새끼가 부화하면, 알을
둔 온도별로 새끼의 성별을 확인하였다. → 발생

이에 대한 옳은 설명만을 〈보기〉에서 있는 대로 고른 것은?

보기 → 도마뱀
㉠. ㉠은 세포로 구성된다. → 생물의 구조적·기능적 기본단위
㉡. 알을 둔 온도는 조작 변인이다. → 실험에서 의도적으로 변화시키는 요인
㉢. ㉡은 생물의 특성 중 발생의 예이다.

① ㄱ ② ㄴ ③ ㄱ, ㄷ ④ ㄴ, ㄷ ⑤ ㄱ, ㄴ, ㄷ

|자|료|해|설|
제시된 (가)와 (나)는 연역적 탐구의 일부이며, (가)에서
알을 둔 두 집단의 온도를 다르게 설정했으므로 온도는
조작 변인이다. (나)에서 일정 시간이 지난 후 알에서
새끼가 부화하는 것은 생명 현상의 특성 중 '발생'에
해당한다.

|보|기|풀|이|
㉠ 정답 : 세포는 생물의 구조적·기능적 기본 단위이므로
도마뱀(㉠)은 세포로 구성된다.
㉡ 정답 : (가)에서 알을 둔 온도를 각각 27℃와 33℃로
다르게 설정했으므로 알을 둔 온도는 조작 변인이다.
㉢ 정답 : 알에서 자란 새끼가 부화하는 것은 생물의 특성
중 발생에 해당한다.

👀 문제풀이 TIP | 두 집단에서 서로 다르게 설정해준 변인이 조작 변인이다.

2 연역적 탐구의 설계

정답 ⑤ 정답률 89% 2021년 7월 학평 7번 문제편 14p

다음은 철수가 수행한 탐구 과정의 일부를 순서 없이 나타낸 것이다.
〈연역적 탐구 방법〉

탐구 설계 및 수행(가) 화분 A~C를 준비하여 A에는 염기성 토양을, B에는 중성
토양을, C에는 산성 토양을 각각 500g씩 넣은 후 수국을
심었다.

결과 정리 및 해석(나) 일정 기간이 지난 후 ㉠ 수국의 꽃 색깔을 확인하였더니
A에서는 붉은색, B에서는 흰색, C에서는 푸른색으로
나타났다.

관찰 및 문제 인식(다) 서로 다른 지역에 서식하는 수국의 꽃 색깔이 다른 것을
관찰하고 의문이 생겼다.

가설 설정(라) 토양의 pH에 따라 수국의 꽃 색깔이 다를 것이라고
생각하였다.

이 자료에 대한 설명으로 옳은 것만을 〈보기〉에서 있는 대로 고른
것은?

보기 → 수국의 꽃 색깔
㉠. ㉠은 종속변인이다. → 조작변인의 영향을 받아 변하는 변인(실험결과)
㉡. 연역적 탐구 방법이 이용되었다.
㉢. 탐구는 (다) → (라) → (가) → (나) 순으로 진행되었다.

① ㄱ ② ㄷ ③ ㄱ, ㄴ ④ ㄴ, ㄷ ⑤ ㄱ, ㄴ, ㄷ

|자|료|해|설|
이는 자연 현상을 관찰하면서 인식한 문제를 해결하기
위해 잠정적인 답인 가설을 세우고 가설의 옳고 그름을
검증하는 연역적 탐구 방법이다. (가)는 탐구 설계 및 수행,
(나)는 결과 정리 및 해석, (다)는 관찰 및 문제 인식, (라)는
가설 설정 단계이다. 이를 순서대로 나열하면 (다) → (라)
→ (가) → (나) 순이다. 수국의 꽃 색깔(㉠)은 조작변인인
토양의 pH의 영향을 받아 변하는 변인으로
종속변인(실험결과)에 해당한다.

|보|기|풀|이|
㉠ 정답 : 수국의 꽃 색깔(㉠)은 실험의 결과에 해당하므로
종속변인이다.
㉡ 정답 : 철수가 수행한 탐구는 자연 현상을 관찰하면서
인식한 문제를 해결하기 위해 가설을 세우고 이를 검증하는
연역적 탐구 방법이다.
㉢ 정답 : 탐구는 (다): 관찰 및 문제 인식 → (라): 가설
설정 → (가): 탐구 설계 및 수행 → (나): 결과 정리 및 해석
순으로 진행되었다.

👀 문제풀이 TIP | 종속변인은 조작변인의 영향을 받아 변하는
변인으로 실험의 결과에 해당한다. 철수가 수행한 탐구에서
조작변인은 토양의 pH이며, 이에 영향을 받아 변하는 종속변인은
수국의 꽃 색깔이다.

다음은 어떤 과학자가 수행한 탐구이다.

〈연역적 탐구 방법〉

(가) 초파리는 짝짓기 상대로 서로 다른 종류의 먹이를 먹고 자란 개체보다 같은 먹이를 먹고 자란 개체를 선호할 것이라고 생각했다. → 가설 설정

(나) 초파리를 두 집단 A와 B로 나눈 후 A는 먹이 ⓐ를, B는 먹이 ⓑ를 주고 배양했다. ⓐ와 ⓑ는 서로 다른 종류의 먹이다.

(다) 여러 세대를 배양한 후, ㉠ 같은 먹이를 먹고 자란 초파리 사이에서의 짝짓기 빈도와 ㉡ 서로 다른 종류의 먹이를 먹고 자란 초파리 사이에서의 짝짓기 빈도를 관찰했다.

• 조작 변인 : 먹이의 종류
• 종속 변인 : 짝짓기 빈도

(라) (다)의 결과, Ⅰ이 Ⅱ보다 높게 나타났다. Ⅰ과 Ⅱ는 ㉠과 ㉡을 순서 없이 나타낸 것이다.

(마) 초파리는 짝짓기 상대로 서로 다른 종류의 먹이를 먹고 자란 개체보다 같은 먹이를 먹고 자란 개체를 선호한다는 결론을 내렸다.

이 자료에 대한 설명으로 옳은 것만을 〈보기〉에서 있는 대로 고른 것은? **3점**

보기 먹이의 종류
㉠. 연역적 탐구 방법이 이용되었다.
ㄴ. 조작 변인은 짝짓기 빈도이다. — 종속 변인
ㄷ. Ⅰ은 ㉠이다. → 종속 변인

① ㄱ ② ㄴ ③ ㄷ ④ ㄱ, ㄴ ⑤ ㄱ, ㄷ

|자|료|해|설|

제시된 탐구에서는 가설을 세우고 가설의 옳고 그름을 검증하기 위해 대조 실험을 진행하는 연역적 탐구 방법이 이용되었다. 실험에서 의도적으로 변화시키는 조작 변인은 먹이의 종류이고, 실험 결과에 해당하는 종속 변인은 짝짓기의 빈도이다. (마)에서 초파리는 짝짓기 상대로 같은 먹이를 먹고 자란 개체를 선호한다는 결론을 내렸으므로 짝짓기 빈도가 높게 나타난 Ⅰ이 같은 먹이를 먹고 자란 초파리 사이에서의 짝짓기 빈도인 ㉠이라는 것을 알 수 있다. 정리하면 Ⅰ은 ㉠이고, Ⅱ는 ㉡이다.

|보|기|풀|이|

㉠ 정답 : 가설을 세우고 대조 실험을 진행하였으므로 연역적 탐구 방법이 이용되었다.

ㄴ. 오답 : 이 실험에서 조작 변인은 먹이의 종류이고, 짝짓기 빈도는 종속 변인에 해당한다.

ㄷ. 오답 : (마)에서 초파리는 짝짓기 상대로 같은 먹이를 먹고 자란 개체를 선호한다는 결론을 내렸으므로 Ⅰ은 ㉠이다.

🤓 **문제풀이 T I P** | (마)에 제시된 결론을 통해 Ⅰ과 Ⅱ를 구분할 수 있다. (마)에서 초파리는 짝짓기 상대로 같은 먹이를 먹고 자란 개체를 선호한다는 결론을 내렸고, (라)에서 실험 결과 짝짓기 빈도는 Ⅰ이 Ⅱ보다 높게 나타났으므로 Ⅰ이 같은 먹이를 먹고 자란 초파리 사이에서의 짝짓기 빈도인 ㉠이다.

😀 **출제분석** | 결론을 통해 Ⅰ과 Ⅱ를 구분해야 하는 연역적 탐구 문항으로 난도는 '중하'에 해당한다. 조작 변인과 종속 변인의 개념을 정확하게 알고 제시되는 실험에서 이를 구분할 수 있어야 한다. 비슷한 유형의 문항으로 2021학년도 9월 모평 1번, 2021학년도 수능 18번 문항이 있다.

다음은 초식 동물 종 A와 식물 종 P의 상호 작용에 대해 어떤 과학자가 수행한 탐구이다.

〈연역적 탐구 방법〉

가시

(가) P가 사는 지역에 A가 유입된 후 P의 가시의 수가 많아진 것을 관찰하고, A가 P를 뜯어 먹으면 P의 가시의 수가 많아질 것이라고 생각했다.

(나) 같은 지역에 서식하는 P를 집단 ㉠과 ㉡으로 나눈 후, ㉠에만 A의 접근을 차단하여 P를 뜯어 먹지 못하도록 했다.

(다) 일정 시간이 지난 후, P의 가시의 수는 Ⅰ에서가 Ⅱ에서보다 많았다. Ⅰ과 Ⅱ는 ㉠과 ㉡을 순서 없이 나타낸 것이다.

(라) A가 P를 뜯어 먹으면 P의 가시의 수가 많아진다는 결론을 내렸다.

이 자료에 대한 설명으로 옳은 것만을 〈보기〉에서 있는 대로 고른 것은? **3점**

보기

ㄱ. Ⅱ는 ㉠이다.

ㄴ. 연역적 탐구 방법이 이용되었다.

ㄷ. ~~조작~~ 변인은 P의 가시의 수이다.
종속 변인

A의 접근 차단 여부   종속 변인

① ㄱ   ② ㄷ   ③ ㄱ, ㄴ   ④ ㄴ, ㄷ   ⑤ ㄱ, ㄴ, ㄷ

|자|료|해|설|

자연 현상을 관찰하면서 인식한 문제를 해결하기 위해 잠정적인 답인 가설을 세우고 가설의 옳고 그름을 검증하는 탐구이므로 이는 연역적 탐구 방법에 해당한다. 같은 지역에 서식하는 P를 집단 ㉠과 ㉡으로 나누고 ㉠에만 A의 접근을 차단했으므로 이 탐구에서 조작 변인은 A의 접근 차단 여부이고, 실험의 결과에 해당하는 종속 변인은 P의 가시의 수이다.

A가 P를 뜯어 먹으면 P의 가시의 수가 많아진다는 결론을 내렸으므로 P의 가시의 수가 많았던 Ⅰ에서 A가 P를 뜯어 먹었다는 것을 알 수 있다. 따라서 A의 접근을 차단한 ㉠이 Ⅱ이고, ㉡은 Ⅰ이다.

|보|기|풀|이|

ㄱ 정답 : P의 가시의 수는 Ⅰ에서가 Ⅱ에서보다 많았으므로, Ⅱ는 A의 접근을 차단한 ㉠이다.

ㄴ 정답 : 가설을 세우고 이를 검증하기 위해 실험을 수행했으므로 연역적 탐구 방법이 이용되었다.

ㄷ. 오답 : 조작 변인은 A의 접근 차단 여부이고, P의 가시의 수는 종속 변인에 해당한다.

🤓 **문제풀이 T I P |** 결론을 통해 Ⅰ과 Ⅱ를 구분할 수 있다. A가 P를 뜯어 먹으면 P의 가시의 수가 많아진다는 결론을 내렸으므로 A가 접근할 수 있었던 ㉡에서 P의 가시의 수가 많았다는 것을 추론할 수 있다. 따라서 P의 가시의 수가 많았던 Ⅰ이 ㉡이다.

다음은 어떤 과학자가 수행한 탐구이다. 〈연역적 탐구 방법〉

가설 설정 (가) 서식 환경과 비슷한 털색을 갖는 생쥐가 포식자의 눈에 잘 띄지 않아 생존에 유리할 것이라고 생각했다.

탐구 설계 및 수행 (나) ㉠갈색 생쥐 모형과 ㉡흰색 생쥐 모형을 준비해서 지역 A와 B 각각에 두 모형을 설치했다. A와 B는 각각 갈색 모래 지역과 흰색 모래 지역 중 하나이다.

탐구 결과 (다) A에서는 ㉠이 ㉡보다, B에서는 ㉡이 ㉠보다 포식자로부터 더 많은 공격을 받았다.
흰색 모래 지역 ←   → 갈색 모래 지역

결론 도출 (라) ⓐ서식 환경과 비슷한 털색을 갖는 생쥐가 생존에 유리하다는 결론을 내렸다.

이 자료에 대한 설명으로 옳은 것만을 〈보기〉에서 있는 대로 고른 것은?

보기
ㄱ. A는 <s>갈색</s> 흰색 모래 지역이다.
ㄴ. 연역적 탐구 방법이 이용되었다. → 가설을 세우고 가설의 옳고 그름을 검증하는 탐구 방법
ㄷ. ⓐ는 생물의 특성 중 적응과 진화의 예에 해당한다.

① ㄱ   ② ㄴ   ③ ㄱ, ㄷ   ④ ㄴ, ㄷ   ⑤ ㄱ, ㄴ, ㄷ

|자|료|해|설|
제시된 탐구는 자연 현상을 관찰하면서 인식한 문제를 해결하기 위해 잠정적인 답인 가설을 세우고 가설의 옳고 그름을 검증하는 연역적 탐구 방법이다. (라)에서 서식 환경과 비슷한 털색을 갖는 생쥐가 생존에 유리하다는 결론을 내렸으므로 갈색 모래 지역에서는 갈색 생쥐 모형이, 흰색 모래 지역에서는 흰색 생쥐 모형이 포식자로부터 덜 공격받았다는 것을 알 수 있다. A에서는 갈색 생쥐 모형이, B에서는 흰색 생쥐 모형이 포식자로부터 더 많은 공격을 받았으므로 A는 흰색 모래 지역, B는 갈색 모래 지역이다.

|보|기|풀|이|
ㄱ. 오답 : A에서는 갈색 생쥐 모형이 흰색 생쥐 모형보다 포식자로부터 더 많은 공격을 받았으므로 A는 흰색 모래 지역이다.
ㄴ. 정답 : 가설을 세우고 이를 검증하는 연역적 탐구 방법이 이용되었다.
ㄷ. 정답 : 서식 환경과 비슷한 털색을 갖는 생쥐가 생존에 유리한 것은 환경에 적응 및 진화한 결과이다.

😮 **문제풀이 TIP** | ⓐ를 토대로 A와 B를 알아낼 수 있다. A에서는 갈색 생쥐 모형이, B에서는 흰색 생쥐 모형이 포식자로부터 더 많은 공격을 받았으므로 A는 흰색 모래 지역, B는 갈색 모래 지역이다.

다음은 생명 과학의 탐구 방법에 대한 자료이다. (가)는 귀납적 탐구 방법에 대한 사례이고, (나)는 연역적 탐구 방법에 대한 사례이다.

(가) 카로 박사는 오랜 시간 동안 가젤 영양이 공중으로 뛰어 오르며 하얀 엉덩이를 치켜드는 뜀뛰기 행동을 다양한 상황에서 관찰하였다. 관찰된 특성을 종합한 결과 가젤 영양은 포식자가 주변에 나타나면 엉덩이를 치켜드는 뜀뛰기 행동을 한다는 결론을 내렸다.
귀납적 탐구 방법

(나) 에이크만은 건강한 닭들을 두 집단으로 나누어 현미와 백미를 각각 먹여 기른 후 각기병 증세의 발생 여부를 관찰하였다. 그 결과 백미를 먹인 닭에서는 각기병 증세가 나타났고, 현미를 먹인 닭에서는 각기병 증세가 나타나지 않았다. 이를 통해 현미에는 각기병을 예방하는 물질이 들어 있다는 결론을 내렸다.
연역적 탐구 방법   → 대조군 → 실험군

이에 대한 설명으로 옳은 것만을 〈보기〉에서 있는 대로 고른 것은?

보기 → 귀납적 탐구 방법
ㄱ. (가)의 탐구 방법에서는 여러 가지 관찰 사실을 분석하고 종합하여 일반적인 원리나 법칙을 도출한다.
ㄴ. (나)에서 대조 실험이 수행되었다. → 실험 결과의 타당성을 높이기 위해 실험군/대조군을 설정하여 비교하는 실험
ㄷ. (나)에서 각기병 증세의 발생 여부는 종속 변인이다. → 실험 결과
연역적 탐구 방법

① ㄱ   ② ㄴ   ③ ㄱ, ㄴ   ④ ㄴ, ㄷ   ⑤ ㄱ, ㄴ, ㄷ

|자|료|해|설|
(가)에 해당하는 귀납적 탐구 방법은 자연 현상을 관찰하여 얻은 자료를 종합하고 분석한 후 규칙성을 발견하여 일반적인 원리나 법칙을 이끌어내는 탐구 방법이다. (나)에 해당하는 연역적 탐구 방법은 자연 현상을 관찰하면서 인식한 문제를 해결하기 위해 잠정적인 답인 가설을 세우고 가설의 옳고 그름을 검증하는 탐구 방법이다. 제시된 에이크만의 각기병 실험에서 대조 실험이 수행되었으며, 실험군은 '현미를 먹인 닭'이고 대조군은 '백미를 먹인 닭'이다. 이때 조작 변인은 먹이의 종류이고, 그 외에 동일하게 설정해주는 통제 변인으로는 닭의 종류, 닭의 건강상태, 사육 환경 등이 있다. 실험 결과에 해당하는 종속 변인은 각기병 증세의 발생 여부이다.

|보|기|풀|이|
ㄱ. 정답 : (가)의 귀납적 탐구 방법에서는 관찰하여 얻은 자료를 분석하고 종합하여 일반적인 원리나 법칙을 도출한다.
ㄴ. 정답 : (나)에서 실험 결과의 타당성을 높이기 위해 실험군(현미를 먹인 닭)과 대조군(백미를 먹인 닭)을 설정하여 비교하는 대조 실험이 수행되었다.
ㄷ. 정답 : (나)에서 실험 결과에 해당하는 종속 변인은 '각기병 증세의 발생 여부'이다.

다음은 어떤 과학자가 수행한 탐구이다. <연역적 탐구 방법>

> (가) 딱총새우가 서식하는 산호의 주변에는 산호의 천적인 불가사리가 적게 관찰되는 것을 보고, 딱총새우가 산호를 불가사리로부터 보호해 줄 것이라고 생각했다.
>
> (나) 같은 지역에 있는 산호들을 집단 A와 B로 나눈 후, A에서는 딱총새우를 그대로 두고, B에서는 딱총새우를 제거하였다.
>
> (다) 일정 시간 동안 불가사리에게 잡아먹힌 산호의 비율은 ㉠에서가 ㉡에서보다 높았다. ㉠과 ㉡은 A와 B를 순서 없이 나타낸 것이다.
> <small>B   A</small>
>
> (라) 산호에 서식하는 딱총새우가 산호를 불가사리로부터 보호해준다는 결론을 내렸다.

이 자료에 대한 설명으로 옳은 것만을 <보기>에서 있는 대로 고른 것은? 3점

보기
>   <small>B</small>
> ✗ㄱ. ㉠은 A이다. → 대조군과 실험군에서 다르게 설정한 변인
> ㄴ. (나)에서 조작 변인은 딱총새우의 제거 여부이다.
> ㄷ. (다)에서 불가사리와 산호 사이의 상호 작용은 포식과 피식에 해당한다.
>   <small>포식자   피식자</small>

① ㄱ   ② ㄷ   ③ ㄱ, ㄴ   ✓④ ㄴ, ㄷ   ⑤ ㄱ, ㄴ, ㄷ

|자|료|해|설|
산호에 서식하는 딱총새우가 산호를 불가사리로부터 보호해준다는 결론을 내렸으므로 (다)에서 딱총새우를 제거한 집단에서 불가사리에게 잡아먹힌 산호의 비율이 높았다는 것을 알 수 있다. 따라서 딱총새우를 제거한 집단 B가 ㉠이고, 딱총새우를 그대로 둔 집단 A는 ㉡이다.

|보|기|풀|이|
ㄱ. 오답 : 딱총새우를 제거한 집단에서 불가사리에게 잡아먹힌 산호의 비율이 높게 나타났으므로 ㉠은 B이다.
ㄴ. 정답 : A와 B에서 다르게 설정한 조작 변인은 딱총새우의 제거 여부이다.
ㄷ. 정답 : (다)에서 불가사리는 포식자이고 산호는 피식자이므로 이 두 개체군 사이의 상호 작용은 포식과 피식에 해당한다.

🧩 **문제풀이 TIP** | 산호에 서식하는 딱총새우가 산호를 불가사리로부터 보호해준다는 결론을 통해 딱총새우를 제거한 집단에서 불가사리에게 잡아먹힌 산호의 비율이 높았다는 것을 알 수 있다.

😮 **출제분석** | 연역적 탐구에서의 조작 변인과 군집 내 상호 작용에 대한 내용을 함께 묻는 문항이며, 결론을 토대로 A와 B를 구분해야 한다. 각 집단을 구분하는 것에서 실수하지 않는다면 쉽게 맞힐 수 있는 난도 '중하'의 문항이다.

다음은 효모를 이용한 물질대사 실험이다.

[실험 과정]
(가) 발효관 A와 B에 표와 같이 용액을 넣고, 맹관부에 공기가 들어가지 않도록 발효관을 세운 후, 입구를 솜으로 막는다. <small>맹관부</small>

발효관	용액
대조군 A	증류수 20mL + 효모액 20mL
실험군 B	5% 포도당 수용액 20mL + 효모액 20mL

     <small>→ 무산소 호흡(알콜 발효)이 일어나 CO_2가 발생함</small>

(나) A와 B를 37°C로 맞춘 항온기에 두고 일정 시간이 지난 후 ㉠맹관부에 모인 기체의 양을 측정한다.
     <small>→ 종속 변인</small>

이 실험에 대한 옳은 설명만을 <보기>에서 있는 대로 고른 것은? 3점

보기
>   <small>종속 변인</small>
> ✗ㄱ. ㉠은 조작 변인이다. → 조작 변인 : 포도당 수용액 첨가 여부
> ㄴ. (나)의 B에서 CO_2가 발생한다. → 무산소 호흡(알콜 발효)으로 CO_2 발생
> ✗ㄷ. 실험 결과 맹관부 수면의 높이는 A가 B보다 낮다.
>   <small>높다.</small>
>   <small>→ 발생한 기체의 양이 많을수록 맹관부 수면의 높이가 낮아짐</small>

① ㄱ   ✓② ㄴ   ③ ㄷ   ④ ㄱ, ㄴ   ⑤ ㄴ, ㄷ

|자|료|해|설|
대조 실험을 했으므로 이는 연역적 탐구 방법에 해당한다. 증류수를 첨가한 A가 대조군이고, 5% 포도당 수용액을 첨가한 B는 실험군이다. 이때 조작 변인은 포도당 수용액 첨가 여부이고, 그 외에 A와 B에서 동일하게 설정해주는 변인은 통제 변인이다. 효모액의 첨가 여부, 용액의 양, 온도 등이 통제 변인에 해당한다. 실험 결과에 해당하는 종속 변인은 맹관부에 모인 기체의 양(㉠)이다. 5% 포도당 수용액을 첨가한 발효관 B에서 효모에 의한 무산소 호흡(알콜 발효)이 일어나 이산화 탄소 기체(CO_2)가 발생하고, 맹관부 수면의 높이는 낮아진다.

|보|기|풀|이|
ㄱ. 오답 : 맹관부에 모인 기체의 양(㉠)은 종속 변인이다.
ㄴ. 정답 : (나)의 B에서 효모에 의한 무산소 호흡(알콜 발효)이 일어나 CO_2가 발생한다.
ㄷ. 오답 : 발생하는 기체의 양이 많을수록 맹관부 수면의 높이는 낮아진다. B에서 CO_2가 발생하므로 실험 결과 맹관부 수면의 높이는 A가 B보다 높다.

🧩 **문제풀이 TIP** | 효모의 무산소 호흡(알콜 발효)으로 이산화 탄소 기체(CO_2)가 발생하고, 맹관부 수면의 높이는 낮아진다.

😮 **출제분석** | 효모의 알콜 발효와 관련된 연역적 탐구가 제시된 문항으로 난도는 '중하'에 해당한다. 연역적 탐구에서 조작 변인, 통제 변인, 종속 변인 등을 구분할 수 있어야 하며, 알콜 발효 결과 이산화 탄소 기체(CO_2)가 발생한다는 사실을 알고 있어야 문제 해결이 가능하다.

다음은 어떤 과학자가 수행한 탐구이다. 〈연역적 탐구 방법〉

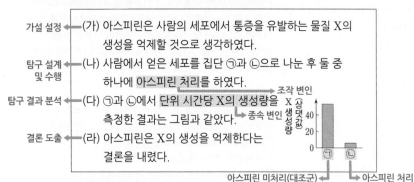

가설 설정 → (가) 아스피린은 사람의 세포에서 통증을 유발하는 물질 X의 생성을 억제할 것으로 생각하였다.

탐구 설계 및 수행 → (나) 사람에서 얻은 세포를 집단 ㉠과 ㉡으로 나눈 후 둘 중 하나에 아스피린 처리를 하였다. ← 조작 변인

탐구 결과 분석 → (다) ㉠과 ㉡에서 단위 시간당 X의 생성량을 ← 조작 변인 측정한 결과는 그림과 같았다. ← 종속 변인

결론 도출 → (라) 아스피린은 X의 생성을 억제한다는 결론을 내렸다.

아스피린 미처리(대조군) ← → 아스피린 처리 (실험군)

이에 대한 옳은 설명만을 〈보기〉에서 있는 대로 고른 것은? (단, 아스피린 처리의 여부 이외의 조건은 같다.) **3점**

보기 → 실험군과 대조군을 설정하여 비교
㉠. 대조 실험이 수행되었다. ← 조작 변인
㉡. 아스피린 처리의 여부는 ~~종속변인~~이다.
㉢. 아스피린 처리를 한 집단은 ~~㉠~~이다. ← ㉡

① ㉠   ② ㄴ   ③ ㄷ   ④ ㄱ, ㄴ   ⑤ ㄱ, ㄷ

|자|료|해|설|

(가)는 가설 설정, (나)는 탐구 설계 및 수행, (다)는 탐구 결과 분석, (라)는 결론 도출의 단계이다. (나)에서 세포를 집단 ㉠과 ㉡으로 나누어 하나에만 아스피린 처리를 하여 대조 실험을 수행했으며, 그에 따른 X의 생성량을 측정하였으므로 이 탐구에서 조작 변인은 아스피린 처리의 여부이고, 종속 변인은 X의 생성량이다. ㉠보다 ㉡에서 X가 더 적게 생성되었고, (라)에서 아스피린이 X의 생성을 억제한다는 결론을 내렸으므로 ㉠은 아스피린을 처리하지 않은 세포 집단(대조군)이고, ㉡이 아스피린을 처리한 세포 집단(실험군)임을 알 수 있다.

|보|기|풀|이|

㉠ 정답 : ㉠과 ㉡ 중 하나에만 아스피린 처리를 하여 X의 생성량을 비교하였으므로 대조 실험이 수행되었다.

ㄴ. 오답 : 아스피린 처리의 여부는 실험에서 의도적으로 변화시킨 요인이며 실험 결과의 원인이므로 조작 변인에 해당한다.

ㄷ. 오답 : 아스피린이 X의 생성을 억제한다는 결론을 내렸으므로 ㉠은 아스피린을 처리하지 않은 집단이다.

다음은 먹이 섭취량이 동물 종 ⓐ의 생존에 미치는 영향을 알아보기 위한 실험이다.

[실험 과정] 연역적 탐구방법   → 통제 변인

(가) 유전적으로 동일하고 같은 시기에 태어난 ⓐ의 수컷 개체 200마리를 준비하여, 100마리씩 집단 A와 B로 나눈다.

(나) A에는 충분한 양의 먹이를 제공하고 B에는 먹이 섭취량을 제한하면서 배양한다. 한 개체당 먹이 섭취량은 A의 개체가 B의 개체보다 많다. ← 조작 변인

(다) A와 B에서 시간에 따른 ⓐ의 생존 개체 수를 조사한다. ← 종속 변인

[실험 결과]

그림은 A와 B에서 시간에 따른 ⓐ의 생존 개체 수를 나타낸 것이다.

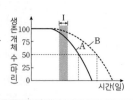

이 자료에 대한 설명으로 옳은 것만을 〈보기〉에서 있는 대로 고른 것은? (단, 제시된 조건 이외는 고려하지 않는다.) **3점**

보기
㉠. 이 실험에서의 조작 변인은 ~~ⓐ의 생존 개체 수~~이다. ← 먹이 섭취량
㉡. 구간 Ⅰ에서 사망한 ⓐ의 개체 수는 A에서가 B에서보다 많다.
㉢. 각 집단에서 ⓐ의 생존 개체 수가 50마리가 되는 데 걸린 시간은 A에서가 B에서보다 ~~길다.~~ 짧다.

① ㄱ   ② ㄴ   ③ ㄷ   ④ ㄱ, ㄴ   ⑤ ㄴ, ㄷ

|자|료|해|설|

가설을 설정하고 이를 검증하기 위해 탐구를 수행하였으므로 이는 연역적 탐구이다. 이 탐구에서의 조작 변인은 먹이 섭취량이며, 종속 변인은 ⓐ의 생존 개체 수이다. 유전적으로 동일하고 같은 시기에 태어난 ⓐ의 수컷 개체를 사용한 것은 변인 통제에 해당한다.

|보|기|풀|이|

ㄱ. 오답 : 이 실험에서의 조작 변인은 먹이 섭취량이다.

㉡ 정답 : 구간 Ⅰ에서 ⓐ의 생존 개체 수는 A에서 더 많이 감소했으므로 사망한 ⓐ의 개체 수는 A에서가 B에서보다 많다.

ㄷ. 오답 : 각 집단에서 ⓐ의 생존 개체 수가 50마리가 되는 데 걸린 시간(x축의 길이)은 A에서가 B에서보다 짧다.

🤖 **문제풀이 TIP** | 두 집단 A와 B에서 다르게 설정해주는 요인이 조작 변인이고, 조작 변인의 영향을 받아 변하는 요인으로 실험 결과에 해당하는 것은 종속 변인이다.

😀 **출제분석** | 연역적 탐구의 설계와 결과 분석에 대한 내용을 묻는 난도 '하'의 문항이다. 연역적 탐구와 관련된 문항으로는 다양한 실험이 제시될 수 있으며, 각 탐구에서 변인을 구분하고 표, 그래프 등의 자료 형태로 제시되는 실험 결과를 해석할 수 있어야 한다.

11 연역적 탐구의 설계

다음은 동물 종 A에 대해 어떤 과학자가 수행한 탐구이다.

가설 설정	(가) A의 수컷 꼬리에 긴 장식물이 있는 것을 관찰하고, ⊙ A의 암컷은 꼬리 장식물의 길이가 긴 수컷을 배우자로 선호할 것이라는 가설을 세웠다.
탐구 설계 및 수행	(나) 꼬리 장식물의 길이가 긴 수컷 집단 Ⅰ과 꼬리 장식물의 길이가 짧은 수컷 집단 Ⅱ에서 각각 한 마리씩 골라 암컷 한 마리와 함께 두고, 암컷이 어떤 수컷을 배우자로 선택하는지 관찰하였다.
탐구 결과 정리 및 해석	(다) (나)의 과정을 반복하여 얻은 결과, Ⅰ의 개체가 선택된 비율이 Ⅱ의 개체가 선택된 비율보다 높았다.
결론 도출	(라) A의 암컷은 꼬리 장식물의 길이가 긴 수컷을 배우자로 선호한다는 결론을 내렸다.

이 자료에 대한 설명으로 옳은 것만을 <보기>에서 있는 대로 고른 것은? 3점

보기

┌→가설

ㄱ. ⊙은 관찰한 현상을 설명할 수 있는 잠정적인 결론(잠정적인 답)에 해당한다.

꼬리 장식물의 길이→   ┌→종속 변인   이 아니다
ㄴ. 조작 변인은 암컷이 Ⅰ의 개체를 선택한 비율이다.

ㄷ. (라)는 탐구 과정 중 결론 도출 단계에 해당한다.

① ㄱ   ② ㄴ   ✓ㄱ, ㄷ   ④ ㄴ, ㄷ   ⑤ ㄱ, ㄴ, ㄷ

|자|료|해|설|

가설을 검증하기 위한 탐구를 진행했으므로 이는 연역적 탐구 방법에 해당한다. (가)는 가설 설정, (나)는 탐구 설계 및 수행, (다)는 탐구 결과 정리 및 해석, (라)는 결론 도출 단계이다. 조작 변인은 꼬리 장식물의 길이이고, 종속 변인은 암컷이 Ⅰ의 개체를 선택한 비율이다.

|보|기|풀|이|

ㄱ. 정답 : ⊙은 가설이므로 잠정적인 결론(잠정적인 답)에 해당한다.

ㄴ. 오답 : 조작 변인은 꼬리 장식물의 길이이고, 암컷이 Ⅰ의 개체를 선택한 비율은 종속 변인에 해당한다.

ㄷ. 정답 : (라)에서 결론을 내렸으므로 (라)는 결론 도출 단계에 해당한다.

12 연역적 탐구의 설계

다음은 어떤 학생이 수행한 탐구 과정의 일부이다. <연역적 탐구 과정>

(가) 콩에는 오줌 속의 요소를 분해하는 물질이 있을 것이라고 생각하였다. →가설 설정

(나) 비커 Ⅰ과 Ⅱ에 표와 같이 물질을 넣은 후 BTB 용액을 첨가한다.

비커	물질
대조군← Ⅰ	오줌 20mL+증류수 3mL
실험군← Ⅱ	오줌 20mL+증류수 1mL+생콩즙 2mL

(다) 일정 시간 간격으로 Ⅰ과 Ⅱ에 들어 있는 용액의 색깔 변화를 관찰한다.
                                            종속 변인

이에 대한 설명으로 옳은 것만을 <보기>에서 있는 대로 고른 것은?

보기
              연역적
ㄱ. 이 탐구 과정은 귀납적 탐구 방법이다.

ㄴ. (나)에서 대조 실험을 수행하였다.

ㄷ. 생콩즙의 첨가 유무는 종속 변인에 해당한다.
                        조작 변인

① ㄱ   ✓ㄴ   ③ ㄷ   ④ ㄱ, ㄴ   ⑤ ㄴ, ㄷ

|자|료|해|설|

가설을 설정하고 이를 검증하기 위해 탐구를 수행하였으므로 이는 연역적 탐구 방법이다. (가)는 가설 설정 단계이고, (나)와 (다)는 탐구 설계 및 수행 단계이다. (나)에서 생콩즙을 첨가하지 않은 Ⅰ은 대조군이고, 생콩즙을 첨가한 Ⅱ는 실험군이다. 이때 생콩즙의 첨가 유무는 조작 변인이고, 그 외에 동일하게 설정해주는 용액의 총량(23mL), BTB 용액 첨가, 실험 환경 등은 통제 변인에 해당한다. (다)에서 관찰하는 용액의 색깔 변화는 이 실험의 결과이므로 종속 변인에 해당한다.

|보|기|풀|이|

ㄱ. 오답 : 가설을 설정하고 이를 검증하기 위해 탐구를 수행하였으므로 이는 연역적 탐구 방법이다.

ㄴ. 정답 : (나)에서 대조군(Ⅰ)과 실험군(Ⅱ)을 설정하여 대조 실험을 수행하였다.

ㄷ. 오답 : 생콩즙의 첨가 유무는 조작 변인에 해당하며, 이 실험의 종속 변인(실험 결과)은 용액의 색깔 변화이다.

 문제풀이 TIP | (가)는 가설 설정 단계이며, (나)에서 대조군(Ⅰ)과 실험군(Ⅱ)이 설정된 대조 실험이 수행되었다.

출제분석 | 연역적 탐구 과정에 대한 기본적인 내용을 묻는 난도 '하'의 문항이다. 2015개정 교육과정으로 바뀌면서 생콩즙과 관련된 실험 내용이 추가되었다. 이 문항에서는 묻고 있지 않지만, 생콩즙에 요소를 분해하는 효소가 들어있으며 그 결과 만들어진 암모니아(NH_3)로 인해 용액의 pH가 염기성이 된다는 등의 해당 내용을 공부해 둘 필요가 있다.

다음은 어떤 학생이 수행한 탐구 활동이다.

(가) 식물의 싹이 빛을 향해 구부러져 자라는 것을 관찰하고, 싹의 윗부분에 빛의 방향을 감지하는 부위가 있다고 <u>가설</u>을 세웠다. → 연역적 탐구 방법

(나) 암실에서 싹을 틔운 같은 종의 식물 A와 B를 꺼내 B에만 덮개를 씌워 윗부분에 빛이 닿지 못하도록 했다.

덮개   빛

A   B
대조군   실험군

(다) A와 B의 측면에서 빛을 비추고 생장 과정을 관찰했다.

이에 대한 옳은 설명만을 〈보기〉에서 있는 대로 고른 것은? **3점**

보기

 ㄱ. 연역적 탐구 방법이 사용되었다.

ㄴ. (나)에서 <u>대조군</u>과 <u>실험군</u>이 설정되었다.
    A   B

ㄷ. 덮개를 씌우는지의 여부는 ~~종속 변인~~이다.
                조작 변인

① ㄴ   ② ㄷ   ✔③ ㄱ, ㄴ   ④ ㄱ, ㄷ   ⑤ ㄱ, ㄴ, ㄷ

|자|료|해|설|

문제를 해결하기 위해 잠정적인 답인 가설을 세우고 가설의 옳고 그름을 검증하기 위해 대조 실험을 했으므로 이는 연역적 탐구 방법에 해당한다. 실험조건을 인위적으로 변화시키지 않고 자연 상태 그대로 둔 A가 대조군이고, 인위적으로 덮개를 씌운 B는 실험군이다. 이때 조작 변인은 덮개의 유무이고, 그 외에 A와 B에서 동일하게 설정해주는 변인은 통제 변인이며 식물의 종류, 크기, 생장환경(온도, 빛, 토양, 수분 등) 등이 통제 변인에 해당한다. 실험 결과에 해당하는 종속 변인은 빛의 방향에 따른 생장 양상(구부러짐 여부)이다.

|보|기|풀|이|

ㄱ. 정답 : 가설을 세우고 이를 검증하기 위해 대조 실험을 하는 연역적 탐구 방법이 사용되었다.

ㄴ. 정답 : (나)에서 덮개를 씌우지 않은 A가 대조군이고, 덮개를 씌운 B는 실험군이다.

ㄷ. 오답 : 덮개를 씌우는지의 여부는 조작 변인이다.

😮 **문제풀이 TIP** | 대조군은 자연 상태 그대로 둔 집단이고, 실험군은 가설에서 설정한 실험조건을 인위적으로 변경한 집단이다. 조작 변인은 실험에서 의도적으로 변화시키는 요인이고, 종속 변인은 실험 결과에 해당한다.

다음은 어떤 과학자가 수행한 탐구 과정의 일부이다.

〈연역적 탐구 방법〉

      가설

(가) '황조롱이는 양육하는 새끼 수가 많을수록 부모 새의 생존율이 낮아질 것이다.'라고 생각하였다.

(나) 황조롱이를 세 집단 A~C로 나눈 후 표와 같이 각 집단의 <u>둥지당 새끼 수</u>를 다르게 하였다.
조작 변인 ←

집단	A	B	C
둥지당 새끼 수	3	5	7

종속변인 →

(다) 일정 시간이 지난 후 A~C에서 ㉠ <u>부모 새의 생존율</u>을 조사하여 그래프로 나타내었다. Ⅰ~Ⅲ은 A~C를 순서 없이 나타낸 것이다.

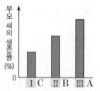

부모 새의 생존율 (%)

0   ⅠC   ⅡB   ⅢA

(라) 황조롱이는 양육하는 새끼 수가 많을수록 부모 새의 생존율이 낮아진다는 결론을 내렸다.

이에 대한 설명으로 옳은 것만을 〈보기〉에서 있는 대로 고른 것은?

3점

보기

ㄱ. (가)는 가설 설정 단계이다.

ㄴ. ㉠은 종속변인이다.

ㄷ. Ⅲ은 ~~C~~이다.
      A

① ㄱ   ② ㄷ   ✔③ ㄱ, ㄴ   ④ ㄴ, ㄷ   ⑤ ㄱ, ㄴ, ㄷ

|자|료|해|설|

제시된 탐구에서는 가설을 세우고 가설의 옳고 그름을 검증하기 위해 실험을 설계하여 진행하는 연역적 탐구 방법이 이용되었다. (가)는 가설 설정 단계이며, (나)와 (다)에서는 실험을 설계 및 수행하고 결과를 분석하였다. (라)에서 황조롱이는 양육하는 새끼 수가 많을수록 부모 새의 생존율이 낮아진다는 결론을 내렸으므로 부모 새의 생존율이 낮은 순서대로 Ⅰ은 C, Ⅱ는 B, Ⅲ은 A임을 알 수 있다.

|보|기|풀|이|

ㄱ. 정답 : (가)에서 '황조롱이는 양육하는 새끼 수가 많을수록 부모 새의 생존율이 낮아질 것이다.'라는 가설을 설정하였다.

ㄴ. 정답 : 조작 변인인 둥지당 새끼 수에 따른 부모 새의 생존율(㉠)은 실험의 결과이므로 종속변인이다.

ㄷ. 오답 : Ⅲ은 부모 새의 생존율이 가장 높으므로 둥지당 새끼 수가 가장 적은 A이다.

😮 **문제풀이 TIP** | 연역적 탐구에서는 실험의 독립 변인, 조작 변인, 종속변인의 개념을 확실히 하여 결론에서 조작 변인과 종속 변인의 관계를 파악할 수 있어야 한다. 조작 변인은 실험에서 의도적으로 변화시키는 요인이고, 종속변인은 그에 따른 결과에 해당한다.

다음은 곰팡이 ㉠과 옥수수를 이용한 탐구의 일부를 순서 없이 나타낸 것이다.

〈연역적 탐구 방법〉

결론 도출 (가) '㉠이 옥수수의 생장을 촉진한다.'라고 결론을 내렸다.

가설 설정 (나) 생장이 빠른 옥수수의 뿌리에 ㉠이 서식하는 것을 관찰하고, ㉠이 옥수수의 생장에 영향을 미칠 것으로 생각했다.

탐구 설계 및 수행 (다) ㉠이 서식하는 옥수수 10개체와 ㉠이 제거된 옥수수 10개체를 같은 조건에서 배양하면서 질량 변화를 측정했다. → 종속 변인

이에 대한 옳은 설명만을 〈보기〉에서 있는 대로 고른 것은? 3점

보기
실험군과 대조군을 설정하여 비교
조작 변인
ㄱ. 옥수수에서 ㉠의 제거 여부는 종속변인이다.
ㄴ. 이 탐구에서는 대조 실험이 수행되었다.
ㄷ. 탐구는 (나) → (다) → (가)의 순으로 진행되었다.
 가설 설정 → 탐구 설계 및 수행 → 결론 도출

① ㄱ   ② ㄷ   ③ ㄱ, ㄴ   ✔④ ㄴ, ㄷ   ⑤ ㄱ, ㄴ, ㄷ

|자|료|해|설|
제시된 탐구에서는 가설을 세우고 가설의 옳고 그름을 검증하기 위해 대조 실험을 진행하는 연역적 탐구 방법이 이용되었다. (가)는 결론 도출, (나)는 가설 설정, (다)는 탐구 설계 및 수행 단계에 해당한다. 실험에서 의도적으로 변화시키는 조작 변인은 '옥수수에서 ㉠의 제거 여부'이고, 실험 결과에 해당하는 종속 변인은 '옥수수의 질량 변화'이다.

|보|기|풀|이|
ㄱ. 오답 : 옥수수에서 ㉠의 제거 여부는 조작변인이다.
ㄴ. 정답 : 이 탐구에서는 두 집단을 비교하는 대조 실험이 수행되었다.
ㄷ. 정답 : 탐구는 (나): 가설 설정 → (다): 탐구 설계 및 수행 → (가): 결론 도출의 순으로 진행되었다.

😲 **문제풀이 T I P** | 조작변인: 실험에서 의도적으로 변화시키는 요인
종속변인(실험 결과): 조작변인의 영향을 받아 변하는 변인

다음은 어떤 과학자가 수행한 탐구이다.

〈연역적 탐구 방법〉

관찰 및 문제 인식 (가) 바다 달팽이가 갉아 먹던 갈조류를 다 먹지 않고 이동하여 다른 갈조류를 먹는 것을 관찰하였다.

가설 설정 (나) ㉠ 바다 달팽이가 갉아 먹은 갈조류에서 바다 달팽이가 기피하는 물질 X의 생성이 촉진될 것이라는 가설을 세웠다.

탐구 설계 및 수행 (다) 갈조류를 두 집단 ⓐ와 ⓑ로 나눠 한 집단만 바다 달팽이가 갉아 먹도록 한 후, ⓐ와 ⓑ 각각에서 X의 양을 측정하였다.
→ 바다 달팽이가 갉아 먹은 갈조류 집단

결과 분석 (라) 단위 질량당 X의 양은 ⓑ에서가 ⓐ에서보다 많았다.

결론 도출 (마) 바다 달팽이가 갉아 먹은 갈조류에서 X의 생성이 촉진된다는 결론을 내렸다.

이 자료에 대한 설명으로 옳은 것만을 〈보기〉에서 있는 대로 고른 것은? 3점

보기
ㄱ. ㉠은 (가)에서 관찰한 현상을 설명할 수 있는 잠정적인 결론 (잠정적인 답)에 해당한다. → 가설
실험군과 대조군을 설정하여 비교
ㄴ. (다)에서 대조 실험이 수행되었다.
ㄷ. (라)의 ⓐ는 바다 달팽이가 갉아 먹은 갈조류 집단이다.
 ⓑ

① ㄱ   ② ㄷ   ✔③ ㄱ, ㄴ   ④ ㄴ, ㄷ   ⑤ ㄱ, ㄴ, ㄷ

|자|료|해|설|
제시된 탐구에서는 가설을 세우고 가설의 옳고 그름을 검증하기 위해 대조 실험을 진행하는 연역적 탐구 방법이 이용되었다. (가)는 관찰 및 문제 인식, (나)는 가설 설정, (다)는 탐구 설계 및 수행, (라)는 결과 분석, (마)는 결론 도출 단계에 해당하며, 의문점에 대한 잠정적인 결론인 ㉠은 가설이다. (마)에서 바다 달팽이가 갉아 먹은 갈조류에서 X의 생성이 촉진된다는 결론을 내렸으므로 (라)에서 단위 질량당 X의 양이 더 많았던 ⓑ가 바다 달팽이가 갉아 먹은 갈조류 집단이라는 것을 알 수 있다.

|보|기|풀|이|
ㄱ. 정답 : 관찰한 현상을 설명할 수 있는 잠정적인 결론은 가설이며, ㉠에 해당한다.
ㄴ. 정답 : (다)에서 두 집단(실험군과 대조군)을 설정하여 비교하는 대조 실험이 수행되었다.
ㄷ. 오답 : (라)에서 바다 달팽이가 갉아 먹은 갈조류 집단은 ⓑ이다.

😲 **문제풀이 T I P** | (마)에서 바다 달팽이가 갉아 먹은 갈조류에서 X의 생성이 촉진된다는 결론과 (라)의 실험 결과를 통해 ⓐ와 ⓑ를 구분할 수 있다.

😊 **출제분석** | 연역적 탐구 과정에서 실험 결과와 이를 통해 도출한 결론을 토대로 ⓐ와 ⓑ를 구분해야 하는 난도 '하'의 문항이다. 연역적 탐구와 관련된 문항에서는 조작 변인과 종속 변인을 묻는 보기도 자주 출제된다. 참고로 이 실험에서 조작 변인은 '바다 달팽이의 유무(바다 달팽이가 갉아 먹었는지의 여부)'이며, 실험 결과에 해당하는 종속 변인은 '물질 X의 양'이다.

다음은 어떤 과학자가 수행한 탐구이다.

〈연역적 탐구 방법〉

가설 설정 ◀ (가) 해조류를 먹지 않는 돌돔이 서식하는 지역에서 해조류를 먹는 성게의 개체 수가 적게 관찰되는 것을 보고, 돌돔이 있으면 성게에게 먹히는 해조류의 양이 감소할 것이라고 생각했다.

탐구 설계 및 수행 ◀ (나) 같은 양의 해조류가 있는 지역 A와 B에 동일한 개체 수의 성게를 각각 넣은 후 ㉠에만 돌돔을 넣었다. ㉠은 A와 B 중 하나이다. ┗→A

                                    종속 변인

탐구 결과 ◀ (다) 일정 시간이 지난 후 남아 있는 해조류의 양은 A에서가 B에서보다 많았다. ➡ 성게에게 먹힌 해조류의 양 : A < B

결론 도출 ◀ (라) 돌돔이 있으면 성게에게 먹히는 해조류의 양이 감소한다는 결론을 내렸다.

이 자료에 대한 설명으로 옳은 것만을 〈보기〉에서 있는 대로 고른 것은? (단, 제시된 조건 이외는 고려하지 않는다.)

보기
     A
ㄱ. ㉠은 ~~B~~이다.
    조작 변인
ㄴ. ~~종속변인~~은 돌돔의 유무이다.
ㄷ. 연역적 탐구 방법이 이용되었다.

① ㄱ   ✔② ㄷ   ③ ㄱ, ㄴ   ④ ㄱ, ㄷ   ⑤ ㄴ, ㄷ

|자|료|해|설|

(가)에서 관찰을 통해 문제를 인식하고 이에 대한 잠정적인 답인 가설을 세웠으며, (나)에서 이를 검증하기 위한 대조 실험을 수행하였다. 지역 A와 B 중 한 곳에만 돌돔을 넣었으므로 돌돔의 유무는 조작 변인에 해당하며, 그 결과 (다)에서 확인한 남아 있는 해조류의 양은 종속 변인에 해당한다. 이때 (라)에서 '돌돔이 있으면 성게에게 먹히는 해조류의 양이 감소한다'는 결론을 내렸으므로 돌돔을 넣어준 지역에서 남아 있는 해조류의 양이 돌돔을 넣지 않은 지역보다 많아야 한다. 즉 돌돔을 넣어준 지역 ㉠은 A이다.

|보|기|풀|이|

ㄱ. 오답 : 남아 있는 해조류의 양은 A에서가 B에서보다 많았으므로, 성게에게 먹힌 해조류의 양이 B보다 적었다는 것을 알 수 있다. 즉, A는 돌돔을 넣어준 지역 ㉠이다.

ㄴ. 오답 : 두 지역 A와 B에서 다르게 설정한 변인인 돌돔의 유무는 조작 변인이다.

ㄷ. 정답 : 가설을 설정하고 실험을 통해 이를 검증하였으므로 연역적 탐구 방법이 이용되었다.

😮 **문제풀이 TIP** | 종속 변인은 조작 변인의 영향을 받아 변하는 변인으로, 실험의 결과에 해당한다. 이 과학자가 수행한 탐구에서 조작 변인은 돌돔의 유무이고, 종속 변인은 남아 있는 해조류의 양이다.

😮 **출제분석** | 연역적 탐구 방법에 관해 묻는 문항으로 난도 '중'에 해당한다. 과학의 탐구 방법이 출제가 되면 가설을 설정하고 대조 실험을 수행하는 연역적 탐구 과정이 대부분 출제된다. 대부분 난도가 높지 않으므로 반드시 맞혀야 하는 문제이며, 제시된 탐구 과정에서 조작 변인, 종속 변인, 실험군, 대조군 등을 찾도록 하는 보기가 자주 출제되므로 관련 개념을 확실히 정리해두도록 한다.

다음은 어떤 과학자가 수행한 탐구 과정의 일부이다.

〈연역적 탐구 방법〉

가설 설정 (가) 동물 X는 사료 외에 플라스틱도 먹이로 섭취하여 에너지를 얻을 수 있을 것이라고 생각했다.

탐구 설계 및 수행 (나) 동일한 조건의 X를 각각 20마리씩 세 집단 A, B, C로 나눈 후 A에는 물과 사료를, B에는 물과 플라스틱을, C에는 물만 주었다. ➡ 조작 변인 : 먹이의 종류

탐구 결과 정리 및 해석 (다) 일정 기간이 지난 후 ㉠X의 평균 체중을 확인한 결과 A에서는 증가했고, B에서는 유지되었으며, C에서는 감소했다. ┗→종속 변인

이 자료에 대한 설명으로 옳은 것만을 〈보기〉에서 있는 대로 고른 것은?

보기
      종속 변인
ㄱ. ㉠은 ~~조작 변인~~이다.
ㄴ. 연역적 탐구 방법이 이용되었다. ┄┄→ 가설의 옳고 그름을 검증하는 탐구 방법
ㄷ. (나)에서 대조 실험이 수행되었다.
        ┗→실험군과 대조군을 설정하여 비교

① ㄱ   ② ㄴ   ③ ㄱ, ㄴ   ✔④ ㄴ, ㄷ   ⑤ ㄱ, ㄴ, ㄷ

|자|료|해|설|

이 탐구는 가설을 세우고 가설의 옳고 그름을 검증하는 탐구이므로 연역적 탐구 방법에 해당한다. (가)는 가설 설정, (나)는 탐구 설계 및 수행, (다)는 탐구 결과 정리 및 해석 단계에 해당한다. 대조 실험이 진행되었으며, 조작 변인은 먹이의 종류이고 실험 결과에 해당하는 종속 변인은 X의 평균 체중(㉠)이다.

|보|기|풀|이|

ㄱ. 오답 : X의 평균 체중(㉠)은 종속 변인이고, 조작 변인은 먹이의 종류이다.

ㄴ. 정답 : 가설의 옳고 그름을 검증하는 연역적 탐구 방법이 이용되었다.

ㄷ. 정답 : (나)에서 실험군과 대조군을 설정하여 비교하는 대조 실험이 수행되었다.

😮 **문제풀이 TIP** | 조작 변인은 실험에서 의도적으로 변화시키는 요인이고, 종속 변인은 조작 변인의 영향을 받아 변하는 변인으로 실험 결과에 해당한다.

다음은 어떤 과학자가 수행한 탐구이다.

〈연역적 탐구 방법〉

관찰 및 가설 설정 ← (가) 벼가 잘 자라지 못하는 논에 벼를 갉아먹는 왕우렁이의 개체 수가 많은 것을 관찰하고, 왕우렁이의 포식자인 자라를 논에 넣어주면 벼의 생물량이 증가할 것이라고 생각했다.

탐구 설계 및 수행 ← (나) 같은 지역의 면적이 동일한 논 A와 B에 각각 같은 수의 왕우렁이를 넣은 후, A에만 자라를 풀어놓았다.

탐구 결과 정리 ← (다) 일정 시간이 지난 후 조사한 왕우렁이의 개체 수는 ㉠에서가 ㉡에서보다 적었고, 벼의 생물량은 ㉠에서가 ㉡에서보다 많았다. ㉠과 ㉡은 A와 B를 순서 없이 나타낸 것이다.

결론 도출 ← (라) 자라가 왕우렁이의 개체 수를 감소시켜 벼의 생물량이 증가한다는 결론을 내렸다.

이 자료에 대한 설명으로 옳은 것만을 〈보기〉에서 있는 대로 고른 것은? 3점

보기
㉠. ㉡은 B이다. ← 자라의 유무
㉡. 조작 변인은 벼의 생물량이다 이 아니다 ← 종속 변인
㉢. ㉠에서 왕우렁이 개체군에 환경 저항이 작용하였다. ← 개체군의 생장을 억제하는 요인

① ㄱ ② ㄴ ✓③ ㄱ, ㄷ ④ ㄴ, ㄷ ⑤ ㄱ, ㄴ, ㄷ

|자|료|해|설|
제시된 탐구는 연역적 탐구 방법이며, (가)~(라)는 순서대로 관찰 및 가설 설정, 탐구 설계 및 수행, 탐구 결과 정리, 결론 도출 단계에 해당한다. 자라가 왕우렁이의 개체 수를 감소시켜 벼의 생물량이 증가한다는 결론을 내렸으므로 (다)에서 벼의 생물량이 더 많았던 ㉠이 자라를 풀어놓은 A이고, ㉡이 B이다.
대조 실험이 진행되었으며, 자라를 풀어놓은 A(㉠)가 실험군이고 B(㉡)는 대조군이다. 조작 변인은 자라의 유무이고, 실험 결과에 해당하는 종속 변인은 벼의 생물량이다.

|보|기|풀|이|
㉠ 정답 : ㉠은 A이고, ㉡은 B이다.
ㄴ. 오답 : 조작 변인은 자라의 유무이며, 벼의 생물량은 종속 변인에 해당한다.
㉢ 정답 : 환경 저항은 개체군의 생장을 억제하는 요인으로 먹이 부족, 생활 공간 부족, 노폐물 증가, 천적과 질병의 증가 등이 있다. 따라서 왕우렁이의 포식자인 자라를 풀어놓은 A(㉠)에서 왕우렁이 개체군에 '천적'이라는 환경 저항이 작용하였다.

😮 **문제풀이 T I P** | 자라가 왕우렁이의 개체 수를 감소시켜 벼의 생물량이 증가한다는 결론을 통해 ㉠과 ㉡을 구분할 수 있다. 조작 변인은 두 집단에서 다르게 설정한 요인이고, 종속 변인은 실험의 결과에 해당한다.

다음은 어떤 과학자가 수행한 탐구이다. 〈연역적 탐구 방법〉

관찰 및 가설 설정 (가) 물질 X가 살포된 지역에서 비정상적인 생식 기관을 갖는 수컷 개구리가 많은 것을 관찰하고, X가 수컷 개구리의 생식 기관에 기형을 유발할 것이라고 생각했다.

탐구 설계 및 수행 (나) X에 노출된 적이 없는 올챙이를 집단 A와 B로 나눈 후 A에만 X를 처리했다.

탐구 결과 정리 (다) 일정 시간이 지난 후, ㉠과 ㉡ 각각의 수컷 개구리 중 비정상적인 생식 기관을 갖는 개체의 빈도를 조사한 결과는 그림과 같다. ㉠과 ㉡은 A와 B를 순서 없이 나타낸 것이다.

[그래프: 빈도(상댓값), A, B]

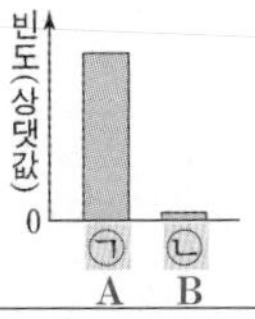

결론 도출 (라) X가 수컷 개구리의 생식 기관에 기형을 유발한다는 결론을 내렸다. ← X를 처리한 집단 A에서 비정상적인 생식 기관을 갖는 개체의 빈도가 높음

이 자료에 대한 설명으로 옳은 것만을 〈보기〉에서 있는 대로 고른 것은? 3점

보기
A
㉠. ㉠은 B이다. ← 가설을 세우고 검증하는 탐구 방법
㉡. 연역적 탐구 방법이 이용되었다.
㉢. (나)에서 조작 변인은 X의 처리 여부이다. ← 실험에서 의도적으로 변화시키는 요인

① ㄱ ② ㄴ ③ ㄱ, ㄷ ✓④ ㄴ, ㄷ ⑤ ㄱ, ㄴ, ㄷ

|자|료|해|설|
제시된 탐구는 연역적 탐구 방법이며, (가)~(라)는 순서대로 관찰 및 가설 설정, 탐구 설계 및 수행, 탐구 결과 정리, 결론 도출 단계에 해당한다. (라)의 결론에 따르면 탐구 결과에서 X를 처리한 집단(A)에서 비정상적인 생식 기관을 갖는 개체의 빈도가 높았다는 것이므로 ㉠이 A이고, ㉡이 B이다.

|보|기|풀|이|
ㄱ. 오답 : X를 처리한 A에서 비정상적인 생식 기관을 갖는 개체의 빈도가 높았으므로 ㉠은 A이다.
㉡ 정답 : 가설을 세우고 검증하는 실험을 진행했으므로 이는 연역적 탐구 방법에 해당한다.
㉢ 정답 : (나)에서 A에만 X를 처리했으므로 조작 변인은 X의 처리 여부이다.

😮 **문제풀이 T I P** | (라)에서 내린 결론을 토대로 실험 결과를 유추하여 ㉠과 ㉡을 구분할 수 있다.

다음은 어떤 과학자가 수행한 탐구의 일부이다.

〈연역적 탐구 과정〉

(가) 식물 주변 O_2 농도가 높을수록 식물의 CO_2 흡수량이 많을 것으로 생각하였다. →가설 설정

(나) 같은 종의 식물 집단 A와 B를 준비하고, 표와 같은 조건에서 일정 기간 기르면서 측정한 CO_2 흡수량은 그림과 같았다. ㉠과 ㉡은 각각 A와 B 중 하나이다.

집단	주변 O_2 농도
A 조작 변인←	1%
B	21%

(다) 가설과 맞지 않는 결과가 나와 가설을 수정하였다.

이에 대한 옳은 설명만을 〈보기〉에서 있는 대로 고른 것은? 3점

보기

㉠. 연역적 탐구 방법이 이용되었다.

㇄. 주변 O_2 농도는 ~~종속변인~~이다. (조작 변인)

㇄. ㉠은 ~~A~~이다. (B)

 ① ㄱ   ② ㄴ   ③ ㄷ   ④ ㄱ, ㄴ   ⑤ ㄱ, ㄷ

😮 **문제풀이 TIP** | - 조작 변인: 실험에서 의도적으로 변화시키는 요인으로 가설의 원인에 해당한다.
- 통제 변인: 실험하는 동안 일정하게 유지시키는 변인
- 종속변인: 조작 변인의 영향을 받아 변하는 변인으로 실험 결과에 해당한다.

|자|료|해|설|

가설을 설정하고 이를 검증하기 위한 탐구를 설계하여 수행하였으므로 연역적 탐구 과정에 해당한다. (가)에서 '식물 주변 O_2 농도가 높을수록 식물의 CO_2 흡수량이 많을 것'이라는 가설을 설정하였으며, 이를 검증하기 위해 (나)에서 식물 집단 A, B를 나누어 대조 실험을 수행하였다. 주변 O_2 농도를 집단 A, B에서 달리하였으므로 이는 조작 변인에 해당하고, 그 결과 두 집단에서 나타난 CO_2 흡수량은 종속변인에 해당한다.

(다)에서 실험 결과가 가설과 맞지 않았다고 했으므로 주변 O_2 농도가 높을수록 식물의 CO_2 흡수량이 많지 않아야 한다. 따라서 ㉠은 B, ㉡은 A임을 알 수 있다.

|보|기|풀|이|

㉠ 정답 : 가설 설정 및 가설 검증을 위한 대조 실험의 과정이 나타나 있으므로 연역적 탐구 방법이 이용되었다.

ㄴ. 오답 : 주변 O_2 농도는 조작 변인에 해당하며, 이에 따른 결과로 나타나는 CO_2 흡수량이 종속변인이다.

ㄷ. 오답 : (다)에서 가설과 맞지 않는 결과가 나왔다고 했으므로 CO_2 흡수량이 적은 ㉠은 B, CO_2 흡수량이 많은 ㉡은 A이다.

다음은 어떤 과학자가 수행한 탐구이다.

〈연역적 탐구 방법〉

가설 설정 ← (가) 갑오징어가 먹이의 많고 적음을 구분하여 먹이가 더 많은 곳으로 이동할 것이라고 생각했다.

탐구 설계 및 수행 ← (나) 그림과 같이 대형 수조 안에 서로 다른 양의 먹이가 들어 있는 수조 A와 B를 준비했다. →조작 변인 : 먹이의 양

(다) 갑오징어 1마리를 대형 수조에 넣고 A와 B 중 어느 수조로 이동하는지 관찰했다.

탐구 결과 정리 및 해석 ← (라) 여러 마리의 갑오징어로 (다)의 과정을 반복하여 ⓐ A와 B 각각으로 이동한 갑오징어 개체의 빈도를 조사한 결과는 그림과 같다. →종속 변인

결론 도출 ← (마) 갑오징어가 먹이의 많고 적음을 구분하여 먹이가 더 많은 곳으로 이동한다는 결론을 내렸다. ∴먹이의 양 : A > B

이 자료에 대한 설명으로 옳은 것만을 〈보기〉에서 있는 대로 고른 것은?

보기

㇄. ⓐ는 ~~조작 변인~~이다. (종속 변인)

㇄. 먹이의 양은 B에서가 A에서보다 ~~많다~~. (적다)

㉢. (마)는 탐구 과정 중 결론 도출 단계에 해당한다.

① ㄱ   ✔② ㄷ   ③ ㄱ, ㄴ   ④ ㄱ, ㄷ   ⑤ ㄴ, ㄷ

|자|료|해|설|

가설을 세우고 가설의 옳고 그름을 검증하는 탐구이므로 연역적 탐구 방법에 해당한다. (가)는 가설 설정, (나)와 (다)는 탐구 설계 및 수행, (라)는 탐구 결과 정리 및 해석, (마)는 결론 도출 단계이다.

A와 B에서 먹이의 양을 다르게 설정하였으므로 조작 변인은 '먹이의 양'이고, ⓐ는 실험의 결과이므로 종속 변인에 해당한다. (마)에서 갑오징어가 먹이의 많고 적음을 구분하여 먹이가 더 많은 곳으로 이동한다는 결론을 내렸으므로, (라)에서 이동한 갑오징어 개체의 빈도가 더 높은 A에서가 B에서보다 먹이의 양이 많았다는 것을 알 수 있다.

|보|기|풀|이|

ㄱ. 오답 : ⓐ는 실험 결과에 해당하므로 종속 변인이다. 이 탐구에서 조작 변인은 '먹이의 양'이다.

ㄴ. 오답 : 갑오징어가 먹이가 더 많은 곳으로 이동한다는 결론을 내렸으므로 이동한 개체의 빈도가 적은 B에서가 A에서보다 먹이의 양이 적다.

㉢ 정답 : (마)는 결론을 내린 단계이므로 결론 도출 단계에 해당한다.

😮 **문제풀이 TIP** | (라)와 (마)를 토대로 A와 B에서의 먹이의 양을 비교할 수 있다.

23 연역적 탐구의 설계

정답 ⑤   정답률 77%   2023년 3월 학평 6번   문제편 20p

다음은 어떤 과학자가 수행한 탐구이다.

(가) 뒷날개에 긴 꼬리가 있는 나방이 박쥐에게 잡히지 않는
것을 보고, 긴 꼬리는 이 나방이 박쥐에게 잡히지 않는 데
도움이 된다고 생각했다.

→실험군 →대조군
(나) 이 나방을 집단 A와 B로 나눈 후 A에서는 긴 꼬리를
그대로 두고, B에서는 긴 꼬리를 제거했다. →조작 변인 : 긴 꼬리 제거 여부

종속 변인
(다) 일정 시간 박쥐에게 잡힌 나방의 비율은 ㉠이 ㉡보다
높았다. ㉠과 ㉡은 A와 B를 순서 없이 나타낸 것이다.
          B   A

(라) 긴 꼬리는 이 나방이 박쥐에게 잡히지 않는 데 도움이
된다는 결론을 내렸다.

이 자료에 대한 옳은 설명만을 〈보기〉에서 있는 대로 고른 것은?

(3점)

박쥐에게 잡힌
나방의 비율이
높은 집단

보기

㉠. ㉠은 B이다.
㉡. 연역적 탐구 방법이 이용되었다. →실험 결과
㉢. 박쥐에게 잡힌 나방의 비율은 종속변인이다.

① ㄱ   ② ㄷ   ③ ㄱ, ㄴ   ④ ㄴ, ㄷ   ⑤ ㄱ, ㄴ, ㄷ

|자|료|해|설|
가설을 검증하기 위한 탐구를 진행하였으므로 이는 연역적
탐구 방법에 해당한다. 긴 꼬리를 그대로 둔 집단 A는
대조군이고, 긴 꼬리를 제거한 집단 B는 실험군이다. 이
실험에서 조작 변인은 꼬리 제거 여부이고, 종속 변인은
박쥐에게 잡힌 나방의 비율이다. 결론을 통해 박쥐에게
잡힌 나방의 비율은 긴 꼬리를 그대로 둔 집단(A)에서보다
긴 꼬리를 제거한 집단(B)에서 더 높았다는 것을 알 수
있다. 따라서 ㉠은 B이고, ㉡은 A이다.

|보|기|풀|이|
㉠ 정답 : 박쥐에게 잡힌 나방의 비율이 높은 ㉠은 긴
꼬리를 제거한 집단 B이다.
㉡ 정답 : 가설을 검증하는 대조 실험이 진행되었으므로
연역적 탐구 방법이 이용되었다.
㉢ 정답 : 박쥐에게 잡힌 나방의 비율을 측정했으므로 이는
종속 변인에 해당한다.

😮 문제풀이 TIP | (라)의 결론을 통해 ㉠과 ㉡을 유추할 수 있다.

---

24 연역적 탐구의 설계

정답 ②   정답률 83%   2023년 4월 학평 4번   문제편 21p

다음은 어떤 과학자가 수행한 탐구 과정의 일부이다.
〈연역적 탐구〉

(가) 비둘기가 포식자인 참매가 있는 지역에서 무리지어
활동하는 모습을 관찰하였다. ➡관찰

(나) 비둘기 무리의 개체 수가 많을수록, 비둘기 무리가 참매를
발견했을 때의 거리(d)가 클 것이라고 생각하였다. ➡가설 설정

비둘기 무리 d 참매

조작 변인
(다) 비둘기 무리의 개체 수를 표와
같이 달리하여 집단 A~C로 나눈
후, 참매를 풀어놓았다.

집단	A	B	C
개체 수	5	25	50

(라) 그림은 A~C에서 ㉠ 비둘기 무리가
참매를 발견했을 때의 거리(d)를 나타낸
것이다.
→종속 변인

거리
0   A B C

이 자료에 대한 설명으로 옳은 것만을 〈보기〉에서 있는 대로 고른
것은? (3점)

보기
→가설
ㄱ. (가)는 관찰한 현상을 설명할 수 있는 잠정적인 결론을
설정하는 단계이다. (나)

ㄴ. ㉠은 조작 변인이다. →개체군의 생장을 억제하는 요인
종속 변인   (먹이 부족, 생활 공간 부족, 노폐물 증가 등)

㉢. (다)의 C에 환경 저항이 작용한다.

① ㄱ   ② ㄷ   ③ ㄱ, ㄴ   ④ ㄴ, ㄷ   ⑤ ㄱ, ㄴ, ㄷ

|자|료|해|설|
자연 현상을 관찰하여 인식한 문제에 대한 잠정적인 답인
가설을 세우고, 가설을 검증하는 연역적 탐구 방법이
이용되었다. 가설을 검증하기 위해 비둘기 무리의 개체
수를 달리하여 집단을 나누어 실험하였으므로 비둘기
무리의 개체 수는 조작 변인이고, 그 결과로 측정된 비둘기
무리가 참매를 발견했을 때의 거리(d)는 종속 변인이다.

|보|기|풀|이|
ㄱ. 오답 : (가)는 자연 현상을 관찰하는 단계이고, 관찰한
현상을 설명할 수 있는 잠정적인 결론인 가설을 설정하는
단계는 (나)이다.
ㄴ. 오답 : ㉠은 실험 결과로 측정되어 나타나는 변인이므로
조작 변인이 아닌 종속 변인이다.
㉢ 정답 : 환경 저항은 개체군의 생장을 억제하는 요인으로
먹이 부족, 생활 공간 부족, 노폐물 증가 등이 있다. 자원의
제한이 있는 실제 환경에서 환경 저항은 항상 작용하며,
개체 수가 증가할수록 커진다. 즉 (다)의 C에도 환경 저항이
작용한다.

😮 문제풀이 TIP | 각 집단에서 서로 다르게 설정해준 변인이 조작
변인이고, 조작 변인의 영향을 받아 변하는 변인으로 실험의 결과에
해당하는 변인이 종속 변인이다.

😀 출제분석 | 연역적 탐구 방법에 관해 묻는 문항으로 난도
'중하'에 해당한다. 주로 2점으로 출제되고 난도가 높지 않기
때문에 반드시 맞혀야 하는 문제이다. 자료를 제시하고 각 과정이
어떤 탐구 단계에 해당하는지, 조작 변인과 종속 변인, 실험군과
대조군은 무엇인지 묻는 유형으로 출제된다.

그림 (가)와 (나)는 연역적 탐구 방법과 귀납적 탐구 방법을 순서 없이 나타낸 것이다.

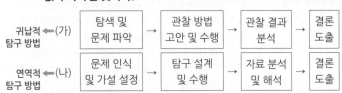

이에 대한 옳은 설명만을 〈보기〉에서 있는 대로 고른 것은?

보기

ㄱ. (가)는 귀납적 탐구 방법이다. → 귀납적 탐구 방법

ㄴ. 여러 과학자가 생물을 관찰하여 생물은 세포로 이루어져 있다는 결론을 내리는 과정에 (가)가 사용되었다.

ㄷ. (나)에서는 대조 실험을 하여 결과의 타당성을 높인다.

연역적 탐구 방법 → ← 실험군과 대조군을 설정하여 비교

① ㄱ ② ㄷ ③ ㄱ, ㄴ ④ ㄴ, ㄷ ✔ ㄱ, ㄴ, ㄷ

|자|료|해|설|

관찰을 통해 얻은 자료를 종합하고 분석하여 일반적인 원리나 법칙에 해당하는 결론을 이끌어내는 (가)는 귀납적 탐구 방법을 나타낸 것이고, 문제에 대한 잠정적인 답인 가설을 설정하고 이를 검증하기 위한 탐구를 수행하여 결론을 도출하는 (나)는 연역적 탐구 방법을 나타낸 것이다.

|보|기|풀|이|

ㄱ. 정답 : (가)는 관찰 결과를 분석하여 결론을 도출하는 귀납적 탐구 방법이다.

ㄴ. 정답 : 여러 과학자가 생물을 관찰하여 생물이 세포로 이루어져 있다는 결론을 내리는 과정은 수많은 관찰로부터 일반적인 원리나 법칙을 이끌어내는 과정에 해당하므로 귀납적 탐구 방법인 (가)가 사용되었다.

ㄷ. 정답 : 연역적 탐구 방법인 (나)에서는 실험군과 대조군을 설정하여 비교하는 대조 실험을 통해 탐구 결과의 타당성을 높인다.

😮 **문제풀이 T I P** | 대조 실험을 수행하면 조작 변인과 종속 변인 사이의 인과 관계를 좀 더 정확하게 확인할 수 있으므로 탐구 결과의 타당성이 높아진다.

😮 **출제분석** | 귀납적 탐구 방법과 연역적 탐구 방법의 과정을 도식으로 제시하고 관련된 기본 개념을 묻고 있는 난도 '하'의 문항이다. 과학의 탐구 방법이 출제되면 연역적 탐구 과정이 대부분 출제되며 구체적인 탐구 과정의 예가 자료로 제시되고 연역적 탐구 과정의 어느 단계에 해당하는지, 대조군과 실험군, 조작 변인과 종속 변인은 무엇인지를 묻는 유형이 전형적이다.

다음은 플랑크톤에서 분비되는 독소 ㉠과 세균 S에 대해 어떤 과학자가 수행한 탐구이다. 〈연역적 탐구 방법〉

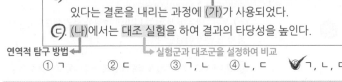

관찰 및 문제인식 / 가설 설정 ← (가) S의 밀도가 낮은 호수에서보다 높은 호수에서 ㉠의 농도가 낮은 것을 관찰하고, S가 ㉠을 분해할 것이라고 생각했다.

탐구 설계 및 수행 ← (나) 같은 농도의 ㉠이 들어 있는 수조 Ⅰ과 Ⅱ를 준비하고 한 수조에만 S를 넣었다. 일정 시간이 지난 후 Ⅰ과 Ⅱ 각각에

종속 변인 ← 남아 있는 ㉠의 농도를 측정했다.

탐구 결과 정리 및 해석 ← (다) 수조에 남아 있는 ㉠의 농도는 Ⅰ에서가 Ⅱ에서보다 높았다.

(라) S가 ㉠을 분해한다는 결론을 내렸다. Ⅰ(대조군) : S 넣지 않음 / Ⅱ(실험군) : S 넣음

결론 도출 ← 조작 변인 : S를 넣었는지의 여부

이 자료에 대한 설명으로 옳은 것만을 〈보기〉에서 있는 대로 고른 것은? 3점

보기

ㄱ. (나)에서 대조 실험이 수행되었다.

ㄴ. 조작 변인은 수조에 남아 있는 ㉠의 농도이다. → 종속 변인

ㄷ. S를 넣은 수조는 Ⅰ이다. → 종속 변인
↑ S를 넣었는지의 여부

✔ ㄱ ② ㄴ ③ ㄱ, ㄷ ④ ㄴ, ㄷ ⑤ ㄱ, ㄴ, ㄷ

|자|료|해|설|

가설의 옳고 그름을 검증하는 탐구를 진행하였으므로 이는 연역적 탐구 방법이다. 한 수조에만 S를 넣었으므로 S를 넣었는지의 여부가 조작 변인이고, 수조에 남아 있는 ㉠의 농도는 종속 변인에 해당한다. S가 ㉠을 분해한다는 결론을 내렸으므로 S를 넣은 수조에 남아 있는 ㉠의 농도가 낮다. 따라서 S를 넣은 수조는 Ⅱ(실험군)이고, S를 넣지 않는 수조는 Ⅰ(대조군)이다.

|보|기|풀|이|

ㄱ. 정답 : (나)에서 실험군과 대조군을 설정하여 비교하는 대조 실험이 수행되었다.

ㄴ. 오답 : 조작 변인은 S를 넣었는지의 여부이고, 수조에 남아 있는 ㉠의 농도는 종속 변인에 해당한다.

ㄷ. 오답 : S를 넣은 수조는 Ⅱ이다.

😮 **문제풀이 T I P** | S가 ㉠을 분해한다는 결론을 통해 S를 넣은 수조를 유추할 수 있다.

Ⅱ. 사람의 물질대사

1. 사람의 물질대사　01. 세포의 물질대사와 에너지

❶ 세포 호흡 　★수능에 나오는 필수 개념 2가지 + 필수 암기사항 2개

필수개념 1 　세포 호흡 과정

• 세포 호흡 과정 ★암기 → 세포 호흡 결과로 방출되는 에너지 중 40%의 에너지가 ATP에 저장되는 것을 반드시 기억하자!

> • 세포 호흡 : 세포가 영양소를 분해하여 세포의 생명 활동에 필요한 에너지(ATP)를 얻는 과정으로,
> 대표적인 이화 작용의 예이다.
> • 세포 호흡의 장소 : 주로 미토콘드리아에서 진행되며, 세포질에서도 일부 과정이 진행된다.
> • 세포 호흡의 과정 : 포도당이 물과 이산화 탄소(CO_2)로 최종 분해되면서 에너지가 방출된다. 세포
> 호흡 과정에서 방출된 에너지의 일부(약 40%)는 ATP에 저장되고, 나머지(약 60%)는 열에너지로
> 방출된다.
>
> $$C_6H_{12}O_6 + 6O_2 + 6H_2O \rightarrow 6CO_2 + 12H_2O + 에너지(32ATP + 열에너지)$$
>
>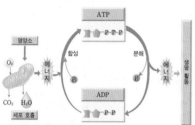
>
> ◀ 세포 호흡과 에너지 전환

필수개념 2 　세포 호흡과 연소

• 세포 호흡과 연소의 공통점과 차이점 ★암기

구분	세포 호흡	연소
화학 반응식	$C_6H_{12}O_6 + 6O_2 + 6H_2O \rightarrow 6CO_2 +$ $12H_2O + 에너지(32ATP + 열에너지)$	$C_6H_{12}O_6 + 6O_2 \rightarrow 6CO_2 + 6H_2O +$ $에너지(빛에너지 + 열에너지)$
반응 온도	37℃	400℃ 이상
효소 필요여부	효소 필요	효소 불필요
에너지 방출	• 에너지가 단계적으로 방출되며, 일부는 ATP에 저장하고 나머지는 열의 형태로 방출된다. 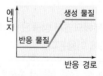	• 에너지가 열과 빛의 형태로 한꺼번에 방출된다.
공통점	• 산소가 필요한 산화 반응 • 에너지가 방출되는 발열 반응 • 반응 결과 물, 이산화 탄소, 에너지가 생성됨	

기본자료

▶ 세포 호흡
세포가 유기물을 분해하여 필요한
에너지를 얻는 과정

▶ 산소 호흡
산소를 이용해 유기물을 분해하여
에너지를 얻는 과정. 유기물이 완전
분해되어 다량의 ATP(32ATP)가
생성되며, 주로 미토콘드리아에서
일어난다.

▶ 무산소 호흡
산소가 없는 상태에서 유기물을 분해하여
에너지를 얻는 과정. 유기물이 불완전
분해되어 중간 산물이 생기고 소량의
ATP(2ATP)가 생성되며, 세포질에서
일어난다.

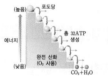

▲ 산소 호흡　▲ 무산소 호흡

▶ 세포 호흡에서의 단계적 에너지 방출의
의의
세포 호흡 과정에서 에너지를 단계적으로
방출하지 않고 연소처럼 다량의 에너지를
한꺼번에 방출한다면 세포가 열에 의한
손상을 받게 된다.

▶ 동화 작용
• 저분자 물질 → 고분자 물질
• 흡열 반응

（그래프: 반응 물질 → 생성 물질, 에너지 증가, 반응 경로）

• 예 광합성, 단백질 합성 등

▶ 이화 작용
• 고분자 물질 → 저분자 물질
• 발열 반응

（그래프: 반응 물질 → 생성 물질, 에너지 감소, 반응 경로）

• 예 세포 호흡, 소화 등

❷ ATP 에너지의 이용 ★수능에 나오는 필수 개념 2가지 + 필수 암기사항 2개

기본자료

필수개념 1 **ATP의 구조**

• **ATP의 구조** 암기 → ATP가 ADP와 P,로 분해되면서 에너지가 방출되는 개념을 ATP의 구조와 연관 지어 기억하자!

> • ATP : 생명 활동에 직접 이용되는 에너지 저장 물질이다.
> • ATP의 구조 : ATP는 아데노신(아데닌＋리보스)에 3개의 인산이 결합된 구조로, 인산과 인산은 고에너지 인산 결합을 하고 있다.
> • ATP의 생성과 분해 : ATP가 ADP와 무기 인산(P_i)으로 분해될 때 고에너지 인산 결합이 끊어지면서 1몰당 7.3kcal의 에너지가 방출되고, ADP가 무기 인산(P_i) 한 분자와 결합하여 ATP로 합성되면서 1몰당 7.3kcal의 에너지가 저장된다.
>
>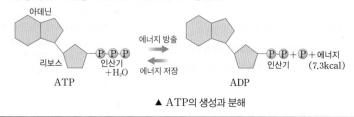
>
> ▲ ATP의 생성과 분해

▶ 고에너지 인산 결합
ATP의 끝부분에 있는 2개의 인산 결합에는 각각 1몰당 7.3kcal의 에너지가 함유되어 있는데, 이를 고에너지 인산 결합이라고 한다.

▶ ATP(Adenosine triphosphate)
아데노신 3인산

▶ ADP(Adenosine diphosphate)
아데노신 2인산

필수개념 2 **에너지의 전환과 이용**

• **에너지의 전환과 이용** 암기 → ATP가 분해되면서 방출된 에너지가 사용되는 생명 활동을 예와 함께 매치시켜 기억하자!

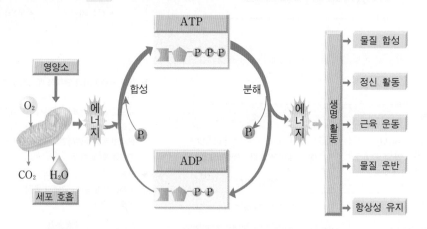

• ATP가 분해되면서 방출된 에너지는 기계적 에너지, 화학적 에너지, 열에너지 등으로 전환되어 여러 생명 활동에 이용된다.

근육 운동	근육 섬유가 수축할 때 ATP에 저장된 에너지가 사용된다.
물질 운반 (능동 수송)	저농도 쪽에서 고농도 쪽으로 물질을 이동시킬 때 ATP에 저장된 에너지가 사용된다. 예 Na^+-K^+ 펌프, 소장에서의 양분 흡수, 세뇨관에서의 포도당이나 아미노산의 재흡수와 분비 등
물질의 합성	저분자 물질이 고분자 물질로 합성되는 과정에서 ATP에 저장된 에너지가 사용된다. 예 글리코젠이나 녹말의 합성, 단백질의 합성 등
기타	빛을 내는 발광, 소리를 내는 발성, 체온 유지를 통한 항상성 유지, 전기를 발생시키는 발전 등에도 ATP에 저장된 에너지가 사용된다.

▶ 수동 수송
에너지를 사용하지 않고 농도 기울기에 따라 세포막을 통해 물질이 이동되는 방식

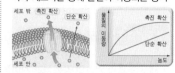

▶ 능동 수송
ATP를 소비하면서 농도 기울기에 역행하여 저농도에서 고농도로 물질이 이동되는 방식

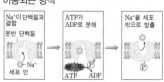

1 | ATP의 구조

정답 ④ 정답률 81% 2021학년도 6월 모평 2번 문제편 24p

그림은 ATP와 ADP 사이의 전환을 나타낸 것이다.

ADP ㉠ —[아데닌 / 리보스] (P)(P) + (P) 무기 인산(P_i) ⇄(ATP 합성 I / ATP 분해 II) 아데닌 / 리보스 / ATP (P)(P)(P) 고에너지 인산 결합

이에 대한 설명으로 옳은 것만을 〈보기〉에서 있는 대로 고른 것은?

보기
ㄱ. ㉠은 ~~ATP~~ ADP 이다.
ㄴ. 미토콘드리아에서 과정 Ⅰ이 일어난다. → ATP 합성
ㄷ. 과정 Ⅱ에서 인산 결합이 끊어진다. → ATP 분해

① ㄱ   ② ㄷ   ③ ㄱ, ㄴ   ✔④ ㄴ, ㄷ   ⑤ ㄱ, ㄴ, ㄷ

|자|료|해|설|
㉠은 아데노신(아데닌+리보스)에 2개의 인산이 결합된 ADP이고, Ⅰ은 ADP가 무기 인산(P_i) 한 분자와 결합하여 ATP가 합성되는 과정이다. 반대 과정인 Ⅱ는 아데노신(아데닌+리보스)에 3개의 인산이 결합된 ATP가 ADP와 무기 인산(P_i)으로 분해되는 과정이다.

|보|기|풀|이|
ㄱ. 오답 : ㉠은 ADP이다.
ㄴ. 정답 : 미토콘드리아에서 ATP 합성(과정 Ⅰ)이 일어난다.
ㄷ. 정답 : ATP가 분해되는 과정 Ⅱ에서 인산 결합이 끊어지며 ATP가 ADP와 무기 인산(P_i)으로 분해된다.

🤯 문제풀이 T I P | ATP는 아데노신(아데닌+리보스)에 3개의 인산이 결합된 구조이며, 미토콘드리아에서 합성된다.

---

2 | ATP의 구조

정답 ⑤ 정답률 72% 2021년 4월 학평 2번 문제편 24p

그림은 ATP와 ADP 사이의 전환을 나타낸 것이다.

㉠ / 아데닌 / 리보스 / ATP (P)(P)(P) ⇄(ATP분해(E방출) I / ATP합성(E저장) II) 리보스 ADP (P)(P) + (P) 무기인산

이에 대한 설명으로 옳은 것만을 〈보기〉에서 있는 대로 고른 것은?

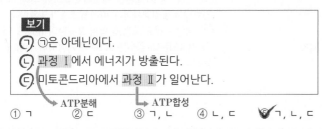

보기
ㄱ. ㉠은 아데닌이다.
ㄴ. 과정 Ⅰ에서 에너지가 방출된다. → ATP분해
ㄷ. 미토콘드리아에서 과정 Ⅱ가 일어난다. → ATP합성

① ㄱ   ② ㄷ   ③ ㄱ, ㄴ   ④ ㄴ, ㄷ   ✔⑤ ㄱ, ㄴ, ㄷ

|자|료|해|설|
ATP는 아데노신(아데닌 염기+리보스 당)에 3개의 인산이 결합된 구조로, 인산과 인산은 고에너지 인산 결합을 하고 있다. ATP가 ADP와 무기 인산(P_i)으로 분해되는 과정(Ⅰ)에서 고에너지 인산 결합이 끊어지며 에너지가 방출되고, 반대로 ADP가 무기 인산(P_i) 한 분자와 결합하여 ATP로 합성되는 과정(Ⅱ)에서는 에너지가 저장된다.

|보|기|풀|이|
ㄱ. 정답 : ATP를 구성하고 있는 염기(㉠)는 아데닌이다.
ㄴ. 정답 : ATP가 분해되는 과정 Ⅰ에서 고에너지 인산 결합이 끊어지며 에너지가 방출된다.
ㄷ. 정답 : ATP가 합성되는 과정 Ⅱ는 미토콘드리아에서 일어난다.

🤯 문제풀이 T I P | 아데노신(아데닌 염기+리보스 당)에 3개의 인산이 결합된 분자가 ATP(adenosine triphosphate)이고, 2개의 인산이 결합된 분자는 ADP(adenosine diphosphate)이다. 'tri−'는 숫자 3, 'di−'는 숫자 2를 의미한다. 인산과 인산 사이의 결합에 고에너지가 저장되고, 이 결합이 끊어지면 저장된 에너지가 방출된다.

다음은 세포 호흡에 대한 자료이다. ㉠과 ㉡은 각각 ADP와 ATP 중 하나이다.

> (가) 포도당은 세포 호흡을 통해 물과 이산화 탄소로 분해된다.   → ATP
> (나) 세포 호흡 과정에서 방출된 에너지의 일부는 ㉠에 저장되며,
>   ㉠이 ㉡과 무기 인산(Pᵢ)으로 분해될 때 방출된 에너지는
>   생명 활동에 사용된다.

ADP →

이에 대한 설명으로 옳은 것만을 〈보기〉에서 있는 대로 고른 것은?

3점

> **보기**
>   → 고분자 물질이 저분자 물질로 분해되는 과정
> ㉠. (가)에서 이화 작용이 일어난다.
> ㉡. 미토콘드리아에서 ㉡이 ㉠으로 전환된다.   ADP+Pᵢ → ATP
>   ADP ATP
> ㉢. 포도당이 분해되어 생성된 에너지의 일부는 체온 유지에
>   사용된다.

① ㄱ   ② ㄴ   ③ ㄱ, ㄷ   ④ ㄴ, ㄷ   ⑤ ㄱ, ㄴ, ㄷ

|자|료|해|설|
세포 호흡은 포도당을 물과 이산화 탄소로 분해하는 과정으로 이화 작용에 해당한다. 이 과정에서 포도당으로부터 방출된 에너지의 일부는 ATP에 화학에너지의 형태로 저장되며, 나머지 에너지는 열로 방출되고 이 열에너지의 일부는 체온 유지에 기여한다. 또한 ATP가 ADP와 Pᵢ로 분해될 때 방출되는 에너지는 생명 활동에 사용된다.

|보|기|풀|이|
㉠ 정답 : (가)의 세포 호흡은 고분자 물질인 포도당이 저분자 물질인 물과 이산화 탄소로 분해되는 과정이므로 이화 작용에 해당한다.
㉡ 정답 : 세포 호흡은 주로 미토콘드리아에서 일어나며, 이때 ADP가 ATP로 전환되어 포도당의 에너지가 ATP에 저장된다.
㉢ 정답 : 세포 호흡을 통해 포도당이 분해되어 생성된 에너지의 일부는 열로 방출되며, 이 열은 체온 유지에 사용된다.

👾 **문제풀이 TIP** | 세포 호흡은 산소를 이용해 포도당을 분해하여 에너지를 얻는 과정이며, 이 에너지의 일부는 ATP에 화학에너지 형태로 저장되고 나머지는 열에너지로 방출된다. ATP는 미토콘드리아에서 ADP에 무기 인산(Pᵢ)이 결합하여 생성되며, 여러 가지 생명 활동에 에너지를 제공하는 과정에서 다시 ADP와 무기 인산(Pᵢ)으로 분해된다.

그림은 사람에서 세포 호흡을 통해 포도당으로부터 최종 분해 산물과 에너지가 생성되는 과정을 나타낸 것이다.

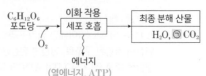

$C_6H_{12}O_6$ 포도당, O_2, 이화 작용 세포 호흡, 최종 분해 산물 H_2O, ㉠ CO_2, 에너지 (열에너지, ATP)

이에 대한 설명으로 옳은 것만을 〈보기〉에서 있는 대로 고른 것은?

> **보기**
>   이산화 탄소(CO_2)
> ㄱ. ㉠은 암모니아(NH_3)이다. → 암모니아는 단백질 대사의 최종 분해 산물
> ㄴ. 세포 호흡에는 효소가 필요하다. → 열에너지, ATP
> 물질대사
> ㄷ. 포도당이 분해되어 생성된 에너지의 일부는 ATP에 저장
>   된다. → 생물체 내에서 화학 반응을 촉매하는 단백질

① ㄱ   ② ㄷ   ③ ㄱ, ㄴ   ④ ㄴ, ㄷ   ⑤ ㄱ, ㄴ, ㄷ

|자|료|해|설|
포도당의 화학식은 $C_6H_{12}O_6$으로 미토콘드리아에서 세포 호흡이 일어나 H_2O, CO_2로 분해된다. 따라서 ㉠은 CO_2이다. 세포 호흡은 에너지가 방출되는 이화 작용으로 일부는 ATP에 저장되고 나머지는 열에너지로 방출된다.

|보|기|풀|이|
ㄱ. 오답 : 포도당의 최종 분해 산물은 물과 이산화 탄소이다. 암모니아는 단백질의 분해 결과 생성된다. 따라서 ㉠은 이산화 탄소(CO_2)이다.
㉡ 정답 : 세포 호흡은 체내에서 효소에 의해 단계적으로 진행되는 물질대사이다. 따라서 효소가 필요하다.
㉢ 정답 : 세포 호흡을 통해 포도당이 분해될 때 에너지가 방출되는데 일부는 ATP에 저장되어 생명 활동에 사용된다.

👾 **문제풀이 TIP** | 이화 작용의 대표적인 예인 세포 호흡 과정을 이해하고 있으면 문제를 쉽게 풀 수 있다. 세포 호흡은 체내에서 효소에 의해 일어나는 물질대사이다. 세포 호흡의 결과 포도당이 이산화 탄소와 물로 분해되며, 그 과정에서 에너지가 방출된다. 방출되는 에너지에는 열에너지와 화학 에너지인 ATP가 있다. 세포 호흡과 더불어 광합성, ATP와 ADP의 전환 과정 등을 함께 학습하여 연계된 출제 문제도 당황하지 않고 풀 수 있도록 학습하자.

5 에너지의 전환과 이용 　　　　　정답 ⑤　정답률 91%　2023학년도 9월 모평 4번　문제편 25p

사람에서 일어나는 물질대사에 대한 설명으로 옳은 것만을
〈보기〉에서 있는 대로 고른 것은?

보기

> 고분자 물질을 저분자
> 물질로 분해하는 작용

㉠. 지방이 분해되는 과정에서 이화 작용이 일어난다.

㉡. 단백질이 합성되는 과정에서 에너지의 흡수가 일어난다.

㉢. 포도당이 세포 호흡에 사용된 결과 생성되는 노폐물에는
이산화 탄소가 있다.

→ $C_6H_{12}O_6 + 6O_2 + 6H_2O$
→ $6CO_2 + 12H_2O + 에너지(32ATP + 열에너지)$

① ㄱ 　　② ㄴ 　　③ ㄱ, ㄷ 　　④ ㄴ, ㄷ 　　⑤ ㄱ, ㄴ, ㄷ

😲 **문제풀이 TIP** | 여러 가지 물질대사의 예를 이화 작용과 동화 작용으로 구분할 수 있어야 한다. 세포 호흡은 포도당 등의 영양소를 분해하여 세포의 생명 활동에 필요한 에너지를 얻는 대표적인 이화 작용의 예로서, 반응물과 생성물을 비롯한 특징을 숙지하도록 한다.

|자|료|해|설|

우리 몸은 물질대사를 통해 생명 활동에 필요한 물질을 합성하고 분해한다. 물질대사는 고분자 물질을 저분자 물질로 분해하는 이화 작용(세포 호흡, 소화 등)과 저분자 물질을 고분자 물질로 합성하는 동화 작용(단백질 합성, 광합성 등)으로 구분할 수 있다. 이때 이화 작용에서는 에너지 방출이, 동화 작용에서는 에너지 흡수가 일어난다. 포도당이 세포 호흡에 사용될 때, 산소와 반응하여 이산화 탄소와 물로 분해되고 이 과정에서 에너지가 생성된다.

|보|기|풀|이|

㉠ 정답 : 지방이 분해되는 과정은 고분자 물질이 저분자 물질로 분해되는 이화 작용에 해당한다.

㉡ 정답 : 단백질이 합성되는 과정은 에너지 흡수가 일어나는 동화 작용이다.

㉢ 정답 : 세포 호흡 시 포도당은 물과 이산화 탄소로 분해되므로, 생성되는 노폐물에는 이산화 탄소가 있다.

---

6 에너지의 전환과 이용 　　　　　정답 ⑤　정답률 91%　2020년 7월 학평 3번　문제편 25p

그림은 ADP와 ATP 사이의 전환을
나타낸 것이다. ㉠과 ㉡은 각각 ADP와
ATP 중 하나이다.
이에 대한 설명으로 옳은 것만을
〈보기〉에서 있는 대로 고른 것은?

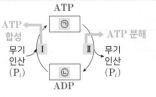

보기

㉠. ㉠은 ATP이다. → ATP 합성

㉡. 미토콘드리아에서 과정 I 이 일어난다.

㉢. 과정 II 에서 에너지가 방출된다.
→ ATP 분해

① ㄱ 　　② ㄷ 　　③ ㄱ, ㄴ 　　④ ㄴ, ㄷ 　　⑤ ㄱ, ㄴ, ㄷ

|자|료|해|설|

ADP에 무기 인산(P_i) 하나가 결합되면 ATP가 생성되므로 ㉠은 ATP이고, ㉡은 ADP이다. 따라서 I 은 ATP가 합성되는 과정이고, II 는 ATP가 분해되는 과정이다. ATP가 분해되면서 방출된 에너지는 여러 생명 활동에 이용된다.

|보|기|풀|이|

㉠ 정답 : ㉠은 ATP, ㉡은 ADP이다.

㉡ 정답 : 미토콘드리아에서 ATP 합성 과정(I)이 일어난다.

㉢ 정답 : ATP가 분해되는 과정(II)에서 에너지가 방출되고, 이때 방출된 에너지는 여러 생명 활동에 이용된다.

😲 **문제풀이 TIP** | ATP는 아데노신(아데닌＋리보스)에 3개의 인산이 결합된 구조이며, ADP는 아데노신에 2개의 인산이 결합된 구조이다.

그림은 인체에서 세포 호흡을 통해 ㉠과 ㉡으로부터 최종 분해 산물과 ATP가 생성되는 과정을 나타낸 것이다. ㉠과 ㉡은 각각 아미노산과 포도당 중 하나이다.

이에 대한 설명으로 옳은 것만을 〈보기〉에서 있는 대로 고른 것은?

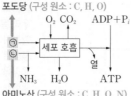

포도당 (구성 원소 : C, H, O)

O_2 CO_2 $ADP+P_i$

세포 호흡

열

NH_3 H_2O ATP

아미노산 (구성 원소 : C, H, O, N)

보기

㉠. ㉠은 포도당이다.

㉡. NH_3는 간에서 요소로 전환된다. → 독성이 강한 NH_3(암모니아)는 간에서 요소로 전환됨.

㉢. 세포 호흡에서 생성된 에너지의 일부는 ATP에 저장된다.

약 40% : ATP에 저장
약 60% : 열에너지로 방출

① ㄱ   ② ㄴ   ③ ㄱ, ㄷ   ④ ㄴ, ㄷ   ✔⑤ ㄱ, ㄴ, ㄷ

|자|료|해|설|

포도당(구성 원소 : C, H, O)의 최종 분해 산물은 CO_2와 H_2O이고, 아미노산(구성 원소 : C, H, O, N)의 최종 분해 산물은 CO_2, H_2O, NH_3이다. 따라서 ㉠은 포도당, ㉡은 아미노산이다.

|보|기|풀|이|

㉠. 정답 : ㉡으로부터 NH_3가 생성되므로 ㉡은 아미노산, ㉠은 포도당이다.

㉡. 정답 : NH_3(암모니아)는 독성이 강하기 때문에 간에서 독성이 약한 요소로 전환된다.

㉢. 정답 : 세포 호흡에서 생성된 에너지 중 약 40%가 ATP에 저장된다.

😲 **문제풀이 T I P** | 탄수화물, 단백질, 지질 중에서 단백질에만 질소(N)가 포함되어 있다. 세포 호흡 과정에서 방출된 에너지의 일부(약 40%)는 ATP에 저장되고, 나머지(약 60%)는 열에너지로 방출된다.

그림은 사람의 간세포에서 일어나는 반응 ㉠과 ㉡을 나타낸 것이다.

이에 대한 옳은 설명만을 〈보기〉에서 있는 대로 고른 것은?

글리코젠

이화 작용

포도당

$ADP+P_i$

㉡ 이화 작용

ATP

보기

글루카곤(혈당량 증가)
㉠. ㉠은 인슐린에 의해 촉진된다.

㉡. ㉡에서 방출되는 에너지가 생명 활동에 이용된다.

㉢. ㉠과 ㉡은 모두 동화 작용에 해당한다.
이화 작용

① ㄱ   ✔② ㄴ   ③ ㄱ, ㄷ   ④ ㄴ, ㄷ   ⑤ ㄱ, ㄴ, ㄷ

|자|료|해|설|

㉠은 다당류인 글리코젠이 단당류인 포도당으로 분해되는 과정이고, ㉡은 ATP가 ADP와 무기 인산(P_i)으로 분해되는 과정이다. ㉠과 ㉡은 모두 고분자 물질이 저분자 물질로 분해되는 과정이므로 이화 작용에 해당한다.

|보|기|풀|이|

ㄱ. 오답 : 글리코젠이 포도당으로 분해되는 과정(㉠)은 글루카곤에 의해 촉진된다.

㉡. 정답 : ATP가 분해되는 과정(㉡)에서 방출된 에너지는 기계적 에너지, 화학적 에너지, 열에너지 등으로 전환되어 여러 생명 활동에 이용된다.

ㄷ. 오답 : ㉠과 ㉡은 모두 고분자 물질이 저분자 물질로 분해되는 과정이므로 이화 작용에 해당한다.

😲 **문제풀이 T I P** | 고분자 물질이 저분자 물질로 분해되는 과정은 이화 작용에 해당하며, ATP가 분해될 때 방출된 에너지는 다양한 형태의 에너지로 전환되어 여러 생명 활동에 이용된다.

9 세포 호흡 과정

정답 ③　정답률 72%　2023년 3월 학평 2번　문제편 26p

다음은 사람에서 일어나는 세포 호흡에 대한 자료이다. ㉠은 포도당과 아미노산 중 하나이다.

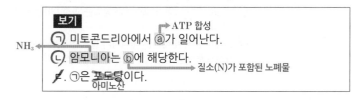

아미노산 ←
○ 세포 호흡 과정에서 방출되는 에너지의 일부는 ⓐ ATP 합성에 이용된다.
○ ㉠이 세포 호흡에 이용된 결과 ⓑ 질소(N)가 포함된 노폐물이 만들어진다.

이에 대한 옳은 설명만을 〈보기〉에서 있는 대로 고른 것은?

보기
　　　　　　　　　ATP 합성
NH₃ ← ㉠. 미토콘드리아에서 ⓐ가 일어난다.
　　ㄴ. 암모니아는 ⓑ에 해당한다. → 질소(N)가 포함된 노폐물
　　ㄷ. ㉠은 포도당이다.
　　　　　아미노산

① ㄱ　　② ㄷ　　✓③ ㄱ, ㄴ　　④ ㄴ, ㄷ　　⑤ ㄱ, ㄴ, ㄷ

|자|료|해|설|
세포 호흡 과정에서 방출되는 에너지의 일부는 ATP 합성(ⓐ)에 이용되고, 나머지는 열에너지로 방출된다. 포도당은 탄소(C), 수소(H), 산소(O)로 이루어져 있고, 아미노산은 탄소(C), 수소(H), 산소(O), 질소(N)로 이루어져 있다. 따라서 세포 호흡 결과 질소(N)가 포함된 노폐물(ⓑ)이 만들어지는 ㉠은 아미노산이다.

|보|기|풀|이|
㉠ 정답 : 미토콘드리아에서 ATP 합성(ⓐ)이 일어난다.
㉡ 정답 : 암모니아(NH₃)는 질소(N)가 포함된 노폐물(ⓑ)에 해당한다.
ㄷ. 오답 : ㉠은 아미노산이다.

---

10 세포 호흡 과정, 에너지의 전환과 이용

정답 ④　정답률 82%　2022년 7월 학평 17번　문제편 26p

그림 (가)는 사람에서 일어나는 물질 이동 과정의 일부와 조직 세포에서 일어나는 물질대사 과정의 일부를, (나)는 ADP와 ATP 사이의 전환을 나타낸 것이다. ㉠과 ㉡은 각각 CO_2와 포도당 중 하나이다.

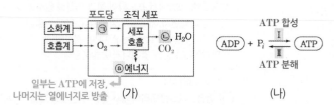

포도당　조직 세포
소화계 → ㉠ → 세포 → ㉡, H_2O
호흡계 → O_2 → 호흡 → CO_2
　　　　　　　　ⓐ에너지
일부는 ATP에 저장,
나머지는 열에너지로 방출　(가)

　　　　　　　ATP 합성
　　　　　　　　Ⅰ
ADP + Pᵢ ⇄ ATP
　　　　　　　　Ⅱ
　　　　　　　ATP 분해
　　　　　　　(나)

이에 대한 설명으로 옳은 것만을 〈보기〉에서 있는 대로 고른 것은?

보기
　　ㄱ. ㉠은 포도당이다.
　　　　　　　　　　ATP 합성
　　ㄴ. ⓐ의 일부가 과정 Ⅰ에 사용된다.
　　ㄷ. 과정 Ⅱ는 동화 작용에 해당한다.
　　　　　　　　　　이화 작용
ATP 분해 ←

① ㄱ　　② ㄴ　　③ ㄷ　　✓④ ㄱ, ㄴ　　⑤ ㄱ, ㄷ

|자|료|해|설|
세포 호흡 결과 포도당은 이산화 탄소와 물로 분해되므로 ㉠은 포도당이고, ㉡은 이산화 탄소(CO_2)이다. 이때 발생한 에너지(ⓐ)의 일부는 ATP에 저장되고 나머지는 열에너지로 방출된다. (나)에서 Ⅰ은 ATP가 합성되는 과정이고, Ⅱ는 ATP가 분해되는 과정이다.

|보|기|풀|이|
㉠ 정답 : 포도당은 세포 호흡을 통해 이산화 탄소와 물로 분해된다. 따라서 ㉠은 포도당이다.
㉡ 정답 : 세포 호흡 과정에서 발생한 에너지(ⓐ)의 일부는 ATP 합성 과정인 Ⅰ에 사용된다.
ㄷ. 오답 : 과정 Ⅱ는 ATP가 ADP와 무기 인산(Pᵢ)으로 분해되는 과정이므로 이화 작용에 해당한다.

😮 문제풀이 TIP | 세포 호흡 과정에서 포도당이 이산화 탄소(CO_2)와 물로 최종 분해되면서 에너지가 방출된다. 방출된 에너지의 일부(약 40%)는 ATP에 저장되고, 나머지(약 60%)는 열에너지로 방출된다.

그림은 사람이 세포 호흡을 통해 영양소 ㉠으로부터 ATP를 생성하고, 이 ATP를 생명 활동에 이용하는 과정을 나타낸 것이다. ㉠은 아미노산과 포도당 중 하나이다.

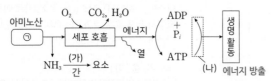

이에 대한 설명으로 옳은 것만을 <보기>에서 있는 대로 고른 것은?

보기 → NH₃ 생성
㉠. ㉠은 아미노산이다.
㉡. 간에서 (가) 과정이 일어난다.
㉢. 근육 수축에는 (나) 과정에서 방출된 에너지가 이용된다.
→ ATP 필요

① ㄱ   ② ㄷ   ③ ㄱ, ㄴ   ④ ㄴ, ㄷ   ✔ ㄱ, ㄴ, ㄷ

|자|료|해|설|
세포 호흡이 일어나는 과정에서 영양소 ㉠으로부터 암모니아(NH_3)가 형성되었으므로 ㉠은 아미노산이다. 암모니아가 요소로 변환되는 과정 (가)는 간에서 일어난다. 세포 호흡 결과 형성된 ATP는 (나)의 과정과 같이 ADP로 분해되며 에너지를 방출한다. 이때 방출된 에너지는 사람의 생명 활동에 사용된다.

|보|기|풀|이|
㉠. 정답 : 세포 호흡 과정에서 암모니아가 형성되었으므로 ㉠은 아미노산이다.
㉡. 정답 : 암모니아가 요소로 전환되는 과정 (가)는 간에서 일어난다.
㉢. 정답 : 근육 수축에는 에너지기 필요히다. 따라시 (나) 과정에서 방출된 에너지가 근육 수축에 이용된다.

😀 **문제풀이 T I P** | 세포 호흡 과정과 영양소에 따라 생성되는 노폐물을 이해하고 있으면 쉽게 문제풀이가 가능하다. 세포 호흡 과정의 반응물과 생성물을 중심으로 학습하도록 하자.

😲 **출제분석** | 제시된 그림이나 보기가 평이한 문항으로 난도 하에 해당한다.

그림은 사람의 미토콘드리아에서 일어나는 세포 호흡을 나타낸 것이다.
이에 대한 설명으로 옳은 것만을 <보기>에서 있는 대로 고른 것은?

보기 → 고분자 물질 → 저분자 물질
㉠. 미토콘드리아에서 이화 작용이 일어난다.
㉡. ATP의 구성 원소에는 인(P)이 포함된다.
㉢. 포도당이 분해되어 생성된 에너지의 일부는 체온 유지에 이용된다.
┌ 약 40% : ATP에 저장
└ 약 60% : 열에너지로 방출

① ㄱ   ② ㄷ   ③ ㄱ, ㄴ   ④ ㄴ, ㄷ   ✔ ㄱ, ㄴ, ㄷ

|자|료|해|설|
세포 호흡 과정에서 포도당이 물과 이산화 탄소(CO_2)로 최종 분해되면서 에너지가 방출된다. 이때 방출된 에너지의 일부(약 40%)는 ATP에 저장되고, 나머지(약 60%)는 열에너지로 방출된다.

|보|기|풀|이|
㉠. 정답 : 미토콘드리아에서 일어나는 세포 호흡 과정은 고분자 물질을 저분자 물질로 분해하는 이화 작용에 해당한다.
㉡. 정답 : ATP(아데노신 삼인산)는 아데노신(아데닌 염기＋리보스 당)에 3개의 인산이 결합된 구조로, 인산 부분에 인(P)이 포함된다.
㉢. 정답 : 방출된 에너지의 일부(약 40%)는 ATP에 저장되고, 나머지(약 60%)는 열에너지로 방출된다.

 문제풀이 T I P | 세포 호흡 과정에서 방출된 에너지의 일부(약 40%)는 ATP에 저장되고, 나머지(약 60%)는 열에너지로 방출된다.

13 세포 호흡 과정   정답 ④   정답률 86%   2018학년도 9월 모평 5번   문제편 27p

그림은 미토콘드리아에서 일어나는 세포 호흡을 나타낸 것이다. ⓐ와 ⓑ는 O_2와 CO_2를 순서 없이 나타낸 것이다.
이에 대한 설명으로 옳은 것만을 〈보기〉에서 있는 대로 고른 것은?

보기

ㄱ. ⓐ는 O_2이다.   → 분압 차에 의한 확산
ㄴ. 폐포 모세혈관에서 폐포로의 ⓑ 이동에는 ATP가 사용됨 ~~된다~~ 되지 않는다
~~ㄷ.~~ → 물질대사
ㄷ. 세포 호흡에는 효소가 필요하다.

① ㄱ   ② ㄴ   ③ ㄱ, ㄴ   ✔④ ㄱ, ㄷ   ⑤ ㄴ, ㄷ

|자|료|해|설|
미토콘드리아에서 일어나는 세포 호흡은 포도당과 O_2가 반응하여 CO_2와 물이 되고, 열과 ATP를 생성한다. 따라서 ⓐ는 O_2, ⓑ는 CO_2에 해당한다.

|보|기|풀|이|
ㄱ. 정답 : ⓐ는 미토콘드리아로 들어가는 반응물이므로 포도당과 반응하는 O_2이다.
ㄴ. 오답 : ⓑ는 CO_2이고, 폐포 모세혈관에서 폐포로의 CO_2 이동은 기체 분압 차에 의한 확산에 의해 일어난다. 이와 같은 확산에는 에너지가 사용되지 않으므로 ATP가 사용되지 않는다.
ㄷ. 정답 : 세포 호흡은 생물체 내부에서 일어나는 물질대사 중에서 특히 이화 작용의 예로 다양한 효소가 관여한다.

😮 **문제풀이 T I P** | 세포 호흡 과정에서 반응물과 생성물, 에너지의 이동을 이해하고 있으면 문제 풀이가 가능하다. 세포 호흡과 같은 물질대사는 에너지의 출입을 중심으로 반응물과 생성물을 나누어 명확히 이해하고 있어야 한다. 세포 호흡의 화학 반응식은 $C_6H_{12}O_6 + 6O_2 + 6H_2O \rightarrow 6CO_2 + 12H_2O$ 로 이 반응의 결과 열에너지와 ATP가 생성된다.

😲 **출제분석** | 세포 호흡 과정을 이해하고 있는지 묻고 있는 문항으로 난도 '중'에 해당한다. 제시된 자료를 분석하는 것은 어렵지 않지만, 제시된 보기에서 ATP가 사용되는 생명 활동과 사용되지 않는 활동을 구분 지을 수 있는지 물어봄으로써 난도를 높였다. 세포 호흡 과정이 수능에 출제된다면 세포 호흡 과정만 묻기보다 2018학년도 6월 모평 6번과 같이 에너지 전환 과정으로 범위를 넓혀서 출제될 수 있다.

---

14 ATP의 구조, 에너지의 전환과 이용   정답 ④   정답률 72%   2023년 4월 학평 2번   문제편 27p

그림 (가)는 미토콘드리아에서 일어나는 세포 호흡을, (나)는 ADP와 ATP 사이의 전환을 나타낸 것이다.

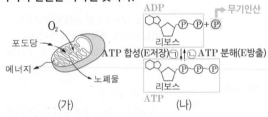

(가)   (나)

이에 대한 설명으로 옳은 것만을 〈보기〉에서 있는 대로 고른 것은?
3점

보기

~~ㄱ.~~ 포도당이 세포 호흡에 사용된 결과 생성되는 노폐물에는 암모니아가 ~~있다~~ 없다
ATP 분해 →
ㄴ. 과정 ⓛ에서 에너지가 방출된다.
ㄷ. (가)에서 과정 ⊙이 일어난다.
         → ATP 합성

① ㄱ   ② ㄴ   ③ ㄱ, ㄷ   ✔④ ㄴ, ㄷ   ⑤ ㄱ, ㄴ, ㄷ

|자|료|해|설|
(가)의 세포 호흡 과정에서 포도당이 물과 이산화 탄소로 최종 분해되면서 에너지가 방출된다. 이때 방출된 에너지의 일부는 ATP에 저장되며, 그 과정이 (나)의 ⊙이다.

|보|기|풀|이|
ㄱ. 오답 : 포도당이 세포 호흡에 사용된 결과 생성되는 노폐물은 물과 이산화 탄소이며, 세포 호흡에 사용되었을 때 암모니아가 노폐물로 생성되는 영양소는 아미노산이다.
ㄴ. 정답 : ATP가 ADP보다 많은 에너지를 저장하고 있으므로 ATP가 ADP와 무기 인산으로 분해되는 과정 ⓛ에서 에너지가 방출된다.
ㄷ. 정답 : (가)의 세포 호흡을 통해 방출되는 에너지의 일부는 ATP에 저장되므로 ADP와 무기 인산으로부터 ATP가 합성되는 과정 ⊙이 일어난다.

😮 **문제풀이 T I P** | 세포 호흡과정의 기본 개념과 세포 호흡을 통한 ATP의 생성 과정, ATP와 ADP의 구조에 대한 충분한 이해가 필요한 문항이다.

15 에너지의 전환과 이용

정답 ③ 정답률 93% 2021년 3월 학평 2번 문제편 27p

그림은 광합성과 세포 호흡에서의 에너지와 물질의 이동을 나타낸 것이다. ㉠과 ㉡은 각각 광합성과 세포 호흡 중 하나이다.

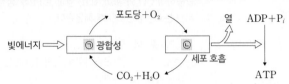

이에 대한 옳은 설명만을 <보기>에서 있는 대로 고른 것은? [3점]

> **보기**
> ㄱ. ㉠에서 빛에너지가 화학 에너지로 전환된다. (→ 광합성)
> ㄴ. ㉡에서 방출된 에너지는 모두 ATP에 저장된다. (㉡ → 세포 호흡, 모두 → 일부만)
> ㄷ. ATP에는 인산 결합이 있다.

① ㄱ ② ㄴ ③ ㄱ, ㄷ ④ ㄴ, ㄷ ⑤ ㄱ, ㄴ, ㄷ

ATP의 구조

|자|료|해|설|

빛에너지를 이용하여 이산화 탄소(CO_2)와 물(H_2O)로부터 포도당을 합성하는 ㉠은 광합성이고, 포도당을 이산화 탄소(CO_2)와 물(H_2O)로 분해하여 ATP를 합성하는 ㉡은 세포 호흡이다. 세포 호흡 과정에서 방출된 에너지의 일부가 ATP에 저장되고 나머지는 열에너지로 방출된다.

|보|기|풀|이|

ㄱ. 정답 : 광합성(㉠)에서 빛에너지가 포도당 속 화학 에너지로 전환된다.

ㄴ. 오답 : 세포 호흡(㉡)에서 방출된 에너지의 일부만 ATP에 저장되고 나머지는 열로 방출된다.

ㄷ. 정답 : ATP를 구성하는 3개의 인산은 서로 고에너지 인산 결합에 의해 연결되어 있다.

문제풀이 TIP | 광합성을 통해 빛에너지가 화학 에너지로 전환되며, 세포 호흡에서 방출된 에너지의 일부는 ATP에 화학 에너지 형태로 저장되고 나머지는 열에너지로 방출된다.

16 세포 호흡 과정

정답 ④ 정답률 74% 2019학년도 6월 모평 5번 문제편 27p

그림은 광합성과 세포 호흡에서의 에너지와 물질의 이동을 나타낸 것이다. (가)와 (나)는 각각 광합성과 세포 호흡 중 하나이다. 이에 대한 설명으로 옳은 것만을 <보기>에서 있는 대로 고른 것은?

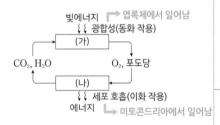

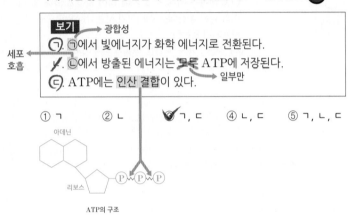

> **보기**
> ㄱ. (가)는 미토콘드리아에서 일어난다. ((가) → 광합성, 미토콘드리아 → 엽록체)
> ㄴ. (나)에서 ATP가 합성된다. → 미토콘드리아에서 ATP가 합성됨 ((나) → 세포 호흡)
> ㄷ. (가)와 (나)에서 모두 효소가 이용된다. → 물질 대사가 일어날 때 효소가 이용됨

① ㄱ ② ㄷ ③ ㄱ, ㄴ ④ ㄴ, ㄷ ⑤ ㄱ, ㄴ, ㄷ

|자|료|해|설|

(가)는 빛에너지를 이용하여 포도당을 합성하는 광합성이며, 엽록체에서 일어난다. (나)는 포도당이 분해될 때 발생하는 에너지로 ATP를 합성하는 세포 호흡이며, 미토콘드리아에서 일어난다.

|보|기|풀|이|

ㄱ. 오답 : (가)는 광합성이며, 광합성은 엽록체에서 일어난다.

ㄴ. 정답 : (나)는 세포 호흡이며, 미토콘드리아에서 ATP가 합성된다.

ㄷ. 정답 : (가)와 (나)는 물질 대사이므로 모두 효소가 이용된다.

문제풀이 TIP | 엽록체에서는 광합성(동화 작용)이 일어나고 미토콘드리아에서는 세포 호흡(이화 작용)이 일어난다. 이러한 물질 대사에는 모두 효소가 이용된다는 것을 기억하자.

출제분석 | 광합성과 세포 호흡에 대한 기본 지식을 묻는 난도 '하'의 문항이다. ATP의 합성, 분해 그림과 같이 제시되기도 하지만 결국 물어보는 내용은 같으므로 광합성과 세포 호흡 과정 전체를 이해하고 있어야 한다.

다음은 사람에서 일어나는 물질대사에 대한 자료이다.

이화 작용 ←┌ (가) 단백질은 소화 과정을 거쳐 아미노산으로 분해된다.
구성 원소 : └ (나) 포도당이 세포 호흡을 통해 분해된 결과 생성되는
C, H, O   노폐물에는 ㉠이 있다.

→ 물(H_2O), 이산화 탄소(CO_2)

이에 대한 설명으로 옳은 것만을 〈보기〉에서 있는 대로 고른 것은?

3점

보기   → 고분자 물질을 저분자 물질로 분해
㉠. (가)에서 이화 작용이 일어난다.   → 포도당 분해 결과 생성되는 노폐물
㉡. 이산화 탄소는 ㉠에 해당한다.
㉢. (가)와 (나)에서 모두 효소가 이용된다.
    → 이화 작용

① ㄱ   ② ㄷ   ③ ㄱ, ㄴ   ④ ㄴ, ㄷ   ⑤ ㄱ, ㄴ, ㄷ

|자|료|해|설|
(가)와 (나)는 모두 이화 작용에 해당한다. 포도당은
C(탄소), H(수소), O(산소)로 구성되어 있으므로 포도당이
세포 호흡을 통해 분해된 결과 생성되는 노폐물에는
물(H_2O)과 이산화 탄소(CO_2)가 있다. 따라서 ㉠은
물(H_2O) 또는 이산화 탄소(CO_2)이다.

|보|기|풀|이|
㉠ 정답 : 단백질이 아미노산으로 분해되는 것은 이화
작용에 해당한다.
㉡ 정답 : 이산화 탄소는 포도당이 세포 호흡을 통해
분해된 결과 생성되는 노폐물 ㉠에 해당한다.
㉢ 정답 : (가)와 (나)와 같은 물질대사가 일어날 때 효소가
이용된다.

Ⅱ
1
-
01.
세
포
의
물
질
대
사
와
에
너
지

그림 (가)는 사람에서 녹말(다당류)이 포도당으로 되는 과정을,
(나)는 미토콘드리아에서 일어나는 세포 호흡을 나타낸 것이다.

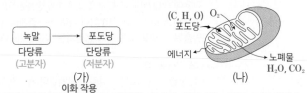

녹말 → 포도당
다당류   단당류
(고분자)   (저분자)
(가)
이화 작용

(C, H, O) O_2
포도당
에너지 ←
노폐물
H_2O, CO_2
(나)

이에 대한 설명으로 옳은 것만을 〈보기〉에서 있는 대로 고른 것은?

3점

보기 고분자 물질 → 저분자 물질
㉠. (가)에서 이화 작용이 일어난다.
㉡. (나)에서 생성된 노폐물에는 CO_2가 있다.
㉢. (가)와 (나)에서 모두 효소가 이용된다.

① ㄱ   ② ㄷ   ③ ㄱ, ㄴ   ④ ㄴ, ㄷ   ⑤ ㄱ, ㄴ, ㄷ

|자|료|해|설|
다당류인 녹말이 단당류인 포도당으로 분해되는 (가)는
이화 작용에 해당한다. (나)와 같이 미토콘드리아에서 세포
호흡이 일어나면 포도당이 산소에 의해 산화되어
물(H_2O)과 이산화 탄소(CO_2)로 최종 분해되면서 에너지가
방출된다.

|보|기|풀|이|
㉠ 정답 : (가)에서 고분자인 녹말이 저분자인 포도당으로
분해되는 이화 작용이 일어난다.
㉡ 정답 : 세포 호흡 시 포도당이 물과 이산화 탄소로
분해되므로 (나)에서 생성된 노폐물에는 이산화 탄소
(CO_2)가 있다.
㉢ 정답 : (가)의 이화 작용과 (나)의 세포 호흡은 모두
물질대사에 속하므로 효소가 이용된다.

문제풀이 TIP | 녹말은 다당류이고, 포도당은 단당류이다. 미토콘드리아에서 세포 호흡이 일어나면 포도당이 산소에 의해 산화되어 물과 이산화 탄소로 최종 분해되면서 에너지가
방출된다.

그림 (가)는 사람에서 녹말이 포도당으로 되는 과정을, (나)는 사람에서 세포 호흡을 통해 포도당으로부터 최종 분해 산물과 에너지가 생성되는 과정을 나타낸 것이다. ⓐ와 ⓑ는 CO_2와 O_2를 순서 없이 나타낸 것이다.

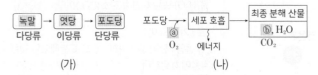

녹말	→	엿당	→	포도당
다당류		이당류		단당류

(가)

포도당 → 세포 호흡 → 최종 분해 산물
ⓐ　　　　　　　　ⓑ, H_2O
O_2　　에너지　　CO_2

(나)

이에 대한 설명으로 옳은 것만을 〈보기〉에서 있는 대로 고른 것은?

〔3점〕

보기

ㄱ. 엿당은 이당류에 속한다. → CO_2
ㄴ. 호흡계를 통해 ⓑ가 몸 밖으로 배출된다.
ㄷ. (가)와 (나)에서 모두 이화 작용이 일어난다. → 고분자 물질을 저분자 물질로 분해

① ㄱ　　② ㄷ　　③ ㄱ, ㄴ　　④ ㄴ, ㄷ　　✓⑤ ㄱ, ㄴ, ㄷ

|자|료|해|설|
(가)에서 녹말은 다당류, 엿당은 이당류, 포도당은 단당류이다. 세포 호흡 과정에서 포도당이 산소(O_2)와 반응하여 물과 이산화 탄소(CO_2)로 최종 분해되면서 에너지가 방출된다. 따라서 (나)의 ⓐ는 O_2이고, ⓑ는 CO_2이다.

|보|기|풀|이|
ㄱ. 정답 : 녹말은 다당류, 엿당은 이당류, 포도당은 단당류에 속한다.
ㄴ. 정답 : 호흡계를 통해 O_2(ⓐ)가 공급되고, CO_2(ⓑ)가 몸 밖으로 배출된다.
ㄷ. 정답 : (가)와 (나) 모두 고분자 물질이 저분자 물질로 분해되는 과정이므로 이화 작용에 해당한다.

😮 문제풀이 TIP | 이화 작용은 고분자 물질이 저분자 물질로 분해되면서 에너지가 방출되는 작용이다.

그림은 간에서 일어나는 물질대사 과정의 일부를 나타낸 것이다. ⊙과 ⊙은 각각 ATP와 H_2O 중 하나이다.

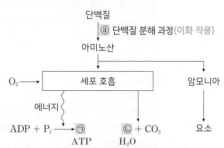

단백질
ⓐ 단백질 분해 과정(이화 작용)
아미노산
O_2 → 세포 호흡 → 암모니아
에너지
ADP + P_i → ⊙　⊙ + CO_2　요소
ATP　H_2O

이에 대한 옳은 설명만을 〈보기〉에서 있는 대로 고른 것은?

보기

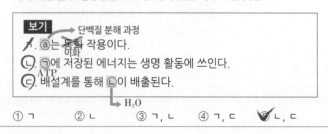

단백질 분해 과정
ㄱ. ⓐ는 동화 작용이다.
　　　이화
ㄴ. ⊙에 저장된 에너지는 생명 활동에 쓰인다.
　　ATP
ㄷ. 배설계를 통해 ⊙이 배출된다.
　　　　　　→ H_2O

① ㄱ　　② ㄴ　　③ ㄱ, ㄴ　　④ ㄱ, ㄷ　　✓⑤ ㄴ, ㄷ

|자|료|해|설|
ⓐ는 단백질이 아미노산으로 분해되는 과정이고 이화 작용에 해당한다. 세포 호흡 과정에서 방출된 에너지의 일부는 ATP(⊙)에 저장되며 나머지는 열에너지로 방출된다. 세포 호흡 결과 생성되는 ⊙은 물(H_2O)이다.

|보|기|풀|이|
ㄱ. 오답 : ⓐ는 고분자 물질인 단백질이 저분자 물질인 아미노산으로 분해되는 과정이므로 이화 작용이다.
ㄴ. 정답 : ATP(⊙)에 저장된 에너지는 다양한 생명 활동에 쓰인다.
ㄷ. 정답 : 배설계를 통해 H_2O(⊙)는 간에서 전환된 요소와 함께 오줌의 형태로 배출된다.

😮 문제풀이 TIP | 고분자 물질을 저분자 물질로 분해하는 과정은 이화 작용이고, 물(H_2O)은 오줌의 형태로 배설계를 통해 배출된다.

그림 (가)는 광합성과 세포 호흡에서의 에너지와 물질의 이동을, (나)는 ATP와 ADP 사이의 전환을 나타낸 것이다. ⓐ와 ⓑ는 각각 광합성과 세포 호흡 중 하나이다.

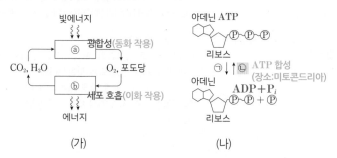

(가)   (나)

이에 대한 설명으로 옳은 것만을 〈보기〉에서 있는 대로 고른 것은?

보기 → 광합성   → 포도당에 저장된 에너지

ㄱ. ⓐ에서 빛에너지가 화학 에너지로 전환된다.

ㄴ. ㉠ 과정에서 ATP에 저장된 에너지가 방출된다.

ㄷ. ⓑ에서 ㉡ 과정이 일어난다. → 세포 호흡으로 방출된 에너지의 일부(약 40%)가 ATP 합성에 이용됨

ATP 분해 과정 ← (ㄴ 왼쪽 표시)
세포 호흡 → ATP 합성 (ㄷ 아래 표시)

① ㄱ   ② ㄷ   ③ ㄱ, ㄴ   ④ ㄴ, ㄷ   ✔⑤ ㄱ, ㄴ, ㄷ

|자|료|해|설|

그림 (가)에서 ⓐ는 빛에너지를 이용하여 포도당을 합성하는 광합성이며, ⓑ는 포도당이 분해될 때 발생하는 에너지로 ATP를 합성하는 세포 호흡 과정이다. 그림 (나)에서 ㉠은 ATP를 ADP와 무기 인산(P_i)으로 분해하는 과정이고, ㉡은 미토콘드리아에서 일어나는 ATP 합성 과정이다.

|보|기|풀|이|

ㄱ. 정답 : 광합성(ⓐ)을 통해 포도당이 합성되면서 빛에너지가 화학 에너지로 전환된다.

ㄴ. 정답 : ㉠ 과정(ATP 분해 과정)에서 ATP가 ADP와 무기 인산(P_i)으로 분해되며 에너지가 방출된다. 이때 방출된 에너지는 다양한 생명 활동에 이용된다.

ㄷ. 정답 : 미토콘드리아에서는 세포 호흡(이화 작용) 이 일어나며, 이때 방출된 에너지의 일부(약 60%)는 열에너지 형태로 방출되고 남은 에너지(40%)는 ATP 합성에 이용된다. 따라서 ⓑ(세포 호흡)에서 ㉡ 과정(ATP 합성 과정)이 일어난다.

😮 **문제풀이 TIP** | 미토콘드리아에서는 세포 호흡(이화 작용)이 일어나며, 이때 방출된 에너지의 일부(약 60%)는 열에너지 형태로 방출되고 남은 에너지(40%)는 ATP 합성에 이용된다.

😮 **출제분석** | 광합성과 세포 호흡, ATP 합성 과정에 대해 묻는 난도 '중하'의 문항이다. 생명과학에서는 아주 기본적이고 중요한 내용인 만큼 이 부분은 매번 출제되고 있다. 특히 세포 호흡 과정과 ATP 합성 과정을 연결시켜 이해하고 있어야 한다.

그림은 사람의 미토콘드리아에서 일어나는 세포 호흡을 나타낸 것이다. ㉠~㉢은 각각 ADP, ATP, CO_2 중 하나이다.

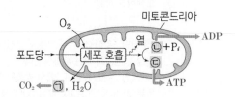

이에 대한 설명으로 옳은 것만을 〈보기〉에서 있는 대로 고른 것은?

보기

ADP → (ㄴ 왼쪽 표시)

ㄱ. 순환계를 통해 ㉠이 운반된다. → CO_2

ㄴ. ㉡의 구성 원소에는 인(P)이 포함된다.

ㄷ. 근육 수축 과정에는 ㉢에 저장된 에너지가 사용된다.

→ ATP (ㄷ 아래 표시)

① ㄱ   ② ㄷ   ③ ㄱ, ㄴ   ④ ㄴ, ㄷ   ✔⑤ ㄱ, ㄴ, ㄷ

|자|료|해|설|

세포 호흡을 통해 포도당이 분해되어 발생하는 ㉠은 CO_2 이다. 세포 호흡 과정에서 방출된 에너지 중 일부는 ATP 합성에 사용되고, 나머지는 열로 방출되는데 ㉡과 무기 인산(P_i)으로부터 ㉢이 합성되고 있으므로 ㉡은 ADP, ㉢는 ATP이다.

|보|기|풀|이|

ㄱ. 정답 : 세포 호흡 결과 발생한 CO_2는 순환계를 통해 호흡계로 운반되어 몸 밖으로 배출된다.

ㄴ. 정답 : ADP(㉡)는 2개의 인산기를 가지므로 구성 원소에 인(P)이 포함된다.

ㄷ. 정답 : 근육 수축 과정에는 ATP(㉢)에 저장된 에너지가 사용된다.

😮 **문제풀이 TIP** | 세포 호흡과 같은 물질대사는 에너지의 출입을 중심으로 반응물과 생성물을 구분하여 이해하고 있어야 한다. 세포 호흡에서 방출된 에너지의 일부는 ATP에 저장하고 나머지는 열 에너지로 방출되며, ATP에 저장된 에너지는 여러 가지 생명 현상에 이용된다.

그림은 광합성과 세포 호흡 사이에서 일어나는 물질의 이동을 나타낸
것이다. (가)와 (나)는 각각 광합성과 세포 호흡 중 하나이다.

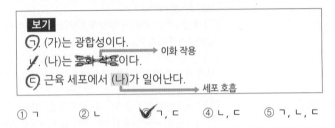

광합성(동화 작용) : 엽록체에서 진행, 흡열 반응
세포 호흡(이화 작용) : 미토콘드리아에서 진행, 발열 반응

이에 대한 옳은 설명만을 〈보기〉에서 있는 대로 고른 것은?

보기

ㄱ. (가)는 광합성이다.
ㄴ. (나)는 ~~동화 작용~~ 이다. → 이화 작용
ㄷ. 근육 세포에서 (나)가 일어난다. → 세포 호흡

① ㄱ ② ㄴ ✓③ ㄱ, ㄷ ④ ㄴ, ㄷ ⑤ ㄱ, ㄴ, ㄷ

|자|료|해|설|
빛에너지를 이용하여 이산화탄소(CO_2)와 물(H_2O)로부터
포도당과 산소(O_2)가 생성되는 (가)는 광합성, 산소(O_2)를
이용하여 포도당과 같은 유기물을 분해하여 이산화탄소
(CO_2)와 물(H_2O)을 생성하는 (나)는 세포 호흡이다.

|보|기|풀|이|
ㄱ. 정답 : (가)는 빛에너지를 이용하여 CO_2와 H_2O로부터
포도당과 O_2가 생성되는 광합성이다.
ㄴ. 오답 : (나)는 세포 호흡이며, 이는 이화 작용이다.
ㄷ. 정답 : 근육 세포에서 세포 호흡이 일어나 ATP가
합성된다.

😲 **문제풀이 TIP** | 광합성과 세포 호흡을 연계하여 이해하고, 물질대사 과정에서의 물질과 에너지의 전환에 대한 개념을 충분히 공부해두어야 한다.

😊 **출제분석** | 광합성과 세포 호흡에 대한 기본적인 개념을 물어보는 난도 '중하'의 문항이다. 근육 세포에서 세포 호흡이 일어나 ATP가 합성되며, 이렇게 합성된 ATP는 근육 섬유가 수축할 때 사용된다는 사실을 알고 있어야 해결할 수 있는 문제이다. 물질대사와 에너지의 전환은 생명 현상의 기본이므로 개념을 완벽하게 이해하고 있어야 한다. 더 나아가 ATP가 분해되면서 방출된 에너지가 사용되는 생명 활동을 예시와 함께 매치시켜 기억하자!

그림 (가)는 광합성과 세포 호흡 사이에서 일어나는 에너지와 물질의
이동을, (나)는 ADP와 ATP 사이의 전환을 나타낸 것이다. ㉠과
㉡은 각각 세포 호흡과 광합성 중 하나이다.

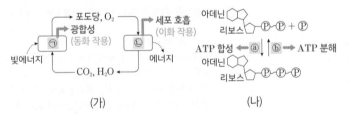

(가) (나)

이에 대한 옳은 설명만을 〈보기〉에서 있는 대로 고른 것은?

보기

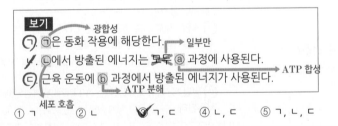

ㄱ. ㉠은 동화 작용에 해당한다. → 광합성
ㄴ. ㉡에서 방출된 에너지는 ~~모두~~ ⓐ 과정에 사용된다. → 일부만 → ATP 합성
ㄷ. 근육 운동에 ⓑ 과정에서 방출된 에너지가 사용된다. → ATP 분해
→ 세포 호흡

① ㄱ ② ㄴ ✓③ ㄱ, ㄷ ④ ㄴ, ㄷ ⑤ ㄱ, ㄴ, ㄷ

|자|료|해|설|
그림 (가)에서 ㉠은 빛에너지를 이용하여 포도당을
합성하는 광합성이며, ㉡은 포도당을 분해하여 세포의
생명 활동에 필요한 에너지를 얻는 세포 호흡이다. 세포
호흡 과정에서 방출된 에너지의 일부(약 40%)는 ATP에
저장되고, 나머지(약 60%)는 열에너지로 방출된다.
그림 (나)에서 ⓐ는 미토콘드리아에서 일어나는 ATP
합성 과정이고, ⓑ는 ATP를 ADP와 무기 인산(P_i)으로
분해하는 과정이다.

|보|기|풀|이|
ㄱ. 정답 : 광합성(㉠)은 저분자 물질을 고분자 물질로
합성하는 동화 작용에 해당한다.
ㄴ. 오답 : 세포 호흡(㉡)에서 방출된 에너지 중
일부(약 40%)만 ATP 합성(ⓐ)에 사용되고
나머지(약 60%)는 열에너지 형태로 방출된다.
ㄷ. 정답 : ATP가 분해되면서 방출된 에너지는 기계적
에너지, 화학적 에너지, 열에너지 등으로 전환되어 여러
생명 활동에 이용된다. 따라서 근육 운동에 ATP 분해
과정에서 방출된 에너지가 사용된다.

😲 **문제풀이 TIP** | 광합성은 동화 작용, 세포 호흡은 이화 작용의 대표적인 예이다. 세포 호흡 과정에서 방출된 에너지의 일부(약 40%)는 ATP에 저장되고, 나머지(약 60%)는 열에너지로 방출된다.

😊 **출제분석** | 대표적인 물질대사인 광합성과 세포 호흡, 그리고 ATP의 합성과 분해 과정을 연결지어 묻는 난도 '중하'의 문항이다. 기본적인 내용을 묻고 있으며, 평이한 난도로 출제되었기 때문에 모평과 수능에서 반드시 맞춰야 하는 문항이다.

25 에너지의 전환과 이용

정답 ①　정답률 40%　2017년 7월 학평 2번　문제편 30p

그림 (가)는 광합성과 세포 호흡에서 물질과 에너지의 이동을, (나)는 광합성과 세포 호흡의 공통점과 차이점을 나타낸 것이다. A와 B는 각각 광합성과 세포 호흡 중 하나이다.

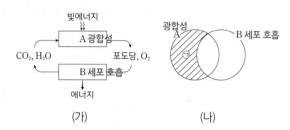

(가)　　　　　　(나)

이에 대한 설명으로 옳은 것만을 〈보기〉에서 있는 대로 고른 것은?

보기

ㄱ. A에서 빛에너지가 화학 에너지로 전환된다. → 포도당

ㄴ. B에서 포도당의 에너지는 모두 ATP에 저장된다. → 일부만

ㄷ. '식물에서 일어난다.'는 ㉠에 해당한다. → 해당하지 않는다

→ 광합성과 세포 호흡이 모두 일어남

① ㄱ　② ㄴ　③ ㄷ　④ ㄱ, ㄴ　⑤ ㄱ, ㄷ

| 자 | 료 | 해 | 설 |

A는 빛에너지를 받아서 CO_2와 H_2O를 포도당과 O_2로 전환하고 있으므로 광합성이고, B는 포도당과 O_2를 CO_2와 H_2O로 전환하고 있으므로 세포 호흡이다. ㉠은 광합성에만 해당하는 내용이다.

| 보 | 기 | 풀 | 이 |

ㄱ. 정답 : 광합성은 빛에너지를 이용하여 CO_2와 H_2O를 포도당의 화학 에너지로 전환하는 과정이다.

ㄴ. 오답 : 세포 호흡에서 포도당이 가지고 있는 에너지의 일부는 ATP에 저장되고, 나머지는 열로 방출된다.

ㄷ. 오답 : 식물에서는 광합성과 세포 호흡이 모두 일어나므로, 광합성에만 해당하는 ㉠이 될 수 없다.

💬 문제풀이 TIP | 세포 호흡과 광합성을 비교하여, 각 과정의 에너지 전환을 연관시켜서 이해하고 있어야 한다.

😀 출제분석 | 문제 자체의 난도는 높지 않지만 광합성과 세포 호흡에서 에너지의 전환 과정과 각각의 특성을 벤다이어그램으로 복합적으로 묻고 있다. 문제를 정확하게 읽기만 하면 어렵지 않게 풀 수 있는 문제이다.

---

26 세포 호흡 과정, 에너지의 전환과 이용

정답 ⑤　정답률 75%　2023학년도 6월 모평 2번　문제편 30p

그림은 사람에서 세포 호흡을 통해 포도당으로부터 생성된 에너지가 생명 활동에 사용되는 과정을 나타낸 것이다. ⓐ와 ⓑ는 H_2O와 O_2를 순서 없이 나타낸 것이고, ㉠과 ㉡은 각각 ADP와 ATP 중 하나이다.

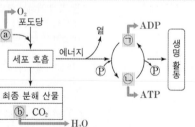

이에 대한 설명으로 옳은 것만을 〈보기〉에서 있는 대로 고른 것은?

보기　→ 고분자 물질 → 저분자 물질

ㄱ. 세포 호흡에서 이화 작용이 일어난다.

ㄴ. 호흡계를 통해 ⓑ가 몸 밖으로 배출된다. → H_2O

ㄷ. 근육 수축 과정에는 ㉡에 저장된 에너지가 사용된다. → ATP

① ㄱ　② ㄴ　③ ㄱ, ㄷ　④ ㄴ, ㄷ　⑤ ㄱ, ㄴ, ㄷ

| 자 | 료 | 해 | 설 |

세포 호흡 과정에서 세포는 산소를 이용해 포도당을 물과 이산화 탄소로 분해하며, 이 때 방출되는 에너지의 일부는 ATP의 형태로 저장되고 ATP가 ADP와 무기 인산(P_i)으로 분해되면서 방출되는 에너지가 여러 가지 생명 활동에 사용된다. 따라서 ⓐ는 O_2, ⓑ는 H_2O이고 ㉠은 ADP, ㉡은 ATP이다.

| 보 | 기 | 풀 | 이 |

ㄱ. 정답 : 세포 호흡은 포도당이 물과 이산화 탄소로 분해되는 과정이므로 이화 작용이 일어난다.

ㄴ. 정답 : 세포 호흡 결과 발생한 H_2O(ⓑ)는 호흡계를 통해 수증기의 형태로 배출될 수 있다.

ㄷ. 정답 : 근육은 ATP(㉡)에 저장된 에너지를 사용해 수축한다.

💬 문제풀이 TIP | 세포 호흡을 통한 ATP의 생성과 이용에 대한 기본적인 유형의 문항으로, 세포 호흡 과정에 대한 기본 개념, 에너지의 전환과 이용에 대한 충분한 이해가 필요하다.

그림 (가)는 ⓐ와 ⓑ에서 일어나는 물질의 전환을, (나)는 ATP와 ADP 사이의 전환을 나타낸 것이다. ⓐ와 ⓑ는 각각 세포 호흡과 광합성 중 하나이다.

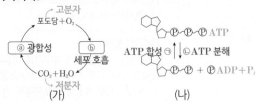

(가)   (나)

이에 대한 옳은 설명만을 〈보기〉에서 있는 대로 고른 것은?

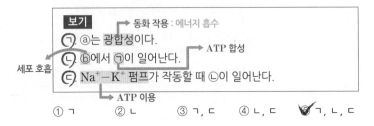

보기
→ 동화 작용 : 에너지 흡수
ㄱ. ⓐ는 광합성이다.
→ ATP 합성
ㄴ. ⓑ에서 ㉠이 일어난다.
세포 호흡 ←
ㄷ. Na⁺−K⁺ 펌프가 작동할 때 ㉡이 일어난다.
→ ATP 이용

① ㄱ   ② ㄴ   ③ ㄱ, ㄷ   ④ ㄴ, ㄷ   ✔⑤ ㄱ, ㄴ, ㄷ

|자|료|해|설|

그림 (가)에서 저분자인 CO_2가 고분자인 포도당으로 합성되는 과정이 ⓐ이므로 ⓐ는 광합성이다. 이때 빛에너지가 흡수되는 흡열 반응이 일어난다. 반대로 과정 ⓑ는 고분자인 포도당이 저분자인 CO_2로 분해되는 과정으로 세포 호흡에 해당한다. 세포 호흡은 ATP와 같은 화학 에너지와 열에너지가 방출되는 발열 반응이다. 그림 (나)에서 인산기가 3개 붙어있는 분자가 ATP이고 인산기가 2개 붙어있는 분자가 ADP이다. ADP에서 ATP로 합성되는 과정 ㉠은 에너지가 저장되는 과정으로 세포 호흡을 통해 일어난다. ATP에서 ADP로 분해되는 과정 ㉡을 통해 생성된 에너지가 체내의 다양한 물질대사 반응에 이용된다.

|보|기|풀|이|

ㄱ. 정답 : CO_2가 포도당으로 합성되는 과정 ⓐ는 광합성이다.

ㄴ. 정답 : ⓑ인 세포 호흡에서는 ATP가 합성되는 ㉠과정이 일어난다.

ㄷ. 정답 : Na⁺−K⁺ 펌프는 세포막을 경계로 이온의 농도 기울기 형성에 관여하는 단백질로 ATP에 저장된 에너지를 이용한다. 따라서 ATP에서 ADP로 분해되는 과정 ㉡이 일어난다.

😮 **문제풀이 TIP** | 물질대사에서 에너지가 전환되는 과정을 이해하고, ATP의 생성과 분해에 따른 에너지의 이동을 파악하고 있으면 문제를 풀 수 있다. 물질대사에는 에너지가 방출되는 이화 작용과, 에너지가 흡수되는 동화 작용이 있다. 세포 호흡은 열에너지와 ATP로 에너지가 방출되는 대표적 이화 작용이며, 광합성은 빛에너지를 흡수하여 포도당을 합성하는 대표적 동화 작용이다. 체내에서 에너지 전달의 대표적 매개체는 ATP로 인산기가 3개 붙어있다(ATP의 T가 Tri로 세 개라는 의미다). ATP에서 인산기가 두 개 붙어 있는 ADP(D가 Di로 두 개라는 의미이다)로 분해되는 과정에서 에너지가 생성되며 이를 체내의 에너지 사용 과정에 이용한다.

😀 **출제분석** | 에너지 전환 과정과 ATP의 구조를 묻는 문항으로 난도 '중'에 해당한다. 제시된 자료나 보기가 어렵지는 않으나 ATP의 전환 개념을 많은 학생들이 다소 어려워한다.

다음은 효모를 이용한 실험 과정을 나타낸 것이다.

(가) 증류수에 효모를 넣어 효모액을 만든다.
(나) 발효관 Ⅰ과 Ⅱ에 표와 같이 용액을 넣는다.

발효관	용액
대조군 Ⅰ	증류수 15mL + 효모액 15mL
실험군 Ⅱ	3% 포도당 용액 15mL + 효모액 15mL

(다) Ⅰ과 Ⅱ를 모두 항온기에 넣고 각 발효관에서 10분 동안 발생한 ㉠기체의 부피를 측정한다.
└→ 이산화 탄소

이에 대한 옳은 설명만을 〈보기〉에서 있는 대로 고른 것은?

보기
ㄱ. ㉠에 이산화 탄소가 있다.
ㄴ. Ⅱ에서 이화 작용이 일어난다. → Ⅱ에서 세포 호흡이 일어남
ㄷ. (다)에서 측정한 ㉠의 부피는 Ⅰ에서가 Ⅱ에서보다 <del>크다</del> 작다
└→ 이산화 탄소

① ㄱ   ② ㄴ   ✔③ ㄱ, ㄴ   ④ ㄴ, ㄷ   ⑤ ㄱ, ㄴ, ㄷ

|자|료|해|설|

발효관 Ⅰ에는 포도당이 없으므로 세포 호흡이 일어나지 않고, Ⅱ에서는 포도당을 이용한 세포 호흡이 일어나 이산화 탄소(CO_2) 기체가 발생한다. 따라서 (다)에서 발생한 기체 ㉠은 이산화 탄소이다.

|보|기|풀|이|

ㄱ. 정답 : 세포 호흡 결과 이산화 탄소가 발생하므로 발생한 기체 ㉠에는 이산화 탄소가 있다.

ㄴ. 정답 : Ⅱ에서는 포도당이 분해되는 이화 작용이 일어난다.

ㄷ. 오답 : Ⅰ에서는 세포 호흡이 일어나지 않고, Ⅱ에서만 세포 호흡이 일어나 이산화 탄소가 발생한다. 따라서 (다)에서 측정한 이산화 탄소(㉠)의 부피는 Ⅰ에서가 Ⅱ에서보다 작다.

😮 **문제풀이 TIP** | 세포 호흡 결과 발생하는 기체는 이산화 탄소(CO_2)이다.

😀 **출제분석** | 효모의 발효 실험과 관련된 문항은 2015개정 교육과정에서 다른 내용이 빠지면서 출제된 것으로 판단된다. 앞으로 관련 문항이 출제될 확률이 높으므로 실험 과정을 꼼꼼하게 살펴보고 완벽하게 이해하여 대비하자!

그림은 사람에서 일어나는 물질대사 Ⅰ과 Ⅱ 를 나타낸 것이다.

이에 대한 설명으로 옳은 것만을 <보기>에 서 있는 대로 고른 것은?

동화 작용
아미노산 → Ⅰ → 단백질

글리코젠 → Ⅱ → 포도당
이화 작용

보기

→ 항체(단백질) 생성, 분비
ㄱ. Ⅰ은 동화 작용이다.
ㄴ. 형질 세포에서 Ⅰ이 일어난다.
ㄷ. 인슐린은 간에서 Ⅱ를 <del>촉진</del>한다.
              억제
→ 포도당을 글리코젠으로 합성하는 과정을 촉진

① ㄱ   ② ㄷ   ③ ㄱ, ㄴ   ④ ㄴ, ㄷ   ⑤ ㄱ, ㄴ, ㄷ

😮 **문제풀이 TIP** | 물질대사에서 동화 작용, 이화 작용에 대한 기본적인 개념을 바탕으로 방어 작용 단원에서 나오는 형질 세포와 항상성 유지 단원에서 나오는 인슐린의 역할에 대해서도 알고 있어야 풀 수 있는 문제이다. 생Ⅰ을 공부하면서 우리 몸에서 일어나는 다양한 화학 반응들을 동화 작용과 이화 작용으로 구분하는 연습을 해보는 것이 이러한 문제를 풀 때 큰 도움이 될 것이다.

😀 **출제분석** | 생Ⅰ의 전반적인 내용을 다루는 개념 복합 문제로 난도는 '중상'에 해당한다. 모든 생명 활동의 근본이 되는 물질대사에 대한 개념은 생명과학Ⅰ의 모든 단원의 내용과 연결되어 출제될 수 있으므로 동화 작용과 이화 작용의 반응 과정 및 에너지 출입, 그 예시까지 정확하게 알고 있어야 한다.

| 자 | 료 | 해 | 설 |

동화 작용은 저분자 물질을 고분자 물질로 합성하는 과정 이고, 이화 작용은 고분자 물질을 저분자 물질로 분해하는 과정이다. 저분자 물질인 아미노산을 고분자 물질인 단백 질로 합성하는 물질대사 Ⅰ은 동화 작용이고, 고분자 물질 인 글리코젠(다당류)을 저분자 물질인 포도당(단당류)으로 분해하는 물질대사 Ⅱ는 이화 작용이다.

| 보 | 기 | 풀 | 이 |

ㄱ. 정답 : 아미노산(저분자 물질)을 단백질(고분자 물질) 로 합성하는 물질대사 Ⅰ은 동화 작용이다.

ㄴ. 정답 : 형질 세포는 항체를 생성하고 분비하는 세포로, 항체의 주성분은 단백질이다. 따라서 형질 세포에서 단백 질을 합성하는 Ⅰ이 일어난다.

ㄷ. 오답 : 이자의 β세포에서 분비되는 인슐린은 간세포에 서 포도당을 글리코젠으로 합성하는 과정을 촉진하여 혈당 량을 낮추는 호르몬이다. 이와는 반대로 글리코젠을 포도 당으로 분해하는 Ⅱ과정을 촉진하여 혈당량을 높이는 호르 몬은 인슐린과 길항 작용을 하는 이자의 α세포에서 분비되 는 글루카곤이다.

그림은 사람에서 일어나는 물질대사 과정 ㉠과 ㉡을 나타낸 것이다.

이에 대한 옳은 설명만을 <보기>에서 있는 대로 고른 것은?

단백질 합성
(동화 작용)
 ㉠
㉡
아미노산   단백질 분해   단백질
(이화 작용)

보기

→ 저분자 물질(아미노산)이 고분자 물질(단백질)로 합성됨
ㄱ. ㉠에서 동화 작용이 일어난다.
ㄴ. ㉡에서 에너지가 방출된다.
ㄷ. ㉡에 효소가 관여한다.

① ㄱ   ② ㄷ   ③ ㄱ, ㄴ   ④ ㄴ, ㄷ   ⑤ ㄱ, ㄴ, ㄷ

| 자 | 료 | 해 | 설 |

사람에서 일어나는 물질대사 과정은 동화 작용과 이화 작용으로 구분할 수 있다. 이때 저분자 물질인 아미노산이 고분자 물질인 단백질로 합성되는 과정 ㉠은 동화 작용에 해당하고, 반대로 단백질이 아미노산으로 분해되는 과정 ㉡은 이화 작용에 해당한다.

| 보 | 기 | 풀 | 이 |

ㄱ. 정답 : 저분자 물질인 아미노산이 고분자 물질인 단백질로 합성되는 과정 ㉠은 동화 작용이다.

ㄴ. 정답 : 고분자 물질이 합성되는 동화 작용에서는 에너지가 흡수되지만, 이화 작용의 과정에서는 고분자 물질이 분해되면서 에너지가 방출되므로 ㉡에서 에너지가 방출된다.

ㄷ. 정답 : 동화 작용(㉠)과 이화 작용(㉡)과 같은 물질대사의 과정에 효소가 관여한다.

😮 **문제풀이 TIP** | 아미노산은 단백질을 이루는 단위체이다.

그림은 사람에서 일어나는 물질대사
과정 Ⅰ ~ Ⅲ을 나타낸 것이다.

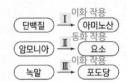

이에 대한 설명으로 옳은 것만을 〈보기〉에서 있는 대로 고른 것은?

보기

이화 작용 →　㉠. Ⅰ에서 에너지가 방출된다.
(에너지 방출)
㉡. 간에서 Ⅱ가 일어난다.
㉢에 효소가 관여한다.
　　　　　　└→ 물질대사 촉매

① ㄱ　②ㄷ　③ ㄱ, ㄴ　④ ㄴ, ㄷ　⑤ ㄱ, ㄴ, ㄷ

| 자 | 료 | 해 | 설 |

Ⅰ은 단백질이 아미노산으로 분해되는 이화 작용, Ⅱ는
암모니아로부터 요소가 합성되는 동화 작용, Ⅲ은 녹말이
포도당으로 분해되는 이화 작용을 나타낸 것이다.

| 보 | 기 | 풀 | 이 |

㉠ 정답 : Ⅰ은 고분자 물질인 단백질이 아미노산으로
분해되는 이화 작용의 과정이므로 에너지가 방출된다.

㉡ 정답 : 질소 노폐물인 암모니아는 간에서 Ⅱ의 과정을
통해 요소로 전환되어 배설계를 통해 배출된다.

㉢ 정답 : 모든 물질대사에는 효소가 관여한다.

그림 (가)는 간에서 일어나는 물질의 전환 과정 A와 B를, (나)는
A와 B 중 한 과정에서의 에너지 변화를 나타낸 것이다.

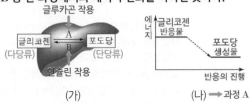

(가)　　　　　(나) → 과정 A

이에 대한 설명으로 옳은 것만을 〈보기〉에서 있는 대로 고른 것은?

 3점

보기

㉠. (나)는 A에서의 에너지 변화이다. → 이화작용 : 에너지 방출

㉡. 글루카곤에 의해 B가 촉진된다.
　　　인슐린

㉢. A와 B에서 모두 효소가 이용된다.

① ㄱ　② ㄴ　③ ㄱ, ㄷ　④ ㄴ, ㄷ　⑤ ㄱ, ㄴ, ㄷ

| 자 | 료 | 해 | 설 |

다당류인 글리코젠이 단당류인 포도당으로 분해되는 과정
A는 이화작용이며, 글루카곤에 의해 촉진된다. 반대로
포도당이 글리코젠으로 합성되는 과정 B는 동화작용이며,
인슐린에 의해 촉진된다. 또한 (나)의 그래프에서 반응물의
에너지가 생성물의 에너지보다 높으므로 이화작용에
해당하는 과정 A의 에너지 변화를 나타낸 것임을 알 수
있다.

| 보 | 기 | 풀 | 이 |

㉠ 정답 : (나)는 반응물의 에너지가 생성물의 에너지보다
높으므로 글리코젠이 포도당으로 분해되는 과정 A에서의
에너지 변화이다.

ㄴ. 오답 : 글루카곤에 의해 A가, 인슐린에 의해 B가
촉진된다.

㉢ 정답 : A와 B는 모두 물질대사에 해당하므로 효소가
관여한다.

😮 **문제풀이 TIP** | 간에서 글리코젠과 포도당의 전환은 물질대사에 해당하며 인슐린 또는 글루카곤의 작용에 의해 촉진되어 혈당량 조절에 기여한다.

그림은 체내에서 일어나는 어떤 물질대사 과정을 나타낸 것이다.

이에 대한 옳은 설명만을 〈보기〉에서 있는 대로 고른 것은?

```
                    글리코젠
이화 작용  ⓐ  ↑  ⓑ  동화 작용
(글루카곤)    │     (인슐린)
                    포도당
```

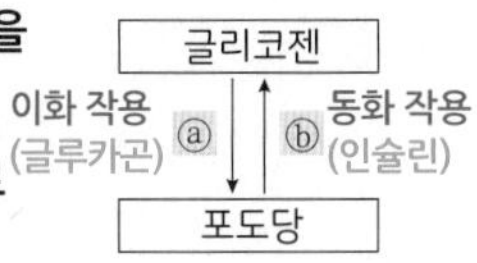

보기

ㄱ. 인슐린에 의해 ⓐ가 촉진된다. →ⓑ

ㄴ. ⓑ에서 동화 작용이 일어난다. →저분자 물질을 고분자 물질로 합성

ㄷ. ⓐ와 ⓑ에 모두 효소가 관여한다.

→이화 작용 →동화 작용

① ㄱ   ② ㄷ   ③ ㄱ, ㄴ   ④ ㄴ, ㄷ   ⑤ ㄱ, ㄴ, ㄷ

|자|료|해|설|

다당류인 글리코젠이 단당류인 포도당으로 분해되는 과정 ⓐ는 이화 작용에 해당하고, 이자의 α 세포에서 분비되는 글루카곤에 의해 촉진된다. 반대로 포도당이 글리코젠으로 합성되는 과정 ⓑ는 동화 작용에 해당하고, 이자의 β 세포에서 분비되는 인슐린에 의해 촉진된다.

|보|기|풀|이|

ㄱ. 오답 : 인슐린은 포도당이 글리코젠으로 합성되는 과정(ⓑ)을 촉진한다.

ㄴ. 정답 : 포도당(단당류)이 글리코젠(다당류)으로 합성되는 과정 ⓑ는 동화 작용에 해당한다.

ㄷ. 정답 : 이화 작용(ⓐ)과 동화 작용(ⓑ)과 같은 물질대사가 일어날 때 효소가 관여한다.

👾 **문제풀이 T I P |** 포도당은 단당류이고, 글리코젠은 다당류이다.

다음은 사람에서 일어나는 물질대사에 대한 자료이다.

이화 작용 ←— (가) 녹말이 소화 과정을 거쳐 ㉠ 포도당으로 분해된다.

이화 작용 ←— (나) 포도당이 세포 호흡을 통해 물과 이산화 탄소로 분해된다.

동화 작용 ←— (다) ㉡ 포도당이 글리코젠으로 합성된다.

이에 대한 설명으로 옳은 것만을 〈보기〉에서 있는 대로 고른 것은?

보기

ㄱ. 소화계에서 ㉠이 흡수된다.

ㄴ. (가)와 (나)에서 모두 이화 작용이 일어난다.

ㄷ. 글루카곤은 간에서 ㉡을 촉진한다.

└→인슐린

① ㄱ   ② ㄷ   ③ ㄱ, ㄴ   ④ ㄴ, ㄷ   ⑤ ㄱ, ㄴ, ㄷ

|자|료|해|설|

고분자 물질이 저분자 물질로 분해되는 (가)와 (나)는 이화 작용에 해당하고, 저분자 물질이 고분자 물질로 합성되는 (다)는 동화 작용에 해당한다.

|보|기|풀|이|

ㄱ. 정답 : 소화계에 속하는 소장에서 포도당(㉠)이 흡수된다.

ㄴ. 정답 : (가)와 (나)는 모두 이화 작용에 해당한다.

ㄷ. 오답 : 포도당이 글리코젠으로 합성되면 혈당량이 감소한다. 따라서 간에서 ㉡을 촉진하는 호르몬은 인슐린이다. 반대로 글루카곤은 글리코젠이 포도당으로 분해되는 과정을 촉진한다.

02. 기관계의 통합적 작용

❶ 양분의 흡수와 노폐물의 배설 및 기체 교환과 물질 운반

★수능에 나오는 필수 개념 2가지 + 필수 암기사항 5개

필수개념 1　양분의 흡수와 노폐물의 배설

- **영양소의 소화** : 녹말, 단백질, 지방 등의 고분자 물질이 체내로 흡수되기 위해서는 소화 과정을 거쳐 저분자 물질로 분해되어야 한다. `암기`

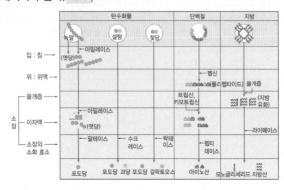

- **영양소의 흡수와 이동** `암기` → 영양소의 흡수 장소와 이동 경로를 그림으로 이해하고 외우자!

> - **수용성 영양소의 흡수와 이동** : 소장 융털의 모세 혈관으로 흡수된 후 간문맥을 거쳐 간으로 운반되고, 간정맥, 하대정맥, 심장을 거쳐 온몸으로 이동된다.
> - **지용성 영양소의 흡수와 이동** : 소장 융털의 암죽관으로 흡수된 후 림프관, 가슴 림프관, 빗장밑 정맥, 상대정맥, 심장을 거쳐 온몸으로 이동된다.
>
> 포도당, 아미노산, 수용성 비타민, 무기 염류 → 융털의 모세 혈관 → 간문맥 → 간 → 간정맥 → 하대정맥 → 심장 → 온몸
> 수용성 영양소
>
> 지방산, 모노글리세리드, 지용성 비타민 → 융털의 암죽관 → 가슴관 → 빗장밑 정맥 → 상대정맥 → 심장
> 지용성 영양소
>
> ▲ 영양소의 흡수와 이동 경로

- **노폐물의 생성과 배설** `암기` → 생성된 노폐물의 종류와 배설 경로를 기억하자!

영양소	노폐물	배설 경로
탄수화물, 지방, 단백질	이산화 탄소	폐에서 날숨으로 배설
	물	폐에서 날숨으로, 콩팥에서 오줌으로 배설
단백질	암모니아	간에서 요소로 전환된 후 콩팥에서 오줌으로 배설

- **오줌의 생성 과정** : 콩팥 동맥을 통해 콩팥으로 들어온 혈액은 네프론에서 여과, 재흡수, 분비의 과정을 거치면서 오줌을 생성한다.
  1. **여과** : 혈액의 일부가 압력차에 의해 사구체에서 보먼주머니로 이동하는 과정이고, 여과된 액체를 원뇨라고 한다. 크기가 작은 물, 무기 염류, 아미노산, 포도당, 요소 등은 여과되고, 크기가 큰 단백질, 지방, 혈구 등은 여과되지 않는다.
  2. **재흡수** : 원뇨가 세뇨관을 지나는 동안 모세 혈관으로 이동하는 과정이다. 포도당과 아미노산은 100% 재흡수 되고, 무기 염류와 비타민 등은 필요한 만큼 재흡수 된다.
  3. **분비** : 모세 혈관에 있던 미처 여과되지 않은 물질이 세뇨관으로 이동하는 과정이다. 요산이나 크레아틴 등이 이동한다.

기본자료

▶ 노폐물의 생성과 배설 경로

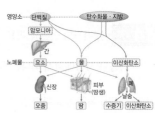

▶ 네프론
콩팥의 구조적·기능적 단위, 사구체와 보먼주머니 그리고 세뇨관으로 이루어진다.

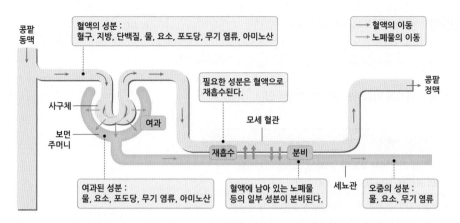

• 혈장, 원뇨, 오줌의 성분 비교

구분	혈장(g/100mL)	원뇨(g/100mL)	오줌(g/100mL)
단백질	8.00	0.00	0.00
포도당	0.10	0.10	0.00
아미노산	0.05	0.05	0.00
무기 염류	0.90	0.90	0.90
요소	0.03	0.03	1.80

• 단백질 : 분자량이 커서 여과되지 않는다.
• 포도당, 아미노산 : 여과되었다가 100% 재흡수 된다.
• 무기 염류 : 여과된 후 재흡수율이 물과 비슷하여 원뇨와 오줌에서 농도가 같다.
• 요소 : 여과된 후 재흡수율이 물보다 낮기 때문에 원뇨보다 오줌에서 농도가 높다.

필수개념 2　기체 교환과 물질 운반

• 폐와 조직에서의 기체 교환

• 기체 교환 : 폐로 들어온 산소는 폐포에서 혈액으로 이동한
후 다시 조직 세포로 이동하고, 세포 호흡 결과 생성된
이산화 탄소는 조직 세포에서 혈액으로 이동한 후 다시
폐포로 이동한다.
• 기체 교환의 원리 : 기체의 분압 차이에 의한 확산으로
일어나며, 에너지가 소모되지 않는다. **암기** → 기체 교환은
분압차에 의한 확산임을 반드시 기억하자!

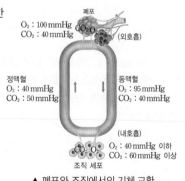

▲ 폐포와 조직에서의 기체 교환

▶ 기체의 이동 경로

구분	기체의 이동
O_2	폐포 → 모세 혈관 → 조직 세포
CO_2	조직 세포 → 모세 혈관 → 폐포

▶ 혈액의 순환
혈액은 소화 기관에서 흡수한 영양소와
호흡 기관에서 흡수한 산소를 조직 세포에
공급하고, 조직 세포에서 생성된 노폐물과
이산화 탄소를 배설 기관이나 폐로
운반한다.

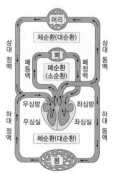

• 순환계를 통한 물질 운반 **암기** → 체순환과 폐순환의 경로를 기억하자!

• 체순환의 경로

좌심실 → 대동맥 → 온몸의 모세 혈관(물질 교환 및 기체 교환) → 대정맥 → 우심방

• 폐순환의 경로

우심실 → 폐동맥 → 폐포의 모세 혈관(기체 교환) → 폐정맥 → 좌심방

❷ 소화, 순환, 호흡, 배설의 관계　★수능에 나오는 필수 개념 2가지 + 필수 암기사항 3개

기본자료

필수개념 1 ┃ 기관계의 상호 작용

• 순환계와 다른 기관계의 상호 작용 : 순환계는 각 기관계를 연결하는 중요한 역할을 한다. ★암기
> → 각 기관계의 작용을 구분할 줄 알아야 한다.

기관계	작용
소화계	음식물 속에 들어 있는 영양소를 소화 기관에서 포도당, 지방산, 모노글리세리드, 아미노산 등으로 분해하여 소장의 융털을 통해 몸속으로 흡수한다.
순환계	소화계를 통해 체내로 흡수된 영양소와 호흡계를 통해 유입된 산소를 조직 세포로 운반하고, 조직 세포에서 생성된 이산화 탄소와 질소 노폐물을 각각 호흡계와 배설계로 운반한다.
호흡계	세포 호흡에 필요한 산소를 흡수하고, 세포 호흡 결과 발생한 이산화 탄소를 배출한다.
배설계	세포 호흡 결과 생성된 질소 노폐물과 여분의 물 등을 땀과 오줌의 형태로 몸 밖으로 내보낸다.

• 소화, 순환, 호흡, 배설의 유기적 관계 ★암기

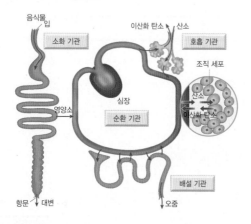

필수개념 2 ┃ 기관계의 통합적 작용

• 기관계의 통합적 작용 : 소화계, 호흡계, 순환계, 배설계는 각각 고유의 기능을 수행하면서 서로 협력하여 에너지 생성에 필요한 영양소와 산소를 세포에 공급하고 노폐물을 몸 밖으로 내보내는 기능을 함으로써 생명 활동이 원활하게 이루어지도록 한다. 순환계는 각 기관계를 연결하는 중요한 역할을 한다. ★암기 → 그림 자료를 통해 기관계의 통합적 작용을 이해하자!

▶ 기관계 통합 작용의 예
혈당량은 소화계, 순환계, 내분비계 등의 통합적 작용에 의해 일정하게 조절된다.

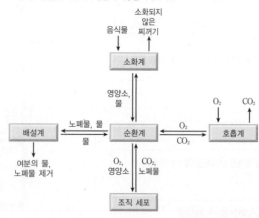

그림은 사람의 혈액 순환 경로의 일부를 나타낸 것이다. ㉠과 ㉡은 각각 대동맥과 폐동맥 중 하나이고, A와 B는 각각 간과 폐 중 하나이다.

이에 대한 설명으로 옳은 것만을 〈보기〉에서 있는 대로 고른 것은?

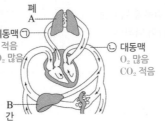

폐 A

폐동맥 ㉠

O_2 적음
CO_2 많음

㉡ 대동맥
O_2 많음
CO_2 적음

B 간

보기

㉠. A는 호흡계에 속하는 기관이다. → 폐

㉡. B에서 이화 작용이 일어난다. → 간 (물질대사)

㉢. 혈액의 단위 부피당 $\dfrac{O_2의 양}{CO_2의 양}$ 은 ㉠보다 ㉡에서 크다.

(O_2 적음 CO_2 많음) (O_2 많음 CO_2 적음)

① ㉠   ② ㉡   ③ ㉠, ㉢   ④ ㉡, ㉢   ⑤ ㉠, ㉡, ㉢

|자|료|해|설|

A는 폐이고 B는 간이다. ㉠은 심장에서 나가서 폐로 들어가는 혈관이므로 폐동맥이고 ㉡은 심장에서 나가서 온 몸을 순환하므로 대동맥이다. 온 몸에서 기체 교환을 하고 폐로 들어오는 폐동맥의 혈액은 정맥혈로 O_2가 적고 CO_2가 많고, 폐에서 기체 교환을 하고 난 후 심장을 거쳐 다시 온 몸으로 흐르는 대동맥의 혈액은 동맥혈로 O_2가 많고 CO_2가 적은 특징을 가지고 있다.

|보|기|풀|이|

㉠. 정답 : 폐는 호흡 기관이므로 호흡계에 속한다.

㉡. 정답 : 이화 작용은 물질대사 중 물질을 분해하는 작용으로 대표적인 예로 세포 호흡이 있다. 간도 세포로 구성되어 있으므로 이화 작용이 일어난다.

㉢. 정답 : ㉠의 혈액은 온 몸을 순환하면서 조직 세포에 O_2를 주고 CO_2를 받아 온 상태이고, ㉡의 혈액은 폐에서 기체 교환을 통해 O_2를 받고 CO_2를 주고 온 상태이므로 $\dfrac{O_2의 양}{CO_2의 양}$ 은 ㉠보다 ㉡에서 크다.

😮 **문제풀이 T I P** | 인체에서 각 기관의 대략적 위치, 순환계에서 중요한 혈관의 이름 및 그 혈관에 흐르는 혈액이 동맥혈인지 정맥혈인지 반드시 기억하고 있어야 하는 내용이다.

😮 **출제분석** | 문제의 난도는 낮지만 소화, 순환, 호흡, 배설이 통합되어 전체적인 조절에 대해 물어봄으로 통합적이고 정확한 이해가 필요하다. 모든 살아 있는 세포는 물질대사를 하므로 간에서도 동화 및 이화 작용이 일어난다. 간에서 세포 호흡을 하는 것뿐 아니라, 혈당량 조절을 위해 포도당이 글리코젠으로 전환되는 동화 작용과 글리코젠이 포도당으로 전환되는 이화 작용이 일어난다. 당연한 사실인 이 내용을 착각해서 선택지 ③을 고른 학생들이 의외로 있었다.

표는 영양소 (가), (나), 지방이 세포 호흡에 사용된 결과 생성되는 노폐물을 나타낸 것이다. (가)와 (나)는 단백질과 탄수화물을 순서 없이 나타낸 것이다.

구성원소	영양소	노폐물
(C,H,O) 탄수화물	(가)	물, 이산화 탄소
(C,H,O,N) 단백질	(나)	물, 이산화 탄소, ⓐ 암모니아
(C,H,O)	지방	? 물, 이산화 탄소

이에 대한 설명으로 옳은 것만을 〈보기〉에서 있는 대로 고른 것은?

 3점

보기

㉠. (가)는 탄수화물이다.

㉡. 간에서 ⓐ가 요소로 전환된다. → 암모니아

㉢. 지방의 노폐물에는 이산화 탄소가 있다.

① ㉠   ② ㉡   ③ ㉠, ㉢   ④ ㉡, ㉢   ⑤ ㉠, ㉡, ㉢

|자|료|해|설|

탄수화물, 단백질, 지방의 공통 구성 원소는 탄소(C), 수소(H), 산소(O)이고 단백질은 추가로 질소(N)를 포함하고 있다. 3대 영양소의 세포 호흡 결과 생성되는 공통 노폐물은 물(H_2O)과 이산화 탄소(CO_2)이고, 단백질의 경우 암모니아(NH_3)가 추가로 생성된다. 따라서 노폐물에 암모니아가 포함된 (나)가 단백질이고, (가)는 탄수화물이다.

|보|기|풀|이|

㉠. 정답 : 세포 호흡 결과 물과 이산화 탄소가 생성되는 (가)는 탄수화물이다.

㉡. 정답 : 간에서 암모니아(ⓐ)가 요소로 전환된다.

㉢. 정답 : 지방은 탄소(C), 수소(H), 산소(O)로 구성되어 있으므로 세포 호흡 결과 물(H_2O)과 이산화 탄소(CO_2)가 생성된다.

😮 **문제풀이 T I P** | 탄수화물과 지방은 C, H, O로 구성되어 있고, 단백질은 C, H, O, N으로 구성되어 있다. 암모니아(NH_3)는 질소(N)를 포함하는 노폐물이므로 (나)는 단백질이다.

3 양분의 흡수와 노폐물의 배설

정답 ⑤ 정답률 91% 2021학년도 수능 1번 문제편 36p

그림은 사람에서 일어나는 영양소의 물질대사 과정 일부를 나타낸 것이다. ㉠과 ㉡은 암모니아와 이산화 탄소를 순서 없이 나타낸 것이다.

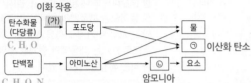

이에 대한 설명으로 옳은 것만을 <보기>에서 있는 대로 고른 것은? 3점

보기

ㄱ. 과정 (가)에서 이화 작용이 일어난다. (고분자 물질 → 저분자 물질)

ㄴ. 호흡계를 통해 ㉠이 몸 밖으로 배출된다. (이산화 탄소)

ㄷ. 간에서 ㉡이 요소로 전환된다. (암모니아)

① ㄱ ② ㄷ ③ ㄱ, ㄴ ④ ㄴ, ㄷ ⑤ ㄱ, ㄴ, ㄷ

|자|료|해|설|

다당류인 탄수화물을 단당류인 포도당으로 분해하는 (가)는 이화 작용에 해당하고, ㉠은 이산화 탄소이다. 아미노산의 분해 산물 중 하나인 암모니아(㉡)는 간에서 요소로 전환되어 배출된다.

|보|기|풀|이|

ㄱ. 정답 : 고분자 물질인 탄수화물(다당류)을 저분자 물질인 포도당(단당류)으로 분해하는 (가)는 이화 작용에 해당한다.

ㄴ. 정답 : 이산화 탄소(㉠)는 호흡계를 통해 몸 밖으로 배출된다.

ㄷ. 정답 : 암모니아(㉡)는 간에서 요소로 전환된다.

문제풀이 TIP | 고분자 물질을 저분자 물질로 분해하는 소화 과정은 이화 작용에 해당한다. 단백질은 C, H, O, N으로 구성되어 있어 분해 시 물(H_2O), 이산화 탄소(CO_2), 암모니아(NH_3)가 생성된다.

4 양분의 흡수와 노폐물의 배설

정답 ⑤ 정답률 89% 2021년 7월 학평 4번 문제편 36p

그림은 사람에서 일어나는 물질대사 과정의 일부와 노폐물 ㉠~㉢이 기관계 A와 B를 통해 배출되는 경로를 나타낸 것이다. ㉠~㉢은 물, 요소, 이산화 탄소를 순서 없이 나타낸 것이고, A와 B는 호흡계와 배설계를 순서 없이 나타낸 것이다.

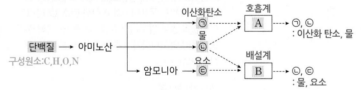

이에 대한 설명으로 옳은 것만을 <보기>에서 있는 대로 고른 것은? 3점

보기

ㄱ. 폐는 A에 속한다. (호흡계)

ㄴ. ㉠은 이산화 탄소이다.

ㄷ. B에서 ㉡의 재흡수가 일어난다. (배설계, 물)

① ㄱ ② ㄷ ③ ㄱ, ㄴ ④ ㄴ, ㄷ ⑤ ㄱ, ㄴ, ㄷ

|자|료|해|설|

단백질의 구성 원소는 탄소(C), 수소(H), 산소(O), 질소(N)이며 세포 호흡 결과 생성되는 노폐물은 물(H_2O), 이산화 탄소(CO_2), 암모니아(NH_3)이다. 암모니아는 간에서 요소로 전환된 후 배설계를 통해 배출되므로 ㉢은 요소, B는 배설계이다. 이산화 탄소는 호흡계를 통해 배출되고, 물은 호흡계와 배설계를 통해 배출되므로 ㉠은 이산화 탄소, ㉡은 물, A는 호흡계이다.

|보|기|풀|이|

ㄱ. 정답 : 폐는 호흡계(A)에 속하는 기관이다.

ㄴ. 정답 : 호흡계를 통해 배출되는 ㉠은 이산화 탄소이다.

ㄷ. 정답 : 배설계(B)에서 물(㉡)의 재흡수가 일어난다.

문제풀이 TIP | 단백질은 C, H, O, N로 구성되어 있으므로 세포 호흡 결과 물(H_2O), 이산화 탄소(CO_2), 암모니아(NH_3)가 생성된다. 암모니아는 간에서 요소로 전환된 후 배설계를 통해 배출된다는 사실만 알고 있으면 ㉠~㉢과 A, B를 쉽게 구분할 수 있다.

출제분석 | 단백질 분해 결과 생성되는 노폐물의 종류와 배출 경로를 따져야 하는 난도 '중하'의 문항이다. 단백질은 탄수화물과 지방에는 없는 질소(N)를 포함하고 있어 노폐물로 암모니아(NH_3)가 생성되는 것이 특징이며, 이러한 내용을 포함하는 문제가 자주 출제되고 있다.

그림은 사람에서 일어나는 영양소의 물질대사 과정 일부를, 표는 노폐물 ㉠~㉢에서 탄소(C), 산소(O), 질소(N)의 유무를 나타낸 것이다. (가)와 (나)는 각각 단백질과 지방 중 하나이고, ㉠~㉢은 물, 암모니아, 이산화 탄소를 순서 없이 나타낸 것이다.

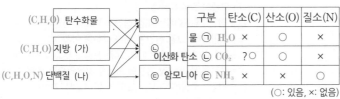

구분	탄소(C)	산소(O)	질소(N)
물 ㉠ H$_2$O	✕	○	✕
이산화 탄소 ㉡ CO$_2$	?○	○	✕
암모니아 ㉢ NH$_3$	✕	✕	○

(○: 있음, ✕: 없음)

이에 대한 설명으로 옳은 것만을 〈보기〉에서 있는 대로 고른 것은?

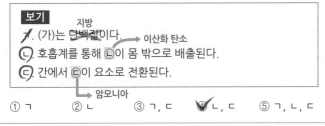

보기

ㄱ. (가)는 단백질이다. → 지방

ㄴ. 호흡계를 통해 ㉡이 몸 밖으로 배출된다. → 이산화 탄소

ㄷ. 간에서 ㉢이 요소로 전환된다. → 암모니아

① ㄱ   ② ㄴ   ③ ㄱ, ㄷ   ✓④ ㄴ, ㄷ   ⑤ ㄱ, ㄴ, ㄷ

|자|료|해|설|

탄수화물, 단백질, 지방의 공통 구성 원소는 탄소(C), 수소(H), 산소(O)이고 단백질은 추가로 질소(N)를 포함하고 있다. 3대 영양소의 물질대사 과정에서 생성되는 공통 노폐물은 물과 이산화 탄소이고, 단백질의 경우 암모니아가 추가로 생성된다. 표에서 ㉠은 물(H$_2$O), ㉡은 이산화 탄소(CO$_2$), ㉢은 암모니아(NH$_3$)이다. 물질대사 과정에서 암모니아(㉢)를 생성하는 (나)는 단백질이고, (가)는 지방이다.

|보|기|풀|이|

ㄱ. 오답 : (가)는 지방이다.

ㄴ. 정답 : 이산화 탄소(㉡)는 호흡계를 통해 몸 밖으로 배출된다.

ㄷ. 정답 : 간에서 암모니아(㉢)가 요소로 전환된다.

😮 **문제풀이 TIP** | 탄수화물과 지방은 C, H, O로 구성되어 있고, 단백질은 C, H, O, N로 구성되어 있다. 표에서 질소(N)를 포함하는 ㉢을 먼저 알아내면 문제를 빠르게 해결할 수 있다.

그림은 사람에서 일어나는 물질대사 과정 (가)와 (나)를 나타낸 것이다. 이에 대한 설명으로 옳은 것만을 〈보기〉에서 있는 대로 고른 것은?

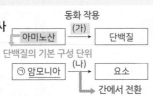

보기

ㄱ. (가)에서 동화 작용이 일어난다. → 저분자 물질을 고분자 물질로 합성

ㄴ. 간에서 (나)가 일어난다.

ㄷ. 포도당이 세포 호흡에 사용된 결과 생성되는 노폐물에는 ㉠이 있다. → 물(H$_2$O), 이산화 탄소(CO$_2$)
없다
→ 암모니아(NH$_3$)

① ㄱ   ② ㄴ   ③ ㄷ   ✓④ ㄱ, ㄴ   ⑤ ㄴ, ㄷ

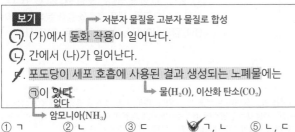

|자|료|해|설|

아미노산은 단백질의 기본 구성 단위이다. 따라서 저분자인 아미노산을 고분자인 단백질로 합성하는 (가)는 동화 작용에 해당한다. (나)는 간에서 일어나는 과정으로, 암모니아는 간에서 요소로 전환된 후 오줌으로 배설된다.

|보|기|풀|이|

ㄱ. 정답 : 아미노산을 단백질로 합성하는 (가)에서 동화 작용이 일어난다.

ㄴ. 정답 : 암모니아는 간에서 요소로 전환된다.

ㄷ. 오답 : 탄소(C), 수소(H), 산소(O)로 구성된 포도당이 세포 호흡에 사용되면 노폐물로 물(H$_2$O)과 이산화 탄소(CO$_2$)가 생성된다. 따라서 포도당이 세포 호흡에 사용된 결과 생성되는 노폐물에 암모니아(NH$_3$)가 포함되지 않는다.

😮 **문제풀이 TIP** | 아미노산은 단백질을 구성하는 기본 단위이며, 암모니아는 간에서 요소로 전환된 후 오줌으로 배설된다.

그림은 사람의 소화계의 일부를 나타낸 것이다. A
~C는 각각 간, 소장, 위 중 하나이다.
이에 대한 설명으로 옳은 것만을 <보기>에서 있는
대로 고른 것은?

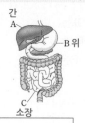

보기

ㄱ. A에서 요소가 생성된다. → 암모니아가 요소로 전환됨

ㄴ. B에 부교감 신경이 연결되어 있다.

ㄷ. C에서 지방산이 흡수된다.

 교감 신경과 함께 길항적으로 내장 기관의 기능을 자율적으로 조절

① ㄱ   ② ㄴ   ③ ㄱ, ㄷ   ④ ㄴ, ㄷ   ⑤ ㄱ, ㄴ, ㄷ

|자|료|해|설|
A는 간, B는 위, C는 소장이다.

|보|기|풀|이|
ㄱ. 정답 : 암모니아는 간(A)에서 요소로 전환된 후 콩팥에서 오줌으로 배설된다.

ㄴ. 정답 : 위(B)에는 교감 신경과 부교감 신경이 모두 연결되어 있으며, 교감 신경은 소화 작용을 억제하고 부교감 신경은 소화 작용을 촉진한다. 교감 신경과 부교감 신경은 길항 작용을 통해 내장 기관의 기능을 자율적으로 조절한다.

ㄷ. 정답 : 소장(C)에서는 포도당, 아미노산, 지방산과 모노글리세리드 등이 흡수된다.

😮 **문제풀이 TIP** | 소화계를 구성하는 간, 위, 소장의 기능과 더불어 자율 신경계에 대한 기본 개념을 알고 있어야 한다. 자율 신경계에 속하는 교감 신경과 부교감 신경의 길항 작용으로 내장 기관의 기능이 자율적으로 조절된다는 것을 알고 있으면 보기 ㄴ을 어렵지 않게 풀 수 있다. 특히 간은 소화계에 속하는 기관이며, 간에서 암모니아가 요소로 전환된다는 것을 반드시 기억하자!

😊 **출제분석** | 소화 기관의 기능과 자율 신경계에 대한 내용을 함께 묻는 난도 '중하'의 문제이다. 단순히 소화 기관의 기능만 묻기 보다는 이처럼 신경계와 연결 짓거나 기관계의 통합적 작용을 묻는 문제가 자주 출제되므로 넓은 범위의 통합적 이해와 학습이 필요하다.

표 (가)는 구성 원소와 이를 포함하는 물질 ⓐ~ⓓ를, (나)는 기관계
㉠과 ㉡ 각각에 속하는 기관 중 하나를 나타낸 것이다. ⓐ~ⓓ는 각
각 물, 암모니아, 이산화 탄소, 단백질 중 하나이다.

H_2O → NH_3 → CO_2 → C, H, O, N로 구성

구성 원소	물질
질소(N)	ⓐ, ⓒ
산소(O)	ⓐ, ⓑ, ⓓ
수소(H)	ⓐ, ⓒ, ⓓ

ⓐ : 단백질 ⓑ : 이산화 탄소
ⓒ : 암모니아 ⓓ : 물 (가)

기관계	㉠	㉡
	배설계	소화계
기관		
	콩팥	위

(나)

이에 대한 옳은 설명만을 <보기>에서 있는 대로 고른 것은? **3점**

보기

→ 배설계 → 간

물 ㄱ. ⓓ는 ㉠을 통해 몸 밖으로 배출된다. → 암모니아

소화계 ㄴ. ㉡에는 ⓒ를 요소로 전환하는 기관이 있다. → 물

단백질 ㄷ. ⓐ가 세포 호흡을 통해 분해될 때 ⓑ, ⓒ, ⓓ가 모두 생성된다. 이산화 탄소 암모니아

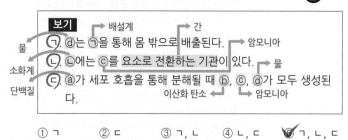

① ㄱ   ② ㄷ   ③ ㄱ, ㄴ   ④ ㄴ, ㄷ   ⑤ ㄱ, ㄴ, ㄷ

|자|료|해|설|
제시된 물질의 화학식을 생각해보면, 물 : H_2O, 암모니아 : NH_3, 이산화 탄소 : CO_2이고, 단백질은 C, H, O, N로 구성되어 있다. 자료 (가)에서 질소, 산소, 수소를 모두 가지고 있는 것은 ⓐ이고, 제시된 물질에서 세 가지를 모두 가진 것은 단백질이다. 따라서 ⓐ는 단백질이다. 이와 같이 위의 화학식을 참고하여 각 물질을 결정지으면, ⓑ : 이산화 탄소, ⓒ : 암모니아, ⓓ : 물 이다. 자료 (나)에서 콩팥이 포함된 기관계인 ㉠은 배설계이고, 위가 포함된 기관계인 ㉡은 소화계이다.

|보|기|풀|이|
ㄱ. 정답 : ⓓ인 물은 오줌, 땀, 날숨 등을 통해 몸 밖으로 배출되므로 ㉠인 배설계가 관여한다고 할 수 있다.

ㄴ. 정답 : ⓒ인 암모니아를 독성이 약한 요소로 전환시키는 기관은 간이다. 간은 ㉡인 소화계에 포함된다.

ㄷ. 정답 : ⓐ인 단백질은 구성 원소로 C, H, O, N를 모두 가지고 있으므로, 세포 호흡을 통해 분해될 때 이산화 탄소(ⓑ), 암모니아(ⓒ), 물(ⓓ)이 모두 생성된다.

😮 **문제풀이 TIP** | 우리 몸에 존재하는 물질의 화학식과 더불어 각 기관계에서 일어나는 과정을 알고 있어야 문제를 풀 수 있다. 특히, 세포 호흡을 통해 노폐물이 생성되고 노폐물이 배설되는 배설계 일련의 과정을 알고 있어야 한다. 배설계를 학습할 때 세포 호흡의 에너지원으로 사용되는 영양소에 따라 생성되는 노폐물이 다름을 기억하고 각각의 노폐물이 어떻게 몸 밖으로 배출되는지 그 경로는 반드시 학습하도록 하자. 더불어 소화계인 간이 배설 과정에 관여함을 통해 기관계들이 통합적으로 작용하고 있음을 확인하자.

😊 **출제분석** | 이번 문항은 배설계의 작용과, 기관계의 통합적 작용을 묻는 문항으로 난도 '중'에 해당한다. 우리 몸에서 생성되는 노폐물을 구성 원소를 이용하여 유추하게 하여 난도를 높였다. 또한 보기에서도 배설계의 작용을 자세히 물어보았기 때문에 기관계의 각 부분을 소홀히 한 학생들에게는 어렵게 느껴졌을 수 있다. 기관계에 관한 문항은 최근 수능이나 모평에서 자주 출제되고 있으며, 그 난도가 점점 증가하고 있고 보기에서도 자세한 작용들을 물어보므로 꼼꼼히 학습해 두어야 한다.

표는 사람의 몸을 구성하는 기관의 특징을 나타낸 것이다. A와 B는 간과 이자를 순서 없이 나타낸 것이다.

기관	특징
간 A	암모니아가 요소로 전환된다.
이자 B	㉠ 글루카곤이 분비된다.
소장	(가)

이에 대한 설명으로 옳은 것만을 〈보기〉에서 있는 대로 고른 것은?

3점

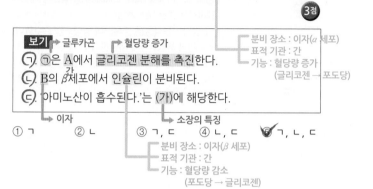

보기 → 글루카곤   → 혈당량 증가
㉠. ㉠은 A에서 글리코젠 분해를 촉진한다.
　분비 장소 : 이자(α세포)
　표적 기관 : 간
　기능 : 혈당량 증가
　(글리코젠 → 포도당)
간
㉡. B의 β 제포에서 인슐린이 분비된다.
㉢. '아미노산이 흡수된다.'는 (가)에 해당한다.
→ 이자   → 소장의 특징

① ㄱ   ② ㄴ   ③ ㄱ, ㄷ   ④ ㄴ, ㄷ   ⑤ ㄱ, ㄴ, ㄷ

　분비 장소 : 이자(β세포)
　표적 기관 : 간
　기능 : 혈당량 감소
　(포도당 → 글리코젠)

|자|료|해|설|
암모니아가 요소로 전환되는 기관인 A는 간이고, 글루카곤이 분비되는 기관인 B는 이자이다. 글루카곤은 간에서 글리코젠의 분해를 촉진하여 혈당량을 증가시킨다.

|보|기|풀|이|
㉠. 정답 : 이자에서 분비된 ㉠(글루카곤)은 A(간)에서 글리코젠 분해를 촉진하여 혈당량을 증가시킨다.
㉡. 정답 : B(이자)의 β 세포에서 인슐린이 분비되고 α 세포에서 글루카곤이 분비된다.
㉢. 정답 : '아미노산이 흡수된다.'는 영양소의 흡수가 일어나는 소장의 특징인 (가)에 해당한다.

🙂 **문제풀이 T I P |** 간에서는 암모니아가 요소로 전환되고, 이자에서는 혈당량을 조절하는 호르몬인 인슐린과 글루카곤이 분비된다.

😀 **출제분석 |** 간, 이자, 소장에 대한 기본적인 내용을 묻는 난도 '하'의 문항이다. 배점이 3점이지만 호르몬 단원의 문제로는 난도가 매우 낮은 편이다. 수능에서는 실수 없이 빠르게 풀고 넘어가야 하는 문제이다.

사람의 몸을 구성하는 기관계에 대한 설명으로 옳은 것만을 〈보기〉에서 있는 대로 고른 것은?

보기
㉠. 소화계에서 흡수된 영양소의 일부는 순환계를 통해 폐로 운반된다.
　물, 요소 등
㉡. 간에서 생성된 노폐물의 일부는 배설계를 통해 몸 밖으로 배출된다.
　O₂ : 폐포 → 모세혈관
　CO₂ : 모세혈관 → 폐포
㉢. 호흡계에서 기체 교환이 일어난다.

① ㄱ   ② ㄷ   ③ ㄱ, ㄴ   ④ ㄴ, ㄷ   ⑤ ㄱ, ㄴ, ㄷ

😀 **출제분석 |** 소화계, 순환계, 배설계, 호흡계의 작용을 이해하고 있는지 묻는 문항으로, 보기에서 각 기관계의 핵심적인 역할을 직접적으로 제시하고 있는 난도 '하'의 문항이다. 보통은 기관계의 통합적 작용을 도식화하여 표현하고 이에 대해 묻는 경우가 많으므로 각 기관계 사이의 관계를 그림으로 정리해보도록 하자.

|자|료|해|설|
소화계에서 흡수된 영양소는 혈액을 통해 온몸의 세포들로 전달되어 물질대사에 이용된다. 세포들은 세포 호흡을 비롯한 여러 가지 물질대사를 하며, 그 과정에서 발생한 노폐물은 다시 순환계를 통해 배설계로 운반되고 몸 밖으로 배출된다. 호흡계는 기체 교환을 통해 세포 호흡에 필요한 산소를 얻고 세포 호흡 결과 발생한 이산화 탄소를 배출한다. 산소와 이산화 탄소 또한 순환계를 통해 이동한다.

|보|기|풀|이|
㉠. 정답 : 소화계에서 흡수된 영양소는 순환계를 통해 온몸으로 전달된다. 폐를 이루고 있는 세포들도 세포 호흡을 비롯한 물질대사에 영양소가 필요하므로 영양소가 순환계를 통해 폐로 운반된다.
㉡. 정답 : 온몸의 조직 세포에서 노폐물이 발생하며 그 중 단백질 대사의 노폐물인 암모니아는 특히 간에서 요소로 전환되며, 요소는 배설계를 통해 여과되어 몸 밖으로 배출된다.
㉢. 정답 : 호흡계에서는 세포 호흡에 필요한 산소와 세포 호흡 결과 발생한 이산화 탄소의 기체 교환이 일어난다.

표는 사람 몸을 구성하는 기관계의 특징을 나타낸 것이다. A~C는 배설계, 소화계, 신경계를 순서 없이 나타낸 것이다.

기관계	특징
배설계 A	오줌을 통해 노폐물을 몸 밖으로 내보낸다.
신경계 B	대뇌, 소뇌, 연수가 속한다.
소화계 C	㉠

이에 대한 설명으로 옳은 것만을 〈보기〉에서 있는 대로 고른 것은?

3점

보기

ㄱ. A는 배설계이다.
ㄴ. '음식물을 분해하여 영양소를 흡수한다.'는 ㉠에 해당한다.   → 소화계의 특징
ㄷ. C에는 B의 조절을 받는 기관이 있다.

     ↓ 소화계   ↓ 신경계

① ㄱ   ② ㄷ   ③ ㄱ, ㄴ   ④ ㄴ, ㄷ   ✓⑤ ㄱ, ㄴ, ㄷ

|자|료|해|설|
오줌을 통해 노폐물을 몸 밖으로 내보내는데 관여하는 A는 배설계이고, 대뇌, 소뇌, 연수가 속하는 B는 신경계이며, 마지막 C는 소화계이다. 따라서 ㉠은 소화계의 특징에 해당한다.

|보|기|풀|이|
㉠ 정답 : 오줌을 통해 노폐물을 몸 밖으로 내보내는데 관여하는 A는 배설계이다.
㉡ 정답 : '음식물을 분해하여 영양소를 흡수한다.'는 소화계의 특징(㉠)에 해당한다.
㉢ 정답 : 한가지 예로, 이자는 자율 신경계의 조절을 받는다. 따라서 소화계(C)에는 신경계(B)의 조절을 받는 기관이 있다.

표 (가)는 사람의 기관이 가질 수 있는 3가지 특징을, (나)는 (가)의 특징 중 심장과 기관 A, B가 갖는 특징의 개수를 나타낸 것이다. A와 B는 각각 방광과 소장 중 하나이다.

특징
• 오줌을 저장한다. → 방광
• 순환계에 속한다. → 심장
• 자율 신경과 연결된다.

(가) → 심장, 방광, 소장

기관	특징의 개수
심장	㉠ → 2
A → 방광	2
B → 소장	1

(나)

이에 대한 옳은 설명만을 〈보기〉에서 있는 대로 고른 것은? **3점**

보기

ㄱ. ㉠은 1이다. (2 표기)
ㄴ. A는 방광이다.
ㄷ. B에서 아미노산이 흡수된다.
   ↓ 소장

① ㄱ   ② ㄷ   ③ ㄱ, ㄴ   ✓④ ㄴ, ㄷ   ⑤ ㄱ, ㄴ, ㄷ

|자|료|해|설|
(가)에서 '오줌을 저장한다.'에 해당하는 것은 방광, '순환계에 속한다.'에 해당하는 것은 심장이며, '자율 신경과 연결된다.'는 방광, 소장, 심장이 모두 해당되는 특징이다. 따라서 심장이 갖는 특징의 개수(㉠)가 2개, 방광이 갖는 특징의 개수가 2개, 소장이 갖는 특징의 개수가 1개이므로, A는 방광, B는 소장이다.

|보|기|풀|이|
ㄱ. 오답 : 심장은 순환계에 속하며 자율 신경과 연결되어 있으므로 심장이 갖는 특징의 개수(㉠)는 2이다.
㉡ 정답 : 오줌을 저장하며 자율 신경과 연결되어 있어 2개의 특징을 가지는 A는 방광이다.
㉢ 정답 : B는 소장이며, 소장에서는 아미노산, 포도당, 지방산과 모노글리세리드, 무기염류, 비타민 등 다양한 영양소가 흡수된다.

🤓 **문제풀이 TIP** | 이런 문제를 풀 때는 (가)의 특징 옆에 해당하는 기관들을 적어 각 기관이 갖는 특징의 개수를 확인하고 (나)의 A, B가 어느 기관에 해당하는지 판단하도록 한다. 이를 위해서는 각 기관과 기관계의 기능과 특징 등을 알고 있어야 한다.

표는 사람의 기관계 A~C 각각에 속하는 기관 중 하나를 나타낸 것이다. A~C는 각각 소화계, 순환계, 호흡계 중 하나이다.

기관계	A 소화계	B 호흡계	C 순환계
기관	소장	폐	심장

이에 대한 옳은 설명만을 〈보기〉에서 있는 대로 고른 것은?

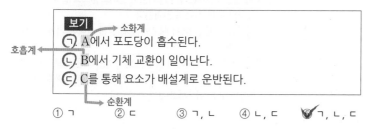

보기
→ 소화계
ㄱ. A에서 포도당이 흡수된다.
호흡계 ←
ㄴ. B에서 기체 교환이 일어난다.
ㄷ. C를 통해 요소가 배설계로 운반된다.
→ 순환계

① ㄱ   ② ㄷ   ③ ㄱ, ㄴ   ④ ㄴ, ㄷ   ✔ㄱ, ㄴ, ㄷ

|자|료|해|설|

소장이 속하는 A는 소화계, 폐가 속하는 B는 호흡계, 심장이 속하는 C는 순환계이다. 소화계는 음식물 속에 들어 있는 영양소를 소화 기관에서 분해하여 소장의 융털을 통해 몸속으로 흡수하고, 호흡계는 세포 호흡에 필요한 산소를 흡수하고 세포 호흡 결과 발생한 이산화 탄소를 배출한다. 순환계는 소화계를 통해 체내로 흡수된 영양소와 호흡계를 통해 유입된 산소를 조직 세포로 운반하고, 조직 세포에서 생성된 이산화 탄소와 질소 노폐물을 각각 호흡계와 배설계로 운반한다.

|보|기|풀|이|

ㄱ 정답 : 소화계(A)에서 포도당이 흡수된다.
ㄴ 정답 : 호흡계(B)에서 산소와 이산화 탄소 등의 기체 교환이 일어난다.
ㄷ 정답 : 순환계(C)를 통해 노폐물인 요소가 배설계로 운반된다.

😀 **출제분석** | 각 기관이 속하는 기관계를 구분하고, 각 기관계의 역할을 알고 있다면 쉽게 해결할 수 있는 난도 '하'의 문항이다. 각 기관계에 속하는 대표적인 기관이 제시되었고, 보기에서도 기관계의 기본적인 역할을 묻고 있으므로 틀려서는 안 되는 문항이다.

그림은 사람의 배설계와 소화계를 나타낸 것이다. A~C는 각각 간, 소장, 콩팥 중 하나이다.

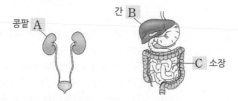

간 B
콩팥 A
C 소장

이에 대한 옳은 설명만을 〈보기〉에서 있는 대로 고른 것은?

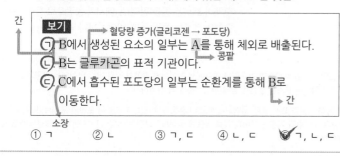

간
보기
→ 혈당량 증가(글리코젠 → 포도당)
ㄱ. B에서 생성된 요소의 일부는 A를 통해 체외로 배출된다.
콩팥
ㄴ. B는 글루카곤의 표적 기관이다.
ㄷ. C에서 흡수된 포도당의 일부는 순환계를 통해 B로 이동한다.
→ 간
소장

① ㄱ   ② ㄴ   ③ ㄱ, ㄷ   ④ ㄴ, ㄷ   ✔ㄱ, ㄴ, ㄷ

|자|료|해|설|

A는 콩팥, B는 간, C는 소장이다. 콩팥은 배설계에 속하는 기관이고, 간과 소장은 소화계에 속하는 기관이다.

|보|기|풀|이|

ㄱ 정답 : 암모니아는 간에서 요소로 전환되며, 간(B)에서 생성된 요소의 일부는 콩팥(A)을 통해 오줌으로 배설된다.
ㄴ 정답 : 글루카곤의 표적 기관은 간(B)이다.
ㄷ 정답 : 소장(C)에서 흡수된 포도당의 일부는 순환계를 통해 간(B)으로 이동한다.

그림 (가)와 (나)는 각각 사람의
소화계와 호흡계를 나타낸
것이다. A와 B는 각각 간과 폐 중
하나이다.
이에 대한 설명으로 옳은 것만을
〈보기〉에서 있는 대로 고른 것은? **3점**

A
간

B
폐

(가)
소화계

(나)
호흡계

보기   → 간   → 저분자 물질을 고분자 물질로 합성하는 과정

폐 ←
ㄱ. A에서 <u>동화 작용</u>이 일어난다.
ㄴ. B에서 기체 교환이 일어난다.
ㄷ. (가)에서 흡수된 영양소 중 일부는 (나)에서 사용된다.
    소화계   호흡계

① ㄱ   ② ㄷ   ③ ㄱ, ㄴ   ④ ㄴ, ㄷ   ✓⑤ ㄱ, ㄴ, ㄷ

|자|료|해|설|
소화계에 속하는 A는 간이고, 호흡계에 속하는 B는
폐이다. 간에서는 요소 합성, 글리코젠 합성과 분해 등의
물질대사가 일어나고, 폐에서는 폐포와 모세 혈관 사이에
산소와 이산화 탄소 등의 기체 교환이 일어난다.

|보|기|풀|이|
ㄱ. 정답 : 간(A)에서 포도당이 글리코젠으로 합성되는 등
다양한 동화 작용이 일어난다.
ㄴ. 정답 : 폐(B)에서 폐포와 모세 혈관 사이에 기체 교환이
일어난다.
ㄷ. 정답 : 소화계에서 흡수된 영양소는 모든 세포에서
이용되므로 (가)에서 흡수된 영양소 중 일부는 호흡계인
(나)를 구성하는 세포에서 사용된다.

😮 **출제분석** | 소화계와 호흡계에서 일어나는 물질대사에 대해 묻는 난도 '하'의 문항이다. 5번 다음으로 3번을 정답으로 고른 학생이 많았는데, 기본적으로 소화계에서 흡수된
영양소와 호흡계에서 흡수한 산소는 체내의 모든 세포에서 세포 호흡의 재료로 이용된다는 것을 알고 있으면 문제를 쉽게 해결할 수 있다.

그림은 심장과 여러 기관 사이의 혈액 순환 경로를
나타낸 것이다. ㉠과 ㉡은 각각 간과 폐 중
하나이며, A와 B는 각각 동맥과 정맥 중 하나이다.
이에 대한 옳은 설명만을 〈보기〉에서 있는 대로
고른 것은?

폐 ㉠
심장
간 ㉡   소장
정맥 A   B 동맥
(심장으로 들어가는 혈관)   (심장에서 나가는 혈관)
콩팥

보기   → 폐
ㄱ. ㉠에서 기체 교환이 일어난다.
                되지 않는다
ㄴ. ㉡에서 <s>인슐린이 합성된다.</s>
간 ←   이자
ㄷ. 요소의 농도는 A에서가 B에서보다 <s>높다.</s>
                                  낮다

✓① ㄱ   ② ㄴ   ③ ㄱ, ㄷ   ④ ㄴ, ㄷ   ⑤ ㄱ, ㄴ, ㄷ

|자|료|해|설|
㉠은 폐, ㉡은 간이고 심장으로 들어가는 혈액이 흐르는
혈관 A는 정맥, 심장에서 나오는 혈액이 흐르는 혈관 B는
동맥이다.

|보|기|풀|이|
ㄱ. 정답 : 폐(㉠)에서 기체의 분압 차이에 의한 확산으로
기체 교환이 일어난다.
ㄴ. 오답 : 인슐린은 이자의 β세포에서 합성되어 간(㉡)에서
작용한다. 즉, 간은 인슐린의 표적 기관이다.
ㄷ. 오답 : 요소는 콩팥에서 여과된 후 오줌에 포함되어 몸
밖으로 배설된다. 따라서 요소의 농도는 콩팥에서 나오는
혈액이 흐르는 콩팥 정맥(A)에서가 콩팥으로 들어가는
혈액이 흐르는 콩팥 동맥(B)에서보다 낮다.

😮 **문제풀이 T I P** | 각 기관계의 작용에 대해 통합적인 관점에서 문제를 해결해야 한다. 혈당량 조절 호르몬인 인슐린은 이자에서 합성되어 간에서 작용한다. 합성되는 기관과 표적
기관을 혼동하지 말자! 또한 심장에서 나오는 혈액이 흐르는 혈관은 동맥, 심장으로 들어가는 혈액이 흐르는 혈관은 정맥이라는 것을 꼭 기억하자!

😮 **출제분석** | 호르몬의 작용과 요소의 농도에 대해 묻는 난도 '중'의 문항이다. 호르몬의 합성 기관과 표적 기관, 동맥과 정맥같이 혼동될 수 있는 개념들이 포함된 문제로, 보기 ㄴ과
보기 ㄷ을 정답으로 선택한 비율이 꽤 높았다. 기관계의 통합적 작용 부분에서 단순히 기관계의 역할과 기관계 사이의 상호 작용을 물어보기보다는 이렇게 다른 단원의 개념들을 함께
물어보는 추세이므로 기출 문제를 풀어보며 생명과학 I 전반에 걸친 개념을 연결시켜 이해하자.

17 기관계의 통합적 작용

정답 ④　정답률 90%　2020년 10월 학평 3번　문제편 40p

그림은 사람에서 일어나는 기관계의 통합적 작용을 나타낸 것이다. A~C는 각각 배설계, 소화계, 호흡계 중 하나이다. 이에 대한 옳은 설명만을 〈보기〉에서 있는 대로 고른 것은?

```
           O₂  CO₂
         호흡계 B        영양소
배설계 A ⇌ 순환계 ⇌ C 소화계
  ↓        ↓          ↓
 오줌    조직 세포    흡수되지
                     않은 물질
```

보기
　ㄱ. 대장은 ~~A~~ 에 속한다. → C(소화계)
　ㄴ. B는 호흡계이다.
　ㄷ. C에서 아미노산이 흡수된다.
　　└→ 소화계

① ㄱ　② ㄷ　③ ㄱ, ㄴ　④ ㄴ, ㄷ　⑤ ㄱ, ㄴ, ㄷ

😮 **문제풀이 TIP** | 대장은 소화계에 속하는 기관이다.

|자|료|해|설|
오줌으로 노폐물을 내보내는 A는 배설계, 기체 교환이 일어나는 B는 호흡계, 영양소의 소화와 흡수에 관여하는 C는 소화계이다.

|보|기|풀|이|
ㄱ. 오답 : 대장은 소화계(C)에 속하는 기관이다.
ㄴ. 정답 : 기체 교환이 일어나는 B는 호흡계이다.
ㄷ. 정답 : 소화계(C)에서 아미노산과 같은 영양소가 흡수된다.

---

18 기관계의 통합적 작용

정답 ⑤　정답률 89%　2021학년도 6월 모평 7번　문제편 40p

표는 사람 몸을 구성하는 기관계의 특징을 나타낸 것이다. A와 B는 배설계와 소화계를 순서 없이 나타낸 것이다.

기관계	특징
배설계 A	오줌을 통해 노폐물을 몸 밖으로 내보낸다.
소화계 B	음식물을 분해하여 영양소를 흡수한다.
순환계	?

이에 대한 설명으로 옳은 것만을 〈보기〉에서 있는 대로 고른 것은?
3점

보기
　ㄱ. A는 배설계이다. └→ 소화계
　ㄴ. 소장은 B에 속한다.
　ㄷ. 티록신은 순환계를 통해 표적 기관으로 운반된다. → 호르몬은 혈액을 통해 운반된다.

① ㄱ　② ㄷ　③ ㄱ, ㄴ　④ ㄴ, ㄷ　⑤ ㄱ, ㄴ, ㄷ

|자|료|해|설|
A는 배설계이고, B는 소화계이다. 순환계는 소화 기관에서 흡수한 영양소와 호흡 기관에서 흡수한 산소를 조직 세포에 공급하고, 조직 세포에서 생성된 노폐물과 이산화 탄소를 배설 기관이나 폐로 운반한다.

|보|기|풀|이|
ㄱ. 정답 : 오줌을 통해 노폐물을 몸 밖으로 내보내는 기관계는 배설계(A)이다.
ㄴ. 정답 : 영양소의 흡수가 일어나는 소장은 소화계(B)에 속하는 기관이다.
ㄷ. 정답 : 호르몬은 혈액을 통해 표적 기관으로 운반된다. 갑상샘에서 분비된 호르몬인 티록신 또한 순환계를 통해 표적 기관으로 운반된다.

😮 **문제풀이 TIP** | 순환계는 산소와 영양소, 이산화 탄소와 노폐물을 운반할 뿐만 아니라 호르몬을 표적 기관까지 운반하는 역할도 한다.

그림은 사람 몸에 있는 각 기관계의 통합적 작용을, 표는 단백질과 탄수화물이 물질대사를 통해 분해되어 생성된 최종 분해 산물 중 일부를 나타낸 것이다. A ~ C는 배설계, 소화계, 호흡계를, ㉠과 ㉡은 암모니아와 이산화 탄소를 순서 없이 나타낸 것이다.

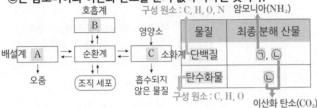

물질	최종 분해 산물
단백질	㉠, ㉡
탄수화물	㉡

이에 대한 설명으로 옳은 것만을 〈보기〉에서 있는 대로 고른 것은?

3점

보기
ㄱ. 콩팥은 A에 속하는 기관이다.
ㄴ. ㉠의 구성 원소 중 질소(N)가 있다.
ㄷ. B를 통해 ㉡이 체외로 배출된다.

① ㄱ   ② ㄷ   ③ ㄱ, ㄴ   ④ ㄴ, ㄷ   ⑤ ㄱ, ㄴ, ㄷ

| 자 | 료 | 해 | 설 |

오줌으로 노폐물을 내보내는 A는 배설계이고, 영양소의 소화와 흡수에 관여하는 C는 소화계이므로 B는 호흡계이다. 단백질은 탄소(C), 수소(H), 산소(O), 질소(N)로 이루어져 있으므로 최종 분해 산물은 물(H_2O), 이산화 탄소(CO_2), 암모니아(NH_3)이다. 탄수화물은 탄소(C), 수소(H), 산소(O)로 이루어져 있으므로 최종 분해 산물은 물(H_2O)과 이산화 탄소(CO_2)이다. 따라서 ㉠은 암모니아, ㉡은 이산화 탄소이다.

| 보 | 기 | 풀 | 이 |

ㄱ. 정답 : 콩팥은 배설계(A)에 속하는 기관이다.
ㄴ. 정답 : ㉠은 암모니아(NH_3)이므로 구성 원소 중 질소(N)가 있다.
ㄷ. 정답 : 호흡계(B)를 통해 이산화 탄소(㉡)가 체외로 배출된다.

👀 **문제풀이 TIP** | 탄수화물은 탄소(C), 수소(H), 산소(O)로 이루어져 있으며, 단백질은 추가로 질소(N)를 포함하고 있다.

😲 **출제분석** | 각 기관계의 역할을 토대로 A~C를 찾고, 단백질과 탄수화물의 구성 원소를 알고 최종 분해 산물을 구분해야 하는 난도 '하'의 문항이다. 왼쪽 그림은 기관계의 통합적 작용에 대한 문항에서 항상 출제되고 있는 그림이며, 오른쪽 표는 ㉠과 ㉡은 단백질이 탄수화물과 다르게 구성 원소에 질소(N)가 포함된다는 사실만 알고 있으면 쉽게 구분할 수 있다.

그림은 사람 몸에 있는 각 기관계의 통합적 작용을 나타낸 것이다. (가)~(다)는 배설계, 소화계, 호흡계를 순서 없이 나타낸 것이다.

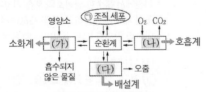

이에 대한 설명으로 옳은 것만을 〈보기〉에서 있는 대로 고른 것은?

보기
ㄱ. (가)는 호흡계이다.
ㄴ. ㉠의 미토콘드리아에서 O_2가 사용된다.
ㄷ. (다)를 통해 질소 노폐물이 배설된다.

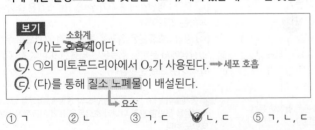

① ㄱ   ② ㄴ   ③ ㄱ, ㄷ   ④ ㄴ, ㄷ   ⑤ ㄱ, ㄴ, ㄷ

| 자 | 료 | 해 | 설 |

영양소의 소화와 흡수에 관여하는 (가)는 소화계, 기체 교환이 일어나는 (나)는 호흡계, 오줌으로 노폐물을 내보내는 (다)는 배설계이다. 소화계에서 흡수한 영양소와 호흡계에서 흡수한 산소는 순환계를 통해 조직 세포에 공급되어 세포 호흡에 사용되고, 조직 세포에서 생성된 노폐물과 이산화 탄소가 배설계와 호흡계를 통해 배출된다.

| 보 | 기 | 풀 | 이 |

ㄱ. 오답 : (가)는 소화계이다.
ㄴ. 정답 : 조직 세포의 미토콘드리아에서는 산소를 이용해 유기물을 분해하여 에너지를 생성하는 세포 호흡이 일어난다.
ㄷ. 정답 : 단백질의 대사에서 발생하는 질소 노폐물은 배설계를 통해 오줌으로 배설된다.

👀 **문제풀이 TIP** | 단백질의 대사에서 발생하는 질소 노폐물인 암모니아는 소화계에 속하는 간에서 요소로 전환되고, 배설계를 통해 오줌에 포함되어 몸 밖으로 배설된다.

그림은 사람의 체내에서 일어나는 물질 대사 과정의 일부와
물질의 이동 과정을 나타낸 것이다. A와 B는 각각 콩팥과 소장 중
하나이고, ㉠~㉢은 각각 CO_2, 요소, 아미노산 중 하나이다.

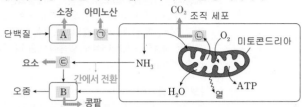

이에 대한 설명으로 옳은 것만을 〈보기〉에서 있는 대로 고른 것은?

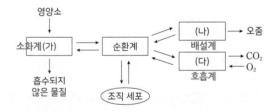

| 보기 |
ㄱ. A는 배설계에 속한다. → 소장
ㄴ. 호흡계를 통해 ㉡이 체외로 방출된다. → 소화계
ㄷ. 소화계에는 ㉢이 생성되는 기관이 있다. → CO_2 / 요소 / 간

① ㄱ   ② ㄴ   ③ ㄱ, ㄷ   ✔④ ㄴ, ㄷ   ⑤ ㄱ, ㄴ, ㄷ

|자|료|해|설|

A는 영양소를 분해하여 흡수하는 소장이고, B는 노폐물을
걸러 오줌을 생성하는 콩팥이다. 단백질 분해 결과 생성된
㉠은 아미노산이고, 세포 호흡 결과 생성된 ㉡은 CO_2이다.
NH_3(암모니아)는 간에서 요소로 전환된 후 콩팥에서
오줌으로 배설되므로 ㉢은 요소이다.

|보|기|풀|이|

ㄱ. 오답 : 소장(A)은 소화계에 속한다.
ㄴ. 정답 : 호흡계를 통해 CO_2(㉡)가 체외로 방출된다.
ㄷ. 정답 : 요소(㉢)가 생성되는 기관은 간이며, 간은
소화계에 속한다.

😀 출제분석 | 소화계를 통해 흡수된 영양소가 세포 호흡에
이용되고, 그 결과 생성된 노폐물이 배설계를 통해 몸 밖으로
빠져나가는 과정에 대해 묻는 문항이다. 기관계의 통합적 작용에
대해 묻는 문항은 한 문제씩 꾸준히 출제되고 있으므로 기본적인
관련 지식을 반드시 암기하고 있어야 한다.

그림은 사람 몸에 있는 각 기관계의 통합적 작용을 나타낸 것이다.
(가)~(다)는 각각 배설계, 소화계, 호흡계 중 하나이다.

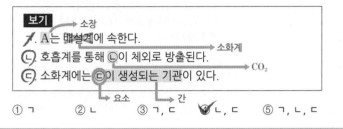

이에 대한 옳은 설명만을 〈보기〉에서 있는 대로 고른 것은?

| 보기 |
㉠. (가)에는 암모니아를 요소로 전환하는 기관이 있다. → 간
ㄴ. 땀을 많이 흘리면 (나)에서 생성되는 오줌의 삼투압이 감소 증가
한다. 땀↑ → 수분 재흡수량↑ → 오줌 농도↑ → 오줌 삼투압↑
㉢. 심한 운동을 하면 (다)에서 순환계로 단위 시간당 이동하는
O_2의 양이 증가한다. 체내 O_2↓ → O_2 분압↓ → O_2 이동량↑

① ㄱ   ② ㄴ   ✔③ ㄱ, ㄷ   ④ ㄴ, ㄷ   ⑤ ㄱ, ㄴ, ㄷ

|자|료|해|설|

제시된 그림은 소화계, 순환계, 호흡계, 배설계를 통합적으
로 표현하는 보편적인 도식으로 물질의 출입에 초점을 맞
추어 생각해 보면 (가)~(다)에 해당하는 기관계를 쉽게 찾
을 수 있다. 영양소가 들어오고, 흡수되지 않은 물질이 나
가는 (가)는 소화계이고, 흡수된 영양소를 순환계로 전달
한다. 순환계에서는 다른 기관계로 필요한 물질들을 주고
받는데, (나)를 보면 순환계와 물질 교환이 존재하면서, 외
부로 오줌을 배설하므로 배설계임을 알 수 있다. (다)는 외
부로부터 산소를 받고 이산화 탄소를 배출하는 것으로 보
아 호흡계임을 알 수 있다.

|보|기|풀|이|

㉠. 정답 : 암모니아를 독성이 약한 요소로 전환하는 기관
은 간이다. 간은 이외에도 쓸개즙과 같은 소화액 생성에 관
여하므로 (가)인 소화계에 해당한다.
ㄴ. 오답 : 땀을 많이 흘리면 체내로 수분 재흡수가 촉진되
어 오줌의 농도가 증가한다. 오줌의 농도가 증가하면 그에
따라 오줌의 삼투압은 증가된다.
㉢. 정답 : 심한 운동을 하면 체내의 산소 농도가 감소하고
이에 따라 산소 분압 역시 감소하므로 (다)인 호흡계에서
산소를 체내로 이동시키는 속도(단위 시간당 이동량)는 빨
라지게 된다.

💡 문제풀이 T I P | 소화계, 순환계, 호흡계, 배설계의 통합작용을 묻는 문제는 대부분 이번 문항과 같은 도식을 기초로 출제된다. 따라서, 학습할 때 각 기관계의 세부점에 초점을 맞추
는 것이 아니라 어떻게 통합적으로 영양소, 에너지 등이 외부로부터 유입되고 배출되는지, 기관계 간의 물질 교환은 어떻게 이루어지는지에 초점을 맞추어 학습하자. 통합적인 관계를 이
해하고, 각 기관계에 해당하는 기관의 세부적인 작용을 학습한다면, 수능까지 어려움 없이 해당 내용을 기억할 수 있을 것이다.

표는 사람의 몸을 구성하는 기관계 A와 B를 통해 노폐물이 배출되는 과정의 일부를 나타낸 것이다. A와 B는 배설계와 호흡계를 순서 없이 나타낸 것이며, ㉠은 H_2O와 요소 중 하나이다.

	기관계	과정
배설계 ←	A	아미노산이 세포 호흡에 사용된 결과 생성된 ㉠을 오줌으로 배출 → H_2O
호흡계 ←	B	물질대사 결과 생성된 ㉠을 날숨으로 배출 → H_2O

이에 대한 설명으로 옳은 것만을 〈보기〉에서 있는 대로 고른 것은?

3점

보기
㉠. ㉠은 H_2O이다.
✗. 대장은 ~~A~~ 소화계 에 속한다.
㉢. B는 호흡계이다.

① ㄱ   ② ㄴ   ✓③ ㄱ, ㄷ   ④ ㄴ, ㄷ   ⑤ ㄱ, ㄴ, ㄷ

|자|료|해|설|
아미노산이 세포 호흡에 사용된 결과 생성되는 노폐물에는 물(H_2O), 이산화 탄소(CO_2), 요소가 있다. 이 중 오줌으로 배출되는 것은 H_2O와 요소, 날숨으로 배출되는 것은 H_2O와 CO_2이다. 따라서 A를 통해 오줌으로 배출되기도 하고 B를 통해 날숨으로 배출되기도 하는 ㉠은 H_2O이며, 오줌을 배출하는 A는 배설계, 날숨을 배출하는 B는 호흡계이다.

|보|기|풀|이|
㉠ 정답 : 아미노산의 세포 호흡 결과 생성되는 노폐물 중 배설계(A)와 호흡계(B)를 통해 배출되는 ㉠은 H_2O이다.
ㄴ. 오답 : 대장은 소화계에 속한다.
㉢ 정답 : 날숨을 통해 H_2O(㉠)을 배출하는 B는 호흡계이다.

😀 **문제풀이 T I P** | 아미노산의 구성 원소는 C, H, O, N이므로 세포 호흡 결과 물, 이산화 탄소, 암모니아가 생성된다. 이 중 암모니아는 간에서 요소로 전환되어 오줌으로 배출되고, 물은 오줌과 날숨으로 배출되며, 이산화 탄소는 날숨으로 배출된다.

그림은 사람의 혈액 순환 경로를 나타낸 것이다. ㉠~㉢은 각각 간, 콩팥, 폐 중 하나이다.

이에 대한 설명으로 옳은 것만을 〈보기〉에서 있는 대로 고른 것은? **3점**

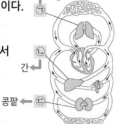
폐 ㉠
간 ㉡
콩팥 ← ㉢

보기
폐 ┐
간 ┘
㉠. ㉠으로 들어온 산소 중 일부는 순환계를 통해 운반된다.
㉡. ㉡에서 암모니아가 요소로 전환된다.
✗. ㉢은 ~~소화계~~ 배설계 에 속한다.
콩팥 ┘

① ㄱ   ② ㄷ   ✓③ ㄱ, ㄴ   ④ ㄴ, ㄷ   ⑤ ㄱ, ㄴ, ㄷ

|자|료|해|설|
㉠은 폐, ㉡은 간, ㉢은 콩팥이다. 폐는 호흡계, 간은 소화계, 콩팥은 배설계에 속한다.

|보|기|풀|이|
㉠ 정답 : 폐에서는 기체 교환을 통해 산소를 흡수하고 이산화 탄소를 배출한다. 흡수한 산소 중 일부는 순환계를 통해 온몸의 세포에 운반된다.
㉡ 정답 : 간에서는 단백질 대사에서 발생하는 질소 노폐물인 암모니아를 요소로 전환한다.
ㄷ. 오답 : 콩팥은 요소를 비롯한 노폐물을 오줌의 형태로 내보내는 배설계에 해당한다.

😀 **출제분석** | 소화계, 순환계, 배설계, 호흡계에 해당하는 기관들의 기능과 통합적 작용에 대한 문항으로, 각 기관에 대한 단순 지식을 물어보고 있어 난도가 매우 낮으므로 놓치지 않아야 한다.

그림은 사람 몸에 있는 각 기관계의 통합적 작용을 나타낸 것이다. A와 B는 각각 소화계와 호흡계 중 하나이다. 이에 대한 설명으로 옳은 것만을 〈보기〉에서 있는 대로 고른 것은?

O_2　CO_2

영양소 ── A 호흡계

소화계 B ⇄ 순환계 ── 배설계

흡수되지 않은 물질　조직 세포　오줌

보기　── 소화계
ㄱ. A는 호흡계이다.
ㄴ. B에는 포도당을 흡수하는 기관이 있다. → 소장에서 포도당이 흡수됨
ㄷ. 글루카곤은 순환계를 통해 표적 기관으로 운반된다. → 호르몬은 혈액을 통해 표적 기관으로 운반됨

→ 이자에서 분비되어 혈당량을 증가(글리코젠→포도당)시키는 호르몬

① ㄱ　② ㄴ　③ ㄱ, ㄷ　④ ㄴ, ㄷ　⑤ ㄱ, ㄴ, ㄷ

|자|료|해|설|
A는 세포 호흡에 필요한 산소를 흡수하고 세포 호흡 결과 발생한 이산화 탄소를 배출하는 호흡계이고, B는 음식물 속에 들어 있는 영양소를 분해하여 소장의 융털을 통해 몸속으로 흡수하는 소화계이다.

|보|기|풀|이|
ㄱ. 정답 : A는 산소를 흡수하고 이산화 탄소를 배출하는 호흡계이다.
ㄴ. 정답 : 소화계(B)에는 포도당을 흡수하는 기관인 소장이 있다.
ㄷ. 정답 : 글리코젠을 포도당으로 분해하여 혈당량을 증가시키는 호르몬인 글루카곤은 혈액을 통해 표적 기관인 간으로 운반된다.

😮 **문제풀이 T I P |** 순환계는 영양소, 산소, 이산화 탄소, 질소 노폐물뿐만 아니라 호르몬을 운반하기도 한다.

그림은 사람 몸에 있는 순환계와 기관계 A~C의 통합적 작용을 나타낸 것이다. A~C는 각각 배설계, 소화계, 호흡계 중 하나이다. 이에 대한 설명으로 옳은 것만을 〈보기〉에서 있는 대로 고른 것은? ③점

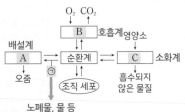

O_2　CO_2

배설계　── B 호흡계　영양소
A ⇄ 순환계 ⇄ C 소화계
오줌　⊙　흡수되지 않은 물질
조직 세포
노폐물, 물 등

보기　── 순환계에서 배설계로 이동
ㄱ. ⊙에는 요소의 이동이 포함된다. → 단백질 분해로 생성되는 질소 노폐물
ㄴ. B는 호흡계이다.
ㄷ. C에서 흡수된 물질은 순환계를 통해 운반된다.
└ 소화계

① ㄱ　② ㄴ　③ ㄱ, ㄴ　④ ㄴ, ㄷ　⑤ ㄱ, ㄴ, ㄷ

|자|료|해|설|
A는 세포 호흡 결과 생성된 질소 노폐물과 여분의 물 등을 오줌의 형태로 내보내는 배설계이다. B는 세포 호흡에 필요한 산소를 흡수하고 세포 호흡 결과 발생한 이산화 탄소를 배출하는 호흡계이고, C는 음식물 속에 들어 있는 영양소를 분해하여 소장의 융털을 통해 몸속으로 흡수하는 소화계이다. 순환계에서 배설계(A)로 이동하는 ⊙에는 노폐물과 물 등의 이동이 포함된다.

|보|기|풀|이|
ㄱ. 정답 : ⊙(순환계에서 배설계로 이동)에는 질소 노폐물인 요소의 이동이 포함된다.
ㄴ. 정답 : 세포 호흡에 필요한 산소를 흡수하고 세포 호흡 결과 발생한 이산화 탄소를 배출하는 B는 호흡계이다.
ㄷ. 정답 : 소화계(C)에서 흡수된 영양소는 순환계를 통해 운반된다. 순환계는 소화계를 통해 흡수된 영양소와 호흡계를 통해 유입된 산소를 조직 세포로 운반하고, 조직 세포에서 생성된 이산화 탄소와 질소 노폐물을 각각 호흡계와 배설계로 운반한다.

😊 **출제분석 |** 각 기관계의 작용을 중심으로 이해하고, 통합적인 연관성에 대해 생각하면서 문제를 접근하면 쉽게 해결할 수 있다. 학평, 모평과 수능에서 종종 출제되는 문항이며 대체로 난도가 낮은 편이다.

그림은 사람의 몸에서 일어나는 기관계의 통합적 작용을 나타낸 것이다. A와 B는 각각 배설계와 소화계 중 하나이다.

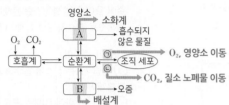

이에 대한 옳은 설명만을 〈보기〉에서 있는 대로 고른 것은?

> **보기**
> ㄱ. A는 소화계이다.   → 배설계
> ㄴ. B에서 물의 재흡수가 일어난다.
> ㄷ. 단위 부피당 O_2의 양은 ㉠ 방향으로 이동하는 혈액에서가 ㉡ 방향으로 이동하는 혈액에서보다 많다.

① ㄱ   ② ㄴ   ③ ㄱ, ㄷ   ④ ㄴ, ㄷ   ⑤ ㄱ, ㄴ, ㄷ

|자|료|해|설|

A는 음식물 속에 들어 있는 영양소를 분해하여 소장의 융털을 통해 몸속으로 흡수하는 소화계이고, B는 세포 호흡 결과 생성된 질소 노폐물과 여분의 물 등을 오줌의 형태로 내보내는 배설계이다. 순환계는 소화계를 통해 체내로 흡수된 영양소와 호흡계를 통해 유입된 산소를 조직 세포로 운반하고, 조직 세포에서 생성된 이산화 탄소와 질소 노폐물을 각각 호흡계와 배설계로 운반한다. 즉, ㉠ 방향으로 산소와 영양소가 이동하고 ㉡ 방향으로 이산화 탄소와 질소 노폐물이 이동한다.

|보|기|풀|이|

ㄱ. 정답 : A는 소화계이고, B는 배설계이다.

ㄴ. 정답 : 배설계(B)에 속하는 콩팥에서 물의 재흡수가 일어난다.

ㄷ. 정답 : ㉠ 방향으로 산소와 영양소가 이동하고 ㉡ 방향으로 이산화 탄소와 질소 노폐물이 이동한다. 따라서 단위 부피당 O_2의 양은 ㉠ 방향으로 이동하는 혈액에서가 ㉡ 방향으로 이동하는 혈액에서보다 많다.

😀 **출제분석** | 기관계의 통합적 작용에 대한 기본적인 내용을 묻는 난도 '하'의 문항이다. 기관계의 통합적 작용 문제는 학평과 모평, 수능에서 꾸준히 한 문제씩 출제되고 있으며 출제 유형이 비슷하다.

그림은 사람 몸에 있는 기관계의 통합적 작용을 나타낸 것이다. (가)~(라)는 각각 소화계, 순환계, 호흡계, 배설계 중 하나이다.

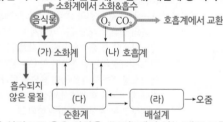

이에 대한 설명으로 옳은 것만을 〈보기〉에서 있는 대로 고른 것은?

> **보기** → 혈관
> ㄱ. (가)는 소화계이다.
>   → 모든 세포에서 일어남
> ㄴ. 폐동맥은 (다)에 속하는 기관이다.
> ㄷ. (가)~(라)에서 모두 세포 호흡이 일어난다.

① ㄱ   ② ㄴ   ③ ㄱ, ㄷ   ④ ㄴ, ㄷ   ⑤ ㄱ, ㄴ, ㄷ

|자|료|해|설|

음식물이 들어오고 흡수되지 않은 물질이 나가는 (가)는 소화계로 물질의 소화와 흡수가 일어난다. 산소와 이산화 탄소를 외부와 교환하는 (나)는 호흡계이며, (가)와 (나)의 물질을 운반하는 (다)는 순환계이다. 오줌을 배출하는 (라)는 배설계이다.

|보|기|풀|이|

ㄱ. 정답 : (가)는 음식물이 들어오고 흡수되지 않은 물질이 나가는 기관계로 소화계이다.

ㄴ. 정답 : 폐동맥은 심장에서 폐로 이동하는 혈액이 흐르는 기관으로 (다) 순환계에 속한다.

ㄷ. 정답 : 세포 호흡은 모든 세포의 미토콘드리아에서 일어나며, (가)~(라)에 모두 세포가 존재하므로 세포 호흡 역시 모두 일어난다.

😀 **문제풀이 TIP** | 소화계, 순환계, 배설계, 호흡계의 통합적 작용을 이해하고 있는지 묻는 문항이다. 외부와 물질이 교환되는 화살표에 유의하여 각 기관계를 찾으면 쉽게 풀이가 가능하다.

😀 **출제분석** | 기관계의 통합적 작용과 관련하여 여러 차례 제시된 매우 익숙한 도식이다. 보기의 문항들도 단순한 지식을 물어보고 있으므로 난도도 매우 낮다. 하지만 매년 수능에서 한 문제씩은 꼭 출제되므로 반드시 관련 개념들을 짚고 넘어가자.

그림은 사람 몸에 있는 각 기관계의 통합적 작용을 나타낸 것이며, 표는 기관계 (가)~(다)에 대한 자료이다. (가)~(다)는 배설계, 소화계, 순환계를 순서 없이 나타낸 것이다.

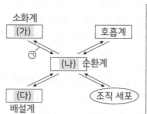

○ (가)에서 영양소의 소화와 흡수가 일어난다. → 소화계

○ (나)는 조직 세포에서 생성된 CO_2를 호흡계로 운반한다. → 순환계

○ (다)를 통해 질소성 노폐물이 배설된다. → 배설계

이에 대한 설명으로 옳은 것만을 〈보기〉에서 있는 대로 고른 것은?

보기

→ 간(소화계)에서 암모니아(NH_3)가 요소로 전환됨

ㄱ. ㉠에는 요소의 이동이 포함된다.

ㄴ. (나)는 순환계이다.

ㄷ. 콩팥은 (다)에 속한다.
→ 배설계(콩팥, 오줌관, 방광, 요도 등의 기관이 속함)

① ㄱ   ② ㄷ   ③ ㄱ, ㄴ   ④ ㄴ, ㄷ   ⑤ ㄱ, ㄴ, ㄷ

|자|료|해|설|

영양소의 소화와 흡수에 관여하는 (가)는 소화계, 다양한 물질을 운반하는 (나)는 순환계, 요소와 같은 질소성 노폐물이 배설되는 (다)는 배설계이다. ㉠은 소화계에서 순환계로의 이동이며, 소장에서 흡수한 영양소와 간에서 합성된 요소 등이 포함된다.

|보|기|풀|이|

ㄱ. 정답 : 소화계에 속하는 간에서 합성된 요소는 순환계를 따라 이동하다 배설계를 통해 빠져나간다. 따라서 소화계에서 순환계로의 이동(㉠)에는 요소의 이동이 포함된다.

ㄴ. 정답 : 다양한 물질의 운반에 관여하는 (나)는 순환계이다.

ㄷ. 정답 : 콩팥은 배설계에 속하는 기관이다.

🐸 문제풀이 TIP | 소화계에 속하는 간에서 암모니아(NH_3)를 요소로 전환한다.

😵 출제분석 | 요소가 합성되는 간에 대한 보기는 자주 출제되었으며, 간은 소화계에 속하는 기관이라는 것을 반드시 기억하고 있어야 한다.

그림은 사람 몸에 있는 각 기관계의 통합적 작용을 나타낸 것이다. A와 B는 배설계와 소화계를 순서 없이 나타낸 것이다. 이에 대한 설명으로 옳은 것만을 〈보기〉에서 있는 대로 고른 것은?

O_2 CO_2

호흡계

영양소

배설계 A ⇄ 순환계 ⇄ B 소화계

오줌   조직 세포   흡수되지 않은 물질

O_2, 영양소

3점

보기

→ 배설계

소화계 → ㄱ. 콩팥은 A에 속한다.

ㄴ. B에는 부교감 신경이 작용하는 기관이 있다.

ㄷ. ㉠에는 O_2의 이동이 포함된다.

→ 순환계에서 조직 세포로 이동

① ㄱ   ② ㄴ   ③ ㄱ, ㄷ   ④ ㄴ, ㄷ   ⑤ ㄱ, ㄴ, ㄷ

|자|료|해|설|

노폐물이 오줌으로 배설되는 A는 배설계이고, 영양소의 흡수를 담당하는 B는 소화계이다. 순환계는 소화계를 통해 흡수된 영양소와 호흡계를 통해 유입된 산소를 조직 세포로 운반하고, 조직 세포에서 생성된 이산화 탄소와 질소 노폐물을 각각 호흡계와 배설계로 운반한다. 따라서 ㉠에는 산소와 영양소의 이동이 포함된다.

|보|기|풀|이|

ㄱ. 정답 : 콩팥은 배설계(A)에 속한다.

ㄴ. 정답 : 자율 신경은 위, 소장, 이자 등의 기관에 작용한다. 따라서 소화계(B)에는 부교감 신경이 작용하는 기관이 있다.

ㄷ. 정답 : 순환계에서 조직 세포로 산소와 영양소가 운반되므로 ㉠에는 산소(O_2)의 이동이 포함된다.

🐸 문제풀이 TIP | 순환계는 소화계를 통해 흡수된 영양소와 호흡계를 통해 유입된 산소를 조직 세포로 운반하고, 조직 세포에서 생성된 이산화 탄소와 질소 노폐물을 각각 호흡계와 배설계로 운반한다.

그림은 사람 몸에 있는 각 기관계의 통합적 작용을 나타낸 것이다.
A~C는 각각 배설계, 소화계, 순환계 중 하나이다.

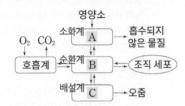

이에 대한 옳은 설명만을 〈보기〉에서 있는 대로 고른 것은? **3점**

> **보기**
> ┌→ 간
> ㄱ. A에는 인슐린의 표적 기관이 있다.
> ㄴ. 심장은 B에 속한다.
> ㄷ. 호흡계로 들어온 O_2 중 일부는 B를 통해 C로 운반된다.

① ㄱ ② ㄷ ③ ㄱ, ㄴ ④ ㄴ, ㄷ ✔⑤ ㄱ, ㄴ, ㄷ

|자|료|해|설|
A는 음식물 속 영양소를 분해하여 흡수하는 소화계이다.
B는 순환계로서, 소화계를 통해 흡수된 영양소와 호흡계를
통해 유입된 산소를 조직 세포에 운반하며 조직 세포에서
생성된 이산화 탄소 및 질소 노폐물을 각각 호흡계와
배설계로 운반한다. C는 세포 호흡 결과 생성된 질소
노폐물 등을 오줌의 형태로 내보내는 배설계이다.

|보|기|풀|이|
ㄱ. 정답 : 혈당량을 낮추는 호르몬인 인슐린의 표적 기관은
간이며, 포도당으로부터 글리코젠을 합성하는 과정을
촉진시킨다. 간은 A인 소화계에 속한다.
ㄴ. 정답 : B는 순환계이므로 심장, 혈관 등이 B에 속한다.
ㄷ. 정답 : 호흡계를 통해 들어온 산소는 순환계를 통해
온몸의 세포에 전달되어 세포 호흡에 사용된다. 따라서
호흡계로 들어온 산소 중 일부는 순환계를 통해 배설계로도
운반된다.

😀 **출제분석** | 기관계의 통합적 작용을 도식으로 나타낸 전형적인 문항으로 난도 '하'에 해당한다. 기관계의 통합적 작용 문제는 어렵지는 않지만 학평, 모평, 수능에서 꾸준히 출제되므로 기본 개념을 잘 정리하도록 한다.

다음은 사람에서 일어나는 물질대사에 대한 자료이다.

> (가) 암모니아가 ㉠ 요소로 전환된다.
> (나) 지방은 세포 호흡을 통해 물과 이산화 탄소로 분해된다. ──→ 이화 작용

이에 대한 설명으로 옳은 것만을 〈보기〉에서 있는 대로 고른 것은?

> **보기**
> ㄱ. 간에서 (가)가 일어난다.
> ㄴ. (나)에서 효소가 이용된다.
> ㄷ. 배설계를 통해 ㉠이 몸 밖으로 배출된다.
> └→ 요소

① ㄱ ② ㄷ ③ ㄱ, ㄴ ④ ㄴ, ㄷ ✔⑤ ㄱ, ㄴ, ㄷ

|자|료|해|설|
간에서 암모니아가 요소로 전환되며, 지방이 세포 호흡을
통해 물과 이산화 탄소로 분해되는 것은 물질대사 중 이화
작용에 해당한다.

|보|기|풀|이|
ㄱ. 정답 : 간에서 암모니아가 요소로 전환된다.
ㄴ. 정답 : (나)와 같은 물질대사에 효소가 이용된다.
ㄷ. 정답 : 배설계를 통해 요소(㉠)가 몸 밖으로 배출된다.

그림은 사람의 배설계와 호흡계를 나타낸 것이다. A와 B는 각각 폐와 방광 중 하나이다.

이에 대한 옳은 설명만을 <보기>에서 있는 대로 고른 것은?

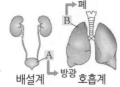

배설계   방광   호흡계

보기

소화계
ㄱ. 간은 ~~배설계~~에 속한다.
폐 ←
ㄴ. B를 통해 H_2O이 몸 밖으로 배출된다.
ㄷ. B로 들어온 O_2의 일부는 순환계를 통해 A로 운반된다.
폐 ↓   방광 ↓

① ㄱ   ② ㄴ   ③ ㄱ, ㄷ   ✔④ ㄴ, ㄷ   ⑤ ㄱ, ㄴ, ㄷ

|자|료|해|설|

배설계에 속하는 A는 방광이고, 호흡계에 속하는 B는 폐이다.

|보|기|풀|이|

ㄱ. 오답 : 간은 소화계에 속한다.

ㄴ. 정답 : H_2O은 방광에서 오줌으로 배출되거나 폐(B)를 통해 수증기의 형태로 몸 밖으로 배출된다.

ㄷ. 정답 : 폐(B)로 들어온 O_2의 일부는 순환계를 통해 방광(A)을 비롯한 온몸으로 운반된다.

😮 **문제풀이 T I P** | 간은 암모니아가 요소로 전환되는 기관으로 배설계로 생각하기 쉽지만 소화계에 속한다.

03. 물질대사와 건강

❶ 물질대사와 건강 ◀ ★수능에 나오는 필수 개념 2가지

필수개념 1　에너지 대사의 균형

1. 기초 대사량과 1일 대사량
- 1) **기초 대사량** : 생명을 유지하는 데 필요한 최소한의 에너지양
  - 예 심장 박동, 호흡 운동, 체온 조절, 혈액 순환, 물질 합성 등에 필요한 에너지양
- 2) **활동 대사량** : 기초 대사량 외에 활동하는 데 필요한 에너지양
  - 예 밥 먹기, 책 읽기, 운동하기 등에 필요한 에너지양
- 3) **1일 대사량** : 하루 동안 생활하는 데 필요한 총 에너지양

> 1일 대사량＝기초 대사량＋활동 대사량＋음식물을 소화시키는 데 필요한 에너지양

2. 에너지 섭취량과 소비량의 균형
- 1) **영양 부족**
  - ① 음식물 섭취로 얻은 에너지가 생명 활동과 몸의 기능을 유지하는 데 소모하는 에너지보다 적을 때 생긴다.
  - ② 영양 부족 상태가 지속되면 성장 장애, 영양 실조 등의 이상이 생긴다.
- 2) **영양 과다**
  - ① 음식물 섭취로 얻은 에너지가 생명 활동과 몸의 기능을 유지하는 데 소모하는 에너지보다 많을 때 생긴다.
  - ② 영양 과다 상태가 지속되면 비만이 될 확률이 높아지고, 대사 증후군이 발병할 확률이 높아진다.

영양 부족	영양 균형	영양 과다
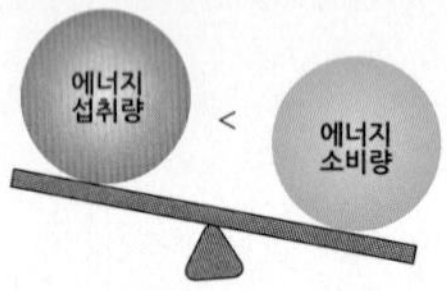	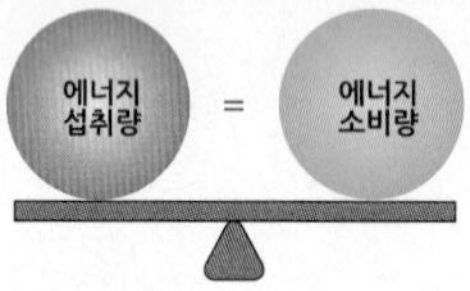	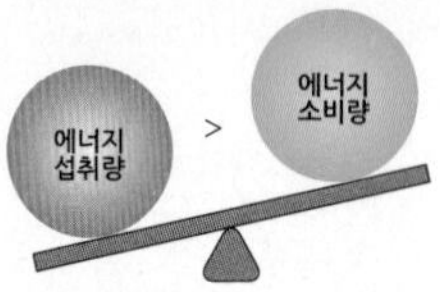
에너지 섭취량보다 소비량이 많은 상태로 체중 감소, 영양 실조, 면역력 저하 등이 일어난다.	에너지 섭취량과 소비량의 균형이 이루어지는 상태로 건강을 유지하기 위해 영양 균형이 이루어져야 한다.	에너지 섭취량보다 소비량이 적은 상태로, 남는 에너지를 주로 체지방 형태로 저장하여 체중이 증가하고 비만이 된다.

필수개념 2　대사성 질환

- **대사성 질환** : 물질대사에 이상이 생겨 발생하는 질환으로, 유전적 요인, 나이 증가와 더불어 스트레스, 영양 과다, 신체 활동 감소 등의 환경적 요인이 복합적으로 작용한다.
  - 1) **당뇨병** : 혈당 조절에 필요한 인슐린의 분비가 부족하거나 인슐린이 제대로 작용하지 못해 발생하는 질환이다. 혈당이 너무 높아 오줌 속에 포도당이 섞여 나오고, 여러 가지 합병증을 일으킨다.
  - 2) **고지혈증** : 혈액 속에 콜레스테롤이나 중성 지방이 많은 질환이다. 동맥벽의 탄력이 떨어지고, 혈관 지름이 좁아지는 동맥 경화가 나타난다.
  - 3) **구루병** : 비타민 D가 결핍되어 뼈가 약한 질환이다. 뼈의 통증이나 변형이 일어나고 골다공증이 나타난다.
- **대사성 질환의 예방** : 균형 잡힌 식사와 꾸준한 운동으로 에너지 섭취량과 에너지 소비량의 균형을 유지한다.

1 에너지 대사의 균형

정답 ② 정답률 94% 2022학년도 6월 모평 4번 문제편 46p

그림은 사람 Ⅰ~Ⅲ의 에너지 소비량과 에너지 섭취량을, 표는 Ⅰ~Ⅲ의 에너지 소비량과 에너지 섭취량이 그림과 같이 일정 기간 동안 지속되었을 때 Ⅰ~Ⅲ의 체중 변화를 나타낸 것이다. ㉠과 ㉡은 에너지 소비량과 에너지 섭취량을 순서 없이 나타낸 것이다.

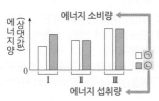

사람	체중 변화
Ⅰ	증가함
Ⅱ	변화 없음
Ⅲ	변화 없음

이에 대한 설명으로 옳은 것만을 〈보기〉에서 있는 대로 고른 것은?

보기

ㄱ. ㉠은 에너지 ~~섭취량~~ 소비량이다.

ㄴ. Ⅲ은 에너지 소비량과 에너지 섭취량이 균형을 이루고 있다.

ㄷ. 에너지 섭취량이 에너지 소비량보다 적은 상태가 지속되면 체중이 ~~증가~~ 감소한다.

① ㄱ　✔② ㄴ　③ ㄷ　④ ㄱ, ㄷ　⑤ ㄴ, ㄷ

 문제풀이 TIP | 에너지 소비량=에너지 섭취량 : 체중 변화 없음
에너지 소비량<에너지 섭취량 : 체중 증가
에너지 소비량>에너지 섭취량 : 체중 감소

|자|료|해|설|

에너지 소비량과 에너지 섭취량이 동일한 Ⅱ와 Ⅲ은 체중 변화가 없고, Ⅰ에서만 체중이 증가했다. 에너지 소비량보다 에너지 섭취량이 많을 때 체중이 증가하므로 그림에서 ㉠은 에너지 소비량이고, ㉡은 에너지 섭취량이다.

|보|기|풀|이|

ㄱ. 오답 : 에너지 소비량보다 에너지 섭취량이 많을 때 체중이 증가하므로 ㉠은 에너지 소비량이다.

ㄴ. 정답 : Ⅲ은 에너지 소비량과 에너지 섭취량이 균형을 이루고 있어 체중 변화가 없다.

ㄷ. 오답 : 에너지 섭취량이 에너지 소비량보다 적은 상태가 지속되면 체중이 감소한다.

2 에너지 대사의 균형, 대사성 질환

정답 ④ 정답률 90% 2021년 7월 학평 2번 문제편 46p

다음은 비만에 대한 자료이다.

→ 기초 대사량 외에 다양한 활동을 하는데 필요한 에너지양

기초 대사량과 ㉠ 활동 대사량을 합한 에너지양보다 섭취한 음식물에서 얻은 에너지양이 많은 에너지 불균형 상태가 지속되면 비만이 되기 쉽다. 비만은 ㉡ 고혈압, 당뇨병, 심혈관계 질환이 발생할 가능성을 높인다.

이에 대한 설명으로 옳은 것만을 〈보기〉에서 있는 대로 고른 것은?

보기
　　→ 활동 대사량　　→ 기초 대사량

ㄱ. ㉠은 생명 활동을 유지하는 데 필요한 최소한의 에너지양이다. → 물질대사에 이상이 생겨 발생하는 질환

ㄴ. ㉡은 대사성 질환에 해당한다.

ㄷ. 규칙적인 운동은 비만을 예방하는 데 도움이 된다.

고혈압
① ㄱ　② ㄷ　③ ㄱ, ㄴ　✔④ ㄴ, ㄷ　⑤ ㄱ, ㄴ, ㄷ

 문제풀이 TIP | − 기초 대사량: 생명 활동을 유지하는 데 필요한 최소한의 에너지양
− 활동 대사량: 기초 대사량 외에 다양한 활동을 하는 데 필요한 에너지양

|자|료|해|설|

생명 활동을 유지하는 데 필요한 최소한의 에너지양을 기초 대사량, 기초 대사량 외에 다양한 활동을 하는 데 필요한 에너지양을 활동 대사량이라 한다. 영양 과다 상태가 지속되면 비만이 될 확률이 높아지고, 대사 증후군이 발병할 확률이 높아진다.

|보|기|풀|이|

ㄱ. 오답 : 생명 활동을 유지하는 데 필요한 최소한의 에너지양은 기초 대사량이다.

ㄴ. 정답 : 고혈압(㉡)은 물질대사에 이상이 생겨 발생하는 대사성 질환에 해당한다.

ㄷ. 정답 : 균형 잡힌 식사와 꾸준한 운동은 비만을 예방하는 데 도움이 된다.

3 기관계의 통합적 작용

정답 ⑤ 정답률 77% 2023년 3월 학평 3번 문제편 46p

다음은 사람의 기관 A와 B에 대한 자료이다. A와 B는 이자와 콩팥을 순서 없이 나타낸 것이다.

> ○ A(콩팥)에서 생성된 오줌을 통해 요소가 배설된다.
> ○ B(이자)에서 분비되는 호르몬 ⓐ(인슐린 : 혈당량 감소)의 부족은 ㉠ 대사성 질환인 당뇨병의 원인 중 하나이다.

이에 대한 옳은 설명만을 <보기>에서 있는 대로 고른 것은? [3점]

> **보기**
> ㄱ. A(콩팥)는 소화계(배설계)에 속한다.
> ㄴ. ⓐ(인슐린)의 일부는 순환계를 통해 간으로 이동한다.
> ㄷ. 고지혈증은 ㉠(대사성 질환)에 해당한다.

① ㄱ ② ㄴ ③ ㄷ ④ ㄱ, ㄷ ⑤ ㄴ, ㄷ

|자|료|해|설|

오줌이 생성되는 기관 A는 콩팥이므로 B는 이자이다. 인슐린의 부족은 당뇨병의 원인 중 하나에 해당하므로 이자(B)에서 분비되는 호르몬 ⓐ는 인슐린이다.

|보|기|풀|이|

ㄱ. 오답 : 콩팥(A)은 배설계에 속한다.

ㄴ. 정답 : 인슐린(ⓐ)의 일부는 순환계를 통해 표적 기관인 간으로 이동한다.

ㄷ. 정답 : 혈액 속에 콜레스테롤이나 중성 지방이 많은 질환인 고지혈증은 대사성 질환(㉠)에 해당한다.

4 대사성 질환

정답 ④ 정답률 86% 2020년 3월 학평 7번 문제편 46p

표는 사람의 질환 (가)와 (나)의 특징을 나타낸 것이다. (가)와 (나)는 당뇨병과 고지혈증을 순서 없이 나타낸 것이다.

질환	특징
(가) 고지혈증	혈액에 콜레스테롤과 중성 지방 등이 정상 범위 이상으로 많이 들어 있다.
(나) 당뇨병	호르몬 ㉠(인슐린(혈당량 감소 : 포도당 → 글리코젠))의 분비 부족이나 작용 이상으로 혈당량이 조절되지 못하고 오줌에서 포도당이 검출된다.

이에 대한 옳은 설명만을 <보기>에서 있는 대로 고른 것은?

> **보기**
> ㄱ. (가)는 당뇨병(고지혈증)이다.
> ㄴ. ㉠(인슐린)은 이자에서 분비된다. → 인슐린은 이자의 β세포에서 분비됨
> ㄷ. (가)(고지혈증)와 (나)(당뇨병)는 모두 대사성 질환(물질대사에 이상이 생겨 발생하는 질환)이다.

① ㄱ ② ㄴ ③ ㄱ, ㄷ ④ ㄴ, ㄷ ⑤ ㄱ, ㄴ, ㄷ

|자|료|해|설|

혈액 속에 콜레스테롤이나 중성 지방이 많은 질환인 (가)는 고지혈증이고, 혈당이 너무 높아 오줌 속에 포도당이 섞여 나오는 (나)는 당뇨병이다. 당뇨병은 혈당 조절에 필요한 인슐린의 분비가 부족하거나 인슐린이 제대로 작용하지 못해 발생하는 질환이므로 호르몬 ㉠은 인슐린이다. 이 두 질환은 물질대사에 이상이 생겨 발생하는 대사성 질환에 해당한다.

|보|기|풀|이|

ㄱ. 오답 : (가)는 고지혈증이다.

ㄴ. 정답 : 인슐린(㉠)은 이자의 β세포에서 분비된다.

ㄷ. 정답 : (가)고지혈증과 (나)당뇨병은 모두 물질대사에 이상이 생겨 발생하는 대사성 질환이다.

출제분석 | 대사성 질환은 2015개정 교육과정에서 새롭게 강조된 내용이므로 앞으로 꾸준하게 출제될 가능성이 높다. 대사성 질환으로 제시되는 질환이 제한적이고 내용이 많지 않아 난도는 낮다.

그림 (가)와 (나)는 각각 사람 A와 B의 수축기 혈압과 이완기 혈압의 변화를 나타낸 것이다. A와 B는 정상인과 고혈압 환자를 순서 없이 나타낸 것이다.

→ 수축기 혈압 : 심장이 수축할 때 혈관에 가해지는
    압력(140mmHg 이상인 경우 고혈압)
→ 이완기 혈압 : 심장이 이완할 때 혈관에 가해지는
    압력(90mmHg 이상인 경우 고혈압)

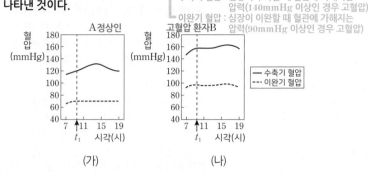

(가)   (나)

이에 대한 설명으로 옳은 것만을 〈보기〉에서 있는 대로 고른 것은?

보기
→ 물질대사에 이상이 생겨 발생하는 질환
ㄱ. 대사성 질환 중에는 고혈압이 있다.
ㄴ. t_1일 때 수축기 혈압은 A가 B보다 ~~높다.~~ 낮다
ㄷ. B는 고혈압 환자이다.

① ㄱ   ② ㄴ   ✓③ ㄱ, ㄷ   ④ ㄴ, ㄷ   ⑤ ㄱ, ㄴ, ㄷ

|자|료|해|설|
수축기 혈압은 심장이 수축할 때 혈관에 가해지는 압력이고, 이완기 혈압은 심장이 이완할 때 혈관에 가해지는 압력이다. B는 A보다 수축기 혈압과 이완기 혈압이 모두 높으므로 A는 정상인, B는 고혈압 환자이다.

|보|기|풀|이|
ㄱ. 정답 : 고혈압은 대사성 질환에 해당한다.
ㄴ. 오답 : t_1일 때 수축기 혈압은 A(약 120mmHg)가 B(약 160mmHg)보다 낮다.
ㄷ. 정답 : B는 A보다 수축기 혈압과 이완기 혈압이 모두 높으므로 고혈압 환자이다.

😮 문제풀이 TIP | A보다 B의 수축기 혈압과 이완기 혈압이 모두 높다는 것을 통해 정상인과 고혈압 환자를 구분할 수 있다.

😮 출제분석 | 2009년에 교육과정이 개정되면서 기관계의 통합적 작용이 강조되었고, 각 기관계의 세부적인 내용이 대부분 빠지면서 수축기 혈압과 이완기 혈압에 대한 내용과 그래프를 다루지 않았다. 처음 보는 생소한 그래프라 할지라도 (가)와 (나)의 혈압 비교만으로 문제해결이 가능하여 난도는 '하'에 해당한다.

표는 성인의 체질량 지수에 따른 분류를, 그림은 이 분류에 따른 고지혈증을 나타내는 사람의 비율을 나타낸 것이다.

→ 혈액 속에 존재하는 콜레스테롤이나 중성 지방이 많은 질환

체질량 지수*	분류
18.5 미만	저체중
18.5 이상 23.0 미만	정상 체중
23.0 이상 25.0 미만	과체중
25.0 이상	비만

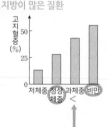

$$*체질량 지수 = \frac{몸무게(kg)}{키의 제곱(m^2)}$$

이에 대한 설명으로 옳은 것만을 〈보기〉에서 있는 대로 고른 것은?

보기
ㄱ. 체질량 지수가 20.0인 성인은 정상 체중으로 분류된다.
ㄴ. 고지혈증을 나타내는 사람의 비율은 비만인 사람 중에서가 정상 체중인 사람 중에서보다 높다.
ㄷ. 대사성 질환 중에는 고지혈증이 있다.

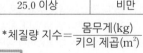
→ 물질대사에 이상이 생겨 발생하는 질환

① ㄱ   ② ㄴ   ③ ㄷ   ④ ㄴ, ㄷ   ✓⑤ ㄱ, ㄴ, ㄷ

|자|료|해|설|
대사성 질환에 속하는 고지혈증은 혈액 속에 콜레스테롤이나 중성 지방이 많은 질환이다. 표를 보면 체질량 지수의 범위에 따라 저체중, 정상 체중, 과체중, 비만으로 나뉘는 것을 알 수 있다. 그림을 통해 저체중에서 비만으로 갈수록 고지혈증을 나타내는 사람의 비율이 증가한다는 것을 알 수 있다.

|보|기|풀|이|
ㄱ. 정답 : 체질량 지수가 20.0인 성인은 정상 체중(18.5 이상 23.0 미만)으로 분류된다.
ㄴ. 정답 : 고지혈증을 나타내는 사람의 비율은 정상 체중인 사람 중에서보다 비만인 사람 중에서 더 높다.
ㄷ. 정답 : 고지혈증은 물질대사에 이상이 생겨 발생하는 대사성 질환에 해당한다.

😮 출제분석 | 보기에서 묻는 내용을 제시된 표와 그래프에서 바로 찾아 해결할 수 있는 난도 '하'의 문항이다. 자료 분석 문제의 경우 처음 보는 표와 그래프 때문에 당황할 수 있지만, 대부분 자료를 통해 알아낼 수 있는 내용을 묻기 때문에 쉽게 해결할 수 있다.

표는 대사량 ㉠과 ㉡의 의미를, 그림은 사람 Ⅰ과 Ⅱ에서 하루 동안 소비한 에너지 총량과 섭취한 에너지 총량을 나타낸 것이다. ㉠과 ㉡은 기초 대사량과 활동 대사량을 순서 없이 나타낸 것이다. Ⅰ과 Ⅱ에서 에너지양이 일정 기간 동안 그림과 같이 지속되었을 때, Ⅰ은 체중이 증가했고 Ⅱ는 체중이 감소했다.

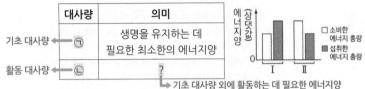

대사량	의미
기초 대사량 → ㉠	생명을 유지하는 데 필요한 최소한의 에너지양
활동 대사량 → ㉡	?　→ 기초 대사량 외에 활동하는 데 필요한 에너지양

이에 대한 설명으로 옳은 것만을 〈보기〉에서 있는 대로 고른 것은?

보기
ㄱ. ㉡은 기초 대사량이다.　활동 대사량
ㄴ. Ⅱ의 하루 동안 소비한 에너지 총량에 ㉠이 포함되어 있다.　기초 대사량+활동 대사량+음식물 섭취 시의 에너지 소모량
ㄷ. 하루 동안 섭취한 에너지 총량이 소비한 에너지 총량보다 적은 상태가 지속되면 체중이 감소한다.　기초 대사량

① ㄱ　　② ㄴ　　③ ㄱ, ㄷ　　✓④ ㄴ, ㄷ　　⑤ ㄱ, ㄴ, ㄷ

|자|료|해|설|
생명을 유지하는 데 필요한 최소한의 에너지양(㉠)은 기초 대사량이므로 ㉡은 활동 대사량이다. 활동 대사량은 기초 대사량 외에 활동하는 데 필요한 에너지양이다.
Ⅰ은 소비한 에너지 총량보다 섭취한 에너지 총량이 많으므로 체중이 증가했고, Ⅱ는 소비한 에너지 총량이 섭취한 에너지 총량보다 많아 체중이 감소했다.

|보|기|풀|이|
ㄱ. 오답 : ㉠은 기초 대사량이고, ㉡은 활동 대사량이다.
ㄴ. 정답 : 하루 동안 생활하는 데 필요한 총 에너지양을 의미하는 1일 대사량은 '기초 대사량+활동 대사량+음식물 섭취 시의 에너지 소모량'이다. 따라서 Ⅱ의 하루 동안 소비한 에너지 총량에 기초 대사량(㉠)이 포함되어 있다.
ㄷ. 정답 : 하루 동안 섭취한 에너지 총량이 소비한 에너지 총량보다 적은 상태가 지속되면 Ⅱ처럼 체중이 감소한다.

🐵 **문제풀이 TIP |** - 기초 대사량 : 생명을 유지하는 데 필요한 최소한의 에너지양
- 활동 대사량 : 기초 대사량 외에 활동하는 데 필요한 에너지양
- 1일 대사량＝기초 대사량＋활동 대사량＋음식물 섭취 시의 에너지 소모량

다음은 대사량과 대사성 질환에 대한 학생 A~C의 발표 내용이다.

> 기초 대사량은 생명을 유지하기 위해 필요한 최소한의 에너지양입니다.

> 에너지 소비량이 에너지 섭취량보다 많은 상태가 지속되면 비만이 될 확률이 높습니다.　적은

> 당뇨병은 대사성 질환입니다.

학생 A　　학생 B　　학생 C

제시한 내용이 옳은 학생만을 있는 대로 고른 것은?

① A　　② B　　✓③ A, C　　④ B, C　　⑤ A, B, C

|자|료|해|설|
생명 활동을 유지하는 데 필요한 최소한의 에너지양을 기초 대사량, 기초 대사량 외에 다양한 활동을 하는 데 필요한 에너지양을 활동 대사량이라 한다. 에너지 소비량이 에너지 섭취량보다 많으면 영양 부족으로 체중이 감소하고, 적으면 영양 과다로 비만이 될 수 있다. 물질대사에 이상이 생겨 발생하는 질환을 대사성 질환이라 하며, 당뇨병, 고지혈증, 구루병 등이 그 예시이다.

|선|택|지|풀|이|
③ 정답 : 에너지 소비량이 에너지 섭취량보다 많으면 체중이 감소되지만, 에너지 소비량이 에너지 섭취량보다 적으면 비만이 될 확률이 높으므로 학생 B가 제시한 내용은 틀린 내용이다. 따라서 B를 제외하고 학생 A와 C가 제시한 내용만이 옳다.

🐵 **출제분석 |** 대사량의 개념, 에너지 섭취량과 소비량의 균형, 대사성 질환에 대하여 골고루 다룬 문항으로 난도 '하'에 해당한다. 어렵지 않게 출제되는 부분이지만 틀려서는 안 되는 문항이므로 기본 개념을 꼭 기억하도록 한다.

다음은 대사성 질환에 대한 자료이다.

> ⊙ 에너지 섭취량이 에너지 소비량보다 많은 상태가 지속되면
> 비만이 되기 쉽다. 비만이 되면 ⓒ 혈당량 조절 과정에 이상이
> 생겨 나타나는 당뇨병과 같은 ⓒ 대사성 질환의 발생 가능성이
> 높아진다.

이에 대한 옳은 설명만을 〈보기〉에서 있는 대로 고른 것은?

보기
┏━ 에너지 섭취량=에너지 소비량
ㄱ. ⊙은 에너지 균형 상태이다.
                    가 아니다
ㄴ. ⓒ에서 혈당량이 감소하면 인슐린 분비가 촉진된다.
                                        억제
ㄷ. 고혈압은 ⓒ의 예이다.

① ㄱ   ② ㄴ   ③ ㄷ   ④ ㄱ, ㄴ   ⑤ ㄴ, ㄷ

|자|료|해|설|
에너지 섭취량이 에너지 소비량보다 많은 상태가 지속되면
체중이 증가하여 비만이 될 가능성이 높아지며, 이에 따라
물질대사에 이상이 생겨 발생하는 대사성 질환의 발생
가능성이 높아진다. 대사성 질환에는 당뇨병, 고지혈증,
고혈압 등이 있다.

|보|기|풀|이|
ㄱ. 오답 : 에너지 섭취량이 에너지 소비량보다 많은
상태는 영양 과다의 상태로 남는 에너지를 체지방 형태로
저장하게 된다. 에너지 균형 상태는 에너지 섭취량과
에너지 소비량이 같아 균형을 이루는 상태를 의미한다.
ㄴ. 오답 : 인슐린은 혈당량을 감소시키는 기능을 하는
호르몬이므로 혈당량 조절 과정에서(ⓒ) 혈당량이
감소하면 인슐린 분비는 억제된다.
ⓒ. 정답 : 고혈압은 대사성 질환(ⓒ)의 예에 해당한다.

😀 **출제분석** | 대사성 질환은 꾸준히 출제되고는 있지만 대사성 질환으로 제시되는 예가 제한적이고 내용이 많지 않아 난도가 높지 않다. 2021학년도 9월 모평 4번, 2021학년도 수능 2번과 같이 그래프나 표가 제시되기도 하지만 기본 개념과 자료를 통해 쉽게 해결되는 경우가 대부분이다.

다음은 에너지 섭취와 소비에 대한 실험이다.

> [실험 과정 및 결과]
> (가) 유전적으로 동일하고 체중이 같은 생쥐 A∼C를 준비한다.
> (나) A와 B에게 고지방 사료를, C에게 일반 사료를 먹이면서
>   시간에 따른 A∼C의 체중을 측정한다. t_1일 때부터
>   B에게만 운동을 시킨다.
> (다) t_2일 때 A∼C의 혈중 지질 농도를 측정한다.
> (라) (나)와 (다)에서 측정한
>   결과는 그림과 같다. ⊙과
>   ⓒ은 A와 B를 순서 없이
>   나타낸 것이다.

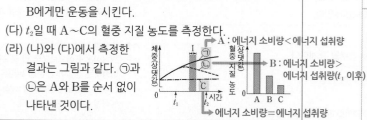
A : 에너지 소비량<에너지 섭취량
B : 에너지 소비량>에너지 섭취량(t_1 이후)
에너지 소비량=에너지 섭취량

이에 대한 설명으로 옳은 것만을 〈보기〉에서 있는 대로 고른 것은?
(단, 제시된 조건 이외는 고려하지 않는다.) 3점

보기
┏━ B의 체중 감소
ㄱ. ⊙은 A이다.
ㄴ. 구간 Ⅰ에서 B는 에너지 소비량이 에너지 섭취량보다 많다.
ㄷ. 대사성 질환 중에는 고지혈증이 있다.
  ┗━ 물질대사에 이상이 생겨 발생하는 질환

① ㄱ   ② ㄴ   ③ ㄱ, ㄷ   ④ ㄴ, ㄷ   ⑤ ㄱ, ㄴ, ㄷ

|자|료|해|설|
(라)의 결과에서, 일반 사료를 먹인 C의 체중이 일정하게
유지되고 있으므로 C의 에너지 소비량과 에너지 섭취량은
균형을 이루고 있다. 고지방 사료를 먹인 A와 B는 체중이
증가하는데 t_1일 때부터 B에게만 운동을 시켰으므로, ⊙과
ⓒ 중 t_1 이후로 체중이 감소한 ⓒ이 B이고 계속해서
체중이 증가한 ⊙이 A이다.

|보|기|풀|이|
ㄱ. 정답 : t_1 이후로도 계속해서 체중이 증가하고 있는 ⊙은
고지방 사료를 먹이고 운동은 시키지 않은 A이다.
ㄴ. 정답 : 구간 Ⅰ에서 B의 체중이 감소하고 있으므로 이
구간에서 B는 에너지 소비량이 에너지 섭취량보다 많다.
ㄷ. 정답 : 대사성 질환은 물질대사에 이상이 생겨 발생하는
질환으로 고지혈증, 고혈압, 당뇨병 등이 있다.

😀 **문제풀이 TIP** | 에너지 소비량이 에너지 섭취량보다 많을 때는
체중이 감소하고, 적을 때는 체중이 증가하며, 에너지 소비량과
에너지 섭취량이 같을 때는 체중이 그대로 유지된다.

III. 항상성과 몸의 조절

1. 항상성과 몸의 기능 조절   01. 자극의 전달

❶ 뉴런의 구조와 기능   ★수능에 나오는 필수 개념 2가지 + 필수 암기사항 3개

필수개념 1 **뉴런의 구조**

• **뉴런의 구조** ★암기 → 뉴런의 구조에서 체크한 부분을 기억하자!

> • 신경 세포체 : 핵과 미토콘드리아 등이 있어 뉴런의 생명 활동을 유지한다.
> • 가지 돌기 : 신경 세포체에서 나뭇가지 모양으로 돋아 있는 여러 개의
>   짧은 돌기로, 다른 뉴런이나 세포로부터 자극을 받아들인다.
> • 축삭 돌기 : 신경 세포체에서 뻗어 나온 한 개의 긴 돌기로,
>   흥분을 다른 뉴런이나 조직으로 전달한다.

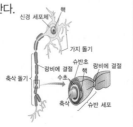

▲ 뉴런의 구조

▶ 뉴런
신경계의 기본 단위로 신경 세포체와 가지
돌기, 축삭 돌기로 구성된다.

▶ 슈반 세포
말이집 신경에서 축삭을 둘러싸고 있는
세포로, 절연체로 작용한다.

▶ 랑비에 결절
말이집으로 싸여 있지 않아서 축삭이
노출된 부분이다.

필수개념 2 **뉴런의 종류**

• **말이집의 유무에 따른 구분** ★암기 → 말이집 신경과 민말이집 신경에서 체크한 부분을 기억하자!

> • 말이집 신경 : 축삭 돌기가 말이집으로 둘러싸여 있는 신경으로, 말이집에 의해 축삭의 일부가
>   절연되어 흥분이 랑비에 결절에서만 발생하는 도약 전도가 일어난다. 따라서 민말이집 신경에
>   비해 흥분 전도 속도가 빠르다.
> • 민말이집 신경 : 축삭 돌기에 말이집이 없는 신경으로, 말이집 신경에 비해 흥분 전도 속도가
>   느리다.

• **기능에 따른 구분** ★암기 → 각 뉴런의 특징에서 체크한 부분을 기억하자!

구심성 뉴런 (감각 뉴런)	• 감각기에서 받아들인 자극을 중추 신경으로 전달한다. • 가지 돌기가 길게 발달되어 있고 감각기에 분포한다. • 신경 세포체가 축삭 돌기의 한쪽 옆에 붙어 있다.
연합 뉴런	• 뇌, 척수와 같은 중추 신경을 이룬다. • 구심성 뉴런과 원심성 뉴런 사이에서 흥분을 중계한다.
원심성 뉴런 (운동 뉴런)	• 중추 신경의 명령을 근육과 같은 반응기에 전달한다. • 반응기에 분포한다. • 신경 세포체가 비교적 크고 축삭 돌기가 길게 발달되어 있다.

▶ 구심성 뉴런
구심성은 먼 곳에서 중심으로 이행하는
성질이다. 감각 뉴런은 감각기에서
받아들인 자극을 중추 신경으로 전달하기
때문에 구심성 뉴런의 한 종류이다.

▶ 원심성 뉴런
원심성은 중심으로부터 먼 곳으로
이행하는 성질이다. 운동 뉴런은 중추
신경의 명령을 반응기에 전달하기 때문에
원심성 뉴런의 한 종류이다.

▶ 자극의 전달 경로
자극 → 감각기 → 구심성 뉴런 → 연합
뉴런 → 원심성 뉴런 → 반응기 → 반응

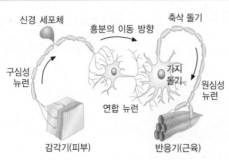

▲ 뉴런의 종류

❷ 흥분의 전도와 전달　★수능에 나오는 필수 개념 2가지 + 필수 암기사항 3개

필수개념 1　흥분의 전도

• **뉴런의 막전위 변화**　[암기] → 뉴런의 막전위 변화에 따른 펌프와 통로의 개폐 여부, 이온의 이동, 막전위의 변화를 중심으로 체크한 부분을 반드시 기억하자!

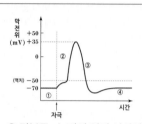

① 분극 : 자극을 받고 있지 않은 상태에서 Na^+-K^+ 펌프가 에너지(ATP)를 소비하면서 Na^+을 세포 밖으로, K^+을 세포 안으로 능동 수송하기 때문에 상대적으로 세포 안보다 세포 밖에 양이온이 많아 세포 안은 음(−)전하, 밖은 양(+)전하를 띠고 있는 상태이다. 이때 나타나는 막전위를 휴지 전위라고 하며, −60~−90mV이다.

② 탈분극 : 뉴런이 역치 이상의 자극을 받으면 세포막에 있는 Na^+ 통로가 열리면서 Na^+이 확산에 의해 세포 안으로 유입된다. 그 결과 막전위가 +30~+40mV로 상승하면서 세포 안이 양(+)전하, 밖이 음(−)전하로 역전된다. 이때의 막전위 변화를 활동 전위라고 하고, 크기가 약 100mV이다.

③ 재분극 : 탈분극으로 인해 열렸던 Na^+ 통로는 닫히고, K^+ 통로가 열리면서 K^+이 확산에 의해 세포 밖으로 유출되어 세포 안은 음(−)전하, 밖은 양(+)전하로 된다.

④ 분극 : 재분극이 일어난 부위는 Na^+-K^+ 펌프의 작용으로 이온이 재배치되어 분극 상태가 된다.

• **흥분의 전도**　[암기] → 체크한 부분을 반드시 기억하자!

① 흥분의 전도 과정 : 탈분극 과정에서 유입된 Na^+에 의해 인접 부위의 Na^+ 막 투과도가 증가하여 활동 전위가 발생하며, 이러한 과정에 의해 활동 전위가 축삭 돌기를 따라 이동하는 흥분의 전도가 일어나게 된다. 흥분의 전도는 자극을 받은 곳을 중심으로 양방향으로 진행된다.

② 흥분의 전도 속도에 영향을 미치는 요인

• 말이집의 유무 : 말이집 신경은 랑비에 결절에서 다음 랑비에 결절로 흥분이 전도되는 도약 전도를 하므로 민말이집 신경보다 흥분 전도 속도가 빠르다.

• 축삭의 지름 : 축삭의 지름이 클수록 이온의 이동에 대한 전기적인 저항이 작아 흥분 전도 속도가 빠르다.

필수개념 2　흥분의 전달

• **흥분의 전달**　[암기] → 흥분의 전달 과정과 흥분 전달의 방향에 대한 내용을 기억하자!

• 흥분의 전달 과정 : 흥분이 축삭 돌기 말단에 전도되면 시냅스 소포에 들어 있는 신경 전달 물질이 시냅스 틈으로 분비된다. 이 신경 전달 물질은 확산되어 신경절 이후 뉴런의 수용체에 결합한다. 이 자극에 의해 Na^+ 통로가 열려 Na^+이 유입되면서 탈분극이 일어나고 활동 전위가 발생하여 흥분이 전달된다.

• 흥분 전달의 방향성 : 흥분은 신경절 이전 뉴런의 축삭 돌기 말단에서 신경절 이후 뉴런의 가지 돌기나 신경 세포체로의 한 방향으로만 전달된다.

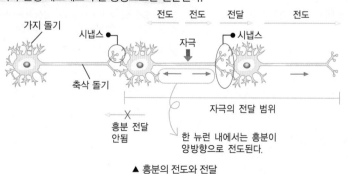

▲ 흥분의 전도와 전달

▶ 역치
뉴런이 활동 전위를 일으킬 수 있는 최소한의 자극의 세기를 말한다. 뉴런이 자극을 받으면 Na^+ 통로가 열리는데, 자극의 세기가 역치 이상이면 대부분의 Na^+ 통로가 열려 활동 전위가 발생한다.

▶ 실무율
단일 신경 세포에서 역치 이하의 자극에는 반응하지 않고, 역치 이상의 자극에는 자극의 세기와 관계없이 반응의 크기가 일정한 현상이다.

▶ 분극의 원인
1. Na^+-K^+ 펌프와 일부 열려있는 통로에 의한 양이온의 불균등 분포
2. 세포막 안쪽에 음(−)전하를 띠는 단백질의 분포

▶ 뉴런 안팎의 이온 분포

이온	뉴런 안쪽	뉴런 바깥쪽
Na^+	15mM	150mM
K^+	140mM	5mM
Cl^-	10mM	120mM
음이온 단백질	100mM	−

▶ 시냅스에서의 흥분 전달

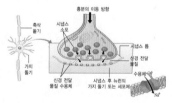

▶ 신경 전달 물질
뉴런의 축삭 돌기 말단에서 분비되어 다른 뉴런이나 반응기로 정보를 전달하는 화학 물질이다. 아세틸콜린, 에피네프린, 도파민, 세로토닌 등이 있다.

그림 (가)는 시냅스로 연결된 두 개의 뉴런을, (나)는 (가)의 특정 부위에 역치 이상의 자극을 주었을 때 지점 d_2에서의 시간에 따른 막전위를 나타낸 것이다.

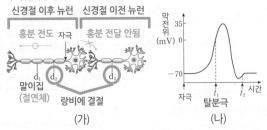

(가)   (나)

이에 대한 옳은 설명만을 〈보기〉에서 있는 대로 고른 것은? 3점

보기

랑비에 결절 : 흥분이 전도되어 활동 전위 발생
탈분극 ㄱ. t_1일 때 d_2에서 Na^+ 통로를 통해 Na^+이 세포 안으로 유입된다.
흥분이 전달되지 않으므로 활동 전위가 발생하지 않는다.
ㄴ. t_2일 때 d_3에서 휴지 전위가 나타난다.
ㄷ. t_2 이후 d_1에서 활동 전위가 ~~나타난다~~.
나타나지 않는다.

① ㄱ   ② ㄴ   ③ ㄷ   ✔ ㄱ, ㄴ   ⑤ ㄱ, ㄷ

😮 **문제풀이 TIP** | 말이집과 랑비에 결절, 신경절 이전 뉴런과 신경절 이후 뉴런을 구분하고 문제를 풀어야 한다. 흥분은 양방향으로 전도되지만 흥분의 전달은 신경절 이전 뉴런의 축삭 돌기 말단에서 신경절 이후 뉴런의 가지 돌기나 신경 세포체로의 한 방향으로만 일어난다는 것을 알고 있어야 한다. 또한 말이집으로 둘러싸인 d_1에서는 활동 전위가 발생하지 않음을 알아야 한다. 뉴런의 막전위 변화 그래프에서 $Na^+ - K^+$펌프와 통로의 작용 여부, 이온의 이동 방향 등에 대한 개념을 잘 정리하고 기억하고 있어야 한다.

|자|료|해|설|

그림 (나)는 신경 세포체에서 축삭 돌기로 이어지는 부분에 자극을 준 뒤 축삭 돌기의 한 지점인 d_2에서의 시간에 따른 막전위 변화를 나타낸 것이다. 그림 (가)에서 d_1은 말이집, d_2와 d_3는 랑비에 결절이다. 말이집은 절연체 역할을 하므로 d_1에서는 활동 전위가 발생하지 않는다. 흥분의 전도로 인해 랑비에 결절인 d_2에서는 그림 (나)와 같은 막전위 변화가 생기는 반면, 왼쪽 뉴런(신경절 이후 뉴런)의 신경 세포체에서 오른쪽 뉴런(신경절 이전 뉴런)의 축삭 돌기 말단쪽으로는 흥분이 전달되지 않으므로 d_3에서는 막전위 변화가 없다. t_1 시점에서는 탈분극이 일어나고 있으며, t_2는 재분극 이후 다시 분극 상태로 돌아오기 직전의 시점이다.

|보|기|풀|이|

ㄱ. 정답 : t_1은 탈분극이 일어나고 있는 시점으로, d_2에서 Na^+ 통로를 통해 Na^+이 세포 밖에서 세포 안으로 확산되어 유입된다.

ㄴ. 정답 : 흥분의 전달은 신경절 이전 뉴런의 축삭 돌기 말단에서 신경절 이후 뉴런의 가지 돌기나 신경 세포체로의 한 방향으로만 일어나므로 그림의 왼쪽 뉴런(신경절 이후 뉴런)에서 오른쪽 뉴런(신경절 이전 뉴런)으로는 흥분이 전달되지 않는다. 따라서 d_3에서는 막전위 변화가 일어나지 않으므로 휴지 전위가 나타난다.

ㄷ. 오답 : d_1은 말이집으로 말이집은 절연체 역할을 하므로 d_1에서는 활동 전위가 나타나지 않는다.

그림 (가)는 어떤 말이집 신경을, (나)는 이 신경의 지점 P에 역치 이상의 자극을 1회 주었을 때 발생한 흥분이 축삭 돌기 말단 방향 각 지점에 도달하는 데 경과된 시간을 P로부터의 거리에 따라 나타낸 것이다. Ⅰ과 Ⅱ는 이 신경의 축삭 돌기에서 말이집으로 싸여 있는 부분과 말이집으로 싸여 있지 않은 부분을 순서 없이 나타낸 것이다.

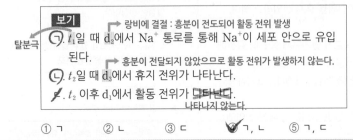

(가)   (나)

이에 대한 설명으로 옳은 것만을 〈보기〉에서 있는 대로 고른 것은? (단, 흥분의 전도는 1회 일어났다.) 3점

보기

ㄱ. P가 탈분극 상태일 때 P에서 Na^+의 농도는 세포 밖보다 ~~높다~~.
세포 안이 ~~높다~~. 항상 세포 밖 농도가 높다.
있는
ㄴ. Ⅰ은 말이집으로 싸여 ~~있지 않은~~ 부분이다.
ㄷ. 이 신경에서 흥분의 이동은 도약 전도를 통해 일어난다.
랑비에 결절에서 다음 랑비에 결절로 흥분이 전도되는 것

① ㄱ   ✔ ㄷ   ③ ㄱ, ㄴ   ④ ㄴ, ㄷ   ⑤ ㄱ, ㄴ, ㄷ

|자|료|해|설|

그림 (가)는 말이집 신경으로, 랑비에 결절에서 다음 랑비에 결절로 흥분이 전도되는 도약 전도가 일어난다. (나)에서 Ⅰ은 긴 거리를 가는데 짧은 시간이 걸렸으므로 말이집으로 싸여 있는 부분이고, Ⅱ는 짧은 거리를 가는데 긴 시간이 걸렸으므로 말이집으로 싸여 있지 않은 부분이다.

|보|기|풀|이|

ㄱ. 오답 : Na^+의 농도는 항상 세포 밖이 세포 안보다 높다.

ㄴ. 오답 : Ⅰ은 긴 거리를 짧은 시간에 이동하였으므로 말이집으로 싸여 있는 부분이다.

ㄷ. 정답 : 이 신경은 말이집 신경으로, 랑비에 결절에서 다음 랑비에 결절로 흥분이 전도되는 도약 전도가 일어난다.

😮 **문제풀이 TIP** | 말이집 신경에서는 도약 전도가 일어나 흥분의 전도 속도가 빠르다. Na^+의 농도는 항상 세포 밖이 높고, K^+의 농도는 항상 세포 안이 높다는 것을 기억하자!

😊 **출제분석** | 말이집 신경의 특징에 대해 묻는 난도 '중상'의 문항이다. (나)의 그래프가 생소할 수도 있지만 이 그래프는 2018학년도 9월 모평 9번 문제로 출제되었던 그래프이다. 기출문제 분석을 꼼꼼하게 해두어야 하는 이유이다.

그림 (가)는 운동 신경 X에 역치 이상의 자극을 주었을 때 X의 축삭 돌기 한 지점 P에서 측정한 막전위 변화를, (나)는 P에서 발생한 흥분이 X의 축삭 돌기 말단 방향 각 지점에 도달하는 데 경과된 시간을 P로부터의 거리에 따라 나타낸 것이다. Ⅰ과 Ⅱ는 X의 축삭 돌기에서 말이집으로 싸여 있는 부분과 말이집으로 싸여 있지 않은 부분을 순서 없이 나타낸 것이다.

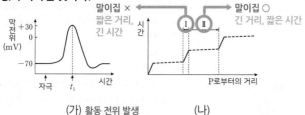

(가) 활동 전위 발생　　　　(나)

이에 대한 설명으로 옳은 것만을 〈보기〉에서 있는 대로 고른 것은? (단, 흥분의 전도는 1회 일어났다.) 3점

보기

ㄱ. t_1일 때 이온의 $\dfrac{세포\ 안의\ 농도}{세포\ 밖의\ 농도}$는 K^+이 Na^+보다 크다. ← 항상 세포 안 농도가 높다 / 항상 세포 밖 농도가 높다

말이집 없는 부분 → ㄴ. Ⅰ에서 활동 전위가 발생했다.

ㄷ. Ⅱ에는 슈반 세포가 존재하지 않는다. 존재한다
　↑ 말이집 있는 부분

① ㄴ　② ㄷ　③ ㄱ, ㄴ　④ ㄱ, ㄷ　⑤ ㄱ, ㄴ, ㄷ

|자|료|해|설|
그림 (가)는 역치 이상의 자극을 주었을 때 활동 전위가 발생한 그래프로 t_1은 활동 전위가 정점에 도달한 시간이고 그 이후에는 재분극이 진행된다. (나)는 자극을 가한 지점에서 각 부분에 자극이 도달하는 시간을 나타낸 그래프이다. Ⅰ은 짧은 거리를 가는데 긴 시간이 걸린 것으로 보아 말이집으로 싸여 있지 않은 부분이다. Ⅱ는 긴 거리를 가는데 짧은 시간이 걸렸으므로 말이집으로 싸여 있는 부분이다.

|보|기|풀|이|
ㄱ. 정답 : t_1일 때는 활동 전위가 정점인 지점이다. 지점과 무관하게 K^+의 농도는 세포 밖의 농도보다 세포 안의 농도가 항상 크며, Na^+의 농도는 세포 밖의 농도보다 세포 안의 농도가 항상 작다. 따라서 $\dfrac{세포\ 안의\ 농도}{세포\ 밖의\ 농도}$는 K^+이 Na^+보다 크다.

ㄴ. 정답 : Ⅰ은 말이집으로 싸여 있지 않은 부분으로 활동 전위가 발생한다.

ㄷ. 오답 : 슈반 세포는 말이집을 형성하는 세포로 말이집은 슈반 세포의 세포막에 의해 만들어진다. Ⅱ는 자극의 전도가 빠르게 일어난 구간이므로 슈반 세포가 존재한다.

🤖 문제풀이 TIP | 자극의 전도 과정에서 말이집이 있는 부분과 없는 부분에서 활동 전위의 발생 여부를 알고 있으면 문제를 풀 수 있다. 말이집은 절연체로 말이집이 있는 부분은 활동 전위가 발생하지 않으므로 전도의 속도가 빠르다. 하지만 말이집이 없는 부분은 활동 전위가 발생하여 탈분극, 재분극이 일어나 상대적으로 전도의 속도가 느리다. 또한, 이번 문항뿐 아니라 보기로 자주 제시되는 개념인 K^+, Na^+의 세포 안팎 농도를 정확히 기억하고 있어야 한다. K^+는 활동 전위의 발생에 관계없이 항상 세포 안이 세포 밖보다 농도가 높으며, Na^+는 활동 전위의 발생에 관계없이 항상 세포 밖이 세포 안보다 농도가 높다.

그림은 조건 Ⅰ~Ⅲ에서 뉴런 P의 한 지점에 역치 이상의 자극을 주고 측정한 시간에 따른 막전위를 나타낸 것이고, 표는 Ⅰ~Ⅲ에 대한 자료이다. ①과 ⓒ은 Na^+과 K^+을 순서 없이 나타낸 것이다.

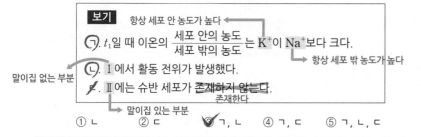

구분	조건
Ⅰ	물질 A와 B를 처리하지 않음
Ⅱ	물질 A를 처리하여 세포막에 있는 이온 통로를 통한 ①의 이동을 억제함　Na^+
Ⅲ	물질 B를 처리하여 세포막에 있는 이온 통로를 통한 ⓒ의 이동을 억제함　K^+

이에 대한 설명으로 옳은 것만을 〈보기〉에서 있는 대로 고른 것은? (단, 제시된 조건 이외는 고려하지 않는다.) 3점

보기

ㄱ. ①은 Na^+이다.

ㄴ. t_1일 때, Ⅰ에서 ⓒ의 $\dfrac{세포\ 안의\ 농도}{세포\ 밖의\ 농도}$는 1보다 작다. 크다　↑ K^+

ㄷ. 막전위가 $+30mV$에서 $-70mV$가 되는 데 걸리는 시간은 Ⅲ에서가 Ⅰ에서보다 짧다. 길다

① ㄱ　② ㄴ　③ ㄷ　④ ㄱ, ㄴ　⑤ ㄴ, ㄷ

|자|료|해|설|
Ⅰ은 물질 A와 B를 처리하지 않은 정상적인 막전위 변화 그래프이다. Ⅱ에서 탈분극이 억제되었으므로 A는 세포막에 있는 이온 통로를 통한 Na^+의 이동을 억제하는 물질이고, Ⅲ에서는 재분극이 억제되었으므로 B는 세포막에 있는 이온 통로를 통한 K^+의 이동을 억제하는 물질이다. 따라서 ①은 Na^+이고, ⓒ은 K^+이다.

|보|기|풀|이|
ㄱ. 정답 : ①은 Na^+이고, ⓒ은 K^+이다.

ㄴ. 오답 : K^+의 농도는 항상 세포 안이 세포 밖보다 높다. 따라서 t_1일 때, Ⅰ에서 K^+(ⓒ)의 $\dfrac{세포\ 안의\ 농도}{세포\ 밖의\ 농도}$는 1보다 크다.

ㄷ. 오답 : 막전위가 $+30mV$에서 $-70mV$가 되는 데 걸리는 시간, 즉 재분극이 일어나는데 걸리는 시간은 Ⅲ에서가 Ⅰ에서보다 길다.

🤖 문제풀이 TIP | Ⅱ에서는 탈분극이, Ⅲ에서는 재분극이 억제되었다. 따라서 각 시기의 이온 이동에 문제가 생겼다는 것을 알 수 있다.

그림 (가)는 시냅스로 연결된 두 뉴런 A와 B를, (나)는 A와 B 사이의 시냅스에서 일어나는 흥분 전달 과정을 나타낸 것이다. X와 Y는 A의 가지 돌기와 B의 축삭 돌기 말단을 순서 없이 나타낸 것이다.

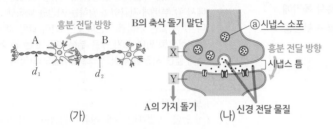

(가)

이에 대한 설명으로 옳은 것만을 〈보기〉에서 있는 대로 고른 것은?

(3점)

보기
     시냅스 소포
ㄱ. ⓐ에 신경 전달 물질이 들어 있다.
ㄴ. X는 B의 축삭 돌기 말단이다.
ㄷ. 지점 d_1에 역치 이상의 자극을 주면 지점 d_2에서 활동
   전위가 ~~발생한다.~~
     발생하지 않는다.

① ㄱ   ② ㄷ   ✓③ ㄱ, ㄴ   ④ ㄴ, ㄷ   ⑤ ㄱ, ㄴ, ㄷ

|자|료|해|설|
(가)에서 흥분은 뉴런 B에서 A 방향으로만 전달된다.
(나)에서 X는 시냅스 소포를 포함하고 있으므로 B의 축삭 돌기 말단이고, Y는 신경 전달 물질과 결합하는 수용체를 포함하고 있으므로 A의 가지 돌기이다.

|보|기|풀|이|
ㄱ. 정답 : 시냅스 소포(ⓐ)에 신경 전달 물질이 들어 있으며, 흥분이 축삭 돌기 말단에 전도되면 시냅스 틈으로 분비된다.
ㄴ. 정답 : 시냅스 소포를 포함하고 있는 X는 B의 축삭 돌기 말단이다.
ㄷ. 오답 : 뉴런 A에서 B로 흥분이 진달되지 않는다. 따라서 지점 d_1에 역치 이상의 자극을 주면 지점 d_2에서 활동 전위가 발생하지 않는다.

😀 문제풀이 T I P | 흥분은 신경절 이전 뉴런의 축삭 돌기 말단에서 신경절 이후 뉴런의 가지 돌기나 신경 세포체로의 한 방향으로만 전달된다.

😮 출제분석 | 흥분의 전달에 대한 기본 개념을 묻는 난도 '하'의 문항이다. 축삭 돌기 말단과 가지 돌기를 구분할 수 있다면 문제를 쉽게 해결할 수 있다.

그림은 어떤 뉴런에 역치 이상의 자극을 주었을 때, 이 뉴런 세포막의 한 지점에서 이온 ㉠과 ㉡의 막투과도를 시간에 따라 나타낸 것이다. ㉠과 ㉡은 각각 Na^+과 K^+ 중 하나이다.

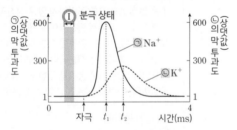

이에 대한 설명으로 옳은 것만을 〈보기〉에서 있는 대로 고른 것은?

(3점)

보기
ㄱ. Na^+의 막투과도는 t_1일 때가 t_2일 때보다 크다.
ㄴ. t_2일 때, K^+은 K^+ 통로를 통해 세포 밖으로 확산된다.
ㄷ. 구간 I에서 Na^+-K^+ 펌프를 통해 ㉠이 세포 ~~안으로~~
   ~~유입~~된다. Na^+ 밖
   유출

① ㄱ   ② ㄷ   ✓③ ㄱ, ㄴ   ④ ㄴ, ㄷ   ⑤ ㄱ, ㄴ, ㄷ

|자|료|해|설|
뉴런이 역치 이상의 자극을 받으면 세포막에 있는 Na^+ 통로가 열리면서 Na^+이 확산에 의해 세포 안으로 유입되며 탈분극이 일어난다. 그 후 탈분극으로 인해 열렸던 Na^+ 통로는 닫히고, K^+ 통로가 열리면서 K^+이 확산에 의해 세포 밖으로 유출되며 재분극이 일어난다. 따라서 역치 이상의 자극을 준 후 바로 막투과도가 증가하는 ㉠은 Na^+이고, 그 뒤로 막투과도가 증가하는 ㉡은 K^+이다.

|보|기|풀|이|
ㄱ. 정답 : Na^+의 막투과도는 그래프에서 보이는 대로 t_1일 때가 t_2일 때보다 크다.
ㄴ. 정답 : t_2일 때, K^+ 통로가 열리면서 K^+이 확산에 의해 세포 밖으로 확산된다.
ㄷ. 오답 : Na^+-K^+ 펌프를 통해 Na^+은 항상 세포 밖으로 유출되고, K^+은 항상 세포 안으로 유입된다. 따라서 구간 I에서 Na^+-K^+ 펌프를 통해 Na^+(㉠)이 세포 밖으로 유출된다.

😀 문제풀이 T I P | 역치 이상의 자극을 준 후 먼저 Na^+의 막투과도가 증가하고, 그다음 K^+의 막투과도가 증가한다. 또한 Na^+-K^+ 펌프는 항상 작동하고 있다는 것을 기억하자!

😮 출제분석 | 흥분의 전도에 대한 기본적인 내용을 묻고 있는 난도 '중하'의 문항이다. 이러한 형태의 문항은 예전부터 자주 출제되어 온 유형이며, 최근 흥분의 전도에서 출제되고 있는 문제에 비해 난도가 매우 낮다. 이 문제를 틀린 학생은 기초적인 내용부터 학습해야 한다.

그림은 신경 세포 X의 **세포 밖 Na⁺ 농도 조건** → A>B 을 A와 B로 달리한 후, X에 각각 역치 이상의 자극을 1회 주었을 때 시간에 따른 막전위를 나타낸 것이다.

이에 대한 설명으로 옳은 것만을 〈보기〉에서 있는 대로 고른 것은? (단, X의 세포 밖 Na⁺ 농도 이외의 다른 조건은 고려하지 않는다.) **3점**

→ 탈분극이 더 쉽게 일어남
∴ 세포 밖 Na⁺ 농도 더 높음

보기
ㄱ. X의 세포 밖 Na⁺ 농도는 B보다 A에서 높다.
ㄴ. 구간 Ⅰ에서 단위 시간당 세포막을 통한 Na⁺ 이동량은 A보다 B에서 <del>많다.</del> 적다 → 그래프의 기울기
ㄷ. B의 구간 Ⅱ에서 K⁺은 세포 안에서 밖으로 <del>능동 수송</del>된다. 확산

① ㄱ ② ㄴ ③ ㄱ, ㄷ ④ ㄴ, ㄷ ⑤ ㄱ, ㄴ, ㄷ

😮 **문제풀이 TIP** | 신경 세포에서 활동 전위가 생성되는 원리를 알아야 하고, 확산할 때 농도의 차가 커지면 속도가 더 빨라진다는 것을 이해하고 있다면 어렵지 않게 접근할 수 있다.

|자|료|해|설|
신경 세포의 세포막을 기준으로 Na⁺ 농도는 항상 세포 밖이 안보다 높고, K⁺ 농도는 항상 세포 안이 밖보다 높다. 역치 이상의 자극을 주면 세포 밖의 Na⁺가 세포 안으로 유입되면서 활동 전위를 발생시키는데, 세포 밖 Na⁺의 농도가 높을수록 세포 안팎의 농도 차이가 커지므로 시간에 따른 이온의 이동량이 많아지고 활동 전위가 더 빨리 만들어진다. 따라서 Na⁺ 농도는 B보다 A에서 높다.

|보|기|풀|이|
ㄱ. 정답 : A에서 B보다 시간에 따른 막전위가 더 빨리 변한다는 것은 시간에 따른 Na⁺의 이동량이 많다는 것을 의미한다. 따라서 X의 세포 밖 Na⁺ 농도는 B보다 A에서 높다.
ㄴ. 오답 : 단위 시간당 세포막을 통한 Na⁺ 이동량은 그래프에서 기울기에 비례한다. 따라서 구간 Ⅰ에서 그 값은 A보다 B에서 더 적다.
ㄷ. 오답 : 구간 Ⅱ에서 B는 재분극이 일어나고 있는 중이다. 이 때 K⁺은 세포 안 농도가 밖보다 높으므로 세포 안에서 밖으로 확산을 통해 이동한다.

그림은 어떤 뉴런에 역치 이상의 자극을 주었을 때, 이 뉴런 세포막의 한 지점 P에서 측정한 이온 ㉠과 ㉡의 막 투과도를 시간에 따라 나타낸 것이다. ㉠과 ㉡은 각각 Na⁺과 K⁺ 중 하나이다.

이에 대한 설명으로 옳은 것만을 〈보기〉에서 있는 대로 고른 것은?

보기
→ Na⁺ 통로를 통한 Na⁺의 유입으로 일어남
ㄱ. t_1일 때, P에서 탈분극이 일어나고 있다.
ㄴ. t_2일 때, ㉡의 농도는 세포 안에서가 세포 밖에서보다 높다. K⁺
ㄷ. 뉴런 세포막의 이온 통로를 통한 ㉠의 이동을 차단하고 역치 이상의 자극을 주었을 때, 활동 전위가 생성되지 않는다. Na⁺
→ 탈분극이 일어나지 않음

① ㄱ ② ㄴ ③ ㄱ, ㄷ ④ ㄴ, ㄷ ⑤ ㄱ, ㄴ, ㄷ

😮 **문제풀이 TIP** | 탈분극 이후에 재분극이 일어나므로, Na⁺의 막 투과도가 먼저 증가하고 그 다음 K⁺의 막 투과도가 증가한다.

|자|료|해|설|
어떤 뉴런에 역치 이상의 자극을 주었을 때, 세포막에 있는 Na⁺ 통로가 열리면서 Na⁺이 세포 안으로 유입되며 탈분극이 일어난다. 그 후 Na⁺ 통로는 닫히고 K⁺ 통로가 열리면서 K⁺이 세포 밖으로 유출되며 재분극이 일어난다. 따라서 막 투과도가 먼저 증가하는 ㉠이 Na⁺이고, ㉡은 K⁺이다.

|보|기|풀|이|
ㄱ. 정답 : t_1일 때 Na⁺의 막 투과도가 증가하고 있으므로 P에서 탈분극이 일어나고 있다.
ㄴ. 정답 : K⁺(㉡)의 농도는 항상 세포 안에서가 세포 밖에서보다 높다.
ㄷ. 정답 : 뉴런 세포막의 이온 통로를 통한 Na⁺(㉠)의 이동을 차단하면 탈분극이 일어나지 않으므로, 역치 이상의 자극을 주어도 활동 전위는 생성되지 않는다.

Ⅲ
1
01. 자극의 전달

그림 (가)는 어떤 뉴런에 역치 이상의 자극을 주었을 때 이 뉴런의 축삭 돌기 한 지점에서 측정한 막전위 변화를, (나)는 t_1일 때 이 지점에서 Na^+ 통로를 통한 Na^+의 확산을 나타낸 것이다. ㉠과 ㉡은 각각 세포 안과 세포 밖 중 하나이다. → 탈분극

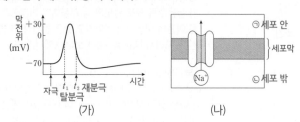

(가)   (나)

이에 대한 설명으로 옳은 것만을 〈보기〉에서 있는 대로 고른 것은?

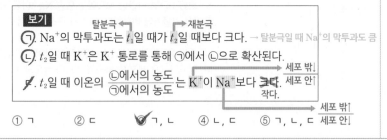

보기
㉠ 탈분극 ← → 재분극
㉠. Na^+의 막투과도는 t_1일 때가 t_2일 때보다 크다. → 탈분극일 때 Na^+의 막투과도 큼
㉡. t_2일 때 K^+은 K^+ 통로를 통해 ㉠에서 ㉡으로 확산된다. 세포 밖↑ / 세포 안↑
✗. t_2일 때 이온의 $\dfrac{㉡에서의\ 농도}{㉠에서의\ 농도}$는 K^+이 Na^+보다 ~~크다.~~ 작다. 세포 밖↑ / 세포 안↑

① ㄱ   ② ㄷ   ✓③ ㄱ, ㄴ   ④ ㄴ, ㄷ   ⑤ ㄱ, ㄴ, ㄷ

|자|료|해|설|
그림 (가)에서 막전위가 증가하는 t_1은 탈분극이 일어나는 구간이고 막전위가 다시 감소하는 t_2는 재분극이 일어나는 구간이다. 그림 (나)는 t_1(탈분극)일 때 Na^+ 통로를 통한 Na^+의 확산을 나타낸 것인데, 탈분극이 일어날 때는 Na^+이 세포 밖에서 세포 안으로 유입되므로 ㉠이 세포 안, ㉡이 세포 밖이다.

|보|기|풀|이|
㉠ 정답 : 탈분극(t_1)일 때는 세포막의 Na^+ 통로가 많이 열려 있어 Na^+에 대한 막투과도가 크고, 재분극(t_2)일 때는 Na^+ 통로가 서서히 닫히고, 세포막의 K^+ 통로가 많이 열려 있어 K^+에 대한 막투과도가 크다. 따라서 Na^+의 막투과도는 탈분극(t_1)일 때가 재분극(t_2)일 때보다 크다.

㉡ 정답 : 재분극(t_2)일 때 K^+은 K^+ 통로를 통해 세포 안(㉠)에서 세포 밖(㉡)으로 확산된다.

ㄷ. 오답 : Na^+의 농도는 항상 세포 안(㉠)보다 세포 밖(㉡)이 높고, K^+의 농도는 항상 세포 밖(㉡)보다 세포 안(㉠)이 높다. 따라서 재분극(t_2)일 때 이온의 $\dfrac{세포\ 밖(㉡)에서의\ 농도}{세포\ 안(㉠)에서의\ 농도}$는 K^+이 Na^+보다 작다.

😲 **문제풀이 TIP** | 막전위 변화 그래프에서 분극, 탈분극, 재분극 시기를 구분할 수 있어야 하며 각 상태에서의 펌프와 통로의 작동 여부, 이온의 이동 방식과 이동 방향 등에 대한 기본 개념이 정확히 숙지되어 있어야 한다. Na^+의 농도는 항상 세포 밖이 높고, K^+의 농도는 항상 세포 안이 높다는 것을 반드시 기억하자!

😲 **출제분석** | 흥분의 전도 과정에 대한 기본적인 개념을 묻고 있는 문항으로 난도는 '중'에 해당한다. 흥분의 전도와 전달은 수능에서 반드시 출제되는 단원이므로 관련 개념을 정확하게 알고 있어야 한다. 2015학년도 6월 모평 8번 문제가 이와 비슷한 유형이며, 막투과도에 대한 그래프가 제시된 2016학년도 9월 모평 14번 문제도 풀어보도록 하자.

그림은 신경 세포 (가)와 (나)의 일부를, 표는 (가)와 (나)의 P 지점에 역치 이상의 자극을 동시에 1회 주고 일정 시간이 지난 후 t_1일 때 두 지점 A, B에서 측정한 막전위를 나타낸 것이다. (가)와 (나) 중 하나는 민말이집 신경이고, 다른 하나는 말이집 신경이다.

신경 세포	t_1일 때 측정한 막전위(mV)	
	A	B
(가)	−55	−55
(나)	−70	−75

이에 대한 설명으로 옳은 것만을 〈보기〉에서 있는 대로 고른 것은? (단, (가)와 (나)에서 흥분의 전도는 각각 1회 일어났고, 휴지 전위는 −70mV이며, 말이집 유무를 제외한 나머지 조건은 동일하다.) 3점

보기
→ 말이집 신경보다 흥분 전도 속도가 느리다.
㉠. (가)는 민말이집 신경이다. 재분극
✗. t_1일 때 (가)의 A 지점에서 ~~탈분극~~이 일어나고 있다.
✗. t_1일 때 (나)의 B 지점에서 K^+의 농도는 세포 밖이 안보다 ~~높다.~~ 낮다. → 항상 [세포 밖 K^+] < [세포 안 K^+]

✓① ㄱ   ② ㄴ   ③ ㄷ   ④ ㄱ, ㄴ   ⑤ ㄱ, ㄷ

|자|료|해|설|
t_1일 때, 신경 세포 (가)의 A와 B에서 측정된 막전위가 −55mV로 같으므로 A는 재분극, B는 탈분극 상태임을 알 수 있다. 신경 세포 (나)의 A 지점에서 측정한 막전위가 −70mV이므로 분극 또는 재분극 상태에 있음을 알 수 있다. B의 막전위가 −75mV로 재분극 상태이기 때문에 A 지점은 분극 상태로 추론할 수 있다. 따라서 B 지점에서 (가)는 탈분극 상태, (나)는 재분극 상태이므로 (나)의 흥분 전도 속도가 (가)보다 빠르다. 그러므로 (가)는 민말이집 신경, (나)는 말이집 신경임을 알 수 있다.(흥분의 전도 속도 :말이집 신경 > 민말이집 신경)

|보|기|풀|이|
㉠ 정답 : 신경 세포 (가)가 신경 세포 (나)보다 느리므로 (가)가 민말이집 신경, (나)는 말이집 신경이다.

ㄴ. 오답 : (가)의 A 지점과 B 지점의 막전위가 같고 전도 방향이 A에서 B이므로 A는 재분극, B는 탈분극이 일어나고 있다.

ㄷ. 오답 : K^+의 농도는 자극의 전도와 관련 없이 항상 세포 안의 농도가 세포 밖의 농도보다 높다.

😲 **문제풀이 TIP** | 동일한 시간에 측정된 막전위를 이용하여 각 지점의 분극 상태를 확인하고 서로 다른 신경 세포의 같은 지점의 분극 상태를 통해 흥분의 전도 속도를 비교해야 한다. 분석에 어려움을 느낀다면 위의 분석 방법을 나누어 학습하자. 막전위 변화 그래프를 통해 각 분극 상태에 따른 막전위를 학습하고, 막전위를 통해 분극 상태를 파악하는 연습을 하자. 그 후 흥분의 전도에 따른 분극의 변화와 위치를 파악하는 연습이 필요하다.

다음은 민말이집 신경 A와 B의 흥분 전도에 대한 자료이다.

○ 그림은 A와 B의 일부를, 표는 A와 B의 지점 d_1에 역치 이상의 자극을 동시에 1회 주고 경과된 시간이 t_1, t_2, t_3, t_4일 때 지점 d_2에서 측정한 막전위를 나타낸 것이다. I~IV는 t_1~t_4를 순서 없이 나타낸 것이다.

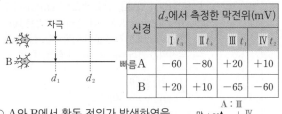

신경	d_2에서 측정한 막전위(mV)			
	I t_3	II t_4	III t_1	IV t_2
빠름 A	−60	−80	+20	+10
B	+20	+10	−65	−60

○ A와 B에서 활동 전위가 발생하였을 때, 각 지점에서의 막전위 변화는 그림과 같다.

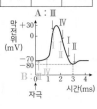

A : III

B : IV

이에 대한 설명으로 옳은 것만을 〈보기〉에서 있는 대로 고른 것은? (단, A와 B에서 흥분의 전도는 각각 1회 일어났고, 휴지 전위는 −70mV이다. 자극을 준 후 경과된 시간은 $t_1 < t_2 < t_3 < t_4$이다.)

`3점`

보기

ㄱ. III은 t_1이다.

ㄴ. t_2일 때, B의 d_2에서 재분극이 일어나고 있다. (탈분극)

ㄷ. 흥분의 전도 속도는 A에서가 B에서보다 빠르다. → II일 때, B보다 A의 막전위 변화가 더 많이 진행되었으므로 전도 속도는 A가 더 빠름

① ㄱ   ② ㄴ   ③ ㄷ   ✓④ ㄱ, ㄷ   ⑤ ㄴ, ㄷ

|자|료|해|설|

II일 때 A의 d_2에서 측정한 막전위 값이 −80mV이므로 막전위 변화가 가장 많이 진행되었다는 것을 알 수 있다. 즉, d_1에 자극을 준 후 가장 많은 시간이 흘렀으므로 II는 t_4이다. 이때 B의 d_2에서 측정한 막전위 값이 +10mV이므로 같은 시간(t_4)이 지났을 때 A보다 B의 막전위 변화가 조금 진행되었다는 것을 알 수 있다. 따라서 흥분의 전도 속도는 A에서가 B에서보다 빠르다. 흥분의 전도 속도가 빠른 A에서의 막전위 값은 그래프 상에서 B의 막전위 값보다 항상 오른쪽에 위치하게 된다. 그러므로 III와 IV일 때 B의 막전위 값인 −65mV와 −60mV는 탈분극이 일어나는 시기의 막전위 값이고 III는 t_1, IV는 t_2이다. A의 막전위 값을 순서대로 나열하면, III(t_1) − IV(t_2) − I(t_3) − II(t_4)이다. 시간 순서에 맞게 A와 B에서의 막전위 값을 그래프 위에 나타내면 왼쪽 첨삭 내용과 같다.

|보|기|풀|이|

ㄱ. 정답 : I은 t_3, II는 t_4, III는 t_1, IV는 t_2이다.

ㄴ. 오답 : t_2(IV)일 때, B의 d_2에서 탈분극이 일어나고 있다.

ㄷ. 정답 : II(t_4)일 때, A의 d_2에서 측정한 막전위 값은 −80mV이고 B의 d_2에서 측정한 막전위 값은 +10mV이므로 같은 시간(t_4)이 지났을 때 B보다 A에서 막전위 변화가 더 많이 진행되었다. 따라서 흥분의 전도 속도는 A에서가 B에서보다 빠르다.

😲 **문제풀이TIP** | II일 때, A의 d_2에서 측정한 막전위 값이 −80mV로 막전위 변화가 가장 많이 진행되었다. 따라서 II는 t_4이다. 흥분의 전도 속도가 더 빠른 A에서의 막전위 값은 그래프 상에서 B의 막전위 값보다 항상 오른쪽에 위치하게 된다.

😀 **출제분석** | 주어진 막전위 값을 비교하여 흥분의 전도 속도가 빠른 신경과 자극을 준 후 경과된 시간 순서를 찾아 나열해야 하는 난도 '상'의 문항이다. 문제풀이 TIP을 이해하고 문제에 적용하는 연습이 충분히 되어야 난도 높은 흥분의 전도 문항의 출제를 대비할 수 있다.

다음은 민말이집 신경 A와 B의 흥분 전도와 전달에 대한 자료이다.

○ 그림은 A와 B에서 지점 d_1~d_4의 위치를, 표는 ㉠ d_2에 역치 이상의 자극을 1회 주고 경과된 시간이 4ms와 ⓐ ms일 때 d_3과 d_4의 막전위를 나타낸 것이다.

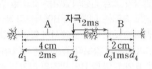

| 시간 | 막전위(mV) | |
(ms)	d_3	d_4
4	+30	?
ⓐ 6	?	−80

○ A와 B의 흥분 전도 속도는 각각 2cm/ms이다.

○ A와 B 각각에서 활동 전위가 발생했을 때, 각 지점의 막전위 변화는 그림과 같다.

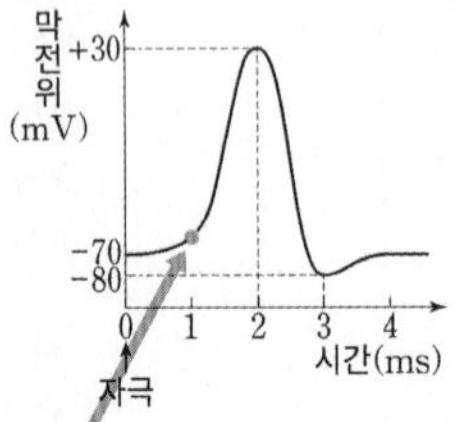

이에 대한 옳은 설명만을 〈보기〉에서 있는 대로 고른 것은? (단, A와 B에서 흥분의 전도는 각각 1회 일어났고, 휴지 전위는 −70mV 이다.) 3점

> 보기
> ㉠. ⓐ는 6이다. → d_4까지 흥분 이동(3ms) + 막전위 변화(2ms)
> ㉡. ㉠이 5ms일 때 d_4의 막전위는 +30mV이다.
> ㉢. ㉠이 3ms일 때 d_1과 d_3에서 모두 탈분극이 일어나고 있다.
> → d_1, d_3까지 흥분 이동(2ms) + 막전위 변화(1ms)

① ㄱ   ② ㄷ   ③ ㄱ, ㄴ   ④ ㄴ, ㄷ   ✔⑤ ㄱ, ㄴ, ㄷ

|자|료|해|설|

㉠이 4ms일 때, d_3에서 측정된 막전위 +30mV는 해당 지점에 자극이 도달한 뒤 2ms가 지났을 때 측정되는 값이다. 따라서 자극을 준 d_2에서 d_3까지 흥분이 이동하는데 2ms가 걸린다.

㉠이 ⓐ일 때, d_4에서 측정된 막전위 −80mV는 해당 지점에 자극이 도달한 뒤 3ms가 지났을 때 측정되는 값이다. B의 흥분 전도 속도는 2cm/ms이므로 d_3에서 d_4 까지 흥분이 전도되는데 걸리는 시간은 1ms이다. 자극을 준 d_2에서 d_4까지 흥분이 이동하는데 3ms가 걸리고 막전위가 변화하는데 3ms가 걸렸으므로 ⓐ는 6이다.

|보|기|풀|이|

㉠ 정답 : ⓐ는 6이다.

㉡ 정답 : ㉠이 5ms일 때 자극을 준 d_2에서 d_4까지 흥분이 이동하는데 3ms가 걸리므로 남은 2ms 동안 막전위가 변한다. 따라서 ㉠이 5ms일 때 d_4의 막전위는 +30mV 이다.

㉢ 정답 : 자극을 준 d_2에서 d_1과 d_3까지 흥분이 이동하는데 2ms가 걸린다. 따라서 ㉠이 3ms일 때 흥분이 이동하고 남은 1ms 동안 막전위가 변하므로 d_1과 d_3에서 모두 탈분극이 일어나고 있다.

🤖 **문제풀이 TIP** | +30mV는 해당 지점에 자극이 도달한 뒤 2ms가 지났을 때 측정되는 값이다. 이를 이용하여 d_2에서 d_3까지 흥분이 이동하는데 걸리는 시간을 구할 수 있다. 또한 −80mV는 해당 지점에 자극이 도달한 뒤 3ms가 지났을 때 측정되는 값이며, 이를 통해 ⓐ를 구할 수 있다.

다음은 민말이집 신경 A의 흥분 전도에 대한 자료이다.

○ 그림은 A의 지점 d_1로부터 네 지점 $d_2 \sim d_5$까지의 거리를, 표는 d_1과 d_5 중 한 지점에 역치 이상의 자극을 1회 주고 경과된 시간이 4ms, 5ms, 6ms일 때 I과 II에서의 막전위를 나타낸 것이다. I과 II는 각각 d_2와 d_4 중 하나이다.

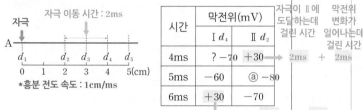

자극 이동 시간 : 2ms

A ──┼────┼──┼──┼──┼──
   d_1 d_2 d_3 d_4 d_5
   0   1 2 3 4 5(cm)
*흥분 전도 속도 : 1cm/ms

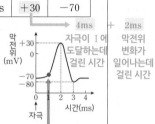

시간	막전위(mV)	
	I d_4	II d_2
4ms	? −70	+30
5ms	−60	ⓐ −80
6ms	+30	−70

자극이 II에 도달하는데 걸린 시간   막전위 변화가 일어나는데 걸린 시간   2ms   +   2ms

자극이 I에 도달하는데 걸린 시간   막전위 변화가 일어나는데 걸린 시간   4ms   +   2ms

○ A에서 활동 전위가 발생하였을 때, 각 지점에서의 막전위 변화는 그림과 같다.

막전위(mV)
+30
−70
−80
  0 1 2 3 4 시간(ms)
자극

이에 대한 설명으로 옳은 것만을 〈보기〉에서 있는 대로 고른 것은? (단, A에서 흥분의 전도는 1회 일어났고, 휴지 전위는 −70mV 이다.) **3점**

보기

ㄱ. A의 흥분 전도 속도는 ~~2cm/ms~~ 1cm/ms 이다.

ㄴ. ⓐ는 −80이다.

ㄷ. 4ms일 때 d_3에서 탈분극이 일어나고 있다.

① ㄱ   ② ㄴ   ③ ㄱ, ㄷ   ✓④ ㄴ, ㄷ   ⑤ ㄱ, ㄴ, ㄷ

|자|료|해|설|

자극을 주고 경과된 시간이 4ms일 때, II에서의 막전위는 자극이 II에 도달한 뒤 2ms가 지났을 때 측정되는 값(+30mV)이다. 따라서 자극이 II에 도달하는데 걸린 시간은 2ms이다. 자극을 주고 경과된 시간이 5ms일 때, 자극이 II에 도달하는데 2ms가 걸리므로 남은 3ms 동안 막전위 변화가 일어난다. 따라서 ⓐ는 −80이다. 자극을 주고 경과된 시간이 6ms일 때, I에서의 막전위는 자극이 I에 도달한 뒤 2ms가 지났을 때 측정되는 값(+30mV)이다. 따라서 자극이 I에 도달하는데 걸린 시간은 4ms이다. 즉, d_1과 d_5 중 한 지점에 주어진 자극이 II에 도달하는데 2ms가 걸리고, I에 도달하는데 4ms가 걸린다. 흥분이 I과 II 사이 거리인 2cm를 이동하는데 2ms가 걸리므로 민말이집 신경 A의 흥분 전도 속도는 1cm/ms이다. 그러므로 자극을 준 지점으로부터 II는 2cm만큼, I은 4cm만큼 떨어진 지점이다. 따라서 자극을 준 지점은 d_1이고, I은 d_4, II는 d_2이다.

|보|기|풀|이|

ㄱ. 오답 : A의 흥분 전도 속도는 1cm/ms이다.

ㄴ. 정답 : 자극을 주고 경과된 시간이 5ms일 때, 자극이 II에 도달하는데 2ms가 걸리므로 남은 3ms 동안 막전위 변화가 일어난다. 따라서 ⓐ는 −80이다.

ㄷ. 정답 : 자극을 주고 경과된 시간이 4ms일 때, d_1에 주어진 자극이 d_3에 도달하는데 3ms가 걸리므로 남은 1ms 동안 막전위 변화가 일어난다. 따라서 4ms일 때 d_3에서 탈분극이 일어나고 있다.

🤓 **문제풀이 T I P** | 자극을 1회 주고 경과된 시간에서 막전위 변화가 일어난 시간을 빼면 흥분이 그 지점에 도달하는데 걸린 시간을 구할 수 있다. 자극이 특정 지점에 도달한 뒤 2ms가 지났을 때 측정되는 막전위 값(+30mV)으로 d_1과 d_5 중 한 지점에 주어진 자극이 I과 II에 도달하는데 걸리는 시간을 먼저 구해보자. 그 시간 차이를 알아내면 I과 II 사이의 거리가 2cm이므로 민말이집 신경 A의 흥분 전도 속도를 구할 수 있다.

😀 **출제분석** | d_1과 d_5 중 한 지점에 주어진 자극이 I과 II에 각각 도달하는데 걸리는 시간의 차이(2ms)와 I과 II 두 지점 사이의 거리(2cm)를 이용하여 A의 흥분 전도 속도를 구할 수 있으며, 이는 흥분의 전도 문제를 풀 때 유용하게 활용될 수 있다. 자극을 준 지점을 두 지점 중 하나로 제한하였고, I과 II 지점을 비교적 쉽게 구분할 수 있으므로 난도는 '중'에 해당한다. 흥분의 전도 관련 문항은 종종 고난도로 출제되고 있으므로 기출 문제를 풀어보며 수능을 대비하자.

표는 어떤 뉴런의 지점 d_1과 d_2 중 한 지점에 역치 이상의 자극을 1회 주고 경과된 시간이 t_1, t_2, t_3일 때 d_1과 d_2에서의 막전위를, 그림은 d_1과 d_2에서 활동 전위가 발생하였을 때 각 지점에서의 막전위 변화를 나타낸 것이다. ㉠과 ㉡은 0과 −38을 순서 없이 나타낸 것이고, $t_1 < t_2 < t_3$이다.

경과된 시간	막전위(mV)	
	d_1 자극	d_2
t_1	−10	−33
t_2	㉠ −38	㉡ 0
t_3	−80	+25

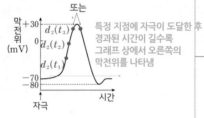

또는

특정 지점에 자극이 도달한 후 경과된 시간이 길수록 그래프 상에서 오른쪽의 막전위를 나타냄

이에 대한 옳은 설명만을 〈보기〉에서 있는 대로 고른 것은?
(단, 흥분 전도는 1회 일어났고, 휴지 전위는 −70mV이다.)

> **보기**
> ㉠. 자극을 준 지점은 d_1이다.
> ㄴ. ㉠은 0이다.
>   −38
> ㄷ. t_2일 때 d_2에서 재분극이 일어나고 있다.
>   탈분극

① ㄱ   ② ㄴ   ③ ㄱ, ㄷ   ④ ㄴ, ㄷ   ⑤ ㄱ, ㄴ, ㄷ

| 자 | 료 | 해 | 설 |

t_3일 때 d_1의 막전위가 −80mV이고, d_2의 막전위가 +25mV이므로, d_1에서 막전위 변화가 더 많이 진행되었다는 것을 알 수 있다. 따라서 자극을 준 지점은 d_1이다. d_2에서 t_1일 때 막전위가 −33mV이고, t_3일 때 +25mV이므로 t_2일 때의 막전위는 −38mV일 수 없다 (−38mV의 값은 d_2에서 t_1보다 경과된 시간이 짧거나 t_3보다 경과된 시간이 더 긴 경우에 나타날 수 있는 막전위 값이다). 따라서 ㉠은 −38이고, ㉡은 0이다.

| 보 | 기 | 풀 | 이 |

㉠ 정답 : t_3일 때 d_1(−80mV)과 d_2(+25mV)의 막전위를 비교해보면 d_1에서 막전위 변화가 더 많이 진행되었으므로 자극을 준 지점은 d_1이다.
ㄴ. 오답 : ㉠은 −38이다.
ㄷ. 오답 : 경과된 시간이 $t_1 < t_2 < t_3$이므로 t_2일 때의 막전위는 그래프에서 t_1과 t_3의 사이에 존재해야 한다. 따라서 t_2일 때 d_2(0mV)에서 탈분극이 일어나고 있다.

 문제풀이 TIP | t_3일 때 d_1의 막전위(−80mV)는 d_2의 막전위(+25mV)보다 막전위 변화가 더 많이 진행된 상태이므로 자극을 준 지점은 d_1이다. 경과된 시간이 $t_1 < t_2 < t_3$이므로 t_2일 때의 막전위는 그래프에서 t_1과 t_3의 사이에 존재한다는 것을 이용하면 ㉠과 ㉡의 값을 구분할 수 있다.

출제분석 | 자극을 주고 경과된 시간과 막전위 값을 비교하여 ㉠과 ㉡의 값을 구분해야 하는 난도 '중상'의 문항이다. 흥분의 전도 단원 문항은 기본적으로 막전위 변화 그래프에 대한 이해가 우선되어야 한다. 자극을 준 지점과 가까운 지점일수록 자극이 먼저 도달하여 막전위 변화가 더 많이 진행되고, 그 결과 그래프 상에서 상대적으로 오른쪽에 위치하는 막전위 값을 가진다는 것을 이해하고 적용해보자.

👓 **" 이 문제에선 이게 가장 중요해! "**

경과된 시간	막전위(mV)	
	d_1 자극	d_2
t_1	−10	−33
t_2	㉠ −38	㉡ 0
t_3	−80	+25

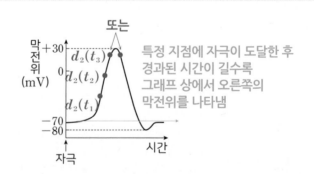

또는

특정 지점에 자극이 도달한 후 경과된 시간이 길수록 그래프 상에서 오른쪽의 막전위를 나타냄

t_3일 때 d_1의 막전위(−80mV)는 d_2의 막전위(+25mV)보다 막전위 변화가 더 많이 진행된 상태이므로 자극을 준 지점은 d_1이다.

다음은 민말이집 신경 A와 B의 흥분 이동에 대한 자료이다.

○ 그림은 민말이집 신경 A와 B에서 지점 $d_1 \sim d_4$의 위치를, 표는 d_1에 역치 이상의 자극을 1회 주고 경과된 시간이 각각 11ms, ⓐms일 때, d_3와 d_4에서 측정한 막전위를 나타낸 것이다.

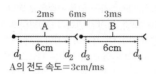

A의 전도 속도＝3cm/ms

시간 (ms)	막전위(mV)	
	d_3	d_4
11	−80	?−70
ⓐ＝13	?−70	+30

○ ㉠ d_2에 역치 이상의 자극을 1회 주고 경과된 시간이 8ms일 때 d_3의 막전위는 +30mV이다.

○ B의 흥분 전도 속도는 2cm/ms 이다.

○ A와 B의 $d_1 \sim d_4$에서 활동 전위가 발생하였을 때, 각 지점에서의 막전위 변화는 그림과 같다. 휴지 전위는 −70mV이다.

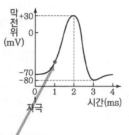

이에 대한 설명으로 옳은 것만을 〈보기〉에서 있는 대로 고른 것은? (단, d_1과 d_2에 준 자극에 의해 A와 B에서 흥분의 전도는 각각 1회 일어났고, 제시된 조건 이외의 다른 조건은 동일하다.) **3점**

보기

ㄱ. ⓐ는 ~~15~~ 13이다.

ㄴ. A의 흥분 전도 속도는 3cm/ms이다.

ㄷ. ㉠이 10ms일 때 d_4에서 탈분극이 일어나고 있다.

① ㄱ　　② ㄴ　　③ ㄷ　　④ ㄱ, ㄴ　　⑤ ㄴ, ㄷ

|자|료|해|설|

d_2에 자극을 주고 경과된 시간이 8ms일 때 d_3의 막전위가 +30mV이므로, d_2에서 d_3로 흥분이 전도 및 전달되는 데 걸리는 시간은 8ms−2ms＝6ms이다. 또, d_1에 자극을 주고 경과된 시간이 11ms일 때 d_3의 막전위가 −80mV 이므로, d_1에서 d_2로 흥분이 전도되는 데 걸리는 시간은 11ms−(3ms+6ms)＝2ms이다. 따라서 A의 흥분 전도 속도는 6cm/2ms＝3cm/ms이다.

d_1에 자극을 주고 경과된 시간이 ⓐms일 때 d_4의 막전위가 +30mV이므로,
ⓐ＝(d_1에서 d_4로 흥분이 전도 및 전달되는 시간) +(d_4의 막전위가 +30mV가 되는 데 걸리는 시간)
＝{2ms+6ms+6cm/(2cm/ms)}+2ms＝13ms이다.

|보|기|풀|이|

ㄱ. 오답 : ⓐ는 13이다.

ㄴ. 정답 : d_1에 자극을 주고 경과된 시간이 11ms일 때 d_3의 막전위가 −80mV이므로, d_1에서 d_2로 흥분이 전도되는 데 걸리는 시간은 11ms−(3ms+6ms)＝2ms 이다. 따라서 A의 흥분 전도 속도는 6cm/2ms＝3cm/ms 이다.

ㄷ. 정답 : d_2에서 d_4로 흥분이 전도 및 전달되는 데 걸리는 시간은 9ms이므로 ㉠이 10ms일 때 d_4에서는 탈분극이 일어나고 있다.

🤔 **문제풀이 TIP** | 자극을 1회 주고 경과된 시간에서 흥분이 그 지점에 도달하는 데 걸리는 시간을 빼면 남은 시간동안 막전위 변화가 일어난다.

다음은 민말이집 신경 (가)와 (나)의 흥분 이동에 대한 자료이다.

○ 그림은 (가)와 (나)의 지점 $d_1 \sim d_4$의 위치를, 표는 (가)와 (나)의 동일한 지점에 역치 이상의 자극을 동시에 1회 주고 일정 시간이 지난 후 t_1일 때 $d_1 \sim d_4$에서 측정한 막전위를 나타낸 것이다. 네 지점 $d_1 \sim d_4$ 중 한 지점에 자극을 주었으며, (나)에는 $d_1 \sim d_4$ 사이에 하나의 시냅스가 있다.

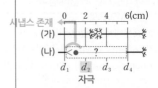
시냅스 존재

신경	t_1일 때 측정한 막전위(mV)			
	d_1	d_2	d_3	d_4
(가)	?	-80	$+23$	-68
(나)	-70	?	$+10$	-61

○ (가)와 (나)를 구성하는 뉴런의 흥분 전도 속도는 서로 같고, (가)와 (나)에서 흥분의 전달 속도는 서로 같다.

○ (가)와 (나)의 $d_1 \sim d_4$에서 활동 전위가 발생하였을 때 각 지점에서의 막전위 변화는 그림과 같다. 휴지 전위는 -70mV이다.

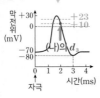

이에 대한 설명으로 옳은 것만을 〈보기〉에서 있는 대로 고른 것은?
(단, (가)와 (나)의 시냅스 이후 뉴런에서 흥분의 전도는 각각 1회 일어났고, 시냅스의 위치 이외의 다른 조건은 동일하다.) 3점

보기

ㄱ. 자극을 준 지점은 d_2이다.

ㄴ. (나)에서 시냅스는 ~~d_3와 d_4~~ d_1과 d_2 사이에 있다.

ㄷ. t_1일 때 (나)의 d_3에서 재분극이 일어나고 있다.
→ (가)의 d_3보다 막전위 변화가 더 진행된 상태이므로 위의 막전위 변화 그래프에서 (가)의 d_3 막전위 값보다 더 오른쪽에 위치함

① ㄱ ② ㄴ ③ ㄷ ④ ㄱ, ㄴ ⑤ ㄱ, ㄷ

|자|료|해|설|

자극을 준 지점이 d_3 또는 d_4이면 각 지점에서의 막전위가 같아야 하는데, 신경 (가)와 (나)의 막전위가 서로 다르므로 자극을 준 지점은 d_3, d_4가 아니다. 자극을 준 지점이 d_1이라면, d_1과 d_4 사이에 하나의 시냅스가 존재하는 상황은 (가)와 (나)에서 같으므로 시냅스의 위치에 상관없이 d_4에서의 막전위가 같아야 한다. 그러나 d_4의 막전위가 다르므로 자극을 준 지점은 d_2이다. d_4의 막전위 값을 비교해보면, 막전위 변화가 (가)보다 (나)에서 더 많이 진행되었다. 즉, 자극이 (나)의 d_4에 더 빨리 도착한 것이므로 (나)의 d_2와 d_4의 사이는 시냅스 없이 축삭 돌기로만 이루어져 전도 속도가 (가)보다 더 빠르다는 것을 알 수 있다. 따라서 (나)에서 시냅스는 d_1과 d_2 사이에 있다.

|보|기|풀|이|

ㄱ. 정답 : 자극을 준 지점은 d_2이다.

ㄴ. 오답 : (나)에서 시냅스는 d_1과 d_2 사이에 있다.

ㄷ. 정답 : 자극은 (가)보다 (나)의 d_3에 더 빨리 도달하므로 막전위 변화는 (가)보다 (나)의 d_3에서 더 많이 진행된다. 즉, 주어진 막전위 변화 그래프에서 (가)의 막전위 값보다 (나)의 막전위 값이 더 오른쪽에 위치한다. 따라서 t_1일 때 (나)의 d_3에서 재분극이 일어나고 있다.

🤯 **문제풀이 T I P** | 자극을 준 지점의 막전위 값은 서로 같아야 한다. 흥분의 전도 속도는 전달보다 빠르다.

😀 **출제분석** | 막전위 값을 통해 자극을 준 지점과 시냅스의 위치를 찾아야 하는 난도 '최상'의 문항이다. 이는 새로운 유형의 문항이며, 흥분의 전도 문제는 꾸준히 난도가 높게 출제되고 있다. 막전위 변화 그래프를 이해하고 활용할 수 있어야 다양한 유형의 문항 출제를 대비할 수 있다.

다음은 민말이집 신경 (가)와 (나)의 흥분 이동에 대한 자료이다.

○ 그림은 (가)와 (나)의 지점 d_1~d_4의 위치를, 표는 (가)와
　(나)의 ⓐ d_1에 역치 이상의 자극을 동시에 1회 주고 경과한
　시간이 4ms일 때 d_2~d_4에서 측정한 막전위를 나타낸
　것이다. (가)와 (나) 중 한 신경에서만 d_2~d_4 사이에 하나의
　시냅스가 있으며, 시냅스 전 뉴런과 시냅스 후 뉴런의 흥분
　전도 속도는 서로 같다.

1.5ms(시냅스가 없을 때) : d_3의 막전위 → −60mV

보다 막전위 변화가 덜 진행됨
→ 자극이 d_3에 도달
하는데 시간이 더 오래
걸림
∴d_2와 d_3 사이에
시냅스 존재

4cm/ms (가)　자극
2cm/ms (나)

신경	4ms일 때 측정한 막전위(mV)		
	d_2	d_3	d_4
(가)	㉠−70	+21	?
(나)	−80	?	㉡−70

d_1　d_2　　d_3　d_4
0　2　　　6　　9(cm)

d_2에 자극이 도달한 뒤 3ms
지났을 때 측정되는 막전위

○ (가)와 (나)를 구성하는 뉴런의
　흥분 전도 속도는 각각 2cm/ms,
　4cm/ms 중 하나이다.

○ (가)와 (나)의 d_1~d_4에서
　활동 전위가 발생하였을 때, 각
　지점에서의 막전위 변화는 그림과
　같다. 휴지 전위는 −70mV이다.

막전위
(mV)
+30
0
−60
−70
−80

0　1　2　3　4　시간(ms)
자극

이에 대한 설명으로 옳은 것만을 〈보기〉에서 있는 대로 고른 것은?
(단, (가)와 (나)를 구성하는 뉴런에서 흥분의 전도는 각각 1회
일어났고, 제시된 조건 이외의 다른 조건은 동일하다.) 3점

보기

(가)의 d_2에 자극이 도달한 뒤 3.5ms 지남 : −70mV
(나)의 d_4에 자극이 도달하지 않음 : −70mV

ㄱ. ㉠과 ㉡은 모두 −70이다.
ㄴ. 시냅스는 (가)의 d_2와 d_3 사이에 있다.
ㄷ. ⓐ가 5ms 때 (나)의 d_3에서 재분극이 일어나고 있다.

자극이 (나)의 d_3에 도달하는데 걸린 시간 : 3ms
남은 2ms 동안 막전위 변화가 진행됨(0mV)

① ㄱ　　② ㄷ　　③ ㄱ, ㄴ　　④ ㄴ, ㄷ　　✓⑤ ㄱ, ㄴ, ㄷ

|자|료|해|설|

(나)의 d_2에서 측정한 막전위 값은 자극이 d_2에 도달한
뒤 3ms가 지났을 때 측정되는 값이다(−80mV). 즉,
d_1에 주어진 자극이 2cm 떨어진 d_2에 도달하는데 1ms
가 걸렸으므로 (나)를 구성하는 뉴런의 흥분 전도 속도는
2cm/ms이고, (가)를 구성하는 뉴런의 흥분 전도 속도는
4cm/ms이다. (가)에 시냅스가 없다고 가정하면, d_1에
주어진 자극이 6cm 떨어진 d_3에 도달하는데 1.5ms가
걸린다. 남은 2.5ms 동안 막전위 변화가 일어나면
d_3에서의 막전위 값은 −60mV이다. 그러나 (가)의 d_3에서
측정한 막전위 값은 이보다 덜 진행된 +21mV이므로
(가)의 d_2와 d_3 사이에 시냅스가 존재한다.
(가)의 d_1에 주어진 자극이 2cm 떨어진 d_2에 도달하는데
0.5ms가 걸리므로, 남은 3.5ms 동안 막전위 변화가
진행되어 ㉠은 −70이다. (나)의 d_1에 주어진 자극이 9cm
떨어진 d_4에 도달하는데 4.5ms가 걸리므로, ⓐ가 4ms일
때 d_4에 자극이 도달하지 않아 ㉡은 휴지 전위인 −70이다.

|보|기|풀|이|

㉠ 정답 : (가)의 d_2에 자극이 도달하는데 0.5ms가
걸리므로, 남은 3.5ms 동안 막전위 변화가 진행되어
㉠은 −70이다. (나)의 d_4에 자극이 도달하는데 4.5ms가
걸리므로, ⓐ가 4ms일 때 d_4에 자극이 도달하지 않아
㉡은 −70이다.

㉡ 정답 : (가)에 시냅스가 없다고 가정하면, d_3에서의
막전위 값은 −60mV이다. 그러나 (가)의 d_3에서 측정한
막전위 값은 이보다 덜 진행된 +21mV이므로 (가)의 d_2와
d_3 사이에 시냅스가 존재한다.

㉢ 정답 : (나)의 d_1에 주어진 자극이 6cm 떨어진 d_3에
도달하는데 3ms가 걸리므로, ⓐ가 5ms일 때 남은 2ms
동안 막전위 변화가 진행되어 (나)의 d_3에서 재분극이
일어난다.

👀 문제풀이 TIP | 자극을 1회 주고 경과된 시간에서 흥분이 그 지점에 도달하는데 걸리는 시간을 빼면 남은 시간 동안 막전위 변화가 일어난다. (나)의 d_2에서 측정한 막전위
값(−80mV)으로 (나)를 구성하는 뉴런의 흥분 전도 속도를 구할 수 있다. (가)에 시냅스가 없다고 가정했을 때 d_3에서의 막전위 값을 구하여 표에 제시된 막전위 값과 비교해보면
시냅스의 위치를 알 수 있다.

😀 출제분석 | 주어진 막전위 값을 통해 두 신경의 흥분 전도 속도를 구하고, 막전위 값을 비교하여 시냅스의 위치를 알아내야 하는 난도 '중상'의 문항이다. 시냅스의 위치를 알아내는
방법을 기억해두고 비슷한 유형의 문항 출제를 대비해야 한다.

그림 (가)는 민말이집 신경 A와 B의 축삭 돌기 일부를, (나)는 지점 $P_1 \sim P_3$에서 활동 전위가 발생하였을 때 막전위 변화를 나타낸 것이다. P_1에 역치 이상의 자극을 1회 주고 경과된 시간이 4ms일 때 A의 P_2와 B의 P_3에서 막전위는 모두 $-80mV$이다.

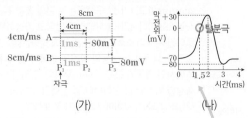

(가)　　　　　(나)

이에 대한 옳은 설명만을 〈보기〉에서 있는 대로 고른 것은? (단, A와 B에서 흥분 전도는 각각 1회만 일어났다.) **3점**

보기

ㄱ. 자극을 준 후 4ms일 때 A의 P_3에서 막전위는 $\frac{+30mV}{-70mV}$이다.

ㄴ. 자극을 준 후 2ms일 때 B의 P_2에서 Na^+이 세포 안으로 유입된다.　→ 탈분극

ㄷ. 흥분 전도 속도는 B가 A보다 빠르다.
　　　8cm/ms　→4cm/ms

① ㄱ　　② ㄷ　　③ ㄱ, ㄴ　　④ ㄱ, ㄷ　　⑤ ㄴ, ㄷ ✓

|자|료|해|설|

P_1에 역치 이상의 자극을 1회 주고 경과된 시간이 4ms일 때 A의 P_2에서 막전위는 $-80mV$이다. (나)의 막전위 변화 그래프를 보면 자극이 도달한 후 3ms 뒤에 막전위가 $-80mV$가 된다는 것을 알 수 있다. 따라서 P_2지점에 자극이 도달하는 데 걸리는 시간은 1ms이고, 신경 A의 전도 속도는 4cm/ms라는 것을 알 수 있다.
P_1에 역치 이상의 자극을 1회 주고 경과된 시간이 4ms일 때 B의 P_3에서 막전위는 $-80mV$이다. 따라서 P_3지점에 자극이 도달하는 데 걸리는 시간은 1ms이고, 신경 B의 전도 속도는 8cm/ms라는 것을 알 수 있다.

|보|기|풀|이|

ㄱ. 오답 : 자극을 준 후 4ms라는 시간 중 A의 P_3 지점까지 도달하는 데 2ms 걸리고, 도달 후 남은 2ms가 흐른 뒤 P_3에서 막전위는 $+30mV$이다.

ㄴ. 정답 : 자극을 준 후 2ms라는 시간 중 B의 P_2 지점까지 도달하는 데 0.5ms 걸리고, 도달 후 남은 1.5ms가 흐른 뒤 P_2에서는 탈분극이 일어나고 있으므로 Na^+이 세포 안으로 유입된다.

ㄷ. 정답 : A의 전도 속도는 4cm/ms이고, B의 전도 속도는 8cm/ms이다. 따라서 흥분의 전도 속도는 B가 A보다 빠르다.

🤖 **문제풀이 TIP** | 자극을 1회 주고 경과된 시간에서 막전위 변화를 일으키는 데 걸리는 시간을 빼주면 흥분이 그 지점에 도달하는데 걸리는 시간을 구할 수 있다.

😀 **출제분석** | 흥분의 전도 시간과 막전위 변화 시간을 이해하고 적용할 수 있어야 해결 가능한 난도 '상'의 문제이다. 2년 전부터 신경계 단원에서 이러한 문제가 꾸준히 출제되고 있는 만큼 풀이 방법을 확실하게 이해하고 넘어가야 한다. 관련된 기출문제를 모두 풀어보도록 하자!

다음은 어떤 민말이집 신경의 흥분 전도에 대한 자료이다.

○ 이 신경의 흥분 전도 속도는 2cm/ms이다.
○ 그림 (가)는 이 신경의 지점 $P_1 \sim P_3$ 중 ㉠P_2에 역치 이상의 자극을 1회 주고 경과된 시간이 3ms일 때 P_3에서의 막전위를, (나)는 $P_1 \sim P_3$에서 활동 전위가 발생하였을 때 각 지점에서의 막전위 변화를 나타낸 것이다.

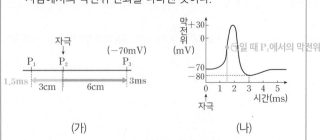

(가)　　　　　(나)

㉠일 때, 이에 대한 옳은 설명만을 〈보기〉에서 있는 대로 고른 것은? (단, 이 신경에서 흥분 전도는 1회 일어났다.) **3점**

보기

ㄱ. P_1에서 탈분극이 일어나고 있다.

ㄴ. P_2에서의 막전위는 $\frac{-80mV}{-70mV}$이다.

ㄷ. P_3에서 $Na^+ - K^+$ 펌프를 통해 K^+이 세포 밖(안)으로 이동한다.

① ㄱ ✓　② ㄷ　　③ ㄱ, ㄴ　　④ ㄱ, ㄷ　　⑤ ㄴ, ㄷ

|자|료|해|설|

신경의 흥분 전도 속도가 2cm/ms이므로 P_2에 준 자극이 3cm 떨어진 P_1에 도달하는데 1.5ms가 걸린다. ㉠일 때, P_1에 자극이 도달하는데 1.5ms가 걸리므로 남은 1.5ms 동안 막전위 변화가 일어난다. (나)에서 자극 도달 후 1.5ms가 지났을 때 탈분극이 일어나고 있음을 알 수 있다. P_2에 준 자극이 6cm 떨어진 P_3에 도달하는데 3ms가 걸린다. ㉠일 때, P_3에 이제 막 자극이 도달한 상태이므로 막전위는 $-70mV$(휴지 전위)이다.

|보|기|풀|이|

ㄱ. 정답 : ㉠일 때, P_1에 자극이 도달하는데 1.5ms가 걸리므로 남은 1.5ms 동안 막전위 변화가 일어난다. 따라서 P_1에서 탈분극이 일어나고 있다.

ㄴ. 오답 : (나)에서 3ms가 지났을 때의 막전위가 $-80mV$이므로, ㉠일 때 P_2에서의 막전위는 $-80mV$이다.

ㄷ. 오답 : ㉠일 때, P_3에 이제 막 자극이 도달한 상태이므로 막전위는 휴지 전위(휴지막 전위)인 $-70mV$이다. 이때 $Na^+ - K^+$ 펌프를 통해 K^+이 세포 안으로 이동한다.

🤖 **문제풀이 TIP** | 자극을 1회 주고 경과된 시간에서 흥분이 그 지점에 도달하는데 걸리는 시간을 빼면 남은 시간 동안 막전위 변화가 일어난다.

😀 **출제분석** | 그동안 자주 출제된 유형의 문항이며, 다른 문항들과 비교하면 난도가 낮은 편이다. 문제풀이 TIP을 기억하고 문제에 빠르게 적용시키는 연습이 필요하다.

20 흥분의 전도

그림 (가)는 어떤 민말이집 신경의 P와 Q 중 한 지점에 역치 이상의 자극을 1회 주고 경과된 시간이 5ms일 때 $d_1 \sim d_4$에서 각각 측정한 막전위를 나타낸 것이고, (나)는 이 신경에서 활동 전위가 발생하였을 때 각 지점에서의 막전위 변화를 나타낸 것이다.

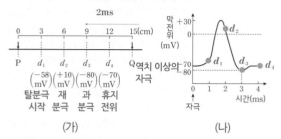

(가)	(나)

이에 대한 설명으로 옳은 것만을 〈보기〉에서 있는 대로 고른 것은? (단, 이 신경에서 흥분의 전도는 1회 일어났으며, 휴지 전위는 −70mV이다.) 3점

보기

ㄱ. 자극을 준 지점은 Q이다.

ㄴ. 이 신경에서 흥분의 전도는 1ms당 ~~2~~ 3 cm씩 이동한다. → 6cm/2ms=3cm/ms

ㄷ. 5ms일 때 d_2에서 K^+의 농도는 세포 안보다 세포 밖이 ~~높다~~ 낮다. → K^+ 농도는 항상 낮다 [세포 밖] < [세포 안]

✓① ㄱ   ② ㄷ   ③ ㄱ, ㄴ   ④ ㄴ, ㄷ   ⑤ ㄱ, ㄴ, ㄷ

|자|료|해|설|

그림 (가)에서 측정한 막전위를 그래프 (나)와 비교하여 살펴보면 분극의 상태를 알 수 있다. d_4에서 휴지막 전위, d_3에서는 재분극(과분극), d_2에서는 재분극, d_1에서는 탈분극이 이루어지고 있는 것으로 보인다. 문제에서 자극을 준 후 5ms일 때, 동시에 측정한 값이므로 자극을 준 위치는 Q가 된다. 또한, (나)에서 자극이 주어지고 −80mV가 될 때까지 3ms가 소요되므로 자극이 주어지고 −80mV인 d_3까지 도달하는데 소요된 시간은 2ms임을 알 수 있다.

|보|기|풀|이|

ㄱ. 정답 : 5ms일 때 탈분극이 일어나고 있는 지점이 d_1이고 d_4는 이미 휴지막 전위, d_3에서는 재분극(과분극)상태이므로 d_4, d_3를 지나 d_1에 자극이 도달한 것으로 추론할 수 있다. 따라서 자극을 준 지점은 Q이다.

ㄴ. 오답 : d_3에서 막전위가 −80mV인데 (나)에서 자극이 주어지고 −80mV까지 3ms가 소요됨을 알 수 있다. 자극은 d_3에 도달하기까지 2ms 걸렸으므로, $\frac{6cm}{2ms}$는 3cm/ms가 된다. 따라서 이 신경에서 흥분의 전도는 1ms당 3cm씩 이동한다.

ㄷ. 오답 : K^+의 농도는 항상 세포 안이 세포 밖보다 높다.

---

21 흥분의 전도

그림 (가)는 민말이집 신경 A와 B에 역치 이상의 자극을 동시에 1회 주고 경과된 시간이 t_1일 때 지점 $P_1 \sim P_4$에서 측정한 막전위를, (나)는 $P_1 \sim P_4$에서 활동 전위가 발생하였을 때 각 지점에서의 막전위 변화를 나타낸 것이다. B의 흥분 전도 속도는 3cm/ms이다.

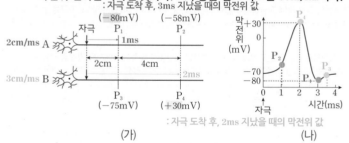

: 자극 도착 후, 3ms 지났을 때의 막전위 값

: 자극 도착 후, 2ms 지났을 때의 막전위 값

(가)	(나)

이에 대한 옳은 설명만을 〈보기〉에서 있는 대로 고른 것은? (단, A와 B에서 흥분의 전도는 각각 1회 일어났고, 휴지 전위는 −70mV이다.) 3점

보기

ㄱ. t_1은 4ms이다.

ㄴ. A의 흥분 전도 속도는 2cm/ms이다.

ㄷ. t_1일 때 P_2에서 Na^+ 통로를 통해 Na^+이 유입된다. → 탈분극

① ㄱ   ② ㄷ   ③ ㄱ, ㄴ   ④ ㄴ, ㄷ   ✓⑤ ㄱ, ㄴ, ㄷ

|자|료|해|설|

B에 역치 이상의 자극을 1회 주고 경과된 시간이 t_1일 때, P_4에서 측정한 막전위는 +30mV이다. 그림 (나)에서 흥분이 P_4에 도달하고 2ms 후에 막전위가 +30mV가 된다는 것을 알 수 있다. B의 흥분 전도 속도는 3cm/ms이므로 자극을 준 지점에서 P_4까지 자극이 이동하는데 2ms가 걸린다. 따라서 t_1은 4ms이다. A에 역치 이상의 자극을 1회 주고 경과된 시간이 t_1(4ms)일 때, P_1에서 측정한 막전위는 −80mV이다. 그림 (나)에서 흥분이 P_1에 도달하고 3ms 후에 막전위가 −80mV가 된다는 것을 알 수 있다. 자극을 준 지점에서 P_1까지 자극이 이동하는데 1ms가 걸렸으므로, A의 흥분 전도 속도는 2cm/ms이다.

|보|기|풀|이|

ㄱ. 정답 : (나)에서 흥분이 P_4에 도달하고 2ms 후에 막전위가 +30mV가 된다는 것을 알 수 있다. B의 흥분 전도 속도는 3cm/ms이므로 자극을 준 지점에서 P_4까지 자극이 이동하는데 2ms가 걸린다. 따라서 t_1은 4ms이다.

ㄴ. 정답 : (나)에서 흥분이 P_1에 도달하고 3ms 후에 막전위가 −80mV가 된다는 것을 알 수 있다. 자극을 준 지점에서 P_1까지 자극이 이동하는데 1ms가 걸렸으므로, A의 흥분 전도 속도는 2cm/ms이다.

ㄷ. 정답 : 흥분이 P_2에 도달하는데 3ms가 걸리고, 남은 1ms 동안 막전위 변화가 일어난다. (나)에서 흥분이 P_2에 도달하고 1ms 후의 막전위 변화를 보면 탈분극이 일어나고 있으므로 Na^+ 통로를 통해 Na^+이 유입된다.

😀 **문제풀이 TIP** | 자극을 1회 주고 경과된 시간에서 흥분이 그 지점에 도달하는데 걸리는 시간을 빼면 남은 시간 동안 막전위 변화가 일어난다.

😀 **출제분석** | 흥분의 전도 시간과 막전위 변화 시간을 이해하고 적용할 수 있어야 해결 가능한 난도 '상'의 문제이다. 흥분의 전도에서 이러한 문제가 꾸준히 출제되고 있는 만큼 풀이 방법을 확실히 이해하고 넘어가야 한다. 관련된 기출문제를 모두 풀어보도록 하자!

다음은 민말이집 신경 A~D의 흥분 전도와 전달에 대한 자료이다.

○ 그림은 A, C, D의 지점 d_1으로부터 두 지점 d_2, d_3까지의 거리를, 표는 ㉠A, C, D의 d_1에 역치 이상의 자극을 동시에 1회 주고 경과된 시간이 5ms일 때 d_2와 d_3에서의 막전위를 나타낸 것이다.

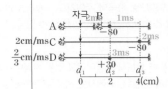

신경	5ms일 때 막전위(mV)	
	d_2	d_3
B	−80	ⓐ +30
C	? −70	−80
D	+30	? −70

○ B와 C의 흥분 전도 속도는 같다.

○ A~D 각각에서 활동 전위가 발생하였을 때, 각 지점에서의 막전위의 변화는 그림과 같다.

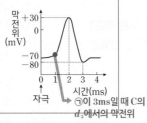

㉠이 3ms일 때 C의 d_3에서의 막전위

이에 대한 설명으로 옳은 것만을 〈보기〉에서 있는 대로 고른 것은? (단, A~D에서 흥분의 전도는 각각 1회 일어났고, 휴지 전위는 −70mV이다.) **3점**

보기

2cm/ms　$\frac{2}{3}$cm/ms

㉠. 흥분의 전도 속도는 C에서가 D에서보다 빠르다.

㉡. ⓐ는 +30이다.

㉢. ㉠이 3ms일 때 C의 d_3에서 탈분극이 일어나고 있다.

↳ 자극이 C의 d_3에 도달하는데 걸린 시간 : 2ms ∴ 남은 1ms 동안 막전위 변화가 일어남

① ㄱ　　② ㄷ　　③ ㄱ, ㄴ　　④ ㄴ, ㄷ　　⑤ ㄱ, ㄴ, ㄷ

|자|료|해|설|

㉠이 5ms일 때, B의 d_2에서 측정한 막전위 값은 자극이 d_2에 도달한 뒤 3ms가 지났을 때 측정되는 값(−80mV)이다. 따라서 A의 d_1에 주어진 자극이 B의 d_2에 도달하는데 걸린 시간은 2ms이다. 마찬가지로 C의 d_1에 주어진 자극이 4cm 떨어진 d_3에 도달하는데 2ms가 걸렸으므로 C의 흥분 전도 속도는 2cm/ms이다. B와 C의 흥분 전도 속도가 같으므로 B의 d_2에서 d_3까지 흥분이 전도되는데 걸리는 시간은 1ms이다. A의 d_1에 주어진 자극이 B의 d_3에 도달하는데 총 3ms가 걸리므로, 남은 2ms 동안 막전위 변화가 일어난다. 따라서 ⓐ의 값은 +30이다.

㉠이 5ms일 때, D의 d_2에서 측정한 막전위 값은 자극이 d_2에 도달한 뒤 2ms가 지났을 때 측정되는 값(+30mV)이다. D의 d_1에 주어진 자극이 2cm 떨어진 d_2에 도달하는데 걸린 시간이 3ms이므로 D의 흥분 전도 속도는 $\frac{2}{3}$cm/ms이다.

|보|기|풀|이|

㉠ 정답 : 흥분의 전도 속도는 C(2cm/ms)에서가 D$\left(\frac{2}{3}\text{cm/ms}\right)$에서보다 빠르다.

㉡ 정답 : A의 d_1에 주어진 자극이 B의 d_3에 도달하는데 총 3ms가 걸린다. ㉠이 5ms일 때, 남은 2ms 동안 막전위 변화가 일어나므로 ⓐ는 +30이다.

㉢ 정답 : C의 d_1에 주어진 자극이 d_3에 도달하는데 걸린 시간은 2ms이다. ㉠이 3ms일 때, 남은 1ms 동안 막전위 변화가 일어나므로 C의 d_3에서는 탈분극이 일어나고 있다.

😮 **문제풀이 T I P |** 자극을 1회 주고 경과된 시간에서 막전위 변화가 일어난 시간을 빼면 흥분이 그 지점에 도달하는데 걸린 시간을 구할 수 있다. ㉠이 5ms일 때, 자극을 준 지점에서 측정되는 값이 +30mV(2ms 동안 막전위 변화가 일어남)인 지점까지 흥분이 이동하는데 걸린 시간은 3ms이다. 마찬가지로 자극을 준 지점에서 측정되는 값이 −80mV(3ms 동안 막전위 변화가 일어남)인 지점까지 흥분이 이동하는데 걸린 시간은 2ms이다.

😀 **출제분석 |** 주어진 막전위 값으로 흥분이 이동하는데 걸린 시간을 구하고, 이동 거리와 시간으로 흥분의 전도 속도를 구해 경과된 시간별로 특정 지점에서의 막전위 값을 구할 수 있다. A의 d_1과 B의 d_2 사이에는 시냅스가 존재하므로, 흥분이 A의 d_1에서 B의 d_2까지 이동하는데 걸린 시간과 B의 d_2에서 d_3까지 이동하는데 걸린 시간은 다르다는 것을 유의하여 문제를 풀어야 한다.

다음은 민말이집 신경 A와 B에 대한 자료이다.

○ 그림 (가)는 A와 B에서 지점 p_1~p_4의 위치를, (나)는 A와 B 각각에서 활동 전위가 발생했을 때 각 지점에서의 막전위 변화를 나타낸 것이다.

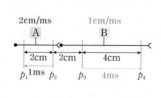
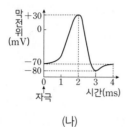

(가)   (나)

○ 흥분 전도 속도는 A가 B의 2배이다.

○ ⓐ p_2에 역치 이상의 자극을 주고 경과된 시간이 4ms일 때 p_1에서의 막전위는 -80mV이다.

○ p_2에 준 자극으로 발생한 흥분이 p_4에 도달한 후, ⓑ p_3에 역치 이상의 자극을 주고 경과된 시간이 6ms일 때 p_4에서의 막전위는 ㉠ mV이다.
        +30

이에 대한 옳은 설명만을 〈보기〉에서 있는 대로 고른 것은?
(단, p_2와 p_3에 준 자극에 의해 흥분의 전도는 각각 1회 일어났고, 휴지 전위는 -70mV이다.) **3점**

보기

ㄱ. ㉠은 $+30$이다.

ㄴ. ⓐ가 3ms일 때 p_3에서 재분극이 일어나고 ~~있다.~~ 있지 않다.

ㄷ. ⓑ가 5ms일 때 p_1과 p_4에서의 막전위는 ~~같다.~~ 다르다.
       -70mV 약 -55mV

① ㄱ   ② ㄴ   ③ ㄱ, ㄴ   ④ ㄱ, ㄷ   ⑤ ㄴ, ㄷ

|자|료|해|설|

ⓐ가 4ms일 때, p_1에서 측정한 막전위 값은 자극이 p_1에 도달한 뒤 3ms가 지났을 때 측정되는 값(-80mV)이다. 따라서 p_2에 주어진 자극이 p_1에 도달하는데 걸린 시간은 1ms이다. 그러므로 A의 흥분 전도 속도는 2cm/ms이고, B의 흥분 전도 속도는 1cm/ms이다. ⓑ가 6ms일 때, p_3에 주어진 자극이 p_4에 도달하는데 4ms가 걸리므로 남은 2ms 동안 막전위 변화가 일어난다. 따라서 ㉠은 $+30$이다.

|보|기|풀|이|

ㄱ. 정답 : ⓑ가 6ms일 때, p_3에 주어진 자극이 p_4에 도달하는데 4ms가 걸리므로 ㉠은 $+30$이다.

ㄴ. 오답 : ⓐ가 3ms일 때, p_1에서의 막전위는 $+30$mV 이다. p_2로부터 p_1과 같은 거리만큼 떨어져 있는 p_3까지 자극이 도달하는데 걸리는 시간은 시냅스로 인해 p_1까지 도달하는데 걸리는 시간보다 더 길다. 따라서 p_3에서의 막전위는 $+30$mV가 되기 전의 값이므로 재분극이 일어나고 있지 않다.

ㄷ. 오답 : p_3에 주어진 자극은 p_1에 도달하지 못하므로 p_1의 막전위는 휴지 전위에 해당하는 -70mV이다. ⓑ가 5ms일 때, p_3에 주어진 자극이 p_4에 도달하는데 4ms가 걸리므로 남은 1ms 동안 막전위 변화가 일어난다. 따라서 p_4에서의 막전위는 -70mV보다 크다.

😀 **문제풀이 TIP** | 자극을 1회 주고 경과된 시간에서 자극이 특정 지점에 도달한 후 막전위 변화가 일어난 시간을 빼면 흥분이 그 지점까지 전도되는데 걸리는 시간을 구할 수 있다.

😀 **출제분석** | p_2와 p_3 사이에 존재하는 신경 A와 B 부분의 길이가 제시되어 있지 않고, 또 이 구간에 시냅스가 존재하므로 '보기 ㄴ'에서 ⓐ가 3ms일 때 p_3에서의 막전위 값은 정확하게 구할 수 없다. p_2로부터 같은 거리만큼 떨어져 있는 p_1까지 자극이 도달하는데 걸리는 시간보다 p_3까지 도달하는데 더 긴 시간이 걸린다는 것으로 문제를 해결해야 한다.

그림 (가)는 민말이집 신경 ㉠과 ㉡에서 지점 P_1~P_4를, (나)는 P_1~P_4에서 활동 전위가 발생하였을 때 막전위 변화를 나타낸 것이다. P_2에 자극을 1회 주고 경과된 시간이 8ms일 때 P_1과 P_3에서의 막전위는 모두 −80mV이며, P_3에 자극을 1회 주고 경과된 시간이 4ms일 때 P_4에서의 막전위는 +30mV이다.

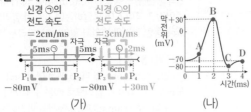

(가)   (나)

이에 대한 옳은 설명만을 〈보기〉에서 있는 대로 고른 것은? (단, 자극을 주었을 때 흥분의 전도는 1회만 일어났고, 휴지 전위는 −70mV이다.) 3점

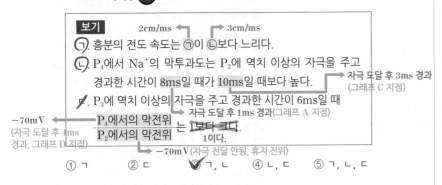

① ㄱ   ② ㄷ   ❸ ㄱ, ㄴ   ④ ㄴ, ㄷ   ⑤ ㄱ, ㄴ, ㄷ

 문제풀이 TIP | 자극을 1회 주고 경과된 시간에서 막전위 변화를 일으키는데 걸리는 시간을 빼주면 그 지점에 흥분이 도달하는데 걸리는 시간을 구할 수 있다. 또한 흥분의 전달은 신경절 이전 뉴런의 축삭 돌기 말단에서 신경절 이후 뉴런의 가지 돌기 또는 신경 세포체 쪽으로만 이루어진다는 것을 기억하자!

출제분석 | 흥분의 전도 시간과 막전위 변화 시간을 이해하고 적용할 수 있어야 해결 가능한 난도 '상'의 문제이다. 문제가 변형되어 출제될 가능성이 높으므로 기본적인 문제 해결 방법은 반드시 익혀두어야 한다.

|자|료|해|설|

자극을 1회 주고 경과된 시간에서 막전위 변화를 일으키는데 걸리는 시간을 빼주면 그 지점에 흥분이 도달하는데 걸리는 시간을 구할 수 있다.

P_2에 자극을 1회 주고 경과된 시간이 8ms일 때 P_1과 P_3에서의 막전위는 모두 −80mV이다. 그림 (나)에서 흥분이 도달하고 3ms 후에 막전위가 −80mV가 된다는 것을 알 수 있다. 따라서 P_2에 주어진 자극이 P_1과 P_3에 도달하는데 5ms가 걸린다. 이를 토대로 신경 ㉠의 전도 속도를 구하면 10cm/5ms=2cm/ms이다.

P_3에 자극을 1회 주고 경과된 시간이 4ms일 때 P_4에서의 막전위는 +30mV이다. 그림 (나)에서 흥분이 도달하고 2ms 후에 막전위가 +30mV가 된다는 것을 알 수 있다. 따라서 P_3에 주어진 자극이 P_4에 도달하는데 2ms가 걸린다. 이를 토대로 신경 ㉡의 전도 속도를 구하면 6cm/2ms=3cm/ms이다.

|보|기|풀|이|

㉠. 정답 : 흥분의 전도 속도는 ㉠이 2cm/ms, ㉡이 3cm/ms이므로 ㉠이 ㉡보다 느리다.

㉡. 정답 : P_2에 주어진 자극이 P_4에 도달하는데 7ms의 시간이 걸린다. 따라서 자극을 주고 경과한 시간이 8ms일 때, 흥분이 P_4에 도달한 이후 1ms가 경과했으므로 그림 (나)의 그래프에서 A지점에 해당하는 막전위를 나타낸다. 자극을 주고 경과한 시간이 10ms일 때는 흥분이 P_4에 도달한 이후 3ms가 경과했으므로 그림 (나)의 그래프에서 C지점에 해당하는 막전위를 나타낸다. 따라서 Na^+의 막투과도는 탈분극이 일어나는 A지점에서 높다.

ㄷ. 오답 : P_3에 주어진 자극이 P_4에 도달하는데 2ms의 시간이 걸린다. 따라서 자극을 주고 경과한 시간이 6ms일 때, 흥분이 P_4에 도달한 이후 4ms가 경과했으므로 그림 (나)의 그래프에서 D지점에 해당하는 막전위 −70mV를 나타낸다. 흥분은 신경절 이전 뉴런의 축삭 돌기 말단에서 신경절 이후 뉴런의 가지 돌기 또는 신경 세포체 쪽으로만 전달되므로 P_3에 주어진 자극으로 발생한 흥분은 P_2로 전달되지 않는다. 따라서 P_2에서의 막전위는 휴지 전위인 −70mV이므로, $\dfrac{P_4\text{에서의 막전위}(-70\text{mV})}{P_2\text{에서의 막전위}(-70\text{mV})}$는 1이다.

💬 **이 문제에선 이게 가장 중요해!**

P_2에 자극을 1회 주고 경과된 시간이 8ms일 때 P_1과 P_3에서의 막전위는 모두 −80mV이다. 그림 (나)에서 흥분이 도달하고 3ms 후에 막전위가 −80mV가 된다는 것을 알 수 있다. 따라서 P_2에 주어진 자극이 P_1과 P_3에 도달하는데 5ms가 걸린다. 이를 토대로 신경 ㉠의 전도 속도를 구하면 10cm/5ms=2cm/ms이다.

P_3에 자극을 1회 주고 경과된 시간이 4ms일 때 P_4에서의 막전위는 +30mV이다. 그림 (나)에서 흥분이 도달하고 2ms 후에 막전위가 +30mV가 된다는 것을 알 수 있다. 따라서 P_3에 주어진 자극이 P_4에 도달하는데 2ms가 걸린다. 이를 토대로 신경 ㉡의 전도 속도를 구하면 6cm/2ms=3cm/ms이다.

다음은 민말이집 신경 A와 B의 흥분 전도에 대한 자료이다.

○ 그림은 A와 B의 축삭 돌기 일부를, 표는 A와 B의 동일한 지점에 역치 이상의 자극을 동시에 1회 주고 일정 시간이 지난 후 t_1일 때 네 지점 $d_1 \sim d_4$에서 측정한 막전위를 나타낸 것이다. 자극을 준 지점은 P와 Q 중 하나이다. I ~ III은 각각 $d_1 \sim d_3$ 중 하나이고, IV는 d_4이다. 흥분의 전도 속도는 B에서가 A에서보다 빠르다.

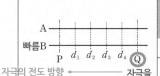

신경	t_1일 때 측정한 막전위(mV)			
	I d_2	II d_3	III d_1	IV d_4
A	0	+15	−65	−70
B	+15	−45	+20	−80

○ A와 B의 $d_1 \sim d_4$에서 활동 전위가 발생하였을 때, 각 지점에서의 막전위 변화는 그림과 같다.

이에 대한 설명으로 옳은 것만을 〈보기〉에서 있는 대로 고른 것은? (단, A와 B에서 흥분의 전도는 각각 1회 일어났고, 휴지 전위는 −70mV이다.) **3점**

보기

ㄱ. II는 이다. (d_3)

ㄴ. 자극을 준 지점은 Q이다.

ㄷ. t_1일 때, B의 d_2에서 이 일어나고 있다. (재분극 / 탈분극)

① ㄱ   ② ㄴ   ③ ㄱ, ㄴ   ④ ㄱ, ㄷ   ⑤ ㄴ, ㄷ

|자|료|해|설|

신경 B에서 t_1일 때 d_4(IV)의 막전위는 −80mV이다. 이는 다른 지점 I ~ III($d_1 \sim d_3$)보다 막전위 변화가 가장 많이 진행된 상태이므로 d_4에 자극이 가장 먼저 도달하였다. 따라서 자극을 준 지점은 Q이다.

흥분의 전도 속도는 B에서가 A에서보다 빠르다고 했으므로 t_1일 때 같은 지점에서 막전위 변화는 B에서 더 진행된 상태이다. 따라서 막전위 변화 그래프에 각 지점을 표시하면 같은 지점에서 B의 막전위는 항상 A보다 오른쪽에 위치하게 된다. 이를 토대로 그래프 위에 각 지점을 표시하면 왼쪽 첨삭내용과 같으며 I은 d_2, II은 d_3, III은 d_1 지점이라는 것을 알 수 있다.

|보|기|풀|이|

ㄱ. 오답 : II는 d_3이다.

ㄴ. 정답 : 신경 B에서 t_1일 때 d_4(IV)의 막전위는 −80mV이다. 이는 다른 지점 I ~ III($d_1 \sim d_3$)보다 막전위 변화가 가장 많이 진행된 상태이므로 d_4에 자극이 가장 먼저 도달하였다. 따라서 자극을 준 지점은 Q이다.

ㄷ. 오답 : t_1일 때, B의 d_2에서 재분극이 일어나고 있다.

😮 **문제풀이 T I P** | 이러한 유형의 문제는 막전위 표에서 +30mV, −80mV와 같이 확실하게 상태를 알 수 있는 지점을 먼저 찾아야 한다. 신경 B에서 t_1일 때 d_4(IV)의 막전위는 −80mV라는 것을 통해 자극을 준 지점을 알아낼 수 있다. 또한 흥분의 전도 속도는 B에서가 A에서보다 빠르다고 했으므로 t_1일 때 같은 지점에서 막전위 변화는 B에서 더 진행된 상태이며, 이는 막전위 변화 그래프에서 더 오른쪽에 위치한다는 것을 의미한다. 이를 토대로 각 지점을 찾아내면 된다.

😀 **출제분석** | 전도 속도가 다른 두 신경에서의 각 지점을 찾아내야 하는 난도 '중'의 문제이다. 이러한 유형의 문제는 최근 자주 출제되어 왔으므로 앞으로의 출제에 대비하여 반드시 익혀두어야 한다.

❝ 이 문제에선 이게 가장 중요해! ❞

1. 이러한 유형의 문제는 막전위 표에서 +30mV, −80mV와 같이 확실하게 상태를 알 수 있는 지점을 먼저 찾아야 한다. 신경 B에서 t_1일 때 d_4(IV)의 막전위는 −80mV라는 것을 통해 자극을 준 지점을 알아낼 수 있다.

2. 흥분의 전도 속도는 B에서가 A에서보다 빠르다고 했으므로 t_1일 때 같은 지점에서 막전위 변화는 B에서 더 진행된 상태이다. 따라서 막전위 변화 그래프에 각 지점을 표시하면 같은 지점에서 B의 막전위는 항상 A보다 오른쪽에 위치하게 된다. 이를 토대로 그래프 위에 각 지점을 표시하면 오른쪽 첨삭내용과 같으며 I은 d_2, II은 d_3, III은 d_1 지점이라는 것을 알 수 있다.

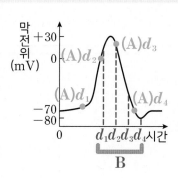

다음은 민말이집 신경 A의 흥분 전도에 대한 자료이다.

○ 그림은 A의 축삭 돌기에서 지점 d_1로부터 세 지점 $d_2 \sim d_4$ 까지의 거리를 나타낸 것이다.

전도 속도 : 2cm/ms

○ d_1에 역치 이상의 자극 I을 주고 경과된 시간이 ⓐ일 때 d_1에 역치 이상의 자극 II를 주었다.
                       4ms

○ 표는 ㉠ I을 주고 경과된 시간이 5ms일 때 $d_1 \sim d_4$에서 측정한 막전위를, 그림은 I과 II 각각에 의해 $d_1 \sim d_4$에서 활동 전위가 발생하였을 때 각 지점에서의 막전위 변화를 나타낸 것이다.

지점	d_1	d_2	d_3	d_4
막전위 (mV)	−60	−70	−80	0

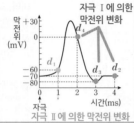
자극 II에 의한 막전위 변화

이에 대한 설명으로 옳은 것만을 〈보기〉에서 있는 대로 고른 것은? (단, I과 II에 의해 흥분의 전도는 각각 1회 일어났고, 휴지 전위는 −70mV이다.) **3점**

보기

㉠. ⓐ는 4ms이다.
ㄴ. A의 흥분 전도 속도는 ~~3cm/ms~~ 2cm/ms이다.
㉢. ㉠일 때 d_4에서 재분극이 일어나고 있다.

① ㄱ   ② ㄷ   ③ ㄱ, ㄴ   ✔④ ㄱ, ㄷ   ⑤ ㄴ, ㄷ

|자|료|해|설|

d_1에 역치 이상의 자극 I을 주고 경과된 시간이 5ms일 때, d_3에서 측정한 막전위는 −80mV이다. 그림에서 흥분이 d_3에 도달하고 3ms 후에 막전위가 −80mV가 된다는 것을 알 수 있다. 따라서 자극을 준 지점(d_1)에서 d_3까지 자극이 이동하는데 2ms가 걸렸고, d_3는 d_1에서 4cm 떨어져 있으므로 A의 흥분 전도 속도는 2cm/ms이다. d_1에 역치 이상의 자극 I을 주고 경과된 시간이 5ms일 때, 각 지점의 막전위 값을 그래프 위에 표시하면 $d_2 \sim d_4$에서 막전위 변화가 순서대로 일어났지만 이미 자극이 지나간 d_1에서는 II에 의한 새로운 막전위 변화가 시작되고 있음을 알 수 있다. d_1에서 새로운 자극 II가 주어지고 1ms 후의 막전위 값(−60mV)을 가지므로 I을 주고 경과된 시간이 4ms(ⓐ)일 때 II를 주었다는 것을 알 수 있다.

|보|기|풀|이|

㉠. 정답 : 자극 I을 주고 경과된 시간이 5ms일 때, d_1은 새로운 자극 II가 주어지고 1ms 후의 막전위 값(−60mV)을 가지므로 I을 주고 경과된 시간이 4ms(ⓐ)일 때 II를 주었다는 것을 알 수 있다.

ㄴ. 오답 : A의 흥분 전도 속도는 2cm/ms이다.

㉢. 정답 : 그래프 위의 표시를 참고하면, ㉠일 때 d_4에서 재분극이 일어나고 있음을 알 수 있다.

😮 **문제풀이 TIP** | 자극을 1회 주고 경과된 시간에서 흥분이 그 지점에 도달하는데 걸리는 시간을 빼면 남은 시간 동안 막전위 변화가 일어난다.

😀 **출제분석** | 흥분의 전도 시간과 막전위 변화 시간을 이해하고 적용할 수 있어야 해결 가능한 난도 '상'의 문제이며, 자극 I과 II를 연달아 주는 새로운 유형의 문항이다. 자극 I과 II 사이의 경과된 시간인 ⓐ를 구하는 것에서 어려움을 느끼는 학생들이 많았을 것이다. 새로운 유형인만큼 앞으로 출제될 가능성이 높으므로 반드시 이해하고 넘어가야 한다.

다음은 민말이집 신경 A와 B의 흥분 전도에 대한 자료이다.

○ 그림은 A와 B의 지점 d_1~d_3의 위치를, 표는 ㉠ A와 B의 d_1에 역치 이상의 자극을 동시에 1회 주고 경과된 시간이 I ~ III일 때 A의 d_2에서의 막전위를 나타낸 것이다. I ~ III은 각각 3ms, 4ms, 5ms 중 하나이다.

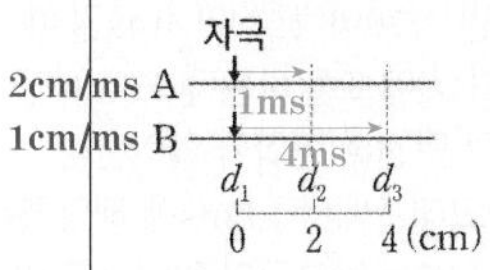

		4ms	3ms	5ms
시간		I	II	III
막전위 (mV)		−80	+30	−70

○ 흥분 전도 속도는 A가 B의 2배이다.

○ A와 B 각각에서 활동 전위가 발생하였을 때, 각 지점에서의 막전위 변화는 그림과 같다.

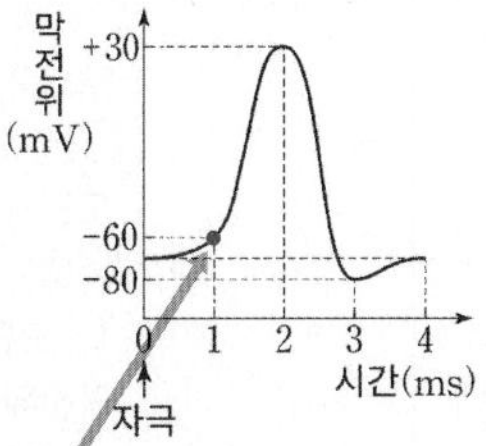

이에 대한 옳은 설명만을 〈보기〉에서 있는 대로 고른 것은? (단, A와 B에서 흥분의 전도는 각각 1회 일어났고, 휴지 전위는 −70mV이다.) **3점**

보기

ㄱ. III은 ~~4ms~~ 5ms이다.
ㄴ. B의 흥분 전도 속도는 1cm/ms이다.
ㄷ. ㉠이 5ms일 때 B의 d_3에서 탈분극이 일어나고 있다.

① ㄱ   ② ㄴ   ③ ㄱ, ㄷ   ④ ㄴ, ㄷ   ⑤ ㄱ, ㄴ, ㄷ

|자|료|해|설|

I ~ III은 각각 3ms, 4ms, 5ms 중 하나이므로 I ~ III 일 때 A의 d_2에서의 막전위는 막전위 변화 그래프에서 각 1ms의 시간 간격을 둔 값을 가진다. −80mV는 해당 지점에 자극이 도달한 뒤 3ms가 지났을 때 측정되는 값이며, +30mV는 해당 지점에 자극이 도달한 뒤 2ms가 지났을 때 측정되는 값이다. 그러므로 III에서 측정된 값 −70mV는 해당 지점에 자극이 도달한 뒤 4ms가 지났을 때 측정되는 값이다. 정리하면 I은 4ms, II는 3ms, III은 5ms이다. 이때 자극을 준 지점으로부터 2cm 떨어져있는 A의 d_2에 자극이 도달하는데 1ms가 걸리므로 A의 흥분 전도 속도는 2cm/ms이고, B의 흥분 전도 속도는 1cm/ms이다.

|보|기|풀|이|

ㄱ. 오답 : III은 5ms이다.

ㄴ. 정답 : A의 d_2에 자극이 도달하는데 1ms가 걸리므로 A의 흥분 전도 속도는 2cm/ms이고, B의 흥분 전도 속도는 1cm/ms이다.

ㄷ. 정답 : ㉠이 5ms일 때, B의 d_3에 자극이 도달하는데 4ms가 걸리므로 남은 1ms 동안 막전위 변화가 일어난다. 따라서 ㉠이 5ms일 때 B의 d_3에서 탈분극이 일어나고 있다.

😀 **문제풀이 TIP** | I ~ III은 각각 3ms, 4ms, 5ms 중 하나이므로 I ~ III일 때의 막전위 값은 막전위 변화 그래프에서 각 1ms의 시간 간격을 둔 값을 가진다. 이를 통해 I ~ III을 구분할 수 있으며, 자극을 주고 경과된 시간에서 막전위 변화가 일어난 시간을 빼면 흥분이 그 지점에 도달하는데 걸린 시간을 구할 수 있으므로 A의 흥분 전도 속도를 구할 수 있다.

😎 **출제분석** | 막전위 값을 토대로 I ~ III을 구분하고, 각 신경의 흥분 전도 속도를 구해야 하는 난도 '중'의 문항이다. 막전위 값으로 각 지점이 아닌 시간을 구분하는 문항이며, 비슷한 유형으로 더욱 난도가 높은 2020학년도 9월 모평 16번, 2020학년도 수능 15번 문항을 풀어보자.

다음은 민말이집 신경 (가)와 (나)의 흥분 전도에 대한 자료이다.

○ 그림은 (가)와 (나)의 지점 d_1으로부터 세 지점 $d_2 \sim d_4$까지의 거리를, 표는 ㉠ (가)와 (나)의 d_1에 역치 이상의 자극을 동시에 1회 주고 경과된 시간이 4ms일 때 $d_2 \sim d_4$에서의 막전위를 나타낸 것이다.

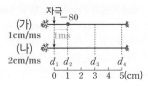
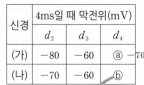

신경	4ms일 때 막전위(mV)		
	d_2	d_3	d_4
(가)	-80	-60	ⓐ -70
(나)	-70	-60	ⓑ

○ (가)와 (나)의 흥분 전도 속도는 각각 1cm/ms와 2cm/ms 중 하나이다.

○ (가)와 (나) 각각에서 활동 전위가 발생하였을 때, 각 지점에서의 막전위 변화는 그림과 같다.

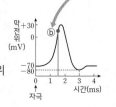

이에 대한 설명으로 옳은 것만을 <보기>에서 있는 대로 고른 것은? (단, (가)와 (나)에서 흥분의 전도는 각각 1회 일어났고, 휴지 전위는 -70mV이다.) **3점**

> **보기**
>
> ㉠. (가)의 흥분 전도 속도는 1cm/ms이다.
> ~~ㄴ.~~ ⓐ와 ⓑ는 ~~같다~~. 다르다.
> -70
> ~~ㄷ.~~ ㉠이 3ms일 때 (나)의 d_3에서 ~~재분극~~이 일어나고 있다. 탈분극
>   └→ 자극이 (나)의 d_3에 도달하는데 걸린 시간 : 1.5ms
>   ∴남은 1.5ms 동안 막전위 변화가 일어남

✓① ㄱ   ② ㄴ   ③ ㄱ, ㄷ   ④ ㄴ, ㄷ   ⑤ ㄱ, ㄴ, ㄷ

|자|료|해|설|

㉠이 4ms일 때, (가)의 d_2에서 측정한 막전위는 자극이 d_2에 도달한 뒤 3ms가 지났을 때 측정되는 값(-80mV)이다. 따라서 (가)의 d_1에 주어진 자극이 d_2에 도달하는데 걸린 시간은 1ms이다. 그러므로 (가)의 흥분 전도 속도는 1cm/ms이고, (나)의 흥분 전도 속도는 2cm/ms이다.

㉠이 4ms일 때, (가)의 d_1에 주어진 자극은 d_4에 도달하지 못하므로 ⓐ는 휴지 전위인 -70이다. ㉠이 4ms일 때, (나)의 d_1에 주어진 자극이 d_4에 도달하는데 2.5ms가 걸리므로 남은 1.5ms 동안 막전위 변화가 일어난다. 따라서 ⓑ는 막전위 변화 그래프에서 1.5ms에 해당하는 막전위이며, 이때 (나)의 d_4에서 탈분극이 일어나고 있다.

|보|기|풀|이|

㉠ 정답 : (가)의 d_1에 주어진 자극이 1cm 떨어진 d_2에 도달하는데 걸린 시간은 1ms이므로, (가)의 흥분 전도 속도는 1cm/ms이다.

ㄴ. 오답 : ⓐ는 -70이고, ⓑ는 탈분극에 해당하는 막전위를 가지므로 ⓐ와 ⓑ는 다르다.

ㄷ. 오답 : ㉠이 3ms일 때, (나)의 d_1에 주어진 자극이 d_3에 도달하는데 1.5ms가 걸리므로 남은 1.5ms 동안 막전위 변화가 일어난다. 따라서 (나)의 d_3에서 탈분극이 일어나고 있다.

💡 **문제풀이 T I P** | 자극을 1회 주고 경과된 시간에서 막전위 변화가 일어난 시간을 빼면 흥분이 그 지점에 도달하는데 걸린 시간을 구할 수 있다. ㉠이 4ms일 때, 자극을 준 d_1에서 막전위가 -80mV(3ms 동안 막전위 변화가 일어남)인 d_2까지 흥분이 도달하는데 걸린 시간은 1ms이다. 이를 통해 (가)의 흥분 전도 속도를 구할 수 있다.

😀 **출제분석** | 일정 시간이 경과된 후 특정 지점에서 측정한 막전위를 통해 각 신경의 흥분 전도 속도를 구분해야 하는 난도 '중'의 문항이다. 자극을 준 지점이 제시되었고, ㉠이 4ms일 때 (가)의 d_2에서 측정한 막전위가 -80mV라는 것으로 (가)의 흥분 전도 속도를 쉽게 구할 수 있다. 이는 전형적인 유형의 문항이며, 수능을 대비하기 위해서는 자극을 준 지점과 막전위를 측정한 지점까지 찾아야 하는 더욱 난도 높은 문항(2019학년도 6월 모평 17번)을 풀어보며 문제 해결법을 익혀야 한다.

다음은 민말이집 신경 A와 B의 흥분 전도에 대한 자료이다.

○ 그림은 신경 A와 B의 d_1 지점으로부터 $d_2 \sim d_5$까지의 거리를 나타낸 것이다. A와 B에서의 흥분 전도 속도는 각각 1cm/ms와 2cm/ms이다.

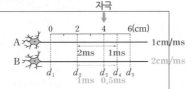

○ 표는 A와 B에서 $d_1 \sim d_5$ 중 동일한 지점에 역치 이상의 자극을 동시에 1회 주고 경과한 시간이 4ms일 때 $d_1 \sim d_5$에서 측정한 막전위를 나타낸 것이다. Ⅰ~Ⅴ는 $d_1 \sim d_5$를 순서 없이 나타낸 것이다.

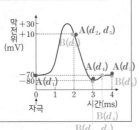

신경	4ms일 때 측정한 막전위(mV)				
	Ⅰ	Ⅱ d_1	Ⅲ	Ⅳ d_3	Ⅴ d_4
A	? +10	−70	+10	−70	−80
B	−80	⊙ +10	? −80	−70	? 약 −73

○ A와 B 각각에서 활동 전위가 발생하였을 때, 각 지점에서의 막전위 변화는 그림과 같다.

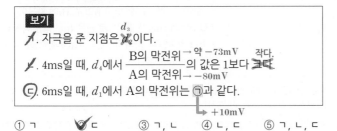

이에 대한 옳은 설명만을 〈보기〉에서 있는 대로 고른 것은? (단, A와 B에서 흥분 전도는 각각 1회 일어났고, 휴지 전위는 −70mV이다.) 3점

보기

ㄱ. 자극을 준 지점은 ~~d_4~~ d_3이다.

ㄴ. 4ms일 때, d_4에서 $\dfrac{\text{B의 막전위} \to 약 -73mV}{\text{A의 막전위} \to -80mV}$의 값은 1보다 ~~크다~~ 작다.

ㄷ. 6ms일 때, d_1에서 A의 막전위는 ⊙ (+10mV)과 같다.

① ㄱ   ② ㄷ   ③ ㄱ, ㄴ   ④ ㄴ, ㄷ   ⑤ ㄱ, ㄴ, ㄷ

|자|료|해|설|

신경 A와 B의 동일 지점에 역치 이상의 자극을 동시에 1회 주고 경과한 시간이 4ms일 때, 자극을 준 지점의 막전위는 −70mV로 동일하다. 따라서 자극을 준 지점은 Ⅳ이다. 신경 A의 Ⅳ에 자극을 주고 경과한 시간이 4ms일 때, Ⅴ의 막전위가 −80mV(자극이 Ⅴ에 도달한 후 3ms 경과)이므로 자극이 Ⅴ까지 도달하는데 걸리는 시간은 1ms이다. 즉, Ⅳ과 Ⅴ 두 지점은 1cm 떨어져 있다. 신경 A의 Ⅳ에 자극을 주고 경과한 시간이 4ms일 때, Ⅲ의 막전위는 +10mV로 탈분극 지점이거나 재분극 지점이다. Ⅲ이 탈분극 지점이라고 가정하면, 자극이 Ⅲ에 도달한지 약 $\dfrac{4}{3}$ms 경과한 것이므로 자극이 Ⅲ까지 도달하는데 걸리는 시간은 약 $\dfrac{8}{3}$ms이다. 하지만 $d_1 \sim d_5$ 중 $\dfrac{8}{3}$cm 떨어진 두 지점은 존재하지 않으므로 모순이다. 따라서 Ⅲ은 재분극 지점이다. 자극이 Ⅲ에 도달한 후 2ms 경과한 것이므로 자극이 Ⅲ까지 도달하는데 걸리는 시간은 2ms이다. 즉, Ⅳ과 Ⅲ 두 지점은 2cm 떨어져 있다. 자극을 준 지점(Ⅳ)과 1cm 떨어진 지점(Ⅴ)과 2cm 떨어진 지점(Ⅲ)이 존재하므로 Ⅳ는 d_3 또는 d_5이다. 자극을 준 지점을 d_5라고 가정하면, 신경 A의 d_5에 자극을 주고 경과한 시간이 4ms일 때 d_1과 d_2에는 자극이 도달하지 않으므로 막전위는 −70mV이다. 따라서 Ⅰ은 d_1 또는 d_2인데 신경 B의 d_5에 자극을 주고 경과한 시간이 4ms일 때 d_1 또는 d_2의 막전위가 −80mV일 수 없으므로 모순이다. 따라서 자극을 준 지점은 d_3이다. 정리하면, 자극을 준 지점 d_3(Ⅳ)에서 같은 거리에 있는 d_2와 d_5는 Ⅰ과 Ⅲ 중 하나이고 d_1은 Ⅱ, d_4는 Ⅴ이다. 신경 B의 d_3에 자극을 주고 경과한 시간이 4ms일 때, d_1(Ⅱ)에 자극이 도달하는데 걸리는 시간이 2ms이고 남은 2ms 동안 막전위 변화가 일어나므로 d_1(Ⅱ)의 막전위 ⊙은 +10mV이다.

|보|기|풀|이|

ㄱ. 오답 : 자극을 준 지점은 d_3이다.

ㄴ. 오답 : 4ms일 때, d_4에서 B의 막전위는 약 −73mV이고 A의 막전위는 −80mV이다. 따라서 $\dfrac{\text{B의 막전위}}{\text{A의 막전위}} = \dfrac{-73}{-80} = \dfrac{73}{80}$이므로 1보다 작다.

ㄷ. 정답 : 6ms일 때, A의 d_1에 자극이 도달하는데 걸리는 시간은 4ms이고 남은 2ms 동안 막전위 변화가 일어나므로 막전위는 +10mV이다. 따라서 막전위는 ⊙과 같다.

😮 **문제풀이 T I P** | 자극을 1회 주고 경과된 시간에서 흥분이 그 지점에 도달하는데 걸리는 시간을 빼면 남은 시간 동안 막전위 변화가 일어난다. 자극을 준 지점과 1cm, 2cm 떨어진 지점이 존재하므로 자극을 준 지점은 d_3와 d_5 중 하나이다.

😮 **출제분석** | 주어진 자료를 토대로 자극을 준 지점을 찾고 Ⅰ~Ⅴ가 $d_1 \sim d_5$ 중 무엇인지를 알아내야 하는 난도 '중상'의 문항이다. 흥분의 전도 부분에서 출제되는 문제 중에서도 이러한 유형의 문항이 난도가 가장 높다. 기본 원리를 정확하게 이해하고 있어야 문제 해결이 가능하며, 고득점을 노린다면 풀이 방법을 익혀 문제 푸는 시간을 단축시켜야 한다.

다음은 민말이집 신경 (가)와 (나)의 흥분 전도에 대한 자료이다.

○ 그림은 (가)와 (나)의 지점 d_1~d_5의 위치를, 표는 ⓐ (가)와 (나)의 지점 X에 역치 이상의 자극을 동시에 1회 주고 경과된 시간이 4ms일 때 d_2, A, B에서의 막전위를 나타낸 것이다. X는 d_1과 d_5 중 하나이고, A와 B는 d_3과 d_4를 순서 없이 나타낸 것이다. ㉠~㉢은 0, −70, −80을 순서 없이 나타낸 것이다.

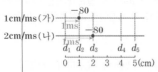

신경	4ms일 때 막전위(mV)		
	d_2	A d_4	B d_3
(가)	㉠ −80	㉡ −70	㉢ 0
(나)	㉡ −70	㉢ 0	㉠ −80

○ 흥분 전도 속도는 (나)에서가 (가)에서의 2배이다.

○ (가)와 (나) 각각에서 활동 전위가 발생하였을 때, 각 지점에서의 막전위 변화는 그림과 같다.

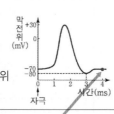

이에 대한 설명으로 옳은 것만을 〈보기〉에서 있는 대로 고른 것은? (단, (가)와 (나)에서 흥분의 전도는 각각 1회 일어났고, 휴지 전위는 −70mV이다.) **3점**

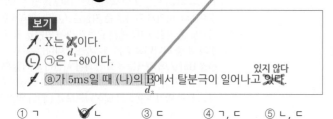

보기
ㄱ. X는 ~~d_5~~ d_1이다.
ㄴ. ㉠은 −80이다.
ㄷ. ⓐ가 5ms일 때 (나)의 B에서 탈분극이 일어나고 ~~있다.~~ 있지 않다

① ㄱ   ✔ㄴ   ③ ㄷ   ④ ㄱ, ㄷ   ⑤ ㄴ, ㄷ

|자|료|해|설|

㉠~㉢은 0, −70, −80을 순서 없이 나타낸 것이고, −80mV는 해당 지점에 자극이 도달한 뒤 3ms가 지났을 때 측정되는 값이다. 즉, ⓐ가 4ms일 때 X로부터 해당 지점에 자극이 도달하는데 1ms가 걸린 것이다. ⓐ가 4ms일 때 신경 (가)와 (나)에서 모두 막전위가 −80mV로 측정된 지점이 있고, 흥분 전도 속도는 (나)에서가 (가)에서의 2배이므로 X로부터 −80mV의 막전위를 갖는 지점까지의 거리는 (나)에서가 (가)에서의 2배이다. X가 d_5일 때는 이것이 성립하지 않으므로 X는 d_1이다.

(가)의 d_3에 자극이 도달하는데 1ms가 걸렸다고 가정하면, (나)에서 d_4에 자극이 도달하는데 1ms가 걸려야 한다. 이 때, (나)의 d_2에 자극이 도달하는데 0.25ms가 걸리므로 남은 3.75ms 동안 막전위 변화가 일어나고, d_3에 자극이 도달하는데 0.5ms가 걸리므로 남은 3.5ms 동안 막전위 변화가 일어난다. 따라서 d_2와 d_3에서의 막전위는 −70mV로 같아야 한다. 이는 모순이므로 (가)의 d_2에 자극이 도달하는데 1ms가 걸렸다는 것을 알 수 있다. 즉, (가)의 흥분 전도 속도는 1cm/ms, (나)의 흥분 전도 속도는 2cm/ms이다.

(가)의 d_2에 자극이 도달하는데 1ms가 걸리고 남은 3ms 동안 막전위 변화가 일어나므로 ㉠은 −80이고, (나)의 d_3에 자극이 도달하는데 1ms가 걸리므로 (나)의 d_3에서의 막전위도 −80mV이다. 따라서 B는 d_3이고, A는 d_4이다. 또한, (가)의 d_3에 자극이 도달하는데 2ms가 걸리고 남은 2ms 동안 막전위 변화가 일어나므로 ㉢은 0이고, 마지막 남은 ㉡은 −70이다.

|보|기|풀|이|

ㄱ. 오답 : X는 d_1이다.

ㄴ. 정답 : ㉠은 −80, ㉡은 −70, ㉢은 0이다.

ㄷ. 오답 : ⓐ가 5ms일 때 (나)의 d_3(B)에 자극이 도달하는데 1ms가 걸리므로 남은 4ms 동안 막전위 변화가 일어난다. 따라서 (나)의 d_3(B)에서 탈분극이 일어나고 있지 않다.

😮 **문제풀이 T I P** | 흥분 전도 속도는 (나)에서가 (가)에서의 2배이므로 같은 시간동안 흥분이 이동한 거리는 (나)에서가 (가)에서의 2배이다. 즉, X로부터 −80mV의 막전위를 갖는 지점까지의 거리는 (나)에서가 (가)에서의 2배이다. 이 조건을 만족하는 X를 찾고, 각 신경의 흥분 전도 속도를 구해보자.

😊 **출제분석** | 자극을 준 지점, 각 신경의 흥분 전도 속도, 각 지점과 막전위 값을 구분해야 하는 난도 '상'의 문항이다. 제시되지 않은 부분이 많아 학생들마다 문제에 접근하는 방식이 달랐을 것이다. 풀이 방법은 다양하며, 수능에서는 최대한 시간을 단축시킬 수 있는 풀이로 접근하는 것이 중요하다.

다음은 민말이집 신경 A와 B의 흥분 전도에 대한 자료이다.

> ○ 그림 (가)는 A와 B의 지점 d_1으로부터 세 지점 $d_2 \sim d_4$
> 까지의 거리를, (나)는 A와 B 각각에서 활동 전위가
> 발생하였을 때 각 지점에서의 막전위 변화를 나타낸 것이다.

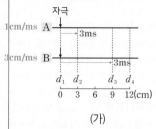

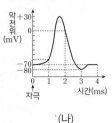

(가) 　　　　　　(나)

> ○ A와 B의 흥분 전도 속도는 각각 1cm/ms와 3cm/ms 중
> 하나이다.
> ○ 표는 A와 B의 d_1에 역치 이상의 자극을 동시에 1회 주고,
> 경과된 시간이 t_1일 때와 t_2일 때 $d_2 \sim d_4$에서 측정한
> 막전위를 나타낸 것이다.

신경	t_1일 때 측정한 막전위(mV)			t_2일 때 측정한 막전위(mV)		
	d_2	d_3	d_4	d_2	d_3	d_4
A	?	−70	?	−80	?	−70
B	−70	0	−60	−70	?	0

거리차 : 3cm 　　시간차 : 1ms

이에 대한 설명으로 옳은 것만을 〈보기〉에서 있는 대로 고른 것은?
(단, A와 B에서 흥분의 전도는 각각 1회 일어났고, 휴지 전위는
−70mV이다.) **3점**

보기

ㄱ. t_1은 5ms이다.

ㄴ. B의 흥분 전도 속도는 ~~1cm/ms~~ 3cm/ms 이다.

ㄷ. t_2일 때 B의 d_3에서 ~~탈분극~~ 재분극(과분극) 이 일어나고 있다.

① ㄱ 　② ㄴ 　③ ㄱ, ㄷ 　④ ㄴ, ㄷ 　⑤ ㄱ, ㄴ, ㄷ

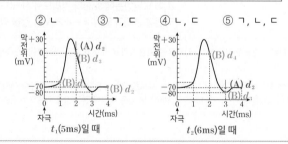

t_1(5ms)일 때 　　　　t_2(6ms)일 때

Ⅲ
1
Ⅰ
01.
자극의 전달

|자|료|해|설|

t_1일 때 B의 d_3에서 측정한 막전위 값은 자극이 d_3에
도달한 뒤 2ms가 지났을 때 측정되는 0mV이고, d_4에서
측정한 막전위 값은 자극이 d_4에 도달한 뒤 1ms가 지났을
때 측정되는 −60mV이다. 즉, d_3와 d_4의 거리 차이는
3cm이고, 흥분이 전도되는 시간 차이는 1ms이므로 B의
흥분 전도 속도는 3cm/ms이다. B의 d_1에 준 자극이
d_4까지 전도되는데 걸리는 시간은 4ms이고, t_1일 때 B의
d_4에서 측정된 막전위 값 −60mV는 자극이 d_4에 도달한
뒤 1ms가 지났을 때 측정되는 값이므로 t_1은 5ms이다.
또한 t_2일 때 B의 d_4에서 측정된 막전위 값 0mV는 자극이
d_4에 도달한 뒤 2ms가 지났을 때 측정되는 값이므로 t_2은
6ms이다.

|보|기|풀|이|

ㄱ. 정답 : t_1은 5ms이다.

ㄴ. 오답 : B의 흥분 전도 속도는 3cm/ms이다.

ㄷ. 오답 : t_2일 때 B의 d_3는 재분극(과분극) 시기에
해당한다.

🔍 **문제풀이 TIP** | d_3와 d_4의 거리 차이는 3cm이고, B에서
흥분이 전도되는 시간 차이는 1ms이므로 B의 흥분 전도 속도는
3cm/ms이다. 자극을 1회 주고 경과된 시간에서 막전위 변화가
일어나는데 걸리는 시간을 빼면 흥분이 그 지점에 도달하는데
걸리는 시간을 구할 수 있다. 문제 해결을 위해서는 휴지 전위
(−70mV) 이외의 −60mV, 0mV, −80mV 등의 값을 활용해야
한다.

😀 **출제분석** | 주어진 막전위 값을 통해 두 신경의 흥분 전도
속도를 구하고, 막전위 값을 측정한 시간 t_1과 t_2를 구해야 하는
난도 '중상'의 문항이다. 흥분의 전도와 관련된 문항의 난도는
대부분 높게 출제되고 있어 고득점을 위해서는 철저하게
대비해두어야 한다. 이 문제는 'd_3와 d_4의 거리 차이는 3cm이고,
B에서 흥분이 전도되는 시간 차이는 1ms이므로 B의 흥분 전도
속도는 3cm/ms이다.'라는 것을 빠르게 파악하는 것이 문제
해결의 키포인트이며, 관련 기출 문제를 반복해서 풀어보며 해결
방법을 익혀야 한다.

다음은 민말이집 신경 A와 B의 흥분 전도에 대한 자료이다.

○ 그림은 A와 B의 지점 d_1~d_4의 위치를, 표는 ㉠ A와 B의 지점 X에 역치 이상의 자극을 동시에 1회 주고 경과한 시간이 2ms, 3ms, 5ms, 7ms일 때 d_2에서 측정한 막전위를 나타낸 것이다. X는 d_1과 d_4 중 하나이고, Ⅰ~Ⅳ는 2ms, 3ms, 5ms, 7ms를 순서 없이 나타낸 것이다.

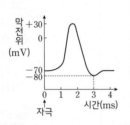

신경	d_2에서 측정한 막전위(mV)			
	Ⅰ (3ms)	Ⅱ (5ms)	Ⅲ (2ms)	Ⅳ (7ms)
A	?	−60	?	−80
B	−60	−80	?	−70

○ A와 B의 흥분 전도 속도는 각각 1cm/ms와 2cm/ms 중 하나이다.

○ A와 B 각각에서 활동 전위가 발생하였을 때, 각 지점에서의 막전위 변화는 그림과 같다.

이에 대한 설명으로 옳은 것만을 〈보기〉에서 있는 대로 고른 것은?
(단, A와 B에서 흥분의 전도는 각각 1회 일어났고, 휴지 전위는 −70mV이다.) 3점

보기

ㄱ. Ⅱ는 ~~3ms~~ 5ms이다.
ㄴ. B의 흥분 전도 속도는 2cm/ms이다.
ㄷ. ㉠이 4ms일 때 A의 d_3에서의 막전위는 −60mV이다.

① ㄱ   ② ㄴ   ③ ㄷ   ④ ㄱ, ㄴ   ⑤ ㄴ, ㄷ

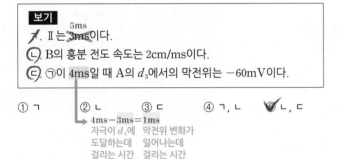

4ms−3ms=1ms
자극이 d_3에   막전위 변화가
도달하는데   일어나는데
걸리는 시간   걸리는 시간

|자|료|해|설|

Ⅱ일 때 A의 d_2에서 측정한 막전위 값이 −60mV이고, B의 d_2에서 측정한 막전위 값이 −80mV이므로 막전위 변화가 A보다 B에서 더 진행되었다는 것을 알 수 있다. 즉, 자극이 B의 d_2에 더 빨리 도달했으므로 A의 흥분 전도 속도는 1cm/ms이고, B의 흥분 전도 속도는 2cm/ms 이다.

만약 자극을 준 지점이 d_1이라고 가정하면, B에서 자극이 d_2까지 도달하는데 1ms가 걸린다. 자극을 1회 주고 경과된 시간에서 흥분이 그 지점에 도달하는데 걸리는 시간을 빼면 남은 시간 동안 막전위 변화가 일어난다. 따라서 자극을 1회 주고 경과한 시간이 2ms, 3ms, 5ms, 7ms일 때 각각 막전위 변화는 1ms를 뺀 1ms, 2ms, 4ms, 6ms동안 일어난다. Ⅱ일 때 B의 d_2에서 측정된 막전위 값 −80mV는 그 지점에 자극이 도달한 후 3ms가 지났을 때이므로 위의 가정에 모순된다. 따라서 자극을 준 지점이 d_1이 아니라 d_4라는 것을 알 수 있다. B의 d_4에 주어진 자극이 d_2에 도달하는데 2ms가 걸리므로 자극 도달 후 1ms동안 막전위 변화가 일어나 −60mV의 값을 갖는 Ⅰ이 3ms이고, 자극 도달 후 3ms 동안 막전위 변화가 일어나 −80mV의 값을 갖는 Ⅱ가 5ms이다. A의 d_4에 주어진 자극이 d_2에 도달하는데 4ms가 걸리므로 자극 도달 후 3ms동안 막전위 변화가 일어나 −80mV의 값을 갖는 Ⅳ가 7ms이고, 마지막 남은 Ⅲ은 2ms이다.

|보|기|풀|이|

ㄱ. 오답 : B의 d_4에 주어진 자극이 d_2에 도달하는데 2ms가 걸리므로 자극 도달 후 3ms동안 막전위 변화가 일어나 −80mV의 값을 갖는 Ⅱ는 5ms이다.

ㄴ. 정답 : Ⅱ일 때 d_2에서 측정한 막전위 값이 A에서 −60mV이고, B에서 −80mV이므로 자극이 B의 d_2에 더 빨리 도달했다는 것을 알 수 있다. 따라서 A의 흥분 전도 속도는 1cm/ms이고, B의 흥분 전도 속도는 2cm/ms이다.

ㄷ. 정답 : ㉠이 4ms일 때, A의 d_4에 주어진 자극이 d_3에 도달하는데 3ms가 걸리므로 자극 도달 후 1ms동안 막전위 변화가 일어나 −60mV의 값을 갖는다.

🧠 **문제풀이 TIP |** Ⅱ일 때 d_2에서 측정한 막전위 값을 비교하여 흥분의 전도 속도가 빠른 신경을 먼저 찾는다. 자극을 준 지점 X가 d_1 또는 d_4라고 가정했을 때, 측정값으로 나올 수 없는 경우가 발견되면 그 가정은 모순이고 자극을 준 지점을 찾을 수 있다.

😀 **출제분석 |** 이전에는 막전위 값을 통해 각 지점을 찾는 문제가 출제된 반면, 이 문항은 자극을 주고 경과한 시간을 찾는 새로운 유형의 문항으로 난도는 '상'에 해당한다. 원리는 같으나 접근 방식이 반대로 된 신유형의 문항에 당황하거나 어려움을 느낀 학생들이 다수 있었을 것이다. −60mV, −80mV와 같은 특정 막전위 값을 기준으로 흥분의 전도 속도가 빠른 신경과 자극을 준 지점을 찾아내는 것이 관건이다.

다음은 민말이집 신경 A와 B의 흥분 전도와 전달에 대한 자료이다.

○ 그림은 A와 B의 지점 $d_1 \sim d_4$의 위치를, 표는 ㉠ A와 B의
지점 X에 역치 이상의 자극을 동시에 1회 주고 경과된
시간이 3ms일 때 $d_1 \sim d_4$에서의 막전위를 나타낸 것이다.
X는 $d_1 \sim d_4$ 중 하나이고, Ⅰ ~ Ⅳ는 $d_1 \sim d_4$를 순서 없이
나타낸 것이다.

d_2 ←

1cm/ms A
2cm/ms B
자극
1ms
1ms
d_1 d_2 d_3 d_4
0 2 3 6(cm)

신경	3ms일 때 막전위(mV)			
	Ⅰ d_3	Ⅱ d_2	Ⅲ d_4	Ⅳ d_1
A	+30	?－80	－70	㉮－70
B	?	－80	?	+30

○ A를 구성하는 두 뉴런의 흥분 전도
속도는 ⓐ로 같고, B를 구성하는 두
뉴런의 흥분 전도 속도는 ⓑ로 같다.
ⓐ와 ⓑ는 1cm/ms와 2cm/ms를 순서
없이 나타낸 것이다.

막전위 (mV)
+30
0
－70
－80
0 1 2 3 4 시간(ms)
자극

○ A와 B 각각에서 활동 전위가 발생하였을
때, 각 지점에서의 막전위 변화는 그림과 같다.

이에 대한 설명으로 옳은 것만을 〈보기〉에서 있는 대로 고른 것은?
(단, A와 B에서 흥분의 전도는 각각 1회 일어났고, 휴지 전위는
－70mV이다.) **3점**

보기

ㄱ. X는 ~~d_4~~ d_2 이다.

ㄴ. ㉮는 －70이다. → d_2에 주어진 자극이 d_1에 전달되지 않음

ㄷ. ㉠이 5ms일 때 A의 Ⅲ에서 ~~재분극~~ 탈분극 이 일어나고 있다.
d_4

① ㄱ 　　✓② ㄴ 　　③ ㄷ 　　④ ㄱ, ㄴ 　　⑤ ㄴ, ㄷ

Ⅲ
1
－
01.
자극
의
전달

|자|료|해|설|

B의 Ⅱ에서 측정된 막전위 －80mV는 해당 지점에 자극이
도달한 뒤 3ms가 지났을 때 측정되는 값이다. 이는 A와
B의 지점 X에 역치 이상의 자극을 동시에 1회 주고 경과된
시간이 3ms일 때 측정한 값이므로 Ⅱ가 자극을 준 지점
X이다. 따라서 A의 Ⅱ에서 측정된 막전위도 －80mV이다.
A와 B 모두에서 +30mV, －80mV의 막전위를 나타낸
지점이 존재하며, 막전위 변화 그래프에서 두 값은 1ms의
시간차를 갖는다. 흥분 전도 속도가 1cm/ms인 신경에서
+30mV, －80mV의 막전위를 나타낸 두 지점은
1cm만큼 떨어져 있고, 흥분 전도 속도가 2cm/ms인
신경에서는 두 지점이 2cm만큼 떨어져 있다. 이를
만족하는 경우는 자극을 준 지점 X가 d_2이고, A의 흥분
전도 속도가 1cm/ms, B의 흥분 전도 속도가 2cm/ms일
때이다. 이때 A에서 +30mV의 값을 나타낸 Ⅰ은
d_2로부터 1cm만큼 떨어진 d_3이고, B에서 +30mV의
값을 나타낸 Ⅳ는 d_2로부터 2cm만큼 떨어진 d_1이다.
정리하면 Ⅰ은 d_3, Ⅱ는 d_2, Ⅲ은 d_4, Ⅳ는 d_1이다.
A의 d_2에 주어진 자극은 d_1으로 전달될 수 없기 때문에
㉠이 3ms일 때 A의 Ⅳ(d_1)에서 측정된 막전위 ㉮는
－70mV(휴지 전위)이다.

|보|기|풀|이|

ㄱ. 오답 : 자극을 준 지점 X는 d_2이다.

ㄴ. 정답 : A의 d_2에 주어진 자극은 d_1으로 전달될 수 없기
때문에 ㉮는 －70이다.

ㄷ. 오답 : ㉠이 5ms일 때 A의 d_2에 주어진 자극이
Ⅲ(d_4)에 도달하는데 4ms가 걸리므로 남은 1ms 동안
막전위 변화가 일어난다. 따라서 ㉠이 5ms일 때 A의
Ⅲ(d_4)에서 탈분극이 일어나고 있다.

😮 **문제풀이 TIP** | －80mV는 해당 지점에 자극이 도달한 뒤 3ms가 지났을 때 측정되는 값이다. 따라서 Ⅱ가 자극을 준 지점 X이다. 막전위 변화 그래프에서 +30mV, －80mV
두 값은 1ms의 시간차를 갖는다. 흥분 전도 속도가 1cm/ms인 신경에서 두 지점은 1cm만큼 떨어져 있고, 흥분 전도 속도가 2cm/ms인 신경에서는 두 지점이 2cm만큼 떨어져 있다.
이를 만족하는 경우를 찾으면 $d_1 \sim d_4$ 중 자극을 준 지점을 알 수 있다.

😮 **출제분석** | 막전위 값을 비교하여 자극을 준 지점과 신경의 흥분 전도 속도를 구분해야 하는 난도 '중상'의 문항이다. 흥분의 전도와 관련된 문항은 유형별로 접근하는 방법이 다르기
때문에 최대한 다양한 문제를 풀어보며 문제풀이 TIP을 습득하고, 이를 실전에서 적절히 활용할 수 있어야 한다.

다음은 민말이집 신경 A와 B의 흥분 전도에 대한 자료이다.

○ 그림은 A와 B의 지점 d_1과 d_2의 위치를, 표는 A의 d_1과 B의 d_2에 역치 이상의 자극을 동시에 1회 준 후 시점 t_1과 t_2일 때 A와 B의 Ⅰ과 Ⅱ에서의 막전위를 나타낸 것이다. Ⅰ과 Ⅱ는 각각 d_1과 d_2 중 하나이고, ㉠과 ㉡은 각각 -10과 $+20$ 중 하나이다. t_2는 t_1 이후의 시점이다.

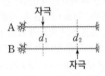

시점	막전위(mV)			
	A의 Ⅰ	A의 Ⅱ	B의 Ⅰ	B의 Ⅱ
t_1	㉠-10	-70	?	㉡$+20$
t_2	㉡$+20$	?	-80	㉠-10

○ 흥분 전도 속도는 B가 A보다 빠르다.
○ A와 B 각각에서 활동 전위가 발생하였을 때, 각 지점에서의 막전위 변화는 그림과 같다.

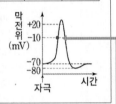

이에 대한 옳은 설명만을 〈보기〉에서 있는 대로 고른 것은? (단, A와 B에서 흥분 전도는 각각 1회 일어났고, 휴지 전위는 -70mV이다.)

3점

보기

ㄱ. Ⅰ은 ~~d_2~~이다.
ㄴ. ㉡은 $+20$이다.
ㄷ. t_1일 때 A의 d_2에서 탈분극이 일어나고 있다.

① ㄱ   ② ㄴ   ③ ㄷ   ④ ㄱ, ㄴ   ⑤ ㄴ, ㄷ

|자|료|해|설|

A의 Ⅰ에서 막전위는 t_1일 때 ㉠이고, 그보다 이후의 시점인 t_2일 때 ㉡이다. 따라서 막전위 변화 그래프에서 ㉠보다 ㉡이 오른쪽에 위치한 값이어야 한다. 마찬가지로 B의 Ⅱ에서 막전위는 t_1일 때 ㉡이고, t_2일 때 ㉠이므로 막전위 변화 그래프에서 ㉡보다 ㉠이 오른쪽에 위치한 값이어야 한다. 그래프 상에서 막전위 값이 ㉠-㉡-㉠ 순으로 배치되어야 하므로 ㉠은 -10이고, ㉡은 $+20$이다. t_2일 때 막전위가 B의 Ⅰ에서 -80mV이고, B의 Ⅱ에서 -10(㉠)mV이므로 B에서 자극을 준 d_2는 Ⅰ이고 d_1은 Ⅱ이다.

|보|기|풀|이|

ㄱ. 오답 : Ⅰ은 d_2이고, Ⅱ는 d_1이다.
ㄴ. 정답 : ㉠은 -10이고, ㉡은 $+20$이다.
ㄷ. 정답 : t_1일 때 A의 d_2(Ⅰ)에서 막전위는 -10(㉠)mV이고, 이후의 시점인 t_2일 때 막전위가 $+20$(㉡)mV이므로 t_1일 때 A의 d_2에서 탈분극이 일어나고 있다.

😲 **문제풀이 T I P** | A의 Ⅰ에서 막전위는 t_1일 때 ㉠이고, t_2일 때 ㉡이다. 또한 B의 Ⅱ에서 막전위는 t_1일 때 ㉡이고, t_2일 때 ㉠이다. 따라서 그래프 상에서 막전위 값이 ㉠-㉡-㉠ 순으로 배치되어야 하므로 ㉠은 -10이고, ㉡은 $+20$이다.

😀 **출제분석** | 주어진 자료를 종합적으로 분석하여 막전위 값 ㉠, ㉡을 구분하고 지점 Ⅰ, Ⅱ를 찾아야 하는 난도 '중상'의 문항이다. 흥분의 전도와 관련된 여러 문항을 풀어보며 문제를 최대한 빨리 해결할 수 있는 접근 방법을 익혀두는 것이 중요하다.

다음은 민말이집 신경 A의 흥분 전도에 대한 자료이다.

○ 그림은 A의 지점 $d_1 \sim d_4$의 위치를, 표는 ㉠ $d_1 \sim d_4$ 중 한 지점에 역치 이상의 자극을 1회 주고 경과된 시간이 2~5ms 일 때 A의 어느 한 지점에서 측정한 막전위를 나타낸 것이다. Ⅰ~Ⅳ는 $d_1 \sim d_4$를 순서 없이 나타낸 것이다.

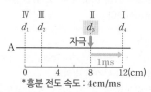

구분	2~5ms일 때 측정한 막전위(mV)			
	2ms	3ms	4ms	5ms
Ⅰ	−60			
Ⅱ		?−80		
Ⅲ			−60	
Ⅳ				−80

○ A에서 활동 전위가 발생하였을 때, 각 지점에서의 막전위 변화는 그림과 같다.

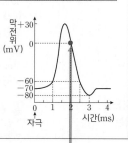

이 자료에 대한 설명으로 옳은 것만을 〈보기〉에서 있는 대로 고른 것은? (단, A에서 흥분의 전도는 1회 일어났고, 휴지 전위는 −70mV이다.) 3점

보기

㉠. Ⅳ는 d_1이다.

ㄴ. A의 흥분 전도 속도는 ~~2cm/ms~~ 4cm/ms 이다.

㉢. ㉠이 3ms일 때 d_4에서 재분극이 일어나고 있다.

① ㄱ ② ㄴ ✓③ ㄱ, ㄷ ④ ㄴ, ㄷ ⑤ ㄱ, ㄴ, ㄷ

|자|료|해|설|

자극을 주고 경과된 시간이 2ms일 때, Ⅰ에서의 막전위는 자극이 Ⅰ에 도달한 뒤 1ms가 지났을 때 측정되는 값(−60mV)이다. 따라서 자극이 Ⅰ에 도달하는데 걸린 시간은 1ms이다. 자극을 주고 경과된 시간이 4ms일 때, Ⅲ에서의 막전위는 자극이 Ⅲ에 도달한 뒤 1ms 또는 2.5ms가 지났을 때 측정되는 값(−60mV)이다. 따라서 자극이 Ⅲ에 도달하는데 걸린 시간은 3ms 또는 1.5ms 이다. 자극을 주고 경과된 시간이 5ms일 때, Ⅳ에서의 막전위는 자극이 Ⅳ에 도달한 뒤 3ms가 지났을 때 측정되는 값(−80mV)이다. 따라서 자극이 Ⅳ에 도달하는데 걸린 시간은 2ms이다. 자극이 Ⅰ, Ⅲ, Ⅳ에 도달하는데 시간이 걸리므로 자극을 준 지점은 Ⅱ이다. Ⅱ에 주어진 자극이 Ⅰ과 Ⅳ에 도달하는데 각각 1ms, 2ms가 걸리므로 Ⅱ와 Ⅳ 사이의 거리는 Ⅱ와 Ⅰ 사이 거리의 두 배이다. 이를 만족시키는 Ⅱ는 d_3이고, Ⅰ은 d_4, Ⅳ는 d_1이다. 남은 Ⅲ는 d_2이고, d_3에 주어진 자극이 4cm 떨어진 d_4까지 이동하는데 1ms가 걸리므로 A의 흥분 전도 속도는 4cm/ms이다.

|보|기|풀|이|

㉠ 정답 : Ⅰ는 d_4, Ⅱ는 d_3, Ⅲ는 d_2, Ⅳ는 d_1이다.

ㄴ. 오답 : A의 흥분 전도 속도는 4cm/ms이다.

㉢ 정답 : ㉠이 3ms일 때, d_3에 주어진 자극이 d_4에 도달하는데 1ms가 걸리므로 남은 2ms 동안 막전위 변화가 일어난다. 따라서 ㉠이 3ms일 때 d_4에서 재분극이 일어나고 있다.

Ⅲ
1 Ⅰ
01. 자극의 전달

👾 **문제풀이 T I P** | 자극을 1회 주고 경과된 시간에서 막전위 변화가 일어난 시간을 빼면 흥분이 그 지점에 도달하는데 걸린 시간을 구할 수 있다. 자극이 Ⅰ, Ⅲ, Ⅳ에 도달하는데 시간이 걸리므로 자극을 준 지점은 Ⅱ이다. Ⅱ에 주어진 자극이 Ⅰ과 Ⅳ에 도달하는데 각각 1ms, 2ms가 걸리므로 Ⅱ와 Ⅳ 사이의 거리는 Ⅱ와 Ⅰ 사이 거리의 두 배이며, 이를 통해 각 지점을 알아낼 수 있다.

😀 **출제분석** | 자극을 주고 경과된 시간이 2~5ms일 때 Ⅰ~Ⅳ에서 측정한 막전위 값으로 자극을 준 지점과 다른 세 지점을 구분하고, 민말이집 신경 A의 흥분 전도 속도를 구해야 하는 난도 '중상'의 문항이다. 자극을 준 지점에서 다른 지점까지 흥분이 이동하는데 걸리는 시간은 거리에 비례한다는 것을 이용하여 각 지점을 찾아내는 것이 이 문제의 핵심 포인트이다.

다음은 민말이집 신경 A~C의 흥분 전도와 전달에 대한 자료이다.

○ 그림은 A와 C의 지점 d_1으로부터 세 지점 d_2~d_4까지의 거리를, 표는 ㉠ A와 C의 d_1에 역치 이상의 자극을 동시에 1회 주고 경과된 시간이 6ms일 때 d_2~d_4에서 측정한 막전위를 나타낸 것이다.

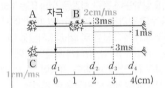

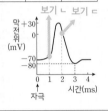

신경	6ms일 때 측정한 막전위(mV)		
	d_2	d_3	d_4
B	−80	?	+10
C	?	−80	?

○ B와 C의 흥분 전도 속도는 각각 1cm/ms, 2cm/ms 중 하나이다.
○ A~C 각각에서 활동 전위가 발생하였을 때, 각 지점에서의 막전위 변화는 그림과 같다.

이에 대한 설명으로 옳은 것만을 〈보기〉에서 있는 대로 고른 것은? (단, A, B, C에서 흥분의 전도는 각각 1회 일어났고, 휴지 전위는 −70mV이다.) 3점

보기

 ㄱ. d_1에서 발생한 흥분은 B의 d_4보다 C의 d_4에 먼저 도달한다.
ㄴ. ㉠이 4ms일 때, C의 d_3에서 Na^+이 세포 안으로 유입된다.
 ㄷ. ㉠이 5ms일 때, B의 d_2에서 탈분극이 일어나고 있다.

① ㄱ ② ㄴ ③ ㄷ ④ ㄱ, ㄴ ⑤ ㄴ, ㄷ

|자|료|해|설|
A와 C의 d_1에 역치 이상의 자극을 동시에 1회 주고 경과된 시간이 6ms일 때, B의 d_2와 C의 d_3에서 측정한 막전위가 −80mV이다. 막전위 변화 그래프에서 흥분이 각 지점에 도달하고 경과된 시간이 3ms일 때의 막전위가 −80mV이므로, 자극을 준 지점인 d_1에서 B의 d_2와 C의 d_3까지 자극이 이동하는데 3ms가 걸린다. 따라서 C의 흥분 전도 속도는 1cm/ms이고, B의 흥분 전도 속도는 2cm/ms이다.

|보|기|풀|이|
ㄱ. 오답 : d_1에서 발생한 흥분이 B의 d_4와 C의 d_4에 도달하는데 4ms의 시간이 걸린다.
ㄴ. 정답 : ㉠이 4ms일 때, 자극이 C의 d_3에 도달하는데 3ms가 걸리므로 남은 1ms 동안 막전위 변화가 일어난다. 이때 탈분극이 일어나고 있으므로 Na^+이 세포 안으로 유입된다.
ㄷ. 오답 : ㉠이 5ms일 때, 자극이 B의 d_2에 도달하는데 3ms가 걸리므로 남은 2ms 동안 막전위 변화가 일어난다. 이때 B의 d_2에서 재분극이 일어나고 있다.

😮 **문제풀이 T I P** | 자극을 1회 주고 경과된 시간에서 흥분이 그 지점에 도달하는데 걸리는 시간을 빼면 남은 시간 동안 막전위 변화가 일어난다.

😊 **출제분석** | 흥분의 전도 시간과 막전위 변화 시간을 이해하고 적용할 수 있어야 해결 가능한 난도 '상'의 문항이다. 신경 A와 B가 시냅스를 형성하고 있다는 것이 새롭지만, 기존의 흥분의 전도 문제를 해결하는 방법을 적용하면 어렵지 않게 문제를 풀 수 있다. 흥분의 전도 문제도 조금씩 유형이 새로워지고 있으므로 문제를 풀어내는 과정을 정확하게 이해하고 있어야 한다.

 " 이 문제에선 이게 가장 중요해! "

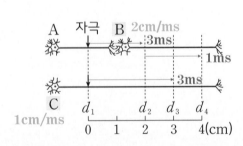

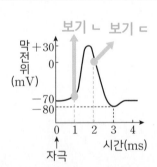

㉠이 4ms일 때, 자극이 C의 d_3에 도달하는데 3ms가 걸리므로 남은 1ms 동안 막전위 변화가 일어난다. 이때 탈분극이 일어나고 있으므로 Na^+이 세포 안으로 유입된다.
㉠이 5ms일 때, 자극이 B의 d_2에 도달하는데 3ms가 걸리므로 남은 2ms 동안 막전위 변화가 일어난다. 이때 B의 d_2에서 재분극이 일어나고 있다.

다음은 민말이집 신경 A와 B의 흥분 전도에 대한 자료이다.

○ 그림 (가)는 A와 B의 지점 $d_1 \sim d_5$의 위치를, (나)는 A와 B에서 활동 전위가 발생하였을 때, 각 지점에서의 막전위 변화를 나타낸 것이다.

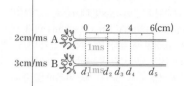

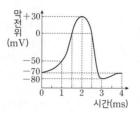

(가)   (나)

○ 흥분 전도 속도는 A에서 2cm/ms, B에서 3cm/ms이다.

○ 표는 ⓐ A와 B의 d_1에 역치 이상의 자극을 동시에 1회 주고 경과된 시간이 4ms일 때와 ㉠ms일 때, 지점 Ⅰ ~ Ⅴ의 막전위를 나타낸 것이다. Ⅰ ~ Ⅴ는 $d_1 \sim d_5$를 순서 없이 나타낸 것이다.

구분		막전위(mV)				
		Ⅰ d_2	Ⅱ d_3	Ⅲ d_5	Ⅳ d_1	Ⅴ d_4
4ms일 때	A	−80	?	−50	−70	+30
	B	?	−80	+30	−70	?
㉠ms일 때 (4.5)	A	?	−80	0	−70	0
	B	?	?	0	?	?

이에 대한 옳은 설명만을 〈보기〉에서 있는 대로 고른 것은? (단, A와 B에서 흥분 전도는 각각 1회 일어났고, 휴지 전위는 −70mV이다.) **3점**

보기

㉠. ㉠은 4.5이다.

ㄴ. ⓐ가 4ms일 때, A의 d_3에서 ~~탈분극~~ 재분극이 일어나고 있다.
       (d_2)

ㄷ. ⓐ가 ㉠(4.5)ms일 때, $\dfrac{\text{A의 Ⅰ에서의 막전위}}{\text{B의 Ⅳ에서의 막전위 } (d_1)}$ 는 1보다 ~~작다.~~ 크다.
      (4.5)

① ㉠   ② ㄴ   ③ ㄱ, ㄴ   ④ ㄱ, ㄷ   ⑤ ㄴ, ㄷ

|자|료|해|설|

자극을 1회 주고 경과된 시간에서 특정 지점에 자극이 도달한 후 막전위 변화가 일어나는데 걸린 시간을 빼면 흥분이 그 지점에 도달하는데 걸리는 시간을 구할 수 있다. A와 B의 d_1에 역치 이상의 자극을 동시에 1회 주고 경과된 시간이 4ms일 때, A의 Ⅰ과 B의 Ⅱ에서 막전위 값이 −80mV이다. 막전위 변화를 나타낸 (나)에서 흥분이 특정 지점에 도달하고 3ms후에 막전위가 −80mV가 된다는 것을 알 수 있다. 따라서 흥분이 A의 Ⅰ과 B의 Ⅱ 지점에 도달하는데 걸리는 시간은 1ms이다. 흥분 전도 속도는 A에서 2cm/ms이고, B에서 3cm/ms이므로 A의 Ⅰ은 d_1에서 2cm 떨어진 지점인 d_2이고, B의 Ⅱ는 d_1에서 3cm떨어진 지점인 d_3이다. A의 Ⅴ와 B의 Ⅲ에서 막전위 값이 +30mV이므로, 흥분이 각 지점에 도달하는데 걸리는 시간은 2ms이다. 따라서 A의 Ⅴ는 d_1에서 4cm 떨어진 지점인 d_4이고, B의 Ⅲ는 d_1에서 6cm떨어진 지점인 d_5이다. A와 B에서 같은 막전위 값인 −70mV를 갖는 Ⅳ는 자극을 준 지점인 d_1이다.

A의 d_1에 역치 이상의 자극을 1회 주고 경과된 시간이 ㉠ms일 때, d_3(Ⅱ)까지 흥분이 이동하는데 걸리는 시간은 1.5ms이고, 막전위 값이 −80mV이므로 막전위 변화가 일어나는데 걸리는 시간은 3ms이다. 따라서 ㉠은 1.5+3=4.5이다.

|보|기|풀|이|

㉠. 정답 : A에서 d_3(Ⅱ)까지 흥분이 이동하는데 걸리는 시간은 1.5ms이고, 막전위 값이 −80mV이므로 막전위 변화가 일어나는데 걸리는 시간은 3ms이다. 따라서 ㉠은 4.5이다.

ㄴ. 오답 : ⓐ가 4ms일 때, A에서 d_3까지 흥분이 이동하는데 걸리는 시간은 1.5ms이므로 남은 2.5ms동안 막전위 변화가 일어난다. 따라서 A의 d_3에서 재분극이 일어나고 있다.

ㄷ. 오답 : ⓐ가 ㉠(4.5)ms일 때, $\dfrac{\text{A의 Ⅰ}(d_2)\text{에서의 막전위}}{\text{B의 Ⅳ}(d_1)\text{에서의 막전위}} = \dfrac{\text{약 } -75\text{mV}}{\text{약 } -70\text{mV}}$ 이므로 1보다 크다.

😮 **문제풀이 TIP** | 자극을 1회 주고 경과된 시간에서 흥분이 그 지점에 도달하는데 걸리는 시간을 빼면 남은 시간 동안 막전위 변화가 일어난다.

😊 **출제분석** | 각 지점의 막전위 값을 토대로 Ⅰ ~ Ⅴ가 $d_1 \sim d_5$ 중 어떤 지점인지를 찾고, ㉠의 값을 구해야 하는 난도 '중상'의 문항이다. 막전위 변화 그래프에서 시간에 따른 막전위 값이 점선으로 안내가 되어 있으며, 표에 제시된 막전위 값만으로 충분히 각 지점을 찾을 수 있기 때문에 흥분의 전도와 관련된 다른 고난도 문항보다는 문제 해결이 쉬운 편이다.

다음은 민말이집 신경 A~C의 흥분 전도와 전달에 대한 자료이다.

○ 그림은 A, B, C의 지점 d_1~d_6의 위치를, 표는 A의 d_1과 C의 d_2에 역치 이상의 자극을 동시에 1회 주고 경과된 시간이 4ms와 5ms일 때 d_3~d_6에서의 막전위를 순서 없이 나타낸 것이다.

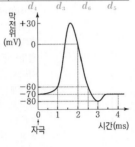

시간(ms)	d_3~d_6에서의 막전위(mV)
4	-80 ㉠, -70, 0, $+10$
5	-80, -70, -60, -50

○ A와 B의 흥분 전도 속도는 모두 ⓐcm/ms, C의 흥분 전도 속도는 ⓑcm/ms이다. ⓐ와 ⓑ는 각각 1과 2 중 하나이다.

○ A~C에서 활동 전위가 발생하였을 때, 각 지점에서의 막전위 변화는 그림과 같다.

이에 대한 설명으로 옳은 것만을 〈보기〉에서 있는 대로 고른 것은?
(단, A~C에서 흥분의 전도는 각각 1회 일어났고, 휴지 전위는 -70mV이다.) 3점

보기
ㄱ. ⓐ는 ~~1~~ 2이다.
ㄴ. ㉠은 -80이다.
ㄷ. 4ms일 때 B의 d_5에서는 탈분극이 일어나고 있다.

① ㄱ　　② ㄴ　　③ ㄱ, ㄷ　　④ ㄴ, ㄷ　　⑤ ㄱ, ㄴ, ㄷ

|자|료|해|설|

A와 B의 흥분 전도 속도가 1cm/ms이고, C의 흥분 전도 속도가 2cm/ms라면, 자극을 주고 경과된 시간이 4ms일 때 d_3, d_4, d_6에서의 막전위는 순서대로 0mV, -80mV, 0mV이므로 표와 일치하지 않는다. 따라서 A와 B의 흥분 전도 속도는 2cm/ms이고, C의 흥분 전도 속도는 1cm/ms이다.

자극을 주고 경과된 시간이 4ms일 때 d_3, d_4, d_6에서의 막전위는 순서대로 -80mV, 0mV, -70mV이다. 이 값들을 표에서 4ms일 때 나타나는 막전위 값과 비교하면 ㉠은 -80이고, B의 d_5에서의 막전위는 $+10$mV임을 알 수 있다. 또한 자극을 주고 경과된 시간이 5ms일 때 d_3, d_4, d_6에서의 막전위는 순서대로 -70mV, -80mV, -60mV이며, 이를 표와 비교하면 B의 d_5에서의 막전위는 -50mV임을 알 수 있다. d_5에서의 막전위 변화는 5ms일 때가 4ms일 때보다 많이 진행된 상태여야 하며, 4ms일 때와 5ms일 때 시냅스에서의 흥분 전달 시간은 같아야 한다. 즉 4ms일 때 d_5에서의 막전위인 $+10$mV는 탈분극 과정에서 나타나는 값이고, 5ms일 때 d_5에서의 막전위인 -50mV는 재분극 과정 중에 나타나는 값이다.

|보|기|풀|이|

ㄱ. 오답 : 표의 막전위를 만족하는 A와 B의 속도는 2cm/ms이므로 ⓐ는 2이다.
ㄴ. 정답 : ㉠은 -80으로, 자극을 주고 경과된 시간이 4ms일 때 A의 d_3에서의 막전위에 해당한다.
ㄷ. 정답 : 4ms일 때 B의 d_5에서는 탈분극이 일어나고 있다.

문제풀이 TIP | A에서 B로 흥분이 전달되는 데 걸리는 시간을 알 수 없으므로 경과된 시간이 4ms일 때 d_3, d_4, d_6에서의 막전위를 구해 표와 비교하여 흥분 전도 속도를 구한 뒤에 d_5에서의 막전위를 파악해야 한다.

출제분석 | 흥분의 전도와 관련된 문제는 높은 난도로 출제되고 있으며 조금씩 변형되어 새로운 형태로 출제되고 있으므로 다양한 유형의 기출을 통해 막전위를 분석하는 연습이 필요하다.

다음은 민말이집 신경 A~C의 흥분 전도에 대한 자료이다.

○ 그림은 A~C의 지점 d_1으로부터 세 지점 d_2~d_4까지의
거리를, 표는 ㉠ 각 신경의 d_1에 역치 이상의 자극을 동시에
1회 주고 경과된 시간이 3ms일 때 d_1~d_4에서 측정한
막전위를 나타낸 것이다. Ⅰ~Ⅲ은 A~C를 순서 없이
나타낸 것이다.

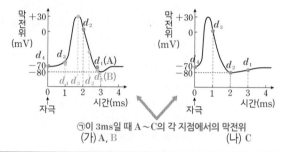

신경	3ms일 때 측정한 막전위(mV)			
	d_1	d_2	d_3	d_4
A Ⅰ	−80	?	−60	?
C Ⅱ	?	−80	?	−70
B Ⅲ	?	?	+30	−60

○ A의 흥분 전도 속도는 2cm/ms이다.

○ 그림 (가)는 A와 B의 d_1~d_4에서, (나)는 C의 d_1~d_4에서
활동 전위가 발생하였을 때 각 지점에서의 막전위 변화를
나타낸 것이다.

㉠이 3ms일 때 A~C의 각 지점에서의 막전위
(가) A, B   (나) C

**이 자료에 대한 설명으로 옳은 것만을 〈보기〉에서 있는 대로 고른
것은? (단, A~C에서 흥분의 전도는 각각 1회 일어났고, 휴지
전위는 −70mV이다.)** ③점

보기

ㄱ. 흥분의 전도 속도는 C에서가 A에서보다 빠르다. → 가 같다.
　　　　　2cm/ms 와 2cm/ms

ㄴ. ㉠이 3ms일 때 Ⅰ의 d_2에서 K⁺은 K⁺ 통로를 통해 세포
밖으로 확산된다. → 재분극

ㄷ. ㉠이 5ms일 때 B의 d_4와 C의 d_4에서 측정한 막전위는
같다. → −80mV

① ㄱ   ② ㄴ   ③ ㄱ, ㄷ   ④ ㄴ, ㄷ   ⑤ ㄱ, ㄴ, ㄷ

|자|료|해|설|

A와 B는 특정 지점에 자극이 도달한 후 막전위가
−80mV가 되는 데까지 3ms가 걸리므로 ㉠이 3ms
일 때 d_2에서의 막전위가 −80mV인 Ⅱ는 C이다. A의
흥분 전도 속도는 2cm/ms이므로 A의 d_3까지 자극이
도달하는데 2ms가 걸리고 남은 1ms 동안 막전위 변화가
일어난다. 따라서 ㉠이 3ms일 때 d_3에서의 막전위가
−60mV인 Ⅰ이 A이고, Ⅲ은 B이다. ㉠이 3ms일 때,
B(Ⅲ)의 d_4에서의 막전위가 −60mV이므로 B의 d_4에
자극이 도달하는데 2ms가 걸렸다는 것을 알 수 있다.
따라서 B의 흥분 전도 속도는 3cm/ms이다. ㉠이 3ms일
때, C(Ⅱ)의 d_2에서의 막전위가 −80mV이므로 C의
d_2에 자극이 도달하는데 1ms가 걸렸다는 것을 알 수 있다.
따라서 C의 흥분 전도 속도는 2cm/ms이다.

|보|기|풀|이|

ㄱ. 오답 : ㉠이 3ms일 때 C의 d_2에서 측정한 막전위가
−80mV이므로 C의 흥분 전도 속도는 2cm/ms이다.
그러므로 A와 C의 흥분 전도 속도는 같다.

ㄴ. 정답 : ㉠이 3ms일 때, Ⅰ(A)의 d_2에서 재분극이
일어나고 있으므로 K⁺이 K⁺ 통로를 통해 세포 밖으로
확산된다.

ㄷ. 정답 : ㉠이 5ms일 때, B의 d_4에 자극이 도달하는 데
2ms가 걸리므로 남은 3ms 동안 막전위 변화가 일어난다.
따라서 B의 d_4에서 측정한 막전위는 −80mV이다.
C의 d_4에 자극이 도달하는 데 3ms가 걸리므로 남은 2ms
동안 막전위 변화가 일어난다. 따라서 C의 d_4에서 측정한
막전위는 −80mV이다. 즉, ㉠이 5ms일 때 B의 d_4와
C의 d_4에서 측정한 막전위는 같다.

💬 **문제풀이 TIP** | 자극을 1회 주고 경과된 시간에서 흥분이 그
지점에 도달하는데 걸리는 시간을 빼면 남은 시간 동안 막전위
변화가 일어난다.

😀 **출제분석** | 막전위 변화와 흥분의 전도 속도가 다른 신경에
대한 내용을 분석해야 하는 난도 '상'의 문항이다. 기존에 출제되던
문제와 비교했을 때, 막전위 변화가 다른 신경 C가 주어진 것이
새로웠다. 때문에 문제를 해결하는데 많은 학생들이 어려움을
느꼈을 것이다. 흥분의 전도 문제는 갈수록 난도가 높아지고
있으며, 새롭게 출제된 유형은 앞으로도 출제될 확률이 높기
때문에 풀이 방법을 익혀두어야 한다.

다음은 신경 A와 B의 흥분 전도에 대한 자료이다.

○ 그림은 민말이집 신경 A와 B의 지점 d_1~d_5의 위치를, 표는 A와 B의 동일한 지점에 역치 이상의 자극을 동시에 1회 주고 경과된 시간이 3ms일 때 각 지점에서 측정한 막전위를 나타낸 것이다. I ~ V는 d_1~d_5를 순서 없이 나타낸 것이다.

○ 자극을 준 지점은 d_1~d_5 중 하나이고, A와 B의 흥분 전도 속도는 각각 2cm/ms, 3cm/ms이다.

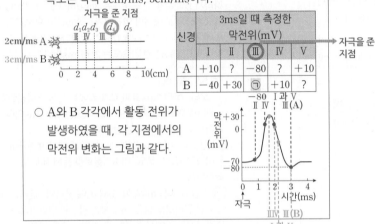

신경	3ms일 때 측정한 막전위(mV)				
	I	II	III	IV	V
A	+10	?	−80	?	+10
B	−40	+30	㉠	+10	?

○ A와 B 각각에서 활동 전위가 발생하였을 때, 각 지점에서의 막전위 변화는 그림과 같다.

이에 대한 설명으로 옳은 것만을 <보기>에서 있는 대로 고른 것은? (단, A와 B에서 흥분의 전도는 각각 1회 일어났고, 휴지 전위는 −70mV이다.) **3점**

보기

ㄱ. ㉠은 −80이다.

ㄴ. 자극을 준 지점은 d_4이다.

ㄷ. 3ms일 때, B의 d_2에서 탈분극이 일어나고 있다.

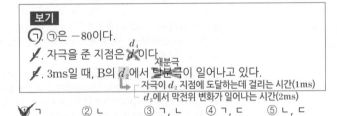

① ㄱ   ② ㄴ   ③ ㄱ, ㄴ   ④ ㄱ, ㄷ   ⑤ ㄴ, ㄷ

|자|료|해|설|

자극을 준 후 3ms이 지났을 때 A의 III에서 측정한 막전위가 −80mV이므로 III은 자극을 준 지점이다. 따라서 B의 III에서 측정한 막전위 ㉠도 −80mV이다. 흥분 전도 속도가 B에서 더 빠르므로 같은 지점에서의 막전위 변화 양상을 비교했을 때 A보다 B가 항상 앞서게 된다. 즉, 같은 지점에서의 막전위를 비교했을 때 A보다 B가 막전위 변화 그래프에서 더 오른쪽 상황에 놓여있게 된다. 따라서 B의 I에서의 막전위 −40mV는 재분극 지점에 있다는 것을 알 수 있다. B의 I, II, III에서의 막전위를 그래프에 표시할 수 있고, 간격이 약 $\frac{2}{3}$ms씩 차이나는 것을 통해 자극을 준 III으로부터 I은 2cm, II는 4cm 차이나는 지점이라는 것을 알 수 있다. B의 IV에서의 막전위 +10mV는 탈분극 지점과 재분극 지점 중 하나인데, 탈분극 지점이라고 가정하면 그래프 상에서 IV와 III의 간격은 약 $\frac{5}{3}$ms 차이가 나기 때문에 IV는 III으로부터 5cm 떨어져 있는 지점이다. 차이가 5cm인 두 지점은 d_2와 d_5가 유일하므로 자극을 준 지점은 d_5가 된다. 자극을 1회 주고 경과된 시간이 3ms일 때 B의 d_1에서의 막전위 값은 그래프에서 활동 전위가 발생한지 1ms이 지난 시점(약 −60mV)이다. 측정된 막전위가 −60mV인 지점이 없으므로 d_5로부터 가장 멀리 떨어져 있는 d_1이 V이다. 그런데 A의 d_1(V)에서 막전위 값이 +10mV로 B보다 A가 막전위 변화 그래프에서 더 오른쪽 상황에 놓여있게 되므로 모순이다. 따라서 B의 IV에서의 막전위 +10mV는 재분극 지점이고 자극을 준 지점은 d_4이다.

|보|기|풀|이|

ㄱ. 정답 : 자극을 준 지점이 III이므로, ㉠은 자극을 주고 3ms가 지난 후의 막전위이다. 따라서 ㉠은 −80mV이다.

ㄴ. 오답 : 자극을 준 지점은 d_4이다.

ㄷ. 오답 : 자극이 B의 d_4에서 d_2까지 전도되는데 1ms가 걸리므로 남은 2ms동안 막전위 변화가 일어난다. 따라서 3ms일 때, B의 d_2에서는 재분극이 일어나고 있다.

😮 **문제풀이 T I P |** 자극을 1회 주고 경과된 시간에서 흥분이 그 지점에 도달하는데 걸리는 시간을 빼면 남는 시간 동안 막전위 변화가 일어난다. 흥분 전도 속도가 B에서 더 빠르므로 A와 B의 같은 지점에서 막전위는 A보다 B가 막전위 변화 그래프에서 더 오른쪽 상황에 놓여있게 된다.

😀 **출제분석 |** 흥분의 전도 속도와 막전위 변화 시간을 이해하고 적용할 수 있어야 해결 가능한 문제이다. 그동안 출제되었던 비슷한 유형의 문제는 '뉴런의 한 쪽 끝에서 자극을 주었을 때'로 제한이 되어 있었는데, 이 문제는 자극을 준 지점이 한 쪽 끝으로 제한되어 있지 않아서 난도가 매우 높아졌다. A보다 B의 전도 속도가 빠르다는 것을 적용해야 문제를 해결할 수 있다. 흥분의 전도 문제 중에서도 최고로 난도가 높은 문제라고 할 수 있으며, 이 문제가 이해되지 않는다면 이전 기출 문제를 먼저 풀어보며 원리를 파악해야 한다.

다음은 민말이집 신경 A~C의 흥분 전도와 전달에 대한 자료이다.

○ 그림은 A와 B의 지점 d_1으로부터 d_2~d_5까지의 거리를, 표는 A와 B의 d_1에 역치 이상의 자극을 동시에 1회 주고 경과된 시간이 @ms일 때 A의 d_2와 d_5, B의 d_2, C의 d_3~d_5에서의 막전위를 나타낸 것이다. @는 4와 5 중 하나이다.

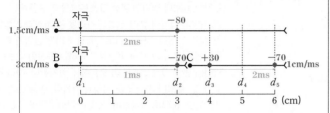

5 @ms일 때 막전위(mV)					
A의 d_2	A의 d_5	B의 d_2	C의 d_3	C의 d_4	C의 d_5
−80	㉠	−70	+30	㉡	−70

○ A~C의 흥분 전도 속도는 서로 다르며 각각 1cm/ms, 1.5cm/ms, 3cm/ms 중 하나이다.

○ A~C 각각에서 활동 전위가 발생했을 때 각 지점에서의 막전위 변화는 그림과 같다.

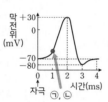

이에 대한 옳은 설명만을 〈보기〉에서 있는 대로 고른 것은? (단, A~C에서 흥분의 전도는 각각 1회 일어났고, 휴지 전위는 −70mV이다.) 3점

보기
㉠. @는 5이다.
㉡. ㉠과 ㉡은 같다.
㉢. 흥분 전도 속도는 B가 A의 2배이다.

① ㄱ　　② ㄷ　　③ ㄱ, ㄴ　　④ ㄴ, ㄷ　　✓⑤ ㄱ, ㄴ, ㄷ

|자|료|해|설|

C에서 d_3와 d_5 사이의 거리는 2cm이며, C의 흥분 전도 속도가 각각 1cm/ms, 1.5cm/ms, 3cm/ms라고 가정했을 때 두 지점의 막전위 변화 시간 차이는 순서대로 2ms, $\frac{4}{3}$ms(약 1.3ms), $\frac{2}{3}$ms(약 0.7ms)이다. @ms일 때 C의 d_3에서의 막전위는 +30mV이고, 자극을 준 지점으로부터 더 멀리 떨어진 d_5에서의 막전위값 (−70mV)은 막전위 변화 그래프에서 +30mV의 값보다 왼쪽에 위치해야 한다. 막전위 변화 시간의 차이가 각각 2ms, $\frac{4}{3}$ms(약 1.3ms), $\frac{2}{3}$ms(약 0.7ms)일 때 +30mV의 왼쪽으로 그 시간 차이만큼 떨어진 지점의 막전위 값을 찾았을 때 −70mV의 값을 갖는 경우는 막전위 변화 시간의 차이가 2ms일 때 뿐이다. 따라서 C의 흥분 전도 속도는 1cm/ms이다.

A의 흥분 전도 속도가 3cm/ms라고 가정하면, A의 d_1에 주어진 자극이 A의 d_2에 도달하는데 1ms가 걸린다. −80mV는 주어진 자극이 그 지점에 도달한 뒤 3ms가 지났을 때 측정되는 값이므로 @는 4이다. 이 경우 B의 흥분 전도 속도는 1.5cm/ms이고, B의 d_1에 주어진 자극이 B의 d_2에 도달하는데 2ms가 걸리므로 남은 2ms 동안 막전위 변화가 일어나 @일 때 B의 d_2에서 막전위 값은 +30mV이어야 한다. 이는 모순이므로 A의 흥분 전도 속도는 1.5cm/ms이고, B의 흥분 전도 속도는 3cm/ms이다.

A의 흥분 전도 속도가 1.5cm/ms이므로 A의 d_1에 주어진 자극이 A의 d_2에 도달하는데 2ms가 걸린다. A의 d_2에서 측정된 −80mV는 주어진 자극이 그 지점에 도달한 뒤 3ms가 지났을 때 측정되는 값이므로 @는 5이다.

@가 5일 때, A의 d_1에 주어진 자극이 A의 d_5에 도달하는데 4ms가 걸리므로 남은 1ms 동안 막전위 변화가 일어난다. 또한 흥분 전도 속도가 1cm/ms인 C의 d_3와 d_4 사이의 거리는 1cm이므로 두 지점에서 막전위 변화 시간의 차이는 1ms이다. 즉, 자극을 준 지점에서 d_3보다 더 멀리 떨어진 d_4에서의 막전위는 그래프에서 +30mV의 값보다 왼쪽으로 1ms 시간 차이 만큼 떨어진 지점의 값을 갖는다. 따라서 ㉠과 ㉡은 그 지점에 자극이 도달한 후 1ms 지났을 때 측정되는 막전위 값이다(그림 위에 표시함).

|보|기|풀|이|

㉠ 정답 : @는 5이다.
㉡ 정답 : ㉠과 ㉡은 그 지점에 자극이 도달한 후 1ms 지났을 때 측정되는 막전위 값으로 같다.
㉢ 정답 : 흥분 전도 속도는 B(3cm/ms)가 A(1.5cm/ms)의 2배이다.

👀 **문제풀이 TIP** | C의 흥분 전도 속도가 각각 1cm/ms, 1.5cm/ms, 3cm/ms라고 가정했을 때, C에서 2cm만큼 떨어진 두 지점 d_3와 d_5에서의 막전위 변화 시간의 차이는 각각 2ms, $\frac{4}{3}$ms(약 1.3ms), $\frac{2}{3}$ms(약 0.7ms)이다. 이때 d_3보다 자극을 준 지점으로부터 더 멀리 떨어진 d_5에서의 막전위값(−70mV)은 막전위 변화 그래프에서 +30mV의 값보다 왼쪽에 위치해야 한다. 이것이 성립하는 경우를 찾으면 C의 흥분 전도 속도를 알 수 있다.

👀 **출제분석** | 주어진 막전위 값으로 각 신경의 흥분 전도 속도와 @를 알아내야 하는 난도 '중상'의 문항이다. 흥분의 전도 문항을 푸는 방법은 다양할 수 있으며, 문제풀이 TIP에 제시된 것처럼 두 지점 사이의 거리와 두 지점에서의 막전위 값의 시간 차를 이용하여 신경의 흥분 전도 속도를 구하는 방법은 여러 문항에 유용하게 적용할 수 있으니 알아두자!

다음은 민말이집 신경 A~C의 흥분 전도에 대한 자료이다.

○ 그림은 A~C의 지점 d_1~d_4의 위치를 나타낸 것이다. A~C의 흥분 전도 속도는 각각 서로 다르다.

○ 그림은 A~C 각각에서 활동 전위가 발생하였을 때 각 지점에서의 막전위 변화를, 표는 ⓐ A~C의 d_1에 역치 이상의 자극을 동시에 1회 주고 경과된 시간이 4ms일 때 d_2~d_4에서의 막전위가 속하는 구간을 나타낸 것이다. I~III은 d_2~d_4를 순서 없이 나타낸 것이고, ⓐ일 때 각 지점에서의 막전위는 구간 ㉠~㉢ 중 하나에 속한다.

흥분 전도 속도 : A>C>B

신경	4ms일 때 막전위가 속하는 구간		
	I d_4	II d_2	III d_3
A	㉡	? ㉢	㉢
B	?	㉠	?
C	㉡	㉢	㉡

이에 대한 설명으로 옳은 것만을 <보기>에서 있는 대로 고른 것은? (단, A~C에서 흥분의 전도는 각각 1회 일어났고, 휴지 전위는 −70mV이다.) **3점**

보기

ㄱ. ⓐ일 때 A의 II (d_2) 에서의 막전위는 ㉢에 속한다.

ㄴ. ⓐ일 때 B의 d_3에서 재분극이 일어나고 있지않다. ~~있다.~~

ㄷ. A~C 중 C A의 흥분 전도 속도가 가장 빠르다.

① ㄱ   ② ㄴ   ③ ㄷ   ④ ㄱ, ㄴ   ⑤ ㄱ, ㄷ

| 자 | 료 | 해 | 설 |

㉠은 탈분극, ㉡은 재분극, ㉢은 과분극 과정이 포함되어 있다. 한 신경에서 자극을 준 지점으로부터 가까운 지점일수록 자극이 먼저 도달하기 때문에 막전위 변화가 더 많이 진행된 상태이므로 막전위 변화 그래프에서 더 오른쪽에 위치한 막전위 값을 갖는다. ⓐ일 때, A에서 III의 막전위가 속하는 구간인 ㉢은 I의 막전위가 속하는 구간인 ㉡보다 막전위 변화 그래프에서 더 오른쪽에 위치한다. 따라서 III이 I 보다 자극을 준 지점과 가깝다는 것을 알 수 있다. 마찬가지로 C에서 II의 막전위가 속하는 구간인 ㉢은 I과 III의 막전위가 속하는 구간인 ㉡보다 막전위 변화 그래프에서 더 오른쪽에 위치한다. 따라서 II가 I, III보다 자극을 준 지점과 가깝다. 이를 종합하면 II, III, I 순으로 자극을 준 지점과 가까우므로 II은 d_2, III은 d_3, I은 d_4이다.

서로 다른 신경의 같은 위치에 자극을 동시에 주고 일정 시간이 지난 뒤 동일한 지점에서 막전위 값을 측정했을 때, 흥분의 전도 속도가 빠른 신경일수록 그 지점에 자극이 먼저 도달하기 때문에 막전위 변화가 더 많이 진행된 상태이므로 막전위 변화 그래프에서 더 오른쪽에 위치한 막전위 값을 갖는다. ⓐ일 때, II에서 C의 막전위가 속하는 구간인 ㉢은 B의 막전위가 속하는 구간인 ㉠보다 막전위 변화 그래프에서 더 오른쪽에 위치한다. 따라서 C의 흥분 전도 속도가 B보다 빠르다는 것을 알 수 있다. 마찬가지로 III에서 A의 막전위가 속하는 구간인 ㉢은 C의 막전위가 속하는 구간인 ㉡보다 막전위 변화 그래프에서 더 오른쪽에 위치한다. 따라서 A의 흥분 전도 속도가 C보다 빠르다. 이를 종합하면 흥분 전도 속도는 A>C>B 순으로 빠르다.

| 보 | 기 | 풀 | 이 |

ㄱ. 정답 : ⓐ일 때 A의 d_3(III)에서 과분극(㉢)이 일어나고 있으므로 d_3(III)보다 자극이 먼저 도달했던 d_2(II)에서의 막전위는 ㉢에 속한다.

ㄴ. 오답 : ⓐ일 때 B의 d_2(II)에서 탈분극(㉠)이 일어나고 있으므로 자극을 준 지점으로부터 d_2보다 멀리있는 d_3에서 재분극이 일어날 수 없다.

ㄷ. 오답 : 흥분 전도 속도는 A>C>B이므로, A의 흥분 전도 속도가 가장 빠르다.

👀 **문제풀이 TIP** | — 한 신경에서 자극을 준 지점으로부터 가까운 지점일수록 자극이 먼저 도달하기 때문에 막전위 변화가 더 많이 진행된 상태이므로 막전위 변화 그래프에서 더 오른쪽에 위치한 막전위 값을 갖는다.

— 서로 다른 신경의 같은 위치에 자극을 동시에 주고 일정 시간이 지난 뒤 동일한 지점에서 막전위 값을 측정했을 때, 흥분의 전도 속도가 빠른 신경일수록 그 지점에 자극이 먼저 도달하기 때문에 막전위 변화가 더 많이 진행된 상태이므로 막전위 변화 그래프에서 더 오른쪽에 위치한 막전위 값을 갖는다.

😀 **출제분석** | 막전위가 속하는 구간을 통해 각 지점을 구분하고, 신경의 흥분 전도 속도를 비교해야 하는 문항이다. 그리 어려운 문항은 아니지만, 막전위 값이 아닌 '막전위가 속하는 구간'을 제시한 새로운 유형의 문항이라 체감 난이도가 조금 높았던 것으로 판단된다. 문제풀이 TIP을 이해하고, 다양한 흥분 전도 문항에서 이를 적용할 수 있어야 한다.

다음은 민말이집 신경 A와 B의 흥분 전도에 대한 자료이다.

○ 그림은 A와 B의 지점 $d_1 \sim d_4$의 위치를, 표는 A의 ㉠과 B의
㉡에 역치 이상의 자극을 동시에 1회 주고 경과된 시간이
3ms일 때 $d_1 \sim d_4$에서의 막전위를 나타낸 것이다. ㉠과 ㉡은
각각 $d_1 \sim d_4$ 중 하나이다.

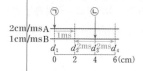

신경	3ms일 때 막전위(mV)			
	d_1	d_2	d_3	d_4
A	ⓒ	+10	ⓐ	ⓑ
B	ⓑ	ⓐ	ⓒ	ⓐ

→ 자극 도달 후 2ms가
지났을 때 측정되는 막전위

○ A와 B의 흥분 전도 속도는 각각
1cm/ms와 2cm/ms 중 하나이다.

○ A와 B 각각에서 활동 전위가
발생하였을 때, 각 지점에서의 막전위
변화는 그림과 같다.

이에 대한 설명으로 옳은 것만을 〈보기〉에서 있는 대로 고른 것은?
(단, A와 B에서 흥분의 전도는 각각 1회 일어났고, 휴지 전위는
−70mV이다.) 3점

보기

 ㄱ. ㉡은 ~~d_3~~ 이다. d_3

 ㄴ. A의 흥분 전도 속도는 2cm/ms이다.

 ㄷ. 3ms일 때 B의 d_2에서 ~~재분극~~ 이 일어나고 있다.   탈분극 ⓐ

① ㄱ   ✓② ㄴ   ③ ㄷ   ④ ㄱ, ㄷ   ⑤ ㄴ, ㄷ

|자|료|해|설|

A의 d_2에서 측정된 막전위 +10mV는 해당 지점에
자극이 도달한 뒤 2ms가 지났을 때 측정되는 값이다.
즉, 자극을 준 ㉠에서 d_2까지 흥분이 이동하는데 1ms가
걸렸으므로 A의 흥분 전도 속도는 2cm/ms이고, ㉠은 d_1
또는 d_3이다. → 만약 A의 흥분 전도 속도가 1cm/ms라면,
㉠은 d_2로부터 1cm 떨어진 지점이어야 하므로 $d_1 \sim d_4$ 중
하나에 자극을 주었다는 조건에 맞지 않는다.
만약 ㉠을 d_3라고 하면, ⓐ는 −80이다. −80mV는 자극을
주고 경과된 시간이 3ms일 때, 자극을 준 지점에서만
나타날 수 있는 막전위이다. 하지만 표의 신경 B에서는
ⓐ가 두 번 나타난다. 이는 B에 자극이 d_2와 d_4 두 지점에
주어진다는 의미로, $d_1 \sim d_4$ 중 하나인 ㉡(B에 자극을
준 지점)에 역치 이상의 자극을 1회 주었다는 조건에
모순된다. 따라서 A에 자극을 준 지점 ㉠은 d_1이고 ⓒ는
−80이 된다. 이에 따라 신경 B에 자극을 준 지점 ㉡은
d_3임을 알 수 있다. A에서 각 지점 사이의 거리는
2cm이므로 각 지점의 막전위는 그래프에서 1ms의 간격을
두고 위치한다. (ⓐ: 약 −60, ⓑ: −70, ⓒ: −80)

|보|기|풀|이|

ㄱ. 오답 : ㉡은 d_3이다.

ㄴ. 정답 : A의 흥분 전도 속도는 2cm/ms이고, B의 흥분
전도 속도는 1cm/ms이다.

ㄷ. 오답 : 3ms일 때 B의 d_2에서 탈분극이 일어나고 있다.

😀 **문제풀이 T I P** | A의 d_2에서 측정된 막전위 +10mV는 해당 지점에 자극이 도달한 뒤 2ms가 지났을 때 측정되는 값이므로, ㉠에서 d_2까지 흥분이 이동하는데 1ms가 걸렸다는
것을 알 수 있다. 이를 토대로 A의 흥분 전도 속도를 파악하고, A의 ㉠을 가정하여 B의 ㉡까지 찾아보자!

😀 **출제분석** | 주어진 막전위 값으로 각 신경의 흥분 전도 속도와 자극을 준 지점을 구분해야 하는 난도 '중상'의 문항이다. 난도가 높은 기존의 기출 문항에 비해 난도가 낮은 편에
속하지만, 흥분의 전도와 관련된 문항을 많이 풀어보지 않았거나 이해가 부족한 학생들은 어렵다고 느낄 수 있는 문항이다. 최근 이렇게 막전위 값을 기호로 나타내는 유형의 문항이
자주 등장하고 있어 문제를 해결하는 방법을 반드시 익혀두어야 한다.

다음은 민말이집 신경 I ~ III의 흥분 전도와 전달에 대한 자료이다.

○ 그림은 I ~ III의 지점 $d_1 \sim d_5$의 위치를, 표는 ㉠ I과 II의 P에, III의 Q에 역치 이상의 자극을 동시에 1회 주고 경과된 시간이 4ms일 때 $d_1 \sim d_5$에서의 막전위를 나타낸 것이다. P와 Q는 각각 $d_1 \sim d_5$ 중 하나이다.

신경	4ms일 때 막전위(mV)				
	d_1	d_2	d_3	d_4	d_5
I	-70	ⓐ	?	ⓑ	?
II	ⓒ	ⓐ	?	ⓒ	ⓑ
III	ⓒ	-80	?	ⓐ	?

○ I을 구성하는 두 뉴런의 흥분 전도 속도는 $2v$로 같고, II와 III의 흥분 전도 속도는 각각 $3v$와 $6v$이다.

○ I ~ III 각각에서 활동 전위가 발생하였을 때, 각 지점에서의 막전위 변화는 그림과 같다.

이에 대한 설명으로 옳은 것만을 〈보기〉에서 있는 대로 고른 것은? (단, I ~ III에서 흥분의 전도는 각각 1회 일어났고, 휴지 전위는 -70mV이다.) 3점

보기

㉠. Q는 d_4이다.

ㄴ. II의 흥분 전도 속도는 ~~2cm/ms~~ 1cm/ms이다.

ㄷ. ㉠이 5ms일 때 I의 d_5에서 ~~재분극~~ 탈분극이 일어나고 있다.

① ㉠   ② ㄴ   ③ ㄱ, ㄷ   ④ ㄴ, ㄷ   ⑤ ㄱ, ㄴ, ㄷ

|자|료|해|설|

4ms일 때 I의 d_2, II의 d_2, III의 d_4에서의 막전위가 ⓐ로 같으므로 자극을 준 지점 P는 d_2이고 Q는 d_4이다. III의 d_2에서 측정된 막전위 -80mV는 해당 지점에 자극이 도달한 뒤 3ms가 지났을 때 측정되는 값이다. 따라서 III의 d_4에서 d_2까지 2cm만큼 이동하는데 1ms가 걸린 것이므로 III의 흥분 전도 속도는 2cm/ms이다. I, II, III의 흥분 전도 속도는 $2v$, $3v$, $6v$라고 했으므로 각각의 흥분 전도 속도는 순서대로 $\frac{2}{3}$cm/ms, 1cm/ms, 2cm/ms이다.

|보|기|풀|이|

㉠ 정답 : P는 d_2이고, Q는 d_4이다.

ㄴ. 오답 : II의 흥분 전도 속도는 1cm/ms이다.

ㄷ. 오답 : ㉠이 5ms일 때 I의 d_2에 주어진 자극이 d_5까지 3cm만큼 이동하는데 4.5ms가 걸리므로 남은 0.5ms 동안 막전위 변화가 일어난다. 따라서 ㉠이 5ms일 때 I의 d_5에서 탈분극이 일어나고 있다.

😲 문제풀이 TIP | 자극을 준 지점의 막전위 값이 같다는 것으로 P와 Q를 찾고, III의 d_2에서 측정된 막전위 -80mV로 III의 흥분 전도 속도를 구할 수 있다.

😊 출제분석 | 막전위 값을 분석하여 자극을 준 지점 P와 Q를 찾고, 각 신경의 흥분 전도 속도를 구해야 하는 난도 '중상'의 문항이다. 주어진 막전위 값이 ⓐ~ⓒ로 제시되어 있어 난도가 높아 보이지만, 문제 해결의 열쇠가 되는 부분을 찾으면 어렵지 않게 풀 수 있다.

다음은 민말이집 신경 A의 흥분 전도에 대한 자료이다.

○ 그림은 A의 지점 $d_1 \sim d_4$의 위치를 나타낸 것이다. A는 1개의 뉴런이다.

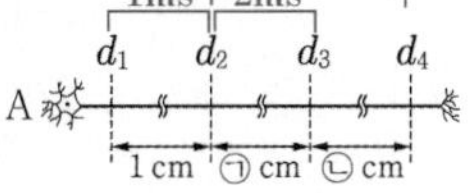

3ms
1ms | 2ms
d_1 d_2 d_3 d_4
A
1cm ㉠cm ㉡cm

○ 표 (가)는 d_2에 역치 이상의 자극 Ⅰ을 주고 경과된 시간이 4ms일 때 $d_1 \sim d_4$에서의 막전위를, (나)는 d_3에 역치 이상의 자극 Ⅱ를 주고 경과된 시간이 4ms일 때 $d_1 \sim d_4$에서의 막전위를 나타낸 것이다. A에서 활동 전위가 발생하였을 때, 각 지점에서의 막전위 변화는 그림과 같다.

	지점	d_1	d_2	d_3	d_4
(가)	막전위(mV)	-80	?	-70	$?0$	-60

1ms   3ms (위 표의 $d_1 \sim d_3$ 구간 표시)

	지점	d_1	d_2	d_3	d_4
(나)	막전위(mV)	-60	0	?	-70	$?-60$

2ms (아래 표의 $d_2 \sim d_4$ 구간 표시)

막전위(mV): +30, -60, -80
시간(ms): 0 1 2 3 4
자극
(가) d_2
(나) d_3

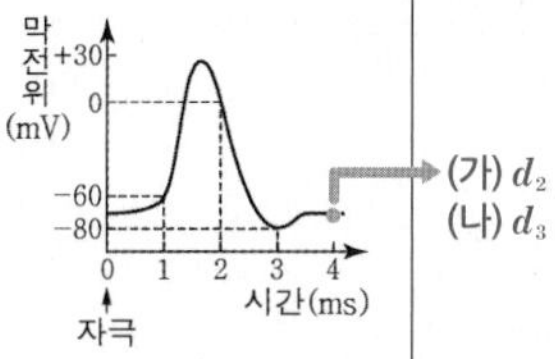

이에 대한 설명으로 옳은 것만을 〈보기〉에서 있는 대로 고른 것은? (단, Ⅰ과 Ⅱ에 의해 흥분의 전도는 각각 1회 일어났고, 휴지 전위는 -70mV이다.) **3점**

보기

ㄱ. ㉡이 ㉠보다 ~~크다~~ 작다.

ㄴ. A의 흥분 전도 속도는 1cm/ms이다.

ㄷ. d_1에 역치 이상의 자극을 주고 경과된 시간이 5ms일 때 d_4에서 탈분극이 일어나고 있다.

---

① ㄱ   ② ㄴ   ③ ㄷ   ④ ㄱ, ㄴ   ⑤ ㄴ, ㄷ

|자|료|해|설|

(가)에서 d_2에 자극을 주고 경과된 시간이 4ms일 때 d_1의 막전위가 -80mV이므로 d_2와 d_1에서의 막전위 변화 시간에 1ms 차이가 난다. 즉 d_2에서 d_1으로 흥분이 전도되는 데 걸린 시간이 1ms이며, 두 지점 사이의 거리는 1cm이므로 A의 흥분 전도 속도는 1cm/ms이다. 따라서 A에서 어떤 두 지점 사이의 거리는 두 지점에서의 막전위 변화 시간의 차이로 쉽게 구할 수 있다.

(나)에서 d_1의 막전위는 -60mV이고 d_2의 막전위는 0mV이므로 자극을 준 지점 d_3으로부터 d_1은 3cm 떨어져 있고, d_2는 2cm 떨어져 있다. 즉 ㉠은 2이다. 또한 d_2와 d_3 사이의 거리가 2cm이고 (가)에서 d_4의 막전위가 -60mV 이므로, d_4는 d_2로부터 3cm 떨어져 있음을 알 수 있다. 따라서 ㉡은 $3-2=1$이다.

|보|기|풀|이|

ㄱ. 오답 : ㉠은 2, ㉡은 1로 ㉡이 ㉠보다 작다.

ㄴ. 정답 : A의 흥분 전도 속도는 1cm/ms이다.

ㄷ. 정답 : d_1에서 d_4까지 흥분이 전도되는 데 걸리는 시간은 4ms이므로 자극을 주고 경과된 시간이 5ms일 때 d_4에서의 막전위는 -60mV로 탈분극이 일어나고 있다.

😮 **문제풀이 TIP** | 경과된 시간에서 막전위 변화 시간을 뺀 값이 흥분의 전도 시간이며, 하나의 뉴런 내에서 흥분의 전도 시간은 거리와 비례한다. 특히 이 문제에서는 흥분 전도 속도가 1cm/ms이기 때문에 어떤 두 지점 사이의 시간 간격은 곧 그 지점 사이의 거리로 생각할 수 있다.

😆 **출제분석** | 흥분의 전도 시간과 막전위 변화 시간을 이해하고 적용할 수 있어야 하는 문항이다. 수능에서는 흥분의 전도와 관련하여 이보다 더 높은 난도의 문항이 자주 출제되며 조금씩 새로운 유형도 출제되고 있으므로 다양한 기출 문제를 통해 연습해야 한다.

다음은 민말이집 신경 A~C의 흥분 전도와 전달에 대한 자료이다.

○ 그림은 A~C의 지점 d_1~d_5의 위치를, 표는 ㉠ A~C의 P에 역치 이상의 자극을 동시에 1회 주고 경과된 시간이 4ms일 때 d_1~d_5에서의 막전위를 나타낸 것이다. P는 d_1~d_5 중 하나이고, (가)~(다) 중 두 곳에만 시냅스가 있다. Ⅰ~Ⅲ은 d_2~d_4를 순서 없이 나타낸 것이다.

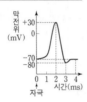

신경	4ms일 때 막전위(mV)				
	d_1	Ⅰd_3	Ⅱd_2	Ⅲd_4	d_5
A	?	?	+30	+30	−70
B	+30	−70	?	+30	?
C	?	?	?	−80	+30

○ A~C 중 2개의 신경은 각각 두 뉴런으로 구성되고, 각 뉴런의 흥분 전도 속도는 ⓐ로 같다. 나머지 1개의 신경의 흥분 전도 속도는 ⓑ이다. ⓐ와 ⓑ는 서로 다르다.
2cm/ms ⟶ ⟶ 1cm/ms

○ A~C 각각에서 활동 전위가 발생하였을 때, 각 지점에서의 막전위 변화는 그림과 같다.

이에 대한 설명으로 옳은 것만을 〈보기〉에서 있는 대로 고른 것은?
(단, A~C에서 흥분의 전도는 각각 1회 일어났고, 휴지 전위는 −70mV이다.) 3점

보기
ㄱ. Ⅱ는 d_2이다.
ㄴ. ⓐ는 ~~1cm/ms~~ 2cm/ms이다.
ㄷ. ㉠이 5ms일 때 B의 d_5에서의 막전위는 ~~−80mV~~ +30mV이다.

✓① ㄱ
3ms(d_3에서 d_5까지 흥분이 이동하는 데 걸린 시간)
+
2ms(막전위가 변하는 데 걸린 시간)

② ㄴ 　　③ ㄱ, ㄷ 　　④ ㄴ, ㄷ 　　⑤ ㄱ, ㄴ, ㄷ

|자|료|해|설|

㉠이 4ms일 때 자극을 준 지점의 막전위는 A, B, C 모두 −70mV이어야 한다. 따라서 자극을 준 지점은 모두 −70mV 값을 가질 수 있는 Ⅰ이다. A에서 Ⅱ와 Ⅲ의 막전위가 둘 다 +30mV이므로 자극을 준 지점으로부터 Ⅱ와 Ⅲ까지 흥분이 이동하는 데 걸리는 시간이 동일하다는 것을 의미하며, 이는 Ⅱ와 Ⅲ이 자극을 준 지점을 기준으로 대칭적인 위치에 존재해야 한다는 것을 알 수 있다. 따라서 자극을 준 지점 Ⅰ은 d_3이고 d_2와 d_4의 막전위가 +30mV 이므로 (가)에는 시냅스가 없으며, 시냅스는 (나)와 (다)에 있다. +30mV는 해당 지점에 자극이 도달한 뒤 2ms가 지났을 때 측정되는 값이다. A의 d_3에 주어진 자극이 d_2와 d_4까지 이동하는데 2ms가 걸렸으므로 A의 흥분 전도 속도는 1cm/ms(ⓑ)이다.
B의 d_3에 주어진 자극이 d_1까지 이동하는데 2ms가 걸렸으므로 B와 C의 흥분 전도 속도는 2cm/ms(ⓐ)이다.
㉠이 4ms일 때 B에서 막전위가 +30mV인 Ⅲ는 d_2가 될 수 없으므로 d_4이고, Ⅱ은 d_2이다. (또는 C의 d_3에 주어진 자극이 d_4까지 이동하는데 1ms가 걸리므로 남은 3ms 동안 막전위 변화가 일어나 −80mV의 값을 갖는다는 것으로 d_2와 d_4를 구분할 수도 있다.)

|보|기|풀|이|

ㄱ 정답: Ⅰ은 d_3, Ⅱ는 d_2, Ⅲ는 d_4이다.
ㄴ. 오답: ⓐ는 2cm/ms이다.
ㄷ. 오답: B의 d_3에서 d_4까지 흥분이 이동하는데 2ms가 걸리고, d_4에서 d_5까지 흥분이 이동하는데 1ms가 걸린다. 따라서 ㉠이 5ms일 때 자극을 준 d_3에서 d_5까지 흥분이 이동하는데 총 3ms가 걸리므로 남은 2ms 동안 막전위가 변한다.

🤓 문제풀이 T I P | ㉠이 4ms일 때 자극을 준 지점의 막전위는 −70mV이므로 자극을 준 지점은 Ⅰ이다. 막전위가 동일한 지점은 자극을 준 지점을 기준으로 서로 반대 방향에 위치한 곳이고, 그 지점까지 흥분이 이동하는데 걸린 시간이 동일하다.

🤓 출제분석 | 막전위에 대한 이해를 바탕으로 각 지점을 구분하고, 시냅스의 유무와 신경의 흥분 전도 속도를 파악해야 하는 문항이다. 가정을 하지 않고 해결할 수 있는 문항이기 때문에 기존에 출제된 고난도 문항에 비해 난도가 낮은 편이다.

다음은 민말이집 신경 A와 B의 흥분 전도에 대한 자료이다.

○ 그림은 A와 B에서 지점 $d_1 \sim d_4$의 위치를, 표는 A의 d_1과 B의 d_3에 역치 이상의 자극을 동시에 1회 주고 경과한 시간이 $t_1 \sim t_4$일 때 A의 ㉠과 B의 ㉡에서 측정한 막전위를 나타낸 것이다. ㉠과 ㉡은 d_2와 d_4를 순서 없이 나타낸 것이고, $t_1 \sim t_4$는 1ms, 2ms, 4ms, 5ms를 순서 없이 나타낸 것이다.

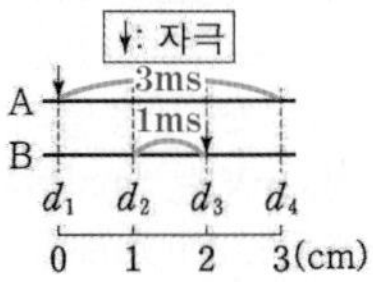

신경	지점	막전위(mV)			
		4ms t_1	1ms t_2	5ms t_3	2ms t_4
A	㉠d_4	?ⓑ	-70 ⓐ	$+20$	?-70
B	㉡d_2	-80	-70	?-70	ⓑ>-70

○ A와 B의 흥분 전도 속도는 모두 1cm/ms이다.

○ A와 B 각각에서 활동 전위가 발생하였을 때, 각 지점에서의 막전위 변화는 그림과 같다.

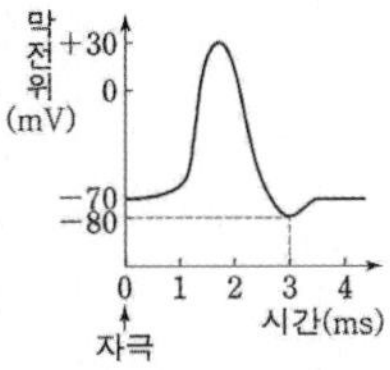

이에 대한 옳은 설명만을 〈보기〉에서 있는 대로 고른 것은? (단, A와 B에서 흥분 전도는 각각 1회 일어났고, 휴지 전위는 -70mV이다.) ③점

보기

ㄱ. t_3은 5ms이다.

ㄴ. ㉡은 d_4이다. (d_2)

ㄷ. ⓐ와 ⓑ는 모두 -70이다.
→ B의 d_2(㉡)에 자극이 도달한 뒤 1ms 지남 : ⓑ>-70
→ A의 d_4(㉠)에 자극이 도달하지 않음 : ⓐ=-70

① ㄱ ② ㄴ ③ ㄱ, ㄴ ④ ㄱ, ㄷ ⑤ ㄴ, ㄷ

😮 **문제풀이 TIP** | B에서 자극을 준 지점은 d_3이기 때문에 ㉡이 d_2이든 d_4이든 ㉡에서의 막전위 값은 동일하게 나타나지만, A에서 자극을 준 지점은 d_1이기 때문에 ㉠이 d_2일 때와 d_4일 때 ㉠에서의 막전위 값은 다르게 나타난다. 따라서 A의 ㉠에서의 막전위 값에 유의하여 표에 제시된 막전위 값을 확인하도록 한다.

| 자 | 료 | 해 | 설 |

A의 d_1과 B의 d_3에 자극을 주었고 A와 B의 흥분 전도 속도가 같으므로, 만약 ㉠이 d_2, ㉡이 d_4라면, 각각 자극을 준 지점으로부터의 거리가 1cm로 동일하기 때문에 각 시점일 때 ㉠과 ㉡에서의 막전위는 다음과 같이 서로 같아야 한다.

신경	지점	막전위(mV)			
		1ms	2ms	4ms	5ms
A	㉠	-70	그래프에서 1ms일 때의 막전위	-80	-70
B	㉡	-70	그래프에서 1ms일 때의 막전위	-80	-70

그러나 이 경우 문제에 제시된 표에서와 같이 A의 ㉠에서 $+20$mV의 막전위가 나타날 수 없으므로 모순이며, 따라서 ㉠이 d_4, ㉡이 d_2이고, 각 시점에서의 막전위는 다음과 같다.

신경	지점	막전위(mV)			
		1ms	2ms	4ms	5ms
A	d_4(㉠)	-70	-70	그래프에서 1ms일 때의 막전위	그래프에서 2ms일 때의 막전위
B	d_2(㉡)	-70	그래프에서 1ms일 때의 막전위	-80	-70

이를 문제에 제시된 표와 비교해보면 $+20$mV는 그래프에서 2ms일 때의 막전위임을 알 수 있으며, 따라서 t_1는 4ms, t_2는 1ms, t_3는 5ms, t_4는 2ms이다. 또한 ⓐ는 -70이고, ⓑ는 그래프에서 1ms일 때의 막전위이므로 -70보다 큰 값이다.

| 보 | 기 | 풀 | 이 |

ㄱ. 정답 : t_3은 5ms이다.

ㄴ. 오답 : ㉠은 d_4, ㉡은 d_2이다.

ㄷ. 오답 : t_2(1ms)일 때 A의 d_4(㉠)에는 자극이 도달하지 않았으므로 ⓐ는 -70이고, t_4(2ms)일 때 B의 d_2(㉡)에는 자극이 도달하고 1ms가 지났으므로 ⓑ는 -70보다 큰 값이다.

다음은 민말이집 신경 A와 B의 흥분 전도와 전달에 대한 자료이다.

○ 그림은 A와 B의 지점 $d_1 \sim d_4$의 위치를 나타낸 것이다. B는 2개의 뉴런으로 구성되어 있고, ㉠~㉢ 중 한 곳에만 시냅스가 있다.

○ 표는 A와 B의 d_3에 역치 이상의 자극을 동시에 1회 주고 경과된 시간이 t_1일 때 $d_1 \sim d_4$에서의 막전위를 나타낸 것이다. Ⅰ~Ⅳ는 $d_1 \sim d_4$를 순서 없이 나타낸 것이다.

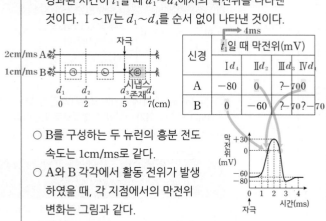

신경	t_1일 때 막전위(mV)			
	Ⅰ d_4	Ⅱ d_2	Ⅲ d_3	Ⅳ d_1
A	−80	0	?	−700
B	0	−60	?−70	?−70

○ B를 구성하는 두 뉴런의 흥분 전도 속도는 1cm/ms로 같다.

○ A와 B 각각에서 활동 전위가 발생하였을 때, 각 지점에서의 막전위 변화는 그림과 같다.

이에 대한 설명으로 옳은 것만을 〈보기〉에서 있는 대로 고른 것은?
(단, A와 B에서 흥분의 전도는 각각 1회 일어났고, 휴지 전위는 −70mV이다.) 3점

보기
ㄱ. t_1은 ~~5ms~~이다. 4ms
ㄴ. 시냅스는 ㉢에 있다.
ㄷ. t_1일 때, A의 Ⅱ에서 ~~탈분극~~이 일어나고 있다. 재분극 d_2

① ㄱ   ② ㄴ   ③ ㄱ, ㄷ   ④ ㄴ, ㄷ   ⑤ ㄱ, ㄴ, ㄷ

|자|료|해|설|

A와 B에서 자극을 준 지점(d_3)의 막전위 값은 동일해야 하므로 우선 Ⅰ과 Ⅱ는 자극을 준 지점이 아니다. A의 막전위 값 중 0mV는 자극이 그 지점에 도달한 뒤 1.5ms 또는 2.5ms가 지났을 때 측정되는 값이고, −80mV는 자극이 그 지점에 도달한 뒤 3ms가 지났을 때 측정되는 값이다. 따라서 Ⅱ와 Ⅳ(A에서 0mV)는 Ⅰ(A에서 −80mV)보다 자극을 준 지점으로부터 멀리 떨어진 지점이므로 자극을 준 지점(d_3)은 Ⅲ이다. 또한 Ⅰ, Ⅱ, Ⅳ 중에서 Ⅰ이 자극을 준 지점으로부터 가장 가까이 위치하므로 Ⅰ은 d_4이고, Ⅱ와 Ⅳ는 각각 d_1과 d_2 중 하나에 해당한다. d_1과 d_2는 2cm만큼 떨어져 있으며, t_1일 때 Ⅱ와 Ⅳ의 막전위(0mV)는 1ms만큼 차이난다. 따라서 A의 흥분 전도 속도는 2cm/ms이다. A의 d_3에 주어진 자극이 d_4에 도달하는데 1ms가 걸리고, 3ms 동안 막전위 변화가 일어나 d_4에서 막전위 값이 −80mV로 측정되었다. 따라서 t_1은 4ms이다.

시냅스를 고려하지 않았을 때, B의 d_3에 주어진 자극이 d_4에 도달하는데 2ms가 걸리므로 남은 2ms 동안 막전위 변화가 일어난다. 이때 B의 d_4에서 막전위 값이 +30mV가 아닌 0mV이므로 d_3와 d_4 사이인 ㉢에 시냅스가 있다는 것을 알 수 있다.

B의 d_3에 주어진 자극이 d_1에 도달하는데 5ms가 걸리므로, t_1(4ms)일 때 B의 d_1에서 막전위 값은 휴지 전위에 해당하는 −70mV이다. B의 d_3에 주어진 자극이 d_2에 도달하는데 3ms가 걸리므로, 남은 1ms 동안 막전위 변화가 일어나 B의 d_2에서 막전위 값은 −60mV이다. 따라서 Ⅱ는 d_2이고, Ⅳ는 d_1이다.

|보|기|풀|이|

ㄱ. 오답 : t_1은 4ms이다.

ㄴ. 정답 : ㉢에 시냅스가 없다고 가정하면, B의 d_3에 주어진 자극이 d_4에 도달하는데 2ms가 걸리므로 남은 2ms 동안 막전위 변화가 일어나 막전위 값이 +30mV로 측정되어야 한다. 그러나 0mV이므로 시냅스는 ㉢에 있다.

ㄷ. 오답 : t_1(4ms)일 때, A의 d_3에 주어진 자극이 Ⅱ(d_2)에 도달하는데 1.5ms가 걸리므로 남은 2.5ms 동안 막전위 변화가 일어난다. 따라서 A의 Ⅱ(d_2)에서 재분극이 일어나고 있다.

🤓 **문제풀이 TIP** | A와 B에서 자극을 준 지점(d_3)의 막전위 값은 동일해야 한다. 자극을 1회 주고 경과된 시간에서 막전위 변화가 일어난 시간을 빼면 흥분이 그 지점에 도달하는데 걸린 시간을 구할 수 있다. 또한 두 지점 사이의 거리와 t_1일 때 두 지점에서의 막전위 값의 시간 차이를 알면 신경의 흥분 전도 속도를 구할 수 있다.

😀 **출제분석** | 막전위 값으로 각 지점을 구분하고, A의 흥분 전도 속도와 B에서의 시냅스 위치를 알아내야 하는 난도 '상'의 문항이다. A의 d_1과 d_2 사이의 거리(2cm)와 t_1일 때 두 지점에서의 막전위 값의 시간 차(1ms)를 이용하여 A의 흥분 전도 속도를 구할 수 있으며, 이는 2022학년도 6월 모평 11번 문제 풀이 방법과 유사하다.

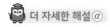
STEP 1. A의 표 해석하기

신경 A에 대해 주어진 막전위 값이 3개이며, d_3에서 d_1, d_2, d_4까지의 거리가 모두 다르므로 주어진 막전위 변화 시간은 1.5ms, 2.5ms, 3ms일 때이다. 이때 d_3는 자극을 받은 지점이므로 d_1, d_2, d_4보다 막전위 변화 시간이 길어야 하고, t_1은 d_3에서 막전위가 변화한 시간과 같으므로 t_1의 최솟값은 3ms이다.

1. t_1이 3ms인 경우

막전위가 0mV인 두 지점까지 자극이 이동한 시간이 1:3이다. $\overline{d_3 d_4}$, $\overline{d_3 d_2}$, $\overline{d_3 d_1}$의 거리 비가 2:3:5이므로 만족하는 경우가 없다.

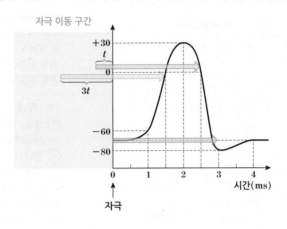

2. t_1이 3ms보다 긴 경우

막전위 변화 시간이 3ms인 지점은 d_3에서 가장 가까운 d_4이고, 2.5ms인 지점은 d_2, 1.5ms인 지점은 가장 먼 d_1이다. $\overline{d_3 d_4}$, $\overline{d_3 d_2}$의 거리 비가 2:3 이므로 d_3에서 d_4까지 자극이 이동하는 시간을 $2t$라고 하면 d_3에서 d_2까지 걸리는 시간은 $3t$이다. 이때 자극이 이동한 시간과 막전위 변화 시간의 합은 모든 구간에서 동일하므로 ($2t+3ms=3t+2.5ms$), $t=0.5ms$임을 알 수 있다. 따라서 d_3의 막전위 변화 시간은 $3+2t=4ms$임을 알 수 있고, Ⅰ은 d_4지점, Ⅲ이 d_3지점이며 Ⅲ의 막전위는 $-70mV$이다.

STEP 2. B의 표 해석하기

주어진 자료에서 B를 구성하는 두 뉴런의 흥분 전도 속도가 1cm/ms라고 주어졌으므로 ㉠~㉢ 중 시냅스가 존재하지 않는다고 가정하면 $t_1=4ms$ 동안 d_3에서 d_4까지 자극이 이동하는 시간이 2ms, 막전위가 변화하는 시간이 2ms이므로 d_4지점의 막전위는 $+30mV$이어야 한다. 이때 표에서 Ⅰ의 막전위가 0이므로 시냅스는 ㉢에 존재하는 것을 알 수 있다.

d_3에서 d_2까지 자극이 이동하는 시간은 3ms이다. 따라서 d_2에서 막전위가 변하는 시간은 1ms이므로 Ⅱ는 d_2지점이고, Ⅳ는 d_1지점인 것을 알 수 있다.

STEP 3. 보기 풀이

ㄱ. **오답** | d_3에서 d_4, d_2, d_1까지 자극 이동 시간이 2:3:5이기 위해서는 $t_1=4ms$이어야 한다.

ㄴ. **정답** | B에서 d_4의 막전위는 $+30mV$이어야 하지만 0mV인 것으로 보아 시냅스는 ㉢에 있다.

ㄷ. **오답** | t_1일 때 A의 Ⅱ는 d_2지점이므로 막전위 변화 시간이 2.5ms일 때이다. 이때 막전위는 최고점을 지나 재분극 상태에 있다.

다음은 민말이집 신경 A의 흥분 전도와 전달에 대한 자료이다.

○ A는 2개의 뉴런으로 구성되고, 각 뉴런의 흥분 전도 속도는 ㉮로 같다. 그림은 A의 지점 $d_1 \sim d_5$의 위치를, 표는 ㉠ d_1에 역치 이상의 자극을 1회 주고 경과된 시간이 2ms, 4ms, 8ms일때 $d_1 \sim d_5$에서의 막전위를 나타낸 것이다. Ⅰ~Ⅲ은 2ms, 4ms, 8ms를 순서 없이 나타낸 것이다.

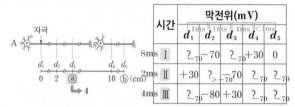

| 시간 | 막전위(mV) | | | | |
	1ms d_1	1ms d_2	4ms d_3	d_4	<1ms d_5
8ms Ⅰ	2₋₇₀	−70	2₋₇₀	+30	0
2ms Ⅱ	+30	?₊	₋₇₀70	2₋₇₀	2₋₇₀
4ms Ⅲ	2₋₇₀	−80	+30	2₋₇₀	2₋₇₀

○ A에서 활동 전위가 발생하였을 때, 각 지점에서의 막전위 변화는 그림과 같다.

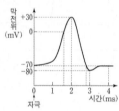

이에 대한 설명으로 옳은 것만을 〈보기〉에서 있는 대로 고른 것은? (단, A에서 흥분의 전도는 1회 일어났고, 휴지 전위는 −70mV이다.)

보기

㉠ ㉮는 2cm/ms이다.
㉡ ⓐ는 4이다.
㉢ ㉠이 9ms일 때 d_5에서 재분극이 일어나고 있다.

① ㄱ　　② ㄷ　　③ ㄱ, ㄴ　　④ ㄴ, ㄷ　　● ㄱ, ㄴ, ㄷ

|자|료|해|설|

막전위 변화 그래프에 따라, d_1에 자극을 주고 경과된 시간 (㉠)이 2ms일 때 d_1에서의 막전위는 +30mV이므로 Ⅱ는 2ms이다. 또한 ㉠이 Ⅰ일 때는 d_4에서의 막전위가 +30mV이고, Ⅲ일 때는 d_3에서의 막전위가 +30mV 이므로 Ⅰ일 때가 Ⅲ일 때보다 흥분이 더 멀리까지 전도 되었다는 것을 알 수 있다. 즉 Ⅰ이 8ms이고 Ⅲ이 4ms 이다.

㉠이 4ms일 때 d_1에서의 막전위는 −70mV이고, 표에서 d_2의 막전위는 −80mV, d_3의 막전위는 +30mV이므로 d_1에서 d_2까지의 흥분 전도 시간과 d_2에서 d_3까지의 흥분 전도 시간은 1ms로 같다. 즉 A를 구성하는 뉴런의 흥분 전도 속도인 ㉮는 2ms/ms이고, ⓐ는 4이다.

|보|기|풀|이|

㉠ 정답 : A를 구성하는 각 뉴런의 흥분 전도 속도인 ㉮는 2ms/ms이다.

㉡ 정답 : ⓐ는 4이다.

㉢ 정답 : ㉠이 8ms일 때 d_5에서 막전위는 0mV이므로 d_1에서 d_5까지 흥분 전도 시간은 6ms에서 7ms 사이이다. 따라서 ㉠이 9ms일 때 d_5에서의 막전위 변화 시간은 2ms 에서 3ms 사이이고, d_5에서 재분극이 일어나고 있다.

😮 **문제풀이 TIP** | ㉠이 9ms일 때 d_5에서의 막전위는 ㉠이 8ms 일 때 d_5에서의 막전위(0mV)보다 1ms 만큼 더 변화하므로 d_5에서 재분극이 일어나고 있다는 것을 그래프에서 확인하여 '보기 ㄷ'을 쉽게 판정할 수 있다.

😊 **출제분석** | 단서가 되는 막전위 값과 자극을 준 지점이 명확히 제시되어 있어 흥분의 전도와 전달에 관한 문항으로서는 난도가 높지 않은 편이다. d_3과 d_5의 위치가 미지수로 나타나 있어 당황할 수 있으나 표와 그래프를 통해 보기에서 묻고 있는 내용을 자연스럽게 찾아나갈 수 있으므로 기본 개념을 충분히 익혔다면 연습해보기 좋은 문항이다.

보기 풀이 보충 (보기 영역):

$\dfrac{d_1 \sim d_2\ 거리}{d_1과\ d_2의\ 전도\ 시간\ 차이} = \dfrac{2cm}{1ms} = 2cm/ms$

6ms < (d_5까지 전도되는데 걸리는 시간) < 7ms

02. 근육 수축의 원리

❶ 근수축 운동 ★수능에 나오는 필수 개념 2가지 + 필수 암기사항 3개

필수개념 1　골격근의 구조

• **골격근의 구조** *암기* → 골격근의 구조는 골격근의 수축 과정과 연계되어 자주 출제되므로 반드시 기억하자!

: 골격근은 여러 개의 근육 섬유 다발로 구성되어 있다. 하나의 근육 섬유는 미세한 근육 원섬유 다발로 구성되어 있으며, 하나의 세포에 여러 개의 핵이 있는 다핵 세포이다. 근육 원섬유는 액틴 필라멘트와 마이오신 필라멘트로 구성되어 있으며, 근육 원섬유 마디가 반복적으로 나타난다.

> • I대(명대) : Z선 양쪽으로 액틴 필라멘트만 있어서 밝게 보이는 부분
> • A대(암대) : 액틴 필라멘트와 마이오신 필라멘트가 겹쳐 있어서 어둡게 보이는 부분
> • H대 : A대 중앙의 약간 밝은 부분으로, 마이오신 필라멘트만 있는 부분
> • Z선 : I대(명대) 중앙의 가느다란 선으로, 근육 원섬유 마디와 마디를 구분하는 경계선
> • M선 : H대 중앙의 가느다란 선으로 근육 원섬유 마디의 중심 부위

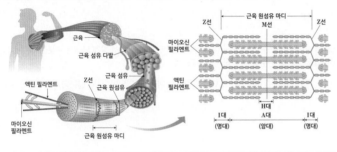

필수개념 2　골격근의 수축 원리

• **골격근의 수축 과정** *암기* → 골격근의 수축 과정은 체크된 부분을 중심으로 기억하자!

: 운동 뉴런의 말단과 근육 섬유막은 시냅스처럼 좁은 틈을 사이에 두고 접해있다. 흥분이 운동 뉴런을 따라 전도되어 축삭 돌기 말단에 도달하면 시냅스 소포에서 아세틸콜린이 분비되고, 아세틸콜린이 근육 섬유막으로 확산되면 근육 섬유막이 탈분극되어 활동 전위가 발생한다. 이 활동 전위가 근육 원섬유에 전달되면 근육 원섬유 마디가 짧아지면서 근육이 수축된다.

• **골격근의 수축 원리(활주설)** *암기* → 골격근의 수축 원리(활주설)는 중요한 개념이므로 전체적으로 충분히 공부하자!

: 액틴 필라멘트와 마이오신 필라멘트의 길이는 변화 없으며, 액틴 필라멘트가 마이오신 필라멘트 사이로 미끄러져 들어가 근육 원섬유 마디가 짧아지고, 액틴 필라멘트와 마이오신 필라멘트의 겹치는 부분이 늘어나면서 골격근이 수축된다.

> • 근수축 시 근육 원섬유의 변화
>
>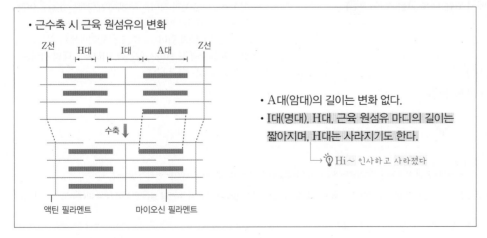
>
> • A대(암대)의 길이는 변화 없다.
> • I대(명대), H대, 근육 원섬유 마디의 길이는 짧아지며, H대는 사라지기도 한다.
> └→ ⭐Hi～ 인사하고 사라졌다

근육의 종류
근육에는 뼈에 붙어서 몸을 지탱하거나 움직이는 골격근, 심장을 움직이는 심장근, 내장 기관을 움직이는 내장근이 있다.

골격근의 운동
골격근은 운동 뉴런에 의해 조절되며, 골격근의 양끝은 서로 다른 뼈에 붙어 있어 골격근이 수축하면 뼈대가 움직인다. 뼈대에는 2개의 골격근이 쌍으로 붙어 있으며, 한쪽 근육이 수축하면 다른 쪽 근육은 이완한다.

근수축의 에너지원
근육 원섬유가 반복적으로 수축하기 위해서는 ATP가 필요한데, 이 ATP는 크레아틴 인산의 분해와 세포 호흡 과정에서 생성된다.

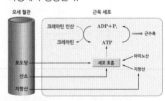

그림은 골격근 수축 과정의 두 시점 (가)와 (나)일 때 관찰된 근육 원섬유를, 표는 (가)와 (나)일 때 ㉠의 길이와 ㉡의 길이를 나타낸 것이다. ⓐ와 ⓑ는 근육 원섬유에서 각각 어둡게 보이는 부분(암대)과 밝게 보이는 부분(명대)이고, ㉠과 ㉡은 ⓐ와 ⓑ를 순서 없이 나타낸 것이다.

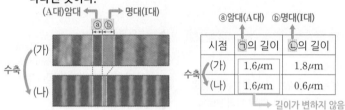

시점	㉠의 길이	㉡의 길이
(가)	1.6μm	1.8μm
(나)	1.6μm	0.6μm

길이가 변하지 않음

이에 대한 설명으로 옳은 것만을 〈보기〉에서 있는 대로 고른 것은?

보기
㉠. (가)일 때 ⓑ에 Z선이 있다. ← 명대(I대)
㉡. (나)일 때 ㉠에 액틴 필라멘트가 있다. → 암대(A대)
㉢. (가)에서 (나)로 될 때 ATP에 저장된 에너지가 사용된다.
　근육이 수축할 때

① ㄱ　　② ㄴ　　③ ㄱ, ㄷ　　④ ㄴ, ㄷ　　✔⑤ ㄱ, ㄴ, ㄷ

|자|료|해|설|
액틴 필라멘트와 마이오신 필라멘트가 겹쳐 있어서 어둡게 보이는 ⓐ는 암대(A대)이고, 액틴 필라멘트만 있어서 밝게 보이는 ⓑ는 명대(I대)이다. 근수축 시 암대(A대)의 길이는 변하지 않으며, 명대(I대)의 길이는 짧아진다. 따라서 (가)에서 (나)로 변할 때 근육이 수축했다는 것을 알 수 있다. 표에서 (가)에서 (나)로 변할 때 ㉠의 길이는 1.6μm로 일정하고, ㉡의 길이는 1.2μm만큼 짧아졌으므로 ㉠은 암대(A대)이고, ㉡은 명대(I대)이다.

|보|기|풀|이|
㉠. 정답 : 명대(I대)의 중앙에는 Z선이 있다. 따라서 (가)일 때 명대(ⓑ)에 Z선이 있디.
㉡. 정답 : 암대(A대)는 액틴 필라멘트와 마이오신 필라멘트가 겹쳐 있는 부분이므로 (나)일 때 암대(㉠)에 액틴 필라멘트가 있다.
㉢. 정답 : 근육이 수축할 때 ATP가 사용된다. 따라서 (가)에서 (나)로 될 때 ATP에 저장된 에너지가 사용된다.

😮 **문제풀이 TIP** | 액틴 필라멘트와 마이오신 필라멘트가 겹쳐 있어서 어둡게 보이는 부분은 암대(A대)이고, 액틴 필라멘트만 있어서 밝게 보이는 부분은 명대(I대)이다.
→ 어두울 암(暗), 밝을 명(明) 암대(A대)의 길이는 마이오신 필라멘트의 길이와 같으므로 근수축 시 변하지 않는다.

😀 **출제분석** | 암대(A대)와 명대(I대)의 특징을 이해하고 있는지를 확인하는 난도 '중'의 문항이다. 암대(A대)의 길이는 마이오신 필라멘트의 길이와 같으므로 근수축 시 변하지 않고 일정하다는 것을 알고 있으면 문제를 빠르게 해결할 수 있다.

그림은 좌우 대칭인 근육 원섬유 마디 X의 구조를, 표는 시점 t_1과 t_2일 때 X와 ㉡의 길이를 나타낸 것이다. ㉠은 마이오신 필라멘트만, ㉡은 액틴 필라멘트만 있는 부분이다.

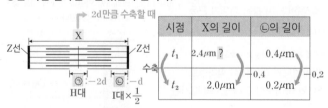

시점	X의 길이	㉡의 길이
t_1	2.4μm ?	0.4μm
t_2	2.0μm	0.2μm

이에 대한 옳은 설명만을 〈보기〉에서 있는 대로 고른 것은? **3점**

보기
㉠. ㉠은 H대이다.
㉡. t_1일 때 X의 길이는 2.4μm이다.
㉢. A대의 길이는 t_1일 때가 t_2 때보다 길다.
　　　　　　　　　　　때와 같다.
　변하지 않음

① ㄱ　　② ㄴ　　③ ㄷ　　✔④ ㄱ, ㄴ　　⑤ ㄴ, ㄷ

|자|료|해|설|
근육 원섬유 마디(X)의 길이가 2d만큼 짧아질 때, ㉡(I대의 절반)의 길이는 절반인 d만큼 짧아진다. t_1에서 t_2로 변할 때 ㉡의 길이가 0.2μm만큼 짧아졌으므로 근육이 수축했다는 것을 알 수 있고, X의 길이는 두 배에 해당하는 0.4μm만큼 짧아진다. 따라서 t_1일 때 X의 길이는 2.4μm이다.

|보|기|풀|이|
㉠. 정답 : 마이오신 필라멘트만 있는 ㉠은 H대이다.
㉡. 정답 : t_1에서 t_2로 변할 때 ㉡의 길이가 0.2μm만큼 짧아졌으므로 X의 길이는 두 배에 해당하는 0.4μm만큼 짧아진다. 따라서 t_1일 때 X의 길이는 2.4μm이다.
ㄷ. 오답 : A대의 길이는 마이오신 필라멘트의 길이와 같으며 근수축 시 변하지 않는다. 따라서 A대의 길이는 t_1일 때와 t_2일 때가 같다.

😮 **문제풀이 TIP** | <근육 원섬유 마디(X)의 길이가 2d만큼 짧아질 때>
㉠(H대)의 길이는 2d만큼 짧아지고, ㉡(I대의 절반)의 길이는 d만큼 짧아진다. 이때 액틴 필라멘트, 마이오신 필라멘트의 길이(=A대)는 변하지 않는다.

😀 **출제분석** | 기출문제와 비교했을 때 근수축 관련 문항 중에서는 난도가 낮은 문항이다. 근육 원섬유 마디(X)의 길이 변화에 따른 각 부분의 길이 변화에 대해 이해하고 있어야 관련 문제를 해결할 수 있다.

그림은 좌우 대칭인 근육 원섬유 마디 X의 구조를, 표는 시점 t_1과 t_2일 때 X의 길이와 ㉡의 길이를 나타낸 것이다. 구간 ㉠은 액틴 필라멘트와 마이오신 필라멘트가 겹치는 부분이고, ㉡은 액틴 필라멘트만 있는 부분이다.

시점	X의 길이	㉡의 길이
t_1	2.6μm?	0.5μm
t_2	2.4μm	0.4μm

수축 ↗ $-0.2\mu m$ $-0.1\mu m$

이에 대한 옳은 설명만을 〈보기〉에서 있는 대로 고른 것은? **3점**

보기

ㄱ. ㉠은 ~~H대~~ 의 일부이다. → A대

2.6−(0.5×2) = 1.6μm

ㄴ. t_1일 때 A대의 길이는 1.6μm이다.

ㄷ. ㉠의 길이와 ㉡의 길이를 더한 값은 t_1일 때와 t_2일 때가 같다. → 액틴 필라멘트 길이(일정)

① ㄱ ② ㄴ ③ ㄱ, ㄷ ④ ✓ ㄴ, ㄷ ⑤ ㄱ, ㄴ, ㄷ

|자|료|해|설|

근수축으로 근육 원섬유 마디(X)의 길이가 2d만큼 짧아질 때 ㉠의 길이는 d만큼 길어지고, ㉡의 길이는 d만큼 짧아진다. t_1에서 t_2로 변할 때 ㉡의 길이가 0.1μm 짧아졌으므로 X의 길이는 0.2μm만큼 짧아진다. 따라서 t_1일 때 X의 길이는 2.6μm이다.

|보|기|풀|이|

ㄱ. 오답 : ㉠은 액틴 필라멘트와 마이오신 필라멘트가 겹치는 부분이므로 A대의 일부이다.

ㄴ. 정답 : t_1일 때 A대의 길이는 'X의 길이−2㉡의 길이'로 구할 수 있다. 따라서 A대의 길이는 2.6−(0.5×2)=1.6μm이며, 근수축 시 A대의 길이는 변하지 않는다.

ㄷ. 정답 : ㉠의 길이와 ㉡의 길이를 더한 값은 액틴 필라멘트의 길이에 해당한다. 액틴 필라멘트의 길이는 근수축 시 변하지 않고 일정하므로 t_1일 때와 t_2일 때가 같다.

🦉 **문제풀이TIP** | 근수축 시 마이오신 필라멘트의 길이(=A대의 길이)와 액틴 필라멘트의 길이는 변하지 않고 일정하다. 따라서 t_1일 때 X의 길이(2.6μm)를 구하지 않고도 표에 제시된 t_2일 때의 X의 길이와 ㉡의 길이로 문제를 빠르게 해결할 수 있다.

그림은 근육 원섬유 마디 X의 구조를, 표는 두 시점 t_1과 t_2일 때 X와 ㉠의 길이를 나타낸 것이다. X는 좌우 대칭이며, ㉠은 액틴 필라멘트와 마이오신 필라멘트가 겹치는 부분, ㉡은 액틴 필라멘트만 있는 부분이다.

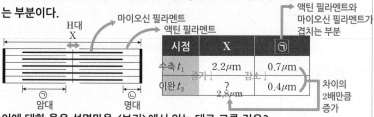

시점	X	㉠
수축 t_1	2.2μm	0.7μm
이완 t_2	? 2.8μm	0.4μm

증가↗ 감소↗ 차이의 2배만큼 증가

이에 대한 옳은 설명만을 〈보기〉에서 있는 대로 고른 것은?

보기

t_1보다 이완

㉠. t_2일 때 X의 길이는 2.8μm이다. =2.2+0.3+0.3

ㄴ. H대의 길이는 t_2일 때가 t_1일 때보다 ~~0.3~~ μm 더 길다. → ㉠이 0.3 감소×2
0.6

ㄷ. 전자 현미경으로 관찰하면 ~~㉠~~ 이 ~~㉡~~ 보다 밝게 보인다.
㉡ ㉠

① ✓ ㄱ ② ㄴ ③ ㄷ ④ ㄱ, ㄴ ⑤ ㄴ, ㄷ

|자|료|해|설|

근육 원섬유 마디 X에서 ㉠은 액틴 필라멘트와 마이오신 필라멘트가 겹치는 부분이므로 암대에 해당하고, ㉡은 액틴 필라멘트만 있는 부분이므로 명대에 해당한다. 수축과 이완될 때 ㉠, ㉡의 길이 변화를 생각해보면, 수축 시에 액틴 필라멘트와 마이오신 필라멘트가 겹치는 부분이 증가하므로 ㉠은 증가하고, 액틴 필라멘트 부분은 감소하므로 ㉡은 감소한다. 반대로 이완 시에는 겹치는 부분은 감소하므로 ㉠은 감소하고, ㉡은 증가한다. 시점 t_1과 t_2에서 ㉠의 길이를 비교해 보면 t_1일 때가 t_2일 때보다 길기 때문에 t_1은 t_2에 비해 수축되어 있는 상태이다. 따라서 t_2일 때 X의 길이는 2.2μm보다 길다.

|보|기|풀|이|

ㄱ. 정답 : t_2일 때 X의 길이는 t_1일 때 X의 길이에 t_1과 t_2 두 시점에서의 ㉠ 값 차이의 두 배를 더한 값이다. 따라서 2.2+{(0.7−0.4)×2}=2.8μm이 된다.

ㄴ. 오답 : t_2일 때가 t_1일 때보다 이완되었으므로 H대의 길이는 더 길다. 그 값은 t_1과 t_2 두 시점에서의 ㉠ 값 차이의 두 배이므로 0.3μm이 아니라 0.6μm만큼 더 길다.

ㄷ. 오답 : ㉠은 겹쳐진 부분으로 암대이고, ㉡은 액틴 필라멘트만 존재하는 명대이므로 ㉡이 ㉠보다 더 밝게 보인다.

그림은 좌우 대칭인 근육 원섬유 마디 X의 구조를, 표는 시점 t_1과 t_2일 때 X, (가), (나) 각각의 길이를 나타낸 것이다. 구간 ⊙은 액틴 필라멘트만 있는 부분이고, ⓒ은 액틴 필라멘트와 마이오신 필라멘트가 겹치는 부분이다. (가)와 (나)는 각각 ⊙과 ⓒ 중 하나이다.

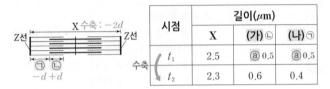

시점	길이(μm)		
	X	(가)ⓒ	(나)⊙
t_1 수축	2.5	ⓐ 0.5	ⓐ 0.5
t_2	2.3	0.6	0.4

이에 대한 옳은 설명만을 〈보기〉에서 있는 대로 고른 것은?

보기

ㄱ. (가)는 ⓒ이다. ← 0.5μm

ㄴ. t_1일 때 ⓒ과 H대의 길이는 같다. → $X-2(⊙+ⓒ)=2.5-2.0=0.5\mu$m

ㄷ. t_2일 때 A대의 길이는 1.5μm이다. → $X-2⊙=2.3-(2\times0.4)=1.5\mu$m

① ㄱ   ② ㄷ   ③ ㄱ, ㄴ   ④ ㄴ, ㄷ   ⑤ ㄱ, ㄴ, ㄷ

|자|료|해|설|

근수축이 일어나 X의 길이가 $2d$만큼 짧아질 때, ⊙은 d만큼 짧아지고 ⓒ은 d만큼 길어진다. t_1에서 t_2로 변할 때 X가 0.2μm 짧아졌으므로 ⊙은 0.1μm만큼 짧아지고 ⓒ은 0.1μm만큼 길어진다. 따라서 ⓐ는 0.5이고 (가)는 ⓒ, (나)는 ⊙이다.

|보|기|풀|이|

ㄱ. 오답 : (가)는 ⓒ이다.

ㄴ. 정답 : t_1일 때 ⓒ의 길이는 0.5μm이고, H대의 길이는 $X-2(⊙+ⓒ)=2.5-2.0=0.5\mu$m이므로 같다.

ㄷ. 정답 : t_2일 때 A대의 길이는 $X-2⊙=2.3-0.8=1.5\mu$m이며, A대의 길이는 근수축 시 변하지 않고 일정하다.

👀 **문제풀이 T I P |** X의 길이가 $2d$만큼 짧아질 때, ⊙은 d만큼 짧아지고 ⓒ은 d만큼 길어진다.

다음은 골격근의 근육 원섬유 마디 X에 대한 자료이다.

○ 그림은 X의 구조를 나타낸 것이다. X는 좌우 대칭이고, ⊙은 X에서 액틴 필라멘트와 마이오신 필라멘트가 겹치는 두 구간 중 한 구간이다. → A대-H대

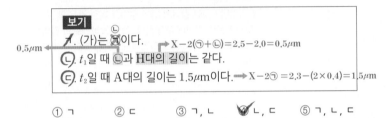

	X	⊙
t_1	3.2	0.2
t_2	2.2	0.7

○ t_1일 때 X의 길이는 3.2μm이고, ⊙의 길이는 0.2μm이다.

○ t_2일 때 X에서 H대의 길이는 0.2μm이고, ⊙의 길이는 0.7μm이다.

이에 대한 설명으로 옳은 것만을 〈보기〉에서 있는 대로 고른 것은? **3점**

보기

ㄱ. X가 수축할 때 ATP가 소모된다. → t_2일 때 마이오신 필라멘트의 길이 : $(⊙\times2)+$H대$=(0.7\times2)+0.2=1.6$

ㄴ. t_1일 때 X에서 마이오신 필라멘트의 길이는 1.6μm이다.

ㄷ. t_2일 때 X의 길이는 2.2μm이다. → t_1일 때 X의 길이$-$(⊙의 차이값$\times2)=3.2-(0.5\times2)=2.2$

① ㄱ   ② ㄷ   ③ ㄱ, ㄴ   ④ ㄴ, ㄷ   ⑤ ㄱ, ㄴ, ㄷ

|자|료|해|설|

이 자료의 X에서 액틴 필라멘트와 마이오신 필라멘트가 겹치는 두 구간은 A대에서 H대를 뺀 구간이고 이 구간의 한 구간이 ⊙이다. t_1일 때 ⊙의 길이가 0.2μm인데, t_2일 때 ⊙의 길이가 0.7μm로 증가했다. 이는 액틴 필라멘트와 마이오신 필라멘트가 겹치는 구간이 증가한 것이므로 t_2일 때 X가 수축했음을 알 수 있다. 이 때, ⊙의 증가 폭은 X의 길이가 짧아진 폭이다. 따라서 t_2일 때 X의 길이는 t_1일 때 X의 길이에서 ⊙의 증가 폭을 두배한 값을 뺀 값이므로 $3.2-(2\times0.5)=2.2\mu$m가 된다.

|보|기|풀|이|

ㄱ. 정답 : 골격근의 수축은 ATP가 필요하다.

ㄴ. 정답 : 마이오신 필라멘트의 길이는 수축이나 이완에 따라 길이가 변화하지 않는다. 따라서 t_1과 t_2에서 마이오신 필라멘트의 길이는 같다. X에서 마이오신 필라멘트의 길이는 ⊙의 길이$\times2+$H대의 길이이다. t_2에서 ⊙의 길이와 H대의 길이를 모두 알고 있으므로 이를 활용하면 $0.7\times2+0.2=1.6\mu$m이다.

ㄷ. 정답 : t_2에서 X의 길이는 t_1의 X길이$-$(⊙의 증가 폭$\times2)$이다. 따라서, $3.2-(0.5\times2)=2.2\mu$m이다.

 문제풀이 T I P | 골격근의 근육 원섬유 마디의 수축과 이완에 따른 A대, I대, H대의 변화를 중점적으로 학습하자. 근육 원섬유 마디에서 액틴 필라멘트와 마이오신 필라멘트가 겹치는 부분이 감소하면 마디가 이완되는 과정으로 이때, 마이오신 필라멘트의 변화는 없지만 H대의 길이는 증가하고 I대의 길이도 증가한다. 반대로 근육 원섬유 마디에서 액틴 필라멘트와 마이오신 필라멘트가 겹치는 부분이 증가하면 근 수축이 일어나는데, 마이오신 필라멘트 길이의 변화는 없지만, H대, I대, Z선과 Z선 사이의 길이는 감소한다. 이처럼 근 이완과 근 수축으로 분리하여 각 부분의 길이 변화를 학습하도록 하자.

😀 **출제분석 |** 이번 문항은 골격근의 수축 시 길이 변화를 묻는 문항으로 평범한 유형으로 출제되었고, 평범한 보기였기 때문에 난도 '중'에 해당한다. 다만 길이의 변화를 표가 아닌 글로 제시하므로 조금은 유형 변화를 꾀한 것으로 보인다. 2017학년도에 근 수축 관련 문항들이 빠지긴 했지만, 여전히 자극의 전달 과정과 비슷한 빈도로 출제되고 중요도도 비슷하므로 절대로 소홀히 해서는 안 될 것이다. 난이도가 좀 더 증가한다면 수축에 따른 각 부분의 길이 변화가 그래프로 제시될 수 있기 때문에 그래프로 제시되었던 기출 문제를 꼭 학습해 놓도록 하자.

그림 (가)는 근육 원섬유 마디 X의 구조를, (나)는 근육 운동 시 t_1에서 t_2로 시간이 경과할 때 ㉠과 ㉡ 중 한 지점에서 관찰되는 단면 변화를 나타낸 것이다. ㉠과 ㉡은 각각 M선으로부터 거리가 일정한 지점이고, ⓐ는 마이오신 필라멘트만 있는 부분이다.

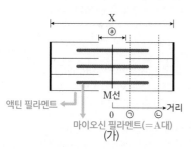
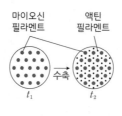

(나) ㉠에서 관찰되는 단면 변화

이에 대한 옳은 설명만을 〈보기〉에서 있는 대로 고른 것은? **3점**

보기
㉠ (나)가 나타나는 지점은 ㉠이다.
㉡ ⓐ의 길이는 t_2일 때가 t_1일 때보다 짧다. → 근수축 시 H대는 짧아진다.
　H대
㉢ X에서 $\dfrac{A대의 길이}{액틴 필라멘트의 길이}$ = 마이오신 필라멘트의 길이 는 t_1일 때와 t_2일 때가 같다.

근수축 시 마이오신 필라멘트(A대)와 액틴 필라멘트의 길이는 변하지 않는다.
① ㄴ　　② ㄷ　　③ ㄱ, ㄴ　　④ ㄱ, ㄷ　　⑤ ㄱ, ㄴ, ㄷ

|자|료|해|설|
(나)에서 t_1일 때는 마이오신 필라멘트만 있으므로 H대에 해당한다. t_2일 때는 마이오신 필라멘트와 액틴 필라멘트가 모두 존재하므로 A대에서 H대를 제외한 부분에 해당한다. 그러므로 (나)는 ㉠에서의 단면 변화이고 t_1에서 t_2로 시간이 경과할 때 근수축이 일어났다. ⓐ는 마이오신 필라멘트만 있는 H대이다.

|보|기|풀|이|
㉠ 정답 : (나)에서 t_1일 때는 마이오신 필라멘트만 있고, t_2일 때는 마이오신 필라멘트와 액틴 필라멘트가 모두 존재한다. 따라서 (나)가 나타나는 지점은 ㉠이다.
㉡ 정답 : ⓐ는 H대이고 근육이 수축할 때 짧아진다. t_1에서 t_2로 시간이 경과할 때 근수축이 일어났으므로 t_2일 때가 t_1일 때보다 짧다.
㉢ 정답 : A대는 마이오신 필라멘트의 길이와 같다. 근수축 혹은 이완 시 마이오신 필라멘트와 액틴 필라멘트의 길이는 변하지 않는다. 따라서 X에서 $\dfrac{A대의 길이(=마이오신 필라멘트의 길이)}{액틴 필라멘트의 길이}$ 는 t_1일 때와 t_2일 때가 같다.

😮 **문제풀이 TIP** | 근수축 시 마이오신 필라멘트와 액틴 필라멘트의 길이는 변하지 않고, 두 필라멘트가 겹치는 부위의 길이가 증가하며 H대와 I대의 길이는 감소한다. 반대로 근이완 시에도 마이오신 필라멘트와 액틴 필라멘트의 길이는 변하지 않고, 두 필라멘트가 겹치는 부위의 길이가 감소하며 H대와 I대의 길이는 증가한다.

😮 **출제분석** | 근육 원섬유의 단면 변화 그림을 분석해야 하는 난도 '중하'의 문항이다. 근수축 과정을 이해하고 있다면 쉽게 해결할 수 있으며 특정 부분의 길이 값을 구해야하는 문제에 비해 난도가 낮은 문항이다.

다음은 골격근의 수축 과정에 대한 자료이다.

○ 그림은 근육 원섬유 마디 X의 구조를, 표는 골격근 수축 과정의 두 시점 t_1과 t_2일 때 X의 길이와 ㉠의 길이를 나타낸 것이다. X는 좌우 대칭이다.

$\dfrac{X-㉠}{2}$

X 수축 : −2d(−0.4μm)

시점	X의 길이	㉠의 길이	㉢
t_1	3.0μm	1.6μm	0.7μm
t_2	2.6μm	? 1.6μm	0.5μm

=마이오신 필라멘트 길이(변하지 않음)

−2d H대−d ½ I대
(−0.4μm) (−0.2μm)

○ 구간 ㉠은 마이오신 필라멘트가 있는 부분이고, ㉡은 마이오신 필라멘트만 있는 부분이며, ㉢은 액틴 필라멘트만 있는 부분이다.

이에 대한 설명으로 옳은 것만을 〈보기〉에서 있는 대로 고른 것은?

보기　골격근이 수축할 때
㉠ t_1에서 t_2로 될 때 ATP에 저장된 에너지가 사용된다.
ㄴ. ㉠의 길이에서 ㉡의 길이를 뺀 값은 t_2일 때가 t_1일 때보다 0.2μm 크다. [0.4μm]
ㄷ. t_2일 때 ㉢의 길이는 0.3μm이다. [0.5μm]

① ㄱ　　② ㄴ　　③ ㄷ　　④ ㄱ, ㄴ　　⑤ ㄱ, ㄷ

|자|료|해|설|
근육 원섬유 마디(X)의 길이가 2d만큼 짧아질 때, ㉠(A대)의 길이는 변하지 않고, ㉡(H대)의 길이는 2d만큼 짧아지며 ㉢(I대의 절반)의 길이는 d만큼 짧아진다. t_1에서 t_2로 될 때 근육 원섬유 마디(X)의 길이가 0.4μm만큼 짧아졌으므로, ㉡(H대)의 길이는 0.4μm만큼 짧아지고 ㉢(I대의 절반)의 길이는 0.2μm만큼 짧아진다.

|보|기|풀|이|
㉠ 정답 : t_1에서 t_2로 골격근이 수축할 때 ATP에 저장된 에너지가 사용된다.
ㄴ. 오답 : t_1에서 t_2로 될 때 ㉠(A대)의 길이(=마이오신 필라멘트의 길이)는 변하지 않고, ㉡(H대)의 길이는 0.4μm만큼 줄어든다. 따라서 ㉠의 길이에서 ㉡의 길이를 뺀 값은 t_2일 때가 t_1일 때보다 0.4μm 크다.
ㄷ. 오답 : t_2일 때 ㉢의 길이는 $\dfrac{X-㉠}{2} = \dfrac{2.6μm-1.6μm}{2}$ =0.5μm이다.

😮 **문제풀이 TIP** | 〈근육 원섬유 마디(X)의 길이가 2d만큼 짧아질 때〉
㉠의 길이는 변하지 않고, ㉡의 길이는 2d만큼 짧아지며, ㉢의 길이는 d만큼 짧아진다.

😮 **출제분석** | 근육 원섬유 마디(X)의 길이 변화에 따른 각 부분의 길이 변화를 이해하고 있어야 해결 가능한 난도 '중하'의 문항이다. '보기 ㄴ'처럼 주어진 자료만으로는 정확한 길이를 구할 수 없는 부분(㉠의 길이에서 ㉡의 길이를 뺀 값)에 대해서는 값의 차이를 물어볼 수도 있다.

다음은 어떤 동물의 골격근 수축 과정에 대한 자료이다.

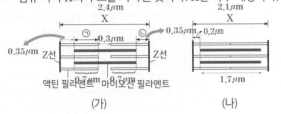

○ 그림은 골격근 수축 과정의 두 시점 (가)와 (나)일 때 근육 원섬유 마디 X의 구조를 나타낸 것이다. X는 좌우 대칭이다.

○ ㉠은 X에서 액틴 필라멘트와 마이오신 필라멘트가 겹치는 두 구간 중 한 구간이다. (가)에서 ㉠은 0.7μm이다.

○ ㉡은 X에서 액틴 필라멘트만 존재하는 두 구간 중 한 구간이다.

○ X의 길이는 (가)일 때가 (나)일 때보다 0.3μm 길다.

이에 대한 설명으로 옳은 것만을 〈보기〉에서 있는 대로 고른 것은?　③점

보기

↗ (가)와 (나)에서 변하지 않음

ㄱ. (가)일 때 ㉡의 길이는 ~~0.25~~ 0.35μm이다.

ㄴ. (나)일 때 A대의 길이는 ~~1.6~~ 1.7μm이다.

ㄷ. (나)일 때 X의 길이는 2.1μm이다.

① ㄱ　✔ ㄷ　③ ㄱ, ㄴ　④ ㄴ, ㄷ　⑤ ㄱ, ㄴ, ㄷ

|자|료|해|설|

X의 길이가 (가)일 때가 (나)일 때보다 0.3μm 길고 (나)일 때는 H대가 없으므로, (가)에서 H대의 길이는 0.3μm이다. (가)에서 ㉠의 길이가 0.7μm이므로 A대의 길이는 1.7μm이고 이를 통해 (나)에서 X의 길이가 2.1μm, (가)에서 X의 길이가 2.4μm임을 알 수 있다. 따라서 (가)의 ㉡은 0.35μm가 된다.

|보|기|풀|이|

ㄱ. 오답 : (가)일 때 ㉡의 길이는 0.35μm이다.
ㄴ. 오답 : (나)일 때 A대의 길이는 1.7μm이다.
ㄷ. 정답 : (나)의 X의 길이는 2.1μm이다.

🤓 **문제풀이 TIP** | 근육의 구조에서 A대, I대, H대의 위치 및 수축할 때 길이 변화에 대해 정확하게 이해하고 있어야 한다. 그림을 활용해서 각각의 길이를 계산하는 연습을 많이 해두도록 하자.

🤓 **출제분석** | 근육의 수축 원리와 구조를 정확하게 알고 분석해야 풀 수 있는 문제로 근육 수축이 교육 과정에 포함된 이후 수능에서 자주 출제되고 있는 유형이다. 문제의 난도는 중이다. 최근의 수능에서 자극의 전달 부분의 내용이 점점 어렵게 출제되고 있는 추세이므로, 이 정도 수준의 문제는 기출을 많이 풀어서 익숙해지도록 연습해야 한다.

다음은 골격근의 수축 과정에 대한 자료이다.

○ 그림은 근육 원섬유 마디 X의 구조를, 표는 골격근 수축 과정의 두 시점 t_1과 t_2일 때 X의 길이, A대의 길이, ㉡의 길이를 나타낸 것이다. X는 좌우 대칭이고, t_2일 때 H대의 길이는 1.0μm이다.

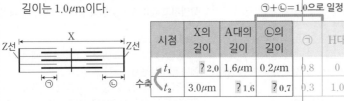

		↗ ㉠+㉡=1.0으로 일정			
시점	X의 길이	A대의 길이	㉡의 길이	㉠	H대
t_1	? 2.0	1.6μm	0.2μm	0.8	0
↓수축 t_2	3.0μm	? 1.6	? 0.7	0.3	1.0

○ 구간 ㉠은 액틴 필라멘트와 마이오신 필라멘트가 겹치는 부분이고, ㉡은 액틴 필라멘트만 있는 부분이다.

이에 대한 설명으로 옳은 것만을 〈보기〉에서 있는 대로 고른 것은?　③점

보기

ㄱ. t_1일 때 X의 길이는 2.0μm이다.

ㄴ. ㉡의 길이는 t_1일 때가 t_2일 때보다 짧다.

↙ 0.2　↙ 0.7

ㄷ. t_2일 때 $\dfrac{㉠의\ 길이}{A대의\ 길이}$ = ~~$\dfrac{3}{8}$~~ $\dfrac{3}{16}$이다.

① ㄱ　② $\dfrac{0.3}{1.6}$　✔ ㄱ, ㄴ　④ ㄴ, ㄷ　⑤ ㄱ, ㄴ, ㄷ

|자|료|해|설|

t_1일 때 'A대+2㉡=X'이고, 이를 계산하면 $1.6+(2\times0.2)=2.0\mu$m이다. A대의 길이는 근수축시 변하지 않으므로 t_2일 때 A대의 길이도 1.6μm이다. t_2일 때 $\dfrac{(X-A대)}{2}=㉡$이고, 이를 계산하면 $\dfrac{(3.0-1.6)}{2}=0.7\mu$m이다. t_2일 때 $\dfrac{(X-H대)}{2}=㉠+㉡$이고, 이를 계산하면 $\dfrac{(3.0-1.0)}{2}=1.0\mu$m이다. ㉠+㉡의 길이는 액틴 필라멘트의 길이로 근수축시 변하지 않는다. 이를 토대로 ㉠의 길이를 구하면 t_1일 때 0.8μm이고, t_2일 때 0.3μm이다.

|보|기|풀|이|

ㄱ. 정답 : t_1일 때 X의 길이는 'A대+2㉡'이므로 $1.6+(2\times0.2)=2.0\mu$m이다.
ㄴ. 정답 : ㉡의 길이는 근육이 수축할수록 짧아진다. 따라서 t_1일 때가 t_2일 때보다 짧다.
ㄷ. 오답 : t_2일 때 $\dfrac{㉠의\ 길이}{A대의\ 길이}=\dfrac{0.3}{1.6}=\dfrac{3}{16}$이다.

🤓 **문제풀이 TIP** | 근수축시, 액틴 필라멘트(㉠+㉡)와 마이오신 필라멘트의 길이(=A대의 길이)는 변하지 않는다.

🤓 **출제분석** | 제시된 각 부분의 길이로 다른 부분의 길이를 구해야 하는 난도 '중'의 문항이다. 자료 해설에 제시된 방법 외에도 근수축과 관련된 문항의 풀이 방법은 다양하며, 기출 문제를 반복해서 풀어보며 가장 빠르게 문제를 해결하는 방법을 익혀두어야 시간을 절약할 수 있다.

다음은 골격근의 수축 과정에 대한 자료이다.

○ 그림은 좌우 대칭인 근육 원섬유 마디 X의 구조를 나타낸
  것이다. 구간 ㉠은 액틴 필라멘트와 마이오신 필라멘트가
  겹치는 부분이고, ㉡은 마이오신 필라멘트만 있는 부분이다.
○ 표는 골격근 수축 과정의 시점 t_1과 t_2일 때 X, @, ⓑ의
  길이를 나타낸 것이다. @와 ⓑ는 각각 ㉠과 ㉡ 중 하나이다.

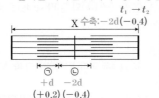

시점	길이(μm)		
	X	@㉠	ⓑ㉡
t_1	? 2.6	0.5	0.6
t_2	2.2	0.7	0.2
		+0.2	−0.4

이에 대한 옳은 설명만을 〈보기〉에서 있는 대로 고른 것은?

보기

ㄱ. ⓑ는 ㉠이다.

ㄴ. t_1일 때 X의 길이는 2.6 ~~2.4~~μm이다.

ㄷ. t_2일 때 A대의 길이는 1.6μm이다.
   → $2㉠+㉡=(2×0.7)+0.2=1.6$

① ㄱ   ✓② ㄷ   ③ ㄱ, ㄴ   ④ ㄴ, ㄷ   ⑤ ㄱ, ㄴ, ㄷ

|자|료|해|설|

근수축으로 근육 원섬유 마디(X)의 길이가 2d만큼 짧아질
때, ㉠의 길이는 d만큼 길어지고 ㉡(H대)의 길이는 2d만큼
짧아진다. t_1에서 t_2로 변할 때 @의 길이가 0.2μm만큼
길어지고 ⓑ의 길이는 0.4μm만큼 짧아졌으므로 @는
㉠이고, ⓑ는 ㉡이다. t_1에서 t_2로 변할 때 근육이 수축하여
X의 길이가 0.4μm만큼 짧아졌으므로 t_1일 때 X의 길이는
2.6μm이다.

|보|기|풀|이|

ㄱ. 오답 : @는 ㉠이고, ⓑ는 ㉡이다.

ㄴ. 오답 : t_1에서 t_2로 변할 때 X의 길이가 0.4μm만큼
짧아졌으므로 t_1일 때 X의 길이는 2.6μm이다.

ㄷ. 정답 : t_2일 때 A대의 길이는
$2㉠+㉡=1.4+0.2=1.6\mu$m이다. 참고로 A대의 길이는
변하지 않으므로 t_1일 때와 t_2일 때 A대의 길이는 같다.

😀 **문제풀이 TIP** | <근육 원섬유 마디(X)의 길이가 2d만큼
짧아질 때>
㉠의 길이는 d만큼 길어지고, ㉡(H대)의 길이는 2d만큼 짧아진다.

😀 **출제분석** | @와 ⓑ의 길이 변화량으로 ㉠과 ㉡을 구분하고,
주어진 값을 이용하여 근육 원섬유 마디(X)의 길이와 A대의
길이를 구하는 난도는 '중'의 문항이다. 기존에 출제된 문제 유형과
크게 다르지 않으므로 빠른 시간 내에 해결할 수 있어야 한다.

다음은 골격근의 수축 과정에 대한 자료이다.

○ 그림은 근육 원섬유 마디 X의 구조를, 표는 골격근 수축
  과정의 두 시점 t_1과 t_2일 때 ㉠~㉢의 길이를 나타낸 것이다.
  X는 M선을 기준으로 좌우 대칭이고, A대의 길이는 1.6μm
  이다. t_2일 때 ㉠의 길이와 ㉡의 길이는 같다.

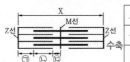

	㉠+㉡=1.0 ㉡+㉢=0.8		
시점	㉠의 길이	㉡의 길이	㉢의 길이
t_1	? 0.3	0.7μm	? 0.1
t_2	? 0.5	? 0.5	0.3μm

○ 구간 ㉠은 액틴 필라멘트만 있는 부분이고, ㉡은 액틴
  필라멘트와 마이오신 필라멘트가 겹치는 부분이며, ㉢은
  마이오신 필라멘트만 있는 부분이다.

이에 대한 설명으로 옳은 것만을 〈보기〉에서 있는 대로 고른 것은?

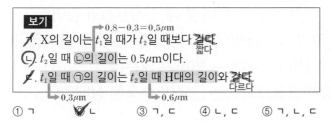

보기

ㄱ. X의 길이는 t_1일 때가 t_2일 때보다 ~~길다~~ 짧다.

ㄴ. t_2일 때 ㉡의 길이는 0.5μm이다. → $0.8−0.3=0.5\mu$m

ㄷ. t_1일 때 ㉠의 길이는 t_2일 때 H대의 길이와 ~~같다~~ 다르다.
   → 0.3μm   → 0.6μm

① ㄱ   ✓② ㄴ   ③ ㄱ, ㄷ   ④ ㄴ, ㄷ   ⑤ ㄱ, ㄴ, ㄷ

|자|료|해|설|

A대의 길이가 1.6μm이므로 '㉡의 길이+㉢의 길이'는
0.8μm로 일정하다. 따라서 t_1일 때 ㉢의 길이는
0.1μm이고, t_2일 때 ㉡의 길이는 0.5μm이다. t_2일 때 ㉠의
길이와 ㉡의 길이는 같다고 했으므로, t_2일 때 ㉠의 길이는
0.5μm이다. '㉠의 길이+㉡의 길이'는 액틴 필라멘트의
길이에 해당하므로 1.0μm로 일정하다. 따라서 t_1일 때
㉠의 길이는 0.3μm이다.

|보|기|풀|이|

ㄱ. 오답 : ㉠의 길이는 t_1일 때가 t_2일 때보다 짧으므로 X의
길이 또한 t_1일 때가 t_2일 때보다 짧다.

ㄴ. 정답 : t_2일 때 ㉡의 길이는 $0.8−0.3=0.5\mu$m이다.

ㄷ. 오답 : t_1일 때 ㉠의 길이는 0.3μm이고, t_2일 때
H대(2㉢)의 길이는 0.6μm이므로 다르다.

😀 **문제풀이 TIP** | 근수축 시 마이오신 필라멘트의 길이
(=A대의 길이)와 액틴 필라멘트의 길이는 변하지 않고 일정하다.
따라서 '㉠의 길이+㉡의 길이'와 '㉡의 길이+㉢의 길이'는 각기
일정하다.

다음은 골격근의 수축 과정에 대한 자료이다.

○ 그림은 근육 원섬유 마디 X의 구조를, 표는 X가 수축하는 과정에서 두 시점 t_1과 t_2일 때 ㉠의 길이와 ㉢의 길이를 나타낸 것이다. X는 좌우 대칭이며, A대의 길이는 $1.6\mu m$이다.

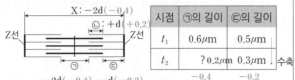

시점	㉠의 길이	㉢의 길이
t_1	$0.6\mu m$	$0.5\mu m$
t_2	?~~0.2~~μm	$0.3\mu m$

－0.4　　　－0.2　　수축

○ 구간 ㉠은 마이오신 필라멘트만 있는 부분이고, ㉢은 마이오신 필라멘트와 액틴 필라멘트가 겹쳐진 부분이며, ㉣은 액틴 필라멘트만 있는 부분이다.

이에 대한 설명으로 옳은 것만을 〈보기〉에서 있는 대로 고른 것은?

3점

보기

㉠ X가 수축할 때 ATP가 소모된다.

㉡ t_1일 때 ㉢의 길이는 $0.5\mu m$이다.　$\dfrac{1.6-㉠}{2}=\dfrac{1.6-0.6}{2}=0.5\mu m$

~~ㄷ~~. X의 길이는 t_1일 때가 t_2일 때보다 ~~0.2~~μm 길다.　$0.4\mu m$

① ㄱ　　② ㄴ　　③ ㄷ　　✔④ ㄱ, ㄴ　　⑤ ㄱ, ㄴ, ㄷ

|자|료|해|설|

근육이 수축하여 근육 원섬유 마디(X)의 길이가 2d만큼 짧아질 때, ㉠(H대)의 길이는 2d만큼 짧아지고, ㉢의 길이는 d만큼 길어지며, ㉣(I대의 절반)의 길이는 d만큼 짧아진다. 이때 액틴 필라멘트와 마이오신 필라멘트의 길이(＝A대)는 변하지 않는다.

t_1에서 t_2로 변할 때, ㉣의 길이가 0.2만큼 짧아졌으므로 t_2는 근육이 수축된 상태이다. t_1에서 t_2로 변할 때, 근육 원섬유 마디(X)와 ㉠(H대)의 길이는 0.4만큼 짧아지고, ㉢의 길이는 0.2만큼 길어진다.

|보|기|풀|이|

㉠ 정답 : 근육 원섬유 마디(X)가 수축할 때 ATP가 소모된다.

㉡ 정답 : 근수축 시 A대의 길이는 변하지 않으므로 $1.6\mu m$이다. 따라서 t_1일 때 ㉢의 길이는

$$\dfrac{\text{A대의 길이}-㉠\text{의 길이}}{2}=\dfrac{1.6-0.6}{2}=\dfrac{1.0}{2}=0.5\mu m\text{이다.}$$

ㄷ. 오답 : t_1에서 t_2로 변할 때, 근육 원섬유 마디(X)의 길이는 0.4만큼 짧아지므로 X의 길이는 t_1일 때가 t_2일 때보다 $0.4\mu m$ 길다.

🤓 **문제풀이 T I P** | 〈근육 원섬유 마디(X)의 길이가 2d만큼 짧아질 때〉

㉠(H대)의 길이는 2d만큼 짧아지고, ㉢의 길이는 d만큼 길어지며, ㉣(I대의 절반)의 길이는 d만큼 짧아진다. 이때 액틴 필라멘트와 마이오신 필라멘트의 길이(＝A대)는 변하지 않는다.

 " 이 문제에선 이게 가장 중요해! "

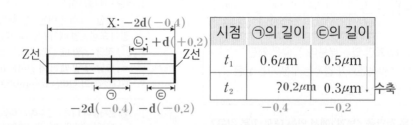

시점	㉠의 길이	㉢의 길이
t_1	$0.6\mu m$	$0.5\mu m$
t_2	?~~0.2~~μm	$0.3\mu m$

근육이 수축하여 근육 원섬유 마디(X)의 길이가 2d만큼 짧아질 때, ㉠(H대)의 길이는 2d만큼 짧아지고, ㉢의 길이는 d만큼 길어지며, ㉣(I대의 절반)의 길이는 d만큼 짧아진다. 이때 액틴 필라멘트와 마이오신 필라멘트의 길이(＝A대)는 변하지 않는다. t_1에서 t_2로 변할 때, ㉣의 길이가 0.2만큼 짧아졌으므로 t_2는 근육이 수축된 상태이다.

다음은 골격근의 수축 과정에 대한 자료이다.

○ 그림은 근육 원섬유 마디 X의 구조를 나타낸 것이다. 구간 ㉠은 액틴 필라멘트만 있는 부분이고, ㉡은 액틴 필라멘트와 마이오신 필라멘트가 겹치는 부분이며, ㉢은 마이오신 필라멘트만 있는 부분이다. X는 좌우 대칭이다.

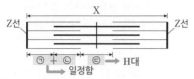

○ 표는 골격근 수축 과정의 시점 t_1과 t_2일 때 X의 길이, A대의 길이, H대의 길이를 나타낸 것이다. ⓐ와 ⓑ는 2.4μm와 2.8μm를 순서 없이 나타낸 것이다.

시점	X의 길이	A대의 길이	H대의 길이 ㉢	㉡의 길이	㉠의 길이
t_1	ⓐ 2.8μm	1.6μm	? 0.8μm	0.4μm	0.6μm
t_2	ⓑ 2.4μm	? 1.6μm	0.4μm	0.6μm	0.4μm

○ t_1일 때 ㉡의 길이와 t_2일 때 ㉠의 길이는 같다.

이에 대한 설명으로 옳은 것만을 〈보기〉에서 있는 대로 고른 것은? ③점

보기

㉠. ⓐ는 2.8μm이다.

㉡. t_1일 때 ㉠의 길이는 ~~0.4μm~~ 0.6μm이다.

㉢. X에서 $\dfrac{㉡의\ 길이}{액틴\ 필라멘트의\ 길이}$ (일정함) 는 t_1일 때가 t_2일 때보다 ~~크다.~~ 작다. $\dfrac{0.4}{일정함} < \dfrac{0.6}{일정함}$

① ㉠　　② ㉡　　③ ㉢　　④ ㉠, ㉢　　⑤ ㉡, ㉢

III　1 ㅣ 02. 근육 수축의 원리

|자|료|해|설|

A대의 길이는 1.6μm로 일정하므로, t_2일 때 ㉡의 길이는 $\dfrac{A대의\ 길이 - H대의\ 길이(㉢)}{2} = \dfrac{1.6-0.4}{2} = 0.6\mu m$이다.

(㉠+㉡)은 액틴 필라멘트의 길이에 해당하는 값이므로 일정하다. 따라서 t_1일 때 ㉡의 길이와 t_2일 때 ㉠의 길이가 같으면, t_1일 때 ㉠의 길이와 t_2일 때 ㉡의 길이(0.6μm)도 같다. t_1일 때 ㉠의 길이가 0.6μm이므로, t_1일 때 X의 길이는 A대의 길이+2㉠=1.6+1.2=2.8μm이다. 따라서 ⓐ는 2.8μm이고, ⓑ는 2.4μm이다. t_1에서 t_2로 근육이 수축할 때, X의 길이 변화량(−0.4μm)은 H대의 길이 변화량과 같으므로 t_1일 때 H대의 길이는 0.8μm이다. 이를 토대로 t_1일 때 ㉡의 길이와 t_2일 때 ㉠의 길이가 0.4μm라는 것을 구할 수 있다.

|보|기|풀|이|

㉠ 정답 : t_1일 때 X의 길이(ⓐ)는 2.8μm이다.

ㄴ. 오답 : t_1일 때 ㉠의 길이는 0.6μm이다.

ㄷ. 오답 : 액틴 필라멘트의 길이는 일정하므로 $\dfrac{㉡의\ 길이}{액틴\ 필라멘트의\ 길이}$ 의 값은 ㉡의 길이에 비례한다. ㉡의 길이는 t_1일 때 0.4μm이고, t_2일 때 0.6μm이다. 그러므로 X에서 $\dfrac{㉡의\ 길이}{액틴\ 필라멘트의\ 길이}$ 는 t_1일 때가 t_2일 때보다 작다.

😮 **문제풀이 TIP** | A대의 길이는 1.6μm로 일정하고, (㉠+㉡)의 길이 또한 액틴 필라멘트의 길이에 해당하므로 일정하다. 따라서 t_1일 때 ㉡의 길이와 t_2일 때 ㉠의 길이가 같으면, t_1일 때 ㉠의 길이와 t_2일 때 ㉡의 길이도 같다.

😀 **출제분석** | 제시된 각 부분의 길이로 다른 부분의 길이를 구해야 하는 난도 '중'의 문항이다. 자료 해설에 제시된 방법 외에도 문제를 풀 수 있는 다양한 방법이 존재하므로 기출 문제를 반복해서 풀어보며 가장 빠르게 문제를 해결하는 방법을 익혀 시간을 단축하자.

다음은 동물 (가)와 (나)의 골격근 수축에 대한 자료이다.

○ 그림은 (가)의 근육 원섬유 마디 X와 (나)의 근육 원섬유 마디 Y의 구조를 나타낸 것이다. 구간 ㉠과 ㉢은 액틴 필라멘트만 있는 부분이고, ㉡은 액틴 필라멘트와 마이오신 필라멘트가 겹치는 부분이며, ㉣은 마이오신 필라멘트만 있는 부분이다. X와 Y는 모두 좌우 대칭이다.

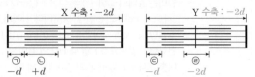

○ 표는 시점 t_1과 t_2일 때 X, ㉠, ㉡, Y, ㉢, ㉣의 길이를 나타낸 것이다. ㉠+㉡ : 액틴 필라멘트 길이(값 일정함)

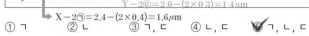

구분	X	㉠	㉡	Y	㉢	㉣
t_1	?2.4	ⓐ0.4	0.6	? 2.0	0.3	ⓑ 0.4
t_2	2.6	0.5	0.5	2.6	0.6	1.0

(단위: μm)

이에 대한 옳은 설명만을 〈보기〉에서 있는 대로 고른 것은?

보기

㉠. ⓐ와 ⓑ는 같다. ➡ $X-2(㉠+㉡)=2.4-(2\times1.0)=0.4\mu m$

㉡. t_1일 때 X의 H대 길이는 0.4μm이다.

㉢. X의 A대 길이에서 Y의 A대 길이를 뺀 값은 0.2μm이다.
➡ $X-2㉠=2.4-(2\times0.4)=1.6\mu m$
$Y-2㉢=2.0-(2\times0.3)=1.4\mu m$

① ㄱ 　② ㄴ 　③ ㄱ, ㄷ 　④ ㄴ, ㄷ 　⑤ ㄱ, ㄴ, ㄷ

|자|료|해|설|

근육 원섬유 마디의 길이가 $2d$만큼 짧아질 때, I대의 절반에 해당하는 ㉠과 ㉢의 길이는 d만큼 짧아지고, ㉡의 길이는 d만큼 길어지고, H대에 해당하는 ㉣의 길이는 $2d$만큼 짧아진다. '㉠+㉡'의 값은 액틴 필라멘트의 길이에 해당하므로 근수축 시 변하지 않는다. t_2일 때 ㉠+㉡=1.0이므로 ⓐ+0.6=1.0이다. 따라서 ⓐ는 0.4이다. t_2에서 t_1으로 변할 때, ㉠의 길이가 0.1μm만큼 짧아졌으므로 X의 길이는 0.2μm만큼 짧아진다. 따라서 t_1일 때 X의 길이는 2.4μm이다. t_2에서 t_1으로 변할 때, ㉢의 길이가 0.3μm만큼 짧아졌으므로 Y의 길이와 ㉣(H대)의 길이는 0.6μm만큼 짧아진다. 따라서 t_1일 때 Y의 길이는 2.0μm이고, ⓑ는 0.4이다.

|보|기|풀|이|

㉠ 정답 : ⓐ와 ⓑ는 0.4로 같다.

㉡ 정답 : t_1일 때 X의 H대 길이는 X−2(㉠+㉡)= 2.4−(2×1.0)=0.4μm이다.

㉢ 정답 : A대 길이는 변하지 않으므로 t_1일 때와 t_2일 때가 같다. t_1일 때를 기준으로 값을 구하면 X의 A대 길이는 X−2㉠=2.4−(2×0.4)=1.6μm이고, Y의 A대 길이는 Y−2㉢=2.0−(2×0.3)=1.4μm이다. 그러므로 X의 A대 길이에서 Y의 A대 길이를 뺀 값은 1.6μm− 1.4μm=0.2μm이다.

😀 **문제풀이 TIP** | 〈근육 원섬유 마디의 길이가 $2d$만큼 짧아질 때〉
I대의 절반에 해당하는 ㉠과 ㉢의 길이는 d만큼 짧아지고, ㉡의 길이는 d만큼 길어지고, H대에 해당하는 ㉣의 길이는 $2d$만큼 짧아진다.

😀 **출제분석** | 두 동물의 근육 원섬유 마디에서 근수축에 따른 각 부분의 길이 변화를 유추해야 하는 난도 '중'의 문항이다. 서로 다른 근육 원섬유 마디가 제시되었다는 점을 제외하면 기존의 기출 문제와 매우 유사한 유형의 문항이다. 근육 원섬유 마디의 길이 변화에 따른 각 부분의 길이 변화를 이해하고 있다면 문제를 빠르게 해결할 수 있다.

다음은 골격근의 수축 과정에 대한 자료이다.

○ 그림은 근육 원섬유 마디 X의 구조를, 표는 골격근 수축
과정의 두 시점 t_1과 t_2일 때 ㉠의 길이와 ㉡의 길이를 더한 값
(㉠+㉡)과 ㉢의 길이를 나타낸 것이다. X는 좌우 대칭이고,
t_1일 때 A대의 길이는 1.6μm이다.

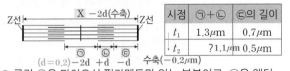

시점	㉠+㉡	㉢의 길이
t_1	1.3μm	0.7μm
t_2	?1.1μm	0.5μm

(d=0.2) −2d　+d　−d　　수축(−0.2μm)

○ 구간 ㉠은 마이오신 필라멘트만 있는 부분이고, ㉡은 액틴
필라멘트와 마이오신 필라멘트가 겹치는 부분이며, ㉢은
액틴 필라멘트만 있는 부분이다.

이에 대한 설명으로 옳은 것만을 〈보기〉에서 있는 대로 고른 것은?

보기

㉠. t_1일 때 X의 길이는 3.0μm이다.→ A대(1.6)+2㉢(1.4)=3.0μm

ㄴ. X의 길이에서 ㉠의 길이를 뺀 값은 t_1일 때가 t_2때보다
크다 와 같다.
　↳ 액틴 필라멘트의 길이(변하지 않음)

㉢. t_2일 때 $\dfrac{\text{H대의 길이 } 0.6\mu m}{(\text{㉡의 길이}+㉢의 길이) 1.0\mu m}=\dfrac{3}{5}$이다.

① ㄱ　　② ㄴ　　③ ㄱ, ㄷ　　④ ㄴ, ㄷ　　⑤ ㄱ, ㄴ, ㄷ

|자|료|해|설|

근육 원섬유 마디(X)의 길이가 2d만큼 짧아질 때,
㉠(H대)의 길이는 2d만큼 짧아지고, ㉡의 길이는 d만큼
길어지며, ㉢(I대의 절반)의 길이는 d만큼 짧아진다. 이때
액틴 필라멘트와 마이오신 필라멘트(＝A대)의 길이는
변하지 않는다. t_1에서 t_2로 변할 때 ㉢의 길이가 0.2μm
줄었으므로 ㉠+㉡의 길이도 0.2μm 줄어든 1.1μm이다.
A대의 길이(1.6μm)에서 ㉠+㉡의 길이를 빼면 ㉡의
길이를 구할 수 있다. 각 시점에서 X와 ㉠~㉢의 길이를
정리하면 아래의 표와 같다.

	X	㉠	㉡	㉢
t_1	3.0	1.0	0.3	0.7
t_2	2.6	0.6	0.5	0.5

|보|기|풀|이|

㉠ 정답 : t_1일 때 X의 길이는
A대(1.6μm)+2㉢(1.4μm)＝3.0μm이다.

ㄴ. 오답 : X의 길이에서 ㉠의 길이를 뺀 값은 액틴
필라멘트의 길이에 해당한다. 근수축 시 액틴 필라멘트의
길이는 변하지 않으므로 t_1일 때와 t_2일 때가 같다.

㉢ 정답 : t_2일 때 ㉠(H대)의 길이는 0.6μm, ㉡의 길이는
0.5μm, ㉢의 길이는 0.5μm이므로

$\dfrac{\text{H대(㉠)의 길이}}{\text{㉡의 길이}+㉢의 길이}=\dfrac{0.6}{1.0}=\dfrac{3}{5}$이다.

 문제풀이 T I P | X의 길이가 2d만큼 짧아질 때, ㉠(H대)의 길이는 2d만큼 짧아지고, ㉡의 길이는 d만큼 길어지며, ㉢의 길이는 d만큼 짧아진다.

" 이 문제에선 이게 가장 중요해! "

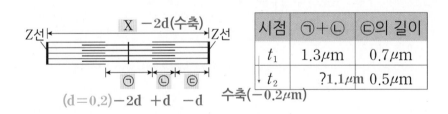

시점	㉠+㉡	㉢의 길이
t_1	1.3μm	0.7μm
t_2	?1.1μm	0.5μm

수축(−0.2μm)

근육 원섬유 마디(X)의 길이가 2d만큼 짧아질 때, ㉠(H대)의 길이는 2d만큼 짧아지고,
㉡의 길이는 d만큼 길어지며, ㉢(I대의 절반)의 길이는 d만큼 짧아진다. 이때 액틴
필라멘트와 마이오신 필라멘트(＝A대)의 길이는 변하지 않는다. t_1에서 t_2로 변할 때
㉢의 길이가 0.2μm 줄었으므로 ㉠+㉡의 길이도 0.2μm 줄어든 1.1μm이다. A대의 길이
(1.6μm)에서 ㉠+㉡의 길이를 빼면 ㉡의 길이를 구할 수 있다. 각 시점에서 X와 ㉠~㉢의
길이를 정리하면 아래의 표와 같다.

	X	㉠	㉡	㉢
t_1	3.0	1.0	0.3	0.7
t_2	2.6	0.6	0.5	0.5

다음은 골격근의 수축 과정에 대한 자료이다.

○ 표는 골격근 수축 과정의 두 시점 ⓐ와 ⓑ에서 근육 원섬유 마디 X의 길이를, 그림은 ⓑ일 때 X의 구조를 나타낸 것이다. X는 좌우 대칭이다.

시점	X의 길이 (μm)
이완ⓐ	3.0
수축ⓑ	2.2

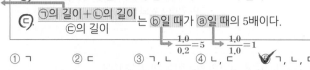

○ 구간 ㉠은 액틴 필라멘트만 있는 부분이고, ㉡은 액틴 필라멘트와 마이오신 필라멘트가 겹치는 부분이며, ㉢은 마이오신 필라멘트만 있는 부분이다.

○ ⓑ일 때 ㉢의 길이는 0.2μm이다.

이에 대한 설명으로 옳은 것만을 〈보기〉에서 있는 대로 고른 것은?

3점

보기

㉠. ⓐ일 때 H대의 길이는 1.0μm이다. → 0.2+0.8=1.0μm

㉡. ㉡의 길이는 ⓑ일 때가 ⓐ일 때보다 0.4μm 더 길다.

액틴 필라멘트의 길이 ←

㉢. $\dfrac{㉠의\ 길이+㉡의\ 길이}{㉢의\ 길이}$ 는 ⓑ일 때가 ⓐ일 때의 5배이다.

$\dfrac{1.0}{0.2}=5$　$\dfrac{1.0}{1.0}=1$

① ㄱ　　② ㄷ　　③ ㄱ, ㄴ　　④ ㄴ, ㄷ　　⑤ ㄱ, ㄴ, ㄷ

 문제풀이 TIP | 근육 원섬유 마디의 길이를 통해 근육이 수축했을 때와 이완했을 때를 먼저 구분해야 한다. 근육이 수축하면 근육 원섬유 마디, I대, H대는 모두 짧아지는 반면 액틴 필라멘트와 마이오신 필라멘트가 겹치는 부분은 증가한다는 것과 마이오신 필라멘트(A대)와 액틴 필라멘트 자체의 길이는 변하지 않고 일정하다는 것을 토대로 각 부분의 길이를 구할 수 있어야 한다.

출제분석 | 근육의 구조와 수축 원리 이해를 통해 각 부분의 길이 변화를 파악해야 하는 문제로 난도는 '중상'에 해당한다. 최근 이러한 계산 문제가 자주 출제되고 있으므로 비슷한 유형의 문제들을 많이 풀어보면서 출제를 대비해야 한다.

|자|료|해|설|

시점 ⓐ일 때가 ⓑ일 때보다 근육 원섬유 마디 X의 길이가 긴 것을 통해 ⓐ는 근육이 이완된 상태, ⓑ는 수축된 상태라는 것을 알 수 있다. ⓑ에서 ⓐ로 근육이 이완되면서 근육 원섬유 마디 X의 길이가 d(0.8μm)만큼 증가할 때, 액틴 필라멘트만 있는 부분 ㉠은 $\dfrac{d}{2}$(0.4μm)만큼 증가하고, 액틴 필라멘트와 마이오신 필라멘트가 겹치는 부분 ㉡은 $\dfrac{d}{2}$(0.4μm)만큼 감소한다(X는 좌우 대칭이기 때문에 2로 나눠준다.). 마이오신 필라멘트만 있는 부분 ㉢은 H대에 해당하며 이 부분의 길이는 d만큼(0.8μm) 증가한다. ⓑ일 때 ㉢의 길이가 0.2μm라고 했으므로 ⓐ일 때 ㉢의 길이는 ⓑ에서 ⓐ로 될 때 증가한 X의 길이를 더한 0.2+0.8=1.0μm이다. (㉠의 길이+㉡의 길이)는 액틴 필라멘트의 길이로 수축·이완 시 길이 변화 없이 일정하다. ⓑ일 때를 기준으로 액틴 필라멘트의 길이를 구하면 $\dfrac{2.2(X의\ 길이)-0.2(H대의\ 길이)}{2}$=1.0$\mu$m이다. 이 값은 ⓐ일 때도 1.0$\mu$m로 같다.

|보|기|풀|이|

㉠. 정답 : ⓑ에서 ⓐ로 될 때 근육 원섬유 마디 X의 길이가 0.8μm만큼 증가했으므로 H대(㉢)의 길이는 ⓑ일 때보다 0.8μm만큼 증가한 1.0μm이다.

㉡. 정답 : 액틴 필라멘트와 마이오신 필라멘트가 겹치는 부분 ㉡은 ⓐ에서 ⓑ로 될 때 감소한 X의 길이(0.8μm)의 절반인 0.4μm만큼 증가한다.

㉢. 정답 : $\dfrac{액틴\ 필라멘트(㉠+㉡)의\ 길이}{H대(㉢)의\ 길이}$ 는 ⓑ일 때가 $\dfrac{1.0}{0.2}=5$, ⓐ일 때가 $\dfrac{1.0}{1.0}=1$이다. 따라서 ⓑ일 때가 ⓐ일 때의 5배이다.

 " 이 문제에선 이게 가장 중요해! "

(㉠의 길이+㉡의 길이)는 액틴 필라멘트의 길이로 수축·이완 시 길이 변화 없이 일정하다. ⓑ일 때를 기준으로 액틴 필라멘트의 길이를 구하면 $\dfrac{2.2(X의\ 길이)-0.2(H대의\ 길이)}{2}$ =1.0μm이다. 이 값은 ⓐ일 때도 1.0μm로 같다.

$\dfrac{액틴\ 필라멘트(㉠+㉡)의\ 길이}{H대(㉢)의\ 길이}$ 는 ⓑ일 때가 $\dfrac{1.0}{0.2}=5$, ⓐ일 때가 $\dfrac{1.0}{1.0}=1$이다. 따라서 ⓑ일 때가 ⓐ일 때의 5배이다.

그림은 근육 원섬유 마디 X의 구조를, 표는 두 시점 t_1과 t_2에서 X와 (가)~(다)의 길이를 나타낸 것이다. X는 좌우 대칭이며, ㉠은 액틴 필라멘트만 있는 부분, ㉡은 액틴 필라멘트와 마이오신 필라멘트가 겹치는 부분, ㉢은 마이오신 필라멘트만 있는 부분이다. (가)~(다)는 ㉠~㉢을 순서 없이 나타낸 것이다.

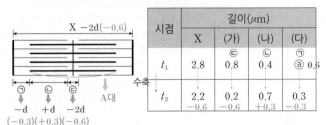

시점	길이(μm)			
	X	(가)	(나)	(다)
		㉢	㉡	㉠
t_1	2.8	0.8	0.4	ⓐ 0.6
t_2	2.2 −0.6	0.2 −0.6	0.7 +0.3	0.3 −0.3

이에 대한 옳은 설명만을 <보기>에서 있는 대로 고른 것은? 3점

보기

㉠ (나)는 ㉡이다.
    0.6
㉡. ⓐ는 0.9이다.
㉢ t_2일 때 A대의 길이는 $1.6\mu m$이다. → X−2㉠=2.2−(2×0.3)=2.2−0.6=1.6μm
    =마이오신 필라멘트 길이

① ㉠   ② ㉢   ③ ㉠, ㉡   ✓④ ㉠, ㉢   ⑤ ㉡, ㉢

|자|료|해|설|

근육이 수축하여 근육 원섬유 마디(X)의 길이가 2d만큼 짧아질 때, ㉠(I대의 절반)의 길이는 d만큼 짧아지고, ㉡의 길이는 d만큼 길어지며, ㉢(H대)의 길이는 2d만큼 짧아진다. 이때 액틴 필라멘트, 마이오신 필라멘트의 길이(=A대)는 변하지 않는다.

t_1에서 t_2로 변할 때, X의 길이가 0.6만큼 짧아졌으므로 t_2는 근육이 수축된 상태이다. t_1에서 t_2로 변할 때, (가)의 길이는 0.6만큼 짧아졌으므로 (가)는 ㉢이고, (나)의 길이는 0.3만큼 길어졌으므로 (나)는 ㉡이다. (다)는 ㉠이고, t_1에서 t_2로 변할 때 0.3만큼 짧아지므로 ⓐ는 0.6이다.

|보|기|풀|이|

㉠ 정답 : t_1에서 t_2로 변할 때, X의 길이가 0.6만큼 짧아졌으므로 t_2는 근육이 수축된 상태이다. 근수축이 일어날 때, 액틴 필라멘트와 마이오신 필라멘트가 겹치는 부분의 길이만 늘어난다. 따라서 (나)는 ㉡이다.

ㄴ. 오답 : t_1에서 t_2로 변할 때, X의 길이가 0.6만큼 짧아졌으므로 I대의 절반에 해당하는 ㉠은 0.3만큼 짧아진다. 따라서 ⓐ는 0.6이다.

㉢ 정답 : A대(암대)의 길이는 마이오신 필라멘트의 길이와 같으며, 근육이 수축할 때 변하지 않는다. A대의 길이는 시점에 상관없이 X−2㉠ 또는 2㉡+㉢으로 구할 수 있다. t_2 시점의 값으로 계산하면, A대의 길이는 X−2㉠=2.2−(2×0.3)=1.6μm, 2㉡+㉢=(2×0.7)+0.2=1.6μm이다.

|문제풀이 T I P | <근육 원섬유 마디(X)의 길이가 2d만큼 짧아질 때>
㉠(I대의 절반)의 길이는 d만큼 짧아지고, ㉡의 길이는 d만큼 길어지며, ㉢(H대)의 길이는 2d만큼 짧아진다. 이때 액틴 필라멘트와 마이오신 필라멘트의 길이(=A대)는 변하지 않는다.

출제분석 | 근수축 시 각 부분의 길이 변화를 분석해야 하는 난도 '중상'의 문항이다. 두 시점에서 모든 부분의 길이를 구하기보다는 변화량을 따지는 것이 문제를 빠르게 해결하는 방법이다. 최근 수능 기출보다는 난도가 낮은 편이며, 각 부분의 길이가 아닌 ㉠+㉢, ㉡−㉢의 길이로 물어볼 수 있으므로 근수축에 따른 각 부분의 길이 변화에 대해 정확하게 이해하고 있어야 한다.

 " 이 문제에선 이게 가장 중요해! "

근육이 수축하여 근육 원섬유 마디(X)의 길이가 2d만큼 짧아질 때, ㉠(I대의 절반)의 길이는 d만큼 짧아지고, ㉡의 길이는 d만큼 길어지며, ㉢(H대)의 길이는 2d만큼 짧아진다. 이때 액틴 필라멘트, 마이오신 필라멘트의 길이(=A대)는 변하지 않는다.

다음은 골격근의 수축 과정에 대한 자료이다.

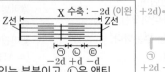
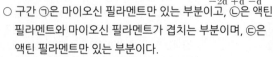

- 그림은 근육 원섬유 마디 X의 구조를 나타낸 것이다. X는 좌우 대칭이다.
- 구간 ㉠은 마이오신 필라멘트만 있는 부분이고, ㉡은 액틴 필라멘트와 마이오신 필라멘트가 겹치는 부분이며, ㉢은 액틴 필라멘트만 있는 부분이다.
- 골격근 수축 과정의 세 시점 t_1, t_2, t_3 중 t_1일 때 X의 길이는 3.0μm이고, H대의 길이는 0.6μm, 마이오신 필라멘트의 길이는 1.4μm이다.
- ㉡의 길이는 t_2일 때가 t_1일 때보다 0.2μm 더 짧고, ㉠의 길이는 t_3일 때가 t_2일 때보다 0.3μm 더 짧다.

이에 대한 설명으로 옳은 것만을 〈보기〉에서 있는 대로 고른 것은?

（3점）

보기

ㄱ. t_2일 때 H대의 길이는 1.0μm이다.
ㄴ. X의 길이는 t_3일 때가 t_1일 때보다 ~~짧다.~~ 길다
ㄷ. X를 전자 현미경으로 관찰했을 때 ㉡은 ㉢보다 ~~밝게~~ 어둡게 보인다.

① ㄱ　　② ㄴ　　③ ㄷ　　④ ㄱ, ㄴ　　⑤ ㄱ, ㄷ

H대

시점	X	㉠	㉡	㉢
이완 t_1	3.0	0.6	0.4	0.8
	t_2	3.4	1.0	0.2	1.0
수축 t_3	3.1	0.7	0.35	0.85

|자|료|해|설|

근육이 수축하여 근육 원섬유 마디(X)의 길이가 2d만큼 짧아질 때, ㉠(H대)의 길이는 2d만큼 짧아지고, ㉡의 길이는 d만큼 길어지며, ㉢(I대의 절반)의 길이는 d만큼 짧아진다. 근육이 이완될 때는 이와 반대이다. 근육이 수축하고 이완하는 동안 액틴 필라멘트, 마이오신 필라멘트의 길이(=A대)는 변하지 않는다.

t_1일 때 X의 길이는 3.0μm이고, H대의 길이는 0.6μm, 마이오신 필라멘트의 길이는 1.4μm라는 것을 이용하여 각 부분의 길이를 구하면 ㉠은 H대이므로 0.6μm이고, ㉡은 0.4μm, ㉢은 0.8μm라는 것을 알 수 있다. ㉡의 길이는 t_2일 때가 t_1일 때보다 0.2μm 더 짧으므로, t_1에서 t_2로 변할 때 X가 0.4μm만큼 이완했다는 것을 알 수 있다. 또한 ㉠의 길이는 t_3일 때가 t_2일 때보다 0.3μm 더 짧다고 했으므로, t_2에서 t_3로 변할 때 X가 0.3μm만큼 수축했다는 것을 알 수 있다. 이를 토대로 $t_1 \sim t_3$시점에서 각 부분의 길이를 구하면 첨삭된 표와 같다.

|보|기|풀|이|

㉠. 정답 : ㉡의 길이는 t_2일 때가 t_1일 때보다 0.2μm 더 짧으므로, t_1에서 t_2로 변할 때 X가 0.4μm만큼 이완했다는 것을 알 수 있다. 이때 H대의 길이는 0.4μm만큼 길어지므로 t_2일 때 H대의 길이는 0.6(t_1일 때 H대의 길이)+0.4=1.0μm이다.

ㄴ. 오답 : t_1에서 t_2로 변할 때 X가 0.4μm만큼 길어지고, t_2에서 t_3로 변할 때 0.3μm만큼 짧아진다. 따라서 X의 길이는 t_3일 때가 t_1일 때보다 0.1μm 더 길다.

ㄷ. 오답 : X를 전자 현미경으로 관찰했을 때, 액틴 필라멘트와 마이오신 필라멘트가 겹쳐 있는 ㉡은 액틴 필라멘트만 존재하는 ㉢보다 어둡게 보인다.

😀 **문제풀이 T I P** | ＜근육 원섬유 마디(X)의 길이가 2d만큼 짧아질 때＞
㉠(H대)의 길이는 2d만큼 짧아지고, ㉡의 길이는 d만큼 길어지며, ㉢(I대의 절반)의 길이는 d만큼 짧아진다. 이때 액틴 필라멘트, 마이오신 필라멘트의 길이(=A대)는 변하지 않는다.

😀 **출제분석** | 근육이 수축하고 이완할 때 각 부분의 길이 변화를 분석해야 하는 난도 '중상'의 문항이다. 문제풀이 TIP을 활용하여 각 부분의 길이 변화량을 따지는 것이 문제를 빠르게 해결하는 방법이다. 이와 같은 문항에서 계산하는 시간을 단축시켜야 수능에서 높은 등급을 받을 수 있다. 관련된 기출문제를 반복해서 풀어보며 문제 풀이 방법을 익히자!

다음은 골격근의 수축 과정에 대한 자료이다.

○ 그림은 골격근을 구성하는 근육 원섬유 마디 X의 구조를, 표는 두 시점 t_1과 t_2일 때 ⓐ의 길이와 ⓑ의 길이를 더한 값(ⓐ+ⓑ)과 ⓐ의 길이와 ⓒ의 길이를 더한 값(ⓐ+ⓒ)을 나타낸 것이며, X는 M선을 기준으로 좌우 대칭이다. ⓐ에는 액틴 필라멘트가 있다.

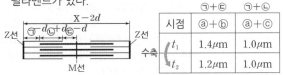

시점	ⓐ+ⓑ	ⓐ+ⓒ
t_1	1.4μm	1.0μm
t_2	1.2μm	1.0μm

○ 구간 ㉠은 액틴 필라멘트만 있는 부분이고, ㉡은 액틴 필라멘트와 마이오신 필라멘트가 겹치는 부분이며, ㉢은 마이오신 필라멘트만 있는 부분이다.

이에 대한 설명으로 옳은 것만을 〈보기〉에서 있는 대로 고른 것은?

보기

ㄱ. ⓑ는 ㉢이다.
ㄴ. ㉢는 A대의 일부이다.
ㄷ. X의 길이는 t_1일 때가 t_2일 때보다 0.2μm 길다.

① ㄱ ② ㄴ ③ ㄷ ④ ㄱ, ㄷ ⑤ ㄴ, ㄷ

|자|료|해|설|

X의 길이가 $2d$만큼 감소한다고 할 때, 구간 ㉠과 ㉢의 길이는 각각 d만큼 감소하고, ㉡의 길이는 d만큼 증가한다. 또한 ㉠+㉡은 액틴 필라멘트의 길이에 해당하고, ㉡+㉢은 마이오신 필라멘트 길이의 절반에 해당하므로 근수축 과정에서 변함없이 일정하다. 이때, ⓐ+ⓒ의 값이 시점과 관계없이 일정하므로 ㉠+㉡ 또는 ㉡+㉢이며, ⓐ에는 액틴 필라멘트가 있다고 했으므로 ⓐ는 ㉠과 ㉡ 중 하나이다.

ⓐ=㉡, ⓒ=㉠일 경우, ⓐ+ⓑ=㉡+㉠이므로 길이가 일정해야 하는데 그렇지 않으므로 모순이다. ⓐ=㉡, ⓒ=㉠ 경우, ⓐ+ⓑ=㉡+㉠이므로 같은 이유로 모순이며, 따라서 ⓐ=㉠, ⓒ=㉡, ⓑ=㉢이다.

|보|기|풀|이|

ㄱ. 오답 : ⓑ=㉢이다.
ㄴ. 정답 : A대는 마이오신 필라멘트가 있는 구간이므로 A대의 일부에 해당하는 것은 ㉢(ⓑ)이다.
ㄷ. 정답 : X의 길이의 변화량은 ⓐ+ⓑ(=㉠+㉢)의 변화량과 같으므로 X의 길이는 t_1일 때가 t_2일 때보다 0.2μm 길다.

😀 **문제풀이 TIP** | X의 길이가 $2d$만큼 짧아질 때, ㉠의 길이는 d만큼 짧아지고, ㉡의 길이는 d만큼 길어지며, ㉢의 길이는 d만큼 짧아진다. 근수축 과정에서 필라멘트의 길이는 변하지 않고 일정하다.

다음은 골격근의 수축 과정에 대한 자료이다.

○ 그림은 근육 원섬유 마디 X의 구조를 나타낸 것이며, X는 좌우 대칭이다. 구간 ㉠은 액틴 필라멘트만 있는 부분이고, ㉡은 액틴 필라멘트와 마이오신 필라멘트가 겹치는 부분이며, ㉢은 마이오신 필라멘트만 있는 부분이다.

→ $2d$만큼 수축할 때

Z선 —— X —— Z선

㉠ ㉡ ㉢
$-d$ $+d$ $-2d$

○ 표는 골격근 수축 과정의 두 시점 t_1과 t_2일 때 ㉠의 길이, ㉡의 길이, ㉢의 길이, X의 길이를 나타낸 것이고, ⓐ~ⓒ는 0.4μm, 0.6μm, 0.8μm를 순서 없이 나타낸 것이다.

시점	㉠의 길이	㉡의 길이	㉢의 길이	X의 길이
t_1	ⓐ 0.8μm	ⓑ 0.4μm	ⓐ 0.8μm	? 3.2μm
t_2	ⓒ 0.6μm	? 0.6μm	ⓑ 0.4μm	2.8μm

이에 대한 설명으로 옳은 것만을 〈보기〉에서 있는 대로 고른 것은? (3점)

보기

ㄱ. t_1일 때 H대의 길이는 0.8μm이다.
ㄴ. X의 길이는 t_2일 때가 t_1일 때보다 0.4μm 짧다. ← 길다
ㄷ. t_1에서 t_2로 될 때 ATP에 저장된 에너지가 사용된다.

① ㄱ ② ㄴ ③ ㄱ, ㄷ ④ ㄴ, ㄷ ⑤ ㄱ, ㄴ, ㄷ

|자|료|해|설|

ⓐ~ⓒ는 0.4μm, 0.6μm, 0.8μm를 순서 없이 나타낸 것이므로 t_1에서 t_2로 될 때 ㉠~㉢의 변화량으로 나타날 수 있는 값은 ±0.2μm, ±0.4μm이다. X가 $2d$만큼 수축한다고 할 때 ㉠의 변화량은 $-d$, ㉡의 변화량은 $+d$, ㉢의 변화량은 $-2d$이다.(이완할 경우 부호는 반대가 된다.) t_1에서 t_2로 될 때 X가 이완한다면, 이와 같은 각 구간의 변화량을 만족하면서 t_2일 때 X의 길이가 2.8μm가 될 수 없으므로 t_1에서 t_2로 갈 때 X는 수축한다. 따라서 ㉠의 변화량은 -0.2μm, ㉢의 변화량은 -0.4μm가 되어야 하므로 ⓐ는 0.8μm, ⓑ는 0.4μm, ⓒ는 0.6μm이고, X의 길이는 t_1에서 t_2로 될 때 0.4μm 짧아졌다.

|보|기|풀|이|

ㄱ. 정답 : H대의 길이는 곧 ㉢의 길이이므로 t_1일 때 H대의 길이는 0.8μm이다.
ㄴ. 오답 : X의 길이는 t_2일 때가 t_1일 때보다 0.4μm 짧다.
ㄷ. 정답 : t_1에서 t_2로 될 때 근수축이 일어났으므로 ATP에 저장된 에너지가 사용된다.

😲 **문제풀이 TIP** | 0.4μm, 0.6μm, 0.8μm에서 나올 수 있는 변화량 값이 ±0.2μm, ±0.4μm뿐이므로 이를 ㉠~㉢의 길이 변화에 대응하여 표를 만족시킬 수 있는 경우를 찾아야 한다. t_1에서 t_2로 될 때 X가 이완되지 않았다는 것만 확인하면 숫자의 조합은 쉽게 찾을 수 있다.

표는 골격근의 근육 원섬유 마디 X가 수축하는 과정에서 두 시점 ⓐ와 ⓑ일 때 X의 길이와 A대의 길이를, 그림은 X의 한 지점에서 관찰되는 단면을 나타낸 것이다.

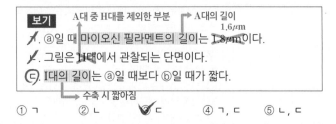

마이오신 필라멘트의 길이(변하지 않음)

시점	X의 길이(μm)	A대의 길이(μm)
ⓐ	2.2	? 1.6
ⓑ	2.0	1.6

수축↓

마이오신 필라멘트
액틴 필라멘트

이에 대한 설명으로 옳은 것만을 〈보기〉에서 있는 대로 고른 것은?

보기

A대 중 H대를 제외한 부분　　A대의 길이 1.6μm

~~ㄱ~~. ⓐ일 때 마이오신 필라멘트의 길이는 ~~1.8~~ μm이다.

~~ㄴ~~. 그림은 ~~H~~대에서 관찰되는 단면이다.

ⓒ. I대의 길이는 ⓐ일 때보다 ⓑ일 때가 짧다.

수축 시 짧아짐 ✓

① ㄱ　　② ㄴ　　✓③ ㄷ　　④ ㄱ, ㄷ　　⑤ ㄴ, ㄷ

|자|료|해|설|

A대(암대)의 길이는 마이오신 필라멘트의 길이와 같으며 근수축 과정에서 변하지 않는다. 그림은 액틴 필라멘트와 마이오신 필라멘트가 겹치는 부분에서 관찰되는 단면이다. 즉, A대 중에서 H대를 제외한 부분의 단면이다.

|보|기|풀|이|

ㄱ. 오답 : 마이오신 필라멘트의 길이는 A대의 길이와 같으며 근수축 과정에서 변하지 않는다. 따라서 ⓐ일 때 마이오신 필라멘트의 길이는 ⓑ일 때와 같은 1.6μm이다.

ㄴ. 오답 : 그림은 마이오신 필라멘트와 액틴 필라멘트가 겹치는 부위의 단면이다. 즉, A대 중에서 H대를 제외한 부분에서 관찰되는 단면이다. H대의 단면에서는 마이오신 필라멘트만 관찰된다.

ⓒ. 정답 : 시점 ⓐ일 때보다 ⓑ일 때 근육 원섬유 마디 X의 길이가 짧은 것으로 보아 시점 ⓑ가 더 수축된 상태이다. 근수축 시 I대의 길이는 짧아지므로 I대의 길이는 ⓐ일 때보다 수축된 ⓑ일 때가 더 짧다.

😲 **문제풀이 TIP |** 근육이 수축하고 이완할 때 액틴 필라멘트와 마이오신 필라멘트(=A대)의 길이는 변하지 않는다. 또한 근수축 시 근육 원섬유 마디, I대, H대의 길이는 짧아진다는 것을 기억하자!

표는 좌우 대칭인 근육 원섬유 마디 X가 수축하는 과정에서 시점 t_1과 t_2일 때 X의 길이, A대의 길이, H대의 길이를, 그림은 X의 단면을 나타낸 것이다. ㉠과 ㉡은 각각 액틴 필라멘트와 마이오신 필라멘트 중 하나이다.

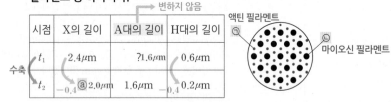

변하지 않음

시점	X의 길이	A대의 길이	H대의 길이
t_1	2.4μm	?1.6μm	0.6μm
t_2	ⓐ2.0μm	1.6μm	0.2μm

수축

−0.4　　　　　　　−0.4

액틴 필라멘트 ㉠
마이오신 필라멘트 ㉡

이에 대한 옳은 설명만을 〈보기〉에서 있는 대로 고른 것은? **3점**

보기

액틴 필라멘트

㉠. I대에 ㉠이 있다.

㉡. ⓐ는 2.0μm이다.

마이오신 필라멘트

~~ㄷ~~. t_1일 때 X에서 ㉠과 ㉡이 모두 있는 부분의 길이는 ~~1.4~~ μm이다.

A대의 길이(1.6μm)−H대의 길이(0.6μm)=1.0μm

액틴 필라멘트

① ㄱ　　② ㄷ　　✓③ ㄱ, ㄴ　　④ ㄴ, ㄷ　　⑤ ㄱ, ㄴ, ㄷ

|자|료|해|설|

t_1에서 t_2로 변할 때 H대의 길이가 0.4μm만큼 짧아졌으므로 X의 길이 또한 0.4μm만큼 짧아진다. 따라서 ⓐ는 2.4μm−0.4μm=2.0μm이다. 근수축 시 A대의 길이는 변하지 않으므로 t_1일 때 A대 길이는 1.6μm이다. 액틴 필라멘트보다 마이오신 필라멘트가 두꺼우므로 그림에서 ㉠은 액틴 필라멘트이고, ㉡은 마이오신 필라멘트이다.

|보|기|풀|이|

㉠. 정답 : 액틴 필라멘트만 있어서 밝게 보이는 부분이 I대이므로, I대에는 액틴 필라멘트(㉠)가 있다.

㉡. 정답 : 근수축 시 H대의 길이가 짧아지는 만큼 근육 원섬유 마디(X)의 길이도 짧아지므로 ⓐ는 2.4μm−0.4μm=2.0μm이다.

ㄷ. 오답 : X에서 액틴 필라멘트와 마이오신 필라멘트가 모두 있는 부분의 길이는 A대의 길이에서 H대의 길이를 빼면 구할 수 있다. 따라서 t_1일 때 X에서 액틴 필라멘트(㉠)와 마이오신 필라멘트(㉡)가 모두 있는 부분의 길이는 1.6μm(A대의 길이)−0.6μm(H대의 길이)=1.0μm이다.

😲 **문제풀이 TIP |** 근육 원섬유 마디(X)의 길이가 2d만큼 짧아질 때, A대의 길이는 변하지 않고 H대의 길이는 2d만큼 짧아진다. X에서 액틴 필라멘트와 마이오신 필라멘트가 모두 있는 부분의 길이는 A대의 길이에서 H대의 길이를 빼면 구할 수 있다.

😎 **출제분석 |** 근수축 시 A대와 H대의 길이 변화를 이해하고 있는지를 확인하는 문항으로 난도는 '중하'에 해당한다. 골격근의 구조와 근수축 과정에 대한 기본적인 개념을 적용하는 문항으로, 실제 수능에서는 이보다 높은 난도의 문항이 출제될 가능성이 높다.

다음은 골격근의 수축 과정에 대한 자료이다.

○ 그림은 근육 원섬유 마디 X의
구조를 나타낸 것이다.
X는 좌우 대칭이다.

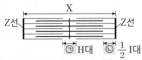

○ 구간 ㉠은 마이오신 필라멘트만 있는 부분이고, ㉡은 액틴
필라멘트만 있는 부분이다.

○ 표는 골격근 수축 과정의 두 시점 t_1과 t_2일 때 ㉠의 길이,
㉡의 길이, A대의 길이에서 ㉠의 길이를 뺀 값(A대−㉠)을
나타낸 것이다. 더한 값=A대의 길이→t_1일 때 ㉠의 길이+1.2=1.8+2ⓐ
∴ t_1일 때 ㉠의 길이=0.6+2ⓐ

구분	㉠의 길이	㉡의 길이	A대−㉠
t_1	? 0.6+2ⓐ	0.3	1.2
t_2	0.6	0.5+ⓐ	1.2+2ⓐ

 0.3−ⓐ=0.5+ⓐ　(단위: μm)
∴ ⓐ=−0.1

이에 대한 설명으로 옳은 것만을 〈보기〉에서 있는 대로 고른 것은?

3점

보기

ㄱ. ㉠은 H대이다.

ㄴ. t_1일 때 A대의 길이는 ~~1.4μm~~이다. 1.6μm

ㄷ. t_2일 때 ㉠의 길이는 ㉡의 길이보다 ~~짧다~~. 길다
　　0.6μm　　0.4μm

✓① ㄱ　　② ㄴ　　③ ㄷ　　④ ㄱ, ㄴ　　⑤ ㄱ, ㄷ

구분	㉠의 길이	㉡의 길이	A대−㉠
t_1	0.4	0.3	1.2
t_2	0.6	0.4	1.0

|자|료|해|설|

표의 (A대−㉠)의 길이에 ㉠의 길이를 더한 값이 A대의
길이이며, A대의 길이는 근수축 시 변하지 않고 일정하다.
A대의 길이는 t_1일 때 (1.2+t_1일 때 ㉠의 길이)이고,
t_2일 때 (1.8+2ⓐ)이다. t_1일 때와 t_2일 때 A대의 길이는
같으므로 (1.2+t_1일 때 ㉠의 길이)=(1.8+2ⓐ)가
성립하고, 이를 통해 t_1일 때 ㉠의 길이는 (0.6+2ⓐ)라는
것을 알 수 있다. 즉, t_1에서 t_2로 변할 때 ㉠의 길이는
2ⓐ만큼 짧아졌다. 근육 원섬유 마디 X의 그림에서 ㉠은
H대에 해당하고, ㉡은 I대의 절반에 해당하므로 ㉠의
길이가 2ⓐ만큼 짧아질 때 ㉡의 길이는 ⓐ만큼 짧아진다.
따라서 0.3−ⓐ=0.5+ⓐ이고, ⓐ는 −0.1이다.

|보|기|풀|이|

ㄱ. 정답 : ㉠은 마이오신 필라멘트만 존재하는 H대이다.

ㄴ. 오답 : A대의 길이는 (A대−㉠)의 길이에 ㉠의 길이를
더해 구할 수 있다. 따라서 t_1일 때 A대의 길이는 1.6μm
이다.

ㄷ. 오답 : t_2일 때 ㉠의 길이는 0.6μm이고, ㉡의 길이는
0.4μm이다. 따라서 t_2일 때 ㉠의 길이는 ㉡의 길이보다
길다.

문제풀이 TIP | (A대−㉠)의 길이에 ㉠의 길이를 더한 값이
A대의 길이이며, t_1과 t_2일 때 A대의 길이는 일정하다는 것을
이용하여 t_1일 때 ㉠의 길이에 해당하는 식을 구할 수 있다. 그런
다음 ㉠의 길이 변화량은 ㉡의 길이 변화량의 두 배라는 것을
이용하여 ⓐ의 값을 구할 수 있다.

출제분석 | 골격근의 구조와 수축 원리에 대한 이해를 토대로
주어진 값을 활용하여 ⓐ의 값을 구해야 하는 난도 '중상'의
문항이다. 근수축 시 A대의 길이는 일정하고, ㉠의 길이 변화량은
㉡의 길이 변화량의 두 배라는 것을 적용하여 계산식을 세워 문제를
해결해야 한다.

Ⅲ

1
Ⅰ
02.
근육 수축의 원리

다음은 골격근의 수축 과정에 대한 자료이다.

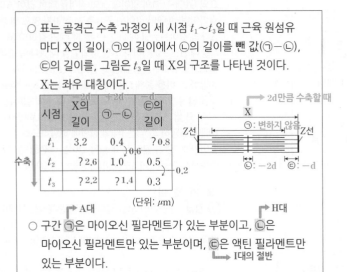

○ 표는 골격근 수축 과정의 세 시점 t_1~t_3일 때 근육 원섬유 마디 X의 길이, ㉠의 길이에서 ㉡의 길이를 뺀 값(㉠-㉡), ㉢의 길이를, 그림은 t_3일 때 X의 구조를 나타낸 것이다. X는 좌우 대칭이다.

시점	X의 길이	㉠-㉡	㉢의 길이
t_1	3.2	0.4	?0.8
t_2	?2.6	1.0	0.5
t_3	?2.2	?1.4	0.3

(단위: μm)

○ 구간 ㉠은 마이오신 필라멘트가 있는 부분이고, ㉡은 마이오신 필라멘트만 있는 부분이며, ㉢은 액틴 필라멘트만 있는 부분이다.

이에 대한 설명으로 옳은 것만을 〈보기〉에서 있는 대로 고른 것은?

보기

ㄱ. t_1에서 t_2로 될 때 액틴 필라멘트의 길이는 ~~짧아진다.~~ 변하지 않는다.

ㄴ. X의 길이는 t_2일 때가 t_3일 때보다 0.4μm 길다.

ㄷ. t_1일 때 $\dfrac{㉠의\ 길이 + ㉢의\ 길이}{㉠의\ 길이 + ㉡의\ 길이}$ 는 $\dfrac{6}{7}$이다.

① ㄱ   ② ㄴ   ③ ㄷ   ④ ㄱ, ㄴ   ✓⑤ ㄴ, ㄷ

$$\dfrac{1.6+0.8}{1.6+1.2}=\dfrac{2.4}{2.8}=\dfrac{6}{7}$$

|자|료|해|설|

근육이 수축하여 근육 원섬유 마디 X의 길이가 2d만큼 짧아질 때, ㉠(A대)의 길이는 마이오신 필라멘트의 길이와 같으므로 변하지 않는다. ㉡(H대)의 길이는 2d 만큼 짧아지며, ㉢(I대의 절반)의 길이는 d만큼 짧아진다. 따라서 ㉠-㉡의 값은 2d만큼 길어진다.

t_1에서 t_2로 변할 때 ㉠-㉡의 길이가 0.6μm 길어졌으므로 d의 값은 0.3μm이며, 근육이 수축하여 X의 길이가 0.6μm만큼 짧아졌다는 것을 알 수 있다. 따라서 t_2일 때 X의 길이는 2.6μm이다. 이때 ㉢의 길이는 0.3μm만큼 짧아지므로 t_1일 때 ㉢의 길이는 0.8μm이다.

t_2에서 t_3로 변할 때 ㉢의 길이가 0.2μm 짧아졌으므로 d의 값은 0.2μm이며, 근육이 수축하여 X의 길이가 0.4μm 만큼 짧아졌다는 것을 알 수 있다. 따라서 t_3일 때 X의 길이는 2.2μm이다. 이때 ㉠-㉡의 길이는 0.4μm만큼 길어지므로 t_3일 때 ㉠-㉡의 길이는 1.4μm이다.

|보|기|풀|이|

ㄱ. 오답 : 근수축 시 액틴 필라멘트의 길이는 변하지 않는다.

ㄴ. 정답 : t_2에서 t_3로 변할 때 ㉢의 길이가 0.2μm 짧아졌으므로 d의 값은 0.2μm이며, 근육이 수축하여 X의 길이가 0.4μm만큼 짧아졌다는 것을 알 수 있다. 따라서 X 의 길이는 t_2일 때가 t_3일 때보다 0.4μm 길다.

ㄷ. 정답 : t_1에서 t_2로 변할 때 ㉠-㉡의 길이가 0.6μm 길어졌으므로 d의 값은 0.3μm이며, 이때 ㉢의 길이는 0.3μm만큼 짧아지므로 t_1일 때 ㉢의 길이는 0.8μm이다. ㉠(A대)의 길이는 'X-2㉢'이므로 3.2-(2×0.8)=1.6μm 이고, ㉠(1.6)-㉡=0.4μm이므로 ㉡의 길이는 1.2μm 이다.

따라서 t_1일 때 $\dfrac{㉠의\ 길이+㉢의\ 길이}{㉠의\ 길이+㉡의\ 길이}=\dfrac{1.6+0.8}{1.6+1.2}$

$=\dfrac{2.4}{2.8}=\dfrac{6}{7}$이다.

문제풀이 TIP | 근육이 수축하여 근육 원섬유 마디 X의 길이가 2d만큼 짧아질 때, ㉠(A대)의 길이는 마이오신 필라멘트의 길이와 같으므로 변하지 않는다. ㉡(H대)의 길이는 2d 만큼 짧아지며, ㉢(I대의 절반)의 길이는 d만큼 짧아진다. 따라서 ㉠-㉡의 값은 2d만큼 길어진다.

출제분석 | 근수축 시 각 부분의 길이 변화 정도를 분석해야 하는 난도 '상'의 문항이다. ㉠-㉡과 같은 형태로 값이 주어져 많은 학생들이 문제를 해결하는데 어려움을 느꼈을 것이다. 근수축 과정과 각 구간의 길이 변화에 대한 이해가 완벽하게 되어 있어야 하며, 근수축과 관련된 계산 문제를 많이 풀어보며 난도 높은 문제 출제를 대비해야 한다

 " 이 문제에선 이게 가장 중요해! "

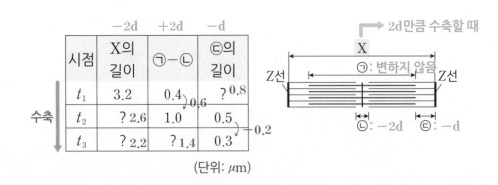

마이오신 필라멘트의 길이와 액틴 필라멘트의 길이는 변하지 않는다.

그림 (가)는 골격근을 구성하는 근육 원섬유 마디 X의 구조를, (나)는 근육 운동 시 t_1~t_3에서 측정된 ⓐ~ⓒ의 길이를 나타낸 것이다. X에서 ㉠은 액틴 필라멘트와 마이오신 필라멘트가 겹치는 두 구간 중 한 구간, ㉡은 액틴 필라멘트만 있는 두 구간 중 한 구간이며, ⓐ~ⓒ는 각각 A대, ㉠, ㉡ 중 하나이다. t_1, t_2, t_3일 때 모두 H대의 길이는 0보다 크다.

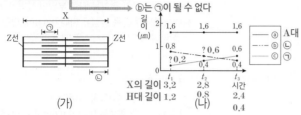

→ ⓑ는 ㉠이 될 수 없다

(가)

이에 대한 설명으로 옳은 것만을 <보기>에서 있는 대로 고른 것은? (단, X는 좌우 대칭이다.) **3점**

보기
ㄱ. X의 길이는 t_1일 때가 t_3일 때보다 ~~짧다.~~ 길다
   3.2   2.4
ㄴ. t_1과 t_2일 때 (㉠의 길이＋㉡의 길이)는 모두 1μm이다.
   1.0   1.0
ㄷ. $\dfrac{t_1\text{일 때 H대의 길이}-t_3\text{일 때 H대의 길이}}{t_2\text{일 때 X의 길이}}=\dfrac{\not3}{7}$이다. $\dfrac{2}{7}$
      1.2   0.4
         2.8

① ㄱ   ✔② ㄴ   ③ ㄱ, ㄷ   ④ ㄴ, ㄷ   ⑤ ㄱ, ㄴ, ㄷ

|자|료|해|설|
근육 원섬유 마디 X가 이완할 때, A대−H대의 절반인 ㉠의 길이는 줄어들고 I대의 절반인 ㉡의 길이는 길어진다. 반대로 X가 수축할 때, ㉠의 길이는 길어지고 ㉡의 길이는 줄어든다. (나)의 그래프에서 ⓐ는 길이 변화가 없으므로 A대이다. H대의 길이가 0보다 크기 때문에 ⓑ가 ㉠이 되면 t_1에서 H대의 길이가 0이 되므로 ⓑ는 ㉡이고, ⓒ는 ㉠이다. X의 길이는 A대＋(㉡×2)이며, H대의 길이는 A대−(㉠×2)이다. H대의 길이 변화는 액틴 필라멘트와 마이오신 필라멘트가 겹치는 부분의 길이 변화와 일치하므로 t_1에서 ⓒ의 길이는 0.2이고, t_2에서 ⓑ의 길이는 0.6이다.

|보|기|풀|이|
ㄱ. 오답 : X의 길이는 A대＋(ⓑ×2) 이므로 t_1일 때 1.6+0.8×2=3.2이고, t_3일 때 1.6+0.4×2=2.4이다. 따라서 X의 길이는 t_1일 때가 t_3일 때보다 길다.
ㄴ. 정답 : (㉠의 길이＋㉡의 길이)는 액틴 필라멘트의 길이로 측정 시간과 관계없이 항상 일정하다. 액틴 필라멘트의 길이는 t_1, t_2일 때 모두 1μm이다.
ㄷ. 오답 : t_1일 때 H대의 길이는 (A대의 길이)−ⓒ의 길이)×2=1.6−0.2×2=1.2이고, t_3일 때 H대의 길이는 1.6−0.6×2=0.4이다. t_2일 때 X의 길이는 (A대의 길이)＋(ⓑ의 길이)×2=1.6+0.6×2=2.8이다.
따라서, $\dfrac{t_1\text{일 때 H대의 길이}-t_3\text{일 때 H대의 길이}}{t_2\text{일 때 X의 길이}}=$
$\dfrac{1.2-0.4}{2.8}=\dfrac{2}{7}$이다.

Ⅲ
1 Ⅰ 02. 근육 수축의 원리

💡 **문제풀이 TIP** | 근육 원섬유 마디의 수축과 이완에 따른 A대, I대, H대, A대−H대의 길이 변화를 이해하고 있어야 문제풀이가 가능하다. 각각의 시기에 따라 A대, I대, H대, A대−H대의 길이가 길어지는지 짧아지는지 혹은 일정한지를 표로 반드시 정리해보자. 또한 구체적인 수치를 구해야 할 때는 A대와 액틴 필라멘트와 같이 길이가 변하지 않는 부분을 단서로 이용해야 하며, H대와 A대−H대의 길이 변화량이 같음을 꼭 기억하자.

😀 **출제분석** | 근육 원섬유 마디의 길이변화에 따라 각 부분의 길이가 어떻게 변화하는지를 구체적인 수치를 구해야 하는 문항으로 난도 중에 해당한다. 2016학년도 수능에 출제된 이후로 출제 빈도는 현저하게 낮아졌지만 재 출제될 가능성은 여전히 존재하기 때문에 풀이 방법을 반드시 익혀두어야 한다.

 " 이 문제에선 이게 가장 중요해! "

근육 원섬유 마디 X가 이완할 때, A대−H대의 절반인 ㉠의 길이는 줄어들고 I대의 절반인 ㉡의 길이는 길어진다. 반대로 X가 수축할 때, ㉠의 길이는 길어지고 ㉡의 길이는 줄어든다.

H대의 길이 변화는 액틴 필라멘트와 마이오신 필라멘트가 겹치는 부분의 길이 변화와 일치하므로 t_1에서 ⓒ의 길이는 0.2이고, t_2에서 ⓑ의 길이는 0.6이다.

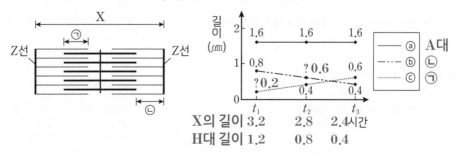

다음은 근육 원섬유 마디 X에 대한 자료이다.

○ 그림은 좌우 대칭인 X의 구조를 나타낸 것이다. ㉠은 마이오신 필라멘트가 있는 부분, ㉡은 마이오신 필라멘트만 있는 부분, ㉢은 액틴 필라멘트만 있는 부분이다.

○ 표는 시점 t_1과 t_2일 때 X의 길이, X에서 ⓐ의 2배를 뺀 길이 (X−2ⓐ), ⓒ에서 ⓑ를 뺀 길이(ⓒ−ⓑ)를 나타낸 것이다. ⓐ~ⓒ는 ㉠~㉢을 순서 없이 나타낸 것이다.

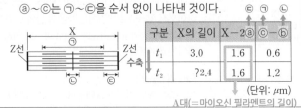

구분	X의 길이	X−2ⓐ	ⓒ−ⓑ
t_1	3.0	1.6	0.6
t_2	?2.4	1.6	1.2

(단위: μm)

A대(=마이오신 필라멘트의 길이)

이에 대한 옳은 설명만을 〈보기〉에서 있는 대로 고른 것은?

보기 →㉠

ㄱ. ㉢는 A대이다.
ㄴ. t_2일 때 X의 길이는 2.4μm이다.
ㄷ. X에서 ⓑ를 뺀 길이는 t_1일 때와 t_2일 때 같다.
→ 액틴 필라멘트의 길이(변하지 않음)

① ㄱ   ② ㄷ   ③ ㄱ, ㄴ   ④ ㄴ, ㄷ   ✓⑤ ㄱ, ㄴ, ㄷ

|자|료|해|설|

t_1과 t_2일 때 'X−2ⓐ'의 길이가 변하지 않았으므로 ⓐ는 ㉡이고, ㉠의 길이(=A대의 길이, 마이오신 필라멘트의 길이)는 1.6μm이다. 'ⓒ−ⓑ'가 양의 값이므로 ⓒ가 ㉠이고, ⓑ가 ㉡이다. '㉠−㉡(ⓒ−ⓑ)'은 마이오신 필라멘트와 액틴 필라멘트가 겹치는 양쪽 부위의 길이를 합한 값이다. t_1에서 t_2로 변할 때 마이오신 필라멘트와 액틴 필라멘트가 겹치는 양쪽 부위의 길이가 0.6μm만큼 늘어났으므로 근육 원섬유 마디가 0.6μm만큼 수축했다는 것을 알 수 있다. 따라서 t_2일 때 X의 길이는 3.0−0.6=2.4μm이다.

|보|기|풀|이|

ㄱ. 정답 : ⓒ는 ㉠이므로 A대이다.
ㄴ. 정답 : 근육 원섬유 마디가 0.6μm만큼 수축했으므로, t_2일 때 X의 길이는 3.0−0.6=2.4μm이다.
ㄷ. 정답 : X에서 ㉡(ⓑ)을 뺀 길이는 양쪽 액틴 필라멘트의 길이 합이므로 변하지 않는다.

다음은 골격근의 수축 과정에 대한 자료이다.

○ 그림은 근육 원섬유 마디 X의 구조를, 표는 골격근 수축 과정의 두 시점 t_1과 t_2일 때 ㉠의 길이에서 ㉢의 길이를 뺀 값을 ㉡의 길이로 나눈 값($\frac{㉠−㉢}{㉡}$)과 X의 길이를 나타낸 것이다. X는 좌우 대칭이고, t_1일 때 A대의 길이는 1.6μm → 변하지 않는다 이다.

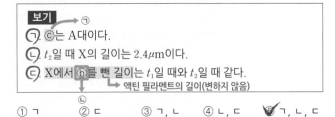

시점	$\frac{㉠−㉢}{㉡}$	X의 길이	㉠	㉡	㉢
t_1	$\frac{1}{4}$	? 3.4μm	0.9	0.4	0.8
t_2	$\frac{1}{2}$	3.0μm	0.7	0.6	0.4

○ 구간 ㉠은 액틴 필라멘트만 있는 부분이고, ㉡은 액틴 필라멘트와 마이오신 필라멘트가 겹치는 부분이며, ㉢은 마이오신 필라멘트만 있는 부분이다.

이에 대한 설명으로 옳은 것만을 〈보기〉에서 있는 대로 고른 것은?

보기

ㄱ. 근육 원섬유는 근육 섬유로 구성되어 있다.
ㄴ. t_2일 때 H대의 길이는 0.4μm이다.
ㄷ. X의 길이는 t_1일 때가 t_2일 때보다 0.2μm 길다.
                           0.4μm

① ㄱ   ✓② ㄴ   ③ ㄱ, ㄷ   ④ ㄴ, ㄷ   ⑤ ㄱ, ㄴ, ㄷ

|자|료|해|설|

마이오신 필라멘트의 길이에 해당하는 A대의 길이는 어느 시점이든 변하지 않고 일정하므로 t_2일 때도 1.6μm이다. 따라서 t_2일 때
$㉠ = \frac{X의 길이 − A대의 길이}{2} = \frac{3.0−1.6}{2} = 0.7$m이다.
또한 ㉢=(A대의 길이−2㉡)이므로
t_2일 때 $\frac{㉠−㉢}{㉡} = \frac{\{0.7−(1.6−2㉡)\}}{㉡} = \frac{1}{2}$이고
따라서 t_2일 때 ㉡=0.6μm이고 ㉢=0.4μm이다.
근육 원섬유 마디 X의 길이가 2d만큼 짧아질 때($t_1 − t_2$) ㉠은 d만큼 짧아지고, ㉡은 d만큼 길어지고, ㉢은 2d만큼 짧아진다. 이를 이용하면
t_1일 때 $\frac{㉠−㉢}{㉡} = \frac{\{(0.7+d)−(0.4+2d)\}}{0.6−d} = \frac{1}{4}$이므로
d=0.2μm이며, t_1에서 t_2로 변할 때 X의 길이는 0.4μm만큼 짧아졌다.

|보|기|풀|이|

ㄱ. 오답 : 근육 섬유(근육 세포)는 근육 원섬유로 구성되어 있다.
ㄴ. 정답 : H대의 길이는 ㉢의 길이이므로 t_2일 때 0.4μm이다.
ㄷ. 오답 : X의 길이는 t_1일 때가 t_2일 때보다 0.4μm 길다.

🗨 **문제풀이 TIP** | 근수축 시 액틴 필라멘트와 마이오신 필라멘트의 길이는 변하지 않으며, 마이오신 필라멘트의 길이에 해당하는 A대의 길이 또한 변하지 않는다. 근육 원섬유 마디 X의 길이가 2d만큼 짧아질 때 ㉠은 d만큼 짧아지고, ㉡은 d만큼 길어지며, ㉢은 2d만큼 짧아짐을 이용해 식을 세워 문제를 해결할 수 있다.

다음은 골격근의 수축 과정에 대한 자료이다.

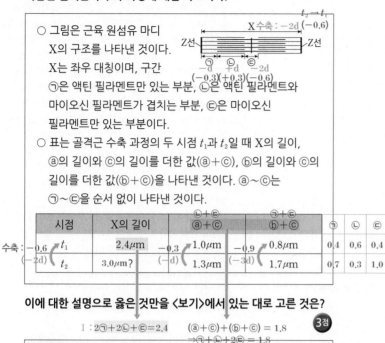

○ 그림은 근육 원섬유 마디 X의 구조를 나타낸 것이다. X는 좌우 대칭이며, 구간 ㉠은 액틴 필라멘트만 있는 부분, ㉡은 액틴 필라멘트와 마이오신 필라멘트가 겹치는 부분, ㉢은 마이오신 필라멘트만 있는 부분이다.

○ 표는 골격근 수축 과정의 두 시점 t_1과 t_2일 때 X의 길이, ⓐ의 길이와 ⓒ의 길이를 더한 값(ⓐ+ⓒ), ⓑ의 길이와 ⓒ의 길이를 더한 값(ⓑ+ⓒ)을 나타낸 것이다. ⓐ~ⓒ는 ㉠~㉢을 순서 없이 나타낸 것이다.

시점	X의 길이	ⓐ+ⓒ	ⓑ+ⓒ	㉠	㉡	㉢
t_1	$2.4\mu m$	$1.0\mu m$	$0.8\mu m$	0.4	0.6	0.4
t_2	$3.0\mu m$?	$1.3\mu m$	$1.7\mu m$	0.7	0.3	1.0

수축: -0.6 $(-2d)$ -0.3 $(-d)$ -0.9 $(-3d)$

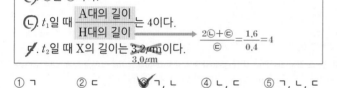

이에 대한 설명으로 옳은 것만을 <보기>에서 있는 대로 고른 것은? **3점**

$\text{I} : 2㉠+2㉡+㉢=2.4$ $(ⓐ+ⓒ)+(ⓑ+ⓒ) = 1.8$
$\Rightarrow ㉠+㉡+2㉢ = 1.8$
$\Rightarrow \text{II} : 2㉠+2㉡+4㉢ : 3.6$
$\text{II}-\text{I} : 3㉢ : 1.2 \quad \therefore ㉢ = 0.4$

보기

㉠ ⓐ는 ㉡이다.

㉡ t_1일 때 $\dfrac{\text{A대의 길이}}{\text{H대의 길이}}$ 는 4이다. → $\dfrac{2㉡+㉢}{㉢} = \dfrac{1.6}{0.4} = 4$

~~ㄷ~~. t_2일 때 X의 길이는 ~~3.2~~ μm이다. $3.0\mu m$

① ㉠   ② ㄷ   ③ ㉠, ㄴ   ④ ㄴ, ㄷ   ⑤ ㉠, ㄴ, ㄷ

|자|료|해|설|

근육 원섬유 마디(X)의 길이가 2d만큼 짧아질 때, I대의 절반에 해당하는 ㉠의 길이는 d만큼 짧아지고, ㉡의 길이는 d만큼 길어지고, H대에 해당하는 ㉢의 길이는 2d만큼 짧아진다. t_2에서 t_1으로 변할 때 ⓐ+ⓒ의 값은 0.3μm만큼, ⓑ+ⓒ의 값은 0.9μm만큼 짧아졌다. 그러므로 ⓐ+ⓒ는 ㉡+㉢($-d$)이고, ⓑ+ⓒ는 ㉠+㉢($-3d$)라는 것을 알 수 있다. 정리하면 ⓐ는 ㉡, ⓑ는 ㉠, ⓒ는 ㉢이다. t_2에서 t_1으로 변할 때 X의 길이는 $-2d$에 해당하는 0.6μm만큼 짧아지므로, t_2일 때 X의 길이는 3.0μm이다.

t_1일 때, 근육 원섬유 마디(X)의 길이는 $2㉠+2㉡+㉢=2.4\mu$m로 나타낼 수 있다. 그리고 t_1일 때 표에 제시된 ⓐ+ⓒ와 ⓑ+ⓒ의 값을 더하면 $㉠+㉡+2㉢=1.8\mu$m 이다. 이 값에 2를 곱하면 $2㉠+2㉡+4㉢=3.6\mu$m이고, 여기에서 X의 길이($2㉠+2㉡+㉢=2.4\mu$m)를 빼면 3㉢$=1.2\mu$m를 구할 수 있다. 따라서 t_1일 때 각 부분의 길이는 ㉠$=0.4\mu$m, ㉡$=0.6\mu$m, ㉢$=0.4\mu$m이다. 같은 방법으로 t_2일 때 각 부분의 길이를 구하면 ㉠$=0.7\mu$m, ㉡$=0.3\mu$m, ㉢$=1.0\mu$m이다.

|보|기|풀|이|

㉠ 정답 : ⓐ는 ㉡, ⓑ는 ㉠, ⓒ는 ㉢이다.

㉡ 정답 : t_1일 때

$\dfrac{\text{A대의 길이}}{\text{H대의 길이}} = \dfrac{2㉡+㉢}{㉢} = \dfrac{(2 \times 0.6)+0.4}{0.4} = \dfrac{1.6}{0.4} = 4$이다.

ㄷ. 오답 : t_2에서 t_1으로 변할 때 X의 길이는 $-2d$에 해당하는 0.6μm만큼 짧아진다. 그러므로 t_2일 때 X의 길이는 t_1일 때보다 0.6μm만큼 더 긴 3.0μm이다.

다음은 골격근의 수축 과정에 대한 자료이다.

○ 그림은 근육 원섬유 마디 X의 구조를 나타낸 것이다. X는 M선을 기준으로 좌우 대칭이다.

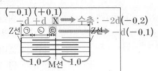

○ 구간 ㉠은 액틴 필라멘트만 있는 부분이고, ㉡은 액틴 필라멘트와 마이오신 필라멘트가 겹치는 부분이며, ㉢은 마이오신 필라멘트만 있는 부분이다.

○ 골격근 수축 과정의 시점 t_1일 때 ⓐ의 길이는 시점 t_2일 때 ⓑ의 길이와 ⓒ의 길이를 더한 값과 같다. ⓐ와 ⓑ는 ㉠과 ㉡을 순서 없이 나타낸 것이다.

○ ⓐ의 길이와 ⓑ의 길이를 더한 값은 1.0μm이다.

○ t_1일 때 ⓑ의 길이는 0.2μm이고, t_2일 때 ⓐ의 길이는 0.7μm 이다. X의 길이는 t_1과 t_2 중 한 시점일 때 3.0μm이고, 나머지 한 시점일 때 3.0μm보다 길다.

이에 대한 설명으로 옳은 것만을 〈보기〉에서 있는 대로 고른 것은?

보기

ㄱ. ⓐ는 ㉠이다.

ㄴ. t_1일 때 H대의 길이는 1.2μm이다.

ㄷ. X의 길이는 t_1일 때가 t_2일 때보다 <del>짧다.</del> 길다

	ⓐ	ⓑ	ⓒ	X
	㉠	㉡	$\dfrac{\text{H대}}{2}$	
t_1	0.8	0.2	0.6	3.2
t_2	0.7	0.3	0.5	3.0

3.2 μm   3.0 μm

① ㄱ   ② ㄴ   ③ ㄷ   ✔④ ㄱ, ㄴ   ⑤ ㄴ, ㄷ

| 자 | 료 | 해 | 설 |

ⓐ의 길이와 ⓑ의 길이를 더한 값은 액틴 필라멘트의 길이이며, 근수축 시 일정하다. 따라서 t_1일 때 ⓑ의 길이가 0.2μm이므로 t_1일 때 ⓐ의 길이는 0.8μm이고, t_2일 때 ⓐ의 길이가 0.7μm이므로 t_2일 때 ⓑ의 길이는 0.3μm 이다. t_1일 때 ⓐ의 길이(0.8μm)는 t_2일 때 ⓑ의 길이 (0.3μm)와 ⓒ의 길이를 더한 값과 같다고 했으므로 t_2일 때 ⓒ의 길이는 0.5μm이다. t_2일 때 X의 길이는 $2 \times$(ⓐ+ⓑ+ⓒ)$=3.0\mu$m이고, 나머지 한 시점인 t_1일 때의 X의 길이는 3.0μm보다 길다고 했으므로 t_1에서 t_2로 변할 때 근육이 수축했다는 것을 알 수 있다. 근수축으로 근육 원섬유 마디(X)의 길이가 2d만큼 짧아질 때, ㉠과 ㉢의 길이는 각각 d만큼 짧아지고 ㉡의 길이는 d만큼 길어지므로 ⓐ는 ㉠이고, ⓑ는 ㉡이다. t_1에서 t_2로 변할 때 ㉠의 길이가 0.1μm만큼 짧아졌으므로 ㉢의 길이 또한 0.1μm만큼 짧아진다. 따라서 t_1일 때 ⓒ의 길이는 0.6μm이고, X의 길이는 3.2μm이다.

| 보 | 기 | 풀 | 이 |

ㄱ. 정답 : ⓐ는 ㉠이고, ⓑ는 ㉡이다.

ㄴ. 정답 : t_1일 때 H대의 길이는 $2 \times$ⓒ이므로 $2 \times 0.6 = 1.2\mu$m이다.

ㄷ. 오답 : X의 길이는 t_1일 때 3.2μm이고, t_2일 때 3.0μm이므로 X의 길이는 t_1일 때가 t_2일 때보다 길다.

🤯 **문제풀이 TIP** | ⓐ의 길이와 ⓑ의 길이를 더한 값은 액틴 필라멘트의 길이에 해당하므로 값이 일정하다. 이를 통해 각 시기의 ⓐ와 ⓑ의 길이를 쉽게 구할 수 있다. 근수축으로 근육 원섬유 마디(X)의 길이가 2d만큼 짧아질 때, ㉠과 ㉢의 길이는 각각 d만큼 짧아지고 ㉡의 길이는 d만큼 길어진다는 것을 토대로 ⓐ와 ⓑ를 구분해보자.

🙂 **출제분석** | 주어진 조건으로 ⓐ, ⓑ, ⓒ의 길이를 구하고 ⓐ와 ⓑ가 각각 어느 부분인지를 구분해야 하는 난도 '중'의 문항이다. 't_1일 때 ⓐ의 길이는 t_2일 때 ⓑ의 길이와 ⓒ의 길이를 더한 값과 같다.'는 조건으로 각 부분을 찾으려 한다면 어려울 수밖에 없다. 그 다음에 제시되는 조건들을 보다 먼저 활용하여 접근하면 문제가 생각보다 쉽게 해결된다.

다음은 골격근의 수축 과정에 대한 자료이다.

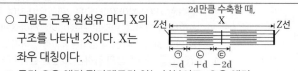

○ 그림은 근육 원섬유 마디 X의 구조를 나타낸 것이다. X는 좌우 대칭이다.

○ 구간 ⊙은 액틴 필라멘트만 있는 부분이고, ⓒ은 액틴 필라멘트와 마이오신 필라멘트가 겹치는 부분이며, ⓒ은 마이오신 필라멘트만 있는 부분이다.

○ 표 (가)는 ⓐ~ⓒ에서 액틴 필라멘트와 마이오신 필라멘트의 유무를, (나)는 골격근 수축 과정의 두 시점 t_1과 t_2일 때 X의 길이에서 ⓒ의 길이를 뺀 값(X−ⓒ)과 ⓑ의 길이와 ⓒ의 길이를 더한 값(ⓑ+ⓒ)을 나타낸 것이다. ⓐ~ⓒ는 ⊙~ⓒ을 순서 없이 나타낸 것이다.

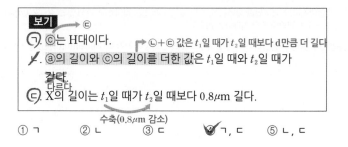

구간	액틴 필라멘트	마이오신 필라멘트
ⓒⓐ	?○	○
⊙ⓑ	○	×
ⓒⓒ	?×	○

(○: 있음, ×: 없음)

(가)

시점	X−ⓒ X−ⓒ	⊙+ⓒ ⓑ+ⓒ
t_1	2.0μm	2.0μm
t_2	2.0μm	0.8μm

↳ 1.2μm 감소

X가 2d만큼 수축할 때, ⊙+ⓒ은 3d만큼 감소
∴ −3d=−1.2μm
∴ d=0.4μm

(나)

이에 대한 설명으로 옳은 것만을 〈보기〉를 있는 대로 고른 것은?

보기 → ⓒ
ㄱ. ⓒ는 H대이다.
ㄴ. ⓐ의 길이와 ⓒ의 길이를 더한 값은 t_1일 때와 t_2일 때가 같다. → ⓒ+ⓒ 값은 t_1일 가 t_2일 때보다 d만큼 더 길다
    다르다
ㄷ. X의 길이는 t_1일 때가 t_2일 때보다 0.8μm 길다.
    수축(0.8μm 감소)

① ㄱ   ② ㄴ   ③ ㄷ   ✔④ ㄱ, ㄷ   ⑤ ㄴ, ㄷ

|자|료|해|설|

마이오신 필라멘트가 없고 액틴 필라멘트만 존재하는 구간 ⓑ는 ⊙이다. 구간 ⓒ가 ⓒ이면 ⓑ+ⓒ는 ⊙+ⓒ이고, 이는 액틴 필라멘트의 길이로 어느 시점에서든지 일정해야 한다. 그러나 시점 t_1과 t_2에서 ⓑ+ⓒ의 값이 다르므로 ⓒ는 ⓒ이고 ⓐ는 ⓒ이다. (나)에서 X−ⓒ(=X−ⓒ)의 값은 액틴 필라멘트의 길이의 2배에 해당하는 값으로 일정하다. 또한 t_1보다 t_2에서 ⓑ+ⓒ(=⊙+ⓒ)의 길이가 짧으므로 t_2가 더 수축한 상태라는 것을 알 수 있다. 근육 원섬유 마디 X의 길이가 2d만큼 짧아질 때 ⊙의 길이는 d만큼 짧아지고, ⓒ의 길이는 d만큼 길어지며 ⓒ의 길이는 2d만큼 짧아진다. 따라서 ⓑ+ⓒ(=⊙+ⓒ)의 값은 3d만큼 짧아진다. t_1에서 t_2로 변할 때 ⊙+ⓒ의 길이가 1.2μm 짧아졌으므로 d의 값은 0.4μm이며, X의 길이는 0.8μm만큼 짧아졌다.

|보|기|풀|이|

ㄱ. 정답 : ⓒ는 ⓒ이므로 H대이다.

ㄴ. 오답 : ⓐ의 길이와 ⓒ의 길이를 더한 값은 ⓒ+ⓒ의 길이와 같다. 근육이 t_1에서 t_2로 2d만큼 짧아지며 수축할 때, ⓒ+ⓒ의 길이는 d만큼 짧아지므로 ⓒ+ⓒ의 값은 t_1일 때가 t_2일 때보다 더 길다.

ㄷ. 정답 : t_1에서 t_2로 변할 때 근육이 수축하여 근육 원섬유 마디의 길이가 0.8μm만큼 짧아졌으므로, X의 길이는 t_1일 때가 t_2일 때보다 0.8μm 길다.

 문제풀이 TIP | 근수축 시, 액틴 필라멘트와 마이오신 필라멘트의 길이는 변하지 않는다. 근육 원섬유 마디 X의 길이가 2d만큼 짧아질 때 ⊙의 길이는 d만큼 짧아지고, ⓒ의 길이는 d만큼 길어지며 ⓒ의 길이는 2d만큼 짧아진다는 것을 이용하여 문제를 해결하자!

출제분석 | 주어진 자료를 종합, 분석하여 구간 ⓐ~ⓒ가 ⊙~ⓒ 중 각각 무엇에 해당하는지를 알아내야 하는 문항이며 난도는 '상'에 해당한다. 표 (나)에서처럼 X−ⓒ, ⓑ+ⓒ와 같은 형태로 값이 주어져 많은 학생들이 문제를 해결하는데 어려움을 느꼈을 것이다. 근수축 과정과 각 구간의 길이 변화에 대한 이해가 완벽하게 되어 있어야 하며, 근수축과 관련된 계산 문제를 많이 풀어보며 난도 높은 문제 출제를 대비해야 한다.

" 이 문제에선 이게 가장 중요해! "

근수축 시, 액틴 필라멘트와 마이오신 필라멘트의 길이는 변하지 않는다. 근육 원섬유 마디 X의 길이가 2d 만큼 짧아질 때 ⊙의 길이는 d만큼 짧아지고, ⓒ의 길이는 d만큼 길어지며 ⓒ의 길이는 2d만큼 짧아진다는 것을 이용하여 문제를 해결하자!

구간	액틴 필라멘트	마이오신 필라멘트
ⓒⓐ	?○	○
⊙ⓑ	○	×
ⓒⓒ	?×	○

(○: 있음, ×: 없음)

(가)

시점	X−ⓒ X−ⓒ	⊙+ⓒ ⓑ+ⓒ
t_1	2.0μm	2.0μm
t_2	2.0μm	0.8μm

↳ 1.2μm 감소

X가 2d만큼 수축할 때, ⊙+ⓒ은 3d만큼 감소
∴ −3d=−1.2μm
∴ d=0.4μm

(나)

다음은 골격근의 수축 과정에 대한 자료이다.

○ 그림은 근육 원섬유 마디 X의 구조를, 표는 시점 t_1과 t_2일 때 X의 길이, Ⅰ의 길이와 Ⅲ의 길이를 더한 값(Ⅰ+Ⅲ), Ⅱ의 길이에서 Ⅰ의 길이를 뺀 값(Ⅱ−Ⅰ)을 나타낸 것이다. X는 좌우 대칭이고, Ⅰ∼Ⅲ은 ㉠∼㉢을 순서 없이 나타낸 것이다.

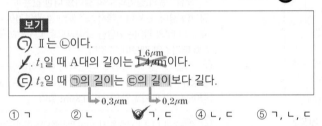

시점	X의 길이	Ⅰ+Ⅲ	Ⅱ−Ⅰ	㉠	㉡	㉢
t_1	2.4μm ⓐ	0.8μm	0.2μm	0.4	0.6	0.4
t_2	2.2μm ⓑ	㉢ 0.5μm	㉡ 0.5μm	0.3	0.7	0.2

(단위: μm)

○ 구간 ㉠은 액틴 필라멘트만 있는 부분이고, ㉡은 액틴 필라멘트와 마이오신 필라멘트가 겹치는 부분이며, ㉢은 마이오신 필라멘트만 있는 부분이다.

○ ⓐ와 ⓑ는 각각 2.4μm와 2.2μm 중 하나이다.

이에 대한 옳은 설명만을 〈보기〉에서 있는 대로 고른 것은? **3점**

보기

㉠. Ⅱ는 ㉡이다.

ㄴ. t_1일 때 A대의 길이는 1.4μm(1.6μm)이다.

㉢. t_2일 때 ㉠의 길이는 ㉢의 길이보다 길다.
　　　　　 　→0.3μm 　→0.2μm

① ㄱ 　　② ㄴ 　　✓③ ㄱ, ㄷ 　　④ ㄴ, ㄷ 　　⑤ ㄱ, ㄴ, ㄷ

|자|료|해|설|

근육이 수축하여 X의 길이가 $2d$만큼 짧아질 때 ㉠의 길이는 d만큼 짧아지고, ㉡은 d만큼 길어지며, ㉢의 길이는 $2d$만큼 짧아진다. 반대로 근육이 이완하여 X의 길이가 $2d$만큼 길어질 때 ㉠의 길이는 d만큼 길어지고, ㉡은 d만큼 짧아지며, ㉢의 길이는 $2d$만큼 길어진다. ⓐ와 ⓑ는 각각 2.4μm와 2.2μm 중 하나이므로 d의 값은 0.1이다. 따라서 Ⅰ+Ⅲ의 변화량은 최대 0.3μm이고, Ⅱ−Ⅰ의 변화량 또한 최대 0.3μm이다. 그러므로 ㉢는 0.5μm이다. t_1에서 t_2로 변할 때 Ⅰ+Ⅲ의 변화량이 −0.3μm이므로 ⓐ는 2.4μm, ⓑ는 2.2μm이고 Ⅰ+Ⅲ은 ㉠+㉢(또는 ㉢+㉠)이라는 것을 알 수 있다. 따라서 Ⅱ는 ㉡이고, t_1에서 t_2로 변할 때 Ⅱ−Ⅰ의 변화량이 +0.3μm이므로 $d-(-2d)$가 되어야 하기 때문에 Ⅰ은 ㉢이고, Ⅲ은 ㉠이다. (Ⅰ+Ⅲ)+(Ⅱ−Ⅰ)=Ⅲ+Ⅱ, 즉 ㉠+㉡=1.0μm이고, 이 길이는 액틴 필라멘트의 길이에 해당하므로 근수축 시 변하지 않고 일정하다. 따라서 ㉢의 길이는 t_1일 때 0.4μm 이고, t_2일 때 0.2μm이다. 정리하면 ㉠∼㉢의 길이는 각각 순서대로 t_1일 때 0.4μm, 0.6μm, 0.4μm이고, t_2일 때 0.3μm, 0.7μm, 0.2μm이다.

|보|기|풀|이|

㉠ 정답 : Ⅰ은 ㉢, Ⅱ는 ㉡, Ⅲ은 ㉠이다.

ㄴ. 오답 : t_1일 때 A대의 길이(2㉡+㉢)는 1.6μm이다.

㉢ 정답 : t_2일 때 ㉠의 길이(0.3μm)는 ㉢의 길이(0.2μm) 보다 길다.

😮 **문제풀이 T I P** | 근육이 수축하여 X의 길이가 $2d$만큼 짧아질 때 ㉠의 길이는 d만큼 짧아지고, ㉡은 d만큼 길어지며, ㉢의 길이는 $2d$만큼 짧아진다. ⓐ와 ⓑ는 각각 2.4μm와 2.2μm 중 하나이므로 d의 값은 0.1이다. 따라서 Ⅰ+Ⅲ의 변화량은 최대 0.3μm이고, Ⅱ−Ⅰ의 변화량 또한 최대 0.3μm이다.

🙂 **출제분석** | Ⅰ+Ⅲ과 Ⅱ−Ⅰ의 변화량을 파악하여 각 구간의 길이를 알아내야 하는 난도 '중상'의 문항이다. Ⅰ+Ⅲ과 Ⅱ−Ⅰ의 변화량이 각각 최대 0.3μm이라는 것을 파악하는 것이 문제 해결의 핵심이다.

다음은 골격근의 수축과 이완 과정에 대한 자료이다.

○ 그림 (가)는 팔을 구부리는 과정의 세 시점 t_1, t_2, t_3일 때 팔의 위치와 이 과정에 관여하는 골격근 P와 Q를, (나)는 P와 Q 중 한 골격근의 근육 원섬유 마디 X의 구조를 나타낸 것이다. X는 좌우 대칭이다.

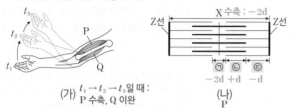

(가) $t_1 \rightarrow t_2 \rightarrow t_3$일 때:
P 수축, Q 이완

(나)
P

X 수축 : $-2d$

Z선　　　　Z선

㉠　㉡　㉢
$-2d$　$+d$　$-d$

○ 구간 ㉠은 마이오신 필라멘트만 있는 부분이고, ㉡은 액틴 필라멘트와 마이오신 필라멘트가 겹치는 부분이며, ㉢은 액틴 필라멘트만 있는 부분이다.

○ 표는 $t_1 \sim t_3$일 때 ㉠의 길이와 ㉡의 길이를 더한 값(㉠+㉡), ㉢의 길이, X의 길이를 나타낸 것이다.

시점	㉠+㉡	㉢의 길이	X의 길이
t_1	1.2	ⓐ 0.9	? 3.4
t_2	? 1.0	0.7	3.0
t_3	ⓐ 0.9	0.6	? 2.8

($-d$　$-d$　$-2d$ above header)

P 수축

ⓐ$-1.2=0.6-$ⓐ
2ⓐ$=1.8$
∴ⓐ$=0.9$

(단위: μm)

이에 대한 설명으로 옳은 것만을 〈보기〉에서 있는 대로 고른 것은?

보기 ← $t_1 \rightarrow t_2 \rightarrow t_3$일 때 수축

㉠. X는 P의 근육 원섬유 마디이다.
　　　　　　　　　　　　와 같다
㉡. X에서 A대의 길이는 t_1일 때가 t_3일 때보다 길다.
㉢. t_1일 때 ㉡의 길이와 ㉢의 길이를 더한 값은 1.3μm이다.
　　X의 길이$-$(㉠+㉡+㉢의 길이)$=3.4-(1.2+0.9)=1.3\mu$m

변하지 않음
① ㉠　　② ㉡　　③ ㉢　　④ ㉠, ㉡　　⑤ ㉠, ㉢

|자|료|해|설|

(가)에서 $t_1 \rightarrow t_2 \rightarrow t_3$로 변할 때 P는 수축하고, Q는 이완한다. (나)에서 근수축으로 근육 원섬유 마디(X)의 길이가 2d만큼 짧아질 때, ㉠은 2d만큼 짧아지고, ㉡의 길이는 d만큼 길어지며, ㉢의 길이는 d만큼 짧아진다. 이때 표에 제시된 '㉠+㉡'의 길이 변화는 $-2d+d=-d$이므로 d만큼 짧아진다. t_2에서 t_3로 변할 때 ㉢의 길이가 0.7에서 0.6으로 짧아졌으므로 근육이 수축하고 있다는 것을 알 수 있다. 따라서 X는 P의 근육 원섬유 마디이다. t_1에서 t_3로 변할 때 '㉠+㉡'의 길이 변화량과 ㉢의 길이 변화량은 $-d$로 동일하다. 따라서 ⓐ$-1.2=0.6-$ⓐ이며, ⓐ는 0.9이다.

|보|기|풀|이|

㉠. 정답 : $t_1 \rightarrow t_2 \rightarrow t_3$로 변할 때 근육이 수축하므로 X는 P의 근육 원섬유 마디이다.

ㄴ. 오답 : A대의 길이는 근수축 시 변하지 않는다. 그러므로 X에서 A대의 길이는 t_1일 때가 t_3일 때와 같다.

㉢. 정답 : ㉡의 길이와 ㉢의 길이를 더한 값은 'X의 길이 $-$(㉠+㉡+㉢의 길이)로 구할 수 있다. t_1에서 t_2로 변할 때 ㉢의 길이 변화량이 $-0.2(-d)$이므로 X의 길이 변화량은 $-0.4(-2d)$이다. 따라서 t_1일 때 X의 길이는 3.4μm이다. 그러므로 t_1일 때 ㉡의 길이와 ㉢의 길이를 더한 값은 $3.4-(1.2+0.9)=1.3\mu$m이다.

😀 **문제풀이 T I P |** 팔을 구부릴 때 P는 수축하고, Q는 이완한다. 근육 원섬유 마디(X)의 길이가 2d만큼 짧아질 때, ㉠은 2d만큼 짧아지고, ㉡의 길이는 d만큼 길어지며, ㉢의 길이는 d만큼 짧아진다. 따라서 '㉠+㉡'의 길이 변화량과 ㉢의 길이 변화량은 $-d$로 동일하다. 이를 적용하여 ⓐ를 구해보자.

😀 **출제분석 |** 시점 t_1, t_2, t_3에서 각 구간의 길이 변화량을 통해 골격근 X가 P와 Q 중 무엇인지를 구분하고, 근수축 과정에 대한 이해를 바탕으로 ⓐ의 길이를 구해야 하는 난도 '중'의 문항이다. 문제를 해결하는 방법은 다양하지만, 최대한 풀이 시간을 단축시킬 수 있는 방법을 적용하는 것이 중요하다.

Ⅲ
1 ─ 02. 근육 수축의 원리

다음은 골격근의 수축 과정에 대한 자료이다.

○ 그림은 근육 원섬유 마디 X의 구조를 나타낸 것이다. X는 좌우 대칭이다.

○ 구간 ㉠은 액틴 필라멘트만 있는 부분이고, ㉡은 액틴 필라멘트와 마이오신 필라멘트가 겹치는 부분이며, ㉢은 마이오신 필라멘트만 있는 부분이다.

○ 골격근 수축 과정의 시점 t_1일 때 ㉠~㉢의 길이는 순서 없이 ⓐ, $3d$, $10d$이고, 시점 t_2일 때 ㉠~㉢의 길이는 순서 없이 ⓐ, $2d$, $3d$이다. d는 0보다 크다.

이에 대한 설명으로 옳은 것만을 〈보기〉에서 있는 대로 고른 것은?

3점

보기

ㄱ. 근육 원섬유는 근육 섬유로 구성되어 있다.

㉡. H대의 길이는 t_1일 때가 t_2일 때보다 길다. $-8d$

ㄷ. t_2일 때 ㉠의 길이는 $2d$이다.

시점	㉠	㉡	㉢(H대)
t_1	$7d$(ⓐ)	$3d$	$10d$
t_2	$3d$	$7d$(ⓐ)	$2d$
	$-4d$	$+4d$	$-8d$

① ㄱ 　② ㄴ ✓ 　③ ㄷ 　④ ㄱ, ㄴ 　⑤ ㄴ, ㄷ

|자|료|해|설|

t_1일 때 ㉠~㉢의 길이 합은 ⓐ+$13d$이고, t_2일 때 ㉠~㉢의 길이 합은 ⓐ+$5d$이다. 이때 ㉠+㉡의 길이는 액틴 필라멘트의 길이에 해당하므로 근수축시 변하지 않고 일정한 값을 갖는다. 따라서 t_1에서 t_2로 변할 때의 길이 변화는 ㉢(H대)의 길이 변화인 것과 동시에 근육 원섬유 마디 X의 길이 변화에 해당한다. 즉 t_1에서 t_2로 변할 때 X의 길이가 $8d$만큼 짧아졌다는 것을 알 수 있다.

t_1에서 t_2로 변할 때 ㉢의 길이는 $10d$에서 $2d$로 $8d$만큼 짧아지고, ㉠은 $-4d$만큼, ㉡은 $+4d$만큼 변한다. t_2일 때 ㉠과 ㉢의 길이는 t_1일 때 ㉠과 ㉢의 길이에 각각 $-4d$, $-8d$한 값이고 ㉠과 ㉢의 길이는 음의 값을 가질 수 없으므로 t_1일 때 ㉠과 ㉢의 길이는 $3d$일 수 없다. 따라서 ㉡의 길이는 t_1일 때 $3d$이며 t_2일 때 $7d$(ⓐ)이다. ㉠과 ㉢의 길이는 t_1일 때 $7d$(ⓐ), $10d$ 중 하나이고 t_2일 때 $3d$, $2d$ 중 하나이다. ㉠과 ㉢은 각각 $4d$, $8d$만큼 짧아지므로 t_1일 때 ㉠의 길이는 $7d$(ⓐ), ㉢의 길이는 $10d$이고 t_2일 때 ㉠의 길이는 $3d$, ㉢의 길이는 $2d$이다.

|보|기|풀|이|

ㄱ. 오답 : 근육 섬유는 근육 원섬유로 구성되어 있다.

㉡. 정답 : H대(㉢)의 길이는 수축하면 짧아지므로 t_1일 때 ($10d$)가 t_2일 때($2d$)보다 길다.

ㄷ. 오답 : t_2일 때 ㉠의 길이는 $3d$이다.

다음은 골격근의 수축 과정에 대한 자료이다.

○ 그림은 사람의 골격근을 구성하는 근육 원섬유 마디 X의 구조를 나타낸 것이다. X는 좌우 대칭이다.

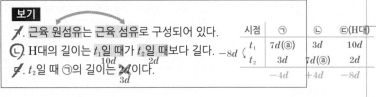

○ ㉠은 액틴 필라멘트만 있는 부분, ㉡은 액틴 필라멘트와 마이오신 필라멘트가 겹쳐진 부분, ㉢은 마이오신 필라멘트만 있는 부분이다.

○ X의 길이가 2.0μm일 때, ㉠의 길이 : ㉡의 길이는 $1 : 3$이다. x $3x$

○ X의 길이가 2.4μm일 때, ㉡의 길이 : ㉢의 길이는 $1 : 2$이다. ㉢$6x-0.8$

$2.0 = 2(x+3x)+(6x-0.8)$ 　　$3x-0.2 : 6x-0.4$

$=14x-0.8$ ∴$x=0.2$ 　　-0.4

이에 대한 설명으로 옳은 것만을 〈보기〉에서 있는 대로 고른 것은?

3점

X	㉠	㉡	㉢
2.0	0.2	0.6	0.4
2.4	0.4	0.4	0.8

보기

㉠. X에서 A대의 길이는 1.6μm이다. → 변하지 않고 일정함($2㉡+㉢$)

ㄴ. X에서 ㉢은 밝게 보이는 부분(명대)이다. → 어둡게 보이는 부분(암대)

H대

㉢. X의 길이가 3.0μm일 때, $\dfrac{\text{H대의 길이}}{㉠의 길이}$ 는 2이다.

$\dfrac{1.4}{0.7}=2$

① ㄱ 　② ㄴ 　③ ㄷ 　④ ㄱ, ㄷ ✓ 　⑤ ㄴ, ㄷ

|자|료|해|설|

근육 원섬유 마디(X)의 길이가 $2d$만큼 길어질 때, ㉠의 길이는 d만큼 길어지고, ㉡의 길이는 d만큼 짧아지며, ㉢의 길이는 $2d$만큼 길어진다. X의 길이가 2.0μm일 때, ㉠의 길이를 x라고 가정하면 [㉠ : ㉡ $= x : 3x$]이다. X의 길이가 0.4만큼 길어지면 ㉡의 길이는 0.2만큼 짧아지므로 X의 길이가 2.4μm일 때 ㉡의 길이는 $(3x-0.2)$로 나타낼 수 있다. 따라서 X의 길이가 2.4μm일 때 [㉡ : ㉢$=3x-0.2 : 6x-0.4$]이다. X의 길이가 0.4만큼 짧아지면 ㉢의 길이 또한 0.4만큼 짧아지므로 X의 길이가 2.0μm일 때 ㉢의 길이는 $(6x-0.8)$이다. X의 길이는 '$2(㉠+㉡)+㉢$'이므로 $2.0=2(x+3x)+(6x-0.8)$이고, 이때 x의 값은 0.2이다. X의 길이에 따른 ㉠~㉢의 값을 정리하면 첨삭된 표와 같다.

|보|기|풀|이|

㉠. 정답 : A대의 길이는 마이오신 필라멘트의 길이에 해당하므로 근수축 시 변하지 않고 일정하다. X에서 A대의 길이는 $(2㉡+㉢)$이므로 1.6μm이다.

ㄴ. 오답 : X에서 H대(㉢)는 어둡게 보이는 부분(암대)에 해당한다.

㉢. 정답 : X의 길이가 1.0μm만큼 증가하면 H대(㉢)의 길이는 1.0μm만큼 길어지고, ㉠의 길이는 0.5μm만큼 길어진다. 따라서 X가 3.0μm일 때,

$\dfrac{\text{H대의 길이}}{㉠의 길이} = \dfrac{1.4}{0.7} = 2$이다.

😮 **문제풀이 T I P** | 〈근육 원섬유 마디(X)의 길이가 $2d$만큼 길어질 때〉

= ㉠의 길이는 +d, ㉡의 길이는 $-d$, ㉢의 길이는 +$2d$

X의 길이가 2.0μm일 때 → ㉠ : ㉡$=1 : 3=x : 3x$

X의 길이가 2.4μm일 때 → ㉡ : ㉢$=1 : 2=3x-0.2 : 6x-0.4$

다음은 골격근의 수축 과정에 대한 자료이다.

○ 그림은 근육 원섬유 마디 X의 구조를 나타낸 것이다. X는 좌우 대칭이다.

수축 : $-2d$

Z선 X Z선

㉠ ㉡ ㉢

$-d$ $+d$ $-2d$

○ 구간 ㉠은 액틴 필라멘트만 있는 부분이고, ㉡은 액틴 필라멘트와 마이오신 필라멘트가 겹치는 부분이며, ㉢은 마이오신 필라멘트만 있는 부분이다.

○ 골격근 수축 과정의 두 시점 t_1과 t_2 중 t_1일 때 ㉠의 길이와 ㉡의 길이를 더한 값은 1.0㎛이고, X의 길이는 3.2㎛이다.

○ t_1일 때 $\dfrac{\text{ⓐ의 길이: } 0.82}{\text{ⓑ의 길이: } 1.23}$ 이고, t_2일 때 $\dfrac{\text{ⓐ의 길이: } 0.4}{\text{ⓒ의 길이: } 0.4}$ 이며, $\dfrac{t_1\text{일 때 ⓑ의 길이: } 0.21}{t_2\text{일 때 ⓑ의 길이: } 0.63}$ 이다. ⓐ와 ⓑ는 ㉠과 ㉡을 순서 없이 나타낸 것이다.

이에 대한 설명으로 옳은 것만을 <보기>에서 있는 대로 고른 것은?

보기

ㄱ. ⓑ는 ~~㉠~~ ㉡이다.   → $2㉡+㉢=(2\times0.2)+1.2=1.6㎛$

ㄴ. t_1일 때 A대의 길이는 1.6㎛이다.

ㄷ. X의 길이는 t_1일 때가 t_2일 때보다 0.8㎛ 길다.
    → 3.2㎛   → 2.4㎛

① ㄱ   ② ㄷ   ③ ㄱ, ㄴ   ✔④ ㄴ, ㄷ   ⑤ ㄱ, ㄴ, ㄷ

|자|료|해|설|

t_1일 때 X의 길이가 3.2㎛이고, (㉠+㉡)의 길이가 1.0㎛이므로 H대에 해당하는 ㉢의 길이는 $X-2(㉠+㉡)=3.2-(2\times1.0)=1.2㎛$이다. t_1일 때 $\dfrac{\text{ⓐ의 길이}}{\text{ⓒ의 길이}}=\dfrac{2}{3}$이므로 ⓐ의 길이는 0.8㎛이다.

근육이 수축하여 X가 $2d$만큼 짧아질 때 ㉠은 d만큼 짧아지고, ㉡은 d만큼 길어지며, ㉢은 $2d$만큼 짧아진다. t_1에서 t_2로 변할 때 X의 길이가 $2d$만큼 짧아졌다고 하자. 이때 ⓐ가 ㉡이라고 가정하면, t_2일 때 $0.8+d=1.2-2d$이므로 $d=\dfrac{2}{15}㎛$이다. 이 경우 t_2일 때 ⓑ(㉠)의 길이가 $0.2-\dfrac{2}{15}=\dfrac{1}{15}㎛$이 되어 $\dfrac{t_1\text{일 때 ⓑ의 길이}}{t_2\text{일 때 ⓑ의 길이}}=\dfrac{1}{3}$이라는 조건에 맞지 않는다. 따라서 ⓐ는 ㉠이고, ⓑ는 ㉡이다. t_1과 t_2일 때 각 부분의 길이를 나타내면 첨삭과 같다.

|보|기|풀|이|

ㄱ. 오답 : ⓑ는 ㉡이다.

ㄴ. 정답 : t_1일 때 A대의 길이는 $2㉡+㉢=(2\times0.2)+1.2=1.6㎛$이다. 근수축 시 A대의 길이는 변하지 않고 일정하다.

ㄷ. 정답 : X의 길이는 t_1일 때(3.2㎛)가 t_2일 때(2.4㎛)보다 0.8㎛ 길다.

😎 **문제풀이 TIP** | H대에 해당하는 ㉢의 길이는 'X−2(㉠+㉡)'으로 구할 수 있다. t_1에서 t_2로 변할 때 X의 길이 변화량을 미지수로 두고 조건에 맞는 경우를 찾아보자.

🙂 **출제분석** | X의 길이 변화량에 따른 ㉠~㉢의 변화량을 알고 조건에 맞는 값과 ⓐ, ⓑ를 찾아야 하는 난도 '중상'의 문항이다. ⓐ를 ㉡이라고 가정했을 때 변화량 값이 복잡한 숫자로 나오기 때문에 $\dfrac{t_1\text{일 때 ⓑ의 길이}}{t_2\text{일 때 ⓑ의 길이}}=\dfrac{1}{3}$이라는 조건에 맞는지 확인하지 않고 바로 ⓐ를 ㉠으로 두고 풀어보는 것도 시간을 단축하는 한 가지 방법이다.

다음은 골격근 수축 과정에 대한 자료이다.

○ 그림 (가)는 근육 원섬유 마디 X의 구조를, (나)는 구간 ⓒ의 길이에 따른 ⓐ X가 생성할 수 있는 힘을 나타낸 것이다. X는 좌우 대칭이고, ⓐ가 F_1일 때 A대의 길이는 1.6μm이다.

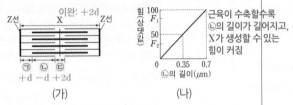

(가)   (나)

근육이 수축할수록 ⓒ의 길이가 길어지고, X가 생성할 수 있는 힘이 커짐

○ 구간 ㉠은 액틴 필라멘트만 있는 부분이고, ⓒ은 액틴 필라멘트와 마이오신 필라멘트가 겹치는 부분이며, ⓒ은 마이오신 필라멘트만 있는 부분이다.

○ 표는 ⓐ가 F_1과 F_2일 때 ⓒ의 길이를 ㉠의 길이로 나눈 값($\frac{ⓒ}{㉠}$)과 X의 길이를 ⓒ의 길이로 나눈 값($\frac{X}{ⓒ}$)을 나타낸 것이다.

힘	$\frac{ⓒ}{㉠}$	$\frac{X}{ⓒ}$	
F_1	$1=\frac{a}{a}$	4	$=\frac{2㉠+2ⓒ+ⓒ}{ⓒ}$
F_2 ↓ 이완	$\frac{3}{2}$	?	$=\frac{2ⓒ+3a}{ⓒ}$

$=\frac{a+2d}{a+d}$ ∴ a=d   ∴ ⓒ$=\frac{3}{2}a$

A대의 길이$=2ⓒ+ⓒ$
$=2(\frac{3}{2}a)+a$
$=4a$
∴ a=0.4μm

이 자료에 대한 설명으로 옳은 것만을 〈보기〉에서 있는 대로 고른 것은? 3점

보기

근육이 수축할수록 H대의 길이는 짧아짐   크다
~~ㄱ~~. ⓐ는 H대의 길이가 0.3μm일 때가 0.6μm일 때보다 ~~작다~~.
ⓒ. F_1일 때 ㉠의 길이와 ⓒ의 길이를 더한 값은 1.0μm이다. → 0.4+0.6=1.0μm
ⓒ. F_2일 때 X의 길이는 3.2μm이다.
     → F_1일 때 X의 길이(2.4μm)+2d(0.8μm)=3.2μm

① ㄱ   ② ㄴ   ③ ㄷ   ④ ㄱ, ㄴ   ✔ ㄴ, ㄷ

	㉠	ⓒ	ⓒ	X
F_1	0.4	0.6	0.4	2.4
F_2	0.8	0.2	1.2	3.2

(단위: μm)

|자|료|해|설|

액틴 필라멘트와 마이오신 필라멘트가 겹치는 부분인 ⓒ의 길이가 길수록 근육이 수축한 상태이므로 X가 생성할 수 있는 힘이 커진다. 즉 F_1일 때가 F_2일 때보다 근육이 수축한 상태이다.

F_1일 때 $\frac{ⓒ}{㉠}$의 값이 1이므로 ㉠과 ⓒ을 모두 a라고 가정하자. 근육이 이완하여 X의 길이가 2d만큼 길어질 때 ㉠의 길이는 d만큼 길어지고, ⓒ은 d만큼 짧아지며, ⓒ의 길이는 2d만큼 길어진다. 따라서 F_2일 때 $\frac{ⓒ}{㉠}$의 값인

$\frac{3}{2}$은 $\frac{a+2d}{a+d}$로 나타낼 수 있다. 이를 계산하면 3a+3d=2a+4d이므로 a=d이다.

F_1일 때 $\frac{X}{ⓒ}=\frac{2㉠+2ⓒ+ⓒ}{ⓒ}=\frac{2ⓒ+3a}{ⓒ}$=4로 나타낼 수 있다. 이를 계산하면 ⓒ$=\frac{3}{2}a$이다.

이때 A대의 길이가 1.6μm이므로 2ⓒ+ⓒ=2($\frac{3}{2}$a)+a=1.6μm, 즉 4a=1.6μm이다. 따라서 a=0.4μm이다.

*F_1일 때: ㉠=0.4μm, ⓒ=0.6μm, ⓒ=0.4μm, X=2.4μm

*F_2일 때: ㉠=0.8μm, ⓒ=0.2μm, ⓒ=1.2μm, X=3.2μm

|보|기|풀|이|

ㄱ. 오답 : 근육이 수축할수록 H대의 길이는 짧아지므로 ⓐ는 H대의 길이가 0.3μm일 때가 0.6μm일 때보다 크다.

ⓒ. 정답 : F_1일 때 ㉠의 길이(0.4μm)와 ⓒ의 길이(0.6μm)를 더한 값은 1.0μm이다.

ⓒ. 정답 : F_2일 때 X의 길이는 F_1일 때 X의 길이(2.4μm)보다 0.8μm(2d) 더 긴 3.2μm이다.

🤓 **문제풀이 TIP** | 근육이 이완하여 X의 길이가 2d만큼 길어질 때 ㉠의 길이는 d만큼 길어지고, ⓒ은 d만큼 짧아지며, ⓒ의 길이는 2d만큼 길어진다. F_1일 때 $\frac{ⓒ}{㉠}$의 값이 1이므로 ㉠과 ⓒ을 모두 a라고 가정하면, F_2일 때 $\frac{ⓒ}{㉠}$의 값인 $\frac{3}{2}$은 $\frac{a+2d}{a+d}$로 나타낼 수 있다.

😀 **출제분석** | 분수 값을 미지수를 활용하여 나타내고 연립방정식을 풀어 값을 구해야 하는 난도 '상'의 문항이다. (나)의 그래프는 생소하긴 하지만 당연한 개념을 표현한 그래프이며, 문제 풀이의 핵심은 표의 값을 미지수로 나타내는 것에 있다. 분수 값을 제시한 문항이 같은 해 6월 모의평가에서도 출제된 만큼 골격근의 수축 단원에서 이와 비슷한 유형의 문항을 반복해 풀어보며 수능을 대비해야 한다.

다음은 골격근의 수축 과정에 대한 자료이다.

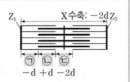

○ 그림은 근육 원섬유 마디 X의 구조를 나타낸 것이다. X는 좌우 대칭이고, Z_1과 Z_2는 X의 Z선 이다.

○ 구간 ㉠은 액틴 필라멘트만 있는 부분이고, ㉡은 액틴 필라멘트와 마이오신 필라멘트가 겹치는 부분이며, ㉢은 마이오신 필라멘트만 있는 부분이다.

○ 골격근 수축 과정의 두 시점 t_1과 t_2 중, t_1일 때 X의 길이는 L이고, t_2일 때만 ㉠~㉢의 길이가 모두 같다. → 길이를 x로 설정

○ $\dfrac{t_2\text{일 때 @의 길이}}{t_1\text{일 때 @의 길이}}$ 와 $\dfrac{t_1\text{일 때 ㉡의 길이}}{t_2\text{일 때 ㉡의 길이}}$ 는 서로 같다. @는 ㉠과 ㉢ 중 하나이다. $\dfrac{x}{x+2d}=\dfrac{x-d}{x}$ → $x^2=(x-d)(x+2d)$; $x^2=x^2+dx-2d^2$; $2d^2=dx$ ∴ $x=2d$

이에 대한 설명으로 옳은 것만을 〈보기〉에서 있는 대로 고른 것은?

> **보기**
> ㄱ. @는 ㉢이다.
> ㄴ. H대의 길이는 t_1일 때가 t_2일 때보다 ~~짧다.~~ 길다 ←㉢의 길이
> ㄷ. t_1일 때, X의 Z_1로부터 Z_2 방향으로 거리가 $\dfrac{3}{10}$L인 지점은 ㉡에 해당한다. → $\dfrac{3}{10}\times 12d=3.6d$ (t_1일 때 ㉠의 길이가 3d이므로 3.6d인 지점은 ㉡에 해당함)

① ㄱ　② ㄴ　③ ㄱ, ㄷ✓　④ ㄴ, ㄷ　⑤ ㄱ, ㄴ, ㄷ

	X	㉠	㉡	㉢			X	㉠	㉡	㉢
t_1	L	$x+d$	$x-d$	$x+2d$	→	t_1	12d	3d	d	4d
t_2	5x	x	x	x		t_2	10d	2d	2d	2d

| 자 | 료 | 해 | 설 |

근수축으로 근육 원섬유 마디(X)의 길이가 2d만큼 짧아질 때 ㉠의 길이는 d만큼 짧아지고, ㉡의 길이는 d만큼 길어지며, ㉢의 길이는 2d만큼 짧아진다. t_2일 때 ㉠~㉢의 길이가 모두 같다고 했으므로 이 값을 x로 두면, t_1에서 t_2로 시간이 흐를 때 근육이 수축했다는 가정하에 t_1일 때 ㉠~㉢의 값은 순서대로 $x+d$, $x-d$, $x+2d$이다.

$\dfrac{t_2\text{일 때 @의 길이}}{t_1\text{일 때 @의 길이}}=\dfrac{t_1\text{일 때 ㉡의 길이}}{t_2\text{일 때 ㉡의 길이}}$ 이므로 @가 ㉠이라고 가정하면 $\left(\dfrac{x}{x+d}=\dfrac{x-d}{x}\right)$이고, $(x^2=x^2-d^2)$이 되어 d의 값이 0이 된다. 이는 모순이므로 @는 ㉢이다.

@에 ㉢의 값을 넣어보면 $\left(\dfrac{x}{x+2d}=\dfrac{x-d}{x}\right)$이고, 이 식을 풀면 $x=2d$이다. x의 값은 양수이므로 d의 값도 양수이다. 따라서 t_1에서 t_2로 시간이 흐를 때 근육이 수축했다는 가정이 맞다는 것을 확인할 수 있다. 각 시기의 ㉠~㉢의 길이를 d로 표현하면 첨삭된 표와 같다.

| 보 | 기 | 풀 | 이 |

ㄱ. 정답 : @는 ㉢이다.

ㄴ. 오답 : 근수축 시 H대의 길이는 짧아진다. 따라서 H대의 길이(㉢)는 t_1일 때가 t_2일 때보다 길다.

ㄷ. 정답 : t_1일 때, X의 Z_1로부터 Z_2 방향으로 거리가 $\dfrac{3}{10}$L인 지점은 '$\dfrac{3}{10}\times 12d$(L의 길이)=3.6d'인 지점이다. t_1일 때 ㉠의 길이가 3d이므로 X의 Z_1로부터 Z_2 방향으로 거리가 3.6d인 지점은 ㉡에 해당한다.

😲 **문제풀이 T I P** | t_2일 때 ㉠~㉢의 길이를 x로 두면, t_1에서 t_2로 시간이 흐를 때 근육이 수축했다는 가정하에 t_1일 때 ㉠~㉢의 값은 순서대로 $x+d$, $x-d$, $x+2d$이다. @에 ㉠과 ㉢의 값을 각각 넣어 식을 계산해보자.

🙂 **출제분석** | 미지수를 설정하고 방정식을 계산하여 각 시기의 길이(상댓값)를 구해야 하는 난도 '중상'의 문항이다. 근수축 단원에서 식을 세워 계산하는 문항은 이전에도 자주 출제되었으나, 이번 문항에서 'ㄷ'과 같은 보기는 매우 새로웠다. 이처럼 구한 값을 활용하는 문항이 앞으로도 출제될 가능성이 있으니 풀이 방법을 익혀두자!

다음은 근육 원섬유 마디 X에 대한 자료이다.

○ 그림은 어떤 ⓐ 골격근을 구성하는 근육 원섬유 마디 X의 구조를 나타낸 것이다. X는 좌우 대칭이다.

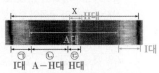

○ 구간 ㉠~㉢은 각각 액틴 필라멘트와 마이오신 필라멘트가 겹치는 부분, 액틴 필라멘트만 있는 부분, 마이오신 필라멘트만 있는 부분 중 하나이다.

○ X의 길이는 시점 t_1일 때 2.4μm, t_2일 때 2.8μm이다.

○ t_1일 때 ㉠~㉢ 각각의 길이의 합과 A대의 길이는 모두 1.4μm이다.   → 변하지 않는다.

이에 대한 옳은 설명만을 〈보기〉에서 있는 대로 고른 것은? 3점

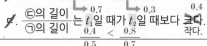

보기

㉠. 아세틸콜린이 분비되는 뉴런이 ⓐ에 연결되어 있다.   → 운동 뉴런

ㄴ. t_2일 때 ㉠의 길이와 ㉡의 길이의 차는 0.2μm이다.   (0.7, 0.3, 0.4)

ㄷ. $\dfrac{㉢의\ 길이}{㉠의\ 길이}$ 는 t_1일 때가 t_2일 때보다 크다. $\dfrac{0.4}{0.5} < \dfrac{0.8}{0.7}$ 작다.

① ㄱ   ② ㄴ   ③ ㄱ, ㄴ   ④ ㄱ, ㄷ   ⑤ ㄴ, ㄷ

|자|료|해|설|

㉠은 I대로 액틴 필라멘트만 존재하는 부분이며, ㉡은 액틴 필라멘트와 마이오신 필라멘트가 겹치는 부분이다. ㉢은 H대로 마이오신 필라멘트만 존재하는 부분이다. t_1일 때, A대의 길이가 1.4이므로 I대의 길이는 1.0이다. 따라서 ㉠은 0.5이다. ㉠+㉡+㉢=1.4인 것과 X=2㉠+2㉡+㉢=2.4인 것을 이용해 방정식을 풀어보면 ㉡=0.5, ㉢=0.4가 된다. t_2일 때, X의 길이가 2.8로 증가하였는데, t_1보다 0.4만큼 증가했으므로, t_2일 때 I대와 H대도 각각 0.4씩 증가한 1.4, 0.8이다. A대의 길이는 X의 길이 변화와 관계없이 같으므로 이를 이용하여 계산하면 ㉠ : 0.7, ㉡ : 0.3, ㉢ : 0.8이다. 이를 아래의 표로 정리하면 다음과 같다.

	X	A대	H대	I대	㉠	㉡	㉢
t_1	2.4	1.4	0.4	1.0	0.5	0.5	0.4
t_2	2.8	1.4	0.8	1.4	0.7	0.3	0.8

|보|기|풀|이|

㉠. 정답 : 아세틸콜린이 분비되는 뉴런은 체성 신경계의 운동 뉴런으로 골격근인 ⓐ에 연결되어 근육을 수축시키는데 관여한다.

ㄴ. 오답 : t_2일 때 ㉠은 0.7이고 ㉡은 0.3이다. 따라서 두 길이의 차는 0.4이다.

ㄷ. 오답 : t_1일 때 $\dfrac{㉢의\ 길이}{㉠의\ 길이}$ 는 $\dfrac{0.4}{0.5}$이고, t_2일 때는 $\dfrac{0.8}{0.7}$이다. 따라서 t_1일 때가 t_2일 때보다 작다.

🤓 **문제풀이 T I P |** 골격근의 구조와 수축 원리를 이용하여 각 부분의 길이 변화를 계산할 수 있어야 문제풀이가 가능하다. 근육 원섬유 마디의 길이가 변화하는 만큼 I대와 H대의 길이가 변화하며, A대의 길이는 근육 원섬유 마디의 길이 변화와 관계없이 항상 일정하다. 또한 위의 자료의 ㉠+㉡의 값인 액틴 필라멘트의 길이도 변화가 없다. 이처럼 변화하지 않는 요인들을 이용하여 변화된 길이를 계산하면 좀 더 수월하게 자료를 분석할 수 있을 것이다.

😲 **출제분석 |** 골격근의 수축에 따른 길이 변화를 묻는 문항으로 난도 '상'에 해당한다. 최근 골격근이 자료로 제시되는 많은 기출 문제들을 살펴보면 정확한 수학적 계산을 요구하며 문제의 난도를 높이고 있다. 이번 문항도 역시 수학적 계산을 이용하여 체감 난도를 높였다. 골격근의 구조와 수축 원리에 관한 문항은 수능과 모평에서 출제 빈도가 높은 문항이고 난도도 점점 증가하고 있으므로 반드시 기출 문제 분석을 통해 단서 파악을 통한 길이 변화 계산법을 익혀놓도록 하자.

STEP 1. 근육 원섬유 마디 X 분석

근육 원섬유 마디 X는 골격근의 근수축 기본 단위이다. 그림에 나타난 X의 ㉠, ㉡, ㉢을 결정지어 보자. ㉠은 밝은 부분으로 I대이다. 따라서 액틴 필라멘트만 존재하는 부분이다. ㉡과 ㉢은 상대적으로 어두운 부분인 A대이다. A대는 액틴 필라멘트와 마이오신 필라멘트가 겹쳐져 어둡게 보이는데 중간에 조금 밝은 부분은 마이오신 필라멘트만 존재하는 H대이다. 따라서 ㉡은 A대에서 H대를 뺀 부분, 즉, 액틴 필라멘트와 마이오신 필라멘트가 겹쳐진 부분이고, ㉢은 H대로 마이오신 필라멘트만 존재하는 부분이다.

STEP 2. t_1일 때 각 부분의 길이 구하기

제시된 자료에서 t_1일 때 X의 길이는 2.4μm이고, A대의 길이는 1.4μm, ㉠+㉡+㉢의 길이도 1.4μm이다. 이를 이용하여 I대, H대 ㉠, ㉡ 각각의 길이를 구해보자.

① I대의 길이 : X의 길이는 A대의 길이와 I대의 길이를 더한 값이다. 따라서 I대의 길이는 X의 길이에서 A대의 길이를 빼면 구할 수 있다. 아래와 같이 계산식을 쓸 수 있다.

> X의 길이＝A대의 길이＋I대의 길이
>
> 2.4＝1.4＋I대의 길이
>
> I대의 길이＝2.4－1.4＝1.0

② H대(㉢)의 길이 : H대의 길이는 A대의 길이에서 액틴 필라멘트와 마이오신 필라멘트가 겹치는 부분인 ㉡의 길이를 빼서 구할 수 있다. 하지만 정확한 ㉡의 길이를 모르고, ㉠+㉡+㉢의 길이에 대한 정보만 존재하므로 이를 이용하여 H대의 길이를 구해보자. X는 좌우 대칭이므로 X의 값을 ㉠, ㉡, ㉢으로 표현하면, X＝2㉠+2㉡+㉢이다. X는 2.4이고, ㉠+㉡+㉢는 1.4이므로 이를 식에 대입하면 ㉠+㉡＝1.0이다. ㉢이 H대의 길이이므로 ㉠+㉡+㉢에서 ㉠+㉡을 빼면 ㉢은 0.4가 된다. 따라서 H대의 길이는 0.4μm이다.

> X의 길이＝2㉠+2㉡+㉢
>
> 2.4＝1.4＋㉠+㉡
>
> ㉠+㉡＝1.0
>
> ㉠+㉡+㉢＝1.4
>
> H대＝㉢＝0.4

③ ㉠, ㉡의 길이 : I대의 길이를 ㉠으로 표현하면 2㉠이다. 따라서 ㉠은 I대의 반절이므로 0.5이다. ㉠+㉡이 1.0이므로 ㉠의 값을 빼면 ㉡은 0.5이다.

> I대＝2㉠
>
> ㉠＝$\dfrac{I대}{2}$＝$\dfrac{1.0}{2}$＝0.5
>
> ㉠+㉡＝1.0
>
> ㉡＝1.0－㉠＝0.5

표로 정리하면 다음과 같다.

	X	A대	H대(㉢)	I대	㉠	㉡
t_1	2.4	1.4	0.4	1.0	0.5	0.5

STEP 3. t_2일 때 각 부분의 길이 구하기

X의 길이가 t_1일 때, 2.4μm이고 t_2일 때 2.8μm이다. X의 길이가 t_1일 때보다 t_2일 때 0.4μm 증가했다. X의 길이의 증가에 따라 변화하는 부분을 고려해보면, H대(㉢)와 I대(2㉠)의 길이는 증가하고, A대에서 H대를 뺀 부분 (이하 A−H)인 ㉡의 길이는 감소한다. A대의 길이 변화는 없다. H대와 I대의 길이는 X의 길이가 증가한 만큼 증가하므로 각각 0.4가 증가하여 H대는 0.8, I대는 1.4이다. I대의 반절인 ㉠의 길이는 0.7이고, H대와 같은 ㉢의 길이는 0.8이다. A대의 길이에서 H대의 길이를 뺀 값이 2㉡의 값으로 1.4에서 0.8을 뺀 0.6의 반절인 0.3이 ㉡의 길이이다. 이를 정리하여 표로 나타내면 다음과 같다.

	X	A대	H대(㉢)	I대	㉠	㉡
t_2	2.8	1.4	0.8	1.4	0.7	0.3

STEP 4. 보기 풀이

ㄱ. **정답** | 근육으로의 흥분 전달은 운동 뉴런의 축삭돌기 말단에서 아세틸콜린이 분비되며 이 신경 전달 물질이 근육 섬유막을 탈분극 시켜 활동 전위를 발생시키면 근육이 수축한다. 따라서 아세틸콜린이 분비되는 뉴런이 골격근 ⓐ에 연결되어 있다.

ㄴ. **오답** | t_2일 때, ㉠의 길이는 0.7이고, ㉡의 길이는 0.3이므로 ㉠과 ㉡의 길이 차는 0.4이다.

ㄷ. **오답** | t_1일 때, $\dfrac{㉢의 길이}{㉠의 길이}$ 는 $\dfrac{0.4}{0.5}$이고, t_2일 때, $\dfrac{㉢의 길이}{㉠의 길이}$ 는 $\dfrac{0.8}{0.7}$이다. 따라서 t_1일 때가 t_2일 때보다 작다.

다음은 골격근의 수축 과정에 대한 자료이다.

○ 그림 (가)는 근육 원섬유 마디 X의 구조를, (나)의 ㉠~㉢은 X를 ㉮ 방향으로 잘랐을 때 관찰되는 단면의 모양을 나타낸 것이다. X는 좌우 대칭이다.

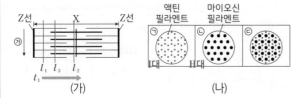

○ 표는 골격근 수축 과정의 두 시점 t_1과 t_2일 때 각 시점의 한 쪽 Z선으로부터의 거리가 각각 l_1, l_2, l_3인 세 지점에서 관찰되는 단면의 모양을 나타낸 것이다. ⓐ~ⓒ는 ㉠~㉢을 순서 없이 나타낸 것이며, X의 길이는 t_2일 때가 t_1일 때보다 짧다.

거리	단면의 모양	
	t_1 수축	t_2
l_1	ⓐ ㉠	ⓑ ㉢
l_2	㉡	ⓒ ㉢
l_3	ⓑ ㉢	? ㉢

○ l_1~l_3은 모두 $\dfrac{t_2일 \text{ } 때 \text{ } X의 \text{ } 길이}{2}$ 보다 작다.

이에 대한 설명으로 옳은 것만을 <보기>에서 있는 대로 고른 것은?

③점

<보기>

변하지 않는다
~~ㄱ~~. 마이오신 필라멘트의 길이는 ~~t_1일 때가 t_2일 때보다 길다~~.

Ⓛ. ⓐ는 ㉠이다.

~~ㄷ~~. ~~$l_2 > l_3$~~이다.
     $l_3 > l_1$

① ㄱ   ✓② ㄴ   ③ ㄷ   ④ ㄱ, ㄴ   ⑤ ㄴ, ㄷ

|자|료|해|설|

(나)의 ㉠은 액틴 필라멘트만 관찰되는 I대의 단면이고, ㉡은 마이오신 필라멘트만 관찰되는 H대의 단면이다. ㉢은 액틴 필라멘트와 마이오신 필라멘트가 겹친 부분의 단면이다. X의 길이는 t_2일 때가 t_1일 때보다 짧으므로 t_2일 때가 t_1일 때보다 더 수축된 상태라는 것을 알 수 있다. 액틴 필라멘트가 마이오신 필라멘트 사이로 미끄러져 들어가며 근수축이 일어난다. 세 지점 l_1~l_3은 기준이 Z선이므로, 그림에서 왼쪽의 Z선이 고정되어 있고 근육이 수축할 때 마이오신 필라멘트가 Z선에 가까워지는 방향으로 이동한다고 생각하면 문제를 쉽게 해결할 수 있다.

㉠이 관찰되는 지점은 근육이 수축되는 정도에 따라 ㉠ 또는 ㉢의 단면이 관찰될 수 있다. ㉡이 관찰되는 지점은 근육이 수축하더라도 그대로 ㉡의 단면만 관찰되고, ㉢이 관찰되는 지점 또한 근육이 수축하더라도 그대로 ㉢의 단면만 관찰된다. t_1에서 t_2로 근육이 수축할 때, Z선으로부터의 거리가 l_2인 지점에서 관찰되는 단면의 모양 변화는 ㉡ → ㉡이므로 ⓒ는 ㉡이다. 근육이 수축할 때 Z선으로부터의 거리가 l_1인 지점에서 관찰되는 단면의 모양은 ⓐ에서 ⓑ로 변하므로 ⓐ는 ㉠이고, ⓑ는 ㉢이다. 이를 토대로 세 지점 l_1~l_3을 그림에 표시하면 아래와 같다.

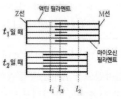

|보|기|풀|이|
ㄱ. 오답 : 마이오신 필라멘트의 길이는 근수축 시 변하지 않는다.
Ⓛ. 정답 : ⓐ는 ㉠, ⓑ는 ㉢, ⓒ는 ㉡이다.
ㄷ. 오답 : $l_3 > l_1$이다.

🦉 더 자세한 해설 ⓐ

STEP 1. 근육이 수축되었을 때의 단면에 대해 알아보자.

(1) X의 길이는 t_2일 때가 t_1일 때보다 짧으므로 t_2일 때가 t_1일 때보다 수축된 상태이다.

(2) t_1일 때 Z선으로부터 일정한 거리에 있는 세 지점 중 ㉠이 관찰되는 지점에서는 X가 수축할 때 ㉠ 또는 ㉢이 관찰된다. ㉡이 관찰되는 지점에서는 X가 수축할 때 ㉡만 관찰된다. ㉢이 관찰되는 지점에서는 X가 수축할 때 ㉢만 관찰된다.

(3) t_1일 때 l_2에서 ㉡이 관찰되므로 ⓒ는 ㉡이고, l_1에서 관찰되는 단면의 모양이 t_1일 때와 t_2일 때가 다르므로 ⓐ는 ㉠이고, ⓑ는 ㉢이다.

(4) 위의 내용을 표로 정리하면 다음과 같다.

거리	단면의 모양	
	t_1	t_2
l_1	㉠	㉢
l_2	㉡	㉡
l_3	㉢	㉢

(4) 표를 바탕으로 Z선으로부터 일정한 거리 l_1, l_2, l_3에 있는 지점의 위치는 그림과 같다.

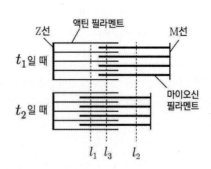

STEP 2. 보기 풀이

ㄱ. **오답** | 근육이 수축하여도 마이오신 필라멘트의 길이와 액틴 필라멘트의 길이는 변하지 않는다.

ㄴ. **정답** | ⓐ는 ㉠이다.

ㄷ. **오답** | 한 쪽 Z선으로부터의 거리는 $l_2 > l_3 > l_1$이다.

다음은 골격근의 수축과 이완 과정에 대한 자료이다.

○ 그림 (가)는 팔을 구부리는 과정의 두 시점 t_1과 t_2일 때 팔의 위치와 이 과정에 관여하는 골격근 P와 Q를, (나)는 P와 Q 중 한 골격근의 근육 원섬유 마디 X의 구조를 나타낸 것이다. X는 좌우 대칭이고, Z_1과 Z_2는 X의 Z선이다.

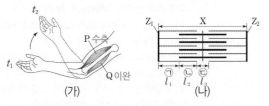

(가)   (나)

○ 구간 ㉠은 액틴 필라멘트만 있는 부분이고, ㉡은 액틴 필라멘트와 마이오신 필라멘트가 겹치는 부분이며, ㉢은 마이오신 필라멘트만 있는 부분이다.

○ 표는 t_1과 t_2일 때 각 시점의 Z_1로부터 Z_2 방향으로 거리가 각각 l_1, l_2, l_3인 세 지점이 ㉠~㉢ 중 어느 구간에 해당하는지를 나타낸 것이다.

  ⓐ~ⓒ는 ㉠~㉢을 순서 없이 나타낸 것이다.

거리	지점이 해당하는 구간	
	t_1 —이완→ t_2	
l_1	ⓐ ㉠	? ㉠
l_2	ⓑ ㉡	ⓐ ㉠
l_3	ⓒ ㉢	㉢

○ ㉢의 길이는 t_1일 때가 t_2일 때보다 짧다.
  ↳ H대

○ t_1과 t_2일 때 각각 l_1~l_3은 모두 $\dfrac{\text{X의 길이}}{2}$보다 작다.

이에 대한 설명으로 옳은 것만을 〈보기〉에서 있는 대로 고른 것은?

<보기>
   $l_1 < l_2$
ㄱ. ~~$l_1 > l_2$이다.~~
ㄴ. ~~X는 P의 근육 원섬유 마디이다.~~ Q
ㄷ. t_2일 때 Z_1로부터 Z_2 방향으로 거리가 l_1인 지점은 ㉠에 해당한다.

① ㄱ   ② ㄴ   ✓③ ㄷ   ④ ㄱ, ㄴ   ⑤ ㄱ, ㄷ

|자|료|해|설|

㉢에 해당하는 지점(l)은 근육이 마이오신 필라멘트만 있는 부분으로 수축할 때와 이완할 때 위치가 변해도 계속 ㉢에 해당한다. 따라서 ⓒ는 ㉢이다. H대에 해당하는 ㉢(ⓒ)의 길이가 t_1일 때가 t_2일 때보다 짧다고 했으므로 t_1에서 t_2로 변할 때 근육이 이완했다는 것을 알 수 있다. 따라서 (나)는 Q의 근육 원섬유 마디(X)의 구조를 나타낸 것이다. 근육이 이완할 때 각 지점에 해당하는 구간의 변화를 정리하면 ㉠ → ㉠, ㉡ → ㉠, ㉡ → ㉡, ㉢ → ㉢ 경우들이 있다. 이때 해당하는 구간이 변하는 경우는 ㉡ → ㉠이므로 이는 ⓑ → ⓐ로 변하는 l_2에 해당하고 ⓑ는 ㉡이고, ⓐ는 ㉠이다. 정리하면 t_1일 때 ㉠에 해당하는 지점은 l_1, ㉡에 해당하는 지점은 l_2, ㉢에 해당하는 지점은 l_3이다.

|보|기|풀|이|

ㄱ. 오답 : l_1이 Z_1에 가장 가깝고 그 다음 l_2, l_3가 위치한다. 따라서 거리는 $l_1 < l_2$이다.

ㄴ. 오답 : X는 Q의 근육 원섬유 마디이다.

ㄷ. 정답 : t_2일 때 Z_1로부터 Z_2 방향으로 거리가 l_1인 지점은 ㉠에 해당한다.

🦉 **문제풀이 TIP** | 근육이 수축하거나 이완할 때 ㉢에 해당하는 지점(l)은 계속 ㉢에 해당한다. 이를 통해 ⓒ가 ㉢이라는 것을 유추하면 t_1에서 t_2로 변할 때 근육이 이완했다는 것을 알 수 있다. 근육이 이완할 때 각 지점에 해당하는 구간의 변화를 정리하면 ㉠ → ㉠, ㉡ → ㉠, ㉡ → ㉡, ㉢ → ㉢이다.

😊 **출제분석** | Z선으로부터의 거리가 각각 l_1, l_2, l_3인 세 지점이 해당하는 구간의 변화에 대한 이해를 바탕으로 해결해야 하는 난도 '상'의 문항이다. 각 지점이 고정되어 있지 않고 액틴 필라멘트가 움직일 때마다 각 지점의 위치도 함께 변하기 때문에 문제 해결에 어려움을 느낀 학생이 많았을 것이다. 비슷한 유형으로 2021학년도 9월 모평 15번 문항이 출제된 적이 있다.

다음은 골격근의 수축 과정에 대한 자료이다.

○ 그림은 근육 원섬유 마디 X의 구조를, 표는 골격근 수축 과정의 시점 $t_1 \sim t_3$ 일 때 ㉠의 길이, ㉢의 길이, Ⅰ의 길이와 Ⅱ의 길이를 더한 값(Ⅰ+Ⅱ), Ⅰ의 길이와 Ⅲ의 길이를 더한 값(Ⅰ+Ⅲ)을 나타낸 것이다. X는 좌우 대칭이고, Ⅰ~Ⅲ은 ㉠~㉢을 순서 없이 나타낸 것이다.

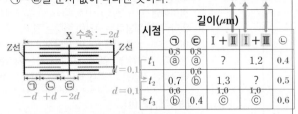

시점	길이(μm)					
	㉠	㉢	Ⅰ+Ⅱ	Ⅰ+Ⅲ	㉡
t_1	0.8 ⓐ	0.8 ⓐ	?	1.2	0.4
t_2	0.7	0.6 ⓑ	1.3	?	0.5
t_3	0.6 ⓑ	0.4	1.0 ⓒ	1.0 ⓒ	0.6

○ 구간 ㉠은 액틴 필라멘트만 있는 부분이고, ㉡은 액틴 필라멘트와 마이오신 필라멘트가 겹치는 부분이며, ㉢은 마이오신 필라멘트만 있는 부분이다.

이에 대한 옳은 설명만을 〈보기〉에서 있는 대로 고른 것은? **3점**

보기

㉠. t_1일 때 ㉡의 길이는 0.4μm이다.
㉡. ㉢는 1.0이다.
ㄷ. Ⅱ는 ㉢이다.

① ㄱ　　② ㄷ　　✓③ ㄱ, ㄴ　　④ ㄴ, ㄷ　　⑤ ㄱ, ㄴ, ㄷ

|자|료|해|설|

근육 원섬유 마디 X의 길이가 $2d$만큼 감소할 때, ㉠의 길이는 d만큼 감소하고, ㉡의 길이는 d만큼 증가하며, ㉢의 길이는 $2d$만큼 감소한다. 즉 ㉢의 길이 변화량은 ㉠의 길이 변화량의 2배이다. 따라서 t_2에서 t_3으로 될 때, ㉢의 길이 변화량(0.4−ⓑ)은 ㉠의 길이 변화량(ⓑ−0.7)의 2배이므로 $0.4-ⓑ = 2(ⓑ-0.7)$에서 ⓑ=0.6이다. 마찬가지 논리로 t_1에서 t_2로 될 때, ⓑ−ⓐ=2(0.7−ⓐ)이므로 ⓐ=0.8이다. 또한 t_1에서 t_2로 될 때와 t_2에서 t_3으로 될 때 모두 $d=0.1$임을 알 수 있다.

t_1일 때 ㉠의 길이와 ㉢의 길이는 모두 0.8이므로 Ⅰ+Ⅲ은 ㉠+㉢일 수 없고, ㉠+㉡ 또는 ㉡+㉢이다. 따라서 t_1일 때 ㉡의 길이는 1.2−0.8=0.4이다. t_2일 때 ㉠의 길이는 0.7, ㉡의 길이는 0.5, ㉢의 길이는 0.6인데, Ⅰ+Ⅱ=1.3이므로, Ⅰ+Ⅱ는 ㉠+㉢이다. 즉 Ⅲ은 ㉡이고, Ⅰ과 Ⅱ는 각각 ㉠과 ㉢ 중 하나이다.

t_3일 때 ㉠의 길이는 0.6, ㉡의 길이는 0.6, ㉢의 길이는 0.4인데, Ⅰ+Ⅱ와 Ⅰ+Ⅲ이 모두 ⓒ로 같다. 따라서 Ⅰ은 ㉡, Ⅱ는 ㉠이고 ⓒ는 1.0이다.

|보|기|풀|이|

㉠ 정답 : t_1일 때 ㉡의 길이는 0.4μm이다.
㉡ 정답 : ㉢는 1.0이다.
ㄷ. 오답 : Ⅱ는 ㉠이다.

🤓 **문제풀이 T I P** | 근육이 수축하여 근육 원섬유 마디 X의 길이가 $2d$만큼 감소할 때, ㉠의 길이는 d만큼 감소하고, ㉡의 길이는 d만큼 증가하며, ㉢의 길이는 $2d$만큼 감소한다.

다음은 골격근의 수축 과정에 대한 자료이다.

> ○ 그림은 근육 원섬유 마디 X의
> 구조를 나타낸 것이다. X는 좌우
> 대칭이고, Z_1과 Z_2는 X의 Z선이다.
>
> 수축 : $-2y$
> Z_1　X　Z_2
>
> ㉠　㉡　㉢　→ 변화량 합 : $-2y$
> $-y$　$+y$　$-2y$
>
> ○ 구간 ㉠은 액틴 필라멘트만 있는
> 부분이고, ㉡은 액틴 필라멘트와 마이오신 필라멘트가
> 겹치는 부분이며, ㉢은 마이오신 필라멘트만 있는 부분이다.
>
> ○ 표는 골격근 수축 과정의 두 시점 t_1과
> t_2일 때 각 시점의 Z_1로부터 Z_2 방향으로
> 거리가 각각 l_1, l_2, l_3인 세 지점이
> ㉠~㉢ 중 어느 구간에 해당하는지를
> 나타낸 것이다. ⓐ~ⓒ는 ㉠~㉢을 순서
> 없이 나타낸 것이다.
>
> | 거리 | 지점이 해당하는 구간 $t_1 \xrightarrow{수축} t_2$ | |
> |---|---|---|
> | l_1 | ⓐ ㉡ | ㉡ |
> | l_2 | ⓑ ㉢ | ? ㉢ |
> | l_3 | ? ㉠ | ⓒ ㉠ |
>
> ○ t_1일 때 ⓐ~ⓒ의 길이는 순서 없이 $5d$, $6d$, $8d$이고, t_2일 때 ⓐ~ⓒ의 길이는 순서 없이 $2d$, $6d$, $7d$
> 이다. d는 0보다 크다. 합 : 19d　　수축 : $-4d$　　합 : $15d$
>
> ○ t_1일 때, A대의 길이는 ㉢의 길이의 2배이다.
>
> ○ t_1과 t_2일 때 각각 l_1~l_3은 모두 $\dfrac{\text{X의 길이}}{2}$ 보다 작다.

이에 대한 설명으로 옳은 것만을 〈보기〉에서 있는 대로 고른 것은? (3점)

> **보기**
> ㉠ $l_2 > l_1$이다.
> ㄴ. t_1일 때, Z_1로부터 Z_2 방향으로 거리가 l_3인 지점은 ㉡에 해당한다.　㉠
> ㄷ. t_2일 때, ⓐ의 길이는 H대의 길이의 ~~3배~~이다.　3.5배
> └ ㉡ : $7d$　└ ㉢ : $2d$

① ㄱ　② ㄴ　③ ㄷ　④ ㄱ, ㄴ　⑤ ㄱ, ㄷ

|자|료|해|설|

근육이 수축하여 X가 $2y$만큼 짧아질 때 ㉠은 y만큼 짧아지고, ㉡은 y만큼 길어지며, ㉢은 $2y$만큼 짧아진다. 이때 ㉠~㉢의 변화량 합은 $2y$이다. ⓐ~ⓒ의 길이 합은 t_1일 때 $19d$이고, t_2일 때 $15d$이다. 따라서 t_1에서 t_2로 변화할 때 근육이 수축했으며 ㉠은 $2d$만큼 짧아지고, ㉡은 $2d$만큼 길어지며, ㉢은 $4d$만큼 짧아졌다는 것을 알 수 있다. 이를 토대로 t_1과 t_2일 때 ㉠~㉢의 값을 정리하면 첨삭된 표와 같다.

	ⓒ	ⓐ	ⓑ
	㉠	㉡	㉢
t_1	$8d$	$5d$	$6d$
t_2	$6d$	$7d$	$2d$

t_1일 때 A대의 길이(2㉡+㉢)는 ㉢의 길이의 2배이므로 ㉢는 ㉠이다. 근육이 수축할 때 각 지점에 해당하는 구간의 변화를 정리하면 ㉠ → ㉠ 또는 ㉡, ㉡ → ㉡, ㉢ → ㉢이다. ㉢는 ㉠이므로 ⓐ는 ㉡이고, ⓑ는 ㉢이다. 정리하면 l_3인 지점은 ㉠, l_1인 지점은 ㉡, l_2인 지점은 ㉢에 해당한다.

|보|기|풀|이|

㉠ 정답 : $l_2 > l_1 > l_3$이다.
ㄴ. 오답 : t_1일 때, Z_1으로부터 Z_2 방향으로 거리가 l_3인 지점은 ㉠에 해당한다.
ㄷ. 오답 : t_2일 때, ⓐ(㉡ : $7d$)의 길이는 H대의 길이 (㉢ : $2d$)의 3.5배이다.

🤯 **문제풀이 TIP |** 근육이 수축하여 X가 $2y$만큼 짧아질 때 ㉠은 y만큼 짧아지고, ㉡은 y만큼 길어지며, ㉢은 $2y$만큼 짧아진다. 이때 ㉠~㉢의 변화량 합은 $-2y$이다. ⓐ~ⓒ의 길이 합 변화량을 토대로 t_1과 t_2일 때의 ㉠~㉢ 값을 알 수 있다. 근육이 수축할 때 각 지점에 해당하는 구간의 변화를 정리하면 ㉠ → ㉠ 또는 ㉡, ㉡ → ㉡, ㉢ → ㉢이다.

😀 **출제분석 |** 근수축 시 각 구간의 길이 변화량과 Z선으로부터의 거리가 각각 l_1, l_2, l_3인 세 지점이 해당하는 구간의 변화에 대한 이해를 바탕으로 해결해야 하는 난도 '상'의 문항이다. ⓐ~ⓒ의 길이가 순서 없이 제시되어 난도가 높아 보이지만, ⓐ~ⓒ의 길이 합 변화량을 알아내면 비교적 쉽게 문제를 해결할 수 있다.

03. 신경계

→ 뇌의 구성은 고등수준으로 연구된다
    간 대 소 중   수
    뇌 뇌 뇌 간
         뇌

❶ 중추 신경계 ★수능에 나오는 필수 개념 2가지 + 필수 암기사항 2개

필수개념 1   중추 신경계

• **뇌** : 대뇌, 소뇌, 중간뇌, 간뇌, 연수로 구성된다. ✱암기 → 뇌와 척수의 구조와 기능은 말초 신경계와 연계되어 출제되므로 구체적으로 정리하고 기억하자!

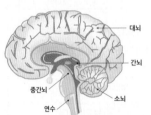

> • **대뇌** : 신경 세포체가 모인 겉질(회색질), 축삭 돌기가 모인 속질(백색질)로 구분되고, 겉질은 다시 감각령, 연합령, 운동령으로 구분된다. 언어, 기억, 추리, 상상, 감정 등의 고등 정신 활동과 감각과 수의 운동의 중추이다.
>
> | 구분 | 기능 |
> |------|------|
> | 감각령 | 감각기로부터 오는 정보를 받아들인다. |
> | 연합령 | 감각령으로부터 온 정보를 종합, 분석하여 명령을 운동령으로 전달한다. |
> | 운동령 | 연합령의 명령을 받아 수의 운동이 일어나도록 한다. |
>
> → 💡👤 균형을 잡는 사람의 다리 모양을 연상하여 암기
> • **소뇌** : 대뇌에서 시작된 수의 운동이 정확하고 원활하게 일어나도록 조절하고, 몸의 평형을 유지하는 중추이다. → 💡 얼굴의 중간에 있는 안구 운동을 맡음!
> • **중간뇌** : 소뇌와 함께 몸의 평형을 조절하고, 안구 운동과 동공의 크기를 조절하는 중추이다.
> • **간뇌** : 시상과 시상 하부로 구분되며, 시상 하부는 자율 신경계와 내분비계의 조절 중추로서 체온, 혈당량, 삼투압 조절 등 항상성 유지의 조절 중추이다.
> • **연수** : 심장 박동, 호흡 운동, 소화 운동의 조절 중추이고, 기침, 재채기, 하품, 눈물 분비 등의 반사 중추이다. → 💡 척수, 연수 반사 중추는 '수'로 끝남

• **척수** : 대뇌와 달리 겉질은 백색질, 속질은 회색질이며, 운동 신경의 다발이 전근을 이루고, 감각 신경의 다발이 후근을 이룬다. 뇌와 말초 신경 사이에서 정보를 전달하는 역할을 하며, 땀분비, 도피 반사(회피 반사), 무릎 반사, 배뇨 반사 등의 중추이다.

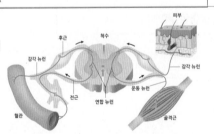

→ 💡 운전은 감으로 동신경 후근 각 으로

필수개념 2   반응과 반사

• **의식적인 반응** ✱암기 → 의식적인 반응과 무조건 반사의 차이와 반응 경로를 기억하자!
: 대뇌의 판단과 명령에 따라 일어나는 의식적인 행동이다.

> 자극 → 감각기 → 감각 신경 → 중추 신경(대뇌) → 운동 신경 → 반응기(근육) → 반응

• **무조건 반사** : 대뇌가 관여하지 않고, 척수, 연수, 중간뇌가 중추로 작용하여 무의식적으로 일어나는 반응이다. 반응 경로가 짧아서 의식적인 반응에 비해서 반응 속도가 빨라 위험으로부터 몸을 보호하는 데 도움이 된다.

> 자극 → 감각기 → 감각 신경 → 중추 신경(척수, 연수, 중간뇌) → 운동 신경 → 반응기(근육) → 반응

반사	중추	반응
척수 반사	척수	젖 분비, 땀 분비, 무릎 반사, 회피 반사, 배변·배뇨 반사 등
연수 반사	연수	재채기, 하품, 침 분비 등
중간뇌 반사	중간뇌	동공 반사, 안구 운동 등

기본자료

▶ 사람의 신경계

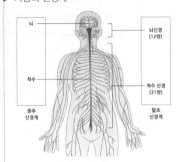

▶ 위치에 따른 대뇌 겉질의 구분
위치에 따라 전두엽, 두정엽, 측두엽, 후두엽으로 구분된다.

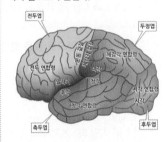

▶ 반응과 반사의 경로

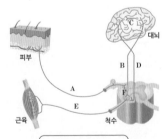

> • 의식적인 반응의 경로 :
>   A → B → C → D → E
> • 척수 반사의 경로 :
>   A → F → E

❷ 말초 신경계 ★수능에 나오는 필수 개념 4가지 + 필수 암기사항 3개

필수개념 1 말초 신경계

• **말초 신경계** : 중추 신경계와 연결되어 온몸의 말단부까지 퍼져 있다. 해부학적 구성에 따라 뇌에서 나온 12쌍의 뇌신경과 31쌍의 척수 신경으로 구분되며, 구심성 뉴런, 원심성 뉴런으로 구성된다.

필수개념 2 체성 신경계

• **체성 신경계** ★암기 → 체크한 부분을 기억하자!

> • 중추의 명령을 골격근으로 보내는 체성 운동 신경으로 구성되어 있다. 주로 대뇌의 지배를 받으며, 의식적인 자극과 반응에 관여한다.

필수개념 3 자율 신경계

• **자율 신경계** : 대뇌의 직접적인 지배를 받지 않으며, 간뇌, 중간뇌, 연수, 척수에서 나와 소화 기관, 순환 기관, 호흡 기관, 내분비 기관 등에 분포하여 소화, 순환, 호흡, 호르몬 분비 등 생명 유지에 필수적인 기능을 조절한다. 중추의 명령을 반응기로 전달하는 원심성 뉴런(운동 뉴런)으로만 이루어져 있으며, 교감 신경과 부교감 신경으로 구성되어 길항 작용을 한다. 반응기와 중추 신경 사이에 시냅스가 존재하여 신경절 이전 뉴런과 신경절 이후 뉴런, 즉 두 개의 뉴런이 연결된 구조이다. ★암기 → 교감 신경과 부교감 신경의 공통점과 차이점을 구분하여 정리하자!

💡 교감 선생님이 교실에 오시면 노루을 본 것처럼 긴장해서 동공은 확대, 심장은 쿵쿵, 혈압 상승, 소화는 안되고 화장실도 못간다.
→ 노르에피네프린
→ 소화액 억제
→ 방광 확장

① **교감 신경**
• 척수의 가운데 부분에서 뻗어 나오며, 신경절 이전 뉴런은 짧고 신경절 이후 뉴런은 길다.
• 신경 전달 물질은 신경절 이전 뉴런에서는 아세틸콜린, 신경절 이후 뉴런에서는 노르에피네프린이 분비된다.
② **부교감 신경**
• 중간뇌, 연수 그리고 척수의 아래 부분에서 뻗어 나오며, 신경절 이전 뉴런은 길고 신경절 이후 뉴런은 짧다.
• 신경 전달 물질은 신경절 이전 뉴런과 신경절 이후 뉴런에서 모두 아세틸콜린이 분비된다.
③ **교감 신경과 부교감 신경의 작용 비교** ★암기

구분	동공	심장 박동	혈압	방광	소화액 분비	침분비	혈당량
교감 신경	확대	촉진	상승	확장	억제	억제	증가
부교감 신경	축소	억제	하강	수축	촉진	촉진	감소

필수개념 4 체성 신경계와 자율 신경계의 비교

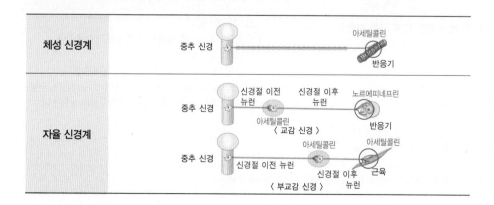

기본자료

▶ 기능에 따른 말초 신경계의 구분
말초 신경계는 크게 구심성 뉴런과 원심성 뉴런으로 구분된다.

▶ 길항 작용
하나의 기관에 대해 서로 반대되는 기능을 하여 효과를 상쇄시키는 작용이다.

▶ 교감 신경의 기능
몸을 긴장 상태로 만들어 흥분, 놀람, 운동 등 갑작스런 환경 변화에 대응하도록 조절한다.

▶ 부교감 신경의 기능
긴장 상태에 있던 몸을 평상시의 상태로 회복시키고, 지속적이고 완만한 환경 변화에 대응하도록 조절한다.

그림은 자극에 의한 반사가 일어나 근육 @가 수축할 때 흥분 전달 경로를 나타낸 것이다.

이에 대한 설명으로 옳은 것만을 〈보기〉에서 있는 대로 고른 것은?

보기

ㄱ. ㉠은 연합 뉴런이다.

ㄴ. ㉡의 신경 세포체는 척수의 회색질(회백질)에 존재한다.
    → 운동 뉴런   → 속질

ㄷ. @의 근육 원섬유 마디에서 $\dfrac{\text{A대의 길이}}{\text{I대의 길이}+\text{H대의 길이}}$ 가 작아진다.
     A대의 길이→ 일정   커진다
     I대의 길이+H대의 길이 → 감소

① ㄱ   ② ㄷ   ✔③ ㄱ, ㄴ   ④ ㄴ, ㄷ   ⑤ ㄱ, ㄴ, ㄷ

|자|료|해|설|

날카로운 못에 반응하는 무조건 반사를 나타낸 그림으로 이 무조건 반사의 중추는 척수이다. 척수의 겉질은 백색질이고 속질은 회색질이다. ㉠은 감각 뉴런과 운동 뉴런을 이어주는 연합 뉴런이고, ㉡은 신경 세포체가 축삭돌기 중간이 아니라 척수의 회색질에 존재하며 반응기로 뻗어나가는 것으로 보아 운동 뉴런임을 알 수 있다. 운동 뉴런의 자극에 따라 근육 @는 수축한다.

|보|기|풀|이|

ㄱ. 정답 : ㉠은 감각 뉴런과 운동 뉴런을 연결하는 연합 뉴런이다.

ㄴ. 정답 : ㉡은 운동 뉴런으로 회색질인 속질에 신경세포체가 있는 것을 관찰할 수 있다.

ㄷ. 오답 : @의 근육 원섬유 마디는 운동 뉴런의 자극에 의해 수축된다. 이때 A대의 길이는 일정하고 I대의 길이와 H대의 길이는 모두 감소한다. 따라서 분모는 감소하고 분자는 일정하므로 $\dfrac{\text{A대의 길이}}{\text{I대의 길이}+\text{H대의 길이}}$ 는 커진다.

😮 **문제풀이 TIP** | 무조건 반사의 반응 경로와 근육 수축에 따른 A대, I대, H대의 길이 변화를 알고 있으면 문제를 풀 수 있다. 무조건 반사의 종류에는 척수 반사, 연수 반사, 중간뇌 반사 등이 존재하며 감각 뉴런으로 정보를 받아들이고 중추 신경계에 존재하는 연합 뉴런을 거쳐 운동 뉴런으로 반응을 전달한다. 또한, 반응과 반사에 관한 문항에서는 신경세포체의 위치를 이용하여 감각 뉴런인지 운동 뉴런인지를 결정해야하는데 축삭돌기의 중간에 신경세포체가 위치하면 감각 뉴런이고 중추신경계에 신경세포체가 위치하면 운동 뉴런이라는 사실을 반드시 기억하자.

그림은 무릎 반사가 일어날 때 흥분 전달 경로를 나타낸 것이다. A와 B는 감각 뉴런과 운동 뉴런을 순서 없이 나타낸 것이다.

이에 대한 설명으로 옳은 것만을 〈보기〉에서 있는 대로 고른 것은?

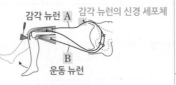

보기

ㄱ. A는 감각 뉴런이다.

ㄴ. B는 자율 신경계에 속한다.
     운동 뉴런 → 척수   → 체성 신경계   하지 않는다

ㄷ. 이 반사의 중추는 뇌줄기를 구성한다.
    → 중간뇌, 뇌교, 연수

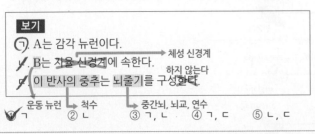

✔① ㄱ   ② ㄴ   ③ ㄱ, ㄴ   ④ ㄱ, ㄷ   ⑤ ㄴ, ㄷ

|자|료|해|설|

신경 세포체가 축삭 돌기의 중간 부분에 있는 A는 감각 뉴런이고, 중추의 명령을 골격근으로 보내는 B는 운동 뉴런이다. 무릎 반사의 중추는 척수이다.

|보|기|풀|이|

ㄱ. 정답 : A는 신경 세포체가 축삭 돌기의 중간에 있으므로 감각 뉴런이다.

ㄴ. 오답 : 운동 뉴런(B)는 체성 신경계에 속한다.

ㄷ. 오답 : 뇌줄기는 중간뇌, 뇌교, 연수로 구성된다. 무릎 반사의 중추는 척수이므로 뇌줄기를 구성하지 않는다.

😮 **문제풀이 TIP** | 감각 뉴런은 신경 세포체가 축삭 돌기의 중간에 있는 것이 특징이다. 뇌줄기는 중간뇌, 뇌교, 연수로 구성된다.

그림은 자극에 의한 반사가 일어날 때 흥분 전달 경로를 나타낸
것이다.

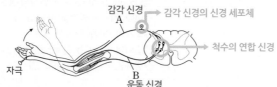

이에 대한 설명으로 옳은 것만을 〈보기〉에서 있는 대로 고른 것은?

3점

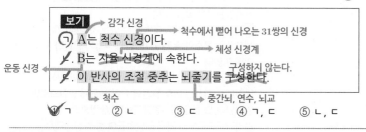

보기
ㄱ. A는 척수 신경이다.
ㄴ. B는 자율 신경계에 속한다.
ㄷ. 이 반사의 조절 중추는 뇌줄기를 구성한다.

① ㄱ   ② ㄴ   ③ ㄷ   ④ ㄱ, ㄷ   ⑤ ㄴ, ㄷ

|자|료|해|설|
날카로운 못에 반응하는 무조건 반사를 나타낸 그림이며,
이 반사의 중추는 척수이다. A는 신경 세포체가 축삭
돌기의 한 쪽 옆에 붙어 있는 감각 신경, B는 척수의
명령을 근육으로 전달하는 운동 신경이다. A와 B는
척수와 연결되어 있으므로 척수 신경에 속한다.

|보|기|풀|이|
ㄱ. 정답 : 그림과 같이 팔에 연결된 감각 신경(A)은
척수에서 뻗어 나오는 척수 신경이다.

ㄴ. 오답 : 운동 신경(B)은 체성 신경계에 속한다.

ㄷ. 오답 : 그림은 척수 반사의 일종이므로 조절 중추가
척수이다. 뇌줄기를 구성하는 것은 중간뇌와 연수,
뇌교이므로 척수는 뇌줄기에 속하지 않는다.

III
1
−
03.
신
경
계

😮 **문제풀이 TIP** | 뇌에서 뻗어 나오는 신경은 뇌신경, 척수에서 뻗어 나오는 신경은 척수 신경이며 감각 신경과 운동 신경은 말초 신경계에 속한다. 뇌줄기를 구성하는 것은 중간뇌와
연수, 뇌교라는 것을 반드시 암기하자!

😀 **출제분석** | 반사의 중추 및 관련된 신경에 대한 내용을 묻는 난도 '중'의 문항이다. 중추 신경계와 말초 신경계, 체성 신경계와 자율 신경계, 뇌신경과 척수 신경 등 신경계의 구분
체계를 정확하게 알고 있어야 신경계 단원 문제를 풀 수 있다. 출제 빈도가 높은 부분이므로 신경계의 구분 체계가 헷갈리는 학생들은 다시 정리하여 암기를 해두어야 한다.

그림은 무릎 반사가 일어날 때 흥분 전달 경로를 나타낸 것이다.

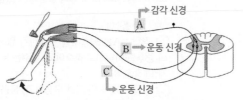

이에 대한 옳은 설명만을 〈보기〉에서 있는 대로 고른 것은?

보기
ㄱ. A와 B는 모두 척수 신경이다.
ㄴ. B는 자율 신경계에 속한다.
ㄷ. C는 후근을 이룬다.

① ㄱ   ② ㄴ   ③ ㄱ, ㄴ   ④ ㄱ, ㄷ   ⑤ ㄴ, ㄷ

|자|료|해|설|
신경 세포체가 축삭돌기 옆에 위치한 A는 감각 신경이고,
골격근에 연결된 B와 C는 운동 신경이며 체성 신경계에
속한다. A~C는 모두 말초 신경계에 속한다. 감각 신경
(A)은 후근을 이루고, 운동 신경(B, C)은 전근을 이룬다.

|보|기|풀|이|
ㄱ. 정답 : A~C는 모두 척수에 연결된 척수 신경이다.

ㄴ. 오답 : 신경절 없이 하나의 뉴런으로 골격근에 연결되어
있는 운동 신경(B)은 체성 신경계에 속한다.

ㄷ. 오답 : 운동 신경(C)은 전근을 이룬다.

😮 **문제풀이 TIP** | 척수에 연결된 신경은 척수 신경이며, 말초
신경계에 속한다. 감각 신경은 후근을 이루고, 운동 신경은 전근을
이룬다.

그림은 자극에 의한 반사가 일어날 때 흥분 전달 경로를 나타낸 것이다.

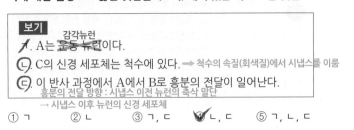

이에 대한 설명으로 옳은 것만을 〈보기〉에서 있는 대로 고른 것은?

보기

   ㄱ. A는 ~~운동 뉴런~~이다. ← 감각뉴런

   ㄴ. C의 신경 세포체는 척수에 있다. → 척수의 속질(회색질)에서 시냅스를 이룸

   ㄷ. 이 반사 과정에서 A에서 B로 흥분의 전달이 일어난다.
    흥분의 전달 방향 : 시냅스 이전 뉴런의 축삭 말단
    → 시냅스 이후 뉴런의 신경 세포체

① ㄱ   ② ㄷ   ③ ㄱ, ㄷ   ✔④ ㄴ, ㄷ   ⑤ ㄱ, ㄴ, ㄷ

😲 **문제풀이 TIP** | 기능에 따른 뉴런의 종류와 그 특징을 알고 있는지 묻는 문항이다. 감각뉴런은 그림에서 신경 세포체의 위치를 통해 쉽게 확인할 수 있으며, 감각기와 반응기 사이에서 각 뉴런들의 연결 상태를 보면 뉴런의 종류를 구분할 수 있다. 또한 회피 반사나 무릎 반사 등의 척수 반사는 이와 같이 그림으로 자주 등장하므로 흥분의 전달 경로를 알아두는 것이 좋다.

| 자 | 료 | 해 | 설 |

그림은 척수 반사의 일종인, 뾰족하거나 날카로운 물체에 찔렸을 때 일어나는 회피 반사의 흥분 전달 경로를 나타낸 것이다. 자극을 받아들이는 A는 감각뉴런으로 신경 세포체가 축삭돌기의 옆에 붙어있고, 작용기인 근육으로 연결되어 있는 C는 운동뉴런이며, A와 C를 연결하고 중추 신경계인 척수를 구성하고 있는 B는 연합뉴런이다.

| 보 | 기 | 풀 | 이 |

ㄱ. 오답 : A는 자극을 받아들이고 있으며, 특히 신경 세포체가 축삭돌기의 옆에 붙어있는 것으로 보아 감각뉴런임을 알 수 있다.

ㄴ. 정답 : 그림에서도 확인할 수 있는 것처럼 C의 신경 세포체는 척수의 속질에서 B의 축삭돌기 말단과 시냅스를 이루고 있다.

ㄷ. 정답 : 흥분의 전달은 시냅스 이전 뉴런의 축삭 말단에서 시냅스 이후 뉴런의 신경 세포체 방향으로만 일어난다. 또한 감각뉴런은 구심성 뉴런으로 감각기관으로부터 자극을 받아들여 중추 신경계로 전달하는 역할을 하므로 A에서 B로 흥분의 전달이 일어난다.

---

6 중추 신경계   정답 ⑤   정답률 68%   2017년 3월 학평 3번   문제편 91p

표는 중추 신경계를 구성하는 구조 A~C에서 2가지 특징의 유무를 나타낸 것이다. A~C는 각각 연수, 중간뇌, 척수 중 하나이다.

특징 ＼ 구조	A 척수	B 중간뇌	C 연수
뇌줄기를 구성한다. ← 연수+중간뇌	없음	있음	⊙있음
동공 크기 조절의 중추이다. → 중간뇌	?없음	?있음	없음

이에 대한 옳은 설명만을 〈보기〉에서 있는 대로 고른 것은? **3점**

보기

   ㄱ. A는 무릎 반사의 중추이다. ← 2가지 특징을 모두 지님

   ㄴ. B는 ~~중간뇌~~이다. → 척수

   ㄷ. ⊙은 '있음'이다.

① ㄱ   ② ㄴ   ③ ㄱ, ㄷ   ④ ㄴ, ㄷ   ✔⑤ ㄱ, ㄴ, ㄷ

| 자 | 료 | 해 | 설 |

표를 분석해 보면, 세로축에는 두 가지의 특징이, 가로축에는 3가지의 구조가 배열되어 있다. 먼저 특징에 해당하는 구조를 파악해보면, '뇌줄기를 구성'하는 중추 신경계의 구조는 중간뇌와 연수이다. 다음으로, '동공 크기 조절의 중추'는 중간뇌이다. 정리해보면, 중간뇌는 두 가지 특징에 모두 해당하고, 연수는 한 가지 특징에 해당하고, 척수는 어떠한 특징에도 해당하지 않는다. 이에 따라 뇌줄기를 구성하지 않는 A가 척수에 해당하고 바로 아래의 물음표도 '없음'에 해당한다. 또한, C의 ⊙은 '있음'이 되어야 하고 동공 크기 조절의 중추가 아니므로, C가 연수이다. 마지막으로 B가 중간뇌이므로 B의 물음표는 '있음'이 된다.

| 보 | 기 | 풀 | 이 |

ㄱ. 정답 : A는 뇌줄기를 구성하지 않고, 동공 크기 조절의 중추도 아니므로 척수이고, 척수는 무릎 반사(무조건 반사)의 중추이다.

ㄴ. 정답 : B는 뇌줄기를 구성하고, 동공 크기 조절의 중추이므로 중간뇌이다.

ㄷ. 정답 : 뇌줄기를 구성하는 구조는 중간뇌와 연수인데, A가 '없음'이므로 나머지 B, C 구조가 모두 '있음'이 되어야 한다. 따라서 ⊙은 '있음'이다.

😲 **문제풀이 TIP** | 중추 신경계를 구성하는 구조들의 특징을 묻는 문항으로, 이번 문항에서는 중간뇌, 연수, 척수의 공통적인 기능과 개별적으로 갖는 기능을 파악하는지 여부를 묻고 있다. 중추 신경계 구조의 자리에 중간뇌, 연수, 척수 외에 다른 대뇌, 소뇌, 간뇌로 변형하여 얼마든지 출제가 가능하므로, 중추 신경계 구조의 각 기능들을 정리하며 학습하도록 하자. 학습 시, 단순히 암기식으로 머릿속에 집어넣기보다는 중추 신경계라는 큰 범주에서 세분화시키며 도식화하므로 세부적으로 꼼꼼히 기억하는 것이 다음에 문항이 출제되었을 때 어떠한 특징을 묻더라도 쉽게 답하는 데 도움이 될 것이다. 더 나아가 중추 신경계의 구조만이 아니라 말초 신경계의 자율 신경계와 체성 신경계도 함께 연결지어 학습하는 것이 고득점을 위한 방법일 것이다.

그림은 중추 신경계를 구성하는 연수, 중간뇌, 척수를 구분하는 과정을 나타낸 것이다.

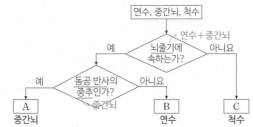

다음 중 A~C로 옳은 것은?

	A	B	C
①	연수	중간뇌	척수
②	중간뇌	연수	척수
③	중간뇌	척수	연수
④	척수	연수	중간뇌
⑤	척수	중간뇌	연수

|자|료|해|설|

중추 신경계의 구조 가운데 뇌줄기에 속하는 연수와 중간뇌를 제외한 척수가 C에 해당하고, 연수와 중간뇌 중 동공 반사의 중추는 중간뇌이므로 A는 중간뇌이고, 남은 연수가 B이다.

|선|택|지|풀|이|

② 정답 : A-중간뇌, B-연수, C-척수이므로 선택지에서 ②번이 이와 일치한다.

🤓 **문제풀이 T I P** | 중추 신경계의 구조 중 연수, 중간뇌, 척수에서 각각의 특징에 해당하는지를 소거법을 이용하여 풀면 쉽게 풀이가 가능하다. 예를 들어, 뇌줄기에 속하는 연수와 중간뇌를 소거하고 남은 척수가 C가 되는 방식이다. 또한, 중추 신경계의 다른 뇌 부분도 얼마든지 출제가 가능하므로 각 뇌의 기능과 척수의 기능을 특징적으로 꼭 기억하도록 하자. 또한 각 뇌의 구조와 기능은 말초 신경계(원심성 뉴런, 구심성 뉴런)와 연계하여 출제되므로 함께 정리하여 학습하자.

😀 **출제분석** | 이번 문항은 중추 신경계에서 빈번하게 출제되었던 뇌줄기와 동공 반사에 관한 문항으로 기본적인 지식 수준일 뿐 아니라 보기의 형태가 수능의 형태와는 다소 거리가 멀게 쉽게 출제되어 난도는 '하'에 해당한다. 비슷하게 수능에서 출제된다면 보기의 문항이 단순히 A, B, C의 용어를 채우는 형태가 아닌 ㄱ, ㄴ, ㄷ의 형태로 각 해당 부분의 또 다른 특징을 묻거나 말초 신경계와 관련시켜 출제될 가능성이 높다.

표는 사람의 중추 신경계에 속하는 A~C의 특징을 나타낸 것이다. A~C는 간뇌, 연수, 척수를 순서 없이 나타낸 것이다.

구분	특징
연수 A 중간뇌-뇌교-연수	뇌줄기를 구성한다.
간뇌 B	시상 하부 ← ㉠ 체온 조절 중추가 있다.
척수 C	교감 신경의 신경절 이전 뉴런의 신경 세포체가 있다.

이에 대한 설명으로 옳은 것만을 〈보기〉에서 있는 대로 고른 것은?

3점

보기

연수 →
㉠. A는 호흡 운동을 조절한다.
㉡. ㉠은 시상 하부이다.   항상성 조절의 중추
㉢. C는 척수이다.

① ㄱ   ② ㄴ   ③ ㄱ, ㄷ   ④ ㄴ, ㄷ   ⑤ ㄱ, ㄴ, ㄷ

|자|료|해|설|

뇌줄기는 중간뇌, 뇌교, 연수로 구성되므로 A는 연수이고, 체온 조절 중추인 시상 하부가 있는 B는 간뇌이다. 교감 신경의 신경절 이전 뉴런의 신경 세포체가 있는 C는 척수이다.

|보|기|풀|이|

㉠ 정답 : 뇌줄기를 구성하는 A는 연수로, 심장 박동, 호흡 운동, 소화 운동의 조절 중추이다.
㉡ 정답 : 시상 하부는 체온 조절, 혈당량 조절, 삼투압 조절 등 항상성 조절의 중추이며 간뇌에 존재한다.
㉢ 정답 : 교감 신경의 신경절 이전 뉴런과 일부 부교감 신경의 신경절 이전 뉴런의 신경 세포체가 척수에 있다.

🤓 **문제풀이 T I P** | 중추 신경계를 이루는 구조들의 특징을 묻는 문항이다. 중추 신경계에 해당하는 뇌와 척수의 구조적인 특징과 각 부분이 갖는 기능 및 특징을 정리해 두고 기억하며, 말초 신경과도 연결지어 학습하도록 한다.

그림은 중추 신경계의 구조를 나타낸 것이다.
㉠~㉣은 간뇌, 소뇌, 연수, 중간뇌를 순서
없이 나타낸 것이다.
이에 대한 설명으로 옳은 것만을 〈보기〉에서
있는 대로 고른 것은?

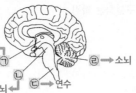

간뇌 → ㉠
소뇌 ← ㉣
중간뇌 → ㉡
㉢ → 연수

보기

㉠ ㉠에 시상 하부가 있다.   중간뇌, 뇌교, 연수
간뇌
ㄴ. ㉡과 ㉣은 모두 뇌줄기에 속한다.   하지 않는다
중간뇌 소뇌
㉢ ㉢은 호흡 운동을 조절한다.
연수

① ㄱ   ② ㄴ   ✔ ㄱ, ㄷ   ④ ㄴ, ㄷ   ⑤ ㄱ, ㄴ, ㄷ

| 자 | 료 | 해 | 설 |
㉠은 간뇌, ㉡은 중간뇌, ㉢은 연수, ㉣은 소뇌이다.

| 보 | 기 | 풀 | 이 |
㉠ 정답 : 간뇌(㉠)는 시상과 시상 하부로 구분된다.
ㄴ. 오답 : 뇌줄기는 중간뇌, 뇌교, 연수로 구성되어 있다.
따라서 중간뇌(㉡)는 뇌줄기에 속하지만 소뇌(㉣)는
뇌줄기에 속하지 않는다.
㉢ 정답 : 연수(㉢)는 호흡 운동의 조절 중추이다.

그림은 중추 신경계의 구조를 나타낸 것이다.
㉠~㉣은 간뇌, 대뇌, 소뇌, 중간뇌를 순서 없이
나타낸 것이다.
이에 대한 설명으로 옳은 것만을 〈보기〉에서
있는 대로 고른 것은? **3점**

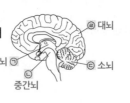

㉣ 대뇌
간뇌 → ㉠
㉢ 소뇌
㉡
중간뇌

보기

소뇌   간뇌
ㄱ. ㉠은 중간뇌이다.
㉡ ㉢은 몸의 평형(균형) 유지에 관여한다.
㉢ ㉣에는 시각 기관으로부터 오는 정보를 받아들이는 영역이
있다.
   대뇌의 감각령에 포함됨
대뇌

① ㄱ   ② ㄴ   ③ ㄱ, ㄷ   ✔ ㄴ, ㄷ   ⑤ ㄱ, ㄴ, ㄷ

| 자 | 료 | 해 | 설 |
㉠은 간뇌, ㉡은 중간뇌, ㉢은 소뇌, ㉣은 대뇌이다. 간뇌
(㉠)는 시상과 시상 하부로 구분되며, 시상 하부는 자율
신경계와 내분비계의 조절 중추로서 항상성 유지의
조절 중추이다. 중간뇌(㉡)는 소뇌와 함께 몸의 평형을
조절하고, 안구 운동과 동공의 크기를 조절하는 중추이다.
소뇌(㉢)는 대뇌에서 시작된 수의 운동이 정확하고
원활하게 일어나도록 조절하고, 몸의 평형을 유지하는
중추이다. 대뇌(㉣)는 고등 정신 활동과 감각과 수의
운동의 중추이다.

| 보 | 기 | 풀 | 이 |
ㄱ. 오답 : ㉠은 간뇌이다.
㉡ 정답 : 소뇌(㉢)는 몸의 평형(균형) 유지에 관여한다.
㉢ 정답 : 대뇌(㉣)는 기능에 따라 감각령, 연합령,
운동령으로 구분된다. 시각 기관으로부터 오는 정보를
받아들이는 영역은 감각령(감각기로부터 오는 정보를
받아들이는 영역)에 포함된다.

🦉 **문제풀이 TIP** | 대뇌는 기능에 따라 감각령, 연합령, 운동령으로 구분되며, 감각령은 감각기로부터 오는 정보를 받아들이는 영역이다.

그림은 사람에서 중추 신경계와 심장이 자율 신경으로 연결된 모습의 일부를 나타낸 것이다. A와 B는 각각 연수와 중간뇌 중 하나이고, ㉠과 ㉡ 중 한 부위에 신경절이 있다.

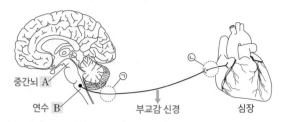

중간뇌 A
연수 B
부교감 신경
심장

이에 대한 옳은 설명만을 〈보기〉에서 있는 대로 고른 것은?

보기
→ 중간뇌
㉠. A는 동공 반사의 중추이다.
ㄴ. B는 중간뇌이다. (연수)
ㄷ. ㉠에 신경절이 있다. (㉡)

① ㄱ   ② ㄷ   ③ ㄱ, ㄴ   ④ ㄱ, ㄷ   ⑤ ㄴ, ㄷ

|자|료|해|설|
교감 신경은 척수의 가운데 부분에서 뻗어 나오며, 부교감 신경은 중간뇌, 연수, 척수의 아래 부분에서 뻗어 나온다. 심장에 연결된 부교감 신경은 연수에서 뻗어 나온다. 따라서 B는 연수이고 A는 중간뇌이다. 부교감 신경은 신경절 이전 뉴런이 길고 신경절 이후 뉴런이 짧으므로 신경절은 ㉡에 있다.

|보|기|풀|이|
㉠ 정답 : 중간뇌(A)는 동공 반사의 중추이다.
ㄴ. 오답 : B는 심장에 연결된 부교감 신경이 뻗어 나오는 연수이다.
ㄷ. 오답 : 부교감 신경은 신경절 이전 뉴런이 길고 신경절 이후 뉴런이 짧으므로 ㉡에 신경절이 있다.

🤓 문제풀이 TIP | 심장에 연결된 교감 신경은 척수의 가운데 부분에서 뻗어 나오며, 부교감 신경은 연수에서 뻗어 나온다.

😊 출제분석 | 반응의 중추와 특정 기관에 연결된 자율 신경계에 대해 묻는 난도 '중하'의 문항이다. 동공 반사의 중추는 출제 빈도가 매우 높은 내용이며, 특히 부교감 신경은 연결된 기관에 따라 뻗어 나오는 위치가 다르므로(중간뇌, 연수, 척수의 아래 부분) 구분해서 기억해두어야 한다.

다음은 사람의 신경계를 구성하는 구조에 대한 학생 A~C의 발표 내용이다.

→ 중추 신경계
척수에는 연합 뉴런이 있습니다.

뇌, 척수 : 중추 신경계
뇌신경, 척수 신경 : 말초 신경계
뇌신경은 말초 신경계에 속합니다.

31쌍
척수 신경은 12쌍으로 이루어져 있습니다.

뇌신경 : 12쌍
척수 신경 : 31쌍

학생A   학생B   학생C

제시한 내용이 옳은 학생만을 있는 대로 고른 것은?

① B   ② C   **③** A, B   ④ A, C   ⑤ A, B, C

|자|료|해|설|
중추 신경계에 속하는 뇌와 척수는 연합 뉴런으로 구성되어 있다. 뇌에서 뻗어 나온 12쌍의 뇌신경과 척수에서 뻗어 나온 31쌍의 척수 신경은 말초 신경계에 속한다.

|보|기|풀|이|
학생 A. 정답 : 중추 신경계(뇌, 척수)는 연합 뉴런으로 구성되어 있다.
학생 B. 정답 : 뇌신경과 척수 신경은 말초 신경계에 속한다.
학생 C. 오답 : 척수 신경은 31쌍으로 이루어져 있다.

🤓 문제풀이 TIP | 뇌와 척수는 중추 신경계이며, 뇌신경(12쌍)과 척수 신경(31쌍)은 말초 신경계에 속한다.

😊 출제분석 | 중추 신경계인 뇌와 척수, 말초 신경계에 속하는 뇌신경과 척수 신경에 대한 단순 지식을 묻는 난도 '하'의 문항이지만 기존에 출제되던 내용이 아니라 정답률이 낮게 나온 것으로 판단된다. 생명과학Ⅰ 과목의 경우 꼼꼼하게 모든 내용을 빠짐없이 암기하고 있어야 이러한 유형의 문제 출제를 대비할 수 있다.

13 말초 신경계   정답 ②   정답률 84%   2021학년도 수능 4번   문제편 93p

그림 (가)는 동공의 크기 조절에 관여하는
말초 신경이 중추 신경계에 연결된 경로를,
(나)는 무릎 반사에 관여하는 말초 신경이
중추 신경계에 연결된 경로를 나타낸
것이다.

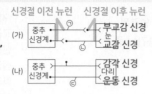

이에 대한 설명으로 옳은 것만을 〈보기〉에서 있는 대로 고른 것은?

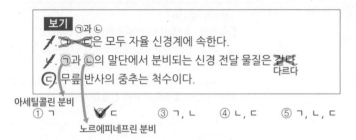

보기
ㄱ. ~~㉠과 ㉡은 모두 자율 신경계에 속한다.~~
ㄴ. ~~㉠과 ㉡의 말단에서 분비되는 신경 전달 물질은 같다.~~ 다르다
ㄷ. 무릎 반사의 중추는 척수이다.

아세틸콜린 분비
① ㄱ   ✔ ㄷ   ③ ㄱ, ㄴ   ④ ㄴ, ㄷ   ⑤ ㄱ, ㄴ, ㄷ
노르에피네프린 분비

|자|료|해|설|
(가)는 동공의 크기 조절에 관여하는 부교감 신경과
교감 신경을, (나)는 무릎 반사에 관여하는 감각 신경과
운동 신경을 나타낸 것이다. 부교감 신경은 신경절 이전
뉴런이 신경절 이후 뉴런보다 길고 교감 신경은 신경절
이전 뉴런이 신경절 이후 뉴런보다 짧다. 부교감 신경의
신경절 이전 뉴런(㉠)의 말단에서는 아세틸콜린이
분비되고, 교감 신경의 신경절 이후 뉴런(㉡)의 말단에서는
노르에피네프린이 분비된다.

|보|기|풀|이|
ㄱ. 오답 : ㉠은 부교감 신경의 신경절 이전 뉴런, ㉡은 교감
신경의 신경절 이후 뉴런으로 자율 신경계에 속하고 ㉢은
운동 신경으로 체성 신경계에 속한다.
ㄴ. 오답 : 부교감 신경의 신경절 이전 뉴런(㉠)의
말단에서는 아세틸콜린이 분비되고, 교감 신경의 신경절
이후 뉴런(㉡)의 말단에서는 노르에피네프린이 분비된다.
ㄷ. 정답 : 무릎 반사의 중추는 척수이다.

🤖 **문제풀이 T I P** | 자율 신경에 해당하는 교감 신경과 부교감 신경은 두 개의 뉴런이 연결된 구조로, 교감 신경은 신경절 이전 뉴런이 신경절 이후 뉴런보다 짧고 부교감 신경은 신경절
이전 뉴런이 신경절 이후 뉴런보다 길다. 감각 신경과 운동 신경은 하나의 뉴런이 중추 신경계와 감각 기관 또는 반응 기관과 연결되어 있으며, 감각 신경의 신경 세포체는 축삭 돌기의
옆쪽에 위치한다.

🤖 **출제분석** | 그림에서 각 신경을 구분하고, 말단에서 분비되는 신경 전달 물질의 종류와 반사의 중추를 알고 있어야 해결 가능한 난도 '중하'의 문항이다. 이전부터 자주 출제되어 온
유형이며, 신경계 단원에서의 기본적인 내용만을 묻고 있으므로 이 문항을 틀린 학생들은 신경계 단원의 처음부터 꼼꼼하게 정리하고 암기해야 한다.

---

14 말초 신경계   정답 ⑤   정답률 71%   2023년 7월 학평 17번   문제편 93p

그림은 중추 신경계에 속한 A와
B로부터 다리 골격근과 심장에 연결된
말초 신경을 나타낸 것이다. A와 B는
연수와 척수를 순서 없이 나타낸 것이고, ⓐ와 ⓑ 중 한 곳에
신경절이 있다.

이에 대한 설명으로 옳은 것만을 〈보기〉에서 있는 대로 고른 것은?

보기
ㄱ. A는 척수이다.
ㄴ. ⓑ에 신경절이 있다.
ㄷ. ㉠과 ㉡의 말단에서 모두 아세틸콜린이 분비된다.

① ㄱ   ② ㄷ   ③ ㄱ, ㄴ   ④ ㄴ, ㄷ   ✔ ㄱ, ㄴ, ㄷ

|자|료|해|설|
다리 골격근의 운동은 체성 운동 신경과 연결되며, 체성
운동 신경을 통해 골격근과 연결된 중추 신경 A는
척수이다. B는 연수이고, 연수로부터 심장을 연결하는
말초 신경에 신경절이 있으므로 이는 자율 신경임을 알
수 있다. 연수와 심장을 연결하는 자율 신경은 부교감
신경이므로 신경절 이전 뉴런이 신경절 이후 뉴런보다
길고, 따라서 신경절은 ⓑ에 있다.

|보|기|풀|이|
ㄱ. 정답 : 다리 골격근으로 연결된 운동 신경이 뻗어 나오는
중추 신경 A는 척수이다.
ㄴ. 정답 : 부교감 신경은 신경절 이전 뉴런이 신경절 이후
뉴런보다 길어야 하므로 ⓑ에 신경절이 있다.
ㄷ. 정답 : 부교감 신경을 이루는 두 뉴런의 말단에서는
모두 아세틸콜린이 분비된다.

🤖 **문제풀이 T I P** | 심장에 연결된 부교감 신경은 연수로부터 나오고, 교감 신경은 척수로부터 나온다. 부교감 신경은 신경절 이전 뉴런의 길이가 신경절 이후 뉴런보다 길다.

그림은 중추 신경계로부터 말초 신경을 통해 소장과 골격근에
연결된 경로를, 표는 뉴런 ⓐ~ⓒ의 특징을 나타낸 것이다. ⓐ~ⓒ는
㉠~㉢을 순서 없이 나타낸 것이다.

교감 신경의 신경절 이전 뉴런   교감 신경의 신경절 이후 뉴런

구분	특징
ⓐ ㉠	?
ⓑ ㉢	체성 신경계에 속한다.
ⓒ ㉡	축삭 돌기 말단에서 노르에피네프린이 분비된다.

운동 신경

이에 대한 설명으로 옳은 것만을 〈보기〉에서 있는 대로 고른 것은?

3점

보기
㉠
ㄱ. ⓐ는 ㉢이다.
ㄴ. ㉠의 신경 세포체는 척수에 있다.
ㄷ. ㉢은 운동 신경이다.

교감 신경의 신경절 이전 뉴런

① ㄱ   ② ㄷ   ③ ㄱ, ㄴ   ✔ ㄴ, ㄷ   ⑤ ㄱ, ㄴ, ㄷ

|자|료|해|설|
소장에 연결된 신경은 신경절 이전 뉴런의 길이가 신경절
이후 뉴런보다 짧으므로 교감 신경이다. 따라서 ㉠은 교감
신경의 신경절 이전 뉴런이고, ㉡은 교감 신경의 신경절
이후 뉴런이다. 골격근에 연결된 ㉢은 체성 신경계에
속하는 운동 신경이므로, 표에서 ⓑ는 ㉢(운동 신경)이다.
축삭 돌기 말단에서 노르에피네프린이 분비되는 ⓒ는
㉡(교감 신경의 신경절 이후 뉴런)이고, ⓐ는 ㉠(교감
신경의 신경절 이전 뉴런)이다.

|보|기|풀|이|
ㄱ. 오답 : ⓐ는 ㉠(교감 신경의 신경절 이전 뉴런)이다.
ㄴ. 정답 : ㉠(교감 신경의 신경절 이전 뉴런)의 신경
세포체는 척수에 있다.
ㄷ. 정답 : 골격근에 연결된 ㉢은 운동 신경이다.

😮 **문제풀이 TIP** | 자율 신경계에 속하는 교감 신경은 신경절 이전 뉴런의 길이가 신경절 이후 뉴런보다 짧다. 체성 신경계에 속하는 운동 신경은 골격근에 연결되어 있다.

😀 **출제분석** | 그림과 표에 제시된 특징을 통해 각 뉴런을 구분해야 하는 난도 '중'의 문항이다. 자율 신경계와 체성 신경계, 교감 신경과 운동 신경의 기본적인 특징을 알고 있다면 쉽게 해결할 수 있다.

그림은 무릎 반사가 일어나는 과정에서 흥분 전달 경로를 나타낸
것이다.

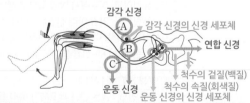

감각 신경
Ⓐ
감각 신경의 신경 세포체
Ⓑ
연합 신경
Ⓒ
척수의 겉질(백질)
운동 신경
척수의 속질(회색질)
운동 신경의 신경 세포체

이에 대한 설명으로 옳은 것만을 〈보기〉에서 있는 대로 고른 것은?

보기
ㄱ. Ⓐ에 역치 이상의 자극을 주면 Ⓑ에서 활동 전위가 발생한다.
체성 신경
ㄴ. Ⓑ는 자율 신경에 속한다.
ㄷ. Ⓒ의 신경 세포체는 척수의 회색질에 존재한다.

① ㄱ   ② ㄷ   ③ ㄱ, ㄴ   ✔ ㄱ, ㄷ   ⑤ ㄴ, ㄷ

|자|료|해|설|
Ⓐ는 신경 세포체가 축삭 돌기의 한쪽 옆에 존재하는 감각
뉴런이고, 척수에서 다리 근육 쪽으로 뻗어 있는 Ⓑ와 Ⓒ는
운동 뉴런이다.

|보|기|풀|이|
ㄱ. 정답 : 감각 신경(Ⓐ)에 역치 이상의 자극을 주면
흥분이 전달되어 운동 신경(Ⓑ)에서 활동 전위가 발생한다.
ㄴ. 오답 : 운동 신경(Ⓑ)은 체성 신경에 속한다.
ㄷ. 정답 : 운동 신경(Ⓒ)의 신경 세포체는 척수의 속질에
있으며, 척수의 속질은 회색질이다.

😮 **문제풀이 TIP** | 말초 신경에 속하는 감각 뉴런과 운동 뉴런은 하나의 뉴런으로 구성되어 있으며, 감각 뉴런은 신경 세포체가 축삭 돌기의 한쪽 옆에 존재하는 것이 특징이다. 대뇌의 속질은 백질, 겉질은 회색질이며 척수는 이와 반대이다. 대뇌의 속질이 백질이라는 것을 외울 때 '머릿속(속질)이 새하얘지다(백질).'라는 문장을 떠올려 외우면 쉽다.

😀 **출제분석** | 무릎 반사에서의 말초 신경계에 대해 묻는 난도 '중'의 문항이다. 그림을 잘 분석하면 맞출 수 있는 문제로 말초 신경계에 대한 문제는 그동안 항상 출제되어 온 부분이다. 신경계 부분의 이론적인 내용은 모두 출제 빈도가 높으므로 꼼꼼하게 암기해두어야 한다.

Ⅲ
1 03.
신경계

그림은 중추 신경계와 호흡계를 연결하는 뉴런 A~E를 나타낸 것이다. ㉠과 ㉡은 각각 척수와 연수 중 하나이다.

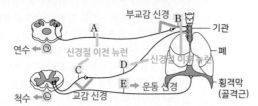

이에 대한 옳은 설명만을 〈보기〉에서 있는 대로 고른 것은? 3점

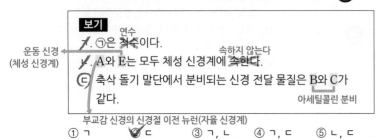

보기

ㄱ. ㉠은 ~~척수~~ 연수 이다.
ㄴ. A와 E는 모두 체성 신경계에 ~~속한다~~ 속하지 않는다.
ㄷ. 축삭 돌기 말단에서 분비되는 신경 전달 물질은 B와 C가 같다. 아세틸콜린 분비

운동 신경 (체성 신경계)

부교감 신경의 신경절 이전 뉴런(자율 신경계)

① ㄱ   ② ㄷ   ③ ㄱ, ㄴ   ④ ㄱ, ㄷ   ⑤ ㄴ, ㄷ

| 자 | 료 | 해 | 설 |

㉠은 연수이고, ㉡은 척수이다. 연수에서 뻗어 나와 기관에 연결된 신경은 신경절 이전 뉴런(A)이 신경절 이후 뉴런(B)보다 긴 부교감 신경이다. 척수에서 뻗어 나와 기관에 연결된 신경은 신경절 이전 뉴런(C)이 신경절 이후 뉴런(D)보다 짧은 교감 신경이다. 척수에서 뻗어 나와 횡격막의 골격근에 연결된 E는 운동 신경이다. 운동 신경은 체성 신경계에 속하고, 교감 신경과 부교감 신경은 자율 신경계에 속한다.

| 보 | 기 | 풀 | 이 |

ㄱ. 오답 : ㉠은 연수이고, ㉡은 척수이다.
ㄴ. 오답 : 부교감 신경의 신경절 이전 뉴런(A)은 자율 신경계에 속하고, 운동 신경(E)은 체성 신경계에 속한다.
ㄷ. 정답 : 부교감 신경의 신경절 이후 뉴런(B)과 교감 신경의 신경절 이전 뉴런(C)의 축삭 돌기 말단에서는 아세틸콜린이 분비된다.

😮 문제풀이 TIP | 운동 신경은 체성 신경계에 속하고, 교감 신경과 부교감 신경은 자율 신경계에 속한다.

🙂 출제분석 | 체성 신경계와 자율 신경계에 대한 내용을 묻는 난도 '중'의 문항으로, 연수의 단면 그림이 처음 출제되었다. 익숙한 척수의 단면 그림으로 척수를 먼저 찾아도 되고, 교감 신경은 척수의 중앙에서 뻗어 나온다는 것으로 연수와 척수를 구분할 수도 있다. 보기는 모두 자주 출제된 내용이므로 이 문항을 틀린 학생들은 신경계의 구분과 기본 개념을 꼼꼼하게 암기해야 한다.

그림은 척수와 방광을 연결하는 뉴런 A~D를 나타낸 것이다.

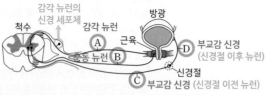

이에 대한 옳은 설명만을 〈보기〉에서 있는 대로 고른 것은?

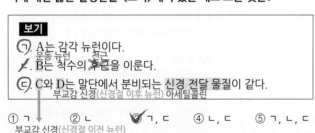

보기

ㄱ. A는 감각 뉴런이다.
ㄴ. B는 척수의 ~~후근~~ 전근 을 이룬다.
ㄷ. C와 D는 말단에서 분비되는 신경 전달 물질이 같다.
부교감 신경(신경절 이후 뉴런) 아세틸콜린

운동 뉴런 전근

① ㄱ   ② ㄴ   ③ ㄱ, ㄷ   ④ ㄴ, ㄷ   ⑤ ㄱ, ㄴ, ㄷ

부교감 신경(신경절 이전 뉴런)

| 자 | 료 | 해 | 설 |

A는 신경 세포체가 축삭 돌기의 한쪽 옆에 존재하는 감각 뉴런이고, 척수에서 방광 쪽으로 뻗어 있는 B는 운동 뉴런이다. 가장 아래 신경은 신경절 이전 뉴런이 신경절 이후 뉴런보다 긴 부교감 신경이며, C는 신경절 이전 뉴런이고 D는 신경절 이후 뉴런이다.

| 보 | 기 | 풀 | 이 |

ㄱ. 정답 : A는 신경 세포체가 축삭 돌기의 한쪽 옆에 존재하므로 감각 뉴런이다.
ㄴ. 오답 : 운동 뉴런(B)은 척수의 전근을 이룬다.
ㄷ. 정답 : 부교감 신경을 이루는 신경절 이전 뉴런(C)과 신경절 이후 뉴런(D)의 말단에서는 모두 아세틸콜린이 분비된다.

😮 문제풀이 TIP | 감각 뉴런, 운동 뉴런, 교감 신경과 부교감 신경의 공통점과 차이점을 구분할 수 있어야 한다. 감각 뉴런과 운동 뉴런은 하나의 뉴런으로 구성되어 있으며, 감각 뉴런의 경우 신경 세포체가 축삭 돌기의 한쪽 옆에 존재하는 것이 특징이다. 신경절을 이루며 두 개의 뉴런으로 구성되어 있는 교감 신경과 부교감 신경은 신경절 이전, 이후 뉴런의 길이를 비교하여 알아내자!

🙂 출제분석 | 운동 신경, 감각 신경과 자율 신경계를 함께 물어보는 난도 '중상'의 문항이다. 각 뉴런의 구조적인 특징 및 각 신경들의 공통점과 차이점을 정확하게 알고 있어야 한다. 그림이 위와 같이 주어진 경우 방광에서의 부교감 신경 작용을 물어보는 문제도 많으므로 자율 신경계가 연결된 기관에서 나타나는 현상에 대해서도 정리해두자!

19 자율 신경계

그림은 사람의 중추 신경계와 홍채가 자율 신경으로 연결된 경로를 나타낸 것이다.

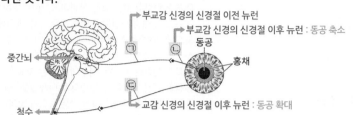

이에 대한 옳은 설명만을 〈보기〉에서 있는 대로 고른 것은?

보기

ㄱ. ㈀의 신경 세포체는 뇌줄기에 있다.
→ 부교감 신경의 신경절 이후 뉴런 / 중간뇌, 뇌교, 연수
→ 부교감 신경의 신경절 이전 뉴런

ㄴ. ㈀과 ㈁의 말단에서 분비되는 신경 전달 물질은 같다.
→ 아세틸콜린

ㄷ. ㈂의 활동 전위 발생 빈도가 증가하면 동공이 작아진다.
→ 교감 신경의 신경절 이후 뉴런 / 커진다

① ㄱ   ② ㄷ   ③ ㄱ, ㄴ   ④ ㄴ, ㄷ   ⑤ ㄱ, ㄴ, ㄷ

|자|료|해|설|

㈀은 부교감 신경의 신경절 이전 뉴런, ㈁은 부교감 신경의 신경절 이후 뉴런, ㈂은 교감 신경의 신경절 이후 뉴런이다. 동공의 크기를 조절하는 부교감 신경의 신경절 이전 뉴런의 신경 세포체는 중간뇌에 위치하고, 교감 신경의 신경절 이전 뉴런의 신경 세포체는 척수에 위치한다. 부교감 신경이 흥분하면 동공이 작아지고, 교감 신경이 흥분하면 동공이 커진다.

|보|기|풀|이|

ㄱ. 정답 : 동공의 크기를 조절하는 부교감 신경의 신경절 이전 뉴런(㈀)의 신경 세포체는 중간뇌에 있다. 뇌줄기는 중간뇌, 뇌교, 연수로 구성되므로 ㈀의 신경 세포체는 뇌줄기에 있다.

ㄴ. 정답 : 부교감 신경의 신경절 이전 뉴런(㈀)과 부교감 신경의 신경절 이후 뉴런(㈁)의 말단에서 분비되는 신경 전달 물질은 모두 아세틸콜린이다.

ㄷ. 오답 : 교감 신경의 신경절 이후 뉴런(㈂)의 활동 전위 발생 빈도가 증가하면 동공이 커진다.

😲 **문제풀이 TIP** | 뇌줄기는 중간뇌, 뇌교, 연수로 구성된다.

😊 **출제분석** | 자율 신경계와 관련된 여러 개념을 묻고 있는 문항이다. 특히 각 기관에 연결된 부교감 신경의 신경절 이전 뉴런의 신경 세포체 위치를 묻는 보기를 틀리는 학생이 많으므로 해당 개념을 정확하게 암기하고 있어야 한다.

---

20 중추 신경계, 자율 신경계

그림 (가)는 중추 신경계의 구조를, (나)는 중추 신경계와 심장이 자율 신경으로 연결된 모습을 나타낸 것이다. A~C는 각각 척수, 연수, 대뇌 중 하나이다.

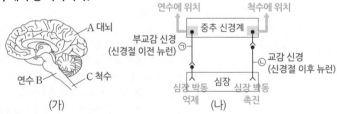

이에 대한 설명으로 옳은 것만을 〈보기〉에서 있는 대로 고른 것은?

보기

ㄱ. A의 겉질은 회색질이다. (대뇌 겉질 : 회색질/ 대뇌 속질 : 백색질)
→ 대뇌

ㄴ. ㈀의 신경 세포체는 C에 존재한다.
B(연수)

ㄷ. ㈁에서 흥분 발생 빈도가 증가하면 심장 박동이 촉진된다.
교감 신경의 신경절 이후 뉴런

부교감 신경의 신경절 이전 뉴런

① ㄱ   ② ㄴ   ③ ㄱ, ㄷ   ④ ㄴ, ㄷ   ⑤ ㄱ, ㄴ, ㄷ

|자|료|해|설|

(가)에서 A는 대뇌, B는 연수, C는 척수이다. (나)에서 ㈀은 부교감 신경의 신경절 이전 뉴런이고, ㈁은 교감 신경의 신경절 이후 뉴런이다. 부교감 신경이 흥분하면 심장 박동이 억제되고, 교감 신경이 흥분하면 심장 박동이 촉진된다.

|보|기|풀|이|

ㄱ. 정답 : 대뇌(A)의 겉질은 회색질이다.

ㄴ. 오답 : 부교감 신경의 신경절 이전 뉴런(㈀)의 신경 세포체는 연수(B)에 존재한다.

ㄷ. 정답 : 교감 신경의 신경절 이후 뉴런(㈁)에서 흥분 발생 빈도가 증가하면 심장 박동이 촉진된다.

😲 **문제풀이 TIP** | 교감 신경은 신경절 이전 뉴런이 신경절 이후 뉴런보다 짧고 부교감 신경은 신경절 이전 뉴런이 신경절 이후 뉴런보다 길다. 교감 신경이 심장에 작용하면 심장 박동이 촉진되고, 부교감 신경이 위에 작용하면 소화 작용이 촉진된다.

😊 **출제분석** | 중추 신경계의 특징과 심장에 연결된 자율 신경계에 대해 묻는 난도 '중'의 문항이다. 신경절 이전, 이후 뉴런의 길이를 비교하여 교감 신경과 부교감 신경을 구분하고, 각 신경이 흥분했을 때 일어나는 변화를 묻는 문항은 모평과 학평에서 꾸준히 출제되고 있다. 또한 '보기 ㄴ'과 같이 특정 기관에 연결된 교감 신경과 부교감 신경의 신경절 이전 뉴런의 신경 세포체 위치를 묻는 보기도 자주 출제되고 있으므로 관련 내용을 반드시 암기하고 있어야 한다.

그림은 사람의 중추 신경계와 심장을 연결하는 자율 신경을 나타낸
것이다. ㉠과 ㉡은 각각 연수와 척수 중 하나이다.

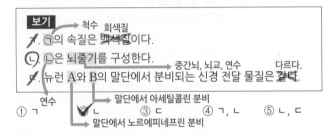

교감 신경   부교감 신경
(신경절 이후 뉴런)   (신경절 이전 뉴런)

척수   심장   연수

이에 대한 옳은 설명만을 〈보기〉에서 있는 대로 고른 것은?

> **보기**   척수   회색질
> ㄱ. ㉠의 속질은 ~~백색질~~이다.
> ㄴ. ㉡은 뇌줄기를 구성한다.   중간뇌, 뇌교, 연수   다르다.
> ㄷ. 뉴런 A와 B의 말단에서 분비되는 신경 전달 물질은 ~~같다.~~

연수   말단에서 아세틸콜린 분비

① ㄱ   ✓② ㄴ   ③ ㄷ   ④ ㄱ, ㄴ   ⑤ ㄴ, ㄷ

말단에서 노르에피네프린 분비

|자|료|해|설|
㉠에서 뻗어 나온 자율 신경은 신경절 이전 뉴런이 신경절
이후 뉴런보다 짧은 교감 신경이고, ㉠은 척수이다.
A는 교감 신경의 신경절 이후 뉴런이며, 말단에서
노르에피네프린이 분비된다. ㉡에서 뻗어 나온 자율
신경은 신경절 이전 뉴런이 신경절 이후 뉴런보다 긴
부교감 신경이고, ㉡은 연수이다. B는 부교감 신경의
신경절 이전 뉴런이며, 말단에서 아세틸콜린이 분비된다.
교감 신경이 흥분하면 심장 박동 속도가 빨라지고, 부교감
신경이 흥분하면 심장 박동 속도가 느려진다.

|보|기|풀|이|
ㄱ. 오답 : 척수(㉠)의 속질은 회색질이다.
ㄴ. 정답 : 뇌줄기는 중간뇌, 뇌교, 연수로 이루어져 있다.
따라서 연수(㉡)는 뇌줄기를 구성한다.
ㄷ. 오답 : 교감 신경의 신경절 이후 뉴런(A)의 말단에서
노르에피네프린이 분비되고, 부교감 신경의 신경절 이전
뉴런(B)의 말단에서 아세틸콜린이 분비된다. 그러므로
뉴런 A와 B의 말단에서 분비되는 신경 전달 물질의
종류는 다르다.

👀 **문제풀이 T I P** | 심장에 연결된 교감 신경은 척수에서 뻗어 나오고, 부교감 신경은 연수에서 뻗어 나온다. 자율 신경을 구성하는 뉴런 중에서 교감 신경의 신경절 이후 뉴런의
말단에서 분비되는 신경 전달 물질은 노르에피네프린이고, 그 외의 뉴런에서는 모두 아세틸콜린이 분비된다.

😀 **출제분석** | 심장에 연결된 자율 신경과 각 신경이 뻗어 나오는 위치와 관련된 내용을 묻는 난도 '중'의 문항이다. 척수와 연수의 단면 모습을 모르더라도 심장과 연결된 각 자율
신경이 뻗어 나오는 위치를 알고 있다면 문제를 해결할 수 있다. 교감 신경의 신경절 이전 뉴런의 신경 세포체는 모두 척수의 속질(회색질)에 위치한다는 것을 반드시 기억하자. 비슷한
유형의 문항으로 2019년 10월 학평 6번이 있다.

그림은 중추 신경계와 심장을 연결하는
자율 신경을 나타낸 것이다. ⓐ에 하나의
신경절이 있으며, 뉴런 ㉠과 ㉡의
말단에서 분비되는 신경 전달 물질은
다르다.

교감 신경의 신경절 이전 뉴런
교감 신경의 신경절
이후 뉴런

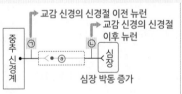

중추 신경계   ㉠   ⓐ   ㉡   심장

심장 박동 증가

이에 대한 옳은 설명만을 〈보기〉에서 있는 대로 고른 것은?

교감 신경의 신경절 이전 뉴런

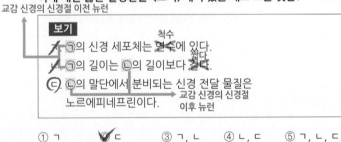

> **보기**   척수
> ㄱ. ㉠의 신경 세포체는 ~~연수~~에 있다.   짧다.
> ㄴ. ㉠의 길이는 ㉡의 길이보다 ~~길다.~~
> ㄷ. ㉡의 말단에서 분비되는 신경 전달 물질은
> 노르에피네프린이다.   교감 신경의 신경절 이후 뉴런

① ㄱ   ✓② ㄷ   ③ ㄱ, ㄴ   ④ ㄴ, ㄷ   ⑤ ㄱ, ㄴ, ㄷ

|자|료|해|설|
뉴런 ㉠과 ㉡의 말단에서 분비되는 신경 전달 물질의
종류가 다르므로 그림의 자율 신경은 교감 신경이다. 교감
신경의 신경절 이전 뉴런(㉠) 말단에서 분비되는 신경 전달
물질은 아세틸콜린이고, 교감 신경의 신경절 이후
뉴런(㉡) 말단에서는 노르에피네프린이 분비된다. 교감
신경의 신경절 이전 뉴런(㉠)의 길이는 신경절 이후
뉴런(㉡)의 길이보다 짧으며, 교감 신경이 흥분하면 심장
박동이 촉진된다.

|보|기|풀|이|
ㄱ. 오답 : 교감 신경의 신경절 이전 뉴런(㉠)의 신경
세포체는 척수에 있다.
ㄴ. 오답 : 교감 신경의 신경절 이전 뉴런(㉠)의 길이는
신경절 이후 뉴런(㉡)의 길이보다 짧다.
ㄷ. 정답 : 교감 신경의 신경절 이후 뉴런(㉡) 말단에서는
노르에피네프린이 분비된다.

👀 **문제풀이 T I P** | 교감 신경의 신경절 이전 뉴런의 말단에서는 아세틸콜린이 분비되고, 신경절 이후 뉴런의 말단에서는 노르에피네프린이 분비된다. 반면, 부교감 신경의 신경절 이전
뉴런과 이후 뉴런 말단에서는 모두 아세틸콜린이 분비된다.

😀 **출제분석** | 교감 신경의 특징을 알고 있어야 해결 가능한 문항으로, 보기에서 기본 개념을 묻고 있기 때문에 난도는 '중하'에 해당한다. 교감 신경과 부교감 신경의 신경절 이전 뉴런의
신경 세포체의 위치를 묻는 보기도 자주 출제되기 때문에 반드시 암기하고 있어야 한다.

그림은 심장과 소장에 각각 연결된 자율 신경 A, B를 나타낸 것이다.

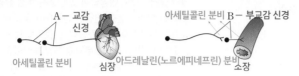

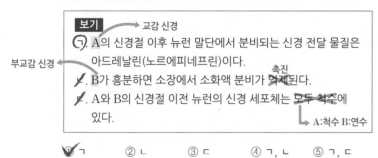

A − 교감 신경
아세틸콜린 분비 B − 부교감 신경
아세틸콜린 분비   심장   아드레날린(노르에피네프린) 분비   소장

이에 대한 설명으로 옳은 것만을 〈보기〉에서 있는 대로 고른 것은?

보기
교감 신경
ㄱ. A의 신경절 이후 뉴런 말단에서 분비되는 신경 전달 물질은
아드레날린(노르에피네프린)이다.
부교감 신경
ㄴ. B가 흥분하면 소장에서 소화액 분비가 ~~억제~~된다. (촉진)
ㄷ. A와 B의 신경절 이전 뉴런의 신경 세포체는 ~~모두 척수~~에
있다. (A:척수 B:연수)

① ㄱ   ② ㄴ   ③ ㄷ   ④ ㄱ, ㄴ   ⑤ ㄱ, ㄷ

|자|료|해|설|
A는 신경절 이전 뉴런이 신경절 이후 뉴런보다 짧으므로 교감 신경이고, B는 신경절 이전 뉴런이 신경절 이후 뉴런보다 길으므로 부교감 신경이다. 교감 신경의 신경절 이전 뉴런의 말단에서는 아세틸콜린이 분비되고, 신경절 이후 뉴런의 말단에서는 아드레날린(노르에피네프린)이 분비된다. 심장에 교감 신경이 작용하면 심장박동이 촉진된다. 부교감 신경의 신경절 이전 뉴런 말단과 신경절 이후 뉴런 말단 모두에서 아세틸콜린이 분비되며, 부교감 신경이 소장에 작용하면 소화액 분비가 촉진된다.

|보|기|풀|이|
ㄱ. 정답 : 교감 신경(A)의 신경절 이후 뉴런 말단에서는 아드레날린(노르에피네프린)이 분비된다.
ㄴ. 오답 : 부교감 신경(B)이 흥분하여 소장에 작용하면 소화액 분비가 촉진된다.
ㄷ. 오답 : 교감 신경(A)의 신경절 이전 뉴런의 신경 세포체는 척수에서 뻗어 나오며, 소장에 작용하는 부교감 신경(B)의 신경절 이전 뉴런의 신경 세포체는 연수에서 뻗어 나온다.

🤖 **문제풀이 TIP** | 뉴런의 길이를 단서로 교감 신경과 부교감 신경의 차이를 구분하면 풀 수 있는 문항이다. 교감 신경과 부교감 신경의 각 신경절 말단에서 분비되는 신경 전달 물질을 통해 교감 신경과 부교감 신경이 각 기관에 길항적으로 작용한다는 사실을 기억하자. 더하여, 교감 신경은 척수에서 뻗어 나오며, 부교감 신경은 중간뇌, 연수, 척수 말단에서 뻗어나옴을 학습하자.

😀 **출제분석** | 자율 신경계에 관한 기본적인 지식을 묻는 문항으로 난도 하에 해당한다. 하지만, 보기가 기관에서 자율 신경의 작용을 묻거나, 자율 신경이 뻗어 나오는 위치를 묻는 등 세부적인 지식을 묻고 있어 오답률이 증가하였다. 최근 신경계에 관한 문항들은 세부적인 지식들을 묻는 경향이 있으므로 기본적인 개념들에 덧붙여 세부적인 내용까지 반드시 학습해야한다.

표 (가)는 사람 신경의 3가지 특징을, (나)는 (가)의 특징 중 방광에 연결된 신경 A~C가 갖는 특징의 개수를 나타낸 것이다. A~C는 감각 신경, 교감 신경, 부교감 신경을 순서 없이 나타낸 것이다.

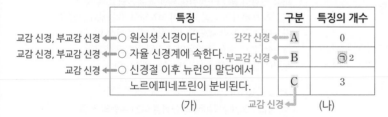

특징
교감 신경, 부교감 신경 ← ○ 원심성 신경이다.
교감 신경, 부교감 신경 ← ○ 자율 신경계에 속한다.
교감 신경 ← ○ 신경절 이후 뉴런의 말단에서 노르에피네프린이 분비된다.

(가)

구분	특징의 개수
감각 신경 ← A	0
부교감 신경 ← B	㉠ 2
교감 신경 ← C	3

(나)

이에 대한 설명으로 옳은 것만을 〈보기〉에서 있는 대로 고른 것은?

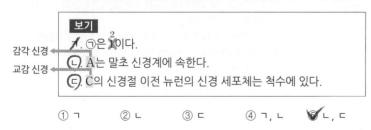

보기
ㄱ. ㉠은 ~~1~~이다. (2)
감각 신경
ㄴ. A는 말초 신경계에 속한다.
교감 신경
ㄷ. C의 신경절 이전 뉴런의 신경 세포체는 척수에 있다.

① ㄱ   ② ㄴ   ③ ㄷ   ④ ㄱ, ㄴ   ⑤ ㄴ, ㄷ

|자|료|해|설|
원심성 신경에 해당하는 것은 교감 신경과 부교감 신경이고, 자율 신경계에 속하는 것도 교감 신경과 부교감 신경이며, 신경절 이후 뉴런의 말단에서 노르에피네프린이 분비되는 것은 교감 신경이다. 따라서 3가지 특징을 모두 갖지 않는 감각 신경이 A이고, 3가지 특징을 모두 갖는 교감 신경이 C이며, B는 부교감 신경이므로 ㉠은 2이다.

|보|기|풀|이|
ㄱ. 오답 : 부교감 신경인 B는 (가)의 특징 중 2가지만 가지므로 ㉠은 2이다.
ㄴ. 정답 : 감각 신경, 교감 신경, 부교감 신경은 모두 말초 신경계에 속한다.
ㄷ. 정답 : 교감 신경인 C의 신경절 이전 뉴런의 신경 세포체는 척수에 있다.

🤖 **문제풀이 TIP** | 운동 신경, 교감 신경, 부교감 신경은 원심성 신경이고, 감각 신경은 구심성 신경이다.

😀 **출제분석** | 교감 신경과 부교감 신경의 특징을 기억하고 있다면 어렵지 않게 해결할 수 있는 문제이다. 말초 신경계에 대한 문항은 주로 그림이 제시되는 경우가 많았으나, 이 문제는 각 신경이 갖는 특징의 개수로 신경을 구분하도록 하는 유형으로 출제되었다. 자율 신경계와 체성 신경계는 종종 연계되어 출제되므로 구체적인 특징을 꼼꼼히 암기하도록 한다.

그림은 사람에서 ㉠과 팔의 골격근을 연결하는 말초 신경과, ㉡과 눈을 연결하는 말초 신경을 나타낸 것이다. ㉠과 ㉡은 각각 척수와 중간뇌 중 하나이다.

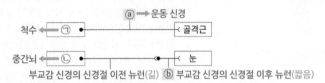

척수 ◄── ㉠ ──────ⓐ→ 운동 신경 ──< 골격근

중간뇌 ◄── ㉡ ────────< 눈

부교감 신경의 신경절 이전 뉴런(길)   ⓑ 부교감 신경의 신경절 이후 뉴런(짧음)

이에 대한 옳은 설명만을 〈보기〉에서 있는 대로 고른 것은? **3점**

보기

운동 신경 ──→ ㉠. ㉠은 척수이다.

  ㄴ. ⓐ는 자율 신경계에 속한다.   체성 신경계

  ㄷ. ⓑ의 말단에서 노르에피네프린이 분비된다.   아세틸콜린

부교감 신경의 신경절 이후 뉴런

① ㄱ   ② ㄴ   ③ ㄱ, ㄴ   ④ ㄱ, ㄷ   ⑤ ㄴ, ㄷ

|자|료|해|설|

팔의 골격근으로 연결되어 있는 ⓐ는 체성 신경계에 속하는 운동 신경이다. 눈에 연결된 신경은 신경절 이전 뉴런의 길이가 신경절 이후 뉴런보다 긴 것으로 보아 부교감 신경이다. 따라서 ⓑ는 부교감 신경의 신경절 이후 뉴런이다. ㉠은 운동 신경(ⓐ)으로 골격근과 연결되어 있으므로 척수에 해당하고, 눈을 조절하는 부교감 신경의 신경절 이전 뉴런은 중간뇌로부터 나오므로 ㉡은 중간뇌에 해당한다.

|보|기|풀|이|

㉠ 정답 : 운동 신경으로 골격근과 연결되어 있는 ㉠은 척수이다.

ㄴ. 오답 : ⓐ는 골격근을 조절하는 운동 신경으로 체성 신경계에 속한다.

ㄷ. 오답 : ⓑ는 부교감 신경의 신경절 이후 뉴런이므로 말단에서 아세틸콜린이 분비된다.

문제풀이 TIP | 교감 신경의 신경절 이전 뉴런과 부교감 신경의 신경절 이전, 이후 뉴런의 말단에서는 아세틸콜린이 분비되고, 교감 신경의 신경절 이후 뉴런의 말단에서만 노르에피네프린이 분비된다. 또, 교감 신경은 척수에서 뻗어 나오지만 부교감 신경은 연결된 반응기에 따라 중간뇌, 연수, 척수에서 뻗어 나온다.

출제분석 | 체성 신경계와 자율 신경계의 기능과 특징을 구분할 수 있다면 어렵지 않게 해결할 수 있는 기본적인 문제이지만, 꾸준히 출제되는 대표적인 유형이며 신경계의 개념과 분류가 이해되어 있지 않다면 혼동하기 쉬우므로 꼼꼼한 정리와 이해가 필요하다.

그림 (가)는 중추 신경계로부터 자율 신경을 통해 심장에 연결된 경로를, (나)는 ㉠과 ㉡ 중 하나를 자극했을 때 심장 세포에서 활동 전위가 발생하는 빈도의 변화를 나타낸 것이다.

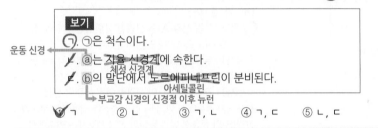

중추 신경계 ── 심장 박동 촉진 ──→ ㉠ 교감 신경 ──→ 심장

    ㉡ 부교감 신경 ──→ 심장 박동 억제

(가)

막전위(mV)   ---- 자극 전 ── 자극 후   활동 전위 발생 빈도 증가(교감 신경)

-50   시간

(나)

이에 대한 설명으로 옳은 것만을 〈보기〉에서 있는 대로 고른 것은?

보기

교감 신경 ──→

㉠ ㉠의 신경절 이전 뉴런의 신경 세포체는 척수에 있다.

부교감 신경 ──→ ㉡ ㉡은 신경절 이전 뉴런이 신경절 이후 뉴런보다 길다.

  ㄷ. (나)는 ㉡을 자극했을 때의 변화를 나타낸 것이다.   ㉠ 교감 신경

① ㄱ   ② ㄷ   ③ ㄱ, ㄴ   ④ ㄴ, ㄷ   ⑤ ㄱ, ㄴ, ㄷ

|자|료|해|설|

교감 신경이 흥분하면 심장 박동이 촉진되고, 부교감 신경이 흥분하면 심장 박동이 억제된다. (나)에서 신경을 자극했을 때 심장 세포에서의 활동 전위 발생 빈도가 증가했다. 이는 심장 박동이 촉진된 것이므로 교감 신경(㉠)을 자극했을 때 나타나는 변화이다.

|보|기|풀|이|

㉠ 정답 : 교감 신경(㉠)의 신경절 이전 뉴런의 신경 세포체는 척수에 위치한다.

㉡ 정답 : 부교감 신경(㉡)은 신경절 이전 뉴런이 신경절 이후 뉴런보다 길다.

ㄷ. 오답 : (나)에서 신경 자극 후 심장 세포에서의 활동 전위 발생 빈도가 증가했으므로 교감 신경(㉠)을 자극했을 때의 변화를 나타낸 것이다.

문제풀이 TIP | 심장에 연결된 교감 신경의 신경절 이전 뉴런의 신경 세포체는 척수에 위치하며, 교감 신경이 흥분하면 심장 박동이 촉진된다.

그림 (가)는 심장 박동을 조절하는 자율 신경 A와 B 중 A를 자극했을 때 심장 세포에서 활동 전위가 발생하는 빈도의 변화를, (나)는 물질 ㉠의 주사량에 따른 심장 박동 수를 나타낸 것이다. ㉠은 심장 세포에서의 활동 전위 발생 빈도를 변화시키는 물질이며, A와 B는 교감 신경과 부교감 신경을 순서 없이 나타낸 것이다.

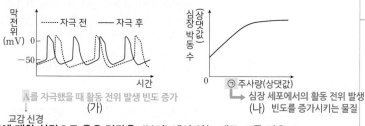

A를 자극했을 때 활동 전위 발생 빈도 증가
↓
교감 신경

심장 세포에서의 활동 전위 발생
(나) 빈도를 증가시키는 물질

이에 대한 설명으로 옳은 것만을 〈보기〉에서 있는 대로 고른 것은?

보기

ㄱ. A의 신경절 이후 뉴런의 축삭 돌기 말단에서 분비되는 신경
    전달 물질은 ~~아세틸콜린~~이다.
    → 교감 신경   → 노르에피네프린
ㄴ. ㉠이 작용하면 심장 세포에서의 활동 전위 발생 빈도가
    ~~감소~~한다.   증가   → 부교감 신경
ㄷ. A와 B는 심장 박동 조절에 길항적으로 작용한다.
    → 교감 신경   하나의 기관에 대해 서로 반대로
                        작용하여 효과를 상쇄시킴

① ㄱ   ② ㄴ   ✔③ ㄷ   ④ ㄱ, ㄷ   ⑤ ㄴ, ㄷ

|자|료|해|설|

교감 신경이 흥분하면 심장 박동이 촉진되고, 부교감 신경이 흥분하면 심장 박동이 억제된다. (가)에서 A를 자극했을 때 심장 세포에서의 활동 전위 발생 빈도가 증가했으므로 A는 교감 신경이고, B는 부교감 신경이다. ㉠을 주사했을 때 심장 박동 수가 증가했으므로 ㉠은 심장 세포에서의 활동 전위 발생 빈도를 증가시키는 물질이다.

|보|기|풀|이|

ㄱ. 오답 : 교감 신경(A)의 신경절 이후 뉴런의 축삭 돌기 말단에서 분비되는 신경 전달 물질은 노르에피네프린이다.

ㄴ. 오답 : 심장 세포에서의 활동 전위 발생 빈도가 증가하면 심장 박동 수가 증가한다. ㉠을 주사했을 때 심장 박동 수가 증가했으므로 ㉠이 작용하면 심장 세포에서의 활동 전위 발생 빈도가 증가한다.

ㄷ. 정답 : 교감 신경이 흥분하면 심장 박동이 촉진되고, 부교감 신경이 흥분하면 심장 박동이 억제된다. 즉, 교감 신경(A)과 부교감 신경(B)은 심장 박동 조절에 길항적으로 작용한다.

😮 **문제풀이 T I P** | 교감 신경이 흥분하면 심장 박동이 촉진되고, 부교감 신경이 흥분하면 심장 박동이 억제되며 이를 길항 작용이라 한다.

😀 **출제분석** | 활동 전위 발생 빈도의 변화를 보고 자극을 준 신경의 종류를 구분하고, 심장 박동 수가 증가하는 것을 통해 물질 ㉠의 특징을 파악해야 하는 문항이다. (나)에 제시된 그래프가 생소할 수 있으나 심장 세포에서의 활동 전위 발생 빈도가 증가하면 심장 박동 수가 증가한다는 사실만 알아도 쉽게 해결할 수 있다. 보기에서도 아주 기본적인 내용을 묻고 있으므로 난도는 '중하'에 해당한다.

III
1
I
03.
신경계

그림 (가)는 심장 박동을 조절하는 자율 신경 A와 B를, (나)는 A와 B 중 하나를 자극했을 때 심장 세포에서 활동 전위가 발생하는 빈도의 변화를 나타낸 것이다.

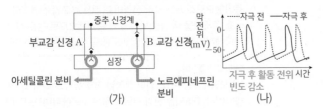

(가)   (나)

이에 대한 설명으로 옳은 것만을 〈보기〉에서 있는 대로 고른 것은?

3점

보기

 ㄱ. A는 말초 신경계에 속한다.

ㄴ. B의 신경절 이후 뉴런의 축삭 돌기 말단에서 분비되는 신경 전달 물질은 ~~아세틸콜린~~ 노르에피네프린이다.

ㄷ. (나)는 ~~B~~ A를 자극했을 때의 변화를 나타낸 것이다.

① ㄱ   ② ㄴ   ③ ㄱ, ㄷ   ④ ㄴ, ㄷ   ⑤ ㄱ, ㄴ, ㄷ

문제풀이 TIP | 신경절 이전 뉴런과 신경절 이후 뉴런의 길이를 비교하여 교감 신경과 부교감 신경을 구분할 수 있어야 한다. 또한 각 신경의 신경절 이후 뉴런의 축삭 돌기 말단에서 분비되는 신경 전달 물질의 종류와 작용도 기억해두자!

출제분석 | 심장 세포의 활동 전위 발생 빈도의 변화에 작용한 신경을 알아내야 하는 난도 '중'의 문제이다.

|자|료|해|설|
자율 신경 A는 신경절 이전 뉴런이 신경절 이후 뉴런보다 긴 부교감 신경이고, 자율 신경 B는 신경절 이전 뉴런이 신경절 이후 뉴런보다 짧은 교감 신경이다. 부교감 신경을 자극하면 신경절 이후 뉴런의 축삭 돌기 말단에서 아세틸콜린이 분비되고 심장 세포에서의 활동 전위 발생 빈도가 감소한다. 반면, 교감 신경을 자극하면 신경절 이후 뉴런의 축삭 돌기 말단에서 노르에피네프린이 분비되고 심장 세포에서의 활동 전위 발생 빈도가 증가한다. (나)는 자극 후에 심장 세포에서 활동 전위의 발생 빈도가 감소했으므로 부교감 신경(A)을 자극했을 때의 변화이다.

|보|기|풀|이|
ㄱ. 정답 : 부교감 신경(A)은 자율 신경계로 말초 신경계에 속한다. 말초 신경계는 기능에 따라 체성 신경계와 자율 신경계로 구분하거나, 구성에 따라 뇌신경과 척수 신경으로 구분한다.

ㄴ. 오답 : 교감 신경(B)의 신경절 이후 뉴런의 축삭 돌기 말단에서 분비되는 신경 전달 물질은 노르에피네프린이다. 아세틸콜린은 부교감 신경의 신경절 이후 뉴런의 축삭 돌기 말단에서 분비되는 물질이다.

ㄷ. 오답 : (나)는 자극 후에 심장 세포에서 활동 전위의 발생 빈도가 감소했으므로 부교감 신경(A)을 자극했을 때의 변화를 나타낸 것이다.

그림 (가)는 심장 박동을 조절하는 자율 신경 A와 B를, (나)는 A와 B 중 하나를 자극했을 때 심장 세포에서 활동 전위가 발생하는 빈도의 변화를 나타낸 것이다.

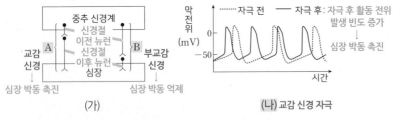

(가)   (나) 교감 신경 자극

이에 대한 설명으로 옳은 것만을 〈보기〉에서 있는 대로 고른 것은?

보기 → 교감 신경

ㄱ. A는 말초 신경계에 속한다.

ㄴ. B의 신경절 이전 뉴런의 신경 세포체는 ~~척수~~ 연수에 존재한다.

ㄷ. (나)는 A를 자극했을 때의 변화를 나타낸 것이다.

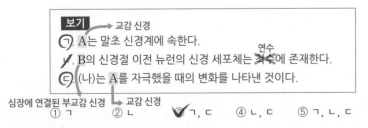

심장에 연결된 부교감 신경   교감 신경

① ㄱ   ② ㄴ   ③ ㄱ, ㄷ   ④ ㄴ, ㄷ   ⑤ ㄱ, ㄴ, ㄷ

문제풀이 TIP | 교감 신경은 신경절 이전 뉴런이 신경절 이후 뉴런보다 짧고, 부교감 신경은 반대이다. 교감 신경이 흥분하면 심장 박동은 촉진되고, 부교감 신경이 흥분하면 심장 박동은 억제된다.

출제분석 | 심장에 연결된 자율 신경의 특징에 대해 묻는 난도 '중'의 문항이다. 그동안 출제되어 온 유형과 매우 비슷하여 자료 분석에는 어려움이 없었을 것이다. '보기 ㄴ'처럼 특정 기관에 연결된 자율 신경의 신경절 이전 뉴런의 신경 세포체 위치를 묻는 보기는 난도가 높은 편이므로 완벽하게 암기하고 있어야 출제를 대비할 수 있다.

|자|료|해|설|
(가)에서 신경절 이전 뉴런이 짧고 신경절 이후 뉴런이 긴 A는 교감 신경이고, 신경절 이전 뉴런이 길고 신경절 이후 뉴런이 짧은 B는 부교감 신경이다. 교감 신경이 흥분하면 심장 박동은 촉진되고, 부교감 신경이 흥분하면 심장 박동은 억제된다. (나)에서 신경을 자극한 후 심장 세포에서의 활동 전위 발생 빈도가 증가했다. 이는 심장 박동이 촉진된 것이므로 교감 신경(A)을 자극했을 때 나타나는 변화이다.

|보|기|풀|이|
ㄱ. 정답 : 교감 신경(A)과 부교감 신경(B)은 모두 말초 신경계에 속한다.

ㄴ. 오답 : 심장에 연결된 부교감 신경(B)의 신경절 이전 뉴런의 신경 세포체는 연수에 존재한다.

ㄷ. 정답 : (나)에서 신경을 자극한 후 심장 세포에서의 활동 전위 발생 빈도가 증가했다. 즉, 심장 박동이 촉진되었으므로 (나)는 교감 신경(A)을 자극했을 때의 변화를 나타낸 것이다.

그림은 중추 신경계로부터 자율 신경을 통해 심장과 위에 연결된
경로를, 표는 ㉠이 심장에, ㉡이 위에 각각 작용할 때 나타나는
기관의 반응을 나타낸 것이다. ⓐ는 '억제됨'과 '촉진됨' 중 하나이다.

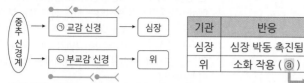

기관	반응
심장	심장 박동 촉진됨
위	소화 작용 (ⓐ)

→ 촉진됨

이에 대한 설명으로 옳은 것만을 〈보기〉에서 있는 대로 고른 것은?

3점

보기

교감 신경
㉠. ㉠은 신경절 이전 뉴런이 신경절 이후 뉴런보다 짧다.
ㄴ. ㉡은 감각 신경이다 ← 이 아니다
ㄷ. ⓐ는 '억제됨'이다. ← 촉진됨

부교감 신경
① ㄱ   ② ㄴ   ③ ㄷ   ④ ㄱ, ㄴ   ⑤ ㄱ, ㄷ

|자|료|해|설|
자율 신경에 해당하는 교감 신경과 부교감 신경은 두 개의
뉴런이 연결된 구조로, 교감 신경은 신경절 이전 뉴런이
신경절 이후 뉴런보다 짧고 부교감 신경은 신경절 이전
뉴런이 신경절 이후 뉴런보다 길다. 교감 신경이 심장에
작용하면 심장 박동이 촉진되고, 부교감 신경이 위에
작용하면 소화 작용이 촉진된다. 따라서 ⓐ는 '촉진됨'이다.

|보|기|풀|이|
㉠ 정답 : 교감 신경(㉠)은 신경절 이전 뉴런이 신경절 이후
뉴런보다 짧다.
ㄴ. 오답 : 감각 신경은 감각 기관에서 수용한 자극을
중추로 보내는 신경이다. 중추의 명령을 반응기로
전달하는 부교감 신경(㉡)은 감각 신경이 아니다.
ㄷ. 오답 : 부교감 신경이 위에 작용하면 소화 작용이
촉진되므로 ⓐ는 '촉진됨'이다.

😮 **문제풀이 TIP** | 교감 신경과 부교감 신경은 자율 신경계에 속하며, 두 개의 뉴런이 연결된 구조이다. 부교감 신경이 위에 작용하면 소화액 분비가 촉진된다.

😀 **출제분석** | 교감, 부교감 신경의 특징과 작용을 묻는 난도 '중하'의 문항이다. 교감 신경이 작용하면 반응이 촉진되고, 부교감 신경이 작용하면 반응이 억제된다고 기억하면 안 된다.
각 신경이 작용하는 기관에 따라 반응이 다르며, 부교감 신경이 소화 기관에 작용하면 소화가 촉진된다. 교감 신경과 부교감 신경의 작용에 따른 동공, 심장 박동, 혈압, 방광, 소화,
침분비, 혈당량 등의 변화를 이해하고 정확하게 암기하고 있어야 한다.

그림은 중추 신경계로부터
자율 신경을 통해 심장,
이자, 방광에 연결된 경로를
나타낸 것이다.
이에 대한 설명으로 옳은
것만을 〈보기〉에서 있는 대로 고른 것은?

연수 → ㉠ 부교감 신경 → 심장 : 박동 억제됨
척수 → ㉡ 교감 신경 → 이자 : 글루카곤 분비
척수 → ㉢ 부교감 신경 → 방광 : 수축

보기

부교감 신경
㉠. ㉠은 신경절 이전 뉴런이 신경절 이후 뉴런보다 길다.
ㄴ. ㉡의 신경절 이후 뉴런의 축삭 돌기 말단에서 분비되는 신경
전달 물질은 아세틸콜린이다. ← 노르에피네프린(아드레날린)
㉢. ㉡과 ㉢의 신경절 이전 뉴런의 신경 세포체는 모두 척수에
존재한다.
← 방광에 연결된 부교감 신경:척수 끝에서 뻗어 나옴
교감 신경 ← 교감 신경:척수 중앙에서 뻗어 나옴

① ㄱ   ② ㄴ   **③** ㄱ, ㄷ   ④ ㄴ, ㄷ   ⑤ ㄱ, ㄴ, ㄷ

|자|료|해|설|
㉠은 심장과 연결된 부교감 신경으로 신경절 이전 뉴런의
신경 세포체는 연수에 존재한다. ㉡은 이자와 연결된
교감 신경으로 신경절 이전 뉴런의 신경 세포체는 척수에
존재한다. ㉢은 방광과 연결된 부교감 신경으로 신경절
이전 뉴런의 신경 세포체는 척수에 존재한다. 교감 신경은
신경절 이전 뉴런이 신경절 이후 뉴런보다 짧고, 부교감
신경은 신경절 이전 뉴런이 신경절 이후 뉴런보다 길다.

|보|기|풀|이|
㉠ 정답 : 부교감 신경(㉠)은 신경절 이전 뉴런이 신경절
이후 뉴런보다 길다.
ㄴ. 오답 : 교감 신경(㉡)의 신경절 이후 뉴런의 축삭 돌기
말단에서 분비되는 신경 전달 물질은 노르에피네프린이다.
㉢ 정답 : 교감 신경(㉡)의 신경절 이전 뉴런의 신경
세포체와 방광에 연결된 부교감 신경(㉢)의 신경절 이전
뉴런의 신경 세포체는 모두 척수에 존재한다.

😮 **문제풀이 TIP** | 교감 신경의 신경절 이전 뉴런의 신경 세포체는 모두 척수에 있고, 부교감 신경의 신경절 이전 뉴런의 신경 세포체는 중간뇌, 연수, 척수에 존재한다. 교감 신경의
신경절 이후 뉴런 말단에서 분비되는 신경 전달 물질은 노르에피네프린이라는 것을 반드시 기억하자!

그림은 서로 길항 작용을 하는 자율 신경 A와 B가 홍채에 연결된 것을 나타낸 것이다. ⓐ와 ⓑ 각각에 하나의 시냅스가 있고, ㉠과 ㉣의 말단에서 분비되는 **신경 전달 물질은 서로 같다.**

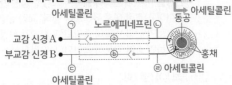

이에 대한 옳은 설명만을 〈보기〉에서 있는 대로 고른 것은?

보기

ㄱ. ㉡이 흥분하면 동공이 확장된다.
ㄴ. ㉢의 신경 세포체는 ~~연수~~ 에 있다. 중간뇌
ㄷ. ㉢의 길이는 ㉣의 길이보다 ~~짧다.~~ 길다.

① ㄱ   ② ㄴ   ③ ㄷ   ④ ㄱ, ㄷ   ⑤ ㄴ, ㄷ

| 자 | 료 | 해 | 설 |

신경절 이전 뉴런인 ㉠의 말단과 신경절 이후 뉴런인 ㉣의 말단에서 분비되는 신경 전달 물질이 서로 같으므로 이 신경 전달 물질은 아세틸콜린이다. 신경절 이후 뉴런 말단에서 아세틸콜린이 분비되는 자율 신경 B는 부교감 신경이므로 자율 신경 A는 교감 신경이다. 따라서 ㉠은 ㉡보다 길이가 짧고, ㉢은 ㉣보다 길이가 길다. 이때 교감 신경의 신경절 이후 뉴런인 ㉡의 말단에서는 노르에피네프린이 분비된다.

| 보 | 기 | 풀 | 이 |

ㄱ. 정답 : ㉡은 교감 신경의 신경절 이후 뉴런으로, 흥분하면 노르에피네프린이 분비되며 이로 인해 동공이 확장된다.

ㄴ. 오답 : ㉢은 부교감 신경의 신경전 이전 뉴런으로 ㉢의 신경 세포체는 중간뇌에 존재한다.

ㄷ. 오답 : 부교감 신경 B는 신경전 이전 뉴런이 신경절 이후 뉴런보다 길다. 따라서 ㉢의 길이는 ㉣의 길이보다 길다.

😮 **문제풀이 T I P** | 교감 신경과 부교감 신경의 구조적 차이와 작용의 차이를 이해하고 있으면 쉽게 문제를 풀 수 있다. 교감 신경은 신경전 이전 뉴런이 신경절 이후 뉴런보다 짧고 신경전 이전 뉴런의 말단에서 아세틸콜린이, 신경절 이후 뉴런의 말단에서는 노르에피네프린이 분비된다. 부교감 신경은 신경절 이전 뉴런이 신경절 이후 뉴런보다 길고 두 뉴런의 말단에서 모두 아세틸콜린이 분비된다. 교감 신경은 몸을 긴장 상태로 만드는 작용이 나타나며, 부교감 신경은 몸을 원상태로 회복시키는 작용이 나타난다. 더불어 자율 신경이 중추 신경계의 어느 부분에서 뻗어 나오는지 반드시 학습해 놓도록 하자. 부교감 신경은 중간뇌, 연수, 척수 아랫부분에서, 교감 신경은 척수의 가운데 부분에서 뻗어 나온다.

그림 (가)는 동공의 크기 조절에 관여하는 교감 신경과 부교감 신경이 중추 신경계에 연결된 경로를, (나)는 빛의 세기에 따른 동공의 크기를 나타낸 것이다. ⓐ와 ⓑ에 각각 하나의 신경절이 있으며, ㉠과 ㉣의 말단에서 분비되는 신경 전달 물질은 같다.

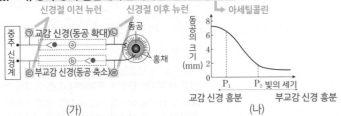

(가)   (나)

이에 대한 설명으로 옳은 것만을 〈보기〉에서 있는 대로 고른 것은?

보기
교감 신경의 신경절 이전 뉴런 → 척수의 속질
ㄱ. ㉠의 신경 세포체는 척수의 회색질에 있다.
ㄴ. ㉡의 말단에서 분비되는 신경 전달 물질의 양은 P₂일 때가 P₁일 때보다 ~~많다.~~ → 노르에피네프린 적다
ㄷ. ㉣의 말단에서 분비되는 신경 전달 물질은 ~~노르에피네프린이다.~~ 아세틸콜린
부교감 신경의 신경절 이후 뉴런

① ㄱ   ② ㄷ   ③ ㄱ, ㄴ   ④ ㄴ, ㄷ   ⑤ ㄱ, ㄴ, ㄷ

| 자 | 료 | 해 | 설 |

교감 신경과 부교감 신경의 신경절 이전 뉴런의 말단에서는 아세틸콜린이 분비된다. ㉠과 ㉣의 말단에서 분비되는 신경 전달 물질이 같으므로, ㉣의 말단에서 아세틸콜린이 분비된다. 따라서 ㉠은 교감 신경의 신경절 이전 뉴런이고, ㉣은 부교감 신경의 신경절 이후 뉴런이다.

(나)에서 빛의 세기가 약할수록 교감 신경이 흥분하여 동공이 확대되고, 빛의 세기가 강할수록 부교감 신경이 흥분하여 동공이 축소된다.

| 보 | 기 | 풀 | 이 |

ㄱ. 정답 : 교감 신경의 신경절 이전 뉴런(㉠)의 신경 세포체는 척수의 속질(회색질)에 있다.

ㄴ. 오답 : 빛의 세기가 약할수록 교감 신경이 흥분하여 동공의 크기가 커진다. 따라서 교감 신경의 신경절 이후 뉴런(㉡) 말단에서 분비되는 신경 전달 물질인 노르에피네프린의 양은 빛의 세기가 약한 P₁일 때가 P₂일 때보다 많다.

ㄷ. 오답 : 부교감 신경의 신경절 이후 뉴런(㉣) 말단에서 아세틸콜린이 분비된다.

😮 **문제풀이 T I P** | 자율 신경 중, 교감 신경의 신경절 이후 뉴런의 말단에서만 노르에피네프린이 분비된다. 교감 신경이 흥분하면 동공이 확대되고, 부교감 신경이 흥분하면 동공이 축소된다.

😮 **출제분석** | 교감 신경과 부교감 신경의 동공의 크기 조절에 대한 난도 '중'의 문항이다. 기존의 기출 문제와 비교했을 때 그래프 (나)가 제시된 것이 새롭다. (나)에서 그래프의 x축은 원인이고 y축은 결과에 해당한다. 즉, 빛의 세기에 따라 교감 신경 또는 부교감 신경이 흥분하여 동공의 크기가 조절된다.

34 자율 신경계 　　　　　　　정답 ③ 　정답률 58% 　2021년 3월 학평 5번 　문제편 98p

그림은 동공 크기의 조절에 관여하는 자율 신경이 중간뇌에, 심장 박동의 조절에 관여하는 자율 신경이 연수에 연결된 경로를 나타낸 것이다. ⓐ와 ⓑ에는 각각 하나의 신경절이 있다.

부교감 신경의 신경절 이전 뉴런
부교감 신경의 신경절 이후 뉴런

동공 크기 조절 중추 [중간뇌]•─── ⓐ ◄• ──< 눈 : 동공 축소

심장 박동 조절 중추 [연수]•─── ⓑ ◄• ──< 심장 : 심장박동 억제

이에 대한 옳은 설명만을 〈보기〉에서 있는 대로 고른 것은? 3점

보기 　부교감 신경의 신경절 이전 뉴런
ㄱ. ㉠은 부교감 신경을 구성한다.
ㄴ. ㉡과 ㉢의 말단에서 모두 아세틸콜린이 분비된다.
ㄷ. ㉣의 말단에서 심장 박동을 촉진하는(억제) 신경 전달 물질이 분비된다.
부교감 신경의 신경절 이후 뉴런

① ㄱ　　② ㄷ　　③ ㄱ, ㄴ　　④ ㄴ, ㄷ　　⑤ ㄱ, ㄴ, ㄷ

|자|료|해|설|
동공의 크기와 심장 박동은 자율 신경에 의해 조절된다. 교감 신경의 신경절 이전 뉴런의 신경 세포체는 척수에 존재하므로 그림에서 중간뇌와 연수에 연결된 신경은 모두 부교감 신경이라는 것을 알 수 있다. 따라서 ㉠과 ㉢은 부교감 신경의 신경절 이전 뉴런이고, ㉡과 ㉣은 부교감 신경의 신경절 이후 뉴런이다. 부교감 신경이 작용하면 동공의 크기는 작아지고, 심장 박동은 억제된다.

|보|기|풀|이|
ㄱ. 정답 : 동공 크기 조절에 관여하는 교감 신경은 척수에 연결되어 있고, 부교감 신경은 중간뇌에 연결되어 있다. 따라서 ㉠은 부교감 신경을 구성한다.
ㄴ. 정답 : 부교감 신경의 신경절 이전 뉴런(㉢)과 신경절 이후 뉴런(㉡)의 말단에서 분비되는 신경 전달 물질은 모두 아세틸콜린이다.
ㄷ. 오답 : 부교감 신경은 심장 박동을 억제하므로 부교감 신경의 신경절 이후 뉴런(㉣) 말단에서 심장 박동을 억제하는 신경 전달 물질이 분비된다.

😮 문제풀이 T I P | 교감 신경은 척수에서 뻗어 나오고, 부교감 신경은 중간뇌, 연수, 척수 끝에서 뻗어 나온다. 부교감 신경의 신경절 이전 뉴런과 신경절 이후 뉴런의 말단에서는 모두 아세틸콜린이 분비된다.

😊 출제분석 | 자율 신경이 연결되어 있는 중간뇌와 연수를 통해 자율 신경의 종류가 부교감 신경이라는 것만 알아내면 쉽게 해결할 수 있는 문항이다. 대부분의 문제에서는 서로 다른 종류의 신경이 제시되지만, 이 문제에서는 둘 다 부교감 신경이 제시된 것이 특징이다. 어렵지 않은 문항이나 대부분의 학생들이 두 자율 신경을 다른 종류라고 판단하여 정답률이 낮게 나온 것으로 분석된다.

---

35 체성 신경계와 자율 신경계 　　　　정답 ④ 　정답률 83% 　2018학년도 수능 13번 　문제편 98p

그림은 중추 신경계로부터 말초 신경을 통해 심장과 다리 골격근에 연결된 경로를 나타낸 것이다.

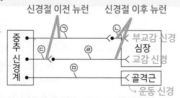

신경절 이전 뉴런　　신경절 이후 뉴런

중추 신경계 ──㉠──< ㉡ │ 부교감 신경 심장
　　　── ㉢ ── ㉣ < 교감 신경
　　　──── ㉤ ──< 골격근
　　　　　　　　　운동 신경

이에 대한 설명으로 옳은 것만을 〈보기〉에서 있는 대로 고른 것은?

보기 　　　　심장 박동 조절 중추
부교감 신경의
신경절 이전 뉴런
ㄱ. ㉠의 신경 세포체는 연수에 있다.
　　　　　　　　　　아세틸콜린
ㄴ. ㉡과 ㉢의 말단에서 분비되는 신경 전달 물질은 같다.
ㄷ. ㉤은 후근(전근)을 통해 나온다.
　　운동 신경

① ㄱ　　② ㄴ　　③ ㄷ　　④ ㄱ, ㄴ　　⑤ ㄴ, ㄷ

|자|료|해|설|
그림에서 가장 위에 있는 말초 신경은 신경절 이전 뉴런(㉠)의 길이가 신경절 이후 뉴런(㉡)보다 긴 부교감 신경이고, 중간에 있는 말초 신경은 신경절 이전 뉴런(㉢)의 길이가 신경절 이후 뉴런(㉣)보다 짧은 교감 신경이다. 가장 아래 다리 골격근에 연결되어 있는 말초 신경 ㉤은 운동 신경이다. 뉴런 ㉠, ㉡, ㉢, ㉤의 말단에서는 아세틸콜린이 분비되고, 뉴런 ㉣의 말단에서는 노르에피네프린(아드레날린)이 분비된다.

|보|기|풀|이|
ㄱ. 정답 : 심장 박동 조절에 관여하는 부교감 신경의 신경절 이전 뉴런(㉠)의 신경 세포체는 연수에 있다. 연수는 심장 박동, 호흡 운동, 소화 운동의 조절 중추이다.
ㄴ. 정답 : 부교감 신경의 신경절 이후 뉴런(㉡)과 교감 신경의 신경절 이전 뉴런(㉢)의 말단에서는 아세틸콜린이 분비된다.
ㄷ. 오답 : 운동 신경(㉤)은 척수의 전근을 통해 나온다.

😮 문제풀이 T I P | 신경절 이전 뉴런과 신경절 이후 뉴런의 길이를 비교하여 교감 신경과 부교감 신경을 구분할 수 있어야 한다. 뉴런의 말단에서 분비되는 신경 전달 물질의 종류는 교감 신경의 신경절 이후 뉴런의 말단에서만 노르에피네프린이 분비된다고 기억하면 쉽게 문제를 해결할 수 있다. 또한 심장 박동, 호흡 운동, 소화 운동의 조절 중추가 연수라는 것을 반드시 기억하자!

😊 출제분석 | 말초 신경에 대한 기본적인 내용을 묻고 있는 문항으로 난도는 '중하'에 해당한다. 자율 신경계, 체성 신경계와 관련된 문제는 꾸준히 출제되어 온 부분이므로 개념을 확실하게 익혀두고 어떠한 유형의 문제가 나오더라도 빠르게 적용할 수 있어야 한다.

그림은 중추 신경계로부터 말초 신경을
통해 홍채와 골격근에 연결된 경로를
나타낸 것이다.
이에 대한 설명으로 옳은 것만을 <보기>에서 있는 대로 고른 것은?

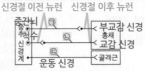

보기
ㄱ. ㉠은 ~~구심성~~ 원심성 뉴런이다.
ㄴ. ㉡이 흥분하면 동공이 ~~축소~~된다. 확장
ㄷ. ㉢의 말단에서 아세틸콜린이 분비된다. ↳운동 신경

① ㄱ ② ㄴ ✓③ ㄷ ④ ㄱ, ㄷ ⑤ ㄴ, ㄷ

|자|료|해|설|
자율 신경계는 교감 신경과 부교감 신경으로 구분되며,
교감 신경은 신경절 이전 뉴런이 신경절 이후 뉴런보다
짧고 부교감 신경은 신경절 이전 뉴런이 신경절 이후
뉴런보다 길다. 따라서 ㉠은 홍채를 조절하는 부교감
신경의 신경절 이전 뉴런, ㉡은 홍채를 조절하는 교감
신경의 신경절 이후 뉴런이다. ㉢은 골격근을 조절하는
운동 신경으로 체성 신경계에 속한다.

|보|기|풀|이|
ㄱ. 오답 : 자율 신경과 운동 신경은 모두 원심성 뉴런으로
이루어져 있다.
ㄴ. 오답 : ㉡은 교감 신경의 신경절 이후 뉴런이므로 ㉡이
흥분하면 동공이 확장된다.
ㄷ. 정답 : 운동 신경(㉢)의 말단에서는 아세틸콜린이
분비된다.

문제풀이 TIP | 자율 신경계에 속하는 교감 신경과 부교감 신경은 두 개의 뉴런으로 구성되며, 신경절 이전 뉴런과 신경절 이후 뉴런의 길이를 비교하여 구분할 수 있다. 자율
신경계는 내장근, 내분비샘 등의 작용을 조절하며, 체성 신경계에 해당하는 운동 신경은 골격근에 연결되어 골격근의 운동을 조절한다. 말초 신경계의 분류와 특징, 기능을 꼼꼼히
정리하고 기억하도록 한다.

그림은 중추 신경계에서 나온
말초 신경이 근육 A와 B에
연결된 경로를 나타낸 것이다.
A와 B는 골격근과 심장근을
순서 없이 나타낸 것이다.
이에 대한 옳은 설명만을 <보기>에서 있는 대로 고른 것은?

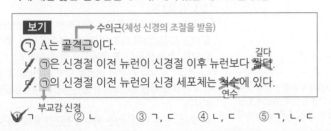

보기	→수의근(체성 신경의 조절을 받음)
ㄱ. A는 골격근이다.	
ㄴ. ㉠은 신경절 이전 뉴런이 신경절 이후 뉴런보다 ~~짧다~~. 길다
ㄷ. ㉠의 신경절 이전 뉴런의 신경 세포체는 ~~척수~~에 있다. 연수
↳부교감 신경	

✓① ㄱ ② ㄴ ③ ㄱ, ㄷ ④ ㄴ, ㄷ ⑤ ㄱ, ㄴ, ㄷ

|자|료|해|설|
체성 신경의 조절을 받는 근육 A는 수의근이므로
골격근이고, 자율 신경인 부교감 신경의 조절을 받는 근육
B는 심장근이다. 심장근은 불수의근으로 자율
신경(교감 신경, 부교감 신경)의 조절을 받는다.

|보|기|풀|이|
ㄱ. 정답 : 체성 신경의 조절을 받는 A는 골격근이다.
ㄴ. 오답 : 부교감 신경(㉠)은 두 개의 뉴런이 연결된
구조이며, 신경절 이전 뉴런이 신경절 이후 뉴런보다 길다.
ㄷ. 오답 : 심장에 연결된 부교감 신경(㉠)의 신경절 이전
뉴런의 신경 세포체는 연수에 있다.

출제분석 | 체성 및 자율 신경과 연결된 근육과 부교감 신경의 특징에 대해 묻는 난도 '중'의 문항이다. 교감 신경의 신경절 이전 뉴런의 신경 세포체는 척수에 위치한 반면, 부교감
신경의 신경절 이전 뉴런의 신경 세포체는 중간뇌, 연수, 척수 끝 부분에 위치한다. 심장에 연결된 부교감 신경의 신경절 이전 뉴런의 신경 세포체는 연수에 위치하며, 이를 정확하게
암기하지 못해 정답으로 3번을 선택한 학생들이 많았다. 빠르게 문제를 풀다보면 실수할 수 있는 부분이므로 '신경절 이전 뉴런의 신경 세포체 위치'를 묻는 보기는 주의해야 한다.

그림은 중추 신경계와 두 기관을 연결하는 자율 신경을, 표는 뉴런
㉠과 ㉢에 각각 역치 이상의 자극을 주었을 때 심장과 방광의 변화를
나타낸 것이다. ㉠~㉣은 서로 다른 뉴런이다.

기관	변화	
심장	박동 속도 감소	→ 부교감 신경 흥분
방광	이완(확장)	→ 교감 신경 흥분

이에 대한 옳은 설명만을 〈보기〉에서 있는 대로 고른 것은?

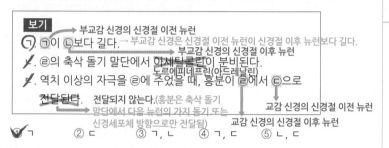

보기
→ 부교감 신경의 신경절 이전 뉴런
ㄱ. ㉠이 ㉡보다 길다. → 부교감 신경은 신경절 이전 뉴런이 신경절 이후 뉴런보다 길다.
→ 부교감 신경의 신경절 이후 뉴런
ㄴ. ㉣의 축삭 돌기 말단에서 아세틸콜린이 분비된다.
                  노르에피네프린(아드레날린)
ㄷ. 역치 이상의 자극을 ㉣에 주었을 때, 흥분이 ㉣에서 ㉢으로
   전달된다. 전달되지 않는다.(흥분은 축삭 돌기
   → 말단에서 다음 뉴런의 가지 돌기 또는   교감 신경의 신경절 이전 뉴런
       신경세포체 방향으로만 전달됨)   교감 신경의 신경절 이후 뉴런

① ㄱ   ② ㄷ   ③ ㄱ, ㄷ   ④ ㄱ, ㄷ   ⑤ ㄴ, ㄷ

| 자 | 료 | 해 | 설 |

부교감 신경이 흥분하면 심장 박동 속도가 감소하므로
그림에서 심장에 연결된 신경은 부교감 신경이다. 부교감
신경은 신경절 이전 뉴런(㉠)의 길이가 신경절 이후 뉴런
(㉡)의 길이보다 길다. 교감 신경이 흥분하면 방광이
이완(확장)되므로 그림에서 방광에 연결된 신경은 교감
신경이다. 교감 신경은 신경절 이전 뉴런(㉢)의 길이가
신경절 이후 뉴런(㉣)의 길이보다 짧다. 뉴런 ㉠, ㉡, ㉢의
축삭 돌기 말단에서는 아세틸콜린이 분비되고, 교감
신경의 신경절 이후 뉴런인 ㉣의 축삭 돌기 말단에서는
노르에피네프린(아드레날린)이 분비된다.

| 보 | 기 | 풀 | 이 |

ㄱ. 정답 : 부교감 신경은 신경절 이전 뉴런(㉠)의 길이가
신경절 이후 뉴런(㉡)의 길이보다 길다. 따라서 ㉠이
㉡보다 길다.

ㄴ. 오답 : 교감 신경의 신경절 이후 뉴런(㉣)의 축삭 돌기
말단에서 노르에피네프린(아드레날린)이 분비된다.

ㄷ. 오답 : 흥분은 축삭 돌기 말단에서 그 다음 뉴런의 가지
돌기 또는 신경세포체 방향으로만 전달된다. 따라서 역치
이상의 자극을 ㉣에 주었을 때, 흥분은 ㉣에서 ㉢으로
전달되지 않는다.

😮 **문제풀이 T I P** | 부교감 신경이 흥분하면 심장 박동 속도가 감소하고, 교감 신경이 흥분하면 방광이 이완(확장)된다. 교감 신경의 신경절 이후 뉴런 말단에서 분비되는 신경 전달
물질은 노르에피네프린(아드레날린)이라는 것을 반드시 기억하자!

😆 **출제분석** | 기관에서 일어나는 변화로 자율 신경계를 구분해야 하는 난도 '중하'의 문항이다. 자율 신경계에 속하는 교감 신경과 부교감 신경의 특징과 기관에서 일어나는 변화에
대한 내용은 자주 출제되는 부분이며, 최근에는 자율 신경의 신경절 이전 뉴런의 신경 세포체 위치를 물어보는 문항이 출제되고 있으므로 관련 내용을 알고 있어야 출제를 대비할 수
있다.

III
1
03.
신경
계

그림은 중추 신경계로부터 자율
신경을 통해 위와 방광에 연결된
경로를 나타낸 것이다.
이에 대한 설명으로 옳은 것만을
〈보기〉에서 있는 대로 고른 것은?

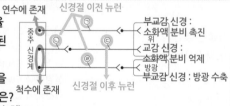

연수에 존재   신경절 이전 뉴런

부교감 신경 : 소화액 분비 촉진
교감 신경 : 소화액 분비 억제
방광   부교감 신경 : 방광 수축

척수에 존재   신경절 이후 뉴런

보기
→ 부교감 신경(신경절 이전 뉴런)
ㄱ. ㉠은 말초 신경계에 속한다.
       → 교감 신경(신경절 이후 뉴런)
ㄴ. ㉠과 ㉢의 말단에서 분비되는 신경 전달 물질은 같다.
                                            다르다
ㄷ. ㉣의 신경 세포체는 연수에 존재한다.
               척수
              → 부교감 신경(신경절 이전 뉴런)
                ㉠ 말단 : 아세틸콜린
                ㉢ 말단 : 노르에피네프린(아드레날린)

① ㄱ   ② ㄴ   ③ ㄱ, ㄷ   ④ ㄴ, ㄷ   ⑤ ㄱ, ㄴ, ㄷ

| 자 | 료 | 해 | 설 |

교감 신경은 신경절 이전 뉴런의 길이가 신경절 이후
뉴런의 길이보다 짧고, 부교감 신경은 신경절 이전 뉴런의
길이가 신경절 이후 뉴런의 길이보다 길다. 따라서 ㉠,
㉣은 부교감 신경의 신경절 이전 뉴런이고, ㉡은 교감
신경의 신경절 이전 뉴런, ㉢은 교감 신경의 신경절 이후
뉴런이다. 위에 연결된 부교감 신경이 흥분하면 신경절
이후 뉴런의 말단에서 아세틸콜린이 분비되고 소화액
분비가 촉진되며, 교감 신경이 흥분하면 신경절 이후 뉴런
(㉢)의 말단에서 노르에피네프린(아드레날린)이 분비되고
소화액 분비가 억제된다. 방광에 연결된 부교감 신경이
흥분하면 신경절 이후 뉴런의 말단에서 아세틸콜린이
분비되고 방광이 수축한다.

| 보 | 기 | 풀 | 이 |

ㄱ. 정답 : 부교감 신경의 신경절 이전 뉴런(㉠)은 말초
신경계에 속한다. 중추 신경계(뇌, 척수)에서 뻗어 나가는
신경은 모두 말초 신경계에 속한다.

ㄴ. 오답 : 부교감 신경의 신경절 이전 뉴런(㉠)의
말단에서는 아세틸콜린이 분비되고, 교감 신경의 신경절
이후 뉴런(㉢)의 말단에서는 노르에피네프린(아드레날린)
이 분비된다.

ㄷ. 오답 : 방광에 연결되어 있는 부교감 신경의 신경절
이전 뉴런(㉣)의 신경 세포체는 척수에 존재한다.

😮 **문제풀이 T I P** | 교감 신경은 신경절 이전 뉴런의 길이가 신경절 이후 뉴런의 길이보다 짧고, 부교감 신경은
신경절 이전 뉴런의 길이가 신경절 이후 뉴런의 길이보다 길다.

😆 **출제분석** | 교감 신경과 부교감 신경에 대해 묻는 난도 '중'의 문항이다. 그림에서 교감 신경과 부교감 신경을
구분하고 각 뉴런의 말단에서 분비되는 신경 전달 물질과 신경 세포체의 위치를 묻는 문제는 그동안 꾸준히
출제되었다. 기출 문제를 반복하여 풀어보는 것이 중요한 이유이다.

그림 (가)는 중추 신경계로부터 나온 자율 신경이 방광에 연결된 경로를, (나)는 뉴런 ㉠에 역치 이상의 자극을 주었을 때와 주지 않았을 때 방광의 부피를 나타낸 것이다. ㉠은 ⓑ와 ⓓ 중 하나이다.

신경절 이전 뉴런   신경절 이후 뉴런   → 부교감 신경의 신경절 이후 뉴런 : ⓓ

(가)   (나) → 방광 수축

이에 대한 설명으로 옳은 것만을 〈보기〉에서 있는 대로 고른 것은?

보기

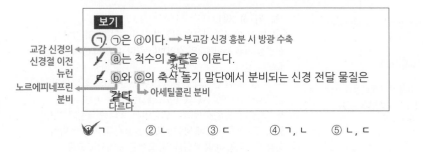

교감 신경의 신경절 이전 뉴런 노르에피네프린 분비 ←

ㄱ. ㉠은 ⓓ이다. → 부교감 신경 흥분 시 방광 수축

ㄴ. ⓐ는 척수의 ~~후근~~을 이룬다.   전근

ㄷ. ⓑ와 ⓒ의 축삭 돌기 말단에서 분비되는 신경 전달 물질은 ~~같다.~~ → 아세틸콜린 분비   다르다

① ㄱ   ② ㄴ   ③ ㄷ   ④ ㄱ, ㄴ   ⑤ ㄴ, ㄷ

|자|료|해|설|

교감 신경은 신경절 이전 뉴런이 신경절 이후 뉴런보다 짧고, 부교감 신경은 신경절 이전 뉴런이 신경절 이후 뉴런보다 길다. 따라서 ⓐ는 교감 신경의 신경절 이전 뉴런, ⓑ는 교감 신경의 신경절 이후 뉴런, ⓒ는 부교감 신경의 신경절 이전 뉴런, ⓓ는 부교감 신경의 신경절 이후 뉴런이다. 교감 신경이 작용하면 방광이 확장되고, 부교감 신경이 작용하면 방광이 수축한다. (나)에서 뉴런 ㉠에 역치 이상의 자극을 주었을 때 방광의 부피가 줄어들었으므로 방광이 수축했다는 것을 알 수 있다. 그러므로 ㉠은 부교감 신경의 신경절 이후 뉴런인 ⓓ이다.

|보|기|풀|이|

ㄱ. 정답 : ㉠에 역치 이상의 자극을 주었을 때 방광의 부피가 줄어들었으므로 ㉠은 부교감 신경의 신경절 이후 뉴런(ⓓ)이다.

ㄴ. 오답 : 교감 신경의 신경절 이전 뉴런(ⓐ)은 척수의 전근을 이룬다.

ㄷ. 오답 : 교감 신경의 신경절 이후 뉴런(ⓑ)의 말단에서는 노르에피네프린이 분비되고, 부교감 신경의 신경절 이전 뉴런(ⓒ)의 말단에서는 아세틸콜린이 분비된다.

🔘 **문제풀이 T I P** | 교감 신경이 작용하면 방광이 확장되고, 부교감 신경이 작용하면 방광이 수축한다. (나)에서 뉴런 ㉠에 역치 이상의 자극을 주었을 때 방광의 부피가 줄어든 것을 통해 ㉠을 구분할 수 있다.

그림은 중추 신경계에 속한 (가)와 (나)에 연결된 자율 신경 ㉠과 ㉡의 작용으로 일어나는 반응을 나타낸 것이다. (가)와 (나)는 각각 척수와 중간뇌 중 하나이다.

중간뇌 [(가)] → [㉠ 자율 신경] → 동공 축소   부교감 신경 ↗

척수 [(나)] → [㉡ 자율 신경] → 방광 수축   부교감 신경 ↘

이에 대한 설명으로 옳은 것만을 〈보기〉에서 있는 대로 고른 것은?

보기

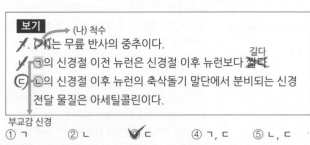

→ (나) 척수

ㄱ. ~~(가)~~는 무릎 반사의 중추이다.

ㄴ. ㉠의 신경절 이전 뉴런은 신경절 이후 뉴런보다 ~~짧다.~~   길다

ㄷ. ㉡의 신경절 이후 뉴런의 축삭돌기 말단에서 분비되는 신경 전달 물질은 아세틸콜린이다.

부교감 신경

① ㄱ   ② ㄴ   ③ ㄷ   ④ ㄱ, ㄷ   ⑤ ㄴ, ㄷ

|자|료|해|설|

부교감 신경이 흥분되면 동공 축소와 방광 수축이 일어난다. 그러므로 자율 신경 ㉠과 ㉡은 모두 부교감 신경이다. ㉠의 신경절 이전 뉴런의 신경 세포체는 중간뇌에 있고, ㉡의 신경절 이전 뉴런의 신경 세포체는 척수에 있다.

|보|기|풀|이|

ㄱ. 오답 : 무릎 반사의 중추는 (나)척수이다.

ㄴ. 오답 : 부교감 신경(㉠)은 신경절 이전 뉴런이 신경절 이후 뉴런보다 길다.

ㄷ. 정답 : 부교감 신경(㉡)의 신경절 이전 뉴런과 신경절 이후 뉴런의 축삭돌기 말단에서 분비되는 신경 전달 물질은 모두 아세틸콜린이다.

🔘 **문제풀이 T I P** | 교감 신경의 신경절 이전 뉴런의 신경 세포체는 척수에 위치한 반면, 부교감 신경의 신경절 이전 뉴런의 신경 세포체는 중간뇌 연수, 척수의 끝부분에 위치한다.

😀 **출제분석** | 특정 기관에서의 반응을 일으키는 자율 신경에 대해 묻는 난도 '중상'의 문항이다. 자율 신경의 '신경절 이전 뉴런의 신경 세포체 위치'를 묻는 보기는 매번 출제되는 보기이며, 순간 헷갈려서 문제를 틀리는 경우가 많으므로 특히 주의해야 한다. 비슷한 유형의 문항으로 2016년 3월 학평 14번, 2018학년도 수능 13번, 2019학년도 6월 모평 13번, 2019학년도 수능 13번이 있다.

다음은 자율 신경 A에 의한 심장 박동 조절 실험이다.

[실험 과정]

(가) 같은 종의 동물로부터 심장 I과 II를 준비하고, II에서만 자율 신경을 제거한다.

(나) I과 II를 각각 생리식염수가 담긴 용기 ㉠과 ㉡에 넣고, ㉠에서 ㉡으로 용액이 흐르도록 두 용기를 연결한다.

(다) I에 연결된 A에 자극을 주고 I과 II의 세포에서 활동 전위 발생 빈도를 측정한다. A는 교감 신경과 부교감 신경 중 하나이다.

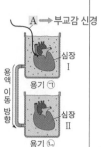
A → 부교감 신경
심장 I
용액 이동 방향
용기 ㉠
심장 II
용기 ㉡

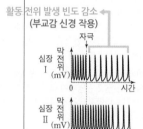
활동 전위 발생 빈도 감소
(부교감 신경 작용)
자극
심장 I 막전위 (mV)
0   시간
심장 II 막전위 (mV)
0   시간

[실험 결과]

o A의 신경절 이후 뉴런의 축삭 돌기 말단에서 물질 ㉮가 분비되었다. ㉮는 아세틸콜린과 노르에피네프린 중 하나이다. ← 아세틸콜린

o I과 II의 세포에서 측정한 활동 전위 발생 빈도는 그림과 같다.

이 자료에 대한 설명으로 옳은 것만을 〈보기〉에서 있는 대로 고른 것은? (단, 제시된 조건 이외는 고려하지 않는다.)

부교감 신경 →

보기

㉠. A는 말초 신경계에 속한다.

✗. ㉮는 노르에피네프린이다. → 아세틸콜린

✗. (나)의 ㉡에 아세틸콜린을 처리하면 II의 세포에서 활동 전위 발생 빈도가 증가한다. → 감소

① ㉠   ② ㄴ   ③ ㄱ, ㄴ   ④ ㄱ, ㄷ   ⑤ ㄴ, ㄷ

|자|료|해|설|

심장 I에 연결된 A에 자극을 주고 활동 전위 발생 빈도를 측정했을 때 심장 I의 세포에서 활동 전위 발생 빈도가 감소했으므로 A는 부교감 신경이다. 부교감 신경(A)의 신경절 이후 뉴런의 축삭 돌기 말단에서는 아세틸콜린이 분비되므로 물질 ㉮는 아세틸콜린이다. 용기 ㉠에서 ㉡으로 용액이 이동하면 심장 II의 세포에도 아세틸콜린이 작용하여 활동 전위 발생 빈도가 감소한다.

|보|기|풀|이|

㉠ 정답 : 부교감 신경(A)은 말초 신경계에 속한다.

ㄴ 오답 : ㉮는 아세틸콜린이다.

ㄷ 오답 : (나)의 ㉡에 아세틸콜린을 처리하면 II의 세포에서 활동 전위 발생 빈도가 감소한다.

🔎 문제풀이 TIP | 부교감 신경의 신경절 이후 뉴런의 축삭 돌기 말단에서는 아세틸콜린이 분비되며, 그 결과 심장의 세포에서 활동 전위 발생 빈도가 감소한다.

😀 출제분석 | 부교감 신경의 작용에 관한 문항으로 난도는 '중'에 해당한다. 활동 전위 발생 빈도 그래프는 익숙하게 봐온 그림이지만, 용기에 담긴 심장 그림이 새로워 체감 난도가 조금 높았던 것으로 판단된다. 자율 신경계의 특징과 작용을 이해하고 있다면 쉽게 해결할 수 있는 문항이다.

그림은 동공의 크기 조절에 관여하는 자율 신경 X가 중추 신경계에 연결된 경로를 나타낸 것이다. A~C는 대뇌, 연수, 중간뇌를 순서 없이 나타낸 것이고, ㉠에 하나의 신경절이 있다.

대뇌 A
연수 C
B 중간뇌
부교감 신경 : 동공 축소
㉠ ←
동공
홍채

이에 대한 설명으로 옳은 것만을 〈보기〉에서 있는 대로 고른 것은?

부교감 신경 →
대뇌 →

보기

✗. X는 신경절 이전 뉴런이 신경절 이후 뉴런보다 짧다. → 길다

㉡. A의 겉질은 회색질이다.

㉢. B와 C는 모두 뇌줄기에 속한다.

중간뇌 ↓   ↓연수   →중간뇌, 뇌교, 연수

① ㄱ   ② ㄷ   ③ ㄱ, ㄴ   ④ ㄴ, ㄷ   ⑤ ㄱ, ㄴ, ㄷ

|자|료|해|설|

A는 대뇌, B는 중간뇌, C는 연수이다. 중간뇌에서 뻗어 나와 동공의 크기 조절에 관여하는 자율 신경 X는 부교감 신경이다.

|보|기|풀|이|

ㄱ. 오답 : 부교감 신경(X)은 신경절 이전 뉴런이 신경절 이후 뉴런보다 길다.

㉡ 정답 : 대뇌(A)의 겉질은 회색질이다.

㉢ 정답 : 뇌줄기는 중간뇌, 뇌교, 연수로 구성되어 있으므로 중간뇌(B)와 연수(C)는 모두 뇌줄기에 속한다.

III 1-03. 신경계

그림은 중추 신경계와 심장을 연결하는 자율 신경 **A**를, 표는 **A**의 특징을 나타낸 것이다. ⓐ와 ⓑ 중 하나에 신경절이 있고, ㉠은 노르에피네프린과 아세틸콜린 중 하나이다.

부교감 신경

A의 특징
신경절 이전 뉴런 말단과 신경절 이후 뉴런 말단에서 모두 ㉠이 분비된다.

→ 아세틸콜린

이에 대한 옳은 설명만을 〈보기〉에서 있는 대로 고른 것은?

보기
ㄱ. ⓐ에 신경절이 있다.

부교감 신경 → ㄴ. ㉠은 <del>노르에피네프린</del>이다.
     아세틸콜린
ㄷ. A에서 활동 전위 발생 빈도가 증가하면 심장 박동 속도가 감소한다.

① ㄱ   ✔ ㄷ   ③ ㄱ, ㄴ   ④ ㄱ, ㄷ   ⑤ ㄴ, ㄷ

|자|료|해|설|
A의 신경절 이전 뉴런 말단과 신경절 이후 뉴런 말단에서 모두 같은 종류의 신경 전달 물질이 분비되므로 A는 부교감 신경이며, ㉠은 아세틸콜린임을 알 수 있다. 이때 부교감 신경은 신경절 이후 뉴런의 길이가 신경절 이전 뉴런의 길이보다 짧으므로 신경절은 ⓐ와 ⓑ 중 ⓑ에 있다.

|보|기|풀|이|
ㄱ. 오답 : A는 부교감 신경이므로 신경절 이후 뉴런이 신경절 이전 뉴런보다 짧다. 즉 ⓑ에 신경절이 있다.
ㄴ. 오답 : 부교감 신경의 신경절 이전 뉴런과 이후 뉴런에서 분비되는 신경 전달 물질인 ㉠은 아세틸콜린이다.
ⓒ 정답 : 심장으로 연결된 부교감 신경인 A에서 활동 전위 발생 빈도가 증가하면 심장 박동 속도가 감소한다.

😮 **문제풀이 TIP** | 교감 신경은 신경절 이전 뉴런 말단에서 아세틸콜린이, 신경절 이후 뉴런 말단에서 노르에피네프린이 분비되고, 부교감 신경은 신경절 이전 뉴런 말단과 신경절 이후 뉴런의 말단에서 모두 아세틸콜린이 분비된다.

😮 **출제분석** | 자율 신경계에 대한 문항으로 단순 지식적인 내용을 묻고 있어 난도 '하'에 해당한다. 말초 신경계에 대한 문항은 출제 빈도가 높지만 주로 2점 문제로 어렵지 않게 출제되므로 반드시 내용 정리를 꼼꼼히 해두도록 하자.

중간뇌, 뇌교, 연수
표는 사람의 자율 신경 Ⅰ~Ⅲ의 특징을 나타낸 것이다. (가)와 (나)는 척수와 **뇌줄기**를 순서 없이 나타낸 것이고, ㉠은 아세틸콜린과 노르에피네프린 중 하나이다.

자율 신경	신경절 이전 뉴런의 신경 세포체 위치	신경절 이후 뉴런의 축삭 돌기 말단에서 분비되는 신경 전달 물질	연결된 기관
Ⅰ	(가)뇌줄기	아세틸콜린	위
Ⅱ	(가)뇌줄기	㉠ 아세틸콜린	심장
Ⅲ	(나)척수	㉠ 아세틸콜린	방광

부교감 신경 →

이에 대한 설명으로 옳은 것만을 〈보기〉에서 있는 대로 고른 것은?

③점

보기
ㄱ. (가)는 뇌줄기이다.
ㄴ. ㉠은 <del>노르에피네프린</del>이다.
     아세틸콜린
ㄷ. Ⅲ은 부교감 신경이다.

① ㄱ   ② ㄴ   ③ ㄷ   ④ ㄱ, ㄴ   ✔ ㄱ, ㄷ

|자|료|해|설|
Ⅰ의 신경절 이후 뉴런의 축삭 돌기 말단에서 분비되는 신경 전달 물질이 아세틸콜린이므로 Ⅰ은 부교감 신경이다. 위에 연결된 부교감 신경의 신경절 이전 뉴런의 신경 세포체 위치는 연수이므로 (가)는 뇌줄기이다. 심장에 연결된 부교감 신경의 신경절 이전 뉴런의 신경 세포체 위치 또한 연수이므로 ㉠은 아세틸콜린이다. 따라서 Ⅱ와 Ⅲ는 부교감 신경이다. 방광에 연결된 부교감 신경의 신경절 이전 뉴런의 신경 세포체 위치는 척수이므로 (나)는 척수이다.

|보|기|풀|이|
ㄱ 정답 : (가)는 뇌줄기, (나)는 척수이다.
ㄴ. 오답 : ㉠은 아세틸콜린이다.
ㄷ 정답 : Ⅰ~Ⅲ 모두 부교감 신경이다.

😮 **문제풀이 TIP** | 뇌줄기는 중간뇌, 뇌교, 연수로 구성된다.

04. 항상성 유지

❶ 항상성을 조절하는 신경과 호르몬 ★수능에 나오는 필수 개념 2가지 + 필수 암기사항 3개

필수개념 1　호르몬

• 호르몬의 특성 ★암기 → 체크한 부분을 기억하자!

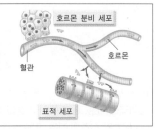

- 내분비샘에서 생성되며, 별도의 분비관 없이 혈액이나 조직액으로 분비된다.
- 특정 호르몬에 대한 수용체를 가진 표적 세포 혹은 표적 기관에만 작용한다.
- 미량으로 생리 작용을 조절하여 부족하면 결핍증, 많으면 과다증이 나타난다.

호르몬 분비 세포
혈관
호르몬
표적 세포

• 호르몬과 신경계의 작용 비교 : 신경계는 외부와 내부의 환경 변화에 대해 신속하게 근육과 내분비샘에 신호를 전달하고, 호르몬은 혈액으로 분비되어 표적 기관에서 작용하므로 신경계보다 느리게 신호를 전달한다. ★암기 → 호르몬과 신경계의 작용을 비교하여 차이점을 기억하자!

구분	호르몬	신경계
전달 속도	비교적 느리다	빠르다
작용 범위	넓다	좁다
효과의 지속성	지속적	일시적
전달 매체	혈액	뉴런
특징	표적 기관에만 작용한다.	일정한 방향으로 자극을 전달한다.

필수개념 2　호르몬의 종류와 기능

• 사람의 내분비샘과 호르몬 ★암기 → 내분비샘에서 분비되는 호르몬의 종류와 기능에 대해 기억하자!

내분비샘		호르몬	기능
뇌하수체	전엽	생장 호르몬	몸의 생장 촉진
		갑상샘 자극 호르몬	티록신 분비 촉진
		부신 겉질 자극 호르몬	코르티코이드 분비 촉진
		여포 자극 호르몬	여포와 난자 성숙 촉진
		황체 형성 호르몬	배란 및 황체 형성 촉진
		젖 분비 자극 호르몬	젖 분비 촉진
	후엽	항이뇨 호르몬	콩팥에서 수분 재흡수 촉진
		옥시토신	분만 시 자궁 수축 촉진
갑상샘		티록신	세포 호흡 촉진
		칼시토닌	혈액의 칼슘 이온 농도 감소
부갑상샘		파라토르몬	혈액의 칼슘 이온 농도 증가
부신	겉질	당질 코르티코이드	혈당량 증가(단백질, 지방 → 포도당)
		알도스테론(무기질 코르티코이드)	콩팥에서 나트륨 이온 재흡수 촉진
	속질	에피네프린	혈당량 증가(글리코젠 → 포도당)
이자	β세포	인슐린	혈당량 감소(포도당 → 글리코젠)
	α세포	글루카곤	혈당량 증가(글리코젠 → 포도당)
생식샘	정소	테스토스테론	남성의 2차 성징 발현
	난소	에스트로겐	여성의 2차 성징 발현
		프로게스테론	배란 억제, 임신 유지

기본자료

▶ 내분비샘
호르몬을 합성하여 분비한다. 분비관이 따로 없어 호르몬을 혈관으로 분비한다.
예 뇌하수체, 이자, 갑상샘 등

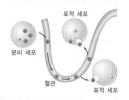

표적 세포
분비 세포
혈관
표적 세포

▶ 외분비샘
분비물을 몸 표면이나 소화관 내로 분비한다. 분비관이 따로 있다.
예 소화샘, 이자, 침샘, 눈물샘, 땀샘 등

분비관
분비 세포

▶ 뇌하수체
- 뇌하수체 전엽 : 다른 내분비샘의 호르몬 분비를 촉진한다.
- 뇌하수체 후엽 : 시상 하부의 신경 분비 세포에서 만들어진 호르몬을 저장하였다가 필요 시 분비한다.

▶ 부신 속질
부신 속질에서는 에피네프린(아드레날린)과 노르에피네프린(노르아드레날린)이 함께 분비되는데, 에피네프린이 훨씬 더 많이 분비된다.

▶ 호르몬의 과다증과 결핍증

생장 호르몬	과다증	거인증
	결핍증	소인증
티록신	과다증	바제도병
	결핍증	크레틴병
항이뇨 호르몬	결핍증	요붕증
인슐린	결핍증	당뇨병

❷ 항상성의 조절 원리　◀ ★수능에 나오는 필수 개념 2가지 + 필수 암기사항 2개

기본자료

필수개념 1　항상성 유지의 원리

- **피드백과 길항 작용**　**암기**　→ 체크한 부분을 기억하자!

- **피드백** : 어떤 원인에 의해 결과가 나타나고, 그 결과가 다시 원인에 영향을 미치는 작용이다. 결과가 원인을 억제하는 조절 방식을 음성 피드백이라고 한다. 호르몬의 분비량은 주로 음성 피드백에 의해 조절된다.

- **길항 작용** : 하나의 대상에 대하여 서로 반대되는 작용, 즉 한쪽이 기능을 촉진하면 다른 쪽은 기능을 억제하는 작용이다. **예** 교감 신경과 부교감 신경의 작용, 인슐린과 글루카곤의 작용, 칼시토닌과 파라토르몬의 작용 등

▶ **양성 피드백**
결과가 원인을 촉진하는 조절 방식이다. 옥시토신은 양성 피드백에 의해 분비가 조절된다.

필수개념 2　항상성 유지

- **혈당량 조절**　**암기**　→ 항상성이 유지되는 과정에 대해 정리하여 이해하자!

- 이자에서 분비되는 인슐린과 글루카곤의 길항 작용에 의해 조절된다.

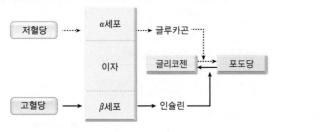

- 인슐린과 글루카곤은 세포의 포도당 소비량을 조절하고, 그 결과에 따라 나타나는 혈당량의 변화가 피드백 작용을 하여 두 호르몬의 상대적 분비량을 조절한다.
- 부신 속질에서 분비되는 에피네프린과 부신 겉질에서 분비되는 당질 코르티코이드에 의해서도 혈당량이 증가한다.

▶ **이자의 혈당량 조절**
이자섬의 α세포와 β세포는 자율 신경의 조절을 받지 않아도 혈당량 변화를 직접 감지하여 글루카곤이나 인슐린을 분비하며, 글루카곤과 인슐린의 분비는 각각 음성 피드백에 의해 조절된다.

▶ **운동 후의 혈당량 조절**
운동을 시작하면 평소보다 많은 양의 혈당을 소모하므로 혈당량이 감소하게 된다. 혈당을 보충하기 위해 글루카곤의 분비량은 증가하고 인슐린의 분비량은 감소한다.

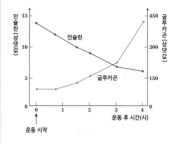

- **체온 조절**

- 체내에서의 열 발생량과 몸의 표면을 통한 열 발산량의 조절을 통해 체온이 유지된다.
- 열 발생량은 근육 수축에 의한 몸 떨림과 세포의 물질대사 촉진으로 증가하고, 열 발산량은 피부 혈류량 증가와 땀 분비 촉진으로 증가한다.

- **삼투압 조절**

- 혈장의 삼투압이 높아지면 뇌하수체 후엽에서 ADH의 분비가 증가하여 콩팥에서 수분 재흡수를 촉진한다.
- 콩팥의 수분 재흡수가 촉진되면 오줌량은 감소되고 혈장 삼투압은 낮아진다.

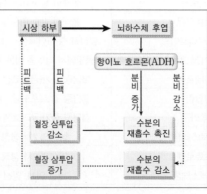

▶ **체온 조절과 몸의 변화**

구분	추울 때	더울 때
입모근	수축	이완
피부 근처 혈관	수축	확장
땀 분비	감소	증가
대사량	증가	감소
근육	떨림	—

1 호르몬의 종류와 기능

정답 ⑤ 정답률 80% 2021년 4월 학평 5번 문제편 104p

표는 사람의 내분비샘의 특징을 나타낸 것이다. A와 B는 갑상샘과 뇌하수체를 순서 없이 나타낸 것이다.

내분비샘	특징
뇌하수체 A	㉠TSH를 분비한다. (갑상샘 자극 호르몬)
갑상샘 B	㉡티록신을 분비한다.

이에 대한 설명으로 옳은 것만을 <보기>에서 있는 대로 고른 것은? 3점

보기

ㄱ. A는 뇌하수체이다.

ㄴ. ㉡(티록신)의 분비는 음성 피드백(결과가 원인을 억제하는 조절 방식)에 의해 조절된다.

ㄷ. ㉠(TSH)과 ㉡(티록신)은 모두 순환계를 통해 표적 세포로 이동한다.

① ㄱ ② ㄷ ③ ㄱ, ㄴ ④ ㄴ, ㄷ ⑤ ㄱ, ㄴ, ㄷ

|자|료|해|설|

갑상샘 자극 호르몬(TSH)을 분비하는 내분비샘 A는 뇌하수체이고, 티록신을 분비하는 내분비샘 B는 갑상샘이다. 뇌하수체에서 TSH가 분비되면 갑상샘에서 티록신의 분비가 촉진된다. 티록신은 세포 호흡을 촉진하는 호르몬이다.

|보|기|풀|이|

ㄱ. 정답 : TSH를 분비하는 내분비샘은 뇌하수체(A)이다.

ㄴ. 정답 : 티록신(㉡)의 분비는 결과가 원인을 억제하는 조절 방식인 음성 피드백에 의해 조절된다.

ㄷ. 정답 : TSH(㉠)와 티록신(㉡) 같은 호르몬은 순환계를 통해 표적 세포로 이동한다.

문제풀이 TIP | 뇌하수체에서 분비되는 갑상샘 자극 호르몬(TSH)의 표적 기관은 갑상샘이다. 따라서 TSH가 분비되면 갑상샘에서 티록신의 분비가 촉진된다.

출제분석 | TSH와 티록신이 분비되는 내분비샘과 호르몬의 특성에 대해 묻는 난도 '하'의 문항이다. 내분비샘 A와 B만 구분하면 호르몬의 기본적인 특성을 묻는 보기는 쉽게 해결할 수 있다.

2 호르몬의 종류와 기능

정답 ③ 정답률 84% 2022학년도 9월 모평 8번 문제편 104p

표는 사람 몸에서 분비되는 호르몬 ㉠과 ㉡의 기능을 나타낸 것이다. ㉠과 ㉡은 항이뇨 호르몬(ADH)과 갑상샘 자극 호르몬(TSH)을 순서 없이 나타낸 것이다.

호르몬	기능
항이뇨 호르몬(ADH) ㉠	콩팥에서 물의 재흡수를 촉진한다.
갑상샘 자극 호르몬(TSH) ㉡	갑상샘에서 티록신의 분비를 촉진한다.

이에 대한 설명으로 옳은 것만을 <보기>에서 있는 대로 고른 것은?

보기

ㄱ. ㉠(항이뇨 호르몬(ADH))은 혈액을 통해 콩팥으로 이동한다.

ㄴ. 뇌하수체에서는 ㉠과 ㉡(갑상샘 자극 호르몬(TSH))이 모두 분비된다.

ㄷ. 혈중 티록신 농도가 증가하면 ㉡의 분비가 촉진된다. (억제)

① ㄱ ② ㄷ ③ ㄱ, ㄴ ④ ㄴ, ㄷ ⑤ ㄱ, ㄴ, ㄷ

|자|료|해|설|

콩팥에서 물의 재흡수를 촉진하는 ㉠은 항이뇨 호르몬(ADH)이고, 갑상샘에서 티록신의 분비를 촉진하는 ㉡은 갑상샘 자극 호르몬(TSH)이다.

|보|기|풀|이|

ㄱ. 정답 : 호르몬은 혈액을 따라 이동하며 항이뇨 호르몬(ADH)의 표적 기관은 콩팥이다. 따라서 ADH(㉠)는 혈액을 통해 콩팥으로 이동한다.

ㄴ. 정답 : 항이뇨 호르몬(ADH)은 뇌하수체 후엽에서 분비되고, 갑상샘 자극 호르몬(TSH)은 뇌하수체 전엽에서 분비된다. 따라서 뇌하수체에서는 ADH(㉠)와 TSH(㉡)가 모두 분비된다.

ㄷ. 오답 : 혈중 티록신 농도가 증가하면 음성 피드백에 의해 TSH(㉡)의 분비가 억제된다.

문제풀이 TIP | 뇌하수체 후엽에서 분비되는 항이뇨 호르몬(ADH)의 표적 기관은 콩팥이고, 뇌하수체 전엽에서 분비되는 갑상샘 자극 호르몬(TSH)의 표적 기관은 갑상샘이다.

표 (가)는 사람의 호르몬 A~C에서 특성 ㉠과 ㉡의 유무를, (나)는 ㉠과 ㉡을 순서 없이 나타낸 것이다. A~C는 각각 글루카곤, 에피네프린(아드레날린), 인슐린 중 하나이다.

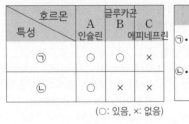

특성 \ 호르몬	A 인슐린	글루카곤 B	C 에피네프린
㉠	○	○	×
㉡	○	×	×

(○: 있음, ×: 없음)

특성(㉠, ㉡)
- ㉠ • 이자의 내분비샘에서 분비된다. → 글루카곤, 인슐린
- ㉡ • 간에서 글리코겐 합성 과정을 촉진한다. → 인슐린

(가)   (나)

이에 대한 설명으로 옳은 것만을 〈보기〉에서 있는 대로 고른 것은?

보기
㉠. ㉠은 '이자의 내분비샘에서 분비된다.'이다.
     인슐린
ㄴ. A는 에피네프린(아드레날린)이다.
ㄷ. B와 C는 길항적으로 작용한다.
           하지 않는다
→ 하나의 대상에 대하여 서로 반대되는 작용

① ㄱ   ② ㄴ   ③ ㄱ, ㄷ   ④ ㄴ, ㄷ   ⑤ ㄱ, ㄴ, ㄷ

|자|료|해|설|
표 (나)를 먼저 분석하면, 글루카곤, 에피네프린, 인슐린 중 이자의 내분비샘에서 분비되는 호르몬은 글루카곤, 인슐린이다. 다음으로 간에서 글리코겐 합성 과정을 촉진하는 호르몬은 인슐린이다. 이를 바탕으로 표 (가)에 특성과 호르몬을 일치시켜보면, ㉠이 두 개의 호르몬에 해당하므로 ㉠은 '이자의 내분비샘에서 분비된다.'이다. ㉡은 '간에서 글리코겐 합성 과정을 촉진한다.'이고, 이 특성을 가진 A는 인슐린이다. 이에 따라, ㉠만을 갖는 B는 글루카곤이고, C가 에피네프린(아드레날린)이 된다.

|보|기|풀|이|
㉠. 정답 : 특성 ㉠을 가지는 호르몬이 2개이므로 ㉠이 '이자의 내분비샘에서 분비된다.'이다.
ㄴ. 오답 : 특성 두 가지를 모두 가지는 A는 인슐린이다. 에피네프린은 특성 ㉠, ㉡을 모두 가지지 않는 C가 된다.
ㄷ. 오답 : B인 글루카곤과 C인 에피네프린은 모두 혈당량을 증가시킨다. 따라서 길항적으로 작용하지 않는다.

😮 **문제풀이 TIP** | 호르몬이 분비되는 기관과 호르몬의 작용 방식에 대해 이해하고 있다면 문제 풀이에 어려움이 없을 것이다. 인슐린과 글루카곤은 이자에서 분비되고 에피네프린은 부신 속질에서 분비된다. 작용 방식은 인슐린은 고혈당일 때 이자의 β세포에서 분비되어 간에서 포도당을 글리코겐으로 합성시켜 혈당량이 감소한다. 글루카곤은 저혈당일 때 이자의 α세포에서 분비되어 간에서 글리코겐을 포도당으로 분해시켜 혈당량이 증가한다. 에피네프린 역시 부신 속질에서 분비되어 간에서 글리코겐을 포도당으로 분해시켜 혈당량이 증가한다. 호르몬의 작용 방식을 작용하는 기관과 인과관계를 연결 지어 학습하도록 하자.

그림은 티록신 분비 조절 과정의 일부를 나타낸 것이다. A는 갑상샘과 뇌하수체 전엽 중 하나이고, ㉠과 ㉡은 각각 TRH와 TSH 중 하나이다.

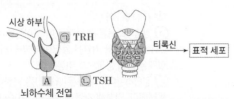

이에 대한 옳은 설명만을 〈보기〉에서 있는 대로 고른 것은?

보기
㉠. A는 뇌하수체 전엽이다.
ㄴ. ㉡은 TRH이다.
     TSH
ㄷ. 혈중 티록신 농도가 증가하면 ㉠의 분비가 촉진된다.
                         TRH   억제

① ㄱ   ② ㄴ   ③ ㄷ   ④ ㄱ, ㄴ   ⑤ ㄱ, ㄷ

|자|료|해|설|
시상 하부에서 분비되는 ㉠은 TRH(갑상샘 자극 호르몬 방출 호르몬)이고, A는 뇌하수체 전엽이다. 뇌하수체 전엽에서 분비되어 갑상샘에 작용하는 ㉡은 TSH(갑상샘 자극 호르몬)이다. 분비된 티록신은 물질대사를 촉진시키며, 혈중 티록신의 농도가 높아지면 음성 피드백에 의해 TRH(㉠)와 TSH(㉡)의 분비가 억제된다.

|보|기|풀|이|
㉠. 정답 : TSH(㉡)가 분비되는 A는 뇌하수체 전엽이다.
ㄴ. 오답 : 갑상샘에 작용하는 ㉡은 TSH이다.
ㄷ. 오답 : 혈중 티록신 농도가 증가하면 음성 피드백에 의해 TRH(㉠)의 분비가 억제된다.

그림 (가)는 사람의 이자에서 분비되는 호르몬 ㉠과 ㉡을, (나)는 간에서 일어나는 물질 A와 B 사이의 전환을 나타낸 것이다. ㉠과 ㉡은 각각 인슐린과 글루카곤 중 하나이고, A와 B는 각각 포도당과 글리코젠 중 하나이다. ㉠은 과정 Ⅰ을, ㉡은 과정 Ⅱ를 촉진한다.

(가)　　　　　　　　　(나)

이에 대한 옳은 설명만을 〈보기〉에서 있는 대로 고른 것은? **3점**

보기
　　　　　포도당
ㄱ. B는 글리코젠이다.
인슐린 ←
ㄴ. ㉡은 세포로의 포도당 흡수를 촉진한다. ➡ 혈당량 감소
ㄷ. 혈중 포도당 농도가 증가하면 Ⅰ이 촉진된다.
　　　　　　　　　　　　　　Ⅱ

① ㄱ　　② ㄴ✓　　③ ㄱ, ㄷ　　④ ㄴ, ㄷ　　⑤ ㄱ, ㄴ, ㄷ

|자|료|해|설|

이자의 α 세포에서 분비되는 호르몬 ㉠은 글루카곤이고, 이자의 β 세포에서 분비되는 호르몬 ㉡은 인슐린이다. ㉠(글루카곤)에 의해 과정 Ⅰ이 촉진되고 ㉡(인슐린)에 의해 과정 Ⅱ가 촉진되므로, Ⅰ은 글리코젠이 포도당으로 분해되는 과정이고 Ⅱ는 포도당으로부터 글리코젠이 합성되는 과정이다. 즉, A는 글리코젠, B는 포도당이다.

|보|기|풀|이|

ㄱ. 오답 : A는 글리코젠, B는 포도당이다.

ㄴ. 정답 : 이자의 β 세포에서 분비되는 호르몬 ㉡은 인슐린으로서 포도당을 글리코젠으로 전환하고, 세포로의 포도당 흡수를 촉진하여 혈당량을 낮추는 역할을 한다.

ㄷ. 오답 : 혈중 포도당 농도가 증가하면 이를 낮추기 위해서 인슐린에 의해 포도당이 글리코젠으로 전환되므로 Ⅱ가 촉진된다.

😮 **문제풀이 TIP** | 이자의 α 세포에서 분비되는 글루카곤은 글리코젠을 포도당으로 전환하여 혈당량을 높이고, 이자의 β 세포에서 분비되는 인슐린은 포도당을 글리코젠으로 전환하여 혈당량을 낮춘다.

그림 (가)와 (나)는 정상인에서 각각 ㉠과 ㉡의 변화량에 따른 혈중 **항이뇨 호르몬(ADH)의 농도**를 나타낸 것이다. ㉠과 ㉡은 각각 혈장 삼투압과 전체 혈액량 중 하나이다.

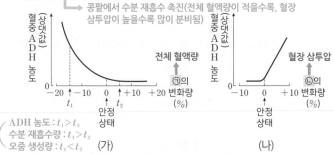

콩팥에서 수분 재흡수 촉진(전체 혈액량이 적을수록, 혈장 삼투압이 높을수록 많이 분비됨)

ADH 농도 : $t_1 > t_2$
수분 재흡수량 : $t_1 > t_2$
오줌 생성량 : $t_1 < t_2$　(가)　　　　　　(나)

이에 대한 설명으로 옳은 것만을 〈보기〉에서 있는 대로 고른 것은?
(단, 제시된 자료 이외에 체내 수분량에 영향을 미치는 요인은 없다.)

보기
ㄱ. ㉡은 혈장 삼투압이다.
ㄴ. 콩팥은 ADH의 표적 기관이다.
ㄷ. (가)에서 단위 시간당 오줌 생성량은 t_1에서가 t_2에서보다 많다. 적다.

① ㄱ　　② ㄷ　　③ ㄱ, ㄴ✓　　④ ㄴ, ㄷ　　⑤ ㄱ, ㄴ, ㄷ

|자|료|해|설|

뇌하수체 후엽에서 분비되는 항이뇨 호르몬(ADH)은 콩팥에서 수분 재흡수를 촉진한다. 따라서 전체 혈액량이 적을수록, 혈장 삼투압이 높을수록 ADH의 분비량이 많아진다. 그러므로 ㉠은 전체 혈액량이고, ㉡은 혈장 삼투압이다.

|보|기|풀|이|

ㄱ. 정답 : 혈장 삼투압이 높을수록 ADH가 많이 분비되므로 ㉡은 혈장 삼투압이다.

ㄴ. 정답 : 항이뇨 호르몬(ADH)의 표적 기관은 콩팥이다.

ㄷ. 오답 : (가)에서 ADH의 농도는 t_1에서가 t_2에서보다 높으므로 수분 재흡수량 또한 t_1에서가 t_2에서보다 많다. 따라서 오줌 생성량은 t_1에서가 t_2에서보다 적다.

😮 **문제풀이 TIP** | 그래프의 x축은 원인, y축은 결과에 해당한다. 즉, ㉠이 감소할수록 혈중 ADH 농도는 증가하고, ㉡이 증가할수록 혈중 ADH 농도가 증가한다.

😊 **출제분석** | 그동안 출제된 삼투압 조절에 대한 문항들과 매우 비슷한 유형으로 난도는 '중'에 해당한다. 그래프의 x축이 원인이고, y축은 결과라는 것을 알고 삼투압 조절 과정을 이해하고 있어야 해결이 가능하다. 보기에서 ADH 농도에 따른 콩팥에서의 수분 재흡수량, 오줌 생성량, 오줌의 삼투압에 대해서 묻는 경우가 많으므로 삼투압 조절 과정을 반드시 이해하고 있어야 한다.

그림 (가)와 (나)는 정상인 I과 II에서 ⊙과 ⓒ의 변화를 각각 나타낸 것이다. t_1일 때 I과 II 중 한 사람에게만 인슐린을 투여하였다. ⊙과 ⓒ은 각각 혈중 글루카곤 농도와 혈중 포도당 농도 중 하나이다.

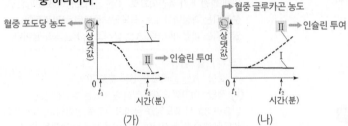

이에 대한 설명으로 옳은 것만을 〈보기〉에서 있는 대로 고른 것은? (단, 제시된 조건 이외는 고려하지 않는다.) 3점

> **보기**
> ㄱ. 인슐린은 세포로의 포도당 흡수를 촉진한다. → 혈중 포도당 농도 감소
> ~~ㄴ.~~ ⓒ은 혈중 ~~포도당 농도~~이다. 글루카곤 농도
> ~~ㄷ.~~ $\dfrac{\text{I의 혈중 글루카곤 농도}}{\text{II의 혈중 글루카곤 농도}}$ 는 t_2일 때가 t_1일 때보다 ~~크다.~~ 작다

① ㄱ　　② ㄴ　　③ ㄷ　　④ ㄱ, ㄴ　　⑤ ㄱ, ㄷ

|자|료|해|설|
인슐린은 혈중 포도당 농도를 낮추는 호르몬이므로 t_1일 때 인슐린을 투여한 사람은 혈중 포도당 농도가 감소할 것이다. 또한 글루카곤은 반대로 혈중 포도당 농도를 높이는 호르몬이므로, 인슐린에 의해 혈중 포도당 농도가 감소함에 따라 혈중 글루카곤의 농도는 증가할 것이다. 따라서 t_1 이후 ⊙과 ⓒ의 값이 변화하고 있는 II가 인슐린을 투여한 사람이며, t_1 이후 감소하는 ⊙은 혈중 포도당 농도이고 증가하는 ⓒ은 혈중 글루카곤 농도이다.

|보|기|풀|이|
ㄱ. 정답 : 인슐린은 세포로의 포도당 흡수를 촉진시키고 간에서 포도당의 글리코젠 전환을 촉진시킴으로써 혈중 포도당 농도를 낮춘다.
ㄴ. 오답 : 인슐린 투여 이후 감소하는 ⊙은 혈중 포도당 농도이고 증가하는 ⓒ은 혈중 글루카곤 농도이다.
ㄷ. 오답 : I의 혈중 글루카곤 농도는 변함 없지만, II의 혈중 글루카곤 농도는 t_1일 때보다 t_2일 때 높으므로 $\dfrac{\text{I의 혈중 글루카곤 농도}}{\text{II의 혈중 글루카곤 농도}}$ 는 t_2일 때가 t_1일 때보다 작다.

😮 **문제풀이 TIP** | 인슐린과 글루카곤은 길항작용을 하므로 인슐린 농도가 높을 때는 글루카곤의 농도가 낮다고 생각하여 t_1 이후 감소하는 ⊙이 혈중 글루카곤 농도라고 생각할 수 있으나, 인슐린을 투여했을 때 혈중 포도당 농도가 증가할 수는 없으므로 ⊙은 혈중 포도당 농도이다. 즉, 인슐린이 체내에서 분비된 것이 아니라 투여한 것이므로 그에 따라 혈중 포도당 농도가 감소하고, 포도당 농도가 감소함에 따라 글루카곤 농도가 증가한 것으로 이해하는 것이 타당하다.

표는 사람 몸을 구성하는 기관의 특징을 나타낸 것이다. X와 Y는 각각 이자와 콩팥 중 하나이다. 이에 대한 옳은 설명만을 〈보기〉에서 있는 대로 고른 것은? 3점

기관	특징
이자 X	소화 효소가 분비된다.
콩팥 Y	오줌이 생성된다.
간뇌	⊙

↳ 시상과 시상 하부로 구분됨

> **보기**
> ㄱ. X에 교감 신경이 연결되어 있다. → 이자
> ㄴ. Y는 항이뇨 호르몬의 표적 기관이다. → 특정 호르몬에 대한 수용체를 가진 기관
> ㄷ. '시상 하부가 존재한다.'는 ⊙에 해당한다.

콩팥 · 콩팥에서 수분 재흡수 촉진 · 간뇌의 특징

① ㄱ　② ㄴ　③ ㄱ, ㄴ　④ ㄴ, ㄷ　⑤ ㄱ, ㄴ, ㄷ

|자|료|해|설|
소화 효소가 분비되는 X는 이자이고, 오줌이 생성되는 Y는 콩팥이다. 간뇌는 시상과 시상 하부로 구성된 뇌의 일부이다.

|보|기|풀|이|
ㄱ. 정답 : 이자(X)에는 교감 신경과 부교감 신경이 모두 연결되어 있다.
ㄴ. 정답 : 콩팥(Y)은 항이뇨 호르몬의 표적 기관이다. 항이뇨 호르몬(ADH)은 콩팥에서 수분의 재흡수를 촉진하여 삼투압을 조절한다.
ㄷ. 정답 : 간뇌는 시상과 시상 하부로 구분된다. 따라서 '시상 하부가 존재한다.'는 ⊙에 해당한다.

😮 **출제분석** | 신경계와 호르몬에 대한 난도 '중'의 문항이다. 각 기관의 특징과 항이뇨 호르몬(ADH)에 대해 알고 있다면 쉽게 문제를 해결할 수 있다. 5번 다음으로 4번을 정답으로 고른 학생들이 많았는데, 신경계와 호르몬이 함께 항상성을 조절하며 자율 신경계의 조절을 받는 기관에는 교감 신경과 부교감 신경이 모두 연결되어 길항 작용이 일어난다는 것을 이해하고 있어야 한다.

표 (가)는 사람 몸을 구성하는 기관 A~C에서 특징 ㉠~㉢의 유무를, (나)는 ㉠~㉢을 순서 없이 나타낸 것이다. A~C는 간, 위, 부신을 순서 없이 나타낸 것이다.

특징 기관	㉠	㉡	㉢
A 위	?○	○	×
B 간	○	?○	○
C 부신	○	×	?×

(○: 있음, ×: 없음)

특징(㉠~㉢)
㉡ • 소화계에 속한다. → 간, 위
㉠ • 교감 신경의 조절을 받는다. → 간, 위, 부신
㉢ • 암모니아가 요소로 전환되는 기관이다. → 간

(가)　　　　　　　　　　　(나)

이에 대한 설명으로 옳은 것만을 <보기>에서 있는 대로 고른 것은?

3점

보기

ㄱ. ㉠은 '소화계에 속한다.'이다.
간
ㄴ. B는 글루카곤의 표적 기관이다.
ㄷ. C는 코르티코이드를 분비한다.
→ 부신

① ㄱ　　　② ㄷ　　　③ ㄱ, ㄴ　　　④ ㄴ, ㄷ　　　⑤ ㄱ, ㄴ, ㄷ

|자|료|해|설|
먼저, 특징들에 해당하는 기관들을 분류해보자. 소화계에 속하는 기관은 간, 위이고, 교감 신경의 조절을 받는 기관은 간, 위, 부신이 모두 해당한다. 암모니아가 요소로 전환되는 기관은 간이다. '교감 신경의 조절을 받는다.'는 모든 기관을 다 포함하므로 표에서 ×가 하나도 없으면서 물음표를 갖는 특징 ㉠에 해당한다. 또한 모든 특징을 다 갖는 기관인 간이 ×가 하나도 없으면서 물음표를 갖는 B에 해당한다. 이어서 2개의 특징을 갖는 위가 A이고 특징 ㉡이 위와 간에 해당하는 '소화계에 속한다.'이며, C가 부신이고 특징 ㉢은 간에만 해당하는 '암모니아가 요소로 전환되는 기관이다.'이다.

|보|기|풀|이|
ㄱ. 오답 : ㉠은 '교감 신경의 조절을 받는다.'이고, ㉡이 '소화계에 속한다.'이다.
ㄴ. 정답 : B는 간으로 글루카곤의 표적 기관이다. 글루카곤이 간에 작용해 글리코젠을 포도당으로 분해하여 혈당량을 높인다.
ㄷ. 정답 : C는 부신으로 겉질에서 당질 코르티코이드와 무기질 코르티코이드가 분비되며 속질에서는 에피네프린이 분비된다.

😀 **문제풀이 TIP** | 여러 가지 물질들과 특징들에 관해 물을 때 자주 사용되는 유형으로 풀이 방법에 반드시 친숙해져야 한다. 특징들에 해당하는 기관들을 먼저 분류하여 각각의 특징에 몇 개의 기관이 해당하는지, 모든 특징을 포함하는 기관은 무엇인지 등을 파악해야한다. 이를 바탕으로 표에서 일치하는 특징이나 기관들을 하나하나 분류하면 정답을 찾을 수 있다.

😀 **출제분석** | 기관계의 통합 작용 부분과 호르몬을 연계하여 물어본 문항으로 두 파트의 개념을 모두 알고 있어야 하기 때문에 난도 '중'에 해당한다. 이번 문항에서 특히 자주 출제가 이루어지지 않던 부신에 대해서 물어 난도를 더 높인 것으로 보인다. 이와 같은 유형으로는 기관계나 호르몬의 다양한 부분, 세세한 부분까지 물어볼 수 있으므로 꼼꼼하게 기관에서 분비되는 호르몬들을 점검할 필요가 있다.

표는 사람 몸을 구성하는 기관의 특징을 나타낸 것이다. A와 B는 각각 이자와 콩팥 중 하나이다.
이에 대한 설명으로 옳은 것만을 <보기>에서 있는 대로 고른 것은?

기관	특징
간	(가)
이자 A	인슐린을 분비한다.
콩팥 B	㉠ 항이뇨 호르몬의 표적 기관이다.

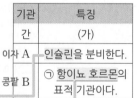
분비 장소 : 이자　　　　분비 장소 : 뇌하수체 후엽
표적 기관 : 간　　　　　표적 기관 : 콩팥
기능 : 혈당량 감소(포도당→글리코젠)　기능 : 수분 재흡수 촉진

보기
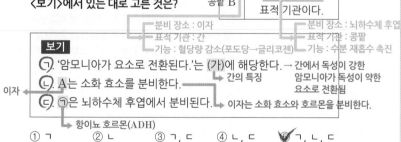
ㄱ. '암모니아가 요소로 전환된다.'는 (가)에 해당한다. → 간에서 독성이 강한 암모니아가 독성이 약한 요소로 전환됨
간의 특징
이자 ← ㄴ. A는 소화 효소를 분비한다. → 이자는 소화 효소와 호르몬을 분비한다.
ㄷ. ㉠은 뇌하수체 후엽에서 분비된다.
→ 항이뇨 호르몬(ADH)

① ㄱ　　　② ㄴ　　　③ ㄱ, ㄷ　　　④ ㄴ, ㄷ　　　⑤ ㄱ, ㄴ, ㄷ

|자|료|해|설|
인슐린을 분비하는 기관인 A는 이자이고, 항이뇨 호르몬의 표적 기관인 B는 콩팥이다. 이자에서 분비된 인슐린은 간에서 포도당을 글리코젠으로 합성하는 과정을 촉진하여 혈당량을 감소시키고, 뇌하수체 후엽에서 분비된 항이뇨 호르몬(ADH)은 콩팥에서 수분의 재흡수를 촉진한다.

|보|기|풀|이|
ㄱ. 정답 : 암모니아가 요소로 전환되는 곳은 간이므로, 이 특징은 (가)에 해당한다.
ㄴ. 정답 : 이자(A)는 아밀레이스, 트립신, 라이페이스와 같은 소화 효소를 분비한다. 이자는 소화 효소를 분비하는 외분비샘과 호르몬을 분비하는 내분비샘을 모두 가지고 있다.
ㄷ. 정답 : 항이뇨 호르몬(㉠)은 뇌하수체 후엽에서 분비된다.

😀 **문제풀이 TIP** | 호르몬의 분비 장소와 표적 기관을 구분할 수 있어야 한다. 인슐린은 이자에서 분비되어 간에 작용하고, 항이뇨 호르몬(ADH)은 뇌하수체 후엽에서 분비되어 콩팥에 작용한다.

😀 **출제분석** | 기관의 특징을 구분하는 난도 '중하'의 문항이다. 간, 이자, 콩팥에 대한 내용은 학평, 모평, 수능에서 매번 출제되는 내용이므로 각 기관의 특징을 모두 암기하고 있어야 한다.

표는 사람의 호르몬 ㉠~㉢을 분비하는 기관을 나타낸 것이다. ㉠~㉢은 티록신, 에피네프린, 항이뇨 호르몬을 순서 없이 나타낸 것이다.

호르몬	분비 기관
에피네프린㉠	부신
티록신㉡	갑상샘
항이뇨 호르몬㉢	뇌하수체

이에 대한 옳은 설명만을 〈보기〉에서 있는 대로 고른 것은?

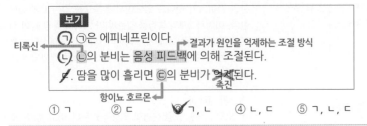

보기

티록신 → ㉠. ㉠은 에피네프린이다.

결과가 원인을 억제하는 조절 방식 →
㉡. ㉡의 분비는 음성 피드백에 의해 조절된다.

ㄷ. 땀을 많이 흘리면 ㉢의 분비가 억제된다. 촉진

항이뇨 호르몬 →

① ㄱ   ② ㄷ   ✔ ㄱ, ㄴ   ④ ㄴ, ㄷ   ⑤ ㄱ, ㄴ, ㄷ

|자|료|해|설|
부신(속질)에서 분비되는 ㉠은 에피네프린, 갑상샘에서 분비되는 ㉡은 티록신, 뇌하수체(후엽)에서 분비되는 ㉢은 항이뇨 호르몬(ADH)이다. 에피네프린은 혈당량 증가를 촉진하며, 티록신은 세포 호흡을 촉진한다. 항이뇨 호르몬(ADH)은 콩팥에서 수분 재흡수를 촉진한다.

|보|기|풀|이|
㉠ 정답 : 부신(속질)에서 분비되는 ㉠은 에피네프린이다.
㉡ 정답 : 티록신(㉡)의 분비는 음성 피드백에 의해 조절된다. 대부분 호르몬의 분비량은 주로 음성 피드백에 의해 조절된다.
ㄷ. 오답 : 땀을 많이 흘리면 체내 수분량이 감소하므로 항이뇨 호르몬(㉢)의 분비가 촉진된다.

😀 출제분석 | 호르몬이 분비되는 기관의 정보를 토대로 세 가지 호르몬을 구분하고, 항이뇨 호르몬(ADH)의 기능을 이해하고 있다면 쉽게 해결할 수 있는 난도 '하'의 문항이다.

표 (가)는 사람 몸에서 분비되는 호르몬 A~C에서 특징 ㉠~㉢의 유무를, (나)는 ㉠~㉢을 순서 없이 나타낸 것이다. A~C는 인슐린, 글루카곤, 에피네프린(아드레날린)을 순서 없이 나타낸 것이다.

특징\호르몬	㉠ 혈당량	㉡ 부신	㉢ 순환계
A 인슐린	?×	×	○
B 글루카곤	○	?×	○
C 에피네프린	○	○	?○

(○: 있음, ×: 없음)

특징(㉠~㉢)
㉡○ 부신에서 분비된다. 에피네프린
㉠○ 혈당량을 증가시킨다. 글루카곤, 에피네프린
㉢○ 순환계를 통해 표적 기관으로 운반된다. 인슐린(혈당량 감소), 글루카곤, 에피네프린

(가)   (나)

이에 대한 설명으로 옳은 것만을 〈보기〉에서 있는 대로 고른 것은?

③점

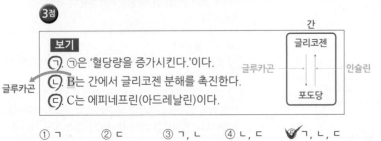

보기

㉠. ㉠은 '혈당량을 증가시킨다.'이다.

글루카곤 → ㉡. B는 간에서 글리코젠 분해를 촉진한다.

㉢. C는 에피네프린(아드레날린)이다.

① ㄱ   ② ㄷ   ③ ㄱ, ㄴ   ④ ㄴ, ㄷ   ✔ ㄱ, ㄴ, ㄷ

|자|료|해|설|
부신에서 분비되는 호르몬은 에피네프린이며, 혈당량을 증가시키는 호르몬은 에피네프린과 글루카곤, 순환계를 통해 표적 기관으로 운반되는 호르몬은 에피네프린, 인슐린, 글루카곤이 모두 해당된다. (가)의 표에서 모든 특징에 해당하고 모든 호르몬에 해당하는 C와 ㉢이 만나는 곳의 물음표는 ○(있음)가 되며, 이에 따라 C가 에피네프린, ㉢이 '순환계를 통해 표적 기관으로 운반된다.'에 해당한다. 두 가지 특징에 해당하는 B가 글루카곤이며, B와 C가 해당하는 특징 ㉠이 '혈당량을 증가시킨다.'이다. A는 인슐린이며 ㉡은 '부신에서 분비된다.'이다.

|보|기|풀|이|
㉠ 정답 : ㉠은 두 가지 호르몬이 해당하는 특징으로 '혈당량을 증가시킨다.'이다.
㉡ 정답 : B는 글루카곤으로 간에서 글리코젠이 포도당으로 분해되는 과정을 촉진하여 혈당량을 증가시킨다.
㉢ 정답 : C는 모든 특징에 해당하므로 에피네프린이다.

😀 문제풀이 TIP | 이번 문항은 호르몬의 기능을 알고, 제시된 자료를 분석할 수 있으면 문제 풀이가 가능하다. 에피네프린, 글루카곤, 인슐린은 우리 몸의 혈당량을 조절하는 호르몬으로 에피네프린과 글루카곤은 혈당량을 높이고, 인슐린은 혈당량을 낮춘다. 이 개념을 바탕으로 표 (가)와 (나)를 이용하여 표를 완성하여야 한다. 분석 방법을 순서대로 구분 지어보면, ①각 특징에 해당하는 호르몬을 쓰고, ②모든 호르몬에 해당하는 특징, 모든 특징에 해당하는 호르몬 등과 같이 쉽게 파악 가능한 정보 분석, ③정보를 이용하여 표에 빈칸을 채운다. 이와 같은 방법으로 문제 풀이를 연습하면 금세 정답을 찾을 수 있다.

😀 출제분석 | 호르몬의 종류와 기능과 혈당량 조절에 관한 문항으로 난도 '중'에 해당한다. 이번 문항에 제시된 자료는 호르몬만이 아니라, 생물의 구성 물질, 기관계 등 다양한 부분에서 사용되는 자료로 이미 여러 번 기출문제에서 출제된 형태이다. 충분한 연습이 되어 있지 않으면 제시된 표를 채우는데 상당한 시간이 걸린다. 따라서 유사한 문항들을 비교하며 여러 번 풀어보는 것이 중요하다.

표는 사람 몸에서 분비되는 호르몬 A~C의 분비 기관과 기능을
나타낸 것이다. A~C는 티록신, 글루카곤, 항이뇨 호르몬(ADH)을
순서 없이 나타낸 것이다.

호르몬	분비 기관	기능
글루카곤 A	? 이자(α 세포)	㉠ 간에서 글리코젠의 분해를 촉진한다.
티록신 B	갑상샘	? 세포 호흡을 촉진한다.
항이뇨 호르몬 C	㉡ 뇌하수체 후엽	콩팥에서 수분 재흡수를 촉진한다.

이에 대한 설명으로 옳은 것만을 <보기>에서 있는 대로 고른 것은?

보기
㉠ '간에서 글리코젠의 분해를 촉진한다.'는 ㉠에 해당한다. → 혈당량이 증가함 / 글루카곤의 기능
㉡ ㉡은 이자이다. → 뇌하수체 후엽
㉢ B의 분비는 음성 피드백에 의해 조절된다. → 결과가 원인을 억제하는 조절 방식

① 티록신　② ㄴ　③ ㄷ　④ ㄱ, ㄷ　⑤ ㄴ, ㄷ

|자|료|해|설|
갑상샘에서 분비되는 B는 티록신이고, 티록신은 세포
호흡을 촉진한다. 콩팥에서 수분 재흡수를 촉진하는 C는
항이뇨 호르몬(ADH)이며, 분비 기관 ㉡은 뇌하수체
후엽이다. 마지막 남은 A는 글루카곤이고, 이는 이자의
α 세포에서 분비되어 간에서 글리코젠의 분해를 촉진하여
혈당량을 높인다.

|보|기|풀|이|
㉠ 정답 : 글루카곤은 간에서 글리코젠의 분해를 촉진하여
혈당량을 증가시키는 호르몬이다.
ㄴ. 오답 : 항이뇨 호르몬(ADH)이 분비되는 기관(㉡)은
뇌하수체 후엽이다.
㉢ 정답 : 티록신(B)의 분비는 결과가 원인을 억제하는
조절 방식인 음성 피드백에 의해 조절된다.

😊 **출제분석** | 항상성 유지에 관여하는 세 가지 호르몬과 각
호르몬의 분비 기관 및 기능을 묻는 난도 '중'의 문항이다. 단순하게
각 호르몬의 특징에 대해 묻고 있으므로 항상성 유지와 관련된
문항 중에서는 난도가 낮은 편이다. 수능에서는 이러한 단순
지식을 묻는 표보다는 그림, 그래프 등의 자료가 함께 제시될
확률이 높다. 이 문항을 틀린 학생들은 호르몬의 종류와 기능을
정확하게 암기해두어야 한다.

표는 사람의 호르몬과 이 호르몬이
분비되는 내분비샘을 나타낸 것이다.
A와 B는 티록신과 항이뇨
호르몬(ADH)을 순서 없이 나타낸
것이다.

호르몬	내분비샘
티록신 A	갑상샘
항이뇨 호르몬(ADH) B	뇌하수체 후엽
갑상샘 자극 호르몬(TSH)	㉠ → 뇌하수체 전엽

이에 대한 설명으로 옳은 것만을 <보기>에서 있는 대로 고른 것은?

보기
㉠ A는 티록신이다.
㉡ B는 콩팥에서 물의 재흡수를 촉진한다. → 항이뇨 호르몬(ADH)
㉢ ㉠은 뇌하수체 전엽이다.

① ㄱ　② ㄷ　③ ㄱ, ㄴ　④ ㄴ, ㄷ　⑤ ㄱ, ㄴ, ㄷ

|자|료|해|설|
갑상샘에서 분비되는 호르몬 A는 티록신이고, 뇌하수체
후엽에서 분비되는 호르몬 B는 항이뇨 호르몬(ADH)이다.
갑상샘 자극 호르몬(TSH)을 분비하는 내분비샘 ㉠은
뇌하수체 전엽이다. TSH는 갑상샘을 자극하여 티록신
분비를 촉진시키는 기능을 한다.

|보|기|풀|이|
㉠ 정답 : A는 갑상샘에서 분비되어 세포 호흡을 촉진하는
호르몬인 티록신이다.
㉡ 정답 : B는 항이뇨 호르몬(ADH)으로, 표적 기관인
콩팥에 작용하여 물의 재흡수를 촉진해 삼투압을 조절한다.
㉢ 정답 : 갑상샘 자극 호르몬(TSH)이 분비되는 내분비샘
㉠은 뇌하수체 전엽이다.

😊 **문제풀이 TIP** | 내분비샘과 호르몬의 특성에 대한 단순 지식을
묻는 난도 '하'의 문항이다. 각종 호르몬의 이름과 기능, 분비되는
내분비샘과 표적 기관을 꼼꼼히 정리하여 암기하도록 한다.

그림은 티록신 분비 조절 과정의 일부를 나타낸 것이다. ㉠과 ㉡은 각각 TRH와 TSH 중 하나이다.
이에 대한 설명으로 옳은 것만을 <보기>에서 있는 대로 고른 것은?

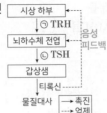

시상 하부
↓ ㉠ TRH
뇌하수체 전엽 ⤙ 음성 피드백
↓ ㉡ TSH
갑상샘
티록신 ┄┄
물질대사 → 촉진 ┄➤ 억제

|자|료|해|설|
시상 하부에서 분비되어 뇌하수체 전엽에 작용하는 ㉠은 TRH(갑상샘 자극 호르몬 방출 호르몬)이고, 뇌하수체 전엽에서 분비되어 갑상샘에 작용하는 ㉡은 TSH(갑상샘 자극 호르몬)이다. 티록신의 분비가 증가하면 음성 피드백에 의해 시상 하부에서의 TRH(㉠) 분비가 억제되고, 뇌하수체 전엽에서의 TSH(㉡) 분비가 억제되어 티록신의 농도가 유지된다.

보기
      → TRH → 특정 호르몬에 대한 수용체를 가진 세포
㉠. ㉠은 혈액을 통해 표적 세포로 이동한다.
  → TSH
ㄴ. ㉡은 ~~TRH~~이다.
      → 결과가 원인을 억제하는 조절 방식
㉢. 티록신의 분비는 음성 피드백에 의해 조절된다.

① ㄱ   ② ㄴ   ③ ㄷ   ✔④ ㄱ, ㄷ   ⑤ ㄴ, ㄷ

|보|기|풀|이|
㉠ 정답 : 호르몬은 혈액을 통해 표적 세포로 이동하므로 TRH(㉠) 또한 혈액을 통해 표적 세포로 이동한다.
ㄴ. 오답 : 뇌하수체 전엽에서 분비되어 갑상샘에 작용하는 ㉡은 TSH(갑상샘 자극 호르몬)이다.
㉢ 정답 : 티록신의 분비가 증가하면 TRH(㉠)와 TSH(㉡)의 분비가 억제되는 음성 피드백에 의해 티록신의 농도가 조절된다.

😀 **문제풀이 TIP** | TRH(Thyrotropin—Releasing Hormone)는 갑상샘 자극 호르몬 방출 호르몬이고 TSH(Thyroid Stimulating Hormone)는 갑상샘 자극 호르몬이다. 알파벳 순서가 R 다음에 S인 것으로 TRH와 TSH가 분비되는 순서를 쉽게 기억할 수 있다.

😀 **출제분석** | 음성 피드백에 의한 티록신 분비조절 과정에 대해 묻는 난도 '중하'의 문항이다. 세 가지 보기 모두 기본적인 내용을 묻고 있으며, 문제풀이 TIP에 제시된 암기 방법으로 TRH와 TSH를 쉽게 구분할 수 있다.

표는 정상인의 3가지 호르몬 TSH, (가), (나)가 분비되는 내분비샘을 나타낸 것이다. (가)와 (나)는 티록신과 TRH를 순서 없이 나타낸 것이고, ㉠과 ㉡은 갑상샘과 뇌하수체 전엽을 순서 없이 나타낸 것이다.
이에 대한 설명으로 옳은 것만을 <보기>에서 있는 대로 고른 것은?

3점

호르몬	내분비샘
TSH	㉠ 뇌하수체 전엽
(가)티록신	㉡ 갑상샘
(나)TRH	시상 하부

|자|료|해|설|
TSH(갑상샘 자극 호르몬)는 뇌하수체 전엽에서 분비되므로 ㉠은 뇌하수체 전엽, ㉡은 갑상샘이다. 또한 (가)는 갑상샘에서 분비되므로 티록신, (나)는 시상 하부에서 분비되므로 TRH(갑상샘 자극 호르몬 방출 호르몬)이다. TRH는 TSH의 분비를 촉진하고, TSH는 티록신의 분비를 촉진하며, 티록신의 분비가 증가하면 음성 피드백에 의해 시상 하부의 TRH 분비와 뇌하수체 전엽의 TSH 분비가 억제되어 티록신의 농도가 유지된다.

보기
뇌하수체 전엽 ←   → TRH
㉠. ㉡은 갑상샘이다.
     → 특정 호르몬에 대한 수용체를 가진 세포
㉡. ㉠에 (나)의 표적 세포가 있다.
㉢. 혈중 TSH의 농도가 증가하면 (가)의 분비가 촉진된다.
TRH ─촉진→ TSH ─촉진→ 티록신   → 티록신

① ㄱ   ② ㄴ   ③ ㄱ, ㄷ   ④ ㄴ, ㄷ   ✔⑤ ㄱ, ㄴ, ㄷ

|보|기|풀|이|
㉠ 정답 : TSH는 뇌하수체 전엽(㉠)에서 분비되므로 ㉡은 갑상샘이다.
㉡ 정답 : TRH는 뇌하수체 전엽(㉠)을 표적으로 하여 TSH의 분비를 촉진한다.
㉢ 정답 : TSH는 갑상샘(㉡)을 자극하여 (가) 티록신의 분비를 촉진한다.

😀 **출제분석** | 음성 피드백에 의한 티록신의 분비 조절 과정에 대한 난도 '중하'의 문항으로, TRH와 TSH 그리고 티록신이 각각 분비되는 내분비샘과 음성 피드백에 의한 조절 원리는 항상성 유지의 기본이므로 반드시 이해하고 기억하도록 하자.

다음은 티록신의 분비 조절 과정에 대한 실험이다.

○ ㉠과 ㉡은 각각 티록신과 TSH 중 하나이다.

[실험 과정 및 결과]

(가) 유전적으로 동일한 생쥐 A, B, C를 준비한다.

(나) B와 C의 갑상샘을 각각 제거한 후, A~C에서 혈중 ㉠의
→ 티록신 분비
농도를 측정한다.

(다) (나)의 B와 C 중 한 생쥐에만 ㉠을 주사한 후, A~C에서
→ C에만 ㉠을 주사
혈중 ㉡의 농도를 측정한다.

(라) (나)와 (다)에서 측정한 결과는 그림과 같다.

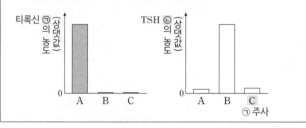

이에 대한 설명으로 옳은 것만을 〈보기〉에서 있는 대로 고른 것은?
(단, 제시된 조건 이외는 고려하지 않는다.)

보기
→ TSH(갑상샘 자극 호르몬)
㉠. 갑상샘은 ㉡의 표적 기관이다. ·C
ㄴ. (다)에서 ㉠을 주사한 생쥐는 ~~B~~이다. C
㉢. 티록신의 분비는 음성 피드백에 의해 조절된다.
→ 결과가 원인을 억제하는 조절 방식

① ㄱ ② ㄴ ③ ㄱ, ㄷ ④ ㄴ, ㄷ ⑤ ㄱ, ㄴ, ㄷ

|자|료|해|설|

갑상샘은 티록신을 생성 및 분비하는 내분비샘이므로 B와 C의 갑상샘을 제거하면 티록신은 생성되지 않는다. 따라서 ㉠은 티록신이고, ㉡은 TSH(갑상샘 자극 호르몬)이다. 티록신의 분비가 과다하면 음성 피드백에 의해 TSH의 분비량이 감소하므로 TSH의 농도가 낮은 C에 티록신(㉠)을 주사했다는 것을 알 수 있다.

|보|기|풀|이|

㉠ 정답 : TSH(갑상샘 자극 호르몬)의 표적 기관은 갑상샘이다.

ㄴ. 오답 : 티록신의 분비가 과다하면 TSH의 분비가 감소하므로 (다)에서 티록신(㉠)을 주사한 생쥐는 TSH의 농도가 낮은 C이다.

㉢ 정답 : 티록신의 분비는 결과가 원인을 억제하는 조절 방식인 음성 피드백에 의해 조절된다.

😀 문제풀이 TIP | TSH(갑상샘 자극 호르몬)가 갑상샘에 작용하면 티록신이 분비된다. 티록신의 분비가 과다하면 음성 피드백에 의해 TSH의 분비량이 감소한다.

😀 출제분석 | 실험 결과를 통해 티록신과 TSH를 구분하고, 티록신 분비에 대한 음성 피드백 과정을 이해하고 있어야 해결가능한 난도 '중상'의 문항이다. 시상하부에서 분비된 TRH가 뇌하수체 전엽에 작용하면 TSH가 분비되고, TSH가 갑상샘에 작용하면 티록신이 분비되며, 티록신의 분비가 과다할 때 음성 피드백에 의해 TRH와 TSH의 분비량이 모두 감소하는 일련의 과정을 이해하자.

→ 추울 때(저온 자극) : 열 발생량 증가
→ 더울 때(고온 자극) : 열 발생량 감소
그림은 정상인에게 저온 자극과 고온 자극을 주었을 때 ㉠의 변화를 나타낸 것이다. ㉠은 근육에서의 열 발생량(열 생산량)과 피부 근처 모세 혈관을 흐르는 단위 시간당 혈액량 중 하나이다.
→ 추울 때(저온 자극) : 혈액량 감소 → 열 발산량 감소
→ 더울 때(고온 자극) : 혈액량 증가 → 열 발산량 증가
이에 대한 설명으로 옳은 것만을 〈보기〉에서 있는 대로 고른 것은? 3점

보기
→ 피부 근처 모세 혈관을 흐르는 단위 시간당 혈액량
ㄱ. ㉠은 근육에서의 열 발생량이다.
㉡. 피부 근처 모세 혈관을 흐르는 단위 시간당 혈액량은 t_2일 때가 t_1일 때보다 많다.
㉢. 체온 조절 중추는 시상 하부이다.
→ 항상성 조절 중추

① ㄱ ② ㄴ ③ ㄷ ④ ㄱ, ㄷ ⑤ ㄴ, ㄷ

|자|료|해|설|

추울 때 근육에서의 열 발생량(열 생산량)은 증가하고, 피부 근처 모세 혈관을 흐르는 단위 시간당 혈액량(열 발산량)은 감소한다. 반대로 더울 때 근육에서의 열 발생량(열 생산량)은 감소하고, 피부 근처 모세 혈관을 흐르는 단위 시간당 혈액량(열 발산량)은 증가한다. 따라서 저온 자극이 주어졌을 때(추울 때) 값이 감소하고, 고온 자극이 주어졌을 때(더울 때) 값이 증가하는 ㉠은 '피부 근처 모세 혈관을 흐르는 단위 시간당 혈액량'이다.

|보|기|풀|이|

ㄱ. 오답 : ㉠은 '피부 근처 모세 혈관을 흐르는 단위 시간당 혈액량'이다.

㉡ 정답 : t_2일 때가 t_1일 때보다 ㉠의 값이 크므로 피부 근처 모세 혈관을 흐르는 단위 시간당 혈액량은 t_2일 때가 t_1일 때보다 많다.

㉢ 정답 : 체온 조절 중추는 간뇌의 시상 하부이다.

😀 문제풀이 TIP | 피부 근처 모세 혈관을 흐르는 단위 시간당 혈액량이 많을수록 열 발산량이 증가하고, 피부 근처 모세 혈관을 흐르는 단위 시간당 혈액량이 적을수록 열 발산량이 감소한다.
– 추울 때 : 열 발생량(열 생산량) 증가, 열 발산량 감소
– 더울 때 : 열 발생량(열 생산량) 감소, 열 발산량 증가

그림 (가)와 (나)는 정상인이 서로 다른 온도의 물에 들어갔을 때 체온의 변화와 A, B의 변화를 각각 나타낸 것이다. A와 B는 땀 분비량과 열 발생량(열 생산량)을 순서 없이 나타낸 것이고, ㉠과 ㉡은 '체온보다 낮은 온도의 물에 들어갔을 때'와 '체온보다 높은 온도의 물에 들어갔을 때'를 순서 없이 나타낸 것이다.

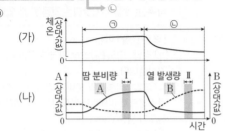

이에 대한 설명으로 옳은 것만을 〈보기〉에서 있는 대로 고른 것은?

3점

보기
ㄱ. ㉠은 '체온보다 ~~낮은~~ 높은 온도의 물에 들어갔을 때'이다.
ㄴ. 열 발생량은 구간 Ⅰ에서가 구간 Ⅱ에서보다 ~~많다~~ 적다.
㉢. 시상 하부가 체온보다 높은 온도를 감지하면 땀 분비량은 증가한다. → 열 발산량 증가 ↳ 고온 자극(㉠)

① ㄱ   ✓② ㄷ   ③ ㄱ, ㄴ   ④ ㄴ, ㄷ   ⑤ ㄱ, ㄴ, ㄷ

|자|료|해|설|
(가)에서 ㉠일 때 체온이 올라가고 ㉡일 때 체온이 내려갔으므로 ㉠은 '체온보다 높은 온도의 물에 들어갔을 때'이고, ㉡은 '체온보다 낮은 온도의 물에 들어갔을 때'이다. 뜨거운 물에 들어가면 체온이 올라가고, 이를 감지한 시상 하부는 체온이 계속해서 올라가는 것을 막고 체온을 정상 수준으로 유지하기 위해 열 발생량을 감소시키고 열 발산량을 증가시킨다. 반대로 차가운 물에 들어가면 체온이 내려가고, 이를 감지한 시상 하부는 체온이 계속해서 내려가는 것을 막고 체온을 정상 수준으로 유지하기 위해 열 발생량을 증가시키고 열 발산량을 감소시킨다. 뜨거운 물에 들어가면 땀이 나고, 차가운 물에 들어가면 몸이 떨리는 것을 생각하면 이해하기 쉽다. 체온보다 높은 온도의 물에 들어갔을 때(㉠), 땀 분비량은 증가하고 열 발생량은 감소하므로 A는 땀 분비량이고, B는 열 발생량(열 생산량)이다.

|보|기|풀|이|
ㄱ. 오답 : ㉠일 때 체온이 올라갔으므로 ㉠은 '체온보다 높은 온도의 물에 들어갔을 때'이다.
ㄴ. 오답 : 열 발생량(B)은 구간 Ⅰ에서가 구간 Ⅱ에서보다 적다.
㉢. 정답 : 시상 하부가 체온보다 높은 온도를 감지하면 (㉠일 때), 열 발산량을 증가시키기 위해 땀 분비량이 증가한다.

😲 **문제풀이 TIP** | 뜨거운 물에 들어가면 체온이 올라가면서 땀이 나고, 차가운 물에 들어가면 체온이 내려가면서 몸이 떨리는 것을 문제에 적용해보자.

😎 **출제분석** | 서로 다른 물에 들어갔을 때의 체온 변화를 통해 ㉠과 ㉡을 알아내고, 각 구간에서 A와 B의 증감으로 땀 분비량과 열 발생량을 구분해야 하는 난도 '중'의 문항이다. 당해 연도 6월 모평과 9월 모평에서도 체온 조절과 관련된 문항이 출제되었다. 물의 온도에 따라 체온이 변하고, 이러한 변화를 시상 하부가 감지하면 항상성 유지를 위해 열 발생량과 열 발산량을 조절된다는 것을 이해하자.

그림 (가)는 자율 신경 X에 의한 체온 조절 과정을, (나)는 항이뇨 호르몬(ADH)에 의한 체내 삼투압 조절 과정을 나타낸 것이다. ㉠은 '피부 근처 혈관 수축'과 '피부 근처 혈관 확장' 중 하나이다.

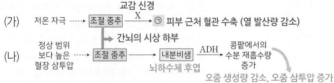

이에 대한 설명으로 옳은 것만을 〈보기〉에서 있는 대로 고른 것은?

보기
㉠. ㉠은 '피부 근처 혈관 수축'이다.
ㄴ. 혈중 ADH의 농도가 증가하면, 생성되는 오줌의 삼투압이 ~~증가한다.~~ 감소한다.
ㄷ. (가)와 (나)에서 조절 중추는 모두 ~~연수~~이다. ↳ 삼투압 조절 과정   간뇌의 시상하부
↓ 체온 조절 과정

✓① ㄱ   ② ㄴ   ③ ㄷ   ④ ㄱ, ㄴ   ⑤ ㄱ, ㄷ

|자|료|해|설|
(가)와 (나)에서 조절 중추는 간뇌의 시상 하부이고, (가)에서 저온 자극이 주어졌을 때 흥분하는 자율 신경 X는 교감 신경이다. 교감 신경이 작용하면 피부 근처 혈관이 수축하여 피부 근처로 흐르는 혈액량이 줄어들어 체표면을 통한 열 발산량이 감소한다. (나)에서 ADH가 분비되는 내분비샘은 뇌하수체 후엽이다. ADH의 분비량 증가로 콩팥에서의 수분 재흡수량이 증가하면 오줌의 생성량은 감소하고, 오줌의 삼투압은 증가한다.

|보|기|풀|이|
㉠. 정답 : 저온 자극에 의해 교감 신경이 작용하면 피부 근처 혈관이 수축되어 열 발산량이 감소한다.
ㄴ. 오답 : 혈중 ADH의 농도가 증가하면, 콩팥에서의 수분 재흡수량이 증가하여 오줌의 생성량은 감소하고 오줌의 삼투압은 증가한다.
ㄷ. 오답 : 체온과 삼투압 조절 등의 항상성 조절 중추는 모두 간뇌의 시상하부이다.

😲 **문제풀이 TIP** | 저온 자극이 주어지면 교감 신경이 작용하고, 열 발산량을 감소시키기 위해 피부 근처 혈관이 수축된다. 체온, 혈당량, 삼투압을 조절하는 항상성 조절 중추는 간뇌의 시상하부이다.

😎 **출제분석** | 체온 조절 및 삼투압 조절 과정에 대해 묻는 난도 '중'의 문항이다. 항상성 유지에 대한 문항은 모평과 학평에서 매번 출제되고 있으므로 각 조절 과정에 대해 완벽하게 이해 및 암기하고 있어야 한다. 특히 항상성 조절 중추는 연수가 아니라 '간뇌의 시상하부'라는 것을 반드시 기억하자!

다음은 사람의 항상성에 대한 자료이다.

> 　　　　　　　　　　　　　　　　→ 뇌하수체 전엽
> (가) 티록신은 음성 피드백으로 ㉠에서의 TSH 분비를 조절한다.
> 시상 하부 ← (나) ㉡ 체온 조절 중추에 ⓐ를 주면 피부 근처 혈관이 수축된다.
> 　　　　　ⓐ는 고온 자극과 저온 자극 중 하나이다.
> 　　　　　　　　→ 저온 자극

이에 대한 설명으로 옳은 것만을 〈보기〉에서 있는 대로 고른 것은?

> **보기**
> ㄱ. 티록신은 혈액을 통해 표적 세포로 이동한다.
> ㄴ. ㉠과 ㉡은 모두 뇌줄기에 ~~속한다~~ 속하지 않는다
> 　　　　　　　　　　　　　　중간뇌+뇌교+연수
> ㄷ. ⓐ는 ~~고온~~ 자극이다. 저온

① ㄱ　　② ㄴ　　③ ㄱ, ㄴ　　④ ㄱ, ㄷ　　⑤ ㄴ, ㄷ

|자|료|해|설|

티록신은 음성 피드백을 통해 시상 하부에서의 TRH 분비와 뇌하수체 전엽에서의 TSH 분비를 조절하므로 (가)의 ㉠은 뇌하수체 전엽이다. 또, 체온 조절의 중추인 시상 하부에 저온 자극을 주면 피부 근처 혈관이 수축되어 열 발산량이 감소하게 되므로 (나)의 ㉡은 시상 하부, ⓐ는 저온 자극임을 알 수 있다.

|보|기|풀|이|

㉠ 정답 : 티록신은 호르몬의 일종이며, 호르몬은 내분비샘에서 혈액으로 분비되어 혈액을 통해 온몸의 표적 세포로 이동한다.

ㄴ. 오답 : 뇌줄기를 구성하는 것은 중간뇌, 뇌교, 연수이므로 ㉠(뇌하수체 전엽)과 ㉡(시상 하부)은 뇌줄기에 속하지 않는다.

ㄷ. 오답 : 체온 조절 중추에 주어졌을 때 피부 근처 혈관이 수축되게 하는 ⓐ는 저온 자극이다.

😀 **출제분석** | 티록신의 음성 피드백 작용과 저온 자극에 따른 체온 조절 기작에 대한 내용을 자료로 제시하고 호르몬과 신경계에 대한 기본적인 개념들을 묻고 있는 난이도 '중하'의 문항이다. 열 발생량과 열 발산량의 조절을 통한 체온 조절의 과정은 그래프 등을 이용해 더 자세히 물어볼 수 있으므로 원리를 이해하고 꼼꼼히 기억하도록 한다.

그림은 어떤 사람에게 저온 자극이 주어졌을 때 일어나는 체온 조절 과정의 일부를 나타낸 것이다.

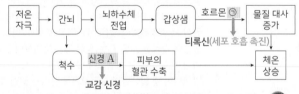

이에 대한 옳은 설명만을 〈보기〉에서 있는 대로 고른 것은? **3점**

> **보기**
> 　　　　　　　　　→ 중추의 명령을 반응기로 전달
> ㉠ ㉠은 티록신이다.
> 교감 신경 → ㉡ A는 원심성 신경이다.
> ㄷ. 피부의 혈관 수축으로 열 발산량이 ~~증가~~한다. 감소

① ㄱ　　② ㄷ　　③ ㄱ, ㄴ　　④ ㄱ, ㄷ　　⑤ ㄴ, ㄷ

|자|료|해|설|

저온 자극이 주어졌을 때 갑상샘에서 분비되는 호르몬 ㉠은 티록신이다. 티록신은 세포 호흡을 촉진하며, 이로 인한 물질대사의 증가로 열 발생량이 증가하여 체온이 상승한다. 피부의 혈관을 수축하여 열 발산량을 감소시키는 신경 A는 교감 신경이다. 이렇게 호르몬과 신경의 작용에 의해 항상성이 유지된다.

|보|기|풀|이|

㉠ 정답 : 갑상샘에서 분비되는 호르몬 ㉠은 티록신이다.

㉡ 정답 : 교감 신경(A)은 중추의 명령을 반응기로 전달하는 원심성 신경이다.

ㄷ. 오답 : 열 발산량은 체외로 빠져나가는 열의 양이며, 피부의 혈관 수축으로 열 발산량이 감소한다.

😀 **문제풀이 TIP** | 원심성 신경의 '원'은 '멀어지다'를 의미하며, 중추에서 멀어지는 방향으로 정보를 전달하는 신경을 원심성 신경이라 한다. 열 발생량은 체내에서 발생하는 열의 양이고, 열 발산량은 체외로 빠져나가는 열의 양이다.

😀 **출제분석** | 항상성 유지 중에서도 체온 유지와 관련된 문항은 혈당량과 삼투압 유지에 비해 출제 빈도는 낮지만, 2020학년도 9월 모평에 출제되기도 했으며 관련된 호르몬의 종류가 많고 열 발산량, 열 발생량에 대한 개념이 헷갈릴 수 있으므로 정확하게 이해 및 암기해두어야 한다.

그림은 정상인에게 자극 ㉠이 주어졌을 때, 이에 대한 중추 신경계의 명령이 골격근과 피부 근처 혈관에 전달되는 경로를 나타낸 것이다. ㉠은 고온 자극과 저온 자극 중 하나이며, ㉠이 주어지면 피부 근처 혈관이 수축한다.

이에 대한 옳은 설명만을 〈보기〉에서 있는 대로 고른 것은?

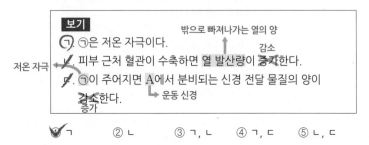

보기

ㄱ. ㉠은 저온 자극이다.

~~ㄴ.~~ 피부 근처 혈관이 수축하면 열 발산량이 ~~증가~~한다.   밖으로 빠져나가는 열의 양 / 감소

~~ㄷ.~~ ㉠이 주어지면 A에서 분비되는 신경 전달 물질의 양이 ~~감소~~한다.   운동 신경 / 증가

✔① ㄱ   ② ㄴ   ③ ㄱ, ㄴ   ④ ㄱ, ㄷ   ⑤ ㄴ, ㄷ

|자|료|해|설|

피부 근처 혈관이 수축하면 열 발산량이 감소한다. 따라서 ㉠은 저온 자극이다. 골격근에 연결된 신경 A는 운동 신경이고, 저온 자극이 주어지면 근육 수축에 의한 몸 떨림으로 열 발생량이 증가한다.

|보|기|풀|이|

ㄱ. 정답 : 피부 근처 혈관이 수축하였으므로 ㉠은 저온 자극이다.

ㄴ. 오답 : 피부 근처 혈관이 수축하면 밖으로 빠져나가는 열 발산량이 감소한다.

ㄷ. 오답 : 저온 자극(㉠)이 주어지면 운동 신경(A)에서 분비되는 신경 전달 물질의 양이 증가하여 골격근이 수축한다.

😀 **문제풀이 TIP** | 저온 자극이 주어지면 체온 유지를 위해 열 발생량(체내에서 발생하는 열의 양)이 증가하고 열 발산량(몸 밖으로 빠져나가는 열의 양)이 감소한다.

😀 **출제분석** | 피부 근처 혈관 변화를 통해 자극의 종류를 구분하고, 각 신경의 특징을 알고 있어야 해결 가능한 난도 '중'의 문항이다. 체온 조절과 관련된 문항에서는 열 발생량과 열 발산량에 대한 보기가 출제되므로 두 용어를 구분할 수 있어야 한다.

그림은 정상인이 온도 T_1과 T_2에 각각 노출되었을 때, 피부 혈관의 일부를 나타낸 것이다. T_1과 T_2는 각각 20℃와 40℃ 중 하나이고, T_1과 T_2 중 하나의 온도에 노출되었을 때만 골격근의 떨림이 발생하였다.

교감 신경 작용 : 골격근 떨림 발생 ←

이에 대한 옳은 설명만을 〈보기〉에서 있는 대로 고른 것은? **3점**

보기

~~ㄱ.~~ T_1은 ~~40℃~~이다.   20℃

~~ㄴ.~~ 골격근의 떨림이 발생한 온도는 ~~T_2~~이다. T_1

✔ㄷ. 피부 혈관이 수축하는 데 교감 신경이 관여한다.

① ㄴ   ✔② ㄷ   ③ ㄱ, ㄴ   ④ ㄱ, ㄷ   ⑤ ㄴ, ㄷ

|자|료|해|설|

체온이 정상 범위보다 낮아지면 신경과 호르몬의 작용으로 물질대사가 촉진되고 근육 떨림이 발생하여 열 발생량이 증가한다. 동시에 교감 신경의 작용으로 피부 근처 혈관이 수축하여 피부 근처 혈액량이 감소하게 되면서 열 발산량이 감소한다. 반대로 체온이 정상 범위보다 높아지면 물질대사가 억제되어 열 발생량이 감소하고, 피부 근처 혈관이 확장되어 열 발산량이 증가한다. 정상인이 온도 T_1에 노출되었을 때 피부 근처 혈관이 수축했으므로 T_1은 정상 체온 범위보다 낮은 20℃이고, 반대로 피부 혈관이 확장된 온도 T_2는 정상 체온 범위보다 높은 40℃이다. 체온이 정상 범위보다 낮아지면 골격근의 떨림이 발생하여 열 발생량이 증가하므로 골격근 떨림이 발생한 온도는 T_1(20℃)이다.

|보|기|풀|이|

ㄱ. 오답 : 체온이 정상 범위보다 낮아지면 피부 근처 혈관이 수축되므로 T_1은 20℃이다.

ㄴ. 오답 : 골격근의 떨림이 발생한 온도는 정상 체온 범위보다 낮은 T_1(20℃)이다.

ㄷ. 정답 : 교감 신경이 작용하면 피부 근처 혈관이 수축된다.

😀 **문제풀이 TIP** | 체온이 정상 범위보다 낮아지면 열 발생량이 증가하고, 열 발산량이 감소한다. 반대로 체온이 정상 범위보다 높아지면 열 발생량이 감소하고, 열 발산량이 증가한다. 열 발산량(밖으로 빠져나가는 열의 양)은 피부 근처 혈관의 수축과 확장으로 조절된다.

😀 **출제분석** | 피부 근처 혈관의 수축 또는 확장을 통한 열 발산량 조절과 골격근 떨림으로 열 발생량을 조절하는 체온 조절 방법에 대해 묻는 문항이다. 그림에서 피부 근처 혈관의 수축 정도를 통해 T_1(20℃)과 T_2(40℃)의 온도를 구분하기만 하면 문제를 빠르게 해결할 수 있으며, 난도는 '중'에 해당한다.

그림은 어떤 동물의 체온 조절 중추에 ㉠ 자극과 ㉡ 자극을 주었을 때 시간에 따른 체온을 나타낸 것이다. ㉠과 ㉡은 고온과 저온을 순서 없이 나타낸 것이다.

이에 대한 설명으로 옳은 것만을 〈보기〉에서 있는 대로 고른 것은? **3점**

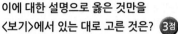

(추울 때)저온   고온(더울 때)
㉠ 자극   ㉡ 자극
체온(상댓값)
0   시간

보기

~~ㄱ. ㉠은 고온이다.~~ 저온

~~ㄴ. 사람의 체온 조절 중추에 ㉡ 자극을 주면 피부 근처 혈관이 수축된다.~~ 확장된다

                 고온   → 항상성 조절 중추

ㄷ. 사람의 체온 조절 중추는 시상 하부이다.

① ㄱ   ② ㄴ   ③✔ ㄷ   ④ ㄱ, ㄴ   ⑤ ㄱ, ㄷ

|자|료|해|설|

체온 조절 중추에 저온 자극(=추울 때)을 주면 체온 유지를 위해 체온이 높아지고, 반대로 고온 자극(=더울 때)을 주면 체온 유지를 위해 체온이 낮아진다. 따라서 자극을 받았을 때 체온이 높아지는 ㉠은 저온이고, 자극을 받았을 때 체온이 낮아지는 ㉡은 고온이다.

|보|기|풀|이|

ㄱ. 오답 : ㉠은 저온이다.

ㄴ. 오답 : 사람의 체온 조절 중추에 고온(㉡) 자극을 주면 체온을 낮추기 위해 피부 근처 혈관이 확장되고 열 발산량이 증가한다.

ㄷ. 정답 : 항상성 조절 중추는 간뇌의 시상하부이다. 따라서 사람의 체온 조절 중추는 시상하부이다.

😲 **문제풀이 T I P** | 체온 조절 중추에 저온 자극을 주면 체온이 낮아졌다고 판단하여 체온 유지를 위해 열 발생량을 증가시키고, 열 발산량을 감소시켜 체온이 높아진다. 반대로 고온 자극을 주면 체온이 높아졌다고 판단하여 체온 유지를 위해 열 발생량을 감소시키고, 열 발산량을 증가시켜 체온이 낮아진다.

😄 **출제분석** | 고온 자극으로 체온이 상승하고, 저온 자극으로 체온이 하강했다고 판단하여 ㉠과 ㉡을 정답과 반대로 생각한 학생들이 있었을 것이다. 그러나 자극은 체온 조절 중추에 주어졌으며, 체온 조절 중추에 저온 자극이 주어지면 몸의 온도가 낮아졌다고 인식하여 체온을 일정하게 유지하기 위해 체온이 높아진다는 것을 이해해야 한다.

그림은 사람의 시상 하부에 설정된 온도가 변화함에 따른 체온 변화를 나타낸 것이다. 시상 하부에 설정된 온도는 열 발산량(열 방출량)과 열 발생량(열 생산량)을 변화시켜 체온을 조절하는 데 기준이 되는 온도이다.

이에 대한 설명으로 옳은 것만을 〈보기〉에서 있는 대로 고른 것은?

시상 하부에 설정된 온도가 높아지면 열 발생량 증가, 열 발산량 감소로 체온이 올라감.

Ⅰ   Ⅱ   시상 하부에 설정된 온도
온도(상댓값)
체온
0   시간

시상 하부에 설정된 온도가 낮아지면 열 발생량 감소, 열 발산량 증가로 체온이 내려감.

보기

ㄱ. 시상 하부에 설정된 온도가 체온보다 낮아지면 체온이 내려간다.

ㄴ. $\dfrac{열\ 발생량}{열\ 발산량}$ 체내에서 발생하는 열의 양 / 체외로 빠져나가는 열의 양   은 구간 Ⅱ에서가 구간 Ⅰ에서보다 크다.

~~ㄷ. 피부 근처 혈관을 흐르는 단위 시간당 혈액량이 증가하면 열 발산량이 감소한다.~~ 증가

① ㄱ   ② ㄴ   ③ ㄷ   ④✔ ㄱ, ㄴ   ⑤ ㄴ, ㄷ

|자|료|해|설|

체온을 조절하는 데 기준이 되는 온도인 시상 하부 설정 온도가 현재 체온보다 높아지면 열 발생량 증가, 열 발산량 감소로 체온이 시상 하부 설정 온도까지 올라간다. 반대로 시상 하부 설정 온도가 현재 체온보다 낮아지면 열 발생량 감소, 열 발산량 증가로 체온이 시상 하부 설정 온도까지 내려간다.

|보|기|풀|이|

ㄱ. 정답 : 시상 하부에 설정된 온도가 체온보다 낮아지면 설정 온도까지 체온이 내려간다.

ㄴ. 정답 : 구간 Ⅱ에서는 시상 하부에 설정된 온도를 맞추기 위해 체온이 올라가고 있다. 따라서 구간 Ⅱ에서는 구간 Ⅰ에서보다 열 발생량이 증가하고, 열 발산량이 감소하므로 $\dfrac{열\ 발생량}{열\ 발산량}$ 은 구간 Ⅱ에서가 구간 Ⅰ에서보다 크다.

ㄷ. 오답 : 피부 근처 혈관을 흐르는 단위 시간당 혈액량이 증가하면 열 발산량이 증가한다.

😲 **문제풀이 T I P** | 시상 하부에 설정된 온도가 현재 체온보다 높아지면 그 기준 온도를 맞추기 위해 체온이 올라가고, 시상 하부에 설정된 온도가 현재 체온보다 낮아지면 그 기준 온도를 맞추기 위해 체온이 내려간다. 열 발생량이 증가하고 열 발산량이 감소하면 체온이 올라가고, 열 발생량이 감소하고 열 발산량이 증가하면 체온이 내려간다.

😄 **출제분석** | 시상 하부 설정 온도의 변화에 따른 체온 변화 그래프를 이해하고, 열 발산량 & 열 발생량 증감과 체온 변화의 관계를 알고 있어야 해결 가능한 문항이다.

그림 (가)는 사람에서 시상 하부 온도에 따른 ㉠을, (나)는 저온 자극이 주어졌을 때, 시상 하부로부터 교감 신경 A를 통해 피부 근처 혈관의 수축이 일어나는 과정을 나타낸 것이다. ㉠은 근육에서의 열 발생량(열 생산량)과 피부에서의 열 발산량(열 방출량) 중 하나이다.

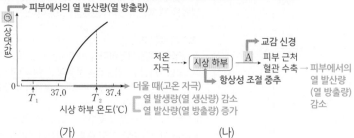

(가)   (나)

이에 대한 설명으로 옳은 것만을 〈보기〉에서 있는 대로 고른 것은?

보기

㉠ ㉠은 피부에서의 열 발산량이다. → 더울 때 체온이 올라가면 피부에서의 열 발산량이 증가한다.

ㄴ. A의 신경절 이후 뉴런의 축삭 돌기 말단에서 분비되는 신경 전달 물질은 ~~아세틸콜린~~이다. → 노르에피네프린

㉢ 피부 근처 모세 혈관으로 흐르는 단위 시간당 혈액량은 T_2일 때가 T_1일 때보다 많다. → 체온이 올라가면 피부 근처 모세 혈관이 확장되어 단위 시간당 흐르는 혈액량이 증가한다.

① ㄱ   ② ㄴ   ③ ㄷ   ④ ㄱ, ㄴ   ✓⑤ ㄱ, ㄷ

|자|료|해|설|
시상 하부의 온도가 높을수록 근육에서의 열 발생량(열 생산량)은 감소하고, 피부에서의 열 발산량(열 방출량)은 증가한다. 따라서 (가)의 ㉠은 '피부에서의 열 발산량(열 방출량)'이다. (나)에서 체온 조절의 중추인 시상 하부에 저온 자극이 주어지면, 교감 신경(A)이 흥분하여 피부 근처 혈관이 수축되고 단위 시간당 흐르는 혈액량이 감소하면서 피부에서의 열 발산량(열 방출량)이 감소한다.

|보|기|풀|이|
㉠ 정답 : 시상 하부의 온도가 높을수록 근육에서의 열 발생량(열 생산량)은 감소하고, 피부에서의 열 발산량(열 방출량)은 증가한다. 따라서 ㉠은 피부에서의 열 발산량(열 방출량)이다.

ㄴ. 오답 : 교감 신경(A)의 신경절 이전 뉴런의 축삭 돌기 말단에서는 아세틸콜린이 분비되고, 신경절 이후 뉴런의 축삭 돌기 말단에서는 노르에피네프린이 분비된다.

㉢ 정답 : 시상 하부의 온도가 증가할수록 피부 근처 모세 혈관이 확장되고 단위 시간당 흐르는 혈액량이 증가하면서 피부에서의 열 발산량(열 방출량)이 증가한다. 따라서 피부 근처 모세 혈관으로 흐르는 단위 시간당 혈액량은 T_2일 때가 T_1일 때보다 많다.

문제풀이 TIP | 더울 때, 열 발생량(열 생산량)은 감소하고 열 발산량(열 방출량)은 증가한다. 추울 때는 이와 반대이다.

출제분석 | 시상 하부의 온도에 따른 열 발산량(열 방출량)에 대해 묻는 난도 '중상'의 문항이다. 근육에서의 열 발생량과 피부에서의 열 발산량의 조절로 체온이 유지되는 과정을 이해하고 있다면 문제를 쉽게 해결할 수 있다. 항상성 유지와 관련된 문제는 반드시 출제되므로 체온 조절뿐만 아니라 혈당량 조절 및 삼투압 조절 과정도 완벽하게 이해하고 있어야 한다.

그림은 정상인과 당뇨병 환자가 포도당을 섭취했을 때 혈당량 변화를 나타낸 것이다. 이 환자는 이자에서 혈당량 조절 호르몬 X가 적게 분비되어 당뇨병이 나타났다. → 인슐린 (혈당량 감소를 촉진)
X에 대한 옳은 설명만을 〈보기〉에서 있는 대로 고른 것은?

보기

㉠ 인슐린이다. → β 세포

ㄴ. 이자의 ~~α~~ 세포에서 분비된다. → β

ㄷ. 간에서 글리코젠 ~~분해~~를 촉진한다. → 합성

✓① ㄱ   ② ㄴ   ③ ㄱ, ㄴ   ④ ㄱ, ㄷ   ⑤ ㄴ, ㄷ

|자|료|해|설|
당뇨병은 혈당 조절 호르몬인 인슐린의 분비가 부족하거나 제대로 작용하지 못해 발생하는 대사성 질환이다. 이 환자는 이자에서 혈당량 조절 호르몬 X가 적게 분비되어 당뇨병이 나타났으므로 혈당량 조절 호르몬 X는 인슐린이다.

|보|기|풀|이|
㉠ 정답 : 인슐린의 분비가 부족하면 당뇨병이 발생하므로 X는 인슐린이다.

ㄴ. 오답 : 인슐린은 이자의 β 세포에서 분비된다.

ㄷ. 오답 : 인슐린은 간에서 글리코젠 합성을 촉진하여 혈당량을 감소시킨다.

문제풀이 TIP | 이자의 β 세포에서 분비되는 인슐린은 간에서 포도당을 글리코젠으로 합성하여 혈당량을 낮춘다.

출제분석 | 인슐린 부족으로 발생한 당뇨병, 인슐린이 분비되는 이자의 β 세포와 인슐린의 역할에 대한 기본적인 내용을 묻는 난도 '하'의 문항이다. 기존에 출제된 문제들과 비교했을 때 출제 형식이 매우 단순하여 난도가 낮다.

그림은 정상인이 포도당 용액을 섭취한 후 시간에 따른 혈중 포도당의 농도와 호르몬 ㉠의 농도를 나타낸 것이다. ㉠은 글루카곤과 인슐린 중 하나이다. 이에 대한 옳은 설명만을 〈보기〉에서 있는 대로 고른 것은? **3점**

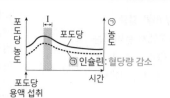

보기

ㄱ. ㉠은 글루카곤이다. → 인슐린
ㄴ. 이자의 β 세포에서 ㉠이 분비된다. → 인슐린
ㄷ. 구간 I 에서 글리코젠의 합성이 일어난다.
    → 인슐린의 작용으로 포도당이 글리코젠으로 합성됨

① ㄱ   ② ㄴ   ③ ㄱ, ㄷ   ④ ㄴ, ㄷ   ⑤ ㄱ, ㄴ, ㄷ

| 자 | 료 | 해 | 설 |

포도당 용액 섭취 후 농도가 증가하는 ㉠은 혈당량을 감소시키는 인슐린이다. 이자의 β 세포에서 분비되는 인슐린은 포도당을 글리코젠으로 합성하여 혈당량을 낮춘다. 그래프에서 인슐린의 작용으로 혈중 포도당 농도가 감소하는 것을 확인 할 수 있다.

| 보 | 기 | 풀 | 이 |

ㄱ. 오답 : ㉠은 혈당량을 감소시키는 인슐린이다.
ㄴ. 정답 : 인슐린은 이자의 β 세포에서 분비된다.
ㄷ. 정답 : 인슐린의 작용으로 포도당이 글리코젠으로 합성되므로, 구간 I 에서 글리코젠의 합성이 일어난다.

💡 **문제풀이 TIP** | 이자의 β 세포에서 분비되는 인슐린(포도당 → 글리코젠)은 혈당량을 감소시키고, 이자의 α 세포에서 분비되는 글루카곤(글리코젠 → 포도당)은 혈당량을 증가시킨다.

다음은 호르몬 X에 대한 자료이다.
  → 인슐린

> X는 이자의 β세포에서 분비되며, 세포로의 ⓐ 포도당 흡수를 촉진한다. X가 정상적으로 생성되지 못하거나 X의 표적 세포가 X에 반응하지 못하면, 혈중 포도당 농도가 정상적으로 조절되지 못한다.

이에 대한 설명으로 옳은 것만을 〈보기〉에서 있는 대로 고른 것은?

보기
인슐린 →

ㄱ. X는 간에서 ⓐ가 글리코젠으로 전환되는 과정을 촉진한다. → 포도당
ㄴ. 순환계를 통해 X가 표적 세포로 운반된다.
ㄷ. 혈중 포도당 농도가 증가하면 X의 분비가 억제된다.
    → 인슐린   촉진

① ㄱ   ② ㄷ   ③ ㄱ, ㄴ   ④ ㄴ, ㄷ   ⑤ ㄱ, ㄴ, ㄷ

| 자 | 료 | 해 | 설 |

이자의 β 세포에서 분비되어 세포로의 포도당 흡수를 촉진하는 X는 인슐린이다. 인슐린은 혈당량을 감소시키는 호르몬이다.

| 보 | 기 | 풀 | 이 |

ㄱ. 정답 : 인슐린(X)은 간에서 포도당(ⓐ)이 글리코젠으로 전환되는 과정을 촉진한다.
ㄴ. 정답 : 호르몬에 해당하는 인슐린(X)은 순환계를 통해 표적 세포로 운반된다.
ㄷ. 오답 : 혈중 포도당 농도가 증가하면 인슐린(X)의 분비가 촉진된다.

그림 (가)는 정상인이 탄수화물을 섭취한 후 시간에 따른 혈중 호르몬 ㉠과 ㉡의 농도를, (나)는 이자의 세포 X와 Y에서 분비되는 ㉠과 ㉡을 나타낸 것이다. ㉠과 ㉡은 글루카곤과 인슐린을 순서 없이 나타낸 것이고, X와 Y는 α세포와 β세포를 순서 없이 나타낸 것이다.

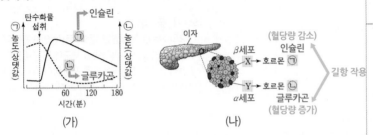

(가)   (나)

이에 대한 설명으로 옳은 것만을 <보기>에서 있는 대로 고른 것은?

보기
인슐린 ← ㉠   → 글루카곤
글루카곤 ← ㉡   → 하나의 대상에 대해 서로 반대되는 작용
ㄱ. ㉠과 ㉡은 혈중 포도당 농도 조절에 길항적으로 작용한다.
ㄴ. ㉡은 간에서 포도당이 글리코젠으로 전환되는 과정을 촉진한다. (하지 않는다) → 인슐린
ㄷ. X는 α세포이다. (β)

① ㄱ   ② ㄴ   ③ ㄱ, ㄷ   ④ ㄴ, ㄷ   ⑤ ㄱ, ㄴ, ㄷ

|자|료|해|설|
(가)에서 탄수화물 섭취 후 농도가 증가하는 ㉠은 혈당량을 감소시키는 호르몬인 인슐린이고, 반대로 농도가 감소하는 ㉡은 글루카곤이다. (나)에서 인슐린(㉠)을 분비하는 X는 이자의 β세포이고, 글루카곤(㉡)을 분비하는 Y는 이자의 α세포이다. 인슐린과 글루카곤은 혈중 포도당 농도 조절에 길항적으로 작용한다.

|보|기|풀|이|
㉠ 정답 : 인슐린(㉠)과 글루카곤(㉡)은 혈중 포도당 농도 조절에 길항적으로 작용한다.
ㄴ. 오답 : 글루카곤(㉡)은 간에서 글리코젠이 포도당으로 전환되는 과정을 촉진하며, 인슐린은 그 반대 과정을 촉진한다.
ㄷ. 오답 : X는 인슐린(㉠)을 분비하는 이자의 β세포이다.

😮 문제풀이 TIP | 이자 β세포 — 인슐린 분비 : 혈당량 감소(포도당 → 글리코젠)
이자 α세포 — 글루카곤 분비 : 혈당량 증가(글리코젠 → 포도당)

그림 (가)는 정상인이 탄수화물을 섭취한 후 시간에 따른 혈중 호르몬 ㉠과 ㉡의 농도를, (나)는 간에서 ㉡에 의해 촉진되는 물질 A에서 B로의 전환을 나타낸 것이다. ㉠과 ㉡은 인슐린과 글루카곤을 순서 없이 나타낸 것이고, A와 B는 포도당과 글리코젠을 순서 없이 나타낸 것이다.

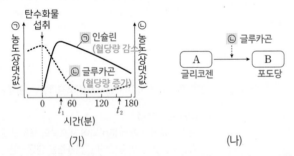

(가)   (나)

이에 대한 설명으로 옳은 것만을 <보기>에서 있는 대로 고른 것은?

❸점

보기
ㄱ. B는 글리코젠이다. (포도당)
ㄴ. 혈중 포도당 농도는 t_1일 때가 t_2일 때보다 낮다. (높다)
ㄷ. ㉠과 ㉡은 혈중 포도당 농도 조절에 길항적으로 작용한다.
인슐린 글루카곤 → 하나의 대상에 대하여 서로 반대되는 작용

① ㄱ   ② ㄷ   ③ ㄱ, ㄴ   ④ ㄱ, ㄷ   ⑤ ㄴ, ㄷ

|자|료|해|설|
탄수화물 섭취 후 높아진 혈당량을 낮추기 위해 인슐린 분비량이 증가한다. 따라서 탄수화물 섭취 후 농도가 증가하는 ㉠은 인슐린이고, 농도가 감소하는 ㉡은 글루카곤이다. 글루카곤은 글리코젠을 포도당으로 분해하여 혈당량을 증가시키는 호르몬이므로 A는 글리코젠이고, B는 포도당이다.

|보|기|풀|이|
ㄱ. 오답 : B는 포도당이다.
ㄴ. 오답 : 혈중 포도당 농도가 높을 때 이를 낮추기 위해 인슐린의 농도가 증가한다. 따라서 혈중 포도당 농도는 인슐린(㉠)의 농도가 높은 t_1일 때가 t_2일 때보다 높다.
㉢ 정답 : 인슐린(㉠)은 혈당량을 감소시키고 글루카곤(㉡)은 혈당량을 증가시키는 호르몬으로, 두 호르몬은 혈중 포도당 농도 조절에 길항적으로 작용한다.

😮 문제풀이 TIP | 혈당량이 증가하면 인슐린의 농도는 증가하고, 반대로 글루카곤의 농도는 감소한다.

🙂 출제분석 | 탄수화물 섭취 후 시간에 따른 혈중 호르몬 농도 변화를 통해 인슐린과 글루카곤을 구분해야 하는 난도 '중'의 문항이다. 인슐린과 글루카곤의 기능을 이해하고 그래프를 해석할 수 있어야 한다.

그림은 정상인에서 일정 시간 동안 시간에 따른 혈당량과 호르몬 X
의 혈중 농도를 나타낸 것이다. X는 이자에서 분비된다. → 인슐린

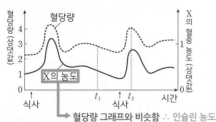

식사 t_1 식사 t_2 시간
→ 혈당량 그래프와 비슷함 ∴ 인슐린 농도

이에 대한 설명으로 옳은 것만을 〈보기〉에서 있는 대로 고른 것은?

보기
→ 혈당량이 낮아짐
인슐린 → ㄱ. X는 혈액에서 간세포로의 포도당 이동을 촉진한다.
ㄴ. 글루카곤의 혈중 농도는 t_1일 때보다 t_2일 때 높다. 낮다
ㄷ. 이자에 연결된 교감 신경이 흥분하면 X의 분비가 촉진된다.
부교감
→ 혈당량을 증가시키는 호르몬

① ㄱ   ② ㄴ   ③ ㄱ, ㄷ   ④ ㄴ, ㄷ   ⑤ ㄱ, ㄴ, ㄷ

|자|료|해|설|
호르몬 X의 농도가 식사 후에 증가하고, 이자에서 분비된
다고 하였으므로 X는 인슐린이다.

|보|기|풀|이|
ㄱ. 정답 : 인슐린은 혈당량을 낮추기 위해 혈액에 있는 포
도당을 간으로 이동시키는 과정을 촉진하고, 간에서는 포
도당을 글리코젠으로 합성해서 저장한다.
ㄴ. 오답 : 글루카곤은 혈당량이 낮을 때 분비되는 호르몬
으로, 인슐린과 반대로 혈당량을 높이는 작용을 한다. 따라
서 글루카곤의 혈중 농도는 t_1일 때보다 t_2일 때 낮다.
ㄷ. 오답 : 인슐린의 분비를 촉진하는 것은 이자에 연결된
부교감 신경이다.

🤖 문제풀이 TIP | X의 농도가 혈당량 그래프와 비슷하게 변하
고 있으므로 X가 인슐린이라는 것을 쉽게 유추할 수 있다.

😀 출제분석 | 인슐린의 혈당량 조절에 대한 내용을 묻는 문제이
며, 어려운 보기는 없으므로 난도는 하이다. 이 정도 수준의 문제는
실제 수능에 출제되면 반드시 맞혀야 한다.

그림 (가)는 간에서 호르몬 X와 Y에 의해 일어나는 글리코젠과
포도당 사이의 전환을, (나)는 정상인에서 식사 후 시간에 따른
혈당량과 호르몬 ㉠의 혈중 농도를 나타낸 것이다. X와 Y는 각각
글루카곤과 인슐린 중 하나이고, ㉠은 X와 Y 중 하나이다.

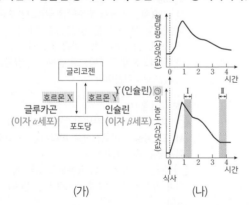

(가)   (나)

이에 대한 설명으로 옳은 것만을 〈보기〉에서 있는 대로 고른 것은?
3점

보기 → 글루카곤
ㄱ. X는 이자섬의 β세포에서 분비된다.
α세포
ㄴ. ㉠은 Y이다.
인슐린
ㄷ. 간에서 글리코젠 합성량은 구간 Ⅰ에서가 구간 Ⅱ에서보다
많다.
인슐린 농도 : Ⅰ > Ⅱ
∴ 글리코젠 합성량 : Ⅰ > Ⅱ

① ㄱ   ② ㄴ   ③ ㄱ, ㄷ   ④ ㄴ, ㄷ   ⑤ ㄱ, ㄴ, ㄷ

|자|료|해|설|
(가)에서 글리코젠을 포도당으로 분해하여 혈당량을
증가시키는 호르몬 X는 이자의 α세포에서 분비되는
글루카곤이고, 반대로 포도당을 글리코젠으로 합성하여
혈당량을 감소시키는 호르몬 Y는 이자의 β세포에서
분비되는 인슐린이다. (나)에서 식사 후 혈당량이 증가함에
따라 이를 낮추기 위해 분비되는 ㉠은 인슐린(Y)이다.

|보|기|풀|이|
ㄱ. 오답 : 글루카곤(X)은 이자의 α세포에서 분비된다.
ㄴ. 정답 : ㉠은 인슐린(Y)이다.
ㄷ. 정답 : 인슐린의 농도가 구간 Ⅰ에서가 구간 Ⅱ에서보다
높으므로, 간에서 글리코젠 합성량은 구간 Ⅰ에서가 구간
Ⅱ에서보다 많다.

🤖 문제풀이 TIP | 식사 후 혈당량이 증가함에 따라 이를 낮추기
위해 인슐린이 분비된다. 즉, 식사 후 시간에 따른 혈당량 변화
그래프와 인슐린 농도 그래프는 변화 양상이 비슷하다.

그림은 정상인의 혈중 포도당 농도에 따른 ㉠과 ㉡의 혈중 농도를 나타낸 것이다. ㉠과 ㉡은 각각 인슐린과 글루카곤 중 하나이다.

이에 대한 설명으로 옳은 것만을 〈보기〉에서 있는 대로 고른 것은?

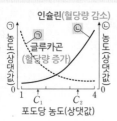

인슐린(혈당량 감소)
㉡
글루카곤(혈당량 증가)
㉠
농도(상댓값)
농도(상댓값)
포도당 농도(상댓값)
C_1 C_2

보기

글루카곤
㉠. ㉠은 이자의 α 세포에서 분비된다.

간뇌의 시상 하부, 이자
㉡. ㉡의 분비를 조절하는 중추는 연수이다.

㉢. 혈중 인슐린 농도는 C_2일 때가 C_1일 때보다 높다.

인슐린

① ㄱ   ② ㄴ   ✓③ ㄱ, ㄷ   ④ ㄴ, ㄷ   ⑤ ㄱ, ㄴ, ㄷ

| 자 | 료 | 해 | 설 |

혈당량은 이자에서 분비되는 인슐린과 글루카곤의 길항 작용에 의해 조절된다. 이자의 β 세포에서 분비되는 인슐린은 혈당량을 감소시키고, 이자의 α 세포에서 분비되는 글루카곤은 혈당량을 증가시킨다. 따라서 혈중 포도당 농도가 높을수록 농도가 증가하는 ㉡은 인슐린이고, 농도가 감소하는 ㉠은 글루카곤이다.

| 보 | 기 | 풀 | 이 |

㉠. 정답 : 글루카곤(㉠)은 이자의 α 세포에서 분비되고, 인슐린은 이자의 β 세포에서 분비된다.

ㄴ. 오답 : 인슐린(㉡)의 분비를 조절하는 중추는 간뇌의 시상 하부와 이자이다.

㉢. 정답 : 혈중 포도당 농도가 높을수록 인슐린의 분비량이 증가한다. 혈중 포도당 농도가 C_2일 때 C_1일 때보다 높으므로 혈중 인슐린 농도 또한 C_2일 때가 C_1일 때보다 높다.

😀 **문제풀이 TIP** | 그래프에서 x축이 원인이고, y축이 결과이다. 즉, 혈중 포도당 농도가 높아질수록 ㉡의 농도가 증가하고, ㉠의 농도는 감소한다.

😀 **출제분석** | 혈중 포도당 농도 변화에 따른 호르몬의 농도 변화 그래프를 통해 인슐린과 글루카곤을 구분해야 하는 난도 '중'의 문항이다. 항상성 유지와 관련된 문제는 그래프 해석이 관건이다. 여러 형태의 그래프가 제시될 수 있기 때문에 그래프 문제에 어려움을 느끼는 학생들은 기출문제 풀이를 통해 충분한 연습을 해야 한다.

그림 (가)는 정상인에게 공복 시 포도당을 투여한 후 시간에 따른 혈중 A의 농도를, (나)는 간에서 일어나는 포도당과 글리코겐 사이의 전환을 나타낸 것이다. A는 이자에서 분비되는 혈당량 조절 호르몬이다.

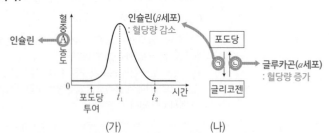

인슐린 ← Ⓐ 혈중 A 농도
인슐린(β세포) : 혈당량 감소
포도당
글루카곤(α세포) : 혈당량 증가
글리코겐
포도당 투여 t_1 t_2 시간
㉠   ㉡
(가)   (나)

이에 대한 옳은 설명만을 〈보기〉에서 있는 대로 고른 것은? **3점**

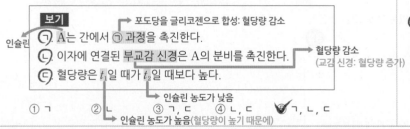

보기

포도당을 글리코겐으로 합성: 혈당량 감소
인슐린
㉠. A는 간에서 ㉠ 과정을 촉진한다.

㉡. 이자에 연결된 부교감 신경은 A의 분비를 촉진한다.
혈당량 감소 (교감 신경: 혈당량 증가)

㉢. 혈당량은 t_1일 때가 t_2일 때보다 높다.

① ㄱ   ② ㄴ   ③ ㄱ, ㄷ   ④ ㄴ, ㄷ   ✓⑤ ㄱ, ㄴ, ㄷ
인슐린 농도가 낮음
인슐린 농도가 높음(혈당량이 높기 때문에)

| 자 | 료 | 해 | 설 |

그림 (가)에서 포도당을 투여하면 혈당량이 증가하는데, 포도당 투여 직후 농도가 증가하는 호르몬 A는 인슐린이다. 인슐린은 간에서 포도당을 글리코겐으로 합성하여 혈당량을 낮추는 작용을 한다. 그림 (나)에서 포도당을 글리코겐으로 합성해서 혈당량을 감소시키는 ㉠은 인슐린이고, 글리코겐을 포도당으로 분해해서 혈당량을 증가시키는 ㉡은 글루카곤이다.

| 보 | 기 | 풀 | 이 |

㉠. 정답 : 이자에서 분비된 인슐린(A)은 표적 기관인 간에서 포도당을 글리코겐으로 합성하는 ㉠ 과정을 촉진하여 혈당량을 감소시킨다.

㉡. 정답 : 교감 신경의 흥분으로 글루카곤의 분비가 촉진되며, 부교감 신경의 흥분으로 인슐린(A)의 분비가 촉진된다.

㉢. 정답 : 혈당량이 높을 때 인슐린이 많이 분비되므로 t_1일 때 혈당량이 가장 높다. 이후 시간이 지나면서 인슐린의 분비가 줄어들게 되는데 이것은 혈당량이 낮아졌기 때문이다. 그러므로 혈당량은 t_1일 때가 t_2일 때보다 높다.

😀 **문제풀이 TIP** | 인슐린과 글루카곤에 의한 혈당량 조절에 대한 내용을 알고 있다면 쉽게 문제를 해결할 수 있다. 인슐린과 글루카곤의 분비와 자율 신경계인 교감 신경과 부교감 신경의 작용과의 관계에 대해 정리하고 혈당량 조절에 대한 전반적인 개념에 대해 구체적으로 공부해야 한다.

😀 **출제분석** | 혈당량 조절에 대한 그래프 분석 여부에 따라 다소 어렵게 느껴질 수 있는 난도 '중'의 문제이다. 혈당량 조절과 자율 신경계의 관계를 연계해서 이해해야 한다.

그림 (가)는 탄수화물을 섭취한 사람에서 혈중 호르몬 ㉠의 농도 변화를, (나)는 세포 A와 B에서 세포 밖 포도당 농도에 따른 세포 안 포도당 농도를 나타낸 것이다. ㉠은 인슐린과 글루카곤 중 하나이며, A와 B 중 하나에만 처리됐다.

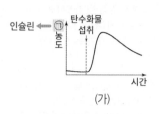 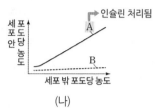

(가)   (나)

㉠에 대한 옳은 설명만을 〈보기〉에서 있는 대로 고른 것은? **3점**

보기

ㄱ. 인슐린이다.
ㄴ. 이자의 ~~α~~ β 세포에서 분비된다.
ㄷ. ~~B~~ A에 처리됐다.

① ㄱ   ② ㄴ   ③ ㄷ   ④ ㄱ, ㄴ   ⑤ ㄱ, ㄷ

|자|료|해|설|
탄수화물 섭취 후 농도가 증가하는 ㉠은 인슐린이다. 인슐린이 작용하면 포도당이 세포 안으로 이동하므로 (나)에서 세포 밖 포도당 농도가 증가함에 따라 세포 안 포도당 농도가 증가하는 A에 인슐린이 처리되었다.

|보|기|풀|이|
ㄱ. 정답 : ㉠은 인슐린이다.
ㄴ. 오답 : 인슐린(㉠)은 이자의 β 세포에서 분비된다.
ㄷ. 오답 : 인슐린(㉠)은 A에 처리됐다.

😮 **문제풀이 TIP** | 인슐린은 혈당량을 감소시키는 호르몬이다. 혈당량은 혈중 포도당의 양이므로 인슐린이 작용하면 혈액 내 포도당이 세포 안으로 이동한다.

그림 (가)는 호르몬 A와 B에 의해 촉진되는 글리코젠과 포도당 사이의 전환 과정을, (나)는 어떤 세포에 ㉠을 처리했을 때와 처리하지 않을 때 세포 밖 포도당 농도에 따른 세포 안 포도당 농도를 나타낸 것이다. A와 B는 각각 인슐린과 글루카곤 중 하나이며, ㉠은 A와 B 중 하나이다.

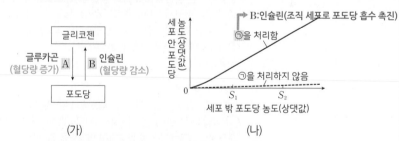

(가)   (나)

이에 대한 설명으로 옳은 것만을 〈보기〉에서 있는 대로 고른 것은? (단, 제시된 조건 이외는 고려하지 않는다.) **3점**

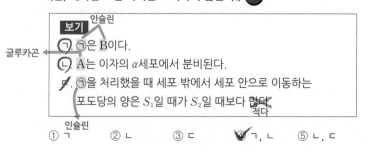

보기

ㄱ. ㉠은 B이다.
ㄴ. A는 이자의 α세포에서 분비된다.
ㄷ. ㉠을 처리했을 때 세포 밖에서 세포 안으로 이동하는 포도당의 양은 S_1일 때가 S_2일 때보다 ~~많다~~ 적다.

① ㄱ   ② ㄴ   ③ ㄷ   ④ ㄱ, ㄴ   ⑤ ㄴ, ㄷ

|자|료|해|설|
이자의 β 세포에서 분비되는 인슐린은 간에서 포도당이 글리코젠으로 합성되는 과정을 촉진하고, 혈액에서 세포로의 포도당 흡수를 촉진하여 혈당량을 감소시킨다. 반면, 이자의 α 세포에서 분비되는 글루카곤은 간에서 글리코젠이 포도당으로 분해되는 과정을 촉진하여 혈당량을 증가시킨다. 따라서 A는 글루카곤, B는 인슐린이다. (나)에서 ㉠을 처리했을 때 세포 안 포도당의 농도가 높아지므로 ㉠은 세포로의 포도당 흡수를 촉진하여 혈당량을 감소시키는 인슐린이다.

|보|기|풀|이|
ㄱ. 정답 : ㉠은 세포로의 포도당 흡수를 촉진하여 혈당량을 감소시키는 인슐린(B)이다.
ㄴ. 정답 : 글루카곤(A)은 이자의 α 세포에서 분비된다.
ㄷ. 오답 : 인슐린(㉠)을 처리했을 때 세포 안 포도당의 농도는 S_2일 때가 S_1일 때보다 높으므로, 세포 밖에서 세포 안으로 이동하는 포도당의 양은 S_1일 때가 S_2일 때보다 적다.

😮 **문제풀이 TIP** | 인슐린이 혈당량을 감소시키는 방법 두 가지: 간에서 포도당이 글리코젠으로 합성되는 과정 촉진, 혈액에서 세포로의 포도당 흡수 촉진

😊 **출제분석** | 간에서 글리코젠의 합성과 분해를 촉진하며 혈당량 조절에 관여하는 호르몬 A와 B를 구분하고, 세포로의 포도당 흡수를 촉진하여 혈당량을 감소시키는 인슐린의 역할을 알고 있어야 해결 가능한 난도 '중상'의 문항이다.

그림 (가)와 (나)는 탄수화물을 섭취한 후 시간에 따른 A와 B의 혈중 포도당 농도와 혈중 X 농도를 각각 나타낸 것이다. A와 B는 정상인과 당뇨병 환자를 순서 없이 나타낸 것이고, X는 인슐린과 글루카곤 중 하나이다.

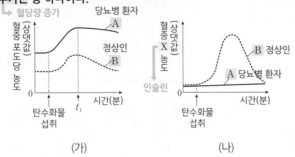

(가)   (나)

이에 대한 설명으로 옳은 것만을 〈보기〉에서 있는 대로 고른 것은? (단, 제시된 조건 이외는 고려하지 않는다.)

보기
ㄱ. B는 당뇨병 환자이다. → 정상인
ㄴ. X는 이자의 β세포에서 분비된다. → 인슐린
ㄷ. 정상인에서 혈중 글루카곤의 농도는 탄수화물 섭취 시점에서가 t_1에서보다 낮다. → 높다

인슐린
① ㄱ   ✔② ㄴ   ③ ㄷ   ④ ㄱ, ㄷ   ⑤ ㄴ, ㄷ

|자|료|해|설|
(가)에서 탄수화물 섭취 후 높아진 혈중 포도당 농도가 높게 유지되는 A는 당뇨병 환자이고, 혈중 포도당 농도가 낮아지는 B는 정상인이다. 혈중 포도당 농도를 감소시키는 호르몬은 이자의 β세포에서 분비되는 인슐린이므로, (나)에서 탄수화물 섭취 후 정상인(B)에서 농도가 높아지는 X는 인슐린이다. 당뇨병 환자(A)의 경우 인슐린이 제대로 분비되지 않아 혈중 포도당 농도가 높게 유지된다.

|보|기|풀|이|
ㄱ. 오답 : 탄수화물 섭취 후 높아진 혈중 포도당의 농도가 다시 정상 수준으로 낮아지는 B는 정상인이다.
ㄴ. 정답 : 인슐린(X)은 이자의 β세포에서 분비된다.
ㄷ. 오답 : 글루카곤은 혈당량을 증가시키는 호르몬이므로 혈중 포도당 농도가 낮을 때 분비된다. 그러므로 글루카곤의 농도는 탄수화물 섭취 시점부터 t_1 시점까지 감소한다. 따라서 정상인에서 혈중 글루카곤의 농도는 탄수화물 섭취 시점에서가 t_1에서보다 높다.

🤪 **문제풀이 T I P** | 탄수화물 섭취로 혈중 포도당 농도가 높아지면, 정상인의 경우 이자의 β세포에서 인슐린이 분비되어 혈중 포도당 농도가 다시 정상 수준으로 낮아진다.

😀 **출제분석** | 혈당량 변화 그래프를 통해 정상인과 당뇨병 환자를 구분해야 하는 난도 '중'의 문항이다. 인슐린의 분비 또는 작용에 문제가 있어 혈당량이 정상 수준으로 낮아지지 못하고 높게 유지되는 증상이 당뇨병이라는 것을 이해하고 있다면 문제를 쉽게 해결할 수 있다. 비슷한 유형의 문항으로 2018년 4월 학평 11번 문항이 있다.

그림은 정상인이 운동을 하는 동안 혈중 포도당 농도와 혈중 ㉠ 농도의 변화를 나타낸 것이다. ㉠은 글루카곤과 인슐린 중 하나이다.

이에 대한 설명으로 옳은 것만을 〈보기〉에서 있는 대로 고른 것은? (단, 제시된 조건 이외는 고려하지 않는다.)

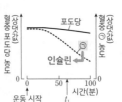

보기
인슐린 (혈당량 감소)
ㄱ. 이자의 α세포에서 글루카곤이 분비된다.
ㄴ. ㉠은 세포로의 포도당 흡수를 촉진한다.
ㄷ. 간에서 단위 시간당 생성되는 포도당의 양은 운동 시작 시점일 때가 t_1일 때보다 많다. → 적다

① ㄱ   ② ㄷ   ✔③ ㄱ, ㄴ   ④ ㄴ, ㄷ   ⑤ ㄱ, ㄴ, ㄷ

|자|료|해|설|
운동을 하는 동안 세포 호흡이 활발해지므로 포도당 소비가 증가한다. 따라서 혈당량을 증가시키는 글루카곤의 농도는 높아지고, 혈당량을 감소시키는 인슐린의 농도는 낮아져야 한다. 그러므로 운동 시작 후 농도가 감소하는 ㉠은 인슐린이다.

|보|기|풀|이|
ㄱ. 정답 : 글루카곤은 이자의 α세포에서 분비된다.
ㄴ. 정답 : 인슐린(㉠)은 세포로의 포도당 흡수를 촉진하고, 포도당을 글리코젠으로 합성하여 혈당량을 감소시킨다.
ㄷ. 오답 : 운동 시작 시점일 때가 t_1일 때보다 인슐린의 농도가 높다. 그러므로 간에서 단위 시간당 생성되는 포도당의 양은 운동 시작 시점일 때가 t_1일 때보다 적다.

🤪 **문제풀이 T I P** | 인슐린은 혈당량을 감소시키는 호르몬이고, 글루카곤은 혈당량을 증가시키는 호르몬이다. '보기 ㄷ'은 각 시점에서의 인슐린의 농도를 비교하여 정답 여부를 판단할 수 있다.

😀 **출제분석** | 운동 시작 후 농도 변화를 통해 호르몬의 종류를 구분하고, 혈당량을 조절하는 호르몬의 작용에 대해 묻는 난도 '중'의 문항이다. '보기 ㄷ'의 정답 여부를 판단하는 것이 어려웠을 것으로 예상된다. '간에서 단위 시간당 생성되는 포도당의 양'은 그래프에 제시된 혈중 포도당의 농도(결과값)가 아닌 인슐린의 농도와 관련이 있다.

그림 (가)는 이자에서 분비되는 호르몬 ㉠과 ㉡을, (나)는 건강한 사람과 어떤 당뇨병 환자에서 혈중 ㉡의 농도에 따른 혈액에서 조직 세포로의 포도당 유입량을 나타낸 것이다.

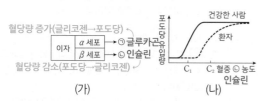

혈당량 증가(글리코젠→포도당)

이자 | α 세포 → ㉠ 글루카곤
β 세포 → ㉡ 인슐린

혈당량 감소(포도당→글리코젠)

(가)   (나)

이에 대한 옳은 설명만을 〈보기〉에서 있는 대로 고른 것은? **3점**

> **보기**
> ㄱ. ㉡은 인슐린이다.
> ㄴ. 이 환자에게 ㉠을 투여하면 간에서 글리코젠 ~~합성이~~ 촉진된다. → 분해가
>   → 글루카곤 : 혈당량 증가(글리코젠 → 포도당)
> ㄷ. 건강한 사람의 혈당량은 C_2일 때가 C_1일 때보다 빠르게 감소한다. → 인슐린 농도 : $C_1 < C_2$
>   → 혈당량이 빠르게 감소

① ㄱ   ② ㄴ   ③ ㄱ, ㄴ   ✔④ ㄱ, ㄷ   ⑤ ㄴ, ㄷ

|자|료|해|설|
그림 (가)에서 이자의 α 세포에서 분비되는 ㉠은 글루카곤, β 세포에서 분비되는 ㉡는 인슐린이다. 글루카곤은 간에서 글리코젠을 포도당으로 분해하여 혈당량을 증가시키는 호르몬이고, 인슐린은 간에서 포도당을 글리코젠으로 합성하여 혈당량을 낮추는 호르몬이다. 글루카곤과 인슐린은 이러한 길항 작용을 통해 혈당량을 일정하게 유지시킨다. 그림 (나)에서 혈중 ㉡(인슐린)의 농도가 높아질 때 건강한 사람의 경우 조직 세포로 포도당이 빠르게 유입되어 혈당량이 빠르게 낮아지는 반면, 환자는 건강한 사람보다 더 늦게 조직 세포로 포도당이 유입된다는 것을 알 수 있다.

|보|기|풀|이|
ㄱ. 정답 : 이자의 β 세포에서 분비되는 ㉡는 인슐린이다.
ㄴ. 오답 : 이 환자에게 ㉠(글루카곤)을 투여하면 간에서 글리코젠의 분해가 촉진된다.
ㄷ. 정답 : 혈중 ㉡(인슐린)의 농도가 $C_1 < C_2$이므로, 혈당량은 인슐린의 농도가 높은 C_2일 때가 C_1일 때보다 빠르게 감소한다.

🧑‍🏫 **문제풀이 T I P** | 이자에서 분비되어 혈당량을 조절하는 호르몬인 인슐린과 글루카곤의 길항 작용을 이해한다면 쉽게 문제를 해결할 수 있다.

😲 **출제분석** | 항상성 유지 중에서 혈당량 조절에 관한 지식을 물어보는 문제로, 그림 (나) 그래프의 분석이 필요한 난도 '중'의 문제이다. 혈당량 조절의 경우 다양한 그래프가 주어질 수 있으므로 기본적인 지식을 그래프에 적용하여 분석하는 연습이 필요하다. 비슷한 유형의 문제를 풀어보며 출제에 대비하자.

그림은 정상인과 당뇨병 환자 A가 탄수화물을 섭취한 후 시간에 따른 혈중 인슐린 농도를, 표는 당뇨병 (가)와 (나)의 원인을 나타낸 것이다. A의 당뇨병은 (가)와 (나) 중 하나에 해당한다.

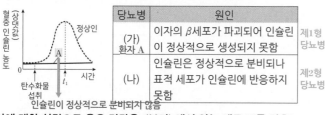

인슐린이 정상적으로 분비되자 않음

당뇨병	원인	
(가) 환자 A	이자의 β세포가 파괴되어 인슐린이 정상적으로 생성되지 못함	제1형 당뇨병
(나)	인슐린은 정상적으로 분비되나 표적 세포가 인슐린에 반응하지 못함	제2형 당뇨병

이에 대한 설명으로 옳은 것만을 〈보기〉에서 있는 대로 고른 것은? (단, 제시된 조건 이외는 고려하지 않는다.) **3점**

> 혈당량 감소를 촉진하는 호르몬
> **보기**
> ㄱ. A의 당뇨병은 (가)에 해당한다.
> ㄴ. 인슐린은 세포로의 포도당 흡수를 촉진한다.
> ㄷ. t_1일 때 혈중 포도당 농도는 A가 정상인보다 ~~낮다~~. → 높다
> 혈중 인슐린 농도 : A < 정상인
> ∴ 혈중 포도당 농도 : A > 정상인

① ㄱ   ② ㄷ   ✔③ ㄱ, ㄴ   ④ ㄴ, ㄷ   ⑤ ㄱ, ㄴ, ㄷ

|자|료|해|설|
(가)는 제1형 당뇨병이고, (나)는 제2형 당뇨병이다. 이자의 β 세포에서 분비되는 인슐린은 세포로의 포도당 흡수를 촉진하고 간에서 글리코젠 합성을 촉진하여 혈당량을 감소시킨다. 탄수화물 섭취 후 환자 A에서 혈중 인슐린 농도가 증가하지 않은 것으로 보아 인슐린이 정상적으로 생성되지 않았다는 것을 알 수 있다. 따라서 환자 A의 당뇨병은 (가)에 해당한다.

|보|기|풀|이|
ㄱ. 정답 : 탄수화물 섭취 후 환자 A에서 인슐린 농도가 증가하지 않았으므로 A의 당뇨병은 인슐린이 정상적으로 생성되지 못해 발생한 (가)에 해당한다.
ㄴ. 정답 : 인슐린은 혈당량을 감소시키는 호르몬으로, 세포로의 포도당 흡수를 촉진한다.
ㄷ. 오답 : t_1일 때 혈중 인슐린 농도는 A가 정상인보다 낮으므로, 혈중 포도당 농도는 A가 정상인보다 높다.

다음은 사람 A와 B의 당뇨병 검사에 대한 자료이다.

(가) 일정 시간 동안 공복 상태인 A와 B의 혈당량을 측정한다.

(나) (가)의 A와 B에게 동일한 양의 포도당을 섭취하게 한 후, 휴식 상태에서 시간에 따른 혈당량을 측정한다.

(다) 그림은 A와 B에서 측정한 혈당량 변화를, 표는 당뇨병 진단 기준을 나타낸 것이다. A와 B 중 한 명은 정상인이고, 다른 한 명은 이자의 β세포에만 이상이 있는 사람이다.

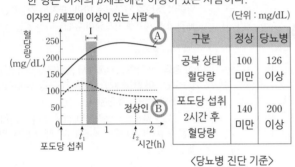

(단위 : mg/dL)

구분	정상	당뇨병
공복 상태 혈당량	100 미만	126 이상
포도당 섭취 2시간 후 혈당량	140 미만	200 이상

〈당뇨병 진단 기준〉

이에 대한 설명으로 옳은 것만을 〈보기〉에서 있는 대로 고른 것은?

③점

보기

 A는 당뇨병으로 진단된다.

ㄴ. 구간 Ⅰ 동안 간에서 글리코젠 합성량은 B보다 A가 ~~많다.~~ 적다

ㄷ. B에서 혈중 인슐린의 농도는 t_1일 때보다 t_2일 때가 ~~높다.~~ 낮다

① ㄱ   ② ㄷ   ③ ㄱ, ㄴ   ④ ㄱ, ㄷ   ⑤ ㄴ, ㄷ

|자|료|해|설|

A는 공복 상태 혈당량이 126 이상이고, 포도당 섭취 2시간 후 혈당량이 200 이상이므로 당뇨병으로 진단된다. B는 공복 상태 혈당량이 100 미만이고, 포도당 섭취 2시간 후 혈당량이 140 미만이므로 정상인이다.

|보|기|풀|이|

ㄱ. 정답 : A는 공복 상태 혈당량이 126 이상이고 포도당 섭취 2시간 후 혈당량이 200 이상이므로 당뇨병으로 진단된다.

ㄴ. 오답 : 간에서 글리코젠이 합성되면 혈당량이 감소한다. 따라서 구간 Ⅰ 동안 간에서 글리코젠 합성량은 A보다 B가 많다.

ㄷ. 오답 : 인슐린은 간에서 포도당을 글리코젠으로 합성하여 혈당량을 낮추는 호르몬이다. 따라서 혈당량이 높을 때 이를 낮추기 위해 인슐린이 많이 분비되므로 혈당량이 더 높은 t_1일 때가 t_2일 때보다 인슐린의 농도가 높다.

🤖 **문제풀이 TIP** | 당뇨병 진단 기준 표를 통해 먼저 당뇨병 환자와 정상인을 구분해야 한다. 간에서 포도당이 글리코젠으로 합성되면 혈당량이 낮아지고, 반대로 글리코젠이 포도당으로 분해되면 혈당량은 높아진다. 또한 인슐린은 혈당량이 높을 때 분비되어 혈당을 낮추는 역할을 한다. t_1일 때보다 t_2일 때 혈당량이 더 낮기 때문에 인슐린의 농도가 높다고 착각할 수 있지만 t_2일 때 혈당량이 낮은 이유는 t_2일 때보다 더 앞선 시점, 즉 포도당을 섭취하여 혈당량이 높아졌을 때(t_1) 분비되었던 인슐린으로 인한 결과가 나타났기 때문이다. 그 시점(t_2)에는 이미 혈당량이 다시 정상 수준으로 돌아왔기 때문에 인슐린의 농도가 높지 않다.

😲 **출제분석** | 당뇨병과 관련된 자료를 제시하고 혈당량 조절에 대해 묻는 난도 '중상'의 문항이다. 문제가 비교적 단순해 보이지만 주어진 그래프를 비교 분석할 수 있어야 해결이 가능하다. 항상성 유지 부분 중에서 혈당량 조절은 자주 출제되는 부분이고 제시될 수 있는 자료의 형태가 다양하다.

그림은 당뇨병 환자 **A**와 **B**가 탄수화물을 섭취한 후 인슐린을
주사하였을 때 시간에 따른 혈중 포도당 농도를, 표는 당뇨병 **(가)**와
(나)의 원인을 나타낸 것이다. **A**와 **B**의 당뇨병은 각각 **(가)**와 **(나)**
중 하나에 해당한다. ㉠은 α 세포와 β 세포 중 하나이다.

└→ 인슐린 주사 후에도 혈중 포도당 농도 감소× ⇒ 인슐린의 작용에 문제 : (나)

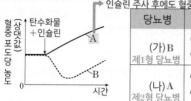

당뇨병	원인
(가)B 제1형 당뇨병	이자의 ㉠이 파괴되어 β 세포 인슐린이 생성되지 못함
(나)A 제2형 당뇨병	인슐린의 표적 세포가 인슐린에 반응하지 못함

이에 대한 설명으로 옳은 것만을 〈보기〉에서 있는 대로 고른 것은?
(단, 제시된 조건 이외는 고려하지 않는다.) **3점**

보기

         인슐린 분비

㉠. ㉠은 β 세포이다.

ㄴ. B의 당뇨병은 **(나)**에 해당한다.

                              → 혈당량 감소를 촉진

ㄷ. 정상인에서 혈중 포도당 농도가 증가하면 인슐린의 분비가
억제된다.
촉진

① ㄱ   ② ㄴ   ③ ㄷ   ④ ㄱ, ㄴ   ⑤ ㄴ, ㄷ

|자|료|해|설|

당뇨병 환자 A는 탄수화물 섭취 후 인슐린을 주사해도
혈중 포도당 농도가 감소하지 않았으므로 인슐린의 작용에
문제가 있다는 것을 알 수 있다. 따라서 A의 당뇨병은
인슐린의 표적 세포가 인슐린에 반응하지 못해 발생한
(나)이고, B의 당뇨병은 인슐린이 생성되지 못해 발생한
(가)이다. 참고로 **(가)**는 제1형 당뇨병, **(나)**는 제2형
당뇨병으로 구분된다.

|보|기|풀|이|

㉠ 정답 : ㉠은 인슐린을 생성 및 분비하는 이자의
β 세포이다.

ㄴ. 오답 : B는 탄수화물 섭취 후 인슐린을 주사했을 때
혈중 포도당 농도가 감소했다. 따라서 B는 인슐린이
생성되지 못해 발생한 당뇨병 **(가)**에 해당한다.

ㄷ. 오답 : 정상인에서 혈중 포도당 농도가 증가하면
혈당량을 감소시키는 호르몬인 인슐린의 분비가 촉진된다.

😀 **문제풀이 TIP |** 인슐린 투여 후 혈중 포도당 농도가 감소
하는 경우는 인슐린 분비의 문제로 발생한 당뇨병이고, 혈중 포
도당 농도가 감소하지 않는 경우는 인슐린의 작용 문제로 발생
한 당뇨병이다.

😄 **출제분석 |** 탄수화물을 섭취한 후 인슐린을 주사하였을 때의
혈중 포도당 농도 변화로 환자 A와 B의 당뇨병 원인을 구분해야
하는 난도 '중'의 문항이다. 2021학년도 9월 모평 8번 문항에서도
이 문항과 동일하게 두 가지 당뇨병이 표로 제시되었다. 이번
문항은 그래프 해석이 중요하며, 당뇨병은 혈당량 조절과 관련된
대사성 질환으로 출제 빈도가 높은만큼 첨삭된 내용과 해설을
토대로 반드시 이해하고 넘어가야 한다.

그림 **(가)**는 이자에서 분비되는 호르몬 **A**와 **B**의 분비 조절 과정
일부를, **(나)**는 어떤 정상인이 단식할 때와 탄수화물 식사를 할 때
간에 있는 글리코젠의 양을 시간에 따라 나타낸 것이다. **A**와 **B**는
각각 인슐린과 글루카곤 중 하나이다.

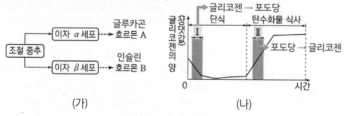

              (가)   **(나)**

이에 대한 설명으로 옳은 것만을 〈보기〉에서 있는 대로 고른 것은?

3점

보기

                 시상하부

글루카곤 → ㄱ. **(가)**에서 조절 중추는 척수이다.

                          → 인슐린의 작용

인슐린 → ㄴ. A는 세포로의 포도당 흡수를 촉진한다. → 하지 않는다

ㄷ. B의 분비량은 구간 Ⅱ에서가 구간 Ⅰ에서보다 많다.

① ㄱ   ② ㄷ   ③ ㄱ, ㄴ   ④ ㄴ, ㄷ   ⑤ ㄱ, ㄴ, ㄷ

|자|료|해|설|

글루카곤은 이자의 α세포에서, 인슐린은 이자의
β세포에서 분비되므로 호르몬 A는 글루카곤, 호르몬 B는
인슐린이다. 글루카곤은 글리코젠을 포도당으로 분해하는
과정을 촉진시켜 혈당량을 높이는 호르몬이고, 인슐린은
포도당을 글리코젠으로 합성하는 과정을 촉진시켜
혈당량을 낮추는 호르몬이다. 따라서 단식 초기인 구간
Ⅰ에서는 글루카곤의 분비로 글리코젠이 포도당으로
분해되고, 탄수화물 식사를 한 구간 Ⅱ에서는 인슐린의
분비로 포도당이 글리코젠으로 합성된다.

|보|기|풀|이|

ㄱ. 오답 : **(가)**에서 글루카곤과 인슐린의 분비를 조절하는
조절 중추는 시상 하부이다.

ㄴ. 오답 : 세포로의 포도당 흡수를 촉진하는 호르몬은
인슐린이다.

ㄷ 정답 : 인슐린의 분비량은 구간 Ⅰ보다 탄수화물 식사를
한 구간 Ⅱ에서 더 많다.

😀 **문제풀이 TIP |** 글루카곤과 인슐린은 길항작용을 통해
혈당량을 조절함을 이해하고 그래프를 해석할 수 있어야 한다.
단식 시에는 혈당량이 감소하므로 글루카곤이 분비되어 글리코젠
분해가 촉진됨에 따라 구간 Ⅰ에서와 같이 글리코젠의 양이
감소하고, 탄수화물 식사 시에는 혈당량이 증가하므로 인슐린이
분비되어 글리코젠 합성이 촉진되어 구간 Ⅱ에서와 같이 글리코젠
양이 증가하게 된다는 인과 관계를 파악하도록 한다.

그림은 정상인이 Ⅰ과 Ⅱ일 때 혈중 글루카곤 농도의 변화를 나타낸 것이다. Ⅰ과 Ⅱ는 '혈중 포도당 농도가 높은 상태'와 '혈중 포도당 농도가 낮은 상태'를 순서 없이 나타낸 것이다. 이에 대한 설명으로 옳은 것만을 〈보기〉에서 있는 대로 고른 것은? (단, 제시된 조건 이외는 고려하지 않는다.)

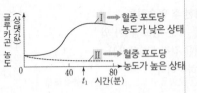

보기

ㄱ. Ⅰ은 '혈중 포도당 농도가 ~~높은~~ 낮은 상태'이다.

ㄴ. 이자의 α세포에서 글루카곤이 분비된다.

ㄷ. t_1일 때 $\dfrac{\text{혈중 인슐린 농도}}{\text{혈중 글루카곤 농도}}$ 는 Ⅰ에서가 Ⅱ에서보다 ~~크다~~ 작다.

① ㄱ　　✓② ㄴ　　③ ㄷ　　④ ㄱ, ㄴ　　⑤ ㄴ, ㄷ

|자|료|해|설|
글루카곤은 혈중 포도당 농도가 낮을 때 이자의 α세포에서 분비되어 혈당량을 높이는 호르몬인데, 그림에서 Ⅰ일 때는 혈중 글루카곤의 농도가 높아지고, Ⅱ일 때는 혈중 글루카곤의 농도가 크게 변화하지 않고 있으므로 Ⅰ이 '혈중 포도당 농도가 낮은 상태', Ⅱ가 '혈중 포도당 농도가 높은 상태'임을 알 수 있다.

|보|기|풀|이|
ㄱ. 오답 : Ⅰ은 글루카곤의 농도가 높아지고 있으므로 '혈중 포도당 농도가 낮은 상태', Ⅱ는 글루카곤의 농도가 크게 변하지 않고 오히려 다소 감소하고 있으므로 '혈중 포도당 농도가 높은 상태'이다.

ㄴ. 정답 : 이자의 α세포에서는 글루카곤이, β세포에서는 인슐린이 분비된다.

ㄷ. 오답 : 인슐린은 혈중 포도당 농도가 높은 상태일 때 분비가 촉진되고, 글루카곤은 혈중 포도당 농도가 낮은 상태일 때 분비가 촉진된다. 따라서 Ⅰ은 '혈중 포도당 농도가 낮은 상태', Ⅱ는 '혈중 포도당 농도가 높은 상태'이므로, t_1일 때 $\dfrac{\text{혈중 인슐린 농도}}{\text{혈중 글루카곤 농도}}$ 는 Ⅰ에서가 Ⅱ에서보다 작다.

😮 **문제풀이 TIP |** 혈당량을 조절하는 호르몬인 인슐린과 글루카곤의 작용을 이해하면 해결할 수 있는 문제이다. 혈당량(혈중 포도당 농도)이 높을 때는 인슐린이, 낮을 때는 글루카곤이 분비되어 혈당량을 정상 범위 내로 조절한다는 것은 기본적인 내용이므로 꼭 기억하도록 한다.

그림 (가)는 정상인에서 식사 후 시간에 따른 혈당량을, (나)는 이 사람의 혈장 삼투압에 따른 혈중 ADH 농도를 나타낸 것이다.

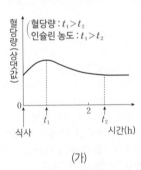 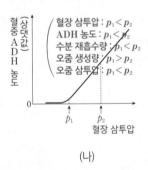

(가) 혈당량 : $t_1 > t_2$, 인슐린 농도 : $t_1 > t_2$

(나) 혈장 삼투압 : $p_1 < p_2$, ADH 농도 : $p_1 < p_2$, 수분 재흡수량 : $p_1 < p_2$, 오줌 생성량 : $p_1 > p_2$, 오줌 삼투압 : $p_1 < p_2$

(가)　　　　　(나)

이에 대한 설명으로 옳은 것만을 〈보기〉에서 있는 대로 고른 것은? (단, 제시된 조건 이외는 고려하지 않는다.) 3점

보기 → 혈당량 감소

ㄱ. 혈중 ~~인슐린~~ 농도는 t_1일 때가 t_2일 때보다 ~~낮다~~ 높다.

ㄴ. 생성되는 오줌의 삼투압은 p_1일 때가 p_2일 때보다 낮다.

ㄷ. 혈당량과 혈장 삼투압의 조절 중추는 모두 ~~연수~~이다. 간뇌 시상하부

① ㄱ　　✓② ㄴ　　③ ㄷ　　④ ㄱ, ㄴ　　⑤ ㄴ, ㄷ

|자|료|해|설|
(가)에서 식사 후 혈당량이 증가하면 이자의 β 세포에서 인슐린(혈당량 감소)의 분비가 촉진된다. (나)에서 혈장 삼투압이 증가할수록 항이뇨 호르몬(ADH)의 분비가 촉진되고, 콩팥에서의 수분 재흡수량이 증가한다. 이때 오줌의 생성량은 감소하고, 오줌의 삼투압은 높아진다.

|보|기|풀|이|
ㄱ. 오답 : 혈당량이 높을수록 인슐린 분비가 촉진된다. 따라서 혈중 인슐린 농도는 혈당량이 더 높은 t_1일 때가 t_2일 때보다 높다.

ㄴ. 정답 : p_2일 때가 p_1일 때보다 혈중 ADH 농도가 높으므로 콩팥에서의 수분 재흡수량이 많다. 따라서 생성되는 오줌의 삼투압은 p_1일 때가 p_2일 때보다 낮다.

ㄷ. 오답 : 혈당량과 혈장 삼투압의 조절 중추는 모두 간뇌의 시상하부이다.

😮 **문제풀이 TIP |** 항상성 조절 중추는 간뇌의 시상하부이다. 혈장 삼투압 증가 → 항이뇨 호르몬(ADH) 분비량 증가 → 콩팥에서의 수분 재흡수량 증가 → 오줌 생성량 감소, 오줌 삼투압 증가

😊 **출제분석 |** 혈당량과 혈장 삼투압 변화에 따른 호르몬 분비와 조절 과정을 이해하고 있어야 해결 가능한 난도 '중'의 문항이다. '보기 ㄷ'처럼 항상성 조절 중추를 묻는 보기 또한 자주 출제되고 있으므로 꼭 기억해두자.

48 항상성 유지 　　정답 ② 정답률 62% 2020학년도 6월 모평 12번 문제편 115p

다음은 사람의 항상성에 대한 학생 A~C의 발표 내용이다.

체온이 떨어지면, 교감 신경이 작용하여 피부의 모세 혈관이 이완(확장) 수축 됩니다.

땀을 많이 흘리면, 항이뇨 호르몬(ADH)이 작용하여 콩팥에서의 수분 재흡수가 촉진됩니다.

혈중 티록신 농도가 증가하면, 뇌하수체 전엽에서 갑상샘 자극 호르몬(TSH)의 분비가 촉진됩니다. → 음성 피드백 억제

학생 A　　학생 B　　학생 C

제시한 내용이 옳은 학생만을 있는 대로 고른 것은?

① A　②B　③ A, C　④ B, C　⑤ A, B, C

|자|료|해|설|
신경계와 내분비계의 작용에 의해 혈당량, 체온, 삼투압이 조절되며 항상성이 유지된다. 체온이 떨어지면, 열 발산량을 줄이기 위해 교감 신경이 작용하여 피부의 모세 혈관이 수축된다. 땀을 많이 흘리면, 뇌하수체 후엽에서 분비되는 항이뇨 호르몬(ADH)이 작용하여 콩팥에서의 수분 재흡수가 촉진되어 삼투압이 조절된다. 혈중 티록신 농도가 증가하면, 음성 피드백에 의해 뇌하수체 전엽에서 갑상샘 자극 호르몬(TSH)의 분비가 억제된다.

|선|택|지|풀|이|
② 정답 : 체온이 떨어지면, 열 발산량을 줄이기 위해 교감 신경이 작용하여 피부의 모세 혈관이 수축되므로 학생 A가 제시한 내용은 틀린 내용이다. 혈중 티록신 농도가 증가하면, 음성 피드백에 의해 뇌하수체 전엽에서 갑상샘 자극 호르몬(TSH)의 분비가 억제되므로 학생 C가 제시한 내용 또한 틀린 내용이다. 따라서 학생 B가 제시한 내용만 옳다.

😀 출제분석 | 체온과 삼투압 조절에 대한 내용을 묻는 난도 '중하'의 문항이다. 항상성 유지와 관련된 내용이 학생들의 대화로 제시된 적은 거의 없으며, 일반적으로 그림이나 그래프 등의 다양한 자료가 제시되는 자료 분석 문제로 출제된다. 이 문제를 틀린 학생들은 내용 암기가 부족한 상태이므로 꼼꼼히 암기한 뒤 난도 높은 기출문제를 풀어보며 출제를 대비해야 한다.

49 항상성 유지 　　정답 ① 정답률 80% 2021학년도 수능 8번 문제편 116p

그림 (가)와 (나)는 정상인에서 ⑤의 변화량에 따른 혈중 항이뇨 호르몬(ADH) 농도와 갈증을 느끼는 정도를 각각 나타낸 것이다. ⑤은 혈장 삼투압과 전체 혈액량 중 하나이다.

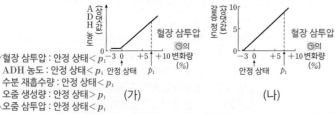

혈장 삼투압 : 안정 상태<p_1
ADH 농도 : 안정 상태<p_1
수분 재흡수량 : 안정 상태<p_1
오줌 생성량 : 안정 상태>p_1
오줌 삼투압 : 안정 상태<p_1

이에 대한 설명으로 옳은 것만을 <보기>에서 있는 대로 고른 것은? (단, 제시된 자료 이외에 체내 수분량에 영향을 미치는 요인은 없다.) 3점

보기
ㄱ. ⑤은 혈장 삼투압이다.
ㄴ. 생성되는 오줌의 삼투압은 안정 상태일 때가 p_1일 때보다 크다 작다
ㄷ. 갈증을 느끼는 정도는 안정 상태일 때가 p_1일 때보다 크다 작다.

①ㄱ　②ㄴ　③ㄷ　④ㄱ, ㄴ　⑤ㄱ, ㄷ

|자|료|해|설|
혈장 삼투압이 증가할수록 항이뇨 호르몬(ADH)의 분비가 촉진되고, 갈증 정도가 심해지므로 ⑤은 혈장 삼투압이다. 혈장 삼투압(⑤)이 높아지면 항이뇨 호르몬(ADH)의 분비량 증가로 인해 콩팥에서의 수분 재흡수량이 증가하면서 오줌의 생성량은 감소하고, 오줌의 삼투압은 높아진다.

|보|기|풀|이|
ㄱ. 정답 : 혈장 삼투압이 증가할수록 혈중 ADH 농도가 증가하고 갈증 정도가 심해지므로 x축의 값에 해당하는 ⑤은 혈장 삼투압이다.
ㄴ. 오답 : (가)에서 안정 상태일 때보다 p_1일 때의 혈중 ADH 농도가 더 높으므로, p_1일 때 콩팥에서의 수분 재흡수량이 많아 오줌의 삼투압이 더 크다. 따라서 생성되는 오줌의 삼투압은 안정 상태일 때가 p_1일 때보다 작다.
ㄷ. 오답 : (나)에서 y축의 값에 해당하는 갈증을 느끼는 정도는 안정 상태일 때가 p_1일 때보다 작다.

😀 문제풀이TIP | 혈장 삼투압이 증가할수록 항이뇨 호르몬(ADH)의 분비가 촉진되고, 갈증 정도가 심해진다.
*혈장 삼투압 증가 → 항이뇨 호르몬(ADH) 분비량 증가 → 콩팥에서의 수분 재흡수량 증가 → 오줌 생성량 감소, 오줌 삼투압 증가

😀 출제분석 | ADH 농도와 갈증 정도의 변화를 토대로 ⑤을 알아내고, 안정 상태일 때와 p_1일 때의 오줌의 삼투압을 비교해야 하는 난도 '중'의 문항이다. 그래프에서 x축의 값이 원인이고, y축의 값이 결과라는 것을 알고 있다면 문제를 쉽게 해결할 수 있다. 항이뇨 호르몬(ADH)에 의한 삼투압 조절 과정은 출제 빈도가 매우 높으므로 반드시 이해하고 있어야 한다.

그림은 어떤 정상인이 1L의 물을 섭취했을 때 단위 시간당 오줌 생성량의 변화를 나타낸 것이다.

구간 Ⅰ에서가 구간 Ⅱ에서보다 높은 것만을 〈보기〉에서 있는 대로 고른 것은? (단, 제시된 조건 이외는 고려하지 않는다.) 3점

혈장 삼투압 : Ⅰ > Ⅱ
ADH 농도 : Ⅰ > Ⅱ
수분 재흡수량 : Ⅰ > Ⅱ
오줌 생성량 : Ⅰ < Ⅱ
오줌 삼투압 : Ⅰ > Ⅱ

보기
ㄱ. 혈장 삼투압
ㄴ. 오줌 삼투압
ㄷ. 혈중 항이뇨 호르몬 농도

① ㄱ　　② ㄴ　　③ ㄱ, ㄷ　　④ ㄴ, ㄷ　　✔⑤ ㄱ, ㄴ, ㄷ

| 자 | 료 | 해 | 설 |

물을 섭취하면 혈장 삼투압이 낮아져 항이뇨 호르몬(ADH)의 분비량이 감소한다. 항이뇨 호르몬(ADH)의 분비량 감소로 콩팥에서의 수분 재흡수량이 감소하면 오줌의 생성량은 증가하고, 오줌의 삼투압은 낮아진다.

| 보 | 기 | 풀 | 이 |

ㄱ. 정답 : 물 섭취 후 혈장 삼투압이 낮아지므로 구간 Ⅰ에서가 구간 Ⅱ에서보다 혈장 삼투압이 높다.
ㄴ. 정답 : 물 섭취 후 오줌의 생성량이 증가하면서 오줌의 삼투압은 낮아지므로 구간 Ⅰ에서가 구간 Ⅱ에서보다 오줌 삼투압이 높다.
ㄷ. 정답 : 물 섭취 후 혈장 삼투압이 낮아져 항이뇨 호르몬(ADH)의 분비량이 감소하므로 구간 Ⅰ에서가 구간 Ⅱ에서보다 혈중 항이뇨 호르몬 농도가 높다.

😮 **문제풀이 T I P** | 물 섭취 시 콩팥에서 수분 재흡수를 촉진하는 항이뇨 호르몬(ADH)의 분비량이 감소한다.

😎 **출제분석** | 물 섭취 전후의 혈장 삼투압 변화에 따른 혈중 항이뇨 호르몬의 농도와 오줌 삼투압의 변화를 묻는 간단한 형태의 문항으로, 난도는 '중하'에 해당한다. 이전 기출 문제에 비해 매우 단순한 내용을 묻고 있으며, 삼투압 조절 과정을 이해하고 있다면 문제를 쉽게 해결할 수 있다.

그림은 사람에서 혈중 티록신 농도에 따른 물질대사량을, 표는 갑상샘 기능에 이상이 있는 사람 A와 B의 혈중 티록신 농도, 물질대사량, 증상을 나타낸 것이다. ⊙과 ⓒ은 '정상보다 높음'과 '정상보다 낮음'을 순서 없이 나타낸 것이다.

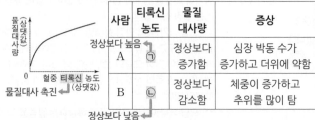

사람	티록신 농도	물질 대사량	증상
A	⊙	정상보다 증가함	심장 박동 수가 증가하고 더위에 약함
B	ⓒ	정상보다 감소함	체중이 증가하고 추위를 많이 탐

이에 대한 설명으로 옳은 것만을 〈보기〉에서 있는 대로 고른 것은? (단, 제시된 조건 이외는 고려하지 않는다.)

보기
ㄱ. 갑상샘에서 티록신이 분비된다.
ㄴ. ⊙은 '정상보다 높음'이다.
ㄷ. B에게 티록신을 투여하면 투여 전보다 물질대사량이 ~~감소~~ 증가한다.

① ㄱ　　② ㄷ　　✔③ ㄱ, ㄴ　　④ ㄱ, ㄷ　　⑤ ㄴ, ㄷ

| 자 | 료 | 해 | 설 |

티록신은 물질대사를 촉진하는 호르몬이므로 그래프에서 혈중 티록신의 농도가 증가함에 따라 물질대사량이 증가한다. 그리고 표에서 물질대사량이 증가한 A의 티록신 농도 ⊙은 '정상보다 높음'이고, 물질대사량이 감소한 B의 티록신 농도 ⓒ은 '정상보다 낮음'이다.

| 보 | 기 | 풀 | 이 |

ㄱ. 정답 : 갑상샘에서 티록신이 분비된다.
ㄴ. 정답 : 물질대사량이 정상보다 증가했으므로 티록신의 농도 ⊙은 '정상보다 높음'이다.
ㄷ. 오답 : 티록신은 물질대사를 촉진하므로 B에게 티록신을 투여하면 투여 전보다 물질대사량이 증가한다.

그림은 정상인의 혈중 항이뇨 호르몬(ADH)
농도에 따른 ㉠을 나타낸 것이다. ㉠은 오줌
삼투압과 단위 시간당 오줌 생성량 중 하나이다.
이에 대한 설명으로 옳은 것만을 <보기>에서
있는 대로 고른 것은? (단, 제시된 자료 이외에
체내 수분량에 영향을 미치는 요인은 없다.)

오줌 삼투압
㉠(상댓값)

ADH농도 : $C_1 < C_2$
수분 재흡수량 : $C_1 < C_2$
오줌 생성량 : $C_1 > C_2$
오줌 삼투압 : $C_1 < C_2$

0　1　　　4
　　C_1　C_2
혈중 ADH 농도
(상댓값)

보기

㉠ ADH는 뇌하수체 후엽에서 분비된다.
ㄴ. ㉠은 단위 시간당 오줌 생성량이다. → 오줌 삼투압
ㄷ. 콩팥에서의 단위 시간당 수분 재흡수량은 C_1일 때가 C_2일
때보다 많다. 적다

① ㄱ　② ㄴ　③ ㄷ　④ ㄱ, ㄴ　⑤ ㄱ, ㄷ

| 자 | 료 | 해 | 설 |

혈중 항이뇨 호르몬(ADH)의 농도가 높아지면 콩팥에서의
단위 시간당 수분 재흡수량이 증가하고, 이에 따라
단위 시간당 오줌 생성량이 감소하고 오줌의 삼투압은
증가한다. 따라서 혈중 ADH의 농도가 높아짐에 따라
증가하는 ㉠은 오줌 삼투압이다.

| 보 | 기 | 풀 | 이 |

㉠ 정답 : 항이뇨 호르몬(ADH)은 뇌하수체 후엽에서
분비된다.
ㄴ. 오답 : 혈중 ADH의 농도가 높아짐에 따라 증가하는
㉠은 오줌 삼투압이다.
ㄷ. 오답 : C_1일 때가 C_2일 때보다 혈중 ADH 농도가
낮으므로 콩팥에서의 단위 시간당 수분 재흡수량은 C_1일
때가 C_2일 때보다 적다.

😀 **문제풀이 TIP** | 혈장 삼투압 증가 → 뇌하수체 후엽에서 항이뇨 호르몬(ADH) 분비량 증가 → 콩팥에서의 수분 재흡수량 증가 → 오줌 생성량 감소, 오줌 삼투압 증가

😀 **출제분석** | 혈장 삼투압 조절 과정을 이해하고 혈중 ADH의 농도가 높아짐에 따라 증가하는 ㉠의 값을 구분해야 하는 난도 '중'의 문항이다. 항상성 조절 중추(간뇌의 시상하부)와 ADH가 분비되는 내분비샘(뇌하수체 후엽)은 출제 빈도가 높으므로 반드시 암기하고 있어야 한다. 또한 혈장 삼투압 변화에 따른 ADH의 작용을 이해하고 C_1일 때와 C_2일 때 콩팥에서의 수분 재흡수량과 오줌의 생성량 및 삼투압을 비교할 수 있어야 한다.

그림은 어떤 동물에서 오줌 생성이
정상일 때와 ㉠일 때 시간에 따른 혈중
항이뇨 호르몬(ADH)의 농도를 나타낸
것이다. → 콩팥에서 수분 재흡수 촉진
이에 대한 설명으로 옳은 것만을
<보기>에서 있는 대로 고른 것은? (단, 제시된 자료 이외에 체내
수분량에 영향을 미치는 요인은 없다.) **3점**

혈중
ADH
농도
(상댓값)

Ⅰ　　Ⅱ
　　　정상
　　　㉠
0　　　　시간

ADH 농도 : Ⅰ < Ⅱ
수분 재흡수량 : Ⅰ < Ⅱ
오줌 생성량 : Ⅰ > Ⅱ
오줌 삼투압 : Ⅰ < Ⅱ

항상성 조절 중추

보기

㉠ 항이뇨 호르몬의 분비 조절 중추는 간뇌의 시상 하부이다.
ㄴ. 정상일 때 오줌 삼투압은 구간 Ⅰ에서가 Ⅱ에서보다 높다. 낮다
ㄷ. 구간 Ⅰ에서 콩팥의 단위 시간당 수분 재흡수량은 정상일
때가 ㉠일 때보다 적다. 많다 → ADH 농도 : 정상 > ㉠
　　　　　　　　　　　　　　　　　수분 재흡수량 : 정상 > ㉠

① ㄱ　② ㄷ　③ ㄱ, ㄴ　④ ㄱ, ㄷ　⑤ ㄴ, ㄷ

| 자 | 료 | 해 | 설 |

뇌하수체 후엽에서 분비되는 항이뇨 호르몬(ADH)은
콩팥에서 수분 재흡수를 촉진하는 호르몬이다. 어떤
동물에서 오줌 생성이 정상일 때보다 ㉠일 때 시간에 따른
혈중 ADH의 농도가 낮다. 정상일 때 혈중 ADH의 농도는
Ⅰ < Ⅱ이므로, 수분 재흡수량은 Ⅰ < Ⅱ이다. 따라서 오줌
생성량은 Ⅰ > Ⅱ이고, 오줌의 삼투압은 Ⅰ < Ⅱ이다.

| 보 | 기 | 풀 | 이 |

㉠ 정답 : 항상성 조절 중추는 간뇌의 시상 하부이다.
따라서 삼투압 조절에 관여하는 항이뇨 호르몬의 분비
조절 중추 또한 간뇌의 시상 하부이다.
ㄴ. 오답 : 정상일 때 혈중 ADH의 농도는 Ⅰ < Ⅱ이므로,
수분 재흡수량은 Ⅰ < Ⅱ이다. 따라서 오줌 삼투압은 구간
Ⅰ에서가 Ⅱ에서보다 낮다.
ㄷ. 오답 : 구간 Ⅰ에서 혈중 ADH의 농도는 정상일 때가
㉠일 때보다 높으므로 수분 재흡수량 또한 정상일 때가
㉠일 때보다 많다.

😀 **문제풀이 TIP** | 혈중 ADH의 농도가 높을수록 콩팥에서의 수분 재흡수량이 많아진다. 따라서 오줌 생성량이 줄어들고 오줌의 삼투압은 증가한다.

😀 **출제분석** | 주어진 그래프에서 정상일 때와 ㉠일 때, 또는 구간 Ⅰ과 Ⅱ에서의 혈중 ADH의 농도를 비교하고 그에 따른 수분 재흡수량과 오줌의 삼투압을 비교해야 하는 난도 '중'의 문항이다. 삼투압 조절과 관련된 문항은 출제 빈도가 매우 높기 때문에 관련 내용을 반드시 이해 및 암기하고 있어야 한다. 항이뇨 호르몬(ADH)의 역할을 알고 ADH의 농도에 따른 수분 재흡수량, 오줌의 생성량과 삼투압 변화를 이해하고 있어야 문제를 해결할 수 있다.

그림 (가)는 정상인의 혈장 삼투압에 따른 혈중 ADH 농도를, (나)는 이 사람에서 혈중 ADH 농도에 따른 ㉠과 ㉡의 변화를 나타낸 것이다. ㉠과 ㉡은 각각 오줌 삼투압과 단위 시간당 오줌 생성량 중 하나이다.

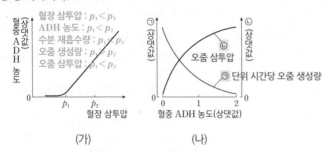

(가)   (나)

이에 대한 설명으로 옳은 것만을 〈보기〉에서 있는 대로 고른 것은? (단, 제시된 자료 이외에 체내 수분량에 영향을 미치는 요인은 없다.)

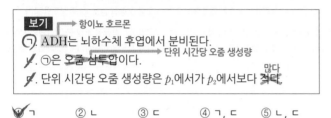

〈보기〉
  → 항이뇨 호르몬
㉠. ADH는 뇌하수체 후엽에서 분비된다.
          → 단위 시간당 오줌 생성량
ㄴ. ㉠은 오줌 삼투압이다.
                               많다
ㄷ. 단위 시간당 오줌 생성량은 p_1에서가 p_2에서보다 <del>적다</del>.

① ㄱ   ② ㄴ   ③ ㄷ   ④ ㄱ, ㄷ   ⑤ ㄴ, ㄷ

|자|료|해|설|

혈장 삼투압이 높아지면 뇌하수체 후엽에서 항이뇨 호르몬(ADH)의 분비가 증가하여 콩팥에서 수분 재흡수가 촉진된다. 혈중 ADH의 농도가 높아질수록 콩팥에서 수분 재흡수량이 증가하므로 단위 시간당 오줌 생성량은 감소하고, 오줌의 농도는 높아지므로 오줌의 삼투압은 증가한다. 그러므로 (나)에서 혈중 ADH의 농도가 높아질수록 값이 감소하는 ㉠이 단위 시간당 오줌 생성량이고, 값이 증가하는 ㉡은 오줌 삼투압이다.

|보|기|풀|이|

㉠ 정답 : 항이뇨 호르몬(ADH)은 뇌하수체 후엽에서 분비된다.

ㄴ. 오답 : 혈중 ADH의 농도가 높아질수록 값이 감소하는 ㉠은 단위 시간당 오줌 생성량이다.

ㄷ. 오답 : (가)에서 혈중 ADH의 농도가 p_1일 때보다 p_2일 때 더 높으므로 단위 시간당 오줌 생성량은 p_1에서가 p_2에서보다 많다.

😮 문제풀이 T I P | (나)에서 그래프의 x축은 원인, y축은 결과에 해당한다. 즉, 혈중 ADH 농도가 증가할수록 ㉠은 감소하고 ㉡은 증가한다.

😀 출제분석 | 혈장 삼투압에 따른 항이뇨 호르몬(ADH)의 농도 변화와 ADH의 농도에 따른 단위 시간당 오줌 생성량과 오줌 삼투압의 변화를 이해하고 있는지를 확인하는 난도 '중하'의 문항이다. 그동안 자주 출제되었던 유형의 문항이며, 혈장 삼투압 조절을 위해 일어나는 과정을 이해하고 주어진 그래프를 분석할 수 있다면 쉽게 해결할 수 있다.

그림 (가)는 호르몬 X의 분비와 작용을, (나)는 혈액량이 정상일 때와 ㉠일 때 혈장 삼투압에 따른 혈중 X 농도를 나타낸 것이다. ㉠은 혈액량이 정상일 때보다 증가한 상태와 감소한 상태 중 하나이다.

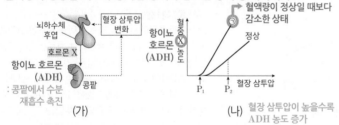

(가)   (나) 혈장 삼투압이 높을수록
                      ADH 농도 증가

이에 대한 옳은 설명만을 〈보기〉에서 있는 대로 고른 것은? (단, 제시된 자료 이외에 체내 수분량에 영향을 미치는 요인은 고려하지 않는다.) 3점

〈보기〉
  → 정상일 때보다 항이뇨 호르몬(ADH)의 농도가 높음 →
     콩팥에서 수분이 더 많이 흡수됨(혈액량이 부족하기 때문)
㉠. X는 항이뇨 호르몬(ADH)이다.
㉡. ㉠은 혈액량이 정상일 때보다 감소한 상태이다.
㉢. 혈액량이 정상일 때 단위 시간당 오줌 생성량은 P_1일 때가 P_2일 때보다 많다.

① ㄱ   ② ㄷ   ③ ㄱ, ㄴ   ④ ㄴ, ㄷ   ⑤ ㄱ, ㄴ, ㄷ

         혈장 삼투압 : $P_1 < P_2$
         ADH 농도 : $P_1 < P_2$
         수분 재흡수량 : $P_1 < P_2$
         오줌 생성량 : $P_1 > P_2$

|자|료|해|설|

뇌하수체 후엽에서 분비되어 콩팥에 작용하는 호르몬 X는 항이뇨 호르몬(ADH)이다. 항이뇨 호르몬(ADH)은 콩팥에서 수분의 재흡수를 촉진하며 혈장 삼투압을 조절한다. (나)는 혈장 삼투압이 높을수록 항이뇨 호르몬(ADH)의 농도가 증가하는 그래프이다. ㉠은 정상일 때보다 ADH의 농도가 높아 콩팥에서 수분이 더 많이 흡수되는데, 이는 혈액량이 정상일 때보다 감소한 상태이기 때문이다.

|보|기|풀|이|

㉠ 정답 : 뇌하수체 후엽에서 분비되어 콩팥에 작용하는 호르몬 X는 항이뇨 호르몬(ADH)이다.

㉡ 정답 : 항이뇨 호르몬(ADH)의 농도는 ㉠일 때가 정상일 때보다 높으므로 콩팥에서 재흡수되는 수분량이 더 많다. 이는 혈액량이 부족하기 때문이며, 따라서 ㉠은 혈액량이 정상일 때보다 감소한 상태이다.

㉢ 정답 : 혈중 ADH 농도가 높을수록 콩팥에서의 수분 재흡수량이 많으므로 단위 시간당 오줌 생성량은 적어진다. 따라서 단위 시간당 오줌 생성량은 P_1일 때가 P_2일 때보다 많다.

😮 문제풀이 T I P | '혈장 삼투압 증가 → 항이뇨 호르몬(ADH) 농도 증가 → 콩팥에서 수분 재흡수량 증가 → 오줌의 삼투압 증가 및 생성량 감소'의 과정을 순차적으로 이해하자! 또한 그래프의 x축은 원인, y축은 결과로 해석해야 한다.

그림 (가)는 정상인의 혈중 항이뇨 호르몬(ADH) 농도에 따른 ⊙을, (나)는 정상인 A와 B 중 한 사람에게만 수분 공급을 중단하고 측정한 시간에 따른 ⊙을 나타낸 것이다. ⊙은 오줌 삼투압과 단위 시간당 오줌 생성량 중 하나이다.

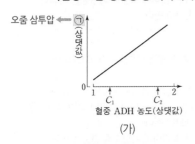
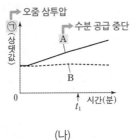

(가)   (나)

이에 대한 설명으로 옳은 것만을 〈보기〉에서 있는 대로 고른 것은? (단, 제시된 조건 이외는 고려하지 않는다.) **3점**

보기

ㄱ. 단위 시간당 오줌 생성량은 C_2일 때가 C_1일 때보다 ~~많다.~~ 적다

ㄴ. t_1일 때 $\dfrac{\text{B의 혈중 ADH 농도}}{\text{A의 혈중 ADH 농도}}$ 는 1보다 ~~크다.~~ 작다

ㄷ. 콩팥은 ADH의 표적 기관이다.

① ㄱ   ✓ ㄷ   ③ ㄱ, ㄴ   ④ ㄴ, ㄷ   ⑤ ㄱ, ㄴ, ㄷ

|자|료|해|설|

혈중 ADH 농도가 증가함에 따라 수분 재흡수량이 많아지므로 단위 시간당 오줌 생성량은 감소하고, 오줌 삼투압은 증가한다. 따라서 ⊙은 오줌 삼투압이다. 수분 공급을 중단하면 혈장 삼투압이 높아져 ADH 분비가 촉진된다. 이때 수분 재흡수량이 증가하여 오줌 삼투압(⊙)이 증가하므로 수분 공급을 중단한 사람은 A라는 것을 알 수 있다.

|보|기|풀|이|

ㄱ. 오답 : C_2일 때가 C_1일 때보다 혈중 ADH 농도가 높으므로 수분 재흡수량이 많다. 따라서 단위 시간당 오줌 생성량은 C_2일 때가 C_1일 때보다 적다.

ㄴ. 오답 : t_1일 때 혈중 ADH 농도는 수분 공급을 중단한 A에서 B에서보다 높다. 따라서 t_1일 때 $\dfrac{\text{B의 혈중 ADH 농도}}{\text{A의 혈중 ADH 농도}}$ 는 1보다 작다.

ㄷ. 정답 : ADH의 표적 기관은 콩팥이며, 수분 재흡수를 촉진시킨다.

🧑 **문제풀이 TIP** | 혈중 ADH 농도가 증가하면 수분 재흡수량이 많아지므로 단위 시간당 오줌 생성량은 감소하고, 오줌 삼투압은 증가한다. 수분 공급을 중단시키면 ADH 분비가 촉진된다.

그림은 어떤 정상인이 ⊙과 ⓒ을 섭취하였을 때 단위 시간당 오줌 생성량을 시간에 따라 나타낸 것이다. ⊙과 ⓒ은 물과 소금물을 순서 없이 나타낸 것이다.

이에 대한 설명으로 옳은 것만을 〈보기〉에서 있는 대로 고른 것은? (단, 제시된 조건 이외에 체내 수분량에 영향을 미치는 요인은 없다.) **3점**

물 섭취 → 혈장 삼투압 감소 → ADH 분비 감소
　→ 오줌 생성량 증가, 오줌 삼투압 감소
소금물 섭취 → 혈장 삼투압 증가 → ADH 분비 증가
　→ 오줌 생성량 감소, 오줌 삼투압 증가

보기

ㄱ. ⊙은 ~~소금물이다.~~ 물

ㄴ. 혈중 항이뇨 호르몬(ADH)의 농도는 t_1에서가 t_2에서보다 높다. → 콩팥에서 수분 재흡수 촉진

ㄷ. 생성되는 오줌의 삼투압은 t_2에서가 t_3에서보다 ~~크다.~~ 작다

① ㄱ   ✓ ㄴ   ③ ㄷ   ④ ㄱ, ㄴ   ⑤ ㄴ, ㄷ

|자|료|해|설|

⊙을 섭취한 직후 오줌 생성량이 증가했으므로 ⊙은 물이고, ⓒ은 소금물이다. 물을 섭취하면 혈장 삼투압이 낮아지고, 뇌하수체 후엽에서 항이뇨 호르몬(ADH)의 분비가 감소하여 콩팥에서 수분 재흡수가 억제된다. 이때 오줌의 생성량은 증가하고, 오줌의 삼투압은 낮아진다. 반대로 소금물을 섭취하면 혈장 삼투압이 높아지고 항이뇨 호르몬(ADH)의 분비가 증가하여 콩팥에서 수분 재흡수가 촉진된다. 이때 오줌의 생성량은 감소하고, 오줌의 삼투압은 높아진다.

|보|기|풀|이|

ㄱ. 오답 : ⊙을 섭취한 직후 오줌 생성량이 증가했으므로 ⊙은 물이다.

ㄴ. 정답 : 혈중 항이뇨 호르몬(ADH)의 농도는 물 섭취 후 낮아지므로 t_1에서가 t_2에서보다 높다.

ㄷ. 오답 : 소금물 섭취 후 항이뇨 호르몬(ADH)의 분비가 증가하여 콩팥에서 수분 재흡수가 촉진된다. 이때 오줌의 생성량은 감소하고, 오줌의 삼투압은 높아지므로 오줌의 삼투압은 t_2에서가 t_3에서보다 작다.

🧑 **문제풀이 TIP** | * 물 섭취 : 혈장 삼투압 감소 → ADH 분비 감소 → 수분 재흡수 억제 → 오줌 생성량 증가, 오줌 삼투압 감소
* 소금물 섭취 : 혈장 삼투압 증가 → ADH 분비 증가 → 수분 재흡수 촉진 → 오줌 생성량 감소, 오줌 삼투압 증가

🧑 **출제분석** | 삼투압 조절에 대해 묻는 난도 '중상'의 문항이다. 혈장 삼투압 변화에 따른 ADH의 농도와 콩팥에서 수분의 재흡수량, 오줌의 생성량과 오줌의 삼투압까지 연결지어 생각할 수 있어야 한다. 비슷한 유형의 문항(2019학년도 6월 모평 14번, 2018학년도 9월 모평 16번, 2017학년도 9월 모평 12번)을 풀어보며 출제를 대비하자!

그림은 정상인이 **A**를 섭취했을 때 시간에 따른 혈장 삼투압을 나타낸 것이다. **A**는 물과 소금물 중 하나이다. 이에 대한 옳은 설명만을 〈보기〉에서 있는 대로 고른 것은? **3점**

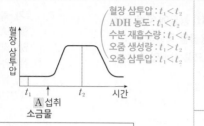

혈장 삼투압 : $t_1 < t_2$
ADH 농도 : $t_1 < t_2$
수분 재흡수량 : $t_1 < t_2$
오줌 생성량 : $t_1 > t_2$
오줌 삼투압 : $t_1 < t_2$

보기

ㄱ. A는 소금물이다.

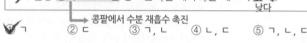

ㄴ. 단위 시간당 오줌 생성량은 t_2일 때가 t_1일 때보다 ~~많다.~~ 적다

ㄷ. 혈중 항이뇨 호르몬 농도는 t_1일 때가 t_2일 때보다 ~~높다.~~ 낮다
→ 콩팥에서 수분 재흡수 촉진

✔①ㄱ   ②ㄷ   ③ㄱ,ㄴ   ④ㄴ,ㄷ   ⑤ㄱ,ㄴ,ㄷ

|자|료|해|설|
A 섭취 후 혈장 삼투압이 높아졌으므로 A는 소금물이다. 혈장 삼투압이 증가할수록 항상성 유지를 위해 항이뇨 호르몬(ADH)의 분비가 촉진되고, 콩팥에서의 수분 재흡수량이 증가한다. 이때 오줌의 생성량은 감소하고, 오줌의 삼투압은 높아진다.

|보|기|풀|이|
ㄱ. 정답 : A 섭취 후 혈장 삼투압이 높아졌으므로 A는 소금물이다.

ㄴ. 오답 : 혈장 삼투압이 증가할수록 단위 시간당 오줌 생성량은 감소한다. 따라서 단위 시간당 오줌 생성량은 t_2일 때가 t_1일 때보다 적다.

ㄷ. 오답 : 혈장 삼투압이 증가할수록 혈중 항이뇨 호르몬(ADH)의 농도가 증가한다. 따라서 혈중 항이뇨 호르몬의 농도는 t_1일 때가 t_2일 때보다 낮다.

😀 **문제풀이 TIP |** 물을 섭취하면 혈장 삼투압이 감소하고, 소금물을 섭취하면 혈장 삼투압이 증가한다.
*혈장 삼투압 증가 → 항이뇨 호르몬(ADH) 분비량 증가 → 콩팥에서의 수분 재흡수량 증가 → 오줌 생성량 감소, 오줌 삼투압 증가

😀 **출제분석 |** 혈장 삼투압 변화에 따른 호르몬 분비와 조절 과정을 이해하고 있어야 해결 가능한 난도 '중하'의 문항이다. 제시된 그림은 기존에 자주 출제된 그래프이며, 혈장 삼투압 변화와 ADH의 작용을 이해하고 t_1과 t_2일 때 콩팥에서의 수분 재흡수량과 오줌의 생성량 및 삼투압을 비교할 수 있어야 한다.

그림 (가)는 정상인에서 시상 하부 온도에 따른 ㉠을, (나)는 이 사람의 체온 변화에 따른 털세움근과 피부 근처 혈관을 나타낸 것이다. ㉠은 '근육에서의 열 발생량'과 '피부에서의 열 발산량' 중 하나이다.

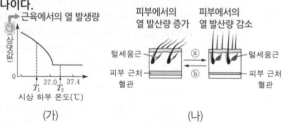

피부에서의 열 발산량 증가   피부에서의 열 발산량 감소

이에 대한 설명으로 옳은 것만을 〈보기〉에서 있는 대로 고른 것은?

보기

ㄱ. ㉠은 '근육에서의 열 발생량'이다.

ㄴ. 과정 ⓐ에 교감 신경이 작용한다. → 고온 자극 [열 발생량 감소 / 열 발산량 증가]

ㄷ. 시상 하부 온도가 T_1에서 T_2로 변하면 과정 ⓑ가 일어난다.

① ㄱ   ② ㄷ   ③ ㄱ,ㄴ   ④ ㄴ,ㄷ   ✔⑤ㄱ,ㄴ,ㄷ

|자|료|해|설|
(가)에서 시상 하부의 온도가 37.0℃이하로 떨어질 때 ㉠이 증가하고 있으므로 ㉠은 근육에서의 열 발생량이다. (나)에서 털세움근이 수축하고 피부 근처 혈관이 수축하면(ⓐ) 피부에서의 열 발산량은 감소하고, 털세움근이 이완되고 피부 근처 혈관이 확장되면(ⓑ) 피부에서의 열 발산량은 증가한다.

|보|기|풀|이|
ㄱ. 정답 : 시상 하부 온도가 떨어질 때 ㉠이 증가하므로 ㉠은 근육에서의 열 발생량이다.

ㄴ. 정답 : 저온 자극이 주어졌을 때(추울 때) 교감 신경이 작용하여 피부 근처 혈관이 수축한다(ⓐ).

ㄷ. 정답 : 시상 하부 온도가 T_1에서 T_2로 상승하면 피부 근처 혈관이 확장되어(ⓑ) 피부에서의 열 발산량이 증가한다.

😀 **문제풀이 TIP |** 추울 때 열 발생량은 증가하고 열 발산량은 감소하며, 반대로 더울 때 열 발생량은 감소하고 열 발산량은 증가한다.

😀 **출제분석 |** 시상 하부의 온도에 따른 열 발생량과 열 발산량에 대해 묻는 문항이다. 근육에서의 열 발생량과 피부에서의 열 발산량 조절로 체온이 유지되는 과정을 이해한다면 쉽게 해결할 수 있다.

그림은 사람에서 전체 혈액량이 정상 상태일 때와 ㉠일 때 혈장 삼투압에 따른 혈중 ADH 농도를 나타낸 것이다. ㉠은 전체 혈액량이 정상보다 증가한 상태와 정상보다 감소한 상태 중 하나이다.
이에 대한 설명으로 옳은 것만을 〈보기〉에서 있는 대로 고른 것은?
(단, 제시된 자료 이외에 체내 수분량에 영향을 미치는 요인은 없다.)

전체 혈액량이 감소한 상태

정상 상태

혈중 ADH 농도 (상댓값)

혈장 삼투압

㉠

콩팥에서 수분 재흡수 촉진

항이뇨 호르몬

p_1　p_2

3점

・혈장 삼투압 : $p_1 < p_2$
・ADH 농도 : $p_1 < p_2$
・수분 재흡수량 : $p_1 < p_2$
・오줌 삼투압 : $p_1 < p_2$
・오줌 생성량 : $p_1 > p_2$

보기

㉠. ADH는 뇌하수체 후엽에서 분비된다.

ㄴ. ㉠은 전체 혈액량이 정상보다 <s>증가한</s> 감소 상태이다.

ㄷ. 정상 상태일 때 콩팥에서 단위 시간당 수분 재흡수량은 p_1일 때가 p_2일 때보다 <s>많다.</s> 적다

① ㄱ　② ㄷ　③ ㄱ, ㄴ　④ ㄴ, ㄷ　⑤ ㄱ, ㄴ, ㄷ

|자|료|해|설|
혈장 삼투압이 높아질수록 ADH(항이뇨 호르몬)의 분비량이 증가하여 콩팥에서의 수분 재흡수량이 증가한다. 수분 재흡수량이 증가할수록 생성되는 오줌의 삼투압은 높아지며, 오줌의 생성량은 감소한다. ㉠은 정상 상태보다 혈중 ADH 농도가 높으므로 체내에 수분이 부족한 상태라는 것을 알 수 있다. 따라서 ㉠은 전체 혈액량이 정상보다 감소한 상태이다.

|보|기|풀|이|
㉠. 정답 : ADH(항이뇨 호르몬)은 뇌하수체 후엽에서 분비된다.

ㄴ. 오답 : ㉠은 정상 상태보다 혈중 ADH 농도가 높으므로 체내에 수분이 부족한 상태이다. 따라서 ㉠은 전체 혈액량이 정상보다 감소한 상태이다.

ㄷ. 오답 : 혈중 ADH 농도가 높을수록 콩팥에서의 수분 재흡수량이 많아진다. 따라서 정상 상태일 때 콩팥에서 단위 시간당 수분 재흡수량은 p_1일 때가 p_2일 때보다 적다.

😀 **문제풀이 TIP** | 혈장 삼투압이 높아질수록 항이뇨 호르몬(ADH)의 분비량이 증가하여 콩팥에서의 수분 재흡수량이 증가한다. 체내에 수분이 부족한 상태일 때 혈장 삼투압에 따른 혈중 ADH 농도는 정상 상태일 때보다 높다.

😀 **출제분석** | 혈장 삼투압에 따른 항상성 조절에 대해 묻는 난도 '중상'의 문항이다. 혈장 삼투압에 따른 항이뇨 호르몬(ADH)의 농도와 수분 재흡수량 뿐만 아니라 오줌의 삼투압과 오줌의 생성량까지 비교할 수 있어야 한다. 또한 전체 혈액량이 정상보다 증가한 상태에서는 혈장 삼투압에 따른 혈중 ADH 농도 그래프가 정상 상태 그래프의 아래에 위치한다는 것도 연결지어 생각할 수 있어야 한다.

그림 (가)는 정상인에서 ㉠의 변화량에 따른 혈중 항이뇨 호르몬 (ADH)의 농도를, (나)는 이 사람이 1L의 물을 섭취한 후 시간에 따른 혈장과 오줌의 삼투압을 나타낸 것이다. ㉠은 혈장 삼투압과 전체 혈액량 중 하나이다.

혈중 ADH 농도 (상댓값)

안정 상태

−10　0　+10

㉠의 변화량(%)

콩팥에서의 수분 재흡수 촉진

혈장 삼투압

(가)

혈장 삼투압 감소 → ADH 분비량 감소 → 수분 재흡수량 감소 → 오줌 삼투압 감소

삼투압 (상댓값)

물 섭취

오줌

혈장

0　60 　120　180

t_1　시간(분)

(나)

이에 대한 설명으로 옳은 것만을 〈보기〉에서 있는 대로 고른 것은?
(단, 제시된 자료 이외에 체내 수분량에 영향을 미치는 요인은 없다.)

3점

보기

ㄱ. ㉠은 <s>전체 혈액량</s>이다. 혈장 삼투압

ㄴ. ADH는 뇌하수체 후엽에서 분비된다.

ㄷ. 콩팥에서의 단위 시간당 수분 재흡수량은 물 섭취 시점일 때가 t_1일 때보다 <s>적다.</s> 많다

① ㄱ　② ㄴ　③ ㄱ, ㄷ　④ ㄴ, ㄷ　⑤ ㄱ, ㄴ, ㄷ

|자|료|해|설|
ADH는 혈장 삼투압이 높을 때 분비되어 콩팥에서의 수분 재흡수를 촉진시키는 호르몬이다. (가)에서 ㉠이 증가할수록 혈중 ADH의 농도가 높아지므로 ㉠은 혈장 삼투압이다.
(나)에서 물을 섭취하면 혈장 삼투압이 감소하므로 ADH 분비량이 감소하며, 그 결과 수분 재흡수량이 감소하여 오줌의 삼투압이 감소한다.

|보|기|풀|이|
ㄱ. 오답 : 혈장 삼투압이 증가하면 ADH 분비량이 증가하므로 ㉠은 혈장 삼투압이다.

ㄴ. 정답 : ADH는 뇌하수체 후엽에서 분비되는 호르몬이다.

ㄷ. 오답 : 물 섭취 시점일 때가 t_1일 때보다 오줌의 삼투압이 높으므로 물 섭취 시점일 때가 t_1일 때보다 ADH 분비량이 많다. 따라서 물 섭취 시점일 때가 t_1일 때보다 콩팥에서의 단위 시간당 수분 재흡수량이 많다.

😀 **문제풀이 TIP** | 물 섭취에 따른 혈장 삼투압과 오줌 삼투압의 변화를 ADH의 분비 및 작용과 함께 설명할 수 있어야 한다. 혈장 삼투압의 변화로 인해 ADH의 분비가 조절되고, 그에 따라 콩팥에서 수분의 재흡수량이 조절되며, 이로 인해 오줌의 삼투압이 결정되므로 인과 관계를 혼동하지 말자.

😀 **출제분석** | 물의 섭취에 의해 유발되는 혈장 삼투압과 오줌 삼투압의 변화를 묻는 문항이다. 그 변화의 과정에 있는 ADH의 분비와 수분 재흡수량의 인과 관계를 정확히 이해해야 해결할 수 있는 문항으로 난도 '중상'에 해당한다. 삼투압 조절과 관련해서는 혈장 삼투압, 오줌 삼투압, 오줌 생성량, 전체 혈액량, 수분 재흡수량 등 다양한 요소를 물을 수 있으므로 그 사이의 관계를 정확히 정리하도록 하자.

그림은 정상인이 물 1L를 섭취한 후 시간에 따른 ㉠과 ㉡을 나타낸 것이다. ㉠과 ㉡은 각각 혈장 삼투압과 단위 시간당 오줌 생성량 중 하나이다.

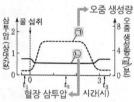

이에 대한 설명으로 옳은 것만을 〈보기〉에서 있는 대로 고른 것은? (단, 제시된 자료 이외의 체내 수분량에 영향을 미치는 요인은 없다.)

보기

→ 항이뇨 호르몬 : 콩팥에서 물의 재흡수 촉진

㉠. ㉠은 단위 시간당 오줌 생성량이다.

㉡. 혈중 ADH 농도는 t_1일 때가 t_2일 때보다 높다.

✗. 생성되는 오줌의 삼투압은 t_2일 때가 t_3일 때보다 ~~높다~~ 낮다.

① ㄱ   ② ㄷ   ✔③ ㄱ, ㄴ   ④ ㄴ, ㄷ   ⑤ ㄱ, ㄴ, ㄷ

|자|료|해|설|

물을 섭취하면 혈액의 농도는 감소하고, 농도에 비례하는 혈장 삼투압 또한 감소한다. 혈장 삼투압이 감소하면 항이뇨 호르몬(ADH)의 분비가 감소하여 수분의 재흡수가 감소하기 때문에 오줌의 생성량은 증가한다. 따라서 물 섭취 시 증가하는 그래프 ㉠은 오줌 생성량이고 감소하는 그래프 ㉡은 혈장 삼투압이다.

|보|기|풀|이|

㉠. 정답 : 물을 섭취하고 증가하는 그래프 ㉠은 오줌 생성량이다.

㉡. 정답 : 혈장 삼투압은 물 섭취 전인 t_1일 때가 물 섭취 후인 t_2일 때보다 높으므로 ADH의 분비량은 t_1일 때 더 많다.

ㄷ. 오답 : 오줌 생성량이 t_2일 때가 t_3일 때보다 많으므로 오줌으로 배출되는 물의 양이 t_2일 때가 t_3일 때보다 많다. 즉, 오줌의 삼투압은 t_2일 때가 t_3일 때보다 낮다.

😊 **출제분석** | ADH에 의한 삼투압 조절의 기작을 이해하고 혈장 삼투압, 오줌의 삼투압, 전체 혈액량, 오줌 생성량, 혈압 등의 변화를 인과관계에 맞게 파악할 수 있어야 하는 문제가 자주 출제되므로 삼투압 조절에 대한 다양한 문항들로 연습하도록 한다.

그림 (가)는 호르몬 X의 분비와 작용을, (나)는 정상인이 물 1L를 섭취한 후 시간에 따른 오줌의 생성량을 나타낸 것이다.

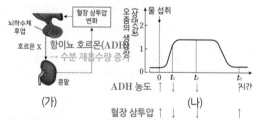

이에 대한 설명으로 옳은 것만을 〈보기〉에서 있는 대로 고른 것은? (단, 제시된 자료 이외에 체내 수분량에 영향을 미치는 요인은 없다.)

3점

보기

콩팥

✗. X의 표적 기관은 ~~뇌하수체 후엽~~이다.

㉡. 혈중 X의 농도는 물 섭취 시점보다 t_1일 때가 낮다.

✗. 혈장 삼투압은 ✗(t_2)일 때보다 ✗(t_2)일 때가 낮다.

① ㄱ   ✔② ㄴ   ③ ㄷ   ④ ㄱ, ㄴ   ⑤ ㄴ, ㄷ

|자|료|해|설|

그림 (가)와 같이 혈장 삼투압의 변화에 따라 뇌하수체 후엽에서 분비되는 호르몬 X는 ADH(항이뇨 호르몬)이다. ADH는 콩팥을 표적 기관으로 작용하여 수분 재흡수를 촉진해 혈장 삼투압을 낮추는 역할을 한다. 시간에 따른 오줌의 생성량 변화를 나타낸 그래프 (나)를 분석해보면 물 섭취 시점에는 오줌의 생성량이 적으므로 ADH 농도는 높고, 혈장 삼투압은 높은 상태이며, t_1과 t_2일 때가 물 섭취 지점보다 오줌의 생성량이 많으므로 ADH 농도는 낮고, 혈장 삼투압은 낮은 상태이다. t_3일 때는 t_1과 t_2보다 오줌 생성량이 적으므로 ADH 농도는 높고, 혈장 삼투압은 높은 상태이다.

|보|기|풀|이|

ㄱ. 오답 : 호르몬 X는 ADH(항이뇨 호르몬)로 표적 기관인 콩팥에 작용하여 수분 재흡수를 촉진한다.

㉡. 정답 : 오줌의 생성량의 증가 원인은 혈장 삼투압이 낮아 혈액에 ADH 농도가 낮기 때문이다. 따라서 t_1이 물 섭취 시점보다 오줌 생성량이 높으므로 혈액의 ADH 농도는 t_1이 물 섭취 시점보다 낮다.

ㄷ. 오답 : 혈장 삼투압은 오줌 생성량에 주요한 원인으로 혈장 삼투압이 높으면 ADH 분비가 증가하고, 오줌 생성량이 감소한다. 따라서, t_2보다 t_3에서 오줌 생성량이 감소했으므로 혈장 삼투압은 t_3일 때보다 t_2일 때가 낮다.

😊 **출제분석** | 호르몬의 종류와 기능을 그래프와 그림을 연계하여 출제하는 문항은 매년 빠지지 않고 출제되는 부분이지만, 어느 호르몬이 들어갈지는 미지수이다. 따라서 삼투압 조절, 혈당량 조절, 체온 조절을 중점으로 호르몬에 따른 체내의 변화를 학습해야 할 것이다. 이번 문항은 항상성 조절 가운데서도 많은 학생들이 어려움을 겪는 삼투압 조절에 관한 문항으로 난도 '중상'에 해당한다. 특히, 보기 ㄷ에서 많은 학생들이 어려움을 겪었을 것이다. 문항이 오줌의 생성량이 증가하게 만든 혈장의 상태나 ADH의 농도를 묻고 있음을 빠르게 파악하는 것이 관건이었다. 2017학년도 수능에서는 삼투압 조절과 관련하여 오줌 삼투압, 혈장 삼투압의 변화를 모두 고려하는 문항이 출제되었다. 따라서 ADH 분비에 따른 혈장 삼투압, 오줌 삼투압을 비교하며 학습해 놓을 필요가 있다.

그림 (가)는 정상인의 혈장 삼투압에 따른 혈중 ADH 농도를, (나)는 이 사람의 혈중 포도당 농도에 따른 혈중 인슐린 농도를 나타낸 것이다.

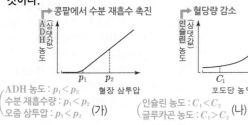

ADH 농도 : $p_1 < p_2$
수분 재흡수량 : $p_1 < p_2$
오줌 삼투압 : $p_1 < p_2$ (가)

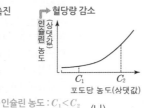

인슐린 농도 : $C_1 < C_2$
글루카곤 농도 : $C_1 > C_2$ (나)

이에 대한 설명으로 옳은 것만을 〈보기〉에서 있는 대로 고른 것은? (단, 제시된 조건 이외는 고려하지 않는다.) **3점**

보기

ㄱ. 생성되는 오줌의 삼투압은 p_1일 때가 p_2일 때보다 작다. → 혈당량 증가

ㄴ. 혈중 글루카곤의 농도는 C_2일 때가 C_1일 때보다 ~~높다.~~ 낮다

ㄷ. 혈장 삼투압과 혈당량 조절 중추는 모두 ~~연수~~이다. 간뇌 시상하부, 이자

① ㄱ   ② ㄴ   ③ ㄱ, ㄷ   ④ ㄴ, ㄷ   ⑤ ㄱ, ㄴ, ㄷ

|자|료|해|설|

항이뇨 호르몬(ADH)은 혈장 삼투압이 정상 범위보다 높을 때 분비량이 증가하며, 콩팥에서의 수분 재흡수를 촉진한다. ADH의 작용에 의해 수분 재흡수량이 증가하면 오줌의 삼투압은 높아진다.

인슐린은 혈당량이 정상 범위보다 높을 때 분비량이 증가하며, 혈당량을 낮추는 작용을 한다. 인슐린은 글루카곤과 길항 작용을 통해 혈당량을 조절한다.

|보|기|풀|이|

ㄱ 정답 : p_1일 때가 p_2일 때보다 ADH의 농도가 낮으므로 수분 재흡수량이 적어 오줌의 삼투압이 작다.

ㄴ. 오답 : 글루카곤은 인슐린과 반대로 혈당량이 낮을 때 분비되어 혈당량을 높이는 작용을 하므로 인슐린 농도가 높은 C_2일 때가 C_1일 때보다 농도가 낮다.

ㄷ. 오답 : 혈장 삼투압과 혈당량 조절의 중추는 간뇌의 시상하부와 이자이다.

😮 **문제풀이 T I P** | 삼투압 조절과 혈당량 조절에 관한 그래프를 통해 항상성 유지의 원리를 묻고 있는 문항이다. 항상성 유지에 대한 문제는 그래프 해석이 중요하며, 여러 가지 형태의 그래프가 제시될 수 있으므로 기출 문제 풀이를 통해 충분한 연습이 필요하다.

그림은 정상인이 1L의 물을 섭취한 후 단위 시간당 오줌 생성량을 시간에 따라 나타낸 것이다.
이에 대한 설명으로 옳은 것만을 〈보기〉에서 있는 대로 고른 것은? (단, 제시된 조건 이외에 체내 수분량에 영향을 미치는 요인은 없다.) **3점**

혈장 삼투압 감소→ADH 분비 억제
→ 수분 재흡수량 감소
→ 오줌 생성량 증가 및 오줌 삼투압 감소

물 섭취

오줌
생성량
(mL/분)

시간(분)

보기

ㄱ. 혈중 항이뇨 호르몬 농도는 구간 Ⅰ에서가 구간 Ⅱ에서보다 높다. → 물 섭취 후 ADH 분비량 감소

ㄴ. 혈장 삼투압은 구간 Ⅱ에서가 구간 Ⅲ에서보다 ~~높다.~~ 낮다 → 물 섭취 후 혈장 삼투압 감소

ㄷ. t_1일 때 땀을 많이 흘리면, 생성되는 오줌의 삼투압이 ~~감소~~한다. 증가 → 혈장 삼투압 증가→ADH 분비 촉진→수분 재흡수량 증가 → 오줌 생성량 감소 및 오줌 삼투압 증가

① ㄱ   ② ㄴ   ③ ㄱ, ㄴ   ④ ㄱ, ㄷ   ⑤ ㄴ, ㄷ

|자|료|해|설|

물을 섭취하면 체내 삼투압이 감소하여 항이뇨 호르몬의 농도가 낮아진다. 따라서 콩팥에서의 수분 재흡수가 억제되고 오줌의 생성량이 많아진다.

|보|기|풀|이|

ㄱ 정답 : 항이뇨 호르몬 농도가 높을수록 콩팥에서 수분 재흡수량이 많아져 오줌 생성량이 감소하므로 혈중 항이뇨 호르몬 농도는 구간 Ⅰ에서가 구간 Ⅱ에서보다 높다.

ㄴ. 오답 : 혈장 삼투압이 높을수록 항이뇨 호르몬 농도가 높아지고 콩팥에서 수분 재흡수량이 많아져 오줌 생성량이 감소한다. 따라서 혈장 삼투압은 구간 Ⅱ에서가 구간 Ⅲ에서보다 낮다.

ㄷ. 오답 : t_1일 때 땀을 많이 흘리면, 혈장 삼투압이 증가하여 항이뇨 호르몬의 분비량이 늘어나고 이로 인해 콩팥에서 수분 재흡수량이 많아져 오줌의 삼투압이 증가한다.

😮 **문제풀이 T I P** | 혈장 삼투압 감소→항이뇨 호르몬(ADH) 분비 억제→수분 재흡수량 감소→오줌 생성량 증가 및 오줌 삼투압 감소
혈장 삼투압 증가→항이뇨 호르몬(ADH) 분비 촉진→수분 재흡수량 증가→오줌 생성량 감소 및 오줌 삼투압 증가

😊 **출제분석** | 혈장 삼투압 변화에 따라 나타나는 증상을 이해하고 있어야 해결 가능한 문항으로 난도는 '중'에 해당한다. 항상성 유지 중에서도 혈당량과 삼투압 부분은 출제 빈도가 매우 높다. 혈장 삼투압 변화에 따라 나타나는 호르몬의 농도 변화 및 오줌의 생성량과 삼투압 변화를 정확하게 이해하고 있어야 한다.

그림은 정상인 사람 (가)와 ADH
(항이뇨 호르몬)의 분비에 이상이 있는 환자
(나)에 각각 수분 공급을 중단했을 때 혈장
삼투압에 따른 오줌의 삼투압을 나타낸 것이다.
이에 대한 설명으로 옳은 것만을 〈보기〉에서
있는 대로 고른 것은? (단, 혈장 삼투압 이외의
다른 조건은 고려하지 않는다.) 3점

→ 수분 재흡수 촉진

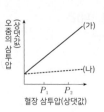

보기

ㄱ. ADH의 분비 조절 중추는 간뇌의 시상 하부이다.

ㄴ. (가)에서 단위 시간당 오줌 생성량은 P_2일 때가 P_1일 때보다 ~~적다.~~ 많다.

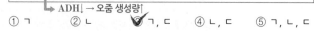

ㄷ. 혈장 삼투압이 P_1일 때 ADH 분비량은 (가)에서 (나)에서보다 많다.

→ ADH↓ → 오줌 생성량↑

① ㄱ   ② ㄴ   ③ ㄱ, ㄷ   ④ ㄴ, ㄷ   ⑤ ㄱ, ㄴ, ㄷ

|자|료|해|설|

ADH(항이뇨 호르몬)의 조절 중추는 간뇌 시상 하부이며,
뇌하수체 후엽에서 분비된다. ADH는 체내로 수분
재흡수를 촉진하는 호르몬이다. 그래프는 혈장 삼투압에
따른 오줌의 삼투압의 변화를 나타낸 것이다. 혈장
삼투압이 높아지면 ADH의 분비량이 증가하고 체내로
수분 재흡수가 촉진된다. 이에 따라 오줌의 삼투압은
증가하고 반대로 오줌 생성량은 감소하게 된다. (가)인
정상인에 비해 ADH 분비 이상인 (나)는 혈장 삼투압의
변화에도 오줌 삼투압의 변화가 거의 없다.

|보|기|풀|이|

ㄱ. 정답 : ADH의 분비 조절 중추는 간뇌의 시상
하부이며, 시상 하부의 뇌하수체 후엽에서 분비된다.

ㄴ. 오답 : (가)의 P_1보다 P_2에서 혈장 삼투압이 높다.
이는 ADH 분비량 또한 P_1보다 P_2에서 높음을 의미한다.
ADH의 분비량이 높은 P_2에서 체내로 수분 재흡수가 더
많이 촉진되므로 단위 시간당 오줌 생성량은 P_2에서가
P_1에서보다 더 적다.

ㄷ. 정답 : P_1일 때, (나)에서보다 (가)에서 오줌 삼투압이
높다. 이는 (나)에서보다 (가)에서 ADH 분비가 많이
이루어져 오줌 생성량은 감소하였고, 오줌 삼투압은
높아진 것이다. 따라서 ADH 분비량은 (가)에서가
(나)에서보다 많다.

😲 **문제풀이 T I P** | 혈장 삼투압에 따라 ADH 분비량이 변화하고 ADH 분비량에 따라 오줌 삼투압이 변화함을 이해해야 문제풀이가 가능하다. ADH의 기능을 알고 있음에도
불구하고 문제풀이에 어려움을 느낀다면, 그래프 분석 연습과 함께 혈장 삼투압이 일정하게 유지되는 기작을 아래의 과정을 중심으로 반드시 스스로 정리해보도록 하자.
혈장 삼투압 높음(낮음) → ADH 분비량 증가(감소) → 오줌 생성량 감소(증가), 오줌 삼투압 증가(감소)

그림은 건강한 사람에서 혈장 삼투압에
따른 혈중 호르몬 X의 농도와 갈증의
강도를 나타낸 것이다. X는 뇌하수체
후엽에서 분비된다.
이에 대한 옳은 설명만을 〈보기〉에서
있는 대로 고른 것은? (단, 제시된 자료
이외에 체내 수분량에 영향을 미치는 요인은 고려하지 않는다.) 3점

보기

ㄱ. X는 항이뇨 호르몬(ADH)이다.

ㄴ. 오줌 삼투압은 P_1일 때가 P_2일 때보다 낮다.

ㄷ. 콩팥에서 단위 시간당 수분 재흡수량은 갈증의 강도가 ㉠일
때가 ㉡일 때보다 많다.

• 혈장 삼투압 : $P_1 < P_2$
• 항이뇨 호르몬 농도 : $P_1 < P_2$
• 수분 재흡수량 : $P_1 < P_2$
• 오줌 삼투압 : $P_1 < P_2$
• 오줌 생성량 : $P_1 > P_2$

• 혈장 삼투압 : ㉠>㉡
• 항이뇨 호르몬 농도 : ㉠>㉡
• 수분 재흡수량 : ㉠>㉡

① ㄴ   ② ㄷ   ③ ㄱ, ㄴ   ④ ㄱ, ㄷ   ⑤ ㄱ, ㄴ, ㄷ

|자|료|해|설|

뇌하수체 후엽에서 분비되는 X는 항이뇨 호르몬(ADH)
이다. 항이뇨 호르몬(ADH)은 콩팥에서 수분의 재흡수를
촉진하여 삼투압을 조절한다. 혈장 삼투압이 높을수록
갈증이 심해지며 몸의 삼투압 조절을 위해 항이뇨 호르몬
(ADH)의 분비량은 많아지고 콩팥에서 수분 재흡수가
촉진된다. 따라서 오줌의 삼투압은 높아지고 오줌
생성량은 적어진다.

|보|기|풀|이|

ㄱ. 정답 : 뇌하수체 후엽에서 분비되는 X는 항이뇨 호르몬
(ADH)이다.

ㄴ. 정답 : 혈장 삼투압이 높을수록 항이뇨 호르몬(ADH)
의 분비량은 많아지고 콩팥에서 수분 재흡수가 촉진된다.
따라서 혈장 삼투압이 높을수록 오줌의 삼투압이
높아지므로 오줌 삼투압은 P_1일 때가 P_2일 때보다 낮다.

ㄷ. 정답 : 갈증의 강도가 높은 ㉠일 때가 혈장 삼투압이
높다. 혈장 삼투압이 높을수록 항이뇨 호르몬(ADH)의
분비량은 많아지고 콩팥에서 수분 재흡수가 촉진되므로
콩팥에서 단위 시간당 수분의 재흡수량은 ㉠일 때가 ㉡일
때보다 많다.

😲 **문제풀이 T I P** | 혈장 삼투압이 높을수록 갈증이 심해지며 몸의 삼투압 조절을 위해 항이뇨 호르몬(ADH)의 분비량은 많아지고 콩팥에서 수분 재흡수가 촉진된다. 따라서 오줌의
삼투압은 높아지고 오줌 생성량은 적어진다.

😊 **출제분석** | 혈장 삼투압 변화에 따라 나타나는 증상을 이해하고 있어야 해결 가능한 난도 '중'의 문항이다. 갈증의 강도 그래프가 새롭게 출제되었는데, 혈장 삼투압이 높을수록
갈증의 강도 또한 높아진다는 것을 이해하면 문제를 쉽게 해결할 수 있다. 혈장 삼투압 변화에 따라 나타나는 항이뇨 호르몬(ADH)의 농도 변화와 오줌의 삼투압 및 생성량 변화를
순차적으로 이해하고 있어야 한다.

그림은 정상인의 혈중 항이뇨 호르몬(ADH) 농도에 따른 ㉠을 나타낸 것이다. ㉠은 오줌 삼투압과 단위 시간당 오줌 생성량 중 하나이다.

이에 대한 설명으로 옳은 것만을 〈보기〉에서 있는 대로 고른 것은?

(단, 제시된 자료 이외에 체내 수분량에 영향을 미치는 요인은 없다.)

3점

단위 시간당 오줌 생성량

㉠(상댓값)

- 혈장 삼투압: $C_1 < C_2$
- ADH 농도: $C_1 < C_2$
- 수분 재흡수량: $C_1 < C_2$
- 오줌 삼투압: $C_1 < C_2$
- 오줌 생성량: $C_1 > C_2$

반비례

혈중 ADH 농도(상댓값)
: 콩팥에서 수분 재흡수 촉진

보기 → 항상성 조절 중추

㉠. 시상 하부는 ADH의 분비를 조절한다.

ㄴ. ㉠은 오줌 삼투압이다. → 단위 시간당 오줌 생성량

㉢. 콩팥에서 단위 시간당 수분 재흡수량은 C_2일 때가 C_1일 때보다 많다.

① ㄱ   ② ㄴ   ✓③ ㄱ, ㄷ   ④ ㄴ, ㄷ   ⑤ ㄱ, ㄴ, ㄷ

|자|료|해|설|

항이뇨 호르몬(ADH)은 뇌하수체 후엽에서 분비되어 콩팥에서 수분 재흡수를 촉진하는 호르몬이다. 혈장 삼투압이 높아질수록 항이뇨 호르몬(ADH)의 분비량이 증가하여 콩팥에서의 수분 재흡수량이 증가한다. 수분 재흡수량이 증가할수록 오줌의 삼투압은 높아지며, 오줌의 생성량은 감소한다. 따라서 ㉠은 '단위 시간당 오줌 생성량'이다.

|보|기|풀|이|

㉠ 정답 : 시상 하부는 항상성 유지의 조절 중추이므로 ADH의 분비를 조절한다.

ㄴ. 오답 : 혈중 ADH의 농도가 높을수록 콩팥에서의 수분 재흡수량이 증가하여 오줌의 삼투압은 높아지고 오줌의 생성량은 감소한다. 위의 그래프는 반비례 그래프이므로 ㉠은 '단위 시간당 오줌 생성량'이다.

㉢ 정답 : 혈중 ADH의 농도가 높을수록 콩팥에서의 수분 재흡수량이 증가하므로, 단위 시간당 수분 재흡수량은 C_2일 때가 C_1일 때보다 많다.

🤯 **문제풀이 TIP** | 혈중 항이뇨 호르몬(ADH)의 농도가 높을수록 콩팥에서의 수분 재흡수량이 증가한다. 수분 재흡수량이 증가할수록 오줌의 삼투압은 높아지며, 오줌의 생성량은 감소한다.

😀 **출제분석** | 항이뇨 호르몬(ADH)에 따른 항상성 조절에 대해 묻는 난도 '중'의 문항이다. 혈장 삼투압에 따른 항이뇨 호르몬(ADH)의 농도와 콩팥에서의 수분 재흡수량, 오줌의 삼투압과 오줌 생성량의 변화를 이해하고 있다면 문제를 쉽게 해결할 수 있다. 그래프에서 x축이 원인이고, y축이 결과라는 것을 통해 비례, 반비례 관계를 찾으면 된다.

그림 (가)는 정상인에서 혈중 호르몬 X의 농도에 따른 혈액에서 조직 세포로의 포도당 유입량을, (나)는 사람 A와 B에서 탄수화물 섭취 후 시간에 따른 혈중 X의 농도를 나타낸 것이다. X는 인슐린과 글루카곤 중 하나이고, A와 B는 각각 정상인과 당뇨병 환자 중 하나이다.

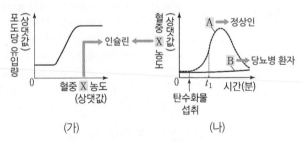

(가)   (나)

이에 대한 설명으로 옳은 것만을 〈보기〉에서 있는 대로 고른 것은?

(단, 제시된 조건 이외는 고려하지 않는다.) **3점**

보기

㉠. X는 인슐린이다.

㉡. B는 당뇨병 환자이다.

정상인 → ㄷ. A의 혈액에서 조직 세포로의 포도당 유입량은 탄수화물 섭취 시점일 때가 t_1일 때보다 많다.
         적다

① ㄱ   ② ㄷ   ✓③ ㄱ, ㄴ   ④ ㄴ, ㄷ   ⑤ ㄱ, ㄴ, ㄷ

|자|료|해|설|

(가)에서 혈중 X의 농도가 증가할 때 조직 세포로의 포도당 유입량이 증가하므로 X는 인슐린이다. (나)에서 탄수화물을 섭취한 후 A에서는 인슐린이 분비되지만 B에서는 인슐린이 분비되지 않으므로 A는 정상인, B는 당뇨병 환자이다.

|보|기|풀|이|

㉠ 정답 : X는 혈당량이 높을 때 분비가 촉진되어 혈당량을 낮추는 호르몬인 인슐린이다.

㉡ 정답 : B는 탄수화물 섭취 후에도 인슐린이 분비되지 않는 당뇨병 환자이다.

ㄷ. 오답 : 정상인인 A의 혈액에서 조직 세포로의 포도당 유입량은 혈중 인슐린 농도가 높은 t_1일 때가 탄수화물 섭취 시점일 때보다 많다.

🤯 **문제풀이 TIP** | 탄수화물 섭취로 혈당량이 높아지면 정상인의 경우 인슐린이 분비되며, 인슐린은 세포의 포도당 유입을 촉진하고 간에서 글리코젠 합성을 촉진하여 혈당량을 낮춘다.

😀 **출제분석** | 포도당 유입량 그래프를 통해 호르몬 X를 파악하고 호르몬 X(인슐린) 농도 그래프를 통해 정상인과 당뇨병 환자를 구분해야하는 난도 '중'의 문항이다. 혈당량 조절의 경우 다양한 그래프가 주어질 수 있으므로 기본 개념으로 그래프를 해석하는 연습이 필요하다.

그림은 어떤 동물 종에서 ㉠이 제거된 개체
Ⅰ과 정상 개체 Ⅱ에 각각 자극 ⓐ를 주고
측정한 단위 시간당 오줌 생성량을 시간에
따라 나타낸 것이다. ㉠은 뇌하수체 전엽과
뇌하수체 후엽 중 하나이고, ⓐ는 ㉠에서

항이뇨 호르몬 ← 호르몬 X의 분비를 촉진한다.
(ADH)

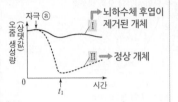

이에 대한 설명으로 옳은 것만을 〈보기〉에서 있는 대로 고른 것은?
(단, 제시된 조건 이외는 고려하지 않는다.) **3점**

보기
ㄱ. ㉠은 뇌하수체 후엽이다.
ㄴ. t_1일 때 콩팥에서의 단위 시간당 수분 재흡수량은 Ⅰ에서가
Ⅱ에서보다 ~~많다.~~ 적다
ㄷ. t_1일 때 Ⅰ에게 항이뇨 호르몬(ADH)을 주사하면 생성되는
오줌의 삼투압이 ~~감소한다.~~ 증가

① ㄱ　　② ㄴ　　③ ㄷ　　④ ㄱ, ㄴ　　⑤ ㄱ, ㄷ

| 자 | 료 | 해 | 설 |
정상 개체 Ⅱ에서 자극 ⓐ 이후 단위 시간당 오줌 생성량이
감소되고 있으므로, 호르몬 X는 항이뇨 호르몬(ADH)이며
ADH를 분비하는 ㉠은 뇌하수체 후엽이다. 개체 Ⅰ은
뇌하수체 후엽(㉠)이 제거되어 자극 ⓐ가 주어져도 ADH가
분비되지 않아 오줌 생성량에 큰 변화가 일어나지 않는다.

| 보 | 기 | 풀 | 이 |
ㄱ. 정답 : ㉠은 ADH를 분비하는 뇌하수체 후엽이다.
ㄴ. 오답 : 정상 개체 Ⅱ에서는 콩팥에서 수분 재흡수를
촉진하는 호르몬인 ADH가 분비되고 뇌하수체 후엽이
제거된 개체 Ⅰ에서는 그렇지 못하므로, t_1일 때
콩팥에서의 단위 시간당 수분 재흡수량은 Ⅰ에서가
Ⅱ에서보다 적다.
ㄷ. 오답 : t_1일 때 Ⅰ에게 ADH를 주사하면 콩팥에서
수분의 재흡수량이 증가해 생성되는 오줌의 농도가
진해지므로 오줌의 삼투압이 증가한다.

😮 **문제풀이 TIP** | 항이뇨 호르몬(ADH)의 분비샘과 기능을 이해하고 있어야 하는 문제로, 특히 ADH의 작용 효과를 콩팥에서의 수분 재흡수량, 오줌 생성량, 오줌의 삼투압 등으로
설명할 수 있어야 한다. ADH는 표적 기관인 콩팥에 작용하여 수분의 재흡수를 촉진하며, 그에 따라 오줌의 생성량은 감소하고 생성되는 오줌의 삼투압은 증가함을 인과 관계에 맞게
이해하도록 하자.

그림은 정상인에게 ㉠ 자극을 주었을 때 일어나는 체온 조절 과정의
일부를 나타낸 것이다. ㉠은 고온과 저온 중 하나이고, ⓐ는 억제와
촉진 중 하나이다.

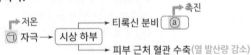

이에 대한 옳은 설명만을 〈보기〉에서 있는 대로 고른 것은?

보기
ㄱ. ㉠은 저온이다.
ㄴ. ⓐ는 ~~억제~~이다. 촉진
ㄷ. 피부 근처 혈관 수축이 일어나면 열 발산량(열 방출량)이
감소한다.

① ㄱ　　② ㄴ　　③ ㄱ, ㄴ　　✔ ㄱ, ㄷ　　⑤ ㄴ, ㄷ

| 자 | 료 | 해 | 설 |
피부 근처의 혈관이 수축되면 피부를 통해 몸 바깥으로
방출되는 열의 양(열 발산량)이 감소하므로, 그림은
정상인에게 저온 자극이 주어졌을 때 일어나는 체온 조절
과정이다. 시상 하부에 저온 자극이 주어지면 티록신 분비
과정이 촉진되어 물질대사 촉진 등을 통해 열 발생량이
증가하고, 피부 근처 혈관 수축으로 열 발산량이 감소하여
체온이 상승한다.

| 보 | 기 | 풀 | 이 |
ㄱ. 정답 : 피부 근처 혈관이 수축되고 있으므로 ㉠은
저온이다.
ㄴ. 오답 : 저온 자극이 주어졌을 때 티록신 분비는
촉진되므로 ⓐ는 촉진이다.
ㄷ. 정답 : 피부 근처 혈관이 수축되면 피부를 통해 몸
밖으로 방출되는 열의 양(열 발산량)이 감소한다.

😮 **문제풀이 TIP** | 체온 조절의 중추인 시상 하부에 저온 또는 고온 자극이 주어지면 체온을 조절하기 위한 기작이 일어나게 된다. 특히 체온의 조절은 열 발생량(물질대사, 몸 떨림)과
열 발산량(피부의 혈류량, 땀 분비)의 조절을 통해 이루어진다. 추울 때(저온 자극)는 열 발생량은 증가, 열 발산량은 감소시키고, 더울 때(고온 자극)는 열 발생량은 감소, 열 발산량은
증가시킨다.

그림 (가)는 어떤 동물에서 전체 혈액량이 정상 상태일 때와 ㉠일 때 혈장 삼투압에 따른 호르몬 X의 혈중 농도를, (나)는 정상 상태인 이 동물에게 물과 소금물을 순서대로 투여하였을 때 단위 시간당 오줌 생성량을 시간에 따라 나타낸 것이다. X는 뇌하수체 후엽에서 분비되고, ㉠은 정상 상태일 때보다 전체 혈액량이 증가한 상태와 감소한 상태 중 하나이다.

항이뇨 호르몬 ← X
수분 재흡수 촉진

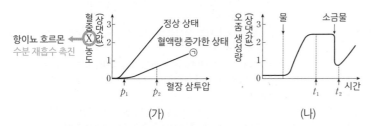

(가)　　　　　　　　　　　(나)

이에 대한 설명으로 옳은 것만을 〈보기〉에서 있는 대로 고른 것은? (단, 제시된 자료 이외에 체내 수분량에 영향을 미치는 요인은 없다.)
3점

보기
㉠. ㉠은 정상 상태일 때보다 전체 혈액량이 증가한 상태이다.
㉡. ㉠일 때 단위 시간당 오줌 생성량은 p_1일 때가 p_2일 때보다 많다.
　　X 농도↓→ 오줌 생성량↑　　　　　X 농도↑→오줌 생성량↓
㉢. 호르몬 X의 혈중 농도는 t_2일 때가 t_1일 때보다 높다.
　　X 농도↑→ 오줌 생성량↓　　　오줌 생성량↑←X 농도↓

① ㄴ　② ㄷ　③ ㄱ, ㄴ　④ ㄱ, ㄷ　⑤ ㄱ, ㄴ, ㄷ

|자|료|해|설|
뇌하수체 후엽에서 분비되면서 삼투압 조절에 관여하는 호르몬 X는 항이뇨 호르몬이다. 항이뇨 호르몬은 수분 재흡수를 촉진한다. 그래프 (가)에서 혈장 삼투압이 증가할 때, 혈중 X의 농도도 증가한다. ㉠은 혈장 삼투압 증가 시 혈중 X의 농도 증가 폭이 정상보다 낮다. 이는 정상 상태일 때보다 전체 혈액량이 증가한 상태이기 때문에 수분 재흡수가 빨리 될 필요가 없어서 혈중 X의 농도가 느리게 증가하는 것이다. (나)에서는 물을 투여하였을 때, 오줌 생성량은 증가하고, 소금물을 투여하였을 때는 오줌 생성량이 급격히 감소한다. 물을 투여하면 혈장 삼투압이 감소하고, 소금물을 투여하면 혈장 삼투압이 증가하여 혈중 X의 농도 조절에 따라 오줌 생성량이 조절된 것이다.

|보|기|풀|이|
㉠. 정답 : 혈액량이 정상보다 높다면 이미 혈액에 수분이 많은 상태이다. 따라서 혈장 삼투압을 일정하게 유지하기 위한 혈중 X의 증가 폭이 정상보다 감소한다. 그러므로 ㉠은 전체 혈액량이 증가한 상태이다.
㉡. 정답 : p_1일 때보다 p_2일 때 혈중 X의 농도가 더 높다. 혈중 X가 높을수록 수분 재흡수량이 증가하여 오줌 생성량은 감소하게 된다. 따라서 혈중 X의 농도가 더 낮은 p_1일 때가 p_2일 때보다 오줌 생성량이 많다.
㉢. 정답 : t_1일 때 오줌 생성량이 많고 t_2일 때는 오줌 생성량이 적다. 혈중 X 즉, 항이뇨 호르몬의 농도가 높을수록 오줌 생성량이 적으므로 오줌 생성량이 적은 t_2일 때가 t_1일 때보다 혈중 X의 농도가 높다.

😮 **문제풀이 T I P** | 항상성 유지 가운데 삼투압 조절의 방식을 이해하고 있으면 문제를 풀 수 있다. 이 문항의 문제 풀이에는 무엇보다도 그래프 분석이 중요하다. 그래프를 분석할 때는 x축의 요소가 원인으로 작용하여 y축의 요소가 결과로 나타남을 염두하고 분석하면 훨씬 수월하게 풀이할 수 있다. 위의 그래프는 혈장 삼투압이 증가함에 따라 혈중 항이뇨 호르몬 농도가 증가하여 체내로 수분을 더 많이 재흡수하고 이에 따라 오줌 생성량은 감소함을 나타내고 있다. 혈장 삼투압이 감소하면 항이뇨 호르몬의 농도가 감소하고 오줌 생성량은 증가한다.

그림은 정상인 A~C의 오줌 생성량 변화를 나타낸 것이다. t_2일 때 B는 물 1L를 마시고, A와 C 중 한 명은 물질 ㉠을 물에 녹인 용액 1L를 마시고, 다른 한 명은 아무것도 마시지 않았다. ㉠은 항이뇨 호르몬(ADH)의 분비를 억제하는 물질과 촉진하는 물질 중 하나이다.

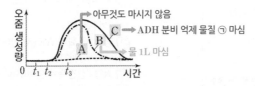

이에 대한 옳은 설명만을 〈보기〉에서 있는 대로 고른 것은? **3점**

보기
　　　　　　　　　억제
ㄱ. ㉠은 ADH의 분비를 촉진한다.
㉡. ㉠을 물에 녹인 용액을 마신 사람은 C이다.
　　　　　　　　　　　　　　　　낮다
ㄷ. B의 혈중 ADH 농도는 t_3일 때가 t_1일 때보다 높다 → 혈중 ADH 농도↓
　　　　　　　　　　　　　　　　　　　　　　→수분재흡수량↓
　　　　　　　　　　　　　　　　　　　　　　→오줌 생성량↑

① ㄱ　② ㄴ　③ ㄷ　④ ㄱ, ㄴ　⑤ ㄴ, ㄷ

|자|료|해|설|
아무것도 마시지 않은 사람의 오줌 생성량은 물 1L를 마신 B의 오줌 생성량보다 적다. 따라서 아무것도 마시지 않은 사람은 A이고, 물질 ㉠을 물에 녹인 용액 1L를 마신 사람은 C이다. C의 오줌 생성량이 물 1L를 마신 B의 오줌 생성량보다 많으므로 C에서 수분의 재흡수가 덜 일어났다는 것을 알 수 있다. 즉, ㉠은 항이뇨 호르몬(ADH)의 분비를 억제하는 물질이다.

|보|기|풀|이|
ㄱ. 오답 : ㉠은 ADH의 분비를 억제한다.
㉡. 정답 : 아무것도 마시지 않은 사람은 A이고, 물질 ㉠을 물에 녹인 용액을 마신 사람은 C이다.
ㄷ. 오답 : B의 혈중 ADH 농도는 오줌 생성량이 증가하는 t_3일 때가 t_1일 때보다 낮다.

😮 **문제풀이 T I P** | 혈중 ADH 농도가 높으면 콩팥에서의 수분 재흡수량이 많아 오줌 생성량이 적고, 반대로 혈중 ADH 농도가 낮으면 콩팥에서의 수분 재흡수량이 적어 오줌 생성량이 많다.

그림은 사람 Ⅰ과 Ⅱ에서 전체 혈액량의 변화량에 따른 혈중 항이뇨 호르몬(ADH) 농도를 나타낸 것이다. Ⅰ과 Ⅱ는 'ADH가 정상적으로 분비되는 사람'과 'ADH가 과다하게 분비되는 사람'을 순서 없이 나타낸 것이다.

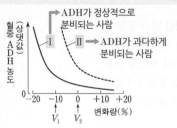

이에 대한 설명으로 옳은 것만을 〈보기〉에서 있는 대로 고른 것은? (단, 제시된 조건 이외는 고려하지 않는다.)

> **보기**
> ㄱ. ADH는 혈액을 통해 표적 세포로 이동한다.
> ㄴ. Ⅱ는 'ADH가 정상적으로 ~~정상적으로~~ 과다하게 분비되는 사람'이다.
> ㄷ. Ⅰ에서 단위 시간당 오줌 생성량은 V_1일 때가 V_2일 때보다 ~~많다~~ 적다

① ㄱ   ② ㄴ   ③ ㄱ, ㄷ   ④ ㄴ, ㄷ   ⑤ ㄱ, ㄴ, ㄷ

| 자 | 료 | 해 | 설 |

항이뇨 호르몬(ADH)은 콩팥에서 수분의 재흡수를 촉진하여 오줌으로 배출되는 수분의 양을 감소시킴으로써 체내 삼투압을 조절하는 호르몬이다. 전체 혈액량의 변화량이 같을 때, 혈중 ADH 농도가 더 높은 Ⅱ는 ADH가 과다하게 분비되는 사람이고 Ⅰ은 ADH가 정상적으로 분비되는 사람임을 알 수 있다.

| 보 | 기 | 풀 | 이 |

ㄱ. 정답 : ADH는 호르몬의 일종이므로 혈액을 통해 표적 세포로 이동한다.

ㄴ. 오답 : 전체 혈액량의 변화량이 같을 때, Ⅱ는 Ⅰ보다 혈중 ADH 농도가 높으므로 'ADH가 과다하게 분비되는 사람'이다.

ㄷ. 오답 : V_1일 때가 V_2일 때보다 전체 혈액량이 더 많이 감소한 상태로, 혈중 ADH 농도가 더 높다. 따라서 콩팥에서의 수분 재흡수량이 더 많아 단위 시간당 오줌 생성량은 V_1일 때가 V_2일 때보다 적다.

🤯 **문제풀이 T I P** | 전체 혈액량 감소 → 혈장 삼투압 증가 → ADH 분비량 증가 → 콩팥에서의 수분 재흡수량 증가 → 오줌 생성량 감소, 오줌 삼투압 증가

다음은 사람의 몸을 구성하는 기관계에 대한 자료이다. A와 B는 소화계와 순환계를 순서 없이 나타낸 것이고, ㉠은 인슐린과 글루카곤 중 하나이다.

> → 소화계
> o A는 음식물을 분해하여 포도당을 흡수한다. 그 결과 혈중 포도당 농도가 증가하면 ㉠의 분비가 촉진된다. → 인슐린
> o B를 통해 ㉠이 표적 기관으로 운반된다.
> └→ 순환계 └→ 인슐린

이에 대한 설명으로 옳은 것만을 〈보기〉에서 있는 대로 고른 것은?

 3점

> **보기**
> 소화계→ ㄱ. A에서 이화 작용이 일어난다.
> 순환계→ ㄴ. 심장은 B에 속한다.
> ㄷ. ㉠은 세포로의 포도당 흡수를 촉진한다.
> └→ 인슐린

① ㄱ   ② ㄴ   ③ ㄱ, ㄴ   ④ ㄴ, ㄷ   ⑤ ㄱ, ㄴ, ㄷ

| 자 | 료 | 해 | 설 |

음식물을 분해하여 포도당을 흡수하는 A는 소화계이고, 혈중 포도당 농도가 증가하면 인슐린의 분비가 촉진되므로 ㉠은 인슐린이다. B는 순환계이고, 순환계를 통해 인슐린(㉠)이 표적 기관으로 운반된다.

| 보 | 기 | 풀 | 이 |

ㄱ. 정답 : 소화계(A)에서 일어나는 소화 작용은 이화 작용에 해당한다.

ㄴ. 정답 : 심장은 순환계(B)에 속한다.

ㄷ. 정답 : 인슐린(㉠)은 세포로의 포도당 흡수를 촉진하여 혈당량을 낮춘다.

그림은 어떤 동물 종의 개체 A와 B를 고온 환경에 노출시켜 같은 양의 땀을 흘리게 하면서 측정한 혈장 삼투압을 시간에 따라 나타낸 것이다. A와 B는 '항이뇨 호르몬(ADH)이 정상적으로 분비되는 개체'와 '항이뇨 호르몬(ADH)이 정상보다 적게 분비되는 개체'를 순서 없이 나타낸 것이다.

이에 대한 설명으로 옳은 것만을 〈보기〉에서 있는 대로 고른 것은? (단, 제시된 조건 이외는 고려하지 않는다.) **3점**

수분 손실 ←
혈장 삼투압↑
↓
ADH 분비 증가
↓
수분 재흡수 촉진(콩팥)
↓
체내 수분량 증가

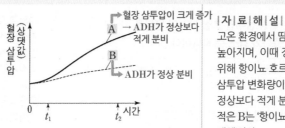

혈장 삼투압이 크게 증가
A → ADH가 정상보다 적게 분비
B
→ ADH가 정상 분비

보기

ㄱ. ADH는 콩팥에서 물의 재흡수를 촉진한다.

ㄴ. ~~A~~ 는 'ADH가 정상적으로 분비되는 개체'이다.
 B

ㄷ. B에서 생성되는 오줌의 삼투압은 t_1일 때가 t_2일 때보다 ~~높다.~~ 낮다

① ㄱ   ② ㄴ   ③ ㄷ   ④ ㄱ, ㄴ   ⑤ ㄱ, ㄷ

| 자 | 료 | 해 | 설 |

고온 환경에서 땀을 흘리면 수분 손실로 인해 혈장 삼투압이 높아지며, 이때 정상적인 사람의 몸에서는 항상성 유지를 위해 항이뇨 호르몬(ADH)이 분비된다. 따라서 혈장 삼투압 변화량이 큰 A는 '항이뇨 호르몬(ADH)이 정상보다 적게 분비되는 개체'이고, 혈장 삼투압 변화량이 적은 B는 '항이뇨 호르몬(ADH)이 정상적으로 분비되는 개체'이다.

| 보 | 기 | 풀 | 이 |

ㄱ. 정답 : ADH는 콩팥에서 물의 재흡수를 촉진하여 삼투압을 조절한다.

ㄴ. 오답 : 혈장 삼투압 변화량이 큰 A는 '항이뇨 호르몬(ADH)이 정상보다 적게 분비되는 개체'이다.

ㄷ. 오답 : 혈장 삼투압이 높아지면 ADH 분비가 촉진되어 수분 재흡수량이 증가한다. 따라서 ADH 분비 촉진으로 인해 오줌 생성량이 감소함으로써 B에서 혈장 삼투압은 t_1일 때가 t_2일 때보다 낮으므로 B에서 생성되는 오줌의 삼투압은 t_1일 때가 t_2일 때보다 낮다.

🤓 **문제풀이 TIP** | 혈장 삼투압 증가 → ADH 분비 촉진 → 수분 재흡수량 증가 → 오줌 삼투압 증가

사람 A와 B는 모두 혈중 티록신 농도가 정상보다 낮다. 표 (가)는 A와 B의 혈중 티록신 농도가 정상보다 낮은 원인을, (나)는 사람 ㉠과 ㉡의 TSH 투여 전과 후의 혈중 티록신 농도를 나타낸 것이다. ㉠과 ㉡은 A와 B를 순서 없이 나타낸 것이다.

사람	원인
A	TSH가 분비되지 않음
B	TSH의 표적 세포가 TSH에 반응하지 못함

(가) TSH 분비에 문제가 없는 사람

사람	티록신 농도	
	TSH 투여 전	TSH 투여 후
A㉠	정상보다 낮음	정상
B㉡	정상보다 낮음	정상보다 낮음

→ TSH 분비에 문제가 있는 사람

(나)

이에 대한 설명으로 옳은 것만을 〈보기〉에서 있는 대로 고른 것은? (단, 제시된 조건 이외는 고려하지 않는다.)

보기

ㄱ. ㉠은 ~~A~~ 이다.
 B

ㄴ. TSH 투여 후, A의 갑상샘에서 티록신이 분비된다.

ㄷ. 정상인에서 혈중 티록신 농도가 증가하면 TSH의 분비가 ~~촉진된다.~~ 억제

① ㄱ   ② ㄴ   ③ ㄷ   ④ ㄱ, ㄴ   ⑤ ㄱ, ㄷ

| 자 | 료 | 해 | 설 |

시상 하부에서 TRH(갑상샘 자극 호르몬 방출 호르몬)가 분비되면 뇌하수체 전엽에서 TSH(갑상샘 자극 호르몬)가 분비되고, TSH가 갑상샘을 자극하면 최종적으로 갑상샘에서 티록신이 분비된다. 티록신의 농도가 정상보다 높으면 TRH와 TSH의 분비가 억제되고, 반대로 티록신의 농도가 정상보다 낮으면 TRH와 TSH의 분비가 촉진된다. A는 TSH가 분비되지 않으므로 TSH를 투여하면 티록신의 농도가 정상으로 회복될 수 있다. 반면 B는 TSH의 표적 세포가 TSH에 반응하지 못하므로 TSH를 투여해도 티록신 분비가 촉진되지 않는다. 따라서 ㉠은 A이고, ㉡은 B이다.

| 보 | 기 | 풀 | 이 |

ㄱ. 오답 : ㉠은 A이다.

ㄴ. 정답 : TSH가 분비되지 않는 A에게 TSH를 투여하면 이후 반응이 일어나 갑상샘에서 티록신이 분비된다.

ㄷ. 오답 : 정상인에서 혈중 티록신 농도가 증가하면 음성 피드백에 의해 TSH의 분비가 억제된다.

🤓 **문제풀이 TIP** | TSH가 분비되지 않는 A에게 TSH를 투여하면 티록신의 농도가 정상으로 회복될 수 있지만, B는 TSH의 표적 세포가 TSH에 반응하지 못하므로 TSH를 투여해도 티록신 분비가 촉진되지 않는다.

그림은 정상인에게서 일어나는 혈장 삼투압 조절 과정의 일부를 나타낸 것이다. ㉠~㉢은 각각 증가와 감소 중 하나이다.

정상보다 높은 혈장 삼투압 → 항이뇨 호르몬 분비 ㉠ → 수분 재흡수 ㉡ → 오줌 삼투압 ㉢

↳증가 ↳증가 ↳증가

이에 대한 옳은 설명만을 〈보기〉에서 있는 대로 고른 것은?

보기

㉠. ㉠~㉢은 모두 증가이다.

㉡. 콩팥은 항이뇨 호르몬의 표적 기관이다.

㉢. 짠 음식을 많이 먹었을 때 이 과정이 일어난다.

↳혈장 삼투압 상승

① ㄱ   ② ㄴ   ③ ㄱ, ㄷ   ④ ㄴ, ㄷ   ✓⑤ ㄱ, ㄴ, ㄷ

|자|료|해|설|

정상보다 높은 혈장 삼투압이 감지되면 뇌하수체 후엽에서 항이뇨 호르몬(ADH)의 분비가 촉진된다. 항이뇨 호르몬은 표적기관인 콩팥에 작용하여 수분의 재흡수를 촉진시켜 오줌으로 나가는 수분의 양을 감소시키며, 이에 따라 오줌의 삼투압이 증가하게 된다. 따라서 ㉠, ㉡, ㉢은 모두 증가이다.

|보|기|풀|이|

㉠ 정답 : ㉠~㉢은 모두 증가이다.

㉡ 정답 : 콩팥은 항이뇨 호르몬에 대한 수용체가 있는 표적 기관이다.

㉢ 정답 : 짠 음식을 많이 먹으면 혈장 삼투압이 상승하므로 이와 같은 과정이 일어난다.

그림은 정상인이 운동할 때 체온의 변화와 ㉠, ㉡의 변화를 나타낸 것이다. ㉠과 ㉡은 각각 열 발산량(열 방출량)과 열 발생량(열 생산량) 중 하나이다.

이에 대한 옳은 설명만을 〈보기〉에서 있는 대로 고른 것은?

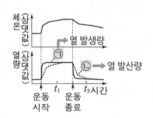

보기

   열 발생량(열 생산량)

✗ㄱ. ㉠은 열 발산량(열 방출량)이다.

㉡. 체온 조절 중추는 간뇌의 시상 하부이다.

✗ㄷ. 피부 근처 혈관을 흐르는 단위 시간당 혈액량은 t_1일 때가 t_2일 때보다 <s>적다</s> 많다.

① ㄱ   ✓② ㄴ   ③ ㄷ   ④ ㄱ, ㄴ   ⑤ ㄴ, ㄷ

|자|료|해|설|

운동을 시작한 시점부터 운동을 종료한 시점까지 체온이 상승하므로 이 구간에서는 열 발생량(열 생산량)이 열 발산량(열 방출량)보다 크고, 운동을 종료한 시점 이후로 체온이 하강하므로 이 구간에서는 열 발생량이 열 발산량보다 작음을 알 수 있다. 즉 ㉠은 열 발생량이고, ㉡은 열 발산량이다.

|보|기|풀|이|

ㄱ. 오답 : ㉠은 열 발생량이다.

㉡ 정답 : 체온 조절을 비롯한 항상성 조절의 중추는 간뇌의 시상 하부이다.

ㄷ. 오답 : t_1일 때가 t_2일 때보다 열 발산량이 크므로 피부 근처 혈관을 흐르는 단위 시간당 혈액량은 t_1일 때보다 많다.

🦉 **문제풀이 T I P |** 그래프 사이의 인과 관계를 혼동하지 않도록 유의한다. 열 발생량이 열 발산량보다 클 때 체온이 상승하고 열 발생량이 열 발산량보다 작을 때 체온이 하강함을 이용해 ㉠과 ㉡을 판단할 수 있다.

그림 (가)는 정상인에서 갈증을 느끼는 정도를 ⓐ의 변화량에 따라 나타낸 것이다. 그림 (나)는 정상인 A에게는 소금과 수분을, 정상인 B에게는 소금만 공급하면서 측정한 ⓐ를 시간에 따라 나타낸 것이다. ⓐ는 전체 혈액량과 혈장 삼투압 중 하나이다.

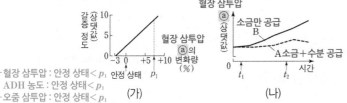

- 혈장 삼투압 : 안정 상태 $< p_1$　안정 상태　p_1
- ADH 농도 : 안정 상태 $< p_1$
- 오줌 삼투압 : 안정 상태 $< p_1$

(가)　　　(나)

이에 대한 설명으로 옳은 것만을 〈보기〉에서 있는 대로 고른 것은? (단, 제시된 조건 이외는 고려하지 않는다.)

보기

ㄱ. 생성되는 오줌의 삼투압은 안정 상태일 때가 p_1일 때보다 ~~높다.~~ 낮다

ㄴ. t_2일 때 갈증을 느끼는 정도는 B에서가 A에서보다 크다. → 혈장 삼투압이 높을수록 갈증 정도가 심해짐

ㄷ. B의 혈중 항이뇨 호르몬(ADH)농도는 t_1일 때가 t_2일 때보다 ~~높다.~~ 낮다 → 혈장 삼투압 : $t_1 < t_2$　ADH 농도 : $t_1 < t_2$

① ㄱ　✓② ㄴ　③ ㄷ　④ ㄱ, ㄴ　⑤ ㄴ, ㄷ

|자|료|해|설|

혈장 삼투압이 높아질수록 갈증 정도가 심해지므로 ⓐ는 혈장 삼투압이다. (나)에서 소금만 공급한 B의 경우 소금과 수분을 함께 공급한 A보다 혈장 삼투압(ⓐ)이 더 높아진다.

|보|기|풀|이|

ㄱ. 오답 : 혈장 삼투압이 높을수록 항이뇨 호르몬(ADH) 농도가 높아진다. 따라서 생성되는 오줌의 삼투압은 안정 상태일 때가 p_1일 때보다 낮다.

ㄴ. 정답 : 혈장 삼투압이 높을수록 갈증 정도가 심해지므로 t_2일 때 갈증을 느끼는 정도는 혈장 삼투압이 더 높은 B에서가 A에서보다 크다.

ㄷ. 오답 : 혈장 삼투압이 높을수록 항이뇨 호르몬(ADH) 농도가 높아지므로 B의 혈중 항이뇨 호르몬(ADH)의 농도는 t_1일 때가 t_2일 때보다 낮다.

🤓 **문제풀이 TIP** | 혈장 삼투압이 높아지면 갈증 정도가 심해지며 우리 몸에서는 수분을 보충하려는 기작이 일어난다. 따라서 항이뇨 호르몬(ADH)의 분비가 촉진되고 콩팥에서의 수분 재흡수량이 증가한다. 그 결과 오줌의 삼투압은 높아진다.

사람 A~C는 모두 혈중 티록신 농도가 정상적이지 않다. 표 (가)는 A~C의 혈중 티록신 농도가 정상적이지 않은 원인을, (나)는 사람 ㉠~㉢의 혈중 티록신과 TSH의 농도를 나타낸 것이다. ㉠~㉢은 A~C를 순서 없이 나타낸 것이고, ⓐ는 '+'와 '−' 중 하나이다.

	사람	원인
티록신 분비량 적음	A	뇌하수체 전엽에 이상이 생겨 TSH 분비량이 정상보다 적음
TSH 분비량 적음	B	갑상샘에 이상이 생겨 티록신 분비량이 정상보다 많음
TSH 분비량 많음	C	갑상샘에 이상이 생겨 티록신 분비량이 정상보다 적음

(가)

사람	혈중 농도	
	티록신	TSH
C㉠	−	+
B㉡	+	ⓐ−
A㉢	−	−

(+ : 정상보다 높음, − : 정상보다 낮음)

(나)

이에 대한 설명으로 옳은 것만을 〈보기〉에서 있는 대로 고른 것은? (단, 제시된 조건 이외는 고려하지 않는다.) **3점**

보기

C → ㉠. ⓐ는 '−'이다.

ㄴ. ㉠에게 티록신을 투여하면 투여 전보다 TSH의 분비가 ~~촉진된다.~~ 억제 → 뇌하수체에서 TSH 분비 촉진

㉢. 정상인에서 뇌하수체 전엽에 TRH의 표적 세포가 있다.

① ㄱ　② ㄴ　③ ㄷ　✓④ ㄱ, ㄷ　⑤ ㄴ, ㄷ

|자|료|해|설|

TSH는 갑상샘에서 티록신의 분비를 촉진하는 기능을 하는데 A는 TSH의 분비량이 정상보다 적으므로 혈중 티록신 농도가 낮아야 한다. 따라서 혈중 티록신 농도와 TSH 농도가 모두 정상보다 낮은 ㉢은 A이다. 또한 B는 티록신 분비량이 정상보다 많으므로 음성 피드백에 의해 뇌하수체 전엽에서 TSH 분비가 억제되어 혈중 TSH 농도가 낮아야 한다. 즉 ㉡이 B이고 ⓐ는 '−'이다. 남은 ㉠은 티록신 분비량이 정상보다 적은 C이다.

|보|기|풀|이|

㉠. 정답 : ㉡은 B이므로 혈중 TSH 농도가 정상보다 낮다. 즉 ⓐ는 '−'이다

ㄴ. 오답 : ㉠(C)에 티록신을 투여하면 음성 피드백에 의해 TSH의 분비가 억제된다.

㉢. 정답 : 시상하부에서 분비되는 TRH는 뇌하수체 전엽에 작용하여 TSH 분비를 촉진한다. 즉 정상인에서 뇌하수체 전엽에 TRH의 표적 세포가 있다.

🤓 **문제풀이 TIP** | 정상인에서 TRH는 TSH의 분비를 촉진하고, TSH는 티록신의 분비를 촉진하며, 티록신의 분비가 과다하면 TRH와 TSH의 분비가 억제되는 음성 피드백이 일어난다.

🤓 **출제분석** | 음성 피드백에 의한 티록신 분비 조절 과정에 대한 문항으로, 혈중 티록신 농도가 정상적이지 않은 원인으로부터 혈중 티록신 농도와 TSH 농도를 추론하도록 자료를 제시하여 난도를 높였다. 음성 피드백의 개념을 확실히 이해하고 있어야 THS와 티록신 분비 사이의 인과 관계를 혼동하지 않고 해결할 수 있다.

2. 방어 작용   01. 질병과 병원체

❶ 질병과 병원체 ★수능에 나오는 필수 개념 2가지 + 필수 암기사항 2개

기본자료

필수개념 1 질병을 일으키는 병원체

- **병원체** : 세균, 바이러스, 원생생물, 균류와 같이 인체에 질병을 일으키는 감염 인자이다. **암기**

  → 체크한 부분을 기억하자!

세균	• 분열법으로 번식하고 핵이 없는 단세포 원핵생물이다. • 세균에 의한 질병은 항생제를 이용하여 치료한다. 예 결핵, 세균성 식중독, 폐렴 등 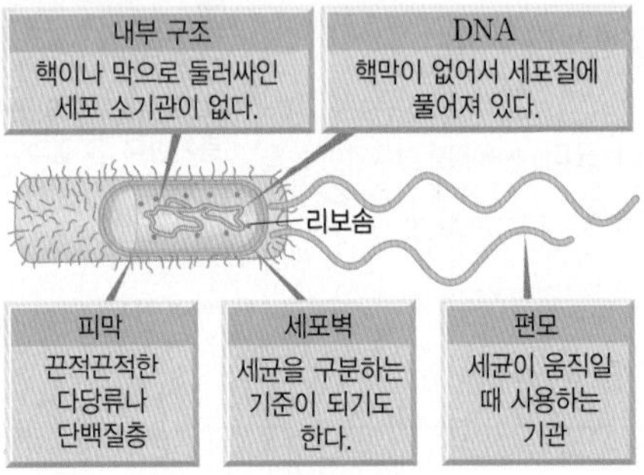 ▲ 세균의 구조
바이러스	• 비세포 구조이며, 세균보다 작다. • 살아 있는 숙주 세포 내에서 증식한 후 숙주 세포를 파괴하여 질병을 일으킨다. • 바이러스에 의한 질병은 항바이러스제를 이용하여 치료한다. 예 감기, 독감, 홍역, 소아마비, AIDS 등
원생생물	• 핵을 가지고 있는 진핵생물로, 대부분 열대 지역에서 매개 곤충을 통하여 인체 내로 들어와 질병을 일으킨다. 예 말라리아 등
균류	• 핵을 가지고 있는 진핵생물로, 균류가 몸에 직접 증식하거나 균류가 생산하는 독성 물질을 섭취하여 증상이 나타난다. • 균류에 의한 질병은 항진균제를 이용하여 치료한다. 예 무좀, 만성 폐질환 등
변형된 프라이온	• 단백질성 감염 인자이며 신경계의 퇴행성 질병을 유발하고 크기는 바이러스보다 작다. • 정상적인 프라이온 단백질은 변형된 프라이온 단백질과 접촉하면 변형된 프라이온 단백질로 구조가 변한다. • 변형된 프라이온 단백질이 축적되면 신경 세포가 파괴된다. 예 크로이츠펠트·야코프병(사람), 광우병(소) 등

필수개념 2 질병의 구분

- **질병의 구분** **암기** → 체크한 부분을 기억하자!

감염성 질병	• 병원체에 의해 나타나는 질병으로 전염이 되기도 한다. 예 감기, 천연두, 콜레라, 결핵 등
비감염성 질병	• 병원체 없이 나타나는 질병으로 전염이 되지 않으며 생활 방식, 환경, 유전 등이 원인이다. 예 고혈압, 당뇨병, 혈우병 등

▶ 세균과 바이러스 비교
① 공통점 : 병원체이며 유전 물질을 가진다.
② 차이점

세균	• 세포 구조 • 스스로 물질대사 가능 • 항생제로 치료
바이러스	• 비세포 구조 • 스스로 물질대사 불가능 • 항바이러스제로 치료하지만 치료가 어렵다.

▶ 원핵생물과 진핵생물
원핵생물은 핵이 없고 막으로 된 세포 소기관이 없다. 진핵생물은 핵이 있고 막으로 된 세포 소기관도 있다.

V(I)RUS
A(I)DS
아이에게 소홍한 감독
아이 마역 기감
소아마비

▶ 질병의 감염 경로
• 호흡기를 통한 감염 : 결핵, 감기, 독감 등
• 소화기를 통한 감염 : 세균성 식중독, 콜레라 등
• 매개 곤충을 통한 감염 : 말라리아, 수면병 등
• 신체 접촉을 통한 감염 : 무좀, 파상풍 등

1 질병을 일으키는 병원체

정답 ① 정답률 88% 2021년 3월 학평 4번 문제편 126p

그림은 독감을 일으키는 병원체 X를 나타낸 것이다. → 바이러스

X에 대한 옳은 설명만을 <보기>에서 있는 대로 고른 것은?

핵산

단백질 껍질

보기 → 바이러스
ㄱ. 세균이다. → 핵산
ㄴ. 유전 물질을 갖는다.
ㄷ. 스스로 물질대사를 한다.
하지 못한다

① ㄴ ② ㄷ ③ ㄱ, ㄴ ④ ㄱ, ㄷ ⑤ ㄴ, ㄷ

|자|료|해|설|
독감을 일으키는 병원체 X는 바이러스이다. 바이러스는 단백질 껍질 속에 유전 물질(핵산)이 들어있는 비세포 구조이며, 스스로 물질대사를 할 수 없다.

|보|기|풀|이|
ㄱ. 오답 : 병원체 X는 바이러스이다.
ㄴ. 정답 : 바이러스는 단백질 껍질과 유전 물질인 핵산으로 구성된다.
ㄷ. 오답 : 바이러스는 스스로 물질대사를 하지 못하며, 숙주 세포 내에서만 물질 대사가 가능하다.

😮 **문제풀이 TIP** | 바이러스는 단백질 껍질과 유전 물질(핵산)로 구성되며, 스스로 물질대사를 할 수 없다.

2 질병을 일으키는 병원체

정답 ③ 정답률 80% 2023년 3월 학평 4번 문제편 126p

그림 (가)와 (나)는 결핵과 독감의 병원체를 순서 없이 나타낸 것이다. 이에 대한 옳은 설명만을 <보기>에서 있는 대로 고른 것은?

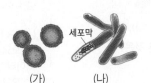

세포막

(가) (나)

보기 → 바이러스
바이러스 → 독감의 병원체 → 세균 → 결핵의 병원체
세균
ㄱ. (가)는 독감의 병원체이다.
ㄴ. (나)는 스스로 물질대사를 하지 못한다.
한다
ㄷ. (가)와 (나)는 모두 단백질을 갖는다.
바이러스 세균
① ㄱ ② ㄴ ③ ㄱ, ㄷ ④ ㄴ, ㄷ ⑤ ㄱ, ㄴ, ㄷ

|자|료|해|설|
결핵의 병원체는 세균이고, 독감의 병원체는 바이러스이다. 세포막을 갖는 (나)는 세균이므로 (가)는 바이러스이다.

|보|기|풀|이|
ㄱ. 정답 : 바이러스((가))는 독감의 병원체이다.
ㄴ. 오답 : 세균((나))은 스스로 물질대사를 한다.
ㄷ. 정답 : 바이러스((가))와 세균(나)) 모두 단백질을 갖는다.

사람의 질병에 대한 설명으로 옳은 것만을 〈보기〉에서 있는 대로 고른 것은?

> **보기**
>   → 세균
> ㄱ. 독감의 병원체는 바이러스이다.
>   → 세균
> ㄴ. 결핵의 병원체는 독립적으로 물질대사를 한다.
> ㄷ. 낫 모양 적혈구 빈혈증은 비감염성 질병에 해당한다.
>   → 유전자 이상

① ㄱ   ② ㄴ   ③ ㄱ, ㄷ   ④ ㄴ, ㄷ   ✔ ㄱ, ㄴ, ㄷ

|자|료|해|설|
독감의 병원체는 바이러스이고, 결핵의 병원체는 세균이다. 바이러스는 스스로 물질대사를 할 수 없으며, 세균은 독립적으로 물질대사를 한다. 독감이나 결핵과 같이 병원체에 의해 나타나는 질병을 감염성 질병이라 하며, 병원체 없이 나타나는 질병을 비감염성 질병이라 한다.

|보|기|풀|이|
ㄱ 정답 : 독감의 병원체는 바이러스이다.
ㄴ 정답 : 결핵의 병원체는 세균이며, 세균은 독립적으로 물질대사를 한다.
ㄷ 정답 : 유전자 이상으로 나타나는 낫 모양 적혈구 빈혈증은 비감염성 질병에 해당한다.

    → 세균
그림 (가)와 (나)는 **결핵**의 병원체와
후천성 면역 결핍증(AIDS)의 병원체를
순서 없이 나타낸 것이다. (나)는
세포 구조로 되어 있다.
이에 대한 설명으로 옳은 것만을 〈보기〉에서 있는 대로 고른 것은?

    ↓ 바이러스

    (가) 바이러스   (나) 세균

→ 세균

> **보기**   후천성 면역 결핍증(AIDS)
> ㄱ. (가)는 **결핵**의 병원체이다.
> ㄴ. (나)는 **원생생물**이다.
>   → 세균
> ㄷ. (가)와 (나)는 모두 단백질을 갖는다.

① ㄱ   ✔ ㄷ   ③ ㄱ, ㄴ   ④ ㄴ, ㄷ   ⑤ ㄱ, ㄴ, ㄷ

|자|료|해|설|
결핵의 병원체는 세균이고, 후천성 면역 결핍증(AIDS)의 병원체는 바이러스이다. 두 병원체 중에서 세포 구조로 되어 있는 (나)가 세균이므로 (가)는 바이러스이다.

|보|기|풀|이|
ㄱ. 오답 : (가)는 후천성 면역 결핍증(AIDS)의 병원체인 바이러스이다.
ㄴ. 오답 : (나)는 결핵의 병원체인 세균이다.
ㄷ 정답 : 바이러스와 세균은 모두 단백질을 갖는다.

😲 **문제풀이 T I P** | 그림만으로 두 병원체를 구분하기 어려울 수 있기 때문에 '(나)는 세포 구조로 되어 있다.'라는 조건으로 병원체의 종류를 구분하면 된다.

다음은 사람의 질병에 대한 학생 A~C의 대화 내용이다.

→ 바이러스(세포 구조가 아니며, 숙주 세포 내에서 증식 가능함)

무좀의 병원체는 곰팡이야.

말라리아는 모기를 매개로 전염돼.

독감의 병원체는 체포 분열을 통해 스스로 증식해.

학생A 학생 B 학생 C

제시한 내용이 옳은 학생만을 있는 대로 고른 것은?

① A ② C ✓③ A, B ④ B, C ⑤ A, B, C

|자|료|해|설|

무좀의 병원체는 곰팡이이고, 말라리아의 병원체는 원생생물이며 모기를 매개로 전염된다. 독감의 병원체는 바이러스이고, 바이러스는 세포 구조가 아니며 숙주 세포 내에서만 증식한다.

|선|택|지|풀|이|

③정답 : 무좀의 병원체는 곰팡이이고, 말라리아는 매개 곤충인 모기를 통해 전염되므로 학생 A와 B가 제시한 내용은 옳다. 독감의 병원체인 바이러스는 세포 구조가 아니며, 숙주 세포 내에서만 증식 가능하므로 학생 C가 제시한 내용은 옳지 않다.

문제풀이 TIP | 바이러스는 비세포 구조이며, 숙주 세포 내에서만 증식 가능하다.

표는 병원체 A~C에서 2가지 특징의 유무를 나타낸 것이다. A~C는 각각 독감, 말라리아, 무좀의 병원체 중 하나이다.

병원체 \ 특징	세포 구조로 되어 있다.	원생생물에 속한다.
무좀(곰팡이) ← A	㉠ ○	×
말라리아(원생생물) ← B	○	○
독감(바이러스) ← C	×	×

(○: 있음, ×: 없음)

이에 대한 옳은 설명만을 <보기>에서 있는 대로 고른 것은?

> **보기**
>
> ㉠ ㉠은 '○'이다.
> ㄴ. B는 ~~무좀의~~ 병원체이다.
>   말라리아
> ㉢ C는 바이러스에 속한다.
>   └ 독감의 병원체

① ㄱ ② ㄴ ③ ㄷ ✓④ ㄱ, ㄷ ⑤ ㄴ, ㄷ

|자|료|해|설|

독감의 병원체는 바이러스, 말라리아의 병원체는 원생생물, 무좀의 병원체는 곰팡이(균류)이다. 이 중 바이러스는 세포 구조로 되어 있지 않고, 곰팡이와 바이러스는 원생생물에 속하지 않으므로 표에서 A는 무좀의 병원체, B는 말라리아의 병원체, C는 독감의 병원체임을 알 수 있다.

|보|기|풀|이|

㉠ 정답 : A는 무좀의 병원체로서 곰팡이에 해당하므로 세포 구조로 되어 있다. 따라서 ㉠은 '○'이다.

ㄴ. 오답 : B는 세포 구조로 되어 있으면서 원생생물에 속하므로 말라리아의 병원체이다.

㉢ 정답 : C는 독감의 병원체로 바이러스에 속한다.

문제풀이 TIP | 출제되는 질병과 병원체의 종류가 한정적이므로 기출 된 예시들을 정리하여 기억하도록 한다. 또한 이와 같은 형태의 문항에서는 각 병원체의 종류에 따른 기본적인 특징을 먼저 떠올려보고 표나 그림에 적용하는 것이 효율적이다.

표는 사람 질병의 특징을 나타낸 것이다.

질병	특징
독감	㉠
(가)	병원체는 원생생물이다.
페닐케톤뇨증	페닐알라닌이 체내에 비정상적으로 축적된다.

감염성 질병 → 독감, (가)
비감염성 질병 → 페닐케톤뇨증

이에 대한 설명으로 옳은 것만을 〈보기〉에서 있는 대로 고른 것은?

병원체 : 균류

보기
ㄱ. '병원체는 독립적으로 물질대사를 <del>한다</del>.'는 ㉠에 해당한다.
　　　　　　　　　　　　　　　　하지 못한다
ㄴ. 무좀은 (가)에 해당<del>한다</del>.
　　　　　　　　하지 않는다
ㄷ. 페닐케톤뇨증은 비감염성 질병이다.

① ㄱ　　✓② ㄷ　　③ ㄱ, ㄴ　　④ ㄴ, ㄷ　　⑤ ㄱ, ㄴ, ㄷ

| 자 | 료 | 해 | 설 |

독감은 바이러스에 의한 질병이고 (가)의 병원체는 원생생물이므로, 독감과 (가)는 감염성 질병인 반면 페닐케톤뇨증은 비감염성 질병이다.

| 보 | 기 | 풀 | 이 |

ㄱ. 오답 : 독감의 병원체는 바이러스이며, 바이러스는 독립적으로 물질대사를 할 수 없다.
ㄴ. 오답 : 무좀의 병원체는 균류이므로 (가)에 해당하지 않는다.
ㄷ. 정답 : 페닐케톤뇨증은 병원체 없이 나타나는 비감염성 질병이다.

문제풀이 TIP | 질병의 종류 또는 특징을 보고 감염성 질병과 비감염성 질병을 구분할 수 있어야 하며, 감염성 질병을 일으키는 병원체의 종류와 특징을 알고 있어야 문제를 해결할 수 있다.

출제분석 | 질병을 일으키는 병원체의 특성을 묻는 문제로 난도 '하'에 해당한다. 바이러스, 세균이 가장 많이 출제되지만 원생생물, 균류, 프라이온 등 다른 병원체에 의해 발병하는 질병에 대해서도 반드시 정리하여 기억하도록 한다.

표는 사람의 4가지 질병을 A와 B로 구분하여 나타낸 것이다.
이에 대한 설명으로 옳은 것만을 〈보기〉에서 있는 대로 고른 것은?

구분	질병
A 세균성	결핵, 탄저병
B 바이러스성	독감, 홍역

보기
ㄱ. A의 병원체는 <del>바이러스</del>이다.
　　　　　　　　세균
ㄴ. B의 병원체는 제포 분열을 통해 <del>스스로</del> 증식한다.
바이러스　　　　　　　　숙주 세포 내에서
ㄷ. A의 병원체와 B의 병원체는 모두 유전 물질을 가진다.
　　　　　　　　　　　　　　　　　　　　→ 핵산

① ㄱ　　✓② ㄷ　　③ ㄱ, ㄴ　　④ ㄴ, ㄷ　　⑤ ㄱ, ㄴ, ㄷ

| 자 | 료 | 해 | 설 |

결핵, 탄저병은 세균에 의한 질병이고, 독감과 홍역은 바이러스에 의한 질병이다. 세균은 핵이 없는 단세포 원핵생물이며, 스스로 증식이 가능하다. 하지만, 바이러스는 핵산과 단백질을 지닌 비세포 구조로 스스로 물질대사를 하지 못하고, 숙주 세포 내에서만 증식이 가능하다.

| 보 | 기 | 풀 | 이 |

ㄱ. 오답 : 결핵과 탄저병의 병원체는 세균이다.
ㄴ. 오답 : B의 병원체는 바이러스로 비세포 구조이며, 숙주 세포 내에서만 증식이 가능하다.
ㄷ. 정답 : A의 병원체인 세균과 B의 병원체인 바이러스는 모두 유전 물질인 핵산을 가진다.

문제풀이 TIP | 병원체의 특징과 병원체에 의한 질병을 이해하고 있으면 쉽게 문제 풀이가 가능하다. 질병과 병원체를 학습할 때 각 병원체의 특징뿐만 아니라 병원체에 의한 질병의 예도 반드시 함께 기억하도록 하자.

출제분석 | 병원체에 의한 질병과 각 병원체의 특징을 알고 있는지 묻는 문항으로 난도 '하'에 해당한다. 2014학년도 수능부터 2018학년도 수능까지 빠짐없이 병원체에 관한 문항이 출제되었으며, 흥미로운 점은 모두 바이러스와 세균을 비교하는 점이다. 결핵도 빠짐없이 모든 문항에서 등장하였다. 난도가 매우 낮아 절대 실수하면 안 되는 문항이고, 매년 출제가 이루어지므로 꼭 세균과 바이러스를 비교하여 학습하자.

표는 사람의 **4**가지 질병을 A와 B로 구분하여
나타낸 것이다.

이에 대한 설명으로 옳은 것만을 〈보기〉에서
있는 대로 고른 것은?

바이러스성 질병 →

구분	질병
A	천연두, 홍역
B	결핵, 콜레라

↳ 세균성 질병

세균성 질병 →

보기

바이러스 →

ㄱ. A의 병원체는 원생생물이다.

ㄴ. 결핵의 치료에는 항생제가 사용된다. → 세균에 의한 질병 치료제

ㄷ. A와 B는 모두 감염성 질병이다.

↳ 병원체에 의해 나타나는 질병

① ㄱ   ② ㄴ   ③ ㄱ, ㄷ   ✔④ ㄴ, ㄷ   ⑤ ㄱ, ㄴ, ㄷ

|자|료|해|설|

천연두와 홍역을 일으키는 병원체는 바이러스이므로 A는
바이러스성 질병이고, 결핵과 콜레라를 일으키는 병원체는
세균이므로 B는 세균성 질병이다.

|보|기|풀|이|

ㄱ. 오답 : 천연두와 홍역은 바이러스성 질병이므로 A의
병원체는 바이러스이다.

ㄴ. 정답 : 결핵은 세균성 질병이므로 치료에 항생제가
사용된다.

ㄷ. 정답 : 바이러스성 질병(A)과 세균성 질병(B)은
병원체에 의해 나타나는 질병이므로 모두 감염성
질병이다.

👀 **문제풀이 TIP** | 천연두, 홍역의 병원체는 바이러스이고 결핵, 콜레라의 병원체는 세균이다. 병원체에 의해 나타나는 질병은 감염성 질병이고, 전염이 되기도 한다.

표는 **3**가지 감염성 질병의 병원체를 나타낸
것이다. A와 B는 결핵과 무좀을 순서 없이
나타낸 것이다.

이에 대한 옳은 설명만을 〈보기〉에서 있는
대로 고른 것은?

질병	병원체
무좀 A	곰팡이
결핵 B	세균
독감	?

↳ 바이러스

보기

무좀
결핵 ←

ㄱ. A는 결핵이다. → 세균에 의한 질병 치료제

ㄴ. B의 치료에 항생제가 이용된다.

ㄷ. 독감의 병원체는 바이러스이다.

① ㄱ   ② ㄴ   ③ ㄱ, ㄷ   ✔④ ㄴ, ㄷ   ⑤ ㄱ, ㄴ, ㄷ

|자|료|해|설|

곰팡이에 의한 질병 A는 무좀이고, 세균에 의한 질병 B는
결핵이다. 독감은 바이러스에 의한 질병이므로 독감의
병원체는 바이러스이다.

|보|기|풀|이|

ㄱ. 오답 : A는 무좀이다.

ㄴ. 정답 : 결핵(B)은 세균에 의한 질병이므로 치료에
항생제가 이용된다.

ㄷ. 정답 : 독감은 바이러스에 의한 질병이다.

👀 **출제분석** | 감염성 질병의 원인이 되는 병원체의 종류를
구분하는 난도 '하'의 문항이다. 출제 빈도가 높은 질병이
제시되었으며, 단순 지식을 묻고 있기 때문에 틀려서는 안 되는
문항이다.

표는 사람의 6가지 질병을 A~C로 구분하여 나타낸 것이다. 이에 대한 옳은 설명만을 〈보기〉에서 있는 대로 고른 것은?

구분	질병
A	고혈압, 혈우병
B	결핵, 탄저병
C	홍역, 독감

비감염성 질병 ← A
세균에 의한 질병 → B
바이러스에 의한 질병 → C

보기

세균에 의한 질병 →
ㄱ. A는 비감염성 질병이다.
바이러스에 의한 질병 →
ㄴ. B와 C의 병원체는 모두 유전 물질을 가진다.
ㄷ. C의 병원체는 세포 분열을 통해 스스로 증식~~한다.~~ 하지 못한다.
바이러스 →

① ㄱ   ② ㄷ   ✓③ ㄱ, ㄴ   ④ ㄴ, ㄷ   ⑤ ㄱ, ㄴ, ㄷ

| 자 | 료 | 해 | 설 |

A는 병원체 없이 나타나는 질병으로 전염이 되지 않으며 생활 방식, 환경, 유전 등이 원인이 되는 비감염성 질병이다. B에 해당하는 결핵과 탄저병은 세균에 의한 질병이고, C에 해당하는 홍역과 독감은 바이러스에 의한 질병이다.

| 보 | 기 | 풀 | 이 |

ㄱ. 정답 : A에 해당하는 고혈압, 혈우병 등은 비감염성 질병이다.
ㄴ. 정답 : B의 병원체는 세균이고, C의 병원체는 바이러스이다. 세균과 바이러스는 모두 유전 물질을 가진다.
ㄷ. 오답 : C의 병원체인 바이러스는 세포 구조가 아니며 스스로 증식하지 못한다. 바이러스는 숙주 세포 내에서만 증식이 가능하다.

😮 **문제풀이 T I P** | 고혈압, 혈우병 등은 비감염성 질병이고 세균, 바이러스 등의 병원체에 의한 질병은 감염성 질병이다.

😄 **출제분석** | 질병의 종류와 세균과 바이러스의 특징에 대해 묻는 난도 '하'의 문항이다. 질병을 일으키는 병원체 단원에서 세균과 바이러스는 출제 빈도가 높으므로 각 병원체에 의해 나타나는 질병의 종류와 병원체의 특징(공통점과 차이점)에 대해 정확하게 암기하고 있어야 한다.

표는 사람의 질병 ㉠~㉢을 일으키는 병원체의 종류를, 그림은 ㉠이 전염되는 과정의 일부를 나타낸 것이다. ㉠~㉢은 결핵, 무좀, 말라리아를 순서 없이 나타낸 것이다.

질병	병원체의 종류
말라리아 ㉠	? 원생생물
무좀 ㉡	ⓐ 곰팡이(균류)
결핵 ㉢	세균

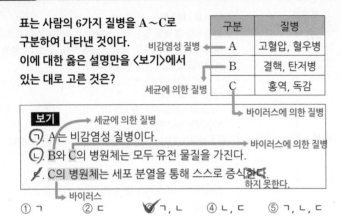

모기 (매개체)
〈말라리아 전염 과정〉

이에 대한 설명으로 옳은 것만을 〈보기〉에서 있는 대로 고른 것은?

보기

곰팡이(균류) →
ㄱ. ㉠은 말라리아이다.
ㄴ. ⓐ는 세포 구조를 갖는다.
ㄷ. ㉢의 치료에는 항생제가 사용된다.
결핵 →   세균에 의한 질병 치료제 →

① ㄱ   ② ㄴ   ③ ㄱ, ㄷ   ④ ㄴ, ㄷ   ✓⑤ ㄱ, ㄴ, ㄷ

| 자 | 료 | 해 | 설 |

매개 곤충인 모기를 통해 전염되는 질병 ㉠은 말라리아이고, 말라리아를 일으키는 병원체는 원생생물이다. 세균에 의해 나타나는 질병 ㉢은 결핵이므로 ㉡은 무좀이다. 무좀을 일으키는 병원체 ⓐ는 곰팡이(균류)이다.

| 보 | 기 | 풀 | 이 |

ㄱ. 정답 : 모기를 통해 전염되는 ㉠은 말라리아이다.
ㄴ. 정답 : 곰팡이(ⓐ)는 핵을 가지고 있는 진핵생물로, 세포 구조를 갖는다.
ㄷ. 정답 : 세균에 의해 나타나는 결핵(㉢)의 치료에 항생제가 사용된다.

😮 **문제풀이 T I P** | 말라리아는 모기를 통해 전염되며, 세균에 의해 나타나는 결핵은 항생제로 치료할 수 있다.

표는 사람의 질병을
A와 B로 구분하여
나타낸 것이다.
A와 B는 각각 감염성
질병과 비감염성 질병
중 하나이다.
이에 대한 설명으로 옳은 것만을 〈보기〉에서 있는 대로 고른 것은?

> 병원체: 바이러스

구분	질병
A 감염성 질병	㉠ 후천성 면역 결핍 증후군(AIDS), ㉡ 독감, 결핵 → 병원체 : 세균
B 비감염성 질병	낫 모양 적혈구 빈혈증

보기 → 바이러스(핵산, 단백질 껍질로 구성)

ㄱ. ㉠의 병원체는 세포 구조로 되어 있다. → 있지 않다
ㄴ. ㉡의 병원체는 스스로 물질대사를 하지 못한다.
ㄷ. 혈우병은 B의 예에 해당한다. → 비감염성 질병
→ 바이러스

① ㄱ   ② ㄷ   ③ ㄱ, ㄴ   ✔④ ㄴ, ㄷ   ⑤ ㄱ, ㄴ, ㄷ

|자|료|해|설|
후천성 면역 결핍 증후군(AIDS)과 독감은 바이러스에 의한 질병이고 결핵은 세균에 의한 질병이다. 따라서 병원체의 감염에 의해 발생하는 A는 감염성 질병이다. 병원체 없이 나타나며 생활 방식, 환경, 유전 등의 원인에 의해 발생하는 B는 비감염성 질병이다.

|보|기|풀|이|
ㄱ. 오답 : ㉠(AIDS)의 병원체는 바이러스이다. 바이러스는 핵산과 단백질 껍질로 구성되어 있으며 세포 구조가 아니다.
ㄴ. 정답 : ㉡(독감)의 병원체는 바이러스이다. 바이러스는 스스로 물질대사를 하지 못하며 숙주 내에서만 물질대사가 가능하다.
ㄷ. 정답 : 혈우병은 X염색체에 위치한 유전자의 돌연변이로 인해 나타나는 유전병으로, 비감염성 질병(B)의 예에 해당한다.

🧑‍🏫 **문제풀이 TIP** | 감염성 질병은 병원체에 의해 나타나는 질병이고, 비감염성 질병은 병원체 없이 나타나는 질병이다. 바이러스는 핵산과 단백질 껍질로 구성된 비세포 구조를 가지며, 스스로 물질대사를 하지 못한다.

😀 **출제분석** | 감염성 질병과 비감염성 질병, 바이러스의 특징에 대해 묻는 난도 '하'의 문항이다. 보통 세균과 바이러스를 구분하고 두 병원체의 특징에 대해 묻는 것이 일반적인데, 이 문제는 바이러스의 특징만 묻고 있다. 바이러스에 의한 질병인 AIDS, 감기, 독감, 홍역, 소아마비는 기본적으로 암기하고 있어야 한다.

표는 사람의 질병을 A~C로 구분하여
나타낸 것이다. A~C는 세균성 질병,
바이러스성 질병, 비감염성 질병을 순서
없이 나타낸 것이다.
이에 대한 옳은 설명만을 〈보기〉에서
있는 대로 고른 것은?

> 비감염성 질병

구분	질병
A	혈우병
B	결핵, 탄저병
C	독감, AIDS

→ 세균성 질병   → 바이러스성 질병

보기 → 비감염성 질병

ㄱ. 고혈압은 A에 해당한다.
ㄴ. B는 바이러스성 질병이다. → 세균성
ㄷ. C의 병원체는 세포 분열로 증식한다. → 하지 않는다
→ 바이러스 → 바이러스는 세포 구조가 아님

✔① ㄱ   ② ㄷ   ③ ㄱ, ㄴ   ④ ㄱ, ㄷ   ⑤ ㄴ, ㄷ

|자|료|해|설|
A는 비감염성 질병, B는 세균성 질병, C는 바이러스성 질병이다.

|보|기|풀|이|
ㄱ. 정답 : 고혈압은 비감염성 질병(A)에 해당한다.
ㄴ. 오답 : B는 세균성 질병이다.
ㄷ. 오답 : C의 병원체는 바이러스이다. 바이러스는 세포 구조가 아니므로 세포 분열로 증식하지 않는다.

😀 **출제분석** | 질병과 질병을 일으키는 병원체를 구분해야 하는 난도 '하'의 문항이다. 꾸준히 출제되고 있는 유형의 문항으로, 세균성 질병과 바이러스성 질병은 출제 빈도가 매우 높다.

표는 사람의 6가지 질병을 A~C로 구분하여 나타낸 것이다.

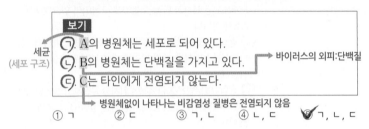

감염성 질병 〈

구분		질병
세균	A	결핵, 탄저병
바이러스	B	홍역, 독감
유전적 원인	C	혈우병, 낫 모양 적혈구 빈혈증

비감염성 질병 〈

이에 대한 설명으로 옳은 것만을 〈보기〉에서 있는 대로 고른 것은?

보기

세균
(세포 구조)
ㄱ. A의 병원체는 세포로 되어 있다.

ㄴ. B의 병원체는 단백질을 가지고 있다. → 바이러스의 외피:단백질

ㄷ. C는 타인에게 전염되지 않는다.

→ 병원체없이 나타나는 비감염성 질병은 전염되지 않음

① ㄱ   ② ㄷ   ③ ㄱ, ㄴ   ④ ㄴ, ㄷ   ✔ ㄱ, ㄴ, ㄷ

|자|료|해|설|

A는 세균에 의해 발병하는 질병이고, B는 바이러스에 의해 발병하는 질병이다. 세균과 바이러스 등 병원체에 의해 나타나는 질병은 감염성 질병으로 타인에게 전염되는 특성을 가지고 있다. C는 유전적인 원인으로 발병하는 비감염성 질병으로 전염의 매개체로 작용하는 병원체가 없기 때문에 타인에게 전염되지 않는다.

|보|기|풀|이|

ㄱ. 정답 : A는 세균에 의해 발병하는 질병으로, 세균은 세포 구조로 되어 있다.

ㄴ. 정답 : B의 병원체는 바이러스로, 바이러스의 외피는 단백질이다.

ㄷ. 정답 : C는 비감염성 질병으로 전염의 매개체로 작용하는 병원체가 없기 때문에 타인에게 전염되지 않는다.

😮 **문제풀이 TIP** | 질병의 종류를 보고 감염성 질병과 비감염성 질병을 구분할 수 있어야 하며, 감염성 질병을 일으키는 병원체의 종류와 특징을 알고 있어야 문제를 해결할 수 있다.

😎 **출제분석** | 질병을 일으키는 병원체의 특성을 물어보는 문제로 난도 '하'에 해당한다. 병원체에 대한 문제는 2~3년에 한 번씩 출제되므로 세균, 바이러스뿐만 아니라 다른 병원체(원생생물, 균류, 프라이온 등)에 의해 발병하는 질병에 대해서도 반드시 암기하고 있어야 한다.

표는 사람의 5가지 질병을 병원체의 특징에 따라 구분하여 나타낸 것이다.

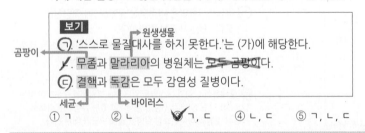

병원체의 특징	질병
세포 구조로 되어 있다.	결핵, 무좀, 말라리아
(가)	독감, 후천성 면역 결핍증(AIDS)

↳ 바이러스의 특징

이에 대한 설명으로 옳은 것만을 〈보기〉에서 있는 대로 고른 것은?

보기

곰팡이 ←
→ 원생생물
ㄱ. '스스로 물질대사를 하지 못한다.'는 (가)에 해당한다.

ㄴ. 무좀과 말라리아의 병원체는 모두 곰팡이다.

ㄷ. 결핵과 독감은 모두 감염성 질병이다.

세균 ↙   ↘ 바이러스

① ㄱ   ② ㄷ   ✔ ㄱ, ㄷ   ④ ㄴ, ㄷ   ⑤ ㄱ, ㄴ, ㄷ

|자|료|해|설|

병원체에 의해 감염되는 감염성 질병들을 병원체의 특징에 따라 구분하고 있다. 결핵의 병원체는 세균, 무좀의 병원체는 곰팡이, 말라리아의 병원체는 원생생물이고 독감과 후천성 면역 결핍증(AIDS)의 병원체는 바이러스이다. 따라서 (가)에는 바이러스의 특징이 들어가야 한다.

|보|기|풀|이|

ㄱ. 정답 : (가)는 바이러스의 특징이므로 '스스로 물질대사를 하지 못한다.'는 (가)에 해당한다.

ㄴ. 오답 : 무좀의 병원체는 곰팡이지만, 말라리아의 병원체는 원생생물이다.

ㄷ. 정답 : 결핵과 독감은 각각 병원체가 세균과 바이러스인 감염성 질병이다.

😎 **출제분석** | 병원체에 의한 질병과 각 병원체에 대해 알고 있는지 묻고 있는 난도 '하'의 문항이다. 2014학년도 수능부터 2023학년도 수능까지 빠짐없이 병원체에 관한 문항이 출제되었으며, 특히 세균과 바이러스의 특징을 구분해야하는 경우가 많다. 출제되는 질병의 종류는 정해져 있으므로 각 질병의 병원체를 꼭 암기하도록 하자.

표는 질병 A~C의 특징을 나타낸 것이다. A~C는 각각 결핵, 혈우병, 후천성 면역 결핍 증후군(AIDS) 중 하나이다.

질병	특징
혈우병 A	비감염성 질병이다.
결핵 B	병원체는 세포 구조로 되어 있다. → 세균
AIDS C	병원체는 스스로 물질대사를 하지 못한다. → 바이러스

이에 대한 설명으로 옳은 것만을 〈보기〉에서 있는 대로 고른 것은?

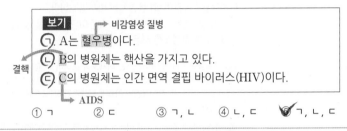

보기
→ 비감염성 질병
ㄱ. A는 혈우병이다.
결핵 → ㄴ. B의 병원체는 핵산을 가지고 있다.
ㄷ. C의 병원체는 인간 면역 결핍 바이러스(HIV)이다.
→ AIDS

① ㄱ   ② ㄷ   ③ ㄱ, ㄴ   ④ ㄴ, ㄷ   ✔⑤ ㄱ, ㄴ, ㄷ

|자|료|해|설|

결핵, 혈우병, AIDS 중 비감염성 질병은 혈우병이므로 A가 혈우병이다. B의 병원체는 세포 구조로 되어 있는 세균에 해당하고, C의 병원체는 스스로 물질대사를 하지 못하는 바이러스이다. 결핵과 AIDS 중 결핵은 세균으로, AIDS는 바이러스로 감염되므로 B가 결핵, C가 AIDS이다.

|보|기|풀|이|

ㄱ. 정답 : 혈우병은 병원체없이 나타나는 질병으로 A이다.

ㄴ. 정답 : B인 결핵은 세포 구조로 되어 있는 세균성 병원체에 의해 감염되며, 세균성 병원체는 세포막 안에 유전 물질인 핵산을 가지고 있다.

ㄷ. 정답 : C는 스스로 물질대사를 하지 못하는 바이러스성 병원체로 감염되는 AIDS이다. AIDS는 병원체 HIV에 의해 발생한다.

🤖 **문제풀이 T I P** | 질병을 일으키는 병원체를 특징에 따라 구분할 수 있으면 문제를 풀 수 있다. 병원체에는 세균, 바이러스, 원생생물, 균류, 변형된 프리온 등이 있으며, 이 중 세균과 바이러스가 가장 많이 출제되는 개념이기 때문에 반드시 특징들을 비교해 놓자.

🤖 **출제분석** | 이번 문항은 병원체의 특징에 따라 질병을 구분할 수 있는지를 묻고 있는 문항으로 난도 '하'에 해당한다. 병원체는 2014학년도 수능부터 2017학년도 수능까지 꾸준히 출제가 이루어졌으며, 2018학년도 6월 모평과 9월 모평에 출제될 만큼 출제 빈도가 매우 높다. 따라서 반드시 병원체의 특징들을 이용하여 구분할 수 있어야 한다.

표는 사람의 3가지 질병이 갖는 특징을 나타낸 것이다. A와 B는 각각 말라리아와 헌팅턴 무도병 중 하나이다.

질병	특징
A 헌팅턴 무도병	비감염성 질병이다.
B 말라리아	병원체는 세포로 이루어져 있다.
후천성 면역 결핍증 (AIDS)	㉠

→ 병원체 : 바이러스

이에 대한 옳은 설명만을 〈보기〉에서 있는 대로 고른 것은?

보기
→ 헌팅턴 무도병
ㄱ. A는 유전병이다.
ㄴ. B는 모기를 매개로 전염된다.
ㄷ. '병원체는 스스로 물질대사를 하지 못한다.'는 ㉠에 해당한다.
→ 말라리아

① ㄱ   ② ㄴ   ③ ㄱ, ㄷ   ④ ㄴ, ㄷ   ✔⑤ ㄱ, ㄴ, ㄷ

|자|료|해|설|

비감염성 질병에 해당하는 A는 헌팅턴 무도병이고, B는 말라리아이다. 말라리아의 병원체는 원생생물이므로 세포로 이루어져 있다. 후천성 면역 결핍증(AIDS)의 병원체는 바이러스이다.

|보|기|풀|이|

ㄱ. 정답 : 헌팅턴 무도병(A)은 유전병의 일종이다.

ㄴ. 정답 : 말라리아(B)의 병원체는 원생생물이며, 모기를 매개로 전염된다.

ㄷ. 정답 : 후천성 면역 결핍증(AIDS)의 병원체는 바이러스이다. 따라서 '병원체는 스스로 물질대사를 하지 못한다.'는 AIDS의 특징인 ㉠에 해당한다.

🤖 **문제풀이 T I P** | 후천성 면역 결핍증(AIDS)의 병원체인 바이러스는 효소가 없어 스스로 물질 대사를 하지 못하며 살아있는 숙주세포 내에서 물질대사가 일어난다. 헌팅턴 무도병은 유전병의 일종으로 비감염성 질병에 해당한다.

표는 질병 A~C의 특징을 나타낸 것이다. A~C는 결핵, 독감, 낫 모양 적혈구 빈혈증을 순서 없이 나타낸 것이다.

질병	특징
A 낫 모양 적혈구 빈혈증	병원체가 없다. —→ 비감염성 질병
B 독감	바이러스 ←— 병원체는 세포 구조가 아니다.
C 결핵	병원체는 독립적으로 물질대사를 한다.

→ 세균

(감염성 질병)

이에 대한 옳은 설명만을 〈보기〉에서 있는 대로 고른 것은?

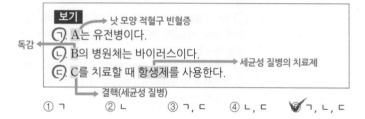

보기   → 낫 모양 적혈구 빈혈증
ㄱ. A는 유전병이다.
독감 → ㄴ. B의 병원체는 바이러스이다.   → 세균성 질병의 치료제
ㄷ. C를 치료할 때 항생제를 사용한다.
    → 결핵(세균성 질병)

① ㄱ   ② ㄴ   ③ ㄱ, ㄷ   ④ ㄴ, ㄷ   ⑤ ㄱ, ㄴ, ㄷ

|자|료|해|설|

병원체 없이 나타나는 비감염성 질병 A는 낫 모양 적혈구 빈혈증이다. 세포 구조가 아닌 병원체에 의해 나타나는 B는 독감이고, 독감을 일으키는 병원체는 바이러스이다. 독립적으로 물질대사를 하는 병원체에 의해 나타나는 C는 결핵이고, 결핵을 일으키는 병원체는 세균이다.

|보|기|풀|이|

ㄱ. 정답 : DNA의 염기 서열이 변해서 나타나는 낫 모양 적혈구 빈혈증(A)은 유전병이다.
ㄴ. 정답 : 독감(B)의 병원체는 바이러스이다.
ㄷ. 정답 : 결핵(C)의 병원체는 세균이며, 세균성 질병을 치료할 때 항생제를 사용한다.

😮 문제풀이 TIP | 바이러스는 비세포 구조이며, 세균은 단세포 원핵생물이다. 독감은 바이러스에 의한 질병이고, 결핵은 세균에 의한 질병이다. 세균성 질병의 치료에 항생제가 사용된다는 것을 기억하자!

😮 출제분석 | 질병을 일으키는 병원체의 유무와 병원체의 특징으로 질병을 구분해야 하는 난도 '중하'의 문항이다. 독감과 결핵은 출제 빈도가 매우 높으므로 각 질병을 일으키는 병원체의 종류와 특징은 반드시 암기하고 있어야 한다.

표는 사람에게서 발병하는 3가지 질병의 특징을 나타낸 것이다.

→ 세균에 의한 질병 치료

질병	특징
감염성 질병(세균성 질병) ←— 결핵	치료에 항생제가 사용된다.
비감염성 질병(유전병) ←— 페닐케톤뇨증	(가)
감염성 질병 ←— 후천성 면역 결핍증(AIDS)	(나)
(바이러스성 질병)	

이에 대한 옳은 설명만을 〈보기〉에서 있는 대로 고른 것은?

보기   → 병원체 : 세균
ㄱ. 결핵은 세균성 질병이다.
ㄴ. '유전병이다.'는 (가)에 해당한다.
ㄷ. '병원체는 사람 면역 결핍 바이러스(HIV)이다.'는 (나)에 해당한다.

① ㄱ   ② ㄴ   ③ ㄱ, ㄷ   ④ ㄴ, ㄷ   ⑤ ㄱ, ㄴ, ㄷ

|자|료|해|설|

결핵과 후천성 면역 결핍증(AIDS)은 병원체에 의해 나타나는 감염성 질병인 반면, 페닐케톤뇨증은 병원체의 감염 없이 유전에 의해 나타나는 비감염성 질병이다. 결핵을 일으키는 병원체는 세균이고 후천성 면역 결핍증(AIDS)을 일으키는 병원체는 바이러스이며, 결핵은 세균성 질병이므로 치료에 항생제가 사용된다.

|보|기|풀|이|

ㄱ. 정답 : 결핵은 병원체가 세균인 세균성 질병이다.
ㄴ. 정답 : 페닐케톤뇨증은 유전적 원인에 의해 발생하는 유전병에 해당한다.
ㄷ. 정답 : 후천성 면역 결핍증(AIDS)은 사람 면역 결핍 바이러스(HIV)에 의해 발생한다.

😮 문제풀이 TIP | 병원체의 유무에 따라 감염성 질병과 비감염성 질병을 구분할 수 있어야 하며, 여러 가지 감염성 질병의 원인이 되는 병원체의 종류와 특징을 기억해야 한다.

표는 사람 질병의 특징을 나타낸 것이다.

질병	특징
무좀 → 곰팡이	병원체는 독립적으로 물질대사를 한다.
독감 → 바이러스	(가)
ⓐ 낫 모양 적혈구 빈혈증	비정상적인 헤모글로빈이 적혈구 모양을 변화시킨다.

감염성 질병 { 무좀, 독감

비감염성 질병 ← ⓐ 낫 모양 적혈구 빈혈증

이에 대한 설명으로 옳은 것만을 〈보기〉에서 있는 대로 고른 것은?

보기

ㄱ. 무좀의 병원체는 ~~세균~~이다.   곰팡이

ㄴ. '병원체는 살아 있는 숙주 세포 안에서만 증식할 수 있다.'는 (가)에 해당한다.   └ 바이러스의 무생물적 특성

ㄷ. 유전자 돌연변이에 의한 질병 중에는 ⓐ가 있다.

① ㄱ   ② ㄴ   ③ ㄱ, ㄷ   ④ ㄴ, ㄷ   ⑤ ㄱ, ㄴ, ㄷ

|자|료|해|설|

무좀과 독감은 병원체에 의해 전염될 수 있는 감염성 질병이고, 낫 모양 적혈구 빈혈증은 병원체 없이 유전자 돌연변이에 의해 발생할 수 있는 비감염성 질병이다. 무좀의 병원체는 다세포 진핵생물인 곰팡이이고, 독감의 병원체는 바이러스이다.

|보|기|풀|이|

ㄱ. 오답 : 무좀의 병원체인 곰팡이는 균류이며, 다세포 진핵생물이다. 세균은 단세포 원핵생물이다.

ㄴ. 정답 : 독감의 병원체인 바이러스는 스스로 증식할 수 없고 살아 있는 숙주 세포 안에서만 증식할 수 있는 특성을 가진다.

ㄷ. 정답 : 낫 모양 적혈구 빈혈증은 유전자 돌연변이에 의해 비정상적인 헤모글로빈이 합성되어 발생하는 질병이다.

😮 **문제풀이 TIP |** 질병을 병원체의 유무에 따라 감염성 질병과 비감염성 질병으로 구분할 수 있어야 하며, 출제되는 다양한 질병의 예시와 각 질병의 병원체를 짝지어 특징과 함께 기억하도록 한다.

다음은 3가지 질병 A~C에 대한 자료이다. A~C는 결핵, 혈우병, 후천성 면역 결핍 증후군(AIDS)을 순서 없이 나타낸 것이다.

결핵(세균에 의한 질병)

후천성 면역 결핍 증후군(AIDS) (바이러스에 의한 질병)

○ A와 B는 모두 감염성 질병이다.

○ B와 C는 모두 세균에 의한 질병이 아니다.

혈우병(비감염성 질병)

이에 대한 설명으로 옳은 것만을 〈보기〉에서 있는 대로 고른 것은?

보기   결핵   세균에 의한 질병 치료제

ㄱ. A의 치료에 항생제가 이용된다.

ㄴ. B의 병원체는 세포 분열을 통해 스스로 ~~증식한다.~~   증식하지 못한다

ㄷ. C는 ~~후천성 면역 결핍 증후군(AIDS)~~이다.   혈우병

바이러스

① ㄱ   ② ㄴ   ③ ㄱ, ㄴ   ④ ㄱ, ㄷ   ⑤ ㄴ, ㄷ

|자|료|해|설|

결핵은 세균에 의한 질병이고, 후천성 면역 결핍 증후군(AIDS)은 바이러스에 의한 질병이다. 혈우병은 병원체 없이 나타나는 비감염성 질병으로 생활 방식, 환경, 유전 등이 원인이 되어 나타난다. B와 C는 모두 세균에 의한 질병이 아니므로 A가 결핵이다. A(결핵)와 B는 모두 감염성 질병이므로 B가 후천성 면역 결핍 증후군(AIDS)이고, C는 혈우병이다.

|보|기|풀|이|

ㄱ. 정답 : 결핵(A)의 치료에 항생제가 이용된다.

ㄴ. 오답 : 후천성 면역 결핍 증후군(B)의 병원체인 바이러스는 세포 구조가 아니며, 스스로 증식하지 못한다.

ㄷ. 오답 : C는 혈우병이다.

😮 **문제풀이 TIP |** 결핵은 세균에 의한 질병이고, 후천성 면역 결핍 증후군(AIDS)은 바이러스에 의한 질병이다. 혈우병은 병원체 없이 나타나는 비감염성 질병이다. 세균성 질병의 치료에는 항생제가 이용된다.

😮 **출제분석 |** 질병을 일으키는 병원체의 유무와 종류로 세 가지 질병을 구분해야 하는 난도 '중하'의 문항이다. 특히 세균과 바이러스에 의한 질병은 출제 빈도가 매우 높으므로 각 질병을 일으키는 병원체의 종류와 특징은 반드시 암기하고 있어야 한다.

표는 사람의 질병 A와 B의 특징을 나타낸 것이다. A와 B는 후천성 면역 결핍증(AIDS)과 헌팅턴 무도병을 순서 없이 나타낸 것이다.

질병	특징
A	신경계가 점진적으로 파괴되면서 몸의 움직임이 통제되지 않으며, 자손에게 유전될 수 있다.
B	면역력이 약화되어 세균과 곰팡이에 쉽게 감염된다.

헌팅턴 무도병 ← A
후천성 면역 결핍증(AIDS) → B

이에 대한 설명으로 옳은 것만을 〈보기〉에서 있는 대로 고른 것은?

보기
ㄱ. A는 헌팅턴 무도병이다.
ㄴ. B의 병원체는 바이러스이다. → HIV
ㄷ. A와 B는 모두 감염성 질병이다.
       → 비감염성 질병

① ㄱ   ② ㄷ   ✓③ ㄱ, ㄴ   ④ ㄴ, ㄷ   ⑤ ㄱ, ㄴ, ㄷ

|자|료|해|설|
신경계가 점진적으로 파괴되면서 몸의 움직임이 통제되지 않으며, 자손에게 유전될 수 있는 질병 A는 헌팅턴 무도병이고, 면역력이 약화되어 세균과 곰팡이에 쉽게 감염되는 질병 B는 후천성 면역 결핍증(AIDS)이다.

|보|기|풀|이|
ㄱ. 정답 : A는 헌팅턴 무도병, B는 후천성 면역 결핍증(AIDS)이다.
ㄴ. 정답 : 감염성 질병인 후천성 면역 결핍증(B)의 병원체는 HIV라는 바이러스이다.
ㄷ. 오답 : 헌팅턴 무도병(A)은 유전병으로서 병원체 없이 나타나는 비감염성 질병이다.

😊 **출제분석** | 질병과 병원체에 대한 내용이 난도 '하'로 출제되었다. 출제되는 질병과 병원체의 종류와 예시, 특징을 기출 문제를 통해 정리하고 암기하여 여러 가지 질병과 병원체를 비교하는 문제를 해결할 수 있어야 한다.

다음은 어떤 환자의 병원체에 대한 실험이다.

[실험 과정 및 결과]
(가) 인간 면역 결핍 바이러스(HIV)로 인해 면역력이 저하되어 ⓐ 결핵에 걸린 환자로부터 병원체 ㉠과 ㉡을 순수 분리하였다. ㉠과 ㉡은 결핵의 병원체와 후천성 면역 결핍 증후군(AIDS)의 병원체를 순서 없이 나타낸 것이다.
세균성 질병
(나) ㉠은 세포 분열을 통해 스스로 증식하였고, ㉡은 숙주 세포와 함께 배양하였을 때만 증식하였다. → 바이러스 (AIDS의 병원체)
세균 (결핵의 병원체)

이에 대한 설명으로 옳은 것만을 〈보기〉에서 있는 대로 고른 것은?

보기
ㄱ. ⓐ는 감염성 질병이다. → 결핵
ㄴ. ㉡은 AIDS의 병원체이다. → 바이러스
ㄷ. ㉠과 ㉡은 모두 단백질을 갖는다.
   세균 →   바이러스

① ㄱ   ② ㄴ   ③ ㄱ, ㄷ   ④ ㄴ, ㄷ   ✓⑤ ㄱ, ㄴ, ㄷ

|자|료|해|설|
결핵은 세균성 질병이다. 세포 분열을 통해 스스로 증식한 ㉠은 결핵의 병원체인 세균이고, 숙주 세포와 함께 배양하였을 때만 증식한 ㉡은 AIDS의 병원체인 바이러스이다.

|보|기|풀|이|
ㄱ. 정답 : 결핵(ⓐ)은 세균에 의해 나타나는 감염성 질병이다.
ㄴ. 정답 : 후천성 면역 결핍 증후군(AIDS)은 바이러스(㉡)에 의해 나타나는 질병이다.
ㄷ. 정답 : 세균(㉠)과 바이러스(㉡)는 모두 단백질을 갖는다.

😊 **출제분석** | 질병을 일으키는 병원체를 구분해야 하는 난도 '하'의 문항이다. 결핵과 AIDS는 출제 빈도가 매우 높았던 질병이며, 세균과 바이러스의 공통점과 차이점을 묻는 보기 또한 자주 출제되었기 때문에 실수 없이 반드시 맞혀야 하는 문항이다.

다음은 결핵의 병원체를 알아보기 위한 실험이다.

[실험 과정 및 결과]

(가) 결핵에 걸린 소에서 ㉠과 ㉡을 발견하였다. ㉠과 ㉡은 세균과 바이러스를 순서 없이 나타낸 것이다.

(나) (가)에서 발견한 ㉠과 ㉡을 각각 순수 분리하였다.

(다) 결핵의 병원체에 노출된 적이 없는 소 여러 마리를 두 집단으로 나누어 한 집단에는 ㉠을, 다른 한 집단에는 ㉡을 주사하였더니, ㉠을 주사한 집단의 소만 결핵에 걸렸다.

(라) (다)의 결핵에 걸린 소로부터 분리한 병원체는 ㉠과 동일한 것으로 확인되었고, 세포 분열을 통해 증식하였다. → 세균

㉠ : 세균 / ㉡ : 바이러스

이에 대한 설명으로 옳은 것만을 〈보기〉에서 있는 대로 고른 것은?

보기

세균
㉠. ㉠과 ㉡은 모두 핵산을 갖는다.
바이러스
ㄴ. ㉡은 세포 구조로 되어 있다. → 바이러스는 단백질 껍질과 핵산으로 구성되어
있지 않다   있으며 세포 구조가 아니다.
바이러스
㉢. 결핵 치료 시에는 항생제가 사용된다.

① ㄱ   ② ㄴ   ✔③ ㄱ, ㄷ   ④ ㄴ, ㄷ   ⑤ ㄱ, ㄴ, ㄷ

|자|료|해|설|

결핵은 세균에 의한 질병이다. (다)에서 ㉠을 주사한 집단의 소만 결핵에 걸렸다는 것을 통해 ㉠은 세균, ㉡은 바이러스라는 것을 알 수 있다. 세균은 단세포이며, 바이러스는 단백질 껍질 속에 핵산을 가지고 있고 세포 구조가 아니다.

|보|기|풀|이|

㉠. 정답 : 세균(㉠)과 바이러스(㉡)는 모두 핵산을 가지고 있다.

ㄴ. 오답 : 바이러스(㉡)는 단백질 껍질과 핵산으로 구성되어 있으므로 세포 구조가 아니다.

㉢. 정답 : 결핵 치료 시에는 항생제가 사용되며, 바이러스에 의한 질병 치료 시에는 항바이러스제가 사용된다.

💡 **문제풀이 TIP** | (다)에서 ㉠을 주사한 집단의 소만 결핵에 걸렸다는 것을 통해 ㉠은 세균, ㉡은 바이러스라는 것을 알아내자!

😀 **출제분석** | 세균과 바이러스의 특징에 대해 묻는 난도 '하'의 문항이다. 질병을 일으키는 병원체 단원에서 세균과 바이러스는 출제 빈도가 높으므로 각 병원체에 의해 나타나는 질병의 종류와 병원체의 특징(공통점과 차이점)에 대해 정확하게 암기하고 있어야 한다.

표 (가)는 사람의 5가지 질병을 A~C로 구분하여 나타낸 것이고, (나)는 병원체의 3가지 특징을 나타낸 것이다.

<병원체>	구분	질병
원생생물	A	말라리아
바이러스	B	독감, 홍역
세균	C	결핵, 탄저병

(가)

특징
○ 유전 물질을 갖는다.
○ 세포 구조로 되어 있다.
○ 독립적으로 물질대사를 한다.

(나)

이에 대한 설명으로 옳은 것만을 〈보기〉에서 있는 대로 고른 것은?

보기

바이러스
원생생물
ㄱ. 말라리아의 병원체는 곰팡이다.
있지 않다.
ㄴ. 독감의 병원체는 세포 구조로 되어 있다.
㉢. C의 병원체는 (나)의 특징을 모두 갖는다.
세균

① ㄱ   ✔② ㄷ   ③ ㄱ, ㄴ   ④ ㄴ, ㄷ   ⑤ ㄱ, ㄴ, ㄷ

|자|료|해|설|

말라리아를 일으키는 병원체는 원생생물이고 독감, 홍역을 일으키는 병원체는 바이러스이며 결핵, 탄저병을 일으키는 병원체는 세균이다. 이 중에서 (나)에 나타난 병원체의 3가지 특징을 갖는 병원체는 원생생물과 세균이다.

|보|기|풀|이|

ㄱ. 오답 : 말라리아의 병원체는 원생생물이다.

ㄴ. 오답 : 독감의 병원체인 바이러스는 세포 구조가 아니다.

㉢. 정답 : C의 병원체는 세균으로, (나)의 특징을 모두 갖는다.

💡 **문제풀이 TIP** | 제시된 질병은 모두 감염성 질병이고, A~C를 일으키는 병원체의 종류는 순서대로 원생생물, 바이러스, 세균이다.

표 (가)는 병원체 A~C의 특징을, (나)는 사람의 6가지 질병을
Ⅰ~Ⅲ으로 구분하여 나타낸 것이다. A~C는 세균, 균류(곰팡이),
바이러스를 순서 없이 나타낸 것이고, Ⅰ~Ⅲ은 세균성 질병,
바이러스성 질병, 비감염성 질병을 순서 없이 나타낸 것이다.

→ 비감염성 질병

병원체	특징	구분	질병
균류(곰팡이) A	핵이 있음	Ⅰ	㉠당뇨병, 고혈압
세균 B	항생제에 의해 제거됨	Ⅱ	독감, 홍역
바이러스 C	세포 구조가 아님	Ⅲ	결핵, 파상풍

→ 세균에 의한 질병 치료제
(가)

→ 세균성 질병
(나)
바이러스성 질병

이에 대한 설명으로 옳은 것만을 〈보기〉에서 있는 대로 고른 것은?

보기 → 당뇨병　물질대사에 이상이 생겨 발생하는 질환
㉠. ㉠은 대사성 질환이다.
ㄴ. Ⅱ의 병원체는 ~~B~~이다. → C
　　　　　　　　　　　　바이러스
㉢. Ⅲ의 병원체는 유전 물질을 갖는다. → 세균

바이러스
① ~~ㄱ~~　② ㄴ　③ ㄱ, ㄴ　✔④ ㄱ, ㄷ　⑤ ㄴ, ㄷ

|자|료|해|설|
핵을 가지는 병원체 A는 균류(곰팡이)이고, 항생제에 의해
제거되는 병원체 B는 세균, 세포 구조가 아닌 병원체 C는
바이러스이다. 당뇨병과 고혈압은 병원체 없이 나타나는
질병이므로 Ⅰ은 비감염성 질병이다. 독감, 홍역의
병원체는 바이러스이므로 Ⅱ은 바이러스성 질병이고 결핵,
파상풍의 병원체는 세균이므로 Ⅲ은 세균성 질병이다.

|보|기|풀|이|
㉠ 정답 : 당뇨병(㉠)은 물질대사에 이상이 생겨 발생하는
대사성 질환이다.
ㄴ. 오답 : Ⅱ는 바이러스성 질병이므로 병원체는
C(바이러스)이다.
㉢ 정답 : 세균성 질병(Ⅲ)의 병원체인 세균은 유전 물질을
갖는다.

😊 **출제분석** | 제시된 특징으로 병원체의 종류를 구분하고, 질병의 예시를 통해 비감염성 질병과 질병을 일으키는 병원체를 구분해야 하는 문항이다. 그동안 출제된 문제의 유형과 크게 다르지 않으며, 보기에서 기본적인 내용을 묻고 있으므로 난도는 '하'에 해당한다.

표는 사람의 3가지 질병을 병원체의 특징에 따라 구분하여 나타낸
것이다. ㉠~㉢은 결핵, 독감, 무좀을 순서 없이 나타낸 것이다.

병원체의 특징	질병
곰팡이에 속한다.	㉠ → 무좀
스스로 물질대사를 하지 못한다.	㉡ → 독감
ⓐ	㉠, ㉢ → 결핵

이에 대한 설명으로 옳은 것만을 〈보기〉에서 있는 대로 고른 것은?

보기 → 바이러스
㉠. ㉠은 무좀이다.
독감 → ㉡. ㉡의 병원체는 단백질을 갖는다.
㉢. '세포 구조로 되어 있다.'는 ⓐ에 해당한다.

① ㄱ　② ㄷ　③ ㄱ, ㄴ　④ ㄴ, ㄷ　✔⑤ ㄱ, ㄴ, ㄷ

|자|료|해|설|
결핵의 병원체는 세균이고, 독감의 병원체는 바이러스이며,
무좀의 병원체는 곰팡이이다. 따라서 병원체가 곰팡이에
속하는 질병 ㉠은 무좀이고, 병원체가 스스로 물질대사를
하지 못하는 질병 ㉡은 독감이며, 질병 ㉢은 결핵이다.

|보|기|풀|이|
㉠ 정답 : ㉠의 병원체는 곰팡이에 속하므로 ㉠은 무좀이다.
㉡ 정답 : ㉡은 독감이며, 독감의 병원체는 바이러스이므로
단백질을 갖는다.
㉢ 정답 : '세포 구조로 되어 있다.'는 무좀의 병원체(곰팡이)
와 결핵의 병원체(세균)가 공통으로 갖는 특징 ⓐ에
해당한다.

😊 **문제풀이 TIP** | 기본적인 지식을 묻는 문항으로 실수 없이
빠르게 해결해야 한다. 자주 출제되는 질병과 병원체의 종류를
반드시 짝지어 기억하도록 한다.

표 (가)는 질병 A~C에서 특징 ⊙~ⓒ의 유무를 나타낸 것이고,
(나)는 ⊙~ⓒ을 순서 없이 나타낸 것이다. A~C는 각각 결핵, 독감,
후천성 면역 결핍 증후군(AIDS) 중 하나이다.

<병원체>
세균 →
바이러스 →

질병＼특징	⊙	ⓒ	ⓒ
결핵 A	○	×	×
독감 B	○	○	×
AIDS C	○	○	○

(○: 있음, ×: 없음)

(가)

특징(⊙~ⓒ)
ⓒ • 바이러스성 질병이다. → 독감, AIDS
⊙ • 병원체는 유전 물질을 가진다. → 결핵, 독감, AIDS
ⓒ • 병원체는 인간 면역 결핍 바이러스(HIV)이다. → AIDS

(나)

이에 대한 설명으로 옳은 것만을 <보기>에서 있는 대로 고른 것은?

보기
바이러스 →
  ~~ㄱ~~. A는 ~~독감~~ 결핵 이다.
  ~~ㄴ~~. B의 병원체는 세포 구조로 되어 ~~있다~~. 있지 않다. → 바이러스는 핵산과 단백질 껍질로 구성됨
  ⓒ. C의 병원체는 스스로 물질대사를 하지 못한다. → 바이러스는 효소가 없어서 스스로 물질대사를 하지 못함
  ↳ 바이러스

① ㄱ   ②ㄷ   ③ ㄱ, ㄴ   ④ ㄴ, ㄷ   ⑤ ㄱ, ㄴ, ㄷ

|자|료|해|설|
(나)의 특징 중 '바이러스성 질병이다.'에 해당하는 질병은 독감과 후천성 면역 결핍 증후군(AIDS)이고, '병원체는 유전 물질을 가진다.'에 해당하는 질병은 결핵, 독감, AIDS이다. '병원체는 인간 면역 결핍 바이러스(HIV)이다.'에 해당하는 질병은 AIDS이다.
(가)에서 제시된 모든 질병이 가지는 특징 ⊙이 '병원체는 유전 물질을 가진다.'이고, 두 가지 질병이 가지는 특징 ⓒ이 '바이러스성 질병이다.'이다. 마지막으로 특징 ⓒ은 '병원체는 인간 면역 결핍 바이러스(HIV)이다.'이다. 각 특징에 맞게 질병을 배열하면 A는 결핵, B는 독감, C는 후천성 면역 결핍 증후군(AIDS)이다.

|보|기|풀|이|
ㄱ. 오답 : A는 결핵이다.
ㄴ. 오답 : 독감(B)의 병원체는 바이러스이다. 바이러스는 핵산과 단백질 껍질로 구성되어 있으며 세포 구조가 아니다.
ⓒ. 정답 : AIDS(C)의 병원체는 바이러스이다. 바이러스는 효소가 없어서 스스로 물질대사를 하지 못한다.

😮 **문제풀이 TIP** | (나)에서 각각의 특징을 가지는 질병을 정리한 뒤, 각 특징에 해당하는 질병의 가짓수로 (가)에서 특징 ⊙~ⓒ을 찾으면 문제를 빠르게 해결할 수 있다.

😊 **출제분석** | 각 질병을 일으키는 병원체의 특징에 대해 묻는 난도 '중'의 문항이다. 결핵, 독감, AIDS는 출제 빈도가 매우 높은 질병이므로 각 질병을 일으키는 병원체의 종류와 특징을 반드시 암기해두어야 한다. 또한 이러한 유형의 문항은 다른 단원에서도 자주 나오는 유형이므로 문제에 접근하는 방법을 익혀두어야 한다.

표 (가)는 질병 A~C에서 특징 ⊙~ⓒ의 유무를, (나)는 ⊙~ⓒ을
순서 없이 나타낸 것이다. A~C는 각각 결핵, 독감, 혈우병 중 하나
이다.

＼질병＼특징	독감 A	혈우병 B	결핵 C
⊙	○	?×	○
ⓒ	×	○	×
ⓒ	×	?×	○

(○: 있음, ×: 없음)

(가)

특징 ⊙~ⓒ
ⓒ ○ 병원체가 독립적으로 물질대사를 한다. → 결핵
⊙ ○ 병원체가 핵산을 가지고 있다. → 결핵, 독감
ⓒ ○ 비감염성 질병이다. → 혈우병

(나)

이에 대한 설명으로 옳은 것만을 <보기>에서 있는 대로 고른 것은?

보기
   → 바이러스   할 수 없다
  ~~ㄱ~~. A의 병원체는 분열을 통해 증식~~한다~~.
  ~~ㄴ~~. B는 백신을 이용하여 예방할 수 ~~있다~~. 없다 → 혈우병은 유전병이므로 백신으로 예방할 수 없다
  혈우병 ↲
  ⓒ. C는 결핵이다.

① ㄱ   ② ㄴ   ③ ㄷ   ④ ㄱ, ㄷ   ⑤ ㄴ, ㄷ

|자|료|해|설|
결핵, 독감, 혈우병 중 결핵은 병원체가 세균이고, 독감의 병원체는 바이러스이다. 혈우병은 병원체에 의한 감염성 질병이 아닌 유전병이다. '병원체가 독립적으로 물질대사를 한다.'는 결핵의 특징이고, '병원체가 핵산을 가지고 있다.'는 결핵과 독감의 공통점, '비감염성 질병이다.'는 혈우병의 특징이다. 특징 ⊙~ⓒ 중 두 가지 특징을 가지는 C는 결핵이다. C와 특징 ⊙을 공유하는 A는 독감이고, 이를 통해 특징 ⊙이 '병원체가 핵산을 가지고 있다.'임을 알 수 있고, B는 혈우병임을 알 수 있다. B가 혈우병이므로 표 (가)의 물음표는 둘 다 '×'이다.

|보|기|풀|이|
ㄱ. 오답 : A(독감)의 병원체는 바이러스이고, 세포 구조가 아니므로 분열을 통해 증식할 수 없다. 바이러스는 숙주 세포 내에서만 기생을 통해 증식이 가능하다.
ㄴ. 오답 : B(혈우병)은 감염성 질병이 아닌 유전병이므로 백신을 이용하여 예방할 수 없다.
ⓒ. 정답 : C는 결핵이다.

😮 **문제풀이 TIP** | 질병 A~C, 특징 ⊙~ⓒ을 판단해야 하므로 어려운 문제처럼 보이지만, (나)의 각 특징이 결핵, 독감, 혈우병 중 어떤 질병의 특징인지를 먼저 분류하고 (가)의 표를 분석하면 쉽게 판단 가능하다.

😊 **출제분석** | 감염성 질병과 비감염성 질병, 바이러스의 특성, 면역과 관련된 내용까지 통합적으로 묻고 있는 문제이지만 난도는 그리 높지 않다. 각각의 개념에 대해 정확하게 이해하고 있는 것이 중요하다.

Ⅲ
2
Ⅰ
01.
질병과 병원체

다음은 푸른곰팡이와 인플루엔자 바이러스에 대한 자료이다.

○ 플레밍은 세균을 배양하던 접시에서 ㉠ 푸른곰팡이 주위에
세균이 자라지 못하는 것을 관찰하였다.   → 페니실린 분비

○ 독감은 ㉡ 인플루엔자 바이러스에 의하여 발병하며 백신을
접종하여 예방할 수 있다.   → 죽거나 약화시킨 병원체

이에 대한 설명으로 옳은 것만을 〈보기〉에서 있는 대로 고른 것은?

보기   최초의 항생제

→ 푸른곰팡이

㉠. ㉠으로부터 페니실린이 발견되었다.

㉡. ㉡은 스스로 물질대사를 하지 못한다.

㉢. ㉠과 ㉡은 모두 유전 물질을 가진다. → 곰팡이와 바이러스 모두 자신의 유전 물질(핵산)을 가지고 있다.

→ 바이러스

① ㄱ   ② ㄷ   ③ ㄱ, ㄴ   ④ ㄴ, ㄷ   ⑤ ㄱ, ㄴ, ㄷ

| 자 | 료 | 해 | 설 |

푸른곰팡이(균류)는 세균의 증식을 억제하는 항생제인 페니실린을 분비한다. 독감은 인플루엔자 바이러스에 의해 발병하며, 바이러스는 숙주 세포 내에서 물질대사, 증식, 유전 현상, 돌연변이를 통한 진화 등의 생물적 특징을 나타낸다.

| 보 | 기 | 풀 | 이 |

㉠. 정답 : 푸른곰팡이(㉠)는 항생제인 페니실린을 분비한다. 항생제는 세균의 증식을 억제하는 물질이다.

㉡. 정답 : 바이러스(㉡)는 효소가 없어 스스로 물질대사를 하지 못하며, 살아있는 숙주 세포 내에서만 물질대사가 가능하다.

㉢. 정답 : 곰팡이(㉠)와 바이러스(㉡)는 모두 유전 물질을 가지고 있다.

😀 **출제분석** | 항생제와 균류 및 바이러스의 특징을 묻는 난도 '하'의 문항이다. 푸른곰팡이에서 분비되는 물질이 페니실린이라는 것을 묻는 이러한 문제는 출제된 적이 없지만 단순한 지식이므로 난도가 높지 않았다. 나머지 보기 ㄴ과 보기 ㄷ은 생명 현상의 특성 단원과 병원체 단원에서 자주 출제되어 왔던 균류와 바이러스의 특징이다.

그림은 결핵과 독감의 공통점과 차이점을
나타낸 것이다.
이에 대한 옳은 설명만을 〈보기〉에서 있는
대로 고른 것은?

세균   바이러스
결핵   독감
㉠   ㉡   ㉢

보기

ㄱ. '감염성 질병이다.'는 ㉡에 해당한다.

ㄴ. '병원체에 핵산이 있다.'는 ㉡에 해당한다.

ㄷ. '병원체가 독립적으로 물질대사를 한다.'는 ㉡에 해당한다.

① ㄱ   ② ㄴ   ③ ㄱ, ㄴ   ④ ㄱ, ㄷ   ⑤ ㄴ, ㄷ

| 자 | 료 | 해 | 설 |

결핵을 일으키는 병원체는 세균이고, 독감을 일으키는 병원체는 바이러스이다. 병원체에 의해 나타나는 두 질병은 모두 감염성 질병이며 전염이 되기도 한다.

| 보 | 기 | 풀 | 이 |

ㄱ. 오답 : 결핵과 독감 모두 감염성 질병이므로 '감염성 질병이다.'는 공통점인 ㉡에 해당한다.

ㄴ. 정답 : 세균과 바이러스는 모두 핵산을 가지고 있으므로 '병원체에 핵산이 있다.'는 공통점인 ㉡에 해당한다.

ㄷ. 오답 : '병원체가 독립적으로 물질대사를 한다.'는 세균에만 해당되는 내용이므로 ㉠에 해당한다.

😀 **문제풀이 TIP** | 결핵을 일으키는 병원체인 세균과 독감을 일으키는 병원체인 바이러스의 공통점과 차이점을 알고 있으면 문제를 쉽게 해결할 수 있다.

😀 **출제분석** | 세균과 바이러스의 공통점과 차이점에 대해 물어보는 난도 '하'의 문항이다. 병원체의 종류와 특징을 비교하는 문제는 항상 출제되어온 문제이므로 개념을 완벽히 정리해두자!

표 (가)는 병원체의 3가지 특징을, (나)는 (가)의 특징 중 사람의 질병 A~C의 병원체가 갖는 특징의 개수를 나타낸 것이다. A~C는 독감, 무좀, 말라리아를 순서 없이 나타낸 것이다.

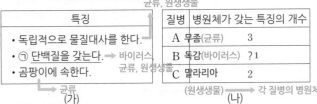

특징
• 독립적으로 물질대사를 한다. → 균류, 원생생물
• ㉠ 단백질을 갖는다. → 바이러스, 균류, 원생생물
• 곰팡이에 속한다. → 균류

(가)

질병	병원체가 갖는 특징의 개수
A 무좀(균류)	3
B 독감(바이러스)	?1
C 말라리아(원생생물) → 각 질병의 병원체	2

(나)

이에 대한 설명으로 옳은 것만을 〈보기〉에서 있는 대로 고른 것은?

보기
㉠. A는 무좀이다. → 바이러스
㉡. B의 병원체는 특징 ㉠을 갖는다.
㉢. C는 모기를 매개로 전염된다. → 말라리아

① ㄱ 　　② ㄴ 　　③ ㄱ, ㄷ 　　④ ㄴ, ㄷ 　　⑤ ㄱ, ㄴ, ㄷ

|자|료|해|설|
독감, 무좀, 말라리아의 병원체는 순서대로 바이러스, 균류(곰팡이), 원생생물이다. '독립적으로 물질대사를 한다.'는 특징을 갖는 병원체는 균류와 원생생물이고, '단백질을 갖는다.'는 3가지 병원체 모두가 갖는 특징이다. '곰팡이에 속한다.'는 균류에 해당하는 특징이며, 균류는 (가)의 3가지 특징을 모두 가지므로 A는 무좀이다. 원생생물은 2가지 특징을 가지므로 C는 말라리아이고, 1가지 특징만 갖는 바이러스가 병원체인 B는 독감이다.

|보|기|풀|이|
㉠ 정답 : 균류는 (가)의 3가지 특성을 모두 가지므로 A는 무좀이다.
㉡ 정답 : 독감(B)의 병원체는 바이러스이며, 바이러스는 단백질을 갖는다.
㉢ 정답 : 말라리아(C)는 원생생물의 일종인 말라리아 원충에 감염되었을 때 나타나는 질병으로, 모기를 매개로 전염된다.

😮 **문제풀이 T I P** | 독감, 무좀, 말라리아의 병원체는 각각 바이러스, 균류(곰팡이), 원생생물이다. (가)에서 각 특징을 갖는 병원체를 나열한 뒤 각 병원체가 갖는 특징의 개수를 따져 질병 A ~ C를 구분해보자.

😮 **출제분석** | 각 질병을 일으키는 병원체를 구분하고, 병원체와 질병의 특징을 알고 있어야 해결 가능한 난도 '중하'의 문항이다. 2021년 4월 학평 8번 문제와 유사하며, 최근 표 (나)처럼 각 질병이나 병원체가 갖는 특징의 수가 제시되는 문항이 출제되고 있으므로 문제 해결 방법을 익혀두어 출제를 대비하자.

표 (가)는 사람에서 질병을 일으키는 병원체의 특징 3가지를, (나)는 (가) 중에서 병원체 A~C가 가지는 특징의 개수를 나타낸 것이다. A~C는 결핵균, 무좀균, 인플루엔자 바이러스를 순서 없이 나타낸 것이다.

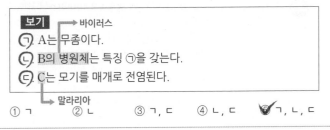

특징
• 곰팡이이다. → 무좀균
• 유전 물질을 가진다.
• 독립적으로 물질대사를 한다. → 무좀균, 결핵균

무좀균, 결핵균, 인플루엔자 바이러스

(가)

병원체	특징의 개수
A 인플루엔자 바이러스	1
B 결핵균	2
C 무좀균	㉠ 3

(나)

이에 대한 설명으로 옳은 것만을 〈보기〉에서 있는 대로 고른 것은?

보기
㉠. ㉠은 3이다.
ㄴ. A는 무좀균이다. → 인플루엔자 바이러스
㉢. B에 의한 질병의 치료에 항생제가 사용된다. → 세균에 의한 질병 치료제 → 결핵균(세균)

① ㄱ 　　② ㄴ 　　③ ㄷ 　　④ ㄱ, ㄷ 　　⑤ ㄴ, ㄷ

|자|료|해|설|
(가)의 특징 중 '곰팡이이다.'에 해당하는 병원체는 무좀균이고, '유전 물질을 가진다.'는 무좀균, 결핵균, 인플루엔자 바이러스 모두 가지는 특징이다. '독립적으로 물질대사를 한다.'는 무좀균, 결핵균이 가지는 특징이다. 따라서 (나)의 A는 인플루엔자 바이러스, B는 결핵균, C는 무좀균이고 ㉠은 3이다.

|보|기|풀|이|
㉠ 정답 : 무좀균(C)은 세 가지 특징을 모두 가지므로 ㉠은 3이다.
ㄴ. 오답 : (가)의 특징 중 하나를 가지는 A는 인플루엔자 바이러스이다.
㉢ 정답 : 결핵균(B)과 같은 세균에 의한 질병의 치료에 항생제가 사용된다.

😮 **문제풀이 T I P** | 결핵균(세균)과 무좀균(곰팡이)은 세포로 이루어진 생물이며, 바이러스는 핵산과 단백질 껍질로 구성되어 있다.

표 (가)는 질병의 특징 3가지를, (나)는 (가) 중에서 질병 A~C에 있는 특징의 개수를 나타낸 것이다. A~C는 말라리아, 무좀, 홍역을 순서 없이 나타낸 것이다.

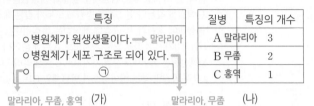

특징
○ 병원체가 원생생물이다. → 말라리아
○ 병원체가 세포 구조로 되어 있다.
○ 　　　　　⊙

말라리아, 무좀, 홍역 (가)　　　말라리아, 무좀 (나)

질병	특징의 개수
A 말라리아	3
B 무좀	2
C 홍역	1

이에 대한 설명으로 옳은 것만을 〈보기〉에서 있는 대로 고른 것은?

(3점)

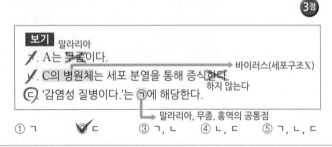

보기
말라리아
ㄱ. A는 ~~무좀~~이다.
　　　　　　　　　　　　　　　　→ 바이러스(세포구조X)
ㄴ. C의 병원체는 세포 분열을 통해 증식~~한다.~~
　　　　　　　　　　　　　　　하지 않는다
ㄷ. '감염성 질병이다.'는 ⊙에 해당한다.
　　　　　　→ 말라리아, 무좀, 홍역의 공통점

① ㄱ　　✓ㄷ　　③ ㄱ, ㄴ　　④ ㄴ, ㄷ　　⑤ ㄱ, ㄴ, ㄷ

|자|료|해|설|
말라리아, 무좀, 홍역은 모두 감염성 질병으로 각각의 병원체는 순서대로 원생생물, 균류, 바이러스이다. '병원체가 원생생물이다.'라는 특징에 해당하는 질병은 말라리아이고, '병원체가 세포 구조로 되어 있다.'라는 특징에 해당하는 질병은 말라리아와 무좀이다. (나)에서 질병 A, B, C가 갖는 특징의 개수가 3, 2, 1이 되기 위해서 ⊙은 말라리아, 무좀, 홍역이 모두 갖는 특징이어야 한다.

|보|기|풀|이|
ㄱ. 오답 : (가)의 3가지 특징을 모두 갖는 질병 A는 말라리아이다.
ㄴ. 오답 : 홍역(C)의 병원체인 바이러스는 세포 구조가 아니다.
ⓒ. 정답 : '감염성 질병이다.'는 말라리아, 무좀, 홍역이 모두 갖는 특징이므로 ⊙에 해당한다.

🤓 **문제풀이 T I P** | (가)에서 첫 번째와 두 번째 특징 옆에 해당하는 질병을 적어 보면, (나)에서 질병 A, B, C가 갖는 특징의 개수가 3, 2, 1이 되기 위해서는 ⊙이 말라리아, 무좀, 홍역이 모두 갖는 특징이어야 한다는 것을 알 수 있다.

표 (가)는 사람의 질병 A~C에서 특징 ⊙~ⓒ의 유무를, (나)는 ⊙~ⓒ을 순서 없이 나타낸 것이다. A~C는 각각 결핵, 홍역, 혈우병 중 하나이다.

특징＼질병	⊙	ⓛ	ⓒ
A 홍역	×	×	○
B 혈우병	×	○	×
C 결핵	○	×	○

(○: 있음, ×: 없음)

특징(⊙~ⓒ)
ⓛ 유전병이다.
⊙ 세균에 의해 유발된다.
ⓒ 다른 사람에게 전염될 수 있다.

(가)　　　　　　　　　　　(나)

이에 대한 옳은 설명만을 〈보기〉에서 있는 대로 고른 것은?

보기
ㄱ. A는 홍역이다.
　⊙
ㄴ. ~~ⓒ~~은 '세균에 의해 유발된다.'이다.
ㄷ. C를 치료할 때 항생제를 사용한다.
　→ 결핵(세균)　　　→ 세균에 의한 질병을 치료할 때 사용

① ㄱ　　② ㄴ　　③ ㄷ　　✓ㄱ, ㄷ　　⑤ ㄴ, ㄷ

|자|료|해|설|
(나)의 특징을 통해 표 (가)의 질병 A~C가 무엇인지를 찾아내야 한다. 결핵은 세균에 의해, 홍역은 바이러스에 의해 유발되는 질병이다. 따라서 결핵과 홍역은 병원체에 의해 나타나는 질병으로 전염이 되는 감염성 질병이다. 반면 혈우병은 병원체 없이 나타나는 질병으로 전염이 되지 않으며 생활 방식, 환경, 유전 등이 원인이 되는 비감염성 질병이다. 이를 토대로 각 특징에 맞는 질병을 나열하면 다음과 같다.
• 유전병이다. → 혈우병
• 세균에 의해 유발된다. → 결핵
• 다른 사람에게 전염될 수 있다. → 결핵, 홍역
두 가지 질병의 특징에 해당하는 ⓒ이 '다른 사람에게 전염될 수 있다.'이고, A와 C는 결핵과 홍역 중 하나이다. 홍역은 특징 ⓒ에만 해당하는 질병이므로 A가 홍역, C가 결핵이다. 결핵의 또 다른 특징 ⊙은 '세균에 의해 유발된다.'이며, 나머지 특징 ⓛ은 '유전병이다.'가 된다. 마지막 남은 질병 B는 혈우병이다.

|보|기|풀|이|
ㄱ. 정답 : A는 홍역, B는 혈우병, C는 결핵이다.
ㄴ. 오답 : 특징 ⊙이 '세균에 의해 유발된다.'이며, 특징 ⓒ은 '다른 사람에게 전염될 수 있다.'이다.
ㄷ. 정답 : 결핵은 세균에 의해 유발되는 질병으로 치료할 때 항생제를 사용한다.

🤓 **문제풀이 T I P** | 특징 ⊙~ⓒ 중에서 ⊙, ⓛ과는 다르게 두 가지 질병에 해당하는 특징을 가진 ⓒ을 먼저 찾거나, 질병 A~C 중에서 A, B와는 다르게 두 가지 특징을 가지고 있는 C를 먼저 찾아야 문제를 쉽게 해결할 수 있다. 즉, 특징 ⊙~ⓒ를 통해 각각 결핵, 홍역, 혈우병에 해당되는 것을 파악하면 '다른 사람에게 전염될 수 있다.'에 해당되는 것이 2개이므로 ⓒ이 이에 해당이 된다. 즉, A와 C는 홍역과 결핵 중 하나이다.

🤓 **출제분석** | 주어진 표에서 3가지 질병의 종류와 3가지 특징을 동시에 맞게 연결해야 하는 난도 '중상'의 문제이다. 이와 같은 문제 유형은 생명체를 구성하는 물질과 특성에 대한 내용, 중추 신경계를 구성하는 구조와 특징에 대한 내용을 묻는 문제에서도 활용되어 출제되고 있으므로 문제 푸는 요령을 익혀두어야 한다.

표는 사람의 세 가지 질병의 원인을 나타낸 것이다.

이에 대한 설명으로 옳은 것만을 〈보기〉에서 있는 대로 고른 것은?

감염성 질병 : 병원체에 의해 나타남, 전염○

질병	원인
결핵	병원체 A → 세균
무좀	병원체 B → 곰팡이
고혈압	? → 생활 방식, 환경, 유전 등

비감염성 질병 : 병원체 없이 나타나는 질병, 전염×

보기

ㄱ. 결핵의 치료에 항생제가 이용된다. → 세균에 의한 질병은 항생제를 이용하여 치료함

ㄴ. A와 B는 모두 유전 물질을 가진다.

세균 ←———————————→ 곰팡이

ㄷ. 고혈압은 감염성 질병이다.

비감염성 질병(고혈압, 당뇨병, 혈우병 등)

① ㄱ   ② ㄴ   ③ ㄷ   ④ ㄱ, ㄴ   ⑤ ㄱ, ㄴ, ㄷ

|자|료|해|설|

결핵을 일으키는 병원체 A는 세균이고, 무좀을 일으키는 병원체 B는 곰팡이다. 이 두 질병은 병원체에 의해 나타나는 감염성 질병이고, 고혈압은 병원체 없이 나타나는 비감염성 질병이다. 비감염성 질병의 원인으로 생활 방식, 환경, 유전 등이 있다.

|보|기|풀|이|

ㄱ. 정답 : 결핵은 세균에 의한 질병으로 항생제를 이용하여 치료한다.

ㄴ. 정답 : 세균(A)과 곰팡이(B)는 모두 유전 물질을 가지고 있다.

ㄷ. 오답 : 고혈압은 병원체 없이 나타나는 비감염성 질병이다.

문제풀이 TIP | 결핵의 원인은 세균, 무좀의 원인은 곰팡이다. 비감염성 질병의 대표적인 예로 고혈압, 당뇨병, 혈우병 정도는 기억해두자.

출제분석 | 질병과 병원체의 종류 및 특징에 대해 묻는 난도 '중'의 문항이다. 질병을 일으키는 병원체, 질병의 구분 단원은 출제 빈도가 매우 높은 부분이므로 해당 단원의 내용은 모두 암기하고 있어야 한다.

표는 결핵을 일으키는 병원체 A, 후천성 면역 결핍증을 일으키는 병원체 B, 무좀을 일으키는 병원체 C에서 각각 특징 (가)~(다)의 유무를 나타낸 것이다. (가)~(다)는 각각 '세포 구조이다.', '핵막이 있다.', '핵산이 있다.' 중 하나이다.

이에 대한 옳은 설명만을 〈보기〉에서 있는 대로 고른 것은?

핵산이 있다.

병원체 특징	세균 A	B 바이러스	곰팡이 C
(가)	○	○	○ ㉠
(나)	○	×	○
(다)	×	? ×	○

핵막이 있다.
(○:있음, ×:없음)

세포 구조이다.

보기

ㄱ. ㉠은 '○'이다.

ㄴ. (나)는 '핵막이 있다.'이다. → 세포 구조이다.

ㄷ. A~C는 모두 세포 분열로 증식한다. → A와 C는

① ㄱ   ② ㄴ   ③ ㄷ   ④ ㄱ, ㄴ   ⑤ ㄴ, ㄷ

|자|료|해|설|

결핵을 일으키는 병원체 A는 세균, 후천성 면역 결핍증을 일으키는 병원체 B는 바이러스, 무좀을 일으키는 병원체 C는 균류에 속하는 곰팡이다. '핵산이 있다.'는 A~C 모두에게 해당하는 특징이므로 (가)이고, ㉠은 '○'이다. 세균, 바이러스, 곰팡이 중에서 세포 구조가 아닌 것은 바이러스이므로 특징 (나)는 '세포 구조이다.'이고, 특징 (다)는 '핵막이 있다.'이다. 세균과 바이러스는 핵막이 없으며 곰팡이는 핵을 가지고 있는 진핵생물로 핵막이 있다.

|보|기|풀|이|

ㄱ. 정답 : 특징 (가)는 '핵산이 있다.'이고, 이는 A~C 모두에게 해당하는 특징이므로 ㉠은 '○'이다.

ㄴ. 오답 : 바이러스(B)만 세포 구조가 아니므로 특징 (나)는 '세포 구조이다.'이다.

ㄷ. 오답 : 바이러스(B)는 세포 구조가 아니며, 세포 분열로 증식하지 않는다.

문제풀이 TIP | 질병을 일으키는 병원체의 종류와 특징을 구분할 수 있어야 한다. 세균, 바이러스, 곰팡이(균류) 모두 가지고 있는 특징인 '핵산이 있다.'로 특징 (가)를 먼저 찾거나, 바이러스만 세포 구조가 아니라는 것을 통해 특징 (나)를 찾으면 문제를 빠르게 해결할 수 있다.

출제분석 | 기본적인 병원체의 종류와 특징을 묻는 문항으로 난도는 '중하'이다. 병원체 A~C가 모두 주어져 있어 난도가 높지 않으며, '핵막이 있다.'라는 특징에 대한 내용이 숙지되어 있지 않았다면 이번 기회에 확실하게 짚고 넘어가야 한다. 병원체에 대한 내용은 꾸준히 출제되어 왔으므로 관련 내용을 잘 정리하고 비슷한 유형의 기출문제 풀이를 통해 출제에 대비하도록 하자!

표 (가)는 질병 A~C에서 특징 ㉠~㉢의 유무를, (나)는 ㉠~㉢을 순서 없이 나타낸 것이다. A~C는 결핵, 말라리아, 헌팅턴 무도병을 순서 없이 나타낸 것이다.

특징 \ 질병	㉠	㉡	㉢
말라리아 A	○	×	?
결핵 B	○	?	×
헌팅턴 무도병 C	?	○	×

(○: 있음, ×: 없음)

(가)

특징(㉠~㉢)
㉡○ 비감염성 질병이다. → 헌팅턴 무도병
㉢○ 병원체가 원생생물이다. → 말라리아
㉠○ 병원체가 세포 구조로 되어 있다. → 결핵, 말라리아

(나)

이에 대한 설명으로 옳은 것만을 〈보기〉에서 있는 대로 고른 것은?

보기

말라리아 ← ㉠. A는 모기를 매개로 전염된다.
　　　　　　　　　　　← 세균성 질환의 치료제
결핵 ← ㉡. B의 치료에는 항생제가 사용된다.
㉢. C는 헌팅턴 무도병이다.

① ㄱ　② ㄷ　③ ㄱ, ㄴ　④ ㄴ, ㄷ　✔⑤ ㄱ, ㄴ, ㄷ

|자|료|해|설|
헌팅턴 무도병은 비감염성 질병이고 결핵은 병원체가 세균, 말라리아는 병원체가 원생생물인 감염성 질병이다. 따라서 ㉠은 '병원체가 세포 구조로 되어 있다.'이고, ㉡은 '비감염성 질병이다.', ㉢은 '병원체가 원생생물이다.'이다. A는 말라리아, B는 결핵, C는 헌팅턴 무도병이다.

|보|기|풀|이|
㉠ 정답 : 말라리아는 매개 곤충인 모기를 통해 전염된다.
㉡ 정답 : 결핵은 세균성 질병이므로 세균성 질환의 치료제인 항생제를 사용해 치료할 수 있다.
㉢ 정답 : C는 특징 ㉡ '비감염성 질병이다.'는 가지면서 ㉢ '병원체가 원생생물이다.'는 가지지 않으므로 헌팅턴 무도병이다.

😲 **문제풀이 TIP |** 다양한 질병을 병원체의 유무에 따라 감염성 질병과 비감염성 질병으로 구분할 수 있어야 하며, 자주 출제되는 질병들의 병원체의 종류와 특징은 반드시 정리하고 기억해야 한다.

표는 질병 (가)~(다)의 치료에 각각 이용되는 물질 A~C의 기능을 나타낸 것이다. (가)~(다)는 독감, 결핵, 당뇨병을 순서 없이 나타낸 것이다.

질병	물질	기능
결핵 (가)	A 페니실린	병원체의 세포벽 형성을 억제한다.
독감 (나)	B 항바이러스제	병원체의 유전 물질 복제를 방해한다.
당뇨병 (다)	C 인슐린 제제	혈액에서 간세포로 포도당의 이동을 촉진한다.

이에 대한 설명으로 옳은 것만을 〈보기〉에서 있는 대로 고른 것은?

보기

　　　세균 – 핵막×　　갖지 않는다
✗ ㄱ. (가)의 병원체는 핵막을 갖는다.
㉡. (가)와 (나)의 병원체는 모두 단백질을 갖는다.
　　　　　　　　　　　　　　　　　　　　　→ 바이러스
㉢. (다)는 비감염성 질병이다.
　　└ 당뇨병　└ 병원체×

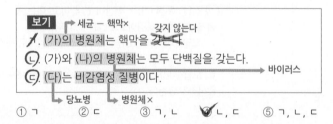

① ㄱ　② ㄷ　③ ㄱ, ㄴ　✔④ ㄴ, ㄷ　⑤ ㄱ, ㄴ, ㄷ

|자|료|해|설|
병원체의 세포벽 형성을 억제하는 치료제 A는 항생제(페니실린)이다. 따라서 (가)는 결핵이고 결핵의 병원체는 세균이다. 병원체의 유전 물질 복제를 방해하는 치료제 B는 항바이러스제이고, (나)는 독감이다. 독감의 병원체는 바이러스이다. 혈액에서 간세포로 포도당의 이동을 촉진하는 것은 혈당량을 낮추는 기작으로 치료제 C는 인슐린 제제이다. (다)는 당뇨병이고 당뇨병은 비감염성 질병으로 병원체가 없다.

|보|기|풀|이|
ㄱ. 오답 : (가)의 병원체는 세균이다. 세균은 단세포 원핵생물로 핵막을 갖지 않는다.
㉡. 정답 : (가)의 병원체인 세균과 (나)의 병원체인 바이러스는 모두 단백질을 갖는다.
㉢. 정답 : (다)는 당뇨병으로 병원체가 없는 비감염성 질병이다.

😲 **문제풀이 TIP |** 치료제 기능을 단서로 질병을 구분해야 하는 문제이다. 감염성 질병과 비감염성 질병의 차이를 학습하고 감염성 질병을 병원체에 따라 구분하여 병원체의 특징과 각각의 치료제를 함께 기억해놓도록 하자. 특히 항생제와 항바이러스제는 자주 언급되는 치료제이므로 꼭 기능까지 학습해놓자.

😊 **출제분석 |** 감염성 질병의 병원체와 비감염성 질병을 구분하는 문제로 난도 하에 해당한다. 치료제를 학습해 놓지 않았다면 풀이에 어려움이 있었겠지만, 치료제만 정확히 기억하고 있으면 자료해석 없이 쉽게 풀이가 가능하다. 최근 3년간 수능에 모두 출제되었지만 난도가 낮으므로 반드시 맞추어야 하는 문항이다.

그림은 질병 (가)를 일으키는 병원체 X를
나타낸 것이다.

이에 대한 옳은 설명만을 〈보기〉에서
있는 대로 고른 것은?

세포막

보기

세균

세균 ← ㄱ. X는 바이러스이다.

ㄴ. X는 단백질을 갖는다. → 병원체에 의해 나타나는 질병

ㄷ. (가)는 감염성 질병이다.

→ 세균성 질병

① ㄱ   ② ㄴ   ③ ㄱ, ㄷ   ④ ㄴ, ㄷ   ⑤ ㄱ, ㄴ, ㄷ

| 자 | 료 | 해 | 설 |

세포막을 갖는 병원체 X는 세균이다. 세균은 세포
구조이며, 스스로 물질대사가 가능하다.

| 보 | 기 | 풀 | 이 |

ㄱ. 오답 : X는 세균이다.

ㄴ. 정답 : 세균(X)은 세포이며, 단백질을 갖는다.

ㄷ. 정답 : (가)는 세균에 의한 질병이므로 감염성 질병에
해당한다.

표는 사람 질병의 특징을 나타낸 것이다.

질병	특징
말라리아	모기를 매개로 전염된다.
결핵	(가)
헌팅턴 무도병	신경계의 손상(퇴화)이 일어난다.

감염성 질병 ← 말라리아, 결핵

비감염성 질병 ← 헌팅턴 무도병

이에 대한 설명으로 옳은 것만을 〈보기〉에서 있는 대로 고른 것은?

보기

원생생물

ㄱ. 말라리아의 병원체는 바이러스이다.

ㄴ. '치료에 항생제가 사용된다.'는 (가)에 해당한다.

ㄷ. 헌팅턴 무도병은 비감염성 질병이다.

세균에 의한 질병 치료

① ㄱ   ② ㄴ   ③ ㄱ, ㄴ   ④ ㄴ, ㄷ   ⑤ ㄱ, ㄴ, ㄷ

| 자 | 료 | 해 | 설 |

말라리아를 일으키는 병원체는 원생생물이고, 결핵을
일으키는 병원체는 세균이다. 말라리아와 결핵은 병원체에
의해 나타나는 감염성 질병이고, 헌팅턴 무도병은 병원체
없이 나타나는 비감염성 질병이다.

| 보 | 기 | 풀 | 이 |

ㄱ. 오답 : 말라리아의 병원체는 원생생물이다.

ㄴ. 정답 : 세균에 의한 질병은 항생제를 이용하여
치료하며, 결핵은 세균에 의해 나타나는 질병이다. 따라서
'치료에 항생제가 사용된다.'는 결핵의 특징인 (가)에
해당한다.

ㄷ. 정답 : 헌팅턴 무도병은 병원체 없이 나타나는 비감염성
질병이며, 비감염성 질병은 생활 방식, 환경, 유전 등이
원인이 되어 나타난다.

 문제풀이 TIP | 감염성 질병에 해당하는 말라리아를 일으키는 병원체는 원생생물이고, 결핵을 일으키는 병원체는 세균이다. 세균성 질병 치료에는 항생제가 이용된다.

표는 사람의 질병 A~C의 병원체에서 특징의 유무를 나타낸 것이다. A~C는 **결핵, 무좀, 후천성 면역 결핍증(AIDS)**을 순서 없이 나타낸 것이다.

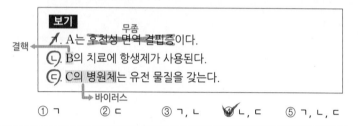

특징＼병원체	A의 병원체	B의 병원체	C의 병원체
스스로 물질대사를 한다.	○	○	×
세균에 속한다.	×	○	×

(○: 있음, ×: 없음)

이에 대한 설명으로 옳은 것만을 〈보기〉에서 있는 대로 고른 것은?

> **보기**
> ㄱ. A는 후천성 면역 결핍증이다. (무좀)
> ㄴ. B의 치료에 항생제가 사용된다.
> ㄷ. C의 병원체는 유전 물질을 갖는다.

① ㄱ   ② ㄷ   ③ ㄱ, ㄴ   ✓④ ㄴ, ㄷ   ⑤ ㄱ, ㄴ, ㄷ

|자|료|해|설|

결핵의 병원체는 세균, 무좀의 병원체는 곰팡이, 후천성 면역 결핍증(AIDS)의 병원체는 바이러스이다. 바이러스는 스스로 물질대사를 하지 못하므로 C는 후천성 면역 결핍증(AIDS)이다. 병원체가 세균에 속하는 것은 결핵이므로 B는 결핵이고, A는 무좀이다.

|보|기|풀|이|

ㄱ. 오답 : A는 무좀이다.

ㄴ. 정답 : 결핵(B)은 세균에 의한 질병이므로 치료에 항생제가 사용된다.

ㄷ. 정답 : 후천성 면역 결핍증(C)의 병원체는 바이러스이며, 바이러스는 유전 물질을 갖는다.

다음은 질병 ㉠의 병원체와 월별 발병률 자료에 대한 학생 A~C의 발표 내용이다. ㉠은 독감과 헌팅턴 무도병 중 하나이다.

제시한 내용이 옳은 학생만을 있는 대로 고른 것은?

① A   ② B   ③ C   ✓④ A, B   ⑤ B, C

|자|료|해|설|

독감은 바이러스에 의한 감염성 질병이고, 헌팅턴 무도병은 유전병이므로 그림에 병원체가 제시되어 있는 질병 ㉠은 독감이다.

|선|택|지|풀|이|

④ 정답 : 독감(㉠)은 병원체에 의해 나타나는 질병이므로 감염성 질병이며, 제시된 그래프에 따르면 독감(㉠)의 발병률은 1월이 6월보다 높다. 한편 독감(㉠)의 병원체는 바이러스이므로 독립적으로 물질대사를 할 수 없으므로 제시한 내용이 옳은 학생은 A, B이다.

02. 우리 몸의 방어 작용

❶ 인체의 방어 작용   ★수능에 나오는 필수 개념 2가지 + 필수 암기사항 3개

필수개념 1   비특이적 방어 작용

- **비특이적 방어 작용(선천성 면역)** : 병원체의 종류나 감염 경험의 유무와 관계없이 감염 발생 시 신속하게 반응이 일어난다. 피부, 점막, 분비액에 의한 방어와 식균 작용, 염증 반응이 해당된다.

- **염증 반응의 과정** *암기 → 그림 자료를 중심으로 염증 반응의 과정을 이해하자!

> - 대식 세포와 같은 백혈구는 체내로 침투한 병원체를 식균 작용을 통해 세포 내에서 분해시킨다.
> - 피부나 점막이 손상되어 병원체가 체내로 침입하면 열, 부어오름, 붉어짐, 통증이 나타나는 염증 반응이 일어난다.
>
>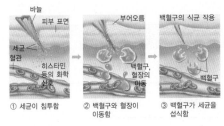
>
> ① 세균이 침투함   ② 백혈구와 혈장이 이동함   ③ 백혈구가 세균을 섭식함

필수개념 2   특이적 방어 작용

- **특이적 방어 작용(후천성 면역)** *암기 → 체크한 부분을 기억하자!
  : 특정 항원을 인식하여 제거하는 방어 작용이며, 백혈구의 일종으로 골수에서 생성되어 가슴샘에서 성숙되는 T 림프구와 골수에서 생성되어 골수에서 성숙되는 B 림프구에 의해 이루어진다.

- **세포성 면역** : 활성화된 세포 독성 T 림프구가 병원체에 감염된 세포를 제거하는 면역 반응이다. 대식 세포가 병원체를 삼킨 후 분해하여 항원을 제시하면 보조 T 림프구가 이를 인식하여 활성화되고 **활성화된 보조 T 림프구가 세포 독성 T 림프구를 활성화시켜 병원체에 감염된 세포나 암세포를 직접 공격하여 제거**하게 한다.

- **체액성 면역** : 형질 세포가 생산하는 항체가 항원과 결합함으로써 항원을 제거하는 면역 반응이다.

> - **1차 면역 반응** : 항원의 1차 침입 시 보조 T 림프구의 도움을 받은 B 림프구가 기억 세포와 형질 세포로 분화되고, 분화된 형질 세포에서 항체를 생성하여 항원과 결합하는 면역 반응이다.
> - **2차 면역 반응** : 동일 항원의 재침입 시 그 항원에 대한 기억 세포에 의해 일어나는 면역 반응으로 기억 세포가 빠르게 기억 세포와 형질 세포로 분화되고, 분화된 형질 세포에서 항체를 생성하여 항원과 결합하는 면역 반응이다.

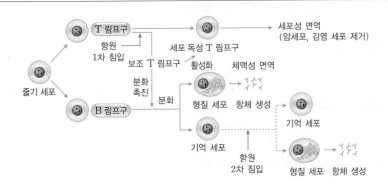

▶ 비만 세포
백혈구의 일종으로, 피부, 소화관 점막, 기관지 점막 등 외부 물질이 침입하기 쉬운 곳에 분포해 있다. 히스타민을 분비하여 모세 혈관을 확장시키며, 식균 작용을 하는 백혈구를 유인하는 신호 물질도 분비한다.

▶ 히스타민
비만 세포에서 분비되는 화학 물질로, 스트레스를 받거나 염증, 알레르기 등이 생길 때 분비된다. 모세 혈관을 확장시켜 혈류량을 증가시키고, 가려움증을 유발한다.

▶ 항원
외부에서 몸속으로 침입한 이물질로, 면역 반응을 유도할 수 있는 분자나 그 분자의 일부분이다. 이종 단백질, 세균, 바이러스, 독소 등이 항원으로 작용한다.

▶ 항체
면역계에서 항원과 특이적으로 결합한 후 이를 제거하는 단백질이다.

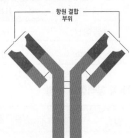

항원 결합 부위

▶ 인공 면역 *암기 → 인공 면역 방법을 구분해서 기억하자!
- **백신(예방 주사)** : 죽거나 약화시킨 항원을 주사하여 체내에 기억 세포가 형성되게 한다. 병의 예방 목적으로 사용한다.
- **면역 혈청** : 다른 동물이 만든 항체(면역 혈청)를 주입하여 항원을 제거한다. 병의 치료 목적으로 사용한다.

❷ 혈액형 ★수능에 나오는 필수 개념 2가지 + 필수 암기사항 2개

기본자료

필수개념 1 ABO식 혈액형

• **ABO식 혈액형의 구분** 암기 → ABO식 혈액형의 판정과 수혈에 대한 내용을 기억하자!

응집원(항원)은 적혈구 막에 A와 B 두 종류가 있고, 응집소(항체)는 혈장에 α와 β 두 종류가 있다. 응집원의 종류에 따라 A형, B형, AB형, O형으로 구분한다.

구분	A형	B형	AB형	O형
응집원(적혈구 막)	A	B	A, B	없음
응집소(혈장)	β	α	없음	α, β

▶ 혈청
혈액은 혈구와 혈장으로 구분되는데, 혈장에서 혈액 응고 성분인 파이브리노젠을 제거한 것을 혈청이라고 한다.

• **ABO식 혈액형의 판정**

응집원 A와 응집소 α, 응집원 B와 응집소 β가 만나면 응집 반응이 일어나는데, 이러한 응집 반응을 이용하여 혈액형을 판정한다.

혈청＼혈액형	A형	B형	AB형	O형
항 A 혈청(B형 표준 혈청) － 응집소 α 함유	응집됨	응집 안 됨	응집됨	응집 안 됨
항 B 혈청(A형 표준 혈청) － 응집소 β 함유	응집 안 됨	응집됨	응집됨	응집 안 됨

▶ 항 A 혈청(B형 표준 혈청)
응집소 α가 존재하여 응집원 A와 만나면 응집한다.

▶ 항 B 혈청(A형 표준 혈청)
응집소 β가 존재하여 응집원 B와 만나면 응집한다.

• **ABO식 혈액형의 수혈 관계**

기본적으로 수혈은 같은 혈액형끼리 하는 것이 원칙이며, 소량 수혈의 경우 혈액을 주는 사람의 응집원과 혈액을 받는 사람의 응집소 사이에 응집 반응이 일어나지 않으면 서로 다른 혈액형끼리의 수혈이 가능하다.

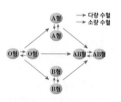

필수개념 2 Rh식 혈액형

• **Rh식 혈액형의 구분** 암기 → Rh식 혈액형의 판정과 수혈에 대한 내용을 기억하자!

Rh 응집원(항원)은 적혈구 막에 있고, 응집소(항체)는 혈장에 있다.

구분	Rh$^+$형	Rh$^-$형
응집원	있음	없음
응집소	없음	Rh 응집원이 유입되면 생성된다.

▶ Rh 응집소의 생성과 특징
• Rh$^-$형인 사람이 Rh 응집원에 노출되면 Rh 응집소가 생성된다.
• Rh 응집소는 크기가 작아 태반을 통과할 수 있다.

▶ Rh식 혈액형의 수혈 관계

• **Rh식 혈액형의 판정**

혈청＼혈액형	Rh$^+$형	Rh$^-$형
항 Rh 혈청(Rh 응집소 함유)	응집됨	응집 안 됨

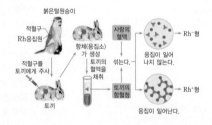

• **Rh식 혈액형의 수혈 관계** : 동일한 혈액형끼리 수혈이 가능하며, Rh 응집원에 노출되지 않은 Rh$^-$형은 Rh$^+$형에게 수혈할 수 있다.

1 특이적 방어 작용

정답 ④ 정답률 66% 2022년 3월 학평 9번 문제편 139p

다음은 병원체 X가 사람에 침입했을 때의 방어 작용에 대한 자료이다.

(가) X가 1차 침입했을 때 B 림프구가 ㉠과 ㉡으로 분화한다.
㉠과 ㉡은 각각 기억 세포와 형질 세포 중 하나이다. → 항체가 항원과 결합함으로써 항원을 제거하는 면역 반응
(나) X에 대한 항체와 X가 <u>항원 항체 반응</u>을 한다.
(다) X가 2차 침입했을 때 ㉠이 ㉡으로 분화한다.
기억 세포 →   → 형질 세포

이에 대한 옳은 설명만을 〈보기〉에서 있는 대로 고른 것은?

보기
골수
ㄱ. B 림프구는 가슴샘에서 성숙한 세포이다.
ㄴ. ㉠은 기억 세포이다. → B 림프구에 의한 항체 생성 반응
ㄷ. X에 대한 <u>체액성 면역 반응</u>에서 (나)가 일어난다.

① ㄱ ② ㄷ ③ ㄱ, ㄴ ✓④ ㄴ, ㄷ ⑤ ㄱ, ㄴ, ㄷ

|자|료|해|설|
자료는 병원체 X에 대한 체액성 면역 반응에 대해 설명하고 있다. 병원체가 침입하면 B 림프구가 형질 세포와 기억 세포로 분화되고, 동일한 병원체가 2차 침입했을 때 기억 세포가 형질 세포와 기억 세포로 빠르게 증식 및 분화함으로써 2차 면역 반응을 일으키므로 ㉠이 기억 세포, ㉡이 형질 세포이다.

|보|기|풀|이|
ㄱ. 오답 : B 림프구는 골수에서 생성되어 골수에서 성숙한 세포이고, T 림프구는 골수에서 생성되어 가슴샘에서 성숙한 세포이다.
ㄴ. 정답 : 동일한 병원체의 2차 침입 시 기억 세포가 형질 세포로 분화되므로 ㉠은 기억 세포이다.
ㄷ. 정답 : 항체를 생성하여 항원 항체 반응을 통해 항원을 제거하는 면역 반응을 체액성 면역 반응이라고 하며, (나)가 여기에 해당한다.

😀 **문제풀이 T I P** | 2차 면역 반응은 재침입한 동일한 병원체에 대한 기억 세포가 형질 세포로 빠르게 분화되면서 일어난다. 2차 면역 반응은 1차 면역 반응보다 빠르게 많은 양의 항체를 생성하여 효과적으로 병원체에 대항한다.

2 비특이적 방어 작용과 특이적 방어 작용

정답 ① 정답률 70% 2023년 7월 학평 9번 문제편 139p

다음은 사람의 몸에서 일어나는 방어 작용에 대한 자료이다. 세포 ⓐ~ⓒ는 대식세포, B 림프구, 보조 T 림프구를 순서 없이 나타낸 것이다.

대식세포 →
(가) 위의 점막에서 위산이 분비되어 외부에서 들어온 세균을 제거한다. → 비특이적 방어 작용   보조 T 림프구 →   → B 림프구
(나) ⓐ가 제시한 항원 조각을 인식하여 활성화된 ⓑ가 ⓒ의 증식과 분화를 촉진한다. ⓒ는 형질 세포로 분화하여 항체를 생성한다.

이에 대한 설명으로 옳은 것만을 〈보기〉에서 있는 대로 고른 것은?

보기
㉠ (가)는 비특이적 방어 작용에 해당한다.
보조 T 림프구
ㄴ. ⓑ는 B 림프구이다.
ㄷ. ⓒ는 가슴샘에서 성숙한다.
골수

✓① ㄱ ② ㄴ ③ ㄱ, ㄷ ④ ㄴ, ㄷ ⑤ ㄱ, ㄴ, ㄷ

|자|료|해|설|
(가)는 병원체의 종류나 감염 경험 유무와 관련 없이 신속하게 일어나는 비특이적 방어 작용의 일종이다. (나)는 특정 항원에 대한 특이적 방어 작용의 과정이며, 이때 항원을 제시하는 ⓐ는 대식세포, 항원 조각을 인식하는 ⓑ는 보조 T 림프구, 보조 T 림프구(ⓑ)에 의해 활성화되어 형질 세포로 분화하는 ⓒ는 B 림프구이다.

|보|기|풀|이|
ㄱ. 정답 : (가)는 비특이적 방어 작용에 해당한다.
ㄴ. 오답 : ⓑ는 항원을 인식하고 세포독성 T 림프구 혹은 B 림프구를 활성화하는 보조 T 림프구이다.
ㄷ. 오답 : ⓒ는 B 림프구이므로 골수에서 생성되어 골수에서 성숙한다.

😀 **출제분석** | 사람의 방어 작용에 대한 기본적인 개념과 과정을 묻고 있으므로 최근의 출제 경향에 비해 난도가 낮은 문항이다. 수능에서는 특이적 방어 작용과 관련하여 훨씬 높은 난도의 문항이 출제되므로 비특이적 방어 작용과 특이적 방어 작용의 과정 및 특징, 체액성 면역과 세포성 면역, 1차 면역과 2차 면역의 개념을 확실히 정리하고 이해해두어야 한다.

그림 (가)는 어떤 생쥐에 항원 A를 1차로 주사하였을 때 일어나는 면역 반응의 일부를, (나)는 A를 주사하였을 때 이 생쥐에서 생성되는 A에 대한 혈중 항체의 농도 변화를 나타낸 것이다. ㉠~㉢은 기억 세포, 형질 세포, 보조 T 림프구를 순서 없이 나타낸 것이다.

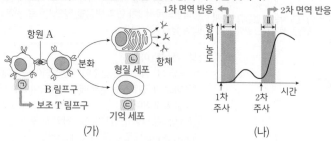

(가)   (나)

이에 대한 옳은 설명만을 〈보기〉에서 있는 대로 고른 것은? 3점

보기

ㄱ. ㉠은 보조 T 림프구이다. → 대식 세포가 제시한 항원의 종류를 인식하여 B 림프구 또는 세포 독성 T 림프구를 활성화시킴

ㄴ. 구간 Ⅰ에서 ㉡이 형성된다. → 형질 세포

ㄷ. 구간 Ⅱ에서 ㉡이 ㉢으로 분화된다. → ㉡ 형질 세포, ㉢ 기억 세포

① ㄱ   ② ㄴ   ③ ㄷ   ④ ㄱ, ㄴ   ⑤ ㄱ, ㄷ

|자|료|해|설|

(가)에서 B 림프구를 활성화시키는 ㉠은 보조 T 림프구이다. 활성화된 B 림프구는 형질 세포와 기억 세포로 분화된다. 항체를 생성하는 ㉡은 형질 세포이고, ㉢은 기억 세포이다. (나)에서 Ⅰ은 항원의 1차 침입 시 일어나는 1차 면역 반응에 해당하며, Ⅱ는 동일 항원의 재침입 시 그 항원에 대한 기억 세포에 의해 일어나는 2차 면역 반응에 해당한다. 이는 모두 항원 A에 대한 특이적 방어 작용이다.

|보|기|풀|이|

㉠ 정답 : B 림프구를 활성화시키는 ㉠은 보조 T 림프구이다.

㉡ 정답 : 구간 Ⅰ에서 형성된 형질 세포(㉡)로부터 항체가 생성되어 항체의 농도가 증가한다.

ㄷ. 오답 : 구간 Ⅱ에서 기억 세포(㉢)가 빠르게 형질 세포(㉡)로 분화되고, 분화된 형질 세포에서 항체를 생성하여 항원과 결합하는 2차 면역 반응이 일어난다.

🤓 **문제풀이 TIP** | 항체를 생성하는 세포는 형질 세포이다. 첫 글자의 'ㅎ'을 짝지어 기억하면 쉽다.

😲 **출제분석** | 특이적 방어 작용 중, 체액성 면역에 대한 기본적인 내용을 묻는 난도 '하'의 문항이다. 이전 기출 문제에서 흔히 볼 수 있었던 유형이며, 특히 '보기 ㄷ'은 자주 출제되었다. 더 나아가 1차 면역과 2차 면역 반응의 개념을 실험으로 제시되는 문항에 적용할 수 있어야 수능을 대비할 수 있다.

표 (가)는 세포 Ⅰ~Ⅲ에서 특징 ㉠~㉢의 유무를 나타낸 것이고, (나)는 ㉠~㉢을 순서 없이 나타낸 것이다. Ⅰ~Ⅲ은 각각 보조 T 림프구, 세포독성 T 림프구, 형질 세포 중 하나이다.

보조 T 림프구, 세포독성 T 림프구, 형질 세포

세포 \ 특징	㉠	㉡	㉢
세포독성 T 림프구 Ⅰ	○	○	○
형질 세포 Ⅱ	×	○	×
보조 T 림프구 Ⅲ	○	○	×

(○: 있음, ×: 없음)

(가)

특징(㉠~㉢)

1 • 특이적 방어 작용에 관여한다.
2 • 가슴샘에서 성숙된다. → 보조 T 림프구, 세포독성 T 림프구
3 • 병원체에 감염된 세포를 직접 파괴한다. → 세포독성 T 림프구

(나)

이에 대한 설명으로 옳은 것만을 〈보기〉에서 있는 대로 고른 것은? 3점

보기

ㄱ. Ⅰ은 보조 T 림프구이다. → 세포독성 T 림프구

ㄴ. Ⅱ에서 항체가 분비된다. → 형질 세포

ㄷ. ㉢은 '병원체에 감염된 세포를 직접 파괴한다.'이다.

① ㄱ   ② ㄴ   ③ ㄱ, ㄷ   ④ ㄴ, ㄷ   ⑤ ㄱ, ㄴ, ㄷ

|자|료|해|설|

보조 T 림프구, 세포독성 T 림프구, 형질 세포 모두 특이적 방어 작용에 관여하므로 특징 ㉡은 '특이적 방어 작용에 관여한다.'이다. 가슴샘에서 성숙되는 세포는 보조 T 림프구와 세포독성 T 림프구이므로 특징 ㉠은 '가슴샘에서 성숙된다.'이고, 이 특징을 갖지 않는 Ⅱ는 형질 세포이다. 마지막 '병원체에 감염된 세포를 직접 파괴한다.'는 특징 ㉢이고, 이러한 특징을 갖는 Ⅰ은 세포독성 T 림프구이다. 따라서 Ⅲ은 보조 T 림프구이다.

|보|기|풀|이|

ㄱ. 오답 : Ⅰ은 세포독성 T 림프구이다.

㉡ 정답 : 형질 세포(Ⅱ)에서 항체가 분비된다.

㉢ 정답 : '병원체에 감염된 세포를 직접 파괴한다.'라는 특징을 갖는 세포는 세포독성 T 림프구 하나이므로, '병원체에 감염된 세포를 직접 파괴한다.'는 특징 ㉢이다.

🤓 **문제풀이 TIP** | 보조 T 림프구, 세포독성 T 림프구, 형질 세포 모두 가지는 특징 ㉡을 먼저 찾아보자.

😲 **출제분석** | 특징 ㉠ ~ ㉢의 유무를 통해 각 특징과 세포의 종류를 구분해야 하는 난도 '중하'의 문항이다. 특징 3가지를 모두 가지는 세포, 2가지만 가지는 세포가 뚜렷하게 구분되므로 각 특징과 세포를 비교적 쉽게 찾아낼 수 있다. 특이적 방어 작용에 관여하는 보조 T 림프구, 세포독성 T 림프구, 형질 세포, 기억 세포 각각의 역할을 구분하여 기억해두자.

그림 (가)와 (나)는 사람의 체내에 항원 X가 침입했을 때 일어나는 방어 작용 중 일부를 나타낸 것이다. ㉠과 ㉡은 각각 기억 세포와 형질 세포 중 하나이다.

기억 세포   형질 세포   항체   B 림프구   기억 세포
        (가)   (나)

이에 대한 설명으로 옳은 것만을 〈보기〉에서 있는 대로 고른 것은?

3점

보기

ㄱ. ㉠은 ~~형질 세포~~이다. → 기억 세포

ㄴ. 과정 Ⅰ은 X에 대한 ~~1차 면역 반응~~에서 일어난다. → 2차 면역 반응

ㄷ. 보조 T 림프구는 과정 Ⅱ를 촉진한다.

① ㄱ   ② ㄴ   ✔③ ㄷ   ④ ㄱ, ㄷ   ⑤ ㄴ, ㄷ

|자|료|해|설|

동일 항원 재침입 시 기억 세포가 빠르게 형질 세포로 분화되고, 분화된 형질 세포에서 항체를 생성한다. 그러므로 (가)에서 ㉠은 기억 세포, ㉡은 형질 세포이다. 항원의 1차 침입 시 보조 T 림프구의 도움으로 B 림프구는 기억 세포와 형질 세포로 분화되며, (나)는 B 림프구가 보조 T 림프구의 도움을 받아 기억 세포(㉠)로 분화되는 과정을 나타낸 것이다.

|보|기|풀|이|

ㄱ. 오답 : ㉠은 기억 세포이다.

ㄴ. 오답 : 과정 Ⅰ은 X에 대한 2차 면역 반응에서 일어난다.

ㄷ. 정답 : 보조 T 림프구는 B 림프구가 기억 세포로 분화되는 과정(Ⅱ)을 촉진한다.

💡 **문제풀이 TIP** | 2차 면역 반응에서 기억 세포가 형질 세포로 분화되며, 항체를 생성하는 세포는 형질 세포이다.

😀 **출제분석** | 특이적 방어 작용에 관여하는 세포가 분화되는 과정을 이해하고 있는지를 묻는 난도 '중'의 문항이다. 특이적 방어 작용과 관련된 문항에서 2차 면역 반응에 대한 내용은 단골로 포함되는 개념이므로 기억 세포가 관여하는 2차 면역 반응 과정은 반드시 이해하고 있어야 한다.

그림은 어떤 병원체가 사람의 몸속에 침입했을 때 일어나는 방어 작용의 일부를 나타낸 것이다. ㉠~㉢은 보조 T 림프구, 형질 세포, B 림프구를 순서 없이 나타낸 것이다.

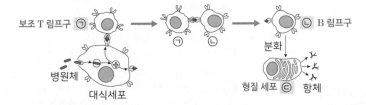

보조 T 림프구 ㉠   ㉡ B 림프구
          ㉠   ㉡   분화
병원체   형질 세포 ㉢   항체
    대식세포

이에 대한 옳은 설명만을 〈보기〉에서 있는 대로 고른 것은?

보기

ㄱ. ㉠은 보조 T 림프구이다.
     ← B 림프구

ㄴ. ㉡은 ~~가슴샘~~에서 성숙한다. → 골수

ㄷ. ㉢은 체액성 면역 반응에 관여한다.
     ↓ 형질 세포   → 항체가 항원과 결합함으로써 항원을 제거하는 면역 반응

① ㄱ   ② ㄷ   ③ ㄱ, ㄴ   ✔④ ㄱ, ㄷ   ⑤ ㄴ, ㄷ

|자|료|해|설|

그림은 특이적 방어 작용의 일부이며, 대식세포가 제시한 항원을 인식하는 ㉠은 보조 T 림프구이다. 항체를 생성하는 ㉢은 형질 세포이고, 형질 세포는 보조 T 림프구의 도움을 받은 B 림프구가 분화된 것이므로 ㉡은 B 림프구이다.

|보|기|풀|이|

ㄱ. 정답 : 대식세포가 제시한 항원을 인식하는 ㉠은 보조 T 림프구이다.

ㄴ. 오답 : B 림프구(㉡)는 골수에서 성숙한다.

ㄷ. 정답 : 형질 세포(㉢)는 항체를 생산하여 체액성 면역 반응에 관여한다.

💡 **문제풀이 TIP** | 대식세포가 제시한 항원을 인식한 보조 T 림프구의 도움을 받은 B 림프구는 기억 세포와 형질 세포로 분화되고, 분화된 형질 세포에서 항체를 생성한다.

그림은 어떤 사람이 항원 X에 감염되었을 때 일어나는 방어 작용의 일부를 나타낸 것이다.

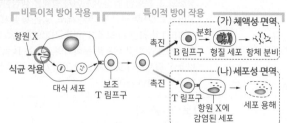

이에 대한 설명으로 옳은 것만을 〈보기〉에서 있는 대로 고른 것은?

3점

보기

특이적 면역

ㄱ. 대식 세포는 항원 X의 정보를 보조 T 림프구에 전달한다.

ㄴ. (가)는 ~~비특이적~~ 면역이다.

ㄷ. (나)에서 세포성 면역 반응이 일어난다.

① ㄱ   ② ㄴ   ③ ㄱ, ㄴ   ④ ㄱ, ㄷ   ⑤ ㄴ, ㄷ

|자|료|해|설|

그림에서 대식 세포가 항원 X를 식균 작용을 통해 세포 내에서 분해시키는 것은 비특이적 방어 작용(선천성 면역, 비특이적 면역)이다. 이후 대식 세포로부터 항원 X에 대한 정보를 받은 보조 T 림프구는 B 림프구와 T 림프구의 분화를 촉진한다.

(가)는 B 림프구가 기억 세포와 형질 세포로 분화되고 분화된 형질 세포가 항체를 생성·분비하여 항원 X와 결합하는 체액성 면역이고, (나)는 T 림프구가 항원 X에 감염된 세포를 직접 공격하여 제거하는 세포성 면역이다. 체액성 면역과 세포성 면역은 모두 특이적 방어 작용(후천성 면역, 특이적 면역)이다.

|보|기|풀|이|

ㄱ. 정답 : 대식 세포는 항원 X를 식균 작용을 통해 세포 내에서 분해시킨 후 항원 X에 대한 정보를 보조 T 림프구에 전달한다.

ㄴ. 오답 : (가)는 B 림프구가 기억 세포와 형질 세포로 분화되고 분화된 형질 세포가 항체를 생성·분비하여 항원과 결합하는 체액성 면역으로, 이는 특이적 방어 작용(후천성 면역, 특이적 면역)이다.

ㄷ. 정답 : (나)는 T 림프구가 항원 X에 감염된 세포를 직접 공격하여 제거하는 세포성 면역이다.

😮 **문제풀이 T I P** | 대식 세포는 침입한 항원의 종류에 상관없이 식균 작용을 일으키므로 이는 비특이적 방어 작용(선천성 면역, 비특이적 면역)이다. 체액성 면역과 세포성 면역은 침입한 특정 항원에 대해 특이적으로 일어나는 특이적 방어 작용(후천성 면역, 특이적 면역)이다. 항'체'에 의한 면역은 '체'액성 면역, 감염된 '세포'를 죽이는 면역은 '세포'성 면역이라고 암기하면 쉽다.

그림 (가)는 어떤 사람이 세균 X에 감염된 후 나타나는 특이적 면역(방어) 작용의 일부를, (나)는 이 사람에서 X의 침입에 의해 생성되는 X에 대한 혈중 항체의 농도 변화를 나타낸 것이다. ㉠과 ㉡은 보조 T 림프구와 B 림프구를 순서 없이 나타낸 것이다.

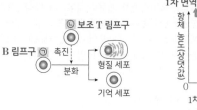

(가)   (나)
                    특이적 방어 작용(후천성 면역, 특이적 면역)

이에 대한 설명으로 옳은 것만을 〈보기〉에서 있는 대로 고른 것은?

3점

보기

↗ B 림프구

ㄱ. ㉠은 ~~보조 T 림프구~~이다.

ㄴ. 구간 Ⅰ에서 형질 세포로부터 항체가 생성되었다.

ㄷ. 구간 Ⅱ에는 X에 대한 기억 세포가 있다.

↖ 1차 면역 반응

① ㄱ   ② ㄷ   ③ ㄱ, ㄴ   ④ ㄴ, ㄷ   ⑤ ㄱ, ㄴ, ㄷ

|자|료|해|설|

(가)에서 ㉠은 B 림프구이고, B 림프구의 분화를 촉진하는 ㉡은 보조 T 림프구이다. (나)에서 Ⅰ은 1차 면역 반응이 일어나는 구간이고, 구간 Ⅱ에는 기억 세포가 존재하여 동일 항원의 재침입 시 기억 세포가 빠르게 형질 세포로 분화되고 분화된 형질 세포에서 다량의 항체를 생성하는 2차 면역 반응이 일어난다.

|보|기|풀|이|

ㄱ. 오답 : B 림프구(㉠)는 보조 T 림프구(㉡)의 촉진으로 형질 세포와 기억 세포로 분화된다.

ㄴ. 정답 : 구간 Ⅰ(1차 면역 반응)에서 형질 세포로부터 X에 대한 항체가 생성되어 항원－항체 반응이 일어난다.

ㄷ. 정답 : 구간 Ⅱ에는 X에 대한 기억 세포가 존재하여 동일 항원의 재침입 시 다량의 항체가 빠르게 생성된다.

😮 **문제풀이 T I P** | 항원에 대한 기억 세포를 가지고 있는 경우에 2차 면역 반응이 일어나며, 이때 기억 세포가 빠르게 형질 세포로 분화되고 다량의 항체가 빠르게 생성된다.

그림 (가)와 (나)는 사람의 면역 반응을 나타낸 것이다. (가)와 (나)는 각각 세포성 면역과 체액성 면역 중 하나이며, ㉠~㉢은 기억 세포, 세포독성 T 림프구, B 림프구를 순서 없이 나타낸 것이다.

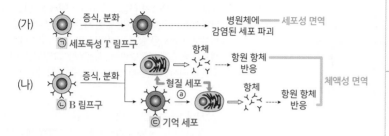

이에 대한 설명으로 옳은 것만을 〈보기〉에서 있는 대로 고른 것은?

3점

보기

ㄱ. (가)는 체액성 면역이다.   세포성 면역 → B 림프구 → 기억 세포

ㄴ. 보조 T 림프구는 ㉡에서 ㉢으로의 분화를 촉진한다.

ㄷ. 2차 면역 반응에서 과정 ⓐ가 일어난다.   동일 항원 재침입 시 기억 세포에 의해 일어나는 면역 반응

① ㄱ   ② ㄷ   ③ ㄱ, ㄷ   ④ ㄴ, ㄷ   ⑤ ㄱ, ㄴ, ㄷ

|자|료|해|설|

(가)는 병원체에 감염된 세포를 제거하는 세포성 면역이므로 ㉠은 세포독성 T 림프구이다. (나)는 형질 세포가 생산하는 항체가 항원과 결합함으로써 항원을 제거하는 체액성 면역이므로 ㉡은 B 림프구이고, ㉢은 기억 세포이다. 기억 세포는 동일 항원의 재침입 시 빠르게 형질 세포로 분화되고, 분화된 형질 세포에서 항체를 생성하여 항원을 제거한다.(2차 면역 반응)

|보|기|풀|이|

ㄱ. 오답 : (가)는 병원체에 감염된 세포를 제거하는 세포성 면역이다.

ㄴ. 정답 : 보조 T 림프구는 B 림프구(㉡)가 기억 세포(㉢)와 형질 세포로 분화되는 반응을 촉진한다.

ㄷ. 정답 : 2차 면역 반응에서 기억 세포가 빠르게 형질 세포로 분화되는 과정 ⓐ가 일어난다.

😮 **문제풀이 TIP** | 감염된 '세포'를 제거하는 면역 반응은 '세포'성 면역이고, 형질 세포에서 생성된 항'체'가 항원을 제거하는 면역 반응은 '체'액성 면역이다.

그림 (가)와 (나)는 사람의 면역 반응의 일부를 나타낸 것이다. (가)와 (나)는 각각 세포성 면역과 체액성 면역 중 하나이고, ㉠과 ㉡은 각각 세포독성 T림프구와 형질 세포 중 하나이다.

이에 대한 설명으로 옳은 것만을 〈보기〉에서 있는 대로 고른 것은?

보기

ㄱ. ㉠은 세포독성 T림프구이다.   동일 항원의 재침입 시 그 항원에 대한 기억 세포에 의해 일어나는 면역 반응

ㄴ. (나)는 2차 면역 반응에 해당한다.

ㄷ. (가)와 (나)는 모두 특이적 방어 작용에 해당한다.   특정 항원을 인식하여 제거하는 방어 작용

① ㄱ   ② ㄴ   ③ ㄱ, ㄷ   ④ ㄴ, ㄷ   ⑤ ㄱ, ㄴ, ㄷ

|자|료|해|설|

병원체에 감염된 세포를 파괴하는 (가)는 세포성 면역이고, ㉠은 세포독성 T림프구이다. 항원-항체 반응으로 항원을 제거하는 (나)는 체액성 면역이고, 항체를 생성하여 분비하는 ㉡은 형질 세포이다.

|보|기|풀|이|

ㄱ. 정답 : 병원체에 감염된 세포를 파괴하는 ㉠은 세포독성 T림프구이다.

ㄴ. 정답 : (나)는 기억 세포에 의해 일어나는 면역 반응이므로 2차 면역 반응에 해당한다.

ㄷ. 정답 : (가)와 (나)는 모두 특정 항원을 인식하여 일어나는 특이적 방어 작용에 해당한다.

😮 **문제풀이 TIP** - 세포성 면역 : 세포독성 T림프구가 병원체에 감염된 세포를 제거하는 면역 반응

- 체액성 면역 : 형질 세포가 생산하는 항체가 항원과 결합함으로써 항원을 제거하는 면역 반응

그림 (가)는 어떤 사람의 체내에 병원균 X가 처음 침입하였을 때 일어나는 방어 작용의 일부를, (나)는 이 사람에서 X의 침입에 의해 생성되는 X에 대한 혈중 항체의 농도 변화를 나타낸 것이다. ⊙과 ⓒ은 각각 기억 세포와 형질 세포 중 하나이다.

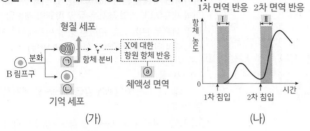

(가)   (나)

이에 대한 설명으로 옳은 것만을 〈보기〉에서 있는 대로 고른 것은?

(3점)

보기
   체액성 면역
ㄱ. ⓐ는 ~~세포성 면역~~에 해당한다.
ㄴ. 구간 Ⅱ에서 ⊙이 ⓒ으로 분화한다. → 기억 세포(ⓒ)가 형질 세포(⊙)로 분화한다.
ㄷ. 구간 Ⅰ에서 <u>비특이적 방어 작용</u>이 일어난다.
         병원체의 종류나 감염 경험의 유무와 관계없이
         감염 발생 시 신속하게 일어남

① ㄱ   ② ㄷ ✓   ③ ㄱ, ㄴ   ④ ㄴ, ㄷ   ⑤ ㄱ, ㄴ, ㄷ

|자|료|해|설|
항체를 생성하여 분비하는 ⊙은 형질 세포이고, ⓒ은 2차 면역 반응에 관여하는 기억 세포이다. X에 대한 항체가 항원과 결합함으로써 항원을 제거하는 ⓐ는 체액성 면역에 해당한다. X의 1차 침입으로 구간 Ⅰ에서 X에 대한 1차 면역 반응이 일어났으며, 일정 시간이 지난 후 X를 2차 주사하면(동일한 항원 재침입) X에 대한 기억 세포가 형질 세포로 빠르게 분화되면서 다량의 항체가 생성된다. 즉, 구간 Ⅱ에서 X에 대한 2차 면역 반응이 일어난다.

|보|기|풀|이|
ㄱ. 오답 : ⓐ는 체액성 면역에 해당한다.
ㄴ. 오답 : 구간 Ⅱ에서 기억 세포(ⓒ)가 형질 세포(⊙)로 분화하면서 2차 면역 반응이 일어난다.
ⓒ. 정답 : X의 1차 침입으로 구간 Ⅰ에서 비특이적 방어 작용이 일어난다.

😀 **출제분석** | 비특이적 방어 작용과 특이적 방어 작용 중 체액성 면역에 대한 문항으로, 난도는 '중하'에 해당한다. 문제의 그림과 그래프에서 제시되지 않은 비특이적 방어 작용은 병원체의 종류나 감염 경험의 유무와 관계없이 감염될 때마다 일어난다는 것을 알고 있어야 '보기 ㄷ'을 해결할 수 있다.

---

12 특이적 방어 작용   정답 ②   정답률 50%   2019년 4월 학평 13번   문제편 141p

그림 (가)는 항원 X가 인체에 침입했을 때 일어나는 방어 작용의 일부를, (나)는 X의 침입에 의해 생성되는 혈중 항체의 농도 변화를 나타낸 것이다. ⊙과 ⓒ은 각각 기억 세포와 형질 세포 중 하나이다.

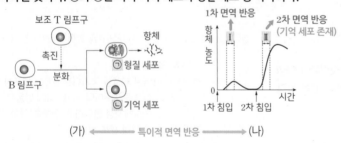

(가) ← 특이적 면역 반응 → (나)

이에 대한 설명으로 옳은 것만을 〈보기〉에서 있는 대로 고른 것은?

보기
         골수
ㄱ. B 림프구는 ~~가슴샘(흉선)~~에서 생성된다.
ㄴ. 구간 Ⅰ에서 <u>특이적 면역 반응</u>이 일어난다.
ㄷ. 구간 Ⅱ에서 ~~⊙은 ⓒ으로 분화된다.~~ → 특정 항원을 인식하여 제거하는 방어 작용
           ⓒ은 ⊙으로

① ㄱ   ② ㄴ ✓   ③ ㄱ, ㄷ   ④ ㄴ, ㄷ   ⑤ ㄱ, ㄴ, ㄷ

|자|료|해|설|
그림 (가)에서 B 림프구가 분화된 ⊙은 항체를 생성하는 형질 세포이고, ⓒ은 기억 세포이다. 그림 (나)에서 구간 Ⅰ은 1차 면역 반응이고, 구간 Ⅱ는 동일 항원의 재침입 시 기억 세포가 빠르게 형질 세포로 분화되고 분화된 형질 세포에서 항체를 생성하며 일어나는 2차 면역 반응이다. 형질 세포가 생성하는 항체가 항원과 결합함으로써 항원을 제거하는 면역 반응은 체액성 면역이며, 이는 특이적 방어 작용(후천성 면역, 특이적 면역)에 해당한다.

|보|기|풀|이|
ㄱ. 오답 : B 림프구는 골수에서 생성된다.
ⓒ. 정답 : 구간 Ⅰ과 Ⅱ에서 항체가 특정 항원과 결합함으로써 항원을 제거하는 특이적 면역 반응이 일어난다.
ㄷ. 오답 : 구간 Ⅱ(2차 면역 반응)에서 기억 세포(ⓒ)가 형질 세포(⊙)로 분화된다.

😀 **문제풀이 TIP** | 항원에 대한 기억 세포를 가지고 있는 경우에 2차 면역 반응이 일어나며, 이때 기억 세포가 형질 세포로 빠르게 분화된다.

😀 **출제분석** | B 림프구의 분화와 항원-항체 반응과 관련된 특이적 면역 반응에 대해 묻는 난도 '중상'의 문항이다. 이 문제는 특이적 방어 작용의 기본적인 내용을 모두 담고 있다. 방어 작용 단원의 문항은 매번 출제되고 있기 때문에 이 문제를 틀린 학생은 방어 작용과 관련된 개념을 완벽하게 정리하고 암기해야 출제를 대비할 수 있으며, 기출문제 풀이를 통해 다양한 유형의 문항에 개념을 적용하는 연습을 해야 한다.

13 특이적 방어 작용

정답 ③ 정답률 67% 2020년 4월 학평 18번 문제편 142p

다음은 항원 A와 B에 대한 생쥐의 방어 작용 실험이다.

[실험 과정]

(가) A와 B에 노출된 적이 없는 생쥐 X를 준비한다.

(나) X에게 A를 1차 주사하고, 일정 시간이 지난 후 X에게 A를 2차, B를 1차 주사한다.

[실험 결과]

X에서 A와 B에 대한 혈중 항체 농도 변화는 그림과 같다.

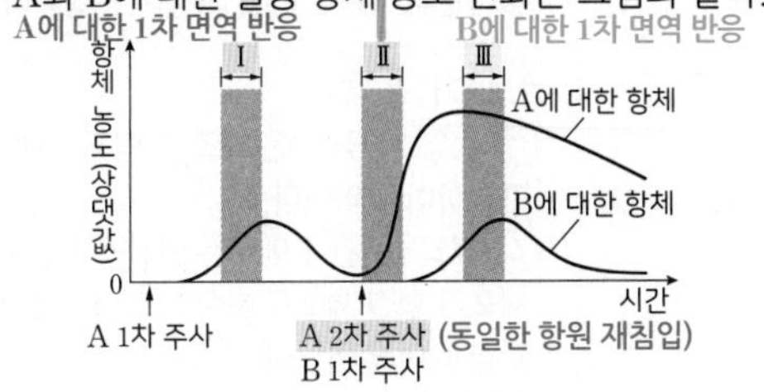

이에 대한 설명으로 옳은 것만을 <보기>에서 있는 대로 고른 것은?

보기

ㄱ. 구간 Ⅰ에서 A에 대한 1차 면역 반응이 일어났다.

ㄴ. 구간 Ⅱ에서 A에 대한 형질 세포가 기억 세포로 분화되었다. (기억 세포 / 형질 세포)

ㄷ. 구간 Ⅲ에서 B에 대한 특이적 방어 작용이 일어났다. (→ 특정 항원을 인식하여 제거하는 방어 작용)

① ㄱ ② ㄴ ③ ㄱ, ㄷ ④ ㄴ, ㄷ ⑤ ㄱ, ㄴ, ㄷ

|자|료|해|설|

실험 결과를 통해 A와 B 각각에 대한 형질 세포가 생산하는 항체가 항원과 결합함으로써 항원을 제거하는 체액성 면역이 일어났다는 것을 알 수 있다. A의 1차 침입으로 구간 Ⅰ에서 A에 대한 1차 면역 반응이 일어났으며, 일정 시간이 지난 후 A를 2차 주사하면(동일한 항원 재침입) A에 대한 기억 세포가 형질 세포로 빠르게 분화되면서 다량의 항체가 생성된다. 즉, 구간 Ⅱ에서 A에 대한 2차 면역 반응이 일어났다. 반면, 구간 Ⅲ에서는 B의 1차 침입으로 B에 대한 1차 면역 반응이 일어났다.

|보|기|풀|이|

ㄱ. 정답 : A의 1차 침입으로 구간 Ⅰ에서 A에 대한 1차 면역 반응이 일어났다.

ㄴ. 오답 : A의 재침입으로 구간 Ⅱ에서 A에 대한 기억 세포가 형질 세포로 분화되는 2차 면역 반응이 일어났다.

ㄷ. 정답 : 구간 Ⅲ에서 B에 대한 항체가 항원 B와 결합함으로써 항원을 제거하는 특이적 방어 작용이 일어났다.

문제풀이 TIP | 2차 면역 반응은 재침입한 항원에 대한 기억 세포가 형질 세포로 빠르게 분화되면서 일어난다. 2차 면역 반응 시 1차 면역 반응 때보다 항체 생성 속도가 빠르며 생성량 또한 많다.

출제분석 | 특이적 방어 작용에 대한 일반적인 유형의 문항으로, 난도는 '중하'에 해당한다. 문제의 난도에 비해 정답률이 낮게 나온 편이며, 실제 모평과 수능에서는 이보다 어렵거나 복잡한 실험으로 출제될 가능성이 높다. 복잡한 실험이 제시되더라도 1차 면역 반응과 2차 면역 반응의 차이를 정확하게 파악하고 있다면 문제를 쉽게 해결할 수 있다.

14 특이적 방어 작용

정답 ③ 정답률 54% 2023년 3월 학평 11번 문제편 142p

그림은 항원 X에 노출된 적이 없는 어떤 생쥐에 ㉠을 1회, X를 2회 주사했을 때 X에 대한 혈중 항체 농도의 변화를 나타낸 것이다. ㉠은 X에 대한 항체가 포함된 혈청과 X에 대한 기억 세포 중 하나이다.

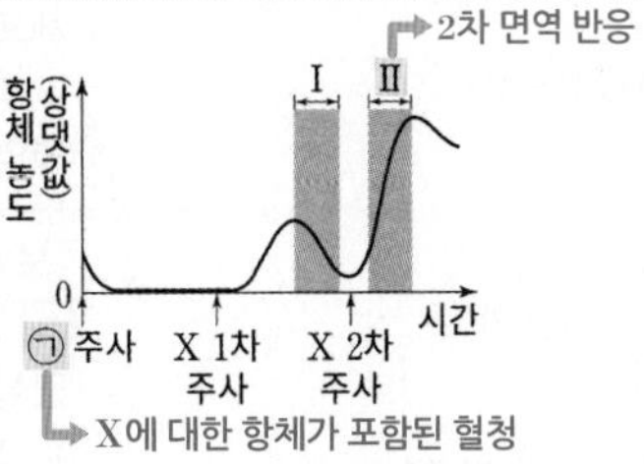

이에 대한 옳은 설명만을 <보기>에서 있는 대로 고른 것은? 3점

보기

ㄱ. ㉠은 X에 대한 기억 세포이다. (항체가 포함된 혈청)

ㄴ. 구간 Ⅰ에서 X에 대한 형질 세포가 기억 세포로 분화했다. (하지 않는다)

ㄷ. 구간 Ⅱ에서 체액성 면역 반응이 일어났다. (→ 항체가 항원과 결합함으로써 항원을 제거하는 면역 반응)

① ㄱ ② ㄴ ③ ㄷ ④ ㄱ, ㄷ ⑤ ㄴ, ㄷ

|자|료|해|설|

㉠을 주사했을 때 항체의 농도 값이 존재하므로 ㉠은 X에 대한 항체가 포함된 혈청이다. 이후 X를 1차 주사했을 때 1차 면역 반응이 일어났고, 2차 주사했을 때 2차 면역 반응이 일어난 것을 알 수 있다.

|보|기|풀|이|

ㄱ. 오답 : ㉠은 X에 대한 항체가 포함된 혈청이다.

ㄴ. 오답 : 형질 세포는 기억 세포로 분화하지 않는다. X를 2차 주사하면 기억 세포가 형질 세포로 분화되고, 분화된 형질 세포에서 다량의 항체가 빠르게 생성되는 2차 면역 반응이 일어난다.

ㄷ. 정답 : 구간 Ⅱ에서 항체가 항원과 결합함으로써 항원을 제거하는 체액성 면역 반응이 일어났다.

문제풀이 TIP | ㉠을 주사했을 때 항체의 농도 값이 존재하는 것으로 ㉠을 유추할 수 있다.

그림 (가)는 인체에 세균 X가 침입했을 때 B 림프구와 기억 세포가 각각 형질 세포로 분화되는 과정을, (나)는 X의 침입 후 생성되는 혈중 항체의 농도 변화를 나타낸 것이다.

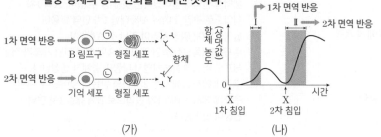

(가)   (나)

이에 대한 설명으로 옳은 것만을 <보기>에서 있는 대로 고른 것은?

3점

보기
ㄱ. 과정 ㉠에 보조 T 림프구가 관여한다.   → B 림프구 자극
ㄴ. 구간 Ⅱ에서 과정 ㉡이 일어난다.   → 기억 세포가 형질 세포로 분화
ㄷ. 구간 Ⅰ과 Ⅱ에서 모두 X에 대한 특이적 방어 작용이 일어난다. → 2차 면역 반응   → 후천성 면역, 특이적 면역 – T 림프구, B 림프구 참여

① ㄱ   ② ㄷ   ③ ㄱ, ㄴ   ④ ㄴ, ㄷ   ✔⑤ ㄱ, ㄴ, ㄷ

|자|료|해|설|
㉠은 세균 X가 1차 침입하였을 때 일어나는 면역 반응으로 보조 T 림프구가 B 림프구를 자극하여 B 림프구가 형질 세포로 분화하도록 한다. ㉡은 세균 X가 2차 침입하여 이전에 존재한 기억 세포가 형질 세포로 분화하는 과정이다. (나)의 그래프는 침입 시기에 따른 항체 농도의 변화로 1차 침입 후 Ⅰ에서는 1차 면역 반응이 일어나며 ㉠의 과정이 진행된다. 2차 침입 후 Ⅱ에서는 기억 세포의 작용으로 Ⅰ보다 다량의 항체가 형성되는 2차 면역 반응이 일어난다. 이 때, ㉡의 과정이 진행된다.

|보|기|풀|이|
㉠ 정답 : 과정 ㉠은 보조 T 림프구가 B 림프구를 자극하여 일어난다.

㉡ 정답 : 구간 Ⅱ에서는 2차 면역 반응이 일어나며 기억 세포가 형질 세포로 분화하고 다량의 항체가 형성되는 과정 ㉡이 일어난다.

㉢ 정답 : 특이적 방어 작용은 후천성 면역, 특이적 면역으로 T 림프구와 B 림프구에 의해 일어난다. 구간 Ⅰ, Ⅱ에서 모두 항체가 형성되었으므로 특이적 방어 작용이 일어났다고 말할 수 있다.

😮 **문제풀이 TIP** | 특이적 방어 작용을 정확히 이해하고 있으면 쉽게 문제 풀이가 가능하다. B 림프구가 보조 T 림프구에 의해 활성화되어 형질 세포와 기억 세포로 분화하고 기억 세포가 항원의 2차 침입으로 형질 세포와 기억 세포로 분화하여 항체가 대량 생산되는 과정을 이해하고 있는지 점검해보자.

그림은 사람 P가 병원체 X에 감염되었을 때 일어난 방어 작용의 일부를 나타낸 것이다. ㉠과 ㉡은 보조 T 림프구와 세포독성 T 림프구를 순서 없이 나타낸 것이다.

이에 대한 설명으로 옳은 것만을 <보기>에서 있는 대로 고른 것은?

3점

보조 T 림프구
세포독성 T 림프구

보기
ㄱ. ㉠은 대식세포가 제시한 항원을 인식한다.
ㄴ. ㉡은 형질 세포로 분화된다. → 분화되지 않는다. → B 림프구가 형질 세포로 분화됨
ㄷ. P에서 세포성 면역 반응이 일어났다. → 활성화된 세포독성 T 림프구가 병원체에 감염된 세포를 제거

① ㄱ   ② ㄴ   ✔③ ㄱ, ㄷ   ④ ㄴ, ㄷ   ⑤ ㄱ, ㄴ, ㄷ

|자|료|해|설|
대식세포가 제시한 항원을 인식하는 ㉠은 보조 T 림프구이고, X에 감염된 세포를 직접 파괴하는 ㉡은 세포독성 T 림프구이다. 그림은 활성화된 세포독성 T 림프구가 병원체에 감염된 세포를 제거하는 세포성 면역 반응이다.

|보|기|풀|이|
㉠ 정답 : 보조 T 림프구(㉠)는 대식세포가 제시한 항원을 인식하여 활성화된다.

ㄴ. 오답 : 세포독성 T 림프구(㉡)는 형질 세포로 분화되지 않는다. 보조 T 림프구의 도움을 받은 B 림프구가 기억 세포와 형질 세포로 분화된다.

㉢ 정답 : P에서 활성화된 세포독성 T 림프구가 병원체에 감염된 세포를 제거하는 세포성 면역이 일어났다.

😮 **문제풀이 TIP** | 보조 T 림프구는 대식세포가 제시한 항원을 인식하고, 세포독성 T 림프구는 병원체에 감염된 세포를 제거한다. '세포'독성 T 림프구는 '세포'성 면역에 관여한다.

다음은 병원체 **A**에 대한 생쥐의 방어 작용 실험이다.

> 항체 포함
>
> (가) A의 병원성을 약화시켜 만든 백신 ㉠을 생쥐 Ⅰ에 주사하고, 2주 후 Ⅰ에서 혈청 ㉡을 얻는다.
>
> (나) 표와 같이 생쥐 Ⅱ~Ⅳ에게 주사액을 주사하고, 일정 시간 후 생존 여부를 확인한다.
>
> | 생쥐 | 주사액 | 생존 여부 |
> |---|---|---|
> | Ⅱ | A 병원체 | 죽는다 |
> | Ⅲ | A+㉠ 백신 | 죽는다 |
> | Ⅳ | A+㉡ 혈청(항체) | 산다 |

이에 대한 옳은 설명만을 〈보기〉에서 있는 대로 고른 것은?
(단, Ⅰ~Ⅳ는 모두 유전적으로 동일하고, A에 노출된 적이 없다.)

> **보기**
>
> ㉠. ㉠을 주사한 Ⅰ에서 A에 대한 항체가 생성되었다.
>   └ 병원체 항체
> ㉡. ㉡에는 A에 대한 기억 세포가 들어 있다.
> ㉢. (나)의 Ⅳ에서 항원 항체 반응이 일어났다.

① ㄱ   ② ㄷ   ③ ㄱ, ㄴ   ✔④ ㄱ, ㄷ   ⑤ ㄴ, ㄷ

|자|료|해|설|

생쥐 Ⅱ는 병원체 A가 포함된 주사액을 주사하여 죽었고, 생쥐 Ⅲ는 병원체 A와 백신 ㉠이 포함된 주사액을 주사하여 죽었다. 반면 병원체 A와 혈청 ㉡이 포함된 주사액을 주사한 생쥐 Ⅳ가 생존한 것으로 보아 병원체 A와 혈청 ㉡ 속에 포함된 항체가 항원 항체 반응을 일으켜 쥐가 살았다는 것을 알 수 있다. 따라서 혈청 ㉡에는 병원체 A에 대한 항체가 포함되어 있다.

|보|기|풀|이|

㉠. 정답 : 생쥐 Ⅳ가 생존했으므로, 백신 ㉠을 주사한 Ⅰ에서 A에 대한 항체가 생성되었다.

ㄴ. 오답 : 혈청 속에는 세포가 존재하지 않는다.

㉢. 정답 : (나)의 Ⅳ에서 항원인 병원체 A와 혈청 ㉡에 포함된 항체 사이에서 항원 항체 반응이 일어났다.

문제풀이 TIP | 혈청 속에는 세포 성분(기억 세포, 대식 세포, 백혈구, 림프구 등)이 존재하지 않는다는 것을 반드시 기억해서 혼동하지 않도록 하자!

출제분석 | 백신의 역할을 알고 주어진 자료를 토대로 혈청 속의 항체의 존재에 대해 알아내야 하는 난도 '중상'의 문항이다. 제시된 실험 결과를 통해 체액성 면역에 대한 내용의 진위 여부를 묻는 비슷한 유형의 문제를 풀어보며 다양하게 응용되어 출제되는 문제에 대비해야 한다.

다음은 어떤 사람이 병원체 X에 감염되었을 때 나타나는 방어 작용에 대한 자료이다.

〈특이적 방어 작용〉

> (가) ㉠ 형질 세포에서 X에 대한 항체가 생성된다. → 체액성 면역
> (나) 세포독성 T 림프구가 X에 감염된 세포를 파괴한다. → 세포성 면역

이에 대한 설명으로 옳은 것만을 〈보기〉에서 있는 대로 고른 것은?

3점

> **보기**
>   ┌→ 항체가 항원과 결합함으로써 항원을 제거하는 면역 반응
> ㉠. X에 대한 체액성 면역 반응에서 (가)가 일어난다.
> ㉡. (나)는 특이적 방어 작용에 해당한다.
> ㄷ. 이 사람이 X에 다시 감염되었을 때 ㉠이 기억 세포로 분화한다. → 2차 면역 반응
>   └→ 형질 세포
>   └ 분화

① ㄱ   ② ㄷ   ✔③ ㄱ, ㄴ   ④ ㄴ, ㄷ   ⑤ ㄱ, ㄴ, ㄷ

|자|료|해|설|

형질 세포에서 생성된 항체가 항원과 결합함으로써 항원을 제거하는 면역 반응인 (가)는 체액성 면역이고, 세포독성 T 림프구가 병원체에 감염된 세포를 파괴하는 (나)는 세포성 면역이다. 체액성 면역과 세포성 면역은 특정 항원을 인식하여 제거하는 특이적 방어 작용에 해당한다.

|보|기|풀|이|

㉠. 정답 : 체액성 면역 반응은 형질 세포가 생산하는 항체가 항원과 결합함으로써 항원을 제거하는 면역 반응이므로, X에 대한 체액성 면역 반응에서 (가)가 일어난다.

㉡. 정답 : 세포성 면역 반응인 (나)는 특이적 방어 작용에 해당한다.

ㄷ. 오답 : 이 사람이 X에 다시 감염되었을 때 기억 세포가 형질 세포(㉠)로 분화한다.

문제풀이 TIP | – '체'액성 면역 : '항체'와 관련된 면역 반응
– '세포'성 면역 : 병원체에 감염된 '세포'를 파괴하는 면역 반응

다음은 병원성 세균 A와 B에 대한 생쥐의 방어 작용 실험이다.

[실험 과정 및 결과]

(가) A와 B 중 한 세균의 병원성을 약화시켜 백신 ⊙을 만든다.

(나) 유전적으로 동일하고 A와 B에 노출된 적이 없는 생쥐 Ⅰ~Ⅴ를 준비한다.

(다) 표와 같이 주사액을 Ⅰ~Ⅲ에게 주사한 지 1일 후 생쥐의 생존 여부를 확인한다.

생쥐	주사액의 조성	생존 여부
Ⅰ	세균 A	죽는다
Ⅱ	세균 B	죽는다
Ⅲ	백신 ⊙	산다

기억 세포, 항체 형성 ←Ⅲ   → 세균 A에 대한 항체

(라) 2주 후 (다)의 Ⅲ에서 혈청 @를 얻는다.

(마) 표와 같이 주사액을 Ⅳ와 Ⅴ에게 주사한 지 1일 후 생쥐의 생존 여부를 확인한다.

생쥐	주사액의 조성	생존 여부
Ⅳ	혈청 @ + 세균 A	산다
Ⅴ	혈청 @ + 세균 B	죽는다

이에 대한 설명으로 옳은 것만을 〈보기〉에서 있는 대로 고른 것은?

3점

보기

ㄱ. ⊙은 A의 병원성을 약화시켜 만들었다.

ㄴ. @에는 ~~기억 세포~~ 항체 가 들어 있다.   혈청

ㄷ. (마)의 Ⅳ에서 A에 대한 2차 면역 반응이 일어~~났다~~. 나지 않았다

→ 세균 A에 대한 기억 세포 ×

✓① ㄱ   ② ㄴ   ③ ㄱ, ㄴ   ④ ㄱ, ㄷ   ⑤ ㄴ, ㄷ

|자|료|해|설|

백신 ⊙은 A나 B 중 하나를 약화시켜 만들었으므로 A나 B 중 하나가 존재하며 체내로 들어가면 항원으로 작용한다. 준비된 생쥐는 A, B 모두에 노출된 적이 없으므로 A, B에 대한 기억 세포가 존재하지 않는다. A, B에 의해 죽은 Ⅰ, Ⅱ 생쥐에 비해 백신 ⊙이 주사되어 생존한 생쥐 Ⅲ에는 어떤 세균에 대한 기억 세포와 항체가 형성되어있다. 이 생쥐로부터 혈청 @를 얻는데 이 혈청에 혈구는 존재하지 않고 항체가 존재한다. 이를 다른 생쥐에 주사하였을 때, 세균 A와 함께 주사한 생쥐 Ⅳ는 생존하였고, 세균 B와 함께 주사한 생쥐 Ⅴ는 죽은 것으로 보아, 혈청 @에는 세균 A에 대한 항체가 들어 있고, 백신 ⊙은 세균 A를 약화시켜 만든 것이다.

|보|기|풀|이|

ㄱ. 정답 : 백신 ⊙을 주사한 생쥐 Ⅲ으로부터 얻은 혈청 @와 세균 A를 같이 주사한 생쥐 Ⅳ가 생존하였으므로 ⊙은 A의 병원성을 약화시켜 만들었다.

ㄴ. 오답 : @는 혈청으로 항체가 들어있고, 기억 세포는 들어 있지 않다.

ㄷ. 오답 : 2차 면역 반응은 동일한 항원의 재침입 시에 기억 세포에 의해 일어나는 면역 반응이다. (마)의 생쥐 Ⅳ는 다른 개체인 생쥐 Ⅲ의 혈청을 주입해서 생존한 것으로 2차 면역 반응으로 볼 수 없다.

😮 문제풀이 TIP | 인공 면역에서 백신과 면역 혈청을 비교할 수 있으면 문제 풀이가 가능하다. 백신은 병원체를 약화시켜 주사한 것으로 체내에 병원체에 대한 항체와 기억 세포가 형성된다. 면역 혈청은 다른 개체에서 생성된 항체를 체내로 주입하여 항원을 제거하는 방법이다. 비특이적 방어 작용과 특이적 방어 작용, 특이적 방어 작용에서 1차 면역 반응, 2차 면역 반응을 잘 기억해서 용어를 혼동하여 보기를 틀리는 일이 없도록 하자.

그림 (가)는 어떤 사람이 세균 X에 감염되었을 때 일어나는 방어 작용을, (나)는 이 사람에서 X에 대한 혈중 항체 농도 변화를 나타낸 것이다.

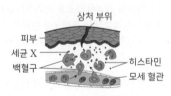

(가) 염증 반응(비특이적)   (나) 체액성 면역(특이적)

형질 세포, 기억 세포 모두 존재함

이에 대한 설명으로 옳은 것만을 〈보기〉에서 있는 대로 고른 것은?

보기

ㄱ. (가)에서 비특이적 면역 작용이 일어난다.

ㄴ. 구간 Ⅰ에서 X에 대한 기억 세포가 존재한다.

ㄷ. 구간 Ⅰ과 Ⅱ에서 모두 X에 대한 체액성 면역 반응이 일어난다.   → B 림프구에 의한 항체 생성 반응

① ㄱ   ② ㄴ   ③ ㄱ, ㄷ   ④ ㄴ, ㄷ   ✓⑤ ㄱ, ㄴ, ㄷ

|자|료|해|설|

(가)는 염증 반응이므로 비특이적 반응이고, (나)에서는 항체의 농도를 측정하고 있으므로 특이적 반응 중 체액성 면역이다. (나)에서 세균 X가 1차 침입하면 항원을 인식한 B 림프구가 형질 세포와 기억 세포로 분화하므로, Ⅰ과 Ⅱ 시기에 모두 형질 세포와 기억 세포가 존재한다.

|보|기|풀|이|

ㄱ. 정답 : 염증 반응은 세균 X가 어떤 종류인지와 상관없이 일어나는 반응이므로 비특이적 반응이다.

ㄴ. 정답 : 구간 Ⅰ에는 세균 X을 항원으로 인식한 후 분화되어 항체를 분비하는 형질 세포와, 나중에 세균 X에 다시 감염되었을 때를 대비하기 위해 항원을 기억하고 있는 기억 세포가 존재한다.

ㄷ. 정답 : 항체는 혈장(체액의 일부)에 포함되므로, 항체에 의한 반응을 체액성 면역 반응이라고 한다.

다음은 면역 반응에 대한 실험이다.

[실험 과정]

(가) 유전적으로 동일하고 항원 X에 노출된 적이 없는 생쥐 Ⅰ~Ⅳ를 준비한다.

(나) Ⅰ에 생리 식염수를, Ⅱ에 X를 주사하고, 1주일 후 Ⅰ과 Ⅱ에서 각각 X에 대한 항체의 농도를 측정한다.

(다) Ⅰ과 Ⅱ에서 각각 림프구를 분리한다.

(라) 림프구 ㉠을 Ⅲ에게, 림프구 ㉡을 Ⅳ에게 주사한다. ㉠과 ㉡은 각각 (다)에서 분리한 Ⅰ과 Ⅱ의 림프구 중 하나이다.

(마) Ⅲ과 Ⅳ에 각각 X를 주사하고, 1주일 후 Ⅲ과 Ⅳ에서 각각 X에 대한 항체의 농도를 측정한다.

[실험 결과]

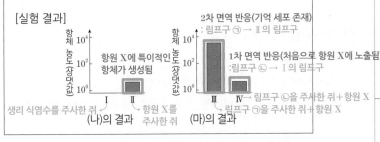

이에 대한 옳은 설명만을 <보기>에서 있는 대로 고른 것은? 3점

보기

㉠. (나)의 Ⅱ에서 X에 대한 체액성 면역 반응이 일어났다.
　　↳ 항체가 항원과 결합함으로써 항원을 제거하는 면역 반응

ㄴ. ㉡에는 X에 대한 기억 세포가 존재한다.

㉢. (마)의 Ⅲ에서 X에 대한 2차 면역 반응이 일어났다.
　　↳ 동일 항원의 재침입 시 그 항원에 대한 기억 세포에 의해 일어나는 면역 반응

① ㄱ　　② ㄴ　　③ ㄷ　　✔④ ㄱ, ㄷ　　⑤ ㄴ, ㄷ

|자|료|해|설|

실험 결과 그래프에서 항체의 농도 차이를 통해 1차 면역 반응과 2차 면역 반응을 구분할 수 있어야 한다.

2차 면역 반응은 1차 면역 반응에서 형성된 기억 세포가 빠르게 형질 세포로 분화되고, 분화된 형질 세포가 항체를 생산하여 1차 면역 반응보다 항체의 농도가 급격히 증가하는 반응이다. 따라서 생쥐Ⅲ에 주사한 림프구 ㉠에 기억 세포가 있었으므로 림프구 ㉠은 생쥐Ⅱ에서 분리한 것이고, 림프구 ㉡은 생쥐Ⅰ에서 분리한 것이다.

|보|기|풀|이|

㉠. 정답 : Ⅱ에 주사한 항원 X에 대한 항체가 존재하므로 항원과 항체가 결합함으로써 항원을 제거하는 체액성 면역 반응이 일어났다.

ㄴ. 오답 : 림프구 ㉡은 생리 식염수를 주사한 생쥐Ⅰ에서 분리한 것으로 기억 세포가 존재하지 않는다. 기억 세포는 항원 X를 주사한 생쥐Ⅱ에서 분리한 림프구 ㉠에 존재한다.

㉢. 정답 : Ⅲ에 존재하는 기억 세포로 인해 항원 X에 대한 2차 면역 반응이 일어나 항체의 농도가 매우 높게 측정되었다.

🗨 **문제풀이 TIP** | 1차 면역 반응과 2차 면역 반응을 구분할 수 있어야 한다. 2차 면역 반응에서 가장 중요한 것은 기억 세포가 존재하기 때문에 항원이 재침입 했을 때 항체의 농도가 빠르게 증가한다는 것이다.

★ 세포성 면역과 체액성 면역은 아래처럼 같은 단어끼리 기억하면 문제를 풀 때 떠올리기 쉽다.
['세포' 독성 T림프구 → '세포'성 면역], [항원-항'체' 결합 → '체'액성 면역]

🗨 **출제분석** | 실험 과정과 실험 결과를 분석하여 분리한 림프구가 무엇인지 구분하고 1차, 2차 면역 반응의 차이를 알고 있어야 하는 난도는 '중'의 문제이다. 체액성 면역 반응은 매년 수능에 한 문제씩은 출제될 정도로 출제 빈도가 매우 높다. 2017학년도 9월 모평 16번 문제처럼 주사한 물질이 혈청(항체 존재)과 기억 세포 중 무엇인지 구분하는 문제도 종종 출제되므로 관련된 문제를 풀어보며 1차, 2차 면역 반응에 대한 개념을 확실히 해두어야 한다.

👩 " **이 문제에선 이게 가장 중요해!** "

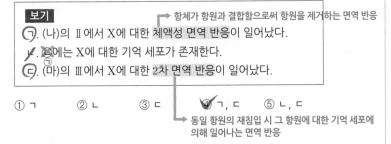

2차 면역 반응은 1차 면역 반응에서 형성된 기억 세포가 빠르게 형질 세포로 분화되고, 분화된 형질 세포가 항체를 생산하여 1차 면역 반응보다 항체의 농도가 급격히 증가하는 반응이다. 따라서 생쥐Ⅲ에 주사한 림프구 ㉠에 기억 세포가 있었으므로 림프구 ㉠은 생쥐Ⅱ에서 분리한 것이고, 림프구 ㉡은 생쥐Ⅰ에서 분리한 것이다.

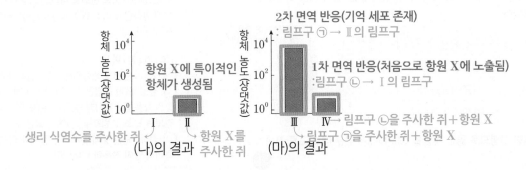

표는 세균 X가 사람에 침입했을 때의 방어 작용에 관여하는 세포 Ⅰ~Ⅲ의 특징을 나타낸 것이다. Ⅰ~Ⅲ은 대식 세포, 형질 세포, 보조 T 림프구를 순서 없이 나타낸 것이다.

세포	특징
형질 세포 Ⅰ	㉠X에 대한 항체를 분비한다.
보조 T 림프구 Ⅱ	B 림프구의 분화를 촉진한다.
대식 세포 Ⅲ	X를 세포 안으로 끌어들여 분해한다. → 식세포 작용(식균 작용)

이에 대한 옳은 설명만을 〈보기〉에서 있는 대로 고른 것은? 3점

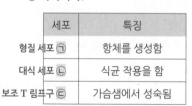

보기
㉠ X에 대한 항체　　　항체가 항원과 결합함으로써 항원을 제거하는 면역 반응
보조 T 림프구
　가슴샘
㉠. ㉠에 의한 방어 작용은 체액성 면역에 해당한다.
ㄴ. Ⅱ는 골수에서 성숙되었다.
㉢. Ⅲ은 비특이적 방어 작용에 관여한다.
　대식 세포　　병원체의 종류나 감염 경험의 유무와 관계없이 감염 발생 시 신속하게 일어남

① ㄱ　　② ㄴ　　③ ㄱ, ㄷ　　④ ㄴ, ㄷ　　⑤ ㄱ, ㄴ, ㄷ

|자|료|해|설|
항체를 분비하는 Ⅰ은 형질 세포이고, B 림프구의 분화를 촉진하는 Ⅱ는 보조 T 림프구이다. 세균 X를 세포 안으로 끌어들여 분해하는 식세포 작용(식균 작용)을 하는 Ⅲ은 대식 세포이다.

|보|기|풀|이|
㉠ 정답 : X에 대한 항체가 X와 결합함으로써 항원을 제거하는 방어 작용은 체액성 면역에 해당한다.
ㄴ. 오답 : 보조 T 림프구(Ⅱ)는 가슴샘에서 성숙되었다.
㉢ 정답 : 대식 세포(Ⅲ)는 병원체의 종류나 감염 경험의 유무와 관계없이 감염 즉시 식세포 작용(식균 작용)으로 병원체를 제거하므로 비특이적 방어 작용에 관여한다.

😀 **문제풀이 TIP** | 가슴샘에서 성숙된 보조 T 림프구에 의해 B 림프구가 형질 세포로 분화하고, 형질 세포는 항체를 생성하여 분비한다.

😀 **출제분석** | 특징을 토대로 방어 작용에 관여하는 각 세포를 구분해야 하는 난도 '중하'의 문항이다. 보기에서 항체에 의한 체액성 면역, 림프구의 성숙 장소, 방어 작용의 종류와 같이 다양한 내용을 묻고 있다. 이론적인 내용은 빠짐없이 암기해 두어야 이러한 유형의 문항 출제를 대비할 수 있다.

표는 인체의 방어 작용과 관련된 세포 ㉠~㉢의 특징을, 그림은 세균 X에 노출된 적이 없는 어떤 사람의 체내에 X가 침입하였을 때 ㉠~㉢이 작용하여 생성되는 X에 대한 항체의 혈중 농도 변화를 나타낸 것이다. ㉠~㉢은 각각 대식 세포, 형질 세포, 보조 T 림프구 중 하나이다.

세포	특징
형질 세포 ㉠	항체를 생성함
대식 세포 ㉡	식균 작용을 함
보조 T 림프구 ㉢	가슴샘에서 성숙됨

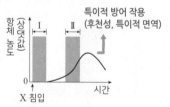

이에 대한 설명으로 옳은 것만을 〈보기〉에서 있는 대로 고른 것은? 3점

보기
㉠. ㉠은 형질 세포이다.
　　　　　　대식 세포　　　보조 T 림프구
㉡. 구간 Ⅰ에서 ㉡은 X에 대한 정보를 ㉢에 전달한다.
㉢. 구간 Ⅱ에서 X에 대한 특이적 방어 작용이 일어난다.
X에 대한 항원-항체 반응이 일어남
① ㄱ　　② ㄷ　　③ ㄱ, ㄴ　　④ ㄴ, ㄷ　　⑤ ㄱ, ㄴ, ㄷ

|자|료|해|설|
항체를 생성하는 ㉠은 형질 세포이고, 식균 작용을 하는 ㉡은 대식 세포이다. 골수에서 생성되어 가슴샘에서 성숙되는 ㉢은 보조 T 림프구이다. 그림은 X에 대한 항체의 혈중 농도 변화를 나타낸 그래프로, 항원-항체 반응은 특이적 방어 작용(후천성, 특이적 면역)에 해당한다.

|보|기|풀|이|
㉠ 정답 : 항체를 생성하는 ㉠은 형질 세포이다.
㉡ 정답 : X가 침입한 직후인 구간 Ⅰ에서 대식 세포(㉡)는 항원 X를 삼킨 후 분해한 뒤 항원을 제시하여 X에 대한 정보를 보조 T 림프구(㉢)에 전달한다.
㉢ 정답 : 구간 Ⅱ에 존재하는 항체에 의해 X에 대한 특이적 방어 작용이 일어난다.

😀 **문제풀이 TIP** | 항원-항체 반응은 특이적 방어 작용(후천성, 특이적 면역)에 해당한다.

😀 **출제분석** | 방어 작용과 관련된 세포와 특이적 방어 작용에 대해 묻는 난도 '중'의 문항이다. 방어 작용에 관여하는 세포의 종류와 특징 및 특이적 방어 작용 과정을 전체적으로 이해하고 있어야 해결이 가능하다. 방어 작용과 관련된 문항은 학평과 모평, 수능에서 항상 출제되는 부분이며, 종종 난도 높은 문항이 출제되고 있다.

그림 (가)와 (나)는 어떤 사람이 세균 X에 처음 감염된 후 나타나는 면역 반응을 순차적으로 나타낸 것이다. ㉠과 ㉡은 B 림프구와 보조 T 림프구를 순서 없이 나타낸 것이다.

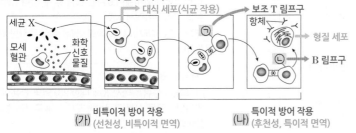

(가) 비특이적 방어 작용 (선천성, 비특이적 면역)
(나) 특이적 방어 작용 (후천성, 특이적 면역)

이에 대한 설명으로 옳은 것만을 〈보기〉에서 있는 대로 고른 것은?

(3점)

보기

┌ 골수
├ 병원체의 종류나 감염 경험의 유무와 관계없이 감염 발생 시 신속하게 일어남

㉠. (가)에서 X에 대한 비특이적 면역 반응이 일어났다.
ㄴ. ㉡은 가슴샘(흉선)에서 성숙되었다.
ㄷ. (나)에서 X에 대한 2차 면역 반응이 일어났다.
                            1차

B 림프구

✓① ㄱ   ② ㄴ   ③ ㄷ   ④ ㄱ, ㄷ   ⑤ ㄴ, ㄷ

|자|료|해|설|

(가)는 대식 세포와 같은 백혈구가 식균 작용을 통해 체내에 침투한 병원체를 세포 내에서 분해시키는 염증 반응을 나타낸 것으로, 염증 반응은 비특이적 방어 작용(선천성 면역, 비특이적 면역)에 해당한다. (나)는 특정 항원을 인식하여 제거하는 특이적 방어 작용(후천성 면역, 특이적 면역)이며, 백혈구의 일종으로 골수에서 생성되어 가슴샘(흉선)에서 성숙되는 T 림프구와 골수에서 생성되어 골수에서 성숙되는 B 림프구에 의해 이루어진다. 대식 세포와 같은 항원 제시 세포가 제시한 항원의 종류를 인식하여 림프구의 분화를 촉진시키는 ㉠은 보조 T 림프구이다. 보조 T 림프구의 도움을 받은 B 림프구는 기억 세포와 형질 세포로 분화되고, 분화된 형질 세포에서 항체를 생성한다. 따라서 ㉡은 B 림프구이다.

|보|기|풀|이|

㉠. 정답 : (가)에서 X에 대한 염증 반응은 비특이적 면역 반응에 해당한다.
ㄴ. 오답 : B 림프구(㉡)는 골수에서 생성되어 골수에서 성숙된다.
ㄷ. 오답 : (나)에서 X에 대한 1차 면역 반응이 일어났다. 2차 면역 반응은 기억 세포에 의한 면역 반응이다.

😲 **문제풀이 T I P** | T 림프구는 골수에서 생성되어 가슴샘(흉선)에서 성숙되고, B 림프구는 골수에서 생성 및 성숙된다. 2차 면역 반응은 기억 세포에 의한 면역 반응이다.

😀 **출제분석** | 제시된 그림에서 비특이적 방어 작용과 특이적 방어 작용을 구분하고, 관련된 림프구의 종류를 찾아야 하는 난도 '중'의 문항이다. 방어 작용 단원 문제는 학평과 모평, 수능에서 매번 출제되고 있으며, 특히 기억 세포에 의한 2차 면역 반응은 꾸준히 출제되는 보기 중 하나이다.

다음은 항원 A와 B의 면역학적 특성을 알아보기 위한 자료이다.

○ A에 노출된 적이 없는 생쥐 X에게 A를 2회에 걸쳐 주사하였고, B에 노출된 적이 없는 생쥐 Y에게 B를 2회에 걸쳐 주사하였다.

○ 그림은 X의 A에 대한 혈중 항체 농도 변화와 Y의 B에 대한 혈중 항체 농도 변화를 각각 나타낸 것이다.

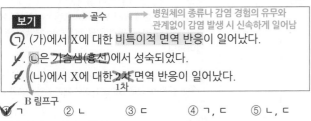

〈생쥐 X〉 A에 대한 1차 면역 반응 / A에 대한 2차 면역 반응(기억 세포 존재)
A 1차 주사   A 2차 주사

〈생쥐 Y〉 B에 대한 1차 면역 반응
B 1차 주사   B 2차 주사

○ X에서 A에 대한 기억 세포는 형성되었고, Y에서 B에 대한 기억 세포는 형성되지 않았다.

이에 대한 설명으로 옳은 것만을 〈보기〉에서 있는 대로 고른 것은?

보기

               병원체의 종류나 감염 경험의 유무와 관계없이 신속하게 일어남

㉠. 구간 Ⅰ과 Ⅲ에서 모두 비특이적 방어 작용이 일어났다.
ㄴ. 구간 Ⅱ에서 A에 대한 형질 세포가 기억 세포로 분화되었다.
               기억 세포가 형질 세포로
㉢. 구간 Ⅳ에서 B에 대한 체액성 면역 반응이 일어났다.
         항체가 항원과 결합함으로써 항원을 제거하는 면역 반응

① ㄱ   ② ㄴ   ✓③ ㄱ, ㄷ   ④ ㄴ, ㄷ   ⑤ ㄱ, ㄴ, ㄷ

|자|료|해|설|

2차 면역 반응은 동일 항원의 재침입 시 그 항원에 대한 기억 세포에 의해 일어나는 면역 반응이다. 이때 기억 세포는 형질 세포로 분화되고, 분화된 형질 세포에서 생성된 항체가 항원과 결합하여 항원을 제거한다. Ⅰ은 A에 대한 1차 면역 반응이고, Ⅱ는 A에 대한 기억 세포에 의해 일어나는 2차 면역 반응이다. Ⅲ와 Ⅳ는 각각 B에 대한 1차 면역 반응이다.

|보|기|풀|이|

㉠. 정답 : 비특이적 방어 작용은 병원체의 종류나 감염 경험의 유무와 관계없이 감염 발생 시 일어나므로 구간 Ⅰ~Ⅳ에서 모두 일어난다.
ㄴ. 오답 : 구간 Ⅱ에서 A에 대한 기억 세포가 형질 세포로 분화되면서 2차 면역 반응이 일어났다.
㉢. 정답 : 구간 Ⅳ에서 B에 대한 항체가 생성되었고, 이 항체가 항원과 결합함으로써 항원을 제거하는 체액성 면역 반응이 일어났다.

😲 **문제풀이 T I P** | 비특이적 방어 작용은 항원의 종류와 관계없이 일어나며, 2차 면역 반응이 일어날 때 기억 세포가 형질 세포로 분화된다.

다음은 항원 X와 Y에 대한 생쥐의 방어 작용 실험이다.

[실험 과정]

(가) 유전적으로 동일하고, X와 Y에 노출된 적이 없는 생쥐 ㉠~㉢을 준비한다.

(나) ㉠에 X와 Y 중 하나를 주사한다.

(다) 2주 후, ㉠에 주사한 항원에 대한 기억 세포를 분리하여 ㉡에 주사한다.

(라) 1주 후, ㉡과 ㉢에 X를 주사하고, 일정 시간이 지난 후 Y를 주사한다.

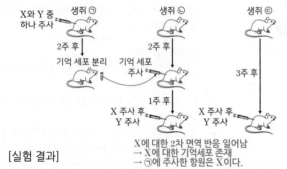

[실험 결과]

㉡과 ㉢에서 X와 Y에 대한 혈중 항체 농도의 변화는 그림과 같다.

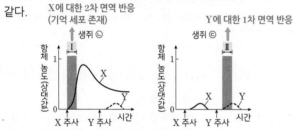

이에 대한 옳은 설명만을 〈보기〉에서 있는 대로 고른 것은? (3점)

보기

ㄱ. (나)에서 ㉠에 주사한 항원은 ~~Y~~이다. → X에 대한 2차 면역 반응 / X

ㄴ. 구간 Ⅰ에서 X에 대한 ~~형질 세포가 기억 세포~~로 분화된다. → 기억세포가 형질 세포로

ㄷ. 구간 Ⅱ에서 Y에 대한 체액성 면역이 일어난다. → Y에 대한 1차 면역 반응 / 항체가 항원과 결합함으로써 항원을 제거하는 면역 반응

① ㄱ   ② ㄷ   ③ ㄱ, ㄴ   ④ ㄱ, ㄷ   ⑤ ㄴ, ㄷ

|자|료|해|설|

실험 결과 그래프에서 생쥐 ㉡에 X를 주사했을 때 2차 면역 반응이 일어났고, 일정 시간이 지난 후 Y를 주사했을 때 1차 면역 반응이 일어났다는 것을 알 수 있다. 그러므로 실험 과정 (다)에서 생쥐 ㉡에 주사한 기억 세포는 X에 대한 기억 세포이고, (나)에서 생쥐 ㉠에 주사한 항원은 X이다.

|보|기|풀|이|

ㄱ. 오답 : 생쥐 ㉡에서 X에 대한 2차 면역 반응이 일어났으므로 실험 과정 (나)에서 ㉠에 주사한 항원은 X이다.

ㄴ. 오답 : 구간 Ⅰ에서 X에 대한 기억 세포가 형질 세포로 분화되고, 분화된 형질 세포에서 다량의 항체가 빠르게 생성되는 2차 면역 반응이 일어난다.

㉢ 정답 : 구간 Ⅱ에서 Y를 주사했을 때 생성된 항체가 항원과 결합함으로써 항원을 제거하는 체액성 면역이 일어난다.

🫢 **문제풀이 TIP** | 실험 결과 생쥐 ㉡에서 X에 대한 2차 면역 반응이 일어났으므로 생쥐 ㉡은 X에 대한 기억 세포를 가지고 있다.

😀 **출제분석** | 실험 결과의 항체 농도를 통해 1차 면역 반응과 2차 면역 반응을 구분하고, 이를 토대로 실험 과정을 유추해야 하는 문항이다. 2차 면역 반응은 기억 세포가 존재할 때 일어나는 면역 반응이라는 것을 알고 있으면 문제를 쉽게 해결할 수 있다. 이러한 문항은 기존에 자주 출제되어 온 유형의 문항으로 난도는 '중'에 해당한다.

다음은 병원체 P에 대한 백신을 개발하기 위한 실험이다.

[실험 과정 및 결과]

(가) P로부터 두 종류의 백신 후보 물질 ㉠과 ㉡을 얻는다.

(나) P, ㉠, ㉡에 노출된 적이 없고, 유전적으로 동일한 생쥐
Ⅰ~Ⅴ를 준비한다.

(다) 표와 같이 주사액을
Ⅰ~Ⅳ에게 주사하고
일정 시간이 지난 후,
생쥐의 생존 여부를
확인한다.

생쥐	주사액 조성	생존 여부
Ⅰ	㉠	산다
Ⅱ, Ⅲ	㉡	산다
Ⅳ	P	죽는다

(라) (다)의 Ⅲ에서 ㉡에 대한 B 림프구가 분화한 기억 세포를
분리하여 Ⅴ에게 주사한다.

(마) (다)의 Ⅰ과 Ⅱ, (라)의 Ⅴ에게 각각
P를 주사하고 일정 시간이 지난 후,
생쥐의 생존 여부를 확인한다.

생쥐	생존 여부
Ⅰ	죽는다
Ⅱ	산다
Ⅴ	산다

Ⅰ : ㉠ 주사 → 산다
이후 P 주사 → 죽는다
Ⅱ : ㉡ 주사 → 산다
이후 P 주사 → 산다
Ⅴ : ㉡에 대한 기억 세포 주사
이후 P 주사 → 산다

㉡이 백신으로 적합

이에 대한 설명으로 옳은 것만을 〈보기〉에서 있는 대로 고른 것은?
(단, 제시된 조건 이외는 고려하지 않는다.) **3점**

보기

ㄱ. P에 대한 백신으로 ㉠이 ㉡보다 적합하다.

ㄴ. (다)의 Ⅱ에서 ㉡에 대한 1차 면역 반응이 일어났다.
　　↑ 항원 1차 침입 시 분화된 형질 세포에서 항체를 생성

ㄷ. (마)의 Ⅴ에서 기억 세포로부터 형질 세포로의 분화가
일어났다. → P에 대한 다량의 항체가 빠르게 생성됨.

① ㄱ　　② ㄴ　　③ ㄱ, ㄷ　　**✔ ④ ㄴ, ㄷ**　　⑤ ㄱ, ㄴ, ㄷ

|자|료|해|설|

실험 과정을 정리하면 다음과 같다.

Ⅰ : ㉠ 주사 → 산다 / 이후 P 주사 → 죽는다
Ⅱ : ㉡ 주사 → 산다 / 이후 P 주사 → 산다
Ⅴ : ㉡에 대한 기억 세포 주사 / 이후 P 주사 → 산다

㉠을 주사한 이후 살아남은 생쥐에게 P를 주사했을 때
생쥐가 죽었지만, ㉡을 주사한 이후 살아남은 생쥐에게
P를 주사했을 때 생쥐가 살았다. 따라서 P에 대한
백신으로 ㉡이 ㉠보다 적합하다는 것을 알 수 있다. 참고로
2차 면역 반응이 일어날 때 기억 세포가 빠르게 형질
세포로 분화되고, 형질 세포에서 다량의 항체를 생성한다.

|보|기|풀|이|

ㄱ. 오답 : P에 대한 백신으로 ㉡이 ㉠보다 적합하다.

ㄴ. 정답 : (다)에서 ㉡에 노출된 적이 없는 Ⅱ에 ㉡을
주사하면 1차 면역 반응이 일어나 분화된 형질 세포에서
항체를 생성한다.

ㄷ. 정답 : Ⅴ는 ㉡에 대한 기억 세포를 가지고 있으므로
(마)에서 Ⅴ에게 P를 주사하면 기억 세포가 기억 세포와
형질 세포로 분화되고, 분화된 형질 세포에서 P에 대한
다량의 항체가 빠르게 생성되는 2차 면역 반응이 일어난다.

😮 **문제풀이 TIP** | (마)에서 Ⅰ과 Ⅱ의 생존 여부를 비교하면
P에 대한 백신으로 적합한 물질을 구분할 수 있다. 2차 면역 반응이
일어날 때 기억 세포가 빠르게 기억 세포와 형질 세포로 분화되고,
형질 세포에서 다량의 항체를 생성한다.

😮 **출제분석** | 실험 결과를 토대로 백신으로 적합한 물질을
파악해야 하는 난도 '중'의 문항이다. (마)에서 Ⅰ과 Ⅱ의 생존
여부를 비교하여 P에 대한 백신으로 적합한 물질을 구분했다면
나머지 보기 ㄴ, ㄷ은 1차 면역 반응과 2차 면역 반응의 기본 개념을
묻는 보기이기 때문에 쉽게 해결할 수 있다.

다음은 항원 A~C에 대한 생쥐의 방어 작용 실험이다.

[실험 과정]

(가) 유전적으로 동일하고 A, B, C에 노출된 적이 없는 생쥐
　　 Ⅰ~Ⅳ를 준비한다.
(나) Ⅰ에 A를, Ⅱ에 ㉠을, Ⅲ에 ㉡을, Ⅳ에 생리 식염수를 1회
　　 주사한다. ㉠과 ㉡은 B와 C를 순서 없이 나타낸 것이다.
(다) 2주 후, (나)의 Ⅰ에서 기억 세포를 분리하여 Ⅱ에, (나)의
　　 Ⅲ에서 기억 세포를 분리하여 Ⅳ에 주사한다.
(라) 1주 후, (다)의 Ⅱ와 Ⅳ에 일정 시간 간격으로 A, B, C를
　　 주사한다.

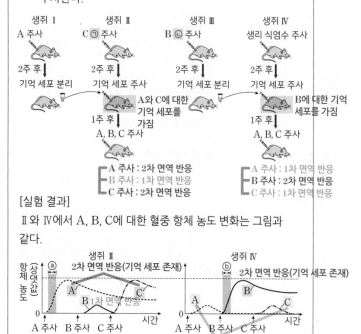

[실험 결과]
Ⅱ와 Ⅳ에서 A, B, C에 대한 혈중 항체 농도 변화는 그림과
같다.

이에 대한 설명으로 옳은 것만을 〈보기〉에서 있는 대로 고른 것은?

3점

보기
㉠. ㉠은 C이다.　　　　　　┌→ 항원－항체 반응으로 항원을 제거하는 면역 반응
㉡. 구간 ⓐ에서 A에 대한 체액성 면역 반응이 일어났다.
ㄷ. 구간 ⓑ에서 B에 대한 형질 세포가 기억 세포로 분화되었다.
　　　　　　　　기억 세포　　형질 세포(항체 생산 및 분비)

① ㄱ　　② ㄴ　　③ ㄷ　　✔ ㄱ, ㄴ　　⑤ ㄴ, ㄷ

|자|료|해|설|

2차 면역 반응은 동일 항원의 재침입 시 그 항원에 대한
기억 세포에 의해 일어나는 면역 반응으로, 기억 세포가
빠르게 기억 세포와 형질 세포로 분화되고, 분화된 형질
세포에서 항체를 생성하여 항원과 결합한다. 2차 면역
반응은 1차 면역 반응보다 항체의 생성 속도가 빠르고
생성되는 항체의 양이 많다. 생쥐 Ⅱ의 실험 결과에서 A와
C에 대해 2차 면역 반응이 일어나고, B에 대해 1차 면역
반응이 일어났다는 것을 알 수 있다. 따라서 생쥐 Ⅱ에는
A와 C에 대한 기억 세포가 존재한다. 또한 생쥐 Ⅳ의 실험
결과에서 B에 대해 2차 면역 반응이 일어나고, A와 C에
대해 1차 면역 반응이 일어났으므로 생쥐 Ⅳ에는 B에 대한
기억 세포가 존재한다. 그러므로 실험 과정 (나)에서 Ⅱ에
주사한 ㉠이 C이고, Ⅲ에 주사한 ㉡이 B이다.

|보|기|풀|이|

㉠. 정답 : 생쥐 Ⅱ의 실험 결과에서 A와 C에 대해 2차
면역 반응이 일어났으므로 생쥐 Ⅱ에는 A와 C에 대한
기억 세포가 존재한다. 그러므로 실험 과정 (나)에서 Ⅱ에
주사한 ㉠은 C이다.
㉡. 정답 : 체액성 면역 반응은 형질 세포가 생산하는
항체가 항원과 결합함으로써 항원을 제거하는 면역
반응이다. 구간 ⓐ에서 A에 대한 항체가 존재하므로 A에
대한 체액성 면역 반응이 일어났다.
ㄷ. 오답 : 생쥐 Ⅳ에는 B에 대한 기억 세포가 존재하여
B에 대한 2차 면역 반응이 일어났다. 따라서 구간 ⓑ에서
B에 대한 기억 세포가 형질 세포로 분화되고, 분화된 형질
세포가 B에 대한 항체를 생성 및 분비한다.

😎 **문제풀이 T I P** | 2차 면역 반응은 기억 세포에 의해 일어나며,
1차 면역 반응보다 항체의 생성 속도가 빠르고 생성되는 항체의
양이 많다. '항체'에 의한 면역은 '체'액성 면역이라고 암기하면
쉽다.

😎 **출제분석** | 특이적 방어 작용에 대한 실험 과정과
결과를 분석해야 하는 난도 '중상'의 문항이다. 실험 과정이
복잡해보이지만 그림으로 과정이 알기 쉽게 표현되어 있으며, 실험
결과의 항체 농도 변화를 통해 1차 면역 반응과 2차 면역 반응을
구분하면 문제를 빠르게 해결할 수 있다. 방어 작용과 관련된
문제에서 실험 과정은 다양하게 제시될 수 있으며, 기억 세포와
항체를 주사하는 실험의 경우 각각을 구분할 수 있어야 한다.
기억 세포에 의한 2차 면역 반응을 이해하고 있다면 관련 문제를
해결하는 과정은 비슷하다.

다음은 항원 X에 대한 생쥐의 방어 작용 실험이다.

[실험 과정]
→ X에 대한 기억 세포 없음
(가) 유전적으로 동일하고 X에 노출된 적이 없는 생쥐 A와 B 를 준비한다.
→ 2차 면역
(나) A에게 X를 2회에 걸쳐 주사한다.
(다) 일정 시간이 지난 후 A에서 ㉠을 분리한다. ㉠은 혈청과 X 에 대한 기억 세포 중 하나이다.
→ 혈청
(라) B에게 ㉠을 주사하고 일정 시간이 지난 후 X를 주사한다.

[실험 결과]
A와 B에서 측정한 X에 대한 혈중 항체의 농도 변화는 그림과 같다.

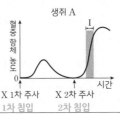
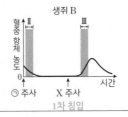

이 자료에 대한 설명으로 옳은 것만을 <보기>에서 있는 대로 고른 것은?

보기
㉠. ㉠은 혈청이다. → 생쥐 B에서 I 만큼 항체 농도가 높지 않다
㉡. 구간 I에서 X에 대한 특이적 방어 작용이 일어난다. → 기억 세포에 의한 특이적 면역
㉢. X에 대한 형질 세포의 수는 구간 II에서보다 구간 III에서 가 많다.

① ㄱ　　② ㄷ　　③ ㄱ, ㄴ　　④ ㄴ, ㄷ　　⑤ ㄱ, ㄴ, ㄷ

|자|료|해|설|

생쥐 A와 B는 X에 노출된 적이 없으므로 X에 대한 기억 세포가 존재하지 않는다. 이를 바탕으로 실험 결과를 살펴 보면, A에 1차 주사했을 때, X에 대한 형질 세포와 기억 세포가 만들어지고 적은 양의 항체가 형성된다. 2차 주사 했을 때에는 기억 세포가 형질 세포로 분화하여 많은 양의 항체를 생성한다. 따라서 I의 시기에는 X에 대한 항체와 기억 세포가 많이 존재한다. 생쥐 B에서 ㉠을 주사하였을 때 항체가 존재하는데, X 주사 후에 생성된 항체가 생쥐 A 에서 1차 주사 후 생성된 항체의 양과 비슷하다. 이는 ㉠에 의해 기억 세포가 형성되지 않았음을 의미하므로 ㉠은 혈 청이며, 이 혈청에는 항체만 존재한다. 따라서 II에서는 항 체만 존재하며, III에서는 X에 대한 형질 세포와 기억 세포 와 항체가 존재한다.

|보|기|풀|이|

㉠ 정답 : ㉠을 주사한 후 X를 주사해도 항체 생성 정도 가 1차 주사했을 때와 유사하므로 ㉠은 기억 세포가 아니 라 혈청이다.

㉡ 정답 : 특이적 방어 작용은 림프구에 의한 방어 작용이 다. 구간 I에서 B 림프구가 분화한 기억 세포에 의해 항 체가 다량 생성되었으므로 특이적 방어 작용이 일어났다.

㉢ 정답 : ㉠은 혈청이므로 형질 세포는 존재하지 않고 항 체만 존재한다. 따라서 구간 II에서는 형질 세포는 존재하 지 않는다. 구간 III에서는 X 주사에 의해 항체가 형성되었 으므로 형질 세포가 존재한다. 따라서 구간 II보다 III에서 형질 세포의 수가 많다.

💡 **문제풀이 T I P** | 방어 작용에서 특이적 방어 작용이 일으키는 면역 반응들을 정확히 알고 있으면 문제를 쉽게 풀 수 있다. 특이적 방어 작용은 특이적 면역으로 항원에 노출되어야 일어난다. 특이적 방어 작용에는 T 림프구에 의한 세포성 면역과 B 림프구에 의한 체액성 면역이 존재하며 체액성 면역은 1차 면역 반응과 2차 면역 반응으로 구분할 수 있다. 이처럼 면역 체계를 가지에서 뻗어 나가 듯이 분리하고 도식화하여 학습한다면, 연관성을 잘 이해하는 학습 이 이루어질 수 있을 것이다.

😀 **출제분석** | 이번 문항은 방어 작용에서 가장 대표적인 문항으 로 특이적 방어 작용 중 기억 세포에 의해 형성된 항체의 농도를 비 교할 줄 아는 것이 포인트다. 개념은 쉽지 않은 부분이지만 정형 화된 유형이며 오랫동안 출제되어 온 문제이므로 난도는 '중'에 해 당한다. 특이적 방어 작용에 대한 부분은 물론 비특이적 방어 작용 과 연계하거나 T 림프구, B 림프구의 면역 반응을 비교하는 문제 가 출제될 수 있으므로 연관 지어 학습하도록 하자.

👩‍🏫 **" 이 문제에선 이게 가장 중요해! "**

생쥐 B에서 ㉠을 주사하였을 때 항체가 존재하는 데, X 주사 후에 생성된 항체가 생쥐 A에서 1차 주사 후 생성된 항체의 양과 비슷하다. 이는 ㉠에 의해 기억 세포가 형성되지 않았음을 의미하므로 ㉠은 혈청이며, 이 혈청에는 항체만 존재한다. 따 라서 II에서는 항체만 존재하며, III에서는 X에 대한 형질 세포와 기억 세포와 항체가 존재한다.

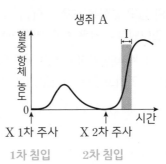
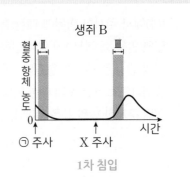

다음은 항원 X와 Y에 대한 생쥐의 방어 작용 실험이다.

[실험 과정 및 결과]

(가) 유전적으로 동일하고 항원 X와 Y에 노출된 적이 없는
생쥐 A~D를 준비한다.

(나) A에게 X를 주사하고, B에게 Y를 주사한다.

(다) 주사한 X와 Y가 생쥐의 면역 반응에 의해 제거된 후
A에서 ㉠ 혈청을 분리하여 C에게 주사하고, B에서 Y에
대한 기억 세포를 분리하여 D에게 주사한다.   → X에 대한 항체 포함

(라) 일정 시간이 지난 후 C와 D에게 동일한 ㉡ 항원을
주사한다. 주사한 항원은 X와 Y 중 하나이다.   → Y

(마) C와 D에게 항원을 주사한 후,
주사한 항원에 대한 항체의
농도 변화는 그림과 같다.
ⓐ와 ⓑ는 각각 C와 D 중
하나이다.

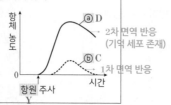

이에 대한 옳은 설명만을 〈보기〉에서 있는 대로 고른 것은? **3점**

보기

ㄱ. ㉠에는 X에 대한 기억 세포가 ~~존재한다.~~ 존재하지 않는다.

ㄴ. ㉡은 Y이다.

ㄷ. ⓑ는 ~~D이다.~~ C

① ㄴ   ② ㄷ   ③ ㄱ, ㄴ   ④ ㄱ, ㄷ   ⑤ ㄴ, ㄷ

|자|료|해|설|

(마)에서 주사한 항원에 대한 항체의 농도 변화를 보면
ⓐ에서 2차 면역 반응, ⓑ에서 1차 면역 반응이 일어났다는
것을 알 수 있다. 2차 면역 반응은 주사한 항원에 대한 기억
세포를 가지고 있는 경우에 일어나므로 ⓐ는 Y에 대한
기억 세포를 가지고 있는 D이고, ⓑ는 C이며 주사한 항원
㉡은 Y이다.

|보|기|풀|이|

ㄱ. 오답 : A에서 분리한 혈청(㉠)에는 기억 세포가 아닌
X에 대한 항체가 존재한다. 항체는 일정 시간이 지나면
수명을 다한 뒤 체내에서 사라진다.

ㄴ. 정답 : 2차 면역 반응은 주사한 항원에 대한 기억
세포를 가지고 있는 경우에 일어나므로 ⓐ는 Y에 대한
기억 세포를 가지고 있는 D이고, 주사한 항원 ㉡은 Y이다.

ㄷ. 오답 : ⓐ에서 2차 면역 반응, ⓑ에서 1차 면역 반응이
일어났으므로 ⓐ는 Y에 대한 기억 세포를 가지고 있는
D이고, ⓑ는 C이다.

😮 **문제풀이 T I P** | 항원에 노출된 생쥐에서 면역 반응이 일어난
뒤 분리한 혈청에는 기억 세포가 아니라 항원에 대한 항체가
포함되어 있다. 항원에 대한 기억 세포를 가지고 있는 경우에 2차
면역 반응이 일어난다.

🙂 **출제분석** | 기억 세포에 의한 2차 면역 반응에 대해 묻는
난도 '중상'의 문항이다. 이러한 유형의 문항은 학평과 모평에서
거의 매번 출제되고 있으므로 항체 농도 변화 그래프를 해석할 수
있어야 한다.

👩‍🏫 " 이 문제에선 이게 가장 중요해! "

(마)에서 주사한 항원에 대한 항체의 농도 변화를 보면 ⓐ에서 2차
면역 반응, ⓑ에서 1차 면역 반응이 일어났다는 것을 알 수 있다. 2차
면역 반응은 주사한 항원에 대한 기억 세포를 가지고 있는 경우에
일어나므로 ⓐ는 Y에 대한 기억 세포를 가지고 있는 D이고, ⓑ는 C
이며 주사한 항원 ㉡은 Y이다.

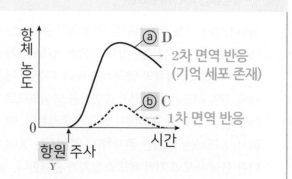

다음은 병원체 P와 Q에 대한 쥐의 방어 작용 실험이다.

> [실험 과정]
> (가) 유전적으로 동일하고 P와 Q에 노출된 적이 없는 쥐 ㉠과
>   ㉡을 준비한다.
> (나) ㉠에 P를, ㉡에 Q를 주사한 후 t_1일 때 ㉠과 ㉡의 혈액에서
>   병원체 수, 세포독성 T 림프구 수, 항체 농도를 측정한다.
> (다) 일정 기간이 지난 후 t_2일 때 ㉠과 ㉡의 혈액에서 병원체 수,
>   세포독성 T 림프구 수, 항체 농도를 측정한다.
>
> [실험 결과]
>
>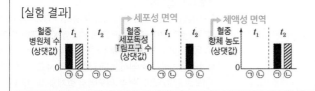

이 자료에 대한 설명으로 옳은 것만을 〈보기〉에서 있는 대로 고른
것은? (단, t_1과 t_2 사이에 P와 Q에 대한 림프구와 항체는 모두 면역
반응에 관여하였다.) **3점**

보기
형질세포
ㄱ. ~~세포독성 T 림프구~~에서 항체가 생성된다.
ㄴ. ㉠에서 P가 제거되는 과정에 세포성 면역이 일어났다.
ㄷ. t_2 이전에 ㉡에서 Q에 대한 특이적 방어 작용이 일어났다.
---

① ㄱ   ② ㄷ   ③ ㄱ, ㄴ   ④ ㄴ, ㄷ   ⑤ ㄱ, ㄴ, ㄷ

| 자 | 료 | 해 | 설 |

실험 결과 t_2의 ㉠에서 세포독성 T 림프구가 발견되므로
세포성 면역이 일어났음을 알 수 있고, t_2의 ㉠과 ㉡에서
항체가 발견되므로 ㉠과 ㉡ 모두 체액성 면역이 일어났음을
알 수 있다.

| 보 | 기 | 풀 | 이 |

ㄱ. 오답 : 항체를 생성하는 것은 B 림프구로부터 분화된
형질세포이다.

ㄴ. 정답 : t_2의 ㉠에서 세포독성 T 림프구가 발견되므로
세포성 면역이 일어나 병원체 P가 제거되었음을 알 수
있다.

ㄷ. 정답 : t_2의 ㉡에서 병원체 Q는 제거되어 존재하지
않지만 항체는 존재하는 것으로 보아, t_2 이전에 ㉡에서
Q에 대한 특이적 방어 작용인 체액성 면역 반응이
일어났음을 추측할 수 있다.

😀 **출제분석** | 특이적 방어 작용의 원리를 바탕으로 주어진 자료를
해석하는 문항이다. 특이적 방어 작용을 T 림프구에 의한 세포성
면역과 형질세포에 의한 체액성 면역으로 구분하여 이해하고
있어야 하며, 그래프와 기호가 많이 등장하여 자료가 복잡해
보이지만 묻고자 하는 것은 특이적 방어 작용의 기본 내용이므로
난도가 높지 않다.

다음은 항원 X에 대한 생쥐의 방어 작용 실험이다.

[실험 과정 및 결과]

(가) 유전적으로 동일하고 X에
노출된 적이 없는 생쥐
A~D를 준비한다.

생쥐	특이적 방어 작용
A	○
B	ⓐ ○

(○: 일어남, ×: 일어나지 않음)

(나) A와 B에 X를 각각
2회에 걸쳐 주사한 후, A와 B에서 특이적 방어 작용이
일어났는지 확인한다.

(다) 일정 시간이 지난 후, (나)의 A에서 ㉠을 분리하여 C에,
(나)의 B에서 ㉡을 분리하여 D에 주사한다. ㉠과 ㉡은
혈장과 기억 세포를 순서 없이 나타낸 것이다.

(라) 일정 시간이 지난 후, C와 D에 X를 각각 주사한다. C와
D에서 X에 대한 혈중 항체 농도 변화는 그림과 같다.

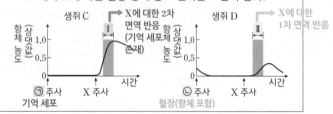

이에 대한 설명으로 옳은 것만을 〈보기〉에서 있는 대로 고른 것은?

3점

보기   → 기억 세포가 형질 세포로 분화되고, 형질 세포에서 항체를 생성함

㉠ ⓐ는 '○'이다.

㉡ 구간 Ⅰ에서 X에 대한 항체가 형질 세포로부터 생성되었다.

㉢ 구간 Ⅱ에서 X에 대한 1차 면역 반응이 일어났다.

① ㄱ   ② ㄷ   ③ ㄱ, ㄴ   ④ ㄴ, ㄷ   ⑤ ㄱ, ㄴ, ㄷ

|자|료|해|설|

2차 면역 반응은 동일 항원의 재침입 시 그 항원에 대한
기억 세포에 의해 일어나는 면역 반응이다. (나)의 A에서
㉠을 분리하여 C에 주사하고, 일정 시간이 지난 후 C에
X를 주사했을 때 2차 면역 반응이 일어났다. 따라서 ㉠은
기억 세포이고, ㉡은 혈장이다. (나)의 B에서 ㉡(혈장)을
분리하여 D에 주사했을 때 항체 농도 값이 존재했으므로
㉡(혈장)에 X에 대한 항체가 포함되어 있다. 따라서
B에서 X에 대한 특이적 방어 작용이 일어나 항체가 형성된
것이므로 ⓐ는 '○'이다.

|보|기|풀|이|

㉠ 정답 : (나)의 B에서 ㉡을 분리하여 D에 주사했을 때
항체 농도 값이 존재했으므로 B에서 X에 대한 특이적 방어
작용이 일어나 항체가 형성되었다. 따라서 ⓐ는 '○'이다.

㉡ 정답 : 구간 Ⅰ에서 X에 대한 기억 세포가 빠르게 형질
세포로 분화되고, 형질 세포에서 항체를 생성한다.

㉢ 정답 : 생쥐 D는 X에 대한 기억 세포를 갖지 않으므로
구간 Ⅱ에서 X에 대한 1차 면역 반응이 일어났다.

🤓 **문제풀이 TIP** | 구간 Ⅰ에서 X에 대한 2차 면역 반응이
일어났으므로 ㉠은 기억 세포이고, ㉡은 혈장이다. 2차 면역 반응이
일어날 때 기억 세포가 빠르게 형질 세포로 분화되고,
형질 세포에서 다량의 항체를 생성한다.

🤓 **출제분석** | 기억 세포에 의해 일어나는 2차 면역 반응에 대한
이해를 바탕으로 실험 결과를 분석하여 ㉠과 ㉡을 구분해야 하는
난도 '중'의 문항이다. 실험 결과를 통해 역으로 생쥐 B에서 특이적
방어 작용이 일어났는지를 판단해야 하는 부분이 새로웠으며, 이는
항체 농도 그래프를 보면 쉽게 해결할 수 있다.

다음은 항원 X에 대한 생쥐의 방어 작용 실험이다.

[실험 과정]

(가) 유전적으로 동일하고 X에 노출된 적이 없는 생쥐 ㉠, ㉡, ㉢을 준비한다.

(나) ㉠에게 X를 2회에 걸쳐 주사한다.

(다) 1주 후, (나)의 ㉠에서 ⓐ와 ⓑ를 각각 분리한다. ⓐ와 ⓑ는 혈청과 X에 대한 기억 세포를 순서 없이 나타낸 것이다.
기억 세포 ← 혈청(항체 포함)

(라) ㉡에게 ⓐ를, ㉢에게 ⓑ를 각각 주사한다.

(마) 일정 시간이 지난 후, ㉡과 ㉢에게 X를 각각 주사한다.

[실험 결과]

㉡과 ㉢의 X에 대한 혈중 항체 농도 변화는 그림과 같다.

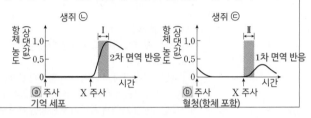

이에 대한 설명으로 옳은 것만을 <보기>에서 있는 대로 고른 것은?
③점

보기

ㄱ. ⓐ는 ~~혈청~~ 기억 세포 이다.

ㄴ. 구간 Ⅰ에서 X에 대한 체액성 면역 반응이 일어났다.
→ 항체가 항원과 결합함으로써 항원을 제거하는 면역 반응

ㄷ. 구간 Ⅱ에서 X에 대한 B 림프구가 형질 세포로 분화한다.
→ 항체 생산 및 분비

① ㄱ　　② ㄴ　　③ ㄱ, ㄷ　　④ ㄴ, ㄷ　　⑤ ㄱ, ㄴ, ㄷ

|자|료|해|설|

생쥐 ㉡에 ⓐ를 주사했을 때 항체 농도는 0이고, 일정 시간이 지난 후 X를 주사했을 때 2차 면역 반응이 일어났으므로 ⓐ는 기억 세포이다. 생쥐 ㉢에 ⓑ를 주사했을 때 항체 농도 값이 존재하다가 0으로 감소하고, 일정 시간이 지난 후 X를 주사했을 때 1차 면역 반응이 일어났으므로 ⓑ는 항체를 포함하고 있는 혈청이다.

|보|기|풀|이|

ㄱ. 오답 : 생쥐 ㉡에 ⓐ를 주사하고 일정 시간이 지난 후 X를 주사했을 때 2차 면역 반응이 일어났으므로 ⓐ는 기억 세포이다.

ㄴ. 정답 : 구간 Ⅰ에서 2차 면역 반응이 일어난다. 이때 X에 대한 항체가 존재하므로 체액성 면역 반응이 일어났다.

ㄷ. 정답 : 구간 Ⅱ에서 1차 면역 반응이 일어난다. 이때 X에 대한 B 림프구가 형질 세포로 분화하고, 분화된 형질 세포는 X에 대한 항체를 생성하고 분비한다.

 문제풀이 TIP | 기억 세포에 의해 일어나는 2차 면역 반응은 기억 세포가 빠르게 형질 세포로 분화하고, 분화된 형질 세포에서 다량의 항체가 빠르게 생성되는 것이 특징이다. 또한 항원 항체 반응은 체액성 면역에 해당한다.

 출제분석 | 1차 면역 반응과 2차 면역 반응을 구분해야 하는 난도 '중'의 문항이다. 방어 작용의 경우 이처럼 실험 상황이 주어지는 경우가 많으며, 이 문항은 그동안 출제되었던 문제 유형과 매우 유사하다.

Ⅲ
2 | 02. 우리 몸의 방어 작용

 " 이 문제에선 이게 가장 중요해! "

생쥐 ㉡에 ⓐ를 주사했을 때 항체 농도는 0이고, 일정 시간이 지난 후 X를 주사했을 때 2차 면역 반응이 일어났으므로 ⓐ는 기억 세포이다. 생쥐 ㉢에 ⓑ를 주사했을 때 항체 농도 값이 존재하다가 0으로 감소하고, 일정 시간이 지난 후 X를 주사했을 때 1차 면역 반응이 일어났으므로 ⓑ는 항체를 포함하고 있는 혈청이다.

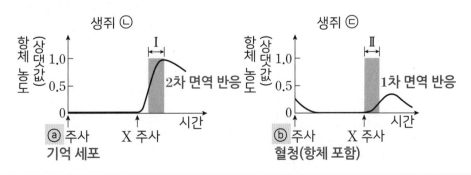

다음은 병원체 X와 Y에 대한 생쥐의 방어 작용 실험이다.

○ X와 Y에 모두 항원 ㉮가 있다.

[실험 과정 및 결과]

(가) 유전적으로 동일하고 X와 Y에 노출된 적이 없는 생쥐 Ⅰ~Ⅳ를 준비한다.

(나) Ⅰ에게 X를, Ⅱ에게 Y를 주사하고 일정 시간이 지난 후, 생쥐의 생존 여부를 확인한다.

생쥐	생존 여부
Ⅰ	산다
Ⅱ	죽는다

(다) (나)의 Ⅰ에서 ㉮에 대한 B 림프구가 분화한 기억 세포를 분리한다.

(라) Ⅲ에게 X를, Ⅳ에게 (다)의 기억 세포를 주사한다.

(마) 일정 시간이 지난 후, Ⅲ과 Ⅳ에게 Y를 각각 주사한다. Ⅲ과 Ⅳ에서 ㉮에 대한 혈중 항체 농도 변화는 그림과 같다.

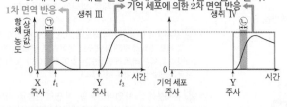

이에 대한 설명으로 옳은 것만을 〈보기〉에서 있는 대로 고른 것은? (단, 제시된 조건 이외는 고려하지 않는다.) 3점

보기

ㄱ. Ⅲ에서 ㉮에 대한 혈중 항체 농도는 t_1일 때가 t_2일 때보다 ~~높다~~ 낮다

ㄴ. 구간 ㉠에서 ㉮에 대한 특이적 방어 작용이 일어났다. → 특정 항원을 인식하여 제거하는 방어 작용 → 항원-항체 반응 일어남

ㄷ. 구간 ㉡에서 ~~형질 세포~~ 기억 세포가 ~~기억 세포~~ 형질 세포로 분화되었다.

① ㄱ ✓② ㄴ ③ ㄱ, ㄷ ④ ㄴ, ㄷ ⑤ ㄱ, ㄴ, ㄷ

|자|료|해|설|

(나)에서 생쥐의 생존 여부를 통해 X를 주사한 Ⅰ은 항원 ㉮에 대한 항체가 형성되는 특이적 방어 작용이 일어나 살았다는 것을 알 수 있다.

혈중 항체 농도 변화 그래프를 통해 Ⅲ에게 X를 주사했을 때 ㉮에 대한 1차 면역 반응이 일어났으며, 일정 시간이 지난 후 Y를 주사했을 때 ㉮에 대한 2차 면역 반응이 일어났다는 것을 알 수 있다. ㉮에 대한 B 림프구가 분화한 기억 세포를 주사한 Ⅳ에게 일정 시간이 지난 후 Y를 주사하면 ㉮에 대한 기억 세포가 빠르게 형질 세포로 분화되면서 다량의 항체가 생성되는 2차 면역 반응이 일어난다.

이 실험을 통해 생쥐가 Y에 처음 감염되면 죽지만, 그에 앞서 X에 감염된 적이 있다면 이후 Y에 감염되어도 살 수 있다는 사실을 알 수 있다.

|보|기|풀|이|

ㄱ. 오답 : Ⅲ에서 ㉮에 대한 혈중 항체 농도는 t_1일 때가 t_2일 때보다 낮다.

ㄴ. 정답 : 구간 ㉠에서 ㉮에 대한 항체가 존재하므로 항원-항체 반응의 특이적 방어 작용이 일어났다.

ㄷ. 오답 : 구간 ㉡에서 기억 세포가 형질 세포로 분화되었다.

😮 **문제풀이 TIP** | 2차 면역 반응은 동일 항원의 재침입 시 그 항원에 대한 기억 세포에 의해 일어나는 면역 반응으로 기억 세포가 빠르게 기억 세포와 형질 세포로 분화되고, 분화된 형질 세포에서 다량의 항체가 생성된다.

다음은 항원 A와 B의 면역학적 특성을 알아보기 위한 자료이다.

○ 항원 A와 B에 노출된 적이 없는 생쥐 ㉠에게 A와 B를 함께 주사하고, 4주 후 ㉠에게 동일한 양의 A와 B를 다시 주사하였다.

○ 그림은 ㉠에서 A와 B에 대한 혈중 항체 농도의 변화를, 표는 t_1 시점에 ㉠으로부터 혈청을 분리하여 A와 B에 각각 섞었을 때의 항원 항체 반응 여부를 나타낸 것이다.

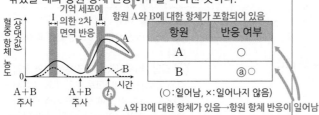

기억 세포에 의한 2차 면역 반응

항원 A와 B에 대한 항체가 포함되어 있음

항원	반응 여부
A	○
B	ⓐ ○

(○ : 일어남, × : 일어나지 않음)

→ A와 B에 대한 항체가 있음→항원 항체 반응이 일어남

○ ㉠에서 A에 대한 기억 세포는 형성되었고, B에 대한 기억 세포는 형성되지 않았다.

이에 대한 설명으로 옳은 것만을 〈보기〉에서 있는 대로 고른 것은?

③점

보기

ㄱ. ⓐ는 ✕이다.   → 항원 항체 반응의 특이성
ㄴ. 구간 Ⅰ에서 B에 대한 특이적 면역(방어) 작용이 일어났다.
ㄷ. 구간 Ⅱ에서 A에 대한 항체가 형질 세포로부터 생성되었다.
→ A에 대한 기억 세포가 형질 세포로 분화되고, 분화된 형질 세포에서 항체가 생성·분비됨

① ㄱ   ② ㄴ   ③ ㄱ, ㄷ   ④ ㄴ, ㄷ   ⑤ ㄱ, ㄴ, ㄷ

|자|료|해|설|

생쥐 ㉠에게 A와 B를 처음 주사했을 때 구간 Ⅰ에서 A와 B에 대한 항체가 모두 생성되었다. 4주 후 생쥐 ㉠에게 A와 B를 다시 주사했을 때 구간 Ⅱ에서 A에 대한 항체 농도는 구간 Ⅰ에서보다 높으므로 기억 세포가 형질 세포로 빠르게 분화되어 항체를 생성하는 2차 면역이 일어났음을 알 수 있다. 반면, B에 대한 항체 농도의 변화 양상은 구간 Ⅰ과 같으므로 기억 세포에 의한 2차 면역이 일어나지 않고 1차 면역과 같은 반응이 나타났다.

|보|기|풀|이|

ㄱ. 오답 : 그래프에서 t_1 시점에 A와 B에 대한 항체가 모두 존재한다는 것을 알 수 있다. 따라서 t_1 시점에 ㉠으로부터 분리한 혈청에 A와 B에 대한 항체가 포함되어 있으며, 항원 B와 항원 항체 반응이 일어나므로 ⓐ는 '○'이다.

ㄴ. 정답 : 구간 Ⅰ에서 B에 대한 항체가 생성되었으며, 이 항체는 항원 B와 항원 항체 반응을 일으킨다. 이는 특이적 면역(방어)에 해당한다.

ㄷ. 정답 : 구간 Ⅱ에서 A에 대한 2차 면역이 일어났다. 이때 A에 대한 기억 세포가 형질 세포로 빠르게 분화되고, 형질 세포에서 A에 대한 항체가 대량 생성된다.

😲 **문제풀이 T I P** | 형질 세포가 항체를 생성·분비하며, 항체는 혈청 속에 포함되어 있다. 기억 세포가 존재할 경우 2차 면역 반응이 일어난다는 것을 반드시 기억하자!

😀 **출제분석** | 기억 세포에 의한 2차 면역 과정에 대해 묻는 난도 '상'의 문항이다. 항원을 주사하는 조건이 다르게 제시될 수 있고 그에 대한 결과를 나타내는 방식 또한 다르게 제시될 수 있으므로 다양한 유형의 기출 문제를 풀어보며 개념을 적용하는 연습을 충분히 해야 한다.

👩 " 이 문제에선 이게 가장 중요해! "

생쥐 ㉠에게 A와 B를 처음 주사했을 때 구간 Ⅰ에서 A와 B에 대한 항체가 모두 생성되었다. 4주 후 생쥐 ㉠에게 A와 B를 다시 주사했을 때 구간 Ⅱ에서 A에 대한 항체 농도는 구간 Ⅰ에서보다 높으므로 기억 세포가 형질 세포로 빠르게 분화되어 항체를 생성하는 2차 면역이 일어났음을 알 수 있다.

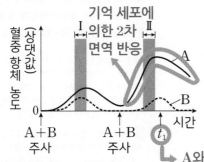

기억 세포에 의한 2차 면역 반응

항원	반응 여부
A	○
B	ⓐ ○

(○ : 일어남, × : 일어나지 않음)

→ A와 B에 대한 항체가 있음→항원 항체 반응이 일어남

그림 (가)는 어떤 사람이 항원 X에 감염되었을 때 일어나는 방어 작용의 일부를, (나)는 이 사람에서 X의 침입에 의해 생성되는 X에 대한 혈중 항체 농도 변화를 나타낸 것이다. ㉠과 ㉡은 기억 세포와 보조 T 림프구를 순서 없이 나타낸 것이다.

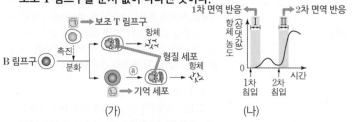

이에 대한 설명으로 옳은 것만을 〈보기〉에서 있는 대로 고른 것은?

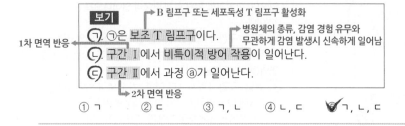

보기

B 림프구 또는 세포독성 T 림프구 활성화
ㄱ. ㉠은 보조 T 림프구이다.

병원체의 종류, 감염 경험 유무와
무관하게 감염 발생시 신속하게 일어남

1차 면역 반응
ㄴ. 구간 Ⅰ에서 비특이적 방어 작용이 일어난다.

ㄷ. 구간 Ⅱ에서 과정 ⓐ가 일어난다.
2차 면역 반응

① ㄱ   ③ ㄱ, ㄴ   ④ ㄴ, ㄷ   ✔⑤ ㄱ, ㄴ, ㄷ

|자|료|해|설|

X에 감염되었을 때 B 림프구에서 형질 세포와 ㉡으로의 분화를 촉진시키는 ㉠은 보조 T 림프구이고, B 림프구로부터 형성되었다가 X에 재감염되었을 때 형질 세포로 분화되는 ㉡은 기억 세포이다.

X에 대한 혈중 항체 농도는 1차 침입이 일어났을 때보다 2차 침입이 일어났을 때 급격하게 증가하므로 구간 Ⅰ에서는 1차 면역 반응이, 구간 Ⅱ에서는 2차 면역 반응이 일어났음을 알 수 있다.

|보|기|풀|이|

ㄱ. 정답 : ㉠은 B림프구의 분화를 촉진하는 보조 T 림프구이다.

ㄴ. 정답 : 비특이적 방어 작용은 감염 경험 유무와 무관하게 감염 발생시 일어나므로 구간 Ⅰ과 Ⅱ에서 모두 일어난다.

ㄷ. 정답 : 1차 침입 때 생성된 기억 세포가 형질 세포로 분화하는 과정 ⓐ가 구간 Ⅱ에서 일어나 2차 면역 반응이 일어난다.

다음은 항원 X에 대한 생쥐의 방어 작용 실험이다.

[실험 과정]

(가) 유전적으로 동일하고 X에 노출된 적이 없는 생쥐 A와 B를 준비한다.

X에 대한 항체가 들어 있음
(나) A에게 X를 2회에 걸쳐 주사한다.

(다) 1주 후, (나)의 A에서 ㉠ 혈청을 분리하여 B에게 주사한다.

(라) 일정 시간이 지난 후, (다)의 B에게 X를 1차 주사한다.

(마) 일정 시간이 지난 후, (라)의 B에게 X를 2차 주사한다.

[실험 결과]

B의 X에 대한 혈중 항체 농도 변화는 그림과 같다.

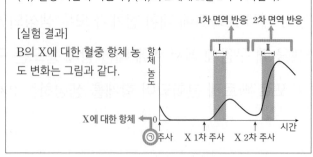

이에 대한 설명으로 옳은 것만을 〈보기〉에서 있는 대로 고른 것은?

3점

보기

항체
ㄱ. ㉠에는 X에 대한 T 림프구가 들어 있다.

항원 항체 반응에 의한 면역 반응
ㄴ. 구간 Ⅰ에서 X에 대한 체액성 면역 반응이 일어났다.

ㄷ. 구간 Ⅱ에서 X에 대한 2차 면역 반응이 일어났다.
기억 세포에 의한 면역 반응

① ㄱ   ② ㄷ   ③ ㄱ, ㄴ   ✔④ ㄴ, ㄷ   ⑤ ㄱ, ㄴ, ㄷ

|자|료|해|설|

(나)의 A에서 분리한 혈청(㉠)에는 항원 X에 대한 항체가 들어 있다. 실험 결과 그래프에서 혈청(㉠)을 주사한 시점에 존재하는 항체는 생쥐 B에서 만들어진 항체가 아니라 주사한 혈청에 포함된 항체이며, 시간이 지남에 따라 항체의 수명으로 인해 농도가 감소한다. 생쥐 B에 X를 1차로 주사하면 1차 면역 반응이 일어나 B 림프구가 형질 세포와 기억 세포로 분화되고, 분화된 형질 세포에서 항체를 생성한다. 그 후 동일한 항원 X를 2차로 주사하면 2차 면역 반응이 일어나 그 항원에 대한 기억 세포가 빠르게 형질 세포로 분화되고, 분화된 형질 세포에서 항체를 빠른 속도로 다량 생산한다.

|보|기|풀|이|

ㄱ. 오답 : A에서 분리한 혈청(㉠)에는 X에 대한 항체가 들어 있다.

ㄴ. 정답 : 구간 Ⅰ에서 항체가 존재하므로 항원 항체 반응이 일어난다. 즉, X에 대한 체액성 면역 반응이 일어난다.

ㄷ. 정답 : 구간 Ⅱ에서는 Ⅰ에 비해 더 빠르게, 더 많은 항체가 생성되었다. 이는 X에 대한 2차 면역 반응이 일어나 X에 대한 기억 세포가 빠르게 형질 세포로 분화되고, 분화된 형질 세포에서 항체를 빠른 속도로 다량 생산한 것이다.

🤔 **문제풀이 TIP** | 혈청에는 림프구, 형질 세포, 기억 세포와 같은 세포성 성분이 아닌 항체가 들어 있다는 것과 2차 면역 반응은 기억 세포에 의해 일어난다는 것을 반드시 기억하자! 또한 항체에 의한 면역 반응은 '체'액성 면역 반응이라는 것을 같은 단어로 연결 지어 기억하면 쉽게 암기할 수 있다.

😀 **출제분석** | 특이적 방어 작용에 대한 기본적인 개념을 묻는 문제로 난도는 '중하'에 해당한다. 기존에 자주 출제되었던 문제 유형으로 많은 학생들이 어렵지 않게 풀었을 것이다.

그림 (가)는 생쥐 Ⅰ이 항원 X에 감염되었을 때 일어나는 방어 작용의 일부를, (나)는 ⊙과 ⓛ 중 하나를 X에 감염된 적이 없는 생쥐 Ⅱ에 주사하고 일정 시간 후 X를 주사한 실험의 일부를 나타낸 것이다. X를 주사한 Ⅱ에서 2차 면역 반응이 일어났으며, ⊙과 ⓛ은 각각 기억 세포와 형질 세포 중 하나이다.

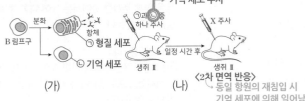

이에 대한 옳은 설명만을 〈보기〉에서 있는 대로 고른 것은? (단, 생쥐 Ⅰ과 Ⅱ는 유전적으로 동일하다.) 3점

보기

ㄱ. ⓛ은 ~~형질~~ 기억 세포이다.

ㄴ. ⊙과 ⓛ 중 Ⅱ에 주사한 것은 ~~⊙~~ ⓛ이다.

ㄷ. X를 주사한 Ⅱ에서 특이적 면역 반응이 일어난다.
　→ 특정 항원을 인식하여 제거

① ㄴ　✓② ㄷ　③ ㄱ, ㄴ　④ ㄱ, ㄷ　⑤ ㄴ, ㄷ

|자|료|해|설|

그림 (가)에서 항체를 생성하는 ⊙은 형질 세포, ⓛ은 기억 세포이다. 기억 세포는 동일한 항원이 다시 침입했을 때 빠르게 기억 세포와 형질 세포로 분화된다. 그림 (나)에서 X를 주사한 생쥐 Ⅱ에서 2차 면역 반응이 일어났으므로 생쥐 Ⅱ에 주사한 것은 ⓛ(기억 세포)이다.

|보|기|풀|이|

ㄱ. 오답 : 항체를 생성하는 ⊙은 형질 세포, ⓛ은 기억 세포이다.

ㄴ. 오답 : 2차 면역 반응은 동일 항원이 다시 침입했을 때 그 항원에 대한 기억 세포에 의해 일어나는 면역 반응이다. X를 주사한 생쥐 Ⅱ에서 2차 면역 반응이 일어났으므로 생쥐 Ⅱ에 주사한 것은 ⓛ(기억 세포)이다.

ㄷ. 정답 : 특이적 방어 작용은 침입한 특정 항원을 인식하여 제거하는 작용으로 후천성 면역, 특이적 면역 반응이라고 한다. 따라서 X를 주사한 생쥐 Ⅱ에서 X를 인식하여 제거하는 특이적 면역 반응이 일어난다.

다음은 병원체 A~C를 이용한 생쥐의 방어 작용 실험이다.

○ A~C에 있는 항원은 그림과 같으며, A를 약화시켜 만든 백신 X에 A의 모든 항원이 포함되어 있다.

항원 ⊙, ⓛ　　항원 ⓛ, ⓒ　　항원 ⓒ

▮: 항원 ⊙
▲: 항원 ⓛ
▯: 항원 ⓒ

○ 병원체 ⓟ와 ⓡ는 각각 B와 C 중 하나이다.

[실험 과정 및 결과]

(가) A~C에 노출된 적이 없고, 유전적으로 동일한 생쥐 1과 생쥐 2에 각각 X를 주사한다.

(나) 일정 시간 후 생쥐 1에 ⓟ를, 생쥐 2에 ⓡ를 주사한다.

(다) 생쥐 1과 생쥐 2에서 혈중 항체 농도 변화는 그림과 같다.

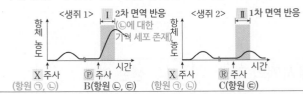

이에 대한 옳은 설명만을 〈보기〉에서 있는 대로 고른 것은?
(단, 제시한 항원과 조건 이외는 고려하지 않는다.)

보기　→ C
　　　　1가지(항원 ⓒ)
ㄱ. ⓡ에 ⊙~ⓒ 중 ~~2가지~~ 항원이 있다.

ㄴ. 구간 Ⅰ의 생쥐 1에서 ⓛ에 대한 기억 세포가 형질 세포로 분화되었다.　→ ⓛ에 대한 2차 면역 반응이 일어남

ㄷ. 구간 Ⅱ의 생쥐 2에서 특이적 방어 작용이 일어났다.
　　　　　　　→ 특이적 방어 작용(후천성, 특이적 면역)

① ㄱ　② ㄴ　③ ㄱ, ㄷ　✓④ ㄴ, ㄷ　⑤ ㄱ, ㄴ, ㄷ

|자|료|해|설|

병원체 A에는 항원 ⊙과 ⓛ, 병원체 B에는 항원 ⓛ과 ⓒ, 병원체 C에는 항원 ⓒ이 존재한다. 생쥐 1의 실험 결과에서 X를 주사한 뒤 ⓟ를 주사했을 때 2차 면역 반응이 일어났고, 생쥐 2의 실험 결과에서 X를 주사한 뒤 ⓡ을 주사했을 때 1차 면역 반응이 일어났다. 따라서 ⓟ는 X에 포함된 항원 ⓛ을 가지고 있는 B이고, ⓡ은 항원 ⊙, ⓛ을 가지고 있지 않은 C이다.

|보|기|풀|이|

ㄱ. 오답 : ⓡ은 C이고, 병원체 C에는 1가지 항원(항원 ⓒ)이 있다.

ㄴ. 정답 : 생쥐 1 실험 결과의 구간 Ⅰ에서 항원 ⓛ에 대한 2차 면역 반응이 일어났으므로, 구간 Ⅰ에서 ⓛ에 대한 기억 세포가 형질 세포로 분화되어 다량의 항체가 생성되었다.

ㄷ. 정답 : 구간 Ⅱ에서 항원 ⓒ에 대해 만들어진 항체가 항원과 결합하는 특이적 방어 작용이 일어난다.

문제풀이 TIP | 2차 면역 반응은 기억 세포에 의해 일어나며, 1차 면역 반응보다 항체의 생성 속도가 빠르고 생성되는 항체의 양이 많다.

출제분석 | 특이적 방어 작용에 대한 실험 결과를 통해 과정을 유추해야 하는 난도 '중상'의 문항이다. 각 병원체에 존재하는 항원의 종류를 파악한 뒤 실험 결과의 항체 농도를 통해 1차 면역 반응과 2차 면역 반응을 구분하면 문제를 빠르게 해결할 수 있다. 기억 세포에 의한 2차 면역 반응과 관련된 문항은 학평과 모평, 수능에서 다양한 실험의 형태로 출제되고 있다.

다음은 병원체 ㉠과 ㉡에 대한 생쥐의 방어 작용 실험이다.

[실험 과정 및 결과]

(가) 유전적으로 동일하고, ㉠과 ㉡에 노출된 적이 없는 생쥐 Ⅰ~Ⅵ을 준비한다.

(나) Ⅰ에는 생리식염수를, Ⅱ에는 죽은 ㉠을, Ⅲ에는 죽은 ㉡을 각각 주사한다. Ⅱ에서는 ㉠에 대한, Ⅲ에서는 ㉡에 대한 항체가 각각 생성되었다.

(다) 2주 후 (나)의 Ⅰ~Ⅲ에서 각각 혈장을 분리하여 표와 같이 살아 있는 ㉠과 함께 Ⅳ~Ⅵ에게 주사하고, 1일 후 생쥐의 생존 여부를 확인한다.

생쥐	주사액의 조성	생존 여부
Ⅳ	Ⅰ의 혈장+㉠	죽는다
Ⅴ	Ⅱ의 혈장+㉠	산다
Ⅵ	ⓐⅢ의 혈장+㉠	죽는다

항체 없음 → (Ⅳ)
㉠에 대한 항체 포함 → (Ⅴ)
㉡에 대한 항체 포함 → (Ⅵ)

이에 대한 설명으로 옳은 것만을 〈보기〉에서 있는 대로 고른 것은? (단, 제시된 조건 이외는 고려하지 않는다.) 3점

보기

㉠. (나)의 Ⅱ에서 ㉠에 대한 **특이적 방어 작용**이 일어났다. → 특정 항원을 인식하여 제거하는 방어 작용

ㄴ. (다)의 Ⅴ에서 ㉠에 대한 **2차 면역 반응**이 일어났다. → 일어나지 않았다

ㄷ. ⓐ에는 ㉡에 대한 **형질 세포**가 있다. → 항체   → 기억 세포에 의해 일어나는 면역 반응

① ㄱ   ② ㄴ   ③ ㄱ, ㄷ   ④ ㄴ, ㄷ   ⑤ ㄱ, ㄴ, ㄷ

|자|료|해|설|

Ⅰ에는 생리식염수를 주사했으므로 Ⅰ의 혈장에는 ㉠과 ㉡에 대한 항체가 존재하지 않는다. Ⅱ의 혈장에는 ㉠에 대한 항체가 존재하므로 Ⅱ의 혈장과 ㉠을 함께 주사한 Ⅴ에서 ㉠에 대한 특이적 방어 작용이 일어난다. Ⅲ의 혈장에는 ㉡에 대한 항체가 존재하므로 Ⅲ의 혈장과 ㉠을 함께 주사한 Ⅵ에서는 ㉠에 대한 특이적 방어 작용이 일어나지 않는다.

|보|기|풀|이|

㉠ 정답 : 죽은 ㉠을 주사한 Ⅱ에서 ㉠에 대한 항체가 생성되었으므로 (나)의 Ⅱ에서 ㉠에 대한 특이적 방어 작용이 일어났다.

ㄴ. 오답 : Ⅴ에 주사한 Ⅱ의 혈장에는 ㉠에 대한 항체가 포함되어 있고, 기억 세포는 없으므로 (다)의 Ⅴ에서 ㉠에 대한 2차 면역 반응은 일어나지 않는다.

ㄷ. 오답 : Ⅲ의 혈장(ⓐ)에는 ㉡에 대한 항체가 포함되어 있으며 형질 세포는 없다.

😲 문제풀이 TIP | 특정 항원에 대한 항체가 결합함으로써 항원을 제거하는 면역 반응은 특이적 방어 작용에 해당하며, 2차 면역 반응은 기억 세포에 의해 일어나는 면역 반응이다.

😊 출제분석 | 특이적 방어 작용과 2차 면역 반응을 이해하고, 혈장에는 기억 세포나 형질 세포와 같은 세포 성분이 아닌 항체가 포함될 수 있다는 것을 알면 쉽게 해결할 수 있는 난도 '중'의 문항이다. 방어 작용 단원에서는 다양한 실험이 제시되며, 실험 결과를 분석할 수 있어야 문제 해결이 가능하므로 비슷한 유형의 기출문제를 풀어보자!

❝ 이 문제에선 이게 가장 중요해! ❞

생쥐	주사액의 조성	생존 여부
Ⅳ	Ⅰ의 혈장+㉠	죽는다
Ⅴ	Ⅱ의 혈장+㉠	산다
Ⅵ	ⓐⅢ의 혈장+㉠	죽는다

항체 없음 → (Ⅳ)
㉠에 대한 항체 포함 → (Ⅴ)
㉡에 대한 항체 포함 → (Ⅵ)

Ⅱ의 혈장에는 ㉠에 대한 항체가 존재하므로 Ⅱ의 혈장과 ㉠을 함께 주사한 Ⅴ에서 ㉠에 대한 특이적 방어 작용이 일어난다.

다음은 병원체 ㉠에 대한 생쥐의 방어 작용 실험이다.

> [실험 과정 및 결과]
> (가) 유전적으로 같고 ㉠에 노출된 적이 없는 생쥐 Ⅰ~Ⅴ를 준비한다.
> (나) Ⅰ에는 생리식염수를, Ⅱ에는 죽은 ㉠을 각각 주사한다.
> (다) 2주 후 Ⅰ에서는 혈장을, Ⅱ에서는 혈장과 기억 세포를 분리하여 표와 같이 살아 있는 ㉠과 함께 Ⅲ~Ⅴ에게 각각 주사하고, 일정 시간이 지난 후 생쥐의 생존 여부를 확인한다.
>
> | 생쥐 | 주사액의 조성 | 생존 여부 |
> |---|---|---|
> | Ⅲ | ⓐ Ⅰ의 혈장+㉠ | 죽는다 |
> | Ⅳ | Ⅱ의 혈장+㉠ | 산다 |
> | Ⅴ | Ⅱ의 기억 세포+㉠ | 산다 |

Ⅱ의 혈장 속 항체에 의한 항원 항체 반응

Ⅱ의 기억 세포가 분화한 형질 세포가 항체 생성

이에 대한 옳은 설명만을 〈보기〉에서 있는 대로 고른 것은? (단, 제시된 조건 이외는 고려하지 않는다.) **3점**

> **보기**
> ㄱ. ⓐ에는 ㉠에 대한 항체가 ~~있다~~ 없다.
> ㄴ. (나)의 Ⅱ에서 체액성 면역 반응이 일어났다.
> ㄷ. (다)의 Ⅴ에서 ㉠에 대한 기억 세포로부터 형질 세포로의 분화가 일어났다.

① ㄱ   ② ㄴ   ③ ㄷ   ④ ㄱ, ㄷ   ❺ ㄴ, ㄷ

|자|료|해|설|

Ⅰ은 ㉠에 노출되지 않았기 때문에 ⓐ에는 ㉠에 대한 항체가 존재하지 않으므로 Ⅲ은 생존하지 못한다. 반면 죽은 ㉠을 주사한 Ⅱ에서는 ㉠에 대하여 체액성 면역 반응이 일어나 항체와 기억 세포가 생성되었기 때문에 Ⅱ의 혈장과 기억 세포를 각각 주사한 Ⅳ와 Ⅴ가 생존한 것으로 해석할 수 있다.

|보|기|풀|이|

ㄱ. 오답 : Ⅰ은 ㉠에 노출된 적이 없고 생리식염수만을 주사했기 때문에 ⓐ에는 ㉠에 대한 항체가 없다. 때문에 Ⅲ은 생존하지 못했다.

ㄴ. 정답 : Ⅱ의 혈장과 기억 세포를 주사한 Ⅳ와 Ⅴ가 생존한 것으로 보아 (나)의 Ⅱ에서 체액성 면역 반응이 일어났음을 알 수 있다.

ㄷ. 정답 : (다)의 Ⅴ가 생존할 수 있었던 것은 Ⅱ의 기억 세포가 형질 세포로 분화하여 ㉠에 대한 항체를 생성했기 때문이다.

😮 **문제풀이 TIP** | 체액성 면역 반응의 과정에 대해 알고, 실험 결과를 분석하여 각 조건의 생쥐에서 체액성 면역 반응이 어떻게 일어났는지 판단할 수 있어야 한다.

다음은 병원성 세균 A에 대한 백신을 개발하기 위한 실험이다.

[실험 과정 및 결과]
(가) A로부터 두 종류의 물질 ㉠과 ㉡을 얻는다.
(나) 유전적으로 동일하고 A, ㉠, ㉡에 노출된 적이 없는 생쥐 Ⅰ~Ⅴ를 준비한다.
(다) 표와 같이 주사액을 Ⅰ~Ⅲ에게 주사하고 일정 시간이 지난 후, 생쥐의 생존 여부와 A에 대한 항체 생성 여부를 확인한다.

생쥐	주사액의 조성	생존 여부	항체 생성 여부
Ⅰ	물질 ㉠	산다	? → 2주 후 혈청 ⓐ 얻음
Ⅱ	물질 ㉡	산다	생성됨 → 혈청 ⓑ 얻음
Ⅲ	세균 A	죽는다	?

(라) 2주 후 (다)의 Ⅰ에서 혈청 ⓐ를, Ⅱ에서 혈청 ⓑ를 얻는다.
(마) 표와 같이 주사액을 Ⅳ와 Ⅴ에게 주사하고 1일 후 생쥐의 생존 여부를 확인한다.

세균 A에 대한 항체가 없거나 부족

생쥐	주사액의 조성	생존 여부
Ⅳ	혈청 ⓐ+세균 A	죽는다
Ⅴ	혈청 ⓑ+세균 A	산다

세균 A에 대한 항체를 충분히 포함

이에 대한 설명으로 옳은 것만을 〈보기〉에서 있는 대로 고른 것은? (단, 제시된 조건 이외는 고려하지 않는다.) **3점**

보기

ㄱ. ⓑ에는 형질 세포가 들어 있다. → 항체가 항원과 결합함으로써 항원을 제거하는 면역 반응
항체
ㄴ. (다)의 Ⅱ에서 체액성 면역 반응이 일어났다.

ㄷ. (마)의 Ⅴ에서 A에 대한 2차 면역 반응이 일어났다.
1차

① ㄱ　　②ㄴ　　③ ㄷ　　④ ㄱ, ㄷ　　⑤ ㄴ, ㄷ

|자|료|해|설|

병원체 A로부터 얻는 물질 ㉠과 ㉡은 생쥐의 체내에서 항원으로 작용하여 항체 생성을 유도하는 물질일 수도 있고 그렇지 않은 물질일 수도 있다. 또한 항원으로 작용하는 경우에도 물질의 종류와 특징에 따라서 항체 생성량에 차이가 있을 수 있다. 물질 ㉠을 넣은 생쥐 Ⅰ에서 추출한 ⓐ를 세균 A와 함께 생쥐 Ⅳ에 넣었을 때 Ⅳ가 죽었으므로 혈청 ⓐ에는 세균 A에 대한 항체가 없거나 부족하다. 반면, 물질 ㉡을 생쥐 Ⅱ에 넣었을 때 항체가 생성되었으며, Ⅱ에서 추출한 ⓑ를 세균 A와 함께 생쥐 Ⅴ에 넣었을 때 Ⅴ가 살았으므로 혈청 ⓑ에는 세균 A에 대한 항체가 충분히 포함되어 있다.

|보|기|풀|이|

ㄱ. 오답 : 물질 ㉡을 넣은 생쥐 Ⅱ에서 항체가 생성되었고, Ⅱ에서 얻은 혈청 ⓑ를 세균 A와 함께 생쥐 Ⅴ에 주사했을 때 Ⅴ가 살았으므로 혈청 ⓑ에는 세균 A에 대한 항체가 들어 있으며, 혈청에는 세포 성분이 포함되어 있지 않다.
ㄴ. 정답 : (다)의 Ⅱ에서 항체가 생성되었으므로 체액성 면역 반응이 일어났다.
ㄷ. 오답 : (마)의 Ⅴ는 병원체 A에 노출된 적이 없었으므로 A에 대한 1차 면역 반응이 일어났다.

😮 **문제풀이 TIP |** 병원체로부터 얻은 모든 물질이 항원으로 작용하는 것은 아니므로 주의해야 한다. 또한 항원으로 작용하는 경우에도 물질의 종류와 특징에 따라서 항체 생성량에 차이가 있을 수 있다.

😊 **출제분석 |** 병원체 A로부터 얻은 물질 ㉠과 ㉡을 이용한 실험을 분석해야 하는 신유형의 문항으로 난도 '중상'이다. 그동안 출제되었던 문제들은 병원체에 감염된 생쥐로부터 항체, 형질 세포 또는 기억 세포를 얻어 다른 생쥐에 주입했을 때의 실험을 제시하고 1차, 2차 면역에 대해 물어봤지만 이 문제는 병원체로부터 두 가지 물질을 얻은 점이 새롭다. 새로운 유형인만큼 앞으로 출제될 가능성이 매우 높다.

💁 " 이 문제에선 이게 가장 중요해! "

세균 A에 대한 항체가 없거나 부족

생쥐	주사액의 조성	생존 여부
Ⅳ	혈청 ⓐ+세균 A	죽는다
Ⅴ	혈청 ⓑ+세균 A	산다

세균 A에 대한 항체를 충분히 포함

병원체 A로부터 얻는 물질 ㉠과 ㉡은 생쥐의 체내에서 항원으로 작용하여 항체 생성을 유도하는 물질일 수도 있고 그렇지 않은 물질일 수도 있다. 또한 항원으로 작용하는 경우에도 물질의 종류와 특징에 따라서 항체 생성량에 차이가 있을 수 있다.

다음은 검사 키트를 이용하여 병원체 X의 감염 여부를 확인하기 위한 실험이다.

○ 사람으로부터 채취한 시료를 검사 키트에 떨어뜨리면 시료는 물질 ⓐ와 함께 이동한다. ⓐ는 X에 결합할 수 있고, 색소가 있다.

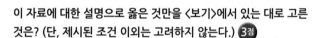

X에 대한 항체 Ⅰ Ⅱ ⓐ에 대한 항체
시료 이동 방향 ⟶

○ 검사 키트의 Ⅰ에는 ㉠이, Ⅱ에는 ㉡이 각각 부착되어 있다. ㉠과 ㉡ 중 하나는 'X에 대한 항체'이고, 나머지 하나는 'ⓐ에 대한 항체'이다.

○ ㉠과 ㉡에 각각 항원이 결합하면, ⓐ의 색소에 의해 띠가 나타난다.

[실험 과정 및 결과]

(가) 사람 A와 B로부터 시료를 각각 준비한 후, 검사 키트에 각 시료를 떨어뜨린다.

(나) 일정 시간이 지난 후 검사 키트를 확인한 결과는 그림과 같고, A와 B 중 한 사람만 X에 감염되었다.

 ⟶ X에 감염됨

이 자료에 대한 설명으로 옳은 것만을 〈보기〉에서 있는 대로 고른 것은? (단, 제시된 조건 이외는 고려하지 않는다.) **3점**

보기

㉠. ㉡은 'ⓐ에 대한 항체'이다.

㉡. B는 X에 감염되었다. ⟶ Ⅰ에서 띠가 나타났음

㉢. 검사 키트에는 항원 항체 반응의 원리가 이용된다.

① ㄱ   ② ㄴ   ③ ㄱ, ㄷ   ④ ㄴ, ㄷ   ⑤ ㄱ, ㄴ, ㄷ

|자|료|해|설|

그림에서 ㉠에 X가 결합되어 있고, ㉡에 ⓐ가 결합되어 있다. 따라서 ㉠은 'X에 대한 항체'이고, ㉡은 'ⓐ에 대한 항체'이다. X가 존재하지 않을 때 ⓐ는 ㉡에만 결합하여 Ⅱ에만 ⓐ의 색소에 의한 띠가 나타난다. 반면 X가 존재할 때는 ⓐ가 ㉠에 결합된 X와 ㉡에 모두 결합하여 Ⅰ과 Ⅱ에서 띠가 나타난다. 그러므로 실험 결과에서 Ⅱ에만 띠가 나타난 A는 X에 감염되지 않았고, Ⅰ과 Ⅱ에서 모두 띠가 나타난 B는 X에 감염되었다는 것을 알 수 있다.

|보|기|풀|이|

㉠ 정답 : ㉡에 ⓐ가 결합되어 있으므로 ㉡은 'ⓐ에 대한 항체'이다.

㉡ 정답 : Ⅰ과 Ⅱ에서 모두 띠가 나타난 B는 X에 감염되었다.

㉢ 정답 : 검사 키트에는 특정 항원이 특정 항체와 결합하는 항원 항체 반응의 원리가 이용되었다.

문제풀이 TIP | 그림에서 ㉠과 ㉡에 각각 결합한 물질의 종류를 구분하고, X의 유무에 따라 Ⅰ과 Ⅱ 중 어느 위치에서 띠가 나타나는지 파악해보자.

출제분석 | 항원 항체 반응의 원리를 이용한 검사 키트에 대한 신유형 문항이다. 새로운 유형이지만 제시된 그림만 파악하면 쉽게 해결할 수 있는 문항이다.

다음은 검사 키트를 이용하여 병원체 P와 Q의 감염 여부를
확인하기 위한 실험이다.

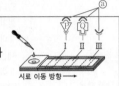

○ 사람으로부터 채취한 시료를 검사
키트에 떨어뜨리면 시료는 물질 @와
함께 이동한다. @는 P와 Q에 각각
결합할 수 있고, 색소가 있다.

시료 이동 방향→

○ 검사 키트의 Ⅰ에는 'P에 대한 항체'가, Ⅱ에는 'Q에 대한
항체'가, Ⅲ에는 '@에 대한 항체'가 각각 부착되어 있다.
Ⅰ~Ⅲ의 항체에 각각 항원이 결합하면, @의 색소에 의해
띠가 나타난다.

[실험 과정 및 결과]

(가) 사람 A와 B로부터 시료를 각각 준비한 후, 검사 키트에 각
시료를 떨어뜨린다.

(나) 일정 시간이 지난 후 검사 키트를
확인한 결과는 표와 같다.

(다) A는 P와 Q에 모두 감염되지 않았고,
B는 Q에만 감염되었다.

사람	검사 결과
A	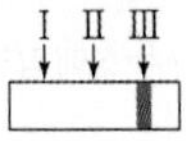 Ⅰ Ⅱ Ⅲ
B	?

B의 검사 결과로 가장 적절한 것은? (단, 제시된 조건 이외는
고려하지 않는다.) **3점**

① Ⅰ Ⅱ Ⅲ
② 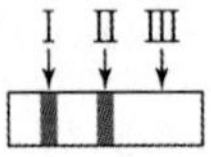 Ⅰ Ⅱ Ⅲ
③ 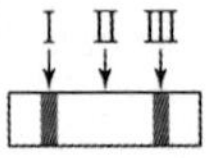 Ⅰ Ⅱ Ⅲ

④ 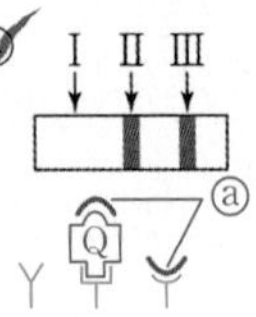 Ⅰ Ⅱ Ⅲ

⑤ 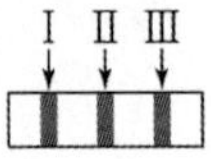 Ⅰ Ⅱ Ⅲ

|자|료|해|설|

검사 키트 Ⅰ~Ⅲ에 부착된 항체와 P, Q, @의 결합을
이해하기 쉽게 나타내면 첨삭된 그림과 같다. P에만 감염된
경우 Ⅰ, Ⅲ에 띠가 나타나고, Q에만 감염된 경우 Ⅱ, Ⅲ에
띠가 나타난다. P와 Q에 모두 감염된 경우 Ⅰ, Ⅱ, Ⅲ에
띠가 나타나고, 감염되지 않은 경우 Ⅲ에만 띠가 나타난다.

|선|택|지|풀|이|

④ 정답 : B는 Q에만 감염되었으므로 검사 결과 Ⅱ, Ⅲ에서
띠가 나타난다.

😮 문제풀이 T I P | Ⅰ~Ⅲ의 항체에 각각 항원이 결합하면 @의
색소에 의해 띠가 나타나므로 P가 있을 때는 Ⅰ에 띠가 나타나고,
Q가 있을 때는 Ⅱ에 띠가 나타난다.

😀 출제분석 | 코로나19 진단에 검사 키트를 사용하게 되면서
출제되고 있는 유형의 문항으로, 2023학년도 9월 모평 14번에도
비슷한 문항이 출제되었다.

그림은 철수의 혈액과 혈액형이 A형인 영희의 혈액을 섞은 결과를 나타낸 것이고, 표는 30명의 학생으로 구성된 집단을 대상으로 ⊙과 ⓒ에 대한 응집 반응 여부를 조사한 것이다. ⊙과 ⓒ은 각각 응집소 α와 응집소 β 중 하나이다.

응집소 α
⊙
영희의 적혈구
철수의 적혈구
응집원 A
응집원 B
ⓒ
응집소 β

적혈구 표면 : 응집원 A
혈장 : 응집소 β

구분	학생 수
응집소 α ⊙과 응집 반응이 일어남	17
응집소 β ⓒ과 응집 반응이 일어남	15
⊙, ⓒ과 모두 응집 반응이 일어남	10

응집원 A를 가진 학생 수 (A형+AB형)
응집원 B를 가진 학생 수 (B형+AB형)
응집원 A,B를 모두 가진 학생 수(AB형)

이에 대한 설명으로 옳은 것만을 〈보기〉에서 있는 대로 고른 것은? (단, 이 집단에는 철수와 영희가 포함되지 않고, ABO식 혈액형만 고려한다.)

보기
ㄱ. 철수는 B형이다.
ㄴ. 이 집단에서 A형인 학생은 7명이다.
　　　　　　　　　　　　13명
ㄷ. 이 집단에서 ⊙을 가진 학생은 15명이다.

응집소 α를 가진 학생: B형(5명)+O형(8명)=13명

① ㄱ   ② ㄷ   ③ ㄱ, ㄴ   ④ ㄴ, ㄷ   ⑤ ㄱ, ㄴ, ㄷ

🤖 **문제풀이 TIP |** 각 혈액형별로 적혈구 막에 있는 응집원, 혈장에 있는 응집소 종류를 알고 있어야 하며 응집원 A와 응집소 α, 응집원 B와 응집소 β가 서로 응집 반응을 일으킨다는 것을 알고 있어야 풀 수 있는 문제이다. 암기 1-1 내용을 반드시 암기해야 한다.

🤖 **출제분석 |** 주어진 자료를 활용하여 각 혈액형별 학생 수를 알아내야 하는 난도 '중'의 문제이다. ABO식 혈액형 문제는 수혈 관계, 혈액형 판정, 가계도 등 다양한 유형의 문제에 포함되어 꾸준히 출제되고 있으므로 개념을 확실하게 짚고 넘어가야 한다.

|자|료|해|설|

A형인 영희의 혈액에는 응집원 A와 응집소 β가 들어 있으므로 영희의 적혈구 표면에 있는 응집원 A에 응집한 ⊙은 응집소 α이다. ⓒ은 영희의 혈액에 있던 응집소 β이고, 이 응집소 β가 철수의 적혈구와 응집 반응을 일으켰으므로 철수의 적혈구 표면에는 응집원 B가 있다. 따라서 철수는 응집원 B와 응집소 α를 가지고 있는 B형이라는 것을 알 수 있다.

표를 통해서는 각 혈액형별 학생 수를 알 수 있다. ⊙(응집소 α)과 응집 반응이 일어난 학생은 응집원 A를 가지고 있으며, ⓒ(응집소 β)과 응집 반응이 일어난 학생은 응집원 B를 가지고 있다는 것을 토대로 벤 다이어그램을 그려보면 다음과 같다.

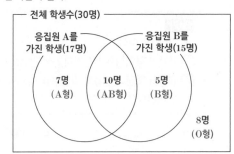

전체 학생수(30명)
응집원 A를 가진 학생(17명)   응집원 B를 가진 학생(15명)
7명 (A형)   10명 (AB형)   5명 (B형)
8명 (O형)

|보|기|풀|이|

ㄱ. 정답 : 철수는 응집원 B와 응집소 α를 가지고 있는 B형이다.

ㄴ. 정답 : ⊙(응집소 α)과 응집 반응이 일어난 17명의 학생은 응집원 A를 가지고 있으며, 이는 A형과 AB형 학생이 모두 포함된 수이다. ⊙(응집소 α), ⓒ(응집소 β)과 모두 응집 반응이 일어난 10명의 학생이 AB형이므로, 이 집단에서 A형인 학생은 7명이다.

ㄷ. 오답 : 이 집단에서 ⊙(응집소 α)을 가진 학생은 5명(B형)+8명(O형)=13명이다.

Ⅲ
2
Ⅰ
02.
우리 몸의 방어 작용

표는 사람 (가)~(라) 사이의 ABO식 혈액형에 대한 혈액 응집 반응 결과를, 그림은 (가)의 혈액과 (나)의 혈장을 섞은 결과를 나타낸 것이다. (가)~(라)의 ABO식 혈액형은 모두 다르다.

응집원 A, 응집소 β

응집소 α

응집소 α, β　　　응집소 없음

구분	(다)의 혈장	(라)의 혈장
(가)의 적혈구	O형 ㉠ +	AB형 _
(나)의 적혈구	+	? −

A형
응집원 A ← (가)의 적혈구
응집원 B ← (나)의 적혈구
B형

(+: 응집됨, −: 응집 안 됨)

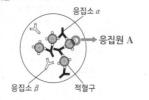

응집소 α
응집원 A
응집소 β　적혈구

이에 대한 설명으로 옳은 것만을 〈보기〉에서 있는 대로 고른 것은? (단, ABO식 혈액형만 고려한다.)

보기
ㄱ. ㉠은 '+ ✗'이다.
ㄴ. (나)의 혈액형은 B형이다. → 응집원 A, B
ㄷ. (다)의 혈장과 (라)의 적혈구를 섞으면 응집 반응이 일어난다. → 응집소 α, β

① ㄱ　　② ㄴ　　③ ㄱ, ㄷ　　✔ ㄴ, ㄷ　　⑤ ㄱ, ㄴ, ㄷ

|자|료|해|설|
(가)의 혈액과 (나)의 혈장을 섞은 결과를 나타낸 그림에서 응집소 α가 적혈구 표면의 응집원과 응집 반응을 일으켰으므로 (가)는 응집원 A와 응집소 β를 가지고 있는 A형이고, (나)는 응집소 α를 가지고 있는 B형 또는 O형이라는 것을 알 수 있다. 표에서 (나)의 적혈구와 (다)의 혈장을 섞었을 때 응집 반응이 일어났으므로 (나)의 적혈구 표면에는 응집원이 존재한다. 따라서 (나)는 B형이고, 응집소를 가지고 있는 (다)는 O형이다. (가)~(라)의 ABO식 혈액형이 모두 다르므로 (라)는 AB형이다.

|보|기|풀|이|
ㄱ. 오답 : (가)의 적혈구 표면의 응집원 A와 (다)의 혈장에 포함된 응집소 α가 응집 반응을 일으키므로 ㉠은 '+'이다.
ㄴ. 정답 : (가)는 A형, (나)는 B형, (다)는 O형, (라)는 AB형이다.
ㄷ. 정답 : (다)의 혈장에는 응집소 α, β가 포함되어 있고, (라)의 적혈구 표면에는 응집원 A, B가 존재한다. 따라서 (다)의 혈장과 (라)의 적혈구를 섞으면 응집 반응이 일어난다.

😮 문제풀이 T I P | 적혈구 표면에는 응집원(A 또는 B)이 존재하고, 혈장에는 응집소(α 또는 β)가 포함되어 있다. 응집원 A는 응집소 α와, 응집원 B는 응집소 β와 응집 반응을 일으킨다.

😮 출제분석 | 응집 반응 그림과 표를 분석하여 (가)~(라)의 ABO식 혈액형을 알아내야 하는 난도 '상'의 문항이다. (나)는 응집소 α를 가지고 있으며, (나)의 적혈구와 (다)의 혈장을 섞었을 때 응집 반응이 일어났다는 것을 통해 (나)가 B형이라는 것을 찾아내야 문제를 해결할 수 있다.

다음은 철수 가족의 ABO식 혈액형에 관한 자료이다.

○ 철수 가족의 ABO식 혈액형은 서로 다르다.
○ 표는 아버지, 어머니, 철수의 혈액을 각각 혈구와 혈장으로 분리하여 서로 섞었을 때 응집 여부를 나타낸 것이다.

부모 : A형 — B형
철수 : AB형

응집소 α(또는 응집소 β)　　응집소 없음

구분	어머니의 혈장	철수의 혈장
아버지의 혈구	응집됨	응집 안 됨

응집원 A(또는 응집원 B)

이에 대한 설명으로 옳은 것만을 〈보기〉에서 있는 대로 고른 것은? (단, ABO식 혈액형만 고려한다.)

보기
응집원 A, B 존재
A형 또는 B형
ㄱ. 어머니는 O형이다. → A형일 때 : 응집소 β존재 / B형일 때 : 응집소 α존재
ㄴ. 철수의 혈구와 어머니의 혈장을 섞으면 응집된다.
ㄷ. 아버지와 철수의 혈장에는 동일한 종류의 응집소가 있다. 없다. → 응집소 없음

✔ ㄴ　　② ㄷ　　③ ㄱ, ㄴ　　④ ㄱ, ㄷ　　⑤ ㄱ, ㄴ, ㄷ

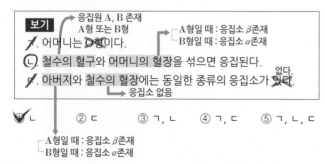

A형일 때 : 응집소 β존재
B형일 때 : 응집소 α존재

|자|료|해|설|
아버지의 혈구와 어머니의 혈장이 응집했으므로 아버지의 혈구에는 응집원이 존재하고, 어머니의 혈장에는 응집소가 존재한다. 이것이 성립하면서 동시에 철수 가족의 ABO식 혈액형이 서로 다르다는 조건이 성립되는 경우는 다음 4가지가 가능하다.
[1] 부모 A형−B형 : 철수 AB형 또는 O형
[2] 부모 AB형(아버지)−O형(어머니) : 철수 A형 또는 B형
[3] 부모 AB형(아버지)−A형(어머니) : 철수 B형
[4] 부모 AB형(아버지)−B형(어머니) : 철수 A형
아버지의 혈구와 철수의 혈장이 응집되지 않는 경우는 [1]에서 철수가 AB형인 경우뿐이다. 따라서 아버지와 어머니의 혈액형은 순서대로 A형−B형(또는 B형−A형)이고, 철수는 AB형이다.

|보|기|풀|이|
ㄱ. 오답 : 어머니는 A형 또는 B형이다.
ㄴ. 정답 : 철수(AB형)의 혈구에는 응집원 A와 B가 모두 존재한다. 어머니가 A형인 경우 혈장에는 응집소 β가 존재하고, B형인 경우 응집소 α가 존재한다. 따라서 철수의 혈구와 어머니의 혈장을 섞으면 응집된다.
ㄷ. 오답 : 아버지가 A형인 경우 혈장에는 응집소 β가 존재하고, B형인 경우 응집소 α가 존재한다. 반면 철수는 AB형이므로 혈장에 응집소가 존재하지 않는다.

다음은 사람 (가)~(다)의 ABO식 혈액형에 대한 자료이다.

○ (가)~(다)의 ABO식 혈액형은 모두 다르다.   ② (다)는 AB형이 될 수 없음 ⇒ (다) : B형
○ (나)는 응집원 A를 갖는다. → A형 또는 AB형
○ (다)의 혈구를 (가)의 혈장과 섞으면 응집 반응이 일어나지 않고, (나)의 혈장과 섞으면 응집 반응이 일어난다. → (가) AB형 / (나) A형 / (다) B형
○ 표는 (가)와 (나)의 혈액에서 ㉠~㉣의 유무를 나타낸 것이다.
㉠~㉣은 응집원 A, 응집원 B, 응집소 α, 응집소 β를 순서 없이 나타낸 것이다. ① (나)의 혈장에 응집소가 존재함 ⇒ (나) : A형 / (다)의 혈구에 응집원이 존재함 ⇒ (다) : B형 또는 AB형

구분	㉠ 응집원 A	㉡ 응집소 β	㉢ 응집원 B	㉣ 응집소 α
AB형 (가) ← 응집원 A, B	○	×	○	×
A형 (나) ← 응집원 A, 응집소 β	○	○	×	×

(○: 있음, ×: 없음)

이에 대한 설명으로 옳은 것만을 〈보기〉에서 있는 대로 고른 것은? (단, ABO식 혈액형만 고려한다.) 3점

보기
AB형 : 응집원 A, B → 응집소 α
㉠. (가)의 혈액과 항 A혈청을 섞으면 응집 반응이 일어난다.
㉡. (다)의 혈액에는 ㉢이 있다. → 응집원 B
̶㉢̶.̶ ㉣은 응집소 ̶α̶ 이다. → 응집원 A와 응집소 α가 응집 반응을 일으킴
B형 : 응집원 B, 응집소 α

① ㉠   ② ㉡   ③ ㉢   ✔④ ㉠, ㉡   ⑤ ㉡, ㉢

|자|료|해|설|
(나)는 응집원 A를 가지므로 A형 또는 AB형이다. (다)의 혈구를 (나)의 혈장과 섞으면 응집 반응이 일어나므로 (나)의 혈장에는 응집소가 존재한다는 것을 알 수 있다. 따라서 (나)는 A형이다. 또한 (다)의 혈구에 응집원이 존재하므로 (다)는 A형을 제외한 B형 또는 AB형이다. 그런데 (다)의 혈구를 (가)의 혈장과 섞으면 응집 반응이 일어나지 않으므로, (다)의 혈액형이 AB형이고 (가)의 혈액형이 B형 또는 O형인 경우는 성립되지 않는다. 그러므로 (다)는 B형이고, (가)는 AB형이다.

|보|기|풀|이|
㉠. 정답 : AB형인 (가)의 혈액에는 응집원 A, B가 존재하고 항 A혈청에는 응집소 α가 있다. 따라서 (가)의 혈액과 항 A혈청을 섞으면 응집원 A와 응집소 α가 응집 반응을 일으킨다.
㉡. 정답 : (다)는 B형이므로 (다)의 혈액에는 응집원 B(㉢)가 있다.
ㄷ. 오답 : ㉣은 AB형인 (가)와 A형인 (나)에 모두 존재하지 않는 응집소 α이다.

😀 문제풀이 TIP | 응집원 A와 응집소 α 사이에, 응집원 B와 응집소 β 사이에 응집 반응이 일어난다. 항 A혈청에는 응집소 α가 포함되어 있고, 항 B혈청에는 응집소 β가 포함되어 있다.

표 (가)는 사람 Ⅰ~Ⅲ의 혈액에서 응집원 B와 응집소 β의 유무를, (나)는 Ⅰ~Ⅲ의 혈액을 혈청 ㉠~㉢과 각각 섞었을 때의 ABO식 혈액형에 대한 응집 반응 결과를 나타낸 것이다. Ⅰ~Ⅲ의 ABO식 혈액형은 모두 다르며, ㉠~㉢은 Ⅰ의 혈청, Ⅱ의 혈청, 항B 혈청을 순서 없이 나타낸 것이다.
(응집소 없음) (응집소 α) (응집소 β)
Ⅱ의 혈청   Ⅰ의 혈청   항B 혈청

구분	응집원 B	응집소 β
B형 Ⅰ	○	?×
AB형 Ⅱ	?○	×
A형 Ⅲ	?×	○

(○: 있음, ×: 없음)

구분	㉠	㉡	㉢
B형 Ⅰ의 혈액	−	?−	?+
AB형 Ⅱ의 혈액	?−	+	+
A형 Ⅲ의 혈액	?−	+	−

(+: 응집됨, −: 응집 안 됨)

(가)   (나)

이에 대한 옳은 설명만을 〈보기〉에서 있는 대로 고른 것은? 3점

보기
㉠. ㉢은 항B 혈청이다.
㉡. Ⅰ의 ABO식 혈액형은 B형이다.
̶㉢̶.̶ Ⅱ의 혈액에는 응집소 α가 ̶있̶다̶.̶ 없다. → AB형

① ㉠   ② ㉡   ③ ㉢   ✔④ ㉠, ㉡   ⑤ ㉡, ㉢

|자|료|해|설|
Ⅰ의 혈액에 응집원 B가 존재하므로 Ⅰ은 B형 또는 AB형이고, Ⅱ의 혈액에 응집소 β가 없으므로 Ⅱ 또한 B형 또는 AB형이다. Ⅲ의 혈액에 응집소 β가 존재하므로 Ⅲ은 A형 또는 O형이다. (나)에서 Ⅲ의 혈액을 혈청 ㉡과 섞었을 때 응집 반응이 일어났으므로 Ⅲ의 혈액에는 응집원이 존재한다. 따라서 Ⅲ은 A형이다. 혈청 ㉠~㉢은 Ⅰ의 혈청, Ⅱ의 혈청, 항B 혈청(응집소 β)을 순서 없이 나타낸 것이며, Ⅰ과 Ⅱ는 각각 B형과 AB형 중 하나이므로 Ⅰ의 혈청과 Ⅱ의 혈청은 각각 응집소 α, 응집소 없음 중 하나이다. 응집소가 없는 혈청은 모든 혈액과 응집 반응을 일으키지 않으므로 ㉠에 응집소가 없다는 것을 알 수 있다. A형인 Ⅲ의 혈액과 응집 반응을 일으킨 ㉡에는 응집소 α가 포함되어 있고, 마지막 남은 ㉢은 항B 혈청(응집소 β)이다. ㉡(응집소 α), ㉢(응집소 β)과 응집 반응이 일어난 Ⅱ가 AB형이고, Ⅰ은 B형이다. 정리하면 ㉠은 Ⅱ의 혈청, ㉡은 Ⅰ의 혈청, ㉢은 항B 혈청이다.

|보|기|풀|이|
㉠. 정답 : ㉢은 항B 혈청(응집소 β)이다.
㉡. 정답 : Ⅰ은 B형이다.
ㄷ. 오답 : Ⅱ는 AB형이므로 혈액에는 응집소 α가 없다.

A, B, AB, O

표는 **ABO식 혈액형이 모두 다른 사람** ㉠~㉣의 혈구와 혈장을 각각 섞었을 때의 응집 여부를, 그림은 ㉠과 ㉡의 혈액형 판정 결과를 나타낸 것이다. I 과 II 는 각각 항 B 혈청과 항 Rh 혈청 중 하나이다.

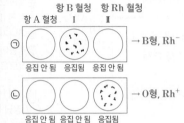

혈장 \ 혈구	B ㉠	O ㉡	A ㉢	AB ㉣
㉠ α		?	?	○
㉡ α,β	○		?	?
㉢ β	?	×		?
㉣ ×	?	?	×	

(○: 응집됨, ×: 응집 안 됨)

이에 대한 설명으로 옳은 것만을 〈보기〉에서 있는 대로 고른 것은? (단, ABO식 혈액형과 Rh식 혈액형만 고려하며, ㉠~㉣ 중 Rh⁻형인 사람의 혈장에는 Rh 응집소가 없다.) **3점**

> **보기**
> 갖지 않는다
> ㄱ. ㉠은 Rh 응집원을 갖는다. Rh⁻
> ㄴ. ㉡과 ㉢의 혈장에는 동일한 종류의 응집소가 있다. α,β / β
> ㄷ. ㉣의 혈액을 I 과 섞으면 응집 반응이 일어난다.
> AB형(응집원 B) 항 B 혈청(응집소 β)

① ㄱ 　② ㄴ 　③ ㄷ 　④ ㄴ, ㄷ 　⑤ ㄱ, ㄴ, ㄷ

|자|료|해|설|

㉠의 혈액형 판정 결과에서 I 을 항 Rh 혈청이라 가정하면 ㉠은 Rh⁺ O형이 된다. 하지만 표에서 ㉠의 혈구와 ㉡의 혈장이 응집 반응이 일어났으므로 ㉠은 응집원이 없는 O형이 될 수 없다. 따라서 I 은 항 B 혈청이고 II 는 항 Rh 혈청이다. 이를 바탕으로 혈액형 판정 결과를 다시 분석하면 ㉠은 Rh⁻ B형이고, ㉡은 Rh⁺ O형이다. ㉠~㉣이 모두 다른 혈액형이므로 ㉢, ㉣은 각각 A형과 AB형 중 하나이다. 표에서 ㉢의 응집원과 ㉣의 응집소가 반응하지 않았으므로 ㉢이 A형, ㉣이 AB형이다.

|보|기|풀|이|

ㄱ. 오답 : ㉠은 Rh⁻ B형으로 Rh 응집원을 갖지 않는다.

ㄴ. 정답 : ㉡은 O형, ㉢은 A형으로 모두 응집소 β를 갖는다. 응집소는 혈액의 혈장에 존재한다.

ㄷ. 정답 : ㉣은 AB형으로 응집원 B를 갖는다. 따라서 I 인 항 B 혈청과 응집 반응이 일어난다.

😮 **문제풀이 TIP |** 혈액형이 갖는 응집원과 응집소의 차이를 정확히 이해하고 있으면 문제풀이가 가능하다. 표의 여러 물음표와 혈액형 판정 결과의 미결정 요소로 인해 어렵게 느껴질 수 있으나, 미결정 요소가 적은 혈액형 판정 결과부터 분석하여 경우의 수를 좁혀가고 서로 다른 혈액형이라는 단서를 이용하여 표를 분석하면 어렵지 않게 풀 수 있을 것이다.

😊 **출제분석 |** 혈액형의 응집 반응을 묻는 문항으로 난도 중에 해당한다. 심화되는 개념은 없지만 기본적인 개념을 가지고 분석해야 할 자료가 2개이고 여러 미결정 요소가 있어 난도가 높아졌다. 하지만 보기의 경우 어렵지 않게 오답 판별이 가능하므로 자료 분석 시간을 줄이는 것이 이번 문항의 키포인트이다.

 " 이 문제에선 이게 가장 중요해! "

I 은 항 B 혈청이고 II 는 항 Rh 혈청이다. 이를 바탕으로 혈액형 판정 결과를 다시 분석하면 ㉠은 Rh⁻ B형이고, ㉡은 Rh⁺ O형이다. ㉠~㉣이 모두 다른 혈액형이므로 ㉢, ㉣은 각각 A형과 AB형 중 하나이다. 표에서 ㉢의 응집원과 ㉣의 응집소가 반응하지 않았으므로 ㉢이 A형, ㉣이 AB형이다.

혈장 \ 혈구	B ㉠	O ㉡	A ㉢	AB ㉣
㉠ α		?	?	○
㉡ α,β	○		?	?
㉢ β	?	×		?
㉣ ×	?	?	×	

(○: 응집됨, ×: 응집 안 됨)

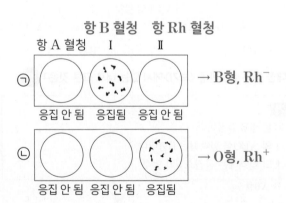

표는 200명의 학생 집단을 대상으로 ABO식 혈액형에 대한 응집원 ㉠, ㉡과 응집소 ㉢, ㉣의 유무와 Rh식 혈액형에 대한 응집원의 유무를 조사한 것이다. 이 집단에는 A형, B형, AB형, O형이 모두 있고, A형인 학생 수가 O형인 학생 수보다 많다. Rh⁻형인 학생들 중 A형인 학생과 AB형인 학생은 각각 1명이다.

구분	학생 수
응집원 ㉠을 가진 학생	74 B형+AB형
응집소 ㉢을 가진 학생	110 B형+O형
응집원 ㉡과 응집소 ㉣을 모두 가진 학생	70 A형
Rh 응집원을 가진 학생	198

이 집단에 대한 설명으로 옳은 것만을 〈보기〉에서 있는 대로 고른 것은? 3점

보기

㉠ O형인 학생 수가 B형인 학생 수보다 많다.
ㄴ. Rh⁺형인 학생들 중 AB형인 학생 수는 2̶0̶이다. 　19　➡ B형+O형=110명
ㄷ. 항 A 혈청에 응집되는 혈액을 가진 학생 수가 항 A 혈청에 응집되지 않는 혈액을 가진 학생 수보다 많̶다̶. 　적다
➡ A형+AB형=90명

✓① ㄱ　　②ㄴ　　③ㄱ,ㄷ　　④ㄴ,ㄷ　　⑤ㄱ,ㄴ,ㄷ

|자|료|해|설|

응집원 ㉠과 ㉡은 각각 응집원 A와 B 중 하나이며, 응집소 ㉢과 ㉣은 각각 응집소 α와 β 중 하나이다. 그리고 응집원 ㉡과 응집소 ㉣을 모두 가진 학생이 존재하므로 응집원 ㉡과 응집소 ㉣은 서로 응집하지 않는 관계이며, 응집원 ㉠과 응집소 ㉢도 같은 관계이다. 각각은 [응집원 A, 응집소 β]와 [응집원 B, 응집소 α] 중 하나이다.

'응집원 ㉠을 가진 학생(㉠형+AB형)' 74명과 '응집원 ㉡과 응집소 ㉣을 모두 가진 학생(㉡형)' 70명을 더한 144명은 A형, B형, AB형인 학생 수를 모두 더한 값이다. 따라서 전체 학생 수 200명에서 144명(A형+B형+AB형)을 빼주면 O형인 학생 수를 구할 수 있고, 이 학생 집단에서 O형인 학생은 56명이다. '응집소 ㉢을 가진 학생' 110명은 ㉠형(응집원 ㉠과 응집소 ㉢을 모두 가짐)인 학생과 O형(응집소 ㉢과 응집소 ㉣을 모두 가짐)인 학생 수를 더한 값이다. 110명에서 O형인 학생 56명을 빼면 ㉠형인 학생 수는 54명인데, 문제에서 A형인 학생 수가 O형인 학생 수보다 많다고 했으므로 ㉠형은 B형(54명)이고, ㉡형은 A형(70명)이라는 것을 알 수 있다. 따라서 응집원 ㉠은 응집원 B, 응집원 ㉡은 응집원 A, 응집소 ㉢은 응집소 α, 응집소 ㉣은 응집소 β이다. 이를 토대로 ABO식 혈액형에 대한 벤 다이어그램을 그려보면 다음과 같다.

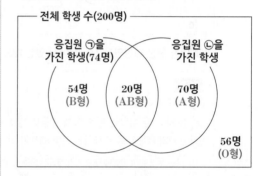

전체 학생 수(200명)

응집원 ㉠을 가진 학생(74명)　　응집원 ㉡을 가진 학생

54명(B형)　20명(AB형)　70명(A형)

56명(O형)

Rh 응집원을 가진 Rh⁺형인 학생이 198명이므로 전체 학생 200명 중에서 Rh 응집원을 가지지 않는 Rh⁻형인 학생은 2명이다.

|보|기|풀|이|

㉠ 정답 : O형인 학생 수는 56명으로 B형인 학생 수 54명보다 많다.

ㄴ. 오답 : AB형 학생 20명 중에서 1명이 Rh⁻형이므로, Rh⁺형인 학생 수는 19이다.

ㄷ. 오답 : 항 A 혈청에는 응집소 α가 들어있으므로 항 A 혈청에 응집되는 혈액은 응집원 A를 갖는 A형(70명)과 AB형(20명)의 혈액이고, 항 A 혈청에 응집되지 않는 혈액은 응집원 A를 갖지 않는 B형(54명)과 O형(56명)의 혈액이다. 따라서 항 A 혈청에 응집되는 혈액을 가진 학생 수(90명)는 항 A 혈청에 응집되지 않는 혈액을 가진 학생 수(110명)보다 적다.

😀 **문제풀이 TIP** | 각 혈액형별로 적혈구 막에 있는 응집원, 혈장에 있는 응집소 종류를 알고 있어야 하며 응집원 A와 응집소 α, 응집원 B와 응집소 β가 서로 응집 반응을 일으킨다는 것을 알고 있어야 한다. 벤 다이어그램을 그려보는 것이 문제를 이해하는 데 도움이 될 것이다.

😀 **출제분석** | ABO식 혈액형에 대한 내용이 수학적 집합의 개념과 연계되어 출제된 문항으로 주어진 자료를 활용하여 각 혈액형별 학생 수를 알아내야 하는 난도 '상'의 문제이다. 최근 2017년 4월 학평 10번으로 출제되었던 문제보다 어렵게 출제되었으며, 앞으로도 이것과 비슷한 난도로 출제될 가능성이 있다. 비슷한 유형으로 2014학년도 9월 모평 13번 문제가 있다.

다음은 병원체 X~Z를 이용한 실험이다.

[실험 과정 및 결과]

(가) 유전적으로 동일하고 X~Z에 노출된 적이 없는 생쥐
　　A~C를 준비하여, 생쥐 A에는 X를, 생쥐 B에는 Y를,
　　생쥐 C에는 Z를 주사한다.

(나) 1주 후 A~C에 각각 (가)에서와 동일한 병원체를
　　주사하였더니 모두 2차 면역 반응이 일어났다.→ 각각의 항원에 대한 기억
　　　　　　　　　　　　　　　　　　　　　　　세포가 존재함

(다) (나)의 A에서 혈청 ⓐ를, B에서 혈청 ⓑ를, C에서 혈청
　　ⓒ를 분리하여 각각 X~Z와 섞는다.

(라) 그림은 병원체 ㉠~㉢에 존재하는 항원의 종류를, 표는
　　ⓐ~ⓒ와 X~Z의 항원 항체 반응 결과를 나타낸 것이다.
　　㉠~㉢은 X~Z를 순서 없이 나타낸 것이다.

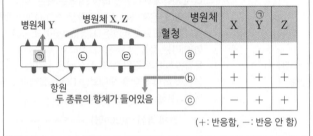

병원체 혈청	X	㉠ Y	Z
ⓐ	+	+	−
ⓑ	+	+	+
ⓒ	−	+	+

(+ : 반응함, − : 반응 안 함)

병원체 Y, 병원체 X, Z / 항원 두 종류의 항체가 들어있음

이에 대한 옳은 설명만을 〈보기〉에서 있는 대로 고른 것은? 3점

보기

㉠. ㉠은 Y이다.

ㄴ. ⓑ와 ⓒ를 섞으면 항원 항체 반응이 일어난다. ~~일어난다~~ 일어나지 않는다.

㉢. (나)의 B에 ㉢을 주사하면 기억 세포가 형질 세포로 분화된다.
　└→ 두 종류의 항원에 대한 기억 세포가 모두 존재함

① ㄱ　　② ㄴ　　③ ㄷ　　④ ㄱ, ㄷ　　⑤ ㄴ, ㄷ

|자|료|해|설|

두 종류의 항원을 가지고 있는 병원체 ㉠에 노출된 생쥐는
두 종류의 항체를 생성한다. 항원 항체 반응 결과를 나타낸
표에서 혈청 ⓑ는 병원체 X, Y, Z 모두와 항원 항체
반응을 일으켰다. 따라서 Y를 주사한 생쥐 B에서 분리한
혈청 ⓑ에는 두 종류의 항체가 모두 들어있으며, 병원체
Y는 ㉠이라는 것을 알 수 있다.

|보|기|풀|이|

㉠. 정답 : Y를 주사한 생쥐 B에서 분리한 혈청 ⓑ에는 두
종류의 항체가 모두 들어있으므로 ㉠은 Y이다.

ㄴ. 오답 : 혈청 ⓑ와 ⓒ에는 항체만 들어있다. 따라서 둘을
섞어도 항원 항체 반응이 일어나지 않는다.

㉢. 정답 : (나)의 B에는 두 종류의 항원에 대한 기억
세포가 모두 존재한다. 따라서 ㉢을 주사하면 ㉢에 대한
기억 세포가 형질 세포로 분화된다.

😲 문제풀이 TIP | 항원 항체 반응은 특이성을 가지고 있으며,
기억 세포가 존재할 때 2차 면역 반응이 일어난다.

😃 출제분석 | 병원체가 가지고 있는 항원의 종류와 항원 항체
반응 결과를 연결지어 분석해야 하는 난도 '중상'의 문항이다.
새롭게 등장한 문제 유형이라 접근하는 방법을 찾는데 시간이
걸렸을 수 있지만 유형을 한 번 접해보면 그리 어렵지 않게 문제를
해결할 수 있다.

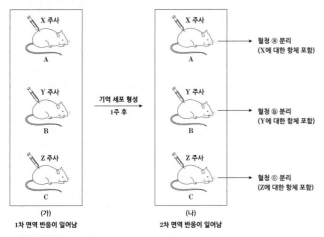

더 자세한 해설 @

STEP 1. 실험 과정 분석하기

실험 과정 (가)~(다)를 그림으로 정리하면 다음과 같다.

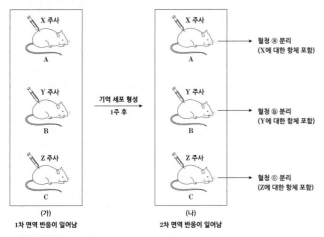

(가) 1차 면역 반응이 일어남   (나) 2차 면역 반응이 일어남

(가) 유전적으로 동일하고 X~Z에 노출된 적이 없는 생쥐 A~C를 준비하여, 생쥐 A에는 X를, 생쥐 B에는 Y를, 생쥐 C에는 Z를 주사한다.

- X~Z에 노출된 적이 없는 생쥐 A~C에 각각 병원체 X~Z를 주사하면 1차 면역 반응이 일어난다. 이때 B림프구로부터 분화된 형질 세포가 각 항원을 무력화시키는 항체를 생성 및 분비한다. 특정 항체는 특정 항원에 결합하여 작용하며, 이를 항원-항체 반응의 특이성이라 한다. 따라서 생쥐 A에서는 X에 대한 항체와 기억 세포가 생성되고, 생쥐 B에서는 Y에 대한 항체와 기억 세포, 생쥐 C에서는 Z에 대한 항체와 기억 세포가 생성된다. 항체는 수명이 짧아 수일에서 수주 이후에는 사라지며 기억 세포만 남아 있게 된다.

(나) 1주 후 A~C에 각각 (가)에서와 동일한 병원체를 주사하였더니 모두 2차 면역 반응이 일어났다.

- 1주 후 생쥐 A~C에 각각 (가)에서와 동일한 병원체를 주사하면 2차 면역 반응이 일어나서 기억 세포가 형질 세포로 빠르게 분화하고 형질 세포는 항체를 대량 생산한다.

(다) (나)의 A에서 혈청 ⓐ를, B에서 혈청 ⓑ를, C에서 혈청 ⓒ를 분리하여 각각 X~Z와 섞는다.

- 혈청은 혈액의 액체 성분이므로 항체가 포함되어 있다. 따라서 (나)의 생쥐 A에서 분리한 혈청 ⓐ에는 X에 대한 항체가 포함되어 있고, 생쥐 B에서 분리한 혈청 ⓑ에는 Y에 대한 항체가, 생쥐 C에서 분리한 혈청 ⓒ에는 Z에 대한 항체가 포함되어 있다.

STEP 2. 실험 결과 분석하기

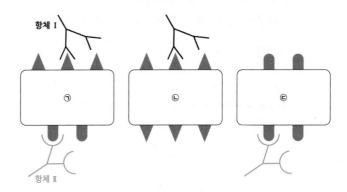

두 종류의 항원을 가지고 있는 병원체 ㉠에 노출된 생쥐는 두 종류의 항체(Ⅰ, Ⅱ)를 생성한다. 설명을 위한 그림에서 항체 Ⅰ은 병원체 ㉠, ㉡과 항원-항체 반응을 일으키고, 항체 Ⅱ는 병원체 ㉠, ㉢과 항원-항체 반응을 일으킨다. 반응 결과를 나타낸 표에서 혈청 ⓑ는 병원체 X, Y, Z 모두와 항원-항체 반응을 일으켰다. 따라서 Y를 주사한 생쥐 B에서 분리한 혈청 ⓑ에는 두 종류의 항체(Ⅰ, Ⅱ)가 모두 들어있으며, 병원체 Y는 ㉠이라는 것을 알 수 있다.

STEP 3. 보기 풀이

ㄱ. 정답 | Y를 주사한 생쥐 B에서 분리한 혈청 ⓑ에는 두 종류의 항체가 모두 들어있으므로 ㉠은 Y이다.

ㄴ. 오답 | 혈청 ⓑ와 ⓒ에는 항체만 들어있다. 따라서 둘을 섞어도 항원-항체 반응이 일어나지 않는다.

ㄷ. 정답 | (나)의 B에는 두 종류의 항원에 대한 기억 세포가 모두 존재한다. 따라서 ㉢을 주사하면 ㉢에 대한 기억 세포가 형질 세포로 분화된다.

표는 사람 Ⅰ~Ⅲ 사이의 ABO식 혈액형에 대한 응집 반응 결과를 나타낸 것이다. ㉠~㉢은 Ⅰ~Ⅲ의 혈장을 순서 없이 나타낸 것이다.

Ⅰ~Ⅲ의 ABO식 혈액형은 각각 서로 다르며, A형, AB형, O형 중 하나이다.

이에 대한 설명으로 옳은 것만을 〈보기〉에서 있는 대로 고른 것은?

| | Ⅲ의 혈장 → ㉠ | Ⅰ의 혈장(β) → ㉡ | Ⅱ의 혈장 → ㉢ (α, β) |
혈장 적혈구	㉠	㉡	㉢
A형 → Ⅰ의 적혈구	?	−	+
O형 → Ⅱ의 적혈구	−	?	+
AB형 → Ⅲ의 적혈구	? −	+	? +

(+: 응집됨, −: 응집 안 됨)

보기

ㄱ. Ⅰ의 ABO식 혈액형은 A형이다. → AB형

ㄴ. ㉡은 ~~Ⅰ~~ Ⅱ의 혈장이다. → Ⅱ(O형)의 혈장

ㄷ. Ⅲ의 적혈구와 ㉢을 섞으면 항원 항체 반응이 일어난다.

① ㄱ   ② ㄴ   ✓③ ㄱ, ㄷ   ④ ㄴ, ㄷ   ⑤ ㄱ, ㄴ, ㄷ

😀 **출제분석** | 적혈구 표면에는 응집원 A 또는 응집원 B가 존재하고, 혈장에는 응집소 α 또는 응집소 β가 포함되어 있다. 응집원 A는 응집소 α와, 응집원 B는 응집소 β와 응집 반응을 일으키며 응집 반응은 일종의 항원 항체 반응에 해당한다.

|자|료|해|설|

Ⅰ~Ⅲ 중 O형인 사람의 적혈구에는 응집원 A와 응집원 B가 모두 없으므로 누구의 혈장과도 응집되지 않아야 하는데 Ⅰ과 Ⅲ의 적혈구는 각각 ㉢, ㉡과 응집되었으므로 O형일 수 없고 따라서 Ⅱ가 O형이다.

또한 AB형인 사람의 혈장에는 응집소 α와 응집소 β가 모두 없으므로 ㉠~㉢ 중 AB형인 사람의 혈장은 누구의 적혈구와도 응집되지 않아야 한다. 즉 ㉠이 AB형인 사람의 혈장이다. 이때 A형인 사람의 적혈구는 O형인 사람의 혈장과만 응집되어야 하고, AB형인 사람의 적혈구는 A형인 사람의 혈장과만 응집되어야 하므로 ㉠~㉢ 중 ㉢과만 응집 반응이 일어나는 Ⅰ이 A형임을 알 수 있다. 이에 따라 정리하면 Ⅲ은 AB형이고, ㉠은 Ⅲ(AB형)의 혈장, ㉡은 Ⅰ(A형)의 혈장, ㉢은 Ⅱ(O형)의 혈장이다.

|보|기|풀|이|

ㄱ. 정답 : Ⅰ의 적혈구는 ㉠~㉢ 중 ㉢과만 응집되므로 Ⅰ의 ABO식 혈액형은 A형이다.

ㄴ. 오답 : ㉡은 Ⅰ(A형)의 혈장이다.

ㄷ. 정답 : Ⅲ(AB형)의 적혈구에는 응집원 A와 응집원 B가 있고, Ⅱ(O형)의 혈장인 ㉢에는 응집소 α와 응집소 β가 있으므로 둘을 섞으면 항원 항체 반응이 일어난다.

다음은 바이러스 X에 대한 생쥐의 방어 작용 실험이다.

[실험 과정 및 결과]

(가) 유전적으로 동일하고 X에 노출된 적이 없는 생쥐 A~D를 준비한다. A와 B는 ㉠이고, C와 D는 ㉡이다. ㉠과 ㉡은 '정상 생쥐'와 '가슴샘이 없는 생쥐'를 순서 없이 나타낸 것이다. → T 림프구가 성숙되는 장소

(나) A~D 중 B와 D에 X를 각각 주사한 후 A~D에서 ⓐ X에 감염된 세포의 유무를 확인한 결과, B와 D에서만 ⓐ가 있었다.

(다) 일정 시간이 지난 후, 각 생쥐에 대해 조사한 결과는 표와 같다.

구분	㉠ (정상 생쥐)		㉡ (가슴샘이 없는 생쥐)	
	A	B X 주사	C	D X 주사
X에 대한 세포성 면역 반응 여부	일어나지 않음	일어남	일어나지 않음	일어나지 않음
생존 여부	산다	산다	산다	죽는다

→ 세포 독성 T 림프구가 병원체에 감염된 세포를 제거하는 면역 반응

이에 대한 설명으로 옳은 것만을 〈보기〉에서 있는 대로 고른 것은? (단, 제시된 조건 이외는 고려하지 않는다.) **3점**

바이러스 ← **보기**

ㄱ. X는 유전 물질을 갖는다.

ㄴ. ㉡은 '가슴샘이 없는 생쥐'이다.

ㄷ. (다)의 B에서 세포독성 T 림프구가 ⓐ를 파괴하는 면역 반응이 일어났다.

① ㄱ   ② ㄷ   ③ ㄱ, ㄴ   ④ ㄴ, ㄷ   ✓⑤ ㄱ, ㄴ, ㄷ

|자|료|해|설|

가슴샘은 T 림프구가 성숙되는 장소이다. 따라서 가슴샘이 없는 생쥐에서는 T 림프구에 의한 면역 반응이 일어나지 않는다. X를 주사한 B에서 세포성 면역 반응이 일어나 생쥐가 살았고, D에서는 면역 반응이 일어나지 않아 생쥐가 죽었으므로 ㉠은 '정상 생쥐'이고 ㉡은 '가슴샘이 없는 생쥐'이다.

|보|기|풀|이|

ㄱ. 정답 : 바이러스는 단백질 껍질과 핵산으로 구성되므로 X는 유전 물질을 갖는다.

ㄴ. 정답 : X를 주사한 D에서 세포성 면역 반응이 일어나지 않았으므로 ㉡은 '가슴샘이 없는 생쥐'이다.

ㄷ. 정답 : (다)의 B에서 세포독성 T 림프구가 ⓐ를 파괴하는 세포성 면역 반응이 일어났다.

😲 **문제풀이 TIP** | 가슴샘은 T 림프구가 성숙되는 장소이다. 따라서 가슴샘이 없는 생쥐에서는 세포독성 T 림프구에 의한 세포성 면역 반응이 일어나지 않는다.

다음은 항원 X에 대한 생쥐의 방어 작용 실험이다.

[실험 과정 및 결과]   → T 림프구 성숙× → B림프구 자극× → 형질 세포 분화×

(가) 정상 생쥐 A와 가슴샘이 없는 생쥐 B를 준비한다. A와 B는 유전적으로 동일하고 X에 노출된 적이 없다.

(나) A와 B에 X를 각각 2회에 걸쳐 주사한다. A와 B에서 X에 대한 혈중 항체 농도 변화는 그림과 같다.

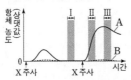

이에 대한 설명으로 옳은 것만을 〈보기〉에서 있는 대로 고른 것은? (단, 제시된 조건 이외는 고려하지 않는다.) 3점

보기
ㄱ. 구간 Ⅰ의 A에는 X에 대한 기억 세포가 있다.
ㄴ. 구간 Ⅱ의 A에서 X에 대한 2차 면역 반응이 일어났다.
ㄷ. 구간 Ⅲ의 A에서 X에 대한 항체는 ~~세포독성 T 림프구~~에서 생성된다.
     형질 세포

① ㄱ   ② ㄴ   ✓③ ㄱ, ㄴ   ④ ㄱ, ㄷ   ⑤ ㄴ, ㄷ

|자|료|해|설|
T 림프구는 골수에서 생성되어 가슴샘에서 성숙되기 때문에 가슴샘이 없는 생쥐 B에서는 보조 T 림프구가 B 림프구를 자극할 수 없어 형질 세포로의 분화가 일어나지 않는다. 따라서 생쥐 B에서는 특이적 방어 작용이 정상적으로 일어날 수 없어 X를 주사하더라도 그래프상 항체 농도 값의 변화가 나타나지 않는다. X를 1차로 주사한 뒤 A에서는 1차 면역 반응이 일어나 X에 대한 기억 세포가 생성되고, X를 2차로 주사했을 때 2차 면역 반응이 일어났음을 그래프를 통해 알 수 있다.

|보|기|풀|이|
ㄱ. 정답 : X를 2차로 주사했을 때 2차 면역 반응이 일어난 것을 통해 X를 처음 주사한 이후 구간 Ⅰ의 A에는 X에 대한 기억 세포가 존재한다는 것을 알 수 있다.
ㄴ. 정답 : X를 2차로 주사한 직후인 구간 Ⅱ의 A에서 X에 대한 2차 면역 반응이 일어나 항체의 농도가 빠르게 증가한다.
ㄷ. 오답 : 구간 Ⅲ의 A에서 X에 대한 항체는 형질 세포에서 생성된다.

다음은 병원체 P와 Q에 대한 생쥐의 방어 작용 실험이다.

○ Q에 항원 ㉠과 ㉡이 있다.

[실험 과정 및 결과]
(가) 유전적으로 동일하고, P와 Q에 노출된 적이 없는 생쥐 Ⅰ~Ⅴ를 준비한다.

(나) Ⅰ에게 P를, Ⅱ에게 Q를 각각 주사하고 일정 시간이 지난 후, 생쥐의 생존 여부를 확인한다.

생쥐	생존 여부
Ⅰ	죽는다
Ⅱ	산다

㉠, ㉡에 대한 → 항체 포함

(다) (나)의 Ⅱ에서 혈청, ㉠에 대한 B 림프구가 분화한 기억 세포 ⓐ, ㉡에 대한 B 림프구가 분화한 기억 세포 ⓑ를 분리한다.

(라) Ⅲ에게 (다)의 혈청을, Ⅳ에게 (다)의 ⓐ를, Ⅴ에게 (다)의 ⓑ를 주사한다.

(마) (라)의 Ⅲ~Ⅴ에게 P를 각각 주사하고 일정 시간이 지난 후, 생쥐의 생존 여부를 확인한다.

생쥐	생존 여부
Ⅲ	산다	→ 항원 항체 반응이 일어남
Ⅳ	죽는다
Ⅴ	산다	→ ⓑ가 형질 세포로 분화함

이에 대한 옳은 설명만을 〈보기〉에서 있는 대로 고른 것은? (단, 제시된 조건 이외는 고려하지 않는다.) 3점

보기
    → 항원 1차 침입 시 분화된 형질 세포에서 항체 생성
ㄱ. (나)의 Ⅱ에서 1차 면역 반응이 일어났다.
ㄴ. (마)의 Ⅲ에서 P와 항체의 결합이 일어났다.
ㄷ. (마)의 Ⅴ에서 ⓑ가 형질 세포로 분화했다.

① ㄱ   ② ㄷ   ③ ㄱ, ㄴ   ④ ㄴ, ㄷ   ✓⑤ ㄱ, ㄴ, ㄷ

|자|료|해|설|
(나)에서 병원체 P를 주사한 생쥐 Ⅰ은 죽었지만 병원체 Q를 주사한 생쥐 Ⅱ는 살았으며, (다)에서 Ⅱ로부터 혈청과 ㉠과 ㉡ 각각에 대한 B 림프구가 분화한 기억 세포를 분리해내었으므로, (나)의 Ⅱ에서 Q에 대한 1차 면역 반응이 일어났음을 알 수 있다.

Ⅱ의 혈청을 주사한 생쥐 Ⅲ은 (마)에서 P를 주사했을 때 살았으므로 Ⅱ의 혈청에 포함된 항체가 P와 결합하였음을 알 수 있고, ㉡에 대한 B 림프구가 분화한 기억 세포 ⓑ를 주사한 생쥐 Ⅴ 또한 (마)에서 P를 주사했을 때 살았으므로 ⓑ가 형질 세포로 분화하여 면역 반응이 일어났다는 것을 알 수 있다. 반면 ㉠에 대한 B 림프구가 분화한 기억 세포를 주사한 생쥐 Ⅳ는 (마)에서 P를 주사했을 때 죽었으므로 P 에는 ㉠이 없음을 추론해 볼 수 있다.

|보|기|풀|이|
ㄱ. 정답 : (나)의 Ⅱ에서 Q에 대하여 1차 면역 반응이 일어났다.
ㄴ. 정답 : (마)의 Ⅲ은 P를 주사했을 때 살았으므로 Ⅲ에 주사한 혈청에 포함된 항체와 P의 결합이 일어났다.
ㄷ. 정답 : (마)의 Ⅴ에서 ⓑ가 형질 세포로 분화하여 면역 반응이 일어났기 때문에 Ⅴ가 살았다.

😮 문제풀이 T I P | P를 직접 주사했을 때는 생쥐가 생존하지 못하지만 Q에 대해서는 면역 반응이 일어나 생쥐가 생존하며, P와 Q에 공통적인 항원이 있기 때문에 Q를 주사한 생쥐로부터 얻은 혈청 또는 기억세포 ⓑ를 주사한 생쥐가 P를 주사했을 때 생존한다.

🙂 출제분석 | 생쥐의 방어 작용 실험 자료를 바탕으로 체액성 면역의 원리와 개념을 묻고 있는 문항으로, 비교적 단순한 내용을 묻고 있기 때문에 난도는 '중하'에 해당한다. 특이적 방어 작용은 지속적으로 출제되고 있으며 2022학년도 9월 모평 18번 문항과 같이 백신의 원리와 연계하여 출제되거나 2019학년도 수능 10번 문항과 같이 주사액의 조성을 좀 더 복잡하게 제시하는 형태로 출제될 수 있다.

IV. 유전

1. 세포와 세포 분열   01. 유전자와 염색체

❶ 유전자와 염색체   ★수능에 나오는 필수 개념 2가지 + 필수 암기사항 8개

필수개념 1   염색체의 구조

1. **DNA** : 핵산의 일종이며, 2중 나선 구조로 뉴클레오타이드가 기본 단위이다. 생물의 형질에 관한 유전 정보를 담고 있는 분자이다. 암기

2. **유전자** : 생물의 형질에 대한 유전 정보를 담고 있는 DNA의 특정 부분이다.

3. **뉴클레오솜** 암기 : 2중 나선 DNA가 히스톤 단백질을 감고 있는 구조로, 염색체 혹은 염색사를 구성하는 기본 단위이다.

4. **염색사** : 뉴클레오솜으로 구성되어 있고, 간기 세포의 핵 안에 존재하며, 가는 실모양의 구조이다.

5. **염색체** 암기 : 세포가 분열할 때 염색사가 응축되어 나타나는 막대 모양의 구조물이다.

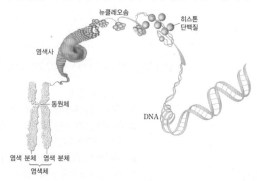

▲ DNA와 염색체

- **동원체** : 염색체의 잘록하게 보이는 부분이며, 세포 분열 시 방추사가 붙는다.
- **염색 분체** : 체세포 분열 전기와 중기의 염색체는 2개의 염색 분체로 이루어져 있는데, 각각의 염색 분체는 간기 때 복제에 의해 형성된 동일한 두 DNA 분자가 각각 응축하여 형성한 것이다. 따라서 하나의 염색체를 이루는 염색 분체는 서로 유전자 구성이 동일하다. 암기

6. **염색체의 종류**
   1) **상염색체** 암기 : 성 결정과 관련 없는 염색체로 암수에 공통으로 나타난다.
   2) **성염색체** 암기 : 성 결정에 관여하는 1쌍의 염색체로 암수에 따라 구성에 차이가 난다.

필수개념 2   상동 염색체

1. **상동 염색체**
   1) 감수 분열 시 접합하는 1쌍의 염색체로, 대부분 모양과 크기가 같으며 각각 부모로부터 하나씩 물려받은 것이다. 암기
   2) 상동 염색체는 감수 분열할 때 분리되어 각기 다른 생식세포로 나뉘어 들어간다.

2. **대립 유전자**
   1) 상동 염색체의 같은 위치에 있으며 하나의 형질을 결정하는 데 관여하는 유전자. 암기
   2) 상동 염색체에서 서로 쌍을 이루는 대립 유전자는 같을 수도 있고 다를 수도 있다.

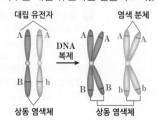

► **뉴클레오타이드**
핵산(DNA, RNA)을 구성하는 기본 단위이며, 염기, 당, 인산이 1 : 1 : 1로 구성되어 있다.

► **형질**
한 개체가 갖는 형태와 성질을 말한다. 이 중 혈액형, 눈 색깔 등과 같이 부모로부터 물려받은 형질을 유전 형질이라고 한다.

► **학습조언!**
염색체의 구조에 대해 묻는 문제가 가끔 출제되기 때문에 염색체의 구조를 정확히 이해해야 한다!

► **학습조언!**
상동 염색체와 염색 분체의 특징을 구분하는 문제와 이와 관련하여 대립 유전자의 종류나 위치를 묻는 문제, 세포의 핵상이나 염색체 수를 묻는 문제가 자주 출제된다.

❷ 핵형과 핵상 ★ 수능에 나오는 필수 개념 2가지 + 필수 암기사항 5개

기본자료

필수개념 1   핵형과 핵상

1. 핵형 `암기`
  1) 한 생물의 세포에 들어 있는 염색체 상의 특성으로 염색체의 수, 모양, 크기 등을 말한다.
  2) 같은 종에서 성별이 같으면 체세포의 핵형이 동일하다.
  3) 종이 다르면 염색체 수가 같아도 염색체의 크기나 모양 등이 다르기 때문에 핵형도 다르다.

2. 핵형 분석 `암기`
  1) 염색체의 크기와 모양, 동원체의 위치 등에 따라 염색체를 정렬하여 분석하는 방법.
  2) 핵형 분석을 통해 성별, 염색체 수나 구조 이상에 의한 질환 등을 알 수 있다.
  3) 핵형은 분열기 중기의 세포에서 잘 관찰된다.

3. 핵상 `암기` : 염색체의 조합 상태를 나타낸 것. 각각의 염색체가 쌍으로 있으면 $2n$, 1개씩만 있으면 n이다.

▶ 핵상의 예시

DNA 복제 전 체세포($2n$)

DNA 복제 후 체세포($2n$)

감수 분열이 완료된 생식세포(n)

필수개념 2   사람의 염색체

사람의 체세포에는 총 46개의 염색체가 존재한다.($2n = 46$)

1. 상염색체
  사람의 체세포에는 염색체가 모두 46개씩 있는데, 이 중에서 44개(1~22번 염색체 쌍)의 염색체로 암수에 공통적으로 존재하며, 성 결정에 관여하지 않는 염색체이다. `암기`

2. 성염색체
  1) 남자의 각 체세포에는 X 염색체와 Y 염색체가 1개씩 있고, 여자의 각 체세포에는 2개의 X 염색체가 있다.
  2) 정자에는 22개의 상염색체와 1개의 X 염색체 또는 22개의 상염색체와 1개의 Y 염색체가 있다.
  3) 난자에는 22개의 상염색체와 1개의 X 염색체가 있다.

3. 성 결정
  1) 성의 결정은 난자와 수정되는 정자가 어떤 성염색체를 가지고 있는지에 따라 결정된다.
  2) X 염색체가 있는 정자가 난자와 수정되면 여자, Y 염색체가 있는 정자가 난자와 수정되면 남자가 된다.

4. 사람의 핵형 분석 `암기`
  상염색체 쌍을 염색체의 길이가 긴 것부터 짧은 것 순으로 배열하여 순서대로 번호를 매기고, 성염색체는 마지막에 배열한다.

▶ 사람의 염색체 수 이상
  • 다운 증후군 : 21번 염색체가 3개
    ($45+XX$, $45+XY$)
  • 에드워드 증후군 : 18번 염색체가 3개
    ($45+XX$, $45+XY$)
  • 터너 증후군 : $44+X$
  • 클라인펠터 증후군 : $44+XXY$

▶ 학습조언!
  사람의 핵형 분석 결과를 제시한 후 염색체 수 이상 여부나 성별 등을 묻는 문제가 자주 출제된다.

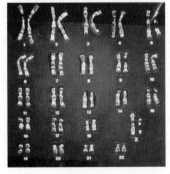

남자($44+XY$)

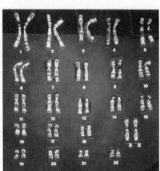

여자($44+XX$)

▲ 사람의 핵형

❸ 세포 주기와 체세포 분열 ★수능에 나오는 필수 개념 2가지 + 필수 암기사항 4개

필수개념 1 세포 주기

• **세포 주기** : 분열을 끝낸 딸세포가 생장하여 다시 분열을 끝마칠 때까지의 기간이다. 세포의 생장과 유전 물질의 복제가 일어나는 간기와 세포 분열이 일어나는 분열기로 나눈다.

• **세포 주기 모식도** 암기

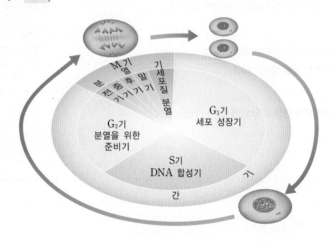

필수개념 2 체세포 분열

• **체세포 분열** : 체세포 수가 증가하는 과정으로, 모세포와 동일한 2개의 딸세포가 생성된다.

1. **핵분열** : 염색 분체만 분리되어 핵상의 변화가 없다($2n \rightarrow 2n$). 암기

시기	특징
전기	• 염색사가 염색체로 응축되고, 핵막과 인이 사라진다. • 양극의 중심체에서 뻗어 나온 방추사가 염색체의 동원체에 결합하여 염색체를 적도면으로 이동시킨다.
중기	염색체가 세포 중앙의 적도면에 배열된다.
후기	방추사가 짧아지면서 염색 분체가 세포의 양극으로 이동한다.
말기	• 염색체는 염색사로 풀어지고, 핵막과 인이 나타나 2개의 딸핵이 만들어진다. • 방추사가 사라지고, 세포질 분열이 시작된다.

체세포 분열 시 염색체의 변화 암기

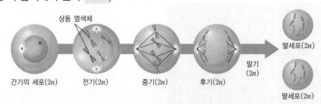

2. **세포질 분열** : 핵분열 말기가 끝날 무렵 일어나 2개의 딸세포가 생성됨.
   1) **동물 세포** : 적도면 부위에서 세포막이 안쪽으로 들어가(세포막 함입) 세포질이 분리된다.
   2) **식물 세포** : 세포의 중앙에 세포판이 형성된 후 바깥쪽으로 자라 세포질이 분리된다.

▶ **간기**
분열기와 분열기 사이의 기간이다.
물질대사가 활발하게 일어나며 세포
주기의 대부분을 차지한다. 유전 물질은
염색사 형태로 존재한다.
① G_1기 : 단백질을 합성하며 세포가 생장.
② S기 : DNA 복제가 일어남.
③ G_2기 : 방추사를 구성하는 단백질 합성
   등 세포 분열을 준비.

▶ **분열기(M기)**
간기에 비해 짧고 염색체를 관찰할 수
있다.
① 핵분열 과정은 전기, 중기, 후기, 말기로
   구분된다.
② 세포질 분열: 세포질이 분리되어 두
   개의 딸세포가 만들어진다.

▶ 체세포 분열 시 DNA양 변화 암기

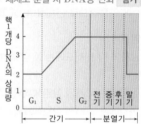

▶ **체세포 분열의 의의**
① 발생 : 수정란이 개체로 됨.
② 생장 : 체세포의 수가 증가.
③ 재생 : 손상된 부위 다시 생성.
④ 생식 : 단세포 생물의 생식.

1 염색체의 구조

정답 ⑤ 정답률 87% 2020년 3월 학평 11번 문제편 160p

그림은 염색체의 구조를 나타낸 것이다.

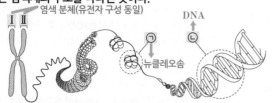

염색 분체(유전자 구성 동일)
Ⅰ Ⅱ
DNA
㉠ ㉡
뉴클레오솜

이에 대한 옳은 설명만을 <보기>에서 있는 대로 고른 것은?
(단, 돌연변이와 교차는 고려하지 않는다.)

보기 염색 분체

㉠ Ⅰ과 Ⅱ에 저장된 유전 정보는 같다.
뉴클레오솜(히스톤 단백질+DNA)
㉡ ㉠에 단백질이 있다.
㉢ ㉡은 뉴클레오타이드로 구성된다.
DNA 핵산(DNA 또는 RNA)의 기본 단위

① ㄱ ② ㄷ ③ ㄱ, ㄴ ④ ㄴ, ㄷ ✓⑤ ㄱ, ㄴ, ㄷ

|자|료|해|설|
Ⅰ과 Ⅱ는 염색 분체이고, 각각의 염색 분체는 간기의 S기 때 복제에 의해 형성된 동일한 두 DNA 분자가 각각 응축하여 형성된 것이므로 하나의 염색체를 이루는 두 염색 분체의 유전자 구성은 서로 동일하다. ㉡은 이중 나선 구조로 생물의 유전 정보를 담고 있는 DNA이고, DNA가 히스톤 단백질을 감고 있는 ㉠은 염색체 혹은 염색사를 구성하는 기본 단위인 뉴클레오솜이다.

|보|기|풀|이|
㉠ 정답 : Ⅰ과 Ⅱ는 염색 분체이고, 하나의 염색체를 이루는 염색 분체는 서로 유전자 구성이 동일하다.
㉡ 정답 : 뉴클레오솜(㉠)은 히스톤 단백질과 DNA로 이루어져 있으므로 ㉠에 단백질이 있다.
㉢ 정답 : DNA(㉡)의 기본 단위는 당, 염기, 인산이 1:1:1 비율로 구성된 뉴클레오타이드이다.

2 염색체의 구조

정답 ② 정답률 61% 2019년 3월 학평 6번 문제편 160p

그림은 어떤 사람의 염색체 구조를 나타낸 것이다. 이 사람의 특정 형질에 대한 유전자형은 Tt이고, T는 t와 대립 유전자이다. ⓐ는 단백질과 DNA 중 하나이다.
이에 대한 옳은 설명만을 <보기>에서 있는 대로 고른 것은? (단, 돌연변이와 교차는 고려하지 않는다.) 3점

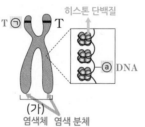

히스톤 단백질
T㉠ T
ⓐ DNA
(가)
염색체 염색 분체
(유전자 구성 동일)

보기

✗ ㉠은 대립 유전자 t이다. T
✗ 세포 주기의 간기에 (가)가 관찰된다. 염색체 분열기
㉢ ⓐ의 기본 단위는 뉴클레오타이드이다.
DNA

① ㄱ ✓②ㄷ ③ ㄱ, ㄴ ④ ㄱ, ㄷ ⑤ ㄴ, ㄷ

|자|료|해|설|
그림 (가)로 제시된 염색체를 구성하는 2개의 염색 분체는 간기 때 복제에 의해 형성된 동일한 두 DNA 분자가 각각 응축하여 형성된 것이다. 하나의 염색체를 이루는 염색 분체는 서로 유전자 구성이 동일하므로 ㉠은 T이다. ⓐ는 DNA이고, 2중 나선 DNA가 히스톤 단백질을 감고 있는 구조를 뉴클레오솜이라 한다.

|보|기|풀|이|
ㄱ. 오답 : 하나의 염색체를 이루는 염색 분체는 서로 유전자 구성이 동일하므로 ㉠은 대립 유전자 T이다.
ㄴ. 오답 : 염색체는 세포가 분열할 때 염색사가 응축되어 나타나는 막대 모양의 구조물이다. 따라서 세포 주기의 분열기(M기)에 염색체가 관찰된다.
㉢ 정답 : DNA(ⓐ)의 기본 단위는 뉴클레오타이드이다. 뉴클레오타이드는 핵산(DNA, RNA)을 구성하는 기본 단위이며, 염기, 당, 인산이 1:1:1로 구성되어 있다.

3 핵상과 핵형

정답 ① 정답률 79% 2023년 7월 학평 3번 문제편 160p

그림은 같은 종인 동물(2n=6) Ⅰ의 세포 (가)와 Ⅱ의 세포 (나) 각각에 들어 있는 모든 염색체를 나타낸 것이다. 이 동물의 성염색체는 암컷이 XX, 수컷이 XY이다.
이에 대한 설명으로 옳은 것만을 <보기>에서 있는 대로 고른 것은? (단, 돌연변이는 고려하지 않는다.)

X 염색체
㉠
Y 염색체
X
(가) → 2n, 암컷 (나) → n, 수컷

보기

㉠ Ⅱ는 수컷이다.
✗ ㉠은 상염색체이다. X 염색체
✗ (가)와 (나)의 핵상은 같다. 다르다
2n n

①ㄱ ② ㄴ ③ ㄱ, ㄷ ④ ㄴ, ㄷ ⑤ ㄱ, ㄴ, ㄷ

|자|료|해|설|
상동염색체가 존재하는 (가)의 핵상은 2n이고, 상동염색체가 존재하지 않는 (나)의 핵상은 n이다. (가)에 들어 있는 염색체 ㉠은 쌍을 이루면서 (나)에는 들어 있지 않으므로 X 염색체임을 알 수 있으며, 따라서 (가)와 달리 (나)에만 들어 있는 작은 검은색 염색체는 Y 염색체이다. 즉 Ⅰ은 암컷 개체이고, Ⅱ는 수컷 개체이다.

|보|기|풀|이|
㉠ 정답 : Ⅱ의 세포인 (나)가 Y 염색체를 가지므로 Ⅱ는 수컷이다.
ㄴ. 오답 : ㉠은 X 염색체이다.
ㄷ. 오답 : (가)의 핵상은 2n이고, (나)의 핵상은 n이다.

표는 유전체와 염색체의 특징을, 그림은 뉴클레오솜의 구조를 나타낸 것이다. ㉠과 ㉡은 유전체와 염색체를 순서 없이 나타낸 것이고, ⓐ와 ⓑ는 각각 DNA와 히스톤 단백질 중 하나이다.

구분	특징
염색체 ㉠	세포 주기의 분열기에만 관찰됨
유전체 ㉡	?

ⓐ 히스톤 단백질
ⓑ DNA

이에 대한 설명으로 옳은 것만을 〈보기〉에서 있는 대로 고른 것은?

보기
━━▶ 염색체
㉠ ㉠에 ⓐ가 있다.
  ━━▶ 히스톤 단백질
㉡ ⓑ는 이중 나선 구조이다.
㉢ ㉡은 한 생명체의 모든 유전 정보이다.
DNA   ┘   └━▶ 유전체

① ㉠   ② ㉡   ③ ㉠, ㉢   ④ ㉡, ㉢   ⑤ ㉠, ㉡, ㉢

|자|료|해|설|
세포 주기의 분열기에만 관찰되는 것은 염색체이므로 ㉠은 염색체이고, ㉡은 유전체이다. 유전체는 한 생명체의 모든 유전 정보를 의미한다. 그림에서 ⓐ는 히스톤 단백질이고, ⓑ는 DNA이다.

|보|기|풀|이|
㉠ 정답 : 염색체(㉠)는 뉴클레오솜으로 구성되어 있으므로 히스톤 단백질(ⓐ)을 포함한다.
㉡ 정답 : DNA(ⓑ)는 이중 나선 구조이다.
㉢ 정답 : 유전체(㉡)는 한 생명체의 모든 유전 정보를 의미한다.

😀 문제풀이 TIP | 염색체는 세포가 분열할 때 염색사가 응축되어 나타나는 막대 모양의 구조물이고, 유전체는 한 생명체의 모든 유전 정보이다.

그림 (가)는 동물 P(2n=4)의 체세포가 분열하는 동안 핵 1개당 DNA 양을, (나)는 P의 체세포 분열 과정의 어느 한 시기에서 관찰되는 세포를 나타낸 것이다.

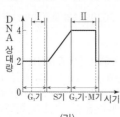
(가)

염색 분체
ⓐ   ⓑ

(나) ━▶ 체세포 분열 후기
       염색 분체 분리

이에 대한 설명으로 옳은 것만을 〈보기〉에서 있는 대로 고른 것은? (단, 돌연변이는 고려하지 않는다.)

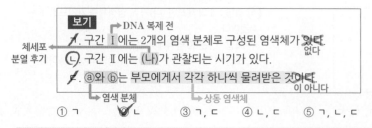
보기
     ━▶ DNA 복제 전
ㄱ. 구간 Ⅰ에는 2개의 염색 분체로 구성된 염색체가 있다.
체세포   없다
분열 후기
ㄴ. 구간 Ⅱ에는 (나)가 관찰되는 시기가 있다.
ㄷ. ⓐ와 ⓑ는 부모에게서 각각 하나씩 물려받은 것이다.
   ┘ 염색 분체   └▶ 상동 염색체   이 아니다

① ㄱ   ② ㄴ   ③ ㄱ, ㄷ   ④ ㄴ, ㄷ   ⑤ ㄱ, ㄴ, ㄷ

|자|료|해|설|
DNA 상대량이 2인 구간 Ⅰ은 G₁기에 포함되고, DNA 상대량이 4로 두 배인 구간 Ⅱ는 G₂~분열 후기에 해당한다. 그림 (나)는 체세포 분열 후기에 염색 분체가 분리되고 있는 세포를 나타낸 것으로 ⓐ와 ⓑ는 S기에 복제를 통해 만들어진 염색 분체이다.

|보|기|풀|이|
ㄱ. 오답 : 구간 Ⅰ은 DNA 복제(S기) 전의 시기이므로 2개의 염색 분체로 구성된 염색체가 존재하지 않는다.
㉡ 정답 : 구간 Ⅱ는 G₂기~분열 후기에 해당하므로 체세포 분열 후기의 세포인 (나)가 관찰되는 시기가 있다.
ㄷ. 오답 : ⓐ와 ⓑ는 S기에 복제되어 만들어진 염색 분체이며, 부모에게서 하나씩 물려받은 염색체는 상동 염색체이다.

😀 문제풀이 TIP | 세포 주기에 관한 기본적인 유형의 문항이다. 체세포 분열은 핵상의 변화가 없고 모세포와 딸세포의 유전자 구성이 동일하다. G₁기, S기, G₂기로 진행되는 간기와 전기, 중기, 후기, 말기로 진행되는 분열기에서 DNA 상대량의 변화를 이해하고, 세포 주기의 각 단계에서 염색체의 변화와 연관지어 설명할 수 있어야 한다.

그림은 동물 A($2n=8$)와 B($2n=6$)의 세포 (가)~(다) 각각에 있는 염색체 중 ㉠을 제외한 나머지를 모두 나타낸 것이다. A와 B는 성이 다르고, A와 B의 성염색체는 암컷이 XX, 수컷이 XY이다. ㉠은 X 염색체와 Y 염색체 중 하나이다.

(가) 수컷 B ($n=3$)   (나) 암컷 A ($n=4$)   (다) 수컷 B ($2n=6$)

이에 대한 옳은 설명만을 〈보기〉에서 있는 대로 고른 것은?
(단, 돌연변이는 고려하지 않는다.)

보기
ㄱ. ㉠은 X 염색체이다.
$n=3$
ㄴ. (가)에서 상염색체의 수는 3이다. (2)
ㄷ. (나)는 수컷의 세포이다. 암컷

① ㄱ   ② ㄴ   ③ ㄱ, ㄴ   ④ ㄱ, ㄷ   ⑤ ㄴ, ㄷ

| 자 | 료 | 해 | 설 |

염색체의 모양과 크기를 비교했을 때 (가)와 (다)는 같은 동물의 세포라는 것을 알 수 있다. (다)에서 ㉠을 제외한 염색체 수가 5이므로 (다)는 수컷의 세포이고 핵상은 $2n=6$이다. 따라서 (가)와 (다)는 B의 세포이며, (가)의 핵상은 $n=3$이다. 이때 (나)는 암컷인 A의 세포이므로 핵상은 $n=4$이다. 암컷의 세포인 (나)에서 염색체 ㉠이 표현되지 않았으므로 ㉠은 X 염색체이다.

| 보 | 기 | 풀 | 이 |

ㄱ. 정답 : 그림에 나타내지 않은 ㉠은 X 염색체이다.
ㄴ. 오답 : (가)의 핵상은 $n=3$이므로 상염색체의 수는 2이다.
ㄷ. 오답 : (나)는 암컷의 세포이다.

😮 **문제풀이 TIP** | 염색체의 모양과 크기를 비교하여 같은 동물의 세포를 찾을 수 있다. (다)의 염색체 수가 5라는 것을 통해 A와 B의 성별을 구분하고, ㉠을 알아낼 수 있다.

🙂 **출제분석** | 핵형과 핵상을 통해 세포를 구분하고, 그림에서 제외된 ㉠을 찾아야 하는 난도 '중'의 문항이다. X 염색체를 제외한 나머지 염색체를 모두 나타낸 비슷한 유형의 문항이 2021학년도 수능 6번으로 출제된 적이 있다.

그림은 같은 종인 동물($2n=6$) Ⅰ과 Ⅱ의 세포 (가)~(다) 각각에 들어 있는 모든 염색체를 나타낸 것이다. (가)는 Ⅰ의 세포이고, 이 동물의 성염색체는 암컷이 XX, 수컷이 XY이다.

상염색체

성염색체(XY)

성염색체(Y)   성염색체(XX)
Ⅰ(가) $n=3$ Ⅱ(나) $2n=6$ Ⅰ(다) $2n=6$

이에 대한 설명으로 옳은 것만을 〈보기〉에서 있는 대로 고른 것은?
(단, 돌연변이는 고려하지 않는다.)

보기
암컷
ㄱ. Ⅱ는 수컷이다.
ㄴ. (나)와 (다)의 핵상은 같다.
     $2n$ $2n$
ㄷ. ㉠에는 히스톤 단백질이 있다.

염색체(DNA와 히스톤 단백질로 구성)
① ㄱ   ② ㄴ   ③ ㄷ   ④ ㄱ, ㄷ   ⑤ ㄴ, ㄷ

| 자 | 료 | 해 | 설 |

(다)에 크기가 서로 다른 성염색체(XY)가 있으므로 (다)는 수컷의 세포이고, (나)에 크기가 같은 성염색체(XX)가 있으므로 (나)는 암컷의 세포이다. (가)에 Y 염색체가 있으므로 Ⅰ은 수컷이다. 정리하면 (가)와 (다)는 수컷(Ⅰ)의 세포이고, (나)는 암컷(Ⅱ)의 세포이다. (가)의 핵상은 n, (나)와 (다)의 핵상은 $2n$이다.

| 보 | 기 | 풀 | 이 |

ㄱ. 오답 : Ⅱ는 암컷이다.
ㄴ. 정답 : (나)와 (다)의 핵상은 $2n$으로 같다.
ㄷ. 정답 : 염색체(㉠)는 DNA와 히스톤 단백질로 구성되어 있다. 따라서 ㉠에는 히스톤 단백질이 있다.

😮 **문제풀이 TIP** | 핵상이 $2n$인 세포에서 상동 염색체끼리 짝을 지었을 때, 크기가 서로 다른 성염색체(XY)가 존재하면 그 세포는 수컷의 세포이다.

그림은 같은 종인 동물($2n=?$) Ⅰ과 Ⅱ의 세포 (가)~(다) 각각에 들어 있는 모든 염색체를 나타낸 것이다. (가)~(다) 중 1개는 Ⅰ의 세포이며, 나머지 2개는 Ⅱ의 세포이다. 이 동물의 성염색체는 암컷이 XX, 수컷이 XY이다. A는 a와 대립 유전자이고, ㉠은 A와 a 중 하나이다.

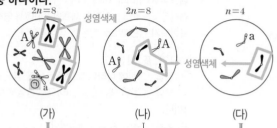

(가)   (나)   (다)
Ⅱ   Ⅰ   Ⅱ

이에 대한 설명으로 옳은 것만을 〈보기〉에서 있는 대로 고른 것은? (단, 돌연변이와 교차는 고려하지 않는다.) **3점**

보기
ㄱ. ㉠은 A이다.
ㄴ. (나)는 Ⅱ의 세포이다.
ㄷ. Ⅰ의 감수 2분열 중기 세포 1개당 염색 분체 수는 8이다.

$n=4$(염색체 수 : 4, 염색 분체 수 : 8)

① ㄴ   ② ㄷ   ③ ㄱ, ㄴ   ④ ㄱ, ㄷ   ⑤ ㄱ, ㄴ, ㄷ

|자|료|해|설|
(가)와 (나)의 핵상은 $2n$이고, (다)의 핵상은 n이다. (나)에서 크기와 모양이 다른 검은 염색체가 성염색체이다. 따라서 (나)는 수컷(XY)의 세포이고, (가)는 암컷(XX)의 세포이다. (다)는 대립 유전자 a를 가지므로 (가)의 ㉠은 a이고, (가)와 (다)는 Ⅱ의 세포이며 (나)는 Ⅰ의 세포이다.

|보|기|풀|이|
ㄱ. 오답 : (나)는 AA이므로 (다)의 대립 유전자 a는 (가)에 존재한다. 따라서 ㉠은 a이다.
ㄴ. 오답 : (가)와 (다)는 Ⅱ (암컷)의 세포이고, (나)는 Ⅰ (수컷)의 세포이다.
ㄷ. 정답 : 감수 2분열 중기 세포의 염색체는 복제된 상태이므로 2개의 염색 분체로 이루어져 있다. 따라서 Ⅰ의 감수 2분열 중기 세포($n=4$) 1개당 염색체 수는 4이므로 염색 분체 수는 8이다.

😮 문제풀이 T I P | 각각의 염색체가 쌍으로 있으면 핵상이 $2n$, 1개씩만 있으면 n이다.

😊 출제분석 | 핵형을 통해 성염색체를 구분하고, 대립 유전자의 종류로 같은 동물의 세포를 찾아야 하는 난도 '중'의 문항이다. 2019학년도 수능 5번, 2020학년도 9월 모평 13번 문항과 매우 유사하며, 비슷한 유형의 문항이 그동안 꾸준히 출제되어 왔기 때문에 문제 해결에 큰 어려움이 없었을 것이다.

그림은 같은 종인 동물($2n=?$) 개체 Ⅰ과 Ⅱ의 세포 (가)~(다) 각각에 들어 있는 모든 염색체를 나타낸 것이다. 이 동물의 성염색체는 암컷이 XX, 수컷이 XY이고, 유전 형질 ㉠은 대립유전자 A와 a에 의해 결정된다. (가)~(다) 중 1개는 암컷의, 나머지 2개는 수컷의 세포이고, Ⅰ의 ㉠의 유전자형은 aa이다.

(가) 수컷(Ⅱ)   (나) 암컷(Ⅰ)   (다) 수컷(Ⅱ)

이에 대한 설명으로 옳은 것만을 〈보기〉에서 있는 대로 고른 것은? (단, 돌연변이는 고려하지 않는다.) **3점**

보기
    암컷
ㄱ. Ⅰ은 수컷이다.
ㄴ. Ⅱ의 ㉠의 유전자형은 Aa이다.
ㄷ. (나)의 염색체 수는 (다)의 염색 분체 수와 같다.
    ⬇ 6개   ⬇ 6개

① ㄱ   ② ㄷ   ③ ㄱ, ㄴ   ④ ㄴ, ㄷ   ⑤ ㄱ, ㄴ, ㄷ

|자|료|해|설|
(가)와 (다)는 $n=3$, (나)는 $2n=6$이다. 핵상이 $2n$인 (나)에 포함된 상동 염색체들의 모양과 크기가 서로 같으므로 (나)는 암컷의 세포이며, (가)와 (다)는 수컷의 세포이다. 이때 (가)와 (다)가 각각 유전자 a, A를 가지므로 수컷의 ㉠의 유전자형은 Aa이고 개체 Ⅱ에 해당함을 알 수 있다. 따라서 암컷의 ㉠의 유전자형이 aa이고 개체 Ⅰ에 해당한다.

|보|기|풀|이|
ㄱ. 오답 : Ⅰ은 암컷이다.
ㄴ. 정답 : (가)와 (다)가 Ⅱ의 세포이며 ㉠의 유전자형은 Aa이다.
ㄷ. 정답 : (나)의 염색체 수와 (다)의 염색 분체 수는 6개로 같다.

😮 문제풀이 T I P | 암컷은 모양과 크기가 같은 X 염색체를 두 개 가지고 수컷은 모양과 크기가 다른 X, Y 염색체를 가지므로, 핵상이 $2n$인 세포의 상동 염색체의 크기와 모양을 비교하여 해당 개체의 성별을 확인할 수 있다. 염색체 수와 염색 분체 수를 혼동하지 않도록 유의한다.

그림은 세포 (가)~(다)에 들어 있는 모든 염색체를 나타낸 것이다.
(가)~(다) 각각은 개체 A($2n=4$)와 B($2n=8$)의 세포 중 하나이다.
A와 B의 성염색체는 모두 암컷이 XX, 수컷이 XY이다.

성염색체

(가)$n=4(2n=8)$ (나)$n=4(2n=8)$ (다) $2n=4$
B(수컷)   B(수컷)   A(암컷)

이에 대한 옳은 설명만을 〈보기〉에서 있는 대로 고른 것은?
(단, 돌연변이는 고려하지 않는다.) 3점

> **보기**
>   수컷
> ㄱ. B는 ~~암컷~~이다.
> ㄴ. (다)는 A의 세포이다.
> ㄷ. (가)와 (나)의 핵상은 모두 n이다.

① ㄱ   ② ㄷ   ③ ㄱ, ㄴ   ④ ㄱ, ㄷ   ✔ ㄴ, ㄷ

|자|료|해|설|
(가)와 (나)의 핵상은 모두 n이고 4개의 염색체가 들어있으므로 개체 B($2n=8$)의 세포이다. 또한 성염색체의 크기가 다르므로 B는 수컷이다. (다)는 개체 A($2n=4$)의 세포이고 성염색체의 크기가 같으므로 A는 암컷이다.

|보|기|풀|이|
ㄱ. 오답 : B는 성염색체의 크기가 다르므로 수컷이다.
ㄴ. 정답 : (다)는 개체 A($2n=4$)의 세포이다.
ㄷ. 정답 : (가)와 (나)의 핵상은 모두 n이다.

😀 **문제풀이 TIP** | 모양과 크기가 같은 상동 염색체가 존재하면 핵상이 $2n$, 상동 염색체가 존재하지 않으면 핵상이 n이다. 세포 (가)~(다)의 핵상을 통해 각 세포가 A와 B 중 무엇인지 먼저 알아내고, 크기가 다른 성염색체를 갖고 있는 개체가 수컷이라는 것을 적용하면 문제를 빠르게 해결할 수 있다.

😀 **출제분석** | 핵형과 핵상을 통해 각 개체의 세포를 알아내고 성별을 구분해야 하는 난도 '중하'의 문항이다. 주어진 자료를 비교하여 각 개체의 세포와 성별을 알아내는 이러한 문제는 개념을 확실히 알고 있어야 한다. 같은 개념을 적용하는 문제로 감수 분열 과정의 세포를 나열하고 각 단계의 세포를 유추하는 문제가 있다.

그림은 어떤 동물($2n=10$)에서 특정 형질에 대한 유전자형이
Tt인 개체의 세포 (가)와 (나) 각각에 들어 있는 모든 염색체를
나타낸 것이다. 이 동물의 성염색체는 수컷이 XY, 암컷이 XX이고,
T와 t는 대립 유전자이다.

염색 분체(유전자 구성 동일)

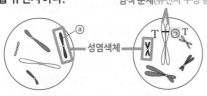

성염색체

(가)$n=5$ (나)$n=5$

이에 대한 설명으로 옳은 것만을 〈보기〉에서 있는 대로 고른 것은?
(단, 교차와 돌연변이는 고려하지 않는다.)

> **보기**
> ㄱ. ⓐ는 성염색체이다.
> ㄴ. ㉠은 대립 유전자 ~~t~~이다.
>   T
> ㄷ. (가)와 (나)의 염색체 수는 같다.

$n=5$(염색체 수 : 5개)
① ㄱ   ② ㄴ   ③ ㄱ, ㄴ   ✔ ㄱ, ㄷ   ⑤ ㄴ, ㄷ

|자|료|해|설|
(가)와 (나)의 핵상은 n이고, 염색체 수는 5이다. 이 동물은 성별에 따라 성염색체 구성이 다르므로 크기가 다른 검은색 염색체가 성염색체라는 것을 알 수 있다.
(나)에서 하나의 염색체를 이루는 염색 분체는 서로 유전자 구성이 동일하므로 ㉠은 T이다.

|보|기|풀|이|
ㄱ. 정답 : 이 동물은 성별에 따라 성염색체 구성이 다르므로 크기가 다른 검은색 염색체(ⓐ)가 성염색체이다.
ㄴ. 오답 : 하나의 염색체를 이루는 염색 분체는 서로 유전자 구성이 동일하므로 ㉠은 대립 유전자 T이다.
ㄷ. 정답 : (가)와 (나) 모두 염색체 수는 5이다.

😀 **문제풀이 TIP** | 염색체가 쌍으로 있으면 핵상이 $2n$이고, 1개씩만 있으면 n이다. 복제된 상태의 염색체를 이루는 염색 분체는 서로 유전자 구성이 동일하다.

그림은 세포 (가)와 (나) 각각에 들어 있는 모든 염색체를 나타낸 것이다. (가)와 (나)는 각각 동물 A($2n=6$)와 동물 B($2n=$?)의 세포 중 하나이다. 이에 대한 설명으로 옳은 것만을 〈보기〉에서 있는 대로 고른 것은? (단, 돌연변이는 고려하지 않는다.) 3점

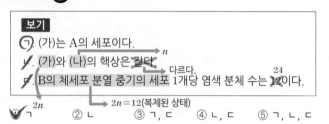

A   B($2n=12$)

(가) $2n=6$ (나) $n=6$

보기

ㄱ. (가)는 A의 세포이다.

ㄴ. (가)와 (나)의 핵상은 같다. → 다르다.

ㄷ. B의 체세포 분열 중기의 세포 1개당 염색 분체 수는 12이다. → 24

$2n$ n $2n=12$(복제된 상태)

① ㄱ   ② ㄴ   ③ ㄱ, ㄷ   ④ ㄴ, ㄷ   ⑤ ㄱ, ㄴ, ㄷ

|자|료|해|설|

(가)는 $2n=6$이므로 A의 세포이고, (나)는 $n=6$이므로 B($2n=12$)의 세포이다.

|보|기|풀|이|

ㄱ. 정답 : (가)는 $2n=6$이므로 A의 세포이다.

ㄴ. 오답 : (가)의 핵상은 $2n$이고, (나)의 핵상은 n이다.

ㄷ. 오답 : 체세포 분열 중기 세포의 핵상은 $2n$이고, 복제된 상태이므로 하나의 염색체는 두 개의 염색 분체로 구성된다. 따라서 B($2n=12$)의 체세포 분열 중기의 세포 1개당 염색 분체 수는 $12 \times 2 = 24$이다.

💡 **문제풀이 TIP** | (가)에는 크기와 모양이 같은 염색체가 쌍으로 존재하므로 (가)의 핵상은 $2n$이고, (나)는 1개씩만 있으므로 핵상이 n이다.

😀 **출제분석** | 주어진 세포의 핵형으로 핵상을 따져 각 동물의 세포를 구분해야 하는 난도 '중하'의 문항이다. 체세포 분열 시 핵상의 변화는 없으며, 체세포 분열 중기의 세포는 복제된 상태라는 것을 알고 있어야 문제를 해결할 수 있다. 더 나아가 감수 분열 중인 세포의 핵상, 염색체 수, 염색 분체 수를 구분할 수 있어야 난도 높은 문항의 출제를 대비할 수 있다.

그림은 어떤 동물 종($2n=6$)의 개체 Ⅰ과 Ⅱ의 세포 (가)~(다)에 들어 있는 모든 염색체를 나타낸 것이다. Ⅰ의 유전자형은 AaBb이고, Ⅱ의 유전자형은 AAbb이며, (나)와 (다)는 서로 다른 개체의 세포이다. 이 동물 종의 성염색체는 수컷이 XY, 암컷이 XX이다.

수컷 Ⅰ   암컷 Ⅱ(AAbb)   수컷 Ⅰ

→ Y 염색체   → X 염색체

(가) $n=3$ (나) $2n=6$ (다) $n=3$

이에 대한 옳은 설명만을 〈보기〉에서 있는 대로 고른 것은? (단, 돌연변이는 고려하지 않는다.) 3점

보기

ㄱ. Ⅰ은 수컷이다.

ㄴ. (다)는 Ⅱ의 세포이다. → Ⅰ

ㄷ. Ⅱ의 체세포 분열 중기의 세포 1개당 염색 분체 수는 12이다. $2n=6$ $6 \times 2 = 12$

① ㄱ   ② ㄴ   ③ ㄱ, ㄷ   ④ ㄴ, ㄷ   ⑤ ㄱ, ㄴ, ㄷ

|자|료|해|설|

(나)의 핵상은 $2n$이고, 유전자형이 AAbb이므로 (나)는 Ⅱ의 세포이다. (나)에서 상동 염색체의 크기가 서로 같으므로 Ⅱ는 성염색체 구성이 XX인 암컷이다. (나)와 (다)는 서로 다른 개체의 세포라고 했으므로 (다)는 Ⅰ의 세포이다. (가)는 a와 B를 포함하고 있으므로 Ⅰ의 세포이고, 이때 유전자가 표시되어 있지 않은 진회색의 염색체 크기가 (나)와 (다)에 포함된 염색체와 다르므로 이는 Y 염색체이며 Ⅰ은 수컷이라는 것을 알 수 있다.

|보|기|풀|이|

ㄱ. 정답 : Ⅰ은 Y 염색체를 가지고 있는 수컷이다.

ㄴ. 오답 : (다)는 Ⅰ의 세포이다.

ㄷ. 정답 : Ⅱ의 체세포 분열 중기 때 세포 1개당 6개의 염색체가 복제된 상태로 존재하므로 염색 분체의 수는 $6 \times 2 = 12$이다.

💡 **문제풀이 TIP** | 상동 염색체를 포함하는 (나)의 핵상은 $2n$이며, 유전자형을 통해 개체를 구분할 수 있다. X 염색체와 Y 염색체의 크기가 다르다는 특징을 이용하여 개체의 성별을 알아낼 수 있다.

😀 **출제분석** | 세포가 포함하고 있는 유전자와 성염색체의 종류를 토대로 각 세포가 어떤 개체의 세포인지, 그리고 각 개체의 성별이 무엇인지를 구분해야 하는 난도 '중'의 문항이다. 핵상이 $2n$인 세포 (나)의 유전자형을 통해 (나)가 Ⅱ의 세포라는 것을 알 수 있고, (나)와 (다)는 서로 다른 개체의 세포라는 조건이 주어졌으므로 문제를 쉽게 해결할 수 있다. 핵형을 통해 핵상을 구분하고, 성염색체를 토대로 성별을 구분하는 전형적인 유형의 문항이다.

그림은 같은 종인 동물(2n=?) A와 B의 세포 (가)~(다) 각각에 들어 있는 모든 상염색체와 ⓐ를 나타낸 것이다. (가)~(다) 중 1개는 A의, 나머지 2개는 B의 세포이며, 이 동물의 성염색체는 암컷이 XX, 수컷이 XY이다. ⓐ는 X 염색체와 Y 염색체 중 하나이다.

(가) $2n=6$, B(수)   (나) $2n=6$, A(암)   (다) $n=3$, B(수)

이에 대한 설명으로 옳은 것만을 〈보기〉에서 있는 대로 고른 것은? (단, 돌연변이는 고려하지 않는다.) **3점**

> **보기**
> ㄱ. A는 암컷이다. $2n$ / n
> ㄴ. (나)와 (다)의 핵상은 같다. → 다르다
> ㄷ. $\dfrac{\text{(다)의 염색 분체 수}}{\text{(가)의 상염색체 수}}=\dfrac{3}{4}$ → $\dfrac{3}{2}$

① ㄱ   ② ㄴ $\dfrac{3\times2}{4}=\dfrac{3}{2}$ ③ ㄷ   ④ ㄱ, ㄷ   ⑤ ㄴ, ㄷ

|자|료|해|설|

(가)와 (나)에는 각각 두 쌍의 상동 염색체가 나타나므로 (가)와 (나)의 핵상은 $2n$이다. 이때 ⓐ가 X 염색체라면 핵상이 $2n$인 세포에 ⓐ는 2개 혹은 0개 존재해야 한다. 그런데 핵상이 $2n$인 (가)에 쌍을 이루지 않고 1개만 존재하는 염색체가 있으므로 이 염색체가 ⓐ이며, 따라서 ⓐ는 Y 염색체이다. 즉, (가)는 수컷 개체의 세포임을 알 수 있다.

핵상이 $2n$인 (나)에 ⓐ가 없으므로 (나)는 암컷 개체의 세포로서 그림에 나타나지 않은 X 염색체를 2개 가지고 있다. 또한 (다)에는 상동 염색체 쌍이 존재하지 않으므로 (다)의 핵상은 n이며, ⓐ를 가지므로 수컷 개체의 세포이다. (가)~(다) 중 1개가 A의 세포, 2개가 B의 세포이므로 암컷 세포인 (나)가 A의 세포이고, 수컷의 세포인 (가)와 (다)가 B의 세포이다.

|보|기|풀|이|

ㄱ. 정답 : A는 암컷, B는 수컷이다.

ㄴ. 오답 : (나)의 핵상은 $2n$, (다)의 핵상은 n으로 다르다.

ㄷ. 오답 : (다)의 염색 분체 수는 6, (가)의 상염색체 수는 4이므로 $\dfrac{\text{(다)의 염색 분체 수}}{\text{(가)의 상염색체 수}}=\dfrac{3}{2}$이다.

🤓 **문제풀이 TIP** | ⓐ는 X 염색체와 Y 염색체 중 하나이므로 암컷과 수컷에서 다르게 나타난다. 가장 먼저 (가)에서 쌍을 이루지 않는 검은색 염색체가 Y 염색체라는 것을 파악하면 빠르게 문제를 해결할 수 있다.

그림은 동물 Ⅰ의 세포 (가)와 동물 Ⅱ의 세포 (나)에 들어 있는 모든 염색체를 나타낸 것이다. Ⅰ과 Ⅱ는 같은 종이며, 수컷의 성염색체는 XY, 암컷의 성염색체는 XX이다. Ⅰ과 Ⅱ의 특정 형질에 대한 유전자형은 모두 Aa이며, A와 a는 대립 유전자이다.

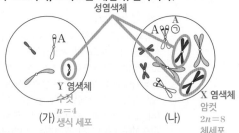

성염색체

Y 염색체   수컷   (가) $n=4$ 생식 세포   X 염색체 암컷 (나) $2n=8$ 체세포

이에 대한 설명으로 옳은 것만을 〈보기〉에서 있는 대로 고른 것은? (단, 돌연변이와 교차는 고려하지 않는다.) **3점**

> **보기**
> ㄱ. Ⅰ과 Ⅱ는 성이 다르다.   수컷 / 암컷
> ㄴ. ㉠은 대립 유전자 a이다. → A
> ㄷ. Ⅱ의 감수 1분열 중기 세포 1개당 2가 염색체의 수는 16이다. → 4 (상동 염색체 접합)

① ㄱ   ② ㄴ   ③ ㄷ   ④ ㄱ, ㄴ   ⑤ ㄱ, ㄷ

|자|료|해|설|

먼저 (가)와 (나)의 핵상을 분석하면, (가)는 모양과 크기가 같은 상동 염색체가 존재하지 않으므로 핵상은 n이고 염색체가 4개 존재하는 $n=4$인 생식 세포이고, (나)는 상동 염색체가 존재하므로 핵상은 $2n$이고 염색체가 8개 존재하는 $2n=8$인 체세포이다. Ⅰ과 Ⅱ가 같은 종이므로 핵형이 같은 점을 근거로 (가)와 (나)를 비교하여 성염색체를 찾아보면, 두 세포에서 유일하게 모양이 다른 검은 염색체가 성염색체임을 알 수 있다. (가)는 작은 검은 염색체를 가지므로 Y 염색체를 지닌 수컷이고, (나)는 모양과 크기가 동일한 검은 염색체가 2개 존재하므로 암컷이다.

|보|기|풀|이|

ㄱ. 정답 : (가)는 성염색체 Y가 관찰되는 생식 세포이므로 Ⅰ은 수컷이다. (나)는 성염색체 XX가 관찰되는 체세포이므로 Ⅱ는 암컷이다. 따라서 Ⅰ과 Ⅱ는 성이 다르다.

ㄴ. 오답 : 하나의 염색체를 이루는 두 개의 염색 분체는 유전자 구성이 동일하므로 ㉠은 대립 유전자 A이다.

ㄷ. 오답 : 2가 염색체는 상동 염색체가 접합한 형태이다. Ⅱ는 상동 염색체가 4쌍 존재하므로 2가 염색체의 수는 4이다.

🤓 **문제풀이 TIP** | 핵형과 핵상을 통해 세포의 종류를 판별하고, 염색 분체의 유전자 구성, 2가 염색체의 개념을 이해하고 있으면 문제를 쉽게 해결할 수 있다. 두 세포에서 크기가 다른 염색체를 통해 성을 판별하는 것은 전형적인 분석 형태의 문항으로 자료를 보자마자 파악할 수 있을 정도로 연습해야 한다. 또한 염색체, 염색 분체, 상동 염색체, 2가 염색체의 관계를 이해하고 있어야만 이를 응용하여 필요한 개수를 셀 수 있다. 이 4가지를 한 페이지에 그려놓고 스스로 비교해 보도록 하자.

😊 **출제분석** | 핵형과 핵상에 관한 문항으로 난도 '중하'에 해당한다. 배점이 3점이긴 하나 제시된 세포가 2개이며, 단서도 쉽게 찾을 수 있기 때문에 쉽게 문제 풀이가 가능하다. 특이한 것은 보기 ㄷ에서 2가 염색체의 수를 물어본 점이다. 2가 염색체의 정의만 정확히 기억한다면 무리 없이 풀 수 있다.

그림은 같은 종인 동물(2n=6) Ⅰ과 Ⅱ의 세포 (가)~(라) 각각에
들어 있는 모든 염색체를 나타낸 것이다. (가)~(라) 중 2개는 Ⅰ의
세포이고, 나머지 2개는 Ⅱ의 세포이다. 이 동물의 성염색체는
암컷이 XX, 수컷이 XY이다. 이 동물 종의 특정 형질은 대립 유전자
A와 a, B와 b에 의해 결정되며, Ⅰ의 유전자형은 AaBB이고, Ⅱ의
유전자형은 AABb이다. ㉠은 B와 b 중 하나이다.

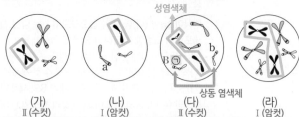

(가)   (나)   (다)   (라)
Ⅱ (수컷)   Ⅰ (암컷)   Ⅱ (수컷)   Ⅰ (암컷)

이에 대한 설명으로 옳은 것만을 <보기>에서 있는 대로 고른 것은?
(단, 돌연변이와 교차는 고려하지 않는다.) 3점

보기

n ← ㉠. ㉠은 B이다.   → $2n$ 다르다.
ㄴ. (가)와 (다)의 핵상은 같다.
ㄷ. (라)는 Ⅱ의 세포이다.   ← Ⅰ

① ㄱ   ② ㄴ   ③ ㄱ, ㄷ   ④ ㄴ, ㄷ   ⑤ ㄱ, ㄴ, ㄷ

|자|료|해|설|
(가)와 (나)의 핵상은 n이고, (다)와 (라)의 핵상은 $2n$이다.
(다)에서 크기와 모양이 다른 검은 염색체가 성염색체이다.
따라서 (다)는 수컷(XY)의 세포이고, (라)는 암컷(XX)의
세포이다. (다)는 대립 유전자 b를 가지므로 Ⅱ(AABb)의
세포이고, ㉠은 B이다. 정리하면 Ⅱ(AABb)는 수컷이고,
Ⅰ(AaBB)은 암컷이다. (나)는 대립 유전자 a를 가지므로
Ⅰ의 세포이고, 마지막 남은 (가)는 Ⅱ의 세포이다.

|보|기|풀|이|
㉠. 정답 : 핵상이 $2n$인 (다)는 대립 유전자 b를 가지므로
Ⅱ(AABb)의 세포이고, ㉠은 B이다.
ㄴ. 오답 : (가)의 핵상은 n이고, (다)의 핵상은 $2n$이다.
ㄷ. 오답 : 크기와 모양이 같은 성염색체를 가지는 (라)는
암컷의 세포이다. (다)는 크기와 모양이 다른 성염색체를
가지는 수컷의 세포이며, 대립 유전자 b를 가지므로 Ⅱ의
세포이다. 따라서 (라)는 Ⅰ의 세포이다.

😮 **문제풀이 TIP** | 각각의 염색체가 쌍으로 있으면 핵상이 $2n$,
1개씩만 있으면 n이다.

그림은 같은 종인 동물(2n=?) Ⅰ과 Ⅱ의 세포 (가)~(라) 각각에
들어 있는 모든 염색체를 나타낸 것이다. (가)~(라) 중 3개는
Ⅰ의 세포이고, 나머지 1개는 Ⅱ의 세포이다. 이 동물의 성염색체는
암컷이 XX, 수컷이 XY이다.

수컷(Ⅰ)   암컷(Ⅱ)   수컷(Ⅰ)   수컷(Ⅰ)

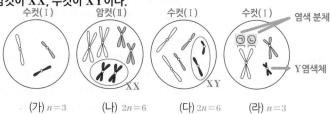

(가) $n=3$ (나) $2n=6$ (다) $2n=6$ (라) $n=3$

이에 대한 설명으로 옳은 것만을 <보기>에서 있는 대로 고른 것은?
(단, 돌연변이는 고려하지 않는다.)

보기

㉠. (가)는 Ⅰ의 세포이다.
ㄴ. ㉠은 ㉡의 상동 염색체이다.   → 염색 분체
㉢. Ⅱ의 감수 1분열 중기 세포 1개당 염색 분체 수는 12이다.
    $2n=6$ $6 \times 2 = 12$

① ㄱ   ② ㄴ   ③ ㄱ, ㄷ   ④ ㄴ, ㄷ   ⑤ ㄱ, ㄴ, ㄷ

|자|료|해|설|
(가)와 (라)의 핵상은 n이고, (나)와 (다)의 핵상은 $2n$이다.
상동 염색체의 크기가 서로 같은 (나)는 성염색체 구성이
XX인 암컷의 세포이고, 상동 염색체 중 크기가 서로 다른
염색체를 포함하는 (다)는 성염색체 구성이 XY인 수컷의
세포이다. X 염색체보다 Y 염색체의 크기가 더 작으며,
(라)에 Y 염색체가 포함되어 있으므로 (라)는 수컷의
세포이다. (가)~(라) 중 3개는 Ⅰ의 세포이고, 나머지
1개는 Ⅱ의 세포이므로 (나)는 암컷 Ⅱ의 세포이고 나머지
(가), (다), (라)는 수컷 Ⅰ의 세포이다. (라)에서 ㉠과 ㉡은
염색 분체이다.

|보|기|풀|이|
㉠. 정답 : (가), (다), (라)는 Ⅰ의 세포이다.
ㄴ. 오답 : ㉠과 ㉡은 염색 분체이다.
㉢. 정답 : Ⅱ의 감수 1분열 중기 때 세포 1개당 6개의
염색체가 복제된 상태로 존재하므로 염색 분체의 수는
$6 \times 2 = 12$이다.

😮 **문제풀이 TIP** | 상동 염색체를 포함하는 (나)와 (다)의 핵상은 $2n$이며, X 염색체와 Y 염색체의 크기가 다르다는 특징을 이용하여 개체의 성별을 알아낼 수 있다.

그림은 서로 다른 종인 동물 A(2n=8)와 B(2n=6)의 세포
(가)~(다) 각각에 들어 있는 모든 염색체를 나타낸 것이다. A와
B의 성염색체는 암컷이 XX, 수컷이 XY이다.

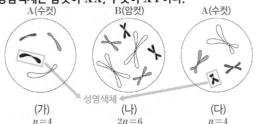

A(수컷)   B(암컷)   A(수컷)

성염색체

(가)   (나)   (다)
n=4   2n=6   n=4

이에 대한 옳은 설명만을 〈보기〉에서 있는 대로 고른 것은? (단,
돌연변이는 고려하지 않는다.)

보기
ㄱ. (가)는 A의 세포이다.
ㄴ. A와 B는 모두 암컷이다.
    수컷   암컷
ㄷ. (다)의 상염색체 수와 (다)의 염색체 수는 같다.
     4개   4개

① ㄱ   ② ㄴ   ③ ㄱ, ㄷ   ④ ㄴ, ㄷ   ⑤ ㄱ, ㄴ, ㄷ

|자|료|해|설|
(가)와 (다)의 핵상은 모두 n이고 4개의 염색체가
들어있으므로 동물 A(2n=8)의 세포이며, 성염색체의
크기가 다르므로 A는 수컷이다. 또한 (나)는 동물
B(2n=6)의 세포이고 성염색체의 크기가 같으므로 B는
암컷임을 알 수 있다.

|보|기|풀|이|
ㄱ. 정답 : (가)는 동물 A(2n=8)의 세포이다.
ㄴ. 오답 : 성염색체의 크기가 다른 A는 수컷, 성염색체의
크기가 같은 B는 암컷이다.
ㄷ. 정답 : (나)의 상염색체 수와 (다)의 염색체 수는 4로
같다.

😮 문제풀이 TIP | 모양과 크기가 같은 상동 염색체가 존재하면
핵상이 2n, 존재하지 않으면 핵상이 n이므로, 세포 (가)~(다)의
핵상과 염색체의 개수를 통해 각 세포가 동물 A와 B 중 무엇에
해당하는지 알아낼 수 있다. 또한 크기가 다른 성염색체를 가지고
있는 개체가 수컷임을 이용해 성별을 판단하도록 한다.

그림은 같은 종인 동물(2n=6) Ⅰ과 Ⅱ의 세포 (가)~(라) 각각에
들어 있는 모든 염색체를 나타낸 것이다. (가)~(라) 중 1개만 Ⅰ의
세포이며, 나머지는 Ⅱ의 G₁기 세포로부터 생식 세포가 형성되는
과정에서 나타나는 세포이다. 이 동물의 성염색체는 암컷이 XX,
수컷이 XY이다.

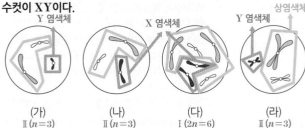

Y 염색체   X 염색체   Y 염색체   상염색체

(가)   (나)   (다)   (라)
Ⅱ(n=3)   Ⅱ(n=3)   Ⅰ(2n=6)   Ⅱ(n=3)

이에 대한 설명으로 옳은 것만을 〈보기〉에서 있는 대로 고른 것은?
(단, 돌연변이는 고려하지 않는다.)

    감수 분열이 끝난 생식 세포   거치지 않는다.

보기
ㄱ. (가)는 세포 주기의 S기를 거쳐 (라)가 된다.
ㄴ. (나)와 (라)의 핵상은 같다.
   n=3   n=3
ㄷ. (다)는 Ⅱ의 세포이다.
      Ⅰ(암컷)
     2n=6(4+XX)

① ㄱ   ② ㄴ   ③ ㄷ   ④ ㄱ, ㄴ   ⑤ ㄴ, ㄷ

|자|료|해|설|
세포 (가)~(라)에서 크기가 다른 검은 염색체가
성염색체이고 나머지는 상염색체이다. (다)는 같은 종류의
성염색체 두 개를 가지고 있으므로 암컷의 세포라는 것을
알 수 있다. (가)와 (라)에 들어 있는 크기가 작은
성염색체는 Y이며 이는 수컷의 세포이다. 문제에서
(가)~(라) 중 1개만 Ⅰ의 세포라고 했으므로 (다)만
Ⅰ(암컷)의 세포이고 나머지 (가), (나), (라)는 Ⅱ(수컷)의
세포이다. 또한 상동 염색체가 존재하는 (다)의 핵상은
2n이고 나머지 세포의 핵상은 모두 n이다.

|보|기|풀|이|
ㄱ. 오답 : 감수 분열이 끝난 생식 세포 (가)는 더 이상 세포
분열을 하지 않는다. 따라서 (가)는 세포 주기의 S기를
거치지 않는다.
ㄴ. 정답 : (나)와 (라)의 핵상은 n으로 같다.
ㄷ. 오답 : 세포 (가)~(라)에서 크기가 다른 검은 염색체가
성염색체이고, (다)는 같은 종류의 성염색체 두 개를
가지고 있으므로 암컷의 세포이다. (가)와 (라)에 들어 있는
성염색체는 Y이며 이는 수컷의 세포이다. 문제에서
(가)~(라) 중 1개만 Ⅰ의 세포라고 했으므로 (다)만
Ⅰ(암컷)의 세포이고 나머지 (가), (나), (라)는 Ⅱ(수컷)의
세포이다.

😮 문제풀이 TIP | 수컷의 성염색체(XY)의 크기가 다르다는 것을 이용하여 암컷과 수컷의 세포를 구분하자! 감수 분열이 끝난 생식 세포는 더 이상 세포 분열을 하지 않는다.

😄 출제분석 | 핵형을 분석하여 성염색체를 알아내고, 이를 통해 암컷과 수컷의 세포를 구분해야 하는 난도 '중'의 문항이다. '(가)~(라) 중 1개만 Ⅰ의 세포'라는 내용이 문제 해결에 가장 중요한 포인트이다. 그림만 보고 급하게 푼다면 시간이 더 걸릴 수 있으므로 문제를 읽으며 중요한 부분에는 표시하는 습관을 기르는 것이 좋다.

그림은 세포 (가)~(다) 각각에 들어 있는 모든 염색체를 나타낸 것이다. (가)~(다) 각각은 수컷 A와 암컷 B의 세포 중 하나이다. A와 B는 같은 종이고, 성염색체는 수컷이 XY, 암컷이 XX이다.

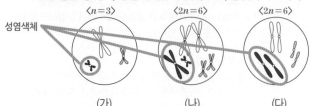

성염색체

⟨n=3⟩   ⟨2n=6⟩   ⟨2n=6⟩

(가)   (나)   (다)
수컷 A   수컷 A   암컷 B

이에 대한 설명으로 옳은 것만을 ⟨보기⟩에서 있는 대로 고른 것은? (단, 돌연변이는 고려하지 않는다.)

> **보기**
> ㄱ. (가)는 A의 세포이다.
> ㄴ. (가)와 (다)의 핵상은 모두 2n이다.
> ㄷ. X 염색체 수는 (나)와 (다)가 같다.
> 　　　　　　　　1개　　2개　다르다

① ㄱ   ② ㄴ   ③ ㄷ   ④ ㄱ, ㄴ   ⑤ ㄱ, ㄷ

| 자 | 료 | 해 | 설 |

(가)는 상동 염색체가 존재하지 않는 감수 2분열 전기~중기의 세포로 핵상은 n=3이다. (나)와 (다)는 상동 염색체가 존재하는 체세포로 핵상은 2n=6이다. (가)와 (나)는 복제된 상태로 각 염색체가 2개의 염색 분체로 이루어져 있다. 그림 (나)에서 검정색으로 색칠된 크기가 서로 다른 두 개의 염색체가 성염색체이며 나머지 4개는 상염색체이다. 따라서 (나)는 XY의 성염색체를 가지고 있는 수컷 A의 세포이며 (다)는 XX의 성염색체를 가지고 있는 암컷 B의 세포이다. 두 세포의 비교를 통해 크기가 큰 검정색 염색체가 X염색체이고 크기가 작은 검정색 염색체가 Y염색체라는 것을 알 수 있다. 또한 (가)는 크기가 작은 Y염색체를 하나 가지고 있는 것으로 보아 수컷 A의 감수 2분열 전기~중기의 세포라는 것을 알 수 있다.

| 보 | 기 | 풀 | 이 |

ㄱ. 정답 : (가)는 Y염색체 하나를 가지고 있으므로 수컷 A의 세포이다.
ㄴ. 오답 : (가)의 핵상은 n, (다)의 핵상은 2n으로 서로 핵상이 다르다.
ㄷ. 오답 : (나)의 X염색체 수는 1개, (다)의 X염색체 수는 2개로 서로 다르다.

😮 **문제풀이 T I P** | 세포 (나)에서 크기가 서로 다른 검정색 염색체가 성염색체라는 것, 이것이 수컷의 세포라는 것을 알면 쉽게 해결할 수 있는 문제이다. 핵상은 염색체의 조합 상태를 나타낸 것으로 각각의 염색체가 쌍으로 있으면 2n, 1개씩만 있으면 n이라 한다. 핵상은 염색체의 조합 상태일 뿐 DNA 양과 관련된 복제 상태와는 별개의 개념이다. 즉 (나)와 (다)의 DNA 양은 서로 다르지만 각각의 염색체가 쌍으로 존재하므로 핵상은 2n으로 같다.

어떤 동물 종(2n=6)의 유전 형질 ㉮는 2쌍의 대립유전자 A와 a, B와 b에 의해 결정된다. 그림은 이 동물 종의 암컷 Ⅰ과 수컷 Ⅱ의 세포 (가)~(라) 각각에 있는 염색체 중 X 염색체를 제외한 나머지 염색체와 일부 유전자를 나타낸 것이다. (가)~(라) 중 2개는 Ⅰ의 세포이고, 나머지 2개는 Ⅱ의 세포이다. 이 동물 종의 성염색체는 암컷이 XX, 수컷이 XY이다. ㉠~㉣은 A, a, B, b를 순서 없이 나타낸 것이다.

+X 염색체 1개   +X 염색체 1개   +X 염색체 1개   +X 염색체 2개

 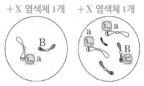

(가) 수컷 Ⅱ(n)   (나) 암컷 Ⅰ(n)   (다) 수컷 Ⅱ(2n)   (라) 암컷 Ⅰ(2n)

이에 대한 옳은 설명만을 ⟨보기⟩에서 있는 대로 고른 것은? (단, 돌연변이는 고려하지 않는다.)

> **보기**
> ㄱ. (가)는 Ⅱ의 세포이다.
>   Ⅰ
> ㄴ. ㉢은 B이다.
> ㄷ. Ⅱ는 ㉮의 유전자형이 aaBb이다.
>   aaBb

① ㄱ   ② ㄴ   ③ ㄷ   ④ ㄱ, ㄴ   ⑤ ㄴ, ㄷ

| 자 | 료 | 해 | 설 |

(다)에서 X 염색체를 제외한 나머지 염색체의 수가 5이므로 (다)는 수컷 Ⅱ의 세포이고, 검은색으로 나타낸 염색체가 Y 염색체라는 것을 알 수 있다. (라)에서 X 염색체를 제외한 나머지 염색체의 수가 4이므로 (라)는 암컷 Ⅰ의 세포이다. 핵상이 2n인 암컷 Ⅰ의 세포 (라)에서 회색 염색체는 모두 ㉢을 가지고 있는데 (가)의 회색 염색체에는 ㉠이 있으므로 (가)는 수컷 Ⅱ의 세포이고, 마지막 (나)는 암컷 Ⅰ의 세포이다. 따라서 ㉢은 B이고, ㉡은 a이다. ㉠은 ㉢과 같은 회색 염색체에 존재하므로 ㉠은 b이고, 마지막 ㉣은 A이다.
㉮의 유전자형을 정리하면 암컷 Ⅰ은 AaBB이고, 수컷 Ⅱ는 aaBb이다.

| 보 | 기 | 풀 | 이 |

ㄱ. 오답 : (가)는 수컷 Ⅱ의 세포이다.
ㄴ. 정답 : 암컷 Ⅰ의 세포인 (나)에 B가 있으므로 ㉢은 B이다.
ㄷ. 오답 : 수컷 Ⅱ는 ㉮의 유전자형이 aaBb이다.

😮 **문제풀이 T I P** | X 염색체를 제외한 나머지 염색체의 수가 5인 (다)는 수컷의 세포이고, 4인 (라)는 암컷의 세포이다. 염색체 위에 존재하는 유전자의 종류를 비교하여 각 세포와 유전자를 구분해 보자.

😀 **출제분석** | X 염색체를 제외한 나머지 염색체와 일부 유전자를 통해 각 세포와 유전자를 구분해야 하는 난도 '중'의 문항이다. 유전자의 기호가 ㉠~㉣로 제시되어 있어 난도가 높아 보이지만, 암컷과 수컷의 세포를 구분하고 나면 유전자를 쉽게 찾을 수 있다.

그림은 세포 (가)~(다) 각각에 들어 있는 모든 염색체를 나타낸 것이다. (가)~(다) 각각은 개체 A(2n=6)와 개체 B(2n=?)의 세포 중 하나이다. A와 B의 성염색체는 암컷이 XX, 수컷이 XY이다.

$n=6$ 　　　　　$2n=6$ 　　　　　$n=6(2n=12)$

(가) 　　　　　(나) 성염색체 　　　　　(다)
개체 B(수컷) 　　개체 A(암컷) 　　개체 B(수컷)

이에 대한 설명으로 옳은 것만을 〈보기〉에서 있는 대로 고른 것은? (단, 돌연변이는 고려하지 않는다.) **3점**

보기

ㄱ. (가)는 ~~A~~ B의 세포이다.

ㄴ. B는 수컷이다. → 크기가 다른 성염색체 XY를 가지고 있으므로 수컷이다

ㄷ. B의 감수 1분열 중기 세포 1개당 염색 분체 수는 ~~12~~ 24이다.

---

① ㄱ 　　② ✔ ㄴ 　　③ ㄷ 　　④ ㄱ, ㄴ 　　⑤ ㄴ, ㄷ

|자|료|해|설|
세포 (가)와 (다)의 핵상은 $n=6$으로, $2n=12$라는 것을 알 수 있다. 따라서 (가)와 (다)는 개체 B의 세포이고, (나)의 핵상은 $2n=6$으로 개체 A의 세포이다. 세포 (가)와 (다)의 염색체를 비교해보면, 검게 색칠 된 염색체의 크기가 서로 다르므로 이는 성염색체이다. 따라서 개체 B는 XY 염색체를 가지는 수컷이고 개체 A는 XX 염색체를 가지는 암컷이다.

|보|기|풀|이|
ㄱ. 오답 : (가)의 핵상은 $n=6(2n=12)$이므로 B의 세포이다.

ㄴ. 정답 : (가)와 (다)의 핵상은 $n=6(2n=12)$으로 B의 세포인데, (가)와 (다)에서 검게 색칠 된 염색체의 크기가 서로 다르므로 이것이 성염색체이며 B는 크기가 서로 다른 XY 염색체를 가지는 수컷이라는 것을 알 수 있다.

ㄷ. 오답 : B의 감수 1분열 중기 세포의 핵상은 $2n=12$이며 복제되어 있는 상태이다. 따라서 염색체 수는 12, 염색 분체 수는 24이다.

😀 **문제풀이 TIP** | 먼저 핵형 분석을 통해 (가)~(다)의 핵상을 알아낸 뒤, 각 세포가 개체 A와 B 중에서 어느 개체의 세포인지를 파악하고 수컷의 성염색체의 크기가 다르다는 것을 이용하여 각 개체의 성별을 구분해야 한다. 또한 체세포와 생식 세포의 세포 주기에 따라 염색체와 염색 분체의 수가 달라질 수 있다는 것을 기억하고 문제를 풀어야 한다.

😀 **출제분석** | 주어진 자료를 비교하여 각 개체의 세포와 성별을 알아내는 문제로 난도는 '중'에 해당한다. 핵형 분석을 통해 여러 가지 정보를 알아내야 하는 이러한 유형의 문제는 최근 자주 출제되고 있으며, 염색체에 대한 개념을 확실히 해두어야 실수 없이 문제를 풀 수 있다.

그림은 세포 (가)~(마) 각각에 들어 있는 모든 염색체를 나타낸 것이다. (가)~(마)는 각각 서로 다른 개체 A, B, C의 세포 중 하나이다. A와 B는 같은 종이고, B와 C는 수컷이다. A~C는 $2n=8$이며, A~C의 성염색체는 암컷이 XX, 수컷이 XY이다.

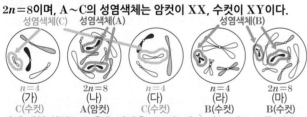

성염색체(C) 　성염색체(A) 　　　　　성염색체(B)

$n=4$ 　　$2n=8$ 　　$n=4$ 　　$n=4$ 　　$2n=8$
(가) 　　(나) 　　(다) 　　(라) 　　(마)
C(수컷) 　A(암컷) 　C(수컷) 　B(수컷) 　B(수컷)

이에 대한 설명으로 옳은 것만을 〈보기〉에서 있는 대로 고른 것은? (단, 돌연변이는 고려하지 않는다.) **3점**

보기

ㄱ. (라)는 B의 세포이다.

ㄴ. (가)와 (다)는 같은 개체의 세포이다.

ㄷ. 세포 1개당 $\dfrac{\text{X 염색체 수}}{\text{상염색체 수}}$의 값은 (나)가 (마)의 2배이다.

$\dfrac{2}{6}$　$\dfrac{1}{6}$

---

① ㄱ 　　② ㄷ 　　③ ㄱ, ㄴ 　　④ ㄴ, ㄷ 　　⑤ ✔ ㄱ, ㄴ, ㄷ

|자|료|해|설|
수컷의 경우 성염색체의 크기가 다르다는 것을 고려하여 같은 개체, 같은 종의 세포를 찾아야 한다. (가)와 (다)에서 크기가 다른 하나의 염색체는 성염색체이고, 나머지 염색체의 크기와 모양이 같으므로 (가)와 (다)는 같은 개체의 세포임을 알 수 있다.
(나), (라), (마)를 비교하면 성염색체를 제외한 염색체의 크기와 모양이 같으므로 (나), (라), (마)는 같은 종의 세포이다. (나)는 염색체 쌍의 크기와 모양이 모두 같으므로 암컷인 A의 세포이고, (라)와 (마)는 Y 염색체를 가지고 있는 수컷인 B의 세포이다. (가)와 (다)는 (나), (라), (마)와 동일한 염색체가 없으므로 A, B와 다른 종인 수컷 C의 세포이다.

|보|기|풀|이|
ㄱ. 정답 : (나), (라), (마)는 같은 종의 세포이고, (라)는 Y 염색체를 가지고 있는 수컷인 B의 세포이다.

ㄴ. 정답 : (가)와 (다)는 모두 C의 세포이므로 같은 개체의 세포이다.

ㄷ. 정답 : (나)는 상염색체를 6개, X 염색체를 2개 가지고 있으며, (마)는 상염색체를 6개, X 염색체를 1개 가지고 있다. 그러므로 세포 1개당 $\dfrac{\text{X 염색체 수}}{\text{상염색체 수}}$의 값은 (나)가 $\dfrac{2}{6}$, (마)가 $\dfrac{1}{6}$이다. 따라서 (나)가 (마)의 2배이다.

😀 **문제풀이 TIP** | 크기와 모양이 유사한 공통의 염색체가 있는 세포를 찾아 같은 종의 세포를 구분한다. 같은 종의 세포에서 크기가 같은 성염색체 구성을 가지고 있으면 암컷(XX), 크기가 다른 성염색체 구성을 가지고 있으면 수컷(XY)이다.

😀 **출제분석** | 핵형을 통해 같은 종의 세포를 찾고 성염색체를 구분하여 성별을 알아내야 하는 난도 '중'의 문항이다. 최근 3개년 모평과 수능에서 꾸준히 출제된 만큼 핵형 분석 방법을 확실하게 익혀두어야 한다.

IV
1
01.
유전자와 염색체

그림은 서로 다른 종인 동물 A($2n=\overset{6}{?}$)와 B($2n=\overset{8}{?}$)의 세포 (가)~(다) 각각에 들어 있는 염색체 중 X 염색체를 제외한 나머지 염색체를 모두 나타낸 것이다. (가)~(다) 중 2개는 A의 세포이고, 나머지 1개는 B의 세포이다. A와 B는 성이 다르고, A와 B의 성염색체는 암컷이 XX, 수컷이 XY이다.

　　　　　　　　　　　　　　　　　　　　Y 염색체

(가) $n=3$　　(나) $n=4$　　(다) $2n=6$ → X 염색체를 포함한 염색체 수
A(수컷)　　　B(암컷)　　　A(수컷)

이에 대한 설명으로 옳은 것만을 〈보기〉에서 있는 대로 고른 것은? (단, 돌연변이는 고려하지 않는다.)

보기
ㄱ. (가)와 (다)의 핵상은 ~~같다.~~ → n / $2n$ 다르다.
ㄴ. A는 수컷이다.
ㄷ. B의 체세포 분열 중기의 세포 1개당 염색 분체 수는 16이다.
　　$2n=8$　　　　$8×2=16$

① ㄱ　② ㄴ　③ ㄱ, ㄷ　④ ㄴ, ㄷ ✓　⑤ ㄱ, ㄴ, ㄷ

|자|료|해|설|
(다)에서 가장 큰 회색 염색체와 중간 크기의 흰색 염색체는 쌍을 이루는 반면, 가장 작은 검은색 염색체는 하나만 존재하므로 이 염색체가 Y 염색체라는 것을 알 수 있다. 따라서 그림에 나타나있지 않은 X 염색체를 포함한 (다)의 핵상은 $2n=6$이고, (다)는 수컷의 세포이다. (가)에 포함된 가장 큰 회색 염색체와 중간 크기의 흰색 염색체는 (다)에 포함된 염색체와 동일하므로 (가)와 (다)는 A(수컷)의 세포이고, (나)는 B(암컷)의 세포이다. (가)와 (나)의 핵상은 n이고, 그림에 나타나있지 않은 X 염색체를 포함한 염색체 수를 함께 나타내면 (가)는 $n=3$이고, (나)는 $n=4$이다. 따라서 수컷인 A는 $2n=6$이고, 암컷인 B는 $2n=8$이다.

|보|기|풀|이|
ㄱ. 오답 : (가)의 핵상은 n이고, (다)의 핵상은 $2n$이다.
ㄴ. 정답 : A는 Y 염색체를 갖는 수컷이다.
ㄷ. 정답 : B($2n=8$)의 체세포 분열 중기 세포의 핵상은 $2n$이고, 복제된 상태이므로 하나의 염색체는 두 개의 염색 분체로 구성된다. 따라서 B의 체세포 분열 중기의 세포 1개당 염색 분체 수는 $8×2=16$이다.

😀 **문제풀이 TIP** | 그림은 (가)~(다) 각각에 들어 있는 염색체 중 X 염색체를 제외한 나머지 염색체를 나타냈다는 것을 주의하자. 가장 먼저 (다)에서 쌍을 이루지 않는 가장 작은 검은색 염색체가 Y 염색체라는 것을 알아내면 문제를 빠르게 해결할 수 있다.

😀 **출제분석** | X 염색체를 제외한 나머지 염색체를 나타냈다는 새로운 조건이 제시된 신유형의 문항으로 난도는 '상'에 해당한다. 핵상은 비교적 빠르게 알아낼 수 있지만, 세포 (가)~(다)에 포함된 전체 염색체 수를 따질 때 그림에 표현되지 않은 X 염색체를 고려하지 못해 실수했을 가능성이 크다. 문제를 빠르게 풀기 위해 그림부터 보는 학생들이 많은데, 이러한 유형의 문항을 대비해서라도 문제를 먼저 읽고 제시된 조건을 파악하는 것이 중요하다.

어떤 동물($2n=6$)의 유전 형질 ⓐ는 대립유전자 R와 r에 의해 결정된다. 그림 (가)와 (나)는 이 동물의 암컷 Ⅰ의 세포와 수컷 Ⅱ의 세포를 순서 없이 나타낸 것이다. Ⅰ과 Ⅱ를 교배하여 Ⅲ과 Ⅳ가 태어났으며, Ⅲ은 R와 r 중 R만, Ⅳ는 r만 갖는다. 이 동물의 성염색체는 암컷이 XX, 수컷이 XY이다.

암컷 Ⅰ　　　수컷 Ⅱ

X 염색체　　　　　Y 염색체
（가）　　　　（나）
$2n=6$　　　$n=3$

Ⅰ —— Ⅱ
Rr　①RY ②_Y
Ⅲ　　Ⅳ
①RR — rY
②RY — rr, rY

이에 대한 옳은 설명만을 〈보기〉에서 있는 대로 고른 것은? (단, 돌연변이는 고려하지 않는다.)

보기
ㄱ. (나)는 Ⅱ의 세포이다.
ㄴ. Ⅰ의 ⓐ의 유전자형은 Rr이다.
ㄷ. ~~Ⅲ과 Ⅳ는 모두 암컷이다.~~ → Ⅲ와 Ⅳ는 모두 암컷일 수 없다. 이 아니다

① ㄱ　② ㄷ　③ ㄱ, ㄴ ✓　④ ㄴ, ㄷ　⑤ ㄱ, ㄴ, ㄷ

|자|료|해|설|
(가)의 핵상은 $2n=6$이고, 상동 염색체의 모양과 크기가 모두 같으므로 XX의 성염색체 구성을 갖는 암컷 Ⅰ의 세포이다. (나)의 핵상은 $n=3$이고, (가)에 존재하지 않는 Y 염색체가 있으므로 (나)는 수컷 Ⅱ의 세포이다. 유전 형질 ⓐ를 결정하는 대립유전자 R과 r은 X 염색체에 존재하며, R만 갖는 Ⅲ과 r만 갖는 Ⅳ가 태어났으므로 Ⅲ과 Ⅳ에게 X 염색체를 하나씩 주는 암컷 Ⅰ은 R과 r를 모두 가져야 한다. 따라서 암컷 Ⅰ의 ⓐ에 대한 유전자형은 Rr이다. ① Ⅲ이 암컷이라면 유전자형은 RR이므로 수컷 Ⅱ는 RY이다. 이때, Ⅳ는 r만 가지는데 수컷에게서 r을 받을 수 없으므로 유전자형이 rr인 암컷이 아닌 rY인 수컷이다. ② Ⅲ이 수컷이라면 Ⅲ의 유전자형은 RY이고, 수컷 Ⅱ은 RY와 rY 모두 가능하다. 따라서 Ⅳ는 유전자형이 rr인 암컷, rY인 수컷 모두 가능하다.

|보|기|풀|이|
ㄱ. 정답 : (나)는 Y 염색체를 포함하고 있으므로 수컷 Ⅱ의 세포이다.
ㄴ. 정답 : R만 갖는 Ⅲ과 r만 갖는 Ⅳ가 태어났으므로 암컷 Ⅰ의 ⓐ에 대한 유전자형은 Rr이다.
ㄷ. 오답 : Ⅲ가 암컷(RR)이라면 Ⅳ은 수컷(rY)이고, Ⅲ가 수컷(RY)이라면 Ⅳ은 암컷(rr) 또는 수컷(rY)이다. 그러므로 Ⅲ과 Ⅳ는 모두 암컷일 수 없다.

😀 **문제풀이 TIP** | $2n=6$인 (가)에 존재하는 상동 염색체의 모양과 크기가 모두 같으므로 (가)는 암컷 Ⅰ의 세포이고, (나)는 수컷 Ⅱ의 세포이다. (가)와 (나)를 비교했을 때 모양과 크기가 다른 염색체가 성염색체이다.

그림은 서로 다른 종인 동물(2n=?) A~C의 세포 (가)~(라) 각각에 들어 있는 모든 염색체를 나타낸 것이다. (가)~(라) 중 2개는 A의 세포이고, A와 B의 성은 서로 다르다. A~C의 성염색체는 암컷이 XX, 수컷이 XY이다.

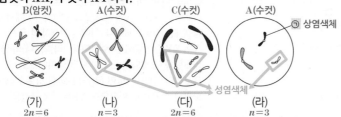

B(암컷)   A(수컷)   C(수컷)   A(수컷)
ⓕ 상염색체
성염색체
(가)   (나)   (다)   (라)
2n=6   n=3   2n=6   n=3

이에 대한 설명으로 옳은 것만을 <보기>에서 있는 대로 고른 것은? (단, 돌연변이는 고려하지 않는다.)

보기

ㄱ. (가)는 ~~B~~C의 세포이다.
ㄴ. ㉠은 상염색체이다.
ㄷ. $\dfrac{(다)의 성염색체 수}{(나)의 염색 분체 수} = \dfrac{2}{6} = \dfrac{1}{3}$ 이다.

① ㄱ   ✔② ㄴ   ③ ㄷ   ④ ㄱ, ㄷ   ⑤ ㄴ, ㄷ

|자|료|해|설|

(가)와 (다)는 2n=6이고, (나)와 (라)는 n=3이다. (가)~(다)에 포함된 염색체의 모양과 크기를 비교했을 때 (가), (나), (다)는 서로 다른 종의 세포라는 것을 알 수 있다. (나)와 (라)를 비교하면 흰색 염색체만 형태가 다르므로 (나)와 (라)는 A의 세포이고, A는 수컷이다. (나)와 (라)에서 흰색 염색체가 성염색체이므로 ㉠은 상염색체이다.

핵상이 2n인 (가)에 포함된 상동 염색체의 모양과 크기가 서로 같으므로 (가)는 XX 구성을 갖는 암컷이고, (다)는 회색 상동 염색체의 형태가 다르므로 XY 구성을 갖는 수컷이다. A와 B의 성은 서로 다르므로 암컷인 (가)는 B의 세포이고, 수컷인 (다)는 C의 세포이다.

|보|기|풀|이|

ㄱ. 오답 : (가)는 B의 세포이다.
ㄴ. 정답 : (라)에서 흰색 염색체가 성염색체이므로 ㉠은 상염색체이다.
ㄷ. 오답 : (다)의 성염색체 수는 2이고 (나)의 염색 분체 수는 6이므로 $\dfrac{(다)의 성염색체 수}{(나)의 염색 분체 수} = \dfrac{1}{3}$ 이다.

👀 **문제풀이 T I P |** 염색체의 형태를 비교하여 A, B, C의 세포를 구분하고, 같은 종의 세포들에서 색은 같으나 크기가 다른 염색체는 성염색체임을 이용해 각 개체의 성별을 파악해보자.

👀 **출제분석 |** 핵형 분석을 통해 A~C의 세포, 상염색체와 성염색체, 암컷과 수컷의 세포를 구분해야 하는 난도 '중'의 문항이다. 문제에 제시된 '(가)~(라) 중 2개는 A의 세포이고, A와 B의 성은 서로 다르다.'라는 조건을 통해 각 종의 세포를 쉽게 구분할 수 있다. 이와 비슷한 유형의 문항이 당해 연도 3월 학평, 4월 학평, 9월 모평, 10월 학평에 출제되었다.

그림은 동물(2n=6) Ⅰ~Ⅲ의 세포 (가)~(라) 각각에 들어 있는 모든 염색체를 나타낸 것이다. Ⅰ~Ⅲ은 2가지 종으로 구분되고, (가)~(라) 중 2개는 암컷의, 나머지 2개는 수컷의 세포이다. Ⅰ~Ⅲ의 성염색체는 암컷이 XX, 수컷이 XY이다. 염색체 ⓐ와 ⓑ 중 하나는 상염색체이고, 나머지 하나는 성염색체이다. ⓐ와 ⓑ의 모양과 크기는 나타내지 않았다.

(가), (나), (라)
(다)

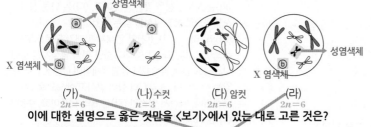

상염색체
ⓐ   ⓐ   성염색체
X 염색체   ⓑ   ⓑ   X 염색체
(가)   (나)수컷   (다) 암컷   (라)
2n=6   n=3   2n=6   2n=6
암컷 or 수컷

이에 대한 설명으로 옳은 것만을 <보기>에서 있는 대로 고른 것은? (단, 돌연변이는 고려하지 않는다.)

보기

ㄱ. ⓑ는 X 염색체이다.
ㄴ. (나)는 ~~암컷~~수컷의 세포이다.
ㄷ. (가)를 갖는 개체와 (다)를 갖는 개체의 핵형은 ~~같다~~다르다.

→ 염색체 상의 특성(염색체의 수, 모양, 크기 등)

✔① ㄱ   ② ㄴ   ③ ㄷ   ④ ㄱ, ㄴ   ⑤ ㄴ, ㄷ

|자|료|해|설|

(다)에 포함된 흰색 염색체의 크기가 (가), (나), (라)에 포함된 흰색 염색체의 크기와 다르다. 따라서 (가), (나), (라)는 같은 종의 세포이고 (다)는 이와 다른 종의 세포이다. (가)에 포함된 검은색 염색체의 크기가 (나), (라)에 포함된 검은색 염색체의 크기와 다르므로 이 검은색 염색체가 성염색체이고, (가)와 (라)는 서로 다른 종류의 성염색체를 가진다. 이때 ⓑ가 Y 염색체라고 가정하면, (가)와 (라)는 각각 XY, YY 중 하나의 조합을 갖게 되므로 모순이다. 따라서 ⓑ는 X 염색체이고, ⓐ는 회색으로 표현되는 상염색체이다.

핵상이 2n인 (다)에서 성염색체의 크기가 같으므로 (다)는 암컷의 세포이다. (가)와 (라)에 포함된 검은색 염색체 중 크기가 작은 염색체가 X 염색체라면 (가)는 수컷, (라)는 암컷의 세포이고, (가)와 (라)에 포함된 검은색 염색체 중 크기가 큰 염색체가 X 염색체라면 (가)는 암컷, (라)는 수컷의 세포이다. (가)~(라) 중 2개는 암컷의, 나머지 2개는 수컷의 세포이므로 (나)는 수컷의 세포이다.

|보|기|풀|이|

ㄱ. 정답 : ⓐ는 회색으로 표현되는 상염색체이고, ⓑ는 X 염색체이다.
ㄴ. 오답 : (나)는 수컷의 세포이다.
ㄷ. 오답 : 핵형은 세포에 들어 있는 염색체 상의 특성으로 염색체의 수, 모양, 크기 등을 말한다. (가)를 갖는 개체와 (다)를 갖는 개체는 서로 다른 종이므로 핵형이 다르다.

👀 **문제풀이 T I P |** 흰색 염색체의 크기를 비교하여 2가지 종의 세포를 구분할 수 있으며, 같은 종의 두 세포에서 색은 같으나 크기가 다른 염색체가 성염색체이다. (가)~(라) 중 2개는 암컷의, 나머지 2개는 수컷의 세포라는 조건을 활용하여 (나)의 성별을 알 수 있다.

Ⅳ
1
1.
01.
유전자와 염색체

그림은 동물 A(2n=6)와 B(2n=6)의 세포 (가)~(라) 각각에 들어 있는 모든 염색체를 나타낸 것이다. A와 B의 성염색체는 암컷이 XX, 수컷이 XY이고, (가)는 A의 세포이다.

A(수컷)　B(암컷)　A(수컷)　B(암컷)
성염색체
(가)　　(나)　　(다)　　(라)
n=3　　n=3　　n=3　　2n=6

이에 대한 옳은 설명만을 〈보기〉에서 있는 대로 고른 것은? (단, 돌연변이는 고려하지 않는다.) **3점**

보기
ㄱ. A는 ~~암컷이다.~~ 수컷
ㄴ. A와 B는 ~~같은~~ 종이다. 다른
ㄷ. (나)와 (다)의 핵상은 같다.
　　　n=3　n=3

① ㄱ　　② ㄴ　　✓③ ㄷ　　④ ㄱ, ㄴ　　⑤ ㄴ, ㄷ

|자|료|해|설|
(가)~(다)는 n=3이고, (라)는 2n=6이다. (가)는 A의 세포라고 제시되었으며, (나)와 (가)의 염색체를 비교했을 때 모양과 크기가 모두 다르므로 (나)는 B의 세포이다. (가)와 (다)를 비교했을 때 검은색 염색체만 형태가 다르므로 (다)는 A의 세포이고, (가)와 (다)에서 검은색 염색체는 성염색체이다. 이때 성염색체의 크기가 다르므로 A는 XY 구성을 갖는 수컷이다. (라)와 (나)의 염색체를 비교했을 때 모양과 크기가 모두 일치하므로 (라)는 B의 세포이다. 핵상이 2n인 (라)에 포함된 상동 염색체의 모양과 크기가 서로 같으므로 B는 XX 구성을 갖는 암컷이다.

|보|기|풀|이|
ㄱ. 오답 : A는 XY 구성을 갖는 수컷이다.
ㄴ. 오답 : A와 B의 핵형이 다르므로 서로 다른 종이다.
ㄷ. 정답 : (나)와 (다)의 핵상은 n으로 같다.

😮 **문제풀이 TIP |** 염색체의 형태를 비교하여 2가지 종의 세포를 구분할 수 있다. 같은 종의 세포들에서 색은 같으나 크기가 다른 염색체는 성염색체임을 이용해 각 개체의 성별을 파악해보자.

😊 **출제분석 |** 핵형 분석을 통해 A와 B, 상염색체와 성염색체, 암컷과 수컷의 세포를 구분해야 하는 문항이다. 핵형과 핵상 단원의 이전 기출 문제와 비교했을 때 난도가 낮은 문항이기 때문에 빠른 시간 내에 해결할 수 있어야 한다.

그림은 동물 세포 (가)~(라) 각각에 들어 있는 모든 염색체를 나타낸 것이다. (가)~(라)는 각각 서로 다른 개체 A, B, C의 세포 중 하나이다. A와 B는 같은 종이고, A와 C의 성은 같다. A~C의 핵상은 모두 2n이며, A~C의 성염색체는 암컷이 XX, 수컷이 XY이다.

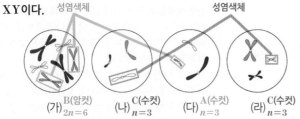
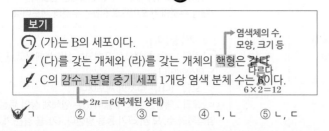

성염색체　　　　　성염색체
(가)　　(나)　　(다)　　(라)
B(암컷)　C(수컷)　A(수컷)　C(수컷)
2n=6　　n=3　　n=3　　n=3

이에 대한 설명으로 옳은 것만을 〈보기〉에서 있는 대로 고른 것은? (단, 돌연변이는 고려하지 않는다.) **3점**

보기
ㄱ. (가)는 B의 세포이다.
ㄴ. (다)를 갖는 개체와 (라)를 갖는 개체의 핵형은 ~~같다.~~ 다르다 → 염색체의 수, 모양, 크기 등
ㄷ. C의 감수 1분열 중기 세포 1개당 염색 분체 수는 ~~6이다.~~ 12 → 6×2=12
　→ 2n=6(복제된 상태)

✓① ㄱ　　② ㄴ　　③ ㄷ　　④ ㄱ, ㄴ　　⑤ ㄴ, ㄷ

|자|료|해|설|
(가)는 2n=6이고, (나)~(라)는 n=3이다. (가)와 (다)를 비교하면 회색 염색체만 형태가 다르므로 회색 염색체가 성염색체이고, (가)와 (다)는 같은 종이다. 핵상이 2n인 (가)에 포함된 상동 염색체의 모양과 크기가 서로 같으므로 (가)는 XX 구성을 갖는 암컷이고, (다)는 다른 성염색체를 포함하므로 XY 구성을 갖는 수컷이다.
(나)와 (라)는 (가), (다)와 염색체 형태가 다르므로 C의 세포이고, (나)와 (라)를 비교하면 흰색 염색체만 형태가 다르므로 흰색 염색체가 성염색체이며 C는 XY의 구성을 갖는 수컷이다. A와 C의 성이 같다고 했으므로 A는 수컷이다. 따라서 암컷인 (가)는 B의 세포이고, 수컷인 (다)는 A의 세포이다.

|보|기|풀|이|
ㄱ. 정답 : (가)는 B의 세포, (나)와 (라)는 C의 세포, (다)는 A의 세포이다.
ㄴ. 오답 : 핵형은 한 생물의 세포에 들어 있는 염색체 상의 특성으로 염색체의 수, 모양, 크기 등을 말한다. (다)를 갖는 개체 A와 (라)를 갖는 개체 C는 서로 다른 종이므로 핵형이 다르다.
ㄷ. 오답 : C의 감수 1분열 중기 세포(2n=6)는 복제된 상태이므로 세포 1개당 염색 분체 수는 6×2=12이다.

😮 **출제분석 |** 핵형 분석을 통해 A~C의 세포, 상염색체와 성염색체, 암컷과 수컷의 세포를 구분해야 하는 난도 '중'의 문항이다. 이러한 유형의 문항은 학평과 모평, 수능에서 한 문제씩 꾸준히 출제되고 있으므로 관련 개념을 정확하게 이해하고 적용할 수 있어야 한다.

그림은 사람의 염색체 ㉠~㉢의 상대적인 크기, 표는 사람의 세포 A~C에서 ㉠~㉢의 유무를 나타낸 것이다. ㉠~㉢은 각각 15번 염색체, X 염색체, Y 염색체 중 하나이며, A~C는 정자, 남자의 체세포, 여자의 체세포를 순서 없이 나타낸 것이다.

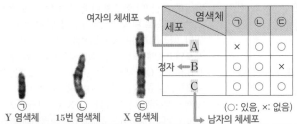

세포 \ 염색체	㉠	㉡	㉢
A	×	○	○
B	○	○	×
C	○	○	○

여자의 체세포 → A
정자 → B
남자의 체세포 → C

(○: 있음, ×: 없음)

㉠ Y 염색체 ㉡ 15번 염색체 ㉢ X 염색체

이에 대한 설명으로 옳은 것만을 〈보기〉에서 있는 대로 고른 것은? (단, 돌연변이는 고려하지 않는다.) 3점

보기
ㄱ. ㉠은 Y 염색체이다. → 여자의 체세포에 존재×
ㄴ. 세포의 염색체 수는 A가 B의 2배이다. → 2n=46, n=23
ㄷ. C에는 ㉡과 ㉢이 각각 2개씩 있다. → 2개 / 1개(남자-XY)
→ 남자의 체세포

① ㄱ ② ㄷ ✓③ ㄱ, ㄴ ④ ㄴ, ㄷ ⑤ ㄱ, ㄴ, ㄷ

|자|료|해|설|
㉠, ㉡, ㉢ 중 가장 크기가 작은 ㉠이 Y 염색체이다. ㉡과 ㉢ 중에서 모든 세포에 존재하는 ㉡이 상염색체인 15번 염색체이고, ㉢이 X 염색체이다. Y 염색체는 없고 X 염색체만 가지는 A가 여자의 체세포이며, Y 염색체가 존재하고 X 염색체는 없는 B가 정자이다. 따라서 C는 남자의 체세포이다.

|보|기|풀|이|
ㄱ. 정답 : 가장 크기가 작은 염색체인 ㉠이 Y 염색체이다.
ㄴ. 정답 : A는 체세포이므로 46개의 염색체가 존재하고, B는 생식세포이므로 23개의 염색체가 존재한다. 따라서 A의 염색체 수는 B의 2배이다.
ㄷ. 오답 : C는 남자의 체세포로 상염색체인 15번 염색체 ㉡은 2개지만, 성염색체인 X 염색체 ㉢은 1개이다.

🤓 **문제풀이 TIP** | 사람의 염색체와 핵상, 핵형을 종합적으로 묻는 문항이다. 상염색체와 성염색체의 차이, 생식세포와 체세포의 핵상, 염색체 수의 차이를 이해하고 있어야 문제풀이가 가능하다. 개념을 정확히 이해하더라도 표를 분석하는 데 어려움을 느낄 수 있다. 표에서 행이나 열에 모두 동그라미가 있는 부분부터 분석을 시작해보자.

🤓 **출제분석** | 핵상, 핵형을 묻는 다른 문항들에 비해 난도가 있는 문항이다. 하지만 기본적인 개념자체가 어렵지 않기 때문에 표를 분석하는 연습만 이루어졌다면 난도는 다른 쉬운 문제와 크게 차이나지 않을 것이다. 위와 같은 표는 다른 개념들에서도 많이 이용되는 유형의 표이므로 반드시 분석 연습이 필요하다. 최근 3간간 수능에서 모두 출제된 문항으로 충분히 재출제가 가능하므로 기출문제에서 출제 유형들을 꼭 확인하자.

어떤 동물 종(2n=4)의 유전 형질 ㉮는 2쌍의 대립유전자 A와 a, B와 b에 의해 결정된다. 그림은 이 동물 종의 개체 Ⅰ의 세포 (가)와 개체 Ⅱ의 세포 (나) 각각에 들어 있는 모든 염색체를, 표는 (가)와 (나)에서 대립유전자 ㉠, ㉡, ㉢, ㉣ 중 2개의 DNA 상대량을 더한 값을 나타낸 것이다. ㉠~㉣은 A, a, B, b를 순서 없이 나타낸 것이고, Ⅰ과 Ⅱ의 ㉮의 유전자형은 각각 AaBb와 Aabb 중 하나이다.

2n=4 (가) I: Aabb
n=2 (나) II: AaBb

세포	DNA 상대량을 더한 값			
	㉠+㉡ (a)(b)	㉡+㉢ (b)(A)	㉡+㉢ (b)(A)	㉢+㉣ (A)(B)
(가)	6	ⓐ4	6	?2
(나)	?0	1	ⓑ1	2

이에 대한 설명으로 옳은 것만을 〈보기〉에서 있는 대로 고른 것은? (단, 돌연변이는 고려하지 않으며, A, a, B, b 각각의 1개당 DNA 상대량은 1 이다.)

보기
ㄱ. Ⅰ의 유전자형은 AaBb이다. → Aabb
ㄴ. ⓐ+ⓑ=5 이다. → 4+1
ㄷ. (나)에 b가 있다. → 없다

① ㄱ ✓② ㄴ ③ ㄱ, ㄷ ④ ㄴ, ㄷ ⑤ ㄱ, ㄴ, ㄷ

|자|료|해|설|
Ⅰ의 유전자형이 AaBb라고 가정하면, (가)에서 ㉠~㉣의 값이 모두 2이므로 DNA 상대량을 더한 값은 모두 4가 되어야 한다. 이는 모순이므로 Ⅰ의 유전자형은 Aabb이고, Ⅱ의 유전자형은 AaBb이다. 복제된 상태인 (가)에서 A와 a의 DNA 상대량은 각각 2이고, b의 DNA 상대량은 4이다. (가)에서 ㉠+㉡과 ㉡+㉢의 값이 6이므로 ㉡이 b이고, ㉠과 ㉢은 각각 A와 a 중 하나이며 ㉣은 B이다. (나)에서 ㉢+㉣의 값이 2이므로 ㉢이 A이고, (나)에는 A와 B가 포함되어 있다는 것을 알 수 있다. 정리하면 ㉠은 a, ㉡은 b, ㉢은 A, ㉣은 B이고 ⓐ는 4, ⓑ는 1이다.

|보|기|풀|이|
ㄱ. 오답 : Ⅰ의 유전자형은 Aabb이다.
ㄴ. 정답 : ⓐ+ⓑ=4+1=5이다.
ㄷ. 오답 : (나)에는 A와 B만 있다.

🤓 **문제풀이 TIP** | Ⅰ의 유전자형이 AaBb이면 (가)에서 ㉠~㉣의 값이 모두 2가 되므로 DNA 상대량을 더한 값은 모두 4가 되어야 한다. 이를 토대로 Ⅰ과 Ⅱ의 유전자형을 구분한 뒤, ㉠~㉣을 각각 찾아보자.

🤓 **출제분석** | 핵상과 염색체 복제 상태가 다른 두 세포에서의 대립유전자 DNA 상대량을 더한 값을 통해 각 세포의 유전자형과 ㉠~㉣의 대립유전자를 구분해야 하는 난도 '중상'의 문항이다. 새로운 유형의 문항이며, 문제풀이 TIP에 제시된 방법으로 접근하면 문제를 빠르게 해결할 수 있다.

어떤 동물 종($2n=6$)의 유전 형질 ⊙은 2쌍의 대립유전자 H와 h, R와 r에 의해 결정된다. 그림은 이 동물 종의 수컷 P와 암컷 Q의 세포 (가)~(다) 각각에 들어 있는 모든 염색체를, 표는 (가)~(다)가 갖는 H와 h의 DNA 상대량을 나타낸 것이다. (가)~(다) 중 2개는 P의 세포이고 나머지 1개는 Q의 세포이며, 이 동물의 성염색체는 암컷이 XX, 수컷이 XY이다. ⓐ~ⓒ는 0, 1, 2를 순서 없이 나타낸 것이다.

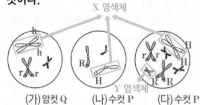

X 염색체 / Y 염색체
(가) 암컷 Q　(나) 수컷 P　(다) 수컷 P

세포	DNA 상대량	
	H	h
(가)	ⓐ 0	ⓑ 2
(나)	ⓒ 1	ⓐ 0
(다)	ⓑ 2	ⓐ 0

이에 대한 설명으로 옳은 것만을 〈보기〉에서 있는 대로 고른 것은? (단, 돌연변이는 고려하지 않으며, H, h, R, r 각각의 1개당 DNA 상대량은 1이다.) 3점

보기

ㄱ. ⓒ는 1이다.

ㄴ. (가)는 Q의 세포이다.

ㄷ. 세포 1개당 $\dfrac{\text{H의 DNA 상대량}}{\text{R의 DNA 상대량}}$ 은 (나)와 (다)가 같다.

① ㄱ　② ㄷ　③ ㄱ, ㄴ　④ ㄴ, ㄷ　✔⑤ ㄱ, ㄴ, ㄷ

|자|료|해|설|

(가)와 (다)는 복제된 상태이므로 DNA 상대량 값이 짝수이어야 한다. 따라서 ⓐ와 ⓑ는 0 또는 2이므로 ⓒ가 1이다. 핵상이 n인 (나)에 H가 존재하므로 h의 DNA 상대량(ⓐ)은 0이다. 정리하면 ⓐ는 0, ⓑ는 2, ⓒ는 1이다. 핵상이 $2n$인 (다)에 포함된 흰색 염색체의 모양과 크기가 서로 다르므로 흰색 염색체가 성염색체라는 것을 알 수 있다. 따라서 (다)는 XY 구성을 갖는 수컷 P이다. $2n$의 세포인 (다)에 h의 DNA 상대량이 0이므로 h를 갖는 (가)는 암컷 Q의 세포이다. (가)~(다) 중 2개는 P의 세포이므로 (나)는 수컷 P의 세포이다.

복제된 상태인 (다)에서 H의 DNA 상대량이 2이고, h의 DNA 상대량이 0이므로 H와 h는 성염색체에 존재한다는 것을 알 수 있다. 이를 그림에 표시하면 첨삭된 내용과 같다.

|보|기|풀|이|

ㄱ. 정답 : ⓐ는 0, ⓑ는 2, ⓒ는 1이다.

ㄴ. 정답 : 핵상이 $2n$인 (다)에서 h의 DNA 상대량이 0이므로 h를 갖는 (가)는 암컷 Q의 세포이다.

ㄷ. 정답 : 세포 1개당 $\dfrac{\text{H의 DNA 상대량}}{\text{R의 DNA 상대량}}$ 은 (나)에서 $\dfrac{1}{1}=1$이고, (다)에서 $\dfrac{2}{2}=1$이므로 같다.

🤯 **문제풀이 TIP |** 복제된 상태의 염색체를 갖는 세포의 DNA 상대량 값은 짝수이어야 한다. 핵상이 $2n$인 세포에서 색은 같으나 크기가 다른 염색체는 성염색체이며, 이 세포는 XY 구성을 갖는 수컷의 세포이다.

😀 **출제분석 |** 핵형 분석을 통해 ⓐ~ⓒ의 값, 상염색체와 성염색체, 암컷과 수컷의 세포를 구분해야 하는 난도 '중'의 문항이다. 복제된 상태의 염색체를 갖는 세포의 DNA 상대량 값이 짝수라는 것을 적용하면 문제를 빠르게 해결할 수 있다.

33 핵형과 핵상　　　　　　정답 ④　정답률 44%　2020년 7월 학평 9번　문제편 168p

그림은 같은 종인 동물(2n=6) Ⅰ과 Ⅱ의 세포 (가)~(다) 각각에 들어 있는 모든 염색체를, 표는 세포 A~C가 갖는 유전자 H, h, T, t의 유무를 나타낸 것이다. H는 h와 대립 유전자이며, T는 t와 대립 유전자이다. Ⅰ은 수컷, Ⅱ는 암컷이며, 이 동물의 성염색체는 수컷이 XY, 암컷이 XX이다. A~C는 (가)~(다)를 순서 없이 나타낸 것이다.

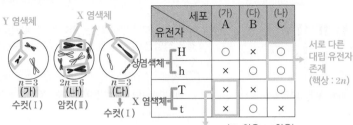

Y 염색체　　X 염색체

상염색체

n=3　　2n=6　　n=3
(가)　　(나)　　(다)
수컷(Ⅰ)　암컷(Ⅱ)　수컷(Ⅰ)

X 염색체

서로 다른 대립 유전자 존재 (핵상 : 2n)

세포 유전자	(가) A	(다) B	(나) C
H	○	×	○
h	×	○	○
T	×	×	○
t	×	○	×

T와 t는 X 염색체에 존재하고, A는 Y 염색체를 가짐 (○: 있음, ×: 없음)

이에 대한 설명으로 옳은 것만을 〈보기〉에서 있는 대로 고른 것은? (단, 돌연변이는 고려하지 않는다.) **3점**

Ⅰ : HhX^{t}Y
Ⅱ : HhX^{T}X^T

보기

ㄱ. (다)는 ~~Ⅱ~~ Ⅰ의 세포이다.

ㄴ. A와 B의 핵상은 같다.　　(가)와 (다)의 핵상 : n

ㄷ. Ⅰ과 Ⅱ 사이에서 자손(F₁)이 태어날 때, 이 자손이 H와 t를 모두 가질 확률은 $\frac{3}{8}$이다. → $\frac{3}{4}$(H_)×$\frac{1}{2}$(X^{T}X^t)=$\frac{3}{8}$

HhX^{t}Y
HhX^{T}X^T

① ㄱ　② ㄴ　③ ㄱ, ㄷ　✔④ ㄴ, ㄷ　⑤ ㄱ, ㄴ, ㄷ

|자|료|해|설|

(가)와 (다)의 핵상은 n이고, (나)의 핵상은 $2n$이다. 표에서 C는 대립 유전자 H와 h를 모두 가지고 있으므로 핵상이 $2n$인 세포 (나)이다. (나)는 성염색체 구성이 XX이므로 암컷(Ⅱ)의 세포이다. 표에서 A는 T와 t를 하나도 갖지 않으므로 대립 유전자 T와 t는 X 염색체에 존재하고, A는 Y 염색체를 갖는다. 따라서 A는 세포 (가)이고, (가)는 수컷(Ⅰ)의 세포이다. 마지막 B는 세포 (다)이고, 암컷의 체세포($2n$)에 존재하지 않는 t를 가지고 있으므로 수컷(Ⅰ)의 세포이다. 수컷(Ⅰ)의 유전자형은 HhX^{t}Y이고, 암컷(Ⅱ)의 유전자형은 HhX^{T}X^{T}이다.

|보|기|풀|이|

ㄱ. 오답 : (다)는 암컷의 체세포($2n$)에 존재하지 않는 t를 가지고 있으므로 수컷(Ⅰ)의 세포이다.

ㄴ. 정답 : A와 B는 각각 (가)와 (다)의 세포이므로 핵상은 n으로 같다.

ㄷ. 정답 : Ⅰ(HhX^{t}Y)과 Ⅱ(HhX^{T}X^T) 사이에서 태어난 자손(F₁)이 H와 t를 모두 가질 확률은 $\frac{3}{4}$(H_)×$\frac{1}{2}$(X^{T}X^t)=$\frac{3}{8}$이다.

😀 **출제분석** | 세포가 갖는 유전자의 유무로 핵상을 알아내어 각 세포를 찾고, 동시에 유전자가 위치하는 염색체(상염색체 또는 X 염색체)를 구분해야 하는 난도 '상'의 문항이다.

---

34 사람의 염색체　　　　　정답 ③　정답률 63%　2021학년도 9월 모평 6번　문제편 168p

그림은 어떤 사람의 핵형 분석 결과를 나타낸 것이다. ⓐ는 세포 분열 시 방추사가 부착되는 부분이다.

동원체 ⓐ

1　2　3　4　5　6　7　8　9　10　11　12 → 상염색체 (1번~22번)

13　14　15　16　17　18　19　20　21　22　XY → 성염색체 (남성)

다운 증후군

이에 대한 설명으로 옳은 것만을 〈보기〉에서 있는 대로 고른 것은?

보기

ㄱ. ⓐ는 동원체이다.　→ 21번 염색체 3개

ㄴ. 이 사람은 다운 증후군의 염색체 이상을 보인다.

ㄷ. 이 핵형 분석 결과에서 $\dfrac{\text{상염색체의 염색 분체 수}}{\text{성염색체 수}}=$ $\dfrac{45}{\frac{45×2}{2}=45}$이다.

① ㄱ　② ㄷ　✔③ ㄱ, ㄴ　④ ㄴ, ㄷ　⑤ ㄱ, ㄴ, ㄷ

|자|료|해|설|

사람의 1~22번 염색체는 남녀 공통으로 가지는 상염색체이고, 마지막 한 쌍의 염색체는 성을 결정하는 성염색체이다. 염색체에서 잘록하게 보이는 ⓐ는 동원체이고, 세포 분열 시 방추사가 부착된다. 핵형 분석 결과 이 사람은 21번 염색체가 3개이므로 다운 증후군의 염색체 이상을 보이며, 성염색체의 구성이 XY이므로 남성이다.

|보|기|풀|이|

ㄱ. 정답 : ⓐ는 세포 분열 시 방추사가 붙는 동원체이다.

ㄴ. 정답 : 핵형 분석 결과, 21번 염색체가 3개이므로 이 사람은 다운 증후군의 염색체 이상을 보인다.

ㄷ. 오답 : 상염색체는 45개, 성염색체는 2개이므로 이 핵형 분석 결과에서 $\dfrac{\text{상염색체의 염색 분체 수}}{\text{성염색체 수}}=\dfrac{45×2}{2}=45$이다.

🔮 **문제풀이 T I P** | 사람의 1~22번 염색체는 상염색체이며, 이 사람은 21번 염색체를 3개 가지고 있는 다운증후군으로 총 45개의 상염색체를 가지고 있다.

그림 (가)는 사람 A의, (나)는 사람 B의 핵형 분석 결과를 나타낸 것이다.

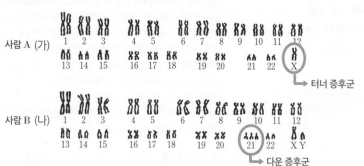

사람 A (가)

1 2 3 4 5 6 7 8 9 10 11 12
13 14 15 16 17 18 19 20 21 22 X → 터너 증후군

사람 B (나)

1 2 3 4 5 6 7 8 9 10 11 12
13 14 15 16 17 18 19 20 21 22 X Y → 다운 증후군

이에 대한 설명으로 옳은 것만을 〈보기〉에서 있는 대로 고른 것은?

3점

보기

ㄱ. A는 ~~터너 증후군~~의 염색체 이상을 보인다. → X 염색체 1개

ㄴ. (나)에서 ~~적록 색맹 여부를 알 수 있다~~. 없다 → 유전자 돌연변이

ㄷ. $\dfrac{(가)의\ 염색\ 분체\ 수}{(나)의\ 성염색체\ 수} = 45$이다. → $\dfrac{45\times2}{2}=45$

① ㄱ   ② ㄴ   ③ ㄱ, ㄴ   ✔ ㄱ, ㄷ   ⑤ ㄴ, ㄷ

|자|료|해|설|

(가)의 핵형 분석 결과 성염색체 X가 하나 존재한다. 따라서 사람 A는 터너 증후군이다. (나)는 21번 염색체가 3개 있고 성염색체 XY가 존재하므로 사람 B는 다운 증후군 남성이다.

|보|기|풀|이|

ㄱ. 정답 : A는 X 염색체가 하나 존재하므로 터너 증후군을 나타낸다.

ㄴ. 오답 : 핵형 분석으로는 적록 색맹 여부를 알 수 없다. 적록 색맹은 유전자 돌연변이로 가계도 분석을 통해 알 수 있다.

ㄷ. 정답 : (가)의 염색체 수가 45개이므로 염색 분체 수는 90이다. (나)의 성염색체 수는 XY 2개이다. 따라서 $\dfrac{90}{2}=45$이다.

😮 **문제풀이 TIP** | 핵형 분석을 통해 염색체 돌연변이를 분석할 수 있고, 염색체 돌연변이와 유전자 돌연변이의 차이를 알고 있으면 문제를 풀 수 있다. 염색체 돌연변이에는 염색체 수 이상 돌연변이와 구조 이상 돌연변이가 존재하며 염색체 수 이상 돌연변이에는 이수성 돌연변이, 배수성 돌연변이가 존재한다. 이수성 돌연변이에는 터너 증후군, 클라인펠터 증후군, 다운 증후군 등이 존재하며 핵형 분석을 통해 이상 여부를 알 수 있다. 이에 반해 유전자 돌연변이는 핵형 분석을 통해서 알 수 없다. 학습 시에 염색체 돌연변이, 유전자 돌연변이로 분류하여 학습하도록 하자.

그림은 어떤 사람의 핵형 분석 결과를 나타낸 것이다.

상동 염색체(모양과 크기가 같으며 부모로부터 하나씩 물려받음)

ⓐ ⓑ

1 2 3 4 5 6 7 8 9 10 11 12 → 상염색체

13 14 15 16 17 18 19 20 21 22 X X Y → 성염색체 클라인펠터 증후군 (XXY)

이에 대한 설명으로 옳은 것만을 〈보기〉에서 있는 대로 고른 것은?

3점

보기

ㄱ. ⓐ는 ⓑ의 상동 염색체이다.

ㄴ. 이 사람은 ~~터너 증후군~~의 염색체 이상을 보인다. 클라인펠터 증후군 → 터너 증후군 : X / 클라인펠터 증후군 : XXY

ㄷ. 이 핵형 분석 결과에서 관찰되는 $\dfrac{상염색체의\ 염색\ 분체\ 수}{X\ 염색체\ 수}$는 44이다. → $\dfrac{44\times2}{2}=44$

① ㄱ   ② ㄴ   ✔ ㄱ, ㄷ   ④ ㄴ, ㄷ   ⑤ ㄱ, ㄴ, ㄷ

|자|료|해|설|

1~22번까지는 남녀에 공통적으로 존재하며 성 결정에 관여하지 않는 상염색체이고, X 염색체와 Y 염색체는 성염색체이다. 이 사람의 핵형 분석 결과 XXY의 성염색체의 구성을 가지고 있으므로 클라인펠터 증후군임을 알 수 있다.

|보|기|풀|이|

ㄱ. 정답 : ⓐ와 ⓑ는 부모로부터 하나씩 물려받은 상동 염색체이다.

ㄴ. 오답 : 이 사람은 XXY의 성염색체를 가지고 있으므로 클라인펠터 증후군의 염색체 이상을 보인다.

ㄷ. 정답 : 상염색체는 1~22번 염색체 쌍으로 총 44개이다. 염색체 한 개당 염색 분체는 두 개이므로 상염색체의 염색 분체 수는 44×2개이고, X 염색체 수는 2이다. 따라서 $\dfrac{상염색체의\ 염색\ 분체\ 수}{X\ 염색체\ 수}=\dfrac{44\times2}{2}=44$이다.

😮 **문제풀이 TIP** | 사람의 핵형에서 1~22번까지는 상염색체이고 성염색체는 마지막에 배열되어 있다. 성염색체 수 이상으로 클라인펠터 증후군(XXY), 터너 증후군(X)은 반드시 암기하고 있어야 한다.

🙂 **출제분석** | 핵형 분석 결과를 해석하고 염색 분체 수를 계산해야 하는 난도 '중'의 문항이다. 상동 염색체와 염색 분체의 개념을 묻는 문제는 학평과 모평에서 항상 출제되고 있으므로 확실하게 이해하고 넘어가자!

표는 어떤 사람의 세포 (가)~(다)에서 핵막 소실 여부와 DNA 상대량을 나타낸 것이다. (가)~(다)는 체세포의 세포 주기 중 M기(분열기)의 중기, G_1기, G_2기에 각각 관찰되는 세포를 순서 없이 나타낸 것이다. ㉠은 '소실됨'과 '소실 안 됨' 중 하나이다.

세포	핵막 소실 여부	DNA 상대량
G_1기 (가)	㉠ 소실 안 됨	1
중기 (나)	소실됨	? 2
G_2기 (다)	소실 안 됨	2

이에 대한 설명으로 옳은 것만을 〈보기〉에서 있는 대로 고른 것은? (단, 돌연변이는 고려하지 않는다.)

보기
ㄱ. ㉠은 '소실 안 됨'이다.
ㄴ. (나)는 ~~간기~~의 세포이다. → 중기
ㄷ. (다)에는 히스톤 단백질이 ~~없다~~. → G_2기 / 있다

① ㄱ   ② ㄴ   ③ ㄷ   ④ ㄱ, ㄴ   ⑤ ㄱ, ㄷ

|자|료|해|설|
G_1기와 G_2기는 간기에 속하며, 핵막은 간기 때 관찰되고 분열기가 시작되면 소실된다. 따라서 핵막 소실 여부가 '소실됨'인 (나)는 M기(분열기)의 중기이고, G_1기와 G_2기 때 모두 핵막이 관찰되므로 ㉠은 '소실 안 됨'이다. 간기의 S기 때 DNA 복제가 일어나므로, S기 이후의 시기인 G_2기와 M기(분열기)의 중기 때 DNA 상대량은 G_1기의 두 배이다. 따라서 DNA 상대량이 1인 (가)는 G_1기이고, DNA 상대량이 2인 (다)는 G_2기이다.

|보|기|풀|이|
ㄱ. 정답 : (가)는 G_1기이므로 ㉠은 '소실 안 됨'이다.
ㄴ. 오답 : (나)는 핵막이 소실되었으므로 M기(분열기)의 중기 세포이다.
ㄷ. 오답 : 염색사는 히스톤 단백질과 DNA로 구성되어 있다. 따라서 유전 물질이 염색사 형태로 존재하는 G_2기((다))에는 히스톤 단백질이 있다.

문제풀이 TIP | 핵막은 간기(G_1기, S기, G_2기) 때 관찰되고 M기(분열기)가 시작되면 소실된다. S기 때 DNA 복제가 일어나므로, S기 이후의 시기인 G_2기와 M기(분열기)의 중기 때 DNA 상대량은 G_1기의 두 배이다.

그림은 사람에서 체세포의 세포 주기를 나타낸 것이다. ㉠~㉢은 각각 G_2기, M기, S기 중 하나이다. 이에 대한 설명으로 옳은 것만을 〈보기〉에서 있는 대로 고른 것은?

G_2기(세포 분열 준비) / S기(DNA 복제) / M기(분열기) / G_1기 / (단백질 합성, 세포 생장)

보기
→ S기   소실되지 않는다.(핵막은 분열기의 전기에 소실됨)
ㄱ. ~~㉠ 시기에 핵막이 소실된다.~~
→ G_2기   ㉡ 시기의 DNA 양
ㄴ. 세포 1개당 ――――――― 의 값은 1보다 크다.
        G_1기의 DNA 양   → 2
ㄷ. ~~㉢ 시기에 2가 염색체가 관찰된다.~~
    관찰되지 않는다.

① ㄱ   ② ㄴ   ③ ㄱ, ㄷ   ④ ㄴ, ㄷ   ⑤ ㄱ, ㄴ, ㄷ

↓ M기   ↓ 감수 1분열 전기와 중기 때 관찰됨

|자|료|해|설|
체세포의 세포 주기는 간기(G_1기, S기, G_2기)와 분열기(M기)가 반복된다. 따라서 ㉠은 S기, ㉡은 G_2기, ㉢은 M기(분열기)이다.

|보|기|풀|이|
ㄱ. 오답 : 핵막은 M기(㉢)의 전기에 소실된다. 따라서 S기(㉠)에 핵막이 소실되지 않는다.
ㄴ. 정답 : G_2기(㉡)의 DNA 양은 G_1기의 두 배이다. 따라서 세포 1개당 $\dfrac{G_2기(㉡)의\ DNA\ 양}{G_1기의\ DNA\ 양}$의 값은 2이므로 1보다 크다.
ㄷ. 오답 : 2가 염색체는 감수 1분열 전기와 중기 때 관찰된다. 따라서 체세포 분열의 M기(㉢)에서는 2가 염색체가 관찰되지 않는다.

문제풀이 TIP | S기 때 DNA의 복제가 일어나며, 2가 염색체는 감수 1분열 전기와 중기 때 관찰된다.

그림은 사람 체세포의 세포 주기를 나타낸 것이다.
㉠~㉢은 각각 G₂기, M기(분열기), S기 중
하나이다.
이에 대한 옳은 설명만을 〈보기〉에서 있는 대로
고른 것은? (단, 돌연변이는 고려하지 않는다.)

보기

㉠. ㉠의 세포에서 핵막이 관찰된다.

㉡. ㉡은 간기에 속한다.

㉢. ㉢의 세포에서 2가 염색체가 형성된다 되지 않는다

감수 1분열

① ㄱ   ② ㄷ   ✓③ ㄱ, ㄴ   ④ ㄴ, ㄷ   ⑤ ㄱ, ㄴ, ㄷ

|자|료|해|설|

단백질 합성과 세포의 생장이 일어나는 G₁기 다음의 ㉠은 DNA 복제가 일어나는 S기이고, ㉡은 세포 분열을 준비하는 G₂기이다. ㉢은 세포 분열이 일어나는 M기(분열기)이고 전기, 중기, 후기, 말기로 구분된다.

|보|기|풀|이|

㉠. 정답 : 세포의 핵막은 M기(분열기)의 전기에 소실되므로 S기인 ㉠의 세포에서는 핵막이 관찰된다.

㉡. 정답 : 간기는 G₁기, S기, G₂기로 이루어지므로 G₂기인 ㉡은 간기에 속한다.

ㄷ. 오답 : 2가 염색체는 감수 1분열에서 상동 염색체가 접합하여 형성되는 것으로, 체세포의 세포 주기에서는 나타나지 않는다.

🤖 **문제풀이 T I P** | 상동 염색체가 접합하여 만들어지는 2가 염색체는 감수 1분열에서만 나타나므로 문제에서 제시된 세포 주기가 체세포 분열의 세포 주기인지 감수 분열의 세포 주기인지를 구분해야 한다.

그림은 사람 체세포의 세포 주기를 나타낸 것이다.
㉠~㉢은 각각 G₂기, M기(분열기), S기 중 하나이다.
이에 대한 설명으로 옳은 것만을 〈보기〉에서 있는
대로 고른 것은?

보기

S기

㉠. ㉠ 시기에 DNA가 복제된다.   → G₁기, S기, G₂기

㉡. ㉡은 간기에 속한다.   일어나지 않는다.

㉢. ㉢ 시기에 상동 염색체의 접합이 일어난다.
    체세포 분열

G₂기   2가 염색체(감수 1분열 전기 때 형성됨)

① ㄱ   ② ㄴ   ③ ㄷ   ✓④ ㄱ, ㄴ   ⑤ ㄱ, ㄷ

|자|료|해|설|

단백질 합성과 세포의 생장이 일어나는 G₁기 다음의 ㉠은 DNA 복제가 일어나는 S기이고, ㉡은 세포 분열을 준비하는 G₂기이다. ㉢은 세포 분열이 일어나는 M기(분열기)이며, 시기에 따라 전기, 중기, 후기, 말기로 구분된다.

|보|기|풀|이|

㉠. 정답 : S기(㉠)에 DNA가 복제된다.

㉡. 정답 : 간기에 G₁기, S기, G₂기가 포함되므로 G₂기(㉡)는 간기에 속한다.

ㄷ. 오답 : 상동 염색체가 접합한 2가 염색체는 감수 1분열에서 관찰되므로 체세포 분열의 분열기(㉢) 때는 상동 염색체의 접합이 일어나지 않는다.

🤖 **문제풀이 T I P** | 상동 염색체가 접합한 2가 염색체는 감수 1분열(전기, 중기)에서 관찰된다.

🤖 **출제분석** | '보기 ㄷ'처럼 2가 염색체와 관련된 보기는 출제 빈도가 매우 높다. 따라서 문제에서 제시된 세포 주기가 체세포 분열의 세포 주기인지, 감수 분열의 세포 주기인지를 구분하는 것이 중요하다.

그림은 사람 체세포의 세포 주기를 나타낸 것이다. ㉠~㉢은 G_2기, M기(분열기), S기를 순서 없이 나타낸 것이다.

이에 대한 설명으로 옳은 것만을 〈보기〉에서 있는 대로 고른 것은? (단, 돌연변이는 고려하지 않는다.)

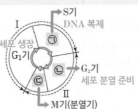

세포 생장 G_1기

S기 DNA 복제

㉡ G_2기 세포 분열 준비

㉢   Ⅱ

M기(분열기)

보기

ㄱ. ㉠은 ~~G_2기~~ S기 이다.

ㄴ. 구간 Ⅰ에는 핵막이 소실되는 시기가 ~~있다~~ 없다.

㉢. 구간 Ⅱ에는 염색 분체가 분리되는 시기가 있다.

① ㄱ   ✓② ㄷ   ③ ㄱ, ㄴ   ④ ㄴ, ㄷ   ⑤ ㄱ, ㄴ, ㄷ

|자|료|해|설|

세포 주기는 세포의 생장이 일어나는 G_1기, DNA의 복제가 이루어지는 S기, 세포 분열을 준비하는 G_2기, M기(분열기) 순으로 진행되므로 ㉠은 S기, ㉡은 G_2기, ㉢은 M기이다.

|보|기|풀|이|

ㄱ. 오답 : G_1기 다음 시기인 ㉠은 DNA 복제가 일어나는 S기이다.

ㄴ. 오답 : 세포의 핵막은 세포 분열 전기에 소실되므로, G_1기에서 S기를 포함하는 구간 Ⅰ에는 핵막이 소실되는 시기가 없다.

㉢ 정답 : 체세포 분열 과정에서 염색 분체가 분리되므로, M기를 포함하는 구간 Ⅱ에는 염색 분체가 분리되는 시기가 있다.

😮 **문제풀이 T I P** | 핵막은 간기(G_1기, S기, G_2기)에 관찰되고 M기(분열기)가 시작되면 소실되며, 체세포 분열 후기에 염색 분체가 분리된다.

그림은 사람에서 체세포의 세포 주기를, 표는 세포 주기 중 각 시기 Ⅰ~Ⅲ의 특징을 나타낸 것이다. ㉠~㉢은 각각 G_1기, S기, 분열기 중 하나이며, Ⅰ~Ⅲ은 ㉠~㉢을 순서 없이 나타낸 것이다.

G_2기

M기 (분열기)   ㉠   세포 주기   ㉢ S기 : DNA복제

㉡ G_1기 : 단백질 합성, 세포 생장

시기	특징
Ⅰ ㉡	?
Ⅱ ㉠	방추사가 관찰된다.
Ⅲ ㉢	DNA 복제가 일어난다.

이에 대한 설명으로 옳은 것만을 〈보기〉에서 있는 대로 고른 것은? (단, 돌연변이는 고려하지 않는다.)

보기

ㄱ. Ⅲ은 ~~㉠~~ ㉢ S기 이다.

㉡. Ⅰ 시기(G_1기)의 세포에서는 핵막이 관찰된다.

ㄷ. 체세포 1개당 DNA 양은 ㉡시기 세포가 Ⅱ 시기 세포보다 ~~많다~~ 적다.

G_1기 : 복제 전   M기(분열기) : 복제 후

① ㄱ   ✓② ㄴ   ③ ㄷ   ④ ㄱ, ㄴ   ⑤ ㄴ, ㄷ

|자|료|해|설|

세포 주기는 G_1기(㉡) → S기(㉢) → G_2기 → M기(㉠) 순으로 진행된다. G_1기는 단백질을 합성하며 세포가 생장하는 시기이고, S기는 DNA 복제가 일어나는 시기이다. G_2기는 방추사를 구성하는 단백질을 합성하는 등 세포 분열을 준비하는 시기이고, M기는 세포 분열이 일어나는 시기이다. 방추사는 M기(분열기) 때 관찰되므로 Ⅱ는 ㉠, DNA 복제가 일어나는 시기는 S기이므로 Ⅲ은 ㉢, 마지막 Ⅰ은 ㉡이다.

|보|기|풀|이|

ㄱ. 오답 : Ⅲ은 DNA 복제가 일어나는 S기이므로 ㉢이다.

㉡ 정답 : Ⅰ 시기(G_1기)의 세포에서는 핵막이 관찰된다.

ㄷ. 오답 : 체세포 1개당 DNA 양은 복제 전인 ㉡ 시기(G_1기)의 세포가 복제 후인 Ⅱ 시기(M기)의 세포보다 적다.

😮 **문제풀이 T I P** | 세포 주기는 G_1기 → S기 → G_2기 → M기(분열기) 순으로 진행된다. S기 때 DNA가 복제되며, M기(분열기) 때 방추사가 관찰된다.

그림 (가)는 어떤 동물($2n=4$)의 세포 주기를, (나)는 이 동물의 분열 중인 세포를 나타낸 것이다. ㉠과 ㉡은 각각 G_1기와 G_2기 중 하나이며, 이 동물의 특정 형질에 대한 유전자형은 Rr이다.

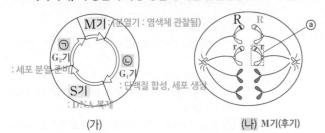

(가)   (나) M기(후기)

이에 대한 옳은 설명만을 〈보기〉에서 있는 대로 고른 것은? (단, 돌연변이와 교차는 고려하지 않는다.)

보기
ㄱ. ㉠은 G_2기이다. → M기의 후기(염색 분체 분리)
ㄴ. (나)가 관찰되는 시기는 ~~㉡이다.~~ M기
ㄷ. 염색체 ⓐ에 ~~R~~ r가 있다.

① ㄱ   ② ㄴ   ③ ㄷ   ④ ㄱ, ㄷ   ⑤ ㄴ, ㄷ

|자|료|해|설|
(가)에서 ㉠은 S기 이후이면서 M기(분열기) 전이므로 세포 분열을 준비하는 G_2기이고, ㉡은 S기 전이므로 단백질 합성과 세포의 생장이 일어나는 G_1기이다. (나)는 염색 분체가 분리되는 M기의 후기의 세포이며, 이 세포는 (가)에서 M기(분열기) 때 관찰된다. 이 동물의 특정 형질에 대한 유전자형이 Rr이므로 ⓐ에는 r이 있다.

|보|기|풀|이|
㉠ 정답 : ㉠은 S기 이후이면서 M기(분열기) 전이므로 G_2기이다.
ㄴ. 오답 : (나)는 염색 분체가 분리되는 M기의 후기의 세포이므로 (나)가 관찰되는 시기는 M기(분열기)이다.
ㄷ. 오답 : 이 동물의 특정 형질에 대한 유전자형이 Rr이므로 ⓐ에는 r이 있다.

😊 출제분석 | 상동 염색체와 염색 분체에 존재하는 대립 유전자를 묻는 보기는 자주 출제되었을 정도로 중요한 내용이며 많은 학생들이 헷갈려 하는 부분이기도 하다. 유전 단원에서는 이에 대한 내용이 완벽하게 이해되어야 문제 풀이가 가능하므로 '보기 ㄷ'을 틀린 학생들은 반드시 이해하고 넘어가야 한다.

그림은 어떤 동물($2n=4$)의 체세포 X를 나타낸 것이다. 이 동물에서 특정 유전 형질의 유전자형은 Tt이다. X는 간기의 세포와 분열기의 세포 중 하나이다.
이에 대한 옳은 설명만을 〈보기〉에서 있는 대로 고른 것은? (단, 돌연변이는 고려하지 않는다.)

보기 → 염색체 관찰됨
ㄱ. X는 분열기의 세포이다.
ㄴ. ⓐ에 ~~T~~가 있다.
ㄷ. ⓑ에 동원체가 있다.

① ㄱ   ② ㄴ   ③ ㄱ, ㄴ   ④ ㄱ, ㄷ   ⑤ ㄴ, ㄷ

|자|료|해|설|
체세포 X에서 염색체가 관찰되므로 이는 분열기의 세포이며, ⓐ는 T이다.

|보|기|풀|이|
㉠ 정답 : 염색체가 관찰되므로 X는 분열기의 세포이다.
ㄴ. 오답 : ⓐ에 T가 있다.
㉢ 정답 : ⓑ에 동원체가 있으며, 동원체에 방추사가 부착된다.

그림 (가)는 사람에서 체세포의 세포 주기를, (나)는 사람의 체세포에 있는 염색체의 구조를 나타낸 것이다. ⊙~ⓒ은 각각 G_1기, G_2기, M기 중 하나이다.

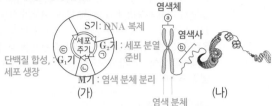

이에 대한 설명으로 옳은 것만을 〈보기〉에서 있는 대로 고른 것은?

> **보기**
>   ⟶ G_2기   ⟶ 상동 염색체 접합(2가 염색체는 감수 1분열 때 관찰됨)
> ㄱ. ⊙ 시기에 2가 염색체가 관찰된다. ⟶되지 않는다.
> ㄴ. ⓑ가 ⓐ로 응축되는 시기는 ⓒ이다.
>   ⟶염색사 ⟶염색체   ⟶M기(분열기):전기 때 염색사가 염색체로 응축됨
> ㄷ. 핵 1개당 DNA 양은 ⓒ 시기 세포가 ⊙ 시기 세포의 2배이다.
> G_1기 G_2기 $\frac{1}{2}$

① ㄱ   ✔② ㄴ   ③ ㄷ   ④ ㄱ, ㄴ   ⑤ ㄴ, ㄷ

|자|료|해|설|

⊙은 G_2기, ⓒ은 M기(분열기), ⓒ은 G_1기이다. ⓐ는 염색체, ⓑ는 염색사이며, 분열기 때 염색사가 염색체로 응축된다.

|보|기|풀|이|

ㄱ. 오답 : 2가 염색체는 감수 1분열에서 관찰된다.

ㄴ. 정답 : 염색사(ⓑ)가 염색체(ⓐ)로 응축되는 시기는 M기(ⓒ)이다.

ㄷ. 오답 : S기 때 DNA 복제가 일어나므로 핵 1개당 DNA 양은 G_1기(ⓒ) 세포가 G_2기(⊙) 세포의 절반이다.

😲 **문제풀이 TIP** | 세포 주기는 'G_1기→S기→G_2기→M기' 순서로 진행되며 M기(분열기) 때 염색체가 관찰된다. 2가 염색체는 감수 1분열 전기와 중기 때 관찰된다.

그림은 어떤 사람의 체세포 Q를 배양한 후 세포당 DNA 양에 따른 세포 수를, 표는 Q의 체세포 분열 과정에서 나타나는 세포 (가)와 (나)의 핵막 소실 여부를 나타낸 것이다. (가)와 (나)는 G_1기 세포와 M기의 중기 세포를 순서 없이 나타낸 것이다.

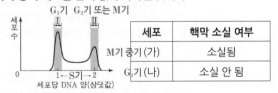

세포	핵막 소실 여부
M기 중기 (가)	소실됨
G_1기 (나)	소실 안 됨

이에 대한 설명으로 옳은 것만을 〈보기〉에서 있는 대로 고른 것은? (단, 돌연변이는 고려하지 않는다.)

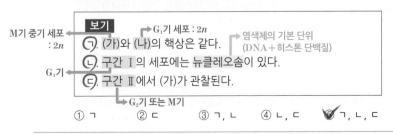

> M기 중기 세포 ⟵   **보기**   ⟶G_1기 세포 : 2n   ⟶염색체의 기본 단위
>   : 2n   ㄱ. (가)와 (나)의 핵상은 같다.   (DNA+히스톤 단백질)
> G_1기 ⟵   ㄴ. 구간 Ⅰ의 세포에는 뉴클레오솜이 있다.
>   ㄷ. 구간 Ⅱ에서 (가)가 관찰된다.
>   ⟶G_2기 또는 M기

① ㄱ   ② ㄷ   ③ ㄱ, ㄴ   ④ ㄴ, ㄷ   ✔⑤ ㄱ, ㄴ, ㄷ

|자|료|해|설|

세포당 DNA 양이 1인 구간 Ⅰ에는 G_1기 세포가 포함되어 있고, 세포당 DNA 양이 2인 구간 Ⅱ에는 G_2기와 M기 세포가 포함되어 있다. 세포 (가)는 핵막이 소실되었으므로 M기의 중기 세포에 해당하며, 세포 (나)는 핵막이 소실되지 않았으므로 G_1기 세포에 해당한다.

|보|기|풀|이|

ㄱ. 정답 : (가)는 M기 중기 세포, (나)는 G_1기 세포이므로 핵상이 2n으로 같다.

ㄴ. 정답 : 사람의 염색체(염색사)는 기본 단위인 뉴클레오솜으로 이루어져 있다.

ㄷ. 정답 : 구간 Ⅱ에는 G_2기와 M기 세포가 포함되므로 M기의 중기 세포인 (가)가 관찰된다.

😲 **문제풀이 TIP** | 세포당 DNA 양이 1인 구간에는 G_1기 세포가, 세포당 DNA 양이 1~2인 구간에는 DNA 복제가 일어나는 S기의 세포가, 세포당 DNA 양이 2인 구간에는 G_2기와 M기 세포가 포함되어 있다. 핵막은 간기의 세포에서 관찰되며 분열기에는 핵막이 소실된다.

그림 (가)는 어떤 동물(2*n*=4)의 체세포를 배양한 후 세포당 DNA 양에 따른 세포 수를, (나)는 (가)의 구간 Ⅰ ~ Ⅲ 중 어느 한 구간에서 관찰되는 세포를 나타낸 것이다. 이 동물에서 특정 형질에 대한 유전자형은 Aa이다.

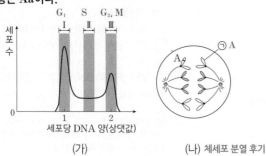

(가)   (나) 체세포 분열 후기

이에 대한 설명으로 옳은 것만을 〈보기〉에서 있는 대로 고른 것은? (단, 돌연변이는 고려하지 않는다.)

> **보기**
> ㄱ. 구간 Ⅰ에는 핵상이 n인 세포가 있다. $2n$ M기
> ㄴ. (나)는 구간 Ⅲ에서 관찰된다.
> ㄷ. ㉠에 대립 유전자 가 존재한다.   A

① ㄱ   ② ㄴ   ③ ㄷ   ④ ㄱ, ㄴ   ⑤ ㄴ, ㄷ

|자|료|해|설|

(가)는 세포당 DNA 양에 따른 세포 수를 나타낸 그래프이다. DNA 양이 1인 Ⅰ에는 DNA 복제 전인 G_1기의 세포가 관찰되며, DNA 양이 2인 Ⅲ에는 복제가 끝난 G_2기의 세포와 분열 중인 M기의 세포가 관찰된다. DNA 양이 1에서 2로 증가하는 Ⅱ는 복제가 이루어지는 S기의 세포들이 관찰된다. (나)의 세포는 상동 염색체가 존재하고 염색 분체가 양극으로 끌려가고 있으므로 체세포 분열 후기에 해당한다.

|보|기|풀|이|

ㄱ. 오답 : 구간 Ⅰ에는 G_1기의 세포가 관찰되며, (가)의 과정은 체세포 분열 과정이므로 핵상은 모두 $2n$이다.

ㄴ. 정답 : (나)는 체세포 분열 후기의 세포이다. 따라서 분열기인 M기는 구간 Ⅲ에서 관찰된다.

ㄷ. 오답 : ㉠은 염색 분체가 분리되고 있는 과정으로 다른 쪽의 염색 분체와 대립 유전자가 동일하다. 따라서 대립 유전자 A가 존재한다.

😮 **문제풀이 T I P** | 그래프 (가)를 분석하여 각 DNA 양에 따라 관찰되는 세포 시기를 구분할 수 있어야 한다. 그래프를 직접 분석해 보면 거의 유사한 모양으로 그래프가 제시되기 때문에 쉽게 분석이 가능하다. 세포 주기별 DNA 양을 비교하며 그래프를 분석해 보자.

😮 **출제분석** | 세포 주기에 따른 DNA 변화량을 묻는 문항으로 난도 하에 해당한다. (가)와 같은 그래프를 제시하는 문항이 오랫동안 출제되지 않다가 2018학년도 수능에 출제되었다. 재출제 가능성이 여전히 남아있으므로 그래프 분석을 꼭 하고 넘어가자.

그림 (가)는 어떤 동물의 체세포 Q를 배양한 후 세포당 DNA 양에 따른 세포 수를, (나)는 Q의 체세포 분열 과정 중 ㉠ 시기에서 관찰되는 세포를 나타낸 것이다.

이에 대한 설명으로 옳은 것만을 〈보기〉에서 있는 대로 고른 것은?

> **보기** → 염색체
> ㄱ. ⓐ에는 히스톤 단백질이 있다.
> ㄴ. 구간 Ⅱ에는 ㉠ 시기의 세포가 있다. → 체세포 분열 중기
> ㄷ. G_1기의 세포 수는 구간 Ⅱ에서가 구간 Ⅰ에서보다 많다.   적다.

① ㄱ   ② ㄷ   ③ ㄱ, ㄴ   ④ ㄴ, ㄷ   ⑤ ㄱ, ㄴ, ㄷ

|자|료|해|설|

세포당 DNA 양이 1인 구간 Ⅰ에는 G_1기의 세포가 포함되어 있고, S기 때 DNA가 복제되어 세포당 DNA 양이 2인 구간 Ⅱ에는 G_2기 또는 분열기(M기)의 세포가 포함되어 있다. (나)는 체세포 분열 중기(㉠ 시기) 때 관찰되는 세포이며, ⓐ는 염색사가 응축된 염색체이다.

|보|기|풀|이|

ㄱ. 정답 : 염색체(ⓐ)의 기본 단위인 뉴클레오솜은 DNA와 히스톤 단백질로 구성되어 있다.

ㄴ. 정답 : 구간 Ⅱ에는 G_2기 또는 분열기(M기)의 세포가 포함되어 있으므로, 체세포 분열 중기(㉠)의 세포가 있다.

ㄷ. 오답 : G_1기의 세포 수는 구간 Ⅰ에서가 구간 Ⅱ에서보다 많다.

😮 **문제풀이 T I P** | 구간 Ⅰ에는 G_1기의 세포가 포함되어 있고, 복제 후에 해당하는 구간 Ⅱ에는 G_2기 또는 분열기(M기)의 세포가 포함되어 있다. (나)는 염색체가 세포 중앙의 적도면에 배열되어 있으므로 중기의 세포이다.

49 세포 주기

그림은 사람의 어떤 체세포를 배양하여
얻은 세포 집단에서 세포당 DNA 양에
따른 세포 수를 나타낸 것이다.
이에 대한 옳은 설명만을 〈보기〉에서 있는 대로
고른 것은? 3점

G_1기 G_2기 or M기

세포 수

S기

0   1   2
세포당 DNA 양(상댓값)

보기 ┌─→ G_2기 or M기   ┌─→ 분열기(M기)의 세포
ㄱ. 구간 Ⅱ의 세포 중 방추사가 형성된 세포가 있다.
ㄴ. 이 체세포의 세포 주기에서 G_1기가 G_2기보다 길다.
ㄷ. 핵막이 소실된 세포는 구간 Ⅰ에서가 구간 Ⅱ에서보다 ~~많다~~. 적다
    └─→ 분열기(M기)의 세포

① ㄱ   ② ㄷ   ③ ㄱ, ㄴ   ④ ㄴ, ㄷ   ⑤ ㄱ, ㄴ, ㄷ

|자|료|해|설|
세포당 DNA 양이 1인 구간 Ⅰ에는 G_1기의 세포가 포함되어 있고, S기 때 DNA가 복제되어 세포당 DNA 양이 2인 구간 Ⅱ에는 G_2기 또는 분열기(M기)의 세포가 포함되어 있다.

|보|기|풀|이|
ㄱ 정답 : 방추사는 분열기 때 형성되므로 분열기(M기)의 세포를 포함하는 구간 Ⅱ의 세포 중 방추사가 형성된 세포가 있다.
ㄴ 정답 : 특정 시기의 세포의 수가 많을수록 그 시기의 길이가 길다. G_1기의 세포 수가 G_2기 또는 M기의 세포 수보다 많으므로, 이 체세포의 세포 주기에서 G_1기는 G_2기보다 길다.
ㄷ. 오답 : 핵막이 소실된 세포는 분열기 때 관찰되므로 분열기(M기)의 세포를 포함하는 구간 Ⅱ에 존재한다.

😀 **문제풀이 T I P** | 구간 Ⅰ에는 G_1기, 구간 Ⅱ에는 G_2기 또는 분열기(M기)의 세포가 포함되어 있다. 분열기 때 방추사가 나타났다가 사라지고, 핵막과 인이 사라졌다가 다시 나타난다.

---

50 세포 주기

DNA 복제

그림은 어떤 동물의 체세포를 배양한
후 세포당 DNA 양에 따른 세포 수를
나타낸 것이다.
이 자료에 대한 설명으로 옳은 것만을
〈보기〉에서 있는 대로 고른 것은?

G_1기 S기 G_2 또는 M기

세포 수

0   1   2
세포당 DNA 양(상댓값)

보기 ┌─→ S기
ㄱ. 구간 Ⅰ에는 DNA 복제가 일어나는 세포가 있다.
ㄴ. 구간 Ⅱ에는 핵막이 소실된 세포가 있다. → 핵막이 소실된 세포는 M기 때 관찰된다.
G_2기, M기 ┌─→ 세포당 DNA양이 1인 세포 수
ㄷ. $\dfrac{G_1$기 세포 수}{G_2기 세포 수} 의 값은 1보다 크다.
    └─→ 세포당 DNA양이 2인 세포 수의 일부

① ㄱ   ② ㄴ   ③ ㄱ, ㄷ   ④ ㄴ, ㄷ   ⑤ ㄱ, ㄴ, ㄷ

|자|료|해|설|
세포당 DNA 양(상댓값)이 1인 세포는 G_1기, 1과 2 사이의 값을 갖는 세포는 S기, 2인 세포는 G_2기 또는 M기에 해당한다. 따라서 구간 Ⅰ에 해당하는 세포 주기는 S기이고, 구간 Ⅱ에 해당하는 세포 주기는 G_2기 또는 M기이다.

|보|기|풀|이|
ㄱ 정답 : 구간 Ⅰ은 S기에 해당하므로 DNA 복제가 일어나는 세포가 있다.
ㄴ 정답 : 구간 Ⅱ는 G_2기와 M기에 해당한다. 핵막은 분열기의 전기 때 소실되므로 핵막이 소실된 세포는 M기에서 관찰된다.
ㄷ 정답 : G_1기의 세포 수는 그래프에서 세포당 DNA 양이 1인 세포 수이고, G_2기의 세포 수는 그래프에서 세포당 DNA 양이 2인 세포 수의 일부이다. 세포당 DNA 양이 1인 세포 수가 더 많으므로 $\dfrac{G_1$기 세포 수}{G_2기 세포 수}의 값은 1보다 크다.

😀 **문제풀이 T I P** | 세포당 DNA 양(상댓값)이 1인 세포는 G_1기, 1과 2 사이의 값을 갖는 세포는 S기, 2인 세포는 G_2기 또는 M기에 해당한다.

그림은 어떤 동물의 체세포 (가)를 일정 시간 동안 배양한 세포 집단에서 세포당 DNA 양에 따른 세포 수를 나타낸 것이다. 이에 대한 옳은 설명만을 〈보기〉에서 있는 대로 고른 것은?

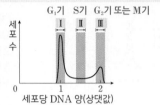

보기

→ G_1기 → 간기 때 관찰됨

ㄱ. 구간 Ⅰ에 핵막을 갖는 세포가 있다.

ㄴ. (가)의 세포 주기에서 G_2기가 G_1기보다 길다. ~~길다~~ 짧다

ㄷ. 동원체에 방추사가 결합한 세포 수는 구간 Ⅱ에서가 구간 Ⅲ에서보다 많다. ~~많다~~ 적다
    S기 G_2기 또는 M기

└ M기(분열기) 때 관찰됨

① ㄱ   ② ㄴ   ③ ㄱ, ㄷ   ④ ㄴ, ㄷ   ⑤ ㄱ, ㄴ, ㄷ

| 자 | 료 | 해 | 설 |

세포당 DNA 양이 1인 구간 Ⅰ에는 G_1기의 세포가 포함되어 있고, 세포당 DNA 양이 1과 2 사이의 값을 갖는 구간 Ⅱ에는 DNA 복제가 일어나는 시기인 S기의 세포가 포함되어 있다. 복제 후 세포당 DNA 양이 2인 구간 Ⅱ에는 G_2기 또는 M기(분열기)의 세포가 포함되어 있다.

| 보 | 기 | 풀 | 이 |

ㄱ. 정답 : 핵막은 간기(G_1기, S기, G_2기) 때 관찰된다. 따라서 G_1기의 세포가 포함되어 있는 구간 Ⅰ에 핵막을 갖는 세포가 있다.

ㄴ. 오답 : 세포당 DNA 양이 2인 세포의 수가 1인 세포의 수보다 적으므로 (가)의 세포 주기에서 G_2기가 G_1기보다 짧다는 것을 알 수 있다.

ㄷ. 오답 : 방추사는 M기(분열기) 때 관찰된다. 따라서 동원체에 방추사가 결합한 세포의 수는 M기의 세포를 포함하고 있는 구간 Ⅲ에서 많다.

😮 **문제풀이 TIP** | 세포당 DNA 양이 1인 구간에는 G_1기의 세포가 포함되어 있고, 세포당 DNA 양이 1과 2 사이의 값을 갖는 구간에는 S기(DNA 복제 일어남)의 세포가 포함되어 있다. 세포당 DNA 양이 2인 구간에는 G_2기 또는 M기(분열기)의 세포가 포함되어 있다. 핵막은 간기의 세포에서, 방추사는 분열기의 세포에서 관찰된다.

그림은 어떤 동물의 체세포 집단 A의 세포 주기를, 표는 물질 X의 작용을 나타낸 것이다. ㉠~㉢은 각각 G_1기, G_2기, M기 중 하나이다.

G_2기 : 세포 분열 준비

M기(분열기)

S기 : DNA 복제

단백질 합성, 세포 생장

물질	작용
X	G_1기에서 S기로의 진행을 억제한다.

이에 대한 설명으로 옳은 것만을 〈보기〉에서 있는 대로 고른 것은?

보기

→ 감수 1분열 전기, 중기 때 관찰됨
→ 관찰되지 않는다

ㄱ. ㉡ 시기에 2가 염색체가 관찰된다.

ㄴ. 세포 1개당 DNA 양은 ㉠ 시기의 세포가 ㉢ 시기의 세포보다 많다.
    G_2기 G_1기
→ 정답 ~~많다~~

ㄷ. A에 X를 처리하면 ㉢ 시기의 세포 수는 처리하기 전보다 증가한다.
    G_1기

① ㄱ   ② ㄴ   ③ ㄷ   ④ ㄱ, ㄴ   ⑤ ㄴ, ㄷ

| 자 | 료 | 해 | 설 |

S기 이전인 ㉢은 단백질 합성과 세포의 생장이 일어나는 G_1기이고, S기 이후인 ㉠은 세포 분열을 준비하는 G_2기이다. ㉡은 세포 분열이 일어나는 M기(분열기)이며, 시기에 따라 전기, 중기, 후기, 말기로 구분된다.

| 보 | 기 | 풀 | 이 |

ㄱ. 오답 : 상동 염색체가 접합한 2가 염색체는 감수 1분열 전기와 중기 때 관찰되므로 체세포 분열의 M기(㉡) 때는 관찰되지 않는다.

ㄴ. 오답 : S기 때 DNA 복제가 일어나므로 세포 1개당 DNA 양은 G_2기(㉠)의 세포가 G_1기(㉢)의 세포보다 2배 많다.

ㄷ. 정답 : A에 X를 처리하면 진행되던 세포 주기가 S기로 넘어가지 못하고 G_1기(㉢)에서 멈추면서 G_1기(㉢)의 세포 수가 증가한다.

😮 **문제풀이 TIP** | X를 처리하면 진행되던 세포 주기가 S기로 넘어가지 못하고 G_1기에서 멈추면서 G_1기의 세포 수가 증가한다.

다음은 세포 주기에 대한 실험이다.

[실험 과정 및 결과]

(가) 어떤 동물의 체세포를 배양하여 집단 A~C로 나눈다.

(나) B에는 S기에서 G₂기로의 전환을 억제하는 물질 X를, C에는 G₁기에서 S기로의 전환을 억제하는 물질 Y를 각각 처리하고, A~C를 동일한 조건에서 일정 시간 동안 배양한다.

(다) 세 집단에서 같은 수의 세포를 동시에 고정한 후, 각 집단의 세포당 DNA 양에 따른 세포 수를 나타낸 결과는 그림과 같다.

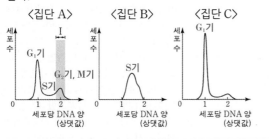

이에 대한 설명으로 옳은 것만을 〈보기〉에서 있는 대로 고른 것은?

(3점)

보기   → G₂기, M기

ㄱ. 구간 Ⅰ에 간기의 세포가 있다.

ㄴ. (다)에서 S기 세포 수는 A에서가 B에서보다 ~~많다~~ 적다.

ㄷ. (다)에서 $\dfrac{G_2기\ 세포\ 수}{G_1기\ 세포\ 수}$ 는 A에서가 C에서보다 크다.   → 세포 당 DNA양이 2인 세포 수의 일부   → 세포 당 DNA양이 1인 세포 수

① ㄱ   ② ㄴ   ③ ㄷ   ✓④ ㄱ, ㄷ   ⑤ ㄴ, ㄷ

|자|료|해|설|

집단 A에서 세포 당 DNA 양이 1인 구간은 DNA 복제가 일어나기 전인 G₁기의 세포이고, 세포 당 DNA 양이 2인 구간 Ⅰ은 DNA 복제 이후인 G₂기와 M기의 세포이며, 세포 당 DNA 양이 1에서 2 사이인 구간은 DNA 복제가 일어나는 S기의 세포이다.

집단 B에는 S기에서 G₂기로의 전환을 억제하는 물질 X를 처리하였으므로 세포들이 S기에 머무르게 되며, 집단 C에는 G₁기에서 S기로의 전환을 억제하는 물질 Y를 처리하였으므로 세포들이 G₁기에 머무르게 되어 그림과 같은 결과가 나타난다.

|보|기|풀|이|

㉠ 정답 : 세포당 DNA 양이 2인 구간 Ⅰ은 G₂기와 M기의 세포이며, G₂기는 간기에 속하므로 구간 Ⅰ에는 간기의 세포가 존재한다.

ㄴ. 오답 : B에서는 물질 X에 의해 세포들이 G₂기로 전환되지 못하고 S기에 머무르게 되므로 S기의 세포 수는 A에서가 B에서보다 적다.

㉢ 정답 : C에서는 세포들이 S기로 전환되지 못하고 G₁기에 머무르게 되므로 A에서보다 G₂기 세포 수에 대한 G₁기의 세포 수의 비율이 높아진다.

😮 문제풀이 TIP | DNA 복제(S기)를 기준으로 DNA 복제 이전의 세포는 G₁기 세포, DNA 복제 이후의 세포는 G₂기와 M기 세포임을 기억한다.

그림 (가)는 어떤 동물 체세포의 세포 주기를, (나)는 이 동물의 체세포 분열 과정에서 관찰되는 세포 ㉠과 ㉡을 나타낸 것이다. Ⅰ~Ⅲ은 각각 G₁기, G₂기, M기 중 하나이고, ㉠과 ㉡은 Ⅱ 시기의 세포와 Ⅲ 시기의 세포를 순서 없이 나타낸 것이다.

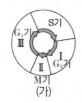
      (가)   ㉠   ㉡
           Ⅱ(M기)   (나)   Ⅲ(G₁기)

이에 대한 설명으로 옳은 것만을 〈보기〉에서 있는 대로 고른 것은? (단, 돌연변이는 고려하지 않는다.)

보기

ㄱ. Ⅰ은 ~~G₁기~~ G₂기이다.

ㄴ. ㉠은 Ⅱ 시기의 세포이다.

ㄷ. 세포 1개당 DNA의 양은 ㉡에서가 ㉠에서의 ~~2배~~ ½배이다.

① ㄱ   ✓② ㄴ   ③ ㄷ   ④ ㄱ, ㄷ   ⑤ ㄴ, ㄷ

|자|료|해|설|

(가)의 세포 주기에서 Ⅰ은 G₂기, Ⅱ는 M기, Ⅲ은 G₁기이다. ㉠은 염색체가 관찰되고, ㉡은 염색체가 관찰되지 않으므로 각각 Ⅱ 시기와 Ⅲ 시기의 세포이다.

|보|기|풀|이|

ㄱ. 오답 : Ⅰ은 DNA 복제가 이루어지는 S기 이후의 시기이므로 G₂기이다.

㉡ 정답 : ㉠은 염색체가 관찰되므로 분열기에 해당하는 Ⅱ 시기의 세포이다.

ㄷ. 오답 : ㉡은 Ⅲ 시기, 즉 G₁기 세포이므로 DNA 복제 전이고, ㉠은 M기(분열기)의 세포이므로 DNA 복제 후이다. 따라서 세포 1개당 DNA의 양은 ㉡에서가 ㉠에서의 절반이다.

😮 문제풀이 TIP | 세포 주기의 기본적인 순서를 혼동하지 않도록 하며, 체세포 분열 과정의 각 시기별 특징 및 DNA 상대량의 변화를 함께 이해해야 한다. 이에 대한 기본적인 이해가 있다면 쉽게 해결할 수 있는 난도 '하'의 문항이므로, 이 문항을 틀렸다면 세포 주기에 대한 개념 학습이 필요하다.

IV
1 Ⅰ 01. 유전자와 염색체

그림 (가)는 사람의 체세포를 배양한 후 세포당 DNA 양에 따른 세포 수를, (나)는 사람의 체세포에 있는 염색체의 구조를 나타낸 것이다.

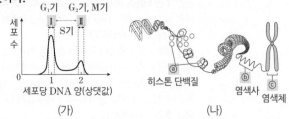

이에 대한 설명으로 옳은 것만을 〈보기〉에서 있는 대로 고른 것은?

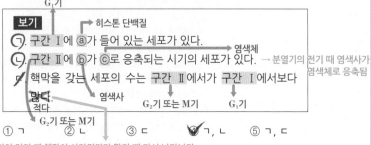

보기

G₁기 → 히스톤 단백질
ㄱ. 구간 Ⅰ에 ⓐ가 들어 있는 세포가 있다.
ㄴ. 구간 Ⅱ에 ⓑ가 ⓒ로 응축되는 시기의 세포가 있다. → 분열기의 전기 때 염색사가 염색체로 응축됨
ㄷ. 핵막을 갖는 세포의 수는 구간 Ⅱ에서가 구간 Ⅰ에서보다
많다.
적다.
   염색사   G₂기 또는 M기   G₁기
G₂기 또는 M기

① ㄱ   ② ㄴ   ③ ㄷ   ✔ ㄱ, ㄴ   ⑤ ㄱ, ㄷ

분열기의 전기 때 핵막이 사라졌다가 말기 때 다시 나타난다.

|자|료|해|설|

(가)에서 세포당 DNA양이 1인 구간 Ⅰ은 DNA복제가 일어나기 전인 G₁기의 세포이고, 세포당 DNA양이 2인 구간 Ⅱ는 DNA복제가 일어난 후인 G₂기와 M기의 세포이다. 세포당 DNA양이 1에서 2사이인 구간의 세포는 DNA복제가 일어나는 S기의 세포이다. (나)에서 ⓐ는 히스톤 단백질이고, ⓑ는 염색사, ⓒ는 염색체이다. 염색사는 간기(G₁기, S기, G₂기) 때 관찰되고, 염색체는 분열기(M기) 때 관찰된다.

|보|기|풀|이|

ㄱ. 정답 : DNA가 히스톤 단백질을 감고 있는 구조인 뉴클레오솜은 염색사와 염색체를 구성하는 기본 단위이다. 따라서 뉴클레오솜은 모든 시기의 세포에 존재하므로 구간 Ⅰ (G₁기)에 히스톤 단백질(ⓐ)이 들어 있는 세포가 있다.

ㄴ. 정답 : 분열기(M기)의 전기 때 염색사가 염색체로 응축된다. 따라서 구간 Ⅱ (G₂기, M기)에 염색사(ⓑ)가 염색체(ⓒ)로 응축되는 시기의 세포가 있다.

ㄷ. 오답 : 핵막은 간기(G₁기, S기, G₂기) 때 관찰되고, 분열기(M기)의 전기 때 사라졌다가 말기 때 다시 나타난다. 따라서 핵막을 갖는 세포의 수는 구간 Ⅱ (G₂기, M기)에서가 구간 Ⅰ (G₁기)에서보다 적다.

🤪 **문제풀이 TIP** | 세포당 DNA 양(상댓값)이 1인 세포는 G₁기, 1과 2 사이의 값을 갖는 세포는 S기, 2인 세포는 G₂기와 M기에 해당한다.

표 (가)는 사람의 체세포 세포 주기에서 나타나는 4가지 특징을, (나)는 (가)의 특징 중 사람의 체세포 세포 주기의 ㉠~㉣에서 나타나는 특징의 개수를 나타낸 것이다. ㉠~㉣은 G₁기, G₂기, M기(분열기), S기를 순서 없이 나타낸 것이다.

특징
• 핵막이 소실된다. M기
• 히스톤 단백질이 있다. G₁, S, G₂, M기
• 방추사가 동원체에 부착된다. M기
• ⓐ 핵에서 DNA 복제가 일어난다. S기

구분	특징의 개수
㉠ S기	2
㉡ G₁기 or G₂기	?1
㉢ M기	3
㉣ G₁기 or G₂기	1

(가)   (나)

이에 대한 설명으로 옳은 것만을 〈보기〉에서 있는 대로 고른 것은?

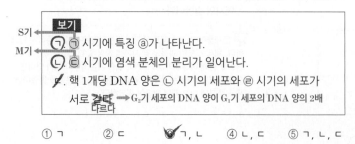

보기

S기 ← ㄱ. ㉠ 시기에 특징 ⓐ가 나타난다.
M기 ← ㄴ. ㉢ 시기에 염색 분체의 분리가 일어난다.
ㄷ. 핵 1개당 DNA 양은 ㉡ 시기의 세포와 ㉣ 시기의 세포가 서로 같다. → G₂기 세포의 DNA 양이 G₁기 세포의 DNA 양의 2배
다르다

① ㄱ   ② ㄷ   ✔ ㄱ, ㄴ   ④ ㄴ, ㄷ   ⑤ ㄱ, ㄴ, ㄷ

|자|료|해|설|

체세포의 세포 주기에서 핵막의 소실과 방추사의 동원체 부착은 M기(분열기)의 특징이다. DNA와 함께 뉴클레오솜을 이루는 히스톤 단백질은 G₁기, S기, G₂기, M기에서 모두 존재하며, 핵에서 DNA가 복제되는 시기는 S기이다. 따라서 특징의 개수가 2개인 ㉠은 S기, 특징의 개수가 3개인 ㉢은 M기이며 ㉡과 ㉣은 각각 G₁기와 G₂기 중 하나로, 특징의 개수가 1개이다.

|보|기|풀|이|

ㄱ. 정답 : ㉠은 S기로, 핵에서 DNA의 복제가 일어나는 시기이다.

ㄴ. 정답 : ㉢은 M기로, 핵분열 과정에서 방추사에 의한 염색 분체의 분리가 일어난다.

ㄷ. 오답 : ㉡과 ㉣은 각각 G₁기와 G₂기 중 하나이고 G₁기는 DNA 복제 전, G₂기는 DNA 복제 후이므로, ㉡과 ㉣의 핵 1개당 DNA 양은 둘 중 하나가 다른 하나의 2배이다.

🤪 **문제풀이 TIP** | 체세포 세포 주기의 G₁기, S기, G₂기, M기 각각의 특징을 묻고 있는 문항이다. S기에는 DNA의 복제가, M기에는 세포 분열이 일어나므로 쉽게 구분할 수 있으며, G₁기와 G₂기는 S기 이전과 이후의 시기이므로 DNA 양에서 차이가 난다는 점을 기억해야한다.

그림 (가)는 어떤 동물의 체세포를 배양한 후 세포당 DNA 양에 따른 세포 수를, (나)는 이 체세포의 세포 주기를 나타낸 것이다. ⊙~ⓒ은 각각 G_1기, G_2기, M기 중 하나이다.

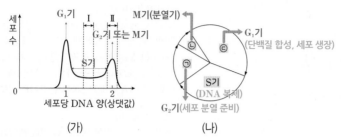

(가)　　　　　　　(나)

이에 대한 설명으로 옳은 것만을 〈보기〉에서 있는 대로 고른 것은?

3점

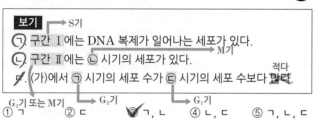

보기　　⟶ S기
⊙ 구간 Ⅰ에는 DNA 복제가 일어나는 세포가 있다.
ⓒ 구간 Ⅱ에는 ⓒ 시기의 세포가 있다.　　　⟶ M기
ㄷ. (가)에서 ⊙ 시기의 세포 수가 ⓒ 시기의 세포 수보다 많다.　적다

G_2기 또는 M기 ⟶ G_2기 　　⟶ G_1기
① ㄱ　　② ㄷ　　✓③ ㄱ, ㄴ　　④ ㄴ, ㄷ　　⑤ ㄱ, ㄴ, ㄷ

|자|료|해|설|
(가)에서 세포당 DNA 양이 1인 세포는 DNA 복제가 일어나기 전인 G_1기의 세포이고, 세포당 DNA 양이 1에서 2 사이인 구간 Ⅰ은 DNA 복제가 일어나는 S기의 세포이다. 세포당 DNA 양이 2인 구간 Ⅱ는 DNA 복제가 일어난 후인 G_2기 또는 M기의 세포이다.
(나)에서 DNA 복제가 일어나는 S기의 다음 시기인 ⊙은 방추사를 구성하는 단백질을 합성하는 등 세포 분열을 준비하는 G_2기이고 ⓒ은 세포 분열이 일어나는 M기(분열기)이다. ⓒ은 단백질을 합성하며 세포가 생장하는 G_1기이다.

|보|기|풀|이|
⊙ 정답 : 세포당 DNA 양이 1에서 2 사이인 구간 Ⅰ에는 DNA 복제가 일어나는 S기의 세포가 있다.
ⓒ 정답 : 세포당 DNA 양이 2인 구간 Ⅱ에는 DNA 복제가 일어난 후인 G_2기 또는 M기(ⓒ)의 세포가 있다.
ㄷ. 오답 : (가)에서 세포당 DNA 양이 1(G_1)인 세포의 수가 세포당 DNA 양이 2(G_2기 또는 M기)인 세포의 수보다 많다. 따라서 G_2기(⊙)의 세포 수가 G_1기(ⓒ)의 세포 수보다 적다.

😮 문제풀이 TIP | 세포당 DNA 양(상댓값)이 1인 세포는 G_1기, 1과 2 사이의 값을 갖는 세포는 S기, 2인 세포는 G_2기 또는 M기에 해당한다.

그림 (가)는 어떤 사람 체세포의 세포 주기를, (나)는 이 체세포를 배양한 후 세포당 DNA 양에 따른 세포 수를 나타낸 것이다. ⊙과 ⓒ은 각각 G_1기와 G_2기 중 하나이다.

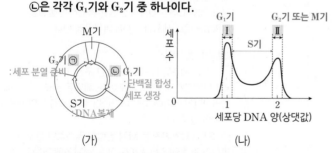

(가)　　　　　　　(나)

이에 대한 옳은 설명만을 〈보기〉에서 있는 대로 고른 것은?
(단, 돌연변이는 고려하지 않는다.)

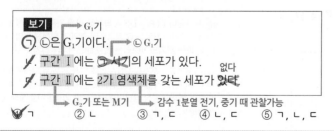

보기　　⟶ G_1기
⊙ ⓒ은 G_1기이다.　　⟶ ⓒ G_1기
ㄴ. 구간 Ⅰ에는 ⊙ 시기의 세포가 있다.
ㄷ. 구간 Ⅱ에는 2가 염색체를 갖는 세포가 있다.　없다

⟶ G_2기 또는 M기　⟶ 감수 1분열 전기, 중기 때 관찰가능
✓① ㄱ　　② ㄴ　　③ ㄱ, ㄷ　　④ ㄴ, ㄷ　　⑤ ㄱ, ㄴ, ㄷ

|자|료|해|설|
(가)에서 S기 이전 시기 ⓒ은 G_1기이고, S기 이후 시기 ⊙은 G_2기이다. G_1기는 단백질을 합성하며 세포가 생장하는 시기이고, S기는 DNA 복제가 일어나는 시기이다. G_2기는 방추사를 구성하는 단백질을 합성하는 등 세포 분열을 준비하는 시기이다. (나)에서 세포당 DNA 양이 1인 구간 Ⅰ에는 G_1기의 세포가 포함되어 있고, 세포당 DNA 양이 1과 2 사이의 값을 갖는 구간에는 DNA 복제가 일어나는 시기인 S기의 세포가 포함되어 있다. 복제 후 세포당 DNA 양이 2인 구간 Ⅱ에는 G_2기 또는 분열기(M기)의 세포가 포함되어 있다.

|보|기|풀|이|
⊙ 정답 : S기 이전 시기인 ⓒ은 G_1기이다.
ㄴ. 오답 : 세포당 DNA 양이 1인 구간 Ⅰ에는 DNA 복제가 일어나기 전인 G_1기(ⓒ)의 세포가 있다.
ㄷ. 오답 : 상동 염색체의 접합으로 형성되는 2가 염색체는 감수 1분열 전기와 중기 때 관찰 가능하므로, 체세포 분열에서는 관찰되지 않는다.

😮 문제풀이 TIP | 세포당 DNA 양이 1인 구간 Ⅰ에는 G_1기의 세포가 포함되어 있고, 복제 후에 해당하는 구간 Ⅱ에는 G_2기 또는 분열기(M기)의 세포가 포함되어 있다. 2가 염색체는 감수 1분열 전기와 중기 때 관찰된다.

그림 (가)는 어떤 동물 체세포의 세포 주기를, (나)는 이 세포를 배양한 후 세포당 DNA 양에 따른 세포 수를 나타낸 것이다. ㉠~㉢은 각각 G_2기, M기, S기 중 하나이다.

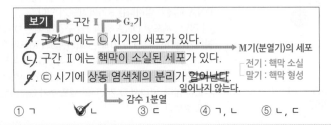

(가)   (나)

이에 대한 옳은 설명만을 <보기>에서 있는 대로 고른 것은?

보기 → 구간 Ⅱ → G_2기
ㄱ. 구간 Ⅰ에는 ㉡ 시기의 세포가 있다.
ㄴ. 구간 Ⅱ에는 핵막이 소실된 세포가 있다. → M기(분열기)의 세포
   전기 : 핵막 소실 / 말기 : 핵막 형성
ㄷ. ㉢ 시기에 상동 염색체의 분리가 일어난다. 일어나지 않는다.
     → 감수 1분열

① ㄱ   ② ㄴ   ③ ㄷ   ④ ㄱ, ㄴ   ⑤ ㄴ, ㄷ

|자|료|해|설|
(가)에서 G_1기 다음 시기인 ㉠은 DNA 복제가 일어나는 S기, ㉡은 방추사를 구성하는 단백질을 합성하는 등 세포 분열을 준비하는 G_2기, ㉢은 세포 분열이 일어나는 M기(분열기)이다.
(나)에서 세포당 DNA 양이 1인 구간 Ⅰ은 DNA 복제가 일어나기 전인 G_1기의 세포이고, 세포당 DNA 양이 2인 구간 Ⅱ는 DNA 복제가 일어난 후인 G_2기 또는 M기의 세포이다. 세포당 DNA 양이 1에서 2 사이인 세포는 DNA 복제가 일어나는 S기의 세포이다.

|보|기|풀|이|
ㄱ. 오답 : ㉡ 시기의 세포는 G_2기에 해당하므로 구간 Ⅱ에 있다.
ㄴ. 정답 : M기(분열기)의 전기에 핵막이 소실되고 말기에 다시 핵막이 형성된다. 따라서 구간 Ⅱ에는 핵막이 소실된 분열기의 세포가 있다.
ㄷ. 오답 : 체세포 분열 후기에는 염색 분체의 분리가 일어난다. 따라서 M기(㉢)에 염색 분체의 분리가 일어난다. 상동 염색체의 분리는 감수 1분열 후기에 일어난다.

😮 문제풀이 TIP | 세포당 DNA 양(상댓값)이 1인 세포는 G_1기, 1과 2 사이의 값을 갖는 세포는 S기, 2인 세포는 G_2기 또는 M기에 해당한다. 체세포 분열 후기와 감수 2분열 후기에는 염색 분체의 분리가 일어나고, 감수 1분열 후기에는 상동 염색체의 분리가 일어난다.

다음은 세포 주기에 대한 실험이다.

[실험 과정]
(가) 어떤 동물의 체세포를 배양하여 집단 A~C로 나눈다.
(나) B에는 방추사 형성을 저해하는 물질을, C에는 DNA 합성을 저해하는 물질을 각각 처리하고, A~C를 동일한 조건에서 일정 시간 동안 배양한다.
(다) 세 집단의 세포를 동시에 고정한 후, 각 집단의 DNA 양에 따른 세포 수를 측정한다.

[실험 결과]

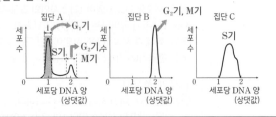

이 실험 결과에 대한 옳은 설명만을 <보기>에서 있는 대로 고른 것은? (단, 돌연변이는 고려하지 않는다.) 3점

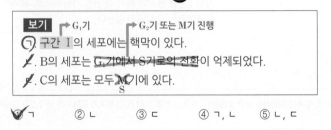

보기 → G_1기   → G_2기 또는 M기 진행
ㄱ. 구간 Ⅰ의 세포에는 핵막이 있다.
ㄴ. B의 세포는 G_1기에서 S기로의 전환이 억제되었다.
ㄷ. C의 세포는 모두 M기에 있다. S

① ㄱ   ② ㄴ   ③ ㄷ   ④ ㄱ, ㄴ   ⑤ ㄴ, ㄷ

|자|료|해|설|
집단 A에서 세포당 DNA 양이 1인 구간 Ⅰ은 DNA 복제가 일어나기 전인 G_1기의 세포이다. 세포당 DNA 양이 2인 세포는 DNA 복제가 일어난 후인 G_2기와 M기의 세포이며, 세포당 DNA 양이 1에서 2 사이의 세포는 DNA 복제가 일어나는 S기의 세포이다.
집단 B에는 방추사 형성을 저해하는 물질을 처리했으므로 세포 분열이 진행되지 않고 G_2기 또는 M기에 머무르게 된다. 집단 C에는 DNA 합성을 저해하는 물질을 처리했으므로 세포가 S기에 머무르게 된다.

|보|기|풀|이|
ㄱ. 정답 : 세포당 DNA 양이 1인 구간 Ⅰ은 DNA 복제가 일어나기 전인 G_1기의 세포이다. 핵막은 분열기 전기에 사라졌다가 말기에 다시 나타난다. 따라서 G_1기의 세포에는 핵막이 있다.
ㄴ. 오답 : B의 세포는 M기 진행에 필수적인 방추사 형성이 저해되어 세포가 G_2기 또는 M기에 머물러 있다.
ㄷ. 오답 : C의 세포는 모두 세포당 DNA 양이 1에서 2 사이인 S기에 있다.

😮 문제풀이 TIP | DNA 복제(S기)를 기준으로 DNA 복제가 일어나기 전의 세포는 G_1기, DNA 복제가 일어난 후의 세포는 G_2기 또는 M기의 세포라는 것을 반드시 기억하자!

😊 출제분석 | 세포당 DNA 양에 따른 세포 수 그래프를 이용하여 세포 주기의 특징을 묻는 문항으로 난도 '중'에 해당한다. 제시되는 보기의 형태나 분석 방법이 유사하므로 기출문제를 통해 풀이 방법을 익혀두자!

다음은 세포 주기에 대한 실험이다.

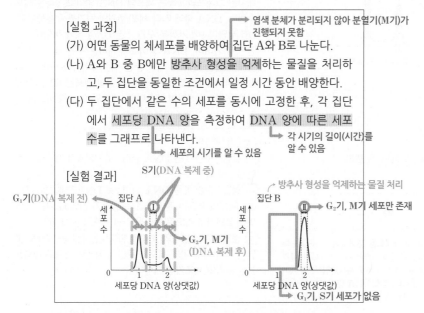

[실험 과정]

(가) 어떤 동물의 체세포를 배양하여 집단 A와 B로 나눈다.

(나) A와 B 중 B에만 방추사 형성을 억제하는 물질을 처리하고, 두 집단을 동일한 조건에서 일정 시간 동안 배양한다.
→ 염색 분체가 분리되지 않아 분열기(M기)가 진행되지 못함

(다) 두 집단에서 같은 수의 세포를 동시에 고정한 후, 각 집단에서 세포당 DNA 양을 측정하여 DNA 양에 따른 세포 수를 그래프로 나타낸다.
→ 세포의 시기를 알 수 있음
→ 각 시기의 길이(시간)를 알 수 있음

[실험 결과]

S기(DNA 복제 중)
G₁기(DNA 복제 전)
집단 A
방추사 형성을 억제하는 물질 처리
집단 B
G₂기, M기 세포만 존재
세포 수 / 세포당 DNA 양(상댓값)
G₂기, M기 (DNA 복제 후)
G₁기, S기 세포가 없음

이에 대한 설명으로 옳은 것만을 〈보기〉에서 있는 대로 고른 것은?

보기

ㄱ. 구간 Ⅰ에는 핵막을 가진 세포가 있다. → S기

ㄴ. 집단 A에서 G₂기의 세포 수가 G₁기의 세포 수보다 많다. 적다

ㄷ. 구간 Ⅱ에는 염색 분체가 분리되지 않은 상태의 세포가 있다. → G₂기, M기 → 방추사 형성이 억제되어 염색 분체가 분리되지 않음

① ㄱ   ② ㄷ   ③ ㄱ, ㄴ   ✔ ㄱ, ㄷ   ⑤ ㄴ, ㄷ

|자|료|해|설|

실험 과정 (나)에서 집단 B에 방추사 형성을 억제하는 물질을 처리하면 염색 분체가 분리되지 않아 분열기(M기)가 진행되지 못한다. 그러므로 이 물질을 처리한 후 충분한 시간이 지나면 대부분의 세포가 분열기(M기)에 머무르게 된다.

실험 결과 그래프에서 가로축에 해당하는 세포당 DNA 양을 분석하여 세포의 시기를 알 수 있다. 집단 A에서 구간 Ⅰ의 세포는 DNA 양이 1~2 사이이므로 S기에 해당하고 집단 B에서 구간 Ⅱ의 세포는 DNA 양이 2이므로 G₂기와 분열기(M기)에 해당하는데, 이 집단에 방추사 형성을 억제하는 물질을 처리했으므로 대부분의 세포가 분열기(M기)에 멈춰있다.

실험 결과 그래프의 세로축은 세포 수를 나타내는데, 관찰되는 세포의 수는 세포 주기에서 각 시기의 길이(시간)에 비례한다. 따라서 세포 주기의 특정 시기가 길어지면 그 시기의 세포가 많이 관찰된다.

|보|기|풀|이|

ㄱ. 정답 : 구간 Ⅰ의 세포는 DNA 양이 1~2 사이이므로 S기의 세포이다. S기는 간기에 해당하며 간기 때 핵막이 관찰된다.

ㄴ. 오답 : 집단 A에서 DNA 양이 2인 G₂기의 세포 수는 DNA 양이 1인 G₁기의 세포 수보다 적다.

ㄷ. 정답 : 구간 Ⅱ의 세포는 DNA 양이 2이므로 G₂기와 M기에 해당하는데, 이 집단에 방추사 형성을 억제하는 물질을 처리했으므로 염색 분체가 분리되지 않은 상태의 세포가 존재한다.

Ⅳ
1
01. 유전자와 염색체

그림 (가)는 분열하는 세포 집단 X의 세포 1개당 DNA 양에 따른 세포 수를, (나)는 X를 구성하는 세포의 세포 주기를 나타낸 것이다. ㉠~㉢은 각각 G₁기, G₂기, S기 중 하나이며, 물질 ⓐ는 방추사의 형성을 억제한다.
→ 세포 분열 저해

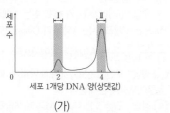

(가)   (나)

이에 대한 옳은 설명만을 〈보기〉에서 있는 대로 고른 것은? **3점**

보기

ㄱ. 구간 Ⅰ에 ㉠ 시기의 세포가 있다. → G₁기

ㄴ. ㉢ 시기의 세포에서 DNA 복제가 일어난다. → S기 일어나지 않는다.

ㄷ. X에 ⓐ를 처리하면 구간 Ⅱ에 해당하는 세포 수가 처리하기 전보다 감소한다. → G₂기, M기 → M기 저해 증가

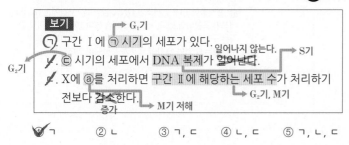

✔ ㄱ   ② ㄴ   ③ ㄱ, ㄷ   ④ ㄴ, ㄷ   ⑤ ㄱ, ㄴ, ㄷ

|자|료|해|설|

세포 주기의 각 시기를 DNA 상대량으로 구분해보면, G₁기는 DNA가 복제되는 S기 전이므로 DNA 양은 2이고, S기는 복제되는 시기로 2에서 4로 증가하며, 복제가 완료된 G₂기는 4이다. 세포가 분열하는 M기는 4에서 2로 감소하는 시기이다. 그림 (가)의 세포 수는 세포 주기의 시기별 소요 시간에 비례한다. DNA 양이 2인 세포의 수보다 4인 세포의 수가 훨씬 많으므로 그림 (나)에서 차지하는 영역이 작은 순서대로 ㉠이 G₁기, ㉡이 S기, ㉢이 G₂기이다.

|보|기|풀|이|

ㄱ. 정답 : 구간 Ⅰ은 DNA 양이 2이다. 따라서 G₁기의 세포가 존재하며, 세포의 수가 적기 때문에 그림 (나)에서 ㉠에 해당한다.

ㄴ. 오답 : ㉢ 시기는 G₂기로 DNA 복제가 완료된 후이다. DNA 복제는 S기 때 일어난다.

ㄷ. 오답 : 방추사의 형성을 억제하는 물질 ⓐ를 처리하면 M기에서 세포 분열이 억제된다. 따라서 DNA 양이 4에서 2로 감소하지 않으므로 구간 Ⅱ의 세포 수는 오히려 처리 전보다 증가한다.

세포 주기 각 시기의 걸린 시간에 비례 →

그림은 어떤 동물의 체세포를 배양한 후 세포당 DNA 양에 따른 세포 수를 나타낸 것이다.

이에 대한 설명으로 옳은 것만을 〈보기〉에서 있는 대로 고른 것은?

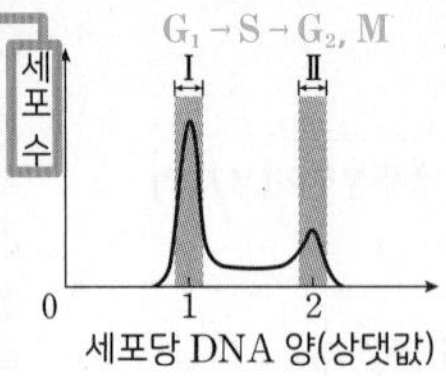

$G_1 \rightarrow S \rightarrow G_2$, M

세포수 I II

0 1 2
세포당 DNA 양(상댓값)

보기

복제 전(DNA 양=G_2기의 절반) →

ㄱ. 구간 I에는 G_1기의 세포가 있다.

→ G_2기 세포

ㄴ. 구간 II에는 핵막을 가진 세포가 있다.

ㄷ. 구간 II에는 염색 분체의 분리가 일어나는 시기의 세포가 있다.

→ 체세포 분열 후기

① ㄱ ② ㄷ ③ ㄱ, ㄴ ④ ㄴ, ㄷ ⑤ ㄱ, ㄴ, ㄷ

😀 **문제풀이 TIP** | 세포 주기의 시기별 특징과 세포당 DNA 양-세포 수 그래프를 분석하여 각 구간에 해당하는 세포 시기별의 단계를 찾을 수 있으면 문제 풀이가 가능하다. 세포 주기의 단계는 G_1-S-G_2-M기가 반복되며, 각각의 시기별 특징을 반드시 학습해야 한다. 또한, 세포당 DNA 양-세포 수 그래프는 분석하는 방법을 학습해 놓지 않고 처음 마주하면 상당히 어려운 그래프이지만, 분석을 통해 DNA 양의 변화에 따라 각 주기를 구분지어 놓으면 쉽게 문제 풀이가 가능하다. 따라서 미리 세포당 DNA 양-세포 수 그래프를 분석하여 학습하는 것이 필요하다.

😀 **출제분석** | 세포당 DNA 양-세포 수 그래프를 이용하여 세포 주기의 특징을 묻는 문항으로 난도 '중'에 해당한다. 세포당 DNA 양-세포 수 그래프는 매년 모평에서 1~2회씩은 빠지지 않고 자료로 출제되었다. 하지만 제시되는 보기의 형태나 분석 방법이 거의 유사하므로 기출 문제들을 통해 미리 분석해 놓으면 다시 출제되더라도 어렵지 않게 맞힐 수 있을 것이다.

|자|료|해|설|

제시된 그래프의 x축은 세포당 DNA 양이고, y축은 세포 수이다. DNA 양에 따라 세포 주기의 시기를 구분해보자. DNA 양이 1에 가까운 구간 I은 DNA 복제가 일어나기 전인 G_1기이며, DNA 양이 2에 가까운 구간 II는 DNA 복제가 끝난 G_2기와 세포 분열기인 M기이다. 구간 I과 II 사이의 1에서 2로 변화하는 구간의 세포는 DNA 복제가 이루어지는 S기의 세포이다. 세포의 수는 각 세포 주기가 진행되는 시간에 비례한다.

|보|기|풀|이|

ㄱ. 정답 : 구간 I은 DNA 양이 1로 DNA가 복제되기 전인 G_1기이다.

ㄴ. 정답 : 구간 II는 DNA 양이 2로 DNA가 복제된 후인 G_2, M기의 세포가 존재한다. 분열하기 전의 G_2기는 핵막이 소실되기 전이므로 핵막을 가진 세포가 존재한다.

ㄷ. 정답 : 염색 분체의 분리가 일어나는 시기는 체세포 분열 후기이다. M기의 세포가 구간 II에 존재하므로 체세포 분열 후기의 세포가 존재한다.

다음은 세포 주기에 대한 실험이다.

[실험 과정 및 결과]

(가) 어떤 동물의 체세포를 배양하여 집단 A와 B로 나눈다.

(나) A와 B 중 B에만 G_1기에서 S기로의 전환을 억제하는 물질을 처리하고, 두 집단을 동일한 조건에서 일정 시간 동안 배양한다.

(다) 두 집단에서 같은 수의 세포를 동시에 고정한 후, 각 집단의 세포당 DNA 양에 따른 세포 수를 나타낸 결과는 그림과 같다.

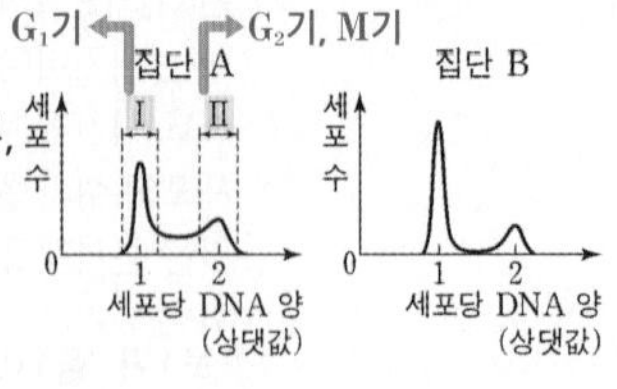

G_1기 → ← G_2, M기

집단 A
세포수 I II
집단 B
세포수

0 1 2
세포당 DNA 양(상댓값)

0 1 2
세포당 DNA 양(상댓값)

이에 대한 설명으로 옳은 것만을 〈보기〉에서 있는 대로 고른 것은?

보기

G_1기 →

ㄱ. (다)에서 $\dfrac{S기\ 세포\ 수}{G_1기\ 세포\ 수}$ 는 A에서가 B에서보다 ~~작다~~ 크다

ㄴ. 구간 I에는 뉴클레오솜을 갖는 세포가 있다.

ㄷ. 구간 II에는 핵막을 갖는 세포가 있다.

→ G_2, M기

① ㄱ ② ㄷ ③ ㄱ, ㄴ ④ ㄴ, ㄷ ⑤ ㄱ, ㄴ, ㄷ

|자|료|해|설|

(다)의 그림에서 구간 I에는 DNA 복제 전인 G_1기의 세포가 존재하고 구간 II에는 DNA 복제 후인 G_2기, M기의 세포가 존재한다. 집단 B는 G_1기에서 S기로의 전환을 억제하는 물질을 처리했기 때문에 세포당 DNA 양이 1에 해당하는 세포, 즉 G_1기 세포의 수가 집단 A에서보다 많은 것을 확인할 수 있다.

|보|기|풀|이|

ㄱ. 오답 : (다)에서 G_1기 세포 수는 A에서가 B에서보다 적고, S기 세포 수는 A에서가 B에서보다 많으므로 $\dfrac{S기\ 세포\ 수}{G_1기\ 세포\ 수}$ 는 A에서가 B에서보다 크다.

ㄴ. 정답 : 구간 I은 G_1기에 해당하며, 핵 속의 염색사에 뉴클레오솜이 존재한다.

ㄷ. 정답 : 구간 II는 G_2기, M기에 해당하며, M기에는 핵막이 사라지지만 G_2기의 세포는 핵막을 갖는다.

😀 **문제풀이 TIP** | 세포당 DNA 양이 1인 구간에는 G_1기의 세포가 포함되어 있고, 세포당 DNA 양이 1에서 2 사이의 값을 갖는 구간에는 S기의 세포가 포함된다. 세포당 DNA 양이 2인 구간에는 G_2기와 M기의 세포가 포함되어 있다.

그림 (가)는 어떤 동물의 체세포를 배양한 후 세포당 DNA양에 따른 세포 수를, (나)는 염색체 구조의 일부를 나타낸 것이다. ⓐ와 ⓑ는 각각 DNA와 뉴클레오솜 중 하나이다.

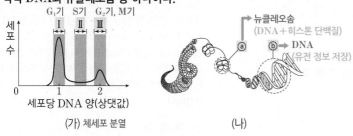

(가) 체세포 분열   (나)

이에 대한 옳은 설명만을 〈보기〉에서 있는 대로 고른 것은? (단, 돌연변이는 고려하지 않는다.) **3점**

> **보기**
> ㄱ. 구간 Ⅰ의 세포에 ⓐ가 있다. → G₁기 → 뉴클레오솜
> ㄴ. 구간 Ⅱ에 ⓑ의 합성이 일어나는 세포가 있다. → S기에 DNA 복제가 일어남 → S기 → DNA
> ㄷ. 구간 Ⅲ에 상동 염색체의 분리가 일어나는 세포가 있다.
>   염색 분체 → (가)는 체세포 분열
>   → G₂기 또는 M기

① ㄱ   ② ㄴ   ③ ㄷ   ④ ㄱ, ㄴ   ⑤ ㄴ, ㄷ

|자|료|해|설|

세포당 DNA 양(상댓값)이 1인 구간 Ⅰ은 G₁기, 1과 2 사이의 값을 갖는 구간 Ⅱ는 S기, 2인 구간 Ⅲ은 G₂기 또는 M기에 해당한다. ⓐ는 DNA가 히스톤 단백질을 감고 있는 뉴클레오솜이고, ⓑ는 이중 나선 구조를 가진 DNA이다.

|보|기|풀|이|

ㄱ. 정답 : 구간 Ⅰ은 G₁기이며, 뉴클레오솜은 모든 시기에 관찰된다.

ㄴ. 정답 : 1과 2 사이의 값을 갖는 구간 Ⅱ는 S기이다. S기에는 DNA 복제가 일어나므로 DNA(ⓑ)의 합성이 일어나는 세포가 존재한다.

ㄷ. 오답 : 구간 Ⅲ은 G₂기 또는 M기에 해당한다. 그림 (가)는 체세포 분열이 일어날 때 세포당 DNA 양에 따른 세포의 수를 나타낸 것이고, 체세포 분열의 후기에 염색 분체의 분리가 일어난다. 상동 염색체의 분리가 일어나는 세포는 감수 1분열 후기 때 관찰된다.

😮 **문제풀이 TIP** | 세포당 DNA 양(상댓값)이 1인 세포는 G₁기, 1과 2 사이의 값을 갖는 세포는 S기, 2인 세포는 G₂기 또는 M기에 해당한다.

그림 (가)는 어떤 동물($2n=4$)의 체세포 Q를 배양한 후 세포당 DNA 양에 따른 세포 수를, (나)는 Q의 체세포 분열 과정 중 ㉠ 시기에서 관찰되는 세포를 나타낸 것이다. 이 동물의 특정 형질에 대한 유전자형은 Rr이며, R와 r는 대립 유전자이다.

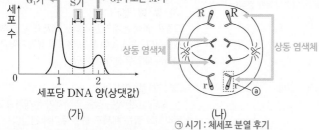

(가)   (나)
         ㉠ 시기 : 체세포 분열 후기

이에 대한 설명으로 옳은 것만을 〈보기〉에서 있는 대로 고른 것은? (단, 돌연변이와 교차는 고려하지 않는다.) **3점**

> **보기**
> ㄱ. 구간 Ⅰ에는 간기의 세포가 있다. → S기 → G₁기, S기, G₂기
> ㄴ. 구간 Ⅱ에는 ㉠ 시기의 세포가 있다. → 체세포 분열 후기
> ㄷ. ⓐ에는 대립 유전자 R가 있다. → G₂기 또는 M기 → r

① ㄱ   ② ㄷ   ③ ㄱ, ㄴ   ④ ㄴ, ㄷ   ⑤ ㄱ, ㄴ, ㄷ

|자|료|해|설|

세포당 DNA 양(상댓값)이 1인 세포는 G₁기, 1과 2 사이의 값을 갖는 세포는 S기, 2인 세포는 G₂기 또는 M기에 해당한다. 따라서 구간 Ⅰ에 해당하는 세포 주기는 S기이고, 구간 Ⅱ에 해당하는 세포 주기는 G₂기 또는 M기이다. 그림 (나)는 염색 분체가 분리되는 체세포 분열 후기에 관찰되는 세포이다. 이 동물의 특정 형질에 대한 유전자형은 Rr이므로 ⓐ에는 대립 유전자 r가 있다.

|보|기|풀|이|

ㄱ. 정답 : 구간 Ⅰ은 S기이며, S기는 간기(G₁기, S기, G₂기)에 속한다. 따라서 구간 Ⅰ에는 간기의 세포가 있다.

ㄴ. 정답 : 구간 Ⅱ는 G₂기 또는 M기이므로 ㉠ 시기 (체세포 분열 후기)의 세포가 있다.

ㄷ. 오답 : 이 동물의 특정 형질에 대한 유전자형은 Rr이므로 ⓐ에는 대립 유전자 r가 있다.

😮 **문제풀이 TIP** | 세포당 DNA 양(상댓값)이 1인 세포는 G₁기, 1과 2 사이의 값을 갖는 세포는 S기, 2인 세포는 G₂기 또는 M기에 해당한다.

😀 **출제분석** | 세포당 DNA 양으로 세포 주기를 구분하고, 관찰된 세포의 시기를 묻는 난도 '중하'의 문항이다. 상동 염색체 위에 존재하는 대립 유전자를 구분할 수 있다면 문제를 쉽게 해결할 수 있다. 이러한 유형의 문항은 최근 학평과 모평에 꾸준히 출제되고 있으므로 이 문제를 틀린 학생들은 반드시 이해하고 넘어가야 한다.

그림 (가)는 사람 A의 체세포를
배양한 후 세포당 DNA 양에 따른
세포 수를, (나)는 A의 체세포
분열 과정 중 ㉠ 시기의 세포로부터
얻은 핵형 분석 결과의 일부를
나타낸 것이다. → 분열기(중기)
이에 대한 설명으로 옳은 것만을 〈보기〉에서 있는 대로 고른 것은?

G₁기 ← S기   S기 G₂기 또는 M기

세포당 DNA 양(상댓값)
(가)   다운 증후군(나)   남성
20   21   22   X Y

보기   S기
㉠ 구간 I 에는 핵막을 갖는 세포가 있다. → 21번 염색체 3개
㉡ (나)에서 다운 증후군의 염색체 이상이 관찰된다.
㉢ 구간 II 에는 ㉠ 시기의 세포가 있다.

   G₂기 또는 M기   분열기(중기)

① ㄱ   ② ㄴ   ③ ㄱ, ㄷ   ④ ㄴ, ㄷ   ☑ ㄱ, ㄴ, ㄷ

|자|료|해|설|
(가)에서 세포당 DNA 양이 1인 구간에는 G₁기의 세포가
포함되어 있고, 세포당 DNA 양이 1과 2 사이의 값을
갖는 구간 I 에는 DNA 복제가 일어나는 시기인 S기의
세포가 포함되어 있다. 복제 후 세포당 DNA 양이 2인
구간 II 에는 G₂기 또는 분열기(M기)의 세포가 포함되어
있다. (나)는 분열기의 중기(㉠) 세포로부터 얻은 핵형
분석 결과의 일부이며, 21번 염색체가 3개이므로 다운
증후군이고 성염색체의 구성이 XY이므로 사람 A는
남성이다.

|보|기|풀|이|
㉠ 정답 : 구간 I 에는 S기의 세포가 포함되어 있고, S기는
간기에 속하므로 핵막이 관찰된다.
㉡ 정답 : (나)에서 21번 염색체가 3개인 다운 증후군의
염색체 이상이 관찰된다.
㉢ 정답 : 구간 II 에는 G₂기 또는 분열기(M기)의 세포가
포함되어 있으므로 ㉠(분열기의 중기) 시기의 세포가 있다.

문제풀이 TIP | 간기(G₁기, S기, G₂기)의 세포에서 핵막이 관찰되며, 분열기의 중기 때 염색체가 가장 응축되므로 이 시기의 세포로 핵형 분석을 한다. 21번 염색체가 3개인
사람에서 다운 증후군이 나타난다.

그림은 어떤 동물(2n=4)의 세포 분열 과정에서
관찰되는 세포 (가)를 나타낸 것이다. 이 동물의
특정 형질의 유전자형은 Aa이다.
이에 대한 옳은 설명만을 〈보기〉에서 있는 대로
고른 것은? (단, 돌연변이와 교차는 고려하지
않는다.)

체세포 분열 후기(염색 분체 분리)

상동 염색체

보기   체세포 분열
㉠ (가)는 감수 분열 과정에서 관찰된다.
㉡ ㉠에 뉴클레오솜이 있다.
㉢ ㉡에 A가 있다. → 염색사, 염색체의 기본 단위
                  (DNA+히스톤 단백질)

① ㄱ   ② ㄴ   ③ ㄷ   ④ ㄱ, ㄴ   ☑ ㄴ, ㄷ

|자|료|해|설|
그림은 염색 분체가 분리되는 체세포 분열 후기에 관찰되는
세포이다. 이 동물의 특정 형질의 유전자형은 Aa이므로
㉡에는 대립유전자 A가 있다.

|보|기|풀|이|
ㄱ. 오답 : (가)에는 상동 염색체가 존재하므로 염색 분체가
분리되고 있는 체세포 분열 후기에 관찰되는 세포이다.
㉡ 정답 : 뉴클레오솜은 염색체 혹은 염색사를 구성하는
기본 단위이므로 ㉠에 뉴클레오솜이 있다.
㉢ 정답 : 이 동물의 특정 형질의 유전자형은 Aa이고,
㉡의 상동 염색체에 a가 있으므로 ㉡에는 A가 있다.

문제풀이 TIP | 체세포 분열 과정에서 각 시기별 세포의 모습을 알고 있어야 하며, 특히 체세포 분열은 DNA 복제로 형성된 염색 분체가 분리되어 분열 후에도 핵상의 변화가 없는
반면 감수 분열은 두 번의 연속된 핵분열로 핵상이 2n → n → n으로 변화함을 기억하도록 한다.

출제분석 | 체세포 분열의 기본 특성을 묻고 있는 문항이다. DNA 상대량 그래프, 세포 주기와 함께 체세포 분열의 과정을 더 자세한 내용으로 물어볼 수 있다.

그림 (가)는 동물 A($2n=4$) 체세포의 세포 주기를, (나)는 A의 체세포 분열 과정 중 어느 한 시기에 관찰되는 세포를 나타낸 것이다. ㉠~㉢은 각각 G_2기, M기(분열기), S기 중 하나이다.

이에 대한 설명으로 옳은 것만을 〈보기〉에서 있는 대로 고른 것은?

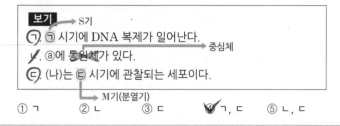

(가)   (나) 체세포 분열 중기

보기

㉠ → S기
㉠ ㉠ 시기에 DNA 복제가 일어난다.
ㄴ. ⓐ에 동원체가 있다. → 중심체
㉢ (나)는 ㉢ 시기에 관찰되는 세포이다.
             → M기(분열기)

① ㄱ   ② ㄴ   ③ ㄷ   ④ ㄱ, ㄷ   ⑤ ㄴ, ㄷ

| 자 | 료 | 해 | 설 |

세포 주기는 G_1기 → S기(㉠) → G_2기(㉡) → M기(㉢) 순으로 진행된다. G_1기는 단백질을 합성하며 세포가 생장하는 시기이고, S기는 DNA 복제가 일어나는 시기이다. G_2기는 방추사를 구성하는 단백질을 합성하는 등 세포 분열을 준비하는 시기이고, M기는 세포 분열이 일어나는 시기이다. 염색체가 세포 중앙의 적도면에 배열된 (나)는 체세포 분열 중기에 관찰하는 세포이며, ⓐ는 방추사가 뻗어 나오는 중심체 부분을 가리킨다.

| 보 | 기 | 풀 | 이 |

㉠ 정답 : S기(㉠) 때 DNA 복제가 일어난다.

ㄴ. 오답 : ⓐ에는 중심체가 있으며, 동원체는 세포 분열 시 방추사가 부착되는 염색체의 잘록한 부분이다.

㉢ 정답 : 염색체가 관찰되는 (나)는 세포가 분열하는 M기(㉢) 때 관찰되는 세포이다.

🫢**문제풀이 TIP** | 세포 주기는 G_1기 → S기 → G_2기 → M기(분열기) 순으로 진행된다. 중심체에서 뻗어 나온 방추사는 염색체의 잘록한 부분인 동원체에 부착된다.

그림 (가)는 식물 P($2n$)의 체세포가 분열하는 동안 핵 1개당 DNA 양을, (나)는 P의 체세포 분열 과정에서 관찰되는 세포 ⓐ와 ⓑ를 나타낸 것이다. ⓐ와 ⓑ는 분열기의 전기 세포와 중기 세포를 순서 없이 나타낸 것이다.

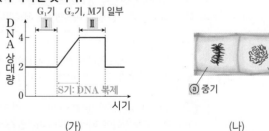

(가)   (나)

이에 대한 설명으로 옳은 것만을 〈보기〉에서 있는 대로 고른 것은?

보기

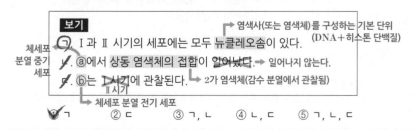

             → 염색사(또는 염색체)를 구성하는 기본 단위
                      (DNA+히스톤 단백질)
㉠ Ⅰ과 Ⅱ 시기의 세포에는 모두 뉴클레오솜이 있다.
체세포 분열 중기 세포 → ㄴ. ⓐ에서 상동 염색체의 접합이 일어났다. → 일어나지 않는다.
ㄷ. ⓑ는 Ⅰ 시기에 관찰된다. → 2가 염색체(감수 분열에서 관찰됨)
              Ⅱ 시기
체세포 분열 전기 세포 →

① ㄱ   ② ㄷ   ③ ㄱ, ㄴ   ④ ㄴ, ㄷ   ⑤ ㄱ, ㄴ, ㄷ

| 자 | 료 | 해 | 설 |

(가)에서 DNA의 상대량이 2에서 4로 두 배 증가하는 구간은 DNA 복제가 일어나는 S기이다. 따라서 DNA 상대량이 2인 구간 Ⅰ은 G_1기에 해당하고, 복제 후 DNA 상대량이 4인 구간 Ⅱ는 G_2기와 M기(분열기)의 일부에 해당한다. (나)에서 염색체가 세포 중앙의 적도면에 배열된 ⓐ는 분열기의 중기 세포이고, ⓑ는 분열기의 전기 세포이다. 전기 때 염색사가 염색체로 응축되고 핵막과 인이 사라진다.

| 보 | 기 | 풀 | 이 |

㉠ 정답 : DNA가 히스톤 단백질을 감고 있는 구조인 뉴클레오솜은 염색사(또는 염색체)를 구성하는 기본 단위이다. 따라서 Ⅰ과 Ⅱ 시기의 세포에는 모두 뉴클레오솜이 있다.

ㄴ. 오답 : 상동 염색체가 접합한 2가 염색체는 감수 1분열 전기와 중기 때 관찰된다. 체세포 분열에서는 2가 염색체가 관찰되지 않으므로 체세포 분열의 중기 세포(ⓐ)에서 상동 염색체의 접합이 일어나지 않는다.

ㄷ. 오답 : 분열기의 전기 세포(ⓑ)는 Ⅱ 시기에 관찰된다.

🫢**문제풀이 TIP** | DNA 상대량이 두 배로 증가하는 시기는 DNA 복제가 일어나는 S기이다. 뉴클레오솜은 간기와 분열기에서 모두 존재하며, 상동 염색체가 접합한 2가 염색체는 감수 분열에서 관찰된다.

그림 (가)는 핵상이 $2n$인 식물 P에서 체세포가 분열하는 동안 핵 1개당 DNA 양을, (나)는 P의 체세포 분열 과정 중에 있는 세포들을 나타낸 것이다. P의 특정 형질에 대한 유전자형은 Rr이며, R와 r는 대립 유전자이다.

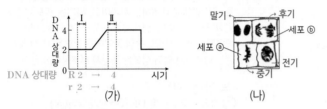

이에 대한 설명으로 옳은 것만을 〈보기〉에서 있는 대로 고른 것은? (단, 돌연변이는 고려하지 않는다.)

보기

ㄱ. 세포 1개당 R의 수는 ~~Ⅱ~~ 시기의 세포와 ⓑ가 같다.

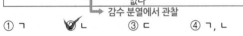

ㄴ. Ⅱ 시기에서 핵상이 $2n$인 세포가 관찰된다.

ㄷ. ⓐ에는 2가 염색체가 ~~있다.~~
　　　　　　　　 없다
　　→ 감수 분열에서 관찰

① ㄱ　　　✔ ㄴ　　　③ ㄷ　　　④ ㄱ, ㄴ　　　⑤ ㄴ, ㄷ

|자|료|해|설|
그래프 (가)의 Ⅰ은 DNA 복제 전으로 핵상은 $2n$이다. Ⅱ는 DNA 복제 후이면서 분열 전의 시기로 핵상은 역시 $2n$이다. (나)의 그림에서 세포 ⓐ는 염색체가 적도면에 배열되어 있는 중기이고, 세포 ⓑ는 염색 분체가 양극으로 끌려가는 후기이다.

|보|기|풀|이|
ㄱ. 오답 : 세포 1개당 R의 수는 Ⅰ 시기의 세포가 2이면 Ⅱ 시기의 세포는 4이고, 세포 ⓑ도 4이다. 따라서 세포 1개당 R의 수는 Ⅱ 시기의 세포와 세포 ⓑ가 같다.
ㄴ. 정답 : Ⅱ 시기에 핵상은 $2n$이다. 체세포 분열은 핵상의 변화가 없는 세포 분열로 모든 시기에서 $2n$이다.
ㄷ. 오답 : 2가 염색체는 감수 1분열에서 관찰되는 염색체로 체세포 분열 중기인 ⓐ에서는 관찰되지 않는다.

😮 **문제풀이 T I P** | 체세포 분열에 따른 DNA 상대량 변화와 분열기의 염색체 변화를 이해하고 있으면 문제를 쉽게 풀 수 있다. 체세포 분열은 간기 → 전기 → 중기 → 후기 → 말기로 진행되며, 핵상의 변화가 없는 세포 분열이다. DNA 상대량 그래프에서 DNA가 복제되어 2에서 4로 증가하는 지점, 복제 이후 DNA 상대량이 4에서 2로 급감하는 지점을 중심으로 시기별로 특징들을 정리하면 체세포 분열에 따른 DNA 변화가 좀 더 명확히 학습될 것이다.

😊 **출제분석** | 체세포 분열 과정에 관한 문항으로 난도는 '하'이다. 자료 분석도 어렵지 않고, 제시된 보기도 평이한 수준으로 출제되어 난이도가 쉬워졌다. 체세포 분열 부분은 단독으로 출제가 이루어지기도 하나, 감수 분열이나 세포 주기 그래프와 연계하여 출제가 이루어지기도 하므로 체세포 분열과 감수 분열의 비교는 반드시 학습해 놓도록 하자.

그림 (가)는 어떤 동물($2n=4$)의 체세포 분열 과정에서 세포 1개당 DNA양을, (나)는 t_1과 t_2 중 한 시점의 세포를 나타낸 것이다.

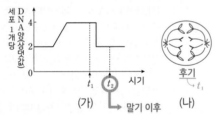

이에 대한 옳은 설명만을 〈보기〉에서 있는 대로 고른 것은? (단, 돌연변이는 고려하지 않는다.)

보기

후기 ㄱ. t_2일 때 핵막이 관찰된다. → 말기에 핵막 재생성

ㄴ. (나)는 t_1일 때의 세포이다. → 후기의 세포는 DNA양 감소 전

ㄷ. (나)로부터 생성되는 두 딸세포의 유전자 구성은 같다.
　　→ 염색분체 분리. 체세포 분열은 유전자 구성 동일

① ㄱ　　　② ㄴ　　　③ ㄱ, ㄷ　　　④ ㄴ, ㄷ　　　✔ ㄱ, ㄴ, ㄷ

|자|료|해|설|
문제에 제시되어 있듯이 (가)와 (나)는 동물의 체세포 분열 과정이다. (가)의 DNA 상대량 그래프에 t_1은 DNA 상대량이 4이므로 복제가 이루어진 후와 세포 분열에서 말기가 되기 이전의 시점이며, t_2는 DNA 상대량이 2이므로 말기 이후의 시점이다. (나)의 세포 분열 상태를 보면 염색 분체가 분리되어 양극으로 끌려가고 있으므로 후기에 해당한다. 따라서 t_1과 t_2 중 말기 이전인 t_1에 해당한다.

|보|기|풀|이|
ㄱ. 정답 : t_2일 때는 말기가 진행된 시점이므로 체세포 분열 말기에 핵막과 인이 재생성된다. 따라서 핵막이 관찰된다.
ㄴ. 정답 : (나)는 염색 분체가 분리되어 양극으로 끌려가고 있으므로 후기이며, 따라서 말기 이전인 t_1에 해당된다.
ㄷ. 정답 : (나)는 체세포 분열의 과정이므로 (나)로부터 생성되는 모든 딸세포의 유전자 구성은 같으며, 모세포와도 유전자 구성이 같다.

😮 **문제풀이 T I P** | 체세포 분열은 핵상의 변화가 없고, 모세포와 딸세포의 유전자 구성도 같은 세포 분열이다. 체세포 분열에서 DNA 상대량 그래프는 크게 두 부분 즉, DNA 상대량이 증가하는 S기와 DNA 상대량이 뚝 떨어지는 말기의 시기로 구분하여 학습하면 된다. 더불어 간기, 전기, 중기, 후기, 말기, 세포질 분열의 대표적인 특징을 염색체 변화에 포인트를 맞춰 학습하도록 하자.

😊 **출제분석** | 이번 문항은 세포 분열 중 체세포 분열에 대한 문항으로 어려운 포인트가 전혀 없는 난도 '하'의 문항이다. 세포 분열에 대해 출제가 이루어진다면, 체세포 분열만을 출제하기보다 감수 분열이나 비분리와 관련하여 출제가 이루어지므로 체세포 분열과 감수 분열, 비분리 돌연변이는 묶어서 비교하며 학습하도록 하자. 이번 문항을 틀렸다면, 문제를 꼼꼼히 읽는 습관을 기르도록 하자.

그림 (가)는 어떤 동물(2n=4)의 체세포 분열에서 세포 1개당 DNA 상대량 변화를, (나)는 t_1과 t_2 중 한 시점일 때 관찰되는 세포에 들어 있는 모든 염색체를 나타낸 것이다. 이 세포의 DNA 상대량은 2이다.

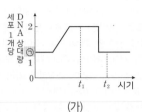

(가)　　　　　(나) t_1일 때 관찰되는 세포

이에 대한 옳은 설명만을 〈보기〉에서 있는 대로 고른 것은?
(단, 돌연변이는 고려하지 않는다.)

보기
ㄱ. ①은 ~~2~~ 1 이다.
ㄴ. 세포의 핵상은 t_1과 t_2일 때 모두 2n이다. → 체세포 분열 시 핵상은 변하지 않음
ㄷ. t_1과 t_2 사이에서 염색 분체의 분리가 일어난다.

① ㄱ　　② ㄴ　　③ ㄱ, ㄷ　　✔ ㄴ, ㄷ　　⑤ ㄱ, ㄴ, ㄷ

|자|료|해|설|
(나)는 각 염색체가 2개의 염색 분체로 이루어져 있으므로 복제된 상태이다. 따라서 (나)는 t_1일 때 관찰되는 세포이다. 이 세포의 DNA 상대량이 2이므로, 복제되기 전의 DNA 상대량 ①은 1이다.

|보|기|풀|이|
ㄱ. 오답 : ①은 1이다.
ㄴ. 정답 : 체세포 분열 과정에서 핵상은 변하지 않는다. 따라서 세포의 핵상은 t_1과 t_2일 때 모두 2n이다.
ㄷ. 정답 : 체세포 분열 중 분열기 후기 때 염색 분체가 세포의 양극으로 이동한다. 따라서 t_1과 t_2 사이에서 염색 분체의 분리가 일어난다.

🙀 문제풀이 TIP | 체세포 분열 과정에서 핵상은 변하지 않는다. $(2n \rightarrow 2n)$

그림 (가)는 동물 P(2n=4)의 체세포가 분열하는 동안 핵 1개당 DNA양을, (나)는 P의 체세포 분열 과정의 어느 한 시기에서 관찰되는 세포를 나타낸 것이다.

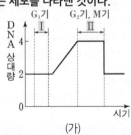

(가)　　　　　(나)➡체세포 분열 중기(2n=4)

이에 대한 설명으로 옳은 것만을 〈보기〉에서 있는 대로 고른 것은?
(단, 돌연변이는 고려하지 않는다.)

보기　➡G₁기
ㄱ. 구간 Ⅰ의 세포는 핵상이 2n이다.
G₂기, M기→ ㄴ. 구간 Ⅱ에는 (나)가 관찰되는 시기가 있다.
ㄷ. (나)에서 상동 염색체의 접합이 일어~~난다~~.
　　　　　나지 않는다
　➡감수 1분열 전기에 일어남
① ㄱ　　② ㄷ　　✔ ㄱ, ㄴ　　④ ㄴ, ㄷ　　⑤ ㄱ, ㄴ, ㄷ

|자|료|해|설|
구간 Ⅰ은 DNA가 복제(S기)되기 전이므로 G₁기이고, Ⅱ는 복제 후이므로 G₂기와 M기(분열기)에 해당한다.
(나)는 염색체가 중앙에 배열되어 있으므로 체세포 분열 중기의 세포를 나타낸 것이다.

|보|기|풀|이|
ㄱ. 정답 : 구간 Ⅰ의 세포는 G₁기이므로 핵상이 2n이다.
ㄴ. 정답 : 구간 Ⅱ는 G₂기와 M기를 포함하므로 체세포 분열 중기 세포인 (나)가 관찰되는 시기가 있다.
ㄷ. 오답 : 상동 염색체의 접합은 감수 1분열 전기 때 일어나며, (나)에서는 상동 염색체의 접합이 일어나지 않는다.

다음은 핵상이 $2n$인 동물 A~C의 세포 (가)~(다)에 대한 자료이다.

○ A와 B는 서로 같은 종이고, B와 C는 서로 다른 종이며, B와 C의 체세포 1개당 염색체 수는 서로 다르다.

○ B는 암컷이고, A~C의 성염색체는 암컷이 XX, 수컷이 XY이다.

○ 그림은 세포 (가)~(다) 각각에 들어 있는 모든 상염색체와
X 염색체 ← ㉠을 나타낸 것이다. (가)~(다)는 각각 서로 다른 개체의 세포이고, ㉠은 X 염색체와 Y 염색체 중 하나이다.

$n=4$ $2n=6$ $n=4(3+1(Y))$

(가) B(암컷)   (나) C(암컷)   (다) A(수컷)
                                       +Y 염색체

이에 대한 설명으로 옳은 것만을 〈보기〉에서 있는 대로 고른 것은?
(단, 돌연변이는 고려하지 않는다.)

보기

ㄱ. ㉠은 X 염색체이다.

ㄴ. (가)와 (나)는 모두 암컷의 세포이다.

ㄷ. C의 체세포 분열 중기의 세포 1개당 $\dfrac{\text{상염색체 수}}{\text{X 염색체 수}} = \dfrac{4}{2}$ 이다.
         ↳$2n=6$

① ㄱ   ② ㄷ   ✔③ ㄱ, ㄴ   ④ ㄴ, ㄷ   ⑤ ㄱ, ㄴ, ㄷ

|자|료|해|설|

핵형 분석을 통해 우선 염색체의 형태로 비교해보면, (가)와 (다)는 같은 종이라는 것을 알 수 있다. 따라서, (가)와 (다)의 핵상은 $n=4$이며, (다)에서 성염색체 하나가 표현되지 않았다.
(나)는 C이고, 상동 염색체 각각의 모양과 크기가 동일하므로 암컷이다. (나)에서 X 염색체가 표현되지 않았다고 가정하면, 핵상이 $2n=8$이 되어 B와 C가 서로 다른 종이기 때문에 'B와 C의 체세포 1개당 염색체 수는 서로 다르다.'라는 조건에 모순된다. 따라서 그림에 나타낸 ㉠은 X 염색체이고, (나)의 핵상은 $2n=6$이다. (다)는 Y 염색체를 갖는 수컷이므로 A이고, (가)는 B이다.

|보|기|풀|이|

ㄱ. 정답 : ㉠은 X 염색체이다.

ㄴ. 정답 : (가)와 (나)는 모두 암컷의 세포이고, (다)는 수컷의 세포이다.

ㄷ. 오답 : 암컷인 C($2n=6$)의 체세포 분열 중기의 세포 1개당 $\dfrac{\text{상염색체 수}}{\text{X 염색체 수}} = \dfrac{4}{2} = 2$이다.

🤔 **문제풀이 T I P** | '모든 상염색체와 ㉠을 나타낸 것이다.'라는 조건을 X 염색체와 Y 염색체 중 하나를 제외하여 나타냈다는 의미로 접근해보자.

그림은 사람 체세포의 세포 주기를, 표는 시기 ㉠~㉢에서 핵 1개당 DNA 양을 나타낸 것이다. ㉠~㉢은 G₁기, G₂기, S기를 순서 없이 나타낸 것이고, ⓐ는 1과 2 중 하나이다.

시기	DNA 양(상댓값)
S기 ㉠	1~2
G₂기 ㉡	ⓐ 2
G₁기 ㉢	? 1

이에 대한 옳은 설명만을 〈보기〉에서 있는 대로 고른 것은?
(단, 돌연변이는 고려하지 않는다.) **3점**

보기

ㄱ. ⓐ는 2이다.

ㄴ. ㉠의 세포에서 염색 분체의 분리가 <s>일어난다</s> 일어나지 않는다

ㄷ. ㉡의 세포와 ㉢의 세포는 핵상이 같다.
    ↳G₂기($2n$)   ↳G₁기($2n$)

① ㄱ   ② ㄷ   ③ ㄱ, ㄴ   ✔④ ㄱ, ㄷ   ⑤ ㄴ, ㄷ

|자|료|해|설|

체세포의 세포 주기 중 핵 1개당 DNA 양이 1~2인 시기는 DNA가 복제되는 시기인 S기이므로 ㉠은 S기이다. 따라서 S기 전인 ㉢은 G₁기이고, S기 후인 ㉡은 G₂기이며, G₂기(㉡)의 핵 1개당 DNA 양인 ⓐ는 2이다.

|보|기|풀|이|

ㄱ. 정답 : ⓐ는 G₂기(㉡)의 핵 1개당 DNA 양이므로 2이다.

ㄴ. 오답 : S기인 ㉠의 세포에서는 DNA 복제가 일어나고, 염색 분체의 분리는 M기(분열기)의 세포에서 일어난다.

ㄷ. 정답 : G₁기와 G₂기는 모두 간기에 속하므로 ㉡의 세포와 ㉢의 세포는 모두 핵상이 $2n$이다.

🤔 **문제풀이 T I P** | 체세포의 세포 주기는 G₁기 → G₂기 → S기 → M기(분열기) 순으로 진행되며, S기에 DNA 복제가 일어나고, M기(분열기)에 염색 분체의 분리가 일어난다.

어떤 동물 종($2n=?$)의 특정 형질은 3쌍의 대립유전자 E와 e, F와 f, G와 g에 의해 결정된다. 그림은 이 동물 종의 개체 A와 B의 세포 (가)~(라) 각각에 있는 염색체 중 X 염색체를 제외한 나머지 모든 염색체와 일부 유전자를 나타낸 것이다. (가)는 A의 세포이고, (나)~(라) 중 2개는 B의 세포이다. 이 동물 종의 성 염색체는 암컷이 XX, 수컷이 XY이다. ㉠~㉢은 F, f, G, g 중 서로 다른 하나이다.

(가)   (나)   (다)   (라)
A, $n=3$, Y   B, $2n=6$, XX   B, $n=3$, X   A, $n=3$, X

이에 대한 옳은 설명만을 〈보기〉에서 있는 대로 고른 것은?
(단, 돌연변이와 교차는 고려하지 않는다.) **3점**

보기
ㄱ. (가)의 염색체 수는 ~~4~~3 이다.
ㄴ. (다)는 B의 세포이다.
ㄷ. ㉢은 g이다.

① ㄱ   ② ㄴ   ③ ㄱ, ㄷ   ✔④ ㄴ, ㄷ   ⑤ ㄱ, ㄴ, ㄷ

|자|료|해|설|
각 세포에 있는 염색체 중 X 염색체를 제외한 나머지 염색체를 나타내었으므로, 그림 중 핵상이 $2n$인 세포의 염색체 수는 암컷이라면 짝수, 수컷이라면 홀수가 된다. 이때 (나)는 모양과 크기가 같은 염색체가 존재하므로 핵상이 $2n$인데 그림에 나타난 염색체 수가 4개이므로 X 염색체 2개가 나타나 있지 않은 암컷의 세포이다 ($2n=6$). 그런데 A의 세포인 (가)에는 (나)에 나타나 있지 않은 작은 염색체가 있으므로 이는 Y 염색체임을 알 수 있으며 따라서 A는 수컷, B는 암컷이다. 이때 (나)는 E㉡/eg를 갖는데 (라)는 E와 ㉢이 연관된 염색체를 갖는다. 즉 (라)는 (나)와 같은 개체의 세포일 수 없으므로 (다)가 B의 세포, (라)가 A의 세포이고 ㉡과 ㉢은 각각 G와 g 중 서로 다른 하나이다. 따라서 B의 세포인 (나)와 (다)의 대립유전자 구성을 비교해보면 ㉠은 F, ㉡은 G, ㉢은 g이다.

|보|기|풀|이|
ㄱ. 오답 : (가)는 $n=3$인 세포이다.
ㄴ. 정답 : (나)와 (다)는 B의 세포, (가)와 (라)는 A의 세포이다.
ㄷ. 정답 : (나)와 (다)는 같은 개체의 세포이고 ㉡과 ㉢은 각각 G와 g 중 서로 다른 하나이므로 ㉢은 g이다.

😮 **문제풀이 TIP** | 각 세포에 있는 염색체 중 X 염색체를 제외한 나머지 염색체를 나타내었으므로 같은 종의 개체이지만 암컷의 세포와 수컷의 세포에서 염색체 수가 다르게 나타난다는 점을 이용해 개체를 구분할 수 있다.

그림 (가)는 사람 P의 체세포 세포 주기를, (나)는 P의 핵형 분석 결과의 일부를 나타낸 것이다. ㉠~㉢은 G_1기, G_2기, M기(분열기)를 순서 없이 나타낸 것이다.

G_2기 : 세포 분열 준비
M기(분열기)
G_1기 : 단백질 합성, 세포 생장
세포 주기
S기 : DNA 복제

19 20
21 22 X Y

(가)   (나)

이에 대한 설명으로 옳은 것만을 〈보기〉에서 있는 대로 고른 것은?

보기
ㄱ. ㉠은 G_2기이다.
ㄴ. ㉡ 시기에 상동 염색체의 접합이 ~~일어난다~~ → 감수 1분열, 일어나지 않는다
ㄷ. ㉢ 시기에 (나)의 염색체가 ~~관찰된다~~ 관찰되지 않는다 → M기(분열기)

✔① ㄱ   ② ㄷ   ③ ㄱ, ㄴ   ④ ㄴ, ㄷ   ⑤ ㄱ, ㄴ, ㄷ

|자|료|해|설|
(가)에서 DNA 복제가 일어나는 S기 다음 시기인 ㉠은 세포 분열을 준비하는 G_2기이고, ㉡은 M기(분열기)이며, S기 이전 시기인 ㉢은 단백질 합성과 세포의 생장이 일어나는 G_1기이다. (나)와 같은 핵형 분석 결과는 M기(분열기) 세포에서 관찰된다.

|보|기|풀|이|
ㄱ. 정답 : S기 다음 시기인 ㉠은 G_2기이다.
ㄴ. 오답 : 상동 염색체의 접합은 감수 1분열 과정에서 일어나며, 체세포 분열에서는 일어나지 않는다.
ㄷ. 오답 : (나)의 핵형 분석 결과와 같이 응축된 염색체는 M기(분열기) 세포에서 관찰되며, 간기(G_1기, S기, G_2기) 세포에서는 관찰되지 않는다.

😮 **문제풀이 TIP** | 상동 염색체가 접합하여 형성되는 2가 염색체는 감수 1분열(전기, 중기)에서 관찰된다.

02. 생식세포 형성과 유전적 다양성

❶ 생식세포 형성 ★수능에 나오는 필수 개념 2가지 + 필수 암기사항 4개

필수개념 1 **감수 분열**

• **감수 분열** : 세포 분열을 통하여 생식세포를 만드는 과정이다.(DNA 복제 : 1회, 분열기 : 2회)

1. 감수 1분열

상동 염색체가 분리되어 DNA양과 염색체 수가 절반으로 감소한다.(핵상 변화 : $2n \rightarrow n$) 암기

시기	특징
전기	염색사가 응축한 뒤 상동 염색체끼리 접합하여 2가 염색체를 형성한다.
중기	2가 염색체가 세포 중앙(적도면)에 배열된다.
후기	방추사가 짧아지면서 상동 염색체는 분리되어 양극으로 이동한다.
말기	핵막과 인이 나타나고 방추사가 사라지면서, 세포질 분열이 시작된다.

2. 감수 2분열

감수 1분열 후 DNA 복제없이 감수 2분열이 일어난다. 감수 2분열에서는 염색 분체가 분리되어 DNA양은 절반으로 감소하지만 염색체 수는 변하지 않는다.(핵상 변화 : $n \rightarrow n$)

3. 감수 분열 과정

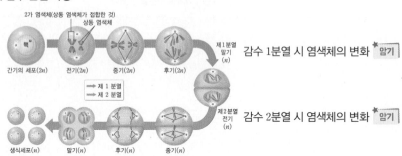

감수 1분열 시 염색체의 변화 암기

감수 2분열 시 염색체의 변화 암기

▶ 감수 분열 시 DNA양 변화 암기

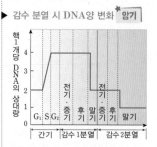

▶ 감수 분열의 의의
① 염색체 수가 반감된 생식세포를 만들기 때문에 세대를 거듭하더라도 염색체 수는 일정하게 유지된다.
② 유전적으로 다양한 생식세포가 형성되므로, 수정을 통하여 유전적으로 다양한 자손이 태어난다.

💡 노래의
감수 1분열 절은 반 $2n \rightarrow n$
감수 2분열 염색 분체 분리

필수개념 2 **생식세포 형성을 통한 유전적 다양성의 획득**

1. 생식 과정에서 자손의 유전적 다양성

같은 부모로부터 형질이 다양한 자손이 만들어지는 현상은 감수 분열 및 수정 과정과 관계가 있다.

2. 유전적 다양성의 요인

1) 상동 염색체의 무작위 배열 : 각 상동 염색체 쌍은 다른 상동 염색체 쌍과 독립적으로 분리되어 감수 1분열 중기에 무작위로 배열된다. 사람은 23쌍의 상동 염색체를 가지므로 2^{23}가지 조합이 가능하다.

2) 생식세포의 무작위 수정 : 사람에서 가능한 정자와 난자의 염색체 조합은 2^{23}가지이므로 정자와 난자의 수정으로 형성될 수 있는 수정란은 2^{46}가지이다.

3. 유전적 다양성의 중요성

유성 생식으로 태어난 자손은 부모로부터 다양한 형질을 받아 태어나기 때문에 유전적 구성이 다양하여 무성 생식으로 태어난 자손에 비해 급격한 환경 변화에 대한 적응력이 우수하다. 즉, 유전적으로 다양한 집단은 환경 변화에 대해 생존 가능성이 높다.

그림 (가)는 핵상이 $2n$인 식물 P의 체세포 분열 과정에서 핵 1개당 DNA 양을, (나)는 P의 감수 분열 과정 일부에서 핵 1개당 DNA 양을 나타낸 것이다.

(가) 체세포 분열　　　　　(나) 감수 분열

이에 대한 설명으로 옳은 것만을 〈보기〉에서 있는 대로 고른 것은? (단, 돌연변이는 고려하지 않는다.)

보기

ㄱ. 체세포 분열 과정에서 염색 분체가 분리된다.→ 체세포 분열 후기 때 염색 분체가 분리됨

ㄴ. Ⅰ 시기에 DNA가 복제된다.

ㄷ. Ⅱ시기 세포와 Ⅲ시기 세포의 핵상은 서로 ~~같다~~ 다르다

체세포 분열이 끝난 딸세포($2n$)　　　　감수 1분열이 끝난 세포(n)

① ㄱ　　② ㄷ　　③ ㄱ, ㄴ　　④ ㄴ, ㄷ　　⑤ ㄱ, ㄴ, ㄷ

|자|료|해|설|

그림 (가)는 체세포 분열 과정에서 핵 1개당 DNA 양을 나타낸 것이며 체세포 분열 결과 생성된 딸세포는 모세포와 핵 1개당 DNA 양이 같다. 그림 (나)는 감수 분열 과정 중 감수 1분열에서 핵 1개당 DNA 양의 변화를 나타낸 것이다. 감수 2분열 후 생성된 딸세포는 모세포의 절반에 해당하는 DNA 양을 갖고 있다.

|보|기|풀|이|

ㄱ. 정답 : 체세포 분열 후기 때 염색 분체가 분리된다.

ㄴ. 정답 : S기(Ⅰ 시기)에 DNA가 복제된다.

ㄷ. 오답 : Ⅱ 시기의 세포는 체세포 분열이 끝난 딸세포 ($2n$)이며, Ⅲ 시기의 세포는 감수 1분열이 끝난 세포(n)이다. 따라서 두 시기의 세포는 핵상이 서로 다르다.

😮 **문제풀이 T I P** | 체세포 분열($2n \rightarrow 2n$)과 감수 분열($2n \rightarrow n$) 시 핵상 변화를 기억하자. DNA양 변화 그래프에서 DNA 양이 두 배 증가하는 시기는 S기이며, 분열을 한 번 할 때마다 DNA 양은 절반으로 줄어든다.

😀 **출제분석** | 체세포 분열과 감수 분열 시 DNA 양 변화 그래프를 분석해야 하는 난도 '중하'의 문항이다. 두 분열의 DNA 양 변화 그래프를 동시에 제시한 것은 새로운 유형이지만 기본적인 내용을 묻고 있어 난도가 높지 않다.

그림은 유전자형이 Hh인 어떤 동물의 세포 분열 과정과 수정 과정에서 세포 1개당 DNA 양 변화를 나타낸 것이다. t_2는 중기에 해당한다.

이에 대한 옳은 설명만을 〈보기〉에서 있는 대로 고른 것은? (단, 돌연변이와 교차는 고려하지 않는다.)

보기

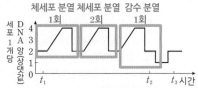

ㄱ. $t_1 \sim t_3$에서 체세포 분열이 ~~3회~~ 2회 일어났다.

ㄴ. 세포의 핵상은 t_2일 때와 t_3일 때가 서로 다르다.
　　　　　　　　　　n　　　　$2n$

ㄷ. 세포 1개당 H의 수는 t_1일 때와 t_2일 때가 서로 ~~같다~~
　　　　　　　　　　　　　　1　　2 or 0　다르다

① ㄱ　　② ㄴ　　③ ㄷ　　④ ㄱ, ㄷ　　⑤ ㄴ, ㄷ

|자|료|해|설|

제시된 그래프에서 DNA 양이 2에서 4로 증가했다가 2로 다시 돌아오는 과정이 총 3번 존재하는데 마지막에만 이어서 분열이 한 번 더 일어나 DNA 양이 2에서 1로 감소하였다. 따라서 마지막 과정은 감수 분열이고 앞의 두 번의 과정은 체세포 분열 과정이다. 따라서 체세포 분열은 2회, 감수 분열은 1회 일어났다. 또한 t_1은 DNA 복제가 일어나기 전의 세포이며, t_2는 감수 1분열 직후의 세포이다. t_3는 DNA 양이 1에서 2로 증가했으므로 수정된 세포이다.

|보|기|풀|이|

ㄱ. 오답 : DNA 양의 변화가 없는 체세포 분열은 2회가 일어났고, DNA 양이 반으로 감소하는 감수 분열이 1회 일어났다.

ㄴ. 정답 : t_2는 감수 1분열 후로 핵상이 반감된 시기로 n이다. t_3는 수정된 세포로 핵상은 $2n$이다. 따라서 t_2와 t_3에서의 핵상은 서로 다르다.

ㄷ. 오답 : DNA 복제 전인 t_1일 때 H의 수를 1이라고 하면, 감수 1분열 후인 t_2일 때는 상동 염색체가 분리된 상태이므로 H가 2개 있는 세포와 존재하지 않는 세포가 형성된다. 따라서 t_1과 t_2에서의 H의 수는 서로 다르다.

그림 (가)는 사람의 세포 분열 과정에서 핵 1개당 DNA 상대량을, (나)는 $t_1 \sim t_3$ 중 한 시점에 관찰된 세포를 나타낸 것이다. t_2와 t_3은 중기의 한 시점이며, (나)는 일부 염색체만을 나타냈다.

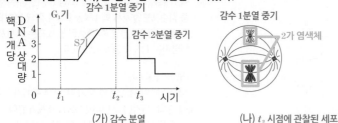

(가) 감수 분열   (나) t_2 시점에 관찰된 세포

이에 대한 옳은 설명만을 〈보기〉에서 있는 대로 고른 것은? (단, 돌연변이는 고려하지 않는다.)

보기   → 간기의 G_1기
ㄱ. t_1일 때의 세포에 핵막이 있다. → 간기 때 핵막이 관찰됨
ㄴ. (나)가 관찰된 시점은 t_2이다. → 감수 1분열 중기(2가 염색체가 세포 중앙에 배열)
ㄷ. t_3일 때의 세포와 난자는 핵상이 다르다. 같다.
   n n
→ 감수 2분열 중기
① ㄱ   ② ㄴ   ✔③ ㄱ, ㄴ   ④ ㄱ, ㄷ   ⑤ ㄴ, ㄷ

|자|료|해|설|
그림 (가)는 연속된 두 번의 분열기가 있는 것으로 보아 감수 분열 시 핵 1개당 DNA 상대량 변화 그래프를 나타낸 것이고, DNA 상대량이 두 배로 증가하는 시기는 DNA 복제가 일어나는 S기이다. S기 앞의 t_1은 간기의 G_1기이고, t_2는 감수 1분열 중기, t_3는 감수 2분열 중기이다. 그림 (나)는 상동 염색체끼리 접합한 2가 염색체가 세포 중앙에 배열되어 있으므로 감수 1분열 중기이고 (가)의 그래프에서 t_2에 관찰된 세포이다.

|보|기|풀|이|
ㄱ. 정답 : 간기 때 핵막이 존재하므로 t_1(G_1기)일 때의 세포에는 핵막이 있다.
ㄴ. 정답 : 그림 (나)는 상동 염색체끼리 접합한 2가 염색체가 세포 중앙에 배열되어 있으므로 t_2(감수 1분열 중기)에 관찰된 세포이다.
ㄷ. 오답 : t_3(감수 2분열 중기)일 때의 세포와 난자의 핵상은 모두 n이다.

😮 **문제풀이 T I P** | 상동 염색체가 접합한 2가 염색체는 감수 1분열 전기와 중기 때 관찰된다. 감수 1분열이 일어나면 핵상은 절반으로 감소하고($2n \rightarrow n$), 감수 2분열이 일어날 때 핵상은 변하지 않는다($n \rightarrow n$).

😮 **출제분석** | 감수 분열에 대해 묻는 문항으로, 그동안 출제되었던 문제의 유형과 크게 다르지 않기 때문에 난도 '하'에 해당한다.

그림 (가)는 어떤 동물($2n=6$)의 세포가 분열하는 동안 핵 1개당 DNA 양을, (나)는 이 세포 분열 과정의 어느 한 시기에서 관찰되는 세포를 나타낸 것이다. 이 동물의 특정 형질에 대한 유전자형은 Rr이며, R와 r는 대립 유전자이다.

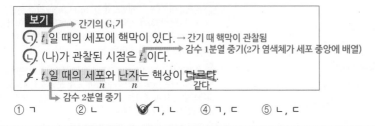

(가) 감수 분열   (나) 감수 2분열 후기

이에 대한 설명으로 옳은 것만을 〈보기〉에서 있는 대로 고른 것은? (단, 돌연변이와 교차는 고려하지 않는다.) 3점

보기   S기(염색사 상태)
ㄱ. ⓐ에는 R가 있다. → 감수 1분열 전기~중기 때 관찰됨
ㄴ. 구간 Ⅰ에서 2가 염색체가 관찰된다. → 관찰되지 않는다.
ㄷ. (나)는 구간 Ⅱ에서 관찰된다. → 관찰되지 않는다.
감수 2분열 후기   감수 1분열 전기~중기
✔① ㄱ   ② ㄴ   ③ ㄷ   ④ ㄱ, ㄴ   ⑤ ㄱ, ㄷ

|자|료|해|설|
(가)는 감수 분열 시 핵 1개당 DNA의 상대량을 나타낸 그래프이며, 연속 두 번의 분열로 생성된 딸세포의 DNA양은 모세포의 절반이다. 구간 Ⅰ은 DNA 복제가 일어나는 S기이고, 구간 Ⅱ는 감수 1분열 전기~중기이다. (나)는 염색 분체가 분리되는 감수 2분열 후기의 세포를 나타낸 것이다. 염색체를 이루는 염색 분체는 서로 유전자 구성이 동일하므로 ⓐ에는 R이 있다.

|보|기|풀|이|
ㄱ. 정답 : 염색체를 이루는 염색 분체는 서로 유전자 구성이 동일하므로 ⓐ에는 R이 있다.
ㄴ. 오답 : 구간 Ⅰ은 DNA 복제가 일어나는 S기이므로 염색사가 관찰된다. 2가 염색체는 감수 1분열 전기와 중기 때 관찰된다.
ㄷ. 오답 : (나)는 감수 2분열 후기의 세포이므로 구간 Ⅱ(감수 1분열 전기~중기)에서 관찰되지 않는다.

😮 **문제풀이 T I P** | 2가 염색체는 감수 1분열 전기와 중기 때 관찰된다. 감수 1분열 후기 때 상동 염색체가 분리되고, 감수 2분열 후기 때 염색 분체가 분리된다.

😮 **출제분석** | 감수 분열 과정에서 2가 염색체가 관찰되는 시기와 염색 분체가 분리되는 시기를 묻는 난도 '중하'의 문항이다. 염색 분체에 존재하는 유전자를 묻는 보기는 해당 연도의 3월 학평과 4월 학평에서도 출제되었다. 감수 분열에 대한 개념은 비분리 문제를 풀기 위해서도 반드시 이해하고 있어야 한다. 이 문제를 틀린 학생들은 감수 분열 시 DNA 상대량 변화, 핵상 변화, 염색체의 변화를 정확하게 이해하고 넘어가자!

그림 (가)는 어떤 동물(2n = ?)의 G_1기 세포로부터 생식 세포가 형성되는 동안 핵 1개당 DNA 상대량을, (나)는 이 세포 분열 과정 중 일부를 나타낸 것이다. 이 동물의 특정 형질에 대한 유전자형은 Aa이며, A는 a와 대립 유전자이다. ⓐ와 ⓑ의 핵상은 다르다.

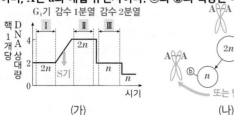

(가)

(나) 감수 1분열(상동 염색체 분리)

이에 대한 설명으로 옳은 것만을 〈보기〉에서 있는 대로 고른 것은? (단, 돌연변이는 고려하지 않는다.)

보기
 ㄱ. ⓐ는 구간 ~~Ⅲ~~ 에서 관찰된다. → 구간 Ⅱ
ㄴ. ⓑ와 ⓒ의 유전자 구성은 ~~동일하다~~. → 다르다.
ㄷ. 구간 Ⅰ에는 핵막을 가진 세포가 있다. → 간기(G_1기, S기, G_2기)에 핵막이 관찰됨
      G_1기

① ㄱ   ② ㄷ   ③ ㄱ, ㄴ   ④ ㄴ, ㄷ   ⑤ ㄱ, ㄴ, ㄷ

| 자 | 료 | 해 | 설 |

(가)에서 구간 Ⅰ은 DNA 복제가 일어나는 S기 이전의 시기이므로 G_1기에 해당하고, 구간 Ⅱ는 G_2기~감수 1분열의 일부 시기, 구간 Ⅲ는 감수 2분열의 일부 시기에 해당한다. (나)에서 ⓐ와 ⓑ의 핵상이 다르다고 했으므로, ⓐ의 핵상은 2n이고 ⓑ의 핵상은 n이다. 따라서 (나)는 상동 염색체가 분리되는 감수 1분열(2n → n) 과정에 해당한다.

| 보 | 기 | 풀 | 이 |

ㄱ. 오답 : ⓐ는 상동 염색체가 분리되기 전의 세포이므로 구간 Ⅱ에서 관찰된다.

ㄴ. 오답 : 상동 염색체가 분리되어 형성된 ⓑ와 ⓒ는 A와 a 중 서로 다른 한 종류의 유전자만 가지고 있으므로 ⓑ와 ⓒ의 유전자 구성은 다르다.

ⓒ 정답 : 구간 Ⅰ은 G_1기에 해당하므로 핵막을 가진 세포가 있다.

표는 특정 형질에 대한 유전자형이 RR인 어떤 사람의 세포 (가)~(라)에서 핵막 소실 여부, 핵상, R의 DNA 상대량을 나타낸 것이다. (가)~(라)는 G_1기 세포, G_2기 세포, 감수 1분열 중기 세포, 감수 2분열 중기 세포를 순서 없이 나타낸 것이다. ㉠은 '소실됨'과 '소실 안 됨' 중 하나이다.

	세포	핵막 소실 여부	핵상	R의 DNA 상대량
감수 2분열 중기	(가)	소실됨	n	2
G_2기	(나)	소실 안 됨	2n	? 4
G_1기	(다)	? 소실 안 됨	2n	2
감수 1분열 중기	(라)	㉠ 소실됨	? 2n	4

이에 대한 설명으로 옳은 것만을 〈보기〉에서 있는 대로 고른 것은? (단, 돌연변이는 고려하지 않으며, R의 1개당 DNA 상대량은 1이다.)

보기
감수 2분열 → ㄱ. (가)에서 2가 염색체가 ~~관찰된다~~. → 감수 1분열 전기~중기 때 관찰 가능
중기 세포   관찰되지 않는다
ㄴ. (나)는 G_2기 세포이다.
ㄷ. ㉠은 '소실됨'이다.

① ㄱ   ② ㄴ   ③ ㄱ, ㄷ   ④ ㄴ, ㄷ   ⑤ ㄱ, ㄴ, ㄷ

| 자 | 료 | 해 | 설 |

핵막은 분열기 때 소실되므로 간기에 해당하는 G_1기와 G_2기 때 핵막이 존재하고, 감수 1분열 중기와 감수 2분열 중기 때 핵막이 소실된다. 'G_1기 → G_2기 → 감수 1분열 중기 → 감수 2분열 중기' 순으로 감수 분열이 일어날 때 핵상의 변화는 '2n → 2n → 2n → n'이고, R의 DNA 상대량 변화는 '2 → 4 → 4 → 2'이다. 따라서 (가)는 감수 2분열 중기, (나)는 G_2기, (다)는 G_1기, (라)는 감수 1분열 중기 세포이며 ㉠은 '소실됨'이다.

| 보 | 기 | 풀 | 이 |

ㄱ. 오답 : 2가 염색체는 감수 1분열 전기와 중기에서 관찰되므로, 감수 2분열 중기 세포인 (가)에서는 관찰되지 않는다.

ⓛ 정답 : (나)는 핵막이 있고, 핵상이 2n이며 복제된 상태인 G_2기 세포이다.

ⓒ 정답 : (라)는 감수 1분열 중기 세포이며, ㉠은 '소실됨'이다.

🤔 문제풀이 TIP | 'G_1기 → G_2기 → 감수 1분열 중기 → 감수 2분열 중기' 순으로 감수 분열이 일어날 때 핵상의 변화는 '2n → 2n → 2n → n'이고, R의 DNA 상대량 변화는 '2 → 4 → 4 → 2'이다.

표는 유전자형이 Tt인 어떤 사람의 세포 P가 생식세포로 되는 과정에서 관찰되는 서로 다른 시기의 세포 ㉠~㉢의 염색체 수와 t의 DNA 상대량을 나타낸 것이다. T와 t는 서로 대립유전자이다.

이에 대한 설명으로 옳은 것만을 〈보기〉에서 있는 대로 고른 것은? (단, 돌연변이와 교차는 고려하지 않으며, ㉠과 ㉢은 중기의 세포이다. T, t 각각의 1개당 DNA 상대량은 1이다.) 3점

세포	염색체 수	t의 DNA 상대량
㉠ 감수 2분열 중기	n ? 23	2
㉡ 생식 세포	n 23	1
㉢ 감수 1분열 중기	2n 46	2

보기

→ 감수 2분열 중기
㉠. ㉠의 염색체 수는 23이다.
　　　　　　　　　　→ 감수 1분열 중기(TTtt)
㉡. ㉢에서 T의 DNA 상대량은 2이다.
㉢. ㉠이 ㉡으로 되는 과정에서 염색 분체가 분리된다.
→ 감수 2분열(후기 때 염색 분체 분리)

① ㄱ ② ㄴ ③ ㄱ, ㄷ ④ ㄴ, ㄷ ✔⑤ ㄱ, ㄴ, ㄷ

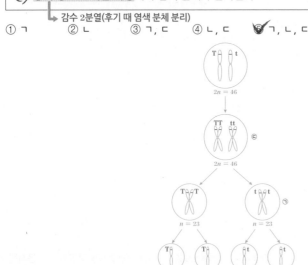

|자|료|해|설|

유전자형이 Tt인 세포 P의 DNA 상대량은 복제가 일어나는 S기를 거치면서 두 배로 증가한다(TTtt). 감수 1분열 후기 때 상동 염색체가 분리되면서 TT 또는 tt의 유전자 구성을 갖는 세포가 형성되고, 감수 2분열 후기 때 염색 분체가 분리되면서 T 또는 t를 하나만 가지는 생식 세포가 형성된다.

㉠과 ㉢은 중기의 세포라고 제시되었으며, 염색체 수가 46인 ㉢의 핵상은 2n이므로 ㉢이 감수 1분열 중기의 세포이다. ㉠은 감수 2분열 중기의 세포이므로 핵상은 n이고, 염색체 수는 23이다. 염색체 수가 23인 ㉡의 핵상은 n이고, t의 DNA 상대량이 1이므로 감수 분열 결과 만들어진 생식 세포라는 것을 알 수 있다.

|보|기|풀|이|

㉠ 정답 : 감수 2분열 중기(㉠) 세포의 핵상은 n이고 염색체 수는 23이다.

㉡ 정답 : 감수 1분열 중기(㉢)의 세포는 TTtt의 유전자 구성을 갖는다. 따라서 T의 DNA 상대량은 2이다.

㉢ 정답 : 감수 2분열 중기(㉠)의 세포가 생식 세포(㉡)로 되는 과정에서 염색 분체가 분리된다.

😮 **문제풀이 TIP |** 감수 1분열 중기 세포의 핵상은 2n(염색체 수 : 46)이고, 감수 2분열 중기 세포의 핵상은 n(염색체 수 : 23)이다.

😎 **출제분석 |** 염색체 수와 t의 DNA 상대량으로 감수 분열 중인 세포의 시기를 구분해야 하는 난도 '중하'의 문항이다. 감수 분열 과정에서의 염색체 이동을 이해하고 있다면 핵상 변화 및 대립 유전자의 DNA 상대량 또한 연결지어 이해할 수 있다. 유전 단원에서는 감수 분열 과정의 이해를 기반으로 해결해야 하는 문항이 많으므로 이 문항을 틀린 학생들은 감수 분열 개념을 정확하게 이해하고 넘어가야 한다.

표는 어떤 동물(2n=6)의 감수 분열 과정에서 형성되는 세포 (가)와 (나)의 세포 1개당 DNA 상대량과 염색체 수를 나타낸 것이다. (가)와 (나)는 모두 중기 세포이다.

세포	세포 1개당 DNA 상대량	세포 1개당 염색체 수
(가) → 감수 2분열 중기	2	3 → 핵상 : n
(나) → 감수 1분열 중기	4	6 → 핵상 : 2n

이에 대한 옳은 설명만을 〈보기〉에서 있는 대로 고른 것은? (단, 돌연변이는 고려하지 않는다.) 3점

보기

→ 감수 2분열 중기
㉠ (가)의 핵상은 n이다.
　　　　　　　　　　→ 상동 염색체가 접합된 염색체
㉡ (나)에 2가 염색체가 있다.
㉢ 이 동물의 G1기 세포 1개당 DNA 상대량은 4이다. 2
→ 감수 1분열 중기

① ㄱ ② ㄷ ✔③ ㄱ, ㄴ ④ ㄴ, ㄷ ⑤ ㄱ, ㄴ, ㄷ

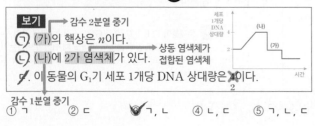

|자|료|해|설|

(가)의 세포 1개당 염색체 수가 3이므로 핵상은 n이다. 따라서 (가)는 감수 2분열 중기의 세포이다. (나)의 핵상은 2n이므로 감수 1분열 중기의 세포이고, 복제된 상태이므로 G1기의 세포 1개당 DNA 상대량은 (나)의 절반인 2이다. 감수 분열 시 세포 1개당 DNA 상대량 변화를 그래프로 나타내면 첨삭된 그림과 같다.

|보|기|풀|이|

㉠ 정답 : (가)의 세포 1개당 염색체 수가 3이므로 핵상은 n이다.

㉡ 정답 : (나)는 감수 1분열 중기의 세포이므로 2가 염색체가 관찰된다.

ㄷ. 오답 : 감수 1분열 중기는 복제된 상태이므로 G1기 세포 1개당 DNA 상대량은 (나)의 절반인 2이다.

😮 **문제풀이 TIP |** 핵상을 통해 (가)와 (나)를 구분할 수 있다. 핵상이 2n이면 감수 1분열 중기의 세포이고, n이면 감수 2분열 중기의 세포이다.

표는 유전자형이 AaBb인 어떤 사람에 있는 세포 ㉠~㉣의 핵상과 유전자 A, B의 DNA 상대량을 나타낸 것이다. A와 a, B와 b는 각각 서로 대립 유전자이고, A, a, B, b 각각의 1개당 DNA 상대량은 같다. ㉠과 ㉣은 중기의 세포이다.

세포	핵상	DNA 상대량	
		A a	B b
㉠	?n	0 2	2 0 → 감수 1분열 후 딸세포
㉡	n	1 0	0 1 → 감수 2분열 후 딸세포
㉢	2n	1 1	1 1 → 복제 전 모세포
㉣	?n	2 0	0 2 → 감수 1분열 후 딸세포

이에 대한 옳은 설명만을 <보기>에서 있는 대로 고른 것은? (단, 돌연변이와 교차는 고려하지 않는다.) **3점**

<보기>
ㄱ. 핵상은 ㉠과 ㉡이 ~~다르다~~ 같다 ($\frac{n}{2}$ $\frac{n}{1}$)
ㄴ. a의 수는 ㉠과 ㉢이 ~~같다~~ 다르다 ($\frac{2}{2}$ $\frac{1}{1}$)
ㄷ. b의 DNA 상대량은 ㉣이 ㉡의 2배이다.

① ㄱ　　② ㄴ　　☑③ ㄷ　　④ ㄱ, ㄴ　　⑤ ㄱ, ㄷ

|자|료|해|설|

유전자형이 AaBb인 사람의 세포에서 A와 B의 DNA 상대량만을 핵상과 함께 표에 제시하였다. 유전자형이 AaBb인 이 사람의 세포에서 세포 ㉢에만 A와 B가 유일하게 모두 나타나기 때문에 ㉢이 복제가 일어나기 전 모세포에 해당한다. 따라서 a와 b에 대한 DNA 상대량 역시 각각 1, 1이 된다. 다음으로, 세포 ㉡의 핵상이 n이며 다른 세포들에 비해 가장 작은 DNA 상대량을 가지므로 감수 2분열 이후 생성된 딸세포이다. 따라서 a의 상대량은 A를 가지기 때문에 0이고, b의 상대량은 B가 없으므로 1이 된다. 세포 ㉠, ㉣은 핵상이 표시되어 있지 않지만, 모세포에 모두 존재하던 A, B 중 하나씩 만을 가지면서 DNA 총량은 모세포인 ㉢과 같으므로 감수 1분열 이후 딸세포에 해당한다. 따라서 세포 ㉠, ㉣ 모두 핵상은 n이고 세포 ㉠에서 a의 상대량은 A가 나타나지 않았으므로 2이고, b의 상대량은 B를 가지기 때문에 0이다. 세포 ㉣은 같은 원리로 a는 0, b는 2가 된다. 결론적으로 아래 표와 같다.

세포	핵상	DNA 상대량			
		A	a	B	b
㉠	n	0	2	2	0
㉡	n	1	0	0	1
㉢	2n	1	1	1	1
㉣	n	2	0	0	2

|보|기|풀|이|

ㄱ. 오답 : 세포 ㉠은 감수 1분열 후 딸세포, ㉡은 감수 2분열 후 딸세포이므로 모두 핵상은 n으로 같다.

ㄴ. 오답 : ㉠은 DNA 복제가 이루어진 뒤 감수 1분열이 끝난 딸세포로 염색체 하나에 2개의 염색 분체가 존재한다. 따라서 a의 수는 2이고, ㉢은 복제 전 모세포로 염색체에 염색 분체가 존재하지 않으므로 a의 수는 1이다. 따라서 ㉠과 ㉢의 a 수는 다르다.

ㄷ. 정답 : b의 DNA 상대량은 ㉣이 2이고, ㉡이 1이므로 ㉣이 ㉡의 2배가 된다.

 문제풀이 TIP | 핵상과 DNA 상대량이 감수 분열 과정에 따라 변화하기 때문에 감수 분열의 과정별 특징과 함께 핵상과 DNA 상대량의 변화도 함께 연결 지어 학습해야 한다. 더불어 감수 1분열에서와 감수 2분열의 염색체 변화 과정이 다르고 그에 따라 유전자의 수나 이동이 달라지므로, 감수 분열 진행 과정에 따른 염색체의 변화 과정을 중점적으로 학습하도록 하자.

출제분석 | 감수 분열에 대한 문항은 모평과 수능에서 꼭 출제되는 부분으로 DNA 상대량 표나 그래프를 감수 분열 과정에 따른 세포 변화 그림과 연계하여 출제되는 경향을 보인다. 이 문항은 특이하게 핵상과 DNA 상대량 표만을 제시함으로써 문제의 난도를 높였다. 감수 분열 과정에서 염색체 변화 과정이 머릿속으로 그려지지 않았다면 상당히 어려웠을 것이다. 또한 보기 ㄴ과 같이 유전자의 개수를 물으므로 염색체의 변화 과정을 더욱 중요시 하고 있다. 따라서 문제풀이 TIP과 같이 감수 분열의 과정을 염색체의 변화를 중점으로 핵상과 DNA 상대량 변화를 연결 지어 학습하도록 하자. 또한 DNA 상대량 표가 그래프로 출제되기도 하므로 기출 문제들을 참고하여 그래프의 형태에도 익숙해지도록 하자.

" 이 문제에선 이게 가장 중요해! "

세포	핵상	DNA 상대량	
		A a	B b
㉠	?n	0 2	2 0 → 감수 1분열 후 딸세포
㉡	n	1 0	0 1 → 감수 2분열 후 딸세포
㉢	2n	1 1	1 1 → 복제 전 모세포
㉣	?n	2 0	0 2 → 감수 1분열 후 딸세포

Ⅳ
1 I 02. 생식세포 형성과 유전적 다양성

그림 (가)는 유전자형이 AaBb인 사람의 감수 분열 과정에서 세포
1개당 DNA 상대량의 변화를, (나)는 세포 ㉠~㉣이 가지는 세포
1개당 유전자 A와 b의 수를 나타낸 것이다. ㉠~㉣은 Ⅰ~Ⅳ 중
서로 다른 한 시기의 세포이다. A는 a와 대립 유전자이며, B는 b와
대립 유전자이다.

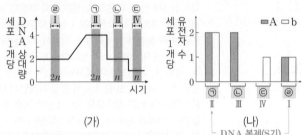

(가)   (나)
                         DNA 복제(S기)

이에 대한 옳은 설명만을 〈보기〉에서 있는 대로 고른 것은?
(단, 돌연변이와 교차는 고려하지 않는다.) **3점**

보기

㉠. ㉠은 Ⅱ 시기의 세포이다.

㉡. ㉣의 핵상은 2n이다.

✗. Ⅲ 시기의 세포에 2가 염색체가 ~~있다~~ 없다.

① ㄱ   ② ㄴ   ✓③ ㄱ, ㄴ   ④ ㄱ, ㄷ   ⑤ ㄴ, ㄷ

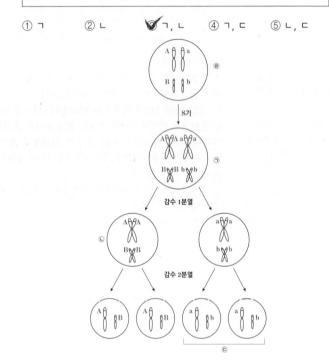

|자|료|해|설|

(가)에서 Ⅰ 시기의 세포 핵상은 2n이고, S기를 거쳐
DNA 복제가 일어난 후인 Ⅱ 시기의 세포 핵상 역시
2n이다. 감수 1분열이 일어난 후에 해당하는 Ⅲ 시기의
세포 핵상은 n이고, 감수 2분열이 일어난 후에 해당하는
Ⅳ 시기의 세포 핵상도 n이다. 첨삭된 그림을 참고하여,
(나)에서 세포 1개당 유전자의 수로 세포 ㉠~㉣의 각
시기를 맞춰보면 ㉠이 Ⅱ, ㉡이 Ⅲ, ㉢이 Ⅳ, ㉣이 Ⅰ이다.

|보|기|풀|이|

㉠. 정답 : (나)에서 세포 1개당 유전자의 수로 세포
㉠~㉣의 각 시기를 맞춰보면 ㉠이 Ⅱ, ㉡이 Ⅲ, ㉢이 Ⅳ,
㉣이 Ⅰ이다.

㉡. 정답 : ㉣은 Ⅰ 시기의 세포이므로 핵상은 2n이다.

ㄷ. 오답 : Ⅲ 시기는 감수 1분열이 일어난 후에 해당한다.
따라서 2가 염색체가 관찰되지 않는다.

😀 **문제풀이 TIP** | 핵상은 감수 1분열 시 2n → n으로 변하고,
감수 2분열 시 n → n이므로 변하지 않는다. 2가 염색체는 감수 1
분열 전기와 중기 때 관찰된다.

😀 **출제분석** | 세포 1개당 유전자 수로 각 세포가 감수 분열 중
어느 시기에 있는지를 알아내야 하는 난도 '중'의 문항이다. 첨삭된
그림을 그리며 풀기에는 시험 시간이 매우 촉박하다. 따라서
반복된 기출문제 풀이를 통해 감수 분열 과정에서 염색체의 이동이
머릿속에서 바로 떠오를 정도로 연습하는 것이 필요하다.

사람의 유전 형질 (가)는 대립유전자 A와 a에 의해 결정된다. 그림은 어떤 남자의 G_1기 세포 Ⅰ로부터 정자가 형성되는 과정을, 표는 세포 ㉠~㉢과 Ⅳ에서 A와 a의 DNA 상대량을 더한 값을 나타낸 것이다. ㉠~㉢은 각각 Ⅰ~Ⅲ 중 하나이다.

성염색체 중 X 염색체에 A가 있다고 가정하고 그림

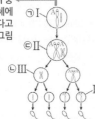

세포	A와 a의 DNA 상대량을 더한 값
Ⅰ ㉠	1
Ⅲ ㉡	0
Ⅱ ㉢	2
Ⅳ	ⓐ ➡ 1

이에 대한 옳은 설명만을 〈보기〉에서 있는 대로 고른 것은? (단, 돌연변이와 교차는 고려하지 않으며, A와 a 각각의 1개당 DNA 상대량은 1이다. Ⅱ와 Ⅲ은 중기의 세포이다.) **3점**

보기

㉠ ㉡은 Ⅲ이다.
㉡ ⓐ는 1이다.
~~ㄷ~~. (가)의 유전자는 ~~상염색체~~ 성염색체 에 있다.

① ㄱ   ② ㄷ   ✓③ ㄱ, ㄴ   ④ ㄴ, ㄷ   ⑤ ㄱ, ㄴ, ㄷ

|자|료|해|설|

Ⅱ와 Ⅲ은 복제된 상태이므로 A와 a의 DNA 상대량을 더한 값이 짝수이어야 한다. 그러므로 Ⅱ와 Ⅲ은 ㉡과 ㉢ 중 하나에 해당한다. Ⅱ에서 A와 a의 DNA 상대량을 더한 값이 0이면, Ⅲ에서도 그 값이 0이어야 한다. 이는 모순이므로 Ⅱ는 ㉢이고, Ⅲ은 ㉡이다. 마지막 Ⅰ은 ㉠이다. 핵상이 $2n$이고 복제된 상태인 Ⅱ에서 A와 a의 DNA 상대량을 더한 값이 2이므로, A와 a는 성염색체에 존재한다(상염색체에 존재한다면 A와 a의 DNA 상대량을 더한 값이 4이어야 한다). Ⅲ에서 A와 a의 DNA 상대량을 더한 값이 0이므로 감수 1분열 결과 Ⅲ이 아닌 다른 세포로 A 또는 a가 이동했다는 것을 알 수 있다. 따라서 감수 2분열 결과 생성된 Ⅳ의 A와 a의 DNA 상대량을 더한 값(ⓐ)은 1이다.

|보|기|풀|이|

㉠ 정답 : ㉠은 Ⅰ, ㉡은 Ⅲ, ㉢은 Ⅱ 이다.
㉡ 정답 : 감수 1분열 결과 Ⅲ이 아닌 다른 세포로 A 또는 a가 이동했으므로, Ⅳ의 A와 a의 DNA 상대량을 더한 값(ⓐ)은 1이다.
ㄷ. 오답 : (가)의 유전자는 성염색체에 있다.

사람의 유전 형질 ⓐ는 2쌍의 대립 유전자 H와 h, T와 t에 의해 결정된다. 표는 어떤 사람의 난자 형성 과정에서 나타나는 세포 (가)~(다)에서 유전자 ㉠~㉢의 유무를, 그림은 (가)~(다)가 갖는 H와 t의 DNA 상대량을 나타낸 것이다. (가)~(다)는 중기의 세포이고, ㉠~㉢은 h, T, t를 순서 없이 나타낸 것이다.

유전자	세포		
	(가)	(나)	(다)
T ㉠	○	○	×
t ㉡	○	×	○
h ㉢	×	? ×	×

(○: 있음, ×: 없음)

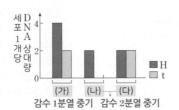

감수 1분열 중기   감수 2분열 중기

세포 1개당 DNA 상대량 (H, t)

이에 대한 설명으로 옳은 것만을 〈보기〉에서 있는 대로 고른 것은? (단, 돌연변이와 교차는 고려하지 않으며, H, h, T, t 각각의 1개당 DNA 상대량은 1이다.)

보기

~~ㄱ~~. ㉡은 ~~T~~ t 이다.
㉡ (나)와 (다)의 핵상은 같다.
~~ㄷ~~. 이 사람의 ⓐ에 대한 유전자형은 ~~HhTt~~ HHTt 이다.

HH HH   HH HH   HH   HH

TT tt   TT tt   TT   tt

(가)   (나)   (다)

HHTt

① ㄱ   ✓② ㄴ   ③ ㄷ   ④ ㄱ, ㄴ   ⑤ ㄱ, ㄷ

|자|료|해|설|

H의 DNA 상대량이 4인 (가)는 감수 1분열 중기의 세포이다. 이때 t의 DNA 상대량은 2이므로 이 사람의 ⓐ에 대한 유전자형은 HHTt라는 것을 알 수 있다. H의 DNA 상대량이 2인 (나)와 (다)는 감수 2분열 중기의 세포이다. (나)에는 T를 가지는 염색체가 있고, (다)에는 t를 가지는 염색체가 있다. (가)~(다)에 모두 h가 없으므로 ㉢이 h이고, (나)에 있는 ㉠은 T, (다)에 있는 ㉡은 t이다.

|보|기|풀|이|

ㄱ. 오답 : (다)에 있는 ㉡은 t이다.
㉡ 정답 : (나)와 (다)는 모두 감수 2분열 중기의 세포이므로 핵상이 n이다.
ㄷ. 오답 : 이 사람의 ⓐ에 대한 유전자형은 HHTt이다.

😀 **문제풀이 TIP** | H의 DNA 상대량이 4인 (가)는 감수 1분열 중기의 세포이고, 그 절반을 갖는 (나)와 (다)는 감수 2분열 중기의 세포이다.

😀 **출제분석** | 세포 1개당 DNA 상대량으로 감수 분열 과정에 있는 세포의 시기를 파악하고, 각 세포에 존재하는 유전자의 유무를 통해 ㉠~㉢에 해당하는 유전자를 찾아야 하는 난도 '중'의 문항이다. 감수 분열 과정에서의 염색체 이동에 따른 DNA 상대량 변화를 이해하고 있어야 문제 해결이 가능하다. 제시된 자료가 구체적이라 난도가 높지 않으며, 이 문항에 어려움을 느낀 학생들은 감수 분열 과정을 다시 자세하게 공부해 볼 것을 권한다.

사람의 유전 형질 ㉮는 2쌍의 대립유전자 A와 a, B와 b에 의해 결정된다. 그림은 어떤 사람의 G_1기 세포 Ⅰ로부터 정자가 형성되는 과정을, 표는 이 과정에서 나타나는 세포 (가)와 (나)에서 대립유전자 A, B, ㉠, ㉡ 중 2개의 DNA 상대량을 더한 값을 나타낸 것이다. (가)와 (나)는 Ⅱ와 Ⅲ을 순서 없이 나타낸 것이고, ㉠과 ㉡은 a와 b를 순서 없이 나타낸 것이다.

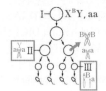

세포	DNA 상대량을 더한 값		
	A+B	B+㉠	㉠+㉡
Ⅱ (가)	0	2	2	→ ㉠㉠(aa)
Ⅲ (나)	? 1	2	1	→ B㉠(Ba)

이에 대한 설명으로 옳은 것만을 〈보기〉에서 있는 대로 고른 것은? (단, 돌연변이와 교차는 고려하지 않으며, A, a, B, b 각각의 1개당 DNA 상대량은 1이다.) **3점**

보기

ㄱ. (나)는 Ⅲ이다.
ㄴ. ㉠은 <s>성염색체</s>에 있다.   상염색체
ㄷ. Ⅰ에서 A와 b의 DNA 상대량을 더한 값은 <s>2</s>이다.   0

a →
    XᴮY, aa

✓① ㄱ   ② ㄴ   ③ ㄱ, ㄷ   ④ ㄴ, ㄷ   ⑤ ㄱ, ㄴ, ㄷ

|자|료|해|설|
'㉠+㉡'의 값이 1로 홀수인 (나)가 Ⅲ이고, (가)는 Ⅱ이다. (가)에서 'A+B'의 값이 0이고, 'B+㉠'의 값이 2이므로 (가)는 ㉠㉠을 갖는다. (가)에서 '㉠+㉡'의 값이 2이므로 (가)는 ㉡을 갖지 않는다. 따라서 (가)의 유전자형은 ㉠㉠이다.
(나)의 '㉠+㉡'의 값이 1이고, 이때 ㉡을 갖는다고 가정하면 (나)에서 'B+㉠'의 값이 2이므로 (나)는 BB를 가져야 한다. 감수 2분열 결과 형성된 Ⅲ은 BB의 구성을 가질 수 없으므로 이는 모순이다. 따라서 (나)는 ㉠을 가지며, 유전자형은 B㉠이다. 그러므로 ㉠은 a, ㉡은 b이다.
(가)의 유전자형이 aa이므로 B와 b의 유전자는 성염색체에 있다. B와 b가 성염색체 중 X 염색체에 있다고 가정하면, Ⅰ의 유전자형은 XᴮY, aa이다.

|보|기|풀|이|
㉠ 정답 : (가)는 Ⅱ이고, (나)는 Ⅲ이다.
ㄴ. 오답 : ㉠(a)은 상염색체에 있다.
ㄷ. 오답 : Ⅰ(XᴮY, aa)에서 A와 b의 DNA 상대량을 더한 값은 0이다.

👀 **문제풀이 T I P** | Ⅱ는 복제된 상태이므로 DNA 상대량을 더한 값이 짝수여야 한다. 따라서 '㉠+㉡'의 값이 1로 홀수인 (나)가 Ⅲ이고, (가)는 Ⅱ이다.

😀 **출제분석** | DNA 상대량을 더한 값으로 각 세포와 유전자를 구분해야 하는 난도 '중상'의 문항이다. 단순히 하나의 유전자에 대한 DNA 상대량이 아닌 두 유전자의 DNA 상대량을 더한 값을 제시한 것, 그리고 하나의 유전자가 성염색체에 있다는 것이 난도를 높였다. 이 문항의 풀이가 이해되지 않는 학생들은 감수 분열 내용을 다시 한 번 정리해보자.

그림은 유전자형이 Aa인 어떤 동물($2n=$?)의 G_1기 세포 Ⅰ로 부터 생식세포가 형성되는 과정을, 표는 세포 ㉠~㉣의 상염색체 수와 대립유전자 A와 a의 DNA 상대량을 더한 값을 나타낸 것이다. ㉠~㉣은 Ⅰ~Ⅳ를 순서 없이 나타낸 것이고, 이 동물의 성염색체는 XX이다.

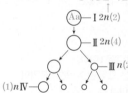
A와 a의 DNA 상대량을 더한 값 ↑

세포	상염색체 수	A와 a의 DNA 상대량을 더한 값
Ⅰ ㉠ (2n)	8	? 2
Ⅲ ㉡ (n)	4	2
Ⅳ ㉢ (n)	ⓐ 4	ⓑ 1
Ⅱ ㉣ (2n)	? 8	4

이에 대한 설명으로 옳은 것만을 〈보기〉에서 있는 대로 고른 것은? (단, 돌연변이는 고려하지 않으며, A와 a 각각의 1개당 DNA 상대량은 1이다. Ⅱ와 Ⅲ은 중기의 세포이다.) **3점**

보기
㉠ ㉠은 Ⅰ이다.
㉡ ⓐ+ⓑ=5이다.   4+1   → 한 쌍의 상동 염색체가 접합
㉢ Ⅱ의 2가 염색체 수는 5이다.
감수 1분열 중기(2n=10)

① ㄱ   ② ㄷ   ③ ㄱ, ㄴ   ④ ㄴ, ㄷ   ✓⑤ ㄱ, ㄴ, ㄷ

|자|료|해|설|
핵상은 Ⅰ (2n) → Ⅱ (2n) → Ⅲ (n) → Ⅳ (n) 순서로 변한다. A와 a 각각의 1개당 DNA 상대량이 1이므로 A와 a의 DNA 상대량을 더한 값은 Ⅰ (2) → Ⅱ (4) → Ⅲ (2) → Ⅳ (1) 순서로 변한다. ㉠의 상염색체 수는 ㉡의 2배이므로 ㉠의 핵상은 2n이고, ㉡의 핵상은 n이다. 핵상이 2n인 ㉠에 성염색체 2개(XX)가 존재하므로 $2n=10$이다.
㉡은 핵상이 n이고, A와 a의 DNA 상대량을 더한 값이 2이므로 Ⅲ이다. ㉣은 A와 a의 DNA 상대량을 더한 값이 4이므로 Ⅱ이고, 핵상이 2n이므로 상염색체 수는 8이다. ㉠은 핵상이 2n이므로 Ⅰ이고, A와 a의 DNA 상대량을 더한 값은 2이다. 마지막 ㉢은 Ⅳ이므로 ⓐ는 4이고, ⓑ는 1이다.

|보|기|풀|이|
㉠ 정답 : ㉣은 A와 a의 DNA 상대량을 더한 값이 4이므로 Ⅱ이다. 따라서 핵상이 2n인 ㉠은 Ⅰ이다.
㉡ 정답 : ㉢은 Ⅳ이므로 핵상이 n이다. 따라서 상염색체 수(ⓐ)는 4이고, A와 a의 DNA 상대량을 더한 값(ⓑ)은 1이다. 그러므로 ⓐ+ⓑ=5이다.
㉢ 정답 : 감수 1분열 중기(Ⅱ)의 세포의 염색체 수는 10이므로, 2가 염색체 수는 5이다.

그림은 유전자형이 EeFFHh인 어떤 동물에서 G_1기의 세포 I 로부터 정자가 형성되는 과정을, 표는 세포 ㉠~㉣의 세포 1개당 유전자 e, F, h의 DNA 상대량을 나타낸 것이다. ㉠~㉣은 I~IV를 순서 없이 나타낸 것이고, E는 e와 대립 유전자이며, H는 h와 대립 유전자이다.

I EeFFHh
(S기) 복제↓ EEeeFFFFHHhh
Ⅱ ㉣
eeFFHH Ⅲ ㉢   ㉡ EeFFhh
IV EFh ㉠

세포	DNA 상대량		
	e	F	h
IV ㉠	ⓐ0	1	1
I ㉡	1	2	ⓑ1
Ⅲ ㉢	2	ⓒ2	0
Ⅱ ㉣	ⓓ2	?4	2

이에 대한 설명으로 옳은 것만을 〈보기〉에서 있는 대로 고른 것은? (단, 돌연변이와 교차는 고려하지 않으며, E, e, F, H, h 각각의 1개당 DNA 상대량은 같다.)

보기

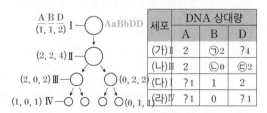

ㄱ. ㉣은 Ⅲ이다.

ㄴ. ⓐ+ⓑ+ⓒ+ⓓ=4이다.
　　0 + 1 + 2 + 2 = 5

ㄷ. IV에서 세포 1개당 $\dfrac{F의 DNA 상대량=1}{E의 DNA 상대량+H의 DNA 상대량}$ 은 1이다.
　　　　　　　　　　1 + 0 = 1

① ㄱ   ② ㄴ   ③ ㄷ   ④ ㄱ, ㄷ   ⑤ ㄴ, ㄷ

|자|료|해|설|

유전자형이 EeFFHh인 어떤 동물 G_1기의 세포 I 의 유전자 e, F, h의 DNA 상대량은 순서대로 1, 2, 1이다. 따라서 세포 I 은 ㉡이고, ⓑ는 1이다. 세포 I 이 S기를 거쳐 복제된 세포 Ⅱ의 DNA 상대량은 세포 I 의 두 배가 되기 때문에 세포 Ⅱ의 유전자 e, F, h의 DNA 상대량은 순서대로 2, 4, 2이다. 그러므로 세포 Ⅱ는 ㉣이고, ⓓ는 2이다. 감수 1분열로 형성된 세포 Ⅲ는 F의 DNA 상대량이 2가 되어야하므로 세포 Ⅲ는 ㉢이고, ⓒ는 2이다. 세포 Ⅲ의 유전자 e, F, h의 DNA 상대량이 순서대로 2, 2, 0인 것을 통해 세포 IV의 모세포 쪽으로 대립 유전자 E, F, h가 전달되었다는 것을 알 수 있다. 따라서 세포 IV는 ㉠이고, ⓐ는 0이다.

|보|기|풀|이|

ㄱ. 오답 : ㉣은 Ⅱ이다.

ㄴ. 오답 : ⓐ는 0, ⓑ는 1, ⓒ는 2, ⓓ는 2이다. 따라서 ⓐ+ⓑ+ⓒ+ⓓ=0+1+2+2=5이다.

ㄷ. 정답 : IV(세포 ㉠)에는 유전자 E, F, h가 있으며 각 유전자의 DNA 상대량은 1이다. 그러므로 IV에서 세포 1개당 $\dfrac{F의 DNA 상대량(1)}{E의 DNA 상대량(1)+H의 DNA 상대량(0)}=\dfrac{1}{1}=1$ 이다.

🙂 **문제풀이 TIP |** S기 때 DNA가 복제되어 DNA 상대량이 두 배로 증가하며, 감수 1분열에서는 상동 염색체가 분리되고 감수 2분열에서는 염색 분체가 분리된다는 것을 반드시 기억하자!

그림은 유전자형이 AaBbDD인 어떤 사람의 G_1기 세포 I 로부터 생식 세포가 형성되는 과정을, 표는 세포 (가)~(라)가 갖는 대립 유전자 A, B, D의 DNA 상대량을 나타낸 것이다. (가)~(라)는 I~IV를 순서 없이 나타낸 것이고, ㉠+㉡+㉢=4이다.

$\dfrac{A\ B\ D}{(1,\ 1,\ 2)}$ I ○ AaBbDD
(2, 2, 4) Ⅱ ○
(2, 0, 2) Ⅲ ○—○ (0, 2, 2)
(1, 0, 1) IV ○—○ ○—○ (0, 1, 1)

세포	DNA 상대량		
	A	B	D
(가) Ⅱ	2	㉠2	?4
(나) Ⅲ	2	㉡0	㉢2
(다) I	?1	1	2
(라) IV	?1	0	?1

이에 대한 설명으로 옳은 것만을 〈보기〉에서 있는 대로 고른 것은? (단, 돌연변이와 교차는 고려하지 않으며, A, a, B, b, D 각각의 1개당 DNA 상대량은 1이다. Ⅱ와 Ⅲ은 중기의 세포이다.)

보기

ㄱ. (가)는 Ⅱ이다.

ㄴ. ㉡은 2이다.
　　　0

ㄷ. 세포 1개당 a의 DNA 상대량은 (다)와 (라)가 같다.
　　　　　　　　　　　　　　　　　　　다르다.
　　　　　　　　　　　　　　1 　　0
　　　　　　　　　(AaBbDD) (AbD)

① ㄱ   ② ㄴ   ③ ㄱ, ㄷ   ④ ㄴ, ㄷ   ⑤ ㄱ, ㄴ, ㄷ

|자|료|해|설|

I 의 유전자형이 AaBbDD이므로 A, B, D의 DNA 상대량은 순서대로 (1, 1, 2)이다. 따라서 I 은 (다)이다. I 이 S기를 거치면서 DNA 복제가 일어나므로 Ⅱ의 DNA 상대량은 I 의 두 배이다. 그러므로 Ⅱ에서 A, B, D의 DNA 상대량은 순서대로 (2, 2, 4)이다. Ⅱ가 (나)라고 가정하면, ㉡이 2이고 ㉢이 4가 되어 '㉠+㉡+㉢=4'라는 조건에 맞지 않는다. 따라서 Ⅱ는 (가)이고, ㉠은 2이다. Ⅱ로부터 Ⅲ가 형성되는 감수 1분열에서 상동 염색체가 분리되며, 이때 상동 염색체는 두 개의 염색 분체로 이루어져 있으므로 Ⅲ의 DNA 상대량 값은 짝수(0 또는 2)이다. 그리고 Ⅲ로부터 IV가 형성되는 감수 2분열에서는 염색 분체가 분리되므로 IV의 DNA 상대량 값은 0 또는 1이다. 따라서 Ⅲ는 (나)이고, IV는 (라)이다. ㉢은 2이고, (라)에서 B의 DNA 상대량이 0이므로 (나)에서 B의 DNA 상대량인 ㉡도 0이다.

|보|기|풀|이|

ㄱ. 정답 : Ⅱ에서 A, B, D의 DNA 상대량은 순서대로 (2, 2, 4)이므로, Ⅱ는 (가)이다.

ㄴ. 오답 : ㉡은 0이다.

ㄷ. 오답 : (다)의 유전자형은 AaBbDD이고, (라)의 유전자형은 AbD이다. 따라서 세포 1개당 a의 DNA 상대량은 (다)에서 1이고, (라)에서 0이다.

그림은 유전자형이 **AABbDd**인 어떤 동물의 G_1기 세포 **I**로부터 생식 세포가 형성되는 과정을, 표는 세포 (가)~(다)의 세포 1개당 대립 유전자 A, b, d의 DNA 상대량을 나타낸 것이다. (가)~(다)는 각각 **I~III** 중 하나이며, **II**는 중기의 세포이다.

세포	DNA 상대량		
	A	b	d
II (가)	2	0	0
III (나)	㉠ 1	1	㉡ 1
I (다)	2	1	1

AABbDd I
(2, 1, 1)

AAAABBbbDDdd
(4, 2, 2)

AABBDD II
(2, 0, 0)

AAbbdd
(2, 2, 2)

III Abd
(1, 1, 1)

이에 대한 옳은 설명만을 〈보기〉에서 있는 대로 고른 것은?
(단, 돌연변이와 교차는 고려하지 않으며, A, b, d 각각의 1개당 DNA 상대량은 같다.)

보기
I
~~ㄱ. (다)는 II이다.~~
㉡. ㉠+㉡=2이다.
　　1+1
~~ㄷ. (가)에 2가 염색체가 있다.~~ 없다

① ㄱ　　✓② ㄴ　　③ ㄷ　　④ ㄱ, ㄷ　　⑤ ㄴ, ㄷ

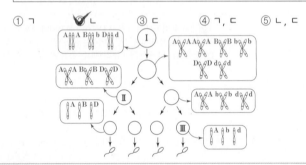

|자|료|해|설|
G_1기의 세포 I의 유전자형이 AABbDd이므로 A, b, d의 DNA 상대량은 (2, 1, 1)이다. 따라서 세포 I은 (다)라는 것을 알 수 있다. 감수 1분열이 완료된 세포 II의 유전자형은 AABBDD(2, 0, 0), AAbbdd(2, 2, 2), AABBdd(2, 0, 2), AAbbDD(2, 2, 0) 중 하나인데, 표에는 (2, 2, 2), (2, 0, 2), (2, 2, 0)의 DNA 상대량을 갖는 세포가 없으므로 세포 II의 유전자형은 AABBDD(2, 0, 0)이며 세포 (가)이다. 따라서 AAbbdd의 유전자형을 가지는 세포에서 감수 2분열이 일어난 세포 III의 유전자형은 Abd(1, 1, 1)이고, 세포 III에 해당하는 세포 (나)의 ㉠과 ㉡에 들어갈 숫자는 각각 1이다.

|보|기|풀|이|
ㄱ. 오답 : (다)는 세포 I (AABbDd)이다.
㉡. 정답 : ㉠과 ㉡의 값은 모두 1이므로 ㉠+㉡=2이다.
ㄷ. 오답 : (가)는 세포 II이므로 감수 1분열이 끝난 상태이다. 따라서 감수 1분열 때 볼 수 있는 2가 염색체가 없다.

😎 **문제풀이 T I P** | G_1기의 세포 I (AABbDd)의 DNA 상대량이 (2, 1, 1)라는 것을 통해 세포 I은 (다)라는 것을 먼저 알아내야 한다. 감수 1분열에서는 상동 염색체가 분리되고 감수 2분열에서는 염색 분체가 분리된다는 것을 머릿속으로 떠올리면서 빠르게 세포를 매치시키는 연습을 하자!

😊 **출제분석** | 감수 분열 과정과 각 세포의 DNA 상대량을 제시하고 어떤 세포인지를 찾는 난도 '중상'의 문항이다.

그림은 유전자형이 **AABb**인 어떤 동물($2n=6$)에서 난자 ㉠이 형성되고, ㉠이 정자 ㉡과 수정하여 수정란을 형성하는 과정에서 세포 1개당 DNA 상대량의 변화를, 표는 **I~IV**에서 A, a, B, b의 DNA 상대량을 나타낸 것이다. **I~IV**는 t_1~t_4 중 서로 다른 시점의 한 세포를 순서 없이 나타낸 것이며, **I~IV** 중 ㉠이 있다.

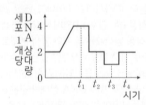

구분	A	a	B	b	
t_2 I	2	ⓐ 0	2	?0	
t_4 II	?1	1	1	1	→ 수정란
t_1 III	?4	0	ⓑ2	2	
t_3 IV	ⓒ1	0	?1	0	→ ㉠

이에 대한 옳은 설명만을 〈보기〉에서 있는 대로 고른 것은?
(단, 돌연변이와 교차는 고려하지 않으며, A는 a, B는 b와 각각 대립 유전자이고, 유전자 1개당 DNA 상대량은 같다.) **3점**

보기
　　　2　　1
㉠. ⓐ+ⓑ+ⓒ=3이다.
　　　0　　2　　1
~~ㄴ. 상염색체 수는 II와 IV가 같다.~~ 다르다
　　　　　　　　　4　　2
㉢. ㉡에 b가 있다.

① ㄱ　　② ㄴ　　✓③ ㄱ, ㄷ　　④ ㄴ, ㄷ　　⑤ ㄱ, ㄴ, ㄷ

|자|료|해|설|
유전자형이 AABb인 어떤 동물의 G_1기 세포 1개당 DNA 상대량은 A, a, B, b순서로 (2, 0, 1, 1)이다. S기를 거쳐 복제된 상태의 세포 1개당 DNA 상대량은 (4, 0, 2, 2)이므로 t_1 시기의 세포는 III이다. 상동 염색체가 분리되어 감수 1분열이 끝난 세포 1개당 DNA 상대량으로 가능한 것은 (2, 0, 2, 0)또는 (2, 0, 0, 2)이고, 염색 분체가 분리되어 감수 2분열이 끝난 생식세포의 DNA 상대량으로 가능한 것은 (1, 0, 1, 0) 또는 (1, 0, 0, 1)이다. 따라서 감수 1분열이 끝난 t_2시기의 세포는 I이고, 감수 2분열이 끝난 t_3시기의 난자 ㉠은 IV이다. t_4시기의 수정란은 II이고, 정자 ㉡의 DNA 상대량은 (0, 1, 0, 1)이다.

|보|기|풀|이|
㉠. 정답 : ⓐ+ⓑ+ⓒ=0+2+1=3이다.
ㄴ. 오답 : II의 핵상은 $2n$이고, IV의 핵상은 n이다. 따라서 상염색체 수는 II가 4이고, IV가 2이다.
㉢. 정답 : 정자 ㉡의 DNA 상대량은 A, a, B, b순서로 (0, 1, 0, 1)이다. 따라서 ㉡에 b가 있다.

😎 **문제풀이 T I P** | <세포 1개당 DNA 상대량 변화> A, a, B, b 순서
G_1기: (2, 0, 1, 1) → 복제: (4, 0, 2, 2) → 감수 1분열 완료: (2, 0, 2, 0) 또는 (2, 0, 0, 2) → 감수 2분열 완료: (1, 0, 1, 0) 또는 (1, 0, 0, 1)

그림은 핵상이 $2n$인 어떤 동물에서 G_1기의 세포 ㉠으로부터 정자가 형성되는 과정을, 표는 세포 ⓐ~ⓓ에 들어 있는 세포 1개당 대립 유전자 H와 t의 DNA 상대량을 나타낸 것이다. ⓐ~ⓓ는 ㉠~㉣을 순서 없이 나타낸 것이고, H는 h와 대립 유전자이며, T는 t와 대립 유전자이다.

DNA 상대량

2 ○ ── ㉠ⓓ
4 ○ ── ㉡ⓑ
ⓐⓒ ○
2 ○ ○
1 ○ ○ ○ ○ ── ㉣ⓒ

세포	DNA 상대량		H와 h의 DNA 상대량 합
	H	t	
ⓐ	2	0	2
ⓑ	2	2	4
ⓒ	?0	?1	1
ⓓ	1	1	2

이에 대한 설명으로 옳은 것만을 〈보기〉에서 있는 대로 고른 것은? (단, 돌연변이와 교차는 고려하지 않으며, H, h, T, t 각각의 1개당 DNA 상대량은 같다.) 3점

보기
㉠. ㉡은 ⓑ이다.
㉡. 세포의 핵상은 ㉢과 ⓓ에서 ~~같다~~ 다르다. (n $2n$)
㉢. ㉢에 들어 있는 H의 DNA 상대량은 ~~1~~ 0이다.

① ㉠   ② ㉡   ③ ㉠, ㉢   ④ ㉡, ㉢   ⑤ ㉠, ㉡, ㉢

|자|료|해|설|
㉠~㉣의 DNA 상대량을 비교해 보면 가장 큰 DNA 상대량을 갖는 세포는 ㉡이고 가장 작은 DNA 상대량을 갖는 것은 ㉣이다. 이를 이용하여 세포 ⓐ~ⓓ에서 각각 대응하는 세포를 찾아보면, 가장 많은 DNA 상대량을 갖는 ⓑ가 ㉡이다. 이때 ⓑ는 유전자 H, t를 가지고 있기 때문에 DNA 복제 전의 세포인 ㉠에 대응하는 세포는 ㉡보다 작은 DNA 상대량을 가지면서 H, t를 모두 갖는 ⓓ가 된다. 다음으로 ㉡이 감수 1분열한 세포 ㉢은 ⓐ가 되고 ㉣은 ⓒ가 된다. 이때 ㉣은 ㉢과 다른 유전자를 가지므로 H가 아니라 t를 갖는다. 따라서 ㉣(=ⓒ)의 DNA 상대량은 H : 0, t : 1이다.

|보|기|풀|이|
㉠. 정답 : 가장 DNA 상대량이 높은 세포인 ㉡은 DNA 상대량 총합이 가장 높은 ⓑ가 된다.
㉡. 오답 : ㉢은 감수 1분열 후 세포이므로 핵상은 n이고, ⓓ는 G_1기의 세포이므로 핵상은 $2n$으로 ㉢과 ⓓ의 핵상은 다르다.
㉢. 오답 : ㉢는 세포 ㉣이다. ㉣은 ㉢과 다른 유전자를 가지므로 ㉢에 H만 존재하므로 ㉣에는 t가 존재함을 알 수 있다. 따라서 H의 DNA 상대량은 0이고, t의 DNA 상대량은 1이다.

어떤 동물 종($2n=6$)의 특정 형질은 2쌍의 대립 유전자 H와 h, T와 t에 의해 결정된다. 표는 이 동물 종의 개체 Ⅰ의 세포 ㉠~㉣이 갖는 H, h, T, t의 DNA 상대량을, 그림은 Ⅰ의 세포 P를 나타낸 것이다. P는 ㉠~㉣ 중 하나이다.

세포 P

	세포	DNA 상대량			
		H	h	T	t
$2n$ S기(복제)	㉠	1	?1	1	1
$2n$ 감수 1분열	㉡	2	2	ⓐ2	2
n	㉢	2	0	0	?2
n 생식세포	㉣	1	ⓑ0	1	0

㉢ 감수 2분열 중기($n=3$)

이에 대한 설명으로 옳은 것만을 〈보기〉에서 있는 대로 고른 것은? (단, 돌연변이와 교차는 고려하지 않으며, H, h, T, t 각각의 1개당 DNA 상대량은 같다.)

보기
㉠. P는 ㉢이다. → 감수 2분열 중기
㉡. ⓐ+ⓑ=~~3~~이다. → $2n=6$(복제된 상태)
    $\frac{2+0=2}{}$
㉢. Ⅰ의 감수 1분열 중기 세포 1개당 염색 분체 수는 12이다.

① ㉠   ② ㉡   ③ ㉠, ㉢   ④ ㉡, ㉢   ⑤ ㉠, ㉡, ㉢

|자|료|해|설|
㉠은 대립 유전자 T와 t를 모두 가지고 있으므로 핵상이 $2n$이고, 마찬가지로 ㉡ 또한 대립 유전자 H와 h를 모두 가지고 있으므로 핵상이 $2n$이다. 반면, ㉢은 H와 h 중 하나만 가지고 있으며, ㉣ 또한 T와 t 중 하나만 가지고 있으므로 ㉢과 ㉣의 핵상은 n이다. DNA 상대량을 비교하면 ㉠이 S기를 거쳐 복제된 세포가 ㉡이고, 감수 1분열이 완료된 세포가 ㉢이며, 감수 2분열이 완료된 생식세포가 ㉣이라는 것을 알 수 있다. 따라서 ⓐ는 2이고, ⓑ는 0이다. 그림의 세포 P($n=3$)는 감수 2분열 중기의 세포이므로 ㉢이다.

|보|기|풀|이|
㉠. 정답 : 세포 P($n=3$)는 감수 2분열 중기의 세포이므로 ㉢이다.
㉡. 오답 : ⓐ+ⓑ=2+0=2이다.
㉢. 정답 : 감수 1분열 중기 세포의 염색체는 S기를 거쳐 복제된 상태이므로 2개의 염색 분체로 이루어져 있다. 따라서 Ⅰ의 감수 1분열 중기 세포($2n=6$) 1개당 염색체 수는 6이므로 염색 분체 수는 12이다.

🐷 **문제풀이 TIP** | 대립 유전자 두 가지(H, h 또는 T, t)를 모두 가지는 ㉠과 ㉡의 핵상은 $2n$이고, 대립 유전자 둘 중 하나만 가지는 ㉢과 ㉣의 핵상은 n이다.

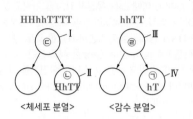

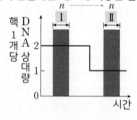

21 체세포 분열, 감수 분열　　　　정답 ①　정답률 54%　2017년 4월 학평 7번　문제편 186p

그림은 어떤 사람의 체세포 분열 과정과 감수 분열 과정의 일부를, 표는 이 사람의 세포 ㉠~㉣에서 대립 유전자 H, h, T, t의 DNA 상대량을 나타낸 것이다. ㉠~㉣은 각각 Ⅰ~Ⅳ 중 하나이고, H와 T는 각각 h와 t의 대립 유전자이다.

HHhhTTTT 　　　 hhTT

세포	DNA 상대량			
	H	h	T	t
n ㉠	0	1	1	0
$2n$ ㉡	1	1	2	0
$2n$ ㉢	2	2	?4	0
n ㉣	0	2	2	0

이에 대한 설명으로 옳은 것만을 〈보기〉에서 있는 대로 고른 것은? (단, Ⅰ과 Ⅲ은 중기의 세포이고, 돌연변이는 고려하지 않는다.) 3점

〈보기〉
㉠. ㉡은 Ⅱ이다.
ㄴ. ㉢에서 T의 DNA 상대량은 ~~2~~ 4 이다.
ㄷ. Ⅲ이 Ⅳ로 되는 과정에서 ~~상동 염색체~~ 염색 분체 가 분리된다.

① ㄱ　② ㄷ　③ ㄱ, ㄴ　④ ㄱ, ㄷ　⑤ ㄴ, ㄷ

|자|료|해|설|
DNA 상대량을 나타낸 표에서 세포 ㉡과 ㉢에 대립 유전자 H와 h가 있으므로 이 세포에는 상동 염색체가 존재하며 핵상이 $2n$이라는 것을 알 수 있다. 따라서 이 사람은 HhTT의 유전자형을 가지고 있으며, 세포 ㉢은 복제된 상태이다. 세포 ㉠과 ㉣은 n의 핵상을 가지고 있어 감수 분열 과정에서 볼 수 있는 세포이며 복제된 상태인 ㉣이 Ⅲ, ㉠이 Ⅳ이다. 남은 두 세포 중 복제된 상태인 세포 ㉢이 Ⅰ, ㉡이 Ⅱ이다.
이 자료만으로 대립 유전자 H, h와 T가 같은 염색체 위에 있는지, 서로 다른 염색체 위에 있는지(독립)는 알 수 없으며, 상염색체와 성염색체 중 어느 염색체 위에 유전자가 존재하는지 또한 알 수 없다.

|보|기|풀|이|
㉠. 정답 : DNA 상대량을 나타낸 표에서 세포 ㉡과 ㉢의 핵상이 $2n$이라는 것을 알 수 있으며, 두 세포 중 복제된 상태인 세포 ㉢이 Ⅰ이 되므로 ㉡이 Ⅱ이다.
ㄴ. 오답 : ㉢은 ㉡으로 분열되기 전이므로 ㉢의 DNA 상대량은 ㉡의 두 배이다. 따라서 ㉢에서 T의 DNA 상대량은 4이다.
ㄷ. 오답 : Ⅲ(㉣)과 Ⅳ(㉠)의 핵상이 n이므로 그림에 나타난 감수 분열은 감수 2분열이다. 따라서 Ⅲ이 Ⅳ로 되는 과정에서 염색 분체가 분리된다.

👀 문제풀이TIP | 체세포 분열과 감수 분열시 염색체의 변화에 대해 정확히 알고 있어야 하며, 주어진 DNA 상대량 표를 분석할 수 있어야 한다. 표에서 ㉡과 ㉢, ㉠과 ㉣을 먼저 구분하고 복제된 상태의 세포를 찾아 Ⅰ~Ⅳ 각 세포에 맞게 연결 지어야 한다. 감수 1분열이 일어날 때 핵상이 $2n \rightarrow n$으로 변하므로 핵상이 $2n$인 세포라고 해서 무조건 체세포 분열 과정에 있는 세포라고 단정 지어서는 안 된다. 이 문제에서는 ㉠과 ㉣의 핵상이 n이고, 이는 감수 분열 중인 세포에서만 볼 수 있으므로 나머지 세포 ㉡과 ㉢이 체세포 분열 과정에 있는 세포라고 할 수 있는 것이다.

---

22 체세포 분열, 감수 분열　　　　정답 ②　정답률 45%　2019년 7월 학평 10번　문제편 186p

그림 (가)는 어떤 동물($2n=?$)의 세포 분열 과정 일부에서 시간에 따른 핵 1개당 DNA 상대량을, (나)는 구간 Ⅰ과 Ⅱ 중 한 구간에서 관찰되는 세포에 들어 있는 모든 염색체를 나타낸 것이다. Ⅰ과 Ⅱ에서 관찰되는 세포의 핵상은 같다.

(가) 감수 2분열　　　(나) $n=4$

감수 2분열 중기 (구간 Ⅰ에서 관찰됨)

이에 대한 설명으로 옳은 것만을 〈보기〉에서 있는 대로 고른 것은? (단, 돌연변이는 고려하지 않는다.) 3점

〈보기〉
ㄱ. (나)는 ~~Ⅱ~~ Ⅰ 에서 관찰된다.
ㄴ. 이 동물의 G_1기 체세포와 Ⅰ에서 관찰되는 세포의 핵상은 ~~다르다.~~ 같다. 　$2n$　n
ㄷ. 이 동물의 체세포 분열 중기의 세포 1개당 염색 분체 수는 16이다. 　$2n=8$　$8 \times 2 = 16$ (모든 염색체가 2개의 염색 분체로 이루어짐)

① ㄱ　② ㄷ　③ ㄱ, ㄴ　④ ㄴ, ㄷ　⑤ ㄱ, ㄴ, ㄷ

|자|료|해|설|
(나)는 감수 2분열 중기의 세포이고, 핵상은 n이다. (가)의 Ⅰ과 Ⅱ에서 관찰되는 세포의 핵상이 같으므로 (가)는 감수 2분열 시 핵 1개당 DNA 상대량을 나타낸 그래프라는 것을 알 수 있다.

|보|기|풀|이|
ㄱ. 오답 : (나)는 감수 2분열 중기의 세포이므로 Ⅰ에서 관찰된다.
ㄴ. 오답 : 이 동물의 G_1기 체세포의 핵상은 $2n$이고, Ⅰ에서 관찰되는 세포의 핵상은 n이다.
ㄷ. 정답 : 이 동물의 체세포($2n=8$) 분열 중기의 염색체는 복제된 상태이므로 모든 염색체가 2개의 염색 분체로 이루어져 있다. 따라서 세포 1개당 염색 분체 수는 $8 \times 2 = 16$이다.

👀 문제풀이TIP | 핵상은 감수 1분열 시 $2n \rightarrow n$으로 변하고, 감수 2분열 시 $n \rightarrow n$이므로 변하지 않는다.

👀 출제분석 | 감수 분열과 체세포 분열 시 핵상과 염색체 상태에 대해 종합적으로 묻는 난도 '중상'의 문항이다. (나)의 핵상을 알아내고, (가)의 Ⅰ과 Ⅱ에서 관찰되는 세포의 핵상이 같다는 것을 통해 (가)는 감수 2분열 과정이라는 것을 빠르게 알아내야 한다. 체세포 분열과 감수 분열 시 각 단계에서의 핵상과 염색체 상태를 머릿속으로 바로 떠올릴 수 있어야 문제를 해결하는 시간을 단축시킬 수 있다.

그림 (가)는 어떤 형질에 대한 유전자형이 Aa인 사람의 세포 분열 과정의 일부에서 핵 1개당 DNA 상대량 변화를, (나)는 (가)의 서로 다른 시기에 관찰되는 세포 ㉠~㉢의 대립 유전자 A의 DNA 상대량을 나타낸 것이다. ㉠~㉢은 각각 Ⅰ~Ⅲ 중 한 구간에서 관찰되는 세포이다.

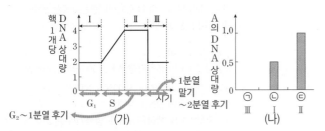

(가)

(나)

이에 대한 설명으로 옳은 것만을 〈보기〉에서 있는 대로 고른 것은? (단, 돌연변이는 고려하지 않는다.)

보기
㉠. 구간 Ⅰ에서 뉴클레오솜이 관찰된다.　→ G₁기
㉡. 구간 Ⅱ에서 2가 염색체가 형성된다.
㉢. ㉡은 구간 ~~Ⅲ~~에서 관찰된다.　→ 감수 1분열 전기에 형성됨
　　　　　　　　Ⅰ

① ㉠　② ㉢　✓③ ㉠, ㉡　④ ㉡, ㉢　⑤ ㉠, ㉡, ㉢

|자|료|해|설|
우선 (나)에서 대립 유전자 A의 DNA 상대량이 0인 세포가 관찰되는 것으로 보아 (가)는 상동 염색체의 분리가 일어나는 감수 분열 과정의 일부를 나타낸다는 것을 알 수 있다. (가)의 Ⅰ은 G_1기, Ⅱ는 G_2기부터 감수 1분열 후기까지, Ⅲ은 M기의 감수 1분열 말기부터 감수 2분열 후기까지이다. 또한 대립 유전자 A의 DNA 상대량이 0.5인 ㉡이 (가)의 Ⅰ일 때, 상대량이 1인 ㉢이 (가)의 Ⅱ일 때, 상대량이 0인 ㉠이 (가)의 Ⅲ일 때임을 추론할 수 있다.

|보|기|풀|이|
㉠. 정답 : 구간 Ⅰ은 G_1기이므로 유전 물질은 염색사의 형태로 존재한다. 따라서 뉴클레오솜이 관찰된다.
㉡. 정답 : 구간 Ⅱ는 G_2기부터 M기의 감수 1분열 후기까지를 의미하므로, 2가 염색체가 형성되는 감수 1분열 전기를 포함한다.
ㄷ. 오답 : ㉡은 구간 Ⅰ에서 관찰된다.

🤔 **문제풀이 T I P** | (가)의 그래프만으로는 체세포 분열인지 감수 분열인지 판단이 쉽지 않지만, (나)의 그래프에서 유전자형이 Aa인 사람의 세포 중 A의 DNA 상대량이 0인 세포가 존재하므로 감수 분열 과정을 의미한다는 것을 빨리 파악하면 문제를 쉽게 풀 수 있다.

😮 **출제분석** | 핵 1개당 DNA 상대량의 그래프가 일부만 주어졌으므로 그래프의 모양만 보고 체세포 분열이라고 판단하고 접근하면 안된다. 감수 분열인 것만 알고 나면 보기의 선지는 어려운 것이 없으므로 문제의 난도는 중이다.

사람의 어떤 유전 형질은 2쌍의 대립유전자 H와 h, T와 t에 의해 결정된다. 그림 (가)는 사람 Ⅰ의, (나)는 사람 Ⅱ의 감수 분열 과정의 일부를, 표는 Ⅰ의 세포 ⓐ와 Ⅱ의 세포 ⓑ에서 대립유전자 ㉠, ㉡, ㉢, ㉣ 중 2개의 DNA 상대량을 더한 값을 나타낸 것이다. ㉠~㉣은 H, h, T, t를 순서 없이 나타낸 것이고, Ⅰ의 유전자형은 HHtt이며, Ⅱ의 유전자형은 hhTt이다.

감수 2분열 중기(n)

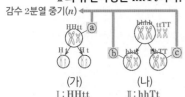

(가)
Ⅰ: HHtt

(나)
Ⅱ: hhTt

| 세포 | DNA 상대량을 더한 값 | | | |
	h T ㉠+㉡	h t ㉠+㉢	h T ㉡+㉢	h H ㉢+㉣
ⓐ	0	?2	2	㉮4
ⓑ	2	4	㉯2	2

이에 대한 설명으로 옳은 것만을 〈보기〉에서 있는 대로 고른 것은? (단, 돌연변이와 교차는 고려하지 않으며, H, h, T, t 각각의 1개당 DNA 상대량은 1이다. ⓐ~ⓒ는 중기의 세포이다.) **3점**

감수 2분열 중기(n)

보기
㉠. ㉮+㉯=6이다.　→ 23×2=46
　　　　4+2=6
㉡. ⓐ의　염색 분체 수 　=46이다.
　　　　　　성염색체 수
ㄷ. ⓒ에는 t가 ~~있다~~.　→ 1
　　　　　　없다　hhTT
　　　　　　XX　XX

① ㉠　② ㉢　✓③ ㉠, ㉡　④ ㉡, ㉢　⑤ ㉠, ㉡, ㉢

|자|료|해|설|
Ⅰ (HHtt)의 세포인 ⓐ에서 h와 T의 DNA 상대량은 0이므로 ㉠과 ㉡은 각각 h와 T 중 하나에 해당하고, ㉢과 ㉣은 각각 H와 t 중 하나에 해당한다. 이때 ㉡+㉢의 값이 2이므로 ㉢의 값은 2이고, ⓐ는 감수 2분열 중기의 세포이다. → ⓐ가 감수 1분열 중기의 세포라면, H와 t의 DNA 상대량이 각각 4이므로 H 또는 t 중 하나에 해당하는 ㉢의 값이 4이어야 한다.
ⓐ의 H와 t의 DNA 상대량이 각각 2이므로 ㉢+㉣의 값인 ㉮는 4이다. ⓑ와 ⓒ는 감수 2분열 중기의 세포이고, H를 갖지 않는 Ⅱ(hhTt)의 세포인 ⓑ에서 ㉢+㉣의 값이 2이므로 ⓑ의 t의 DNA 상대량은 2이다. ⓑ에서 h와 t의 DNA 상대량이 각각 2이고, ㉠+㉢=4이므로 ㉠은 h, ㉢은 t이다.
정리하면 ㉠은 h, ㉡은 T, ㉢은 t, ㉣은 H이고 ㉯는 2이다.

|보|기|풀|이|
㉠. 정답 : ㉮+㉯=4+2=6이다.
㉡. 정답 : ⓐ는 감수 2분열 중기(n)의 세포이므로
　염색 분체 수(23×2) 　=46이다.
　　성염색체 수(1)
ㄷ. 오답 : ⓒ에서 h와 T의 DNA 상대량은 각각 2이며, t를 갖지 않는다.

😮 **문제풀이 T I P** | Ⅰ (HHtt)의 세포인 ⓐ에서 h와 T의 DNA 상대량은 0이므로 ㉠과 ㉡은 각각 h와 T 중 하나에 해당하고, ㉢과 ㉣은 각각 H와 t 중 하나에 해당한다. 또한 그림에서 ⓑ와 ⓒ는 감수 2분열 중기의 세포임을 알 수 있으며, 이를 토대로 ㉠~㉣을 구분해보자!

사람의 유전 형질 ⓐ는 3쌍의 대립 유전자 E와 e, F와 f, G와 g에 의해 결정되며, ⓐ를 결정하는 유전자는 서로 다른 3개의 상염색체에 존재한다. 그림 (가)는 어떤 사람의 G_1기 세포 I로부터 정자가 형성되는 과정을, (나)는 이 사람의 세포 ㉠~㉢이 갖는 대립 유전자 E, f, G의 DNA 상대량을 나타낸 것이다. ㉠~㉢은 I~III을 순서 없이 나타낸 것이고, II는 중기의 세포이다.

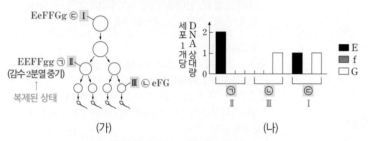

(가)　　　　　　　(나)

이에 대한 설명으로 옳은 것만을 〈보기〉에서 있는 대로 고른 것은? (단, 돌연변이와 교차는 고려하지 않으며, E, e, F, f, G, g 각각의 1개당 DNA 상대량은 같다.) 3점

보기
㉠ I에서 세포 1개당 $\dfrac{E의\ DNA\ 상대량+G의\ DNA\ 상대량}{F의\ DNA\ 상대량}$ 은 $\dfrac{1+1}{2}=1$ 이다.

㉡ II의 염색 분체 수는 2̶3̶이다. → $n=23$(복제된 상태), 46

㉢ III은 ㉢̶이다. ㉡

① ㉠　② ㉡　③ ㉢　④ ㉠, ㉡　⑤ ㉡, ㉢

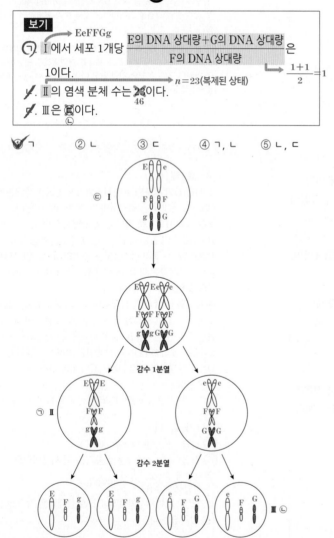

|자|료|해|설|

G_1기의 세포 I은 감수 분열 과정에 있는 다른 세포들이 가지고 있는 유전자를 모두 가지고 있어야 한다. 즉, ㉠과 ㉡이 가지고 있는 대립 유전자 E와 G를 모두 가지고 있는 ㉢이 I이다. 감수 2분열 중기의 세포 II의 염색체는 복제된 상태이므로 2개의 염색 분체로 이루어져 있다. 이때 대립 유전자의 DNA 상대량은 0 또는 2이므로 ㉠은 II이고, ㉡은 III이다.

|보|기|풀|이|

㉠ 정답 : I의 유전자형은 EeFFGg이다. 따라서
$\dfrac{E의\ DNA\ 상대량+G의\ DNA\ 상대량}{F의\ DNA\ 상대량}=\dfrac{1+1}{2}=1$ 이다.

ㄴ. 오답 : II의 핵상은 n이고, 염색체 수는 23이다. 감수 2분열 중기이므로 모든 염색체는 2개의 염색 분체로 이루어져 있다. 따라서 II의 염색 분체 수는 46이다.

ㄷ. 오답 : III는 ㉡이다.

😮 문제풀이 T I P | G_1기의 세포는 감수 분열 과정에 있는 다른 세포들이 가지고 있는 유전자를 모두 가지고 있어야 한다. 감수 2분열 중기 세포의 염색체는 복제된 상태이므로 2개의 염색 분체로 이루어져 있다. 이때 대립 유전자의 DNA 상대량은 0 또는 2이다.

😊 출제분석 | 대립 유전자의 DNA 상대량으로 감수 분열 시기를 알아내야 하는 난도 '상'의 문항이다. 문제풀이 TIP을 기억해두면 비슷한 유형의 문제를 풀 때 유용하게 활용할 수 있다. 비슷한 유형의 문항으로 2017학년도 9월 모평 8번, 2018학년도 9월 모평 7번, 2018학년도 수능 12번, 2018년 3월 학평 8번이 있다.

사람의 유전 형질 ㉠은 서로 다른 상염색체에 있는 3쌍의
대립유전자 E와 e, F와 f, G와 g에 의해 결정된다. 표는 어떤
사람의 세포 Ⅰ~Ⅲ에서 E, f, g의 유무와, F와 G의 DNA
상대량을 더한 값(F+G)을 나타낸 것이다.

세포	대립유전자			F+G
	E	f	g	
n Ⅰ	×	○	×	2 efG
$2n$ Ⅱ	○	○	○	1 EeffGg
n Ⅲ	○	○	×	1 EfG

(○ : 있음, × : 없음)

복제된 상태 → 2 efG

E f G → 1 EfG

ee ff GG

이에 대한 옳은 설명만을 〈보기〉에서 있는 대로 고른 것은?
(단, 돌연변이와 교차는 고려하지 않으며, E, e, F, f, G, g 각각의
1개당 DNA 상대량은 1이다.) **3점**

보기

㉠ 이 사람의 ㉠에 대한 유전자형은 EeffGg이다.

ㄴ. Ⅰ에서 e의 DNA 상대량은 1이다. (2)

ㄷ. Ⅱ와 Ⅲ의 핵상은 같다. (2n / n 다르다)

✓① ㉠   ② ㄷ   ③ ㄱ, ㄴ   ④ ㄱ, ㄷ   ⑤ ㄴ, ㄷ

|자|료|해|설|

E, f, g를 갖는 Ⅱ에서 F+G의 값이 1이므로 F 또는 G가
존재한다. 따라서 Ⅱ의 핵상은 $2n$이고, Ⅱ와 대립유전자
구성이 다른 Ⅰ과 Ⅲ의 핵상은 n이다. Ⅰ은 e, f, G를
가지므로 이 사람의 ㉠에 대한 유전자형은 EeffGg이다.
Ⅰ(efG)에서 F+G의 값이 2이므로 복제된 상태라는 것을
알 수 있고, Ⅲ(EfG)는 F+G의 값이 1이므로 복제되지
않은 상태이다.

|보|기|풀|이|

㉠ 정답 : E, f, g를 갖는 Ⅲ에서 F+G의 값이 1이고,
Ⅰ에 e, f, G가 존재하므로 이 사람의 ㉠에 대한
유전자형은 EeffGg이다.

ㄴ. 오답 : Ⅰ은 복제된 상태이므로 e의 DNA 상대량은
2이다.

ㄷ. 오답 : Ⅱ의 핵상은 $2n$이고, Ⅲ의 핵상은 n이다. 따라서
Ⅱ와 Ⅲ의 핵상은 다르다.

문제풀이 TIP | 대립유전자 F와 f(또는 G와 g)를 모두
갖는 세포에는 상동 염색체가 존재하므로 Ⅱ의 핵상은 $2n$이다.
대립유전자의 구성이 Ⅱ($2n$)와 다른 세포의 핵상은 모두
n이다.

출제분석 | 세포에 포함된 유전자의 종류를 통해 각 세포의
핵상과 염색체 상태를 파악해야 하는 난도 '상'의 문항이다. 세포
Ⅰ의 핵상이 n이면서 염색체가 복제된 상태라는 것을 자료를
통해 유추할 수 있어야 한다. 문제풀이 TIP에 제시된 내용은
많은 문제를 해결하는데 유용하게 활용되므로 반드시 기억해두고
활용하자!

사람의 유전 형질 (가)는 대립유전자 H와 h에 의해, (나)는
대립유전자 T와 t에 의해 결정된다. 그림은 어떤 사람에서 G_1기
세포 Ⅰ로부터 정자가 형성되는 과정을, 표는 세포 ㉠~㉢이 갖는
H, h, T, t의 DNA 상대량을 나타낸 것이다. ㉠~㉢은 세포
Ⅰ~Ⅲ을 순서 없이 나타낸 것이다.

성염색체에 존재   *상염색체에 존재*

세포	DNA 상대량			
	H	h	T	t
Ⅱ ㉠	2	?0	0	ⓐ2
Ⅲ ㉡	0	ⓑ0	1	0
Ⅰ ㉢	?1	0	?1	1

이에 대한 옳은 설명만을 〈보기〉에서 있는 대로 고른 것은?
(단, 돌연변이와 교차는 고려하지 않으며, H, h, T, t 각각의 1개당
DNA 상대량은 1이다.) **3점**

보기

㉠ ㉢은 Ⅰ이다.

㉡ ⓐ+ⓑ=2이다. (2 + 0 = 2)

㉢ ㉠에서 H는 성염색체에 있다.

① ㄱ   ② ㄷ   ③ ㄱ, ㄴ   ④ ㄴ, ㄷ   ✓⑤ ㄱ, ㄴ, ㄷ

|자|료|해|설|

G_1기 세포 Ⅰ은 Ⅱ와 Ⅲ에 있는 대립 유전자를 모두
포함하고 있어야 한다. ㉠은 ㉡에 존재하는 T를 갖지
않으므로 Ⅰ이 될 수 없고, ㉡은 ㉢에 존재하는 t를 갖지
않으므로 Ⅰ이 될 수 없다. 따라서 ㉢이 Ⅰ이다. Ⅱ는
복제된 상태이므로 하나의 염색체는 두 개의 염색 분체로
구성된다. 즉, Ⅱ의 DNA 상대량 값은 짝수이다. 따라서
㉠이 Ⅱ이고, ㉡이 Ⅲ이다. ㉡에 존재하는 T는 G_1기 세포인
㉢에도 포함되어 있어야 한다. 따라서 G_1기 세포의 (나)에
대한 유전자형은 Tt이고, (나)를 결정하는 대립 유전자는
상염색체에 위치한다. 감수 1분열 때 상동 염색체가
분리되어 형성된 ㉠(Ⅱ)에서 T의 DNA 상대량이 0이므로
t를 갖는 염색체가 존재한다. 이때 염색체는 두 개의 염색
분체로 구성되어 있으므로 ⓐ는 2이다.
(가)를 결정하는 대립 유전자가 상염색체에 존재한다고
가정하면, G_1기 세포의 유전자형은 HH이므로 ㉡(Ⅲ)에서
H의 DNA 상대량은 1이어야 한다. 이는 모순이므로
(가)를 결정하는 대립 유전자는 성염색체에 위치한다.
이때 X 염색체와 Y 염색체 중 어느 염색체에 있는지는 알
수 없으며, G_1기 세포는 (가)에 대한 대립 유전자로 H를
갖는다. G_1기 세포(㉢)에 h가 존재하지 않으므로 ⓑ는
0이다.

|보|기|풀|이|

㉠ 정답 : G_1기 세포 Ⅰ은 Ⅱ와 Ⅲ에 있는 대립 유전자를
모두 포함하고 있어야 하므로 ㉢이 Ⅰ이다.

㉡ 정답 : ⓐ+ⓑ=2+0=2이다.

㉢ 정답 : (가)를 결정하는 대립 유전자는 성염색체에
존재하므로 ㉠에서 H는 성염색체에 있다.

그림은 같은 종인 동물($2n=6$) Ⅰ과 Ⅱ의 세포 (가)~(라) 각각에 들어 있는 모든 염색체를, 표는 세포 A~D가 갖는 유전자 H, h, T, t의 DNA 상대량을 나타낸 것이다. (가)~(다)는 Ⅰ의 난자 형성 과정에서 나타나는 세포이며, (라)는 (다)로부터 형성된 난자가 정자 ⓐ와 수정되어 태어난 Ⅱ의 세포이다. Ⅰ의 특정 형질에 대한 유전자형은 HhTT이고, H는 h와 대립 유전자이며, T는 t와 대립 유전자이다. 이 동물의 성염색체는 암컷이 XX, 수컷이 XY이며, A~D는 (가)~(라)를 순서 없이 나타낸 것이다.

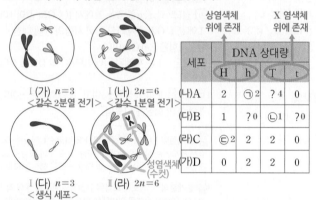

Ⅰ (가) $n=3$ <감수 2분열 전기>
Ⅰ (나) $2n=6$ <감수 1분열 전기>
Ⅰ (다) $n=3$ <생식 세포>
Ⅱ (라) $2n=6$

성염색체 (수컷)

상염색체 위에 존재 / X 염색체 위에 존재

세포	DNA 상대량			
	H	h	T	t
(나)A	2	㉠2	?4	0
(다)B	1	?0	㉡1	?0
(라)C	㉢2	2	2	0
(가)D	0	2	2	0

이에 대한 설명으로 옳은 것만을 <보기>에서 있는 대로 고른 것은? (단, 돌연변이와 교차는 고려하지 않으며, H, h, T, t 각각의 1개당 DNA 상대량은 같다.) 3점

보기
$2+1+2=5$
㉠. ㉠+㉡+㉢=5이다.
ㄴ. C는 (가)이다. (라)
ㄷ. 정자 ⓐ는 T를 갖는다. 갖지 않는다
      ↳ Y 염색체를 가짐

① ㄱ   ② ㄴ   ③ ㄷ   ④ ㄱ, ㄷ   ⑤ ㄴ, ㄷ

|자|료|해|설|

(가)는 감수 2분열 전기, (나)는 감수 1분열 전기, (다)는 감수 2분열이 완료된 생식 세포이다. Ⅰ의 특정 형질에 대한 유전자형은 HhTT이므로 (나)의 DNA 상대량 값은 H, h, T, t 순서대로 2, 2, 4, 0이다. 따라서 (나)는 A이고, ㉠은 2이다. 그림에서 (다)의 세포만 복제된 상태가 아니므로 H의 DNA 상대량이 1인 B가 (다)이고, ㉡은 1이다. (라)는 (다)로부터 형성된 난자가 정자 ⓐ와 수정되어 태어난 세포이므로 H를 가지고 있어야 한다. 그러므로 (라)는 C이고, ㉢은 2이다. 마지막 남은 (가)는 D이다. (라)의 핵상은 $2n$인데 유전자 T와 t의 DNA 상대량 합이 H와 h의 DNA 상대량 합의 절반이므로 H와 h는 상염색체 위에, T와 t는 X 염색체 위에 존재한다는 것을 알 수 있다.

|보|기|풀|이|

㉠. 정답 : ㉠+㉡+㉢=2+1+2=5이다.
ㄴ. 오답 : C는 (라)이다.
ㄷ. 오답 : (다)로부터 형성된 난자가 정자 ⓐ와 수정되어 태어난 (라)는 수컷의 세포이다. 따라서 정자 ⓐ는 Y 염색체를 가지고 있으므로 T를 갖지 않는다.

😊 문제풀이 TIP | 핵상이 $2n$인 세포에서 T와 t의 DNA 상대량 합이 H와 h의 DNA 상대량 합의 절반이므로 H와 h는 상염색체 위에, T와 t는 성염색체 위에 존재한다.

😮 출제분석 | 그림의 세포와 DNA 상대량 표의 세포를 매치시켜야 하는 난도 '상'의 문항이다. DNA 상대량을 제시하는 문제는 출제 빈도가 매우 높으므로 고득점을 받기 위해서는 반드시 이해하고 넘어가야 한다. 이 문항의 경우 난자 형성 과정에서 나타나는 세포와 수정된 세포가 함께 있어 문제 해결에 시간이 걸렸을 것이다. 그림의 세포가 어느 시기에 해당하는지, 각 유전자가 어떤 염색체 위에 존재하는지를 빠르게 파악해야 한다.

 " 이 문제에선 이게 가장 중요해! "

Ⅰ (가) $n=3$ <감수 2분열 전기>
Ⅰ (나) $2n=6$ <감수 1분열 전기>
Ⅰ (다) $n=3$ <생식 세포>
Ⅱ (라) $2n=6$

성염색체 (수컷)

사람의 유전 형질 (가)는 2쌍의 대립유전자 H와 h, R와 r에 의해

8번 염색체   7번 염색체

결정되며, (가)의 유전자는 7번 염색체와 8번 염색체에 있다. 그림은
어떤 사람의 7번 염색체와 8번 염색체를, 표는 이 사람의 세포
Ⅰ~Ⅳ에서 염색체 ⊙~©의 유무와 H와 r의 DNA 상대량을
나타낸 것이다. ⊙~©은 염색체 ⓐ~ⓒ를 순서 없이 나타낸 것이다.

ⓒ 또는 ©

ⓐ   ⓑ   ⓒ

7번   8번
염색체   염색체

세포	염색체			DNA 상대량	
	⊙	©	©	H	r
n Ⅰ	×	○	?×	1	1 Hr
$2n$ Ⅱ	?○	○	○	?2	1 HHRr
n Ⅲ	○	×	○	2	0 HR
n Ⅳ	○	○	×	?2	2 Hr

(○: 있음, ×: 없음)

복제된 상태

이에 대한 설명으로 옳은 것만을 <보기>에서 있는 대로 고른 것은?
(단, 돌연변이와 교차는 고려하지 않으며, H, h, R, r 각각의 1개당
DNA 상대량은 1이다.) 3점

보기

ㄱ. Ⅰ과 Ⅱ의 핵상은 <s>같다</s> 다르다
     n $2n$

ㄴ. ©과 ©은 모두 7번 염색체이다.

ㄷ. 이 사람의 유전자형은 <s>HhRr</s>이다.
                HHRr

① ㄱ   ✓② ㄴ   ③ ㄷ   ④ ㄱ, ㄴ   ⑤ ㄴ, ㄷ

|자|료|해|설|

핵상이 $2n$인 세포는 ⊙, ©, ©을 모두 갖는다. 그러므로
⊙, ©, © 중 일부만 갖는 Ⅰ, Ⅲ, Ⅳ의 핵상은 n이다.
핵상이 n인 세포에는 상동 염색체가 존재하지 않으므로,
n의 세포에 함께 존재하는 염색체는 서로 상동 염색체가
아니다. Ⅲ에서 ⊙과 ©이 함께 존재하므로 ⊙과 ©은 서로
상동 염색체 관계가 아니고, 마찬가지로 Ⅳ에서 ⊙과 ©이
함께 존재하므로 ⊙과 © 또한 서로 상동 염색체 관계가
아니다. 따라서 ©과 ©은 서로 상동 염색체 관계이며 각각
7번 염색체인 ⓐ와 ⓑ 중 하나이고, ⊙은 ©이다. Ⅱ는 상동
염색체인 ©과 ©을 모두 포함하고 있으므로 핵상이 $2n$인
세포이다.

Ⅲ은 r을 갖지 않으므로 R을 포함하고 있다. ⊙과 ©을
갖는 Ⅲ에 H와 R이 존재하고, ⊙과 ©을 갖는 Ⅳ에 r이
존재하므로 ©과 ©에 각각 r과 R이 존재한다는 것을 알
수 있다. 따라서 (가)의 유전자 중 R과 r은 7번 염색체에
존재하고, H와 h는 8번 염색체에 존재한다. ⊙에 H가
존재하며, ⊙이 아닌 ⊙의 상동 염색체를 갖는 Ⅰ에서 H가
존재하므로 이 사람의 8번 염색체에는 모두 H가 존재한다.
따라서 이 사람의 (가)에 대한 유전자형은 HHRr이다.

|보|기|풀|이|

ㄱ. 오답 : Ⅰ의 핵상은 n이고, Ⅱ의 핵상은 $2n$이다.

ㄴ. 정답 : ©과 ©은 모두 7번 염색체이고, ⊙은 8번
염색체이다.

ㄷ. 오답 : 이 사람의 (가)에 대한 유전자형은 HHRr이다.

🤖 **문제풀이 T I P** | 핵상이 $2n$인 세포는 ⊙, ©, ©을 모두 포함하므로 ⊙, ©, © 중 일부만 갖는 세포의 핵상은 n이다. 핵상이 n인 세포에는 상동 염색체가 존재하지 않으므로, n의 세포에 함께 존재하는 염색체는 서로 상동 염색체가 아니다.

😀 **출제분석** | 염색체의 유무로 각 세포의 핵상과 상동 염색체 관계를 파악하고, 각 세포에서의 DNA 상대량을 통해 사람의 유전자형을 알아내야 하는 난도 '상'의 문항이다. 자주
출제되는 유형의 문항이며, 여러 가지를 종합적으로 분석해야 하기 때문에 난도가 높다. 문제풀이 TIP을 기억하고 이와 관련된 문항에 활용할 수 있어야 한다.

사람의 특정 유전 형질은 2쌍의 대립유전자 A와 a, B와 b에 의해 결정된다. 표는 사람 P와 Q의 세포 Ⅰ~Ⅲ에서 대립유전자 ⓐ~ⓓ의 유무를, 그림은 P와 Q 중 한 명의 생식세포에 있는 일부 염색체와 유전자를 나타낸 것이다. ⓐ~ⓓ는 A, a, B, b를 순서 없이 나타낸 것이고, P는 남자이다.

사람	핵상	세포	ⓐ	ⓑ	ⓒ	ⓓ
Q	2n	Ⅰ	○	○	×	○
P	2n	Ⅱ	○	×	○	○
P	n	Ⅲ	×	×	○	×

(○: 있음, ×: 없음)

이에 대한 옳은 설명만을 〈보기〉에서 있는 대로 고른 것은? (단, 돌연변이는 고려하지 않는다.) **3점**

보기
ㄱ. Ⅱ는 P의 세포이다.
ㄴ. ⓑ는 ⓐ의 대립유전자이다.
ㄷ. Q는 여자이다.

① ㄱ ② ㄷ ③ ㄱ, ㄴ ④ ㄱ, ㄷ ⑤ ㄴ, ㄷ

자료해설
세포 Ⅰ과 Ⅱ는 2쌍의 대립유전자 중 3개가 존재하므로 핵상이 2n이고, Ⅲ은 1개만 존재하므로 핵상이 n이며, 대립유전자 ⓒ는 Ⅰ에는 없기 때문에 Ⅱ와 Ⅲ은 같은 사람의 세포이다. 이때, Ⅲ에는 2쌍의 대립유전자 중 1개의 대립유전자만 있으므로 ⓒ는 상염색체 위에 존재하며 ⓐ, ⓑ, ⓓ 중 1쌍은 X 염색체 위에 존재하고, Ⅲ은 X 염색체를 갖지 않는 세포임을 알 수 있다. 따라서 Ⅱ와 Ⅲ은 남자의 세포인 반면, Ⅰ에는 ⓐ, ⓑ, ⓓ가 있기 때문에 X 염색체가 1쌍 존재하는 여자의 세포이다. 즉, Ⅰ은 여자인 Q의 세포이고 Ⅱ와 Ⅲ은 남자인 P의 세포이다.
그림의 생식세포에는 ⓒ가 존재하기 때문에 P의 세포임을 알 수 있다. 또한 ⓐ와 ⓒ는 서로 다른 종류의 염색체 위에 존재하므로 ⓐ가 존재하는 염색체는 X 염색체이다. Ⅱ는 남자의 세포이므로 X 염색체를 1개만 가진다. 이에 따라 ⓓ는 상염색체에 존재하는 ⓒ의 대립유전자, ⓑ는 X 염색체에 존재하는 ⓐ의 대립유전자임을 확인할 수 있다.

보기풀이
ㄱ. 정답 : Ⅱ는 Ⅲ과 같은 사람의 세포이며 남자의 세포이고, Ⅰ은 여자의 세포이다. 따라서 Ⅱ는 남자인 P의 세포이다.
ㄴ. 오답 : ⓑ는 ⓐ의 대립유전자이다.
ㄷ. 정답 : Ⅰ은 Ⅱ, Ⅲ과는 다른 사람의 세포이므로 Q의 세포이며, X 염색체에 존재하는 대립유전자 ⓐ, ⓑ를 모두 가지므로 Q는 여자이다.

문제풀이 TIP | 2쌍의 대립유전자 중 각 세포에 들어있는 대립유전자의 개수를 통해 세포의 핵상을 알 수 있다. 2쌍 중 3개 이상이면 2n, 1개면 n이라는 것을 확실히 알 수 있으므로 핵상을 확인한 후 각 대립유전자가 위치하는 염색체의 종류가 성염색체인지 상염색체인지 찾도록 한다.

사람의 유전 형질 ㉮는 2쌍의 대립유전자 A와 a, B와 b에 의해 결정된다. 그림은 사람 P의 G₁기 세포 Ⅰ로부터 정자가 형성되는 과정을, 표는 세포 (가)~(라)에서 대립유전자 ㉠~㉢의 유무와 a와 B의 DNA 상대량을 나타낸 것이다. (가)~(라)는 Ⅰ~Ⅳ를 순서 없이 나타낸 것이고, ㉠~㉢은 A, a, b를 순서 없이 나타낸 것이다.

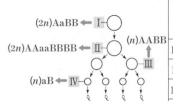

(2n)AaBB ← Ⅰ
(2n)AAaaBBBB ← Ⅱ
(n)AABB → Ⅲ
(n)aB ← Ⅳ

세포	대립유전자			DNA 상대량	
	㉠a	㉡b	㉢A	a	B
Ⅲ(가)	×	×	○	?0	2
Ⅱ(나)	○	?×	○	2	?4
Ⅳ(다)	?○	?×	×	1	1
Ⅰ(라)	○	?×	?○	1	?2

(○: 있음, ×: 없음)

이에 대한 설명으로 옳은 것만을 〈보기〉에서 있는 대로 고른 것은? (단, 돌연변이와 교차는 고려하지 않으며, A, a, B, b 각각의 1개당 DNA 상대량은 1이다. Ⅱ와 Ⅲ은 중기의 세포이다.) **3점**

보기
ㄱ. Ⅳ에 ㉠이 있다.
ㄴ. (나)의 핵상은 2n이다.
ㄷ. P의 유전자형은 AaBB이다.

① ㄱ ② ㄴ ③ ㄷ ④ ㄱ, ㄴ ⑤ ㄴ, ㄷ

자료해설
(다)에는 ㉢은 없고 a의 DNA 상대량이 1이므로 ㉢은 a가 아니다. 따라서 ㉠과 ㉡ 중 하나가 a이며, (가)에는 ㉠과 ㉡이 모두 없으므로 a의 DNA 상대량은 0이다. 그러나 (나)~(라)에는 모두 a가 존재하므로 (가)는 핵상이 n인 세포임을 알 수 있다. 핵상이 n인 세포 (가)에 B의 DNA 상대량은 2이므로, (가)는 감수 2분열 중기인 Ⅲ이다. 다른 세포에 ㉢이 존재하는데 (다)에는 없으므로, (다)는 핵상이 n인 세포이다. 따라서 (다)는 Ⅳ며, aB를 갖는다. Ⅲ과 Ⅳ가 모두 B를 가지므로 이 사람은 BB 동형 접합성이며, b는 갖지 않는다. 즉, ㉠은 a이고 ㉡은 b, ㉢은 A이다.
Ⅰ은 G₁기 세포이고 Ⅱ는 감수 1분열 중기의 세포이므로 Ⅰ은 DNA 복제 전, Ⅱ는 DNA 복제 후이다. 그러므로 a의 DNA 상대량이 1인 (라)가 Ⅰ이고, 2인 (나)가 Ⅱ이다. 결과적으로 B의 DNA 상대량은 (나)가 4, (라)가 2이며, 이 사람의 유전 형질 ㉮에 대한 유전자형은 AaBB이다.

보기풀이
ㄱ. 정답 : Ⅳ는 세포 (다)이고, ㉠은 대립유전자 a이므로 Ⅳ는 ㉠을 가진다.
ㄴ. 정답 : (나)는 감수 1분열 중기의 세포 Ⅱ이므로 핵상이 2n이다.
ㄷ. 오답 : 핵상이 n인 세포 Ⅲ과 Ⅳ를 비교하였을 때 a는 Ⅳ에만 존재하고 B는 Ⅲ과 Ⅳ 모두에 존재하므로, P의 유전 형질 ㉮에 대한 유전자형은 AaBB이다.

사람의 유전 형질 (가)는 대립유전자 A와 a에 의해, (나)는 대립유전자 B와 b에 의해 결정된다. (가)의 유전자와 (나)의 유전자는 서로 다른 염색체에 있다. 그림은 어떤 사람의 G_1기 세포 I로부터 정자가 형성되는 과정을, 표는 세포 ⊙~⊜에서 A, a, B, b의 DNA 상대량을 더한 값($A+a+B+b$)을 나타낸 것이다. ⊙~⊜은 I~IV를 순서 없이 나타낸 것이고, ⓐ는 ⓑ보다 작다.

상염색체/성염색체에 따라 존재

세포	$A+a+B+b$
I ⊙	ⓐ 3
II ⊙	ⓑ 6
IV ⊙	1 → 상염색체+성염색체의 조합
III ⊜	4

이에 대한 설명으로 옳은 것만을 〈보기〉에서 있는 대로 고른 것은? (단, 돌연변이는 고려하지 않으며, A, a, B, b 각각의 1개당 DNA 상대량은 1이다. II와 III은 중기의 세포이다.) **3점**

보기
ㄱ. ⓐ는 3이다.
ㄴ. ⊙은 ~~III~~ II 이다.
ㄷ. ⊜의 염색체 수는 ~~16~~ 23 이다. → $n=23$

① ㄱ   ② ㄴ   ③ ㄷ   ④ ㄱ, ㄴ   ⑤ ㄱ, ㄷ

|자|료|해|설|

정자가 형성되는 과정에서 ($A+a+B+b$)의 값이 홀수인 1이 될 수 있는 세포는 IV이며, 이를 통해 A와 a, B와 b 중 하나는 상염색체에 존재하고 나머지 하나는 성염색체에 존재한다는 것을 알 수 있다. 따라서 I의 ($A+a+B+b$)의 값은 3이고, 복제된 세포 II의 ($A+a+B+b$)의 값은 6이다. IV가 형성되는 감수 2분열에서 ($A+a+B+b$)의 값이 2에서 1로 반감되었으므로 III의 ($A+a+B+b$)의 값은 4이다. ⓐ는 ⓑ보다 작으므로 ⓐ는 3이고, ⓑ는 6이다. 정리하면 ⊙은 I, ⊙은 II, ⊜은 III이다.

|보|기|풀|이|

ㄱ. 정답 : ⓐ는 3이고, ⓑ는 6이다.

ㄴ. 오답 : ⊙은 II이다.

ㄷ. 오답 : ⊜(III)의 핵상은 n이므로 염색체 수는 23이다.

💬 **문제풀이 TIP** | ($A+a+B+b$)의 값이 1이 될 수 있는 세포는 IV이다. 이때 A와 a, B와 b 중 하나는 상염색체에 존재하고 나머지 하나는 성염색체에 존재하므로 I의 ($A+a+B+b$)의 값은 3이다.

1. 세포와 세포 분열　03. 개념 복합 문제

1 　개념 복합 문제　　　　　　정답 ⑤　정답률 82%　2021년 4월 학평 7번　문제편 190p

그림 (가)는 사람에서 체세포의 세포 주기를, (나)는 사람의 체세포에 있는 염색체의 구조를 나타낸 것이다. ㉠~㉢은 각각 G_1기, G_2기, S기 중 하나이고, ⓐ와 ⓑ는 각각 DNA와 히스톤 단백질 중 하나이다.

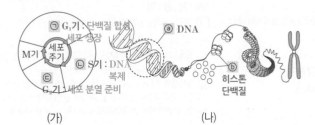

(가)　　　　　　　　　　(나)

이에 대한 설명으로 옳은 것만을 〈보기〉에서 있는 대로 고른 것은?

> **보기**
> 　　　　　　G_1기
> ㄱ. ㉠은 G_2기이다.
> 　S기　　　　　　　　　 →DNA
> ㄴ. ㉡ 시기에 ⓐ가 복제된다.
> ㄷ. 뉴클레오솜의 구성 성분에는 ⓑ가 포함된다.
> 　　　　　　　　　히스톤 단백질

① ㄱ　　　② ㄴ　　　③ ㄷ　　　④ ㄱ, ㄴ　　　⑤ ㄴ, ㄷ

|자|료|해|설|

세포 주기는 G_1기(㉠) → S기(㉡) → G_2기(㉢) → M기 (분열기) 순으로 진행된다. G_1기는 단백질을 합성하며 세포가 생장하는 시기이고, S기는 DNA 복제가 일어나는 시기이다. G_2기는 방추사를 구성하는 단백질을 합성하는 등 세포 분열을 준비하는 시기이다. (나)에서 염색체를 구성하는 ⓐ는 DNA이고, ⓑ는 히스톤 단백질이다.

|보|기|풀|이|

ㄱ. 오답 : M기(분열기) 다음 시기인 ㉠은 G_1기이다.
ㄴ. 정답 : S기(㉡)에 DNA(ⓐ)가 복제된다.
ㄷ. 정답 : 뉴클레오솜은 DNA(ⓐ)와 히스톤 단백질(ⓑ)로 구성된다.

😮 **문제풀이 TIP** | 세포 주기는 G_1기 → S기 → G_2기 → M기(분열기) 순으로 진행된다. 뉴클레오솜은 DNA가 히스톤 단백질을 감고 있는 구조이다.

2 　개념 복합 문제　　　　　　정답 ⑤　정답률 64%　2023년 3월 학평 14번　문제편 190p

그림은 어떤 남자 P의 G_1기 세포 I로부터 정자가 형성되는 과정을, 표는 세포 ㉠~㉢에서 a와 B의 DNA 상대량을 나타낸 것이다. A 는 a, B는 b와 각각 대립유전자이며 모두 상염색체에 있다. ㉠~㉢ 은 I~III을 순서 없이 나타낸 것이고, ⓐ와 ⓑ는 0과 2를 순서 없이 나타낸 것이다.

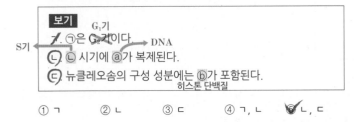

세포	DNA 상대량	
	a	B
III ㉠	2	ⓑ 0
I ㉡	ⓐ 2	1
II ㉢	4	? 2

이에 대한 옳은 설명만을 〈보기〉에서 있는 대로 고른 것은? (단, 돌연변이와 교차는 고려하지 않으며, A, a, B, b 각각의 1개당 DNA 상대량은 1이다. II와 III은 중기의 세포이다.) **3점**

> **보기**
> ㄱ. ㉠은 III이다.
> ㄴ. P의 유전자형은 aaBb이다.
> ㄷ. 세포 IV에 B가 있다.
> 　　→aB

① ㄱ　　　② ㄷ　　　③ ㄱ, ㄴ　　　④ ㄴ, ㄷ　　　⑤ ㄱ, ㄴ, ㄷ

|자|료|해|설|

II와 III에서 염색체는 복제된 상태이므로 DNA 상대량 값이 짝수여야 한다. 따라서 B의 DNA 상대량이 1인 ㉡은 I이다. II는 III보다 DNA 상대량 값이 크다. 따라서 a의 DNA 상대량이 4인 ㉢은 II이고, a의 DNA 상대량이 2인 ㉠은 III이다. II는 I이 복제된 것이므로 ⓐ는 2이고, ⓑ는 0이다. P의 유전자형은 aaBb이고, DNA 상대량 값을 토대로 각 세포가 갖는 유전자를 나타내면 첨삭된 그림과 같다.

|보|기|풀|이|

ㄱ. 정답 : ㉠은 III, ㉡은 I, ㉢은 II이다.
ㄴ. 정답 : G_1기의 세포 I (㉡)에서 a의 DNA 상대량은 2이고, B의 DNA 상대량은 1이므로 P의 유전자형은 aaBb이다.
ㄷ. 정답 : 세포 IV(aB)에 B가 있다.

😮 **문제풀이 TIP** | II와 III는 복제된 상태이므로 DNA 상대량이 짝수여야 한다. 또한 II는 III보다 DNA 상대량 값이 크다. 이를 토대로 각 세포를 찾아보자.

어떤 동물 종($2n=6$)의 유전 형질 ㉮는 2쌍의 대립유전자 A와 a, B와 b에 의해 결정된다. 그림은 이 동물 종의 개체 Ⅰ과 Ⅱ의 세포 (가)~(라) 각각에 들어 있는 모든 염색체를, 표는 (가)~(라)에서 A, a, B, b의 유무를 나타낸 것이다. (가)~(라) 중 2개는 Ⅰ의 세포이고, 나머지 2개는 Ⅱ의 세포이다. Ⅰ은 암컷이고 성염색체는 XX이며, Ⅱ는 수컷이고 성염색체는 XY이다.

X 염색체

(가) Ⅰ : $n=3$ (나) Ⅰ : $2n=6$

(다) Ⅱ : $n=3$ (라) Ⅱ : $n=3$ → Y 염색체

세포	대립유전자			
	A	a	B	b
(가) n	○	? ×	? ○	? ×
(나) $2n$	? ○	○	○	×
(다) n	○	×	×	○
(라) n	? ×	○	×	×

(○: 있음, ×: 없음)

Ⅰ : AaBB
Ⅱ : AabY

이에 대한 설명으로 옳은 것만을 〈보기〉에서 있는 대로 고른 것은? (단, 돌연변이와 교차는 고려하지 않는다.) 3점

보기

~~ㄱ~~. (가)는 <del>Ⅱ</del> Ⅰ 의 세포이다.

ㄴ. Ⅰ의 유전자형은 AaBB이다.

~~ㄷ~~. (다)에서 b는 <del>상염색체</del> X 염색체에 있다.

① ㄱ   ✔② ㄴ   ③ ㄷ   ④ ㄱ, ㄴ   ⑤ ㄴ, ㄷ

|자|료|해|설|

(가), (다), (라)의 핵상은 $n=3$이고, (나)의 핵상은 $2n=6$이다. (나)에서 성염색체의 모양과 크기가 동일하므로 (나)는 암컷의 세포이고, (라)에서 검은색으로 표현된 염색체는 Y 염색체이므로 (라)는 수컷의 세포이다. 핵상이 $2n$인 (나)에 포함되지 않은 b를 갖는 (다)는 수컷의 세포이므로, (가)는 암컷의 세포이다. 정리하면 (가)와 (나)는 암컷 Ⅰ의 세포이고, (다)와 (라)는 수컷 Ⅱ의 세포이다.

(라)에서 B와 b가 모두 없으므로 B와 b는 X 염색체에 있고, A와 a는 상염색체에 있다(만약 A와 a가 X 염색체에 있다면 (라)에는 a가 존재할 수 없다.). 정리하면 Ⅰ의 유전자형은 AaBB이고, Ⅱ의 유전자형은 AabY이다.

|보|기|풀|이|

ㄱ. 오답 : (가)는 Ⅰ의 세포이다.

ㄴ. 정답 : Ⅰ의 유전자형은 AaBB이다.

ㄷ. 오답 : (다)에서 b는 X 염색체에 있다.

🤔 문제풀이 T I P | (나)에서 3쌍의 상동 염색체의 모양과 크기가 각각 동일하므로 (나)는 암컷의 세포이고, (라)에서 검은색으로 표현된 염색체는 Y 염색체이다. (라)에 B와 b가 모두 없으므로 B와 b는 X 염색체에 있다는 것을 알 수 있다.

그림은 철수네 가족 구성원 중 한 명의 세포 (가)에 들어 있는 염색체 중 일부를, 표는 철수네 가족 구성원에서 G_1기의 체세포 1개당 유전자 A, A*, B, B*의 DNA 상대량을 나타낸 것이다. A의 대립 유전자는 A*만 있으며, B의 대립 유전자는 B*만 있다.

성염색체(X 염색체)에 존재 ←

→ 상염색체에 존재

어머니의 세포

구성원	DNA 상대량			
	A	A*	B	B*
아버지	1	0	㉠ 1	㉡ 1
어머니	? 1	? 1	1	? 1
형	1	? 0	㉢ 2	0
철수	0	㉣ 1	? 0	2

이에 대한 설명으로 옳은 것만을 〈보기〉에서 있는 대로 고른 것은? (단, 돌연변이는 고려하지 않으며, A, A*, B, B* 각각의 1개당 DNA 상대량은 같다.)

보기

ㄱ. ㉠+㉡+㉢+㉣=5이다.   1+1+2+1=5

ㄴ. (가)는 <ins>어머니</ins>의 세포이다.

ㄷ. A*는 <ins>성염색체</ins>에 존재한다.   → 대립 유전자 A*, B 존재

① ㄱ   ② ㄷ   ③ ㄱ, ㄴ   ④ ㄴ, ㄷ   ✔⑤ ㄱ, ㄴ, ㄷ

|자|료|해|설|

철수의 G_1기(복제 전) 세포에서 B*의 DNA 상대량이 2라는 것을 통해 대립 유전자 B와 B*는 상염색체에 존재한다는 것을 알 수 있다. 남녀 모두 상염색체를 쌍으로 가지므로 대립 유전자 B와 B*의 DNA 상대량 합은 항상 2이다. 따라서 ㉢은 2이다. 형은 부모로부터 B를 물려받았고, 철수는 B*를 물려받았으므로 아버지와 어머니의 유전자형은 모두 BB*이다. 그러므로 ㉠과 ㉡의 값은 1이다.

아버지의 G_1기(복제 전) 세포에서 A와 A*의 DNA 상대량 합이 B와 B*의 DNA 상대량 합의 절반이므로 대립 유전자 A와 A*는 성염색체(X 염색체)에 존재한다. 철수는 A가 없으므로 A*를 가지며, ㉣은 1이다. 형과 철수의 X 염색체에 각각 A와 A*가 존재하므로 어머니의 유전자형은 AA*이다. 이를 토대로 가족 구성원의 유전자형을 정리하면 아버지는 $X^A Y B B^*$, 어머니는 $X^A X^{A^*} B B^*$, 형은 $X^A Y B B$, 철수는 $X^{A^*} Y B^* B^*$이다.

|보|기|풀|이|

ㄱ. 정답 : ㉠+㉡+㉢+㉣=1+1+2+1=5이다.

ㄴ. 정답 : (가)는 A*와 B를 가지는 세포이므로 어머니의 세포이다.

ㄷ. 정답 : 대립 유전자 A와 A*는 성염색체(X 염색체)에 존재한다.

🤔 문제풀이 T I P | 철수의 G_1기(복제 전) 세포에서 B*의 DNA 상대량이 2이므로 대립 유전자 B와 B*는 상염색체에 존재한다. 남녀 모두 상염색체를 쌍으로 가지므로 대립 유전자 B와 B*의 DNA 상대량 합은 항상 2이다. 아버지의 G_1기(복제 전) 세포에서 A와 A*의 DNA 상대량 합이 B와 B*의 DNA 상대량 합의 절반이므로 대립 유전자 A와 A*는 성염색체(X 염색체)에 존재한다.

다음은 어떤 가족의 유전 형질 (가)와 (나)에 대한 자료이다.

○ (가)는 2쌍의 대립유전자 A와 a, B와 b에 의해 결정되며, (가)의 유전자는 서로 다른 2개의 상염색체에 있다. ➡ 다인자 유전

○ (가)의 표현형은 유전자형에서 대문자로 표시되는 대립유전자 수에 의해서만 결정되며, 이 대립유전자의 수가 다르면 표현형이 다르다.

○ (나)는 대립유전자 D와 d에 의해 결정되며, D는 d에 대해 완전 우성이다. (나)의 유전자는 (가)의 유전자와 서로 다른 상염색체에 있다.

○ 어머니와 자녀 1은 (가)와 (나)의 표현형이 모두 같고, 아버지와 자녀 2는 (가)와 (나)의 표현형이 모두 같다.

○ 표는 자녀 2를 제외한 나머지 가족 구성원의 체세포 1개당 대립유전자 ㉠~㉯의 DNA 상대량을 나타낸 것이다. ㉠~㉯은 A, a, B, b, D, d를 순서 없이 나타낸 것이다.

구성원	DNA 상대량					
	㉠	㉡	㉢	㉣	㉤	㉯
아버지	2	0	1	0	2	1
어머니	0	1	0	2	1	2
자녀 1	1	1	1	1	1	1

㉢과 ㉯ : 대립유전자
㉡과 ㉤ : 대립유전자
AaBbDd ←

○ 자녀 2의 유전자형은 AaBBDd이다. (가) : ㉠=A, ㉣=a, ㉢=b, ㉤=B　(나) : ㉡=d, ㉯=D

이에 대한 설명으로 옳은 것만을 〈보기〉에서 있는 대로 고른 것은? (단, 돌연변이와 교차는 고려하지 않으며, A, a, B, b, D, d 각각의 1개당 DNA 상대량은 1이다.) **3점**

보기
ㄱ. ㉠은 A이다.
ㄴ. ㉡과 ㉯은 (나)의 대립유전자이다.
ㄷ. 자녀 2의 동생이 태어날 때, 이 아이의 (가)와 (나)의 표현형이 모두 어머니와 같을 확률은 ~~¼~~ $\frac{1}{2}$ 이다.

대문자 2개, D 표현형 : $\frac{1}{2} \times 1 = \frac{1}{2}$

① ㄱ　　② ㄷ　　✓③ ㄱ, ㄴ　　④ ㄴ, ㄷ　　⑤ ㄱ, ㄴ, ㄷ

|자|료|해|설|

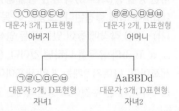

㉠㉠㉢㉤㉯ ── ㉣㉣㉡㉤㉯
대문자 3개, D표현형　　대문자 2개, D표현형
아버지　　　　　　　어머니

㉠㉣㉡㉢㉤㉯　　　AaBBDd
대문자 2개, D표현형　대문자 3개, D표현형
자녀 1　　　　　　자녀 2

체세포에서 대립유전자의 DNA 상대량을 더한 값은 2가 되어야 하므로 아버지에서 DNA 상대량이 1인 ㉢과 ㉯, 어머니에서 DNA 상대량이 1인 ㉡과 ㉤이 대립유전자이며, 따라서 남은 ㉠과 ㉣이 대립유전자이다. 아버지의 유전자형은 ㉠㉠㉢㉤㉯, 어머니의 유전자형은 ㉣㉣㉡㉤㉯, 자녀 1의 유전자형은 ㉠㉣㉡㉢㉤㉯으로 쓸 수 있다. 자녀 1은 ㉠~㉯을 모두 가지므로 유전자형이 AaBbDd 이며, 따라서 자녀 1의 (가)의 표현형은 대문자 2개, (나)의 표현형은 D 표현형이다. 자녀 2의 유전자형은 AaBBDd 이므로 자녀 2의 (가)의 표현형은 대문자 3개, 표현형은 D 표현형이다. 자녀 2가 BB를 가지므로 아버지와 어머니는 모두 B를 적어도 1개씩 가져야 한다. 따라서 아버지와 어머니가 공통으로 가지는 ㉤ 또는 ㉯이 B이다. 만약 ㉯이 B라면 아버지는 대문자를 3개 가져야 하므로 ㉠과 ㉣은 (나)의 유전자, ㉢과 ㉤은 (가)의 유전자가 된다. 그러나 이 경우 아버지와 어머니가 모두 D 표현형을 가질 수도 없고 어머니에서 대문자가 2개일 수도 없으므로 모순이며, 따라서 ㉤이 B이다. 이때 어머니의 표현형을 만족하기 위해서는 ㉠과 ㉣은 (가)의 유전자, ㉡과 ㉯은 (나)의 유전자여야 한다. 이에 따라 ㉠은 A, ㉡은 d, ㉢은 b, ㉣은 a, ㉯은 D이다.

|보|기|풀|이|

ㄱ. 정답 : ㉠은 A이다.
ㄴ. 정답 : ㉡과 ㉯은 (나)의 유전자이다.
ㄷ. 오답 : AABbDD인 아버지와 aaBBDd인 어머니 사이에서 태어난 자녀(AaB_D_)가 어머니의 (가)와 (나)의 표현형과 같을 확률은 대문자가 2개이고 D 표현형을 나타낼 확률이므로 $\frac{1}{2} \times 1 = \frac{1}{2}$ 이다.

😲 **문제풀이 T I P** | DNA 상대량 표에서 대립유전자를 짝지을 수 있어야 하며, 아버지와 자녀 2, 어머니와 자녀 1의 표현형이 같다는 조건을 만족하는 ㉠~㉯을 찾는 것이 관건인 문제이다. ㉠~㉯을 이용해 유전자형을 표기했을 때 이형접합인지 동형접합인지에 유의하여 단서를 찾도록 한다.

😀 **출제분석** | 대립유전자를 모두 기호로 나타내어 접근하기 어려울 수 있으나 대립유전자 관계를 파악하고 다인자 유전인 (가)의 대문자 개수를 중심으로 유전자형을 찾아나간다면 논리적으로 해결할 수 있는 문제이다.

다음은 핵상이 $2n$인 동물 A~C의 세포 (가)~(라)에 대한 자료이다.

○ A와 B는 서로 같은 종이고, B와 C는 서로 다른 종이며, B와 C의 체세포 1개당 염색체 수는 서로 다르다.

○ (가)~(라) 중 2개는 암컷의, 나머지 2개는 수컷의 세포이다. A~C의 성염색체는 암컷이 XX, 수컷이 XY이다.

○ 그림은 (가)~(라) 각각에 들어 있는 모든 상염색체와 ㉠을 나타낸 것이다. ㉠은 X 염색체와 Y 염색체 중 하나이다.

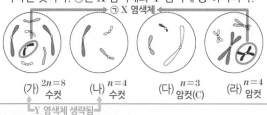

     (가) $2n=8$ 수컷   (나) $n=4$ 수컷   (다) $n=3$ 암컷(C)   (라) $n=4$ 암컷

→ ㉠ X 염색체

→ Y 염색체 생략됨

이에 대한 설명으로 옳은 것만을 〈보기〉에서 있는 대로 고른 것은? (단, 돌연변이는 고려하지 않는다.)

보기
ㄱ. ㉠은 Y 염색체이다. → X 염색체
ㄴ. (가)와 (라)는 서로 다른 개체의 세포이다. → (가) : 수컷의 세포, (라) : 암컷의 세포
ㄷ. C의 체세포 분열 중기의 세포 1개당 상염색체의 염색 분체 수는 8이다. → $2n=6(4+XX)$ → $4 \times 2 = 8$

① ㄱ   ② ㄴ   ③ ㄱ, ㄷ   ✓④ ㄴ, ㄷ   ⑤ ㄱ, ㄴ, ㄷ

|자|료|해|설|

염색체의 모양을 비교해보면 (가)~(라) 중 (다)만 다른 종의 세포라는 것을 알 수 있다. 따라서 (다)는 C의 세포이다. (가)의 핵상은 $2n=8$이며, 그림에서 짝이 맞지 않는 검은색 염색체가 성염색체(㉠)이고 (가)는 수컷의 세포이다. B와 C의 체세포 1개당 염색체 수는 서로 다르다고 했으므로 C의 핵상은 $n=4$가 될 수 없다. 따라서 C의 핵상은 $n=3$이고, (다)에는 상염색체와 성염색체가 모두 존재한다.

㉠이 Y 염색체라고 가정하면, ㉠을 포함한 (가)와 (라)는 수컷의 세포이다. 이때 (다)에는 상염색체와 성염색체가 모두 존재하므로 (다) 또한 Y 염색체를 갖게 되어 수컷의 세포가 2개라는 조건에 맞지 않는다. 따라서 ㉠은 X 염색체이다.

(가), (나), (라)는 같은 종이므로 (나)의 핵상은 $n=4$이고, 그림에 나타내지 않은 Y 염색체를 가지므로 (가)와 (나)는 수컷의 세포이고 (다)와 (라)는 암컷의 세포이다.

|보|기|풀|이|

ㄱ. 오답 : ㉠은 X 염색체이다.
ㄴ. 정답 : (가)와 (라)는 같은 종의 세포이지만, (가)는 수컷의 세포이고 (라)는 암컷의 세포이므로 (가)와 (라)는 서로 다른 개체의 세포이다.
ㄷ. 정답 : C($2n=6$)의 체세포 분열 중기의 세포 1개당 상염색체 수는 4이므로 상염색체의 염색 분체 수는 $4 \times 2 = 8$이다.

다음은 사람의 유전 형질 (가)~(라)에 대한 자료이다.

○ (가)는 대립유전자 A와 a에 의해, (나)는 대립유전자 B와 b에 의해, (다)는 대립유전자 D와 d에 의해, (라)는 대립유전자 E와 e에 의해 결정된다. A는 a에 대해, B는 b에 대해, D는 d에 대해, E는 e에 대해 각각 완전 우성이다.

○ (가)~(라)의 유전자는 서로 다른 2개의 상염색체에 있고,

연관 → (가)~(다)의 유전자는 (라)의 유전자와 다른 염색체에 있다.

A_B_D_E_ → ○ (가)~(라)의 표현형이 모두 우성인 부모 사이에서 @가 태어날 때, @의 (가)~(라)의 표현형이 모두 부모와 같을 확률은 $\frac{3}{16}$이다. → A_B_D_E_

→ $=\frac{1}{4} \times \frac{3}{4}$

@가 (가)~(라) 중 적어도 2가지 형질의 유전자형을 이형 접합성으로 가질 확률은? (단, 돌연변이와 교차는 고려하지 않는다.)
→ $=1-(3$가지 이상의 형질이 동형접합일 확률$)$

① $\frac{7}{8}$ ✓② $\frac{3}{4}$ ③ $\frac{5}{8}$ ④ $\frac{1}{2}$ ⑤ $\frac{3}{8}$

|자|료|해|설|및|선|택|지|풀|이|

② 정답 : (가)~(다)는 하나의 상염색체에 연관되어 있고, (라)는 이들과 독립되어 있다. (가)~(라)의 표현형이 모두 우성인 부모는 A_B_D_E_의 유전자형을 가질 것이다. 이때 이들 사이에서 태어난 @의 (가)~(라)의 표현형이 모두 부모와 같을 확률 $\frac{3}{16}=\{$(가)~(다)의 표현형이 모두 우성일 확률$\} \times \{$(라)의 표현형이 우성일 확률$\}$이다. (라)에 대하여 우성인 부모(E_) 사이에서 우성인 자녀(E_)가 태어날 확률은 부모의 유전자형이 EE와 E_일 경우 1이고, 부모의 유전자형이 모두 Ee일 경우 $\frac{3}{4}$이다. 또한 (가)~(다)의 유전자는 연관되어 있으므로 (가)~(다)의 표현형이 모두 우성일 확률은 $\frac{3}{16}$이 나올 수 없다. 따라서 @의 (가)~(라)의 표현형이 모두 부모와 같을 확률 $\frac{3}{16}=\{$(가)~(다)의 표현형이 모두 우성일 확률$\} \times \{$(라)의 표현형이 우성일 확률$\}=\frac{1}{4} \times \frac{3}{4}$로 계산된 것임을 알 수 있다.

😮 **문제풀이TIP** | @의 (가)~(다)의 표현형이 모두 우성일 확률$=\frac{1}{4}$, (라)의 표현형이 우성일 확률$=\frac{3}{4}$이 되는 부모의 유전자형은 다음과 같다.

경우1) ABd/abD, Ee와 AbD/aBd, Ee 경우2) ABd/abD, Ee와 aBD/Abd, Ee 경우3) AbD/aBd, Ee와 aBD/Abd, Ee @가 (가)~(라) 중 적어도 2가지 형질의 유전자형을 이형 접합성으로 가질 확률$=1-\{$(가)~(라) 중 3가지 이상의 형질이 동형 접합성일 확률$\}$이다. 경우1~3에서 (가)~(라)가 모두 동형 접합성인 자녀가 태어나는 것은 불가능하므로, 3가지 형질이 동형 접합성일 확률만 구하면 된다. 경우1에서 3가지 형질이 동형 접합성일 확률은 $\frac{1}{2} \times \frac{1}{2}=\frac{1}{4}$이다. 경우2와 경우3에서도 마찬가지이므로, @가 (가)~(라) 중 3가지 이상의 형질이 동형 접합성일 확률$=\frac{1}{4}$이다. 따라서 문제에서 구하고자 하는 확률은 $1-\frac{1}{4}=\frac{3}{4}$이다.

어떤 동물 종($2n=6$)의 유전 형질 ⓐ는 2쌍의 대립 유전자 H와 h, T와 t에 의해 결정된다. 그림은 이 동물 종의 세포 (가)~(라)가 갖는 유전자 ㉠~㉣의 DNA 상대량을 나타낸 것이다. 이 동물 종의 개체 I 에서는 ㉠~㉣의 DNA 상대량이 (가), (나), (다)와 같은 세포가, 개체 II 에서는 ㉠~㉣의 DNA 상대량이 (나), (다), (라)와 같은 세포가 형성된다. ㉠~㉣은 H, h, T, t를 순서 없이 나타낸 것이다. 이 동물 종의 성염색체는 암컷이 XX, 수컷이 XY이다.

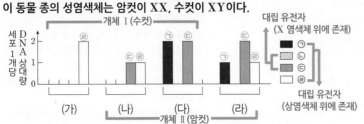

이에 대한 설명으로 옳은 것만을 〈보기〉에서 있는 대로 고른 것은? (단, 돌연변이와 교차는 고려하지 않으며, (가)와 (다)는 중기의 세포이다. H, h, T, t 각각의 1개당 DNA 상대량은 같다.) **3점**

보기
㉠. ㉠은 ㉣과 대립 유전자이다.
㉡. (가)와 (다)의 염색 분체 수는 같다.
ㄷ. 세포 1개당 $\dfrac{\text{X 염색체 수}}{\text{상염색체 수}}$ 는 (라)가 (나)의 2배이다.

① ㄱ　② ㄷ　✓③ ㄱ, ㄴ　④ ㄴ, ㄷ　⑤ ㄱ, ㄴ, ㄷ

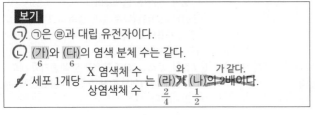

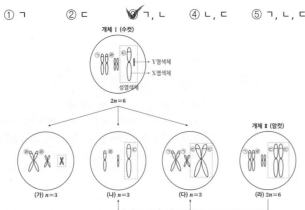

| 자 | 료 | 해 | 설 |

세포 (가)~(다)는 개체 I 의 세포이므로 개체 I 의 체세포($2n$)는 세포 (가)~(다)가 갖는 유전자 ㉠, ㉢, ㉣을 모두 포함해야 한다. 따라서 세포 (가)~(다)는 체세포($2n$)가 될 수 없고 핵상이 n이다. 또한 감수 분열이 일어날 때 상동 염색체가 분리되므로 핵상이 n인 세포에서 대립 유전자는 함께 존재할 수 없다. 따라서 유전자 ㉠, ㉢, ㉣을 가지는 세포 (라)는 개체 II 의 체세포이고 핵상이 $2n$이다. (나)에서 유전자 ㉢과 ㉣이 함께 존재하고, (다)에서 유전자 ㉠과 ㉢이 함께 존재하므로 ㉢의 대립 유전자는 ㉡이다. 정리하면 ㉠과 ㉣이 서로 대립 유전자이고, ㉡과 ㉢이 서로 대립 유전자이다. (가)에는 ㉣만 있고, ㉡과 ㉢이 모두 없으므로 ㉠과 ㉣은 상염색체 위에 존재하고, ㉡과 ㉢은 X 염색체 위에 존재한다. 개체 I 은 수컷이고 개체 II 는 암컷이다.

| 보 | 기 | 풀 | 이 |

㉠. 정답 : (나)에서 유전자 ㉢과 ㉣이 함께 존재하고, (다)에서 유전자 ㉠과 ㉢이 함께 존재한다. 따라서 ㉡과 ㉢이 서로 대립 유전자이고, ㉠과 ㉣이 서로 대립 유전자이다.

㉡. 정답 : (가)와 (다)는 각 유전자의 세포 1개당 DNA 상대량이 2이므로 감수 1분열이 완료된 상태임을 알 수 있다. 하나의 염색체가 두 개의 염색 분체로 이루어져 있고 세포당 염색체 수는 3이므로 (가)와 (다)의 염색 분체 수는 6으로 같다.

ㄷ. 오답 : 세포 1개당 $\dfrac{\text{X 염색체 수}}{\text{상염색체 수}}$ 는 (라)가 $\dfrac{2}{4}=\dfrac{1}{2}$, (나)가 $\dfrac{1}{2}$로 서로 같다.

😮 **문제풀이 TIP** | 감수 분열이 일어날 때 상동 염색체가 분리되므로 핵상이 n인 세포에서 대립 유전자는 함께 존재할 수 없다.

😄 **출제분석** | 대립 유전자를 구분하고 유전자의 위치(상염색체 또는 성염색체)를 파악하여 개체 I 과 II 의 성별까지 알아내야 하는 문항으로 난도는 '중상'에 해당한다. 2018학년도 6월 모평 10번 문항처럼 DNA 상대량 값이 표로 주어지던 것을 막대 그래프로 제시했다. 다양한 내용이 복합적으로 담겨있어 난도가 높은 편이다. 이 문제를 틀린 학생들은 감수 분열 과정부터 정확하게 이해한 다음 문제를 다시 풀어보자.

" 이 문제에선 이게 가장 중요해! "

세포 (가)~(다)는 개체 I 의 세포이므로 개체 I 의 체세포($2n$)는 세포 (가)~(다)가 갖는 유전자 ㉠, ㉢, ㉣을 모두 포함해야 한다. 따라서 세포 (가)~(다)는 체세포($2n$)가 될 수 없고 핵상이 n이다. 또한 감수 분열이 일어날 때 상동 염색체가 분리되므로 핵상이 n인 세포에서 대립 유전자는 함께 존재할 수 없다. 따라서 유전자 ㉠, ㉢, ㉣을 가지는 세포 (라)는 개체 II 의 체세포이고 핵상이 $2n$이다.

정리하면 ㉠과 ㉣이 서로 대립 유전자이고, ㉡과 ㉢이 서로 대립 유전자이다. (가)에는 ㉣만 있고, ㉡과 ㉢이 모두 없으므로 ㉠과 ㉣은 상염색체 위에 존재하고, ㉡과 ㉢은 X 염색체 위에 존재한다. 개체 I 은 수컷이고 개체 II 는 암컷이다.

사람의 특정 형질은 상염색체에 있는 3쌍의 대립유전자 D와 d, E와 e, F와 f에 의해 결정된다. 그림은 하나의 G₁기 세포로부터 정자가 형성될 때 나타나는 세포 Ⅰ~Ⅳ가 갖는 D, E, F의 DNA 상대량을, 표는 세포 ㉠~㉣이 갖는 d, e, f의 DNA 상대량을 나타낸 것이다. ㉠~㉣은 Ⅰ~Ⅳ를 순서 없이 나타낸 것이다.

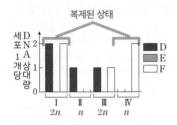

세포	DNA 상대량		
	d	e	f
n ㉠ Ⅱ	? 0	? 1	1
2n ㉡ Ⅰ	2	? 4	ⓐ 2
n ㉢ Ⅳ	? 2	2	0
2n ㉣ Ⅲ	1	ⓑ 2	1

이에 대한 옳은 설명만을 〈보기〉에서 있는 대로 고른 것은?
(단, 돌연변이는 고려하지 않으며, D, d, E, e, F, f 각각의 1개당 DNA 상대량은 1이다.) **3점**

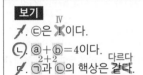

보기
ㄱ. ㉢은 ~~Ⅱ~~ Ⅳ이다.
ㄴ. ⓐ+ⓑ=4이다. (2+2)
ㄷ. ㉠과 ㉡의 핵상은 ~~같다~~ 다르다. (n / 2n)

① ㄱ   ✓② ㄴ   ③ ㄱ, ㄷ   ④ ㄴ, ㄷ   ⑤ ㄱ, ㄴ, ㄷ

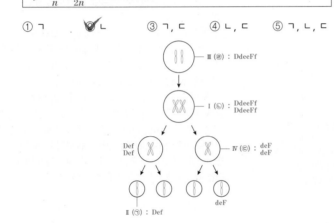

Ⅲ (㉣) : DdeeFf

Ⅰ (㉡) : DdeeFf / DdeeFf

Def / Def   Ⅳ (㉢) : deF / deF

Ⅱ (㉠) : Def   deF

| 자 | 료 | 해 | 설 |

그림에서 Ⅰ과 Ⅲ에 D와 F가 존재하고, Ⅱ와 Ⅳ에 D와 F 중에서 일부만 존재하므로 Ⅰ과 Ⅲ의 핵상은 2n이고, Ⅱ와 Ⅳ의 핵상은 n이다. Ⅰ의 DNA 상대량이 Ⅲ의 두 배이므로, Ⅲ이 G₁기의 세포이고 Ⅰ이 복제된 세포이다. 감수 1분열 결과 복제된 F를 포함하는 세포가 Ⅳ이고, 감수 1분열 결과 복제된 D를 포함하는 세포에서 감수 2분열이 마저 진행되어 형성된 세포가 Ⅱ이다.
핵상이 2n인 세포에 D와 F가 존재하고 E가 없으며, 표에서 d, e, f의 DNA 상대량이 존재하므로 G₁기 세포의 유전자형은 DdeeFf이다. G₁기의 세포가 복제된 Ⅰ에서 d, e, f의 DNA 상대량은 순서대로 2, 4, 2이므로 ㉡은 Ⅰ이고, ⓐ는 2이다. ㉢은 감수 1분열 결과 형성된 Ⅳ이고, Ⅳ는 D를 갖지 않으므로 d를 포함하고 있다. 즉 Ⅳ(㉢)에는 d, e, F가 복제된 상태로 존재한다. 감수 1분열 결과 형성된 세포 중 Ⅳ가 아닌 다른 세포에는 D, e, f가 복제된 상태로 존재하며, 이 세포의 감수 2분열로 형성된 Ⅱ는 D, e, f를 포함하고 있다. Ⅱ에서 d, e, f의 DNA 상대량은 순서대로 0, 1, 1이므로 ㉠은 Ⅱ이고, 마지막 ㉣은 Ⅲ이다. Ⅲ(㉣)는 G₁기의 세포이므로 d, e, f의 DNA 상대량은 순서대로 1, 2, 1이다. 따라서 ⓑ는 2이다.

| 보 | 기 | 풀 | 이 |

ㄱ. 오답 : ㉢은 감수 1분열 결과 형성된 Ⅳ이다.
ㄴ. 정답 : ⓐ+ⓑ=2+2=4이다.
ㄷ. 오답 : ㉠(Ⅱ)의 핵상은 n이고, ㉡(Ⅰ)의 핵상은 2n이다.

🤓 **문제풀이 TIP** | 핵상이 n인 세포는 2n인 세포에 포함되어 있는 유전자 중 일부만 포함하고 있다. 이를 통해 그림에서 Ⅰ~Ⅳ의 핵상을 먼저 구분해보자. 또한 표에서 d, e, f의 DNA 상대량이 존재한다는 것으로 G₁기 세포의 유전자형을 유추할 수 있다.

😀 **출제분석** | DNA 상대량을 비교하여 나타낸 그래프와 표를 종합적으로 분석하여 해결해야 하는 난도 '중상'의 문항이다. 수능에서는 감수 분열 과정 그림을 그려가며 문제를 해결할 시간이 충분하지 않다. 따라서 감수 분열 과정을 완벽하게 이해하고, 첨삭된 그림이 머릿속에 저절로 그려질 정도의 수준이 될 때까지 기출 문제를 반복해서 풀어봐야 한다.

사람의 유전 형질 ⓐ는 2쌍의 대립 유전자 E와 e, F와 f에 의해 결정되며, E와 e는 9번 염색체에, F와 f는 X 염색체에 존재한다. 표는 사람 Ⅰ의 세포 (가)~(다)와 사람 Ⅱ의 세포 (라)~(바)에서 유전자 ㉠~㉣의 유무를 나타낸 것이다. ㉠~㉣은 E, e, F, f를 순서 없이 나타낸 것이다.

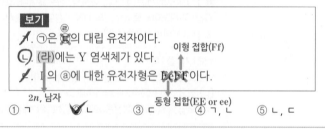

유전자	Ⅰ의 세포 여자			Ⅱ의 세포 남자		
	(가)2n	(나)n	(다)n	(라)2n	(마)n	(바)n
㉠	○	◎	◎	○	○	×
㉡	○	◎	×	○	×	○
㉢	○	×	◎	×	×	×
㉣	×	×	×	○	×	○

(○ : 있음, × : 없음)

X 염색체에 존재
9번 염색체에 존재
함께 존재하면 대립 유전자가 아님 (∴㉠과 ㉣, ㉡과 ㉢이 서로 대립 유전자)
대립 유전자 ㉡과 ㉢이 모두 없음 (∴㉡과 ㉢은 X 염색체 위에 존재)

이에 대한 설명으로 옳은 것만을 <보기>에서 있는 대로 고른 것은? (단, 돌연변이와 교차는 고려하지 않는다.) 3점

보기
ㄱ. ㉠은 ㉣의 대립 유전자이다. — 2n, 남자
ㄴ. (라)에는 Y 염색체가 있다. — 이형 접합(Ff)
ㄷ. Ⅰ의 ⓐ에 대한 유전자형은 EeFF이다. — 동형 접합(EE or ee)

① ㄱ ②✔ ㄴ ③ ㄷ ④ ㄱ, ㄷ ⑤ ㄴ, ㄷ

문제풀이 TIP | 1단계 – 핵상 구분하기 : 2쌍의 대립 유전자 중 3종류의 대립 유전자가 존재하는 세포의 핵상은 2n이다. 이러한 체세포(2n)와 구성이 다른 나머지 세포들은 모두 핵상이 n이다.
2단계 – 대립 유전자 알아내기 : 핵상이 n인 세포에 함께 존재하는 유전자는 서로 대립 유전자가 아니다.
3단계 – 유전자 위치(상염색체/X 염색체) 알아내기

출제분석 | 주어진 자료를 통해 각 세포의 핵상과 대립 유전자를 구분하고 각 대립 유전자가 상염색체에 존재하는지, 성염색체에 존재하는지를 종합적으로 분석해내야 해결이 가능한 난도 '상'의 문항이다. 대립 유전자의 DNA 상대량을 제시하여 각 대립 유전자가 상염색체와 성염색체 중 어디에 위치하는지를 묻는 문제는 출제된 적이 있으나 이렇게 대립 유전자의 유무를 제시한 문제는 처음 출제되었다. 그러나 EBS 연계 교재에서는 작년부터 새롭게 제시되었던 문제 유형이며, 앞으로 출제될 가능성이 높으므로 문제 풀이 방법을 반드시 익혀두어야 한다.

|자|료|해|설|

(가)와 (라)에 2쌍의 대립 유전자 중 3종류의 대립 유전자가 있으므로 (가)와 (라)의 핵상은 2n이다. 한 개체를 구성하는 모든 체세포는 유전자 구성이 동일하므로 체세포(2n)와 구성이 다른 나머지 세포들은 모두 핵상이 n인 생식 세포이다. 감수 분열이 일어난 세포(n)에서 상동 염색체는 함께 존재할 수 없으며, 따라서 대립 유전자 또한 함께 존재할 수 없다. 즉, 감수 분열이 일어난 세포에서 함께 존재하는 유전자는 서로 대립 유전자 관계가 아니다. (나)는 핵상이 n인데 ㉠과 ㉡이 함께 존재하므로 ㉠과 ㉡은 대립 유전자가 아니며, (다) 역시 핵상이 n인데 ㉠과 ㉢이 함께 존재하므로 ㉠과 ㉢도 대립 유전자가 아니다. 따라서 ㉠과 ㉣, ㉡과 ㉢이 서로 대립 유전자라는 것을 알 수 있다. (마)에 대립 유전자 ㉡과 ㉢이 모두 없으려면 (마)는 Y 염색체를 가지고 있고 ㉡과 ㉢이 X 염색체 위에 있어야 한다. 따라서 ㉡과 ㉢은 X 염색체 위에, ㉠과 ㉣은 9번 염색체 위에 존재한다. (마)는 Y 염색체를 가지고 있는 세포이므로 사람 Ⅱ는 남자이고, X 염색체에 존재하는 대립 유전자 ㉡과 ㉢을 모두 가지고 있는 사람 Ⅰ은 여자이다.

|보|기|풀|이|

ㄱ. 오답 : (다)의 핵상이 n인데 ㉠과 ㉢이 함께 존재하므로 ㉠과 ㉢은 대립 유전자가 아니다. ㉠의 대립 유전자는 ㉣이다.

ㄴ. 정답 : (마)에 ㉡과 ㉢이 모두 없는 것으로 보아 (마)에는 X 염색체가 없고 Y 염색체가 있다는 것을 알 수 있다. 따라서 Ⅱ는 남자이며 (라)의 핵상이 2n이므로 (라)에는 X 염색체와 Y 염색체가 모두 있다.

ㄷ. 오답 : Ⅰ은 ㉡과 ㉢을 모두 가지고 있으므로 X 염색체를 두 개 가지고 있는 여자이다. 9번 염색체 위에 한 종류의 유전자만 가지고 있으므로 EE 또는 ee 유전자 구성을 가지며, X 염색체 위에 두 종류의 유전자를 가지고 있으므로 Ff 유전자 구성을 가진다. 따라서 Ⅰ의 ⓐ에 대한 유전자형은 EeFF가 될 수 없다.

" 이 문제에선 이게 가장 중요해! "

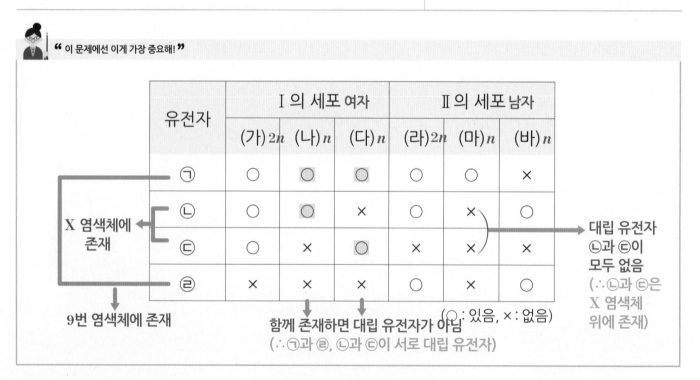

유전자	Ⅰ의 세포 여자			Ⅱ의 세포 남자		
	(가)2n	(나)n	(다)n	(라)2n	(마)n	(바)n
㉠	○	◎	◎	○	○	×
㉡	○	◎	×	○	×	○
㉢	○	×	◎	×	×	×
㉣	×	×	×	○	×	○

(○ : 있음, × : 없음)

X 염색체에 존재
9번 염색체에 존재
함께 존재하면 대립 유전자가 아님 (∴㉠과 ㉣, ㉡과 ㉢이 서로 대립 유전자)
대립 유전자 ㉡과 ㉢이 모두 없음 (∴㉡과 ㉢은 X 염색체 위에 존재)

다음은 어떤 동물($2n=4$)에 대한 자료이다.

○ 수컷의 성염색체는 XY이고, 암컷의 성염색체는 XX이다.
○ 표는 이 동물 두 개체의 세포 (가)~(마)가 갖는 유전자 A, a,
　B, b, D, d의 DNA 상대량을 나타낸 것이다.

Y 염색체에 존재　　　상염색체에 존재　X 염색체에 존재

| 세포 | DNA 상대량 | | | | | |
	A	a	B	b	D	d
(2n) 수컷 (가)	1	? 0	1	1	㉠1	0
(n) 수컷 (나)	2	? 0	㉡2	0	0	0
(n) 암컷 (다)	0	? 0	0	2	0	? 2
(2n) 암컷 (라)	? 0	0	1	1	㉢1	1
(n) 수컷 (마)	0	? 0	2	0	? 2	? 0

○ A, B, D는 각각 상염색체, X 염색체, Y 염색체 중 하나에
　존재하며, 서로 다른 염색체에 존재한다. → 독립
○ A는 a와, B는 b와, D는 d와 대립 유전자이다.
○ (가)는 수컷의 세포이며, (나)~(마) 중 수컷과 암컷의
　세포는 각각 2개이다.

이에 대한 옳은 설명만을 〈보기〉에서 있는 대로 고른 것은?
(단, A, a, B, b, D, d 각각의 1개당 DNA 상대량은 같고,
돌연변이와 교차는 고려하지 않는다.) **3점**

보기
　　　　1+2+1
㉠ ㉠+㉡+㉢=4이다.
㉡ A는 Y 염색체에 존재한다.
㉢ (마)의 $\dfrac{\text{X 염색체 수} \to \text{1개}}{\text{상염색체 수} \to \text{1개}}$=1이다.

① ㄱ　② ㄴ　③ ㄱ, ㄷ　④ ㄴ, ㄷ　⑤ ㄱ, ㄴ, ㄷ

|자|료|해|설|

(가)와 (라)는 대립 유전자 B와 b를 모두 가지고 있으므로
핵상이 $2n$인 세포이다. 핵상이 $2n$인 두 세포를 비교했을
때, (가)에는 d가 없고 (라)에는 d가 있으므로 두 세포는
서로 다른 개체의 세포라는 것을 알 수 있다. 지문에서
(가)는 수컷의 세포라고 했으므로 (라)는 암컷의 세포이다.
(나), (다), (마)는 핵상이 $2n$인 (가), (라)와 B와 b의
유전자 구성이 다르므로 핵상이 n이다.
수컷 세포 (가)에 대립 유전자 B와 b가 모두 존재하므로
이는 상염색체에 존재한다. 암컷 세포 (라)에 d가 있으므로
대립 유전자 D와 d는 X 염색체에, 대립 유전자 A와 a는
Y 염색체에 존재한다. (가)의 핵상은 $2n$이므로 X, Y
성염색체가 모두 존재한다. 따라서 ㉠은 1이다. (나)는
A를 가지고 있으므로 Y 염색체를 가지고 있는 수컷의
세포이다. (나)에서 A의 DNA 상대량이 2인 것을 통해
감수 1분열이 끝난 세포라는 것을 알 수 있다. 따라서
㉡은 2이다. (다)는 A를 갖고 있지 않기 때문에
Y 염색체가 존재하지 않는 암컷의 세포이다. (라)는
핵상이 $2n$인 암컷의 세포이므로 ㉢은 1이다. 지문에서
(나)~(마) 중 수컷과 암컷의 세포는 각각 2개라고
했으므로 마지막 (마)는 수컷의 세포이다.

|보|기|풀|이|

㉠ 정답 : ㉠은 1, ㉡은 2, ㉢은 1이므로 ㉠+㉡+㉢=4
이다.

㉡ 정답 : A와 a는 Y 염색체, B와 b는 상염색체, D와 d는
X 염색체에 존재한다.

㉢ 정답 : (마)는 핵상이 n인 수컷의 세포이며, A가 없기
때문에 X 염색체를 가지고 있다. 따라서 X 염색체 1개,
상염색체 1개를 가지고 있으므로 $\dfrac{\text{X 염색체 수}}{\text{상염색체 수}}=1$이다.

 문제풀이 TIP | (가)와 (라)는 대립 유전자 B와 b를 모두 가지고 있으므로 핵상이 $2n$인 세포이다. 수컷 세포 (가)에 대립 유전자 B와 b가 모두 존재하므로 이는 상염색체에
존재한다. 만약 성염색체에 존재한다면 수컷이므로 B와 b 중 하나만 존재한다. 암컷 세포 (라)에 d가 있으므로 대립 유전자 D와 d는 X 염색체에, 대립 유전자 A와 a는 Y 염색체에
존재한다.

출제분석 | DNA 상대량 표를 분석하여 각각의 대립 유전자가 상염색체, X 염색체, Y 염색체 중 어느 염색체에 존재하는지를 알아내고, 동시에 수컷과 암컷의 세포를 구분해야
하는 난도 '상'의 문항이다. DNA 상대량을 비교하여 세포의 핵상, 대립 유전자의 위치(상염색체 또는 성염색체), 세포의 성별 등 많은 정보를 알아낼 수 있는 만큼, 문제에서 주어진
정보를 토대로 이러한 내용을 추론할 수 있어야 문제 해결이 가능하다. 최근 DNA 상대량 표를 이용한 추론 문제의 출제 빈도가 높아지고 있으므로 비슷한 유형의 문제를 반복해서
풀어보며 풀이 방법을 반드시 익혀두어야 한다.

" 이 문제에선 이게 가장 중요해! "

(가)와 (라)는 대립 유전자 B와 b를 모두 가지고 있으므로 핵상이 $2n$인 세포이다. 수컷 세
포 (가)에 대립 유전자 B와 b가 모두 존재하므로 이는 상염색체에 존재한다. 만약 성염색
체에 존재한다면 수컷이므로 B와 b 중 하나만 존재한다. 암컷 세포 (라)에 d가 있으므로 대
립 유전자 D와 d는 X 염색체에, 대립 유전자 A와 a는 Y 염색체에 존재한다.

사람의 유전 형질 ㉮는 1쌍의 대립유전자 A와 a에 의해, ㉯는 2쌍의 대립유전자 B와 b, D와 d에 의해 결정된다. ㉮의 유전자는 상염색체에, ㉯의 유전자는 X 염색체에 있다. 표는 남자 P의 세포 (가)~(다)와 여자 Q의 세포 (라)~(바)에서 대립유전자 ㉠~㉥의 유무를 나타낸 것이다. ㉠~㉥은 A, a, B, b, D, d를 순서 없이 나타낸 것이다.

대립유전자	P의 세포			Q의 세포		
	(가) n	(나) $2n$	(다) n	(라) $2n$	(마) n	(바) n
㉠	×	?○	○	?○	○	×
㉡	×	×	×	○	○	×
㉢	?×	○	○	○	○	○
㉣	×	ⓐ○	○	○	×	○
㉤	○	○	×	×	×	×
㉥	×	×	×	?○	×	○

(○: 있음, ×: 없음)

대립유전자 A, a (㉢, ㉤) / X 염색체 연관 (㉠, ㉣) / X 염색체 연관 (㉠, ㉡) / X 염색체 연관 (㉣, ㉥)

이에 대한 설명으로 옳은 것만을 <보기>에서 있는 대로 고른 것은? (단, 돌연변이와 교차는 고려하지 않는다.)

보기

ㄱ. ㉠은 ㉥과 대립유전자이다.
ㄴ. ⓐ는 '×'이다. (○)
ㄷ. Q의 ㉯의 유전자형은 BbDd이다.

① ㄱ ② ㄴ ③ ㄱ, ㄷ ④ ㄴ, ㄷ ⑤ ㄱ, ㄴ, ㄷ

문제풀이 TIP | 핵상이 n인 세포, 즉 감수 분열이 일어난 세포에서는 상동 염색체가 동시에 존재할 수 없다. 따라서 핵상이 n인 세포에 동시에 존재하는 유전자들은 대립유전자 관계가 아님을 기억하고 이를 통해 세 쌍의 대립유전자를 찾아내도록 한다.

|자|료|해|설|

여자 Q의 세포 중 (마)와 (바)는 각각 세 쌍의 대립유전자 중 3종류의 대립유전자만 존재하며 서로 대립유전자 구성이 다르므로 핵상이 n이다. 핵상이 n인 세포에서 상동 염색체는 동시에 존재할 수 없다. 즉, 감수 분열이 일어난 세포(n)에서 함께 존재하는 유전자는 서로 대립유전자 관계가 아니다. 따라서 (마)와 (바)의 유전자 구성을 보았을 때 ㉢은 ㉠, ㉡, ㉣, ㉥과 대립유전자 관계가 아니며, ㉤과 대립유전자 관계임을 알 수 있다.

이때 (나)의 세포에 대립유전자 관계인 ㉢과 ㉤이 동시에 존재하므로, (나)의 핵상은 $2n$임을 알 수 있다. 또한 P는 남자이므로 $2n$인 세포에서 동시에 존재하는 ㉢과 ㉤은 X 염색체가 아니라 상염색체에 존재하는 대립유전자 A와 a이다. (다)는 핵상이 $2n$인 (나)와 유전자 구성이 다르므로 핵상이 n이며, 여기에서 동시에 존재하는 ㉠과 ㉣은 대립유전자 관계가 아니고 X 염색체 위에 연관된 유전자들이다. 마찬가지로 (마)에서 ㉠과 ㉡, (바)에서 ㉣과 ㉥이 동시에 존재하므로 이 유전자들은 대립유전자 관계가 아니며, X 염색체 위에 연관된 유전자들이다. 즉, ㉠과 ㉥, ㉡과 ㉣이 대립유전자 관계이다.

따라서 남자 P는 ㉮의 유전자형이 Aa이고 ㉠과 ㉣이 연관된 X 염색체를 가지는 사람이다. 또한, 여자 Q는 ㉮에 대해 동형 접합이고, ㉯의 유전자형이 BbDd이며, ㉠과 ㉡이 연관된 X 염색체와 ㉣과 ㉥이 연관된 X 염색체를 가진 사람이다.

|보|기|풀|이|

ㄱ. 정답 : ㉠과 ㉥, ㉡과 ㉣, ㉢과 ㉤이 각각 대립유전자 관계이다.

ㄴ. 오답 : (나)의 핵상은 $2n$이고 (다)의 핵상은 n이므로 (다)에 존재하는 ㉣은 (나)에도 존재해야 한다. 즉 ⓐ는 '○'이다.

ㄷ. 정답 : ㉯를 결정하는 대립유전자는 ㉠, ㉡, ㉣, ㉥이며 Q는 이들을 모두 가지고 있으므로, Q의 ㉯의 유전자형은 BbDd이다.

표는 사람 A의 세포 ⓐ와 ⓑ, 사람 B의 세포 ⓒ와 ⓓ에서 유전자 ㉠~㉣의 유무를 나타낸 것이고, 그림 (가)와 (나)는 각각 정자 형성 과정과 난자 형성 과정을 나타낸 것이다. 사람의 특정 형질은 2쌍의 대립유전자 E와 e, F와 f에 의해 결정되며, ㉠~㉣은 E, e, F, f를 순서 없이 나타낸 것이다. Ⅰ~Ⅳ는 ⓐ~ⓓ를 순서 없이 나타낸 것이다.

유전자	A의 세포		B의 세포	
	ⓐ n	ⓑ $2n$	ⓒ n	ⓓ $2n$
㉠	○	○	×	○
㉡	×	○	×	×
㉢	○	○	○	○
㉣	×	×	×	○

〈위치〉 X 염색체 → ㉠, ㉡
상염색체 → ㉢, ㉣

(○: 있음, ×: 없음)

㉠과 ㉢은 대립유전자 관계 아님

(가) B:남자   (나) A:여자

Y 염색체 존재(B:남자)

이에 대한 설명으로 옳은 것만을 〈보기〉에서 있는 대로 고른 것은? (단, 돌연변이와 교차는 고려하지 않는다.) **3점**

보기

㉠. ⓓ는 Ⅰ이다. → 상염색체

㉡. ㉣은 X 염색체에 있다.

㉢. ㉠은 ㉢의 대립유전자이다. → ㉡

✓① ㉠   ② ㄷ   ③ ㄱ, ㄴ   ④ ㄴ, ㄷ   ⑤ ㄱ, ㄴ, ㄷ

| 자 | 료 | 해 | 설 |

ⓑ와 ⓓ는 ㉠~㉣(E, e, F, f) 중 3개를 포함하므로 핵상이 $2n$이다. ⓑ와 구성이 다른 ⓐ의 핵상은 n이고, ⓓ와 구성이 다른 ⓒ의 핵상 또한 n이다. E, e, F, f가 모두 상염색체에 존재한다면 남여 모두에서 n의 세포는 E와 e 중 하나, F와 f 중 하나를 가지므로 ㉠~㉣ 중 적어도 2개를 포함해야 한다. 그러나 ⓒ는 ㉢만 가지므로 ㉠~㉣ 중 1쌍은 상염색체에, 다른 1쌍은 성염색체에 있다. 성염색체 구성이 XX인 여자의 n 세포는 E와 e 중 하나, F와 f 중 하나를 가지므로 ㉠~㉣ 중 적어도 2개를 포함해야 한다. ⓒ는 1개(㉢)만 포함하고 있으므로 B는 남자이고, A는 여자이다. 1쌍의 염색체가 성염색체 중 Y 염색체에 있다고 가정하면, 여자의 $2n$ 세포인 ⓑ는 ㉠~㉣ 중 최대 2개만 가져야 한다. 이 가정은 모순되므로 1쌍의 염색체는 X 염색체에 있다. 그러므로 ⓒ는 Y 염색체를 포함하며, ㉢은 상염색체에 있다. 정리하면 ⓐ는 Ⅳ, ⓑ는 Ⅲ, ⓒ는 Ⅱ, ⓓ는 Ⅰ이다. 핵상이 n인 ⓐ에 함께 존재하는 ㉠과 ㉢은 서로 대립유전자 관계가 아니므로 ㉠은 성염색체(X 염색체)에 있다. XY 구성을 가진 핵상이 $2n$인 ⓓ에 ㉠(X 염색체에 있음), ㉢(상염색체에 있음), ㉣이 함께 존재하므로 ㉣은 상염색체에 있다. ㉠은 ㉡과, ㉢은 ㉣과 서로 대립유전자 관계이다.

| 보 | 기 | 풀 | 이 |

㉠ 정답 : B는 남자이므로 핵상이 $2n$인 ⓓ는 Ⅰ이다.

ㄴ. 오답 : ㉣은 상염색체에 있다.

ㄷ. 오답 : ㉠은 ㉡의 대립유전자이다.

문제풀이 TIP | 2쌍의 대립유전자 중 3종류의 대립유전자가 존재하는 세포의 핵상은 $2n$이다. 동일 개체 내에서 체세포($2n$)와 구성이 다른 나머지 세포의 핵상은 n이다. ⓒ는 ㉢만 가지므로 B는 남자(XY)이고 ㉠~㉣ 중 1쌍은 상염색체에, 다른 1쌍은 성염색체에 있다. 핵상이 n인 세포에는 상동 염색체가 존재하지 않으므로, n의 세포에 함께 존재하는 유전자는 서로 대립 유전자가 아니다.

출제분석 | 주어진 자료를 통해 각 세포의 핵상과 개체의 성별을 알아내고, 대립유전자가 어느 염색체(상염색체 또는 성염색체)에 존재하는지를 종합적으로 분석해야 하는 난도 '상'의 문항이다. 꾸준히 출제되고 있는 유형이므로 풀이 방법을 반드시 익혀두어야 한다. 비슷한 유형의 문항으로 2019학년도 6월 모평 9번 문항이 있다.

표는 유전자형이 DdHhRr인 어떤 동물(2n=6)의 세포 (가)~
(다)에서 염색체 ㉠~㉣과 유전자 ⓐ~ⓓ의 유무를 나타낸 것이다.
ⓐ~ⓓ는 각각 D, d, H, h, R, r 중 하나이며, 3쌍의 대립 유전자는
서로 다른 염색체에 있다. (가)~(다)는 모두 중기의 세포이다.

핵상이 n인 세포에서 함께 존재하면 상동 염색체가 아님 핵상이 n인 세포에서 함께 존재하면 대립 유전자가 아님

구분	염색체				유전자			
	㉠	㉡	㉢	㉣	ⓐ	ⓑ	ⓒ	ⓓ
n (가)	○	○	○	×	○	×	○	○
n (나)	×	×	? ○	○	×	○	? ×	○
n (다)	○	×	○	○	×	×	○	○

(○: 있음, ×: 없음)

이에 대한 옳은 설명만을 〈보기〉에서 있는 대로 고른 것은?
(단, 돌연변이와 교차는 고려하지 않으며, D는 d와, H는 h와, R는
r와 각각 대립 유전자이다.) 3점

보기
ㄱ. ㉠에 ⓒ가 있다.
ㄴ. (나)에 ㉢이 있다.
ㄷ. ⓑ는 ⓒ와 대립 유전자이다.

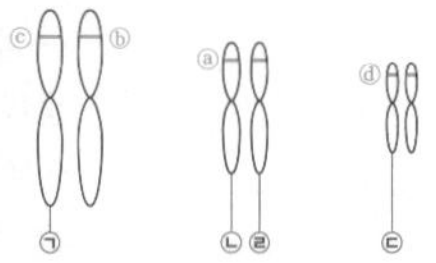

① ㄱ   ② ㄷ   ③ ㄱ, ㄴ   ④ ㄴ, ㄷ   ✔⑤ ㄱ, ㄴ, ㄷ

| 자 | 료 | 해 | 설 |

감수 분열이 일어난 핵상이 n인 세포에서 상동 염색체는
함께 존재할 수 없다. 즉, 대립 유전자 또한 함께 존재할
수 없다. (가)~(다)는 염색체 ㉠~㉣ 중 일부만 가지므로
모두 핵상이 n인 세포이다. (가)에 염색체 ㉠, ㉡, ㉢이
함께 존재하므로 ㉠, ㉡, ㉢은 서로 상동 염색체가 아니고,
(다)에 염색체 ㉠, ㉢, ㉣이 함께 존재하므로 ㉠, ㉢, ㉣은
서로 상동 염색체가 아니다. 따라서 ㉡과 ㉣이 상동
염색체라는 것을 알 수 있다. 같은 식으로 자료를 분석하면
(가)에 함께 존재하는 ⓐ, ⓒ, ⓓ는 서로 대립 유전자가
아니고, (다)에 함께 존재하는 ⓒ, ⓓ 또한 서로 대립
유전자가 아니다. (가)의 염색체 ㉠, ㉡, ㉢에 유전자 ⓐ,
ⓒ, ⓓ가 각각 하나씩 위치하는데, (가)~(다)에 ⓓ가 모두
존재하므로 ⓓ는 ㉢에 있으며 (나)에도 ㉢이 있다. (가)와
(다)에 ㉠과 ⓒ가 모두 존재하므로 ⓒ는 ㉠에 있고, ⓐ는
㉡에 있다. (나)에 ㉠의 상동 염색체와 ㉢과 ㉣이 있으며
유전자는 ⓑ와 ⓓ(㉢에 위치)가 있는데, ㉣을 가진 (다)에
ⓑ가 없으므로 ⓑ는 ㉠의 상동 염색체 위에 있다. 이를
정리하면 첨삭 그림과 같다.

(염색체 그림)

| 보 | 기 | 풀 | 이 |

ㄱ. 정답 : (가)와 (다)에 ㉠과 ⓒ가 모두 존재하므로 ㉠에
ⓒ가 있다.
ㄴ. 정답 : (가)의 ㉠, ㉡, ㉢에 ⓐ, ⓒ, ⓓ가 각각 하나씩
위치한다. (가)~(다)에 ⓓ가 모두 존재하므로 ⓓ는 ㉢에
있으며, (나)에도 ㉢이 있다.
ㄷ. 정답 : (가)와 (다)에 ㉠과 ⓒ가 모두 존재하므로 ⓒ는
㉠에 있고, ⓑ는 ㉠의 상동 염색체 위에 있으므로 ⓑ는
ⓒ와 대립 유전자이다.

🤓 문제풀이 TIP | 감수 분열이 일어난 핵상이 n인 세포에서 상동 염색체는 함께 존재할 수 없다. 즉, 대립 유전자 또한 함께 존재할 수 없다.

🤓 출제분석 | 핵상이 n인 세포가 가지는 염색체와 유전자의 조합을 통해 상동 염색체와 대립 유전자 관계를 파악해야 하는 난도 '상'의 문항이다. 문제풀이 TIP을 이해하고 적용할 수
있다면 문제 해결이 가능하지만, 제한된 정보로부터 관계를 파악하는 것이 어려웠던 학생들은 문제 해결에 많은 시간이 걸렸을 것이다. 비슷한 유형의 기출문제(2019학년도 수능 13번,
2019학년도 6월 모평 9번)를 반복해서 풀어보며 최대한 문제 푸는데 걸리는 시간을 단축시켜야 한다.

어떤 동물 종($2n$)의 유전 형질 (가)는 대립유전자 A와 a에 의해, (나)는 대립유전자 B와 b에 의해, (다)는 대립유전자 D와 d에 의해 결정된다. 표는 이 동물 종의 개체 ㉠과 ㉡의 세포 I~IV 각각에 들어 있는 A, a, B, b, D, d의 DNA 상대량을 나타낸 것이다. I~IV 중 2개는 ㉠의 세포이고, 나머지 2개는 ㉡의 세포이다. ㉠은 암컷이고 성염색체가 XX이며, ㉡은 수컷이고 성염색체가 XY이다.

	세포	상염색체에 존재 →				상염색체에 존재 →	
		X 염색체에 존재 → DNA 상대량					
		A	**a**	**B**	**b**	**D**	**d**
$2n$, 수컷(㉡)	I	0	?2	2	?2	4	0
n, 암컷(㉠)	II	0	2	0	2	?0	2
$2n$, 수컷(㉡)	III	?0	1	1	1	2	?0
n, 암컷(㉠)	IV	?1	0	1	?0	1	0

이에 대한 설명으로 옳은 것만을 〈보기〉에서 있는 대로 고른 것은? (단, 돌연변이와 교차는 고려하지 않으며, A, a, B, b, D, d 각각의 1개당 DNA 상대량은 1이다.) **3점**

> **보기**
> ㄱ. IV의 핵상은 ~~$2n$~~ n이다.
> ㄴ. (가)의 유전자는 X 염색체에 있다.
> ㄷ. ㉠의 (나)와 (다)에 대한 유전자형은 BbDd이다.

① ㄱ   ② ㄴ   ③ ㄱ, ㄷ   ✔ ㄴ, ㄷ   ⑤ ㄱ, ㄴ, ㄷ

|자|료|해|설|

I에서 D의 상대량이 4이므로 핵상이 $2n$이며 DNA 복제 후인 세포임을 알 수 있고, III에서 B와 b의 상대량이 각각 1이므로 핵상이 $2n$이며 DNA 복제 전인 세포임을 알 수 있다. II는 d를 가지므로 d를 갖지 않는 I이나 III과 같은 개체의 세포일 수 없다. 또한 I~IV 중 2개가 ㉠의 세포, 나머지 2개가 ㉡의 세포이므로 I과 III이 같은 개체의 세포이고, II와 IV가 같은 개체의 세포이다.

I과 III은 (가)~(다)에 대한 유전자형이 aBbDD인 개체의 세포이다. (가)에 대해 유전자 a만 1개 가지므로, (가)의 유전자는 X 염색체에 있고 I과 III은 수컷 개체인 ㉡의 세포이다.

나머지 세포 II와 IV는 암컷 개체인 ㉠의 세포이며 핵상이 n이고, ㉠의 (가)~(다)에 대한 유전자형은 $X^A X^a BbDd$이다.

|보|기|풀|이|

ㄱ. 오답 : IV는 상염색체에 존재하는 유전자 D, d 중 D만 1개 가지므로 핵상이 n이다.

ㄴ. 정답 : (가)의 유전자는 X 염색체에, (나)와 (다)의 유전자는 상염색체에 존재한다.

ㄷ. 정답 : ㉠의 (가)~(다)에 대한 유전자형은 $X^A X^a BbDd$로 모두 이형접합이다.

문제풀이 TIP | I은 대립유전자 D만 4만큼 가지므로 (다)에 대해 DD로 동형접합인 개체의 세포이며 핵상은 $2n$이고 DNA 복제 후의 상태임을 알 수 있다. III은 대립유전자 B와 b를 모두 가지므로 핵상이 $2n$이다. 핵상이 $2n$인 세포 I과 III에서 DNA 상대량이 0인 대립유전자 d가 세포 II에는 2만큼 존재하므로 II는 I 또는 III과 같은 개체일 수 없다. 핵상이 $2n$인 세포 III에서 대립유전자 A와 a의 DNA 상대량의 합이 1이므로 (가)의 유전자는 X 염색체에 있다.

출제분석 | DNA 상대량 표를 분석하여 각각의 대립유전자가 상염색체, X 염색체 중 어느 염색체에 존재하는지 알아내고, 각 세포가 어떤 개체의 것인지 성별을 통해 확인해야 하는 문항이다. DNA 상대량을 통해 핵상을 찾고 이를 바탕으로 대립유전자의 위치와 세포의 성별을 추론할 수 있어야 한다.

다음은 사람의 유전 형질 (가)와 (나)에 대한 자료이다.

> ○ (가)와 (나)의 유전자는 서로 다른 상염색체에 있다.
> ○ (가)는 1쌍의 대립유전자에 의해 결정되며, 대립유전자에는
>   A, B, D가 있다. A는 B와 D에 대해, B는 D에 대해 각각
>   완전 우성이다. ➡ 복대립 유전
> ○ (나)는 서로 다른 상염색체에 있는 2쌍의 대립유전자 E와
>   e, F와 f에 의해 결정된다. (나)의 표현형은 유전자형에서
>   대문자로 표시되는 대립유전자의 수에 의해서만 결정되며,
>   이 대립유전자의 수가 다르면 표현형이 다르다. ➡ 다인자 유전
> ○ 표는 사람 Ⅰ~Ⅳ에서 성별, (가)와
>   (나)의 유전자형을 나타낸 것이다.
>
> | 사람 | 성별 | 유전자형 |
> |---|---|---|
> | R Ⅰ | 남 | ABEeFf |
> | P Ⅱ | 남 | ADEeFf |
> | Q Ⅲ | 여 | BDEEff |
> | S Ⅳ | 여 | DDEeFF |
>
> ○ P와 Q 사이에서 @가 태어날 때,
>   @에게서 나타날 수 있는 (가)와
> 3×3가지 ← (나)의 표현형은 최대 9가지이다.
> ○ R와 S 사이에서 ⓑ가 태어날 때,
>   ⓑ에게서 나타날 수 있는 (가)와 (나)의 표현형은 최대
> 2×4=8 ← ㉠가지이다.
> ○ P와 R는 Ⅰ과 Ⅱ를 순서 없이 나타낸 것이고, Q와 S는 Ⅲ과
>   Ⅳ를 순서 없이 나타낸 것이다.

이에 대한 설명으로 옳은 것만을 〈보기〉에서 있는 대로 고른 것은?
(단, 돌연변이는 고려하지 않는다.)

> **보기**
> ➡ 한 쌍의 대립 유전자에 의해 결정
> ㄱ. (가)의 유전은 단일 인자 유전이다.
> ㄴ. ㉠은 ~~6~~ 8이다.
> [A], 대문자 2개 　　　　$\frac{1}{2} \times \frac{3}{8} = \frac{3}{16}$ →
> ㄷ. ⓑ의 (가)와 (나)의 표현형이 모두 R와 같을 확률은 ~~3/8~~이다.

① ㄱ　　② ㄴ　　③ ㄱ, ㄷ　　④ ㄴ, ㄷ　　⑤ ㄱ, ㄴ, ㄷ

|자|료|해|설|

(가)는 1쌍의 대립유전자에 의해 결정되므로 단일 인자
유전이고, 대립 유전자의 종류가 A, B, D 3가지이므로
복대립 유전에 해당한다. (나)는 2쌍의 대립유전자에 의해
결정되므로 다인자 유전이다.

P와 Q 사이에서 @가 태어날 때 @에게서 나타날 수 있는
(가)와 (나)의 표현형은 최대 9가지이므로, (가)의 표현형이
3가지, (나)의 표현형이 3가지임을 알 수 있다. (가)의
대립유전자 사이의 우열 관계는 A>B>D이므로, 표의
Ⅰ~Ⅳ 중 자식의 (가)의 표현형이 3가지가 될 수 있는
조합은 P가 Ⅱ, Q가 Ⅲ인 경우뿐이다. 따라서 R은 Ⅰ, S는
Ⅳ이다.

R과 S 사이에서 ⓑ가 태어날 때, ⓑ에게서 나타날 수 있는
(가)의 표현형은 2가지([A], [B])이고, (나)의 표현형은
4가지(대문자로 표시되는 대립유전자 수 1~4개)이다.
따라서 ⓑ에게서 나타날 수 있는 (가)와 (나)의 표현형은
2×4=8가지이며, ㉠은 8이다.

|보|기|풀|이|

ㄱ. **정답** : (가)의 유전은 1쌍의 대립유전자에 의해 결정되는
단일 인자 유전이다.

ㄴ. 오답 : ㉠은 8이다.

ㄷ. 오답 : R의 (가)의 표현형은 [A], (나)의 표현형은
대문자 대립유전자 수 2개이므로 ⓑ의 (가)와 (나)의
표현형이 모두 R와 같을 확률은 ⓑ가 R로부터 A를
물려받을 확률과 대문자 대립유전자를 2개 가질 확률을
곱한 값이다. 즉 $\frac{1}{2} \times \frac{{}_3C_1}{2^3} = \frac{1}{2} \times \frac{3}{8} = \frac{3}{16}$이다.

🤖 **문제풀이 TIP** | S는 ⓑ에게 F를 물려주므로 ⓑ는 대문자
대립유전자를 적어도 1개 가진다(__F_). 따라서 ⓑ가 R와 같이
대문자 대립유전자를 2개 가지려면 남은 3개의 유전자 중 1개만
대문자 대립유전자여야 하므로 그 확률은 $\frac{{}_3C_1}{2^3}$가 된다.

다음은 사람의 유전 형질 (가)~(다)에 대한 자료이다.

○ (가)~(다)의 유전자는 서로 다른 2개의 상염색체에 있다.

○ (가)는 대립유전자 A와 a에 의해, (나)는 대립유전자 B와 b에 의해, (다)는 대립유전자 D와 d에 의해 결정된다.

○ P의 유전자형은 AaBbDd이고, Q의 유전자형은 AabbDd이며, P와 Q의 핵형은 모두 정상이다.

○ 표는 P의 세포 Ⅰ~Ⅲ과 Q의 세포 Ⅳ~Ⅵ 각각에 들어 있는 A, a, B, b, D, d의 DNA 상대량을 나타낸 것이다. ㉠~㉢은 0, 1, 2를 순서 없이 나타낸 것이다.

→ 같은 염색체에 존재(연관)

사람	세포	DNA 상대량						
		A	a	B	b	D	d	
P	n Ⅰ	0	1	? 0	㉢ 1	0	㉡ 0	ab → @ : 결실
	n Ⅱ	㉠2	㉡0	㉠2	? 0	㉠2	? 0	ABD(복제된 상태)
	n Ⅲ	? 1	㉡0	0	㉢ 1	㉢1	㉡0	AbD
Q	$2n$ Ⅳ	㉢1	? 1	? 0	2	㉢1	㉢1	AabbDd
	n Ⅴ	㉡0	㉢1	0	㉠ 2	㉢1	? 0	abbD
	n Ⅵ	㉠2	? 0	? 0	㉠2	㉡0	㉠2	Abd(복제된 상태)

→ ⓑ : 염색체 비분리

A┼┼a
D┼┼d
B┼┼b

A┼┼a
d┼┼D
b┼┼b

○ 세포 ⓐ와 ⓑ 중 하나는 염색체의 일부가 결실된 세포이고, 나머지 하나는 염색체 비분리가 1회 일어나 형성된 염색체 수가 비정상적인 세포이다. ⓐ는 Ⅰ~Ⅲ 중 하나이고, ⓑ는 Ⅳ~Ⅵ 중 하나이다. → ⓐ / → ⓑ

○ Ⅰ~Ⅵ 중 ⓐ와 ⓑ를 제외한 나머지 세포는 모두 정상 세포이다.

이에 대한 설명으로 옳은 것만을 〈보기〉에서 있는 대로 고른 것은? (단, 제시된 돌연변이 이외의 돌연변이와 교차는 고려하지 않으며, A, a, B, b, D, d 각각의 1개당 DNA 상대량은 1이다.)

보기

㉠. (가)의 유전자와 (다)의 유전자는 같은 염색체에 있다.

ㄴ. Ⅳ는 염색체 수가 비정상적인 세포이다. → 정상적인

ㄷ. ⓐ에서 a의 DNA 상대량은 ⓑ에서 d의 DNA 상대량과 같다. 다르다 → 1 → 0

① ㉠   ② ㄴ   ③ ㄷ   ④ ㉠, ㄴ   ⑤ ㉠, ㄷ

|자|료|해|설|

Q(AabbDd)의 정상 세포에서 b의 DNA 상대량은 1, 2, 4 중 하나의 값을 갖는다. ㉠이 0이라고 가정하면, Ⅴ와 Ⅵ에서 b의 DNA 상대량은 모두 0이므로 Ⅴ와 Ⅵ 모두 비정상적인 세포가 되기 때문에 ㉠은 0이 아니다.

㉢이 0이라고 가정하면, Ⅳ에서 D와 d의 DNA 상대량이 모두 0이므로 Ⅳ는 비정상적인 세포이다. 이때 정상 세포 Ⅴ에서 a와 B의 DNA 상대량이 0이므로 Ⅴ의 핵상은 n이고, Ⅴ는 A와 b를 갖는다. ㉠과 ㉡은 각각 1 또는 2 중 하나에 해당하는데, 정상 세포에서 이는 불가능하므로 ㉢은 0이 아니다. 따라서 ㉡의 값이 0이라는 것을 알 수 있다.

Ⅰ에서 D와 d의 DNA 상대량이 모두 0이므로 Ⅰ이 ⓐ이다. ⓐ는 결실 또는 염색체 비분리가 일어나 염색체 하나를 갖지 않는 상태 중 하나에 해당하며, 이때 핵상이 n인 Ⅰ에서 a의 DNA 상대량이 1일 때 b의 DNA 상대량(㉢)은 2가 될 수 없다. 따라서 ㉢은 1이고, ㉠은 2이다. Ⅰ, Ⅱ, Ⅲ의 핵상은 모두 n이고, DNA 상대량을 토대로 각 세포에 포함된 유전자를 정리하면 Ⅰ(ⓐ)은 ab, Ⅱ는 ABD(복제된 상태), Ⅲ은 AbD이다. 이를 통해 P에서 A와 D가 같은 염색체에 존재하고, Ⅰ(ⓐ)에서 d가 결실되었다는 것을 알 수 있다.

ⓑ는 염색체 비분리가 1회 일어나 형성된 염색체 수가 비정상적인 세포이고, Ⅴ에서 a와 D의 DNA 상대량이 1이고 b의 DNA 상대량이 2이므로 Ⅴ는 b를 갖는 염색체에서 비분리가 일어나 형성된 ⓑ라는 것을 알 수 있다. Ⅳ의 핵상은 $2n$, Ⅴ와 Ⅵ의 핵상은 n이고 DNA 상대량을 토대로 각 세포에 포함된 유전자를 정리하면 Ⅳ는 AabbDd, Ⅴ는 abbD, Ⅵ은 Abd(복제된 상태)이다. 연관 상태를 유전자형으로 나타내면 P(AD/ad, Bb), Q(Ad/aD, bb)이다.

|보|기|풀|이|

㉠ 정답 : (가)의 유전자와 (다)의 유전자는 같은 염색체에 함께 존재한다.

ㄴ. 오답 : Ⅳ(AabbDd)는 염색체 수가 정상적인 $2n$의 세포이다.

ㄷ. 오답 : ⓐ(ab)에서 a의 DNA 상대량은 1이고, ⓑ(abbD)에서 d의 DNA 상대량은 0이다.

😀 **문제풀이 TIP** | ㉠과 ㉢의 값이 각각 0일 때를 가정하여 모순되는 상황을 찾아보자. (가)~(다)의 유전자는 상염색체에 존재하므로 정상 세포는 (가), (나), (다)의 유전자 각각을 적어도 하나씩 갖고 있다. 또한 정상 세포에서 한 가지 형질을 결정하는 유전자의 DNA 상대량 합이 1일 때, 다른 형질을 결정하는 유전자의 DNA 상대량 합은 2가 될 수 없다.

😎 **출제분석** | 여러 번의 가정을 통해 ㉠, ㉡, ㉢의 값을 구분하고, 결실과 염색체 비분리가 일어난 세포와 유전자의 연관 상태까지 알아내야 하는 난도 '최상'의 문항이다. 표에 주어진 정보가 적어 해결에 어려움을 느낀 학생들이 많았을 것이다. ㉠, ㉡, ㉢으로 채워진 부분이 많고 제시된 세포의 수가 많아 문제에 접근하는 방법이 쉽게 보이지 않으며, 여러 상황을 종합적으로 따져야 하기 때문에 난도가 높다. 이 문항에 대한 다양한 풀이 방법을 찾아보고 적용해보는 것이 앞으로 수능을 대비하는데 큰 도움이 될 것이다.

다음은 사람 P의 세포 (가)~(다)에 대한 자료이다.

남자(XY)　　　다인자 유전

○ 유전 형질 ⓐ는 2쌍의 대립유전자 H와 h, T와 t에 의해
　결정되며, ⓐ의 유전자는 서로 다른 2개의 염색체에 있다.

○ (가)~(다)는 생식세포 형성 과정에서 나타나는 중기의 세포
　이다. (가)~(다) 중 2개는 G_1기 세포 Ⅰ로부터 형성되었고,
　나머지 1개는 G_1기 세포 Ⅱ로부터 형성되었다.

○ 표는 (가)~(다)에서 대립유전자 ㉠~㉣의 유무를 나타낸
　것이다. ㉠~㉣은 H, h, T, t를 순서 없이 나타낸 것이다.

모두 핵상 : n(감수2분열 중기)

세포

대립유전자	(가)Ⅰ	(나)Ⅱ	(다)Ⅰ
상염색체에 존재 ㉠	×	×	○
㉡	○	○	×
성염색체에 존재 ㉢	×	×	×
㉣	×	○	○

(○: 있음, ×: 없음)

이에 대한 설명으로 옳은 것만을 <보기>에서 있는 대로 고른 것은?
(단, 돌연변이와 교차는 고려하지 않는다.) 3점

보기

ㄱ. P에서 ㉠과 ㉢을 모두 갖는 생식세포가 형성될 수 있다. 없다

ㄴ. (가)와 (다)의 핵상은 같다. → n

ㄷ. Ⅰ로부터 (나)가 형성되었다. Ⅱ

① ㄱ　　✔ ㄴ　　③ ㄷ　　④ ㄱ, ㄷ　　⑤ ㄴ, ㄷ

세포 Ⅰ
성염색체 중
X 염색체에
있다고 가정
하고 그림

$2n$

$2n$

n　　n

(다)　　(가)

|자|료|해|설|

ⓐ는 2쌍의 대립유전자에 의해 형질이 결정되므로 다인자
유전에 해당한다. 표를 보면 사람 P의 세포 Ⅰ과 Ⅱ로부터
형성된 (가)~(다)에 유전자 ㉠, ㉡, ㉣이 포함되어 있다.
즉, P의 체세포($2n$)에는 ㉠, ㉡, ㉣이 모두 포함되어
있으며, 이 중에서 일부만 갖는 (가)~(다)의 핵상은 모두
n이다. 따라서 (가)~(다)는 감수 2분열 중기의 세포이다.
대립유전자 H와 h, T와 t가 모두 상염색체에 존재한다면
핵상이 n인 세포는 H와 h 중 하나, T와 t 중 하나의
유전자를 갖고 있어야 한다. 그러나 (가)에는 ㉡ 하나만
있으므로 H와 h, T와 t 중 하나는 상염색체에, 다른
하나는 성염색체에 있다. 이때 ㉡은 상염색체에 있으며,
사람 P는 성염색체 구성이 XY인 남자이다. 즉, ㉣은
X 염색체 또는 Y 염색체에 있으며 (가)는 ㉣이 존재하지
않는 성염색체 하나를 가지고 있다.
감수 1분열 때 상동 염색체가 분리되므로 핵상이 n인
세포에 함께 존재하는 유전자는 서로 대립유전자 관계가
아니다. (나)에 ㉡과 ㉣이 함께 있으므로 두 유전자는
대립유전자 관계가 아니며, ㉡이 상염색체에 있으므로
㉣은 성염색체에 있다. 마찬가지로 (다)에 ㉠과 ㉣이 함께
있으므로 두 유전자는 대립유전자 관계가 아니며, ㉣이
성염색체에 있으므로 ㉠은 상염색체에 있다. 정리하면,
ⓐ를 결정하는 유전자 중 상염색체에 존재하는 유전자의
유전자형은 ㉠㉡(이형 접합성)이고, 성염색체에 존재하는
유전자의 유전자형은 $X^㉣Y$ 또는 $XY^㉣$이다.
세포 Ⅰ으로부터 형성된 2개의 세포는 대립유전자 ㉠과
㉡ 중 하나, X 염색체와 Y 염색체 중 하나를 포함하므로
서로 다른 유전자 구성을 가져야 한다. 따라서 ㉡을 갖는
(가)와 ㉠, ㉣을 갖는 (다)가 Ⅰ으로부터 형성되었고, (나)는
Ⅱ로부터 형성되었다.

|보|기|풀|이|

ㄱ. 오답 : P는 ㉢을 갖고 있지 않으므로 P에서 ㉠과 ㉢을
모두 갖는 생식세포는 형성될 수 없다.

ㄴ. 정답 : P의 체세포($2n$)에는 ㉠, ㉡, ㉣이 포함되어
있으며, 이 중 일부만 갖는 (가)~(다)의 핵상은 모두
n이다.

ㄷ. 오답 : (가)와 (다)는 Ⅰ으로부터, (나)는 Ⅱ로부터
형성되었다.

🤓 **문제풀이 TIP** | 동일 개체 내에서 체세포($2n$)와 구성이 다른 나머지 세포의 핵상은 n이다. (가)에는 ㉡ 하나만 있으므로 H와 h, T와 t 중 하나는 상염색체에, 다른 하나는
성염색체에 있다. 이때 ㉡은 상염색체에 있으며, 사람 P는 성염색체 구성이 XY인 남자라는 것을 알 수 있다. 핵상이 n인 세포에는 상동 염색체가 존재하지 않으므로, n의 세포에 함께
존재하는 유전자는 서로 대립유전자가 아니다.

🙂 **출제분석** | 대립유전자의 유무로 각 세포의 핵상과 개체의 성별, 대립유전자, 각 유전자가 위치하는 염색체의 종류(상염색체 또는 성염색체)를 종합적으로 분석해야 하는 난도
'상'의 문항이다. 유전자 또는 염색체의 유무를 통해 문제를 해결해야 하는 이러한 유형의 문항이 최근 고난도 문제로 자주 출제되고 있다. 문제를 풀어나가는 방법을 꼼꼼히 익히고
비슷한 유형의 문항에 반복 적용하는 연습을 하며 출제를 대비하자.

 더 자세한 해설 @

STEP 1. 대립 유전자 찾기

(가)~(다)는 사람 P의 세포이므로 P는 ㉠, ㉡, ㉣ 유전자를 가진다. 따라서 (가)~(다)가 감수 1분열 중기의 세포라면 ㉠, ㉡, ㉣을 모두 가져야 하는데, (가)는 ㉠과 ㉣을, (나)는 ㉠을, (다)는 ㉡을 가지지 않으므로 (가)~(다)는 감수 2분열 중기의 세포로부터 형성되었다. 감수 1분열에서는 상동 염색체가 분리되므로 감수 1분열이 지나고 같은 생식세포에 존재하는 유전자는 대립 유전자가 아니다. 따라서 (나)에서 ㉡과 ㉣, (다)에서 ㉠과 ㉣은 대립 유전자가 아니므로 ㉠과 ㉡이 대립 유전자이고, ㉢과 ㉣이 대립 유전자임을 알 수 있다. 이때 (가)에서는 ㉢과 ㉣이 모두 존재하지 않는 것을 통해 ㉢과 ㉣이 존재하는 염색체를 알아낼 수 있다.

1. ㉢과 ㉣이 상염색체에 존재

P는 ㉣을 가지므로 P는 ㉣에 대해 동형 접합성이거나 이형 접합성이다. ㉣에 대해 동형 접합성인 경우 감수 2분열 중기의 생식세포에는 ㉣이 반드시 존재해야 하고, 이형 접합성인 경우 감수 2분열 중기의 생식세포에 ㉢과 ㉣ 중 하나는 반드시 존재해야 한다. 하지만 (가)는 ㉢과 ㉣이 모두 존재하지 않으므로 ㉢과 ㉣은 상염색체에 존재하지 않는다.

2. ㉢과 ㉣이 성염색체에 존재

㉢과 ㉣이 상염색체에 존재하지 않으므로 성염색체에 존재한다는 것을 알 수 있다. 이때 P가 여성이라면, 성염색체로 X 염색체를 2개 가지므로 ㉢과 ㉣이 상염색체에 존재하는 경우와 마찬가지로 (가)에는 ㉢과 ㉣ 중 하나가 반드시 존재해야 하지만 (가)에는 모두 존재하지 않으므로 P는 남성이다.

2-1. ㉢과 ㉣이 X 염색체에 존재

㉢과 ㉣이 X 염색체에 존재한다면 (나)와 (다)는 X 염색체만 가지고, (가)는 Y 염색체만 가진다.

생식세포	(가)	(나)	(다)
성염색체	Y	X	X
유전자	−	㉣	㉣

2-2. ㉢과 ㉣이 Y 염색체에 존재

㉢과 ㉣이 Y 염색체에 존재한다면 (나)와 (다)는 Y 염색체만 가지고, (가)는 X 염색체만 가진다. 이때 ㉢과 ㉣이 X 또는 Y 염색체에 존재하는 두 경우 모두 가능하므로 어떤 염색체에 존재하는지는 알 수 없다.

생식세포	(가)	(나)	(다)
성염색체	X	Y	Y
유전자	−	㉣	㉣

STEP 2. 세포Ⅰ, 세포Ⅱ로부터 형성된 생식세포 알아내기

㉢과 ㉣이 성염색체에 존재하고, 주어진 조건에서 두 유전자는 다른 염색체에 존재한다고 했으므로 ㉠과 ㉡은 상염색체에 존재한다. 이때 P는 ㉠과 ㉡을 모두 가지므로 이 유전자에 대해 이형 접합성이다. 감수 1분열에서는 상동 염색체가 분리되므로 같은 세포로부터 형성된 이 시기 직후의 두 생식세포를 A, B라고 하면 두 생식세포는 상동 염색체를 각각 하나씩 가지게 된다. 따라서 A가 ㉠이 존재하는 염색체와 ㉡이 존재하는 염색체 중 하나를 가지면 B는 나머지 하나를 가지고, A가 X 염색체와 Y 염색체 중 하나를 가지면 B가 나머지 하나를 가진다.

염색체	경우1		경우2		경우3		경우4	
	A	B	A	B	A	B	A	B
㉠이 있는 염색체	○	×	○	×	×	○	×	○
㉡이 있는 염색체	×	○	×	○	○	×	○	×
X 염색체	○	×	×	○	○	×	×	○
Y 염색체	×	○	○	×	×	○	○	×

(가)와 (나)는 ㉡을 동시에 가지고, (나)와 (다)는 ㉣을 동시에 가지기 때문에 같은 세포로부터 형성될 수 없다. 따라서 (가)와 (다)가 세포Ⅰ로부터 형성되었고 (나)는 세포Ⅱ로부터 형성된 것을 알 수 있다.

이때 세포Ⅱ로부터 형성된 생식세포를 (나), (라)라고 하면 (라)는 ㉠~㉣ 중 ㉠만 가진다.

대립 유전자	(가)	(나)	(다)	(라)
	세포Ⅰ	세포Ⅱ	세포Ⅰ	세포Ⅱ
㉠	×	×	○	○
㉡	○	○	×	×
㉢	×	×	×	×
㉣	×	○	○	×

STEP 3. 보기 풀이

ㄱ. **오답** | P는 유전자 ㉢을 가지지 않으므로 ㉢을 가지는 생식세포를 형성할 수 없다.

ㄴ. **정답** | (가)~(다)는 ㉠, ㉡, ㉣ 유전자 중 가지지 않는 유전자가 존재하므로 핵상이 모두 n이다.

ㄷ. **오답** | (가)와 (나)는 ㉡을 동시에 가지고, (나)와 (다)는 ㉣을 동시에 가지기 때문에 같은 세포로부터 형성될 수 없다. 따라서 (나)는 세포Ⅱ로부터 형성되었다.

사람의 유전 형질 (가)는 서로 다른 상염색체에 있는 2쌍의 대립유전자 H와 h, T와 t에 의해 결정된다. 표는 어떤 사람의 세포 ㉠~㉢에서 H와 t의 유무를, 그림은 ㉠~㉢에서 대립유전자 ⓐ~ⓓ의 DNA 상대량을 나타낸 것이다. ⓐ~ⓓ는 H, h, T, t를 순서 없이 나타낸 것이다.

대립유전자	세포		
	㉠	㉡	㉢
H	○	?○	×
t	?×	×	×

(○: 있음, ×: 없음)

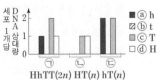

HhTT(2n)   HT(n)   hT(n)

이에 대한 설명으로 옳은 것만을 〈보기〉에서 있는 대로 고른 것은? (단, 돌연변이와 교차는 고려하지 않으며, H, h, T, t 각각의 1개당 DNA 상대량은 1이다.)

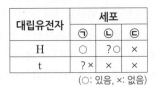

보기

ㄱ. ⓐ는 ⓒ와 <s>대립유전자이다.</s> 대립유전자가 아니다

ㄴ. ⓓ는 H이다.

ㄷ. 이 사람에서 h와 t를 모두 갖는 생식세포가 형성될 수 <s>있다.</s> 없다

① ㄱ   ✓② ㄴ   ③ ㄷ   ④ ㄱ, ㄴ   ⑤ ㄴ, ㄷ

|자|료|해|설|

그래프에서 ㉠에는 DNA 상대량이 1인 대립유전자도 있고 2인 대립유전자도 있으므로 ㉠은 핵상이 2n이면서 DNA가 복제되지 않은 세포라는 것을 알 수 있다. 따라서 ㉠과 유전자 구성이 다른 ㉡과 ㉢의 핵상은 각각 n이며, ㉡은 염색분체 분리(감수 2분열)가 일어난 세포, ㉢은 DNA가 복제된 상태의 세포이다.

표에서 ㉡과 ㉢은 모두 t를 갖지 않는데, 그래프에서 ⓐ~ⓓ 중 ㉡과 ㉢이 공통적으로 갖지 않는 대립유전자는 ⓑ이므로 ⓑ는 t이다. 이때 그래프에서 ㉠ 또한 ⓑ(t)를 갖지 않으므로 ㉠에서 T의 DNA 상대량이 2여야 하고, 따라서 ⓒ가 T라는 것을 알 수 있다. 남은 ⓐ와 ⓓ는 각각 H와 h 중 하나이다. 한편 표에서 ㉠에는 H가 있고 ㉢에는 H가 없으므로 그래프에서 ㉠과 ㉢을 비교해보면 ⓓ가 H라는 것을 알 수 있고, ⓐ는 h가 된다.

|보|기|풀|이|

ㄱ. 오답 : ⓐ는 h, ⓒ는 T이므로 대립유전자가 아니다.

ㄴ. 정답 : ㉠에는 있고 ㉢에는 없는 대립유전자 ⓓ는 H이다.

ㄷ. 오답 : 이 사람의 (가)의 유전자형은 HhTT이므로 이 사람에서 h와 t를 모두 갖는 생식세포는 형성될 수 없다.

👀 **문제풀이 T I P** | 감수 분열이 일어나는 과정에서 상동 염색체가 분리되므로 핵상이 n인 세포에는 한쌍의 대립유전자가 함께 존재할 수 없다. 즉 핵상이 n인 세포 ㉢에 함께 들어 있는 ⓐ와 ⓒ는 대립유전자가 아니다.

사람의 유전 형질 (가)는 상염색체에 있는 대립유전자 H와 h에 의해, (나)는 X 염색체에 있는 대립유전자 T와 t에 의해 결정된다. 표는 세포 Ⅰ~Ⅳ가 갖는 H, h, T, t의 DNA 상대량을 나타낸 것이다. Ⅰ~Ⅳ 중 2개는 남자 P의, 나머지 2개는 여자 Q의 세포이다. ㉠~㉢은 0, 1, 2를 순서 없이 나타낸 것이다.

세포	상염색체 DNA 상대량		X염색체		
	H	h	T	t	
n Ⅰ	㉢ 1	0	㉠ 0	? 0	HY 남자 P
(복제) n Ⅱ	㉡ 2	㉠ 0	0	㉡ 2	HXt 여자 Q
2n Ⅲ	? 1	㉢ 1	㉠ 0	㉡ 2	HhXtXt 여자 Q
(복제) 2n Ⅳ	4	0	2	㉠ 0	HHXTY 남자 P

이에 대한 설명으로 옳은 것만을 〈보기〉에서 있는 대로 고른 것은? (단, 돌연변이와 교차는 고려하지 않으며, H, h, T, t 각각의 1개당 DNA 상대량은 1이다.) **3점**

보기

ㄱ. ㉡은 2이다.

ㄴ. Ⅱ는 Q의 세포이다.

ㄷ. Ⅰ이 갖는 t의 DNA 상대량과 Ⅲ이 갖는 H의 DNA 상대량은 <s>같다.</s> 다르다   0(HY)   1(HhXtXt)

① ㄱ   ② ㄴ   ✓③ ㄱ, ㄴ   ④ ㄴ, ㄷ   ⑤ ㄱ, ㄴ, ㄷ

|자|료|해|설|

상염색체에 존재하는 H의 DNA 상대량이 4인 경우는 핵상이 2n이고 동형 접합이면서 염색체가 복제된 경우뿐이다. 따라서 Ⅳ의 핵상은 2n이고, 복제된 상태이므로 ㉠은 1이 될 수 없다. ㉠을 2라고 가정하면, Ⅲ에서 X 염색체에 존재하는 T의 DNA 상대량(㉠)이 2이므로 t의 DNA 상대량(㉡)은 1이 될 수 없다. 따라서 ㉡은 0, ㉢은 1이다. Ⅰ에서 상염색체에 존재하는 H의 DNA 상대량(㉢)이 1이므로 Ⅰ의 핵상은 n이고, 이때 X 염색체에 존재하는 T의 DNA 상대량(㉠)은 2가 될 수 없다. 가정이 모순되므로 ㉠은 0이다. Ⅳ에서 H와 h의 DNA 상대량 합이 T와 t의 DNA 상대량 합의 두 배이므로 Ⅳ는 남자 P의 세포이고, 유전자형은 HHXTY이다. Ⅲ에서 상염색체에 존재하는 h의 DNA 상대량(㉢)을 2라고 가정하면, t의 DNA 상대량(㉡)은 1이 되고 Ⅲ의 유전자형은 hhXtY되어 남자 P의 유전자형과 다르므로 모순이다. 따라서 ㉡은 2, ㉢은 1이다. 이를 토대로 각 세포의 유전자형을 정리하면 Ⅰ은 HY, Ⅱ는 HXt, Ⅲ은 HhXtXt, Ⅳ는 HHXTY이고 Ⅰ과 Ⅳ는 남자 P의 세포, Ⅱ와 Ⅲ은 여자 Q의 세포이다.

|보|기|풀|이|

ㄱ. 정답 : ㉠은 0, ㉡은 2, ㉢은 1이다.

ㄴ. 정답 : Ⅰ과 Ⅳ는 남자 P의 세포, Ⅱ와 Ⅲ은 여자 Q의 세포이다.

ㄷ. 오답 : Ⅰ(HY)이 갖는 t의 DNA 상대량은 0이고, Ⅲ(HhXtXt)이 갖는 H의 DNA 상대량은 1이다.

STEP 1. 감수분열 과정 알아보기

상염색체에 존재하는 유전자 A_1, A_2와 X 염색체에 존재하는 유전자 B_1, B_2를 가지는 세포가 감수분열하는 과정을 유전자량을 중심으로 살펴보자.

① 체세포 하나에는 A와 B 각 유전자에 대해 DNA 상대량이 2이다.

② 감수1분열이 일어날 때 DNA 복제가 일어나 염색분체의 수가 2배가 되고 상동 염색체끼리 접합하여 2가 염색체가 만들어진다. 이때 각 유전자에 대해 DNA 상대량은 4이다. 분열 후에는 상동 염색체가 분리되어 핵상이 n인 2개의 딸세포가 만들어진다. 이때 각각의 딸세포에 A_1과 B_1, A_2와 B_2가 존재할 수도 있고, A_2와 B_1, A_1과 B_2가 존재할 수도 있다.

③ 감수2분열이 일어날 때 각 유전자에 대해 DNA 상대량은 2이다. 분열 후에는 염색 분체가 분리되어 다시 2개의 딸세포가 만들어진다.

④ 감수2분열 후에는 세포 하나당 각 유전자에 대해 DNA 상대량이 1이다.

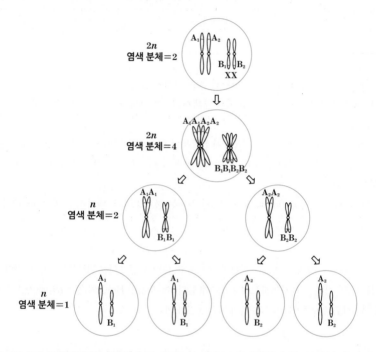

여성은 성염색체로 X 염색체를 2개 가지기 때문에 X 염색체에 존재하는 유전자도 상염색체와 같은 과정으로 유전자가 나눠진다. 만약 A 유전자에 대해 동형 접합성인 경우 A_1과 A_2의 상대량 값을 더하면 되고, 이는 B도 마찬가지이다. 단, 남성은 Y 염색체를 가지며 이는 그림에서 B_1 또는 B_2의 DNA 상대량이 0이 되는 경우와 같다. 이를 표로 나타내보자.

여성									
핵상	염색 분체	경우1				경우2			
		A_1	A_2	B_1	B_2	A_1	A_2	B_1	B_2
$2n$	2	1	1	1	1	1	1	1	1
$2n$	4	2	2	2	2	2	2	2	2
n	2	2	0	2	0	2	0	0	2
		0	2	0	2	0	2	2	0
n	1	1	0	1	0	1	0	0	1
		1	0	1	0	1	0	0	1
		0	1	0	1	0	1	1	0
		0	1	0	1	0	1	1	0

남성		경우1				경우2			
핵상	염색분체	A_1	A_2	B	Y	A_1	A_2	B	Y
$2n$	2	1	1	1	0	1	1	1	0
$2n$	4	2	2	2	0	2	2	2	0
n	2	2	0	2	0	2	0	0	0
		0	2	0	0	0	2	2	0
n	1	1	0	1	0	1	0	0	0
		1	0	1	0	1	0	0	0
		0	1	0	0	0	1	1	0
		0	1	0	0	0	1	1	0

STEP 2. 문제에 적용하기

세포Ⅳ의 세 가지 유전자에 대한 정보를 알고 있으므로 나머지 하나인 ㉠을 먼저 찾자.

세포Ⅳ에 존재하는 H 유전자의 DNA 상대량이 4이므로 세포Ⅳ에서 염색체는 2가 염색체로 존재하는 것을 알 수 있고, 세포Ⅳ를 가지는 사람은 H에 대해 동형 접합성인 것을 알 수 있다.

주어진 조건에서 T와 t는 X 염색체에 존재한다고 했으므로 세포Ⅳ가 P로부터 얻은 세포이면 세포에 X 염색체가 존재하는 경우에는 H와 h의 상대량 합과 T와 t의 상대량 합의 비가 2:1이다. 만약 Q로부터 얻은 세포이면 H+h, T+t의 비가 1:1이어야 한다. 따라서 ㉠은 세포Ⅳ가 P의 세포인 경우 0이고, Q의 세포인 경우 2이다.

세포Ⅲ은 ㉠, ㉡, ㉢을 모두 가지는데, 대립 유전자인 ㉠과 ㉡의 합이 3인 경우는 불가능하다. 따라서 ㉠과 ㉡ 중 하나는 0이고, ㉢은 0이 아니므로 1과 2 중 하나이다.

1. ㉠=2인 경우

㉠이 2라면 ㉢이 바로 1이 되므로 ㉡은 0이다. 따라서 세포Ⅳ는 Q의 세포이고, Q의 유전자형은 HHX^{T}X^{t}이다. 이때 세포Ⅲ에서 T+t가 2이므로 H+h는 2 또는 4이어야 하는데, H가 3인 경우는 불가능하므로 1이어야 한다. 이에 따라 H+h와 T+t의 비가 1:1이 되어 세포Ⅲ도 Q의 세포가 되며, 이때 Q의 유전자형은 HhX^{T}X^{T}이므로 모순이 생긴다. 따라서 ㉠은 2가 아니다.

2. ㉠=0인 경우

㉠이 0이라면 세포Ⅳ는 P의 세포임을 알 수 있고, P의 유전자형은 HHX^{T}Y이다. 세포Ⅲ에서 ㉢=2이고 ㉡=1이라면 H=0일 때 남성의 세포가 될 수 있지만, 이때 유전자형은 hhX^{t}Y가 되어 P의 유전자형과 모순이 생기므로 세포Ⅲ은 ㉢=1이고, ㉡=2, H=1인 Q의 세포이다. 따라서 Q의 유전자형은 HhX^{t}X^{t}이다.

이에 따라 세포Ⅱ는 H와 t를 가지므로 여자 Q의 세포이고, 주어진 조건에 의해 남자의 세포도 2개이므로 세포Ⅰ은 남자 P의 세포이다.

세포		H	h	T	t
Ⅰ	P	1	0	0	0
Ⅱ	Q	2	0	0	2
Ⅲ	Q	1	1	0	2
Ⅳ	P	4	0	2	0

STEP 3. 보기 풀이

ㄱ. 정답 | ㉡은 2이다.

ㄴ. 정답 | Ⅱ는 t를 가지므로 여자인 Q의 세포이다.

ㄷ. 오답 | Ⅰ이 갖는 t의 상대량은 0이고, Ⅲ이 갖는 H의 상대량은 1이다.

다음은 사람의 유전 형질 (가)와 (나)에 대한 자료이다.

- (가)는 서로 다른 3개의 상염색체에 있는 3쌍의 대립유전자 A와 a, B와 b, D와 d에 의해 결정된다. →다인자 유전
- (가)의 표현형은 유전자형에서 대문자로 표시되는 대립 유전자의 수에 의해서만 결정되며, 이 대립유전자의 수가 다르면 표현형이 다르다.
- (나)는 대립유전자 E, F, G에 의해 결정되고, 표현형은 4가지 이다. 유전자형이 EE인 사람과 EG인 사람의 표현형은 같고, 유전자형이 FF인 사람과 FG인 사람의 표현형은 같다. →복대립 유전
  E=F>G
- (가)와 (나)의 유전자는 서로 다른 상염색체에 있다. →AABBDDGG
- P의 유전자형은 AaBbDdEF이고 P와 Q 사이에서 ⓐ가 태어날 때, ⓐ에게서 나타날 수 있는 (가)와 (나)의 표현형은 최대 8가지이다. →대문자 6개, [E] (가) 4가지 ×(나) 2가지
- ⓐ가 유전자형이 AABBDDEG인 사람과 같은 표현형을 가질 확률과 AABBDDFG인 사람과 같은 표현형을 가질 확률은 각각 0보다 크다. →대문자 6개, [F]

ⓐ가 유전자형이 AaBBDdFG인 사람과 (가)와 (나)의 표현형이 모두 같을 확률은? (단, 돌연변이는 고려하지 않는다.)

→ⓐ(A_B_D__G)의 표현형이 대문자 4개, [F]일 확률=$\frac{_3C_1}{2^3} \times \frac{1}{2} = \frac{3}{16}$

① $\frac{1}{16}$ ② $\frac{1}{8}$ ✓③ $\frac{3}{16}$ ④ $\frac{1}{4}$ ⑤ $\frac{3}{8}$

🤪 **문제풀이 TIP** | (나)의 대립유전자는 E, F, G로 3가지이므로 만약 세 대립유전자 간의 우열 관계가 모두 분명하다면 표현형은 [E], [F], [G]로 3가지여야 한다. 그런데 표현형이 4가지이므로 어느 두 대립유전자의 우열 관계가 분명하지 않다는 것을 알 수 있다. (가)와 (나)의 유전자는 독립되어 있으므로 (가)와 (나)의 표현형의 가짓수는 (가)의 표현형의 가짓수와 (나)의 표현형의 가짓수의 곱으로 생각해볼 수 있다.

😀 **출제분석** | 다인자 유전과 복대립 유전이 혼합된 개념 복합 문항이다. ⓐ에게서 나타날 수 있는 표현형의 가짓수와 ⓐ에게서 나타날 수 있는 표현형을 통해 Q의 유전자형을 추론하는 것이 관건이다. Q의 유전자형만 구하면 구하고자 하는 확률의 계산은 복잡하지 않아 난도가 매우 높은 문항은 아니다.

|자|료|해|설|

3쌍의 대립유전자에 의해 결정되는 유전 형질 (가)는 다인자 유전에 해당하고, 3가지 대립유전자에 의해 결정되는 유전 형질 (나)는 복대립 유전에 해당한다.
(나)의 대립유전자의 우열 관계는 유전자형이 EE인 사람과 EG인 사람의 표현형이 같으므로 E>G이고, FF인 사람과 FG인 사람의 표현형이 같으므로 F>G이다. 이때 (나)의 표현형은 4가지이므로 E와 F의 우열 관계는 분명하지 않으며, (나)의 표현형은 [EF], [E], [F], [G] 이다.
(가)와 (나)의 유전자는 서로 다른 상염색체에 있으므로 ⓐ에게서 나타날 수 있는 (가)와 (나)의 표현형의 최대 가짓수인 8가지=4가지×2가지로 나타낼 수 있다. 이때 P의 (가)의 유전자형이 AaBbDd이므로 Q의 (가)의 유전자형과 무관하게 ⓐ에게서 나타날 수 있는 (가)의 표현형은 2가지일 수 없다. 따라서 ⓐ에게서 나타날 수 있는 (가)의 표현형이 4가지, (나)의 표현형이 2가지이다.
ⓐ의 (가)의 표현형이 4가지이면서, (가)에 대해 대문자 대립유전자의 수가 6개인 표현형을 나타낼 수 있으려면 Q의 (가)의 유전자형은 AABBDD여야 한다. 또한 ⓐ의 (나)의 표현형이 2가지이면서, [E]와 [F]가 나타날 수 있으려면 Q의 (나)의 유전자형은 GG여야 한다. 즉 Q의 유전자형은 AABBDDGG이다.

|선|택|지|풀|이|

③ **정답** : P의 유전자형은 AaBbDdEF이고 Q의 유전자형은 AABBDDGG이므로, ⓐ의 유전자형은 A_B_D__G이다. 이때 ⓐ가 유전자형이 AaBBDdFG인 사람과 (가)와 (나)의 표현형이 모두 같을 확률은 ⓐ가 (가)에 대해 대문자 대립유전자 수가 4개인 표현형과 (나)에 대하여 [F]의 표현형을 나타낼 확률을 의미하므로 $\frac{_3C_1}{2^3} \times \frac{1}{2} = \frac{3}{16}$이다.

어떤 동물 종(2n=6)의 유전 형질 ㉠은 대립유전자 A와 a에 의해, ㉡은 대립유전자 B와 b에 의해, ㉢은 대립유전자 D와 d에 의해 결정된다. ㉠~㉢의 유전자 중 2개는 서로 다른 상염색체에, 나머지 1개는 X 염색체에 있다. 표는 이 동물 종의 개체 P와 Q의 세포 I~IV에서 A, a, B, b, D, d의 DNA상대량을, 그림은 세포 (가)와 (나) 각각에 들어 있는 모든 염색체를 나타낸 것이다. (가)와 (나)는 각각 I~IV 중 하나이다. P는 수컷이고 성염색체는 XY이며, Q는 암컷이고 성염색체는 XX이다.

세포	X 염색체	DNA 상대량					
		A	a	B	b	D	d
QI 2n		0	ⓐ4	?2	2	4	0
PII 2n		2	0	ⓑ2	2	?2	2
PIII n		0	0	1	?0	1	ⓒ0
QIV 2n		0	2	?1	1	2	0

P(수컷) XᴬYBbDd   Q(암컷) XᵃXᵃBbDD

(가)   X 염색체   (나)

↳ II   ↳ IV

이에 대한 설명으로 옳은 것만을 <보기>에서 있는 대로 고른 것은? (단, 돌연변이와 교차는 고려하지 않으며, A, a, B, b, D, d 각각의 1개당 DNA 상대량은 1이다.) 3점

보기

ㄱ. (가)는 ~~I~~II이다.

ㄴ. IV는 Q의 세포이다.

ㄷ. ⓐ+ⓑ+ⓒ=6이다.
     4 + 2 + 0 = 6

① ㄱ   ② ㄴ   ③ ㄱ, ㄷ   ✓④ ㄴ, ㄷ   ⑤ ㄱ, ㄴ, ㄷ

😮 **문제풀이 TIP** | III에서 대립유전자인 A와 a의 DNA 상대량이 모두 0이라는 것으로부터 이 대립유전자들의 위치가 X 염색체이며, III은 핵상이 n인 수컷의 세포임을 알 수 있다.

🙂 **출제분석** | 주어진 DNA 상대량을 분석하여 각 대립 유전자의 위치(상염색체 또는 X 염색체)를 파악하고, 세포의 핵상 및 DNA 상대량을 그림과 함께 종합해 분석하여 각 세포가 어느 개체의 것인지 확인해야 하는 문항이다. 문제 해결의 실마리가 되는 값을 빠르게 포착하기 위해서는 비슷한 유형의 문제들을 반복해서 풀어보도록 한다.

|자|료|해|설|

(가)와 (나)는 모두 상동 염색체 쌍을 가지므로 핵상이 2n인 세포이다. 이때 두 세포의 염색체 구성을 비교해보면 검은색 염색체가 성염색체임을 알 수 있으며, (가)는 XY를 가진 수컷 개체 P의 세포, (나)는 XX를 가진 암컷 개체 Q의 세포이다.

III은 유전 형질 ㉠을 결정하는 대립유전자 A와 a 중 어느 것도 갖지 않는다. 따라서 ㉠의 유전자는 X 염색체에 있고, ㉡과 ㉢의 유전자는 서로 다른 상염색체에 있다. 또한 III은 핵상이 n이고 X 염색체 대신 Y 염색체가 들어 있는 P의 세포임을 알 수 있다.

IV에는 DNA 상대량이 2인 대립유전자도 있고 1인 대립유전자도 있으므로 IV는 핵상이 2n이면서 DNA가 복제되지 않은 세포이다. 이때 a의 DNA 상대량이 2이므로 IV는 X 염색체를 2개 가진다. 따라서 IV는 Q의 세포이고 B의 DNA 상대량이 1이다.

한편 IV에는 없는 A가 II에는 있으므로 II는 Q가 아닌 P의 세포이다. 또한 I에서 D와 d의 DNA 상대량을 더한 값이 4이므로 I은 핵상이 2n이고 DNA가 복제된 세포이다. 그런데 I은 II와 달리 A를 갖지 않으므로 Q의 세포이다.

(가)와 (나)는 각각 I~IV 중 하나라고 했으므로 핵상이 2n이면서 DNA 복제가 일어난 P의 세포 (가)는 II이고, 핵상이 2n이면서 DNA 복제가 일어나지 않은 Q의 세포 (나)는 IV이다. 이를 종합하여 각 세포에서 대립유전자의 DNA 상대량을 정리하면 첨삭한 내용과 같으며, P의 유전자형은 XᴬYBbDd이고 Q의 유전자형은 XᵃXᵃBbDD 임을 알 수 있다.

|보|기|풀|이|

ㄱ. 오답 : (가)는 II이다.

ㄴ. 정답 : IV는 핵상이 2n이면서 DNA 복제가 일어나지 않은 암컷 개체 Q의 세포이다.

ㄷ. 정답 : I은 핵상이 2n이고 DNA 복제가 일어난 Q의 세포이므로 ⓐ=4이고, II는 핵상이 2n이고 DNA 복제가 일어난 P의 세포이므로 ⓑ=2이며, III은 핵상이 n이고 염색분체 분리(감수 2분열)가 일어난 P의 세포이므로 ⓒ=0이다. 즉 ⓐ+ⓑ+ⓒ=4+2+0=6이다.

2. 사람의 유전   01. 사람의 유전 현상

❶ 상염색체에 의한 유전   ★수능에 나오는 필수 개념 2가지 + 필수 암기사항 3개

필수개념 1 단일 인자 유전

단일 인자 유전은 한 쌍의 대립 유전자에 의해 하나의 형질이 결정되는 유전 현상이다.

1. 2개의 대립 유전자가 관여하는 경우 암기 → 단일 대립 유전에 대해 체크된 내용을 기억하자!

하나의 유전 형질에 대한 대립 유전자가 2개인 유전 현상으로, 표현 형질이 명확하게 구분된다.

예 보조개, 눈꺼풀, 미맹, 귓불, 혀말기, 주근깨, 이마선, 손가락 등

2. 3개 이상의 대립 유전자가 관여하는 경우(복대립 유전) 암기 → 복대립 유전에 대해 체크된 내용을 기억하자!

하나의 형질을 결정하는데 3개 이상의 대립 유전자(복대립 유전자)가 관여하는 유전 현상이다.

예 ABO식 혈액형 등

> **ABO식 혈액형**: 형질 결정에 3가지의 대립 유전자(A, B, O)가 관여한다. 이들 세 가지 대립 유전자는 적혈구 표면에 특정한 응집원(항원)의 존재 여부를 결정한다. 대립 유전자 A와 B는 O에 대해 우성이고, 대립 유전자 A와 B는 서로 우열 관계가 없다.

표현형	A형	B형	AB형	O형
유전자형	AA 또는 AO	BB 또는 BO	AB	OO

필수개념 2 다인자 유전

• **다인자 유전** 암기 → 다인자 유전에 대해 체크된 내용을 기억하자!

하나의 유전 형질 발현에 여러 쌍의 대립 유전자가 관여한다. 다양한 유전자 조합이 가능하기 때문에 표현형이 다양하게 나타나며 대립 형질이 뚜렷하게 구별되지 않고 연속적인 형질 분포를 보인다. 환경의 영향을 받으며, 형질에 따른 개체수 분포는 정규 분포 곡선 형태로 나타난다. 예 사람의 키, 몸무게, 피부색, 지문의 형태, 지능 등

> **사람의 피부색 유전**
> ① 사람의 피부색이 독립적으로 유전되는 3쌍의 대립 유전자 A와 a, B와 b, C와 c에 의해 결정된다고 가정하며, 대립 유전자 A, B, C는 피부색을 검게 하는 유전자이다.
> ② 피부색은 유전자의 종류에 관계없이 피부색을 검게 만드는 대립 유전자의 수에 따라 결정된다.
>
>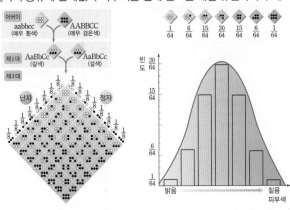
>
> ③ 자손 2대(F₂)에서 피부색을 검게 만드는 유전자의 수가 0~6개까지 가능하므로 피부색의 표현형은 7가지이다.
> ④ 자손 2대(F₂)에서 피부색을 검게 만드는 대립 유전자가 3개인 갈색 피부를 가진 사람의 빈도가 가장 높고, 피부색을 검게 만드는 대립 유전자를 0개 또는 6개 가진 사람의 빈도가 가장 낮다.

기본자료

▶ 단일 인자 유전
불연속적인 변이를 나타낸다.

▲ 단일 인자 유전(혀말기)

▶ 다인자 유전
연속적인 변이를 나타낸다.

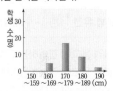

▲ 다인자 유전(키)

▶ 정규 분포 곡선
키, 몸무게 등의 분포를 보면 평균값을 중심으로 좌우 대칭인 종 모양을 이루는데, 이를 정규 분포 곡선이라고 한다.

IV
2
ㅣ
01.
사
람
의
유
전
현
상

❷ 성염색체에 의한 유전 ★수능에 나오는 필수 개념 1가지 + 필수 암기사항 2개

필수개념 1 **반성 유전**

- **반성 유전** : 성염색체(X 염색체 또는 Y 염색체) 상에 있는 유전자에 의해 일어나는 유전 현상으로, 남녀에 따라 형질이 나타나는 빈도가 달라진다.
- **X 염색체에 의한 유전** : 형질을 결정하는 유전자가 정상에 대해 우성인 경우에는 남자에 비해 여자에게서 형질 발현 비율이 높고, 반대로 열성인 경우에는 여자에 비해 남자에게서 형질 발현 빈도가 높다. 남자의 경우에 X 염색체 상의 대립 유전자는 항상 어머니로부터 전달받고, 항상 딸에게만 전달된다. 여자의 경우에는 X 염색체 상의 대립 유전자는 부모 모두에게서 전달받고, 아들과 딸 모두에게 전달된다. **예** 적록 색맹, 혈우병, 피부 얼룩증 등
- **Y 염색체에 의한 유전** : Y 염색체는 아버지로부터 아들에게만 전달되므로 남자에게만 그 형질이 유전된다. **예** 귓속털 과다증 등
- **적록 색맹 유전** ★ **암기** → 적록 색맹 유전에 대해 체크된 내용을 기억하자!

- 색을 구별하는 시각 세포인 원뿔 세포에 이상이 생긴 유전병으로, 적색과 녹색을 잘 구별하지 못한다.
- 적록 색맹 유전자는 X 염색체에 있으며 정상 대립 유전자에 대해 열성이다.
- 남자의 경우에는 X 염색체를 1개만 가지므로 적록 색맹 대립 유전자가 1개($X'Y$)만 있어도 적록 색맹이 되지만, 여자의 경우에는 X 염색체를 2개 가지므로 적록 색맹 대립 유전자가 2개($X'X'$)인 경우에만 적록 색맹이 된다. 따라서 여자보다 남자에서 적록 색맹이 나타날 확률이 높다.

	남자		여자		
유전자형	XY	$X'Y$	XX	XX'	$X'X'$
표현형	정상	적록 색맹	정상	정상(보인자)	적록 색맹

- **혈우병 유전** ★ **암기** → 혈우병 유전에 대해 체크된 내용을 기억하자!

- 혈액 응고에 관여하는 단백질이 결핍되어 혈액 응고가 지연되어 출혈이 지속되는 유전병이다.
- 혈액 응고에 관여하는 단백질을 만들 수 있는 유전자 중 일부가 X 염색체에 있으며, 혈우병 대립 유전자는 정상 대립 유전자에 대해 열성이다.
- 남자의 경우에는 X 염색체를 1개만 가지므로 혈우병 대립 유전자가 1개($X'Y$)만 있어도 혈우병이 되지만, 여자의 경우에는 유전자형이 **열성 동형 접합**($X'X'$)이면 대부분 태아 때 **사망**하므로 여자는 혈우병이 거의 없다. 혈우병 대립 유전자를 하나 갖는 **이형 접합**(XX')이면 혈우병이 나타나지 않는 보인자이다.

	남자		여자		
유전자형	XY	$X'Y$	XX	XX'	$X'X'$
표현형	정상	혈우병	정상	정상(보인자)	대부분 치사

기본자료

▶ 치사
정상적인 수명 이전의 어느 시점에서 죽게 되는 유전 현상이다.

❸ 가계도 분석 ★ 수능에 나오는 필수 개념 2가지 + 필수 암기사항 2개

필수개념 1 가계도 분석

• 가계도 분석하기 *암기 → 가계도 분석 방법을 반드시 이해하자!

> • 1단계 : 유전병을 결정하는 유전자의 우열 관계를 파악한다.
>   부모 세대에 없던 형질이 자손 세대에 나타나면 자손 세대에 나타난 형질이 열성이고, 부모 세대의
>   형질이 우성이다.
> • 2단계 : 상염색체 유전인지 성염색체 유전인지를 파악한다.
>   ─ 유전병이 정상에 대해 열성인 경우, 유전병 유전자가 성염색체인 X 염색체에 의해 유전된다면
>   어머니가 유전병이면 아들도 반드시 유전병이고, 딸이 유전병이면 아버지도 반드시
>   유전병이다. 그렇지 않으면 상염색체에 의한 유전이다.
>   ─ 유전병이 Y 염색체에 의한 유전이라면 남자에게서만 유전병이 나타난다.
> • 3단계 : 유전자형을 표시한다.
>   ─ X 염색체에 의한 유전이라면 대립 유전자는 X, X′로 표시한다.
>   ─ 상염색체에 의한 유전이라면 대립 유전자는 A, a 또는 T, t 등으로 표시한다.

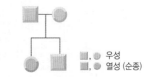

▶ 가계도에서 우열 판단하기

■, ● 우성
■, ● 열성 (순종)

• 자손의 대립 유전자는 반드시
  부모로부터 하나씩 물려받는다.
• 열성은 반드시 동형 접합일 경우에
  발현되므로 부모는 열성 대립 유전자를
  가지고 있는 잡종이다.

• 가계도 분석 연습

> • 1단계 : 우열 관계 파악
>   정상인 부모 1과 2사이에서 유전병인 딸 5가 태어났으므로
>   정상이 우성, 유전병이 열성이다.
> • 2단계 : 상염색체 유전/성염색체 유전 파악
>   유전병인 남자로부터 정상인 4가 나왔으므로 Y 염색체에
>   의한 유전은 아니다. 그리고 딸 5가 유전병인데 아버지인 1이
>   정상이므로 X 염색체에 의한 유전이 아니다. 따라서
>   유전병은 상염색체에 의한 유전이다.
> • 3단계 : 유전자형 표시
>   상염색체에 의한 유전이므로 대립 유전자를 A와 a로
>   표시하면, 오른쪽 그림과 같다.(열성 표현형부터
>   써주면 쉽다.)

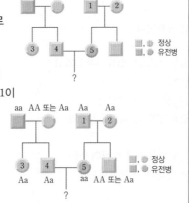

정상
유전병

필수개념 2 X 염색체 유전의 특징

• X 염색체 열성 유전의 특징 *암기 → X 염색체 열성 유전의 특징을 가계도와 연계해서 이해하자!

> • 남녀 모두에게 유전 형질이 나타날 수 있지만, 여자보다 남자에게서 유전 형질의 발현 비율이
>   높다.
> • 어머니가 유전병이면 아들도 반드시 유전병이다. 아들의 X 염색체는 어머니로부터 전달받은
>   것이므로 어머니가 유전병(X′X′)이면 아들도 반드시 유전병(X′Y)이다.
> • 아들이 정상이면 어머니도 정상이다. 정상인 아들(XY)의 X 염색체는 어머니로부터 물려받은
>   것이므로 어머니는 정상(XX, XX′)이다.
> • 아버지가 정상이면 딸도 정상이다. 아버지가 정상(XY)이면 아버지의 X 염색체가 딸에게
>   전달되므로 어머니의 유전병 여부와 관계없이 딸은 정상(XX, XX′)이다.
> • 딸이 유전병이면 아버지도 유전병이다. 유전병인 딸(X′X′)의 X′ 염색체 중 하나는 아버지로부터
>   전달받았으므로 아버지(X′Y)도 유전병이다.

그림은 어느 가족의 가계도를, 표는 이 가계도 구성원의 ABO식 혈액형에 대한 응집원 ㉠과 응집소 ㉡의 유무를 조사한 것이다. 1~4의 ABO식 혈액형은 모두 다르며, 2의 ABO식 혈액형의 유전자형은 이형 접합이다.

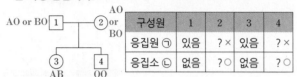

구성원	1	2	3	4
응집원 ㉠	있음	?×	있음	?×
응집소 ㉡	없음	?○	없음	?○

이에 대한 설명으로 옳은 것만을 〈보기〉에서 있는 대로 고른 것은? (단, ABO식 혈액형만 고려하며, 돌연변이는 없다.) **3점**

보기　　응집소 α 또는 β　응집원이 없음　　일어나지 않는다
AB형　ㄱ. 2의 혈장과 4의 혈구를 섞으면 응집 반응이 일어난다.
ㄴ. 3은 응집원 A를 갖는다.
ㄷ. 4의 동생이 한 명 태어날 때, 이 아이가 응집원 ㉠을 가질 확률은 50%이다.　　응집원 A 또는 B
AO와 BO가 부모임

① ㄱ　　② ㄴ　　③ ㄷ　　④ ㄱ, ㄴ　　✔⑤ ㄴ, ㄷ

|자|료|해|설|
1~4의 ABO식 혈액형이 모두 다르며, 2의 ABO식 혈액형의 유전자형이 이형 접합인 경우는 1, 2가 AO 또는 BO이고 그 자식인 3, 4가 AB 또는 OO인 경우와 1이 OO, 2가 AB이고, 그 자식인 3, 4가 AO 또는 BO인 두 가지 경우가 있다. 문제의 표에서 1에 응집원 ㉠이 있다고 하였으므로 둘 중 첫 번째 경우에 해당한다. 또한 3이 응집원 ㉠을 가지고 있으므로 3이 AB이고 4가 OO가 된다. 1과 2는 누가 AO이고 누가 BO인지는 응집원 ㉠의 종류를 알 수 없으므로 확정할 수 없다. 어떤 상황이든 2는 응집원 ㉠을 가질 수 없고 응집소 ㉡은 가지고 있다. 마찬가지로 OO인 4도 응집원 ㉠은 가질 수 없고 응집소 ㉡은 가지고 있다.

|보|기|풀|이|
ㄱ. 오답 : 2의 혈장에는 응집소 α 또는 β가 존재하겠지만, O형인 4의 혈구에는 어떤 응집원도 존재하지 않으므로, 2의 혈장과 4의 혈구를 섞으면 응집 반응은 일어나지 않는다.
ㄴ. 정답 : 3은 AB형이므로 응집원 A, B를 갖는다.
ㄷ. 정답 : AO와 BO 사이에서 태어날 수 있는 자손의 유전자형은 AO, BO, AB, OO이다. 응집원 ㉠이 A일 경우, AO, AB이므로 50%이고, 응집원 ㉠이 B일 경우 BO, AB이므로 50%이다. 즉, 어느 경우라도 50%이다.

다음은 사람의 유전 형질 (가)에 대한 자료이다.

○ (가)는 서로 다른 상염색체에 있는 2쌍의 대립유전자 D와 d, E와 e에 의해 결정된다. → 다인자 유전
○ (가)의 표현형은 유전자형에서 대문자로 표시되는 대립유전자의 수에 의해서만 결정되며, 이 대립유전자의 수가 다르면 표현형이 다르다.
○ 그림은 남자 P의 체세포와 여자 Q의 체세포에 들어 있는 일부 염색체와 유전자를 나타낸 것이다. ㉠은 E와 e 중 하나이다.

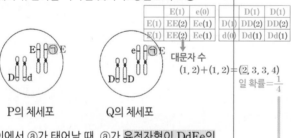

	E(1)	e(0)		D(1)	D(1)
E(1)	EE(2)	Ee(1)	D(1)	DD(2)	DD(2)
E(1)	EE(2)	Ee(1)	d(0)	Dd(1)	Dd(1)

대문자 수
(1, 2)+(1, 2)=(2, 3, 3, 4)
일 확률=$\frac{1}{4}$

P의 체세포　　Q의 체세포

○ P와 Q 사이에서 ⓐ가 태어날 때, ⓐ가 유전자형이 DdEe인 사람과 (가)의 표현형이 같을 확률은 $\frac{1}{4}$이다.
→ 대문자로 표시되는 대립유전자 수 2=$\frac{1}{2}$(Ee일 확률)×$\frac{1}{2}$(Dd일 확률)

이에 대한 옳은 설명만을 〈보기〉에서 있는 대로 고른 것은? (단, 돌연변이는 고려하지 않는다.)

보기　　하나의 유전 형질 발현에 여러 쌍의 대립유전자가 관여
ㄱ. (가)는 다인자 유전 형질이다.
ㄴ. ㉠은 E이다.　→ 대문자로 표시되는 대립유전자 수가 3일 확률　$\frac{1}{2}$
ㄷ. ⓐ의 (가)의 표현형이 P와 같을 확률은 $\frac{1}{4}$이다.

① ㄱ　　② ㄷ　　✔③ ㄱ, ㄴ　　④ ㄴ, ㄷ　　⑤ ㄱ, ㄴ, ㄷ

|자|료|해|설|
(가)는 서로 다른 상염색체에 있는 2쌍의 대립유전자에 의해 결정되므로 다인자 유전에 해당한다. ㉠이 e라고 가정하면, ⓐ가 유전자형이 DdEe인 사람과 (가)의 표현형이 같을 확률, 즉 대문자로 표시되는 대립유전자 수가 2일 확률은
{$\frac{1}{2}$(ee일 확률)×$\frac{1}{2}$(DD일 확률)}+
{$\frac{1}{2}$(Ee일 확률)×$\frac{1}{2}$(Dd일 확률)}=$\frac{1}{4}+\frac{1}{4}=\frac{1}{2}$이 되어 모순이다. 따라서 ㉠은 E이다.

|보|기|풀|이|
ㄱ. 정답 : (가)는 2쌍의 대립유전자에 의해 결정되므로 다인자 유전 형질이다.
ㄴ. 정답 : ㉠은 E이다.
ㄷ. 오답 : ⓐ의 (가)의 표현형이 P(DdEE)와 같을 확률, 즉 대문자로 표시되는 대립유전자 수가 3일 확률은
{$\frac{1}{2}$(EE일 확률)×$\frac{1}{2}$(Dd일 확률)}+
{$\frac{1}{2}$(Ee일 확률)×$\frac{1}{2}$(DD일 확률)}=$\frac{1}{4}+\frac{1}{4}=\frac{1}{2}$이다.

😮 **문제풀이 TIP** | ㉠이 e라고 가정했을 때, ⓐ가 유전자형이 DdEe인 사람과 (가)의 표현형이 같을 확률(대문자로 표시되는 대립유전자 수가 2일 확률)을 구해보자. 이때 확률이 $\frac{1}{4}$이 아니라면 가정이 모순되어 ㉠은 E라는 것을 알 수 있다.

😄 **출제분석** | 자손 ⓐ에게서 특정 표현형이 나올 확률을 토대로 ㉠을 알아야 하는 난도 '중상'의 문항이다. ㉠이 E 또는 e로 두 가지 경우뿐이라 난도가 높지 않으며, 이런 유형의 문항에서는 유전자형이 아닌 '대문자로 표시되는 대립유전자 수'가 중요하므로 실제 문제를 풀 때에는 대문자 수만 빠르게 계산하는 것에 익숙해져야 시간을 단축시킬 수 있다.

다음은 사람의 유전 형질 (가)에 대한 자료이다.

→ 단일 인자 유전

○ (가)는 상염색체에 있는 1쌍의 대립유전자에 의해 결정된다.
대립유전자에는 A, B, C가 있으며, 각 대립유전자 사이의
우열 관계는 분명하다. → 복대립 유전 : B>C>A

○ 유전자형이 BC인 아버지와 AB인 어머니 사이에서 ㉠이
태어날 때, ㉠의 (가)에 대한 표현형이 아버지와 같을 확률은
$\frac{3}{4}$이다. → 표현형 B

㉠AB, BB, AC, BC ∴B는 A와 C에 대해 우성

○ 유전자형이 AB인 아버지와 AC인 어머니 사이에서 ㉡이
태어날 때, ㉡에서 나타날 수 있는 (가)에 대한 표현형은
최대 3가지이다. → 표현형이 모두 다름

㉡AA, AC, AB, BC ∴C는 A에 대해 우성

이에 대한 옳은 설명만을 〈보기〉에서 있는 대로 고른 것은?
(단, 돌연변이는 고려하지 않는다.) 3점

보기 → 단일 인자 유전

ㄱ. (가)는 다인자 유전 형질이다.

ㄴ. B는 A에 대해 완전 우성이다. → 우열 관계 : B>C>A

ㄷ. ㉡의 (가)에 대한 표현형이 어머니와 같을 확률은 $\frac{1}{2}$이다.
→ 표현형이 C일 확률=$\frac{1}{4}$ $\frac{1}{4}$

① ㄱ　　② ㄴ　　③ ㄷ　　④ ㄱ, ㄷ　　⑤ ㄴ, ㄷ

|자|료|해|설|

(가)는 1쌍의 대립유전자에 의해 결정되므로 단일 인자
유전이고, 3개의 대립유전자(A, B, C)가 관여하므로
복대립 유전에 해당한다. 유전자형이 BC인 아버지와
AB인 어머니 사이에서 태어나는 ㉠의 유전자형은 AB,
BB, AC, BC가 가능하다. 이때 ㉠의 (가)에 대한 표현형이
아버지와 같을 확률이 $\frac{3}{4}$이므로 ㉠의 유전자형(AB, BB,
AC, BC) 중에서 세 가지 유전자형에 포함되어 있는 B의
표현형이 아버지의 표현형이며, B는 A와 C에 대해
우성이다. 유전자형이 AB인 아버지와 AC인 어머니
사이에서 태어나는 ㉡의 유전자형은 AA, AC, AB,
BC가 가능하다. 이때 유전자형 AB와 BC의 표현형은
B이고, ㉡에서 나타날 수 있는 (가)에 대한 표현형이
최대 3가지이기 위해서는 AA와 AC의 표현형이
서로 달라야 한다. 따라서 C는 A에 대해 우성이다.
대립유전자의 우열 관계를 정리하면 B>C>A이다.

|보|기|풀|이|

ㄱ. 오답 : (가)는 1쌍의 대립유전자에 의해 결정되는 단일
인자 유전 형질이다.

ㄴ. 정답 : 대립유전자의 우열 관계는 B>C>A이다.

ㄷ. 오답 : ㉡(AA, AC, AB, BC)의 (가)에 대한 표현형이
어머니(표현형 C)와 같을 확률은 $\frac{1}{4}$이다.

😊 **문제풀이 T I P** | ㉠(AB, BB, AC, BC)의 표현형이 아버지(BC)와 같을 확률이 $\frac{3}{4}$이므로 AB, BB, BC 모두 B의 표현형을 나타낸다는 것을 알 수 있다. ㉡(AA, AC, AB, BC)
에서 나타날 수 있는 표현형이 최대 3가지이므로 AA와 AC의 표현형은 서로 다르다. 이를 통해 대립유전자 A, B, C의 우열 관계를 파악할 수 있다.

😲 **출제분석** | 자녀의 표현형이 부모와 같을 확률과 자녀에게서 나타나는 표현형의 최대 가짓수를 이용하여 대립유전자의 우열을 구분해야 하는 난도 '중상'의 문항이다. 단계별로
분석해 나가면 우열 관계를 쉽게 파악할 수 있다. 비슷한 유형이면서 다른 개념을 함께 포함하고 있는 난도 높은 문항으로 2020년 4월 학평 10번, 2021학년도 9월 모평 11번 문제가
있다.

다음은 사람의 유전 형질 ㉠과 ㉡에 대한 자료이다.

○ ㉠은 대립 유전자 A와 a에 의해 결정되며, 유전자형이
다르면 표현형이 다르다. ▸단일 인자 유전 ▸표현형 : AA, Aa, aa(3가지)

○ ㉡을 결정하는 3개의 유전자는 각각 대립 유전자 B와 b, D와
d, E와 e를 갖는다. → 다인자 유전

○ ㉡의 표현형은 유전자형에서 대문자로 표시되는 대립
유전자의 수에 의해서만 결정되며, 이 대립 유전자의 수가
다르면 표현형이 다르다.

○ 그림 (가)는 남자 P의, (나)는 여자 Q의 체세포에 들어 있는
일부 염색체와 유전자를 나타낸 것이다.

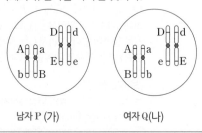

남자 P (가) 　　　　여자 Q(나)

**P와 Q 사이에서 아이가 태어날 때, 이 아이에게서 나타날 수 있는
표현형의 최대 가짓수는? (단, 돌연변이와 교차는 고려하지 않는다.)**

① 5 　　② 6 　　 7 　　④ 8 　　⑤ 9

Q의 생식 세포 P의 생식 세포	AB	ab
Ab	AABb(1)	Aabb(0)
aB	AaBB(2)	aaBb(1)

Q의 생식 세포 P의 생식 세포	De	dE
DE	DDEe(3)	DdEE(3)
de	Ddee(1)	ddEe(1)

$$\begin{pmatrix} AA(1) \\ Aa(0, 2) \\ aa(1) \end{pmatrix} + (1, 3) = \begin{pmatrix} AA(2, 4) \\ Aa(1, 3, 5) \\ aa(2, 4) \end{pmatrix}$$
7가지

|자|료|해|설|

㉠은 1쌍의 대립 유전자 A와 a에 의해 결정되는 단일 인자
유전이고, 유전자형이 다르면 표현형이 다르므로 표현형은
3가지(AA, Aa, aa)이다. ㉡은 3쌍의 대립 유전자에
의해 형질이 결정되는 다인자 유전이다. P와 Q에서 생식
세포가 형성될 때, 같은 염색체에 존재하는 유전자는 함께
이동한다.

|선|택|지|풀|이|

③정답 : A(또는 a)와 B(또는 b)가 존재하는 염색체를
먼저 따져보면 P에서 생식 세포 2가지(Ab, aB), Q에서
생식 세포 2가지(AB, ab)가 만들어진다. 각각의 생식
세포 수정으로 AABb, Aabb, AaBB, aaBb의 유전자형
조합이 가능하며, ㉡의 표현형은 유전자형에서 대문자로
표시되는 대립 유전자의 수에 의해서 결정되므로 이를
표현형으로 나타내면 AA(1), Aa(0), Aa(2), aa(1)이다.
다음으로 D(또는 d)와 E(또는 e)가 존재하는 염색체를
따져보면 P에서 생식 세포 2가지(DE, de), Q에서 생식
세포 2가지(De, dE)가 만들어진다. 각각의 생식 세포
수정으로 DDEe, DdEE, Ddee, ddEe의 유전자형
조합이 가능하며, 이때 ㉡의 표현형은 2가지(대문자로
표시되는 대립 유전자 수 : 1, 3)이다.
이를 모두 조합하면, P와 Q 사이에서 태어난 아이에게서
나타날 수 있는 표현형은 AA(2), AA(4), Aa(1), Aa(3),
Aa(5), aa(2), aa(4)이므로 최대 가짓수는 7이다.

문제풀이 T I P | P와 Q에서 생식 세포가 형성될 때, 같은
염색체에 존재하는 유전자는 함께 이동한다. ㉡의 표현형은
유전자형에서 대문자로 표시되는 대립 유전자의 수에 의해서만
결정되므로 유전자형을 일일이 적지 않고 대문자의 수만 적으며
문제를 풀어나가면 보다 빠르게 문제를 해결할 수 있다.

출제분석 | 단일 인자 유전, 다인자 유전, 여러 가지 유전자가
같은 염색체에 존재하는 개념이 복합적으로 적용된 난도 '상'의
문항이다. 형질 ㉠과 ㉡을 결정하는 유전자가 같은 염색체에
존재하며, 또 다른 염색체에 ㉡을 결정하는 두 쌍의 유전자가 있어
문제 해결에 어려움을 느끼는 학생이 많았을 것이다. '생식 세포가
만들어질 때 같은 염색체에 존재하는 유전자는 함께 이동한다.'는
것을 토대로 P와 Q에서 만들어지는 생식 세포의 종류를 구분하고,
수정된 세포에서 표현형의 가짓수를 파악해야 한다. 이 문항과
비슷하게 다인자 유전과 여러 가지 유전자가 같은 염색체에
존재한다는 개념이 조합된 2020학년도 9월 모평 14번, 2019년
10월 학평 17번 문항을 풀어보며 연습해보자!

다음은 어떤 동물의 피부색 유전에 대한 자료이다.

> ○ 피부색은 서로 다른 상염색체에 있는 3쌍의 대립유전자 A와
> a, B와 b, D와 d에 의해 결정된다. → 다인자 유전
> ○ 피부색은 유전자형에서 대문자로 표시되는 대립유전자의
> 수에 의해서만 결정되며, 이 수가 다르면 피부색이 다르다.
> ○ 개체 Ⅰ의 유전자형은 aabbDD이다.
> ○ 개체 Ⅰ과 Ⅱ 사이에서 ㉠ 자손(F₁)이 태어날 때, ㉠의
> 　　　　　　　　　　　　　AaBbDd
> 유전자형이 AaBbDd일 확률은 $\frac{1}{8}$이다.
> 　　　　　　$\frac{1}{2} \times \frac{1}{2} \times \frac{1}{2} = \frac{1}{8}$

이에 대한 옳은 설명만을 〈보기〉에서 있는 대로 고른 것은?
(단, 돌연변이는 고려하지 않는다.) 3점

aabbDD
(대문자 수 : 2)

> **보기**
> 　　　　　　AaBbDd
> 　　　　　　(대문자 수 : 3)
> ㉠ Ⅰ과 Ⅱ는 피부색이 서로 다르다.
> ㉡ Ⅱ에서 A, B, D가 모두 있는 생식세포가 형성된다.
> 　　AaBbDd
> ㉢ ㉠의 피부색이 Ⅰ과 같을 확률은 $\frac{3}{8}$이다.
> 　　　　　　→ aabbDD(대문자 수 : 2)

① ㄱ　　② ㄷ　　③ ㄱ, ㄴ　　④ ㄴ, ㄷ　　⑤ ㄱ, ㄴ, ㄷ

$$\begin{pmatrix} \text{Ⅰ : aabbDD} \times \text{Ⅱ : AaBbDd} \\ \downarrow \text{생식세포 : } 2\times2\times2 = 8\text{가지} \\ ㉠ : \text{a\_b\_D\_ (대문자 수 : 2)} \\ \text{Ⅱ로부터 대문자 1개를 받아야 함} \\ \begin{bmatrix} \text{A,b,d} \\ \text{a,B,d} \\ \text{a,b,D} \end{bmatrix} \therefore \text{확률} = \frac{3}{8} \end{pmatrix}$$

|자|료|해|설|

피부색은 3쌍의 대립 유전자에 의해 결정되므로 다인자 유전에 해당한다. 개체 Ⅰ(aabbDD)과 Ⅱ 사이에서 자손(F₁)이 태어날 때, 유전자형이 AaBbDd인 자손이 태어났으므로 Ⅱ에 대립 유전자 A, B, d가 존재한다. 만약 개체 Ⅱ의 유전자형이 모두 동형 접합(AABBdd)이라고 가정하면, 유전자형이 AaBbDd인 자손이 태어날 확률은 1(Aa)×1(Bb)×1(Dd)=1이므로 자료의 확률과 맞지 않는다. 개체 Ⅱ의 유전자형이 모두 이형 접합(AaBbDd)일 때, ㉠의 유전자형이 AaBbDd일 확률로 $\frac{1}{2}$(Aa) × $\frac{1}{2}$(Bb) × $\frac{1}{2}$(Dd) = $\frac{1}{8}$이 나온다. 따라서 개체 Ⅱ의 유전자형은 AaBbDd이다.

|보|기|풀|이|

㉠ 정답 : 대문자로 표시되는 대립 유전자의 수가 Ⅰ(aabbDD)은 2이고, Ⅱ(AaBbDd)는 3이므로 피부색이 서로 다르다.

㉡ 정답 : 3쌍의 대립 유전자는 서로 다른 상염색체에 있으므로 Ⅱ(AaBbDd)에서 A, B, D가 모두 있는 생식 세포가 형성된다.

㉢ 정답 : ㉠의 피부색이 Ⅰ(aabbDD)과 같기 위해서는 대문자로 표시되는 대립 유전자 수가 2여야 한다. Ⅰ(aabbDD)과 Ⅱ(AaBbDd) 사이에서 태어나는 ㉠은 Ⅰ으로부터 a, b, D를 받으므로 Ⅱ로부터 대문자로 표시되는 대립 유전자를 하나만 받아야 한다. Ⅱ로부터 형성되는 생식 세포는 최대 2(A 또는 a)×2(B 또는 b)×2(D 또는 d)=8가지이고, 이때 대문자로 표시되는 대립 유전자를 하나만 받는 경우는 3가지(Abd, aBd, abD)이므로 ㉠의 피부색이 Ⅰ과 같을 확률은 $\frac{3}{8}$이다.

🤔 **문제풀이 T I P** | 유전자형이 AaBbDd인 자손이 태어났으므로 Ⅱ에 대립 유전자 A, B, d가 존재한다. Ⅱ의 유전자형이 동형 접합 또는 이형 접합일 때를 가정하여 ㉠의 유전자형이 AaBbDd일 확률로 $\frac{1}{8}$이 나오는 경우를 찾아보자!

😮 **출제분석** | 특정 유전자형을 가지는 자손이 태어날 확률을 통해 부모의 유전자형을 알아내야 하는 난도 '중상'의 문항이다. Ⅰ의 유전자형이 동형 접합이기 때문에 Ⅱ의 유전자형을 알아내는 것은 어렵지 않지만, '보기 ㄷ' 해결에 어려움을 느낀 학생이 많을 것이다. 수능을 대비한다면 이보다 난도가 높은 보기 문제도 응용하여 풀 수 있어야 한다.

다음은 사람의 유전 형질 (가)에 대한 자료이다.

○ 상염색체에 있는 1쌍의 대립유전자에 의해 결정된다.
대립유전자에는 A, B, D가 있으며, 표현형은 4가지이다. → 복대립 유전

○ 유전자형이 AA인 사람과 AB인 사람은 표현형이 같고, → A>B
유전자형이 AD인 사람과 DD인 사람은 표현형이 다르다.

○ 유전자형이 AB인 아버지와 BD인 어머니 사이에서 ㉠이
태어날 때, ㉠의 표현형이 아버지와 같을 확률과 어머니와
같을 확률은 각각 $\frac{1}{4}$이다. ─ ㉠:

유전자형	AB	AD	BB	BD
표현형	A	AD	B	D

○ 유전자형이 BD인 아버지와 AD인 어머니 사이에서 ㉡이
태어날 때, ㉡에서 나타날 수 있는 표현형은 최대 ⓐ가지이다.
　　　　　　　　　　　　　　　　　　　3

㉡:
유전자형	AB	BD	AD	DD
표현형	A	D	AD	D

이에 대한 옳은 설명만을 〈보기〉에서 있는 대로 고른 것은?
(단, 돌연변이는 고려하지 않는다.) 3점

보기
ㄱ. (가)는 복대립 유전 형질이다.
ㄴ. A는 D에 대해 완전 우성이다. 우열 관계가 명확하지 않음
ㄷ. ⓐ는 3이다.

① ㄱ　② ㄷ　③ ㄱ, ㄴ　✔④ ㄱ, ㄷ　⑤ ㄴ, ㄷ

|자|료|해|설|
(가)는 상염색체에 있는 1쌍의 대립 유전자에 의해
결정되므로 단일 인자 유전이고, 3개의 대립 유전자(A, B,
D)가 관여하므로 복대립 유전에 해당한다. 유전자형이
AA인 사람과 AB인 사람의 표현형이 같으므로 A는 B에
대해 우성이다(A>B). 또한 유전자형이 AD인 사람과
DD인 사람의 표현형이 다르므로 A가 D에 대해
우성이거나, AD는 A 및 D와는 다른 표현형을 갖는다.
유전자형이 AB인 아버지와 BD인 어머니 사이에서
태어나는 ㉠이 가질 수 있는 유전자형은 AB, AD, BB,
BD이다. 이때 ㉠의 표현형이 아버지(표현형 A)와 같을
확률이 $\frac{1}{4}$이므로 유전자형이 AB인 경우만 표현형이
A이다. 따라서 AD는 A 및 D와는 다른 표현형이다. ㉠의
표현형이 어머니와 같을 확률이 $\frac{1}{4}$이므로 D는 B에 대해
우성이다(D>B).
유전자형이 BD인 아버지와 AD인 어머니 사이에서
태어나는 ㉡이 가질 수 있는 유전자형은 AB, BD, AD,
DD이다. 따라서 ㉡에서 나타날 수 있는 표현형은 최대
3가지(A, D, AD)이므로 ⓐ는 3이다.

|보|기|풀|이|
ㄱ. 정답 : (가)를 결정하는 대립 유전자는 3가지(A, B, D)
이므로 (가)는 복대립 유전 형질이다.
ㄴ. 오답 : A와 D의 우열 관계는 명확하지 않다.
ㄷ. 정답 : ㉡에서 나타날 수 있는 표현형은 최대 3가지(A,
D, AD)이므로 ⓐ는 3이다.

다음은 사람의 유전 형질 (가)에 대한 자료이다.

○ (가)는 서로 다른 2개의 상염색체에 있는 3쌍의 대립유전자
A와 a, B와 b, D와 d에 의해 결정되며, A, a, B, b는 7번
염색체에 있다. → 다인자 유전

○ (가)의 표현형은 ㉠ 유전자형에서 대문자로 표시되는
대립유전자의 수에 의해서만 결정되며, 이 대립유전자의
수가 다르면 표현형이 다르다.　A┼┼a
　　　　　　　　　　　　　　　　B┼┼b, DD

○ 남자 P의 ㉠과 여자 Q의 ㉠의 합은 6이다. P는 d를 갖는다.

A┼┼a
B┼┼b, dd

○ P와 Q 사이에서 ⓐ가 태어날 때, ⓐ에게서 나타날 수 있는
표현형은 최대 3가지이고, ⓐ가 가질 수 있는 ㉠은 1, 3, 5 중
하나이다.

이에 대한 설명으로 옳은 것만을 〈보기〉에서 있는 대로 고른 것은?
(단, 돌연변이와 교차는 고려하지 않는다.)

보기 ← 하나의 유전 형질 발현에
　　　　여러 쌍의 대립유전자가 관여
ㄱ. (가)의 유전은 다인자 유전이다.
ㄴ. $\frac{P의 ㉠}{Q의 ㉠}$은 2이다.　$\frac{2}{4}$　$\frac{1}{2}$
ㄷ. ⓐ의 ㉠이 3일 확률은 $\frac{1}{4}$이다.　$\frac{1}{2}$

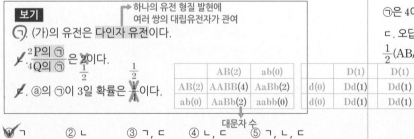

	AB(2)	ab(0)		D(1)	D(1)
AB(2)	AABB(4)	AaBb(2)	d(0)	Dd(1)	Dd(1)
ab(0)	AaBb(2)	aabb(0)	d(0)	Dd(1)	Dd(1)

대문자 수

①✔ ㄱ　② ㄴ　③ ㄱ, ㄷ　④ ㄴ, ㄷ　⑤ ㄱ, ㄴ, ㄷ

|자|료|해|설|
P는 d를 가지므로 Dd 또는 dd이다. P와 Q가 갖는 D와
d의 유전자형으로 가능한 경우는 Dd와 DD(ⓐ의 ㉠: 1, 2),
Dd와 Dd(ⓐ의 ㉠: 0, 1, 2), Dd와 dd(ⓐ의 ㉠: 0, 1), dd와
DD(ⓐ의 ㉠: 1), dd와 dd(ⓐ의 ㉠: 0)가 있다. ⓐ가 가질 수
있는 ㉠은 2만큼씩 차이나는 1, 3, 5이고 Dd와 DD, Dd와
Dd, Dd와 dd의 조합에서는 ⓐ가 가질 수 있는 ㉠이
1만큼씩 차이나므로 조건에 맞지 않다. P와 Q가 모두 dd일
때는 ⓐ의 ㉠으로 5가 나올 수 없기 때문에 P와 Q는 dd와
DD의 조합을 갖는다. 이때 A와 a, B와 b의 조합으로 ⓐ가
가질 수 있는 ㉠이 0, 2, 4가 나와야 하므로 P와 Q에서 각각
A는 B와, a는 b와 같은 염색체에 존재한다. 따라서 P는
AB/ab,dd이고, Q는 AB/ab,DD이다.

|보|기|풀|이|
ㄱ. 정답 : (가)는 3쌍의 대립유전자에 의해 결정되므로
(가)의 유전은 다인자 유전이다.
ㄴ. 오답 : P(AB/ab,dd)의 ㉠은 2이고, Q(AB/ab,DD)의
㉠은 4이다. 그러므로 $\frac{P의 ㉠}{Q의 ㉠}$은 $\frac{1}{2}$이다.
ㄷ. 오답 : ⓐ의 ㉠이 3일 확률은
$\frac{1}{2}$(AB/ab일 확률)×1(Dd일 확률)=$\frac{1}{2}$이다.

다음은 사람의 유전 형질 (가)~(다)에 대한 자료이다.

○ (가)~(다)의 유전자는 서로 다른 3개의 상염색체에 있다.
○ (가)는 대립유전자 A와 a에 의해, (나)는 대립유전자 B와 b에 의해, (다)는 대립유전자 D와 d에 의해 결정된다. A, B, D는 a, b, d에 대해 각각 완전 우성이며, (가)~(다)는 모두 열성 형질이다.

(가) A > [a]
(나) B > [b]
(다) D > [d]

○ 표는 남자 P와 여자 Q의 유전자형에서 B, D, d의 유무를 나타낸 것이고, 그림은 P와 Q 사이에서 태어난 자녀 Ⅰ~Ⅲ에서 체세포 1개당 A, B, D의 DNA 상대량을 더한 값(A+B+D)을 나타낸 것이다.

P : Aabbdd, Q : AaBbDD

사람	대립유전자		
	B	D	d
P	×	×	○
Q	?○	○	×

(○: 있음, ×: 없음)

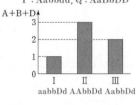

aabbDd AAbbDd AabbDd

○ (가)와 (나) 중 한 형질에 대해서만 P와 Q의 유전자형이 서로 같다.
○ 자녀 Ⅱ와 Ⅲ은 (가)~(다)의 표현형이 모두 같다.

이에 대한 설명으로 옳은 것만을 〈보기〉에서 있는 대로 고른 것은?
(단, 돌연변이는 고려하지 않으며, A, a, B, b, D, d 각각의 1개당 DNA 상대량은 1이다.) ③점

〈보기〉
   →P : bb, Q : Bb   다르다
ㄱ. P와 Q는 (나)의 유전자형이 서로 ~~같다.~~
ㄴ. Ⅱ의 (가)~(다)에 대한 유전자형은 AAbbDd이다.
ㄷ. Ⅲ의 동생이 태어날 때, 이 아이의 (가)~(다)의 표현형이 모두 Ⅲ과 같을 확률은 $\frac{3}{8}$이다. $\frac{3}{4}(A\_) \times \frac{1}{2}(bb) \times 1(D\_) = \frac{3}{8}$

① ㄱ   ② ㄴ   ③ ㄱ, ㄷ   ✔④ ㄴ, ㄷ   ⑤ ㄱ, ㄴ, ㄷ

|자|료|해|설|

P는 대립유전자 B와 D를 갖지 않고 d를 가지므로 P의 (나)와 (다)에 대한 유전자형은 bbdd이다. Q는 D를 갖고 d를 갖지 않으므로 Q의 (다)에 대한 유전자형은 DD이다. 따라서 자녀 Ⅰ~Ⅲ의 (다)에 대한 유전자형은 Dd로 동일하다. 그림에서 Ⅰ의 (A+B+D)의 값이 1이므로 Ⅰ은 aabbDd이고, P는 _abbdd, Q는 _a_bDD이다. (A+B+D)의 값이 3인 Ⅱ에서 A+B의 값은 2이고, (A+B+D)의 값이 2인 Ⅲ에서 A+B의 값은 1이다. Ⅲ이 B를 갖는다고 가정하면 A를 갖지 않으므로 Ⅲ은 aaBbDd이고, Ⅲ과 (가)~(다)의 표현형이 모두 같은 Ⅱ는 aaBbDd이어야 한다. 이는 Ⅱ에서 A+B의 값이 2라는 것에 모순이므로 Ⅲ은 A를 갖는다. 따라서 조건을 만족하는 Ⅲ은 AabbDd이고, Ⅱ는 AAbbDd이다. 이때 P는 Aabbdd이고, Q는 Aa_bDD이다. (가)와 (나) 중 한 형질에 대해서만 P와 Q의 유전자형이 서로 같으므로 Q는 AaBbDD이다.

|보|기|풀|이|

ㄱ. 오답 : P(bb)와 Q(Bb)는 (나)의 유전자형이 서로 다르다.
ㄴ. 정답 : Ⅱ의 (가)~(다)에 대한 유전자형은 AAbbDd이다.
ㄷ. 정답 : 부모 P(Aabbdd)와 Q(AaBbDD)로부터 Ⅲ의 동생이 태어날 때, 이 아이의 (가)~(다)의 표현형이 모두 Ⅲ(AabbDd)과 같을 확률은
$\frac{3}{4}(A\_) \times \frac{1}{2}(bb) \times 1(D\_) = \frac{3}{8}$이다.

😮 **문제풀이 TIP** | 표를 통해 알 수 있는 P와 Q의 유전자형을 적고, (A+B+D)의 값과 그림 아래에 제시된 두 가지 조건을 만족하는 부모와 자녀의 유전자형을 찾아보자.

😀 **출제분석** | 부모에게서 B, D, d의 유무와 자녀의 (A+B+D) 값, 추가로 주어진 조건을 활용하여 유전자형을 파악해야 하는 난도 '중상'의 문항이다. (가)~(다)의 유전자가 서로 다른 3개의 상염색체에 존재하는 경우라고 제시되었고, 우열에 대한 정보를 주었기 때문에 자료를 분석할 수 있다면 문제를 어렵지 않게 해결할 수 있다.

다음은 사람의 유전 형질 ㉠에 대한 자료이다.

> ○ ㉠을 결정하는 3개의 유전자는 각각 대립유전자 A와 a, B와 b, D와 d를 갖는다. ➡ 다인자 유전
>
> ○ ㉠의 유전자 중 A와 a, B와 b는 상염색체에, D와 d는 X 염색체에 있다.
>
> ○ ㉠의 표현형은 유전자형에서 대문자로 표시되는 대립유전자의 수에 의해서만 결정되며, 이 대립유전자의 수가 다르면 표현형이 다르다.
>
> ○ 그림은 철수네 가족에서 아버지의 생식세포에 들어 있는 일부 염색체와 유전자를, 표는 이 가족의 ㉠의 유전자형에서 대문자로 표시되는 대립유전자의 수를 나타낸 것이다.
>
> ⓐ~ⓒ는 아버지, 어머니, 누나를 순서 없이 나타낸 것이다.

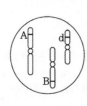

구성원	㉠의 유전자형에서 대문자로 표시되는 대립유전자의 수
누나ⓐ	4
어머니ⓑ	3
아버지ⓒ	2
철수	0

AaBbdY　AaBbDd

AABbDd 또는 AaBBDd 또는 AABBdd　　aabbdY

이에 대한 설명으로 옳은 것만을 <보기>에서 있는 대로 고른 것은? (단, 돌연변이는 고려하지 않는다.) 3점

> **보기**
>
> ㄱ. 어머니는 ⓑ이다.
>
> ㄴ. 누나의 체세포에는 a와 b가 **모두** 있다.
>
> ㄷ. 철수의 동생이 태어날 때, 이 아이의 ㉠에 대한 표현형이 아버지와 같을 확률은 $\dfrac{5}{16}$이다.　➡ =대문자로 표시되는 대립유전자가 2개일 확률
>
> AaBbdY —— AaBbDd
>
> _____d(Y) 대문자 수가 2개일 확률 $= \dfrac{{}_5C_2}{2^5} = \dfrac{10}{32} = \dfrac{5}{16}$

① ㄱ　② ㄴ　③ ㄱ, ㄷ　④ ㄴ, ㄷ　⑤ ㄱ, ㄴ, ㄷ

|자|료|해|설|

형질 ㉠은 하나의 형질에 2개 이상의 유전자가 관여하는 다인자 유전에 해당한다.

우선 철수는 대문자로 표시되는 대립유전자가 0개이므로 aabbdY의 유전자형을 가진다. 따라서 철수의 아버지는 대립유전자 a와 b를, 어머니는 a, b, d를 반드시 가져야 하며, 그렇다면 아버지와 어머니는 대문자 대립유전자를 4개 가질 수 없다. 그러므로 ⓐ는 철수의 누나임을 알 수 있다.

이때 그림에 나타난 아버지의 생식세포에는 A, B, d가 들어있으므로 아버지의 유전자형은 AaBbdY이고, 따라서 대문자 대립유전자를 2개 가진 ⓒ가 아버지이고 남은 ⓑ가 어머니이다. 어머니의 유전자형은 AaBbDd이고, 대문자 대립유전자의 수가 4개인 누나의 유전자형은 AABbDd 또는 AaBBDd, AABBdd 중 하나이다.

|보|기|풀|이|

ㄱ. 정답 : 어머니는 대문자로 표시되는 대립유전자를 3개 가지는 ⓑ이다.

ㄴ. 오답 : 누나의 유전자형은 AABbDd, AaBBDd, AABBdd 중 하나로, 누나의 체세포는 a와 b를 모두 가질 수는 없다.

ㄷ. 정답 : 철수의 동생이 태어날 때 유전자형은 _____d(Y)이며 이 때 아버지와 표현형이 같을 확률, 즉 대문자로 표시되는 대립유전자가 2개일 확률은 $\dfrac{{}_5C_2}{2^5} = \dfrac{10}{32} = \dfrac{5}{16}$이다.

🤓 **문제풀이 T I P |** 철수는 대문자로 표시되는 대립유전자를 하나도 가지지 않으므로 유전자형을 확정할 수 있다. 철수에서 시작하여 대문자로 표시되는 대립유전자의 수를 맞추어 가족들의 유전자형을 추정하도록 하며, 특히 대립유전자 D와 d는 X 염색체 위에 존재하므로 성별에 유의해야 한다.

다음은 사람의 유전 형질 ㉠~㉢에 대한 자료이다.

○ ㉠~㉢의 유전자는 서로 다른 3개의 상염색체에 있다.

○ ㉠은 1쌍의 대립유전자에 의해 결정되며, 대립유전자에는 A, B, D가 있다. ㉠의 표현형은 4가지이며, ㉠의 유전자형이 AD인 사람과 AA인 사람의 표현형은 같고, 유전자형이 BD인 사람과 BB인 사람의 표현형은 같다. → A>D, B>D
             표현형: A_, B_, DD, AB

○ ㉡은 대립유전자 E와 E*에 의해 결정되며, 유전자형이 다르면 표현형이 다르다. → 불완전 우성(EE, EE*, E*E*의 표현형 다름)

○ ㉢은 대립유전자 F와 F*에 의해 결정되며, F는 F*에 대해 완전 우성이다. → F>F*

○ 표는 사람 Ⅰ~Ⅳ의 ㉠~㉢의 유전자형을 나타낸 것이다.

사람	Ⅰ	Ⅱ	Ⅲ	Ⅳ
유전자형	ABEEFF*	ADE*E*FF	BDEE*FF	BDEE*F*F*

        P 또는 Q (위 Ⅰ과 Ⅳ 칸)

○ 남자 P와 여자 Q 사이에서 ⓐ가 태어날 때, ⓐ에게서 나타날 수 있는 ㉠~㉢의 표현형은 최대 12가지이다. P와 Q는 각각 Ⅰ~Ⅳ 중 하나이다.
→ 3가지(A_, B_, AB)×2가지(EE, EE*) ×2가지(F_, F*F*)

ⓐ의 ㉠~㉢의 표현형이 모두 Ⅰ과 같을 확률은? (단, 돌연변이는 고려하지 않는다.)
$\frac{1}{4}$(AB일 확률)×$\frac{1}{2}$(EE일 확률)×$\frac{1}{2}$(F_일 확률)=$\frac{1}{16}$

✓① $\frac{1}{16}$ ② $\frac{1}{8}$ ③ $\frac{3}{16}$ ④ $\frac{1}{4}$ ⑤ $\frac{3}{8}$

🤓 **문제풀이 TIP** | ㉠~㉢의 표현형 가짓수를 각각 구분하고, Ⅰ~Ⅳ 중 ⓐ에게서 나타날 수 있는 ㉠~㉢의 표현형이 최대 12가지가 나오는 P와 Q를 찾아보자. ㉢의 유전자형이 FF인 Ⅱ와 Ⅲ이 부모 중 한 명이라면 '㉠의 표현형 4가지×㉡의 표현형 3가지'를 만족해야 하며, 이를 만족하는 경우가 없다면 P와 Q는 각각 Ⅰ과 Ⅳ 중 하나에 해당한다.

😮 **출제분석** | 자녀에게서 나타날 수 있는 표현형의 최대 가짓수를 만족하는 P와 Q를 찾고, 자녀에게서 특정 표현형이 나올 확률을 계산해야 하는 난도 '상'의 문항이다. 자녀에게서 나타날 수 있는 ㉠~㉢의 표현형을 빠르게 파악할 수 있는 학생들은 모든 경우를 따져가며 P와 Q를 찾는 방법으로 문제를 접근해도 그리 많은 시간이 걸리지 않았을 것이다.

|자|료|해|설|

㉠의 유전자형이 AD인 사람과 AA인 사람의 표현형이 같으므로 A>D이고, 유전자형이 BD인 사람과 BB인 사람의 표현형이 같으므로 B>D이다. 정리하면 ㉠의 표현형 4가지는 A_, B_, DD, AB이다. ㉡은 유전자형이 다르면 표현형이 다르다고 했으므로 이는 불완전 우성이며 EE, EE*, E*E*의 표현형이 모두 다르다.

남자 P와 여자 Q 사이에서 태어난 ⓐ에게서 나타날 수 있는 ㉠~㉢의 표현형은 최대 12가지이므로, Ⅱ가 부모 중 한 명이라고 가정하면 Ⅱ의 ㉢의 유전자형이 FF이므로 ⓐ에게서 ㉢의 표현형이 1가지(F_)만 나오기 때문에 '㉠의 표현형 4가지×㉡의 표현형 3가지'를 만족해야 한다. ㉡의 표현형 3가지(EE, EE*, E*E*)를 만족하기 위해서는 부모 모두 EE*의 유전자형을 가져야하므로 Ⅱ는 P 또는 Q가 될 수 없다. Ⅲ이 부모 중 한 명이라고 가정하면 마찬가지로 Ⅲ의 ㉢의 유전자형이 FF이므로 ⓐ에게서 ㉢의 표현형이 1가지(F_)만 나오기 때문에 '㉠의 표현형 4가지×㉡의 표현형 3가지'를 만족해야 한다. ㉡의 표현형 3가지(EE, EE*, E*E*)를 만족하기 위해서는 부모 모두 EE*의 유전자형을 가져야하므로 Ⅲ과 Ⅳ가 P 또는 Q이어야 한다. 그러나 이때 ⓐ에게서 ㉠의 표현형이 2가지(B_, DD)만 나오므로 조건에 부합되지 않는다. 따라서 P와 Q는 각각 Ⅰ과 Ⅳ 중 하나에 해당하며, 이때 ⓐ에게서 나타날 수 있는 ㉠~㉢의 표현형은 '㉠의 표현형 3가지(A_, B_, AB)×㉡의 표현형 2가지(EE, EE*)×㉢의 표현형 2가지(F_, F*F*)=최대 12가지'라는 조건을 만족한다.

|선|택|지|풀|이|

① 정답 : ⓐ의 ㉠~㉢의 표현형이 모두 Ⅰ(ABEEF_)과 같을 확률은

$\frac{1}{4}$(AB일 확률)×$\frac{1}{2}$(EE일 확률)×$\frac{1}{2}$(F_일 확률)=$\frac{1}{16}$

이다.

그림은 어떤 집안의 유전병 ㉠에 대한 가계도를 나타낸 것이다. ㉠은 대립 유전자 T와 T*에 의해 결정되며, T는 T*에 대해 완전 우성이다.   T > T*
이에 대한 설명으로 옳은 것만을 〈보기〉에서 있는 대로 고른 것은? (단, 돌연변이는 고려하지 않는다.)

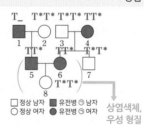

유전병 ㉠

□ 정상 남자   ■ 유전병 남자
○ 정상 여자   ● 유전병 여자

상염색체, 우성 형질

보기

ㄱ. ㉠은 우성 형질이다.

ㄴ. 1~8 중 T*를 가지고 있는 사람은 ~~6~~명이다.   7명 또는 8명

ㄷ. 8의 동생이 한 명 태어날 때, 이 아이가 ㉠일 확률은 ~~$\frac{1}{4}$~~이다. $\frac{3}{4}$
                         (TT, TT*, TT*, T*T*)

✓① ㄱ   ② ㄷ   ③ ㄱ, ㄴ   ④ ㄴ, ㄷ   ⑤ ㄱ, ㄴ, ㄷ

|자|료|해|설|

유전병 ㉠을 가지는 5와 6으로부터 정상인 8이 태어난 것을 통해 유전병 ㉠은 우성 형질이라는 것을 알 수 있다. 따라서 대립 유전자 T는 유전병 ㉠ 유전자이고, T*는 정상 유전자이다. 유전병 ㉠을 결정하는 유전자가 성염색체(X 염색체)에 있다고 가정하면, 5의 유전자형은 X^TY이고 태어나는 딸은 항상 X^T를 물려받으므로 유전병 ㉠이 나타나야 한다. 이는 위 가계도와 모순되므로 유전병 ㉠을 결정하는 대립 유전자 T와 T*는 상염색체에 존재한다.

|보|기|풀|이|

ㄱ. 정답 : 유전병 ㉠을 가지는 5와 6으로부터 정상인 8이 태어났으므로 ㉠은 우성 형질이다.

ㄴ. 오답 : 1~8 중 T*를 가지고 있는 사람은 7명 또는 8명이다.

ㄷ. 오답 : 8의 동생이 한 명 태어날 때, 이 아이가 ㉠일 확률(대립 유전자 T를 가질 확률)은 $\frac{3}{4}$이다.

🤓 **문제풀이 TIP** | 부모의 표현형이 같고 '딸'의 표현형이 부모와 다를 경우, 이 형질을 결정짓는 유전자는 상염색체에 존재하며 딸이 나타내는 표현형이 열성이다.

다음은 어떤 집안의 유전 형질 (가)와 (나)에 대한 자료이다.

○ (가)는 대립유전자 A와 a에 의해, (나)는 대립유전자 B와 b에 의해 결정된다. A는 a에 대해, B는 b에 대해 각각 완전 우성이다.

○ (가)와 (나)의 유전자 중 하나는 상염색체에, 나머지 하나는 X 염색체에 있다.

○ 가계도는 구성원 ㉠을 제외한 구성원 1 ~ 8에게서 (가)와 (나)의 발현 여부를 나타낸 것이다.

(가) X^A > X^a
(나) B > $\boxed{b}$

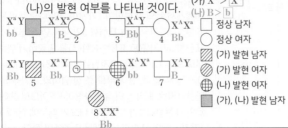

□ 정상 남자
○ 정상 여자
▨ (가) 발현 남자
◐ (가) 발현 여자
⊕ (나) 발현 여자
▦ (가), (나) 발현 남자

이에 대한 옳은 설명만을 <보기>에서 있는 대로 고른 것은? (단, 돌연변이는 고려하지 않는다.) 3점

보기

$X^a Y$ ←

㉠ (나)의 유전자는 상염색체에 있다.

㉡ ㉠에서 (가)가 발현되었다.

㉢ 8의 동생이 태어날 때, 이 아이에게서 (가)와 (나)가 모두 발현될 확률은 $\frac{1}{4}$이다. → $\frac{1}{2}(X^a X^a, X^a Y) \times \frac{1}{2}(bb) = \frac{1}{4}$

① ㉠　　② ㉢　　③ ㉠, ㉡　　④ ㉡, ㉢　　✔ ⑤ ㉠, ㉡, ㉢

|자|료|해|설|

정상인 3과 4로부터 (나)가 발현된 딸(6)이 태어났으므로 (나)의 유전자는 상염색체에 있고, 열성 형질이다. 8의 (나)에 대한 유전자형은 Bb이고, 이때 B는 ㉠으로부터 물려 받았다. 1의 (나)에 대한 유전자형이 bb이므로 ㉠의 유전자형은 Bb이다. (가)의 유전자는 X 염색체에 있으며, 이를 우성 형질이라고 가정하면 (가)가 발현된 아들(5)의 유전자형은 $X^A Y$이고 X^A를 물려준 어머니(2)에게서 (가) 형질이 발현되어야 한다. 이는 모순이므로 (가)는 열성 형질이다. 8의 (가)에 대한 유전자형이 $X^a X^a$이므로 ㉠의 유전자형은 $X^a Y$이다. 가계도 구성원의 (가)와 (나)에 대한 유전자형은 첨삭된 내용과 같다.

|보|기|풀|이|

㉠ 정답 : 정상인 3과 4로부터 (나)가 발현된 딸(6)이 태어났으므로 (나)의 유전자는 상염색체에 있다.

㉡ 정답 : ㉠의 유전자형은 $X^a Y$이므로 (가)가 발현되었다.

㉢ 정답 : 8의 동생이 태어날 때, 이 아이에게서 (가)와 (나)가 모두 발현될 확률은

$\frac{1}{2}(X^a X^a, X^a Y) \times \frac{1}{2}(bb) = \frac{1}{4}$이다.

😀 **문제풀이 TIP |** 정상 부모 사이에서 특정 형질을 나타내는 딸이 태어나면, 이는 상염색체 유전이고 딸이 나타내는 형질이 열성이다. 특정 형질이 X 염색체 우성 유전이라면, 아들에게서 형질이 발현된 경우 어머니에서도 반드시 그 형질이 발현된다.

😎 **출제분석 |** 문제풀이 TIP에 제시된 상염색체 유전과 성염색체 유전의 기본적인 특징만으로도 분석 가능한 가계도이며, 난도는 '중상'에 해당한다. 실제 수능에서 가계도 분석 문제는 이보다 더 높은 난도의 문항이 출제될 가능성이 크기 때문에 다양한 문제를 풀어보며 출제를 대비해야 한다.

 " 이 문제에선 이게 가장 중요해! "

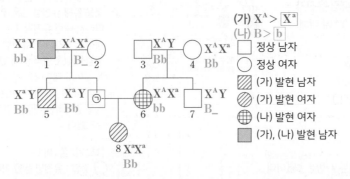

(가)의 유전자는 X 염색체에 있으며, 이를 우성 형질이라고 가정하면 (가)가 발현된 아들(5)의 유전자형은 $X^A Y$이고 X^A를 물려준 어머니(2)에게서 (가) 형질이 발현되어야 한다. 이는 모순이므로 (가)는 열성 형질이다. 정상인 3과 4로부터 (나)가 발현된 딸(6)이 태어났으므로 (나)의 유전자는 상염색체에 있고, 열성 형질이다. 가계도 구성원의 (가)와 (나)에 대한 유전자형은 첨삭된 내용과 같다.

다음은 어떤 집안의 유전 형질 (가)~(다)에 대한 자료이다.

- ○ (가)는 대립 유전자 H와 H*에 의해, (나)는 대립 유전자 R와 R*에 의해, (다)는 대립 유전자 T와 T*에 의해 결정된다. H는 H*에 대해, R는 R*에 대해, T는 T*에 대해 각각 완전 우성이다.

- ○ (가)~(다)의 유전자는 모두 서로 다른 염색체에 있고, (가)와 (나) 중 한 형질을 결정하는 유전자는 X 염색체에 존재한다.

- ○ 가계도는 (가)~(다) 중 (가)의 발현 여부를 나타낸 것이다.

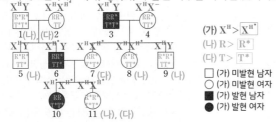

(가) $X^H > X^{H*}$
(나) $R > R^*$
(다) $T > T^*$

□ (가) 미발현 남자
○ (가) 미발현 여자
■ (가) 발현 남자
● (가) 발현 여자

- ○ 구성원 1~11 중 (가)만 발현된 사람은 6이고, (나)만 발현된 사람은 5, 8, 9이고, (다)만 발현된 사람은 7이다.

- ○ 1과 11에서만 (나)와 (다)가 모두 발현되었다.

- ○ 4와 10은 (나)에 대한 유전자형이 서로 다르며 두 사람에서 모두 (나)가 발현되지 않았다. → RR, RR*, R*R* : (나)는 열성 형질

- ○ 2와 3은 (다)에 대한 유전자형이 서로 다르며 각각 T와 T* 중 한 종류만 갖는다. → 2(TT), 3(T*T*) : (다)는 열성 형질

이에 대한 설명으로 옳은 것만을 〈보기〉에서 있는 대로 고른 것은? (단, 돌연변이는 고려하지 않는다.) 3점

보기

ㄱ. (가)를 결정하는 유전자는 X 염색체에 있다. → 1, 3, 4, 5, 6, 7, 8, 9, 11

ㄴ. 1~11 중 R*와 T*를 모두 갖는 사람은 총 9명이다.

ㄷ. 6과 7 사이에서 남자 아이가 태어날 때, 이 아이에게서

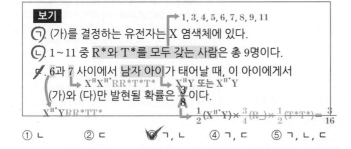

(가)와 (다)만 발현될 확률은 $\frac{3}{8}$이다.

① ㄴ　　② ㄷ　　✓③ ㄱ, ㄴ　　④ ㄱ, ㄷ　　⑤ ㄱ, ㄴ, ㄷ

|자|료|해|설|

(가)가 발현되지 않은 1과 2로부터 (가)가 발현된 6이 태어났으므로 (가)는 열성 형질이다. 4와 10은 (나)에 대한 유전자형이 서로 다르고, 두 사람에서 모두 (나)가 발현되지 않았으므로 4와 10의 유전자형은 각각 RR, RR* 중 하나이며 (나)는 열성 형질이다. (나)를 결정하는 유전자가 X 염색체에 존재한다고 가정하면, (나)가 발현된 11의 유전자형은 $X^{R^*}X^{R^*}$이고, 11에게 X^{R^*}을 물려준 6의 유전자형은 $X^{R^*}Y$이다. 그러나 6에서 (나)가 발현되지 않았으므로 이 가정은 모순이다. 따라서 (나)를 결정하는 유전자는 상염색체에 존재하고, (가)를 결정하는 유전자는 X 염색체에 존재한다.

2와 3은 (다)에 대한 유전자형이 서로 다르고, 각각 T와 T* 중 한 종류만 가지므로 2와 3의 유전자형은 각각 TT, T*T* 중 하나이다. 3의 유전자형이 TT라고 가정하면, 3의 자녀인 7, 8, 9의 (다)에 대한 표현형은 모두 같아야 한다. 그러나 7에서만 (다)가 발현되었으므로 이 가정은 모순이다. 따라서 2의 (다)에 대한 유전자형은 TT이고, 3은 T*T*이다. 2로부터 T를 물려받은 5와 6에서 (다)가 발현되지 않았으므로 (다)는 열성 형질이다. 이를 토대로 가계도 구성원의 유전자형을 정리하면 첨삭된 내용과 같다.

|보|기|풀|이|

ㄱ. 정답 : (가)를 결정하는 유전자는 X 염색체에 존재한다.

ㄴ. 정답 : 1~11 중 R*과 T*을 모두 갖는 사람은 총 9명이다 (1, 3, 4, 5, 6, 7, 8, 9, 11)이다.

ㄷ. 오답 : 6($X^{H^*}Y$,RR*,TT*)과 7($X^H X^{H^*}$, RR*,T*T*) 사이에서 남자 아이가($X^H Y$ 또는 $X^{H^*}Y$)가 태어날 때, 이 아이에게서 (가)와 (다)만 발현될 확률은 $\frac{1}{2}(X^{H^*}Y) \times \frac{3}{4}(R\_) \times \frac{1}{2}(T^*T^*) = \frac{3}{16}$이다.

👀 **문제풀이 TIP** | 부모에게서 나타나지 않은 형질이 자손에서 나타나면 자손이 나타내는 형질이 열성이다. X 염색체 열성 유전의 경우, 딸에게서 열성 형질이 나타나면 아버지에게서도 반드시 열성 형질이 나타나야 한다.

😀 **출제분석** | 가계도와 주어진 조건을 종합하여 유전 형질 (가)~(다)의 우열과 (가)와 (나)를 결정하는 유전자의 위치(상염색체 또는 X 염색체)를 구분하고, 특정 형질을 나타내는 아이가 태어날 확률을 구해야 하는 난도 '상'의 문항이다. 가계도에는 (가)의 발현 여부만 표시되어 있지만 따져야 하는 형질의 수가 세 가지이고, '보기 ㄴ'을 해결하기 위해서는 모든 구성원의 유전자형을 분석해야하기 때문에 문제를 해결하는데 시간이 걸릴 수밖에 없다. 문제를 풀기 전, 보기 내용을 먼저 보고 문제 해결에 필요한 부분만 빠르게 찾아내는 것이 시간을 단축하는데 도움이 된다. 또한 가계도에 표시해야 하는 내용이 많기 때문에 헷갈리지 않도록 정확하게 표시를 해두어야 실수를 줄일 수 있다.

다음은 어떤 집안의 유전 형질 (가)와 (나)에 대한 자료이다.

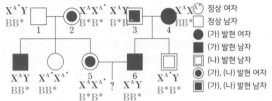

(가) $\boxed{A}$ > A*
→ X 염색체 유전

(나) B $\boxed{B^*}$
→ 상염색체 유전

○ (가)는 대립 유전자 A와 A*에 의해, (나)는 대립 유전자 B와 B*에 의해 결정된다. A는 A*에 대해, B는 B*에 대해 각각 완전 우성이다.

정상 여자 ○
정상 남자 □
(가) 발현 여자 ●
(가) 발현 남자 ■
(나) 발현 남자 ☐
(가), (나) 발현 여자 ◑
(가), (나) 발현 남자 ◼

○ 표는 구성원 1~4의 체세포 1개당 ③과 ⑤의 DNA 상대량을 나타낸 것이다. ③은 A와 A* 중 하나이고, ⑤은 B와 B* 중 하나이다. A, A*, B, B* 각각의 1개당 DNA 상대량은 같다.

구분		1	2	3	4
DNA 상대량	③ A*	ⓐ 1	ⓑ 1	0	1
	⑤ B	1	0	ⓒ 0	ⓓ 1

이에 대한 옳은 설명만을 〈보기〉에서 있는 대로 고른 것은? (단, 돌연변이와 교차는 고려하지 않는다.) **3점**

보기

ㄱ. ⑤은 B이다.

ㄴ. ⓐ+ⓑ+ⓒ+ⓓ=~~3~~이다.

ㄷ. 5와 6 사이에서 여자 아이가 태어날 때, 이 아이에서 (가)와 (나)가 모두 발현될 확률은 ~~1/4~~ $(1 \times \frac{1}{2} = \frac{1}{2})$이다.

✔① ㄱ   ② ㄴ   ③ ㄱ, ㄷ   ④ ㄴ, ㄷ   ⑤ ㄱ, ㄴ, ㄷ

|보|기|풀|이|

ㄱ. 정답 : ⑤은 2번에게 없는 정상 대립 유전자 B이다.

ㄴ. 오답 : ⓐ+ⓑ+ⓒ+ⓓ=1+1+0+1=3이다.

ㄷ. 오답 : 5번($X^A X^{A^*}$/B*B*)과 6번($X^A Y$/BB*) 사이에서 여자 아이가 태어날 때, 이 아이에서 (가)와 (나)가 모두 발현될 확률은 1((가)가 발현될 확률)×$\frac{1}{2}$((나)가 발현될 확률)=$\frac{1}{2}$이다.

5 6	X^A	X^{A^*}
X^A	$X^A X^A$	$X^A X^{A^*}$
Y	$X^A Y$	$X^{A^*} Y$

(가)가 발현될 확률 : 1

5 6	B*	B*
B	BB*	BB*
B*	**B*B***	**B*B***

(나)가 발현될 확률 : $\frac{1}{2}$

※ 주의사항 : 여자 아이가 태어날 때이므로 (가)가 발현될 확률을 구할 때 $X^A Y$와 $X^{A^*} Y$는 제외하고 확률을 계산해야 한다.

|자|료|해|설|

유전 형질 (가)가 발현된 3번과 4번 부모 사이에서 정상 아들(그림에서 6번의 오른쪽에 있는 남자)이 태어난 것을 통해 (가)는 정상에 대해 우성이라는 것을 알 수 있다. 따라서 유전 형질 (가)를 나타내는 대립 유전자는 A, 정상 대립 유전자는 A*이다.

DNA 상대량 표에서 3번에게 없는 ③은 정상 대립 유전자인 A*이다. 이 유전자가 상염색체 위에 있다고 가정하면 3번의 유전자형은 AA가 되고, 3번과 4번에서 태어나는 자녀는 무조건 우성 대립 유전자인 A를 갖게 되므로 모두 (가)가 발현되어야 한다. 하지만 정상인 자녀가 태어났으므로 이 유전자는 상염색체가 아닌 성염색체(X 염색체) 위에 있다고 판단할 수 있다. 1~4의 유전자형은 순서대로 $X^{A^*} Y$, $X^A X^{A^*}$, $X^A Y$, $X^A X^{A^*}$이고 ⓐ는 1, ⓑ는 1이다.

2번에게 없는 대립 유전자 ⑤은 정상 대립 유전자이다. 유전 형질 (나)를 나타내는 유전자가 상염색체와 성염색체 중 어느 염색체 위에 있는지 모르는 상태이지만, 여자의 경우 상염색체와 X 염색체를 모두 두 개씩 가지고 있으므로 2번은 유전 형질 (나)를 나타내는 대립 유전자를 동형 접합으로 가지고 있다. 2번은 딸에게 유전 형질 (나)를 나타내는 대립 유전자 하나를 물려줄 수밖에 없는데 정상인 딸이 태어난 것을 통해 유전 형질 (나)는 열성이라는 것을 알 수 있다. 따라서 유전 형질 (나)를 나타내는 대립 유전자는 B*, 정상 대립 유전자는 B이다. 이 유전자가 X 염색체 위에 있다고 가정하면 1번의 유전자형은 $X^B Y$가 되고, 이 아버지로부터 태어나는 딸은 무조건 우성 정상 대립 유전자 B를 가지고 있으므로 정상이어야 하는데 (나)가 발현된 딸이 태어났으므로 이 유전자는 상염색체 위에 있다고 판단할 수 있다. ⑤은 정상 대립 유전자 B이고, ⓒ는 0, ⓓ는 1이다.

😮 **문제풀이 TIP** | 두 개의 형질에 대한 문제는 각 형질을 하나씩 구분해서 분석해야 한다. 우선 문제에서 대립 유전자 A, A*, B, B*이 어떤 유전자인지 제시하지 않았기 때문에 가계도에 나타난 표현형과 DNA 상대량 표를 비교하며 ③과 ⑤, 그리고 유전 형질 (가)와 (나)를 나타내는 유전자를 찾아야 한다. 그 다음에는 대립 유전자가 성염색체에 존재하는지 상염색체에 존재하는지를 파악하여 문제를 해결해야 한다.

😊 **출제분석** | DNA 상대량과 가계도를 분석하여 대립 유전자가 어떤 유전자인지, 우성인지 열성인지, 상염색체와 성염색체 유전 중 어느 것인지를 판단해야 하는 난도 '상'의 문제이다.

다음은 어떤 집안의 유전 형질 (가)와 (나)에 대한 자료이다.

○ (가)는 대립유전자 H와 h에 의해, (나)는 대립유전자 T와 t에 의해 결정된다. H는 h에 대해, T는 t에 대해 각각 완전 우성이다.

○ (가)와 (나) 중 하나는 우성 형질이고, 다른 하나는 열성 형질이다.

○ (가)의 유전자와 (나)의 유전자 중 하나는 상염색체에 있고, 다른 하나는 X 염색체에 있다.

○ 가계도는 구성원 1~8에서 (가)와 (나)의 발현 여부를 나타낸 것이다.

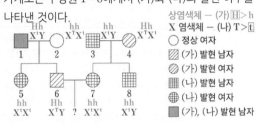

상염색체 − (가) Ⓗ > h
X 염색체 − (나) T > ⓣ

○ 정상 여자
▨ (가) 발현 남자
◨ (가) 발현 여자
▦ (나) 발현 남자
⊕ (나) 발현 여자
■ (가), (나) 발현 남자

이에 대한 옳은 설명만을 〈보기〉에서 있는 대로 고른 것은? (단, 돌연변이는 고려하지 않는다.) 3점

보기

ㄱ. (가)는 우성 형질이다.

ㄴ. (나)의 유전자는 ~~상염색체~~ 에 있다.

X 염색체

ㄷ. 6과 7 사이에서 아이가 태어날 때, 이 아이에게서 (가)와 (나)가 모두 발현될 확률은 ~~½~~ 이다. $\frac{1}{2}$(Hh)$\times\frac{1}{2}$(X^tY)=$\frac{1}{4}$

①ㄱ   ②ㄴ   ③ㄱ, ㄷ   ④ㄴ, ㄷ   ⑤ㄱ, ㄴ, ㄷ

|자|료|해|설|

(가)의 유전자가 X 염색체에 있다고 가정하면, (가)가 발현된 6에게 X 염색체를 물려준 2에게서 (가)가 발현되지 않았으므로 (가)는 열성 형질이다. 이때 (가)가 발현된 4의 유전자형이 X^hX^h이므로 8의 유전자형은 X^hY이다. 그러나 8에게서 (가)가 발현되지 않았으므로 이는 모순이다. 따라서 (가)의 유전자는 상염색체에 있고, (나)의 유전자는 X 염색체에 있다.

(나)가 발현된 8에게 X 염색체를 물려준 4에게서 (나)가 발현되지 않았으므로 (나)는 열성 형질이고, (가)는 우성 형질이다. 이를 토대로 가계도 구성원의 (가)와 (나)에 대한 유전자형을 나타내면 첨삭된 내용과 같다.

|보|기|풀|이|

ㄱ. 정답 : (가)는 우성 형질이고, (나)는 열성 형질이다.

ㄴ. 오답 : (가)의 유전자는 상염색체에 있고, (나)의 유전자는 X 염색체에 있다.

ㄷ. 오답 : 6과 7 사이에서 아이가 태어날 때, 이 아이에게서 (가)와 (나)가 모두 발현될 확률은 $\frac{1}{2}$(Hh)$\times\frac{1}{2}$(X^tY)=$\frac{1}{4}$ 이다.

👀 **문제풀이 TIP** | (가)의 유전자가 X 염색체에 있다고 가정하고, 우성일 때와 열성일 때 각각이 성립하는지 가계도를 통해 확인해보자. 모든 경우가 모순된다면 (가)의 유전자는 상염색체에 존재한다.

😀 **출제분석** | 가정을 통해 각 형질의 우열과 유전자의 위치 (상염색체 또는 X 염색체)를 파악해야 하는 난도 '상'의 문항이다. 가계도 분석 문항에서는 가정을 하며 문제를 해결해나가는 것이 일반적이며, 최소한의 가정으로 문제를 빠르게 해결하는 것이 관건이다.

다음은 어떤 집안의 유전 형질 (가), (나), ABO식 혈액형에 대한 자료이다.

○ (가)는 대립유전자 G와 g에 의해, (나)는 대립유전자 H와 h에 의해 결정된다. G는 g에 대해, H는 h에 대해 각각 완전 우성이다.

○ (가), (나), ABO식 혈액형의 유전자 중 2개는 9번 염색체에, 나머지 1개는 X 염색체에 있다.

○ 가계도는 구성원 ⓐ를 제외한 구성원 1~9에게서 (가)와 (나)의 발현 여부를 나타낸 것이다.

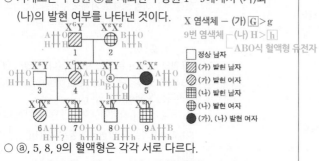

X 염색체 – (가) $\boxed{G} > g$
9번 염색체 – (나) $H > \boxed{h}$
ABO식 혈액형 유전자

□ 정상 남자
▨ (가) 발현 남자
▦ (나) 발현 남자
⊕ (나) 발현 여자
⊘ (가) 발현 여자
● (가), (나) 발현 여자

○ ⓐ, 5, 8, 9의 혈액형은 각각 서로 다르다.

○ 1, 5, 6은 모두 A형이고, 3과 7의 혈액형은 8과 같다.

이에 대한 설명으로 옳은 것만을 〈보기〉에서 있는 대로 고른 것은? (단, 돌연변이와 교차는 고려하지 않는다.) **3점**

> **보기**
>
> ㄱ. (가)의 유전자는 X 염색체에 있다.
>
> ~~ㄴ. ⓐ는 1과 (나)의 유전자형이 같다~~ ➡ 다르다 → ⓐ : Hh, 1 : HH
>
> ㄷ. 7의 동생이 태어날 때, 이 아이의 (가), (나), ABO식
> 혈액형의 표현형이 모두 4와 같을 확률은 $\frac{1}{4}$이다. $\frac{1}{2}(X^G\_)\times\frac{1}{2}(AH/\_)=\frac{1}{4}$
> ↳ $X^G X^g$, AH/Oh

① ㄱ   ② ㄴ   ③ ㄷ   ④ ㄱ, ㄴ   ✔⑤ ㄱ, ㄷ

| 자 | 료 | 해 | 설 |

(나)가 발현되지 않은 3과 4로부터 (나)가 발현된 7이 태어났으므로 (나)는 열성 형질이다. (나)의 유전자가 X 염색체에 있다고 가정하면, 유전자형이 $X^H X^h$인 5로부터 X 염색체를 물려 받은 8($X^h Y$)에게서 (나)가 발현되어야 한다. 이는 모순이므로 (나)의 유전자는 ABO식 혈액형의 유전자와 함께 9번 염색체에 있고, (가)의 유전자는 X 염색체에 있다. (가)가 열성 형질이라고 가정하면, (가)가 발현된 6($X^g X^g$)에게 X 염색체를 물려준 3($X^g Y$)에게서도 (가)가 발현되어야 한다. 이는 모순이므로 (가)는 우성 형질이다.

(나)가 발현된 5가 A형이므로 5의 유전자형은 Ah/Oh이고, ⓐ, 5, 8, 9의 혈액형은 각각 서로 다르므로 ⓐ는 B형, 8과 9는 각각 AB형과 O형 중 하나에 해당한다. 8이 AB형이라고 가정하면, 5로부터 Ah를 물려 받은 8의 유전자형은 BH/Ah이므로 ⓐ는 BH를 갖는다. 1이 A형이라고 했으므로 ⓐ가 갖는 BH는 2로부터 물려 받은 것이다. 그러나 2에게서 (나)가 발현되었으므로 이는 모순이다. 따라서 8이 O형이고, 9는 AB형이다. 이를 토대로 가계도 구성원의 (가), (나), ABO식 혈액형의 유전자형을 나타내면 첨삭된 내용과 같다.

| 보 | 기 | 풀 | 이 |

ㄱ. 정답 : (가)의 유전자는 X 염색체에 있고, (나)의 유전자는 ABO식 혈액형 유전자와 함께 9번 염색체에 있다.

ㄴ. 오답 : (나)의 유전자형은 ⓐ가 Hh이고, 1은 HH이므로 서로 다르다.

ㄷ. 정답 : 3($X^g Y$, OH/Oh)과 4($X^G X^g$, AH/Oh)로부터 7의 동생이 태어날 때, 이 아이의 (가), (나), ABO식 혈액형의 표현형이 모두 4와 같을 확률은 $\frac{1}{2}(X^G\_)\times\frac{1}{2}(AH/\_)=\frac{1}{4}$이다.

😮 **문제풀이 T I P** | 부모에게 없던 형질이 자손에게서 나타나면 그 형질은 열성 형질이다. X 염색체 유전의 특징을 가계도에 적용해보면 (가)와 (나)의 유전자의 위치를 파악할 수 있다. 같은 염색체에 함께 존재하는 유전자를 고려하여 조건에 맞는 경우를 찾아보자.

😀 **출제분석** | 가계도를 분석하여 각 유전자의 우열과 유전자의 위치(상염색체 또는 X 염색체)를 파악하고, 조건에 맞는 구성원의 ABO식 혈액형 유전자 배치를 찾아야 하는 난도 '상'의 문항이다. (가)와 (나)의 우열과 유전자의 위치를 파악하는 것은 쉬운 편이나, 주어진 조건에 맞는 ABO식 혈액형 유전자 배치를 찾는 것에서 어려움을 느낀 학생들이 많았을 것이다. (나)의 유전자와 ABO식 혈액형 유전자가 같은 염색체에 존재하므로 가계도에 직접 유전자 배치를 그려보며 조건에 성립하는 경우를 찾아야 한다.

그림은 영희 집안의 유전병 ㉠과 ㉡에 대한 가계도를 나타낸 것이다. ㉠은 대립 유전자 A와 A*에 의해, ㉡은 대립 유전자 B와 B*에 의해 결정되며, A는 A*에 대해, B는 B*에 대해 각각 완전 우성이다. 영희의 ㉠과 ㉡의 유전자형은 모두 동형 접합이고, ㉠과 ㉡ 중 하나는 반성 유전된다.

(열성 성염색체 유전 / 열성 상염색체 유전)

	B	B*
B	BB	BB*
B*	BB*	B*B*

$\frac{1}{4} \times \frac{1}{4} = \frac{1}{16}$ (남자 아이이면서 ㉠ 발현 확률) (㉡ 발현 확률)

	X^A	X^{A^*}
X^{A^*}	$X^AX^{A^*}$	$X^{A^*}X^{A^*}$
Y	X^AY	$X^{A^*}Y$

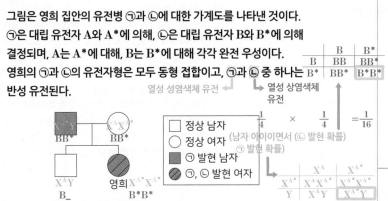

이에 대한 설명으로 옳은 것만을 <보기>에서 있는 대로 고른 것은? (단, 돌연변이는 고려하지 않는다.)

보기

ㄱ. ㉠을 결정하는 대립 유전자는 X 염색체에 존재한다. (열성 성염색체 유전 / 반성 유전(X 염색체 유전))
ㄴ. ㉠과 ㉡은 모두 단일 인자 유전이다. (한 쌍의 대립 유전자에 의해 결정)
ㄷ. 영희의 동생이 한 명 태어날 때, 이 아이가 유전병 ㉠과 ㉡을 모두 갖는 남자 아이일 확률은 $\frac{1}{16}$이다.

① ㄱ　② ㄷ　③ ㄱ, ㄴ　④ ㄴ, ㄷ　⑤ ㄱ, ㄴ, ㄷ

※ 본 문항은 이전 교육 과정(2009 교육 과정)을 바탕으로 출제되었기 때문에 '반성 유전' 용어가 'X 염색체에 의한 유전'의 의미로 사용되었습니다.

|자|료|해|설|
부모에게 ㉡이 나타나지 않았지만 영희에게 ㉡이 나타났으므로 ㉡은 정상에 대해 열성이다. 우성 형질인 정상의 아버지로부터 열성인 ㉡이 발현된 영희가 태어났으므로 ㉡은 열성 상염색체 유전이다. ㉡이 반성 유전(X 염색체 유전)이 아니므로 ㉠이 반성 유전(X 염색체 유전)이다. 영희가 ㉠에 대해 동형 접합이고 어머니가 정상이므로, 우성이 될 수 없다. 따라서 ㉠은 열성 성염색체 유전이다. 이를 근거로 가계도를 작성하면 그림과 같다.

|보|기|풀|이|
ㄱ. 정답 : ㉡이 열성 상염색체 유전이므로 ㉠은 반성 유전(X 염색체 유전)이다. 따라서 ㉠을 결정하는 대립 유전자가 X 염색체에 존재한다.
ㄴ. 정답 : ㉠과 ㉡은 모두 한 쌍의 대립 유전자에 의해 결정되므로 단일 인자 유전이다.
ㄷ. 정답 : ㉠에 대한 아버지의 유전자형이 $X^{A^*}Y$, 어머니의 유전자형이 $X^AX^{A^*}$이므로 유전자형이 $X^{A^*}X^A$, X^AY, $X^{A^*}X^{A^*}$, $X^{A^*}Y$인 아이가 태어날 수 있다. 이 중 남자이면서 유전병 ㉠을 가지려면 유전자형이 $X^{A^*}Y$이어야 하므로 남자 아이면서 유전병 ㉠을 가질 확률은 $\frac{1}{4}$이다. ㉡에 대한 아버지, 어머니의 유전자형이 모두 이형 접합(BB*)이므로, ㉡ 유전병을 가진 아이(B*B*)가 태어날 확률은 $\frac{1}{4}$이다. 따라서 $\frac{1}{4} \times \frac{1}{4} = \frac{1}{16}$이다.

문제풀이 TIP | 제시된 단서와 가계도를 분석하여 유전 양상을 파악해야 풀 수 있는 문항이다. 우성 형질의 아버지로부터 열성 형질의 딸이 태어나면 상염색체 유전이라는 점을 이용하여 가계도를 분석해야 빠르게 문항을 풀 수 있다. 그 외에 영희가 ㉠과 ㉡의 유전자형이 모두 동형 접합임을 이용하여 ㉠의 우성, 열성 여부를 판별할 수 있어야 한다.

출제분석 | 기본적인 유전 양상과 단서가 명확히 제시되어 있는 가계도 분석 문제로 난이도 중에 해당한다. 가계도 분석이 다소 어렵게 제시되는 기출 문항들에 비해 기본적인 유전 양상을 이해하고 있는지 묻는 문항으로 반드시 맞추어야 한다. 보기의 확률 문제도 쉽게 풀이가 가능하다. 가계도 분석 유형은 염색체 비분리와 연계하여 출제될 경우 상당히 어려워지므로 기출문제를 기본으로 가계도 분석 연습을 하자.

"이 문제에선 이게 가장 중요해!"

부모에게 ㉡이 나타나지 않았지만 영희에게 ㉡이 나타났으므로 ㉡은 정상에 대해 열성이다. 우성 형질인 정상의 아버지로부터 열성인 ㉡이 발현된 영희가 태어났으므로 ㉡은 열성 상염색체 유전이다. ㉡이 반성 유전(X 염색체 유전)이 아니므로 ㉠이 반성 유전(X 염색체 유전)이다. 영희가 ㉠에 대해 동형 접합이고 어머니가 정상이므로, 우성이 될 수 없다. 따라서 ㉠은 열성 성염색체 유전이다. 이를 근거로 가계도를 작성하면 그림과 같다.

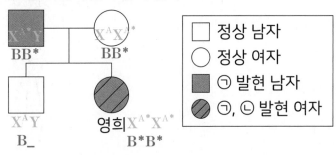

다음은 가족 (가)와 (나)의 유전병 ㉠에 대한 자료이다.

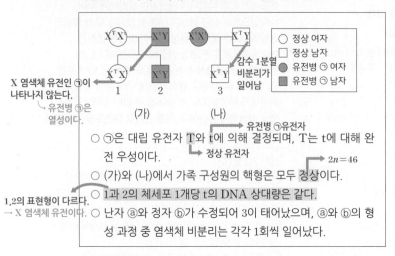

X 염색체 유전인 ㉠이
나타나지 않는다.
↘ 유전병 ㉠은
열성이다.

1,2의 표현형이 다르다.
→ X 염색체 유전이다.

○ ㉠은 대립 유전자 T와 t에 의해 결정되며, T는 t에 대해 완전 우성이다.

→ 유전병 ㉠유전자
→ 정상 유전자

○ (가)와 (나)에서 가족 구성원의 핵형은 모두 정상이다.   2n=46

○ 1과 2의 체세포 1개당 t의 DNA 상대량은 같다.

○ 난자 ⓐ와 정자 ⓑ가 수정되어 3이 태어났으며, ⓐ와 ⓑ의 형성 과정 중 염색체 비분리는 각각 1회씩 일어났다.

이에 대한 옳은 설명만을 〈보기〉에서 있는 대로 고른 것은? (단, 제시된 염색체 비분리 이외의 돌연변이와 교차는 고려하지 않는다.)

3점

보기

ㄱ. ㉠은 ~~우성~~ 열성 형질이다.

ㄴ. ⓐ에는 성염색체가 없다.

ㄷ. ⓑ가 형성될 때 염색체 비분리는 감수 1분열에서 일어났다.

① ㄴ   ② ㄷ   ③ ㄱ, ㄴ   ④ ㄱ, ㄷ   ⑤ ㄴ, ㄷ ✓

|자|료|해|설|

유전병 ㉠에 관련된 유전자가 상염색체에 존재한다면 1과 2의 체세포 1개당 t의 DNA 상대량이 같으므로 1과 2의 유전자형이 같아야 한다. 따라서 표현형이 같아야 하지만 1과 2의 표현형은 다르므로 유전병 ㉠의 유전은 X 염색체 유전이라는 것을 알 수 있다.

T와 t가 X 염색체에 존재하고, 1의 아버지가 유전병을 나타내고 있기 때문에 1은 아버지에게 반드시 유전병 ㉠ 유전자를 물려 받는다. 하지만 1은 정상 표현형이므로 유전병 ㉠은 정상에 대해 열성이라는 것을 알 수 있다. 따라서 X^T는 정상 대립 유전자이며, X^t는 유전병 ㉠ 대립 유전자이다.

|보|기|풀|이|

ㄱ. 오답 : ㉠이 우성 형질이라면 X 염색체 우성 유전이므로 유전병인 남자의 딸인 1은 반드시 유전병 ㉠을 나타내야 한다. 하지만 딸이 정상이므로 ㉠은 정상에 대해 열성 형질이다.

ㄴ. 정답 : 구성원의 핵형이 모두 정상이고 유전병 ㉠이 반성 유전이므로 3의 유전자형은 X^TY이다. 3의 어머니의 유전자형은 X^tX^t이므로 3은 어머니로부터 X 염색체를 받지 않았다. 따라서 난자 ⓐ에는 성염색체가 없다.

ㄷ. 정답 : 3의 X^T 염색체와 Y 염색체는 모두 아버지에서 받았으므로 정자 ⓑ가 형성될 때 감수 1분열에서 비분리가 일어났다는 것을 알 수 있다.

다음은 어떤 집안의 유전 형질 (가)와 (나)에 대한 자료이다.

○ (가)는 대립유전자 A와 a에 의해, (나)는 대립유전자 B와
b에 의해 결정된다. A는 a에 대해, B는 b에 대해 각각 완전
우성이다.

○ 가계도는 구성원 1~10에게서 (가)와 (나)의 발현 여부를
나타낸 것이다.

독립　상염색체 – (가) A > $\boxed{a}$
　　　상염색체 – (나) B > $\boxed{b}$

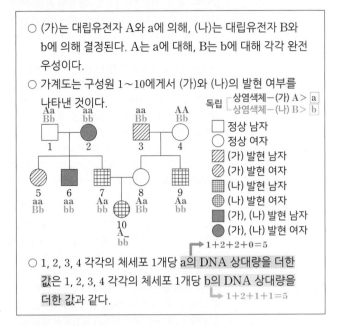

□ 정상 남자
○ 정상 여자
▨ (가) 발현 남자
◪ (가) 발현 여자
▦ (나) 발현 남자
⊞ (나) 발현 여자
■ (가), (나) 발현 남자
● (가), (나) 발현 여자

$\rightarrow$ 1+2+2+0=5

○ 1, 2, 3, 4 각각의 체세포 1개당 a의 DNA 상대량을 더한
값은 1, 2, 3, 4 각각의 체세포 1개당 b의 DNA 상대량을
더한 값과 같다.

$\rightarrow$ 1+2+1+1=5

이에 대한 옳은 설명만을 〈보기〉에서 있는 대로 고른 것은?
(단, 돌연변이는 고려하지 않으며, a와 b 각각의 1개당 DNA
상대량은 1이다.)

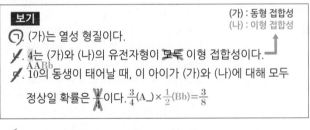

보기

(가) : 동형 접합성
(나) : 이형 접합성

ㄱ. (가)는 열성 형질이다.
ㄴ. 4는 (가)와 (나)의 유전자형이 모두 이형 접합성이다.
　　　　　　　　　　　　　　　　AABb
ㄷ. 10의 동생이 태어날 때, 이 아이가 (가)와 (나)에 대해 모두
　정상일 확률은 ~~1/4~~이다. $\frac{3}{4}$(A_) $\times \frac{1}{2}$(Bb)$=\frac{3}{8}$

① ㄱ ✓ 　② ㄴ 　③ ㄱ, ㄷ 　④ ㄴ, ㄷ 　⑤ ㄱ, ㄴ, ㄷ

|보|기|풀|이|

ㄱ. 정답 : (가)의 대립유전자는 상염색체에 존재하며, (가)는 열성 형질이다.

ㄴ. 오답 : 4의 유전자형은 AABb이므로 (가)의 유전자형은 동형 접합성이고, (나)의 유전자형은
이형 접합성이다.

ㄷ. 오답 : 부모 7(Aabb)과 8(AaBb) 사이에서 10의 동생이 태어날 때, 이 아이가 (가)와

(나)에 대해 모두 정상일 확률은 $\frac{3}{4}$(A_) $\times \frac{1}{2}$(Bb) $=\frac{3}{8}$이다.

|자|료|해|설|

(나)가 발현되지 않은 3과 4로부터 (나)가 발현된 9가
태어났으므로 (나)는 열성 형질이다. (나)의 대립유전자가
상염색체에 있다고 가정하면, 1~4의 (나)에 대한
유전자형은 각각 1(Bb), 2(bb), 3(Bb), 4(Bb)이므로
1~4 각각의 체세포 1개당 b의 DNA 상대량을 더한 값은
1+2+1+1=5이다. (나)의 대립유전자가 X 염색체에
있다고 가정하면, 1~4의 (나)에 대한 유전자형은 각각
1(X^BY), 2(X^bX^b), 3(X^BY), 4(X^BX^b)이므로 1~4
각각의 체세포 1개당 b의 DNA 상대량을 더한 값은
0+2+0+1=3이다.

(가)의 대립유전자가 X 염색체에 있고 열성 형질이라고
가정하면, 5는 X^aX^a이므로 1의 유전자형은 X^aY이어야
한다. 그러나 1에서 (가)가 발현되지 않았으므로 이는
모순이다. (가)의 대립유전자가 X 염색체에 있고 우성
형질이라고 가정하면, 3은 X^AY이고 8에게 X^A를 물려주게
된다. 그러나 8에게서 (가)가 발현되지 않았으므로 이
또한 모순이다. 따라서 (가)의 대립유전자는 상염색체에
존재한다.

(가)가 우성 형질이라고 가정하면, 1~4의 (가)에 대한
유전자형은 각각 1(aa), 2(Aa), 3(Aa), 4(aa)이므로
1~4 각각의 체세포 1개당 a의 DNA 상대량을 더한 값은
2+1+1+2=6이다. (가)가 열성 형질이라고 가정하면,
1~4의 (가)에 대한 유전자형은 각각 1(Aa), 2(aa), 3(aa),
4(AA 또는 Aa)이므로 1~4 각각의 체세포 1개당 a의
DNA 상대량을 더한 값은 1+2+2+(0 또는 1)=5 또는
6이다.

1~4 각각의 체세포 1개당 a의 DNA 상대량은 더한 값이
1~4 각각의 체세포 1개당 b의 DNA 상대량을 더한
값과 같다는 조건이 성립하는 경우는 자료 해설에서 밑줄
친 부분으로 (가)가 열성 형질이고, (나)의 대립유전자가
상염색체에 있을 때이다. 1~4 각각의 체세포 1개당 b의
DNA 상대량을 더한 값이 5이므로 1~4 각각의 체세포
1개당 a의 DNA 상대량을 더한 값도 1+2+2+0=5
이다. 따라서 4의 (가)에 대한 유전자형은 AA로 동형
접합성이라는 것을 알 수 있다.

(가)와 (나)의 대립유전자가 하나의 상염색체에 같이
존재한다고 가정하면, 6의 유전자형은 (ab/ab)이므로
1의 유전자형은 (AB/ab)가 된다. 이때 5의 유전자형은
(aB/ab)이고, 2(ab/ab)로부터 ab를 물려받았으므로
1에게서 aB를 물려받아야 한다. 이는 모순이므로 (가)와
(나)의 대립유전자는 서로 다른 상염색체에 존재한다. 이를
토대로 구성원의 (가)와 (나)에 대한 유전자형을 정리하면
첨삭된 내용과 같다.

😲 **문제풀이 TIP** | 부모 모두에게서 나타나지 않은 형질이 자손에게서 나타나면 자손이 나타내는 형질이 열성이다. 가계도에서 1과 5, 3과 8의 (가)에 대한 형질 비교를 통해 (가)를
결정하는 유전자의 위치를 알아낼 수 있다. 1~4 각각의 체세포 1개당 a의 DNA 상대량은 더한 값이 1~4 각각의 체세포 1개당 b의 DNA 상대량을 더한 값과 같다는 조건이 성립하는
경우를 찾으면 (가)의 우열과 (나)를 결정하는 유전자의 위치를 찾을 수 있다.

😄 **출제분석** | 가계도와 추가로 주어진 조건을 토대로 각 형질의 우열과 대립유전자의 위치(상염색체 또는 성염색체)를 추론해야 하는 난도 '상'의 문항이다. 가계도 분석과 함께
여러 번의 가정을 통해 문제를 해결해야 하기 때문에 시간이 걸릴 수 있다. 가정을 하기 전, 가계도 분석을 통해 알아낼 수 있는 부분을 최대한 빠르게 파악하는 것이 시간을 단축하는
방법이다.

다음은 어떤 집안의 유전 형질 (가)와 (나)에 대한 자료이다.

○ (가)는 대립유전자 R와 r에 의해 결정되며, R는 r에 대해 완전 우성이다. → 단일 인자 유전

○ (나)는 상염색체에 있는 1쌍의 대립유전자에 의해 결정되며, 대립유전자에는 E, F, G가 있다. → 복대립 유전

○ (나)의 표현형은 4가지이며, (나)의 유전자형이 EG인   (E_, F_, GG, EF)
사람과 EE인 사람의 표현형은 같고, 유전자형이 FG인
사람과 FF인 사람의 표현형은 같다. → E>G, F>G

○ 가계도는 구성원 1~9에게서 (가)의 발현 여부를 나타낸
것이다.   성염색체 : $X^R > X^r$

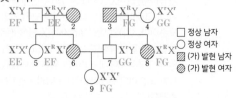

□ 정상 남자
○ 정상 여자
▨ (가) 발현 남자
▧ (가) 발현 여자

○ $\dfrac{1, 2, 5, 6 \text{ 각각의 체세포 1개당 E의 DNA 상대량을 더한 값}}{3, 4, 7, 8 \text{ 각각의 체세포 1개당 r의 DNA 상대량을 더한 값}} = \dfrac{(6)\ 3}{(4)\ 2}$

○ 1, 2, 3, 4의 (나)의 표현형은 모두 다르고, 2, 6, 7, 9의
(나)의 표현형도 모두 다르다.   → E_ F_ GG, EF

○ 3과 8의 (나)의 유전자형은 이형 접합성이다.

이에 대한 설명으로 옳은 것만을 〈보기〉에서 있는 대로 고른 것은?
(단, 돌연변이와 교차는 고려하지 않으며, E, F, G, R, r 각각의
1개당 DNA 상대량은 1이다.) 3점

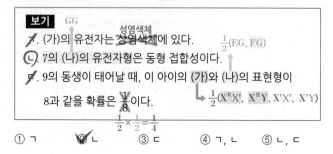

보기   GG
ㄱ. (가)의 유전자는 ~~상염색체~~에 있다.   성염색체
ㄴ. 7의 (나)의 유전자형은 동형 접합성이다. $\frac{1}{2}$(EG, FG)
ㄷ. 9의 동생이 태어날 때, 이 아이의 (가)와 (나)의 표현형이
8과 같을 확률은 ~~$\frac{1}{8}$~~이다. $\frac{1}{2}$($X^R X^r$, $X^R Y$, $X^r X^r$, $X^r Y$)
$\frac{1}{2} \times \frac{1}{2} = \frac{1}{4}$

① ㄱ   ②ㄴ   ③ ㄷ   ④ ㄱ, ㄴ   ⑤ ㄴ, ㄷ

💡 문제풀이 TIP | (나)의 표현형 4가지는 E_, F_, GG, EF이다. (가)를 결정하는 대립 유전자가 상염색체에 존재한다고 가정하면, (가)가 우성일 때와 열성일 때 모두 3, 4, 7, 8 각각의 체세포 1개당 r의 DNA 상대량을 더한 값은 6이므로 분자의 값이 9가 되어야 한다. 그러나 이는 불가능한 경우이므로 (가)를 결정하는 대립 유전자는 성염색체에 존재한다.

😀 출제분석 | 가계도와 주어진 조건을 토대로 (가)를 결정하는 대립 유전자의 위치(상염색체 또는 성염색체)와 형질의 우열을 알아내고, 구성원의 (나)에 대한 유전자형을 유추해야 하는 문항이다. 가계도 아래에 제시된 세 가지 조건을 동시에 고려하며 조건에 맞는 경우를 찾아가는 과정이 쉽지 않아 난도는 '최상'에 해당한다. 그동안 출제되어 온 유전 단원의 고난도 문제들과 비교해봐도 어려운 문항에 속한다. 제시되는 다양한 조건을 적용하여 문제를 해결하는 방법을 익혀두자.

| 자 | 료 | 해 | 설 |

(가)는 1쌍의 대립 유전자 R와 r에 의해 결정되므로 단일 인자 유전이다. (나)는 상염색체에 있는 1쌍의 대립 유전자에 의해 결정되는 단일 인자 유전이며, 대립 유전자의 종류가 3가지(E, F, G)이므로 복대립 유전에 해당한다. (나)의 유전자형이 EG인 사람과 EE인 사람의 표현형이 'E_'로 같으므로 E는 G에 대해 우성이고, 유전자형이 FG인 사람과 FF인 사람의 표현형이 'F_'로 같으므로 F는 G에 대해 우성이다. 따라서 (나)의 표현형 4가지는 E_, F_, GG, EF이다.

(가)를 결정하는 대립 유전자가 상염색체에 존재한다고 가정하면, (가)가 우성일 때와 열성일 때 모두 3, 4, 7, 8 각각의 체세포 1개당 r의 DNA 상대량을 더한 값은 6이다.

이 경우 분수의 값이 $\frac{3}{2}$이므로, 분자 값에 해당하는 1, 2, 5, 6 각각의 체세포 1개당 E의 DNA 상대량을 더한 값은 9여야 한다. 그러나 (나)에 대한 대립 유전자 수의 합으로 가능한 최댓값은 8이므로 이는 불가능한 경우이다. 따라서 (가)를 결정하는 대립 유전자는 성염색체에 존재한다.

(가)를 열성 형질이라고 가정하면, 6의 유전자형은 $X^r X^r$이고 6에게 X 염색체를 물려준 1의 유전자형은 $X^r Y$이다. 그러나 1에서 (가)가 발현되지 않았으므로 이 가정은 모순이다. 따라서 (가)는 우성 형질이다. 3($X^R Y$), 4($X^r X^r$), 7($X^r Y$), 8($X^R X^r$) 각각의 체세포 1개당 r의 DNA 상대량을 더한 값은 4이므로 1, 2, 5, 6 각각의 체세포 1개당 E의 DNA 상대량을 더한 값은 6이다. 이것이 성립되기 위해서는 1, 2, 5, 6 중 두 구성원의 유전자형은 EE이고, 나머지 두 구성원은 E를 하나씩 가지고 있어야 한다. 즉, 1, 2, 5, 6이 나타낼 수 있는 표현형은 E_ 또는 EF이다.

1, 2, 3, 4의 (나)의 표현형이 모두 다르므로 각각의 표현형은 E_, F_, GG, EF 중 하나이다. 1과 2의 표현형이 E_ 또는 EF이므로 3과 4의 표현형은 F_ 또는 GG이다. 3과 8의 유전자형은 이형 접합성이므로 3과 8의 유전자형은 FG이고, 4는 GG이다. 2, 6, 7, 9의 (나)의 표현형이 모두 다르므로 각각의 표현형은 E_, F_, GG, EF 중 하나이다. 2와 6의 표현형이 E_ 또는 EF이므로 7과 9의 표현형은 F_ 또는 GG이다. 2의 표현형이 EF라고 가정하면, 6의 표현형은 E_이고 1, 2, 5, 6 각각의 체세포 1개당 E의 DNA 상대량을 더한 값은 6이라는 조건이 성립되기 위해서는 6의 유전자형이 EE여야 한다. 이때 9는 6으로부터 E를 물려받아 E_ 또는 EF의 표현형을 갖게 되므로 '2, 6, 7, 9의 (나)의 표현형이 모두 다르다.'라는 조건과 맞지 않는다. 따라서 이 가정은 모순이므로 2는 EE이고, 6은 EF이다. 9는 6으로부터 F를 물려받아 F_의 표현형을 나타내므로 7은 GG이고, 9는 FG이다. 마지막으로 1은 EF이고, 5는 EE이다.

| 보 | 기 | 풀 | 이 |

ㄱ. 오답 : (가)의 유전자는 성염색체(X 염색체)에 있다.

ㄴ. 정답 : 7의 (나)의 유전자형은 GG이므로 동형 접합성이다.

ㄷ. 오답 : 9의 동생이 태어날 때, 이 아이의 (가)의 표현형이 8(X^R_)과 같을 확률은 $\frac{1}{2}$($X^R X^r$, $X^R Y$, $X^r X^r$, $X^r Y$)이고, (나)의 표현형이 8(F_)과 같을 확률은 $\frac{1}{2}$(EG, FG)이다.

따라서 9의 동생이 태어날 때, 이 아이의 (가)와 (나)의 표현형이 8과 같을 확률은 $\frac{1}{2} \times \frac{1}{2} = \frac{1}{4}$이다.

다음은 어떤 집안의 유전 형질 (가)와 ABO식 혈액형에 대한 자료이다.

○ (가)는 대립유전자 T와 t에 의해 결정되며, T는 t에 대해 완전 우성이다.
○ 가계도는 구성원 1~10에서 (가)의 발현 여부를 나타낸 것이다.

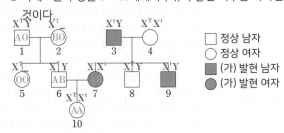

□ 정상 남자
○ 정상 여자
■ (가) 발현 남자
● (가) 발현 여자

○ 7, 8, 9 각각의 체세포 1개당 t의 DNA 상대량을 더한 값은 4의 체세포 1개당 t의 DNA 상대량의 3배이다. → 성염색체, 열성
○ 1, 2, 5, 6의 혈액형은 서로 다르며, [1의 혈액과 항 A 혈청을 섞으면 응집 반응이 일어난다.] → 1의 혈액에 응집원 A 존재 →응집소 α
○ 1과 10의 혈액형은 같으며, 6과 7의 혈액형은 같다.
    A형   AB형

이에 대한 옳은 설명만을 〈보기〉에서 있는 대로 고른 것은? (단, 돌연변이와 교차는 고려하지 않는다.) **3점**

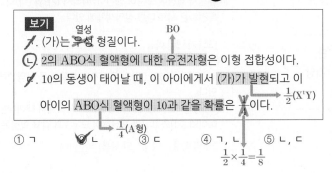

보기
               열성   BO
ㄱ. (가)는 우성 형질이다.
ㄴ. 2의 ABO식 혈액형에 대한 유전자형은 이형 접합성이다.
ㄷ. 10의 동생이 태어날 때, 이 아이에게서 (가)가 발현되고 이 아이의 ABO식 혈액형이 10과 같을 확률은 1/4 이다. →1/2 (X^t Y)
        1/4 (A형)
        1/2 × 1/4 = 1/8

① ㄱ   ② ㄴ   ③ ㄷ   ④ ㄱ, ㄴ   ⑤ ㄴ, ㄷ

|자|료|해|설|

(가)의 대립 유전자가 상염색체에 존재하고 우성 형질이라고 가정하면 7(Tt), 8(tt), 9(Tt)의 체세포 1개당 t의 DNA 상대량을 더한 값은 4이고, 4(tt)의 체세포 1개당 t의 DNA 상대량은 2이므로 3배가 아니다. 마찬가지로 (가)의 대립 유전자가 상염색체에 존재하고 열성 형질이라고 가정하면 7(tt), 8(Tt), 9(tt)의 체세포 1개당 t의 DNA 상대량을 더한 값은 5이고, 4(Tt)의 체세포 1개당 t의 DNA 상대량은 1이므로 3배가 아니다. (가)의 대립 유전자가 성염색체에 존재하고 우성 형질이라고 가정하면 4($X^t X^t$)로부터 9($X^T Y$)가 태어날 수 없으므로 모순이다. 따라서 T와 t는 성염색체에 존재하고 (가)는 열성 형질이다. 항 A 혈청에는 응집소 α가 들어있으며, 이와 응집 반응을 일으키는 혈액에는 응집원 A가 존재한다. 부모와 자녀의 관계인 1, 2, 5, 6의 혈액형이 모두 다른 경우는 부모가 A형(AO), B형(BO)이고 자녀가 AB형(AB), O형(OO)이거나, 반대로 부모가 AB형(AB), O형(OO)이고 자녀가 A형(AO), B형(BO)인 경우 두 가지가 가능하다. 우선 1의 혈액과 항 A 혈청(응집소 α 포함)을 섞었을 때 응집 반응이 일어났으므로 1은 A형(AO) 또는 AB형(AB)이다. 1이 AB형이라고 가정하면, 1과 10의 혈액형이 같다고 했으므로 10의 혈액형도 AB형이다. AB형인 10이 태어나기 위해서는 6과 7의 혈액형이 모두 AB형이어야 하지만, 1이 AB형이므로 6은 AB형이 될 수 없어 모순이다. 따라서 1(AO)과 10(AA)은 A형, 2는 B형(BO), 5는 O형(OO), 6과 7은 AB형(AB)이다.

|보|기|풀|이|

ㄱ. 오답 : T와 t는 성염색체에 존재하고 (가)는 열성 형질이다.
ㄴ. 정답 : 2의 ABO식 혈액형에 대한 유전자형은 BO이므로 이형 접합이다.
ㄷ. 오답 : 6($X^T Y$, AB)과 7($X^t X^t$, AB)로부터 10의 동생이 태어날 때, (가)가 발현될 확률은 $\frac{1}{2}$($X^t Y$)이고 ABO식 혈액형이 10과 같은 A형일 확률은 $\frac{1}{4}$(AA)이다.
따라서 구하고자 하는 확률은 $\frac{1}{2} \times \frac{1}{4} = \frac{1}{8}$이다.

🧑 **문제풀이 TIP** | 부모와 자녀의 관계인 1, 2, 5, 6의 혈액형이 모두 다른 경우는 부모가 A형, B형이고 자녀가 AB형, O형이거나, 부모가 AB형, O형이고 자녀가 A형, B형인 경우 두 가지가 가능하다. 추가로 제시된 조건을 통해 가족의 혈액형을 알아낼 수 있다.

😀 **출제분석** | 주어진 조건을 통해 유전 형질 (가)를 결정하는 대립 유전자의 위치, 형질의 우열, 가계도 구성원의 혈액형을 알아내야 하는 난도 '중'의 문항이다. 난도가 높은 편은 아니지만 문제 해결에 시간이 걸릴 수 있다. 가계도 문항은 최대한 많은 문제를 반복해서 풀어보며 문제 해결에 익숙해져야 시간을 단축할 수 있다.

다음은 어떤 집안의 유전 형질 (가)와 (나)에 대한 자료이다.

○ (가)는 1쌍의 대립유전자 A와 a에 의해 결정되며, A는 a에 대해 완전 우성이다.

○ (나)는 1쌍의 대립유전자에 의해 결정되며, 대립유전자에는 E, F, G가 있다. E는 F와 G에 대해, F는 G에 대해 각각 완전 우성이며, (나)의 표현형은 3가지이다.

○ 가계도는 구성원 1~8에서 (가)의 발현 여부를 나타낸 것이다.

(가) : A > a
(나) : E > F > G → 복대립 유전

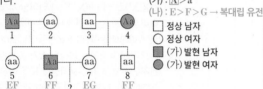

□ 정상 남자
○ 정상 여자
■ (가) 발현 남자
● (가) 발현 여자

○ 표는 5~8에서 체세포 1개당 F의 DNA 상대량을 나타낸 것이다.

구성원	5	6	7	8
F의 DNA 상대량	1	2	0	2

○ 5와 7에서 (나)의 표현형은 같다.

○ 5, 6, 7 각각의 체세포 1개당 A의 DNA 상대량을 더한 값은 ^{↱1} 5, 6, 7 각각의 체세포 1개당 G의 DNA 상대량을 더한 값과 같다. _{↳1}

이에 대한 옳은 설명만을 <보기>에서 있는 대로 고른 것은? (단, 돌연변이와 교차는 고려하지 않으며, A, a, E, F, G 각각의 1개당 DNA 상대량은 1이다.) **3점**

보기

ㄱ. (가)는 우성 형질이다.

~~ㄴ.~~ (가)의 유전자는 (나)의 유전자와 ~~같은~~ **서로 다른** 염색체에 있다.

ㄷ. 6과 7 사이에서 아이가 태어날 때, 이 아이에서 (가)와 (나)의 표현형이 모두 7과 같을 확률은 $\frac{1}{4}$이다. ➡ $\frac{1}{2}$(aa일 확률)$\times \frac{1}{2}$(E_일 확률)$=\frac{1}{4}$

① ㄱ   ② ㄴ   ③ ㄷ   ④✔ ㄱ, ㄷ   ⑤ ㄴ, ㄷ

|자|료|해|설|

(가)와 (나)는 각각 1쌍의 대립 유전자에 의해 결정되므로 단일 인자 유전이고, (나)는 3가지 대립 유전자(E, F, G)에 의해 결정되므로 복대립 유전에 해당한다. 남자인 6과 8에서 F의 DNA 상대량이 2이므로 (나)의 유전자는 상염색체에 존재한다. F의 DNA 상대량이 1인 5와 0인 7에서 (나)의 표현형이 같다고 했으므로 5와 7의 표현형은 E_라는 것을 알 수 있다. 따라서 5의 (나)의 유전자형은 EF이고, 7의 (나)의 유전자형은 EE 또는 EG이다.

7의 (나)의 유전자형을 EE라고 가정하면 5, 6, 7 각각의 체세포 1개당 G의 DNA 상대량을 더한 값은 0이다. 이때 5, 6, 7 각각의 체세포 1개당 A의 DNA 상대량을 더한 값 또한 0이 되므로 5, 6, 7는 모두 열성 표현형을 나타내야 한다. 이는 모순이므로 7의 (나)의 유전자형은 EG이다.

5, 6, 7 각각의 체세포 1개당 A의 DNA 상대량을 더한 값이 1이므로 5, 6, 7 중 표현형이 다른 6이 A를 갖는다. 그러므로 (가)는 우성 형질이다. (가)의 유전자가 X 염색체에 위치한다고 가정하면 6의 유전자형은 $X^A Y$이다. 이때 X 염색체를 물려준 어머니인 2에게서도 (가)가 발현되어야 한다. 이는 모순이므로 (가)의 유전자는 상염색체에 존재한다.

(가)와 (나)의 유전자가 같은 염색체에 있다고 가정하면 7은 (aE/aG)이고, 8은 (aF/aF)이다. 4의 (가)의 유전자형은 Aa이며, 이때 a와 같은 염색체에 위치하는 (나)의 대립 유전자 결정에 모순이 생긴다. 따라서 (가)와 (나)의 유전자는 서로 다른 상염색체에 있다.

|보|기|풀|이|

ㄱ. 정답 : (가)는 우성 형질이다.

ㄴ. 오답 : (가)와 (나)의 유전자는 서로 다른 상염색체에 있다.

ㄷ. 정답 : 6(Aa,FF)과 7(aa,EG) 사이에서 태어나는 아이의 (가)와 (나)의 표현형이 모두 7과 같을 확률은 (aa일 확률)$\times \frac{1}{2}$(E_일 확률)$=\frac{1}{4}$이다.

👾 **문제풀이 TIP** | F의 DNA 상대량이 1인 5와 0인 7에서 (나)의 표현형이 같다는 것으로 5와 7의 표현형을 찾을 수 있다. 5, 6, 7 각각의 체세포 1개당 A의 DNA 상대량을 더한 값은 5, 6, 7 각각의 체세포 1개당 G의 DNA 상대량을 더한 값과 같다는 것을 통해 7의 유전자형을 결정할 수 있다.

😀 **출제분석** | 주어진 조건을 활용하여 각 유전자의 위치(상염색체 또는 성염색체)와 구성원의 유전자형을 알아내야 하는 문항이다. (가)와 (나)를 결정하는 대립 유전자의 우열 관계가 명확하게 제시되어 있고, 제시된 조건이 까다롭지 않아 문항을 해결하는데 큰 어려움은 없지만 풀이에 어느 정도 시간이 소요될 수 있다.

다음은 어떤 집안의 유전 형질 (가)와 (나)에 대한 자료이다.

○ (가)의 유전자와 (나)의 유전자 중 하나만 X 염색체에 있다.
○ (가)는 대립유전자 H와 h에 의해, (나)는 대립유전자 T와 t에 의해 결정된다. H는 h에 대해, T는 t에 대해 각각 완전 우성이다.
○ 가계도는 구성원 1~6에게서 (가)와 (나)의 발현 여부를 나타낸 것이다.

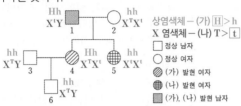

상염색체 - (가) $\boxed{H}$ > h
X 염색체 - (나) T > $\boxed{t}$

□ 정상 남자
○ 정상 여자
◐ (가) 발현 여자
⊕ (나) 발현 여자
■ (가), (나) 발현 남자

○ 표는 구성원 Ⅰ~Ⅲ에서 체세포 1개당 H와 ㉠의 DNA 상대량을 나타낸 것이다. Ⅰ~Ⅲ은 각각 구성원 1, 2, 5 중 하나이고, ㉠은 T와 t 중 하나이며, ⓐ~ⓒ는 0, 1, 2를 순서 없이 나타낸 것이다.

구성원	Ⅰ 2	Ⅱ 1	Ⅲ 5
DNA 상대량 H	ⓑ 0	ⓒ 1	ⓑ 0
㉠ t	ⓒ 1	ⓒ 1	ⓐ 2

이에 대한 설명으로 옳은 것만을 <보기>에서 있는 대로 고른 것은? (단, 돌연변이와 교차는 고려하지 않으며, H, h, T, t 각각의 1개당 DNA 상대량은 1이다.) **3점**

    우성
ㄱ. (가)는 ~~열성~~ 형질이다. ➝ 5(hhX^{t}X^t)
ㄴ. Ⅲ의 (가)와 (나)의 유전자형은 모두 동형 접합성이다.
ㄷ. 6의 동생이 태어날 때, 이 아이에게서 (가)와 (나)가 모두 발현될 확률은 ~~$\frac{1}{4}$~~이다. $\frac{1}{2}$(Hh일 확률)×$\frac{1}{4}$(X^{t}Y일 확률)=$\frac{1}{8}$

① ㄱ   ✓② ㄴ   ③ ㄱ, ㄴ   ④ ㄱ, ㄷ   ⑤ ㄴ, ㄷ

| 자 | 료 | 해 | 설 |

(가)가 X 염색체 열성 유전이라고 가정하면, (가)가 발현된 4의 유전자형은 X^{h}X^{h}이므로 6의 유전자형은 X^{h}Y이다. 그러나 6에게서 (가)가 발현되지 않았으므로 이는 모순이다. (가)가 X 염색체 우성 유전이라고 가정하면, (가)가 발현된 1의 유전자형은 X^{H}Y이고, 1에게서 X^{H}를 물려받은 5에게서 (가)가 발현되어야 한다. 이는 모순이므로 (가)는 상염색체 유전을 따르고, (나)는 X 염색체 유전을 따른다. (나)가 우성 형질이라면 (나)가 발현된 1의 유전자형은 X^{T}Y이고, 1에게서 X^{T}를 물려받은 4에게서 (나)가 발현되어야 한다. 이는 모순이므로 (나)는 열성 형질이다. 그러므로 1은 X^{t}Y, 2는 X^{T}X^t, 5는 X^{t}X^{t}이다.
㉠이 T라고 가정하면, Ⅲ은 구성원 2이고 ⓐ는 1, ⓒ는 0이다. 이때 ⓑ가 2이므로 Ⅲ에 해당하는 구성원 2의 (가)에 대한 유전자형은 HH이다. 이 경우 (가)는 열성 형질이므로 1은 hh이고, 5는 Hh이어야 한다. 구성원 1, 2, 5의 H의 DNA 상대량을 정리하면 0, 2, 1이므로 표와 맞지 않아 ㉠은 t이다. Ⅲ은 구성원 5이고, ⓐ는 2, ⓒ는 1이므로 ⓑ는 0이다. 구성원 5는 H를 갖지 않으므로 (가)는 우성 형질이고, Ⅰ은 구성원 2, Ⅱ는 구성원 1이다. 구성원의 유전자형을 정리하면 첨삭된 내용과 같다.

| 보 | 기 | 풀 | 이 |

ㄱ. 오답 : (가)는 우성 형질이다.
ㄴ. 정답 : 구성원 5(Ⅲ)의 유전자형은 hhX^{t}X^{t}이므로 (가)와 (나)의 유전자형 모두 동형 접합성이다.
ㄷ. 오답 : 3(hhX^{T}Y)과 4(HhX^{T}X^t) 사이에서 6의 동생이 태어날 때, 이 아이에게서 (가)와 (나)가 모두 발현될 확률은 $\frac{1}{2}$(Hh일 확률)×$\frac{1}{4}$(X^{t}Y일 확률)=$\frac{1}{8}$이다.

🤓 **문제풀이 TIP** | (가)가 X 염색체 열성, 우성 유전인 경우를 가정하여 모순되는 점을 찾아보자. 그리고 가계도에 나타난 표현형을 통해 (나)의 우열을 구분할 수 있다. 이후 ㉠을 T라고 가정하고 ⓐ~ⓒ의 값을 결정한 후 조건에 맞는지를 따져보면 문제를 해결할 수 있다.

🙂 **출제분석** | 가계도와 DNA 상대량 표를 종합적으로 분석해야 하는 난도 '상'의 문항이다. 가계도를 통해 (가)와 (나)의 유전자 위치와 (나)의 우열까지 알아낼 수 있어 난도가 매우 높은 문항은 아니지만, 표에 제시된 기호가 많아 애초에 풀이를 포기했거나 해결하는 도중에 당황하여 많은 시간이 소요되었을 것으로 판단된다.

다음은 어떤 집안의 유전 형질 (가)와 (나)에 대한 자료이다.

○ (가)는 대립유전자 H와 h에 의해, (나)는 대립유전자 T와 t에 의해 결정된다. H는 h에 대해, T는 t에 대해 각각 완전 우성이다.
○ (가)와 (나)의 유전자는 서로 다른 상염색체에 있다.
○ 가계도는 구성원 1~6에서 (가)와 (나)의 발현 여부를 나타낸 것이다.

H>h　T>t
정상 (가)　(나) 정상

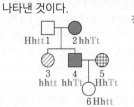

□ 정상 남자
○ 정상 여자
◩ (가) 발현 여자
⊞ (나) 발현 여자
■ (가), (나) 발현 남자
● (가), (나) 발현 여자

○ 표는 구성원 3, 4, 5에서 체세포 1개당 H와 T의 DNA 상대량을 더한 값을 나타낸 것이다. ㉠~㉢은 0, 1, 2를 순서 없이 나타낸 것이다.

구성원	3	4	5
H와 T의 DNA 상대량을 더한 값	㉠ 0	㉡ 1	㉢ 2

이에 대한 설명으로 옳은 것만을 〈보기〉에서 있는 대로 고른 것은? (단, 돌연변이는 고려하지 않으며, H, h, T, t 각각의 1개당 DNA 상대량은 1이다.)

보기
ㄱ. (가)는 우성 열성 형질이다.
ㄴ. 1에서 체세포 1개당 h의 DNA 상대량은 ㉡이다.
ㄷ. 6의 동생이 태어날 때, 이 아이에게서 (가)와 (나)가 모두 발현될 확률은 $\frac{1}{8}$이다.
　→ 유전자형이 hhT_일 확률
　→ $\frac{1}{2} \times \frac{3}{4} = \frac{3}{8}$

① ㄱ　✔② ㄴ　③ ㄷ　④ ㄱ, ㄴ　⑤ ㄴ, ㄷ

|자|료|해|설|

(나)가 발현된 부모 4와 5 사이에서 (나)가 발현되지 않은 딸 6이 태어났으므로 (나)는 정상에 대하여 우성 형질임을 알 수 있다. 즉 T는 (나) 발현 대립유전자이고, t는 정상 대립유전자이다. 따라서 구성원 3, 4, 5에서 (나)의 유전자형은 순서대로 tt, Tt, Tt이다. 이때 (가)가 우성 형질이고 H가 (가) 발현 대립유전자라면 구성원 3, 4에서 H와 T의 DNA 상대량을 더한 값 ㉠, ㉡, ㉢ 중 0은 존재할 수 없으므로 모순이며, (가)는 열성 형질이고 H는 정상 대립유전자, h는 (가) 발현 대립유전자이다. 이를 토대로 가계도 구성원의 (가)와 (나)의 유전자형을 정리하면 첨삭된 내용과 같고, 그에 따라 ㉠은 0, ㉡은 1, ㉢은 2이다.

|보|기|풀|이|

ㄱ. 오답 : (가)는 열성 형질이다.
ㄴ. 정답 : 1은 (가)가 발현되지 않았으므로 H를 가지며, 1의 자녀들에게서 (가)가 발현되었으므로 h도 가진다. 따라서 1에서 체세포 1개당 h의 DNA 상대량은 1이다.
ㄷ. 오답 : 4의 유전자형은 hhTt이고, 5의 유전자형은 HhTt이므로 6의 동생이 태어날 때 이 아이에게서 (가)와 (나)가 모두 발현될 확률은 유전자형이 hhT_일 확률, 즉 $\frac{1}{2} \times \frac{3}{4} = \frac{3}{8}$이다.

🤓 문제풀이 TIP | 특정 형질에 대하여 부모의 표현형이 같고 자녀의 표현형이 부모와 다를 경우, 자녀에게 나타나는 표현형이 열성 형질이다.

😀 출제분석 | 비교적 단순한 형태의 가계도가 제시되었으며 구성원 4, 5, 6의 표현형으로부터 (나)의 우열을 판정한다면 쉽게 해결할 수 있는 문항이다. 실제 수능에서 가계도 분석 문제는 성염색체 유전, 염색체 비분리, 연관 등을 포함하여 높은 난도의 문항이 출제될 가능성이 높으므로 다양한 문제를 통해 대비해야 한다.

다음은 어떤 집안의 유전 형질 (가)와 (나)에 대한 자료이다.

○ (가)는 대립유전자 H와 h에 의해 결정되며, H는 h에 대해 완전 우성이다.
○ (나)는 대립유전자 T와 t에 의해 결정되며, 유전자형이 다르면 표현형이 다르다. (나)의 표현형은 3가지이고, ㉠, ㉡, ㉢이다. ➡ TT, Tt, tt의 표현형이 모두 다름(불완전 우성)
○ (가)와 (나)의 유전자는 같은 상염색체에 있다.
○ 그림은 구성원 1~9의 가계도를, 표는 1~9를 (가)와 (나)의 표현형에 따라 분류한 것이다. ⓐ~ⓓ는 2, 3, 4, 7을 순서 없이 나타낸 것이다.

표현형		(가)	
		HH, Hh 발현됨	hh 발현 안 됨
(나)	㉠Tt 6, ⓐ7	8, ⓑ2
	㉡tt 1, ⓒ4	5
	㉢TT ⓓ3	9

○ 3과 6은 각각 h와 T를 모두 갖는 생식세포를 형성할 수 있다.

이에 대한 설명으로 옳은 것만을 〈보기〉에서 있는 대로 고른 것은? (단, 돌연변이와 교차는 고려하지 않는다.) **3점**

보기

ㄱ. ⓐ는 7이다.
ㄴ. (나)의 표현형이 ㉠인 사람의 유전자형은 ~~TT~~ Tt이다.
ㄷ. 9의 동생이 태어날 때, 이 아이의 (가)와 (나)의 표현형이 모두 3과 같을 확률은 ~~1/4~~ 0이다.
        ↳ (가) 발현, TT

① ㄱ   ② ㄴ   ③ ㄷ   ④ ㄱ, ㄴ   ⑤ ㄱ, ㄷ

🙂 **문제풀이 TIP** | 부모 모두에게서 나타나는 형질이 자손에서 나타나지 않는다면 자식이 나타내는 형질이 열성이다. 가계도에 표현형이 나타나있지 않아 유전자형을 직관적으로 파악하기 어려우니 표에 정리된 표현형을 특히 부모 자식 관계에 유의하여 가계도와 매칭하도록 한다.

|자|료|해|설|

ⓐ~ⓓ는 2, 3, 4, 7을 순서 없이 나타낸 것이므로 이들 중 3명은 (가)가 발현되고, 1명만 (가)가 발현되지 않는다. 이때, 1과 6은 (가)가 발현되고 8, 5, 9는 (가)가 발현되지 않으므로 2, 3, 4, 7 중 (가)가 발현되지 않는 사람이 누구든 부모는 (가)가 발현되는데 자식은 (가)가 발현되지 않는 경우가 발생한다. 따라서 (가)는 우성 형질임을 알 수 있으며, (가)가 발현되는 6, 1의 (가)의 유전자형은 H_이고, (가)가 발현되지 않는 8, 5, 9의 (가)의 유전자형은 hh이다. 또한 (가)의 유전자형이 hh인 8, 5, 9의 부모(1, 2, 3, 4, 6, 7)은 h를 적어도 하나 가져야 하며, 이에 따라 1과 6의 (가)의 유전자형은 Hh로 확정할 수 있다.

3과 6은 h와 T를 모두 갖는 생식세포를 형성할 수 있으므로 h와 T가 연관된 염색체를 가진다. 만약 6의 (나)의 유전자형이 TT라면, ㉠은 TT의 표현형이 되고 ㉡과 ㉢은 Tt의 표현형과 tt의 표현형 중 서로 다른 하나가 된다. 그러나 6의 아버지인 1과 6의 딸인 9 또한 T를 적어도 하나 가져야 하는데 1의 표현형은 ㉡이고 9의 표현형은 ㉢이므로 모순이다. 따라서 6의 유전자형은 Tt임을 알 수 있고, 연관 상태는 Ht/hT가 되며, ㉠은 Tt의 표현형이다. 이때 9의 (가)의 유전자형은 hh이므로 6으로부터 hT를 물려받고, 6과는 (나)의 표현형이 다르므로 TT 동형 접합이다. 즉 9의 연관 상태는 hT/hT이고, ㉢은 TT의 표현형, ㉡은 tt의 표현형이다.

위에서 찾은 정보를 통해 1은 Ht/ht, 5는 ht/ht, 6은 Ht/hT임을 알 수 있으며 따라서 2는 hT/ht, 즉 ⓑ이다. 그에 따라 3, 4, 7은 모두 (가)가 발현된 사람이 되므로 Hh이다. 또한 (나)의 표현형이 ㉡인 8의 유전자형은 hT/ht이므로 3은 H_/hT, 4는 H_/ht, 7은 H_/hT가 된다. 이때 3, 4, 7의 (나)의 표현형은 모두 달라야하므로 첨삭한 내용과 같이 가계도가 완성된다.

|보|기|풀|이|

ㄱ. 정답 : ⓐ는 7, ⓑ는 2, ⓒ는 4, ⓓ는 3이다.

ㄴ. 오답 : (나)의 표현형이 ㉠인 사람의 유전자형은 Tt이다.

ㄷ. 오답 : (가)와 (나)의 표현형이 3과 같을 확률은 곧 (가)가 발현되고 (나)의 유전자형이 TT일 확률인데 이는 불가능하므로 확률은 0이다.

사람의 유전 형질 ⓐ는 3쌍의 대립유전자 H와 h, R와 r, T와 t에
의해 결정되며, ⓐ의 유전자는 서로 다른 3개의 상염색체에 있다.
표는 사람 (가)의 세포 Ⅰ~Ⅲ에서 h, R, t의 유무를, 그림은 세포
㉠~㉢의 세포 1개당 H와 T의 DNA 상대량을 더한 값(H+T)을
각각 나타낸 것이다. ㉠~㉢은 Ⅰ~Ⅲ을 순서 없이 나타낸 것이다.

다인자 유전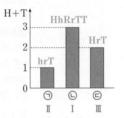

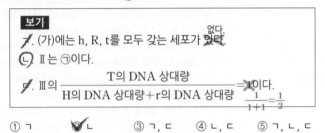

세포	대립유전자		
	h	R	t
2nⅠ	○ ?Hh	○Rr	×TT
nⅡ	○ h	× r	? T
nⅢ	× H	× r	? T

(○: 있음, ×: 없음)

이에 대한 설명으로 옳은 것만을 〈보기〉에서 있는 대로 고른 것은?
(단, 돌연변이는 고려하지 않으며, H, h, R, r, T, t 각각의 1개당
DNA 상대량은 1이다.) **3점**

보기

ㄱ. (가)에는 h, R, t를 모두 갖는 세포가 ~~있다.~~ 없다.

ㄴ. Ⅱ는 ㉠이다.

ㄷ. Ⅲ의 $\dfrac{\text{T의 DNA 상대량}}{\text{H의 DNA 상대량} + \text{r의 DNA 상대량}}$ = ~~1~~이다. $\dfrac{1}{1+1} = \dfrac{1}{2}$

① ㄱ   ✔② ㄴ   ③ ㄱ, ㄷ   ④ ㄴ, ㄷ   ⑤ ㄱ, ㄴ, ㄷ

|자|료|해|설|

Ⅰ~Ⅲ은 사람 (가)의 세포이므로 어떤 세포에 존재하는
대립 유전자를 갖지 않는 세포는 감수 분열 과정에서
형성된 핵상이 n인 세포이다. Ⅱ와 Ⅲ에는 Ⅰ에 있는
R이 없으므로 Ⅱ와 Ⅲ의 핵상은 n이고, 유전 형질 ⓐ를
결정하는 유전자는 상염색체에 존재하므로 Ⅱ와 Ⅲ은
r을 갖는다. 따라서 이 사람의 유전자형은 Rr이다. 같은
방식으로 접근하면, Ⅲ은 Ⅱ에 있는 h를 갖지 않으므로
H를 갖고 있으며 이 사람의 유전자형은 Hh이다.

그림에서 'H+T'의 값이 3으로 홀수라는 것은 복제된
상태가 아니라는 것을 의미한다. 복제 상태가 아닐 때
H의 최댓값은 1이므로 H(1)+T(2)=3이라는 것을 알 수
있고, ㉡은 핵상이 2n이며 Ⅰ의 세포라는 것을 알 수 있다.
정리하면 Ⅰ(HhRrTT)은 ㉡, Ⅱ(hrT)는 ㉠, Ⅲ(HrT)은
㉢이다.

|보|기|풀|이|

ㄱ. 오답 : (가)의 ⓐ에 대한 유전자형은 HhRrTT이므로
h, R, t를 모두 갖는 세포는 없다.

ㄴ. 정답 : Ⅱ(hrT)는 H(0)+T(1)=1이므로 ㉠이다.

ㄷ. 오답 : Ⅲ(HrT)의
$\dfrac{\text{T의 DNA 상대량(1)}}{\text{H의 DNA 상대량(1)} + \text{r의 DNA 상대량(1)}} = \dfrac{1}{2}$이다.

다음은 어떤 집안의 유전 형질 (가)와 (나)에 대한 자료이다.

○ (가)는 대립유전자 A와 a에 의해, (나)는 대립유전자 B와 b에 의해 결정된다. A는 a에 대해, B는 b에 대해 각각 완전 우성이다.

○ (가)와 (나)는 모두 우성 형질이고, (가)의 유전자와 (나)의 유전자는 서로 다른 염색체에 있다.

○ 가계도는 구성원 1~8에서 (가)와 (나)의 발현 여부를 나타낸 것이다.

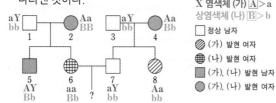

X 염색체 (가) [A]>a
상염색체 (나) [B]>b

☐ 정상 남자
◪ (가) 발현 여자
⊕ (나) 발현 여자
▨ (가), (나) 발현 남자
◕ (가), (나) 발현 여자

1: aY bb
2: Aa BB
3: aY bb
4: Aa Bb
5: AY Bb
6: aa Bb
7: aY bb
8: Aa bb

○ 표는 구성원 1, 2, 5, 8에서 체세포 1개당 a와 B의 DNA 상대량을 나타낸 것이다. ㉠~㉢은 0, 1, 2를 순서 없이 나타낸 것이다.

구성원		1	2	5	8
DNA 상대량	a	1	㉠1	㉡0	?1
	B	?0	㉢2	㉠1	㉡0

이에 대한 설명으로 옳은 것만을 〈보기〉에서 있는 대로 고른 것은? (단, 돌연변이와 교차는 고려하지 않으며, A, a, B, b 각각의 1개당 DNA 상대량은 1이다.) 3점

보기

㉠. (가)의 유전자는 X 염색체에 있다.

㉡. ㉢은 2이다.

㉢. 6과 7 사이에서 아이가 태어날 때, 이 아이에게서 (가)와 (나) 중 (나)만 발현될 확률은 $\frac{1}{2}$이다.

$\rightarrow$ 1(aa 또는 aY일 확률)$\times \frac{1}{2}$(B_일 확률)$= \frac{1}{2}$

① ㄱ   ② ㄷ   ③ ㄱ, ㄴ   ④ ㄴ, ㄷ   ⑤ ㄱ, ㄴ, ㄷ

|자|료|해|설|

(가)의 유전자가 상염색체에 있다고 가정하면, 1에서 a의 DNA 상대량이 1이므로 1의 (가)의 유전자형은 Aa이다. 그러나 1에게서 (가)가 발현되지 않았으므로 이는 모순이다. 따라서 (가)의 유전자는 X 염색체에 존재하고, (나)의 유전자는 상염색체에 존재한다.

5의 유전자형은 AYBb이므로 ㉡은 0이고, ㉠은 1이다. 따라서 ㉢은 2이다. 구성원의 유전자형을 정리하면 첨삭된 내용과 같다.

|보|기|풀|이|

㉠ 정답 : (가)의 유전자는 X 염색체에 존재한다.

㉡ 정답 : ㉠은 1, ㉡은 0, ㉢은 2이다.

㉢ 정답 : 6(aaBb)과 7(aYbb) 사이에서 아이가 태어날 때, 이 아이에게서 (가)와 (나) 중 (나)만 발현될 확률은 1(aa 또는 aY일 확률)$\times \frac{1}{2}$(B_일 확률)$= \frac{1}{2}$이다.

🤯 **문제풀이 T I P** | 1에서 a의 DNA 상대량이 1이라는 것으로 (가)와 (나)의 유전자 위치(상염색체 또는 성염색체)를 알 수 있다. 유전자의 위치만 알면 ㉠~㉢의 값은 쉽게 구할 수 있다.

😀 **출제분석** | ㉠~㉢으로 채워져 빈칸이 많은 DNA 상대량 표를 보면 난도가 높은 문항처럼 보이지만, 1에서 a의 DNA 상대량이 1이라는 것과 가계도 분석을 통해 쉽게 해결되는 문항이다.

다음은 어떤 사람의 유전 형질 (가)와 (나)에 대한 자료이다.

○ (가)와 (나)를 결정하는 유전자는 서로 다른 상염색체에 있다.

○ (가)는 1쌍의 대립유전자에 의해 결정되고, 대립유전자에는 A, B, D가 있으며, (가)의 표현형은 3가지이다. → 복대립 유전 : D>A>B

○ (나)를 결정하는 데 관여하는 3개의 유전자는 서로 다른 상염색체에 있으며, 3개의 유전자는 각각 대립유전자 E와 e, F와 f, G와 g를 가진다. → 다인자 유전

○ (나)의 표현형은 유전자형에서 대문자로 표시되는 대립유전자의 수에 의해서만 결정되며, 이 대립유전자의 수가 다르면 표현형이 다르다. F₁ : AB, AD, BB, BD 중에서 ㈀과 표현형이 같을

○ 유전자형이 ㈀ABEeFfGg인 아버지와 ㈁BDEeFfGg인 어머니 사이에서 아이가 태어날 때, 이 아이에게서 (가)와 (나)의 표현형이 모두 ㈀과 같을 확률은 $\frac{5}{64}$이다.

확률= $\frac{1}{4}$ × $\frac{20}{64}$ = $\frac{5}{64}$

F₁ : 대문자 3개일 확률= $\frac{_6C_3}{64}$ = $\frac{20}{64}$

이에 대한 설명으로 옳은 것만을 〈보기〉에서 있는 대로 고른 것은?
(단, 돌연변이와 교차는 고려하지 않는다.) ③점

보기

AB(표현형 : A)
BD(표현형 : D) 다르다
ㄱ. ㈀과 ㈁의 (가)에 대한 표현형은 같다.

ㄴ. ㈀에서 생성될 수 있는 (가)와 (나)에 대한 생식세포의 유전자형은 16가지이다. 2(A, B)×2(E, e)×2(F, f)×2(G, g)=16가지

ㄷ. 유전자형이 AAEeFFGg인 아버지와 BDeeffgg인 어머니 사이에서 아이가 태어날 때, 이 아이에게서 나타날 수 있는 (가)와 (나)의 표현형은 최대 6가지이다.

① ㄱ　　② ㄴ　　③ ㄱ, ㄷ　　✔④ ㄴ, ㄷ　　⑤ ㄱ, ㄴ, ㄷ

2가지　×　3가지　=　6가지
AB(표현형 : A)　（대문자 수
AD(표현형 : D)　1, 2, 3개)

😮 **문제풀이 TIP** | 다인자 유전에서 유전자형이 EeFfGg인 부모 사이에서 태어나는 아이의 표현형이 부모와 같을 확률은 $\frac{_6C_3}{64}=\frac{20}{64}$ 이라는 것을 암기해두면 여러 문제를 빠르게 해결할 수 있다.

😊 **출제분석** | 복대립 유전과 다인자 유전이 함께 제시된 난도 '상'의 문항으로, 자손에서 특정 표현형이 나올 확률을 통해 복대립 유전에 관여하는 대립 유전자(A, B, D)의 우열을 결정해야 하는 부분에서 많은 학생들이 어려움을 느꼈을 것이다. '보기 ㄷ'은 복대립 유전과 다인자 유전에 대해 완벽하게 이해하고 있어야 해결이 가능하다. 수능에서의 유전 문제를 대비하는 고3의 경우 이러한 보기를 고민없이 해결할 수 있을 정도로 관련 문제 풀이에 대한 충분한 연습이 되어 있어야 한다.

|자|료|해|설|

(가)는 1쌍의 대립 유전자에 의해 결정되므로 단일 인자 유전이고, 대립 유전자의 종류가 A, B, D 세 가지이므로 복대립 유전에 해당한다. (나)는 3쌍의 대립 유전자에 의해 형질이 결정되는 다인자 유전이다. ㈀과 ㈁ 사이에서 아이가 태어날 때, 이 아이에게서 (나)의 표현형이 ㈀과 같으려면 (나)의 형질을 결정하는 유전자 중 대문자로 표시되는 대립 유전자의 수가 3이어야 한다. ㈀(EeFfGg) 과 ㈁(EeFfGg)이 만들 수 있는 각각의 생식세포의 가짓수는 2가지(E 또는 e)×2가지(F 또는 f)×2가지(G 또는 g)=8가지이다. 이때 ㈀과 ㈁ 사이에서 태어나는 아이 또한 (나)에 대한 6개의 유전자를 가지며, 그 중 대문자로 표시되는 유전자의 수가 순서에 상관없이 3일 확률은 $\frac{_6C_3}{64(㈀의\ 세포\ 8가지 × ㈁의\ 세포\ 8가지)}=\frac{20}{64}$ 이다. 이 확률에 (가)의 표현형 또한 ㈀과 같을 확률을 곱한 값이 $\frac{5}{64}$이므로, ㈀(AB)과 ㈁(BD) 사이에서 태어나는 아이에게서 (가)의 표현형이 ㈀과 같을 확률은 $\frac{1}{4}$(AB, AD, BB, BD)이다. A가 가장 우성이라면 (가)의 표현형이 ㈀과 같을 확률은 $\frac{1}{2}$(AB, AD, BB, BD)이고, B가 가장 우성이라면 확률은 $\frac{3}{4}$(AB, AD, BB, BD)이므로 D가 가장 우성이다. D 다음으로 B가 우성이라면 (가)의 표현형이 ㈀과 같을 확률이 $\frac{1}{2}$(AB, AD, BB, BD)이므로 B는 가장 열성이다. (가)의 형질을 결정하는 대립 유전자 사이의 우열 관계를 정리하면 D>A>B이다.

|보|기|풀|이|

ㄱ. 오답 : ㈀(AB)은 A의 표현형을 가지고, ㈁(BD)은 D의 표현형을 가지므로 (가)에 대한 표현형이 다르다.

ㄴ. 정답 : ㈀(AB/EeFfGg)에서 생성될 수 있는 (가)에 대한 생식세포의 유전자형은 2가지(A 또는 B)이고, (나)에 대한 생식세포의 유전자형은 8가지(E 또는 e/F 또는 f/G 또는 g)이다. 따라서 ㈀에서 생성될 수 있는 (가)와 (나)에 대한 생식세포의 유전자형은 2×8=16 가지이다.

ㄷ. 정답 : AA와 BD 사이에서 태어난 아이에게서 나타날 수 있는 (가)의 표현형은 최대 2가지(A 표현형, D 표현형)이고, EeFFGg와 eeffgg 사이에서 태어난 아이에게서 나타날 수 있는 (나)의 표현형은 최대 3가지(대문자수: 1, 2, 3)이다. 따라서 유전자형이 AA/EeFFGg인 아버지와 BD/eeffgg인 어머니 사이에서 태어난 아이에게서 나타날 수 있는 (가)와 (나)의 표현형은 최대 2×3=6 가지이다.

다음은 사람의 유전 형질 (가)~(다)에 대한 자료이다.

○ (가)~(다)의 유전자는 서로 다른 3개의 상염색체에 있다.

○ (가)는 대립유전자 A와 A*에 의해 결정되며, A는 A*에
대해 완전 우성이다. → 완전 우성 : 표현형 2가지(A_, A*A*)

○ (나)는 대립유전자 B와 B*에 의해 결정되며, 유전자형이
다르면 표현형이 다르다. → 불완전 우성 : 표현형 3가지 (BB, BB*, B*B*)

○ (다)는 1쌍의 대립유전자에 의해 결정되며, 대립유전자에는
D, E, F, G가 있고, 각 대립유전자 사이의 우열 관계는
분명하다. (다)의 표현형은 4가지이다. → 복대립 유전, 우열관계 : D > E > F,G

○ 유전자형이 ㉠AA*BB*DE인 아버지와 AA*BB*FG인
어머니 사이에서 아이가 태어날 때, 이 아이에게서 나타날 수
있는 표현형은 최대 12가지이다. → 2가지 (A_, A*A*) × 3가지 (BB, BB*, B*B*) × 2가지 (D_ : DF, DG E_ : EF, EG)=12가지

○ 유전자형이 AABB*DF인 아버지와 AA*BBDE인 어머니
사이에서 아이가 태어날 때, 이 아이의 표현형이 어머니와
같을 확률은 $\frac{3}{8}$이다. → 1(A_) × $\frac{1}{2}$(BB) × $\frac{3}{4}$(DD, DE, DF, EF)=$\frac{3}{8}$

→ 우열 관계 : D > E,F

**유전자형이 AA*BB*DF인 아버지와 AA*BB*EG인 어머니
사이에서 아이가 태어날 때, 이 아이의 표현형이 ㉠과 같을 확률은?
(단, 돌연변이는 고려하지 않는다.)** → $\frac{3}{4}$(A_) × $\frac{1}{2}$(BB*) × $\frac{1}{2}$(D_)=$\frac{3}{16}$

① $\frac{1}{8}$ ✓② $\frac{3}{16}$ ③ $\frac{1}{4}$ ④ $\frac{9}{32}$ ⑤ $\frac{5}{16}$

🙄 **문제풀이 TIP** | 아이에게서 나타날 수 있는 표현형의 최대 가짓수와, 표현형이 어머니와 같을 확률을 통해 (다)를 결정하는 대립 유전자(D, E, F, G)의 우열 관계를 파악해야 한다. 유전자형이 ㉠AA*BB*DE인 아버지와 AA*BB*FG인 어머니 사이에서 아이가 태어날 때, 이 아이에게서 나타날 수 있는 표현형은 2가지(A_, A*A*) × 3가지(BB, BB*, B*B*) × 2가지((다)에 대한 표현형)=최대 12가지이다. 유전자형이 AABB*DF인 아버지와 AA*BBDE인 어머니 사이에서 아이가 태어날 때, 이 아이의 표현형이 어머니와 같을 확률은 1(A_) × $\frac{1}{2}$(BB) × $\frac{3}{4}$((다)에 대한 표현형이 어머니와 같을 확률)=$\frac{3}{8}$이다.

🙄 **출제분석** | 완전 우성, 불완전 우성, 복대립 유전의 개념이 복합된 문제로 난도는 '중'에 해당한다. 지문의 각 내용에서 알아낼 수 있는 정보를 정리하고 전체 내용을 조합하며 (다)를 결정하는 대립 유전자(D, E, F, G)의 우열 관계를 파악해야 한다. 이를 토대로 아이의 표현형이 ㉠과 같을 확률을 구하기 위해 각 형질의 표현형을 따질 때 완전 우성, 불완전 우성 등을 꼼꼼하게 확인하며 실수하지 않도록 주의해야 한다.

| 자 | 료 | 해 | 설 |

(가)는 1쌍의 대립 유전자에 의해 결정되는 단일 인자 유전이다. (나)는 유전자형이 다르면 표현형이 다르므로 불완전 우성이고, 3가지 유전자형(BB, BB*, B*B*)에 대한 표현형이 모두 다르다. (다)는 1쌍의 대립 유전자에 의해 결정되는 단일 인자 유전이며, 대립 유전자가 4가지(D, E, F, G)이므로 복대립 유전에 해당한다.

유전자형이 ㉠AA*BB*DE인 아버지와 AA*BB*FG인 어머니 사이에서 아이가 태어날 때, 이 아이에게서 나타날 수 있는 (가)에 대한 표현형은 최대 2가지(A_, A*A*)이고, (나)에 대한 표현형은 최대 3가지(BB, BB*, B*B*)이다. 그러므로 이 아이가 가질 수 있는 (다)에 대한 유전자형 4가지(DF, DG, EF, EG)에서 나타날 수 있는 표현형은 최대 2가지라는 것을 알 수 있다.

유전자형이 AABB*DF인 아버지와 AA*BBDE인 어머니 사이에서 아이가 태어날 때, 이 아이의 (가)에 대한 표현형이 어머니와 같을 확률은 1(A_)이고, (나)에 대한 표현형이 어머니와 같을 확률은 $\frac{1}{2}$(BB)이다. 그러므로 (다)에 대한 표현형이 어머니와 같을 확률은 $\frac{3}{4}$이다. 이 아이가 가질 수 있는 (다)에 대한 유전자형은 4가지(DD, DE, DF, EF)이며, 이 중에서 DD, DE, DF의 표현형이 모두 D_로 나타난다는 것을 알 수 있다. 따라서 D는 E, F에 대해 우성이다. → D > E, F

유전자형이 ㉠AA*BB*DE인 아버지와 AA*BB*FG인 어머니 사이에서 태어난 아이가 가질 수 있는 (다)에 대한 4가지 유전자형(DF, DG, EF, EG) 중 DF의 표현형은 D_이다. 나타날 수 있는 표현형이 최대 2가지가 되기 위해서는 DG의 표현형이 D_이고, 나머지 EF와 EG의 표현형이 같아야 한다. 따라서 EF와 EG의 표현형은 공통으로 포함되어 있는 대립 유전자 E에 의해 나타나는 표현형이다. 이를 토대로 우열 관계를 정리하면 D > E > F > G 또는 D > E > G > F이다.

| 선 | 택 | 지 | 풀 | 이 |

② **정답** : 유전자형이 AA*BB*DF인 아버지와 AA*BB*EG인 어머니 사이에서 아이가 태어날 때, 이 아이의 표현형이 ㉠AA*BB*DE과 같을 확률은 $\frac{3}{4}$(A_) × $\frac{1}{2}$(BB*) × $\frac{1}{2}$(D_)=$\frac{3}{16}$이다.

다음은 어떤 가족의 유전 형질 (가)와 (나)에 대한 자료이다.

> ○ (가)와 (나)의 유전자는 2개의 상염색체에 있다.
> ○ (가)는 3쌍의 대립유전자 A와 a, B와 b, D와 d에 의해
>   결정된다. → (가) : 다인자 유전
> ○ (가)의 표현형은 ㉠ (가)의 유전자형에서 대문자로 표시되는
>   대립유전자의 수에 의해서만 결정되며, ㉠이 다르면
>   표현형이 다르다.
> ○ (나)는 대립유전자 E와 e에 의해 결정되며, 유전자형이
>   다르면 표현형이 다르다. → EE, Ee, ee의 표현형이 다름
> ○ ㉠이 3이고, (나)의 유전자형이 Ee인 어떤 부모 사이에서 —→ AaBbDdEe라고 가정
>   아이가 태어날 때, 이 아이에서 나타날 수 있는 (가)와
>   (나)의 표현형은 최대 4가지이며, 이들 사이에서 (가)의
>   유전자형이 AaBbDD인 딸 ⓐ가 태어났다.

**유전자형이 AabbDDEe인 남자와 ⓐ 사이에서 아이가 태어날 때,
이 아이에서 나타날 수 있는 (가)와 (나)의 표현형은 최대
몇 가지인가? (단, 돌연변이와 교차는 고려하지 않는다.) 3점**

① 4　　✔② 6　　③ 8　　④ 12　　⑤ 16

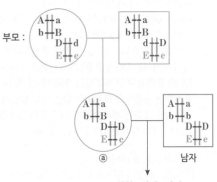

부모 :

표현형 : 최대 6가지
EE(3), EE(4), Ee(3), Ee(4), ee(3), ee(4)

|자|료|해|설|

(가)는 3쌍의 대립유전자에 의해 형질이 결정되므로
다인자 유전에 해당한다. (나)는 한 쌍의 대립유전자에
의해 형질이 결정되는 단일 인자 유전이며, 유전자형
(EE, Ee, ee)이 다르면 표현형이 다르므로 불완전 우성에
해당한다.

※ 본 문항은 '모두 정답' 처리된 문항으로, 다음 해설은
'㉠이 3이고, (나)의 유전자형이 Ee인 어떤 부모의
유전자형'을 모두 AaBbDdEe라고 가정하여 집필하였다.
유전자형이 AaBbDdEe인 부모 사이에서 아이가 태어날
때, 이 아이에서 나타날 수 있는 (가)와 (나)의 표현형이
최대 4가지인 경우의 유전자 배치를 찾아야 한다. (가)의
유전자가 모두 같은 염색체에 존재하고 (나)의 유전자가
다른 염색체에 존재한다고 가정하면, 아이에서 나타날
수 있는 (나)의 표현형은 EE, Ee, ee로 최대 3가지이다.
이때 아이에서 (가)와 (나)의 표현형 최대 가짓수는 3의
배수가 되므로 모순이다. 따라서 (나)의 유전자는 (가)의
일부 유전자와 같은 염색체에 존재한다.
(가)의 1가지 유전자(예를 들어 A와 a)만 다른 염색체에
존재한다고 가정하면, 아이에서 대립유전자 A와 a의
조합으로 가능한 대문자로 표시되는 대립유전자의
수(이하 '대문자 수'라고 표현함)는 0(aa), 1(Aa), 2(AA)
이다. 나머지 (가)의 2가지 유전자(B와 b, D와 d)와
(나)의 유전자가 함께 존재하는 염색체의 조합으로
아이에서 적어도 (나)의 표현형이 3가지(EE, Ee, ee)가
가능하다. 즉, 아이에서 나타날 수 있는 (가)와 (나)의
표현형은 최소 9가지이므로 모순이다. 따라서 (가)의 2가지
유전자가 같은 염색체에 존재하고, (가)의 1가지 유전자와
(나)의 유전자가 같은 염색체에 존재한다.
우선 (가)의 1가지 유전자와 (나)의 유전자가 함께 존재하는
염색체의 조합으로 자손에게서 나타날 수 있는 표현형을
따져보자. (가)의 유전자 종류를 구분하지 않고 T와 t로
표현하여 자손에게서 나타날 수 있는 표현형의 가짓수를
따져보면 다음과 같다(괄호 안의 숫자는 T의 수).
(i) 부모 모두 TE/te일 경우: EE(2), Ee(1), ee(0)
(ii) 부모 모두 Te/tE일 경우: EE(0), Ee(1), ee(2)
(iii) 부모 각각 TE/te, Te/tE일 경우: EE(1), Ee(0),
　Ee(2), ee(1)
(i)과 (ii)의 경우 자손에게서 나타날 수 있는 (가)와 (나)의
표현형 최대 가짓수가 3의 배수이므로 부모의 유전자
배치는 (iii)의 경우라는 것을 알 수 있다. 이때 (가)의 2가지
유전자가 함께 존재하는 염색체의 조합으로 자손에게서
나타날 수 있는 대문자 수는 한 가지여야 한다.
이 때 T/t가 A(B)/a(b)인 경우 부모의 유전자 배치는
[B(A)d/b(a)D, A(B)E/a(b)e]와 [B(A)d/b(a)D, a(b)
E/A(B)e]가 되어 AaBbDD인 ⓐ가 태어날 수 없다.
따라서 T/t는 D/d임을 알 수 있다. 정리하면, 부모는 각각
[Ab/aB, DE/de]와 [Ab/aB, dE/De]이고, ⓐ는 [Ab/
aB, DE/De]이다.

|선|택|지|풀|이|

②정답 : 유전자형이 AabbDDEe인 남자의 유전자 배치는 [Ab/ab, DE/De]이다. 이 남자와
ⓐ[Ab/aB, DE/De] 사이에서 아이가 태어날 때 A(또는 a)와 B(또는 b)가 존재하는 염색체의
조합으로 가능한 대문자 수는 1, 2이고, D와 E(또는 e)가 존재하는 염색체의 조합으로 가능한
표현형은 EE(2), Ee(2), ee(2)이다. 따라서 이 아이에서 나타날 수 있는 (가)와 (나)의 표현형은
EE(3), EE(4), Ee(3), Ee(4), ee(3), ee(4)로 최대 6가지이다.

😊 **출제분석** | 다인자 유전과 불완전 우성이 혼합된 유전 복합 문항으로, 자손에게서 나타날 수 있는 표현형의 최대 가짓수와 자손의 유전자형을 통해 부모와 자손의 유전자 배치를
알아내야 하는 난도 '상'의 문항이다. 2개의 상염색체에 함께 존재하는 대립유전자 수를 출제 의도와 다른 방식으로 가정하면 다양한 경우의 수가 발행하며, 일부 경우에서 의도한
답안과는 달리 유전자형이 AabbDDEe인 남자와 ⓐ 사이에서 태어난 아이에서 나타날 수 있는 (가)와 (나)의 표현형이 최대 10가지가 가능하여 이 문항은 '모두 정답' 처리되었다.

다음은 사람의 유전 형질 ㉠과 ㉡에 대한 자료이다.   → 다인자 유전

○ ㉠은 2쌍의 대립유전자 A와 a, B와 b에 의해 결정된다.
○ ㉠의 표현형은 유전자형에서 대문자로 표시되는 대립유전자의 수에 의해서만 결정되며, 이 대립유전자의 수가 다르면 표현형이 다르다.
○ ㉡은 1쌍의 대립유전자에 의해 결정되며, 대립유전자에는 E, F, G가 있다. → 복대립 유전
○ 그림 (가)는 남자 P의, (나)는 여자 Q의 체세포에 들어 있는 일부 염색체와 유전자를 나타낸 것이다.

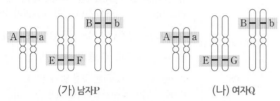

(가) 남자P   (나) 여자Q

○ P와 Q 사이에서 ⓐ가 태어날 때, ⓐ에게서 나타날 수 있는 표현형은 최대 20가지이다. → ㉠표현형 : 5가지(대문자 수 : 0,1,2,3,4)
     ㉡표현형 : 4가지(EE, EG, EF, FG)

이에 대한 설명으로 옳은 것만을 <보기>에서 있는 대로 고른 것은? (단, 돌연변이는 고려하지 않는다.) **3점**

> **보기**
>   → 하나의 유전 형질 발현에 여러 쌍의 대립 유전자가 관여
> ✔ ㄱ. ㉠의 유전은 다인자 유전이다.   다르다
> ✗ ㄴ. 유전자형이 EF인 사람과 FG인 사람의 표현형은 ~~같다~~.
> ✗ ㄷ. ⓐ에서 ㉠과 ㉡의 표현형이 모두 P와 같을 확률은 $\frac{3}{16}$이다.
> $\frac{3}{8} \times \frac{1}{4} = \frac{3}{32}$

✔① ㄱ   ② ㄴ   ③ ㄱ, ㄷ   ④ ㄴ, ㄷ   ⑤ ㄱ, ㄴ, ㄷ

㉠유전자형 : 대문자 2개일 확률 → $\frac{{}_4C_2}{16} = \frac{3}{8}$

㉡유전자형 : EF일 확률 → $\frac{1}{4}$

|자|료|해|설|

㉠은 2쌍의 대립유전자에 의해 형질이 결정되므로 다인자 유전이다. ㉡은 1쌍의 대립유전자에 의해 결정되며, 대립유전자가 E, F, G 세 가지이므로 복대립 유전에 해당한다. P와 Q 사이에서 ⓐ가 태어날 때, ⓐ에게서 나타날 수 있는 ㉠의 표현형은 5가지(대문자로 표시되는 대립유전자의 수: 0, 1, 2, 3, 4)이므로 ⓐ에게서 나타날 수 있는 ㉡의 표현형은 4가지라는 것을 알 수 있다. ⓐ에게서 가능한 ㉡의 유전자형은 EE, EG, EF, FG로 4가지이다. 따라서 각 유전자형은 서로 다른 표현형을 나타낸다.

|보|기|풀|이|

㉠ 정답 : ㉠은 2쌍의 대립유전자에 의해 형질이 결정되므로 다인자 유전이다.

ㄴ. 오답 : 유전자형이 EF인 사람과 FG인 사람의 표현형은 다르다.

ㄷ. 오답 : ⓐ에서 ㉠과 ㉡의 표현형이 모두 P와 같을 확률은 ㉠의 유전자형에서 대문자로 표시되는 대립유전자의 수가 2일 확률($\frac{{}_4C_2}{16} = \frac{3}{8}$)과 ㉡의 유전자형이 EF일 확률($\frac{1}{4}$)을 곱한 값이다. 따라서 ⓐ에서 ㉠과 ㉡의 표현형이 모두 P와 같을 확률은 $\frac{3}{8} \times \frac{1}{4} = \frac{3}{32}$ 이다.

👀 **문제풀이 T I P** | P와 Q 사이에서 ⓐ가 태어날 때, ⓐ에게서 나타날 수 있는 표현형은 최대 20가지이며, ㉠의 표현형은 5가지(대문자 수: 0, 1, 2, 3, 4)이므로 ⓐ에게서 나타날 수 있는 ㉡의 표현형은 4가지이다. ⓐ에게서 가능한 ㉡의 유전자형은 EE, EG, EF, FG이므로 각 유전자형은 서로 다른 표현형을 나타낸다는 것을 알 수 있다.

😀 **출제분석** | 다인자 유전과 복대립 유전이 혼합된 난도 '중상'의 문항이다. ⓐ에게서 나타날 수 있는 표현형의 가짓수를 통해 ㉡의 유전자형 EE, EG, EF, FG가 나타내는 표현형이 모두 다르다는 것을 알 수 있고, 이를 토대로 '보기 ㄷ'의 확률을 구할 수 있다. '보기 ㄷ'의 확률을 구할 때 ㉠의 유전자형이 P와 Q 모두 AaBb이고, ㉡의 유전자형은 4가지 중 하나에 해당하는 확률을 곱하면 되므로 확률 계산이 복잡하지 않아 기존 기출 문제와 비교했을 때 난도가 높은 문항은 아니다.

다음은 사람의 유전 형질 (가)~(다)에 대한 자료이다.

○ (가)~(다)의 유전자는 서로 다른 3개의 상염색체에 있다.

○ (가)는 대립유전자 A와 A*에 의해 결정되며, A는 A*에
대해 완전 우성이다. → 표현형 : 2가지(A_, A*A*)

○ (나)는 대립유전자 B와 B*에 의해 결정되며, 유전자형이
다르면 표현형이 다르다. → 불완전 우성 / 표현형 : 3가지(BB, BB*, B*B*)

○ (다)는 1쌍의 대립유전자에 의해 결정되며, 대립유전자에는
D, E, F가 있고, 각 대립유전자 사이의 우열 관계는
분명하다. → 복대립 유전 / 표현형 : 3가지(D, E, F)

○ (나)와 (다)의 유전자형이 BB*DF인 아버지와 BB*EF인
어머니 사이에서 ㉠이 태어날 때, ㉠에게서 나타날 수 있는

2가지(A_, A*A*)
×3가지(BB, BB*, B*B*)
×2가지(E_, F_)
=12가지

(가)~(다)의 표현형은 최대 12가지이고, (가)~(다)의
표현형이 모두 아버지와 같을 확률은 $\frac{3}{16}$이다.

$\frac{3}{4}$(A_) × $\frac{1}{2}$(BB*) × $\frac{1}{2}$(F_)
∴ 아버지와 어머니의 (가)에
대한 유전자형 : AA*

○ 유전자형이 AA*BBDE인 아버지와 A*A*BB*DF인
어머니 사이에서 ㉡이 태어날 때, ㉡의 (가)~(다)의
표현형이 모두 어머니와 같을 확률은 $\frac{1}{16}$이다.

$\frac{1}{2}$(A*A*) × $\frac{1}{2}$(BB*) ×
$\frac{1}{4}$(DD, [DF], ED, EF)
∴ E>F>D

이에 대한 설명으로 옳은 것만을 〈보기〉에서 있는 대로 고른 것은?
(단, 돌연변이는 고려하지 않는다.)

보기

ㄱ. D는 E에 대해 완전 우성이다. (E>F>D) [열성]

ㄴ. ㉠이 가질 수 있는 (가)의 유전자형은 최대 3가지이다. (AA, AA*, A*A*)

ㄷ. ㉡의 (가)~(다)의 표현형이 모두 아버지와 같을 확률은 $\frac{1}{8}$
이다. $\frac{1}{2}$(A_) × $\frac{1}{2}$(BB) × $\frac{1}{2}$(E_) = $\frac{1}{8}$

① ㄱ   ② ㄴ   ③ ㄱ, ㄷ   ④ ㄴ, ㄷ   ⑤ ㄱ, ㄴ, ㄷ

|자|료|해|설|

(가)를 결정하는 대립 유전자 A는 A*에 대해 완전
우성이므로 (가)에 대한 표현형은 2가지(A_, A*A*)이다.
(나)는 유전자형이 다르면 표현형이 다르므로 불완전
우성에 해당하며, (나)에 대한 표현형은 3가지(BB, BB*,
B*B*)이다. (다)는 1쌍의 대립 유전자에 의해 결정되고
대립 유전자의 종류가 3가지(D, E, F)이므로 복대립
유전에 해당하며, 각 대립 유전자 사이의 우열 관계가
분명하므로 표현형은 D, E, F로 3가지이다.
(가)~(다)에 대한 부모의 유전자형이 모두 제시된 마지막
자료를 먼저 분석하면 문제를 빠르게 해결할 수 있다.
유전자형이 AA*BBDE인 아버지와 A*A*BB*DF
인 어머니 사이에서 태어난 ㉡의 표현형이 모두 어머니와
같을 확률이 $\frac{1}{2}$(A*A*) × $\frac{1}{2}$(BB*) × $\frac{1}{4}$ (DD, [DF], ED,
EF)=$\frac{1}{16}$이므로 (다)를 결정하는 대립 유전자의 우열
관계는 E>F>D라는 것을 알 수 있다.
(나)와 (다)의 유전자형이 BB*DF인 아버지와 BB*EF
인 어머니 사이에서 ㉠이 태어날 때, ㉠의 (가)~(다)
의 표현형이 모두 아버지와 같을 확률이 $\frac{3}{4}$(A_) × $\frac{1}{2}$
(BB*) × $\frac{1}{2}$ (F_)=$\frac{3}{16}$이므로 ㉠의 아버지와 어머니의 (가)
에 대한 유전자형은 AA*이다. ㉠에게서 나타날 수 있는
(가)~(다)에 대한 표현형의 최대 가짓수를 확인해보면
2가지(A_, A*A*) × 3가지(BB, BB*, B*B*) × 2가지
(E_, F_)=12가지이다.

|보|기|풀|이|

ㄱ. 오답 : (다)를 결정하는 대립 유전자의 우열 관계는
E>F>D이다.

ㄴ. 정답 : ㉠의 아버지와 어머니의 (가)에 대한 유전자형은
모두 AA*이므로, ㉠이 가질 수 있는 (가)의 유전자형은
최대 3가지(AA, AA*, A*A*)이다.

ㄷ. 정답 : ㉡의 (가)~(다)의 표현형이 모두 아버지
(AA*BBDE)와 같을 확률은 $\frac{1}{2}$(A_) × $\frac{1}{2}$(BB) × $\frac{1}{2}$
(E_)=$\frac{1}{8}$이다.

😀 **문제풀이 TIP** | (가)~(다)에 대한 부모의 유전자형이 모두 제시된 마지막 자료를 먼저 분석하면 문제를 빠르게 해결할 수 있다. ㉡의 표현형이 모두 어머니와 같을 확률이
$\frac{1}{2}$(A*A*) × $\frac{1}{2}$(BB*) × $\frac{1}{4}$ (DD, [DF], ED, EF)=$\frac{1}{16}$이라는 것을 통해 (다)를 결정하는 대립 유전자의 우열 관계를 알아낼 수 있다.

😀 **출제분석** | 완전 우성, 불완전 우성, 복대립 유전에 해당하는 세 가지 형질에 대한 유전자형과 표현형을 종합적으로 따져야 하는 난도 '상'의 문항이다. 문제풀이 TIP에 제시된
것처럼 마지막 자료를 먼저 분석하면 문제를 빠르게 해결할 수 있다. 또한 확률 계산에서 실수를 줄여야 유전 단원과 관련된 문항의 정답률을 높일 수 있다.

다음은 사람의 유전 형질 ㉠~㉢에 대한 자료이다.

○ ㉠은 대립유전자 A와 a에 의해, ㉡은 대립유전자 B와 b에 의해 결정된다. → 각각 단일 인자 유전

○ 표 (가)와 (나)는 ㉠과 ㉡에서 유전자형이 서로 다를 때 표현형의 일치 여부를 각각 나타낸 것이다. → 각각 불완전 우성

㉠의 유전자형		표현형		㉡의 유전자형		표현형
사람 1	사람 2	일치 여부		사람 1	사람 2	일치 여부
AA	Aa	?×		BB	Bb	?×
AA	aa	×		BB	bb	×
Aa	aa	×		Bb	bb	×

(○: 일치함, ×: 일치하지 않음)   (○: 일치함, ×: 일치하지 않음)

(가)   (나)

○ ㉢은 1쌍의 대립유전자에 의해 결정되며, 대립유전자에는 D, E, F가 있다. → 복대립 유전

○ ㉢의 표현형은 4가지이며, ㉢의 유전자형이 DE인 사람과 EE인 사람의 표현형은 같고, 유전자형이 DF인 사람과 FF인 사람의 표현형은 같다. → EF, E_(EE, ED), F_(FF, FD), DD

○ 여자 P는 남자 Q와 ㉠~㉢의 표현형이 모두 같고, P의 체세포에 들어 있는 일부 상염색체와 유전자는 그림과 같다.

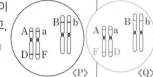

⟨P⟩   ⟨Q⟩

○ P와 Q 사이에서 ⓐ가 태어날 때, ⓐ의 ㉠~㉢의 표현형 중 한 가지만 부모와 같을 확률은 $\frac{3}{8}$이다.

이에 대한 설명으로 옳은 것만을 ⟨보기⟩에서 있는 대로 고른 것은? (단, 돌연변이와 교차는 고려하지 않는다.) **3점**

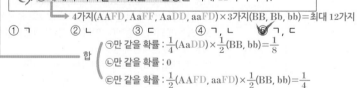

보기 → 3가지(BB, Bb, bb)
㉠. ㉡의 표현형은 BB인 사람과 Bb인 사람이 서로 다르다.
ㄴ. Q에서 A, B, D를 모두 갖는 정자가 형성될 수 있다. ← 없다
㉢. ⓐ에게서 나타날 수 있는 표현형은 최대 12가지이다.
→ 4가지(AAFD, AaFF, AaDD, aaFD) × 3가지(BB, Bb, bb) = 최대 12가지

① ㄱ   ② ㄴ   ③ ㄷ   ④ ㄱ, ㄴ   ⑤ ㄱ, ㄷ

합
㉠만 같을 확률 : $\frac{1}{4}$(AaDD) × $\frac{1}{2}$(BB, bb) = $\frac{1}{8}$
㉡만 같을 확률 : 0
㉢만 같을 확률 : $\frac{1}{2}$(AAFD, aaFD) × $\frac{1}{2}$(BB, bb) = $\frac{1}{4}$

|자|료|해|설|

㉠과 ㉡은 각각 한 쌍의 대립유전자에 의해 결정되므로 각각 단일 인자 유전에 해당한다. 표 (가)와 (나)에서는 ㉠과 ㉡이 완전 우성인지 불완전 우성인지를 판단할 수 없다. ㉢은 대립유전자 D, E, F에 의해 결정되므로 복대립 유전에 해당한다. ㉢의 유전자형이 DE인 사람과 EE인 사람의 표현형이 같으므로, 두 사람은 E의 표현형을 나타내며 E는 D에 대해 우성이다. 또한 ㉢의 유전자형이 DF인 사람과 FF인 사람의 표현형이 같으므로, 두 사람은 F의 표현형을 나타내며 F는 D에 대해 우성이다. 따라서 ㉢의 표현형 4가지는 EF, E_(EE, ED), F_(FF, FD), DD이다. 여자 P(AD/aF, Bb)와 남자 Q에서 ㉠~㉢의 표현형이 모두 같으므로, Q의 ㉢의 표현형은 F_(FF 또는 FD)이고, 적어도 A 하나와 B 하나를 갖는다.

Q의 ㉢의 유전자형이 FF라고 가정하면 아래와 같이 P와 Q 사이에서 태어난 ⓐ의 ㉠~㉢의 표현형 중 한 가지만 부모와 같을 확률로 $\frac{3}{8}$이 나올 수 없다.

i) ㉠은 불완전 우성, ㉡은 불완전 우성인 경우 : Q(AF/aF, Bb)

P\Q	AF	aF
AD	AAFD	AaFD
aF	AaFF	aaFF

P\Q	B	b
B	BB	Bb
b	Bb	bb

※ⓐ의 표현형 중 부모와 같은 표현형인 경우 색으로 표시함.
※ⓐ의 표현형 중 부모와 (㉠의 표현형만 같을 확률) + (㉡의 표현형만 같을 확률) + (㉢의 표현형만 같을 확률) 순으로 표현함.
→ 0 + 0 + ($\frac{1}{2}$ × $\frac{1}{2}$) = $\frac{1}{4}$

ii) ㉠은 완전 우성, ㉡은 불완전 우성인 경우 : Q(AF/_F, Bb)

P\Q	AF	_F
AD	AAFD	A_FD
aF	AaFF	*_aFF

P\Q	B	b
B	BB	Bb
b	Bb	bb

→ *AaFF일 때 : 0 + 0 + 0 = 0
→ *aaFF일 때 : 0 + 0 + ($\frac{1}{4}$ × $\frac{1}{2}$) = $\frac{1}{8}$

iii) ㉠은 불완전 우성, ㉡은 완전 우성인 경우 : Q(AF/aF, B_)

P\Q	AF	aF
AD	AAFD	AaFD
aF	AaFF	aaFF

P\Q	B	_
B	BB	B_
b	Bb	*_b

→ *Bb일 때 : 0 + 0 + 0 = 0
→ *bb일 때 : 0 + 0 + ($\frac{1}{2}$ × $\frac{1}{4}$) = $\frac{1}{8}$

따라서 Q의 ㉢의 유전자형은 FD이다.
A와 a가 완전 우성이라고 가정하면, 아래와 같이 P와 Q 사이에서 태어난 ⓐ의 ㉠~㉢의 표현형 중 한 가지만 부모와 같을 확률로 $\frac{3}{8}$이 나올 수 없다.

i) Q의 ㉠의 유전자형이 AA인 경우 : Q(AD/AF)

P\Q	AD	AF
AD	AADD	AAFD
aF	AaFD	AaFF

|보|기|풀|이|

㉠ 정답 : ㉡의 표현형은 3가지(BB, Bb, bb)이므로 BB인 사람과 Bb인 사람의 표현형은 서로 다르다.
ㄴ. 오답 : Q(AF/aD, Bb)에서 A, B, D를 모두 갖는 정자는 형성될 수 없다.
㉢ 정답 : ⓐ에게서 나타날 수 있는 표현형은 4가지(AAFD, AaFF, AaDD, aaFD) × 3가지(BB, Bb, bb) = 최대 12가지이다.

※B와 b가 완전 우성이거나 불완전 우성인 경우, ⓒ의 표현형이 부모와

다를 확률의 값은 0 또는 $\frac{1}{4}$ 또는 $\frac{1}{2}$이다(위에서 언급된 표 참고). 이 확률에

대한 값은 물음표(?)로 표시하였다.

$\rightarrow \left(\frac{1}{4} \times ?\right) + 0 + 0 \neq \frac{3}{8}$

ii) Q의 ㉠의 유전자형이 Aa인 경우 : Q(AD/aF)

P\Q	AD	aF
AD	AADD	AaFD
aF	AaFD	aaFF

$\rightarrow \left(\frac{1}{4} \times ?\right) + 0 + \left(\frac{1}{4} \times ?\right) \neq \frac{3}{8}$

iii) Q의 ㉠의 유전자형이 Aa인 경우 : Q(AF/aD)

P\Q	AF	aD
AD	AAFD	AaDD
aF	AaFF	aaFD

$\rightarrow \left(\frac{1}{4} \times ?\right) + 0 + \left(\frac{1}{4} \times ?\right) \neq \frac{3}{8}$

따라서 A와 a는 불완전 우성이고, Q의 ㉠의 유전자형은 Aa이다.

i) Q(AD/aF)인 경우

P\Q	AD	aF
AD	AADD	AaFD
aF	AaFD	aaFF

$\rightarrow 0 + \left\{\frac{1}{4} \times \left(0 \text{ 또는 } \frac{3}{4} \text{ 또는 } \frac{1}{2}\right)\right\} + \left(\frac{1}{4} \times ?\right) \neq \frac{3}{8}$

ii) Q(AF/aD)인 경우

P\Q	AF	aD
AD	AAFD	AaDD
aF	AaFF	aaFD

$\rightarrow \left(\frac{1}{4} \times ?\right) + 0 + \left(\frac{1}{2} \times ?\right)$

$\rightarrow$ B와 b(불완전 우성)일 때:

$\left(\frac{1}{4} \times \frac{1}{2}\right) + 0 + \left(\frac{1}{2} \times \frac{1}{2}\right) = \frac{3}{8}$

정리하면 A와 a, B와 b는 모두 불완전 우성이고,
Q의 유전자형은 (AF/aD, Bb)이다.

---

34 가계도 분석

정답 ③   정답률 31%   2022학년도 9월 모평 17번   문제편 214p

다음은 어떤 집안의 유전 형질 (가)와 (나)에 대한 자료이다.

○ (가)는 대립유전자 A와 a에 의해, (나)는 대립유전자 B와 b에 의해 결정된다. A는 a에 대해, B는 b에 대해 각각 완전 우성이다.

○ 가계도는 구성원 1~8에서 (가)와 (나)의 발현 여부를 나타낸 것이다.

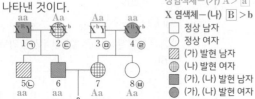

상염색체−(가) A > ⓐ
X 염색체−(나) B > b

□ 정상 남자
○ 정상 여자
▨ (가) 발현 남자
⊕ (나) 발현 여자
■ (가), (나) 발현 남자
● (가), (나) 발현 여자

○ 표는 구성원 ㉠~㉺에서 체세포 1개당 A와 b의 DNA 상대량을 더한 값을 나타낸 것이다. ㉠~㉢은 1, 2, 5를 순서 없이 나타낸 것이고, ㉣~㉺은 3, 4, 8을 순서 없이 나타낸 것이다.

구성원	㉠1	㉡5	㉢2	㉣4	㉤3	㉺8
A와 b의 DNA 상대량을 더한 값	0	1	2	1	2	3

이에 대한 설명으로 옳은 것만을 <보기>에서 있는 대로 고른 것은? (단, 돌연변이와 교차는 고려하지 않으며, A, a, B, b 각각의 1개당 DNA 상대량은 1이다.) 3점

보기

㉠. (가)의 유전자는 상염색체에 있다.
㉡. 8은 ㉺이다.
㉢. 6과 7 사이에서 아이가 태어날 때, 이 아이의 (가)와 (나)의 표현형이 모두 ㉡과 같을 확률은 $\frac{1}{8}$이다. $\frac{1}{2}$(aa)$\times \frac{1}{4}$($X^b Y$)$= \frac{1}{8}$
└▶5 : (가) 발현, (나) 미발현

① ㄱ　　② ㄴ　　✓③ ㄱ, ㄷ　　④ ㄴ, ㄷ　　⑤ ㄱ, ㄴ, ㄷ

|자|료|해|설|

(나)가 발현된 1과 2로부터 (나)가 발현되지 않은 5가 태어났으므로 (나)는 우성 형질이다. ㉠은 A와 b의 DNA 상대량을 더한 값이 0이므로 a와 B만 포함하고 있는데, (나)가 발현되지 않은 5는 B를 갖지 않으므로 ㉠은 1, 2, 5 중에서 5가 될 수 없다.

(나)의 대립유전자가 상염색체에 있다고 가정하면 1(Bb), 2(Bb), 5(bb)가 되어 1, 2가 ㉠의 조건과 맞지 않아 모순이다. 따라서 (나)의 대립유전자는 X 염색체에 존재한다. 따라서 1($X^B Y$), 2($X^B X^b$), 5($X^b Y$)이고, ㉠은 1이다. 1(㉠)은 (가)의 대립유전자 중 a만 가지고 있으며, 1에서 (가)가 발현되었으므로 (가)는 열성 형질이다. 2에서 (가)가 발현되지 않았으므로 2는 A를 가지며, 2가 A를 하나 가질 때 A와 b의 DNA 상대량 합이 2가 되므로 ㉢은 2, ㉡은 5이다.

(가)의 대립유전자가 X 염색체에 있다고 가정하면 1($X^{ab}Y$), 5($X^{ab}Y$), 6($X^{aB}Y$)이고, 이때 5와 6의 X 염색체는 2로부터 물려받은 것이므로 2의 유전자형이 $X^{ab}X^{aB}$이 되어 모순이다. 따라서 (가)의 대립유전자는 상염색체에 존재한다.

이를 토대로 3, 4, 7, 8의 유전자형을 정리하면 3($A\_/X^B Y$), 4(aa/$X^B X^b$), 7(Aa/$X^B X^b$), 8(Aa/$X^B X^b$)이므로 ㉣은 4, ㉤은 3, ㉺은 8이다.
3(㉤)에서 A와 b의 DNA 상대량을 더한 값이 2이므로 3의 유전자형은 Aa/$X^b Y$이다. 구성원의 (가)와 (나)에 대한 유전자형을 정리하면 첨삭된 내용과 같다.

|보|기|풀|이|

㉠. 정답 : (가)의 대립유전자는 상염색체에 있고, (나)의 대립유전자는 X 염색체에 있다.

ㄴ. 오답 : 8은 ㉺이다.

㉢. 정답 : 5(㉡)의 표현형은 (가) 발현, (나) 미발현이다. 6(aa/$X^b Y$)과 7(Aa/$X^B X^b$) 사이에서 태어난 아이의 (가)와 (나)의 표현형이 모두 5(㉡)와 같을 확률은 $\frac{1}{2}$(aa)$\times \frac{1}{4}$($X^b Y$)$= \frac{1}{8}$이다.

다음은 어떤 집안의 유전 형질 (가)~(다)에 대한 자료이다.

○ (가)는 대립유전자 A와 a에 의해, (나)는 대립유전자 B와 b에 의해, (다)는 대립유전자 D와 d에 의해 결정된다. A는 a에 대해, B는 b에 대해, D는 d에 대해 각각 완전 우성이다.

○ (가)~(다)의 유전자 중 2개는 X 염색체에, 나머지 1개는 상염색체에 있다.

○ 가계도는 구성원 ⓐ와 ⓑ를 제외한 구성원 1~6에게서 (가)~(다)의 발현 여부를 나타낸 것이다.

상염색체 – (가) A > a

X 염색체 [(나) B > b / (다) D > d]

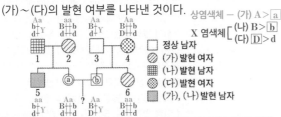

□ 정상 남자
◑ (가) 발현 여자
▦ (나) 발현 남자
▥ (다) 발현 여자
▨ (가), (나) 발현 남자

○ 표는 5, ⓐ, ⓑ, 6에서 체세포 1개당 대립유전자 ㉠~㉢의 DNA 상대량을 나타낸 것이다. ㉠~㉢은 각각 A, B, d 중 하나이다.

구성원	5	ⓐ	ⓑ	6
DNA 상대량 ㉠	1	2	0	2
DNA 상대량 ㉡	0	1	1	0
DNA 상대량 ㉢	0	1	1	1

이에 대한 옳은 설명만을 〈보기〉에서 있는 대로 고른 것은? (단, 돌연변이와 교차는 고려하지 않으며, A, a, B, b, D, d 각각의 1개당 DNA 상대량은 1이다.) **3점**

보기

Aa, $X^{Bd}Y$ →
㉠. (다)는 우성 형질이다.

㉡. 3은 ㉡과 ㉢을 모두 갖는다.

㉢. ⓐ와 ⓑ 사이에서 아이가 태어날 때, 이 아이에게서
Aa, $X^{Bd}X^{bd}$ ←   → Aa, $X^{BD}Y$
(가)~(다) 중 (가)만 발현될 확률은 $\frac{1}{16}$ 이다. ⟹ $\frac{1}{4}$(aa) × $\frac{1}{4}$($X^{Bd}Y$) = $\frac{1}{16}$

① ㄱ   ② ㄷ   ③ ㄱ, ㄴ   ④ ㄴ, ㄷ   ✓⑤ ㄱ, ㄴ, ㄷ

|자|료|해|설|

(가)가 발현되지 않은 3과 4로부터 (가)가 발현된 딸 6이 태어났으므로 (가)의 유전자는 상염색체에 있고, (가)는 열성 형질이다. (가)~(다)의 유전자 중 2개는 X 염색체에 있다고 했으므로 (나)와 (다)의 유전자는 X 염색체에 함께 존재한다. (나)가 우성 형질이라고 가정하면, (나)가 발현된 5의 유전자형은 X^BY이므로 X^B를 물려준 2에게서도 (나)가 발현되어야 한다. 이는 모순이므로 (나)는 열성 형질이다.

(가)가 발현된 5, 6의 유전자형은 aa이므로 A의 DNA 상대량은 0이다. 따라서 표의 ㉡은 A이고, ⓐ와 ⓑ의 (가)의 유전자형은 Aa이다. (나)가 발현된 5의 유전자형은 X^bY이므로 B의 DNA 상대량은 0이다. 따라서 ㉢은 B이고, ㉠은 d이다. 표에서 ⓐ는 X 염색체에 있는 d(㉠)의 DNA 상대량이 2이므로 여자, ⓑ는 남자라는 것을 알 수 있다. (다)가 발현되지 않은 5에게서 d의 DNA 상대량이 1이므로 유전자형은 X^dY이다. 그러므로 (다)는 우성 형질이다. 이를 토대로 구성원의 유전자형을 정리하면 첨삭된 내용과 같다.

|보|기|풀|이|

㉠ 정답 : (가)와 (나)는 열성 형질이고, (다)는 우성 형질이다.

㉡ 정답 : 3(Aa, $X^{Bd}Y$)은 A(㉡)와 B(㉢)를 모두 갖는다.

㉢ 정답 : ⓐ(Aa, $X^{Bd}X^{bd}$)와 ⓑ(Aa, $X^{BD}Y$) 사이에서 아이가 태어날 때, 이 아이에게서 (가)~(다) 중 (가)만 발현될 확률은 $\frac{1}{4}$(aa) × $\frac{1}{4}$($X^{Bd}Y$) = $\frac{1}{16}$ 이다.

🤔 **문제풀이 TIP** | 부모에게서 발현되지 않은 형질이 딸에게서 발현된 경우, 이는 상염색체 유전이고 열성 형질이다. 가계도에서 이를 찾으면 (가)~(다)의 유전자 위치를 알아낼 수 있다.

😀 **출제분석** | 가계도와 DNA 상대량 표를 종합적으로 분석해야 하는 난도 '중상'의 문항이다. 가계도를 통해 (가)~(다)의 유전자 위치와 (가)와 (나)의 우열까지 알아낼 수 있어 난도가 그리 높은 문항은 아니지만, 세 가지 형질이 표시된 가계도에 더해 DNA 상대량 표에서 ㉠~㉢이 제시되어 있지 않아 어려운 문항이라 짐작하여 시간상 풀이를 포기한 학생들이 많아 정답률이 매우 낮게 나온 것으로 판단된다.

Ⅳ
2
Ⅰ
01.
사람의 유전 현상

다음은 어떤 집안의 유전 형질 (가)와 (나)에 대한 자료이다.

> ○ (가)는 대립유전자 H와 h에 의해, (나)는 대립유전자 T와 t에 의해 결정된다. H는 h에 대해, T는 t에 대해 각각 완전 우성이다.
>
> ○ 가계도는 구성원 ⓐ를 제외한 구성원 1~7에게서 (가)와 (나)의 발현 여부를 나타낸 것이다.
>
> X 염색체 − (가) H > $\boxed{h}$
> 상염색체 − (나) $\boxed{T}$ > t

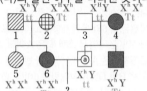

$X^h Y$　$X^h Y$　　　$X^h Y$　X^h
Tt　　　　　　Tt
1　　2　　　3　　4

5　　6　　　$X^h Y$　7
$X^h X^h$　$X^h X^h$　　tt　　$X^h Y$
tt　　Tt　　　　?　　Tt

	기호
□	정상 남자
▨	(가) 발현 남자
◪	(가) 발현 여자
⊕	(나) 발현 여자
■	(가), (나) 발현 남자
●	(가), (나) 발현 여자

> ○ 표는 구성원 1, 3, 6, ⓐ에서 체세포 1개당 ㉠과 ㉡의 DNA 상대량을 더한 값을 나타낸 것이다. ㉠은 H와 h 중 하나이고, ㉡은 T와 t 중 하나이다.

구성원	1	3	6	ⓐ
㉠과 ㉡의 DNA 상대량을 더한 값	1	0	3	1

㉠ h　㉡ T

이에 대한 설명으로 옳은 것만을 〈보기〉에서 있는 대로 고른 것은? (단, 돌연변이와 교차는 고려하지 않으며, H, h, T, t 각각의 1개당 DNA 상대량은 1이다.) ③점

> **보기**
> 상염색체
> ㄱ. (나)의 유전자는 ~~X~~ 염색체에 있다.
> ㄴ. 4에서 체세포 1개당 ㉡의 DNA 상대량은 1이다.
> ㄷ. 6과 ⓐ 사이에서 아이가 태어날 때, 이 아이에게서 (가)와
> 　　(나)가 모두 발현될 확률은 $\frac{1}{2}$이다. $1(X^h X^h$ 또는 $X^h Y) \times \frac{1}{2}(Tt) = \frac{1}{2}$
> $X^h Y tt$
>
> $X^h X^h Tt$
>
> $X^h X^h Tt$

① ㄱ　　② ㄴ　　③ ㄱ, ㄷ　　④ ㄴ, ㄷ　　⑤ ㄱ, ㄴ, ㄷ

|자|료|해|설|

가계도를 통해 형질의 우열과 유전자의 위치(상염색체 또는 성염색체)를 알 수 없으며, 주어진 표를 이용하여 이를 구분해야 한다. (가)와 (나)가 모두 발현되지 않은 3에서 ㉠과 ㉡의 DNA 상대량을 더한 값이 0이므로 ㉠은 (가) 발현 유전자이고, ㉡은 (나) 발현 유전자이다. 1은 (가)가 발현되었으므로 ㉠을 하나 갖고, ㉠과 ㉡의 DNA 상대량을 더한 값이 1이므로 ㉡을 갖지 않는다. 6은 1로부터 ㉠을 하나 물려받았는데 ㉠과 ㉡의 DNA 상대량을 더한 값이 3이므로 2로부터 ㉠과 ㉡을 하나씩 물려받았다는 것을 알 수 있다. (나)에 대한 유전자형이 이형 접합인 6에서 (나)가 발현되었으므로 (나)는 우성 형질이다. 또한 ㉠을 갖는 2에서 (가)가 발현되지 않았으므로 (가)는 열성 형질이다. 그러므로 ㉠은 h이고, ㉡은 T이다.

㉠(h)이 상염색체에 있다고 가정하면, 1의 유전자형은 Hh이므로 (가)가 발현되지 않아야 한다. 이는 모순이므로 (가)를 결정하는 유전자는 X 염색체에 존재한다. (나)를 결정하는 유전자가 X 염색체에 함께 존재한다고 가정하면 1은 $X^{ht} Y$, 5는 $X^{ht} X^{ht}$, 6은 $X^{hT} X^{ht}$이다. 이때 2의 유전자형이 $X^{hT} X^{ht}$가 되므로 (가)와 (나)가 모두 발현되어야 한다. 이는 모순이므로 (나)를 결정하는 유전자는 상염색체에 존재한다. ⓐ는 남성이고 4번으로부터 X^h를 받는다. 또한 ㉠(h)과 ㉡(T)의 DNA 상대량을 더한 값이 1이므로 ⓐ는 $X^h Y tt$이다. 이를 토대로 구성원의 유전자형을 정리하면 첨삭된 내용과 같다.

|보|기|풀|이|

ㄱ. 오답 : (나)의 유전자는 상염색체에 있다.

ㄴ. 정답 : 4($X^h X^h Tt$)에서 체세포 1개당 T(㉡)의 DNA 상대량은 1이다.

ㄷ. 정답 : 6($X^h X^h Tt$)과 ⓐ($X^h Y tt$) 사이에서 아이가 태어날 때, 이 아이에게서 (가)와 (나)가 모두 발현될 확률은 1($X^h X^h$ 또는 $X^h Y$일 확률)$\times \frac{1}{2}$(Tt일 확률)$=\frac{1}{2}$ 이다.

다음은 어떤 집안의 유전 형질 (가)와 (나)에 대한 자료이다.

○ (가)의 유전자와 (나)의 유전자는 같은 염색체에 있다.

○ (가)는 대립유전자 A와 a에 의해 결정되며, A는 a에 대해 완전 우성이다. ➡ A>ⓐ

○ (나)는 대립유전자 E, F, G에 의해 결정되며, E는 F, G에 대해, F는 G에 대해 각각 완전 우성이다. (나)의 표현형은 3가지이다. ➡ E>F>G

○ 가계도는 구성원 ⓐ를 제외한 구성원 1~5에서 (가)의 발현 여부를 나타낸 것이다.

○ 표는 구성원 1~5와 ⓐ에서 체세포 1개당 E와 F의 DNA 상대량을 더한 값(E+F)과 체세포 1개당 F와 G의 DNA 상대량을 더한 값(F+G)을 나타낸 것이다. ㉠~㉢은 0, 1, 2를 순서 없이 나타낸 것이다.

구성원		1	2	3	ⓐ	4	5
DNA 상대량을 더한 값	E+F	?1	?1	1	㉡2	0	1
	F+G	㉠0	?2	1	1	1	㉢1

이에 대한 설명으로 옳은 것만을 〈보기〉에서 있는 대로 고른 것은? (단, 돌연변이와 교차는 고려하지 않으며, E, F, G 각각의 1개당 DNA 상대량은 1이다.) 3점

보기

ㄱ. ⓐ의 (가)의 유전자형은 동형 접합성이다.   ➡ aa

ㄴ. 이 가계도 구성원 중 A와 G를 모두 갖는 사람은 ~~2~~ 3명(2, 3, 4) 명이다.

ㄷ. 5의 동생이 태어날 때, 이 아이의 (가)와 (나)의 표현형이 모두 2와 같을 확률은 ~~½~~ $\frac{1}{4}$ ($X^{aF}X^{AG}$) 이다. ➡ $A\_, F\_$

① ㄱ   ② ㄴ   ③ ㄱ, ㄷ   ④ ㄴ, ㄷ   ⑤ ㄱ, ㄴ, ㄷ

✓①

|자|료|해|설|

4에서 (E+F)의 값이 0이고, (F+G)의 값이 1이므로 4는 G를 1개 갖는다. 따라서 (가)와 (나)의 유전자는 X 염색체에 존재한다. (가)가 우성 형질이라고 가정하면, 1의 유전자형은 X^AY이므로 1에게서 X 염색체를 물려받은 3에게서도 (가)가 발현되어야 한다. 이는 모순이므로 (가)는 열성 형질이다.

(E+F) 또는 (F+G)의 값으로 2를 가질 수 있는 것은 X 염색체를 2개 갖는 여자뿐이므로 1, ⓐ, 5 중에서 여자인 ⓐ의 (E+F) 값에 해당하는 ㉡이 2이다. 따라서 ⓐ의 (나)의 유전자형은 EF이다. 3의 (나)의 유전자형은 EG이므로 3과 ⓐ에게 X 염색체를 물려준 1은 E를 갖는다. 따라서 ㉠은 0이고, ㉢은 1이다.

5는 F를 1개 갖고 있으므로 5의 유전자형은 $X^{aF}Y$이다. 이때 5에게 X 염색체를 물려준 ⓐ의 유전자형은 $X^{aE}X^{aF}$이고, ⓐ에게 X 염색체를 물려준 2의 유전자형은 $X^{AG}X^{aF}$이다. 구성원의 유전자형을 정리하면 첨삭된 내용과 같다.

|보|기|풀|이|

㉠ 정답 : ⓐ의 (가)의 유전자형은 aa이므로 동형 접합성이다.

ㄴ. 오답 : 이 가계도 구성원 중 A와 G를 모두 갖는 사람은 3명(2, 3, 4)이다.

ㄷ. 오답 : ⓐ($X^{aE}X^{aF}$)와 4($X^{AG}Y$) 사이에서 5의 동생이 태어날 때, 이 아이의 (가)와 (나)의 표현형이 모두 2($A\_, F\_$)와 같을 확률은 $\frac{1}{4}$($X^{aF}X^{AG}$)이다.

🤯 **문제풀이 TIP** | 4에서 DNA 상대량을 더한 값을 통해 (가)와 (나)의 유전자 위치(상염색체 또는 성염색체)를 찾고, 가계도를 분석하여 (가)의 우열을 파악할 수 있다. (E+F) 또는 (F+G)의 값으로 2를 가질 수 있는 것은 X 염색체를 2개 갖는 여자뿐이라는 것과 부모 자식 사이의 염색체 이동을 고려하여 ㉠~㉢의 값과 유전자의 배치를 알 수 있다.

😀 **출제분석** | 가계도와 DNA 상대량을 더한 값으로 (가)와 (나)의 유전자 위치(상염색체 또는 성염색체)를 파악하고 유전자의 배치를 알아내야 하는 난도 '상'의 문항이다. 제시된 많은 내용 중 어떤 것을 문제 해결의 시작점으로 잡는지에 따라 금방 문제를 풀어낼 수도, 답을 찾기까지 꽤 오랜 시간이 걸릴 수도 있다. 수능에서 시간이 부족했거나 가계도 문항을 포기한 학생들로 인해 정답률이 실제 난도보다 매우 낮게 나온 것으로 판단된다.

다음은 어떤 집안의 유전 형질 (가)와 (나)에 대한 자료이다.

> ○ (가)는 대립유전자 E와 e에 의해 결정되며, 유전자형이 다르면 표현형이 다르다. (가)의 3가지 표현형은 각각 ㉠, ㉡, ㉢이다. ➡ 불완전 우성(EE, Ee, ee의 표현형 다름)
>
> ○ (나)는 3쌍의 대립유전자 H와 h, R와 r, T와 t에 의해 결정된다. (나)의 표현형은 유전자형에서 대문자로 표시되는 대립유전자의 수에 의해서만 결정되며, 이 대립유전자의 수가 다르면 표현형이 다르다. ➡ 다인자 유전
>
> ○ 가계도는 구성원 1~8에게서 발현된 (가)의 표현형을, 표는 구성원 1, 2, 3, 6, 7에서 체세포 1개당 E, H, R, T의 DNA 상대량을 더한 값(E+H+R+T)을 나타낸 것이다.

구성원	E+H+R+T
1	6
2	ⓐ 4
3	2
6	5
7	3

- ○ ㉠ 발현 여자 Ee
- ▨ ㉡ 발현 남자 ee
- ▦ ㉢ 발현 남자 EE

> ○ 구성원 1에서 e, H, R는 7번 염색체에 있고, T는 8번 염색체에 있다.
>
> ○ 구성원 2, 4, 5, 8은 (나)의 표현형이 모두 같다.

이에 대한 설명으로 옳은 것만을 <보기>에서 있는 대로 고른 것은?
(단, 돌연변이와 교차는 고려하지 않으며, E, e, H, h, R, r, T, t 각각의 1개당 DNA 상대량은 1이다.) 3점

보기

㉠ ⓐ는 4이다. ➡ 2의 유전자형 : Ehr/eHR, Tt

㉡ 구성원 4에서 E, h, r, T를 모두 갖는 생식세포가 형성될 수 있다. ➡ 4의 유전자형 : Ehr/eHR, Tt

~~ㄷ. 구성원 6과 7 사이에서 아이가 태어날 때, 이 아이에게서 나타날 수 있는 (나)의 표현형은 최대 5가지이다.~~ 4가지 ➡ (HR/hr 또는 hr/hr) + (TT 또는 Tt) → 대문자 수 : 1, 2, 3, 4 (4가지)

① ㄱ　　② ㄷ　　✓③ ㄱ, ㄴ　　④ ㄴ, ㄷ　　⑤ ㄱ, ㄴ, ㄷ

|자|료|해|설|

(가)의 유전자형이 EE, Ee, ee로 다르면 표현형이 다르므로 (가)는 불완전 우성이고, (나)는 3쌍의 대립유전자에 의해 결정되므로 다인자 유전에 해당한다. e를 갖는 구성원 1에서 발현된 ㉡이 Ee의 표현형이라고 가정하면, 3과 4는 각각 EE의 표현형과 ee의 표현형 중 하나에 해당하므로 7과 8에서 Ee의 표현형인 ㉡이 발현되어야 한다. 이는 모순이므로 ㉡은 ee의 표현형이다. 구성원 2에서 발현된 ㉠이 EE의 표현형이라고 가정하면, 5와 6 모두 Ee의 표현형이 발현되어야 한다. 이는 모순이므로 ㉠은 Ee의 표현형이고, ㉢은 EE의 표현형이다. 1의 (E+H+R+T)이 6이므로 1의 유전자형은 (eHR/eHR, TT)이고, 3의 (E+H+R+T)이 2이므로 3의 유전자형은 (Ehr/Ehr, tt)이다. 이때 1의 자녀인 5의 유전자형은 (E__/eHR, T_)이고, 3의 자녀인 8의 유전자형은 (Ehr/e__, _t)이다. 이때 (나)의 표현형을 결정하는 대문자로 표시되는 대립유전자의 수(이하 '대문자 수')는 5에서 최소 3개(H, R, T), 8에서 최대 3개(H, R, T)이다. 2, 4, 5, 8의 (나)의 표현형이 모두 같다고 했으므로 이들의 대문자 수는 모두 3이다. 따라서 5의 유전자형은 (Ehr/eHR, Tt), 2의 유전자형은 (Ehr/eHR, Tt), 6의 유전자형은 (Ehr/eHR, TT), 8의 유전자형은 (Ehr/eHR, Tt), 4의 유전자형은 (Ehr/eHR, Tt), 7의 유전자형은 (Ehr/Ehr, Tt)이다. 2의 (E+H+R+T) 값인 ⓐ는 4이다.

|보|기|풀|이|

㉠ 정답 : 2(Ehr/eHR, Tt)의 (E+H+R+T) 값인 ⓐ는 4이다.

㉡ 정답 : 구성원 4(Ehr/eHR, Tt)에서 E, h, r, T를 모두 갖는 생식세포가 형성될 수 있다.

ㄷ. 오답 : 구성원 6(Ehr/eHR, TT)과 7(Ehr/Ehr, Tt) 사이에서 아이가 태어날 때, 이 아이에게서 나타날 수 있는 (나)의 표현형은 대문자 수가 1(hr/hr, Tt), 2(hr/hr, TT), 3(HR/hr, Tt), 4(HR/hr, TT)인 경우로 최대 4가지이다.

😮 **문제풀이 TIP** | e를 갖는 1에서 발현된 ㉡이 Ee와 ee 중 어느 것의 표현형인지를 찾고, ㉠과 ㉢의 표현형을 구분하자. 그다음 (E+H+R+T) 값으로 1과 3의 유전자형을 알아내고, 5와 8에서 가능한 (나)의 표현형을 결정하는 대문자로 표시되는 대립유전자의 수의 최대·최소를 비교하여 2, 4, 5, 8이 갖는 (나)에 대한 대문자 수를 알아낼 수 있다.

😀 **출제분석** | 불완전 우성과 다인자 유전, 연관의 개념이 복합되어 있으며 가계도와 (E+H+R+T)의 값, 추가로 주어진 조건을 종합적으로 분석해야 하는 난도 '상'의 문항이다. 대부분의 학생들이 '2, 4, 5, 8의 (나)의 표현형이 모두 같다.'라는 조건을 만족하는 경우를 찾는 것에서 어려움을 느꼈을 것이다. 또한 시간 부족으로 문제를 풀지 못한 학생들이 많아 실제 문항의 난도보다 정답률이 낮게 나온 것으로 판단된다.

다음은 사람의 유전 형질 ㉠에 대한 자료이다.

○ ㉠은 서로 다른 4개의 상염색체에 있는 4쌍의 대립 유전자
A와 a, B와 b, D와 d, E와 e에 의해 결정된다. → 다인자 유전

○ ㉠의 표현형은 ㉠에 대한 유전자형에서 대문자로 표시되는
대립 유전자의 수에 의해서만 결정된다.

○ 표는 사람 (가)~(마)의 ㉠에 대한 유전자형에서 대문자로
표시되는 대립 유전자의 수와 동형 접합을 이루는 대립
유전자 쌍의 수를 나타낸 것이다.

사람	대문자로 표시되는 대립 유전자 수	동형 접합을 이루는 대립 유전자 쌍의 수	
(가)	2	~~?~~ 4	aabbddEE
(나)	4	2	부모 ┌ AabbDdEE
(다)	3	1	└ AabbDdEe
(라)	7	~~?~~ 3	AABBDDEe
(마)	5	3	(마) ┌ AabbDDEE / AAbbDdEE / AAbbDDEe

○ (가)~(라) 중 2명은 (마)의 부모이다.

○ (가)~(마)는 B와 b 중 한 종류만 갖는다. → BB 또는 bb

○ (가)와 (나)는 e를 갖지 않고, (라)는 e를 갖는다.
　　EE

이에 대한 설명으로 옳은 것만을 〈보기〉에서 있는 대로 고른 것은?
(단, 돌연변이는 고려하지 않는다.) **3점**

보기 → aabbddEE

ㄱ. (마)의 부모는 (나)와 (다)이다.

ㄴ. (가)에서 생성될 수 있는 생식 세포의 ㉠에 대한 유전자형은
최대 ~~2가지~~ 이다. → 1가지(abdE)

ㄷ. (마)의 동생이 태어날 때, 이 아이의 ㉠에 대한 표현형이
(나)와 같을 확률은 $\frac{3}{16}$ 이다. → 대문자 수가 4일 확률 $\frac{5}{16}$

① ㄱ　　② ㄴ　　③ ㄷ　　④ ㄱ, ㄷ　　⑤ ㄴ, ㄷ

(나) AabbDdEE → (다) AabbDdEe
생식 세포 : 4가지　　생식 세포 : 8가지

＿＿bb＿＿E＿

대문자 수 4일 확률 $= \frac{_5C_3}{4 \times 8} = \frac{10}{32} = \frac{5}{16}$

|자|료|해|설|

유전 형질 ㉠은 서로 다른 4쌍의 대립 유전자에 의해
결정되므로 다인자 유전이다. (가)~(마)는 B와 b 중 한
종류만 가지므로 BB 또는 bb이며, (가)와 (나)는 e를 갖지
않으므로 EE이다. (가)는 대문자 수(대문자로 표시되는
대립 유전자 수)가 2이므로 (가)의 유전자형은 aabbddEE
이고, 동형 접합을 이루는 대립 유전자 쌍의 수는 4이다.
(나)가 BB라고 가정하면, 대문자 수가 4임을 만족하는
유전자형은 aaBBddEE이다. 이때 동형 접합을 이루는
대립 유전자 쌍의 수가 4이므로 이 가정은 모순이다.
따라서 (나)의 유전자형은 AabbDdEE이다. (다)가 BB
라고 가정하면, 대문자 수가 3인 경우는 AaBBddee,
aaBBDdee, aaBBddEe이다. 이때 동형 접합을 이루는
대립 유전자 쌍의 수가 3이므로 이 가정은 모순이다.
따라서 (다)의 유전자형은 AabbDdEe이다. (라)는
대문자 수가 7이므로 한 쌍의 유전자만 이형 접합을 이루고
있다. (라)는 e를 갖는다고 했으므로 (라)의 유전자형은
AABBDDEe이다.
(가)~(다)는 bb이고, (라)는 BB이므로 (가)~(라) 중
2명을 부모로 둔 (마)는 BB를 가질 수 없다. 따라서 (마)는
bb이고, (라)는 (마)의 부모가 아니다. 조건을 만족시키는
(마)의 유전자형으로 AabbDDEE, AAbbDdEE,
AAbbDDEe가 가능하다. (가)에서 생성될 수 있는 생식
세포의 ㉠에 대한 유전자형은 1가지(abdE)인데, (마)에서
이 유전자 구성을 갖는 경우가 없으므로 (가) 또한 (마)의
부모가 아니다. 따라서 (마)의 부모는 (나)와 (다)이다.

|보|기|풀|이|

ㄱ. 정답 : 조건을 만족시키는 (마)의 부모는 (나)와
(다)이다.

ㄴ. 오답 : (가)의 유전자형은 aabbddEE이므로, (가)에서
생성될 수 있는 생식 세포의 ㉠에 대한 유전자형은 1가지
(abdE)이다.

ㄷ. 오답 : (나: AabbDdEE)와 (다: AabbDdEe)
사이에서 (마)의 동생이 태어날 때, 이 아이의 ㉠에 대한
표현형이 (나)와 같을 확률은 대문자로 표시되는 대립
유전자의 수가 4일 확률과 같다. (나)에서 생성될 수 있는
생식 세포는 2가지(A 또는 a) × 1가지(b) × 2가지(D 또는
d) × 1가지(E) = 총 4가지이고, (다)에서 생성될 수 있는
생식 세포는 2가지(A 또는 a) × 1가지(b) × 2가지(D 또는
d) × 2가지(E 또는 e) = 총 8가지이다. (마)의 동생이
태어날 때, ㉠에 대한 유전자형은 ＿＿bb＿＿E＿이며 이때
대문자로 표시되는 대립 유전자의 수가 4일 확률은
$\frac{_5C_3}{4 \times 8} = \frac{10}{32} = \frac{5}{16}$ 이다.

😀 **문제풀이 T I P** | 주어진 조건으로 (가)~(라)의 유전자형을 먼저 알아낸 뒤, (마)의 유전자형으로 가능한 경우를 정리해보자. (마)에 존재하지 않는 유전자를 가진 사람, (가)~(라)
에서 생성될 수 있는 생식 세포 중 (마)가 가질 수 없는 유전자 구성의 생식 세포를 만드는 사람을 제외하면 (마)의 부모를 찾을 수 있다.

😀 **출제분석** | 제시된 다양한 조건을 종합적으로 분석하여 (가)~(마)의 유전자형을 알아내고, (마)의 부모를 찾아 특정 표현형을 갖는 아이가 태어날 확률까지 구해야 하는 난도 '최상'
의 문항이다. 다인자 유전 문제에서 '동형 접합을 이루는 대립 유전자 쌍의 수'가 제시된 점이 새롭다. 1번 다음으로 4번의 정답률이 높았던 것으로 보아 다인자 유전에서 '보기 ㄷ'과 같은
확률을 계산하는데 어려움을 느끼는 학생이 많았다는 것을 알 수 있다. 다인자 유전에서 이러한 확률을 계산하는 보기의 출제 빈도가 매우 높으므로 풀이 방법을 반드시 익혀두자.

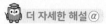

STEP 1. (가)~(라)의 유전자형을 알아보자.

(1) (가)의 유전자형을 알아보자. (가)는 e를 갖지 않으므로 EE를
갖는다. 이때 대문자로 표시되는 대립유전자 수가 2개이므로 EE를
제외한 나머지는 대문자가 아니다. 따라서 (가)의 유전자형은
aabbddEE이다. 동형접합을 이루는 대립유전자 쌍의 수는 4이다.

(2) (나)의 유전자형을 알아보자. (나)는 e를 갖지 않으므로 EE를
갖는다. 그리고 동형접합을 이루는 대립유전자 쌍의 수가
2개이다. 이미 EE를 갖고 있고, BB나 bb를 가진다고 문제에
제시되어있으므로 나머지 A와 D는 이형접합이다. (나)는
AaBBDdEE이거나 AabbDdEE인데 대문자로 표시되는
대립유전자 수가 4개이므로, (나)의 유전자형은 AabbDdEE이다.

(3) (다)의 유전자형을 알아보자. (다)는 BB나 bb를 갖는데,
동형접합을 이루는 대립유전자 쌍의 수가 1개이므로 나머지는
전부 이형접합이다. (다)는 AaBBDdEe이거나 AabbDdEe인데
대문자로 표시되는 대립유전자 수가 3개이므로, (다)의 유전자형은
AabbDdEe이다.

(4) (라)의 유전자형을 알아보자. (라)는 e를 갖고 대문자로
표시되는 대립유전자 수가 7개이다. 따라서 (라)의 유전자형은
AABBDDEe이다. 동형접합을 이루는 대립유전자 쌍의 수는
3이다.

STEP 2. (마)의 유전자형을 알아보자.

(1) (마)의 부모를 알아보자.

• (가)가 부모 중 한명이라고 가정해보자. (가)는 생식세포를 abdE
1종류만 만든다. (마)는 BB나 bb를 가지므로 (가)가 부모라면
(마)의 유전자형은 a_bbd_E_이다. 비어있는 3개가 모두
대문자라고 가정해도 (마)는 대문자로 표시되는 대립유전자 수를
최대 4개를 갖게 된다. 조건에는 5개를 가진다고 되어있으므로,
(가)는 (마)의 부모가 아니다.

• (라)가 부모 중 한명이라고 가정해보자. (라)는 BB를 가지므로
(라)의 생식세포에는 B가 포함되어 있다. (마)는 BB나 bb를
가지므로 (라)가 부모라면 BB를 가져야 한다. 하지만 나머지 부모가
될 수 있는 (가), (나), (다) 모두 bb를 가지므로 (마)에게 B를 줄 수
없다. 따라서 (라)는 부모가 아니다.

• 따라서 (마)의 부모는 (나)와 (다)이다.

(2) (마)의 유전자형을 알아보자. ( )안의 수는 대문자로 표시되는
대립유전자 수를 나타내었다.

• (나)가 만드는 생식세포는 AbDE(3), AbdE(2), abDE(2), abdE(1)
총 4종류이고, (다)가 만드는 생식세포는 AbDE(3), AbDe(2),
AbdE(2), Abde(1), abDE(2), abDe(1), abdE(1), abde(0) 총
8가지이다. (마)의 대문자로 표시되는 대립유전자 수는 5이므로,
AAbbDDEe이거나 AAbbDdEE이거나 AabbDDEE이다.

• 문제에서 (마)의 동형접합을 이루는 대립유전자 쌍의 수가 3개라고
제시되었다. 따라서 AAbbDDEe, AAbbDdEE, AabbDDEE
중에 하나이다.

STEP 3. (마)의 동생이 태어날 때, 표현형을 알아보자.

(1) 형질 ㉠의 표현형은 대문자로 표시되는 대립유전자의 수에
의해서만 결정된다고 하였으므로 ( )안에 대문자 수를 표시하기로
하자.

(2) (나)가 만드는 생식세포는 AbDE(3), AbdE(2), abDE(2),
abdE(1) 총 4종류이다.

(3) (다)가 만드는 생식세포는 AbDE(3), AbDe(2), AbdE(2),
Abde(1), abDE(2), abDe(1), abdE(1), abde(0) 총 8가지이다.

(4) (마)의 동생의 유전자형을 표로 정리해보자.

(나)의 생식세포 (다)의 생식세포	AbDE(3)	AbdE(2)	abDE(2)	abdE(1)
AbDE(3)	(6)	(5)	(5)	(4)
AbDe(2)	(5)	(4)	(4)	(3)
AbdE(2)	(5)	(4)	(4)	(3)
Abde(1)	(4)	(3)	(3)	(2)
abDE(2)	(5)	(4)	(4)	(3)
abDe(1)	(4)	(3)	(3)	(2)
abdE(1)	(4)	(3)	(3)	(2)
abde(0)	(3)	(2)	(2)	(1)

(5) 각 표현형별로 정리하면 아래와 같다.

표현형	(6)	(5)	(4)	(3)	(2)	(1)
개체수	1	5	10	10	5	1

STEP 4. 보기 풀이

ㄱ. **정답** | (마)의 부모는 (나)와 (다)이다.

ㄴ. **오답** | (가)에서 생성될 수 있는 생식 세포의 ㉠에 대한 유전자형은
abdE 1종류이다.

ㄷ. **오답** | (나)의 유전자형은 AabbDdEE으로 대문자 수에 따라서
(4)의 표현형을 갖는다. 위의 표를 참고로 하여 (마)의 동생이 태어날
때 (4)의 표현형을 가질 확률은 $\frac{10}{32} = \frac{5}{16}$이다.

다음은 어떤 집안의 유전 형질 ㉠과 ㉡에 대한 자료이다.

○ ㉠은 대립 유전자 A와 A*에 의해, ㉡은 대립 유전자 B와
　B*에 의해 결정된다. A는 A*에 대해, B는 B*에 대해 각각
　완전 우성이다. 　상염색체 : A > A* 　성염색체 : B > B*

○ ㉠의 유전자와 ㉡의 유전자 중 하나는 상염색체에, 다른 하나는
　성염색체에 존재한다.

AA*
XᴮY

AA*　　AA*　　　　　　A*A*
XᴮY　　XᴮXᴮ*　　　　XᴮXᴮ
1　　　2　　　3　　　4

□ 미발현 남자
○ 미발현 여자
▨ ㉠ 발현 남자
● ㉠ 발현 여자
▦ ㉡ 발현 남자
◧ ㉡ 발현 남자
⬛ ㉡ 발현 남자
⬤ ㉡ 발현 여자

A_　　A*A*　　AA*　　AA*　A*A*
XᴮXᴮ　XᴮXᴮ　XᴮY　XᴮXᴮ　XᴮY
5　　6　　7　10　8　　9

AA*
XᴮXᴮ

이에 대한 옳은 설명만을 〈보기〉에서 있는 대로 고른 것은?
(단, 돌연변이는 고려하지 않는다.) 3점

보기

㉠ ㉡의 유전자는 성염색체에 존재한다.

ㄴ. 1, 2, 3, 4 각각의 체세포 1개당 A*의 수를 더한 값과 7, 8, 9
　　각각의 체세포 1개당 A*의 수를 더한 값은 같다. 다르다

ㄷ. 10의 동생이 태어날 때, 이 아이에게서 ㉠은 발현되고 ㉡이
　　발현되지 않을 확률은 $\frac{1}{8}$이다. $\frac{1}{2} \times \frac{1}{2} = \frac{1}{4}$

① ㄱ　　② ㄴ　　③ ㄱ, ㄷ　　④ ㄴ, ㄷ　　⑤ ㄱ, ㄴ, ㄷ

|자|료|해|설|

㉠이 발현된 1과 2 사이에서 ㉠이 발현되지 않은 6이
태어났으므로 ㉠ 발현이 미발현에 대해 우성이다. ㉠의
유전자가 성염색체에 존재한다면 ㉠ 미발현 여자
4($X^{A*}X^{A*}$)에서 태어난 아들은 유전자형이 $X^{A*}Y$이기
때문에 반드시 ㉠이 발현되지 않아야 하는데 남자 8에서
㉠이 발현되었으므로 ㉠의 유전자는 상염색체에 존재하고,
㉡의 유전자는 성염색체에 존재한다. ㉡ 미발현 여자
4에게서 ㉡ 발현 남자 8이 태어났으므로 ㉡ 발현이
미발현에 대해 열성이다.

|보|기|풀|이|

ㄱ. 정답 : ㉠이 발현된 1과 2 사이에서 ㉠이 발현되지 않은
6이 태어났으므로 ㉠ 발현이 미발현에 대해 우성이다.
㉡ 미발현 여자 4에서 ㉡ 발현 남자 8이 태어났으므로 ㉡의
유전자는 상염색체에 존재하고, ㉡의 유전자는 성염색체에
존재한다.

ㄴ. 오답 : 1, 2, 3, 4 각각의 체세포 1개당 A*의 수를 더한
값은 5이고, 7, 8, 9 각각의 체세포 1개당 A*의 수를 더한
값은 4이다.

ㄷ. 오답 : 6의 유전자형은 A*A*/X^BY이고, 7의 유전자형은
AA*/X^BX^{B*}이다. 10의 동생에게서 ㉠이 발현될 확률은
$\frac{1}{2}$이고, ㉡이 발현되지 않을 확률도 $\frac{1}{2}$이다. 따라서 ㉠은
발현되고 ㉡이 발현되지 않을 확률은 $\frac{1}{2} \times \frac{1}{2} = \frac{1}{4}$이다.

6＼7	A	A*
A*	AA*	A*A*

6＼7	X^B	X^{B*}
X^{B*}	X^BX^{B*}	$X^{B*}X^{B*}$
Y	X^BY	$X^{B*}Y$

IV
2
Ⅰ
01.
사
람
의
유
전
현
상

😊 **문제풀이 T I P** | 가계도 문제의 경우 주어진 자료를 통해 대립 유전자가 우성인지, 열성인지를 먼저 판단하는 것이 쉽다. 부모에게서 나타나지 않았던 형질이 자손에서 나타나면
자손에게서 나타난 형질이 열성이라는 것을 기억하자!

😊 **출제분석** | 주어진 가계도를 분석하여 각 형질 발현이 우성인지 열성인지를 알아냄과 동시에 상염색체 유전인지, 성염색체 유전인지를 알아내야 하는 난도 '상'의 문항이다. 가계도
분석의 기본적인 풀이 방법을 적용해야 하는 문제로 기본기가 탄탄한 학생들은 쉽게 해결할 수 있었을 것이다. 6월과 9월 모평 및 수능에서는 난도가 더욱 높게 출제될 가능성이
있으므로 가계도 문제는 최대한 많이 풀어보며 다양한 풀이 방법을 익혀야 한다.

STEP 1. 유전 형질 ㉠에 대해서 파악하자.

(1) 유전 형질 ㉠에 대한 가계도를 따로 그려보자.

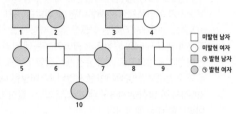

(2) 유전 형질 ㉠과 정상 형질 사이의 우열 관계를 알아보자.

구성원 1과 2는 ㉠이 발현되는데, 그 사이에서 태어난 구성원 6은 ㉠이 발현되지 않는다. 부모에게서 나타나지 않는 형질이 자손에게서 나타났으므로, 정상 형질은 유전 형질 ㉠에 대해 열성임을 알 수 있다. 따라서 유전 형질 ㉠의 대립 유전자는 A이고, 정상 형질의 대립 유전자는 A*이 된다. (A>A*)

(3) 유전 형질 ㉠이 상염색체 유전인지 성염색체 유전인지 알아보자.

유전 형질 ㉠이 성염색체 유전이라고 가정해보자. 구성원 3의 유전자형은 $X^A Y$이고, 구성원 4의 유전자형은 $X^{A^*} X^{A^*}$이므로 구성원 8의 유전자형은 $X^{A^*} Y$로 정상 형질을 갖게 된다. 하지만 제시된 가계도를 보면 구성원 8은 ㉠을 발현하므로, 유전 형질 ㉠은 성염색체 유전이 아니라 상염색체 유전임을 알 수 있다.

(4) 가계도에 유전자형을 표시하자.

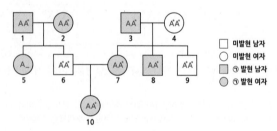

STEP 2. 유전 형질 ㉡에 대해서 파악하자.

(1) 유전 형질 ㉡에 대한 가계도를 따로 그려보자.

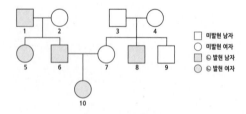

(2) 유전 형질 ㉡과 정상 형질 사이의 우열 관계를 알아보자.

구성원 3과 4는 정상 형질인데, 그 사이에서 태어난 구성원 8은 ㉡이 발현된다. 부모에게서 나타나지 않는 형질이 자손에게서 나타났으므로, 유전 형질 ㉡은 정상 형질에 대해 열성임을 알 수 있다. 따라서 정상 형질의 대립 유전자는 B이고, 유전 형질 ㉡의 대립 유전자는 B*이 된다. (B>B*)

(3) 유전 형질 ㉡이 상염색체 유전인지 성염색체 유전인지 알아보자.

문제의 조건에 〈㉠의 유전자와 ㉡의 유전자 중 하나는 상염색체에, 다른 하나는 성염색체에 존재한다.〉라고 나와있다. 유전 형질

㉠의 유전자가 상염색체에 존재하므로, 유전 형질 ㉡의 유전자는 성염색체에 존재한다.

(4) 가계도에 유전자형을 표시하자.

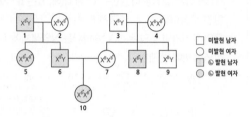

STEP 3. 보기 풀이

ㄱ. 정답 | ㉡의 유전자는 성염색체에 존재한다.

ㄴ. 오답 | 구성원 1, 2, 3의 유전자형은 AA*이고, 구성원 4의 유전자형은 A*A*이므로 체세포 1개당 A*의 수를 더한 값은 1+1+1+2=5가 된다. 구성원 7, 8의 유전자형은 AA*이고, 구성원 9의 유전자형은 A*A*이므로 체세포 1개당 A*의 수를 더한 값은 1+1+2=4가 된다. 따라서 그 값은 같지 않다.

ㄷ. 오답 | ㉠에 대한 구성원 6의 유전자형은 A*A*이고, 구성원 7의 유전자형은 AA*이므로 이 둘 사이에서 태어나는 자손의 유전자형은 AA* 또는 A*A*이다. ㉠이 발현되는 경우는 AA*이므로 ㉠이 발현될 확률은 $\frac{1}{2}$이다. ㉡에 대한 구성원 6의 유전자형은 $X^B Y$이고, 구성원 7의 유전자형은 $X^B X^{B^*}$이므로 이 둘 사이에서 태어나는 자손의 유전자형은 $X^B X^B$, $X^{B^*} X^B$, $X^B Y$, $X^{B^*} Y$이다. ㉡이 발현되지 않는 경우는 $X^B X^B$, $X^B Y$이므로 ㉡이 발현되지 않을 확률은 $\frac{1}{2}$이다. 따라서 10의 동생이 태어날 때, 이 아이에게서 ㉠은 발현되고 ㉡이 발현되지 않을 확률은 $\frac{1}{2} \times \frac{1}{2} = \frac{1}{4}$이다.

사람의 유전 형질 (가)는 대립유전자 E와 e에 의해, (나)는 대립
유전자 F와 f에 의해, (다)는 대립유전자 G와 g에 의해 결정되며,
(가)~(다)의 유전자 중 2개는 서로 다른 상염색체에, 나머지 1개는
X 염색체에 있다. 표는 어떤 사람의 세포 Ⅰ~Ⅲ 에서 E, e, G, g의
유무를, 그림은 ㉠~㉢에서 F와 g의 DNA 상대량을 더한 값(F+g)
을 나타낸 것이다. ㉠~㉢은 Ⅰ~Ⅲ을 순서 없이 나타낸 것이고,
㉡에는 X 염색체가 있다.

세포	대립유전자			
	E	e	G	g
eFg → ㉡ Ⅰ n	×	ⓐ○	×	?○
EeFFgY → ㉢ Ⅱ $2n$	?○	○	×	?○
EFY → ㉠ Ⅲ n	○	?×	?×	××

(○ : 있음, × : 없음)

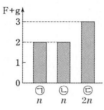

n n $2n$
㉠   ㉡   ㉢

이에 대한 옳은 설명만을 〈보기〉에서 있는 대로 고른 것은? (단,
돌연변이와 교차는 고려하지 않으며, E, e, F, f, G, g 각각의 1개당
DNA 상대량은 1이다.) **3점**

보기

ㄱ. ⓐ는 '○'이다.
ㄴ. ㉡은 ~~Ⅲ~~ 이다.
ㄷ. Ⅱ에서 e, F, g의 DNA 상대량을 더한 값은 ~~3~~ 이다.
                       ↳ 1+2+1=4

① ㄱ   ② ㄴ   ③ ㄱ, ㄷ   ④ ㄴ, ㄷ   ⑤ ㄱ, ㄴ, ㄷ

😀 **문제풀이 TIP** | 핵상이 n인 세포에서 F+g는 0, 1, 2 중 하나이며, F+g가 3이 되려면 핵상이 $2n$이어야 한다.

😀 **출제분석** | 주어진 자료를 통해 각 세포의 핵상과 유전자 구성을 파악하고 각 유전자가 상염색체에 존재하는지, X 염색체에 존재하는지를 분석해야하는 난도 '상'의 문항이다. 표와
그림의 자료를 복합적으로 활용할 수 있어야 하며, 여자일 경우와 남자일 경우를 고려할 수 있어야 한다.

|자|료|해|설|

그림에서 ㉢은 F+g=3이므로 F와 g 중 하나의 DNA
상대량은 2이고 다른 하나의 DNA 상대량은 1이며,
따라서 ㉢의 핵상은 $2n$이다. 이때 ㉠~㉢은 모두 한 사람의
세포이므로 ㉢보다 F+g가 작은 ㉠과 ㉡의 핵상은 n이다.
또한 표에서 Ⅰ~Ⅲ 중 E 또는 e를 갖는 세포가 있으므로
이 사람의 유전자형은 EeFF_g 또는 EeF_gg이다. 만약
이 사람이 여자라면 이 사람의 유전자형은 EeFFGg 또는
EeFfgg여야 하는데, EeFFGg일 경우 표에서 Ⅰ~Ⅲ 중
핵상이 $2n$인 ㉢에 해당하는 세포가 없으므로 모순이고,
EeFfgg일 경우 g를 갖지 않는 Ⅲ이 존재할 수 없으므로
모순이다. 즉, 이 사람은 남자임을 알 수 있다.
따라서 (다)의 유전자는 X 염색체에 있으며, 이 사람의
유전자형은 EeFFGY 또는 EeFYgg 중 하나인데, 표에서
g를 갖지 않는 Ⅲ이 존재하므로 유전자형은 EeFFgY이다.
이에 따라 Ⅰ~Ⅲ 중 핵상이 $2n$일 수 있는 세포는
Ⅱ뿐이므로 ㉢은 Ⅱ이고, ㉡은 X 염색체를 가지므로 Ⅰ과
Ⅲ 중 Ⅰ이 ㉡이며, Ⅰ의 유전자 구성은 eFg, Ⅲ의 유전자
구성은 EFY이다.

|보|기|풀|이|

㉠ 정답 : Ⅰ (㉡)의 유전자 구성은 eFg이므로 ⓐ는 '○'이다.
ㄴ. 오답 : ㉡은 X 염색체를 가지므로 g가 있어야 하며,
따라서 ㉡은 Ⅰ이다.
ㄷ. 오답 : Ⅱ (㉢)의 유전자 구성은 EeFFgY이므로 e, F,
g의 DNA 상대량을 더한 값은 1+2+1=4이다.

다음은 어떤 집안의 유전 형질 (가)와 (나)에 대한 자료이다.

○ (가)는 대립유전자 A와 a에 의해, (나)는 대립유전자 B와 b에 의해 결정된다. A는 a에 대해, B는 b에 대해 각각 완전 우성이다.

○ (가)와 (나)의 유전자 중 1개는 상염색체에 있고, 나머지 1개는 X 염색체에 있다.

○ 가계도는 구성원 1~7에서 (가)와 (나)의 발현 여부를 나타낸 것이다.

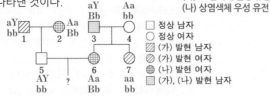

(가) X 염색체 열성 유전
(나) 상염색체 우성 유전

□ 정상 남자
○ 정상 여자
▨ (가) 발현 남자
▧ (가) 발현 여자
⊕ (나) 발현 여자
▨ (가), (나) 발현 남자

○ 표는 구성원 2, 3, 5, 7의 체세포 1개당 A와 b의 DNA 상대량을 더한 값을 나타낸 것이다. ⓐ~ⓒ는 1, 2, 3을 순서 없이 나타낸 것이다.

구성원	2	3	5	7
A와 b의 DNA 상대량을 더한 값	ⓐ 2	ⓑ 1	ⓒ 3	ⓐ 2

이에 대한 옳은 설명만을 〈보기〉에서 있는 대로 고른 것은? (단, 돌연변이와 교차는 고려하지 않으며, A, a, B, b 각각의 1개당 DNA 상대량은 1이다.) 3점

보기

ㄱ. (나)는 우성 형질이다.

ㄴ. 1의 체세포 1개당 a와 B의 DNA 상대량을 더한 값은 ̶ⓐ̶ 이다.
    ⓑ

ㄷ. 5와 6 사이에서 아이가 태어날 때, 이 아이에게서 (가)와 (나) 중 (가)만 발현될 확률은 ̶1̶ 이다.
               $\frac{1}{8}$

① ㄱ   ② ㄴ   ③ ㄱ, ㄷ   ④ ㄴ, ㄷ   ⑤ ㄱ, ㄴ, ㄷ

유전자형이 aYbb일 확률 : $\frac{1}{4} \times \frac{1}{2} = \frac{1}{8}$

|자|료|해|설|

(나)가 X 염색체 열성 유전이라면 (나)가 발현된 어머니 2로부터 (나)가 발현되지 않은 아들 5가 태어날 수 없고, (나)가 X 염색체 우성 유전이라면 (나)가 발현된 아버지 3으로부터 (나)가 발현되지 않은 딸 7이 태어날 수 없다. 즉 (나)의 유전자는 상염색체에 있고, (가)의 유전자는 X 염색체에 있다. 이때 (가)가 X 염색체 우성 유전이라면 (가)가 발현된 아버지 3으로부터 (가)가 발현되지 않은 딸 6이 태어날 수 없으므로 (가)는 X 염색체 열성 유전이다. 이때 2는 (가)가 발현되지 않은 여자이므로 (가)의 유전자형이 X^AX^a 또는 X^AX^a이고, 7은 (가)가 발현된 여자이므로 (가)의 유전자형이 X^aX^a이다. 또한 2는 (나)가 발현되었고 7은 (나)가 발현되지 않았으며, 제시된 표에서 2와 7의 체세포 1개당 A와 b의 DNA 상대량을 더한 값이 서로 같다. 이를 모두 만족하려면 2의 유전자형은 X^AX^aBb이고 7의 유전자형은 X^aX^abb이며 ⓐ는 2이어야 한다. 즉 (나)는 상염색체 우성 유전임을 알 수 있다. 이를 바탕으로 각 구성원의 (가)와 (나)의 유전자형을 정리하면 첨삭된 내용과 같고, 따라서 ⓑ는 1, ⓒ는 3이다.

|보|기|풀|이|

ㄱ 정답 : (가)는 열성 형질, (나)는 우성 형질이다.

ㄴ. 오답 : 1의 (가)와 (나)의 유전자형은 X^aYbb이므로 1의 체세포 1개당 a와 B의 DNA 상대량을 더한 값은 1, 즉 ⓑ이다.

ㄷ. 오답 : 5의 유전자형은 X^AYbb이고, 6의 유전자형은 X^AX^aBb이다. 따라서 5와 6 사이에서 아이가 태어날 때 이 아이에게서 (가)와 (나) 중 (가)만 발현될 확률은 곧 이 아이의 유전자형이 X^aYbb일 확률과 같으므로 $\frac{1}{4} \times \frac{1}{2} = \frac{1}{8}$이다.

😮 **문제풀이 TIP** | 가계도를 통해 (가)는 X 염색체 열성 유전이고, (나)의 유전자는 상염색체에 있음을 알 수 있으며, 2와 7의 체세포 1개당 A와 b의 DNA 상대량을 더한 값이 ⓐ로 같다는 점에서 2와 7의 유전자형을 유추할 수 있다. 이때 2와 7에서 (나)의 발현 여부가 다르므로 (나)의 우열을 판단할 수 있다.

😎 **출제분석** | 가계도와 '체세포 1개당 A와 b의 DNA 상대량을 더한 값'을 나타낸 표를 통해 각 형질의 우열과 유전자의 위치 (상염색체 또는 X 염색체)를 추론해야 하는 난도 '상'의 문항이다. 두 가지 대립유전자의 상대량을 더한 값을 구체적인 숫자가 아닌 기호로 나타내어 접근이 어려워 보일 수 있으나 2와 7의 유전자형과 DNA 상대량 값으로부터 필요한 정보를 얻을 수 있으므로 이를 빠르게 파악한다면 문제 해결에 오랜 시간이 소요되지는 않는다.

다음은 사람의 유전 형질 (가)~(다)에 대한 자료이다.

- (가)~(다)의 유전자는 서로 다른 3개의 상염색체에 있다.
- (가)는 대립유전자 A와 a에 의해 결정되며, A는 a에 대해 완전 우성이다. ➡ A>a
- (나)는 대립유전자 B와 b에 의해 결정되며, 유전자형이 다르면 표현형이 다르다. ➡ 표현형 : BB, Bb, bb
- (다)는 1쌍의 대립유전자에 의해 결정되며, 대립유전자에는 D, E, F가 있다. D는 E, F에 대해, E는 F에 대해 각각 완전 우성이다. ➡ D>E>F
- P의 유전자형은 AaBbDF이고, P와 Q는 (나)의 표현형이 서로 다르다. ➡ Q : BB 또는 bb ➡ Q : bb
- P와 Q 사이에서 ⓐ가 태어날 때, ⓐ가 P와 (가)~(다)의 표현형이 모두 같을 확률은 $\frac{3}{16}$이다. $= \frac{3}{4} \times \frac{1}{2} \times \frac{1}{2}$
  (A_일 확률) (Bb일 확률) (D_일 확률)
- ⓐ가 유전자형이 AAbbFF인 사람과 (가)~(다)의 표현형이 모두 같을 확률은 $\frac{3}{32}$이다. $= \frac{3}{4} \times \frac{1}{2} \times \frac{1}{4}$
  (A_일 확률) (bb일 확률) (FF일 확률)
  ∴ Q(AabbEF)

ⓐ의 유전자형이 aabbDF일 확률은? (단, 돌연변이는 고려하지 않는다.) **3점** $\frac{1}{4}$(aa일 확률) $\times \frac{1}{2}$(bb일 확률) $\times \frac{1}{4}$(DF일 확률)$= \frac{1}{32}$

① $\frac{1}{4}$ ② $\frac{1}{8}$ ③ $\frac{1}{16}$ ✔ $\frac{1}{32}$ ⑤ $\frac{1}{64}$

|자|료|해|설|

(가)는 완전 우성이므로 표현형이 2가지(A_, aa)이다. (나)는 유전자형이 다르면 표현형이 다르다고 했으므로 (나)의 표현형은 3가지(BB, Bb, bb)이다. (다)의 대립유전자 우열 관계는 D>E>F이다.

P(AaBbDF)와 Q는 (나)의 표현형이 서로 다르므로 Q의 (나)의 유전자형은 BB 또는 bb이다. P와 Q 사이에서 태어난 ⓐ의 유전자형이 AAbbFF일 확률이 존재하므로 Q의 (나)의 유전자형은 bb이다.

ⓐ가 유전자형이 AAbbFF인 사람과 (가)~(다)의 표현형이 모두 같을 확률이 $\frac{3}{32}$인 경우는 다음과 같다.

$= \frac{3}{4}$(A_일 확률)$\times \frac{1}{2}$(bb일 확률)$\times \frac{1}{4}$(FF일 확률)

따라서 Q의 유전자형은 AabbDF 또는 AabbEF이다. ⓐ가 P(AaBbDF)와 (가)~(다)의 표현형이 모두 같을 확률이 $\frac{3}{16}$인 경우는 다음과 같다.

$= \frac{3}{4}$(A_일 확률)$\times \frac{1}{2}$(Bb일 확률)$\times \frac{1}{2}$(D_일 확률)

따라서 Q의 유전자형은 AabbEF이다.

|선|택|지|풀|이|

④ 정답 : P(AaBbDF)와 Q(AabbEF) 사이에서 태어나는 ⓐ의 유전자형이 aabbDF일 확률은 $\frac{1}{4}$(aa일 확률)$\times \frac{1}{2}$(bb일 확률)$\times \frac{1}{4}$(DF일 확률)$= \frac{1}{32}$ 이다.

😮 **문제풀이 TIP** | P(AaBbDF)와 Q는 (나)의 표현형이 서로 다르므로 Q의 (나)의 유전자형은 BB 또는 bb이며, ⓐ의 유전자형이 AAbbFF일 확률이 존재하므로 Q의 (나)의 유전자형은 bb이다. 주어진 확률을 만족하는 경우를 찾아 Q의 유전자형을 알아내자.

😊 **출제분석** | 자손 ⓐ가 특정 표현형을 가질 확률을 통해 부모 Q의 유전자형을 알아내야 하는 난도 '중상'의 문항이다. 유전 단원의 문제를 해결하는데 기본이 되는 풀이 방법이 적용된 문항이며, 가정할 필요가 없기 때문에 빠른 시간 내에 풀 수 있어야 한다.

다음은 어떤 집안의 유전 형질 (가)와 (나)에 대한 자료이다.

○ (가)의 유전자와 (나)의 유전자는 같은 염색체에 있다.

○ (가)는 대립유전자 H와 h에 의해, (나)는 대립유전자 T와 t에 의해 결정된다. H는 h에 대해, T는 t에 대해 각각 완전 우성이다.

○ 가계도는 구성원 ⓐ~ⓒ를 제외한 구성원 1~6에게서 (가)와 (나)의 발현 여부를 나타낸 것이다. ⓑ는 남자이다.

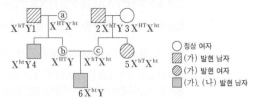

　　　　　　　○ 정상 여자
　　　　　　　▨ (가) 발현 남자
　　　　　　　◩ (가) 발현 여자
　　　　　　　■ (가), (나) 발현 남자

X 염색체 열성 유전 ⌐○ ⓐ~ⓒ 중 (가)가 발현된 사람은 1명이다.

　　└○ 표는 ⓐ~ⓒ에서 체세포 1개당 h의 DNA 상대량을 나타낸 것이다. ㉠~㉢은 0, 1, 2를 순서 없이 나타낸 것이다.

$X^H X^h X^H Y X^h X^h$

구성원	ⓐ	ⓑ	ⓒ
h의 DNA 상대량	㉠ 1	㉡ 0	㉢ 2

○ ⓐ와 ⓒ의 (나)의 유전자형은 서로 같다.

이에 대한 설명으로 옳은 것만을 〈보기〉에서 있는 대로 고른 것은? (단, 돌연변이와 교차는 고려하지 않으며, H, h, T, t 각각의 1개당 DNA 상대량은 1이다.) **3점**

보기

㉠. (가)는 열성 형질이다.

㉡. ⓐ~ⓒ 중 (나)가 발현된 사람은 ~~2명~~ 0명 이다.

㉢. 6의 동생이 태어날 때, 이 아이에게서 (가)와 (나)가 모두 발현될 확률은 $\frac{1}{4}$이다.
　└ 유전자형이 $X^{ht}Y$일 확률 $= \frac{1}{4}$

① ㉠　　② ㉡　　✔ ㉠, ㉢　　④ ㉡, ㉢　　⑤ ㉠, ㉡, ㉢

|자|료|해|설|

㉠~㉢은 0, 1, 2를 순서 없이 나타낸 것이고, ⓐ와 ⓒ는 여자, ⓑ는 남자이며, ⓐ~ⓒ 중 (가)가 발현된 사람은 1명이라는 조건을 종합하여 ⓐ~ⓒ의 (가)의 유전자형을 찾아볼 수 있다. 만약 (가)의 유전자가 상염색체에 있다면, ⓐ~ⓒ의 유전자형은 순서 없이 HH, Hh, hh일 것이고, (가)는 열성 형질이어야 한다. 그러나 이 경우 1과 4에서 (가)가 발현되고 ⓐ와 ⓑ가 부모 자식 관계임을 만족하도록 할 수 없으므로 (가)의 유전자는 성염색체에 있으며, 구성원 중 여자에게서도 (가)가 발현되므로 (가)의 유전자는 X 염색체에 있다.

또한 이때 (가)가 우성 유전이라면 ⓐ, ⓒ의 유전자형은 $X^H X^H$((가) 발현), $X^h X^h$(정상) 중 서로 다른 하나이고 ⓑ의 유전자형은 $X^h Y$(정상)이어야 한다. 그러나 이 경우 다른 구성원의 (가)의 발현 여부를 만족하도록 할 수 없으므로 (가)는 열성 유전이다. 즉 ⓑ의 유전자형은 $X^H Y$(정상)이고 ⓐ, ⓒ의 유전자형은 $X^H X^h$(정상), $X^h X^h$((가) 발현) 중 서로 다른 하나이다. 여기에서, ⓐ와 ⓑ가 부모 자식 관계이므로 ⓐ는 $X^H X^h$(정상), ⓒ는 $X^h X^h$((가) 발현)임을 확정할 수 있고 ㉠은 1, ㉡은 0, ㉢은 2이다.

만약 (나)가 우성 유전이라면, (나)가 발현되지 않은 2와 3 사이에서 태어난 ⓒ는 $X^t X^t$의 유전자형을 가져 (나)가 발현되지 않아야 한다. 그러나 ⓒ의 아들인 6은 ⓒ에게서 X^t를 물려받는데 (나)가 발현되었으므로 모순이 발생한다. 따라서 (나)는 열성 유전이며, (가)의 유전자와의 연관을 고려하여 각 구성원의 유전자형을 구하면 첨삭한 것과 같다.

|보|기|풀|이|

㉠ 정답 : (가)의 유전자는 X 염색체에 있으며 (가)는 열성 형질이다.

ㄴ. 오답 : (나)의 유전자형은 ⓐ가 $X^T X^t$, ⓑ가 $X^T Y$, ⓒ가 $X^T X^t$이므로 이들 중 (나)가 발현된 사람은 0명이다.

㉢ 정답 : ⓑ의 유전자형은 $X^{HT}Y$이고 ⓒ의 유전자형은 $X^{ht} X^{ht}$이므로 6의 동생이 태어날 때, 이 아이에게서 (가)와 (나)가 모두 발현될 확률은 곧 이 아이의 유전자형이 $X^{ht}Y$와 같으며, 이는 $\frac{1}{4}$이다.

🤪 **문제풀이 TIP** | ㉠~㉢은 0, 1, 2를 순서 없이 나타낸 것, ⓐ와 ⓒ는 여자, ⓑ는 남자라는 것, ⓐ~ⓒ 중 (가)가 발현된 사람은 1명이라는 것을 이용해 (가)와 (나)의 유전자 위치 (상염색체와 성염색체)와 우열 판단에 있어 가능한 경우의 수를 좁혀나가야 한다.

02. 사람의 유전병

❶ 염색체 이상과 유전자 이상 ★수능에 나오는 필수 개념 3가지 + 필수 암기사항 4개

필수개념 1 **염색체 구조적 이상**

• 각각의 돌연변이 이름과 그림 ★암기 → 4가지 이름과 그림을 매치시켜 꼭 암기!

① **결실** : 염색체의 일부가 없어진 경우   ② **역위** : 염색체의 일부가 거꾸로 붙은 경우

③ **중복** : 염색체의 일부가 더 붙은 경우   ④ **전좌** : 염색체의 일부가 비상동 염색체에 붙은 경우

필수개념 2 **염색체 수 이상**

• 감수 1분열의 비분리와 감수 2분열의 비분리 암기 → 다음 그림과 특성을 꼭 이해!

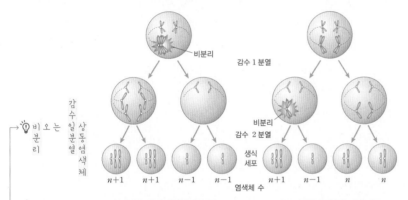

▲ 감수 1분열의 비분리   ▲ 감수 2분열의 비분리

감수 1분열의 비분리	감수 2분열의 비분리
• $n+1$, $n-1$의 생식세포가 생성	• $n-1$, n, $n+1$의 생식세포가 생성
• 상동 염색체 비분리	• 염색 분체 비분리

• 상염색체 비분리에 의한 돌연변이 암기

다운 증후군	21번 염색체가 3개	45+XX, 45+XY
에드워드 증후군	18번 염색체가 3개	

• 성염색체 비분리에 의한 돌연변이 암기

터너 증후군	성염색체가 X로 1개	44+X
클라인펠터 증후군	성염색체가 XXY로 3개	44+XXY

필수개념 3 **유전자 이상**

• **유전자 이상** : 유전자의 본체인 DNA의 염기 서열이 변해서 나타나는 돌연변이로 핵형 분석으로는 알아낼 수 없다. 예 낫 모양 적혈구 빈혈증, 알비노증, 페닐케톤뇨증, 헌팅턴 무도병 등

기본자료

▶ 염색체의 구조적 이상이란?
염색체의 수는 정상이지만 구조에 이상이 생겨 나타나는 돌연변이를 말한다.

▶ 염색체의 수 이상이란?
염색체 비분리로 인해 정상보다 염색체 수가 많거나 적게 나타나는 돌연변이를 말한다.

비분리 된 $n+1$의 정자 ①과 $n-1$의 정자 ②가 정상 난자와 결합했을 때		
생식세포 결합	비분리가 일어난 염색체	
	21번 염색체	성염색체
정자 ①+ 정상 난자	다운 증후군 (21번 염색체 3개)	클라인펠터 증후군 (XY+X → XXY)
정자 ②+ 정상 난자	사망(21번 염색체 1개)	터너 증후군 (없음+X → X)

→ 비분리가 일어난 정자와 정상 난자가 결합했을 때 어떤 질환을 가진 아이가 태어나는지 물어보는 보기가 항상 출제된다. 이 때 위의 표를 외우면 하나하나 생각하지 않아도 보기의 정오를 쉽고 빠르게 판단할 수 있다.

▶ 배수성 돌연변이
감수 분열 시 모든 염색체가 비분리되어 염색체 한 조(n)가 많아져서 $3n$, $4n$, … 등이 되는 경우로 주로 식물에서 볼 수 있다. 예 씨 없는 수박($3n$), 감자($4n$) 등

그림은 어떤 사람에서 정자가 형성되는 과정과 각 정자의 핵상을 나타낸 것이다. 감수 1분열에서 성염색체의 비분리가 1회 일어났다.
이에 대한 옳은 설명만을 〈보기〉에서 있는 대로 고른 것은? (단, 제시된 염색체 비분리 이외의 돌연변이는 고려하지 않는다.) 3점

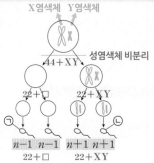

X염색체 Y염색체

44+XY　성염색체 비분리

22+□　22+XY

$n-1$　$n-1$　$n+1$　$n+1$
22+□　　22+XY

보기

ㄱ. ⊙에 X 염색체가 <s>있다</s>. 없다

ㄴ. ⓒ에 22개의 상염색체가 있다.

ㄷ. ⓒ과 정상 난자가 수정되어 태어난 아이에게서 <s>터너</s> 클라인펠터 증후군
증후군이 나타난다. → 44+XXY

22+XY　22+X

① ㄱ　② ㄴ ✓　③ ㄱ, ㄴ　④ ㄱ, ㄷ　⑤ ㄴ, ㄷ

|자|료|해|설|
감수 분열 결과 형성된 정자 중, 그림에서 왼쪽 두 정자의 핵상은 $n-1$이고 오른쪽 두 정자의 핵상은 $n+1$이므로 감수 1분열에서 성염색체(X, Y)가 모두 오른쪽으로 이동했다는 것을 알 수 있다. 따라서 ⊙($n-1$)에는 22개의 상염색체가 있고, ⓒ($n+1$)에는 22개의 상염색체와 2개의 성염색체(X, Y)가 있다.

|보|기|풀|이|
ㄱ. 오답 : ⊙에는 22개의 상염색체만 있고 성염색체는 없다.

ㄴ. 정답 : ⓒ에는 22개의 상염색체와 2개의 성염색체(X, Y)가 있다.

ㄷ. 오답 : ⓒ(22+XY)과 정상 난자(22+X)가 수정되어 태어난 아이는 44+XXY 구성을 가지므로 클라인펠터 증후군이 나타난다.

😮 문제풀이 TIP | 감수 분열 결과 형성된 정자의 핵상을 통해 감수 1분열에서 성염색체가 어느 쪽으로 이동했는지를 유추할 수 있다.

그림 (가)는 사람 H의 체세포 세포 주기를, (나)는 H의 핵형 분석 결과의 일부를 나타낸 것이다. ⊙~ⓒ은 G₁기, M기(분열기), S기를 순서 없이 나타낸 것이다.

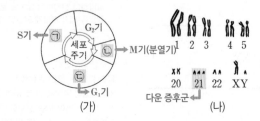

S기 ← ⊙　G₂기
세포 주기
ⓒ → M기(분열기)
ⓒ
G₁기
(가)

2 3　4 5
20　21　22　XY
다운 증후군　(나)

이에 대한 설명으로 옳은 것만을 〈보기〉에서 있는 대로 고른 것은?

보기

S기 → ⊙. ⊙ 시기에 DNA 복제가 일어난다.

G₁기 → ㄴ. ⓒ 시기에 (나)의 염색체가 <s>관찰된다</s>. 관찰되지 않는다

ⓒ. (나)에서 다운 증후군의 염색체 이상이 관찰된다.
→ 21번 염색체 3개

① ㄱ　② ㄴ　③ ㄷ　④ ㄱ, ㄴ　⑤ ㄱ, ㄷ ✓

|자|료|해|설|
체세포의 세포 주기는 G₁기 → S기 → G₂기 → M기(분열기) 순서로 진행되므로 ⊙은 S기, ⓒ은 M기(분열기), ⓒ은 G₁기이다. (나)에서 21번 염색체의 수가 3인 다운 증후군의 염색체 이상이 관찰된다.

|보|기|풀|이|
ㄱ. 정답 : S기(⊙)에 DNA 복제가 일어난다.

ㄴ. 오답 : (나)와 같이 염색체가 응축되어 막대 모양으로 관찰되는 시기는 M기(분열기)이다. 특히 핵형 분석은 체세포 분열 중기의 세포를 이용한다.

ㄷ. 정답 : (나)에서 21번 염색체 수가 3이므로 다운 증후군의 염색체 이상이 관찰된다.

그림은 사람의 정자 형성 과정을, 표는 세포 ㉠~㉣의 총 염색체 수를 나타낸 것이다. 감수 1분열과 2분열에서 염색체 비분리가 각각 1회 일어났다. ㉠~㉣은 Ⅰ~Ⅳ를 순서 없이 나타낸 것이다.

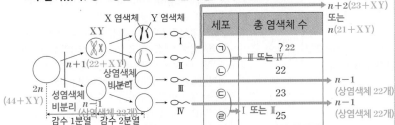

세포	총 염색체 수
㉠	?22
㉡	22
㉢	23
㉣	25

$n+2(23+XY)$ 또는 $n(21+XY)$

㉢ → (상염색체 22개) $n-1$

㉣ → (상염색체 22개) $n-1$

이에 대한 옳은 설명만을 〈보기〉에서 있는 대로 고른 것은?
(단, 제시된 염색체 비분리 이외의 돌연변이는 고려하지 않는다.)

보기
㉠ 감수 1분열에서 성염색체 비분리가 일어났다.
㉡ ㉠은 Ⅰ이다. (Ⅲ 또는 Ⅳ)
㉢ Ⅲ과 정상 난자가 수정되어 태어난 아이는 터너 증후군의 염색체 이상을 보인다.
   (상염색체 22개)+(22+X)=44+X(터너 증후군)

① ㄱ   ② ㄴ   ③ ㄱ, ㄴ   ✔④ ㄱ, ㄷ   ⑤ ㄴ, ㄷ

|자|료|해|설|

정자 Ⅰ로 분화한 생식 세포에 성염색체 X, Y가 모두 존재하므로 감수 1분열에서 성염색체 비분리가 일어났다는 것을 알 수 있다. 감수 1분열 결과 생성된 세포의 핵상은 각각 $n+1(24=22+XY)$, $n-1$(상염색체 22개)이다. 표에서 염색체 수가 25인 세포 ㉣은 두 번의 비분리로 염색체 수가 2회 증가한 세포이다. 따라서 정자 Ⅰ과 Ⅱ가 생성되는 감수 2분열에서 비분리가 일어났으며, 그림에서 성염색체는 염색 분체가 정상적으로 분리되었으므로 감수 2분열에서 상염색체 비분리가 일어났다는 것을 알 수 있다. 정리하면, 정자 Ⅰ과 Ⅱ는 각각 ㉢(23=21+XY)과 ㉣(25=23+XY) 중 하나이며 정자 Ⅲ과 Ⅳ는 각각 ㉠(상염색체 22개)과 ㉡(상염색체 22개) 중 하나이다.

|보|기|풀|이|

㉠ 정답 : 정자 Ⅰ로 분화한 세포에 성염색체 X, Y가 모두 존재하므로 감수 1분열에서 성염색체 비분리가 일어났다.
ㄴ. 오답 : ㉠은 Ⅲ 또는 Ⅳ이다.
㉢ 정답 : 성염색체 없이 상염색체만 22개 가지는 Ⅲ과 정상 난자(22+X)가 수정되어 태어난 아이는 터너 증후군(44+X)의 염색체 이상을 보인다.

💡 문제풀이TIP | 정자 Ⅰ에 X, Y 성염색체가 모두 존재하므로 감수 1분열에서 성염색체 비분리가 일어났음을 먼저 파악하고, 표에서 염색체 수가 25인 세포 ㉣은 두 번의 비분리로 염색체 수가 2회 증가한 세포이므로 정자 Ⅰ과 Ⅱ가 생성되는 감수 2분열에서 상염색체 비분리가 일어났음을 파악하여 문제를 해결해야 한다. 또한 염색체 수 이상으로 인한 터너 증후군의 핵상은 $2n-1=44+X$라는 것을 기억해야 한다.

😀 출제분석 | 상염색체와 성염색체 비분리 시기를 찾아내야 하는 난도 '중'의 문항이다. 감수 1분열과 감수 2분열에서 모두 비분리가 일어난 이러한 유형의 문제는 최근 자주 출제되고 있다. 감수 1분열 비분리와 감수 2분열 비분리에 대해 완벽하게 이해하고 있다면 어렵지 않게 문제를 해결할 수 있다.

그림 (가)는 유전자형이 Tt인 어떤 남자의 정자 형성 과정을, (나)는 세포 Ⅲ에 있는 21번 염색체를 모두 나타낸 것이다. (가)에서 염색체 비분리가 1회 일어났고, Ⅰ은 중기의 세포이다.

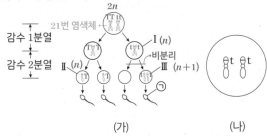

(가)   (나)

이에 대한 옳은 설명만을 〈보기〉에서 있는 대로 고른 것은?
(단, 제시된 염색체 비분리 이외의 돌연변이와 교차는 고려하지 않는다.)

보기
㉠ Ⅰ과 Ⅱ의 성염색체 수는 같다. → 1 (→ 감수 2분열)
㉡ (가)에서 염색체 비분리는 감수 1분열에서 일어났다.
㉢ ㉠과 정상 난자가 수정되어 아이가 태어날 때, 이 아이는 다운 증후군의 염색체 이상을 보인다.
   (21번 염색체 3개)

① ㄱ   ② ㄴ   ✔③ ㄱ, ㄷ   ④ ㄴ, ㄷ   ⑤ ㄱ, ㄴ, ㄷ
21번 염색체 2개   21번 염색체 1개

|자|료|해|설|

유전자형이 Tt인 남자에게서 감수 분열이 정상적으로 일어나면 정자는 T와 t 둘 중 하나만 포함하고 있다. (가)의 감수 분열 결과, t를 두 개 갖는 세포 Ⅲ이 형성되었으므로, 세포 Ⅰ에서 Ⅲ이 형성되는 감수 2분열에서 21번 염색체가 비분리되어 모두 ㉠으로 이동했다는 것을 알 수 있다.

|보|기|풀|이|

㉠ 정답 : Ⅰ과 Ⅱ의 핵상은 모두 n이므로 성염색체 수는 1로 같다.
ㄴ. 오답 : (가)에서 염색체 비분리는 세포 Ⅰ에서 Ⅲ이 형성되는 감수 2분열에서 일어났다.
㉢ 정답 : ㉠(21번 염색체 2개)과 정상 난자(21번 염색체 1개)가 수정되어 태어난 아이는 21번 염색체가 3개이므로 다운 증후군의 염색체 이상을 보인다.

💡 문제풀이TIP | 유전자형이 Tt인 남자의 감수 분열에서 비분리가 1회 일어날 때 형성되는 정자의 종류
  − 감수 1분열 비분리: Tt를 모두 갖는 정자, 모두 갖지 않는 정자
  − 감수 2분열 비분리: TT를 갖는 정자 또는 tt를 갖는 정자, 모두 갖지 않는 정자, T or t를 갖는 정상 정자

😀 출제분석 | 유전자형이 Tt인 남자로부터 tt의 구성을 갖는 정자가 형성되었다는 것을 통해 비분리 시기를 알아내야 하는 난도 '중'의 문항이다. (나)를 통해 감수 2분열에서 비분리가 일어났다는 것을 바로 알 수 있고, 염색체 이상의 예시로 자주 출제되는 다운 증후군에 대해 묻고 있으므로 염색체 비분리 문제 중에서도 쉬운 편에 속하는 문항이다.

다음은 어떤 가족의 유전 형질 (가)와 (나)에 대한 자료이다.

○ (가)는 대립유전자 A와 a에 의해, (나)는 대립유전자 B와 b에 의해 결정된다. A는 a에 대해, B는 b에 대해 각각 완전 우성이다.

○ (가)와 (나)의 유전자는 모두 X 염색체에 있다.　X 염색체 연관　(가) A > [a]　(나) [B] > b

○ 표는 가족 구성원의 성별, (가)와 (나)의 발현 여부를 나타낸 것이다.

구분	아버지	어머니	자녀 1	자녀 2	자녀 3
성별	남	여	여	남	남
(가)	?○	×	○	○	×
(나)	○	×	○	×	○

↳ 아버지의 감수 1분열　　　　　　(○: 발현됨, ×: 발현 안 됨)

○ 성염색체 비분리가 1회 일어나 형성된 생식세포 ㉠과 정상 생식세포가 수정되어 자녀 3이 태어났다.

이에 대한 옳은 설명만을 〈보기〉에서 있는 대로 고른 것은? (단, 제시된 돌연변이 이외의 돌연변이와 교차는 고려하지 않는다.) 3점

보기　↳ X^{aB}Y

ㄱ. 아버지에게서 (가)가 발현되었다.

ㄴ. (나)는 우성 형질이다.

ㄷ. ㉠의 형성 과정에서 성염색체 비분리는 감수 1분열에서 일어났다. ➡ 자녀 3이 아버지(X^{aB}Y)로부터 X^{aB}Y를 모두 물려받음.

① ㄱ　　② ㄷ　　③ ㄱ, ㄴ　　④ ㄴ, ㄷ　　⑤ ㄱ, ㄴ, ㄷ

|자|료|해|설|

(가)와 (나)의 유전자는 모두 X 염색체에 있으므로 두 유전자는 연관되어 있다. (가)가 발현된 자녀 2(남자)에게 X 염색체를 물려준 어머니에게서 (가)가 발현되지 않았으므로 (가)는 열성 형질이다.

(나)가 열성 형질이라고 가정하면 자녀 1(여자)의 유전자형은 X^{ab}X^{ab}이고, 자녀 2(남자)의 유전자형은 X^{aB}Y이다. 이때 어머니의 유전자형은 X^{aB}X^{ab}이므로 어머니에게서 (가)가 발현되어야 한다. 이는 모순이므로 (나)는 우성 형질이다. 이를 토대로 유전자형을 정리하면 어머니(X^{Ab}X^{ab}), 자녀 1(X^{aB}X^{ab}), 자녀 2(X^{ab}Y)이므로 아버지의 유전자형은 X^{aB}Y이다.

성염색체 비분리가 1회 일어나 형성된 생식세포 ㉠과 정상 생식세포가 수정되어 태어난 자녀 3(남자)에게서 (나)만 발현되었으므로 자녀 3(남자)은 A와 B를 모두 가져야 한다. 따라서 자녀 3(남자)은 아버지에게서 X^{aB}Y를 모두 물려받고, 어머니에게서 X^{Ab}를 물려받았다. 그러므로 ㉠의 형성 과정에서 성염색체 비분리는 아버지의 감수 1분열에서 일어났다.

|보|기|풀|이|

ㄱ. 정답 : 아버지의 유전자형은 X^{aB}Y이므로 열성 형질인 (가)가 발현되었다.

ㄴ. 정답 : (가)는 열성 형질이고, (나)는 우성 형질이다.

ㄷ. 정답 : 자녀 3(남자)은 A와 B를 모두 가져야 하므로 아버지에게서 X^{aB}Y를 모두 물려받고, 어머니에게서 X^{Ab}를 물려받았다. 따라서 ㉠은 아버지의 감수 1분열에서 성염색체 비분리가 1회 일어나 형성된 정자이다.

😮 **문제풀이 TIP |** 성염색체 비분리가 일어나 형성된 생식세포가 수정되어 태어난 자녀 3을 제외한 나머지 구성원의 표현형을 토대로 (가)와 (나)의 우열을 판단해야 한다. X 염색체 유전에서 아들에게서 발현된 형질이 어머니에게서 발현되지 않았다면 그 형질은 열성이다.

😮 **출제분석 |** 구성원의 (가)와 (나) 발현 여부를 통해 각 형질의 우열과 성염색체 비분리 시기를 알아내야 하는 난도 '상'의 문항이다. 표를 통해 파악하는 것이 어렵다면 첨삭된 내용처럼 가계도와 염색체를 간단하게 그려보는 것도 문제 해결에 도움이 될 수 있다. X 염색체 유전과 비분리에 대한 내용은 출제 빈도가 매우 높은 만큼 중요한 부분이기 때문에 최대한 많은 문제를 풀어보며 해결 방법을 익혀두어야 한다.

다음은 영희네 가족의 어떤 유전병에 대한 자료이다.

○ 이 유전병은 정상 대립 유전자 A와 유전병 대립 유전자 a에
의해 결정되며, A는 a에 대해 완전 우성이다.

○ 아버지와 어머니는 각각 A와 a 중 한 가지만 가진다.

○ 표는 영희네 가족 구성원의 유전병 유무를 나타낸 것이다.

구분	아버지	어머니	오빠	영희	남동생
유전병	×	○	○	×	×

(○:있음, ×:없음)

○ 감수 분열 시 ⊙염색체 비분리가 1회 일어나 형성된 정자가
정상 난자와 수정되어 남동생이 태어났으며, 남동생의
성염색체는 XXY이다.

이에 대한 옳은 설명만을 〈보기〉에서 있는 대로 고른 것은?
(단, 제시된 돌연변이 이외의 다른 돌연변이는 고려하지 않는다.) **3점**

보기

<del>ㄱ</del>. 이 유전병 유전자는 <del>상</del>염색체에 있다. 성염색체

ㄴ. 오빠와 남동생의 체세포 1개당 a의 상대량은 같다. 오빠 : X^aY 남동생 : X^aX^AY

<del>ㄷ</del>. ⊙은 <del>감수 2분열</del>에서 일어났다. 감수 1분열

① ㄱ   ② ㄴ   ③ ㄷ   ④ ㄱ, ㄴ   ⑤ ㄴ, ㄷ

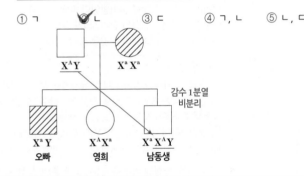

X^AY X^aX^a

감수 1분열 비분리

X^aY 오빠 X^AX^a 영희 X^aX^AY 남동생

|자|료|해|설|

이 유전자가 상염색체에 있다고 가정하면, 아버지와
어머니는 각각 A와 a 중 한 가지만 가진다고 했으므로
아버지의 유전자형은 AA, 어머니의 유전자형은 aa이다.
이 경우 자손의 유전자형은 모두 Aa이고 표현형은
정상이어야 하는데 오빠에게서 유전병이 나타났으므로
대립 유전자 A와 a는 X 염색체에 있다는 것을 알 수 있다.
남동생은 클라인펠터 증후군(XXY)이고 정상 표현형을
가지고 있다. 정상 난자로부터 X^a를 받은 상태에서 정상
표현형을 가진 남자이기 위해서는 아버지로부터 X^AY를
물려받아야 한다. 따라서 감수 1분열에서 비분리가 일어나
형성된 정자(X^AY)와 정상 난자(X^a)가 수정되어 남동생
(X^aX^AY)이 태어났다.

|보|기|풀|이|

ㄱ. 오답 : 이 유전병 유전자는 X 염색체에 있다.

ㄴ. 정답 : 오빠의 유전자형은 X^aY이며, 남동생의
유전자형은 X^aX^AY이다. 따라서 오빠와 남동생의 체세포
1개당 a의 상대량은 같다.

ㄷ. 오답 : 남동생은 X^AY를 아버지에게서 물려받았으므로
염색체 비분리(⊙)는 감수 1분열에서 일어났다.

🗯 **문제풀이 TIP** | '아버지와 어머니는 각각 A와 a 중 한 가지만
가진다.'라는 내용은 일반적으로 위와 같이 유전자가 성염색체에
있다는 것을 알아낼 수 있는 단서로 제공된다. 이 유전자가
상염색체에 있다면 자손이 모두 같은 표현형을 나타내야 한다는
사실을 기억하자! 가계도를 그리면 문제를 빠르게 해결할 수
있으며, 감수 1분열 비분리와 감수 2분열 비분리 결과 만들어지는
생식 세포의 종류를 구분할 수 있어야 한다.

😀 **출제분석** | 주어진 자료를 통해 상염색체 유전인지, 성염색체
유전인지와 비분리가 일어난 시기를 알아내야 하는 난도 '중상'
의 문항이다. 제시된 정보를 적절하게 활용하는 연습이 필요하며
감수 분열 과정에서의 비분리 문제의 경우 난도가 높게 출제되고
있으므로 기출 문제를 여러 번 반복해서 풀어보며 대비해야 한다.

👩‍🏫 **" 이 문제에선 이게 가장 중요해! "**

남동생은 클라인펠터 증후군(XXY)이고 정상 표현형을 가지고 있다. 정상 난자로부터 X^a
를 받은 상태에서 정상 표현형을 가진 남자이기 위해서는 아버지로부터 X^AY를 물려받아야
한다. 따라서 감수 1분열에서 비분리가 일어나 형성된 정자(X^AY)와 정상 난자(X^a)가 수정
되어 남동생(X^aX^AY)이 태어났다.

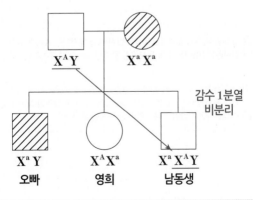

X^AY X^aX^a

감수 1분열 비분리

X^aY 오빠 X^AX^a 영희 X^aX^AY 남동생

다음은 어떤 가족의 유전 형질 (가)와 (나)에 대한 자료이다.

○ (가)는 대립유전자 A와 A*에 의해, (나)는 대립유전자 B와 B*에 의해 결정되며, 각 대립유전자 사이의 우열 관계는 분명하다.

○ (가)와 (나)의 유전자 중 하나는 상염색체에, 나머지 하나는 X 염색체에 있다.

○ 표는 이 가족 구성원의 (가)와 (나)의 발현 여부와 A, A*, B, B*의 유무를 나타낸 것이다. 상염색체 : $\boxed{A} > A^*$ X 염색체 : $\boxed{B} > B^*$

구성원	형질		대립유전자				
	(가)	(나)	A	A*	B	B*	
아버지	−	+	A*A*×	○	○	×	$X^B Y$
어머니	+	−	AA* ○	?○	?×	○	$X^{B^*} X^{B^*}$
형	+	−	AA* ?○	○	×	○	$X^{B^*} Y$
누나	−	+	A*A*×	○	○	?○	$X^B X^{B^*}$
㉠	+	+	AA* ○	?○	?○	○	$X^B \boxed{X^B} Y$

(+: 발현됨, −: 발현 안 됨, ○: 있음, ×: 없음)

감수 1분열 비분리

○ 감수 분열 시 부모 중 한 사람에게서만 염색체 비분리가 1회 일어나 ⓐ염색체 수가 비정상적인 생식세포가 형성되었다. ⓐ가 정상 생식세포와 수정되어 태어난 ㉠에게서 클라인펠터 증후군이 나타난다. ㉠을 제외한 나머지 구성원의 핵형은 모두 정상이다. $X^B Y(ⓐ) + X^{B^*}(정상 난자) → ㉠: X^B X^{B^*} Y$

이에 대한 설명으로 옳은 것만을 〈보기〉에서 있는 대로 고른 것은? (단, 제시된 염색체 비분리 이외의 돌연변이와 교차는 고려하지 않는다.)

보기

~~ㄱ. (가)의 유전자는 X 염색체에 있다.~~   상염색체

ㄴ. ⓐ는 감수 1분열에서 성염색체 비분리가 일어나 형성된 정자이다.   BY

ㄷ. ㉠의 동생이 태어날 때, 이 아이에게서 (가)와 (나)가 모두 발현될 확률은 $\frac{1}{4}$이다. → $\frac{1}{2}$(A_일 확률)$\times \frac{1}{2}$(B_일 확률)$= \frac{1}{4}$

① ㄱ   ② ㄴ   ③ ㄱ, ㄷ   ④ ㄴ, ㄷ   ⑤ ㄱ, ㄴ, ㄷ

|자|료|해|설|

아버지는 A*만 가지고 있는데 (가)가 발현되지 않았으므로, (가) 발현 대립 유전자는 A이다. 또한 아버지는 B만 가지고 있는데 (나)가 발현되었으므로, (나) 발현 대립 유전자는 B이다. (나)를 결정하는 대립 유전자가 상염색체에 존재한다고 가정하면, 아버지의 (나)에 대한 유전자형은 BB이다. 이때 형과 누나는 아버지로부터 B를 하나 물려받지만 형은 B를 갖지 않으므로 이는 모순이다. 따라서 (나)를 결정하는 대립 유전자 B와 B*는 성염색체(X 염색체)에 존재하고, (가)를 결정하는 대립 유전자 A와 A*는 상염색체에 존재한다. 누나의 (가)에 대한 유전자형은 A*A*이므로, 어머니의 유전자형은 AA*이다. 이때 어머니에게서 (가)가 발현되었으므로 A는 A*에 대해 우성이다. (가)에 대한 유전자형을 정리하면 아버지는 A*A*, 어머니는 AA*, 형은 AA*, 누나는 A*A*, ㉠은 AA*이다.

㉠에서 (나)가 발현되었으므로 ㉠은 B를 갖는다. 클라인펠터 증후군이 나타난 ㉠의 (나)에 대한 유전자형은 $X^B X^{B^*} Y$이고, 이때 (나)가 발현되었으므로 B는 B*에 대해 우성이다. (나)에 대한 유전자형을 정리하면 아버지는 $X^B Y$, 어머니는 $X^{B^*} X^{B^*}$, 형은 $X^{B^*} Y$, 누나는 $X^B X^{B^*}$, ㉠은 $X^B X^{B^*} Y$이다. (나)에 대한 유전자형이 $X^B Y$인 아버지와 $X^{B^*} X^{B^*}$인 어머니 사이에서 태어난 ㉠($X^B X^{B^*} Y$)은 아버지로부터 $X^B Y$를 물려받았다. 따라서 감수 1분열에서 비분리가 일어나 생성된 정자(ⓐ)가 정상 난자(X^{B^*})와 수정되어 ㉠이 태어났다는 것을 알 수 있다.

|보|기|풀|이|

ㄱ. 오답 : (가)를 결정하는 대립 유전자는 상염색체에 있다.

ㄴ. 정답 : ⓐ는 BY의 구성을 가지므로 감수 1분열에서 성염색체 비분리가 일어나 형성된 정자이다.

ㄷ. 정답 : 아버지(A*A*/$X^B Y$)와 어머니(AA*/$X^{B^*} X^{B^*}$) 사이에서 ㉠의 동생이 태어날 때, 이 아이에게서 (가)와 (나)가 모두 발현될 확률은 $\frac{1}{2}$(A_일 확률)$\times \frac{1}{2}$(B_일 확률) $= \frac{1}{4}$이다.

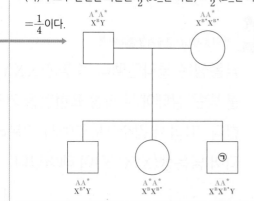

🤓 **문제풀이 TIP |** 아버지는 A*와 B만 가지고 있는데 (가) 미발현, (나) 발현이므로 (가) 발현 대립 유전자는 A이고, (나) 발현 대립 유전자는 B이다. (나)를 결정하는 대립 유전자가 상염색체에 존재한다고 가정하면, 아버지의 (나)에 대한 유전자형은 BB라는 것을 통해 (나)를 결정하는 대립 유전자의 위치를 알아낼 수 있다. 클라인펠터 증후군은 XXY의 구성을 가진다.

🤓 **출제분석 |** 가족 구성원이 나타내는 형질 발현 여부와 대립 유전자의 유무를 통해 각 형질을 결정하는 대립 유전자의 종류와 우열관계, 대립 유전자의 위치(상염색체 또는 성염색체)를 알아낸 뒤 ㉠이 태어날 때 수정된 생식 세포가 형성되는 감수 분열의 어느 시기에 비분리가 일어났는지를 찾아야 하는 문항이다. 난도가 높다기 보다는 문제 해결 시간이 부족하여 답을 찾지 못했을 가능성이 더 커보인다. 문제 풀이 방식을 이해했다면 시간을 단축시켜 푸는 연습을 해보자.

그림은 핵형이 정상인 어떤 남자에서 일어나는 감수 분열 과정 (가)와 (나)를 나타낸 것이다. (가)와 (나) 과정에서 성염색체 비분리가 각각 1회씩 일어났고, ㉠에는 Y 염색체가 있으며, ㉡과 ㉢의 염색체 수는 서로 같다. ㉣, ㉤, ㉥의 염색체 수를 모두 합한 값은 72이다.

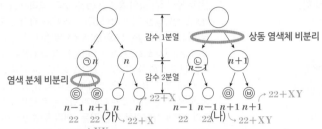

이에 대한 설명으로 옳은 것만을 <보기>에서 있는 대로 고른 것은? (단, 제시된 염색체 비분리 이외의 다른 돌연변이는 고려하지 않는다.) **3점**

> **보기**
> ㄱ. DNA 양은 ㉠이 ㉡의 2배이다.
> ㄴ. (가)에서 염색 분체의 비분리가 일어났다.
> ㄷ. ㉣이 분화되어 생성된 정자와 정상 난자가 수정하여 태어난 아이는 클라인펠터 증후군을 나타낸다.

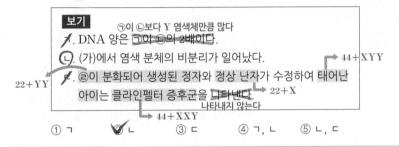

① ㄱ   ② ㄴ   ③ ㄷ   ④ ㄱ, ㄴ   ⑤ ㄴ, ㄷ

문제풀이 TIP | (가)와 (나)에서 성염색체 비분리는 각각 1회씩만 일어났으므로, ㉠~㉥이 가질 수 있는 염색체의 수는 22, 23, 24개 중 하나라는 것을 파악하면, ㉣~㉥이 모두 24개로 같다는 것을 알 수 있다. 이후는 차근차근 염색체의 수와 구성을 생각하며 풀면 된다. 보기 ㄱ은 자주 출제되는 선지인데 의외로 실수로 틀리는 학생들이 많으므로 잘 기억해두자.

출제분석 | 최근의 출제 경향에서는 염색체 비분리와 특정 유전자의 DNA 상대량을 비교하면서 묻는 복합 문제가 많이 출제되고 있으므로 이 문제의 난도는 중이다. 뒤쪽에 더 고난도의 문제들이 나오므로 앞쪽 문제들은 침착하고 정확하게 풀 수 있도록 연습해야 한다.

|자|료|해|설|

(가)와 (나) 과정에서 성염색체 비분리는 각각 1회씩 일어났고 ㉣, ㉤, ㉥의 염색체 수를 모두 합한 값이 72이므로, ㉣, ㉤, ㉥의 염색체 수는 각각 24개임을 알 수 있다. (㉠~㉥이 가질 수 있는 염색체의 수는 22, 23, 24개 중 하나이다.) ㉤과 ㉥이 둘 다 24개의 염색체($n+1$)를 가지므로 (나)는 감수 1분열에서 비분리 되었음을 알 수 있다. 그렇다면 ㉡은 $n-1$이므로 염색체 수가 22개이고, 문제에서 ㉡과 ㉢의 염색체 수가 같다고 했으므로 ㉢의 염색체 수도 22개이다. 그런데 ㉣의 염색체 수가 24개($n+1$)이므로, (가)에서는 ㉠이 ㉢과 ㉣로 분열하는 감수 2분열에서 염색 분체 비분리가 일어났다. 문제에서 ㉠에 Y 염색체가 있다고 하였고, 모든 상황을 종합해보면 ㉠부터 ㉥까지의 핵상과 염색체 구성은 아래 표로 정리된다.

	㉠	㉡	㉢	㉣	㉤	㉥
핵상	n	$n-1$	$n-1$	$n+1$	$n+1$	$n+1$
염색체 구성	22+Y	22	22	22+YY	22+XY	22+XY

|보|기|풀|이|

ㄱ. 오답 : ㉠과 ㉡의 상염색체 수는 같고 ㉠에 Y 염색체가 더 있는 만큼만 차이 나므로, DNA 양도 ㉠이 ㉡보다 Y 염색체의 DNA 양만큼 많다.

ㄴ. 정답 : (가)에서는 감수 2분열에서 비분리가 일어났으므로, 염색 분체의 비분리이다.

ㄷ. 오답 : ㉣이 분화되어 생성된 정자의 염색체 구성은 22+YY이고, 정상 난자는 22+X이다. 이 둘이 수정하여 태어난 아이의 염색체 구성은 44+XYY가 되므로 클라인펠터 증후군이 아니고 초남성 증후군이다.

" 이 문제에선 이게 가장 중요해! "

	㉠	㉡	㉢	㉣	㉤	㉥
핵상	n	$n-1$	$n-1$	$n+1$	$n+1$	$n+1$
염색체 구성	22+Y	22	22	22+YY	22+XY	22+XY

㉣이 분화되어 생성된 정자의 염색체 구성은 22+YY이고, 정상 난자는 22+X이다. 이 둘이 수정하여 태어난 아이의 염색체 구성은 44+XYY가 되므로 클라인펠터 증후군이 아니고 초남성 증후군이다.

사람의 유전 형질 (가)는 3쌍의 대립 유전자 H와 h, R와 r, T와 t에 의해 결정되며, (가)를 결정하는 유전자는 서로 다른 3개의 상염색체에 존재한다. 그림은 어떤 사람의 G_1기 세포 I로부터 정자가 형성되는 과정을, 표는 세포 ㉠~㉣에 들어 있는 세포 1개당 대립 유전자 H, R, T의 DNA 상대량을 더한 값을 나타낸 것이다. 이 정자 형성 과정에서 21번 염색체의 비분리가 1회 일어났고, ㉠~㉣은 I~IV를 순서 없이 나타낸 것이다.

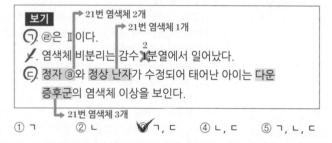

세포	H, R, T의 DNA 상대량을 더한 값
III ㉠	2
㉡	3 I 또는 IV
㉢	3
II ㉣	?4

이에 대한 설명으로 옳은 것만을 〈보기〉에서 있는 대로 고른 것은? (단, 제시된 염색체 비분리 이외의 돌연변이와 교차는 고려하지 않으며, H, h, R, r, T, t 각각의 1개당 DNA 상대량은 1이다.) **3점**

보기

㉠. ㉣은 II이다. ← 21번 염색체 2개 / 21번 염색체 1개

ㄴ. 염색체 비분리는 감수 ~~1~~2분열에서 일어났다.

㉢. 정자 @와 정상 난자가 수정되어 태어난 아이는 다운 증후군의 염색체 이상을 보인다. ← 21번 염색체 3개

① ㄱ   ② ㄴ   ✓③ ㄱ, ㄷ   ④ ㄴ, ㄷ   ⑤ ㄱ, ㄴ, ㄷ

| 자 | 료 | 해 | 설 |

감수 1분열이 일어나기 전, 염색체는 복제된 1쌍의 염색 분체로 이루어져 있다. 감수 1분열 시 상동 염색체가 분리되어 형성된 세포 II, III의 염색체도 여전히 1쌍의 염색 분체로 이루어져 있으므로 H, R, T의 DNA 상대량을 더한 값이 홀수가 될 수 없다. 따라서 H, R, T의 DNA 상대량을 더한 값이 3인 ㉡과 ㉢은 각각 I 또는 IV이다. I의 H, R, T의 DNA 상대량을 더한 값이 3이면 복제 후는 6이므로, 세포 II의 H, R, T의 DNA 상대량을 더한 값과 III의 H, R, T의 DNA 상대량을 더한 값의 합도 6이어야 한다. 표를 보면 II와 III 중에서 H, R, T의 DNA 상대량을 더한 값이 2인 세포가 있으므로 세포 ㉣의 H, R, T의 DNA 상대량을 더한 값은 4이다. 감수 2분열을 마친 세포 IV의 H, R, T의 DNA 상대량을 더한 값이 3이므로 II의 값은 4이고, II에서 IV가 형성되는 감수 2분열에서 비분리가 일어났다는 것을 알 수 있다.

| 보 | 기 | 풀 | 이 |

㉠. 정답 : ㉣은 II이다.

ㄴ. 오답 : 21번 염색체 비분리는 II에서 IV가 형성되는 감수 2분열에서 일어났다.

㉢. 정답 : 염색체 비분리로 형성된 정자 @에는 21번 염색체가 2개, 정상 난자에는 1개가 들어있다. 따라서 정자 @와 정상 난자가 수정되어 태어난 아이는 21번 염색체를 3개 가지므로 다운 증후군의 염색체 이상을 보인다.

 문제풀이 TIP | 감수 1분열이 완료되어 형성된 세포 II, III의 염색체는 1쌍의 염색 분체로 이루어져 있으므로 H, R, T의 DNA 상대량을 더한 값이 짝수이다!

출제분석 | 특정 대립 유전자의 DNA 상대량 합의 정보로 각 세포와 염색체 비분리 시기를 알아내야 하는 난도 '상'의 문항이다. 평소 염색체 비분리와 관련된 문제들은 염색체 수와 핵상에 초점을 맞춘 반면, 이 문제는 특정 대립 유전자의 DNA 상대량 합을 제시했다는 것이 새로웠다. 9월 모평에 출제된 만큼 실제 수능에서도 출제될 확률이 높으므로 문제 접근 방식과 풀이 방법을 반드시 익혀두어야 한다.

" 이 문제에선 이게 가장 중요해! "

다음은 어떤 가족의 ABO식 혈액형과 적록 색맹에 대한 자료이다.

○ 표는 구성원의 성별과 각각의 혈청을 <mark>자녀 1의 적혈구</mark>와 혼합했을 때 응집 여부를 나타낸 것이다. ⓐ와 ⓑ는 각각 '응집됨'과 '응집 안 됨' 중 하나이다.

응집원 A 있음

응집소 α 있음 (B형 또는 O형)

응집소 α 없음 (A형 또는 AB형)

구성원	성별	응집 여부
아버지	남	ⓐ
어머니	여	ⓐ
자녀 1	남	응집 안 됨
자녀 2	여	ⓑ
자녀 3	여	ⓑ

→ 응집 안 됨

→ 응집됨

○ 아버지, 어머니, 자녀 2, 자녀 3의 ABO식 혈액형은 서로 다르고, 자녀 1의 ABO식 혈액형은 A형이다.

○ 구성원의 핵형은 모두 정상이다.

→ X 염색체, 열성

○ 구성원 중 <mark>자녀 2만 적록 색맹</mark>이 나타난다.

○ 자녀 2는 정자 Ⅰ과 난자 Ⅱ가 수정되어 태어났고, 자녀 3은 정자 Ⅲ과 난자 Ⅳ가 수정되어 태어났다. Ⅰ~Ⅳ가 형성될 때 각각 염색체 비분리가 1회 일어났다.

○ 세포 1개당 염색체 수는 Ⅰ과 Ⅲ이 같다.

이에 대한 옳은 설명만을 〈보기〉에서 있는 대로 고른 것은? (단, ABO식 혈액형 이외의 혈액형은 고려하지 않으며, 제시된 돌연변이 이외의 돌연변이는 고려하지 않는다.) **3점**

보기

X 염색체 1개 ←　→ X 염색체 없음

ㄱ. 세포 1개당 X 염색체 수는 <mark>Ⅲ</mark>이 <mark>Ⅰ</mark>보다 크다.

ㄴ. 아버지의 ABO식 혈액형은 ~~A형~~이다. **AB형**

ㄷ. Ⅳ가 형성될 때 염색체 비분리는 감수 2분열에서 일어났다.

→ 자녀 3은 어머니로부터 OO 조합을 물려받음.

① ㄱ　② ㄴ　③✓ ㄱ, ㄷ　④ ㄴ, ㄷ　⑤ ㄱ, ㄴ, ㄷ

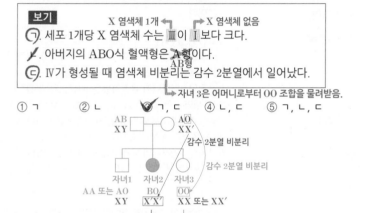

AB　　　AO
XY　　　XX'
　　　　　감수 2분열 비분리

자녀1　자녀2　자녀3　　감수 2분열 비분리
AA 또는 AO　BO　OO
XY　　X'X'　XX 또는 XX'

정자 Ⅰ($n-1$): 성염색체 없음　　정자 Ⅲ($n-1$): ABO식 혈액형
난자 Ⅱ($n+1$): X'X'　　　　　　　　　　　유전자 없음
　　　　　　　　　　　　　　　　난자 Ⅳ($n+1$): OO

|자|료|해|설|

A형인 자녀 1의 적혈구에는 응집원 A가 존재한다. 구성원의 혈청을 이 적혈구와 혼합했을 때 응집되면 혈청에 응집소 α가 존재하는 것이므로 그 구성원의 ABO식 혈액형은 B형 또는 O형이다. 반대로 응집되지 않으면 혈청에 응집소 α가 존재하지 않는 것이므로 A형 또는 AB형이다. 아버지와 어머니의 응집 여부가 ⓐ로 동일하며, 자녀 1의 혈액형이 A형이므로 아버지와 어머니는 각각 A형 또는 AB형 중 하나에 해당한다. 따라서 ⓐ는 '응집 안 됨'이고, ⓑ는 '응집됨'이다.

구성원 중 자녀 2만 적록 색맹(X'X')이 나타나므로 아버지는 XY, 어머니는 XX'의 구성을 갖는다. 따라서 정자 Ⅰ에는 X 염색체가 없고, 난자 Ⅱ에 X 염색체 2개가 존재한다(X'X'). 이를 통해 난자 Ⅱ가 형성될 때 감수 2분열에서 성염색체 비분리가 1회 일어났다는 것을 알 수 있다. 생식세포의 핵상을 정리하면 정자 Ⅰ은 $n-1$ (상염색체 22)이고, 난자 Ⅱ는 $n+1$(상염색체 22+ X 염색체 2)이다.

정자 Ⅰ과 정자 Ⅲ의 세포 1개당 염색체 수가 같으므로 정자 Ⅲ의 핵상은 $n-1$이다. AB형, A형의 부모에게서 O형의 자녀가 태어났으므로 A형 부모의 ABO식 혈액형에 대한 유전자형은 AO이고, 감수 2분열에서 ABO식 혈액형 유전자를 포함한 상염색체의 비분리가 일어나 자녀에게 OO의 조합이 유전되었다는 것을 알 수 있다. 따라서 아버지는 AB형, 어머니는 A형이고 자녀 2가 B형, 자녀 3이 O형이다. 생식세포의 핵상을 정리하면 정자 Ⅲ은 $n-1$(상염색체 21+X 염색체 1)이고, 난자 Ⅳ는 $n+1$ (상염색체 23+X 염색체 1)이다.

|보|기|풀|이|

ㄱ. 정답 : 세포 1개당 X 염색체 수는 Ⅲ($n-1=$상염색체 21+X 염색체 1)이 Ⅰ($n-1=$상염색체 22)보다 크다.

ㄴ. 오답 : 아버지의 ABO식 혈액형은 AB형이다.

ㄷ. 정답 : Ⅳ가 형성될 때 감수 2분열에서 상염색체 비분리가 일어나 자녀에게 OO의 조합이 유전되어 O형의 자녀가 태어났다.

Ⅳ

2 Ⅰ 02. 사람의 유전병

👀 **문제풀이 TIP** | A형의 적혈구에는 응집원 A가 존재하므로 A형의 적혈구와 혼합했을 때 응집되는 혈청에는 응집소 α가 존재한다. 이를 통해 부모와 자녀의 ABO식 혈액형을 구분할 수 있다. 적록 색맹인 자녀와 O형의 자녀가 태어나는 경우에서 감수 분열 비분리 시기와 비분리 된 염색체의 종류를 파악해보자.

😊 **출제분석** | 응집 반응을 통해 구성원의 혈액형을 구분하고, 염색체 비분리의 시기와 비분리 된 염색체의 종류를 파악해야 하는 난도 '상'의 문항이다. 적록 색맹인 자녀와 O형의 자녀가 태어날 때 염색체 비분리가 일어났다는 것을 파악하고, 세포 1개당 정자 Ⅰ과 Ⅲ의 염색체 수가 같다는 것을 고려하여 성염색체와 상염색체의 비분리를 알아내는 과정이 난도가 높았다. 이처럼 종합적으로 분석하는 문항에 대한 충분한 연습이 이루어져야 수능 고난도 문항을 대비할 수 있다.

다음은 영희네 가족의 유전 형질 (가)~(다)에 대한 자료이다.

○ (가)는 대립유전자 A와 A*에 의해, (나)는 대립유전자 B와
  B*에 의해, (다)는 대립유전자 D와 D*에 의해 결정된다.

○ (가)와 (나)의 유전자는 7번 염색체에, (다)의 유전자는
  X 염색체에 있다.

○ 그림은 영희네 가족 구성원 중 어머니, 오빠, 영희,
  ⓐ남동생의 세포 Ⅰ~Ⅳ가 갖는 A, B, D*의 DNA상대량을
  나타낸 것이다.

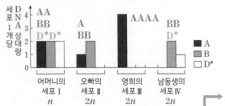

○ 어머니의 생식 세포 형성 과정에서 대립유전자 ㉠이 대립
  유전자 ㉡으로 바뀌는 돌연변이가 1회 일어나 ㉡을 갖는
  생식 세포가 형성되었다. 이 생식 세포가 정상 생식 세포와
  수정되어 ⓐ가 태어났다. ㉠과 ㉡은 (가)~(다) 중 한 가지
  형질을 결정하는 서로 다른 대립유전자이다.

이에 대한 설명으로 옳은 것만을 〈보기〉에서 있는 대로 고른 것은?
(단, 제시된 돌연변이 이외의 돌연변이와 교차는 고려하지 않으며,
A, A*, B, B*, D, D* 각각의 1개당 DNA 상대량은 1이다.) **3점**

보기 감수 2분열

ㄱ. Ⅰ은 ~~②기~~ 세포이다.

ㄴ. ㉠은 A이다.

ㄷ. 아버지에서 A*, B, D를 모두 갖는 정자가 형성될 수 있다.

AB*, A*B/DY

① ㄱ   ② ㄴ   ③ ㄷ   ④ ㄱ, ㄷ   ✓⑤ ㄴ, ㄷ

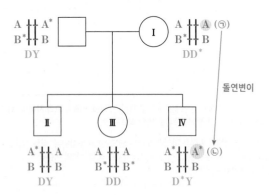

(가)와 (나)의 유전자는 7번 염색체에 함께 존재한다.
핵상이 n인 세포에서 대립 유전자는 A와 A* 중에서 한
가지, B와 B* 중에서 한 가지, D와 D* 중에서 한 가지만
존재하며 각각의 DNA 상대량은 같다(단, Y 염색체를
가지는 세포에는 D와 D*가 없음). 오빠의 세포 Ⅱ에서
A의 DNA 상대량이 1이고, B의 DNA 상대량은 2이므로
Ⅱ의 핵상은 $2n$이고, 오빠의 유전자형은 A*B, AB/DY
이다. 영희의 세포 Ⅲ에서 A의 DNA 상대량이 4이므로
복제된 상태이며, 핵상이 $2n$이라는 것을 알 수 있다.
따라서 영희의 유전자형은 AB*, AB*/DD이다. 영희는
각각의 부모로부터 A와 B*가 함께 있는 7번 염색체와,
D가 존재하는 X 염색체를 물려받았다. 그러므로 A, B,
D*를 갖는 어머니의 세포 Ⅰ의 핵상은 n이고, 어머니의
유전자형은 AB*, AB/DD이다. 오빠는 A와 B가 함께
있는 7번 염색체를 어머니로부터 물려받았으므로, A*와
B가 함께 있는 7번 염색체는 아버지로부터 물려받았다.
따라서 아버지의 유전자형은 AB*, A*B/DY이다.
남동생의 세포 Ⅳ에서 B의 DNA 상대량이 2이고, D*의
DNA 상대량이 1이므로 Ⅳ의 핵상은 $2n$이다. 따라서
남동생의 유전자형은 A*B, A*B/D*Y이다. 남동생은
각각의 부모로부터 A*와 B가 함께 있는 7번 염색체를
물려받았으므로 어머니의 생식 세포 형성 과정에서 대립
유전자 A가 대립 유전자 A*로 바뀌는 돌연변이가 1회
일어났다는 것을 알 수 있다. 따라서 ㉠은 A이고, ㉡은
A*이다.

ㄱ. 오답 : 어머니의 세포 Ⅰ의 핵상은 n이고, 복제된
상태이므로 감수 2분열 중인 세포이다.

ㄴ. 정답 : 어머니의 유전자형은 AB*, AB/DD*이고,
남동생의 유전자형은 A*B, A*B/D*Y이다. 따라서
어머니의 생식 세포 형성 과정에서 대립 유전자 A(㉠)가
대립 유전자 A*(㉡)로 바뀌는 돌연변이가 1회 일어났다.

ㄷ. 정답 : 아버지의 유전자형은 AB*, A*B/DY이므로
아버지에게서 A*, B, D를 모두 갖는 정자가 형성될 수
있다.

🤔 **문제풀이 T I P** | 핵상이 n인 세포에서 대립 유전자는 A와
A* 중에서 한 가지, B와 B* 중에서 한 가지, D와 D* 중에서 한
가지만 존재하며 각각의 DNA 상대량은 같다(단, Y 염색체를
가지는 세포에는 D와 D*가 없음). 따라서 오빠의 세포 Ⅱ와
남동생의 세포 Ⅳ의 핵상은 $2n$이다. 영희의 세포 Ⅲ에서 A의
DNA 상대량이 4이므로 복제된 상태이고, 핵상은 $2n$이다.

😎 **출제분석** | DNA 상대량을 통해 핵상을 구분하고 가족
구성원의 유전자형을 알아낸 뒤 어머니에게서 일어난 돌연변이를
분석해야 하는 난도 '상'의 문항이다. 핵상을 구분하는 방법을
알아두는 것이 유전 단원의 고난도 문제를 해결하는데 도움이 된다.
한 염색체에 같이 있는 유전자는 함께 이동한다는 것을 기억하고,
구분되도록 표시하는 습관을 들여야 실수 없이 정답을 맞출 수
있다.

다음은 어떤 가족의 유전 형질 (가)에 대한 자료이다.

○ (가)는 상염색체에 있는 한 쌍의 대립유전자에 의해
　　결정되며, 대립유전자에는 D, E, F가 있다. → 복대립 유전

○ D는 E, F에 대해, E는 F에 대해 각각 완전 우성이다. → D>E>F

○ 표는 이 가족 구성원의 (가)의 3가지 표현형 ⓐ∼ⓒ와 체세포
　　1개당 ㉠∼㉢의 DNA 상대량을 나타낸 것이다. ㉠, ㉡, ㉢은
　　D, E, F를 순서 없이 나타낸 것이다.

구성원		아버지	어머니	자녀 1	자녀 2	자녀 3
표현형		ⓐD_	ⓑE_	ⓐD_	ⓑE_	ⓒFF
DNA 상대량	F㉠	1	1	0	2	2
	D㉡	1	0	?1	0	?0
	E㉢	0	?1	1	?1	0

→ 감수 2분열 비분리

○ 정상 난자와 생식세포 형성 과정에서 염색체 비분리가 1회
　　일어나 형성된 정자 P가 수정되어 자녀 ㉮가 태어났다. ㉮는
　　자녀 1∼3 중 하나이다. → 자녀 2

이에 대한 설명으로 옳은 것만을 〈보기〉에서 있는 대로 고른 것은?
(단, 제시된 염색체 비분리 이외의 돌연변이와 교차는 고려하지
않으며, D, E, F 각각의 1개당 DNA 상대량은 1이다.) ③점

보기
　　　　　　　㉠㉠㉢
㉠. ㉡은 D이다.
ㄴ. 자녀 2에서 체세포 1개당 ㉢의 DNA 상대량은 X이다. (1)
ㄷ. P가 형성될 때 염색체 비분리는 감수 X분열에서 일어났다. (2)

①㉠　　②ㄴ　　③㉠, ㄷ　　④ㄴ, ㄷ　　⑤㉠, ㄴ, ㄷ

|자|료|해|설|

(가)를 결정하는 대립유전자가 D, E, F이므로 (가)는
복대립 유전에 해당한다. 아버지의 유전자형이 ㉠㉡이고,
자녀 1에 ㉢이 있으므로 어머니의 유전자형은 ㉠㉢이다.
아버지(㉠㉡)와 자녀 1의 표현형이 ⓐ로 같으므로 자녀 1은
㉡을 갖고 있고, 표현형 ⓐ는 ㉡에 의한 표현형이다.
아버지(㉠㉡)와 ㉡과 ㉢을 모두 갖고 있는 자녀 1의
표현형이 ⓐ(㉡에 의한 표현형)이므로 ㉡은 ㉠과 ㉢에 대해
우성이다. 자녀 3의 표현형이 ⓒ이므로 자녀 3은 ㉡을 갖지
않는다. 따라서 표현형 ⓒ는 ㉠에 의한 표현형이고, 마지막
남은 표현형 ⓑ는 ㉢에 의한 표현형이다.
자녀 2의 표현형이 ⓑ(㉢에 의한 표현형)이므로 자녀 2는
㉢을 갖고 있고, ㉢은 ㉠에 대해 우성이다. 따라서
㉡(D)>㉢(E)>㉠(F)이다. 이때 자녀 2는 ㉠㉠㉢의
구성을 가지므로 자녀 ㉮는 자녀 2이고, 감수 2분열
과정에서 염색체 비분리가 1회 일어나 형성된 정자 P(㉠
㉠)가 정상 난자(㉢)와 수정되어 태어났다.

|보|기|풀|이|

㉠ 정답 : ㉠은 F, ㉡은 D, ㉢은 E이다.

ㄴ. 오답 : 자녀 2(㉠㉠㉢)에서 체세포 1개당 ㉢의 DNA
상대량은 1이다.

ㄷ. 오답 : 아버지(㉠㉡)에서 정자 P(㉠㉠)가 형성될 때
염색체 비분리는 감수 2분열에서 일어났다.

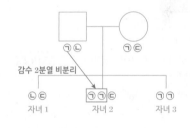

🤯 **문제풀이 TIP** | 표의 정보를 토대로 부모와 자녀의 유전자형을 ㉠∼㉢으로 표시해보자. 이를 통해 표현형 ⓐ∼ⓒ가 각각 어떤 유전자에 의해 나타나는 표현형인지를 찾고,
㉠∼㉢의 우열 관계를 따져 각 유전자를 구분해보자. 유전자형이 이형 접합성인 한쪽의 부모로부터 하나의 유전자를 두 개 물려받는 것은 감수 2분열에서 염색체 비분리가 일어나
형성된 생식 세포가 수정되어 태어난 경우이다.

🤓 **출제분석** | DNA 상대량을 통해 유전자 ㉠∼㉢과 표현형 ⓐ∼ⓒ를 구분하고, 자녀 ㉮와 염색체 비분리 시기를 파악해야 하는 난도 '상'의 문항이다. 유전자와 표현형이 모두 기호로
제시되어 문제의 접근이 어려웠거나, 문제를 해결하는 과정에서 실수를 한 학생들이 있었을 것이다. 이러한 유형의 문항을 풀 때는 각 유전자와 표현형의 기호를 헷갈리지 않게 정리하며
적어두는 습관을 들이는 것이 좋다. 문항 자체의 난도가 높은 편은 아니며, 새로운 유형이라 체감 난도가 높았던 것으로 판단된다.

다음은 사람의 유전 형질 (가)에 대한 자료이다.

○ 서로 다른 3개의 상염색체에 있는 3쌍의 대립유전자 A와 a, B와 b, D와 d에 의해 결정된다. ➡ 다인자 유전

○ 표는 사람 P의 세포 Ⅰ ~ Ⅲ 각각에 들어있는 A, a, B, b, D, d의 DNA 상대량을 나타낸 것이다. ㉠과 ㉡은 1과 2를 순서 없이 나타낸 것이다.

세포	DNA 상대량					
	A	**a**	**B**	**b**	**D**	**d**
$2n$ Ⅰ	㉠ 1	1	0	2 →중복? 1	㉠ 1	㉠ 1
n Ⅱ	1	0	? 0	㉡ 2	㉠ 1	0
n Ⅲ	? 0	㉡ 2	0	? 2	0	㉡ 2

○ Ⅰ ~ Ⅲ 중 2개에는 돌연변이가 일어난 염색체가 없고, 나머지에는 중복이 일어나 대립유전자 ⓐ의 DNA 상대량이 증가한 염색체가 있다. ⓐ는 A와 b 중 하나이다.
                                 b

이에 대한 옳은 설명만을 〈보기〉에서 있는 대로 고른 것은? (단, 제시된 돌연변이 이외의 돌연변이와 교차는 고려하지 않으며, A, a, B, b, D, d 각각의 1개당 DNA 상대량은 1이다.) **3점**

보기

ㄱ. ㉠은 ~~2~~ 1 이다.
ㄴ. ⓐ는 b이다.
ㄷ. P에서 (가)의 유전자형은 ~~AaBbDd~~ AabbDd 이다.

① ㄱ   ✔② ㄴ   ③ ㄷ   ④ ㄱ, ㄴ   ⑤ ㄴ, ㄷ

|자|료|해|설|

(가)는 3쌍의 대립 유전자에 의해 결정되므로 다인자 유전에 해당한다. Ⅱ에서 A와 a의 DNA 상대량을 더한 값이 1이므로 Ⅱ의 핵상은 n이고, D와 d의 DNA 상대량을 더한 값도 1이어야 한다. 따라서 ㉠은 1이고, ㉡은 2이다. Ⅰ의 핵상은 $2n$이고, P의 유전자형은 AabbDd이다. Ⅱ에서 b의 DNA 상대량이 2이므로 이 세포에는 중복이 일어나 대립 유전자 b의 DNA 상대량이 증가한 염색체가 있다는 것을 알 수 있다. 따라서 ⓐ는 b이다. 마지막 Ⅲ의 핵상은 n이며, 복제된 상태이다.

|보|기|풀|이|

ㄱ. 오답 : ㉠은 1이다.
ㄴ. 정답 : ⓐ는 b이다.
ㄷ. 오답 : P에서 (가)의 유전자형은 AabbDd이다.

🤪 **문제풀이 TIP** | Ⅱ에서 A와 a의 DNA 상대량을 더한 값이 1이므로 D와 d의 DNA 상대량을 더한 값도 1이어야 한다. 이를 통해 ㉠과 ㉡의 값을 구분하면 중복이 일어난 대립 유전자를 찾을 수 있다.

😮 **출제분석** | DNA 상대량을 비교하여 각 세포의 핵상과 ㉠, ㉡의 값을 구분하고, 중복된 대립 유전자를 찾아야 하는 난도 '중상'의 문항이다. 각 유전자가 서로 다른 3개의 상염색체에 존재한다는 조건이 제시되어 있어 비교적 쉽게 문제를 해결할 수 있다.

다음은 어떤 가족의 유전 형질 (가)와 (나)에 대한 자료이다.

○ (가)는 대립 유전자 A와 a에 의해, (나)는 대립 유전자 B와
b에 의해 결정된다. A는 a에 대해, B는 b에 대해 각각 완전
우성이다.

○ (가)를 결정하는 유전자와 (나)를 결정하는 유전자 중 하나는
X 염색체에 존재한다. 　　→ 핵상 : $2n$

○ 표는 이 가족 구성원의 성별, 체세포 1개에 들어 있는 대립
유전자 A와 b의 DNA 상대량, 유전 형질 (가)와 (나)의 발현
여부를 나타낸 것이다. ㉠~㉤은 아버지, 어머니, 자녀 1,
자녀 2, 자녀 3을 순서 없이 나타낸 것이다.

(가) A > $\boxed{a}$
(나) $\boxed{X^B}$ > X^b

구성원	성별	DNA 상대량		유전 형질	
		A	b	(가)	(나)
자녀 3 ㉠	남	2	1	× AA	○ $X^B X^B Y$
어머니 ㉡	여	1	2	× Aa	× $X^b X^b$
아버지 ㉢	남	1	0	× Aa	○ $X^B Y$
자녀 ㉣	여	2	1	× AA	○ $X^B X^b$
㉤	남	0	1	○ aa	× $X^b Y$

자녀 1 또는 2 ←{ ㉣, ㉤

(○: 발현됨, ×: 발현 안 됨)

○ 감수 분열 시 부모 중 한 사람에게서만 염색체 비분리가 1회
일어나 ⓐ염색체 수가 비정상적인 생식 세포가 형성되었다.
ⓐ가 정상 생식 세포와 수정되어 자녀 3이 태어났다. 자녀
3을 제외한 나머지 구성원의 핵형은 모두 정상이다.
→ 감수 1분열에서 염색체 비분리가 일어나 형성된 정자($X^B Y$)

이에 대한 설명으로 옳은 것만을 〈보기〉에서 있는 대로 고른 것은?
**(단, 제시된 염색체 비분리 이외의 돌연변이와 교차는 고려하지
않으며, A, a, B, b 각각의 1개당 DNA 상대량은 1이다.) 3점**

〈보기〉　Aa　　Aa
㉠ 아버지와 어머니는 (가)에 대한 유전자형이 같다.
㉡ 자녀 3은 ~~터너~~ 증후군을 나타낸다. → 클라인펠터 증후군
㉢ ⓐ가 형성될 때 감수 1분열에서 염색체 비분리가 일어났다.

→ 정자($X^B X^b Y$) → $X^B X^b Y$

① ㉠ 정자($X^B Y$)　② ㉡　**✓③ ㉠, ㉢**　④ ㉡, ㉢　⑤ ㉠, ㉡, ㉢

|자|료|해|설|

표는 이 가족 구성원의 체세포($2n$) 1개에 들어 있는 대립
유전자 A와 b의 DNA 상대량을 나타낸 것이다. (가)를
결정하는 유전자가 X 염색체에 존재한다고 가정하면,
㉠($X^A X^A Y$)은 염색체 수가 비정상적인 생식 세포가 정상
생식 세포와 수정되어 태어난 자녀 3이다. 이 경우 (나)를
결정하는 유전자는 상염색체에 존재하므로 핵형이 정상인
㉣과 ㉤의 유전자형은 Bb가 된다. 그러나 ㉣과 ㉤에서
(나)의 발현 여부가 서로 다르므로 이 가정은 모순이다.
따라서 (가)를 결정하는 유전자는 상염색체에 존재하고,
(나)를 결정하는 유전자는 X 염색체에 존재한다.

b를 갖지 않는 ㉢에서 (나)가 발현되었으므로 형질 (나)
는 정상에 대해 우성이다. ㉠의 (나)에 대한 유전자형이
$X^B X^b Y$이므로 ㉠이 자녀 3이다. b의 DNA 상대량과
유전 형질 (나)의 발현 여부를 토대로 ㉠~㉤의 (나)에
대한 유전자형을 순서대로 정리하면 $X^B X^b Y$, $X^b X^b$,
$X^B Y$, $X^B X^b$, $X^b Y$이다. A를 갖지 않는 ㉤에서 (가)가
발현되었으므로 형질 (가)는 정상에 대해 열성이다. A의
DNA 상대량과 유전 형질 (가)의 발현여부를 토대로 ㉠~
㉤의 (가)에 대한 유전자형을 순서대로 정리하면 AA, Aa,
Aa, AA, aa이다.

자녀 3(AA, $X^B X^b Y$)이 태어나기 위해서는 부모 모두
A를 가지고 있어야 하므로 아버지는 ㉢(Aa, $X^B Y$)
이다. 자녀 ㉤(aa, $X^b Y$)이 태어나기 위해서는 부모 모두
대립 유전자 a를 가지고 있어야 하므로 어머니는 ㉡(Aa,
$X^b X^b$)이다. 따라서 ⓐ는 아버지의 감수 1분열에서 염색체
비분리가 일어나 형성된 정자($X^B Y$)이다.

|보|기|풀|이|

㉠ 정답 : 아버지와 어머니의 (가)에 대한 유전자형은 Aa
로 같다.

㉡ 오답 : 자녀 3($X^B X^b Y$)은 클라인펠터 증후군을
나타낸다.

㉢ 정답 : ⓐ는 감수 1분열에서 염색체 비분리가 일어나
형성된 정자($X^B Y$)이다.

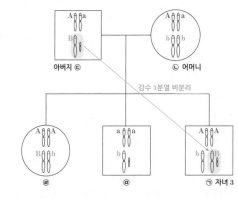

😀 문제풀이 TIP | (가)를 결정하는 유전자가 X 염색체에 존재한다고 가정하면, ㉠($X^A X^A Y$)이 자녀 3이다. 이때 핵형이 정상인 ㉣과 ㉤의 (나)에 대한 유전자형은 Bb가 된다. 그러나
㉣과 ㉤에서 (나)의 발현 여부가 서로 다르므로 (가)를 결정하는 유전자는 상염색체에 존재하고, (나)를 결정하는 유전자는 X 염색체에 존재한다.

😆 출제분석 | 가정을 통해 (가)와 (나)를 결정하는 유전자의 위치(상염색체 또는 X 염색체)를 알아내고, 유전자형을 통해 자녀 3과 부모를 구분하여 염색체 비분리 시기를 찾아야 하는
난도 '상'의 문항이다. 유전 단원의 문제는 상염색체 유전일 때, 또는 X 염색체 유전일 때를 가정하여 모순되는 부분을 찾아 해결해야 하는 경우가 많다. 그러므로 상염색체 유전과
X 염색체 유전의 특징을 정확하게 파악하고, 다양한 문제에 적용하는 연습이 필요하다.

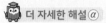 더 자세한 해설 @

STEP 1. (가)와 (나)가 어떤 유전인지 알아보자.

(1) 문제에 (가)와 (나) 중에 하나는 X 염색체 유전이라고 제시되었다.

(2) (가)가 X 염색체 유전, (나)가 상염색체 유전이라고 가정하자.

(2-1) 먼저, (가) X 염색체 유전인 부분을 보자. 구성원 ㉠은 $X^A X^A Y$이고 유전 형질 (가)가 발현되지 않는다. (구성원 ㉠은 남자라서 2개의 X 염색체를 가질 수 없기 때문에 비정상적인 수의 염색체를 가진 자녀 3이라고 생각하자.) 구성원 ㉡은 $X^A X^a$이고 유전 형질 (가)가 발현되지 않는다. 따라서 A는 정상 대립유전자이고, a는 형질 (가)의 대립유전자이며 열성 유전임을 알 수 있다. 구성원 ㉢은 $X^A Y$이고, 구성원 ㉣은 $X^A X^A$이고, 구성원 ㉤은 $X^a Y$이다.

(가)를 X 염색체 유전이라고 가정했을 때 문제는 없다.

(2-2) 그렇다면, (나) 상염색체 유전인 부분을 보자. 구성원 ㉠은 Bb이고, 유전 형질 (나)가 발현된다. 따라서 B는 형질 (나)의 대립유전자이고, b는 정상 대립유전자이다. 구성원 ㉡은 bb이고, 구성원 ㉢은 BB, 구성원 ㉣은 Bb이고, 구성원 ㉤은 Bb이다. 구성원 ㉤은 Bb이기 때문에 형질 (나)가 발현되어야 하는데 표에는 발현되지 않는 것으로 나와있다. 따라서 (나)는 상염색체 유전이 아니므로 성염색체 유전이다.

구성원 ㉤이 염색체 비분리가 일어난 비정상적인 생식세포와 수정되어 b 유전자 하나만 가진 경우일 수도 있다고 생각할 수 있지만 X 염색체 유전이라고 가정한 (가)에서 구성원 ㉠이 $X^A X^A Y$로 클라인펠터 증후군을 보이기 때문에 구성원 ㉤은 Bb이고 (가)가 X 염색체 유전, (나)가 상염색체 유전이라는 가정은 모순이다.

(3) 따라서, (가)는 상염색체 유전이고, (나)는 성염색체 유전이다. (가)에서 A를 하나 이상 갖는 구성원 ㉠, ㉡, ㉢, ㉣은 (가)가 발현되지 않고, aa를 갖는 구성원 ㉤만 (가)가 발현되었으므로 (가)는 상염색체 열성 형질이다. (나)에서 구성원 ㉡과 ㉣을 보면 $X^b X^b$인 ㉡은 (나)가 발현되지 않고 b를 한 개만 가져 (나)에 대한 유전자형이 Bb인 ㉣은 (나)가 발현되었으므로 (나)는 X 염색체 우성 형질이다.

(4) 이때, ㉠은 $X^b Y$를 갖는데 형질 (나)가 발현된다. (나)가 발현되기 위해서는 대립 유전자 B를 가져야 하므로, ㉠의 유전자형은 $X^B X^b Y$이다.

(5) 구성원 ㉠~㉤의 (가)와 (나)에 대한 유전자형은 표와 같다.

구성원	성별	(가)의 유전자형	(나)의 유전자형
㉠	남	AA	$X^B X^b Y$
㉡	여	Aa	$X^b X^b$
㉢	남	Aa	$X^B Y$
㉣	여	AA	$X^B X^b$
㉤	남	aa	$X^b Y$

STEP 2. 구성원 ㉠~㉤의 가족 관계를 알아보자.

(1) ㉠은 남자이지만 $X^B X^b Y$의 유전자형을 가지므로 비정상적인 염색체 수를 가진 자녀 3이 된다.

(2) 아버지는 ㉢, ㉤ 중에 있다. aa인 ㉤이 아버지라면 AA인 ㉠이 태어날 수 없으므로, ㉤은 아버지가 아니다. 따라서 아버지는 ㉢이다.

(3) 어머니는 ㉡, ㉣ 중에 있다. AA인 ㉣이 어머니라면 aa인 ㉤이 태어날 수 없으므로, ㉣은 어머니가 아니다. 따라서 어머니는 ㉡이다.

(4) 가족 관계를 표에 나타내면 다음과 같다.

구성원	성별	가족 관계
㉠	남	자녀3
㉡	여	어머니
㉢	남	아버지
㉣	여	자녀1 또는 자녀2
㉤	남	자녀1 또는 자녀2

STEP 3. 염색체 수가 비정상적인 생식 세포를 알아보자.

(1) 아버지인 ㉢으로부터 감수 1분열에서 비분리된 $X^B Y$를 가지는 정자와 어머니인 ㉡으로부터 정상적으로 감수 분열된 X^b를 가지는 난자가 수정되어 자녀 3이 태어났다.

(2) 자녀 3은 성염색체로 $X^B X^b Y$를 갖는 ㉠이다.

STEP 4. 보기 풀이

ㄱ. 정답 | 아버지와 어머니는 (가)에 대한 유전자형이 Aa로 같다.

ㄴ. 오답 | 자녀 3인 ㉠은 성염색체로 XXY를 가지는 클라인펠터 증후군을 나타낸다. 터너증후군은 성염색체를 X만 갖는다.

ㄷ. 정답 | ⓐ가 형성될 때 아버지인 ㉢에서 감수 1분열에서 염색체 비분리가 일어났고, 성염색체로 $X^B Y$를 가지는 정자가 수정에 참여했다.

그림 (가)와 (나)는 각각 어떤 남자와 여자의 생식 세포 형성 과정을, 표는 세포 ⓐ~ⓔ의 총 염색체 수와 X 염색체 수를 나타낸 것이다. (가)의 감수 1분열에서는 7번 염색체에서 비분리가 1회, 감수 2분열에서는 1개의 성염색체에서 비분리가 1회 일어났다. (나)의 감수 1분열에서는 21번 염색체에서 비분리가 1회, 감수 2분열에서는 1개의 성염색체에서 비분리가 1회 일어났다. ⓐ~ⓔ는 Ⅰ~Ⅴ를 순서 없이 나타낸 것이다.

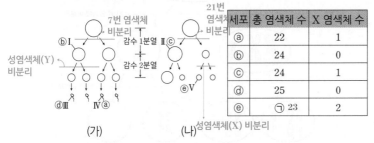

세포	총 염색체 수	X 염색체 수
ⓐ	22	1
ⓑ	24	0
ⓒ	24	1
ⓓ	25	0
ⓔ	㉠ 23	2

(가)   (나)

이에 대한 설명으로 옳은 것만을 〈보기〉에서 있는 대로 고른 것은? (단, 제시된 염색체 비분리 이외의 돌연변이는 고려하지 않으며, Ⅰ과 Ⅱ는 중기의 세포이다.)

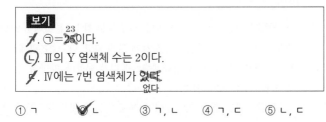

보기

ㄱ. ㉠=25(23)이다.

ㄴ. Ⅲ의 Y 염색체 수는 2이다.

ㄷ. Ⅳ에는 7번 염색체가 있다. 없다

① ㄱ   ❷ ㄴ   ③ ㄱ, ㄴ   ④ ㄱ, ㄷ   ⑤ ㄴ, ㄷ

|자|료|해|설|

감수 2분열에서는 염색 분체가 분리되므로 핵상의 변화가 없다($n \rightarrow n$). 만약 세포 Ⅰ에서 Ⅲ이 형성되는 감수 2분열이 정상적으로 이루어졌다면 Ⅰ과 Ⅲ의 총 염색체 수 및 X 염색체 수는 같아야 한다. 그러나 세포 ⓐ~ⓔ 중에서 총 염색체 수와 X 염색체 수가 같은 세포는 없으므로 (가)에서 정자 Ⅲ이 생성될 때 감수 2분열 비분리가 일어났다. 세포 ⓓ는 총 염색체 수가 25개이므로 감수 1분열과 감수 2분열에서 연속으로 비분리가 일어나 염색체를 두 개 더 가지고 있다. 따라서 세포 ⓓ는 Ⅲ와 Ⅴ 중 하나인데, ⓓ는 X 염색체를 갖지 않으므로 Y 염색체를 2개 가지는 정자 Ⅲ이라는 것을 알 수 있다. 그러면 자동적으로 Ⅰ은 총 염색체 수가 24개이고 X 염색체를 갖지 않는 ⓑ이고, (가)에서 감수 1분열에서만 비분리가 일어나 7번 염색체를 갖지 않고 X 염색체를 하나 가지고 있는 정자 Ⅳ는 ⓐ이다. X 염색체 수를 2개 갖는 ⓔ는 감수 2분열에서 성염색체 비분리가 일어난 Ⅴ이고, Ⅱ는 마지막 남은 세포 ⓒ이다. 그러므로 Ⅴ는 감수 1분열에서 상염색체 비분리가 일어나 21번 염색체를 갖지 않고($n-1$), 감수 2분열에서 성염색체 비분리가 일어나 X 염색체를 두 개 갖는다($n+1$). 따라서 Ⅴ(세포 ⓔ)의 총 염색체 수 ㉠은 23이다.

|보|기|풀|이|

ㄱ. 오답 : Ⅴ(ⓔ)는 감수 1분열에서 21번 염색체 비분리가 일어나 21번 염색체를 갖지 않고, 감수 2분열에서 성염색체 비분리가 일어나 X 염색체를 두 개 갖는다($n+1$). 따라서 Ⅴ(ⓔ)의 총 염색체 수 ㉠은 23이다.

ㄴ. 정답 : Ⅲ(ⓓ)은 총 염색체 수가 25개이고 X 염색체를 갖지 않으므로 Y 염색체를 2개 가지고 있다.

ㄷ. 오답 : (가)에서 감수 1분열 비분리가 일어나 7번 염색체가 모두 세포 Ⅰ(ⓑ)로 이동했으므로 Ⅳ(ⓐ)에는 7번 염색체가 없다.

😮 **문제풀이 TIP** | 주어진 단서를 최대한 활용하여 가정하는 횟수를 줄여야 한다. 문제를 해결하는 데 어려움을 느꼈다면 염색체 비분리 현상을 다시 공부하여 개념을 정확히 짚고 넘어가야 한다.

😮 **출제분석** | 감수 1분열에서 상염색체 비분리, 감수 2분열에서 성염색체 비분리가 일어난 상황에서 세포 ⓐ~ⓔ와 Ⅰ~Ⅴ를 대응시켜야 하는 난도 '최상'의 문제이다. 주어진 최소한의 단서를 토대로 가설을 세워가며 풀어야 하는 문항으로 지금까지 출제되었던 비분리 문제 중에서도 가장 어려운 난도에 해당한다. 유전 단원의 문제는 점점 더 어려워지는 추세이므로 이러한 문제를 반복해서 풀어보며 앞으로의 출제를 대비하자!

STEP 1. 세포 Ⅰ~Ⅴ와 세포 ⓐ~ⓔ를 하나씩 짝을 짓자.

○ (가)의 정자 형성 과정에서 감수 1분열에서는 상염색체 비분리가
1회, 감수 2분열에서는 성염색체 비분리가 1회 일어났다고 자료에
제시되어 있다. 만약 세포 Ⅰ에서 세포 Ⅲ이 만들어지는 감수
2분열에서 비분리가 일어나지 않았다면 세포 Ⅰ과 Ⅲ의 총 염색체
수와 X 염색체 수는 같아야 한다. 하지만 세포 ⓐ~ⓔ 중에서 총
염색체의 수와 X 염색체의 수가 같은 세포는 없으므로 (가)에서
정자 Ⅲ이 생성될 때 감수 2분열 비분리가 일어났다는 것을 알 수
있다.

○ 세포 ⓓ의 총 염색체 수가 25개이므로 정상인 생식세포에 비교하면
염색체 수가 2개 더 많다. 따라서 세포 ⓓ가 생성될 때 감수
1분열과 감수 2분열에서 연속적으로 비분리가 일어났음을 알 수
있다. 그렇다면 세포 ⓓ는 세포 Ⅲ이나 Ⅴ이다. 만약 Ⅴ라면 X
염색체를 가져야 하는데 세포 ⓓ는 X 염색체를 갖지 않는다. 따라서
세포 ⓓ는 세포 Ⅲ이고 Y 염색체를 2개 갖는다.

○ 세포 Ⅲ이 Y 염색체를 2개 갖는다면 세포 Ⅲ의 분열 전인 세포
Ⅰ도 X 염색체를 갖지 않고 Y 염색체만 갖게 된다. 따라서 세포 Ⅰ
은 세포 ⓑ이며, 총 염색체 수가 24개이고 X 염색체를 갖지 않는다.

○ 세포 Ⅳ는 감수 1분열에서 7번 염색체의 비분리가 일어났지만 감수
2분열에서는 정상적으로 분열되었다. 따라서 세포 Ⅳ는 세포
ⓐ이며, 총 염색체의 수는 22개이고, X 염색체를 1개 갖는다.

○ 세포 Ⅴ는 세포 ⓔ이며, 감수 2분열에서 성염색체의 비분리가
일어나서 X 염색체를 2개 갖는다.

○ 마지막 남은 세포 Ⅱ는 세포 ⓒ가 된다.

STEP 2. 비분리 과정을 그림으로 그리면 다음과 같다.

○ 다른 염색체는 정상적으로 분리되었으므로 생략하였고, 비분리된
염색체만 나타내었다.

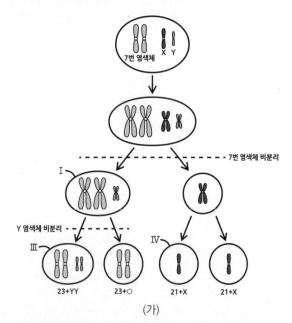

(가)

STEP 3. 보기 풀이

ㄱ. 오답 | 세포 ⓔ는 세포 Ⅴ이다. 세포 Ⅴ는 감수 1분열에서 21번
염색체의 비분리로 상염색체를 21개 갖게 되고, 감수 2분열에서
X 염색체의 비분리로 X 염색체를 2개 갖게 되었다. 따라서 총
염색체의 수는 23이 된다.

ㄴ. 정답 | 세포 Ⅲ은 세포 ⓓ이다. 세포 ⓓ는 X 염색체를 갖지 않고,
2개의 Y 염색체를 갖는다.

ㄷ. 오답 | 세포 Ⅳ가 형성될 때 감수 1분열에서 7번 염색체의
비분리가 일어났으므로 7번 염색체를 갖지 않는다.

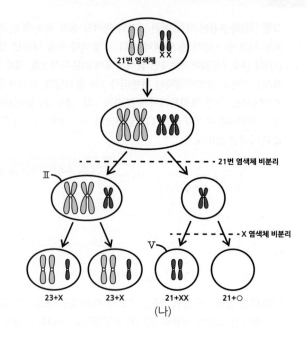

(나)

다음은 어떤 가족의 유전 형질 (가)∼(다)에 대한 자료이다.

○ (가)는 대립유전자 A와 a에 의해, (나)는 대립유전자 B와 b에 의해, (다)는 대립유전자 D와 d에 의해 결정된다. A는 a에 대해, B는 b에 대해, D는 d에 대해 각각 완전 우성이다.

○ (가)와 (나)는 모두 우성 형질이고, (다)는 열성 형질이다. (가)의 유전자는 상염색체에 있고, (나)와 (다)의 유전자는 모두 X 염색체에 있다.

○ 표는 이 가족 구성원의 성별과 ㉠∼㉢의 발현 여부를 나타낸 것이다. ㉠∼㉢은 각각 (가)∼(다) 중 하나이다.

상염색체 ─ (가) : $\boxed{A} > a$
X 염색체 ┌ (나) : $\boxed{B} > b$
        └ (다) : $D > \boxed{d}$

구성원	성별	㉠ (가)	㉡ (나)	㉢ (다)	
아버지	남	○ Aa	×	×	$X^{bD}Y$
어머니	여	× aa	○	ⓐ○	$X^{Bd}X^{bd}$
자녀 1	남	× aa	○	○	$X^{Bd}Y$
자녀 2	여	○ Aa	○	×	$X^{Bd}X^{bD}$
자녀 3	남	○ Aa	×	○	$X^{bd}Y$
자녀 4	남	× aa	×	×	$X^{bd}\underline{X^{bD}}Y$

(○: 발현됨, ×: 발현 안 됨)

감수 1분열 비분리

○ 부모 중 한 명의 생식세포 형성 과정에서 성염색체 비분리가 1회 일어나 염색체 수가 비정상적인 생식세포 G가 형성되었다. G가 정상 생식세포와 수정되어 자녀 4가 태어났으며, 자녀 4는 **클라인펠터 증후군**의 염색체 이상을 보인다. ──XXY

○ 자녀 4를 제외한 이 가족 구성원의 핵형은 모두 정상이다.

**이에 대한 설명으로 옳은 것만을 〈보기〉에서 있는 대로 고른 것은?
(단, 제시된 염색체 비분리 이외의 돌연변이와 교차는 고려하지 않는다.)**

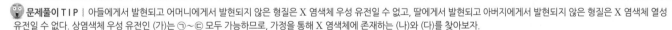

보기
 →Aa, bD/Bd
㉠. ⓐ는 '○'이다.
㉡. 자녀 2는 A, B, D를 모두 갖는다.
㉢. G는 아버지에게서 형성되었다.

① ㄱ   ② ㄴ   ③ ㄱ, ㄷ   ④ ㄴ, ㄷ   ☑⑤ ㄱ, ㄴ, ㄷ

|자|료|해|설|

㉠은 남자인 자녀 3에서 발현되고 어머니에게서 발현되지 않았으므로 X 염색체 우성 유전일 수 없다. 따라서 ㉠은 (나)가 아니다. ㉡은 여자인 자녀 2에서 발현되고 아버지에게서 발현되지 않았으므로 X 염색체 열성 유전일 수 없다. 따라서 ㉡은 (다)가 아니다.

㉢을 (나)라고 가정하면, ㉠이 (다)이다. 이때 구성원의 (나)와 (다)의 유전자형을 정리하면 아버지($X^{bd}Y$), 자녀 1($X^{BD}Y$), 자녀 3($X^{Bd}Y$), 어머니($X^{BD}X^{Bd}$)이다. 이때 자녀 2는 어머니로부터 B를 물려받아 (나)가 발현되어야 한다. 이는 모순이므로 ㉡은 (나)이다.

㉠을 (다)라고 가정하고 구성원의 (나)와 (다)의 유전자형을 정리하면 아버지($X^{bd}Y$), 자녀 1($X^{BD}Y$), 자녀 3($X^{bd}Y$), 어머니($X^{BD}X^{bd}$)이다. 이때 (나)와 (다)가 모두 발현된 자녀 2가 태어날 수 없으므로 이는 모순이다. 따라서 ㉠은 (가)이고, ㉢은 (다)이다.

각 구성원의 (나)와 (다)의 유전자형을 정리하면 아버지($X^{bD}Y$), 자녀 1($X^{Bd}Y$), 자녀 3($X^{bd}Y$), 어머니($X^{Bd}X^{bd}$), 자녀 2($X^{Bd}X^{bD}$)이다. 어머니에게서 (다)가 발현되므로 ⓐ는 '○'이다. 클라인펠터 증후군(XXY)의 염색체 이상을 보이는 자녀 4는 (나)와 (다)가 모두 발현되지 않았으므로 아버지로부터 $X^{bD}Y$를 모두 물려받고, 어머니로부터 X^{bd}를 물려받아야 한다. 즉, 아버지의 감수 1분열에서 비분리가 일어나 G가 형성되었다.

|보|기|풀|이|

㉠ 정답 : 어머니($X^{Bd}X^{bd}$)에게서 (다)가 발현되므로 ⓐ는 '○'이다.

㉡ 정답 : 자녀 2(Aa, $X^{bD}X^{Bd}$)는 A, B, D를 모두 갖는다.

㉢ 정답 : G는 아버지의 감수 1분열에서 비분리가 일어나 형성된 생식세포이다.

😀 **문제풀이 T I P** | 아들에게서 발현되고 어머니에게서 발현되지 않은 형질은 X 염색체 우성 유전일 수 없고, 딸에게서 발현되고 아버지에게서 발현되지 않은 형질은 X 염색체 열성 유전일 수 없다. 상염색체 우성 유전인 (가)는 ㉠∼㉢ 모두 가능하므로, 가정을 통해 X 염색체에 존재하는 (나)와 (다)를 찾아보자.

😀 **출제분석** | 구성원의 형질 발현 여부를 토대로 ㉠∼㉢이 어떤 형질인지 구분하고, 생식세포 형성 과정에서 성염색체 비분리가 일어난 부모를 알아내야 하는 난도 '상'의 문항이다. 가정을 여러 번 거쳐야 하는 문항이라 해결하는 데 시간이 걸려 풀지 못한 학생들이 많아 실제 문항 난도에 비해 정답률이 낮게 나온 것으로 판단된다.

Ⅳ
2
ⅼ
02.
사람의 유전병

2. 사람의 유전 03. 유전 복합 문제

다음은 사람의 유전 형질 (가)와 (나)에 대한 자료이다.

○ (가)는 서로 다른 3개의 상염색체에 있는 3쌍의 대립유전자 A와 a, B와 b, D와 d에 의해 결정된다. → 다인자 유전

○ (가)의 표현형은 유전자형에서 대문자로 표시되는 대립유전자의 수에 의해서만 결정되며, 이 대립유전자의 수가 다르면 표현형이 다르다. → EE, Ee, ee의 표현형이 모두 다름

○ (나)는 대립유전자 E와 e에 의해 결정되며, 유전자형이 다르면 표현형이 다르다. (나)의 유전자는 (가)의 유전자와 서로 다른 상염색체에 있다.

○ P의 유전자형은 AaBbDdEe이고, P와 Q는 (가)의 표현형이 서로 같다. → 대문자 수 3, Ee

○ P와 Q 사이에서 @가 태어날 때, @에게서 나타날 수 있는 (가)와 (나)의 표현형은 최대 15가지이다. → 5가지(대문자 수 1,2,3,4,5)×3가지(EE, Ee, ee)=15가지
→ 대문자 동형 접합, 소문자 동형 접합, 이형 접합의 조화(예 : AABbdd)

@가 유전자형이 AabbDdEe인 사람과 (가)와 (나)의 표현형이 모두 같을 확률은? (단, 돌연변이는 고려하지 않는다.)

① $\frac{1}{16}$ ② $\frac{1}{8}$ ③ $\frac{3}{16}$ ④ $\frac{1}{4}$ ⑤ $\frac{5}{16}$

→ $\frac{_4C_1}{8\times2}$(대문자 수 2일 확률)× $\frac{1}{2}$(Ee일 확률)= $\frac{1}{8}$

| 자 | 료 | 해 | 설 |

(가)는 3쌍의 대립유전자에 의해 결정되므로 다인자 유전에 해당한다. (나)의 유전자형이 다르면 표현형이 다르다고 했으므로 EE, Ee, ee의 표현형은 모두 다르다. P(AaBbDdEe)와 Q에서 (가)의 표현형이 서로 같으므로 Q의 유전자형에서 대문자로 표시되는 대립유전자의 수 (이하 '대문자 수'로 표기)는 3이다. P와 Q 사이에서 태어나는 @에서 나타날 수 있는 (가)와 (나)의 표현형이 최대 15가지(5가지×3가지)이므로 P와 Q에서 (나)의 유전자형은 모두 Ee이다. @에게서 나타날 수 있는 (가)의 표현형이 최대 5가지인 경우는 Q의 (가)의 유전자형 조합이 AABbdd와 같이 '대문자 동형 접합, 소문자 동형 접합, 이형 접합의 조합'일 때 가능하다.

| 선 | 택 | 지 | 풀 | 이 |

② 정답 : @가 유전자형이 AabbDdEe인 사람과 (가)와 (나)의 표현형이 모두 같을 확률은

$\frac{_4C_1}{8\times2}$(대문자 수 2일 확률)× $\frac{1}{2}$(Ee일 확률)= $\frac{1}{8}$이다.

대문자 수가 2일 확률을 구할 때 분모의 값은 'P(AaBbDd)에서 만들어질 수 있는 생식 세포의 가짓수×Q(예 : AABbdd)에서 만들어질 수 있는 생식 세포의 가짓수'이다. @는 Q로부터 반드시 대문자 하나와 소문자 하나를 받는다. 따라서 남은 4자리 중 대문자가 하나만 있는 경우의 수는 $_4C_1$로 구할 수 있으며, 이 값이 분자가 된다.

😮 **문제풀이 TIP |** @에게서 나타날 수 있는 (가)와 (나)의 표현형이 최대 15가지(5가지×3가지)이므로 P와 Q에서 (나)의 유전자형은 모두 Ee이다. @에게서 나타날 수 있는 (가)의 표현형이 최대 5가지가 나올 수 있는 Q의 (가)의 유전자형 조합을 찾고, 한 가지 조합을 예로 들어 문제를 해결해보자.

😎 **출제분석 |** @에게서 나타날 수 있는 표현형의 최대 가짓수로 Q의 유전자형을 추론하고, @가 특정 표현형을 가질 확률을 구해야 하는 난도 '중상'의 문항이다. $\frac{_4C_1}{8\times2}$(대문자 수 2일 확률)을 구할 수 있다면 문제를 쉽게 해결할 수 있으므로, 해당 문항의 풀이를 익혀두자!

다음은 사람의 유전 형질 (가)에 대한 자료이다.

다인자 유전　　　　　　　D와 d

○ (가)는 3쌍의 대립유전자 A와 a, B와 b, D와 d에 의해 결정된다. 이 중 1쌍의 대립유전자는 7번 염색체에, 나머지 2쌍의 대립유전자는 9번 염색체에 있다. → A와 a, B와 b

○ (가)의 표현형은 ⓐ유전자형에서 대문자로 표시된 대립유전자의 수에 의해서만 결정된다.

○ ⓐ가 3인 남자 Ⅰ과 ⓐ가 4인 여자 Ⅱ 사이에서 ⓐ가 6인 아이 Ⅲ이 태어났다.

○ Ⅱ에서 난자가 형성될 때, 이 난자가 a, b, D를 모두 가질 확률은 $\frac{1}{2}$이다. $=\frac{1}{2}$(a, b를 가질 확률)×1(D를 가질 확률)

○ Ⅰ과 Ⅱ 사이에서 Ⅲ의 동생이 태어날 때, 이 아이에게서 나타날 수 있는 표현형은 최대 ㉠6 가지이고, 이 아이의 ⓐ가 5일 확률은 ㉡$\frac{1}{8}$이다. → ⓐ : 1, 2, 3, 4, 5, 6

$\frac{1}{4}\left(\begin{smallmatrix}A+A\\B+B\end{smallmatrix}\right)\times\frac{1}{2}(D+d)$

이에 대한 옳은 설명만을 〈보기〉에서 있는 대로 고른 것은?
(단, 돌연변이와 교차는 고려하지 않는다.) 3점

┌─ **보기** ─────────────────────────┐
│ ㉠. Ⅲ에서 A와 B는 모두 9번 염색체에 있다. │
│ ㉡. ㉠은 6이다. │
│ ㉢. ㉡은 $\frac{1}{8}$이다. │
└──────────────────────────────┘

① ㉠　　② ㉢　　③ ㉠, ㉡　　④ ㉡, ㉢　　⑤ ㉠, ㉡, ㉢

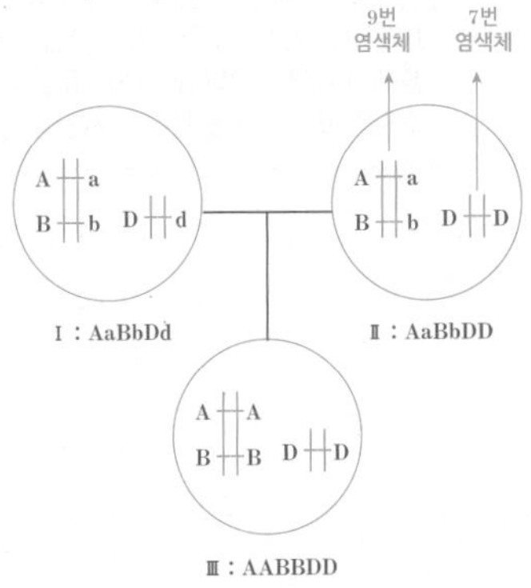

9번　　　7번
염색체　　염색체

Ⅰ : AaBbDd　　　Ⅱ : AaBbDD

Ⅲ : AABBDD

|자|료|해|설|

(가)는 3쌍의 대립 유전자에 의해 결정되므로 다인자 유전에 해당한다. ⓐ가 6인 아이 Ⅲ의 유전자형은 AABBDD이므로 부모 모두 A, B, D를 가지고 있다. 따라서 ⓐ가 3인 남자 Ⅰ의 유전자형은 AaBbDd이다. Ⅱ에서 난자가 형성될 때, 이 난자가 a, b, D를 가질 확률이 존재하므로 ⓐ가 4인 여자 Ⅱ의 유전자형은 AaBbDD 이다. A와 a, B와 b가 서로 다른 염색체에 존재한다고 가정하면, Ⅱ에서 형성되는 난자가 a, b, D를 모두 가질 확률은 $\frac{1}{2}$(a를 가질 확률)×$\frac{1}{2}$ (b를 가질 확률)=$\frac{1}{4}$ 이므로 모순이다. 따라서 A와 a, B와 b는 9번 염색체에 함께 존재한다. Ⅱ에서 형성되는 난자가 D를 가질 확률은 1이므로, a와 b를 모두 가질 확률이 $\frac{1}{2}$이다. 따라서 Ⅱ에서 A와 B, a와 b가 각각 함께 존재한다. Ⅲ에서 9번 염색체에 A와 B가 함께 존재하므로, Ⅰ에서 A와 B, a와 b가 각각 함께 존재한다. 이를 그림으로 표현하면 첨삭된 그림과 같다.
Ⅰ과 Ⅱ 사이에서 Ⅲ의 동생이 태어날 때, 9번 염색체 위에 존재하는 대립 유전자 조합으로 ab/ab(0), AB/ab(2), AB/AB(4)가 가능하고 7번 염색체 위에 존재하는 대립 유전자 조합으로 Dd(1), DD(2)가 가능하다(괄호 속 숫자는 대문자로 표시된 대립 유전자의 수). 이 아이에게서 가능한 ⓐ는 1, 2, 3, 4, 5, 6이므로 ㉠은 6이다. 또한 이 아이의 ⓐ가 5일 확률(㉡)은 $\frac{1}{4}$(AB/AB)×$\frac{1}{2}$(Dd)=$\frac{1}{8}$ 이다.

|보|기|풀|이|

㉠ 정답 : Ⅲ에서 9번 염색체에 A와 B가 함께 존재한다.
㉡ 정답 : Ⅰ과 Ⅱ 사이에서 태어난 아이에게서 가능한 ⓐ는 1, 2, 3, 4, 5, 6이므로 ㉠은 6이다.
㉢ 정답 : Ⅰ과 Ⅱ 사이에서 태어난 아이의 ⓐ가 5일 확률 ㉡은 $\frac{1}{4}$(AB/AB)×$\frac{1}{2}$(Dd)=$\frac{1}{8}$이다.

😮 **문제풀이 TIP** | ⓐ가 6인 아이 Ⅲ의 유전자형은 AABBDD이므로 ⓐ가 3인 남자 Ⅰ의 유전자형은 AaBbDd이다. Ⅱ에서 형성된 난자가 a, b, D를 모두 가질 확률이 $\frac{1}{2}$이므로 ⓐ가 4인 여자 Ⅱ의 유전자형은 AaBbDD이고, Ⅱ의 9번 염색체에 A와 B, a와 b가 각각 함께 존재한다.

😮 **출제분석** | 다인자 유전과 한 염색체에 여러 유전자가 존재하는 개념이 조합된 난도 '상'의 문항이다. Ⅰ ~ Ⅲ의 유전자형은 비교적 쉽게 알아낼 수 있으나, 9번 염색체에 함께 존재하는 유전자의 종류를 찾고 ㉠과 ㉡의 값을 찾는 과정에서 어려움을 느낀 학생들이 많았을 것이다. 다인자 유전 형질의 표현형 가짓수와 특정 표현형을 가질 확률을 구하는 방법을 반드시 익혀두어야 한다.

Ⅳ
2
Ⅰ
03.
유전
복합
문제

다음은 사람의 유전 형질 ㉠과 ㉡에 대한 자료이다.

○ ㉠을 결정하는 2개의 유전자는 각각 대립유전자 A와
a, B와 b를 가진다. ㉠의 표현형은 유전자형에서 대문자로
표시되는 대립 유전자의 수에 의해서만 결정되며, 이
대립유전자의 수가 다르면 표현형이 다르다. → 다인자 유전

○ ㉡은 대립유전자 H와 H*에 의해 결정된다. → 단일 인자 유전, 불완전 우성

○ 그림 (가)는 남자 P의, (나)는 여자 Q의 체세포에 들어 있는
일부 염색체와 유전자를 나타낸 것이다.

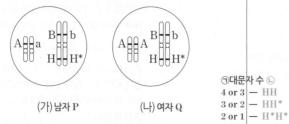

(가) 남자 P　　　　(나) 여자 Q

㉠대문자 수 ㉡
4 or 3 ― HH
3 or 2 ― HH*
2 or 1 ― H*H*

○ P와 Q 사이에서 ⓐ가 태어날 때, ⓐ에게서 나타날 수 있는
표현형은 최대 6가지이다. → 대문자3개, HH*

ⓐ에서 ㉠과 ㉡의 표현형이 모두 Q와 같을 확률은? (단, 돌연변이와 교차는 고려하지 않는다.)　$\frac{1}{2}(AA)\times\frac{1}{2}(BbHH^*)=\frac{1}{4}$

① $\frac{1}{16}$　② $\frac{1}{8}$　③ $\frac{3}{16}$　④ $\frac{1}{4}$　⑤ $\frac{3}{8}$

P＼Q	A	A
A	AA(2)	AA(2)
a	Aa(1)	Aa(1)

대문자 수

P＼Q	BH	bH*
BH	BB(2)HH	Bb(1)HH*
bH*	Bb(1)HH*	bb(0) H*H*

|자|료|해|설|

㉠은 두 쌍의 대립유전자에 의해 형질이 결정되는 다인자
유전이고, ㉡은 한 쌍의 대립유전자에 의해 형질이
결정되는 단일 인자 유전이다. P와 Q 사이에서 ⓐ가
태어날 때, A와 a에 대해 가능한 유전자형은 AA, Aa
두 가지이고 B와 b, H와 H*에 대해 가능한 유전자형은
BBHH, BbHH*, bbH*H* 3가지이다. 이를 종합하면
ⓐ가 가질 수 있는 유전자형은 AABB(4)HH, AaBB(3)
HH, AABb(3)HH*, AaBb(2)HH*, AAbb(2)H*H*,
Aabb(1)H*H* 6가지이다(괄호안의 숫자는
㉠의 유전자형에서 대문자로 표시되는 대립유전자의 수).
ⓐ에게서 나타날 수 있는 표현형이 최대 6가지이므로
AaBB(3)HH와 AABb(3)HH*의 표현형이 서로 다르고,
AaBb(2)HH*와 AAbb(2)H*H*의 표현형도 서로
다르다. 따라서 대립유전자 H와 H*는 불완전 우성임을 알
수 있고, 이때 HH, HH*, H*H*의 표현형은 모두 다르다.

|선|택|지|풀|이|

④정답 : ⓐ에서 ㉠과 ㉡의 표현형이 모두 Q(대문자 3개,
HH*)와 같을 확률은 $\frac{1}{2}$(AA)$\times\frac{1}{2}$(BbHH*)$=\frac{1}{4}$이다.

😀 **문제풀이 T I P** | 같은 염색체에 있는 유전자는 감수 분열 시
함께 이동한다. P와 Q 사이에서 ⓐ가 태어날 때, A와 a에 대해
가능한 유전자형과 B와 b, H와 H*에 대해 가능한 유전자형을 각각
적어보자. 이를 조합했을 때 ⓐ에게서 나타날 수 있는 표현형이
최대 6가지가 되는 조건을 찾으면 H와 H*의 우열에 대한 정보를
얻을 수 있다.

😀 **출제분석** | 다인자 유전과 불완전 우성이 조합된 문제로,
자손에서 나타날 수 있는 표현형의 최대 가짓수를 통해 우열
관계를 파악하고 확률을 구해야 하는 난도 '상'의 문항이다. A와 a,
B와 b는 대문자로 표시되는 대립유전자의 수가 중요하므로 첨삭된
표에서 A와 a, B와 b에 대한 유전자형은 생략하고 괄호 안의
숫자만 표시하면 문제 푸는 시간을 단축시킬 수 있다.

다음은 사람의 유전 형질 (가)와 (나)에 대한 자료이다.

> ○ (가)는 대립 유전자 A와 a에 의해 결정되며, 유전자형이 다르면 표현형이 다르다. → 불완전 우성
>
> ○ (나)를 결정하는 데 관여하는 3개의 유전자는 서로 다른 2개의 상염색체에 있으며, 3개의 유전자는 각각 대립 유전자 B와 b, D와 d, E와 e를 갖는다. → 다인자 유전
>
> ○ (나)의 표현형은 유전자형에서 대문자로 표시되는 대립 유전자의 수에 의해서만 결정되며, 이 대립 유전자의 수가 다르면 표현형이 다르다.
>
> ○ 그림은 어떤 남자 P의 체세포에 들어 있는 일부 염색체와 유전자를 나타낸 것이다.
>
> ○ 어떤 여자 Q에서 (가)와 (나)의 표현형은 P와 같다. P와 Q 사이에서 @가 태어날 때, @에게서 나타날 수 있는 표현형은 최대 10가지이다.

이에 대한 설명으로 옳은 것만을 〈보기〉에서 있는 대로 고른 것은? (단, 돌연변이와 교차는 고려하지 않는다.) 3점

보기 → 3개의 유전자 관여

ㄱ. (나)의 유전은 다인자 유전이다.

 ㄴ. Q는 A와 b가 같이 존재하는 염색체를 갖는다.

   Aa/대문자 3개

ㄷ. @에서 (가)와 (나)의 표현형이 부모와 같을 확률은 $\frac{3}{10}$이다.

① ㄱ   ② ㄷ   ③ ㄱ, ㄴ   ④ ㄱ, ㄷ   ⑤ ㄴ, ㄷ

|자|료|해|설|

(가)는 유전자형이 다르면 표현형이 다르므로 불완전 우성이다. (나)를 결정하는 데 3개의 유전자가 관여하므로 (나)는 다인자 유전이다. 그림을 참고하여 남자 P의 유전자형을 나타내면 AaBbDdEe이다. (가)의 표현형은 Aa이고, (나)의 표현형은 BDE(대문자 3개)이다. 여자 Q는 P와 (가)와 (나)의 표현형이 같으므로 (가)에 대한 유전자형은 Aa를 가지면서 (나)에 대한 유전자형은 대문자를 3개 가져야 한다. 여자 Q의 유전자형은 AaBBDDee, AaBBddEe, AaBbDDee, AaBbDdEe, AaBbddEE, AabbDDEe, AabbDdEE 중에 하나인데 자손인 @에서 나타날 수 있는 표현형이 최대 10가지라는 단서를 이용하여 풀어보면 AaBbDdEe라는 것을 알게 된다. @의 표현형을 계산해보면 아래와 같다.

P의 생식세포 Q의 생식세포	ABDE	Abde	aBDE	aBde
ABDE	① AABbDDEE AA/5개	② AABbDdEe AA/3개	③ AaBBDDEE Aa/6개	④ AaBBDdEe Aa/4개
ABde	AABbDdEe AA/3개	⑤ AABbddee AA/1개	AaBBDdEe Aa/4개	⑥ AaBBddee Aa/2개
abDE	AabbDDEE Aa/4개	AabbDdEe Aa/2개	⑦ aaBBDDEE aa/5개	⑧ aaBBDdEe aa/3개
abde	AabbDdEe Aa/2개	⑨ Aabbddee Aa/0개	aaBBDdEe aa/3개	⑩ aaBBddee aa/1개

표현형이 10가지가 나오므로 Q의 유전자형을 AaBbDdEe라고 확정지을 수 있다.

|보|기|풀|이|

ㄱ. 정답 : (나)를 결정하는데 관여하는 유전자가 3개이므로 (나)는 다인자 유전이다.

ㄴ. 오답 : Q의 유전자형은 AaBbDdEe이고, 같은 염색체에 존재는 유전자는 AB/ab, DE/de이다. 따라서 A와 B가 같이 존재하는 염색체를 갖는다.

ㄷ. 오답 : P와 Q 사이에서 태어난 자손 @ 중 부모와 같은 표현형인 Aa이면서 대문자 3개를 갖는 유전자형은 존재하지 않는다.

IV
2
I
03.
유전 복합 문제

😲 **문제풀이 T I P |** 중간 유전, 다인자 유전이 연계된 유전 복합 문제로 제시된 자료들을 최대한 활용하여 유전자형을 가정하면서 문제를 풀어야 한다. 다인자 유전이 포함된 유전 복합 문제의 경우 꽤 많은 경우의 수가 존재하기 때문에 풀이 방향을 잘못 잡게 되면 상당히 많은 시간이 소요되므로 단서를 꼼꼼히 따져 풀이를 시작해야 한다. 이번 문제에서 중요한 단서는 P와 Q 사이에 태어난 자손의 표현형이 최대 10가지라는 점이다. 다인자 유전은 경우의 수를 찾는 연습이 많이 필요한 문항이므로 기출 문제를 활용하여 많은 연습을 하도록 하자.

😲 **출제분석 |** 이번 문항은 중간 유전, 다인자 유전이 연계된 유전 복합 문제로 난도는 '상'이다. 특히 다인자 유전 양상을 나타내는 개체의 유전자형을 제시된 단서를 활용하여 결정해야 하는데, 그 경우의 수가 많기 때문에 문제의 난도가 많이 상승하였다.

다음은 사람의 유전 형질 (가)와 (나)에 대한 자료이다.

○ (가)는 3쌍의 대립유전자 A와 a, B와 b, D와 d에 의해 결정된다. → 다인자 유전

○ (가)의 표현형은 유전자형에서 대문자로 표시되는 대립유전자의 수에 의해서만 결정되고, 이 대립유전자의 수가 다르면 표현형이 다르다.

○ (나)는 1쌍의 대립유전자에 의해 결정되고, 대립유전자에는 E, F, G가 있다. 각 대립유전자 사이의 우열 관계는 분명하고, (나)의 유전자형이 FF인 사람과 FG인 사람은 (나)의 표현형이 같다. → 복대립 유전(F > G)

○ 그림은 남자 ㉠과 여자 ㉡의 세포에 있는 일부 염색체와 유전자를 나타낸 것이다.

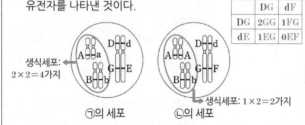

	DG	dF
DG	2GG	1FG
dE	1EG	0EF

생식세포: 2×2=4가지
㉠의 세포　생식세포: 1×2=2가지　㉡의 세포

○ ㉠과 ㉡ 사이에서 ⓐ가 태어날 때, ⓐ에게서 (가)와 (나)의 표현형이 모두 ㉠과 같을 확률은 $\frac{3}{32}$이다. → $\frac{3}{8} \times \frac{1}{4}$(1EG)　∴ F > E > G

ⓐ에게서 (가)와 (나)의 표현형이 모두 ㉡과 같을 확률은? (단, 돌연변이와 교차는 고려하지 않는다.) → 대문자 수: 4, F_

① $\frac{1}{32}$　② $\frac{1}{16}$　③ $\frac{3}{32}$　④ $\frac{1}{8}$　⑤ $\frac{3}{16}$

$\left(\frac{3}{8} \times \frac{1}{4}(1FG) \right) + \left(\frac{1}{8} \times \frac{1}{4}(0EF) \right) = \frac{1}{8}$

A, a와 B, b 중 대문자 수 3일 확률　A, a와 B, b 중 대문자 수 4일 확률

|자|료|해|설|

(가)는 3쌍의 대립유전자에 의해 결정되므로 다인자 유전이고, (나)는 1쌍의 대립유전자에 의해 결정되며 대립유전자에 E, F, G가 있으므로 복대립 유전에 해당한다. (나)의 유전자형이 FF인 사람과 FG인 사람은 (나)의 표현형이 같다고 했으므로 F는 G에 대해 우성이다.(F > G) ㉠과 ㉡ 사이에서 ⓐ가 태어날 때, ⓐ가 가질 수 있는 A, a와 B, b에 의한 표현형은 대문자로 표시되는 대립유전자의 수(이하 '대문자 수'로 표기)가 1, 2, 3, 4인 경우로 최대 4가지이고, ⓐ가 각각의 표현형을 가질 확률은 괄호와 같다.

→ $1\left(\frac{_3C_0}{8} = \frac{1}{8} \right)$, $2\left(\frac{_3C_1}{8} = \frac{3}{8} \right)$, $3\left(\frac{_3C_2}{8} = \frac{3}{8} \right)$, $4\left(\frac{_3C_3}{8} = \frac{1}{8} \right)$

확률 계산에 대한 추가 설명을 하면, A, a와 B, b에 대해 ㉠의 세포에서는 2×2=4가지, ㉡의 세포에서는 1×2=2가지의 생식세포가 만들어질 수 있기 때문에 분모 값이 8이 된다. 그리고 ⓐ는 A를 적어도 하나 가지므로 남은 세 자리 중 순서와 상관없이 대문자 수를 0, 1, 2, 3 갖는 경우로 $_3C_0$, $_3C_1$, $_3C_2$, $_3C_3$이 각각의 분자 값이 된다.

또한 ⓐ가 가질 수 있는 D, d와 E, F, G에 의한 유전자형은 DDGG, DdFG, DdEG, ddEF이고, 대문자 수를 숫자로 표현하면 2GG, 1FG, 1EG, 0EF이다. ⓐ에게서 (가)와 (나)의 표현형이 모두 ㉠과 같을 확률이 $\frac{3}{32}\left(= \frac{3}{8} \times \frac{1}{4} \right)$이 나와야 하므로 GG, FG, EG, EF 중 ㉠과 같은 유전자형을 갖는 EG가 나타내는 표현형은 나머지(GG, FG, EF)와 다르다는 것을 알 수 있다. 따라서 E는 G에 대해 우성이고, F는 E에 대해 우성이다. (F > E > G)

|선|택|지|풀|이|

④ 정답 : ⓐ에게서 (가)와 (나)의 표현형이 모두 ㉡(대문자 수 4, F_)과 같을 확률은

$\left(\frac{3}{8} \times \frac{1}{4}(1FG) \right) + \left(\frac{1}{8} \times \frac{1}{4}(0EF) \right) = \frac{3}{32} + \frac{1}{32} = \frac{1}{8}$이다.

😀 **문제풀이 T I P |** ⓐ가 가질 수 있는 A, a와 B, b에 의한 표현형은 대문자로 표시되는 대립유전자의 수가 $1\left(\frac{_3C_0}{8} = \frac{1}{8} \right)$, $2\left(\frac{_3C_1}{8} = \frac{3}{8} \right)$, $3\left(\frac{_3C_2}{8} = \frac{3}{8} \right)$, $4\left(\frac{_3C_3}{8} = \frac{1}{8} \right)$인 경우로 최대 4가지이다. ⓐ가 가질 수 있는 D, d와 E, F, G에 의한 유전자형은 DDGG, DdFG, DdEG, ddEF이고, ⓐ에게서 (가)와 (나)의 표현형이 모두 ㉠과 같을 확률이 $\frac{3}{32}\left(= \frac{3}{8} \times \frac{1}{4} \right)$이 나오는 경우를 찾으면 E, F, G의 우열을 구분할 수 있다.

😊 **출제분석 |** 다인자 유전과 복대립 유전이 함께 제시된 유전 복합 문항으로, 난도는 '상'에 해당한다. 대문자로 표시되는 대립유전자의 수에 의해 표현형이 결정되는 다인자 유전과 관련된 문항을 해결하기 위해서는 기본적으로 특정 표현형을 갖는 자손이 태어날 확률을 구할 수 있어야 한다.

다음은 사람의 유전 형질 (가)와 (나)에 대한 자료이다.

○ (가)는 서로 다른 3개의 상염색체에 있는 3쌍의 대립유전자 A와 a, B와 b, D와 d에 의해 결정된다. → (가) : 다인자 유전

○ (가)의 표현형은 유전자형에서 대문자로 표시되는 대립 유전자의 수에 의해서만 결정되며, 이 대립유전자의 수가 다르면 표현형이 다르다.

→ EE, Ee, ee의 표현형이 다름

○ (나)는 대립유전자 E와 e에 의해 결정되며, 유전자형이 다르면 표현형이 다르다. (나)의 유전자는 (가)의 유전자와 서로 다른 상염색체에 있다. → (나) : 단일 인자 유전, 불완전 우성

○ P와 Q는 (가)의 표현형이 서로 같고, (나)의 표현형이 서로 다르다.

○ P와 Q 사이에서 ⓐ가 태어날 때, ⓐ의 표현형이 P와 같을 확률은 $\frac{3}{16}$이다. $\frac{3}{8}$(대문자 수 : 4)$\times\frac{1}{2}=\frac{3}{16}$

○ ⓐ는 유전자형이 AABBDDEE인 사람과 같은 표현형을 가질 수 있다.

P와 Q의 유전자 구성 − 부모1 : **AABbDd** EE   부모2 : **AABbDd** Ee

→ 5가지×2가지=10가지   예시(대문자 수 : 4)

ⓐ에게서 나타날 수 있는 표현형의 최대 가짓수는? (단, 돌연변이는 고려하지 않는다.) 3점 → (가) 표현형 : 최대 5가지(대문자 수 : 2, 3, 4, 5, 6)   (나) 표현형 : 최대 2가지(EE, Ee)

① 5   ② 6   ③ 7   ✔ ④ 10   ⑤ 14

|자|료|해|설|

(가)는 3쌍의 대립유전자에 의해 형질이 결정되므로 다인자 유전에 해당한다. (나)는 한 쌍의 대립유전자에 의해 형질이 결정되는 단일 인자 유전이며, 유전자형(EE, Ee, ee)이 다르면 표현형이 다르므로 불완전 우성에 해당한다.

ⓐ는 유전자형이 AABBDDEE인 사람과 같은 표현형(대문자 6, EE)을 가질 수 있으므로, ⓐ의 유전자형이 AABBDDEE일 확률이 존재한다. 따라서 부모 P와 Q의 유전자 구성은 부모1: A_B_D_/EE, 부모2: A_B_D_/Ee이다. P와 Q 사이에서 ⓐ가 태어날 때, ⓐ의 (나)에 대한 표현형이 P와 같을 확률은 P의 유전자형이 EE 또는 Ee일 때 모두 $\frac{1}{2}$이다. 따라서 ⓐ의 (가)에 대한 표현형이 P와 같을 확률은 $\frac{3}{8}$이다.

P의 (가)에 대한 유전자형에서 대문자로 표시되는 대립유전자의 수(이하 '대문자 수'라고 표현함)는 3, 4, 5, 6이 가능하다.

i) 3일 때: P와 Q의 (가)에 대한 유전자형이 AaBbDd이고, ⓐ의 (가)에 대한 표현형이 P와 같을 확률(대문자 수가 3일 확률)은 $\frac{_6C_3}{64}=\frac{20}{64}=\frac{5}{16}$이다.

ii) 4일 때: P와 Q의 (가)에 대한 유전자형이 AABbDd라고 가정하면, ⓐ의 (가)에 대한 표현형이 P와 같을 확률(대문자 수가 4일 확률)은 $\frac{_4C_2}{16}=\frac{6}{16}=\frac{3}{8}$이다.

iii) 5일 때: P와 Q의 (가)에 대한 유전자형이 AABBDd라고 가정하면, ⓐ의 (가)에 대한 표현형이 P와 같을 확률(대문자 수가 5일 확률)은 $\frac{1}{2}$(AABBDd일 확률)이다.

iv) 6일 때: P와 Q의 (가)에 대한 유전자형이 AABBDD이고, ⓐ의 (가)에 대한 표현형이 P와 같을 확률(대문자 수가 6일 확률)은 1이다.

따라서 P와 Q의 (가)에 대한 유전자형은 대문자 수가 4인 경우이고, (나)에 대한 유전자형은 각각 EE, Ee 중 하나이다.

|선|택|지|풀|이|

④ 정답 : 부모 P와 Q의 유전자 구성을 편의상 부모1: AABbDd/EE, 부모2: AABbDd/Ee라고 하면, ⓐ에게서 나타날 수 있는 (가)에 대한 표현형은 최대 5가지(대문자 수: 2, 3, 4, 5, 6)이고, (나)에 대한 표현형은 최대 2가지(EE, Ee)이다. 따라서 ⓐ에게서 나타날 수 있는 표현형의 최대 가짓수는 5×2=10가지이다.

😀 **문제풀이 T I P** | ⓐ의 (나)에 대한 표현형이 P와 같을 확률은 P의 유전자형이 EE 또는 Ee일 때 모두 $\frac{1}{2}$이므로, ⓐ의 (가)에 대한 표현형이 P와 같을 확률은 $\frac{3}{8}$이다. P의 (가)에 대한 유전자형에서 대문자로 표시되는 대립유전자의 수가 3, 4, 5, 6인 경우 중, ⓐ의 (가)에 대한 표현형이 P와 같을 확률이 $\frac{3}{8}$인 경우를 찾아보자!

😀 **출제분석** | ⓐ의 표현형이 P와 같을 확률과 ⓐ에게서 가능한 유전자형을 통해 P와 Q의 유전자 구성을 알아내야 하는 난도 '상'의 문항이다. P의 (가)에 대한 유전자형에서 대문자로 표시되는 대립유전자의 수가 3인 경우(AaBbDd), ⓐ의 표현형이 P와 같을 확률$\left(\frac{_6C_3}{64}\right)$은 다인자 유전을 배울 때 기본으로 익히는 확률이므로 외워두는 것이 좋다. 또한 다인자 유전 문제를 많이 풀어본 학생들은 대문자로 표시되는 대립유전자의 수가 3, 5, 6인 경우 ⓐ의 (가)에 대한 표현형이 P와 같을 확률이 $\frac{3}{8}$이 아니라는 것을 빠르게 알아내고 문제를 비교적 쉽게 해결했을 것이다.

다음은 어떤 집안의 유전병 ㉠과 ABO식 혈액형에 대한 자료이다.

○ 유전병 ㉠은 대립 유전자 H와 H*에 의해 결정되며, H와
   H*의 우열 관계는 분명하다. → 단일 인자 유전, 완전 우성

○ H는 정상 유전자이고, H*는 유전병 유전자이다.

○ ㉠의 유전자와 ABO식 혈액형 유전자는 같은 염색체에
   존재한다.

○ 구성원 1, 3, 5의 ABO식 혈액형은 A형, 구성원 6의 ABO식
   혈액형은 B형이다.

○ 구성원 1의 ABO식 혈액형에 대한 유전자형은 동형 접합이다.

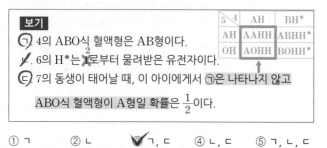

이에 대한 설명으로 옳은 것만을 〈보기〉에서 있는 대로 고른 것은?
(단, 돌연변이와 교차는 고려하지 않는다.)

보기

㉠. 4의 ABO식 혈액형은 AB형이다.

ㄴ. 6의 H*는 ~~1~~로부터 물려받은 유전자이다.

㉢. 7의 동생이 태어날 때, 이 아이에게서 ㉠은 나타나지 않고
ABO식 혈액형이 A형일 확률은 $\frac{1}{2}$이다.

① ㄱ   ② ㄴ   ✓ ㄱ, ㄷ   ④ ㄴ, ㄷ   ⑤ ㄱ, ㄴ, ㄷ

5\4	AH	BH*
AH	AAHH	ABHH*
OH	AOHH	BOHH*

|자|료|해|설|

부모에게서 없던 형질이 자손에게서 나타나면 자손의
표현형이 열성이다. 유전병 ㉠을 가지고 있는 부모 1과
2 사이에서 정상인 자손 3이 태어났으므로 유전병 유전자
(H*)는 정상 유전자(H)에 대해 우성이다. 구성원 1의
ABO식 혈액형에 대한 유전자형이 동형 접합이고(AA),
㉠의 유전자와 ABO식 혈액형 유전자는 같은 염색체에
존재하므로 1의 유전자형은 AH/AH*이다. 5는 A형인데
6이 B형이므로 5의 유전자형은 AH/OH, 6의 유전자형은
BH*/OH이다. 이때 6이 가지고 있는 BH*는 4로부터
물려받은 것이며, 유전병 ㉠이 나타나지 않은 7번 자손이
태어나기 위해서 4는 1로부터 AH 유전자를 물려받아야
한다. 따라서 4의 유전자형은 AH/BH*이다. 4가 가지고
있는 BH*는 2로부터 물려받은 것이며, 이를 토대로
가계도를 완성하면 왼쪽 그림과 같다.

|보|기|풀|이|

㉠. 정답 : 4는 부모 1로부터 AH를, 2로부터 BH*를
물려받았으므로 4의 ABO식 혈액형은 AB형이다.

ㄴ. 오답 : 6의 H*는 2로부터 물려받은 유전자이다.

㉢. 정답 : 4(AH/BH*)와 5(AH/OH) 사이에서 태어나는
아이에게서 ㉠은 나타나지 않고 ABO식 혈액형이 A형일
확률은 $\frac{1}{2}$이다.

4의 생식 세포 5의 생식 세포	AH	BH*
AH	**AAHH**	ABHH*
OH	**AOHH**	BOHH*

🧑‍🏫 **문제풀이 TIP** | 부모에서 없던 형질이 자손에서 나타나면 자손의 형질이 열성이다.

😀 **출제분석** | 전형적인 가계도 문제로 난도는 '상'에 해당한다. 유전병 ㉠이 우성이라는 것을 비교적 쉽게 알 수 있지만, 혈액형과 함께 두 가지 형질의 표현형을 동시에 따지는 것은 난도가 조금 있기 때문에 정답률이 높지 않았다. 최근 출제된 가계도 분석 문제보다는 쉬운 편이므로 조금 더 난도 있는 가계도 문제를 풀어보며 빠르게 분석하는 능력을 길러야 한다.

👩‍🏫 **" 이 문제에선 이게 가장 중요해! "**

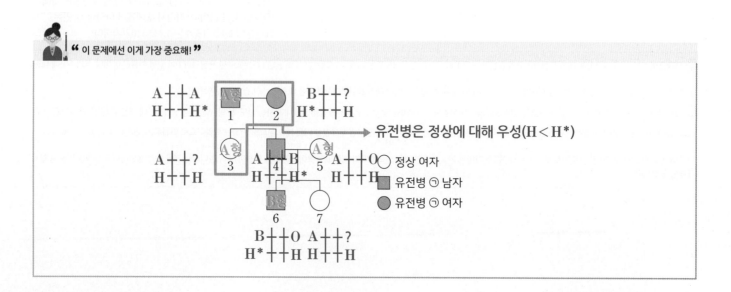

다음은 어떤 집안의 ABO식 혈액형과 유전 형질 (가)에 대한
자료이다.

○ (가)는 대립 유전자 T와 T*에 의해 결정되며, T는 T*에
대해 완전 우성이다. (가)의 유전자는 ABO식 혈액형
유전자와 같은 염색체에 존재한다. → 상염색체에 같이 존재

○ 표는 구성원의 성별, ABO식 혈액형과 (가)의 발현 여부를
나타낸 것이다. ㉠, ㉡, ㉢은 ABO식 혈액형 중 하나이며, ㉠,
㉡, ㉢은 각각 서로 다르다.

구성원	성별	혈액형	(가)
아버지	남	㉠ B형	×
어머니	여	㉡ AB형	×
자녀 1	남	㉠ B형	×
자녀 2	여	㉢ A형	○
자녀 3	여	㉡ AB형	×

(○: 발현됨, ×: 발현 안 됨)

○ 자녀 1의 (가)에 대한 유전자형은 동형 접합이다.
○ 자녀 3과 혈액형이 O형이면서 (가)가 발현되지 않은
남자 사이에서 ⓐ A형이면서 (가)가 발현된 남자 아이가
태어났다.

이에 대한 설명으로 옳은 것만을 〈보기〉에서 있는 대로 고른 것은?
(단, 돌연변이와 교차는 고려하지 않는다.)

보기

ㄱ. ㉡은 A형이다.   AB형

ㄴ. 아버지와 자녀 1의 ABO식 혈액형에 대한 유전자형은 서로
다르다.   → BO   → BB

ㄷ. ⓐ의 동생이 태어날 때, 이 아이의 혈액형이 A형이면서
(가)가 발현되지 않을 확률은 $\frac{1}{4}$이다.

① ㄱ   ② ㄴ   ③ ㄷ   ④ ㄱ, ㄴ   ✓ ㄴ, ㄷ

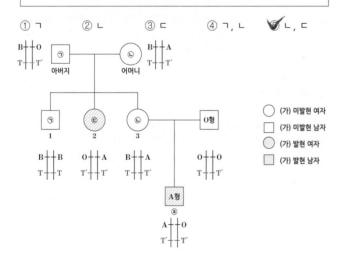

○ (가) 미발현 여자
□ (가) 미발현 남자
◑ (가) 발현 여자
◨ (가) 발현 남자

유전 형질 (가)가 발현되지 않은 부모로부터 유전
형질 (가)가 발현된 2가 태어났으므로 유전 형질 (가)
는 열성이다. 따라서 (가)에 대한 유전자형은 아버지와
어머니 모두 TT*이고, 1은 TT, 2는 T*T*이다. 자녀
3과 혈액형이 O형이면서 (가)가 발현되지 않은 남자
사이에서 ⓐ A형이면서 (가)가 발현된 남자 아이(AT*/
OT*)가 태어났으므로 ⓐ의 아버지의 유전자형은 OT/
OT*이고, 3의 유전자형은 _T/AT*이다. 3이 가지고
있는 AT*를 아버지로부터 물려받았다고 가정하면, 자녀
2 또한 아버지로부터 물려받은 AT*를 가진다. 아버지,
자녀 2, 자녀 3 모두 혈액형 유전자 A를 가지면서 각각의
혈액형이 ㉠, ㉢, ㉡으로 다를 수 없으므로 모순이다.
따라서 3의 AT*는 어머니로부터 물려받았고, 자녀 2
또한 어머니로부터 물려받은 AT*를 가진다.
부모로부터 혈액형이 서로 다른 3명의 자녀가 태어나려면
아버지와 어머니의 혈액형에 대한 유전자형은 모두
이형 접합이어야 한다. 따라서 어머니의 혈액형에 대한
유전자형은 AO 또는 AB이다. 어머니의 혈액형에
대한 유전자형이 AO라고 가정하면, 자녀 2는 어머니와
혈액형이 다른 AB형이어야 하므로 유전자형은 AT*/
BT*이다. 2의 BT*는 아버지로부터 물려받은 것이므로
아버지는 BT*를 가져야 하고, 어머니(A형), 자녀 2(AB
형)와 혈액형이 다르며 이형 접합이어야 하므로 아버지의
유전자형은 BT*/OT이다. 이때 자녀 1의 유전자형은
OT/OT로 아버지와 혈액형이 다르므로 모순이다. 따라서
어머니의 유전자형은 AT*/BT이다. 정리하면 ㉠은 B형,
㉡은 AB형, ㉢은 A형이다.

|보|기|풀|이|

ㄱ. 오답 : ㉡의 유전자형은 AT*/BT로 AB형이다.
ㄴ. 정답 : 아버지의 ABO식 혈액형에 대한 유전자형은
BO이고 자녀 1은 BB이다.
ㄷ. 정답 : ⓐ의 동생이 태어날 때, 이 아이의 혈액형이
A형이면서 (가)가 발현되지 않을 확률은 $\frac{1}{4}$이다.

정자 난자	OT	OT*
AT*	AO, TT*	AO, T*T*
BT	BO, TT	BO, TT*

😮 문제풀이 TIP | 유전 형질 (가)가 발현되지 않은 부모로부터
유전 형질 (가)가 발현된 2가 태어났으므로 유전 형질 (가)가
열성이다. 또한 부모로부터 혈액형이 서로 다른 3명의 자녀가
태어났으므로 아버지와 어머니의 혈액형에 대한 유전자형은 모두
이형 접합이다.

🙂 출제분석 | 여러 번의 가정으로 문제를 해결해야 하는 난도
'최상'의 문항이다. 혈액형 ㉠, ㉡, ㉢과 가족의 유전자형 및 같은
염색체에 존재하는 유전자의 상태를 알아내는 과정이 복잡하여
난도가 매우 높다. 문제를 해결하기 위해 어떠한 가정을 세워야
하는지를 빨리 찾아내는 것이 중요하다.

다음은 어떤 가족의 유전 형질 (가)에 대한 자료이다.

○ (가)는 서로 다른 상염색체에 있는 **2쌍의 대립유전자 H와 h, T와 t에 의해 결정**된다. (가)의 표현형은 유전자형에서 대문자로 표시되는 대립유전자의 수에 의해서만 결정되며, 이 대립유전자의 수가 다르면 표현형이 다르다. ← 다인자 유전

○ 표는 이 가족 구성원의 체세포에서 대립유전자 ⓐ~ⓓ의 유무와 (가)의 유전자형에서 대문자로 표시되는 대립유전자의 수를 나타낸 것이다. ⓐ~ⓓ는 H, h, T, t를 순서 없이 나타낸 것이고, ㉠~㉤은 0, 1, 2, 3, 4를 순서 없이 나타낸 것이다.

구성원	대립유전자 ⓐ소문자	ⓑ대문자	ⓒ대문자	ⓓ소문자	대문자로 표시되는 대립유전자의 수
아버지	○	○	×	○	㉠ 1
어머니	○	○	○	○	㉡ 2
자녀 1	?○	×	×	○	㉢ 0
자녀 2	○	○	?○	×	㉣ 3
자녀 3	○	?○	×	×	㉤ 4

ⓑhtt 또는 hhⓑt — 아버지
HhTt — 어머니
hhtt — 자녀 1
HHTt 또는 HhTT — 자녀 2
ⓑⓑHT+소문자 — 자녀 3

↑ 감수 2분열 비분리   (○: 있음, ×: 없음)

○ 아버지의 **정자 형성 과정에서 염색체 비분리가 1회** 일어나 염색체 수가 비정상적인 정자 P가 형성되었다. P와 정상 난자가 수정되어 자녀 3이 태어났다.

○ 자녀 3을 제외한 이 가족 구성원의 핵형은 모두 정상이다.

이에 대한 설명으로 옳은 것만을 〈보기〉에서 있는 대로 고른 것은? (단, 제시된 염색체 비분리 이외의 돌연변이와 교차는 고려하지 않는다.) **3점**

보기
ㄱ. 아버지는 t를 갖는다. → ⓑhtt 또는 hhⓑt
ㄴ. ⓐ는 ⓒ와 대립유전자이다.
ㄷ. 염색체 비분리는 감수 1분열에서 일어났다. → 자녀 3이 아버지로부터 ⓑⓑ를 물려받음 [감수 2분열]

① ㄱ   ② ㄴ   ③ ㄷ   ✔④ ㄱ, ㄴ   ⑤ ㄱ, ㄷ

|자|료|해|설|

(가)는 2쌍의 대립유전자에 의해 결정되므로 다인자 유전에 해당한다. 어머니는 4가지 대립유전자 ⓐ~ⓓ를 모두 가지므로 어머니의 유전자형은 HhTt이고 ㉡은 2이다. 아버지는 3가지 대립유전자를 가지므로 동형/이형 접합의 구성을 갖는다. 이때 소문자가 동형 접합일 경우 대문자로 표시되는 대립유전자의 수(이하 '대문자 수'로 표기)는 1이고, 대문자가 동형 접합일 경우 대문자 수는 3이다. ⓐ~ⓓ 중 적어도 2가지는 가져야 하므로 자녀 1은 ⓐ와 ⓓ를 갖는다. 따라서 자녀 1은 동형/동형 접합의 구성을 가지므로 대문자 수가 짝수(0, 2, 4)이어야 한다. ㉠을 3이라고 가정하면, 대문자 수가 3인 아버지와 대문자 수가 2인 어머니 사이에서 대문자 수가 0인 자녀는 태어날 수 없으므로 자녀 1의 대문자 수(㉢)는 4이다. 이때 ⓐ와 ⓓ는 모두 대문자이며, 대문자 ⓐ를 갖는 자녀 2와 3의 대문자 수에 해당하는 ㉣과 ㉤의 값은 모두 0이 될 수 없어 조건에 부합하지 않는다. 따라서 ㉠은 1이다.

대문자 수가 1인 아버지와 대문자 수가 2인 어머니 사이에서 대문자 수가 4인 자녀는 태어날 수 없으므로 자녀 1의 대문자 수(㉢)는 0이다. 따라서 ⓐ와 ⓓ는 모두 소문자이고 자녀 1의 유전자형은 hhtt이다. 자녀 2와 3의 대문자 수에 해당하는 ㉣과 ㉤의 값은 3 또는 4이고, 아버지와 어머니 사이에서 정상적인 경우 대문자 수가 4인 자녀는 태어날 수 없으므로 ㉣이 3이고, 비분리에 의해 태어난 자녀 3의 대문자 수 ㉤이 4이다. 자녀 3은 어머니로부터 H와 T를 물려받고, 아버지로부터 대문자 ⓑ를 2개 물려받았으므로 아버지의 정자 형성 과정에서 염색체 비분리는 감수 2분열에서 일어났다는 것을 알 수 있다.

|보|기|풀|이|

ㄱ. 정답 : 아버지(ⓑhtt 또는 hhⓑt)는 t를 갖는다.

ㄴ. 정답 : ⓐ와 ⓑ가 대립유전자라고 가정하면, 아버지는 ⓐ, ⓑ, ⓓ를 가지므로 ⓓ를 동형 접합으로 갖는다. 이때 자녀에게 ⓓ를 하나 물려주는데 자녀 2는 ⓓ를 갖지 않으므로 모순이다. 따라서 ⓐ는 ⓒ와 대립유전자이고, ⓑ는 ⓓ와 대립유전자이다.

ㄷ. 오답 : 자녀 3은 아버지로부터 대문자 ⓑ를 2개 물려받았으므로 염색체 비분리는 감수 2분열에서 일어났다.

😀 **문제풀이 TIP |** 어머니의 유전자형은 HhTt이므로 ㉡은 2이다. 아버지는 3가지 대립유전자를 가지므로 동형/이형 접합의 구성을 갖는다. 따라서 ㉠은 1 또는 3이다. ⓐ~ⓓ 중 적어도 2가지는 가져야 하므로 자녀 1은 ⓐ와 ⓓ를 갖는다. 따라서 자녀 1은 동형/동형 접합의 구성을 가지므로 대문자 수가 짝수(0, 2, 4)이어야 한다. ㉠이 3이라고 가정하고 조건에 맞는지를 확인해보자!

😎 **출제분석 |** 대립유전자의 유무를 토대로 ㉠~㉤의 값을 찾고, 염색체 비분리 시기와 각각의 대립유전자를 구분해야 하는 난도 '상'의 문항이다. DNA 상대량이 아닌 ⓐ~ⓓ로 표현된 대립유전자의 유무로 문제를 해결해나가는 과정이 쉽지 않다. ㉠~㉤으로 가능한 값을 정리해보고 종합적으로 분석하여 조건에 맞는 경우를 찾아야 한다.

다음은 영희네 가족의 유전병 ㉠에 대한 자료이다.

→ X 염색체 유전

○ ㉠은 X 염색체에 있는 대립 유전자 R와 r에 의해 결정되며, R는 r에 대해 완전 우성이다. → $X^R > X^r$

○ 영희네 가족 구성원은 아버지, 어머니, 오빠, 영희이다.

○ 부모에게서 ㉠이 나타나지 않고, 오빠와 영희에게서 ㉠이 나타난다. → 유전병 ㉠은 열성(X^r)

○ 오빠와 영희에게서 염색체 수 이상이 나타나고, 체세포 1개당 X 염색체 수는 오빠가 영희보다 많다.

○ 오빠와 영희가 태어날 때 각각 부모 중 한 사람의 감수 분열에서 성염색체 비분리가 1회 일어났다.

이에 대한 옳은 설명만을 〈보기〉에서 있는 대로 고른 것은? (단, 제시된 염색체 비분리 이외의 돌연변이와 교차는 고려하지 않는다.)

3점

보기

ㄱ. 오빠는 감수 2분열에서 염색체 비분리가 일어나 형성된 난자가 수정되어 태어났다. → 정상 난자와 성염색체를 갖고 있지 않은 정자가 수정되어 태어남

ㄴ. 영희가 태어날 때 아버지의 감수 분열에서 염색체 비분리가 일어났다. → $X^R X^r$: 1개

ㄷ. 체세포 1개당 r의 수는 어머니가 영희보다 많다. 같다 → X^r: 1개

① ㄴ ② ㄷ ③ ㄱ, ㄴ ④ ㄱ, ㄷ ⑤ ㄴ, ㄷ

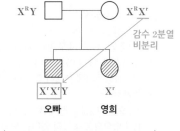

$X^R Y$ □ ── ○ $X^R X^r$

감수 2분열 비분리

▨ ── ◉

$X^r X^r Y$ X^r
오빠   영희

□ 정상 남자 ▨ 유전병㉠ 남자
○ 정상 여자 ◉ 유전병㉠ 여자

문제풀이 TIP | 주어진 자료를 분석하고 종합적으로 판단하여 가계도를 완성하면 문제를 쉽게 풀어나갈 수 있다. 부모에게서 없던 형질이 자손에서 나타나면 자손이 나타내는 형질이 열성이라는 것을 통해 유전병 ㉠은 X 염색체 열성 유전이라는 것을 알 수 있다. 특히 감수 1분열 비분리와 감수 2분열 비분리를 구분할 수 있어야 한다. 남자가 가지고 있던 성염색체 XY 중 하나를 똑같이 2개(XX 또는 YY) 받아오면 감수 2분열 때 비분리가 일어난 것이라고 기억하면 문제를 풀 때 쉽게 떠올릴 수 있다. 즉, $X^R X^r$에서 감수 2분열에서 염색 분체의 비분리에 의해 $X^R X^R Y$ 또는 $X^r X^r Y$이 만들어지게 된다. 또한 비분리가 일어난 염색체(이 경우에서는 성염색체)를 갖지 않는 생식 세포($n-1$)는 모든 경우에서 만들어지기 때문에 이러한 생식 세포가 감수 1분열과 감수 2분열 중 언제 만들어진 것인지에 대해서는 물어볼 수 없다. 이는 공통점으로 기억해두자.

출제분석 | 감수 분열 시 일어난 염색체 비분리에 대한 문제로 난도는 '중상'이다. 염색체 수 이상에 대한 문제는 모평과 학평, 수능에서 한 번씩은 반드시 출제되는 내용이므로 개념을 정확하게 이해하고 있어야 한다.

|자|료|해|설|

유전병 ㉠은 X 염색체에 있는 대립 유전자(R, r)에 의해 결정되므로 X 염색체 유전을 따른다. 또한 부모에게서 ㉠이 나타나지 않고 오빠와 영희에게서 ㉠이 나타난다는 것을 통해 이 유전병은 열성(X^r)이라는 것을 알 수 있다. 따라서 아버지의 유전자형은 $X^R Y$, 어머니의 유전자형은 $X^R X^r$이며, 유전병을 나타내는 오빠와 영희는 대립 유전자 r만 가지고 있어야 한다. 부모 중 한 사람의 감수 분열에서 성염색체 비분리가 1회씩 일어나 태어난 오빠와 영희에게서 염색체 수 이상이 나타나면서 체세포 1개당 X 염색체 수가 오빠가 영희보다 많은 경우는 오빠의 유전자형이 $X^r X^r Y$ (클라인펠터 증후군), 영희의 유전자형이 X^r(터너 증후군)일 때이다. 오빠는 감수 2분열에서 성염색체 비분리가 일어나 형성된 난자($X^r X^r$)와 정상 정자(Y)가 수정되어 태어났고, 영희는 감수 1분열 또는 감수 2분열에서 성염색체 비분리가 일어난 정자(성염색체 없음)와 정상 난자(X^r)가 수정되어 태어났다.

영희의 X^r 염색체 수	가능 여부
0개	불가능 → X 염색체 위에는 수많은 유전자가 존재하므로 X 염색체 없이는 사람이 태어날 수 없다.
1개(X^r)	가능
2개($X^r X^r$)	염색체 수가 정상이므로 불가능
3개($X^r X^r X^r$)	불가능 → 성염색체 비분리가 1회 일어났을 때 한쪽 부모에게서 성염색체는 최대 두 개까지만 받을 수 있다. 따라서 어머니로부터 X 염색체(X^r)를 3개 이상 받는 경우는 불가능하다.

⇒ 오빠는 남자이기 때문에 Y 염색체를 한 개 가지는 상태에서 영희보다 X 염색체가 많으려면 X 염색체를 2개 이상 가지고 있어야 한다. 그러나 오빠 역시 어머니로부터 받은 X 염색체 수가 3개 이상인 경우는 불가능하므로 오빠는 X 염색체를 2개($X^r X^r Y$) 가지고 있다.

|보|기|풀|이|

ㄱ. 오답 : 오빠의 유전자형은 $X^r X^r Y$이므로 감수 2분열에서 염색체 비분리가 일어나 형성된 난자($X^r X^r$)와 정상 정자(Y)가 수정되어 오빠가 태어났다.

ㄴ. 정답 : 영희의 유전자형은 X^r이므로 정상 난자(X^r)와 감수 분열에서 염색체 비분리가 일어나 형성된 정자(성염색체 없음)가 수정되어 영희가 태어났다.

ㄷ. 오답 : 체세포 1개당 r의 수는 어머니($X^R X^r$)와 영희(X^r)가 서로 1개로 같다.

다음은 사람 P의 정자 형성 과정에 대한 자료이다.

○ 그림은 P의 세포 Ⅰ로부터 정자가 형성되는 과정을, 표는 세포 ㉠~㉣에서 세포 1개당 대립유전자 A, a, B, b, D, d의 DNA 상대량을 나타낸 것이다. A는 a와, B는 b와, D는 d와 각각 대립유전자이고, ㉠~㉣은 Ⅰ~Ⅳ를 순서 없이 나타낸 것이다.

성염색체   상염색체   상염색체

세포	DNA 상대량					
	A	a	B	b	D	d
Ⅲ㉠	0	?0	ⓐ4	0	0	0
Ⅳ㉡	ⓑ0	2	0	1	?1	1
Ⅰ㉢	?0	1	2	ⓒ1	?1	1
Ⅱ㉣	0	?2	4	?2	2	ⓓ2

㉢ 복제

○ Ⅰ은 G₁기 세포이며, Ⅰ에는 중복이 일어난 염색체가 1개만 존재한다. Ⅰ이 Ⅱ가 되는 과정에서 DNA는 정상적으로 복제되었다.

○ 이 정자 형성 과정의 감수 1분열에서는 상염색체에서 비분리가 1회, 감수 2분열에서는 성염색체에서 비분리가 1회 일어났다.

이에 대한 설명으로 옳은 것만을 〈보기〉에서 있는 대로 고른 것은? (단, 제시된 중복과 염색체 비분리 이외의 돌연변이와 교차는 고려하지 않으며, Ⅱ와 Ⅲ은 중기의 세포이다. A, a, B, b, D, d 각각의 1개당 DNA 상대량은 1이다.) **3점**

보기

ㄱ. ⓐ+ⓑ+ⓒ+ⓓ=5이다.
  4 + 0 + 1 + 2 = 7
ㄴ. P에서 a는 성염색체에 있다.
ㄷ. Ⅳ에는 중복이 일어난 염색체가 있다. (없다)

① ㄱ   ✓② ㄴ   ③ ㄱ, ㄷ   ④ ㄴ, ㄷ   ⑤ ㄱ, ㄴ, ㄷ

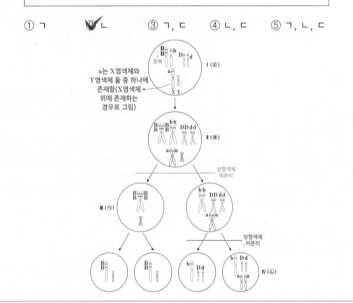

a는 X염색체와 Y염색체 둘 중 하나에 존재함(X염색체 위에 존재하는 경우로 그림)

상염색체 비분리

성염색체 비분리

|자|료|해|설|

세포 Ⅰ에 없는 대립 유전자는 Ⅱ~Ⅳ에도 존재할 수 없다. ㉡에 존재하는 b와 d가 ㉠에 없으므로 ㉠은 Ⅰ이 아니다. 마찬가지로 ㉢과 ㉣에 존재하는 B가 ㉡에 없으므로 ㉡ 또한 Ⅰ이 아니다. B의 DNA 상대량을 비교하면 ㉣이 ㉢의 두 배이므로 ㉢이 Ⅰ이고, ㉣이 Ⅱ라는 것을 알 수 있다. ㉣(Ⅱ)의 DNA 상대량은 모두 ㉢(Ⅰ)의 두 배이므로 A와 a에 대한 DNA 상대량 값은 ㉢이 (0, 1), ㉣은 (0, 2)이고 D와 d에 대한 DNA 상대량 값은 ㉢이 (1, 1), ㉣은 (2, 2)이다. G₁기 세포인 ㉢(Ⅰ)에서 A와 a의 DNA 상대량 합이 D와 d의 DNA 상대량 합의 절반이므로 A와 a는 성염색체에 존재하고, D와 d는 상염색체에 존재한다. ㉡에 b가 존재하므로 G₁기 세포인 ㉢(Ⅰ)에도 b가 존재한다. 따라서 ㉢의 값은 1이고, 대립 유전자 B의 중복이 일어났다는 것을 알 수 있다. B와 b에 대한 DNA 상대량 값을 정리하면 ㉢이 (2, 1), ㉣은 (4, 2)이고 서로 다른 대립 유전자가 함께 존재하므로 B와 b는 상염색체에 존재한다.

성염색체에 존재하는 a의 DNA 상대량이 2인 ㉡은 감수 2분열에서 성염색체 비분리로 인해 형성된 생식 세포 Ⅳ이고, 마지막 ㉠은 Ⅲ이다. G₁기 세포인 ㉢(Ⅰ)에 A가 없으므로 ⓑ는 0이고, ㉠(Ⅲ)에 D와 d의 DNA 상대량이 0이므로 감수 1분열에서 상염색체 비분리가 일어나 D와 d가 모두 한 쪽으로 이동했다는 것을 알 수 있다. 따라서 ㉡(Ⅳ)의 D와 d의 DNA 상대량 값은 (1, 1)이다. 이때 ㉡(Ⅳ)에 b만 존재하므로 B는 감수 1분열 때 ㉠(Ⅲ) 쪽으로 이동했다. 그러므로 B와 b, D와 d는 서로 다른 상염색체에 존재하고 ⓐ는 4이다.

|보|기|풀|이|

ㄱ. 오답 : ⓐ+ⓑ+ⓒ+ⓓ=4+0+1+2=7이다.

ㄴ. 정답 : G₁기 세포 ㉢(Ⅰ)에서 A와 a의 DNA 상대량 합이 D와 d의 DNA 상대량 합의 절반이므로 A와 a는 성염색체에 존재하고, B와 b, D와 d는 상염색체에 존재한다.

ㄷ. 오답 : 대립 유전자 B의 중복이 일어났으며, Ⅳ(㉡)에는 B가 없으므로 중복이 일어난 염색체가 없다.

🤓 **문제풀이 TIP** | 세포 Ⅰ에 없는 대립 유전자는 Ⅱ~Ⅳ에도 존재할 수 없다는 것을 토대로 ㉠~㉣ 중 Ⅰ의 세포를 먼저 찾아보자. 핵상이 2n인 G₁기 세포에서 A와 a의 DNA 상대량 합과 D와 d의 DNA 상대량 합을 비교했을 때 값이 절반인 유전자가 성염색체에 존재한다.

😎 **출제분석** | DNA 상대량을 비교하여 감수 분열 중인 세포의 시기를 찾고, 각 대립 유전자가 존재하는 염색체의 종류(상염색체 또는 성염색체)를 구분해야 하는 난도 '상'의 문항이다. 기존에 출제되던 유형에 '중복이 일어난 염색체'가 있다는 조건이 추가되어 난도가 높아졌다. 첨삭된 감수 분열 과정 그림을 따로 그리지 않아도 머릿속에서 정리되어야 주어진 시간 내에 문제를 해결할 수 있다.

사람의 유전 형질 ⓐ는 3쌍의 대립 유전자 A와 a, B와 b, D와 d에 의해 결정되며, ⓐ를 결정하는 유전자는 서로 다른 2개의 상염색체에 있다. 그림 (가)는 유전자형이 AaBbDd인 G₁기의 세포 Q로부터 정자가 형성되는 과정을, (나)는 세포 ㉠~㉢의 세포 1개당 a, B, D의 DNA 상대량을 나타낸 것이다. ㉠~㉢은 Ⅰ~Ⅲ을 순서 없이 나타낸 것이다. (가)에서 염색체 비분리는 1회 일어났고, Ⅰ~Ⅲ 중 1개의 세포만 A를 가지며, Ⅰ은 중기의 세포이다.

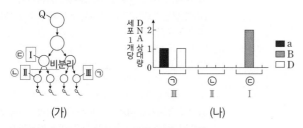

(가)   (나)

이에 대한 설명으로 옳은 것만을 〈보기〉에서 있는 대로 고른 것은? (단, 제시된 염색체 비분리 이외의 돌연변이와 교차는 고려하지 않으며, A, a, B, b, D, d 각각의 1개당 DNA 상대량은 1이다.)

보기

ㄱ. Q에서 A와 ~~B~~ B~~A~~ 는 같은 염색체에 존재한다.

ㄴ. 염색체 비분리는 감수 2분열에서 일어났다. → Ⅰ(㉢)에서 Ⅱ(㉡)가 만들어지는 감수 2분열에서 염색체 비분리가 일어남

ㄷ. 세포 1개당 a, b, d의 DNA 상대량을 더한 값은 Ⅱ에서와 Ⅲ에서가 서로 ~~같다~~. 다르다   → 0+0+1=1

→ 1+1+0=2

① ㄱ   ② ㄴ   ③ ㄷ   ④ ㄱ, ㄴ   ⑤ ㄱ, ㄷ

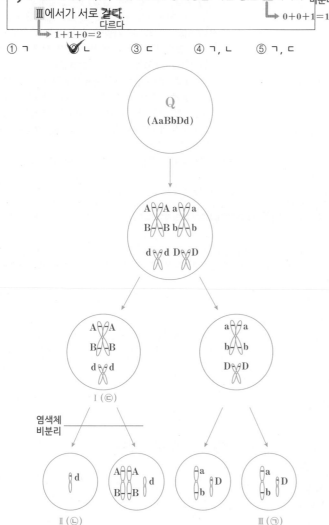

Q
(AaBbDd)

A─A a─a
B─B b─b
d─d D─D

A─A   a─a
B─B   b─b
d─d   D─D

Ⅰ (㉢)

염색체 비분리

d   A─A d   a D   a D
      B─B   b   b

Ⅱ (㉡)   Ⅲ (㉠)

|자|료|해|설|

형질 ⓐ는 3쌍의 대립 유전자에 의해 결정되므로 다인자 유전이고, ⓐ를 결정하는 유전자는 서로 다른 2개의 상염색체에 있으므로 2쌍의 유전자는 같은 염색체에 존재한다는 것을 알 수 있다. Ⅰ으로부터 Ⅱ가 만들어지는 감수 2분열이 정상적으로 이루어졌다면 (나)에서 유전자의 구성이 같고 세포 1개당 포함된 DNA 상대량이 두 배 차이나는 세포가 존재해야 하는데 ㉠ ~ ㉢의 유전자 구성이 모두 다르므로 Ⅰ으로부터 Ⅱ가 만들어지는 감수 2분열에서 비분리가 일어났다는 것을 알 수 있다. (나)에서 ㉡에는 a, B, D가 존재하지 않기 때문에 ㉡으로부터 ㉠과 ㉢이 생성될 수 없으므로 ㉡은 Ⅰ이 아니다. Ⅰ은 감수 1분열 중기의 세포이므로 각 염색체는 2개의 염색 분체로 이루어져 있다. 따라서 Ⅰ은 세포 1개당 DNA 상대량이 2인 ㉢이다. Ⅰ(㉢)의 감수 2분열로 만들어진 Ⅱ는 ㉡이고, Ⅲ는 ㉠이다.

Ⅰ(㉢)에는 A, B, d가 복제 된 상태로 존재하는데, Ⅰ~Ⅲ 중 1개의 세포만 A를 가진다고 했으므로 Ⅱ(㉡)에는 A가 존재하지 않는다. 염색체 비분리가 1회 일어났을 때 Ⅱ(㉡)에 A와 B가 모두 존재하지 않으므로 A와 B는 같은 염색체에 존재한다는 것을 알 수 있다.

|보|기|풀|이|

ㄱ. 오답 : Q에서 A와 같은 염색체에 존재한다.

ㄴ. 정답 : 염색체 비분리는 Ⅰ(㉢)에서 Ⅱ(㉡)가 만들어지는 감수 2분열에서 일어났다.

ㄷ. 오답 : 세포 1개당 a, b, d의 DNA 상대량을 더한 값은 Ⅱ(0+0+1=1)에서와 Ⅲ(1+1+0=2)에서가 서로 다르다.

😮 **문제풀이 TIP** | ㉡에는 a, B, D가 존재하지 않으므로 ㉡으로부터 ㉠과 ㉢이 생성될 수 없으며, 감수 1분열 중기의 세포에서 염색체는 2개의 염색 분체로 이루어져 있다는 사실을 토대로 Ⅰ~Ⅲ이 ㉠ ~ ㉢ 중 무엇인지를 먼저 알아내자.

😮 **출제분석** | 세포 1개당 DNA 상대량 그래프를 통해 각각의 세포를 구분하고 염색체 비분리 시기를 찾아야 하는 난도 '중상'의 문항이다. 문제 해결에 어려움을 느낀 학생들은 첨삭된 그림을 보며 이해한 뒤, 직접 그리지 않아도 머릿속으로 과정이 그려질 때까지 문제 풀이를 반복해야 수능을 대비할 수 있다.

다음은 5명으로 구성된 철수네 가족의 유전 형질 ㉠과 ㉡에 대한 자료이다.

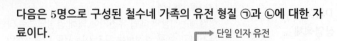
→ 단일 인자 유전

○ ㉠은 대립 유전자 A와 A*에 의해, ㉡은 대립 유전자 B와 B*에 의해 결정되며, 각 대립 유전자 사이의 우열 관계는 분명하다.
→ 불완전 우성×

○ 표는 철수네 가족 구성원에서 ㉠과 ㉡이 발현된 모든 사람을, 그림은 아버지와 어머니의 체세포 1개당 A*, B, B*의 DNA 상대량을 나타낸 것이다.

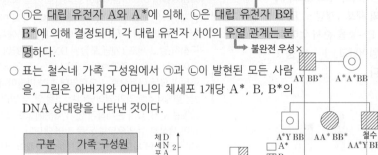

구분	가족 구성원
㉠ 발현	어머니, 형
㉡ 발현	아버지, 누나, 철수

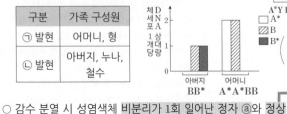

○ 감수 분열 시 성염색체 비분리가 1회 일어난 정자 @와 정상 난자가 수정되어 철수가 태어났다. 철수의 염색체 수는 47개이다.
→ X^A Y

이에 대한 설명으로 옳은 것만을 〈보기〉에서 있는 대로 고른 것은? (단, 제시된 염색체 비분리 이외의 돌연변이는 고려하지 않으며, A, A*, B, B* 각각의 1개당 DNA 상대량은 같다.) 3점

보기
㉠ A는 A*에 대해 우성이다. → A*는 열성 성염색체 유전
㉡ 철수의 형에서 ㉡의 유전자형은 동형 접합이다.
ㄷ. @가 형성될 때 성염색체 비분리는 감수 2분열에서 일어났다.
→ BB   1

① ㄱ   ② ㄷ   ✔③ ㄱ, ㄴ   ④ ㄴ, ㄷ   ⑤ ㄱ, ㄴ, ㄷ

|자|료|해|설|

자료에 제시된 단서를 찾아보면, 단일 인자 유전이며, 우열 관계가 분명하다. 또한 왼쪽의 표를 참고하여 가계도를 그려보면 첨삭과 같이 나타낼 수 있다. DNA 상대량 그래프를 통해서는 형질 ㉠, ㉡을 나타내는 대립 유전자를 알 수 있다. 가계도와 부모의 유전자형을 이용하여 먼저 ㉡의 유전 양상을 분석해보면 아버지는 BB*, 어머니는 BB로 모두 쌍으로 존재하므로 상염색체 위에 존재하고 BB*에서만 형질 ㉡이 발현되고 BB에서는 발현되지 않았으므로 B*이 형질 ㉡의 유전자이면서 우성이다. 즉 B*은 우성 상염색체 유전이다. 다음으로, ㉠의 유전 양상을 분석해보면, 어머니의 ㉠의 유전자형은 A*A*이고, 아버지는 A(성염색체 위) 혹은 AA(상염색체 위)가 된다(A*이 존재하지 않으므로). AA라고 가정하면 자식의 유전자형이 AA*으로 표현형이 모두 같아야 하는데 아들과 딸이 다르므로 성염색체 유전임을 알 수 있다. 하지만 성염색체 위에 있어도 철수의 발현 양상이 문제가 된다. 이는 자료의 마지막 단서를 이용하면 해결이 가능하다. 아버지의 감수 1분열에서 비분리가 일어나 XY 정자와 정상의 X 난자가 수정되어 철수가 태어나면 XXY가 되는데 이때 X 염색체 위에 있는 ㉠의 유전자형은 AA*이 되어 발현되지 않는 것이 설명된다. 따라서 A*이 형질 ㉠의 대립 유전자이며, A*은 X 염색체 열성 유전이 된다.

|보|기|풀|이|

㉠ 정답 : A*A*에서 형질 ㉠이 발현되고, AA*에서 형질 ㉠이 발현되지 않으므로, A는 A*에 대해 우성이다.
㉡ 정답 : ㉡의 유전자형이 아버지는 BB*, 어머니는 BB이다. 철수의 형은 ㉡이 발현되지 않았으므로, 철수의 형의 유전자형은 BB이므로 동형 접합이다.
ㄷ. 오답 : 철수는 ㉠이 발현되지 않았으므로 ㉠에 대한 유전자형은 AA*이 되어야 한다. 이때 어머니의 정상 난자 X를 받으므로 A*을 받고, 아버지의 정자에서 Y와 함께 X도 받아야 하는데, 정자 @가 형성될 때 감수 1분열에서 비분리가 일어나야 XY를 함께 가진 정자가 태어난다. 따라서 감수 1분열에서 비분리가 일어났다.

😀 **문제풀이 TIP |** 유전 양상을 결정할 때 주요하게 결정해야 할 세 가지는 1. A, A* 중 형질을 나타내는 유전자가 무엇인지 2. 열성인지, 우성인지 3. 상염색체인지, 성염색체인지를 꼼꼼히 단서를 검토하여 결정해야 한다. 1번은 발현된 사람과 발현되지 않은 사람의 유전자형을 비교하여 알 수 있고, 2번은 유전자형을 비교하거나, 부모에게서 없는 형질이 자녀에게서 나오는 경우에 자녀의 형질이 열성이 되는 가계도를 찾아 알 수 있다. 3번은 상염색체나 성염색체를 가정하고 가계도에 대입시켜 결정할 수 있다. 유전에 관한 문제는 많은 연습이 필요한 부분이므로 다양한 기출문제를 접하며 풀이 방법을 익히도록 하자.

😀 **출제분석 |** 이번 문항은 가계도 분석만이 아니라 유전자형을 결정짓고, 비분리가 일어날 경우도 고려해야 하는 난도 '상'에 해당하는 문항이다. 유전파트는 대부분 높은 난도로 출제가 이루어지고, 매회 모의고사마다 1~2개의 문항이 출제된다. 따라서 고득점을 위해서는 반드시 정답을 맞혀야 하는 문항이다. 가계도 분석은 이번 문항처럼 비분리와 연계하여 출제되므로 가계도 분석, 비분리 돌연변이 등을 꼼꼼히 정리하여 학습하도록 하자.

💁‍♀️ " 이 문제에선 이게 가장 중요해! "

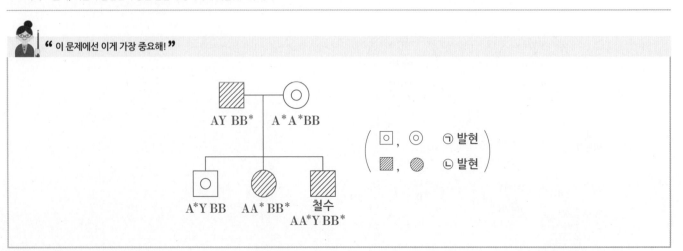

다음은 철수네 가족의 유전 형질 (가)와 (나)에 대한 자료이다.

○ (가)는 대립 유전자 A와 A*에 의해, (나)는 대립 유전자 B와 B*에 의해 결정되며, 각 대립 유전자 사이의 우열 관계는 분명하다.

○ 표는 철수네 가족 구성원에서 (가)와 (나)의 발현 여부와 체세포 1개당 A*와 B*의 DNA 상대량을 나타낸 것이다. 구성원 ㉠~㉢은 아버지, 어머니, 누나를 순서 없이 나타낸 것이다.

구성원	유전 형질		DNA 상대량	
	(가)	(나)	A*	B*
어머니 ㉠	×	○	1	1
누나 ㉡	○	×	2	0
아버지 ㉢	○	○	1	1
형	○	×	1	0
철수	×	○	1	2

(가) : 성염색체 유전
ㄴ A > $\boxed{A^*}$
(나) : 상염색체 유전
ㄴ $\boxed{B^*}$ > B

(○: 발현됨, ×: 발현 안 됨)

○ 감수 분열 시 염색체 비분리가 1회 일어난 정자 @와 정상 난자가 수정되어 철수가 태어났다. 철수의 체세포 1개당 염색체 수는 47개이다.

감수 1분열 비분리

이에 대한 설명으로 옳은 것만을 〈보기〉에서 있는 대로 고른 것은? (단, 교차와 제시된 염색체 비분리 이외의 돌연변이는 고려하지 않으며, A, A*, B, B* 각각의 1개당 DNA 상대량은 같다.) **3점**

보기
㉠. (나)의 유전자는 상염색체에 있다.
㉡. 누나는 어머니에게서 A*와 B를 물려받았다.
~~ㄷ~~. @가 형성될 때 염색체 비분리는 감수 2분열에서 일어났다.
감수 1분열

① ㄱ   ② ㄴ   ③ ㄷ   ✔④ ㄱ, ㄴ   ⑤ ㄱ, ㄴ, ㄷ

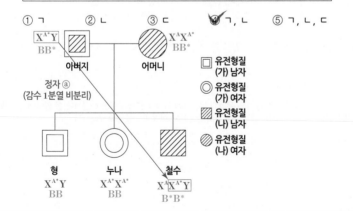

|자|료|해|설|

㉠과 ㉢에서 A*의 DNA 상대량은 1로 같지만 (가)의 발현 여부는 서로 다르므로 (가)의 유전자는 X 염색체에 있다. ㉢은 형과 A*의 DNA 상대량과 (가)의 발현 여부가 같으므로 아버지이고, ㉠은 어머니(X^A X^A*), ㉡은 누나 (X^A* X^A*)이다. 따라서 유전 형질 (가)를 나타내는 대립 유전자는 A*이고 열성이다.

B*가 X 염색체에 있으면 누나는 아버지로부터 X^B*를 물려받게 되지만 누나의 B*의 DNA 상대량이 0이므로 (나)의 유전자는 상염색체에 있다. 또한, 아버지에게서 유전 형질 (나)가 발현되므로 유전 형질 (나)를 나타내는 대립 유전자는 B*이고 우성이다.

철수는 A*를 가지고 있지만 유전 형질 (가)가 발현되지 않았으므로 A도 가지고 있다. 즉 어머니로부터 X^A, 아버지로부터 X^A* Y를 물려받았으며 감수 1분열 시 염색체 비분리가 1회 일어난 정자 @(X^A* Y)와 정상 난자 (X^A)가 수정되어 철수(X^A X^A* Y)가 태어났다.

|보|기|풀|이|

㉠. 정답 : B*가 X 염색체에 있으면 누나는 아버지로부터 X^B*를 물려받게 되지만 누나의 B* DNA 상대량이 0 이므로 (나)의 유전자는 상염색체에 있다.

㉡. 정답 : 누나는 어머니에게서 A*와 B를 물려받았다.

ㄷ. 오답 : 철수의 성염색체는 XXY이고, A와 A*를 모두 가지므로 정자 @가 형성될 때 염색체 비분리는 감수 1분열에서 일어났다.

🔎 **문제풀이 TIP** | 유전 형질과 DNA 상대량 표 분석이 매우 중요하다. ㉠과 ㉢에서 A*의 DNA 상대량은 1로 같지만 (가)의 발현 여부는 서로 다르므로 (가)의 유전자는 X 염색체에 있으며, B*가 X 염색체에 있으면 누나는 아버지로부터 X^B*를 물려받게 되지만 누나의 B* DNA 상대량이 0이므로 (나)의 유전자는 상염색체에 있다는 것을 알아내야 한다.

😲 **출제분석** | 유전 형질과 DNA 상대량 표를 분석하여 상염색체 유전인지, 성염색체 유전인지와 함께 유전병의 우열 관계를 따지고 비분리가 일어난 시기를 알아내야 하는 난도 '상'의 문항이다. 제시된 자료를 논리적이고 종합적으로 분석해야 해결할 수 있다.

다음은 어떤 집안의 유전 형질 ㉠과 ㉡에 대한 자료이다.

○ ㉠은 대립 유전자 A와 A*에 의해, ㉡은 대립 유전자 B와 B*에 의해 결정된다. A는 A*에 대해, B는 B*에 대해 각각 완전 우성이다.

○ ㉠의 유전자와 ㉡의 유전자는 같은 염색체에 존재한다.

○ 가계도는 구성원 1~8에서 ㉠과 ㉡의 발현 여부를 나타낸 것이다.

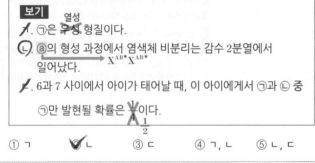

감수 2분열 비분리

X 염색체에 존재

㉠A > A*
㉡B > B*

○ 정상 여자
◪ ㉠ 발현 남자
🌐 ㉡ 발현 여자
■ ㉠, ㉡ 발현 남자

자녀 8
자녀 5

○ 1~8의 핵형은 모두 정상이다.

○ 5와 8 중 한 명은 정상 난자와 정상 정자가 수정되어 태어났다. 나머지 한 명은 염색체 수가 비정상적인 난자와 염색체 수가 비정상적인 정자가 수정되어 태어났으며,

ⓐ 이 난자와 정자의 형성 과정에서 각각 염색체 비분리가 1회 일어났다. → 감수 2분열 비분리

○ $\dfrac{1, 2, 6 \text{ 각각의 체세포 1개당 A*의 DNA 상대량을 더한 값}}{3, 4, 7 \text{ 각각의 체세포 1개당 A*의 DNA 상대량을 더한 값}}$ →1+1+1=3 →1+1+1=3 =1이다.

이에 대한 설명으로 옳은 것만을 〈보기〉에서 있는 대로 고른 것은? (단, 제시된 염색체 비분리 이외의 돌연변이와 교차는 고려하지 않으며, A와 A* 각각의 1개당 DNA 상대량은 1이다.) **3점**

보기
열성
ㄱ. ㉠은 ~~우성~~ 형질이다.
ㄴ. ⓐ의 형성 과정에서 염색체 비분리는 감수 2분열에서 일어났다. → $X^{AB*}X^{AB*}$
ㄷ. 6과 7 사이에서 아이가 태어날 때, 이 아이에게서 ㉠과 ㉡ 중 ㉠만 발현될 확률은 ~~$\dfrac{1}{2}$~~이다.

① ㄱ　　✓② ㄴ　　③ ㄷ　　④ ㄱ, ㄴ　　⑤ ㄴ, ㄷ

| 자 | 료 | 해 | 설 |

㉠이 상염색체에 존재하고 우성이라면,

$\dfrac{1, 2, 6 \text{ 각각의 체세포 1개당 A*의 DNA 상대량을 더한 값}}{3, 4, 7 \text{ 각각의 체세포 1개당 A*의 DNA 상대량을 더한 값}}$이 $\dfrac{1+2+1}{1+2+2}=\dfrac{4}{5}$이므로 1이 아니다.

㉠이 상염색체에 존재하고 열성이라면, $\dfrac{2+1+2}{2+1+1}=\dfrac{5}{4}$이므로 이 또한 1이 아니다.

㉠이 성염색체(X 염색체)에 존재하고 우성이라면, 2로부터 6이 태어날 수 없으므로 모순이다. 따라서 ㉠은 성염색체(X 염색체) 위에 존재하고, 열성 형질이다.

㉠과 ㉡의 유전자는 같은 염색체에 존재하고, ㉡이 발현되지 않은 부모 1과 2, 3과 4로부터 ㉡이 발현된 자녀 5와 8이 태어났으므로 성염색체(X 염색체) 위에 존재하는 ㉡은 열성 형질이다. 1(X^BY)과 2(X^BX^{B*}) 사이에서 ㉡ 발현 여자인 5가 태어났으므로 5는 1로부터 성염색체를 받지 않고 2로부터 $X^{B*}X^{B*}$를 물려받은 것이다. 즉 ⓐ가 형성되는 감수 2분열에서 비분리가 일어났다.

| 보 | 기 | 풀 | 이 |

ㄱ. 오답 : ㉠은 열성 형질이다.

ㄴ. 정답 : 1(X^BY)과 2(X^BX^{B*}) 사이에서 태어난 5($X^{B*}X^{B*}$)가 가지는 X 염색체는 모두 2로부터 물려받은 것이므로 ⓐ의 형성 과정에서 염색체 비분리는 감수 2분열에서 일어났다.

ㄷ. 오답 : 6과 7 사이에서 아이가 태어날 때, 이 아이에게서 ㉠과 ㉡ 중 ㉠만 발현될 확률은 $\dfrac{1}{2}$이다.

6의 생식 세포 \ 7의 생식 세포	X^{A*B}	X^{AB}
X^{A*B}	$X^{A*B}X^{A*B}$	$X^{AB}X^{A*B}$
Y	$X^{A*B}Y$	$X^{AB}Y$

😀 **문제풀이 TIP** | 부모에게 없던 형질이 자손에게서 나타나면 자손에게서 나타나는 형질이 열성이다.

😀 **출제분석** | 가계도와 함께 주어진 정보를 종합적으로 분석하여 해결해야 하는 난도 '상'의 문항이다. 형질 ㉠의 우열과 유전자의 위치(상염색체 또는 성염색체)를 알아내기 위해서는 모든 경우를 가정하며 값을 식에 대입해봐야 하므로 문제 해결에 상당히 긴 시간이 필요하다. 가계도 문제를 반복하여 풀어보며 문제 해결 속도를 단축해나가야 한다.

다음은 어떤 집안의 유전 형질 (가)와 적록 색맹에 대한 자료이다.

○ (가)는 대립 유전자 A와 a에 의해, 적록 색맹은 대립 유전자 B와 b에 의해 결정되며, A는 a에 대해, B는 b에 대해 각각 완전 우성이다.

○ (가)와 적록 색맹을 결정하는 유전자는 같은 염색체에 존재한다. → X 염색체

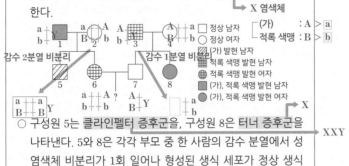

감수 2분열 비분리   감수 1분열 비분리

□ 정상 남자
○ 정상 여자
▨ (가) 발현 남자
▧ 적록 색맹 발현 남자
⊕ 적록 색맹 발현 여자
■ (가), 적록 색맹 발현 남자
● (가), 적록 색맹 발현 여자

(가) : A > a
적록 색맹 : B > b

XXY

○ 구성원 5는 클라인펠터 증후군을, 구성원 8은 터너 증후군을 나타낸다. 5와 8은 각각 부모 중 한 사람의 감수 분열에서 성 염색체 비분리가 1회 일어나 형성된 생식 세포가 정상 생식 세포와 수정되어 태어났다. → 각각 2와 3의 감수 분열에서 성염색체 비분리가 일어남

○ 5에서 체세포 1개당 a와 B의 수는 같다.

이에 대한 옳은 설명만을 〈보기〉에서 있는 대로 고른 것은? (단, 제시된 염색체 비분리 이외의 돌연변이와 교차는 고려하지 않는다.) **3점**

보기
열성
ㄱ. (가)는 <s>우성</s> 형질이다.   → 5에게 X염색체 두 개를 물려줌
ㄴ. 성염색체 비분리는 2와 3의 감수 분열에서 일어났다.   → 8에게 성염색체를 물려주지 않음
ㄷ. 6과 7 사이에서 아이가 태어날 때, 이 아이에게서 (가)와 적록 색맹이 모두 발현될 확률은 <s>X/2</s> 이다.

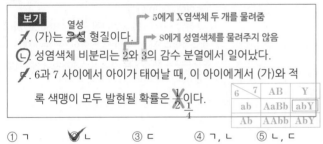

① ㄱ   ✓② ㄴ   ③ ㄷ   ④ ㄱ, ㄴ   ⑤ ㄴ, ㄷ

|자|료|해|설|

적록 색맹 유전자는 X 염색체에 존재하므로 (가)와 적록 색맹을 결정하는 유전자는 X 염색체에 같이 존재한다. (가)가 발현되지 않은 3과 4 사이에서 태어난 8에서 (가)가 발현되었으므로 유전 형질 (가)는 열성 형질이다. 5는 클라인펠터 증후군(44+XXY)을 나타내고 (가)가 발현되었기 때문에 aaY의 유전자 구성을 갖는다. 지문에서 5의 체세포 1개당 a와 B의 수는 같다고 했으므로 5의 유전자형은 aB/aB Y이고, 2의 감수 2분열에서 성염색체 비분리가 1회 일어나 형성된 생식 세포(22+XX)가 정상 생식 세포(22+Y)와 수정되어 태어났다는 것을 알 수 있다. 8은 터너 증후군(44+X)을 나타내고 (가)와 적록 색맹이 모두 발현되었기 때문에 ab의 유전자 구성을 갖는다. a와 b가 같이 존재하는 X 염색체는 4로부터 받은 것이므로 8은 3의 감수 분열에서 성염색체 비분리가 1회 일어나 형성된 생식 세포(22+□)가 정상 생식 세포(22+X)와 수정되어 태어났다는 것을 알 수 있다.

|보|기|풀|이|

ㄱ. 오답 : (가)가 발현되지 않은 3과 4 사이에서 태어난 8에서 (가)가 발현되었으므로 (가)는 열성 형질이다.

ㄴ. 정답 : 5는 2로부터 X 염색체를 2개 받고, 8은 3으로부터 성염색체를 받지 않았다. 따라서 성염색체 비분리는 2와 3의 감수 분열에서 일어났다.

ㄷ. 오답 : 6과 7 사이에서 아이가 태어날 때, 이 아이에게서 (가)와 적록 색맹이 모두 발현될 확률은 $\frac{1}{2}$(6이 ab를 물려줄 확률) × $\frac{1}{2}$(7이 Y 염색체를 물려줄 확률)=$\frac{1}{4}$이다.

🔧 **문제풀이 T I P** | 적록 색맹 유전자는 X 염색체에 존재하며 적록 색맹은 열성 형질이다. 정상인 부모 사이에서 특정 형질이 발현된 자손이 태어났을 때 이 형질은 열성 형질이다. 클라인펠터 증후군은 44+XXY, 터너 증후군은 44+X의 염색체 구성을 가진다.

😮 **출제분석** | 가계도를 통해 형질의 우열을 파악하고 염색체 수 이상으로 태어난 자손의 표현형으로 부모의 감수 분열에서 비분리를 분석해야 하는 난도 '중상'의 문항이다. 같은 염색체에 존재하는 유전자는 감수 분열 시 함께 이동한다는 것에 주의하여 가계도 분석 및 확률 계산을 해야한다.

Ⅳ
2
Ⅰ
03.
유전
복합
문제

다음은 어떤 가족의 유전 형질 (가)와 (나)에 대한 자료이다.

○ (가)는 대립유전자 A와 a에 의해, (나)는 대립유전자 B와 b에 의해 결정된다. A는 a에 대해, B는 b에 대해 각각 완전 우성이다.

○ (가)와 (나)를 결정하는 유전자 중 1개는 X 염색체에, 나머지 1개는 상염색체에 존재한다.

○ 표는 이 가족 구성원의 성별과 체세포 1개당 A와 B의 DNA 상대량을 나타낸 것이다.

구성원	성별	A	B
아버지	남 X^aY ?	1Bb
어머니	여 X^aX0	?Bb
자녀 1	남 X^aY ?	1Bb
자녀 2	여 X^aX^a ?	0bb
자녀 3	남X^AX^AY2	2BB

(X염색체 / 상염색체 표시, A 표시)

○ 부모의 생식세포 형성 과정 중 한 명에게서 대립유전자 ㉠이 대립유전자 ㉡으로 바뀌는 돌연변이가 1회 일어나 ㉡을 갖는 생식세포가, 나머지 한 명에게서 @ 염색체 비분리가 1회 일어나 염색체 수가 비정상적인 생식세포가 형성되었다. 이 두 생식세포가 수정되어 클라인펠터 증후군을 나타내는 자녀 3이 태어났다. ㉠과 ㉡은 각각 A, a, B, b 중 하나이다. (감수 1분열 비분리(X^AY))

이에 대한 설명으로 옳은 것만을 〈보기〉에서 있는 대로 고른 것은? (단, 제시된 돌연변이 이외의 돌연변이는 고려하지 않으며, A, a, B, b 각각의 1개당 DNA 상대량은 1이다.) **3점**

보기

㉠ ㉡은 A이다.
ㄴ. @가 형성될 때 염색체 비분리는 감수 2분열에서 일어났다. (감수 1분열)
㉢ 체세포 1개당 $\dfrac{a의\ DNA\ 상대량}{b의\ DNA\ 상대량}$ 은 자녀 1이 자녀 2보다 크다. ($\dfrac{1}{1} > \dfrac{1}{2}$)

① ㄴ   ② ㄷ   ③ ㄱ, ㄴ   ✓④ ㄱ, ㄷ   ⑤ ㄱ, ㄴ, ㄷ

|자|료|해|설|

자녀 2는 B를 갖지 않으므로 (나)에 대한 유전자형은 bb이다. B의 DNA 상대량이 1인 아버지는 자녀 2에게 b를 물려주었으므로 아버지의 (나)에 대한 유전자형은 Bb이고, (나)를 결정하는 유전자는 상염색체에 존재한다. 따라서 (가)를 결정하는 유전자는 X 염색체에 존재한다. B의 DNA 상대량이 2인 자녀 3은 어머니의 (나)에 대한 유전자형이 Bb일 경우 태어날 수 있다.

어머니는 A를 갖지 않으므로 (가)에 대한 유전자형은 X^aX^a이고, A의 DNA 상대량이 2이면서 클라인펠터 증후군을 나타내는 자녀 3의 (가)에 대한 유전자형은 X^AX^AY이다. 아버지의 (가)에 대한 유전자형은 X^AY이므로 자녀 3은 아버지로부터 X^AY를 모두 물려받았다. 따라서 @가 형성될 때 염색체 비분리는 감수 1분열에서 일어났다. 나머지 X^A는 어머니로부터 물려받았으므로 어머니의 생식세포 형성 과정 중 X^a가 X^A로 바뀌는 돌연변이가 1회 일어났다는 것을 알 수 있다. 따라서 ㉠은 a이고, ㉡은 A이다.

|보|기|풀|이|

㉠ **정답** : 어머니의 생식세포 형성 과정 중 X^a가 X^A로 바뀌는 돌연변이가 1회 일어났으므로 ㉠은 a이고, ㉡은 A이다.

ㄴ. **오답** : 자녀 3은 아버지로부터 X^AY를 모두 물려받았으므로 @가 형성될 때 염색체 비분리는 감수 1분열에서 일어났다.

㉢ **정답** : 자녀 1의 유전자형은 X^aYBb이고, 자녀 2의 유전자형은 X^aX^abb이다. 따라서 체세포 1개당 $\dfrac{a의\ DNA\ 상대량}{b의\ DNA\ 상대량}$ 은 자녀 1$\left(\dfrac{1}{1}\right)$이 자녀 2$\left(\dfrac{1}{2}\right)$보다 크다.

🧑‍🔬 **문제풀이 TIP** | (나)에 대한 유전자형은 자녀 2가 bb이고, 아버지는 Bb이므로 (나)를 결정하는 유전자는 상염색체에 존재한다. 어머니의 (가)에 대한 유전자형은 X^aX^a이고, 클라인펠터 증후군을 나타내는 자녀 3의 (가)에 대한 유전자형은 X^AX^AY이다. 이때 아버지의 유전자형은 X^AY이며, 자녀 3은 아버지로부터 X^AY를 모두 물려받았다. 이를 토대로 부모의 생식세포 형성 과정 중에 일어난 돌연변이를 구분할 수 있다.

😀 **출제분석** | 표에 제시된 A와 B의 DNA 상대량으로 각 구성원의 유전자형을 알아내고, 자녀 3이 태어날 때 부모의 생식세포 형성 과정 중 일어난 돌연변이를 구분해야 하는 난도 '상'의 문항이다. 2022학년도 6월 모평 15번 문제는 염색체 비분리와 염색체 결실이 함께 일어난 경우였으며, 앞으로 이와 비슷하게 염색체 비분리와 다른 돌연변이가 함께 일어나는 유형의 문항이 출제될 가능성이 높다.

다음은 어떤 가족의 유전 형질 (가)와 (나)에 대한 자료이다.

○ (가)는 대립유전자 A와 a에 의해 결정되며, 유전자형이
다르면 표현형이 다르다. → 불완전 우성(AA, Aa, aa의 표현형이 다름)

○ (나)는 1쌍의 대립유전자에 의해 결정되며 대립유전자에는 → 복대립 유전
B, D, E, F가 있다. B, D, E, F 사이의 우열 관계는
분명하다.   F_ D_ E_ BB

○ (나)의 표현형은 4가지이며, ㉠, ㉡, ㉢, ㉣이다.

○ (나)에서 유전자형이 BF, DF, EF, FF인 개체의 표현형은
같고, 유전자형이 BE, DE, EE인 개체의 표현형은 같고,
유전자형이 BD, DD인 개체의 표현형은 같다. → F>E>D>B

○ (가)와 (나)의 유전자는 같은 상염색체에 있다.

○ 표는 아버지, 어머니, 자녀 Ⅰ~Ⅳ에서 (나)에 대한 표현형과
체세포 1개당 A의 DNA 상대량을 나타낸 것이다.

구분	아버지	어머니	자녀Ⅰ	자녀Ⅱ	자녀Ⅲ	자녀Ⅳ
(나)에 대한 표현형	㉠	㉡	㉠	㉠	㉢	㉣
A의 DNA 상대량	?1	1	2	?	1	0

○ 자녀 Ⅳ는 생식세포 형성 과정에서 대립유전자 @가 결실된
염색체를 가진 정자와 정상 난자가 수정되어 태어났다. @는
B, D, E, F 중 하나이다. └→ E

이에 대한 설명으로 옳은 것만을 〈보기〉에서 있는 대로 고른 것은?
(단, 제시된 돌연변이 이외의 돌연변이와 교차는 고려하지 않으며,
A, a 각각의 1개당 DNA 상대량은 1이다.) **3점**

보기

㉠ @는 E이다.
           AA 또는 Aa
ㄴ. 자녀 Ⅱ의 (가)에 대한 유전자형은 ~~aa~~이다.
㉢ 자녀 Ⅳ의 동생이 태어날 때, 이 아이의 (가)와 (나)에 대한
     표현형이 모두 아버지와 같을 확률은 $\frac{1}{4}$이다.
   (가)에 대한 표현형 : Aa ┘   └→ AF/aB일 확률
   (나)에 대한 표현형 : F_

① ㄱ   ② ㄴ   ③ ㄷ   ④ ㄱ, ㄴ   ✓⑤ ㄱ, ㄷ

아버지   어머니   아버지   어머니
A┼a   A┼a   A┼a   A┼a
㉠┼㉢   ㉡┼㉣   F┼E   D┼B

자녀Ⅰ 자녀Ⅱ 자녀Ⅲ 자녀Ⅳ   자녀Ⅰ 자녀Ⅱ 자녀Ⅲ 자녀Ⅳ
A┼A A┼A A┼a a┼a   A┼A A┼A A┼a a┼a
㉠┼㉡ ㉠┼㉡ ㉡┼㉢ ㉣┼㉣   F┼D F┼D D┼E E┼B
     또는   결실   또는   결실
     A┼a   A┼a
     ㉠┼㉣   F┼B

|자|료|해|설|

(가)의 유전자형이 다르면 표현형이 다르므로 이는 불완전
우성에 해당하며 AA, Aa, aa의 표현형이 다르다. (나)를
결정하는 대립유전자가 B, D, E, F이므로 이는 복대립
유전에 해당한다. (나)에서 유전자형이 BF, DF, EF,
FF인 개체의 표현형은 F의 표현형으로 같고, 유전자형이
BE, DE, EE인 개체의 표현형은 E의 표현형으로 같고,
유전자형이 BD, DD인 개체의 표현형은 D의 표현형으로
같으므로 B, D, E, F 사이의 우열 관계는 F>E>D>B
이다.

자녀 Ⅰ의 A의 DNA 상대량이 2이고, 자녀 Ⅳ의 A의
DNA 상대량이 0이므로 (가)에 대한 유전자형은 자녀
Ⅰ이 AA, 자녀 Ⅳ가 aa이고 부모는 모두 Aa이다. 표현형
㉠, ㉡, ㉢, ㉣을 결정하는 대립유전자를 각각 ㉠, ㉡, ㉢,
㉣로 나타내면, 자녀 Ⅳ는 ㉣을 가지며 이 대립유전자는
어머니로부터 물려받은 것이다. 따라서 ㉡의 표현형을
갖는 어머니의 유전자형은 A㉡/a㉣이다(우열 관계 :
㉡>㉣). ㉠의 표현형을 갖는 자녀 Ⅰ의 유전자형은
A㉠/A㉡이고(우열 관계: ㉠>㉡), 자녀 Ⅲ이 ㉢을
가지므로 아버지의 유전자형은 A㉠/a㉢이다(우열 관계 :
㉠>㉢). 그러므로 자녀 Ⅲ의 유전자형은 A㉡/a㉢이고
(우열 관계: ㉢>㉡), 자녀 Ⅳ의 유전자형은 a㉠/a㉣이다.
따라서 @는 ㉢이다. 가족 구성원의 표현형을 토대로
(나)를 결정하는 대립유전자의 우열 관계를 정리하면
F(㉠)>E(㉢)>D(㉡)>B(㉣)이다.

|보|기|풀|이|

㉠ 정답 : @는 표현형 ㉢을 결정하는 대립유전자 E이다.

ㄴ. 오답 : 자녀 Ⅱ의 (가)에 대한 유전자형은 AA 또는
Aa이다.

㉢ 정답 : 자녀 Ⅳ의 동생이 태어날 때, 이 아이의 (가)와
(나)에 대한 표현형이 모두 아버지(Aa, F_)와 같을 확률은
$\frac{1}{4}$(AF/aB일 확률)이다.

😲 **문제풀이 TIP** | 자녀 Ⅳ의 (가)에 대한 유전자형은 aa이고,
표현형 ㉣을 결정하는 대립유전자를 어머니로부터 물려받았다.
표현형 ㉠, ㉡, ㉢, ㉣을 결정하는 대립유전자를 각각 ㉠, ㉡, ㉢,
㉣로 나타내고, (가)와 (나)의 유전자가 같은 상염색체에 있다는
것을 고려하여 가계도를 그려보자.

😊 **출제분석** | 불완전 우성, 복대립 유전, 연관(유전자가 같은
염색체에 존재), 염색체 구조적 이상 등의 개념이 복합된 문항으로,
난도는 '상'에 해당한다. (나)를 결정하는 유전자를 ㉠, ㉡, ㉢, ㉣로
나타내고 구성원의 표현형을 통해 우열 관계를 파악한 뒤 각
유전자를 결정해야 한다.

다음은 어떤 집안의 유전 형질 (가)에 대한 자료이다.

○ (가)는 상염색체에 있는 1쌍의 대립유전자에 의해 결정되며, 대립유전자에는 D, E, F, G가 있다. → 복대립 유전

○ D는 E, F, G에 대해, E는 F, G에 대해, F는 G에 대해 각각 완전 우성이다. D>E>F>G

○ 그림은 구성원 1~8의 가계도를, 표는 1, 3, 4, 5의 체세포 1개당 G의 DNA 상대량을 나타낸 것이다. 가계도에 (가)의 표현형은 나타내지 않았다.

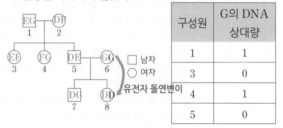

구성원	G의 DNA 상대량
1	1
3	0
4	1
5	0

□ 남자   ○ 여자   유전자 돌연변이

○ 1~8의 유전자형은 각각 서로 다르다.

○ 3, 4, 5, 6의 표현형은 모두 다르고, 2와 8의 표현형은 같다.

○ 5와 6 중 한 명의 생식세포 형성 과정에서 ⓐ대립유전자 ㉠이 대립유전자 ㉡으로 바뀌는 돌연변이가 1회 일어나 ㉡을 갖는 생식세포가 형성되었다. 이 생식세포가 정상 생식세포와 수정되어 8이 태어났다. ㉠과 ㉡은 각각 D, E, F, G 중 하나이다.   유전자 돌연변이

이에 대한 설명으로 옳은 것만을 <보기>에서 있는 대로 고른 것은? (단, 제시된 돌연변이 이외의 돌연변이는 고려하지 않으며, D, E, F, G 각각의 1개당 DNA 상대량은 1이다.) **3점**

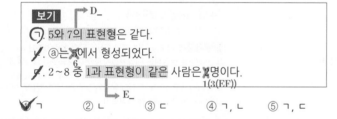

보기   ➡D_
ㄱ. 5와 7의 표현형은 같다.
ㄴ. ⓐ는 5에서 형성되었다.   (6)
ㄷ. 2~8 중 1과 표현형이 같은 사람은 2명이다.
     1(3(EF))   ➡E_

① ㄱ   ② ㄴ   ③ ㄷ   ④ ㄱ, ㄴ   ⑤ ㄱ, ㄷ

|자|료|해|설|

(가)는 상염색체에 있는 1쌍의 대립 유전자에 의해 결정되며, 대립 유전자의 종류가 4가지(D, E, F, G)이므로 복대립 유전에 해당한다. 대립 유전자의 우열 관계는 D>E>F>G이다. 따라서 G의 표현형을 나타내는 구성원의 유전자형은 GG이다.

3, 4, 5, 6의 표현형이 모두 다르며 3, 4, 5 중에서 G의 DNA 상대량이 2인 구성원이 없으므로 6이 G의 표현형을 나타내고, 6의 유전자형은 GG이다. 1의 유전자형을 편의상 Ga로 나타내면 3과 5는 G를 갖지 않기 때문에 1로부터 a를 물려 받았다는 것을 알 수 있다. 3(또는 5)의 유전자형이 aa로 동형 접합일 경우 2와 5(또는 3)의 유전자형이 같아지므로 3과 5는 이형 접합성이다. 편의상 3의 유전자형을 ab, 5의 유전자형을 ac로 나타내면 2의 유전자형은 bc이다. 5(ac)와 6(GG) 사이에서 태어난 7의 유전자형은 1(Ga)과 달라야 하므로 Gc이고, 4의 유전자형은 Gb로 결정된다. 3(ab), 4(Gb), 5(ac), 6(GG)의 표현형이 모두 다르므로 우열 관계는 c>a>b>G이고, D(c)>E(a)>F(b)>G라는 것을 알 수 있다. 각 구성원의 유전자형을 정리하면 1(EG), 2(DF), 3(EF), 4(FG), 5(DE), 6(GG), 7(DG)이다.

8은 2(DF)와 표현형이 D로 같고 1~8의 유전자형은 각각 서로 다르므로 8의 유전자형은 DD이다. 즉, 6의 생식 세포 형성 과정에서 대립 유전자 G(㉠)가 대립 유전자 D(㉡)로 바뀌는 돌연변이가 1회 일어나 D(㉡)를 갖는 생식 세포가 형성되었다는 것을 알 수 있다.

|보|기|풀|이|

㉠ 정답 : 5(DE)와 7(DG)의 표현형은 D_로 같다.

ㄴ. 오답 : ⓐ는 6에서 형성되었다.

ㄷ. 오답 : 2~8 중 1(EG)과 표현형이 같은 사람은 3(EF)으로 1명이다.

😀 **문제풀이 TIP** | 3, 4, 5, 6의 표현형이 모두 다르며 3, 4, 5 중에서 G의 DNA 상대량이 2인 구성원이 없으므로 6이 G의 표현형을 나타내고, 6의 유전자형은 GG이다. 구성원의 유전자형을 결정할 수 없을 때, 대립 유전자 D, E, F 대신 편의상 기호(☆, △, □)나 다른 알파벳(a, b, c)을 활용하여 유전자형을 적고, 전체적인 내용을 종합하여 우열 관계를 파악한 뒤 대립 유전자 D, E, F를 채워 넣는 것도 문제를 해결하는 방법 중 하나이다.

😀 **출제분석** | 모든 구성원의 유전자형이 다른 조합을 찾는 것과 동시에 유전자 돌연변이가 일어난 구성원과 돌연변이로 인해 바뀐 유전자의 종류를 알아내야 하는 난도 '최상'의 문항이다. 제시된 자료해설과 같은 방법 외에 여러 번의 가정을 통해 1~8의 유전자형이 모두 다른 경우를 찾을 수도 있다. 풀이는 다양하므로 각종 해설을 찾아보며 되도록 본인이 빠르게 풀 수 있는 풀이법을 찾아 적용하는 것이 시간을 단축하는 방법이다.

다음은 어떤 집안의 유전 형질 (가)와 (나)에 대한 자료이다.

○ (가)는 21번 염색체에 있는 대립유전자 A와 a에 의해
결정되며, A는 a에 대해 완전 우성이다. → 단일 인자 유전 (A>a)

○ (나)는 7번 염색체에 있는 1쌍의 대립유전자에 의해
결정되며, 대립유전자에는 E, F, G가 있다. E는 F, G에
대해, F는 G에 대해 각각 완전 우성이다. → 단일 인자 유전, 복대립 유전(E>F>G)

○ 가계도는 구성원 1~7에서 (가)의 발현 여부를 나타낸
것이다.

(가) A > □a□ : (가)는 열성 형질

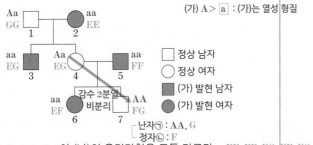

□ 정상 남자
○ 정상 여자
■ (가) 발현 남자
● (가) 발현 여자

난자㉠ : AA, G
정자㉡ : F

○ 1, 2, 4, 5, 6, 7의 (나)의 유전자형은 모두 다르다. → EE, EF, EG, FF, FG, GG

○ 1, 7의 (나)의 표현형은 다르고, 2, 4, 6의 (나)의 표현형은
같다.   → EE, EF, EG

○ $\dfrac{1, 7 \text{ 각각의 체세포 1개당 a의 DNA 상대량을 더한 값}}{3, 7 \text{ 각각의 체세포 1개당 E의 DNA 상대량을 더한 값}}$ → $\dfrac{1+0}{1+0}$ =1
이다.

○ 7은 염색체 수가 비정상적인 난자 ㉠과 염색체 수가
비정상적인 정자 ㉡이 수정되어 태어났으며, ㉠과 ㉡의
형성 과정에서 각각 염색체 비분리가 1회 일어났다. 1~7의
핵형은 모두 정상이다.

이에 대한 설명으로 옳은 것만을 〈보기〉에서 있는 대로 고른 것은?
(단, 제시된 염색체 비분리 이외의 돌연변이는 고려하지 않으며, A,
a, E, F, G 각각의 1개당 DNA 상대량은 1이다.) **3점**

보기
㉠. (가)는 열성 형질이다. → FF
㉡. 5의 (나)의 유전자형은 동형 접합성이다.
㉢. ㉠의 형성 과정에서 염색체 비분리는 감수 2분열에서
일어났다. → 염색 분체 비분리

4(Aa)로부터 AA를 받은 난자
① ㄱ   ② ㄷ   ③ ㄱ, ㄴ   ④ ㄴ, ㄷ   ⑤ ㄱ, ㄴ, ㄷ ✓

|자|료|해|설|

(가)는 대립유전자 A와 a에 의해 결정되므로 단일 인자
유전이고, (나)는 대립유전자 E, F, G에 의해 결정되므로
단일 인자 유전이면서 복대립 유전에 해당한다. (나)의
유전자형으로 가능한 조합은 EE, EF, EG, FF, FG,
GG로 최대 6가지이다. 1, 2, 4, 5, 6, 7의 (나)의 유전자형이
모두 다르므로 각 구성원의 유전자형은 6가지(EE, EF,
EG, FF, FG, GG) 중 하나이다. 2, 4, 6의 (나)의 표현형이
같으므로 2, 4, 6의 유전자형은 EE, EF, EG 중 하나이다.
4의 유전자형이 EE라고 가정하면, 1이 E의 표현형을
나타내므로 모순이다(2, 4, 6을 제외한 1, 5, 7의
유전자형은 FF, FG, GG 중 하나이므로 E의 표현형을
나타내지 않는다.). 마찬가지로 6의 유전자형이 EE라고
가정하면, 5가 E의 표현형을 나타내므로 모순이다. 따라서
2의 유전자형이 EE이다.
체세포 1개당 E의 DNA 상대량은 3에서 1이고, 7에서
0이므로 분수에서 분모의 값(3, 7 각각의 체세포 1개당
E의 DNA 상대량을 더한 값)은 1이다. 그러므로 분자의
값(1, 7 각각의 체세포 1개당 a의 DNA 상대량을 더한
값)도 1이어야 한다. (가)가 우성 형질이라고 가정하면,
1과 7의 유전자형이 aa이므로 분자의 값이 4가 되어
모순이다. 따라서 (가)는 열성 형질이고, (가)가 발현된
3의 유전자형이 aa이므로 부모인 1의 유전자형은 Aa이다.
분자의 값이 1이 되기 위해서는 핵형이 정상이고 염색체
비분리를 통해 태어난 7의 유전자형이 AA이어야 한다.
(가)의 유전자형은 4가 Aa이고, 5가 aa이므로 4가 난자
㉠을 형성하는 감수 2분열에서 21번 염색체의 비분리가
일어났음을 알 수 있다. 5가 정자 ㉡을 형성하는 감수 분열
(1분열 또는 2분열)에서 21번 염색체의 비분리가 일어나
㉡에는 21번 염색체가 존재하지 않으며, ㉠과 ㉡이
형성되는 감수 분열에서 7번 염색체는 정상적으로
분리되었다.
1, 7의 (나)의 표현형이 다르므로 각각 F의 표현형과
G의 표현형 중 하나를 나타낸다. 7의 (나)의 유전자형이
GG라고 가정하면, 4는 EG이고 5는 FG이다. 이때 1의
유전자형이 FF가 될 수 없으므로 모순이다. 따라서 1의
(나)의 유전자형이 GG이다. 이를 토대로 (나)에 대한
유전자형을 정리하면 3과 4는 EG, 6은 EF, 5는 FF, 7은
FG이다.

|보|기|풀|이|

㉠ 정답 : (가)는 정상에 대해 열성이다.
㉡ 정답 : 5의 (나)의 유전자형은 FF이므로 동형
접합성이다.
㉢ 정답 : 7의 (가)의 유전자형이 AA이므로 4(Aa)가 난자
㉠을 형성하는 감수 2분열에서 21번 염색체의 비분리가
일어났다.

😮 **문제풀이 TIP** | 1, 2, 4, 5, 6, 7의 (나)의 유전자형이 모두 다르므로 각 구성원의 유전자형은 6가지(EE, EF, EG, FF, FG, GG) 중 하나이다. 이때 2, 4, 6의 (나)의 표현형이
같으므로 2, 4, 6의 유전자형은 EE, EF, EG 중 하나이다. 분수의 값이 1이 되기 위한 분자값을 찾으면 (가)의 우열과 비분리가 일어난 염색체의 번호 및 비분리 시기를 알아낼 수 있다.

😮 **출제분석** | 가계도에서 유전자형이 서로 다른 조합을 찾는 것과 동시에 체세포 1개당 a와 E의 DNA 상대량 값으로 비분리가 일어난 염색체 번호 및 비분리 시기를 알아내야 하는
난도 '최상'의 문항이다. 주어진 조건을 하나씩 적용하면서 여러 번의 가정을 거쳐 문제를 해결하는 과정이 간단하지 않다. 비슷한 유형과 난도의 문항으로 유전자 돌연변이가 일어난
2021학년도 수능 17번 문제가 있다. 수능에서 고득점을 노린다면 여러 조건을 종합적으로 분석해야 하는 가계도 문항을 반복해 풀어보며 접근법을 익혀야 한다.

다음은 어떤 집안의 유전 형질 (가)와 (나)에 대한 자료이다.

○ (가)는 대립유전자 R와 r에 의해, (나)는 대립유전자 T와 t에 의해 결정된다. R는 r에 대해, T는 t에 대해 각각 완전 우성이다.

○ (가)의 유전자와 (나)의 유전자는 모두 X 염색체에 있다.

○ 가계도는 구성원 ⓐ와 ⓑ를 제외한 구성원 1~7에서 (가)와 (나)의 발현 여부를 나타낸 것이다.

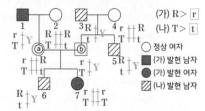

(가) R > $\boxed{r}$
(나) T > $\boxed{t}$

○ 정상 여자
■ (가) 발현 남자
● (가) 발현 여자
▨ (나) 발현 남자

○ 2와 7의 (가)의 유전자형은 모두 동형 접합성이다.

이에 대한 설명으로 옳은 것만을 〈보기〉에서 있는 대로 고른 것은? (단, 돌연변이와 교차는 고려하지 않는다.) ③점

┌─ 보기 ─────────────────────────────┐
ㄱ. (가)는 ~~우성~~ 열성 형질이다.
ㄴ. ⓐ는 여자이다.
ㄷ. ⓑ에게서 (가)와 (나) 중 (가)만 발현되었다.
　　└→ $X^{rT}Y$
└────────────────────────────────┘

① ㄱ　② ㄴ　③ ㄷ　④ ㄱ, ㄴ　⑤ ㄴ, ㄷ

|자|료|해|설|

5는 X 염색체에 (나) 발현 유전자를 가지고 있으며, 이는 어머니인 4로부터 물려 받았다. 4는 (나) 발현 유전자를 가지고 있지만 표현형이 정상이므로 (나)는 열성 형질이다. (가)에 대해 정상 유전자를 갖는 X 염색체를 $X^{정상}$, (가) 발현 유전자를 갖는 X 염색체를 $X^{(가)}$라고 표현하면 동형 접합성인 2는 $X^{정상}X^{정상}$이고, 7은 $X^{(가)}X^{(가)}$이다. 이때 7의 부모인 ⓐ와 ⓑ는 각각 $X^{(가)}$를 가지며, 2는 $X^{정상}X^{정상}$이므로 ⓐ는 $X^{(가)}$를 1로부터 물려 받았다. 아버지로부터 X 염색체를 물려 받은 ⓐ는 여자이고, ⓑ는 남자이다. ⓑ는 $X^{(가)}Y$이며, $X^{(가)}$는 어머니인 4로부터 물려 받았다. 4는 (가) 발현 유전자를 가지고 있지만 표현형이 정상이므로 (가)는 열성 형질이다. 이를 토대로 모든 구성원의 유전자형을 정리하면 가계도에 첨삭된 내용과 같다.

|보|기|풀|이|

ㄱ. 오답 : (가)는 열성 형질이다.
ㄴ. 정답 : 아버지인 1로부터 X 염색체를 물려 받은 ⓐ는 여자이다.
ㄷ. 정답 : ⓑ의 유전자형은 $X^{rT}Y$이므로 (가)와 (나) 중 (가)만 발현되었다.

😀 **문제풀이 TIP** | X 염색체 유전을 따르는 특정 형질이 아들에게서 발현되고 어머니에게서 발현되지 않으면, 아들에게서 발현된 형질은 열성이다. 이를 통해 (나)의 우열을 알 수 있다. (가)에 대해 정상 유전자를 갖는 X 염색체를 $X^{정상}$, (가) 발현 유전자를 갖는 X 염색체를 $X^{(가)}$라고 표현한 뒤 (가)의 우열을 따져보자.

😀 **출제분석** | 가계도를 통해 X 염색체에 존재하는 두 형질의 우열과 ⓐ, ⓑ의 성별을 알아내야 하는 난도 '상'의 문항이다. X 염색체 유전의 특징을 이해하고 있어야 문제를 해결할 수 있다. 비슷한 유형의 2021학년도 9월 모평 19번 문제를 풀어보며 가계도를 종합적으로 분석하는 연습을 해보자.

다음은 어떤 집안의 유전 형질 (가)~(다)에 대한 자료이다.

○ (가)는 대립 유전자 A와 A*에 의해, (나)는 대립 유전자 B와 B*에 의해, (다)는 대립 유전자 D와 D*에 의해 결정된다. A는 A*에 대해, B는 B*에 대해, D는 D*에 대해 각각 완전 우성이다.

○ (가)의 유전자와 (나)의 유전자는 서로 다른 염색체에 있고, (가)의 유전자와 (다)의 유전자는 같은 염색체에 존재한다.

○ 가계도는 (가)~(다) 중 (가)와 (나)의 발현 여부를 나타낸 것이다.

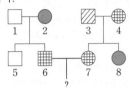

□ 정상 남자
▨ (가) 발현 남자
▦ (나) 발현 남자
◍ (나) 발현 여자
● (가), (나) 발현 여자

○ 구성원 1, 4, 7, 8에게서 (다)가 발현되었고, 구성원 2, 3, 5, 6에게서는 (다)가 발현되지 않았다. 1은 D와 D* 중 한 종류만 가지고 있다.

○ 표는 구성원 ㉠~㉢에서 체세포 1개당 A와 A*의 DNA 상대량과 구성원 ㉣~㉥에서 체세포 1개당 B와 B*의 DNA 상대량을 나타낸 것이다. ㉠~㉢은 1, 2, 5를 순서 없이, ㉣~㉥은 3, 4, 8을 순서 없이 나타낸 것이다.

구성원	DNA 상대량		구성원	DNA 상대량	
	A	A*		B	B*
5 ㉠	ⓐ1	1	4 ㉣	? 2	0
1 ㉡	? 2	0	3 ㉤	ⓑ 0	1
2 ㉢	0	2	8 ㉥	1	? 1

이에 대한 설명으로 옳은 것만을 〈보기〉에서 있는 대로 고른 것은? (단, 돌연변이와 교차는 고려하지 않으며, A, A*, B, B* 각각의 1개당 DNA 상대량은 같다.)

보기

ㄱ. $ⓐ + ⓑ = 1$이다. $\frac{1+0=1}{}$

<del>ㄴ. 구성원 1~8 중 A, B, D를 모두 가진 사람은 <del>2</del>명이다.</del> 1명(6번)

<del>ㄷ. 6과 7 사이에서 남자 아이가 태어날 때, 이 아이에게서 (가)~(다) 중 (나)와 (다)만 발현될 확률은 $\frac{1}{8}$이다.</del> $\frac{1}{2} \times \frac{1}{2} = \frac{1}{4}$

① ㄱ ② ㄴ ③ ㄱ, ㄷ ④ ㄴ, ㄷ ⑤ ㄱ, ㄴ, ㄷ

문제풀이 TIP | 가계도만으로 각 형질의 우열 관계 및 상염색체/성염색체 유전 여부를 알 수 없으며 주어진 DNA 상대량 표를 빠르게 분석해내는 것이 이 문제의 해결 포인트이다. 가정을 통해서 풀면 시간이 많이 걸리기 때문에 자료해설 내용을 따라가며 문제 푸는 방법을 익혀보자!

출제분석 | 세 가지 유전 형질에 대해 주어진 정보를 조합하여 각 형질의 우열 관계 및 상염색체/성염색체 유전 여부를 알아내야 하는 난도 '최상'의 문제이다. 이러한 문제의 경우 시간이 많이 걸릴 수 있으므로 가장 마지막에 푸는 것이 좋으며, 다양한 유형의 기출문제를 풀어보면서 DNA 상대량 표를 분석하는 것을 연습해야 한다.

|자|료|해|설|

B와 B*의 DNA 상대량 표에서 구성원 ㉣은 B*을 가지고 있지 않으므로 B만 가지고 있다. 이때 구성원 ㉣과 ㉥은 우성 유전자인 B를 가지고 있으므로 B에 해당하는 표현형을 나타낸다. 3, 4, 8 중 (나)에 대해 3은 정상이고 4와 8은 (나)가 발현되었으므로 B는 (나) 발현 대립 유전자, B*은 정상 대립 유전자이다. 따라서 구성원 ㉤이 3이고 ⓑ는 0이다. 이를 통해 (나)의 유전자는 X 염색체에 있다는 것을 알 수 있으며 구성원 ㉣은 4, 구성원 ㉥은 8이다.

(가)의 유전자와 (다)의 유전자는 같은 염색체에 있으며 (나)의 유전자와는 서로 다른 염색체에 있다고 했으므로 (가)와 (다)의 유전자는 같은 상염색체에 존재한다. 그러므로 A와 A*의 DNA 상대량 합은 모두 2가 되어야 한다. 따라서 구성원 ㉠의 유전자형은 AA*, 구성원 ㉡은 AA, 구성원 ㉢은 A*A*이며 ⓐ는 1이다. 이때 구성원 ㉠과 ㉡은 우성 유전자인 A를 가지고 있으므로 A에 해당하는 표현형을 나타낸다. 1, 2, 5 중 (가)에 대해 1과 5는 정상이고 2에서만 (가)가 발현되었으므로 A는 정상 대립 유전자, A*은 (가) 발현 대립 유전자이다. 따라서 구성원 ㉢이 2이고, 구성원 ㉠은 5, 구성원 ㉡은 1이다. 1은 D와 D* 중 한 종류만 가지고 있는데, 5와 6에서 (다)가 발현되지 않았으므로 열성이라는 것을 알 수 있다. 따라서 D는 정상 대립 유전자, D*은 (다) 발현 대립 유전자이다.

상염색체 유전
├ (가) A > A*
├ (나) B > B* ← 성염색체 유전(X 염색체)
└ (다) D > D*

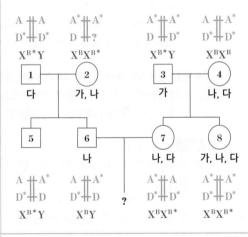

|보|기|풀|이|

ㄱ. 정답 : ⓐ는 1, ⓑ는 0이므로 ⓐ+ⓑ=1+0=1이다.

ㄴ. 오답 : 구성원 1~8 중 A, B, D를 모두 가진 사람은 6번 1명이다.

ㄷ. 오답 : 6과 7 사이에서 남자 아이가 태어날 때, 이 아이가 가질 수 있는 (가)와 (다)에 대한 유전자형은 AA*D*D*, AAD*D*, A*A*DD*, AADD*이다. 이때 (가)는 발현되지 않고 (다)만 발현되는 경우는 2가지 (AA*D*D*, AAD*D*)이므로 확률은 $\frac{1}{2}$이다. 또한 이 아이가 가질 수 있는 (나)에 대한 유전자형은 X^BY, $X^{B*}Y$ 이다. 이때 (나)가 발현되는 경우는 1가지(X^BY)이므로 확률은 $\frac{1}{2}$이다. 따라서 6과 7 사이에서 남자 아이가 태어날 때, 이 아이에게서 (가)~(다) 중 (나)와 (다)만 발현될 확률은 $\frac{1}{2} \times \frac{1}{2} = \frac{1}{4}$이다.

다음은 어떤 가족의 유전 형질 (가)~(다)에 대한 자료이다.

○ (가)는 대립유전자 A와 a에 의해, (나)는 대립유전자 B와 b에 의해, (다)는 대립유전자 D와 d에 의해 결정된다.

○ (가)와 (나)의 유전자는 7번 염색체에, (다)의 유전자는 13번 염색체에 있다.

○ 그림은 어머니와 아버지의 체세포 각각에 들어 있는 7번 염색체, 13번 염색체와 유전자를 나타낸 것이다.

7번 13번
염색체 염색체

A a d d : 어머니
b B

b 결실

A A d : 아버지
B b

감수 2분열 비분리

○ 표는 이 가족 구성원 중 자녀 1~3에서 체세포 1개당 A, b, D의 DNA 상대량을 더한 값(A+b+D)과 체세포 1개당 a, b, d의 DNA 상대량을 더한 값(a+b+d)을 나타낸 것이다.

AAbbDd AABbdd AABDDd

구성원		자녀 1	자녀 2	자녀 3
DNA 상대량을 더한 값	A+b+D	5	3	4
	a+b+d	3	3	1

○ 자녀 1~3은 (가)의 유전자형이 모두 같다. ➡ AA

7번 염색체 결실 (b 결실)

○ 어머니의 생식세포 형성 과정에서 ㉠이 1회 일어나 형성된 난자 P와 아버지의 생식세포 형성 과정에서 ㉡이 1회 일어나 형성된 정자 Q가 수정되어 자녀 3이 태어났다. ㉠과 ㉡은 7번 염색체 결실과 13번 염색체 비분리를 순서 없이 나타낸 것이다.

13번 염색체 감수 2분열 비분리

○ 자녀 3의 체세포 1개당 염색체 수는 47이고, 자녀 3을 제외한 이 가족 구성원의 핵형은 모두 정상이다.

이에 대한 설명으로 옳은 것만을 〈보기〉에서 있는 대로 고른 것은? (단, 제시된 돌연변이 이외의 돌연변이와 교차는 고려하지 않으며, A, a, B, b, D, d 각각의 1개당 DNA 상대량은 1이다.) 3점

보기 ➡ AABbdd

ㄱ. 자녀 2에서 A, B, D를 모두 갖는 생식세포가 형성될 수 ~~있다~~ 없다.

ㄴ. ㉠은 7번 염색체 결실이다. ➡ 자녀 3은 어머니로부터 A, d만 물려받음

ㄷ. 염색체 비분리는 감수 2분열에서 일어났다. ➡ 자녀 3은 아버지로부터 DD를 물려받음

① ㄱ   ② ㄴ   ③ ㄱ, ㄷ   ✔④ ㄴ, ㄷ   ⑤ ㄱ, ㄴ, ㄷ

|자|료|해|설|

자녀 1은 어머니로부터 d를 하나 물려받는다. 따라서 (A+b+D)의 값이 5인 자녀 1의 유전자형은 AAbbDd이다. 자녀 1~3에서 (가)의 유전자형이 모두 같다고 했으므로 2와 3의 (가)의 유전자형 또한 AA이다. 자녀 2에서 b의 DNA 상대량을 0이라고 가정하면, d의 DNA 상대량이 3이 되므로 모순이다. 따라서 자녀 2에서 b의 DNA 상대량은 1, D의 DNA 상대량은 0, d의 DNA 상대량은 2가 되어 자녀 2의 유전자형은 AABbdd이다. 자녀 3에서 b의 DNA 상대량을 1이라고 가정하면, d의 DNA 상대량이 0이 된다. 이때 D의 DNA 상대량이 1이 되어 결과적으로 자녀 3은 13번 염색체를 하나만 갖기 때문에 염색체 수가 47이라는 것에 모순이다. 따라서 자녀 3의 b의 DNA 상대량은 0, d의 DNA 상대량은 1, D의 DNA 상대량은 2이다. 자녀 3의 유전자형은 AABDDd이므로 ㉠은 7번 염색체 결실(b 결실)이고, ㉡은 13번 염색체 비분리(감수 2분열 비분리)이다.

|보|기|풀|이|

ㄱ. 오답 : 자녀 2(AABbdd)에서 A, B, D를 모두 갖는 생식세포는 형성될 수 없다.

ㄴ. 정답 : 자녀 3(AABDDd)은 어머니로부터 A와 d만 물려받았으므로 ㉠은 7번 염색체 결실(b 결실)이다.

ㄷ. 정답 : 자녀 3(AABDDd)은 아버지로부터 DD를 물려받았으므로 염색체 비분리는 감수 2분열에서 일어났다.

👀 **문제풀이 T I P** | 자녀 1은 어머니로부터 d를 하나 물려받으므로 (A+b+D)의 값이 5인 자녀 1의 유전자형은 AAbbDd이다. 자녀 2에서 b의 DNA 상대량을 0, 자녀 3에서 d의 DNA 상대량을 1이라고 가정했을 때 모순을 찾아보자.

😀 **출제분석** | DNA 상대량을 더한 값을 통해 각 자녀의 유전자형을 구하고, ㉠과 ㉡을 구분해야 하는 난도 '상'의 문항이다. DNA 상대량을 더한 값에서 특정 값을 가정하여 문제를 해결해야 하며, 가정에 따라 문제 해결에 소요되는 시간이 달라질 수 있다.

다음은 어떤 집안의 유전 형질 (가)와 (나)에 대한 자료이다.

○ (가)는 대립유전자 E와 e에 의해 결정되고, E는 e에 대해 완전 우성이다.

○ (나)는 대립유전자 H, R, T에 의해 결정된다. H는 R와 T에 대해 각각 완전 우성이고, R는 T에 대해 완전 우성이다.

○ (나)의 표현형은 3가지이고, ㉠, ㉡, ㉢이다.

○ (가)와 (나)의 유전자는 모두 X 염색체에 있다.

○ 가계도는 구성원 ⓐ와 ⓑ를 제외한 구성원 1 ~ 11에서 (가)의 발현 여부를 나타낸 것이다.

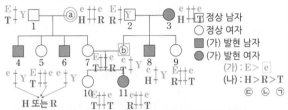

정상 남자 / 정상 여자 / (가) 발현 남자 / (가) 발현 여자

(가) : E > e
(나) : H > R > T
         ㉢ ㉡ ㉠

○ 1의 (나)의 표현형은 ㉠이고, 2와 11의 (나)의 표현형은 ㉡이며, 3의 (나)의 표현형은 ㉢이다.

○ 4, 6, 10의 (나)의 표현형은 모두 다르고, ⓑ, 8, 9의 (나)의 표현형도 모두 다르다.

○ 9의 (나)의 유전자형은 RT이다.

이에 대한 옳은 설명만을 〈보기〉에서 있는 대로 고른 것은? (단, 돌연변이와 교차는 고려하지 않는다.) 3점

보기

㉠ (가)는 열성 형질이다.

ㄴ. ⓐ와 8의 (나)의 표현형은 ~~다르다~~. 같다.(표현형 : H)

ㄷ. 이 집안에서 E와 T를 모두 갖는 구성원은 ~~3명~~이다. 5명 (1, 5, 7, 9, 10)

✓① ㉠   ② ㄴ   ③ ㄱ, ㄷ   ④ ㄴ, ㄷ   ⑤ ㄱ, ㄴ, ㄷ

|자|료|해|설|

(가)가 발현된 4와 6은 $X^{(가)}Y$이고, 이때 (나)의 표현형이 다르므로 4와 6은 각각의 X 염색체 위에 (나)에 대한 다른 종류의 대립 유전자를 가지고 있다. 4와 6이 갖는 X 염색체는 어머니(ⓐ)로부터 물려 받았으므로 ⓐ의 (가)에 대한 유전자형은 $X^{(가)}X^{(가)}$으로 동형 접합이다. (가)가 발현되지 않은 1은 $X^{정상}Y$이고, 5는 1로부터 $X^{정상}$를 물려 받고 ⓐ로부터 $X^{(가)}$를 물려 받아 (가)에 대한 유전자형이 이형 접합이다. 이때 5에서 (가)가 발현되지 않았으므로 (가)는 정상에 대해 열성이다. 따라서 (가) 발현 대립 유전자는 e이다.

9의 (나)에 대한 유전자형이 X^RX^T이며, X^T를 2로부터 물려 받았다고 가정하면 3에 X^R가 존재한다. 2와 3 사이에서 태어난 ⓑ, 8, 9의 (나)에 대한 표현형이 세 가지로 모두 다르기 위해서는 부모에 X^H가 존재해야 한다. 이때 3의 (나)에 대한 유전자형은 X^HX^R가 되는데, 자손에서 H와 R의 두 가지 표현형만 나오게 되므로 이는 모순이다. 따라서 9는 X^R를 2로부터, X^T를 3으로부터 물려 받았다. 2는 $X^{ER}Y$이므로 9는 $X^{ER}X^{eT}$이고 ⓑ, 8, 9의 (나)에 대한 표현형이 모두 다르기 위해서는 3은 X^H를 가지고 있어야 한다. 따라서 3은 $X^{eH}X^{eT}$이다. (나)에 대한 2($X^{ER}Y$)의 표현형이 ㉡이고, 3($X^{eH}X^{eT}$)의 표현형이 ㉢이므로 ㉠은 T의 표현형, ㉡은 R의 표현형, ㉢은 H의 표현형이다.

11의 (나)에 대한 표현형이 ㉡이므로 X^R를 가지고 있다. ⓑ가 3으로부터 X^{eH}를 물려 받았다고 가정하면, 11은 ⓑ로부터 X^{eH}를 물려 받아 ㉢의 표현형을 나타낸다. 이는 모순이므로 ⓑ는 3으로부터 X^{eT}를 물려 받아 $X^{eT}Y$이고, 8은 $X^{eH}Y$, 11은 $X^{eR}X^{eT}$이다.

1의 (나)에 대한 표현형은 ㉠이므로 1은 $X^{ET}Y$이다. 7은 1로부터 X^{ET}를 물려 받고 ⓐ로부터 X^{eR}를 물려 받았다. 10은 (가)에 대해 정상이므로 7로부터 X^{ET}를 물려 받아 유전자형이 $X^{ET}X^{eT}$이다. 4, 6, 10의 (나)에 대한 표현형이 모두 다르다고 했으므로 4와 6은 각각 H, R의 표현형 중 하나이며, ⓐ는 $X^{eH}X^{eR}$이다. 이를 토대로 가계도 구성원의 유전자를 표시하면 첨삭된 그림과 같다.

|보|기|풀|이|

㉠ 정답 : (가)는 정상에 대해 열성 형질이다.

ㄴ. 오답 : ⓐ와 8의 (나)의 표현형은 ㉢(H)으로 같다.

ㄷ. 오답 : 이 집안에서 E와 T를 모두 갖는 구성원은 5명(1, 5, 7, 9, 10)이다.

😮 **문제풀이 TIP** | (가)와 (나)의 유전자가 모두 X 염색체에 존재하므로 가계도의 각 구성원 옆에 성염색체를 간단하게 표현한 뒤 유전자를 표시하자. E와 e 중에서 (가) 발현 대립 유전자가 무엇인지 모를 때는 우선 $X^{(가)}$, $X^{정상}$으로 표시하다가 (가)에 대한 유전자형을 이형 접합으로 갖는 구성원에서 나타난 표현형을 통해 우열을 판단할 수 있다. (나)에 대한 표현형과 유전자형은 문제에 주어진 조건을 적용하면서 가정을 통해 단계별로 알아내야 한다.

😀 **출제분석** | 정답으로 1번과 3번을 고른 비율이 거의 비슷할 정도로 어려웠던 난도 '최상'의 문항이다. 가계도에 표시된 (가)의 우열을 판단하는 것부터 쉽지 않다. 또한 구성원의 (나)에 대한 유전자형과 표현형을 파악해 나가는 단계가 많고, 3명 이상의 구성원을 동시에 종합적으로 따져야 하는 과정은 가계도 문제를 능숙하게 푸는 학생들에게도 어려웠을 것이다. 게다가 난도가 높은만큼 문제를 해결하는데 꽤 많은 시간이 걸린다. 풀이를 따라가면서 문제 해결 방법을 익혀두면 다른 가계도 문항을 풀 때에도 많은 도움이 될 것이다.

다음은 어떤 집안의 유전 형질 (가)와 (나)에 대한 자료이다.

○ (가)는 대립유전자 H와 h에 의해, (나)는 대립유전자 R와 r에 의해 결정된다. H는 h에 대해, R는 r에 대해 각각 완전 우성이다.

○ (가)와 (나)의 유전자는 모두 X 염색체에 있다.

○ 가계도는 구성원 @와 ⓑ를 제외한 구성원 1~9에서 (가)와 (나)의 발현 여부를 나타낸 것이다.

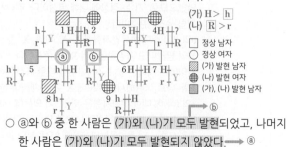

(가) H > h
(나) R > r

□ 정상 남자
○ 정상 여자
▨ (가) 발현 남자
⊕ (나) 발현 여자
■ (가), (나) 발현 남자

○ @와 ⓑ 중 한 사람은 (가)와 (나)가 모두 발현되었고, 나머지 한 사람은 (가)와 (나)가 모두 발현되지 않았다. → @

이에 대한 설명으로 옳은 것만을 〈보기〉에서 있는 대로 고른 것은? (단, 돌연변이와 교차는 고려하지 않는다.) 3점

보기

Hh
　　발현되지 않았다.
ㄱ. @에게서 (가)와 (나)가 모두 ~~발현되었다.~~
ㄴ. 2의 (가)에 대한 유전자형은 이형 접합성이다.
ㄷ. 8의 동생이 태어날 때, 이 아이에게서 나타날 수 있는 표현형은 최대 4가지이다. →

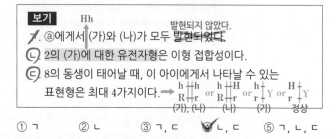

① ㄱ　　② ㄴ　　③ ㄱ, ㄷ　　④ ㄴ, ㄷ　　⑤ ㄱ, ㄴ, ㄷ

| 자 | 료 | 해 | 설 |

(나)가 정상에 대해 열성이라고 가정하면, (나)가 발현된 4의 아들인 7에서도 (나)가 발현되어야 한다. 이는 모순이므로 (나)는 정상에 대해 우성이다. (나)가 발현되지 않은 6의 유전자형은 X^rX^r이므로, 9의 유전자형은 X^RX^r 이다. 9는 ⓑ로부터 X^R을 물려받았으므로 ⓑ에게서 (나)가 발현되었다는 것을 알 수 있다. 그러므로 (가)와 (나)가 모두 발현된 사람은 ⓑ이고, (가)와 (나)가 모두 발현되지 않은 사람은 @이다. ⓑ가 가지고 있는 (가) 발현 유전자는 어머니인 2로부터 물려받았으며, 이때 2에게서 (가)가 발현되지 않았으므로 (가)는 정상에 대해 열성이다. 이를 토대로 구성원의 유전자형을 정리하면 가계도에 첨삭된 내용과 같다.

| 보 | 기 | 풀 | 이 |

ㄱ. 오답 : @에게서 (가)와 (나)가 모두 발현되지 않았다.

ㄴ. 정답 : 2의 (가)에 대한 유전자형은 X^HX^h이므로 이형 접합성이다.

ㄷ. 정답 : 8의 동생이 태어날 때, 이 아이에게서 나타날 수 있는 표현형은 (가)와 (나) 모두 발현, (가)만 발현, (나)만 발현, 정상으로 최대 4가지이다.

👀 **문제풀이 T I P** | 특정 형질이 X 염색체 열성 유전이라면, 어머니에게서 형질이 발현된 경우 아들에서도 반드시 그 형질이 발현된다. 이것으로 (나)의 우열을 먼저 판단하고, ⓑ에서의 (나) 발현 여부를 알아내면 (가)의 우열을 알아낼 수 있다.

😊 **출제분석** | 가계도를 통해 X 염색체에 존재하는 두 형질의 우열을 분석해야 하는 난도 '중상'의 문항이다. X 염색체 유전의 특징을 이해하고 있다면 형질 (나)의 우열을 쉽게 알아낼 수 있으며, 가계도와 그 아래에 주어진 조건을 종합적으로 판단해야 문제 해결이 가능하다. 주어진 조건이 복잡하지 않아서 문항의 난도는 그리 높은 편이 아니며, 문제 해결에 많은 시간이 걸린 경우 X 염색체 유전을 다룬 가계도 문항을 풀어보며 시간을 단축시켜야 한다.

다음은 어떤 집안의 유전 형질 (가)~(다)에 대한 자료이다.

○ (가)는 대립유전자 H와 h에 의해, (나)는 대립유전자 R와 r에 의해, (다)는 대립유전자 T와 t에 의해 결정된다. H는 h에 대해, R는 r에 대해, T는 t에 대해 각각 완전 우성이다.

○ (가)~(다)의 유전자 중 2개는 X 염색체에, 나머지 1개는 상염색체에 있다.

○ 가계도는 구성원 ⓐ를 제외한 구성원 1~8에게서 (가)~(다) 중 (가)와 (나)의 발현 여부를 나타낸 것이다.

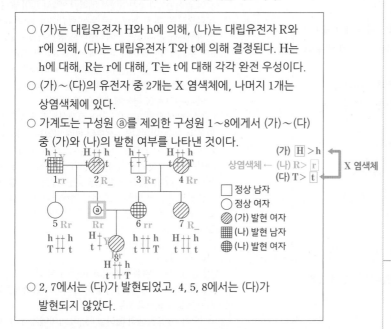

○ 2, 7에서는 (다)가 발현되었고, 4, 5, 8에서는 (다)가 발현되지 않았다.

이에 대한 설명으로 옳은 것만을 〈보기〉에서 있는 대로 고른 것은? (단, 돌연변이와 교차는 고려하지 않는다.) 3점

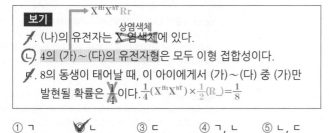

보기
ㄱ. (나)의 유전자는 ~~X~~ 상염색체 염색체에 있다.
ㄴ. 4의 (가)~(다)의 유전자형은 모두 이형 접합성이다.
ㄷ. 8의 동생이 태어날 때, 이 아이에게서 (가)~(다) 중 (가)만 발현될 확률은 ~~1/4~~ 이다. $\frac{1}{4}(X^{Ht}X^{hT}) \times \frac{1}{2}(R\_)=\frac{1}{8}$

① ㄱ   ② ㄴ   ③ ㄷ   ④ ㄱ, ㄴ   ⑤ ㄴ, ㄷ

|자|료|해|설|

(나)가 발현되지 않은 3과 4로부터 (나)가 발현된 딸 6이 태어났으므로 (나)는 열성 형질이고, (나)를 결정하는 대립 유전자 R과 r은 상염색체에 존재한다. 따라서 (가)와 (다)를 결정하는 대립 유전자는 X 염색체에 존재한다. (가)를 열성 형질이라고 가정하면, 7의 유전자형이 $X^{h}X^{h}$이므로 3의 유전자형은 $X^{h}Y$이다. 이때 3에서 (가)가 발현되지 않았으므로 이 가정은 모순이다. 따라서 (가)는 우성 형질이다.

(다)를 우성 형질이라고 가정하면, (다)가 발현되지 않은 5와 8의 유전자형은 각각 $X^{ht}X^{ht}$, $X^{Ht}X^{ht}$이다. 5는 2로부터 X^{ht}를 하나 물려받았고, 8은 ⓐ로부터 X^{Ht}를 물려받았으며 ⓐ는 이 X 염색체를 어머니인 2로부터 물려받았다. 이때 2의 유전자형은 $X^{Ht}X^{ht}$인데, 2에게서 (다)가 발현되었으므로 이 가정은 모순이다. 따라서 (다)는 열성 형질이고, 이를 토대로 구성원 1~8의 유전자형을 표시하면 첨삭 내용과 같다.

|보|기|풀|이|

ㄱ. 오답 : (나)의 유전자는 상염색체에 있다.
ㄴ. 정답 : 4의 유전자형은 $X^{Ht}X^{hT}Rr$이므로, (가)~(다)에 대한 유전자형은 모두 이형 접합성이다.
ㄷ. 오답 : 8의 동생이 태어날 때, 이 아이에게서 (가)~(다) 중 (가)만 발현될 확률은 $\frac{1}{4}(X^{Ht}X^{hT}) \times \frac{1}{2}(R\_)=\frac{1}{8}$이다.

IV
2
|
03.
유전 복합 문제

😲 **문제풀이 T I P** | 부모에서 나타나지 않은 형질이 딸에게서 나타나면 딸이 나타내는 형질이 열성이고, 이 형질을 결정하는 대립 유전자는 상염색체에 위치한다. X 염색체 열성 유전의 경우, 딸에게서 열성 형질이 나타나면 아버지에게서도 반드시 열성 형질이 나타나야 한다. 가정을 토대로 각 형질의 우열을 판단해보자!

😀 **출제분석** | 가계도와 주어진 조건을 종합하여 유전 형질 (가)~(다)의 우열과 각 형질을 결정하는 대립 유전자의 위치(상염색체 또는 X 염색체)를 구분해야 하는 난도 '상'의 문항이다. (가)와 (나)에 대한 정보는 제시된 가계도로 충분히 알아낼 수 있는 반면, (다)에 대한 정보를 알아내는 과정이 조금 까다롭다. 이 문항은 상염색체와 X 염색체 유전에 대한 기본적인 분석이 포함되어 있으며, 가계도 분석 문항은 최대한 많이 풀어보는 것이 문제를 빠르게 해결할 수 있는 방법을 습득하는 길이다.

다음은 어떤 집안의 유전 형질 ㉠과 ㉡에 대한 자료이다.

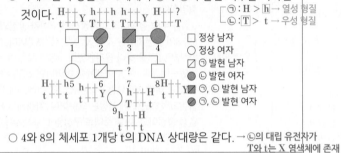

- ㉠은 대립 유전자 H와 h에 의해, ㉡은 대립 유전자 T와 t에 의해 결정된다. H는 h에 대해, T는 t에 대해 각각 완전 우성 이다. → X 염색체에 존재
- ㉠의 유전자와 ㉡의 유전자는 같은 염색체에 존재한다.
- 가계도는 구성원 1~9에서 ㉠과 ㉡의 발현 여부를 나타낸 것이다.

  ㉠ : H > h → 열성 형질
  ㉡ : T > t → 우성 형질

  □ 정상 남자
  ○ 정상 여자
  ▧ ㉠ 발현 남자
  ● ㉠ 발현 여자
  ▨ ㉠, ㉡ 발현 남자
  ◑ ㉠, ㉡ 발현 여자

- 4와 8의 체세포 1개당 t의 DNA 상대량은 같다. → ㉡의 대립 유전자 T와 t는 X 염색체에 존재

이에 대한 설명으로 옳은 것만을 〈보기〉에서 있는 대로 고른 것은? (단, 교차와 돌연변이는 고려하지 않는다.)

보기

ㄱ. ㉠은 열성 형질이다.

ㄴ. 1~9 중 h와 t가 같이 존재하는 염색체를 가진 사람은 모두 4명이다. → 2, 5, 6, 9

ㄷ. 9의 동생이 태어날 때, 이 아이에게서 ㉠과 ㉡이 모두 발현 될 확률은 ~~1/4~~ 1/2 이다.

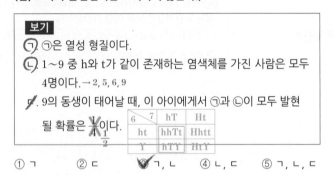

① ㄱ   ② ㄷ   ❸ ㄱ, ㄴ   ④ ㄴ, ㄷ   ⑤ ㄱ, ㄴ, ㄷ

|자|료|해|설|

㉡이 발현된 3과 4 사이에서 태어난 8에서 ㉡이 발현되지 않았으므로, 유전 형질 ㉡은 우성 형질이다. ㉡의 유전자가 상염색체에 존재하면 ㉡에 대한 4의 유전자형은 Tt이고, 8의 유전자형은 tt이다. 지문에서 4와 8의 체세포 1개당 t의 DNA 상대량이 같다고 했으므로 ㉡의 대립 유전자 T와 t는 X 염색체에 존재한다. 따라서 ㉠의 유전자와 ㉡의 유전자는 X 염색체에 같이 존재한다.

6은 ㉠ 발현 유전자와 t가 같이 존재하는 X 염색체를 갖고 있으며, 이는 어머니인 2로부터 물려 받았다. ㉡이 발현된 2는 Tt 유전자 구성을 가지며, ㉡이 발현되지 않은 5(tt)는 2로부터 ㉠ 발현 유전자와 t가 같이 존재하는 X 염색체를 물려 받았다. ㉠ 발현 유전자를 갖는 5에서 ㉠이 발현되지 않았으므로 유전 형질 ㉠은 열성 형질이다. 이를 토대로 가계도 구성원의 유전자 구성을 표시하면 첨삭된 그림과 같다.

|보|기|풀|이|

ㄱ. 정답 : ㉠은 열성 형질이고, ㉡은 우성 형질이다.

ㄴ. 정답 : 1~9 중 h와 t가 같이 존재하는 염색체를 가진 사람은 2, 5, 6, 9로 모두 4명이다.

ㄷ. 오답 : 9의 동생이 태어날 때, 이 아이에게서 ㉠과 ㉡이 모두 발현될 확률은 $\frac{1}{2}$(7이 h와 T가 같이 존재하는 X 염색체를 물려줄 확률)이다.

🗣 문제풀이 TIP | 정상인 부모 사이에서 특정 형질이 발현된 자손이 태어났을 때 이 형질은 열성 형질이다. ㉠의 대립 유전자 H와 h 중에서 무엇이 ㉠ 발현 유전자인지 알 수 없을 때 정상 유전자는 '정', 발현 유전자는 '㉠'으로 표시한 뒤 가계도를 토대로 우열을 따지면 쉽다.

😀 출제분석 | 가계도에 나타난 표현형과 제시문의 내용을 토대로 형질의 우열과 유전자의 위치(X 염색체)를 파악해야 하는 난도 '중상'의 문항이다. 특정 형질의 우열과 유전자의 위치를 파악하는 것은 가계도 문제 해결의 기본이며, 최근 가계도 구성원 중 표현형을 알려주지 않는 이러한 유형의 문항이 종종 출제되고 있다.

다음은 어떤 집안의 유전 형질 (가)와 (나)에 대한 자료이다.

○ (가)는 대립유전자 A와 a에 의해, (나)는 대립유전자 B와 b에 의해 결정된다. A는 a에 대해, B는 b에 대해 각각 완전 우성이다.

○ 가계도는 구성원 1~8에게서 (가)와 (나)의 발현 여부를 나타낸 것이다.

상염색체 − (가) A > a
X 염색체 − (나) B > b

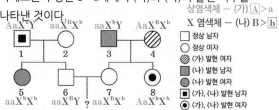

□ 정상 남자
○ 정상 여자
◧ (가) 발현 여자
▨ (나) 발현 남자
● (나) 발현 여자
■ (가), (나) 발현 남자
◉ (가), (나) 발현 여자

○ 표는 구성원 Ⅰ~Ⅲ에서 체세포 1개당 ⊙과 ⓒ, ⓛ과 ⓔ의 DNA 상대량을 각각 더한 값을 나타낸 것이다. Ⅰ~Ⅲ은 3, 6, 8을 순서 없이 나타낸 것이고, ⊙과 ⓛ은 A와 a를, ⓒ과 ⓔ은 B와 b를 각각 순서 없이 나타낸 것이다.

a　　B 구성원	Ⅰ 6	Ⅱ 8	Ⅲ 3
⊙과 ⓒ의 DNA 상대량을 더한 값	3	1	2
ⓛ과 ⓔ의 DNA 상대량을 더한 값	0	3	1
A　　b			

이에 대한 설명으로 옳은 것만을 〈보기〉에서 있는 대로 고른 것은? (단, 돌연변이와 교차는 고려하지 않으며, A, a, B, b 각각의 1개당 DNA 상대량은 1이다.) 3점

보기

AaXᵇY →　ㄱ. (가)는 우성 형질이다.

　　　　　다르다
aaXᵇXᵇ →　ㄴ. 1과 5의 체세포 1개당 b의 DNA 상대량은 ~~같다~~.

aaXᴮY aaXᴮXᵇ →　ㄷ. 6과 7 사이에서 아이가 태어날 때, 이 아이에게서 (가)와
(나) 중 한 형질만 발현될 확률은 ~~3/4~~ 1/4 이다.

↓(나)만 발현될 확률(XᵇY일 확률)= 1/4

✓① ㄱ　　② ㄴ　　③ ㄱ, ㄷ　　④ ㄴ, ㄷ　　⑤ ㄱ, ㄴ, ㄷ

|자|료|해|설|

표에서 (⊙과 ⓒ의 DNA 상대량을 더한 값)과 (ⓛ과 ⓔ의 DNA 상대량을 더한 값)을 더하면 (가)와 (나)에 대한 유전자형에서 (A, a, B, b의 DNA 상대량을 더한 값)이 된다. Ⅰ과 Ⅲ에서 이 값이 3이고, Ⅱ에서 4라는 것을 통해 Ⅱ는 여자인 8이고, (가)와 (나)의 유전자 중 하나는 상염색체에 존재하고 다른 하나는 X 염색체에 존재한다는 것을 알 수 있다.

(가)가 우성 형질이고 X 염색체에 존재한다고 가정하면, (가)가 발현된 1(XᵃᵗY)로부터 X 염색체를 물려받은 5에게서 (가)가 발현되어야 하므로 이는 모순이다. (가)가 열성 형질이고 X 염색체에 존재한다고 가정하면, (가)가 발현된 8(XᵃᵗXᵃᵗ)에게 X 염색체를 물려준 3의 유전자형은 XᵃᵗY이므로 3에게서 (가)가 발현되어야 한다. 이는 모순이므로 (가)의 유전자는 상염색체에 존재하고, (나)의 유전자는 X 염색체에 존재한다.

(나)가 우성 형질이라고 가정하면, (나)가 발현된 3(XᴸᵗY)으로부터 X 염색체를 물려받은 7에게서 (나)가 발현되어야 한다. 이는 모순이므로 (나)는 열성 형질이고, 8의 (나)에 대한 유전자형은 XᵇXᵇ이다. 8의 (ⓒ과 ⓔ의 DNA 상대량을 더한 값)이 3이므로 ⓔ은 b이고, (가)의 유전자형은 이형 접합성이라는 것을 알 수 있다. 따라서 8의 유전자형은 AaXᵇXᵇ이고, 8에게서 (가)가 발현되었으므로 (가)는 우성 형질이다. 이를 토대로 구성원의 유전자형을 정리하면 첨삭된 내용과 같으며, Ⅰ은 6, Ⅲ은 3이고 ⊙은 a, ⓛ은 A, ⓒ은 B, ⓔ은 b이다.

|보|기|풀|이|

ㄱ. 정답 : (가)는 우성 형질이고, (나)는 열성 형질이다.

ㄴ. 오답 : 1(AaXᵇY)과 5(aaXᵇXᵇ)의 체세포 1개당 b의 DNA 상대량은 각각 1과 2이므로 다르다.

ㄷ. 오답 : 6(aaXᴮY)과 7(aaXᴮXᵇ) 사이에서 아이가 태어날 때, 이 아이에게서 (가)는 발현되지 않는다. 따라서 6과 7 사이에서 아이가 태어날 때, 이 아이에게서 (가)와 (나) 중 한 형질만 발현될 확률은 (나)가 발현될 확률이므로 1/4(XᵇY일 확률)이다.

😲 **문제풀이 TIP |** (⊙과 ⓒ의 DNA 상대량을 더한 값)+(ⓛ과 ⓔ의 DNA 상대량을 더한 값)=(A, a, B, b DNA 상대량을 더한 값) → Ⅰ과 Ⅲ에서 3이고, Ⅱ에서 4라는 것을 통해 Ⅱ는 여자인 8이고, (가)와 (나)의 유전자 중 하나는 상염색체에 존재하고 다른 하나는 X 염색체에 존재한다는 것을 알 수 있다. 가정을 통해 각 형질의 우열을 찾아보자!

😀 **출제분석 |** 가계도와 세 명의 구성원에서 DNA 상대량을 더한 값을 통해 각 형질의 우열과 유전자의 위치(상염색체 또는 성염색체)를 구분해야 하는 난도 '상'의 문항이다. 표에 많은 기호가 제시되어 체감 난도가 더 높았던 것으로 판단된다. 여러 가지 풀이 방법이 존재하며, 문제를 풀어 나가는 다양한 접근 방식을 익혀두는 것이 수능을 대비하는 데 도움이 될 것이다.

다음은 어떤 집안의 유전 형질 (가)~(다)에 대한 자료이다.

○ (가)는 대립 유전자 H와 H*에 의해, (나)는 대립 유전자 R와 R*에 의해, (다)는 대립 유전자 T와 T*에 의해 결정된다. H는 H*에 대해, R는 R*에 대해, T는 T*에 대해 각각 완전 우성이다.

○ (가)의 유전자와 (나)의 유전자는 서로 다른 염색체에 있고, (가)의 유전자와 (다)의 유전자는 같은 염색체에 존재한다.

○ 가계도는 (가)~(다) 중 (가)와 (나)의 발현 여부를 나타낸 것이다.

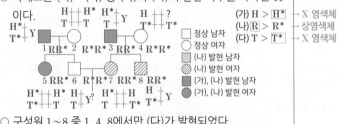

□ 정상 남자
○ 정상 여자
▨ (나) 발현 남자
▧ (나) 발현 여자
■ (가), (나) 발현 남자
● (가), (나) 발현 여자

(가) H > $\boxed{H^*}$ → X 염색체
(나) $\boxed{R}$ > R* → 상염색체
(다) T > $\boxed{T^*}$ → X 염색체

○ 구성원 1~8 중 1, 4, 8에서만 (다)가 발현되었다.

○ 표는 구성원 ㉠~㉢에서 체세포 1개당 H와 H*의 DNA 상대량을 나타낸 것이다. ㉠~㉢은 1, 2, 6을 순서 없이 나타낸 것이다.

구성원		㉠₁	㉡₆	㉢₂
DNA 상대량	H	?0	?1	1
	H*	1	0	?1

○ $\dfrac{7, 8 \text{ 각각의 체세포 1개당 R의 DNA 상대량을 더한 값} \rightarrow 1+1=2}{3, 4 \text{ 각각의 체세포 1개당 R의 DNA 상대량을 더한 값} \rightarrow 1+0=1}$ =2이다.

이에 대한 설명으로 옳은 것만을 〈보기〉에서 있는 대로 고른 것은? (단, 돌연변이와 교차는 고려하지 않으며, H, H*, R, R*, T, T* 각각의 1개당 DNA 상대량은 1이다.) 3점

보기

㉠ ㉡은 6이다.

ㄴ. 5에서 (다)의 유전자형은 동형 접합이다. 　이형 접합($X^T X^{T^*}$)

ㄷ. 6과 7 사이에서 태어날 때, 이 아이에게서 (가)~(다) 중 (가)만 발현될 확률은 ~~$\frac{1}{8}$~~ $\frac{1}{8}$이다.

①ㄱ 　②ㄴ 　③ㄷ 　④ㄱ,ㄴ 　⑤ㄱ,ㄷ

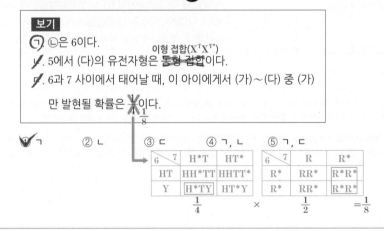

이형 접합($X^T X^{T^*}$)

6＼7	H*T	HT*
HT	HH*TT	HHTT*
Y	$\boxed{H^*TY}$	HT*Y

$\frac{1}{4}$

×

6＼7	R	R*
R*	RR*	$\boxed{R^*R^*}$
R*	RR*	$\boxed{R^*R^*}$

$\frac{1}{2}$

=$\frac{1}{8}$

|자|료|해|설|

(가)를 결정하는 대립 유전자 H와 H*이 상염색체에 존재한다고 가정하면, 표의 구성원 ㉠과 ㉢의 유전자형이 HH*이고 ㉡의 유전자형은 HH이다. 이때 ㉠~㉢은 모두 우성 형질을 나타내야 하는데 1, 2, 6 중 1에서만 (가)가 발현되었으므로 H와 H*은 성염색체(X 염색체)에 존재한다. (가)가 우성 형질이라면 유전자형이 1($X^H Y$), 2($X^{H^*} X^{H^*}$), 6($X^H Y$)으로 표와 맞지 않는다. 따라서 (가)는 열성 형질이고 ㉠은 1($X^{H^*}Y$), ㉡은 6($X^H Y$), ㉢은 2($X^H X^{H^*}$)이다.

(가)의 유전자와 (다)의 유전자는 같은 염색체에 존재하므로 (다)를 결정하는 대립 유전자 T와 T* 또한 X 염색체에 존재한다. (다)가 우성 형질이라면 1로부터 X 염색체를 물려받은 5에서도 (다)가 발현되어야 한다. 그러나 구성원 1~8 중 1, 4, 8에서만 (다)가 발현되었으므로 (다)는 열성 형질이다.

(가)의 유전자와 (나)의 유전자는 서로 다른 염색체에 있으므로 (나)를 결정하는 대립 유전자 R과 R*은 상염색체에 존재한다. (나)가 열성 형질이라고 가정하면, 7과 8의 유전자형이 R*R*이므로

$\dfrac{7, 8 \text{ 각각의 체세포 1개당 R의 DNA 상대량을 더한 값}}{3, 4 \text{ 각각의 체세포 1개당 R의 DNA 상대량을 더한 값}}$ 의 분모값이 0이므로 (나)는 우성 형질이다. 분수의 값이 2이므로 3에서 (나)의 유전자형은 이형 접합(RR*)이다.

|보|기|풀|이|

㉠ 정답 : (가)는 열성 형질이므로 ㉡은 6($X^H Y$)이다.

ㄴ. 오답 : 1에서 (다)의 유전자형은 $X^{T^*}Y$이고, 5는 1로부터 X^{T^*}을 물려 받았다. 5에서 (다)가 발현되지 않았으므로 5에서 (다)의 유전자형은 이형 접합($X^T X^{T^*}$)이다.

ㄷ. 오답 : 6과 7사이에서 아이가 태어날 때, 이 아이에게서 (가)~(다) 중 (가)만 발현될 확률은 $\frac{1}{4}$($X^{H^*T}Y$일 확률) × $\frac{1}{2}$(R*R*일 확률)=$\frac{1}{8}$이다.

🤖 **문제풀이 TIP** | 주어진 표를 통해 (가)를 결정하는 대립 유전자의 위치(상염색체 또는 성염색체)와 우열을 먼저 알아내자. 그다음 (가)와 같은 염색체에 존재하는 (다)를 분석하고, 마지막으로 분수의 값을 만족하는 경우를 찾아 (나)의 우열을 알아내면 된다.

😀 **출제분석** | 주어진 자료를 토대로 가정에서의 모순을 찾아 유전자의 위치와 우열을 알아내야 하는 난도 '상'의 문항이다. 표로 DNA 상대량이 제시되는 문항은 자주 출제되어 온 유형이며, 주어지는 정보가 부족할수록 가정을 통해 문제를 해결해야하므로 난도는 높아진다. 고득점을 위해서는 유전 단원 전반에 대한 이해를 바탕으로 가정을 통해 해결하는 문항들에 익숙해져야 한다.

다음은 어떤 집안의 유전 형질 (가)와 (나)에 대한 자료이다.

○ (가)는 대립 유전자 H와 H*에 의해, (나)는 대립 유전자 T와 T*에 의해 결정된다. H는 H*에 대해, T는 T*에 대해 각각 완전 우성이다.

○ (가)의 유전자와 (나)의 유전자는 X 염색체에 같이 존재한다.

○ 가계도는 구성원 ⓐ와 ⓑ를 제외한 구성원 1~8에게서 (가)와 (나)의 발현 여부를 나타낸 것이다.

(가) H > H̲*̲
(나) T̲ > T*

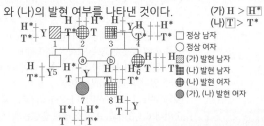

□ 정상 남자
○ 정상 여자
▨ (가) 발현 남자
▩ (나) 발현 남자
⊕ (나) 발현 여자
● (가), (나) 발현 여자

○ 표는 구성원 1, 2, 6에서 체세포 1개당 H의 DNA 상대량과 구성원 3, 4, 5에서 체세포 1개당 T*의 DNA 상대량을 나타낸 것이다. ㉠~㉢은 0, 1, 2를 순서 없이 나타낸 것이다.

구성원	H의 DNA 상대량	구성원	T*의 DNA 상대량
1	H*Y ㉠ 0	3	TY ㉠ 0
2	HH* ㉡ 1	4	T*T* ㉢ 2
6	HH ㉢ 2	5	T*Y ㉡ 1

이에 대한 설명으로 옳은 것만을 〈보기〉에서 있는 대로 고른 것은? (단, 돌연변이와 교차는 고려하지 않으며, H, H*, T, T* 각각의 1개당 DNA 상대량은 1이다.) **3점**

보기

㉠ (가)는 열성 형질이다.

㉡ 7, ⓐ 각각의 체세포 1개당 T의 DNA 상대량을 더한 값 → 1+1=2 ÷ 4, ⓑ 각각의 체세포 1개당 H*의 DNA 상대량을 더한 값 → 1+1=2 =1이다.

㉢ 8의 동생이 태어날 때, 이 아이에게서 (가)와 (나) 중 (나)만 발현될 확률은 $\frac{1}{2}$이다. ➡

ⓐ\ⓑ	HT	H*T*
H*T	HH*TT	H*H*TT*
Y	HTY	H*T*Y

① ㄴ   ② ㄷ   ③ ㄱ, ㄴ   ④ ㄱ, ㄷ   ⑤ ㄱ, ㄴ, ㄷ

|자|료|해|설|

(나)가 열성 형질이라면 2의 유전자형은 T*T*이고, 5는 T*Y이므로 5에서도 (나)가 발현되어야 한다. 그러나 5에서 (나)가 발현되지 않았으므로 (나)는 우성 형질이다. (나)에 대한 유전자형을 정리하면 3은 TY, 4는 T*T*, 5는 T*Y이므로 ㉠은 0, ㉡은 1, ㉢은 2이다. 2에서 H의 DNA 상대량이 1이므로 (가)에 대한 2의 유전자형은 HH*이고, 이때 (가)가 발현되지 않았으므로 (가)는 열성 형질이다.

8(HT/Y)에 존재하는 X 염색체는 3에서 ⓑ로 전해진 것이므로, Y 염색체는 ⓐ로부터 물려 받았다. 따라서 ⓐ는 남자이고 ⓑ는 여자이다. 7(H*T/H*_)에 존재하는 H*T는 2에서 ⓐ로 전해진 것이므로 H*_은 4에서 ⓑ로 전해진 H*T*이다.

|보|기|풀|이|

㉠ 정답 : (가)는 X 염색체 위에 존재하며 열성 형질이다.

㉡ 정답 :

7, ⓐ 각각의 체세포 1개당 T의 DNA 상대량을 더한 값 ÷ 4, ⓑ 각각의 체세포 1개당 H*의 DNA 상대량을 더한 값

$=\frac{1+1}{1+1}=1$이다.

㉢ 정답 : 8의 동생이 태어날 때, 이 아이에게서 나타날 수 있는 유전자형은 HT/H*T, H*T/H*T*, HT/Y, H*T*/Y로 4가지이다. 이 중 (나)만 발현된 경우는 2가지 (HT/H*T, HT/Y)이므로 확률은 $\frac{1}{2}$이다.

🤯 **문제풀이 TIP** | 가계도에 나타난 표현형을 통해 먼저 형질 (나)의 우열을 알아내고 구성원 3, 4, 5에서 세포 1개당 T*의 DNA 상대량 ㉠~㉢의 값을 구하면 형질 (가)의 우열을 쉽게 구분할 수 있다.

😀 **출제분석** | 가계도에 나타난 표현형과 DNA 상대량을 통해 형질의 우열을 판단하고, 이를 토대로 구성원 ⓐ와 ⓑ의 유전자형을 알아내야 하는 난도 '상'의 문항이다. X 염색체에 같이 존재한다는 것이 주어졌고, T*의 DNA 상대량에서 ㉠~㉢의 값을 구하면 자동적으로 구성원 1, 2, 6에서 H의 DNA 상대량까지 알 수 있지만, 구성원 1~4로부터 7과 8에게 전달된 성염색체를 따져가며 ⓐ와 ⓑ의 유전자형을 알아내는 것에 어려움을 느낀 학생들이 많았을 것이다. 기본적으로 문제를 해결하는데 시간이 걸리는 문항이므로 최대한 시간을 단축시키는 것이 중요하다.

다음은 어떤 가족의 유전 형질 (가)와 (나)에 대한 자료이다.

○ (가)는 대립유전자 H와 h에 의해, (나)는 대립유전자 R와 r에 의해 결정된다. H는 h에 대해, R는 r에 대해 각각 완전 우성이다.

○ (가)와 (나)의 유전자는 모두 X 염색체에 있다. → 연관

○ (가)는 아버지와 아들 ⓐ에게서만, (나)는 ⓐ에게서만 발현되었다.

○ 그림은 아버지의 G_1기 세포 Ⅰ로부터 정자가 형성되는 과정을, 표는 세포 ㉠~㉣에서 세포 1개당 H와 R의 DNA 상대량을 나타낸 것이다. ㉠~㉣은 Ⅰ~Ⅳ를 순서 없이 나타낸 것이다.

X 염색체 $\begin{cases}\text{(가)} & \boxed{H} > h \\ \text{(나)} & R > \boxed{r}\end{cases}$

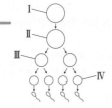

| 세포 | DNA 상대량 ||
	H	R
Ⅲ ㉠	1	0
Ⅰ ㉡	?1	1
Ⅱ ㉢	2	?2
Ⅳ ㉣	0	?1

○ 그림과 같이 Ⅱ에서 전좌가 일어나 X 염색체에 있는 2개의 ㉮ 중 하나가 22번 염색체로 옮겨졌다. ㉮는 H와 R 중 하나이다.

○ ⓐ는 Ⅲ으로부터 형성된 정자와 정상 난자가 수정되어 태어났다.

이에 대한 옳은 설명만을 〈보기〉에서 있는 대로 고른 것은? (단, 제시된 돌연변이 이외의 돌연변이와 교차는 고려하지 않으며, H와 R 각각의 1개당 DNA 상대량은 1이다.) **3점**

보기
ㄱ. ㉠은 Ⅲ이다.
ㄴ. ㉮는 R이다.
ㄷ. ⓐ는 H와 h를 모두 갖는다. → $X^{hr}Y$, H(22번 염색체)

① ㄱ   ② ㄴ   ③ ㄷ   ④ ㄱ, ㄷ   ⑤ ㄴ, ㄷ

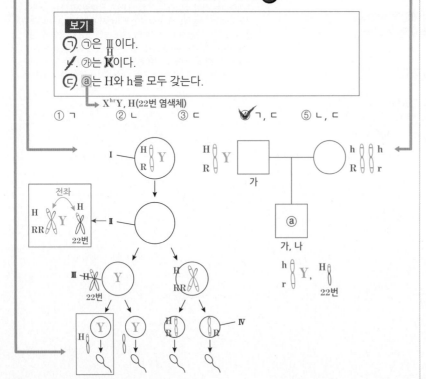

|자|료|해|설|

아버지의 G_1기 세포로부터 정자가 형성되는 과정의 세포에서 H와 R의 DNA 상대량이 존재하므로 아버지의 유전자형은 $X^{HR}Y$이다. 아버지에게서 (가)와 (나) 중 (가)만 발현되었으므로 (가)는 우성 형질이고, (나)는 열성 형질이다. 어머니에게서 (가)와 (나)가 모두 발현되지 않았으므로 어머니의 유전자형은 $X^{hR}X^{h-}$이다. 아들 ⓐ에게서 (가)와 (나)가 모두 발현되었으므로 ⓐ는 H와 r을 갖고 있어야 한다. 따라서 어머니의 유전자형은 $X^{hR}X^{hr}$이고, ⓐ는 정상 난자가 수정되어 태어난 아들이므로 어머니에게서 X^{hr}을 물려받고 아버지에게서 Y를 물려받았다. 이때 ⓐ는 H를 추가로 갖고 있어야 하며, 이를 통해 ⓐ는 전좌로 인해 X 염색체에 있던 H를 갖는 22번 염색체가 포함된 정자가 수정되어 태어났다는 것을 알 수 있다. 따라서 ㉮는 H이다.

G_1기 세포 Ⅰ($X^{HR}Y$)에서 H와 R의 DNA 상대량은 순서대로 1, 1이고, Ⅰ의 복제로 형성된 Ⅱ에서 H와 R의 DNA 상대량은 순서대로 2, 2이다. 따라서 ㉡은 Ⅰ이고, ㉢은 Ⅱ이다. Ⅲ으로부터 형성된 정자에 전좌로 인해 X 염색체에 있던 H를 갖는 22번 염색체와 Y 염색체가 포함되어 있으므로 ㉠은 Ⅲ이고, 감수 1분열 결과 형성된 두 세포 중에서 Ⅲ이 아닌 다른 세포는 X 염색체(H의 DNA 상대량 1, R의 DNA 상대량 2)를 갖는다. 마지막 남은 ㉣은 Ⅳ이므로 ㉣은 전좌로 인해 H를 포함하지 않는 X 염색체(X^R)를 갖는다.

|보|기|풀|이|

ㄱ. 정답 : ㉠은 Ⅲ, ㉡은 Ⅰ, ㉢은 Ⅱ, ㉣은 Ⅳ이다.

ㄴ. 오답 : ㉮는 H이다.

ㄷ. 정답 : 아들 ⓐ는 $X^{hr}Y$와 H를 갖는 22번 염색체를 포함하고 있다. 따라서 ⓐ는 H와 h를 모두 갖는다.

🔧 **문제풀이 T I P** | H와 R의 DNA 상대량이 존재하므로 아버지의 유전자형은 $X^{HR}Y$이다. 아버지, 어머니, 아들 ⓐ에서의 (가)와 (나)의 발현 여부를 통해 각 구성원이 갖는 유전자를 파악해보면 ㉮를 알아낼 수 있다.

😊 **출제분석** | X 염색체 연관, 감수 분열, 전좌, DNA 상대량에 대한 이해를 바탕으로 종합적 분석이 필요한 신유형의 문항으로, 난도는 '최상'에 해당한다. 새로운 유형의 문항이라 많은 학생들이 문제 접근부터 어려움을 느껴 시간 내에 제대로 풀지 못해 정답률이 낮게 나온 것으로 분석된다. 첨삭된 그림을 통해 문제의 상황을 정확하게 이해한 뒤, 여러 번 반복해서 풀어보며 앞으로 비슷한 유형의 문항 출제를 대비해야 한다.

사람의 유전 형질 ㉮는 대립유전자 T와 t에 의해 결정된다. 그림 (가)는 남자 P의, (나)는 여자 Q의 G_1기 세포로부터 생식세포가 형성되는 과정을 나타낸 것이다. 표는 세포 ㉠~㉣의 8번 염색체 수와 X 염색체 수를 더한 값, T의 DNA 상대량을 나타낸 것이다. ㉮의 유전자형은 P에서가 TT이고, Q에서가 Tt이다. ㉠~㉣은 Ⅰ~Ⅳ를 순서 없이 나타낸 것이고, ⓐ~ⓓ는 1, 2, 3, 4를 순서 없이 나타낸 것이다.

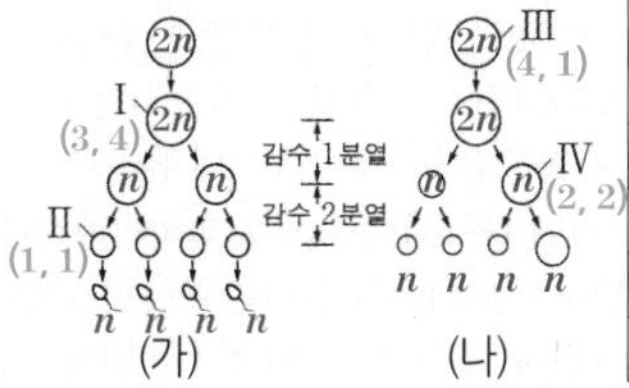

세포	8번 염색체 수와 X 염색체 수를 더한 값	T의 DNA 상대량
㉠ Ⅰ	ⓐ 3	ⓓ 4
㉡ Ⅱ	ⓑ 1	ⓑ 1
㉢ Ⅳ	ⓒ 2	ⓒ 2
㉣ Ⅲ	ⓓ 4	ⓑ 1

이에 대한 설명으로 옳은 것만을 〈보기〉에서 있는 대로 고른 것은? (단, 돌연변이는 고려하지 않으며, T와 t 각각의 1개당 DNA 상대량은 1이다. Ⅰ과 Ⅳ는 중기의 세포이다.) **3점**

보기

ㄱ. ㉣은 Ⅲ이다.

ㄴ. ⓐ+ⓒ=4이다. ~~$3 + 2 = 5$~~

ㄷ. Ⅱ에 Y 염색체가 있다.

---

① ㄱ　　② ㄴ　　✔③ ㄱ, ㄷ　　④ ㄴ, ㄷ　　⑤ ㄱ, ㄴ, ㄷ

|자|료|해|설|

(가)는 남자 P의 생식세포 형성 과정이므로 8번 염색체 수와 X 염색체 수를 더한 값은 핵상이 $2n$인 세포 Ⅰ에서 $2+1=3$이고, n인 세포 Ⅱ에서 $1+0=1$ 또는 $1+1=2$이다. 또한 (나)는 여자 Q의 생식세포 형성 과정이므로 8번 염색체 수와 X 염색체 수를 더한 값은 $2n$인 세포 Ⅲ에서 $2+2=4$이고, n인 세포 Ⅳ에서 $1+1=2$이다. 이때 8번 염색체 수와 X 염색체 수를 더한 값이 Ⅰ~Ⅳ에서 모두 달라야 하므로, Ⅱ에서는 $1+0=1$임을 확정할 수 있다. P의 ㉮의 유전자형은 TT이므로 T의 DNA 상대량은 DNA 복제가 일어난 세포 Ⅰ에서는 4이고, 2번의 감수 분열을 거친 세포 Ⅱ에서는 1이다. Q의 ㉮의 유전자형은 Tt이므로 DNA 복제 전의 세포 Ⅲ에서 T의 DNA 상대량은 1이고, 감수 2분열 중기 세포 Ⅳ에서는 2 또는 0이다. 그런데 ⓐ~ⓓ 중 0은 없으므로 Ⅳ에서는 2로 확정할 수 있다.

위에서 구한 8번 염색체 수와 X 염색체 수를 더한 값과 T의 DNA 상대량으로 표에 맞게 정리하면 첨삭한 내용과 같으며, 따라서 세포 ㉠은 Ⅰ, ㉡은 Ⅱ, ㉢은 Ⅳ, ㉣은 Ⅲ이다.

|보|기|풀|이|

ㄱ) 정답 : ㉠은 Ⅰ, ㉡은 Ⅱ, ㉢은 Ⅳ, ㉣은 Ⅲ이다.

ㄴ. 오답 : ⓐ는 3, ⓑ는 1, ⓒ는 2, ⓓ는 4이므로 ⓐ+ⓒ=3+2=5이다.

ㄷ) 정답 : Ⅱ는 8번 염색체 수와 X 염색체 수를 더한 값이 $1+0=1$로, X 염색체가 아닌 Y 염색체를 갖는다.

다음은 어떤 가족의 ABO식 혈액형과 유전 형질 (가), (나)에 대한
자료이다.

○ (가)는 대립유전자 H와 h에 의해, (나)는 대립유전자 T와
t에 의해 결정된다. H는 h에 대해, T는 t에 대해 각각 완전
우성이다.
○ (가)의 유전자와 (나)의 유전자 중 하나는 ABO식 혈액형
유전자와 같은 염색체에 있고, 나머지 하나는 X 염색체에
있다.
○ 표는 구성원의 성별, ABO식 혈액형과 (가), (나)의 발현
여부를 나타낸 것이다.

구성원	성별	혈액형	(가)	(나)
아버지	남	A형	×	×
어머니	여	B형	×	○
자녀 1	남	AB형	○	×
자녀 2	여	B형	○	×
자녀 3	여	A형	×	○

┌▶ 아버지의 생식세포 형성 과정　　　　　(○: 발현됨, ×: 발현 안 됨)

○ 아버지와 어머니 중 한 명의 생식세포 형성 과정에서
대립유전자 ㉠이 대립유전자 ㉡으로 바뀌는 돌연변이가 1회
　　　　H　　　　　　　　h
일어나 ㉡을 갖는 생식세포가 형성되었다. 이 생식세포가
정상 생식세포와 수정되어 자녀 1이 태어났다. ㉠과 ㉡은
(가)와 (나) 중 한 가지 형질을 결정하는 서로 다른
대립유전자이다.

이에 대한 설명으로 옳은 것만을 <보기>에서 있는 대로 고른 것은?
(단, 제시된 돌연변이 이외의 돌연변이와 교차는 고려하지 않는다.)

보기
　　　　　　우성
ㄱ. (나)는 ~~열성~~ 형질이다.
ㄴ. ㉠은 H이다.
ㄷ. 자녀 3의 동생이 태어날 때, 이 아이의 혈액형이 O형이면서
　　(가)와 (나)가 모두 발현되지 않을 확률은 $\frac{1}{8}$이다.
　　　　　　　　└▶ $\frac{1}{4}$(OH/Oh)$\times\frac{1}{2}$(X^{t}X^t, X^{t}Y)$=\frac{1}{8}$

① ㄱ　　② ㄴ　　③ ㄷ　　④ ㄱ, ㄴ　　⑤ ㄴ, ㄷ

같은 염색체 ┌ ABO식 혈액형
　　　　　└ (가) H > [h]
X 염색체 ─ (나) [T] > t

|자|료|해|설|
(가)가 발현되지 않은 부모에게서 (가)가 발현된 딸 자녀
2가 태어났으므로 (가)는 열성 형질이고, 상염색체에
존재한다. 따라서 (가)의 유전자는 ABO식 혈액형
유전자와 같은 염색체에 있고, (나)의 유전자는 X 염색체에
있다. (나)가 열성 형질이라고 가정하면, 자녀 3은
X^{t}X^{t}이므로 아버지는 X^{t}Y이다. 그러나 아버지에게서
(나)가 발현되지 않으므로 모순이다. 따라서 (나)는 우성
형질이다.
(가)가 발현된 자녀 2의 ABO식 혈액형과 (가)에 대한
유전자형이 Bh/Oh이므로 아버지의 유전자형은 AH/Oh,
어머니의 유전자형은 Bh/OH, 자녀 3의 유전자형은
AH/OH이다. 자녀 1은 AB형이므로 아버지에게서 AH를
물려받고, 어머니에게서 Bh를 물려받아 유전자형이
AH/Bh이어야 한다. 그러나 자녀 1에서 열성 형질인
(가)가 발현되었으므로 아버지의 생식세포 형성 과정에서
대립유전자 H가 h로 바뀌는 돌연변이가 1회 일어났다는
것을 알 수 있다. 따라서 ㉠은 H이고, ㉡은 h이다.
구성원의 유전자형을 정리하면 첨삭된 내용과 같다.

|보|기|풀|이|
ㄱ. 오답 : (나)는 우성 형질이다.
ㄴ. 정답 : ㉠은 H이고, ㉡은 h이다.
ㄷ. 정답 : 아버지(AH/Oh, X^{t}Y)와 어머니(Bh/OH,
X^{T}X^t)에서 자녀 3의 동생이 태어날 때, 이 아이의
혈액형이 O형이면서 (가)와 (나)가 모두 발현되지 않을
확률은 $\frac{1}{4}$(OH/Oh)$\times\frac{1}{2}$(X^{t}X^t, X^{t}Y)$=\frac{1}{8}$이다.

😮 **문제풀이 TIP |** 부모에게서 발현되지 않은 형질이 딸에게서
발현된 경우 이 형질은 열성이고, 상염색체 유전이다. 이를 통해
(가)와 (나)의 우열과 유전자 위치를 구분할 수 있다. ABO식 혈액형
유전자와 같은 염색체에 존재하는 유전자는 감수 분열 시 함께
이동하여 자손에게 전달된다는 것을 고려하여 어느 유전자에서
돌연변이가 일어났는지 찾아보자.

😀 **출제분석 |** 구성원의 혈액형과 (가), (나) 형질의 발현 여부를
통해 각 형질의 우열과 유전자의 위치(상염색체 또는 성염색체),
돌연변이가 일어난 유전자를 알아내야 하는 난도 '중상'의 문항이다.
6월 모평에서 시간이 부족하여 문제를 풀지 못한 학생들이 많아
실제 문항의 난도보다 정답률이 낮게 나온 것으로 판단된다.
이 문항은 표의 내용을 가계도의 형태로 간단하게 정리하며 푸는
것이 문제를 빠르게 파악하는데 도움이 된다.

다음은 어떤 가족의 유전 형질 (가)~(다)에 대한 자료이다.

○ (가)는 대립유전자 A와 A*에 의해, (나)는 대립유전자 B와
B*에 의해, (다)는 대립유전자 D와 D*에 의해 결정된다.

○ (가)와 (나)의 유전자는 7번 염색체에, (다)의 유전자는 9번
염색체에 있다.

○ 표는 이 가족 구성원의 세포 I~V 각각에 들어 있는 A,
A*, B, B*, D, D*의 DNA 상대량을 나타낸 것이다.

	구분	세포	7번 염색체 DNA 상대량				9번 염색체	
			A	**A***	**B**	**B***	**D**	**D***
n	아버지	I	?1	?0	1	0	1	?0
(복제) n	어머니	II	0	?2	?2	0	0	2
$2n$	자녀 1	III	2	?0	?1	1	?2	0
(복제) n	자녀 2	IV	0	?2	0	?2	?0	2
$2n$	자녀 3	V	?2	0	?1	2	?0	3

○ 아버지의 생식세포 형성 과정에서 7번 염색체에 있는 대립
유전자 ㉠이 9번 염색체로 이동하는 돌연변이가 1회 일어나
9번 염색체에 ㉠이 있는 정자 P가 형성되었다. ㉠은 A, A*,
B, B* 중 하나이다. ↳B*

○ 어머니의 생식세포 형성 과정에서 <mark>염색체 비분리가 1회</mark> → 감수 2분열 과정에서
일어나 염색체 수가 비정상적인 난자 Q가 형성되었다. 9번 염색체 비분리

○ P와 Q가 수정되어 자녀 3이 태어났다. 자녀 3을 제외한
나머지 구성원의 핵형은 모두 정상이다.

**이에 대한 설명으로 옳은 것만을 〈보기〉에서 있는 대로 고른 것은?
(단, 제시된 돌연변이 이외의 돌연변이와 교차는 고려하지 않으며,
A, A*, B, B*, D, D* 각각의 1개당 DNA 상대량은 1이다.) 3점**

보기

A*B/AB* ← ㉠은 B*이다.
DD* ← ✗ 어머니에게서 A, B, D를 모두 갖는 난자가 형성될 수 있다. 없다
㉢ 염색체 비분리는 감수 2분열에서 일어났다. → 어머니가 자녀 3에게
D*D*을 물려줌

① ㉠　② ㉡　③ ㉠, ㉡　✔④ ㉠, ㉢　⑤ ㉡, ㉢

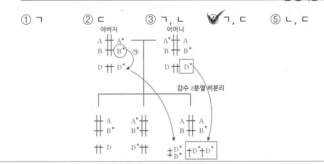

문제풀이 TIP | 우선 DNA 상대량을 토대로 각 세포의 핵상과 복제 상태를 파악하면서 유전자형을 완성
해나가야 한다. 자녀 3을 제외한 나머지 구성원의 유전자형을 분석한 뒤, 표에 제시된 것처럼 자녀 3(V)에서
A*, B*, D*의 DNA 상대량이 각각 0, 2, 3이 되는 경우를 찾아 ㉠과 염색체 비분리 시기를 알아내자!

출제분석 | DNA의 상대량을 통해 각 세포의 핵상과 유전자 배치를 알아내고, 염색체 구조 이상과 수 이
상을 파악해야 하는 난도 '상'의 문항이다. 세포의 핵상과 복제 상태가 서로 다르고, 무려 두 가지 돌연변이에
대한 정보를 찾아야 하기 때문에 문제 해결이 까다로운 편이다. 자료를 종합적으로 분석해야 하는 고난도의 문
항으로, 유전 단원에서는 난도 높은 문항이 계속해서 출제되고 있으므로 이를 반복해 풀어보며 출제를 대비해
야 한다.

|자|료|해|설|

아버지의 세포 I 에서 B의 DNA 상대량이 1이고, B*의
DNA 상대량은 0이므로 I 의 핵상은 n이고, D*의 DNA
상대량은 0이다. 어머니의 세포 II 에서 (D+D*)의 DNA
상대량이 2이므로 (A+A*), (B+B*)의 DNA 상대량
또한 각각 2이어야 한다. 따라서 II 의 A*, B의 DNA
상대량은 각각 2이고, 복제된 상태일 수 있기 때문에 아직
핵상은 확정할 수 없다.

자녀 1의 세포 III 에서 A의 DNA 상대량이 2이고, B*의
DNA 상대량이 1이므로 III 의 핵상은 $2n$이다. → 핵상이
n이라면, A와 B*의 DNA 상대량이 모두 1이거나
2(복제된 상태일 경우)로 동일해야 한다.

따라서 III 의 유전자형은 AB/AB*, DD이다. 자녀 1의
부모인 아버지와 어머니 모두 A와 D를 가지므로 D를 갖지
않는 어머니의 세포 II 의 핵상은 n이며, 복제된 상태이다.
핵상이 n인 II 에 존재하는 A*과 B는 7번 염색체에 함께
존재하므로 어머니의 유전자형은 A*B/A_, DD*이다.

자녀 2는 어머니로부터 A를 포함한 7번 염색체 또는 B를
포함한 7번 염색체 중 하나를 물려받으므로 세포 IV의
핵상이 $2n$이라면 A 또는 B를 포함하고 있어야 한다.
그러나 IV에서 A와 B의 DNA 상대량이 0이므로 IV의
핵상은 n(복제된 상태)이고, A*과 B*이 함께 존재하는
7번 염색체를 갖는다. 이는 아버지로부터 물려받은
것이므로 아버지의 유전자형은 AB/A*B*, D_이다.

III (AB/AB*, DD)은 아버지에게서 AB, 어머니에게서
AB*을 물려받았으므로 어머니의 유전자형은
A*B/AB*, DD*이다.

자녀 3의 세포 V에 D*의 DNA 상대량이 3이라는 것을
통해 어머니의 감수 2분열 과정에서 9번 염색체 비분리가
1회 일어나 자녀 3이 어머니로부터 D*D*을 물려받고
아버지로부터 D*을 물려받았다는 것을 알 수 있다. 따라서
V의 핵상은 $2n$이고, 아버지의 유전자형은 AB/A*B*,
DD*이다.

아버지의 생식세포 형성 과정에서 7번 염색체에 있는
대립유전자 ㉠이 9번 염색체로 이동하는 돌연변이가 1회
일어나 9번 염색체에 ㉠이 있는 정자 P가 형성되었으므로
자녀 3은 9번 염색체에 ㉠을 가지고 있다. 자녀 3의 세포
V ($2n$)에서 A*의 DNA 상대량이 0이므로 A*은 ㉠이
아니고, 자녀 3은 아버지로부터 AB를 갖는 7번 염색체를,
어머니로부터 AB*을 갖는 7번 염색체를 물려받아야 한다.
이때 V에서 B*의 DNA 상대량이 2이므로, 아버지의
생식세포 형성 과정에서 7번 염색체에 있는 B*이 9번
염색체로 이동하여 정자 P가 형성되었다는 것을 알 수
있다. 따라서 ㉠은 B*이고, 자녀 3은 아버지로부터 AB,
D*B*을, 어머니로부터 AB*, D*D*을 물려받아
AB/AB*, D*B*/D*/D*의 유전자 배치를 나타낸다.

|보|기|풀|이|

㉠ 정답 : 아버지의 생식세포 형성 과정에서 9번 염색체로
이동한 ㉠은 B*이다.

ㄴ. 오답 : 어머니(A*B/AB*, DD*)에게서 A, B, D를
모두 갖는 난자는 형성될 수 없다.

㉢ 정답 : 어머니의 감수 2분열 과정에서 9번 염색체
비분리가 1회 일어나 자녀 3은 어머니로부터 D*D*을
물려받고, 아버지로부터 D*을 물려받았다.

다음은 어떤 가족의 유전 형질 (가)~(다)에 대한 자료이다.

○ (가)는 대립유전자 A와 a에 의해, (나)는 대립유전자 B와 b에 의해, (다)는 대립유전자 D와 d에 의해 결정된다.

○ (가)~(다)의 유전자 중 2개는 7번 염색체에, 나머지 1개는 X 염색체에 있다.

○ 표는 이 가족 구성원 ㉠~㉢의 성별, 체세포 1개에 들어 있는 A, b, D의 DNA 상대량을 나타낸 것이다. ㉠~㉢은 아버지, 어머니, 자녀 1, 자녀 2, 자녀 3을 순서 없이 나타낸 것이다.

구성원	성별	DNA 상대량			
		A	b	D	
어머니 ㉠	여	1	1	1	Ad/aD, $X^B X^b$
㉡	여	2	2	0	Ad/Ad, $X^B X^b$
㉢	남	1	0	2	AD/aD, $X^B Y$
자녀 3 ㉣	남	2	0	2	AD/AD, $X^B Y$
아버지 ㉤	남	2	1	1	AD/Ad, $X^b Y$

→ 7번 염색체   X 염색체

○ ㉠~㉤의 핵형은 모두 정상이다. 자녀 1과 2는 각각 정상 정자와 정상 난자가 수정되어 태어났다.

○ 자녀 3은 염색체 수가 비정상적인 정자 ⓐ와 염색체 수가 비정상적인 난자 ⓑ가 수정되어 태어났으며, ⓐ와 ⓑ의 형성 과정에서 각각 염색체 비분리가 1회 일어났다.

$n-1$ ←   → $n+1$

→ 감수 2분열 비분리(7번 염색체)

이에 대한 설명으로 옳은 것만을 <보기>에서 있는 대로 고른 것은? (단, 제시된 염색체 비분리 이외의 돌연변이와 교차는 고려하지 않으며, A, a, B, b, D, d 각각의 1개당 DNA 상대량은 1이다.)

3점

보기
㉠. (나)의 유전자는 X 염색체에 있다.
㉡. 어머니에게서 A, b, d를 모두 갖는 난자가 형성될 수 있다.
~~ㄷ. ⓐ의 형성 과정에서 염색체 비분리는 감수 1분열에서~~ 감수 2분열
 일어났다.

① ㄱ   ② ㄷ   ✓③ ㄱ, ㄴ   ④ ㄴ, ㄷ   ⑤ ㄱ, ㄴ, ㄷ

|자|료|해|설|

표는 체세포에 들어 있는 DNA 상대량을 나타낸 것이고, 가족 구성원의 핵형이 모두 정상이므로 남자인 ㉣에서 A와 D의 DNA 상대량이 2임을 통해 (가)와 (다)의 유전자는 7번 염색체에 있음을 알 수 있으며, 따라서 (나)의 유전자는 X 염색체에 있다. 따라서 이에 맞게 연관을 고려하여 각 구성원의 유전자형을 구하면 첨삭한 내용과 같다.

㉡이 어머니라면 정상 생식세포의 수정으로 태어날 수 있는 아들이 없으므로 어머니는 ㉠이다. 또한 ㉢이 아버지라면 비정상 생식세포의 수정으로 태어난 자녀가 2명이 되고, ㉣이 아버지라면 ㉢이 태어날 수 없으므로 아버지는 이때 ㉤이다. 어머니는 A와 D가 연관된 7번 염색체를 갖지 않으므로 비정상 정자 ⓐ와 비정상 난자 ⓑ가 수정되어 태어난 자녀 3은 ㉣임을 알 수 있다. 즉 ⓐ는 감수 2분열에서 비분리가 발생하여 핵상이 $n+1$인 정자이고, ⓑ는 비분리가 발생하여 7번 염색체를 갖지 않는 $n-1$인 난자이다.

|보|기|풀|이|

㉠ 정답 : (가)와 (다)의 유전자는 7번 염색체에 있고, (나)의 유전자는 X 염색체에 있다.

㉡ 정답 : 어머니의 유전자형 및 연관 형태는 Ad/aD, $X^B X^b$이므로 A, b, d를 모두 갖는 난자가 형성될 수 있다.

ㄷ. 오답 : ⓐ의 형성 과정에서 염색체 비분리는 감수 2분열에서 일어났다.

🤔 **문제풀이 TIP** | 핵형이 정상인 남자의 체세포에 들어 있는 어떤 대립유전자의 DNA 상대량이 2라면 이 유전자는 상염색체에 있다.

😀 **출제분석** | 가족 구성원의 체세포에 들어 있는 대립유전자의 DNA 상대량을 통해 각 형질을 결정하는 유전자의 위치 (상염색체 또는 성염색체)알아내고 어머니, 아버지와 염색체 비분리에 의해 태어난 자녀를 찾는 것이 관건인 문항이다. 난도가 매우 높지는 않지만 충분히 연습되지 않았다면 시간이 부족할 수 있으므로 빠르게 해결할 수 있도록 연습하자.

다음은 어떤 가족의 유전 형질 (가)~(다)에 대한 자료이다.

○ (가)는 대립유전자 A와 a에 의해, (나)는 대립유전자 B와 b에 의해, (다)는 대립유전자 D와 d에 의해 결정된다.

○ 그림은 아버지와 어머니의 체세포에 들어있는 일부 염색체와 유전자를 나타낸 것이다. ㉮~㉱는 각각 ㉮′~㉱′의 상동 염색체이다.

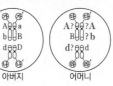
아버지 / 어머니

○ 표는 이 가족 구성원의 세포 Ⅰ~Ⅳ에서 염색체 ㉠~㉣의 유무와 A, b, D의 DNA 상대량을 더한 값(A+b+D)을 나타낸 것이다. ㉠~㉣은 ㉮~㉱를 순서 없이 나타낸 것이다.

구성원	세포	염색체				A+b+D
		㉠ ㉴	㉡ ㉣	㉢ ㉮	㉣ ㉯	
아버지	Ⅰ n	○	×	×	×	0
어머니	Ⅱ 2n	×	○	×	○	3
자녀 1	Ⅲ 2n	○	×	○	○	3
자녀 2	Ⅳ 2n+1	○	×	×	○	3

(○: 있음, ×: 없음)

○ 감수 분열 시 부모 중 한 사람에게서만 염색체 비분리가 1회 일어나 염색체 수가 비정상적인 생식세포 ⓐ가 형성되었다. ⓐ와 정상 생식세포가 수정되어 자녀 2가 태어났다. → 난자(n+1)

○ 자녀 2를 제외한 이 가족 구성원의 핵형은 모두 정상이다.

이에 대한 설명으로 옳은 것만을 〈보기〉에서 있는 대로 고른 것은?
(단, 제시된 돌연변이 이외의 돌연변이와 교차는 고려하지 않으며, A, a, B, b, D, d 각각의 1개당 DNA 상대량은 1이다.) 3점

보기

ㄱ. ㉡은 ㉣이다.

ㄴ. 어머니의 (가)~(다)에 대한 유전자형은 ~~AABBD~~d이다. (AABbdd)

ㄷ. ⓐ는 ~~감수 2분열~~에서 염색체 비분리가 일어나 형성된 난자이다. (감수 1분열)

① ㄱ　② ㄷ　③ ㄱ, ㄴ　④ ㄴ, ㄷ　⑤ ㄱ, ㄴ, ㄷ

|자|료|해|설|

어머니의 세포 Ⅱ가 가지는 ㉡과 ㉣은 각각 염색체 ㉯와 ㉱ 중 하나이며, 따라서 ㉠과 ㉢은 각각 염색체 ㉮와 ㉰ 중 하나이다. 또한 Ⅱ에서 A+b+D=3이므로 Ⅱ의 핵상은 2n이다. 아버지의 세포 Ⅰ은 ㉠~㉣ 중 ㉠ 하나만 가지므로 핵상이 n인 세포이며, Ⅰ에서 A+b+D=0이므로 ㉠은 ㉰이고, ㉢은 ㉮이다.

자녀 1의 세포 Ⅲ ㉠~㉣ 중 3개의 염색체를 가지므로 핵상이 2n이며, 아버지로부터 ㉮(㉢)와 ㉰(㉠)를 물려받았고 A+b+D=3이므로 어머니로부터 A, b, D 중 1개를 물려받았다. 만약 어머니로부터 물려받은 염색체 ㉣이 ㉱이고 ㉱에 D가 있다면, 어머니의 유전자형은 _aBBDd가 되어 어머니의 세포 Ⅱ에서 A+b+D=3이 될 수 없다. 따라서 자녀 1이 어머니로부터 물려받은 염색체 ㉣은 ㉯이고, ㉯에는 A가 있다.

자녀 2의 세포 Ⅳ는 아버지의 염색체 ㉰와 어머니의 염색체 ㉯를 가지므로 핵상이 2n+1 또는 2n-1이다. 이때 Ⅳ에서 A+b+D=3을 만족하기 위해서는 어머니로부터 ㉯를 물려받아야 하며, 따라서 자녀 2는 어머니의 생식세포 형성 과정 중 감수 1분열에서 염색체 비분리가 일어나 형성된 난자(n+1)와 정상 정자(n)이 수정되어 태어났다.

아버지 세포Ⅰ(n)　어머니 세포Ⅱ(2n)　자녀1 세포Ⅲ(2n)　자녀2 세포Ⅳ(2n+1)

|보|기|풀|이|

ㄱ. 정답 : ㉡은 어머니의 염색체 ㉱이다.

ㄴ. 오답 : 어머니의 (가)~(다)에 대한 유전자형은 AABbdd이다.

ㄷ. 오답 : ⓐ는 감수 1분열에서 염색체 비분리가 일어나 형성된 난자이다.

😊 **문제풀이 TIP |** 각 세포가 가지는 염색체의 구성을 통해 세포의 핵상을 파악해야 A, b, D의 DNA 상대량을 더한 값을 단서로 활용할 수 있다. 핵상을 파악할 때에는 상동염색체가 함께 들어 있는지를 확인하도록 한다.

다음은 어떤 집안의 유전 형질 (가)~(다)에 대한 자료이다.

○ (가)는 대립 유전자 H와 h에 의해, (나)는 대립 유전자 R와
r에 의해, (다)는 대립 유전자 T와 t에 의해 결정된다. H는
h에 대해, R는 r에 대해, T는 t에 대해 각각 완전 우성이다. → 단일 인자 유전

○ (가)~(다) 중 1가지 형질을 결정하는 유전자는 상염색체에,
나머지 2가지 형질을 결정하는 유전자는 성염색체에
존재한다.

○ 가계도는 구성원 1~9에게서 (가)와 (나)의 발현 여부를
나타낸 것이다.

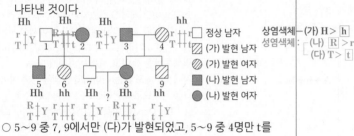

상염색체 ─ (가) H > [h]
성염색체: [(나) [R] > r
　　　　　 (다) T > [t]

□ 정상 남자
▨ (가) 발현 남자
◪ (가) 발현 여자
■ (나) 발현 남자
● (나) 발현 여자

○ 5~9 중 7, 9에서만 (다)가 발현되었고, 5~9 중 4명만 t를
가진다.

○ $\dfrac{3,\ 4\ \text{각각의 체세포 1개당 T의 상대량을 더한 값}}{5,\ 7\ \text{각각의 체세포 1개당 H의 상대량을 더한 값}}$ $\dfrac{1+1=2}{1+1=2}=1$이다.

이에 대한 설명으로 옳은 것만을 〈보기〉에서 있는 대로 고른 것은?
(단, 돌연변이와 교차는 고려하지 않으며, H, h, R, r, T, t 각각의
1개당 DNA 상대량은 1이다.) **3점**

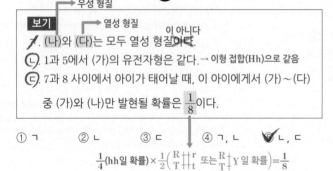

　　　　　　　　우성 형질
보기
　　　　　　　열성 형질
　　　　　　　　　　　　이 아니다
✗. (나)와 (다)는 모두 열성 형질이다.
ㄴ. 1과 5에서 (가)의 유전자형은 같다. → 이형 접합(Hh)으로 같음
ㄷ. 7과 8 사이에서 아이가 태어날 때, 이 아이에게서 (가)~(다)
중 (가)와 (나)만 발현될 확률은 $\dfrac{1}{8}$이다.

① ㄱ　　② ㄴ　　③ ㄷ　　④ ㄱ, ㄴ　　✓⑤ ㄴ, ㄷ

$\dfrac{1}{4}$(hh일 확률) $\times \dfrac{1}{2}\left(\dfrac{R}{T}\!\Vert\!\dfrac{r}{t}\ \text{또는}\ \dfrac{R}{T}\!\Vert\! Y$일 확률$\right)=\dfrac{1}{8}$

|자|료|해|설|

(가)가 발현되지 않은 1과 2 사이에서 태어난 6에서 (가)가
발현되었으므로, (가)를 결정하는 대립 유전자 H와 h는
상염색체에 존재하고 (가)는 열성 형질이다. 따라서 (나)와
(다)를 결정하는 대립 유전자는 성염색체에 함께 존재한다.
(나)가 열성이라면 2(X^{r}X^r)로부터 태어난 7(X^{r}Y)에서도
(나)가 발현되어야 한다. 그러나 이는 모순이므로 (나)는
우성 형질이다. 5~9 중 7, 9에서만 (다)가 발현되었으며,
(다)가 우성이라면 7(X^{T}Y)과 9(X^{T}Y)는 t를 가지지
않는다. 5~9 중 4명만 t를 가진다는 조건에 모순되므로
(다)는 열성 형질이다.
이를 토대로 유전자형을 정리해보면 3, 4의 (다)에 대한
유전자형은 3가지(X^{t}Y/X^{T}X^t, X^{T}Y/X^{t}X^t, X^{T}Y/X^{T}X^t)가
가능하고 5, 7의 (가)에 대한 유전자형은 각각 HH 또는
Hh가 가능하다.
$\dfrac{3,\ 4\ \text{각각의 체세포 1개당 T의 상대량을 더한 값 (최소 1, 최대 2)}}{5,\ 7\ \text{각각의 체세포 1개당 H의 상대량을 더한 값(최소 2, 최대 4)}}=1$이
성립하기 위해서는 분모와 분자의 값이 모두 2여야 하고,
이를 통해 3(X^{T}Y), 4(X^{T}X^t), 5(Hh), 7(Hh)의 유전자형을
결정할 수 있다. (가)~(다)의 유전자형을 정리하면
가계도에 첨삭된 내용과 같다.

|보|기|풀|이|

ㄱ. 오답 : (나)는 우성 형질이고, (다)는 열성 형질이다.

ㄴ. 정답 : 1과 5에서 (가)의 유전자형은 Hh로 같다.

ㄷ. 정답 : 7(Hh/X^{rt}Y)과 8(Hh/X^{RT}X^{rt}) 사이에서
아이가 태어날 때, (가)가 발현될 확률은 $\dfrac{1}{4}$(HH, Hh,
Hh, hh)이고, (나)와 (다) 중에서 (나)만 발현될 확률은
$\dfrac{1}{2}$(X^{RT}X^{rt}, X^{rt}X^{rt}, X^{RT}Y, X^{rt}Y)이다. 따라서 7과 8
사이에서 태어난 아이에게서 (가)~(다) 중 (가)와 (나)만
발현될 확률은 $\dfrac{1}{4} \times \dfrac{1}{2} = \dfrac{1}{8}$이다.

🙂 **문제풀이 TIP** | 부모의 표현형이 같고 '딸'의 표현형이 부모와 다를 경우, 이 형질을 결정하는 유전자는 상염색체에 존재하며 딸이 나타내는 표현형이 열성이다.
$\dfrac{3,4\ \text{각각의 체세포 1개당 T의 상대량을 더한 값}}{5,7\ \text{각각의 체세포 1개당 H의 상대량을 더한 값}}=1$에서 분모와 분자 각각의 최소, 최댓값을 구한 뒤 그 값이 일치하는 경우를 찾으면 3, 4, 5, 7의 유전자형을 결정할 수 있다.

😮 **출제분석** | 세 가지 형질을 결정하는 대립 유전자의 위치(상염색체 또는 성염색체)와 형질의 우열 및 구성원의 유전자형을 분석해야 하는 난도 '상'의 문항이다. 유전자가 존재하는
염색체의 종류는 쉽게 파악할 수 있지만, 가계도 외에 주어진 조건을 활용하여 (다)의 우열을 결정하고 구성원의 유전자형을 분석하는데 시간이 걸리는 문항이다. 분수 형태로 조건을
제시하는 유형의 문항이 종종 출제되고 있으며, 이 경우 일반적으로 문제 해결에 시간이 걸리므로 그 부분을 감안하고 시간 분배를 해야 한다.

STEP 1. 형질 (가)에 대해서 파악하자.

(1) 형질 (가)에 대한 가계도를 따로 그려보자.

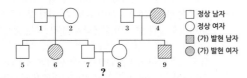

(2) 형질 (가)의 대립 유전자를 알아보자.
정상인 구성원 1과 구성원 2 사이에서, (가) 형질이 발현되는 구성원 6이 태어났다. 정상인 부모에게서 (가) 형질을 가진 자손이 태어났으므로, (가) 형질은 열성이다. 따라서 H는 정상 대립 유전자이고, h는 형질 (가)의 대립 유전자이다.

(3) 형질 (가)가 상염색체 유전인지 성염색체 유전인지 알아보자.
형질 (가)를 성염색체 유전이라고 가정해보자. 구성원 6의 유전자형은 $X^h X^h$이다. X^h를 아버지에게 물려받았으므로, 구성원 1의 유전자형은 $X^h Y$이며, 형질 (가)가 발현되어야 한다. 하지만 가계도를 살펴보면 구성원 1의 표현형은 정상이므로 성염색체 유전이 아니다. 따라서 상염색체 유전이다.

(4) 위의 결과를 종합해볼 때 형질 (가)는 상염색체 열성 유전이다.

STEP 2. 형질 (나)에 대해서 파악하자.

(1) 형질 (나)에 대한 가계도를 따로 그려보자.

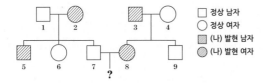

(2) 형질 (나)가 상염색체 유전인지 성염색체 유전인지 알아보자.
문제에서 (가)~(다) 중에 1개는 상염색체 유전이고, 나머지 2개는 성염색체 유전이라고 제시되었다. 형질 (가)가 상염색체 유전이므로 형질 (나)는 성염색체 유전이다.

(3) 형질 (나)의 대립 유전자를 알아보자.
형질 (나)를 열성 유전이라고 가정해보자. 구성원 2의 유전자형은 $X^r X^r$이고, 구성원 7의 엄마로부터 X^r를 물려받아 유전자형은 $X^r Y$이며 형질 (나)가 발현되어야 한다. 하지만 가계도를 살펴보면 구성원 7의 표현형은 정상이므로, 형질 (나)는 열성 유전이 아닌, 우성 유전이다. 따라서 X^R은 형질 (나)의 대립 유전자이고, X^r은 정상 대립유전자이다.

(4) 위의 결과를 종합해볼 때 형질 (나)는 성염색체 우성 유전이다.

STEP 3. 형질 (다)에 대해서 파악하자.

(1) 형질 (다)가 상염색체 유전인지 성염색체 유전인지 알아보자.
문제에서 (가)~(다) 중에 1개는 상염색체 유전이고, 나머지 2개는 성염색체 유전이라고 제시되었다. 형질 (가)가 상염색체 유전이므로 형질 (다)는 성염색체 유전이다.

(2) 형질 (다)의 대립 유전자를 알아보자.
문제를 보면 구성원 5~9 중 4명이 t를 가지는데, (다)가 발현된 사람은 구성원 7과 9로 2명이라고 제시되어있다. t를 갖더라도 형질 (다)가 발현되지 않는 사람이 있으므로, 형질 (다)는 열성 유전이다. 따라서 X^T은 정상 대립 유전자이고, X^t은 형질 (나)의 대립 유전자이다.

(3) 위의 결과를 종합해볼 때 형질 (다)는 성염색체 열성 유전이다.

STEP 4. 구성원 3, 4, 5, 7의 유전자형을 알아보자.

(1) 구성원 3의 유전자형은 $X^{R-}Y$, 구성원 4의 유전자형은 $X^{r-}X^{rt}$로, 형질 (다)에 대한 유전자형이 불분명하다. 구성원 3, 4의 딸인 구성원 8은 (다)가 발현되지 않았으므로 3, 4 중 한명은 T를 꼭 가져야 한다. 따라서 3, 4가 T를 가질 수 있는 경우의 수는 1, 2이다.

(2) 구성원 5와 7의 유전자형은 H_로, 형질 (가)에 대한 유전자형이 불분명하다.

(3) 문제에 $\dfrac{3, 4 \text{ 각각의 체세포 1개당 T의 상대량을 더한 값}}{5, 7 \text{ 각각의 체세포 1개당 H의 상대량을 더한 값}} = 1$이라고 문제에 제시되어있다. 구성원 5와 7은 H를 1개씩 갖고 있는 것이 확실하므로, 분모는 2, 3, 4 중에 하나이다. 구성원 3과 4는

T를 가질 수 있는 경우의 수가 1, 2이므로 $\dfrac{1 \text{ 또는 } 2}{2 \text{ 또는 } 3 \text{ 또는 } 4} = 1$이고

따라서 $\dfrac{2}{2} = 1$이다.

(4) 따라서 구성원 3의 유전자형은 $X^{RT}Y$, 구성원 4의 유전자형은 $X^{rt}X^{rt}$, 구성원 5의 유전자형은 Hh, 구성원 7의 유전자형은 Hh이다.

STEP 5. 구성원 5~9 중 t를 가진 4명을 알아보자.

(1) 구성원 7, 9는 (다)가 발현된 남자이므로 $X^t Y$이다.

(2) 구성원 5는 (다)가 발현되지 않은 남자이므로 $X^T Y$이다. 따라서 구성원 5~9 중 X^t를 가진 4명은 구성원 6, 7, 8, 9이고 구성원 6, 8은 X^t를 가진 여자이며, (다)가 발현되지 않았으므로 $X^T X^t$이다.

STEP 6. 가계도에 유전자형을 표시해보자.

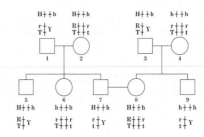

STEP 7. 보기 풀이

ㄱ. **오답** | (나)는 우성 형질이고, (다)는 열성 형질이다.

ㄴ. **정답** | 구성원 1과 5의 (가) 유전자형은 Hh으로 같다.

ㄷ. **정답** | 구성원 7과 8 사이에서 아이가 태어날 때, (가)가 발현될 확률은 HH, Hh, Hh, hh 중에 hh일 확률이므로 $\dfrac{1}{4}$이다. (나)가 발현되고 (다)가 발현되지 않을 확률은 $X^{RT}X^{rt}$, $X^{rt}X^{rt}$, $X^{RT}Y$, $X^{rt}Y$ 중에 $X^{RT}X^{rt}$이나 $X^{RT}Y$일 확률이므로 $\dfrac{1}{2}$이다. 따라서 (가)와 (나)만 발현될 확률은 $\dfrac{1}{4} \times \dfrac{1}{2} = \dfrac{1}{8}$이다.

다음은 어떤 가족의 유전 형질 (가)~(다)에 대한 자료이다.

○ (가)는 대립유전자 A와 a에 의해, (나)는 대립유전자 B와
b에 의해, (다)는 대립유전자 D와 d에 의해 결정된다.

○ (가)~(다)의 유전자 중 2개는 서로 다른 상염색체에, 나머지
1개는 X 염색체에 있다.

○ 표는 아버지의 정자 Ⅰ과 Ⅱ, 어머니의 난자 Ⅲ과 Ⅳ, 딸의
체세포 Ⅴ가 갖는 A, a, B, b, D, d의 DNA 상대량을
나타낸 것이다.

상염색체   X염색체   상염색체

구분	세포	DNA 상대량					
		A	a	B	b	D	d
아버지의 정자	ⓐ Ⅰ	1	0	?1	0	0	?0
	정상 Ⅱ	0	1	0	0	?0	1
어머니의 난자	ⓑ Ⅲ	?0	1	0	?1	㉠2	0
	정상 Ⅳ	0	?1	1	?0	0	?1
딸의 체세포	Ⅴ	1	?1	?1	㉡1	?2	0

비분리

2n (딸의 체세포 행 왼쪽)

○ Ⅰ과 Ⅱ 중 하나는 염색체 비분리가 1회 일어나 형성된
ⓐ염색체 수가 비정상적인 정자이고, 나머지 하나는 정상
정자이다. Ⅲ과 Ⅳ 중 하나는 염색체 비분리가 1회 일어나
형성된 ⓑ염색체 수가 비정상적인 난자이고, 나머지 하나는
정상 난자이다.

○ Ⅴ는 ⓐ와 ⓑ가 수정되어 태어난 딸의 체세포이며, 이 가족
구성원의 핵형은 모두 정상이다.

이에 대한 설명으로 옳은 것만을 〈보기〉에서 있는 대로 고른 것은?
(단, 제시된 염색체 비분리 이외의 돌연변이는 고려하지 않으며, A,
a, B, b, D, d 각각의 1개당 DNA 상대량은 1이다.) **3점**

보기

ㄱ. (나)의 유전자는 X 염색체에 있다.

ㄴ. $㉠+㉡=2$이다. $2+1=3$ → $X^B Y$

ㄷ. 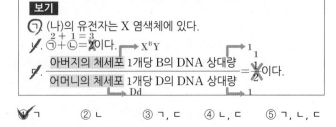 $\dfrac{\text{아버지의 체세포 1개당 B의 DNA 상대량}}{\text{어머니의 체세포 1개당 D의 DNA 상대량}} = \dfrac{1}{2}$ 이다.

     Dd $\dfrac{1}{1}$

✓① ㄱ   ② ㄴ   ③ ㄱ, ㄷ   ④ ㄴ, ㄷ   ⑤ ㄱ, ㄴ, ㄷ

|자|료|해|설|

딸의 체세포(2n)에서 A와 a, B와 b, D와 d 각각의
DNA 상대량 합은 2이다. 따라서 딸의 (가)와 (다)에
대한 유전자형은 Aa, DD이다. 딸은 d를 갖지 않으므로
아버지의 정자 중 Ⅰ이 수정되어 태어났다는 것을 알
수 있다. 따라서 ⓐ는 Ⅰ이다. 정자 Ⅰ은 D를 갖지
않으므로 딸이 가지는 DD는 모두 난자에 포함되어 있다.
그러므로 ⓑ는 Ⅲ이고, ㉠은 2이다. 이를 통해 D와 d가
존재하는 염색체에서 비분리가 일어나 핵형이 정상인
딸이 태어났으며 A와 a, B와 b는 각각 정상적으로
분리되었다는 것을 알 수 있다. 감수 분열이 정상적으로
일어나 형성된 정자 Ⅱ에 B와 b가 모두 존재하지
않으므로, (나)를 결정하는 유전자는 X 염색체에 있고 Ⅱ는
Y 염색체를 갖는다. ⓑ에서 b의 DNA 상대량은 1이고,
X 염색체를 하나 가지는 ⓐ에서 B의 DNA 상대량은
1이다. ⓐ와 ⓑ가 수정되어 태어난 딸의 (나)에 대한
유전자형은 Bb이고, ㉡은 1이다.

|보|기|풀|이|

ㄱ. 정답 : (나)를 결정하는 대립 유전자 B와 b는
X 염색체에 있다.

ㄴ. 오답 : $㉠+㉡=2+1=3$이다.

ㄷ. 오답 : 아버지의 (나)에 대한 유전자형은 $X^B Y$이고,
어머니의 (다)에 대한 유전자형은 Dd이므로
$\dfrac{\text{아버지의 체세포 1개당 B의 DNA 상대량}}{\text{어머니의 체세포 1개당 D의 DNA 상대량}} = \dfrac{1}{1} = 1$이다.

😮 **문제풀이 TIP** | 여성의 체세포(2n)에는 상염색체와 성염색체(XX)가 모두 한 쌍씩 존재하므로 딸의 체세포(2n)에서 A와 a, B와 b, D와 d의 각각의 DNA 상대량 합은 2이다. 이를 통해 ⓐ와 ⓑ를 찾으면 비분리된 염색체를 알 수 있다. 정상적으로 분리된 나머지 염색체에 존재하는 유전자의 DNA 상대량으로 성염색체에 존재하는 유전자를 찾을 수 있다.

😮 **출제분석** | DNA 상대량을 분석하여 염색체 비분리가 1회 일어나 형성된 정자와 난자를 찾고, 각 유전자가 존재하는 염색체의 종류와 부모의 유전자형을 알아내야 하는 유전 복합 문항으로 난도는 '최상'에 해당한다. 딸의 체세포(2n)에서 A와 a, B와 b, D와 d 각각의 DNA 상대량 합은 2라는 것을 알고 있어야 문제를 풀어나갈 수 있으며, DNA 상대량을 분석하여 유전자가 위치하는 염색체의 종류(상염색체 또는 성염색체)를 판단할 수 있어야 한다. 3번의 정답률이 24%인 것을 통해 '보기 ㄷ'을 맞는 답으로 고른 학생들이 많았다는 것을 알 수 있다. 난자 Ⅲ이 DD를 포함하고 있으나 이는 비분리가 일어나 형성된 난자이며, 정상적으로 형성된 난자 Ⅳ에 d가 포함되어 있으므로 어머니의 (다)에 대한 유전자형은 Dd이다. DNA 상대량을 분석하는 문항은 매번 출제되고 있으며, 난도가 높은 편이므로 비슷한 유형의 문항을 최대한 많이 풀어보며 풀이 방법을 익혀두어야 한다.

STEP 1. ⓐ와 ⓑ를 찾아라.

(1) 딸의 체세포 V는 염색체 수가 비정상적인 정자 ⓐ와 염색체 수가 비정상적인 난자 ⓑ가 수정된 것이다.

(2) 딸의 체세포 V에 d의 상대량은 0이다. 아버지의 정자 중 Ⅱ는 d의 상대량이 1이므로, Ⅱ는 ⓐ가 아니다. 그렇다면 Ⅰ이 ⓐ이며 d의 상대량은 0이다.

(3) 아버지의 정자 중 Ⅱ는 정상 세포인데 B와 b의 상대량이 0이다. 따라서 형질 (나)를 결정하는 유전자인 B와 b는 X 염색체에 있다. 그리고 형질 (가)를 결정하는 유전자인 A와 a, (다)를 결정하는 유전자인 D와 d는 상염색체에 있다.

(4) 딸의 체세포 V의 핵형은 정상인데, d의 상대량이 0이므로 D의 상대량은 2이다. 어머니의 난자 중 Ⅳ에는 D의 상대량이 0이므로, Ⅳ는 ⓑ가 아니다. 따라서 Ⅲ가 ⓑ이며 D의 상대량은 2이다.

STEP 2. DNA·상대량 표를 완성하라.

(1) Ⅰ과 Ⅲ가 수정되어 V가 만들어졌으므로, Ⅰ과 Ⅲ의 DNA 상대량을 합치면 V의 DNA 상대량이 나온다.

세포	DNA 상대량					
	A	a	B	b	D	d
Ⅰ	1	0	?	0	0	?
+						
Ⅲ	?	1	0	?	㉠	0
‖						
V	1	?	?	㉡	?	0

(2) Ⅰ은 D나 d가 들어 있는 염색체를 하나 덜 가지고 있는, 총 염색체 수가 22개인 정자이다. (다)의 유전자가 들어 있는 염색체를 제외한 다른 염색체는 정상적으로 가지고 있으므로, b의 상대량이 0이라면 B의 상대량은 1이 된다.

(3) Ⅲ는 D나 d가 들어 있는 염색체를 하나 더 가지고 있는, 총 염색체 수가 24개인 난자이다. 그래야만 Ⅰ과 Ⅲ가 수정되어 생성된 V의 핵형이 정상이 되기 때문이다. 따라서 Ⅲ에 d의 상대량이 0이라면, D의 상대량은 2가 된다. 그리고 (다)의 유전자가 들어 있는 염색체를 제외한 다른 염색체는 정상적으로 가지고 있으므로, B의 상대량이 0이라면 b의 상대량은 1이 된다.

(4) DNA 상대량 표를 완성하면 아래와 같다.

구분	세포	DNA 상대량					
		A	a	B	b	D	d
아버지의 정자	Ⅰ	1	0	? **1**	0	0	? **0**
	Ⅱ	0	1	0	0	? **0**	1
어머니의 난자	Ⅲ	? **0**	1	0	? **1**	㉠ **2**	0
	Ⅳ	0	? **1**	1	? **0**	0	? **1**
딸의 체세포	V	1	? **1**	? **1**	㉡ **1**	? **2**	0

STEP 3. 보기 풀이

ㄱ. 정답 | (나)의 유전자는 X 염색체에 있고, (가)와 (다)는 상염색체에 있다.

ㄴ. 오답 | ㉠+㉡=2+1=3이다.

ㄷ. 오답 | Ⅰ에 b의 상대량이 0이므로 B의 상대량은 1이 된다. B는 X 염색체에 존재하고, 아버지는 X 염색체를 1개만 가진다. 따라서, 아버지의 체세포 1개당 B의 DNA 상대량은 1이다. Ⅲ에 D가 있고, Ⅳ에는 d가 있으므로 어머니는 Dd를 가진다. 따라서, 어머니의 체세포 1개당 D의 DNA 상대량도 1이다. 따라서,

$$\frac{\text{아버지의 체세포 1개당 B의 DNA 상대량}}{\text{어머니의 체세포 1개당 D의 DNA 상대량}} = \frac{1}{1}$$ 이다.

다음은 사람의 유전 형질 (가)에 대한 자료이다.

○ (가)는 서로 다른 2개의 상염색체에 있는 3쌍의 대립유전자
　A와 a, B와 b, D와 d에 의해 결정되며, A, a, B, b는 7번
　염색체에 있다. → 다인자 유전

○ (가)의 표현형은 유전자형에서 대문자로 표시되는 대립
　유전자의 수에 의해서만 결정되며, 이 대립유전자의 수가
　다르면 표현형이 다르다. → 대문자로 표시되는 대립유전자의 수 : 4

○ (가)의 표현형이 서로 같은 P와 Q 사이에서 ⓐ가 태어날 때,
　ⓐ에게서 나타날 수 있는 표현형은 최대 5 가지이고,
　　　　　　　　　　　　　　　→ 대문자 수 : 2, 3, 4, 5, 6
　ⓐ의 표현형이 부모와 같을 확률은 $\frac{3}{8}$이며, ⓐ의
　　　　　　　　　　　　　　　　　　　　　→ P와 Q의 유전자 구성
　유전자형이 AABbDD일 확률은 $\frac{1}{8}$이다. $\left(\begin{array}{c}A \parallel A \\ B \parallel b \ D{+}{+}d\end{array}\middle/ \begin{array}{c}A \parallel A \\ b \parallel B \ D{+}{+}d\end{array}\right)$

ⓐ가 유전자형이 **AaBbDd**인 사람과 동일한 표현형을 가질 확률은?
(단, 돌연변이와 교차는 고려하지 않는다.) → 대문자로 표시되는 대립유전자의 수 :3

① $\frac{1}{8}$　　❷ $\frac{1}{4}$　　③ $\frac{3}{8}$　　④ $\frac{1}{2}$　　⑤ $\frac{5}{8}$

	Ab(1)	AB(2)		D(1)	d(0)
AB(2)	AABb(3)	AABB(4)	D(1)	DD(2)	Dd(1)
Ab(1)	AAbb(2)	AABb(3)	d(0)	Dd(1)	dd(0)
　　　　　↓
　　　대문자 수

$\left(\frac{1}{2}\times\frac{1}{4}\right) + \left(\frac{1}{4}\times\frac{1}{2}\right)=\frac{1}{4}$
AABbdd일 확률　　　AAbbDd일 확률

ii) P와 Q에서 대문자 수가 4일 때, ⓐ의 유전자형이 AABbDD일 확률
$\left(\frac{1}{8}\right)$**을 만족하는 경우**

① 부모1: (AB/Ab 또는 aB)Dd, 부모2: (Ab/Ab 또는aB)DD

부모1＼부모2	Ab(1)	Ab 또는 aB(1)		부모1＼부모2	D(1)
AB(2)	3	3		D(1)	2
Ab 또는 aB(1)	2	2		d(0)	1

→ ⓐ의 대문자 수: 3, 4, 5 (3가지)

② 부모1: (AB/ab)DD, 부모2: (Ab/AB)Dd

부모1＼부모2	Ab(1)	AB(2)		부모1＼부모2	D(1)	d(0)
AB(2)	3	4		D(1)	2	1
ab(0)	1	2				

→ ⓐ의 대문자 수: 2, 3, 4, 5, 6 (5가지)
→ ⓐ의 표현형이 부모와 같을 확률: (왼쪽표 대문자 수+오른쪽표 대문자
수)의 합이 4이어야 하므로 3+1, 2+2인 경우이며 각 확률의 합을 구하면
$\left(\frac{1}{4}\times\frac{1}{2}\right)+\left(\frac{1}{4}\times\frac{1}{2}\right)=\frac{1}{4}$이다.

③ 부모1: (AB/Ab 또는 aB)Dd, 부모2: (Ab/AB)Dd

부모1＼부모2	Ab(1)	AB(2)		부모1＼부모2	D(1)	d(0)
AB(2)	3	4		D(1)	2	1
Ab 또는 aB(1)	2	3		d(0)	1	0

→ ⓐ의 대문자 수: 2, 3, 4, 5, 6 (5가지)
→ ⓐ의 표현형이 부모와 같을 확률: (왼쪽표 대문자 수+오른쪽표 대문자
수)의 합이 4이어야 하므로 4+0, 3+1, 2+2인 경우이며 각 확률의 합을
구하면
$\left(\frac{1}{4}\times\frac{1}{4}\right)+\left(\frac{1}{2}\times\frac{1}{2}\right)+\left(\frac{1}{4}\times\frac{1}{4}\right)=\frac{3}{8}$이다.
따라서 모든 조건을 만족하는 P와 Q의 유전자 구성은 (AB/Ab 또는 aB)
Dd, (Ab/AB)Dd이다.

|자|료|해|설|

(가)는 3쌍의 대립유전자에 의해 형질이 결정되므로 다인자
유전에 해당한다. ⓐ의 유전자형이 AABbDD일 확률이
존재하므로 부모의 유전자 구성은 부모1: (AB/__)D_,
부모2: (Ab/__)D_이다. ⓐ의 유전자형이 AABbDD일
확률이 $\frac{1}{8}$일 때, $\frac{1}{4}$(AABb일 확률)×$\frac{1}{2}$(DD일 확률)
또는 $\frac{1}{2}$(AABb일 확률)×$\frac{1}{4}$(DD일 확률)이 가능하다.
DD일 확률이 $\frac{1}{2}$일 때 부모의 유전자형은 DD, Dd이고,
DD일 확률이 $\frac{1}{4}$일 때 부모의 유전자형은 Dd, Dd이다.
부모1: (AB/__)D_, 부모2: (Ab/__)D_에서 대문자로
표시되는 대립유전자의 수(이하 '대문자 수'라고 표현함)는
최소 3, 최대 5이므로 표현형이 같은 P와 Q에서 가능한
대문자 수는 3, 4, 5이다.
P와 Q의 대문자 수가 5일 때, 부모2: (Ab/AB)DD이다.
D와 d에 대한 부모의 유전자형은 DD, Dd이거나 Dd,
Dd이므로 부모1: (AB/AB)Dd가 된다. 이때 ⓐ의
유전자형이 AABbDD일 확률은 $\frac{1}{2}$(AABb일 확률)×
$\frac{1}{2}$(DD일 확률)=$\frac{1}{4}$이므로 모순이다. 따라서 P와 Q에서
대문자 수는 3 또는 4이다.

**i) P와 Q에서 대문자 수가 3일 때, ⓐ의 유전자형이
　AABbDD일 확률**$\left(\frac{1}{8}\right)$**을 만족하는 경우**

① 부모1: (AB/ab)Dd, 부모2: (Ab/Ab 또는 aB)Dd

부모1＼부모2	Ab(1)	Ab 또는 aB(1)		부모1＼부모2	D(1)	d(0)
AB(2)	3	3		D(1)	2	1
ab(0)	1	1		d(0)	1	0

（괄호 안은 대문자 수）

→ ⓐ의 대문자 수: 1, 2, 3, 4, 5 (5가지)
→ ⓐ의 표현형이 부모와 같을 확률: (왼쪽표 대문자 수+
오른쪽표 대문자 수)의 합이 3이어야 하므로 3+0, 1+2인
경우이며 각 확률의 합을 구하면
$\left(\frac{1}{2}\times\frac{1}{4}\right)+\left(\frac{1}{2}\times\frac{1}{4}\right)=\frac{1}{4}$이다.

② 부모1: (AB/ab)Dd, 부모2: (Ab/ab)DD

부모1＼부모2	Ab(1)	ab(0)		부모1＼부모2	D(1)
AB(2)	3	2		D(1)	2
ab(0)	1	0		d(0)	1

→ ⓐ의 대문자 수: 1, 2, 3, 4, 5 (5가지)
→ ⓐ의 표현형이 부모와 같을 확률: (왼쪽표 대문자 수 +
오른쪽표 대문자 수)의 합이 3이어야 하므로 2+1, 1+2인
경우이며 각 확률의 합을 구하면
$\left(\frac{1}{4}\times\frac{1}{2}\right)+\left(\frac{1}{4}\times\frac{1}{2}\right)=\frac{1}{4}$이다.

ⓐ의 표현형이 부모와 같을 확률은 $\frac{3}{8}$이어야 하므로 두
경우 모두 모순이다. 따라서 P와 Q에서 대문자 수는 4이다.

|선|택|지|풀|이|

❷ 정답 : ⓐ가 유전자형이 AaBbDd인 사람과 동일한
표현형을 가질 확률은 ⓐ의 대문자 수가 3일 확률과 같다.
자료 해설의 마지막 표에서 (왼쪽표 대문자 수+오른쪽표
대문자 수)의 합이 3이어야 하므로 3+0, 2+1인 경우이며
각 확률의 합을 구하면 $\left(\frac{1}{2}\times\frac{1}{4}\right)+\left(\frac{1}{4}\times\frac{1}{2}\right)=\frac{1}{4}$이다.

STEP 1. 문제를 풀기 전에

문제에서 유전자형이 AaBbDd인 사람(이하 R이라고 지칭)과 동일한 표현형을 가질 확률을 물어보았고 @가 부모와 표현형이 같을 확률이 $\frac{3}{8}$이라고 주어졌다. 이때 선지에 $\frac{3}{8}$이 존재하므로 만약 유전자형이 AaBbDd인 사람(R)과 부모의 표현형이 같다면 부모의 표현형을 알아낸 순간 확률 계산 없이 바로 답을 고를 수 있게 된다. 이러한 가능성은 적다고 생각하고 R과 부모의 표현형이 같은 경우는 가장 마지막에 고려한다.

또한 R과 부모의 표현형은 같거나 다르며 이는 동시에 참일 수 없으므로 문제를 풀었을 때 표현형이 다른 것이 확실하다면 표현형이 같은 경우는 실전에서 따지지 않아도 된다. 또한 문제를 풀었을 때 표현형이 다른 모든 경우에서 모순이 발생하면 R과 부모의 표현형이 같은 것이므로 바로 $\frac{3}{8}$을 고를 수 있다.

STEP 2. 부모의 표현형 알아내기

@의 유전자형이 AABbDD일 확률이 $\frac{1}{8}$이므로 부모의 유전자 구성은 각각 (AB/_)D_, (Ab/_)D_이며 이를 도식화하면 다음과 같다.

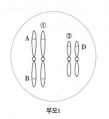 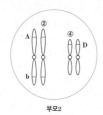

부모1   부모2

자손은 부모로부터 상염색체 2개 중 하나를 받으므로 받을 수 있는 상염색체의 조합은 상염색체마다 최대 2×2=4가지이다. 이때 주어진 조건에서 @의 유전자형이 AABbDD일 확률이 $\frac{1}{8}$이라고 했으므로

㉠ @의 유전자형이 AABb일 확률이 $\frac{1}{4}$이고 DD일 확률이 $\frac{1}{2}$이거나,

㉡ @의 유전자형이 AABb일 확률이 $\frac{1}{2}$이고 DD일 확률이 $\frac{1}{4}$이어야 한다.

STEP 3. ㉠ @의 유전자형이 AABb일 확률이 $\frac{1}{4}$이고 DD일 확률이 $\frac{1}{2}$인 경우

@의 유전자형이 DD일 확률이 $\frac{1}{2}$이기 위해서는 ③, ④ 중 D가 하나만 존재해야 한다.

1. ③=D이고 ④=d인 경우

두 부모의 표현형이 같기 위해서는 ②=AB, ①=ab이어야 한다. 이때 7번 염색체에 의해 부모로부터 받을 수 있는 대문자의 수는 부모1로부터 0 또는 2, 부모2로부터 1 또는 2이므로 @가 가지는 대문자 수는 다음과 같다.

대문자 수		
A&B	1	2
0	1	2
2	3	4

대문자 수		
D	0	1
1	1	2

이때 표현형은 2~6까지 5종이지만 부모와 표현형이 같을 확률이

3+1 또는 2+2인 경우 $2\left(\frac{1}{4} \times \frac{1}{2}\right)=\frac{1}{4}$이므로 조건에 맞지 않는다.

2. ③=d이고 ④=D인 경우

부모의 표현형이 R과 같은 경우를 제외하면 ①과 ②의 대문자 수는 모두 1 또는 모두 2이어야 한다. 이때 두 경우 모두 표현형이 3종이 되어 조건에 맞지 않는다.

— ①과 ②의 대문자 수가 모두 1인 경우

A&B	1	2
1	2	3

D	0	1
1	1	2

STEP 4. ㉡ @의 유전자형이 AABb일 확률이 $\frac{1}{2}$이고 DD일 확률이 $\frac{1}{4}$인 경우

@의 유전자형이 DD일 확률이 $\frac{1}{4}$이기 위해서는 ③, ④는 모두 d이어야 한다. 이때 부모의 표현형이 R과 같은 경우를 제외하면 ①의 대문자 수는 1이고 ②의 대문자 수는 2여야 한다.

A&B	1	2
1	2	3
2	3	4

D	0	1
0	0	1
1	1	2

이때 표현형은 2~6까지 5종이다. 또한 @의 대문자 수가 부모와 같이 4일 확률은 2+2, 3+1, 4+0인 경우 각각

$\frac{1}{4} \times \frac{1}{4}$, $\frac{1}{2} \times \frac{1}{2}$, $\frac{1}{4} \times \frac{1}{4}$으로 합이 $\frac{6}{16}=\frac{3}{8}$이므로 조건에 맞는다.

따라서 @의 대문자 수가 3일 확률은 2+1, 3+0인 경우 $\frac{1}{4} \times \frac{1}{2}$, $\frac{1}{2} \times \frac{1}{4}$이므로 합은 $\frac{2}{8}=\frac{1}{4}$이다.

STEP 5. 부모의 표현형이 유전자형이 AaBbDd인 사람(R)과 같은 경우

㉠-2. ③=d이고 ④=D, ①과 ②의 대문자 수가 모두 0인 경우

A&B	0	1
0	0	1
2	2	3

D	0	1
1	1	2

이때 표현형은 1~5까지 5종이지만 @의 대문자 수가 부모와 같이 3일 확률은 1+2, 2+1인 경우 $\frac{1}{4} \times \frac{1}{2}$, $\frac{1}{4} \times \frac{1}{2}$이므로 $\frac{1}{4}$이다. 따라서 조건에 맞지 않는다.

㉡-2. ③, ④는 모두 d, ①의 대문자 수는 0이고 ②의 대문자 수가 1인 경우

A&B	1
0	1
2	3

D	0	1
0	0	1
1	1	2

이때 표현형이 1~5까지 5종이지만 @의 대문자 수가 부모와 같이 3일 확률은 1+2, 3+0인 경우 $2\left(\frac{1}{4} \times \frac{1}{2}\right)=\frac{1}{4}$이므로 조건에 맞지 않는다.

STEP 6. 선택지풀이

② 정답 | ㉡에서 @의 대문자 수가 3일 확률은 2+1, 3+0인 경우 $\frac{1}{4} \times \frac{1}{2}$, $\frac{1}{2} \times \frac{1}{4}$이므로 합은 $\frac{2}{8}=\frac{1}{4}$이다.

다음은 어떤 가족의 유전 형질 (가)에 대한 자료이다.

○ (가)를 결정하는 데 관여하는 3개의 유전자는 모두 → 다인자 유전
상염색체에 있으며, 3개의 유전자는 각각 대립유전자 H와
H*, R와 R*, T와 T*를 갖는다.

○ 그림은 아버지와 어머니의
체세포 각각에 들어 있는 일부
염색체와 유전자를 나타낸
것이다. 아버지와 어머니의
핵형은 모두 정상이다.

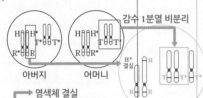

○ 아버지의 생식세포 형성 과정에서 ㉠이 1회 일어나 형성된 → 염색체 결실
정자 P와 어머니의 생식세포 형성 과정에서 ㉡이 1회 일어나 → 염색체 비분리
형성된 난자 Q가 수정되어 자녀 ⓐ가 태어났다. ㉠과 ㉡은
염색체 비분리와 염색체 결실을 순서 없이 나타낸 것이다.

○ 그림은 ⓐ의 체세포 1개당 H*,
R, T, T*의 DNA 상대량을
나타낸 것이다.

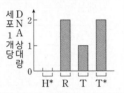

이에 대한 설명으로 옳은 것만을 〈보기〉에서 있는 대로 고른 것은?
(단, 제시된 돌연변이 이외의 돌연변이와 교차는 고려하지 않으며,
H, H*, R, R*, T, T* 각각의 1개당 DNA 상대량은 1이다.) **3점**

보기

㉠ 난자 Q에는 H가 있다.

ㄴ. 생식세포 형성 과정에서 염색체 비분리는 ~~감수 2분열~~에서
일어났다.   감수 1분열

ㄷ. ⓐ의 체세포 1개당 상염색체 수는 ~~43~~이다.
                                        45

① ㄱ   ② ㄴ   ③ ㄷ   ④ ㄱ, ㄴ   ⑤ ㄱ, ㄷ

| 자 | 료 | 해 | 설 |

(가)는 세 쌍의 대립유전자에 의해 형질이 결정되므로
다인자 유전에 해당한다. 자녀 ⓐ의 체세포 1개당 DNA
상대량을 통해 ⓐ는 TT*T*의 구성을 가진다는 것을 알
수 있다. 염색체 결실에 의해 유전자의 수가 증가할 수는
없으므로 이는 염색체 비분리에 의한 것이다. ⓐ는 RR의
구성을 가지므로 아버지로부터 H*R을, 어머니로부터 HR
을 물려받았으나 H*을 가지고 있지 않다. 따라서 아버지의
생식세포 형성 과정에서 H*을 포함한 염색체 부분에
결실이 1회 일어나 정자 P가 형성되었음을 알 수 있다.
아버지의 생식세포 형성 과정에서 염색체 결실(㉠)이
일어났으므로, 어머니의 생식세포 형성 과정에서 염색체
비분리(㉡)가 일어났다. ⓐ는 아버지로부터 T*을,
어머니로부터 TT*을 물려받은 것이므로 어머니의
생식세포 형성 과정에서 염색체 비분리는 감수 1분열에서
일어났다.

| 보 | 기 | 풀 | 이 |

㉠ 정답 : ⓐ는 어머니로부터 HR를 물려받았으므로 난자
Q에는 H가 있다.

ㄴ. 오답 : ⓐ는 어머니로부터 TT*을 물려받았다. 따라서
어머니의 생식세포 형성 과정에서 염색체 비분리는 감수
1분열에서 일어났다.

ㄷ. 오답 : ⓐ는 체세포 1개당 총 47개의 염색체를 가지고
있으며, 이때 상염색체 수는 45이다.

😮 **문제풀이 T I P** | ⓐ는 TT*T*의 구성을 가지고 있으며, 염색체 결실에 의해 유전자의 수가 증가할 수는 없으므로 이는 염색체 비분리에 의한 것이다. 이것만으로는 아버지와
어머니의 생식세포 형성 과정 중 어느 과정에서 염색체 비분리가 일어난 것인지 알 수 없다. ⓐ는 RR의 구성을 가지므로 아버지로부터 H*R을, 어머니로부터 HR을 물려받았으나
H*을 가지고 있지 않으므로 아버지의 생식세포 형성 과정 중 염색체 결실이 일어났다는 것을 알 수 있다. 이를 통해 염색체 비분리는 어머니의 생식세포 형성 과정에서 일어났다고
확정할 수 있다.

😀 **출제분석** | 자녀 ⓐ의 체세포 1개당 DNA 상대량을 통해 아버지와 어머니의 생식세포 형성 과정 중 어느 쪽에서 염색체 비분리와 염색체 결실이 일어났는지를 알아내야 하는 난도
'중상'의 문항이다. DNA 상대량 분석만으로도 문제를 비교적 쉽게 해결할 수 있으나, 새로운 유형의 문항에 염색체 수 이상과 구조 이상이 함께 제시되어 체감 난도가 높았을 것이다.

STEP 1. 감수분열 비분리 과정 알아보기

아래 그림은 한 사람에게서 생식세포가 정상적으로 만들어진 경우와 1회의 비분리가 일어나 생식세포가 만들어질 수 있는 경우 중 대표적인 경우를 나타낸 것이다.

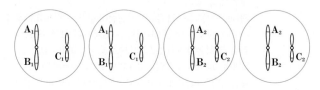

감수 1분열에서는 상동 염색체가 분리되므로 비분리가 일어난다면 만들어진 4개의 생식세포 중에서 2개의 세포에는 2가지 상동 염색체가 모두 존재하고, 나머지 2개의 세포에는 비분리가 일어난 상동 염색체가 하나도 존재하지 않는다.

감수1분열 비분리

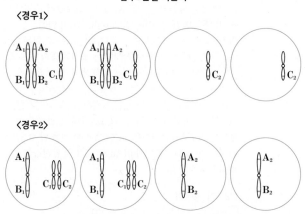

감수2분열에서는 염색분체가 분리되므로 비분리가 일어난다면 만들어진 4개의 생식세포 중에서 2개의 세포는 정상이고, 1개의 세포에는 동일한 염색체가 정상보다 2배 존재하며, 나머지 1개의 세포에는 비분리가 일어난 염색체가 하나도 존재하지 않는다.

감수2분열 비분리

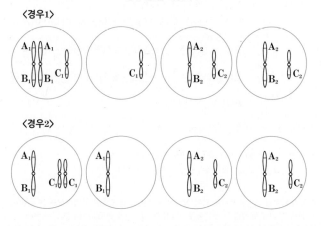

STEP 2. 문제에 적용하기

ⓐ가 정상적인 생식세포에 의해 만들어졌다면 ⓐ가 가지는 T와 T*에 대한 DNA 상대량의 합은 2이어야 한다. 이때 결실이 일어나면 생식세포의 DNA 상대량이 감소하고, 비분리가 일어나면 감소 또는 증가한다. 주어진 자료에서 T와 T*의 합이 3이므로 비분리는 T와 T*에 대한 유전자에서 일어났음을 알 수 있다.

ⓐ가 가지는 R의 DNA 상대량이 2이므로 이는 아버지로부터 하나, 어머니로부터 하나를 받은 것이다. 이때 아버지의 세포에서 R과 H*이 같은 염색체에 존재하는데, ⓐ는 H*을 가지지 않으므로 이 부분에서 결실이 일어난 것을 알 수 있다. 따라서 ㉠은 결실이고, ㉡은 염색체 비분리이며, 어머니로부터 T, T*을 받았으므로 염색체 비분리는 감수 1분열에서 일어난 것을 알 수 있다.

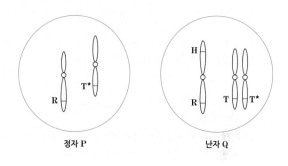

STEP 3. 보기 풀이

ㄱ. 정답 | ⓐ는 어머니로부터 R을 받았으므로 같은 염색체에 존재하는 H도 같이 받았다. 이때 결실도 일어나지 않았으므로 난자Q에는 H가 존재한다.

ㄴ. 오답 | ⓐ는 어머니로부터 T, T*을 모두 받았으므로 Q가 만들어질 때 감수 1분열에서 비분리가 일어났다.

ㄷ. 오답 | ⓐ는 정상인 사람보다 상염색체를 1개 더 많이 가지므로 체세포 1개당 상염색체 수는 45이다.

다음은 어떤 집안의 유전 형질 (가)~(다)에 대한 자료이다.

○ (가)는 대립유전자 A와 a에 의해, (나)는 대립유전자 B와 b에 의해, (다)는 대립유전자 D와 d에 의해 결정된다. A는 a에 대해, B는 b에 대해, D는 d에 대해 각각 완전 우성이다.

○ (가)~(다)의 유전자 중 2개는 X 염색체에, 나머지 1개는 상염색체에 있다.

○ 가계도는 구성원 ⓐ를 제외한 구성원 1~7에게서 (가)~(다) 중 (가)와 (나)의 발현 여부를 나타낸 것이다.

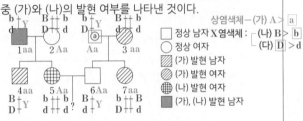

상염색체 – (가) A > $\boxed{a}$

X염색체 : $\begin{cases}(나)\ B > \boxed{b}\\(다)\ \boxed{D} > d\end{cases}$

정상 남자 / 정상 여자 / (가) 발현 남자 / (가) 발현 여자 / (나) 발현 여자 / (가), (나) 발현 남자

1 aa   2 Aa   Aa   3 aa
4 aa   5 Aa   6 Aa   7 aa

○ 표는 ⓐ와 1~3에서 체세포 1개당 대립유전자 ⊙~©의 DNA 상대량을 나타낸 것이다. ⊙~©은 A, B, d를 순서 없이 나타낸 것이다.

구성원		1	2	ⓐ	3
DNA 상대량	B⊙	0	1	0	1
	A©	0	1	1	0
	d©	1	1	0	2

○ 3, 6, 7 중 (다)가 발현된 사람은 1명이고, 4와 7의 (다)의 표현형은 서로 같다. → (다): 우성 형질

이에 대한 설명으로 옳은 것만을 〈보기〉에서 있는 대로 고른 것은? (단, 돌연변이와 교차는 고려하지 않으며, A, a, B, b, D, d 각각의 1개당 DNA 상대량은 1이다.) **3점**

보기

ㄱ. ⊙은 B이다.
ㄴ. 7의 (가)~(다)의 유전자형은 모두 이형 접합성이다. → aaX^{bD}X^{Bd}   (가) : 동형 접합성 / (나),(다) : 이형 접합성
ㄷ. 5와 6 사이에서 아이가 태어날 때, 이 아이에게서 (가)~(다) 중 한 가지 형질만 발현될 확률은 $\frac{1}{2}$이다.

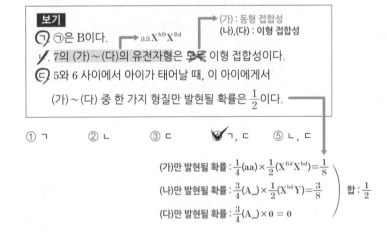

① ㄱ   ② ㄴ   ③ ㄷ   ④ ㄱ, ㄷ   ⑤ ㄴ, ㄷ

(가)만 발현될 확률 : $\frac{1}{4}$(aa) × $\frac{1}{2}$(X^{Bd}X^{bd}) = $\frac{1}{8}$
(나)만 발현될 확률 : $\frac{3}{4}$(A_) × $\frac{1}{2}$(X^{bd}Y) = $\frac{3}{8}$ 합 : $\frac{1}{2}$
(다)만 발현될 확률 : $\frac{3}{4}$(A_) × 0 = 0

| 자 | 료 | 해 | 설 |

DNA 상대량 표에서 1과 2의 ©의 값이 1로 같다. ©이 A라면 1과 2에서 (가)의 표현형이 우성 표현형(A_)으로 같아야 하고, ©이 B라면 1과 2에서 (나)의 표현형이 우성 표현형(B_)으로 같아야 한다. 그러나 1과 2에서 (가)와 (나)의 표현형이 모두 다르므로 ©은 A와 B가 아닌 d라는 것을 알 수 있다.

가계도에서 1과 3의 (가)의 표현형이 같고, (나)의 표현형이 다르다. DNA 상대량 표에서 1과 3의 ©의 값이 0으로 같고, ⊙의 값이 0과 1로 다르므로 ©이 A이고, ⊙이 B이다. 3에서 A(©)의 값이 0이므로 3의 (가)에 대한 유전자형은 aa이고, (가)는 열성 형질이다. (가)의 유전자가 X 염색체에 존재한다면 3의 유전자형은 X^aX^a이므로 3으로부터 X 염색체를 물려받은 6의 유전자형은 X^aY이다. 그러나 6에게서 (가)가 발현되지 않았으므로 이는 모순이다. 따라서 (가)의 유전자는 상염색체에 존재한다. → (가): 상염색체, 열성 유전 / (나), (다): X 염색체 유전

3에서 B(⊙)의 값이 1인데 (나)가 발현되지 않았으므로 (나)는 열성 형질이다. 3에서 d(©)의 값이 2이므로 3의 (다)에 대한 유전자형은 X^dX^d이고, 3으로부터 X 염색체를 물려받은 6의 유전자형은 X^dY이다. (다)가 열성 형질이라면 3과 6에서 모두 (다)가 발현되는데, 이는 3, 6, 7 중 (다)가 발현된 사람은 1명이라는 조건에 맞지 않으므로 (다)는 우성 형질이다. → (나): X 염색체, 열성 유전 / (다): X 염색체, 우성 유전 이를 토대로 구성원의 (가)~(다)에 대한 유전자형을 정리하면 7의 유전자형은 aaX^{bD}X^{Bd}이고, 4와 7의 (다)의 표현형이 서로 같다고 했으므로 4의 유전자형은 aaX^{BD}Y라는 것을 알 수 있다. 이어서 2(AaX^{BD}X^{bd})와 5(AaX^{bd}X^{bd})의 유전자형도 확정지을 수 있다.

| 보 | 기 | 풀 | 이 |

ㄱ. 정답 : ⊙은 B, ©은 A, ©은 d이다.

ㄴ. 오답 : 7의 유전자형은 aaX^{bD}X^{Bd}이다. 따라서 7의 (가)의 유전자형은 동형 접합성이고, (나)와 (다)의 유전자형은 이형 접합성이다.

ㄷ. 정답 : 5(AaX^{bd}X^{bd})와 6(AaX^{Bd}Y) 사이에서 아이가 태어날 때, 이 아이에게서 (가)만 발현될 확률은 $\frac{1}{4}$(aa) × $\frac{1}{2}$(X^{Bd}X^{bd}) = $\frac{1}{8}$이고, (나)만 발현될 확률은 $\frac{3}{4}$(A_) × $\frac{1}{2}$(X^{bd}Y) = $\frac{3}{8}$이며, (다)만 발현될 확률은 0이다.

따라서 5와 6 사이에서 아이가 태어날 때, 이 아이에게서 (가)~(다) 중 한 가지 형질만 발현될 확률은 $\frac{1}{8}$((가)만 발현될 확률) + $\frac{3}{8}$((나)만 발현될 확률) + 0((다)만 발현될 확률) = $\frac{4}{8}$ = $\frac{1}{2}$이다.

😮 **문제풀이 TIP** | <자료 해설에 제시된 풀이 외에 다른 접근 방법>
여자인 2에서 ⊙~©의 값이 모두 1이므로 2의 유전자형은 모두 이형 접합성(Aa, Bb, Dd)이다. 이때 2에서는 (가)와 (나)가 모두 발현되지 않았으므로 (가)와 (나)는 열성 형질이다. (가)의 유전자가 X 염색체에 존재한다면 3의 유전자형은 X^aX^a이므로 3으로부터 X 염색체를 물려받은 6의 유전자형은 X^aY이다. 그러나 6에게서 (가)가 발현되지 않았으므로 이는 모순이며, (가)의 유전자는 상염색체에 존재한다.

😀 **출제분석** | 가계도, DNA 상대량, 추가로 주어진 조건을 토대로 ⊙~©을 구분하고 세 가지 형질의 우열과 대립유전자의 위치(상염색체 또는 X 염색체)를 종합적으로 분석해야 하는 난도 '최상'의 문항이다. 형질의 수가 많고 제시된 자료가 여러 가지인 만큼 문제 풀이 방법이 다양하다. 자료 해설과 함께 문제풀이 TIP에 제시된 방법도 익혀두면 유전 문제 풀이에 유용하게 활용할 수 있다. 수능에서 고난도 가계도 분석 문항의 경우 제시되는 형질의 수가 보통 3가지이고, 상염색체 유전과 X 염색체 유전이 혼합되어 있으며 어떤 문항에서는 염색체 돌연변이까지도 포함된다. 가계도 분석 문항은 많이 풀어봐야 문제를 해결할 수 있는 포인트를 빠르게 잡아낼 수 있으므로 다양한 유형의 기출 문항을 풀어보며 출제를 대비하자.

STEP 1. (가)의 유전자형 알아내기

주어진 표에서 2의 DNA 상대량이 A, B, d 모두 1이므로 유전자형이 AaBbDd이다.

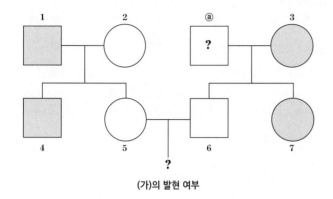

(가)의 발현 여부

① X 염색체 우성 유전인 경우

서술의 편의를 위해 XᴬY 등을 AY로 나타낸다. 1의 유전자형은 AY이고 1의 자녀 중 딸은 1로부터 A를 반드시 받기 때문에 A를 반드시 하나 이상 가진다. 따라서 5의 유전자형은 A_인데, (가)가 발현되지 않으므로 이에 해당하지 않는다.

또한 2의 유전자형이 AaBbDd인데 (가)가 발현되지 않으므로 이에 해당하지 않는다.

② X 염색체 열성 유전인 경우

3의 유전자형은 aa이고 3의 자녀 중 아들은 3으로부터 a를 반드시 받기 때문에 6의 유전자형은 aY이다. 하지만 6은 (가)가 발현되지 않으므로 이에 해당하지 않는다.

③ 상염색체 우성 유전인 경우

2의 유전자형이 AaBbDd인데 (가)가 발현되지 않으므로 이에 해당하지 않는다.

④ 상염색체 열성 유전인 경우

1과 4의 유전자형은 aa이고, 2와 5는 (가)가 발현되지 않으므로 A를 하나 이상 가진다. 4는 2로부터, 5는 1로부터 a를 반드시 하나 받으므로 2와 5의 유전자형은 Aa이다.

3과 7의 유전자형은 aa이고, 6은 (가)가 발현되지 않으므로 A를 하나 이상 가진다. 6은 3으로부터 a를 반드시 하나 받으므로 유전자형이 Aa이고, 6은 A를 @로부터 받은 것이므로 @는 A를 하나 이상 가진다. 7은 @로부터 a를 반드시 하나 받으므로 @의 유전자형은 Aa이다. 따라서 ⓒ은 A이고 @의 유전자형은 AaXᵇᵈY이다.

(가)에 대한 유전자형							
1	남	2	여	@	남	3	여
aa		Aa		Aa		aa	
4	남	5	여	6	남	7	여
aa		Aa		Aa		aa	

STEP 2. (나)의 유전자형 알아내기

(가)의 대립 유전자가 상염색체에 존재하므로 (나)와 (다)의 대립 유전자는 X 염색체에 존재한다.

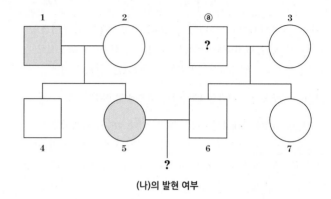

(나)의 발현 여부

① X 염색체 우성 유전인 경우

2의 유전자형이 AaBbDd인데 (나)가 발현되지 않으므로 이에 해당하지 않는다.

② X 염색체 열성 유전인 경우

2의 유전자형은 Bb, @의 유전자형은 bY이다. 발현 여부를 통해 1의 유전자형은 bY, 5의 유전자형은 bb, 4와 6의 유전자형은 BY이고, 3과 7은 B를 하나 이상 가진다는 것을 알 수 있다. 7은 @로부터 b를 반드시 하나 받으므로 유전자형이 Bb이다.

(나)에 대한 유전자형							
1	남	2	여	@	남	3	여
bY		Bb		bY		B_(Bb)	
4	남	5	여	6	남	7	여
BY		bb		BY		Bb	

이때 1은 B를 가지지 않으므로 ⊙은 B이고 ⓒ은 d이다. 따라서 1의 유전자형은 aaXᵇᵈY이고, 3의 유전자형은 aaBbdd임을 알 수 있다.

STEP 2-1. 요약 정리

앞서 2의 DNA 상대량이 A, B, d 모두 1이므로 유전자형이 AaBbDd임을 알았다. 따라서 2는 (가)~(다)에 대해 우성 형질만 가지므로 (가)와 (나)는 열성 유전이다. 이때 3은 (가)를 나타내지만 6은 나타내지 않으므로 (가)는 상염색체 열성 유전이고 (나)는 성염색체 열성 유전임을 알 수 있다.

STEP 3. (다)의 유전자형 알아내기

앞서 주어진 표의 DNA 상대량으로부터 1의 유전자형은 dY, 2는 Dd, @는 DY, 3은 dd임을 알았다.

6은 3으로부터 d를 하나, @로부터 Y를 하나 받으므로 dY이다. 7은 @로부터 D를 하나, 3으로부터 d를 하나 받으므로 Dd이다. 5는 1로부터 d를 반드시 하나 받으므로 d를 하나 이상 가진다. 주어진 조건에서 4는 7과 표현형이 같고, 7은 우성인 D의 형질이 표현되므로 4의 유전자형은 DY이다.

(다)에 대한 유전자형							
1	남	2	여	ⓐ	남	3	여
dY		Dd		DY		dd	
4	남	5	여	6	남	7	여
DY		Dd 또는 dd		dY		Dd	

3과 6은 d의 형질이 표현되고 7은 D의 형질이 표현된다. 주어진 조건에서 (다)는 3, 6, 7중 1명에서만 (다)가 발현된다고 했으므로 (다)는 성염색체 우성 유전이며 (다)가 발현되는 사람은 7이다.

STEP 4. 같은 X 염색체에 존재하는 유전자 조합 알아내기

1의 X 염색체에 존재하는 유전자는 X^{bd}이다. 4의 X 염색체에 존재하는 유전자는 X^{BD}이므로 2의 X 염색체에 존재하는 유전자는 각각 X^{BD}, X^{bd}이다. 5는 (나)의 유전자형이 bb이므로 1로부터 X^{bd}를 받고, 2로부터 X^{bd}를 받은 것을 알 수 있다.

ⓐ의 X 염색체에 존재하는 유전자는 X^{bD}이다. 6의 X 염색체에 존재하는 유전자는 X^{Bd}이므로 3의 X 염색체에 존재하는 유전자는 각각 X^{Bd}, X^{bd}이다. 7은 (나)의 유전자형이 Bb이고, (다)의 유전자형이 Dd이므로, ⓐ로부터 X^{bD}를 받고, 3으로부터 X^{Bd}를 받은 것을 알 수 있다.

(가)~(다)에 대한 유전자형							
1	남	2	여	ⓐ	남	3	여
aaX^{bd}Y		Aa$X^{BD}X^{bd}$		AaX^{bD}Y		aa$X^{Bd}X^{bd}$	
4	남	5	여	6	남	7	여
aaX^{BD}Y		Aa$X^{bd}X^{bd}$		AaX^{Bd}Y		aa$X^{bD}X^{Bd}$	

STEP 5. 보기 풀이

ㄱ. **정답** | ⓐ가 A를 가지는 것을 통해 ⓒ이 A임을 알 수 있고, 1이 B를 가지지 않는 것을 통해 ⓝ이 B임을 알 수 있다.

ㄴ. **오답** | 7은 유전자형이 aa$X^{bD}X^{Bd}$이므로 (가)에 대해 동형 접합성이고 (나)와 (다)에 대해 이형 접합성이다.

ㄷ. **정답** | 5와 6은 (가)에 대한 유전자형이 각각 Aa이고 상염색체 열성 유전이므로 아이가 aa를 가질 확률은 $\frac{1}{4}$이다. 5와 6은 D 유전자를 가지지 않으므로 아이는 (다)를 나타낼 수 없고, 아들인 경우 5로부터 X^{bd}를 받고 6으로부터 Y를 받기 때문에 반드시 (나)가 발현된다. 따라서 (나)가 발현될 확률은 6으로부터 Y를 받을 확률과 같으므로 $\frac{1}{2}$이다.

1. (가)가 발현되고 (나)는 발현되지 않는 경우
(가)가 발현될 확률은 $\frac{1}{4}$이고 (나)가 발현되지 않을 확률은 $\frac{1}{2}$이므로 이 경우에 해당하는 확률은 $\frac{1}{4} \times \frac{1}{2} = \frac{1}{8}$이다.

2. (가)는 발현되지 않고 (나)가 발현되는 경우
(가)가 발현되지 않을 확률은 $\frac{3}{4}$이고 (나)가 발현될 확률은 $\frac{1}{2}$이므로 이 경우에 해당하는 확률은 $\frac{3}{4} \times \frac{1}{2} = \frac{3}{8}$이다.
1 또는 2의 경우가 일어날 때 (가)~(다) 중 하나의 형질만 가지므로 두 확률을 더하면 $\frac{1}{8} + \frac{3}{8} = \frac{1}{2}$이다.

다음은 어떤 집안의 유전 형질 (가)~(다)에 대한 자료이다.

○ (가)는 대립유전자 H와 h에 의해, (나)는 대립유전자 R와
r에 의해, (다)는 대립유전자 T와 t에 의해 결정된다. H는
h에 대해, R는 r에 대해, T는 t에 대해 각각 완전 우성이다.
○ (가)~(다)를 결정하는 유전자 중 2가지는 같은 염색체에
있다.
○ 가계도는 구성원 1~10에서 (가)~(다) 중 (가)와 (나)의
발현 여부를 나타낸 것이다.

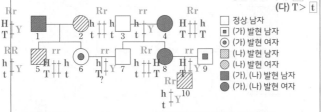

(가) $\boxed{H} > h$
상염색체 — (나) $\boxed{R} > r$ — X염색체
(다) $T > \boxed{t}$

□ 정상 남자
▣ (가) 발현 남자
◉ (가) 발현 여자
▨ (나) 발현 남자
▧ (나) 발현 여자
■ (가), (나) 발현 남자
● (가), (나) 발현 여자

○ 구성원 1~10 중 2, 3, 5, 10에서만 (다)가 발현되었다.
○ 표는 구성원 1~10에서 체세포 1개당 H, R, t 개수의 합을
나타낸 것이다.

대립유전자	H	R	t
대립유전자 개수의 합	ⓐ 5	ⓑ 7	ⓑ

이에 대한 설명으로 옳은 것만을 〈보기〉에서 있는 대로 고른 것은?
(단, 돌연변이와 교차는 고려하지 않는다.) 3점

보기 — X염색체 유전
ㄱ. (가)를 결정하는 유전자는 성염색체에 있다.
ㄴ. 4의 (다)에 대한 유전자형은 이형 접합성이다. — 동형 접합성($X^T X^T$)
ㄷ. 6과 7 사이에서 아이가 태어날 때, 이 아이에게서 (가)~(다)
중 1가지 형질만 발현될 확률은 $\frac{3}{4}$이다.

① ㄱ   ② ㄴ   ③ ㄷ   ④ ㄱ, ㄴ   ⑤ ㄱ, ㄷ

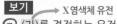
(가)만 발현될 확률+(나)만 발현될 확률+(다)만 발현될 확률=$\frac{1}{2}+0+\frac{1}{4}=\frac{3}{4}$

|자|료|해|설|
(나)가 발현된 1과 2로부터 (나)가 발현되지 않은 딸(6)이
태어났으므로 (나)를 결정하는 유전자는 상염색체에
있고, 우성 형질이다. (가)가 발현된 8과 9로부터 (가)가
발현되지 않은 10이 태어났으므로 (가)는 우성 형질이고,
(다)가 발현되지 않은 8과 9로부터 (다)가 발현된 10이
태어났으므로 (다)는 열성 형질이다.
(나)에 대한 유전자형을 정리해보면 1(Rr), 2(Rr), 3(rr),
4(Rr), 5(R_), 6(rr), 7(rr), 8(Rr), 9(rr), 10(Rr)이므로
ⓑ는 6 또는 7이다. (다)를 결정하는 유전자가 상염색체에
있다고 가정하면, (다)가 발현된 2, 3, 5, 10의 유전자형은
tt이므로 ⓑ는 8 이상의 값이 되어 모순이다. 따라서 (다)를
결정하는 유전자는 성염색체에 있고, 여자에게서도
발현되므로 X 염색체에 존재한다. (다)에 대한 유전자형을
정리해보면 1($X^T Y$), 2($X^t X^t$), 3($X^t Y$), 4(X^T_), 5($X^t Y$),
6($X^T X^t$), 7($X^T Y$), 8($X^T X^t$), 9($X^T Y$), 10($X^t Y$)이므로
ⓑ는 7 또는 8이다. 따라서 ⓑ는 7이고 5의 (나)에 대한
유전자형은 RR이고, 4의 (다)에 대한 유전자형은
$X^T X^T$이다.
(가)를 결정하는 유전자가 상염색체에 있다고 가정하면,
(가)와 (나)를 결정하는 유전자는 같은 염색체에 존재한다.
이때 10의 유전자형은 (hR/hr)이고, 10은 8로부터 hR
을 물려받았다. 따라서 8의 유전자형은 (hR/Hr)이다.
그러나 8의 부모인 3의 유전자형이 (hr/hr)이므로
모순이다. 즉, (가)와 (다)를 결정하는 유전자는 X 염색체에
함께 존재한다. 이를 토대로 구성원의 (가)~(다)에 대한
유전자형을 정리하면 첨삭된 내용과 같고, ⓐ는 5이다.

|보|기|풀|이|
ㄱ. 정답 : (가)를 결정하는 유전자는 X 염색체에 있다.
ㄴ. 오답 : 4의 (다)에 대한 유전자형은 $X^T X^T$이므로 동형
접합성이다.
ㄷ. 정답 : 6(rr, $X^{HT} X^{ht}$)과 7(rr, $X^{hT} Y$) 사이에서 아이가
태어날 때, 이 아이에게서 (나)가 발현될 확률은 0이다. 이
아이에게서 (가)만 발현될 확률은 $\frac{1}{2}$(X^{HT}_)이고, (다)만
발현될 확률은 $\frac{1}{4}$($X^{ht} Y$)이다. 따라서 6과 7 사이에서
태어난 아이에게서 (가)~(다) 중 1가지 형질만 발현될
확률은 $\frac{1}{2}+\frac{1}{4}=\frac{3}{4}$이다.

😀 **문제풀이 TIP** | 부모에게 없던 형질이 자손에게서 나타나면 자손이 나타내는 형질이 열성이다. 가계도에 나타난 표현형으로 (나)를 결정하는 유전자의 위치를 파악할 수 있다.
대립유전자 R 개수의 합과 t 개수의 합이 ⓑ로 같은 경우를 찾으면 (다)를 결정하는 유전자의 위치(상염색체 or 성염색체)를 알 수 있다. 마지막으로 (가)를 결정하는 유전자의 위치를
가정한 뒤, (가)~(다)를 결정하는 유전자 중 2가지는 같은 염색체에 있다는 조건을 적용하고 구성원의 유전자형과 표현형을 맞춰보면 (가)를 결정하는 유전자의 위치를 찾아낼 수 있다.

😀 **출제분석** | 가계도에 나타난 표현형과 구성원의 대립유전자 R, t 개수의 합이 같다는 조건을 활용하여 형질 (가)~(다)의 우열과 유전자의 위치를 파악해야 하는 난도 '최상'의
문항이다. 형질이 세 가지이고, 구성원의 수도 많은 편인데다 여러 번의 가정을 통해 단계적으로 문제를 해결해나가야 하기 때문에 문제 풀이에 시간이 걸릴 수밖에 없다.

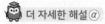

STEP 1. (가)의 유전자형 알아내기

Y 염색체 유전인 경우 여성에게 형질이 발현될 수 없으므로 (가)~(다)는 모두 Y 염색체 유전이 아니다.

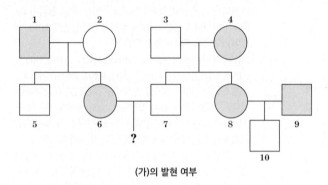

(가)의 발현 여부

① X 염색체 우성 유전인 경우

서술의 편의를 위해 $X^H Y$ 등은 HY와 같이 표현한다.

1의 유전자형은 HY이고 2의 유전자형은 hh이다. 5의 유전자형은 hY이고, 6은 H를 하나 이상 가진다.

3과 7의 유전자형은 hY이고 7은 4로부터 h를 반드시 하나 받는다. 따라서 4의 유전자형은 Hh이고, 8은 3으로부터 h를 반드시 하나 받으므로 유전자형이 Hh이다. 9의 유전자형은 HY이고 10의 유전자형은 hY이다.

(가)의 유전자형									
1	남	2	여	3	남	4	여	10	남
HY		hh		hY		Hh		hY	
5	남	6	여	7	남	8	여	9	남
hY		Hh		hY		Hh		HY	

이때 H의 개수는 5개이다.

② X 염색체 열성 유전인 경우

3과 7의 유전자형은 HY이고, 7은 4로부터 H를 반드시 하나 받으므로 4는 H를 하나 이상 가진다. 하지만 4는 (가)를 나타내므로 조건과 맞지 않는다. 또한 8의 유전자형은 hh이고, 9의 유전자형은 hY인데 10의 유전자형은 HY이 되어야 하므로 조건과 맞지 않는다.

③ 상염색체 우성 유전인 경우

2와 5의 유전자형은 hh이다. 5는 1로부터 h를 반드시 하나 받아야 하고, 6은 2로부터 h를 반드시 하나 받으므로 1과 6의 유전자형은 Hh이다.

3과 7의 유전자형은 hh이다. 8은 3으로부터 h를 반드시 하나 받고, 7은 4로부터 h를 반드시 하나 받아야 하므로 4와 8의 유전자형은 Hh이다.

10의 유전자형은 hh이므로 9로부터 h를 반드시 하나 받아야 한다. 따라서 9의 유전자형은 Hh이다.

(가)의 유전자형									
1	남	2	여	3	남	4	여	10	남
Hh		hh		hh		Hh		hh	
5	남	6	여	7	남	8	여	9	남
hh		Hh		hh		Hh		Hh	

이때 H의 개수는 5개이다.

④ 상염색체 열성 유전인 경우

8과 9의 유전자형은 hh이므로 10은 유전자 H를 받을 수 없다. 하지만 10은 (가)를 나타내지 않으므로 조건과 맞지 않는다.

결론적으로 부모 8과 9에게서 모두 발현된 형질이 아들인 10에게서 발현되지 않으므로 우성 유전이다.

STEP 2. (나)의 유전자형 알아내기

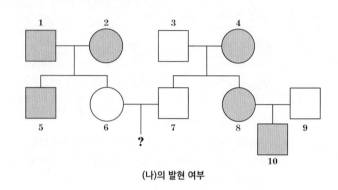

(나)의 발현 여부

① X 염색체 우성 유전인 경우

1의 유전자형은 RY이므로 6은 1로부터 R을 반드시 하나 받는다. 하지만 6은 (나)를 나타내지 않으므로 조건과 맞지 않는다.

② X 염색체 열성 유전인 경우

1의 유전자형은 rY이고, 2의 유전자형은 rr이므로 6은 부모로부터 유전자 R을 받을 수 없다. 하지만 6은 (나)를 나타내지 않으므로 조건과 맞지 않는다.

③ 상염색체 우성 유전인 경우

1과 2는 R 유전자를 하나 이상 가지고 6의 유전자형이 rr이어야 하므로 1과 2의 유전자형은 모두 Rr이어야 한다. 3과 7, 9 모두 유전자형이 rr이고 4, 8, 10은 유전자 R을 하나 이상 가진다. 7은 4로부터, 8은 3으로부터, 10은 9로부터 r 유전자를 하나씩 받으므로 Hh를 가진다. 7, 8, 10의 유전자형은 모두 Rr이다.

(나)에 대한 유전자형									
1	남	2	여	3	남	4	여	10	남
Rr		Rr		rr		Rr		Rr	
5	남	6	여	7	남	8	여	9	남
R_		rr		rr		Rr		rr	

이때 R의 개수는 6개 또는 7개이다.

④ 상염색체 열성 유전인 경우

1과 2의 유전자형이 모두 rr이므로 6의 유전자형도 rr이 되어 (나)를 나타내야 한다. 하지만 6은 (나)를 나타내지 않으므로 조건과 맞지 않는다.

결론적으로 부모 1과 2에게서 모두 발현된 형질이 딸인 6에게서 발현되지 않으므로 상염색체 우성 유전이다.

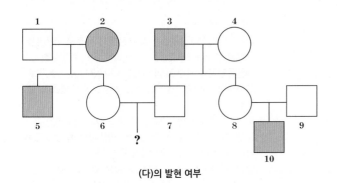

(다)의 발현 여부

① X 염색체 우성 유전인 경우

10의 유전자형은 TY이고 8로부터 T를 반드시 하나 받아야 한다. 이때 8의 유전자형은 tt이므로 주어진 조건과 맞지 않는다.

② X 염색체 열성 유전인 경우

1의 유전자형은 TY이고 5의 유전자형은 tY이다. 2의 유전자형은 tt이므로 6의 유전자형은 Tt이다.

3의 유전자형은 tY이고 7의 유전자형은 TY이다. 8은 3으로부터 t를 반드시 하나 받으므로 유전자형은 Tt이다. 7은 4로부터 T를 반드시 하나 받으므로 4는 T를 하나 이상 가진다.

9의 유전자형은 TY이고 10의 유전자형은 tY이다.

(다)의 발현 여부

1	남	2	여	3	남	4	여	10	남
TY		tt		tY		T_		tY	
5	남	6	여	7	남	8	여	9	남
tY		Tt		TY		Tt		TY	

이때 t의 개수는 7개 또는 8개이다.

③ 상염색체 우성 유전인 경우

8와 9의 유전자형은 tt이므로 10은 유전자 T를 받을 수 없다. 하지만 10은 (다)를 나타내므로 조건과 맞지 않는다.

④ 상염색체 열성 유전인 경우

2와 5의 유전자형은 tt이고 5는 1로부터 t를 반드시 하나 받으므로 1의 유전자형은 Tt이다. 6은 2로부터 t를 반드시 하나 받으므로 유전자형은 Tt이다.

3의 유전자형은 tt이므로 7과 8은 t를 반드시 하나 이상 가진다. 따라서 7과 8의 유전자형은 Tt이고, 4는 T를 하나 이상 가진다. 10의 유전자형은 tt이므로 8과 9의 유전자형은 Tt이다.

(다)의 유전자형

1	남	2	여	3	남	4	여	10	남
Tt		tt		tt		T_		tt	
5	남	6	여	7	남	8	여	9	남
tt		Tt		Tt		Tt		Tt	

이때 t의 개수는 13개 또는 14개이며, R의 개수와 같아질 수 없으므로 조건에 맞지 않는다. 또한 모든 경우를 다 세지 않더라도 2, 3, 5, 10의 유전자형이 tt이므로 t의 개수가 최소 8개가 되어 R과 같아질 수 없다. 결론적으로 부모 8과 9에게서 모두 발현되지 않은 형질이 아들인 10에게서 발현되므로 X 염색체 열성 유전이다.

STEP 4. 같은 염색체에 존재하는 유전자 알아내기

주어진 표에서 R와 t의 수가 같으므로 이는 각각 7개씩 존재하며, 5는 (나)에 대해 RR이고, 4는 (다)에 대해 TT이다.

1. (가)의 유전자가 (나)와 같은 상염색체에 존재하는 경우

서술의 편의를 위해 (가)와 (나)의 유전자가 존재하는 상염색체를 A로 나타낸다. 3과 7의 (나)와 (다)에 대한 유전자형은 hhrr이므로 3과 7은 $A^{hr}A^{hr}$을 가진다. 이때 7은 하나의 A^{hr}은 4로부터 받았으므로 4는 A^{hr}과 A^{HR}을 가지고, 8은 3으로부터 A^{hr}을 받고 4로부터 A^{HR}을 받는다.

9의 (다)에 대한 유전자형은 rr이므로 10은 R을 8로부터 받는다. 따라서 A^{HR}을 받아야 하는데, 10의 (가)에 대한 유전자형이 hh이므로 조건에 맞지 않는다.

2. (가)의 유전자가 (다)와 같은 성염색체에 존재하는 경우

1~10의 유전자형은 다음과 같다.

1과 5는 각각 X^{HT}와 X^{ht}을 가지고, 2는 X^{ht}만 가진다. 6은 X^{HT}와 X^{ht}을 하나씩 가진다.

3은 X^{ht}을 가지고, 7은 X^{hT}을 가진다. 7은 X^{hT}를 4로부터 받고, 8은 3으로부터 X^{ht}을 받으므로 X^{HT}는 4로부터 받는다. 9와 10은 각각 X^{HT}와 X^{ht}을 가진다.

유전자형

1	2	3	4	10
$RrX^{HT}Y$	$RrX^{ht}X^{ht}$	$rrX^{ht}Y$	$RrX^{HT}X^{hT}$	$RrX^{ht}Y$
5	6	7	8	9
$RRX^{ht}Y$	$rrX^{HT}X^{ht}$	$rrX^{hT}Y$	$RrX^{HT}X^{ht}$	$rrX^{HT}Y$

STEP 5. 보기 풀이

ㄱ. **정답** | (가)를 결정하는 유전자는 X 염색체에 있다.

ㄴ. **오답** | 4의 (다)에 대한 유전자형은 TT이므로 동형 접합성이다.

ㄷ. **정답** | (가)는 성염색체 우성 유전, (나)는 상염색체 우성 유전, (다)는 성염색체 열성 유전이다. 따라서 (가)와 (나) 형질을 발현할 확률은 각각 H과 R 염색체를 가질 확률과 같고, (다) 형질을 발현할 확률은 T를 가지지 않을 확률과 같다. 이때 6과 7은 (나)에 대해 유전자형이 모두 rr이므로 아이가 (나) 형질을 발현할 확률은 없다.

염색체	X^{HT}	X^{ht}
X^{hT}	(가)	정상
Y	(가)	(다)

6과 7로부터 만들어질 수 있는 성염색체 조합은 4가지이고 (가)만 발현될 확률은 $\frac{2}{4} = \frac{1}{2}$이고, (다)만 발현될 확률은 $\frac{1}{4}$이므로 (가)~(다) 중 1가지 형질만 발현될 확률은 $\frac{1}{2} + \frac{1}{4} = \frac{3}{4}$이다.

다음은 어떤 가족의 유전 형질 (가)~(다)에 대한 자료이다.

○ (가)는 대립유전자 H와 h에 의해, (나)는 대립유전자 R와 r에 의해, (다)는 대립유전자 T와 t에 의해 결정된다. H는 h에 대해, R는 r에 대해, T는 t에 대해 각각 완전 우성이다.

○ (가)~(다)의 유전자는 모두 X 염색체에 있다.

○ 표는 어머니를 제외한 나머지 가족 구성원의 성별과 (가)~(다)의 발현 여부를 나타낸 것이다. 자녀 3과 4의 성별은 서로 다르다.

X 염색체 ─ (가) H > h / (나) R > r / (다) T > t

구성원	성별	(가)	(나)	(다)	
아버지	남	○	○	? ○	$X^{hRT}Y$
자녀 1	여	×	○	○	$X^{hrt}X^{hRt}$
자녀 2	남	×	×	×	$X^{Hrt}Y$
자녀 3	? 남	○	×	○	$X^{hrT}Y$
자녀 4 ⓐ	? 여	×	×	○	$X^{Hrt}X^{hrT}$

어머니 $X^{Hrt}X^{hrt}$

성염색체 비분리가 일어나 성염색체를 갖지 않는 정자 (→ 감수 1분열 비분리)

감수 1분열에서 성염색체 비분리가 일어나 형성된 난자($X^{Hrt}X^{hrT}$) → 자녀 4

(○: 발현됨, ×: 발현 안 됨)

○ 이 가족 구성원의 핵형은 모두 정상이다.

○ 염색체 수가 22인 생식세포 ㉠과 염색체 수가 24인 생식세포 ㉡이 수정되어 ⓐ가 태어났으며, ⓐ는 자녀 3과 4 중 하나이다. ㉠과 ㉡의 형성 과정에서 각각 성염색체 비분리가 1회 일어났다.

이에 대한 설명으로 옳은 것만을 〈보기〉에서 있는 대로 고른 것은? (단, 제시된 염색체 비분리 이외의 돌연변이와 교차는 고려하지 않는다.)

보기
㉠. ⓐ는 자녀 4이다.   → $X^{Hrt}X^{hrT}$
㉡. ㉡은 감수 1분열에서 염색체 비분리가 일어나 형성된 난자이다.
㉢. (나)와 (다)는 모두 우성 형질이다.

① ㄱ   ② ㄷ   ③ ㄱ, ㄴ   ④ ㄴ, ㄷ   ✓⑤ ㄱ, ㄴ, ㄷ

|보|기|풀|이|

㉠ 정답 : ⓐ는 자녀 4이고, 여자이다.
㉡ 정답 : ㉡($X^{Hrt}X^{hrT}$)은 감수 1분열에서 염색체 비분리가 일어나 형성된 난자이다.
㉢ 정답 : (가)는 열성 형질이고, (나)와 (다)는 모두 우성 형질이다.

|자|료|해|설|

(가)~(다)의 대립유전자 중 형질 발현 유전자의 우열을 모르는 상태이므로 편의상 형질 (가), (나), (다) 발현 대립유전자를 가진 X 염색체를 각각 $X^{(가)}$, $X^{(나)}$, $X^{(다)}$로 표현하고, 미발현 대립유전자를 가진 X 염색체를 X^x로 표현해보자.

아버지의 유전자형은 $X^{(가)(나)?}Y$이고, 아버지로부터 X 염색체를 물려받아 (가) 발현 대립유전자를 갖고 있는 자녀 1에게서 (가)가 발현되지 않았으므로 (가)는 열성 형질이다. 자녀 2의 유전자형은 $X^{xxx}Y$이고, 어머니로부터 X 염색체를 물려받았으므로 어머니 또한 X^{xxx}를 갖는다.

염색체 수가 22인 생식세포 ㉠과 염색체 수가 24인 생식세포 ㉡이 수정되어 ⓐ가 태어났을 때, 이 가족 구성원의 핵형은 모두 정상이므로 ⓐ는 XX 또는 XY 구성을 갖는다. ㉡이 아버지로부터 형성된 정자라고 가정하면, ⓐ는 $X^{(가)(나)?}X^{(가)(나)?}$ 또는 $X^{(가)(나)?}Y$ 구성을 갖기 때문에 ⓐ에서 (가)와 (나)가 모두 발현되어야 한다. 그러나 자녀 3, 4 중 (가)와 (나)가 모두 발현된 경우가 없으므로 ㉡은 어머니로부터 형성된 난자이고, ⓐ는 여자이다. 자녀 3, 4는 각각 정상적으로 태어난 아들과 비분리를 통해 태어난 딸(ⓐ) 중 하나에 해당하므로 두 자녀의 X 염색체는 모두 어머니로부터 물려받은 것이다. 자녀 3과 4에서 (나)와 (다)의 발현 여부가 동일하며, 두 자녀 중 한 명은 남자이므로 어머니는 $X^{?×(다)}$ 구성의 X 염색체를 가진다. 또한 자녀 3에서 (가)가 발현되었으므로 어머니는 (가) 발현 유전자를 가지고 있다. 어머니의 유전자형을 정리하면 $X^{(가)×(다)}X^{xxx}$이다.

자녀 3, 4 중 아들은 비분리 없이 정상적으로 수정되어 태어났으므로 자녀 3이 남자($X^{(가)×(다)}Y$)이고, 자녀 4가 여자(ⓐ)이다. ㉡이 감수 2분열에서 염색체 비분리가 일어나 형성된 난자라고 가정하면, (다)만 발현된 자녀 4의 유전자형이 $X^{(가)×(다)}X^{(가)×(다)}$ 또는 $X^{xxx}X^{xxx}$가 되어 모순이다. 따라서 ㉡은 감수 1분열에서 염색체 비분리가 일어나 $X^{(가)×(다)}X^{xxx}$를 갖는 난자이고, (다)는 우성 형질이다.

아버지로부터 $X^{(가)(나)?}$를 물려받은 자녀 1에게서 (가)가 발현되지 않았으므로 자녀 1은 어머니로부터 X^{xxx}를 물려받았다. 이때 자녀 1에게서 (나)가 발현되었으므로 (나)는 우성 형질이다. 이를 토대로 구성원의 유전자형을 정리하면 아버지($X^{hRT}Y$), 어머니($X^{Hrt}X^{hrt}$), 자녀 1($X^{hrt}X^{hRt}$), 자녀 2($X^{Hrt}Y$), 자녀 3($X^{hrT}Y$), 자녀 4($X^{Hrt}X^{hrT}$)이다.

😮 **문제풀이 T I P** | (가)~(다)의 대립유전자 중 형질 발현 유전자를 모르는 상태이므로 편의상 (가), (나), (다) 형질 발현 대립유전자를 가진 X 염색체를 각각 $X^{(가)}$, $X^{(나)}$, $X^{(다)}$로 표현하고, 미발현 대립유전자를 가진 X 염색체를 X^x로 표현하는 것이 문제를 좀 더 쉽게 접근할 수 있는 방법 중 하나이다. 이 가족 구성원의 핵형은 모두 정상이므로 ⓐ는 XX 또는 XY 구성을 가지며, ㉡이 아버지로부터 형성된 정자라고 가정하고 모순됨을 확인해보자.

😮 **출제분석** | (가)~(다) 형질의 우열과 비분리가 일어난 시기, 비분리를 통해 태어난 자녀를 알아내기 위해 주어진 정보를 종합적으로 분석해야 하는 난도 '최상'의 문항이다. 형질의 우열을 판단하기 어려운 상황에서는 유전자를 H, h, R, r, T, t로 표시하기 보다는 문제풀이 TIP의 방법을 활용하면 좀 더 쉽게 문제에 접근할 수 있다. 2번을 정답으로 고른 학생 비율이 26%인 것으로 보아 난도가 높기도 하지만 시간이 부족해 많은 학생들이 해결하지 못한 문항이라고 분석된다.

STEP 1. (가)를 나타내는 유전자 알아내기

주어진 조건에서 자녀3과 자녀4는 성별이 다르므로 한명은 아들이고 한명은 딸이다. 서술의 편의를 위해 $X^H Y$ 등을 HY로 나타낸다.

(가)를 나타내는 유전자가 H라면 자녀1은 아버지로부터 H를 반드시 받으므로 (가)를 나타내야 한다. 하지만 (가)를 나타내지 않으므로 (가)를 나타내는 유전자는 h이다. 따라서 자녀1은 (가)를 나타내지 않으므로 H를 하나 이상 가지고, 아버지로부터 h를 하나 받으므로 유전자형은 Hh이다. 자녀2는 (가)를 나타내지 않으므로 (가)에 대한 유전자형은 HY이고, 어머니는 H를 하나 이상 가진다.

STEP 2. ⓐ의 성별 알아내기

주어진 조건에서 ㉠과 ㉡은 성염색체 비분리가 1회씩 일어났고, 염색체 수가 각각 22, 24이므로 ㉠은 성염색체를 가지지 않고, ㉡은 2개의 성염색체를 가진다.

자녀ⓐ는 성염색체를 아버지로부터만 받았다면 (가)와 (나)를 모두 나타내야 한다. 하지만 자녀3과 자녀4는 모두 (나)를 나타내지 않으므로 자녀ⓐ는 어머니로부터 X 염색체를 반드시 하나 이상 받는다. 따라서 ㉠은 아버지로부터 받은 생식세포이고, ㉡은 어머니로부터 받은 생식세포이며, 자녀ⓐ는 아버지로부터 Y 염색체를 받을 수 없으므로 딸이다.

아들은 X 염색체를 어머니로부터만 받고, 자녀3과 자녀4 중 딸도 어머니로부터만 X 염색체를 받았으므로 자녀2, 자녀3, 자녀4의 X 염색체는 모두 어머니로부터 받은 것이다. 이때 자녀3이 (가)를 나타내는데, (가)를 나타내는 유전자는 h이므로 어머니는 h를 하나 이상 가져야 한다. 따라서 어머니의 (가)에 대한 유전자형은 Hh이다.

STEP 3. 자녀ⓐ 알아내기

(다)를 나타내는 유전자를 T_1이라고 하고 (다)를 나타내지 않는 유전자를 T_2라고 하자. 자녀2는 H를 가지며 (다)를 나타내지 않으므로 T_2를 가진다. 따라서 어머니의 X 염색체 중 하나에는 H와 T_2가 존재한다.

자녀3과 자녀4 중 아들이 누구이든 (다)를 나타내므로 어머니의 X 염색체 중 하나에는 T_1이 존재한다. 따라서 어머니의 X 염색체 중 다른 하나에는 h와 T_1이 존재한다.

자녀3 또는 자녀4 중 아들은 자녀2와 (가)~(다)에 대한 표현형이 다르므로 어머니로부터 자녀2가 받은 X 염색체와 다른 X 염색체를 받는다. 따라서 자녀3과 자녀4 중 아들은 h와 T_1이 존재하는 X 염색체를 받으므로 (가)와 (다)를 모두 나타내는 자녀3이 아들이며, 자녀ⓐ는 자녀4이다.

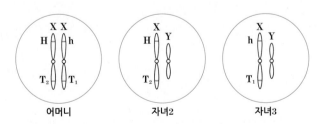

STEP 4. ㉡이 비분리가 일어난 시점 파악하기

어머니의 X 염색체를 X_1, X_2라고 하자. 자녀4는 어머니로부터만 X 염색체를 2개 받았으므로 어머니로부터 ㉡이 형성될 때 감수2분열에서 비분리가 일어났다면 동일한 X 염색체를 2개(X_1 2개 또는 X_2 2개) 가지므로 X_1과 X_2 중 하나를 가지는 자녀2 또는 자녀3과 (가)~(다)의 표현형이 같아야 한다. 하지만 자녀4는 이중 누구와도 표현형이 같지 않으므로 ㉡이 형성될 때 감수1분열에서 비분리가 일어났으며 어머니의 X 염색체 2가지를 모두 물려받았음을 알 수 있다. 따라서 (가)~(다)에 대한 자녀4의 표현형과 유전자형은 모두 어머니와 같다.

STEP 5. (나), (다)를 나타내는 유전자 알아내기

(나)에 대해서 자녀2와 자녀3이 모두 (나)를 가지지 않으므로 어머니는 (나)에 대해 동형 접합이며 (나)를 나타내지 않는 유전자만 가진다. 이때 자녀1은 어머니로부터 반드시 (나)를 나타내지 않는 유전자를 받지만, (나)를 나타내는 이유는 아버지로부터 (나)를 나타내는 유전자를 받기 때문이다. 따라서 (나)에 대해 이형 접합성인 자녀1이 (나) 형질을 가지므로 (나)를 나타내는 유전자는 우성 유전자인 R이라는 것을 알 수 있다.

자녀4와 어머니는 (다)에 대해 이형 접합성인 유전자형 Tt를 가지지만 (다)를 나타내므로 (다)를 나타내는 유전자는 $T_1 = T$이고, (다)를 나타내지 않는 유전자는 $T_2 = t$임을 알 수 있다.

STEP 6. 유전자형 정리

지금까지 알아낸 정보를 종합하면 자녀2는 X 염색체에 H, r, t를 가지고, 자녀3은 X 염색체에 h, r, T를 가지며 이는 모두 어머니로부터 받은 것이다. 따라서 자녀 1은 어머니로부터 H, r, t를 가지는 X 염색체를 받는데, (다)를 나타내므로 아버지로부터 T 유전자를 받는다. 이에 따라 아버지는 X 염색체에 h, R, T를 가지며 (다)를 나타낸다.

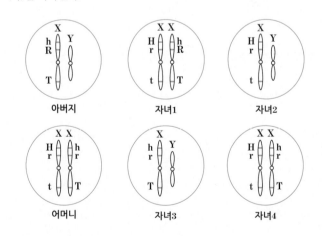

STEP 7. 보기 풀이

ㄱ. **정답** | 자녀ⓐ는 어머니와 동일한 유전자형을 가지는 자녀4이다.

ㄴ. **정답** | ㉡은 어머니의 X 염색체 2가지를 모두 포함하므로 감수1분열에서 비분리가 발생했다.

ㄷ. **정답** | (나)와 (다)에 대해 이형 접합성인 자녀1이 (나)와 (다)를 모두 나타내므로 모두 우성 형질이다.

다음은 사람의 유전 형질 (가)~(다)에 대한 자료이다.

┌─── 2개 연관, 1개 독립

○ (가)~(다)의 유전자는 서로 다른 2개의 상염색체에 있다.

○ (가)는 대립유전자 A와 a에 의해 결정되며, A는 a에 대해
　완전 우성이다. ➡ A>a

○ (나)는 대립유전자 B와 b에 의해 결정되며, 유전자형이
　다르면 표현형이 다르다. ➡ BB, Bb, bb 표현형 다름

○ (다)는 1쌍의 대립유전자에 의해 결정되며, 대립유전자에는
　D, E, F가 있다. D는 E, F에 대해, E는 F에 대해 각각 완전
　우성이다. ➡ D>E>F(복대립 유전)

○ (가)와 (나)의 유전자형이 AaBb인 남자 P와 AaBB인 여자
　Q 사이에서 ⓐ가 태어날 때, ⓐ에게서 나타날 수 있는 (가)와
(가)와 (나)만 연관 ◄ (나)의 표현형은 최대 3가지이고, ⓐ가 가질 수 있는
　(가)~(다)의 유전자형 중 AABBFF가 있다.

○ ⓐ의 (가)~(다)의 표현형이 모두 Q와 같을 확률은 $\frac{1}{8}$이다.

ⓐ의 (가)~(다)의 표현형이 모두 P와 같을 확률은? (단, 돌연변이와
교차는 고려하지 않는다.) 3점
└ $\frac{1}{4}$(대문자 4일 확률)× $\frac{1}{2}$(D_일 확률)=$\frac{1}{8}$

① $\frac{1}{16}$　✓② $\frac{1}{8}$　③ $\frac{3}{16}$　④ $\frac{1}{4}$　⑤ $\frac{3}{8}$

P: AaBbDF ——— Q: AaBBEF

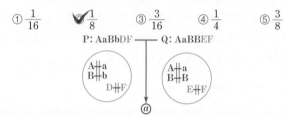

|자|료|해|설|

3개의 유전자가 서로 다른 2개의 상염색체에 있으므로
2개의 유전자가 연관되어 있다는 것을 알 수 있다. (나)의
유전자형이 다르면 표현형이 다르다고 했으므로 BB, Bb,
bb의 표현형을 갖는다. (다)의 대립유전자에 D, E, F가
있으므로 이는 복대립 유전에 해당하며, 우열 관계는
D>E>F이다. (가)와 (나)가 서로 다른 염색체에 있는
경우 P(AaBb)와 Q(AaBB) 사이에서 태어나는 ⓐ에게서
나타날 수 있는 (가)와 (나)의 표현형은 2가지(A_, aa)×
2가지(BB, Bb)=최대 4가지이므로 조건에 맞지 않는다.
따라서 (가)와 (나)의 유전자는 같은 염색체에 존재한다.
ⓐ가 가질 수 있는 (가)~(다)의 유전자형 중 AABBFF가
있으므로 P와 Q는 F를 갖고 있으며, 유전자의 배치는
P에서 AB/ab이고, Q에서 AB/aB이다. ⓐ의 (가)~(다)의
표현형이 모두 Q와 같을 확률이 $\frac{1}{8}$일 때, ⓐ의 (가)와 (나)의
표현형이 모두 Q(A_BB)와 같을 확률은 $\frac{1}{2}$이므로 (다)의
표현형이 Q과 같을 확률은 $\frac{1}{4}$이어야 한다. 이때 이것이
성립되는 경우는 P의 (다)의 유전자형이 DF이고, Q의
(다)의 유전자형이 EF일 때이다. 따라서 P의 유전자형은
(AB/ab,DF)이고, Q의 유전자형은 (AB/aB,EF)이다.

|선|택|지|풀|이|

② 정답 : ⓐ의 (가)~(다)의 표현형이 모두 P(A_Bb,D_)와
같을 확률은 $\frac{1}{4}$(A_Bb일 확률)× $\frac{1}{2}$(D_일 확률)=$\frac{1}{8}$이다.

💡 **문제풀이 T I P** | (가)와 (나)가 서로 다른 염색체에 있는 경우 ⓐ에게서 나타날 수 있는 (가)와 (나)의 표현형은 2가지(A_, aa)×2가지(BB, Bb)=최대 4가지이므로 (가)와 (나)의
유전자는 같은 염색체에 존재한다.

😮 **출제분석** | 자손에게서 나타날 수 있는 표현형의 가짓수와 유전자형, 특정 표현형을 가질 확률을 통해 부모의 유전자 배치를 알아내야 하는 난도 '중상'의 문항이다. 유전 단원의
문항을 해결하는데 기본이 되는 풀이 방법이 적용된 문항으로, 비슷한 유형의 문항을 많이 풀어본 학생들은 쉽게 해결할 수 있는 수준이다.

다음은 어떤 가족의 유전 형질 (가)에 대한 자료이다.

▶다인자 유전 / 연관

- (가)는 21번 염색체에 있는 2쌍의 대립유전자 H와 h, T와 t에 의해 결정된다. (가)의 표현형은 유전자형에서 대문자로 표시되는 대립유전자의 수에 의해서만 결정되며, 이 대립유전자의 수가 다르면 표현형이 다르다.
- 어머니의 난자 형성 과정에서 21번 염색체 비분리가 1회 일어나 염색체 수가 비정상적인 난자 Q가 형성되었다. Q와 아버지의 정상 정자가 수정되어 ⓐ가 태어났으며, 부모의 핵형은 모두 정상이다.

    정상 난자 ✕ ← / 정상 정자
- 어머니의(가)의 유전자형은 HHTt이고, ⓐ의 (가)의 유전자형에서 대문자로 표시되는 대립유전자의 수는 4이다.

    대문자 수 : 2, 3 ←
- ⓐ의 동생이 태어날 때, 이 아이에게서 나타날 수 있는 (가)의 표현형은 최대 2가지이고, ㉠ 이 아이가 가질 수 있는 (가)의 유전자형은 최대 4가지이다.

    → HHTt, HHtt, HhTT, HhTt

이에 대한 설명으로 옳은 것만을 〈보기〉에서 있는 대로 고른 것은? (단, 제시된 염색체 비분리 이외의 돌연변이와 교차는 고려하지 않는다.) **3점**

보기
▶HhTt
㉠. 아버지의 (가)의 유전자형에서 대문자로 표시되는 대립유전자의 수는 2이다.
㉡. ㉠ 중에는 HhTt가 있다.
㉢. 염색체 비분리는 감수 1분열에서 일어났다.

① ㄱ   ② ㄷ   ③ ㄱ, ㄴ   ④ ㄴ, ㄷ   ⑤ ㄱ, ㄴ, ㄷ

|자|료|해|설|

어머니에게서 만들어질 수 있는 생식 세포는 2가지(HT, Ht)이므로 자녀에게 대문자를 2개 또는 1개 물려줄 수 있다. ⓐ의 동생이 태어날 때, 이 아이에게서 나타날 수 있는 (가)의 표현형은 최대 2가지이므로 아버지에게서 만들어지는 생식 세포의 종류는 1가지여야 한다. 즉, 아버지의 21번 염색체 각각의 대문자 수가 1(Ht/hT)이거나 2(HT/HT)이거나 0(ht/ht)인 경우가 가능하다. 이때 ⓐ의 동생이 가질 수 있는 (가)의 유전자형은 최대 4가지이므로 아버지의 (가)의 유전자형은 Ht/hT이다.
→ 자손의 유전자형 4가지 : HT/Ht, HT/hT, Ht/Ht, Ht/hT

ⓐ는 아버지(Ht/hT)로부터 대문자 1개만 물려받을 수 있으므로 나머지 3개를 어머니에게서 물려받았다. 따라서 어머니의 난자 형성 과정에서 염색체 비분리는 감수 1분열에서 일어났다.

|보|기|풀|이|

㉠. 정답 : 아버지의 (가)의 유전자형은 Ht/hT이므로 대문자로 표시되는 대립유전자의 수는 2이다.

㉡. 정답 : 아버지(Ht/hT)와 어머니(HT/Ht) 사이에서 유전자형이 HhTt인 아이가 태어날 수 있다.

㉢. 정답 : ⓐ(대문자 수 4)는 아버지에게서 대문자 1개, 어머니에게서 대문자 3개를 물려받았으므로 어머니의 난자 형성 과정에서 염색체 비분리는 감수 1분열에서 일어났다.

Ⅳ
2
Ⅰ
03.
유전 복합 문제

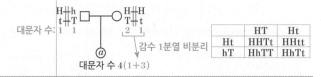

대문자 수: H|h   1 1   H|H T|T 2 1

감수 1분열 비분리

대문자 수 4(1+3)

	HT	Ht
Ht	HHTt	HHtt
hT	HhTT	HhTt

😮 **문제풀이 TIP** | 어머니는 자녀에게 대문자를 2개 또는 1개 물려줄 수 있으므로 아버지에게서 만들어지는 생식 세포의 종류는 1가지여야 한다. 즉, 아버지의 21번 염색체 각각의 대문자 수가 동일해야 한다. ⓐ의 동생이 가질 수 있는 (가)의 유전자형이 최대 4가지가 나오는 아버지의 유전자 배치를 찾아보자.

🙂 **출제분석** | 자손에게서 나타날 수 있는 표현형과 유전자형의 가짓수로 부모의 유전자 배치와 염색체 비분리 시기를 유추해야 하는 문항이다. 부모의 유전자 배치를 알아내는 과정이 복잡하거나 어렵지 않은 문항이나 시간이 부족하여 풀지 못한 학생이 많아 정답률이 낮게 나온 것으로 분석된다.

다음은 어떤 집안의 유전 형질 (가)와 (나)에 대한 자료이다.

○ (가)는 대립유전자 A와 a에 의해, (나)는 대립유전자 B와 b에 의해 결정된다. A는 a에 대해, B는 b에 대해 각각 완전 우성이다.

○ (가)의 유전자와 (나)의 유전자는 서로 다른 염색체에 있다.(독립)

○ 가계도는 구성원 1~7에게서 (가)와 (나)의 발현 여부를, 표는 구성원 1, 3, 6에서 체세포 1개당 ㉠과 B의 DNA 상대량을 더한 값(㉠+B)을 나타낸 것이다. ㉠은 A와 a 중 하나이다.

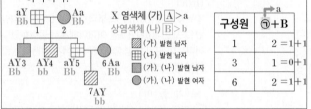

구성원	㉠+B
1	2＝1+1
3	1＝0+1
6	2＝1+1

이에 대한 설명으로 옳은 것만을 〈보기〉에서 있는 대로 고른 것은? (단, 돌연변이와 교차는 고려하지 않으며, A, a, B, b 각각의 1개당 DNA 상대량은 1이다.)

보기

ㄱ. ㉠은 A̶(a)이다.

ㄴ. (나)의 유전자는 상염색체에 있다.

ㄷ. 7의 동생이 태어날 때, 이 아이에게서 (가)와 (나)가 모두 발현될 확률은 $\frac{3}{8}$이다. $\frac{1}{2}$(A_일 확률)$\times\frac{3}{4}$(B_일 확률)$=\frac{3}{8}$

① ㄱ　　② ㄴ　　③ ㄱ, ㄷ　　✔④ ㄴ, ㄷ　　⑤ ㄱ, ㄴ, ㄷ

|자|료|해|설|

(나)가 발현된 5와 6 사이에서 (나)가 발현되지 않은 7이 태어났으므로 (나)는 우성 형질이다. 6의 (나)의 유전자형은 Bb이므로 6의 ㉠+B=2에서 ㉠의 값은 1이고, 6의 (가)의 유전자형은 Aa이다. 이때 6에게서 (가)가 발현되었으므로 (가)는 우성 형질이다.

(나)가 발현된 1과 2 사이에서 (나)가 발현되지 않은 4가 태어났으므로 1에서 B의 DNA 상대량은 1이고, 1의 ㉠+B=2이므로 ㉠의 값은 1이다. 1과 6에서 ㉠이 1로 같지만 (가)의 표현형이 서로 다르므로 ㉠은 a를 의미하며, (가)의 유전자는 X 염색체에 있고, (나)의 유전자는 상염색체에 있다. 이를 토대로 구성원의 유전자형을 정리하면 첨삭된 내용과 같으며, 1의 유전자형이 aYBb 으로 볼 수 있다.

|보|기|풀|이|

ㄱ. 오답 : ㉠은 a이다.

ㄴ. 정답 : (가)의 유전자는 X 염색체에, (나)의 유전자는 상염색체에 있다.

ㄷ. 정답 : 5(aYBb)와 6(AaBb) 사이에서 7의 동생이 태어날 때, 이 아이에게서 (가)와 (나)가 모두 발현될 확률은 $\frac{1}{2}$(A_일 확률)$\times\frac{3}{4}$(B_일 확률)$=\frac{3}{8}$이다.

😲 **문제풀이 TIP** | (나)가 발현된 5와 6 사이에서 (나)가 발현되지 않은 7이 태어났으므로 (나)는 우성 형질이다. 6의 (나)의 유전자형은 Bb이므로 6의 ㉠+B=2에서 ㉠은 1이고, 6의 (가)의 유전자형은 Aa이다. 이를 통해 (가)의 우열을 알 수 있다.

😲 **출제분석** | 주어진 가계도와 DNA 상대량을 더한 값(㉠+B)을 통해 각 형질의 우열과 유전자의 위치(상염색체 또는 성염색체)를 파악해야 하는 난도 '상'의 문항이다. '㉠+B'의 값을 가계도에 적절하게 대입해보며 활용하는 것이 문제 해결의 핵심이며, 풀이 과정에 따라 소모되는 시간 차이가 클 수 있다.

사람의 특정 형질은 1번 염색체에 있는 3쌍의 대립유전자 A와 a, B와 b, D와 d에 의해 결정된다. 그림은 어떤 사람의 G_1기 세포 I로부터 생식세포가 형성되는 과정을, 표는 세포 ㉠~㉤에서 A, a, B, b, D의 DNA 상대량을 나타낸 것이다. 이 생식세포 형성 과정에서 염색체 비분리가 1회 일어났다. ㉠~㉤은 I~V를 순서 없이 나타낸 것이고, II와 III은 중기 세포이다.

AbD / aBD   I—◯

AbD / aBD   II—◯

           AbD   aBD

염색체 비분리 ◀━   ◯   ◯ —III

AbD/AbD IV—◯ ◯ ◯ ◯—V

                     aBD

세포	DNA 상대량				
	A	**a**	**B**	**b**	**D**
IV ㉠ $n+1$	2	0	0	2	ⓐ2
I ㉡ $2n$	?1	ⓑ1	1	1	?2
III ㉢ n	0	2	2	0	?2
II ㉣ $2n$	?2	?2	?2	?2	4
V ㉤ n	?	1	1	?	1

이에 대한 옳은 설명만을 〈보기〉에서 있는 대로 고른 것은? (단, 제시된 염색체 비분리 이외의 돌연변이와 교차는 고려하지 않으며, A, a, B, b, D, d 각각의 1개당 DNA 상대량은 1이다.) 3점

보기

ㄱ. ㉠은 ~~III~~ 이다.
       IV

ㄴ. ⓐ+ⓑ=3이다.
    2 + 1 = 3

ㄷ. V의 염색체 수는 ~~24~~이다.
                $n=23$

① ㄱ   ✓② ㄴ   ③ ㄷ   ④ ㄱ, ㄴ   ⑤ ㄴ, ㄷ

|자|료|해|설|

㉠~㉤을 합쳐서 보았을 때 A, a, B, b, D가 모두 존재하므로 이 사람의 유전자형은 AaBbD_이며, 이때 ㉣에서 D의 DNA 상대량이 4이므로 유전자형은 AaBbDD이다. 또한 ㉣은 핵상이 $2n$이고 DNA가 복제된 상태인 세포, 즉 II이다. 유전자형이 AaBbDD이므로 ㉣을 제외한 ㉠~㉤ 중 핵상이 $2n$일 수 있는 세포는 ㉡뿐이며, 따라서 ㉡이 I이다.

이때 3쌍의 대립유전자가 모두 1번 염색체에 연관되어 있으므로 만약 염색체 비분리가 감수 1분열에서 일어났다면 III에는 A, a, B, b, D가 모두 존재하거나 모두 존재하지 않아야 한다. 그러나 ㉠, ㉢, ㉤ 중 이와 같은 세포는 없으므로 감수 2분열에서 염색체 비분리가 일어났다. 표의 DNA 상대량을 보면 ㉠은 Ab를 갖고, ㉢은 aB를 가지며, ㉤은 aBD를 가지는데, V는 III으로부터 형성되었으므로 V와 III의 유전자 구성은 동일해야 한다. 따라서 ㉢이 III, ㉤이 V이며, ㉠은 IV이다.

㉠(IV)은 감수 2분열을 마친 세포임에도 A, b의 DNA 상대량이 각각 2로 나타나므로 이는 ㉠(IV)이 염색체 비분리에 의해 1번 염색체를 하나 더 가진다는 것을 의미한다.

|보|기|풀|이|

ㄱ. 오답 : ㉠은 IV이다.

ㄴ. 정답 : ⓐ는 2, ⓑ는 1이므로 ⓐ+ⓑ=3이다.

ㄷ. 오답 : V(㉤)는 핵상이 n인 세포이므로 염색체 수는 23이다.

Ⅴ. 생태계와 상호 작용

1. 생태계의 구성과 기능   01. 생물과 환경의 상호 작용

❶ 생물과 환경의 상호 작용 ★수능에 나오는 필수 개념 1가지 + 필수 암기사항 4개

필수개념 1 생물과 환경의 상호 관계

1. **생태계** : 일정한 지역에서 생산자, 소비자, 분해자와 같은 생물이 주위 환경 및 다른 생물과 서로 영향을 주고받으며 조화를 이루는 유기적인 체제이다.

2. **생태계의 구성 요소** 〔암기〕 → 생태계의 구성 요소를 예까지 모두 외워!
   1) **생물적 요소** : 생산자, 소비자, 분해자
      ① **생산자** : 주로 태양의 빛에너지를 이용하여(광합성) 무기물로부터 유기물을 합성하는 독립 영양 생물이다. 〔예〕 녹색 식물, 해조류 등
      ② **소비자** : 다른 생물을 먹이로 섭취해서 유기물을 얻는 종속 영양 생물이다.
         〔예〕 1차 소비자(초식 동물), 2차 · 3차 소비자(육식 동물) 등
      ③ **분해자** : 생물의 사체나 배설물을 분해하여 살아가는 생물이다.
         〔예〕 세균, 곰팡이, 버섯 등
   2) **비생물적 요소** : 생물을 둘러싼 모든 무기 환경 요소이다.
      〔예〕 빛, 온도, 물, 공기, 토양, 무기 염류 등

3. **생태계 구성 요소 간의 관계**
   1) **작용** : 비생물적 환경 요인이 생물에 영향을 주는 것이다. 〔암기〕
      〔예〕 일조량의 감소로 인한 벼의 광합성량 감소, 가을에 기온이 낮아져 은행나무 잎이 노랗게 변함 등
   2) **반작용** : 생물이 비생물적 환경 요인에 영향을 주는 것이다. 〔암기〕
      〔예〕 식물의 광합성이 공기 중의 이산화 탄소 농도에 영향을 줌, 지의류는 산성 물질을 분비하여 암석의 풍화를 촉진함 등
   3) **상호 작용** : 생물과 생물 사이에 서로 영향을 주고받는 것이다. 〔암기〕 → 항상 그림으로 출제되므로 그림을 함께 암기!
      〔예〕 외래 어종인 베스의 개체 수 증가로 토종 어류의 종수가 감소, 토끼풀의 수가 증가하면 토끼의 수가 증가, 뿌리혹박테리아가 공기 중의 질소를 고정시켜 콩과식물에 공급함 등

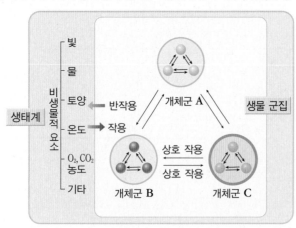

다음은 생태계의 구성 요소에 대한 학생 A~C의 발표 내용이다.

제시한 내용이 옳은 학생만을 있는 대로 고른 것은?

① A　　② C　　③ A, B　　④ B, C　　⑤ A, B, C

|자|료|해|설|

생태계를 구성하는 요소는 크게 생물적 요인과 비생물적 요인으로 나뉜다. 생물적 요인에는 생산자, 소비자, 분해자가 속하고, 생물을 둘러싼 모든 환경 요인에 해당하는 비생물적 요인에는 빛, 온도, 물, 공기, 토양, 영양염류 등이 속한다.

|선|택|지|풀|이|

⑤정답 : 생물적 요인에는 생산자, 소비자, 분해자가 있으며 영양염류는 비생물적 요인에 해당한다. 지의류는 생물적 요인에 해당하고 토양은 비생물적 요인에 해당하므로 지의류에 의해 암석의 풍화가 촉진되어 토양이 형성되는 것은 생물적 요인이 비생물적 요인에 영향을 미치는 예이다. 따라서 학생 A, B, C가 제시한 내용은 모두 옳다.

그림은 생태계를 구성하는 요소 사이의 상호 관계를 나타낸 것이다.

이에 대한 설명으로 옳은 것만을 〈보기〉에서 있는 대로 고른 것은?

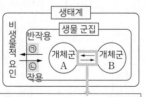

보기
ㄱ. 개체군 A는 동일한 종으로 구성된다.
ㄴ. 수온이 돌말의 개체 수에 영향을 미치는 것은 ⓒ에 해당한다.
ㄷ. 식물의 낙엽으로 인해 토양이 비옥해지는 것은 ⓒ에 해당한다.

① ㄱ　　② ㄷ　　③ ㄱ, ㄴ　　④ ㄴ, ㄷ　　⑤ ㄱ, ㄴ, ㄷ

|자|료|해|설|

생물적 요인이 비생물적 환경 요인에 영향을 주는 ㉠은 반작용이고, 비생물적 환경 요인이 생물적 요인에 영향을 주는 ㉡은 작용이다. 개체군은 동일한 개체로 이루어진 집단이므로 개체군 A와 B는 각각 동일한 종으로 구성된다. 개체군 A와 B 사이의 상호 작용을 의미하는 '개체군 간 상호 작용' 또는 '군집 내 상호 작용'의 예로 경쟁, 분서, 포식과 피식, 공생과 기생이 있다.

|보|기|풀|이|

ㄱ. 정답 : 개체군은 같은 종의 개체들로 이루어진 집단이므로 개체군 A는 동일한 종으로 구성된다.
ㄴ. 오답 : 수온(비생물적 환경 요인)이 돌말의 개체 수(생물적 요인)에 영향을 미치는 것은 작용(㉡)에 해당한다.
ㄷ. 오답 : 식물의 낙엽(생물적 요인)으로 인해 토양이 비옥(비생물적 환경 요인)해지는 것은 반작용(㉠)에 해당한다.

😮 **문제풀이 T I P** | 수온과 토양은 비생물적 환경 요인이고, 돌말과 식물은 생물적 요인에 해당한다.

🙂 **출제분석** | 생물과 환경의 상호 관계와 관련된 이러한 형태의 문항은 이전 한 해의 학평과 모평에서 매번 출제되었을 정도로 출제 빈도가 매우 높다. 그림에서 상호 관계를 나타낸 화살표를 통해 작용과 반작용을 구분하고, '보기 ㄴ, ㄷ'과 같은 예시를 구분할 수 있다면 문제를 쉽게 해결할 수 있다.

그림은 생태계를 구성하는 요소 사이의 상호 관계를, 표는 상호 관계 (가)와 (나)의 예를 나타낸 것이다. (가)와 (나)는 ㉠과 ㉡을 순서 없이 나타낸 것이다.

→ 비생물적 환경 요인

상호 관계	예
(가) ㉡ 작용	빛의 파장에 따라 해조류의 분포가 달라진다.
(나) ㉠ 반작용	→ 생물적 요인 ?

이에 대한 설명으로 옳은 것만을 〈보기〉에서 있는 대로 고른 것은?

 3점

보기
→ 같은 종의 개체들로 이루어진 집단
㉠ 개체군 A는 동일한 종으로 구성된다.
㉡ (가)는 ㉠이다.   → ㉠ 반작용
㉢ 지렁이에 의해 토양의 통기성이 증가하는 것은 (나)의 예에
   해당한다. → 비생물적 환경 요인
→ 생물적 요인
① ㄱ   ② ㄴ   ③ ㄱ, ㄷ   ④ ㄴ, ㄷ   ⑤ ㄱ, ㄴ, ㄷ

|자|료|해|설|
생물적 요인이 비생물적 환경 요인에 영향을 주는 ㉠은 반작용이고, 비생물적 환경 요인이 생물적 요인에 영향을 주는 ㉡은 작용이다. 빛의 파장(비생물적 환경 요인)이 해조류의 분포(생물적 요인)에 영향을 주는 것은 작용의 예시이므로 (가)는 작용(㉡), (나)는 반작용(㉠)이다.

|보|기|풀|이|
㉠ 정답 : 개체군은 같은 종의 개체들로 이루어진 집단이므로 개체군 A는 동일한 종으로 구성된다.
ㄴ. 오답 : (가)는 작용(㉡)이다.
㉢ 정답 : 지렁이(생물적 요인)가 토양의 통기성(비생물적 환경 요인)에 영향을 주는 것은 반작용이므로 (나)의 예에 해당한다.

😊 **문제풀이 TIP** | 개체군은 동일한 생태계 내에서 같은 종의 개체들로 이루어진 집단이다. (가)의 예와 '보기 ㄷ'에서 생물적 요인과 비생물적 환경 요인을 구분해보자.

그림은 생태계를 구성하는 요소 사이의 상호 관계를 나타낸 것이다. 이에 대한 설명으로 옳은 것만을 〈보기〉에서 있는 대로 고른 것은?

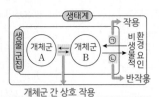

보기
생물적 요인
㉠ 뿌리혹박테리아는 비생물적 환경 요인에 해당한다.
㉡ 기온이 나뭇잎의 색 변화에 영향을 미치는 것은 ㉠에
   해당한다. → 생물적 요인 → 작용
→ 생물적 요인
㉢ 숲의 나무로 인해 햇빛이 차단되어 토양 수분의 증발량이
   감소되는 것은 ㉡에 해당한다. → 비생물적 환경 요인
→ 반작용
→ 비생물적 환경 요인
① ㄱ   ② ㄴ   ③ ㄱ, ㄴ   ④ ㄴ, ㄷ   ⑤ ㄱ, ㄴ, ㄷ

|자|료|해|설|
그림에서 비생물적 환경 요인이 생물 군집에 영향을 주는 ㉠은 작용이고, 생물 군집이 비생물적 환경 요인에 영향을 주는 ㉡은 반작용이다. 개체군은 동일한 생태계 내에서 같은 종의 개체들로 이루어진 집단이다.

|보|기|풀|이|
ㄱ. 오답 : 뿌리혹박테리아는 생물적 요인에 해당한다.
㉡ 정답 : 기온(비생물적 환경 요인)이 나뭇잎의 색 변화(생물적 요인)에 영향을 미치는 것은 작용(㉠)에 해당한다.
㉢ 정답 : 숲의 나무(생물적 요인)에 의해 토양 수분의 증발량(비생물적 환경 요인)이 감소되는 것은 반작용(㉡)에 해당한다.

😊 **출제분석** | 생태계의 구성 요소와 작용, 반작용의 예를 구분해야 하는 난도 '하'의 문항이다. 뿌리혹박테리아와 곰팡이는 학생들이 비생물적 환경 요인으로 오인하는 경우가 있어 비교적 자주 출제되고 있다. 보기에서 다양하게 주어지는 예시의 생물적 요인과 비생물적 환경 요인을 구분할 수 있다면 쉽게 해결이 가능한 문항이다.

그림은 생태계를 구성하는 요소 사이의 상호 관계를 나타낸 것이다. 이에 대한 옳은 설명만을 〈보기〉에서 있는 대로 고른 것은?

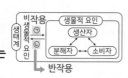

보기

ㄱ. 소나무는 생산자에 해당한다.
ㄴ. 소비자에서 분해자로 유기물이 이동한다.
ㄷ. 질소 고정 세균에 의해 토양의 암모늄 이온이 증가하는 것은 ⓒ에 해당한다. → 생물적 요인　→ 비생물적 환경 요인

↓ ⓒ 반작용

① ㄱ　　② ㄷ　　③ ㄱ, ㄴ　　④ ㄴ, ㄷ　　⑤ ㄱ, ㄴ, ㄷ

|자|료|해|설|
비생물적 환경 요인이 생물적 요인에 영향을 주는 ㉠은 작용이고, 생물적 요인이 비생물적 환경 요인에 영향을 주는 ㉡은 반작용이다.

|보|기|풀|이|
㉠ 정답 : 생산자는 광합성으로 유기물을 합성하는 독립 영양 생물이므로 소나무는 생산자에 해당한다.
㉡ 정답 : 분해자는 생물의 사체나 배설물을 분해하며 살아가는 생물이다. 따라서 소비자에서 분해자로 유기물이 이동한다.
ㄷ. 오답 : 질소 고정 세균(생물적 요인)에 의해 토양의 암모늄 이온(비생물적 환경 요인)이 증가하는 것은 반작용(㉡)에 해당한다.

🙀 **문제풀이 TIP** | 질소 고정 세균은 분해자이므로 생물적 요인에 해당하고, 토양의 암모늄 이온(NH_4^+)은 비생물적 환경 요인이다.

그림은 생태계를 구성하는 요소 사이의 상호 관계를 나타낸 것이다. 이에 대한 설명으로 옳은 것만을 〈보기〉에서 있는 대로 고른 것은?

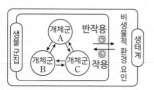

보기 → 분해자　생물적

ㄱ. 곰팡이는 비생물적 환경 요인에 해당한다. → 비생물적 환경 요인
ㄴ. 질소 고정 세균에 의해 토양의 암모늄 이온(NH_4^+)이 증가하는 것은 ㉠에 해당한다. → 생물적 요인　→ 생물적 요인
ㄷ. 빛의 파장에 따라 해조류의 분포가 달라지는 것은 ㉡에 해당한다. → 반작용　→ 작용

↓ 비생물적 환경 요인

① ㄱ　　② ㄷ　　③ ㄱ, ㄴ　　④ ㄴ, ㄷ　　⑤ ㄱ, ㄴ, ㄷ

|자|료|해|설|
생물이 비생물적 환경 요인에 영향을 주는 ㉠은 반작용이고, 비생물적 환경 요인이 생물에 영향을 주는 ㉡은 작용이다.

|보|기|풀|이|
ㄱ. 오답 : 곰팡이는 분해자이므로 생물적 요인에 해당한다.
㉡ 정답 : 질소 고정 세균은 생물이고, 토양은 비생물적 환경 요인이므로 질소 고정 세균에 의해 토양의 암모늄 이온이 증가하는 것은 반작용(㉠)에 해당한다.
㉢ 정답 : 빛의 파장은 비생물적 환경 요인이고, 해조류는 생물이므로 빛의 파장에 따라 해조류의 분포가 달라지는 것은 작용(㉡)에 해당한다.

😀 **출제분석** | 생물과 환경의 상호 관계를 묻는 난도 '하'의 문항이다. 학평과 모평에서 가끔 출제되는 부분이며, 생물적 요인과 비생물적 환경 요인을 구분할 수 있다면 문제를 쉽게 해결할 수 있다. 특히 곰팡이의 경우 보기로 자주 출제되므로 곰팡이는 분해자에 속하며 생물적 요인이라는 것을 반드시 기억해두자!

그림은 생태계를 구성하는 요소 사이의 상호 관계와 생물 군집 내
탄소의 이동을, 표는 A~C의 예를 나타낸 것이다. A~C는 생산자,
소비자, 분해자를 순서 없이 나타낸 것이다.

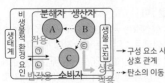

구분		예
분해자	A	곰팡이
생산자	B	?
소비자	C	사슴

→ 구성 요소 사이의 상호 관계
→ 탄소의 이동

이에 대한 설명으로 옳은 것만을 〈보기〉에서 있는 대로 고른 것은?

보기

ㄱ. B는 생산자이다. → 비생물적 환경 요인
ㄴ. 대기 오염의 정도에 따라 지의류의 분포가 달라지는 것은
작용 → ㉠에 해당한다. → 생물적 요인
ㄷ. ㉢ 과정에서 유기물의 형태로 탄소가 이동한다.
상호 작용

① ㄱ   ② ㄷ   ③ ㄱ, ㄴ   ④ ㄴ, ㄷ   ✓⑤ ㄱ, ㄴ, ㄷ

| 자 | 료 | 해 | 설 |

그림에서 비생물적 환경 요인이 생물 군집에 영향을 주는
㉠은 작용이고, 생물 군집이 비생물적 환경 요인에 영향을
주는 ㉡은 반작용이다. 생물과 생물 사이에 서로 영향을
주고받는 ㉢은 상호 작용이다. 표에서 곰팡이가 속하는
A는 분해자이고, 사슴이 속하는 C는 소비자이다. 따라서
B는 생산자이다.

| 보 | 기 | 풀 | 이 |

ㄱ. 정답 : A는 분해자, C는 소비자이므로 B는
생산자이다.

ㄴ. 정답 : 대기 오염의 정도(비생물적 환경 요인)에 의해
지의류의 분포(생물적 요인)가 달라지는 것은 작용(㉠)에
해당한다.

ㄷ. 정답 : 생물 간의 상호 작용(㉢) 과정에서 탄소는
유기물의 형태로 이동한다.

문제풀이 TIP | 비생물적 환경 요인이 생물 군집에 영향을
주는 것은 작용이고, 생물 군집이 비생물적 환경 요인에 영향을
주는 것은 반작용이다. 곰팡이는 분해자에 속한다. 작용과
반작용을 묻는 보기는 주어지는 예시에서 생물적 요인과 비생물적
환경 요인을 구분하면 문제를 빠르게 해결할 수 있다.

그림 (가)는 생태계를 구성하는 요소 사이의 상호 관계를, (나)는
빛이 비치는 방향으로 식물이 굽어 자라는 모습을 나타낸 것이다.

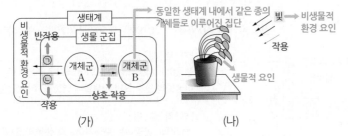

생태계
동일한 생태계 내에서 같은 종의 개체들로 이루어진 집단
빛 → 비생물적 환경 요인
작용
생물적 요인

(가)   (나)

이에 대한 설명으로 옳은 것만을 〈보기〉에서 있는 대로 고른 것은?

보기 분해자(생물적 요인)
비생물적 환경 요인

ㄱ. 개체군 A는 동일한 종으로 구성된다.
ㄴ. 탈질소 세균(질산 분해 세균)에 의해 질산 이온이 질소
기체로 되는 것은 ㉠에 해당한다. → 반작용
ㄷ. (나)는 ㉡에 해당한다.
→ 작용

① ㄱ   ② ㄴ   ③ ㄱ, ㄷ   ④ ㄴ, ㄷ   ✓⑤ ㄱ, ㄴ, ㄷ

| 자 | 료 | 해 | 설 |

(가)에서 생물이 비생물적 환경 요인에 영향을 주는
㉠은 반작용이고, 비생물적 환경 요인이 생물에 영향을
주는 ㉡은 작용이다. 개체군은 동일한 생태계 내에서 같은
종의 개체들로 이루어진 집단이고, 개체들 사이에서 서로
영향을 주고받는 것은 상호 작용에 해당한다.
(나)는 비생물적 환경 요인에 해당하는 빛에 의해 식물이
굽어 자라는 모습이므로 작용에 해당한다.

| 보 | 기 | 풀 | 이 |

ㄱ. 정답 : 개체군은 동일한 생태계 내에서 같은 종의
개체들로 이루어진 집단이므로 개체군 A는 동일한 종으로
구성된다.

ㄴ. 정답 : 탈질소 세균(생물적 요인)에 의해 질산 이온이
질소 기체(비생물적 환경 요인)로 되는 것은 반작용이므로
㉠에 해당한다.

ㄷ. 정답 : (나)는 비생물적 환경 요인에 해당하는 빛에
의해 식물이 굽어 자라는 모습이므로 작용(㉡)에 해당한다.

출제분석 | 생태계 구성 요소 간의 관계를 묻는 난도 '중하'의 문항이다. 개체군은 같은 종으로 이루어진 집단이라는 것을 묻는 보기는 자주 출제되므로 꼭 기억해두어야 한다. 작용,
반작용의 경우 주어지는 예시에서 생물적 요인과 비생물적 환경 요인을 구분하면 문제를 빠르게 해결할 수 있다.

그림은 생물 군집을 구성하는 요소 사이의 상호 관계를 나타낸 것이다.

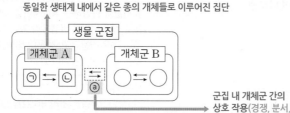

동일한 생태계 내에서 같은 종의 개체들로 이루어진 집단

군집 내 개체군 간의 상호 작용(경쟁, 분서, 포식과 피식, 공생과 기생)

이에 대한 옳은 설명만을 〈보기〉에서 있는 대로 고른 것은?

보기
ㄱ. ㉠과 ㉡은 같은 종이다.   ← 군집 내 개체군 간의 상호 작용
ㄴ. ⓐ의 예로 리더제가 있다.   없다   → 개체군 내 상호 작용(텃세, 순위제, 리더제, 사회 생활)
ㄷ. 버섯은 생물 군집에 속한다.

① ㄱ   ② ㄴ   ✓③ ㄱ, ㄷ   ④ ㄴ, ㄷ   ⑤ ㄱ, ㄴ, ㄷ

분해자

|자|료|해|설|
개체군은 동일한 생태계 내에서 같은 종의 개체들로 이루어진 집단이므로 ㉠과 ㉡은 같은 종이다. ⓐ는 군집 내 개체군 간의 상호 작용이며, 예로는 경쟁, 분서, 포식과 피식, 공생과 기생이 있다.

|보|기|풀|이|
ㄱ. 정답 : 개체군은 동일한 생태계 내에서 같은 종의 개체들로 이루어진 집단이므로 ㉠과 ㉡은 같은 종이다.
ㄴ. 오답 : ⓐ는 군집 내 개체군 간의 상호 작용이며, 리더제는 개체군 내 상호 작용의 예이다.
ㄷ. 정답 : 버섯은 분해자이므로 생산자, 소비자, 분해자를 포함하는 생물 군집에 속한다.

😮 **문제풀이 TIP** | 개체군은 같은 종의 개체들로 이루어진 집단이다. 개체군 내 상호 작용(텃세, 순위제, 리더제, 사회 생활)과 군집 내 개체군 간의 상호 작용(경쟁, 분서, 포식과 피식, 공생과 기생)을 구분하여 암기하자!

😮 **출제분석** | 개체군 내, 개체군 간의 상호 작용에 대해 묻는 난도 '중'의 문항이다. 두 상호 작용의 예시를 묻는 문항은 학평과 모평, 수능에서 꾸준히 출제되어 왔으며, 이 문항을 틀렸다면 두 상호 작용의 예시를 확실하게 암기하고 넘어가야 한다.

그림은 생태계를 구성하는 요소 사이의 상호 관계를 나타낸 것이다.
이에 대한 설명으로 옳은 것만을 〈보기〉에서 있는 대로 고른 것은?

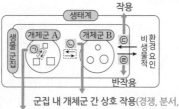

군집 내 개체군 간 상호 작용(경쟁, 분서, 포식과 피식, 공생과 기생)
개체군 내 상호 작용(텃세, 순위제, 리더제, 사회 생활)

보기
ㄱ. 스라소니가 눈신토끼를 잡아먹는 것은 ㉡에 해당한다.
ㄴ. 분서는 ㉡에 해당한다.   → 군집 내 개체군 간 상호 작용
ㄷ. 질소 고정 세균에 의해 토양의 암모늄 이온(NH_4^+)이 증가하는 것은 ㉣에 해당한다.

분해자(생물적 요인)   반작용   비생물적 환경 요인
① ㄱ   ② ㄷ   ③ ㄱ, ㄴ   ✓④ ㄴ, ㄷ   ⑤ ㄱ, ㄴ, ㄷ

|자|료|해|설|
개체군은 동일한 생태계 내에서 같은 종의 개체들로 이루어진 집단이므로 ㉠은 개체군 내 상호 작용(텃세, 순위제, 리더제, 사회 생활)이고, ㉡은 군집 내 개체군 간 상호 작용(경쟁, 분서, 포식과 피식, 공생과 기생)이다. 비생물적 환경 요인이 생물에 영향을 주는 ㉢은 작용이고, 생물이 비생물적 환경 요인에 영향을 주는 ㉣은 반작용이다.

|보|기|풀|이|
ㄱ. 오답 : 스라소니가 눈신토끼를 잡아먹는 포식과 피식은 군집 내 개체군 간의 상호 작용(㉡)에 해당한다.
ㄴ. 정답 : 분서는 군집 내 개체군 간 상호 작용(㉡)에 해당한다.
ㄷ. 정답 : 질소 고정 세균(생물적 요인)에 의해 토양의 암모늄 이온(비생물적 환경 요인)이 증가하는 것은 반작용(㉣)에 해당한다.

😮 **문제풀이 TIP** | 개체군은 같은 종의 개체들로 이루어진 집단이다. 개체군 내 상호 작용(텃세, 순위제, 리더제, 사회 생활)과 군집 내 개체군 간의 상호 작용(경쟁, 분서, 포식과 피식, 공생과 기생)을 구분하여 암기하자!

😮 **출제분석** | 생태계 구성 요소 간의 관계를 묻는 난도 '중'의 문항이다. 개체군은 같은 종으로 이루어진 집단이라는 것을 묻는 보기는 자주 출제되며, 작용과 반작용을 구분하는 보기는 주어지는 예시에서 생물적 요인과 비생물적 환경 요인을 구분하면 문제를 빠르게 해결할 수 있다.

그림은 생태계 구성 요소 사이의 상호 관계와 물질 이동의 일부를 나타낸 것이다. A와 B는 생산자와 소비자를 순서 없이 나타낸 것이다.

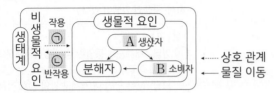

이에 대한 옳은 설명만을 〈보기〉에서 있는 대로 고른 것은?

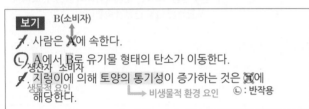

보기

ㄱ. 사람은 A에 속한다.   B(소비자)
ㄴ. A에서 B로 유기물 형태의 탄소가 이동한다.   생산자   소비자
ㄷ. 지렁이에 의해 토양의 통기성이 증가하는 것은 ㉠에 해당한다.   생물적 요인   → 비생물적 환경 요인   ㉡ : 반작용

① ㄱ   ✔② ㄴ   ③ ㄷ   ④ ㄱ, ㄴ   ⑤ ㄴ, ㄷ

|자|료|해|설|
물질의 이동이 시작되는 A는 광합성을 통해 무기물로부터 유기물을 합성하는 생산자이고, 생산자로부터 물질을 얻는 B는 소비자이다. 비생물적 환경 요인이 생물에 영향을 주는 ㉠은 작용이고, 생물이 비생물적 환경 요인에 영향을 주는 ㉡은 반작용이다.

|보|기|풀|이|
ㄱ. 오답 : 사람은 소비자이므로 B에 속한다.
ㄴ. 정답 : 소비자는 다른 생물을 먹이로 섭취해서 유기물을 얻는 종속 영양 생물이다. 따라서 생산자(A)에서 소비자(B)로 유기물 형태의 탄소가 이동한다.
ㄷ. 오답 : 지렁이(생물적 요인)에 의해 토양의 통기성(비생물적 요인)이 증가하는 것은 반작용(㉡)에 해당한다.

문제풀이 TIP | 물질의 이동에서 화살표가 시작되는 A가 생산자이다. 생물은 유기물 형태의 탄소로 이루어져 있으므로 섭취를 통해 생물에서 생물로 유기물 형태의 탄소가 이동한다.

출제분석 | 생물과 환경의 상호 관계와 관련된 이러한 형태의 문항은 이전 한 해의 학평과 모평에서 매번 출제되었을 정도로 출제 빈도가 매우 높다. 그림에서 상호 관계와 물질 이동 화살표를 통해 작용/반작용, 생산자/소비자/분해자 등을 파악하고, '보기 ㄷ'과 같은 예시를 구분할 수 있다면 문제를 쉽게 해결할 수 있다.

그림 (가)는 생태계를 구성하는 요소들 사이의 관계를, (나)는 어떤 식물에서 양엽과 음엽의 단면 구조를 나타낸 것이다.

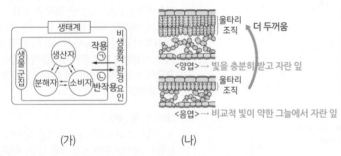

울타리 조직   ← 더 두꺼움
〈양엽〉 → 빛을 충분히 받고 자란 잎
울타리 조직
〈음엽〉 → 비교적 빛이 약한 그늘에서 자란 잎

(가)   (나)

이에 대한 설명으로 옳은 것만을 〈보기〉에서 있는 대로 고른 것은?

보기

ㄱ. 곰팡이는 분해자이다.
ㄴ. ㉠은 반작용이다.   작용
ㄷ. (나)에서 빛이 양엽과 음엽의 울타리 조직 두께에 영향을 주는 것은 ㉡에 해당한다.   ㉠

✔① ㄱ   ② ㄴ   ③ ㄱ, ㄴ   ④ ㄱ, ㄷ   ⑤ ㄴ, ㄷ

|자|료|해|설|
㉠은 비생물적 환경 요인이 생물 군집에 영향을 미치는 작용, ㉡은 생물 군집이 비생물적 환경 요인에 영향을 미치는 반작용이다.

|보|기|풀|이|
ㄱ. 정답 : 곰팡이는 분해자이다.
ㄴ. 오답 : ㉠은 비생물적 환경 요인이 생물 군집에 영향을 미치는 작용이다.
ㄷ. 오답 : (나)에서 빛(비생물적 환경 요인)이 양엽과 음엽의 울타리 조직 두께(생물)에 영향을 주는 것은 작용(㉠)에 해당한다.

출제분석 | 작용과 반작용에 대해 묻고 있는 난도 '중하'의 문항이다. 출제빈도가 높지는 않지만 개념을 모르고 있다면 난도가 낮아도 틀릴 가능성이 높으므로 관련된 개념을 정확하게 암기하고 있어야 한다. 또한 다양한 예시가 제시될 수 있으며 비생물적 환경 요인과 생물 군집을 구분할 수 있어야 한다.

일조 시간이 식물의 개화에 미치는 영향을 알아보기 위하여, A종의 식물 ㉠~㉢에서 빛 조건을 달리하여 개화 여부를 관찰하였다. 그림은 조건 Ⅰ~Ⅲ을, 표는 Ⅰ~Ⅲ에서 ㉠~㉢의 개화 여부를 나타낸 것이다. ⓐ는 이 식물이 개화하는 데 필요한 최소한의 '연속적인 빛 없음' 기간이다.

조건	식물	개화 여부
Ⅰ	㉠	×
Ⅱ	㉡	○
Ⅲ	㉢	×

(○: 개화함, ×: 개화 안 함)

이 자료에 대한 설명으로 옳은 것만을 〈보기〉에서 있는 대로 고른 것은? (단, 제시된 조건 이외는 고려하지 않는다.) 3점

보기

㉠. A종의 식물은 '연속적인 빛 없음' 기간이 ⓐ보다 길 때 개화한다.

~~ㄴ~~. Ⅲ에서 '연속적인 빛 없음' 기간은 ⓐ보다 ~~길다~~ 짧다.

㉢. 비생물적 환경 요인이 생물에 영향을 주는 예이다.

① ㄱ   ② ㄴ   ✓③ ㄱ, ㄷ   ④ ㄴ, ㄷ   ⑤ ㄱ, ㄴ, ㄷ

|자|료|해|설|

ⓐ는 식물이 개화하는데 필요한 최소한의 '연속적인 빛 없음' 기간인 한계 암기이다. 조건 Ⅰ은 ⓐ보다 빛이 없는 기간인 암기가 짧은 상태인데 이 조건에서 식물 ㉠은 개화가 일어나지 않았다. 조건 Ⅱ는 ⓐ보다 암기가 긴데 이때 식물 ㉡은 개화하였다. 조건 Ⅲ은 한계 암기보다 암기 구간이 길기는 하지만 중간에 빛이 비추어져 연속적인 빛 없음 구간은 ⓐ보다 짧다. 이에 따라 식물 ㉢은 개화하지 않았다.

|보|기|풀|이|

㉠. 정답 : ⓐ보다 '연속적인 빛 없음' 기간이 긴 조건 Ⅱ에서 식물 ㉡이 개화하였으므로 A종의 식물은 ⓐ보다 '연속적인 빛 없음' 기간이 길 때 개화한다.

ㄴ. 오답 : Ⅲ에서 '연속적인 빛 없음' 기간의 중간에 빛이 비추어졌으므로, '연속적인 빛 없음' 기간은 ⓐ보다 짧다.

㉢. 정답 : 위 실험은 일조량이 식물의 개화에 영향을 미치고 있으므로 비생물적인 환경 요인이 생물에 영향을 주는 예이다.

😀 **문제풀이 TIP** | 일조 시간에 따른 식물의 개화 여부를 자료를 통해 분석할 수 있으면 풀이가 가능하다. 일조 시간에 따른 개화 식물로는 단일 식물과 장일 식물이 있다. 단일 식물은 종 A와 같이 한계 암기보다 연속적인 암기 구간이 길면 개화하는 식물이고, 장일 식물은 한계 암기보다 연속적인 암기 구간이 짧으면 개화하는 식물이다. 단일 식물과 장일 식물을 모르더라도 제시된 자료를 조건에 따라 분석하면 풀 수 있으니 모르는 부분이 나오더라도 당황하지 말고 침착하게 분석하도록 하자.

😀 **출제분석** | 일조 시간에 따른 식물의 개화 여부를 분석할 수 있는지 묻는 문항으로 난도 '중'에 해당한다. 생물과 환경의 상호 관계는 2014학년도부터 2017학년도 수능까지 꾸준히 1문제씩 출제가 이루어지던 부분이다. 이번 문항에서는 생물과 환경 요소의 상호 작용 도식을 제시한 것이 아니라 환경 요소 중 하나가 생물에 영향을 끼치는 자료를 제시하였다. 이는 수능에서도 충분히 특정한 환경 요소에 따라서 생물이 변화하는 자료가 다시 나올 수 있음을 시사한다. 대표적인 도식을 기본으로 학습하고 환경 요소가 생물에 영향을 끼치는 예들을 교과서를 통해 점검하자.

일조 시간이 식물의 개화에 미치는 영향을 알아보기 위하여, 식물 종 A의 개체 ㉠~㉣에 빛 조건을 달리하여 개화 여부를 관찰하였다. 그림은 빛 조건 Ⅰ~Ⅳ를, 표는 Ⅰ~Ⅳ에서 ㉠~㉣의 개화 여부를 나타낸 것이다. ⓐ는 종 A가 개화하는 데 필요한 최소한의 '연속적인 빛 없음' 기간이다.

종 A는 단일 식물

조건	개체	개화 여부
Ⅰ	㉠	×
Ⅱ	㉡	○
Ⅲ	㉢	×
Ⅳ	㉣	? ○

(○:개화함, ×:개화 안 함)

한계 암기보다 '연속적인 빛 없음' 기간이 짧다.

이 자료에 대한 설명으로 옳은 것만을 〈보기〉에서 있는 대로 고른 것은? (단, 제시된 조건 이외는 고려하지 않는다.) 3점

보기

㉠. Ⅳ에서 ㉣은 개화한다. → 단일 식물은 '연속적인 빛 없음' 기간이 한계 암기보다 길 때 개화함

㉡. 일조 시간은 비생물적 환경 요인이다.

~~ㄷ~~. 종 A는 '빛 없음' 시간의 합이 ⓐ보다 길 때 항상 개화한다.
'연속적인 빛 없음' 기간

① ㄱ   ② ㄷ   ✓③ ㄱ, ㄴ   ④ ㄴ, ㄷ   ⑤ ㄱ, ㄴ, ㄷ

|자|료|해|설|

조건 Ⅰ과 조건 Ⅱ를 비교해보면 식물 종 A는 '연속적인 빛 없음' 기간이 ⓐ(한계 암기)보다 길 때 개화하므로 단일 식물이다. 식물의 개화에 영향을 미치는 것은 '연속적인 빛 없음' 기간이며, 단일 식물은 '연속적인 빛 없음' 기간이 한계 암기보다 길 때 개화하므로 조건 Ⅲ에서는 개화하지 않고, 조건 Ⅳ에서는 개화한다는 것을 알 수 있다.

|보|기|풀|이|

㉠. 정답 : Ⅳ에서 '연속적인 빛 없음' 기간이 한계 암기인 ⓐ보다 길기 때문에 단일 식물인 ㉣은 개화한다.

㉡. 정답 : 일조 시간은 햇빛이 비추는 시간이므로 비생물적 환경 요인이다.

ㄷ. 오답 : 종 A는 '연속적인 빛 없음' 기간이 ⓐ보다 길 때 개화한다.

😀 **문제풀이 TIP** | '연속적인 빛 없음' 기간이 한계 암기보다 짧을 때 개화하면 장일 식물, '연속적인 빛 없음' 기간이 한계 암기보다 길 때 개화하면 단일 식물이다.

😀 **출제분석** | 일조 시간에 따른 식물의 개화 여부를 분석하는 문항으로 난도는 '중하'에 해당한다. 한계 암기와 '연속적인 빛 없음' 기간의 길이를 비교할 수 있다면 장일 식물과 단일 식물을 쉽게 구분할 수 있다. 최근 출제된 2018학년도 9월 모평 18번 문제와 매우 유사하며, 일조 시간과 관련된 문항은 이러한 형태의 틀에서 크게 벗어나지 않는다는 것을 알 수 있다.

일조 시간이 식물의 개화에 미치는 영향을 알아보기 위하여, 식물
종 A의 개체 Ⅰ~Ⅴ에 빛 조건을 달리하여 개화 여부를 관찰하였다.
표는 Ⅰ~Ⅴ에 '빛 있음', '빛 없음', ⓐ, ⓑ 순으로 처리한 기간과
Ⅰ~Ⅴ의 개화 여부를 나타낸 것이다. ⓐ와 ⓑ는 각각 '빛 있음'과
'빛 없음' 중 하나이고, 이 식물이 개화하는 데 필요한 최소한의
'연속적인 빛 없음' 기간은 8시간이다.

한계 암기 ←

0   빛 있음   빛 없음 24(시)

개체	처리 기간(시간)				개화 여부
	빛 있음	빛 없음	ⓐ	ⓑ	
Ⅰ	12	0	0	12	개화함
Ⅱ	12	4	1	7	개화 안 함
Ⅲ	14	4	1	5	개화 안 함
Ⅳ	7	1	4	12	개화함
Ⅴ	5	1	9	9	개화함 ㉠

'빛 없음' 기간이
한계 암기(8시간)
보다 길 때 개화함 :
단일 식물

이 자료에 대한 설명으로 옳은 것만을 〈보기〉에서 있는 대로 고른
것은? (단, 제시된 조건 이외는 고려하지 않는다.) **3점**

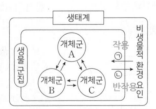

보기
ㄱ. ⓐ는 '빛 있음'이다.
ㄴ. ㉠은 '개화 안 함'이다. → 빛, 온도, 물, 공기, 토양, 무기 염류 등
           개화함
ㄷ. 일조 시간은 비생물적 환경 요인이다.

'빛 없음' 기간이 9시간으로 한계 암기(8시간)보다 길다.

① ㄱ   ② ㄴ   ③ ㄱ, ㄷ   ④ ㄴ, ㄷ   ⑤ ㄱ, ㄴ, ㄷ

|자|료|해|설|
식물의 개화에 중요한 것은 '연속적인 빛 없음'
기간(시간)이다. 식물이 개화하는 데 필요한 최소한의
'연속적인 빛 없음' 기간인 한계 암기보다 '연속적인 빛
없음' 기간이 짧을 때 개화하는 식물이 장일 식물이고,
길 때 개화하는 식물이 단일 식물이다. 표에서 제시된 '빛
없음' 기간은 모두 종 A의 한계 암기인 8시간보다 짧다.
Ⅱ와 Ⅲ은 ⓐ와 ⓑ가 모두 한계 암기보다 짧으며, 이때의
개화 여부는 '개화 안 함'이므로 A는 단일 식물이다.
따라서 A는 '연속적인 빛 없음' 기간이 한계 암기인
8시간보다 길어야 개화한다. 개화한 개체 Ⅰ과 Ⅳ를 통해
ⓑ가 '빛 없음'이고 ⓐ가 '빛 있음'이라는 것을 알 수 있다.
Ⅴ는 '빛 없음(ⓑ)' 기간이 9시간으로 한계 암기인
8시간보다 길다. 따라서 ㉠은 '개화함'이다.

|보|기|풀|이|
ㄱ. 정답 : A는 '연속적인 빛 없음' 기간이 한계 암기인
8시간보다 길어야 개화하므로, 개화한 개체 Ⅰ과 Ⅳ를
통해 ⓑ가 '빛 없음'이고 ⓐ가 '빛 있음'이라는 것을 알 수
있다.
ㄴ. 오답 : Ⅴ는 '빛 없음(ⓑ)' 기간이 9시간으로 한계
암기인 8시간보다 길기 때문에 ㉠은 '개화함'이다.
ㄷ. 정답 : 비생물적 환경 요인에는 빛, 온도, 물, 공기,
토양, 무기 염류 등이 있다. 빛에 해당하는 일조 시간은
비생물적 환경 요인에 속한다.

😮 **문제풀이 TIP** | 식물의 개화에 중요한 것은 '연속적인 빛 없음' 기간(시간)이다. 식물이 개화하는 데 필요한 최소한의 '연속적인 빛 없음' 기간인 한계 암기보다 '연속적인 빛 없음'
기간이 짧을 때 개화하는 식물이 장일 식물이고, 길 때 개화하는 식물이 단일 식물이다.

😎 **출제분석** | 식물의 개화 여부를 통해 '빛 없음' 기간과 종 A가 개화하는 조건을 찾아야 하는 난도 '중'의 문항이다. '연속적인 빛 없음' 기간에 따라 식물의 개화가 결정된다는 것을 알고
적용할 수 있어야 문제 해결이 가능하다.

그림은 생태계를 구성하는 요소 사
이의 상호 관계를 나타낸 것이다.
이에 대한 설명으로 옳은 것만을
〈보기〉에서 있는 대로 고른 것은?

생태계
생물 군집 ← [개체군 A / 개체군 B ↔ 개체군 C] →
비생물적 환경 요인
작용 ㉠
반작용 ㉡

보기
      비생물적 환경 요인   → 작용
ㄱ. 일조 시간이 식물의 개화에 영향을 주는 것은 ㉠에 해당한
다.   → 생물적 요인
       생물적
ㄴ. 분해자는 비생물적 환경 요인에 해당한다.
ㄷ. 개체군 A는 여러 종으로 구성되어 있다.
           같은
→ 동일한 생태계 내에서 같은 종의 개체들로 이루어진 집단

① ㄱ   ② ㄴ   ③ ㄷ   ④ ㄱ, ㄴ   ⑤ ㄱ, ㄷ

|자|료|해|설|
개체군은 동일한 생태계 내에서 같은 종의 개체들로 이루
어진 집단으로, 그림의 생물 군집 내에서 개체군 간의 상호
작용이 화살표로 표시되어 있다. 비생물적 환경 요인이 생
물에 영향을 주는 ㉠은 작용이고, 생물이 비생물적 환경 요
인에 영향을 주는 ㉡은 반작용이다.

|보|기|풀|이|
ㄱ. 정답 : 일조 시간(빛)은 비생물적 환경 요인에 해당하
고, 식물은 생물적 요인이다. 따라서 일조 시간이 식물의
개화에 영향을 주는 것은 작용(㉠)에 해당한다.
ㄴ. 오답 : 분해자는 생물적 요인에 해당한다. 생물적 요인
(생물 군집)은 생산자, 소비자, 분해자로 구성되어 있다.
ㄷ. 오답 : 개체군은 동일한 생태계 내에서 같은 종의 개체
들로 이루어진 집단이므로 개체군 A는 같은 종으로 구성
되어 있다.

😎 **출제분석** | 개체군의 개념과 생물과 환경의 상호 관계를 묻고 있는 난도 '하'의 문제이다. 생태계 구성 요소 간의 관계에 대한 문제는 종종 출제되며 난도가 높지 않기 때문에 개념을
확실하게 정리하여 실수가 없도록 해야 한다.

그림은 생태계를 구성하는 요소 사이의 상호 관계를 나타낸 것이다. 이에 대한 옳은 설명만을 〈보기〉에서 있는 대로 고른 것은?

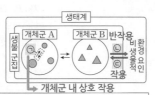

개체군 내 상호 작용

보기

ㄱ. 분해자는 ~~비생물적~~ 생물적 환경 요인에 해당한다.

ㄴ. 은어가 텃세권을 형성하는 것은 ㉠의 예에 해당한다. 　개체군 내 상호 작용:텃세, 순위제, 리더제, 사회 생활

ㄷ. 숲이 우거질수록 지표면에 도달하는 빛의 양이 적어지는 것은 ㉢의 예에 해당한다.
　　ㄴ(반작용)
　생물적 요인　　비생물적 환경 요인

① ㄱ　　② ㄴ　　③ ㄷ　　④ ㄱ, ㄴ　　⑤ ㄴ, ㄷ

|자|료|해|설|
㉠은 개체군 내 상호 작용, ㉡은 생물 군집이 비생물적 환경 요인에 영향을 주는 반작용, ㉢은 비생물적 환경 요인이 생물 군집에 영향을 주는 작용이다.

|보|기|풀|이|
ㄱ. 오답 : 분해자는 생물 군집에 속하므로 생물적 요인에 해당한다.
ㄴ. 정답 : 은어가 텃세권을 형성하는 것은 개체군 내 상호 작용(㉠)의 예이다. 개체군 내 상호 작용에는 텃세, 순위제, 리더제, 사회 생활 등이 있다.
ㄷ. 오답 : 숲이 우거지는 것은 생물적 요인이고, 지표면에 도달하는 빛의 양은 비생물적 환경 요인이다. 생물 군집이 비생물적 환경 요인에 영향을 주는 예이므로 반작용(㉡)의 예에 해당한다.

👾 **문제풀이 TIP** | 비생물적 환경 요인이 생물 군집에 영향을 주는 것은 작용이고, 생물 군집이 비생물적 환경 요인에 영향을 주는 것은 반작용이다. 또한 개체군은 같은 종으로 이루어진 집단이다.

😀 **출제분석** | 생물과 환경의 상호 관계를 묻는 난도 '중하'의 문항이다. '보기 ㄱ'은 자주 출제되는 내용이므로 반드시 암기하고 있어야 하며, 군집 내 상호 작용과 개체군 내 상호 작용의 예시를 구분할 수 있어야 한다.

그림은 생태계를 구성하는 요소 사이의 상호 관계를 나타낸 것이다. 이에 대한 설명으로 옳은 것만을 〈보기〉에서 있는 대로 고른 것은? **3점**

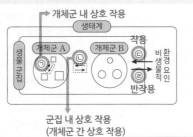

개체군 내 상호 작용

군집 내 상호 작용 (개체군 간 상호 작용)

보기

　　　분서(군집 내 상호 작용)
ㄱ. 생태적 지위가 중복되는 여러 종의 새가 서식지를 나누어 사는 것은 ㉠에 해당한다. 생물적 요인

ㄴ. 위도에 따라 식물 군집의 분포가 달라지는 현상은 ㉢에 해당한다. 작용
　　비생물적 환경 요인

ㄷ. 곰팡이는 생물 군집에 속한다.
　분해자

① ㄱ　　② ㄴ　　③ ㄱ, ㄷ　　④ ㄴ, ㄷ　　⑤ ㄱ, ㄴ, ㄷ

|자|료|해|설|
㉠은 같은 종 사이에서 일어나는 개체군 내 상호 작용이고, ㉡은 다른 종 사이에서 일어나는 군집 내 상호 작용(개체군 간 상호 작용)이다. 비생물적 환경 요인이 생물에 영향을 주는 ㉢은 작용이고, 생물이 비생물적 환경 요인에 영향을 주는 ㉣은 반작용이다.

|보|기|풀|이|
ㄱ. 오답 : 생태적 지위가 중복되는 여러 종의 새가 서식지를 나누어 사는 분서는 군집 내 상호 작용이므로 ㉡에 해당한다.
ㄴ. 정답 : 위도에 따라 기온과 강수량이 달라지므로 위도는 비생물적 환경 요인이고, 식물 군집의 분포는 생물적 요인이다. 따라서 위도에 따라 식물 군집이 분포가 달라지는 현상은 비생물적 환경 요인이 생물적 요인에 영향을 주는 작용(㉢)에 해당한다.
ㄷ. 정답 : 곰팡이는 분해자이므로 생물 군집에 속한다.

👾 **문제풀이 TIP** | 비생물적 환경 요인이 생물에 영향을 주는 것은 작용이고, 생물이 비생물적 환경 요인에 영향을 주는 것은 반작용이다. 개체군은 동일한 생태계 내에서 같은 종의 개체들로 이루어진 집단이다.

😀 **출제분석** | 생물과 환경의 상호 관계를 묻는 난도 '하'의 문항이다. 개체군 내 상호 작용과 군집 내 상호 작용은 종종 출제되는 부분이므로 각각을 구분할 수 있어야 한다. 특히 곰팡이의 경우 보기로 자주 출제되므로 곰팡이는 분해자에 속하며 생물적 요인이라는 것을 반드시 기억해두자!

그림은 생태계를 구성하는 요소 사이의 상호 관계를 나타낸 것이다.
이에 대한 설명으로 옳은 것만을 〈보기〉에서 있는 대로 고른 것은?

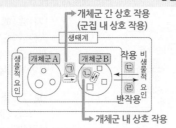

자|료|해|설
㉠은 서로 다른 종 사이에서 일어나는 '개체군 간 상호 작용(군집 내 상호 작용)'이고, ㉡은 같은 종 사이에서 일어나는 '개체군 내 상호 작용'이다. ㉢은 비생물적 환경 요인이 생물에 영향을 주는 '작용'이고, ㉣은 생물이 비생물적 환경 요인에 영향을 주는 '반작용'이다.

보기

ㄱ. 같은 종의 기러기가 무리를 지어 이동할 때 리더를 따라 이동하는 것은 ㉡에 해당한다.

ㄴ. 빛의 세기가 소나무의 생장에 영향을 미치는 것은 ㉢에 해당한다.

ㄷ. 군집에는 비생물적 요인이 포함된다.

① ㄱ   ② ㄴ   ③ ㄷ   ④ ㄱ, ㄴ   ⑤ ㄱ, ㄷ

보|기|풀|이
ㄱ. 오답 : 같은 종의 기러기가 무리를 지어 이동할 때 리더를 따라 이동하는 리더제는 개체군 내 상호 작용(㉡)에 해당한다.

ㄴ. 정답 : 빛의 세기(비생물적 요인)가 소나무의 생장(생물적 요인)에 영향을 미치는 것은 작용(㉢)에 해당한다.

ㄷ. 오답 : 군집은 한 지역에서 서로 밀접한 관계를 맺으며 생활하는 개체군들의 집단이므로 비생물적 요인이 포함되지 않는다.

😮 **문제풀이 T I P** | 개체군은 같은 종으로 이루어진 집단이므로 ㉠은 다른 종 사이에서 일어나는 상호 작용이고, ㉡은 같은 종 사이에서 일어나는 상호 작용이다.

그림은 생태계를 구성하는 요소 사이의 상호 관계를, 표는 상호 관계 (가)~(다)의 예를 나타낸 것이다. (가)~(다)는 ㉠~㉢을 순서 없이 나타낸 것이다.

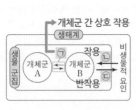

상호 관계	예
(가) ㉢(반작용)	식물의 광합성으로 대기의 산소 농도가 증가한다.
(나) ㉡(작용)	ⓐ 영양염류의 유입으로 식물성 플랑크톤의 개체 수가 증가한다.
(다)	?

(다) → ㉠(개체군 간 상호 작용)

이에 대한 설명으로 옳은 것만을 〈보기〉에서 있는 대로 고른 것은?

보기

ㄱ. (가)는 ㉢이다.

ㄴ. ⓐ는 비생물적 요인에 해당한다.

ㄷ. 생태적 지위가 비슷한 서로 다른 종의 새가 경쟁을 피해 활동 영역을 나누어 살아가는 것은 (다)의 예에 해당한다.

① ㄱ   ② ㄷ   ③ ㄱ, ㄴ   ④ ㄴ, ㄷ   ⑤ ㄱ, ㄴ, ㄷ

자|료|해|설
그림에서 ㉠은 서로 다른 개체군이 서로 영향을 주고받는 '개체군 간 상호 작용'을, ㉡은 비생물적 요인이 생물에 영향을 주는 '작용'을, ㉢은 생물이 비생물적 요인에 영향을 주는 '반작용'을 나타낸 것이다. 식물의 광합성으로 대기의 산소 농도가 증가하는 것은 반작용이므로 (가)는 ㉢에 해당하고, 영양염류의 유입으로 식물성 플랑크톤의 개체 수가 증가하는 것은 작용이므로 (나)는 ㉡에 해당한다. 따라서 (다)는 개체군 간 상호 작용이므로 ㉠에 해당한다.

보|기|풀|이
ㄱ. 오답 : (가)는 생물이 비생물적 요인에 영향을 주는 ㉢(반작용)에 해당한다.

ㄴ. 정답 : 영양염류는 규산염, 인산염, 질산염 등 식물성 플랑크톤이 번식하는 데 영향을 주는 염류로서 비생물적 요인에 해당한다.

ㄷ. 정답 : 생태적 지위가 비슷한 서로 다른 종의 새가 경쟁을 피해 활동 영역을 나누어 살아가는 것을 '분서'라 하며 이는 개체군 간 상호 작용에 해당하므로 (다)의 예이다.

😮 **출제분석** | 생물과 환경의 상호 관계를 나타내는 그림과 작용, 반작용, 상호 작용 각각에 해당하는 예를 구분하는 문항으로, 출제 빈도가 매우 높다. 상호 관계의 화살표 방향으로 작용과 반작용을 구분하도록 하며, 기출 문항들을 통해 자주 출제되는 다양한 예를 알아두어야 한다.

그림은 생태계를 구성하는 요소 사이의 상호 관계를 나타낸 것이고, 표는 습지에 서식하는 식물 종 X에 대한 자료이다.

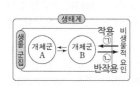

○ ⓐ X는 그늘을 만들어 수분 증발을 감소시켜 토양 속 염분 농도를 낮춘다. ➡ ⓛ   ➡ 비생물적 환경 요인

○ X는 습지의 토양 성분을 변화시켜 습지에 서식하는 생물의 ⓑ 종 다양성을 높인다.

↑ 생물적 요인

이에 대한 설명으로 옳은 것만을 〈보기〉에서 있는 대로 고른 것은? **3점**

보기
ㄱ. X는 생물 군집에 속한다.
ㄴ. ⓐ는 ⓛ에 해당한다.
ㄷ. ⓑ는 동일한 생물 종이라도 형질이 각 개체 간에 다르게 나타나는 것을 의미한다. (하지 않는다)
↳ 유전적 다양성

① ㄱ ✔   ② ㄴ   ③ ㄷ   ④ ㄱ, ㄴ   ⑤ ㄱ, ㄷ

|자|료|해|설|
ⓐ은 비생물적 환경 요인이 생물에 영향을 주는 작용이고, ⓛ은 생물이 비생물적 환경 요인에 영향을 주는 반작용이다. ⓐ는 생물에 해당하는 식물 종 X가 비생물적 환경 요인에 해당하는 토양 속 염분 농도를 낮추므로 ⓛ의 예에 해당한다. 종 다양성(ⓑ)은 한 지역 내 종의 다양한 정도를 의미한다.

|보|기|풀|이|
ㄱ. 정답 : 식물 종 X는 생물 군집에 속한다.
ㄴ. 오답 : ⓐ는 ⓛ에 해당한다.
ㄷ. 오답 : 종 다양성(ⓑ)은 한 지역 내 종의 다양한 정도를 의미하며, 생물 종이라도 형질이 각 개체 간에 다르게 나타나는 것은 유전적 다양성이다.

그림은 생태계 구성 요소 사이의 상호 관계를 나타낸 것이다.

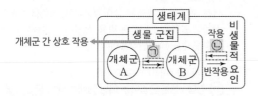

개체군 간 상호 작용

이에 대한 옳은 설명만을 〈보기〉에서 있는 대로 고른 것은? **3점**

보기
ㄱ. A는 여러 (한 가지) 종으로 구성되어 있다.
ㄴ. 분서(생태 지위 분화)는 ⓐ의 예이다. ➡ 개체군 간 상호 작용
ㄷ. 음수림에서 층상 구조의 발달이 높이에 따른 빛의 세기에 영향을 주는 것은 ⓛ에 해당한다. (반작용)

① ㄱ   ② ㄴ ✔   ③ ㄱ, ㄷ   ④ ㄴ, ㄷ   ⑤ ㄱ, ㄴ, ㄷ

|자|료|해|설|
그림에서 개체군 A와 개체군 B가 영향을 주고받는 ⓐ은 개체군 간 상호 작용이고, 비생물적 요인이 생물 군집에 영향을 주는 ⓛ은 작용이다. 개체군은 한 생태계 내에서 같은 종의 개체들로 이루어진 집단이다.

|보|기|풀|이|
ㄱ. 오답 : 개체군은 같은 종의 개체들로 이루어진 집단이므로 개체군 A는 한 가지 종으로만 구성되어 있다.
ㄴ. 정답 : 분서(생태 지위 분화)는 생태적 지위가 비슷한 두 개체군이 경쟁을 피하기 위해 먹이나 생활 공간 등을 달리하는 것을 의미하므로 개체군 간 상호 작용(ⓐ)의 예에 해당한다.
ㄷ. 오답 : 음수림에서 층상 구조의 발달이 높이에 따른 빛의 세기에 영향을 주는 것은 생물적 요인이 비생물적 요인에 영향을 미치는 것이므로 반작용에 해당한다.

😮 문제풀이 T I P | 개체군은 동일한 생태계 내에서 같은 종의 개체들로 이루어진 집단이다.

다음은 생태계에서 일어나는 탄소 순환 과정에 대한 자료이다. ㉠과 ㉡은 생산자와 소비자를 순서 없이 나타낸 것이고, ⓐ와 ⓑ는 유기물과 CO_2를 순서 없이 나타낸 것이다.

생산자 ←──   ──→ 소비자

- 탄소는 먹이 사슬을 따라 ㉠에서 ㉡으로 이동한다.
- 식물은 광합성을 통해 대기 중 ⓐ로부터 ⓑ를 합성한다.
  ↓ CO_2 ↓ 유기물

이에 대한 옳은 설명만을 〈보기〉에서 있는 대로 고른 것은?

보기
→ 생산자
㉠. 식물은 ㉠에 해당한다.
                     → CO_2
㉡. 대기에서 탄소는 주로 ⓐ의 형태로 존재한다.
㉢. 분해자는 사체나 배설물에 포함된 ⓑ를 분해한다.
                                  → 유기물

① ㄱ   ② ㄷ   ③ ㄱ, ㄴ   ④ ㄴ, ㄷ   ⑤ ㄱ, ㄴ, ㄷ

|자|료|해|설|
식물은 광합성을 통해 대기 중의 이산화 탄소(CO_2)로부터 유기물을 합성하고, 유기물 형태의 탄소는 먹이 사슬을 따라 생산자 → 소비자 → 분해자로 이동한다. 따라서 ㉠은 생산자, ㉡은 소비자이고, ⓐ는 CO_2, ⓑ는 유기물이다.

|보|기|풀|이|
㉠ 정답 : 식물은 생산자인 ㉠에 해당한다.
㉡ 정답 : 대기에서 탄소는 주로 CO_2(ⓐ)의 형태로 존재한다.
㉢ 정답 : 분해자는 사체나 배설물에 포함된 유기물(ⓑ)을 분해한다.

그림은 생태계를 구성하는 요소 사이의 상호 관계를 나타낸 것이다. 이에 대한 설명으로 옳은 것만을 〈보기〉에서 있는 대로 고른 것은?

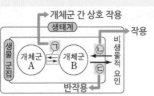

보기
㉠. 곰팡이는 생물 군집에 속한다.
㉡. 같은 종의 개미가 일을 분담하며 협력하는 것은 ㉠의 예에 해당한다. ~~해당하지 않는다~~
         개체군 간 상호 작용
㉢. 빛의 세기가 참나무의 생장에 영향을 미치는 것은 ㉡의 예에 해당한다.
                    → 생물   → 작용
→ 비생물적 요인

① ㄱ   ② ㄴ   ③ ㄷ   ④ ㄱ, ㄷ   ⑤ ㄴ, ㄷ

|자|료|해|설|
㉠은 군집 내 개체군 간 상호 작용이고, 비생물적 요인이 생물에 영향을 주는 ㉡은 작용, 생물이 비생물적 요인에 영향을 주는 ㉢은 반작용이다.

|보|기|풀|이|
㉠ 정답 : 생물 군집에는 해당 생태계 내의 모든 생물이 포함되며, 따라서 분해자인 곰팡이 역시 생물 군집에 속한다.
ㄴ. 오답 : 같은 종의 개미가 일을 분담하며 협력하는 것은 개체군 내 상호 작용에 해당하므로 군집 내 개체군 간 상호 작용인 ㉠의 예에 해당하지 않는다.
㉢ 정답 : 비생물적 요인인 빛의 세기가 생물인 참나무의 생장에 영향을 미치는 것은 작용(㉡)의 예에 해당한다.

🧑‍🦲 **문제풀이 T I P** | 개체군은 한 생태계 내에서 같은 종의 개체들로 이루어진 집단이므로 ㉠은 서로 다른 종인 생물 사이의 상호 작용을 의미한다.

🧑‍🦲 **출제분석** | 생물과 환경의 상호 관계에 관해 출제되는 전형적인 유형의 문항으로, 난도는 낮지만 출제 빈도가 높다. 특히 그림에 나타난 생물과 생물 사이의 상호 작용이 군집 내 개체군 간 상호 작용인지 개체군 내 상호 작용인지 예시를 통해 묻는 보기가 자주 출제되므로 개체군의 개념을 확실히 하도록 한다.

02. 개체군

기본자료

❶ 개체군의 특성 및 상호 작용 ★수능에 나오는 필수 개념 2가지 + 필수 암기사항 10개

필수개념 1 개체군

1. 개체군이란?
동일한 생태계 내에서 같은 종의 개체들로 이루어진 집단이다. 암기

2. 개체군의 특성
  1) **개체군의 밀도** : 일정한 공간에 서식하는 개체군의 개체수로, 출생과 이입에 의해 밀도가 증가하고, 사망과 이출로 인해 밀도가 감소한다. 암기
  2) **개체군의 생장** : 개체는 생식을 통해 자손을 낳는다. 일반적으로 개체수는 시간이 지남에 따라 증가하며, 이러한 변화는 생장 곡선으로 나타난다.

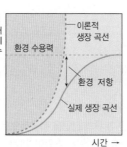

    ① **이론적 생장 곡선(J자형)** : 먹이, 생활 공간 등 자원의 제한이 없는 이상적인 환경에서 나타나며, 개체수가 기하급수적으로 증가한다.
    ② **실제 생장 곡선(S자형)** : 자원의 제한이 있는 실제 환경에서 나타나며, 개체수가 증가할수록 환경 저항이 커져 결국 개체수를 일정하게 유지한다. 암기
    ③ **환경 저항** : 개체군의 생장을 억제하는 요인으로 먹이 부족, 생활 공간 부족, 노폐물 증가, 천적과 질병의 증가 등이 있다. 암기
    ④ **환경 수용력** : 한 서식지에서 증가할 수 있는 개체수의 한계(최댓값)이다.
  3) **개체군의 생존** : 개체군은 종에 따라 연령별 사망률이 다르며, Ⅰ~Ⅲ형이 있다.
    ① **Ⅰ형** : 출생 수는 적지만 부모의 보호를 받아 초기 사망률이 낮고 후기 사망률이 높다. 예 사람, 대형 포유류 등
    ② **Ⅱ형** : 시간에 따른 사망률이 일정하다. 예 히드라, 다람쥐 등
    ③ **Ⅲ형** : 출생 수는 많지만 초기 사망률이 높아 성체로 생장하는 수가 적다. 예 굴, 어류 등
  4) **개체군의 연령 피라미드** : 개체군의 연령층에 따른 비율을 차례로 쌓아 올린 것으로, 생식 전 연령층, 생식 연령층, 생식 후 연령층으로 구분한다.
    ① **발전형** : 생식 전 연령층의 비율이 높아 개체수 증가가 예상된다.
    ② **안정형** : 생식 전 연령층과 생식 연령층의 비율이 비슷하여 전체 개체수가 안정된 형태이다.
    ③ **쇠퇴형** : 생식 전 연령층의 비율이 낮아 개체수 감소가 예상된다.

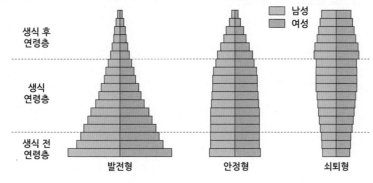

5) 개체군의 주기적 변동

① **돌말 개체군의 계절적 변동** : 영양 염류의 상대량과 빛, 수온에 의해 돌말 개체군의 밀도가 변한다.

② **동물 개체군의 연주기적 변동** : 피식자의 수에 의해 포식자의 수도 변한다.

> **예** 눈신토끼와 스라소니의 개체수 변동 : 눈신토끼 증가 → 먹이 증가에 의한 스라소니 증가 → 눈신토끼 감소 → 먹이 부족에 의한 스라소니 감소 → 눈신토끼 증가 ★암기

기본자료

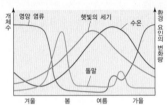

▲ 돌말 개체군의 계절적 변동

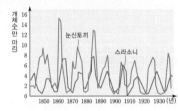

▲ 눈신토끼와 스라소니의 개체수 변동

필수개념 2 **개체군 내 상호 작용**

1. 텃세(세력권) ★암기

① 일정한 생활 공간을 먼저 확보하고 다른 개체의 침입을 적극적으로 막는 행동이다. 이를 통해 확보된 각 개체의 생활 공간을 세력권이라고 한다. **예** 은어, 호랑이, 까치 등

② 개체들을 분산시켜 개체군의 밀도를 알맞게 조절해주는 기능을 한다.

③ 은어의 텃세 : 민물에 사는 은어는 수심이 얕은 곳에서 개체군을 형성하고 있지만, 각 개체는 반경 1m 가량의 세력권을 확보하고 다른 개체의 침입을 적극적으로 막는다. 이를 통해 은어는 개체군 밀도를 조절하고 불필요한 경쟁을 피할 수 있다.

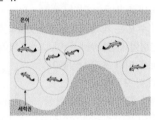

2. 순위제 ★암기

① 개체들 사이에서 힘의 강약에 따라 서열을 정해 먹이나 배우자를 획득하는 체제이다. **예** 닭, 소, 큰뿔양 등

3. 리더제 ★암기

① 한 개체가 리더가 되어 개체군을 이끄는 체제이다.

> **예** 늑대, 기러기 등

② 순위제와 달리 리더를 제외한 나머지 개체들 사이에는 순위가 없다.

4. 사회 생활 ★암기

① 개체들이 생식, 방어, 먹이 획득 등의 일을 분담하고 서로 협력하는 체제이다.

> **예** 꿀벌, 개미 등

그림 (가)는 종 A를 단독 배양했을 때, (나)는 종 A와 B를 혼합
배양했을 때 시간에 따른 개체수를 나타낸 것이다.

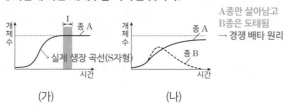

A종만 살아남고
B종은 도태됨
→ 경쟁 배타 원리

(가)   (나)

이에 대한 옳은 설명만을 〈보기〉에서 있는 대로 고른 것은?
(단, (가)와 (나)에서 초기 개체수와 배양 조건은 동일하다.) **3점**

> **보기**   실제 생장 곡선
> ㄱ. (가)에서 A의 개체수 변화는 이론적 생장 곡선을 따른다.
> ㄴ. 구간 Ⅰ에서 A는 환경 저항을 받았다.   → 개체군의 생장을 억제하는 요인
> ㄷ. (나)에서 A와 B 사이에 경쟁이 일어났다. (먹이 부족, 생활 공간 부족, 노폐물 증가, 천적과 질병의 증가 등)

① ㄱ   ② ㄷ   ③ ㄱ, ㄴ   ✔④ ㄴ, ㄷ   ⑤ ㄱ, ㄴ, ㄷ

|자|료|해|설|

그림 (가)는 자원의 제한이 있는 실제 환경에서 나타나는
실제 생장 곡선(S자형)으로 개체수가 증가할수록 환경
저항이 커져 결국 개체수가 일정하게 유지된다. (나)에서
B종이 A종과의 경쟁 결과 사라진 것으로 보아 경쟁 배타
원리가 적용되었다.

|보|기|풀|이|

ㄱ. 오답 : (가)에서 A의 개체수 변화는 실제 생장 곡선(S
자형)을 따른다.

ㄴ. 정답 : 구간 Ⅰ에서는 환경 저항에 의해 A의 개체수가
증가하지 않는다.

ㄷ. 정답 : (나)에서 A와 B 사이에 경쟁이 일어나 A종만
살아남고 B종은 도태되었다. (경쟁 배타 원리)

😲 **문제풀이 T I P** | J자형 그래프는 이론적 생장 곡선이고 S자형 그래프는 실제 생장 곡선이다. 두 종을 혼합 배양했을 때 한 종이 사라지면 경쟁이 일어난 결과이며 이것을 경쟁 배타
원리라고 한다.

그림은 어떤 식물 개체군의 시간에 따른
개체 수를 나타낸 것이다.
이에 대한 옳은 설명만을 〈보기〉에서 있는
대로 고른 것은? (단, 이입과 이출은 없으며,
서식지의 면적은 일정하다.)

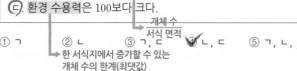

> **보기** → 개체군의 생장을 억제하는 요인
> ㄱ. 환경 저항은 t_1일 때가 t_2일 때보다 크다. 작다.
> ㄴ. 구간 Ⅰ에서 개체군 밀도는 시간에 따라 증가한다.
> ㄷ. 환경 수용력은 100보다 크다.
>   개체 수
>   서식 면적

① ㄱ   ② ㄴ   ③ ㄱ, ㄷ   ✔④ ㄴ, ㄷ   ⑤ ㄱ, ㄴ, ㄷ

→ 한 서식지에서 증가할 수 있는
개체 수의 한계(최댓값)

|자|료|해|설|

그림은 자원의 제한이 있는 실제 환경에서 나타나는 실제
생장 곡선(S자형)이며, 개체 수가 증가할수록 환경 저항이
커져 결국 개체 수를 일정하게 유지한다.

|보|기|풀|이|

ㄱ. 오답 : 개체 수가 증가할수록 환경 저항이 커지므로
환경 저항은 t_1일 때가 t_2일 때보다 작다.

ㄴ. 정답 : 개체군의 밀도는 일정한 공간에 서식하는
개체군의 개체 수이다. 서식지의 면적이 일정하므로 개체
수가 증가하면 개체군의 밀도가 증가한다. 따라서 개체
수가 증가하는 구간 Ⅰ에서 개체군의 밀도는 시간에 따라
증가한다.

ㄷ. 정답 : 환경 수용력은 한 서식지에서 증가할 수 있는
개체 수의 최댓값이므로 100보다 크다.

😲 **문제풀이 T I P** | 개체 수가 증가할수록 환경 저항이 커진다. 환경 수용력은 그 환경이 수용할 수 있는 개체 수의 최대치를 의미하므로, 실제 생장 곡선(S자형)에서 개체 수가
일정하게 유지되는 최댓값을 찾으면 된다.

그림은 먹이의 양이 서로 다른 두 조건 A와 B에서 종 @를 각각 단독 배양했을 때 시간에 따른 개체수를 나타낸 것이다. **먹이의 양은 A가 B보다 많다.** 이 자료에 대한 설명으로 옳은 것만을 〈보기〉에서 있는 대로 고른 것은? (단, 제시된 조건 이외는 고려하지 않는다.) 3점

→ 실제 생장 곡선 (S자형) → 환경 저항 존재

환경 저항 : A < B

보기

ㄱ. 구간 Ⅰ에서 증가한 @의 개체수는 A에서가 B에서보다 많다.

　→ 개체군의 생장을 억제하는 요인

ㄴ. A의 구간 Ⅱ에서 @에게 환경 저항이 작용한다.

ㄷ. B의 개체수는 t_2일 때가 t_1일 때보다 많다.

① ㄱ　　② ㄴ　　③ ㄱ, ㄷ　　④ ㄴ, ㄷ　　**⑤ ㄱ, ㄴ, ㄷ**

|자|료|해|설|
그림은 자원의 제한이 있는 실제 환경에서 나타나는 실제 생장 곡선(S자형)이며, 개체수가 증가할수록 환경 저항이 커져 결국 개체수가 일정하게 유지된다. 환경 저항은 개체군의 생장을 억제하는 요인으로 먹이 부족, 생활 공간 부족, 노폐물 증가, 천적과 질병의 증가 등이 있다. 먹이의 양은 A가 B보다 많다고 했으므로 환경 저항은 A보다 B에서 더 크다.

|보|기|풀|이|
ㄱ. 정답 : 증가한 @의 개체수는 y값의 변화량이다. 따라서 구간 Ⅰ에서 증가한 @의 개체수는 A에서가 B에서보다 많다.

ㄴ. 정답 : A의 구간 Ⅱ에서 @에게 환경 저항이 작용하기 때문에 개체수가 일정하게 유지된다.

ㄷ. 정답 : B의 개체수는 그래프에서 y값이므로, t_2일 때가 t_1일 때보다 많다.

😮 **문제풀이 TIP** | 실제 생장 곡선(S자형)은 자원의 제한이 있는 실제 환경에서 나타나며, 개체수가 증가할수록 환경 저항이 커져 결국 개체수가 일정하게 유지된다.

그림은 어떤 개체군의 생장 곡선을 나타낸 것이다.

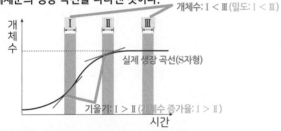

개체수: Ⅰ < Ⅲ(밀도: Ⅰ < Ⅲ)

실제 생장 곡선(S자형)

기울기: Ⅰ > Ⅱ(개체수 증가율: Ⅰ > Ⅱ)

이에 대한 옳은 설명만을 〈보기〉에서 있는 대로 고른 것은? (단, 이입과 이출은 고려하지 않으며, 서식지의 크기는 일정하다.)

보기
　→ 값이 클수록 개체군의 생장 속도가 빠름 (그래프에서 기울기가 더 큼)

ㄱ. $\dfrac{\text{출생한 개체수}}{\text{사망한 개체수}}$ 는 구간 Ⅰ에서가 구간 Ⅱ에서보다 크다.

ㄴ. 개체군의 밀도는 구간 Ⅰ에서가 구간 Ⅲ에서보다 높다. 낮다.

ㄷ. 구간 Ⅲ에서 환경 저항이 작용하지 않는다. 한다.

　→ 개체군의 생장을 억제하는 요인(먹이 부족, 생활 공간 부족, 노폐물 증가 등)

① ㄱ　　② ㄴ　　③ ㄱ, ㄷ　　④ ㄴ, ㄷ　　⑤ ㄱ, ㄴ, ㄷ

일정한 공간에 서식하는 개체군의 개체수
$\left(= \dfrac{\text{개체수}}{\text{서식 면적}}\right)$

|자|료|해|설|
그림은 자원의 제한이 있는 실제 환경에서 나타나는 실제 생장 곡선(S자형)이며, 개체수가 증가할수록 환경 저항이 커져 결국 개체수를 일정하게 유지한다. 서식지의 크기가 일정할 때, 개체수가 증가할수록(Ⅰ < Ⅱ < Ⅲ) 개체군의 밀도가 커지고 환경 저항 또한 증가한다. 그래프에서 기울기는 개체수 증가율을 의미한다.(Ⅰ > Ⅱ > Ⅲ)

|보|기|풀|이|
ㄱ. 정답 : $\dfrac{\text{출생한 개체수}}{\text{사망한 개체수}}$의 값이 클수록 개체군의 생장 속도가 빠르다. 구간 Ⅰ에서가 구간 Ⅱ에서보다 기울기가 더 크므로 $\dfrac{\text{출생한 개체수}}{\text{사망한 개체수}}$은 구간 Ⅰ에서가 구간 Ⅱ에서보다 크다.

ㄴ. 오답 : 개체군의 밀도는 서식지의 크기가 일정할 때 개체수에 비례한다. 개체수는 구간 Ⅰ에서가 구간 Ⅲ에서보다 더 적으므로 개체군의 밀도는 구간 Ⅰ에서가 구간 Ⅲ에서보다 낮다.

ㄷ. 오답 : 개체수가 증가할수록 환경 저항도 증가하며, 구간 Ⅰ, Ⅱ, Ⅲ에서 모두 환경 저항이 작용한다.

😮 **문제풀이 TIP** | 개체군의 생장 곡선 그래프에서 기울기는 개체수 증가율을 의미한다. 또한 일정 서식 공간에서 개체수가 증가할수록 개체군의 밀도는 커지고 환경 저항은 증가한다.

😀 **출제분석** | 실제 생장 곡선에서 개체수 증가율과 밀도, 환경 저항의 개념을 묻는 난도 '중하'의 문항이다. $\dfrac{\text{출생한 개체수}}{\text{사망한 개체수}}$의 값을 비교하는 보기가 생소해 보일 수 있지만, 결국 이 값이 클수록(사망한 개체수보다 출생한 개체수가 많을수록) 개체군의 생장 속도가 빠르다는 것을 파악하여 문제를 해결해야 한다.

그림은 어떤 군집을 이루는 종 A와 종 B의 시간에 따른 개체수를 나타낸 것이고, 표는 상대 밀도에 대한 자료이다.

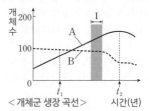

<개체군 생장 곡선>

○ 상대 밀도는 어떤 지역에서 조사한 모든 종의 개체수에 대한 특정 종의 개체수를 백분율로 나타낸 것이다.

이에 대한 설명으로 옳은 것만을 <보기>에서 있는 대로 고른 것은?
(단, A와 B 이외의 종은 고려하지 않는다.)

보기
ㄱ. A는 B와 한 개체군을 이룬다. → 다른 종(다른 개체군), 이루지 않는다.
ㄴ. 구간 Ⅰ에서 A에 환경 저항이 작용한다. → 동일한 생태계 내에서 같은 종의 개체들로 이루어진 집단
ㄷ. B의 상대 밀도는 t_1에서가 t_2에서보다 크다. → 개체수 : A>B

개체수 : A<B ←   개체군의 생장을 억제하는 요인

① ㄱ   ② ㄴ   ③ ㄱ, ㄷ   ④ ㄴ, ㄷ   ⑤ ㄱ, ㄴ, ㄷ

|자|료|해|설|

그림은 시간에 따른 개체수를 나타낸 A와 B의 개체군 생장 곡선이다. 표에 설명된 상대 밀도에 대한 자료를 토대로 A와 B의 상대 밀도에 대한 식을 정리하면 다음과 같다.

$$종\ A의\ 상대\ 밀도(\%) = \frac{A의\ 개체수}{A의\ 개체수 + B의\ 개체수} \times 100$$

$$종\ B의\ 상대\ 밀도(\%) = \frac{B의\ 개체수}{A의\ 개체수 + B의\ 개체수} \times 100$$

|보|기|풀|이|

ㄱ. 오답 : 개체군은 같은 종의 개체들로 이루어진 집단이다. A와 B는 서로 다른 종이므로 다른 개체군을 이룬다.

ㄴ. 정답 : 환경 저항은 개체군의 생장을 억제하는 요인으로 먹이 부족, 생활 공간 부족, 노폐물 증가, 천적과 질병의 증가 등이 있다. 자원의 제한이 있는 실제 환경에서 환경 저항은 항상 작용하며, 개체수가 증가할수록 환경 저항은 커진다. 따라서 구간 Ⅰ에서 A에 환경 저항이 작용한다.

ㄷ. 정답 : t_1일 때 B의 개체수가 A의 개체수보다 많고, t_2일 때 B의 개체수가 A의 개체수보다 적다. 따라서 B의 상대 밀도는 t_1에서가 t_2에서보다 크다.

그림은 어떤 개체군을 단독 배양할 때 시간에 따른 개체수 증가율을 나타낸 것이다. 개체수 증가율은 단위 시간당 증가한 개체수이다.
이에 대한 옳은 설명만을 <보기>에서 있는 대로 고른 것은? (단, 이입과 이출은 없다.) **3점**

개체수 증가율 : 최대 = 생장 곡선의 기울기
개체수 증가율 : 0

보기
ㄱ. 환경 저항은 t_1일 때가 t_2일 때보다 크다. → 작다
ㄴ. t_2일 때 개체 사이의 경쟁은 일어나지 않는다. → 일어난다
ㄷ. 개체군의 크기는 t_3일 때가 t_2일 때보다 크다. → $(t_3>t_2)$ → 개체군의 밀도 : 개체수가 클수록 증가

① ㄴ   ② ㄷ   ③ ㄱ, ㄴ   ④ ㄱ, ㄷ   ⑤ ㄴ, ㄷ

|자|료|해|설|

문제에 제시된 개체수 증가율 그래프는 실제 생장 곡선(S 자형)의 기울기 값을 나타낸 것이다.

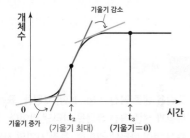

* 기울기 $= \dfrac{y축\ 증가량}{x축\ 증가량} = \dfrac{증가한\ 개체수}{걸린\ 시간} = $ 개체수 증가율

<실제 생장 곡선>

실제 생장 곡선에서 기울기는 점차 증가하다가 최대인 지점(t_2일 때)을 지나면 다시 점차 감소하여 결국 0이 된다. 이는 개체수가 초반에는 빠르게 증가하다가 환경 저항으로 인해 개체수 증가율이 감소하여 개체수가 일정하게 유지된다는 것을 의미한다.

|보|기|풀|이|

ㄱ. 오답 : 개체수가 증가할수록 환경 저항도 커지므로 환경 저항은 t_1일 때가 t_2일 때보다 작다.

ㄴ. 오답 : 개체 간 경쟁은 한정된 공간(서식지)과 자원(먹이)에서 나타나는 현상으로 개체수가 증가할수록 경쟁이 심해진다. t_2일 때 한정된 공간과 부족한 먹이 등으로 인해 개체군 내 경쟁이 일어난다.

ㄷ. 정답 : 개체군의 크기는 개체군의 밀도(일정한 공간에 서식하는 개체군의 개체수)를 의미한다. 개체수가 많을수록 개체군의 밀도가 커지므로 개체군의 크기는 t_3일 때가 t_2일 때보다 크다.

🤔 문제풀이 TIP | 생장 곡선의 기울기가 개체수 증가율을 의미한다는 것을 알고 있어야 풀 수 있는 문제이다. 생장 곡선 문제에서 개체수가 증가할수록 환경 저항과 개체 간 경쟁이 심해진다는 것은 단골 질문이기 때문에 반드시 기억하도록 하자! 또한 개체수의 증가율이 0일 때 개체수가 0이 되는 것이 아님을 조심해야 한다.

😀 출제분석 | 생장 곡선 그래프를 주고 특정 시점에서의 개체수 증가율에 대해 물어보는 대부분의 문제와는 다르게 이 문제는 개체수 증가율 그래프의 각 시점이 생장 곡선의 어느 지점에 해당하는지를 역으로 생각해야 하는 문제로, 난도는 '중상'이다. 문제를 푸는데 어려움을 겪었다면 이번 기회에 개체수 증가율에 대한 개념을 확실히 짚고 넘어가야 한다.

그림은 생존 곡선 Ⅰ형, Ⅱ형, Ⅲ형을, 표는 동물 종 ㉠의 특징을 나타낸 것이다. 특정 시기의 사망률은 그 시기 동안 사망한 개체 수를 그 시기가 시작된 시점의 총개체 수로 나눈 값이다.

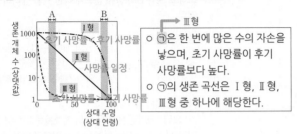

○ ㉠은 한 번에 많은 수의 자손을 낳으며, 초기 사망률이 후기 사망률보다 높다.
○ ㉠의 생존 곡선은 Ⅰ형, Ⅱ형, Ⅲ형 중 하나에 해당한다.

이에 대한 설명으로 옳은 것만을 〈보기〉에서 있는 대로 고른 것은?

보기

ㄱ. Ⅰ형의 생존 곡선을 나타내는 종에서 A시기의 사망률은 B시기의 사망률보다 ~~높다.~~ 낮다.

ㄴ. Ⅱ형의 생존 곡선을 나타내는 종에서 A시기 동안 사망한 개체 수는 B시기 동안 사망한 개체 수와 ~~같다.~~ 다르다.

ㄷ. ㉠의 생존 곡선은 Ⅲ형에 해당한다.   초기 사망률 > 후기 사망률

① ㄱ   ② ㄴ   ✓③ ㄷ   ④ ㄱ, ㄴ   ⑤ ㄱ, ㄷ

|자|료|해|설|

Ⅰ형 생존 곡선은 출생 수는 적지만 부모의 보호를 받아 초기 사망률이 낮고 후기 사망률이 높다. Ⅱ형 생존 곡선은 시간에 따른 사망률이 일정하며, Ⅲ형 생존 곡선은 출생 수는 많지만 초기 사망률이 높아 성체로 생장하는 수가 적다. 그래프에서의 기울기는 사망률과 비례하며, 한 번에 많은 수의 자손을 낳으며 초기 사망률이 후기 사망률보다 높은 ㉠은 초기 기울기가 후기보다 급격한 Ⅲ형에 해당한다.

|보|기|풀|이|

ㄱ. 오답 : Ⅰ형의 생존 곡선을 나타내는 종에서 A시기의 기울기가 B시기보다 작으므로 A시기의 사망률은 B시기의 사망률보다 낮다.

ㄴ. 오답 : Ⅱ형의 생존 곡선은 기울기가 일정하므로 상대 수명(상대 연령)에 따른 사망률은 일정하지만, 총개체 수는 A시기일 때가 B시기일 때보다 많으므로 A시기 동안 사망한 개체 수는 B시기 동안 사망한 개체 수보다 많다.

ⓒ 정답 : Ⅲ형은 초기 사망률이 후기 사망률보다 높으므로 ㉠의 생존 곡선은 Ⅲ형에 해당한다.

😲 **문제풀이 TIP** | − Ⅰ형 생존 곡선 : 초기 사망률 < 후기 사망률
     − Ⅱ형 생존 곡선 : 사망률 일정
     − Ⅲ형 생존 곡선 : 초기 사망률 > 후기 사망률

그림은 생존 곡선 Ⅰ형, Ⅱ형, Ⅲ형을, 표는 동물 종 ㉠, ㉡, ㉢의 특징과 생존 곡선 유형을 나타낸 것이다. ⓐ와 ⓑ는 Ⅰ형과 Ⅲ형을 순서 없이 나타낸 것이며, 특정 시기의 사망률은 그 시기 동안 사망한 개체 수를 그 시기가 시작된 시점의 총개체 수로 나눈 값이다.

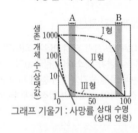

종	특징	유형
㉠	한 번에 많은 수의 자손을 낳으며 초기 사망률이 후기 사망률보다 높다.	ⓐ →Ⅲ형
㉡	한 번에 적은 수의 자손을 낳으며 초기 사망률이 후기 사망률보다 낮다.	ⓑ→Ⅰ형
㉢	?	Ⅱ형

이에 대한 설명으로 옳은 것만을 〈보기〉에서 있는 대로 고른 것은?

보기

ㄱ. ⓑ는 Ⅰ형이다.

ㄴ. ㉢에서 $\dfrac{\text{A 시기 동안 사망한 개체 수}}{\text{B 시기 동안 사망한 개체 수}}$ 는 ~~1이다.~~ 1보다 크다   Ⅱ형

ㄷ. 대형 포유류와 같이 대부분의 개체가 생리적 수명을 다하고 죽는 종의 생존 곡선 유형은 ~~Ⅲ형에~~ 해당한다.   Ⅰ형

✓① ㄱ   ② ㄴ   ③ ㄷ   ④ ㄱ, ㄴ   ⑤ ㄴ, ㄷ

|자|료|해|설|

그림에서 그래프의 기울기는 사망률을 의미한다. 한 번에 많은 수의 자손을 낳으며 초기 사망률이 후기 사망률보다 높은 ⓐ는 Ⅲ형이고, 한 번에 적은 수의 자손을 낳으며 초기 사망률이 후기 사망률보다 낮은 ⓑ는 Ⅰ형이다.

|보|기|풀|이|

㉠ 정답 : ⓐ는 Ⅲ형이고, ⓑ는 Ⅰ형이다.

ㄴ. 오답 : y축의 값의 차이를 비교해보면 Ⅱ형(㉢)에서 A 시기 동안 사망한 개체수가 B 시기 동안 사망한 개체 수보다 많다. 따라서 Ⅱ형(㉢)에서 $\dfrac{\text{A 시기 동안 사망한 개체 수}}{\text{B 시기 동안 사망한 개체 수}}$ 는 1보다 크다.

ㄷ. 오답 : 생리적 수명을 다하고 죽는 종의 생존 곡선 유형은 후기 사망률이 높은 Ⅰ형에 해당한다.

😲 **문제풀이 TIP** | 그래프의 기울기는 사망률을 의미한다. Ⅰ형은 초기 사망률이 후기 사망률보다 낮고, Ⅲ형은 초기 사망률이 후기 사망률보다 높다. 그림에서 y축 값의 간격이 수치와 비례하지 않다는 것에 주의하여 문제를 풀어보자.

😀 **출제분석** | 어려운 문항은 아니지만 '보기 ㄴ'에서 실수한 학생들이 많았을 것이다. 비슷한 유형의 문항이 2022학년도 9월 모평 20번으로 출제된 적이 있기 때문에 앞으로 그래프에서 y축 값에 주의하여 문제를 해결해야 한다.

그림 (가)는 동물 종 A의 시간에 따른 개체 수를, (나)는 A의 상대 수명에 따른 생존 개체 수를 나타낸 것이다. 특정 구간의 사망률은 그 구간 동안 사망한 개체 수를 그 구간이 시작된 시점의 총개체 수로 나눈 값이다.

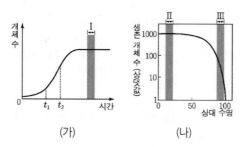

(가)   (나)

이에 대한 설명으로 옳은 것만을 〈보기〉에서 있는 대로 고른 것은? (단, 이입과 이출은 없으며, 서식지의 면적은 일정하다.)

보기

ㄱ. 구간 I에서 A에게 환경 저항이 작용하지 않는다. → 작용한다   (→ 개체군의 생장을 억제하는 요인)

ㄴ. A의 개체군 밀도는 t_1일 때가 t_2일 때보다 작다.   (→ 개체수 / 서식 면적)

ㄷ. A의 사망률은 구간 II에서가 구간 III에서보다 높다. → 낮다

① ㄱ   ✓② ㄴ   ③ ㄷ   ④ ㄱ, ㄴ   ⑤ ㄴ, ㄷ

|자|료|해|설|

그림 (가)는 자원의 제한이 있는 실제 환경에서 나타나는 실제 생장 곡선(S자형)으로, 개체 수가 증가할수록 환경 저항이 커져 결국 개체 수를 일정하게 유지한다. 그림 (나)는 출생 수는 적지만 부모의 보호를 받아 초기 사망률이 낮고 후기 사망률이 높은 I형 생존 곡선을 나타낸 것이다.

|보|기|풀|이|

ㄱ. 오답 : 구간 I에서 A에게 환경 저항이 작용하여 개체 수가 일정하게 유지된다.

ㄴ. 정답 : 서식지의 면적이 동일할 때 개체군의 밀도는 개체 수에 비례한다. 따라서 A의 개체군 밀도는 개체 수가 더 적은 t_1일 때가 t_2일 때보다 작다.

ㄷ. 오답 : 특정 구간의 사망률은 그 구간 동안 사망한 개체 수를 그 구간이 시작된 시점의 총개체 수로 나눈 값이므로 A의 사망률은 구간 II에서가 구간 III에서보다 낮다.

👀 **문제풀이 TIP** | 실제 생장 곡선(S자형)에서 개체 수가 증가할수록 환경 저항이 커진다.

표는 생물 사이의 상호 작용을 (가)와 (나)로 구분하여 나타낸 것이다.

(→ 한 개체군이 다른 개체군에서 살아감.)
(이익) (손해)

구분	상호 작용
군집 내(개체군 간) 상호작용 (가)	⑤기생, 포식과 피식
개체군 내 상호작용 (나)	순위제, ⓒ사회생활

(→ 개체들이 일을 분담하고 서로 협력함)

이에 대한 옳은 설명만을 〈보기〉에서 있는 대로 고른 것은?

보기

ㄱ. (가)는 개체군 사이의 상호 작용이다.   (→ 기생)

ㄴ. ⑤의 관계인 두 종에서는 손해를 입는 종이 있다.

ㄷ. 꿀벌이 일을 분담하며 협력하는 것은 ⓒ의 예이다.   (→ 사회생활)

① ㄱ   ② ㄴ   ③ ㄱ, ㄷ   ④ ㄴ, ㄷ   ✓⑤ ㄱ, ㄴ, ㄷ

|자|료|해|설|

기생, 포식과 피식은 개체군 사이의 상호 작용이므로 (가)는 군집 내(개체군 간) 상호 작용이고, 순위제와 사회생활은 개체군 내 개체들의 상호 작용이므로 (나)는 개체군 내 상호 작용이다. 기생(⑤)은 한 개체군이 다른 개체군에 살며 자신은 이익을 얻지만 다른 개체군은 손해를 보는 상호 작용이고, 사회생활(ⓒ)은 개체들이 생식, 방어, 먹이 획득 등의 일을 분담하고 서로 협력하는 체제이다.

|보|기|풀|이|

ㄱ. 정답 : 기생, 포식과 피식이 해당하는 (가)는 개체군 사이의 상호 작용이다.

ㄴ. 정답 : 기생(⑤)의 관계에서는 한 종이 이익을 얻을 때 다른 종은 손해를 입는다.

ㄷ. 정답 : 꿀벌이 일을 분담하여 협력하는 것은 개체군 내 상호 작용 중 사회생활(ⓒ)에 해당한다.

👀 **문제풀이 TIP** | 기생, 포식과 피식은 서로 다른 종 사이의 상호 작용이고, 순위제와 사회 생활은 같은 종 사이의 상호 작용이다.

다음은 상호 작용 (가)와 (나)에 대한 자료이다. (가)와 (나)는 텃세와 종간 경쟁을 순서 없이 나타낸 것이다.

텃세 ← (가) 은어 개체군에서 한 개체가 일정한 생활 공간을 차지하면서 다른 개체의 접근을 막았다.

종간 경쟁 ← (나) 같은 곳에 서식하던 ㉠ 애기짚신벌레와 ㉡ 짚신벌레 중 애기짚신벌레만 살아남았다.

이에 대한 옳은 설명만을 〈보기〉에서 있는 대로 고른 것은?

보기

ㄱ. (가)는 ~~종간 경쟁~~ 텃세 이다.

ㄴ. ㉠은 ㉡과 다른 종이다.

ㄷ. (나)가 일어나 ㉠과 ㉡이 모두 ~~이익을 얻는다~~ 손해를 입는다 .

① ㄱ   ✔② ㄴ   ③ ㄷ   ④ ㄱ, ㄴ   ⑤ ㄴ, ㄷ

|자|료|해|설|
일정한 생활 공간을 차지하기 위한 행동인 (가)는 텃세이고, 같은 곳에 서식하던 두 종 중에서 한 종만 살아남은 (나)는 종간 경쟁의 예에 해당한다.

|보|기|풀|이|

ㄱ. 오답 : (가)는 텃세이다.

ㄴ. 정답 : 종간 경쟁은 서로 다른 종 사이에서 일어나는 상호 작용이므로 ㉠과 ㉡은 다른 종이다.

ㄷ. 오답 : 종간 경쟁(나)이 일어나면 ㉠와 ㉡ 모두 손해를 입는다.

😮 **문제풀이 TIP** | 텃세는 같은 종 사이에서 일어나는 상호 작용이고, 종간 경쟁은 다른 종 사이에서 일어나는 상호 작용이다.

표는 생태계를 구성하는 요소 사이의 상호 관계 (가)~(다)의 예를 나타낸 것이다.

상호 관계	예
작용(비생물 → 생물) (가)	㉠ 물 부족은 식물의 생장에 영향을 준다.
포식과 피식 (나) (개체군 간 상호 작용)	㉡ 스라소니가 ㉢ 눈신토끼를 잡아먹는다.
순위제 (다) (개체군 내 상호 작용)	같은 종의 큰뿔양은 뿔 치기를 통해 먹이를 먹는 순위를 정한다.

(비생물적 요인 ← / → 생물적 요인)

이에 대한 설명으로 옳은 것만을 〈보기〉에서 있는 대로 고른 것은?

보기 → 빛, 물, 온도, 공기, 토양, 무기 염류 등

ㄱ. ㉠은 비생물적 요인에 해당한다.

ㄴ. ㉡과 ㉢의 상호 작용은 포식과 피식에 해당한다.

ㄷ. (다)는 개체군 내의 상호 작용에 해당한다. → 순위제

① ㄱ   ② ㄷ   ③ ㄱ, ㄴ   ④ ㄴ, ㄷ   ✔⑤ ㄱ, ㄴ, ㄷ

|자|료|해|설|
(가)의 예에서 비생물적 요인인 물에 의해 생물적 요인인 식물이 영향을 받으므로, (가)는 비생물적 요인이 생물적 요인에 영향을 주는 작용이다. (나)의 예에서 스라소니가 눈신토끼를 잡아먹는 것은 개체군 간 상호 작용(군집 내 상호 작용)의 일종인 포식과 피식에 해당하고, (다)의 예에서 같은 종의 큰뿔양이 뿔 치기를 통해 먹이를 먹는 순위를 정하는 것은 개체군 내 상호 작용의 일종인 순위제에 해당한다.

|보|기|풀|이|

ㄱ. 정답 : 비생물적 요인에는 빛, 물, 온도, 공기, 토양, 무기 염류 등이 포함되므로 물은 비생물적 요인에 해당한다.

ㄴ. 정답 : 스라소니와 눈신토끼는 먹고 먹히는 관계이므로 둘 사이의 상호 작용은 포식과 피식에 해당한다.

ㄷ. 정답 : (다)의 예에서 나타나는 순위제는 같은 종의 개체 사이의 상호 작용이므로 개체군 내의 상호 작용에 해당한다.

😮 **문제풀이 TIP** | 개체군은 같은 종의 개체들로 이루어진 집단이다. 따라서 개체군 내 상호 작용은 같은 종의 개체들 사이의 상호 작용이며, 개체군 간 상호 작용(군집 내 상호 작용)은 서로 다른 종 사이의 상호 작용이다.

그림은 어떤 지역에서 늑대의 개체 수를 인위적으로 감소시켰을 때 늑대, 사슴의 개체 수와 식물 군집의 생물량 변화를, 표는 (가)와 (나) 시기 동안 이 지역의 사슴과 식물 군집 사이의 상호 작용을 나타낸 것이다. (가)와 (나)는 Ⅰ과 Ⅱ를 순서 없이 나타낸 것이다.

시기	상호 작용
(가) Ⅱ	식물 군집의 생물량이 감소하여 사슴의 개체 수가 감소한다.
(나) Ⅰ	사슴의 개체 수가 증가하여 식물 군집의 생물량이 감소한다.

이 자료에 대한 설명으로 옳은 것만을 〈보기〉에서 있는 대로 고른 것은? 3점

보기

ㄱ. (가)는 Ⅱ이다. → 개체군의 생장을 억제하는 요인
ㄴ. Ⅰ 시기 동안 사슴 개체군에 환경 저항이 작용하였다.
ㄷ. 사슴의 개체 수는 포식자에 의해서만 조절된다.
→ 포식자뿐만 아니라 식물 군집의 생물량에 의해서도 조절됨

① ㄱ ② ㄴ ③ ㄷ ④ ㄱ, ㄴ ⑤ ㄱ, ㄷ

|자|료|해|설|
사슴의 개체 수가 증가하여 식물 군집의 생물량이 감소하는 (나)는 Ⅰ이고, 식물 군집의 생물량이 감소하여 사슴의 개체 수가 감소하는 (가)는 Ⅱ이다.

|보|기|풀|이|
ㄱ. 정답 : (가)는 Ⅱ이고, (나)는 Ⅰ이다.
ㄴ. 정답 : 환경 저항은 개체군의 생장을 억제하는 요인으로 먹이 부족, 생활 공간 부족, 노폐물 증가, 천적과 질병의 증가 등을 포함한다. 실제 환경에서 환경 저항은 항상 작용하므로 Ⅰ 시기 동안 사슴 개체군에 환경 저항이 작용하였다.
ㄷ. 오답 : 사슴의 개체 수는 포식자뿐만 아니라 식물 군집의 생물량에 의해서도 조절된다.

😮 **문제풀이 TIP** | 환경 저항(먹이 부족, 생활 공간 부족, 노폐물 증가, 천적과 질병의 증가 등)은 실제 환경에서 항상 작용한다.

그림은 동물 종 A와 B를 같은 공간에서 혼합 배양하였을 때 개체 수 변화를 나타낸 것이다. A와 B 중 하나는 다른 하나를 잡아먹는 포식자이다.

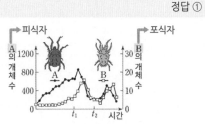

이에 대한 옳은 설명만을 〈보기〉에서 있는 대로 고른 것은?

보기

ㄱ. B는 포식자이다. → 개체군의 생장을 억제하는 요인(먹이 부족, 생활 공간 부족, 노폐물 증가, 천적과 질병의 증가 등)
ㄴ. t_1일 때 A는 환경 저항을 받지 않는다. 받는다
ㄷ. t_1일 때 B의 개체군 밀도는 t_2일 때 A의 개체군 밀도보다 크다. 작다
→ 일정 공간에 서식하는 개체군의 개체 수 (= 개체 수 / 면적)

① ㄱ ② ㄴ ③ ㄱ, ㄴ ④ ㄱ, ㄷ ⑤ ㄴ, ㄷ

|자|료|해|설|
그림은 군집 내 개체군 간의 상호 작용 중 하나인 포식과 피식 관계의 주기적 변동을 나타낸 것이다. 포식과 피식은 먹고 먹히는 관계로, 피식자의 개체 수가 증가하고 감소함에 따라 포식자의 개체 수가 뒤늦게 증가하고 감소한다. 따라서 그림에서 먼저 개체 수가 증가하는 A가 피식자이고, 그에 따라 개체 수가 뒤늦게 증가하는 B가 포식자이다.

|보|기|풀|이|
ㄱ. 정답 : A의 개체 수 증감에 따라서 뒤늦게 증가, 감소하는 B는 포식자에 해당한다.
ㄴ. 오답 : 이상적인 환경이 아닌 자원의 제한이 있는 실제 환경에서는 환경 저항을 받을 수밖에 없다. 특히 A에게는 포식자인 B 또한 환경 저항의 요인 중 하나로 작용한다.
ㄷ. 오답 : 그래프에서 t_1일 때 포식자인 B의 개체 수는 대략 5 정도이고, t_2일 때 피식자인 A의 개체 수는 대략 200 정도이다. 따라서 t_1일 때 B의 개체군 밀도는 t_2일 때 A의 개체군 밀도보다 작다.

😮 **문제풀이 TIP** | 군집 내 개체군 간의 상호 작용 중 포식과 피식만을 단독으로 출제하는 경우가 많지는 않지만, 포식과 피식 관계인 두 개체군의 개체 수 변화를 통해 포식자와 피식자를 구분할 수 있어야 한다. 포식과 피식 관계에서는 '피식자 수 증가 → 포식자 수 증가 → 피식자 수 감소 → 포식자 수 감소'의 과정이 주기적으로 반복됨을 알아두면 쉽게 해결할 수 있다.

표는 종 사이의 상호 작용 (가)~(다)의 예를, 그림은 동일한 배양 조건에서 종 A와 B를 각각 단독 배양했을 때와 혼합 배양했을 때 시간에 따른 개체 수를 나타낸 것이다. (가)~(다)는 경쟁, 상리 공생, 포식과 피식을 순서 없이 나타낸 것이고, A와 B 사이의 상호 작용은 (가)~(다) 중 하나에 해당한다.

상호 작용		예
포식과 피식	(가)	ⓐ 늑대는 말코손바닥사슴을 잡아먹는다.
경쟁	(나)	캥거루쥐와 주머니쥐는 같은 종류의 먹이를 두고 서로 다툰다.
상리 공생	(다)	딱총새우는 산호를 천적으로부터 보호하고, 산호는 딱총새우에게 먹이를 제공한다.

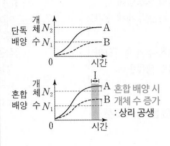

이에 대한 설명으로 옳은 것만을 〈보기〉에서 있는 대로 고른 것은?

> **보기**
>   ┌→ 같은 종의 개체들로 이루어진 집단
> ㄱ. ⓐ에서 늑대는 말코손바닥사슴과 한 개체군을 이룬다.
>   이루지 않는다
> ㄴ. 구간 Ⅰ에서 A에 환경 저항이 작용한다.
> ㄷ. A와 B 사이의 상호 작용은 (다)에 해당한다.
>   └→ 상리 공생   └→ 개체군의 생장을 억제하는 요인

① ㄱ   ② ㄷ   ③ ㄱ, ㄴ   ④ ㄴ, ㄷ   ⑤ ㄱ, ㄴ, ㄷ

|자|료|해|설|

늑대가 말코손바닥사슴을 잡아먹는 (가)는 포식과 피식이고, 캥거루쥐와 주머니쥐가 같은 종류의 먹이를 두고 서로 다투는 (나)는 경쟁이다. 딱총새우와 산호는 서로에게 이익을 얻으므로 (다)는 상리 공생이다. A와 B를 단독 배양했을 때보다 혼합 배양했을 때 A와 B의 개체 수가 모두 증가했으므로 A와 B의 상호 작용은 상리 공생에 해당한다.

|보|기|풀|이|

ㄱ. 오답 : 개체군은 동일한 생태계 내에서 같은 종의 개체들로 이루어진 집단이므로 ⓐ에서 늑대는 말코손바닥사슴과 한 개체군을 이루지 않는다.

ㄴ. 정답 : 환경 저항은 개체군의 생장을 억제하는 요인으로, 모든 구간에서 A와 B에 환경 저항이 작용한다. 따라서 구간 Ⅰ에서 A에 환경 저항이 작용한다.

ㄷ. 정답 : A와 B 사이의 상호 작용은 상리 공생이므로 (다)에 해당한다.

🦉 문제풀이 T I P | A와 B를 단독 배양했을 때보다 혼합 배양했을 때 A와 B의 개체 수가 모두 증가한 것을 통해 A와 B 사이의 상호 작용 종류를 알 수 있다.

03. 군집

❶ 군집의 구조 및 상호 작용 ★수능에 나오는 필수 개념 1가지 + 필수 암기사항 5개

필수개념 1 군집

1. **군집** : 한 지역에서 서로 밀접한 관계를 맺으며 생활하는 개체군들의 집단이다.

2. **생태적 지위** : 각 개체군들이 군집 내에서 차지하는 위치 ★암기

① **먹이 지위** : 개체군이 먹이 사슬에서 차지하는 위치

② **공간 지위** : 개체군이 차지하는 서식 공간

3. **군집의 구조**

1) **우점종** : 개체수가 많고 넓은 면적을 차지하여 군집을 대표하는 종 ★암기

① 중요도(상대 밀도＋상대 빈도＋상대 피도)가 가장 높다.

2) **지표종** : 특정한 지역이나 환경 조건에서만 나타나 그 군집을 다른 군집과 구별해 주는 종 ★암기

예 이산화 황 농도에 민감한 지의류 등

4. **방형구를 이용한 식물 군집 조사** : 방형구 전체 면적을 1이라고 하고, 식물 종의 개체수가 아래 그림과 같을 때 결과는 표와 같다. 중요도가 가장 높은 것이 우점종이므로, 토끼풀이 우점종이다.

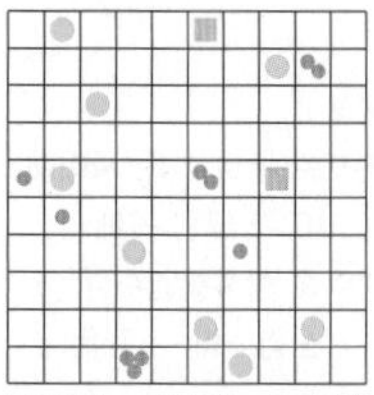

식물	밀도	빈도	피도 계급	상대 밀도 (%)	상대 빈도 (%)	상대 피도 (%)	중요도
질경이	2	0.02	1	10	12.5	20	42.5
민들레	10	0.06	2	50	37.5	40	127.5
토끼풀	8	0.08	2	40	50	40	130.0

■ 질경이   ● 민들레   ○ 토끼풀

5. **군집 내 개체군 간의 상호 작용** ★암기 → 상호 작용의 4가지 종류의 정의를 반드시 외워라!

① **경쟁** : 생태적 지위가 유사한 두 개체군이 먹이와 생활 공간을 두고 서로 차지하기 위해 경쟁하며, 생태적 지위가 중복될수록 경쟁이 심해진다.

• **경쟁 배타 원리** : 두 개체군이 경쟁한 결과 공존하지 못하고, 한 개체군은 살아남고 다른 개체군은 경쟁 지역에서 사라진다.

② **분서** : 생태적 지위가 비슷한 두 개체군이 경쟁을 피하기 위해 먹이, 생활 공간을 달리하는 것이다.

③ **포식과 피식** : 두 개체군 사이의 먹고 먹히는 관계로, 두 개체군의 크기가 주기적으로 변동한다.

④ **공생과 기생**

• **상리 공생** : 두 개체군이 모두 이익을 얻는다. **예** 콩과식물과 뿌리혹박테리아 등

• **편리 공생** : 한 개체군은 이익을 얻지만, 다른 개체군은 이익도 손해도 없는 경우이다.

예 빨판 상어와 거북 등

• **기생** : 한 개체군이 다른 개체군에 살며 자신은 이익을 얻지만, 다른 개체군은 손해를 본다.

예 기생충과 동물 등

6. **개체군 간 상호 작용에 따른 개체수 변화** ★암기 → 그래프를 보고 상호 작용의 종류를 알아야 함!

단독 배양	혼합 배양		
	경쟁	상리 공생	포식과 피식
(개체수/시간 그래프) A종, B종	(개체수/시간 그래프) A종, B종	(개체수/시간 그래프) A종, B종	(개체수/시간 그래프) A종, B종
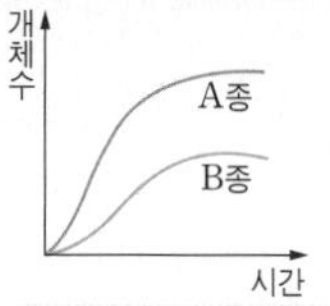 단독 서식(A종과 B종 모두 S자형 생장 곡선 나타남)	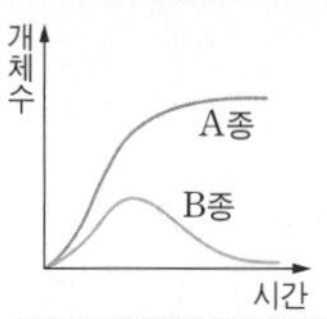 A종만 살아남고 B종은 도태됨	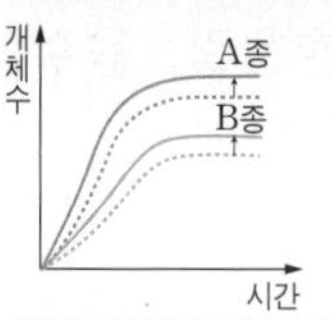 서로 이익을 주어 개체수가 증가함	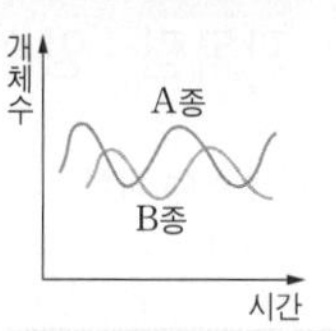 A종의 증감에 따라 B종이 증감함
A종과 B종 모두 S자형 생장 곡선을 나타낸다.	경쟁 배타 원리가 적용되어 B종은 사라지고 A종만 살아남는다.	A종과 B종이 모두 개체 수 증가라는 이익을 얻는다.	두 종의 개체수가 주기적으로 변동된다.

기본자료

▶ 밀도

특정 종의 개체수 / 방형구 전체의 면적

▶ 빈도

특정 종이 출현한 방형구 수 / 조사한 방형구의 총 수

▶ 피도

특정 종이 점유하는 면적 / 방형구 전체의 면적

▶ 공생과 기생

상호 작용	종A	종B
기생	손해	이익
편리 공생	이익	손해도 이익도 없음
상리 공생	이익	이익

❷ 군집의 천이 ◀ ★수능에 나오는 필수 개념 1가지 + 필수 암기사항 7개

필수개념 1 **군집의 천이**

• **군집의 천이** : 군집의 구성과 특성이 시간이 지남에 따라 달라지는 현상이다.

1. 1차 천이

1) 용암 대지와 같이 토양이 전혀 없는 불모지에서 시작되는 천이로 안정된 군집을 이룰 때까지 일어난다. ★암기

2) 개척자가 들어온 후 토양이 형성되고 새로운 종이 들어오며, 마지막에 안정인 상태인 극상을 이룬다.

3) 수분이 적은 건조한 곳에서 시작되는 건성 천이와 연못이나 호수와 같이 습한 곳에서 시작되는 습성 천이가 있다.

　① 건성 천이 : 용암 대지나 황무지 등 건조한 곳에서 시작되는 천이
　　맨땅 → 지의류(개척자) → 초원 → 관목림 → 양수림 → 혼합림 → 음수림(극상) ★암기
　　• 맨땅에 건조하고 양분이 부족해도 잘 살 수 있는 지의류가 개척자로 먼저 나타난다.
　　• 지의류가 정착하여 토양이 형성되면 이어서 초본 식물이 등장하여 초원이 형성된다.
　　• 토양에 여러 가지 양분이 축적되고 수분 함량이 증가하면서 관목이 자라고, 이어서 소나무와 같은 양수(소나무, 버드나무 등)가 자라 숲을 이룬다.
　　• 양수림이 발달하여 숲이 우거지면 지표면에 도달하는 빛의 양이 줄어들어 양수의 묘목보다 약한 빛에서도 잘 자랄 수 있는 음수(떡갈나무, 신갈나무 등)의 묘목이 더 잘 생장하게 된다.
　　• 음수림이 안정된 군집을 이룬다.(극상)

　② 습성 천이 : 연못이나 호수 등 수분이 많은 곳에서 시작되는 천이
　　빈영양호 → 부영양호 → 습원 → 초원 → 관목림 → 양수림 → 혼합림 → 음수림(극상) ★암기
　　• 빈영양호 : 영양 염류가 적어 물 밑까지 산소가 포화되고, 부식토가 적어 수생 식물이 적은 호수
　　• 부영양호 : 영양 염류가 많아 식물성 플랑크톤의 증식이 활발한 호수
　　• 습생 식물이 개척자가 되어 습지로 들어옴으로써 시작된다.
　　• 습생 식물이 들어오면 흙이나 모래가 쌓이고 유기물이 퇴적되어 습원이 형성되며, 이어서 초본이 들어와 초원이 형성된 후 건성 천이와 같은 과정을 거쳐 극상에 도달한다.

2. 2차 천이 : 산불이 난 곳이나 벌목한 장소처럼 이미 토양이 형성된 곳에서 시작되는 천이 ★암기

1) 토양에 양분이나 수분이 충분히 포함되어 있어 1차 천이보다 진행 속도가 빠르다. ★암기

2) 개척자는 지의류가 아닌 초본인 경우가 대부분이다. ★암기

3. 극상 : 천이의 마지막에 안정된 상태를 이루게 되는 군집으로, 온대 지방에서는 주로 음수림이 극상을 이룬다. ★암기

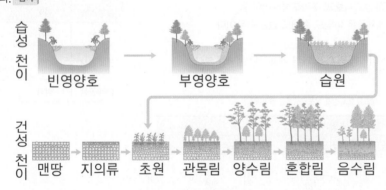

▲ 천이의 진행 과정

▶ 천이 과정에 영향을 미치는 주된 환경 요인
　• 초기 : 토양의 형성 속도, 무기 염류의 축적 정도, 수분의 양
　• 후기 : 지표면에 도달하는 빛의 세기

▶ 음수림이 극상을 이루는 이유
　양수림이 형성되면 숲의 아래쪽은 빛을 잘 받지 못해 양수의 묘목은 잘 자라지 못하고 음수의 묘목이 잘 자라게 되어 음수림으로 천이가 이루어진다. 따라서 천이의 마지막 단계에는 음수림이 안정된 상태를 유지하며 극상을 이룬다.

▶ 군집의 수평 분포
　위도에 따른 분포로, 강수량과 기온의 차이에 의해 나타난다. 저위도에서 고위도로 갈수록 열대 우림 → 낙엽수림 → 침엽수림 → 툰드라 순으로 분포한다.

▶ 군집의 수직 분포
　고도에 따른 분포로 주로 기온 차이에 의해 나타난다. 고도가 낮은 곳에서 높은 곳으로 갈수록 상록활엽수림 → 낙엽활엽수림 → 침엽수림 → 관목대 순으로 분포한다.

표는 지역 (가)와 (나)에 서식하는 식물 종 A~C의 개체 수를 나타낸 것이다. 면적은 (나)가 (가)의 2배이다. 이에 대한 옳은 설명만을 〈보기〉에서 있는 대로 고른 것은? (단, A~C 이외의 종은 고려하지 않는다.)

종 지역	A	B	C
면적 1(가)	11	24	15
면적 2(나)	46	24	30

보기

ㄱ. (가)에서 A는 B와 한 개체군을 이룬다. → 이루지 않는다.
    $\dfrac{B의\ 개체수}{면적}$

ㄴ. B의 밀도는 (가)에서가 (나)에서의 2배이다. → (가) : $\dfrac{24}{1}$, (나) : $\dfrac{24}{2}$

ㄷ. C의 상대 밀도는 (나)에서가 (가)에서의 2배이다. → 같다.
   (가) : $\dfrac{15}{50} \times 100 = 30\%$
   (나) : $\dfrac{30}{100} \times 100 = 30\%$

① ㄱ   ✔② ㄴ   ③ ㄷ   ④ ㄱ, ㄴ   ⑤ ㄴ, ㄷ

$\dfrac{C의\ 밀도}{A의\ 밀도 + B의\ 밀도 + C의\ 밀도} \times 100 \left(\dfrac{C의\ 개체수}{전체\ 개체수} \times 100 \right)$

|자|료|해|설|

면적은 (나)가 (가)의 2배이므로 (가)의 면적은 1, (나)의 면적은 2로 놓고 계산하면 편리하다.

|보|기|풀|이|

ㄱ. 오답 : A와 B는 다른 종이므로 (가)에서 A는 B와 한 개체군을 이루지 않는다.

ⓛ 정답 : B의 밀도는 $\dfrac{B의\ 개체수}{면적}$로 구할 수 있다.

(가)에서 $\dfrac{24}{1}$이고, (나)에서 $\dfrac{24}{2}$이므로 (가)에서가 (나)에서의 2배이다.

ㄷ. 오답 : C의 상대 밀도(%)는 $\dfrac{C의\ 개체수}{전체\ 개체수} \times 100$으로 구할 수 있다. (가)에서 $\dfrac{15}{50} \times 100 = 30\%$이고, (나)에서 $\dfrac{30}{100} \times 100 = 30\%$이므로 (가)와 (나)에서 같다.

😀 **문제풀이 T I P** | 밀도 $= \dfrac{개체수}{면적}$, 상대 밀도(%) $= \dfrac{특정\ 종의\ 개체수}{전체\ 개체수} \times 100$

😆 **출제분석** | 면적이 다른 두 지역에 서식하는 식물 종의 밀도와 상대 밀도를 계산해야 하는 문항으로 난도는 '중하'에 해당한다. 서식하는 면적이 동일할 때 각 종의 밀도는 개체수에 비례한다는 것으로 상대 밀도를 빠르게 구할 수 있다.

표는 어떤 지역에 면적이 $1m^2$인 방형구를 10개 설치한 후 식물 군집을 조사한 결과를 나타낸 것이다.

종	개체 수	상대 밀도	출현한 방형구 수	상대 빈도	점유한 면적(m^2)	상대 피도	중요치
A	30	30%	5	25%	0.5	10%	65
B	20	20%	6	30%	1.5	30%	80
C	40	40%	4	20%	2.0	40%	100 → 우점종
D	10	10%	5	25%	1.0	20%	55

이에 대한 설명으로 옳은 것만을 〈보기〉에서 있는 대로 고른 것은? (단, A~D 이외의 종은 고려하지 않는다.) **3점**

보기

ㄱ. B의 빈도는 0.6이다.

ㄴ. A는 D와 한 개체군을 이룬다. → 같은 종의 개체로 이루어진 집단 → 이루지 않는다

ㄷ. 중요치가 가장 큰 종은 C이다. → 상대 밀도 + 상대 빈도 + 상대 피도

① ㄱ   ② ㄴ   ③ ㄷ   ✔④ ㄱ, ㄷ   ⑤ ㄴ, ㄷ

|자|료|해|설|

개체 수로부터 상대 밀도를, 출현한 방형구 수로부터 상대 빈도를, 점유한 면적으로부터 상대 피도를 구할 수 있다. 또한 중요치는 상대 밀도, 상대 빈도, 상대 피도를 더한 값이므로 중요치가 가장 큰 종은 C(40+20+40=100)이다.

|보|기|풀|이|

ㄱ. 정답 : 설치한 방형구 10개 중 B가 출현한 방형구는 6개이므로 B의 빈도는 $\dfrac{6}{10} = 0.6$이다.

ㄴ. 오답 : 개체군은 어떤 지역에서 같은 종의 개체들로 이루어진 집단이므로 서로 다른 종인 A와 D는 한 개체군을 이루지 않는다.

ㄷ. 정답 : 상대 밀도, 상대 빈도, 상대 피도를 더한 값인 중요치가 가장 큰 종은 C이다.

😀 **문제풀이 T I P** | 특정 종의 상대 밀도(%)는 $\dfrac{특정\ 종의\ 수}{각\ 종의\ 개체\ 수의\ 합} \times 100(\%)$으로 구할 수 있고, 특정 종의 상대 빈도는 $\dfrac{특정\ 종이\ 출현하는\ 방형구\ 수}{각\ 종의\ 출현한\ 방형구\ 수의\ 합} \times 100(\%)$으로 구할 수 있다.

표 (가)는 어떤 지역의 식물 군집을 조사한 결과를 나타낸 것이고, (나)는 우점종에 대한 자료이다.

종	개체 수	빈도	상대 피도(%)
A	198 44	0.32 40	㉠32
B	81 18	0.16 20	23
C	171 38	0.32 40	45

→ 합 100(%)

(가)

• 어떤 군집의 우점종은 중요치가 가장 높아 그 군집을 대표할 수 있는 종을 의미하며, 각 종의 **중요치**는 상대 밀도, 상대 빈도, 상대 피도를 더한 값이다.
→ A : 44+40+32=116
　 B : 18+20+23=61
　 C : 38+40+45=123(우점종)

(나)

이에 대한 설명으로 옳은 것만을 〈보기〉에서 있는 대로 고른 것은? (단, A~C 이외의 종은 고려하지 않는다.) **3점**

보기
→ 100－23－45＝32
㉠ ㉠은 32이다. → $\dfrac{0.16}{0.32+0.16+0.32}\times100=20\%$
㉡ B의 상대 빈도는 20%이다.
㉢ 이 식물 군집의 우점종은 C이다.

① ㄱ   ② ㄷ   ③ ㄱ, ㄴ   ④ ㄴ, ㄷ   ✓⑤ ㄱ, ㄴ, ㄷ

|자|료|해|설|
상대 피도(%)의 합은 100(㉠+23+45)이므로 ㉠은 32이다. 같은 지역이기 때문에 면적이 동일하므로 밀도는 개체수에 비례한다. 각 종의 상대 밀도를 구하면 다음과 같다.

A의 상대 밀도 : $\dfrac{198}{198+81+171}\times100=44\%$

B의 상대 밀도 : $\dfrac{81}{198+81+171}\times100=18\%$

C의 상대 밀도 : $\dfrac{171}{198+81+171}\times100=38\%$

A와 C의 상대 빈도는 $\dfrac{0.32}{0.32+0.16+0.32}\times100=40\%$이고, B의 상대빈도는 A와 C의 절반인 20%이다. 중요치를 구해보면 A는 116, B는 61, C는 123이므로 이 군집의 우점종은 C이다.

|보|기|풀|이|
㉠ 정답 : 상대 피도(%)의 합은 100이므로 ㉠은 32이다.
㉡ 정답 : B의 상대 빈도는 $\dfrac{0.16}{0.32+0.16+0.32}\times100=20\%$이다.
㉢ 정답 : A의 중요치는 116, B는 61, C는 123이므로 이 군집의 우점종은 중요치가 가장 높은 C이다.

😀 **문제풀이 TIP** | 상대 밀도(%), 상대 빈도(%), 상대 피도(%)의 합은 각각 100%이다. 이를 적절하게 활용하면 계산 시간을 단축시킬 수 있다.

😀 **출제분석** | 주어진 값으로 상대 밀도, 상대 빈도, 상대 피도를 구하고 우점종을 찾아야 하는 난도 '중'의 문항이다. 이러한 계산 유형의 문항은 학평과 모평에서 드물게 출제되고 있으며, 문제 해결에 시간이 걸릴 수 있어 정확한 개념 이해를 토대로 충분한 연습이 필요하다.

표는 방형구법을 이용하여 어떤 지역의 식물 군집을 조사한 결과를 나타낸 것이다.

→ 상대 밀도(%)+상대 빈도(%)+상대 피도(%) ←

종	개체 수	상대 밀도(%)	빈도	상대 빈도(%)	상대 피도(%)	중요치(중요도)
A	36	60	0.8	40	38	?138
B	?12	20	0.5	25	27	72
C	12	20	0.7	35	35	90

이에 대한 옳은 설명만을 〈보기〉에서 있는 대로 고른 것은? (단, A~C 이외의 종은 고려하지 않는다.) **3점**

보기
㉠ A의 상대 빈도는 40%이다. → $\dfrac{0.8}{0.8+0.5+0.7}\times100=40\%$
~~㉡ B의 개체 수는 20이다.~~ 12
~~㉢ 우점종은 C이다.~~ A

✓① ㄱ   ② ㄴ   ③ ㄷ   ④ ㄱ, ㄴ   ⑤ ㄴ, ㄷ

|자|료|해|설|
상대 빈도(%)는 $\dfrac{특정\ 종의\ 빈도}{모든\ 종의\ 빈도\ 합}\times100$으로 구할 수 있다. 따라서 A의 상대 빈도는 $\dfrac{0.8}{0.8+0.5+0.7}\times100=40\%$, B의 상대 빈도는 $\dfrac{0.5}{0.8+0.5+0.7}\times100=25\%$이고, C의 상대 빈도는 $\dfrac{0.7}{0.8+0.5+0.7}\times100=35\%$이다. '중요치(중요도)=상대 밀도＋상대 빈도＋상대 피도' 이므로 B와 C의 상대 밀도는 20%이다. 따라서 B의 개체 수는 C와 같은 12이다. 이때 A의 상대 밀도는 60%이고 A의 중요치(중요도)는 138이므로 우점종은 A이다.

|보|기|풀|이|
㉠ 정답 : A의 상대 빈도는 $\dfrac{0.8}{0.8+0.5+0.7}\times100=40\%$ 이다.
ㄴ. 오답 : B의 개체 수는 12이다.
ㄷ. 오답 : 우점종은 중요치(중요도)가 가장 높은 A이다.

😀 **문제풀이 TIP** | '중요치(중요도)=상대 밀도＋상대 빈도＋상대 피도'이며, 중요치(중요도)가 가장 높은 종이 우점종이다.

표는 방형구법을 이용하여 어떤 지역의 식물 군집을 조사한 결과를 나타낸 것이다.   * 상대 □(%)= $\dfrac{\text{특정 종의 □}}{\text{조사한 모든 종의 □의 합}} \times 100$

종	개체 수	상대 밀도(%)	빈도	상대 빈도(%)	상대 피도(%)	중요치(중요도)
A	? 24	20	0.4	20	16	56
B	36	30	0.7	? 35	24	89
C	12	? 10	0.2	10	? 30	50
D	㉠ 48	? 40	? 0.7	? 35	30	105
		합 100%		합 100%	합 100%	

이 자료에 대한 설명으로 옳은 것만을 〈보기〉에서 있는 대로 고른 것은? (단, A~D 이외의 종은 고려하지 않는다.) 3점

보기

ㄱ. ㉠은 <del>24</del>이다. ➡ 12 : 10 = ㉠ : 40, 48

ㄴ. 지표를 덮고 있는 면적이 가장 작은 종은 A이다.

ㄷ. 우점종은 <del>B</del>이다. ➡ 상대 피도가 가장 작은 종
D   중요치(중요도)가 가장 높은 종

① ㄱ   ② ㄴ✓   ③ ㄷ   ④ ㄱ, ㄴ   ⑤ ㄴ, ㄷ

😮 **문제풀이 TIP** | * 상대 □□(%)= $\dfrac{\text{특정 종의 □□}}{\text{조사한 모든 종의 □□의 합}} \times 100$

* 모든 종의 상대 밀도(%)의 합, 상대 빈도(%)의 합, 상대 피도(%)의 합은 각각 100%이다.
* 중요치(중요도)=상대 밀도+상대 피도+상대 빈도

|자|료|해|설|

상대 밀도, 상대 빈도, 상대 피도를 구하는 공식은 각각

상대 밀도(%)= $\dfrac{\text{특정 종의 밀도}}{\text{조사한 모든 종의 밀도의 합}} \times 100$,

상대 빈도(%)= $\dfrac{\text{특정 종의 빈도}}{\text{조사한 모든 종의 빈도의 합}} \times 100$,

상대 피도(%)= $\dfrac{\text{특정 종의 피도}}{\text{조사한 모든 종의 피도의 합}} \times 100$이다.

이때 A~D의 상대 밀도의 합, 상대 빈도의 합, 상대 피도의 합은 각각 100%가 되어야 한다. 개체 수가 36인 B의 상대 밀도가 30%이므로 개체 수가 12인 C의 상대 밀도는 10%이고, 마지막 D의 상대 밀도는 40%이다. 따라서 D의 개체 수(㉠)는 48이다.

빈도가 0.4인 A의 상대 빈도가 20%이므로 빈도가 0.7인 B의 상대 빈도는 35%이며, 마지막 D의 상대 빈도는 35%이다. C의 상대 피도는 100%에서 나머지 종의 상대 피도 값을 뺀 30%이다. 중요치(중요도)는 상대 밀도, 상대 피도, 상대 빈도의 합으로 중요치(중요도)가 가장 높은 종이 우점종이다. A~D의 중요치(중요도)는 각각 56, 89, 50, 105이므로 우점종은 D이다.

|보|기|풀|이|

ㄱ. 오답 : ㉠은 48이다.

ㄴ. 정답 : 지표를 덮고 있는 면적이 가장 작은 종은 상대 피도가 가장 작은 A이다.

ㄷ. 오답 : 우점종은 중요치(중요도)가 가장 높은 D이다.

다음은 어떤 지역의 식물 군집에서 우점종을 알아보기 위한 탐구이다.

(가) 이 지역에 방형구를 설치하여 식물 종 A~E의 분포를 조사했다.

(나) 표는 조사한 자료를 바탕으로 각 식물 종의 상대 밀도, 상대 빈도, 상대 피도를 구한 결과를 나타낸 것이다.

종	상대 밀도(%) +	상대 빈도(%) +	상대 피도(%) =	중요치(중요도)
A	30	20	20	70
B	5	24	26	55
C	25	25	10	60
D	10	26	24	60
E	30	5	20	55

(다) 이 지역의 우점종이 A임을 확인했다. ➡ 중요치(중요도)의 값이 가장 큰 종

이 자료에 대한 설명으로 옳은 것만을 〈보기〉에서 있는 대로 고른 것은? (단, A~E 이외의 종은 고려하지 않는다.) 3점

보기

    상대 밀도+상대 빈도+상대 피도 ➡ 중요치 : 70(가장 큼)

ㄱ. 중요치(중요도)가 가장 큰 종은 A이다. ➡ 상대 피도 : 26(가장 큼)

ㄴ. 지표를 덮고 있는 면적이 가장 큰 종은 B이다.

ㄷ. E가 출현한 방형구 수는 D가 출현한 방형구의 수보다 <del>많다</del> 적다 ➡ 피도= $\dfrac{\text{특정 종이 점유하는 면적}}{\text{전체 방형구 면적}}$ 빈도= $\dfrac{\text{특정 종이 출현한 방형구 수}}{\text{전체 방형구 수}}$ ➡ 상대 빈도 : E(5) < D(26)

① ㄱ   ② ㄷ   ③ ㄱ, ㄴ✓   ④ ㄱ, ㄴ   ⑤ ㄱ, ㄷ

|자|료|해|설|

우점종은 개체수가 많고 넓은 면적을 차지하여 군집을 대표하는 종으로, 중요치(중요도=상대 밀도+상대 빈도+상대 피도)의 값이 가장 크다. 표의 값으로 각 종의 중요치(중요도)를 구해보면 A는 70, B는 55, C는 60, D는 60, E는 55이므로 이 지역의 우점종은 A이다.

|보|기|풀|이|

ㄱ. 정답 : A의 중요치(중요도)가 70으로 가장 크다.

ㄴ. 정답 : 피도= $\dfrac{\text{특정 종이 점유하는 면적}}{\text{전체 방형구 면적}}$ 이므로 상대 피도의 값으로 지표를 덮고 있는 면적을 비교할 수 있다. 상대 피도(%)의 값은 B가 26으로 가장 크다. 따라서 지표를 덮고 있는 면적이 가장 큰 종은 B이다.

ㄷ. 오답 : 빈도는 $\dfrac{\text{특정 종이 출현한 방형구 수}}{\text{전체 방형구 수}}$ 이므로 상대 빈도의 값으로 각 종이 출현한 방형구의 수를 비교할 수 있다. 상대 빈도(%)의 값은 E가 5이고, D가 26이다. 따라서 E가 출현한 방형구의 수는 D가 출현한 방형구의 수보다 적다.

😮 **문제풀이 TIP** | 우점종은 중요치(중요도=상대 밀도+상대 빈도+상대 피도)의 값이 가장 큰 종이다. 지표를 덮고 있는 면적은 상대 피도 값으로 비교할 수 있고, 특정 종이 출현한 방형구의 수는 상대 빈도 값으로 비교 가능하다.

😊 **출제분석** | 우점종과 중요치(중요도), 피도와 빈도의 개념을 알고 있다면 쉽게 해결할 수 있는 문항이다. 생태계 단원에서 밀도, 빈도, 피도 계산과 관련된 문항이 자주 출제되고 있으므로 각 개념과 계산 방법을 반드시 익혀두자.

표 (가)는 면적이 동일한 서로 다른 지역 Ⅰ과 Ⅱ의 식물 군집을 조사한 결과를 나타낸 것이고, (나)는 우점종에 대한 자료이다.

<합 100%> 상대 밀도＋상대 빈도＋상대 피도

지역	종	상대 밀도 (%)	상대 빈도 (%)	상대 피도 (%)	총 개체 수	중요치
Ⅰ	A	30	?45	19		94
Ⅰ	B	?41	24	22	100	87
Ⅰ	C	29	31	?59		119(우점종)
Ⅱ	A	5	?45	13		63
Ⅱ	B	?25	13	25	120	63
Ⅱ	C	70	42	?62		174(우점종)

(나) ○ 어떤 군집의 우점종은 중요치가 가장 높아 그 군집을 대표할 수 있는 종을 의미하며, 각 종의 중요치는 상대 밀도, 상대 빈도, 상대 피도를 더한 값이다.

이에 대한 설명으로 옳은 것만을 <보기>에서 있는 대로 고른 것은? (단, A~C 이외의 종은 고려하지 않는다.)

보기
개체 수／면적 개체 수 : 100의 30%＝30
ㄱ. Ⅰ의 식물 군집에서 우점종은 C이다.
ㄴ. 개체군 밀도는 Ⅰ의 A가 Ⅱ의 B보다 크다. 같다
ㄷ. 종 다양성은 Ⅰ에서가 Ⅱ에서보다 높다.
종의 수가 많을수록, 종의 비율이 균등할수록 높음
개체 수 : 120의 25%＝30

① ㄱ ② ㄴ ✓③ ㄱ, ㄷ ④ ㄴ, ㄷ ⑤ ㄱ, ㄴ, ㄷ

|자|료|해|설|
상대 밀도(%), 상대 빈도(%), 상대 피도(%)의 합은 각각 100(%)이므로 빈칸의 값을 채울 수 있다. 우점종은 중요치(상대 밀도＋상대 빈도＋상대 피도)가 가장 높은 종이므로 지역 Ⅰ의 우점종은 C(29＋31＋59＝119)이고, 지역 Ⅱ의 우점종 또한 C(70＋42＋62＝174)이다.

|보|기|풀|이|
ㄱ. 정답 : 지역 Ⅰ에서의 우점종은 중요치가 119로 가장 높은 C이다.

ㄴ. 오답 : 개체군의 밀도는 $\dfrac{개체 수}{면적}$로 구할 수 있으며, Ⅰ과 Ⅱ의 면적이 동일하므로 개체군의 밀도는 개체 수에 비례한다. Ⅰ에서 A의 개체 수는 총 개체 수 100 중에 30%이므로 30이고, Ⅱ에서 B의 개체 수는 총 개체 수 120 중에 25%이므로 30이다. 따라서 개체군 밀도는 Ⅰ의 A와 Ⅱ의 B가 같다.

ㄷ. 정답 : 종의 수가 많을수록, 종의 비율이 균등할수록 종 다양성이 높다. 종의 수는 Ⅰ과 Ⅱ에서 3가지(A, B, C)로 같지만, Ⅰ에서 종의 비율이 더 균등하므로 종 다양성은 Ⅰ에서가 Ⅱ에서보다 높다.

😀 **출제분석** | 제시된 표에서 중요치를 구해 각 지역의 우점종을 찾아야 하는 난도 '중상'의 문항이다. 빈칸의 값을 채우고 중요치를 구하는 것은 단순 계산이지만, '보기 ㄴ'에서 개체군의 밀도를 비교하기 위해 개체 수를 구할 때 표에 제시된 각 지역의 총 개체 수와 상대 밀도(%)의 값을 활용해야 한다는 것을 놓친 학생들이 많았을 것이다. 상대 밀도(%)는 총 개체 수 중에서 각 종이 차지하는 비율을 나타낸 것임을 이해하자.

표는 방형구법을 이용하여 어떤 지역의 식물 군집을 조사한 결과를 나타낸 것이다. A~C의 개체 수의 합은 100이고, 순위 1, 2, 3은 값이 큰 것부터 순서대로 나타낸 것이다.

종	상대 밀도(%) 값	순위	상대 빈도(%) 값	순위	상대 피도(%) 값	순위	중요치(중요도) 값	순위
A	32	2	38	1	?39	?1	?109	?1
B	㉠37	1	?25	3	?35	?2	97	?2
C	?31	3	㉠37	2	26	?3	?94	?3

이에 대한 설명으로 옳은 것만을 <보기>에서 있는 대로 고른 것은? (단, A~C 이외의 종은 고려하지 않는다.) **3점**

보기
ㄱ. 지표를 덮고 있는 면적이 가장 큰 종은 A이다.
ㄴ. B의 상대 빈도 값은 26이다. 25
ㄷ. C의 중요치(중요도) 값은 96이다. 94

✓① ㄱ ② ㄴ ③ ㄷ ④ ㄱ, ㄴ ⑤ ㄴ, ㄷ

|자|료|해|설|
종 C의 상대 빈도가 종 A의 상대 빈도보다 작으므로 ㉠<38이다. 또한 각 종의 상대 밀도의 합은 100(%)이므로 종 C의 상대 밀도는 100－(32＋㉠)이며, 상대 빈도의 순위가 3이므로 68－㉠<32, 즉 36<㉠이다. 따라서 ㉠은 37이다. 각 종의 상대 밀도의 합, 상대 빈도의 합, 상대 피도의 합은 각각 100이고 중요치는 (상대 밀도＋상대 빈도＋상대 피도)이므로 이를 토대로 표를 채우면 첨삭한 내용과 같다.

|보|기|풀|이|
ㄱ. 정답 : 지표를 덮고 있는 면적은 상대 피도로 비교할 수 있으므로 지표를 덮고 있는 면적이 가장 큰 종은 A이다.
ㄴ. 오답 : B의 상대 빈도 값은 100－(38＋37)＝25이다.
ㄷ. 오답 : C의 중요치(중요도) 값은 31＋37＋26＝94이다.

😀 **문제풀이 T I P** | 상대 밀도(%)의 합, 상대 빈도(%)의 합, 상대 피도(%)의 합은 각각 100(%)이므로 이를 적절히 활용하면 빠르게 계산할 수 있다.

😀 **출제분석** | 상대 밀도, 상대 빈도, 상대 피도와 중요치를 계산하는 문항으로, 각 종의 값을 순위로 비교하여 값을 구하는 과정을 좀 더 까다롭게 만들었다. 밀도, 빈도, 피도 계산은 생태계 단원에서 높은 난도의 문항으로 출제될 수 있으므로 기본 개념을 정확히 이해하고 빠르게 계산할 수 있도록 연습해야 한다.

표는 서로 다른 지역 (가)와 (나)의 식물 군집을 조사한 결과를 나타낸 것이다. (가)의 면적은 (나)의 면적의 2배이다.

지역	종	개체 수	상대 빈도(%)	총개체 수
(가) 면적2	A	?40	29	
	B	33	41	합 100% 100
	C	27	?30	
(나) 면적1	A	25	32	
	B	? 31	35	합 100% 100
	C	44	?33	

이에 대한 설명으로 옳은 것만을 <보기>에서 있는 대로 고른 것은? (단, A~C 이외의 종은 고려하지 않는다.) 3점

보기

ㄱ. A의 개체군 밀도는 (가)에서가 (나)에서보다 크다.

ㄴ. (나)에서 B의 상대 밀도는 31%이다.

ㄷ. C의 상대 빈도는 (가)에서가 (나)에서보다 작다.

① ㄱ   ② ㄷ   ③ ㄱ, ㄴ   ✓④ ㄴ, ㄷ   ⑤ ㄱ, ㄴ, ㄷ

|자|료|해|설|

각 지역에서 총개체 수는 100이므로 (가)에서 A의 개체 수는 40이고, (나)에서 B의 개체 수는 31이다. 상대 빈도(%)의 합은 100%이므로 C의 상대 빈도는 (가)에서 30%이고, (나)에서 33%이다.

|보|기|풀|이|

ㄱ. 오답 : 개체군 밀도는 $\frac{개체 수}{면적}$로 구할 수 있다.

A의 개체군 밀도는 (가)에서 $\frac{40}{면적2}$이고, (나)에서 $\frac{25}{면적1}$이므로 (가)에서가 (나)에서보다 작다.

ㄴ. 정답 : (나)에서 B의 상대 밀도는(%)

$\frac{B의 밀도}{A의밀도+B의밀도+C의 밀도} \times 100 =$

$\frac{B의 개체 수}{A의 개체 수+B의 개체 수+C의 개체 수} \times 100 =$

$\frac{B의 개체 수 (31)}{전체 개체 수(100)} \times 100 = 31\%$이다.

ㄷ. 정답 : C의 상대 빈도는 (가)에서 30이고, (나)에서 33이므로 (가)에서가 (나)에서보다 작다.

문제풀이 TIP | 개체군 밀도는 $\frac{개체 수}{면적}$로 구할 수 있고, 상대 빈도(%)의 합은 100%이다.

표 (가)는 어떤 지역의 식물 군집을 조사한 결과를 나타낸 것이고, (나)는 종 A와 B의 상대 피도와 상대 빈도에 대한 자료이다.

종	개체 수	빈도
A	240	0.20
B	60	㉠ 0.28
C	200	0.32

(가)

○ A의 상대 피도는 55%이다.
○ B의 상대 빈도는 35%이다.

$\frac{}{0.20+㉠+0.32} \times 100 = 35\%$

∴ ㉠ = 0.28

(나)

이에 대한 설명으로 옳은 것만을 <보기>에서 있는 대로 고른 것은? (단, A~C 이외의 종은 고려하지 않는다.)

보기

ㄱ. ㉠은 0.35이다.

ㄴ. B의 상대 밀도는 12%이다.

ㄷ. 중요치는 A가 C보다 낮다.

① ㄱ   ✓② ㄴ   ③ ㄷ   ④ ㄱ, ㄴ   ⑤ ㄴ, ㄷ

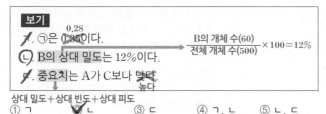

	상대 밀도	+ 상대 빈도	+ 상대 피도	중요치
A	48%	25%	55%	128
B	12%	35%		
C	40%	40%		

|자|료|해|설|

A의 상대 피도가 55%이므로, B의 상대 피도와 C의 상대 피도 합은 45%이다. B의 상대 빈도가 35%이므로

$\frac{B의 빈도}{A의 빈도+B의 빈도+C의 빈도} \times 100 =$

$\frac{㉠}{0.20+㉠+0.32} \times 100 = 35\%$이고, 계산하면 ㉠은 0.28이다.

|보|기|풀|이|

ㄱ. 오답 : ㉠은 0.28이다.

ㄴ. 정답 : B의 상대 밀도(%)는

$\frac{B의 밀도}{A의 밀도+B의 밀도+C의 밀도} \times 100 =$

$\frac{B의 개체 수}{A의 개체 수+B의 개체 수+C의 개체 수} \times 100 =$

$\frac{B의 개체 수(60)}{전체 개체 수(500)} \times 100 = 12\%$이다.

ㄷ. 오답 : 중요치(중요도)는 '상대 밀도+상대 빈도+상대 피도'의 값이다. A의 중요치는 48+25+55=128이고, C의 중요치는 이보다 큰 값을 가질 수 없다. 따라서 중요치는 A가 C보다 높다.

문제풀이 TIP | * 특정 종의 상대 밀도(%) = $\frac{특정 종의 밀도}{모든 종의 밀도의 합} \times 100 = \frac{특정 종의 개체 수}{모든 종의 개체 수 합} \times 100$

* 특정 종의 상대 빈도(%) = $\frac{특정 종의 빈도}{모든 종의 빈도의 합} \times 100$

출제분석 | 상대 밀도, 상대 빈도, 상대 피도와 중요치에 대한 개념을 정확하게 이해하고 적용해야 하는 난도 '중상'의 문항이다. ㉠의 값을 구하는 과정이 꽤 복잡하다. '보기 ㄱ'이 성립한다고 가정하면, B의 상대 빈도가 35%이므로 A, B, C의 빈도 합(0.20+0.35+0.32)이 1이어야 하는데 이는 모순되므로 '보기 ㄱ'은 오답이라는 것을 빠르게 알 수 있다. 중요치 또한 일일이 계산해볼 시간이 없다면 대략적으로 비교해볼 수도 있지만, 이 문항의 경우 A와 C의 중요치를 비교하는게 까다로워 난도가 높다.

표는 방형구법을 이용하여 어떤 지역의 식물 군집을 두 시점 t_1과 t_2일 때 조사한 결과를 나타낸 것이다.

→ 상대 밀도＋상대 빈도＋상대 피도

시점	종	개체 수	상대 빈도(%)	상대 피도(%)	중요치(중요도)	상대 밀도(%)
	A	9	? 20	30	68	18
t_1	B	19	20	20	? 78	38
	C	? 7	20	15	49	14
우점종← D	D	15	40	? 35	? 105	30
	A	0	? 0	? 0	? 0	0
우점종← B t_2	B	33	? 40	39	? 134	55
	C	? 6	20	24	? 54	10
	D	21	40	? 37	112	35

중요치(중요도): ← 상대 밀도＋상대 빈도＋상대 피도

이 자료에 대한 설명으로 옳은 것만을 〈보기〉에서 있는 대로 고른 것은? (단, A~D 이외의 종은 고려하지 않는다.) 3점

보기

→ 중요치(중요도)값이 가장 큰 종

ㄱ. t_1일 때 우점종은 D이다.

→ 피도(또는 상대 피도)값이 가장 큰 종

ㄴ. t_2일 때 지표를 덮고 있는 면적이 가장 큰 종은 B이다.

ㄷ. C의 상대 밀도는 t_1일 때가 t_2일 때보다 ~~작다.~~ 크다

→ 14   → 10

① ㄱ   ② ㄷ   ✓③ ㄱ, ㄴ   ④ ㄴ, ㄷ   ⑤ ㄱ, ㄴ, ㄷ

|자|료|해|설|

군집에서 상대 밀도(%), 상대 빈도(%), 상대 피도(%) 각각의 합은 100(%)이다. 따라서 t_1일 때 A의 상대 빈도는 20이고, D의 상대 피도는 35이다. 중요치(중요도)는 '상대 밀도＋상대 빈도＋상대 피도'이므로 t_1일 때 A의 상대 밀도는 18이고, C의 상대 밀도는 14이다. 상대 밀도의 값은 개체 수에 비례하므로 t_1일 때 C의 개체 수는 7이고, B의 상대 밀도는 38, D의 상대 밀도는 30이다. 따라서 t_1일 때 B의 중요치는 78이고, D의 중요치는 105이므로 t_1일 때 우점종은 중요치 값이 가장 큰 D이다.

t_2일 때 A의 개체 수가 0이므로 A의 상대 밀도, 상대 빈도, 상대 피도, 중요치 값은 모두 0이다. 따라서 t_2일 때 B의 상대 빈도는 40이고, D의 상대 피도는 37이다. D의 상대 밀도가 35이므로 B의 상대 밀도는 55이고, C의 상대 밀도는 10이다. 이때 B의 중요치는 134이고, C의 중요치는 54이므로 t_2일 때 우점종은 중요치 값이 가장 큰 B이다.

|보|기|풀|이|

ㄱ. 정답 : t_1일 때 D의 중요치 값이 가장 크므로 우점종은 D이다.

ㄴ. 정답 : t_2일 때 지표를 덮고 있는 면적이 가장 큰 종은 상대 피도의 값이 가장 큰 B이다.

ㄷ. 오답 : C의 상대 밀도는 t_1(상대 밀도 14)일 때가 t_2(상대 밀도 10)일 때보다 크다.

😮 **문제풀이 TIP |** 상대 밀도(%), 상대 빈도(%), 상대 피도(%)는 퍼센트 값이므로 각각의 합은 100이 되어야 한다. 표에 나와 있지 않은 상대 밀도(%)의 값은 개체 수에 비례하다는 것과 '중요치(중요도)=상대 밀도＋상대 빈도＋상대 피도'의 식을 이용하여 구할 수 있다.

😊 **출제분석 |** 표에 제시된 값을 토대로 나머지 값과 상대 밀도를 구하고 우점종을 구분해야 하는 난도 '중상'의 문항이다. 이전에도 자주 출제된 형태의 문항으로, 각 개념을 정확하게 알고 있어야 문제 해결이 가능하다.

표 (가)는 어떤 지역에서 시점 t_1과 t_2일 때 서식하는 식물 종 A~C의 개체 수를 나타낸 것이고, (나)는 C에 대한 설명이다. t_1일 때 A~C의 개체 수의 합과 B의 상대 밀도는 t_2일 때와 같고, t_1과 t_2일 때 이 지역의 면적은 변하지 않았다.

구분	개체 수		
	A	B	C
t_1	16	17	? 17
t_2	28	○=17 5	

C는 대기 중 오염 물질의 농도가 높아지면 개체 수가 감소하므로, C의 개체 수를 통해 대기 오염 정도를 알 수 있다.

(가)   (나)

이에 대한 설명으로 옳은 것만을 〈보기〉에서 있는 대로 고른 것은? (단, A~C 이외의 다른 종은 고려하지 않고, 대기 오염 외에 C의 개체 수 변화에 영향을 주는 요인은 없다.) 3점

보기

ㄱ. ○은 17이다. → 한 지역 내 종의 다양한 정도

ㄴ. 식물의 종 다양성은 t_1일 때가 t_2일 때보다 높다.

ㄷ. 대기 중 오염 물질의 농도는 t_1일 때가 t_2일 때보다 ~~높다.~~ 낮다

① ㄱ   ② ㄷ   ✓③ ㄱ, ㄴ   ④ ㄴ, ㄷ   ⑤ ㄱ, ㄴ, ㄷ

|자|료|해|설|

A~C의 개체 수의 합과 B의 상대 밀도가 t_1일 때와 t_2일 때 같으며, B의 상대 밀도＝$\frac{\text{B의 개체 수}}{\text{전체 개체 수의 합}}$이므로 t_1일 때와 t_2일 때 B의 개체 수(○)는 17로 같다. 또 A~C의 개체 수의 합이 같으므로 t_1일 때 C의 개체 수 또한 17이다. 이때, 대기 중 오염 물질의 농도가 높아지면 C의 개체 수가 감소하므로 t_1보다 t_2일 때 대기 중 오염 물질의 농도가 높음을 알 수 있다.

|보|기|풀|이|

ㄱ. 정답 : 개체 수의 합과 상대 밀도에 대한 정보를 통해 ○은 17임을 알 수 있다.

ㄴ. 정답 : 종 다양성은 종의 수가 많을수록, 종의 비율이 고를수록 높으므로 A~C의 비율이 더 고른 t_1일 때가 t_2일 때보다 높다.

ㄷ. 오답 : C의 개체 수는 t_1일 때 17에서 t_2일 때 5로 감소했으므로 대기 중 오염 물질의 농도는 t_1일 때가 t_2일 때보다 낮다.

😮 **문제풀이 TIP |** 식물 군집의 밀도, 빈도, 피도, 상대 밀도, 상대 빈도, 상대 피도의 개념을 정확히 이해하고 있었다면 산술적인 계산 없이도 빈 칸에 들어갈 값을 쉽게 구할 수 있는 문항이다. 개념을 활용해 조금 더 계산이 필요한 문항들도 연습해볼 필요가 있다.

표는 종 사이의 상호 작용을 나타낸 것이다. ㉠과 ㉡은 기생과 상리 공생을 순서 없이 나타낸 것이다. 이에 대한 설명으로 옳은 것만을 〈보기〉에서 있는 대로 고른 것은?

상호 작용	종1	종2
기생 ㉠	손해	ⓐ 이익
상리 공생 ㉡	이익	? 이익
포식과 피식	손해	이익

보기

ㄱ. ⓐ는 ~~손해~~ 이익 이다.
ㄴ. ㉡은 상리 공생이다.
ㄷ. 스라소니가 눈신토끼를 잡아먹는 것은 포식과 피식에 해당한다.

①ㄱ　　②ㄴ　　③ㄷ　　④ㄱ, ㄷ　　⑤ㄴ, ㄷ

|자|료|해|설|

기생은 한 개체군이 다른 개체군에 살며 이익을 얻고 다른 개체군은 손해를 보는 상호 작용이고, 상리 공생은 두 개체군이 모두 이익을 얻는 상호 작용이다. 따라서 ㉠은 기생, ⓐ는 '이익'이고 ㉡은 상리 공생이다.

|보|기|풀|이|

ㄱ. 오답 : ㉠은 한 개체군이 다른 개체군에 살며 이익을 얻고 다른 개체군은 손해를 보는 기생이므로 ⓐ는 '이익'이다.
ㄴ. 정답 : ㉡은 두 개체군이 모두 이익을 얻는 상리 공생이다.
ㄷ. 정답 : 스라소니가 눈신토끼를 잡아먹는 것은 두 개체군 사이의 먹고 먹히는 관계인 포식과 피식에 해당한다.

😀 **출제분석** | 군집 내 개체군 간의 상호 작용에 대해 묻는 난도 '하'의 문항이다. 상호 작용 문항의 경우 제시되는 자료의 유형이 다양하므로 기출문제를 풀어보며 난도 높은 문항 출제를 대비하는 것이 좋다.

다음은 종 사이의 상호 작용에 대한 자료이다. (가)와 (나)는 기생과 상리 공생의 예를 순서 없이 나타낸 것이다.

기생 (가) 겨우살이는 다른 식물의 줄기에 뿌리를 박아 물과 양분을 빼앗는다.
상리 공생 (나) 뿌리혹박테리아는 콩과식물에게 질소 화합물을 제공하고, 콩과식물은 뿌리혹박테리아에게 양분을 제공한다.

이에 대한 설명으로 옳은 것만을 〈보기〉에서 있는 대로 고른 것은?

보기

이익 : 겨우살이
이익 : 뿌리혹박테리아, 콩과식물

ㄱ. (가)는 기생의 예이다.
ㄴ. (가)와 (나) 각각에는 이익을 얻는 종이 있다.
ㄷ. 꽃이 벌새에게 꿀을 제공하고, 벌새가 꽃의 수분을 돕는 것은 상리 공생의 예에 해당한다.

①ㄱ　　②ㄷ　　③ㄱ, ㄴ　　④ㄴ, ㄷ　　⑤ㄱ, ㄴ, ㄷ

|자|료|해|설|

기생은 한 개체군이 다른 개체군에 살며 자신은 이익을 얻지만 다른 개체군은 손해를 보는 상호 작용이고, 상리 공생은 두 개체군이 모두 이익을 얻는 상호 작용이다. 따라서 (가)는 기생의 예이고, (나)는 상리 공생의 예이다.

|보|기|풀|이|

ㄱ. 정답 : (가)는 한 개체군(겨우살이)은 이익을 얻고 다른 개체군(식물)은 손해를 보는 기생의 예이다.
ㄴ. 정답 : (가)에서는 겨우살이가, (나)에서는 두 개체군이 모두 이익을 얻는다.
ㄷ. 정답 : 꽃과 벌새는 서로 이익을 얻으므로 이는 상리 공생의 예에 해당한다.

😀 **출제분석** | 군집 내 상호 작용의 종류를 구분해야 하는 난도 '하'의 문항이다. 기생과 상리 공생의 개념을 알고 있다면 쉽게 해결할 수 있다.

Ⅴ
1
|
03.
군집

그림 (가)는 어떤 지역에서 일정 기간 동안 조사한 종 A~C의 단위 면적당 생물량(생체량) 변화를, (나)는 A~C 사이의 먹이 사슬을 나타낸 것이다. A~C는 생산자, 1차 소비자, 2차 소비자를 순서 없이 나타낸 것이다.

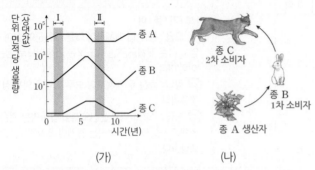

(가)   (나)

이 자료에 대한 설명으로 옳은 것만을 <보기>에서 있는 대로 고른 것은?

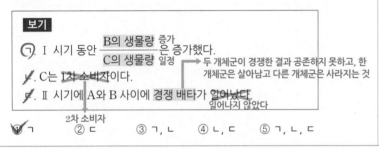

보기

ㄱ. Ⅰ 시기 동안 $\dfrac{\text{B의 생물량}}{\text{C의 생물량}}$ 은 증가했다.   B의 생물량 증가 / C의 생물량 일정

ㄴ. C는 1차 소비자이다. → 두 개체군이 경쟁한 결과 공존하지 못하고, 한 개체군은 살아남고 다른 개체군은 사라지는 것

ㄷ. Ⅱ 시기에 A와 B 사이에 경쟁 배타가 일어났다. → 일어나지 않았다

2차 소비자

① ㄱ   ② ㄷ   ③ ㄱ, ㄴ   ④ ㄴ, ㄷ   ⑤ ㄱ, ㄴ, ㄷ

|자|료|해|설|

(나)에서 종 A는 생산자, 종 B는 1차 소비자, 종 C는 2차 소비자이다.

|보|기|풀|이|

ㄱ. 정답 : Ⅰ 시기 동안 B의 생물량은 증가했고, C의 생물량은 일정했으므로 Ⅰ 시기 동안 $\dfrac{\text{B의 생물량}}{\text{C의 생물량}}$ 은 증가했다.

ㄴ. 오답 : C는 2차 소비자이다.

ㄷ. 오답 : A(생산자)와 B(1차 소비자)의 상호 작용은 포식과 피식에 해당한다. 경쟁 배타는 두 개체군이 경쟁한 결과 공존하지 못하고 한 개체군만 살아남는 것이므로 Ⅱ 시기에 A와 B 사이에 경쟁 배타는 일어나지 않았다.

🙂 **출제분석** | '보기 ㄱ'과 '보기 ㄴ'은 주어진 자료를 통해 알아낼 수 있으며, 경쟁 배타의 개념만 알고 있다면 쉽게 해결 가능한 난도 '하'의 문항이다.

다음은 어떤 섬에 서식하는 동물 종 A~C 사이의 상호 작용에 대한 자료이다.

○ A와 B는 같은 먹이를 먹고, C는 A와 B의 천적이다.
○ 그림은 Ⅰ~Ⅳ시기에 서로 다른 영역 (가)와 (나) 각각에 서식하는 종의 분포 변화를 나타낸 것이다.

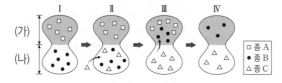

□ 종 A
● 종 B
△ 종 C

○ Ⅰ시기에 ⊙ <u>A와 B는 서로 경쟁을 피하기 위해 A는 (가)에, B는 (나)에 서식하였다.</u> → 분서
○ Ⅱ시기에 C가 (나)로 유입되었고, C가 B를 포식하였다.
○ Ⅲ시기에 B는 C를 피해 (가)로 이주하였다.
○ Ⅳ시기에 (가)에서 A와 B 사이의 경쟁의 결과로 A가 사라졌다. → 경쟁 배타

이 자료에 대한 설명으로 옳은 것만을 <보기>에서 있는 대로 고른 것은? (단, 제시된 조건 이외는 고려하지 않는다.) 3점

보기

생태적 지위가 비슷한 두 개체군이 먹이, 생활 공간을 달리하는 것 →
ㄱ. ⊙에서 A와 B 사이의 상호 작용은 분서에 해당한다.
ㄴ. Ⅱ시기에 (나)에서 C는 B와 한 개체군을 이루었다. → 같은 종의 개체들로 이루어진 집단
(다른)
ㄷ. Ⅳ시기에 (가)에서 A와 B 사이에 경쟁 배타가 일어났다. → 한 개체군은 살아남고 다른 개체군은 사라짐

① ㄱ   ② ㄴ   ✓③ ㄱ, ㄷ   ④ ㄴ, ㄷ   ⑤ ㄱ, ㄴ, ㄷ

|자|료|해|설|

같은 먹이를 먹는 A와 B가 Ⅰ시기에 서로 경쟁을 피하기 위해 생활 공간을 나누어 서식하는 것은 개체군 간의 상호 작용 중 분서에 해당한다. Ⅳ시기에 A와 B 두 개체군이 경쟁한 결과 공존하지 못하고, A가 사라졌으므로 A와 B 사이에 경쟁 배타가 일어났다는 것을 알 수 있다.

|보|기|풀|이|

ㄱ 정답 : Ⅰ시기에 A와 B가 서로 경쟁을 피하기 위해 생활 공간을 나누어 서식하였으므로 이는 개체군 간의 상호 작용 중 분서에 해당한다.

ㄴ. 오답 : 개체군은 동일한 생태계 내에서 같은 종의 개체들로 이루어진 집단이다. 따라서 다른 종인 B와 C는 서로 다른 개체군에 속한다.

ㄷ 정답 : 경쟁 배타 원리는 두 개체군이 경쟁한 결과 공존하지 못하고, 한 개체군은 살아남고 다른 개체군은 경쟁 지역에서 사라지는 것을 의미한다. Ⅳ시기에 (가)에서 A와 B가 경쟁한 결과 A가 사라졌으므로 A와 B 사이에 경쟁 배타가 일어났다.

🤯 문제풀이 TIP | 개체군은 동일한 생태계 내에서 같은 종의 개체들로 이루어진 집단을 의미한다. 즉, 다른 종은 서로 다른 개체군에 속한다. 분서(分棲)는 나누다 '분', 살다 '서'의 뜻을 가진 단어이고, 배타는 남을 배척하는 것을 의미하는 단어로 '경쟁 배타'는 경쟁 결과 한 개체군이 사라지는 것을 뜻한다.

😄 출제분석 | 각 시기의 종 분포 변화를 통해 군집 내 개체군 간의 상호 작용을 해석해야 하는 난도 '중하'의 문항이다. 새롭게 제시된 그림을 보고 당황할 수 있지만, 그림 아래 자세한 설명이 나와 있어 비교적 쉽게 문제를 해결할 수 있다.

그림은 어떤 지역에서 일정 기간 동안 매년 가을에 목본 식물, 눈신토끼, 스라소니 개체군의 생물량을 조사하여 나타낸 것이다. 3종류의 개체군은 먹이 사슬을 이룬다. 이 자료에 대한 설명으로 옳은 것만을 <보기>에서 있는 대로 고른 것은?

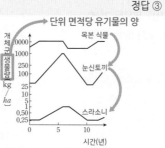

단위 면적당 유기물의 양
목본 식물
눈신토끼
스라소니

보기

생물량: 목본 식물 > 눈신토끼 > 스라소니
하위 영양 단계   상위 영양 단계
ㄱ. 먹이 사슬의 상위 영양 단계로 갈수록 개체군의 생물량은 감소한다.
→ 생산자(독립 영양 생물)
ㄴ. 눈신토끼는 목본 식물의 유기물을 통해 에너지를 얻는다.
1차 소비자 (종속 영양 생물) →
ㄷ. 눈신토끼와 스라소니 사이에 경쟁 배타 원리가 적용된다.
→ 포식과 피식 관계

① ㄱ   ② ㄷ   ✓③ ㄱ, ㄴ   ④ ㄴ, ㄷ   ⑤ ㄱ, ㄴ, ㄷ

|자|료|해|설|

목본 식물, 눈신토끼, 스라소니 개체군은 먹이 사슬을 이룬다고 하였으므로 목본 식물이 가장 하위 영양 단계이며, 눈신토끼, 스라소니로 갈수록 영양 단계가 높아진다.

|보|기|풀|이|

ㄱ 정답 : 먹이 사슬의 가장 하위 영양 단계인 목본 식물의 생물량(kg/ha)은 약 6000~10000이며, 눈신토끼의 생물량은 약 30~1000, 가장 상위 영양 단계인 스라소니의 생물량은 약 0.26~1이다. 따라서 먹이 사슬의 상위 영양 단계로 갈수록 개체군의 생물량은 감소한다.

ㄴ 정답 : 눈신토끼는 종속 영양 생물이며 1차 소비자이다. 따라서 스스로 유기물을 합성할 수 없고 생산자인 목본 식물의 유기물을 통해 에너지를 얻는다.

ㄷ. 오답 : 눈신토끼와 스라소니는 생태적 지위가 달라 경쟁을 하지 않으므로 경쟁 배타 원리는 적용되지 않는다. 눈신토끼와 스라소니는 포식과 피식 관계가 적용되며 이 때문에 두 개체군의 크기가 주기적으로 변동된다.

🤯 문제풀이 TIP | 영양 단계에 대한 의미와 포식과 피식을 잘 이해하고 있어야 문제를 해결할 수 있다. 영양 단계는 먹이 사슬을 통해 물질과 에너지가 전달되는 단계이다. 가장 하위 영양 단계인 생산자부터 1차 소비자, 2차 소비자 순서로 영양 단계가 올라간다는 것을 기억하자!

😄 출제분석 | 영양 단계와 포식과 피식에 대한 개념만 잡혀있으면 쉽게 해결할 수 있는 난도 '하'의 문제이다. 포식과 피식에 대한 문제는 수능 출제빈도가 낮고 물어볼 수 있는 것도 한정적이다. 따라서 수능에 재출제될 확률은 낮지만 개체군 간의 상호 작용 문제의 일부분으로 물어볼 가능성이 있다.

그림 (가)는 종 A와 종 B를 각각 단독 배양했을 때, (나)는 A와 B를 혼합 배양했을 때 시간에 따른 개체수를 나타낸 것이다.

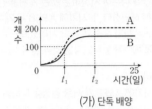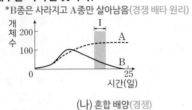

*B종은 사라지고 A종만 살아남음(경쟁 배타 원리)

(가) 단독 배양   (나) 혼합 배양(경쟁)

이에 대한 설명으로 옳은 것만을 〈보기〉에서 있는 대로 고른 것은? (단, (가)와 (나)에서 초기 개체수와 배양 조건은 동일하다.) **3점**

보기
ㄱ. A의 개체수는 t_2일 때가 t_1일 때보다 많다. → 200 → 100
ㄴ. (나)에서 A와 B 사이에 편리 공생이 일어났다.
ㄷ. 구간 Ⅰ에서 A와 B 모두에 환경 저항이 작용한다.

① ㄱ   ② ㄴ   ✓③ ㄱ, ㄷ   ④ ㄴ, ㄷ   ⑤ ㄱ, ㄴ, ㄷ

|자|료|해|설|
그림 (가)는 종 A와 종 B를 각각 단독 배양했을 때의 실제 생장 곡선이고, 그림 (나)는 종 A와 종 B를 혼합 배양했을 때 시간에 따른 개체수의 변화이다. (나) 그래프에서 시간이 지날수록 종 B는 사라지고 종 A만 살아남은 것으로 보아 경쟁이 일어났다는 것을 알 수 있다.

|보|기|풀|이|
ㄱ. 정답 : 그림 (가)에서 A의 개체수는 t_2일 때가 200, t_1일 때가 100이므로 t_2일 때가 t_1일 때보다 많다.
ㄴ. 오답 : (나)에서 경쟁 배타 원리가 적용되어 종 B는 사라지고 종 A만 살아남았다. 따라서 (나)에서 A와 B 사이에 경쟁이 일어났다.
ㄷ. 정답 : 환경 저항은 개체군의 생장을 억제하는 요인으로 실제 환경에서는 항상 작용하므로 구간 Ⅰ에서 A와 B 모두에 작용한다. 환경 저항이 작용하지 않는다면 시간이 지날수록 개체수가 기하급수적으로 증가하는 이론적 생장 곡선(J자형)의 형태를 띤다.

😮 **문제풀이 T I P** | 환경 저항이 없을 때 나타나는 이론적 생장 곡선(J자형)과 환경 저항이 있는 실제 환경에서 나타나는 실제 생장 곡선(S자형)을 구분할 수 있어야 한다. 또한 경쟁 배타 원리가 적용되면 한 종은 사라지고 다른 한 종만 살아남는다는 것을 알고 있다면 쉽게 문제를 해결할 수 있다.

😮 **출제분석** | 개체군의 생장 곡선과 개체군 간 상호 작용 중 경쟁에 대한 개념을 다룬 난도 '하'의 문제이다. 생장 곡선에 대한 기본적인 내용을 묻고 있으며, 출제 빈도가 높은 '경쟁'에 대한 내용을 다룬 문제이므로 실수 없이 반드시 맞혀야 한다. 개체군의 밀도 개념이 포함된 2017년 7월 학평 8번 문제와 출생률과 사망률 개념이 포함된 2017년 10월 학평 16번 문제를 풀어보며 높은 난도의 문제 출제에 대비하자.

표는 종 사이의 상호 작용과 예를 나타낸 것이다. (가)~(다)는 기생, 상리 공생, 포식과 피식을 순서 없이 나타낸 것이다. ⓐ와 ⓑ는 각각 '손해'와 '이익' 중 하나이다.

구분	(가) 상리 공생		(나) 기생		(다) 포식과 피식	
상호 작용	종 Ⅰ	종 Ⅱ	종 Ⅰ	종 Ⅱ	종 Ⅰ	종 Ⅱ
	이익	? 이익	ⓐ이익	손해(숙주)	ⓑ이익 (포식자)	손해 (피식자)
예	흰동가리는 말미잘의 보호를 받고, 말미잘은 흰동가리로부터 먹이를 얻는다.		겨우살이는 숙주 식물로부터 영양소와 물을 흡수하여 살아간다.		?	

이에 대한 설명으로 옳은 것만을 〈보기〉에서 있는 대로 고른 것은?

보기
ㄱ. (가)는 ~~기생~~ 상리 공생 이다.
ㄴ. ⓐ와 ⓑ는 모두 '이익'이다.
ㄷ. '스라소니는 눈신토끼를 잡아먹는다.'는 (다)의 예이다. → 포식과 피식 / 포식자 피식자

① ㄱ   ② ㄴ   ③ ㄱ, ㄷ   ✓④ ㄴ, ㄷ   ⑤ ㄱ, ㄴ, ㄷ

|자|료|해|설|
흰동가리와 말미잘은 서로 이익을 얻으므로 (가)는 상리 공생이다. 겨우살이는 숙주 식물로부터 영양소와 물을 흡수하며 이익을 얻고, 숙주는 손해를 입으므로 (나)는 기생이고 ⓐ는 '이익'이다. 마지막 (다)는 포식과 피식이며, 포식자는 이익을 얻고 피식자는 손해를 입으므로 ⓑ는 '이익'이다.

|보|기|풀|이|
ㄱ. 오답 : 흰동가리와 말미잘은 서로 이익을 얻으므로 (가)는 상리 공생이다.
ㄴ. 정답 : 기생하는 생물은 이익(ⓐ)을 얻고 숙주는 손해를 입는다. 포식과 피식에서 포식자는 이익(ⓑ)을 얻고 피식자는 손해를 입는다. 따라서 ⓐ와 ⓑ는 모두 '이익'이다.
ㄷ. 정답 : '스라소니(포식자)는 눈신토끼(피식자)를 잡아먹는다.'는 포식과 피식이므로 (다)의 예에 해당한다.

😮 **문제풀이 T I P** | 상리 공생은 두 종 모두 이익을 얻고, 기생 및 포식과 피식은 한 종이 이익을 얻을 때 다른 한 종은 손해를 입는다.

표 (가)는 종 사이의 상호 작용을 나타낸 것이고, (나)는 바다에 서식하는 산호와 조류 간의 상호 작용에 대한 자료이다. Ⅰ과 Ⅱ는 경쟁과 상리 공생을 순서 없이 나타낸 것이다.

상호 작용	종 1	종 2
상리 공생 Ⅰ	이익	ⓐ 이익
경쟁 Ⅱ	ⓑ 손해	손해

(가)

• 산호와 함께 사는 조류는 산호에게 산소와 먹이를 공급하고, 산호는 조류에게 서식지와 영양소를 제공한다. → 상리 공생

(나)

이 자료에 대한 설명으로 옳은 것만을 <보기>에서 있는 대로 고른 것은?

보기
　→ 이익　각각 '이익'과 '손해'이다
ㄱ. ⓐ와 ⓑ는 모두 손해 이다.
　　　손해 　　　　　　　　　　　　→ 상리 공생
ㄴ. (나)의 상호 작용은 Ⅰ의 예에 해당한다.
　　　　　　　　　　　　　　→ 이루지 않는다.
ㄷ. (나)에서 산호는 조류와 한 개체군을 이룬다.
　　　　　　　　　　→ 같은 종의 개체들로 이루어진 집단

① ㄱ   ✓② ㄴ   ③ ㄷ   ④ ㄱ, ㄷ   ⑤ ㄴ, ㄷ

|자|료|해|설|

경쟁은 생태적 지위가 유사한 두 개체군이 먹이와 서식 공간을 두고 서로 차지하기 위해 경쟁하는 상호 작용이므로 두 개체군 모두 손해를 본다. 따라서 Ⅱ는 경쟁이고, ⓑ는 '손해'이다. Ⅰ은 상리 공생이며, 이는 두 개체군이 모두 이익을 얻는 상호 작용이므로 ⓐ는 '이익'이다. (나)에서 산호와 조류 사이의 상호 작용은 두 개체군이 모두 이익을 얻는 상리 공생에 해당한다.

|보|기|풀|이|

ㄱ. 오답 : ⓐ는 '이익'이고, ⓑ는 '손해'이다.
ㄴ. 정답 : (나)에 제시된 산호와 조류 사이의 상호 작용은 두 개체군이 모두 이익을 얻는 상리 공생(Ⅰ)의 예에 해당한다.
ㄷ. 오답 : 개체군은 같은 종의 개체들로 이루어진 집단이므로 (나)에서 산호와 조류는 각각 다른 개체군을 이룬다.

😮 문제풀이 T I P | 경쟁은 두 개체군이 모두 손해를 입고, 상리 공생은 두 개체군이 모두 이익을 얻는다. 개체군은 동일한 생태계 내에서 같은 종의 개체들로 이루어진 집단이다.

표는 종 사이의 상호 작용을 나타낸 것이다. ⊙과 ⓒ은 상리 공생, 포식과 피식을 순서 없이 나타낸 것이다. 이에 대한 설명으로 옳은 것만을 <보기>에서 있는 대로 고른 것은?

상호 작용	종 1	종 2
포식과 피식 ⊙	손해	? 이익
상리 공생 ⓒ	ⓐ 이익	이익

보기
ㄱ. ⓐ는 '이익'이다.
ㄴ. ⊙은 포식과 피식이다.
ㄷ. 뿌리혹박테리아와 콩과식물 사이의 상호 작용은 ⓒ에 해당한다.
　　　　　　　　　　　　　　→ 상리 공생

① ㄱ   ② ㄷ   ③ ㄱ, ㄴ   ④ ㄴ, ㄷ   ✓⑤ ㄱ, ㄴ, ㄷ

|자|료|해|설|

상리 공생은 두 종 모두 이익을 얻고, 포식과 피식은 한 종이 이익(포식자)을 얻을 때 다른 한 종은 손해(피식자)를 보는 상호 작용이다. 따라서 ⓐ는 '이익'이고 ⓒ은 상리 공생, ⊙은 포식과 피식이다.

|보|기|풀|이|

ㄱ. 정답 : 상리 공생(ⓒ)은 두 종 모두 이익을 얻는 상호 작용이므로 ⓐ는 '이익'이다.
ㄴ. 정답 : 포식과 피식(⊙)은 한 종이 이익을 얻을 때 다른 한 종은 손해를 보는 상호 작용이다.
ㄷ. 정답 : 뿌리혹박테리아와 콩과식물 사이의 상호 작용은 상리 공생(ⓒ)에 해당한다.

 출제분석 | 상호 작용을 간단하게 나타낸 표를 통해 상리 공생과 포식과 피식을 구분해야 하는 난도 '하'의 문항이다. 종 사이의 상호 작용 관련 문항 중 가장 간단한 유형이며, 모평과 수능을 대비하기 위해서는 그림, 그래프 등 다양한 형태로 제시되는 자료를 분석할 수 있어야 한다.

표는 종 사이의 상호 작용과 그 예를 나타낸 것이다. (가)~(다)는 경쟁, 상리 공생, 포식과 피식을 순서 없이 나타낸 것이다.

상호 작용		종1	종2	포식자(이익) 예 피식자(손해)
포식과 피식	(가)	손해	이익	스라소니 와 눈신토끼 사이의 상호 작용
상리 공생	(나)	이익	⊙ 이익	콩과식물과 뿌리혹박테리아 사이의 상호 작용
경쟁	(다)	손해	손해	?

이에 대한 설명으로 옳은 것만을 〈보기〉에서 있는 대로 고른 것은?

보기

ㄱ. (가)는 포식과 피식이다.

ㄴ. ⊙은 '이익'이다.

ㄷ. 흰동가리와 말미잘 사이의 상호 작용은 ~~(다)~~ (나)상리 공생의 예에 해당한다.

① ㄱ   ② ㄷ   ✓③ ㄱ, ㄴ   ④ ㄴ, ㄷ   ⑤ ㄱ, ㄴ, ㄷ

|자|료|해|설|

(가)는 두 개체군 사이의 먹고 먹히는 관계인 포식과 피식, (나)는 두 개체군이 모두 이익을 얻는 상리 공생, (다)는 생태적 지위가 유사한 두 개체군이 먹이와 생활 공간을 두고 서로 차지하기 위해 싸우는 경쟁이다.

|보|기|풀|이|

ㄱ. 정답 : (가)는 두 개체군 사이의 먹고 먹히는 관계인 포식과 피식이며 스라소니는 포식자이고 눈신토끼는 피식자이다.

ㄴ. 정답 : 콩과식물과 뿌리혹박테리아 사이의 상호 작용은 두 개체군이 모두 이익을 얻는 상리 공생이다. 따라서 ⊙은 '이익'이다.

ㄷ. 오답 : 흰동가리와 말미잘 사이의 상호 작용은 상리 공생으로 (나)의 예에 해당한다.

👾 **문제풀이 TIP** | 주어진 예시가 어떤 상호 작용에 해당하는지 모르더라도 포식과 피식(손해, 이익), 상리 공생(이익, 이익), 경쟁(손해, 손해)만 구분할 수 있으면 문제를 쉽게 해결할 수 있다.

👾 **출제분석** | 군집 내 개체군 간의 상호 작용에 대해 묻는 난도 '하'의 문항이다. 일반적으로 개체군 간 상호 작용에 따른 개체수 변화 그래프와 함께 출제되므로 각 상호 작용의 개체수 변화 그래프의 특징도 알고 있어야 한다.

그림은 상호 작용 A와 B의 공통점과 차이점을 나타낸 것이다. ⊙은 '상호 작용하는 생물이 모두 이익을 얻는다.'이며, A와 B는 각각 상리 공생, 포식과 피식 중 하나이다.

이에 대한 옳은 설명만을 〈보기〉에서 있는 대로 고른 것은?

보기

ㄱ. A는 상리 공생이다.

ㄴ. 콩과식물과 뿌리혹박테리아의 상호 작용은 ~~B~~ A의 예이다.

ㄷ. ~~개체군 내의~~ '군집 내의' 또는 '개체군 간의' 상호 작용이다.'는 ⊙에 해당한다.

✓① ㄱ   ② ㄴ   ③ ㄱ, ㄴ   ④ ㄱ, ㄷ   ⑤ ㄴ, ㄷ

|자|료|해|설|

'상호 작용하는 생물이 모두 이익을 얻는다.'는 상리 공생에 대한 설명이므로 A는 상리 공생이고, B는 포식과 피식이다. 상리 공생과 포식과 피식은 군집 내 상호 작용(개체군 간 상호 작용)에 해당한다.

|보|기|풀|이|

ㄱ. 정답 : A는 상리 공생이고, B는 포식과 피식이다.

ㄴ. 오답 : 콩과식물과 뿌리혹박테리아의 상호 작용은 상리 공생이므로 A의 예이다.

ㄷ. 오답 : 상리 공생(A)과 포식과 피식(B)의 공통점인 ⊙으로는 '군집 내의 상호 작용이다.' 또는 '개체군 간의 상호 작용이다.' 등이 가능하다.

👾 **문제풀이 TIP** | 군집 내 상호 작용에 해당하는 상리 공생과 포식과 피식에 대한 기본적인 내용을 묻는 난도 '하'의 문항이다. '개체군 내 상호 작용'과 '군집 내 상호 작용'의 예를 구분할 수 있어야 관련된 문항들을 쉽게 해결할 수 있다.

표 (가)는 종 사이의 상호 작용을 나타낸 것이며, (나)는 콩과식물과 뿌리혹테리아 사이의 상호 작용에 대한 설명이다. A~C는 경쟁, 기생, 상리 공생을 순서 없이 나타낸 것이다.

상호 작용	종 1	종 2
경쟁 A	손해	손해
상리 공생 B	이익	㉠이익
기생 C	?이익	손해

콩과식물의 뿌리에 사는 뿌리혹박테리아는 콩과식물에게 질소화합물을 공급하고, 콩과식물은 뿌리혹박테리아에게 영양분을 공급한다. → 상리 공생

(가)   (나)

이에 대한 설명으로 옳은 것만을 〈보기〉에서 있는 대로 고른 것은?

3점

보기

→ 두 종 모두 손해
㉠. A는 경쟁이다.

→ 이익
ㄴ. ㉠은 ~~손해~~이다.

ㄷ. (나)에서 콩과식물과 뿌리혹박테리아 사이의 상호 작용은
~~C~~에 해당한다.
 B

✓① ㄱ   ② ㄷ   ③ ㄱ, ㄴ   ④ ㄴ, ㄷ   ⑤ ㄱ, ㄴ, ㄷ

|자|료|해|설|

군집 내 개체군 간의 상호 작용 중에서 경쟁은 생태적 지위가 유사한 두 개체군이 먹이와 생활 공간을 두고 서로 차지하기 위해 싸우는 상호 작용이므로 두 종이 모두 손해를 본다. 기생은 한 개체군이 다른 개체군에 살며 자신은 이익을 얻지만, 다른 개체군은 손해를 보는 상호 작용이다. 마지막 상리 공생은 두 개체군이 모두 이익을 얻는 경우이다. 따라서 두 종이 모두 손해를 보는 A는 경쟁이고, 한 종은 이익을 얻지만 다른 종은 손해를 보는 C는 기생이다. 마지막으로 B는 상리 공생이고, ㉠은 '이익'이다.
(나)에 제시된 콩과식물과 뿌리혹박테리아 사이의 상호 작용은 두 개체군이 모두 이익을 얻는 상리 공생의 예시이다.

|보|기|풀|이|

㉠. 정답 : A는 두 종이 모두 손해를 보는 경쟁이다.
ㄴ. 오답 : B는 상리 공생이고, 상리 공생은 두 종 모두 이익을 얻으므로 ㉠은 '이익'이다.
ㄷ. 오답 : 콩과식물과 뿌리혹박테리아 사이의 상호 작용은 두 개체군이 모두 이익을 얻는 상리 공생의 예시이므로 B에 해당한다.

 출제분석 | 군집 내 개체군 간의 상호 작용 중에서 경쟁, 상리 공생, 기생을 구분해야 하는 난도 '중하'의 문항이다. 관련된 문제에서 상호 작용은 표뿐만 아니라 그림, 그래프 등 다양한 자료로 제시되기 때문에 기출문제 풀이를 통해 자료 분석 능력을 길러야 한다.

표 (가)는 서로 다른 종 사이의 상호 작용을, (나)는 토끼풀과 잔디 사이의 상호 작용을 나타낸 것이다. A~C는 경쟁, 기생, 상리 공생을 순서 없이 나타낸 것이다.

상호 작용	종 I	종 II
상리 공생 A	+	+
기생 B	ⓐ−	+
경쟁 C	ⓑ+	−

(+: 이익, −: 손해)

토끼풀은 ㉠ 대기 중의 질소를 암모늄 이온으로 전환하는 뿌리혹박테리아에 의해 부족한 질소를 공급받지만, 잔디는 뿌리혹박테리아를 통해 부족한 질소를 공급받지 못한다. 따라서 ㉡ 두 식물이 한 장소에서 살게 되면 생장이 빠른 토끼풀이 잔디의 생장을 저해한다.

(가)   (나)

이에 대한 설명으로 옳은 것만을 〈보기〉에서 있는 대로 고른 것은?

보기

㉠. ⓐ와 ⓑ는 모두 '−'이다.
㉡. ㉠은 질소 고정 작용이다.

상리 공생
↑
예가 아니다
ㄷ. ㉡에서 토끼풀과 잔디의 상호 작용은 ~~A의 예이다~~.

① ㄱ   ② ㄷ   ✓③ ㄱ, ㄴ   ④ ㄴ, ㄷ   ⑤ ㄱ, ㄴ, ㄷ

|자|료|해|설|

경쟁은 생태적 지위가 유사한 두 개체군이 먹이와 생활 공간을 두고 서로 차지하기 위해 싸우는 상호 작용이므로 두 종이 모두 손해를 본다. 기생은 한 개체군이 다른 개체군에 살며 자신은 이익을 얻지만, 다른 개체군은 손해를 보는 상호 작용이다. 상리 공생은 두 개체군이 모두 이익을 얻는 경우이다. 따라서 두 종이 모두 이익을 얻는 A는 상리 공생이고, 한 종은 이익을 얻지만 다른 종은 손해를 보는 B는 기생이다. 그러므로 ⓐ는 '−'이다. 마지막으로 C는 경쟁이고, ⓑ는 '−'이다.

|보|기|풀|이|

㉠. 정답 : 기생(B)은 한 종은 이익을 얻지만 다른 종은 손해를 보는 상호 작용이므로 ⓐ는 '−'이고, 경쟁(C)은 두 종이 모두 손해를 보는 상호 작용이므로 ⓑ도 '−'이다.
㉡. 정답 : 질소 고정 세균인 뿌리혹박테리아에 의해 대기 중의 질소가 암모늄 이온으로 전환되는 과정인 ㉠은 질소 고정 작용이다.
ㄷ. 오답 : ㉡에서 토끼풀이 잔디의 생장을 저해하므로, 두 종 모두 이익을 얻는 상호 작용의 예에 해당하지 않는다.

 출제분석 | 군집 내 개체군 간의 상호 작용 중에서 경쟁, 상리 공생, 기생을 구분해야 하는 난도 '중하'의 문항이다. (나)와 같은 지문에서는 다양한 예시가 제시될 수 있으며, 이익과 손해 관계를 따져 상호 작용을 구분할 수 있어야 한다. 2019년 4월 학평의 20번 문항과 유형이 매우 비슷하다.

다음은 하와이 주변의 얕은 바다에 서식하는 하와이짧은꼬리
오징어에 대한 자료이다.

○하와이짧은꼬리오징어는 주로 밤에 활동하는데,
달빛이 비치면 그림자가 생겨 ○포식자의 눈에 잘
띄게 된다. 하지만 오징어의 몸에 사는 ©발광
세균이 달빛과 비슷한 빛을 내면 그림자가 사라져
포식자에게 쉽게 발견되지 않는다. 이렇게
오징어에게 도움을 주는 발광 세균은
오징어로부터 영양분을 얻는다.] → 상리 공생

하와이짧은
꼬리오징어

이에 대한 옳은 설명만을 〈보기〉에서 있는 대로 고른 것은?

보기

       피식자
       포식자 → 한 지역에서 서로 밀접한 관계를 맺으며 생활하는 개체군들의 집단
ㄱ. ○과 ○은 같은 군집에 속한다.
         → 두 개체군이 모두 이익을 얻음
ㄴ. ○과 © 사이의 상호 작용은 상리 공생이다.
ㄷ. ○을 제거하면 ○의 개체군 밀도가 일시적으로 증가한다.

   포식자   피식자   → 일정한 공간에 서식하는 개체군의 개체수 $\left(=\dfrac{개체수}{면적}\right)$

① ㄱ   ② ㄴ   ③ ㄱ, ㄷ   ④ ㄴ, ㄷ   ⑤ ㄱ, ㄴ, ㄷ

|자|료|해|설|
하와이짧은꼬리오징어(○)와 포식자(○) 사이의 관계는
먹고 먹히는 '포식과 피식'의 관계로 군집 내 개체군 간의
상호 작용에 해당한다. 하와이짧은꼬리오징어(○)는
자신의 몸에 사는 발광 세균(©) 덕분에 포식자에게 쉽게
발견되지 않고, 발광 세균(©)은 하와이짧은꼬리오징어
(○)로부터 영양분을 얻는다. 두 개체군 모두 이익을
얻으므로 이는 군집 내 개체군 간의 상호 작용 중 '상리
공생'에 해당한다.

|보|기|풀|이|
ㄱ. 정답 : 하와이짧은꼬리오징어(○)는 피식자이고,
피식자와 포식자는 한 지역에서 생활하는 개체군이므로
같은 군집에 속한다.
ㄴ. 정답 : 하와이짧은꼬리오징어(○)는 자신의 몸에
사는 발광 세균(©) 덕분에 포식자에게 쉽게 발견되지
않고, 발광 세균(©)은 하와이짧은꼬리오징어(○)로부터
영양분을 얻으므로 둘 사이의 상호 작용은 상리 공생이다.
ㄷ. 정답 : 포식자(○)를 제거하면 피식자에 해당하는
하와이짧은꼬리오징어(○)의 개체수가 일시적으로
증가하므로 개체군 밀도 또한 일시적으로 증가한다.

😮 **문제풀이 TIP** | 같은 종의 개체들로 이루어진 집단은 '개체군'이고, 개체군이 모인 집단을 '군집'이라 한다.

😄 **출제분석** | 군집 내 개체군 간의 상호 작용에 대해 묻는 난도 '중'의 문항이다. '보기 ㄱ'을 틀린 답으로 생각하여 4번을 정답으로 고른 학생들이 약 18%였다. '개체군'과 '군집'의
개념을 정확하게 이해하고 있어야 생태계와 상호 작용 단원에서 출제되는 다양한 문제를 해결할 수 있다.

그림 (가)~(다)는 동물 종 A와 B의 시간에 따른 개체 수를 나타낸
것이다. (가)는 고온 다습한 환경에서 단독 배양한 결과이고, (나)는
(가)와 같은 환경에서 혼합 배양한 결과이며, (다)는 저온 건조한
환경에서 혼합 배양한 결과이다.

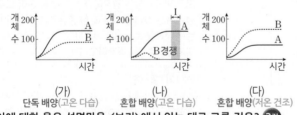

(가)   (나)   (다)
단독 배양(고온 다습)   혼합 배양(고온 다습)   혼합 배양(저온 건조)

이에 대한 옳은 설명만을 〈보기〉에서 있는 대로 고른 것은? 3점

보기

      개체군의 생장을 억제하는 요인
ㄱ. 구간 Ⅰ에서 A는 환경 저항을 받는다.
ㄴ. (나)에서 A와 B 사이에 상리 공생이 일어났다. ← 경쟁
ㄷ. B에 대한 환경 수용력은 (가)에서가 (다)에서보다 작다.
       → 한 서식지에서 수용할 수 있는 개체수의 최댓값

① ㄱ   ② ㄴ   ③ ㄷ   ④ ㄱ, ㄷ   ⑤ ㄴ, ㄷ

|자|료|해|설|
A와 B를 고온 다습한 환경에서 혼합 배양한 (나)에서 B가
사라진 것을 통해 A와 B 사이에 경쟁이 일어났다는 것을
알 수 있다. 저온 건조한 환경에서 혼합 배양한 결과인
(다)에서 B의 환경 수용력이 증가한 것을 통해 B는 저온
건조한 환경에 더욱 잘 적응했다는 것을 알 수 있다.

|보|기|풀|이|
ㄱ. 정답 : 환경 저항을 받아 실제 생장 곡선(S자형)의
형태를 나타내므로 구간 Ⅰ에서 A는 환경 저항을 받는다.
ㄴ. 오답 : (나)에서 A와 B 사이에서 경쟁이 일어나 B가
사라졌다.
ㄷ. 정답 : 환경 수용력은 한 서식지에서 수용할 수 있는
개체수의 최댓값을 의미한다. 따라서 B에 대한 환경
수용력은 (가)에서 100보다 작고, (다)에서 100보다 크다.

😮 **문제풀이 TIP** | 환경 저항을 받는 경우 실제 생장 곡선(S자형) 형태를 나타낸다. 환경 수용력은 한 서식지에서 수용할 수 있는 개체수의 최댓값을 의미한다.

😄 **출제분석** | 배양 방법과 환경을 달리했을 때 나타나는 생장 곡선을 분석해야 하는 난도 '중하'의 문항이다. 상호 작용 중에서도 '경쟁'은 출제 빈도가 높은 편이며, 환경 저항과 환경
수용력의 개념은 반드시 기억해야 한다.

다음은 동물 종 A와 B 사이의 상호 작용에 대한 자료이다.

○ A와 B 사이의 상호 작용은 경쟁과 상리 공생 중 하나에 해당한다.

○ A와 B가 함께 서식하는 지역을 ㉠과 ㉡으로 나눈 후, ㉠에서만 A를 제거하였다. 그림은 지역 ㉠과 ㉡에서 B의 개체 수 변화를 나타낸 것이다.

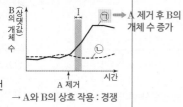

→ A 제거 후 B의 개체 수 증가

→ A와 B의 상호 작용 : 경쟁

이 자료에 대한 설명으로 옳은 것만을 <보기>에서 있는 대로 고른 것은? (단, 제시된 조건 이외는 고려하지 않는다.) 3점

【 보기 】
ㄱ. A와 B 사이의 상호 작용은 경쟁에 해당한다.
ㄴ. ㉡에서 A는 B와 한 개체군을 이룬다. → 다른
ㄷ. 구간 Ⅰ에서 B에 작용하는 환경 저항은 ㉠에서가 ㉡에서보다 크다. → ㉠에는 A가 없으므로 환경 저항이 더 작다.
                   작다

① ㄱ   ② ㄷ   ③ ㄱ, ㄴ   ④ ㄴ, ㄷ   ⑤ ㄱ, ㄴ, ㄷ

|자|료|해|설|
경쟁은 생태적 지위가 유사한 두 개체군이 먹이와 생활 공간을 두고 서로 차지하기 위해 경쟁하는 것이고, 상리 공생은 두 개체군이 모두 이익을 얻는 상호 작용이다. A를 제거한 ㉠에서 B의 개체 수가 증가했으므로 A와 B 사이의 상호 작용은 경쟁에 해당한다.

|보|기|풀|이|
㉠ 정답 : ㉠에서 A 제거 후 B의 개체 수가 증가했으므로 A와 B 사이의 상호 작용은 경쟁에 해당한다.
ㄴ. 오답 : A와 B는 서로 다른 종이므로 ㉡에서 A는 B와 다른 개체군을 이룬다.
ㄷ. 오답 : 구간 Ⅰ에서 B에 작용하는 환경 저항은 A가 제거된 ㉠에서가 A가 존재하는 ㉡에서보다 작다.

그림 (가)는 영양염류를 이용하는 종 A와 B를 각각 단독 배양했을 때 시간에 따른 개체 수와 영양염류의 농도를, (나)는 (가)와 같은 조건에서 A와 B를 혼합 배양했을 때 시간에 따른 개체 수를 나타낸 것이다.

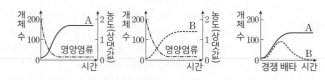

(가) 단독 배양   (나) 혼합 배양

이에 대한 옳은 설명만을 <보기>에서 있는 대로 고른 것은?

【 보기 】 → 개체군의 생장을 억제하는 요인
ㄱ. (가)에서 영양염류의 농도 감소는 환경 저항에 해당한다.
ㄴ. (가)에서 환경 수용력은 B가 A보다 크다. → 작다
ㄷ. (나)에서 경쟁 배타가 일어났다. → 한 개체군은 살아남고 다른 개체군은 사라짐
   개체수의 한계(최댓값)

① ㄱ   ② ㄷ   ③ ㄱ, ㄷ   ④ ㄴ, ㄷ   ⑤ ㄱ, ㄴ, ㄷ

|자|료|해|설|
(가)에서 A와 B를 각각 단독 배양했을 때, 환경 저항에 의해 개체수가 일정하게 유지되는 실제 생장 곡선 (S자형)이 나타난다. 환경 저항은 개체군의 생장을 억제하는 요인(먹이 부족, 생활 공간 부족, 노폐물 증가, 천적과 질병의 증가 등)으로, 영양염류의 농도 감소는 환경 저항에 해당한다. (나)에서 A와 B 두 개체군이 경쟁한 결과 공존하지 못하고 B가 사라졌으므로 A와 B 사이에 경쟁 배타가 일어났다는 것을 알 수 있다.

|보|기|풀|이|
㉠ 정답 : (가)에서 영양염류의 농도 감소는 먹이의 감소이므로 환경 저항에 해당한다.
ㄴ. 오답 : 한 서식지에서 증가할 수 있는 개체수의 한계(최댓값)인 환경 수용력은 B가 A보다 작다.
㉢ 정답 : (나)에서 B가 사라졌으므로 A와 B 사이에 경쟁 배타가 일어났다.

💡 **문제풀이 TIP** | 환경 저항은 개체군의 생장을 억제하는 요인 (먹이 부족, 생활 공간 부족, 노폐물 증가, 천적과 질병의 증가 등) 이고, 환경 수용력은 한 서식지에서 증가할 수 있는 개체수의 한계 (최댓값)이다.

표는 종 사이의 상호 작용과 예를 나타낸 것이다. (가)와 (나)는 기생과 상리 공생을 순서 없이 나타낸 것이다.

상호 작용	종 1	종 2	예
기생 (가)	손해	? 이익	촌충은 숙주의 소화관에 서식하며 영양분을 흡수한다.
상리 공생 (나)	이익	이익	?
경쟁	㉠ 손해	손해	캥거루쥐와 주머니쥐는 같은 종류의 먹이를 두고 서로 다툰다.

이에 대한 설명으로 옳은 것만을 〈보기〉에서 있는 대로 고른 것은? **3점**

보기
ㄱ. (가)는 상리 공생이다. → 기생 / 손해
ㄴ. ㉠은 이익이다. → 손해
ㄷ. '꽃은 벌새에게 꿀을 제공하고, 벌새는 꽃의 수분을 돕는다.' 는 (나)의 예에 해당한다. → 상리 공생

① ㄱ   ② ㄷ   ③ ㄱ, ㄴ   ④ ㄴ, ㄷ   ⑤ ㄱ, ㄴ, ㄷ

|자|료|해|설|
촌충이 숙주의 소화관에 서식하며 영양분을 흡수하는 (가)는 한 개체군이 다른 개체군에 살며 자신(촌충)은 이익을 얻지만, 다른 개체군(숙주)은 손해를 보는 기생의 예에 해당한다. 두 개체군이 모두 이익을 얻는 (나)는 상리 공생이다. 경쟁은 생태적 지위가 유사한 두 개체군이 먹이와 생활 공간을 두고 서로 차지하기 위해 경쟁하는 것으로, 두 종 모두 손해를 보기 때문에 ㉠은 손해이다.

|보|기|풀|이|
ㄱ. 오답 : 촌충은 이익을 얻지만, 숙주는 손해를 보는 (가)는 기생이다.
ㄴ. 오답 : 경쟁은 두 종 모두 손해를 보기 때문에 ㉠은 손해이다.
ㄷ. 정답 : '꽃은 벌새에게 꿀을 제공하고, 벌새는 꽃의 수분을 돕는다.'는 두 종 모두 이익을 얻으므로 상리 공생인 (나)의 예에 해당한다.

😮 **문제풀이 T I P** | 종 사이의 상호 작용 결과 두 종이 얻는 손해와 이익을 정리하면 기생은 손해/이익, 상리 공생은 이익/이익, 경쟁은 손해/손해이다.

그림은 서로 다른 종으로 구성된 개체군 A와 B를 각각 단독 배양했을 때와 혼합 배양했을 때, A와 B가 서식하는 온도의 범위를 나타낸 것이다. 혼합 배양했을 때 온도의 범위가 $T_1 \sim T_2$인 구간에서 A와 B 사이의 경쟁이 일어났다.

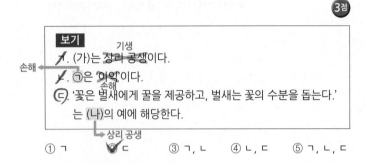

이에 대한 설명으로 옳은 것만을 〈보기〉에서 있는 대로 고른 것은? (단, 제시된 조건 이외는 고려하지 않는다.) **3점**

보기
㉠ A가 서식하는 온도의 범위는 단독 배양했을 때가 혼합 배양했을 때보다 넓다.
㉡ 혼합 배양했을 때, 구간 Ⅰ에서 B가 생존하지 못한 것은 경쟁 배타의 결과이다. → 두 개체군이 경쟁한 결과 한 개체군만 살아남음
㉢ 혼합 배양했을 때, 구간 Ⅱ에서 A는 B와 군집을 이룬다. → 한 지역에서 생활하는 개체군들의 집단

① ㄱ   ② ㄷ   ③ ㄱ, ㄴ   ④ ㄴ, ㄷ   ⑤ ㄱ, ㄴ, ㄷ

|자|료|해|설|
그림에서 A와 B가 서식하는 온도 범위는 각 개체군을 단독 배양했을 때보다 혼합 배양했을 때 좁아졌다는 것을 알 수 있다. 혼합 배양했을 때 구간 Ⅰ에서 B가 생존하지 못하고 A만 서식하는 것은 경쟁 배타의 결과이다. 구간 Ⅱ에서는 A와 B가 함께 서식하며 군집을 이룬다.

|보|기|풀|이|
㉠ 정답 : A는 단독 배양했을 때 T_2의 온도까지 서식하고, 혼합 배양했을 때는 그보다 낮은 온도까지 서식한다. 따라서 A가 서식하는 온도 범위는 단독 배양했을 때가 혼합 배양했을 때보다 넓다.
㉡ 정답 : 혼합 배양했을 때, 구간 Ⅰ에서 A와 B의 경쟁으로 B가 생존하지 못한 것은 경쟁 배타의 결과이다.
㉢ 정답 : 혼합 배양했을 때, 구간 Ⅱ에서 A와 B가 함께 서식하며 군집을 이룬다.

😮 **문제풀이 T I P** | 두 개체군이 경쟁한 결과 공존하지 못하고, 한 개체군은 살아남고 다른 개체군은 경쟁 지역에서 사라지는 것을 '경쟁 배타 원리'라고 한다. 또한 한 지역에서 서로 밀접한 관계를 맺으며 생활하는 개체군들의 집단을 군집이라 한다.

😀 **출제분석** | 두 개체군을 단독 배양했을 때와 혼합 배양했을 때 서식하는 온도 범위를 통해 개체군 간 상호 작용을 유추해야 하는 난도 '중'의 문항이다. '생태계와 상호 작용' 단원에서는 다양한 그림과 그래프가 제시될 확률이 높으며, 대부분 자료 분석을 통해 쉽게 답을 찾을 수 있다.

그림은 어떤 지역에서 개체군 A와 B의 시간에 따른 개체수를 나타낸 것이다. t_1일 때 B가 외부로부터 유입되었다.

개체군 A의 환경 수용력

개체수(상댓값)

개체군 B의 환경 수용력

이에 대한 설명으로 옳은 것만을 〈보기〉에서 있는 대로 고른 것은? (단, 이 지역의 면적은 일정하다.) **3점**

보기

ㄱ. A의 생장 곡선은 <u>이론적인</u> 생장 곡선이다. ← 실제

ㄴ. t_2일 때 개체군 밀도는 A가 B의 2배이다. → 개체군 밀도 = 개체군 내의 개체수 / 개체군이 차지하는 면적

ㄷ. 구간 Ⅰ에서 A와 B 사이에 경쟁 배타가 일어났다. ← 일어나지 않았다

① ㄱ   ②ㄴ   ③ ㄱ, ㄷ   ④ ㄴ, ㄷ   ⑤ ㄱ, ㄴ, ㄷ

 문제풀이 T I P | 개체군의 특성인 생장 곡선과 밀도, 개체군 A와 B의 상호 작용을 함께 물어보고 있다. 경쟁 배타가 일어나면 개체군 둘 중 한 쪽이 살아남을 수 없으므로 이 그래프에서 나타낸 두 개체군 사이의 관계는 경쟁 배타로 볼 수 없다.

출제분석 | 이 지역의 면적이 일정함을 문제에서 제시했고, 생장 곡선에서 환경 수용력도 제시했으므로 문제의 난도는 높지 않다. 경쟁 배타에 대해 판단하는 그래프도 자주 출제되었으므로 비슷한 기출 문제를 풀어보았다면 어렵지 않게 접근 가능한 문제이다.

|자|료|해|설|

개체군 A와 B가 한 서식지에서 증가할 수 있는 개체수의 한계(최댓값)가 환경 수용력인데 개체군 A의 경우 그 값이 2이고, 개체군 B의 경우 1이다. 개체군 A는 t_2 이전에 이미 환경 수용력에 도달하였고, 개체군 B가 외부로부터 유입된 이후에도 그대로 유지되고 있다. 개체군 B는 t_2에 이르러 환경 수용력에 도달하였다.

|보|기|풀|이|

ㄱ. 오답 : 이론적인 생장 곡선은 J자형으로 서식 공간과 자원의 제한이 없는 이상적인 환경에서 개체수가 기하급수적으로 증가하지만, 실제 생장 곡선은 여러 환경 저항으로 인해 개체수가 일정하게 유지된다.

ㄴ. 정답 : 개체군 밀도는 $\dfrac{개체군 \ 내의 \ 개체수}{개체군이 \ 차지하는 \ 면적}$ 를 의미하는데, 이 지역의 면적이 일정하다고 했으므로 밀도는 A가 B의 2배이다.

ㄷ. 오답 : 구간 Ⅰ에서 경쟁 배타가 일어났다면, 개체군 A와 B 중 한 개체군이 살아남지 못했을 것이다. 따라서 경쟁 배타는 일어나지 않았다.

그림 (가)는 고도에 따른 지역 Ⅰ~Ⅲ에 서식하는 종 A와 B의 분포를 나타낸 것이다. 그림 (나)는 (가)에서 A를, (다)는 (가)에서 B를 각각 제거했을 때 A와 B의 분포를 나타낸 것이다.

고도 높음   고도 낮음

△ 종 A   ● 종 B

A가 서식하지 못하는 지역

(가) 함께 서식   (나) A제거   (다) B제거

이에 대한 설명으로 옳은 것만을 〈보기〉에서 있는 대로 고른 것은? **3점**

한 지역에서 서로 밀접한 관계를 맺으며 생활하는 개체군들의 집단

보기

ㄱ. (가)의 Ⅱ에서 A는 B와 한 군집을 이룬다.

ㄴ. (가)의 Ⅲ에서 A와 B 사이에 경쟁 배타가 일어났다. → 일어나지 않았다   두 개체군이 경쟁한 결과 한 개체군이 사라짐

ㄷ. (나)의 Ⅰ에서 B는 환경 저항을 받지 않는다. → 받는다

① ㄱ   ② ㄴ   ③ ㄷ   ④ ㄱ, ㄴ   ⑤ ㄱ, ㄷ

 → 개체군의 생장을 억제하는 요인(먹이 부족, 생활 공간 부족, 노폐물 증가, 천적과 질병 증가 등)

|자|료|해|설|

A를 제거한 (나)에서 B는 지역 Ⅰ~Ⅲ에 모두 서식하고, B를 제거한 (다)에서 A는 지역 Ⅰ과 Ⅱ에서만 서식한다.

|보|기|풀|이|

ㄱ. 정답 : 군집은 한 지역에서 함께 생활하는 개체군들의 집단이므로 (가)의 Ⅱ에서 A와 B는 한 군집을 이루고 있다.

ㄴ. 오답 : B를 제거한 (다)에서 A는 Ⅲ에서 서식하지 못했으므로, (가)의 Ⅲ에서 A와 B 사이에 상호 작용은 일어나지 않았다. 경쟁 배타는 두 개체군이 경쟁한 결과 공존하지 못하고 한 개체군만 살아남고 다른 개체군은 사라지는 것을 의미한다.

ㄷ. 오답 : 이상적인 환경이 아닌 자원의 제한이 있는 실제 환경에서는 환경 저항을 받을 수 밖에 없다. 따라서 (나)의 Ⅰ에서 B는 환경 저항을 받는다.

 문제풀이 T I P | B를 제거한 (다)에서 A는 Ⅲ에서 서식하지 못했으므로, (가)의 Ⅲ에서 B만 서식하는 것은 경쟁 배타의 결과가 아니다. 이상적인 환경이 아닌 실제 환경에서는 환경 저항을 받을 수밖에 없다.

34 군집

정답 ① 정답률 69% 2019학년도 9월 모평 14번 문제편 273p

다음은 생물 사이의 상호 작용에 대한 자료이다.

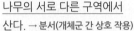

○ 새 3종 A~C는 생태적 지위가 중복된다.

○ 어떤 숲에 서식하는 <u>㉠ A~C는 경쟁을 피하기 위해 활동 영역을 나누어 나무의 서로 다른 구역에서 산다.</u> → 분서(개체군 간 상호 작용)
: 생태적 지위가 비슷한 두 개체군이 경쟁을 피하기 위해 먹이, 생활 공간을 달리하는 것

활동 영역
■ 종 A
■ 종 B
■ 종 C

이에 대한 설명으로 옳은 것만을 〈보기〉에서 있는 대로 고른 것은? 3점

보기

㉠ ㉠에서 A와 B 사이의 상호 작용은 분서에 해당한다.

✗ B는 C와 <del>같은</del> 개체군을 이룬다. → 다른

✗ 꿀벌이 일을 분담하며 협력하는 것은 ㉠의 상호 작용에 <del>해당한다.</del> → 사회 생활 또는 역할 분담(개체군 내 상호 작용)
해당하지 않는다.

✔① ㄱ ② ㄴ ③ ㄷ ④ ㄱ, ㄴ ⑤ ㄱ, ㄷ

|자|료|해|설|

개체군은 동일한 생태계 내에서 같은 종의 개체들로 이루어진 집단이고, 군집은 일정한 지역 내에서 생활하고 있는 개체군들의 모임이다. 군집 내 상호 작용에는 개체군 간 상호 작용과 개체군 내 상호 작용이 있다. 경쟁을 피하기 위해 활동 영역을 나누어 나무의 서로 다른 구역에 사는 것은 군집 내 상호 작용 중 개체군 간 상호 작용에 해당하는 분서이다.

|보|기|풀|이|

㉠ 정답 : ㉠에서 A~C는 경쟁을 피하기 위해 활동 영역을 나누어 산다. 이는 분서에 해당한다.

ㄴ. 오답 : 분서는 군집 내 상호 작용 중 개체군 간 상호 작용이므로 A, B, C는 서로 다른 종이며, 다른 개체군을 이룬다.

ㄷ. 오답 : 꿀벌이 일을 분담하며 협력하는 것은 개체군 내 상호 작용 중 사회 생활이고, ㉠은 분서에 해당한다.

😊 출제분석 | 군집 내 상호 작용 중 분서에 대한 문항으로 난도는 '하'에 해당한다. 지문의 내용만 잘 읽는다면 어렵지 않게 풀 수 있으며, 개체군 내 상호 작용과 개체군 간 상호 작용은 종종 출제되는 부분이므로 각각을 구분할 수 있어야 한다.

---

35 군집

정답 ③ 정답률 60% 2018년 7월 학평 17번 문제편 273p

그림 (가)는 생태계를 구성하는 요소 사이의 상호 관계 중 일부를, (나)는 서로 다른 종 Ⅰ과 Ⅱ를 각각 단독 배양했을 때와 혼합 배양했을 때 시간에 따른 개체수를 나타낸 것이다.

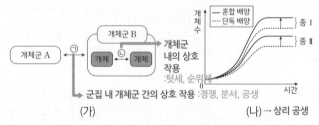

군집 내 개체군 간의 상호 작용 :경쟁, 분서, 공생
(가)

(나) → 상리 공생

이에 대한 설명으로 옳은 것만을 〈보기〉에서 있는 대로 고른 것은? (단, (나)에서 초기 개체수와 배양 조건은 동일하다.) 3점

보기

㉠ ㉠과 ㉡은 모두 상호 작용이다.

㉡ (나)에서 Ⅰ을 단독 배양했을 때의 생장 곡선은 S자형이다. → 실제 생장 곡선

✗ (나)에서 Ⅰ과 Ⅱ를 혼합 배양했을 때의 상호 관계는 <del>㉡</del>에 해당한다. → ㉠

① ㄱ ② ㄷ ✔③ ㄱ, ㄴ ④ ㄴ, ㄷ ⑤ ㄱ, ㄴ, ㄷ

|자|료|해|설|

그림 (가)의 ㉠은 개체군 A와 개체군 B 사이에 작용하는 상호 작용으로 군집 내 개체군 간의 상호 작용이고, ㉡은 개체와 개체 간의 상호 작용이므로 개체군 내의 상호 작용이다. (나)의 그래프는 시간에 따른 개체 수 변화 그래프로 종 Ⅰ과 Ⅱ를 단독 배양 했을 때보다 혼합 배양했을 때 모두 개체 수가 증가했다. 이는 상리 공생에 해당한다. 상리 공생은 군집 내 개체군 간의 상호 작용에 해당한다.

|보|기|풀|이|

㉠ 정답 : ㉠은 군집 내 개체군 간의 상호 작용이고, ㉡은 개체군 내의 상호 작용으로 모두 상호 작용이다.

㉡ 정답 : (나)에서 종 Ⅰ을 단독 배양했을 때의 생장 곡선은 실제 생장 곡선인 S자형 생장 곡선이다. J자형 생장 곡선은 이론적 생장 곡선이다.

ㄷ. 오답 : 종 Ⅰ과 Ⅱ를 혼합 배양했을 때 상리 공생이 나타난다. 이는 군집 내 상호 작용으로 ㉠에 해당한다.

😊 문제풀이 TIP | 군집 내 상호 작용과 개체군 내 상호 작용을 비교하여 이해하고 있어야 문제풀이가 가능하다. 군집 내 상호 작용에는 경쟁, 분서, 공생(상리 공생, 편리 공생), 기생 등이 있으며, 개체군 내 상호 작용에는 순위제, 리더제, 텃세, 사회생활 등이 있다. 군집 내 상호 작용에 따른 (나)와 같은 개체수의 변화 그래프를 함께 학습하도록 하자.

😊 출제분석 | 군집 내 상호 작용, 개체군 내 상호 작용을 연계하여 출제한 문항으로 난도 하에 해당한다. 3점으로 출제되었지만 제시된 자료나 보기가 모두 어렵지 않은 편이다. 하지만 군집이나 개체군의 개념 모두 매년 수능에서 자료로 제시되거나 보기로 제시되어 꼭 출제가 이루어지므로 충분한 학습이 필요한 파트이다.

수생 식물 종 A와 종 B 사이의 상호 작용이 A와 B의 생장에 미치는 영향을 알아보기 위하여, A와 B를 인공 연못 ㉠~㉢에 심고 일정 시간이 지난 후 수심에 따른 생물량을 조사하였다. 그림 (가)는 A를 ㉠에, B를 ㉡에 각각 심었을 때의 결과를, (나)는 A와 B를 ㉢에 혼합하여 심었을 때의 결과를 나타낸 것이다.

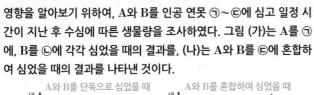

(가)   (나)

이에 대한 설명으로 옳은 것만을 〈보기〉에서 있는 대로 고른 것은? (단, A와 B를 각각 심은 것과 혼합하여 심은 것 이외의 조건은 동일하다.)

보기
ㄱ. B가 서식하는 수심의 범위는 (가)에서가 (나)에서보다 넓다.
ㄴ. Ⅰ에서 A가 생존하지 못한 것은 ~~경쟁 배타의 결과이다.~~
     수심이 깊기 때문이다
ㄷ. (나)에서 A는 B와 한 개체군을 ~~이룬다.~~
     이루지 않는다

① ㄱ   ② ㄴ   ③ ㄱ, ㄴ   ④ ㄱ, ㄷ   ⑤ ㄴ, ㄷ

|자|료|해|설|
그림 (가)와 (나)를 비교해보면, A와 B를 단독으로 심었을 때와 혼합하여 심었을 때 종 A가 서식하는 수심의 범위는 거의 변화가 없지만 종 B가 서식하는 수심의 범위는 좁아졌다는 것을 알 수 있다. 구간 Ⅰ에 해당하는 수심에서는 B만 서식한다.

|보|기|풀|이|
ㄱ. 정답 : B가 서식하는 수심의 범위는 (가)에서가 (나)에서보다 넓다.
ㄴ. 오답 : 그림 (가)에서 A를 단독으로 심었을 때도 A는 구간 Ⅰ에서 생존하지 못했으므로 Ⅰ에서 A가 생존하지 못한 것은 경쟁 배타의 결과가 아니다. 경쟁 배타의 원리는 두 개체군이 경쟁한 결과 공존하지 못하고 한 개체군은 살아남고 다른 개체군은 사라진다는 것이다.
ㄷ. 오답 : A와 B는 서로 다른 종이므로 한 개체군을 이루지 않는다. 개체군은 동일한 생태계 내에서 같은 종의 개체들로 이루어진 집단이다.

😮 **문제풀이 TIP** | 특정 종이 서식하는 수심 그래프의 비교를 통해 서로 다른 종 사이의 상호 작용 관계를 알아낼 수 있어야 한다. 그림 (나)의 구간 Ⅰ에서 종 A가 서식하지 않는 것만 보고 섣불리 경쟁 배타 원리에 의해 A가 생존하지 못한 것이라고 판단해서는 안된다. 주어지는 자료를 비교하며 문제를 풀어야 한다.

그림 (가)는 종 A의 생장 곡선을, (나)는 어떤 생태계에서 종 B와 종 C의 시간에 따른 개체수를 나타낸 것이다. B와 C 사이의 상호 작용은 포식과 피식이다.

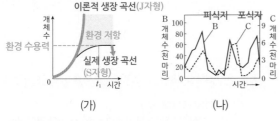

(가)   (나)

이에 대한 설명으로 옳은 것만을 〈보기〉에서 있는 대로 고른 것은?

보기
ㄱ. t_1일 때 A는 환경 저항을 받는다.
ㄴ. C는 B의 포식자이다.
ㄷ. (나)에서 B와 C 사이에는 ~~경쟁 배타 원리가 적용된다.~~
     → 경쟁 결과 한 개체군이 사라짐
     되지 않는다

① ㄱ   ② ㄴ   ③ ㄷ   ④ ㄱ, ㄴ   ⑤ ㄴ, ㄷ

|자|료|해|설|
그림 (가)의 종 A의 생장 곡선은 실제 생장 곡선(S자형)으로, 이는 자원의 제한이 있는 실제 환경에서 나타나며 개체수가 증가할수록 환경 저항이 커져 개체수가 일정하게 유지된다. 그림 (나)에서 먼저 개체수가 증가하는 B가 피식자이고, 그에 따라 개체수가 뒤늦게 증가하는 C가 B의 포식자이다. 포식과 피식의 관계에서 '피식자(B) 증가 → 포식자(C) 증가 → 피식자(B) 감소 → 포식자(C) 감소'의 과정이 주기적으로 반복된다.

|보|기|풀|이|
ㄱ. 정답 : t_1일 때 개체수가 일정하게 유지되는데 이는 환경 저항 때문이다. 환경 저항은 개체군의 생장을 억제하는 요인(먹이 부족, 생활 공간 부족, 노폐물 증가, 천적과 질병의 증가 등)이다. 이러한 환경 저항이 없다면 개체수는 시간이 지남에 따라 계속 증가할 것이다.
ㄴ. 정답 : C는 B의 포식자로, 피식자(B)의 개체수 변동에 따라 개체수가 조절된다.
ㄷ. 오답 : 포식과 피식의 관계이므로 경쟁 배타 원리가 적용되지 않는다. 경쟁 배타 원리는 두 개체군이 경쟁한 결과 공존하지 못하고, 한 개체군은 살아남고 다른 개체군은 사라지는 원리이다.

😮 **문제풀이 TIP** | 생장 곡선 문제에서는 이론적 생장 곡선(J자형)과 실제 생장 곡선(S자형), 환경 저항과 환경 수용력에 대한 내용을 기본적으로 알고 있어야 한다. 특히 환경 저항은 이론적 생장 곡선과 실제 생장 곡선의 차이가 생기는 시점부터 존재하며 개체수가 증가할수록 환경 저항 또한 커진다는 것을 반드시 기억하고 있어야 한다. 포식과 피식의 그래프에서 포식자와 피식자를 구분할 때는 먼저 증가하는 것이 피식자라는 것을 알아두면 쉽게 문제를 풀 수 있다.

😮 **출제분석** | 생장 곡선 문제는 학평과 모평에서 꾸준히 출제되었으며 최근 2016학년도 수능 18번, 2017학년도 수능 9번 문제로 출제된 만큼 확실히 대비해두어야 한다. 주어진 생장 곡선 자료에서 개체군의 밀도와 개체수 증가율에 대해 묻는 문제도 자주 출제되므로 관련된 문제를 반드시 풀어봐야 한다. 또한 개체군 간 상호 작용 중에서 경쟁, 포식과 피식은 자주 언급되는 만큼 개념을 정확하게 파악하고 있어야 한다.

V
1
03.
군집

그림은 실험 (가)~(다)에서 종 A와 B의 시간에 따른 개체수를 나타낸 것이다. (가)는 혼합 배양, (나)와 (다)는 단독 배양한 실험이며, (다)에서 제공된 양분의 양은 (가)와 (나)에서 제공된 양의 2배이다.

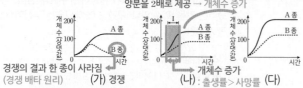

양분을 2배로 제공 → 개체수 증가

경쟁의 결과 한 종이 사라짐   (경쟁 배타 원리)   (가) 경쟁   (나) : 출생률>사망률   (다)

개체수 증가

이에 대한 옳은 설명만을 〈보기〉에서 있는 대로 고른 것은? (단, 양분의 양을 제외한 나머지 조건은 동일하다.) **3점**

보기

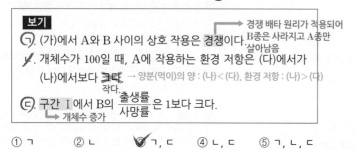

경쟁 배타 원리가 적용되어 B종은 사라지고 A종만 살아남음

ㄱ. (가)에서 A와 B 사이의 상호 작용은 경쟁이다.

ㄴ. 개체수가 100일 때, A에 작용하는 환경 저항은 (다)에서가 (나)에서보다 ~~크다~~ 작다. → 양분(먹이)의 양 : (나)<(다), 환경 저항 : (나)>(다)

ㄷ. 구간 Ⅰ에서 B의 $\frac{\text{출생률}}{\text{사망률}}$ 은 1보다 크다. → 개체수 증가

① ㄱ   ② ㄴ   ③ ㄱ, ㄷ   ④ ㄴ, ㄷ   ⑤ ㄱ, ㄴ, ㄷ

|자|료|해|설|

(가)에서 A와 B를 혼합 배양했을 때 B종이 사라진 것을 통해 경쟁 배타 원리가 적용되었다는 것을 알 수 있다. 따라서 A와 B 사이의 상호 작용은 경쟁이다. (나)와 (다)는 단독 배양한 실험으로, (다)에 양분의 양을 (나)에서 제공된 양의 2배로 제공했을 때, (다)에서 각 종의 개체수는 (나)보다 증가하였다.

|보|기|풀|이|

ㄱ. 정답 : (가)에서 B종이 사라지므로 경쟁 배타 원리가 적용되었다는 것을 알 수 있다. 따라서 A와 B 사이의 상호 작용은 경쟁이다.

ㄴ. 오답 : 환경 저항은 개체군의 생장을 억제하는 요인으로 먹이가 부족할수록 환경 저항이 크고 먹이가 풍부할수록 환경 저항이 작다. (다)에서 제공된 양분의 양은 (나)에서 제공된 양의 2배이므로 개체수가 100으로 같을 때 환경 저항은 (다)에서가 (나)에서보다 작다.

ㄷ. 정답 : 구간 Ⅰ에서 B의 개체수가 증가하므로 출생률이 사망률보다 크다. 따라서 구간 Ⅰ에서 B의 $\frac{\text{출생률}}{\text{사망률}}$ 은 1보다 크다.

😮 **문제풀이 TIP |** 종 A와 B가 경쟁 배타 원리가 적용되는 경쟁 관계라는 것과 개체수의 증가는 '출생률>사망률'을 의미한다는 것을 알고 있다면 문제를 어렵지 않게 해결할 수 있다. 환경 저항은 개체군의 생장을 억제하는 요인으로 먹이가 부족할수록 환경 저항이 크다. 이를 반대로 생각하면 먹이가 풍부할수록 환경 저항이 작다는 것을 알 수 있다.

😮 **출제분석 |** 군집 내 상호 작용에서 가장 자주 출제되는 경쟁에 대해 묻는 문제로, 추가로 그래프 분석이 필요하여 난도는 '중하'이다. 개체군 간 상호 작용에 따른 개체수 변화 그래프는 다양한 형태로 응용되므로 반드시 개념을 익혀두자!

그림은 어떤 지역의 식물 군집에 산불이 일어나기 전과 후 천이 과정의 일부를 나타낸 것이다. A~C는 초원(초본), 양수림, 음수림을 순서 없이 나타낸 것이다.

산불

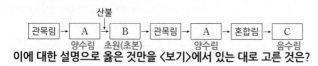

관목림 → A → B → 관목림 → A → 혼합림 → C

양수림   초원(초본)   양수림   음수림

이에 대한 설명으로 옳은 것만을 〈보기〉에서 있는 대로 고른 것은?

보기

ㄱ. B는 초원(초본)이다. → C(음수림)

ㄴ. 이 지역의 식물 군집은 ~~A~~에서 극상을 이룬다.

ㄷ. 산불이 일어난 후 진행되는 식물 군집의 천이 과정은 ~~1차~~ 천이이다. → 2차 천이

① ㄱ   ② ㄴ   ③ ㄱ, ㄷ   ④ ㄴ, ㄷ   ⑤ ㄱ, ㄴ, ㄷ

|자|료|해|설|

산불이 난 곳에서 시작되는 천이는 2차 천이이며, 산불 → 초원(초본) → 관목림 → 양수림 → 혼합림 → 음수림(극상) 순으로 진행된다. 따라서 산불 이후의 B는 초원(초본), A는 양수림, C는 음수림이다.

|보|기|풀|이|

ㄱ. 정답 : 산불 이후 B는 초원(초본)이다.

ㄴ. 오답 : 이 지역의 식물 군집은 음수림(C)에서 극상을 이룬다.

ㄷ. 오답 : 산불이 일어난 후 진행되는 식물 군집의 천이 과정은 2차 천이이다.

😮 **문제풀이 TIP |** 2차 천이 과정: 산불 → 초원(초본) → 관목림 → 양수림 → 혼합림 → 음수림(극상)

다음은 식물 종 **A, B**와 토양 세균 **X**의 상호 작용을 알아보기 위한 실험이다.

○ A와 X 사이의 상호 작용은 ㉠, B와 X 사이의 상호 작용은 ㉡이다. ㉠과 ㉡은 각각 기생과 상리 공생 중 하나이다.

[실험 과정 및 결과]

(가) ⓐ 멸균된 토양을 넣은 화분 Ⅰ~Ⅳ에 표와 같이 Ⅲ과 Ⅳ에만 X를 접종한 후 Ⅰ과 Ⅲ에는 A의 식물을 심고, Ⅱ와 Ⅳ에는 B의 식물을 심는다.

화분	X의 접종 여부	식물 종
Ⅰ	접종 안 함	A
Ⅱ	접종 안 함	B
Ⅲ	접종함	A
Ⅳ	접종함	B

(나) 일정 시간이 지난 후, Ⅰ~Ⅳ에서 식물의 증가한 질량을 측정한 결과는 그림과 같다.

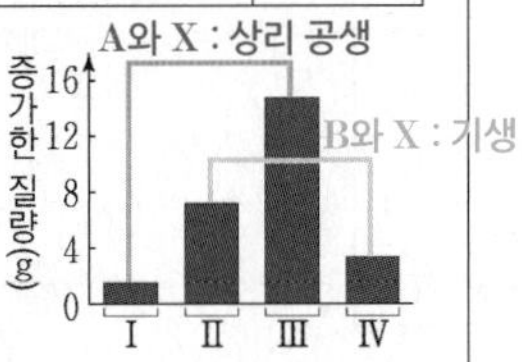

A와 X : 상리 공생
B와 X : 기생

이에 대한 설명으로 옳은 것만을 〈보기〉에서 있는 대로 고른 것은? (단, 제시된 조건 이외는 고려하지 않는다.) **3점**

보기

㉠. ㉠은 상리 공생이다.

㉡. ⓐ는 생태계의 구성 요소 중 비생물적 요인에 해당한다. → 빛, 온도, 물, 공기, 토양, 무기염류 등

ㄷ. (나)의 Ⅳ에서 B와 X는 한 개체군을 이룬다.
→ 이루지 않는다
→ 같은 종의 개체들로 이루어진 집단

① ㄱ ② ㄴ ③ ㄷ ④ ㄱ, ㄴ ⑤ ㄴ, ㄷ

|자|료|해|설|

토양 세균 X를 접종하지 않은 A의 화분 Ⅰ보다 X를 접종한 A의 화분 Ⅲ에서 증가한 질량이 더 크므로 X에 의해 A는 이익을 얻었다. 반면 X를 접종하지 않은 B의 화분 Ⅱ보다 X를 접종한 B의 화분 Ⅳ에서 증가한 질량이 더 작으므로 X에 의해 B는 손해를 입었다. 즉 A와 X의 상호 작용(㉠)은 두 종이 모두 이익을 얻는 상리 공생이고, B와 X의 상호 작용(㉡)은 한 종은 이익을 얻고 한 종은 손해를 입는 기생이다.

|보|기|풀|이|

㉠ 정답 : A는 X를 접종했을 때 더 잘 자라고 B는 그 반대이므로 A와 X의 상호 작용(㉠)은 상리 공생이다.

㉡ 정답 : 토양(ⓐ)은 빛, 온도, 물, 공기, 무기염류 등과 함께 비생물적 요인에 해당한다.

ㄷ. 오답 : 개체군은 같은 종의 개체들로 이루어진 집단을 뜻하므로 서로 다른 종인 B와 X는 한 개체군을 이루지 않는다.

😮 **문제풀이 TIP** | 상리 공생은 두 개체군이 모두 이익을 얻는 반면, 기생은 두 개체군 중 한쪽이 이익을 얻고 다른 한쪽은 손해를 입는다. 개체군은 동일한 생태계 내에서 같은 종의 개체들로 이루어진 집단을 의미한다.

😀 **출제분석** | 군집 내 상호 작용에 대한 문항이지만 생물과 환경의 상호 관계, 개체군의 개념을 종합적으로 묻고 있으며, 대조 실험과 변인의 개념이 적용되어 있는 문제이다. 난도가 아주 높지는 않지만 A와 X의 관계, B와 X의 관계를 파악하기 위해서는 적절한 화분을 비교하고, 식물의 증가한 질량이 의미하는 바를 해석해야 하는 종합적인 문항이다.

그림 (가)는 어떤 식물 군집에서 총생산량, 순생산량, 생장량의 관계를, (나)는 이 식물 군집에서 시간에 따른 A와 B를 나타낸 것이다. A와 B는 총생산량과 호흡량을 순서 없이 나타낸 것이다.

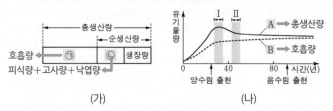

(가)　　　　　　　　　(나)

이에 대한 설명으로 옳은 것만을 〈보기〉에서 있는 대로 고른 것은?

보기

호흡량 →
ㄱ. B는 ㉠에 해당한다.
천이의 마지막에 안정된 상태를 이루게 되는 군집 →
ㄴ. 구간 I 에서 이 식물 군집은 극상을 이룬다.
순생산량=총생산량−호흡량 →
ㄷ. 구간 II 에서 순생산량은 시간에 따라 감소한다.
음수림 →

① ㄱ　② ㄴ　③ ㄷ　④ ㄱ, ㄴ　⑤ ㄱ, ㄷ

|자|료|해|설|
총생산량은 생산자가 광합성을 통해 생산한 유기물의 총량으로 '호흡량+순생산량'이며, 순생산량은 '피식량+고사량+낙엽량+생장량'이다. 따라서 ㉠은 호흡량, ㉡은 피식량+고사량+낙엽량이고, A는 총생산량, B는 호흡량이다.

|보|기|풀|이|
ㄱ. 오답 : B는 호흡량이므로 ㉠에 해당한다.
ㄴ. 오답 : 극상은 천이의 마지막에 안정된 상태를 이루게 되는 군집을 뜻하며, 이 식물 군집은 음수림에서 극상을 이룬다.
ㄷ. 정답 : '순생산량=총생산량−호흡량'이므로 구간 II 에서 순생산량은 감소한다.

😮 **문제풀이 TIP** | 총생산량=순생산량(피식량+고사량+낙엽량+생장량)+호흡량

😊 **출제분석** | 물질의 생산과 천이에 대해 묻는 난도 '중'의 문항이다. 극상, 총생산량과 순생산량의 개념을 정확히 이해하고 있다면 어렵지 않게 해결할 수 있다. 물질의 생산과 소비에 관한 문제는 수능 출제 빈도가 낮은 편이지만 개념을 이해해두지 않으면 낮은 난도로 출제되더라도 풀기 어려우므로 만일을 대비해 각 개념을 정확히 정리하도록 한다.

다음은 어떤 지역에서 일어나는 식물 군집의 1차 천이 과정을 순서대로 나타낸 자료이다. ㉠~㉢은 음수림, 양수림, 관목림을 순서 없이 나타낸 것이다.

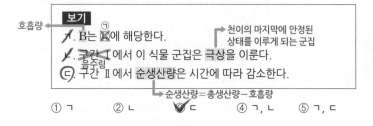

개척자 →
(가) 용암 대지에서 지의류에 의해 암석의 풍화가 촉진되어 토양이 형성되었다. → 건성 천이

양수림 →
음수림 →
(나) 식물 군집의 천이가 진행됨에 따라 초원에서 ㉠을 거쳐 ㉡이 형성되었다. → 관목림

(다) 이 지역에 ㉢이 형성된 후 식물 군집의 변화 없이 안정적으로 ㉢이 유지되고 있다. → 극상

이에 대한 설명으로 옳은 것만을 〈보기〉에서 있는 대로 고른 것은?

보기

음수림 →
ㄱ. ㉢은 관목림이다.
용암 대지, 황무지 등 건조한 곳에서 시작되는 천이 →
ㄴ. 이 지역의 천이는 건성 천이이다.
ㄷ. 이 지역의 식물 군집은 ㉡에서 극상을 이룬다.
천이의 마지막에 안정된 상태를 이루게 되는 군집 →

① ㄱ　② ㄴ　③ ㄱ, ㄷ　④ ㄴ, ㄷ　⑤ ㄱ, ㄴ, ㄷ

|자|료|해|설|
용암 대지에서 천이가 시작되었으므로 이 지역에서 일어난 천이는 1차 천이 중 건성 천이에 해당한다. 식물 군집의 천이는 초원 → 관목림 → 양수림 → 혼합림 → 음수림 (극상)의 순서로 진행되므로 ㉠은 관목림, ㉡은 양수림, ㉢은 음수림이다.

|보|기|풀|이|
ㄱ. 오답 : 관목림, 양수림, 음수림 중 가장 나중에 나타나는 것은 음수림이므로 ㉢은 음수림이다.
ㄴ. 정답 : 건성 천이는 건조한 곳에서 시작되는 천이로, 이 지역의 천이는 용암 대지에서 시작되었으므로 건성 천이이다.
ㄷ. 오답 : 식물 군집의 천이 과정에서 음수림(㉢)은 양수림(㉡)보다 나중에 나타나며, 음수림(㉢)이 형성된 후 군집이 변화 없이 유지되고 있으므로 이 지역의 식물 군집은 음수림(㉢)에서 극상을 이룬다.

😮 **문제풀이 TIP** | 1차 천이는 건성 천이와 습성 천이로 구분되며, 건성 천이는 용암 대지나 황무지 등 건조한 곳에서 시작되는 천이를, 습성 천이는 연못이나 호수 등 수분이 많은 곳에서 시작되는 천이를 의미한다.

😊 **출제분석** | 1차 천이의 과정을 정확히 알고 있으면 쉽게 해결할 수 있는 난도 '중하'의 문항이다. 출제 빈도가 높은 편은 아니지만 천이 과정과 물질의 생산과 소비를 연계하여 식물 군집의 호흡량과 순생산량 등을 묻는 경우 문제의 난도가 좀 더 높아질 수 있으므로 기출 문제를 통해 관련 개념을 확인해두도록 하자.

그림은 어떤 지역에서의 식물 군집의 천이 과정을 나타낸 것이다.
A~C는 양수림, 음수림, 관목림을 순서 없이 나타낸 것이다.

호수 　습지 　초원 　A　　　B　　　혼합림　　C
　　　　　　　　　관목림　양수림　　　　　　음수림

이에 대한 설명으로 옳은 것만을 〈보기〉에서 있는 대로 고른 것은?

보기
→ 호수에서 시작
ㄱ. 습성 천이를 나타낸 것이다.
　　　　　　　　　→ 건성 천이 개척자
ㄴ. A의 우점종은 ~~지의류~~이다.　음생 식물
　　　　　　관목림
ㄷ. B는 ~~음~~수림이다.
　　　　양

① ㄱ　　② ㄴ　　③ ㄱ, ㄴ　　④ ㄱ, ㄷ　　⑤ ㄴ, ㄷ

|자|료|해|설|
제시된 군집 천이 과정은 호수에서 시작하여 습지 → 초원 → 관목림 → 양수림 → 혼합림 → 음수림으로 진행되는 습성 천이이다. 따라서 A는 관목림, B는 양수림, C는 음수림이다.

|보|기|풀|이|
ㄱ. 정답 : 호수와 같이 수분이 많은 곳에서 진행되는 천이 과정으로 습성 천이를 나타낸 것이다.

ㄴ. 오답 : 지의류는 건성 천이의 개척자이다. A인 관목림의 우점종이 아니다.

ㄷ. 오답 : 관목림 이후에는 양수림 → 혼합림 → 음수림으로 천이가 진행되므로 B는 양수림이다.

문제풀이 T I P | 군집의 천이 과정을 알고 있으면 쉽게 문제를 풀 수 있다. 군집의 천이는 1차 천이와 2차 천이로 구분된다. 1차 천이는 생물이 살지 않았던 곳에서 시작되는 천이이다. 1차 천이는 건성 천이와 습성 천이로 나뉜다. 건성 천이는 황무지와 같은 건조한 곳에서 시작되는 천이로 지의류가 개척자로 먼저 나타난다. 습성 천이는 연못이나 호수 등 수분이 많은 곳에서 일어나는 천이로 습생 식물이 개척자로 작용하면 나타난다.

출제분석 | 습성 천이 과정에 대해 묻는 문항으로 난도 '하'에 해당한다. 군집의 천이 과정에 대한 문항은 최근 3년간 수능에 출제되지 않았지만 모평에서는 종종 출제가 이루어졌다. 천이 과정 문항의 유형으로는 이번 문항과 같이 그림으로 자료를 제시하기도 하고 2017년 3월 학평 8번과 같이 그래프의 형태로 제시되기도 한다. 두 가지 유형을 모두 기억하도록 하자.

그림 (가)와 (나)는 1차 천이 과정과 2차 천이 과정을 순서 없이 나타낸 것이다. ㉠~㉢은 양수림, 지의류, 초원을 순서 없이 나타낸 것이다.

2차 천이 (가) 　초원 　　　　　　　　양수림
　　　　　　㉠　→　관목림　→　㉡

1차 천이 (나) 　용암 대지　→　㉢　→　㉠
　　　　　　　　　　　지의류　초원

이에 대한 설명으로 옳은 것만을 〈보기〉에서 있는 대로 고른 것은?
3점

보기
　　　　　→ 황무지에서 처음 번식하는 생물
　　　　　　초본
ㄱ. (가)에서 개척자는 ~~지의류~~이다.
ㄴ. (나)는 1차 천이를 나타낸 것이다.
　　　　　　　→ 용암 대지와 같이 토양이 전혀 없는
ㄷ. ㉡은 양수림이다.　불모지에서 시작되는 천이

① ㄱ　　② ㄷ　　③ ㄱ, ㄴ　　④ ㄴ, ㄷ　　⑤ ㄱ, ㄴ, ㄷ

|자|료|해|설|
1차 천이는 용암 대지와 같이 토양이 전혀 없는 불모지에서 시작되는 천이이고, 2차 천이는 산불이 난 곳이나 벌목한 장소처럼 이미 토양이 형성된 곳에서 시작되는 천이이다. 용암 대지에서 시작하는 (나)는 1차 천이 과정을 나타낸 것이므로 ㉢은 지의류, ㉠은 초원이다. (가)는 2차 천이 과정이며, 초원(㉠)을 시작으로 관목림 → 양수림(㉡) → 혼합림 → 음수림 순서로 진행된다. 1차 천이의 개척자는 지의류이고, 2차 천이의 개척자는 초본이다.

|보|기|풀|이|
ㄱ. 오답 : 2차 천이 과정을 나타낸 (가)에서 개척자는 초본이다.

ㄴ. 정답 : 용암 대지에서 시작하는 (나)는 1차 천이 과정을 나타낸 것이다.

ㄷ. 정답 : 일반적으로 천이는 관목림 다음으로 양수림, 혼합림, 음수림 순서로 진행된다. 따라서 ㉡은 양수림이다.

문제풀이 T I P | 1차 천이는 용암 대지와 같이 토양이 전혀 없는 불모지에서 시작되는 천이이며, 개척자는 지의류이다.

출제분석 | 1차 천이와 2차 천이의 차이점을 이해하고, 천이 과정을 정확하게 암기하고 있다면 쉽게 해결할 수 있는 난도 '중하'의 문항이다. 생태계 단원은 포함되어 있는 내용이 다양해 번갈아 출제되다 보니 천이와 관련된 문항의 출제 빈도가 높지는 않지만, 출제되는 경우 난도가 대체로 낮기 때문에 정확한 암기를 토대로 반드시 맞춰야 한다.

그림 (가)와 (나)는 서로 다른 두 지역에서 일어나는 천이 과정의 일부를 나타낸 것이다. A~C는 초원, 양수림, 지의류를 순서 없이 나타낸 것이다.

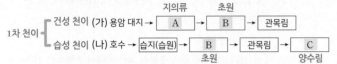

이에 대한 설명으로 옳은 것만을 〈보기〉에서 있는 대로 고른 것은?

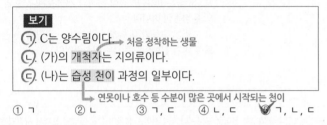

① ㄱ   ② ㄴ   ③ ㄱ, ㄷ   ④ ㄴ, ㄷ   ⑤ ㄱ, ㄴ, ㄷ

| 자 | 료 | 해 | 설 |

용암 대지에서 시작하는 (가)는 1차 천이 중에서 건성 천이 과정을 나타낸 것이므로 A는 개척자인 지의류, B는 초원이다. (나)는 수분이 많은 호수에서 시작하는 습성 천이 과정이며, B는 초원이고 C는 양수림이다.

| 보 | 기 | 풀 | 이 |

ㄱ. 정답 : 관목림에 이어서 양수림(C)이 형성된다.

ㄴ. 정답 : (가)는 1차 천이 중 건성 천이 과정이며, 개척자는 지의류이다.

ㄷ. 정답 : (나)는 수분이 많은 호수에서 시작하는 습성 천이 과정의 일부이다.

문제풀이 T I P | 1차 천이에는 수분이 적은 건조한 곳에서 시작되는 건성 천이와 연못이나 호수와 같이 습한 곳에서 시작되는 습성 천이가 있다.

출제분석 | 1차 천이에 해당하는 건성 천이와 습성 천이의 과정에 대해 묻는 난도 '하'의 문항이다. 기존의 기출 문제와 매우 유사한 유형이며, 천이 과정을 암기하고 있다면 쉽게 해결할 수 있다.

그림은 어떤 식물 군집의 1차 천이 과정의 일부를 나타낸 것이다. A~D는 각각 관목림, 양수림, 음수림, 초원 중 하나이다.

| A | → | B | → | C | → | 혼합림 | → | D |

초원   관목림   양수림   음수림

이에 대한 설명으로 옳은 것만을 〈보기〉에서 있는 대로 고른 것은?

보기

ㄱ. A에서 우점종은 지의류이다. → 초원 → 관목림

ㄴ. 우점종의 평균 키는 B보다 C에서 크다. → 양수림

ㄷ. D에서 우점종의 잎 평균 두께는 하층부보다 상층부에서 크다. → 빛의 양이 많을수록 두꺼움

① ㄱ   ② ㄷ   ③ ㄱ, ㄴ   ④ ㄴ, ㄷ   ⑤ ㄱ, ㄴ, ㄷ

| 자 | 료 | 해 | 설 |

그림은 1차 천이 과정의 일부이므로 A~D는 각각 A: 초원, B: 관목림, C: 양수림, D: 음수림이다. 1차 천이의 전체 과정 중 A 앞쪽의 지의류를 그림에서는 제시하지 않았다.

| 보 | 기 | 풀 | 이 |

ㄱ. 오답 : A에서의 우점종은 초원이다.

ㄴ. 정답 : B는 관목림, C는 양수림이므로 우점종의 평균 키는 B보다 C에서 크다.

ㄷ. 정답 : D는 음수림인데 상층부가 하층부보다 빛의 세기가 세고, 아래로 갈수록 빛의 세기가 약해지므로, 잎의 평균 두께는 하층부보다 상층부에서 크다.

문제풀이 T I P | 1차 천이의 과정을 정확하게 알고 있으면 쉽게 풀 수 있는 문제이다.

그림 (가)는 어떤 식물 군집의 천이 과정 일부를, (나)는 이 과정 중 ㉠에서 조사한 침엽수(양수)와 활엽수(음수)의 크기(높이)에 따른 개체 수를 나타낸 것이다. ㉠은 A와 B 중 하나이며, A와 B는 양수림과 음수림을 순서 없이 나타낸 것이다.

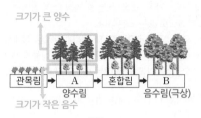
크기가 큰 양수
관목림 → A → 혼합림 → B
　　　　양수림　　　　음수림(극상)
크기가 작은 음수

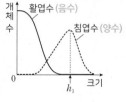
개체 수
활엽수 (음수)
침엽수 (양수)
0　　　　h₁　　크기

(가)　　　　　　　　(나) ㉠ : 양수림(A)

이에 대한 설명으로 옳은 것만을 〈보기〉에서 있는 대로 고른 것은?

3점

보기
크기가 큰 침엽수(양수) 아래로 크기가 작은 활엽수(음수)가 분포하는 양수림이다.
ㄱ. ㉠은 양수림이다.
ㄴ. ㉠에서 h₁보다 작은 활엽수는 없다. → ㉠에서 활엽수는 모두 h₁보다 작다.
ㄷ. 이 식물 군집은 혼합림에서 극상을 이룬다.
　　音수림(B)　　　천이의 마지막에 안정된 상태를 이루게 되는 군집

① ㄱ　　② ㄴ　　③ ㄷ　　④ ㄱ, ㄴ　　⑤ ㄱ, ㄷ

|자|료|해|설|
A는 양수림이고, B는 음수림이다. (나)에서 침엽수(양수)의 크기가 크고, 활엽수(음수)의 크기가 작으므로 ㉠은 양수림(A)이다. 양수림이 발달하여 숲이 우거지면 지표면에 도달하는 빛의 양이 줄어들어 그늘진 아래 쪽에서는 음수가 자라기 시작한다.

|보|기|풀|이|
ㄱ. 정답 : (나)에서 침엽수(양수)의 크기가 크고, 활엽수(음수)의 크기가 작으므로 ㉠은 양수림이다.
ㄴ. 오답 : ㉠에서 활엽수(음수)의 크기는 모두 h₁보다 작다.
ㄷ. 오답 : 이 식물 군집은 음수림에서 극상을 이룬다.

😮 **문제풀이 TIP |** 양수림에서는 침엽수(양수)의 크기가 크고, 활엽수(음수)의 크기가 작다.

😮 **출제분석 |** 식물 군집의 천이 과정을 나타낸 (가)는 자주 출제된 그림인 반면에, 높이에 따른 개체 수를 나타낸 그래프 (나)의 경우 처음 보는 학생들이 많았을 것이다. '생태계와 상호 작용 단원'에서는 이렇게 다양한 형태의 그림, 그래프, 표 등의 자료가 제시되는 경우가 많다. 새로운 자료가 제시되더라도 자료 분석을 통해 보기 문제를 쉽게 해결할 수 있는 수준의 난도로 출제될 확률이 높다.

그림은 지역 A에서 천이가 일어날 때 군집의 높이 변화를 나타낸 것이다. ㉠~㉢은 각각 양수림, 음수림, 지의류 중 하나이다.

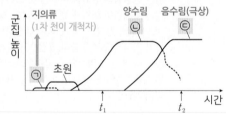
군집 높이
지의류 (1차 천이 개척자)
양수림 ㉡
음수림(극상) ㉢
㉠ 초원
t₁　　　　t₂　　시간

이에 대한 옳은 설명만을 〈보기〉에서 있는 대로 고른 것은? **3점**

보기
　　　　　지의류
ㄱ. ㉠은 개척자이다.　　1차 천이(용암 대지와 같이 토양이 전혀 없는
ㄴ. A에서 일어난 천이는 2차 천이이다.　불모지에서 시작되는 천이)
ㄷ. 지표면에 도달하는 빛의 세기는 t₁일 때가 t₂일 때보다 약하다.
　　강하다

① ㄱ　　② ㄴ　　③ ㄷ　　④ ㄱ, ㄴ　　⑤ ㄱ, ㄷ

|자|료|해|설|
맨땅에 건조하고 양분이 부족해도 잘 살 수 있는 지의류가 개척자로 먼저 나타난다. 따라서 ㉠은 1차 천이(건성 천이)의 개척자인 지의류이다. 그 후 양수림이 발달하여 숲이 우거지면 지표면에 도달하는 빛의 양이 줄어들어 양수의 묘목보다 약한 빛에서도 잘 자랄 수 있는 음수의 묘목이 더 잘 생장하게 된다. 따라서 ㉡은 양수림, ㉢은 음수림(극상)이다.

|보|기|풀|이|
ㄱ. 정답 : ㉠은 1차 천이(건성 천이)의 개척자인 지의류이다.
ㄴ. 오답 : 지역 A에서 일어난 천이는 용암 대지와 같이 토양이 전혀 없는 불모지에서 시작되는 1차 천이(건성 천이)이다. 2차 천이는 산불이 난 곳이나 벌목한 장소처럼 이미 토양이 형성된 곳에서 시작되는 천이이다.
ㄷ. 오답 : 양수림이 발달하여 숲이 우거지면 지표면에 도달하는 빛의 양이 줄어들어 음수의 묘목이 더 잘 생장하게 된다. 따라서 지표면에 도달하는 빛의 세기는 t₁일 때가 t₂일 때보다 강하다.

😮 **문제풀이 TIP |** 1차 천이(건성 천이)의 개척자는 지의류, 2차 천이의 개척자는 초본이다. 천이의 마지막에 안정된 상태를 이루게 되는 군집의 극상은 음수림이다.

😮 **출제분석 |** 1차 천이의 과정을 묻고 있는 난도 '중하'의 문항이다. 개척자와 천이의 과정을 이해하고 있다면 쉽게 해결할 수 있으며, 그동안 출제되어 온 유형에서 크게 벗어나지 않는다.

그림은 빙하가 사라져 맨땅이 드러난 어떤 지역에서 일어나는 식물 군집 X의 천이 과정에서 A~C의 피도 변화를 나타낸 것이다. A~C는 관목, 교목, 초본을 순서 없이 나타낸 것이다.

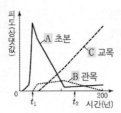

이 자료에 대한 설명으로 옳은 것만을 〈보기〉에서 있는 대로 고른 것은? 3점

보기
 ㄱ. A는 초본이다. → 천이의 마지막에 안정된 상태를 이루게 되는 군집
ㄴ. t_1일 때 X는 극상을 이룬다. 이루지 않는다
ㄷ. X의 평균 높이는 t_1일 때가 t_2일 때보다 높다. 낮다

① ㄱ   ② ㄴ   ③ ㄱ, ㄷ   ④ ㄴ, ㄷ   ⑤ ㄱ, ㄴ, ㄷ

|자|료|해|설|
관목은 키가 작은 나무, 교목은 높이가 8m 이상인 나무를 말한다. 따라서 A는 초본, B는 관목, C는 교목이다.

|보|기|풀|이|
ㄱ. 정답 : 관목, 교목, 초본 중 가장 먼저 정착하는 식물은 초본이므로 A는 초본이다.
ㄴ. 오답 : 극상은 천이의 마지막에 안정된 상태를 이루게 되는 군집이다. 따라서 t_1일 때 X는 극상을 이루지 않는다.
ㄷ. 오답 : X의 평균 높이는 t_1일 때가 t_2일 때보다 낮다.

🙂 **문제풀이 T I P** | 관목은 키가 작은 나무이고, 교목은 키가 큰 나무이다.

그림은 어떤 식물 군집에 산불이 난 후의 천이 과정에서 관찰된 식물 종 A~C의 생물량 변화를 나타낸 것이다. A~C는 각각 양수림, 음수림, 초원의 우점종 중 하나이다.

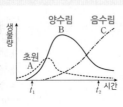

이에 대한 옳은 설명만을 〈보기〉에서 있는 대로 고른 것은?

보기
ㄱ. 이 과정은 1차 천이이다. 2차
ㄴ. B는 양수림의 우점종이다. → 천이 진행: 초원 → 양수림 → 음수림
ㄷ. 지표면에 도달하는 빛의 세기는 일 때가 일 때보다 약하다. t_2 t_1

① ㄱ   ② ㄴ   ③ ㄷ   ④ ㄱ, ㄴ   ⑤ ㄴ, ㄷ

|자|료|해|설|
그래프는 x축에 시간과 y축에 생물량을 나타내어 시간에 따른 생물량의 변화를 나타낸 것으로 천이의 진행 과정에 따라 우점종이 어떻게 변화하는지를 보여주고 있다. 산불이 난 후의 천이는 2차 천이에 해당하므로 개척자가 지의류가 아니라 초본이 되어 초원부터 시작된다. 천이의 과정에 따라 초원 → 양수림 → 음수림 순으로 이루어지므로 제일 처음에 생물량이 높은 A가 초원, B가 양수림, C가 음수림에 해당한다.

|보|기|풀|이|
ㄱ. 오답 : 문제에 제시되어 있듯이 산불이 난 후의 천이 과정이므로, 2차 천이에 해당한다.
ㄴ. 정답 : 2차 천이의 과정은 초원 → 양수림 → 음수림의 순으로 이루어짐으로 두 번째로 생물량이 높아지는 B는 양수림에 해당한다.
ㄷ. 오답 : 지표면에 도달하는 빛의 세기는 초본이 발달하는 t_1일 때가 음수림이 발달한 t_2일 때보다 훨씬 강하다.

🙂 **문제풀이 T I P** | 군집의 천이 과정은 1차 천이와 2차 천이를 비교하여 학습해야 한다. 1차 천이는 토양이 없는 불모지에서 시작되는 천이이고, 2차 천이는 이미 토양이 형성된 곳에서 시작되는 천이이다. 1차 천이와 2차 천이를 비교할 때에는 개척자가 어떤 식물군이 되는지를 확인하며 학습하자. 또한, 1차 천이와 2차 천이에서 공통적으로 나타나는 초원 이후의 과정은 초원 → 관목림 → 양수림 → 혼합림 → 음수림의 형태로 천이가 이루어짐을 기억하자.

🙂 **출제분석** | 이번 문항은 군집의 천이 과정 중 2차 천이에 관한 기본적인 지식을 묻고 있는 난도 하의 문제로, 그래프에서 피크점의 순서가 천이 과정을 나타냄을 인지하면 쉽게 풀 수 있는 문제이다. 또한, 이미 문제에서도 2차 천이임을 알려주고 있기 때문에 문제를 꼼꼼히 체크하며 읽는 것이 중요하다. 군집의 천이는 모평이나 수능에서 간헐적으로 출제된다. 또한 2017학년도 6월 모평 11번 문제처럼 천이의 과정을 군집의 총생산량과 연결 지어 출제가 이루어지기도 한다.

그림 (가)는 어떤 지역의 **2차 천이** 과정에서 식물 군집의 높이 변화를, (나)는 (가)의 t_1과 t_2일 때 이 식물 군집의 총생산량과 호흡량을 나타낸 것이다. A~C는 각각 양수림, 음수림, 초원 중 하나이며, ㉠과 ㉡은 각각 총생산량과 호흡량 중 하나이다.

→ 초본 식물이 개척자

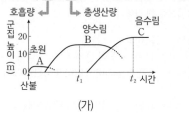
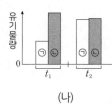

(가) (나)

이에 대한 설명으로 옳은 것만을 〈보기〉에서 있는 대로 고른 것은?

보기
㉠ C는 음수림이다.
㉡ t_1일 때 군집의 우점종은 ~~초본~~ 이다. 목본
㉢ 군집의 순생산량은 t_2일 때가 t_1일 때보다 ~~많다~~. 적다
　　　　→ 총생산량(㉡)-호흡량(㉠)

① ㉠ ② ㉡ ③ ㉢ ④ ㉠, ㉡ ⑤ ㉠, ㉢

|자|료|해|설|
2차 천이는 기존의 군집이 산불이나 자연재해로 인해 다시 시작되는 천이로 초원부터 천이가 시작된다. 이후 초원을 거쳐 양수림, 혼합림, 음수림의 순으로 천이가 진행된다. 따라서 그래프 (가)에서 산불 이후 제일 먼저 나타난 A는 초원, B는 양수림, C는 음수림이다. 총생산량은 호흡량+순생산량으로 호흡량이 총생산량보다 높을 수 없다. 따라서 ㉠은 호흡량, ㉡은 총생산량이다. 순생산량은 총생산량에서 호흡량을 뺀 값이다.

|보|기|풀|이|
㉠ 정답 : 천이에서 극상의 상태는 음수림으로 그래프 (가)에서 가장 늦게 나타난 C가 음수림이다.
ㄴ. 오답 : 그래프 (가)에서 t_1일 때 B는 양수림으로 목본이 우점종이다. 초본이 우점종인 시기는 초원 상태이다.
ㄷ. 오답 : 군집의 순생산량은 총생산량(㉡)-호흡량(㉠)의 값으로 t_2일 때가 t_1일 때보다 적다.

😮 **문제풀이 TIP** | 천이의 과정과 총생산량, 순생산량, 호흡량의 정의를 정확히 알고 있으면 쉽게 풀이가 가능하다. 천이는 지의류가 개척자인 1차 천이와 산불이나 자연재해로 인해 초원의 상태부터 시작하는 2차 천이로 구분된다. 총생산량=순생산량+호흡량으로 정의된다.

😮 **출제분석** | 천이 과정과 물질의 생산과 소비에 관한 난도 하의 문항이다. 2018학년도 수능 20번 문항과 매우 유사한 형태의 문제이다. 총생산량과 호흡량에 관한 그래프를 이번 문항과 2018학년도 20번 문항과 비교하여 학습하자.

그림은 어떤 지역의 식물 군집에서 **산불이 난 후의 천이 과정** 일부를, 표는 이 과정 중 ㉠에서 방형구법을 이용하여 식물 군집을 조사한 결과를 나타낸 것이다. ㉠은 A와 B 중 하나이고, A와 B는 양수림과 음수림을 순서 없이 나타낸 것이다. 종 Ⅰ과 Ⅱ는 침엽수(양수)에 속하고, 종 Ⅲ과 Ⅳ는 활엽수(음수)에 속한다.

→ 2차 천이

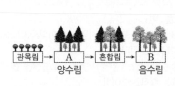

관목림 → A(양수림) → 혼합림 → B(음수림)

구분	침엽수 (양수)		활엽수 (음수)	
	Ⅰ	Ⅱ	Ⅲ	Ⅳ
상대 밀도(%)	30	42	12	16
상대 빈도(%)	32	38	16	14
상대 피도(%)	34	38	17	11

→ ㉠ : 양수림(A)

이에 대한 설명으로 옳은 것만을 〈보기〉에서 있는 대로 고른 것은?
(단, Ⅰ~Ⅳ 이외의 종은 고려하지 않는다.) **3점**

보기 A(양수림)
㉠ ㉠은 ~~B~~ 이다.
㉡ 이 지역에서 일어난 천이는 2차 천이이다.
㉢ 이 식물 군집은 ~~혼합림~~ 에서 극상을 이룬다.
　　음수림

① ㄱ ② ㄴ ③ ㄷ ④ ㄱ, ㄴ ⑤ ㄱ, ㄷ

|자|료|해|설|
산불이 난 후에 일어나는 천이는 2차 천이에 해당한다. A는 양수림, B는 음수림이고 이 식물 군집은 음수림에서 극상을 이룬다. 방형구법을 이용하여 식물 군집을 조사한 결과 침엽수(양수)의 상대 밀도(%), 상대 빈도(%), 상대 피도(%)의 값이 모두 활엽수(음수)보다 크므로 ㉠은 양수가 우점종인 양수림(A)이다.

|보|기|풀|이|
ㄱ. 오답 : ㉠은 A(양수림)이다.
㉡ 정답 : 산불이 난 후에 일어난 천이이므로 이 지역에서 일어난 천이는 2차 천이이다.
ㄷ. 오답 : 이 식물 군집은 음수림에서 극상을 이룬다.

😮 **문제풀이 TIP** | 침엽수(양수)의 상대 밀도(%), 상대 빈도(%), 상대 피도(%)의 값이 모두 활엽수(음수)보다 크다는 것으로 ㉠을 찾을 수 있다.

그림 (가)는 어떤 지역의 식물 군집 K에서 **산불이 난 후의 천이** 과정을, (나)는 K의 시간에 따른 총생산량과 순생산량을 나타낸 것이다. A와 B는 양수림과 음수림을 순서 없이 나타낸 것이다.

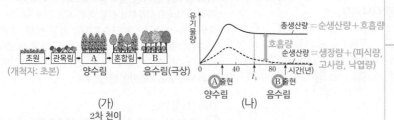

(가)
2차 천이

이 자료에 대한 설명으로 옳은 것만을 〈보기〉에서 있는 대로 고른 것은? 3점

보기
→ 산불, 홍수, 산사태 등이 일어나 식물 군집이
    사라진 지역에서 시작되는 천이
ㄱ. (가)는 **2차 천이**를 나타낸 것이다.
→ 천이의 마지막에 안정된
    상태를 이루게 되는 군집
ㄴ. K는 (가)의 A에서 극상을 이룬다. (음수림)
ㄷ. (나)에서 t_1일 때 K의 생장량은 순생산량보다 크다. (작다)
→ 순생산량=생장량+(피식량, 고사량, 낙엽량)

①ㄱ   ②ㄴ   ③ㄱ, ㄷ   ④ㄴ, ㄷ   ⑤ㄱ, ㄴ, ㄷ

|자|료|해|설|
그림 (가)는 산불이 난 후의 2차 천이를 나타낸 것으로 A은 양수림, B는 음수림이다. 생산자가 광합성을 통해 합성한 유기물의 총량인 총생산량에서 호흡량을 뺀 값이 순생산량이다. 생장량은 순생산량에서 피식량, 고사량, 낙엽량을 뺀 값이다.

|보|기|풀|이|
ㄱ. 정답 : (가)는 산불이 난 후의 2차 천이를 나타낸 것이다. 2차 천이는 이미 토양이 형성된 곳에서 시작되며 개척자는 초본이다.
ㄴ. 오답 : K는 (가)의 B(음수림)에서 극상을 이룬다.
ㄷ. 오답 : 순생산량은 생장량을 포함하는 값이므로 (나)에서 t_1일 때 K의 생장량은 순생산량보다 작다.

👀 **문제풀이 TIP** | '총생산량=순생산량(생장량+피식량, 고사량, 낙엽량)+호흡량'을 반드시 암기하자!

😀 **출제분석** | 천이와 물질의 생산량에 대해 묻는 난도 '중'의 문항이다. 2차 천이, 극상, 순생산량의 개념을 정확하게 알고 있다면 문제를 쉽게 해결할 수 있다. 물질의 생산과 소비 관련 문제는 막대 형태의 그래프(2017학년도 9월 모평 20번), 원 그래프(2017년 7월 학평 15번), 백분율 값을 나타낸 표(2018학년도 6월 모평 11번), 총생산량과 호흡량을 나타낸 그래프(2018학년도 수능 20번) 등 다양한 형태로 출제되고 있다.

그림 (가)는 산불이 난 지역의 식물 군집에서 천이 과정을, (나)는 식물 군집의 시간에 따른 총생산량과 호흡량을 나타낸 것이다. A~C는 음수림, 양수림, 초원을 순서 없이 나타낸 것이다.

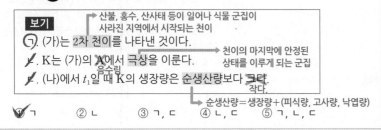

(가)
2차 천이

이에 대한 설명으로 옳은 것만을 〈보기〉에서 있는 대로 고른 것은?
3점

보기
→ 이미 토양이 형성된 곳에서 시작되는 천이
ㄱ. (가)는 **2차 천이**를 나타낸 것이다.
ㄴ. t_1일 때 ⓐ는 순생산량이다. (총생산량−호흡량)
ㄷ. 이 식물 군집의 호흡량은 양수림이 출현했을 때가 음수림이 출현했을 때보다 크다. (작다)

①ㄱ   ②ㄷ   ③ㄱ, ㄴ   ④ㄴ, ㄷ   ⑤ㄱ, ㄴ, ㄷ

|자|료|해|설|
산불이 난 곳이나 벌목한 장소처럼 이미 토양이 형성된 곳에서 시작되는 천이는 2차 천이이다. 따라서 (가)는 2차 천이 과정을 나타낸 것으로 A는 초원, B는 양수림, C는 음수림이다. (나)에서 순생산량은 총생산량에서 호흡량을 뺀 값이다.

|보|기|풀|이|
ㄱ. 정답 : (가)는 산불이 난 지역의 천이 과정이므로 2차 천이를 나타낸 것이다.
ㄴ. 정답 : 순생산량은 총생산량에서 호흡량을 뺀 값이므로 t_1일 때 ⓐ는 순생산량이다.
ㄷ. 오답 : 이 식물 군집의 호흡량은 양수림이 출현(B)했을 때가 음수림이 출현(C)했을 때보다 작다.

👀 **문제풀이 TIP** | 순생산량=총생산량−호흡량

다음은 종 사이의 상호 작용에 대한 자료이다. (가)와 (나)는 경쟁과 상리 공생의 예를 순서 없이 나타낸 것이다.

경쟁 ◄── (가) 캥거루쥐와 주머니쥐는 같은 종류의 먹이를 두고 서로 다툰다.

상리 공생 ◄── (나) 꽃은 벌새에게 꿀을 제공하고, 벌새는 꽃의 수분을 돕는다.

이에 대한 설명으로 옳은 것만을 〈보기〉에서 있는 대로 고른 것은?

보기

 (가)에서 캥거루쥐는 주머니쥐와 한 개체군을 이룬다.
                        다른

ㄴ. (나)는 상리 공생의 예이다.

✗. 스라소니가 눈신토끼를 잡아먹는 것은 경쟁의 예에 해당한다.
                      포식과 피식

① ㄱ   ❷ ㄴ   ③ ㄷ   ④ ㄱ, ㄴ   ⑤ ㄴ, ㄷ

| 자 | 료 | 해 | 설 |

(가)는 같은 종류의 먹이를 두고 서로 다투는 경쟁이고, (나)는 꽃과 벌새 모두 이익을 얻는 상리 공생이다.

| 보 | 기 | 풀 | 이 |

ㄱ. 오답 : 경쟁은 개체군 간의 상호 작용이므로 캥거루쥐와 주머니쥐는 다른 개체군을 이룬다.

ㄴ. 정답 : (나)는 두 개체군이 모두 이익을 얻는 상리 공생의 예이다.

ㄷ. 오답 : 스라소니가 눈신토끼를 잡아먹는 것은 포식과 피식의 예에 해당한다.

다음은 어떤 지역의 식물 군집에서 우점종을 알아보기 위한 탐구이다.

(가) 이 지역에 방형구를 설치하여 식물 종 A~E의 분포를 조사했다. 표는 조사한 자료 중 A~E의 개체 수와 A~E가 출현한 방형구 수를 나타낸 것이다.

구분	A	B	C	D	E
개체 수	96	48	18	48	30
출현한 방형구 수	22	20	10	16	12

(나) 표는 A~E의 분포를 조사한 자료를 바탕으로 각 식물 종의 ㉠~㉢을 구한 결과를 나타낸 것이다. ㉠~㉢은 상대 밀도, 상대 빈도, 상대 피도를 순서 없이 나타낸 것이다.

구분	A	B	C	D	E	
상대 빈도 ㉠ (%)	27.5	?25	ⓐ12.5	20	15	
상대 밀도 ㉡ (%)	40	?20	7.5	20	12.5	→ 전체 100%
상대 피도 ㉢ (%)	36	17	13	?24	10	→ 전체 100%
중요치(중요도)	103.5	62	33	64	37.5	

이 자료에 대한 설명으로 옳은 것만을 〈보기〉에서 있는 대로 고른 것은? (단, A~E 이외의 종은 고려하지 않는다.) **3점**

보기

㉠ ⓐ는 12.5이다.
             ► 상대 피도가 가장 작은 종

㉡ 지표를 덮고 있는 면적이 가장 작은 종은 E이다.

㉢ 우점종은 A이다.
   ► 중요치(중요도) 값이 가장 큰 종

① ㄱ   ② ㄴ   ③ ㄱ, ㄷ   ④ ㄴ, ㄷ   ❺ ㄱ, ㄴ, ㄷ

| 자 | 료 | 해 | 설 |

A~E의 총 개체 수가 240이므로 E의 상대 밀도는
$$\frac{30(E의 개체수)}{240(A{\sim}E의 총 개체 수)} \times 100 = 12.5\%$$이고, A~E가 출현한 총 방형구 수가 80이므로 E의 상대 빈도는
$$\frac{12(E가 출현한 방형구 수)}{80(A{\sim}E가 출현한 총 방형구 수)} \times 100 = 15\%$$이다.
따라서 ㉠은 상대 빈도, ㉡은 상대 밀도, ㉢은 상대 피도이다. 상대 밀도(%)의 합과 상대 피도(%)의 합은 각각 100%이므로 B의 상대 밀도(%)는 20이고, D의 상대 피도(%)는 24이다. C의 상대 빈도(%) 값은
$$\frac{10(C가 출현한 방형구 수)}{80(A{\sim}E가 출현한 총 방형구 수)} \times 100 = 12.5(ⓐ)$$이다.
중요치(중요도)는 '상대 밀도+상대 빈도+상대 피도'이며, 각 종의 중요치(중요도)는 첨삭된 내용과 같다.

| 보 | 기 | 풀 | 이 |

ㄱ. 정답 : C의 상대 빈도(%) 값 ⓐ는
$$\frac{10(C가 출현한 방형구 수)}{80(A{\sim}E가 출현한 총 방형구 수)} \times 100 = 12.5$$이다.

ㄴ. 정답 : 지표를 덮고 있는 면적(피도)가 가장 작은 종은 상대 피도의 값이 가장 작은 E이다.

ㄷ. 정답 : 우점종은 중요치(중요도)가 가장 큰 A이다.

👀 문제풀이 T I P |

* E의 상대 밀도 = $\frac{30(E의 개체수)}{240(A{\sim}E의 총 개체 수)} \times 100 = 12.5\%$

* E의 상대 빈도 = $\frac{12(E가 출현한 방형구 수)}{80(A{\sim}E가 출현한 총 방형구 수)} \times 100$
                   = 15%

다음은 학생 A와 B가 면적이 서로 다른 방형구를 이용해 어떤 지역에서 같은 식물 군집을 각각 조사한 자료이다.

○ 이 지역에는 토끼풀, 민들레, 꽃잔디가 서식한다.
○ 그림 (가)는 A가 면적이 같은 8개의 방형구를, (나)는 B가 면적이 같은 2개의 방형구를 설치한 모습을 나타낸 것이다.

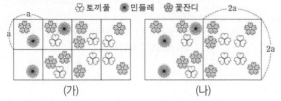

❀ 토끼풀　✽ 민들레　❀ 꽃잔디

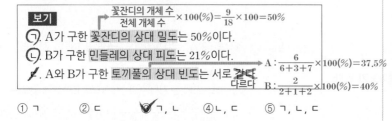

(가)　　　　　　(나)

○ 표는 B가 구한 각 종의 상대 피도를 나타낸 것이다.

종	토끼풀	민들레	꽃잔디
상대 피도(%)	27	?	52

$100(\%)-(토끼풀\ 상대\ 피도+꽃잔디\ 상대\ 피도)=21\%$

이에 대한 옳은 설명만을 〈보기〉에서 있는 대로 고른 것은? (단, 방형구에 나타낸 각 도형은 식물 1개체를 의미하며, 제시된 종 이외의 종은 고려하지 않는다.) 3점

보기

ㄱ. A가 구한 꽃잔디의 상대 밀도는 50%이다.
　$\dfrac{꽃잔디의\ 개체\ 수}{전체\ 개체\ 수}\times100(\%)=\dfrac{9}{18}\times100=50\%$

ㄴ. B가 구한 민들레의 상대 피도는 21%이다.

ㄷ. A와 B가 구한 토끼풀의 상대 빈도는 서로 ~~같다.~~ 다르다.
　$A:\dfrac{6}{6+3+7}\times100(\%)=37.5\%$
　$B:\dfrac{2}{2+1+2}\times100(\%)=40\%$

① ㄱ　　② ㄷ　　✓ ㄱ, ㄴ　　④ ㄴ, ㄷ　　⑤ ㄱ, ㄴ, ㄷ

|자|료|해|설|

그림 (가)와 (나)에 나타난 각 종의 개체수와 출현한 방형구 수를 표로 나타내면 다음과 같다.

구분	(가)		(나)	
	개체 수	출현한 방형구 수	개체 수	출현한 방형구 수
토끼풀	6	6	6	2
민들레	3	3	3	1
꽃잔디	9	7	9	2

이때 각 종의 상대 밀도$=\dfrac{특정\ 종의\ 개체수}{전체\ 개체\ 수}\times100(\%)$,

상대 빈도$=\dfrac{특정\ 종이\ 출현한\ 방형구\ 수}{각\ 종이\ 출현한\ 방형구\ 수의\ 합}\times100(\%)$로 구할 수 있다. 또한 상대 피도의 합은 100%이어야 하므로 B가 구한 각 종의 상대 피도 중 민들레의 상대 피도는 $100-(27+52)=21\%$이다.

|보|기|풀|이|

ㄱ 정답 : A가 구한 꽃잔디의

상대 밀도$=\dfrac{특정\ 종의\ 개체수}{전체\ 개체\ 수}\times100(\%)$

$=\dfrac{9}{6+3+7}\times100(\%)=50\%$이다.

ㄴ 정답 : B가 구한 민들레의 상대 피도는 21%이다.

ㄷ. 오답 : A가 구한 토끼풀의

상대 빈도$=\dfrac{(가)에서\ 토끼풀이\ 출현한\ 방형구\ 수}{(가)에서\ 각\ 종이\ 출현한\ 방형구\ 수의\ 합}$

$\times100(\%)=\dfrac{6}{6+3+7}\times100(\%)=37.5\%$이고,

B가 구한 토끼풀의

상대 빈도$=\dfrac{(나)에서\ 토끼풀이\ 출현한\ 방형구\ 수}{(나)에서\ 각\ 종이\ 출현한\ 방형구\ 수의\ 합}$

$\times100(\%)=\dfrac{2}{2+1+2}\times100(\%)=40\%$으로 서로 다르다.

😮 **문제풀이 TIP** | (가)와 (나)에서 각 종의 개체 수와 각 종이 출현한 방형구 수를 빠르게 확인하고 문제에서 구하는 값을 계산하도록 한다.

😊 **출제분석** | 유전 문항만큼 난도가 높지는 않지만, 방형구를 이용한 식물 군집 조사와 관련하여 계산을 요하는 문항의 출제 빈도가 조금씩 높아지고 있으므로 정확하고 빠르게 계산할 수 있도록 연습할 필요가 있다.

다음은 식물 X에 대한 자료이다.

> X는 ⊙ 잎에 있는 털에서 달콤한 점액을 분비하여 곤충을
> 유인한다. ⓒ X는 털에 곤충이 닿으면 잎을 구부려 곤충을
> 잡는다. X는 효소를 분비하여 곤충을 분해하고 영양분을 얻는다.

자극에 대한 반응 ←

잎 →

이 자료에 대한 설명으로 옳은 것만을 〈보기〉에서 있는 대로 고른 것은?

보기

ㄱ. ⊙은 세포로 구성되어 있다.

ㄴ. ⓒ은 자극에 대한 반응의 예에 해당한다.

ㄷ. X와 곤충 사이의 상호 작용은 상리 공생에 해당한다.
　　　　　　　　　　　　　포식과 피식

① ㄱ　　② ㄷ　　✓③ ㄱ, ㄴ　　④ ㄴ, ㄷ　　⑤ ㄱ, ㄴ, ㄷ

|자|료|해|설|

잎(⊙)은 식물의 영양 기관이며, ⓒ은 털에 곤충이 닿는 '자극'에 대해 잎을 구부려 곤충을 잡는 '반응'을 하는 것이므로 자극에 대한 반응의 예에 해당한다.

|보|기|풀|이|

ㄱ. 정답 : 잎(⊙)은 식물을 구성하는 기관이므로 세포로 구성되어 있다.

ㄴ. 정답 : 털에 곤충이 닿으면 잎을 구부려 곤충을 잡는 ⓒ은 자극에 대한 반응의 예에 해당한다.

ㄷ. 오답 : X는 포식자, 곤충은 피식자에 해당하므로 X와 곤충 사이의 상호 작용은 포식과 피식에 해당한다.

그림 (가)는 천이 A와 B의 과정 일부를, (나)는 식물 군집 K의 시간에 따른 총생산량과 호흡량을 나타낸 것이다. A와 B는 1차 천이와 2차 천이를 순서 없이 나타낸 것이고, ⊙과 ⓒ은 양수림과 지의류를 순서 없이 나타낸 것이다.

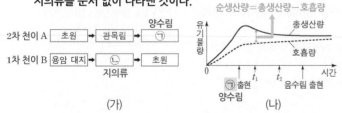

순생산량=총생산량−호흡량

2차 천이 A 초원 → 관목림 → ⊙ (양수림)

1차 천이 B 용암 대지 → ⓒ (지의류) → 초원

(가)

이에 대한 설명으로 옳은 것만을 〈보기〉에서 있는 대로 고른 것은?

보기

ㄱ. B는 2차 천이이다. （1차 천이）

ㄴ. ⊙은 양수림이다.

ㄷ. K의 $\dfrac{\text{순생산량}}{\text{호흡량}}$ 은 t_2일 때가 t_1일 때보다 크다. （작다）

① ㄱ　　✓② ㄴ　　③ ㄱ, ㄷ　　④ ㄴ, ㄷ　　⑤ ㄱ, ㄴ, ㄷ

|자|료|해|설|

용암 대지와 같이 토양이 전혀 없는 불모지에서 시작되는 B는 1차 천이이고, 개척자는 지의류이므로 ⓒ은 지의류이다. 따라서 A는 2차 천이이고, ⊙은 양수림이다. 2차 천이는 산불이 난 곳이나 벌목한 장소처럼 이미 토양이 형성된 곳에서 시작되는 천이이다. (나)에서 순생산량은 총생산량에서 호흡량을 뺀 값이다.

|보|기|풀|이|

ㄱ. 오답 : 용암 대지에서 시작하는 B는 1차 천이이다.

ㄴ. 정답 : ⊙은 양수림, ⓒ은 지의류이다.

ㄷ. 오답 : 순생산량은 총생산량에서 호흡량을 뺀 값이다. 따라서 K의 $\dfrac{\text{순생산량}}{\text{호흡량}}$ 은 t_2일 때가 t_1일 때보다 작다.

😮 **문제풀이 T I P** | 순생산량=총생산량−호흡량

04. 에너지 흐름과 물질의 순환

기본자료

❶ 생태계에서의 물질의 순환 ★수능에 나오는 필수 개념 3가지 + 필수 암기사항 10개

필수개념 1   탄소의 순환

1. 탄소의 순환 : 생태계 내의 탄소는 대기에서는 CO_2, 물속에서는 탄산수소 이온(HCO_3^-)의 형태로 존재한다.

2. 탄소의 순환 과정

  ① 대기나 물속의 CO_2는 식물이나 식물성 플랑크톤 같은 생산자의 광합성에 의해 포도당과 같은 유기물로 고정된다. ★암기

  ② 유기물 속의 탄소는 먹이 사슬을 따라 소비자 쪽으로 이동한다. 소비자에게 전달된 유기물의 일부는 소비자의 호흡에 의해 분해되며, 이 과정에서 CO_2가 방출되어 대기나 물속으로 돌아간다. ★암기

  ③ 동식물의 사체나 배설물 속의 유기물은 분해자에 의해 분해되어 CO_2의 형태로 대기나 물속으로 방출된다. 생물의 사체 중 분해되지 않은 유기물은 땅속에서 탄화되어 석탄, 석유와 같은 화석 연료가 되며, 연소를 통해 CO_2의 형태로 대기로 돌아간다.

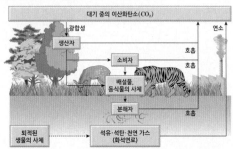

필수개념 2   질소의 순환

1. 질소의 순환 : 질소(N_2)는 대기의 약 78%를 차지하고 있지만, 대부분의 생물은 이를 직접 이용하지 못하며, 일부 미생물들만이 직접 대기 중의 질소를 이용할 수 있다.

2. 질소의 순환 과정

  ① 대기 중의 질소는 뿌리혹박테리아, 아조토박터 등 질소 고정 세균에 의해 암모늄 이온(NH_4^+)으로 고정되거나, 공중 방전에 의해 질산 이온(NO_3^-)이 된다. ★암기

  ② **질소 고정** : 질소 고정 세균에 의해 대기 중의 질소(N_2)가 암모늄 이온(NH_4^+)으로 전환되는 과정이다. ★암기

  ③ **질화 작용** : 질화 세균인 아질산균이나 질산균에 의해 암모늄 이온(NH_4^+)이 질산 이온(NO_3^-)으로 산화되는 과정이다. ★암기

  ④ 식물은 뿌리를 통해 토양 속의 질소를 암모늄 이온이나 질산 이온의 형태로 흡수하며, 질소 동화 작용을 통해 핵산, 단백질과 같은 유기 질소 화합물을 합성한다. ★암기

  ⑤ 생물체의 사체나 배설물 속의 질소 화합물은 미생물에 의해 암모늄 이온(NH_4^+)으로 분해되어 토양으로 되돌아간다. ★암기

  ⑥ **탈질소 작용** : 토양 속 질산 이온은 탈질소 세균에 의해 질소 기체가 되어 대기 중으로 돌아간다. ★암기

▶ 질소 동화 작용이란?
식물이 토양 속의 무기 질소 화합물을 흡수하여 단백질, 핵산, 인지질 등의 유기 질소 화합물을 만드는 작용이다.

▶ 질소의 순환과 관련된 과정 암기 ★암기
- 질소 고정 : $N_2 \rightarrow NH_4^+$
- 공중 방전 : $N_2 \rightarrow NO_3^-$
- 질화 작용 : $NH_4^+ \rightarrow NO_2^- \rightarrow NO_3^-$
- 질소 동화 작용 : NH_4^+, NO_3^- → 유기 질소 화합물
- 탈질소 작용 : $NO_3^- \rightarrow N_2$

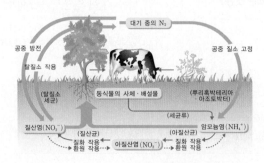

필수개념 3 물질의 생산과 소비

1. **총생산량** : 생산자가 일정 기간 동안 광합성을 통해 합성한 유기물의 총량

2. **순생산량** : 총생산량에서 호흡량을 뺀 값 ★암기

3. **생장량** : 순생산량에서 피식량, 고사량, 낙엽량을 뺀 값

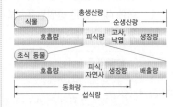

❷ 생태계에서의 에너지 흐름과 평형 ★수능에 나오는 필수 개념 3가지 + 필수 암기사항 8개

필수개념 1 에너지 흐름

1. **에너지 흐름** : 생태계 에너지의 근원은 태양의 빛에너지이며, 생산자의 광합성에 의해 태양의 빛에너지가 화학 에너지 형태로 유기물 속에 저장된 후 먹이 사슬을 따라 이동한다. ★암기

   ① 각 영양 단계에서 전달받은 에너지의 일부는 호흡을 통해 생명 활동에 사용되거나 열에너지 형태로 생태계 밖으로 방출되고, 일부 에너지만 상위 영양 단계로 전달된다. → 상위 영양 단계로 갈수록 에너지양이 감소한다. ★암기

   ② 생물의 사체나 배설물에 포함된 에너지는 분해자의 호흡을 통해 열에너지 형태로 생태계 밖으로 방출된다. → 한번 방출된 열에너지는 생물이 다시 이용할 수 없다. ★암기

   ③ 에너지는 물질과 달리 순환하지 않고 한 방향으로 흐르기 때문에 생태계가 유지되려면 태양 에너지가 지속적으로 공급되어야 한다.

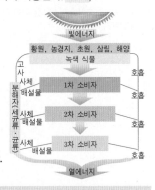

▶ 생태계에서의 에너지 흐름

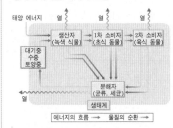

→ 생태계에서 에너지는 순환하지 않고 한 방향으로 흐른다.

필수개념 2 에너지 효율과 생태 피라미드

1. **에너지 효율** : 한 영양 단계에서 다음 영양 단계로 이동하는 에너지의 비율

   ① 일반적으로 상위 영양 단계로 갈수록 높아지는 경향이 있다. ★암기

   ② 에너지 효율(%)= $\dfrac{\text{현 영양 단계의 에너지 총량}}{\text{전 영양 단계의 에너지 총량}} \times 100$ ★암기

2. **생태 피라미드** : 영양 단계가 높아질수록 개체수, 생물량, 에너지양이 줄어들어 각 영양 단계의 개체수, 생물량, 에너지양을 하위 단계부터 상위 단계로 차례로 쌓아올리면 피라미드 모양이 되는데, 이를 생태 피라미드라고 한다.

▶ 상위 영양 단계로 갈수록 에너지 효율이 높아지는 이유

상위 영양 단계의 생물일수록 영양가가 높은 먹이를 섭취하고, 몸집이 커져서 단위 무게 당 에너지 소모가 적기 때문이다.

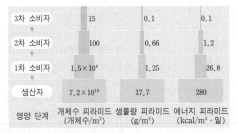

영양 단계	개체수 피라미드 (개체수/m²)	생물량 피라미드 (g/m²)	에너지 피라미드 (kcal/m²·일)
3차 소비자	15	0.1	0.1
2차 소비자	100	0.66	1.2
1차 소비자	1.5×10^4	1.25	26.8
생산자	7.2×10^{10}	17.7	280

필수개념 3 생태계의 평형

1. **생태계의 평형**

   ① 안정된 생태계에서 생물 군집의 종류나 개체수가 거의 변하지 않고 전체적으로 안정된 상태가 유지되는 것을 말한다.

   ② 생태계의 평형이 유지되려면 물질의 순환이 안정적이고, 에너지의 흐름도 원활해야 한다.

2. **생태계 평형의 기초**

   ① 먹이 사슬이 기초가 되며, 무기 환경의 영향도 받는다.

   ② 생물종이 다양하고 먹이 그물이 복잡할수록 평형이 잘 유지된다. ★암기

3. **생태계의 자기 조절**

   ① 안정된 생태계는 어떤 요인에 의해 생태계의 평형이 일시적으로 깨지더라도 다시 처음의 상태를 회복하는 조절 능력이 있다. ★암기

▶ 생태계의 평형 유지 과정 ★암기

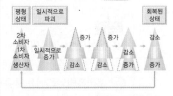

① 평형을 이루던 생태계에서 일시적으로 1차 소비자가 증가하면 2차 소비자 (포식자)는 증가하고 생산자(피식자)는 감소한다.

② 생산자가 감소하면 1차 소비자가 감소하고, 이어서 2차 소비자도 감소한다.

③ 시간이 지나면 먹이 사슬에 의해 다시 평형을 회복하게 된다.

그림은 생태계에서 탄소 순환 과정의 일부를 나타낸 것이다. A와 B는 각각 분해자와 생산자 중 하나이다. 이에 대한 설명으로 옳은 설명만을 〈보기〉에서 있는 대로 고른 것은?

대기 중 CO_2 / 광합성 ㉠ / A 분해자 / 소비자 / B 생산자 / 사체, 배설물

보기

분해자
ㄱ. A는 ~~생산자~~이다. (생산자)

ㄴ. B는 호흡을 통해 CO_2를 방출한다.

ㄷ. 과정 ㉠에서 유기물이 이동한다.

① ㄱ ② ㄴ ③ ㄱ, ㄷ ✓④ ㄴ, ㄷ ⑤ ㄱ, ㄴ, ㄷ

|자|료|해|설|
대기 중 CO_2는 생산자의 광합성에 의해 포도당과 같은 유기물로 고정된다. 유기물 속의 탄소는 먹이 사슬을 따라 소비자로 이동하고, 소비자에게 전달된 유기물의 일부는 호흡에 의해 분해되어 CO_2로 방출된다. 동식물의 사체나 배설물 속의 유기물은 분해자에 의해 분해되어 CO_2 형태로 방출된다. 따라서 A는 분해자이고, B는 생산자이다.

|보|기|풀|이|
ㄱ. 오답 : 사체나 배설물 속의 유기물을 분해하여 CO_2를 방출하는 A는 분해자이다.

ㄴ. 정답 : 생산자(B)는 호흡을 통해 CO_2를 방출한다.

ㄷ. 정답 : 생산자에서 소비자로 전달되는 과정 ㉠에서 유기물이 이동한다.

😲 **문제풀이 TIP** | 생산자의 광합성을 통해 대기 중 CO_2가 유기물로 고정되고, 탄소는 유기물의 형태로 이동한다. 유기물의 일부는 각 영양 단계에서 호흡에 의해 분해되어 CO_2 형태로 방출되고, 사체나 배설물 속의 유기물은 분해자에 의해 분해된다.

그림은 생태계에서 일어나는 질소 순환 과정의 일부를 나타낸 것이다. (가)와 (나)는 질소 고정과 탈질산화 작용을 순서 없이 나타낸 것이고, ⓐ와 ⓑ는 각각 암모늄 이온과 질산 이온 중 하나이다. 이에 대한 설명으로 옳은 것만을 〈보기〉에서 있는 대로 고른 것은?

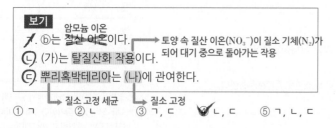

대기 중의 질소 / (가) / (나) / 탈질산화 작용 / 질소 고정 / ⓐ / ⓑ / 질산 이온(NO_3^-) / 암모늄 이온(NH_4^+) / 질산화 작용

보기

암모늄 이온
ㄱ. ⓑ는 ~~질산 이온~~이다.

ㄴ. (가)는 탈질산화 작용이다. → 토양 속 질산 이온(NO_3^-)이 질소 기체(N_2)가 되어 대기 중으로 돌아가는 작용

ㄷ. 뿌리혹박테리아는 (나)에 관여한다.
↓ 질소 고정 세균 ↓ 질소 고정

① ㄱ ② ㄴ ③ ㄱ, ㄷ ✓④ ㄴ, ㄷ ⑤ ㄱ, ㄴ, ㄷ

|자|료|해|설|
질소 고정은 질소 고정 세균에 의해 대기 중의 질소(N_2)가 암모늄 이온(NH_4^+)으로 전환되는 과정이고, 질산화(질화) 작용은 질화 세균에 의해 암모늄 이온(NH_4^+)이 질산 이온(NO_3^-)으로 산화되는 과정이며, 탈질산화(탈질소) 작용은 토양 속 탈질소 세균에 의해 질산 이온(NO_3^-)이 질소 기체(N_2)가 되어 대기 중으로 돌아가는 과정이다. 그림에서 시계 방향 순으로 (나)는 질소 고정, ⓑ는 암모늄 이온(NH_4^+), ⓐ는 질산 이온(NO_3^-), (가)는 탈질산화 작용이다.

|보|기|풀|이|
ㄱ. 오답 : 질소 고정 작용에 의해 생성된 ⓑ는 암모늄 이온(NH_4^+)이다.

ㄴ. 정답 : (가)는 토양 속 질산 이온(NO_3^-)이 질소 기체(N_2)가 되어 대기 중으로 돌아가는 탈질산화(탈질소) 작용이다.

ㄷ. 정답 : 뿌리혹박테리아는 질소 고정 세균의 일종으로 질소 고정 작용에 관여한다.

😲 **출제분석** | 질소 고정, 질산화(질화) 작용, 탈질산화(탈질소) 작용에 대해 정확하게 알고 있어야 해결 가능한 문항이다. 기본 개념을 묻고 있으므로 난도는 '중하'에 해당하며, 이 문항을 틀린 학생들은 관련 내용을 꼼꼼하게 다시 한 번 살펴보고 암기하자.

그림은 생태계에서 일어나는 질소 순환 과정의 일부를 나타낸 것이다.

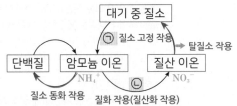

이에 대한 옳은 설명만을 〈보기〉에서 있는 대로 고른 것은?

> **보기**
>   질소 고정 작용
> ㄱ. 뿌리혹박테리아는 ㉠에 관여한다.
> ㄴ. ㉡은 ~~탈질산화~~ 작용이다.   질화(질산화)
> ㄷ. 식물은 암모늄 이온을 이용하여 단백질을 합성한다. → 질소 동화 작용

① ㄱ   ② ㄴ   ③ ㄱ, ㄴ   ✔④ ㄱ, ㄷ   ⑤ ㄴ, ㄷ

|자|료|해|설|

질소 고정 세균에 의해 대기 중의 질소(N_2)가 암모늄 이온(NH_4^+)으로 고정되는 ㉠은 질소 고정 작용이고, 암모늄 이온(NH_4^+)이 질산 이온(NO_3^-)으로 산화되는 ㉡은 질화 작용(또는 질산화 작용)이다. 토양 속의 질산 이온(NO_3^-)은 탈질소 세균에 의해 질소 기체(N_2)가 되어 대기 중으로 돌아간다(탈질소 작용).

식물은 뿌리를 통해 토양 속의 질소를 암모늄 이온(NH_4^+)이나 질산 이온(NO_3^-)의 형태로 흡수하며, 질소 동화 작용을 통해 핵산, 단백질과 같은 유기 질소 화합물을 합성한다. 생물의 사체나 배설물 속의 질소 화합물은 미생물에 의해 암모늄 이온(NH_4^+)으로 분해되어 토양으로 되돌아간다.

|보|기|풀|이|

ㄱ. 정답 : 대기 중의 질소(N_2)는 뿌리혹박테리아와 같은 질소 고정 세균에 의해 암모늄 이온(NH_4^+)으로 고정된다.

ㄴ. 오답 : 암모늄 이온(NH_4^+)이 질산 이온(NO_3^-)으로 산화되는 과정인 ㉡은 질화 작용(질산화 작용)이다.

ㄷ. 정답 : 식물은 뿌리를 통해 토양 속의 질소를 이온의 형태로 흡수하며, 질소 동화 작용을 통해 핵산, 단백질과 같은 유기 질소 화합물을 합성한다.

🤔 **문제풀이 TIP** | 대기 중의 질소(N_2)를 붙잡아 이온 형태로 고정시키는 '질소 고정 작용', 암모늄 이온(NH_4^+)을 산화시켜 질산 이온(NO_3^-)을 만드는 '질화(질산화) 작용', 다시 대기 중으로 질소가 탈출하는 '탈질소 작용', 식물이 질소를 이온 형태로 흡수하여 단백질 등을 합성(→ 동화 작용)하는 '질소 동화 작용'에 대한 이해를 토대로 암기하자!

😮 **출제분석** | 질소의 순환에 대한 문항은 매년 학평과 모평을 통틀어 두 번 정도 출제되는 개념이며, 암기만 정확하게 하고 있다면 문제를 쉽게 해결할 수 있다. 생산자, 소비자, 분해자 개념 또한 이와 함께 자주 출제(2018학년도 6월 모평 18번, 2017년 10월 학평 6번)되고 있다.

그림은 식물 X의 뿌리혹에 서식하는 세균 Y를 나타낸 것이다. ==Y는 N_2를 이용해 합성한 NH_4^+을 X에게 제공하며, X는 양분을 Y에게 제공한다.== → 상리 공생
이에 대한 옳은 설명만을 〈보기〉에서 있는 대로 고른 것은? **3점**

> **보기**   대기 중 $N_2 → NH_4^+$
> ㄱ. X는 단백질 합성에 NH_4^+을 이용한다. → 질소 동화 작용
> ㄴ. Y에서 ==질소 고정==이 일어난다.
> ㄷ. X와 Y 사이의 상호 작용은 ==상리 공생==이다.
>   └ 두 개체군이 모두 이익을 얻음
>   └ 콩과식물 └ 뿌리혹박테리아

① ㄱ   ② ㄷ   ③ ㄱ, ㄴ   ④ ㄴ, ㄷ   ✔⑤ ㄱ, ㄴ, ㄷ

|자|료|해|설|

식물 X는 콩과식물이고 세균 Y는 질소 고정 세균의 일종인 뿌리혹박테리아를 나타낸 것이다. 콩과식물과 뿌리혹박테리아 사이의 상호 작용은 두 개체군이 모두 이익을 얻는 상리 공생에 해당한다.

|보|기|풀|이|

ㄱ. 정답 : 콩과식물(X)은 NH_4^+을 단백질 합성에 이용하며, 이를 질소 동화 작용이라 한다.

ㄴ. 정답 : 뿌리혹박테리아(Y)에서 대기 중의 질소(N_2)가 암모늄 이온(NH_4^+)으로 전환되는 질소 고정이 일어난다.

ㄷ. 정답 : 상리 공생은 두 개체군이 모두 이익을 얻는 상호 작용으로, 콩과식물(X)과 뿌리혹박테리아(Y) 사이의 상호 작용은 상리 공생의 대표적인 예에 해당한다.

🤔 **문제풀이 TIP** | — 질소 고정: 질소 고정 세균에 의해 대기 중의 질소(N_2)가 암모늄 이온(NH_4^+)으로 전환되는 과정
     — 질소 동화 작용: 식물이 뿌리를 통해 토양 속의 질소를 암모늄 이온(NH_4^+)이나 질산 이온(NO_3^-)의 형태로 흡수하여 핵산, 단백질과 같은 유기 질소 화합물을 합성하는 과정

그림은 생태계에서 일어나는 질소 순환 과정의 일부를 나타낸 것이다.

이에 대한 설명으로 옳은 것만을 〈보기〉에서 있는 대로 고른 것은?

질소 고정 작용
→ 탈질소 작용
N_2
NH_4^+ NO_3^-
단백질
질소 동화 작용

보기

ㄱ. 과정 ㉠은 ~~탈질산화 작용~~이다. → 질소 고정 작용

ㄴ. 과정 ㉡에서 동화 작용이 일어난다.

ㄷ. 과정 ㉢은 ~~질소 고정 작용~~이다. → 탈질소 작용

① ㄱ   ✔② ㄴ   ③ ㄱ, ㄷ   ④ ㄴ, ㄷ   ⑤ ㄱ, ㄴ, ㄷ

|자|료|해|설|

질소 고정 세균에 의해 대기 중의 질소(N_2)가 암모늄 이온(NH_4^+)으로 전환되는 ㉠은 질소 고정 작용이고, 식물이 토양 속의 암모늄 이온(NH_4^+) 등의 무기 질소 화합물을 흡수하여 단백질을 합성하는 ㉡은 질소 동화 작용이다. 토양 속 질산 이온(NO_3^-)이 탈질소 세균에 의해 질소 기체(N_2)가 되어 대기 중으로 돌아가는 ㉢은 탈질소 작용이다.

|보|기|풀|이|

ㄱ. 오답 : 과정 ㉠은 대기 중의 질소(N_2)가 암모늄 이온(NH_4^+)으로 전환되는 질소 고정 작용이다.

ㄴ. 정답 : 과정 ㉡은 암모늄 이온(NH_4^+)을 흡수하여 단백질을 합성하는 과정이므로 동화 작용이 일어난다.

ㄷ. 오답 : 과정 ㉢은 질산 이온(NO_3^-)이 질소 기체(N_2)가 되는 탈질소 작용이다.

😮 **문제풀이 TIP** | 대기 중의 질소(N_2)를 붙잡아 이온 형태로 고정시키는 '질소 고정 작용', 다시 대기 중으로 질소가 탈출하는 '탈질소 작용', 식물이 질소를 이온 형태로 흡수하여 단백질 등을 합성(동화 작용)하는 '질소 동화 작용'을 구분해보자.

😮 **출제분석** | 질소 순환에서 각각의 작용을 구분해야 하는 난도 '중'의 문항이다. 질소 순환에 대한 문항은 매해 모평과 학평을 통틀어 1~2회 정도 출제되고 있다. 출제 빈도가 높지는 않지만 수능을 준비하는 학생이라면 생명과학Ⅰ의 모든 부분을 꼼꼼하게 암기하고 있어야 한다. 질소 순환의 4가지 작용(질소 고정 작용, 질화 작용, 질소 동화 작용, 탈질소 작용)을 정확하게 구분하고 암기해두자.

그림은 생태계에서 일어나는 질소 순환 과정 일부를 나타낸 것이다. ㉠~㉢은 암모늄 이온(NH_4^+), 질소 기체(N_2), 질산 이온(NO_3^-)을 순서 없이 나타낸 것이고, 과정 Ⅰ과 Ⅱ는 각각 질소 고정 작용과 탈질산화 작용 중 하나이다.

이에 대한 설명으로 옳은 것만을 〈보기〉에서 있는 대로 고른 것은?

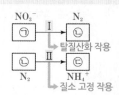

NO_3^- N_2
㉠ →Ⅰ→ ㉡
    탈질산화 작용
㉡ →Ⅱ→ ㉢
N_2 NH_4^+
    질소 고정 작용

보기

ㄱ. ㉡은 ~~암모늄 이온(NH_4^+)~~이다. → 질소 기체(N_2)

ㄴ. 뿌리혹박테리아에 의해 Ⅱ가 일어난다.

ㄷ. 식물은 ㉠을 이용하여 단백질과 같은 질소 화합물을 합성할 수 있다. → 질산 이온(NO_3^-)

① ㄱ   ② ㄴ   ③ ㄱ, ㄷ   ✔④ ㄴ, ㄷ   ⑤ ㄱ, ㄴ, ㄷ

|자|료|해|설|

과정 Ⅰ과 Ⅱ는 질소 고정 작용($N_2 \rightarrow NH_4^+$)과 탈질산화 작용($NO_3^- \rightarrow N_2$) 중 하나이므로 ㉠은 질산 이온(NO_3^-), ㉡은 질소 기체(N_2), ㉢은 암모늄 이온(NH_4^+)이고, Ⅰ은 탈질산화 작용, Ⅱ는 질소 고정 작용이다.

|보|기|풀|이|

ㄱ. 오답 : ㉡은 질소 기체(N_2)이다.

ㄴ. 정답 : 질소 고정 세균인 뿌리혹박테리아에 의해 질소 고정 작용(Ⅱ)이 일어난다.

ㄷ. 정답 : 식물은 질소 고정 작용에 의해 토양에 포함된 질산 이온(NO_3^-)을 이용해 단백질과 같은 질소 화합물을 합성한다.

😮 **문제풀이 TIP** | 대기 중의 질소 기체(N_2)가 암모늄 이온(NH_4^+)으로 전환되는 과정은 질소 고정 작용이고, 질산 이온(NO_3^-)이 질소 기체(N_2)로 전환되는 과정은 탈질산화 작용이다.

그림은 생태계에서 일어나는 질소 순환 과정의 일부를 나타낸 것이다. A와 B는 분해자와 생산자를 순서 없이 나타낸 것이다.

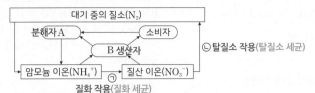

이에 대한 설명으로 옳은 것만을 <보기>에서 있는 대로 고른 것은? **3점**

보기
분해자
<s>ㄱ. A는 생산자이다.</s>
ㄴ. 질산균(질화 세균)은 과정 ㉠에 관여한다. → 질화 작용
ㄷ. 탈질소 세균(질산 분해 세균)은 과정 ㉡에 관여한다. → 탈질소 작용

① ㄱ   ② ㄴ   ③ ㄱ, ㄷ   ✔ ㄴ, ㄷ   ⑤ ㄱ, ㄴ, ㄷ

😲 **문제풀이 TIP** | 화살표 방향을 통해 생산자와 분해자, 질화 과정과 탈질소 과정을 구분할 수 있다면 문제를 어렵지 않게 풀 수 있다. 화살표 방향을 착각하여 실수하는 일이 없도록 해야 한다.

😲 **출제분석** | 질소 순환 과정뿐만 아니라 생산자와 분해자를 구분해야 하는 난도 '중'의 문제이다. 질소 순환 문제는 변형 범위가 넓지 않기 때문에 기본적인 개념만 정확히 알고 있어도 문제를 쉽게 해결할 수 있다. 2016년 10월 학평 18번 문제에 위와 비슷한 그림이 출제되었다.

|자|료|해|설|
생태계에서 생산자는 주로 광합성을 통해 무기물로부터 유기물을 합성하는 생물이고, 소비자는 다른 생물을 먹이로 섭취해 유기물을 얻는 생물이다. 분해자는 생물의 사체나 배설물을 분해하여 살아가는 생물로서 세균, 곰팡이, 버섯 등이 있다. A는 소비자로부터 전달된 질소 화합물을 분해하여 암모늄 이온(NH_4^+)을 생성하는 분해자이고, B는 암모늄 이온(NH_4^+)이나 질산 이온(NO_3^-)을 흡수하여 질소 동화 작용을 통해 유기 질소 화합물을 합성하는 생산자이다. ㉠은 질화 세균(아질산균, 질산균)에 의해 암모늄 이온(NH_4^+)이 질산 이온(NO_3^-)으로 산화되는 질화 과정이고, ㉡은 토양 속 질산 이온(NO_3^-)이 탈질소 세균에 의해 질소 기체가 되어 대기 중으로 돌아가는 탈질소 과정이다.

|보|기|풀|이|
ㄱ. 오답 : A는 소비자로부터 전달된 질소 화합물을 분해하여 암모늄 이온(NH_4^+)을 생성하는 분해자이다.
ㄴ. 정답 : 질화 과정(㉠)은 질화 세균(아질산균, 질산균)에 의해 암모늄 이온(NH_4^+)이 질산 이온(NO_3^-)으로 산화되는 과정이다.
ㄷ. 정답 : 탈질소 과정(㉡)은 토양 속 질산 이온(NO_3^-)이 탈질소 세균에 의해 질소 기체가 되어 대기 중으로 돌아가는 과정이다.

다음은 생태계에서 일어나는 질소 순환 과정에 대한 자료이다. ㉠~㉢은 암모늄 이온(NH_4^+), 질산 이온(NO_3^-), 질소 기체(N_2)를 순서 없이 나타낸 것이다.

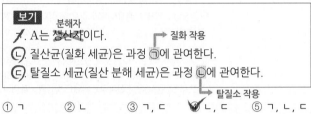

(가) 뿌리혹박테리아의 질소 고정 작용에 의해 ㉠이 ㉡으로 전환된다. → 질소 기체(N_2) ← 암모늄 이온(NH_4^+)
(나) 생산자는 ㉡, ㉢을 이용하여 단백질과 같은 질소 화합물을 합성한다. → 암모늄 이온(NH_4^+) / 질산 이온(NO_3^-) → 질소 동화 작용
(다) 탈질산화 세균에 의해 ㉢이 ㉠으로 전환된다. → 질산 이온(NO_3^-) / 질소 기체(N_2)

이에 대한 설명으로 옳은 것만을 <보기>에서 있는 대로 고른 것은?

보기
질소 기체
<s>ㄱ. ㉠은 질산 이온이다.</s> → 무기 질소 화합물 → 유기 질소 화합물
ㄴ. (나)는 질소 동화 작용에 해당한다.
ㄷ. 질산화 세균은 ㉡이 ㉢으로 전환되는 과정에 관여한다. → 질화 작용

① ㄱ   ② ㄴ   ③ ㄱ, ㄷ   ✔ ㄴ, ㄷ   ⑤ ㄱ, ㄴ, ㄷ

|자|료|해|설|
질소 고정 세균에 의해 대기 중의 질소가 암모늄 이온으로 전환되는 과정을 질소 고정 작용, 생산자가 무기 질소 화합물을 흡수해 단백질과 같은 유기 질소 화합물을 만드는 과정을 질소 동화 작용, 탈질산화 세균에 의해 질산 이온이 질소 기체가 되어 대기 중으로 돌아가는 과정을 탈질소 작용이라 한다. 따라서 ㉠은 질소 기체(N_2), ㉡은 암모늄 이온(NH_4^+), ㉢은 질산 이온(NO_3^-)이다.

|보|기|풀|이|
ㄱ. 오답 : ㉠은 뿌리혹박테리아에 의해 암모늄 이온(NH_4^+)으로 전환되는 질소 기체(N_2)이다.
ㄴ. 정답 : 생산자가 암모늄 이온(NH_4^+), 질산 이온(NO_3^-)과 같은 무기 질소 화합물로 단백질과 같은 질소 화합물을 합성하는 과정은 질소 동화 작용이다.
ㄷ. 정답 : 질산화 세균은 토양의 암모늄 이온(㉡)을 질산 이온(㉢)으로 전환하는 질화 작용에 관여한다.

😲 **문제풀이 TIP** | 질소 순환 과정의 질소 고정 작용, 질화 작용, 질소 동화 작용, 탈질소 작용의 개념과 각 과정에서 질소 화합물의 전환에 대해 정확히 알고 있어야 하는 문항이므로 혼동된다면 꼼꼼히 정리하도록 하자.

표는 생태계에서 일어나는 질소 순환 과정과 탄소 순환 과정의 일부를 나타낸 것이다.

(가)~(다)는 세포 호흡, 질산화 작용, 질소 고정 작용을 순서 없이 나타낸 것이다.

구분		과정
질소 고정 작용	(가)	$N_2 \rightarrow NH_4^+$
질산화 작용	(나)	$NH_4^+ \rightarrow NO_3^-$
세포 호흡	(다)	유기물 $\rightarrow CO_2$

이에 대한 설명으로 옳은 것만을 〈보기〉에서 있는 대로 고른 것은?

보기

ㄱ. 뿌리혹박테리아에 의해 (가)가 일어난다. → 질소 고정 작용

ㄴ. (나)는 질소 고정 작용이다. → 질산화 작용

ㄷ. (다)에 효소가 관여한다. → 세포 호흡

① ㄱ　② ㄴ　③ ㄱ, ㄷ　④ ㄴ, ㄷ　⑤ ㄱ, ㄴ, ㄷ

|자|료|해|설|

질소 고정 세균에 의해 대기 중의 질소(N_2)가 암모늄 이온(NH_4^+)으로 전환되는 (가)는 질소 고정 작용이다. 질화 세균에 의해 암모늄 이온(NH_4^+)이 질산 이온(NO_3^-)으로 산화되는 (나)는 질산화 작용이다. 유기물의 분해로 이산화 탄소(CO_2)가 생성되는 (다)는 세포 호흡이다.

|보|기|풀|이|

ㄱ. 정답 : 질소 고정 작용((가))은 뿌리혹박테리아와 같은 질소 고정 세균에 의해 일어난다.

ㄴ. 오답 : (나)는 질산화 작용이다.

ㄷ. 정답 : 세포 호흡((다))과 같은 물질대사에는 효소가 관여한다.

🤪 문제풀이 TIP | 대기 중의 질소(N_2)가 암모늄 이온(NH_4^+)으로 전환되는 과정은 질소 고정 작용이고, 암모늄 이온(NH_4^+)이 질산 이온(NO_3^-)으로 산화되는 과정은 질산화 작용이다.

그림은 생태계를 구성하는 요소 사이의 상호 관계를, 표는 세균 @와 ⓑ에 의해 일어나는 물질 전환 과정의 일부를 나타낸 것이다. @와 ⓑ는 탈질소 세균과 질소 고정 세균을 순서 없이 나타낸 것이다.

세균	물질 전환 과정
@	$N_2 \rightarrow NH_4^+$ → 질소 고정 세균
ⓑ	$NO_3^- \rightarrow N_2$ → 탈질소 세균

이에 대한 설명으로 옳은 것만을 〈보기〉에서 있는 대로 고른 것은?

보기

ㄱ. 순위제는 ©에 해당한다. → 개체군 내 상호 작용

ㄴ. ⓑ는 탈질소 세균이다.

ㄷ. @에 의해 토양의 NH_4^+ 양이 증가하는 것은 ©에 해당한다. → 질소 고정 세균 → ㉠

① ㄱ　② ㄴ　③ ㄷ　④ ㄱ, ㄴ　⑤ ㄴ, ㄷ

|자|료|해|설|

생태계는 비생물적 환경 요인과 생물적 요인(생물 군집)으로 이루어져 있으며, 서로 영향을 주고받는다. 생물이 비생물적 환경 요인에 영향을 주는 ㉠을 반작용, 비생물적 환경 요인이 생물에 영향을 주는 ㉡을 작용이라 한다. 생물과 생물 사이에 서로 영향을 주고받는 것을 상호 작용이라 하는데, ㉢과 같이 서로 다른 개체군이 서로 영향을 주고받는 경우 개체군 간 상호 작용이라 한다. 질소(N_2)를 암모늄 이온(NH_4^+)으로 전환하는 @는 질소 고정 세균, 질산염(NO_3^-)을 질소(N_2)로 전환하는 ⓑ는 탈질소 세균이다.

|보|기|풀|이|

ㄱ. 오답 : 순위제는 하나의 개체군 내에서 일어나는 상호 작용이므로, ㉢에 해당하지 않는다.

ㄴ. 정답 : ⓑ는 질산염을 질소 기체로 전환하여 대기 중으로 돌려보내는 탈질소 세균이다.

ㄷ. 오답 : 질소 고정 세균(@)에 의해 토양의 암모늄 이온(NH_4^+) 양이 증가하는 것은 생물에 의해 비생물적 환경 요인인 토양이 영향을 받는 것이므로 ㉠에 해당한다.

🤪 문제풀이 TIP | 생태계를 구성하는 요소 사이의 상호 관계인 작용, 반작용, 상호 작용의 개념을 이해하고 있어야 한다. 작용과 반작용의 방향을 혼동하지 않도록 하며, 생물과 생물 사이의 상호 작용은 개체군 내 상호 작용(텃세, 순위제, 리더제, 사회생활), 개체군 간 상호 작용(경쟁, 분서, 포식과 피식, 공생과 기생)으로 구분할 수 있으므로 구체적인 예시들과 함께 기억한다. 또, 생물과 환경의 상호 관계와 함께 질소 순환 과정을 묻고 있는 문항으로서, 질소 화합물의 전환에 관여하는 세균의 종류를 알고 있어야 풀 수 있으므로 정리해두도록 한다.

다음은 생태계에서 물질의 순환에 대한 학생 A~C의 발표 내용이다.

학생 A: 생태계에서 질소는 순환하지 않습니다. (순환합니다)

학생 B: 탈질산화 작용에 세균이 관여합니다.

학생 C: 식물의 광합성에 이산화 탄소가 이용됩니다.

제시한 내용이 옳은 학생만을 있는 대로 고른 것은?

① A   ② C   ③ A, B   ✓④ B, C   ⑤ A, B, C

| 자 | 료 | 해 | 설 |

생태계 내에서 탄소와 질소 등의 물질은 순환한다. 탄소의 순환 과정에서 대기나 물속의 이산화 탄소(CO_2)는 식물이나 식물성 플랑크톤 같은 생산자의 광합성에 의해 포도당과 같은 유기물로 고정된다. 질소의 순환 과정에는 다양한 세균이 관여하며, 그 중 탈질산화 작용(탈질소 작용)에서는 토양 속 질산 이온(NO_3^-)이 탈질산화 세균(탈질소 세균)에 의해 질소 기체(N_2)가 되어 대기 중으로 돌아간다.

| 선 | 택 | 지 | 풀 | 이 |

④정답 : 생태계에서 질소는 순환하므로 학생 A의 내용은 옳지 않다. 탈질산화 작용에는 탈질산화 세균이 관여하며, 식물의 광합성에 이산화 탄소가 이용되므로 학생 B와 C가 제시한 내용은 옳다.

🤖 **문제풀이 TIP** | 생태계 내에서 물질은 순환하며, 질소 순환 과정에 다양한 세균이 관여한다.

다음은 생태계에서 일어나는 질소 순환 과정에 대한 자료이다. ㉠과 ㉡은 질소 고정 세균과 탈질산화 세균을 순서 없이 나타낸 것이다.

(가) 토양 속 ⓐ 질산 이온(NO_3^-)의 일부는 ㉠(탈질산화 세균)에 의해 질소 기체로 전환되어 대기 중으로 돌아간다.

(나) ㉡(질소 고정 세균)에 의해 대기 중의 질소 기체가 ⓑ 암모늄 이온(NH_4^+)으로 전환된다.

이에 대한 설명으로 옳은 것만을 <보기>에서 있는 대로 고른 것은?

보기

ㄱ. (가)는 질소 고정 작용이다. (탈질소 작용)

ㄴ. 질산화 세균은 ⓑ가 ⓐ로 전환되는 과정에 관여한다. ($NH_4^+ \rightarrow NO_3^-$)

ㄷ. ㉠과 ㉡은 모두 생태계의 구성 요소 중 비생물적 요인에 해당한다. (생물적 요인, 세균(분해자))

① ㄱ   ✓② ㄴ   ③ ㄷ   ④ ㄱ, ㄴ   ⑤ ㄱ, ㄷ

| 자 | 료 | 해 | 설 |

토양 속 질산 이온(NO_3^-)의 일부가 질소 기체(N_2)로 전환되어 대기 중으로 돌아가는 (가)는 탈질소 작용(탈질산화 작용)이므로 ㉠은 탈질산화 세균이다. 대기 중의 질소 기체(N_2)가 암모늄 이온(NH_4^+)으로 전환되는 (나)는 질소 고정 작용이며 ㉡은 질소 고정 세균이다.

| 보 | 기 | 풀 | 이 |

ㄱ. 오답 : (가)는 탈질소 작용이다.

ㄴ. 정답 : 암모늄 이온(NH_4^+, ⓑ)은 질산화 세균에 의해 질산 이온(NO_3^-, ⓐ)으로 전환된다.

ㄷ. 오답 : 탈질산화 세균(㉠)과 질소 고정 세균(㉡)은 분해자이므로 생태계의 구성 요소 중 생물적 요인에 해당한다.

🤖 **문제풀이 TIP** | – 질소 고정 : 질소 고정 세균에 의해 대기 중의 질소(N_2)가 암모늄 이온(NH_4^+)으로 전환되는 과정
– 탈질소 작용 : 토양 속 질산 이온(NO_3^-)이 탈질소 세균에 의해 질소 기체(N_2)가 되어 대기 중으로 돌아가는 과정

Ⅴ
1
ㅣ
04.
에너지 흐름과 물질의 순환

표 (가)는 질소 순환 과정의 작용 A와 B에서 특징 ⑦과 ⑥의 유무를 나타낸 것이고, (나)는 ⑦과 ⑥을 순서 없이 나타낸 것이다. A와 B는 질산화 작용과 질소 고정 작용을 순서 없이 나타낸 것이다.

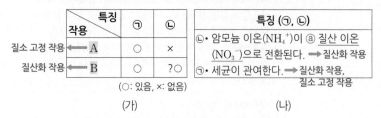

작용＼특징	⑦	⑥
질소 고정 작용 ← A	○	×
질산화 작용 ← B	○	?○

(○: 있음, ×: 없음)

(가)

특징 (⑦, ⑥)

⑥ · 암모늄 이온(NH_4^+)이 ⓐ 질산 이온(NO_3^-)으로 전환된다. ➡ 질산화 작용

⑦ · 세균이 관여한다. ➡ 질산화 작용, 질소 고정 작용

(나)

이에 대한 설명으로 옳은 것만을 〈보기〉에서 있는 대로 고른 것은?

3점

보기

ㄱ. B는 질산화 작용이다.

ㄴ. ⑥은 '세균이 관여한다.'이다. ➡ 탈질소 작용

　　　　　　⑦

ㄷ. 탈질산화 세균은 ⓐ가 질소 기체로 전환되는 과정에 관여한다.

① ㄱ　　② ㄴ　　✔ ㄱ, ㄷ　　④ ㄴ, ㄷ　　⑤ ㄱ, ㄴ, ㄷ

|자|료|해|설|

'암모늄 이온(NH_4^+)이 질산 이온(NO_3^-)으로 전환된다.'는 질산화 작용의 특징이고, '세균이 관여한다.'는 질산화 작용과 질소 고정 작용에 모두 해당하는 특징이다. 따라서 ⑦은 '세균이 관여한다.'이고 ⑥은 '암모늄 이온(NH_4^+)이 질산 이온(NO_3^-)으로 전환된다.'이며, A는 질소 고정 작용, B는 질산화 작용이다.

|보|기|풀|이|

ㄱ. 정답 : A는 질소 고정 작용이고 B는 질산화 작용이다.

ㄴ. 오답 : '세균이 관여한다.'는 ⑦이다.

ㄷ. 정답 : 탈질산화 세균은 질산 이온(NO_3^-)이 질소 기체로 전환되는 탈질소 작용에 관여한다.

😀 **출제분석** | 질소의 순환 과정을 묻는 난도 '하'의 문항이다. 질소의 순환은 다른 개념들에 비해 출제 빈도가 다소 낮은 편이지만 질소 고정 작용, 질산화 작용, 탈질소 작용의 의미와 각각에 관여하는 세균들의 이름이 혼동될 수 있으므로 정리하여 암기해 두도록 한다.

그림은 물질 순환 과정의 일부를 나타낸 것이다. 기체 A와 B는 각각 N_2와 CO_2 중 하나이며, ⑦과 ⑥은 각각 생산자와 소비자 중 하나이다.

이에 대한 옳은 설명만을 〈보기〉에서 있는 대로 고른 것은?

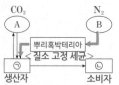

보기

ㄱ. A는 CO_2이다.

　　 N_2

ㄴ. B는 뿌리혹박테리아에서 NH_4^+으로 전환된다.

ㄷ. 완두는 ⑦에 해당한다.

콩과식물 ⤴　⤷ 생산자

① ㄱ　　② ㄴ　　③ ㄱ, ㄷ　　④ ㄴ, ㄷ　　✔ ㄱ, ㄴ, ㄷ

|자|료|해|설|

B는 뿌리혹박테리아로 흡수되어 전환되는 N_2이고, ⑦은 뿌리혹박테리아에 의해 전환된 암모늄 이온(NH_4^+)을 흡수하는 생산자이다. 생산자로부터 질소를 얻는 ⑥은 소비자이고, A는 CO_2이다.

|보|기|풀|이|

ㄱ. 정답 : 뿌리혹박테리아로 흡수되어 전환되는 B가 N_2이고, 생산자인 ⑦으로 흡수되는 A가 CO_2이다.

ㄴ. 정답 : N_2(B)는 뿌리혹박테리아에서 질소 고정을 거쳐 암모늄 이온(NH_4^+)으로 전환된다.

ㄷ. 정답 : 콩과식물인 완두는 생산자인 ⑦에 해당한다.

😮 **문제풀이TIP** | 뿌리혹박테리아(질소 고정 세균)에 의해 대기 중의 질소(N_2)가 암모늄 이온(NH_4^+)으로 전환되는 질소 고정 과정에 대해 반드시 암기하자!

😀 **출제분석** | 탄소와 질소의 순환 일부에 대해 물어본 난도 '중하'의 문항이다. 보기 ㄷ처럼 특정 콩과식물에 대해 물어본 것은 처음이었지만, 완두가 콩과식물이라는 것을 안다면 문제를 쉽게 해결할 수 있다. 탄소의 순환보다 질소의 순환이 복잡하여 자주 출제되고 있으므로 질소 순환 과정을 꼼꼼하게 암기하고 있어야 한다.

그림은 생태계에서 일어나는 탄소 순환과 질소 순환 과정의 일부를
나타낸 것이다.

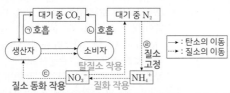

이에 대한 설명으로 옳은 것만을 〈보기〉에서 있는 대로 고른 것은?

보기

ㄱ. ⊙과 ⓒ에 모두 세포 호흡이 관여한다.

ㄴ. ⓒ은 ~~질화~~ 작용이다.   → 질소 동화

ㄷ. 뿌리혹박테리아는 ⓔ에 작용한다.   → 질소 고정 세균

① ㄴ   ② ㄷ   ③ ㄱ, ㄴ   ✔④ ㄱ, ㄷ   ⑤ ㄱ, ㄴ, ㄷ

|자|료|해|설|

⊙과 ⓒ은 각각 생산자와 소비자로부터 대기 중으로
이산화탄소가 이동하는 탄소 순환 과정으로 생물의 호흡에
의해 일어난다. 생물의 호흡으로 이산화탄소가 방출되기
위해서는 생물의 체내에서 세포 호흡이 선행되어야
한다. ⓒ은 질산 이온(NO_3^-)이 생산자로 이동하는 질소
동화 과정으로 주로 뿌리를 통해 질산 이온이 생산자에
흡수되고 생산자의 내부에서 질소 동화 작용이 일어난다.
ⓔ은 대기 중의 질소 기체가 암모늄 이온(NH_4^+)으로
전환되는 질소 고정 작용으로 뿌리혹박테리아와 같은 질소
고정 세균에 의해 일어난다.

|보|기|풀|이|

ㄱ. 정답 : ⊙과 ⓒ은 이산화탄소가 대기 중으로 전달되는
과정으로 생물의 세포 호흡에 의해 생성된 이산화탄소가
호흡을 통해 대기 중으로 이동한다.

ㄴ. 오답 : ⓒ은 질산 이온이 생산자로 이동하는 질소 동화
작용이다. 질화 작용은 암모늄 이온이 질산 이온으로
전환되는 과정이다.

ㄷ. 정답 : ⓔ은 질소 고정 과정으로 뿌리혹박테리아와
같은 질소 고정 세균에 의해 일어난다.

😮 **문제풀이 TIP** | 탄소의 순환과 질소의 순환 과정에서 각각의 원소들이 이동하는 방향에 따른 용어들을 정확히 알고 있어야 한다. 특히, 질화 작용, 질소 동화 작용, 질소 고정 작용, 탈질소 작용 등 용어가 비슷하기 때문에 자칫하면 헷갈려 오류를 범할 수 있다. 따라서 각 용어들에 따라 이온들이 어떻게 변화하는지 이온 상태를 중점으로 학습하자.

😊 **출제분석** | 탄소의 순환, 질소의 순환 과정을 묻는 문항으로 난도 하에 해당한다. 최근 3년간 수능에서 출제되지 않았고 모의고사에서나 가끔 출제되는 유형으로 출제빈도가 낮다. 개념도 어렵지 않으므로 용어의 정의를 명확히 하는 수준에서 학습해 놓자.

→ =총생산량−호흡량
그림은 평균 기온이 서로 다른 계절 Ⅰ과
Ⅱ에 측정한 식물 A의 온도에 따른
순생산량을 나타낸 것이다.
이에 대한 설명으로 옳은 것만을
〈보기〉에서 있는 대로 고른 것은? **3점**

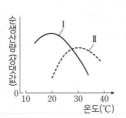

보기

ㄱ. 순생산량은 총생산량에서 호흡량을 제외한 양이다.

ㄴ. A의 순생산량이 최대가 되는 온도는 Ⅰ일 때가 Ⅱ일 때보다
~~낮다.~~ 높다   → 생물적 요인

ㄷ. 계절에 따라 A의 순생산량이 최대가 되는 온도가 달라지는
것은 비생물적 요인이 생물에 영향을 미치는 예에 해당한다.

→ 비생물적 환경 요인

① ㄱ   ② ㄴ   ✔③ ㄱ, ㄷ   ④ ㄴ, ㄷ   ⑤ ㄱ, ㄴ, ㄷ

|자|료|해|설|

순생산량은 총생산량에서 호흡량을 뺀 값이다. 계절에
따라 식물 A의 순생산량이 최대가 되는 온도가 달라지는
것은 비생물적 환경 요인이 생물적 요인에 영향을 미치는
'작용'에 해당한다.

|보|기|풀|이|

ㄱ. 정답 : 순생산량은 총생산량에서 호흡량을 뺀 값이다.

ㄴ. 오답 : A의 순생산량이 최대가 되는 온도는 Ⅰ일 때(약
20℃)가 Ⅱ일 때(약 30℃)보다 낮다.

ㄷ. 정답 : 계절은 비생물적 환경 요인이고, 식물 A의
순생산량은 생물적 요인에 해당한다. 따라서 이는
비생물적 요인이 생물에 영향을 미치는 예에 해당한다.

😮 **문제풀이 TIP** | 순생산량=총생산량 − 호흡량

😊 **출제분석** | 순생산량의 개념을 정확하게 알고 있다면 쉽게 해결할 수 있는 난도 '하'의 문항이다. '보기 ㄴ'은 제시된 그래프에서 바로 찾아 답할 수 있으며, '보기 ㄷ' 또한 생태계와 상호 작용 단원에서 자주 출제되는 유형의 보기이므로 어려운 문항이 아니다.

그림은 어떤 군집에서 생산자의 시간에 따른 유기물량을 나타낸 것이다. ㉠과 ㉡은 각각 생장량과 순생산량 중 하나이다. 이에 대한 설명으로 옳은 것만을 <보기>에서 있는 대로 고른 것은? 3점

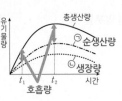

보기

┌ 순생산량 ≥ 생장량
㉠. ㉠은 순생산량이다.
　　　　　　　　　┌ 호흡량=총생산량-순생산량
㉡. 이 군집에서 생산자의 호흡량은 t_1일 때보다 t_2일 때가 크다.
ㄷ. 1차 소비자에 의한 피식량은 ㉡에 포함된다.
　　　　　　　└ 1차 소비자에게 먹힌 양

① ㄱ　② ㄴ　③ ㄷ　④ ㄱ, ㄴ　⑤ ㄱ, ㄴ, ㄷ

😀 **문제풀이 TIP** | 총생산량, 순생산량, 생장량의 개념을 정확히 파악하고 있어야 풀 수 있는 문제이다. 피식량은 1차 소비자에게 먹힌 양, 고사량은 식물이 말라 죽은 양, 낙엽량은 낙엽으로 떨어진 양을 의미한다. 이 문제에서 물어보진 않았지만, 피식량은 1차 소비자의 섭식량과 같다는 것도 알고 있어야 한다.

😀 **출제분석** | 물질의 생산과 소비와 관련된 지식적인 내용과 더불어 그래프의 해석을 필요로 하는 난도 '중상'에 해당하는 문제이다. 모평이나 학평에서 가끔 볼 수 있을 정도로 자주 출제되는 문제 유형이 아니었으나 최근 2016학년도 수능 20번과 2017학년도 9월 모평 20번에 출제된 것으로 보아 앞으로도 출제될 가능성이 있는 문제이다.

|자|료|해|설|

총생산량은 생산자가 일정 기간 동안 광합성을 통해 합성한 유기물의 총량이고, ㉠은 총생산량에서 생산자의 호흡으로 사용된 호흡량을 제외하고 생산자에 저장되는 유기물의 양인 순생산량이다(순생산량=총생산량-호흡량). 따라서 총생산량 그래프와 순생산량(㉠) 그래프 사이의 면적은 호흡량이다. ㉡은 순생산량에서 피식량, 고사량, 낙엽량을 제외한 유기물의 양인 생장량이다. 따라서 순생산량(㉠) 그래프와 생장량(㉡) 그래프 사이의 면적은 피식량, 고사량, 낙엽량의 합이다.

|보|기|풀|이|

㉠. 정답 : ㉠은 총생산량에서 호흡량을 뺀 값인 순생산량이다.

㉡. 정답 : 호흡량은 총생산량에서 순생산량(㉠)을 뺀 값이므로 그 차이는 t_1일 때보다 t_2일 때가 크다.

ㄷ. 오답 : 1차 소비자에 의한 피식량은 순생산량(㉠)에 포함된다. 순생산량은 생장량(㉡)에 피식량, 고사량, 낙엽량을 합한 양이다.

그림 (가)는 어떤 생태계에서 생산자의 총생산량이 각 과정으로 소비된 비율을, (나)는 이 생태계에서 **1차 소비자의 섭식량(총에너지양)**이 각 과정으로 소비된 비율을 나타낸 것이다.
　　　　　　　　　　　　　└ 생산자의 피식량

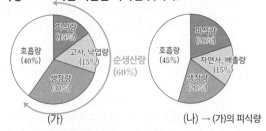

(가)　　　　　　　(나) → (가)의 피식량

이에 대한 설명으로 옳은 것만을 <보기>에서 있는 대로 고른 것은?

보기

　　　┌ $\frac{60}{30}$
㉠. 생산자의 $\frac{순생산량}{생장량}$은 2이다.
　　　　　　　　　　3%　　　┌ 0.15×0.2=0.03
ㄴ. 생산자의 총생산량 중 5%가 2차 소비자에게 전달된다.
㉢. 1차 소비자는 생산자로부터 유기물의 형태로 에너지를 얻는다.

① ㄱ　② ㄴ　③ ㄱ, ㄷ　④ ㄴ, ㄷ　⑤ ㄱ, ㄴ, ㄷ

|자|료|해|설|

총생산량=호흡량+순생산량(피식량+고사,낙엽량+생장량)을 참고하면, (가)는 생산자의 총생산량을 나타낸 것이고 호흡량(40%)을 뺀 나머지가 순생산량(60%)이다. (나)는 생산자의 피식량(15%)을 1차 소비자의 섭식량(100%)으로 환산했을 때 어떻게 소비되었는지를 나타낸 것이다.

|보|기|풀|이|

㉠. 정답 : 생산자의 생장량은 30%이고 순생산량은 60%이므로, $\frac{순생산량}{생장량}$=2이다.

ㄴ. 오답 : 생산자의 총생산량 중 15%가 1차 소비자에게, 다시 그 중 20%가 2차 소비자에게 전달(피식량)되므로, 그 값은 0.15×0.2=0.03(3%)이다.

㉢. 정답 : 생산자는 CO_2와 H_2O를 이용해서 유기물인 포도당을 합성하고, 1차 소비자는 생산자로부터 유기물을 섭취하여 자신이 사용할 에너지를 얻는다.

😀 **문제풀이 TIP** | 보기 ㄴ이 학생들이 가장 실수하기 쉬운 선지이다. 생산자의 총생산량 중에서 2차 소비자에게 전달되는 것은 (가)와 (나)의 피식량을 서로 곱해야 한다는 것을 기억하자.

그림 (가)는 어떤 식물 군집에서 총생산량, 순생산량, 생장량의 관계를, (나)는 이 식물 군집의 시간에 따른 생물량(생체량), ㉠, ㉡을 나타낸 것이다. ㉠과 ㉡은 각각 총생산량과 호흡량 중 하나이다.

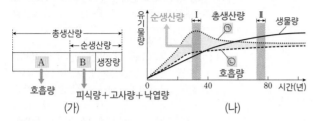

(가)   (나)

이에 대한 설명으로 옳은 것만을 〈보기〉에서 있는 대로 고른 것은?

3점

보기

㉠. ㉠은 총생산량이다.

ㄴ. 초식 동물의 호흡량은 ~~A~~ B 에 포함된다.

ㄷ. $\dfrac{순생산량}{생물량}$ 은 구간 Ⅱ에서가 구간 Ⅰ에서보다 ~~크다~~ 작다.

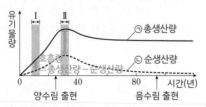

① ㄱ   ② ㄴ   ③ ㄷ   ④ ㄱ, ㄴ   ⑤ ㄴ, ㄷ

|자|료|해|설|

(가)에서 A는 호흡량이고, 순생산량에서 생장량을 뺀 B는 피식량, 고사량, 낙엽량을 포함한다. (나)에서 ㉠은 총생산량이고 ㉡은 호흡량이다. 순생산량은 총생산량(㉠)에서 호흡량(㉡)을 뺀 값이므로 두 그래프의 차이에 해당한다.

|보|기|풀|이|

㉠. 정답 : 총생산량이 호흡량보다 큰 값이므로 ㉠이 총생산량이다.

ㄴ. 오답 : 초식 동물의 호흡량은 피식량에 포함되므로 B(피식량＋고사량＋낙엽량)에 포함된다.

ㄷ. 오답 : 구간 Ⅱ에서가 구간 Ⅰ에서보다 순생산량이 적고 생물량이 많다. 따라서 $\dfrac{순생산량}{생물량}$ 은 구간 Ⅱ에서가 구간 Ⅰ에서보다 작다.

😮 **문제풀이 TIP** | 총생산량－호흡량＝순생산량(피식량＋고사·낙엽량＋생장량)

😊 **출제분석** | 식물 군집의 총생산량, 호흡량, 순생산량, 피식량 등의 개념을 알고 주어진 그래프를 분석하여 보기에서 묻는 값을 비교할 수 있는지를 확인하는 난도 '중'의 문항이다. 그동안 출제된 문제 유형과 크게 다르지 않으며, 보기 ㄷ의 경우 풀이 방법을 익혀두면 값을 빠르게 비교할 수 있다.

그림은 식물 군집 A의 시간에 따른 총생산량과 순생산량을 나타낸 것이다. ㉠과 ㉡은 각각 총생산량과 순생산량 중 하나이다.

이 자료에 대한 설명으로 옳은 것만을 〈보기〉에서 있는 대로 고른 것은?

보기

→ 피식량, 고사량, 낙엽량, 생장량이 포함됨

ㄱ. A의 호흡량은 구간 Ⅰ에서가 구간 Ⅱ에서보다 ~~많다~~ 적다.

㉡. 구간 Ⅱ에서 A의 고사량은 순생산량에 포함된다.

ㄷ. ㉡은 생산자가 광합성을 통해 생산한 유기물의 총량이다.
　　 └ ㉠ 총생산량

① ㄱ   ② ㉡   ③ ㄱ, ㄴ   ④ ㄱ, ㄷ   ⑤ ㄴ, ㄷ

|자|료|해|설|

㉠은 총생산량, ㉡은 순생산량이다. 총생산량은 식물 군집이 광합성을 통해 생산한 유기물의 총량이며, 순생산량은 총생산량에서 호흡량을 뺀 값이다. 따라서 두 그래프 값의 차이는 호흡량을 의미한다. 피식량, 고사량, 낙엽량, 생장량은 순생산량에 포함된다.

|보|기|풀|이|

ㄱ. 오답 : 총생산량에서 순생산량을 뺀 값이 호흡량이다. 그러므로 A의 호흡량은 구간 Ⅰ에서가 구간 Ⅱ에서보다 적다.

㉡. 정답 : 식물 군집의 피식량, 고사량, 낙엽량, 생장량은 순생산량에 포함된다.

ㄷ. 오답 : 생산자가 광합성을 통해 생산한 유기물의 총량은 총생산량(㉠)이다.

😮 **문제풀이 TIP** | '총생산량＝순생산량(피식량＋고사량＋낙엽량＋생장량)＋호흡량' 공식을 반드시 암기하자!

😊 **출제분석** | 총생산량, 순생산량, 호흡량의 개념에 대해 묻고 있는 난도 '중'의 문항이다. 출제 빈도가 높지는 않지만 간혹 출제되고 있으므로 정확하게 암기하고 있어야 한다. 최근 시행되었던 2018년 4월 학평 19번 문제와 매우 비슷하다. 다른 형태의 자료를 제시한 2018학년도 수능 20번, 2018학년도 6월 모평 11번, 2017학년도 9월 모평 20번 문제를 풀어보며 개념을 적용해보자.

그림은 식물 군집 A의 60년 전과 현재의 ㉠과 ㉡을 나타낸 것이다. ㉠과 ㉡은 각각 총생산량과 호흡량 중 하나이다.

이에 대한 옳은 설명만을 〈보기〉에서 있는 대로 고른 것은?

> **보기**
> ㄱ. ㉠은 총생산량이다.
> ㄴ. A의 생장량은 ㉡에 포함~~된다~~ 되지 않는다 → 총생산량=순생산량(피식량+고사량 +낙엽량+생장량)+호흡량
> ㄷ. A의 순생산량은 현재가 60년 전보다 ~~많다~~ 적다. → 총생산량(㉠)−호흡량(㉡)

✔① ㄱ　② ㄴ　③ ㄷ　④ ㄴ, ㄷ　⑤ ㄱ, ㄴ, ㄷ

|자|료|해|설|
총생산량은 생산자가 일정 기간 동안 광합성을 통해 합성한 유기물의 총량이고, 순생산량은 총생산량에서 호흡량을 뺀 값이다. 즉, 호흡량은 총생산량에 포함되는 값이므로 유기물량이 더 많은 ㉠이 총생산량, ㉡이 호흡량이다.

|보|기|풀|이|
ㄱ. 정답 : 유기물량이 더 많은 ㉠은 총생산량이다.
ㄴ. 오답 : 생장량은 순생산량에서 피식량, 고사량, 낙엽량을 뺀 값이므로 A의 생장량은 순생산량에 포함된다. 따라서 A의 생장량은 호흡량(㉡)에 포함되지 않는다.
ㄷ. 오답 : A의 순생산량(총생산량(㉠)−호흡량(㉡))은 현재가 60년 전보다 적다.

😀 **문제풀이 TIP** | 총생산량=순생산량(피식량+고사량+낙엽량+생장량)+호흡량

😀 **출제분석** | 그래프를 분석하여 총생산량과 호흡량을 구분하고, 순생산량과 생장량의 개념을 알고 있어야 해결 가능한 문항이다. 이 문항을 틀린 학생들은 반드시 개념을 다시 한 번 정리하고 넘어가야 한다.

표는 동일한 면적을 차지하고 있는 식물 군집 Ⅰ과 Ⅱ에서 1년 동안 조사한 총생산량에 대한 호흡량, 고사량, 낙엽량, 생장량, 피식량의 백분율을 나타낸 것이다. Ⅰ의 총생산량은 Ⅱ의 총생산량의 2배이다.

이 자료에 대한 설명으로 옳은 것만을 〈보기〉에서 있는 대로 고른 것은?

3점

(단위: %)

구분	식물 군집	
	Ⅰ	Ⅱ
호흡량	74.0	67.1
고사량, 낙엽량	19.7	24.7
생장량	6.0	8.0
피식량	0.3	0.2
합계	100.0	100.0

→ 순생산량

> **보기** → 식물 군집　　　　　　포함되지 않는다
> ㄱ. Ⅰ과 Ⅱ의 호흡량에는 초식 동물의 호흡량이 ~~포함된다~~.
> ㄴ. Ⅱ에서 총생산량에 대한 순생산량의 백분율은 32.9%이다.
> ㄷ. 생장량은 Ⅰ에서가 Ⅱ에서보다 크다. → 총생산량−호흡량=100−67.1=32.9
> 　6.0×2=12.0 →　　　　　8.0 →

① ㄱ　② ㄴ　③ ㄷ　④ ㄱ, ㄴ　✔⑤ ㄴ, ㄷ

|자|료|해|설|
총생산량은 호흡량과 순생산량을 합한 값으로, 순생산량은 고사량, 낙엽량과 생장량, 피식량을 합한 값이다. 주어진 표의 값은 동일한 면적을 차지하고 있는 식물 군집 Ⅰ과 Ⅱ에서의 총생산량에 대한 호흡량, 고사량, 낙엽량, 생장량, 피식량을 백분율로 나타낸 것으로 절댓값이 아니라는 것을 염두에 두고 문제를 풀어야 한다. 또한 Ⅰ의 총생산량은 Ⅱ의 총생산량의 2배이므로 Ⅰ과 Ⅱ의 값을 서로 비교할 때는 식물 군집 Ⅰ의 값에 두 배를 해주어야 한다.

|보|기|풀|이|
ㄱ. 오답 : Ⅰ과 Ⅱ의 호흡량은 식물 군집의 호흡량이므로 초식 동물의 호흡량은 포함되지 않는다.
ㄴ. 정답 : Ⅱ에서 순생산량의 백분율은 전체 총생산량의 백분율 100%에서 호흡량의 백분율 67.1%를 뺀 값으로 32.9%이다.
ㄷ. 정답 : Ⅰ의 총생산량은 Ⅱ의 총생산량의 2배이므로 Ⅰ과 Ⅱ의 값을 서로 비교할 때는 식물 군집 Ⅰ의 값에 두 배를 해주어야 한다. 따라서 Ⅰ의 생장량은 6.0×2=12.0이고 Ⅱ의 생장량은 8.0이므로 생장량은 Ⅰ에서가 Ⅱ에서보다 크다.

😀 **문제풀이 TIP** | '총생산량=호흡량+순생산량'은 반드시 암기하고 있어야 하는 필수 기본 개념이다. 특히 Ⅰ의 총생산량은 Ⅱ의 총생산량의 2배라는 것을 염두에 두어야 실수 없이 문제를 풀 수 있다. 총생산량, 호흡량, 순생산량, 고사량, 낙엽량, 생장량, 피식량에 대한 개념을 정리하고 기억해두자!

😀 **출제분석** | 'Ⅰ의 총생산량은 Ⅱ의 총생산량의 2배'라는 조건을 활용하여 문제를 풀어야 하는 난도 '중상'의 문제이다. 이 조건을 적용하지 않고 문제를 풀어 ②번을 답으로 고른 학생들이 많았다. 주어지는 조건에 밑줄을 치고 문제를 푸는 것이 실수를 줄이는 하나의 방법이 될 수 있다. 물질의 생산과 소비 부분은 다양한 유형으로 종종 출제되고 있으며, '총생산량=호흡량+순생산량'이라는 것만 기억하고 있으면 문제를 쉽게 해결할 수 있다.

그림은 질소 순환의 일부를 나타낸 것이다. 생물 ⓐ~ⓒ는 각각 버섯, 뿌리혹박테리아, 완두 중 하나이며, 물질 ⊙과 ⓛ은 각각 단백질과 NH_4^+ 중 하나이다.

이에 대한 옳은 설명만을 <보기>에서 있는 대로 고른 것은?

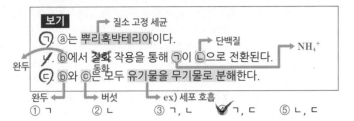

보기
ㄱ. ⓐ는 뿌리혹박테리아이다.
ㄴ. ⓑ에서 질화 작용을 통해 ⊙이 ⓛ으로 전환된다.
ㄷ. ⓑ와 ⓒ는 모두 유기물을 무기물로 분해한다.

① ㄱ   ② ㄴ   ③ ㄱ, ㄴ   ✓④ ㄱ, ㄷ   ⑤ ㄴ, ㄷ

|자|료|해|설|

버섯은 생물의 사체나 배설물을 분해하는 분해자이며, 뿌리혹박테리아는 질소 고정 과정에 관여하는 질소 고정 세균이다. 완두는 식물로 생산자이다. 기체인 N_2를 다른 생물로 전달하는데 관여하는 생물 ⓐ는 뿌리혹박테리아이다. 뿌리혹박테리아에 의해 N_2는 NH_4^+로 전환되므로 ⊙이 NH_4^+이고, 이를 흡수하는 생물 ⓑ가 완두이다. 완두는 NH_4^+를 이용하여 단백질을 합성하고 이는 사체나 배설물의 형태로 분해자에 전달된다. 따라서 ⓛ이 단백질이며 생물 ⓒ가 버섯이다.

|보|기|풀|이|

ㄱ. 정답 : ⓐ는 질소 기체를 NH_4^+으로 전환시키는 뿌리혹박테리아이다.

ㄴ. 오답 : ⊙인 NH_4^+에서 ⓛ인 단백질로 전환되는 과정은 동화 작용으로 ⓑ인 완두에서 일어난다.

ㄷ. 정답 : 유기물을 무기물로 분해하는 과정은 세포 호흡으로 ⓑ인 완두와 ⓒ인 버섯에서 모두 일어난다.

문제풀이 T I P | 기존에 제시되는 질소 순환 그림과는 다른 형태로 질소 순환 과정에 대한 정확한 이해가 없다면 까다롭게 느껴졌을 것이다. 하지만 질소 기체가 질소 고정 세균을 거쳐 NH_4^+으로 전환된 뒤 생산자에 흡수되었다가 다시 NH_4^+으로 순환되는 일련의 과정을 이해하고 있으면 쉽게 자료를 분석할 수 있다. 보기 ㄷ과 같이 물질대사 과정을 풀어서 제시한 문항이 어렵게 느껴진다면, 각 용어들의 정의를 따로 정리해 보는 것이 실수를 줄이는데 도움이 될 것이다.

출제분석 | 질소의 순환 과정을 묻는 문항으로 난도 '하'에 해당한다. 질소의 순환은 다른 개념들에 비해 출제 빈도가 다소 낮은 편이다. 2018학년도 6월 모평 18번 에 제시된 자료가 질소 순환 과정에 대한 대표적인 자료이다. 이번 문항과 비교해보고 질소 순환 자료에 익숙해지도록 하자.

그림은 어떤 식물 군집의 시간에 따른 총생산량과 호흡량을 나타낸 것이다. A와 B는 각각 총생산량과 호흡량 중 하나이다.

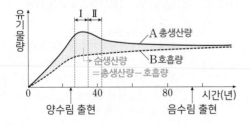

이 자료에 대한 설명으로 옳은 것만을 <보기>에서 있는 대로 고른 것은? (3점)

보기
ㄱ. A는 총생산량이다.
ㄴ. 구간 Ⅰ에서 이 식물 군집은 극상을 이룬다.
ㄷ. 구간 Ⅱ에서 $\dfrac{\text{호흡량B}}{\text{순생산량}}$는 시간에 따라 증가한다.

① ㄱ   ② ㄴ   ✓③ ㄱ, ㄷ   ④ ㄴ, ㄷ   ⑤ ㄱ, ㄴ, ㄷ

|자|료|해|설|

A는 생산자가 일정 기간 동안 광합성을 통해 합성한 유기물의 총량인 총생산량이고 B는 호흡량이다. 총생산량(A)에서 호흡량(B)을 뺀 값은 순생산량이다.

|보|기|풀|이|

ㄱ. 정답 : A는 총생산량, B는 호흡량이다.

ㄴ. 오답 : 극상은 천이의 마지막에 안정된 상태를 이루게 되는 군집으로 음수림이 극상을 이룬다. 구간 Ⅰ은 아직 음수림이 출현하기 전이므로 이 식물 군집은 극상을 이루지 않는다.

ㄷ. 정답 : 구간 Ⅱ에서 호흡량(B)은 증가하는 반면 순생산량(두 그래프의 사이 간격)는 감소한다. 따라서 $\dfrac{B}{\text{순생산량}}$는 시간에 따라 증가한다.

문제풀이 T I P | '순생산량=총생산량-호흡량'을 반드시 기억하자!

출제분석 | '순생산량=총생산량-호흡량'이라는 기본 공식을 적용하면 쉽게 해결 가능한 난도 '중하'의 문제이다. 이 공식을 활용하는 문제는 몇 가지 표와 그래프의 형태로 출제되어 왔으며, 이번 문항처럼 생태계 단원의 다른 개념과 묶어서 함께 출제되기도 한다. 비슷한 유형의 문제로는 2017년 4월 학평 6번, 2017년 10월 학평 15번 문제가 있다.

그림은 어떤 식물 군집에서 유기물량의 변화를 나타낸 것이다. A와 B는 각각 호흡량과 총생산량 중 하나이다.
이 식물 군집에 대한 옳은 설명만을 〈보기〉에서 있는 대로 고른 것은? (3점)

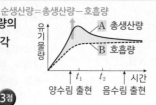

순생산량＝총생산량－호흡량

유기물량

A 총생산량
B 호흡량

t_1　t_2　시간
양수림 출현　음수림 출현

보기

A－B(순생산량)
ㄱ. 고사량은 ~~B~~에 포함된다. 순생산량
ㄴ. 순생산량은 t_1일 때가 t_2일 때보다 크다.
ㄷ. ~~t_2일 때 극상을 이룬다.~~ 이루지 않는다.
음수림 ←

① ㄱ　　②✓ ㄴ　　③ ㄷ　　④ ㄱ, ㄴ　　⑤ ㄴ, ㄷ

|자|료|해|설|
A는 총생산량이고, B는 호흡량이다. 총생산량에서 호흡량을 뺀 값은 순생산량이다. 순생산량은 피식량, 고사량, 낙엽량, 생장량을 포함한다.

|보|기|풀|이|
ㄱ. 오답 : 고사량은 순생산량(A－B)에 포함된다.
ㄴ. 정답 : 순생산량은 총생산량(A)에서 호흡량(B)을 뺀 값이므로 두 그래프의 차이에 해당하는 값이다. 따라서 순생산량은 t_1일 때가 t_2일 때보다 크다.
ㄷ. 오답 : 극상은 천이의 마지막에 안정된 상태를 이루게 되는 군집으로, 음수림이 극상을 이룬다. 따라서 음수림이 출현하는 t_2 시기 이후에 극상을 이룬다.

🤪 **문제풀이 TIP** | 총생산량－호흡량＝순생산량(피식량＋고사·낙엽량＋생장량)

그림은 어떤 식물 군집의 시간에 따른 총생산량과 순생산량을 나타낸 것이다. ㉠과 ㉡은 각각 양수림과 음수림 중 하나이다.
이에 대한 옳은 설명만을 〈보기〉에서 있는 대로 고른 것은? (3점)

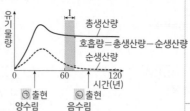

유기물량

Ⅰ
총생산량
호흡량＝총생산량－순생산량
순생산량

0　　60　　120 시간(년)
㉠ 출현　㉡ 출현
양수림　음수림

보기

양수림
ㄱ. ~~㉠은 음수림이다.~~ 총생산량－순생산량
ㄴ. 구간 Ⅰ에서 호흡량은 시간에 따라 증가한다.
ㄷ. ~~순생산량은 생산자가 광합성으로 생산한 유기물의 총량이다.~~ 총생산량

① ㄱ　　②✓ ㄴ　　③ ㄷ　　④ ㄱ, ㄴ　　⑤ ㄴ, ㄷ

|자|료|해|설|
총생산량은 생산자가 광합성을 통해 생산한 유기물의 총량이며, 순생산량은 총생산량에서 호흡량을 뺀 값이다. 따라서 두 그래프 값의 차이는 호흡량에 해당한다. 군집의 천이가 진행될 때 양수림이 음수림보다 먼저 출현하므로 ㉠은 양수림, ㉡은 음수림이다.

|보|기|풀|이|
ㄱ. 오답 : 먼저 출현하는 ㉠은 양수림이다.
ㄴ. 정답 : 구간 Ⅰ에서 두 그래프의 차이, 즉 총생산량에서 순생산량을 뺀 값에 해당하는 호흡량은 시간에 따라 증가한다.
ㄷ. 오답 : 생산자가 광합성으로 생산한 유기물의 총량은 총생산량이다.

🤪 **문제풀이 TIP** | '호흡량＝총생산량－순생산량'이므로 두 그래프의 차이에 해당한다.

그림은 어떤 식물 군집의 시간에 따른 총생산량과 순생산량을 나타낸 것이다.

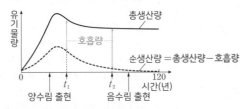

이에 대한 설명으로 옳은 것만을 〈보기〉에서 있는 대로 고른 것은? (3점)

보기

ㄱ. 총생산량은 이 식물 군집이 광합성을 통해 생산한 유기물의 총량이다.   → 피식량+고사량+낙엽량+생장량

ㄴ. 이 식물 군집의 생장량은 순생산량에 포함된다.

ㄷ. 이 식물 군집의 호흡량은 t_1일 때보다 t_2일 때가 크다.   → 총생산량−순생산량

① ㄱ   ② ㄷ   ③ ㄱ, ㄴ   ④ ㄴ, ㄷ   ⑤ ㄱ, ㄴ, ㄷ

|자|료|해|설|

총생산량은 식물 군집이 광합성을 통해 생산한 유기물의 총량이며, 순생산량은 총생산량에서 호흡량을 뺀 값이다. 피식량, 고사량, 낙엽량, 생장량은 순생산량에 포함된다. 호흡량은 총생산량에서 순생산량을 뺀 유기물의 양이다.

|보|기|풀|이|

ㄱ. 정답 : 총생산량은 생산자가 일정 기간 동안 광합성을 통해 합성한 유기물의 총량이다.

ㄴ. 정답 : 피식량, 고사량, 낙엽량, 생장량은 순생산량에 포함된다. 따라서 생장량은 순생산량에 포함된다.

ㄷ. 정답 : 호흡량은 총생산량에서 순생산량을 뺀 값, 즉 두 그래프 값의 차이이다. 그래프에서 호흡량은 t_1일 때보다 t_2일 때가 크다.

😮 **문제풀이 TIP** | '총생산량=순생산량(피식량+고사량+낙엽량+생장량)+호흡량' 공식을 반드시 암기하자!

그림은 어떤 식물 군집의 시간에 따른 유기물량을 나타낸 것이다. ㉠~㉢은 각각 순생산량, 총생산량, 생장량 중 하나이다. 이에 대한 옳은 설명만을 〈보기〉에서 있는 대로 고른 것은? (3점)

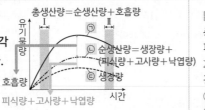

보기   순생산량(㉡)−생장량(㉢)

ㄱ. 고사량은 ㉢에 포함된다.   → 총생산량(㉠)−순생산량(㉡)

ㄴ. 구간 Ⅰ에서 시간에 따라 호흡량이 증가한다.

ㄷ. 구간 Ⅱ에서 시간에 따라 생물량(생체량)이 감소한다. → 증가   → 현재 식물 군집이 가지고 있는 유기물의 총량

① ㄱ   ② ㄴ   ③ ㄱ, ㄷ   ④ ㄴ, ㄷ   ⑤ ㄱ, ㄴ, ㄷ

→ 생장량이 0보다 클 때 생물량(생체량) 증가

|자|료|해|설|

총생산량=순생산량+호흡량, 순생산량=생장량+피식량+고사량+낙엽량이므로 총생산량≥순생산량≥생장량이다. 따라서 ㉠은 생산자가 일정 기간 동안 광합성을 통해 합성한 유기물의 총량인 총생산량이고, ㉡은 총생산량에서 호흡량은 뺀 값인 순생산량이고, ㉢은 순생산량에서 피식량, 고사량, 낙엽량을 뺀 값인 생장량이다. 따라서 ㉠(총생산량)−㉡(순생산량)은 호흡량이고, ㉡(순생산량)−㉢(생장량)은 피식량+고사량+낙엽량이다.

|보|기|풀|이|

ㄱ. 오답 : 고사량은 순생산량(㉡)−생장량(㉢)에 포함된다.

ㄴ. 정답 : 구간 Ⅰ에서 시간에 따라 총생산량(㉠)−순생산량(㉡) 값이 증가하므로 호흡량이 증가한다.

ㄷ. 오답 : 구간 Ⅱ에서 생장량(㉢)이 0보다 크므로 시간에 따라 생물량(생체량)이 증가한다.

😮 **문제풀이 TIP** | '총생산량=순생산량(생장량+피식량, 고사량, 낙엽량)+호흡량'을 반드시 암기하자!

그림은 어떤 생태계를 구성하는 생물 군집의 단위 면적당 생물량(생체량)의 변화를 나타낸 것이다. t_1일 때 이 군집에 산불에 의한 교란이 일어났고, t_2일 때 이 생태계의 평형이 회복되었다. ㉠은 1차 천이와 2차 천이 중 하나이다.

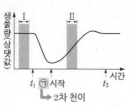

이 자료에 대한 설명으로 옳은 것만을 〈보기〉에서 있는 대로 고른 것은? 3점

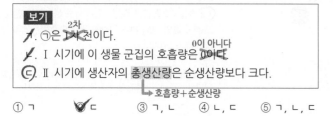

보기

2차
ㄱ. ㉠은 ~~1차~~ 천이다.

0이 아니다
ㄴ. Ⅰ 시기에 이 생물 군집의 호흡량은 ~~0이다~~.

ㄷ. Ⅱ 시기에 생산자의 총생산량은 순생산량보다 크다.
       ↳ 호흡량+순생산량

① ㄱ   ✓② ㄷ   ③ ㄱ, ㄴ   ④ ㄴ, ㄷ   ⑤ ㄱ, ㄴ, ㄷ

|자|료|해|설|

산불에 의한 교란이 일어난 이후에 일어나는 천이는 2차 천이다. 따라서 ㉠은 2차 천이다.

|보|기|풀|이|

ㄱ. 오답 : ㉠은 2차 천이다.

ㄴ. 오답 : Ⅰ 시기에 생물량이 양의 값이므로 생물이 존재한다. 따라서 Ⅰ 시기에 이 생물 군집의 호흡량은 0이 아니다.

ㄷ. 정답 : '총생산량＝호흡량＋순생산량'이므로 Ⅱ 시기에 생산자의 총생산량은 순생산량보다 크다.

😮 **문제풀이 T I P** | 산불이 난 곳이나 벌목한 장소처럼 이미 토양이 형성된 곳에서 시작되는 천이는 2차 천이다. 순생산량은 총생산량에서 호흡량을 뺀 값이다.

그림은 어떤 안정된 생태계의 에너지 흐름을 나타낸 것이다. A~C는 각각 생산자, 1차 소비자, 2차 소비자 중 하나이며, 에너지양은 상댓값이다.

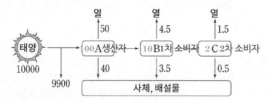

이에 대한 옳은 설명만을 〈보기〉에서 있는 대로 고른 것은?

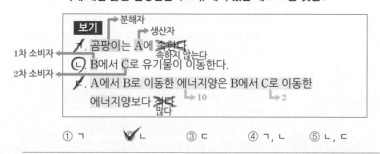

보기   → 분해자
          → 생산자
1차 소비자 → ㄱ. 곰팡이는 A에 ~~속한다~~.
            속하지 않는다
2차 소비자 → ㄴ. B에서 C로 유기물이 이동한다.

ㄷ. A에서 B로 이동한 에너지양은 B에서 C로 이동한 에너지양보다 ~~적다~~. → 10   → 2
                    많다

① ㄱ   ✓② ㄴ   ③ ㄷ   ④ ㄱ, ㄴ   ⑤ ㄴ, ㄷ

|자|료|해|설|

A는 생산자, B는 1차 소비자, C는 2차 소비자이다. C에서 빠져나간 에너지양의 합이 1.5＋0.5＝2이므로 B에서 C로 이동한 에너지양은 2이다. B에서 빠져나간 에너지양의 합이 4.5＋3.5＋2＝10이므로 A에서 B로 이동한 에너지양은 10이다. A에서 빠져나간 에너지양의 합이 50＋40＋10＝100이므로 A에게 전달된 태양 에너지의 양은 100이다.

|보|기|풀|이|

ㄱ. 오답 : 곰팡이는 분해자에 해당하므로 생산자(A)에 속하지 않는다.

ㄴ. 정답 : 1차 소비자(B)에서 2차 소비자(C)로 먹이 사슬을 따라 유기물이 이동한다.

ㄷ. 오답 : A에서 B로 이동한 에너지양(10)은 B에서 C로 이동한 에너지 양(2)보다 많다.

😮 **문제풀이 T I P** | 각 영양 단계에서 전달받은 에너지의 일부는 호흡을 통해 생명 활동에 사용되거나 열에너지 형태로 생태계 밖으로 방출되고, 일부 에너지만 상위 영양 단계로 전달되므로 상위 영양 단계로 갈수록 에너지양이 감소한다. 따라서 각 단계의 에너지양을 구하지 않고도 문제를 해결할 수 있다.

😮 **출제분석** | 각 영양 단계에서의 에너지 흐름을 이해하고 있어야 해결 가능한 문항이다. 이와 비슷한 유형의 문항에서 각 영양 단계의 에너지 효율을 물어보거나 비교하는 보기도 많이 출제되고 있으므로 에너지 효율을 계산하는 방법을 반드시 기억하고 있어야 한다.

그림 (가)와 (나)는 각각 서로 다른 생태계에서 생산자, 1차 소비자, 2차 소비자, 3차 소비자의 에너지양을 상댓값으로 나타낸 생태 피라미드이다. (가)에서 2차 소비자의 에너지 효율은 15%이고, (나)에서 1차 소비자의 에너지 효율은 10%이다.

현 영양 단계의 에너지양 / 전 영양 단계의 에너지양 × 100

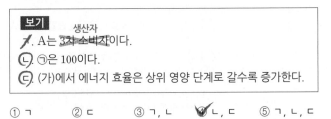

$$\left(\frac{\bigcirc}{1000}\right) \times 100 = 10\%$$
$$\therefore \bigcirc = 100$$

(가) (나)

이 자료에 대한 설명으로 옳은 것만을 〈보기〉에서 있는 대로 고른 것은? (단, 에너지 효율은 전 영양 단계의 에너지양에 대한 현 영양 단계의 에너지양을 백분율로 나타낸 것이다.)

보기
ㄱ. A는 ~~3차 소비자~~이다. 생산자
ㄴ. ⊙은 100이다.
ㄷ. (가)에서 에너지 효율은 상위 영양 단계로 갈수록 증가한다.

① ㄱ ② ㄷ ③ ㄱ, ㄴ ✓④ ㄴ, ㄷ ⑤ ㄱ, ㄴ, ㄷ

| 자 | 료 | 해 | 설 |

각 영양 단계에서 전달받은 에너지의 일부는 호흡을 통해 생명 활동에 사용되거나 열에너지 형태로 방출되고, 일부 에너지만 상위 영양 단계로 전달되기 때문에 상위 영양 단계로 갈수록 에너지양이 감소한다. 따라서 A는 생산자이고, 그 위로는 순서대로 1차 소비자, 2차 소비자, 3차 소비자이다. 반면 에너지 효율은 일반적으로 상위 영양 단계로 갈수록 높아지는 경향이 있다. (나)에서 1차 소비자의 에너지 효율이 10%이므로, $\frac{\bigcirc}{1000} \times 100 = 10\%$에서 ⊙은 100이다.

| 보 | 기 | 풀 | 이 |

ㄱ. 오답 : A는 생산자이다.

ㄴ. 정답 : (나)에서 1차 소비자의 에너지 효율이 10%이므로, $\frac{\bigcirc}{1000} \times 100 = 10\%$에서 ⊙은 100이다.

ㄷ. 정답 : (가)에서 1차 소비자의 에너지 효율은 $\frac{100}{1000} \times 100 = 10\%$, 2차 소비자의 에너지 효율은 $\frac{15}{100} \times 100 = 15\%$, 3차 소비자의 에너지 효율은 $\frac{3}{15} \times 100 = 20\%$이다. 따라서 (가)에서 에너지 효율은 상위 영양 단계로 갈수록 증가한다.

😀 **문제풀이 TIP** | 상위 영양 단계로 갈수록 에너지양은 감소하고, 에너지 효율은 일반적으로 높아지는 경향이 있다.

😀 **출제분석** | 에너지 효율을 묻는 문항은 출제 빈도가 높지 않으며, 구하는 식만 암기하고 있으면 문제를 쉽게 해결할 수 있다. 에너지 효율은 일반적으로 상위 영양 단계로 갈수록 높아지는 경향이 있으나, 제시되는 자료에 따라 가끔 예외적인 경우가 있을 수 있으므로 주의해야 한다.

---

32 에너지 흐름 | 정답 ④ 정답률 67% 2019년 10월 학평 18번 문제편 290p

그림은 어떤 안정된 생태계의 에너지 흐름을 나타낸 것이다. A~C는 각각 1차 소비자, 2차 소비자, 생산자 중 하나이다. A에서 B로 전달되는 에너지양은 B에서 C로 전달되는 에너지양의 5배이며, 에너지양은 상댓값이다.

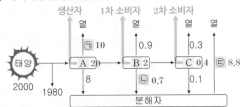

이에 대한 옳은 설명만을 〈보기〉에서 있는 대로 고른 것은? **3점**

0.7 + 8.8 = 9.5 < 10

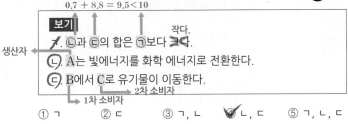

보기
ㄱ. ㉣과 ㉢의 합은 ㉠보다 ~~크다~~. 작다.
ㄴ. A는 빛에너지를 화학 에너지로 전환한다.
ㄷ. B에서 C로 유기물이 이동한다.

생산자
1차 소비자 2차 소비자

① ㄱ ② ㄷ ③ ㄱ, ㄴ ✓④ ㄴ, ㄷ ⑤ ㄱ, ㄴ, ㄷ

| 자 | 료 | 해 | 설 |

A는 생산자, B는 1차 소비자, C는 2차 소비자이다. C의 에너지양은 열로 빠져나가는 에너지양(0.3)과 분해자로 전달되는 에너지양(0.1)을 합한 0.4이다. A에서 B로 전달되는 에너지양은 B에서 C로 전달되는 에너지양(0.4)의 5배이므로 B의 에너지양은 2이다. B의 에너지양(2)에서 열로 빠져나가는 에너지양(0.9)과 C로 전달되는 에너지양(0.4)을 빼면 분해자로 전달되는 에너지양 ㉡(0.7)을 구할 수 있다. A의 에너지양은 2000에서 1980을 뺀 20이고, A의 에너지양(20)에서 B로 전달되는 에너지양(2)과 분해자로 전달되는 에너지양(8)을 빼면 열로 빠져나가는 에너지양 ㉠(10)을 구할 수 있다. 분해자로 전달되는 에너지양의 합은 8+0.7(㉡)+0.1=8.8이므로 ㉢은 8.8이다.

| 보 | 기 | 풀 | 이 |

ㄱ. 오답 : ㉡(0.7)+㉢(8.8)=9.5는 ㉠(10)보다 작다.

ㄴ. 정답 : 생산자(A)는 광합성을 통해 빛에너지를 화학 에너지로 전환한다.

ㄷ. 정답 : 생산자의 광합성에 의해 태양의 빛에너지가 화학 에너지 형태로 유기물 속에 저장된 후 먹이 사슬을 따라 이동한다. 따라서 1차 소비자(B)에서 2차 소비자(C)로 유기물이 이동한다.

😀 **문제풀이 TIP** | 각 영양 단계에서 '들어온 에너지양의 합=빠져나간 에너지양의 합'

😀 **출제분석** | 각 영양 단계별로 전달되는 에너지양과 열로 빠져나가는 에너지양을 계산해야 하는 난도 '중'의 문항이다. 2차 소비자(C), 1차 소비자(B), 생산자(A) 순서로 에너지양을 구하면 문제를 빠르게 해결할 수 있다.

그림은 어떤 안정된 생태계에서의 에너지 흐름을 나타낸 것이다. A와 B는 각각 1차 소비자와 생산자 중 하나이고, B의 에너지 효율은 10%이다.

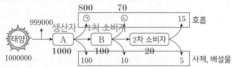

이 자료에 대한 옳은 설명만을 〈보기〉에서 있는 대로 고른 것은? (단, 에너지양은 상댓값이고, 에너지 효율은 전 영양 단계의 에너지양에 대한 현 영양 단계의 에너지양을 백분율로 나타낸 것이다.)

보기
ㄱ. A는 생산자이다.
ㄴ. ㉠+㉡=870이다.
800＋70

$\dfrac{20(\text{2차 소비자의 에너지양})}{100(\text{1차 소비자의 에너지양})} \times 100 = 20\%$

ㄷ. 2차 소비자의 에너지 효율은 20%이다.

① ㄱ   ② ㄷ   ③ ㄱ, ㄴ   ④ ㄴ, ㄷ   ✓⑤ ㄱ, ㄴ, ㄷ

🐵 **문제풀이 T I P** | 에너지 효율(%)을 구하는 공식 $\left(\dfrac{\text{현 영양 단계의 에너지양}}{\text{전 영양 단계의 에너지양}} \times 100\right)$을 반드시 기억하자!

🙂 **출제분석** | 에너지 효율에 대해 물어본 난도 '중상'의 문제이다. 공식을 적용하는 연습이 필요하며 비슷한 유형의 문제를 반복해서 풀어본다면 쉽게 해결할 수 있다.

|자|료|해|설|
태양 에너지를 이용하여 광합성하는 A는 생산자이고 B는 생산자로부터 에너지를 얻는 1차 소비자이다. A(생산자)의 에너지양은 태양 에너지 1000000에서 999000을 뺀 1000이다. B(1차 소비자)의 에너지 효율은 10%라고 했으므로 에너지 효율을 구하는 공식 $\dfrac{\text{현 영양 단계(B)의 에너지양}}{\text{전 영양 단계(A)의 에너지양}} \times 100 = 10\%$으로 계산하면 B의 에너지양은 100이다. 따라서 생산자의 호흡으로 방출되는 에너지양 ㉠은 800이다. 2차 소비자의 에너지양은 호흡으로 빠져나간 에너지양 15와 사체, 배설물 에너지양인 5를 더한 20이고, 이를 통해 1차 소비자의 호흡으로 방출되는 에너지양 ㉡은 70이라는 것을 알 수 있다.

|보|기|풀|이|
ㄱ. 정답 : 태양 에너지를 이용하여 광합성하는 A는 생산자이다.
ㄴ. 정답 : ㉠은 800, ㉡은 70이므로 ㉠+㉡=870이다.
ㄷ. 정답 : 2차 소비자의 에너지 효율은 $\dfrac{\text{현 영양 단계(2차 소비자)의 에너지양}}{\text{전 영양 단계(1차 소비자)의 에너지양}} \times 100 = \dfrac{20}{100} \times 100 = 20\%$이다.

그림은 어떤 생태계에서 생산자와 A~C의 에너지양을 나타낸 생태 피라미드이고, 표는 이 생태계를 구성하는 영양 단계에서 에너지양과 에너지 효율을 나타낸 것이다. A~C는 각각 1차 소비자, 2차 소비자, 3차 소비자 중 하나이고, I~III은 A~C를 순서 없이 나타낸 것이다. 에너지 효율은 C가 A의 2배이다.

$\dfrac{\text{현 영양 단계의 에너지양}}{\text{전 영양 단계의 에너지양}} \times 100$

영양 단계	에너지양 (상댓값)	에너지 효율(%)
C I	3	? 20
A II	? 100	10
B III	㉠ 15	15
생산자	1000	?

C→3차 소비자
B→2차 소비자
A→1차 소비자
생산자

이에 대한 설명으로 옳은 것만을 〈보기〉에서 있는 대로 고른 것은? (3점)

보기
ㄱ. II는 A이다.
ㄴ. ㉠은 ~~150~~ 15이다.
ㄷ. C의 에너지 효율은 ~~30%~~ 20%이다.

✓① ㄱ   ② ㄴ   ③ ㄷ   ④ ㄱ, ㄷ   ⑤ ㄴ, ㄷ

|자|료|해|설|
에너지양은 상위 영양 단계로 갈수록 감소한다. 따라서 생태 피라미드에서 A는 1차 소비자, B는 2차 소비자, C는 3차 소비자이다. 표에서 영양 단계 III이 A라고 가정하면, $\dfrac{㉠}{1000} \times 100 = 15\%$이므로 ㉠은 150이다. C의 에너지 효율이 A의 2배라고 했으므로 II는 B, I은 C이다. $\dfrac{\text{B의 에너지양}}{150} \times 100 = 10\%$이므로 B의 에너지양은 15이고, C의 에너지 효율은 $\dfrac{3}{15} \times 100 = 20\%$이다. 이때 C의 에너지 효율이 A의 2배가 아니므로 모순이다. 따라서 영양 단계 II가 A, III가 B, I이 C이다. 이를 토대로 빈칸의 값을 구하면 아래와 같다.

－A(II)의 에너지 효율 : $\dfrac{\text{A의 에너지양(100)}}{1000} \times 100 = 10\%$

－B(III)의 에너지 효율 : $\dfrac{㉠(15)}{100} \times 100 = 15\%$

－C(I)의 에너지 효율 : $\dfrac{3}{15} \times 100 = 20\%$

|보|기|풀|이|
ㄱ. 정답 : II가 A이고, III가 B, I이 C이다.
ㄴ. 오답 : B(III)의 에너지 효율은 $\dfrac{㉠(\text{B의 에너지양})}{100(\text{A의 에너지양})} \times 100 = 15\%$이므로 ㉠은 15이다.
ㄷ. 오답 : C(I)의 에너지 효율은 $\dfrac{3(\text{C의 에너지양})}{15(\text{B의 에너지양})} \times 100 = 20\%$이다.

표는 어떤 안정된 생태계에서 영양 단계 A~D의 생물량, 에너지양, 에너지 효율을 나타낸 것이다. A~D는 각각 생산자, 1차 소비자, 2차 소비자, 3차 소비자 중 하나이다.

$\dfrac{30(2차 소비자의 에너지 총량)}{200(1차 소비자의 에너지 총량)} \times 100 \longleftarrow$

영양 단계	생물량 (상댓값)	에너지양 (상댓값)	에너지 효율 (%)
A ④ 3차 소비자	1.5	6	20
B ① 생산자	809	2000	1
C ③ 2차 소비자	11	30	㉠
D ② 1차 소비자	37	200	10

이에 대한 옳은 설명만을 <보기>에서 있는 대로 고른 것은?

보기
ㄱ. ㉠은 ~~5~~ 15 이다.
ㄴ. A는 3차 소비자이다.
ㄷ. 상위 영양 단계로 갈수록 생물량은 ~~증가~~ 감소한다.

① ㄱ　　✓② ㄴ　　③ ㄷ　　④ ㄱ, ㄴ　　⑤ ㄴ, ㄷ

😲 **문제풀이 TIP** | 모든 값이 주어진 생물량 또는 에너지양의 값을 비교하여 높은 순서대로 생산자, 1차 소비자, 2차 소비자, 3차 소비자를 찾은 후 C의 에너지 효율 ㉠을 구하면 된다. 에너지 효율을 구하는 공식은 반드시 암기하고 있어야 하며, 에너지 효율은 일반적으로 상위 영양 단계로 갈수록 증가한다는 것을 기억해야 한다.

😲 **출제분석** | 영양 단계와 에너지 효율에 대해 물어보는 난도 '하'의 쉬운 문제이다. 에너지 효율에 대한 문제는 수능에 자주 출제되지 않는 주제이지만, 에너지 효율을 구하는 공식은 반드시 기억하고 있어야 문제를 대비할 수 있다. 비슷한 유형의 문제로는 2017학년도 수능 20번 문제가 있다.

|자|료|해|설|

영양 단계가 높아질수록 개체수, 생물량(생체량), 에너지양이 줄어드는 반면 에너지 효율은 일반적으로 상위 영양 단계로 갈수록 증가하는 경향이 있다. 이는 상위 영양 단계로 갈수록 몸집이 커져 단위 무게당 에너지 소모가 적고, 영양가가 높은 먹이를 섭취하여 에너지를 효율적으로 이용하기 때문이다. 생물량과 에너지양의 값이 B → D → C → A 순서로 줄어들었으므로 B는 생산자, D는 1차 소비자, C는 2차 소비자, A는 3차 소비자이다.

에너지 효율(%) = $\dfrac{현 영양 단계의 에너지 총량}{전 영양 단계의 에너지 총량} \times 100$

위의 공식을 이용하여 C(2차 소비자)의 에너지 효율(㉠)을 구하면 다음과 같다.

㉠ = $\dfrac{30(2차 소비자의 에너지 총량)}{200(1차 소비자의 에너지 총량)} \times 100 = 15\%$

|보|기|풀|이|

ㄱ. 오답 : ㉠은 $\dfrac{30(2차 소비자의 에너지 총량)}{200(1차 소비자의 에너지 총량)} \times 100 = $ 15 이다.

ㄴ. 정답 : A는 생물량과 에너지양 값이 가장 적으므로 이 생태계에서 영양 단계의 가장 상위에 해당하는 3차 소비자이다.

ㄷ. 오답 : 생물량(생체량)은 그 영양 단계의 생물이 가지고 있는 유기물의 총량을 의미하는데, 상위 영양 단계로 갈수록 생물량은 감소한다. 일반적으로 생산자는 소비자에 비해 크기는 작지만 개체수가 많기 때문에 유기물의 총량인 생물량 값은 생산자에서 가장 높다.

그림 (가)는 어떤 생태계에서 영양 단계의 생체량(생물량)과 에너지양을 상댓값으로 나타낸 생태 피라미드를, (나)는 이 생태계에서 생산자의 총생산량, 순생산량, 생장량의 관계를 나타낸 것이다.

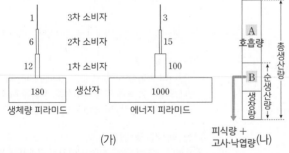

(가)

이 자료에 대한 설명으로 옳은 것만을 <보기>에서 있는 대로 고른 것은?

보기
　　　　　　　　　　포함되지 않는다.
ㄱ. 1차 소비자의 생체량은 A에 ~~포함된다.~~

$\dfrac{15(2차 소비자 에너지양)}{100(1차 소비자 에너지양)} \times 100 = 15\%$

ㄴ. 2차 소비자의 에너지 효율은 ~~20%~~ 이다.
ㄷ. 상위 영양 단계로 갈수록 에너지양은 감소한다. (1000 → 100 → 15 → 3으로 감소)

$\dfrac{현 영양 단계가 보유한 에너지양}{전 영양 단계가 보유한 에너지양} \times 100$

① ㄱ　　✓② ㄷ　　③ ㄱ, ㄴ　　④ ㄴ, ㄷ　　⑤ ㄱ, ㄴ, ㄷ

|자|료|해|설|

(가)에서 생체량과 에너지양은 상위 영양 단계로 갈수록 감소하는 경향을 보인다. (나)에서 생산자의 총생산량에서 순생산량을 뺀 값 A는 호흡량이고, 순생산량에서 생장량을 뺀 값 B는 피식량과 고사·낙엽량의 합이다.

|보|기|풀|이|

ㄱ. 오답 : A는 생산자의 호흡량이므로 1차 소비자의 생체량은 A에 포함되지 않는다.

ㄴ. 오답 : 2차 소비자의 에너지 효율은 $\dfrac{15(2차 소비자 에너지양)}{100(1차 소비자 에너지양)} \times 100 = 15\%$이다.

ㄷ. 정답 : 상위 영양 단계로 갈수록 에너지양은 1000 → 100 → 15 → 3으로 점점 감소한다.

그림은 어떤 생태계에서 생산자의 물질 생산과 소비를, 표는 이 생태계를 구성하는 생산자, 1차 소비자, 2차 소비자의 에너지양을 나타낸 것이다. ㉠~㉢은 각각 생장량, 호흡량, 순생산량 중 하나이고, ⓐ와 ⓑ는 각각 1차 소비자와 2차 소비자 중 하나이다. 1차 소비자의 에너지 효율은 10%이다.

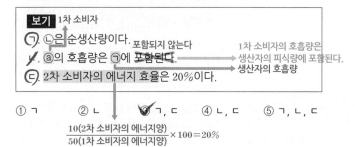

$$\frac{50}{500} \times 100 = 10\%$$

구분		에너지양(상댓값)
ⓐ	1차 소비자	?50
ⓑ	2차 소비자	10
	생산자	500

이에 대한 설명으로 옳은 것만을 〈보기〉에서 있는 대로 고른 것은? (단, 에너지 효율은 전 영양 단계의 에너지양에 대한 현 영양 단계의 에너지양을 백분율로 나타낸 것이다.) **3점**

보기 1차 소비자

㉠. ㉡은 순생산량이다. · 포함되지 않는다

~~ㄴ. ⓐ의 호흡량은 ㉠에 포함된다.~~ → 1차 소비자의 호흡량은 생산자의 피식량에 포함된다. ← 생산자의 호흡량

㉢. 2차 소비자의 에너지 효율은 20%이다.

$$\frac{10(2차\ 소비자의\ 에너지양)}{50(1차\ 소비자의\ 에너지양)} \times 100 = 20\%$$

① ㄱ   ② ㄴ   ✓③ ㄱ, ㄷ   ④ ㄴ, ㄷ   ⑤ ㄱ, ㄴ, ㄷ

|자|료|해|설|

그림에서 ㉠은 호흡량이고, 총생산량에서 호흡량을 뺀 ㉡은 순생산량이다. 순생산량에서 피식량과 고사·낙엽량을 뺀 ㉢은 생장량이다. 1차 소비자의 에너지 효율 $\left(\frac{1차\ 소비자의\ 에너지양(?)}{생산자의\ 에너지양(500)} \times 100\right)$ 이 10%이므로 1차 소비자의 에너지양은 50이다. 따라서 ⓐ가 1차 소비자, ⓑ가 2차 소비자이다.

|보|기|풀|이|

㉠. 정답 : ㉠은 호흡량이고, 총생산량에서 호흡량을 뺀 ㉡은 순생산량이다.

ㄴ. 오답 : 1차 소비자의 호흡량은 생산자의 피식량에 포함된다.

㉢. 정답 : 2차 소비자의 에너지 효율은 $\frac{10(2차\ 소비자의\ 에너지양)}{50(1차\ 소비자의\ 에너지양)} \times 100 = 20\%$이다.

😮 **문제풀이 T I P |**
* 총생산량=호흡량+순생산량(피식량+고사·낙엽량+생장량)
* 생산자의 피식량=1차 소비자의 섭식량(호흡량+피식·자연사량+생장량+배출량)

😊 **출제분석 |** 총생산량, 호흡량, 순생산량, 생장량의 개념 및 에너지 효율을 묻는 난도 '중상'의 문항이다. 이전에 실시된 3, 4월 학평과 6월 모평에서 물질의 생산과 소비와 관련된 문항이 출제되지 않았기 때문에 많은 학생들이 문제 해결에 어려움을 겪었을 것이다. 이와 관련된 문항은 출제 빈도가 높지는 않지만, 수능에서 난도 높은 문항으로 출제될 가능성이 있으므로 기본 개념을 반드시 암기하고 있어야 한다.

다음은 생태계에서 일어나는 에너지 흐름에 대한 학생 A~C의 발표 내용이다.

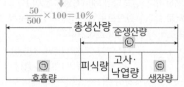

→ 광합성
빛에너지를 화학 에너지로 전환하는 생물은 생산자입니다.

1차 소비자의 생장량은 생산자의 호흡량에 포함 ~~됩니다~~ → 되지 않습니다

1차 소비자에서 2차 소비자로 유기물에 저장된 에너지가 이동합니다.

학생 A   학생 B   학생 C

제시한 내용이 옳은 학생만을 있는 대로 고른 것은?

① A   ② B   ✓③ A, C   ④ B, C   ⑤ A, B, C

|자|료|해|설|

생산자의 광합성에 의해 태양의 빛에너지가 화학 에너지 형태로 유기물 속에 저장된 후 먹이 사슬을 따라 이동한다. 1차 소비자의 생장량은 생산자의 순생산량에 포함된다.

|선|택|지|풀|이|

③ 정답 : 빛에너지를 화학 에너지로 전환하는 생물은 생산자이고, 생산자의 호흡에 사용된 유기물은 1차 소비자로 이동하지 않으므로 1차 소비자의 생장량은 생산자의 호흡량에 포함되지 않는다. 유기물에 저장된 에너지가 먹이 사슬을 따라 1차 소비자에서 2차 소비자로 이동하므로 제시한 내용이 옳은 학생은 A, C이다.

😮 **문제풀이 T I P |** · 생산자의 총생산량=호흡량+순생산량 (피식량+고사·낙엽+생장량)
· 생산자의 피식량=1차 소비자의 섭식량=동화량 (호흡량+피식·자연사+생장량)+배출량

그림 (가)는 어떤 생태계에서 일어나는 에너지 흐름의 일부를, (나)는 이 생태계의 식물 군집에서 시간에 따른 유기물량을 나타낸 것이다. ⊙과 ⓒ은 각각 호흡량과 총생산량 중 하나이다.

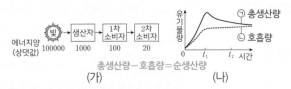

이에 대한 옳은 설명만을 〈보기〉에서 있는 대로 고른 것은?

보기   ┌─ 1차 소비자의 섭식량(호흡량+피식·자연사+생장량+배출량)
ㄱ─ ⊙－ⓒ=순생산량(피식량+고사·낙엽량+생장량)
ㄱ. 1차 소비자의 생장량은 ✗(⊙)에 포함된다. $\frac{100}{1000}\times100=10\%$
ㄴ. 에너지 효율은 2차 소비자가 1차 소비자의 2배이다.
┌─ 순생산량
ㄷ. 이 식물 군집에서 ──────── 은 t_1일 때가 t_2일 때보다 크다.
    └─ 호흡량   → 순생산량 : $t_1 > t_2$
   $\frac{20}{100}\times100=20\%$

① ㄴ   ② ㄷ   ③ ㄱ, ㄴ   ④ ㄱ, ㄷ   ✔⑤ ㄴ, ㄷ

💡 **문제풀이 TIP** | 총생산량=호흡량+순생산량이라는 것과 에너지 효율을 구하는 공식을 반드시 기억하고 있어야 한다. 더 나아가 순생산량=피식량+고사·낙엽량+생장량이라는 것과 생산자(식물 군집)의 피식량과 1차 소비자(초식 동물)의 섭식량이 같다는 것을 알고 있어야 문제 해결이 가능하다.

|자|료|해|설|

그림 (가)는 에너지의 흐름을 나타낸 것으로, 상위 영양 단계로 갈수록 에너지양이 감소하며 각 단계에서의 에너지 효율을 구하는 공식은 다음과 같다.

에너지 효율(%)= $\dfrac{\text{현 영양 단계의 에너지 총량}}{\text{전 영양 단계의 에너지 총량}}\times100$

그림 (나)에서 ⊙은 총생산량, ⓒ은 호흡량이고 두 그래프의 차이(⊙－ⓒ)는 식물 군집의 순생산량이다. 순생산량은 피식량, 고사·낙엽량, 생장량의 합이다. 식물 군집의 피식량은 1차 소비자(초식 동물)의 섭식량과 같으며, 1차 소비자의 섭식량은 1차 소비자의 호흡량, 피식·자연사, 생장량, 배출량의 합이다.

|보|기|풀|이|

ㄱ. 오답 : 1차 소비자의 생장량은 식물 군집의 순생산량(⊙－ⓒ)에 포함된다.

ㄴ. 정답 : 2차 소비자의 에너지 효율은 $\dfrac{20}{100}\times100=20\%$이고, 1차 소비자의 에너지 효율은 $\dfrac{100}{1000}\times100=10\%$이다. 따라서 에너지 효율은 2차 소비자가 1차 소비자의 2배이다.

ㄷ. 정답 : t_1일 때와 t_2일 때 호흡량(ⓒ)은 비슷한 반면, 순생산량(⊙－ⓒ)은 t_1일 때가 t_2일 때보다 훨씬 크다. 따라서 이 식물 군집에서 $\dfrac{\text{순생산량}}{\text{호흡량}}$은 t_1일 때가 t_2일 때보다 크다.

그림은 어떤 생태계에서 각 영양 단계의 에너지양을 나타낸 것이다. 에너지 효율은 3차 소비자가 1차 소비자의 2배이다.

$\dfrac{\text{3차 소비자의 에너지양(3)}}{\text{2차 소비자의 에너지양(15)}}\times100=20\%$

이에 대한 옳은 설명만을 〈보기〉에서 있는 대로 고른 것은? **3점**

영양 단계	에너지양 (상댓값)
생산자	1000
1차 소비자	ⓐ 100
2차 소비자	15
3차 소비자	3

보기

$\dfrac{\text{1차 소비자의 에너지양(ⓐ)}}{\text{생산자의 에너지양(1000)}}\times100=10\%$

ㄱ. ⓐ는 100이다.
ㄴ. 1차 소비자의 에너지는 ✗(일부)만 2차 소비자에게 전달된다.
ㄷ. 소비자에서 상위 영양 단계로 갈수록 에너지 효율은 증가한다.

① ㄱ   ② ㄴ   ✔③ ㄱ, ㄷ   ④ ㄴ, ㄷ   ⑤ ㄱ, ㄴ, ㄷ

1차 소비자의 에너지 효율= $\dfrac{100}{1000}\times100=\boxed{10\%}$
2차 소비자의 에너지 효율= $\dfrac{15}{100}\times100=\boxed{15\%}$ 증가 ↓
3차 소비자의 에너지 효율= $\dfrac{3}{15}\times100=\boxed{20\%}$

|자|료|해|설|

3차 소비자의 에너지 효율은 $\dfrac{3(\text{3차 소비자의 에너지양})}{15(\text{2차 소비자의 에너지양})}\times100=20\%$이므로 1차 소비자의 에너지 효율은 10%이다. 따라서 $\dfrac{ⓐ(\text{1차 소비자의 에너지양})}{1000(\text{생산자의 에너지양})}\times100=10\%$이므로 ⓐ는 100이다. 각 영양 단계에서 전달받은 에너지의 일부는 호흡을 통해 생명 활동에 사용되거나 열에너지 형태로 생태계 밖으로 방출되고, 일부 에너지만 상위 영양 단계로 전달되므로 상위 영양 단계로 갈수록 에너지양이 감소한다.

|보|기|풀|이|

ㄱ. 정답 : 3차 소비자의 에너지 효율이 20%이므로, 1차 소비자의 에너지 효율은 10%이다. $\dfrac{ⓐ}{1000}\times100=10\%$이므로 ⓐ는 100이다.

ㄴ. 오답 : 1차 소비자의 에너지의 일부만 상위 영양 단계인 2차 소비자에게 전달된다.

ㄷ. 정답 : 1차 소비자의 에너지 효율은 $\dfrac{100}{1000}\times100=10\%$이고, 2차 소비자의 에너지 효율은 $\dfrac{15}{100}\times100=15\%$, 3차 소비자의 에너지 효율은 $\dfrac{3}{15}\times100=20\%$이다. 따라서 소비자에서 상위 영양 단계로 갈수록 에너지 효율은 증가한다.

그림은 어떤 안정된 생태계에서 포식과 피식 관계인 개체군 ⊙과
ⓒ의 시간에 따른 개체 수를, 표는 이 생태계에서 각 영양 단계의
에너지양을 나타낸 것이다. ⊙과 ⓒ은 각각 1차 소비자와 2차 소비자
중 하나이고, A~C는 각각 1차 소비자, 2차 소비자, 3차 소비자 중
하나이다. 1차 소비자의 에너지 효율은 15%이다.

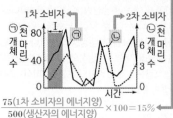

구분		에너지양(상댓값)
A	3차 소비자	5
B	2차 소비자	15
C	1차 소비자	? 75
생산자		500

$$\frac{75(1차\ 소비자의\ 에너지양)}{500(생산자의\ 에너지양)} \times 100 = 15\%$$

이에 대한 설명으로 옳은 것만을 〈보기〉를 있는 대로 고른 것은?

보기
⊙. ⓒ은 B이다.　2차 소비자
✗. Ⅰ 시기 동안 ⊙에 환경 저항이 작용하지 않았다.
　　개체군의 생장을 억제하는 요인 → 작용했다
ⓒ. 이 생태계에서 2차 소비자의 에너지 효율은 20%이다.
　　$\frac{15(2차\ 소비자의\ 에너지양)}{75(1차\ 소비자의\ 에너지양)} \times 100$

① ㄱ　　② ㄴ　　✓③ ㄱ, ㄷ　　④ ㄴ, ㄷ　　⑤ ㄱ, ㄴ, ㄷ

|자|료|해|설|
피식자의 수가 증가하면 포식자의 수가 증가하고,
피식자의 수가 감소하면 포식자의 수가 감소한다. 따라서
⊙은 피식자에 해당하는 1차 소비자이고, ⓒ은 포식자에
해당하는 2차 소비자이다. 상위 영양 단계로 갈수록
에너지양은 감소하므로 1차 소비자는 B 또는 C이다. B가
1차 소비자라고 가정하면, 1차 소비자의 에너지 효율은
$\frac{15(B의\ 에너지양)}{500(생산자의\ 에너지양)} \times 100 = 3\%$ 이므로 모순이다.
따라서 C가 1차 소비자이고, 1차 소비자의 에너지양
(상댓값)은 75이다.
→ $\frac{75(C의\ 에너지양)}{500(생산자의\ 에너지양)} \times 100 = 15\%$

|보|기|풀|이|
⊙ 정답 : ⓒ은 포식자에 해당하므로 2차 소비자(B)이다.
ㄴ. 오답 : 환경 저항은 개체군의 생장을 억제하는 요인으로
먹이 부족, 생활 공간 부족, 노폐물 증가, 천적과 질병의
증가 등이 있다. 따라서 Ⅰ 시기 동안 ⊙(1차 소비자)에
환경 저항이 작용했다.
ⓒ 정답 : 이 생태계에서 2차 소비자의 에너지 효율은
$\frac{15(2차\ 소비자의\ 에너지양)}{75(1차\ 소비자의\ 에너지양)} \times 100 = 20\%$ 이다.

🤖 **문제풀이 TIP |** 에너지 효율(%) = $\frac{현\ 영양\ 단계의\ 에너지\ 총량}{전\ 영양\ 단계의\ 에너지\ 총량} \times 100$

그림 (가)는 어떤 생태계에서 탄소 순환 과정의 일부를, (나)는 이
생태계에서 각 영양 단계의 에너지양을 상댓값으로 나타낸 생태
피라미드를 나타낸 것이다. Ⅰ~Ⅲ은 각각 1차 소비자, 3차 소비자,
생산자 중 하나이고, A와 B는 각각 생산자와 소비자 중 하나이다.

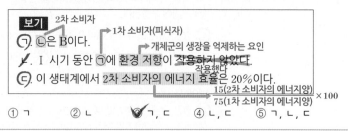

이에 대한 옳은 설명만을 〈보기〉에서 있는 대로 고른 것은? **3점**

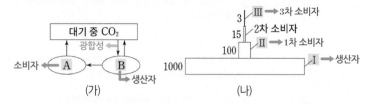

보기
3차 소비자 ✗. Ⅲ은 B에 해당한다. → 하지 않는다　생산자
생산자 ⓒ. Ⅰ에서 Ⅱ로 유기물 형태의 탄소가 이동한다.
1차 소비자 ⓒ. (나)에서 1차 소비자의 에너지 효율은 10%이다.

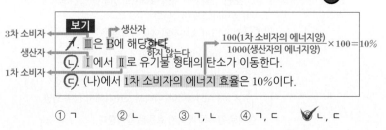

① ㄱ　　② ㄴ　　③ ㄱ, ㄴ　　④ ㄱ, ㄷ　　✓⑤ ㄴ, ㄷ

|자|료|해|설|
(가)에서 대기 중 CO_2를 이용하는 B는 생산자이다. 대기나
물속의 CO_2는 식물이나 식물성 플랑크톤 같은 생산자의
광합성에 의해 포도당과 같은 유기물로 고정된다. 유기물
속의 탄소는 먹이 사슬을 따라 소비자로 이동한다.
소비자에게 전달된 유기물의 일부는 소비자의 호흡에
의해 분해되고 이 과정에서 CO_2가 방출된다. 따라서 A는
소비자이다.
영양 단계가 높아질수록 에너지양이 줄어든다. 따라서 Ⅰ은
생산자, Ⅱ는 1차 소비자, Ⅲ은 3차 소비자이다.

|보|기|풀|이|
ㄱ. 오답 : 3차 소비자(Ⅲ)는 소비자(A)에 해당한다.
ⓒ 정답 : 생산자(Ⅰ)에서 1차 소비자(Ⅱ)로 유기물 형태의
탄소가 이동한다.
ⓒ 정답 : (나)에서 1차 소비자의 에너지 효율은
$\frac{100(1차\ 소비자의\ 에너지양)}{1000(생산자의\ 에너지양)} \times 100 = 10\%$ 이다.

🤖 **문제풀이 TIP |**
에너지 효율(%) = $\frac{현\ 영양\ 단계의\ 에너지\ 총량}{전\ 영양\ 단계의\ 에너지\ 총량} \times 100$

표는 생태계의 질소 순환 과정에서 일어나는 물질의 전환을 나타낸 것이다. Ⅰ과 Ⅱ는 탈질산화 작용과 질소 고정 작용을 순서 없이 나타낸 것이고, ㉠과 ㉡은 질산 이온(NO_3^-)과 암모늄 이온(NH_4^+)을 순서 없이 나타낸 것이다.

구분	물질의 전환
질산화 작용	NH_4^+ ㉠ → ㉡ NO_3^-
⎱Ⅰ⎰ 질소 고정	대기 중의 질소(N_2) → ㉠ NH_4^+
⎱Ⅱ⎰ 탈질산화	㉡ → 대기 중의 질소(N_2) NO_3^-

이에 대한 설명으로 옳은 것만을 〈보기〉에서 있는 대로 고른 것은?

> **보기**
> 암모늄 이온(NH_4^+)
> ㄱ. ~~㉠은 질산 이온(NO_3^-)이다.~~
> ㄴ. Ⅰ은 질소 고정 작용이다.
> ㄷ. 탈질산화 세균은 Ⅱ에 관여한다.
>   ↳ 탈질산화 작용

① ㄱ   ② ㄴ   ③ ㄱ, ㄷ   ✔④ ㄴ, ㄷ   ⑤ ㄱ, ㄴ, ㄷ

|자|료|해|설|

질산화 작용은 암모늄 이온(NH_4^+)이 질산 이온(NO_3^-)으로 산화되는 과정이므로 ㉠은 암모늄 이온(NH_4^+)이고, ㉡은 질산 이온(NO_3^-)이다. 대기 중의 질소(N_2)가 암모늄 이온(NH_4^+)(㉠)으로 전환되는 Ⅰ은 질소 고정 작용이고, 질산 이온(NO_3^-)(㉡)이 대기 중의 질소(N_2)로 전환되는 Ⅱ는 탈질산화 작용이다.

|보|기|풀|이|

ㄱ. 오답 : ㉠은 암모늄 이온(NH_4^+)이다.
ㄴ. 정답 : 대기 중의 질소(N_2)가 암모늄 이온(NH_4^+)(㉠)으로 전환되는 Ⅰ은 질소 고정 작용이다.
ㄷ. 정답 : 탈질산화 세균은 탈질산화 작용(Ⅱ)에 관여한다.

표는 생태계의 물질 순환 과정 (가)와 (나)에서 특징의 유무를 나타낸 것이다. (가)와 (나)는 질소 순환 과정과 탄소 순환 과정을 순서 없이 나타낸 것이다.

         탄소 순환 과정 ←┐   ┌→ 질소 순환 과정

특징 ↳질화 작용 물질 순환 과정	(가)	(나)
토양 속의 ㉠ 암모늄 이온(NH_4^+)이 질산 이온(NO_3^-)으로 전환된다.	×	○
식물의 광합성을 통해 대기 중의 이산화 탄소(CO_2)가 유기물로 합성된다.	○	×
ⓐ	○	○

(○: 있음, ×: 없음)

이에 대한 설명으로 옳은 것만을 〈보기〉에서 있는 대로 고른 것은?

> **보기**
> 질소
> ㄱ. ~~(나)는 탄소 순환 과정이다.~~
>   ↳ 질화 작용
> ㄴ. 질산화 세균은 ㉠에 관여한다.
> ㄷ. '물질이 생산자에서 소비자로 먹이 사슬을 따라 이동한다.'는 ⓐ에 해당한다.

① ㄱ   ② ㄷ   ③ ㄱ, ㄴ   ✔④ ㄴ, ㄷ   ⑤ ㄱ, ㄴ, ㄷ

|자|료|해|설|

광합성에 의해 이산화 탄소(CO_2)가 유기물로 합성되는 (가)는 탄소 순환 과정이고, 토양 속 암모늄 이온(NH_4^+)이 질산 이온(NO_3^-)으로 전환되는 (나)는 질소 순환 과정이다.

|보|기|풀|이|

ㄱ. 오답 : (나)는 질소 순환 과정이다.
ㄴ. 정답 : 질산화 세균은 암모늄 이온(NH_4^+)가 질산 이온(NO_3^-)으로 전환되는 질화 작용(㉠)에 관여 한다.
ㄷ. 정답 : 물질의 순환 과정에서 유기물에 포함된 탄소나 질소는 모두 생산자에서 소비자로 먹이 사슬을 따라 이동한다.

2. 생물 다양성과 보전   01. 생물 다양성의 중요성

❶ 생물의 다양성   ★수능에 나오는 필수 개념 2가지 + 필수 암기사항 6개

필수개념 1   생물 다양성

1. **생물 다양성** : 일정한 생태계 내에 존재하는 생물의 다양한 정도를 의미하며, 생물이 지닌 유전자의 다양성, 생물 종의 다양성, 생물이 서식하는 생태계의 다양성을 포함한다. ★암기

2. **유전적 다양성** ★암기
   ① 개체들 사이에 나타나는 유전적 변이의 정도를 의미한다.
   ② 생태계를 구성하는 생물은 같은 종이라도 모양, 크기, 색 등이 다르다.
   ③ 유전적 다양성이 높은 종은 환경이 급격히 변하거나 전염병이 발생했을 때 살아남을 수 있는 확률이 높다.

3. **생물 종 다양성** ★암기
   ① 한 지역 내 종의 다양한 정도를 의미한다.
   ② 종의 수가 많을수록, 종의 비율이 고를수록 생물 종 다양성이 높다.
   ③ 생물 종 다양성이 높을수록 생태계가 안정적으로 유지될 가능성이 높다.

4. **생태계 다양성** ★암기
   ① 사막, 초원, 삼림, 습지, 산, 호수, 강, 바다 등 생태계의 다양함을 의미한다.
   ② 생태계에 속하는 생물과 무생물 사이의 관계에 관한 다양성을 포함한다.

들쥐 개체군에서의 유전적 다양성

삼림 생태계에서의 생물 종 다양성

넓은 지역에 분포하는 생태계 다양성

필수개념 2   생물 다양성과 생태계 평형

1. **생물 다양성이 높은 경우** 암기
   ① 먹이 사슬이 다양하고 복잡하여 어떤 한 종의 생물이 사라지더라도 다른 종이 대체할 수 있기 때문에 생태계 평형이 쉽게 깨지지 않는다.
   ② 생물 다양성이 높은 생태계는 약간의 교란이 있어도 생태계 평형을 유지할 수 있다.

2. **생물 다양성이 낮은 경우** 암기
   ① 먹이 사슬이 단순하게 연결되어 있어 어느 한 종이 멸종하면 그 종의 역할을 대체할 수 있는 생물이 적어 생태계 평형이 깨지기 쉽다.

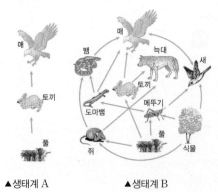

▲생태계 A   ▲생태계 B

기본자료

▶ **생물 다양성의 의미**
생물 다양성이란 다양한 형질을 가진 (유전적 다양성) 여러 종이(생물 종 다양성) 여러 가지 유형의 생태계(생태계 다양성)의 특성에 맞는 역할을 수행하여 지구 전체를 유지하는 것을 의미

토끼 개체군의 유전적 다양성

초원 생태계의 종 다양성

전 지역의 군집 및 생태계 다양성

▶ **생물 종 다양성과 먹이 사슬**
생태계 A는 3가지 종이 단순한 먹이 사슬을 이루고 있는 형태로 구성되어 있고, 생태계 B는 10가지 종이 복잡한 먹이 사슬을 형성하고 있다.
생태계 A에서 토끼가 사라질 경우 토끼의 포식자인 매도 사라지게 된다. 그러나 생태계 B에서는 토끼가 사라지더라도 매는 뱀으로부터, 늑대는 쥐로부터 에너지를 얻어 생존이 가능하다.

1 생물 다양성

정답 ③　정답률 84%　2020년 3월 학평 20번　문제편 295p

생물 다양성에 대한 옳은 설명만을 <보기>에서 있는 대로 고른 것은? **3점**

> **보기**
> ↦ 일정한 생태계 내에 존재하는 생물의 다양한 정도
> ㉠ 생물 다양성이 낮을수록 생태계의 평형이 깨지기 쉽다.
> ㉡ 사람의 눈동자 색깔이 다양한 것은 <u>유전적 다양성</u>에
> 　해당한다. ↦ 개체들 사이에 나타나는 유전적 변이의 정도
> ㉢ 한 지역에서 종의 수가 일정할 때, 각 종의 개체 수 비율이
> 　균등할수록 종 다양성이 <del>낮다</del>. 높다
> 　　↦ 한 지역 내 종의 다양한 정도
> 　　(종의 수가 많을수록, 종의 비율이 고를수록 높음)

① ㄱ　　② ㄷ　　③ ㄱ, ㄴ　　④ ㄴ, ㄷ　　⑤ ㄱ, ㄴ, ㄷ

문제풀이 TIP | 종 다양성은 종의 수가 많을수록, 종의 비율이 균등할수록 높다.

|자|료|해|설|
생물 다양성은 일정한 생태계 내에 존재하는 생물의 다양한 정도를 의미하며, 생물이 지닌 유전자의 다양성, 생물 종의 다양성, 생물이 서식하는 생태계의 다양성을 포함한다.

|보|기|풀|이|
㉠ 정답 : 생물 다양성이 낮을수록 먹이 사슬이 단순하게 연결되어 있어 어느 한 종이 멸종하면 그 종의 역할을 대체할 수 있는 생물이 적어 생태계 평형이 깨지기 쉽다.
㉡ 정답 : 생태계를 구성하는 생물은 같은 종이라도 모양, 크기, 색 등이 다르다. 이렇게 개체들 사이에서 나타나는 유전적 변이의 정도를 유전적 다양성이라 하며, 사람의 눈동자 색깔이 다양한 것은 이에 해당한다.
㉢. 오답 : 종 다양성은 종의 수가 많을수록, 종의 비율이 고를수록 높다. 따라서 한 지역에서 종의 수가 일정할 때, 각 종의 개체 수 비율이 균등할수록 종 다양성이 높다.

2 생물 다양성

정답 ④　정답률 66%　2023년 4월 학평 5번　문제편 295p

생물 다양성에 대한 설명으로 옳은 것만을 <보기>에서 있는 대로 고른 것은?

> **보기**
> ㉠. 한 생태계 내에 존재하는 생물종의 다양한 정도를 <del>생태계</del>
> 　다양성이라고 한다. 종 다양성
> ㉡ 남획은 생물 다양성을 감소시키는 원인에 해당한다.
> ㉢ 서식지 단편화에 의한 피해를 줄이기 위한 방법에 생태 통로
> 　설치가 있다. ↦ 도로 건설 등에 의해 서식지가
> 　　　　　　　소규모로 분할되는 현상

① ㄱ　　② ㄴ　　③ ㄱ, ㄷ　　④ ㄴ, ㄷ　　⑤ ㄱ, ㄴ, ㄷ

|자|료|해|설|
생물 다양성은 일정한 생태계 내에 존재하는 생물의 다양한 정도를 의미하며 생물이 지닌 유전자의 다양성, 생물종의 다양성, 생물이 서식하는 생태계의 다양성을 포함한다.

|보|기|풀|이|
ㄱ. 오답 : 한 생태계 내에 존재하는 생물종의 다양한 정도는 종 다양성이다.
㉡ 정답 : 불법 포획, 남획 등은 생물 다양성을 감소시키는 원인에 해당한다.
㉢ 정답 : 도로나 철도의 건설 등에 의해 생물들의 서식지가 소규모로 분할되는 현상을 서식지 단편화라 하며, 이에 따른 피해를 줄이기 위한 방법으로 생물들이 이동할 수 있는 생태 통로 설치가 있다.

생물 다양성에 대한 설명으로 옳은 것만을 〈보기〉에서 있는 대로 고른 것은?

> **보기**
> ㄱ. 종 다양성에는 동물 종과 식물 종<del>만</del> 포함된다.
> ㄴ. 한 생태계 내에 존재하는 생물 종의 다양한 정도를 <del>생태계</del> 다양성이라고 한다. 종
> ㄷ. 동일한 생물 종이라도 색, 크기, 모양 등의 형질이 각 개체 간에 다르게 나타나는 것은 유전적 다양성에 해당한다.

① ㄱ   ✔② ㄷ   ③ ㄱ, ㄴ   ④ ㄴ, ㄷ   ⑤ ㄱ, ㄴ, ㄷ

|자|료|해|설|
생물 다양성에는 생태계 다양성, 종 다양성, 유전적 다양성이 존재한다. 생태계 다양성은 사막, 초원, 습지 등 생태계가 다양한 정도를 의미하고, 종 다양성은 한 지역 내에 종이 다양한 정도를 의미하고, 유전적 다양성은 개체들 사이에 나타나는 유전적 변이의 정도를 나타낸다.

|보|기|풀|이|
ㄱ. 오답 : 종 다양성에는 동물, 식물뿐만 아니라 세균이나 곰팡이 같은 분해자들도 포함된다.
ㄴ. 오답 : 한 생태계 내에 존재하는 생물 종의 다양한 정도는 종 다양성을 의미한다.
ㄷ. 정답 : 동일한 생물 종에서 각 개체 간에 다르게 나타나는 유전적 변이 정도를 유전적 다양성이라고 한다.

😮 **문제풀이 TIP** | 생태계 다양성, 종 다양성, 유전적 다양성의 정의를 알고 있으면 문제를 쉽게 풀 수 있다. 각각의 정의뿐만 아니라 생태계 평형과 생태계 안정에 관여하는 특징들도 함께 학습하도록 하자.

생물 다양성에 대한 옳은 설명만을 〈보기〉에서 있는 대로 고른 것은?

> **보기** → 개체들 사이에 나타나는 유전적 변이의 정도
> ㄱ. 유전적 다양성이 높은 종은 환경이 급격하게 변하거나 전염병이 발생했을 때 멸종될 확률이 <del>높다</del>. 낮다
> ㄴ. 종 다양성은 종의 수가 많을수록, 전체 개체수에서 각 종이 차지하는 비율이 균등할수록 <del>낮아진다</del>. 한 지역 내 종의 다양한 정도 높아진다
> ㄷ. 강, 습지, 사막, 삼림, 초원 등이 다양하게 나타나는 것은 생태계 다양성에 해당한다.

① ㄱ   ✔② ㄷ   ③ ㄱ, ㄴ   ④ ㄱ, ㄷ   ⑤ ㄴ, ㄷ

|자|료|해|설|
생물 다양성은 일정한 생태계 내에 존재하는 생물의 다양한 정도를 의미하며, 생물이 지닌 유전자의 다양성, 생물 종의 다양성, 생물이 서식하는 생태계의 다양성을 포함한다. 유전적 다양성은 개체들 사이에 나타나는 유전적 변이의 정도이고, 종 다양성은 한 지역 내 종의 다양한 정도를 의미한다. 생태계 다양성은 사막, 초원, 삼림, 습지, 산, 호수, 강, 바다 등 생태계의 다양함을 의미한다.

|보|기|풀|이|
ㄱ. 오답 : 유전적 다양성이 높은 종은 환경이 급격히 변하거나 전염병이 발생했을 때 살아남을 수 있는 확률이 높다.
ㄴ. 오답 : 종 다양성은 종의 수가 많을수록, 종의 비율이 고를수록 높다.
ㄷ. 정답 : 생태계 다양성은 사막, 초원, 삼림, 습지, 산, 호수, 강, 바다 등 생태계의 다양함을 의미한다.

5 생물 다양성

정답 ⑤ 정답률 49% 2022년 3월 학평 18번 문제편 296p

다음은 어떤 지역에서 방형구를 이용해 식물 군집을 조사한
자료이다.

○ 면적이 같은 4개의 방형구 A~D를 설치하여 조사한 질경이,
토끼풀, 강아지풀의 분포는 그림과 같으며, D에서의 분포는
나타내지 않았다.

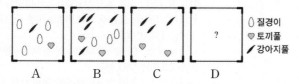

질경이
♡ 토끼풀
／ 강아지풀

○ 토끼풀의 빈도는 $\frac{3}{4}$ 이다. ➔ D에는 토끼풀이 없음

○ 질경이의 밀도는 강아지풀의 밀도와 같고, 토끼풀의 밀도의
2배이다. 10(개체수)　　　　　　　5(개체수)
　　　　　　방형구 면적　∴ D에서 질경이 개체수=3　방형구 면적
　　　　　　　　　　　　강아지풀 개체수=1

○ 중요치가 가장 큰 종은 질경이다.
　➔ 상대 밀도+상대 빈도+상대 피도

이에 대한 옳은 설명만을 〈보기〉에서 있는 대로 고른 것은? (단,
방형구에 나타낸 각 도형은 식물 1개체를 의미하며, 제시된 종
이외의 종은 고려하지 않는다.) **3점**

보기
　　　　　　　　　토끼풀의 개체수
　　　　　　　　　─────────── ×100= $\frac{5}{25}$ ×100=20%
　　　　　　　　　전체 개체수
ㄱ. D에 질경이가 있다.
ㄴ. 토끼풀의 **상대 밀도**는 20%이다.
ㄷ. 상대 피도는 질경이가 강아지풀보다 크다.

① ㄱ　　② ㄷ　　③ ㄱ, ㄴ　　④ ㄴ, ㄷ　　✔ ㄱ, ㄴ, ㄷ
상대 밀도 : 질경이=강아지풀
　　　　　＋
상대 빈도 : 질경이＜강아지풀
　　　　　＋
상대 피도 : 질경이＞강아지풀
　＝질경이의 중요치가 크기 때문에 상대 피도는 질경이가 강아지풀보다 크다.

|자|료|해|설|

토끼풀의 빈도가 $\frac{3}{4}$ 이므로 방형구 D에는 토끼풀이 없다.

밀도는 $\frac{특정\ 종의\ 개체수}{방형구\ 전체의\ 면적}$ 이며, 이 문항에서 방형구의
면적은 동일하므로 밀도는 개체수에 비례한다. 질경이의
밀도는 강아지풀의 밀도와 같고, 토끼풀의 밀도의 2배라고
했으므로 '질경이의 개체수 합=강아지풀의 개체수 합
=2×토끼풀의 개체수 합'이다. 토끼풀의 개체수 합은
1(방형구 A)+2(방형구 B)+2(방형구 C)=5이므로
질경이의 개체수 합과 강아지풀의 개체수 합은 각각
10이다. 따라서 D에서 질경이의 개체수는 3이고,
강아지풀의 개체수는 1이다.
중요치(중요도)는 상대 밀도, 상대 빈도, 상대 피도를 더한
값으로 중요치가 가장 높은 종을 우점종이라 한다.

|보|기|풀|이|

ㄱ. 정답 : D에서 질경이의 개체수는 3이다.
ㄴ. 정답 : 토끼풀의 상대 밀도는
$\frac{토끼풀의\ 밀도}{질경이의\ 밀도+토끼풀의\ 밀도+강아지풀의\ 밀도}$ ×100
으로 구할 수 있다. 이때 면적은 동일하므로 토끼풀의
상대 밀도는 $\frac{토끼풀의\ 개체수}{전체\ 개체수}$ ×100이며, $\frac{5}{25}$ ×100=20%
이다.

ㄷ. 정답 : 질경이와 강아지풀의 밀도가 같으므로 상대
밀도 또한 같다. 질경이는 방형구 A, B, D에 분포하고
강아지풀은 방형구 A~D 모두에 분포하므로 상대 빈도는
질경이가 강아지풀보다 작다.
중요치(상대 밀도+상대 빈도+상대 피도)가 가장 큰 종은
질경이이므로 마지막 남은 값인 상대 피도는 질경이가
강아지풀보다 크다.

---

6 생물 다양성

정답 ⑤ 정답률 87% 2019년 4월 학평 12번 문제편 296p

다음은 습지 A에 대한 자료이다.　　종 다양성(한 지역 내 종의 다양한 정도)

A는 강과 육지 사이에 위치하는 습지이다. ㉠ A에는
340종의 식물, 62종의 조류, 28종의 어류 등 다양한 생물종이
서식하고 있다. A는 ㉡ 지구상에 존재하는 생태계 중 하나이며,
다양한 종류의 식물과 동물로 구성되어 있어 특이한 자연
경관을 만들어낸다. 또한 인간의 의식주에 필요한 각종 자원을
제공한다.

이에 대한 설명으로 옳은 것만을 〈보기〉에서 있는 대로 고른 것은?

보기 ➔ 종 다양성
ㄱ. ㉠은 생물 다양성의 3가지 의미 중 종 다양성에 해당한다.
ㄴ. ㉡이 다양할수록 생물 다양성은 증가한다.　유전적 다양성, 종 다양성,
ㄷ. A로부터 다양한 생물자원을 얻을 수 있다.　생태계 다양성을 포함

① ㄱ　　② ㄷ　　③ ㄱ, ㄴ　　④ ㄴ, ㄷ　　✔ ㄱ, ㄴ, ㄷ

|자|료|해|설|

㉠은 습지 A에 다양한 생물종이 서식하고 있다는
내용이므로 종 다양성에 해당한다. 생물 다양성은 유전적
다양성, 종 다양성, 생태계 다양성을 포함한다.

|보|기|풀|이|

ㄱ. 정답 : ㉠은 습지 A에 다양한 생물종이 서식하고
있다는 내용이므로 종 다양성에 해당한다.
ㄴ. 정답 : 생태계가 다양할수록 생물 다양성은 증가한다.
ㄷ. 정답 : 습지 A는 인간의 의식주에 필요한 각종
자원을 제공한다고 제시되어 있으므로, A로부터 다양한
생물자원을 얻을 수 있다.

😊 출제분석 | 생물 다양성에 대해 묻는 난도 '하'의 문항이다.
제시된 지문 속에 답이 있으며, 생물 다양성 문항 중에서도 난도가
매우 낮은 편이다. 생물 다양성은 세 가지 다양성을 구분할 수
있다면 쉽게 풀 수 있으므로 개념을 확실하게 구분해두자!

V
2
I
01.
생물 다양성의 중요성

다음은 생물 다양성에 대한 학생 A~C의 대화 내용이다.

> 같은 종의 무당벌레에서 색과 무늬가 다양하게 나타나는 것은 유전적 다양성에 해당해.
> 학생 A

> 한 생태계 내에 존재하는 생물 종의 다양한 정도를 생태계 다양성이라고 해. → 종 다양성
> 학생 B

> 종 수가 같을 때 전체 개체 수에서 각 종이 차지하는 비율이 균등할수록 종 다양성은 낮아져 → 높아져
> 학생 C

제시한 내용이 옳은 학생만을 있는 대로 고른 것은?

✓① A   ② B   ③ A, C   ④ B, C   ⑤ A, B, C

|자|료|해|설|

생물 다양성은 유전적 변이의 다양성을 의미하는 유전적 다양성, 한 지역 내 종의 다양한 정도를 의미하는 생물 종 다양성, 생태계의 다양함을 의미하는 생태계 다양성을 포함한다.

|보|기|풀|이|

학생 A. 정답 : 같은 종의 무당벌레에서 다양한 색과 무늬가 나타나는 것은 유전적 변이에 따른 것으로, 유전적 다양성의 예시이다.

학생 B. 오답 : 한 생태계 내의 생물 종의 다양한 정도는 생물 종 다양성이라 한다.

학생 C. 오답 : 종의 수가 많을수록, 종의 수가 같을 때는 종의 비율이 고를수록(균등할수록) 생물 종 다양성이 높다.

🙂 문제풀이 TIP | 생물 다양성에 포함되는 세 가지 개념 유전적 다양성, 종 다양성, 생태계 다양성의 정의와 특징을 알고 있으면 쉽게 해결할 수 있는 난도 '하'의 문항이다.

다음은 생물 다양성에 대한 학생 A~C의 발표 내용이다.

> 한 생태계 내에 존재하는 생물종의 다양한 정도를 종 다양성이라고 합니다.
> 학생 A

> 같은 종의 무당벌레에서 반점 무늬가 다양하게 나타나는 것은 유전적 다양성에 해당합니다.
> 학생 B
> → 개체들 사이에 나타나는 유전적 변이의 정도

> 삼림, 초원, 사막, 습지 등이 다양하게 나타날수록 생물 다양성은 증가합니다.
> 학생 C
> → 생태계 다양성

제시한 내용이 옳은 학생만을 있는 대로 고른 것은?

① A   ② B   ③ A, C   ④ B, C   ✓⑤ A, B, C

|자|료|해|설|

생물 다양성은 일정한 생태계 내에 존재하는 생물의 다양한 정도를 의미하며, 생물이 지닌 유전자의 다양성, 생물 종의 다양성, 생물이 서식하는 생태계의 다양성을 포함한다. 유전적 다양성은 개체들 사이에 나타나는 유전적 변이의 정도를 의미하고, 생물 종 다양성은 한 지역 내 종의 다양한 정도를 의미한다. 생태계 다양성은 사막, 초원, 삼림, 습지, 산, 호수, 강, 바다 등 생태계의 다양함을 의미한다.

|선|택|지|풀|이|

⑤정답 : 종 다양성은 한 생태계 내에 존재하는 생물 종의 다양한 정도를 의미하고, 같은 종의 무당벌레에서 반점 무늬가 다양하게 나타나는 것은 개체들 사이에 나타나는 유전적 변이이므로 유전적 다양성에 해당한다. 삼림, 초원, 사막, 습지 등이 다양한 정도를 생태계 다양성이라고 하며, 생태계가 다양할수록 생물 다양성은 증가한다. 따라서 학생 A, B, C가 제시한 내용은 모두 옳다.

😊 출제분석 | 생물 다양성에 대한 개념을 묻는 문항이다. 유전적 다양성, 생물 종 다양성, 생태계 다양성의 개념을 알고 예시를 구분할 수 있다면 쉽게 정답을 찾을 수 있으므로 난도는 '하'에 해당한다.

다음은 생물 다양성에 대한 학생 A~C의 발표 내용이다.

학생 A :
같은 종의 달팽이에서 껍데기의 무늬와 색깔이 다양하게 나타나는 것은 종 다양성에 해당합니다.
→ 유전적 다양성

학생 B :
유전적 다양성이 낮은 종은 환경이 급격히 변했을 때 멸종될 확률이 낮습니다.
→ 높습니다.

학생 C :
삼림, 초원, 사막, 습지 등이 다양하게 나타나는 것은 생태계 다양성에 해당합니다.

제시한 내용이 옳은 학생만을 있는 대로 고른 것은?

① A   ✓② C   ③ A, B   ④ B, C   ⑤ A, B, C

|자|료|해|설|
유전적 다양성은 개체들 사이에 나타나는 유전적 변이의 정도이고, 생물 종 다양성은 한 지역 내 종의 다양한 정도, 생태계 다양성은 사막, 초원, 삼림, 습지, 산, 호수, 강, 바다 등 생태계의 다양함을 의미한다.

|선|택|지|풀|이|
② 정답 : 학생 A가 발표한 내용에서 같은 종의 달팽이에서 껍데기의 무늬와 색깔이 다양하게 나타나는 것은 유전적 다양성에 해당한다. 학생 B가 발표한 내용에서 유전적 다양성이 낮은 종은 환경이 급격하게 변했을 때 멸종될 확률이 높다. 학생 C가 발표한 내용에서 삼림, 초원, 사막, 습지 등이 다양하게 나타나는 것은 생태계 다양성에 해당한다. 따라서 제시한 내용이 옳은 학생은 C이다.

😊 **출제분석 |** 생물의 다양성 종류에 대한 단순 지식을 묻는 난도 '하'의 문항이다. 각 다양성의 정의와 특징만 알고 있다면 쉽게 해결할 수 있으며, 생물 다양성 단원 문제 중에서도 난도가 매우 낮은 문항이다. 자료의 형태를 달리하며 모평과 학평에서 종종 출제되고 있으므로 개념을 정확하게 익혀두어야 한다.

다음은 생물 다양성 협약에 대한 자료이다.

'생물 다양성 협약은 생물 다양성의 보전, 생물자원의 지속가능한 이용, 생물자원을 이용하여 얻어지는 이익의 공정하고 공평한 분배를 위하여 1992년 유엔환경개발회의에서 채택된 협약이다. 생물 다양성은 생태계 내에 존재하는 생물의 다양한 정도를 의미하며 유전적 다양성, ㉠종 다양성, ㉡생태계 다양성을 포함한다.

이에 대한 설명으로 옳은 것만을 〈보기〉에서 있는 대로 고른 것은?

보기
ㄱ. 생물자원은 인간의 식량과 의약품에 이용된다.
ㄴ. 같은 종의 무당벌레에서 반점 무늬가 다양하게 나타나는 것은 ㉠에 해당한다. → 유전적 다양성(개체들 사이에 나타나는 유전적 변이의 정도)
ㄷ. 한 생태계 내에 존재하는 생물 종의 다양한 정도를 ㉡이라고 한다. → ㉠종 다양성

✓① ㄱ   ② ㄴ   ③ ㄷ   ④ ㄱ, ㄴ   ⑤ ㄱ, ㄷ

|자|료|해|설|
생물 다양성은 유전적 다양성, 종 다양성, 생태계 다양성을 포함한다. 유전적 다양성은 개체들 사이에 나타나는 유전적 변이의 정도이고 종 다양성은 한 지역 내 종의 다양한 정도이며, 생태계 다양성은 사막, 초원, 삼림, 습지, 산, 호수, 강, 바다 등 생태계의 다양함을 의미한다.

|보|기|풀|이|
ㄱ. 정답 : 다양한 생물자원은 인간의 식량과 의약품에 이용된다.
ㄴ. 오답 : 같은 종의 무당벌레에서 반점 무늬가 다양하게 나타나는 것은 유전적 다양성에 해당한다.
ㄷ. 오답 : 한 생태계 내에 존재하는 생물 종의 다양한 정도를 종 다양성(㉠)이라고 한다.

😊 **출제분석 |** 생물 다양성에 대해 물어본 난도 '하'의 문항이다. 유전적 다양성, 종 다양성, 생태계 다양성을 구분하는 문제는 종종 출제되어 왔으므로 각 다양성의 차이점과 특징을 정확하게 구분할 수 있어야 한다.

그림은 서로 다른 지역 (가)~(다)에 서식하는 식물 종 A~C를
나타낸 것이고, 표는 종 다양성에 대한 자료이다. (가)~(다)의
면적은 모두 같다.

(가)   (나)   (다)
A:4, B:4, C:4   A:8, B:3, C:1   A:4, B:6, C:0

○ 어떤 지역의 종 다양성은 종 수가 많을수록, 전체 개체수에서
   각 종이 차지하는 비율이 균등할수록 높아진다.

이 자료에 대한 설명으로 옳은 것만을 〈보기〉에서 있는 대로 고른
것은? (단, A~C 이외의 종은 고려하지 않는다.) 3점

보기

종 수:3(A, B, C)   종 수:3(A, B, C)

ㄱ. 식물의 종 다양성은 (가)에서가 (나)에서보다 높다. → 종 수는 같지만 (가)에서 각 종이 차지하는 비율이 더 균등함

ㄴ. A의 개체군 밀도는 (가)에서가 (다)에서~~보다 낮다~~. → 와 같다. → 개체수 / 면적

ㄷ. (다)에서 A는 B와 한 개체군을 ~~이룬다~~. → 이루지 않는다.

① ㄱ   ② ㄷ   ③ ㄱ, ㄴ   ④ ㄴ, ㄷ   ⑤ ㄱ, ㄴ, ㄷ

|자|료|해|설|
종 수는 (가)와 (나)에서 3가지(A, B, C)이고 (다)에서
2가지(A, B)이다. 각 종이 차지하는 비율이 (가)에서가
(나)에서보다 균등하므로, 종 다양성이 가장 높은 지역부터
나열하면 (가)>(나)>(다) 순서이다.

|보|기|풀|이|
ㄱ. 정답 : (가)와 (나)에 서식하는 식물 종은 3가지(A, B,
C)로 동일하지만 전체 개체수에서 각 종이 차지하는 비율이
(가)에서 더 균등하다. 따라서 식물의 종 다양성은
(가)에서가 (나)에서보다 높다.

ㄴ. 오답 : 개체군 밀도는 $\frac{개체수}{면적}$로 구할 수 있다.
(가)와 (다)의 면적이 같으므로 A의 개체군 밀도는 A의
개체수에 비례한다. A의 개체수는 (가)와 (다)에서
4이므로 A의 개체군 밀도는 (가)와 (다)에서 같다.

ㄷ. 오답 : 개체군은 동일한 생태계 내에서 같은 종의
개체들로 이루어진 집단이므로 (다)에서 A는 B와 다른
개체군을 이룬다.

😮 문제풀이 TIP | 개체군은 동일한 생태계 내에서 같은 종의
개체들로 이루어진 집단이며, 면적이 동일할 때 개체군 밀도는
개체수에 비례한다.

😮 출제분석 | 생물 다양성 중에서도 종 다양성과 관련된 문제의
출제 빈도가 높으며, 개체군의 개념 또한 자주 출제되었던
내용이기 때문에 난도가 그리 높지 않다. 두 지역의 개체군 밀도를
비교할 때는 항상 면적에 대한 정보를 먼저 확인해야 정확한
비교가 가능하다.

그림은 어떤 지역에 방형구를 설치하여 조사한 식물 종의 분포 변화
를 나타낸 것이다.

밀도 = $\frac{특정 종의 개체 수}{방형구 전체 면적}$

빈도 = $\frac{특정 종이 출현한 방형구 수}{방형구의 총 수}$

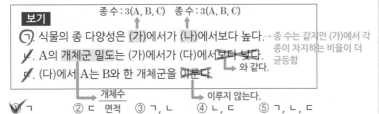

△ 밀도 4개/m²   △ 밀도 7개/m²
○ 빈도 3칸/25칸   ○ 빈도 3칸/25칸
종의 수 2   일정 시간 후   종의 수 3

△ 종 A
● 종 B
■ 종 C

이 지역에서 식물 종의 분포 변화에 대한 설명으로 옳은 것만을 〈보
기〉에서 있는 대로 고른 것은? (단, 방형구에 나타난 각 도형은 식물
1개체를 의미하며, 제시된 종 이외의 종은 고려하지 않는다.)

보기

ㄱ. A의 밀도는 ~~감소~~했다. → 증가, 4 → 7

ㄴ. B의 빈도는 ~~증가했다~~. → 변화없다. 3칸 → 3칸

ㄷ. 종 다양성은 증가했다. 2 → 3

① ㄱ   ② ㄴ   ③ ㄷ   ④ ㄱ, ㄷ   ⑤ ㄴ, ㄷ

|자|료|해|설|
방형구의 전체 면적은 1m²이고, 이 방형구에 나타난 종
에 대해 밀도와 빈도를 구하면, 종 A의 밀도는 4개/m²에
서 일정 시간 후 7개/m²으로 증가하였으며, 종 B의 빈도
는 3칸/25칸에서 일정 시간 후 3칸/25칸으로 변화가 없다.
또한 종의 수가 2(A, B)에서 일정 시간 후 3(A, B, C)으로
증가하였으므로 생물의 종 다양성은 증가하였다.

|보|기|풀|이|
ㄱ. 오답 : A의 밀도를 시간 변화에 따라 구하면 4개/m² →
7개/m²으로 증가하였다.

ㄴ. 오답 : B의 빈도를 시간 변화에 따라 구하면 3칸/25칸
→ 3칸/25칸으로 변화가 없다.

ㄷ. 정답 : 생물의 다양성은 종의 수가 2(A, B) → 3(A, B,
C)으로 증가하였으므로 종 다양성 역시 증가하였다.

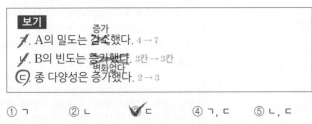

😮 문제풀이 TIP | 생물 다양성의 개념과 방형구에 따른 밀도, 빈도를 구할 수 있으면 쉽게 풀이가 가능하다. 생물 다양성 중 생물 종 다양성은 한 지역내 종의 다양한 정도를 의미하며,
종의 수가 많을수록, 종의 비율이 고를수록 생물 종 다양성이 높다. 밀도, 빈도의 계산법은 밀도는 $\frac{특정 종의 개체 수}{방형구 전체 면적}$이며, 빈도는 $\frac{특정 종이 출현한 방형구 수}{방형구의 총 수}$이다. 이외에도 피도, 상대
밀도, 상대 빈도, 상대 피도, 중요도 등 방형구를 이용한 식물의 군집 조사에 이용되는 방법들을 함께 학습하도록 하자.

그림은 서로 다른 지역에 1m × 1m 크기의 방형구 Ⅰ과 Ⅱ를 설치하여 조사한 식물 종의 분포를 나타낸 것이다.

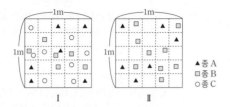

Ⅰ Ⅱ

▲종 A
□종 B
○종 C

이에 대한 설명으로 옳은 것만을 〈보기〉에서 있는 대로 고른 것은? (단, 방형구에 나타낸 각 도형은 식물 1개체를 의미하며, 제시된 종 이외의 종은 고려하지 않는다.) **3점**

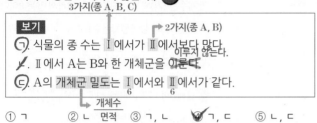

보기

3가지(종 A, B, C)
ㄱ. 식물의 종 수는 Ⅰ에서가 Ⅱ에서보다 많다.
2가지(종 A, B)
이루지 않는다.
ㄴ. Ⅱ에서 A는 B와 한 개체군을 이룬다.
6   6
ㄷ. A의 개체군 밀도는 Ⅰ에서와 Ⅱ에서가 같다.
개체수
면적

① ㄱ ② ㄴ ③ ㄱ, ㄴ ✔④ ㄱ, ㄷ ⑤ ㄴ, ㄷ

|자|료|해|설|
방형구 Ⅰ과 Ⅱ의 면적이 같고, Ⅰ에는 종 A~C가 모두 있으며 Ⅱ에는 종 A와 B만 있다.

|보|기|풀|이|
ㄱ. 정답 : 식물의 종 수는 Ⅰ(3가지 : A, B, C)에서가 Ⅱ(2가지 : A, B)에서보다 많다.
ㄴ. 오답 : A와 B는 다른 종이다. 한 개체군은 같은 종으로 이루어져 있으므로 A와 B는 한 개체군을 이루지 않는다.
ㄷ. 정답 : 개체군의 밀도는 단위 면적 또는 단위 부피당 개체수를 의미한다. A의 개체군 밀도는 Ⅰ에서 $\frac{6(개체수)}{1m^2(면적)}=6$이고, Ⅱ에서 $\frac{6(개체수)}{1m^2(면적)}=6$이므로 Ⅰ에서와 Ⅱ에서가 같다.

🤪 문제풀이 TIP | 개체군은 같은 종의 개체로 구성되어 있으며, 개체군의 밀도는 단위 면적에 서식하는 개체수이다.
$\left(밀도=\dfrac{개체수}{면적}\right)$

표 (가)는 면적이 동일한 서로 다른 지역 Ⅰ과 Ⅱ에 서식하는 식물 종 A~E의 개체수를, (나)는 Ⅰ과 Ⅱ 중 한 지역에서 ㉠과 ㉡의 상대 밀도를 나타낸 것이다. ㉠과 ㉡은 각각 A~E 중 하나이다.

구분	A	B	C	D	E
Ⅰ	9	10	12	8	11
Ⅱ	18	10	20	0	2

구분	상대 밀도(%)
㉠ A	$18=\frac{9}{50}\times100$
㉡ B	$20=\frac{10}{50}\times100$

(가) $\frac{특정 종의 밀도}{모든 종의 밀도 총합}\times100$ (면적이 동일한 경우 : $\frac{특정 종의 개체수}{모든 종의 개체수 총합}\times100$)

(나) 지역 Ⅰ

이에 대한 설명으로 옳은 것만을 〈보기〉에서 있는 대로 고른 것은? (단, A~E 이외의 종은 고려하지 않는다.) **3점**

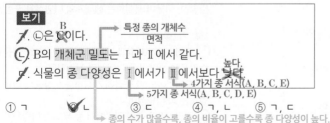

보기

B
ㄱ. ㉡은 C이다.
특정 종의 개체수
면적
ㄴ. B의 개체군 밀도는 Ⅰ과 Ⅱ에서 같다.
높다.
ㄷ. 식물의 종 다양성은 Ⅰ에서가 Ⅱ에서보다 낮다.
4가지 종 서식(A, B, C, E)
5가지 종 서식(A, B, C, D, E)

① ㄱ ✔② ㄴ ③ ㄷ ④ ㄱ, ㄴ ⑤ ㄱ, ㄷ

종의 수가 많을수록, 종의 비율이 고를수록 종 다양성이 높다.

|자|료|해|설|
개체군의 밀도는 $\frac{특정 종의 개체수}{면적}$로 구할 수 있고, 상대 밀도(%)를 구하는 식은 $\frac{특정 종의 밀도}{모든 종의 밀도 총합}\times100$이다. 이때 면적이 같으므로 상대 밀도(%)는 $\frac{특정 종의 개체수}{모든 종의 개체수 총합}\times100$으로 구할 수 있다. 지역 Ⅰ과 Ⅱ에 서식하는 식물의 개체수 총합은 각각 50이므로 (나)에서 상대 밀도가 18%인 ㉠의 개체수는 9이고, 20%인 ㉡의 개체수는 10이다. 따라서 (나)는 지역 Ⅰ에 서식하는 식물 종 A(㉠)와 B(㉡)의 상대 밀도를 나타낸 것이다.

|보|기|풀|이|
ㄱ. 오답 : ㉡은 지역 Ⅰ의 B이다.
ㄴ. 정답 : Ⅰ과 Ⅱ에서 B가 서식하는 면적과 개체수가 같으므로 B의 개체군 밀도는 Ⅰ과 Ⅱ에서 같다.
ㄷ. 오답 : 종의 수가 많을수록 종 다양성이 높다. Ⅰ에 5가지(A, B, C, D, E), Ⅱ에 4가지(A, B, C, E) 식물 종이 서식하므로 식물의 종 다양성은 Ⅰ에서가 Ⅱ에서보다 높다.

🤪 문제풀이 TIP | 개체군 밀도= $\frac{특정 종의 개체수}{면적}$, 상대 밀도(%)= $\frac{특정 종의 밀도}{모든 종의 밀도 총합}\times100$

표는 서로 다른 지역 (가)~(다)에 서식하는 식물 종 A~D의 개체수를 나타낸 것이다. (가)~(다)의 면적은 동일하며, B의 개체군 밀도는 (가)에서와 (나)에서가 같다. → 면적이 동일하므로 B의 개체수는 (가), (나)에서 같다. → 특정 종의 개체수 / 전체 면적

구분	A	B	C	D
(가)	5	3	5	2
(나)	4	㉠ 3	5	6
(다)	14	10	0	6

이에 대한 설명으로 옳은 것만을 〈보기〉에서 있는 대로 고른 것은? (단, 상대 밀도는 어떤 지역에서 조사한 모든 종의 개체수에 대한 특정 종의 개체수를 백분율로 나타낸 것이며, 제시된 종 이외의 종은 고려하지 않는다.) 3점

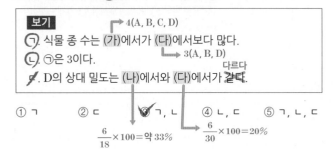

보기
→ 4(A, B, C, D)
㉠ 식물 종 수는 (가)에서가 (다)에서보다 많다.
→ 3(A, B, D)
㉡ ㉠은 3이다.
                                          다르다
㉢ D의 상대 밀도는 (나)에서와 (다)에서가 <del>같다</del>.

① ㄱ   ② ㄷ   ✓③ ㄱ, ㄴ   ④ ㄴ, ㄷ   ⑤ ㄱ, ㄴ, ㄷ

$\frac{6}{18} \times 100 = $ 약 33% $\frac{6}{30} \times 100 = 20\%$

|자|료|해|설|

개체군의 밀도는 $\frac{\text{특정 종의 개체수}}{\text{전체 면적}}$ 로 구할 수 있다.
(가)와 (나)의 면적은 동일하며, B의 개체군 밀도는 (가)에서와 (나)에서 같다고 했으므로 B의 개체수는 (가)와 (나)에서 같다. 따라서 ㉠은 3이다.

|보|기|풀|이|

㉠ 정답 : (가)에는 A, B, C, D의 4가지 종이 서식하고, (다)에는 A, B, D의 3가지 종이 서식한다. 따라서 식물 종 수는 (가)에서가 (다)에서보다 많다.

㉡ 정답 : (가)와 (나)의 면적은 동일하며, B의 개체군 밀도는 (가)에서와 (나)에서 같다고 했으므로 B의 개체수는 (가)와 (나)에서 같다. 따라서 ㉠은 3이다.

ㄷ. 오답 : D의 상대 밀도는 (나)에서 $\frac{6}{18} \times 100 =$ 약 33%이고, (다)에서 $\frac{6}{30} \times 100 = 20\%$이다.

😮 **문제풀이 TIP** | 개체군 밀도 $= \frac{\text{특정 종의 개체수}}{\text{전체 면적}}$,

상대 밀도(%) $= \frac{\text{특정 종의 개체수}}{\text{모든 종의 개체수}} \times 100$

😊 **출제분석** | 개체군 밀도와 상대 밀도의 개념을 적용하여 해결해야 하는 난도 '중'의 문항이다. 출제 빈도가 그리 높지 않아서 많은 학생들이 소홀할 수 있는 부분이지만, 구하는 식을 정확하게 암기하고 있어야 출제를 대비할 수 있다. 단순 계산이므로 틀려서는 안 되는 문항이다.

생물 다양성에 대한 설명으로 옳은 것만을 〈보기〉에서 있는 대로 고른 것은?

보기
→ 생물의 종 수 감소
㉠ 불법 포획과 남획에 의한 멸종은 생물 다양성 감소의 원인이 된다. → 종 다양성
㉡ 생태계 다양성은 어느 한 군집에 서식하는 생물종의 다양한 정도를 의미한다.
㉢ 같은 종의 기린에서 털 무늬가 다양하게 나타나는 것은 유전적 다양성에 해당한다.
→ 개체들 사이에 나타나는 유전적 변이의 정도

① ㄱ   ② ㄴ   ✓③ ㄱ, ㄷ   ④ ㄴ, ㄷ   ⑤ ㄱ, ㄴ, ㄷ

|자|료|해|설|

생물 다양성은 일정한 생태계 내에 존재하는 생물의 다양한 정도를 의미하며, 생물이 지닌 유전자의 다양성, 생물 종의 다양성, 생물이 서식하는 생태계의 다양성을 포함한다.

|보|기|풀|이|

㉠ 정답 : 불법 포획과 남획에 의한 멸종으로 생물의 종 수가 감소하면 생물 다양성이 감소한다.

ㄴ. 오답 : 어느 한 군집에 서식하는 생물종의 다양한 정도는 종 다양성이다.

㉢ 정답 : 같은 종의 기린에서 털 무늬가 다양하게 나타나는 것은 개체들 사이에 나타나는 유전적 변이이므로 이는 유전적 다양성에 해당한다.

그림은 영양 염류가 유입된 호수의 식물성 플랑크톤 군집에서 전체 개체수, 종 수, 종 다양성과 영양 염류 농도를 시간에 따라 나타낸 것이며, 표는 종 다양성에 대한 자료이다.

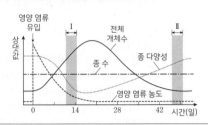

○ 종 다양성은 종 수가 많을수록 높아진다.
○ 종 다양성은 전체 개체수에서 각 종이 차지하는 비율이 균등할수록 높아진다.

이에 대한 설명으로 옳은 것만을 〈보기〉에서 있는 대로 고른 것은?
(단, 식물성 플랑크톤 군집은 여러 종의 식물성 플랑크톤으로만 구성되며, 제시된 조건 이외는 고려하지 않는다.)

보기 ┌→ 전체 개체수 증가, 종 수 일정
ㄱ. 구간 Ⅰ에서 개체수가 증가하는 종이 있다.
ㄴ. 전체 개체수에서 각 종이 차지하는 비율은 구간 Ⅰ에서가
구간 Ⅱ에서보다 ~~균등하다.~~ 균등하지 않다.　*종 다양성: 구간 Ⅰ < 구간 Ⅱ
ㄷ. ~~종 다양성은~~ 동일한 생물 종이라도 형질이 각 개체 간에
다르게 나타나는 것을 의미한다.
　　　　└→ 유전적 다양성

각 종이 차지하는
비율이 균등할수록
종 다양성이 높음

① ✔ ㄱ　　② ㄴ　　③ ㄷ　　④ ㄱ, ㄴ　　⑤ ㄱ, ㄷ

|자|료|해|설|
영양 염류가 유입되면 식물성 플랑크톤이 증식하면서 전체 개체수가 증가한다. 시간이 지날수록 영양 염류가 소비되면서 영양 염류의 양이 줄어들고, 그에 따라 식물성 플랑크톤의 전체 개체수도 감소한다. 전체 개체수가 감소하는 동안 종 다양성이 증가하는 것을 통해 각 종이 차지하는 비율이 균등해진다는 것을 알 수 있다.

|보|기|풀|이|
ㄱ. 정답 : 구간 Ⅰ에서 전체 개체수가 증가하고 종 수는 일정하다. 따라서 개체수가 증가하는 종이 있다.
ㄴ. 오답 : 구간 Ⅰ과 구간 Ⅱ를 비교하면 두 구간에서 종의 수는 같고, 전체 개체수는 구간 Ⅰ에서가 구간 Ⅱ에서보다 많다. 반면, 종 다양성은 구간 Ⅰ에서보다 구간 Ⅱ에서 높으므로 구간 Ⅱ에서 각 종이 차지하는 비율이 더 균등하다.
ㄷ. 오답 : 동일한 생물 종이라도 형질이 각 개체 간에 다르게 나타나는 것은 유전적 다양성이다.

😊 **출제분석** | 종 다양성에 관련된 난도 '중'의 문항이다. 새로운 그래프가 제시되어 어렵게 보일 수 있지만 함께 제시된 종 다양성 내용과 함께 그래프를 분석하면 문제를 쉽게 해결할 수 있는 단순 자료 분석 문제이다. 생물 다양성 문제는 일년에 2~3회 정도 출제되고 있으며, 특히 종 다양성과 유전적 다양성의 개념을 정확하게 알고 구분하는 것이 중요하다.

그림 (가)는 서대서양에서 위도에 따른 해양 달팽이의 종 수를, (나)는 이 해양에서 평균 해수면 온도에 따른 해양 달팽이의 종 수를 나타낸 것이다.

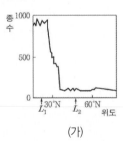 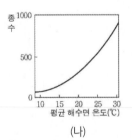

(가)　　　　　　(나)

이에 대한 설명으로 옳은 것만을 〈보기〉에서 있는 대로 고른 것은?
③3점

보기
ㄱ. 해양 달팽이의 종 수는 위도 L_2에서가 L_1에서보다 ~~많다.~~
　　　　　　　　　　　　　　　　　└→ 적다
ㄴ. (나)에서 평균 해수면 온도가 높을수록 해양 달팽이의 종
수가 증가하는 것은 비생물적 요인이 생물에 영향을 미치는
예에 해당한다.　└→ 온도　　└→ 해양 달팽이
ㄷ. 종 다양성이 높을수록 생태계가 안정적으로 유지된다.
└→ 한 지역 내 종의 다양한 정도
① ㄱ　　② ㄷ　　③ ㄱ, ㄴ　　④ ✔ ㄴ, ㄷ　　⑤ ㄱ, ㄴ, ㄷ

|자|료|해|설|
그림 (가)를 통해 위도가 낮을수록, 그림 (나)를 통해 평균 해수면의 온도가 높을수록 해양 달팽이의 종 수가 많다는 것을 알 수 있다.

|보|기|풀|이|
ㄱ. 오답 : 해양 달팽이의 종 수는 위도 L_2에서가 L_1에서보다 적다.
ㄴ. 정답 : (나)에서 평균 해수면의 온도(비생물적 요인)가 높을수록 해양 달팽이(생물)의 종 수가 증가하는 것은 비생물적 요인이 생물에 영향을 미치는 예에 해당한다.
ㄷ. 정답 : 종 다양성은 한 지역 내 종의 다양한 정도를 의미하며, 종 다양성이 높을수록 생태계가 안정적으로 유지될 가능성이 높다.

😮 **문제풀이 T I P** | 종의 수가 많을수록, 종의 비율이 고를수록 종 다양성이 높으며 종 다양성이 높을수록 생태계가 안정적으로 유지될 가능성이 높다.

V
2
ㅣ
01.
생물 다양성의 중요성

그림 (가)는 어떤 숲에 사는 새 5종 ㉠~㉤이 서식하는 높이 범위를, (나)는 숲을 이루는 나무 높이의 다양성에 따른 새의 종 다양성을 나타낸 것이다. 나무 높이의 다양성은 숲을 이루는 나무의 높이가 다양할수록, 각 높이의 나무가 차지하는 비율이 균등할수록 높아진다.

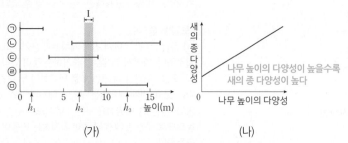

(가)   (나)

이 자료에 대한 설명으로 옳은 것만을 〈보기〉에서 있는 대로 고른 것은?

보기

다른 종 ──┐ ┌── 같은 종의 개체들로 이루어진 집단

㉠. ㉠이 서식하는 높이는 ㉤이 서식하는 높이보다 낮다.

ㄴ. 구간 Ⅰ에서 ㉡은 ㉢과 한 개체군을 이루어 서식한다.

ㄷ. 새의 종 다양성은 높이가 h_3인 나무만 있는 숲에서가 높이가
   h_1, h_2, h_3인 나무가 고르게 분포하는 숲에서보다 높다.
                                                    낮다.

└── 나무 높이의 다양성이 낮을수록 새의 종 다양성이 낮다.

① ㄱ   ② ㄴ   ③ ㄷ   ④ ㄱ, ㄴ   ⑤ ㄴ, ㄷ

|자|료|해|설|

h_1의 높이에서 ㉠과 ㉣, h_2의 높이에서 ㉡과 ㉢, h_3의 높이에서 ㉢과 ㉤의 종이 서식한다. (나)에서 나무 높이의 다양성이 높을수록 새의 종 다양성 또한 높아진다는 것을 알 수 있다.

|보|기|풀|이|

㉠ 정답 : ㉠은 약 3m 이하의 높이에 서식하고, ㉤은 약 9m 이상의 높이에서 서식한다. 따라서 ㉠이 서식하는 높이는 ㉤이 서식하는 높이보다 낮다.

ㄴ. 오답 : 개체군은 같은 종의 개체들로 이루어진 집단을 의미한다. ㉡과 ㉢은 서로 다른 종이므로 구간 Ⅰ에서 ㉡과 ㉢은 서로 다른 개체군을 이루어 서식한다.

ㄷ. 오답 : 나무 높이의 다양성이 낮을수록 새의 종 다양성이 낮다. 따라서 높이가 h_3인 나무만 있는 숲은 높이가 h_1, h_2, h_3인 나무가 고르게 분포하는 숲보다 나무의 종 다양성이 낮으므로 새의 종 다양성 또한 낮다.

😲 **문제풀이 TIP** | 개체군은 동일한 생태계 내에서 같은 종의 개체들로 이루어진 집단이다.

02. 생물 다양성의 보전

❶ 생물 다양성의 보전 ★수능에 나오는 필수 개념 2가지 + 필수 암기사항 4개

필수개념 1 생물 다양성의 감소 원인

1. 서식지 파괴 ★암기
  ① 서식지는 생물이 생존에 필요한 먹이를 얻고 생식 활동을 하는 공간이므로 서식지의 파괴는 멸종을 초래하거나 생물 종 다양성을 급격히 감소시킨다.
  ② 생물 다양성에 대한 가장 큰 위협 요소이며, 지구의 방대한 지역에서 발생한다. → 멸종 혹은 멸종 위험, 희귀종 발생의 73%가 서식지 파괴와 관련이 있는 것으로 나타나고 있다.
  ③ 서식지 파괴로 인한 생물 다양성 감소는 종 다양성이 매우 높은 열대 우림에서도 일어난다. 열대 우림에서는 대규모의 벌목으로 인해 특히 숲의 단편화가 빠르게 진행되고 있는데, 원래 숲의 약 91%가 사라지는 경우도 있다.

2. 서식지 단편화(고립화) ★암기
  ① 철도나 도로 건설 등으로 인해 대규모의 서식지가 소규모로 분할되는 현상을 말한다.
  ② 단편화된 서식지에 남아 있는 개체군은 원래의 개체군에 비해 개체수가 적기 때문에 위험 요인에 의해 수가 급격히 감소하기 쉽고, 환경 적응력도 약해지며 서식지가 고립되어 다른 곳으로 이동하기 어렵다. → 서식지가 단편화되면 개체군의 규모가 작아지고 종 다양성이 감소하여 생태계의 안정성이 낮아지기 때문이다.

3. 외래종(외래 생물)의 도입
  ① 인간의 활동에 의해 다른 서식지로 유입된 외래종이 고유종의 생존을 위협한다.
  ② 인간이 매개자로 작용하여 자생하던 곳에서 다른 곳으로 외래종을 이동시킨다. → 포식과 경쟁을 통해 외래종이 고유종을 제거한다.
  ③ 대부분의 외래종들은 새로운 곳에서 생존하는 데 실패하지만 새로운 환경에서 번성하는 데 성공한 소수의 종들은 고유의 경쟁자, 포식자, 기생자로부터 벗어난 상태라는 것을 의미하므로 고유종보다 번식력이 강하며, 고유종의 개체 수 증가를 억제한다.

4. 불법 포획과 남획 ★암기
  ① 야생 동물의 밀렵, 희귀식물의 채취 등 불법 포획과 인위적이거나 상업적인 목적을 위해 특정 종을 과도하게 사냥하거나 포획하는 남획은 먹이 그물에 큰 변화를 일으켜 생물 다양성을 위협한다.
  ② 야생의 동식물이 다시 원래의 개체군으로 되돌아갈 수 있는 능력 이상으로 포획한 결과 생물 종 다양성이 감소하게 되었다.

5. 환경 오염
  ① 인간의 활동으로 인한 쓰레기와 폐수의 증가, 화학 비료와 농약의 지나친 사용 등이 환경 오염의 주원인이다.
  ② 환경 오염은 생물 다양성을 위협할 뿐만 아니라 인류의 건강과 생존에도 영향을 미친다.

필수개념 2 생태계 보존 방법

서식지 보전	서식지를 보전하는 것이 생물 다양성을 보호하는 가장 바람직한 방법이다.
단편화된 서식지 연결	도로나 철도 등에 의해 단편화된 서식지에 생태 통로를 설치하면 생물 다양성 보전에 도움이 될 수 있다.
보호 구역 지정	법적으로 보장된 생물의 보존과 보호를 위한 보호 구역의 지정으로 생물 다양성이 유지될 수 있다.
국제 협약 제정	생물 다양성 보존은 각종 협약을 통해 보장될 수 있다.

기본자료

▶ 원래 서식지와 서식지 단편화가 진행된 이후의 서식지 면적 비교 **암기**

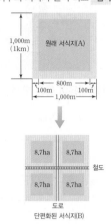

- 원래 서식지(A)의 면적 : 800m × 800m =64ha
- 단편화된 서식지(B)의 면적 : 8.7ha × 4 =34.8ha
  - → 철도나 도로에 의해 서식지가 단편화되었을 때 실제로 감소하는 면적이 적다고 하더라도, 가장자리의 길이와 면적이 늘어나므로 깊은 숲 속에서 살아야 하는 생물의 경우 서식지가 절반 가까이 줄어들게 된다.

▶ 생물 다양성 위협의 결과
- 종 수의 감소 → 유전적 다양성 손실 → 전체 생태계 파괴
- 멸종의 과정 : 개체군의 크기가 작아지면 유전적 변이가 줄어들어 환경 변화에 의해 더욱 작은 개체군으로 변화하게 되며, 개체군의 크기 감소는 멸종으로 이어질 수 있다.

다음은 생물 다양성에 대한 학생 A~C의 대화 내용이다.

한 생태계에 있는 생물종의 다양한 정도를 생태계 다양성 ~~종 다양성~~ 이라고 해.

불법 포획과 남획은 생물 다양성 감소의 원인이야.

국립공원 지정은 생물 다양성을 보전하기 위한 방안이야.

학생 A　　학생 B　　학생 C

제시한 내용이 옳은 학생만을 있는 대로 고른 것은?

① A　　② C　　③ A, B　　④ B, C　　⑤ A, B, C

|자|료|해|설|

한 생태계에 있는 생물종의 다양한 정도를 의미하는 것은 '종 다양성'이다. '생태계 다양성'은 사막, 초원, 삼림, 습지, 산, 호수, 강, 바다 등 생태계의 다양한 정도를 의미한다. 생물 다양성 감소의 원인으로는 서식지 파괴 및 단편화, 불법 포획과 남획, 환경 오염과 기후 변화, 외래종의 도입 등이 있다. 생물 다양성의 보전 방안으로는 개인적 수준부터 국제적 수준까지 다양한 실천 방안이 존재하며, 국가적 수준에서는 국립 공원을 지정하고 관리함으로써 생물 다양성 보전에 기여할 수 있다.

|선|택|지|풀|이|

④ 정답 : 학생 A는 생태계 다양성이 아닌 종 다양성에 대해 이야기하고 있으므로 제시한 내용이 옳지 않으며, 학생 B와 C는 각각 생물 다양성 감소의 원인과 생물 다양성을 보전하기 위한 방안으로 옳은 내용을 제시하였다.

☺ **출제분석 |** 생태계 다양성과 종 다양성에 대한 개념을 구분할 수 있다면 쉽게 해결할 수 있는 문항이다. 생태계와 상호 작용 단원에서 출제되는 문항 중에서도 매우 쉬운 문항에 해당하며, 정답률이 문항 난도에 비해 낮게 나왔다는 것을 참고하자.

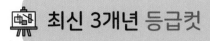

등급컷 활용법 등급컷은 자신의 수준을 객관적으로 확인할 수 있는 여러 지표 중 하나입니다. 등급컷을 토대로 본인의 등급을 예측해보고, 앞으로의 공부 전략을 세우는 데에 참고하시기 바랍니다.
표에서 제시한 원점수 등급컷은 평가원의 공식 자료가 아니라 여러 교육 업체에서 제공하는 자료들의 평균 수치이므로 약간의 오차가 있을 수 있습니다.

🔵 물모평/물수능 평소보다 쉬운 난도   ⚫ 보통/평이 풀만한 난도   🔥 불모평/불수능 어려운 난도

구 분			1등급	2등급	3등급	4등급	5등급	6등급	7등급	8등급
2022 학년도	6월 모의평가 🔥	• 교과 과정의 모든 단원이 고루 출제됨. 기본 개념에 충실한 문항이 대부분이며 난도 높은 문항들은 4단원(유전)에서 출제됨. 체감 난도가 작년 수능과 비슷함. • 15번(3점) 문항은 새로운 유형으로 출제된 문제였음. 14번 문항과 17번(3점) 문항은 기존의 유전 문제와 비슷한 형식을 취하고 있지만 주어진 조건을 통해 추론하는 것이 어려웠음.	45	42	37	32	23	17	12	9
	9월 모의평가 🔥	• 3단원(항상성과 몸의 조절-자극의 전달)과 4단원(유전) 단원에서 난도 높은 문항들이 출제되었으며 특히 시간이 많이 요구되는 편인 문항들이 많아 체감 난도가 어려웠음. • 16번(3점) 문항은 알아내야 하는 요소가 4개나 되어서 시간이 많이 소요되며 19번 문항도 유형은 익숙하지만 풀이에 많은 시간이 걸림. 20번 문항은 지금까지 출제되지 않은 새로운 주제를 다뤘음.	45	40	37	30	24	18	12	8
	수능 🔥	• 6월, 9월 모평과 유사한 수준으로 출제되었고, 킬러 유형을 제외하면 기본적인 개념과 자료 해석 문항이 출제되었다. • 16번(3점).사람의 유전 형질을 ㉠~㉢을 제시해 3가지 유전 형질을 모두 추론해야 하는 문항이었다. 또한 표를 통해 우열의 관계를 판단해야 하는 새로운 유형의 문항이다. • 17번 비분리, 결실 등 복합적인 염색체 이상에서 대립유전자의 행동을 ㉠, ㉡, ㉢으로 물어보는 문항이었다.	42	39	36	31	23	16	12	8
2023 학년도	6월 모의평가 🔵	• 사람의 유전 단원에서 난이도가 높은 문항이 출제되었지만 문항 수가 적었고, 다른 단원에서 출제된 문항들도 어렵지 않았기에 전체적인 난이도는 낮았다. • 10번(2점) 전형적인 근수축 과정의 길이 변화에 대한 문항이지만, 수리적인 사고력과 계산의 과정을 거쳐야 풀 수 있어 시간 소요가 많은 문항이다. • 17번(3점) 복대립 유전, 다인자 유전, 연관 등의 개념이 복합되어 가계도 형식으로 출제되었으며, 가계도 구성원들의 유전자형에 대한 정보 해석이 까다로웠다.	47	44	39	31	24	17	12	7
	9월 모의평가 🔵	• 단원별 문항수와 난이도가 기존의 시험과 벗어나지 않게 출제되었다. 평소 접하지 못했던 새로운 유형의 문항이 출제되었다. • 11번(3점) 작년 6월과 비슷한 유형이지만 실수를 할 가능성이 높다. • 18번(3점) 염색체 구조 이상과 수 이상을 함께 다루고, 주어진 세포의 단계를 제공하지 않아 매우 시간이 오래 걸리는 문제였다. • 19번(3점) 매시험마다 다루는 근수축 문항이지만 새로운 방식의 자료를 제시하였고 수리적 사고력이 필요한 문제였다.	45	41	36	30	23	16	12	9
	수능 🔥	• 새로운 그래프와 그림 자료들이 많이 나왔고, 킬러 문항은 2022 수능에 비해 쉽게 출제되었다. 유전단원에서는 여전히 고난도 문항들이 출제되었으며, 비유전 단원에서 출제돼 문제들도 쉽지는 않았다. • 15번(3점) 흥분 전도 속도가 상대값으로 주어져 비교하고 분석하는 데 시간이 더 소요되었을 문항이다. • 17번(3점) 다인자 유전, 비분리 등이 결합되고 가족 구성원들의 유전자형까지 추론해야 하는 문항이다. • 19번(3점) 아주 어렵지는 않지만 추론에 필요한 시간이 부족했을 것이다.	42	39	35	32	26	18	12	9
2024 학년도	6월 모의평가 🔵	• 각 단원별 출제 문항의 유형 및 문항 수는 예년과 비슷하고 수험생들이 어렵게 느낄 수 있는 유형(흥분 전도)들이 출제되지 않거나 비교적 쉽게 출제되었다. 2023학년도 6월 모평에 비해서는 어렵게 출제되었고 수능과는 유사하거나 조금 쉽게 출제되었다. • 16번 문항(3점)은 가계도의 정보와 각 구성원의 대립유전자별 DNA 상대량을 조합하는 다양한 경우의 수를 검증해야 하므로 문항을 해결하는데 걸리는 시간이 길고 변별력이 높다. • 17번 문항(3점)은 한 염색체에 여러 유전자가 함께 있는 경우를 다루는 문항이며, DNA 상대량의 합을 제시하고 있어 다양한 경우의 수를 검증해야한다. 또한 염색체 결실과 염색체 비분리를 다루고 있어 문항을 해결하기가 매우 어려우며 변별력이 높다.	50	46	41	35	27	19	13	9
	9월 모의평가 🔵	• 지금까지 치뤄진 9월 모의평가 중 가장 쉽게 출제되었고 ebs 연계 교재 및 기출 문항들과 비슷한 문항들이 출제되었다. 특별히 난도가 높다고 여겨지는 문항이 없었고 2024학년도 6월 모평과 비슷하거나 쉽게 출제되었다. • 12번 문항(3점)은 흥분의 전도와 전달에 관련된 문항으로 전체 문항 중 추론해야 할 미지의 요소가 많은 편이다. • 15번 문항(2점)은 핵형을 분석하여 종과 성을 구별하는 문제여서 헷갈리기 쉬운 유형의 문제이다.	47	44	37	31	24	17	12	7
	수능 🔥	• 과거 난도가 높았던 주제의 문항들도 비교적 쉽게 출제되었고 6월, 9월 모의고사 문항들의 변형 문항들도 출제되었고 과도하게 복잡하게 구성된 문항들은 없었지만 문항의 조건들이 많고 난이도가 높은 문항은 2점, 오히려 상대적으로 난이도가 낮은 문항들은 3점으로 배점하여 점수의 과도한 하락을 막으려는 의도가 보였다. 9월 모의고사보다 어렵게 출제되었다. • 10번 문항(2점)은 각 지점의 거리를 제시하지 않은 상태에서 제시된 막전위로 흥분 전도 속도와 각 지점의 거리를 추론해야 하므로 문항 자체의 난도는 낮더라도 새로운 형식에 익숙하지 않은 학생들에게는 난도가 높아 변별력이 높다. • 20번 문항(3점)은 가계도에서 3명의 구성원의 형질을 직접 제시하지 않았고, 형질을 제시하지 않은 구성원의 DNA 상대량도 직접 제시하지 않아 다양한 경우의 수를 고려해야 해결할 수 있어 변별력이 높다.	47	43	39	32	25	17	11	7

1	⑤	2	⑤	3	④	4	②	5	⑤
6	④	7	③	8	⑤	9	①	10	⑤
11	④	12	③	13	①	14	②	15	①
16	②	17	④	18	④	19	②	20	③

---

1   생명 현상의 특성   정답 ⑤   정답률 90%

| 보 | 기 | 풀 | 이 |
ㄱ 정답 : 인슐린(ⓐ)은 이자의 β 세포에서 분비된다.
ㄴ 정답 : 짚신벌레가 분열법으로 번식하는 것은 생식과 유전의 예에 해당한다.
ㄷ 정답 : 더운 지역에 사는 사막여우가 환경에 적응하여 열 방출에 효과적인 큰 귀를 갖게 된 것은 적응과 진화의 예에 해당한다.

---

2   양분의 흡수와 노폐물의 배설   정답 ⑤   정답률 91%

구성원소	영양소	노폐물
(C,H,O)	탄수화물 (가)	물, 이산화 탄소
(C,H,O,N)	단백질 (나)	물, 이산화 탄소, ⓐ 암모니아
(C,H,O)	지방	? 물, 이산화 탄소

| 보 | 기 | 풀 | 이 |
ㄱ 정답 : 세포 호흡 결과 물과 이산화 탄소가 생성되는 (가)는 탄수화물이다.
ㄴ 정답 : 간에서 암모니아(ⓐ)가 요소로 전환된다.
ㄷ 정답 : 지방은 탄소(C), 수소(H), 산소(O)로 구성되어 있으므로 세포 호흡 결과 물(H_2O)과 이산화 탄소(CO_2)가 생성된다.

---

3   세포 주기, 체세포 분열   정답 ④   정답률 80%

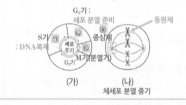

(가)   (나)
체세포 분열 중기

| 자 | 료 | 해 | 설 |
세포 주기는 G_1기 → S기(㉠) → G_2기(㉡) → M기(㉢) 순으로 진행된다. G_1기는 단백질을 합성하며 세포가 생장하는 시기이고, S기는 DNA 복제가 일어나는 시기이다. G_2기는 방추사를 구성하는 단백질을 합성하는 등 세포 분열을 준비하는 시기이고, M기는 세포 분열이 일어나는 시기이다. 염색체가 세포 중앙의 적도면에 배열된 (나)는 체세포 분열 중기에 관찰되는 세포이며, ⓐ는 방추사가 뻗어 나오는 중심체 부분을 가리킨다.

---

4   에너지 대사의 균형   정답 ②   정답률 94%

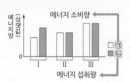

사람	체중 변화
Ⅰ	증가함
Ⅱ	변화 없음
Ⅲ	변화 없음

| 보 | 기 | 풀 | 이 |
ㄱ. 오답 : 에너지 소비량보다 에너지 섭취량이 많을 때 체중이 증가하므로 ㉠은 에너지 소비량이다.
ㄴ. 정답 : Ⅲ은 에너지 소비량과 에너지 섭취량이 균형을 이루고 있어 체중 변화가 없다.
ㄷ. 오답 : 에너지 섭취량이 에너지 소비량보다 적은 상태가 지속되면 체중이 감소한다.

---

5   질병을 일으키는 병원체   정답 ⑤   정답률 84%

특징		질병	병원체가 갖는 특징의 개수
· 독립적으로 물질대사를 한다.		A 무좀(균류)	3
· ㉠ 단백질을 갖는다. → 바이러스, 균류, 원생생물		B 독감(바이러스)	?1
· 곰팡이에 속한다. → 균류		C 말라리아	2
(가)		(나) 각 질병의 병원체	

균류, 원생생물 (위)
(원생생물) (나 아래)

| 보 | 기 | 풀 | 이 |
ㄷ 정답 : 말라리아(C)는 원생생물의 일종인 말라리아 원충에 감염되었을 때 나타나는 질병으로, 모기를 매개로 전염된다.

---

6   탄소의 순환, 질소의 순환   정답 ④   정답률 88%

| 자 | 료 | 해 | 설 |
생태계 내에서 탄소와 질소 등의 물질은 순환한다. 탄소의 순환 과정에서 대기나 물속의 이산화 탄소(CO_2)는 식물이나 식물성 플랑크톤 같은 생산자의 광합성에 의해 포도당과 같은 유기물로 고정된다. 질소의 순환 과정에는 다양한 세균이 관여하며, 그 중 탈질산화 작용(탈질소 작용)에서는 토양 속 질산 이온(NO_3^-)이 탈질산화 세균(탈질소 세균)에 의해 질소 기체(N_2)가 되어 대기 중으로 돌아간다.

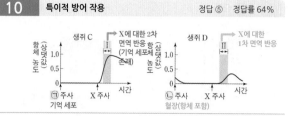

7 자율 신경계 정답 ③ 정답률 72%

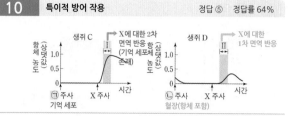

A를 자극했을 때 활동 전위 발생 빈도 증가
교감 신경
(가)

심장 세포에서의 활동 전위 발생
빈도를 증가시키는 물질
(나)

|보|기|풀|이|

ㄱ. 오답 : 교감 신경(A)의 신경절 이후 뉴런의 축삭 돌기 말단에서 분비되는 신경 전달
물질은 노르에피네프린이다.

ㄴ. 오답 : 심장 세포에서의 활동 전위 발생 빈도가 증가하면 심장 박동 수가 증가한다. ㉠을
주사했을 때 심장 박동 수가 증가했으므로 ㉠이 작용하면 심장 세포에서의 활동 전위 발생
빈도가 증가한다.

ㄷ. 정답 : 교감 신경이 흥분하면 심장 박동이 촉진되고, 부교감 신경이 흥분하면 심장
박동이 억제된다. 즉, 교감 신경(A)과 부교감 신경(B)은 심장 박동 조절에 길항적으로
작용한다.

10 특이적 방어 작용 정답 ⑤ 정답률 64%

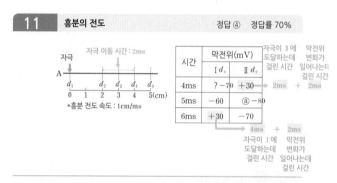

|자|료|해|설|

2차 면역 반응은 동일 항원의 재침입 시 그 항원에 대한 기억 세포에 의해 일어나는 면역
반응이다. (나)의 A에서 ㉠을 분리하여 C에 주사하고, 일정 시간이 지난 후 C에 X를
주사했을 때 2차 면역 반응이 일어났다. 따라서 ㉠은 기억 세포이고, ㉡은 혈장이다.
(나)의 B에서 ㉡(혈장)을 분리하여 D에 주사했을 때 항체 농도 값이 존재했으므로 ㉡(혈장)
에 X에 대한 항체가 포함되어 있다. 따라서 B에서 X에 대한 특이적 방어 작용이 일어나
항체가 형성된 것이므로 ⓐ는 '○'이다.

|보|기|풀|이|

ㄴ. 정답 : 구간 Ⅰ에서 X에 대한 기억 세포가 빠르게 형질 세포로 분화되고, 형질 세포에서
항체를 생성한다.

ㄷ. 정답 : 생쥐 D는 X에 대한 기억 세포를 갖지 않으므로 구간 Ⅱ에서 X에 대한 1차 면역
반응이 일어났다.

8 골격근의 구조와 수축 원리 정답 ⑤ 정답률 62%

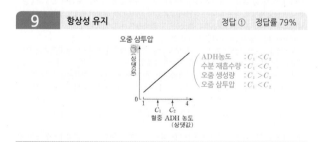

|보|기|풀|이|

ㄱ. 정답 : 명대(I대)의 중앙에는 Z선이 있다. 따라서 (가)일 때 명대(ⓑ)에 Z선이 있다.

ㄴ. 정답 : 암대(A대)는 액틴 필라멘트와 마이오신 필라멘트가 겹쳐 있는 부분이므로 (나)일
때 암대(㉠)에 액틴 필라멘트가 있다.

ㄷ. 정답 : 근육이 수축할 때 ATP가 사용된다. 따라서 (가)에서 (나)로 될 때 ATP에
저장된 에너지가 사용된다.

11 흥분의 전도 정답 ④ 정답률 70%

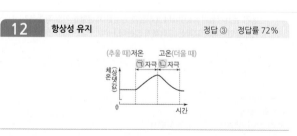

|보|기|풀|이|

ㄱ. 오답 : A의 흥분 전도 속도는 1cm/ms이다.

ㄴ. 정답 : 자극을 주고 경과된 시간이 5ms일 때, 자극이 Ⅱ에 도달하는데 2ms가 걸리므로
남은 3ms 동안 막전위 변화가 일어난다. 따라서 ⓐ는 -80이다.

ㄷ. 정답 : 자극을 주고 경과된 시간이 4ms일 때, d_1에 주어진 자극이 d_3에 도달하는데
3ms가 걸리므로 남은 1ms 동안 막전위 변화가 일어난다. 따라서 4ms일 때 d_3에서
탈분극이 일어나고 있다.

9 항상성 유지 정답 ① 정답률 79%

오줌 삼투압
㉠(상댓값)

ADH농도 : $C_1 < C_2$
수분 재흡수량 : $C_1 < C_2$
오줌 생성량 : $C_1 > C_2$
오줌 삼투압 : $C_1 < C_2$

혈중 ADH 농도
(상댓값)

|보|기|풀|이|

ㄱ. 정답 : 항이뇨 호르몬(ADH)은 뇌하수체 후엽에서 분비된다.

ㄴ. 오답 : 혈중 ADH의 농도가 높아짐에 따라 증가하는 ㉠은 오줌 삼투압이다.

ㄷ. 오답 : C_1일 때가 C_2일 때보다 혈중 ADH 농도가 낮으므로 콩팥에서의 단위 시간당
수분 재흡수량은 C_1일 때가 C_2일 때보다 적다.

12 항상성 유지 정답 ③ 정답률 72%

(추울 때)저온 고온(더울 때)
㉠자극 ㉡자극
체온 (상댓값)

시간

|자|료|해|설|

체온 조절 중추에 저온 자극(=추울 때)을 주면 체온 유지를 위해 체온이 높아지고, 반대로
고온 자극(=더울 때)을 주면 체온 유지를 위해 체온이 낮아진다. 따라서 자극을 받았을 때
체온이 높아지는 ㉠은 저온이고, 자극을 받았을 때 체온이 낮아지는 ㉡은 고온이다.

|보|기|풀|이|

ㄴ. 오답 : 사람의 체온 조절 중추에 고온(㉡) 자극을 주면 체온을 낮추기 위해 피부 근처
혈관이 확장되고 열 발산량이 증가한다.

ㄷ. 정답 : 항상성 조절 중추는 간뇌의 시상하부이다. 따라서 사람의 체온 조절 중추는
시상하부이다.

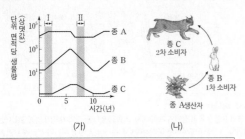

(가)　　　　　　　　(나)

ㄱ. Ⅰ 시기 동안 ~~B의 생물량 증가~~ 은 증가했다.
　　　　　　　　~~C의 생물량 일정~~

→ 두 개체군이 경쟁한 결과 공존하지 못하고, 한 개체군은 살아남고 다른 개체군은 사라지는 것

ㄴ. ~~C는 1차 소비자~~이다.
　　　　2차 소비자

ㄷ. ~~Ⅱ 시기에 A와 B 사이에 경쟁 배타가 일어났다.~~
　　　　　　　　　　　　　　　일어나지 않았다

○ (가)는 서로 다른 2개의 상염색체에 있는 3쌍의 대립유전자 A와 a, B와 b, D와 d에 의해 결정되며, A, a, B, b는 7번 염색체에 있다. → 다인자 유전

○ (가)의 표현형은 유전자형에서 대문자로 표시되는 대립 유전자의 수에 의해서만 결정되며, 이 대립유전자의 수가 다르면 표현형이 다르다. → 대문자로 표시되는 대립유전자의 수 : 4

○ (가)의 표현형이 서로 같은 P와 Q 사이에서 ⓐ가 태어날 때, ⓐ에게서 나타날 수 있는 표현형은 최대 5 가지이고, → 대문자 수 : 2, 3, 4, 5, 6

ⓐ의 표현형이 부모와 같을 확률은 $\frac{3}{8}$이며, ⓐ의 → P와 Q의 유전자 구성

유전자형이 AABbDD일 확률은 $\frac{1}{8}$이다. $\left(\dfrac{A \parallel A}{B \parallel b}\dfrac{A}{D\!+\!\!+\!d} \Big/ \dfrac{A \parallel A}{b \parallel B}\dfrac{}{D\!+\!\!+\!d}\right)$

ⓐ가 유전자형이 AaBbDd인 사람과 동일한 표현형을 가질 확률은?
(단, 돌연변이와 교차는 고려하지 않는다.) → 대문자로 표시되는 대립유전자의 수 :3

	Ab(1)	AB(2)		D(1)	d(0)	
AB(2)	AABb(3)	AABB(4)	D(1)	DD(2)	Dd(1)	$\left(\dfrac{1}{2}\times\dfrac{1}{4}\right)$
Ab(1)	AAbb(2)	AABb(3)	d(0)	Dd(1)	dd(0)	$+\left(\dfrac{1}{4}\times\dfrac{1}{2}\right)=\dfrac{1}{4}$

AABbdd일 확률　AAbbDd일 확률

대문자 수

|자|료|해|설|
부모1: (AB/Ab)Dd, 부모2: (Ab/AB)Dd.

부모1＼부모2	Ab(1)	AB(2)
AB(2)	3	4
Ab(1)	2	3

부모1＼부모2	D(1)	d(0)
D(1)	2	1
d(0)	1	0

→ ⓐ의 대문자 수: 2, 3, 4, 5, 6 (5가지)
→ ⓐ의 표현형이 부모와 같을 확률: (왼쪽표 대문자 수＋오른쪽표 대문자 수)의 합이 4이어야 하므로 4+0, 3+1, 2+2인 경우이며 각 확률의 합을 구하면 $\left(\dfrac{1}{4}\times\dfrac{1}{4}\right)+\left(\dfrac{1}{2}\times\dfrac{1}{2}\right)+\left(\dfrac{1}{4}\times\dfrac{1}{4}\right)=\dfrac{3}{8}$이다.
따라서 모든 조건을 만족하는 P와 Q의 유전자 구성은 (AB/Ab)Dd, (Ab/AB)Dd이다.

감수 1분열 비분리

아버지　　　어머니

자녀 ⓐ

|자|료|해|설|
(가)는 세 쌍의 대립유전자에 의해 형질이 결정되므로 다인자 유전에 해당한다. 자녀 ⓐ의 체세포 1개당 DNA 상대량을 통해 ⓐ는 TT*T*의 구성을 가진다는 것을 알 수 있다. 염색체 결실에 의해 유전자의 수가 증가할 수는 없으므로 이는 염색체 비분리에 의한 것이다. ⓐ는 RR의 구성을 가지므로 아버지로부터 H*R을, 어머니로부터 HR을 물려받았으나 H*을 가지고 있지 않다. 따라서 아버지의 생식세포 형성 과정에서 H*을 포함한 염색체 부분에 결실이 1회 일어나 정자 P가 형성되었음을 알 수 있다. 아버지의 생식세포 형성 과정에서 염색체 결실(㉠)이 일어났으므로, 어머니의 생식세포 형성 과정에서 염색체 비분리(㉡)가 일어났다. ⓐ는 아버지로부터 T*을, 어머니로부터 TT*을 물려받은 것이므로 어머니의 생식세포 형성 과정에서 염색체 비분리는 감수 1분열에서 일어났다.

|보|기|풀|이|
ㄷ. 오답: ⓐ는 체세포 1개당 총 47개의 염색체를 가지고 있으며, 이때 상염색체 수는 45이다.

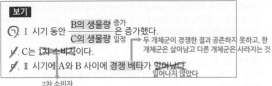

→ 모두 핵상 : n(감수2분열 중기)

대립유전자		세포		
		(가) Ⅰ	(나) Ⅱ	(다) Ⅰ
상염색체에 존재	㉠	×	×	○
	㉡	○	○	×
성염색체에 존재	㉢	×	×	×
	㉣	×	○	○

(○: 있음, ×: 없음)

세포 Ⅰ — 성염색체 중 X 염색체에 있다고 가정하고 그림

(다)　　　(가)

|자|료|해|설|
ⓐ는 2쌍의 대립유전자에 의해 형질이 결정되므로 다인자 유전에 해당한다. 표를 보면 사람 P의 세포 Ⅰ과 Ⅱ로부터 형성된 (가)~(다)에 유전자 ㉠, ㉡, ㉣이 포함되어 있다. 즉, P의 체세포(2n)에는 ㉠, ㉡, ㉣이 모두 포함되어 있으며, 이 중에서 일부만 갖는 (가)~(다)의 핵상은 모두 n이다. 따라서 (가)~(다)는 감수 2분열 중기의 세포이다. 대립유전자 H와 h, T와 t가 모두 상염색체에 존재한다면 핵상이 n인 세포는 H와 h 중 하나, T와 t 중 하나의 유전자를 갖고 있어야 한다. 그러나 (가)에는 ㉡ 하나만 있으므로 H와 h, T와 t 중 하나는 상염색체에, 다른 하나는 성염색체에 있다. 이때 ㉡은 상염색체에 있으며, 사람 P는 성염색체 구성이 XY인 남자이다. 즉, ㉢은 X 염색체 또는 Y 염색체에 있으며 (가)는 ㉢이 존재하지 않는 성염색체 하나를 가지고 있다.
감수 1분열 때 상동 염색체가 분리되므로 핵상이 n인 세포에 함께 존재하는 유전자는 서로 대립유전자 관계가 아니다. (나)에 ㉡과 ㉣이 함께 있으므로 두 유전자는 대립유전자 관계가 아니며, ㉡이 상염색체에 있으므로 ㉣은 성염색체에 있다. 마찬가지로 (다)에 ㉠과 ㉣이 함께 있으므로 두 유전자는 대립유전자 관계가 아니며, ㉣이 성염색체에 있으므로 ㉠은 상염색체에 있다. 정리하면, ⓐ를 결정하는 유전자 중 상염색체에 존재하는 유전자의 유전자형은 ㉠㉡(이형 접합성)이고, 성염색체에 존재하는 유전자의 유전자형은 $X^{㉣}Y$ 또는 XY이다.
세포 Ⅰ으로부터 형성된 2개의 세포는 대립유전자 ㉠과 ㉡ 중 하나, X 염색체와 Y 염색체 중 하나를 포함하므로 서로 다른 유전자 구성을 가져야 한다. 따라서 ㉡을 갖는 (가)와 ㉠, ㉣을 갖는 (다)가 Ⅰ으로부터 형성되었고, (나)는 Ⅱ로부터 형성되었다.

|보|기|풀|이|
ㄱ. 오답: P는 ㉢을 갖고 있지 않으므로 P에게서 ㉠과 ㉢을 모두 갖는 생식세포는 형성될 수 없다.

상염색체─(가) A > a

□ 정상 남자 　X염색체 ┌ (나) B > b
○ 정상 여자 　　　　　└ (다) D > d
▨ (가) 발현 남자
▧ (가) 발현 여자
⊕ (나) 발현 여자
■ (가), (나) 발현 남자

|자|료|해|설|

DNA 상대량 표에서 1과 2의 ⓒ의 값이 1로 같다. ⓒ이 A라면 1과 2에서 (가)의 표현형이 우성 표현형(A_)으로 같아야 하고, ⓒ이 B라면 1과 2에서 (나)의 표현형이 우성 표현형(B_)으로 같아야 한다. 그러나 1과 2에서 (가)와 (나)의 표현형이 모두 다르므로 ⓒ은 A와 B가 아닌 d라는 것을 알 수 있다.

가계도에서 1과 3의 (가)의 표현형이 같고, (나)의 표현형이 다르다. DNA 상대량 표에서 1과 3의 ⓛ의 값이 0으로 같고, ⓗ의 값이 0과 1로 다르므로 ⓛ이 A이고, ⓗ이 B이다. 3에서 A(ⓛ)의 값이 0이므로 3의 (가)에 대한 유전자형은 aa이고, (가)는 열성 형질이다. (가)의 유전자가 X 염색체에 존재한다면 3의 유전자형이 XᵃXᵃ이므로 3으로부터 X 염색체를 물려받은 6의 유전자형은 XᵃY이다. 그러나 6에서 (가)가 발현되지 않았으므로 이는 모순이다. 따라서 (가)의 유전자는 상염색체에 존재한다.

→ (가): 상염색체, 열성 유전 / (나), (다): X 염색체 유전

3에서 B(ⓗ)의 값이 1인데 (나)가 발현되지 않았으므로 (나)는 열성 형질이다. 3에서 d(ⓒ)의 값이 2이므로 3의 (다)에 대한 유전자형은 XᵈXᵈ이고, 3으로부터 X 염색체를 물려받은 6의 유전자형은 XᵈY이다. (다)가 열성 형질이라면 3과 6에서 모두 (다)가 발현되는데, 이는 3, 6, 7 중 (다)가 발현된 사람은 1명이라는 조건에 맞지 않으므로 (다)는 우성 형질이다.

→ (나): X 염색체, 열성 유전 / (다): X 염색체, 우성 유전

이를 토대로 구성원의 (가)~(다)에 대한 유전자형을 정리하면 7의 유전자형은 aaXᵇᴰXᴮᵈ이고, 4와 7의 (다)의 표현형이 서로 같다고 했으므로 4의 유전자형은 aaXᴮᴰY라는 것을 알 수 있다. 이어서 2(AaXᴮᴰXᵇᵈ)와 5(AaXᵇᵈXᵇᵈ)의 유전자형도 확정지을 수 있다.

|보|기|풀|이|

ⓒ 정답 : 5(AaXᵇᵈXᵇᵈ)와 6(AaXᴮᵈY) 사이에서 아이가 태어날 때,
이 아이에게서 (가)만 발현될 확률은 $\frac{1}{4}$(aa)$\times\frac{1}{2}$(XᴮᵈXᵇᵈ)$=\frac{1}{8}$이고,

(나)만 발현될 확률은 $\frac{3}{4}$(A_)$\times\frac{1}{2}$(XᵇᵈY)$=\frac{3}{8}$이며, (다)만 발현될 확률은 0이다.

따라서 5와 6 사이에서 아이가 태어날 때, 이 아이에게서 (가)~(다) 중 한 가지 형질만

발현될 확률은 $\frac{1}{8}$((가)만 발현될 확률)$+\frac{3}{8}$((나)만 발현될 확률)$+0$((다)만 발현될 확률)

$=\frac{4}{8}=\frac{1}{2}$이다.

종	상대 밀도(%) +	상대 빈도(%) +	상대 피도(%) =	중요치(중요도)
A	30	20	20	70
B	5	24	26	55
C	25	25	10	60
D	10	26	24	60
E	30	5	20	55

|보|기|풀|이|

ⓗ 정답 : A의 중요치(중요도)가 70으로 가장 크다.

ⓛ 정답 : 피도는 $\frac{특정\ 종이\ 점유하는\ 면적}{전체\ 방형구\ 면적}$ 이므로 상대 피도의 값으로 지표를 덮고 있는
면적을 비교할 수 있다. 상대 피도(%)의 값은 B가 26으로 가장 크다. 따라서 지표를 덮고 있는 면적이 가장 큰 종은 B이다.

ㄷ. 오답 : 빈도는 $\frac{특정\ 종이\ 출현한\ 방형구\ 수}{전체\ 방형구\ 수}$ 이므로 상대 빈도의 값으로 각 종이 출현한
방형구의 수를 비교할 수 있다. 상대 빈도(%)의 값은 E가 5이고, D가 26이다. 따라서 E가 출현한 방형구의 수는 D가 출현한 방형구의 수보다 적다.

2n=4 (가) 　 n=2 (나)
Ⅰ : Aabb 　 Ⅱ : AaBb

세포	DNA 상대량을 더한 값			
	㉠+ⓛ	㉠+ⓒ	ⓛ+ⓒ	ⓒ+㉣
(가)	6	ⓐ4	6	?2
(나)	?0	1	ⓑ1	2

|자|료|해|설|

Ⅰ의 유전자형이 AaBb라고 가정하면, (가)에서 ㉠~㉣의 값이 모두 2이므로 DNA 상대량을 더한 값은 모두 4가 되어야 한다. 이는 모순이므로 Ⅰ의 유전자형은 Aabb이고, Ⅱ의 유전자형은 AaBb이다. 복제된 상태인 (가)에서 A와 a의 DNA 상대량은 각각 2이고, b의 DNA 상대량은 4이다. (가)에서 ㉠+ⓛ와 ⓛ+ⓒ의 값이 6이므로 ⓛ이 b이고, ㉠과 ⓒ은 각각 A와 a 하나이며 ㉣은 B이다. (나)에서 ⓒ+㉣의 값이 2이므로 ⓒ이 A이고, (나)에는 A와 B가 포함되어 있다는 것을 알 수 있다. 정리하면 ㉠은 a, ⓛ은 b, ⓒ은 A, ㉣은 B이고 ⓐ는 4, ⓑ는 1이다.

|자|료|해|설|

자연 현상을 관찰하면서 인식한 문제를 해결하기 위해 잠정적인 답인 가설을 세우고 가설의 옳고 그름을 검증하는 탐구이므로 이는 연역적 탐구 방법에 해당한다. 같은 지역에 서식하는 P를 집단 ㉠과 ⓛ으로 나누고 ㉠에만 A의 접근을 차단했으므로 이 탐구에서 조작 변인은 A의 접근 차단 여부이고, 실험의 결과에 해당하는 종속 변인은 P의 가시의 수이다. A가 P를 뜯어 먹으면 P의 가시의 수가 많아진다는 결론을 내렸으므로 P의 가시의 수가 많았던 Ⅰ에서 A가 P를 뜯어 먹었다는 것을 알 수 있다. 따라서 A의 접근을 차단한 ㉠이 Ⅱ이고, ⓛ은 Ⅰ이다.

1	②	2	①	3	①	4	⑤	5	②
6	⑤	7	⑤	8	③	9	④	10	③
11	③	12	①	13	④	14	①	15	④
16	②	17	③	18	④	19	⑤	20	③

1   질병을 일으키는 병원체   정답 ②   정답률 72%

그림 (가)와 (나)는 결핵의 병원체와
후천성 면역 결핍증(AIDS)의 병원체를
순서 없이 나타낸 것이다. (나)는
세포 구조로 되어 있다.

이에 대한 설명으로 옳은 것만을 〈보기〉에서 있는 대로 고른 것은?

(가) 바이러스   (나) 세균

보기   후천성 면역 결핍증(AIDS)
ㄱ. (가)는 결핵의 병원체이다.
ㄴ. (나)는 원생생물이다.
ㄷ. (가)와 (나)는 모두 단백질을 갖는다. → 세균

|자|료|해|설|
결핵의 병원체는 세균이고, 후천성 면역 결핍증(AIDS)의 병원체는 바이러스이다. 두
병원체 중에서 세포 구조로 되어 있는 (나)가 세균이므로 (가)는 바이러스이다.

|보|기|풀|이|
ㄷ. 정답 : 바이러스와 세균은 모두 단백질을 갖는다.

2   반응과 반사   정답 ①   정답률 67%

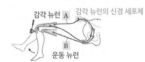

|자|료|해|설|
신경 세포체가 축삭 돌기의 중간 부분에 있는 A는 감각 뉴런이고, 중추의 명령을
골격근으로 보내는 B는 운동 뉴런이다. 무릎 반사의 중추는 척수이다.

|보|기|풀|이|
ㄴ. 오답 : 운동 뉴런(B)은 체성 신경계에 속한다.
ㄷ. 오답 : 뇌줄기는 중간뇌, 뇌교, 연수로 구성된다. 무릎 반사의 중추는 척수이므로
뇌줄기를 구성하지 않는다.

3   연역적 탐구의 설계   정답 ①   정답률 90%

|자|료|해|설|
제시된 탐구에서는 가설을 세우고 가설의 옳고 그름을 검증하기 위해 대조 실험을 진행하는
연역적 탐구 방법이 이용되었다. 실험에서 의도적으로 변화시키는 조작 변인은 먹이의
종류이고, 실험 결과에 해당하는 종속 변인은 짝짓기의 빈도이다. (마)에서 초파리는 짝짓기
상대로 같은 먹이를 먹고 자란 개체를 선호한다는 결론을 내렸으므로 짝짓기 빈도가 높게
나타난 Ⅰ이 같은 먹이를 먹고 자란 초파리 사이에서의 짝짓기 빈도인 ㉠이라는 것을 알 수
있다. 정리하면 Ⅰ은 ㉠이고, Ⅱ는 ㉡이다.

4   기관계의 상호 작용   정답 ⑤   정답률 91%

기관계	특징
배설계 A	오줌을 통해 노폐물을 몸 밖으로 내보낸다.
신경계 B	대뇌, 소뇌, 연수가 속한다.
소화계 C	㉠

|보|기|풀|이|
ㄴ. 정답 : '음식물을 분해하여 영양소를 흡수한다.'는 소화계의 특징(㉠)에 해당한다.
ㄷ. 정답 : 한가지 예로, 이자는 자율 신경계의 조절을 받는다. 따라서 소화계(C)에는
신경계(B)의 조절을 받는 기관이 있다.

5   항상성 유지   정답 ②   정답률 76%

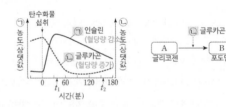

|자|료|해|설|
탄수화물 섭취 후 높아진 혈당량을 낮추기 위해 인슐린 분비량이 증가한다. 따라서
탄수화물 섭취 후 농도가 증가하는 ㉠은 인슐린이고, 농도가 감소하는 ㉡은 글루카곤이다.
글루카곤은 글리코젠을 포도당으로 분해하여 혈당량을 증가시키는 호르몬이므로 A는
글리코젠이고, B는 포도당이다.

|보|기|풀|이|
ㄴ. 오답 : 혈중 포도당 농도가 높을 때 이를 낮추기 위해 인슐린의 농도가 증가한다. 따라서
혈중 포도당 농도는 인슐린(㉠)의 농도가 높은 t_1일 때가 t_2일 때보다 높다.
ㄷ. 정답 : 인슐린(㉠)은 혈당량을 감소시키고 글루카곤(㉡)은 혈당량을 증가시키는
호르몬으로, 두 호르몬은 혈중 포도당 농도 조절에 길항적으로 작용한다.

6   생물과 환경의 상호 관계   정답 ⑤   정답률 90%

|자|료|해|설|
생태계를 구성하는 요소는 크게 생물적 요인과 비생물적 요인으로 나뉜다. 생물적 요인에는
생산자, 소비자, 분해자가 속하고, 생물을 둘러싼 모든 환경 요인에 해당하는 비생물적
요인에는 빛, 온도, 물, 공기, 토양, 영양염류 등이 속한다.

|선|택|지|풀|이|
⑤ 지의류는 생물적 요인에 해당하고 토양은 비생물적 요인에 해당하므로 지의류에 의해
암석의 풍화가 촉진되어 토양이 형성되는 것은 생물적 요인이 비생물적 요인에 영향을
미치는 예이다.

| 7 | 세포 호흡 과정 | | 정답 ⑤ 정답률 90% |

|자|료|해|설|

(나)와 같이 미토콘드리아에서 세포 호흡이 일어나면 포도당이 산소에 의해 산화되어 물(H_2O)과 이산화 탄소(CO_2)로 최종 분해되면서 에너지가 방출된다.

|보|기|풀|이|

ⓒ 정답 : (가)의 이화 작용과 (나)의 세포 호흡은 모두 물질대사에 속하므로 효소가 이용된다.

| 8 | 호르몬의 종류와 기능 | | 정답 ③ 정답률 84% |

호르몬	기능
항이뇨 호르몬(ADH) ㉠	콩팥에서 물의 재흡수를 촉진한다.
갑상샘 자극 호르몬(TSH) ㉡	갑상샘에서 티록신의 분비를 촉진한다.

|보|기|풀|이|

㉠ 정답 : 호르몬은 혈액을 따라 이동하며 항이뇨 호르몬(ADH)의 표적 기관은 콩팥이다. 따라서 ADH(㉠)는 혈액을 통해 콩팥으로 이동한다.

㉡ 정답 : 항이뇨 호르몬(ADH)은 뇌하수체 후엽에서 분비되고, 갑상샘 자극 호르몬(TSH)은 뇌하수체 전엽에서 분비된다. 따라서 뇌하수체에서는 ADH(㉠)와 TSH(㉡)가 모두 분비된다.

ㄷ. 오답 : 혈중 티록신 농도가 증가하면 음성 피드백에 의해 TSH(㉡)의 분비가 억제된다.

| 9 | 골격근의 구조와 수축 원리 | | 정답 ④ 정답률 52% |

|자|료|해|설|

ⓐ의 길이와 ⓑ의 길이를 더한 값은 액틴 필라멘트의 길이이며, 근수축 시 일정하다. 따라서 t_1일 때 ⓑ의 길이가 $0.2\mu m$이므로 t_1일 때 ⓐ의 길이는 $0.8\mu m$이고, t_2일 때 ⓐ의 길이가 $0.7\mu m$이므로 t_2일 때 ⓑ의 길이는 $0.3\mu m$이다. t_1일 때 ⓐ의 길이($0.8\mu m$)는 t_2일 때 ⓑ의 길이($0.3\mu m$)와 ⓒ의 길이를 더한 값과 같다고 했으므로 t_2일 때 ⓒ의 길이는 $0.5\mu m$이다. t_2일 때 X의 길이는 $2 \times$(ⓐ+ⓑ+ⓒ)$=3.0\mu m$이고, 나머지 한 시점인 t_1일 때의 X의 길이는 $3.0\mu m$보다 길다고 했으므로 t_1에서 t_2로 변할 때 근육이 수축했다는 것을 알 수 있다. 근수축으로 근육 원섬유 마디(X)의 길이가 $2d$만큼 짧아질 때, ㉠과 ⓒ의 길이는 각각 d만큼 짧아지고 ⓑ의 길이는 d만큼 길어지므로 ⓐ는 ㉠이고, ⓑ는 ㉡이다. t_1에서 t_2로 변할 때 ㉠의 길이가 $0.1\mu m$만큼 짧아졌으므로 ㉢의 길이 또한 $0.1\mu m$만큼 짧아진다. 따라서 t_1일 때 ㉢의 길이는 $0.6\mu m$이고, X의 길이는 $3.2\mu m$이다.

|보|기|풀|이|

ㄷ. 오답 : X의 길이는 t_1일 때 $3.2\mu m$이고, t_2일 때 $3.0\mu m$이므로 X의 길이는 t_1일 때가 t_2일 때보다 길다.

| 10 | 개념 복합 문제 | | | | | | | 정답 ③ 정답률 47% |

| 세포 | 상염색체 DNA 상대량 | | | | | | X염색체 | |
	H	h	T	t				
n Ⅰ	ⓒ 1	0	㉠ 0	? 0		HY 남자 P		
(복제) n Ⅱ	㉡ 2	㉠ 0	0	㉡ 2		HX^t 여자 Q		
$2n$ Ⅲ	? 1	㉢ 1	㉠ 0	㉡ 2		HhX^tX^t 여자 Q		
(복제) $2n$ Ⅳ	4	0	2	㉠ 0		HHX^TY 남자 P		

|자|료|해|설|

상염색체에 존재하는 H의 DNA 상대량이 4인 경우는 핵상이 $2n$이고 동형 접합이면서 염색체가 복제된 경우뿐이다. 따라서 Ⅳ의 핵상은 $2n$이고, 복제된 상태이므로 ㉠은 1이 될 수 없다. ㉠을 2라고 가정하면, Ⅲ에서 X 염색체에 존재하는 T의 DNA 상대량(㉠)이 2이므로 t의 DNA 상대량(㉡)은 1이 될 수 없다. 따라서 ㉡은 0, ㉢은 1이다. Ⅰ에서 상염색체에 존재하는 H의 DNA 상대량(㉢)이 1이므로 Ⅰ의 핵상은 n이고, 이때 X 염색체에 존재하는 T의 DNA 상대량(㉠)은 2가 될 수 없다. 가정이 모순되므로 ㉠은 0이다. Ⅳ에서 H와 h의 DNA 상대량 합이 T와 t의 DNA 상대량 합의 두 배이므로 Ⅳ는 남자 P의 세포이고, 유전자형은 HHX^TY이다. Ⅲ에서 상염색체에 존재하는 h의 DNA 상대량(㉢)을 2라고 가정하면, t의 DNA 상대량(㉡)은 1이 되고 Ⅲ의 유전자형은 hhX^tY 되어 남자 P의 유전자형과 다르므로 모순이다. 따라서 ㉡은 2, ㉢은 1이다. 이를 토대로 각 세포의 유전자형을 정리하면 Ⅰ은 HY, Ⅱ는 HX^t, Ⅲ은 HhX^tX^t, Ⅳ는 HHX^TY이고 Ⅰ과 Ⅳ는 남자 P의 세포, Ⅱ와 Ⅲ은 여자 Q의 세포이다.

|보|기|풀|이|

ㄷ. 오답 : Ⅰ(HY)이 갖는 t의 DNA 상대량은 0이고, Ⅲ(HhX^tX^t)이 갖는 H의 DNA 상대량은 1이다.

| 11 | 군집 | | 정답 ③ 정답률 85% |

보기

㉠ ㉠에서 A와 B 사이의 상호 작용은 분서에 해당한다. → 생태적 지위가 비슷한 두 개체군이 먹이, 생활 공간을 달리하는 것

~~ⓛ~~ Ⅱ 시기에 (나)에서 C는 B와 한 개체군을 이루었다. → 같은 종의 개체들로 이루어진 집단

ⓒ Ⅳ시기에 (가)에서 A와 B 사이에 경쟁 배타가 일어났다. → 한 개체군은 살아남고 다른 개체군은 사라짐

|자|료|해|설|

같은 먹이를 먹는 A와 B가 Ⅰ 시기에 서로 경쟁을 피하기 위해 생활 공간을 나누어 서식하는 것은 개체군 간의 상호 작용 중 분서에 해당한다. Ⅳ 시기에 A와 B 두 개체군이 경쟁한 결과 공존하지 못하고, A가 사라졌으므로 A와 B 사이에 경쟁 배타가 일어났다는 것을 알 수 있다.

세포	핵막 소실 여부	DNA 상대량
G₁기 (가)	㉠ 소실 안 됨	1
중기 (나)	소실됨	? 2
G₂기 (다)	소실 안 됨	2

|자|료|해|설|

G₁기와 G₂기는 간기에 속하며, 핵막은 간기 때 관찰되고 분열기가 시작되면 소실된다. 따라서 핵막 소실 여부가 '소실됨'인 (나)는 M기(분열기)의 중기이고, G₁기와 G₂기 때 모두 핵막이 관찰되므로 ㉠은 '소실 안 됨'이다. 간기의 S기 때 DNA 복제가 일어나므로, S기 이후의 시기인 G₂기와 M기(분열기)의 중기 때 DNA 상대량은 G₁기의 두 배이다. 따라서 DNA 상대량이 1인 (가)는 G₁기이고, DNA 상대량이 2인 (다)는 G₂기이다.

|보|기|풀|이|

ㄷ. 오답 : 염색사는 히스톤 단백질과 DNA로 구성되어 있다. 따라서 유전 물질이 염색사 형태로 존재하는 G₂기(다)에는 히스톤 단백질이 있다.

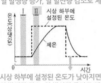

시상 하부에 설정된 온도가 높아지면
열 발생량 증가, 열 발산량 감소로 체온이 올라감.

시상 하부에 설정된 온도가 낮아지면
열 발생량 감소, 열 발산량 증가로 체온이 내려감.

|보|기|풀|이|

ㄴ. 정답 : 구간 Ⅱ에서는 시상 하부에 설정된 온도를 맞추기 위해 체온이 올라가고 있다. 따라서 구간 Ⅱ에서는 구간 Ⅰ에서보다 열 발생량이 증가하고, 열 발산량이 감소하므로 $\frac{열\ 발생량}{열\ 발산량}$은 구간 Ⅱ에서가 구간 Ⅰ에서보다 크다.

ㄷ. 오답 : 피부 근처 혈관을 흐르는 단위 시간당 혈액량이 증가하면 열 발산량이 증가한다.

|자|료|해|설|

(다)에 포함된 흰색 염색체의 크기가 (가), (나), (라)에 포함된 흰색 염색체의 크기와 다르다. 따라서 (가), (나), (라)는 같은 종의 세포이고 (다)는 이와 다른 종의 세포이다. (가)에 포함된 검은색 염색체의 크기가 (나), (라)에 포함된 검은색 염색체의 크기와 다르므로 이 검은색 염색체가 성염색체이고, (가)와 (나)는 서로 다른 종류의 성염색체를 가진다. 이때 ⓑ가 Y 염색체라고 가정하면, (가)와 (나)는 각각 XY, YY 중 하나의 조합을 갖게 되므로 모순이다. 따라서 ⓑ는 X 염색체이고, ⓐ는 회색으로 표현되는 상염색체이다. 핵상이 2n인 (다)에서 성염색체의 크기가 같으므로 (다)는 암컷의 세포이다. (가)와 (라)에 포함된 검은색 염색체 중 크기가 작은 염색체가 X 염색체라면 (가)는 수컷, (라)는 암컷의 세포이고, (가)와 (라)에 포함된 검은색 염색체 중 크기가 큰 염색체가 X 염색체라면 (가)는 암컷, (라)는 수컷의 세포이다. (가)~(라) 중 2개는 암컷의, 나머지 2개는 수컷의 세포이므로 (나)는 수컷의 세포이다.

|보|기|풀|이|

ㄷ. 오답 : 핵형은 세포에 들어 있는 염색체 상의 특성으로 염색체의 수, 모양, 크기 등을 말한다. (가)를 갖는 개체와 (다)를 갖는 개체는 서로 다른 종이므로 핵형이 다르다.

|자|료|해|설|

(가)는 3쌍의 대립유전자에 의해 형질이 결정되므로 다인자 유전에 해당한다. (나)는 한 쌍의 대립유전자에 의해 형질이 결정되는 단일 인자 유전이며, 유전자형(EE, Ee, ee)이 다르면 표현형이 다르므로 불완전 우성에 해당한다. ⓐ는 유전자형이 AABBDDEE인 사람과 같은 표현형(대문자 수 6, EE)을 가질 수 있으므로, ⓐ의 유전자형이 AABBDDEE일 확률이 존재한다. 따라서 부모 P와 Q의 유전자 구성은 부모1: A_B_D_/EE, 부모2: A_B_D_/Ee이다. P와 Q 사이에서 ⓐ가 태어날 때, ⓐ의 (나)에 대한 표현형이 P와 같을 확률은 P의 유전자형이 EE 또는 Ee일 때 모두 $\frac{1}{2}$이다.

따라서 ⓐ의 (가)에 대한 표현형이 P와 같을 확률은 $\frac{3}{8}$이다.

P의 (가)에 대한 유전자형에서 대문자로 표시되는 대립유전자의 수(이하 '대문자 수'라고 표현함)는 3, 4, 5, 6이 가능하다.

i) 3일 때: P와 Q의 (가)에 대한 유전자형이 AaBbDd이고, ⓐ의 (가)에 대한 표현형이 P와 같을 확률(대문자 수가 3일 확률)은 $\frac{_6C_3}{64} = \frac{20}{64} = \frac{5}{16}$이다.

ii) 4일 때: P와 Q의 (가)에 대한 유전자형이 AABbDd라고 가정하면, ⓐ의 (가)에 대한 표현형이 P와 같을 확률(대문자 수가 4일 확률)은 $\frac{_4C_2}{16} = \frac{6}{16} = \frac{3}{8}$이다.

iii) 5일 때: P와 Q의 (가)에 대한 유전자형이 AABBDd라고 가정하면, ⓐ의 (가)에 대한 표현형이 P와 같을 확률(대문자 수가 5일 확률)은 $\frac{1}{2}$(AABBDd일 확률)이다.

iv) 6일 때: P와 Q의 (가)에 대한 유전자형이 AABBDD이고, ⓐ의 (가)에 대한 표현형이 P와 같을 확률(대문자 수가 6일 확률)은 1이다.

따라서 P와 Q의 (가)에 대한 유전자형은 대문자 수가 4인 경우이고, (나)에 대한 유전자형은 각각 EE, Ee 중 하나이다.

|선|택|지|풀|이|

④ 정답 : 부모 P와 Q의 유전자 구성을 편의상 부모1: AABbDd/EE, 부모2: AABbDd/Ee라고 하면, ⓐ에서 나타날 수 있는 (가)에 대한 표현형은 최대 5가지(대문자 수: 2, 3, 4, 5, 6)이고, (나)에 대한 표현형은 최대 2가지(EE, Ee)이다. 따라서 ⓐ에게서 나타날 수 있는 표현형의 최대 가짓수는 5×2=10가지이다.

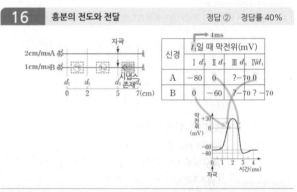

|자|료|해|설|

A와 B에서 자극을 준 지점(d₃)의 막전위 값은 동일해야 하므로 우선 Ⅰ과 Ⅱ는 자극을 준 지점이 아니다. A의 막전위 값 중 0mV는 자극이 그 지점에 도달한 뒤 1.5ms가 지났을 때 측정되는 값이고, −80mV는 자극이 그 지점에 도달한 뒤 3ms가 지났을 때 측정되는 값이다. 따라서 Ⅱ와 Ⅳ(A에서 0mV)는 Ⅰ(A에서 −80mV)보다 자극을 준 지점으로부터 멀리 떨어진 지점이므로 자극을 준 지점(d₃)은 Ⅲ이다. 또한 Ⅰ, Ⅱ, Ⅳ 중에서 Ⅰ이 자극을 준 지점으로부터 가장 가까이 위치하므로 Ⅰ은 d₄이고, Ⅱ와 Ⅳ는 각각 d₁과 d₂ 중 하나에 해당한다. d₁과 d₂는 2cm만큼 떨어져 있으며, t₁일 때 Ⅱ와 Ⅳ의 막전위(0mV)는 1ms만큼 차이난다. 따라서 A의 흥분 전도 속도는 2cm/ms이다. A의 d₃에 주어진 자극이 d₄에 도달하는데 1ms가 걸리고, 3ms 동안 막전위 변화가 일어나 d₄에서 막전위 값이 −80mV로 측정되었다. 따라서 t₁은 4ms이다. 시냅스를 고려하지 않았을 때, B의 d₃에 주어진 자극이 d₄에 도달하는데 2ms가 걸리므로 남은 2ms 동안 막전위 변화가 일어난다. 이때 B의 d₄에서 막전위 값이 +30mV가 아닌 0mV이므로 d₃와 d₄ 사이인 ⓒ에 시냅스가 있다는 것을 알 수 있다. B의 d₃에 주어진 자극이 d₁에 도달하는데 5ms가 걸리므로, t₁(4ms)일 때 B의 d₁에서 막전위 값은 휴지 전위에 해당하는 −70mV이다. B의 d₃에 주어진 자극이 d₂에 도달하는데 3ms가 걸리므로, 남은 1ms 동안 막전위 변화가 일어나 B의 d₂에서 막전위 값은 −60mV이다. 따라서 Ⅱ는 d₂이고, Ⅳ는 d₁이다.

|보|기|풀|이|

ㄷ. 오답 : t₁(4ms)일 때, A의 d₃에 주어진 자극이 Ⅱ(d₂)에 도달하는데 1.5ms가 걸리므로 남은 2.5ms 동안 막전위 변화가 일어난다. 따라서 A의 Ⅱ(d₂)에서 재분극이 일어나고 있다.

17 유전 복합 문제 정답 ③ 정답률 31%

구성원	㉠1	㉡5	㉢2	㉣4	㉤3	㉥8
A와 b의 DNA 상대량을 더한 값	0	1	2	1	2	3

|자|료|해|설|

(나)가 발현된 1과 2로부터 (나)가 발현되지 않은 5가 태어났으므로 (나)는 우성 형질이다.
㉠은 A와 b의 DNA 상대량을 더한 값이 0이므로 a와 B만 포함하고 있는데, (나)가 발현되지 않은 5는 B를 갖지 않으므로 ㉠은 1, 2, 5 중에서 5가 될 수 없다.
(나)의 대립유전자가 상염색체에 있다고 가정하면 1(Bb), 2(Bb), 5(bb)가 되어 1, 2가 ㉠의 조건과 맞지 않아 모순이다. 따라서 (나)의 대립유전자는 X 염색체에 존재한다. 따라서 1(X^BY), 2(X^BX^b), 5(X^bY)이고, ㉠은 1이다. 1(㉠)은 (가)의 대립유전자 중 a만 가지고 있으며, 1에서 (가)가 발현되었으므로 (가)는 열성 형질이다.
2에서 (가)가 발현되지 않았으므로 2는 A를 가지며, 2가 A를 하나 가질 때 A와 b의 DNA 상대량 합이 2가 되므로 ㉢은 2, ㉡은 5이다.
(가)의 대립유전자가 X 염색체에 있다고 가정하면 1(X^abY), 5(X^ab Y), 6(X^aBY)이고, 이때 5와 6의 X 염색체는 2로부터 물려받은 것이므로 2의 유전자형이 X^abX^aB이 되어 모순이다. 따라서 (가)의 대립유전자는 상염색체에 존재한다.
이를 토대로 3, 4, 7, 8의 유전자형을 정리하면 3(A_/X^bY), 4(aa/X^BX^b), 7(Aa/X^BX^b), 8(Aa/X^bX^b)이므로 ㉣은 4, ㉤은 3, ㉥은 8이다. 3(㉤)에서 A와 b의 DNA 상대량을 더한 값이 2이므로 3의 유전자형은 Aa/X^bY이다.

|보|기|풀|이|

㉢ 정답 : 5(㉡)의 표현형은 (가) 발현, (나) 미발현이다. 6(aa/X^BY)과 7(Aa/X^BX^b) 사이에서 태어난 아이의 (가)와 (나)의 표현형이 모두 5(㉡)와 같을 확률은 $\frac{1}{2}$(aa) × $\frac{1}{4}$(X^bY) = $\frac{1}{8}$이다.

18 특이적 방어 작용 정답 ④ 정답률 80%

|자|료|해|설|

실험 과정을 정리하면 다음과 같다.
Ⅰ : ㉠ 주사 → 산다 / 이후 P 주사 → 죽는다
Ⅲ : ㉡ 주사 → 산다 / 이후 P 주사 → 산다
Ⅴ : ㉡에 대한 기억 세포 주사 / 이후 P 주사 → 산다
㉠을 주사한 이후 살아남은 생쥐에게 P를 주사했을 때 생쥐가 죽었지만, ㉡을 주사한 이후 살아남은 생쥐에게 P를 주사했을 때 생쥐가 살았다. 따라서 P에 대한 백신으로 ㉡이 ㉠보다 적합하다는 것을 알 수 있다.

|보|기|풀|이|

㉡ 정답 : (다)에서 ㉡에 노출된 적이 없는 Ⅲ에 ㉡을 주사하면 1차 면역 반응이 일어나 분화된 형질 세포에서 항체를 생성한다.
㉢ 정답 : Ⅴ는 ㉡에 대한 기억 세포를 가지고 있으므로 (마)에서 Ⅴ에게 P를 주사하면 기억 세포가 기억 세포와 형질 세포로 분화되고, 분화된 형질 세포에서 P에 대한 다량의 항체가 빠르게 생성되는 2차 면역 반응이 일어난다.

19 유전 복합 문제 정답 ⑤ 정답률 27%

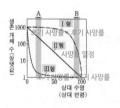

구성원	성별	(가)	(나)	(다)	
아버지	남	○	○	?○	X^hRT Y
자녀 1	여	×	○	○	X^Hrt X^hRT
자녀 2	남	×	×	×	X^Hrt Y
자녀 3	? 남	○	×	○	X^hrt Y
자녀 4ⓐ	? 여	×	×	○	X^Hrt X^hrt

어머니 X^Hrt X^hRT 감수 1분열 비분리

|자|료|해|설|

(가)~(다)의 대립유전자 중 형질 발현 유전자의 우열을 모르는 상태이므로 편의상 형질 (가), (나), (다) 발현 대립유전자를 가진 X 염색체를 각각 X^(가), X^(나), X^(다)로 표현하고, 미발현 대립유전자를 가진 X 염색체를 X*로 표현해보자.
아버지의 유전자형은 X^(가)(나)Y이고, 아버지로부터 X 염색체를 물려받아 (가) 발현 대립유전자를 갖고 있는 자녀 1에서 (가)가 발현되지 않았으므로 (가)는 열성 형질이다.
자녀 2의 유전자형은 X***Y이고, 어머니로부터 X 염색체를 물려받았으므로 어머니 또한 X***를 갖는다.
염색체 수가 22인 생식세포 ㉠과 염색체 수가 24인 생식세포 ㉡이 수정되어 ⓐ가 태어났을 때, 이 가족 구성원의 핵형은 모두 정상이므로 ⓐ는 XX 또는 XY 구성을 갖는다. ㉡이 아버지로부터 형성된 정자라고 가정하면, ⓐ는 X^(가)(나)X^(가)? 또는 X^(가)(나)Y 구성을 갖기 때문에 ⓐ에게서 (가)와 (나)가 모두 발현되어야 한다. 그러나 자녀 3, 4 중 (가)와 (나)가 모두 발현된 경우가 없으므로 ㉡은 어머니로부터 형성된 난자이고, ⓐ는 여자이다. 자녀 3, 4는 각각 정상적으로 태어난 아들과 비분리를 통해 태어난 딸(ⓐ) 중 하나에 해당하므로 두 자녀의 X 염색체는 모두 어머니로부터 물려받은 것이다. 자녀 3과 4에서 (나)와 (다)의 발현 여부가 동일하며, 두 자녀 중 한 명은 남자이므로 어머니는 X^?×(다) 구성의 X 염색체를 가진다. 또한 자녀 3에서 (가)가 발현되었으므로 어머니는 (가) 발현 유전자를 가지고 있다. 어머니의 유전자형을 정리하면 X^(가)×(다)X*** 이다.
자녀 3, 4 중 아들은 비분리 없이 정상적으로 수정되어 태어났으므로 자녀 3이 남자(X^(가)×(다))이고, 자녀 4가 여자(ⓐ)이다. ㉡이 감수 2분열에서 염색체 비분리가 일어나 형성된 난자라고 가정하면, (다)만 발현된 자녀 4의 유전자형은 X^(가)×(다)X^(가)×(다) 또는 X*** X***가 되어 모순이다. 따라서 ㉡은 감수 1분열에서 염색체 비분리가 일어나 X^(가)×(다)X***를 갖는 난자이고, (다)는 우성 형질이다.
아버지로부터 X^(가)(나)를 물려받은 자녀 1에서 (가)가 발현되지 않았으므로 자녀 1은 어머니로부터 X***를 물려받았다. 이때 자녀 1에서 (나)가 발현되었으므로 (나)는 우성 형질이다. 이를 토대로 구성원의 유전자형을 정리하면 아버지(X^hRT Y), 어머니(X^Hrt X^hRT), 자녀 1(X^Hrt X^hRT), 자녀 2(X^Hrt Y), 자녀 3(X^hrt Y), 자녀 4(X^Hrt X^hrt)이다.

20 개체군 정답 ③ 정답률 86%

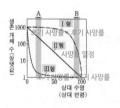

|자|료|해|설|

Ⅰ형 생존 곡선은 출생 수는 적지만 부모의 보호를 받아 초기 사망률이 낮고 후기 사망률이 높다. Ⅱ형 생존 곡선은 시간에 따른 사망률이 일정하며, Ⅲ형 생존 곡선은 출생 수는 많지만 초기 사망률이 높아 성체로 생장하는 수가 적다. 그래프에서의 기울기는 사망률과 비례하며, 한 번에 많은 수의 자손을 낳으며 초기 사망률이 후기 사망률보다 높은 ㉠은 초기 기울기가 후기보다 급격한 Ⅲ형에 해당한다.

|보|기|풀|이|

ㄱ. 오답 : Ⅰ형의 생존 곡선을 나타내는 종에서 A시기의 기울기가 B시기보다 작으므로 A시기의 사망률은 B시기의 사망률보다 낮다.
ㄴ. 오답 : Ⅱ형의 생존 곡선은 기울기가 일정하므로 상대 수명(상대 연령)에 따른 사망률은 일정하지만, 총개체 수는 A시기일 때가 B시기일 때보다 많으므로 A시기 동안 사망한 개체 수는 B시기 동안 사망한 개체 수보다 많다.

1	⑤	2	④	3	①	4	⑤	5	④
6	③	7	②	8	③	9	③	10	④
11	②	12	②	13	⑤	14	①	15	②
16	⑤	17	①	18	④	19	④	20	①

| **1** | **생명 현상의 특성** | 정답 ⑤ 정답률 94% |

① ㄱ   ② ㄷ   ③ ㄱ, ㄴ   ④ ㄴ, ㄷ   ✓ ㄱ, ㄴ, ㄷ

|자|료|해|설|
벌새가 공중에서 정지한 상태로 꿀을 빨아먹기에 적합한 날개 구조를 갖는 (가)는 생명 현상의 특성 중 적응과 진화에 해당한다. (나)에서 벌새는 물질대사를 통해 활동에 필요한 에너지를 얻는다. 발생은 다세포 생물에서 생식 세포의 수정으로 생성된 수정란이 완전한 개체가 되는 과정이고, 생장은 발생한 개체가 세포 분열을 통해 세포 수를 계속 늘려감으로써 자라나는 과정이다.

|보|기|풀|이|
ㄱ. 정답 : 벌새가 공중에서 정지한 상태로 꿀을 빨아먹기에 적합한 날개 구조를 갖는 것은 적응과 진화에 해당한다.
ㄴ. 정답 : 살아있는 생물은 물질대사를 통해 활동에 필요한 에너지를 얻는다. 따라서 ㉠ 과정에서 물질대사가 일어난다.
ㄷ. 정답 : '개구리알은 올챙이를 거쳐 개구리가 된다.'는 수정란이 완전한 개체가 되는 발생이므로 이는 발생과 생장(㉡)의 예에 해당한다.

| **2** | **양분의 흡수와 노폐물의 배설** | 정답 ④ 정답률 59% |

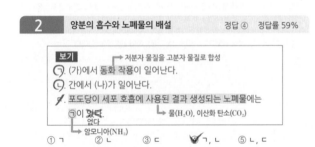

① ㄱ   ② ㄴ   ③ ㄷ   ✓ ㄱ, ㄴ   ⑤ ㄴ, ㄷ

|자|료|해|설|
아미노산은 단백질의 기본 구성 단위이다. 따라서 저분자인 아미노산을 고분자인 단백질로 합성하는 (가)는 동화 작용에 해당한다. (나)는 간에서 일어나는 과정으로, 암모니아는 간에서 요소로 전환된 후 오줌으로 배설된다.

| **3** | **체세포 분열** | 정답 ① 정답률 67% |

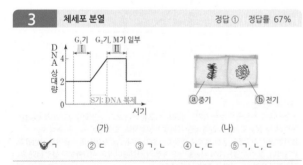

✓ ㄱ   ② ㄷ   ③ ㄱ, ㄴ   ④ ㄴ, ㄷ   ⑤ ㄱ, ㄴ, ㄷ

|보|기|풀|이|
ㄱ. 정답 : DNA가 히스톤 단백질을 감고 있는 구조인 뉴클레오솜은 염색사(또는 염색체)를 구성하는 기본 단위이다. 따라서 Ⅰ과 Ⅱ 시기의 세포에는 모두 뉴클레오솜이 있다.
ㄴ. 오답 : 상동 염색체가 접합한 2가 염색체는 감수 1분열 전기와 중기 때 관찰된다. 체세포 분열에서는 2가 염색체가 관찰되지 않으므로 체세포 분열의 중기 세포(ⓐ)에서 상동 염색체의 접합이 일어나지 않는다.
ㄷ. 오답 : 분열기의 전기 세포(ⓑ)는 Ⅱ 시기에 관찰된다.

| **4** | **기관계의 상호 작용, 기관계의 통합적 작용** | 정답 ⑤ 정답률 91% |

① ㄱ   ② ㄴ   ③ ㄱ, ㄷ   ④ ㄴ, ㄷ   ✓ ㄱ, ㄴ, ㄷ

|자|료|해|설|
노폐물이 오줌으로 배설되는 A는 배설계이고, 영양소의 흡수를 담당하는 B는 소화계이다. 순환계는 소화계를 통해 흡수된 영양소와 호흡계를 통해 유입된 산소를 조직 세포로 운반하고, 조직 세포에서 생성된 이산화 탄소와 질소 노폐물을 각각 호흡계와 배설계로 운반한다. 따라서 ㉠에는 산소와 영양소의 이동이 포함된다.

|보|기|풀|이|
ㄱ. 정답 : 콩팥은 배설계(A)에 속한다.
ㄴ. 정답 : 자율 신경은 위, 소장, 이자 등의 기관에 작용한다. 따라서 소화계(B)에는 부교감 신경이 작용하는 기관이 있다.
ㄷ. 정답 : 순환계에서 조직 세포로 산소와 영양소가 운반되므로 ㉠에는 산소(O_2)의 이동이 포함된다.

| **5** | **질병을 일으키는 병원체, 질병의 구분** | 정답 ④ 정답률 84% |

① ㄱ   ② ㄷ   ③ ㄱ, ㄴ   ✓ ㄴ, ㄷ   ⑤ ㄱ, ㄴ, ㄷ

|자|료|해|설|
말라리아를 일으키는 병원체는 원생생물이고, 결핵을 일으키는 병원체는 세균이다. 말라리아와 결핵은 병원체에 의해 나타나는 감염성 질병이고, 헌팅턴 무도병은 병원체 없이 나타나는 비감염성 질병이다.

|보|기|풀|이|
ㄱ. 오답 : 말라리아의 병원체는 원생생물이다.
ㄴ. 정답 : 세균에 의한 질병은 항생제를 이용하여 치료하며, 결핵은 세균에 의해 나타나는 질병이다. 따라서 '치료에 항생제가 사용된다.'는 결핵의 특징인 (가)에 해당한다.
ㄷ. 정답 : 헌팅턴 무도병은 병원체 없이 나타나는 비감염성 질병이며, 비감염성 질병은 생활 방식, 환경, 유전 등이 원인이 되어 나타난다.

| **6** | **연역적 탐구의 설계** | 정답 ③ 정답률 91% |

보기
ㄱ. ㉠은 (가)에서 관찰한 현상을 설명할 수 있는 잠정적인 결론 (잠정적인 답)에 해당한다. → 가설
ㄴ. (다)에서 대조 실험이 수행되었다. → 실험군과 대조군을 설정하여 비교
ㄷ. (라)의 ⓑ는 바다 달팽이가 갉아 먹은 갈조류 집단이다.

① ㄱ   ② ㄷ   ✓ ㄱ, ㄴ   ④ ㄴ, ㄷ   ⑤ ㄱ, ㄴ, ㄷ

|자|료|해|설|
제시된 탐구에서는 가설을 세우고 가설의 옳고 그름을 검증하기 위해 대조 실험을 진행하는 연역적 탐구 방법이 이용되었다. (가)는 관찰 및 문제 인식, (나)는 가설 설정, (다)는 탐구 설계 및 수행, (라)는 결과 분석, (마)는 결론 도출 단계에 해당하며, 의문점에 대한 잠정적인 결론인 ㉠은 가설이다. (마)에서 바다 달팽이가 갉아 먹은 갈조류에서 X의 생성이 촉진된다는 결론을 내렸으므로 (라)에서 단위 질량당 X의 양이 더 많았던 ⓑ가 바다 달팽이가 갉아 먹은 갈조류 집단이라는 것을 알 수 있다.

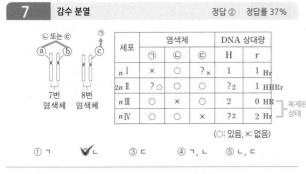

세포	염색체			DNA 상대량	
	㉠	㉡	㉢	H	r
n I	×	○	?×	1	1 Hr
$2n$ II	?○	○	○	?2	1 HHRr
n III	○	×	○	2	0 HR
n IV	○	○	×	?2	2 Hr

(○: 있음, ×: 없음)

① ㉠   ✓② ㉡   ③ ㉢   ④ ㉠, ㉡   ⑤ ㉡, ㉢

|자|료|해|설|

핵상이 $2n$인 세포는 ㉠, ㉡, ㉢을 모두 갖는다. 그러므로 ㉠, ㉡, ㉢ 중 일부만 갖는 I, III, IV의 핵상은 n이다. 핵상이 n 세포에는 상동 염색체가 존재하지 않으므로, n의 세포에 함께 존재하는 염색체는 서로 상동 염색체가 아니다. III에서 ㉠과 ㉢이 함께 존재하므로 ㉠과 ㉢은 서로 상동 염색체 관계가 아니고, 마찬가지로 IV에서 ㉠과 ㉡이 함께 존재하므로 ㉠과 ㉡ 또한 서로 상동 염색체 관계가 아니다. 따라서 ㉡과 ㉢은 서로 상동 염색체 관계이며 각각 7번 염색체인 ⓐ와 ⓑ 중 하나이고, ㉠은 ㉢이다. II는 상동 염색체인 ㉡과 ㉢을 모두 포함하고 있으므로 핵상이 $2n$인 세포이다.

III은 r을 갖지 않으므로 R을 포함하고 있다. ㉠과 ㉢을 갖는 III에 H와 R이 존재하고, ㉠과 ㉡을 갖는 IV에 r이 존재하므로 ㉡과 ㉢에 각각 r과 R이 존재한다는 것을 알 수 있다. 따라서 (가)의 유전자 중 R과 r은 7번 염색체에 존재하고, H와 h는 8번 염색체에 존재한다. ㉠에 H가 존재하며, ㉠이 아닌 ㉠의 상동 염색체를 갖는 I에서 H가 존재하므로 이 사람의 8번 염색체에는 모두 H가 존재한다. 따라서 이 사람의 (가)에 대한 유전자형은 HHRr이다.

|보|기|풀|이|

ㄱ. 오답 : I의 핵상은 n이고, II의 핵상은 $2n$이다.

ㄴ. 정답 : ㉡과 ㉢은 모두 7번 염색체이고, ㉠은 8번 염색체이다.

ㄷ. 오답 : 이 사람의 (가)에 대한 유전자형은 HHRr이다.

① ㄱ   ② ㄷ   ✓③ ㄱ, ㄴ   ④ ㄴ, ㄷ   ⑤ ㄱ, ㄴ, ㄷ

|자|료|해|설|

운동을 하는 동안 세포 호흡이 활발해지므로 포도당 소비가 증가한다. 따라서 혈당량을 증가시키는 글루카곤의 농도는 높아지고, 혈당량을 감소시키는 인슐린의 농도는 낮아져야 한다. 그러므로 운동 시작 후 농도가 감소하는 ㉠은 인슐린이다.

|보|기|풀|이|

ㄱ. 정답 : 글루카곤은 이자의 α 세포에서 분비된다.

ㄴ. 정답 : 인슐린(㉠)은 세포로의 포도당 흡수를 촉진하고, 포도당을 글리코젠으로 합성하여 혈당량을 감소시킨다.

ㄷ. 오답 : 운동 시작 시점일 때가 t_1일 때보다 인슐린의 농도가 높다. 그러므로 간에서 단위 시간당 생성되는 포도당의 양은 운동 시작 시점일 때가 t_1일 때보다 적다.

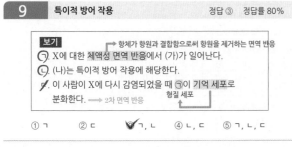

보기
㉠. X에 대한 체액성 면역 반응에서 (가)가 일어난다. → 항체가 항원과 결합함으로써 항원을 제거하는 면역 반응
㉡. (나)는 특이적 방어 작용에 해당한다.
✗. 이 사람이 X에 다시 감염되었을 때 ㉠이 기억 세포로 분화한다. → 2차 면역 반응
형질 세포

① ㄱ   ② ㄷ   ✓③ ㄱ, ㄴ   ④ ㄴ, ㄷ   ⑤ ㄱ, ㄴ, ㄷ

|자|료|해|설|

형질 세포에서 생성된 항체가 항원과 결합함으로써 항원을 제거하는 면역 반응인 (가)는 체액성 면역이고, 세포독성 T 림프구가 병원체에 감염된 세포를 파괴하는 (나)는 세포성 면역이다. 체액성 면역과 세포성 면역은 특정 항원을 인식하여 제거하는 특이적 방어 작용에 해당한다.

|보|기|풀|이|

ㄷ. 오답 : 이 사람이 X에 다시 감염되었을 때 기억 세포가 형질 세포(㉠)로 분화한다.

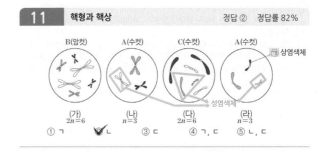

보기
㉠. ㉠은 중간뇌이다. 간뇌
㉡. ㉢은 몸의 평형(균형) 유지에 관여한다.
㉢. ㉣에는 시각 기관으로부터 오는 정보를 받아들이는 영역이 있다. → 대뇌의 감각령에 포함됨

① ㄱ   ② ㄴ   ③ ㄱ, ㄴ   ✓④ ㄴ, ㄷ   ⑤ ㄱ, ㄴ, ㄷ

|자|료|해|설|

㉠은 간뇌, ㉡은 중간뇌, ㉢은 소뇌, ㉣은 대뇌이다. 간뇌(㉠)는 시상과 시상 하부로 구분되며, 시상 하부는 자율 신경계와 내분비계의 조절 중추로서 항상성 유지의 조절 중추이다. 중간뇌(㉡)는 소뇌와 함께 몸의 평형을 조절하고, 안구 운동과 동공의 크기를 조절하는 중추이다. 소뇌(㉢)는 대뇌에서 시작된 수의 운동이 정확하고 원활하게 일어나도록 조절하고, 몸의 평형을 유지하는 중추이다. 대뇌(㉣)는 고등 정신 활동과 감각과 수의 운동의 중추이다.

① ㄱ   ✓② ㄴ   ③ ㄷ   ④ ㄱ, ㄷ   ⑤ ㄴ, ㄷ

|자|료|해|설|

(가)와 (다)는 $2n=6$이고, (나)와 (라)는 $n=3$이다. (가)~(다)에 포함된 염색체의 모양과 크기를 비교했을 때 (가), (나), (다)는 서로 다른 종의 세포라는 것을 알 수 있다. (나)와 (라)를 비교하면 흰색 염색체만 형태가 다르므로 (나)와 (라)는 A의 세포이고, A는 수컷이다. (나)와 (라)에서 흰색 염색체가 성염색체이므로 ㉠은 상염색체이다. 핵상이 $2n$인 (가)에 포함된 상동 염색체의 모양과 크기가 서로 같으므로 (가)는 XX 구성을 갖는 암컷이고, (다)는 회색 상동 염색체의 형태가 다르므로 XY 구성을 갖는 수컷이다. A와 B의 성은 서로 다르므로 암컷인 (가)는 B의 세포이고, 수컷인 (다)는 C의 세포이다.

|보|기|풀|이|

ㄱ. 오답 : (가)는 B의 세포이다.

ㄴ. 정답 : (라)에서 흰색 염색체가 성염색체이므로 ㉠은 상염색체이다.

ㄷ. 오답 : (다)의 성염색체 수는 2이고 (나)의 염색 분체 수는 6이므로

$$\frac{\text{(다)의 성염색체 수}}{\text{(나)의 염색 분체 수}} = \frac{1}{3}\text{이다.}$$

① ㄱ   ✓② ㄴ   ③ ㄷ   ④ ㄱ, ㄴ   ⑤ ㄱ, ㄷ

|자|료|해|설|

토양 속 질산 이온(NO_3^-)의 일부가 질소 기체(N_2)로 전환되어 대기 중으로 돌아가는 (가)는 탈질소 작용(탈질산화 작용)이므로 ㉠은 탈질산화 세균이다. 대기 중의 질소 기체(N_2)가 암모늄 이온(NH_4^+)으로 전환되는 (나)는 질소 고정 작용이며 ㉡은 질소 고정 세균이다.

|보|기|풀|이|

ㄱ. 오답 : (가)는 탈질소 작용이다.

ㄴ. 정답 : 암모늄 이온(NH_4^+, ⓑ)은 질산화 세균에 의해 질산 이온(NO_3^-, ⓐ)으로 전환된다.

ㄷ. 오답 : 탈질산화 세균(㉠)과 질소 고정 세균(㉡)은 분해자이므로 생태계의 구성 요소 중 생물적 요인에 해당한다.

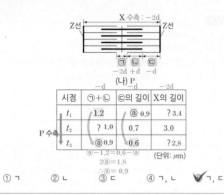

시점	㉠+㉡	㉢의 길이	X의 길이
t_1	1.2	ⓐ 0.9	? 3.4
t_2	? 1.0	0.7	3.0
t_3	ⓐ 0.9	0.6	? 2.8

(단위: μm)

ⓐ−1.2=0.6−ⓐ
2ⓐ=1.8
∴ⓐ=0.9

① ㄱ   ② ㄴ   ③ ㄷ   ④ ㄱ, ㄴ   ⑤ ㄱ, ㄷ ✓

|자|료|해|설|

(가)에서 $t_1 \rightarrow t_2 \rightarrow t_3$로 변할 때 P는 수축하고, Q는 이완한다. (나)에서 근수축으로 근육 원섬유 마디(X)의 길이가 2d만큼 짧아질 때, ㉠은 2d만큼 짧아지고, ㉡의 길이는 d만큼 길어지며, ㉢의 길이는 d만큼 짧아진다. 이때 표에 제시된 '㉠+㉡의 길이 변화는 −2d+d=−d이므로 d만큼 짧아진다. t_2에서 t_3로 변할 때 ㉢의 길이가 0.7에서 0.6으로 짧아졌으므로 근육이 수축하고 있다는 것을 알 수 있다. 따라서 X는 P의 근육 원섬유 마디이다. t_1에서 t_3로 변할 때 '㉠+㉡의 길이 변화량'과 ㉢의 길이 변화량은 −d로 동일하다. 따라서 ⓐ−1.2=0.6−ⓐ이며, ⓐ는 0.9이다.

|보|기|풀|이|

㉠ 정답 : $t_1 \rightarrow t_2 \rightarrow t_3$로 변할 때 근육이 수축하므로 X는 P의 근육 원섬유 마디이다.

ㄴ. 오답 : A대의 길이는 근수축 시 변하지 않는다. 그러므로 X에서 A대의 길이는 t_1일 때가 t_3일 때와 같다.

㉢ 정답 : ㉡의 길이와 ㉢의 길이를 더한 값은 'X의 길이 −(㉠+㉡+㉢의 길이)'로 구할 수 있다. t_1에서 t_2로 변할 때 ㉢의 길이 변화량이 −0.2(−d)이므로 X의 길이 변화량이 −0.4(−2d)이다. 따라서 t_1일 때 X의 길이는 3.4μm이다. 그러므로 t_1일 때 ㉡의 길이와 ㉢의 길이를 더한 값은 3.4−(1.2+0.9)=1.3μm이다.

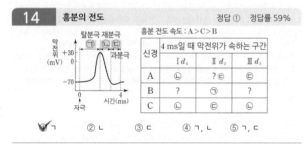

흥분 전도 속도 : A>C>B

4 ms일 때 막전위가 속하는 구간

신경	Ⅰ d_4	Ⅱ d_2	Ⅲ d_3
A	㉡	? ㉢	㉢
B	?	㉠	?
C	㉡	㉢	㉡

① ㄱ ✓   ② ㄴ   ③ ㄷ   ④ ㄱ, ㄴ   ⑤ ㄱ, ㄷ

|자|료|해|설|

㉠은 탈분극, ㉡은 재분극, ㉢은 과분극 과정이 포함되어 있다. 한 신경에서 자극을 준 지점으로부터 가까운 지점일수록 자극이 먼저 도달하기 때문에 막전위 변화가 더 많이 진행된 상태이므로 막전위 변화 그래프에서 더 오른쪽에 위치한 막전위 값을 갖는다. ⓐ일 때, A에서 Ⅲ의 막전위가 속하는 구간인 ㉢은 Ⅰ의 막전위가 속하는 구간인 ㉡보다 막전위 변화 그래프에서 더 오른쪽에 위치한다. 따라서 Ⅲ이 Ⅰ보다 자극을 준 지점과 가깝다는 것을 알 수 있다. 마찬가지로 C에서 Ⅱ의 막전위가 속하는 구간인 ㉢은 Ⅰ과 Ⅲ의 막전위가 속하는 구간인 ㉡보다 막전위 변화 그래프에서 더 오른쪽에 위치한다. 따라서 Ⅱ가 Ⅰ, Ⅲ보다 자극을 준 지점과 가깝다. 이를 종합하면 Ⅱ, Ⅲ, Ⅰ 순으로 자극을 준 지점과 가까우므로 Ⅱ은 d_2, Ⅲ은 d_3, Ⅰ은 d_4이다.
서로 다른 신경의 같은 위치에 자극을 동시에 주고 일정 시간이 지난 뒤 동일한 지점에서 막전위 값을 측정했을 때, 흥분의 전도 속도가 빠른 신경일수록 그 지점에 자극이 먼저 도달하기 때문에 막전위 변화가 더 많이 진행된 상태이므로 막전위 변화 그래프에서 더 오른쪽에 위치한 막전위 값을 갖는다. ⓐ일 때, Ⅱ에서 C의 막전위가 속하는 구간인 ㉢은 B의 막전위가 속하는 구간인 ㉠보다 막전위 변화 그래프에서 더 오른쪽에 위치한다. 따라서 C의 흥분 전도 속도가 B보다 빠르다는 것을 알 수 있다. 마찬가지로 Ⅲ에서 A의 막전위가 속하는 구간인 ㉢은 C의 막전위가 속하는 구간인 ㉡보다 막전위 변화 그래프에서 더 오른쪽에 위치한다. 따라서 A의 흥분 전도 속도가 C보다 빠르다. 이를 종합하면 흥분 전도 속도는 A>C>B 순으로 빠르다.

|보|기|풀|이|

㉠ 정답 : ⓐ일 때 A의 d_3(Ⅲ)에서 과분극(㉢)이 일어나고 있으므로 d_3(Ⅲ)보다 자극이 먼저 도달했던 d_2(Ⅱ)에서의 막전위는 ㉢에 속한다.

ㄴ. 오답 : ⓐ일 때 B의 d_2(Ⅱ)에서 탈분극(㉠)이 일어나고 있으므로 자극을 준 지점으로부터 d_2보다 멀리있는 d_3에서 재분극이 일어날 수 없다.

ㄷ. 오답 : 흥분 전도 속도는 A>C>B이므로, A의 흥분 전도 속도가 가장 빠르다.

보기

ㄱ. ㉠은 '체온보다 높은 온도의 물에 들어갔을 때'이다.

ㄴ. 열 발생량은 구간 Ⅰ에서가 구간 Ⅱ에서보다 적다.

ㄷ. 시상 하부가 체온보다 높은 온도를 감지하면 땀 분비량은 증가한다. ⮡ 열 발산량 증가 ⮡ 고온 자극(㉠)

① ㄱ   ② ㄷ ✓   ③ ㄱ, ㄴ   ④ ㄴ, ㄷ   ⑤ ㄱ, ㄴ, ㄷ

|자|료|해|설|

(가)에서 ㉠일 때 체온이 올라가고 ㉡일 때 체온이 내려갔으므로 ㉠은 '체온보다 높은 온도의 물에 들어갔을 때'이고, ㉡은 '체온보다 낮은 온도의 물에 들어갔을 때'이다. 뜨거운 물에 들어가면 체온이 올라가고, 이를 감지한 시상 하부는 체온이 계속해서 올라가는 것을 막고 체온을 정상 수준으로 유지하기 위해 열 발생량을 감소시키고 열 발산량을 증가시킨다. 반대로 차가운 물에 들어가면 체온이 내려가고, 이를 감지한 시상 하부는 체온이 계속해서 내려가는 것을 막고 체온을 정상 수준으로 유지하기 위해 열 발생량을 증가시키고 열 발산량을 감소시킨다. 뜨거운 물에 들어가면 땀이 나고, 차가운 물에 들어가면 몸이 떨리는 것을 생각하면 이해하기 쉽다. 체온보다 높은 온도의 물에 들어갔을 때(㉠), 땀 분비량은 증가하고 열 발생량은 감소하므로 A는 땀 분비량이고, B는 열 발생량(열 생산량)이다.

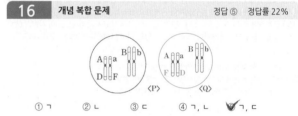

<P>   <Q>

① ㄱ   ② ㄴ   ③ ㄷ   ④ ㄱ, ㄴ   ⑤ ㄱ, ㄷ ✓

|자|료|해|설|

㉠과 ㉡은 각각 한 쌍의 대립유전자에 의해 결정되므로 각각 단일 인자 유전에 해당한다. 표 (가)와 (나)에서는 ㉠과 ㉡이 완전 우성인지 불완전 우성인지를 판단할 수 없다. ㉢은 대립유전자 D, E, F에 의해 결정되므로 복대립 유전에 해당한다. ㉢의 유전자형이 DE인 사람과 EE인 사람의 표현형이 같으므로, 두 사람은 E의 표현형을 나타내며 E는 D에 대해 우성이다. 또한 ㉢의 유전자형이 DF인 사람과 FF인 사람의 표현형이 같으므로, 두 사람은 F의 표현형을 나타내며 F는 D에 대해 우성이다. 따라서 ㉢의 표현형 4가지는 EF, E_(EE, ED), F_(FF, FD), DD이다. 여자 P(AD/aF, Bb)와 남자 Q에서 ㉠~㉢의 표현형이 모두 같으므로, Q의 ㉢의 표현형은 F_(FF 또는 FD)이고, 적어도 A 하나와 B 하나를 갖는다. Q의 ㉢의 유전자형이 FF라고 가정하면 아래와 같이 P와 Q 사이에서 태어난 ⓐ의 ㉠~㉢의 표현형 중 한 가지만 부모와 같을 확률로 $\frac{3}{8}$이 나올 수 없다.

i) ㉠은 불완전 우성, ㉡은 불완전 우성인 경우 : Q(AF/aF, Bb)

P\Q	AF	aF
AD	AAFD	AaFD
aF	AaFF	aaFF

P\Q	B	b
B	BB	Bb
b	Bb	bb

※ⓐ의 표현형 중 부모와 같은 표현형인 경우 색으로 표시함.

※ⓐ의 표현형 중 부모와 (㉠의 표현형만 같을 확률)+(㉡의 표현형만 같을 확률)+(㉢의 표현형만 같을 확률) 순으로 표현함.

$\rightarrow 0+0+\left(\frac{1}{2} \times \frac{1}{2}\right)=\frac{1}{4}$

ii) ㉠은 완전 우성, ㉡은 불완전 우성인 경우 : Q(AF/_F, Bb)

P\Q	AF	_F
AD	AAFD	A_FD
aF	AaFF	*_aFF

P\Q	B	b
B	BB	Bb
b	Bb	bb

$\rightarrow$ *AaFF일 때 : $0+0+0=0$

$\rightarrow$ *aaFF일 때 : $0+0+\left(\frac{1}{4} \times \frac{1}{2}\right)=\frac{1}{8}$

iii) ㉠은 불완전 우성, ㉡은 완전 우성인 경우 : Q(AF/aF, B_)

P\Q	AF	aF
AD	AAFD	AaFD
aF	AaFF	aaFF

P\Q	B	_
B	BB	B_
b	Bb	*_b

$\rightarrow$ *Bb일 때 : $0+0+0=0$

$\rightarrow$ *bb일 때 : $0+0+\left(\frac{1}{2} \times \frac{1}{4}\right)=\frac{1}{8}$

따라서 Q의 ㉢의 유전자형은 FD이다.
A와 a가 완전 우성이라고 가정하면, 아래와 같이 P와 Q 사이에서 태어난 ⓐ의 ㉠~㉢의 표현형 중 한 가지만 부모와 같을 확률로 $\frac{3}{8}$이 나올 수 없다.

i) Q의 ㉠의 유전자형이 AA인 경우 : Q(AD/AF)

P\Q	AD	AF
AD	AADD	AAFD
aF	AaFD	AaFF

※B와 b가 완전 우성이거나 불완전 우성인 경우, ⓒ의 표현형이 부모와 다를 확률의 값은 0 또는 $\frac{1}{4}$ 또는 $\frac{1}{2}$이다(위에서 언급된 표 참고). 이 확률에 대한 값은 물음표(?)로 표시하였다.

$$\rightarrow \left(\frac{1}{4} \times ?\right) + 0 + 0 \neq \frac{3}{8}$$

ii) Q의 ㉠의 유전자형이 Aa인 경우 : Q(AD/aF)

P\Q	AD	aF
AD	AADD	AaFD
aF	AaFD	aaFF

$$\rightarrow \left(\frac{1}{4} \times ?\right) + 0 + \left(\frac{1}{4} \times ?\right) \neq \frac{3}{8}$$

iii) Q의 ㉠의 유전자형이 Aa인 경우 : Q(AF/aD)

P\Q	AF	aD
AD	AAFD	AaDD
aF	AaFF	aaFD

$$\rightarrow \left(\frac{1}{4} \times ?\right) + 0 + \left(\frac{1}{4} \times ?\right) \neq \frac{3}{8}$$

따라서 A와 a는 불완전 우성이고, Q의 ㉠의 유전자형은 Aa이다.

i) Q(AD/aF)인 경우

P\Q	AD	aF
AD	AADD	AaFD
aF	AaFD	aaFF

$$\rightarrow 0 + \left\{\frac{1}{4} \times \left(0 \text{ 또는 } \frac{3}{4} \text{ 또는 } \frac{1}{2}\right)\right\} + \left(\frac{1}{4} \times ?\right) \neq \frac{3}{8}$$

ii) Q(AF/aD)인 경우

P\Q	AF	aD
AD	AAFD	AaDD
aF	AaFF	aaFD

$$\rightarrow \left(\frac{1}{4} \times ?\right) + 0 + \left(\frac{1}{2} \times ?\right)$$

→ B와 b(불완전 우성)일 때 :

$$\left(\frac{1}{4} \times \frac{1}{2}\right) + 0 + \left(\frac{1}{2} \times \frac{1}{2}\right) = \frac{3}{8}$$

정리하면 A와 a, B와 b는 모두 불완전 우성이고, Q의 유전자형은 (AF/aD, Bb)이다.

|보|기|풀|이|
㉠ 정답 : ⓒ의 표현형은 3가지(BB, Bb, bb)이므로 BB인 사람과 Bb인 사람의 표현형은 서로 다르다.
ㄴ. 오답 : Q(AF/aD, Bb)에서 A, B, D를 모두 갖는 정자는 형성될 수 없다.
㉢ 정답 : ⓐ에게서 나타날 수 있는 표현형은 4가지(AAFD, AaFF, AaDD, aaFD)×3가지(BB, Bb, bb)=최대 12가지이다.

---

17 개념 복합 문제　　정답 ① 정답률 25%

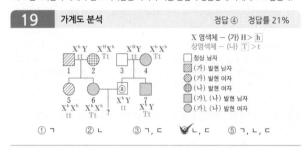

① ㄱ　　② ㄴ　　③ ㄷ　　④ ㄱ, ㄴ　　⑤ ㄱ, ㄷ

|자|료|해|설|
Q(AabbDd)의 정상 세포에서 b의 DNA 상대량은 1, 2, 4 중 하나의 값을 갖는다. ㉠이 0이라고 가정하면, Ⅴ와 Ⅵ에서 b의 DNA 상대량은 모두 0이므로 Ⅴ와 Ⅵ 모두 비정상적인 세포가 되기 때문에 ㉠은 0이 아니다.
ⓒ이 0이라고 가정하면, Ⅳ에서 D와 d의 DNA 상대량이 모두 0이므로 Ⅳ는 비정상적인 세포이다. 이때 정상 세포 Ⅴ에서 a와 B의 DNA 상대량이 0이므로 Ⅴ의 핵상은 n이고, Ⅴ는 A와 b를 갖는다. ㉠과 ⓒ은 각각 1 또는 2 중 하나에 해당하는데, 정상 세포에서 이는 불가능하므로 ⓒ은 0이 아니다. 따라서 ⓒ의 값이 0이라는 것을 알 수 있다.
Ⅰ에서 D와 d의 DNA 상대량이 모두 0이므로 Ⅰ이 ⓐ이다. ⓐ는 결실 또는 염색체 비분리가 일어나 염색체 하나를 갖지 않는 상태 중 하나에 해당하며, 이때 핵상이 n인 Ⅰ에서 a의 DNA 상대량이 1일 때 b의 DNA 상대량(ⓒ)은 2가 될 수 없다. 따라서 ⓒ은 1이고, ㉠은 2이다.
Ⅰ, Ⅱ, Ⅲ의 핵상은 모두 n이고, DNA 상대량을 토대로 각 세포에 포함된 유전자를 정리하면 Ⅰ(ⓐ)은 ab, Ⅱ는 ABD(복제된 상태), Ⅲ은 AbD이다. 이를 통해 P에서 A와 D가 같은 염색체에 존재하고, Ⅰ(ⓐ)에게서 d가 결실되었다는 것을 알 수 있다. ⓑ는 염색체 비분리가 1회 일어나 형성된 염색체 수가 비정상적인 세포이고, Ⅴ에서 a와 D의 DNA 상대량이 1이고 b의 DNA 상대량이 2이므로 Ⅴ는 b를 갖는 염색체에서 비분리가 일어나 형성된 ⓑ라는 것을 알 수 있다. Ⅳ의 핵상은 2n, Ⅴ와 Ⅵ의 핵상은 n이고 DNA 상대량을 토대로 각 세포에 포함된 유전자를 정리하면 Ⅳ는 AabbDd, Ⅴ는 abbD, Ⅵ은 Abd(복제된 상태)이다. 연관 상태를 유전자형으로 나타내면 P(AD/ad, Bb), Q(Ad/aD, bb)이다.

|보|기|풀|이|
㉠ 정답 : (가)의 유전자와 (다)의 유전자는 같은 염색체에 함께 존재한다.
ㄴ. 오답 : Ⅳ(AabbDd)는 염색체 수가 정상적인 2n의 세포이다.
ㄷ. 오답 : ⓐ(ab)에서 a의 DNA 상대량은 1이고, ⓑ(abbD)에서 d의 DNA 상대량은 0이다.

---

18 개체군, 군집　　정답 ④ 정답률 80%

① ㄱ　　② ㄴ　　③ ㄷ　　④ ㄱ, ㄴ　　⑤ ㄱ, ㄷ

|자|료|해|설|
사슴의 개체 수가 증가하여 식물 군집의 생물량이 감소하는 (나)는 Ⅰ이고, 식물 군집의 생물량이 감소하여 사슴의 개체 수가 감소하는 (가)는 Ⅱ이다.

|보|기|풀|이|
㉠ 정답 : (가)는 Ⅱ이고, (나)는 Ⅰ이다.
㉡ 정답 : 환경 저항은 개체군의 생장을 억제하는 요인으로 먹이 부족, 생활 공간 부족, 노폐물 증가, 천적과 질병의 증가 등을 포함한다. 실제 환경에서 환경 저항은 항상 작용하므로 Ⅰ시기 동안 사슴 개체군에 환경 저항이 작용하였다.
ㄷ. 오답 : 사슴의 개체 수는 포식자뿐만 아니라 식물 군집의 생물량에 의해서도 조절된다.

---

19 가계도 분석　　정답 ④ 정답률 21%

① ㄱ　　② ㄴ　　③ ㄱ, ㄷ　　④ ㄴ, ㄷ　　⑤ ㄱ, ㄴ, ㄷ

|자|료|해|설|
가계도를 통해 형질의 우열과 유전자의 위치(상염색체 또는 성염색체)를 알 수 없으며, 주어진 표를 이용하여 이를 구분해야 한다. (가)와 (나)가 모두 발현되지 않은 3에서 ㉠과 ㉡의 DNA 상대량을 더한 값이 0이므로 ㉠은 (가) 발현 유전자이고, ㉡은 (나) 발현 유전자이다. 1은 (가)가 발현되었으므로 ㉠을 하나 갖고, ㉠과 ㉡의 DNA 상대량을 더한 값이 1이므로 ㉡을 갖지 않는다. 6은 1로부터 ㉠을 하나 물려받았는데 ㉠과 ㉡의 DNA 상대량을 더한 값이 3이므로 2로부터 ㉠과 ㉡을 하나씩 물려받았다는 것을 알 수 있다. (나)에 대한 유전자형이 이형 접합인 6에서 (나)가 발현되었으므로 (나)는 우성 형질이다. 또한 ㉠을 갖는 2에서 (가)가 발현되지 않았으므로 (가)는 열성 형질이다. 그러므로 ㉠은 h이고, ㉡은 T이다.
㉠(h)이 상염색체에 있다고 가정하면, 1의 유전자형은 Hh이므로 (가)가 발현되지 않아야 한다. 이는 모순이므로 (가)를 결정하는 유전자는 X 염색체에 존재한다. (나)를 결정하는 유전자가 X 염색체에 함께 존재한다고 가정하면 1은 $X^{hT}Y$, 5는 $X^{hT}X^h$, 6은 X^hTX^{ht}이다. 이때 2의 유전자형이 $X^{hT}X^{ht}$가 되므로 (가)와 (나)가 모두 발현되어야 한다. 이는 모순이므로 (나)를 결정하는 유전자는 상염색체에 존재한다. ⓐ는 남성이고 4번으로부터 X^h를 받는다. 또한 ㉠(h)과 ㉡(T)의 DNA 상대량을 더한 값이 1이므로 ⓐ는 X^hYtt이다. 이를 토대로 구성원의 유전자형을 정리하면 첨삭된 내용과 같다.

X 염색체 - (가) H> h
상염색체 - (나) T > t

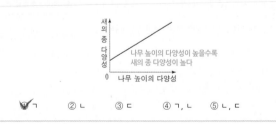

□ 정상 남자
◎ (가) 발현 남자
▨ (가) 발현 여자
⊞ (나) 발현 여자
⊞ (나) 발현 여자
■ (가), (나) 발현 남자
● (가), (나) 발현 여자

|보|기|풀|이|
ㄱ. 오답 : (나)의 유전자는 상염색체에 있다.
㉡ 정답 : 4(X^hX^hTt)에서 체세포 1개당 T(㉡)의 DNA 상대량은 1이다.
㉢ 정답 : 6(X^hX^hTt)과 ⓐ(X^hYtt) 사이에서 아이가 태어날 때, 이 아이에게서 (가)와 (나)가 모두 발현될 확률은 1(X^hX^h 또는 X^hY일 확률)×$\frac{1}{2}$(Tt일 확률)=$\frac{1}{2}$이다.

---

20 생물 다양성　　정답 ① 정답률 84%

(그래프: 나무 높이의 다양성 vs 새의 종 다양성)
새의 종 다양성 / 나무 높이의 다양성
나무 높이의 다양성이 높을수록 새의 종 다양성이 높다

① ㄱ　　② ㄴ　　③ ㄷ　　④ ㄱ, ㄴ　　⑤ ㄴ, ㄷ

|자|료|해|설|
h_1의 높이에서 ㉠과 ㉣, h_2의 높이에서 ㉡과 ㉢, h_3의 높이에서 ㉢과 ㉤의 종이 서식한다.

|보|기|풀|이|
㉠ 정답 : ㉠은 약 3m 이하의 높이에 서식하고, ㉤은 약 9m 이상의 높이에서 서식한다. 따라서 ㉠이 서식하는 높이는 ㉤이 서식하는 높이보다 낮다.
ㄴ. 오답 : 개체군은 같은 종의 개체들로 이루어진 집단을 의미한다. ㉡과 ㉢은 서로 다른 종이므로 구간 Ⅰ에서 ㉡과 ㉢은 서로 다른 개체군을 이루어 서식한다.
ㄷ. 오답 : 나무 높이의 다양성이 낮을수록 새의 종 다양성이 낮다. 따라서 높이가 h_3인 나무만 있는 숲은 높이가 h_1, h_2, h_3인 나무가 고르게 분포하는 숲보다 나무의 종 다양성이 낮으므로 새의 종 다양성 또한 낮다.

문제편 p.314

1	⑤	2	⑤	3	④	4	②	5	③
6	⑤	7	④	8	⑤	9	①	10	②
11	②	12	③	13	①	14	②	15	④
16	①	17	③	18	③	19	⑤	20	②

---

1 생명 현상의 특성　　　　　정답 ⑤　정답률 96%

> **보기**
> ㄱ. (가)에서 유전 물질이 자손에게 전달된다.
> ㄴ. (다)에서 물질대사가 일어난다.
> ㄷ. (라)는 자극에 대한 반응의 예에 해당한다.

① ㄱ　　② ㄴ　　③ ㄱ, ㄷ　　④ ㄴ, ㄷ　　✓⑤ ㄱ, ㄴ, ㄷ

|자|료|해|설|
암컷이 짝짓기 후 알을 낳는 (가)는 생식과 유전에 해당한다. 애벌레가 ATP를 분해해 얻은 에너지로 빛을 내는 (다)는 물질대사에 해당하며, 애벌레가 먹이의 움직임을 감지해 실을 끌어 올리는 (라)는 자극에 대한 반응이다.

|보|기|풀|이|
ㄱ. 정답 : (가)의 생식과 유전의 과정에서 유전 물질에 해당하는 DNA가 자손에게 전달된다.

---

2 세포 호흡 과정, 에너지의 전환과 이용　　정답 ⑤　정답률 75%

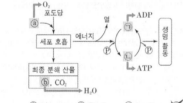

① ㄱ　　② ㄴ　　③ ㄱ, ㄷ　　④ ㄴ, ㄷ　　✓⑤ ㄱ, ㄴ, ㄷ

|자|료|해|설|
세포 호흡 과정에서 세포는 산소를 이용해 포도당을 물과 이산화 탄소로 분해하며, 이 때 방출되는 에너지의 일부는 ATP의 형태로 저장되고 ATP가 ADP와 무기 인산(P_i)으로 분해되면서 방출되는 에너지가 여러 가지 생명 활동에 사용된다. 따라서 ⓐ는 O_2, ⓑ는 H_2O이고 ㉠은 ADP, ㉡은 ATP이다.

|보|기|풀|이|
ㄴ. 정답 : 세포 호흡 결과 발생한 H_2O(ⓑ)는 호흡계를 통해 수증기의 형태로 배출될 수 있다.
ㄷ. 정답 : 근육은 ATP(㉡)에 저장된 에너지를 사용해 수축한다.

---

3 질병을 일으키는 병원체　　　정답 ④　정답률 72%

> **보기**
> ㄱ. 무좀의 병원체는 ~~세균~~이다. → 곰팡이
> ㄴ. '병원체는 살아 있는 숙주 세포 안에서만 증식할 수 있다.'는 (가)에 해당한다. → 바이러스의 무생물적 특성
> ㄷ. 유전자 돌연변이에 의한 질병 중에는 ⓐ가 있다.

|자|료|해|설|
무좀과 독감은 병원체에 의해 전염될 수 있는 감염성 질병이고, 낫 모양 적혈구 빈혈증은 병원체 없이 유전자 돌연변이에 의해 발생할 수 있는 비감염성 질병이다.

|보|기|풀|이|
ㄱ. 오답 : 무좀의 병원체인 곰팡이는 균류이며, 다세포 진핵생물이다. 세균은 단세포 원핵생물이다.
ㄴ. 정답 : 독감의 병원체인 바이러스는 스스로 증식할 수 없고 살아 있는 숙주 세포 안에서만 증식할 수 있는 특성을 가진다.
ㄷ. 정답 : 낫 모양 적혈구 빈혈증은 유전자 돌연변이에 의해 비정상적인 헤모글로빈이 합성되어 발생하는 질병이다.

---

4 체세포 분열　　　　　　　정답 ②　정답률 74%

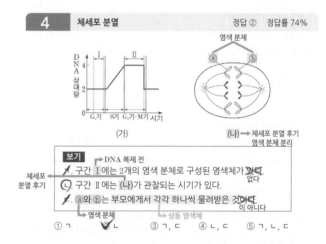

> **보기**
> ㄱ. 구간 Ⅰ에는 2개의 염색 분체로 구성된 염색체가 ~~있다.~~ → DNA 복제 전 / 없다.
> ㄴ. 구간 Ⅱ에는 (나)가 관찰되는 시기가 있다.
> ㄷ. ⓐ와 ⓑ는 부모에게서 각각 하나씩 물려받은 것~~이다.~~ → 염색 분체 / 상동 염색체 / 이 아니다

① ㄱ　　✓② ㄴ　　③ ㄱ, ㄷ　　④ ㄴ, ㄷ　　⑤ ㄱ, ㄴ, ㄷ

|자|료|해|설|
DNA 상대량이 2인 구간 Ⅰ은 G_1기에 포함되고, DNA 상대량이 4로 두 배인 구간 Ⅱ는 G_2~분열 후기에 해당한다. 그림 (나)는 체세포 분열 후기에 염색 분체가 분리되고 있는 세포를 나타낸 것으로 ⓐ와 ⓑ는 S기에 복제를 통해 만들어진 염색 분체이다.

|보|기|풀|이|
ㄱ. 오답 : 구간 Ⅰ은 DNA 복제(S기) 전의 시기이므로 2개의 염색 분체로 구성된 염색체가 존재하지 않는다.

---

5 기관계의 통합적 작용　　　정답 ③　정답률 89%

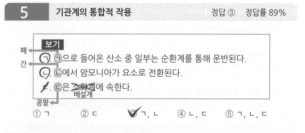

> **보기**
> ㄱ. ㉠으로 들어온 산소 중 일부는 순환계를 통해 운반된다.
> ㄴ. ㉡에서 암모니아가 요소로 전환된다.
> ㄷ. ㉢은 ~~소화계~~에 속한다. → 배설계

① ㄱ　　② ㄷ　　✓③ ㄱ, ㄴ　　④ ㄴ, ㄷ　　⑤ ㄱ, ㄴ, ㄷ

|자|료|해|설|
㉠은 폐, ㉡은 간, ㉢은 콩팥이다.

|보|기|풀|이|
ㄱ. 정답 : 폐에서는 기체 교환을 통해 산소를 흡수하고 이산화 탄소를 배출한다. 흡수한 산소 중 일부는 순환계를 통해 온몸의 세포에 운반된다.
ㄴ. 정답 : 간에서는 단백질 대사에서 발생하는 질소 노폐물인 암모니아를 요소로 전환한다.
ㄷ. 오답 : 콩팥은 요소를 비롯한 노폐물을 오줌의 형태로 내보내는 배설계에 해당한다.

<table>
<tr><td>**6**</td><td colspan="2">호르몬의 종류와 기능</td><td>정답 ⑤</td><td>정답률 83%</td></tr>
</table>

호르몬	내분비샘
티록신 A	갑상샘
항이뇨 호르몬(ADH) B	뇌하수체 후엽
갑상샘 자극 호르몬(TSH)	㉠ ➡ 뇌하수체 전엽

① ㄱ　　　② ㄷ　　　③ ㄱ, ㄴ　　　④ ㄴ, ㄷ　　　**⑤ ㄱ, ㄴ, ㄷ**

|자|료|해|설|
TSH는 갑상샘을 자극하여 티록신 분비를 촉진시키는 기능을 한다.

|보|기|풀|이|
ㄴ 정답 : B는 항이뇨 호르몬(ADH)으로, 표적 기관인 콩팥에 작용하여 물의 재흡수를 촉진해 삼투압을 조절한다.

<table>
<tr><td>**7**</td><td colspan="2">개념 복합 문제</td><td>정답 ④</td><td>정답률 58%</td></tr>
</table>

X 염색체에 존재 ← → 상염색체에 존재
상염색체에 존재

세포	DNA 상대량					
	A	a	B	b	D	d
2n, 수컷(㉡) Ⅰ	0	?2	2	?2	4	0
n, 암컷(㉠) Ⅱ	0	2	0	2	?0	2
2n, 수컷(㉡) Ⅲ	?0	1	1	1	2	?0
n, 암컷(㉠) Ⅳ	?1	0	1	?0	1	0

① ㄱ　　　② ㄴ　　　③ ㄱ, ㄷ　　　**④ ㄴ, ㄷ**　　　⑤ ㄱ, ㄴ, ㄷ

|자|료|해|설|
Ⅰ에서 D의 상대량이 4이므로 핵상이 2n이며 DNA 복제 후인 세포임을 알 수 있고, Ⅲ에서 B와 b의 상대량이 각각 1이므로 핵상이 2n이며 DNA 복제 전인 세포임을 알 수 있다. Ⅱ는 d를 가지므로 d를 갖지 않는 Ⅰ이나 Ⅲ과 같은 개체의 세포일 수 없다. 또한 Ⅰ~Ⅳ 중 2개가 ㉠의 세포, 나머지 2개가 ㉡의 세포이므로 Ⅰ과 Ⅲ이 같은 개체의 세포이고, Ⅱ와 Ⅳ가 같은 개체의 세포이다.
Ⅰ과 Ⅲ은 (가)~(다)에 대한 유전자형이 aBbDD인 개체의 세포이다. (가)에 대해 유전자 a만 1개 가지므로, (가)의 유전자는 X 염색체에 있고 Ⅰ과 Ⅲ은 수컷 개체인 ㉡의 세포이다. 나머지 세포 Ⅱ와 Ⅳ는 암컷 개체인 ㉠의 세포이며 핵상이 n이고, ㉠의 (가)~(다)에 대한 유전자형은 AaBbDd이다.

<table>
<tr><td>**8**</td><td colspan="2">중추 신경계</td><td>정답 ⑤</td><td>정답률 76%</td></tr>
</table>

구분	중간뇌·뇌교·연수	특징
연수 A		뇌줄기를 구성한다.
간뇌 B	시상 하부 ← ㉠ 체온 조절 중추가 있다.	
척수 C		교감 신경의 신경절 이전 뉴런의 신경 세포체가 있다.

① ㄱ　　　② ㄴ　　　③ ㄱ, ㄷ　　　④ ㄴ, ㄷ　　　**⑤ ㄱ, ㄴ, ㄷ**

|자|료|해|설|
뇌줄기는 중간뇌, 뇌교, 연수로 구성되므로 A는 연수이고, 체온 조절 중추인 시상 하부가 있는 B는 간뇌이다. 교감 신경의 신경절 이전 뉴런의 신경 세포체가 있는 C는 척수이다.

|보|기|풀|이|
ㄷ 정답 : 교감 신경의 신경절 이전 뉴런과 일부 부교감 신경의 신경절 이전 뉴런의 신경 세포체가 척수에 있다.

<table>
<tr><td>**9**</td><td colspan="2">생물 다양성</td><td>정답 ①</td><td>정답률 83%</td></tr>
</table>

① A　　　② B　　　③ A, C　　　④ B, C　　　⑤ A, B, C

|보|기|풀|이|
학생 A. 정답 : 같은 종의 무당벌레에서 다양한 색과 무늬가 나타나는 것은 유전적 변이에 따른 것으로, 유전적 다양성의 예시이다.
학생 B. 오답 : 한 생태계 내의 생물 종의 다양한 정도는 생물 종 다양성이라 한다.
학생 C. 오답 : 종의 수가 많을수록, 종의 수가 같을 때는 종의 비율이 고를수록(균등할수록) 생물 종 다양성이 높다.

<table>
<tr><td>**10**</td><td colspan="2">골격근의 구조와 수축 원리</td><td>정답 ②</td><td>정답률 59%</td></tr>
</table>

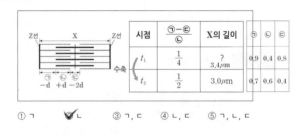

시점	㉠-㉢／㉡	X의 길이	㉠	㉡	㉢
t_1	$\frac{1}{4}$	? 3.4μm	0.9	0.4	0.8
t_2	$\frac{1}{2}$	3.0μm	0.7	0.6	0.4

① ㄱ　　　**② ㄴ**　　　③ ㄱ, ㄷ　　　④ ㄴ, ㄷ　　　⑤ ㄱ, ㄴ, ㄷ

|자|료|해|설|
마이오신 필라멘트의 길이에 해당하는 A대의 길이는 어느 시점이든 변하지 않고 일정하므로 t_2일 때도 1.6μm이다.
따라서 t_2일 때 ㉠ = $\frac{X의 길이 - A대의 길이}{2} = \frac{3.0-1.6}{2} = 0.7$μm이다.
또한 ㉢ = (A대의 길이 - 2㉡)이므로 t_2일 때 $\frac{㉠-㉢}{㉡} = \frac{\{0.7-(1.6-2㉡)\}}{㉡} = \frac{1}{2}$이고
따라서 t_2일 때 ㉡ = 0.6μm이고 ㉢ = 0.4μm이다.
근육 원섬유 마디 X의 길이가 2d만큼 짧아질 때 ㉠은 d만큼 짧아지고, ㉡은 d만큼 길어지고, ㉢은 2d만큼 짧아진다. 이를 이용하면
t_1일 때 $\frac{㉠-㉢}{㉡} = \frac{\{(0.7+d)-(0.4+2d)\}}{0.6-d} = \frac{1}{4}$이므로 d=0.2μm이며, t_1에서 t_2로 변할 때 X의 길이는 0.4μm만큼 짧아졌다.

|보|기|풀|이|
ㄱ. 오답 : 근육 섬유(근육 세포)는 근육 원섬유로 구성되어 있다.

<table>
<tr><td>**11**</td><td colspan="2">흥분의 전도와 전달</td><td>정답 ②</td><td>정답률 51%</td></tr>
</table>

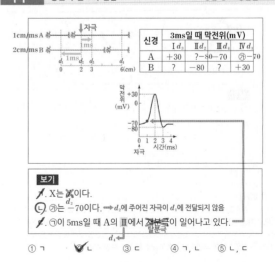

신경	3ms일 때 막전위(mV)			
	Ⅰ d_3	Ⅱ d_2	Ⅲ d_1	Ⅳ d_1
A	+30	?-80	-70	㉮ -70
B	?	-80	?	+30

보기
ㄱ. X는 ㉡이다.
ㄴ. ㉮는 -70이다. ➡ d_2에 주어진 자극이 d_1에 전달되지 않음
ㄷ. ㉠이 5ms일 때 A의 Ⅲ에서 재분극이 일어나고 있다.

① ㄱ　　　**② ㄴ**　　　③ ㄷ　　　④ ㄱ, ㄴ　　　⑤ ㄴ, ㄷ

|자|료|해|설|
B의 Ⅱ에서 측정된 막전위 −80mV는 해당 지점에 자극이 도달한 뒤 3ms가 지났을 때 측정되는 값이다. 이는 A와 B의 지점 X에 역치 이상의 자극을 동시에 1회 주고 경과된 시간이 3ms일 때 측정한 값이므로 Ⅱ가 자극을 준 지점 X이다. 따라서 A의 Ⅱ에서 측정된 막전위도 −80mV이다.

A와 B 모두에서 +30mV, −80mV의 막전위를 나타낸 지점이 존재하며, 막전위 변화 그래프에서 두 값은 1ms의 시간차를 갖는다. 흥분 전도 속도가 1cm/ms인 신경에서 +30mV, −80mV의 막전위를 나타낸 두 지점은 1cm만큼 떨어져 있고, 흥분 전도 속도가 2cm/ms인 신경에서는 두 지점이 2cm만큼 떨어져 있다. 이를 만족하는 경우는 자극을 준 지점 X가 d_2이고, A의 흥분 전도 속도가 1cm/ms, B의 흥분 전도 속도가 2cm/ms일 때이다. 이때 A에 +30mV의 값을 나타낸 Ⅰ은 d_2로부터 1cm만큼 떨어진 d_3이고, B에서 +30mV의 값을 나타낸 Ⅳ는 d_2로부터 2cm만큼 떨어진 d_1이다. 정리하면 Ⅰ은 d_3, Ⅱ는 d_2, Ⅲ은 d_4, Ⅳ는 d_1이다.

A의 d_2에 주어진 자극은 d_1으로 전달될 수 없기 때문에 ㉠이 3ms일 때 A의 Ⅳ(d_1)에서 측정된 막전위 ⓐ는 −70mV(휴지 전위)이다.

|보|기|풀|이|
ㄷ. 오답 : ㉠이 5ms일 때 A의 d_2에 주어진 자극이 Ⅲ(d_4)에 도달하는데 4ms가 걸리므로 남은 1ms 동안 막전위 변화가 일어난다. 따라서 ㉠이 5ms일 때 A의 Ⅲ(d_4)에서 탈분극이 일어나고 있다.

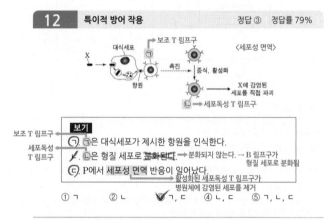

보조 T 림프구
세포독성
T 림프구

보기
㉠ ㉠은 대식세포가 제시한 항원을 인식한다.
✗ ㉡은 형질 세포로 분화된다. → 분화되지 않는다. → B 림프구가 형질 세포로 분화됨
㉢ P에서 세포성 면역 반응이 일어났다. → 활성화된 세포독성 T 림프구가 병원체에 감염된 세포를 제거

① ㄱ   ② ㄴ   ✓ ㄱ, ㄷ   ④ ㄴ, ㄷ   ⑤ ㄱ, ㄴ, ㄷ

|자|료|해|설|
활성화된 세포독성 T 림프구가 병원체에 감염된 세포를 제거하는 세포성 면역 반응이다.

|보|기|풀|이|
㉠ 정답 : 보조 T 림프구(㉠)는 대식세포가 제시한 항원을 인식하여 활성화된다.
ㄴ. 오답 : 세포독성 T 림프구(㉡)는 형질 세포로 분화되지 않는다. 보조 T 림프구의 도움을 받은 B 림프구가 기억 세포와 형질 세포로 분화된다.

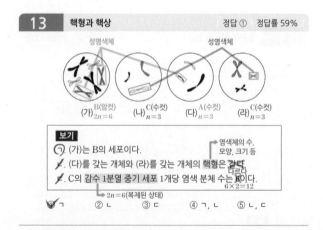

보기
㉠ (가)는 B의 세포이다.
✗ (다)를 갖는 개체와 (라)를 갖는 개체의 핵형은 같다. → 다르다
✗ C의 감수 1분열 중기 세포 1개당 염색 분체 수는 8이다. → 6×2=12
　　　2n=6(복제된 상태)

✓ ㄱ   ② ㄴ   ③ ㄷ   ④ ㄱ, ㄷ   ⑤ ㄴ, ㄷ

|자|료|해|설|
(가)는 2n=6이고, (나)~(라)는 n=3이다. (가)와 (다)를 비교하면 회색 염색체만 형태가 다르므로 회색 염색체가 성염색체이고, (가)와 (다)는 같은 종이다. 핵상이 2n인 (가)에 포함한 상동 염색체의 모양과 크기가 서로 같으므로 (가)는 XX 구성을 갖는 암컷이고, (다)는 다른 성염색체를 포함하므로 XY 구성을 갖는 수컷이다.

(나)와 (라)는 (가), (다)와 염색체 형태가 다르므로 C의 세포이고, (나)와 (라)를 비교하면 흰색 염색체만 형태가 다르므로 흰색 염색체가 성염색체이며 C는 XY의 구성을 갖는 수컷이다. A와 C의 성이 같다고 했으므로 A는 수컷이다. 따라서 암컷인 (가)는 B의 세포이고, 수컷인 (다)는 A의 세포이다.

|보|기|풀|이|
ㄷ. 오답 : C의 감수 1분열 중기 세포(2n=6)는 복제된 상태이므로 세포 1개당 염색 분체 수는 6×2=12이다.

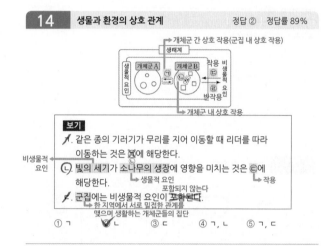

비생물적
요인

보기
✗ 같은 종의 기러기가 무리를 지어 이동할 때 리더를 따라 이동하는 것은 ㉠에 해당한다.
㉡ 빛의 세기가 소나무의 생장에 영향을 미치는 것은 ㉢에 해당한다. → 생물적 요인 포함되지 않는다 → 작용
✗ 군집에는 비생물적 요인이 포함된다. → 한 지역에서 서로 밀접한 관계를 맺으며 생활하는 개체군들의 집단

① ㄱ   ✓ ㄴ   ③ ㄷ   ④ ㄱ, ㄴ   ⑤ ㄱ, ㄷ

|보|기|풀|이|
ㄱ. 오답 : 같은 종의 기러기가 무리를 지어 이동할 때 리더를 따라 이동하는 리더제는 개체군 내 상호 작용(㉢)에 해당한다.
㉡ 정답 : 빛의 세기(비생물적 요인)가 소나무의 생장(생물적 요인)에 영향을 미치는 것은 작용(㉢)에 해당한다.
ㄷ. 오답 : 군집은 한 지역에서 서로 밀접한 관계를 맺으며 생활하는 개체군들의 집단이므로 비생물적 요인이 포함되지 않는다.

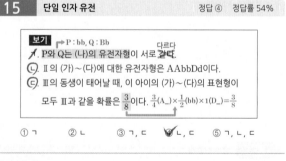

보기 → P : bb, Q : Bb
✗ P와 Q는 (나)의 유전자형이 서로 같다. → 다르다
㉡ Ⅱ의 (가)~(다)에 대한 유전자형은 AAbbDd이다.
㉢ Ⅲ의 동생이 태어날 때, 이 아이의 (가)~(다)의 표현형이 모두 Ⅲ과 같을 확률은 $\frac{3}{8}$이다. $\frac{3}{4}$(A_)×$\frac{1}{2}$(bb)×1(D_)=$\frac{3}{8}$

① ㄱ   ② ㄴ   ③ ㄱ, ㄷ   ✓ ㄴ, ㄷ   ⑤ ㄱ, ㄴ, ㄷ

|자|료|해|설|
P는 대립유전자 B와 D를 갖지 않고 d를 가지므로 P의 (나)와 (다)에 대한 유전자형은 bbdd이다. Q는 D를 갖고 d를 갖지 않으므로 Q의 (다)에 대한 유전자형은 DD이다. 따라서 자녀 Ⅰ~Ⅲ의 (다)에 대한 유전자형은 Dd로 동일하다. 그림에서 Ⅰ의 (A+B+D)의 값이 10이므로 Ⅰ은 aabbDd이고, P는 _abbdd, Q는 _a_bDD이다.

(A+B+D)의 값이 3인 Ⅱ에서 A+B의 값은 2이고, (A+B+D)의 값이 2인 Ⅲ에서 A+B의 값은 1이다. Ⅲ이 B를 갖는다고 가정하면 A를 갖지 않으므로 Ⅲ은 aaBbDd이고, Ⅲ과 (가)~(다)의 표현형이 모두 같은 Ⅱ는 aaBbDd이어야 한다. 이는 Ⅱ에서 A+B의 값이 2라는 것에 모순이므로 Ⅲ은 A를 갖는다. 따라서 조건을 만족하는 Ⅲ은 AabbDd이고, Ⅱ는 AAbbDd이다. 이때 P는 Aabbdd이고, Q는 Aa_bDD이다. (가)와 (나) 중 한 형질에 대해서만 P와 Q의 유전자형이 서로 같으므로 Q는 AaBbDD이다.

|보|기|풀|이|
㉢ 정답 : 부모 P(Aabbdd)와 Q(AaBbDD)로부터 Ⅲ의 동생이 태어날 때, 이 아이의 (가)~(다)의 표현형이 모두 Ⅲ(AabbDd)과 같을 확률은 $\frac{3}{4}$(A_)×$\frac{1}{2}$(bb)×1(D_)=$\frac{3}{8}$이다.

---

16 항상성 유지　　　　　정답 ①　정답률 80%

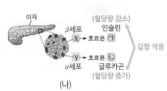

（가）　　　　　（나）

보기

ㄱ. ⊙과 ⓒ은 혈중 포도당 농도 조절에 길항적으로 작용한다.

ㄴ. ⓒ은 간에서 포도당이 글리코젠으로 전환되는 과정을 촉진한다.

ㄷ. X는 α세포이다.

① ㄱ　② ㄴ　③ ㄱ, ㄷ　④ ㄴ, ㄷ　⑤ ㄱ, ㄴ, ㄷ

|보|기|풀|이|

ㄱ. 정답 : 인슐린(⊙)과 글루카곤(ⓒ)은 혈중 포도당 농도 조절에 길항적으로 작용한다.

ㄴ. 오답 : 글루카곤(ⓒ)은 간에서 글리코젠이 포도당으로 전환되는 과정을 촉진하며, 인슐린은 그 반대 과정을 촉진한다.

ㄷ. 오답 : X는 인슐린(⊙)을 분비하는 이자의 β세포이다.

17 가계도 분석　　　　　정답 ③　정답률 28%

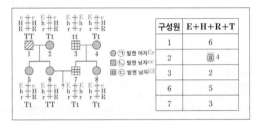

구성원	E+H+R+T
1	6
2	ⓐ 4
3	2
6	5
7	3

보기

ㄱ. ⓐ는 4이다. → 2의 유전자형 : Ehr/eHR, Tt

ㄴ. 구성원 4에서 E, h, r, T를 모두 갖는 생식세포가 형성될 수 있다. → 4의 유전자형 : Ehr/eHR, Tt
(HR/hr 또는 hr/hr)+(TT 또는 Tt) → 대문자 수 : 1, 2, 3, 4 (4가지)

ㄷ. 구성원 6과 7 사이에서 아이가 태어날 때, 이 아이에게서 나타날 수 있는 （나）의 표현형은 최대 6가지이다.
4가지

① ㄱ　② ㄷ　③ ㄱ, ㄴ　④ ㄴ, ㄷ　⑤ ㄱ, ㄴ, ㄷ

18 연역적 탐구의 설계　　　　　정답 ③　정답률 83%

보기

ㄱ. ⓒ은 B이다. → 종속 변인

ㄴ. 조작 변인은 벼의 생물량이다. → 개체군의 생장을 억제하는 요인

ㄷ. ⊙에서 왕우렁이 개체군에 환경 저항이 작용하였다.

① ㄱ　② ㄴ　③ ㄱ, ㄷ　④ ㄴ, ㄷ　⑤ ㄱ, ㄴ, ㄷ

|자|료|해|설|

제시된 탐구는 연역적 탐구 방법이며, （가）~（라）는 순서대로 관찰 및 가설 설정, 탐구 설계 및 수행, 탐구 결과 정리, 결론 도출 단계에 해당한다. 자라가 왕우렁이의 개체 수를 감소시켜 벼의 생물량이 증가한다는 결론을 내렸으므로 （다）에서 벼의 생물량이 더 많았던 ⊙이 자라를 풀어놓은 A이고, ⓒ이 B이다.

대조 실험이 진행되었으며, 자라를 풀어놓은 A(⊙)가 실험군이고 B(ⓒ)는 대조군이다. 조작 변인은 자라의 유무이고, 실험 결과에 해당하는 종속 변인은 벼의 생물량이다.

|보|기|풀|이|

ㄷ. 정답 : 환경 저항은 개체군의 생장을 억제하는 요인으로 먹이 부족, 생활 공간 부족, 노폐물 증가, 천적과 질병의 증가 등이 있다. 따라서 왕우렁이의 포식자인 자라를 풀어놓은 A(⊙)에서 왕우렁이 개체군에 '천적'이라는 환경 저항이 작용하였다.

19 유전 복합 문제　　　　　정답 ⑤　정답률 34%

보기

ㄱ. （나）는 열성 형질이다. → 우성

ㄴ. ⊙은 H이다.

ㄷ. 자녀 3의 동생이 태어날 때, 이 아이의 혈액형이 O형이면서 （가）와 （나）가 모두 발현되지 않을 확률은 $\frac{1}{8}$이다.

① ㄱ　② ㄷ　③ ㄷ　④ ㄱ, ㄴ　⑤ ㄴ, ㄷ

같은 염색체 ── ABO식 혈액형
（가）H>h
X 염색체 ── （나）T>t

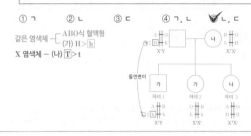

|자|료|해|설|

（가）가 발현되지 않은 부모에서 （가）가 발현된 딸 자녀 2가 태어났으므로 （가）는 열성 형질이고, 상염색체에 존재한다. 따라서 （가）의 유전자는 ABO식 혈액형 유전자와 같은 염색체에 있고, （나）의 유전자는 X 염색체에 있다. （나）가 열성 형질이라고 가정하면, 자녀 3은 X^{t}X^{t}이므로 아버지는 X^{t}Y이다. 그러나 아버지에게서 （나）가 발현되지 않았으므로 모순이다. 따라서 （나）는 우성 형질이다.

（가）가 발현된 자녀 2의 ABO식 혈액형과 （가）에 대한 유전자형이 Bh/Oh이므로 아버지의 유전자형은 AH/Oh, 어머니의 유전자형은 Bh/OH, 자녀 3의 유전자형은 AH/OH이다. 자녀 1은 AB형이므로 아버지에게서 AH를 물려받고, 어머니에게서 Bh를 물려받아 유전자형이 AH/Bh이어야 한다. 그러나 자녀 1에게서 열성 형질인 （가）가 발현되었으므로 아버지의 생식세포 형성 과정에서 대립유전자 H가 h로 바뀌는 돌연변이가 1회 일어났다는 것을 알 수 있다. 따라서 ⊙은 H이고, ⓒ은 h이다.
구성원의 유전자형을 정리하면 첨삭된 내용과 같다.

|보|기|풀|이|

ㄷ. 정답 : 아버지(AH/Oh, X^{t}Y)와 어머니(Bh/OH, X^{T}X^t)에서 자녀 3의 동생이 태어날 때, 이 아이의 혈액형이 O형이면서 （가）와 （나）가 모두 발현되지 않을 확률은 $\frac{1}{4}$(OH/Oh)×$\frac{1}{2}$(X^{t}X^t, X^{t}Y)=$\frac{1}{8}$이다.

20 군집　　　　　정답 ②　정답률 82%

보기

ㄱ. （가）는 상리 공생이다. → 기생

ㄴ. ⊙은 '이익'이다. → 손해

ㄷ. '꽃은 벌새에게 꿀을 제공하고, 벌새는 꽃의 수분을 돕는다.'는 （나）의 예에 해당한다. → 상리 공생

① ㄱ　② ㄴ　③ ㄱ, ㄴ　④ ㄴ, ㄷ　⑤ ㄱ, ㄴ, ㄷ

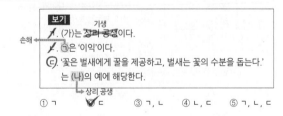

|자|료|해|설|

촌충이 숙주의 소화관에 서식하며 영양분을 흡수하는 （가）는 한 개체군이 다른 개체군에 살며 자신(촌충)은 이익을 얻지만, 다른 개체군(숙주)은 손해를 보는 기생의 예에 해당한다. 두 개체군이 모두 이익을 얻는 （나）는 상리 공생이다. 경쟁은 생태적 지위가 유사한 두 개체군이 먹이와 생활 공간을 두고 서로 차지하기 위해 경쟁하는 것으로, 두 종 모두 손해를 보기 때문에 ⊙은 손해이다.

|보|기|풀|이|

ㄷ. 정답 : '꽃은 벌새에게 꿀을 제공하고, 벌새는 꽃의 수분을 돕는다.'는 두 종 모두 이익을 얻으므로 상리 공생인 （나）의 예에 해당한다.

문제편 p.318

1	⑤	2	③	3	④	4	⑤	5	①
6	④	7	③	8	③	9	③	10	②
11	③	12	②	13	①	14	⑤	15	②
16	②	17	①	18	④	19	⑤	20	④

---

1 생명 현상의 특성 정답 ⑤ 정답률 92%

① ㄱ ② ㄷ ③ ㄱ, ㄴ ④ ㄴ, ㄷ ✔ ㄱ, ㄴ, ㄷ

|보|기|풀|이|

ㄱ 정답 : 세균이 섬유소를 분해하는 과정(㉠)은 물질대사이므로 효소가 이용된다.

ㄴ 정답 : 소는 오랜 시간 적응과 진화의 과정을 통해 되새김질에 적합한 구조와 소화 기관을 갖게 된 것이므로 ㉡은 적응과 진화의 예에 해당한다.

ㄷ 정답 : 소는 세균을 이용하여 섬유소를 분해해 에너지원을 얻으므로 세균과의 상호 작용을 통해 이익을 얻는다고 할 수 있다.

---

2 질병을 일으키는 병원체, 질병의 구분 정답 ③ 정답률 90%

① ㄱ ② ㄷ ✔ ㄱ, ㄴ ④ ㄴ, ㄷ ⑤ ㄱ, ㄴ, ㄷ

|보|기|풀|이|

ㄱ 정답 : A는 헌팅턴 무도병, B는 후천성 면역 결핍증(AIDS)이다.

ㄴ 정답 : 감염성 질병인 후천성 면역 결핍증(B)의 병원체는 HIV라는 바이러스이다.

ㄷ. 오답 : 헌팅턴 무도병(A)은 유전병으로서 병원체 없이 나타나는 비감염성 질병이다.

---

3 생물과 환경의 상호 관계 정답 ④ 정답률 87%

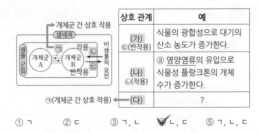

상호 관계	예
(가) ㉢(반작용)	식물의 광합성으로 대기의 산소 농도가 증가한다.
(나) ㉡(작용)	ⓐ 영양염류의 유입으로 식물성 플랑크톤의 개체 수가 증가한다.
㉠(개체군 간 상호 작용) ← (다)	?

① ㄱ ② ㄷ ③ ㄱ, ㄴ ✔ ㄴ, ㄷ ⑤ ㄱ, ㄴ, ㄷ

|자|료|해|설|

㉠은 서로 다른 개체군이 서로 영향을 주고받는 '개체군 간 상호 작용'을, ㉡은 비생물적 요인이 생물에 영향을 주는 '작용'을, ㉢은 생물이 비생물적 요인에 영향을 주는 '반작용'을 나타낸 것이다.

|보|기|풀|이|

ㄱ. 오답 : (가)는 생물이 비생물적 요인에 영향을 주는 ㉢(반작용)에 해당한다.

ㄴ 정답 : 영양염류는 규산염, 인산염, 질산염 등 식물성 플랑크톤이 번식하는 데 영향을 주는 염류로서 비생물적 요인에 해당한다.

ㄷ 정답 : 생태적 지위가 비슷한 서로 다른 종의 새가 경쟁을 피해 활동 영역을 나누어 살아가는 것을 '분서'라 하며 이는 개체군 간 상호 작용에 해당하므로 (다)의 예이다.

---

4 에너지의 전환과 이용 정답 ⑤ 정답률 91%

보기

㉠ 지방이 분해되는 과정에서 이화 작용이 일어난다. ← 고분자 물질을 저분자 물질로 분해하는 작용

㉡ 단백질이 합성되는 과정에서 에너지의 흡수가 일어난다.

㉢ 포도당이 세포 호흡에 사용된 결과 생성되는 노폐물에는 이산화 탄소가 있다. ← $C_6H_{12}O_6+6O_2+6H_2O$ → $6CO_2+12H_2O+$에너지$(32ATP+$열에너지$)$

① ㄱ ② ㄴ ③ ㄱ, ㄷ ④ ㄴ, ㄷ ✔ ㄱ, ㄴ, ㄷ

|자|료|해|설|

물질대사는 고분자 물질을 저분자 물질로 분해하는 이화 작용(세포 호흡, 소화 등)과 저분자 물질을 고분자 물질로 합성하는 동화 작용(단백질 합성, 광합성 등)으로 구분할 수 있다. 이때 이화 작용에서는 에너지 방출이, 동화 작용에서는 에너지 흡수가 일어난다.

---

5 항상성 유지 정답 ① 정답률 78%

✔ ㄱ ② ㄴ ③ ㄷ ④ ㄱ, ㄴ ⑤ ㄱ, ㄷ

|자|료|해|설|

정상 개체 Ⅱ에 자극 ⓐ 이후 단위 시간당 오줌 생성량이 감소되고 있으므로, 호르몬 X는 항이뇨 호르몬(ADH)이며 ADH를 분비하는 ㉠은 뇌하수체 후엽이다. 개체 Ⅰ은 뇌하수체 후엽(㉠)이 제거되어 자극 ⓐ가 주어져도 ADH가 분비되지 않아 오줌 생성량에 큰 변화가 일어나지 않는다.

|보|기|풀|이|

ㄴ. 오답 : 정상 개체 Ⅱ에서는 콩팥에서 수분 재흡수를 촉진하는 호르몬인 ADH가 분비되고 뇌하수체 후엽이 제거된 개체 Ⅰ에서는 그렇지 못하므로, t_1일 때 콩팥에서의 단위 시간당 수분 재흡수량은 Ⅰ에서가 Ⅱ에서보다 적다.

ㄷ. 오답 : t_1일 때 Ⅰ에게 ADH를 주사하면 콩팥에서 수분의 재흡수량이 증가해 생성되는 오줌의 농도가 진해지므로 오줌의 삼투압이 증가한다.

---

6 세포 주기 정답 ④ 정답률 81%

보기

ㄱ. (다)에서 $\dfrac{\text{S기 세포 수}}{\text{G}_1\text{기 세포 수}}$ 는 A에서가 B에서보다 ~~작다~~ 크다

ㄴ. 구간 Ⅰ에는 뉴클레오솜을 갖는 세포가 있다.

ㄷ. 구간 Ⅱ에는 핵막을 갖는 세포가 있다. ← G_2기, M기

① ㄱ ② ㄷ ③ ㄱ, ㄴ ✔ ㄴ, ㄷ ⑤ ㄱ, ㄴ, ㄷ

|자|료|해|설|

구간 Ⅰ에는 DNA 복제 전인 G_1기의 세포가 존재하고 구간 Ⅱ에는 DNA 복제 후인 G_2기, M기의 세포가 존재한다. 집단 B는 G_1기에서 S기로의 전환을 억제하는 물질을 처리했기 때문에 G_1기 세포의 수가 집단 A에서보다 많은 것을 확인할 수 있다.

|보|기|풀|이|

ㄴ 정답 : 구간 Ⅰ은 G_1기에 해당하며, 핵 속의 염색사에 뉴클레오솜이 존재한다.

ㄷ 정답 : 구간 Ⅱ는 G_2기, M기에 해당하며, M기에는 핵막이 사라지지만 G_2기의 세포는 핵막을 갖는다.

✔① ㄱ   ②ㄴ   ③ㄱ, ㄴ   ④ㄱ, ㄷ   ⑤ㄴ, ㄷ

|자|료|해|설|

티록신은 음성 피드백을 통해 시상 하부에서의 TRH 분비와 뇌하수체 전엽에서의 TSH 분비를 조절하므로 (가)의 ㉠은 뇌하수체 전엽이다. 또, 체온 조절의 중추인 시상 하부에 저온 자극을 주면 피부 근처 혈관이 수축되어 열 발산량이 감소하게 되므로 (나)의 ㉡은 시상 하부, ⓐ는 저온 자극임을 알 수 있다.

|보|기|풀|이|

㉠ 정답 : 티록신은 호르몬의 일종이며, 호르몬은 내분비샘에서 혈액으로 분비되어 혈액을 통해 온몸의 표적 세포로 이동한다.

ㄴ. 오답 : 뇌줄기를 구성하는 것은 중간뇌, 뇌교, 연수이므로 ㉠(뇌하수체 전엽)과 ㉡(시상 하부)은 뇌줄기에 속하지 않는다.

| 8 | 개념 복합 문제 | | 정답 ③ 정답률 48% |

대립유전자	P의 세포			Q의 세포		
	(가)n	(나)2n	(다)n	(라)2n	(마)n	(바)n
㉠	×	?○	○	?○	○	×
㉡	×	×	×	×	○	○
㉢	?×	○	○	○	○	○
㉣	×	ⓐ○	○	○	×	○
㉤	○	○	×	×	×	×
㉥	×	×	×	?○	×	○

대립유전자 A, a →

㉠: X 염색체 연관, ㉢: X 염색체 연관, ㉥: X 염색체 연관

(○: 있음, ×: 없음)

①ㄱ   ②ㄴ   ✔③ㄱ, ㄷ   ④ㄴ, ㄷ   ⑤ㄱ, ㄴ, ㄷ

|자|료|해|설|

여자 Q의 세포 중 (마)와 (바)는 각각 세 쌍의 대립유전자 중 3종류의 대립유전자만 존재하며 서로 대립유전자 구성이 다르므로 핵상이 n이다. 핵상이 n인 세포에서 상동 염색체는 동시에 존재할 수 없다. 즉, 감수 분열이 일어난 세포(n)에서 함께 존재하는 유전자는 서로 대립유전자 관계가 아니다. 따라서 (마)와 (바)의 유전자 구성을 보았을 때 ㉢은 ㉣과 대립유전자 관계임을 알 수 있다.

이때 (나)의 세포에 대립유전자 관계인 ㉢과 ㉣이 동시에 존재하므로, (나)의 핵상이 2n임을 알 수 있다. 또한 P는 남자이므로 2n인 세포에서 동시에 존재하는 ㉢과 ㉣은 상염색체에 존재하는 대립유전자 A와 a이다. (다)는 핵상이 2n인 (나)와 유전자 구성이 다르므로 핵상이 n이며, 여기에서 동시에 존재하는 ㉠과 ㉢은 X 염색체 위에 연관된 유전자들이다. 마찬가지로 (마)에서 ㉠과 ㉡, (바)에서 ㉣과 ㉥이 동시에 존재하므로 이 유전자들은 X 염색체 위에 연관된 유전자들이다. 즉, ㉠과 ㉡, ㉡과 ㉥이 대립유전자 관계이다.

|보|기|풀|이|

ㄴ. 오답 : (나)의 핵상이 2n이고 (다)의 핵상이 n이므로 (다)에 존재하는 ㉣은 (나)에도 존재해야 한다. 즉 ⓐ는 '○'이다.

㉢ 정답 : ⓑ를 결정하는 대립유전자는 ㉠, ㉡, ㉥이며 Q는 이들을 모두 가지고 있으므로, Q의 ⓑ의 유전자형은 BbDd이다.

| 9 | 질소의 순환 | | 정답 ③ 정답률 77% |

특징 / 작용	㉠	㉡
질소 고정 작용 — A	○	×
질산화 작용 — B	○	?○

(○: 있음, ×: 없음)

(가)

특징 (㉠, ㉡)

• 암모늄 이온(NH_4^+)이 ⓐ 질산 이온(NO_3^-)으로 전환된다. ➡ 질산화 작용

• ㉠ 세균이 관여한다. ➡ 질산화 작용, 질소 고정 작용

(나)

①ㄱ   ②ㄴ   ✔③ㄱ, ㄷ   ④ㄴ, ㄷ   ⑤ㄱ, ㄴ, ㄷ

|보|기|풀|이|

㉢ 정답 : 탈질산화 세균은 질산 이온(NO_3^-)이 질소 기체로 전환되는 탈질소 작용에 관여한다.

| 10 | 항상성 유지 | | 정답 ② 정답률 76% |

그래프: 세로축 글루카곤 농도(상대값), 가로축 시간(분). Ⅰ ➡ 혈중 포도당 농도가 낮은 상태, Ⅱ ➡ 혈중 포도당 농도가 높은 상태. t_1, 40, 80 표시.

①ㄱ   ✔②ㄴ   ③ㄷ   ④ㄱ, ㄴ   ⑤ㄴ, ㄷ

|자|료|해|설|

글루카곤은 혈중 포도당 농도가 낮을 때 이자의 α세포에서 분비되어 혈당량을 높이는 호르몬인데, 그림에서 Ⅰ일 때는 혈중 글루카곤의 농도가 높아지고, Ⅱ일 때는 혈중 글루카곤의 농도가 크게 변화하지 않고 있으므로 Ⅰ이 '혈중 포도당 농도가 낮은 상태', Ⅱ가 '혈중 포도당 농도가 높은 상태'임을 알 수 있다.

|보|기|풀|이|

ㄷ. 오답 : 인슐린은 혈중 포도당 농도가 높은 상태일 때 분비가 촉진되고, 글루카곤은 혈중 포도당 농도가 낮은 상태일 때 분비가 촉진된다. 따라서 t_1일 때 $\dfrac{\text{혈중 인슐린 농도}}{\text{혈중 글루카곤 농도}}$는 Ⅰ에서가 Ⅱ에서보다 작다.

| 11 | 감수 분열 | | 정답 ③ 정답률 49% |

감수 2분열 중기(n) ←

HHtt, hhhh, ttTT 등 염색체 그림. Hh, Ht, hh, bbbb, HHTT 등. (가) Ⅰ: HHtt, (나) Ⅱ: hhTt.

세포	DNA 상대량을 더한 값			
	㉠+㉡	㉡+㉢	㉡+㉣	㉢+㉣
ⓐ	0	?2	2	㉮4
ⓑ	2	4	㉯2	2

보기

ㄱ. ㉮+㉯=6이다. → 4+2=6 ✔

ㄴ. ⓐ의 염색 분체 수 / 성염색체 수 =46이다. → $23 \times 2=46$ / 1 ✗ 염색 분체 수 = 46, 성염색체 수 = 1

ㄷ. ㉢에는 t가 있다. 없다 ✗

감수 2분열 중기(n) ← hhTT 염색체 그림

①ㄱ   ②ㄷ   ✔③ㄱ, ㄴ   ④ㄴ, ㄷ   ⑤ㄱ, ㄴ, ㄷ

|자|료|해|설|

Ⅰ(HHtt)의 세포인 ⓐ에서 h와 T의 DNA 상대량은 0이므로 ㉠과 ㉡은 각각 h와 T 중 하나에 해당하고, ㉢과 ㉣은 각각 H와 t 중 하나에 해당한다. 이때 ㉡+㉣의 값이 2이므로 ㉢의 값은 2이고, ⓐ는 감수 2분열 중기의 세포이다. → ⓐ가 감수 1분열 중기의 세포라면, H와 t의 DNA 상대량이 각각 4이므로 H 또는 t 중 하나에 해당하는 ㉢의 값이 4이어야 한다.

ⓐ의 H와 t의 DNA 상대량이 각각 2이므로 ㉢+㉣의 값인 ㉮는 4이다. ⓑ와 ⓒ는 감수 2분열 중기의 세포이고, H를 갖지 않는 Ⅱ(hhTt)의 세포인 ⓑ에서 ㉡+㉣의 값이 2이므로 ⓑ의 t의 DNA 상대량은 2이다. ⓑ에서 h와 t의 DNA 상대량이 각각 2이고, ㉠+㉡=4이므로 ㉠은 h, ㉡은 t이다.

정리하면 ㉠은 h, ㉡은 T, ㉢은 t, ㉣은 H이고 ㉯는 2이다.

$$\text{상대} \square(\%) = \frac{\text{특정 종의} \square}{\text{조사한 모든 종의} \square \text{의 합}} \times 100$$

종	개체 수	상대 밀도(%)	빈도	상대 빈도(%)	상대 피도(%)	중요치(중요도)
A	?24	20	0.4	20	16	56
B	36	30	0.7	?35	24	89
C	12	?10	0.2	10	?30	50
D	㉠48	?40	?0.7	?35	30	105
		합 100%		합 100%	합 100%	

① ㉠ ✓② ㉡ ③ ㉢ ④ ㉠, ㉡ ⑤ ㉡, ㉢

|자|료|해|설|

A~D의 상대 밀도의 합, 상대 빈도의 합, 상대 피도의 합은 각각 100%가 되어야 한다. 개체 수가 36인 B의 상대 밀도가 30%이므로 개체 수가 12인 C의 상대 밀도는 10%이고, 마지막 D의 상대 밀도는 40%이다. 따라서 D의 개체 수(㉠)는 48이다.
빈도가 0.4인 A의 상대 빈도가 20%이므로 빈도가 0.7인 B의 상대 빈도는 35%이며, 마지막 D의 상대 빈도는 35%이다. 중요치(중요도)는 상대 밀도, 상대 피도, 상대 빈도의 합으로 중요치(중요도)가 가장 높은 종이 우점종이다.

|보|기|풀|이|

㉡ 정답 : 지표를 덮고 있는 면적이 가장 작은 종은 상대 피도가 가장 작은 A이다.

㉢ 오답 : 우점종은 중요치(중요도)가 가장 높은 D이다.

✓① ㉠ ② ㉡ ③ ㉠, ㉡ ④ ㉠, ㉢ ⑤ ㉡, ㉢

|자|료|해|설|

심장 Ⅰ에 연결된 A에 자극을 주고 활동 전위 발생 빈도를 측정했을 때 심장 Ⅰ의 세포에서 활동 전위 발생 빈도가 감소했으므로 A는 부교감 신경이다. 부교감 신경(A)의 신경절 이후 뉴런의 축삭 돌기 말단에서는 아세틸콜린이 분비되므로 물질 ㉮는 아세틸콜린이다. 용기 ㉠에서 ㉡으로 용액이 이동하면 심장 Ⅱ의 세포에도 아세틸콜린이 작용하여 활동 전위 발생 빈도가 감소한다.

|보|기|풀|이|

㉠ 정답 : 부교감 신경(A)은 말초 신경계에 속한다.

---

① ㉠ ② ㉡ ③ ㉠, ㉢ ④ ㉡, ㉢ ✓⑤ ㉠, ㉡, ㉢

|자|료|해|설|

그림에서 ㉠에 X가 결합되어 있고, ㉡에 ⓐ가 결합되어 있다. 따라서 ㉠은 'X에 대한 항체'이고, ㉡은 'ⓐ에 대한 항체'이다. X가 존재하지 않을 때 ⓐ는 ㉡에만 결합하여 Ⅱ에만 ⓐ의 색소에 의한 띠가 나타난다. 반면 X가 존재할 때는 ⓐ가 ㉠에 결합된 X와 ㉡에 모두 결합하여 Ⅰ과 Ⅱ에서 띠가 나타난다. 그러므로 실험 결과에서 Ⅱ에만 띠가 나타난 A는 X에 감염되지 않았고, Ⅰ과 Ⅱ에서 모두 띠가 나타난 B는 X에 감염되었다는 것을 알 수 있다.

|보|기|풀|이|

㉢ 정답 : 검사 키트에는 특정 항원이 특정 항체와 결합하는 항원 항체 반응의 원리가 이용되었다.

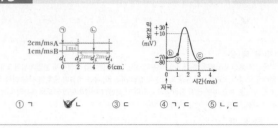

① ㉠ ✓② ㉡ ③ ㉢ ④ ㉠, ㉢ ⑤ ㉡, ㉢

|자|료|해|설|

A의 d_2에서 측정된 막전위 +10mV는 해당 지점에 자극이 도달한 뒤 2ms가 지났을 때 측정되는 값이다. 즉, 자극을 준 ㉠에서 d_2까지 흥분이 이동하는데 1ms가 걸렸으므로 A의 흥분 전도 속도는 2cm/ms이고, ㉠은 d_1 또는 d_3이다. → 만약 A의 흥분 전도 속도가 1cm/ms라면, ㉠은 d_2로부터 1cm 떨어진 지점이어야 하므로 $d_1 \sim d_4$ 중 하나에 자극을 주었다는 조건에 맞지 않는다.

만약 ㉠을 d_3라고 하면, ⓐ는 -80이다. -80mV는 자극을 주고 경과된 시간이 3ms일 때, 자극을 준 지점에서만 나타날 수 있는 막전위이다. 하지만 표의 신경 B에서는 ⓐ가 두 번 나타난다. 이는 B에 자극이 d_2와 두 지점에 주어진다는 의미로, $d_1 \sim d_4$ 중 하나인 ㉡(B에 자극을 준 지점)에 역치 이상의 자극을 1회 주었다는 조건에 모순된다. 따라서 A에 자극을 준 지점 ㉠은 d_1이고 ⓒ는 -80이 된다. 이에 따라 신경 B에 자극을 준 지점 ㉡은 d_3임을 알 수 있다. A에서 각 지점 사이의 거리는 2cm이므로 각 지점의 막전위는 그래프에서 1ms의 간격을 두고 위치한다. (ⓐ: 약 -60, ⓑ: -70, ⓒ: -80)

|보|기|풀|이|

㉢ 오답 : 3ms일 때 B의 d_2에서 탈분극이 일어나고 있다.

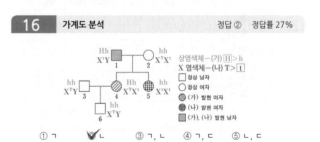

① ㉠ ✓② ㉡ ③ ㉠, ㉡ ④ ㉠, ㉢ ⑤ ㉡, ㉢

|자|료|해|설|

(가)가 X 염색체 열성 유전이라고 가정하면, (가)가 발현된 4의 유전자형은 $X^h X^h$이므로 6의 유전자형은 $X^h Y$이다. 그러나 6에게서 (가)가 발현되지 않았으므로 이는 모순이다. (가)가 X 염색체 우성 유전이라고 가정하면, (가)가 발현된 1의 유전자형은 $X^H Y$이고, 1에게서 X^H를 물려받은 5에게서 (가)가 발현되어야 한다. 이는 모순이므로 (가)는 상염색체 유전을 따르고, (나)는 X 염색체 유전을 따른다.

(나)가 우성 형질이라면 (나)가 발현된 1의 유전자형은 $X^T Y$이고, 1에게서 X^T를 물려받은 4에게서 (나)가 발현되어야 한다. 이는 모순이므로 (나)는 열성 형질이다.

㉠이 T라고 가정하면, Ⅲ은 구성원 2이고 ⓐ는 1, ⓑ는 0이다. 이때 ⓑ가 2이므로 Ⅲ에 해당하는 구성원 2의 (가)에 대한 유전자형은 HH이다. 이 경우 ⓑ는 열성 형질이므로 1은 hh이고, 5는 Hh이어야 한다. 구성원 1, 2, 5의 H의 DNA 상대량을 정리하면 0, 2, 1이므로 표와 맞지 않아 ㉠은 t이다. Ⅲ은 구성원 5이고, ⓐ는 2, ⓒ는 1이므로 ⓑ는 0이다. 구성원 5는 H를 갖지 않으므로 (가)는 우성 형질이고, Ⅰ은 구성원 2, Ⅱ는 구성원 1이다.

|보|기|풀|이|

㉢ 오답 : 3(hh$X^T Y$)과 4(Hh$X^T X^t$) 사이에서 6의 동생이 태어날 때, 이 아이에게서 (가)와 (나)가 모두 발현될 확률은 $\frac{1}{2}$(Hh일 확률) $\times \frac{1}{4}$($X^t Y$일 확률) $= \frac{1}{8}$이다.

---

17 개념 복합 문제   정답 ① 정답률 32%

✔① $\frac{1}{16}$ ② $\frac{1}{8}$ ③ $\frac{3}{16}$ ④ $\frac{1}{4}$ ⑤ $\frac{3}{8}$

|자|료|해|설|

㉠의 유전자형이 AD인 사람과 AA인 사람의 표현형이 같으므로 A>D이고, 유전자형이 BD인 사람과 BB인 사람의 표현형이 같으므로 B>D이다. 정리하면 ㉠의 표현형 4가지는 A_, B_, DD, AB이다. ㉡은 유전자형이 다르면 표현형이 다르다고 했으므로 이는 불완전 우성이며 EE, EE*, E*E*의 표현형이 모두 다르다.

남자 P와 여자 Q 사이에서 태어난 ⓐ에게서 나타날 수 있는 ㉠~㉢의 표현형은 최대 12가지이다. Ⅰ가 부모 중 한 명이라고 가정하면 Ⅱ의 ㉢의 유전자형이 FF이므로 ⓐ에게서 ㉢의 표현형이 1가지(F_)만 나오기 때문에 '㉠의 표현형 4가지×㉡의 표현형 3가지'를 만족해야 한다. ㉡의 표현형 3가지(EE, EE*, E*E*)를 만족하기 위해서는 부모 모두 EE*의 유전자형을 가져야하므로 Ⅱ는 P 또는 Q가 될 수 없다. Ⅲ이 부모 중 한 명이라고 가정하면 마찬가지로 Ⅲ의 ㉢의 유전자형이 FF이므로 ⓐ에게서 ㉢의 표현형이 1가지(F_)만 나오기 때문에 '㉠의 표현형 4가지×㉡의 표현형 3가지'를 만족해야 한다. ㉡의 표현형 3가지(EE, EE*, E*E*)를 만족하기 위해서는 부모 모두 EE*의 유전자형을 가져야하므로 Ⅲ과 Ⅳ가 P 또는 Q이어야 한다. 그러나 이때 ⓐ에게서 ㉠의 표현형이 2가지(B_, DD)만 나오므로 조건에 부합되지 않는다. 따라서 P와 Q는 각각 Ⅰ과 Ⅳ 중 하나에 해당하며, 이때 ⓐ에게서 나타날 수 있는 ㉠~㉢의 표현형은 '㉠의 표현형 3가지(A_, B_, AB)×㉡의 표현형 2가지(EE, EE*)×㉢의 표현형 2가지(F_, F*F*)=최대 12가지'라는 조건을 만족한다.

|선|택|지|풀|이|

①정답 : ⓐ의 ㉠~㉢의 표현형이 모두 Ⅰ(ABEEF_)과 같을 확률은 $\frac{1}{4}$(AB일 확률)×$\frac{1}{2}$(EE일 확률)×$\frac{1}{2}$(F_일 확률)=$\frac{1}{16}$이다.

18 유전 복합 문제   정답 ④ 정답률 38%

구분	세포	7번 염색체 DNA 상대량				9번 염색체	
		A	A*	B	B*	D	D*
n 아버지	Ⅰ	?1	?0	1	0	1	?0
(복제)n 어머니	Ⅱ	0	?2	?2	0	0	2
$2n$ 자녀 1	Ⅲ	2	?0	?1	1	?2	0
(복제)n 자녀 2	Ⅳ	0	?2	0	?2	?0	2
$2n$ 자녀 3	Ⅴ	?2	0	?1	2	?0	3

① ㄱ   ② ㄷ   ③ ㄱ, ㄴ   ✔④ ㄱ, ㄷ   ⑤ ㄴ, ㄷ

|자|료|해|설|

아버지의 세포 Ⅰ에서 B의 DNA 상대량이 1이고, B*의 DNA 상대량은 0이므로 Ⅰ의 핵상은 n이고, D*의 DNA 상대량은 0이다. 어머니의 세포 Ⅱ에서 (D+D*)의 DNA 상대량이 2이므로 (A+A*), (B+B*)의 DNA 상대량 또한 각각 2이어야 한다. 따라서 Ⅱ의 A*, B의 DNA 상대량은 각각 2이고, 복제된 상태일 수 있기 때문에 아직 핵상은 확정할 수 없다.

자녀 1의 세포 Ⅲ에서 A의 DNA 상대량이 2이고, B*의 DNA 상대량이 1이므로 Ⅲ의 핵상은 $2n$이다.

따라서 Ⅲ의 유전자형은 AB/AB*, DD이다. 자녀 1의 부모인 아버지와 어머니 모두 A와 D를 가지므로 D를 갖지 않는 어머니의 세포 Ⅱ의 핵상은 n이며, 복제된 상태이다. Ⅱ에 존재하는 A*과 B는 7번 염색체에 함께 존재하므로 어머니의 유전자형은 A*B/A_, DD*이다.

자녀 2는 어머니로부터 A를 포함한 7번 염색체 또는 B를 포함한 7번 염색체 중 하나를 물려받으므로 세포 Ⅳ의 핵상이 $2n$이라면 A 또는 B를 포함하고 있어야 한다. 그러나 Ⅳ에서 A와 B의 DNA 상대량이 0이므로 Ⅳ의 핵상은 n(복제된 상태)이고, A*과 B*이 함께 존재하는 7번 염색체를 갖는다. 이는 아버지로부터 물려받은 것이므로 아버지의 유전자형은 AB/A*B*, D_이다. Ⅲ(AB/AB*, DD)은 아버지에게서 AB, 어머니에게서 AB*을 물려받았으므로 어머니의 유전자형은 A*B/AB*, DD*이다.

자녀 3의 세포 Ⅴ에 D*의 DNA 상대량이 3이라는 것을 통해 어머니의 감수 2분열 과정에서 9번 염색체 비분리가 1회 일어나 자녀 3이 어머니로부터 D*D*을 물려받고 아버지로부터 D*을 물려받았다는 것을 알 수 있다. 따라서 Ⅴ의 핵상은 $2n$이고, 아버지의 유전자형은 AB/A*B*, DD*이다.

아버지의 생식세포 형성 과정에서 7번 염색체에 있는 대립유전자 ㉠이 9번 염색체로 이동하는 돌연변이가 1회 일어나 9번 염색체에 ㉠이 있는 정자 P가 형성되었으므로 자녀 3은 9번 염색체에 ㉠을 가지고 있다. 자녀 3의 세포 Ⅴ($2n$)에서 A*의 DNA 상대량이 0이므로 A*은 ㉠이 아니고, 자녀 3은 아버지로부터 AB를 갖는 7번 염색체를, 어머니로부터 AB*을 갖는 7번 염색체를 물려받아야 한다. 이때 Ⅴ에서 B*의 DNA 상대량이 2이므로, 아버지의 생식세포 형성 과정에서 7번 염색체에 있는 B*이 9번 염색체로 이동하여 정자 P가 형성되었다는 것을 알 수 있다. 따라서 ㉠은 B*이고, 자녀 3은 아버지로부터 AB, D*B*을, 어머니로부터 AB*, D*D*을 물려받아 AB/AB*, D*B*/D*/D*의 유전자 배치를 나타낸다.

19 골격근의 구조와 수축 원리   정답 ⑤ 정답률 44%

	㉠	㉡	㉢	X
F_1	0.4	0.6	0.4	2.4
F_2	0.8	0.2	1.2	3.2

(단위: μm)

① ㄱ   ② ㄴ   ③ ㄷ   ④ ㄱ, ㄴ   ✔⑤ ㄴ, ㄷ

|자|료|해|설|

㉢의 길이가 길수록 근육이 수축한 상태이므로 X가 생성할 수 있는 힘이 커진다. 즉 F_1일 때가 F_2일 때보다 근육이 수축한 상태이다.

F_1일 때 $\frac{㉢}{㉠}$의 값이 1이므로 ㉠과 ㉢을 모두 a라고 가정하자. 근육이 이완하여 X의 길이가 2d만큼 길어질 때 ㉠의 길이가 d만큼 길어지고, ㉡은 d만큼 짧아지며, ㉢의 길이는 2d만큼 길어진다. 따라서 F_2일 때 $\frac{㉢}{㉠}$의 값인 $\frac{3}{2}$은 $\frac{a+2d}{a+d}$로 나타낼 수 있다. 이를 계산하면 a=d이다.

F_1일 때 $\frac{X}{㉢}$는 $\frac{2㉠+2㉡+㉢}{㉢}=\frac{2㉢+3a}{㉢}=4$로 나타낼 수 있다.

이를 계산하면 ㉢=$\frac{3}{2}$a이다.

이때 A대의 길이가 1.6μm이므로 2㉡+㉢=2($\frac{3}{2}$a)+a=1.6μm, 즉 a=0.4μm이다.

|보|기|풀|이|

ㄱ. 오답 : 근육이 수축할수록 H대의 길이는 짧아지므로 ⓐ는 H대의 길이가 0.3μm일 때가 0.6μm일 때보다 크다.

20 연역적 탐구의 설계   정답 ④ 정답률 86%

① ㄱ   ② ㄴ   ③ ㄱ, ㄷ   ✔④ ㄴ, ㄷ   ⑤ ㄱ, ㄴ, ㄷ

|보|기|풀|이|

ㄱ. 오답 : X를 처리한 A에서 비정상적인 생식 기관을 갖는 개체의 빈도가 높았으므로 ㉠은 A이다.

ㄴ. 정답 : 가설을 세우고 검증하는 실험을 진행했으므로 이는 연역적 탐구 방법에 해당한다.

ㄷ. 정답 : (나)에서 A에만 X를 처리했으므로 조작 변인은 X의 처리 여부이다.

1	⑤	2	③	3	⑤	4	⑤	5	④
6	③	7	④	8	①	9	②	10	①
11	③	12	②	13	③	14	②	15	①
16	④	17	④	18	②	19	①	20	④

1　생명 현상의 특성　　정답 ⑤　정답률 93%

① ㄱ　　② ㄴ　　③ ㄱ, ㄷ　　④ ㄴ, ㄷ　　✔ ㄱ, ㄴ, ㄷ

| 자 | 료 | 해 | 설 |

여러 가지 생명 현상의 특성 중 '발생'은 다세포 생물에서 수정란이 완전한 개체가 되는
과정을, '생장'은 발생한 개체가 세포 분열을 통해 세포 수를 늘려 자라나는 과정을 의미한다.
ㄴ에서 해파리의 촉수에 물체가 닿으면 독이 분비되는 것은 자극에 대한 반응으로 볼 수
있다.

| 보 | 기 | 풀 | 이 |

ㄴ 정답 : 모든 세포에서는 세포 호흡을 비롯한 여러 가지 물질대사가 일어나며, 세포 ⓐ
에서 독이 분비되는 과정에서도 물질대사가 일어난다.

2　질병을 일으키는 병원체, 질병의 구분　　정답 ③　정답률 90%

① ㄱ　　② ㄴ　　✔ ㄱ, ㄷ　　④ ㄴ, ㄷ　　⑤ ㄱ, ㄴ, ㄷ

| 자 | 료 | 해 | 설 |

결핵의 병원체는 세균, 무좀의 병원체는 곰팡이, 말라리아의 병원체는 원생생물이고 독감과
후천성 면역 결핍증(AIDS)의 병원체는 바이러스이다.

| 보 | 기 | 풀 | 이 |

ㄱ 정답 : (가)는 바이러스의 특징이므로 '스스로 물질대사를 하지 못한다.'는 (가)에
해당한다.
ㄷ 정답 : 결핵과 독감은 각각 병원체가 세균과 바이러스인 감염성 질병이다.

3　세포 호흡 과정, 에너지의 전환과 이용　　정답 ⑤　정답률 85%

보기
ㄱ. (가)에서 이화 작용이 일어난다. ➡고분자 물질이 저분자 물질로 분해되는 과정
ㄴ. 미토콘드리아에서 ⓒ이 ⓒ으로 전환된다. ADP+Pᵢ → ATP
　　　　　　　　　　　　　　　ADP·ATP
ㄷ. 포도당이 분해되어 생성된 에너지의 일부는 체온 유지에
　　사용된다.

① ㄱ　　② ㄴ　　③ ㄱ, ㄷ　　④ ㄴ, ㄷ　　✔ ㄱ, ㄴ, ㄷ

| 보 | 기 | 풀 | 이 |

ㄱ 정답 : (가)의 세포 호흡은 고분자 물질인 포도당이 저분자 물질인 물과 이산화 탄소로
분해되는 과정이므로 이화 작용에 해당한다.
ㄷ 정답 : 세포 호흡을 통해 포도당이 분해되어 생성된 에너지의 일부는 열로 방출되며, 이
열은 체온 유지에 사용된다.

4　기관계의 상호 작용　　정답 ⑤　정답률 86%

① ㄱ　　② ㄷ　　③ ㄱ, ㄴ　　④ ㄴ, ㄷ　　✔ ㄱ, ㄴ, ㄷ

| 보 | 기 | 풀 | 이 |

ㄱ 정답 : 소화계에서 흡수된 영양소는 순환계를 통해 온몸으로 전달된다. 폐를 이루고 있는
세포들도 세포 호흡을 비롯한 물질대사에 영양소가 필요하므로 영양소가 순환계를 통해
폐로 운반된다.
ㄴ 정답 : 온몸의 조직 세포에서 노폐물이 발생하며 그 중 단백질 대사의 노폐물인
암모니아는 특히 간에서 요소로 전환되며, 요소는 배설계를 통해 여과되어 몸 밖으로
배출된다.
ㄷ 정답 : 호흡계에서는 세포 호흡에 필요한 산소와 세포 호흡 결과 발생한 이산화 탄소의
기체 교환이 일어난다.

5　반응과 반사　　정답 ④　정답률 89%

보기　감각뉴런
✗. A는 운동 뉴런이다.
ㄴ. C의 신경 세포체는 척수에 있다. ➡ 척수의 속질(회색질)에서 시냅스를 이룸
ㄷ. 이 반사 과정에서 A에서 B로 흥분의 전달이 일어난다.
　　흥분의 전달 방향 : 시냅스 이전 뉴런의 축삭 말단
　　→ 시냅스 이후 뉴런의 신경 세포체

① ㄱ　　② ㄴ　　③ ㄱ, ㄷ　　✔ ㄴ, ㄷ　　⑤ ㄱ, ㄴ, ㄷ

| 자 | 료 | 해 | 설 |

자극을 받아들이는 A는 감각뉴런으로 신경 세포체가 축삭돌기의 옆에 붙어있고, 작용기인
근육으로 연결되어 있는 C는 운동뉴런이며, A와 C를 연결하고 중추 신경계인 척수를
구성하고 있는 B는 연합뉴런이다.

6　세포 주기　　정답 ③　정답률 74%

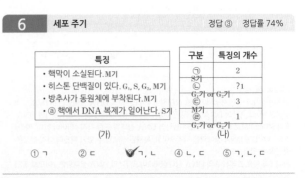

특징		구분	특징의 개수
• 핵막이 소실된다. M기		ㄱ	2
• 히스톤 단백질이 있다. G₁, S, G₂, M기		S기 ㄴ	?1
• 방추사가 동원체에 부착된다. M기		G₁기 or G₂기 ㄷ	3
• ⓐ 핵에서 DNA 복제가 일어난다. S기		M기 ㄹ	1
(가)		G₁기 or G₂기 (나)	

① ㄱ　　✔ ㄱ, ㄴ　　③ ㄱ, ㄴ　　④ ㄴ, ㄷ　　⑤ ㄱ, ㄴ, ㄷ

| 보 | 기 | 풀 | 이 |

ㄴ 정답 : ⓒ은 M기로, 핵분열 과정에서 방추사에 의한 염색 분체의 분리가 일어난다.
ㄷ 오답 : ⓒ과 ⓔ은 각각 G₁기와 G₂기 중 하나이고 G₁기는 DNA 복제 전, G₂기는 DNA
복제 후이므로, ⓒ과 ⓔ의 핵 1개당 DNA 양은 둘 중 하나가 다른 하나의 2배이다.

ⓐ의 (가)~(다)의 표현형이 모두 우성일 확률=$\frac{1}{4}$, (라)의 표현형이 우성일 확률=$\frac{3}{4}$이 되는 부모의 유전자형은 다음과 같다. 경우1) ABd/abD, Ee와 AbD/abD, Ee 경우2) ABd/abD, Ee와 aBD/Abd, Ee 경우3) AbD/abD, Ee와 aBD/Abd, Ee ⓐ가 (가)~(라) 중 적어도 2가지 형질의 유전자형을 이형 접합성으로 가질 확률=1−((가)~(라) 중 3가지 이상의 형질이 동형 접합성일 확률)이다. 경우1~3에서 (가)~(라)가 모두 동형 접합성인 자녀가 태어나는 것은 불가능하므로, 3가지 형질이 동형 접합성일 확률만 구하면 된다. 경우1에서 3가지 형질이 동형 접합성일 확률은 $\frac{1}{2}\times\frac{1}{2}=\frac{1}{4}$이다. 경우2와 경우3에서도 마찬가지이므로, ⓐ가 (가)~(라) 중 3가지 이상의 형질이 동형 접합성일 확률=$\frac{1}{4}$이다. 따라서 문제에서 구하고자 하는 확률은 $1-\frac{1}{4}=\frac{3}{4}$이다.

7	**감수 분열**	정답 ④ 정답률 56%

세포	대립유전자			DNA 상대량	
	ⓐa	ⓑb	ⓒA	a	B
Ⅲ (가)	×	×	○	?0	2
Ⅱ (나)	○	?×		2	?4
Ⅳ (다)	?○	?×	×	1	1
Ⅰ (라)	○	?×	?○	1	?2

(○: 있음, ×: 없음)

① ㄱ　② ㄴ　③ ㄷ　④ ㄱ, ㄴ　⑤ ㄴ, ㄷ

|자|료|해|설|

(다)에는 ⓒ은 없고 a의 DNA 상대량은 1이므로 ⓒ은 a가 아니다. 따라서 ⑤과 ⓒ 중 하나가 a이며, (가)에는 ⑤과 ⓒ이 모두 없으므로 a의 DNA 상대량은 0이다. 그러나 (나)~(라)에는 모두 a가 존재하므로 (가)는 핵상이 n인 세포임을 알 수 있다. 핵상이 n인 세포 (가)에 B의 DNA 상대량은 2이므로, (가)는 감수 2분열 중기인 Ⅲ이다. 다른 세포에 ⓒ이 존재하는데 (다)에는 없으므로, (다)는 핵상이 n인 세포이다. 따라서 (다)는 Ⅳ며, aB를 갖는다. Ⅲ과 Ⅳ가 모두 B를 가지므로 이 사람은 BB 동형 접합성이며, b는 갖지 않는다. 즉, ⑤은 a이고 ⓒ은 b, ⓒ은 A이다.
Ⅰ은 G₁기 세포이고 Ⅱ는 감수 1분열 중기의 세포이므로 Ⅰ은 DNA 복제 전, Ⅱ는 DNA 복제 후이다. 그러므로 a의 DNA 상대량이 1인 (라)가 Ⅰ이고, 2인 (나)가 Ⅱ이다. 결과적으로 B의 DNA 상대량은 (나)가 4, (라)가 2이며, 이 사람의 유전 형질 ㉮에 대한 유전자형은 AaBB이다.

8	**항상성 유지**	정답 ① 정답률 79%

① ㄱ　② ㄴ　③ ㄱ, ㄷ　④ ㄴ, ㄷ　⑤ ㄱ, ㄴ, ㄷ

|자|료|해|설|

항이뇨 호르몬(ADH)은 콩팥에서 수분의 재흡수를 촉진하여 오줌으로 배출되는 수분의 양을 감소시킴으로써 체내 삼투압을 조절하는 호르몬이다. 전체 혈액량의 변화량이 같을 때, 혈중 ADH 농도가 더 높은 Ⅱ는 ADH가 과다하게 분비되는 사람이고 Ⅰ은 ADH가 정상적으로 분비되는 사람임을 알 수 있다.

|보|기|풀|이|

ㄱ 정답 : ADH는 호르몬의 일종이므로 혈액을 통해 표적 세포로 이동한다.
ㄷ. 오답 : V_1일 때가 V_2일 때보다 전체 혈액량이 더 많이 감소한 상태로, 혈중 ADH 농도가 더 높다. 따라서 콩팥에서의 수분 재흡수량이 더 많아 단위 시간당 오줌 생성량은 V_1일 때가 V_2일 때보다 적다.

9	**개념 복합 문제**	정답 ② 정답률 35%

① $\frac{7}{8}$　② $\frac{3}{4}$　③ $\frac{5}{8}$　④ $\frac{1}{2}$　⑤ $\frac{3}{8}$

|자|료|해|설|및|선|택|지|풀|이|

② 정답 : (가)와 (다)는 하나의 상염색체에 연관되어 있고, (라)는 이들과 독립되어 있다. (가)~(라)의 표현형이 모두 우성인 부모는 A_B_D_E_의 유전자형을 가질 것이다. 이때 이들 사이에서 태어난 ⓐ의 (가)~(라)의 표현형이 모두 부모와 같을 확률 $\frac{3}{16}$={(가)~(다)의 표현형이 모두 우성일 확률}×{(라)의 표현형이 우성일 확률}이다. (라)에 대하여 우성인 부모(E_) 사이에서 우성인 자녀(E_)가 태어날 확률은 부모의 유전자형이 EE와 E_일 경우 1이고, 부모의 유전자형이 모두 Ee일 경우 $\frac{3}{4}$이다. 또한 (가)~(다)의 유전자는 연관되어 있으므로 (가)~(다)의 표현형이 모두 우성일 확률은 $\frac{3}{16}$이 나올 수 없다. 따라서 ⓐ의 (가)~(라)의 표현형이 모두 부모와 같을 확률 $\frac{3}{16}$={(가)~(다)의 표현형이 모두 우성일 확률}×{(라)의 표현형이 우성일 확률}=$\frac{1}{4}\times\frac{3}{4}$로 계산한 것임을 알 수 있다.

10	**호르몬의 종류와 기능**	정답 ① 정답률 74%

① ㄱ　② ㄴ　③ ㄷ　④ ㄱ, ㄴ　⑤ ㄱ, ㄷ

|자|료|해|설|

인슐린은 혈중 포도당 농도를 낮추는 호르몬이므로 t_1일 때 인슐린을 투여한 사람은 혈중 포도당 농도가 감소할 것이다. 또한 글루카곤은 반대로 혈중 포도당 농도를 높이는 호르몬이므로, 인슐린에 의해 혈중 포도당 농도가 감소함에 따라 혈중 글루카곤의 농도는 증가할 것이다. 따라서 t_1 이후 ⑤과 ⓒ의 값이 변화하고 있는 Ⅱ가 인슐린을 투여한 사람이며, t_1 이후 감소한 ⑤은 혈중 포도당 농도이고 증가하는 ⓒ은 혈중 글루카곤 농도이다.

|보|기|풀|이|

ㄱ 정답 : 인슐린은 세포로의 포도당 흡수를 촉진시키고 간에서 포도당의 글리코젠 전환을 촉진시킴으로써 혈중 포도당 농도를 낮춘다.
ㄷ. 오답 : Ⅰ의 혈중 글루카곤 농도는 변함 없지만, Ⅱ의 혈중 글루카곤 농도는 t_1일 때보다 t_2일 때 높으므로 $\dfrac{\text{Ⅰ의 혈중 글루카곤 농도}}{\text{Ⅱ의 혈중 글루카곤 농도}}$는 t_2일 때가 t_1일 때보다 작다.

11	**군집**	정답 ③ 정답률 55%

상대 밀도+상대 빈도+상대 피도

시점	종	개체 수	상대 빈도(%)	상대 피도(%)	중요치(중요도)	상대 밀도(%)
t_1	A	9	?20	30	68	18
	B	19	20	20	?78	38
	C	?7	20	15	49	14
우점종← D		15	40	?35	?105	30
우점종← t_2	A	0	?0	?0	?0	0
	B	33	?40	39	?134	55
	C	?6	20	24	?54	10
	D	21	40	?37	112	35

① ㄱ　② ㄷ　③ ㄱ, ㄴ　④ ㄴ, ㄷ　⑤ ㄱ, ㄴ, ㄷ

|자|료|해|설|

군집에서 상대 밀도(%), 상대 빈도(%), 상대 피도(%) 각각의 합은 100(%)이다. 따라서 t_1일 때 A의 상대 빈도는 20이고, D의 상대 피도는 35이다. 중요치(중요도)는 '상대 밀도+상대 빈도+상대 피도'이므로 t_1일 때 A의 상대 밀도는 18이고, C의 상대 밀도는 14이다. 상대 밀도의 값은 개체 수에 비례하므로 t_1일 때 C의 개체 수는 7이고, B의 상대 밀도는 38, D의 상대 밀도는 30이다. 따라서 t_1일 때 B의 중요치는 78이고, D의 중요치는 105이므로 t_1일 때 우점종은 D이다.

t_2일 때 A의 개체 수가 0이므로 A의 상대 밀도, 상대 빈도, 상대 피도, 중요치 값은 모두 0이다. 따라서 t_2일 때 B의 상대 빈도는 40이고, D의 상대 피도는 37이다. D의 상대 밀도가 35이므로 B의 상대 밀도는 55이고, C의 상대 밀도는 10이다. 이때 B의 중요치는 134이고, C의 중요치는 54이므로 t_2일 때 우점종은 중요치 값이 가장 큰 B이다.

|보|기|풀|이|
ⓒ 정답 : t_2일 때 지표를 덮고 있는 면적이 가장 큰 종은 상대 피도의 값이 가장 큰 B이다.

---

12 군집의 천이, 물질의 생산과 소비 정답 ② 정답률 85%

① ㄱ ✔ㄷ ③ ㄱ, ㄴ ④ ㄴ, ㄷ ⑤ ㄱ, ㄴ, ㄷ

|자|료|해|설|
산불에 의한 교란이 일어난 이후에 일어나는 천이는 2차 천이다. 따라서 ㉠은 2차 천이다.

|보|기|풀|이|
ㄴ. 오답 : Ⅰ 시기에 생물량이 양의 값이므로 생물이 존재한다. 따라서 Ⅰ 시기에 이 생물 군집의 호흡량은 0이 아니다.
ⓒ 정답 : '총생산량=호흡량+순생산량'이므로 Ⅱ 시기에 생산자의 총생산량은 순생산량보다 크다.

---

13 골격근의 구조와 수축 원리 정답 ③ 정답률 48%

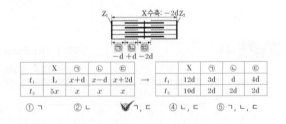

	X	㉠	㉡	㉢			X	㉠	㉡	㉢
t_1	L	$x+d$	$x-d$	$x+2d$	→	t_1	12d	3d	d	4d
t_2	5x	x	x	x		t_2	10d	2d	2d	2d

① ㄱ ② ㄴ ✔ ㄱ, ㄴ ④ ㄴ, ㄷ ⑤ ㄱ, ㄴ, ㄷ

|자|료|해|설|
t_2일 때 ㉠~㉢의 길이가 모두 같다고 했으므로 이 값을 x로 두면, t_1에서 t_2로 시간이 흐를 때 근육이 수축했다는 가정하에 t_1일 때 ㉠~㉢의 값은 순서대로 $x+d$, $x-d$, $x+2d$이다. $\dfrac{t_1일\ 때\ ⓐ의\ 길이}{t_1일\ 때\ ⓑ의\ 길이} = \dfrac{t_1일\ 때\ ⓒ의\ 길이}{t_1일\ 때\ ⓓ의\ 길이}$이므로 ⓐ가 ㉠이라고 가정하면 $\left(\dfrac{x}{x+d} = \dfrac{x-d}{x}\right)$이고, $(x^2 = x^2 - d^2)$이 되어 d의 값이 0이 된다. 이는 모순이므로 ⓐ는 ㉢이다. ⓐ에 ㉢의 값을 넣어보면 $\left(\dfrac{x}{x+2d} = \dfrac{x-d}{x}\right)$이고, $x = 2d$이다. x의 값은 양수이므로 d의 값도 양수이다. 따라서 t_1에서 t_2로 시간이 흐를 때 근육이 수축했다는 가정이 맞다는 것을 확인할 수 있다.

|보|기|풀|이|
ㄴ. 오답 : 근수축 시 H대의 길이는 짧아진다. 따라서 H대의 길이(㉢)는 t_1일 때가 t_2일 때보다 길다.
ⓒ 정답 : t_1일 때, X의 Z_1로부터 Z_2 방향으로 거리가 $\dfrac{3}{10}$L인 지점은 $\dfrac{3}{10} \times 12d$(L의 길이) $=3.6d$인 지점이다. t_1일 때 ㉠의 길이가 3d이므로 X의 Z_1로부터 Z_2 방향으로 거리가 3.6d인 지점은 ㉡에 해당한다.

---

14 특이적 방어 작용 정답 ② 정답률 80%

┌─ 보기 ──────────────────────────────────┐
│ ㄱ. Ⅲ에서 ㉮에 대한 혈중 항체 농도는 t_1일 때가 t_2일 때보다 │
│ ~~높다.~~   ┌─ 특정 항원을 인식하여 │
│   낮다   └── 제거하는 방어 작용 │
│ ㄴ. 구간 ㉠에서 ㉮에 대한 특이적 방어 작용이 일어났다. → 항원-항체 반응 │
│   일어남 │
│ ㄷ. 구간 ㉡에서 ~~형질 세포가 기억 세포~~로 분화되었다. │
│   기억 세포   형질 세포 │
└───┘

① ㄱ ✔ ㄴ ③ ㄱ, ㄷ ④ ㄴ, ㄷ ⑤ ㄱ, ㄴ, ㄷ

|자|료|해|설|
(나)에서 X를 주사한 Ⅰ은 항원 ㉮에 대한 항체가 형성되는 특이적 방어 작용이 일어나 살았다는 것을 알 수 있다.
혈중 항체 농도 변화 그래프를 통해 Ⅲ에게 X를 주사했을 때 ㉮에 대한 1차 면역 반응이 일어났으며, 일정 시간이 지난 후 Y를 주사했을 때 ㉮에 대한 2차 면역 반응이 일어났다는 것을 알 수 있다. ㉮에 대한 기억 세포를 주사한 Ⅳ에게 일정 시간이 지난 후 Y를 주사하면 기억 세포가 빠르게 형질 세포로 분화되면서 다량의 항체가 생성되는 2차 면역 반응이 일어난다.

---

15 흥분의 전도와 전달 정답 ① 정답률 34%

✔ ㄱ ② ㄴ ③ ㄱ, ㄷ ④ ㄴ, ㄷ ⑤ ㄱ, ㄴ, ㄷ

|자|료|해|설|
4ms일 때 Ⅰ의 d_2, Ⅱ의 d_2, Ⅲ의 d_4에서의 막전위가 ⓐ로 같으므로 자극을 준 지점 P는 d_2이고 Q는 d_4이다. Ⅲ의 d_3에서 측정된 막전위 -80mV는 해당 지점에 자극이 도달한 뒤 3ms가 지났을 때 측정되는 값이다. 따라서 Ⅲ의 d_4에서 d_2까지 2cm만큼 이동하는데 1ms가 걸린 것이므로 Ⅲ의 흥분 전도 속도는 2cm/ms이다. Ⅰ, Ⅱ, Ⅲ의 흥분 전도 속도는 $2v$, $3v$, $6v$라고 했으므로 각각의 흥분 전도 속도는 순서대로 $\dfrac{2}{3}$cm/ms, 1cm/ms, 2cm/ms 이다.

|보|기|풀|이|
ㄷ. 오답 : ㉠이 5ms일 때 Ⅰ의 d_2에 주어진 자극이 d_5까지 3cm만큼 이동하는데 4.5ms가 걸리므로 남은 0.5ms 동안 막전위 변화가 일어난다. 따라서 ㉠이 5ms일 때 Ⅰ의 d_5에서 탈분극이 일어나고 있다.

---

16 개념 복합 문제 정답 ④ 정답률 17%

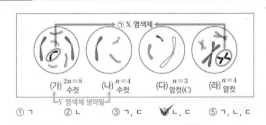

① ㄱ ② ㄴ ③ ㄱ, ㄷ ✔ ㄴ, ㄷ ⑤ ㄱ, ㄴ, ㄷ

|자|료|해|설|
염색체의 모양을 비교해보면 (가)~(라) 중 (다)만 다른 종의 세포라는 것을 알 수 있다. 따라서 (다)는 C의 세포이다. (가)의 핵상은 $2n=8$이며, 그림에서 짝이 맞지 않는 검은색 염색체가 성염색체(㉠)이고 (가)는 수컷의 세포이다. B와 C의 체세포 1개당 염색체 수는 서로 다르다고 했으므로 C의 핵상은 $n=4$가 될 수 없다. 따라서 C의 핵상은 $n=3$이고, (다)에는 상염색체와 성염색체가 모두 존재한다.
㉠이 Y 염색체라고 가정하면, ㉠을 포함한 (가)와 (라)는 수컷의 세포이다. 이때 (다)에는 상염색체와 성염색체가 모두 존재하므로 (다) 또한 Y 염색체를 갖게 되어 수컷의 세포가 2개라는 조건에 맞지 않는다. 따라서 ㉠은 X 염색체이다.
(가), (나), (라)는 같은 종이므로 (나)의 핵상은 $n=4$이고, 그림에 나타나지 않은 Y 염색체를 가지므로 (가)와 (나)는 수컷의 세포이고 (다)와 (라)는 암컷의 세포이다.

|보|기|풀|이|
ⓒ 정답 : C($2n=6$)의 체세포 분열 중기의 세포 1개당 상염색체 수는 4이므로 상염색체의 염색 분체 수는 $4 \times 2 = 8$이다.

	구성원	대립유전자 ⓐ소문자	대립유전자 ⓑ대문자	대립유전자 ⓒ대문자	대립유전자 ⓓ소문자	대문자로 표시되는 대립유전자의 수
ⓑhtt 또는 hhⓑt	아버지	○	○	×	○	㉠ 1
HhTt	어머니	○	○	○	○	㉡ 2
hhtt	자녀 1	?○	×	×	○	㉢ 0
HHTt 또는 HhTT	자녀 2	○	○	?○	×	㉣ 3
ⓑⓑHT+소문자	자녀 3	○	?○	○	×	㉤ 4

(○: 있음, ×: 없음)

① ㄱ   ② ㄴ   ③ ㄷ   ✓④ ㄱ, ㄴ   ⑤ ㄱ, ㄷ

| 자 | 료 | 해 | 설 |

(가)는 2쌍의 대립유전자에 의해 결정되므로 다인자 유전에 해당한다. 어머니는 4가지 대립유전자 ⓐ~ⓓ를 모두 가지므로 어머니의 유전자형은 HhTt이고 ㉡은 2이다.

아버지는 3가지 대립유전자를 가지므로 동형/이형 접합의 구성을 갖는다. 이때 소문자가 동형 접합일 경우 대문자로 표시되는 대립유전자의 수(이하 '대문자 수'로 표기)는 1이고, 대문자가 동형 접합일 경우 대문자 수는 3이다.

ⓐ~ⓓ 중 적어도 2가지는 가져야 하므로 자녀1은 ⓐ와 ⓓ를 갖는다. 따라서 자녀 1은 동형/동형 접합의 구성을 가지므로 대문자 수가 짝수(0, 2, 4)이어야 한다. ㉠라고 3이라고 가정하면, 대문자 수가 3인 아버지와 대문자 수가 2인 어머니 사이에서 대문자 수가 0인 자녀는 태어날 수 없으므로 자녀 1의 양은 ⓐ와 ⓓ는 모두 대문자이며, 대문자 ⓐ를 갖는 자녀 2와 3의 대문자 수에 해당하는 ㉣과 ㉤의 값은 모두 0이 될 수 없어 조건에 부합하지 않는다. 따라서 ㉠은 1이다.

대문자 수가 1인 아버지와 대문자 수가 2인 어머니 사이에서 대문자 수가 4인 자녀는 태어날 수 없으므로 자녀 1의 대문자 수(㉢)는 0이다. 따라서 ⓐ와 ⓓ는 모두 소문자이고 자녀 1의 유전자형은 hhtt이다. 자녀 2와 3의 대문자 수에 해당하는 ㉣과 ㉤의 값은 3 또는 4이고, 아버지와 어머니 사이에서 정상적인 경우 대문자 수가 4인 자녀는 태어날 수 없으므로 ㉣이 3이고, 비분리에 의해 태어난 자녀 3의 대문자 수 ㉤이 4이다. 자녀 3은 어머니로부터 H와 T를 물려받고, 아버지로부터 대문자 ⓑ를 2개 물려받았으므로 아버지의 정자 형성 과정에서 염색체 비분리는 감수 2분열에서 일어났다는 것을 알 수 있다.

---

① ㄱ   ✓② ㄷ   ③ ㄱ, ㄴ   ④ ㄱ, ㄷ   ⑤ ㄴ, ㄷ

| 보 | 기 | 풀 | 이 |

ㄱ. 오답 : ⓐ는 실험 결과에 해당하므로 종속 변인이다. 이 탐구에서 조작 변인은 '먹이의 양'이다.

ㄴ. 오답 : 갑오징어가 먹이가 더 많은 곳으로 이동한다는 결론을 내렸으므로 이동한 개체의 빈도가 적은 B에서가 A에서보다 먹이의 양이 적다.

ㄷ. 정답 : (마)는 결론을 내린 단계이므로 결론 도출 단계에 해당한다.

✓① ㄱ   ② ㄴ   ③ ㄱ, ㄷ   ④ ㄴ, ㄷ   ⑤ ㄱ, ㄴ, ㄷ

| 자 | 료 | 해 | 설 |

4에서 (E+F)의 값이 0이고, (F+G)의 값이 1이므로 4는 G를 1개 갖는다. 따라서 (가)와 (나)의 유전자는 X 염색체에 존재한다. (가)가 우성 형질이라고 가정하면, 1의 유전자형은 $X^A Y$이므로 1에게서 X 염색체를 물려받은 3에게서도 (가)가 발현되어야 한다. 이는 모순이므로 (가)는 열성 형질이다.

(E+F) 또는 (F+G)의 값으로 2를 가질 수 있는 것은 X 염색체를 2개 갖는 여자뿐이므로 1, ⓐ, 5 중에서 여자인 ⓐ의 (E+F) 값에 해당하는 ㉡ 2이다. 따라서 ⓐ의 (나)의 유전자형은 EF이다. 3의 (나)의 유전자형은 EG이므로 3과 ⓐ에게 X 염색체를 물려준 1은 E를 갖는다. 따라서 ㉠은 0이고, ㉡은 1이다.

5는 F를 1개 갖고 있으므로 5의 유전자형은 $X^{aF} Y$이다. 이때 5에게 X 염색체를 물려준 ⓐ의 유전자형은 $X^{aE} X^{aF}$이고, ⓐ에게 X 염색체를 물려준 2의 유전자형은 $X^{AG} X^{aF}$이다.

| 보 | 기 | 풀 | 이 |

ㄷ. 오답 : ⓐ($X^{aE} X^{aF}$)와 4($X^{AG} Y$) 사이에서 5의 동생이 태어날 때, 이 아이의 (가)와 (나)의 표현형이 모두 2(A_, F_)와 같을 확률은 $\frac{1}{4}$($X^{aF} X^{AG}$)이다.

---

① ㄱ   ② ㄷ   ③ ㄱ, ㄴ   ✓④ ㄴ, ㄷ   ⑤ ㄱ, ㄴ, ㄷ

| 자 | 료 | 해 | 설 |

늑대가 말코손바닥사슴을 잡아먹는 (가)는 포식과 피식이고, 캥거루쥐와 주머니쥐가 같은 종류의 먹이를 두고 서로 다투는 (나)는 경쟁이다. 딱총새우와 산호는 서로에게 이익을 얻으므로 (다)는 상리 공생이다.

A와 B를 단독 배양했을 때보다 혼합 배양했을 때 A와 B의 개체 수가 모두 증가했으므로 A와 B의 상호 작용은 상리 공생에 해당한다.

| 보 | 기 | 풀 | 이 |

ㄱ. 오답 : 개체군은 동일한 생태계 내에서 같은 종의 개체들로 이루어진 집단이므로 ⓐ에서 늑대는 말코손바닥사슴과 한 개체군을 이루지 않는다.

ㄴ. 정답 : 환경 저항은 개체군의 생장을 억제하는 요인으로, 모든 구간에서 A와 B에 환경 저항이 작용한다. 따라서 구간 Ⅰ에서 A에 환경 저항이 작용한다.

1	⑤	2	⑤	3	③	4	⑤	5	①
6	⑤	7	③	8	④	9	②	10	③
11	②	12	①	13	④	14	②	15	④
16	⑤	17	④	18	①	19	②	20	③

---

1 생명 현상의 특성 정답 ⑤ 정답률 97%

보기

발생과 생장 →
ㄱ. ㉠ 과정에서 물질대사가 일어난다.
ㄴ. ㉡ 과정에서 세포 분열이 일어난다.
ㄷ. ㉢은 적응과 진화의 예에 해당한다.

① ㄱ ② ㄷ ③ ㄱ, ㄴ ④ ㄴ, ㄷ ✓⑤ ㄱ, ㄴ, ㄷ

|보|기|풀|이|
ㄱ. 정답 : 물질대사를 통해 활동에 필요한 에너지를 얻는다.

---

2 세포 호흡 과정 정답 ⑤ 정답률 91%

보기

고분자 물질을 저분자 물질로 분해 →
ㄱ. (가)에서 이화 작용이 일어난다.
포도당 분해 결과 생성된 노폐물 →
ㄴ. 이산화 탄소는 ㉠에 해당한다.
ㄷ. (가)와 (나)에서 모두 효소가 이용된다.
↑ 이화 작용

① ㄱ ② ㄷ ③ ㄱ, ㄴ ④ ㄴ, ㄷ ✓⑤ ㄱ, ㄴ, ㄷ

|자|료|해|설|
포도당이 세포 호흡을 통해 분해된 결과 생성되는 노폐물에는 물(H_2O)과 이산화 탄소(CO_2)가 있다. 따라서 ㉠은 물(H_2O) 또는 이산화 탄소(CO_2)이다.

|보|기|풀|이|
ㄷ. 정답 : (가)와 (나)와 같은 물질대사가 일어날 때 효소가 이용된다.

---

3 호르몬의 종류와 기능 정답 ③ 정답률 88%

보기

인슐린 →
ㄱ. X는 간에서 ⓐ가 글리코젠으로 전환되는 과정을 촉진한다.
포도당 ↑
ㄴ. 순환계를 통해 X가 표적 세포로 운반된다.
ㄷ. 혈중 포도당 농도가 증가하면 X의 분비가 억제된다.
촉진
↑ 인슐린

① ㄱ ② ㄷ ✓③ ㄱ, ㄴ ④ ㄴ, ㄷ ⑤ ㄱ, ㄴ, ㄷ

|자|료|해|설|
인슐린은 혈당량을 감소시키는 호르몬이다.

|보|기|풀|이|
ㄱ. 정답 : 인슐린(X)은 간에서 포도당(ⓐ)이 글리코젠으로 전환되는 과정을 촉진한다.
ㄴ. 정답 : 호르몬에 해당하는 인슐린(X)은 순환계를 통해 표적 세포로 운반된다.
ㄷ. 오답 : 혈중 포도당 농도가 증가하면 X의 분비가 촉진된다.

---

4 질병을 일으키는 병원체, 질병의 구분 정답 ⑤ 정답률 81%

보기

세균 →
ㄱ. 독감의 병원체는 바이러스이다.
ㄴ. 결핵의 병원체는 독립적으로 물질대사를 한다.
ㄷ. 낫 모양 적혈구 빈혈증은 비감염성 질병에 해당한다.
↑ 유전자 이상

① ㄱ ② ㄷ ③ ㄴ, ㄷ ④ ㄴ, ㄷ ✓⑤ ㄱ, ㄴ, ㄷ

|자|료|해|설|
바이러스는 스스로 물질대사를 할 수 없으며, 세균은 독립적으로 물질대사를 한다.

|보|기|풀|이|
ㄷ. 정답 : 유전자 이상으로 나타나는 낫 모양 적혈구 빈혈증은 비감염성 질병에 해당한다.

---

5 흥분의 전도 정답 ① 정답률 74%

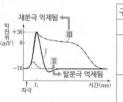

구분	조건
Ⅰ	물질 A와 B를 처리하지 않음
Ⅱ	물질 A를 처리하여 세포막에 있는 이온 통로를 통한 ㉠의 이동을 억제함 Na^+
Ⅲ	물질 B를 처리하여 세포막에 있는 이온 통로를 통한 ㉡의 이동을 억제함 K^+

보기

ㄱ. ㉠은 Na^+이다.
ㄴ. t_1일 때, Ⅰ에서 ㉡의 $\dfrac{\text{세포 안의 농도}}{\text{세포 밖의 농도}}$ 는 1보다 작다. 크다
ㄷ. 막전위가 +30mV에서 −70mV가 되는 데 걸리는 시간은 Ⅲ에서가 Ⅰ에서보다 짧다. 길다

✓① ㄱ ② ㄴ ③ ㄷ ④ ㄱ, ㄴ ⑤ ㄴ, ㄷ

|자|료|해|설|
Ⅱ에서 탈분극이 억제되었으므로 A는 세포막에 있는 이온 통로를 통한 Na^+의 이동을 억제하는 물질이고, Ⅲ에서는 재분극이 억제되었으므로 B는 세포막에 있는 이온 통로를 통한 K^+의 이동을 억제하는 물질이다. 따라서 ㉠은 Na^+이고, ㉡은 K^+이다.

|보|기|풀|이|
ㄴ. 오답 : K^+의 농도는 항상 세포 안이 세포 밖보다 높다. 따라서 t_1일 때, Ⅰ에서 K^+(㉡)의 $\dfrac{\text{세포 안의 농도}}{\text{세포 밖의 농도}}$ 는 1보다 크다.
ㄷ. 오답 : 막전위가 +30mV에서 −70mV가 되는 데 걸리는 시간, 즉 재분극이 일어나는데 걸리는 시간은 Ⅲ에서가 Ⅰ에서보다 길다.

---

6 핵형과 핵상, 세포 주기 정답 ⑤ 정답률 79%

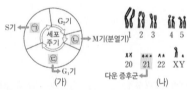

보기

S기 →
ㄱ. ㉠ 시기에 DNA 복제가 일어난다.
ㄴ. ㉡ 시기에 (나)의 염색체가 관찰된다. 관찰되지 않는다
ㄷ. (나)에서 다운 증후군의 염색체 이상이 관찰된다.
↑ 21번 염색체 3개

① ㄱ ② ㄴ ③ ㄷ ④ ㄱ, ㄴ ✓⑤ ㄱ, ㄷ

|자|료|해|설|
(나)에서 21번 염색체의 수가 3인 다운 증후군의 염색체 이상이 관찰된다.

|보|기|풀|이|
ㄴ. 오답 : (나)와 같이 염색체가 응축되어 막대 모양으로 관찰되는 시기는 M기(분열기)이다. 특히 핵형 분석은 체세포 분열 중기의 세포를 이용한다.

---

7 호르몬의 종류와 기능 정답 ③ 정답률 92%

사람	티록신 농도	물질 대사량	증상
정상보다 높음 → A	㉠	정상보다 증가함	심장 박동 수가 증가하고 더위에 약함
B	㉡	정상보다 감소함	체중이 증가하고 추위를 많이 탐
↑ 정상보다 낮음			

보기
ㄱ. 갑상샘에서 티록신이 분비된다.
ㄴ. ㉠은 '정상보다 높음'이다.
~~ㄷ. B에게 티록신을 투여하면 투여 전보다 물질대사량이~~
감소한다.
증가

① ㄱ　② ㄷ　✔③ ㄱ, ㄴ　④ ㄱ, ㄷ　⑤ ㄴ, ㄷ

|자|료|해|설|
티록신은 물질대사를 촉진하는 호르몬이므로 그래프에서 혈중 티록신의 농도가 증가함에
따라 물질대사량이 증가한다.

|보|기|풀|이|
ㄴ 정답 : 갑상샘에서 티록신이 분비된다.
ㄷ. 오답 : 티록신은 물질대사를 촉진하므로 B에게 티록신을 투여하면 투여 전보다
물질대사량이 증가한다.

---

8 감수 분열　정답 ④　정답률 69%

세포	핵막 소실 여부	핵상	R의 DNA 상대량
감수 2분열 중기 (가)	소실됨	n	2
G_2기 (나)	소실 안 됨	$2n$	?
G_1기 (다)	? 소실 안 됨	$2n$	2
감수 1분열 중기 (라)	㉠ 소실됨	? $2n$	4

감수 2분열
중기 세포
보기
ㄱ. (가)에서 ~~2가 염색체가 관찰된다~~
관찰되지 않는다 ← 감수 1분열 전기~중기 때 관찰 가능
ㄴ. (나)는 G_2기 세포이다.
ㄷ. ㉠은 '소실됨'이다.

① ㄱ　② ㄴ　③ ㄱ, ㄷ　✔④ ㄴ, ㄷ　⑤ ㄱ, ㄴ, ㄷ

|자|료|해|설|
핵막은 분열기 때 소실되므로 간기에 해당하는 G_1기와 G_2기 때 핵막이 존재하고,
감수 1분열 중기와 감수 2분열 중기 때 핵막이 소실된다. 'G_1기 → G_2기 → 감수 1분열 중기
→ 감수 2분열 중기' 순으로 감수 분열이 일어날 때 핵상의 변화는 '$2n → 2n → 2n → n$'이고,
R의 DNA 상대량 변화는 '$2 → 4 → 4 → 2$'이다.

|보|기|풀|이|
ㄱ. 오답 : 2가 염색체는 감수 1분열 전기와 중기에서 관찰되므로, 감수 2분열 중기 세포인
(가)에서는 관찰되지 않는다.

---

9 군집의 천이　정답 ②　정답률 77%

구분	침엽수		활엽수	
	I	II	III	IV
상대 밀도(%)	30	42	12	16
상대 빈도(%)	32	38	16	14
상대 피도(%)	34	38	17	11

양수 음수
㉠ : 양수림(A)

보기
A(양수림)
ㄱ. ㉠은 ~~B~~이다.
ㄴ. 이 지역에서 일어난 천이는 2차 천이이다.
ㄷ. 이 식물 군집은 ~~혼합림~~에서 극상을 이룬다.
음수림

① ㄱ　✔② ㄴ　③ ㄷ　④ ㄱ, ㄴ　⑤ ㄱ, ㄷ

|자|료|해|설|
산불이 난 후에 일어나는 천이는 2차 천이에 해당한다.

|보|기|풀|이|
ㄷ. 오답 : 이 식물 군집은 음수림에서 극상을 이룬다.

---

10 중추 신경계　정답 ③　정답률 81%

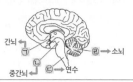

보기
ㄱ. ㉠에 시상 하부가 있다.
~~ㄴ. ㉢과 ㉣은 모두 뇌줄기에 속한다.~~
중간뇌 소뇌
ㄷ. ㉢은 호흡 운동을 조절한다.
연수

① ㄱ　② ㄴ　✔③ ㄱ, ㄷ　④ ㄴ, ㄷ　⑤ ㄱ, ㄴ, ㄷ

|보|기|풀|이|
ㄴ. 오답 : 뇌줄기는 중간뇌, 뇌교, 연수로 구성되어 있다. 따라서 중간뇌(㉢)는 뇌줄기에
속하지만 소뇌(㉣)는 뇌줄기에 속하지 않는다.
ㄷ 정답 : 연수(㉢)는 호흡 운동의 조절 중추이다.

---

11 항상성 유지　정답 ②　정답률 73%

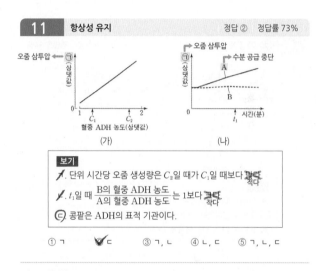

(가)　(나)

보기
ㄱ. 단위 시간당 오줌 생성량은 C_2일 때가 C_1일 때보다 ~~많다~~.
적다
ㄴ. t_1일 때 $\dfrac{\text{B의 혈중 ADH 농도}}{\text{A의 혈중 ADH 농도}}$ 는 1보다 ~~크다~~.
작다
ㄷ. 콩팥은 ADH의 표적 기관이다.

① ㄱ　✔② ㄷ　③ ㄱ, ㄴ　④ ㄴ, ㄷ　⑤ ㄱ, ㄴ, ㄷ

|자|료|해|설|
혈중 ADH 농도가 증가함에 따라 수분 재흡수량이 많아지므로 단위 시간당 오줌 생성량은
감소하고, 오줌 삼투압은 증가한다.

|보|기|풀|이|
ㄱ. 오답 : C_2일 때가 C_1일 때보다 혈중 ADH 농도가 높으므로 수분 재흡수량이 많다.
따라서 단위 시간당 오줌 생성량은 C_2일 때가 C_1일 때보다 적다.
ㄴ. 오답 : t_1일 때 혈중 ADH 농도는 수분 공급을 중단한 A에서가 B에서보다 높다.
따라서 t_1일 때 $\dfrac{\text{B의 혈중 ADH 농도}}{\text{A의 혈중 ADH 농도}}$ 는 1보다 작다.

---

12 개체군　정답 ①　정답률 59%

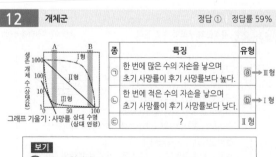

그래프 기울기 : 사망률, 상대 수명
(상대 연령)

종	특징	유형
㉠	한 번에 많은 수의 자손을 낳으며 초기 사망률이 후기 사망률보다 높다.	ⓐ → III형
㉡	한 번에 적은 수의 자손을 낳으며 초기 사망률이 후기 사망률보다 낮다.	ⓑ → I형
㉢	?	II형

보기
ㄱ. ㉡는 I형이다.
ㄴ. ㉢에서 $\dfrac{\text{A 시기 동안 사망한 개체 수}}{\text{B 시기 동안 사망한 개체 수}}$ 는 ~~1이다~~.
1보다 크다
ㄷ. ~~대형 포유류와 같이 대부분의 개체가 생리적 수명을 다하고
죽는 종의 생존 곡선 유형은 III형에 해당한다.~~
I형

✔① ㄱ　② ㄴ　③ ㄷ　④ ㄱ, ㄴ　⑤ ㄴ, ㄷ

|보|기|풀|이|

ㄴ. 오답 : Y축의 값의 차이를 비교해보면 Ⅱ형(ⓒ)에서 A 시기 동안 사망한 개체수가
B 시기 동안 사망한 개체 수보다 많다. 따라서 Ⅱ형(ⓒ)에서 $\dfrac{A \text{ 시기 동안 사망한 개체 수}}{B \text{ 시기 동안 사망한 개체 수}}$ 는
1보다 크다.

ㄷ. 오답 : 생리적 수명을 다하고 죽는 종의 생존 곡선 유형은 후기 사망률이 높은 Ⅰ형에
해당한다.

---

13 특이적 방어 작용 정답 ④ 정답률 89%

|자|료|해|설|

P에만 감염된 경우 Ⅰ, Ⅲ에 띠가 나타나고, Q에만 감염된 경우 Ⅱ, Ⅲ에 띠가 나타난다.
P와 Q에 모두 감염된 경우 Ⅰ, Ⅱ, Ⅲ에 띠가 나타나고, 감염되지 않은 경우 Ⅲ에만 띠가
나타난다.

|선|택|지|풀|이|

④ 정답 : B는 Q에만 감염되었으므로 검사 결과 Ⅱ, Ⅲ에서 띠가 나타난다.

---

14 개념 복합 문제 정답 ② 정답률 64%

세포	대립유전자			
	A	**a**	**B**	**b**
(가) n	○	? ×	? ○	? ×
(나) $2n$	? ○	○	○	×
(다) n	○	×	×	○
(라) n	? ×	○	×	×

(○: 있음, ×: 없음)

Ⅰ : AaBB
Ⅱ : AabY

(가) Ⅰ : $n=3$ (나) Ⅰ : $2n=6$
(다) Ⅱ : $n=3$ (라)
Ⅱ : $n=3$

|보기|

ㄱ. (가)는 ~~Ⅰ~~ 의 세포이다.

ㄴ. Ⅰ의 유전자형은 AaBB이다.

ㄷ. (다)에서 b는 ~~상염색체~~ 에 있다.
       X 염색체

① ㄱ ✔ ㄴ ③ ㄷ ④ ㄱ, ㄴ ⑤ ㄴ, ㄷ

|자|료|해|설|

(가), (다), (라)의 핵상은 $n=3$이고, (나)의 핵상은 $2n=6$이다. (나)에서 성염색체의 모양과
크기가 동일하므로 (나)는 암컷의 세포이고, (라)에서 검은색으로 표현된 염색체는
Y 염색체이므로 (라)는 수컷의 세포이다. 핵상이 $2n$인 (나)에 포함되지 않은 b를 갖는
(다)는 수컷의 세포이므로, (가)는 암컷의 세포이다.
(라)에서 B와 b가 모두 없으므로 B와 b는 X 염색체에 있고, A와 a는 상염색체에 있다
(만약 A와 a가 X 염색체에 있다면 (라)에는 a가 존재할 수 없다). 정리하면 Ⅰ의 유전자형은
AaBB이고, Ⅱ의 유전자형은 AabY이다.

|보|기|풀|이|

ㄷ. 오답 : (다)에서 b는 X 염색체에 있다.

---

15 골격근의 구조와 수축 원리 정답 ④ 정답률 63%

○ 그림은 근육 원섬유 마디 X의 구조를
나타낸 것이다. X는 좌우 대칭이다.

수축 : $-2d$

X
Z선 ――― Z선
ⓐ ⓑ ⓒ
$-d$ $+d$ $-2d$

○ 구간 ⓐ은 액틴 필라멘트만 있는
부분이고, ⓑ은 액틴 필라멘트와
마이오신 필라멘트가 겹치는 부분이며, ⓒ은 마이오신
필라멘트만 있는 부분이다.

○ 골격근 수축 과정의 두 시점 t_1과 t_2 중 t_1일 때 ⓐ의 길이와
ⓑ의 길이를 더한 값은 $1.0\mu m$이고, X의 길이는 $3.2\mu m$이다.

○ t_1일 때 $\dfrac{ⓑ\text{의 길이}}{ⓒ\text{의 길이}} : \dfrac{0.82}{1.23}$ 이고, t_2일 때 $\dfrac{ⓐ\text{의 길이}}{ⓒ\text{의 길이}} : \dfrac{0.4}{0.4}$ 이며,
$\dfrac{t_1\text{일 때 } ⓑ\text{의 길이} : 0.21}{t_2\text{일 때 } ⓑ\text{의 길이} : 0.63}$ 이다. ⓐ와 ⓑ는 ㉠과 ㉡을 순서 없이
나타낸 것이다.

(보기 오른쪽 상단 박스)

|보기|

ㄱ. ⓑ는 ~~ㄴ~~ 이다. → $2ⓑ+ⓒ=(2\times0.2)+1.2=1.6\mu m$

ㄴ. t_1일 때 A대의 길이는 $1.6\mu m$이다.

ㄷ. X의 길이는 t_1일 때가 t_2일 때보다 $0.8\mu m$ 길다.
       → $3.2\mu m$ → $2.4\mu m$

① ㄱ ② ㄷ ③ ㄱ, ㄴ ✔ ㄴ, ㄷ ⑤ ㄱ, ㄴ, ㄷ

|자|료|해|설|

t_1일 때 X의 길이가 $3.2\mu m$이고, (㉠+㉡)의 길이가 $1.0\mu m$이므로 H대에 해당하는 ㉢의
길이는 $X-2(㉠+㉡)=3.2-(2\times1.0)=1.2\mu m$이다. t_1일 때 $\dfrac{ⓐ\text{의 길이}}{ⓒ\text{의 길이}}=\dfrac{2}{3}$이므로 ⓐ의
길이는 $0.8\mu m$이다.

이때 ⓐ가 ㉡이라고 가정하면, t_2일 때 $0.8+d=1.2-2d$이므로 $d=\dfrac{2}{15}\mu m$이다. 이 경우
t_2일 때 ⓑ(㉠)의 길이가 $0.2-\dfrac{2}{15}=\dfrac{1}{15}\mu m$이 되어 $\dfrac{t_1\text{일 때 } ⓑ\text{의 길이}}{t_2\text{일 때 } ⓑ\text{의 길이}}=\dfrac{1}{3}$이라는 조건에
맞지 않는다. 따라서 ⓐ는 ㉠이고, ⓑ는 ㉡이다. t_1과 t_2 때 각 부분의 길이를 나타내면
첨삭된 표와 같다.

|보|기|풀|이|

ㄴ. 정답 : t_1일 때 A대의 길이는
$2ⓑ+ⓒ=(2\times0.2)+1.2=1.6\mu m$이다. 근수축 시 A대의 길이는 변하지 않고 일정하다.

ㄷ. 정답 : X의 길이는 t_1일 때($3.2\mu m$)가 t_2일 때($2.4\mu m$)보다 $0.8\mu m$ 길다.

---

16 가계도 분석 정답 ⑤ 정답률 48%

○ (가)는 대립유전자 A와 a에 의해, (나)는 대립유전자 B와
b에 의해 결정된다. A는 a에 대해, B는 b에 대해 각각 완전
우성이다.

○ (가)와 (나)는 모두 우성 형질이고, (가)의 유전자와 (나)의
유전자는 서로 다른 염색체에 있다.

○ 가계도는 구성원 1~8에서 (가)와 (나)의 발현 여부를
나타낸 것이다.

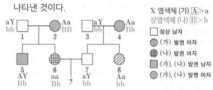

X 염색체 (가) A > a
상염색체 (나) B > b

□ 정상 남자
◩ (가) 발현 여자
◉ (나) 발현 남자
■ (가), (나) 발현 남자
● (가), (나) 발현 여자

○ 표는 구성원 1, 2, 5, 8에서 체세포 1개당 a와 B의 DNA
상대량을 나타낸 것이다. ㉠~ⓒ은 0, 1, 2를 순서 없이
나타낸 것이다.

구성원		1	2	5	8
DNA 상대량	a	1	㉠1	㉡0	?1
	B	?0	㉢2	㉠1	㉡0

|보기|

ㄱ. (가)의 유전자는 X 염색체에 있다.

ㄴ. ㉢은 2이다.

ㄷ. 6과 7 사이에서 아이가 태어날 때, 이 아이에게서 (가)와
(나) 중 (나)만 발현될 확률은 $\dfrac{1}{2}$이다.
→ 1(aa 또는 aY일 확률) × $\dfrac{1}{2}$(B_일 확률) = $\dfrac{1}{2}$

① ㄱ ② ㄷ ③ ㄱ, ㄴ ④ ㄴ, ㄷ ✔ ㄱ, ㄴ, ㄷ

|자|료|해|설|

(가)의 유전자가 상염색체에 있다고 가정하면, 1에서 a의 DNA 상대량이 1이므로 1의
(가)의 유전자형은 Aa이다. 그러나 1에서 (가)가 발현되지 않았으므로 이는 모순이다.
따라서 (가)의 유전자는 X 염색체에 존재하고, (나)의 유전자는 상염색체에 존재한다.
5의 유전자형은 AYBb이므로 ㉡은 0이고, ㉠은 1이다. 따라서 ㉢은 2이다.

|보|기|풀|이|

ㄷ. 정답 : 6(aaBb)과 7(aYbb) 사이에서 아이가 태어날 때, 이 아이에게서 (가)와 (나) 중
(나)만 발현될 확률은 1(aa 또는 aY일 확률) × $\dfrac{1}{2}$(B_일 확률) = $\dfrac{1}{2}$이다.

17 유전 복합 문제 정답 ④ 정답률 44%

○ (가)는 대립유전자 A와 a에 의해, (나)는 대립유전자 B와
  b에 의해, (다)는 대립유전자 D와 d에 의해 결정된다.
○ (가)와 (나)의 유전자는 7번 염색체에, (다)의 유전자는 13번
  염색체에 있다.

7번 13번
염색체 염색체

○ 그림은 어머니와 아버지의
  체세포 각각에 들어 있는 7번
  염색체, 13번 염색체와 유전자를
  나타낸 것이다.

어머니 아버지
b 결실 감수 2분열 비분리

○ 표는 이 가족 구성원 중 자녀
  1~3에서 체세포 1개당 A, b, D의 DNA 상대량을 더한 값
  (A+b+D)과 체세포 1개당 a, b, d의 DNA 상대량을 더한
  값(a+b+d)을 나타낸 것이다.   AAbbDd AABbdd AABDDd

구성원		자녀 1	자녀 2	자녀 3
DNA 상대량을 더한 값	A+b+D	5	3	4
	a+b+d	3	3	1

○ 자녀 1~3은 (가)의 유전자형이 모두 같다. → AA
                                        7번 염색체 결실
                                        (b 결실)
○ 어머니의 생식세포 형성 과정에서 ㉠이 1회 일어나 형성된   13번 염색체 감수
  난자 P와 아버지의 생식세포 형성 과정에서 ㉡이 1 회   2분열 비분리
  일어나 형성된 정자 Q가 수정되어 자녀 3이 태어났다. ㉠과
  ㉡은 7번 염색체 결실과 13번 염색체 비분리를 순서 없이
  나타낸 것이다.
○ 자녀 3의 체세포 1 개당 염색체 수는 47이고, 자녀 3을
  제외한 이 가족 구성원의 핵형은 모두 정상이다.

보기   → AABbdd

ㄱ. 자녀 2에서 A, B, D를 모두 갖는 생식세포가 형성될 수
   ~~있다.~~
㉡. ㉠은 7번 염색체 결실이다. → 자녀 3은 어머니로부터 A, d만 물려받음
㉢. 염색체 비분리는 감수 2분열에서 일어났다. → 자녀 3은 아버지로부터
                                              DD를 물려받음

① ㄱ ② ㄴ ③ ㄱ, ㄷ ④ㄴ, ㄷ ⑤ ㄱ, ㄴ, ㄷ

|자|료|해|설|

자녀 1은 어머니로부터 d를 하나 물려받는다. 따라서 (A+b+D)의 값이 5인 자녀 1의
유전자형은 AAbbDd이다. 자녀 1~3에서 (가)의 유전자형이 모두 같다고 했으므로 2와
3의 (가)의 유전자형 또한 AA이다.
자녀 2에서 b의 DNA 상대량을 0이라고 가정하면, d의 DNA 상대량이 3이 되므로
모순이다. 따라서 자녀 2에서 b의 DNA 상대량은 1, D의 DNA 상대량은 0, d의 DNA
상대량은 2가 되어 자녀 2의 유전자형은 AABbdd이다.
자녀 3에서 b의 DNA 상대량을 1이라고 가정하면, d의 DNA 상대량이 0이 된다. 이때
D의 DNA 상대량이 1이 되어 결과적으로 자녀 3은 13번 염색체를 하나만 갖기 때문에
염색체 수가 47이라는 것에 모순이다. 따라서 자녀 3의 b의 DNA 상대량은 0, d의 DNA
상대량은 1, D의 DNA 상대량은 2이다. 자녀 3의 유전자형은 AABDDd이므로 ㉠은 7번
염색체 결실(b 결실)이고, ㉡은 13번 염색체 비분리(감수 2분열 비분리)이다.

|보|기|풀|이|

㉡ 정답 : 자녀 3(AABDDd)은 어머니로부터 A와 d만 물려받았으므로 ㉠은 7번 염색체
결실(b 결실)이다.
㉢ 정답 : 자녀 3(AABDDd)은 아버지로부터 DD를 물려받았으므로 염색체 비분리는 감수
2분열에서 일어났다.

18 군집 정답 ① 정답률 79%

○ A와 B 사이의 상호 작용은 경쟁과 상리 공생 중 하나에
  해당한다.
○ A와 B가 함께 서식하는 지역을
  ㉠과 ㉡으로 나눈 후, ㉠에서만 A
  를 제거하였다. 그림은 지역 ㉠과
  ㉡에서 B의 개체 수 변화를 나타낸
  것이다.

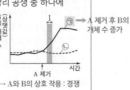

→ A 제거 후 B의
  개체 수 증가

A 제거
→ A와 B의 상호 작용 : 경쟁

보기

㉠. A와 B 사이의 상호 작용은 경쟁에 해당한다.
ㄴ. ㉡에서 A는 B와 ~~한~~ 개체군을 이룬다. → 다른
ㄷ. 구간 Ⅰ에서 B에 작용하는 환경 저항은 ㉠에서가
   ㉡에서보다 ~~크다.~~ → ㉠에는 A가 없으므로 환경 저항이 더 작다.
                         작다

①ㄱ ② ㄷ ③ ㄱ, ㄴ ④ ㄴ, ㄷ ⑤ ㄱ, ㄴ, ㄷ

|자|료|해|설|

A를 제거한 ㉠에서 B의 개체 수가 증가했으므로 A와 B 사이의 상호 작용은 경쟁에
해당한다.

|보|기|풀|이|

ㄴ. 오답 : A와 B는 서로 다른 종이므로 ㉡에서 A는 B와 다른 개체군을 이룬다.
ㄷ. 오답 : 구간 Ⅰ에서 B에 작용하는 환경 저항은 A가 제거된 ㉠에서가 A가 존재하는
㉡에서보다 작다.

19 개념 복합 문제 정답 ② 정답률 49%

○ (가)는 서로 다른 3개의 상염색체에 있는 3쌍의 대립유전자
  A와 a, B와 b, D와 d에 의해 결정된다. → 다인자 유전
○ (가)의 표현형은 유전자형에서 대문자로 표시되는
  대립유전자의 수에 의해서만 결정되며, 이 대립유전자의
  수가 다르면 표현형이 다르다.   → EE, Ee, ee의
                                  표현형이 모두 다름
○ (나)는 대립유전자 E와 e에 의해 결정되며, 유전자형이
  다르면 표현형이 다르다. (나)의 유전자는 (가)의 유전자와
  서로 다른 상염색체에 있다.
○ P의 유전자형은 AaBbDdEe이고, P와 Q는 (가)의 표현형이
  서로 같다.   → 대문자 수 3, Ee
○ P와 Q 사이에서 ⓐ가 태어날 때, ⓐ에서 나타날 수 있는
  (가)와 (나)의 표현형은 최대 15가지이다.
  → 5가지(대문자 수 1,2,3,4,5)×3가지(EE, Ee, ee)=15가지
    → 대문자 동형접합, 소문자 동형 접합, 이형 접합의 조화(예 : AABbdd)

① $\frac{1}{16}$ ②$\frac{1}{8}$ ③ $\frac{3}{16}$ ④ $\frac{1}{4}$ ⑤ $\frac{5}{16}$

$$\frac{{}_4C_1}{8×2}(대문자 수 2일 확률)×\frac{1}{2}(Ee일 확률)=\frac{1}{8}$$

|자|료|해|설|

P(AaBbDdEe)와 Q에서 (가)의 표현형이 서로 같으므로 Q의 유전자형에서 대문자로
표시되는 대립유전자의 수(이하 '대문자 수'로 표기)는 3이다. P와 Q 사이에서 태어나는
ⓐ에서 나타날 수 있는 (가)와 (나)의 표현형이 최대 15가지(5가지×3가지)이므로 P와
Q에서 (나)의 유전자형은 모두 Ee이다. ⓐ에서 나타날 수 있는 (가)의 표현형이 최대
5가지인 경우는 Q의 (가)의 유전자형 조합이 AABbdd와 같이 '대문자 동형 접합, 소문자
동형 접합, 이형 접합의 조합'일 때 가능하다.

|선|택|지|풀|이|

② 정답 : ⓐ가 유전자형이 AabbDdEe인 사람과 (가)와 (나)의 표현형이 모두 같을 확률은
$\frac{{}_4C_1}{8×2}$(대문자 수 2일 확률)×$\frac{1}{2}$(Ee일 확률)=$\frac{1}{8}$이다.

대문자 수가 2일 확률을 구할 때 분모의 값은 'P(AaBbDd)에서 만들어질 수 있는 생식
세포의 가짓수×Q(예 : AABbdd)에서 만들어질 수 있는 생식 세포의 가짓수'이다. ⓐ는
Q로부터 반드시 대문자 하나와 소문자 하나를 받는다. 따라서 남은 4자리 중 대문자가
하나만 있는 경우의 수는 ${}_4C_1$로 구할 수 있으며, 이 값이 분자가 된다.

20 연역적 탐구의 설계 정답 ③ 정답률 91%

가설 설정(가) A의 수컷 꼬리에 긴 장식물이 있는 것을 관찰하고, ㉠ A의
         암컷은 꼬리 장식물의 길이가 긴 수컷을 배우자로 선호할
         것이라는 가설을 세웠다.

탐구 설계(나) 꼬리 장식물의 길이가 긴 수컷 집단 Ⅰ과 꼬리 장식물의
및 수행   길이가 짧은 수컷 집단 Ⅱ에서 각각 한 마리씩 골라 암컷
          한 마리와 함께 두고, 암컷이 어떤 수컷을 배우자로
          선택하는지 관찰하였다.

탐구 결과(다) (나)의 과정을 반복하여 얻은 결과, Ⅰ의 개체가 선택된
정리 및 해석 비율이 Ⅱ의 개체가 선택된 비율보다 높았다.

결론 도출(라) A의 암컷은 꼬리 장식물의 길이가 긴 수컷을 배우자로
          선호한다는 결론을 내렸다.

보기   → 가설
㉠. ㉠은 관찰한 현상을 설명할 수 있는 잠정적인 결론(잠정적인
   답)에 해당한다.   → 종속 변인
꼬리 장식물의   ㄴ. 조작 변인은 암컷이 Ⅰ의 개체를 선택한 비율이다.
길이
㉢. (라)는 탐구 과정 중 결론 도출 단계에 해당한다.

① ㄱ ② ㄴ ③ ㄱ, ㄷ ④ ㄴ, ㄷ ⑤ ㄱ, ㄴ, ㄷ

|자|료|해|설|

조작 변인은 꼬리 장식물의 길이이고, 종속 변인은 암컷이 Ⅰ의 개체를 선택한 비율이다.

|보|기|풀|이|

ㄴ. 오답 : 조작 변인은 꼬리 장식물의 길이이고, 암컷이 Ⅰ의 개체를 선택한 비율은 종속
변인에 해당한다.

문제편 p.330

1	⑤	2	⑤	3	③	4	⑤	5	④
6	①	7	④	8	②	9	③	10	③
11	①	12	②	13	②	14	②	15	③
16	④	17	⑤	18	⑤	19	④	20	①

---

1 생명 현상의 특성　　　　　　정답 ⑤　정답률 95%

보기
뱀(생물) → ㄱ. (가)는 생식과 유전이다.
ㄴ. ㉠은 세포로 구성되어 있다.
ㄷ. '뜨거운 물체에 손이 닿으면 반사적으로 손을 뗀다.'는 ⓐ에
　　해당한다.　　　　　자극에 대한 반응의 예 ←

① ㄱ　② ㄷ　③ ㄱ, ㄴ　④ ㄴ, ㄷ　✓⑤ ㄱ, ㄴ, ㄷ

|보|기|풀|이|
ㄴ 정답 : 뱀(㉠)은 세포로 구성된 다세포 생물이다.

---

2 양분의 흡수와 노폐물의 배설　　　정답 ⑤　정답률 94%

보기
ㄱ. 간에서 (가)가 일어난다.
ㄴ. (나)에서 효소가 이용된다.
ㄷ. 배설계를 통해 ㉠이 몸 밖으로 배출된다.
　　　　　　　　요소 ←

① ㄱ　② ㄷ　③ ㄱ, ㄴ　④ ㄴ, ㄷ　✓⑤ ㄱ, ㄴ, ㄷ

|보|기|풀|이|
ㄴ 정답 : (나)와 같은 물질대사에 효소가 이용된다.
ㄷ 정답 : 배설계를 통해 요소(㉠)가 몸 밖으로 배출된다.

---

3 체세포 분열　　　　　　정답 ③　정답률 83%

(나) → 체세포 분열 중기(2n=4)

보기　　→ G₁기
G₂기, M기 →
ㄱ. 구간 Ⅰ의 세포는 핵상이 2n이다.
ㄴ. 구간 Ⅱ에는 (나)가 관찰되는 시기가 있다.
ㄷ. (나)에서 상동 염색체의 접합이 일어난다.
　　　　　　　　　나지 않는다
　　　　　　→ 감수 1분열 전기에 일어남

① ㄱ　② ㄷ　✓③ ㄱ, ㄴ　④ ㄴ, ㄷ　⑤ ㄱ, ㄴ, ㄷ

|보|기|풀|이|
ㄴ 정답 : 구간 Ⅱ는 G₂기와 M기를 포함하므로 체세포 분열 중기 세포인 (나)가 관찰되는 시기가 있다.

---

4 기관계의 상호 작용　　　　　정답 ⑤　정답률 82%

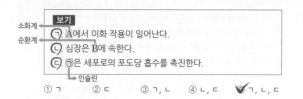

소화계 →
순환계 →
보기
ㄱ. A에서 이화 작용이 일어난다.
ㄴ. 심장은 B에 속한다.
ㄷ. ㉠은 세포로의 포도당 흡수를 촉진한다.
　　　→ 인슐린

① ㄱ　② ㄷ　③ ㄱ, ㄴ　④ ㄴ, ㄷ　✓⑤ ㄱ, ㄴ, ㄷ

|보|기|풀|이|
ㄷ 정답 : 인슐린(㉠)은 세포로의 포도당 흡수를 촉진하여 혈당량을 낮춘다.

---

5 자율 신경계　　　　　　정답 ④　정답률 83%

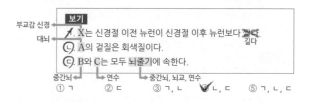

부교감 신경 →
대뇌 →
보기
ㄱ. X는 신경절 이전 뉴런이 신경절 이후 뉴런보다 짧다.
　　　　　　　　　　　　　　　　　　길다
ㄴ. A의 겉질은 회색질이다.
ㄷ. B와 C는 모두 뇌줄기에 속한다.

중간뇌 →　연수 →　중간뇌, 뇌교, 연수 →

① ㄱ　② ㄷ　③ ㄱ, ㄴ　✓④ ㄴ, ㄷ　⑤ ㄱ, ㄴ, ㄷ

|보|기|풀|이|
ㄴ 정답 : 대뇌(A)의 겉질은 회색질이다.

---

6 항상성 유지　　　　　　정답 ①　정답률 62%

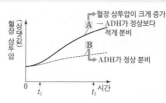

혈장 삼투압이 크게 증가
A → ADH가 정상보다 적게 분비
B
→ ADH가 정상 분비

보기
ㄱ. ADH는 콩팥에서 물의 재흡수를 촉진한다.
ㄴ. X는 'ADH가 정상적으로 분비되는 개체'이다.
　　　　B
ㄷ. B에서 생성되는 오줌의 삼투압은 t_1일 때가 t_2일 때보다
　　높다.
　　낮다.

✓① ㄱ　② ㄴ　③ ㄷ　④ ㄱ, ㄴ　⑤ ㄱ, ㄷ

|자|료|해|설|
혈장 삼투압 변화량이 큰 A는 '항이뇨 호르몬(ADH)이 정상보다 적게 분비되는 개체'이고, 혈장 삼투압 변화량이 적은 B는 '항이뇨 호르몬(ADH)이 정상적으로 분비되는 개체'이다.

|보|기|풀|이|
ㄷ. 오답 : 혈장 삼투압이 높아지면 ADH 분비가 촉진되어 수분 재흡수량이 증가한다. 따라서 ADH 분비 촉진으로 인해 오줌 생성량이 감소함으로써 B에서 혈장 삼투압은 t_1일 때가 t_2일 때보다 낮으므로 B에서 생성되는 오줌의 삼투압은 t_1일 때가 t_2일 때보다 낮다.

7 질병을 일으키는 병원체 　　정답 ④ 　정답률 84%

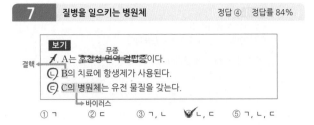

보기

ㄱ. A는 후천성 면역 결핍증이다. （무좀）（결핵）

ㄴ. B의 치료에 항생제가 사용된다.

ㄷ. C의 병원체는 유전 물질을 갖는다. （바이러스）

① ㄱ　② ㄷ　③ ㄱ, ㄴ　④ ㄴ, ㄷ　⑤ ㄱ, ㄴ, ㄷ

|보|기|풀|이|

ㄴ 정답 : 결핵(B)은 세균에 의한 질병이므로 치료에 항생제가 사용된다.

---

8 항상성 유지 　　정답 ② 　정답률 91%

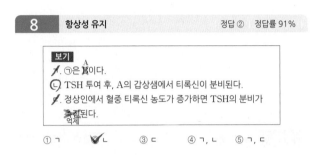

보기

ㄱ. ⊙은 B이다. （A）

ㄴ. TSH 투여 후, A의 갑상샘에서 티록신이 분비된다.

ㄷ. 정상인에서 혈중 티록신 농도가 증가하면 TSH의 분비가 촉진된다. （억제）

① ㄱ　② ㄴ　③ ㄷ　④ ㄱ, ㄴ　⑤ ㄱ, ㄷ

|보|기|풀|이|

ㄴ 정답 : TSH가 분비되지 않는 A에게 TSH를 투여하면 이후 반응이 일어나 갑상샘에서 티록신이 분비된다.

ㄷ. 오답 : 정상인에서 혈중 티록신 농도가 증가하면 음성 피드백에 의해 TSH의 분비가 억제된다.

---

9 특이적 방어 작용 　　정답 ③ 　정답률 88%

보기

ㄱ. 구간 Ⅰ의 A에는 X에 대한 기억 세포가 있다.

ㄴ. 구간 Ⅱ의 A에서 X에 대한 2차 면역 반응이 일어났다.

ㄷ. 구간 Ⅲ의 A에서 X에 대한 항체는 세포독성 T 림프구에서 생성된다. （형질 세포）

① ㄱ　② ㄴ　③ ㄱ, ㄴ　④ ㄱ, ㄷ　⑤ ㄴ, ㄷ

|보|기|풀|이|

ㄱ 정답 : X를 2차로 주사했을 때 2차 면역 반응이 일어난 것을 통해 X를 처음 주사한 이후 구간 Ⅰ의 A에는 X에 대한 기억 세포가 존재한다는 것을 알 수 있다.

ㄴ 정답 : X를 2차로 주사한 직후인 구간 Ⅱ의 A에서 X에 대한 2차 면역 반응이 일어나 항체의 농도가 빠르게 증가한다.

---

10 골격근의 구조와 수축 원리 　　정답 ③ 　정답률 39%

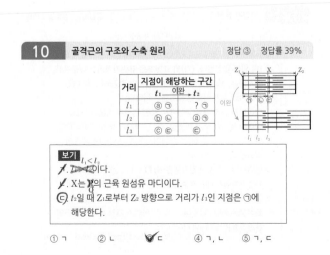

거리	지점이 해당하는 구간	
	t_1	t_2 （이완）
l_1	ⓐ ⊙	? ⊙
l_2	ⓑ ⊙	ⓐ ⊙
l_3	ⓒ ⊙	⊙

보기

ㄱ. ⊙은 ⊙이다. （$l_1 < l_2$）

ㄴ. X는 P의 근육 원섬유 마디이다. （Q）

ㄷ. t_2일 때 Z_1로부터 Z_2 방향으로 거리가 l_1인 지점은 ⊙에 해당한다.

① ㄱ　② ㄴ　③ ㄷ　④ ㄱ, ㄴ　⑤ ㄴ, ㄷ

|자|료|해|설|

H대에 해당하는 ⓒ(ⓒ)의 길이가 t_1일 때가 t_2일 때보다 짧다고 했으므로 t_1에서 t_2로 변할 때 근육이 이완했다는 것을 알 수 있다. 따라서 (나)는 Q의 근육 원섬유 마디(X)의 구조를 나타낸 것이다.

근육이 이완할 때 각 지점에 해당하는 구간의 변화를 정리하면 ⊙ → ⊙, ⊙ → ⊙, ⊙ → ⓒ, ⓒ → ⊙ 경우들이 있다. 이때 해당하는 구간이 변하는 경우는 ⓒ → ⊙이므로 이는 ⓑ → ⓐ로 변하는 l_2에 해당하고 ⓑ는 ⓒ이고, ⓐ는 ⊙이다. 정리하면 t_1일 때 ⊙에 해당하는 지점은 l_1, ⓒ에 해당하는 지점은 l_2, ⓒ에 해당하는 지점은 l_3이다.

|보|기|풀|이|

ㄷ 정답 : t_2일 때 Z_1로부터 Z_2 방향으로 거리가 l_1인 지점은 ⊙에 해당한다.

---

11 감수 분열 　　정답 ① 　정답률 53%

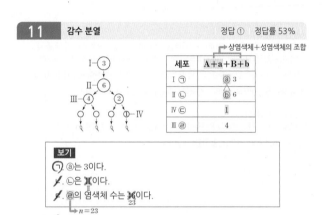

상염색체+성염색체의 조합

세포	A+a+B+b
Ⅰ ⊙	ⓐ 3
Ⅱ ⓒ	ⓑ 6
Ⅳ ⓒ	1
Ⅲ ⓒ	4

보기

ㄱ. ⓐ는 3이다.

ㄴ. ⓒ은 Ⅲ이다. （Ⅱ）

ㄷ. ⓒ의 염색체 수는 46이다. （$n = 23$）（23）

① ㄱ　② ㄴ　③ ㄷ　④ ㄱ, ㄴ　⑤ ㄱ, ㄷ

|자|료|해|설|

정자가 형성되는 과정에서 (A+a+B+b)의 값이 홀수인 1이 될 수 있는 세포는 Ⅳ이며, 이를 통해 A와 a, B와 b 중 하나는 상염색체에 존재하고 나머지 하나는 성염색체에 존재한다는 것을 알 수 있다. 따라서 Ⅰ의 (A+a+B+b)의 값은 3이고, 복제된 세포 Ⅱ의 (A+a+B+b)의 값은 6이다. Ⅳ가 형성되는 감수 2분열에서 (A+a+B+b)의 값이 2에서 1로 반감되었으므로 Ⅲ의 (A+a+B+b)의 값은 4이다.

|보|기|풀|이|

ㄷ. 오답 : ⓒ(Ⅲ)의 핵상은 n이므로 염색체 수는 23이다.

---

12 흥분의 전도와 전달 　　정답 ① 　정답률 44%

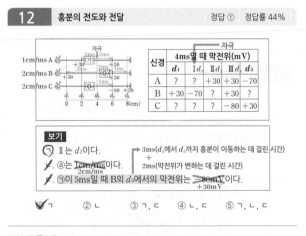

신경	4ms일 때 막전위(mV)				
	d_1	d_2	d_3	d_4	d_5
A	?	?	+30	+30	−70
B	+30	−70	?	+30	?
C	?	?	?	−80	+30

보기

ㄱ. Ⅱ는 d_2이다.

ㄴ. ⓐ는 1cm/ms이다. （2cm/ms）

ㄷ. ⊙이 5ms일 때 B의 d_3에서의 막전위는 −80mV이다. （+30mV）

（3ms(d_3에서 d_5까지 흥분이 이동하는 데 걸린 시간) + 2ms(막전위가 변하는 데 걸린 시간)）

① ㄱ　② ㄴ　③ ㄱ, ㄷ　④ ㄴ, ㄷ　⑤ ㄱ, ㄴ, ㄷ

|보|기|풀|이|

ㄷ. 오답 : B의 d_3에서 d_4까지 흥분이 이동하는데 2ms가 걸리고, d_4에서 d_5까지 흥분이 이동하는데 1ms가 걸린다. 따라서 ⊙이 5ms일 때 자극을 준 d_3에서 d_5까지 흥분이 이동하는데 총 3ms가 걸리므로 남은 2ms 동안 막전위가 변한다.

2024 연도별

○ (가)는 대립유전자 A와 a에 의해 결정되며, A는 a에 대해 완전 우성이다. ➡ A>a

○ (나)는 대립유전자 B와 b에 의해 결정되며, 유전자형이 다르면 표현형이 다르다. ➡ BB, Bb, bb 표현형 다름

○ (다)는 1쌍의 대립유전자에 의해 결정되며, 대립유전자에는 D, E, F가 있다. D는 E, F에 대해, E는 F에 대해 각각 완전 우성이다. ➡ D>E>F(복대립 유전)

① $\frac{1}{16}$ ✔ $\frac{1}{8}$ ③ $\frac{3}{16}$ ④ $\frac{1}{4}$ ⑤ $\frac{3}{8}$

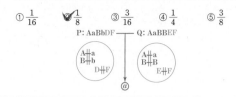

P: AaBbDF   Q: AaBBEF

|자|료|해|설|
ⓐ가 가질 수 있는 (가)~(다)의 유전자형 중 AABBFF가 있으므로 P와 Q는 F를 갖고 있으며, 유전자의 배치는 P에서 AB/ab이고, Q에서 AB/aB이다. ⓐ의 (가)~(다)의 표현형이 모두 Q와 같을 확률이 $\frac{1}{8}$일 때, ⓐ의 (가)와 (나)의 표현형이 모두 Q(A_BB)와 같을 확률은 $\frac{1}{2}$이므로 (다)의 표현형이 Q과 같을 확률은 $\frac{1}{4}$이어야 한다.

|선|택|지|풀|이|
② 정답 : ⓐ의 (가)~(다)의 표현형이 모두 P(A_Bb,D_)와 같을 확률은 $\frac{1}{4}$(A_Bb일 확률) × $\frac{1}{2}$(D_일 확률) = $\frac{1}{8}$이다.

보기

✗ (가)에서 캥거루쥐는 주머니쥐와 ̶같̶은̶ 개체군을 이룬다. ➡ 다른

ⓛ (나)는 상리 공생의 예이다.

✗ 스라소니가 눈신토끼를 잡아먹는 것은 ̶경̶쟁̶의 예에 해당한다. ➡ 포식과 피식

① ㄱ   ✔ ㄴ   ③ ㄷ   ④ ㄱ, ㄴ   ⑤ ㄴ, ㄷ

|보|기|풀|이|
ㄱ. 오답 : 경쟁은 개체군 간의 상호 작용이므로 캥거루쥐와 주머니쥐는 다른 개체군을 이룬다.
ㄷ. 오답 : 스라소니가 눈신토끼를 잡아먹는 것은 포식과 피식의 예에 해당한다.

○ A와 B는 서로 같은 종이고, B와 C는 서로 다른 종이며, B와 C의 체세포 1개당 염색체 수는 서로 다르다.

○ B는 암컷이고, A~C의 성염색체는 암컷이 XX, 수컷이 XY이다.

○ 그림은 세포 (가)~(다) 각각에 들어 있는 모든 상염색체와 X 염색체 ← ㉠을 나타낸 것이다. (가)~(다)는 각각 서로 다른 개체의 세포이고, ㉠은 X 염색체와 Y 염색체 중 하나이다.

$n=4$ $2n=6$ $n=4(3+1(Y))$

       +X 염색체

(가) B(암컷)   (나) C(암컷)   (다) A(수컷)

보기

✗ ㉠은 X 염색체이다.

ⓛ (가)와 (나)는 모두 암컷의 세포이다.

✗ C의 체세포 분열 중기의 세포 1개당 $\frac{상염색체\ 수}{X\ 염색체\ 수}$ = ̶4̶2̶이다. $2n=6$ ← ↑4 ↓2

① ㄱ   ② ㄷ   ✔ ㄱ, ㄴ   ④ ㄴ, ㄷ   ⑤ ㄱ, ㄴ, ㄷ

|자|료|해|설|
(나)에서 X 염색체가 표현되지 않았다고 가정하면, 핵상이 $2n=8$이 되어 B와 C가 서로 다른 종이기 때문에 'B와 C의 체세포 1개당 염색체 수는 서로 다르다.'라는 조건에 모순된다.

|보|기|풀|이|
ㄷ. 오답 : 암컷인 C($2n=6$)의 체세포 분열 중기의 세포 1개당 $\frac{상염색체\ 수}{X\ 염색체\ 수}=\frac{4}{2}=2$이다.

구분	물질의 전환	
질산화 작용	NH_4^+ ㉠ → ㉡ NO_3^-	NH_4^+
질소 고정 Ⅰ	대기 중의 질소(N_2) → ㉠	
Ⅱ	㉡ → 대기 중의 질소(N_2)	NO_3^-
탈질산화		

보기

✗ ㉠은 ̶질̶산̶ 이온(NO_3^-)이다. ➡ 암모늄 이온(NH_4^+)

ⓛ Ⅰ은 질소 고정 작용이다.

ⓒ 탈질산화 세균은 Ⅱ에 관여한다. ➡ 탈질산화 작용

① ㄱ   ② ㄴ   ③ ㄱ, ㄷ   ✔ ㄴ, ㄷ   ⑤ ㄱ, ㄴ, ㄷ

|보|기|풀|이|
ⓛ 정답 : 대기 중의 질소(N_2)가 암모늄 이온(NH_4^+)(㉠)으로 전환되는 Ⅰ은 질소 고정 작용이다.
ⓒ 정답 : 탈질산화 세균은 탈질산화 작용(Ⅱ)에 관여한다.

➡ 다인자 유전 / 연관

○ (가)는 21번 염색체에 있는 2쌍의 대립유전자 H와 h, T와 t에 의해 결정된다. (가)의 표현형은 유전자형에서 대문자로 표시되는 대립유전자의 수에 의해서만 결정되며, 이 대립유전자의 수가 다르면 표현형이 다르다.

○ 어머니의 난자 형성 과정에서 21번 염색체 비분리가 1회 일어나 염색체 수가 비정상적인 난자 Q가 형성되었다. Q와 아버지의 정상 정자가 수정되어 ⓐ가 태어났으며, 부모의 핵형은 모두 정상이다.

○ 어머니의 (가)의 유전자형은 HHTt이고, ⓐ의 (가)의 유전자형에서 대문자로 표시되는 대립유전자의 수는 4이다.
정상 난자 ×   정상 정자

○ ⓐ의 동생이 태어날 때, 이 아이에게서 나타날 수 있는 (가)의 표현형은 최대 2가지이고, ㉠ 이 아이가 가질 수 있는 (가)의 유전자형은 최대 4가지이다. ➡ HHTt, HHtt, HhTT, HhTt
대문자 수 : 2, 3

① ㄱ   ② ㄷ   ③ ㄱ, ㄴ   ④ ㄴ, ㄷ   ✔ ㄱ, ㄴ, ㄷ

대문자 수: 1 | 1

감수 1분열 비분리

@
대문자 수 4(1+3)

	HT	Ht
Ht	HHTt	HHtt
hT	HhTT	HhTt

|자|료|해|설|

어머니에게서 만들어질 수 있는 생식 세포는 2가지(HT, Ht)이므로 자녀에게 대문자를 2개
또는 1개 물려줄 수 있다. @의 동생이 태어날 때, 이 아이에게서 나타날 수 있는 (가)의
표현형은 최대 2가지이므로 아버지 에게서 만들어지는 생식 세포의 종류는 1가지여야 한다.
즉, 아버지의 21번 염색체 각각의 대문자 수가 1(Ht/hT)이거나 2(HT/HT)이거나
0(ht/ht)인 경우가 가능하다. 이때 @의 동생이 가질 수 있는 (가)의 유전자형은 최대
4가지이므로 아버지의 (가)의 유전자형은 Ht/hT이다. → 자손의 유전자형 4가지 : HT/Ht,
HT/hT, Ht/Ht, Ht/hT

@는 아버지(Ht/hT)로부터 대문자 1개만 물려받을 수 있으므로 나머지 3개를 어머니에게서
물려받았다. 따라서 어머니의 난자 형성 과정에서 염색체 비분리는 감수 1분열 에서
일어났다.

|보|기|풀|이|

㉢ 정답 : @(대문자 수 4)는 아버지에게서 대문자 1개, 어머니에게서 대문자 3개를
물려받았으므로 어머니의 난자 형성 과정에서 염색체 비분리는 감수 1분열에서 일어났다.

---

19 가계도 분석, X 염색체 유전의 특징   정답 ④   정답률 38%

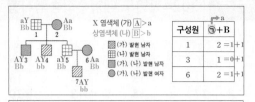

구성원	㉠+B
1	2 =1+1
3	1 =0+1
6	2 =1+1

① ㄱ   ② ㄴ   ③ ㄱ, ㄷ   ✔ ㄴ, ㄷ   ⑤ ㄱ, ㄴ, ㄷ

|자|료|해|설|

(나)가 발현된 5와 6 사이에서 (나)가 발현되지 않은 7이 태어났으므로 (나)는 우성 형질이다.
6의 (나)의 유전자형은 Bb이므로 6의 ㉠+B=2에서 ㉠의 값은 1이고, 6의 (가)의
유전자형은 Aa이다. 이때 6에게서 (가)가 발현되었으므로 (가)는 우성 형질이다.
(가)가 발현된 1과 2 사이에서 (나)가 발현되지 않은 4가 태어났으므로 1에서 B의 DNA
상대량은 1이고, 1의 ㉠+B=2이므로 ㉠의 값은 1이다. 1과 6에서 ㉠이 1로 같지만 (가)의
표현형이 서로 다르므로 ㉠은 a를 의미하며, (가)의 유전자는 X 염색체에 있고, (나)의
유전자는 상염색체에 있다. 이를 토대로 구성원의 유전자형을 정리하면 첨삭된 내용과
같으며, 1의 유전자형이 aYBb으로 볼 수 있다.

|보|기|풀|이|

ㄴ. 정답 : (가)의 유전자는 X 염색체에, (나)의 유전자는 상염색체에 있다.
ㄷ. 정답 : 5(aYBb)와 6(AaBb) 사이에서 7의 동생이 태어날 때, 이 아이에게서 (가)와
(나)가 모두 발현될 확률은 $\frac{1}{2}$(A_일 확률)×$\frac{3}{4}$(B_일 확률)=$\frac{3}{8}$이다.

---

18 군집   정답 ⑤   정답률 62%

구분	A	B	C	D	E
개체 수	96	48	18	48	30
출현한 방형구 수	22	20	10	16	12

구분	A	B	C	D	E	
상대 빈도 ㉠ (%)	27.5	?28	@12.5	20	15	
상대 밀도 ㉡ (%)	40	?20	7.5	20	12.5	→전체 100%
상대 피도 ㉢ (%)	36	17	13	?24	10	→전체 100%
중요치(중요도)	103.5	62	33	64	37.5	

① ㄱ   ② ㄴ   ③ ㄱ, ㄷ   ④ ㄴ, ㄷ   ✔ ㄱ, ㄴ, ㄷ

|보|기|풀|이|

㉠ 정답 : C의 상대 빈도(%) 값 @는 $\frac{10(\text{C가 출현한 방형구 수})}{80(\text{A~E가 출현한 총 방형구 수})}×100=12.5$이다.

㉡ 정답 : 지표를 덮고 있는 면적(피도)가 가장 작은 종은 상대 피도의 값이 가장 작은
E이다.

㉢ 정답 : 우점종은 중요치(중요도)가 가장 큰 A이다.

---

20 생물과 환경의 상호 관계   정답 ①   정답률 79%

생물적 요인

@ X는 그늘을 만들어 수분 증발을
감소시켜 토양 속 염분 농도를
낮춘다. →㉡   →비생물적 환경요인

○ X는 습지의 토양 성분을 변화시켜
습지에 서식하는 생물의 ⓑ 종
다양성을 높인다.

✔ ㄱ   ② ㄴ   ③ ㄷ   ④ ㄱ, ㄴ   ⑤ ㄱ, ㄷ

|보|기|풀|이|

ㄷ. 오답 : 종 다양성(ⓑ)은 한 지역 내 종의 다양한 정도를 의미하며, 생물 종이라도 형질이
각 개체 간에 다르게 나타나는 것은 유전적 다양성이다.

문제편 p.334

1	③	2	③	3	①	4	①	5	⑤
6	④	7	⑤	8	②	9	②	10	⑤
11	④	12	①	13	④	14	④	15	②
16	③	17	⑤	18	⑤	19	③	20	④

---

1 생명 현상의 특성, 군집 　　　정답 ③ 정답률 92%

보기

잎
ㄱ. ㉠은 세포로 구성되어 있다.
ㄴ. ㉡은 자극에 대한 반응의 예에 해당한다.
ㄷ. X와 곤충 사이의 상호 작용은 ~~상리 공생~~에 해당한다.
　　　포식과 피식

① ㄱ　　② ㄷ　　③ ㄱ, ㄴ　　④ ㄴ, ㄷ　　⑤ ㄱ, ㄴ, ㄷ

|보|기|풀|이|
ㄱ. 정답 : 잎(㉠)은 식물을 구성하는 기관이므로 세포로 구성되어 있다.
ㄷ. 오답 : X는 포식자, 곤충은 피식자에 해당하므로 X와 곤충 사이의 상호 작용은 포식과 피식에 해당한다.

---

2 에너지의 전환과 이용 　　　정답 ③ 정답률 80%

보기

ㄱ. 소화계에서 ㉠이 흡수된다.
ㄴ. (가)와 (나)에서 모두 이화 작용이 일어난다.
ㄷ. ~~글루카곤~~은 간에서 ㉡을 촉진한다.
　인슐린

① ㄱ　　② ㄷ　　③ ㄱ, ㄴ　　④ ㄴ, ㄷ　　⑤ ㄱ, ㄴ, ㄷ

|자|료|해|설|
고분자 물질이 저분자 물질로 분해되는 (가)와 (나)는 이화 작용에 해당하고, 저분자 물질이 고분자 물질로 합성되는 (다)는 동화 작용에 해당한다.

|보|기|풀|이|
ㄱ. 정답 : 소화계에 속하는 소장에서 포도당(㉠)이 흡수된다.
ㄴ. 정답 : (가)와 (나)는 모두 이화 작용에 해당한다.

---

3 연역적 탐구의 설계 　　　정답 ① 정답률 92%

보기

ㄱ. (나)에서 대조 실험이 수행되었다.
ㄴ. 조작 변인은 수조에 남아 있는 ㉠의 농도이다.
ㄷ. S를 넣은 수조는 ~~I~~이다.
　　S를 넣었는지의 여부 → 종속 변인

① ㄱ　　② ㄴ　　③ ㄱ, ㄷ　　④ ㄴ, ㄷ　　⑤ ㄱ, ㄴ, ㄷ

|보|기|풀|이|
ㄴ. 오답 : 조작 변인은 S를 넣었는지의 여부이고, 수조에 남아 있는 ㉠의 농도는 종속 변인에 해당한다.
ㄷ. 오답 : S를 넣은 수조는 II이다.

---

4 세포 주기 　　　정답 ① 정답률 75%

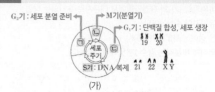

(가)

보기

ㄱ. ㉠은 G₂기이다.　→ G₂기 : 세포 분열 준비
ㄴ. ㉡ 시기에 상동 염색체의 접합이 ~~일어난다.~~
　　　　　　　→ 감수 1분열 일어나지 않는다
ㄷ. ㉢ 시기에 (나)의 염색체가 ~~관찰된다.~~
　　　　　　→ M기(분열기) 관찰되지 않는다

① ㄱ　　② ㄷ　　③ ㄱ, ㄴ　　④ ㄴ, ㄷ　　⑤ ㄱ, ㄴ, ㄷ

|보|기|풀|이|
ㄴ. 오답 : 상동 염색체의 접합은 감수 1분열 과정에서 일어나며, 체세포 분열에서는 일어나지 않는다.
ㄷ. 오답 : (나)의 핵형 분석 결과와 같이 응축된 염색체는 M기(분열기) 세포에서 관찰되며, 간기(G₁기, S기, G₂기) 세포에서는 관찰되지 않는다.

---

5 에너지 대사의 균형, 대사성 질환 　　　정답 ⑤ 정답률 94%

A : 에너지 소비량<에너지 섭취량
B : 에너지 소비량>에너지 섭취량(t₁ 이후)
에너지 소비량=에너지 섭취량

보기

ㄱ. ㉠은 A이다.　→ B의 체중 감소
ㄴ. 구간 I에서 B는 에너지 소비량이 에너지 섭취량보다 많다.
ㄷ. 대사성 질환 중에는 고지혈증이 있다.
　→ 물질대사에 이상이 생겨 발생하는 질환

① ㄱ　　② ㄴ　　③ ㄱ, ㄷ　　④ ㄴ, ㄷ　　⑤ ㄱ, ㄴ, ㄷ

|보|기|풀|이|
ㄴ. 정답 : 구간 I에서 B의 체중이 감소하고 있으므로 이 구간에서 B는 에너지 소비량이 에너지 섭취량보다 많다.

---

6 생물과 환경의 상호 관계 　　　정답 ④ 정답률 89%

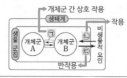

보기

ㄱ. 곰팡이는 생물 군집에 속한다.
ㄴ. 같은 종의 개미가 일을 분담하며 협력하는 것은 ~~㉠의 예에 해당한다.~~
　개체군 내 상호 작용 해당하지 않는다
ㄷ. 빛의 세기가 참나무의 생장에 영향을 미치는 것은 ㉡의 예에 해당한다.
　→ 생물 → 작용
　비생물적 요인

① ㄱ　　② ㄴ　　③ ㄷ　　④ ㄱ, ㄷ　　⑤ ㄴ, ㄷ

|자|료|해|설|
㉠은 군집 내 개체군 간 상호 작용이고, 비생물적 요인이 생물에 영향을 주는 ㉡은 작용, 생물이 비생물적 요인에 영향을 주는 ㉢은 반작용이다.

|보|기|풀|이|
ㄴ. 오답 : 같은 종의 개미가 일을 분담하며 협력하는 것은 개체군 내 상호 작용에 해당하므로 군집 내 개체군 간 상호 작용인 ㉠의 예에 해당하지 않는다.

자율 신경	신경절 이전 뉴런의 신경 세포체 위치	신경절 이후 뉴런의 축삭 돌기 말단에서 분비되는 신경 전달 물질	연결된 기관
I	(가)뇌줄기	아세틸콜린	위
II	(가)뇌줄기	⊙ 아세틸콜린	심장
III	(나)척수	⊙ 아세틸콜린	방광

부교감 신경 ← { II, III

보기

ㄱ. (가)는 뇌줄기이다.
ㄴ. ⊙은 <s>노르에피네프린</s>이다. 아세틸콜린
ㄷ. III은 부교감 신경이다.

① ㄱ　　② ㄴ　　③ ㄷ　　④ ㄱ, ㄴ　　✔ ㄱ, ㄷ

|자|료|해|설|
부교감 신경의 신경절 이전 뉴런의 신경 세포체 위치는 연수이므로 (가)는 뇌줄기이다.
방광에 연결된 부교감 신경의 신경절 이전 뉴런의 신경 세포체 위치는 척수이므로 (나)는 척수이다.

|보|기|풀|이|
ㄷ. 정답 : I ~ III 모두 부교감 신경이다.

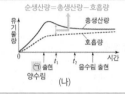

(나)

보기

ㄱ. B는 <s>2차 천이</s>이다. 1차 천이
ㄴ. ⊙은 양수림이다.
ㄷ. K의 순생산량/호흡량 은 t_2일 때가 t_1일 때보다 <s>크다</s>. 작다

① ㄱ　　✔ ㄴ　　③ ㄱ, ㄷ　　④ ㄴ, ㄷ　　⑤ ㄱ, ㄴ, ㄷ

|자|료|해|설|
용암 대지와 같이 토양이 전혀 없는 불모지에서 시작되는 B는 1차 천이이고, 개척자는 지의류이므로 ⊙은 지의류이다. 따라서 A는 2차 천이이고, ⊙은 양수림이다.

|보|기|풀|이|
ㄷ. 오답 : 순생산량은 총생산량에서 호흡량을 뺀 값이다. 따라서 K의 순생산량/호흡량 은 t_2일 때가 t_1일 때보다 작다.

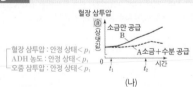

(나)

• 혈장 삼투압 : 안정 상태 < p_1
• ADH 농도 : 안정 상태 < p_1
• 오줌 삼투압 : 안정 상태 < p_1

보기

ㄱ. 생성되는 오줌의 삼투압은 안정 상태일 때가 p_1일 때보다 <s>크</s>다. 낮
ㄴ. t_1일 때 갈증을 느끼는 정도는 B에서가 A에서보다 크다. → 혈장 삼투압이 높을 수록 갈증 정도가 심해짐
ㄷ. B의 혈중 항이뇨 호르몬(ADH)농도는 t_1일 때가 t_2일 때보다 <s>크</s>다. 낮 → 혈장 삼투압: $t_1 < t_2$, ADH 농도: $t_1 < t_2$

① ㄱ　　✔ ㄴ　　③ ㄷ　　④ ㄱ, ㄴ　　⑤ ㄴ, ㄷ

|자|료|해|설|
혈장 삼투압이 높아질수록 갈증 정도가 심해지므로 ⓐ는 혈장 삼투압이다.

|보|기|풀|이|
ㄷ. 오답 : 혈장 삼투압이 높을수록 항이뇨 호르몬(ADH) 농도가 높아지므로 B의 혈중 항이뇨 호르몬(ADH)의 농도는 t_1일 때가 t_2일 때보다 낮다.

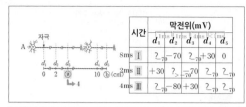

	시간	막전위(mV)				
		d_1	d_2	d_3	d_4	d_5
I	8ms	? −70	−70	?	+30	0
II	2ms	+30	?	−70	?	?
III	4ms	? −70	−80	+30	?	? −70

보기

ㄱ. ㉮는 2cm/ms이다.
　$\dfrac{d_1 \sim d_2\ 거리}{d_1과\ d_2의\ 전도\ 시간\ 차이} = \dfrac{2cm}{1ms} = 2cm/ms$
ㄴ. ⓐ는 4이다.
ㄷ. ⊙이 9ms일 때 d_5에서 재분극이 일어나고 있다.
　→ 6ms < d_5까지 전도되는데 걸리는 시간 < 7ms

① ㄱ　　② ㄷ　　③ ㄱ, ㄴ　　④ ㄴ, ㄷ　　✔ ㄱ, ㄴ, ㄷ

|자|료|해|설|
막전위 변화 그래프에 따라, d_1에 자극을 주고 경과된 시간(⊙)이 2ms일 때 d_1에서의 막전위가 +30mV이므로 II는 2ms이다. 또한 ⊙이 I 일 때는 d_4에서의 막전위가 +30mV이고, III일 때는 d_3에서의 막전위가 +30mV이므로 I 일 때가 III일 때보다 흥분이 더 멀리까지 전도되었다는 것을 알 수 있다. 즉 I 이 8ms이고 III이 4ms이다.
⊙이 4ms일 때 d_1에서의 막전위는 −70mV이고, 표에서 d_2의 막전위는 −80mV, d_3의 막전위는 +30mV이므로 d_1에서 d_2까지의 흥분 전도 시간과 d_2에서 d_3까지의 흥분 전도 시간은 1ms로 같다. 즉 A를 구성하는 뉴런의 흥분 전도 속도인 ㉮는 2ms/ms이고, ⓐ는 4이다.

|보|기|풀|이|
ㄴ. 정답 : ⓐ는 4이다.
ㄷ. 정답 : ⊙이 8ms일 때 d_5에서 막전위는 0mV이므로 d_1에서 d_5까지 흥분 전도 시간은 6ms에서 7ms 사이이다. 따라서 ⊙이 9ms일 때 d_5에서의 막전위 변화 시간은 2ms에서 3ms 사이이고, d_5에서 재분극이 일어나고 있다.

세포	X 염색체 DNA 상대량						P(수컷) X^AYBbDd	Q(암컷) X^aX^aBbDD
	A	a	B	b	D	d		
Q I 2n	0	ⓐ4	?2	2	4	0		
P II 2n	2	0	ⓑ2	2	?2	2		
P III n	0	0	?	?0	1	©0	(가) → II	(나) → IV
Q IV 2n	0	2	?1	1	2	0	X 염색체	

보기

ㄱ. (가)는 <s>II</s>이다. II
ㄴ. IV는 Q의 세포이다.
ㄷ. ⓐ+ⓑ+©=6이다.
　4 + 2 + 0 = 6

① ㄱ　　② ㄴ　　③ ㄱ, ㄷ　　✔ ㄴ, ㄷ　　⑤ ㄱ, ㄴ, ㄷ

|자|료|해|설|
III은 유전 형질 ⊙을 결정하는 대립유전자 A와 a 중 어느 것도 갖지 않는다. 따라서 ⊙의 유전자는 X 염색체에 있고, ⓛ과 ©의 유전자는 서로 다른 상염색체에 있다. 또한 III은 핵상이 n이고 X 염색체 대신 Y 염색체가 들어 있는 P의 세포임을 알 수 있다.
IV에는 DNA 상대량이 2인 대립유전자도 있고 1인 대립유전자도 있으므로 IV는 핵상이 $2n$이면서 DNA가 복제되지 않은 세포이다. 이때 a의 DNA 상대량이 2이므로 IV는 X 염색체를 2개 가진다. 따라서 IV는 Q의 세포이고 B의 DNA 상대량이 1이다.
한편 IV에는 없는 A가 II에는 있으므로 II는 Q가 아닌 P의 세포이다. 또한 I 에서 D와 d의 DNA 상대량을 더한 값이 4이므로 I 은 핵상이 $2n$이고 DNA가 복제된 세포이다. 그런데 I 은 II와 달리 A를 갖지 않으므로 Q의 세포이다.

|보|기|풀|이|
ㄷ. 정답 : I 은 핵상이 $2n$이고 DNA 복제가 일어난 Q의 세포이므로 ⓐ=4이고, II는 핵상이 $2n$이고 DNA 복제가 일어난 P의 세포이므로 ⓑ=2이며, III은 핵상이 n이고 염색체 분리(감수 2분열)가 일어난 P의 세포이므로 ©=0이다.
즉 ⓐ+ⓑ+©=4+2+0=6이다.

12 골격근의 구조와 수축 원리   정답 ① 정답률 46%

거리	지점이 해당 하는 구간	
	t_1 수축 t_2	
l_1	ⓐⓒ → ⓛ	
l_2	ⓑⓒ	ⓒⓛ ?
l_3	? ⓐ	ⓐⓒ

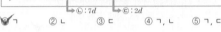

보기
ㄱ. $l_2 > l_1$이다.
ㄴ. t_1일 때, Z_1로부터 Z_2 방향으로 거리가 l_3인 지점은 ⓛ에 ~~ⓐ~~ 해당한다.
ㄷ. t_2일 때, ⓐ의 길이는 H대의 길이의 ~~3배~~이다. 3.5배
└ ⓛ : $7d$ └ ⓒ : $2d$

① ㄱ ✓   ② ㄴ   ③ ㄷ   ④ ㄱ, ㄴ   ⑤ ㄱ, ㄷ

|자|료|해|설|

	ⓒ ⓐ ⓑ		
	ⓐ	ⓛ	ⓒ
t_1	$8d$	$5d$	$6d$
t_2	$6d$	$7d$	$2d$

t_1일 때 A대의 길이(2ⓛ$+$ⓒ)는 ⓒ의 길이의 2배이므로 ⓒ는 ⓐ이다. 근육이 수축할 때 각 지점에 해당하는 구간의 변화를 정리하면 ⓐ → ⓛ 또는 ⓛ, ⓛ → ⓒ, ⓒ → ⓐ이다. ⓒ는 ⓐ이므로 ⓐ는 ⓛ이고, ⓑ는 ⓒ이다. 정리하면 l_3인 지점은 ⓐ, l_1인 지점은 ⓛ, l_2인 지점은 ⓒ에 해당한다.

|보|기|풀|이|
ㄴ. 오답 : t_1일 때, Z_1으로부터 Z_2 방향으로 거리가 l_3인 지점은 ⓐ에 해당한다.
ㄷ. 오답 : t_2일 때, ⓐ(ⓛ : $7d$)의 길이는 H대의 길이(ⓒ : $2d$)의 3.5배이다.

13 개념 복합 문제   정답 ④ 정답률 42%

○ (가)~(다)의 유전자는 서로 다른 3개의 상염색체에 있다.
○ (가)는 대립유전자 A와 a에 의해 결정되며, A는 a에 대해 완전 우성이다. → A>a
○ (나)는 대립유전자 B와 b에 의해 결정되며, 유전자형이 다르면 표현형이 다르다. → 표현형 : BB, Bb, bb
○ (다)는 1쌍의 대립유전자에 의해 결정되며, 대립유전자에는 D, E, F가 있다. D는 E, F에 대해, E는 F에 대해 각각 완전 우성이다. → D>E>F
○ P의 유전자형은 AaBbDF이고, P와 Q는 (나)의 표현형이 서로 다르다. → Q : BB 또는 bb → Q : bb
○ P와 Q 사이에서 ⓐ가 태어날 때, ⓐ가 P와 (가)~(다)의 표현형이 모두 같을 확률은 $\frac{3}{16}$이다. $= \frac{3}{4} \times \frac{1}{2} \times \frac{1}{2}$
   (A_일 확률) (Bb일 확률) (D_일 확률)
○ ⓐ가 유전자형이 AAbbFF인 사람과 (가)~(다)의 표현형이 모두 같을 확률은 $\frac{3}{32}$이다. $= \frac{3}{4} \times \frac{1}{2} \times \frac{1}{2}$
   (A_일 확률) (bb일 확률) (FF일 확률)   ∴ Q(AabbEF)

① $\frac{1}{4}$ ② $\frac{1}{8}$ ③ $\frac{1}{16}$ ④ $\frac{1}{32}$ ✓   ⑤ $\frac{1}{64}$
$\frac{1}{4}$(aa일 확률)$\times \frac{1}{2}$(bb일 확률)$\times \frac{1}{4}$(DF일 확률)$=\frac{1}{32}$

|자|료|해|설|
P(AaBbDF)와 Q는 (나)의 표현형이 서로 다르므로 Q의 (나)의 유전자형은 BB 또는 bb이다. P와 Q 사이에서 태어난 ⓐ의 유전자형이 AAbbFF일 확률이 존재하므로 Q의 (나)의 유전자형은 bb이다.

|선|택|지|풀|이|
④정답 : P(AaBbDF)와 Q(AabbEF) 사이에서 태어나는 ⓐ의 유전자형이 aabbDF일 확률은 $\frac{1}{4}$(aa일 확률)$\times \frac{1}{2}$(bb일 확률)$\times \frac{1}{4}$(DF일 확률)$=\frac{1}{32}$이다.

14 항상성 유지   정답 ④ 정답률 77%

사람	원인
티록신 분비량 적음 ← A	뇌하수체 전엽에 이상이 생겨 TSH 분비량이 정상보다 적음
TSH 분비량 적음 ← B	갑상샘에 이상이 생겨 티록신 분비량이 정상보다 많음
TSH 분비량 많음 ← C	갑상샘에 이상이 생겨 티록신 분비량이 정상보다 적음

(가)

사람	혈중 농도	
	티록신	TSH
C ⓛ	−	+
B ⓒ	+	ⓐ−
A ⓒ	−	+

(＋ : 정상보다 높음, − : 정상보다 낮음)

(나)

보기
C ← ㄱ. ⓐ는 '−'이다.
ㄴ. ~~ⓛ~~에게 티록신을 투여하면 투여 전보다 TSH의 분비가 ~~촉진~~된다. → 뇌하수체에서 TSH 분비 촉진 / 억제
ㄷ. 정상인에서 뇌하수체 전엽에 TRH의 표적 세포가 있다.

① ㄱ   ② ㄴ   ③ ㄷ   ④ ㄱ, ㄷ ✓   ⑤ ㄴ, ㄷ

|자|료|해|설|
ⓛ은 B이고 ⓐ는 '−'이다. 남은 ㄱ은 티록신 분비량이 정상보다 적은 C이다.

|보|기|풀|이|
ㄴ. 오답 : ㄱ(C)에 티록신을 투여하면 음성 피드백에 의해 TSH의 분비가 억제된다.

15 개념 복합 문제   정답 ② 정답률 67%

대립유전자	세포		
	ⓐ	ⓛ	ⓒ
H	○	?○	×
t	?×	×	×

(○: 있음, ×: 없음)

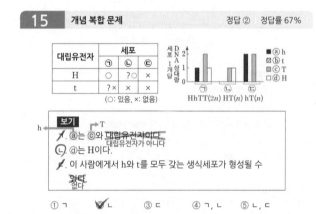

HhTT($2n$) HT(n) hT(n)

보기
h ← ㄱ. ⓐ는 ⓒ와 ~~대립유전자이다.~~ → T / 대립유전자가 아니다
ㄴ. ⓐ는 H이다.
ㄷ. 이 사람에게서 h와 t를 모두 갖는 생식세포가 형성될 수 ~~있다.~~ 없다

① ㄱ   ② ㄴ ✓   ③ ㄷ   ④ ㄱ, ㄴ   ⑤ ㄴ, ㄷ

|자|료|해|설|
그래프에서 ⓛ에는 DNA 상대량이 1인 대립유전자도 있고 2인 대립유전자도 있으므로 ⓛ은 핵상이 $2n$이면서 DNA가 복제되지 않은 세포라는 것을 알 수 있다. 따라서 ⓛ과 유전자 구성이 다른 ⓛ과 ⓒ의 핵상은 각각 n이며, ⓛ은 염색분체 분리(감수 2분열)가 일어난 세포, ⓒ는 DNA가 복제된 상태의 세포이다.
표에서 ⓛ과 ⓒ는 모두 t를 갖지 않는데, 그래프에서 ⓐ~ⓓ 중 ⓛ과 ⓒ이 공통적으로 갖지 않는 대립유전자는 ⓑ이므로 ⓑ는 t이다. 이때 그래프에서 ⓛ 또한 ⓑ(t)를 갖지 않으므로 ⓛ에서 T의 DNA 상대량이 2여야 하고, 따라서 ⓒ가 T라는 것을 알 수 있다.

|보|기|풀|이|
ㄷ. 오답 : 이 사람의 (가)의 유전자형은 HhTT이므로 이 사람에게서 h와 t를 모두 갖는 생식세포는 형성될 수 없다.

16 ABO식 혈액형   정답 ③ 정답률 67%

적혈구 ＼ 혈장	ⓛ	ⓛ	ⓒ
A형 Ⅰ의 적혈구	?−	−	+
O형 Ⅱ의 적혈구	−	?−	−
AB형 Ⅲ의 적혈구	?−	+	?+

Ⅲ의 혈장 → ⓛ   Ⅰ의 혈장(β) → ⓛ   Ⅱ의 혈장 (α, β) → ⓒ

보기
ㄱ. Ⅰ의 ABO식 혈액형은 A형이다.
ㄴ. ~~ⓛ~~은 Ⅰ의 혈장이다. → AB형
ㄷ. Ⅲ의 적혈구와 ⓒ을 섞으면 항원 항체 반응이 일어난다. → Ⅱ(O형)의 혈장

① ㄱ   ② ㄴ   ③ ㄱ, ㄷ ✓   ④ ㄴ, ㄷ   ⑤ ㄱ, ㄴ, ㄷ

|자|료|해|설|

AB형인 사람의 혈장에는 응집소 α와 응집소 β가 모두 없으므로 ㉠~㉢ 중 AB형인 사람의 혈장은 누구의 적혈구와도 응집되지 않아야 한다. 즉 ㉠이 AB형인 사람의 혈장이다. 이때 A형인 사람의 적혈구는 O형인 사람의 혈장과만 응집되어야 하고, AB형인 사람의 적혈구는 A형인 사람의 혈장과만 응집되어야 하므로 ㉠~㉢ 중 ㉢과만 응집 반응이 일어나는 I 이 A형임을 알 수 있다.

---

17 유전 복합 문제　　　정답 ⑤　정답률 19%

구성원	성별	㉠ (가)	㉡(나)	㉢(다)	
아버지	남	○ Aa	×	×	$X^{bD}Y$
어머니	여	× aa	○	ⓐ○	$X^{Bd}X^{bd}$
자녀 1	남	× aa	○	○	$X^{Bd}Y$
자녀 2	여	○ Aa	○	×	$X^{Bd}X^{bD}$
자녀 3	남	○ Aa	×	○	$X^{bd}Y$
자녀 4	남	× aa	×	×	$X^{bd}X^{bD}Y$

(○: 발현됨, ×: 발현 안 됨)

감수 1분열 비분리

보기

㉠ ⓐ는 '○'이다.
　Aa, bD/Bd
㉡ 자녀 2는 A, B, D를 모두 갖는다.
㉢ G는 아버지에게서 형성되었다.

상염색체 – (가): A > a
X 염색체 (나): B > b
　　　　　(다): D > d

① ㄱ　　② ㄴ　　③ ㄱ, ㄷ　　④ ㄴ, ㄷ　　✓⑤ ㄱ, ㄴ, ㄷ

|자|료|해|설|

㉠은 남자인 자녀 3에서 발현되고 어머니에게서 발현되지 않았으므로 X 염색체 우성 유전일 수 없다. 따라서 ㉠은 (나)가 아니다. ㉡은 여자인 자녀 2에서 발현되고 아버지에게서 발현되지 않았으므로 X 염색체 열성 유전일 수 없다. 따라서 ㉡은 (다)가 아니다.
㉢을 (나)라고 가정하면, ㉡이 (다)이다. 이때 구성원의 (나)와 (다)의 유전자형을 정리하면 아버지($X^{bd}Y$), 자녀 1($X^{BD}Y$), 자녀 3($X^{bd}Y$), 어머니($X^{BD}X^{bd}$)이다. 이때 자녀 2는 어머니로부터 B를 물려받아 (나)가 발현되어야 한다. 이는 모순이므로 ㉢은 (나)이다.
㉠을 (다)라고 가정하고 구성원의 (나)와 (다)의 유전자형을 정리하면 아버지($X^{bd}Y$), 자녀 1($X^{BD}Y$), 자녀 3($X^{bd}Y$), 어머니($X^{BD}X^{bd}$)이다. 이때 (나)와 (다)가 모두 발현된 자녀 2가 태어날 수 없으므로 이는 모순이다. 따라서 ㉠은 (가)이고, ㉢은 (다)이다.
각 구성원의 (나)와 (다)의 유전자형을 정리하면 아버지($X^{bD}Y$), 자녀 1($X^{Bd}Y$), 자녀 3($X^{bd}Y$), 어머니($X^{Bd}X^{bd}$), 자녀 2($X^{Bd}X^{bD}$)이다. 어머니에게서 (다)가 발현되므로 ⓐ는 '○'이다. 클라인펠터 증후군(XXY)의 염색체 이상을 보이는 자녀 4는 (나)와 (다)가 모두 발현되지 않았으므로 아버지로부터 $X^{bD}Y$를 모두 물려받고, 어머니로부터 X^{bd}를 물려받아야 한다. 즉, 아버지의 감수 1분열에서 비분리가 일어나 G가 형성되었다.

|보|기|풀|이|

㉠ 정답: 어머니($X^{Bd}X^{bd}$)에게서 (다)가 발현되므로 ⓐ는 '○'이다.
㉡ 정답: 자녀 2(Aa, $X^{bD}X^{Bd}$)는 A, B, D를 모두 갖는다.
㉢ 정답: G는 아버지의 감수 1분열에서 비분리가 일어나 형성된 생식세포이다.

---

18 특이적 방어 작용과 비특이적 방어 작용　　정답 ⑤　정답률 83%

정상 생쥐 ㉠　　가슴샘이 없는 생쥐 ㉡

구분	㉠		㉡	
	A	B X 주사	C	D X 주사
X에 대한 세포성 면역 반응 여부	일어나지 않음	일어남	일어나지 않음	일어나지 않음
생존 여부	산다	산다	산다	죽는다

바이러스 →
세포 독성 T 림프구가 병원체에 감염된 세포를 제거하는 면역 반응

보기

㉠ X는 유전 물질을 갖는다.
㉡ ㉡은 '가슴샘이 없는 생쥐'이다.
㉢ (다)의 B에서 세포독성 T 림프구가 ⓐ를 파괴하는 면역 반응이 일어났다.

① ㄱ　　② ㄴ　　③ ㄱ, ㄴ　　④ ㄴ, ㄷ　　✓⑤ ㄱ, ㄴ, ㄷ

|자|료|해|설|

가슴샘은 T 림프구가 성숙되는 장소이다.

|보|기|풀|이|

㉡ 정답: X를 주사한 D에서 세포성 면역 반응이 일어나지 않았으므로 ㉡은 '가슴샘이 없는 생쥐'이다.
㉢ 정답: (다)의 B에서 세포독성 T 림프구가 ⓐ를 파괴하는 세포성 면역 반응이 일어났다.

---

19 가계도 분석　　　정답 ③　정답률 37%

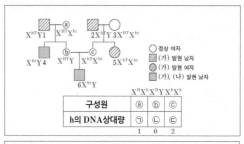

$X^{ht}Y1$　ⓐ　$X^{ht}X^{ht}$　　　$2X^{ht}Y3X^{HT}X^{ht}$

○ 정상 여자
▨ (가) 발현 남자
▧ (가) 발현 여자
■ (가), (나) 발현 남자

$X^{ht}Y4$　　�b　㉢　$X^{HT}X^{ht}X^{ht}$　$5X^{ht}X^{ht}$

$6X^{ht}Y$

구성원	ⓐ	ⓑ	ⓒ
h의 DNA상대량	㉠	㉡	㉢
	1	0	2

$X^{H}X^{h}X^{H}X^{h}X^{h}$

보기

㉠ (가)는 열성 형질이다.
㉡ ⓐ~ⓒ 중 (나)가 발현된 사람은 0명이다.
㉢ 6의 동생이 태어날 때, 이 아이에게서 (가)와 (나)가 모두 발현될 확률은 $\frac{1}{4}$이다.
　유전자형이 $X^{ht}Y$일 확률 = $\frac{1}{4}$

① ㄱ　　② ㄴ　　✓③ ㄱ, ㄷ　　④ ㄴ, ㄷ　　⑤ ㄱ, ㄴ, ㄷ

|자|료|해|설|

㉠~㉢은 0, 1, 2를 순서 없이 나타낸 것이고, ⓐ와 ⓒ는 여자, ⓑ는 남자이며, ⓐ~ⓒ 중 (가)가 발현된 사람은 1명이라는 조건을 종합하여 ⓐ~ⓒ의 (가)의 유전자형을 찾아볼 수 있다. 만약 (가)의 유전자가 상염색체에 있다면, ⓐ~ⓒ의 유전자형은 순서 없이 HH, Hh, hh일 것이고, (가)는 열성 형질이어야 한다. 그러나 이 경우 1과 4에서 (가)가 발현되고 ⓐ와 ⓑ가 부모 자식 관계임을 만족하도록 할 수 없으므로 (가)의 유전자는 성염색체에 있으며, 구성원 중 여자에게서도 (가)가 발현되므로 (가)의 유전자는 X 염색체에 있다.
또한 이때 (가)가 우성 유전이라면 ⓐ, ⓒ의 유전자형은 $X^{H}X^{h}$((가) 발현), $X^{H}X^{h}$(정상) 중 서로 다른 하나이고 ⓑ의 유전자형은 $X^{H}Y$(정상)이어야 한다. 그러나 이 경우 다른 구성원의 (가)의 발현 여부를 만족하도록 할 수 없으므로 (가)는 열성 유전이다. 즉 ⓑ의 유전자형은 $X^{H}Y$(정상)이고 ⓐ, ⓒ의 유전자형은 $X^{H}X^{h}$(정상), $X^{h}X^{h}$((가) 발현) 중 서로 다른 하나이다. 여기에서, ⓐ와 ⓑ가 부모 자식 관계이므로 ⓐ는 $X^{H}X^{h}$(정상), ⓒ는 $X^{h}X^{h}$((가) 발현)임을 확정할 수 있고 ㉠은 1, ㉡은 0, ㉢은 2이다.

|보|기|풀|이|

ㄴ. 오답: (나)의 유전자형은 ⓐ가 $X^{T}X^{t}$, ⓑ가 $X^{T}Y$, ⓒ가 $X^{T}X^{t}$이므로 이들 중 (나)가 발현된 사람은 0명이다.
㉢ 정답: ⓑ의 유전자형은 $X^{HT}Y$이고 ⓒ의 유전자형은 $X^{ht}X^{ht}$이므로 6의 동생이 태어날 때, 이 아이에게서 (가)와 (나)가 모두 발현될 확률은 곧 이 아이의 유전자형이 $X^{ht}Y$와 같으며, 이는 $\frac{1}{4}$이다.

---

20 탄소의 순환, 질소의 순환　　정답 ④　정답률 85%

보기

㉠ (나)는 탄소(질소) 순환 과정이다.
㉡ 질산화 세균은 ㉠에 관여한다. → 질화 작용
㉢ '물질이 생산자에서 소비자로 먹이 사슬을 따라 이동한다.'는 ⓐ에 해당한다.

① ㄱ　　② ㄷ　　③ ㄱ, ㄴ　　✓④ ㄴ, ㄷ　　⑤ ㄱ, ㄴ, ㄷ

|자|료|해|설|

광합성에 의해 이산화 탄소(CO_2)가 유기물로 합성되는 (가)는 탄소 순환 과정이고, 토양 속 암모늄 이온(NH_4^{+})이 질산 이온(NO_3^{-})으로 전환되는 (나)는 질소 순환 과정이다.

|보|기|풀|이|

㉡ 정답: 질산화 세균은 암모늄 이온(NH_4^{+})이 질산 이온(NO_3^{-})으로 전환되는 질화 작용 ㉠에 관여한다.
㉢ 정답: 물질의 순환 과정에서 유기물에 포함된 탄소나 질소는 모두 생산자에서 소비자로 먹이 사슬을 따라 이동한다.

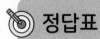
Ⅰ. 생명 과학의 이해
문제편 p.005 해설편 p.003
1.생명 과학의 이해
01. 생물의 특성

1 ②	2 ④	3 ②	4 ④	5 ⑤
6 ①	7 ⑤	8 ⑤	9 ②	10 ⑤
11 ②	12 ⑤	13 ⑤	14 ③	15 ①
16 ⑤	17 ⑤	18 ⑥	19 ⑤	20 ⑤
21 ⑤	22 ③	23 ③	24 ④	25 ④
26 ②	27 ⑤	28 ⑤	29 ⑤	

02. 생명 과학의 특성과 탐구 방법

1 ⑤	2 ⑤	3 ①	4 ③	5 ④
6 ⑤	7 ④	8 ②	9 ①	10 ②
11 ③	12 ②	13 ③	14 ③	15 ④
16 ③	17 ②	18 ④	19 ③	20 ④
21 ①	22 ④	23 ⑤	24 ②	25 ⑤
26 ①				

Ⅱ. 사람의 물질대사
문제편 p.024 해설편 p.035
1.사람의 물질대사
01. 세포의 물질대사와 에너지

1 ④	2 ⑤	3 ⑤	4 ④	5 ⑤
6 ⑤	7 ⑤	8 ②	9 ③	10 ④
11 ⑤	12 ①	13 ④	14 ④	15 ③
16 ④	17 ①	18 ①	19 ⑤	20 ⑤
21 ⑤	22 ⑤	23 ④	24 ②	25 ①
26 ③	27 ④	28 ④	29 ③	30 ④
31 ⑤	32 ③	33 ④	34 ③	

02. 기관계의 통합적 작용

1 ⑤	2 ⑥	3 ⑤	4 ⑤	5 ④
6 ④	7 ⑤	8 ⑤	9 ⑤	10 ⑤
11 ⑤	12 ④	13 ⑤	14 ⑤	15 ⑤
16 ①	17 ④	18 ⑤	19 ⑤	20 ④
21 ④	22 ⑤	23 ④	24 ⑤	25 ⑤
26 ⑤	27 ⑤	28 ⑤	29 ⑤	30 ⑤
31 ⑤	32 ⑤	33 ④		

03. 물질대사와 건강

1 ②	2 ④	3 ⑤	4 ④	5 ③
6 ⑤	7 ④	8 ③	9 ③	10 ⑤

Ⅲ. 항상성과 몸의 조절
문제편 p.051 해설편 p.080
1. 항상성과 몸의 기능 조절
01. 자극의 전달

1 ④	2 ④	3 ③	4 ①	5 ③
6 ③	7 ①	8 ⑤	9 ③	10 ①
11 ④	12 ⑤	13 ④	14 ①	15 ⑤
16 ⑤	17 ⑤	18 ⑤	19 ①	20 ①
21 ⑤	22 ⑤	23 ①	24 ④	25 ②
26 ④	27 ⑤	28 ④	29 ②	30 ②
31 ①	32 ⑤	33 ④	34 ④	35 ③
36 ②	37 ④	38 ⑤	39 ④	40 ④
41 ⑤	42 ①	43 ④	44 ①	45 ⑤
46 ①	47 ⑤	48 ②	49 ⑤	

02. 근육 수축의 원리

1 ②	2 ④	3 ④	4 ①	5 ④
6 ⑤	7 ⑤	8 ①	9 ②	10 ③
11 ②	12 ②	13 ④	14 ①	15 ⑤
16 ③	17 ⑤	18 ④	19 ①	20 ⑤
21 ③	22 ③	23 ①	24 ①	25 ⑤
26 ②	27 ⑤	28 ②	29 ③	30 ④
31 ④	32 ⑤	33 ⑤	34 ②	35 ④
36 ④	37 ⑤	38 ③	39 ①	40 ②
41 ④	42 ④	43 ①		

03. 신경계

1 ④	2 ②	3 ①	4 ①	5 ④
6 ⑤	7 ②	8 ②	9 ③	10 ④
11 ①	12 ②	13 ②	14 ⑤	15 ③

16 ④	17 ②	18 ③	19 ③	20 ④
21 ②	22 ②	23 ①	24 ⑤	25 ①
26 ③	27 ③	28 ①	29 ③	30 ①
31 ③	32 ④	33 ①	34 ③	35 ④
36 ④	37 ①	38 ①	39 ①	40 ①
41 ③	42 ①	43 ④	44 ④	45 ⑤

04. 항상성 유지

1 ②	2 ②	3 ①	4 ①	5 ②
6 ⑤	7 ①	8 ⑤	9 ④	10 ⑤
11 ⑤	12 ⑤	13 ④	14 ⑤	15 ④
16 ⑤	17 ③	18 ⑤	19 ②	20 ①
21 ①	22 ②	23 ①	24 ②	25 ③
26 ④	27 ⑤	28 ①	29 ④	30 ③
31 ①	32 ②	33 ①	34 ④	35 ③
36 ⑤	37 ④	38 ②	39 ②	40 ④
41 ④	42 ④	43 ①	44 ①	45 ②
46 ②	47 ④	48 ②	49 ①	50 ④
51 ③	52 ①	53 ①	54 ①	55 ⑤
56 ⑤	57 ②	58 ①	59 ⑤	60 ①
61 ②	62 ③	63 ②	64 ①	65 ①
66 ③	67 ⑤	68 ③	69 ③	70 ①
71 ④	72 ⑤	73 ②	74 ①	75 ⑤
76 ①	77 ②	78 ⑤	79 ②	80 ②
81 ④				

2. 방어 작용
01. 질병과 병원체

1 ②	2 ④	3 ⑤	4 ②	5 ③
6 ④	7 ①	8 ②	9 ④	10 ⑤
11 ③	12 ④	13 ④	14 ①	15 ⑤
16 ③	17 ⑤	18 ⑤	19 ⑤	20 ⑤
21 ④	22 ①	23 ④	24 ⑤	25 ③
26 ②	27 ④	28 ⑤	29 ②	30 ④
31 ⑤	32 ④	33 ④	34 ④	35 ②
36 ④	37 ④	38 ①	39 ⑤	40 ④
41 ④	42 ④	43 ④	44 ④	

02. 우리 몸의 방어 작용

1 ④	2 ④	3 ④	4 ④	5 ③
6 ④	7 ④	8 ④	9 ⑤	10 ⑤
11 ②	12 ③	13 ④	14 ⑤	15 ⑤
16 ③	17 ④	18 ①	19 ①	20 ⑤
21 ④	22 ①	23 ④	24 ①	25 ③
26 ②	27 ④	28 ④	29 ⑤	30 ①
31 ④	32 ⑤	33 ④	34 ②	35 ④
36 ④	37 ④	38 ④	39 ④	40 ①
41 ⑤	42 ②	43 ⑤	44 ④	45 ③
46 ④	47 ①	48 ④	49 ④	50 ④
51 ①	52 ④	53 ④	54 ⑤	55 ③
56 ⑤				

Ⅳ. 유전
문제편 p.160 해설편 p.293
1. 세포와 세포 분열
01. 유전자와 염색체

1 ⑤	2 ②	3 ①	4 ⑤	5 ②
6 ①	7 ⑤	8 ②	9 ④	10 ⑤
11 ④	12 ①	13 ③	14 ①	15 ①
16 ①	17 ③	18 ③	19 ②	20 ①
21 ②	22 ⑤	23 ⑤	24 ⑤	25 ③
26 ②	27 ①	28 ③	29 ①	30 ③
31 ②	32 ⑤	33 ④	34 ③	35 ④
36 ③	37 ①	38 ②	39 ③	40 ④
41 ④	42 ④	43 ①	44 ④	45 ②
46 ⑤	47 ②	48 ③	49 ⑤	50 ⑤
51 ④	52 ③	53 ④	54 ②	55 ④
56 ⑤	57 ⑤	58 ①	59 ⑤	60 ①
61 ②	62 ①	63 ③	64 ⑤	65 ③
66 ③	67 ⑤	68 ⑤	69 ④	70 ①
71 ②	72 ⑤	73 ④	74 ③	75 ③
76 ④	77 ④	78 ①		

02. 생식세포 형성과 유전적 다양성

1 ②	2 ③	3 ④	4 ①	5 ②
6 ④	7 ⑤	8 ③	9 ③	10 ③
11 ④	12 ②	13 ①	14 ⑤	15 ③
16 ①	17 ④	18 ③	19 ①	20 ③
21 ②	22 ②	23 ③	24 ③	25 ①
26 ③	27 ③	28 ①	29 ②	30 ④
31 ④	32 ①			

03. 개념 복합 문제

1 ②	2 ③	3 ④	4 ⑤	5 ③
6 ④	7 ②	8 ③	9 ②	10 ②
11 ⑤	12 ③	13 ①	14 ⑤	15 ④
16 ①	17 ①	18 ②	19 ②	20 ⑤
21 ③	22 ④			

2. 사람의 유전
01. 사람의 유전 현상

1 ⑤	2 ③	3 ②	4 ③	5 ⑤
6 ④	7 ①	8 ④	9 ③	10 ①
11 ⑤	12 ⑤	13 ③	14 ①	15 ①
16 ⑤	17 ⑤	18 ⑤	19 ①	20 ②
21 ②	22 ④	23 ②	24 ②	25 ①
26 ②	27 ⑤	28 ④	29 ②	30 ②
31 ③	32 ④	33 ⑤	34 ③	35 ③
36 ③	37 ①	38 ③	39 ①	40 ①
41 ④	42 ①	43 ④	44 ③	

02. 사람의 유전병

1 ②	2 ⑤	3 ④	4 ③	5 ⑤
6 ②	7 ④	8 ②	9 ③	10 ③
11 ⑤	12 ①	13 ②	14 ③	15 ②
16 ⑤				

03. 유전 복합 문제

1 ②	2 ③	3 ④	4 ①	5 ④
6 ④	7 ③	8 ⑤	9 ④	10 ①
11 ②	12 ②	13 ④	14 ④	15 ②
16 ②	17 ④	18 ⑤	19 ①	20 ⑤
21 ⑤	22 ①	23 ④	24 ①	25 ④
26 ②	27 ③	28 ①	29 ③	30 ⑤
31 ④	32 ③	33 ⑤	34 ④	35 ③
36 ①	37 ⑤	38 ①	39 ②	40 ①
41 ④	42 ⑤	43 ⑤	44 ②	45 ⑤
46 ④	47 ②			

Ⅴ. 생태계와 상호 작용
문제편 p.251 해설편 p.493
1. 생태계의 구성과 기능
01. 생물과 환경의 상호 작용

1 ⑤	2 ①	3 ③	4 ④	5 ④
6 ④	7 ⑤	8 ⑤	9 ③	10 ④
11 ②	12 ①	13 ③	14 ④	15 ⑤
16 ⑤	17 ②	18 ④	19 ②	20 ⑤
21 ①	22 ④	23 ⑤	24 ④	

02. 개체군

1 ④	2 ④	3 ⑤	4 ①	5 ④
6 ②	7 ③	8 ①	9 ②	10 ⑤
11 ②	12 ⑤	13 ④	14 ④	15 ④

03. 군집

1 ②	2 ⑤	3 ④	4 ⑤	5 ④
6 ④	7 ⑤	8 ③	9 ②	10 ②
11 ②	12 ⑤	13 ④	14 ③	15 ④
16 ①	17 ⑤	18 ①	19 ②	20 ②
21 ⑤	22 ④	23 ①	24 ①	25 ③
26 ⑤	27 ②	28 ③	29 ②	30 ②
31 ④	32 ⑤	33 ④	34 ①	35 ③
36 ⑤	37 ③	38 ③	39 ①	40 ④
41 ④	42 ④	43 ①	44 ④	45 ⑤
46 ①	47 ③	48 ①	49 ⑤	50 ②
51 ②	52 ②	53 ①	54 ⑤	55 ⑤

56 ⑤	57 ③	58 ③	59 ②	

04. 에너지 흐름과 물질의 순환

1 ④	2 ④	3 ④	4 ⑤	5 ②
6 ④	7 ④	8 ④	9 ③	10 ②
11 ④	12 ②	13 ②	14 ③	15 ④
16 ③	17 ④	18 ③	19 ⑤	20 ②
21 ②	22 ④	23 ④	24 ⑤	25 ⑤
26 ②	27 ⑤	28 ②	29 ②	30 ②
31 ④	32 ④	33 ⑤	34 ①	35 ②
36 ②	37 ③	38 ③	39 ⑤	40 ④
41 ④	42 ⑤	43 ④	44 ④	

2. 생물 다양성과 보전
01. 생물 다양성의 중요성

1 ②	2 ③	3 ②	4 ⑤	5 ⑤
6 ⑤	7 ①	8 ③	9 ②	10 ①
11 ①	12 ③	13 ④	14 ②	15 ③
16 ③	17 ④	18 ④	19 ①	

02. 생물 다양성의 보전

1 ④

2022학년도 6월 모의평가

1 ②	2 ④	3 ④	4 ②	5 ⑤
6 ④	7 ⑤	8 ⑤	9 ①	10 ⑤
11 ④	12 ③	13 ④	14 ②	15 ①
16 ②	17 ④	18 ④	19 ②	20 ③

2022학년도 9월 모의평가

1 ④	2 ②	3 ①	4 ③	5 ②
6 ⑤	7 ⑤	8 ③	9 ④	10 ③
11 ③	12 ①	13 ③	14 ①	15 ④
16 ②	17 ③	18 ④	19 ⑤	20 ③

2022학년도 대학수학능력시험

1 ②	2 ③	3 ①	4 ⑤	5 ②
6 ③	7 ②	8 ③	9 ④	10 ④
11 ②	12 ①	13 ④	14 ①	15 ④
16 ⑤	17 ④	18 ④	19 ④	20 ①

2023학년도 6월 모의평가

1 ⑤	2 ⑤	3 ④	4 ④	5 ①
6 ⑤	7 ④	8 ⑤	9 ①	10 ③
11 ②	12 ③	13 ④	14 ②	15 ①
16 ①	17 ③	18 ②	19 ②	20 ④

2023학년도 9월 모의평가

1 ⑤	2 ③	3 ④	4 ⑤	5 ①
6 ④	7 ①	8 ③	9 ②	10 ③
11 ②	12 ③	13 ②	14 ⑤	15 ①
16 ①	17 ①	18 ④	19 ③	20 ④

2023학년도 대학수학능력시험

1 ⑤	2 ③	3 ⑤	4 ⑤	5 ④
6 ③	7 ④	8 ①	9 ②	10 ①
11 ③	12 ③	13 ①	14 ②	15 ①
16 ④	17 ④	18 ②	19 ①	20 ④

2024학년도 6월 모의평가

1 ②	2 ④	3 ④	4 ②	5 ①
6 ⑤	7 ③	8 ③	9 ②	10 ②
11 ②	12 ①	13 ④	14 ②	15 ④
16 ①	17 ④	18 ②	19 ②	20 ⑤

2024학년도 9월 모의평가

1 ②	2 ⑤	3 ④	4 ⑤	5 ④
6 ①	7 ④	8 ②	9 ③	10 ⑤
11 ①	12 ⑤	13 ④	14 ②	15 ③
16 ④	17 ⑤	18 ⑤	19 ④	20 ①

2024학년도 대학수학능력시험

1 ③	2 ③	3 ①	4 ①	5 ⑤
6 ④	7 ⑤	8 ②	9 ②	10 ⑤
11 ④	12 ①	13 ④	14 ②	15 ②
16 ③	17 ⑤	18 ⑤	19 ③	20 ④

2024 Calendar

세상에서 가장 소중한 당신을 응원합니다!

1월

일	월	화	수	목	금	토
	1 새해	2	3	4	5	6
7	8	9	10	11	12	13
14	15	16	17	18	19	20
21	22	23	24	25	26	27
28	29	30	31			

2월

일	월	화	수	목	금	토
				1	2	3
4	5	6	7	8	9	10 설날
11	12 대체휴일	13	14	15	16	17
18	19	20	21	22	23	24
25	26	27	28	29		

3월

일	월	화	수	목	금	토
					1 삼일절	2
3	4	5	6	7	8	9
10	11	12	13	14	15	16
17	18	19	20	21	22	23
24	25	26	27	28	29	30
31						

4월

일	월	화	수	목	금	토
	1	2	3	4	5	6
7	8	9	10 국회의원 선거	11	12	13
14	15	16	17	18	19	20
21	22	23	24	25	26	27
28	29	30				

5월

일	월	화	수	목	금	토
			1	2	3	4
5 어린이날	6 대체휴일	7	8	9	10	11
12	13	14	15 부처님 오신날	16	17	18
19	20	21	22	23	24	25
26	27	28	29	30	31	

6월

일	월	화	수	목	금	토
						1
2	3	4	5	6 현충일	7	8
9	10	11	12	13	14	15
16	17	18	19	20	21	22
23	24	25	26	27	28	29
30						

7월

일	월	화	수	목	금	토
	1	2	3	4	5	6
7	8	9	10	11	12	13
14	15	16	17	18	19	20
21	22	23	24	25	26	27
28	29	30	31			

8월

일	월	화	수	목	금	토
				1	2	3
4	5	6	7	8	9	10
11	12	13	14	15 광복절	16	17
18	19	20	21	22	23	24
25	26	27	28	29	30	31

9월

일	월	화	수	목	금	토
1	2	3	4	5	6	7
8	9	10	11	12	13	14
15	16	17 추석	18	19	20	21
22	23	24	25	26	27	28
29	30					

10월

일	월	화	수	목	금	토
		1	2	3 개천절	4	5
6	7	8	9 한글날	10	11	12
13	14	15	16	17	18	19
20	21	22	23	24	25	26
27	28	29	30	31		

11월

일	월	화	수	목	금	토
					1	2
3	4	5	6	7	8	9
10	11	12	13	14	15	16
17	18	19	20	21	22	23
24	25	26	27	28	29	30

12월

일	월	화	수	목	금	토
1	2	3	4	5	6	7
8	9	10	11	12	13	14
15	16	17	18	19	20	21
22	23	24	25 성탄절	26	27	28
29	30	31				

2025학년도 대학수학능력시험

1. 시행 예정일 : 2024년 11월 14일 목요일

2. 성적 통보일 : 2024년 12월 6일 금요일

3. 시험 시간 및 영역별 문항 수

교시	시험 영역		시험 시간	문항 수	비 고
1	국어		08:40 ~ 10:00 [80분]	45	
2	수학		10:30 ~ 12:10 [100분]	30	단답형 30% 포함
3	영어		13:10 ~ 14:20 [70분]	45	듣기 평가 문항 17개 포함 (13:10부터 25분 이내)
4	한국사, 사회/과학/ 직업 탐구 14:50 ~ 16:37 [107분]	한국사	14:50 ~ 15:20 [30분]	20	필수 영역
		한국사 영역 문제지·답안지 회수 탐구 영역 문제지·답안지 배부	15:20 ~ 15:35 [15분]	-	문·답지 회수 및 배부 시간 15분 (탐구 영역 미선택자 대기실 이동)
		사회 / 과학 / 직업 탐구 시험 : 2과목 선택자	15:35 ~ 16:05 [30분]	20	• 선택 과목 응시 순서는 응시 원서에 명기된 탐구 영역별 과목의 순서에 따라야 함 • 문제지 회수 시간 과목당 2분임
		시험 본 과목 문제지 회수	16:05 ~ 16:07 [2분]	-	
		사회 / 과학 / 직업 탐구 시험 : 1~2과목 선택자	16:07 ~ 16:37 [30분]	20	
5	제2외국어 / 한문		17:05 ~ 17:45 [40분]	30	

※ 시험 당일 모든 수험생은 <u>08:10까지 지정된 시험실에 입실</u>해야 하며, 2교시~5교시는 시험 시작 10분 전까지 입실해야 함

4. 시험 당일 반입 금지 물품 지참 금지를 비롯한 부정행위 방지 대책

시험장 반입이 금지된 물품을 수험생이 소지하고 있는 경우 <u>1교시 시작 전에 회수</u>하여 일정 장소에 보관하고 있다가
시험 종료(개인이 지원한 전체 영역 응시가 끝난) 후 되돌려 줌

> ☹ **시험장 반입 금지 물품** 시험장에 가지고 올 수 없는 물품
> 휴대 전화, 스마트 기기(스마트 워치 등), 디지털 카메라, 전자사전, MP3 플레이어, 태블릿 PC, 카메라 펜, 전자계산기, 라디오,
> 휴대용 미디어 플레이어, 통신·결제 기능(블루투스 등) 또는 전자식 화면 표시기(LCD, LED 등)가 있는 시계, 전자 담배,
> 통신(블루투스) 기능이 있는 이어폰 등 모든 전자 기기

※ 시험장 반입 금지 물품은 가방에 넣어 시험실 앞에 제출하더라도 부정행위로 간주됨

> ☺ 휴대 가능 물품 시험 중 소지가 가능한 물품
> 신분증, 수험표, 검은색 컴퓨터용 사인펜, 흰색 수정 테이프, 흑색 연필, 지우개, 샤프심(흑색, 0.5mm), 마스크(감독관 사전 확인),
> 시침·분침(초침)이 있는 아날로그시계로 통신·결제 기능(블루투스 등) 및 전자식 화면 표시기(LCD, LED 등)가 모두 없는 시계 등

※ 시험 시간 동안 휴대 가능 물품 이외 물품(개인 샤프 등)은 개인 소지 금지
  - 흑색 연필, 검은색 컴퓨터용 사인펜, 시험실에서 지급받은 샤프 외의 필기구는 사용 불가(연필은 시험실에서 지급하지 않음)
※ 수험생이 시험 시간 동안 휴대 가능 물품 이외의 물품을 소지하고 있는 경우, 발견 즉시 압수 조치되고 이에 불응할 경우
  부정행위자로 처리될 수 있음

> **휴대하거나 사용해서는 안 되는 물품**(예시) • 투명종이(일명 기름종이) • 개인 샤프 • 연습장 • 예비 마킹용 플러스펜

※ 휴대 가능 물품 외 모든 물품은 매 교시 시작 전에 가방에 넣어 시험실 앞에 제출해야 함
※ 개인의 신체 조건이나 의료 목적상 휴대가 필요한 물품은 매 교시 감독관의 사전 점검을 거쳐 휴대 가능 (예 돋보기, 귀마개, 방석 등)
※ 시험실에서 검은색 컴퓨터용 사인펜과 샤프는 일괄 지급되고, 답안 수정용 흰색 수정 테이프는 시험실별로 준비되어 있으므로,
  필요시 수험생이 감독관에게 요청하여 사용
※ 시험장 반입 금지 물품을 소지하고 1교시 시작 전에 제출하지 않은 경우 모두 부정행위로 간주됨

마더텅 기출문제집 실사용 수험생님들의 추천 이유!